Lexikon der Bioche

in zwei Teilen

Erster Teil
A bis I

Zweiter Teil
J bis Z

ELSEVIER
SPEKTRUM
AKADEMISCHER
VERLAG

Spektrum
AKADEMISCHER VERLAG

Zuschriften und Kritik an:
Elsevier GmbH, Spetrum Akademischer Verlag, Dr. Ulrich Moltmann, Slevogtstraße. 3-5, 69126 Heidelberg

Redaktion und Fachübersetzung:
Dr. Angelika Fallert-Müller, Groß-Zimmern

Bildautoren:
Prof. Dr. Karl Hiller, Berlin;
Prof. Dr. Ulrike Lindequist, Greifswald;
Prof. Dr. Matthias F. Melzig, Berlin;
mpm Fachmedien und Verlagsdienstleistungen, Pohlheim

Wichtiger Hinweis für den Benutzer
Die in diesem Buch gemachten Angaben zu Dosis und Anwendung entsprechen nach sorgfältiger Prüfung durch die Autoren, die Redaktion und den Verlag dem derzeitigen Wissensstand. Dennoch sollte jeder Benutzer anhand der Beipackzettel verwendeter Präparate bzw. der Anleitung der eingesetzten Geräte prüfen, ob die dort gemachten Angaben von denen des vorliegenden Buches abweichen. Verlag, Autoren und Redaktion haften nicht für Fehler, die trotz sorgfältiger Bearbeitung möglich sind.
®, ™ Geschützte Warennamen wurden nicht besonders kenntlich gemacht. Aus dem Fehlen eines solchen Hinweises kann nicht geschlossen werden, dass es sich um einen freien Warennamen handelt.

Bibliografische Information Der Deutschen Bibliothek
Die Deutsche Bibliothek verzeichnet diese Publikation in der Deutschen Nationalbibliografie; detaillierte bibliografische Daten sind im Internet über http://dnb.ddb.de abrufbar.

Für Copyright in Bezug auf das verwendete Bildmaterial siehe Bildnachweis/Rechteinhaber.
Es konnten nicht alle Rechteinhaber von Abbildungen ermittelt werden. sollte dem Verlag gegenüber der Nachweis der Rechtsinhaberschaft geführt werden, wird das branchenübliche Honorar nachträglich gezahlt.

Wissenschaftliche Beratung: Prof. Dr. Hans Dieter Jakubke
Projektleitung/Lektorat: Dr. Patricia Falkenburg, Dr. Udo Maid,
   mpm Fachmedien und Verlagsdienstleistungen, Pohlheim
Herstellung: Detlef Mädje
Gesamtgestaltung: WSP Design, Heidelberg
Satz und Grafik: TypoDesign Hecker, Leimen
Druck und Bindung: Krips b.v., Meppel

Printed in The Netherlands

Sonderausgabe für Weltbild
ISBN 3-8274-1580-2

Aktuelle Informationen finden Sie im Internet unter www.elsevier.de

Vorwort

Die Biochemie, auch physiologische oder biologische Chemie genannt, untersucht nach einer Definition Ernest Baldwins (1909–1969) die Zusammensetzung und die Funktion von Lebewesen bzw. Teilen derselben. Die sogenannte deskriptive Biochemie beschäftigt sich mit der chemischen Struktur von Pflanzen-, Tier- oder Körperbestandteilen, während sich die dynamische Biochemie mit der Erforschung komplexer physiologischer Prozesse und deren Regulation befasst. Biochemische Erkenntnisse, Methoden und Ansätze wirken sich auch auf aktuelle Arbeitsbereiche der Medizin, Pharmazie, Biotechnologie, Landwirtschaft, Nahrungsmitteltechnologie, den Umweltschutz sowie fast alle Teilbereiche der Biologie aus. Die Biochemie der Nucleinsäuren sowie die Rekombinationstechniken und deren zeitliche, räumliche, gewebe- und organspezifische Regulation haben sich inzwischen in einem eigenständigen Forschungszweig, der Molekularbiologie, verselbstständigt.

Historisch gesehen, hat sich die Biochemie aus der Naturstoffchemie und der organischen Chemie, die als Chemie des Lebens galt, entwickelt. Im Laufe des 19. Jahrhunderts wurden biochemische Forschungen auf die Untersuchung komplexer Stoffwechselvorgänge, z. B. zur Ernährung, Verdauung und Respiration ausgeweitet. Zum zentralen Thema der Biochemie entwickelte sich schließlich die Erforschung der Enzyme. Alle biochemischen Arbeiten stehen in enger Wechselwirkung mit den neuesten theoretischen und methodischen Erkenntnissen der angrenzenden Arbeitsgebiete, wie Physiologie, Biologie, Medizin sowie organischer und physikalischer Chemie.

Warum wird dieses neue *Lexikon der Biochemie* in einem Zeitalter herausgegeben, in dem das Wissen auf diesem Gebiet explosionsartig wächst und elektronische Medien die zeitnahe und weltweite Informationsbeschaffung ermöglichen? Gerade angesichts dieser Informationsflut ist es wichtig, jederzeit gezielten Zugriff auf knappe, prägnante und als gesichert geltende Erkenntnisse zu haben, um langwierige Recherchen zu vermeiden. Hierin liegt die Stärke eines alphabetisch geordneten Lexikons. Ein weiterer Vorteil liegt in der Angabe von ausgewählten Originalpublikationen sowie weiterführenden Informationsquellen, wie Datenbanken und Web-Adressen (z. B. unter den Stichworteinträgen *Datenbanken, Humangenomprojekt*), und der Möglichkeit, das Lexikon auch in Form einer CD-ROM zu erwerben.

In zwei Alphabetbänden mit jeweils rund 500 Seiten werden in insgesamt über 6.000 Stichworteinträgen folgende Gebiete beschrieben: Bioelemente, Molekülstrukturen, Naturstoffe, funktionelle Gruppen und Reaktionstypen, Enzyme und Coenzyme, Biosynthesen, Stoffwechsel und -regulation, molekulare Grundlagen von Stoffwechselerkrankungen, angeborenen Stoffwechselstörungen und Krebs, Zell-Zell-Wechselwirkungen und Signalübertragung, physikalisch-chemische und biochemische Grundlagen der Analytik, Reinigung und Klassifizierung bestimmter Stoffarten. Behandelt werden dabei biochemische Vorgänge in Pflanzen, Tieren und Mikroorganismen gleichermaßen. Angrenzende Forschungsgebiete wie die moderne Molekularbiologie, Biotechnologie, Immunologie, Cytologie, medizinische und pharmazeutische Chemie werden in wesentlichen Aspekten ebenfalls behandelt, müssen aber etwas hinter der „klassischen Biochemie" zurückstehen, da sonst der Umfang eines zweibändigen fundierten Lexikons bei weitem gesprengt würde. Über 130 Tabellen ermöglichen einen schnellen Überblick; über 700 Formeln und 500 graphische Darstellungen machen Strukturen, Reaktionsabläufe und Zusammenhänge transparent.

Die EC-Nummern der Enzyme entsprechen den Empfehlungen des *Nomenclature Committee of the International Union of Biochemistry and Molecular Biology* („Enzyme Nomenclature", Academic Press, 1992) bzw. wurden den Web-Seiten der *ExPASy Enzyme nomenclature database* entnommen.

Das vorliegende Lexikon ist aus der Übersetzung der 1997 in dritter aktualisierter Auflage bei Walter de Gruyter Berlin, New York erschienenen „Concise Encyclopedia of Biochemistry and Molecular Biology" (Eds. T.A. Scott und E.I. Mercer) hervorgegangen, die ihrerseits auf dem Nachschlagewerk „Brockhaus ABC der Biochemie" vom VEB F. A. Brockhaus Verlag Leipzig 1981 (Hrsg. H.-D. Jakubke und H. Jeschkeit) basiert. Die Herausgeber dieser Werke sowie alle an der Erarbeitung der Stichwörter beteiligten Wissenschaftler aus Forschung, Lehre und Industrie haben die Grundlage für die Neuauflage geschaffen. Das gesamte Lexikon wurde gründlich überarbeitet und aktualisiert, wobei besonderer Wert darauf gelegt wurde, dem Nutzer eine schnelle und zielgerichtete Informationsbeschaffung zu ermöglichen. Aus diesem Grund wurden etliche mehrseitige Artikel (wie z. B. Proteine, Lipide, angeborene Stoffwechselstörungen, lysosomale Speicherkrankheiten) aufgelöst und deren Inhalt in übersichtlicheren, kürzeren Artikeln wiedergegeben. Außerdem wurde eine Vielzahl von neuen Artikeln aufgenommen, um dem Erkenntniszuwachs der letzten Jahre Rechnung zu tragen. Die für diese Auflage Verantwortlichen sind sich bewusst, daß trotz aller Bemühungen der vorgegebene Umfang eines Zweibänders keine vollständige Berücksichtigung aller Aspekte des enormen Fortschritts der modernen Biochemie zulässt. Mit dem realisierten Konzept, wird dennoch, wie wir hoffen, einem vielschichtigen Leserkreis in einer sehr kompakten Form ein informativer Überblick über das breit gefächerte Themengebiet geboten.

Zielgruppen des Lexikons sind Biochemiker, Chemiker, Molekularbiologen, Biologen und Mediziner, Lehrer, Studenten, Schüler und alle, die aus beruflichen oder privaten Gründen fundierte Informationen zu biochemischen Fragestellungen benötigen. Da jeder Artikel mit einer kurzen Definition beginnt, ist eine fachspezifische Vorbildung nicht erforderlich, jedoch werden Kenntnisse in Chemie und Biologie vorausgesetzt.

Dank gebührt dem gesamten Team, dass dieses schwierige Vorhaben termingerecht realisiert werden konnte. Herrn Prof. Hans-Dieter Jakubke danke ich für die fachliche Beratung und seine Vorschläge zur Ergänzung und Aktualisierung des Stoffgebiets, womit ein wesentlicher Beitrag zum aktuellen Erscheinungsbild des Lexikons geleistet wurde. Für das kompetente und engagierte Lektorat danke ich Frau Dr. Patricia Falkenburg. Die konstruktive Tätigkeit von Herrn Dr. Udo Maid im Projektmanagement hat zur Einhaltung des Zeitplans entscheidend beigetragen. Herrn Walter Greulich und dem Verlag, insbesondere Frau Marion Winkenbach, danke ich für das mir entgegengebrachte Vertrauen.

Mein besonderer Dank gilt meinen beiden Kindern und meinem Mann, die dieses Projekt durch ihre persönliche Unterstützung mitgetragen haben.

Groß-Zimmern, im August 1999   *Dr. Angelika Fallert-Müller*

Benutzerhinweise

Alphabetisierung: Die Stichworte wurden in alphabetischer Reihenfolge unter Vernachlässigung etwaiger Vorsilben, bzw. vorgestellter Zahlen aufgenommen. D-Glucose findet sich also unter G und nicht unter D. In Ausnahmefällen wurde von dieser Regel abgewichen, und zwar dann, wenn der vorgestellte Wortteil für den Begriff entscheidend ist. So steht das Stichwort B-Zellen unter B und nicht unter Z. Bei zusammengesetzten Begriffen wurde zwischen mit Bindestrich verbundenen Wortteilen und ohne Bindestrich aufeinanderfolgenden Worten unterschieden. Grundsätzlich wurde bei zusammengehörigen Begriffen das Adjektiv vorgestellt und entsprechend einsortiert. „sekundäre Botenstoffe" steht also unter S. Mit Bindestrich verbundene Begriffe wurden behandelt, als ob es sich um ein zusammenhängendes Wort handele.

Abkürzungen: Eingeführte Abkürzungen von im Text angesprochenen Begriffen werden im Text erklärt und sind als Verweisstichworte mit entsprechender Erläuterung aufgeführt. Die weiterhin verwendeten Einheiten und Abkürzungen, soweit diese nicht allgemeinem Sprachgebrauch entsprechen, sind nachfolgend aufgelistet.

a	Jahre
Abb.	Abbildung
Abk.	Abkürzung
[α]	spezifische optische Drehung
c	Konzentration
°C	Grad Celcius
d	Tag
E. coli	Escherichia coli
engl.	englisch
F.	Schmelzpunkt
lat.	lateinisch
min.	Minute
M	molar
m	Monat
M_r	relative Molekülmasse
n	Brechungsindex
pI	isoelektrischer Punkt
ρ	Dichte
Sdp.	Siedepunkt
sec	Sekunde
Std.	Stunde
Syn.	Synonym
Tab.	Tabelle
u.	und
(Zers.)	mit Zersetzung

Internetaddressen: Wichtige Internetadressen mit biochemischem Bezug können unter den Stichworteinträgen *Datenbanken* und *Humangenomprojekt* gefunden werden.

Kursivschreibung: Kursivschreibung wurde verwendet um Synonyme des Stichworts zu kennzeichnen, die in direkter Folge nach dem Stichworteintrag durch Kommas getrennt aufgeführt werden, oder um einzelne Begriffe im Fließtext hervorzuheben. Ebenfalls in kursiver Schrift sind englische Begriffe, Artnamen etc. gedruckt.

Schreibweise: Grundsätzlich wurde die dem Englischen entsprechende C-Schreibweise der Fachbegriffe bevorzugt, Ausnahmen wurden in Einzelfällen bei im Deutschen mit Z- bzw. K-Schreibweise generell eingeführten Begriffen gemacht. Der Text steht in der neuen deutschen Rechtschreibung, wobei aber auch hier Ausnahmen bei Fachbegriffen gemacht wurden.

Verweise: Verweise sind im Text durch Pfeile und Kursivschreibung kenntlich gemacht.

Lexikon der Biochemie
Teil 1

Bildnachweise/Rechteinhaber

Alberts, B.; Francisco. J. *Molekularbiologie der Zelle*. 3. Aufl. Weinheim (Wiley-VCH) 1995. (S. 2: ABC-Transporter; S. 357: Gap-junction)

Bonner J. J.; Welch, W. J. *Stress-Proteins*. In: Scientific American 5/92. (S. IV, 1)

Prof. Dr. Karl Hiller, Berlin.

Prof. Dr. Ulrike Lindequist, Greifswald.

Lehninger et al. *Prinzipien der Biochemie*. 2. Aufl. Heidelberg (Spektrum Akademischer Verlag) 1994. (S. I, 1)

Mc Pherson, A. *Protein-Kristalls*. In: Scientific American 3/89. (S. IV, 2)

Michal, G. (Hrg.) *Biochemical Pathways*. Heidelberg (Spektrum Akademischer Verlag) 1999.

Prof. Dr. Matthias F. Melzig, Berlin.

mpm Fachmedien und Verlagsdienstleistungen, Pohlheim.

Stryer, L. *Biochemie*. 4. Aufl. Heidelberg (Spektrum Akademischer Verlag) 1996. (S. I, 2 und S. VIII, 4)

Voet, D.; Voet, J. G. *Biochemie*. Weinheim (Wiley-VCH) 1994. (S. 103: ATP-Synthase)

A, 1) Abk. für einen Nucleotidrest in einer Nucleinsäure, der als Base Adenin enthält.

2) Abk. für ↗ *Adenin*.

3) Abk. für ↗ *Adenosin*, z.B. in ATP, dem Akronym für Adenosintriphospat.

4) Abk. für ↗ *Absorption*.

Å, Einheitenzeichen für ↗ *Ångström*.

2,5-A, ein ungewöhnliches Oligonucleotid der Struktur pppA(2'p5'A)n (n = 1–10), das die inaktive RNase L aktiviert. Diese Nuclease baut die mRNA ab und inhibiert damit die Proteinbiosynthese in infizierten Zellen. 2,5-A wiederum wird selbst sehr schnell durch eine (2',5')-Phosphodiesterase abgebaut, so dass zur Aufrechterhaltung des Effektes eine kontinuierliche Synthese von 2,5-A aus ATP erfolgen muss. Diese Reaktion wird von der Interferon-induzierten 2,5-A-Synthetase in Gegenwart von doppelsträngiger RNA (dsRNA) katalysiert, die normalerweise durch eine virale Infektion gebildet wird. Größtenteils auf diesem Wege und durch Induktion des dsRNA-aktivierten Protein-Kinase-Inhibitors DAI (↗ *DAI-System*) verhindern Interferone, deren Synthese durch dsRNA induziert wird, die virale Proliferation.

Aad, Abk. für ↗ *2-Aminoadipinsäure*.

AAR, Abk. für ↗ *Antigen-Antikörper-Reaktion*.

ABA, Akronym für ↗ *Abscisinsäure*.

Abbaureaktionen, in der Biochemie die unter dem katalytischen Einfluss von Enzymen erfolgende Spaltung, insbesondere von Makromolekülen. A. spielen eine bedeutende Rolle im Primärstoffwechsel (Abbau der Kohlenhydrate, Fette, Proteine, Nucleinsäuren, Purinbasen u.a.), wobei vor allem kovalente Kohlenstoff-Kohlenstoff-, Kohlenstoff-Stickstoff- und Kohlenstoff-Sauerstoff-Bindungen gespalten und niedermolekulare Bausteine gebildet werden. Von besonderer Bedeutung sind mikrobielle A., die zur Rückstandsbeseitigung von umweltgefährdenden Schadstoffen, z.B. Pflanzenschutz- und Schädlingsbekämpfungsmitteln (Pestizide), Mineralölen und Waschrohstoffen führen.

In der analytischen Biochemie dienen A. zur Bausteinanalyse von Biopolymeren und anderen Naturstoffen. Der Edman-Abbau von ↗ *Proteinen* z.B. ermöglicht die stufenweise Abspaltung der Aminosäurebausteine einer Polypeptidkette.

ABC-Excinuclease, ein aus drei Untereinheiten bestehendes Schlüsselenzym (M_r 246 kDa) des Nucleotid-Excisions-Systems von *E. coli,* das solche DNA-Schäden repariert, die durch starke Verzerrungen der helicalen Struktur verursacht werden. ABC-Excinuclease bindet an der sperrigen Fehlerstelle an der DNA und spaltet den schadhaften Strang an der achten Internucleotidbindung auf der 5'-Seite sowie an der vierten oder fünften Phosphorsäurediesterbindung auf der 3'-Seite. Das resultierende, aus 12 bis 13 Basenpaaren bestehende Oligonucleotid mit den schadhaften Basen wird durch die Excinuclease entfernt. Die entstandene Lücke wird von DNA-Polymerase I aufgefüllt und von DNA-Ligase verschlossen. ↗ *DNA-Reparatur.*

ABC-Technik, *Avidin-Biotin-Komplex-Technik* (engl. *avidin biotin complex*), ein hochspezifischer Bindungstest zur Sichtbarmachung der Bindung von ↗ *Antikörpern* an Antigene (Ag), die an eine

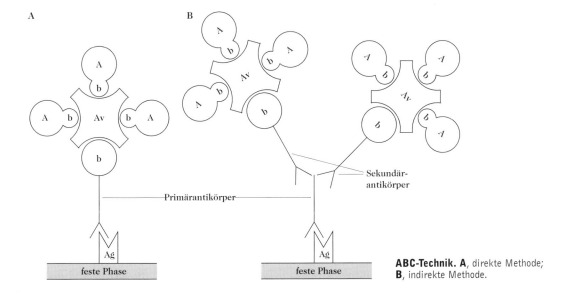

ABC-Technik. A, direkte Methode; **B,** indirekte Methode.

feste Phase gebunden sind. Zur Sichtbarmachung wird der jeweilige Antikörper direkt oder über einen Zwischenschritt an ein enzymatisches Amplifikationssystem gekoppelt. Als Amplifikatoren (A) werden dabei avidingekoppelte Peroxidase oder avidingekoppelte alkalische Phosphatase eingesetzt. Avidin ist ein tetrameres Glycoprotein aus Hühnereiweiß, dessen vier identische Untereinheiten mit extrem hoher Affinität an Biotin binden.

Man kann zwei methodische Ansätze unterscheiden: 1) Bei der direkten Anordnung (Abb.) ist der Primärantikörper biotinyliert (b). Der biotinylierte Amplifikator (bA) wird unter Absättigung von drei Bindungsstellen an das tetravalente Avidin (Av) gebunden, während der biotinylierte Primärantikörper die vierte Avidinbindungstelle absättigt. 2) Bei der indirekten Methode wird das aufwendige Verfahren der Markierung des jeweiligen Primärantikörpers umgangen, indem ein mit dem Amplifikator markierter Anti-Antikörper eingesetzt wird. Dieser ist gegen die konstante, also artspezifische Region des Primärantikörpers gerichtet und trägt seinerseits zur Verstärkung der Reaktion bei. Durch zusätzliche Mehrfachbiotinylierungen der Amplifikatoren resultieren sehr große Avidin-Enzym-Komplexe, die die Empfindlichkeit der A. signifikant erhöhen. Jeder Bindungsschritt erhöht die Zahl der gebundenen Moleküle. Da ein Avidinmolekül vier Bindungsstellen für Biotin besitzt, nimmt damit die Deutlichkeit der abschließenden Nachweisreaktion zu, bei der Farbstoffsubstrate des verwendeten Enzyms benutzt werden können. ↗ *Immunassays*.

ABC-Transporter, *ATP-bindende Cassetten-Transporter*, eine Superfamilie von pro- und eukaryontischen Membrantransportproteinen, die ATP hydrolysieren und eine Vielzahl von Molekülen (Aminosäuren, anorganische Ionen, Mono- und Polysaccharide, Peptide oder Proteine) transportieren. Bisher sind über 50 bekannt. Alle A. bestehen aus vier Kerndomänen: zwei mit jeweils sechs Transmembranbereichen und zwei ATP-bindende Domänen, die sogenannten ATP-Bindungskassetten (Abb.). Diese Kassetten (funktionelle Domänen/Bereiche in einem Protein) sind die Grundlage für den energiegekoppelten Substrattransport gegen einen Konzentrationsgradienten. Die vier Domänen sind bei den verschiedenen ABC-Transportern auf unterschiedliche Weise angelegt – als individuelle Polypeptide oder fusioniert. Bei einigen dieser Transporter treten weitere Domänen mit regulatorischer Funktion auf. Die Proteine der Transporterfamilie sind sequenzhomolog. Die geringste Sequenzhomologie weisen die Transmembrandomänen auf, die für die Substratspezifität verantwortlich sind. Die A. sind in der Regel in der Cytoplasmamembran lokalisiert. Ausnahmen sind die

TAP-Transporter (Peptid-Transporter) in der Membran des ↗ *endoplasmatischen Reticulums* und der *cis*-Golgi-Membran sowie ein Transportprotein der Peroxisomenmembran und ein Multidrug-Resistenz-Protein in der Membran der Verdauungsvakuole des Malariaparasiten *Plasmodium falciparum*. Bei Bakterien mit zwei Zellmembranen (z.B. *E. coli*) sind diese Transport-ATPasen in der inneren Membran lokalisiert, während sich in der äußeren Membran ein Hilfssystem befindet, das die zu transportierenden Metabolite aufnimmt und an die Transportproteine weiterreicht. Obgleich die meisten Mitglieder der A. in Prokaryonten beschrieben wurden, wächst die Zahl der in Eukaryonten entdeckten Transport-ATPasen ständig. Das ↗ *Multidrug-Resistenz-Transportprotein* (MDRP, engl. *multidrug resistance protein*), das wegen der Fähigkeit, hydrophobe Pharmaka aus Eukaryontenzellen zu pumpen, diese Bezeichnung erhielt, war unter den zuerst entdeckten eukaryontischen Transportsystemen. Weitere repräsentative Vertreter der A. sind die Chloroquin-Resistenz-ATPase in *P. falciparum*, das Sexual-Pheromon-Exportsystem bei Hefen, die Peptidpumpe in ER-Membranen bei Wirbeltieren, das mit der Mucoviscidose assoziierte ↗ *CFTR-Protein* (cystische-Fibrose-Transmembran-Regulatorprotein) u.a. [C.F. Higgins *Annu. Rev. Cell Biol.* **8** (1992) 67.]

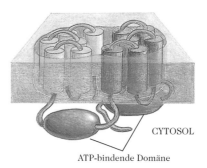

CYTOSOL

ATP-bindende Domäne

ABC-Transporter

Abfangreaktion, eine durch Zugabe geeigneter Substanzen (auch von Enzymen) erzwungene irreversible oder quasi-irreversible Folgereaktion, bei der es zum Abfangen des Produktes kommt, wenn die Lage des thermodynamischen Gleichgewichtes keinen vollständigen Substratumsatz ermöglicht. So basiert z.B. der Aktivitätstest der ↗ *Alkohol-Dehydrogenase* auf einer A. des Acetaldehyds durch zugegebenes Semicarbazid, wobei das Semicarbazon CH_3-CH=N-NH-CO-NH$_2$ gebildet wird.

Abietinsäure, eine Diterpencarbonsäure. M_r 302,46 Da, F. 173–175 °C, Sdp.$_{.9,5}$ 248–250 °C, $[\alpha]_D$ –106 ° (Alkohol). A. und die isomere *Neoabietin-*

säure – F. 171–173 °C, $[\alpha]_D$ +161 ° (Alkohol) –, lassen sich leicht ineinander umwandeln. Als Harzsäuren sind beide Verbindungen Hauptbestandteil (bis zu 90 %) des Kolophoniums, aus dem sie durch Einwirkung von Hitze oder Säuren – möglicherweise als Umlagerungsprodukte anderer Diterpensäuren – gewonnen werden. Derivate der A. finden sich in der Grundsubstanz des Bernsteins (Abb.).

Abietinsäure

A-Bindungsstelle, Abk. für ↗ *Aminoacyl-tRNA-Bindungsstelle.*

Abiogenese, *Urzeugung*, Entstehung von Lebewesen aus anorganischen und organischen Substanzen und nicht durch Reproduktion anderer Lebewesen. Die A. ist Gegenstand verschiedener wissenschaftlicher Theorien. Sie beschreibt einen Mechanismus für die Erzeugung einfachster Lebensformen aus nichtlebenden organischen Verbindungen und erklärt möglicherweise den Ursprung des Lebens.

Neuere Theorien gehen davon aus, dass sich die Zusammensetzung der primitiven Erdatmosphäre vor vier Milliarden ($4 \cdot 10^9$) Jahren von der Atmosphäre der Gegenwart sehr stark unterschied.

Insbesondere handelte es sich um eine reduzierende Atmosphäre ohne Sauerstoff (der erst vor ca. $3 \cdot 10^9$ Jahren hinzukam), die viel Stickstoff enthielt. Unter den hochenergetischen Bedingungen jener Zeit (hohe Temperaturen, UV-Strahlung, elektrische Entladung) liefen chemische Reaktionen ab, aufgrund derer sich möglicherweise Vorstufen lebender Organismen bildeten. Oparin nannte diesen Prozess abiogene oder präbiotische organische Evolution. So wurden in der primitiven Atmosphäre polymere Kohlenwasserstoff-Derivate unter der Wirkung von UV-Licht aus Wasser, Methan, Ammoniak, Schwefelwasserstoff und Kohlenmonoxid gebildet. Cyanwasserstoff war für die Synthese von Biomolekülen ebenfalls von Bedeutung. Unter simulierten primitiven Erdbedingungen können drei Zwischenprodukte von HCN (Cyanacetylen, Nitril, Cyanamid) mit Aldehyden, Ammoniak und Wasser in Wechselwirkung treten und verschiedene organische Verbindungen, insbesondere Aminosäuren, Pyrimidine, Purine und Porphyrine bilden. In Modellexperimenten synthetisierte Miller 14 der 20 proteinogenen Aminosäuren, indem er eine simu-

lierte primitive Atmosphäre elektrischen Entladungen aussetzte. Von Oró et al. demonstrierten die Bildung von Adenin und Guanin durch Wärmepolymerisation von Ammoniumcyanid in wässriger Lösung. Ferner wird in Experimenten mit simulierter primitiver Atmosphäre spontan Formaldehyd gebildet. Beim Erwärmen mit Calciumcarbonat liefert Formaldehyd verschiedene Zucker, wodurch der Weg für die Entstehung von Nucleosiden und Nucleotiden frei ist.

Man nimmt an, dass Polypeptide durch Selbstkondensation abiotisch produzierter Aminosäuren gebildet werden und Polynucleotide durch Selbstkondensation abiotisch produzierter Nucleotide. Solche Kondensationen können durch verschiedene Mechanismen begünstigt werden. Man weiß insbesondere, dass Polyphosphate oder Polyphosphatester als Dehydratisierungsagentien bei der Bildung von Peptiden aus Aminosäuren fungieren, wenn sie erwärmt oder mit UV-Licht bestrahlt werden. Solche Polyphosphate, die gute Vorstufen von ATP sind, könnten entweder durch das Einwirken von Cyanacetylen bzw. Cyanguanidin oder unter dem Einfluss hoher Temperaturen (z. B. in der Nähe von Vulkanen) aus Phosphatmineralien hervorgehen. Für das Entstehen einer echten Lebensform, die – ausgestattet mit der unentbehrlichen Kopplung zwischen Nucleinsäuren und Proteinsynthese – zu Weiterentwicklung und Evolution fähig ist, mußte das präbiotische Material in diskrete Einheiten unterteilt werden. Man nimmt deshalb an, dass der nächste signifikante Schritt in der Evolution der Lebensformen die Bildung intern organisierter Zellen war. Im Hinblick darauf wird der Bildung präzellulärer Strukturen, wie Oparins Koazervaten und Foxes Mikrosphären, besondere Bedeutung beigemessen. Es ist sehr wahrscheinlich, dass präbiotische Membranen durch die Aggregation präbiotischer Lipide gebildet wurden.

Der direkte Weg von abiotischen Verbindungen hoher Molekularmasse der primitiven Erde zu den ersten wirklichen lebenden Organismen ist jedoch großteils ungeklärt, da er experimentell sehr schwer zu erforschen ist. Es gibt im Wesentlichen zwei Hypothesen zum Ursprung der Protobionten, die metabolische oder Proteinhypothese und die Gen- oder Nucleinsäurehypothese. In der Proteinhypothese wird der Rolle der Proteine in der präbiotischen Evolution Vorrang gegeben. Somit erwerben membrangebundene, replikative Protozellen, die katalytisch aktive Proteinoide enthalten, später ein codierendes System und werden zu primitiven lebenden Zellen. In der Genhypothese wird den Nucleinsäuren Vorrang gegeben. Diese Hypothese, die ursprünglich 1929 von H. Muller aufgestellt wurde, besagt, dass das Leben seinen Ursprung in der präbiotischen Bildung von Genen hat, die für den gesamten Metabolismus und die Selbstreplikation codieren. Die notwendigen Aminosäuren wurden dann bei zufälligen Zusammenstößen erworben. Eine Weiterentwicklung dieser Hypothese wurde nach der Aufklärung der chemischen Struktur des genetischen Materials – durch Watson und Crick und andere – möglich.

ABP, _auxinbindendes Protein_ (↗ _Auxine_).

Abrin, ein toxisches Protein, das dem ↗ _Ricin_ ähnelt, ↗ _Abrine_.

Abrine, Glycoproteine (M_r 63–67 kDa) aus dem roten Samen der Paternostererbse (_Abrus precatorius_) mit phytotoxischer Wirkung. Sie sind aus zwei Ketten (A-Kette: M_r 30 kDa; B-Kette: M_r 35 kDa) aufgebaut, die durch Disulfidbrücken miteinander verbunden sind. Die Toxizität der A. A bis D beruht auf der Hemmung der ↗ _Proteinbiosynthese_. Sie finden Verwendung beim _drug targeting_ in der Tumortherapie als Konjugate mit monoklonalen Antikörpern. [A.J. Cumber et al. _Methods Enzymol._ **112** (1985) 207].

Abscisin, ↗ _Abscisinsäure_.

Abscisinsäure, _Abscisin, Dormin, ABA_ (engl. _abscisic acid_), _(S)-(+)-5-(1'-Hydroxy-4'-oxo-2',6',6'-trimethyl-2-cyclohexen-1-yl)-3-methyl-cis,trans-2,4-pentadionsäure_, ein Sesquiterpen-Phytohormon, das in höheren Pflanzen allgegenwärtig ist. Es kommt auch in _Bryophyta_ vor, nach älteren Untersuchungen jedoch nicht in Lebermoosen. Es wurde angenommen, dass dort die Lunularsäure (ein Dihydro-Stilben) die gleiche Funktion ausübt. A. wurde jedoch in dem Gametophyten des Lebermooses _Marchantia polymorpha_ – in ähnlichen Konzentrationen wie in höheren Pflanzen – eindeutig identifiziert. Möglicherweise fungiert A. hier ebenfalls als Hormon [Xiaoye Li et al. _Phytochemistry_ **37** (1994) 625–637].

In Abhängigkeit davon, ob die $\Delta^{2,3}$-Doppelbindung _cis_ oder _trans_ orientiert ist, sind zwei Stereoisomere möglich. Das _cis_-Isomer überwiegt in allen Pflanzen. Das _trans_-Isomer wird gelegentlich in geringen Mengen gefunden, scheint aber nicht biologisch aktiv zu sein. Nur die (+)-Form kommt natürlich vor. Ihre Konzentration hängt vom Pflanzenorgan und seinem Entwicklungsstadium ab (durchschnittlich 100 µg/kg Frischgewicht). Relativ große Mengen sind in Früchten, ruhenden Samen, Knospen und verwelkten Blättern vorhanden.

Abscisinsäure. Biosyntheseweg. Vermutlich ist all-_trans_-Neoxanthin eine Zwischenstufe in der gezeigten Umwandlung von all-_trans_-Violaxanthin in 9'-_cis_-Neoxanthin.

A. wirkt als Antagonist von Auxin, Gibberellinsäure und Cytokininen. Im Zusammenwirken mit diesen anderen Phytohormonen ist A. an der Regulation wichtiger Wachstums- und Entwicklungsprozesse – wie z.B. Samen- und Knospenruhe, Stomaatmung, Blühen, Keimen und Altern – beteiligt. Sie spielt bei der Anpassung der Pflanzen an Umweltveränderungen eine Rolle. So kommt sie im Xylemsaft vor, wo sie als chemisches Signal zwischen Wurzel und Trieb dient [A. Bano et al. *Aust. J. Plant Physiol.* **20** (1993) 109–115; A. Bano et al. *Phytochemistry* **37** (1994) 345–347]. Wasserstress (Wasserknappheit oder Überschwemmung) wird zuerst durch die Wurzeln wahrgenommen. Der daraus resultierende Transport von A. zum Trieb induziert das Schließen der Stomata und manchmal auch die Synthese eines Proteins, das möglicherweise das Gewebe vor Folgen der Austrocknung bewahrt. Die Gegenwart von A. in den Pflanzen verhindert die vorzeitige Keimung der sich entwickelnden Samen und scheint die Synthese bestimmter Samenproteine zu induzieren. Die Induktion hydrolytischer Enzyme durch Gibberellinsäure in der Aleuronschicht von Getreidekörnern wird durch das Vorhandensein von A. verhindert. A. ist auch an der Reaktion der Pflanzengewebe auf physikalische Beschädigung beteiligt, möglicherweise gemeinsam mit ↗ *Jasmonsäure.* Das Schließen der Stomata durch A. ist hauptsächlich auf das Ausströmen von K^+ zurückzuführen. A. kann entweder direkt auf die K^+-Kanäle wirken, oder der Verlust an K^+ kann durch einen Anstieg der Ca^{2+}-Konzentration im schützenden Zellcytoplasma verursacht werden. Viele Gene, die für Stressproteine (bei Austrocknung, tiefer Temperatur, Verletzung usw. induzierte Proteine, ↗ *Hitzeschockproteine*), Speicherproteine und Toleranz gegenüber Austrocknung verleihende Proteine codieren, weisen in Gegenwart von A. eine erhöhte Expressionsrate auf. Die Promotorregionen mehrerer A.-induzierter Gene enthalten A.-Response-Elemente, z.B. wurde die Consensus-Sequenz CACGTG in Weizen-*Em* (early methionine labeled), Reis-*Rab* (responsive to A.) und Baumwolle-*LEA* (late embryo A.) gefunden. DNA-Bindungsproteine vom Typ des ↗ *Leucin-Reißverschlusses* binden an die Consensussequenz und unterstützen die Expression [A.M. Heatherington u. R.S. Quatrano *New Phytol.* **119** (1991) 9–32]. Die molekulare Grundlage der A.-Wirkung ist unbekannt und es wurde kein Rezeptor nachgewiesen.

A. wird hauptsächlich in den Chloroplasten der Blätter und in den Wurzeln synthetisiert. Sie ist ein echtes Terpen, das, von Mevalonsäure ausgehend, über Isopentenyl-pyrophosphat aufgebaut wird. A. wird jedoch nicht direkt über eine C_{15} (Sesquiterpen)-Verbindung hergestellt, sondern indirekt durch Abbau eines C_{40}-Terpens (apo-Carotin). Der geschwindigkeitsbestimmende Schritt der Biosynthese scheint die Umwandlung von all-*trans*-Violaxanthin in 9'-*cis*-Neoxanthin zu sein (Abb.). Diese Umwandlung wird durch Wassermangel gefördert. Der Syntheseweg endet mit der Oxidation von Abscisin-Aldehyd zu A. durch eine Mo-haltige Aldehyd-Oxidase [A.D. Parry u. R. Horgan *Physiol. Pl.* **82** (1991) 320–326]. Eine direkte Synthese von A. über Mevalonsäure, Geranyl- und Farnesylpyrophosphat findet bei den Pilzen *Cercospora rosicola* und *C. cruenta* statt. In höheren Pflanzen wird die A. von ihrem Glucoseester und ihrem *O*-Glucosid begleitet, die vermutlich die Transport- und Speicherformen darstellen. Sie wird durch 8'-Oxidation zu Phassäure metabolisiert und inaktiviert.

Abscission, das bei Pflanzen durch einen hormonell regulierten Zelltod (↗ *Apoptose*) verursachte Abwerfen von Blättern, Früchten und Blüten (↗ *Abscisinsäure*).

absolute Öle, ↗ *etherische Öle.*

Absorbanz, Syn. für ↗ *Extinktion.*

Absorption, die Abnahme der Intensität von elektromagnetischer Strahlung oder Korpuskularstrahlung beim Durchgang durch einen festen, flüssigen oder gasförmigen Körper. Bei der A. erfolgt eine teilweise Umwandlung der Strahlungsenergie in andere Energieformen, wie Wärmeenergie, Anregungsenergie u.a. Der Quotient von absorbierter (I_A) zu auffallender Strahlung (I_0) heißt *Absorptionsvermögen.* Der Ausdruck $I_A / I_0 \cdot 100$ wird als prozentuale A. bezeichnet.

Wenn monochromatische Strahlung parallel eine homogene Substanz durchdringt, dann werden von Schichten gleicher Dicke gleiche Bruchteile der Strahlung absorbiert. Das Absorptionsgesetz $I_D = I_0 \cdot e^{-a \cdot d}$ wurde zuerst von Lambert und Bouguer formuliert, wobei I_D die Intensität der durchgelassenen, I_0 die Intensität der auffallenden Strahlung, d die Schichtdicke und a den Absorptionskoeffizienten bedeuten. Meist wird das Absorptionsgesetz in der Form $\ln(I_0 / I_D) = a \cdot d$ angegeben. Der Absorptionskoeffizient ist in starkem Maße von der Frequenz der Strahlung sowie der Natur der durchstrahlten Probe abhängig. ↗ *Extinktion.*

Absorptionsgrad, Syn. für ↗ *Absorptionsvermögen.*

Absorptionskoeffizient, die Proportionalitätskonstante a im Beerschen Gesetz der Licht-Absorption, ↗ *Absorption.*

Absorptionsvermögen, Absorptionsgrad, das Verhältnis von absorbierter zu auffallender elektromagnetischer Strahlung beim Stoffdurchgang, ↗ *Absorption.*

Abtrennungsproteine, ↗ *Gelsolin.*

Abzym, ↗ *katalytische Antikörper.*

Acanthosomen, Clathrin-coated pits, ein spezialisierter Plasmamembranbereich, der ca. 2% der

Plasmamembran ausmacht, worin der endocytotische Zellzyklus beginnt. Elektronenmikroskopisch erscheinen die Pits als Membraneinstülpungen, deren Innenseite mit dicht gepacktem Material (↗ *Clathrin*) verkleidet ist. Ungefähr eine Minute nach ihrer Bildung entstehen daraus die Clathrin-coated Vesicles (↗ *Coated Vesicles*).

Accelerin, Faktor V_a der Blutgerinnung, der aus der Vorstufe Proaccelerin entsteht (↗ *Blutgerinnung*).

ACC-Oxidase, ↗ *Ethylen*.

ACC-Synthase, ↗ *Ethylen*.

ACE-Hemmer, Verbindungen, die die Aktivität des ↗ *Angiotensin-Conversionsenzyms* (ACE) herabsetzen und dadurch eine Blutdrucksenkung hervorrufen. Aus diesem Grund sind A. von großem therapeutischem Interesse. Die blutdrucksenkende Wirkung der A. beruht auf mehreren Teilwirkungen. Zum einen wird die Bildung des Vasokonstriktors Angiotensin II und zum anderen der Abbau des Bradykinins reduziert. Im letztgenannten Fall wirkt ACE als Kininase II. Die Anreicherung von Bradykinin hat zur Folge, daß in den Gefäßendothelzellen ↗ *Stickstoffmonoxid* synthetisiert wird. Beide Effekte der ACE-Hemmung wirken an den Gefäßen synergistisch relaxierend.

Alle bekannten A. sind prinzipiell Analoga der C-terminalen Sequenz des Angiotensin I, dem natürlichen Substrat von ACE (↗ *Angiotensin*). Der erste A., der zur klinischen Anwendung auf den Markt kam, war ↗ *Captopril*. Neuere A. enthalten keine Thiolgruppe. Die meisten A. binden über ihre Carboxylatfunktion an das Zink(II)-Ion im aktiven Zentrum des ACE (Chelatbildung). Man unterteilt die A. in zwei Gruppen: 1) unmittelbar wirksame Inhibitoren, wie das Captopril u.a. und 2) inaktive, veresterte Vorstufen („Prodrugs"), die erst in der Leber zur metabolisch wirksamen Carboxylatform umgewandelt werden, wie z.B. das Enalaprilat, das aus dem Enalapril gebildet wird (Abb.). A. sind sehr effektive Antihypertensiva. Der Hauptmechanismus der akuten antihypertensiven Wirkung ist die Unterdrückung der Synthese von Angiotensin II mit der daraus resultierenden Verminderung der Vasokonstriktion und geringeren Stimulation der Aldosteronproduktion.

Acetaldehyd, Ethanal, CH_3-CHO, eine wichtige Zwischenverbindung im Abbau der Kohlenhydrate. In seiner aktivierten Form (↗ *Thiaminpyrophosphat*) ist es an zahlreichen Reaktionen (↗ *alkoholische Gärung*) beteiligt. Zwei Moleküle Acetaldehyd können eine Acyloin-Kondensation durchlaufen und ↗ *Acetoin* bilden.

3'-Acetamido-3'-desoxyadenosin, ↗ *3'-Amino-3'-desoxyadenosin*.

Acetat-Kinase, Acetokinase, (EC 2.7.2.1), ↗ *Acetylphoshat*, ↗ *phosphoroklastische Pyruvatspaltung*, ↗ *Acetyl-Coenzym A*.

Acetat-Thiokinase, das Enzym, das die Umwandlung von Fluoracetat in Fluoracetyl-CoA katalysiert:

$F-CH_2COO^- + CoA-SH + ATP \rightarrow$
$F-CH_2CO-S-CoA + AMP + PP_i$.

In der Natur kommt Fluoressigsäure z.B. als giftiger Inhaltsstoff in den Blättern der südafrikanischen Pflanze *Dichapetalum cymosum* vor und ist Ursache für Viehvergiftung. Die toxische Wirkung von Fluoressigsäure ist darauf zurückzuführen, dass sie nach dem Eintritt in die Zelle durch die A. in Fluoracetyl-CoA umgewandelt wird. Dieses wird im ↗ *Tricarbonsäure-Zyklus* zu Fluorcitrat umgesetzt, das mit dem natürlichen Substrat Citrat um die Bindungsstelle an der ↗ *Aconitat-Hydratase* konkurriert und so den Tricarbonsäure-Zyklus blockiert. Eine Fluoracetatvergiftung ist tödlich, weil alle für die ATP-Produktion notwendigen katabolischen Prozesse zum Stillstand kommen. Fluoressigsäure wird zur Bekämpfung von Nagetieren auch industriell hergestellt.

Acetessigsäure, β-Ketobuttersäure, Diacetsäure, CH_3COCH_2COOH, ist in aktivierter Form als ↗ *Acetoacetyl-Coenzym A* Zwischenprodukt beim ↗ *Fettsäureabbau* und beim Abbau der Aminosäuren ↗ *L-Leucin*, ↗ *L-Lysin*, ↗ *L-Phenylalanin*, ↗ *L-Tryptophan* und ↗ *L-Tyrosin*. Beim Abbau von Leucin, Phenylalanin und Tyrosin treten A. bzw. deren Salze (Acetoacetat) auch in freier Form auf. Größere Mengen werden als ↗ *Ketonkörper* in Blut und Harn bei Hunger oder bei Zuckerkrankheit (↗ *Diabetes mellitus*) angehäuft. ↗ *Decarboxylierung* führt zu ↗ *Aceton*. In aktivierter Form als ↗ *Acetoacetyl-ACP* ist A. Zwischenprodukt bei der ↗ *Fettsäurebiosynthese*.

Acetidin-2-carbonsäure, ist eine giftig wirkende, besonders in Maiglöckchen (*Convallaria majalis*) vorkommende nichtproteinogene ↗ *Aminosäure* mit Prolin-homologer Struktur. Sie wird in den meisten Organismen anstelle von ↗ *L-Prolin* in ↗ *Proteine* eingebaut und bewirkt dadurch fehlerhafte Sekundär- bzw. Tertiärstrukturen von Proteinen,

Enalapril → Enalaprilat

ACE-Hemmer. Die inaktive Vorstufe Enalapril („Prodrug") wird zur metabolisch wirksamen Carboxylatform Enalaprilat verseift.

was sich wiederum in Minderung oder Ausfall der Funktionsfähigkeit der meisten Proteine auswirkt. Diese Giftwirkung tritt im Maiglöckchen selbst nicht auf, da hier eine Prolyl-tRNA-Synthetase höherer Spezifität vorliegt, die A. nicht an tRNA koppelt und damit deren Einbau in Proteine verhindert.

Acetoacetat, Salz der ↗ *Acetessigsäure*. ↗ *Acetoacetat-Decarboxylase*.

Acetoacetat-Decarboxylase, das Enzym, das die Abspaltung der Carboxygruppe (CO_2) aus Acetoacetat (↗ *Acetessigsäure*) unter Bildung von ↗ *Aceton* katalysiert (↗ *Ketonkörper*). Bei gesunden Menschen werden nur sehr geringe Mengen Aceton aus Acetoacetat gebildet. Bei Diabetikern (↗ *Diabetes mellitus*), die nicht behandelt werden, entstehen dagegen als Folge des Mangels an ↗ *Insulin* neben anderen charakteristischen Stoffwechselstörungen große Mengen Acetoacetat, die von der A. zu Aceton umgesetzt werden. Aceton wirkt toxisch und ist für den charakteristischen Geruch des Atems von Diabetikern verantwortlich.

Acetoacetyl-ACP, an ↗ *Acyl-Carrier-Protein* (ACP) gebundene ↗ *Acetessigsäure*. A. ist ein Zwischenprodukt bei der ↗ *Fettsäurebiosynthese*.

Acetoacetyl-CoA, Abk. für ↗ *Acetoacetyl-Coenzym A*.

Acetoacetyl-Coenzym A, *Acetoacetyl-CoA*, mit Hilfe von Coenzym A aktivierte ↗ *Acetessigsäure*, in der die Acetoacetylgruppe analog der Acetatgruppe in ↗ *Acetyl-Coenzym A* gebunden ist. A. ist die letzte Zwischenstufe beim Abbau der Fettsäuren (↗ *Fettsäureabbau*) und der Aminosäuren ↗ *L-Leucin*, ↗ *L-Phenylalanin*, ↗ *L-Tryptophan* und ↗ *L-Tyrosin* zu Acetyl-Coenzym A. In der Leber erfolgt der Aufbau von A. aus 2 Molekülen Acetyl-Coenzym A.

Acetogenine, ↗ *Polyketide*.

Acetoin, *3-Hydroxy-2-butanon*, *Acetylmethylcarbinol*, CH_3-CO-$CHOH$-CH_3, ein Zwischenprodukt im Stoffwechsel verschiedener Bakterien. 1) Einige Milchsäurebakterien bilden A. durch Reduktion mit Hilfe der Acetoin-Dehydrogenase aus ↗ *Diacetyl*, welches bei der Decarboxylierung von Acetolactat durch die Acetolactat-Decarboxylase gebildet wird. 2) In einigen Mikroorganismen (*Bacilli*) wird Acetoin durch die D(−)-Butandiol-Dehydrogenase in 2,3-Butandiol umgewandelt. 3) *Enterobacteriaceae* bilden A. bei der ↗ *2,3-Butandiol-Gärung* als Vorstufe zum Ausscheidungsprodukt 2,3-Butandiol.

Acetoin-Dehydrogenase (EC 1.1.1.5), ↗ *Acetoin*.

Acetokinase, ↗ *Acetat-Kinase*.

Acetolactat-Decarboxylase (EC 4.1.1.5), ↗ *Acetoin*.

Aceton, *Dimethylketon*, CH_3COCH_3, ist eine farblose, aromatisch riechende Flüssigkeit und das einfachste Keton. A. ist ein wichtiges Lösungs-, Extraktions- und Fällungsmittel. Es entsteht in der Zelle durch ↗ *Decarboxylierung* von ↗ *Acetessigsäure* und häuft sich unter abnormen Bedingungen, wie Hunger oder Zuckerkrankheit (↗ *Diabetes mellitus*), als ↗ *Ketonkörper* in Blut und Harn (Acetonurie, Ketonurie) an. ↗ *Acetoacetat-Decarboxylase*, ↗ *Buttersäure-Butanol-Aceton-Gärung*.

Aceton-Butanol-Gärung, die ↗ *Buttersäure-Butanol-Aceton-Gärung*.

Acetonurie, ↗ *Aceton*.

Acetylcarnitin, ↗ *Carnitin*.

Acetylcholin, ein sowohl bei Vertebraten als auch Evertebraten vorkommender ↗ *Neurotransmitter* in neuromuskulären Synapsen und in den Synapsen folgender Nerven: 1) alle motorischen Nerven zum Skelettmuskel; 2) alle präganglionären Nerven, einschließlich der Nervenversorgung des Nebennierenmarks; 3) alle postganglionären, parasympathischen Nerven; 4) postganglionäre, sympathische Nerven zu den Schweißdrüsen; und 5) einige postganglionäre, sympathische Nerven zu den Blutgefäßen in Skelettmuskeln. Nach der Freisetzung vom Nervenende in die Synapse bindet A. an Rezeptoren des postsynaptischen Neurons und löst damit eine Reaktion aus. Danach wird es vom Rezeptor abgespalten und schnell mit Hilfe der ↗ *Acetylcholin-Esterase* abgebaut (Abb. 1). Nerven, die A. als chemischen Transmitter benutzen, werden *cholinerge Nerven* genannt.

A. löst – abhängig von seiner Konzentration – zwei verschiedene physiologische Wirkungen aus. Die Injektion kleiner Mengen an A. ruft die gleiche Reaktion hervor wie die Injektion von ↗ *Muscarin*, z.B. einen Abfall des Blutdrucks (wegen Gefäßerweiterung), Verlangsamung des Herzschlags, erhöhte Kontraktion an glatten Muskeln in vielen Organen und starke Sekretion exokriner Drüsen. Dieser muscarine Effekt von Muscarin oder A. wird durch Atropin aufgehoben. Nach Verabreichung von Atropin bewirken größere Mengen an A. eine Erhöhung des Blutdrucks, analog der Wirkung von Nicotin. Nicotinische cholinerge Synapsen werden in neuromuskulären Verbindungen von Vertebra-

Acetyl-CoA: Cholin-O-Acetyltransferase (EC 2.3.1.6) oder Cholinacetylase

Acetylcholin. Abb. 1. Synthese (im Nervenende) und Abbau (in der Synapse) von Acetylcholin.

ten, bestimmten Ganglien, zentralen Synapsen und den Elektroplaques von *Torpedo* gefunden. Muscarinische cholinerge Synapsen sind in glatten Muskeln, Herzmuskeln, Ganglien und vielen zentralen Regionen des Gehirns tätig. Im Gehirn und zentralen Nervensystem wird die Zahl der nicotinischen Synapsen von den muscarinischen um das 10–100fache übertroffen. Die nicotinischen cholinergen Rezeptoren werden in Ganglien durch Tetraethylammonium und in neuromuskulären Synapsen durch Curare (↗ *Curare-Alkaloide*) blockiert. Durch α-Bungarotoxin, einen Bestandteil des Schlangengifts, werden sie irreversibel besetzt. Muscarinische cholinerge Rezeptoren des postganglionären parasympathischen Systems werden durch Atropin und Scopolamin blockiert, die deswegen als parasympatholytische Agenzien bezeichnet werden. Andere Substanzen inhibieren die Aktivität von A.-Esterase und lösen so eine Nervenlähmung aus. Physostigmin z.B. ist ein reversibler Inhibitor, wogegen bestimmte organische Phosphate, die als Insektizide eingesetzt werden, irreversible Inhibitoren sind. Andere Inhibitoren der Acetylcholin-Esterase, wie die organischen Fluorophosphate, zählen zu den wirksamsten chemischen Kampfmitteln (Tab.).

Acetylcholin. Tab. Wirkstoffe, die cholinerge Systeme beeinflussen.
* Wirkung hauptsächlich auf periphere Ganglien.
Strukturformeln, die in dieser Tabelle nicht aufgeführt sind, können unter einem eigenen Stichwort gefunden werden.

Muscarinische Agonisten: Acetylcholin, Muscarin, Carbachol, Methacholin, Bethanechol, Pilocarpin, Arecolin, Oxotremorin.

Muscarinische Antagonisten: Atropin, Scopolamin, Benztropin (blockiert auch die Dopaminaufnahme), Quinuclidinylbromid, Pirenzipin.

Nicotinische Agonisten: Acetylcholin, Nicotin*, Carbachol, Arecolin, Suberyldicholin, Tetramethylammonium*, Phenyltrimethylammonium*, Dimethylphenylpiperazin*.

Nicotinische Antagonisten: D-Tubocurarin, Succinylcholin (Depolarisierung, Desensitivierung), Gallamin, Pempidin*, Mecamylamin*, Hexamethonium*, Pentolinium*, Pancuronium, α-Bungarotoxin.

Inhibitor der Acetylcholinsynthese: 4-Naphthylvinylpyridin.

Pumpeninhibitoren (verhindern das Eintreten von Cholin in die Nervenzelle und führen zum Zusammenbruch der Acetylcholinsynthese): Triethylcholin, Hemicholinium.

Cholin-Esterase-Inhibitoren (werden eingesetzt, um die Cholin-Esterase bei der histochemischen Bestimmung von Acetylcholin-Esterase auszuschalten): Diisopropylphosphofluoridat, Neostigmin, Physostigmin, Edrophonium.

Freisetzungsinhibitor: Botulinus-Toxin.

spezifisch bindende Agenzien: α-Bungarotoxin, Propylbenzilylcholin-Senfgas, Quinuclidinylbenzilat.

$$(CH_3)_3\overset{+}{N}CH_2CH_2-O-\overset{\overset{\displaystyle O}{\|}}{C}-NH_2$$

Carbamylcholin (Carbachol; stimuliert zuerst Skelettmuskeln, blockiert dann die neuromuskuläre Übertragung).

$$(C_2H_5)_4\overset{+}{N}$$

Tetraethylammonium

$$(CH_3)_3\overset{+}{N}(CH_2)_5\overset{+}{N}(CH_3)_3$$

Pentamethonium

$$(CH_3)_3\overset{+}{N}(CH_2)_6\overset{+}{N}(CH_3)_3$$

Hexamethonium

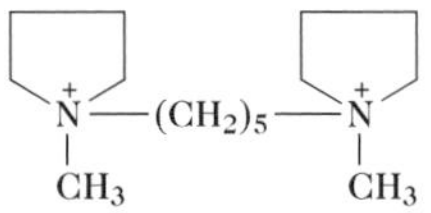

Pentolinium

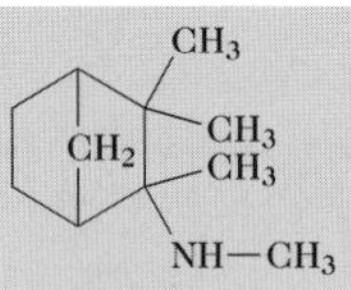

Mecamylamin

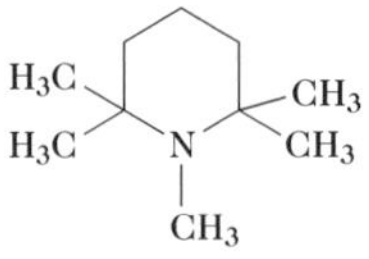

Pempidin

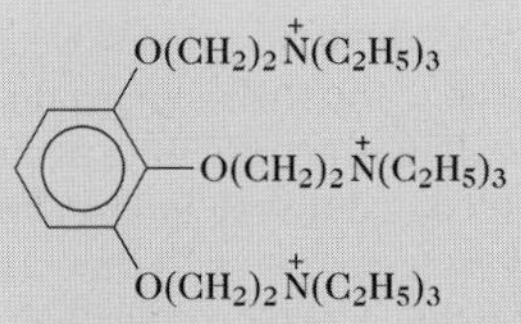

Gallamin (blockiert die neuromuskuläre Übertragung ohne vorhergehende Stimulation).

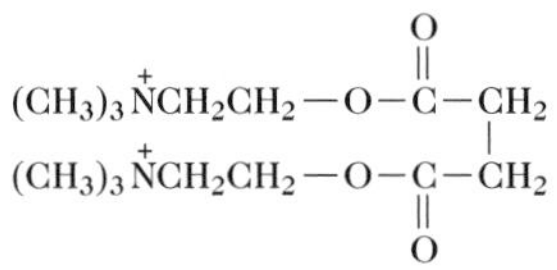

Succinylcholin (Suxamethonium; stimuliert zuerst Skelettmuskeln, blockiert dann die neuromuskuläre Übertragung).

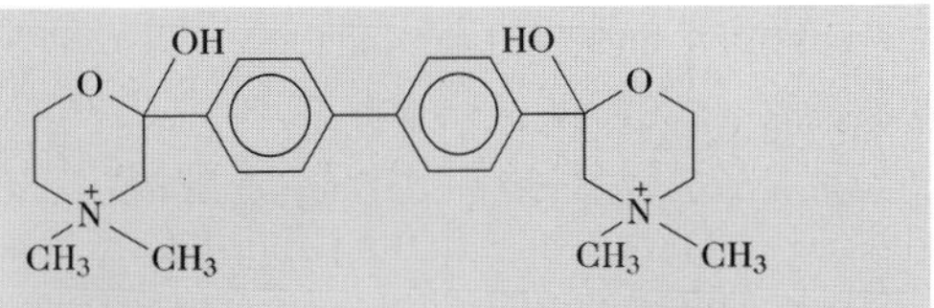

Hemicholinium (verhindert das Eintreten von Cholin in die Nervenzelle).

$$(C_2H_5)_3 \overset{+}{N}CH_2CH_2OH$$

Triethylcholin (verhindert das Eintreten von Cholin in die Nervenzelle).

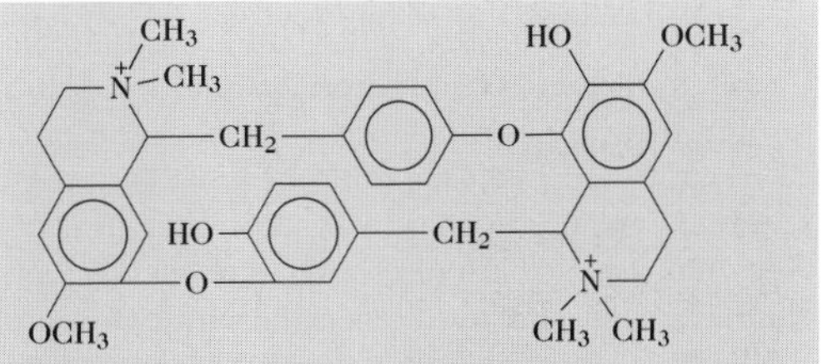

Tubocurarin (blockiert die neuromuskuläre Übertragung ohne vorhergehende Stimulation).

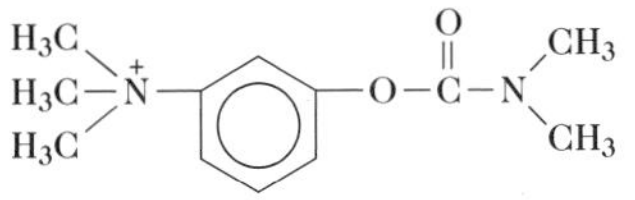

Neostigmin

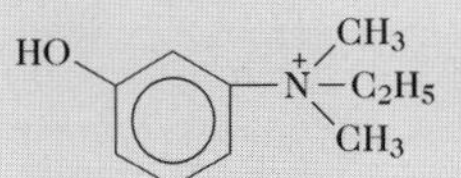

Edrophonium.

Nicotinische bzw. muscarinische Effekte werden durch nicotinische bzw. muscarinische Rezeptoren vermittelt. Diese Rezeptoren sind die Produkte von zwei verschiedenen Supergenfamilien, und die einzige gemeinsame Eigenschaft dieser Rezeptoren besteht darin, dass sie durch A. aktiviert werden. Der Muscarinrezeptor reagiert langsamer, da er G-Protein-gekoppelte Rezeptoren in seine Antwort mit einbindet. Der vom Effektor ausgelöste Mechanismus hängt vom Subtyp des Rezeptors ab. Er kann z.B. in der Inhibierung von Adenylat-Cyclase, der Bildung von Inositol-1,4,5-triphosphat aus Phosphatidylinositol durch eine spezifische Phospholipase C oder der Modulation (Öffnung) bestimmter K^+-Kanäle bestehen [D. Brown *Nature* **319** (1986) 358–359].

Die muscarinischen Rezeptoren entfalten einen hohen Heterogenitätsgrad, die Primärsequenz hat jedoch bei allen Formen Ähnlichkeit mit der des β_2-Adrenorezeptors und des Rhodopsins. Dies lässt vermuten, dass eine gemeinsame Struktur zugrunde liegt, die variiert wird:

1) es sind sieben Transmembran-Segmente vorhanden; 2) der N-terminalen Region fehlt eine Signalsequenz und sie enthält zwei N-Glycosylierungsstellen; 3) die C-terminale Region enthält mehrere Threonin- und Serinreste (Phosphorylierungsstellen); und 4) alle Mitglieder dieser Gruppe sind Zellmembranproteine, die mit G-Proteinen wechselwirken.

Es wurden konventionelle Klonierungsstrategien eingesetzt, mit: a) Reinigung des Rezeptors aus der Großhirnrinde durch Affinitätschromatographie; b) Aminosäuresequenzierung des gereinigten Rezeptors; c) Aufbau von Oligonucleotidsonden auf der Grundlage partieller Aminosäuresequenzen; d) Verwendung dieser Sonden, um cDNA-Bibliotheken zu sreenen. Zusätzlich wurde eine Oligonucleotidsonde für einen Bereich konstruiert, der eine Sequenzhomologie zwischen der zweiten Transmembrandomäne des m1-Rezeptors von Ratten und dem β_2-adrenergischen Rezeptor von Hamstern aufweist. Diese Sonde wurde dazu verwendet, cDNA-Bibliotheken aus Rattencortex zu screenen. So wurden fünf pharmakologisch unterschiedliche muscarinische Rezeptorsubtypen (m1–m5) der Großhirnrinde von Ratten und Schweinen cloniert und sequenziert. Durch den Einsatz der Sequenzhomologiesonde wurden weitere Hybridisierungsbanden in Nucleotidbruchstücken der DNA aus Ratten und Menschen gefunden, was auf eine mögliche Existenz weiterer Rezeptorsubtypen hinweist [T. Kubo et al. *Nature* **323** (1986) 411–426; D.C. Hulme et al. *Annu. Rev. Pharmacol. Toxicol.* **30** (1990) 633–673].

m1, m3 und m5 sind mit der Produktion von Inositol-1,4,5-triphosphat gekoppelt, m2 und m4 mit der Inhibierung der Adenylat-Cyclase und der Modulation von K+-Kanälen. Sie werden alle durch Muscarin und Oxotremorin aktiviert und durch Atropin blockiert. Sie weisen außerdem beträchtliche Sequenzhomologie auf und die Strukturanalyse der Sequenz jedes einzelnen Rezeptors weist auf die Existenz von sieben Transmembran-Domänen hin, die die Acetylcholin-Bindungsstelle enthalten.

Die Besetzung des nicotinischen *Acetylcholinrezeptors* (durch A.) löst eine schnelle Reaktion durch direkte Aktivierung kationenselektiver Ionenkanäle aus (1–2 ms) und hat eine Depolarisierung der postsynaptischen Membran zur Folge. Der nicotinische cholinerge Rezeptor wurde aus Elektroplaques von *Torpedo californica* (Zitterrochen) und *Electrophorus electricus* (Zitteraal) und aus Muskeln von Vertebraten isoliert (Abb. 2). In allen drei Geweben handelt es sich um ein einziges Membranprotein (M_r 250 kDa), das aus vier Glycoprotein-Untereinheiten besteht – M_r α 40 kDa (50,1 kDa), β 50 kDa (53,7 kDa), γ 60 kDa (56,3 kDa) und δ 65 kDa (57,6 kDa) (der erste Wert

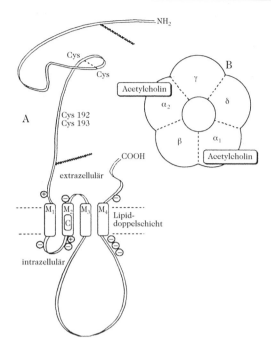

Acetylcholin. Abb. 2. A. Schematische Darstellung der α-Untereinheit des nicotinischen Acetylcholinrezeptors aus *Torpedo*. M_1, M_2, M_3 und M_4 stellen die transmembranen helicalen Regionen dar, die jeweils aus mindestens 20 hydrophoben Aminosäuren, d.h. 5 α-Helixwindungen, bestehen. ∿∿∿ sind Kohlenhydratreste. C ist eine Region von M_2 in den Untereinheiten β und δ, die den Kanalblocker Chlorpromazin irreversibel binden (Ser_{254} und Leu_{257} der β-Untereinheit; Ser_{262} der δ-Untereinheit). Die Cys-Cys-Schleife in der ausgedehnten N-terminalen extrazellulären Region ist für alle ligandengesteuerten Ionenkanäle charakteristisch. Die benachbarten Cys-Reste (-Cys_{192}-Cys_{193}-) kommen nur in den α-Untereinheiten vor.
B. Anordnung der Untereinheiten des nicotinischen Acetylcholinrezeptors, senkrecht zur Membranoberfläche betrachtet. Die Bindungsstellen für Acetylcholin und α-Toxin liegen auf den α-Untereinheiten.

wurde mit SDS-Gelelektrophorese bestimmt, der Wert in Klammern ist die exakte M_r, die aus der Aminosäure-Zusammensetzung errechnet wurde) – im Verhältnis 2 : 1 : 1 : 1, mit einer durchschnittlich 40%igen Übereinstimmung der Aminosäuresequenz zwischen allen vier Ketten [B.M. Conti-Troconi et al. *Science* **218** (1982) 1.227–1.229]. Die DNA aller vier Untereinheiten wurde kloniert und sequenziert [M. Noda et al. *Nature* **301** (1983) 251–254]. Verbindungen zur Bestimmung der kovalenten Affinität – [³H]-Bromacetylcholin und 4-(*N*-maleimido)-³H-benzyltrimethylammoniumjodid – markieren die α-Untereinheit durch Reaktion mit den Cysteinresten 192 und 193. Das bedeutet, dass jede der zwei α-Untereinheiten eine Acetylcholin-Bindungsstelle trägt, also jeder oligomere Rezeptor 2 Bindungsstellen besitzt. Wenn der nicotinische

Rezeptor in Liposomen oder planare Lipiddoppelschichten inkorporiert wird, ermöglicht er einen $^{22}Na^+$-Fluss, der durch A. gefördert und durch α-Bungarotoxin blockiert wird. Der nicotinische cholinerge Rezeptor gehört zu der Gruppe der *gesteuerten* (engl. *gated*) *Ionenkanäle* (hierzu gehören auch die Rezeptoren für γ-Aminobuttersäure, Glycin und 5-Hydroxytryptamin).

Nicotinische Rezeptoren vertebrater neuromuskulärer Knotenpunkte und elektrischer Organe der Fische gehören dem gleichen Subtyp an, den sogenannten *peripheren Rezeptoren*. Nicotinische Rezeptoren befinden sich außerdem in autonomen Ganglien und im Zentralnervensystem, wo sie unter dem Begriff *neuronale Rezeptoren* zusammengefasst werden. Letztere sind ebenfalls gesteuerte Kationenkanäle, die aber in struktureller Hinsicht eine heterogene Gruppe bilden und weniger gut charakterisiert sind als die peripheren Rezeptoren.

Alle vier Untereinheiten der peripheren nicotinischen Rezeptoren aus *Torpedo* oder anderen Quellen weisen ein hohes Maß an Übereinstimmung in der Aminosäuresequenz auf. Besonders enge Homologien bestehen zwischen den α- und β-Peptiden und zwischen den γ- und δ-Peptiden. Dies lässt darauf schließen, dass alle vier Peptide ihren Ursprung in einem einzigen Urgen haben, aus dem sich im Lauf der Evolution Gene für die Ketten des αβ- und des γδ-Typs entwickelt haben. Die Hydrophobizitätsanalyse sagt die Existenz von vier transmembranen α-helicalen Segmenten voraus (M1–M4). Das hydrophile N-terminale Ende jeder Untereinheit enthält Consensus-Sequenzen für die N-Glycosylierung und besteht aus mindestens 200 Resten. Es ist vermutlich extrazellulär angeordnet und enthält eine Cys-Cys-Loop-Domäne, wie sie von anderen gesteuerten Ionenkanälen bekannt ist (Cys-X-X-X-X-X-X-hydrophobisch-Pro-hydrophobisch-Asp-X-X-X-Cys). Da das Protein noch nicht kristallisiert wurde, ist keine Röntgenstruktur-Analyse möglich. Aber mit Hilfe der Elektronenstrahl-Mikroskopie von negativ geladenen Präparaten und Elektronenbild-Analysen von schnell gefrorenen Rezeptorproteinen wurde ein Strukturmodell entwickelt. Im Elektronenbild hat der Rezeptor senkrecht zur Ebene der Membran die Form einer Rosette mit einem Durchmesser von 8 nm, die aus fünf Elektronendichtepeaks besteht, die rund um eine zentrale Öffnung angeordnet sind. Diese Rosette bildet das Ende eines Zylinders, der die Membran durchspannt und größtenteils aus der extrazellulären Oberfläche herausragt, z.B. in den synaptischen Spalt. [E.S. Deneris et al. *Trends Pharmacol. Sci.* **12** (1991) 34–40]

Die Autoimmunkrankheit Myasthenia gravis ist auf das Vorhandensein von zirkulierenden Antikörpern zurückzuführen, die gegen den peripheren nicotinischen Rezeptor gerichtet sind. Die Bindung dieser Antikörper an den Rezeptor hat einen erhöhten Abbau des Rezeptors und eine erniedrigte Effizienz der neuromuskulären Transmission zur Folge. Der Zustand kann durch die Verabreichung von Acetylcholin-Esterase-Inhibitoren teilweise gebessert werden. [J. Newsom-Davis et al. in *Clinical Aspects of Immunology*, P.J. Lachmann et al. (Hrsg.), Blackwell Scientific Publications, Oxford 1993, 2.091–2.113]

Zur Identifizierung cholinerger Synapsen wird die Acetylcholin-Esterase histochemisch lokalisiert. Dieses Vorgehen basiert auf dem Verfahren von Koelle und Friedenwald [G.B. Koelle *Handb. Exp. Pharmakol.* **15** (1963) 187–298]. Als Substrat wird Acetyl- oder Butylthiochinolin verwendet und das Produkt – Thiochinolin – wird durch Fällung mit Blei- oder Kupfersalz sichtbar gemacht. Ein spezifischerer Marker für cholinerge Neuronen (Acetylcholin-Esterase ist in dopaminergen Zellen der *Substantia nigra* ebenfalls vorhanden) ist die Cholin-Acetylase.

A. ist phylogenetisch ein sehr altes Hormon, das auch in Protisten vorkommt. Es ist möglicherweise ein evolutionärer Vorläufer der Neurohormone. In Pflanzen, wie z.B. in den Härchen der Brennessel, befinden sich ebenfalls Spuren von A. Verwandte Verbindungen, z.B. Murexin in den Drüsen bestimmter Gastropoden, sind vermutlich Gifte. [D.S. Mc Gehee u. L.W. Role „Physiological Diversity of Nicotinic Acetylcholine Receptors Expressed by Vertebrate Neurons" *Annu. Rev. Physiol.* **57** (1995) 521–546; D.R. Groebe u. S.N. Abramson „Lophotoxin is a Slow Binding Irreversible Inhibitor of Nicotinic Acetylcholine Receptors" *J. Biol. Chem.* **270** (1995) 281–286; C. Czajkowski u. A. Karlin „Structure of the Nicotinic Receptor Acetylcholine-binding Site" *J. Biol. Chem.* **270** (1995) 3.160–3.164]

Acetylcholin-Esterase (EC 3.1.1.7), ein Enzym, das die Hydrolyse von ↗ *Acetylcholin* in Cholin und Acetat katalysiert. Aufgrund der hohen Wechselzahl der A. $(0,5–3 \cdot 10^6$ Substratmoleküle/Enzymmolekül/Min) wird das an einer Synapse freigesetzte Acetylcholin innerhalb von 0,1 ms hydrolysiert. Dieses Enzym ist im zentralen Nervensystem, insbesondere in den postsynaptischen Membranen der quergestreiften Muskulatur, den parasympathischen Ganglien, den Erythrozyten und im elektrischen Organ von Fischen enthalten. Kristalline A. (M_r 330 kDa) ist aus dem elektrischen Organ des Zitteraals (*Electrophorus electricus*) isoliert worden. Sie besteht aus vier identischen, enzymatisch inaktiven Untereinheiten mit M_r 82,5 kDa; halbe Moleküle, die aus zwei kovalent gebundenen Untereinheiten (M_r 165 kDa) bestehen, sind enzymatisch aktiv. Ein proteolytischer

Angriff auf die Untereinheiten erzeugt zwei Fragmente mit M_r 60 kDa und 22,5 kDa.

Das aktive Zentrum der A. besteht aus zwei Teilen, der anionischen Bindungsstelle für den quartären Stickstoff (die für die Alkoholspezifität verantwortlich ist) und dem Esterasezentrum (in welchem ein katalytischer Serin- und ein katalytischer Histidinrest die Esterbindung spaltet). Eine Blockade des Serinhydroxyls durch organische Phosphatester, wie Diisopropylfluorophosphat oder Diethyl-p-nitrophenylphosphat oder des anionischen Zentrums durch Trimethylammoniumderivate inaktiviert das Enzym. Wenn das Enzym durch Organophosphate blockiert worden ist, kann es durch Pralidoximsalze wieder reaktiviert werden. Diese werden daher als Antidot für Vergiftungen durch Organophosphate verwendet.

A. wird gelegentlich „echte Cholin-Esterase" genannt, im Gegensatz zu relativ unspezifischen A. (↗ *Cholin-Esterase*). [D.K. Getman et al. „Transcriptional Factor Repression and Activation of the Human Acetylcholinesterase Gene" *J. Biol. Chem.* **270** (1995) 23.511–23.519]

Acetylcholin-Esterase-Inhibitor, ↗ *Amaryllidazeen-Alkaloide*.

Acetylcholinrezeptor, ↗ *Acetylcholin*.

Acetyl-CoA, Abk. für ↗ *Acetyl-Coenzym A*.

Acetyl-CoA-Carboxylase (EC 6.4.1.2), ↗ *Fettsäurebiosynthese*.

Acetyl-CoA-Synthetase (EC 6.2.1.1), ↗ *aktivierte Fettsäuren*, ↗ *Acetyl-Coenzym A*.

Acetyl-CoA-Transacetylase (EC 2.3.1.9), ↗ *Acetyl-Coenzym A*.

Acetyl-Coenzym A, *Acetyl-CoA, aktiviertes Acetat, aktivierte Essigsäure*, CH_3CO-SCoA, ein Derivat der Essigsäure, bei dem der Essigsäurerest CH_3CO- energiereich an die freie SH-Gruppe des Coenzyms A gebunden ist (M_r 809,6 Da; $\lambda_{max} = 260$ nm, Farbtafel VIII, Abb. 1). A. ist als sehr reaktionsfähiger Thioester mit hohem Gruppenübertragungspotenzial ein universelles Zwischenprodukt, welches das C_2-Bruchstück (Acetylrest) für zahlreiche Synthesen zur Verfügung stellt. Die freie Energie der Bindung (34,3 kJ/mol = 8,2 kcal/mol) hat dagegen als Energiespeicher keine Bedeutung. Bei den durch A. vermittelten Übertragungsreaktionen kann sowohl die Carboxylgruppe (elektrophile Reaktion) als auch die Methylgruppe (nucleophile Reaktion) reagieren.

Für die Synthese von A. haben überragende Bedeutung (Tab.) 1) die oxidative Decarboxylierung von Pyruvat, 2) der Abbau der Fettsäuren und 3) der Abbau einzelner Aminosäuren.

Die Bildung von A. aus Essigsäure und Coenzym A erfolgt a) durch Übertragung eines Acetylrestes von einem geeigneten Acetyldonator, z.B. Pyruvat unter Mitwirkung von NAD^+, auf das Coenzym A

Acetyl-Coenzym A. Tab. Acetyl-Coenzym-A-synthetisierende Reaktionen.

Enzym	Reaktion	Vorkommen/Bedeutung
Acetyl-CoA-Synthetase (EC 6.2.1.1)	$CH_3COO^- + ATP + CoA$ $\rightleftarrows CH_3CO-CoA + AMP + PP_i$	Hefen, Tiere, höhere Pflanzen
Acyl-CoA-Synthetase (GDP-bildend) (EC 6.2.1.10)	$CH_3COO^- + GTP + CoA$ $\rightleftarrows CH_3CO-CoA + GDP + P_i$	Leber
Acetat-Kinase (EC 2.7.2.1)	$CH_3COO^- + ATP$ $\rightleftarrows CH_3CO-O-PO_3H_2 + ADP$	Mikroorganismen
Phosphat-Acetyltransferase (EC 2.3.1.8)	$CH_3CO-O-PO_3H_2 + CoA$ $\rightleftarrows H_3CO-CoA + P_i$	Mikroorganismen
ATP-Citrat-(pro-3S)-Lyase (EC 4.1.3.8)	$Citrat + ATP + CoA$ $\rightleftarrows CH_3CO-CoA + Oxalacetat + ADP + P_i$	außerhalb der Mitochondrien
Pyruvat-Dehydrogenase-Komplex (EC 1.2.4.1; 2.3.1.12; 1.6.4.3)	$Pyruvat + NAD^+ + CoA$ $\rightleftarrows CH_3CO-CoA + CO_2 + NADH + H^+$	Mitochondrienpartikel; beteiligt TPP, $LipS_2$
Acetyl-CoA-Transacetylase (EC 2.3.1.9)	$Acetoacetyl-CoA + CoA \rightleftarrows 2\,CH_3CO-CoA$	Fettsäureabbau

oder b) durch Aktivierung des freien Acetats in einem ein- oder zweistufigen Prozess mit Hilfe von ATP und Coenzym A.

A. ist der Knotenpunkt des Kohlenhydratstoffwechsels und nimmt eine zentrale Stellung im gesamten Stoffwechselgeschehen ein. Über das A. werden die Produkte des Kohlenhydrat-, Fett- und Proteinstoffwechsels in den oxidativen Abbau über den ↗ Tricarbonsäure-Zyklus eingeschleust. A. ist ein wichtiges Ausgangsmaterial für synthetische Reaktionen. Der Acetylrest wird bei der Synthese von Ester- und Säureamidderivaten übertragen (z.B. Acetylcholin, N-Acetylglucosamin, N-Acetylglutamat). A. ist ferner Ausgangspunkt für die Isoprenoidsynthese über Mevalonsäure. Von A. geht die Biosynthese der Fettsäuren aus. Dieser Weg hat vor allem bei der Umwandlung von Kohlenhydraten in Fett große Bedeutung.

N-Acetylglucosamin-Phosphotransferase, ein im ↗ Golgi-Apparat lokalisiertes Enzym, das N-Acetylglucosaminphosphat von UDP-N-Acetylglucosamin unter Abspaltung von UMP auf einen terminalen Mannosebaustein von Glycoproteinen überträgt. Im Folgeschritt wird durch eine Phosphodiesterase N-Acetylglucosamin abgespalten. Die Phosphotransferase spielt bei diesem Protein-Targeting, speziell beim Transport von Hydrolasen zu den Lysosomen eine wichtige Rolle. A. erkennt an einem bestimmten Strukturmerkmal, dass die Hydrolasen, die mit einem N-gebundenen Oligosaccharid markiert sind, für den Transport zu den Lysosomen bestimmt sind und leitet die zweistufige Phosphorylierung ein. Ein Rezeptor-Protein in der Golgimembran erkennt das Mannose-6-phosphat-Signal und bindet die Hydrolase. Diese wird in Form von Transportvesikeln vom Golgi-Apparat abgeschnürt. Durch Erniedrigung des pH-Werts in dem

Vesikel löst sich das phosphorylierte Enzym vom Rezeptor ab und wird schließlich durch Dephosphorylierung in eine aktive lysosomale Hydrolase überführt.

N-Acetylglutamat, ↗ N-Acetylglutaminsäure.

N-Acetylglutaminsäure, N-Acetylglutamat, AGA, Ac-Glu: HOOC-CH(NHCOCH₃)-CH₂-CH₂-COOH, die acetylierte Form der Glutaminsäure. Sie wirkt als allosterischer Aktivator der Carbamylphosphat-Synthetase (EC 6.3.4.16). ↗ Carbamylphosphat.

β-N-Acetylhexosaminidase, Syn. ↗ β-Hexosaminidase.

Acetylmethylcarbinol, ↗ Acetoin.

N-Acetylmuramid-Glycanohydrolase, Syn. für ↗ Lysozym.

Acetylphosphat, $CH_3COOPO(OH)_2$, ein energiereiches gemischtes Anhydrid der Essigsäure und Phosphorsäure. A. ist das Produkt der Acetataktivierung mancher Organismen: Acetat + ATP → Acetylphosphat + ADP; dabei wirkt die Acetat-Kinase (EC 2.7.2.1) katalysierend. Die Rückreaktion kann zur ATP-Synthese ausgenutzt werden, z.B. bei der phosphoroklastischen Pyruvatspaltung.

Acetylsalicylsäure, Aspirin®, und die aus ihr entstehende Salicylsäure wirken analgetisch, fiebersenkend und bei höherer Dosierung auch antiphlogistisch (Abb.). Schmerzrezeptoren reagieren auf verschiedene Einflüsse (Hitze, Druck u.a.) und auch auf chemische Verbindungen, wie Histamin und verschiedene Säuren, die von geschädigtem oder entzündetem Gewebe freigesetzt werden. So erniedrigen die ↗ Prostaglandine die Reizschwelle der Schmerzrezeptoren, indem sie die Rezeptoren sensibilisieren und damit die Schmerzempfindung verstärken. Die schmerzlindernde Wirkung der A. beruht auf einer irreversiblen Inaktivierung der Prostaglandin-Endoperoxid-Synthase, wodurch die

Synthese von Prostaglandinen und ↗ *Thromboxa-nen* blockiert wird. Dabei wird ein für die katalytische Funktion dieses Enzyms essentieller Serinrest selektiv acetyliert.

COOH

O—CO—CH₃

Acetylsalicylsäure

A. ist auch bei Pflanzen, die sie synthetisieren, ein natürliches Heilmittel, wenngleich sich die Heilwirkungen zwangsläufig deutlich unterscheiden. Schon bevor Aspirin® als Medikament eingeführt wurde, war allgemein bekannt, dass das Kauen von Weidenrinde (Salix) Zahn- oder Kopfschmerzen lindert. Nach neueren Erkenntnissen wird in Pflanzen, die von Pathogenen befallen sind, lokal und systemisch die Synthese von Salicylsäure induziert. Diese bzw. A. aktivieren die systemisch erworbene Resistenz (SAR, von engl. *systemic aquired resistence*), die Pflanzen vor pathogenen Mikroorganismen schützt und als eine Art der „Pflanzenimmunisierung" betrachtet werden kann. A. initiiert auch die Synthese infektionsabwehrender Proteine in infizierten Tabakpflanzen. In mit dem ↗ *Tabakmosaikvirus* infizierten, jedoch resistenten Tabakpflanzen wurde ein fünffach höherer Salicylsäuregehalt im Vergleich zu nicht resistenten Pflanzen nachgewiesen.

Acetyl-Transacylase, ↗ *Fettsäurebiosynthese*.

Achatin-I, H-Gly-D-Phe-Ala-Asp-OH, ein aus den Ganglien der afrikanischen Riesenschlange *Achatina fulica Ferussag* isoliertes 4-Peptid mit neuroexzitatorischer Wirkung. Neben Dermorphin gehört A. zu den wenigen natürlich vorkommenden linearen Peptiden mit einem D-Aminosäurebaustein. [Y. Kamatani et al. *Biochem. Biophys. Res. Commun.* **160** (1989) 1015].

Achromasie, Bezeichnung für ↗ *Albinismus*.

Achromie, Bezeichnung für ↗ *Albinismus*.

Achroodextrine, ↗ *Dextrine*.

Acidose, Abnahme des pH-Werts von Körperflüssigkeiten. Sie wird durch Säureausscheidung über Lungen und Nieren ausgeglichen. Es gibt zwei Arten von A.:

1) *Metabolische A.* wird durch eine Abnahme der Bicarbonatkonzentration verursacht, bei wenig oder keiner Änderung der Carbonsäurekonzentration. Es gibt mehrere mögliche Ursachen. a) Schwere Diarrhö hat den Verlust von gastrointestinalen Sekreten zur Ursache, die hohe Konzentrationen an Bicarbonat enthalten (die resultierende A. trägt zur hohen Kindersterblichkeit in den Entwicklungsländern bei). b) Acetazolamid (Diamox), ein Wirkstoff, der zur Förderung der Diurese verwendet wird, inhibiert die Carbonsäure-Anhydrase im Bürstensaum des proximalen Tubulusepithels. Dadurch wird die Reabsorption von Bicarbonat verzögert, was A. zur Folge hat. c) Schwere Nierenkrankheiten, die die Fähigkeit der Niere beeinträchtigen, Säuren zu entfernen, die als normale Stoffwechselprodukte entstehen. d) Erbrechen führt normalerweise zum Verlust von Bicarbonat aus dem oberen Darm, sowie des sauren Mageninhalts. Wenn der Verlust an Basen den Verlust an Säuren übertrifft, entsteht eine A. e) Diabetes mellitus hat eine exzessive Bildung an Acetoessigsäure zur Folge, die sich anreichert und eine A. in den extrazellulären Flüssigkeiten verursacht; es werden bis zu 500–1.000 mmol Säuren am Tag ausgeschieden.

2) *Respiratorische A.* hat ihre Ursache in einem Ansteigen der Carbonsäurekonzentration im Verhältnis zur Bicarbonatkonzentration. Sie tritt ein, wenn die alveoläre Ventilation beeinträchtigt ist, z.B. bei Pneumonie und Asthma, und sie kann durch Unterdrückung des Atemzentrums, z.B. bei einer Morphinvergiftung, verursacht werden.

Acinuszellen, Bezeichnung für spezielle sekretorische Zellen, die das beerenförmige Endstück von Drüsen bilden und um ein gemeinsames Sammelkanälchen angeordnet sind. Sie sind auf die Bereitstellung von Sekretproteinen spezialisiert und haben daher ein stark ausgeprägtes raues endoplasmatisches Reticulum. A. sind u.a. durch ↗ *Tight-Junctions* verbunden, wodurch das Eindringen sezernierter Proteine aus dem Sammelkanälchen in das Drüsengewebe verhindert wird. Über ↗ *Gap-Junctions* können Signalmoleküle, wie cAMP oder Ca²⁺-Ionen, ausgetauscht werden. Dadurch kann – von einer Zelle ausgehend – das gesamte Drüsengewebe zur Sekretion von Proteinen angeregt werden. A. haben Bedeutung für Untersuchungen zur Aufklärung des ↗ *Protein-targeting*.

AcMNPV, *Autographica californica Multiple Polyhedrose Virus*, ↗ *Baculovirus*.

Aconitase, ↗ *Aconitat-Hydratase*.

cis-Aconitat, ↗ *Aconitat-Hydratase*.

Aconitat-Hydratase, *Aconitase* (EC 4.2.1.3), eine Hydratase, die einen Schritt des Tricarbonsäure-Zyklus katalysiert, die reversible gegenseitige Umwandlung von Citrat und Isocitrat. Die Reaktion verläuft über das enzymgebundene Zwischenprodukt cis-Aconitat. Im Gleichgewicht liegen in relativen Mengen 90 % Citrat, 4 % cis-Aconitat und 6 % Isocitrat vor. Das Citrat wird zwar im Gleichgewicht begünstigt, in atmenden Geweben verläuft die Reaktion jedoch vom Citrat zum Isocitrat, da das Isocitrat durch Isocitrat-Dehydrogenase oxidiert wird. Das Enzym enthält Fe(II) und benötigt ein Thiol, wie Cystein oder reduziertes Glutathion. Das Fe(II)-Ion bildet mit Citronensäure ein stabiles Chelat. Röntgenstrukturanalysen von Fe(II)-Komplexen mit Tricarbonsäuren unterstützen die „ferrous wheel"-Hypothese für die Aconitasereaktion. Nach diesem Mechanismus sind drei Stellen des cis-Aconitatmoleküls an unterschiedliche Bindungsstellen auf der Enzymoberfläche gebunden; zusätzlich wird das Molekül durch das Fe(II)-Ion im aktiven Zentrum komplexiert. Die stereospezifische trans-Addition von Wasser an cis-Aconitat, wobei entweder Citrat oder Isocitrat entsteht, wird durch eine Rotation des „ferrous wheel" erreicht, das die OH-Gruppe an beide Seiten des Moleküls anfügen kann. Aconitase wird durch Fluorocitrat inhibiert. In tierischem Gewebe kommen zwei Isoenzyme vor, eines im Cytosol und eines in den Mitochondrien. [J.P. Glusker in P.D.Boyer (Hrsg.) *The Enzymes*, **5**, 434, Academic Press, 1971]

Aconitin, $C_{34}H_{47}NO_{11}$, ein Aconitumalkaloid (↗ *Terpenalkaloide*) aus den Wurzeln des blauen Eisenhuts von *Aconitum napellus* sowie anderen *Aconitum*- und *Delphinium*-Arten. M_r 645,7 kDa, F. 200–205 °C, $[\alpha]_D$ +20° (Chloroform). A. ist ein Esteralkaloid. Es ist äußerst giftig und kann bei Erwachsenen schon in Mengen um 1–2 mg zum Tod durch Herz- und Atemlähmung führen. Nur gering toxisch sind die Hydrolyseprodukte des A. Trotz klinisch verwertbarer physiologischer Eigenschaften wird A. wegen der großen Giftigkeit in der Medizin nur gelegentlich angewendet, z.B. innerlich als Tinktur bei Rheumatismus und schweren Neuralgien sowie äußerlich als schmerzstillende Salbe. Im Altertum waren Aconitinzubereitungen Bestandteil der Pfeilgifte bei Indern und Griechen.

Aconitsäure, eine ungesättigte Tricarbonsäure, die überwiegend in der cis-Form (F. 130 °C) vorkommt, manchmal jedoch auch in der trans-Form (F. 194–195 °C). Freie A. wurde als erstes im Eisenhut (*Aconitum napellus*) entdeckt. Die anionische Form der cis-A. (Propen-cis-1,2,3-tricarbonsäure) ist ein wichtiges Zwischenprodukt während der Isomerisierung von Citrat zu Isocitrat im ↗ *Tricarbonsäure-Zyklus*.

Aconitum-Alkaloide, eine Gruppe z.T. sehr giftiger Terpenalkaloide verschiedener Eisenhut-(*Aconitum*-)Arten. Ihr bekanntester Vertreter ist das ↗ *Aconitin*.

ACP, Abk. für ↗ *Acyl-Carrier-Protein*.

acquired immune deficiency syndrome, ↗ *AIDS*.

Acrasin, ein in den Aggregationszentren von Schleimpilzen abgesonderter Faktor, der Einzelzellen stimuliert, zu aggregieren und Fruchtkörper zu bilden. Das A. von *Dictyostelium* ist zyklisches AMP (↗ *Adenosinphosphate*). Dies weist darauf hin, dass diese Substanz ursprünglich ein Hormon war. Das A. von *Polysphondium violaceum* ist das Dipeptid „Glorin" (Abb.).

ACTH, Abk. für adrenocorticotropes Hormon, ↗ *Corticotropin*.

Acrasin. Aggregationsfaktor („Glorin") von *Polysphondium violaceum*.

Actidion, ↗ *Cycloheximid*.

F-Actin, filamentäres ↗ *Actine*.

G-Actin, Abk. für globuläres, d.h. polymerisiertes ↗ *Actine*.

Actin-bindende Proteine, an G- oder F-Actin bindende Proteine, die Eigenschaften und Funktionen des ↗ *Actins* beeinflussen. Man unterteilt sie nach der Art ihrer Bindung und Funktion. An der Filamentstabilisierung ist ↗ *Tropomyosin* beteiligt, an der Filamentbündelung und Quervernetzung von Filamenten zu Gelen sind α-Actinin (↗ *Actinine*), ↗ *Filamin*, ↗ *Fimbrin*, das Spectrin-ähnliche *Fodrin* (das benachbarte Actinfilamente miteinander vernetzt), *Villin* (M_r 95 kDa; das bei geringen Ca^{2+}-Konzentrationen F-Actin bündelt), *Vinculin* (M_r 30 kDa; das in Adhäsionsplaques sowie im corticalen Plasma F-Actin bündelt) und *Gelactine* (M_r 23–38 kDa; nur bei *Acanthamoeba* nachgewiesen) beteiligt. Filamentfragmentierung bzw. Längenbegrenzung der Filamente werden von β-Actinin, Acumentin, ↗ *Gelsolin*, ↗ *Profilin* und Villin beeinflußt (erfordert hohe Ca^{2+}-Konzentrationen), während für die Anheftung der Actinfilamente an die Plasmamembran und an andere Cytoskelettelemente α-Actinin, ↗ *Spectrin*, Vinculin (das die Bindung von Actinfilamenten an Membranen über die Anheftung an α-Actinin vermittelt) das Bürstensaumprotein (engl. *brush border protein*; M_r 110 kDa; wirkt in Microvilli) und das Mikrotubuli-assoziierte Protein (MAP-2; M_r 260 kDa; vermittelt die Anheftung von Actin an andere Cytoskelettproteine) verantwortlich sind. Minimyosin (M_r 110 kDa), ein bei *Acanthamoeba* nachgewiesenes Protein, besteht nur aus dem Kopf des ↗ *Myosins* und ist an der Zellbewegung beteiligt. Die Vermittlung von Gleitbewegungen bewirken Myosin und Caldesmon, wobei letzteres bei niedriger Ca^{2+}-Konzentration an Tropomyosin und an Actin bindet und dadurch eine Anheftung von Myosin an die Actinfilamente verhindert. [J.H. Hartwig u. D.J. Kwiatkowski *Curr. Opin. Cell Biol.* **3** (1991) 87; A. Bretscher *Annu. Rev. Cell. Biol.* **7** (1991) 337]. ↗ *Cytoskelett*.

Actine, in vielen Zelltypen vorkommende kontraktile Proteine. A. sind eine essenzielle Komponente der ↗ *Muskelproteine*. A. bilden im Muskel die dünnen Filamente, die gemeinsam mit den dicken Myosin-Filamenten unter Mitwirkung von Adenosintriphosphat (ATP) die Muskelkontraktion verursachen. A. kommen in zwei Formen vor. Das *globuläre A.* (G.-A.) ist die monomere Form (M_r 42 kDa) und besteht aus einer Peptidkette aus 375 Aminosäurebausteinen, die Ca^{2+}-Ionen und ATP mit hoher Affinität binden kann. Die Struktur des Actins wurde im Verlauf der Evolution hoch konserviert. Dies ist vermutlich darauf zurückzuführen, daß es mit einer großen Anzahl an Proteinen (*↗ Actinbindende Proteine*) spezifische Wechselwirkungen eingeht. G.-A. bildet mit der *↗ DNA-Polymerase I* (DNase I) einen 1:1-Komplex, der zusammen mit einem Ca^{2+}-Ion und einem Molekül ATP oder ADP kristallisiert werden kann. Da G.-A. zur Polymerisation neigt, ist dies die einzige Möglichkeit, die Verbindung kristallin zu erhalten und einer Röntgenstrukturanalyse zugänglich zu machen. Den Röntgendaten konnte entnommen werden, dass das G-Actin aus zwei Domänen besteht, die jeweils in zwei Unterdomänen unterteilt sind. Zwei der Unterdomänen (eine in jeder Domäne) weisen eine ähnliche Struktur auf, d.h. sie bilden ein 5-strängiges β-Faltblatt, bestehend aus einem β-Haarnadelmotiv gefolgt von einem rechtsgängigen βαβ-Motiv. Diese Unterdomänen könnten von einer Genduplikation herrühren, allerdings zeigen ihre Primärsequenzen keine signifikante Übereinstimmung. Unter physiologischen Bedingungen polymerisiert G.-A. unter Beteiligung von ATP zum *filamentären A.* (F.-A.; Abb.). Während der Polymerisation wird das ATP hydrolysiert, das gebildete ADP bleibt an das Actin gebunden. Die Hydrolyse ist jedoch nicht an die Polymerisation selbst gekoppelt; sie erfolgt etwa 10 Sekunden nach der Addition des Monomers an das Polymer. Die Enden des Actinfilaments unterscheiden sich in der Geschwindigkeit, mit der Actinmonomere angelagert bzw. abgespalten werden. Man spricht von „Polarität" und unterscheidet ein minus-Ende, von dem A. eher abgespalten wird und das daher langsam wächst, und ein plus-Ende, an dem A. bevorzugt angelagert wird und das daher schneller wächst.

Ein idealisiertes Modell des F.-A. geht von einem helicalen Filament mit einem Durchmesser von 9–10 nm aus, in welchem die Längsachsen der Monomere fast senkrecht zur Filamentachse stehen. Die Positionen der Monomere innerhalb des Filaments sind flexibel, so dass die Bindung von Proteinen (z.B. Tropomyosin) eine periodische, aber nicht helicale Struktur erzeugt; der Wiederholungsabstand beträgt sieben Monomere. F.-A. ist auch als Komponente des Cytoskeletts an der Ausbildung und Stabilisierung verschiedener Zellstrukturen beteiligt.

Man kann A. aus Skelettmuskelzellen von Wirbeltieren, deren Masse zu etwas 20% aus diesem Protein besteht, für *in-vitro*-Experimente relativ leicht gewinnen. Bei der Behandlung getrockneter und zerkleinerter Muskeln mit stark verdünnter Salzlösung dissoziieren die Actinfilamente in die Actinuntereinheiten. Reines A. liegt in Lösungen geringer Ionenstärke in monomerer Form vor. Bei Zugabe von Salz und in Gegenwart von ATP erfolgt eine spontane Zusammenlagerung zu Filamenten. Die Polymerisation ist ein dynamischer Prozess, der durch ATP-Hydrolyse gesteuert wird. Zellulär verbleibt etwa die Hälfte des A. durch die Bindung an kleine Proteine, wie Thymosin (*↗ Thymopoietin*) in monomerer Form. In der Rinde tierischer Zellen erfolgt eine ständige Polymerisation und Depolymerisation der A.-Moleküle, wobei Fortsätze der Zelloberfläche wie Lamellipodien und Mikrospikes entstehen. Signalmoleküle beeinflussen von außen durch Wechselwirkung mit Zelloberflächenrezeptoren, die über heterotrimere G-Proteine und kleine ATPasen (Rac und Rho) wirken, den Polymerisationsprozess.

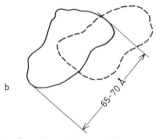

Actin. Polymerisiertes Actin.
a. Das idealisierte Modell zeigt die Anordnung der Actinmonomere, dargestellt als verschmolzene Kugeln. [aus D.J. DeRosier „The Cytoskeleton". Vol. 5 von *Cell and Muscle Motility*, Plenum Press, New York, (1985) 139–169, mit Genehmigung]
b. Querschnitte durch zwei aufeinanderfolgende Monomere. Die durchgezogenen und gestrichelten Umrandungen stellen Schnitte in zwei verschiedenen Ebenen dar, etwa 270 nm auseinander und um 167° um die Helixachse gedreht. [aus E.H. Egelman *J. Musc. Res. Cell Motil.* **6** (1985) 129–151, mit Genehmigung]

Im Elektronenmikroskop erscheinen A.-Filamente als Fäden von etwa 8 nm Durchmesser. Sie können in den Zellen sowohl stabile Strukturen, wie man sie im Kern der Mikrovilli findet, als auch labile Strukturen ausbilden, worauf Zellbewegungen beruhen. In einer Zelle ist die Gesamtlänge der A.-Filamente wenigstens 30mal so groß wie die der Mikrotubuli. Betrachtet man beide Cytoskelett-Polymere, dann sind A.-Filamente dünner, biegsamer und entscheidend kürzer als Mikrotubuli. In der Zelle treten einzelne A.-Filamente kaum in Erscheinung, vielmehr bilden sie quervernetzte Aggregate und Bündel mit viel höherer Stabilität als einzelne Filamente. Die unterschiedlichen Formen und Funktionen des A. in eukaryontischen Zellen sind auf eine breite Palette ↗ *Actin-bindender Proteine* zurückzuführen.

Actinidin, ein heterozyklisches Monoterpen (Abb.) aus *Valeriana officinalis* und der australischen Ameise *Iridimyrmex nitidiceps*. A. wird zu den Pseudoalkaloiden (↗ *Alkaloide*) gezählt. Vermutlich ist A. auch derjenige Inhaltsstoff des Baldrians, der auf Katzen anziehend und euphorisierend wirkt.

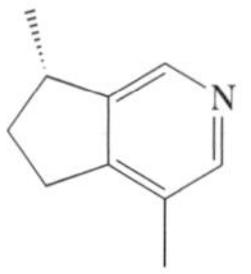

Actinidin

Actinine, Vertreter der ↗ *Actin-bindenden Proteine*. α-*Actinin* ist ein Homodimer (M_r 2 × 100 kDa) und besitzt eine stäbchenförmige Molekülgestalt. Es ist neben ↗ *Fimbrin* das verbreitetste Bündelungsprotein. α-A. koppelt die Actinfilamente in Parallelanordnung und ist daher für die Bildung lockerer paralleler Bündel von Bedeutung, wodurch das Motor-Protein Myosin-II (↗ *Myosin*) in das kontraktile Bündel eindringen kann. Es kommt in großer Menge in den Stressfasern vor (herausragende Bestandteile des Cytoskeletts von Zellkulturzellen), wo es für die lockere Verknüpfung der Actinfilamente in diesen kontraktilen Bündeln sorgt und darüber hinaus die Enden der Stressfasern an den Fokalkontakten der Plasmamembran verankert.

Das dimere *β-Actinin* (M_r 37 bzw. 34 kDa) kommt in Skelettmuskelzellen vor und wirkt regulierend auf das Längenwachstum der Actinfilamente. Durch Anlagerung an die ↗ *minus-Enden* der Actinfilamente verursacht es eine Fragmentierung der Filamente.

Actinocin, ↗ *Actinomycine*.

Actinomycine, eine große Gruppe von Peptidlactonantibiotika, die durch verschiedene *Streptomyces*-Stämme produziert werden. Diese hoch toxischen roten Verbindungen enthalten den Chromophoren 2-Amino-4,6-dimethyl-3-ketophenoxazin-1,9-dicarbonsäure (*Actinocin*), der über die Aminogruppen von zwei Threoninresten mit zwei fünfgliedrigen Peptidlactonen verbunden ist. Die verschiedenen A. unterscheiden sich nur in der Aminosäuresequenz der Lactonringe. *In vivo* inhibieren die Actinomycine die DNA-abhängige RNA-Synthese auf der Transcriptionsstufe indem die A. mit der DNA in Wechselwirkung treten. Die für die Inhibierung erforderliche Konzentration ist von der Basenzusammensetzung der Nucleinsäure abhängig, wobei zur Hemmung einer DNA mit niedrigem Guaningehalt eine höhere Actinomycinkonzentration erforderlich ist. Aufgrund der bakteriostatischen und cytostatischen Wirkung haben A. große pharmakologische Bedeutung. Die Raumstruktur von Actinomycin D wurde durch NMR-Spektroskopie aufgeklärt, und die Spezifität seiner Wechselwirkung mit Desoxyguanosin wurde durch Röntgenstrukturanalysen gezeigt. Actinomycin D (Abb.), eines der allgemein bekanntesten A., wird als Cytostatikum, z.B. bei der Behandlung der Hodgkin-Krankheit, verwendet.

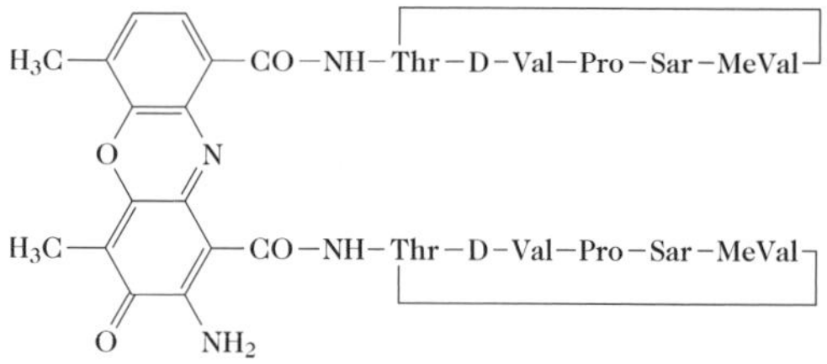

Actinomycine. Actinomycin D.

Activine, zur TGF-β-Großfamilie (↗ *transformierende Wachstumsfaktoren*) gehörende Wachstumsfaktoren. Das Homodimer A. A, auch Erythrocytendifferenzierungsfaktor (EDF) genannt, besitzt speziell im C-terminalen Bereich eine 40 %ige Sequenzhomologie mit TGF-β. A. stimulieren die Proliferation verschiedener Zelllinien und sind an der Regulation der Bildung und Freisetzung von FSH, Oxytocin, ACTH und Gonadoliberin beteiligt. Sie induzieren ferner in der Embryonalentwicklung das Mesoderm und sind für die Überlebensfähigkeit von Neuronen von großer Wichtigkeit.

Acumentin, ↗ *Actin-bindende Proteine*.

Acylcarnitin, ↗ *Carnitin*.

Acyl-Carrier-Protein, *ACP*, ein kleines, saures, hitzebeständiges, globuläres Protein, das Bestandteil des Fettsäuresynthesekomplexes von *E. coli* und anderen Bakterien, Hefe und Pflanzen ist. Es ist Träger der während der Fettsäurebiosynthese gebildeten Fettsäurekette. Die Primärstruktur des aus 77 Aminosäuren bestehenden ACP aus *E. coli* ist bekannt; M_r 8,8 kDa. Das schwefelfreie Protein ist über die Hydroxylgruppe seines Serins 36 als Phosphatester mit dem SH-tragenden Phosphopantethein verbunden. Alle während der Fettsäurebiosynthese entstehenden Acylreste sind als Thioester an die SH-Gruppe dieser prosthetischen Gruppe gebunden. Die M_r der bisher isolierten ACP liegen zwischen 8,6 kDa (*Clostridium butyricum*) und 16 kDa (Hefe).

Synthetisches apo-ACP-Protein mit der Sequenz 1–74 des *E. coli*-ACP, dem anschließend mittels der holo-ACP-Synthase (EC 2.7.8.7) die prosthetische

Gruppe eingebaut wurde, ist biologisch so aktiv wie das natürliche holo-ACP.

Acyl-CoA-Synthetase (EC 6.2.1.10), ↗ *aktivierte Fettsäuren*, ↗ *Acetyl-Coenzym A.*

Acylglycerine, *Glyceride*, Fettsäureester mit Glycerin. Mono- und Diacylglycerine kommen gewöhnlich nur als Zwischenprodukte des Stoffwechsels vor. Mischungen aus Triacylglycerinen sind neutrale ↗ *Fette*. Die IUPAC-IUB-Kommission für Biochemische Nomenklatur rät vom Gebrauch der Bezeichnungen Mono-, Di- und Triglyceride ab und schlägt stattdessen die Namen Mono-, Di- und Triacylglycerine vor.

Im Darm (Intestinum) werden die Triacylglycerine zu Monoacylglycerinen hydrolysiert, welche in der Darmschleimhaut wieder zu Triacylglycerinen verestert werden (Abb. 1). In anderen Geweben (besonders in der Leber und im Fettgewebe) werden die Triacylglycerine aus Glycerin-3-phosphat und Fettsäure-Acyl-CoA synthetisiert (Abb. 2). Im Fettgewebe steht die Geschwindigkeit des Abbaus und der Synthese von Triacylglycerinen unter hormoneller Kontrolle. Dadurch hängen die Fettspeicherung und/oder die Freisetzung von Fettsäuren vom Ernährungsstatus, von der Bewegung und von der Belastung ab. Für den Transport und die Ablagerung von Triacylglycerinen im Körper sind ↗ *Plasmaproteine* verantwortlich.

Rolle der Synthese und des Abbaus von Triacylglycerinen im Fettgewebe (Abb. 3) Glycerin, das durch den Abbau von Triacylglycerinen entsteht, kann nicht wiederverwertet werden, da das Fettgewebe keine Glycerin-Kinase (EC 2.7.1.30) enthält. Die Synthese von Triacylglycerinen hängt deshalb von einer kontinuierlichen Versorgung mit Glucose für die Produktion von Glycerin-3-phosphat ab. Die Umwandlung von Triacylglycerin in Diacylglycerin verläuft relativ langsam und stellt den geschwindigkeitsbestimmenden Schritt des Triacylglycerinabbaus dar. Die Lipase, die diese Reaktion katalysiert, wird durch Phosphorylierung aktiviert. Dieser Prozess wird über eine c-AMP-abhängige Protein-Kinase indirekt hormonell reguliert. Zusätzlich erfährt die Lipase, unabhängig von cAMP, eine Stimulation durch Glucocorticoide, die jedoch in Anwesenheit von Insulin verhindert wird.

Befindet sich der Organismus in einem Zustand hohen Kalorienüberschusses, wird durch einen hohen Insulinspiegel die Glucoseaufnahme unterstützt und die Aktivierung von mobilisierender Lipase verhindert. In dieser Situation ist kein Glycerin-3-phosphat vorhanden, die Geschwindigkeit der Triacylglycerinsynthese ist hoch, der Export freier Fettsäuren ist minimal und die Menge an gespeicherten Triacylglycerinen weist eine Nettozunahme auf. Ein hoher Insulinspiegel hat eine

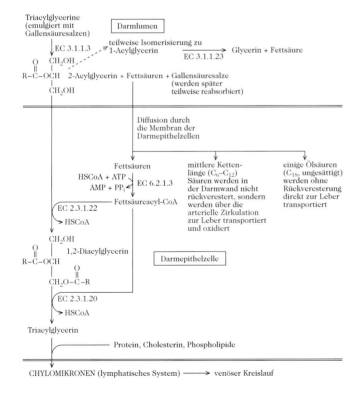

Acylglycerine. Abb. 1. Abbau und Resynthese von Triacylglycerinen im Zwölffingerdarm (Duodenum). EC 2.3.1.20: Diacylglycerin-Acyltransferase. EC 2.3.1.22: Acylglycerin-Palmitoyltransferase. EC 3.1.1.3: Pankreas-triacylglycerin-Lipase. EC 3.1.1.23: Acylglycerin-Lipase. EC 6.2.1.3: Langkettenfettsäuren-CoA-Ligase.

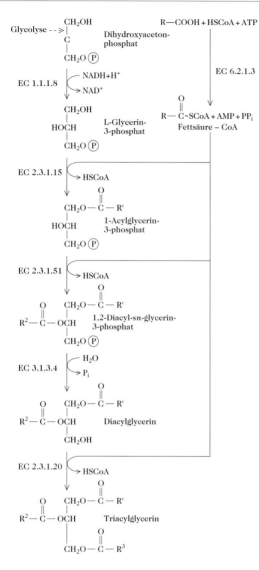

Acylglycerine. Abb. 2. Biosynthese von Triacylglycerinen in der Leber und in Fettgewebezellen. EC 1.1.1.8: Glycerin-3-phosphat-Dehydrogenase (NAD$^+$). EC 2.3.1.15: Glycerin-3-phosphat-Acyltransferase. EC 2.3.1.20: Diacylglycerin-Acyltransferase. EC 2.3.1.51: 1-Acylglycerin-3-phosphat-Acyltransferase. EC 3.1.3.4: Phosphatidatphosphatase. EC 6.2.1.3: Langkettenfettsäureacid-CoA-Ligase.

Aktivitätszunahme der Lipoprotein-Lipase zur Folge; dies ist ein fettgewebespezifischer Effekt. Die Lipoprotein-Lipase anderer Gewebe reagiert auf die Gegenwart von Insulin nicht mit einer Aktivitätszunahme.

Während eines kurzfristigen Hungerzustands führen niedrige Insulinspiegel zu einer verminderten Glucoseaufnahme und damit zu einer abnehmenden Versorgung an Glycerin-3-phosphat. Die Wie-

derveresterung ist verzögert und es werden Fettsäuren exportiert. Die Aktivierung der mobilisierenden Lipase ist während des kurzzeitigen Hungerns nicht von Bedeutung.

Ein längerfristiger Hungerzustand, Bewegung oder Stress führen zu einer erhöhten Aktivität der mobilisierenden Lipase. Bei Stress und Bewegung sind hauptsächlich die Catecholamine (Adrenalin und Noradrenalin) aufgrund ihrer stimulierenden Wirkung auf die Adenylat-Kinase für die beobachtete Aktivitätszunahme der mobilisierenden Lipase verantwortlich. Insulin kehrt diese durch die Catecholamine verursachte Aktivierung um. Während längerfristiger Hungerperioden führen das Fehlen von Insulin und überschüssiges Wachstumshormon zu einer erhöhten cAMP-Synthese, die zu einer Stimulation der mobilisierenden Lipase führt. Außerdem wird die Wiederveresterung verlangsamt (das Fehlen von Insulin verhindert die Glucoseaufnahme) und es werden Fettsäuren exportiert.

Acylglycerin-Lipase (EC 3.1.1.23), ⟋ *Acylglycerine.*

Acylglycerin-Palmitoyltransferase (EC 2.3.1.22), ⟋ *Acylglycerine.*

Acylglycerin-3-phosphat-Acyltransferase (EC 2.3.1.2251), ⟋ *Acylglycerine.*

Acylmercaptan, ⟋ *Thioester.*

Adair-Koshland-Némethy-Filmer-Modell, ⟋ *Kooperativitätsmodell.*

ADA-Mangel, ⟋ *Adenosin-Desaminase-Mangel.*

adaptive Enzyme, veraltete Bezeichnung für induzierbare Enzyme. ⟋ *Enzyminduktion.*

Adaptorhypothese, der Vorschlag von Crick, das Problem der Übersetzung des ⟋ *genetischen Codes* zu erklären. Die A. besagt, dass zwischen informationstragender Nucleinsäure und synthetisiertem Protein ein Passstück, ein Adaptor, eingefügt sein müsse, der aufgrund seiner mokekularen Beschaffenheit beide Arten von Makromolekülen zu „erkennen" vermag und dadurch die Translation ermöglicht. Durch die Entdeckung und Strukturaufklärung der tRNA wurde die Adaptorhypothese bestätigt.

Addisonsche Krankheit, ⟋ *Nebennierenrindenhormone.*

Ade, Abk. für ⟋ *Adenin.*

Adenase, ⟋ *Adenin-Desaminase.*

Adenin, *A*, *Ade*, 6-Aminopurin (Abb.), eine der weitverbreiteten Nucleinsäurebasen. A. ist auch Bestandteil der Adenosinphosphate und anderer physiologisch aktiver Substanzen, einschließlich ⟋ *Nicotinamid-adenin-dinucleotid*, ⟋ *Flavin-adenin-dinucleotid* und verschiedener ⟋ *Nucleosidantibiotika.* A. kommt in freier Form in verschiedenen Pflanzen, besonders in Hefen vor. A. wird über Adenosinmonophosphat *de novo* synthetisiert oder entsteht beim Abbau der Nucleinsäuren. Adenin-

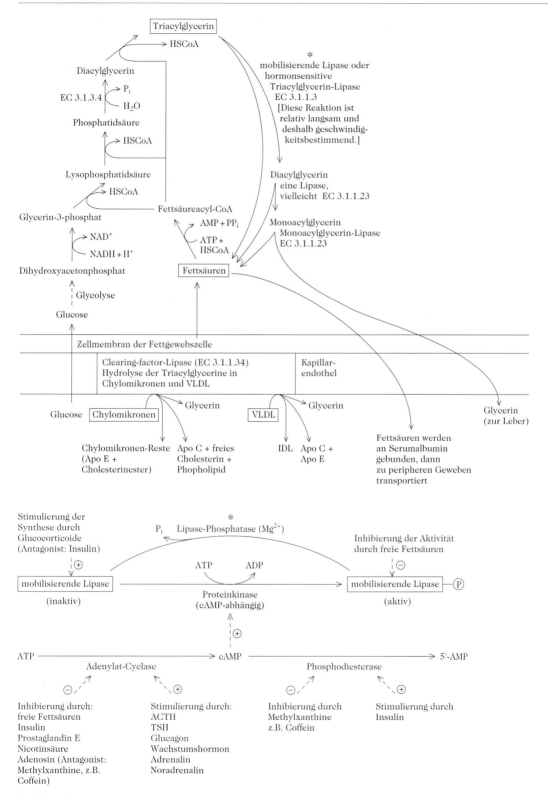

Acylglycerine. Abb. 3. Synthese und Abbau im Fettgewebe.

Desaminase entfernt die 6-Aminogruppe und liefert Hypoxanthin.

Aminoform   Iminoform

Adenin. Tautomere Formen des Adenins.

Adeninarabinosid, ↗ *Arabinoside.*

Adenin-9-Cordyceposid, ↗ *Cordycepin.*

Adenin-Desaminase, *Adenase* (EC 3.5.4.2), ↗ *Purinabbau,* ↗ *Adenin.*

Adeninribonucleotide, ↗ *Adenosinphosphate.*

Adeninxylosid, ↗ *Xylosylnucleosid.*

Adenosin, *Ado, 9-β-D-Ribofuranosyladenin,* ein β-glycosidisches ↗ *Nucleosid* aus D-Ribose und Adenin. M_r 267,24 Da, F. 229–231 °C, $[\alpha]_D^{20}$ −61,7° (c = 0,7; Wasser). Im Stoffwechsel haben besonders die Adenosinphosphate Bedeutung. ↗ *Adenosinphosphate,* ↗ *Nucleoside.*

Adenosin-Desaminase (EC 3.5.4.4), ein Enzym (M_r 217 kDa; 2 Untereinheiten, jede M_r 103 kDa), das Adenosin zu Inosin desaminiert. Es ist in Taka-Diastase-Präparaten aus *Aspergillus oryzae* vorhanden und wird manchmal mit ↗ *Taka-Amylase* verwechselt.

Adenosin-Desaminase-Mangel, *ADA-Mangel,* eine rezessiv vererbte Störung des Purinstoffwechsels. A. ist gekennzeichnet durch Skelettanomalien und einen schweren kombinierten Immundefekt. Der genetische Defekt führt zu einem Mangel an dem Enzym ↗ *Adenosin-Desaminase.*

Adenosindiphosphat, ↗ *Adenosinphosphate.*

Adenosinmonophosphat, ↗ *Adenosinphosphate.*

Adenosinphosphate, *Adeninribonucleotide,* Bestandteile der Nucleinsäuren und die Hauptform für die Speicherung und Übertragung Freier chemischer Energie. Außerdem dienen sie als metabolische Regulatoren, z.B. in der Glycolyse und im Tricarbonsäure-Zyklus. Der Phosphatester wird vom C5 der Ribose getragen.

1) *Adenosin-5'-monophosphat,* AMP [M_r 347,22 Da, F. 196–200 °C (Z.), $[\alpha]_D^{20}$ −26° (c = 1,0; 10% HCl), −47,5° (c = 2,0; 2% NaOH)], wird *de novo* aus Inosinsäure (↗ *Purinbiosynthese*) synthetisiert und entsteht auch bei Reaktionen, in denen Pyrophosphat und AMP aus Adenosintriphosphat gebildet werden (z.B. bei der Synthese von Aminoacyl-tRNA).

2) *Adenosin-5'-diphosphat,* ADP (M_r 427,22 Da, $[\alpha]_D^{25}$ −25,7°), wird entweder durch Addition einer zweiten Phosphatgruppe an AMP (↗ *Adenylat-Kinase*) oder durch Abspaltung eines Phosphatrests von ATP gebildet; letztere Umwandlung kann entweder von Adenosintriphosphatase (EC 3.6.1.3) oder von Kinasen katalysiert werden, die die Phosphatgruppe auf ein anderes organisches Molekül übertragen. Die in der Anhydridbindung von ADP gespeicherte Energie kann durch folgende von Adenylat-Kinase katalysierte Reaktion nutzbar gemacht werden: $2\,ADP \rightleftarrows ATP + AMP$. ADP dient als Phosphatakzeptor (unter Bildung von ATP) bei der ↗ *Substratkettenphosphorylierung* und ↗ *Photophosphorylierung.*

3) *Adenosin-5'-triphosphat,* ATP (M_r 507,19 Da, $[\alpha]_D^{25}$ −26,7°, Farbtafel VIII, Abb. 2), ist die wichtigste energiereiche Verbindung des Zellstoffwechsels (↗ *energiereiche Phosphate*).

Biosynthese des ATP. ATP ist das Zwischenprodukt aller zellulären Prozesse, die zu einer chemischen Speicherung von Energie führen. Die Biosynthese erfolgt durch Phosphorylierung von ADP im Verlauf der ↗ *Substratkettenphosphorylierung* und ↗ *nichtzyklischer Photophosphorylierung* in Pflanzen. Die Übertragung der Energie auf ADP in Form einer dritten Phosphatgruppe kann sowohl von hoch energetischen Phosphaten, wie Kreatinphosphat (↗ *Kreatin*) oder anderen Nucleosidtriphosphaten ausgehen als auch durch die Adenylat-Kinase-Reaktion geschehen.

Spaltung des ATP. ATP besitzt ein hohes Gruppenübertragungspotenzial (Abb. 1, Tab. 1): a) Übertragung des Orthophosphatrestes und Abspaltung von ADP (*Orthophosphatspaltung*), wobei Phosphorsäure auf alkoholische Hydroxylgruppen, auf Säuregruppen oder auf Amidgruppen übertragen wird. Beteiligt sind spezifische Enzyme, die Kinasen, die auch die Synthese von ATP aus ADP katalysieren können. b) Übertragung des Pyrophosphatrestes und Abspaltung von AMP (*Pyrophosphatspaltung*), z.B. bei der Synthese von 5'-Phosphoribosyl-1-pyrophosphat aus Ribose-5-phosphat bei der Purinbiosynthese. c) Übertragung des AMP-Restes und Abspaltung von Pyrophosphat. Dabei entstehen Verbindungen von hohem Gruppenübertragungspotenzial, z.B. für die Synthese aktivierter Fettsäuren und für die Aminosäureaktivierung. Die abgespaltene Pyrophosphatgruppe wird durch die anorganische Pyrophosphatase (EC 3.6.1.1) hydrolysiert, wodurch die Übertragungsreaktion im wesentlichen irreversibel wird. d) Übertragung des Adenosylrests und Abspaltung von Or-

Adenosinphosphate. Tab. 1. Freie Standardenergie der ATP-Hydrolyse in kJ/mol.

Orthophosphatspaltung	
ATP → ADP + P_i	29,4
Pyrophosphatspaltung	
ATP → AMP + PP	36,12
PP$_i$ → P_i + P_i	28,14

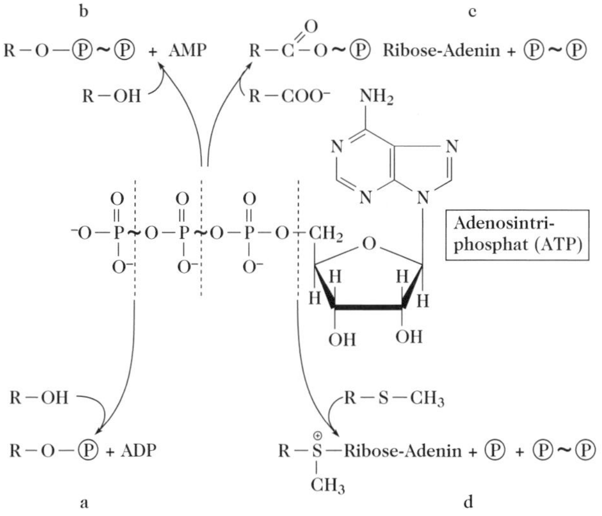

Adenosinphosphate. Abb. 1. Spaltungsreaktionen des Adenosin-5'-triphosphats.

thophosphat und Pyrophosphat, z.B. bei der Synthese von *S*-Adenosyl-L-methionin.

Verwendung von ATP. Die im ATP gespeicherte chemische Energie wird z.B. für die Synthese von Makromolekülen aus monomeren Vorstufen und die Aktivierung verschiedener Verbindungen eingesetzt. Oft ist eine endergonische Reaktion durch eine enzymatische Kopplung an die Hydrolyse von ATP gekoppelt. Viele katabolische Stoffwechselwege, einschließlich der ↗ *Glycolyse*, benötigen ATP, welches später resynthetisiert wird. Alle anabolischen Stoffwechselwege sind direkt oder indirekt an ATP gekoppelt.

ATP stellt die Energie für die Muskelkontraktion und die Cilien- und Geißelbewegung zur Verfügung. In einigen Organismen liefert es die notwendige Energie für den Vorgang der ↗ *Biolumineszenz*, die für eine sehr genaue Untersuchung des ATP genutzt wurde. Elektrische Fische erzeugen durch ATP-Hydrolyse Strom. Der Membrantransport vieler Substanzen hängt von einer ATP-Quelle ab. Außerdem wird im peripheren Nervensystem von Vertebraten ATP bei der Ausschüttung von Acetylcholin in die Synapsen freigesetzt. Da ATP die Freisetzung von Acetylcholin inhibiert, kann es als Modulator der neuronalen Transmission fungieren [E.M. Silinsky u. B.L.Ginsborg *Nature* **305** (1983) 327–328].

Andere, mit ATP energetisch äquivalente Nucleosidtriphosphate, sind für einige metabolische Reaktionen von Bedeutung: Cytidintriphosphat bei der Phospholipidbiosynthese, Guanosintriphosphat bei der Proteinbiosynthese und oxidativen Decarboxylierung von 2-Oxosäuren (↗ *Tricarbonsäure-Zyklus*), Inosintriphosphat bei bestimmten Carboxylierungen, Uridintriphosphat bei der Polysaccharidbiosynthese.

Im lebenden Organismus liegen Adenosinmono-, -di- und -triphosphat im Gleichgewicht vor und

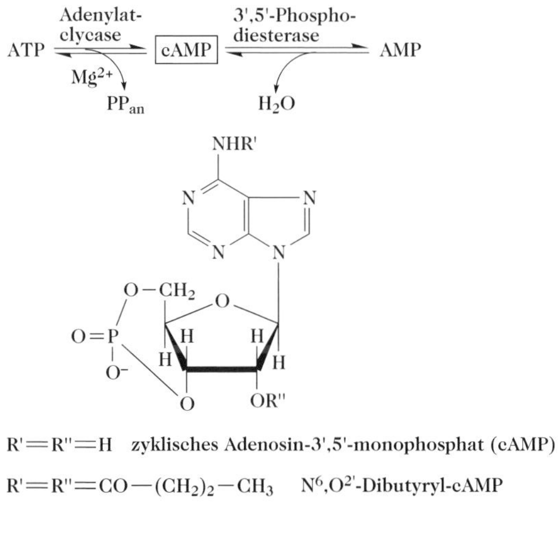

R'=R''=H   zyklisches Adenosin-3',5'-monophosphat (cAMP)

R'=R''=CO—(CH$_2$)$_2$—CH$_3$ N^6,O$^{2'}$-Dibutyryl-cAMP

Adenosinphosphate. Abb. 2. Synthese von zyklischem Adenosin-3',5'-monophosphat. Struktur des $N^6,O^{2'}$-Dibutyryl-adenosin-3',5'-monophosphat.
$R^I = R^{II} = H$ zyklisches Adenosin-3',5'-monophosphat
$R^I = R^{II} = CO-(CH_2)_2-CH_3$ $N^6,O^{2'}$-Dibutyryl-adenosin-3',5'-monophosphat.

bilden zusammen das sog. *Adenylsäuresystem*. Die physiologischen Konzentrationen für ADP und ATP liegen bei 10^{-3} mol/l. Das Verhältnis der einzelnen A. zueinander, das vom physiologischen Zustand der Zellen abhängt, wird als *Energieinhalt beschrieben. Der Energieinhalt E ist*

$$E = \frac{[ATP] + 0,5\,[ADP]}{[ATP] + [ADP] + [ADP]},$$

die eckigen Klammern bedeuten molare Konzentrationen. Wenn alle A. als ATP vorliegen, nimmt der Energieinhalt den Wert 1 an, sonst ist er kleiner als 1.

4) *zyklisches Adenosin-3',5'-monophosphat, 3',5'-AMP, cyclo-AMP, cAMP*, M_r 329,2 Da, wird mit Hilfe der Adenylat-Cyclase (EC 4.6.1.1) aus ATP erzeugt (Abb. 2) und durch 3',5'-zyklische-Nucleotidphosphodiesterase (EC 3.1.4.17), die für zyklische Nucleotide spezifisch ist, in AMP verwandelt.

Der intrazelluläre Spiegel an cAMP wird durch die Aktivitäten dieser beiden Enzyme bestimmt. Verschiedene Substanzen, z.B. Pyridoxalphosphat in *E. coli*, können in physiologischen Konzentrationen die Aktivität der Adenylat-Cyclase herabsetzen. Die Phosphodiesterase wird in Säugetieren durch Nucleosidtriphosphate, Pyrophosphat und Citrat sowie durch methylierte Xanthine, besonders Theophyllin, gehemmt, durch Nicotinsäure stimuliert. In vielen Zellen befindet sich die Adenylat-Cyclase im Innern der Plasmamembran. Rezeptoren für Hormone und andere chemische Signale befinden sich auf der Außenseite der Plasmamembran ihrer Zielzellen. In vielen Systemen (Tab. 2) hat die Bindung eines Hormons oder eines anderen chemischen Aktivators an seinen Rezeptor die Aktivierung der Adenylat-Cyclase und eine Erhöhung der cAMP-Konzentration zur Folge. Das cAMP dient oft als Effektormolekül, das die Aktivität einer Pro-

Adenosinphosphate. Tab. 2. Vorkommen und Wirkung des zyklischen Adenosin-3',5'-monophosphats (nach Hardeland).

Organismus	Wirkung
Urtierchen (Protozoa) *Paramecium*	• Aktivierung der Protein-Kinase.
Bakterien *Escherichia coli*	• Aufhebung der reprimierenden Wirkung der Glucose, ↗ Katabolitrepression; Initiierung von mRNA, vermittelt durch ein spezifisches cAMP-Rezeptor-Protein (engl. *catabolite gene activator protein*); Hemmung des Abbaus von an Ribosomen gebundener mRNA; Stimulierung der Synthese vieler Enzyme.
Serratia marcescens, Salmonella thyphimurium, Proteus inconstans, Aerobacter aerogenes, Brevibacterium liquefaciens	• Aufhebung der Katabolitrepression und Stimulierung der Synthese der β-Galactosidase; (*Brevibacterium liquefaciens* scheidet cAMP in das Nährmedium aus).
Photobacterium fischeri	• Aufhebung der Katabolitrepression und Biolumineszenzgenerierung.
Pilze Schleimpilze: *Dictyostelium discoideum*	• Als extrazellulärer Signalüberträger (Akrasine); Zellaggregation durch chemotaktisches Zusammenkriechen der Zellen.
Polysphondylium pallidium	• Keine chemotaktische Reaktion auf cAMP; *P. p.* besitzt ein anderes Akrasin.
Hefen *Saccharomyces cerevisiae*	• Beeinflussung der Oszillation und des Redoxgleichwichts im Verlauf der Glycolyse; Beeinflussung der Sporulation.
Wirbellose Tiere z.B. Ringelwürmer (*Golgingia, Nereis*), Seestern, Fahnenqualle, Klaffmuschel, Hummer, Kalmar (*Loligo*)	• Aktivierung der Protein-Kinasen.
Leberegel (*Fasciola*), Schmeißfliege (*Calliphora*)	• Übertragung der Wirkung des Serotonins.
Wirbeltiere Frosch, Kröte, Truthahn, Taube, Ratte, Maus, Meerschweinchen, Kaninchen, Mensch	• Übertragung der Wirkung verschiedener Hormone und hormonähnlicher Substanzen; Wirkung als sekundärer Botenstoff.
Kormophyten (höhere Pflanzen) Gerste (Endosperm) Erbse, Salat, Unkräuter	• Enzyminduktion bei der Samenkeimung; Stimulierung der Synthese von α-Amylase; Streckenwachstum (besonders bei *Pisum sativum*-Zwergen); Wirkung auf Samenkeimung.

tein-Kinase oder eines anderen Enzyms erhöht, welches seinerseits einige andere zelluläre Prozesse durch ↗ *kovalente Enzymmodifizierung* reguliert. Auf diese Weise vermittelt cAMP zahlreiche Hormoneffekte als sekundärer Botenstoff (engl. *second messenger*). Es wirkt darüber hinaus auf die Produktion und Freisetzung von Hormonen, z.B. von Acetylcholin, Glucagon, Insulin, Melanotropin, Parathormon, Vasopressin und Corticotropin. cAMP beeinflusst auch das Gleichgewicht verschiedener Stoffwechselwege, z.B. Abbau und Synthese von Glycogen. Die physiologischen Wirkungen des cAMP sind in vielen Fällen nur in Gegenwart von Calciumionen zu beobachten.

Von medizinischer Bedeutung ist die exogene „künstliche" Kontrolle des intrazellulären cAMP-Spiegels. Eine erfolgreiche klinisch-therapeutische Anwendung von Substanzen, die den cAMP-Spiegel erhöhen, liegt z.B. bei der Behandlung von Hauterkrankungen (Psoriasis) mit dem als Phosphodiesterasehemmer wirkenden Alkaloid Papaverin und dem Gewebshormon Dopamin, das die cAMP-Bildung in der Epidermis anregt, vor. Auch das Wachstum bestimmter Tumore wird von cAMP gehemmt.

Wegen seiner hochpolaren Eigenschaften durchdringt cAMP nur in sehr geringen Mengen die Zellmembranen. Ein besseres Permeabilitätsvermögen haben seine synthetisch hergestellten Derivate. Durch Substitution mit organischen Säuren werden deren lipophile Eigenschaften erhöht. Gebräuchlich ist zyklisches $N^6,O^{2'}$-Dibutyryladenosin-3',5'-monophosphat, DBcAMP (Abb. 2). In der Natur wurde eine Reihe weiterer zyklischer 3',5'-Nucleotide mit speziellen Funktionen gefunden.

Adenosin-3'-phosphat-5'-phosphosulfat, ↗ *Phosphoadenosin-phosphosulfat*.

Adenosintriphosphat, ↗ *Adenosinphosphate*.

Adenosintriphosphatasen, ↗ *ATPasen*.

S-Adenosyl-L-homocystein, ↗ *S-Adenosyl-L-methionin*.

S-Adenosyl-L-methionin, *S-(5'-Desoxyadenosin-5')-methionin, aktives Methionin, aktives Methyl, SAM*, eine reaktive Sulfoniumverbindung (Abb.), die das wichtigste Methylierungsmittel des Zellstoffwechsels ist (↗ *Transmethylierung*). M_r des freien Kations 398,4 Da. Die natürliche Form ist das L-(+)-Isomere; $[\alpha]_D^{24}$ von $[SAM]^+Cl^-$ = +48,5 ° (c = 1,8; 5 N HCl). Wegen der Asymmetrie der Sulfoniumgruppe gibt es vier Stereoisomere. SAM ist bei Zimmertemperatur in festem und gelöstem Zustand (wässrige Lösungen) instabil. Es wird durch Aktivierung mit ATP aus L-Methionin gebildet: L-Methionin + ATP → SAM + PP$_i$ + P$_i$. Hierbei wird der Adenosinrest von ATP übertragen. Wenn SAM als Donator eine Methylgruppe überträgt, wird es in

S-Adenosyl-L-homocystein überführt, das anschließend in Adenosin und L-Homocystein gespalten wird. Letzteres wird remethyliert zu ↗ *L-Methionin*. [F. Takusagawa et al. „Crystal Structure of S-Adenosylmethionine Synthetase" *J. Biol. Chem.* **271** (1996) 136–147]

S-Adenosyl-L-methionin

Adenylat-Cyclase (EC 4.6.1.1), ↗ *Adenosinphosphate*.

Adenylat-Kinase, *Myokinase* (EC 2.7.4.3), ein in den Mitochondrien der Muskeln und anderer Gewebe vorkommendes hitze- und säurestabiles trimeres Enzym (M_r 68 kDa; M_r der Untereinheit 23 kDa). Die A. katalysiert die Reaktion 2 ADP → ATP + AMP. Im Gleichgewicht sind die Konzentrationen der drei Adenosinphosphate fast gleich. In vielen Reaktionen, die Energie verbrauchen und mit ATP gekoppelt sind, wird das ATP in Pyrophosphat und AMP überführt (↗ *Adenosinphosphate*). Die A. katalysiert den ersten Schritt der Rekonversion von AMP in ATP, die Umwandlung von AMP in ADP.

Adenylsäure, ↗ *Adenosinphosphate*.

Adenylsäuresystem, ↗ *Adenosinphosphate*.

Adenylsuccinat, *N-Succinyladenylat, sAMP, 5-Aminoimidazol-4-N-succincarboxamid-ribonucleotid*, ein Zwischenprodukt in der Purinbiosynthese (M_r 463,3 Da).

Adenylsulfat-Reduktasen, Enzyme des Schwefelstoffwechsels, die Adenosin-5'-phosphosulfat (APS) und Phosphoadenosinphosphosulfat (PAPS) reduzieren.

Die *APS-Reduktase* ist identisch mit einer Komponente der Sulfat-Reduktase bei der ↗ *Sulfatassimilation*, da APS Donator der Sulfatgruppe ist. Die Eigenschaften der bisher näher untersuchten APS-Reduktasen zeigt die Tabelle. Die APS-Reduktase ist immer ein Komplex aus drei Komponenten: einer APS-Transferase (↗ *Sulfatassimilation*), einem niedermolekularen Carrier und der eigentlichen APS-Reduktase.

Die *PAPS-Reduktase* aus *Saccharomyces cerevisiae* benötigt NADPH und wurde partiell gereinigt.

Adenylsulfat-Reduktasen. Tab. Eigenschaften von APS-Reduktasen verschiedener Herkunft.

Organismus	pH-Optimum	M_r	Anmerkungen
Desulfovibrio[1]	7,4	220 kDa	Enthält 1 Molekül FAD und 6 bis 8 Atome Nichthämeisen
Thiobacillus thioparus[1]	7,4	170 kDa	Enthält 1 Molekül FAD und 8 bis 10 Atome Nichthämeisen
Thiocapsa roseopersicina[1]	8,0	180 kDa	Enthält 1 Molekül FAD, 4 Atome Nichthämeisen und 2 Atome Hämeisen
Chlorella pyrenoidosa[2]		330 kDa	Partiell gereinigtes Enzym

1) mit $Fe(CN)_6^{3-}$; 2) ein Thiol als Elektronendonator; das Enzym aus Chlorella ist mit PAPS nur in Gegenwart von 3'-Nucleotidase aktiv.

Adermin, Bezeichnung für *Vitamin B₆* (↗ *Pyridoxin*).

ADH, 1) Abk. für a̲n̲tidi̲uretisches H̲ormon, ↗ *Vasopressin*.

2) Abk. für ↗ *A̲l̲kohol-D̲e̲hydrogenase*.

Adhärenz-Verbindungen, Zellverbindungen, die die Cytoplasmaseite der Plasmamembran mit Actin-Filamenten (↗ *Actine*) verknüpfen. Die A. verknüpfen Bündel aus Actin-Filamenten von Zelle zu Zelle oder auch zwischen Zelle und extrazellulärer Matrix. In Epithelzellen bilden A. oftmals einen durchgehenden *Adhäsionsgürtel* (*Zonula adhaerens*), der das obere Zellende umfasst und es mit der Nachbarzelle verbindet. In benachbarten Epithelzellen stehen die Adhäsionsgürtel einander gegenüber, wobei die beteiligten Membranen von speziellen Transmembran-Verbindungsproteinen, den ↗ *Cadherinen* zusammengehalten werden. A. sind auch für die Fokalkontakte an der Unterfläche von Fibroblasten in Zellkultur verantwortlich. [K. Burridge et al. *Ann. Rev. Cell Biol.* 4 (1988) 487]

Adhäsine, ↗ *Adhäsionsmoleküle*.

Adhäsionsgürtel, ↗ *Adhärenz-Verbindungen*.

Adhäsionsmoleküle, *Adhäsine*, *Zelladhäsionsmoleküle*, auf der Zellmembran nahezu aller Körperzellen vorkommende Proteine, die nach dem Rezeptor-Ligand-Prinzip einen gezielten Kontakt zwischen Zellen herstellen und auf diese Weise eine Kommunikation ermöglichen. Der Zell-Zell-Kontakt induziert eine Vielfalt von Folgereaktionen, wie die intrazelluläre Aktivierung von Botenstoffen mit damit verbundenen Ereignissen (Umgestaltung und Steuerung des ↗ *Cytoskeletts*, Clusterbildung von Ober-flächenproteinen im Zell-Zell-Kontaktbereich usw.). Viele A. werden nur zeitlich begrenzt auf der Zelloberfläche präsentiert. Die meisten A. befinden sich in Vesikeln gespeichert innerhalb der Zelle und werden erst durch ein externes Signal durch Exocytose in die Umgebung der Zelle abgegeben. Damit wird in kürzester Zeit eine temporäre Erhöhung der Konzentration der A. auf der Zelloberfläche erreicht, wodurch es zu einer Verstärkung des Zell-Zell-Kontaktes kommt. Nach Abklingen des Signals und des damit verbundenen Effektes nimmt die Zahl dieser Verbindungen auf der Zelloberfläche wieder ab. Die verschiedenen Familien von A. üben im menschlichen Körper eine Vielzahl bedeutender Funktionen aus, die auf die meisten dynamischen Prozesse im Organismus ausgerichtet sind. Eine wichtige Familie von A. sind die ↗ *Integrine*. Für das Immunsystem weitere relevante A. sind die ↗ *interzellulären Adhäsionsmoleküle* (ICAM) und die ↗ *leucocyten-funktionsassoziierten Antigene* (LFA-2 und LFA-3). Eine Trennung zwischen A., die an der Ontogenese beteiligt sind, und den immunrelevanten A. scheint nach neueren Erkenntnissen nicht mehr gerechtfertigt zu sein.

Neben der mechanischen Anheftung an Zellen werden durch A. auch biochemische Prozesse gesteuert, wie Beispiele bei den Wechselwirkungen von leukocytenfunktionsassoziierten Antigen-1 (LFA-1) mit interzellulären Adhäsionsmolekülen zeigen. Das ↗ *Fibronectin* trägt als extrazelluläres Adhäsionsprotein zur Zell-Matrix-Verbindung bei, während ↗ *Tenascin* in Abhängigkeit vom Zelltyp eine Förderung oder Hemmung der Adhäsion bewirkt. [R. Piggot *The Adhesion Molecule Facts Book*, Academic Press, San Diego, 1993].

adipokinetische Hormone, 1) *Adipokinin*, *AKH*, kininähnliche Peptidhormone aus den Corpora cardiaca von Insekten, die mit dem ↗ *red pigment concentrating hormone* (RPCH) der Krebstiere zur *AKH/RPCH-Familie* zusammengefasst werden. Diese Peptide der Insekten besitzen lipidmobilisierende (adipokinetisches Hormon) sowie kohlenhydratmobilisierende (hypertrehalosämisches/hyperglykämisches Hormon) Funktion und aktivieren über Stimulierung der cAMP-Bildung (↗ *Adenosinphosphate*) die Fettkörper-Phosphorylase. Alle 14 dieser bisher untersuchten Peptide sind Octa-, Nona- oder Decapeptide mit einem Pyroglutamatrest am N-terminalen und einer Amidgruppe am C-terminalen Ende. Zu dieser Familie gehören *AKH I*, Pyr^1-Leu-Asn-Phe-Thr^5-Pro-Asn-Trp-Gly-Thr^{10}-NH_2, aus *Locusta* und *Schistocera*; *AKH I*, Pyr^1-Leu-Thr-Phe-Thr^5-Ser-Ser-Trp-Gly-NH_2, aus *Manduca*; *AKH II*, Pyr^1-Leu-Asn-Phe-Ser^5-Thr-Gly-Trp-NH_2, aus *Schistocera*; *AKH II*, [Ala^7]AKH II aus *Locusta*; *AKH G*, Pyr1-Val-Asn-Phe-Ser5-Thr-Gly-Trp-NH2, aus der Grille *Gryllus bimaculatus*. AKH I und AKH II werden aus Prä-Pro-Polypeptiden mit 63 bzw. 61 Aminosäurebausteinen gebildet. [B.E. Noyes u. M.H. Schäfer *J. Biol. Chem.* **265** (1990) 483]. Trotz ihrer großen strukturellen Ähnlichkeit unterscheiden sich diese Peptide in ihrer Wirkung in den unterschiedlichen Insektenarten. Des weiteren sind die Peptide *einer* Art nicht gleichermaßen in anderen Arten wirksam. In den Corpora cardiaca der meisten Insekten wurden zwei verschiedene Peptide mit ähnlicher Funktion gefunden. Ob diese synergistisch oder antagonistisch wirken, ist allerdings noch unklar. Beispielsweise wirkt AKH I aus *Locusta migratoria* stärker auf die Lipidmobilisierung und die Aktivierung der Fettkörper-Phosphorylase, während AKH II aus dem gleichen Insekt eine stärkere Wirkung auf die Akkumulation von cAMP im Fettkörper ausübt.

2) Syn. für ↗ *Lipotropin.*

Adipokinin, das ↗ *adipokinetische Hormon.*

Adiuretin, ↗ *Vasopressin.*

Adjuvans, ein Substanzgemisch aus Ölen, Emulgatoren, abgetöteten Bakterien und anderen Zusätzen, das geeignet ist, die Immunantwort unspezifisch zu erhöhen. Das A., das selbst (möglichst) nicht antigen wirkt, wird dem Versuchstier gemeinsam mit einem Antigen zwecks maximaler Antikörperproduktion mehrere Male subkutan oder intramuskulär injiziert. In der experimentellen Immunologie wird das inkomplette Freundsche A., eine Paraffinölemulsion, die das Antigen vor zu schnellem Abbau schützt, sowie das komplette Freundsche A., das zusätzlich abgetötete Myko-

oder Tuberkelbakterien enthält, am häufigsten eingesetzt. Adjuvanzien in der Impfstoffproduktion sind Aluminiumhydroxid und Calciumphosphatgele.

Ado, Abk. für ↗ *Adenosin.*

ADP, Abk. für <u>A</u>denosin-5'-<u>d</u>iphosphat. ↗ *Adenosinphosphate.*

ADP-Ribosylierung, Anheften von monomeren oder polymeren ADP-Ribosylgruppen an ein Protein. Die ADP-Ribosylgruppen werden durch NAD^+ übertragen, wobei ihre Anzahl zwischen 1 und 50 variieren kann. Die Poly-ADP-Ribosylgruppen verkörpern ein neues Homopolymer, das aus sich wiederholenden ADP-Ribose-Gruppen besteht, die zwischen den jeweiligen Riboseteilen 1'→2'-verknüpft sind.

Die Freie Hydrolyseenergie der β-N-glycosidischen Bindung von NAD^+ beträgt $-34,4\,kJ/mol$ bei pH 7 und 25 °C. Es liegt eine hochenergetische Bindung vor und NAD^+ kann als Übertragungsagens für eine ADP-Ribosylgruppe fungieren. Die Übertragung einer ADP-Ribosylgruppe (n = 1 in obiger Gleichung) wird durch die ADP-Ribosyltransferase katalysiert. Die Bildung und gleichzeitige Übertragung von Poly-(ADP-Ribose) auf einen Akzeptor wird durch die Poly-(ADP-Ribose)-Synthetase katalysiert (n > 1 in obiger Gleichung).

Die A-Domäne des Diphtherietoxins (produziert durch *Corynebacterium diphtheriae*-Stämme, die einen β-Phagen tragen) inhibiert die eukaryontische Proteinsynthese, indem sie den Elongationsfaktor 2 ADP-ribosyliert. Das *Pseudomonas*-Toxin

ADP-Ribosylierung. Das Choleratoxin katalysiert die ADP-Ribosylierung eines spezifischen Arg-Rests der α-Untereinheit des GTP-bindenden Proteins G_s.

katalysiert eine ähnliche Reaktion. Der T4-Phage katalysiert die monomere ADP-Ribosylierung der RNA-Polymerase und anderer Proteine in *E. coli.* Das Choleratoxin und verwandte Toxine von Enterobakterien katalysieren die ADP-Ribosylierung eines Argininrestes in der α-Untereinheit des GTP-bindenden Proteins G_s (Abb.) . Dadurch wird die GTPase-Aktivität des G_s blockiert, so dass das G_s permanent aktiv ist und die Adenylat-Cyclase stimuliert. Dies führt dann zu einem Ansteigen an cAMP, wodurch der Ionenfluss in die Zelle und aus der Zelle heraus unterbrochen wird. Das Pertussis-Toxin (aus *Bordetella pertussis*, dem Erreger des Keuchhustens) katalysiert die ADP-Ribosylierung eines Cysteinrestes von G_i (einem GTP-bindenden Protein), welches dann nicht mehr in der Lage ist, seine Funktion als natürlicher Inhibitor der Adenylat-Cyclase auszuüben. Die Cholera- und Pertussis-Toxine katalysieren die ADP-Ribosylierung der meisten G-Proteine.

Poly-ADP-Ribosegruppen wurden in eukaryontischen chromosomalen Proteinen, mitochondrialen Proteinen und Histonen gefunden. Die biologische Funktion der ADP-Ribosylierung von Proteinen in eukaryontischen Zellen ist nicht bekannt, aber das Vorkommen von Poly-ADP-Ribosylgruppen bei Zellkernproteinen, insbesondere bei mit Chromatin assoziierten, weist darauf hin, dass sie für die funktionelle Regulation nukleärer Prozesse von Bedeutung ist. [O. Hayaishi u. K. Ueda *Annu. Rev. Biochem.* **46** (1977) 95–116; M.R. Purnell et al. *Biochemical Society Transactions* **8** (1980) 215–227; J. Moss u. M. Vaughan „Structure and Function of ARF-Proteins: Activation of Cholera Toxin and Critical Components of Intracellular Vesicular Transport Processes" *J. Biol. Chem.* **270** (1995) 12.327–12.330; W. Mosgoeller et al. „Nuclear architecture and ultrastructural distribution of poly(ADP-ribosyl)transferase, a multifunctional enzyme" *Journal of Cell Science* **109** (1996) 409–418]

Adrenalin, *Epinephrin, 4-[1-Hydroxy-2-(methylamino)ethyl]-1,2-benzoldiol*, ein Hormon und Pharmakon mit Wirkung auf den Kohlenhydratstoffwechsel und das Herz-Kreislauf-System (Abb.). A. ist ein zu den Catecholaminen zählendes biogenes Amin. Die physiologisch wirksame Form ist L-A., Dihydroxyphenylethanolmethylamin. M_r 183,20 Da, F. 216–219 °C, $[\alpha]_D^{20}$ –61,0 ° (0,5 M HCl). A. wird neben Noradrenalin im Nebennierenmark und im sympathischen Nervensystem aus Tyrosin (über Dopa, Dopamin und Noradrenalin) gebildet, in den chromaffinen Granula gespeichert und durch nervale Reize über den Nervus splanchnicus ans Blut abgegeben. Es ist ein adrenerger Neurotransmitter, der in den Neuronen des sympathischen Nervensystems synthetisiert und von diesen freigesetzt wird. L-A. wirkt über das Adenylat-Cy-

clase-System aktivierend auf Leber- und Muskelphosphorylase (EC 2.4.1.1) (Glycogenolyse) sowie Fettgewebslipase und führt zu einer Konzentrationserhöhung von Glucose (Hyperglycämie), Lactat und freien Fettsäuren im Blut, die einer verstärkten Fettsäureoxidation unterliegen und einen erhöhten Sauerstoffverbrauch nach sich ziehen. Der Abbau von A. erfolgt nach *O*-Methylierung und oxidativer Desaminierung durch eine Monoaminoxidase und Ausscheidung im Harn als 3-Methoxy-4-hydroxy-mandelsäure (Vanillinmandelsäure). Analoga werden als blutdruckwirksame Pharmaka, Psychoanaleptika, Appetitzügler und Asthmolytika verwendet.

Adrenalin

adrenerge Rezeptoren, ↗ *Adrenorezeptoren.*

Adrenocorticotropin, *adrenocorticotropisches Hormon*, ↗ *Corticotropin.*

adrenocorticotropisches Hormon, ↗ *Corticotropin.*

Adrenomedullin, H-Tyr[1]-Arg-Gln-Ser-Met[5]-Asn-Asn-Phe-Gln-Gly[10]-Leu-Arg-Ser-Phe-Gly[15]-Cys-Arg-Phe-Gly-Thr[20]-Cys-Thr-Val-Gln-Lys[25]-Leu-Ala-His-Gln-Ile[30]-Tyr-Gln-Phe-Thr-Asp[35]-Lys-Asp-Lys-Asp-Asn[40]-Val-Ala-Pro-Arg-Ser[45]-Lys-Ile-Ser-Pro-Gln[50]-Gly-Tyr-NH$_2$ (Disulfidbrücke: Cys[16]-Cys[21]), ein 52 AS-Peptidamid, das zur ↗ *Calcitonin*-Familie gehört. A. wurde 1993 erstmalig aus einem menschlichen Phäochromocytom isoliert. Im gleichen Jahr wurde das Gen von Ratten-A. cloniert. Im Vergleich zum Calcitonin besitzt das menschliche A. eine lineare *N*-terminale Erweiterung ausgehend von der Ringstruktur, die 15 Aminosäurereste umfasst (beim Ratten-A. nur 13 Aminosäurebausteine). Neben dem ↗ *Calcitoningen-verwandten-Peptid* (CGRP, *calcitonin gene related peptide*) gehört A. zu den potentesten bisher bekannten Vasodilatatoren, obgleich die Sequenzhomologie zum CGRP nur 20% beträgt. [K. Kitamura et al. *Biochem. Biophys. Res. Commun.* **192** (1993) 553; R. Muffet et al. *Eur. J. Endocrinol.* **133** (1995) 17; S.J. Wimalawansa et al. *Crit. Rev. Neurobiol.* **11** (1997) 167.]

Adrenorezeptoren, *adrenerge Rezeptoren*, membranständige Rezeptoren für Adrenalin und Noradrenalin. Die beiden Catecholamine vermitteln ihre Wirkungen über α_1-, α_2-, β_1- und β_2-A. Die α_1-A. aktivieren ein G-Protein der G_P-Familie, das Phosphatidylinosit-spezifische Phospholipase C aktiviert. Als sekundäre Botenstoffe werden Inosit-

1,4,5-triphosphat (IP$_3$) und Diacylglycerin (DAG) gebildet. Während IP$_3$ aus dem endoplasmatischen Reticulum Ca^{2+} freisetzt, aktiviert DAG die Protein-Kinase C, die wiederum spezifische Zielproteine phosphoryliert. α_2-A. aktivieren ein G-Protein der G$_i$-Familie, das entweder die Adenylat-Cyclase hemmt, oder die Wahrscheinlichkeit erhöht, dass spannungsabhängige K$^+$-Kanäle geöffnet sind bzw. die Wahrscheinlichkeit verrringert, dass spannungsabhängige Ca^{2+}-Kanäle geöffnet sind. β_1- und β_2-A. aktivieren ihrerseits das G$_S$-Protein, das die Adenylat-Cyclase stimuliert. Das daraufhin gebildete cAMP aktiviert die Protein-Kinase A mit weiterführenden Phosphorylierungen von zusätzlichen Zielproteinen. Die pharmakologischen Eigenschaften deuten darauf hin, dass es nicht nur je einen α_1- und α_2-A. gibt, sondern von beiden Typen je drei leicht verschiedene Formen (durch tiefgesetzte Buchstaben A, B und C gekennzeichnet). Ein dritter β-A., β_3-A. genannt, ist ebenfalls an G$_S$ gekoppelt. Der menschliche β_1-A. besteht aus einer Peptidkette mit 477 Aminosäurebausteinen, die – wie bei allen G-Protein-gekoppelten Rezeptoren – siebenmal die Membran durchspannt (*↗ G-Protein-gekoppelte-Rezeptoren*). Die sieben Transmembran-Domänen sind nicht nebeneinander gereiht, sondern taschenartig geordnet, wobei kleine Liganden, wie die Catecholamine innerhalb dieser Tasche gebunden werden, während an der Bindung großer Neuropeptide auch extrazelluläre Abschnitte Anteil haben. Für die Bindung von Noradrenalin sind ein Asp-Rest der Transmembran-Helix 3, zwei Ser-Reste der Transmembran-Helix 5 und ein Phe-Rest der Transmembran-Helix 6 beteiligt. Der N-terminale Bereich ragt in den Extrazellulärraum, der C-terminale Abschnitt in den Intrazellulärraum. Bei der Rezeptoraktivierung durch einen Agonisten bindet das G-Protein G$_S$ an seine cytoplasmatische Oberfläche, speziell an die dritte intrazelluläre Schleife. [T. Frielle et al. *TINS* **11** (1988) 321; A.G. Gilman *Annu. Rev. Biochem.* **56** (1987) 615.]

Adrenosteron, *Androst-4-en-3,11,17-trion*, ein vom Stammkohlenwasserstoff Androstan abgeleitetes Steroid. M_r 300,9 Da, F. 224 °C, $[\alpha]_D$ +262 ° (Alkohol), Abb. A. wird in der Nebennierenrinde gebildet und wegen seiner schwach androgenen Wirkung zu den männlichen Keimdrüsenhormonen gerechnet (*↗ Androgene*).

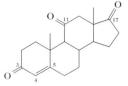

Adrenosteron

Adsorptionschromatographie,   *↗ Chromatographie*.

adulte Gangliosidose,   *↗ Gangliosidosen (Gangliosidose III-G$_{M1}$, Gangliosidose G$_{M2}$)*.

Aequorin, ein Photoprotein aus der Qualle *Aequorea*. Es besteht aus einem Apoprotein (M_r 21 kDa), das kovalent mit einer hydrophoben prosthetischen Gruppe, dem Coelenterazin, verbunden ist. Durch die Bindung von Ca^{2+} wird eine irreversible Reaktion, verbunden mit der Produktion von Licht im sichtbaren Bereich, hervorgerufen. Die Teilgeschwindigkeit des Aequorinverbrauchs (und damit der Lichtproduktion) ist zu der im physiologischen Bereich liegenden Ca^{2+}-Konzentration proportional. A. kann deshalb als Ca^{2+}-Indikator verwendet werden, was auch seit den frühen 60er Jahren geschieht. [M. Brini et al. „Transfected Aequorin in the Measurement of Cytosolic Ca^{2+} Concentrations" *J. Biol. Chem.* **270** (1995) 9.896–9.903]

Affinitätschromatographie, eine chromatogaphische Reinigungsmethode für Biomoleküle, die auf der spezifischen und reversiblen Absorption eines Moleküls (Adsorbent) an einen individuellen, matrixgebundenen Liganden basiert. Als Ligand wird ein verfügbarer, hochaffiner Bindungspartner kovalent an einer geeigneten Matrix immobilisiert. Durch eine biospezifische Wechselwirkung mit dem Zielmolekül wird der Adsorbent selektiv aus einer komplexen Mischung adsorbiert (Abb.). Biospezifische Wechselwirkungen für die A. erfordern Bindungskonstanten K$_D$ im Bereich zwischen 10^{-5} und 10^{-7} M. Während für K$_D$ > 10^{-4} M die Bindung für die A. zu schwach ist, erschweren K$_D$ < 10^{-8} M die Elution des Adsorbenten, die in der Regel durch kompetitive Verdrängung aus der Bindung oder durch Konformationswechsel durch Änderung des pH-Werts oder der Ionenstärke erreicht wird. Die Auswahl des Liganden für die A. führt zu einer Differenzierung zwischen *monospezifischen* und *gruppenspezifischen Liganden*. Monospezifische Liganden

Affinitätschromatographie. Schematische Darstellung der Affinitätschromatographie, s.a. Farbtafel I, Abb. 1 rechts.

sind z. B. Antikörper für Antigene, Hormone für deren Rezeptoren, Enzyminhibitoren für Enzyme sowie MBP-Antikörper (MBP für <u>M</u>altose-<u>b</u>indendes <u>P</u>rotein) und GST-Antikörper (GST für <u>G</u>lutathion-<u>S</u>-<u>T</u>ransferase) für rekombinante (Fusions-)Proteine. Für die nachfolgend aufgeführten gruppenspezifischen Liganden sind die entsprechenden Adsorbenten in Klammern aufgelistet: Lectine (Glycoproteine), Calmodulin (Ca^{2+}-bindende Proteine), Heparin (Koagulationsproteine), Farbstoffe (Enzyme), Nucleinsäuren (Dehydrogenasen, Kinasen), Protein A und Protein G (IgG ⁊ *Immunglobuline*). Von den ⁊ *Lectinen* bindet immobilisiertes ⁊ *Concanavalin A* α-D-Mannose- und α-D-glucosehaltige Kohlenhydratregionen, während Agglutinin *N*-Acetyl-D-Glucosamin adsorbiert. Neben den herkömmlichen Affinitätsmatrices werden sog. aktivierte Gele angeboten, deren Trägermaterialien funktionelle Gruppen enthalten, die gezielt mit eigenen Liganden kovalent modifiziert werden können. Zwischen Matrix und Liganden werden zur besseren Interaktion spezielle Abstandshalter (*Spacer*) eingefügt. Bei der praktischen Durchführung der A. werden zunächst der Absorbent (Protein) und die Affinitätsmatrix in einem geeigneten Puffer äquilibriert, nach Einstellung von pH und Ionenstärke wird die Mischung auf eine Säule gegeben. Nach sorgfältigem Waschen erfolgt die Desorption und danach die Regeneration der Matrix. Eine spezielle Form der A. ist die *immobilisierte Metallchelat-A.* (IMAC), die nicht auf biospezifischen Erkennungsparametern beruht. Bei diesem Verfahren ist eine Metall-komplexierende Gruppe am Säulenmatrial immobilisiert. Hierfür verwendet man meist Nitrilotriessigsäure, Imidodiessigsäure oder Tris(carboxymethyl)ethylendiamin. Multivalente Übergangsmetall-Ionen (Cu^{2+}, Ni^{2+}, Zn^{2+}, Co^{2+}, Fe^{2+} oder Fe^{3+} u. a.) werden in der Weise gebunden, dass eine oder mehrere Koordinationsstellen für eine Wechselwirkung mit basischen Gruppierungen von Proteinen vorhanden sind. Zur Vermeidung von nicht gewünschten Austauscheffekten setzt man meist neutrale Puffer mit hoher Ionenstärke (1 M NaCl) ein. Wegen der nicht so selektiven Bindung ist zur Trennung der gebundenen Adsorbenten eine Gradientenelution notwendig. IMAC wird am häufigsten zur schnellen Isolierung rekombinanter Proteine, die einen Polyhistidin-Schwanz (His-Tag) enthalten, eingesetzt. Auch die Reinigung phosphorylierter Proteine durch IMAC mit Fe^{3+} ist ein interessantes Anwendungsgebiet.

Affinoelektrophorese, eine Form der ⁊ *Elektrophorese*, bei der die Moleküle entsprechend ihrer biospezifischen Affinität getrennt werden.

Aflatoxine, ⁊ *Mycotoxine*, die sowohl von *Aspergillus flavus*, *A. parasiticus* und *A. oryzae*, als auch von einigen *Penicillium*-Stämmen produziert werden. A. kommen in einer Reihe von Lebensmitteln

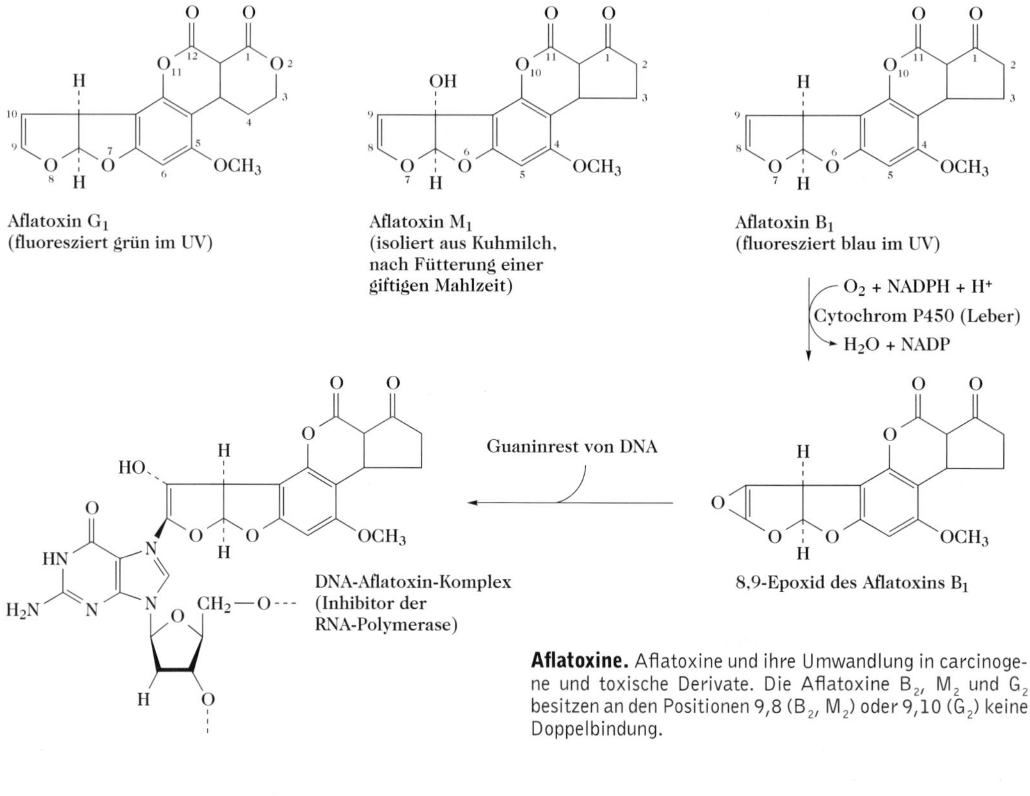

Aflatoxin G_1
(fluoresziert grün im UV)

Aflatoxin M_1
(isoliert aus Kuhmilch,
nach Fütterung einer
giftigen Mahlzeit)

Aflatoxin B_1
(fluoresziert blau im UV)

O_2 + NADPH + H^+
Cytochrom P450 (Leber)
H_2O + NADP

Guaninrest von DNA

DNA-Aflatoxin-Komplex
(Inhibitor der
RNA-Polymerase)

8,9-Epoxid des Aflatoxins B_1

Aflatoxine. Aflatoxine und ihre Umwandlung in carcinogene und toxische Derivate. Die Aflatoxine B_2, M_2 und G_2 besitzen an den Positionen 9,8 (B_2, M_2) oder 9,10 (G_2) keine Doppelbindung.

vor, insbesondere in feuchter, tropischer Umgebung, die das Wachstum der aflatoxinproduzierenden Mikroorganismen begünstigt. Man nimmt an, dass die Ursache vieler Leberkrebserkrankungen in den Tropen in der Aflatoxineinnahme liegt, und dass eine Aflatoxinvergiftung unterernährter Kinder die Ursache für ⊅ *Kwashiorkor* ist. Unmodifizierte A. sind *per se* relativ untoxisch, werden aber in der Leber durch monofunktionelle Oxigenasen in potente Toxine und Carcinogene verwandelt (Abb., ⊅ *Cytochrom P450*). LD_{50}-Werte für Enten (μg je 50 g Körpergewicht) sind: A. B_1 18,2; A. B_2 84,8; A. G_1 39,2; A. G_2 172,5; A. M_1 16,6; A. M_2 62. Der Mechanismus der Toxinentstehung beinhaltet die Bildung eines Epoxids durch Sauerstoffaddition an eine Doppelbindung ($\Delta^{9,10}$ in A. G_1; $\Delta^{8,9}$ in A. B_1 und A. M_2). Die A_2-Verbindungen, die diese Doppelbindung nicht besitzen, werden im Körper möglicherweise zum A_1-Typ oxidiert oder nach einem anderen Mechanismus an die DNA gebunden. [R. Langenbach et al. *Nature* **276** (1978) 277–280]

AFP, Abk. für ⊅ *α-Fetoprotein*.

Afrormosin, *7-Hydroxy-6,4'-dimethoxyisoflavon*. ⊅ *Isoflavon*.

AGA, Abk. für *N*-Acetylglutamat, ⊅ *N-Acetylglutaminsäure*.

Agar-Agar, ein zur Gruppe der Kohlenhydrate gehörender Pflanzenschleim verschiedener Rotalgenarten. Chemisch gesehen ist Agar-Agar zu etwa 70 % ein Polygalactan, das zu 70 % aus Agarose und zu 30 % aus Agaropektin besteht. Die linear gebaute Agarose enthält D-Galactose und 3,6-Anhydrogalactose in alternierender β-1,4- und α-1,3-glycosidischer Verknüpfung (Abb.). Agaropektin besteht aus β-1,3-glycosidisch verbundenen D-Galactoseinheiten, die teilweise in Stellung 6 mit Schwefelsäure verestert sind. A. wird durch Heißwasserextraktion gebleichter Algen gewonnen, die bis zu 40 % A. enthalten können. Es kommt plattenförmig oder in Fadenform in den Handel und wird aufgrund seiner Gelierfähigkeit zu pharmazeutischen Zubereitungen und als Gelatineersatz in der Nahrungsmittelindustrie verwendet. In der Bakteriologie dient A. zur Herstellung von Nährböden.

Agar-Agar. Struktur von Agarose.

Agarose, ⊅ *Agar-Agar*.

Agathisflavon, ⊅ *Biflavonoide*.

Agglutination, die Zusammenballung und Verklumpung zellgebundener, d.h. unlöslicher Antigene, z.B. Bakterien, Viren, Erythrozyten, durch entsprechendes Antiserum oder durch Antikörper, hervorgerufen durch Vernetzung der antigentragenden Partikel mit den mindestens bivalenten Antikörpern. A. (untere Nachweisgrenze 0,01 μg/ml Serum) ist gegenüber der ⊅ *Präzipitation* (untere Nachweisgrenze 10 μg/ml Serum) bedeutend empfindlicher, da sich die Antigen-Antikörper-Reaktion bei der A. an der Oberfläche größerer Partikel abspielt.

Eine noch größere Empfindlichkeit der Agglutinationsreaktion ist bei der *passiven Hämagglutination* mit einer unteren Nachweisgrenze von 3–6 ng Antikörper/ml Serum zu verzeichnen. Bei ihr werden lösliche Antigene an die Oberfläche der lediglich als Träger dienenden Erythrozyten gebunden. Letztere bewirken dann bei Eintritt einer Antigen-Antikörper-Reaktion eine Verklumpung der Erythrozyten und bedingen dadurch die im Vergleich zur Präzipitation 1.000fach größere Empfindlichkeit dieser Methode.

Agglutinine, ⊅ *Lectine*.

Aglycon, *Genin*, der Nichtkohlenhydratteil eines Glycosids. Aglycone werden durch Hydrolyse (z.B. mit Säure oder Enzymen) von der *C-*, *N-* oder *S-*glycosidischen Bindung abgespalten. ⊅ *Glycoside*, ⊅ *Glucosinolat*.

Agmatin, *4-(Aminobutyl)guanidin*, *1-Amino-4-guanidino-butan*, H_2N-C(=NH)-NH-$(CH_2)_4$-NH_2, M_r 130,19 Da, ein Guanidinderivat, das durch Amidinierung von Putrescin oder durch Decarboxylierung von L-Arginin gebildet wird. A. wurde z.B. aus den Pollen von *Ambrosia artemisifolia* (*Compositae*), dem Sclerotium des Mutterkornpilzes *Claviceps purpurea*, Schwämmen, Heringsspermien und Octopusmuskeln isoliert. Es ist ein Zwischenprodukt in der Biosynthese von ⊅ *Arcain*.

Agnosterin, *Agnosterol*, *5α-Lanosta-7,9(11),24-trien-3β-ol*, ein Alkohol aus der Gruppe der tetrazyklischen Triterpene, der sich strukturell vom Stammkohlenwasserstoff 5α-Lanostan (⊅ *Lanosterin*) ableitet (M_r 424,7 Da, F. 165 °C, $[\alpha]_D$ +66°, Abb.). A. wird auch zu den Zoosterinen (⊅ *Sterine*) gerechnet. Es kommt im Wollfett der Schafe vor.

Agnosterin

Agnosterol, ↗ *Agnosterin*.

α₁Agp, ↗ *Orosomucoid*.

Agravitropismus, durch Schwerkraftreiz unbeeinflusste Wachstumsbewegung. ↗ *Auxine*.

Agrin, ein von motorischen Neuronen oder Muskelzellen synthetisiertes Protein (M_r 200 kDa). Es kommt in der Verbindungs-Basalmembran vor, die die lokale räumliche Anordnung der beiden Zellen koordiniert, die zu einer Nerv-Muskel-Endplatte gehören. Da A. auch von Neuronen anderer Typen gebildet wird, ist anzunehmen, dass dieses Protein überall im Nervensystem den Aufbau der Rezeptoren und anderer postsynaptischer Makromoleküle steuert.

Ahornsirup(harn)-Krankheit, *Leucinose*, eine ↗ *angeborene Stoffwechselstörung*, verursacht durch einen Mangel an *3-Methyl-2-oxobutanoat-Dehydrogenase (Lipoamid)* (EC 1.2.4.4). Das Enzym ist für die oxidative Decarboxylierung von Oxosäuren, welche von Leucin, Isoleucin und Valin abstammen, verantwortlich. Diese verzweigtkettigen Aminosäuren und deren Oxosäuren liegen im Harn, im Plasma und in der Hirn-Rückenmarks-Flüssigkeit in erhöhten Konzentrationen vor. Das Serum enthält außerdem Alloisoleucin (das sich vermutlich von Isoleucin ableitet). Der Harn weist einen charakteristischen Geruch auf. Kurz nach der Geburt tritt eine schwere Gehirndegeneration auf, die gewöhnlich innerhalb von Wochen oder Monaten nach der Geburt tödlich ist.

AICAR, Abk. für 5(4)-Aminoimidazol-4(5)-carboxamidribotid. ↗ *Purinbiosynthese*.

AIDS, *acquired immune deficiency syndrome*, *Immunschwächesyndrom*, *Immundefektsyndrom*, bezeichnet das Krankheitsbild in der Endphase einer Infektion mit dem ↗ *HIV* (Humanen Immundefizienz-Virus). Die Infektion ist in dieser Phase durch eine systemische, d.h. sich auf den ganzen Körper erstreckende Immundefizienz gekennzeichnet, verbunden mit opportunistischen Infektionen. Voraus gehen mehrere Phasen, während derer die Immunreaktivität des Körpers zunehmend abnimmt, verbunden mit einem Abfall der Konzentration CD4-positiver T-Lymphocyten im Blut. Kurz nach der Infektion mit dem Virus kann es zunächst zu Grippe-ähnlichen Symptomen kommen, verbunden mit Fieber und Hautausschlägen, in manchen Fällen mit einem Krankheitsbild, das der Mononucleose vergleichbar ist. Die Viruskonzentration im Blut ist hoch, was zu einer Immunantwort gegen das Virus führt. Die Viruskonzentration sinkt dadurch, das Virus ist während der nächsten, nach etwa 6–12 Monaten beginnenden Phase nur noch latent in CD4-positiven T-Lymphocyten, Makrophagen sowie in einigen Nerven- und Darmzellen nachweisbar. In den T-Lymphocyten, von denen nur ein kleiner Teil infiziert ist, kommt es bei Antigen-Stimulierung zur Vermehrung und zur Freisetzung des Virus. Eine Immunantwort, auch gegen das Virus, führt also eher zu einer Vermehrung desselben. Subklinische Symptome während dieser Zeit sind anfangs eine chronische Vergrößerung der Lymphknoten (Lymphadenopathie), später können Funktionsstörungen in Tests für Überempfindlichkeitsreaktionen vom Spättyp nachgewiesen werden. Erste klinische Symptome sind danach virale und Pilzinfektionen der Haut und der Schleimhäute, bis es schließlich zum vollen Krankheitsbild von A. kommt. Die allgemeine Immunschwäche kann dabei zu Neuinfektionen (wie bei der Pneumonie durch Pneumocystis carinii; Pneumocystose) oder zu einer Aktivierung bisher kontrollierter Kinderinfektionen führen (z.B. durch das Cytomegalievirus oder bei Tuberkulose). Weiterhin können Tumore auftreten, wie etwa das Kaposi-Sarkom, ein Tumor der Blutgefäße in der Haut und in inneren Organen oder auch Lymphome. Diese Tumore, wie auch Störungen des Nervensystems können aber auch schon vor dem A.-Stadium einer Infektion mit HIV auftreten.

Bei A. handelt es sich jedoch keineswegs um eine erst in den letzten Jahren entstandene Krankheit. Sie hat aber durch die veränderten Lebensgewohnheiten der letzten Jahrzehnte eine schnelle Verbreitung erfahren. Der sehr unterschiedliche Krankheitsverlauf lässt die Beteiligung mehrerer für den Verlauf der Krankheit entscheidender Faktoren vermuten. Einige Forscher gehen sogar so weit, die Ursachen für die schädlichen Wirkungen nicht in der direkten Wirkung des Virus zu sehen, sondern in der Beteiligung verschiedener Funktionen des Immunsystems, die auf das Virus reagieren und dabei den Organismus des Infizierten schädigen. Wenn auch in einigen Untersuchungen auf die Stabilität von HIV in Abwässern hingewiesen wurde, bleibt doch die Übertragung an den engen Kontakt mit einem Träger des Virus gebunden. A. kann nicht durch die Luft, Insekten (Mückenstiche) oder andere Tiere übertragen werden. Zwar kann bei einer Infektion das Virus in verschiedenen Körperflüssigkeiten (Tränen, Speichel, Sperma, Blut) nachgewiesen werden; übertragen wird es jedoch nur – nach allem, was bekannt ist –, indem es direkt in die Blutbahn gelangt (z.B. über kleine Hautverletzungen). Die Hauptübertragungswege sind promiskuitiver homo- und heterosexueller Geschlechtsverkehr sowie der gemeinsame Gebrauch von Injektionsspritzen bei Suchtabhängigen. Jedoch können auch Neugeborene von HIV-positiven Müttern infiziert werden. Durch einen routinemäßigen Test von Blutkonserven auf HIV ist die Gefahr einer Ansteckung im Gefolge einer Bluttransfusion zumindest in der BR Deutschland nicht mehr gegeben.

Wegen der langen symptomfreien Phase bei vielen Infizierten ist deren Zahl viel höher als die der sichtbar Kranken. HIV wird deshalb auch zu den Lentiviren gerechnet (lateinisch *lentus* = langsam). Das Virus kann lange Zeit inaktiv vorliegen. Nach einem Jahr haben 0,3 %, nach 7 Jahren 30 % und nach 10 Jahren 45 % der Infizierten A. entwickelt. Eine dramatische Zunahme war dort festzustellen, wo Infektionen vorlagen, aber wenige Menschen akut erkrankt waren, d.h. in Afrika, in den Slums der amerikanischen Großstädte und in Thailand und Indien. Der Trend, dass sich A. auch unter der heterosexuellen Bevölkerung ausbreitet, hält weiterhin an. So wurde in Frankreich ein Drittel der Infektionen unter Heterosexuellen ohne weitere Risikofaktoren gemeldet, während die Zahl der Neuinfektionen bei Homosexuellen teilweise zurückgegangen ist. Nach Schätzungen haben sich bis 1999 etwa 50 Millionen Menschen mit HIV infiziert, darunter über 10 Millionen Afrikaner. Im südlichen Afrika sind in manchen Bevölkerungsgruppen vermutlich bis zu 50 % der Bevölkerung Träger des HIV. In Europa wurden von Beginn der Epidemie bis März 1998 208.000 HIV-Infektionen registriert, davon in Deutschland 50.000 (16.000 dieser Infizierten sind verstorben).

HIV2 ist entgegen ersten Meldungen nicht auf Afrika beschränkt. Dieser zweite Stamm des HIV macht in Bombay einen ähnlich hohen Anteil der Infektionen aus wie in Afrika. Entgegen der anfänglichen Meinung geht man heute davon aus, dass HIV2 genau so pathogen ist wie HIV1. Die beiden Virusfamilien sind untereinander weniger verwandt als mit den ihnen am nächsten stehenden Affen-Viren. Dabei ist HIV1 näher mit einem kürzlich entdeckten Schimpansen-Virus, HIV2 mehr mit einem Virus des Rhesusaffen verwandt. Der Stammbaum der beiden Virusfamilien hat sich vermutlich vor ca. 900 Jahren aufgeteilt. Einige der Affenviren rufen in ihrem Wirt keine Krankheit hervor. Offensichtlich sind die Viren in diesen Tieren unter Kontrolle. Die starken Unterschiede im Verlauf der Krankheit beim Menschen lassen sich z.T. auf die große Variabilität des Virus zurückführen, die im Träger zu einer Art Mini-Evolution führt. Es kann dabei auch zur Rekombination zwischen verschiedenen Virus-Genomen kommen. Neben den anfänglich als Träger des Virus identifizierten T-Zellen konnte das Virus mittlerweile auch in Makrophagen und Monocyten nachgewiesen werden und damit in weiteren Klassen von Zellen, die bei einer Immunantwort eine wichtige Rolle spielen. Die Tatsache, dass das Virus auch in den dendritischen Zellen der Lymphknoten gefunden werden kann, lässt eine Übertragung des Virus über diese Zellen vermuten: die dendritischen Zellen präsentieren nämlich während einer Immunantwort auf ihrer Oberfläche Antigenfragmente und locken so die T-Zellen an, die diese Fragmente erkennen. Diese T-Zellen können dabei durch das Virus infiziert werden. Neben den Immunzellen wird das Virus noch in Fibroblasten, Darmzellen, Endothelzellen und in Zellen neuronalen Ursprungs gefunden. Eine besondere Bedeutung bei A. wird den Superantigenen zugeschrieben, deren Aktivierung die selektive Zerstörung einer großen Zahl der Blutzellen erklären könnte. Auch die Aktivierung zellulärer „Selbstmordprogramme" (↗ *Apoptose*), die bei der Entwicklung des Immunsystems eine Rolle spielen, wird als Erklärung für die Abnahme an Blutzellen herangezogen.

Tiermodelle für AIDS. Bei der Suche nach Affenarten, die leichter zu halten sind als die dem Menschen am nächsten verwandten Schimpansen und trotzdem ein Modell für A. abgeben, hat sich herausgestellt, dass Schweinsaffen im Gegensatz zu den nahe verwandten Rhesusaffen und Javaneraffen mit HIV1 infiziert werden können. Dabei kommt es zu Schwellungen der Lymphknoten und zu Fieber, allerdings nicht zu A.-ähnlichen Symptomen. Das Virus und antivirale Antikörper konnten ebenfalls nachgewiesen werden. Das Affenvirus *SIV* (Abk. für *simian immunodeficiency virus*) wurde ebenfalls benutzt, um in Affen den Verlauf der Krankheit, die durch dieses Virus induziert wird, zu untersuchen. Auch das SI-Virus löst in Affen eine tödliche Immunschwäche aus. Dabei ist es gelungen, durch eine Impfung mit abgetötetem SIV einen Immunschutz zu erreichen. Spätere Kontrollexperimente schließen aber die Möglichkeit nicht aus, dass der Immunschutz dadurch zustande kommt, dass das Immunsystem der Affen auf Verunreinigungen in dem Impfstoff reagiert, die von den menschlichen T-Zellen stammen, in denen das Virus gezüchtet worden war. Ein weiteres Tiermodell ist das Pferde-Virus *EIAV* (Abk. für *equine infectious anemia virus*), das ebenfalls bei der Entwicklung und beim Test von Vakzinen benutzt wurde. Ein Katzen-Modell ist *FIV* (Abk. für *feline immunodeficiency virus*), wie HIV ein *Lentivirus* (benannt nach dem langsamen Voranschreiten der Krankheit), und *FeLV* (Abk. für *feline leukaemia virus*). In Mäusen werden Viren des *FLVC* (Abk. für *friend leukaemia virus complex*) untersucht.

Zellmodell für AIDS. Eine Zell-Linie (U1) mit Monocyten/Makrophagen-Ähnlichkeit konnte mit Erfolg als Modell für eine Infektion mit HIV eingesetzt werden. In Kultur bilden nur wenige der Zellen Viren (vermutlich ähnlich wie viele Zellen während der Latenzphase in einem Patienten). Sie können aber mit TNF_α oder Phorbolestern zur Virus-Produktion angeregt werden.

Cytokine und AIDS. Bei A. kommt es zu Veränderungen in der Konzentration der Interleukine.

Am stärksten betroffen ist dabei Il-2, das hauptsächlich von T-Zellen produziert wird und neben T-Zellen selbst auch die Aktivität von natürlichen Killer-Zellen (NK-Zellen) sowie die Interferon-γ-Synthese stimuliert. Der Defekt der Il-2-Produktion und der Expression des Rezeptors für Il-2 ist im Zusammenhang mit den Defekten in den T-Zellen der A.-Patienten zu sehen. Auch Il-1 und Il-6 sind in Patienten betroffen, beide hauptsächlich von Makrophagen produziert, die ebenfalls von dem HIV infiziert werden können. Beide Interleukine aktivieren Lymphocyten, Il-6 wirkt auch als Akutphasenprotein, besonders in der Leber. Beide Interleukine werden durch mononukleäre Zellen des Blutes von Patienten unter stimulierenden *in-vitro*-Bedingungen produziert, was bei normalen Zellen nicht der Fall ist. Von den Interferonen (INF_α, INF_β und INF_γ, wobei nur INF_α und INF_γ von Leucocyten produziert werden und als Immun-Interferone betrachtet werden) ist das von T-Zellen gebildete INF_γ in A.-Patienten erniedrigt – vermutlich ein wichtiger Faktor bei der Anfälligkeit für virale Infektionen und Tumore. Der hauptsächlich durch Makrophagen produzierte TNF_α wird ebenfalls als wichtig für die Entwicklung der Krankheit angesehen. Der Spiegel ist in A.-Patienten erhöht und führt zur Aktivierung der HIV-Replikation und zur Bildung von Syncytien in HIV-infizierten Zell-Kulturen. Darüber hinaus könnte TNF_α an der Lyse auch nicht-infizierter Zellen beteiligt sein. Die beobachteten Veränderungen der Cytokin-Konzentrationen konnten teilweise in Tiermodellen für A. (s.o.) bestätigt werden, wo sich mehr Möglichkeiten für experimentelle Eingriffe anbieten. A. kann aufgrund der Ergebnisse von Beobachtungen beim Menschen und bei den Tiermodellen als eine Disregulation des Immunsystems angesehen werden, bei der die Veränderung der Cytokin-Konzentration eine wichtige Rolle spielt. Auch bei den Autoimmunreaktionen, die bei A. beobachtet werden können, ist die Veränderung des Immungleichgewichts von Bedeutung. Dabei treten Phänomene auf, die Ähnlichkeiten mit Erscheinungen des Alterungsprozesses aufweisen, weshalb A. auch von manchen Betroffenen als „Altern im Zeitraffertempo" beschrieben wurde.

AIDS-Impfstoff. Bei der Entwicklung von Impfstoffen (Vakzinen) gegen den Erreger der Immunschwäche A. wird sowohl versucht, einen prophylaktischen Impfstoff – also einen Impfstoff, der vor einer Infektion mit dem Virus gegen die Krankheit schützt – als auch einen therapeutischen Impfstoff, der zur Behandlung nach Infektion mit dem Virus verwendet werden kann, zu entwickeln. Wegen der großen Variabilität des Virus wurden durch den Vergleich verschiedener Virusisolate die konservierten Regionen bestimmt, die für einen Impfstoff am besten geeignet sind. Dies sind Bereiche, die für die Funktion des Virus notwendig sind und daher nicht verändert werden können, z.B. die Bereiche der Virushülle, welche die Bindung an die CD4-Moleküle der T-Zellen vermitteln. Um eine prophylaktische Impfung zu erreichen, kann das Immunsystem durch chemisch oder gentechnologisch inaktivierte Viren oder durch Bruchstücke des HIV (besonders geeignet sind die konservierten Bereiche) zur Produktion von Antikörpern angeregt werden. Eine deutliche Korrelation zwischen der *in-vitro*-Fähigkeit der Antikörper, das Virus zu neutralisieren, und einem *in-vivo*-Schutz ist jedoch nicht festzustellen. In Affen kann ein Immunschutz gegen SIV nur durch ein langes und intensives Impfschema erreicht werden. Anfängliche deutlichere Erfolge bei Impfungen von Affen gegen A. stellten sich als Artefakte heraus, hervorgerufen durch die Kultivierung des Virus in menschlichen Zell-Linien, die sich als das eigentliche Immunogen erwiesen. Auch die Dauer des Immunschutzes beschränkte sich auf mehrere Monate. Probleme ergaben sich, wenn diese Immunisierungsschemata zur Behandlung bereits Infizierter angewendet werden sollen. Bei jeder Aktivierung des Immunsystems bereits Infizierter durch eine aktive Immunisierung besteht die Gefahr, auch das in den CD4-T-Zellen ruhende HIV zu aktivieren. Ein Ausweg wäre hier eine passive Immunisierung, die im Tierversuch mit Erfolg durchgeführt wurde. Antikörper aus Mäusen gegen den konservierten Bereich der Virushülle schützten Schimpansen vor einer Infektion mit HIV. Eine weitere Alternative besteht in einer Immunisierung mit Antikörpern, die der Virushülle ähnlich sehen und wie die Viren an die Rezeptoren der T-Zellen binden und diese dadurch für die Viren blockieren. Eine gänzlich andere Strategie wird von anderen Forschern bevorzugt, die in einer Stärkung der zellulären Abwehr die beste Methode sehen, den Ausbruch von A. bei HIV-Infizierten zu verhindern. Tatsächlich weisen einige HIV-Infizierte weder Antikörper gegen das Virus noch die typischen A.-Symptome auf. Dagegen ist ihr Titer an Virus-spezifischen T-Zellen erhöht. In Tierversuchen führt die Immunisierung mit niedrigen Mengen an Virus-Antigen zu einer Stimulierung der zellulären Abwehr, während größere Mengen spezifische Antikörper induzieren. Nur im ersten Fall sind die Tiere geschützt. Auch eine Immunisierung mit DNA, nicht mit Proteinen des Virus, wird erprobt. Defekte Viren, welche die Vermehrung des kompletten Virus in Patienten verhindern sollen, und retrovirale Konstrukte, bei denen Toxine in infizierten Zellen aktiviert werden und diese abtöten, werden ebenfalls in Zellkultur getestet. Ob es gelingen wird, ein protektives (also vor Infektion schützendes) Vakzin zu entwickeln, ist momentan noch ungewiss. Die Entwicklung therapeutischer Vakzine (zur Behandlung der Krankheit) könnte schon früher zu Erfolgen führen. So bewirkte die Impfung mit dem viralen Glycoprotein 160 eine Erhöhung des Titers neutralisierender Antikörper und eine Erhöhung der proliferativen Antwort von T-Zellen. Die Abnahme der CD4-positiven T-Zellen konnte ebenfalls aufgehalten werden. Probleme bereiten weiterhin die Variabilität des Virus und die Tatsache, dass dieses oft in Zellen und damit für das Immunsystem schwer zugänglich übertragen wird. Wie bei der Grippe-Impfung müssen eventuell regionale Impfstoffe mit Spezifität für einzelne Virus-Subtypen entwickelt werden. In der klinischen Erprobungsphase befindet sich die Benutzung Virus-ähnlicher Partikel (VLP; Partikel, die z.B. in Hefen durch springende Gene hergestellt werden und als besonders immunogen gelten) als Vehikel für HIV-Proteine. Ein weiterer Vorteil ist die einfachere Reinigung von Proteinen, die mit den VLPs assoziiert sind und für Impfstoffe verwendet werden sollen. Hypothesen, nach denen A. als eine Autoimmunkrankheit anzusehen ist, stellen allerdings den Erfolg von Impfungen zumindest im A.-Stadium der Krankheit in Frage.

Therapie. Zunehmend setzt sich bei der Behandlung von A. die Kombinationstherapie durch, wobei bisher hauptsächlich eine Kombination von Nucleotidanaloga (AZT, DDI und DDC) verwendet wird. Neben anderen Proteinen des Virus (z.B. den Produkten der *tat*- und *rev*-Gene) wird versucht, die für die Reifung des Virus notwendige Protease zu hemmen. Verwendet wird dabei ein kleines Proteinmolekül, welches das aktive Zentrum der Protease blockiert. Heftig diskutiert wird derzeit der günstigste Zeitpunkt für den Beginn einer Chemotherapie. So sahen einige amerikanische Studien in einer frühen Gabe von AZT, vor Auftreten der typischen A.-Symptome, den erfolgversprechendsten Weg. Die europäische Concorde-Studie ergab dagegen, dass eine Behandlung nur dann sinnvoll ist, wenn bereits Symptome auftreten. AZT verzögert laut dieser Studie, an der 1.700 Infizierte teilnahmen, bei frühzeitiger Einnahme weder das Auftreten der Beschwerden noch vergrößert es die Überlebenschance. In jedem Fall gilt, dass es einige Zeit nach Beginn der Therapie mit AZT zum Auftreten resistenter Varianten des Virus kommt, gegen die das Medikament nicht mehr wirkt. Bei einer frühzeitigen Behandlung mit AZT wäre die Wirksamkeit des Mittels ausgereizt, wenn die schwierigste Phase des Leidens beginnt. Der bisher verwendete Parameter zur Beurteilung des Zustands eines HIV-Infizierten, der Titer an CD4-T-Zellen, wurde in dieser Studie ebenfalls als Kriterium in Frage gestellt. In Zellkultur haben sich auch ↗ *Ribozyme* bewährt, die gegen die virale RNA gerichtet sind. Der Vor-

schlag, A. durch Immunsuppressiva (Immunsuppression) zu behandeln, beruht auf der Tatsache, dass HI-Viren potenziell bei jeder Immunantwort in den T-Zellen, in deren Mehrzahl sie ruhen, aktiviert werden können. Bei Patienten, die Organtransplantate und mit HIV verseuchte Bluttransfusionen vor Einführung des Antikörpertests erhielten, wurde nach der Operation mit Immunsuppressiva behandelt. Einige dieser Patienten starben bald, andere schienen gegen A. genauso gut oder besser geschützt zu sein wie andere HIV-Infizierte. Besonders Immunsuppressiva, welche T-Zellen, also die Zielzellen des HIV, inhibieren (Cyclosporin und FK 506), scheinen wirksam zu sein. Offensichtlich steht diese Therapie im Gegensatz zu einem Konzept der Behandlung, das auf die Wirksamkeit einer aktiven Immunisierung setzt. Welches der beste Weg zur Behandlung von A. ist, wird sich am Patienten zeigen müssen, bei dem *in-vitro*-Ergebnisse oft in einem anderen Licht erscheinen. – Weitere Ansätze für eine Therapie: Fusionen zwischen CD4, dem Rezeptor für HIV, und einem Toxin sollen an infizierte Zellen andocken und diese abtöten; Inhibitoren der für die Reifung von HIV nötigen RNase sollen die Replikation des Virus hemmen; die Hydrophobizität des viralen gag-Genprodukts soll durch die Gabe von Analoga der Myristinsäure (die normalerweise in der Zelle an das Genprodukt angehängt wird) verändert werden; die Lokalisierung des gag-Genprodukts würde sich ändern, und es könnte seine Funktion nicht mehr wahrnehmen. Die Einführung von Genen, welche die Replikation von HIV verhindern, in die potenziellen Zielzellen des Virus wird meist mit Retroviren durchgeführt, wobei zum Teil auch regulatorische Sequenzen des Virus benutzt werden. Die Risiken von Infektionen durch diese Konstrukte sowie die Risiken des Auftretens von Mutationen und Rekombinationen bei dieser Methode bleiben noch abzuschätzen. Ähnlich wie bei der Krebstherapie wird auch versucht, die zelluläre Immunantwort durch die Entnahme von körpereigenen Zellen, die genetisch verändert und in den Organismus zurückinjiziert werden, zu stimulieren. Eine genetische Veränderung ist z.B. die Einführung des Gens für die virale Hülle in diese Zellen, um die Immunantwort gegen dieses Genprodukt zu stimulieren. Eine weitergehende Hoffnung besteht darin, die Blutzellen eines Patienten zu entnehmen, außerhalb des Körpers von infizierten Zellen zu reinigen und danach die gereinigte Zellpopulation dem Patienten zurückzugeben. Voraussetzungen sind empfindliche Nachweismethoden für infizierte Zellen und eine an die Behandlung anschließende Stimulierung des Immunsystems, um die verlorenen Zellen zu ersetzen. Wichtig ist weiterhin das genaue Studium der Kinetik der verschiedenen Cytokine während einer Infektion mit

HIV. TNF und IL-6 z.B. fördern vermutlich die Replikation des Virus und kommen deshalb als Ziel einer therapeutischen Intervention in Frage, andere Cytokine (Interferon-α) blockieren die virale Replikation *in vitro*.

AIDS-related Komplex, Konstellation von Symptomen, die in einigen Fällen auf eine Infektion mit ↗ *HIV* hinweisen: Fieber, dauernder Nachtschweiß, chronische Durchfälle, Gewichtsverlust, geschwollene Lymphknoten und Leistungsabfall.

AIR, Abk. für 5-Aminoimidazolribotid. ↗ *Purinbiosynthese*.

Ajmalin, ein ↗ *Rauwolfia-Alkaloid* (F. 205–207 °C, $[\alpha]_D^{20}$ +144 °). A. wirkt wie alle Rauwolfia-Alkaloide sympatholytisch. Die Normalisierung von Herzrhythmusstörungen durch Ajmalin ist von großer medizinischer Bedeutung. In hohen Dosen zeigt es die beruhigende Wirkung der Rauwolfiaalkaloide.

Akatalasie, eine ↗ *angeborene Stoffwechselstörung*, verursacht durch einen Mangel an ↗ *Katalase* (EC 1.11.1.6) in allen Geweben. Bei einigen Individuen liegt die Aktivität unter 1% der normalen Aktivität, ohne dass sich Krankheitseffekte bemerkbar machen. Bei anderen können Ulzeration der Nasen- und Mundschleimhaut und Mundgangräne auftreten.

AKH, Abk. für ↗ *adipokinetische Hormone*.

Aktivatorprotein, ↗ *Calmodulin*.

aktive Einkohlenstoff-Einheiten, C_1-Einheiten, molekulare Gruppierungen, die ein einzelnes Kohlenstoffatom enthalten und entweder durch die Bindung an Tetrahydrofolsäure oder (seltener) an Thiaminpyrophosphat aktiviert werden. Die C_1-Einheiten werden an das N5 und/oder das N10 der Tetrahydrofolsäure (THF) gebunden (Abb. 1).

Die Hauptquelle der C_1-Einheiten ist die Hydroxymethylgruppe des Serins, die mit Hilfe der Hydroxymethyltransferase (EC 2.1.2.1) auf THF übertragen wird, wodurch N^{10}-Hydroxymethyl-THF (aktivierter Formaldehyd) entsteht. Von besonderer Bedeutung ist die Bildung von C_1-Einheiten im Histidinkatabolismus und beim anaeroben Abbau von Purinen. C_1-Einheiten werden während der Purinbiosynthese eingebaut und stellen die 5-Methylgruppe von Thymin. An THF gebundene C_1-Einheiten werden umgewandelt (Abb. 2). Andere metabolische Quellen und Verwendungen für C_1-

Einheiten sind in der Legende von Abb. 2 aufgeführt.

aktive Glucose, ↗ *Nucleosiddiphosphatzucker*.

aktiver Acetaldehyd, ↗ *Thiaminpyrophosphat*.

aktiver Aldehyd, ↗ *Thiaminpyrophosphat*.

aktiver Formaldehyd, ↗ *aktive Einkohlenstoffeinheiten*, ↗ *Thiaminpyrophosphat*.

aktiver Glycolaldehyd, ↗ *Thiaminpyrophosphat*.

aktiver Transport, ein Prozess, in dem sich gelöste Moleküle oder Ionen durch eine Biomembran gegen einen Konzentrationsgradienten bewegen. Da thermodynamische Arbeit verrichtet wird, muss der a. T. mit einer exergonischen Reaktion gekoppelt sein. Bei einem *primären a. T.* liegt eine direkte Kopplung vor, z.B. benötigt der Transport von Na⁺- und K⁺-Ionen durch eine Zellmembran mit Hilfe des Na⁺/K⁺-ATPase-Systems die gleichzeitige Hydrolyse von ATP. Bei einem *sekundären a. T.*, dem sog. *Cotransport*, wird die Energie eines elektrochemischen Gradienten eines zweiten gelösten Stoffs zum Transport eines ersten Stoffs genutzt. Der Transport eines gelösten Stoffs treibt den Transport des anderen gelösten Stoffs an, wie z.B. beim Na⁺-abhängigen Transport bestimmter Zucker und Aminosäuren in tierischen Zellen: die intrazelluläre Konzentration an Na⁺ wird mit Hilfe der Na⁺/K⁺-Pumpe auf einem Niveau gehalten, das weit unter der interzellulären Konzentration liegt. Ein spezifisches Transportprotein (*Carrier*) bindet außerhalb der Zelle sowohl Glucose als auch Na⁺ und lässt sie im Innern wieder frei; dieser Prozess ist energetisch begünstigt, weil das Na⁺ aus einem Gebiet mit höherer Konzentration in eines mit niedrigerer Konzentration kommt. In anderen Fällen wird der a. T. von Zuckern und Aminosäuren durch das Membranpotenzial ermöglicht, welches aufgrund des Elektronenflusses entlang der ↗ *Atmungskette* aufgebaut wird.

Ein dritter Typ des a. T. wird *Gruppentranslokation* genannt, da der gelöste Stoff während des Transports verändert wird. So werden z.B. (in einigen Bakterien) von der *Phosphotransferase* Zuckermoleküle während des Transports phosphoryliert. Eine interessante Eigenschaft dieses Systems ist, dass der Phosphatdonor nicht ATP, sondern Phosphoenolpyruvat ist.

Die Prozesse des a. T. sind hoch spezifisch und sättigbar. Dies impliziert, dass der Transport durch

Tetrahydrofolat

reaktiver Teil des
Tetrahydrofolats

aktive Einkohlenstoff-Einheiten. Abb. 1. Struktur des Tetrahydrofolats (THF) und des reaktiven Teils von THF.

aktive Einkohlenstoff-Einheiten. Abb. 2. Interkonversion aktiver Einkohlenstoff-Einheiten.
Katalysierende Enzyme:
a. Formyl-FH_4-Synthetase (EC 6.3.4.3)
b. Formyl-FH_4-Deformylase (EC 3.5.1.10)
c. Methenyl-FH_4-Cyclohydrolase (EC 3.5.4.9)
d. Methylen-FH_4-Dehydrogenase (NADP$^+$) (EC 1.5.1.5)
e. 5,10-Methylen-FH_4-Reduktase (FADH$_2$) (EC 1.7.99.5)
f. Serin-Hydroxymethyltransferase (EC 2.1.2.1)
g. Formimino-FH_4-Cyclodesaminase (EC 4.3.1.4)
Assoziierte Systeme und Reaktionen:
1. N^5-Formimino-FH_4 wird aus FH_4 und Formiminoglycin (aus der bakteriellen Fermentation der Purine) gebildet, bzw. aus FH_4 und Formiminoglutamat (↗ Histidin).
2. In Clostridium dient die Umkehr der Reaktion a dazu, ATP zu erzeugen.
3. $N^{5,10}$-Methylen-FH_4 fungiert sowohl als Reduktionsmittel als auch als Quelle für Einkohlenstoffeinheiten in der Synthese von Thymidylsäure (↗ Pyrimidinbiosynthese).
4. Auch das ↗ Glycinspaltungssystem wandelt FH_4 in $N^{5,10}$-Methylen-FH_4 um.
5. N^5-Methyl-FH_4 dient als Methylgruppenquelle für die Umwandlung von L-Homocystein in L-Methionin (5-Methyltetrahydrofolat-Homocystein-Methyltransferase, EC 2.1.1.13) (↗ L-Methionin).
6. Die Wirkung der Enzyme EC 2.1.2.2 und 2.1.2.3 wird bei dem Stichwort ↗ Purinbiosynthese beschrieben.
7. N^5-Methyl-FH_4 ist ein Substrat der Methanbildung in methanogenen Bakterien.
8. Andere wichtige Reaktionen: ↗ Einkohlenstoffzyklus.
THF und FH_4 sind beides allgemein verwendete Abkürzungen für die Tetrahydrofolsäure.

enzymähnliche Proteine oder *Carrier* vermittelt wird. Der Ausdruck Carrier wird auch zur Beschreibung der ↗ *erleichterten Diffusion* verwendet.

Bakterielle Transportsysteme, die sog. *Permeasen*, wurden mit Hilfe genetischer und anderer Methoden gründlich untersucht. Es wurden Proteinprodukte verschiedener Permeasegene isoliert, z.B. das Produkt des Lactosepermeasegens.

aktives Acetat, ↗ *Acetyl-Coenzym A*.

aktives Kohlenstoffdioxid, ↗ *Biotinenzyme*.

aktives Methionin, ↗ *S-Adenosyl-L-methionin*.

aktives Methyl, ↗ *S-Adenosyl-L-methionin*.

aktives Pyruvat, ↗ *Thiaminpyrophosphat.*

aktives Sulfat,   ↗ *Phosphoadenosin-phosphosulfat.*

aktives Zentrum, der Teil eines Enzyms oder anderen Proteins, welcher das spezifische Substrat bindet und entweder in das Produkt überführt oder mit ihm in anderer Weise in Wechselwirkung tritt. Das a. Z. besteht aus dem eigentlichen katalytischen Zentrum, das relativ unspezifisch ist, und der Substratbindungsstelle, welche für die Spezifität des Enzyms verantwortlich ist. Normalerweise treten nur einige wenige Aminosäurereste im aktiven Zentrum direkt mit dem Substrat in Wechselwirkung; der Rest des Proteinmoleküls dient dazu, diese wenigen Reste in die geeignete Anordnung zu bringen. Die an der Katalyse beteiligten Aminosäuren können bei Abwesenheit des Substrats in beträchtlichem Abstand voneinander liegen; sie werden durch Konformationsänderungen ins Spiel gebracht, die durch die Bindung des Substrats induziert werden (↗ *Kooperativitätsmodell*, ↗ *Chymotrypsin*, ↗ *Serin*, ↗ *Proteasen*).

Die Aminosäurereste des aktiven Zentrums werden durch eine spezifische Markierung mit Hilfe des Coenzyms, durch eine Reaktion mit Inhibitoren oder durch eine Reaktion mit seitenkettenspezifischen Reagenzien identifiziert. Einige oft verwendete irreversible Inhibitoren des katalytischen Zentrums der Serinproteasen sind Tosyllysin-chloromethyl-keton (TLCK), welches mit Histidin reagiert, und Diisopropylfluorophosphat (DFP) bzw. Phenylmethan-sulfonyl-fluorid (PMSF), die mit Serinresten Ester bilden.

aktivierte Aminosäuren, ↗ *Aminoacyladenylat.*

aktivierte Essigsäure, ↗ *Acetyl-Coenzym A.*

aktivierte Fettsäuren, Thioester aus Fettsäure und Coenzym A, besitzen als hochenergetische Verbindungen ein hohes Gruppenübertragungspotenzial. Sie werden bei der Fettsäurebiosynthese oder bei der Aktivierung freier Fettsäuren gebildet. Die Acyl-CoA-Synthetasen katalysieren die Bildung der CoA-Derivate gemäß folgender Reaktion:

$CH_3(CH_2)_n COOH + ATP + HS\text{-}CoA \rightleftarrows$

$CH_3(CH_2)_n CO{\sim}SCoA + AMP + PP_i + H_2O.$

Die Reaktion verläuft über das Adenylat als Zwischenprodukt, das durch Coenzym A, unter Bildung von Acyl-CoA und AMP, gespalten wird. Es sind mehrere dieser Synthetasen bekannt, und sie werden nach der Länge der Kohlenstoffkette benannt, die optimale Aktivität bewirkt, z.B. Acetyl-CoA-Synthetase, die C_2- und C_3-Fettsäuren umwandelt, Octanoyl-CoA-Synthetase, die Fettsäuren mit Kettenlängen von C_4 bis C_{12} umwandelt, und Dodecanoyl-CoA-Synthetase (C_{10} bis C_{18}). Mitochondrien enthalten ebenfalls eine Acyl-CoA-Synthetase, die GTP in GDP + P_i spaltet. Acyl-CoA-Derivate mit kurzen Fettsäureketten können auch durch eine Transferreaktion gebildet werden, bei der die Thiophorase die -SCoA-Gruppe von Succinyl-CoA überträgt: Succinyl-CoA + RCOOH $\rightleftarrows$ Succinat + R-CO-SCoA. Im Organismus stehen die aktivierten Fettsäuren im Gleichgewicht mit Acylcarnitin. Sie stellen den Ausgangspunkt für den Fettsäureabbau dar.

aktivierte Gele, ↗ *Affinitätschromatographie.*

aktiviertes Acetat, ↗ *Acetyl-Coenzym A.*

aktiviertes Succinat,   ↗ *Tricarbonsäure-Zyklus*, ↗ *Succinat-Glycin-Zyklus*, ↗ *Fettsäureabbau.*

Aktivierungshormon, ↗ *Insektenhormone.*

Akute-Phase-Proteine, lösliche Proteinmediatoren, die die Immunreaktion unterstützen, welche eine wichtige Rolle im Verlauf einer Entzündung, Infektion oder Gewebeverletzung spielen. Zu den A. gehören ↗ *C-reaktives Protein*, Serum-Amyloid (SAA), ↗ *Fibrinogen*, Haptoglobin, ↗ α_1-*Antitrypsin*, Caeruloplasmin, ↗ α_2-*Makroglobulin* und einige Komplementkomponenten, von denen die genaue Funktion und Bedeutung bei der Akute-Phase-Antwort nicht in allen Fällen bekannt ist. Bei dieser systemischen Reaktion des Körpers auf Entzündungen, Infektionen und Gewebeverletzungen werden einige A. auf das Hundertfache des Normalspiegels erhöht (diagnostische Bedeutung), verbunden mit einer Erhöhung der Leucocytenzahl (Leucocytose), erhöhter Gefäßdurchlässigkeit, Fieber und Veränderungen im Steroidhaushalt. Die A. steigern die Phagocytosefähigkeit von Makrophagen, kontrollieren das Gerinnungssystem, aktivieren das Komplementsystem und unterstützen die Wundheilung. Die schnelle Synthese von A. in der Leber wird hauptsächlich über die Induktion von IL-1 und IL-6 (↗ *Interleukine*) reguliert.

Akzeptor-RNA,   veraltete   Bezeichnung   für ↗ *transfer-RNA.*

Akzeptorstamm, tRNA-Akzeptorstamm, auch als „Kleeblattstiel" bezeichnete Struktureinheit der tRNA (↗ *transfer-RNA*). Der Akzeptorstamm wird von 5'- und 3'-Ende des tRNA-Moleküls gebildet. Charakteristisch ist das G-Nucleotid am 5'-Ende und eine am 3´-Ende vier Nucleotide lange Einzelstrangregion mit der Endsequenz CCA. Die jeweilige Aminosäure ist kovalent an die Hydroxylgruppe des terminalen Adenosinrestes gebunden.

ALA, Abk. für 5-$\underline{A}$mino$\underline{l}$evulinic $\underline{a}$cid, ↗ *5-Aminolävulinsäure.*

Alamethicin,   Ac-Aib^1-Pro-Aib-Ala-Aib^5-Ala-Gln-Aib-Val-Aib^{10}-Gly-Leu-Aib-Pro-Val^{15}-Aib-Aib-Glu-Gln-Pheol^{20}, ein aus dem Kulturfiltrat des Pilzes *Trichoderma viride* isoliertes Peptidantibiotikum, mit acht α-Aminobuttersäureresten (Aib) und einem C-terminalen L-Phenylaninol (Pheol). A. gehört zu den ↗ *Peptaibolen*. Ursprünglich wurde für A. eine zyklische Octadecapeptidstruktur postuliert. Die revidierte lineare Struktur wurde 1985 durch Totalsynthese bestätigt. A. zeigt bakteriostatische, fungizide, cytostatische und hämolytische Effekte. Mit *Suzukacillin*, *Trichotoxin* und weiteren Peptaibolen zählt A. zu den amphiphilen Peptidantibiotika, die in Lipidmembranen einen fluktuierenden, spannungsabhängigen Ionenfluss erzeugen können und daher für Modellsysteme der Nervenleitung Interesse besitzen. Durch Aggregation der Peptidstrukturen werden Poren gebildet, die unterschiedliche Leitfähigkeitszustände annehmen können.

Alanin, *Aminopropionsäure* (M_r 89,1 Da).

1) *L-α-Alanin*, *2-Aminopropionsäure*, *Ala*, CH_3-$CH(NH_2)$-COOH, eine glucogene, proteinogene Aminosäure. F. 297 °C (Z.), $[\alpha]_D^{25}$ +1,8 ° (c = 2,0; Wasser). Es ist eine Hauptkomponente des Seidenfibroins. Freies L-α-A. kommt zusammen mit Glycin in größerer Menge im menschlichen Blutplasma vor. L-α-A. entsteht im Organismus aus Pyruvat durch Transaminierung, in einigen Mikroorganismen, z.B. Bakterien, durch reduktive Aminierung mittels Alanin-Dehydrogenase (EC 1.4.1.1), die verschiedentlich als Protomeres der oligomeren L-Glutaminsäure-Dehydrogenase (EC 1.4.1.2) beschrieben wurde. A. wird mit Hilfe der Alanin-Oxidase (↗ *Flavinenzyme*) zu Pyruvat und Ammoniak abgebaut oder es wird durch Transaminierung in Pyruvat überführt.

2) *β-Alanin*, *3-Aminopropionsäure*, H_2N-CH_2-CH_2-COOH, eine nichtproteinogene Aminosäure. F. 196 °C (Z.). β-A. kommt in freier Form z.B. im menschlichen Gehirn vor und ist Baustein der Dipeptide Carnosin und Anserin sowie des Coenzyms A. Es entsteht in der Regel nicht durch Decarboxylierung aus L-Asparaginsäure, sondern im Verlauf des reduktiven ↗ *Pyrimidinabbaus*. Es kann durch Desaminierung, Decarboxylierung und Oxidation zu Essigsäure weiter metabolisiert werden.

Alanin-Aminopeptidase, ↗ *Aminopeptidasen*.
Alanin-Dehydrogenase (EC 1.4.1.1), ↗ *Alanin*.
Alanin-Oxidase, ↗ *Alanin*, ↗ *Flavinenzyme*.
Alar 85, ↗ *Bernsteinsäure-2,2-dimethylamid*.

Albinismus, *Achromasie*, *Achromie*, eine ↗ *angeborene Stoffwechselstörung*, verursacht durch einen Mangel an *Monophenol-Monooxygenase* (Tyrosinase, Phenolase, Monophenol-Oxidase, Cresolase, EC 1.14.18.1), welche die oxidative Umwandlung von Dopa in Melanin katalysiert (↗ *Melanine*). Ein Fehlen der Tyrosinase ist gewöhnlich auf eine autosomal vererbte Störung der Fähigkeit, das Enzym zu synthetisieren, zurückzuführen. Die meisten Säugetiergruppen bringen gelegentlich Albinoindividuen hervor, denen die Melaninpigmentierung von Augen, Haut, Haaren, Federn, usw. ganz fehlt. Weitere mögliche Ursachen für das Auftreten von A. können sein: 1) mangelhafte Melaninpolymerisation, 2) Unvermögen, die Proteinmatrix der Melaningranula zu synthetisieren, 3) Fehlen von Tyrosin oder 4) Gegenwart von Tyrosinase-Inhibitoren.

Albizziin, *2-Amino-3-ureidopropionsäure*, H_2N-CO-NH-CH_2-CH-(NH_2)-COOH, eine nichtproteinogene Aminosäure (F. 218–220 °C), die vor allem in Arten der Gattung *Albizzia* vorkommt. A. wird vermutlich aus Carbamylphosphat und 2,3-Diaminopropionsäure durch Transcarbamylierung gebildet. Es ist ein Antagonist von Glutamin.

Albomycin, ein von *Actinomyces subtropicus* synthetisiertes Antibiotikum, das als zyklisches Polypeptid mit einer Pyrimidinbase (Cytosin) vorliegt. A. enthält 4,16 % Eisen in Form eines Hydroxamateisen(III)-komplexes (Abb.). Es gehört zu den ↗ *Sideromycinen* (es hat Ähnlichkeit mit dem Grisein und ist möglicherweise mit diesem identisch) und greift als Antimetabolit der ↗ *Sideramine* in den Eisenstoffwechsel ein. Es ist sowohl gegen grampositive als auch gramnegative Bakterien wirksam und fungiert als Hemmstoff des aeroben Stoffwechsels von *Staphylococcus aureus* und *Escherichia coli*.

Albumine, eine Gruppe einfacher ↗ *Proteine*. A. kommen in Körperflüssigkeiten und Geweben von Tieren und in bestimmten Pflanzensamen vor. Sie

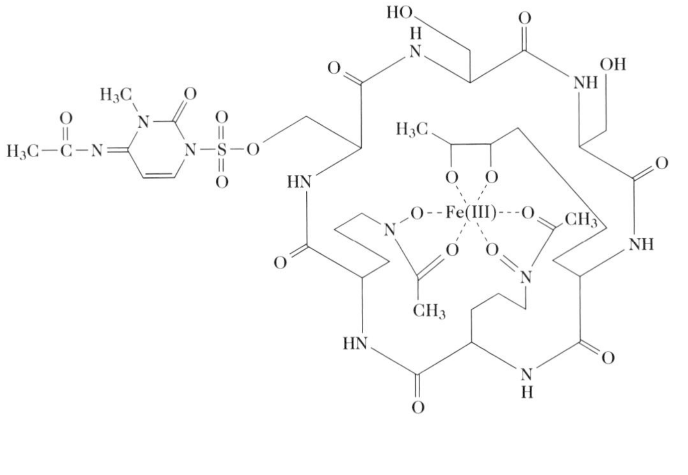

Albomycin

sind im Gegensatz zu den Globulinen niedermolekular, wasserlöslich, gut kristallisierbar und enthalten einen Überschuss an sauren Aminosäuren. Erst durch hohe Neutralsalzlösungen können A. ausgefällt werden. A. sind reich an Glutamin- und Asparaginsäure (20–25 %) sowie an Leucin und Isoleucin (bis zu 16 %), aber arm an Glycin (1 %). Wichtige Vertreter sind das Serumalbumin, α-Lactalbumin (Milchproteine) und Ovalbumin (aus Eiern) der Tiere sowie das giftige Ricin (aus Rizinussamen), Leucosin (aus Weizen-, Roggen- und Gerstekörnern) und Legumelin (aus Leguminosen).

Serumalbumin (Plasmaalbumin) stellt mit 55–62 % das Hauptprotein des Serums dar und ist eines der wenigen kohlenhydratfreien Proteine des Blutplasmas bzw. des daraus durch Gerinnung erhältlichen Serums. Durch sein relativ niedriges M_r von 67,5 kDa und seine hohe Nettoladung (pI 4,9) hat es eine gute Bindungsfähigkeit für Wasser, Ca^{2+}-, Na^+- und K^+-Ionen, aber auch für Fettsäuren, Bilirubin, Hormone und Arzneimittel. Seine Hauptfunktion ist die Regulation des kolloidosmotischen Drucks im Blut. Rinder- und Humanserumalbumine enthalten 16 % Stickstoff und dienen wegen ihres guten Kristallisationsvermögens und ihres hohen Reinheitsgrades als Eichproteine.

Menschliches Serumalbumin besteht aus einer Polypeptidkette von 584 Aminosäuren, die durch 17 Disulfidbrücken stabilisiert wird. Im Gegensatz zum Serumalbumin enthalten *α-Lact-* und *Ovalbumin* (M_r 44 kDa) je ein Oligosaccharid, das über einen Asparaginsäurerest mit der Peptidkette verknüpft ist (3,2 % Kohlenhydrat von M_r 1,55 kDa in Ovalbumin), und einen phosphorylierten Serinrest.

Aldehyd-Dehydrogenase (EC 1.2.1.3), ↗ *Essigsäure.*

Aldehyd-Oxidase (EC 1.2.3.1), ↗ *Molybdänenzym,* ↗ *Essigsäure.*

Aldoketo-Mutase, ↗ *Glyoxylase.*

Aldolase-A-Mangel, ↗ *Fructose-Intoleranz.*

Aldolasen, 1) ↗ *Fructosediphosphat-Aldolase* (EC 4.1.2.13); **2)** zur vierten Enzym-Hauptklasse, den Lyasen, gehörende Enzyme, die die Spaltung von Hexosen in zwei C_3-Bruchstücke katalysieren, wie z.B. die Spaltung von Fructose-1,6-diphosphat in Dihydroxyacetonphosphat und D-Glycerinaldehyd-3-phosphat durch die Fructose-1,6-diphosphat-Aldolase. Bekannte Vertreter sind die Leber-Aldolase (M_r 158 kDa) und die Muskel-Aldolase (M_r 160 kDa). Besonders hohe Aldolaseaktivität findet sich in der menschlichen Skelettmuskulatur. Die bei bestimmten Muskelerkrankungen verstärkt im Serum auftretende A.-Aktivität ist von diagnostischer Bedeutung.

Aldonsäuren, Monocarbonsäurederivate, die durch Oxidation der Aldehydgruppe von Aldosen entstehen. Die Namen dieser Säuren werden durch Anheften der Endung „onsäure" an den Stamm des betreffenden Monosaccharids gebildet. A. können einen 1,4-Lactonring (γ-Lactone) oder den beständigeren 1,5-Lactonring (δ-Lactone) bilden. Wichtige A. sind L-Arabonsäure, Xylonsäure, D-Gluconsäure, D-Mannonsäure und Galactonsäure.

Aldosen, *Polyhydroxyaldehyde,* neben Ketosen wichtige Untergruppe der Monosaccharide (↗ *Kohlenhydrate*). Charakteristisch ist ihre terminale Aldehydgruppe -CHO, die bei systematischer Bezifferung stets die Zahl 1 trägt. Die A. leiten sich formal von ihrem einfachsten Vertreter, dem Glycerinaldehyd, durch Kettenverlängerung ab. Sie werden nach Anzahl ihrer Kettenkohlenwasserstoffatome durch Voranstellen des entsprechenden griechischen Zahlenwerts als Triosen, Tetrosen usw. bezeichnet. Die Pentosen und Hexosen besitzen eine besonders wichtige metabolische Bedeutung.

Aldosteron, *11β,21-Dihydroxy-3,20-dioxopregn-4-en-18-al-18→11-halbacetal,* ein hochwirksames Nebennierenrindenhormon aus der Gruppe der Mineralcorticoide. M_r 360,45 Da, F. 160 und 170 °C, $[\alpha]_D$ +152 ° (Alkohol). A. enthält im Unterschied zu anderen Nebennierenrindenhormonen eine Carbonylgruppe am C18, die halbacetalartig mit der 11β-Hydroxylgruppe verknüpft ist. Aldosteron ist das wichtigste Mineralcorticoid, das die NaCl-Resorption und K^+-Ausscheidung hormonell steuert. Daneben zeigt A. auch eine gewisse glucocorticoide Wirkung. Bezüglich Struktur und Biosynthese ↗ *Nebennierenrindenhormone.*

Aldosteronantagonisten, ↗ *Diuretika.*

Aldosteronmangel, eine ↗ *angeborene Stoffwechselstörung,* die aufgrund eines Defekts der *Corticosteron-18-Monooxygenase* (Corticosteron-18-Hydroxylase, Corticosteron-Methyloxidase, EC 1.14.15.5) zu einer mangelhaften Aldosteronsynthese führt. Die Synthese von Cortisol und Geschlechtshormonen verläuft normal. A. führt zu schweren Salzverlusten.

ALG, Abk. für <u>A</u>nti<u>l</u>ymphocyten<u>g</u>lobulin, ↗ *Antilymphocytenserum.*

Alginsäure, eine Polyuronsäure, die kettenförmig β–1,4-glycosidisch aus D-Mannuronsäure und L-Guluronsäure aufgebaut ist (Abb., M_r 12–120 kDa).

Alginsäure

A. ersetzt bei Braunalgen das Pektin. Die Gewinnung erfolgt durch NaOH-Extraktion von Seealgen. A. kann bis zur 300fachen Menge der Eigenmasse an Wasser aufnehmen. Aufgrund der leichten Verdaulichkeit wird A. vielseitig eingesetzt, z.B. in der Nahrungsmittelindustrie, in der Chirurgie als resorbierbares Nahtmaterial sowie in der pharmazeutischen und kosmetischen Industrie.

Alignment, ein Ähnlichkeitsvergleich von Aminosäure- oder Nucleotidsequenzen durch gegenseitige Ausrichtung der zu vergleichenden Sequenzen bis zur optimalen Übereinstimmung. Je nach Vorgabe werden Sequenzlücken bzw. Insertionen bis zu einem bestimmten Grad toleriert.

Alizarin, *1,2-Dihydroxyanthrachinon*, ein roter Farbstoff aus der Krappwurzel (*Rubia tinctorum*) und anderer *Rubiaceen*, in der es, verbunden mit zwei Glucosemolekülen, als Ruberythrinsäure vorkommt (Abb.). Alizarin selbst und mehrere seiner Derivate werden als Alizarinfarbstoffe vielfach verwendet. Durch seine seit 1871 mögliche synthetische Herstellung, wurde die Gewinnung aus der Krappwurzel verdrängt.

Alizarin

alkalische Phosphatase, *AP*, ein in fast allen Geweben vorkommendes cytoplasmatisches Enzym, das eine wichtige Rolle bei Dephosphorylierungsreaktionen im Stoffwechsel spielt. Bisher wurden fünf ↗ *Isoenzyme* gefunden, deren Aktivitätsoptimum bei pH 9,8 liegt. Bei Leber- und Gallenfunktionsstörungen, Skeletterkrankungen, einigen Tumoren und bei Hyperthyreose steigt die Aktivität der AP im Serum. Die Bestimmung der enzymatischen Aktivität erfolgt durch den ↗ *optischen Test*. Bei der DNA-Rekombinationstechnik findet die AP Anwendung zur Entfernung terminaler Phosphatgruppen vom 5'-oder 3'-Ende bzw. von beiden Positionen.

Alkaloide, basische Naturstoffe, die in erster Linie in Pflanzen vorkommen. Sie enthalten ein oder mehrere Stickstoffatome und kommen im Allgemeinen als Salze organischer Säuren vor. Es sind mehrere tausend A. bekannt. Sie tragen gewöhnlich Trivialnamen, die sich von der Pflanze ableiten, in der sie vorkommen.

Einteilung. Eine Abgrenzung der A. gegenüber anderen stickstoffhaltigen Pflanzenstoffen ist schwierig. Bei der Einteilung nach Vorkommen und Funktion würden einerseits die A. tierischen oder mikrobiellen Ursprungs ausgeschlossen und ande-

rerseits die in entfernten Pflanzenfamilien vorkommenden A. (z.B. das weitverbreitete Nicotin) eine strenge Einordnung nach botanisch-systematischen Gesichtspunkten behindern.

Bei einer Einordnung der A. entsprechend der chemischen Struktur ihrer heterozyklischen Grundgerüste finden die Colchicumalkaloide keine Berücksichtigung, weil ihnen der heterozyklische Stickstoff fehlt.

In neuerer Zeit wurden biogenetische Aspekte zur Abgrenzung bzw. Einteilung der A. herangezogen und zwischen Protoalkaloiden (↗ *biogene Amine*), Pseudoalkaloiden und den A. im engeren Sinn unterschieden. Zu den *Protoalkaloiden* zählen z.B. die ↗ *biogenen Amine* ↗ *Putrescin*, Spermidin und Spermin (↗ *Polyamine*), zu den *Pseudoalkaloiden* jene A., die strukturell anderen Naturstoffen (z.B. den Terpenen, etwa ↗ *Actinidin*) nahestehen. Die *A. im engeren Sinn* lassen sich nach ihren biogenetischen Vorstufen weiter unterteilen in Abkömmlinge der Ornithin-, Lysin-, Phenylalanin-, Tryptophan- und Anthranilsäure. Bei der in der Tabelle vorgenommenen Einteilung werden strukturchemische und biogenetische Gesichtspunkte berücksichtigt.

Vorkommen. Wahrscheinlich enthalten etwa 10–20 % aller höheren Pflanzen A.; allerdings treten sie in einigen Familien der Dikotyledonen gehäuft auf. Systematisch einander nahestehende Pflanzenfamilien führen oftmals ähnliche A. Im Allgemeinen enthält eine Pflanze Gemische strukturähnlicher A. (Haupt- und Nebenalkaloide, bzw. primäre und sekundäre A.), die in Form ihrer hydrophilen Salze im Zellsaft der Vakuole gelöst sind. Die A. kommen in allen Teilen der Pflanze vor, treten aber in gewissen Organen (Samen, Rinde, Wurzel) gehäuft auf. Außerhalb der höheren Pflanzen finden sich den A. strukturell ähnliche heterozyklische Verbindungen in vielen Mikroorganismen und vereinzelt in Tieren (z.B. Salamanderalkaloide).

Biosynthese. A. sind Endprodukte des Sekundärstoffwechsels, die keinem nennenswerten Abbau unterliegen (Tab.). Sie häufen sich an, weil der Pflanze Ausscheidungsorgane fehlen. Die meisten A. sind Derivate von Aminosäuren, besonders von Ornithin, Lysin, Phenylalanin oder Tyrosin, Tryptophan und Anthranilsäure, die auch den heterozyklischen Stickstoff liefern. Daneben können außerdem Essigsäure, Mevalonsäure und C_1-Bausteine am Aufbau der A. beteiligt sein. Auf den Zusammenhang zwischen Alkaloidbildung und Aminosäurestoffwechsel wurde bereits um die Jahrhundertwende hingewiesen. Bahnbrechend waren schließlich die Versuche zur Darstellung von A. unter physiologischen Bedingungen, d.h. mit nativen Reaktionspartnern, ohne Einwirkung von Druck und erhöhter Temperatur bei neutralem pH-

Wert zu synthetisieren. Durch Verabreichung von ^{13}C-, ^{14}C-, ^{15}N- oder ^{3}H-markierten Aminosäuren ließ sich die Biosynthese der A. *in vivo* verfolgen. Dabei zeigte sich, dass die Pflanze den sehr großen Formenreichtum der heterozyklischen Verbindungen nicht nur aus wenigen Bausteinen, sondern auch mit einer geringen Anzahl immer wiederkehrender Zyklisierungsmechanismen aufbaut: *N*-heterozyklische Ringe entstehen durch Mannich-Kondensation, oder durch die Bildung von Amiden oder Schiffscher Basen. Sekundäre Zyklisierungen, d.h. Ringschlüsse ohne Beteiligung von Stickstoff,

sind eine Folge oxidativer Kupplungen (Phenoloxidation).

Synthese. 1886 gelang Ladenburg durch den Aufbau des Coniins aus α-Picolin die erste Synthese eines Alkaloids. Ausgehend von der Hypothese, dass A. in der Pflanze aus Aminosäurederivaten entstehen, wurden von Robinson und Schöpf entsprechende Synthesewege entwickelt und unter physiologischen Bedingungen geprüft (↗ *Tropinon*). Diese Untersuchungen gaben die Anregung für chemische Laborsynthesen und einige Verbindungen wurden zum ersten Mal entsprechend den

Alkaloid-gruppe	Strukturtyp (hauptsächliche Vorstufen hervorgehoben)	biogenetische Vorstufen
Pyrrolidinalkaloide	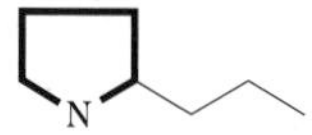	Ornithin, Acetat
Pyrrolizidinalkaloide	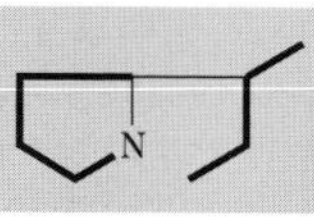	Ornithin
Tropanalkaloide		Ornithin, Acetat
Piperidinalkaloide (*Conium*)	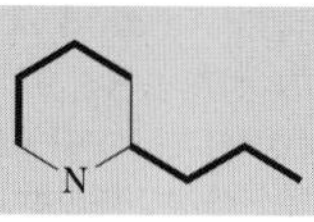	Acetat
Piperidinalkaloide (*Punica, Sedum, Lobelia*)	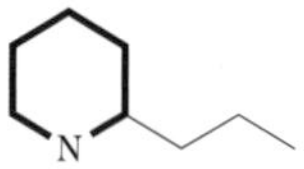	Lysin, Acetat oder Phenylalanin
Chinolizidinalkaloide	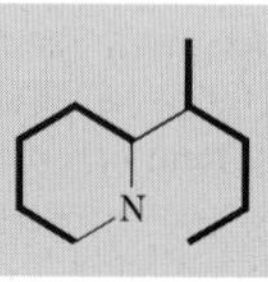	Lysin
Isochinolinalkaloide	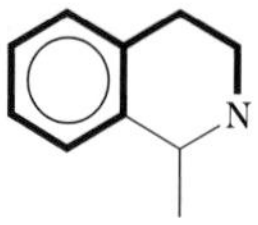	Phenylalanin oder Tyrosin
Indolalkaloide	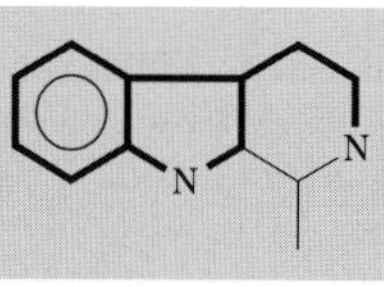	Tryptophan
Chinolin (*Rutaceae*)	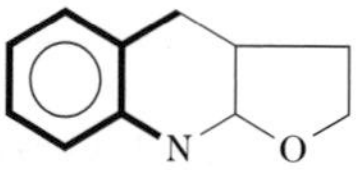	Anthranilsäure
Terpenalkaloide	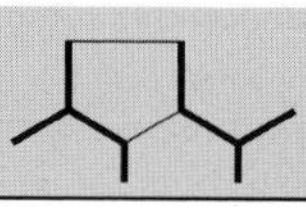	Mevalonsäure

Alkaloide. Tab. Die wichtigsten Alkaloidgruppen und ihre Vorstufen.

in Pflanzen vorkommenden Wegen synthetisiert. Die meisten A. für die medizinische Verwendung werden aus pflanzlichen Quellen hergestellt.

Biologische und wirtschaftliche Bedeutung. Eine allgemein gültige Erklärung für die biologische Bedeutung der A. kann noch nicht gegeben werden. Offensichtlich erfüllen A. eine *ökochemische Funktion*, indem sie die Pflanze einerseits vor Fressfeinden (Mensch und Tier) und andererseits vor Krankheitserregern (Viren, Bakterien, Pilze) schützen. Auch die Tatsache, dass sich die meisten Insekten auf eine oder wenige Nahrungspflanzen beschränken, ist auf den Alkaloidgehalt der jeweiligen Spezies zurückzuführen. Einige Schmetterlingsraupen reichern z.B. die A., die sie durch das Fressen alkaloidhaltiger Pflanzen aufnehmen, an und schützen sich dadurch vor Fressfeinden. Viele A. zeichnen sich durch eine starke, meist sehr spezifische Wirkung auf bestimmte Zentren des Nervensystems aus (z.B. Opiate, ↗ *Endorphine*). Deshalb werden Reinalkaloide, Kombinationspräparate, Gesamtalkaloidextrakte oder synthetische Analoga in großem Umfang therapeutisch als Heil-, Anregungs- und Betäubungsmittel angewandt. Ihr Gebrauch ist aber nicht frei von unerwünschten Nebenwirkungen, deren Ursachen vorwiegend in der Toxizität der A. und ihrer Eigenschaft als Rauschmittel zu suchen sind.

Geschichtliches. Wegen ihrer Giftigkeit oder nutzbaren pharmakologischen Eigenschaften waren die meisten Alkaloidpflanzen schon frühzeitig in der Volksmedizin bekannt. Morphin wurde zuerst 1806 von F.W. Sertürner als „schlafmachendes Prinzip" des Mohns isoliert. Den Begriff A. prägte 1819 C.F.W. Meißner.

Weitere Informationen zu A.: ↗ *Amaryllidazeen-Alkaloide*, ↗ *Isochinolin-Alkaloide*.

C-Alkaloide, ↗ *Curarealkaloide*.

Alkalose, eine Erhöhung des pH-Werts in Körperflüssigkeiten. Sie wird durch Exkretion von Bicarbonat und Retention von Säure ausgeglichen. Es gibt zwei Arten:

1) *metabolische A.* Sie wird durch eine Zunahme der Bicarbonatkonzentration hervorgerufen, wobei sich gleichzeitig die Carbonsäurekonzentration gar nicht oder nur gering ändert. Es gibt mehrere mögliche Gründe: a) Einnahme alkalischer Medikamente, z.B. $NaHCO_3$ zur Behandlung eines Magengeschwürs. b) Excessives Erbrechen des Mageninhalts alleine (und nicht des alkalischen Inhalts des Darms) führt zu einem Verlust des von der Magenschleimhaut sekretierten HCl; das verlorene Cl^- wird durch HCO_3^- ersetzt, was zur A. führt, der sog. hyperchloremischen A. Das Erbrechen des Mageninhalts alleine ist ein Merkmal des Pförtnerverschlusses bei Neugeborenen, der durch Hypertrophie des Pförtnerschließmuskels hervorgerufen

wird. c) Überschusssekretion von Aldosteron durch die Nebennieren fördert eine erhöhte Reabsorption von Na^+ aus den distalen Tubuli der Nephrone. Da dieser Prozess mit einer erhöhten H^+-Sekretion gekoppelt ist, tritt als Folge eine A. ein.

2) *respiratorische A.* Sie wird durch eine Abnahme der Carbonsäurefraktion verursacht, wobei zugleich der Bicarbonatanteil gleich bleibt oder sich nur wenig ändert. Sie kann die Folge von Hyperventilation sein, die bei Erkrankungen des zentralen Nervensystems vorkommt, welche sich auf die nervale Kontrolle der Atmung auswirken. Sie kann auch im frühen Stadium einer Salicylsäurevergiftung auftreten. Außerdem ist es möglich, dass sie durch bewusste Hyperventilation entsteht.

Alkannin, ↗ *Naphthochinone*.

Alkaptonurie, eine ↗ *angeborene Stoffwechselstörung*, die auf die Abwesenheit von *Homogentisat-1,2-Dioxygenase* (Homogentisicase, Homogentisat-Oxidase, EC 1.13.11.5), einer Dioxygenase, zurückzuführen ist. Die Störung ist harmlos, jedoch färbt sich der Harn der betroffenen Personen beim Stehenlassen durch Autoxidation von ausgeschiedener Homogentisinsäure schwarz (↗ *L-Phenylalanin*).

Alkohol-Dehydrogenase, *ADH* (EC 1.1.1.1), eine zinkhaltige Oxidoreduktase, die in Gegenwart von NAD^+ primäre und sekundäre Alkohole zu ihren entsprechenden Aldehyden oder Ketonen reversibel oxidiert bzw. diese reduziert. Die ADH kommt in Bakterien, Hefen, Pflanzen und der Leber vor. Hefe-ADH, gekennzeichnet durch ihre hohe Affinität zu Alkohol, katalysiert die letzte Reaktion bei der alkoholischen Gärung. Die Oxidation durch Leber-ADH leistet einen wichtigen Beitrag zur Beseitigung von Blutalkohol. Die ADH in der Retina wandelt Retinal (Vitamin A-Aldehyd) in Retinol um (↗ *Vitamin A*). ADH aus tierischen Organen, aber auch aus Hefe, hat eine geringe Substratspezifität, da außer kurzkettigen Alkoholen (C_2 bis C_6) auch längerkettige, z.B. Retinol, sowie lineare und zyklische sekundäre Alkohole von ihr dehydriert werden. Hefe-ADH (M_r 145 kDa) besteht aus vier katalytisch aktiven zinkhaltigen Untereinheiten (M_r 35 kDa) mit vier NAD^+- bzw. NADH-Bindungsstellen je tetramerem Molekül. Die dimere Pferde-ADH (M_r 80 kDa) enthält zwei Zinkatome (davon ein katalytisch essenzielles Atom) und eine Coenzymbindungsstelle je Untereinheit (M_r 40 kDa, 374 Aminosäuren, Sequenz aufgeklärt, Cys 46 ist Bindungs- und Katalysestelle). In dem sich beim Dehydrierungsvorgang ausbildenden ternären ADH-NAD$^+$-Ethanol-Komplex erfolgt sowohl die Bindung des Coenzyms, als auch die des Substrats an die reaktive SH-Gruppe des Cys 46 und an ein Zinkatom. Das Vorkommen von zwei einander sehr ähnlichen Polypeptidketten (E und S) erlaubt die Bildung von drei Leber-ADH-Typen: der zwei Isoenzyme EE (bevorzugt die Ethanoloxidation) und SS (oxidiert Sterine) und einer hybriden Form ES. Die ADH von *Drosophila melanogaster* ist mit einem M_r von 60 kDa die kleinste bekannte ADH und zeigt auch in ihrer Substruktur (8 Untereinheiten von M_r 7,4 kDa) ein anderes Verhalten. [N.Y. Kedishvili et al. „Expression and Kinetic Characterization of Recombinant Human Stomach Alcohol Dehydrogenase" *J. Biol. Chem.* **270** (1995) 3.625–3.630]

Alkohole, Kohlenwasserstoffderivate, die eine oder mehrere Hydroxylgruppen (-OH) tragen. Die Endung „-ol" in einem systematischen oder trivialen Namen einer organischen Verbindung kennzeichnet diese als Alkohol. Ein „Diol" besitzt 2 OH-Gruppen, ein „Triol" drei, usw. Ein Alkohol kann primär (RCH_2OH), sekundär (R^1R^2CHOH) oder tertiär ($R^1R^2R^3COH$) sein. Veresterte A. sind wichtige Bestandteile der ätherischen Öle, Fette und Wachse. Eine Reihe niederer A., z.B. Ethanol, wird bei der alkoholischen Gärung aus Kohlenhydraten (Polyalkohole) und Proteinen gebildet.

alkoholische Gärung, die anaerobe Bildung von Ethanol und Kohlenstoffdioxid aus Glucose. Je Glucosemolekül werden zwei Moleküle ATP gebildet.

Die a. G. wird weitgehend von Hefen und anderen Mikroorganismen durchgeführt, kann aber auch in den Geweben höherer Pflanzen, z.B. Karotten und Maiswurzeln, vorkommen. Pyruvat wird durch Pyruvat-Decarboxylase (EC 4.1.1.1) zu Acetaldehyd decarboxyliert, der dann durch Alkohol-Dehydrogase (EC 1.1.1.1) zu Ethanol reduziert wird (Abb.). Bilanz:
$C_6H_{12}O_6 + 2\,P_i + 2\,ADP \rightarrow$
$2\,CH_3CH_2OH + 2\,CO_2 + 2\,ATP.$
Tiere besitzen keine Pyruvat-Decarboxylase und können deshalb keine a. G. durchführen. Die a. G. wird schon seit langem von den Menschen genutzt und mittlerweile in industriellem Maßstab durchgeführt. Die wichtigsten Substrate sind die Monosac-

charide D-Glucose, D-Fructose, D-Mannose und gelegentlich D-Galactose. In manchen Fällen können die Disaccharide Saccharose und Maltose und das Polysaccharid Stärke als Substrat dienen. Eine Nebenreaktion der alkoholischen Gärung führt zur Bildung von Fuselölen.

Geschichtliches. Die einfache Gleichung der alkoholischen Gärung, 1 Glucose $\rightarrow$ 2 CO_2 + 2 Ethanol, wurde bereits 1815 von Gay-Lussac aufgestellt. Um 1857 vertrat Pasteur die Auffassung, dass die a. G. an lebende Organismen gebunden ist („vitalistische Gärungstheorie"). Buchner widerlegte dies 1897 mit der Herstellung eines zellfreien Hefepresssaftes, der zur alkoholischen Gärung fähig war. Seine Entdeckung war gleichzeitig Ausgangspunkt für die moderne Enzymologie. Das ursprünglich als einheitlich aufgefasste Enzymsystem der alkoholischen Gärung wurde als „Zymase" bezeichnet. 1905 wurde die Rolle des Phosphats bei der alkoholischen Gärung erstmals von Harden und Young beschrieben. 1912 stellte Neuberg das erste Gärungsschema auf, das 1933 von Embden und Meyerhof verändert wurde.

alkylierende Agenzien, chemische Verbindungen, die Alkylreste, überwiegend Methyl- und Ethylgruppen, übertragen können. Monofunktionelle a. A., wie Dimethylsulfat oder Ethylmethansulfonat, übertragen nur eine Alkylgruppe, bifunktionelle a. A., wie Senfgas, Stickstofflost oder Cyclophosphamid, können dagegen mit mehreren Molekülen oder Teilen eines Makromoleküls reagieren und sie auf diese Weise quervernetzen. A. A. sind häufig carcinogen und mutationsauslösend, einige werden aber auch in der Krebs-Chemotherapie eingesetzt (↗ *Mitomycin C*), andere – wie Senfgas und die Loste – werden aufgrund ihrer extremen Toxizität als ↗ *chemische Kampfstoffe* verwendet. ↗ *Aktive Einkohlenstoff-Einheiten* sind biologische a. A. Andererseits wurden alkylierende Agenzien oft eingesetzt z.B. in der Laborsynthese von Makromole-

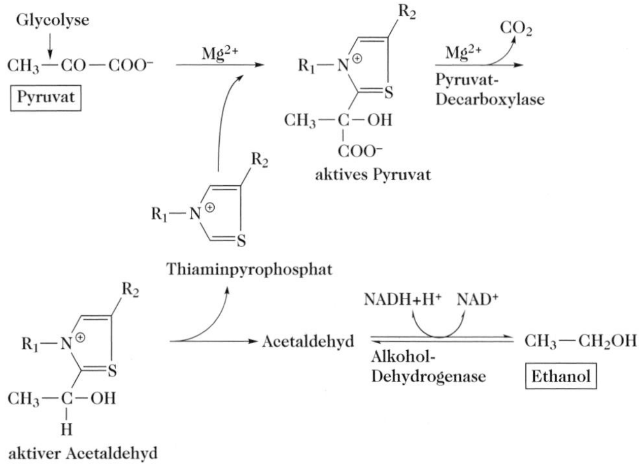

alkoholische Gärung. Bildung von Ethanol aus Pyruvat.

külen, um reaktive Gruppen zu schützen, oder zur Untersuchung ↗ *aktiver Zentren* von Enzymen und Rezeptormolekülen.

Allantoin, *5-Ureidohydantoin, Glyoxyldiureid*, ein Zwischenprodukt des aeroben ↗ *Purinabbaus* (Abb.). M_r 158,13 Da, F. 238 °C (Zers.), $[\alpha]_D$ +93 °. A. wurde 1799 in der Allantoisflüssigkeit der Kühe entdeckt. Es ist Endprodukt des Purinstoffwechsels der meisten Säugetiere und einiger Reptilien, in deren Harn es vorkommt. A. ist auch im Pflanzenreich weit verbreitet. In als Ureidpflanzen (*Boraginaceae*) bezeichneten Pflanzenfamilien wird A. im löslichen Stickstoffpool angehäuft. In bestimmten Bakterienarten (*Arthrobacter allantoicus* und *Streptococcus allantoicus*) dient A. unter anaeroben Bedingungen als C-, N- und Energiequelle. A. wird dabei durch Allantoinase zu Allantoinsäure und diese durch Allantoinat-Desiminase (EC 3.5.3.9) zu Ureidoglycin, NH_3 und CO_2 abgebaut.

Allantoin

Allantoinase (EC 3.5.2.5), ↗ *Allantoin*, ↗ *Purinabbau*.

Allantoinsäure, *Diureidoacetat*, ein Abbauprodukt (M_r 176,1 Da) von ↗ *Allantoin*. ↗ *Purinabbau*.

Allele, die verschiedenen Formen eines Gens an demselben Ort (Locus).

Allelochemicals, biologische Signalstoffe, die zwischen Organismen *unterschiedlicher* Art wirken. Abgrenzung gegen ↗ *Pheromone*.

Allen-Doisy-Test, biologische Bestimmungsmethode für ↗ *Östrogene*.

Allergie, Überempfindlichkeitsreaktion des Immunsystems, eine pathogene Immunreaktion, die entweder durch Antikörper (*Allergie vom Frühtyp*) oder durch lebende lymphoide Zellen (*Allergie vom Spättyp*) ausgelöst wird. Die Allergie vom Frühtyp ist im Gegensatz zur Allergie vom Spättyp mit Serum passiv übertragbar. Während die Symptome bei der Frühreaktion kurze Zeit nach dem Antigenkontakt auftreten und schnell wieder abklingen, erreichen sie bei der Spätreaktion erst nach 24 bis 48 Stunden ihr Maximum und klingen erst nach mehreren Tagen bis Wochen wieder ab. Beispiele für die Allergie vom Frühtyp sind die Anaphylaxie, die Arthus-Reaktion und die Serumkrankheit. Die bekannteste allergische Reaktion, die Anaphylaxie, kann als lokale (cutane) Reaktion (z.B. als Quaddel-Erythemreaktion) oder als Systemreaktion (anaphylaktischer Schock) auftreten. Asthma, Heuschnupfen und Nesselausschlag sind weitere Beispiele für lokale anaphylaktische Reaktionen,

die durch Reagine (↗ *Immunglobuline*; IgE) hervorgerufen werden, die nur bei Übertragung auf Primaten sensibilisierend wirken. Eine Allergie vom Spättyp ist die Tuberkulinreaktion, die auf einer zellulären Immunantwort beruht.

Alles-oder-Nichts-Modell, ↗ *Kooperativitätsmodell*.

allgemeine Gangliosidose, ↗ *Gangliosidosen* (*Gangliosidose I-GM1*).

allgemeine Säure-Base-Katalyse, ↗ *Enzyme* (*Wirkungsmechanismus*).

Allocholan, frühere Bezeichnung für 5α-Cholan, ↗ *Steroide*.

Allodesoxycholsäure, *3α,12α-Dihydroxy-5α-cholan-24-säure*, eine zur Gruppe der Gallensäuren gehörende dihydroxylierte Steroidcarbonsäure. M_r 392,58 Da, F. 214 °C, $[\alpha]_D$ +42 °. A. weist im Gegensatz zu den meisten anderen Gallensäuren A/B-*trans*-Ringverknüpfung auf. Sie wurde aus Galle und Fäzes von Kaninchen isoliert.

Allogibberellinsäure, ↗ *Gibberelline*.

Allomone, ↗ *Pheromone*.

Allomycin, *Amicetin A* (↗ *Amicetine*).

Allophanat-Hydrolase, ↗ *Urea-Amidolyase*.

Allophansäure, ↗ *Urea-Amidolyase*.

Allopregnan, veraltete Bezeichnung für 5α-Pregnan. ↗ *Steroide*.

Allosterie, die Veränderung der Konformation von Proteinen mit Quartärstruktur unter dem Einfluss bestimmter niedermolekularer Verbindungen. A. spielt eine besondere Rolle bei der Regulation der Enzymaktivität (↗ *Effektoren*) sowie bei der Änderung der Konformation des ↗ *Hämoglobins* bei der Sauerstoffaufnahme.

allosterische Enzyme, ↗ *kooperative oligomere Enzyme*.

Alloxan, eine Verbindung, die von Liebig in dem Schleim entdeckt wurde, der bei Ruhr (Dysenterie) ausgeschieden wird (Abb.). Mit A. wird bei Versuchstieren Diabetes erzeugt, da es vorzugsweise die β-Zellen des Pankreas angreift.

Alloxan

Alnulin, ↗ *Taraxerol*.

ALS, Abk. für ↗ *Antilymphocytenserum*.

***Alternaria* alternata-Toxine**, Toxine, die von dem Pilz *Alternaria alternata* synthetisiert werden und eine Reihe von Pflanzenkrankheiten hervorrufen. Es gibt mehrere verschiedene Pathotypen, von denen jeder eine andere Spezies infiziert und unterschiedliche wirtsspezifische Phytotoxine produziert. Von diesen Phytotoxinen wurden einige charakterisiert.

Der Pathotyp, der Äpfel angreift, produziert ein Toxin, welches aus mindestens sechs Verbindungen besteht, von denen zwei identifiziert worden sind: das Depsipeptid *Alternariolid* (Abb. 1) und sein Demethoxy-Derivat. In empfindlichen Apfelbäumen ruft das Alternariolid bei Konzentrationen im nM-Bereich eine interkostale Chlorose hervor. Bei resistenten Arten sind dafür Konzentrationen im µM-Bereich notwendig. Das Toxin verursacht plötzliche Elektrolytfreisetzung, was zu der Vermutung führt, dass der toxinsensitive Ort das Plasmalemma ist.

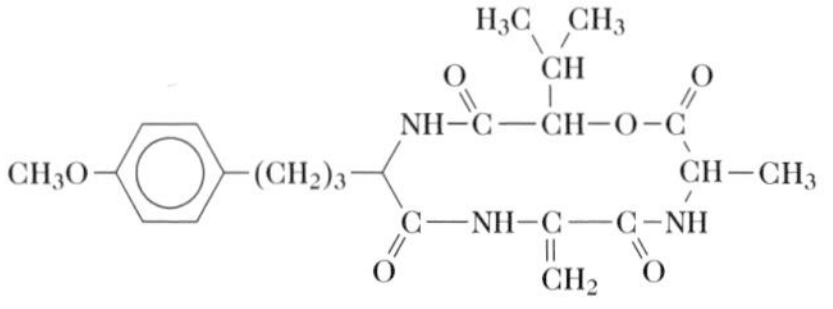

Alternaria alternata-Toxine. Abb. 1. Alternariolid [S. Lee *Tetrahedron Lett.* No. **11** (1979) 843–846].

Verschiedene Pathotypen produzieren auch ein zyklisches Tetrapeptid, das ↗ *Tentoxin*, das in vielen Pflanzen (z.B. Salat, Kartoffel, Gurke, Spinat) Chlorose induziert. Davon ausgenommen sind *Nicotiana*, Tomate, Kohl und Rettich.

Der Pathotyp, der für den Tomatenstammkrebs verantwortlich ist, produziert drei verwandte Toxine (Abb. 2). Aspartat und bestimmte Produkte des Aspartatmetabolismus (z.B. Orotsäure) schützen die Tomatenpflanzen gegen die Toxine. Es wird vermutet, dass die Toxizität auf eine Inhibierung der Aspartat-Transcarbamylase zurückzuführen ist. Die Empfindlichkeit für die Krankheit wird durch einen einzigen genetischen Ort mit zwei Allelen kontrolliert.

Alternariolid, ↗ *Alternaria alternata-Toxine*.

Alterspigment, Syn. für ↗ *Lipofuscin*.

Alytensin, Pyr[1]-Gly-Arg-Leu-Gly[5]-Thr-Gln-Trp-Ala-Val[10]-Gly-His-Leu-Met-NH$_2$, ein 14-Peptidamid aus der Haut der Geburtshelferkröte *Ayltes obstetricans*. A. unterscheidet sich vom ↗ *Bombesin* nur in zwei Aminosäureresten, während das *Ranatensin*, Pyr[1]-Val-Pro-Gln-Trp[5]-Ala-Val-Gly-His-Phe[10]-Met-NH$_2$ (aus der Haut von *Rana pipiens*) und das *Litorin*, Pyr[1]-Gln-Trp-Ala-Val[5]-Gly-His-Phe-Met-NH$_2$ (aus der Haut *Litoria aurea*) sequenzverkürzte Mitglieder der GRP-Bombesin-Familie sind. [A. Anastasi et al. *Experientia* **27** (1971) 166]

Alzheimersche Demenz, ↗ *Alzheimersche Krankheit.*

Alzheimersche Krankheit, *Morbus Alzheimer*, *Alzheimersche Demenz*, eine progrediente Erkrankung des Gehirns mit irreversiblen morphologischen und biochemischen Veränderungen von Gehirnarealen, besonders im Bereich des Hippocampus und des Assoziationscortex. Sie wurde erstmals im Jahre 1907 von dem Neurologen A. Alzheimer beschrieben. Schätzungen zufolge leiden 5–6 % der über 65jährigen Personen an einer mäßigen bis schweren Demenz, wobei zumindest in Europa ca. 60 % davon Alzheimer-Erkrankungen sind. Die Pathogenese gliedert sich in drei Phasen: 1) Gedächtnisschwund und vermindertes Lernvermögen; 2) Sprachstörungen, Sinnestäuschungen und Orientierungslosigkeit; 3) vollständiger Verlust der Sprache, des Gedächtnisses und der Körperkontrolle. Symptomatisch gleicht die A. K. anderen Demenzen, wie z.B. der Multiinfarkt-Demenz. Diese unspezifische Symptomatik verhindert eine frühe und sichere Diagnostik, welche am Lebenden nur durch Ausschlussverfahren möglich ist. Dazu zählen Computertomographie, Encephalographie, Wahrnehmungs- und Lerntests, Hirnbiopsie sowie Untersuchungen der Cerebrospinalflüssigkeit. Zwischen dem Auftreten der ersten Zeichen der Erkrankung und dem Tod liegen meist 8–15 Jahre;

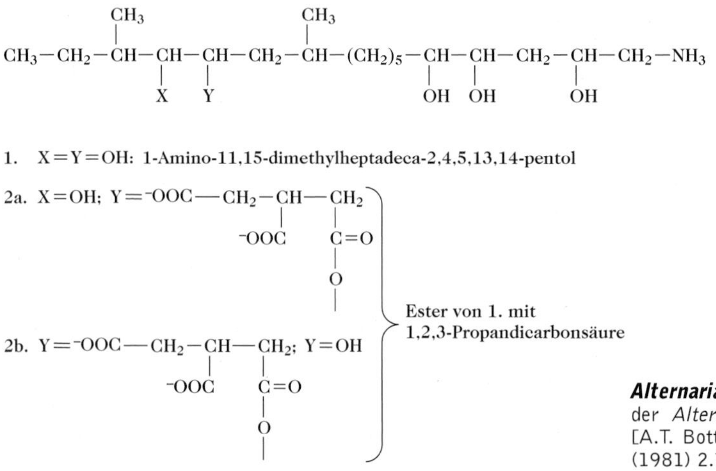

1. X = Y = OH: 1-Amino-11,15-dimethylheptadeca-2,4,5,13,14-pentol

2a. X = OH; Y = ⁻OOC — CH$_2$ — CH — CH$_2$

2b. Y = ⁻OOC — CH$_2$ — CH — CH$_2$; Y = OH

Ester von 1. mit 1,2,3-Propandicarbonsäure

Alternaria alternata-Toxine. Abb. 2. Toxine der *Alternaria alternata*-F. sp. *Lycopersici*. [A.T. Bottini et al. *Tetrahedron Lett.* No. **22** (1981) 2.723–2.726] eine sichere Diagnose ist jedoch erst nach dem Tod durch morphologische und biochemische Methoden möglich. So zeigen die Gehirne der Erkrankten eine ungewöhnliche Degeneration von Hirnarealen sowie die Einlagerung von Plaques und veränderte Neurofibrillen. Als Ursachen für die pathologischen Veränderungen wurden u. a. diskutiert: 1) Ein noch unbekanntes slow-Virus wie bei der ↗ *Kuru-Krankheit* auf Neuguinea und der Creutzfeld-Jakob-Erkrankung (↗ *Prion*), bei denen ebenfalls Plaques und veränderte Neurofibrillen kennzeichnend sind; 2) Gehirnverletzungen; 3) Störungen im Hirnstoffwechsel, wobei durch Glucosemangel eine verstärkte Degeneration von Hirnzellen auftritt. Einige weitere Vorstellungen über die Genese der Krankheit haben sich inzwischen als hinfällig erwiesen. So lässt sich die Hypothese von einer Aluminium-Intoxikation nicht mehr aufrechterhalten.

Neuere Untersuchungen zeigen, dass ein vermehrtes Vorkommen von Apolipoprotein E4 (apo E4) mit dem Auftreten der A. K. in Zusammenhang steht. Apolipoproteine E kommen in drei Isoformen vor (E2, E3 und E4); diese entsprechen drei Allelen eines Gens auf dem Chromosom 19. Bei der erblichen Form der Alzheimerschen Krankheit, der Spätform der Krankheit, ist das Gen für das apo E4 häufig defekt. Zudem kommt das Gen mit dem Allel für die E4-Isoform bei der erblichen Form oft doppelt vor. Es wird vermutet, dass zwischen dem bei der Alzheimerschen Krankheit im Gehirn übermäßig gebildeten β-A4-Protein und dem apo E4 ein Zusammenhang besteht. Beide Moleküle bilden im Liquor cerebrospinalis zeitweise Komplexe. Eine Möglichkeit wäre, dass das apo E4 die Faltung des β-A4-Proteins beeinflusst. Eine andere Annahme ist, dass sich das apo E4 fest an die Oberfläche des β-A4-Proteins bindet, wodurch dieses unlöslich wird und sich an den Nervenzellen absetzt. Inwieweit ein kausaler Zusammenhang zwischen dem apo E4 und der Alzheimerschen Krankheit besteht, ist noch nicht geklärt, denn die Krankheit kann auch Menschen befallen, die nicht Träger des E4-Allels sind. Für die Frühform der Krankheit werden eher Defekte des APP-Gens (Amyloid Precursor Protein) auf dem Chromosom 21 und / oder Defekte auf dem Chromosom 14 verantwortlich gemacht.

Zu Beginn der Plaque-Bildung (*diffuse plaques*) werden lösliche Substanzen wie Glucosaminglycane und das Vorläuferprotein (APP) des β-A4-Proteins (das später die Hauptmasse des sogenannten Amyloids ausmacht) im Bereich der späteren fibrillären („primitiven") Plaques angehäuft. Sie stammen aus der extrazellulären Matrix. Der Übergang von „diffusen" zu „primitiven" Plaques ist durch eine Ablagerung von β-A4-Amyloidfasern aus dem löslichen APP gekennzeichnet. Zur gleichen Zeit beginnt die Neurodegeneration und markiert damit

den Beginn der Demenz. Im Normalfall wird das APP nach intrazellulärer Synthese zur Membran transportiert und als Transmembranprotein dort eingebaut, wobei die 40–42 Aminosäuren umfassende β-A4-Sequenz des APP von der Membranmitte nach außerhalb der Zelle zeigt. Nach dem Einbau in die Membran kann eine proteolytische Sekretase, die als Cathepsin B identifiziert wurde, das APP-Molekül innerhalb der β-A4-Sequenz spalten und damit das lange N-terminale Ende des APP aus der Zelle entlassen. Die physiologische Funktion von APP ist immer noch nicht geklärt. Es gibt aber Befunde, die auf eine Interaktion mit dem Nervenwachstumsfaktor (NGF, engl. *nerve growth factor*) schließen lassen: APP-Antikörper vermindern spezifisch den Effekt von NGF auf Wachstum und Verzweigung der Neuronen.

Neuerdings werden die A. K. und ihre Ursachen mit immunologischen Vorgängen, die durch Stress ausgelöst werden, in Verbindung gebracht. In Alzheimer-Gehirnen findet man eine erhöhte Konzentration des Cytokins Interleukin 6 (Il-6), das zusammen mit anderen Cytokinen eine Akutphasenreaktion auslösen kann. Innerhalb der Plaques von Alzheimer-Kranken (es gibt auch Plaques bei Gesunden) wurden erhöhte Konzentrationen von Akut-Phasen-Proteinen gefunden. Nach den gegenwärtigen Vorstellungen synthetisieren Mikroglia und Astrocyten, die immunkompetenten Zellen des Gehirns, Akute-Phasen-Proteine, unter anderem Proteasehemmer der APP-Sekretase. Dies führt letztendlich zu einer Anreicherung des pathogenen Abbauprodukts von APP, des β-A4-Proteins. Da bei anderen chronischen Krankheiten wie der rheumatoiden Arthritis oder der Psoriasis, bei denen eine unkontrollierte Il-6-Produktion vorliegt, psychosomatische Komponente eine wesentliche Rolle spielen, wird ein Zusammenhang zwischen psychophysischem Stress und der gesteigerten Il-6-Produktion vermutet. In Tierexperimenten wurde dies bereits nachgewiesen. Bei Studien mit Alzheimer-Patienten, die vor dem 65. Lebensjahr erkrankten, war ein Großteil der Patienten lang anhaltenden Stressepisoden ausgesetzt, bevor die ersten Symptome der Krankheit auftraten. In einer Placebo-kontrollierten Studie mit Indometacin, einem Antiphlogistikum, konnten das Fortschreiten der Krankheit im Anfangsstadium gestoppt bzw. die Symptome leicht gemindert werden.

Eine zweite Gruppe von Alzheimer-charakteristischen Gehirnstrukturveränderungen, die neurofibrillären Bündel, konnte ebenfalls näher analysiert werden. In der Hauptsache bestehen die Fibrillen der neurofibrillären Bündel aus τ-Protein. τ-Proteine sind normalerweise für die Stabilität von Mikrotubuli verantwortlich. Die Stärke der Bindung derartiger Proteine an die Mikrotubuli wird durch

Kinasen-katalysierte Phosphorylierungen geregelt. Das τ-Protein der neurofibrillären Bündel ist abnormal phosphoryliert, was ihm eine besondere Festigkeit verleiht. Hierfür ist eine spezifische MAP-Kinase verantwortlich gemacht worden.

Die Annahmen über die Ursachen der Alzheimerschen Krankheit besitzen noch hypothetischen Charakter und sind Gegenstand aktueller Forschung.

Amanitin, ↗ *Amatoxine*.

Amaranthin, ein zur Gruppe der ↗ *Betacyane* gehörender roter Farbstoff. A. enthält anstelle des Glucoserestes im ↗ *Betanin* ein glycosidisch gebundenes Disaccharid [5-*O*(β-D-Glucopyranosyluronsäure)-5-*O*-β-D-Glucopyranosid]. Es kommt in *Amaranthus*arten, z.B. Fuchsschwanz (*Celosia argentea*), vor.

Amaryllidazeen-Alkaloide, eine Gruppe kompliziert gebauter ↗ *Alkaloide*, die ausschließlich in der Pflanzenfamilie der Amaryllisgewächse (*Amaryllidaceae*) vorkommt. Man kann sie den Phenylisochinolinalkaloiden (↗ *Isochinolinalkaloide*) zuordnen, weil ihre Biosynthese (Abb.) wie bei diesen aus Phenylethylamin bzw. Tyramin und einer Carbonylverbindung erfolgt. Die endgültigen Strukturen entstehen durch sekundäre Ringspaltungs- und Zyklisierungsmechanismen. Die letzte Stufe der Biosynthese wird durch eine Phenol-Oxidase katalysiert. Als Inhibitor der Acetylcholin-Esterase ist das Hauptalkaloid *Galanthamin*, das u.a. im Schneeglöckchen (*Galanthus worowonii*) vorkommt, von therapeutischem Interesse.

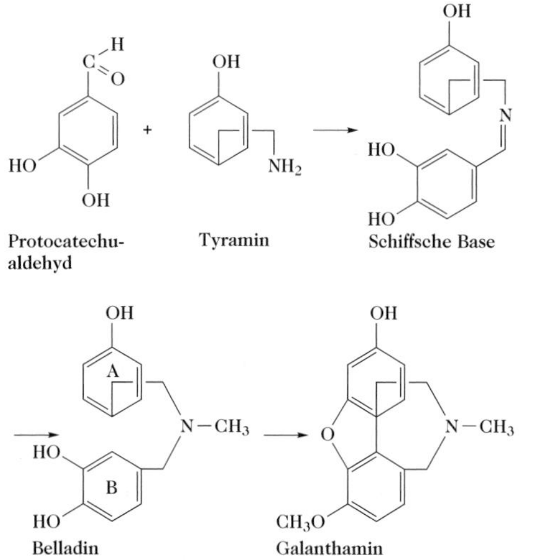

Protocatechualdehyd Tyramin Schiffsche Base

Belladin Galanthamin

Amaryllidazeen-Alkaloide. Biosynthese von Belladin- und Galanthaminalkaloiden.

Amatoxine, eine Gruppe bizyklischer Octapeptide (Abb.), die neben den ↗ *Phallatoxinen* die wichtigsten Giftstoffe des grünen Knollenblätterpilzes (*Amanita phalloides*) sind.

Die Giftstoffe verursachen durch Inhibierung der kernplasmatischen RNA-Polymerase II (EC 2.7.7.6) in eukaryontischen Zellen die Nekrose von Leber- und Nierenzellen. Die Giftwirkung der A. und Phallatoxine wird durch gleichzeitige Gabe von Antamanid verhindert. Über 90 % der tödlichen Pilzvergiftungen sind auf *Amanita phalloides* und verwandte Arten zurückzuführen. [D.R. Chafin et al. „Action of α-Amanitin during Pyrophorolysis and Elongation by RNA-Polymerase II" *J. Biol. Chem.* **270** (1995) 19.114–19.119]

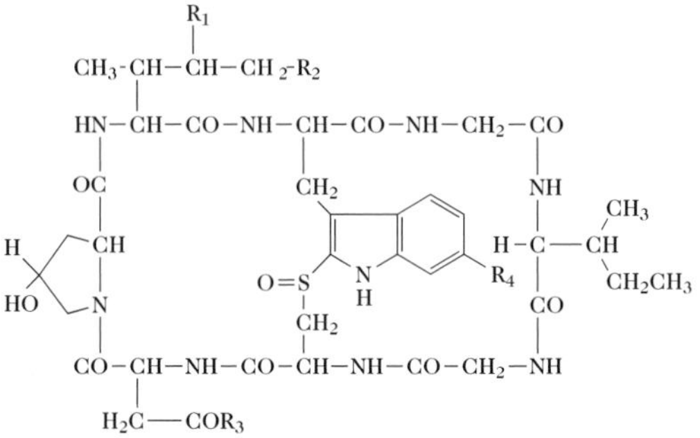

	R_1	R_2	R_3	R_4
α-Amanitin	OH	OH	NH_2	OH
β-Amanitin	OH	OH	OH	OH
γ-Amanitin	OH	H	NH_2	OH
Amanin	OH	OH	OH	H
Amanullin	H	H	NH_2	OH

Amatoxine

Ambanol, das einzige bekannte natürlich vorkommende Isoflavonol (Abb.). Es kommt in den Wurzeln von *Neorautanenia amboensis* vor. [M.E. Oberholzer et al. *Tetrahedron Lett.* (1977) 1.165–1.168]

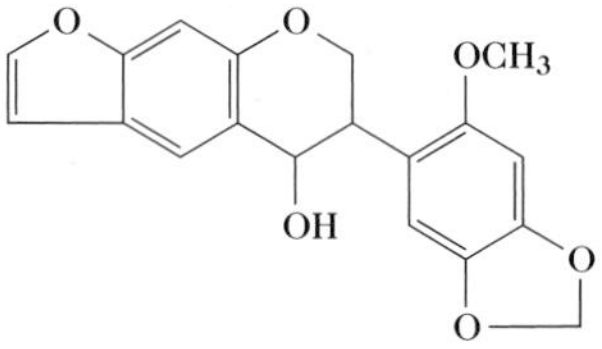

Ambanol

Ambercodon, *Nonsense-Codon*, die Sequenz UAG in ↗ *messenger-RNA*. Es codiert für keine der 20 proteinogenen Aminosäuren und führt zu einer Termination der Proteinsynthese (vorzeitige Termination, wenn die Sequenz UAG von einer Mutation eines Sinn-Codons herrührt). Die Sequenz UAG entsteht durch Mutation aus den Basen-Tripletts UCG (Serin), UAU und UAC (Tyrosin) sowie CAG (Glutamin).

Ambermutanten, Bakterienmutanten, deren mRNA das durch Punktmutation entstandene Codon UAG enthält (↗ *Ambercodon*). Die Mutation ist nicht notwendigerweise tödlich, da eine kompensa-

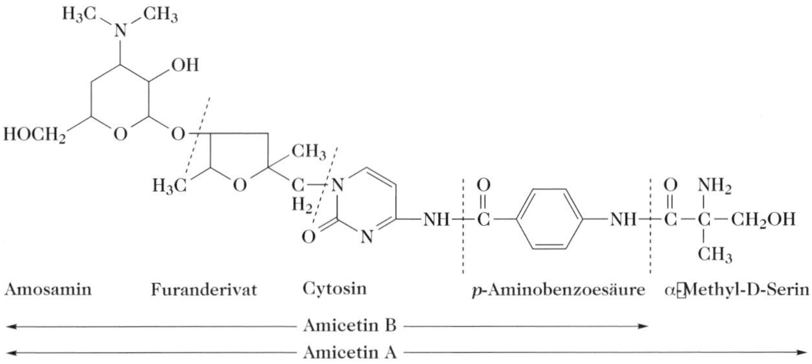

Amosamin — Furanderivat — Cytosin — *p*-Aminobenzoesäure — α-Methyl-D-Serin

← Amicetin B →
← Amicetin A →

Amicetine. Amicetin A und B.

torische Suppressormutation in einer tRNA das proteinsynthetisierende System in die Lage versetzen kann, das Ambercodon als Sinn-Codon zu erkennen. Die Bezeichnung „amber" (engl. Bernstein) wurde willkürlich vom Entdecker der A. gewählt.

Ameisensäuregärung, ein Gärungstyp (↗ *Gärung*), bei dem Formiat (Ameisensäure, HCOOH) als charakteristisches Endprodukt auftritt. Wichtige Bakterien mit einer Ameisensäuregärung sind einige Vertreter der fakultativ anaeroben *Enterobacteriaceen* (z.B. ↗ *Escherichia coli*). In der Ameisensäuregärung wird unter Luftabschluß ↗ *D-Glucose* bis zum Pyruvat (Brenztraubensäure), wie in der ↗ *Glycolyse*, abgebaut. Dann spaltet jedoch die Pyruvat-Formiat-Lyase Pyruvat in ↗ *Acetyl-Coenzym A* und Formiat, das sich anhäufen kann, meist jedoch durch die Formiat-Hydrogen-Lyase weiter in CO_2 und H_2 umgewandelt wird. Da in diesem anaeroben Stoffwechsel aus Pyruvat noch weitere Säuren entstehen, wird dieser Gärungstyp heute meist als *gemischte Säuregärung* oder, wenn zusätzlich ↗ *2,3-Butandiol* als Endprodukt gebildet wird, als ↗ *2,3-Butandiol-Gärung* bezeichnet.

Amentoflavon, ↗ *Biflavonoide*.

Ames-Test, ein nach seinem Erfinder Bruce Ames benannter Test, der das mutagene Potenzial verschiedener Chemikalien misst. Das potenzielle Mutagen wird mit einer Bakterienkultur gemischt, die mit einem Rattenleberextrakt inkubiert ist. Letzterer enthält Enzyme, die bestimmte nichtmutagene Chemikalien in Mutagene umwandeln. Man verwendet als Testbakterium eine Mangelmutante von *Salmonella*, die nicht die Fähigkeit besitzt, die Aminosäure Histidin zu synthetisieren. Diese Bakterienzellen sind nicht überlebensfähig, wenn sie auf einem Wachstumsmedium ohne Histidin ausgestrichen werden. Einige dieser Bakterien, die sog. Reversanten, machen eine Rückmutation durch, die sie befähigt, ohne Histidin zu wachsen, und bilden Kolonien auf Histidin-freiem Medium. Da ein Mutagen die Frequenz der Rückmutation erhöht, lässt sich die mutagene Potenz der im Test befindlichen Chemikalie anhand der erhöhten Zahl von Kolonien auf Histidin-freiem Medium im Vergleich mit den Koloniezahlen einer unbehandelten Kontrolle bestimmen.

Amethopterin, *Methotrexat*, ↗ *Aminopterin*.

AMH, Abk. für ↗ *Anti-Müller-Hormon*.

Amicetine, Pyrimidinantibiotika (↗ *Nucleosidantibiotika*), die von verschiedenen *Streptomyces*-Arten hergestellt werden (Abb.). *Amicetin A* (Amicetin, Allomycin, Sacromycin; M_r 618,7 Da) aus *S. fasciculatus*, *S. plicatus* und *S. vinaceusdrappus* wirkt in erster Linie bakteriostatisch, besonders gegen grampositive Bakterien. 0,5 µg Amicetin A/ml inhibiert das Wachstum von *Mycobacterium tuberculosis*. *Amicetin B* (Plicacetin; M_r 517,6 Da) aus *S. plicatus* ist fast identisch mit Amicetin A, das zusätzlich einen α-Methylserinteil enthält, und ist vermutlich die Vorstufe des Amicetins A. Es besitzt das gleiche Aktivitätsspektrum wie Amicetin A, ist aber in seiner Wirkung schwächer. *Cytimidin* (bestehend aus Cytosin, 4-Aminobenzoesäure und 2-Methyl-D-Serin; M_r 331,3 Da) ist ein Abbauprodukt der Amicetine. [T.H. Haskell et al. *J. Amer. Chem. Soc.* **80** (1958) 743–747 u. 747–751; S. Hanessian *Tetrahedron Lett.* (1964) 2451–2460]

Amicetose, *2,3,6-Tridesoxy-D-erythro-hexopyranose*, ein Zuckerteil, der in der Struktur von Amicetin (↗ *Amicetine*), Bamicetin und Plicacetin zwischen dem Amosamin und Cytosin lokalisiert ist.

Amidino-Transferasen, *Transamidinasen* (EC 2.1.4), eine Gruppe von Enzymen, die die *Transamidinierung* katalysieren, z.B. bei der Biosynthese des Guanidinoacetat (der Vorstufe von Creatin) die Übertragung der Amidingruppe von Arginin auf Glycin. Dass die Amidingruppe des Arginins in intakter Form übertragen wird, konnte durch Markierung mit ^{14}C und ^{15}N gezeigt werden. Eine A. aus *Streptomyces griseus* und *S. baikiniensis* ist an der Biosynthese von Streptidin beteiligt.

Amilorid, ein Wirkstoff, der den Einstrom von Na^+ in die Zelle inhibiert (Abb.). Es wurde aufgrund seiner Eigenschaft als natriuretisches Agens entdeckt, das die Na⁺-Exkretion erhöht, ohne die K⁺-Exkretion zu beeinflussen [Baer et al. *J. Pharmacol. Exp. Ther.* **157** (1967) 472]. Tierische Zellen besitzen zwei Systeme für den Na⁺-Transport. Die Na⁺/K⁺-ATPase (Inhibierung durch Ouabain) ex-

$$\text{Cl}-\overset{\displaystyle N}{\underset{\displaystyle N}{\bigcirc}}-\overset{\displaystyle O}{\overset{\|}{C}}-NH-\overset{\displaystyle NH}{\overset{\|}{C}}-NH_2$$

Amilorid

portiert Na⁺ und importiert K⁺, beide gegen ihren Konzentrationsgradienten. Zusätzlich existiert eine Pumpe, die Na⁺ importiert und H⁺ exportiert und durch A. inhibiert wird und deshalb als „amilorid-sensitive" Na⁺-Pumpe bezeichnet wird. A. ist relativ unspezifisch und inhibiert ebenso die Proteinsynthese. Das Dimethylamilorid-Derivat inhibiert den Na⁺-Einstrom mit einer höheren Spezifität. [J.B. Smith u. E. Rozengurt *Proc. Natl. Acad. Sci. USA* **75** (1978) 5.560–5.564; E. Rozengurt *Adv. Enz. Regul.* **19** (1981) 61–85]

Aminierung, die Einführung der Aminogruppe (-NH₂) in eine organische Verbindung. Man unterscheidet die reduktive A. und die ↗ *Transaminierung*. Die reduktive A. erfordert als Reduktionsmittel ein reduziertes Pyridinnucleotid, z.B. benötigt die L-Glutamat-Dehydrogenase (EC 1.4.1.4) zur reduktiven A. von 2-Oxoglutarat NADPH.

Aminoacyladenylat, *aktivierte Aminosäure*, das Produkt des ersten enzymatischen Reaktionsschritts der Proteinbiosynthese. Es besteht aus einer Aminosäure, die über eine Anhydridbindung an die Phosphatgruppe von AMP gebunden ist. In der Zelle ist diese Verbindung immer mit der Aminoacyl-tRNA-Synthetase assoziiert, welche auch den nächsten Reaktionsschritt, die Übertragung des Aminoacylrests auf eine spezifische ↗ *transfer-RNA*, katalysiert. In diesem zweiten Schritt wird AMP freigesetzt. ↗ *Aminoacyl-tRNA-Synthetasen*.

Aminoacyl-tRNA, mit einer spezifischen Aminosäure beladene ↗ *transfer-RNA*. Sie stellt die Transportform für die Aminosäure dar, die in dieser Weise zur spezifischen Akzeptorbindungsstelle am Ribosom überführt wird. Die Carboxylgruppe der Aminosäure ist entweder mit der 2'- oder der 3'-OH-Gruppe der Ribose am terminalen Adenosin der tRNA verestert. Die Freie Hydrolyseenergie dieser Esterbindung beträgt 29 kJ/mol. ↗ *energiereiche Verbindungen*, ↗ *Aminoacyl-tRNA-Synthetasen*.

Aminoacyl-tRNA-Bindungsstelle, *A-Bindungsstelle*, die Bindungsstelle für die Aminoacyl-tRNA auf dem Ribosom (30S-Untereinheit). Man unterscheidet zwischen A- und *P-Bindungsstelle* (Peptidyl-tRNA-Bindungsstelle). A- und P-Bindungsstellen sind direkt benachbart und exponieren zwei aufeinanderfolgende Codons der mRNA. Ankommende Aminoacyl-tRNA wird an der A. gebunden, wobei das Anticodon der tRNA mit dem Codon der mRNA, das an dieser Stelle offen liegt, Basenpaarungen eingeht. Während die neue Aminoacyl-tRNA an der A. gebunden ist, wird die wachsende Polypeptidkette von der vorhergehenden Peptidyl-tRNA, die an der P-Stelle gebunden ist, auf die neue Aminosäure übertragen (Verknüpfung durch Peptidyl-Transferase). Die tRNA aus der P-Bindungsstelle wird freigesetzt und die Peptidyl-tRNA mit der verlängerten nascierenden Polypeptidkette wird im nächsten Schritt von der A. auf die P-Bindungsstelle verlagert. Dabei wird sie immer noch durch Basenpaarung zwischen Codon und Anticodon am Platz gehalten. An der A. wird das nächste Codon der mRNA präsentiert, eine neue Aminoacyl-tRNA kann binden und der dreistufige Kettenverlängerungsprozess kann von Neuem ablaufen (↗ *Proteinbiosynthese*).

Aminoacyl-tRNA-Synthetasen, *aminosäureaktivierende Enzyme* (EC 6.1.1), eine Gruppe von Enzymen, die zu Beginn der Proteinbiosynthese die Aminosäuren aktivieren und auf spezifische tRNA-Moleküle übertragen. Das geschieht z.B. für Leucin in folgendem Zweischrittprozess:

1) Leu + ATP + Leucyl-tRNA-Synthetase →
   [Leu-AMP-Enzym] + PPᵢ
2) [Leu-AMP-Enzym] + tRNA^Leu →
   Leucyl-tRNA^Leu + AMP + Enzym.

Aminoacyl-tRNA-Synthetasen sind hochspezifisch hinsichtlich der zu aktivierenden Aminosäure und erkennen auch die tRNA mit hoher Präzision. Ihre Genauigkeit in Bezug auf das Laden der richtigen Aminosäure hängt von einem Editierungsprozess ab. Das aktive Zentrum des Enzyms, welches die Bildung der Esterbindung zwischen der Aminosäure und der tRNA katalysiert, ist nicht immer in der Lage, zwischen der richtigen Aminosäure und einem kleineren Homologen genau zu unterscheiden. Die Valyl-tRNA-Synthetase z.B. kann der tRNA^Val sowohl Alanin als auch Threonin hinzufügen. Dies wird durch die Existenz eines zweiten Zentrums auf der Synthetase kompensiert, das Esteraseaktivität besitzt und die falsche Aminosäure viel schneller umsetzt als die richtige.

Aminoacyl-tRNA-Synthetasen können aus einer Polypeptidkette bestehen oder aus zwei bzw. vier homologen oder heterogenen Untereinheiten zusammengesetzt sein. Eukaryontische Zellen enthalten mehr als 20 verschiedene Aminoacyl-tRNA-Synthetasen, da die Mitochondrien und Plastiden eigene aminosäurespezifische Aminoacyl-tRNA-Synthetasen haben, die sich in Bezug auf ihre Spezifität gegenüber homologen tRNA-Molekülen von derjenigen der cytoplasmatischen Aminoacyl-tRNA-Synthetasen unterscheiden. Manche Aminoacyl-tRNA-Synthetasen sind in der Lage, mehrere aminosäurespezifische tRNAs zu beladen, z. B. die Leucyl-tRNA-Synthetase in *E. coli* fünf verschiedene Typen von $tRNA_{E.coli}^{Leu}$.

2-Aminoadipinsäure, *Aad*, HOOC-$(CH_2)_3$-CH(NH_2)-COOH (M_r 161,1 Da) eine Aminosäure, die nur im Mais als proteinogene Aminosäure vorkommt. Aad ist ein Zwischenprodukt der Biosynthese von L-Serin über den Aad-Weg. Die freie Säure zyklisiert in kochendem Wasser zur Piperidoncarbonsäure.

2-Aminoadipinsäureweg, ↗ *L-Lysin*.

2-Aminobernsteinsäure, ↗ *L-Asparaginsäure*.

4-Aminobuttersäure, γ-*Aminobuttersäure*, *GABA*, H_2N-$(CH_2)_3$-COOH (M_r 103,1 Da), eine nichtproteinogene Aminosäure. Die Bildung von GABA aus L-Glutamat unter der Wirkung von Glutamat-Decarboxylase (EC 4.1.1.15) wurde in verschiedenen Mikroorganismen (z. B. *Clostridium welchii*, *E. coli*), in höheren Pflanzen (z. B. Spinat, Gerste), im Gehirn und in anderen tierischen Geweben (Leber und Muskeln) nachgewiesen. In höheren Pilzen (*Basidiomycetes*) und in *Streptomyceten* kann sie aus 4-Guanidinobuttersäure (↗ *Guanidinderivate*) gebildet werden. Der Abbau von GABA erfolgt durch Transaminierung zu Bernsteinsäuresemialdehyd und nachfolgende Oxidation zu Bernsteinsäure, welche im ↗ *Tricarbonsäure-Zyklus* oxidiert wird. Die Synthese von GABA ist besonders im Gehirn wichtig, wo sie als inhibitorisch wirkender Neurotransmitter fungiert. Die neurale Wirksamkeit von GABA wird zur Behandlung von Epilepsie, Hirnblutungen u. dgl. genutzt. Der 4-Aminobuttersäureweg (Abb.) stellt einen Nebenweg der oxidativen Decarboxylierung von 2-Oxoglutarat im Tricarbonsäure-Zyklus dar. Nur wenige Gehirnzellen produzieren GABA, außerdem werden nur 25 % der in diesen Zellen hergestellten 2-Oxoglutarate in GABA umgewandelt. Über den 4-Aminobuttersäureweg laufen weniger als 10 % des gesamten oxidativen Metabolismus im Gehirn ab.

γ-Aminobuttersäure, ↗ *4-Aminobuttersäure*.

4-Aminobuttersäureweg, γ-*Aminobuttersäureweg*, ↗ *4-Aminobuttersäure*.

γ-Aminobuttersäureweg, ↗ *4-Aminobuttersäure*.

Aminocarbonsäuren, ↗ *Aminosäuren*.

Aminocitronensäure, eine saure Aminosäure, die im sauren Hydrolysat von Ribonucleoproteinen aus Kalbsthymus, Rindermilz und menschlicher Milz,

$$HOOC-CH(NH_2)-\underset{\underset{COOH}{|}}{C(OH)}-CH_2-COOH$$

E. coli und *Salmonella typhi* identifiziert wurde. Sie wird vom Aminosäureanalysator vor der Cysteinsäure eluiert und ergibt mit Ninhydrin eine charakteristische gelbe Farbe. [G. Wilhelm u. K. D. Kupka *FEBS Letters* **123** (1981) 141–144]

3'-Amino-3'-desoxyadenosin, ein von *Cordyceps militaris* und Helminthosporium-Arten synthetisiertes Purinantibiotikum (↗ *Nucleosidantibiotika*). F. 271–273 °C (Z.), $[\alpha]_D$ –37 ° (c = 2; 0,1 M HCl). Das Antibiotikum zeigt antitumorale Wirkung. Aus *Helminthosporium*-Arten wurde auch das acetylierte Derivat 3'-Acetamido-3'-desoxyadenosin isoliert.

2-Amino-2-desoxy-D-galactose, ↗ *Galactosamin*.

2-Amino-2-desoxyglucose, ↗ *Glucosamin*.

Aminoessigsäure, ↗ *Glycin*.

2-Aminoethandiol, Syn. für ↗ *Cysteamin*.

Aminoethanol, ↗ *Ethanolamin*.

Aminoethanol-Zyklus, ↗ *Glycin*.

Aminoethylmercaptan, Syn. für ↗ *Cysteamin*.

L-α-Aminoglutarsäure, ↗ *L-Glutaminsäure*.

Aminogluthetimid, ↗ *Aromatasehemmer*.

N^ε-(4-Amino-2-hydroxybutyl)lysin, Syn. für ↗ *Hypusin*.

5(4)-Aminoimidazol-4(5)-carboxamid-ribonucleotid, *AICAR*, 5'-Phosphoribosyl-5-amino-4-imidazolcarboxamid. ↗ *Purinbiosynthese (Abb. 1)*.

5(4)-Aminoimidazol-4(5)-carboxy-ribonucleotid, 5'-Phosphoribosyl-5-amino-4-imidazolcarboxylat. ↗ *Purinbiosynthese (Abb. 1)*.

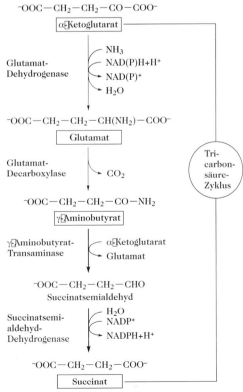

4-Aminobuttersäure. Der 4-Aminobuttersäureweg.

5-Aminoimidazol-ribonucleotid, *AIR*, *5'-Phosphoribosyl-5-aminoimidazol*, ein Zwischenprodukt der ↗ *Purinbiosynthese* und der Thiaminbiosynthese. Bei bestimmten mikrobiellen Mutanten, deren Purinbiosynthese blockiert ist, polymerisiert AIR zu einem roten Pigment.

5-Aminoimidazol-4-N-succinocarboxamidribonucleotid, *5'-Phosphoribosyl-4-(N-succinocarboxamid)-5-aminoimidazol.* ↗ *Purinbiosynthese* (Abb. 1).

α-Amino- β-indolpropionsäure, Syn. für ↗ *L-Tryptophan.*

Aminoisobuttersäure, *2-Methyl-β-alanin*, $H_2N-CH_2-CH(CH_3)-COOH$, ein Produkt des reduktiven Abbaus von Thymin (↗ *Pyrimidinabbau*). Die α-Form der A. (2-Methyl-α-Alanin, $H_2N-CH_2-CH(CH_3)-COOH$) kommt nicht natürlich vor und wird nur in vernachlässigbarem Ausmaß metabolisiert.

5-Aminolävulinsäure, *δ-Aminolävulinsäure*, *ALA*, ein Zwischenprodukt der Porphyrinbiosynthese und Teil des Shemin-Zyklus (↗ *Succinat-Glycin-Zyklus*). M_r 167,6 Da (Hydrochlorid), F. 118–119 °C. Die Biosynthese von ALA findet auf mindestens zwei verschiedenen Wegen statt (↗ *Porphyrine*).

δ-Aminolävulinsäure, ↗ *5-Aminolävulinsäure.*

Aminopeptidase M, *Alanin-Aminopeptidase*, ↗ *Aminopeptidasen.*

Aminopeptidase P, ↗ *Aminopeptidasen.*

Aminopeptidasen, eine Gruppe von Exopeptidasen (↗ *Proteasen*), die eine relativ weitgefächerte und oft überlappende Substratspezifität besitzen. Sie spalten Peptidbindungen nahe dem N-terminalen Ende von Polypeptiden. Sie können unterteilt werden in A., die die erste Peptidbindung hydrolysieren (Aminoacyl-Peptidhydrolasen und Iminoacyl-Peptidhydrolasen) und solche, die Dipeptide von der Polypeptidkette abspalten (Dipeptidyl-Peptidhydrolasen). Außer an der Proteinreifung und dem Proteinabbau von einem Ende her sind die A. auch an der Regulierung des Peptidhormonspiegels und der Proteinverdauung im Darm beteiligt.

A. sind im Allgemeinen *Zink-Metalloenzyme*, die ein hoch konserviertes Zinkbindungsmotiv (-His-Glu-X-X-His-18As-Glu-) besitzen. Dieses ist für die Enzymaktivität entscheidend und kommt auch in anderen Zink-Metalloenzymen, z.B. dem Thermolysin, vor. Es sind auch A. bekannt, in denen dieses Motiv nicht konserviert ist. So verwendet z.B. die Leucin-A. andere zinkkoordinierende Liganden. Für die Biosynthese der A., die sich in immunologischen Eigenschaften, Substratspezifität, pH-Optimum, Aktivatoren, usw. unterscheiden, sind mehrere verschiedene Genorte verantwortlich (Tab.). Zusätzlich sorgen posttranslationale Modifikationen (beschrieben insbesondere für die menschli-

che Alanin-A.) für die Existenz multipler Formen. Die Klassifizierung erfolgt im Allgemeinen auf der Grundlage der Substratspezifität und dem Verhalten gegenüber bestimmten Inhibitoren. Beim Versuch, eine Klassifizierung auf der Basis der Aminosäuresequenz durchzuführen, wurden 84 verschiedene Familien mit ähnlichen Strukturen und katalytischen Mechanismen gefunden. Die Zuordnung zu diesen Familien zeigt aber keine Übereinstimmung mit der Klassifizierung aufgrund der Substratspezifität [N.D. Rawlings u. A.J. Barret *Biochem. J.* **290** (1993) 205–218].

Leucin-Aminopeptidase hydrolysiert bevorzugt Peptidbindungen, die einem N-terminalen Rest mit einer großen hydrophilen Seitenkette benachbart sind, insbesondere einem Leucylrest. Als synthetische Substrate werden im Allgemeinen Leucinamid, Leucin-4-nitroanilid und Leucinhydrazid verwendet. Dieses cytosolische Zink-Metalloenzym wurde in praktisch allen tierischen Geweben identifiziert. Die meisten Untersuchungen wurden mit dem Enzym aus der Rinderlinse (EC 3.4.11.1, früher 3.4.1.1, M_r 324 kDa) durchgeführt, welches auch kristallisiert wurde. Es besteht aus sechs identischen Untereinheiten (M_r 54 kDa; 487 Aminosäuren; 2 Zn^{2+} je Untereinheit). Sein katalytisch aktives Zentrum liegt in der C-terminalen Domäne. Das Enzym kommt auch in vielen anderen Zellen und Geweben vor, z.B. in der Lunge, im Magen, in der Niere, im Darm, im Serum und in den Leucocyten. In der klinischen Chemie dient dieses Enzym als Markersubstanz für Leberzellenlyse und kann auch eine empfindlichere Markersubstanz für akute Hepatitis sein als die Aminotransferasen.

Die *Alanin-Aminopeptidase* (EC 3.4.11.2, früher 3.4.1.2, Arylamidase, Aminopeptidase M) hydrolysiert bevorzugt natürliche und synthetische Substrate mit einem N-terminalen Alaninrest. Andere Aminosäuren, besonders Leucin, können auch entfernt werden, N-terminale Prolylreste werden jedoch nicht angegriffen. Biologische Substrate sind auch Met-Lys-Bradykinin, Lys-Bradykinin, (Met[5])-Enkephalin und (Leu[5])-Enkephalin. In Analysen der enzymatischen Aktivität werden als Substrate meistens die 4-Nitroanilide und β-Naphtylamide von Alanin und Leucin eingesetzt. Das Enzym ist in praktisch allen untersuchten Geweben vorhanden und entfaltet eine besonders hohe spezifische Aktivität in den Bürstensaummembranen der proximalen Nierentubuli, des Darms und der Gallenkanälchen. Die native Leber-Alanin-A. von Mensch und Ratte ist ein integrales membrangebundenes Ectoenzym, das mit einer N-terminalen Sequenz an der Außenseite der canalicularen Plasmamembran verankert ist. Die menschlichen Enzyme und die Rattenenzyme (M_r 111 kDa) sind zu 77 % homolog und bestehen aus 967 Aminosäuren. Die Enzyme

Aminopeptidasen. Tab.: Einige Aminopeptidasen (AS = freigesetzte Aminosäure; X = Aminosäure, die ein ein neues N-Ende erhält.

Enzym	Substrat-Spezifität	Hauptquelle	Anmerkungen
Leucin-Aminopeptidase EC 3.4.11.1	Leu-X- (AA-X-)	Linse, Niere (Rind, Schwein)	Wird aktiviert durch Mg^{2+}, Mn^{2+}; basisches pH-Optimum; hydrolysiert keine chromogenen Substrate; Inhibierung durch 1,10-Phenanthrolin, Actinonin, Bestatin; 6 Untereinheiten à M_r 53 kDa.
Alanin-Aminopeptidase EC 3.4.11.2	Ala-X- (AA-X-)	Niere (Ratte)	Geringe Aktivierung durch Co^+; verschiedene menschliche Isoformen aufgrund posttranslationaler Modifikation; Inhibierung durch 1,10-Phenanthrolin, Actinonin, Amastatin, Bestatin; 2 Untereinheiten à M_r 110 kDa.
Cystyl-Aminopeptidase, Oxytocinase EC 3.4.11.3	Leu-X- (Cys-X-, AA-X-)	Amnionflüssig-keit, Schwanger-schaftsserum	Keine Inhibierung durch Bestatin oder Amastatin; hitzelabil.
Glutamyl-Aminopeptidase, Aminopeptidase A, Angiotensinase A, Aspartat-Aminopeptidase EC 3.4.11.7	Asp-X- Glu-X-	Niere (Mensch)	Aktivierung durch Ca^{2+}; Spaltung von Glu-Sub-straten wird auch durch Ba^{2+} aktiviert; Inhibie-rung durch 1,10-Phenanthrolin; 2 Untereinheiten à M_r 160 kDa; Angiotensin II bekanntestes Substrat.
Aminopeptidase B EC 3.4.11.6	Lys-X- Arg-X-	Leber (Ratte)	Aktivierung durch Cl^-, Br^-; Inhibierung durch 1,10-Phenanthrolin, EDTA, Arphamenine A und B, Bestatin; instabil; Monomer, M_r 95 kDa.
Aminopeptidase W EC 3.4.11.16	X-Trp-	Niere, Darm (Schwein)	Inhibierung durch Amastatin, Bestatin; 2 Untereinheiten à 130 kDa.
Aminopeptidase P EC 3.4.11.6	X-Pro-	Niere (Schwein)	Aktivierung durch Mn^{2+}; Inhibierung durch EDTA, Enalaprilat, 1,10-Phenanthrolin; 2 (?) Untereinheiten M_r 91 kDa; Bradykinin und Substanz P sind vermutlich natürliche Sub-strate.
Leukotrien-A4-Hydrolase EC 3.3.2.6	Ala-X-	Leucocyten (Mensch, Maus)	Inhibierung durch 1,10-Phenanthrolin; Mono-mer, M_r 68–70 kDa cytosolisch; ubiquitär in Säugetiergeweben; wandelt Leukotrien A_4 in B_4 um. 1 mol Zn/mol Protein.
Methionin-Aminopepti-dase EC 3.4.11.18	Met-X-	Hefe	Monomer, M_r 43 kDa.
Tripeptidase EC 3.4.11.4	Leu-(Gly-Gly) Gly-(Gly-Gly)	Lebercytosol (Mensch, Tier)	Keine Inhibierung durch Amastatin; Inhibie-rung durch Bestatin; Monomer, M_r 50–70 kDa; greift nur Tripeptide an.

verschiedener Spezies wurden kloniert, u.a. von *E. coli* und aus dem menschlichen Darm. Alle menschlichen Isoformen der Alanin-A. stammen von einem einzigen Protein ab. Die beobachtete Heterogenität ist drei Arten der posttranslationalen Modifizierung zuzuschreiben: Glycosylierung, be-grenzte Proteolyse und Aggregation mit anderen Molekülen.

Die *Aminopeptidase P* (EC 3.4.11.6) ist in Mikro-villimembranen der menschlichen und der Schwei-neniere vorhanden und membrangebundene For-men befinden sich im Darm und in der Lunge von Ratten, in der Rinderlunge und der Meerschwein-chenniere. Lösliche Formen kommen im Serum und im Gehirn von Ratten, in menschlichen Thrombocyten und im Meerschweinchenserum

vor. Ebenso wurden lösliche Formen aus menschli-chen Leucocyten charakterisiert. A. P gehört zu einer Gruppe von Zelloberflächenproteinen, die in der Lipiddoppelschicht durch Glycolyl-phosphati-dylinositol (↗ *Membranlipide*) verankert sind.

Die *Cystyl-Aminopeptidase* (EC 3.4.11.3, Oxyto-Kinase) ist hauptsächlich in den Plazenta-Lysoso-men lokalisiert. Vermutlich stammt die beobachte-te Enzymaktivität im Serum von Schwangeren und im Fruchtwasser hauptsächlich aus diesen Plazen-ta-Lysosomen. Das physiologische Substrat ist vermutlich Oxytocin. Das Enzym zeigt auch Angiotensinase-Aktivität. Während einer normalen Schwangerschaft steigt der Serumspiegel des En-zyms bis kurz vor dem Einsetzen der Wehen an, während die Aktivität im Fruchtwasser abnimmt.

Im Schwangerschaftsserum sind in Fällen von Präeklampsie hohe Enzymspiegel vorhanden. In späten Stadien schwerer Präeklampsie (Spät-Gestase) sind die Enzymspiegel niedrig. [G.-J. Sanderink et al. *J. Clin. Chem. Clin. Biochem.* **26** (1988) 795–807; D. Hendricks et al. *Clin. Chim. Acta* **196** (1991) 87–96; I. Rusu u. A. Yaron *Eur. J. Biochem.* **210** (1992) 93–100; J. Wang u. M.D. Cooper in „Zinc Metalloproteases in Health and Disease" N.M. Hooper (Hrsg.), Ellis Horwood, Chichester 1995; T. Rogi et al. „cDNA Cloning of Human Placental Leucine Aminopeptidase/Oxytocinase" *J. Biol. Chem.* **271** (1996) 56–61]

Aminopropionsäure, ↗ *Alanin.*

Aminopterin, *4-Amino-4-desoxyfolsäure* (Abb., ↗ *Vitamine,* ↗ *Folsäure*), ein cytostatisches Agens, das in der Behandlung einiger Krebserkrankungen verwendet wird. Es inhibiert die Dihydrofolatreduktase. Dieses Enzym reduziert das Folatcoenzym, das für die ↗ *Purinbiosynthese* und die Thyminproduktion (↗ *Pyrimidinbiosynthese*) benötigt wird. Auf diese Weise wird die Synthese der DNA verhindert. Es wirkt jedoch auch auf sich nichtteilende Zellen toxisch und kann daher nicht unbegrenzt toleriert werden. Methotrexat (Amethopterin) besitzt ähnliche Aktivität.

Aminopterin. Struktur von Aminopterin (R = H) und Methotrexat (R = CH₃).

6-Aminopurin, ↗ *Adenin.*

Aminotransferasen, Syn. ↗ *Transaminasen.*

aminosäureaktivierende Enzyme, ↗ *Aminoacyl-tRNA-Synthetasen.*

Aminosäureanalysator, *Aminosäuresequenzanalysator,* Apparatur zur automatischen Bestimmung der Aminosäurezusammensetzung von Peptiden und ↗ *Proteinen.*

Aminosäuren, organische Säuren, die mindestens eine und gewöhnlich nicht mehr als zwei Aminogruppen besitzen. Je nach der Stellung der NH₂-Gruppe in der Kohlenstoffkette zu der endständigen Carboxylgruppe -COOH unterscheidet man α-, β-, γ-A., usw (Abb. 1).

Aminosäuren. Abb. 1. Struktur einer α-Aminosäure.

Die α-A. kommen in freier Form in allen lebenden Zellen und in Körperflüssigkeiten vor. Sie sind die Bausteine der Proteine und Peptide. Die mRNA (↗ *Proteinbiosynthese,* genetischer Code) codiert für die 20 A., die in Proteinen vorkommen. Diese werden als proteinogene A. bezeichnet (Tab. 1). Das Vorkommen nichtproteinogener A. in Proteinen ist auf ↗ *posttranslationelle Modifizierung* dieser Proteine zurückzuführen (Tab.2).

Aminosäuren. Tab. 1. Proteinogene Aminosäuren. Die Dreibuchstabenabkürzungen sind allgemein anerkannt und werden routinemäßig für Darstellungen von Protein- und Peptidsequenzen verwendet (↗ *Peptide*). Die Einbuchstabenbezeichnung (vorgeschlagen von der IUPAC-IUB-Kommission für Biochemische Nomenklatur [*Eur. J. Biochem.* 5 (1968) 151–153] sollte für Veröffentlichungen von Sequenzen nicht verwendet werden. Es ist jedoch beabsichtigt, diese einzusetzen, um die Speicherung von Sequenzinformationen und die Durchführung von Sequenzvergleichen mit Hilfe des Computers zu erleichtern.

Aminosäure	Abk.	Abk.	Klasse
L-Alanin	Ala	A	I
L-Arginin	Arg	R	IV
L-Asparagin	Asn*	N*	II
L-Asparaginsäure	Asp*	D*	III
L-Cystein	Cys	C	II
L-Glutamin	Gln	Q	II
L-Glutaminsäure	Glu	E	III
Glycin	Gly	G	I
L-Histidin	His	H	IV
L-Isoleucin	Ile	I	I
L-Leucin	Leu	L	I
L-Lysin	Lys	K	IV
L-Methionin	Met	M	I
L-Phenylalanin	Phe	F	I
L-Prolin	Pro	P	I
L-Serin	Ser	S	II
L-Threonin	Thr	T	II
L-Tryptophan	Trp	W	I
L-Tyrosin	Tyr	Y	II
L-Valin	Val	V	I
Unbekannte oder andere	Xaa	X	

* Wenn nicht bekannt ist, ob die Aminosäure im ursprünglichen Protein als Asn oder Asp vorliegt, werden die Abkürzungen Asx oder B verwendet; Glx oder Z stehen für Glu, Gln, Gla (L-4-Carboxyglutaminsäure) oder Glp (Pyroglutaminsäure). Diese Zweideutigkeiten haben ihre Ursache darin, dass durch die chemische Hydrolyse der Peptidbindungen auch Asn, Gln, Gla und Glp zu den entsprechenden Säuren hydrolysiert werden.

Aminosäuren. Tab. 2. Aminosäuren, die durch posttranslationelle Modifizierung gebildet werden und nur in besonderen Proteinen vorkommen.

Aminosäure	Vorkommen
δ-Hydroxy-L-lysin	Fischkollagen
L-3,5-Dibromtyrosin	Skelett von *Primnoa lepadifera* (Koralle)
L-3,5-Diiodtyrosin	Skelett von *Gorgonia cavolinii* (Koralle)
L-3,5,3'-Triiodthyronin	Thyreoglobulin (Gewebsprotein der Schilddrüse)
L-Thyroxin	Thyreoglobulin
Hydroxy-L-prolin	Kollagen, Gelatine
δ-Aminoadipinsäure	Maisprotein

A. werden in Abhängigkeit von ihrem isoelektrischen Punkt entweder als sauer oder als basisch klassifiziert. Alternativ dazu werden die A. entsprechend dem Charakter ihrer Seitenketten in vier Gruppen eingeteilt, die mit den römischen Zahlen I bis IV bezeichnet werden:
I. A. mit neutralen und hydrophoben (unpolaren) Seitenketten.
II. A. mit neutralen und hydrophilen (polaren) Seitenketten.
III. A. mit sauren und hydrophilen (polaren) Seitenketten.
IV. A. mit basischen und hydrophilen (polaren) Seitenketten.
Zusätzlich zu dieser chemischen Klassifikation, können die A. entsprechend ihres Abbaus im Organismus in *glucogene* und *ketogene* A. eingeteilt werden. Glucogene A. werden zu C_4-Dicarbonsäuren oder Pyruvat abgebaut, welche Zwischenprodukte des Tricarbonsäure-Zyklus sind. Dieser Zyklus stellt Oxalacetat für die ↗ *Gluconeogenese* zur Verfügung, so dass die Kohlenstoffgruppe der A. dieser Gruppe in Glucose inkorporiert werden kann. Ketogene A. werden zu Ketonen, insbesondere Acetessigsäure abgebaut. Schließlich unterscheidet man zwischen *essenziellen* (unentbehrlichen) und *nichtessenziellen* (entbehrlichen) A., je nachdem ob der betreffende Organismus in der Lage ist, diese entsprechend seinem Bedarf in ausreichender Menge zu synthetisieren. Essenzielle A. müssen dem Organismus mit der Nahrung zugeführt werden, da eine unzureichende Zuführung eine negative ↗ *Stickstoffbilanz* zur Folge hat. Halbessenzielle A. können zwar synthetisiert werden, stehen aber nicht für alle physiologischen Bedürfnisse in ausreichender Menge zur Verfügung. Wenn nur eine einzige essenzielle Aminosäure nicht ausreichend über die Nahrung zugeführt wird, hat dies eine Inhibierung der Proteinbiosynthese zur Folge. Der Komplex aus Ribosom, mRNA und entstehender Polypeptidkette muss seine Arbeit an dem Punkt einstellen, an dem die fehlende Aminosäure eingebaut werden sollte. Die anderen A. reichern sich an und werden metabolischen Abbauwegen zugeführt. Dies führt zu einem Stickstoffverlust (Tab. 3).

Außer Glycin besitzen alle A. mindestens ein chirales C-Atom. Mit wenigen Ausnahmen haben natürlich vorkommende A. die L-Konfiguration. D-A. kommen in den Zellwänden, Kapseln, in Kulturlösungen einiger Mikroorganismen und in vielen Antibiotika vor. A. ohne eine α-Aminogruppe (β-, γ-, δ-A., z.B. β-Alanin) kommen als freie Säuren oder als Bestandteile organischer Produkte vor, nicht aber in Proteinen.

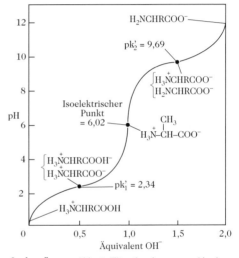

Aminosäuren. Abb. 2. Titrationskurve von Alanin.

A. sind aufgrund des Vorliegens einer NH_2- und einer COOH-Gruppe in demselben Molekül amphoter, ihre Lösungen sind Ampholyte. Im festen Zustand und in stark polaren Lösungsmitteln liegen die A. in der Zwitterionenform H_3N^+-CHR-COO⁻ vor Abb. 1). Sie lösen sich mit wenigen Ausnahmen in Wasser, Ammoniak und anderen polaren Lösungsmitteln gut, dagegen in unpolaren und wenig polaren Lösungsmitteln, z.B. Ethanol, Methanol und Aceton, sehr schwer. A. mit hydrophilen Seitenketten weisen eine bessere Löslichkeit in Wasser auf. Am isoelektrischen Punkt ist die Wasserlöslichkeit der meisten A. am geringsten, da durch die dominierende Zwitterionenstruktur die Hydrophilie der Amino- und Carboxylgruppe aufgehoben ist. Das Dissoziationsverhalten der A. ist stark vom pH-Wert abhängig, wobei nur im pH-Bereich vier bis neun die Zwitterionenform vorliegt. Im stärker sauren Bereich liegen die A. als Kationen (H_3N^+-CHR-COOH), im stärker alkalischen Bereich als Anionen (H_2N-CHR-COO⁻) vor. Die Titrationskurven der A.

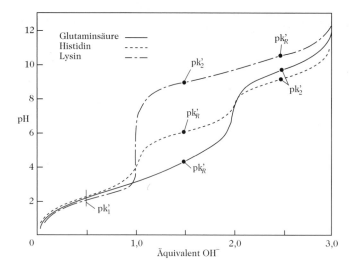

Aminosäuren. Abb. 3. Probentitrations-
kurven von Aminosäuren.

zeigen demzufolge zwei verschiedene Pufferberei-
che, die durch das Dissoziationsverhalten besonders auch der sauren und basischen Seitenkettenfunktionen gekennzeichnet ist (Abb. 2 und
3). Das Säure-Base-Verhalten der A. dient als Modell für das Verhalten der Peptide und Proteine und
ist Grundlage für die analytische Trennung durch
Elektrophorese und Ionenaustauschchromatographie. Die UV-Absorption der A. mit chromophoren
Seitenkettenfunktionen (Tryptophan, Tyrosin,
Phenylalanin) ermöglicht die quantitative Bestimmung dieser A., sowohl in freier als auch in gebundener Form (in Peptiden und Proteinen).

Die *proteinogenen A.* können nach der Herkunft
ihres Kohlenstoffgerüsts in der Biosynthese in Familien eingeteilt werden:

1) Die *Serinfamilie* umfasst die A. Serin, Glycin,
Cystein und Cystin, die sich aus Triosephosphat
herleiten. 2) Die *Ketoglutarat-* bzw. *Oxoglutarat-
familie* enthält diejenigen A., deren Kohlen-
stoffskelett sich vom Oxoglutarat des Tricarbonsäure-Zyklus ableitet: Glutamat, Glutamin, Ornithin,

Citrullin, Arginin (↗ *Harnstoff-Zyklus*), Prolin und
Hydroxyprolin. 3) Die *Pyruvatfamilie* stammt von
Pyruvat und Oxalacetat ab (Abb. 4). 4) Die *Pento-
sefamilie* schließt Histidin und die drei aromati-
schen A. (↗ *Aromatenbiosynthese*) Phenylalanin,
Tyrosin und Tryptophan ein.

Die mikrobielle Synthese von A. wird industriell
genutzt, indem spezielle Produktionsstämme von
Mikroorganismen (meistens Bakterien) in einem
synthetischen Medium kultiviert werden. In diesen
Kulturstämmen ist die metabolische Kontrolle
durch Mutation beeinträchtigt, was zu einer massiven Überproduktion einer bestimmten Aminosäure
führt. Die ausgeschiedene Aminosäure wird aus
dem Medium geerntet.

Der Aminosäurepool (bzw. die -pools bei Vorliegen von Kompartimenten) einer Zelle enthält die
Gesamtheit aller freien A., welche dem Stoffwechsel jederzeit zur Verfügung stehen. Dieser Pool wird
durch Nahrungsaufnahme, Proteolyse und *de-novo*-Synthese aufgefüllt. Die Aminosäuren des Ami-
nosäurepools in einer Zelle werden dazu verwen-

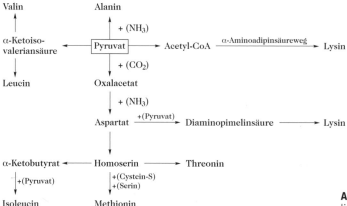

Aminosäuren. Abb. 4. Die Pyruvatfamilie der Aminosäuren.

	Ile	Leu	Lys	Phe	Met	Cys	Thr	Trp	Val
Kind	90,0	120,0	90,0	90,0[1)]	85,0	–	60,0	30,0	85,0
Mann	10,4	9,9	8,8	4,3[2)] 13,3[3)]	1,5 13,2*	11,6 0,0	6,5	2,9	8,8
Frau	5,2	7,1	3,3	3,1[4)]	4,7	0,5	3,5	2,1	9,2
Normen der WHO	3,0	3,4	3,0	2,0[5)]	1,6	1,4	2,0	1,0	3,0

Aminosäuren. Tab. 3. Minimalbedarf des Menschen an essenziellen Aminosäuren (mg/kg/Tag).

1) in Gegenwart von L-Tyrosin; 2) Tyr 15,9 mg/kg: Tyr/Trp = 5,5; 3) in Abwesenheit von L-Tyrosin; 4) Tyr 15,6 mg/kg: Tyr/Trp = 7,4; 5) Tyr 5,0 mg/kg: Tyr/Trp = 2,0. * 80–90 % des Methioninbedarfs kann durch Cystein gedeckt werden. (WHO = World Health Organization, Weltgesundheitsorganisation).

Aminosäuren. Tab. 4. Metabolische Reaktionen der Aminosäuren.

Art der Reaktion	Reaktionsablauf
Transaminierung	$$\underset{\substack{|\\NH_2}}{R}CHCOOH + \underset{\substack{\parallel\\O}}{R'C}COOH \rightleftharpoons \underset{\substack{\parallel\\O}}{R}CCOOH + \underset{\substack{|\\NH_2}}{R'C}HCOOH$$
Decarboxylierung	$$\underset{\substack{|\\NH_2}}{R}CHCOOH \longrightarrow RCH_2NH_2 + CO_2$$
Aminierung	$$\underset{\substack{\parallel\\O}}{R}CCOOH + NH_3 + NAD(P)H_2 \longrightarrow \underset{\substack{|\\NH_2}}{R}CHCOOH + NAD(P)$$
Desaminierung	$$\underset{\substack{|\\NH_2}}{R}CHCOOH \xrightarrow{-2[H]} \underset{\substack{\parallel\\NH}}{R}CCOOH \xrightarrow{+H_2O} \underset{\substack{\parallel\\O}}{R}CCOOH + NH_3$$
Modifizierung der Seitenkette α-Hydroxylgruppe	$$R-OH \xrightarrow{ATP} R-O \sim PO_3H_2 \ \text{(Phosphorylierung)}$$
α-Aminogruppe	$$R-NH_2 \longrightarrow R-NH-COCH_3 \ \text{(Acetylierung)}$$
α-Carboxylgruppe	$$R-COOH \xrightarrow[NH_3]{ATP} R-CONH_2 \ \text{(Säureamidbildung)}$$
Peptidbildung	$$\underset{\substack{|\\NH_2}}{R}CHCOOH + \underset{\substack{|\\NH_2}}{R'C}HCOOH \xrightarrow{-H_2O} \underset{\substack{|\\NH_2}}{R}CHCO-\underset{\substack{|\\R'}}{N}HCHCOC$$
Aminosäureaktivierung	$$\underset{\substack{|\\NH_2}}{R}\overset{\substack{O\\\parallel}}{C}HC-OH + AMP \sim P \sim P \xrightarrow{Enz.} Enz.\ AMP \sim \overset{\substack{O\\\parallel}}{C}\underset{\substack{|\\NH_2}}{C}HR + P$$
Aminosäuretransfer (Proteinbiosynthese) (Bildung von Aminoacyl-tRNA, aatRNA)	$$Enz.\ AMP \sim \overset{\substack{O\\\parallel}}{C}\underset{\substack{|\\NH_2}}{C}HR + tRNS-OH \longrightarrow AMP + Enz. + tRNS-O \sim \overset{\substack{O\\\parallel}}{C}\underset{\substack{|\\NH_2}}{C}HR$$
Gramicidin-S-Synthese (Thioesterbildung)	$$Enz.\ AMP \sim \overset{\substack{O\\\parallel}}{C}\underset{\substack{|\\NH_2}}{C}HR + E^{-SH} \longrightarrow AMP + Enz. + E^{-S} \sim CO\underset{\substack{|\\NH_2}}{C}HR$$

Enz. = Enzym; E = Protein II der Gramicidin-S-Synthetase.

det, Proteine zu synthetisieren, sie werden abgebaut oder sie dienen als Vorstufen für besondere Metabolite wie Hormone. Die Reaktionen der metabolischen Hauptwege sind: 1) Transaminierung zu 2-Oxosäuren, 2) Decarboxylierung, 3) Transformation der Seitenkette, 4) oxidative Desaminierung zu 2-Oxosäuren (Tab. 4).

Nichtproteinogene A. sind am Aufbau der Proteine gewöhnlich nicht beteiligt. Zu ihnen gehören auch A., die als Zwischenprodukte bei der Biosynthese proteinogener A. auftreten, z.B. δ-Aminoadipinsäure, Diaminopimelinsäure und Cystathionin. Man kennt heute 250 nichtproteinogene A., die zum größten Teil in Pflanzen vorkommen und hier jeweils auf bestimmte taxonomische Gruppen in ihrem Vorkommen begrenzt sind. Bezüglich ihrer Biosynthese lässt sich eine größere Anzahl den genannten vier Gruppen biogenetisch verwandter Aminosäurefamilien zuordnen. Einzelne nichtproteinogene A. sind in Ausnahmefällen auch in Proteinen nachgewiesen worden, z.B. L-Citrullin im Protein von Haarfollikeln und δ-Aminoadipinsäure im Maisprotein. Vorkommen und Verbreitung dieser seltenen natürlichen A. können für die Chemotaxonomie von Wert sein. Die Bezeichnung als seltene natürliche Aminosäure basiert auf ihrem nur sporadischen Vorkommen und ihrer von den proteinogenen A. abweichenden Struktur. Es gibt strukturelle Beziehungen zu den proteinogenen A. So kennt man mehr als 20 nichtproteinogene A., die sich lediglich durch Substitution eines Wasserstoffatoms der Methylgruppe des Alanins von dieser Aminosäure ableiten. Auch andere seltene natürliche A. lassen sich proteinogenen Stammaminosäuren zuordnen. Nichtproteinogene A. können auch als Antagonisten wirken. So ist z.B. die Azeti-

din-2-carbonsäure, die sich vom Prolin nur durch Ringverkleinerung um ein C-Atom unterscheidet, ein toxischer Bestandteil der einheimischen Maiglöckchen. Während es beim Maiglöckchen durch eine hochspezifische Prolyl-tRNA-Synthetase möglich ist, den unkontrollierten Einbau von Azetidin-2-carbonsäure in das arteigene Protein zu umgehen, kann bei anderen Organismen durch Täuschung des Proteinsyntheseapparates Azetidin-2-carbonsäure anstelle von Prolin in Proteine eingebaut werden, die dadurch in ihrer Tertiärstruktur und biologischen Aktivität verändert werden. Nichtproteinogene A. treten in bestimmten Pflanzenfamilien gehäuft auf, z.B. in Mimosengewächsen (*Mimosaceae*) L-α,β-Diaminopropionsäure und deren Derivate, Thioetherderivate von L-Cystein, Derivate des Lysins und der Glutaminsäure. Teilweise sind nichtproteinogene A. biologisch aktive Verbindungen, z.B. die ↗ *lathyrinogenen Aminosäuren* und Indospicin (L-2-Amino-6-amidinocapronsäure) aus *Indigofera spicata*, das als Lebergift wirkt und Missbildungen hervorruft.

Weitere Informationen über die einzelnen A. können unter dem entsprechenden Stichwort gefunden werden.

Aminosäure-Oxidasen, ↗ *Flavinenzyme.*

Aminosäurereagenzien, Reagenzien zur colorimetrischen Identifizierung und quantitativen Bestimmung von Aminosäuren. Eines der wichtigsten ist Ninhydrin (2,2-Dihydroxy-1H-inden-1,3(2H)-dion), welches bei der Reaktion mit Aminosäuren einen blauvioletten Farbstoff bildet, das sog. Ruhemannsche Purpurrot (Absorptionsmaximum 570 nm, Abb.). Mit der Aminosäure Prolin bildet Ninhydrin ein gelbes Produkt, das ein Absorptionsmaximum bei 440 nm besitzt.

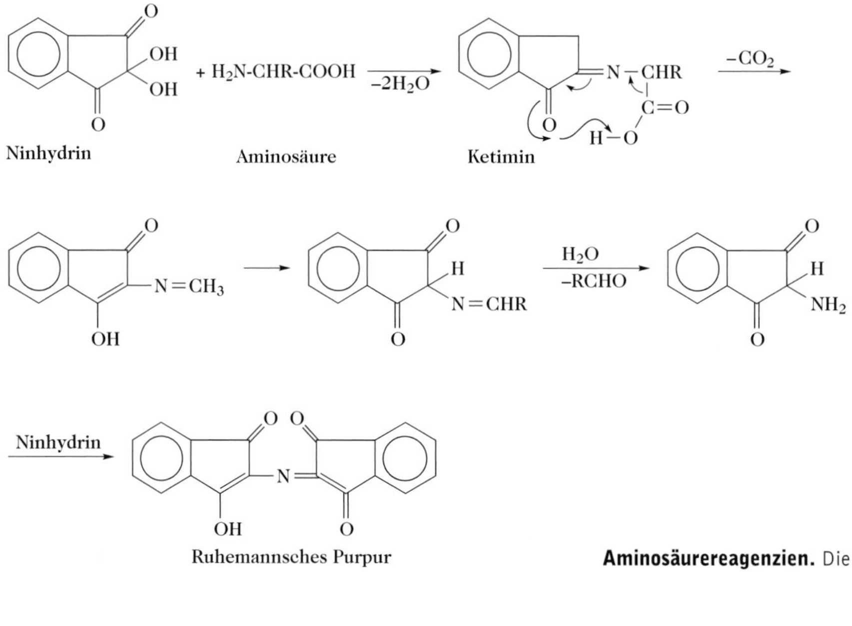

Aminosäurereagenzien. Die Ninhydrinreaktion.

Bei der Fluorescamin-Technik werden Aminosäuren durch eine Reaktion mit 4-Phenyl[furan-2H(3H)-1'-phtalan]-3,3'-dion (Fluorscamin) in eine stark fluoreszierende Verbindung überführt, die im Nanomolbereich bei 336 nm nachgewiesen werden kann. Das Reagenz selbst ist nicht fluoreszierend. Im Gegensatz zu Ninhydrin ist es gegenüber Ammoniak nicht empfindlich.

Weitere Reagenzien hoher Empfindlichkeit sind 2,4,6-Trinitrobenzolsulfonsäure, 1,2-Naphthochinon-4-sulfonsäure (Folinsches Aminosäurereagens) sowie 4,4'-Tetramethyldiaminodiphenylmethan (TDM). Die Bildung intensiv fluoreszierender Aminosäurederivate wird mit o-Phtalaldehyd in Gegenwart von Reduktionsmitteln, mit Pyridoxal und Zn^{2+}-Ionen sowie mit Dansylchlorid (5-Dimethylaminonaphthalin-sulfonylchlorid) erreicht.

Aminosäuresequenzanalysator, Syn. für ↗ *Aminosäureanalysator.*

Aminozucker, Monosaccharide, bei denen eine Hydroxylgruppe durch eine Aminogruppe (-NH$_2$) ersetzt ist. Vielfach ist die Aminogruppe acetyliert. Besonders die 2-Amino-2-desoxyaldosen (z.B. D-Galactosamin, D-Glucosamin, D-Mannosamin, Neuraminsäure, Muraminsäure) haben als Bestandteile bakterieller Zellwände Bedeutung. Ebenso sind sie in einigen Antibiotika, z.B. in Streptomycin, in Blutgruppensubstanzen, in Oligosacchariden der Milch und in hochmolekularen Naturstoffen, wie Chitin enthalten.

In der Biosynthese der A. wird die Aminogruppe durch Transaminierung von Glutamin angeliefert. Fructose-6-phosphat wird durch eine Hexosephosphat-Transaminase zu D-Glucosamin-6-phosphat aminiert. Glucosaminphosphat kann mit Hilfe einer Transacetylase in das N-Acetylderivat überführt werden. Dieses wird zum 1-Phosphat isomerisiert und dann durch Reaktion mit UTP aktiviert, indem UDP-*N*-Acetylglucosamin gebildet wird. Dieses kann zu UDP-N-Acetylgalactosamin isomerisiert werden. (↗ *Muraminsäure,* ↗ *Neuraminsäure*).

Ammoniak, NH$_3$, ein farbloses Gas von charakteristischem, stechendem Geruch. Bei 20 °C und 843 kPa lässt sich A. zu einer leichtbeweglichen, farblosen Flüssigkeit verdichten. Bei Normaldruck beträgt die Verflüssigungstemperatur ca. –40 °C. Im festen Zustand bildet Ammoniak farblose, durchscheinende Kristalle (F. –77,7 °C). Ammoniak ist in kaltem Wasser sehr leicht löslich; durch Kochen wird es aus seiner wässrigen Lösung vollständig vertrieben. Die wässrige Lösung reagiert schwach alkalisch, was auf der Fähigkeit des A. beruht, Protonen unter Bildung von Ammoniumionen aufzunehmen: NH$_3$ + H$_2$O → NH$_4^+$ + OH$^-$. Das Gleichgewicht der Reaktion liegt fast vollständig auf der linken Seite der Reaktionsgleichung, weshalb man A. mit Basen aus Ammoniumverbindungen austreiben kann. Die Toxizität des A. hängt mit der hohen Permeationsgeschwindigkeit der nichtdissoziierten Form und seiner Neigung, Protonen zu binden, zusammen.

Vorkommen. A. ist das Endprodukt beim Abbau stickstoffhaltiger organischer Substanz. Es findet sich daher als Produkt der Zersetzung organischer Masse in Form von Ammoniumsalzen im Boden. Die Konzentration von Ammoniumionen in den Körperflüssigkeiten von Tieren und in allen Zellen ist relativ niedrig. In Tieren wird A. durch Entgiftungsreaktionen eliminiert, während es in Pflanzen und Bakterien für die Synthese von Stickstoffverbindungen assimiliert wird.

Stoffwechsel. A. ist das Produkt der Nitratreduktion, der biologischen Stickstofffixierung, der Desaminierung von Aminosäuren sowie der Reaktionen verschiedener Reaktionswege des Katabolismus, z.B. des oxidativen Purinabbaus und des reduktiven Pyrimidinabbaus. In diesem Sinne ist A. das stickstoffhaltige anorganische Endprodukt des Abbaus der Proteine und Nucleinsäuren. Durch verschiedene Reaktionen der Primärassimilation des Stickstoffs wird A. in den Pool der organischen Stickstoffverbindungen eingeführt und durch Reaktionen weiter verteilt, die stickstoffhaltige Gruppen übertragen (↗ *Gruppenübertragung*). So werden etwa Ammoniumionen während der Biosynthese von Carbamylphosphat und Glutamin inkorporiert, die dann als Stickstoffquelle für die Biosynthese vieler verschiedener stickstoffhaltiger Verbindungen der Zellen dienen. Insbesondere Pflanzen haben einen ausgeprägten anorganischen Stickstoffmetabolismus. Viele Mikroorganismen können auf Ammoniumsalzen als alleiniger Stickstoffquelle wachsen. Höhere grüne Pflanzen können nur begrenzt Ammoniumionen aus dem Boden aufnehmen; sie hängen weitgehend von Nitrat ab, das im Boden durch Nitrifikation (mikrobielle Ammoniakoxidation) gebildet wird. Nach dem Eintreten in das Cytoplasma der Pflanzen, wird Nitrat zu Ammonium reduziert (↗ *Nitratreduktion*), das anschließend assimiliert wird.

Ammoniakassimilation, Verwendung von Ammoniak zum Aufbau von stickstoffhaltigen Gruppen der Stickstoffbestandteile der Zelle, z.B. Aminosäuren, Amide, Carbamyl- und Guanidinoverbindungen. Von zentraler Bedeutung ist die Inkorporation des Ammoniaks in die Amidgruppe des Glutamins, katalysiert durch die Glutamin-Synthetase (EC 6.3.1.2): L-Glutamat + NH$_3$ + ATP → L-Glutamin + ADP + P$_i$. Der Amidstickstoff von L-Glutamin wird dann in verschiedenen Synthesen verwendet.

1) L-Glutamin + α-Ketoglutarat + 2 H$^+$ + 2 e$^-$ → 2 L-Glutamat (Glutamat-Synthase). Das Glutamat ist an der Synthese anderer Aminosäuren durch

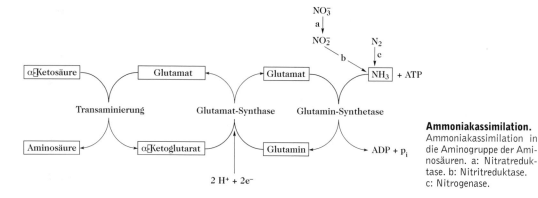

Ammoniakassimilation. Ammoniakassimilation in die Aminogruppe der Aminosäuren. a: Nitratreduktase. b: Nitritreduktase. c: Nitrogenase.

Transaminierung beteiligt. So resultiert aus einer Reihe gekoppelter Reaktionen eine Nettoassimilation von Ammoniak in die Aminogruppe von Aminosäuren (Abb.).

Die Reduktionskraft für die bakterielle Glutamat-Synthase (EC 1.4.1.13) wird durch NADPH zur Verfügung gestellt, während die Chloroplasten-Glutamat-Synthase (EC 1.4.7.1) reduziertes Ferredoxin verwendet. Die Glutamin-Synthetase und die Glutamat-Synthase kommen in den Pflanzenchloroplasten vor, während die Versorgung mit ATP und reduziertem Ferredoxin direkt durch die Lichtreaktion der Photosynthese erfolgt. Tiere haben keine Glutamat-Synthase und können keine Nettosynthese von Aminogruppen aus Ammoniak durchführen.

2) L-Glutamin + HCO_3^- + 2 ATP + H_2O → Carbamylphosphat + L-Glutamat + 2 ADP + P_i (Carbamylphosphat-Synthetase, EC 6.3.5.5) (↗ *Carbamylphosphat*). N-Acetylglutamat ist ein essenzieller positiver allosterischer Effektor der Carbamylphosphat-Synthetase. Bei Eukaryonten ist das Enzym im Cytoplasma lokalisiert. Das Carbamylphosphat liefert das C2 und das N3 für die Pyrimidinbiosynthese und trägt zur Synthese der Guanidinogruppe von Arginin in Pflanzen und Bakterien bei.

3) Die Amidgruppe von Glutamin wird in der Purinbiosynthese verwendet, wobei sie N3 und N9 des Purinrings liefert und die 2-NH_2-Gruppe des Guanins.

4) In mehreren Synthesen stammt der Stickstoff direkt aus der Amidgruppe des Glutamins, z.B. in der Histidinsynthese, bei der Umwandlung von Chorismat in Anthranilat, bei der Synthese von Aminozuckern sowie bei der Aminierung von UTP zu CTP.

5) In einigen Organismen wird die Amidgruppe des Glutamins mit Hilfe der Asparagin-Synthetase (EC 6.3.5.4) auf Aspartat übertragen (Glutaminhydrolyse): L-Glutamin + L-Aspartat + ATP → L-Glutamat + L-Asparagin + AMP + PP_i.

In den Mitochondrien der Säugetierleber wird Ammoniak direkt in Carbamylphosphat überführt: NH_3 + HCO_3^- + 2 ATP → Carbamylphosphat + 2 ADP + P_i. Die Reaktion wird durch Carbamylphosphat-Synthetase (EC 6.3.4.16) katalysiert. N-Acetylglutamat ist dabei ein essenzieller positiver allosterischer Effektor. Durch diese Reaktion wird der Ammoniak in den Harnstoff-Zyklus eingeschleust und in Abhängigkeit von der Fähigkeit eines Tieres, Ornithin zu synthetisieren, kommt es eventuell zur Nettosynthese von Arginin. Ein großer Teil dieses Ammoniakstickstoffs kann deshalb in Form von Harnstoff ausgeschieden werden, ohne zur Nettosynthese der Guanidinogruppe beizutragen.

In Pflanzen, Schimmelpilzen und Bakterien ist die A. in die Aminogruppe von Glutamat auch mit Hilfe der NADPH-abhängigen Glutamat-Dehydrogenase (EC 1.4.1.3) möglich. Das Enzym arbeitet am effektivsten, wenn Ammoniumsalze in relativ hoher Konzentration direkt in der Umgebung zur Verfügung stehen. In vielen Organismen ist seine Aktivität geringer als die der Glutamin-Synthetase, welche auch den niedrigeren K_m-Wert für Ammoniak besitzt. Das Glutamin-Synthetase-Glutamat-Synthase-System ist das effektivere und wichtigere, insbesondere wenn der Ammoniak aus der Nitratreduktion oder der Stickstofffixierung stammt.

In einigen Mikroorganismen kann die A. auch bei der Alaninsynthese, katalysiert durch die Alanin-Dehydrogenase (EC 1.4.1.1), vorkommen.

Asparagin wird im Allgemeinen mit Hilfe der Asparagin-Synthetase (EC 6.3.1.4) synthetisiert (ADP-Bildung): L-Aspartat + NH_3 + ATP → L-Asparagin + ADP + P_i. Asparagin spielt wie die homologe Verbindung Glutamin eine bedeutende Rolle bei der Speicherung und dem Transport des Aminostickstoffs. Beides sind proteinogene Aminosäuren. In metabolischer Hinsicht ist Asparagin weniger vielseitig als Glutamin und sein Amidstickstoff wird in Biosynthesen vermutlich nicht direkt übertragen.

Ammoniakentgiftung, die Entgiftung des in der nichtdissoziierten Form toxischen Ammoniaks durch Bildung von Ammoniumsalzen und Stickstoffexkreten. Vom tierischen Organismus wird das katabolisch anfallende Ammoniak nicht reassimiliert bzw. fällt in solchen Mengen an (proteinreiche Nahrung!), dass es aus dem Körper eliminiert werden muss. Die Ausscheidung von Ammoniak, die *Ammonotelie*, ist auf einige im Wasser lebende Organismen beschränkt. Das katabolische Ammoniak wird von den meisten Tieren durch Synthese von Stickstoffexkreten, wie Harnstoff, Harnsäure, Guanin (bei Spinnen), Allantoin (bei *Diptera*) entfernt. Harnstoffausscheider bezeichnet man als *Ureotelier* und Harnsäureausscheider als *Uricotelier*. Die Form der Stickstoffexkretion kann sich in der Ontogenese ändern: die Froschlarve (Kaulquappe) ist ammonotel, der adulte Frosch (amphibische Lebensweise) ist ureotel. Die Ureotelie bildet sich bei der Froschmetamorphose heraus. Die Enzyme der Harnstoffsynthese über den Harnstoff-Zyklus werden induziert, während sie bei der im Wasser lebenden Froschlarve reprimiert werden. Die Form der Stickstoffexkretion hängt außerdem von ökologischen Bedingungen ab, zeigt aber trotzdem charakteristische Verteilungsmuster über die Stämme des Tierreichs bzw. ist relativ taxaspezifisch (Tab. 1).

Ureotelier und Uricotelier bedienen sich zur Stickstoffexkretion vorhandener, biochemisch sehr alter Biosynthesemechanismen: zum einen der Harnstoffsynthese über den Harnstoff-Zyklus, der primär in der Phylogenie ein Mechanismus der Synthese und des Abbaus von L-Arginin war, zum anderen der Harnsäurebildung während des oxidativen Abbaus der Purine, der dem Ziel der Stickstoffexkretion angepasst wurde, indem die vorhandenen Reaktionsfolgen der Purinneusynthese und des oxidativen Purinabbaus Harnsäure zur Entgiftung von Ammoniak synthetisierten. Die Form der Stickstoffexkretion bei Organismen, die sich des Purinwegs zur Eliminierung von Ammoniak bedienen, hängt speziell von der Endstufe des Purinabbaus ab. Bei den Uricoteliern ist das die Harnsäure; bei anderen Tieren bleibt der oxidative Purinabbau auf verschiedenen Stufen stehen, da im Zuge der Evolution Enzyme ausgefallen sind, so dass eine Verkürzung der Reaktionskette resultiert (Tab. 2).

Ammoniakentgiftung. Tab. 2. Endprodukte des Abbaus von Purinen (aus Nucleinsäuren) bei Tieren.

Endprodukt	Vermutlicher Ausfall von	Tiergruppe
Harnstoff		Fische, Amphibien, Muscheln
Allantoin	Allantoinase u. a.	Säugetiere (außer Primaten), Schnecken, Zweiflügler
Harnsäure	Uricase u. a.	Primaten, Vögel, Reptilien, Insekten (außer Zweiflügler)
Guanin	Guanase u. a.	Spinnen
Adenin	Adenase u. a.	Plattwürmer, Ringelwürmer

Auffallend ist der Zusammenhang zwischen der Form der Stickstoffexkretion und der Desaminierung der proteolytisch anfallenden Aminosäuren: Ureotelier bilden bei der Transaminierung von Aminosäuren aus 2-Oxoglutarat Glutamat, das anschließend von der Glutamat-Dehydrogenase angegriffen wird. Uricotelier dagegen setzen Aminosäuren mit Hilfe von Aminosäure-Oxidasen um.

Pflanzen fehlt ein Exkretionsmechanismus, wie er bei Tieren vorhanden ist. Gewöhnlich ist der Stickstoff ein Faktor, der das Wachstum der Pflanzen begrenzt. Pflanzen überführen daher Ammoniak in wiederverwendbare Stickstoffverbindungen. Diese Reserveverbindungen (die auch als Stickstofftransportform dienen) akkumulieren in

Stickstoffexkretion	Exkretionstyp	Bildungsweg	Vorkommen
Ammoniak	Ammonotelie	Desaminierung von Aminosäuren	Tintenfische, marine Muscheln, Krebse u. ä.
Trimethylaminoxid			Meeresknochenfische
Harnstoff	Ureotelie	Harnstoff-Zyklus	Amphibien, Säugetiere, Meeresknorpelfische
Harnstoff	Ureotelie	Purin-Zyklus	Lungenfische
Harnsäure	Uricotelie	Purinsynthese- und Abbau	Landbewohnende Reptilien, Vögel, Insekten (außer Diptera)
Guanin		Purinsynthese- und Abbau	Spinnen

Ammoniakentgiftung. Tab. 1. Formen der Ammoniakentgiftung und Stickstoffexkretion.

den Speicherorganen der Pflanzen (Tab. 3). Sie können auf metabolischem Weg Ammoniak freisetzen, der dann reassimiliert wird. Die Stickstoffverbindungen, die der Speicherung dienen, sind im Allgemeinen analog zu den Exkretionsverbindungen der Tiere. So gehören Allantoin und Allantoinsäure (Pflanzen) dem gleichen metabolischen Weg an wie Harnsäure (Tiere). Citrullin, Arginin und Canavanin (Pflanzen) sind mit dem Harnstoff (Tiere) metabolisch verwandt. Harnstoff selbst dient bei Bovisten als Stickstoffspeichersubstanz.

Ammoniakentgiftung. Tab. 3: Stickstoffspeicherverbindungen einiger Pflanzen.

N-Speicherverbindung	Vorkommen in Pflanzen
Harnstoff	Bovisten und Stäublinge (*Gasteromycetales*)
L-Arginin	Apfelgewächse (*Malaceae*), Steinbrechgewächse (*Saxifragaceae*)
L-Citrullin	Birkengewächse (*Betulaceae*), Walnussgewächse (*Juglandaceae*)
Allantoin	Raublattgewächse (*Boraginaceae*)
Allantoinsäure	Ahorngewächse (*Aceraceae*)
L-Glutamin	viele Pflanzen
L-Canavanin	Leguminosen

Ammoniakfixierung, ↗ *Ammoniakassimilation.*
Ammonotelie, ↗ *Ammoniakentgiftung.*
Ammoniumpflanzen, ↗ *Säurepflanzen.*
AMO 1618, *(2-Isopropyl-5-methyl-4-trimethylammoniumchlorid)-phenyl-1-piperidinocarboxylat*, ein zur Gruppe der Retardanzien gehörender synthetischer Wachstumsregulator (Abb.). A. wird bei Zierpflanzen wegen seiner Hemmwirkung auf das Sprosswachstum zur Erzielung buschiger Pflanzen verwendet. Es ist ein Gibberellinantagonist und hemmt die Biosynthese von Gibberellin A_3 (↗ *Gibberellin*).

AMO 1618

Amöbaporen, aus *Entamoeba histolitica* isolierte Peptide (77 Aminosäurereste) mit cytotoxischer und antibakterieller Aktivität. Die A. kommen in den Isoformen A. A, A. B und A. C vor und besitzen eine hohe Sequenzhomologie zum ↗ *NK-Lysin.* Die primäre Quelle des A. A ist ein Protozoen-Parasit, der lebensbedrohliche Krankheiten im Menschen (z. B. Amöbenruhr) verursacht. Aufgrund der Auswertung von Proteinsequenzdaten wird dieser Organismus als lebendes Relikt der frühesten Phase der eukaryontischen Evolution betrachtet. Die Isoformen des A. wurden aus den cytoplasmatischen Granula von Amöben isoliert. A. sind porenbildende, membranaktive Peptide. Für A. A wurde die Struktur eines aus vier α-Helices bestehenden Bündels, verbunden mit einer kurzen *hinge*-Region, abgeleitet. [M. Leipe *Cell* **83** (1995) 17]

Amoxillin, 6-*[Amino-(4-hydroxyphenyl)-acetamido]-penicillansäure*, internationaler Freiname für das 4-Hydroxyphenylderivat des ↗ *Ampicillins.*

AMP, Abk. für Adenosin-5'-monophosphat (↗ *Adenosinphosphate*).

3', 5'-AMP, Abk. für zyklisches Adenosin-3',5'-monophosphat (↗ *Adenosinphosphate*).

Amphetamine, starke Psychostimulanzien, wie Amphetamin und Methamphetamin (Abb.) sowie einige Derivate (z. B. Methylpenidat, Fenfluramin und Pemolin). A. werden als Dopamin-Agonisten eingestuft. Sie setzen neusynthetisierte Catecholamine, z. B. ↗ *Dopamin*, aus den präsynaptischen Nervenenden frei. Dadurch wird die Dopaminkonzentration im synaptischen Spalt und an den Dopaminrezeptoren erhöht. D-A. ist drei- bis viermal wirksamer als L-A. und Methamphetamin („Speed", „Ice") zeigt eine noch stärkere Wirkung. Als Reaktionen auf eine Amphetaminaufnahme treten ein: Erhöhung des Blutdrucks, Beschleunigung des Pulses, Entspannung der Bronchialmuskulatur, gesteigerte Aufmerksamkeit, Euphorie, Erregung, Wachheit, geringeres Schlafbedürfnis, Appetitverlust und verstärkte motorische Aktivität. Für eine begrenzte Zeit führen A. zu einer Steigerung der geistigen und körperlichen Leistungsfähigkeit (Doping). Eine längere Einnahme von A. macht süchtig und hat das Auftreten von stereotypem sowie aggressivem und gewalttätigem Verhalten, paranoiden Wahnvorstellungen und starker Appetitlosigkeit zur Folge. Therapeutische Anwendung finden A. bei Narkolepsie, bei Aufmerksamkeits- und Hyperaktivitätsstörungen von Kindern sowie bei Übergewicht. Amphetaminderivate, die als nasenschleimhautabschwellendes Mittel eingesetzt werden, wie z. B. Ephedrin, Tetryzolin, Xylometazolin, wirken auf das periphere Nervensystem und zeigen nur geringe zentralnervöse Effekte.

Amphibiengifte, eine Gruppe chemisch sehr heterogener toxischer Substanzen (biogene Amine, Peptide, Alkaloide, Steroide), die von Kröten, Salamandern, Fröschen (↗ *Batrachotoxin*) und Mol-

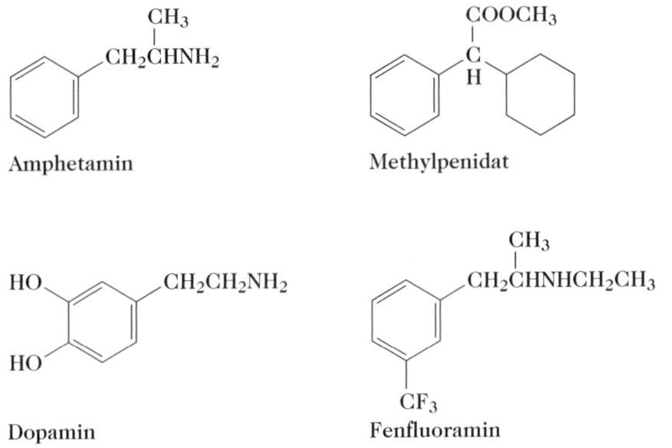

Amphetamin   **Methylpenidat**   **Methamphetamin**

Dopamin   **Fenfluoramin**

Amphetamine. Strukturen einiger Amphetamine.

chen (↗ *Tarichatoxin*) produziert werden. Ihre pharmakologische Aktivität umfasst Herz-, Nerven- und Muskelgifte, Sympathikomimetika, Cholinomimetika, Lokalanästhetika und Halluzinogene. Die A. schützen einerseits gegen Räuber und andererseits gegen Bakterien und Pilze, die die Haut der Tiere angreifen könnten.

Amphibolismus, Stoffwechselwege, die sowohl anabole als auch katabole Funktionen erfüllen (d.h., die sowohl „vorwärts" als auch „rückwärts" begangen werden können). So münden viele katabole Stoffwechselwege in Zwischenprodukte des ↗ *Tricarbonsäure-Zyklus* oder ergeben Metabolite wie Pyruvat oder Acetyl-CoA, die in den Zyklus eintreten können. Die gewonnenen Reduktionsäquivalente dienen der ATP-Synthese. Der Tricarbonsäure-Zyklus liefert außerdem Vorstufen für Biosynthesen (anaboler Stoffwechsel) wie Oxalacetat für die Gluconeogenese oder Succinyl-CoA für die Porphyrinbiosynthese.

Ampicillin, *6-[D-(–)-α-Amino-α-phenylacetamido]-penicillansäure*, ein halbsynthetisches Derivat des ↗ *Penicillins* mit antibiotischer Wirkung gegen grampositive und auch gramnegative Bakterien. Die polare Aminogruppe ermöglicht dem Antibiotikum auch das Eindringen in die Zellwände gramnegativer Bakterien.

Amygdalin, *D-(–)Mandelsäurenitril-β-D-gentiobiosid*, ein cyanogenes Glycosid der bitteren Mandeln, der Pfirsichkerne, Aprikosenkerne und Samen anderer *Rosaceen*. In Gegenwart von Wasser wird A. durch die Amygdalase in Glucose und Mandelsäurenitrilglycosid gespalten. Letzteres wird durch Prunase in Glucose und Benzaldehydcyanhydrin und dieses durch Oxynitrilase in Benzaldehyd und Blausäure zerlegt. Die drei Einzelenzyme werden unter dem Sammelnamen *Emulsin* zusammengefasst. Früher wurde A. unter der Bezeichnung *Laetril* in den USA in der Krebstherapie eingesetzt.

Amylasen, *Diastasen* (EC 3.2.1.1, 3.2.1.2 und 3.2.1.3), eine Gruppe weitverbreiteter Hydrolasen,

die in Oligo- und Polysacchariden, wie Stärke, Glycogen, Dextrinen, die 1,4-α-glycosidischen Bindungen spalten. Man unterscheidet eine Endoamylase (α-A.) und zwei Exoamylasen, die β-A. (saccharogene A.) und die γ-A. (Glucoamylase). Durch Wirkung der α-A. entstehen zunächst Dextrine, die sekundär in Maltose (87%), Glucose (10%) und verzweigte Oligosaccharide (3%) zerlegt werden. Die β-A. und γ-A. greifen die Substrate vom nichtreduzierenden Kettenende her an, wobei die β-A. Maltoseeinheiten (in ihrer β-Konfiguration nach erfolgter Inversion), die γ-A. Glucoseeinheiten (auch aus 1,6-α-glycosidischer Bindung, falls eine 1,4-Bindung benachbart ist) freisetzt. Die A. unterscheiden sich im Vorkommen, in der Struktur und im Wirkungsmechanismus. Während α-A. und γ-A. sowohl tierischen (α-A. in der Speicheldrüse und im Pankreas von Allesfressern; γ-A. in der Leber) als auch pflanzlichen Ursprungs sind, kommen β-A. nur in Pflanzensamen vor. Die Aktivität der α-A. von Säugetieren hängt von Chloridionen ab. Tierische und pflanzliche α-A. enthalten Calcium. Die α-A. von *Bacillus subtilis* enthält Zink. Die pflanzlichen β-A. werden als unlösliche Zymogene während der Samenreifung gebildet.

α-Amylasetest, ↗ *Gibberelline*.

Amylodextrine, ↗ *Dextrine*.

Amylo-1,6-Glucosidase, *debranching-Enzym* (EC 3.2.1.33), eine Endoglucosidase, die 1→6-glycosidische Bindungen an Verzweigungspunkten von Glycogen und Amylopektin spaltet. In Säugetieren und in der Hefe ist sie mit einer Glycosyl-Transferase assoziiert, die zuerst alle Glucosereste oberhalb der 1→6-Bindung entfernt. Der im Muskel vorkommende Komplex (M_r 237 kDa) besteht aus zwei Untereinheiten vom M_r 130 kDa, während der in Hefen vorkommende Komplex (M_r 210 kDa) aus drei Untereinheiten von M_r 120 kDa, 85 kDa und 70 kDa aufgebaut ist.

Amyloidprotein, pathologisches, fibrilläres, niedermolekulares Protein. Es lagert sich bei Amyloidose (Gewebsentartung) zusammen mit Glycoproteinen und Proteoglycanen bevorzugt in Milz, Leber und Niere ab. Man unterscheidet nach ihrer Aminosäurezusammensetzung und ihrem Vorkommen bei der chronischen oder der Paramyloidose zwei Typen von A.: 1) A. A, ein aus 77 Aminosäuren bestehendes, einkettiges, disulfidbrückenfreies Protein, das keine strukturellen Beziehungen zu den Immunoglobulinen erkennen lässt (M_r 8,5 kDa, bekannt ist die Primärstruktur des Affenamyloidproteins). 2) A. IV, ein aus 40 bis 45 Aminosäuren (M_r 6 kDa) bestehendes Paramyloid (d.h. ein amyloidähnliches Protein), das sowohl hinsichtlich seiner Struktur (Fehlen von Valin, Prolin, Threonin, Cystin; reich an β-Strukturen) als auch immunologisch den κ- und λ-Ketten der Immunglobuline sehr ähnlich ist.

Es bestehen morphologische Ähnlichkeiten zwischen dem A. und dem infektiösen Protein bei *Scrapie* und der *Creutzfeld-Jakob-Krankheit* einerseits und der Proteinablagerung bei der ↗ *Alzheimerschen Krankheit* andererseits. Alle diese Fälle sind mit einer progressiven und irreversiblen Degeneration der Nervenfunktionen verbunden, die zum Tod führt. [P.A. Merz et al. *Nature* **306** (1983) 474–476; H. Diringer et al. *ibid.* 476–478] Bei der Alzheimerschen Krankheit findet stets gleichbleibend eine fortschreitende Akkumulation von filamentösen Aggregaten an Amyloid-β-Protein im limbischen und cerebralen Cortex statt. Diese Aggregate werden vermutlich eng mit dystrophen Neuriten und Gliazellen assoziiert bzw. von diesen umschlossen. [D.J. Selkoe *Annu. Rev. Cell Biol.* **10** (1994) 373–403]. Amyloid-β-Protein ist ein hydrophobes proteolytisches Fragment eines allgegenwärtigen integralen Membranpolypeptids, das als Vorstufe des Amyloid-β-Proteins gilt. Bei Patienten mit familiärer (autosomal dominanter) Alzheimerscher Krankheit wurden auf dem Chromosom 21 flankierend oder in der für das Amyloid-β-Protein codierenden Region des Amyloid-β-Protein-precursor-Gens missense-Mutationen gefunden [J. Hardy *Nature Genet.* **1** (1992) 233–234]. Transgene Mäuse, die einen an eine familiäre Form von Alzheimerscher Krankheit gekoppelten mutanten Amyloid-β-Protein-Vorläufer überexprimieren, zeigen dichte, filamentöse, cerebrale Ablagerungen von aggregiertem Amyloid-β-Protein. Die Reifung des Amyloid-β-Protein-Vorläufers scheint bei der Entstehung der Alzheimerschen Krankheit eine Schlüsselrolle zu spielen [G.G. Glenner u. C.W. Wong *Biochem. Biophys. Res. Commun.* **120** (1984) 885–890]. Da das Amyloid-β-Protein auch als normales lösliches Produkt des Zellstoffwechsels vorkommt und in der Cerebrospinalflüssigkeit und im Plasma vorhanden ist, erhebt sich die Frage, auf welche Weise und warum es bei der Alzheimerschen Krankheit unlösliche Aggregate bildet. Stabile Oligomere von Amy-

loid-β-Protein (M_r 6 kDa, 8 kDa und 12 kDa; mit amyloid-β-protein-spezifischen Antikörpern ausgefällt) könnten im konditionierten Medium (engl. *conditioned medium*) von mit dem Amyloid-β-Protein-Vorläufer transfizierten Zellen nachgewiesen werden. Solche Oligomere könnten auch den filamentösen Ablagerungen bei der Alzheimerschen Krankheit zugrunde liegen [D.J. Selkoe „Amyloid-β-Protein and Alzheimer's Disease" *Annu. Rev. Cell Biol.* **10** (1994) 373–403; S.A. Gravina et al. „Amyloid-β-Protein (Aβ) in Alzheimer's Disease Brain" *J. Biol. Chem.* **270** (1995) 7.013–7.016; M.B. Podlisny et al. *J. Biol. Chem.* **270** (1995) 9.564–9.570].

Amylopektin, gemeinsam mit ↗ *Amylose* Bestandteil der Stärke. A. ist ein verzweigtes, wasserunlösliches Polysaccharid (M_r 500–1.000 kDa) und enthält einen α-1,4-glycosidisch aus D-Glucose aufgebauten Hauptstrang, der nach jeweils 8 bis 9 Glucoseeinheiten α-1,6-glycosidisch gebundene Seitenketten trägt, die aus 15–25 D-Glucosebausteinen bestehen. A. gibt mit Iod violett bis rotviolett gefärbte Einschlussverbindungen. In Wasser quillt A., beim Erwärmen bildet sich eine kleisterähnliche Masse. Aufgrund seiner negativen elektrischen Ladung durch die Phosphatgruppe wandert A. im elektrischen Feld zur Anode.

β-Amylase baut A. bis zu den Grenzdextrinen ab, während der Abbau durch α-Amylase zu etwa 70 % Maltose, 10 % Isomaltose und 20 % Glucose führt. Hydrolyse mit verdünnter Säure ergibt D-Glucose.

Amylopektinose, *Andersensche Krankheit*, Cori-Typ-IV-Glycogenspeicherkrankheit, ↗ *Glycogenspeicherkrankheit*en.

Amylose, gemeinsam mit ↗ *Amylopektin* Bestandteil der Stärke. A. ist ein unverzweigtes wasserlösliches Polysaccharid (M_r 50–200 kDa), das α-1→4-glycosidisch aus 300–1.000 D-Glucopyranosidresten aufgebaut ist (Abb.). Das der A. zugrunde liegende Disaccharid ist die Maltose. Im hydratisierten Zustand wird die Struktur der Polysaccharidkette durch Wasserstoffbrückenbindungen in einer linksgängigen Spirale festgehalten, die sechs Monosaccharideinheiten je Windung enthält. Der zentrale Kanal der Helix (Durchmesser 0,6 nm) kann Moleküle mit passender Größe einlagern, z.B. Iod. Die A. bildet mit Iod charakteristische blaugefärbte Einschlussverbindungen, in denen die Iodatome lineare Ketten mit einem I-I-Abstand von

Amylose

0,31 nm bilden (Bindungsabstand im I_2-Molekül beträgt 0,27 nm). Beim Abbau durch α-Amylase entstehen etwa 90 % Maltose und 10 % D-Glucose. Schonender Abbau führt zu Dextrinen.

β-Amyrenol, ⌐ *Amyrin.*

Amyrin, ein pentazyklischer Triterpenalkohol mit einer Doppelbindung (Abb.). *α-A.* (M_r 426,73 Da, F. 186 °C, $[α]_D$ 82 °), formal ein Derivat des Kohlenwasserstoffs α-Ursan, kommt frei, verestert und als Aglycon von Triterpensaponinen weit verbreitet im Pflanzenreich vor. Es wurde aus vielen Balsamen und Milchsäften, z.B. des Löwenzahns *Taraxacum officinale,* isoliert. *β-A.* (β-Amyrenol, α-Viscol; M_r 426,73 Da, F. 200 °C, $[α]_D$ 88 °), formal ein Derivat des Kohlenwasserstoffs 5α-Olean, findet sich z.B. in Mistelblättern, Traubenkernöl, Milchsaft von *Taraxacum officinale* und kommt frei, verestert und als Aglycon von Triterpensaponinen in zahlreichen anderen Pflanzen, besonders in Kautschuk und Guttapercha liefernden Arten vor.

Anabasin, *2-(3-Pyridyl)piperidin,* ein *Nicotiana-Alkaloid.* Das Anabasin wird in der L-Form vornehmlich aus *Nicotiana glauca* und dem asiatischen Gänsefußgewächs *Anabasis aphylla* als Hauptalkaloid gewonnen, während es in den übrigen Tabakarten nur als Nebenalkaloid vorkommt. M_r 162,24 Da, Sdp. 276 °C, $[α]_D$ –82,5 °. In seiner physiologischen Wirkung ähnelt A. dem Nicotin und wird wie dieses als Insektizid verwendet. Biosynthese ⌐ *Nicotiana-Alkaloide.*

anabole Steroide, ⌐ *Anabolika.*

Anabolika, *anabole Steroide,* eine Gruppe synthetischer Steroide, die eine anabole Wirkung entfalten, d.h. die Proteinbiosynthese fördern und eine Stickstoffretention im Organismus bewirken. Dies führt zu einer Vermehrung der Muskelmasse. Bereits 1935 wurde die anabole Wirkung des Testosterons entdeckt. Um eine Dissoziation der androgenen und der anabolen Wirkung zu erreichen, wurden partial- und totalsynthetische Steroide entwickelt. Beispiele für A. sind Nandrolon (Abb.) und dessen Ester, z.B. das Decanoat, Methenolonacetat und Stanozolol sowie ⌐ *Androstanazol.* A. werden bei Erkrankungen mit vermehrtem Proteinumsatz bzw. -abbau angewendet, z.B. nach schweren Operationen, bei Osteoporose, Verbrennungen, Ernäh-

rungs- und Wachstumsstörungen und Rachitis. Bei Hochleistungssportlern und -sportlerinnen werden Anabolika illegal zum vermehrten Aufbau von Muskelgewebe verabreicht (Doping).

Die Aktivität anaboler Steroide wird mit Hilfe des Hershberg-Tests gemessen. Hierbei werden infantile kastrierte Rattenmännchen mit der Testsubstanz behandelt; nach einer bestimmten Zeit wird die relative Massezunahme des Musculus levator ani (anabole Wirkung) zur relativen Massezunahme der Samenblase (androgene Wirkung) ins Verhältnis gesetzt.

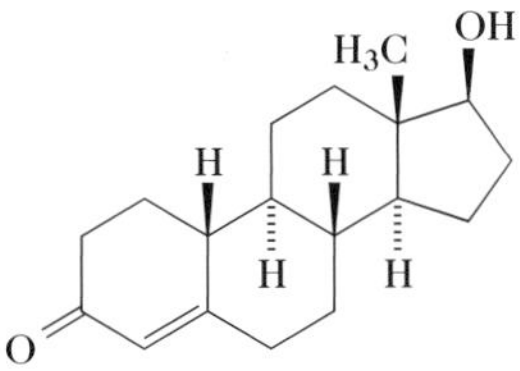

Anabolika. Nandrolon.

Anabolismus, die Gesamtheit der aufbauenden, syntheseorientierten biochemischen Stoffwechselwege und -reaktionen. Durch diese energieverbrauchenden Biosynthesen werden unter der Katalyse von Enzymen aus einfachen Bausteinen Biomoleküle aufgebaut (⌐ *Assimilation*) und in biologische Strukturen der Zellen, Organe und Organismen integriert. ⌐ *Stoffwechselzyklus,* ⌐ *Stoffwechsel.*

anaerob, Lebensprozesse, die nur in Abwesenheit von molekularem Sauerstoff ablaufen. ⌐*Anaerobier.*

anaerobe Atmung, sauerstofloser Energiestoffwechsel mit einer an Elektronentransport gekoppelten ATP-Synthese. Verschiedene Gruppen von Bakterien sind in der Lage, unter anaeroben Bedingungen die Elektronentransportphosphorylierung zur Energiegewinnung zu nutzen, wenn bestimmte Wasserstoff- bzw. Elektronenakzeptoren (z.B. Nitrat, ⌐ *Nitratatmung*) zur Verfügung stehen. Teilweise wird dabei der vom Substrat abgespaltene Wasserstoff auf „gebundenen Sauerstoff" (z.B. NO_3^-, SO_4^{2-}) übertragen. Da diese Organismen – ebenso wie Aerobier – ihre Energie durch Elektronentransportphosphorylierung gewinnen, spricht man – etwas irreführend – von „anaerober Atmung".

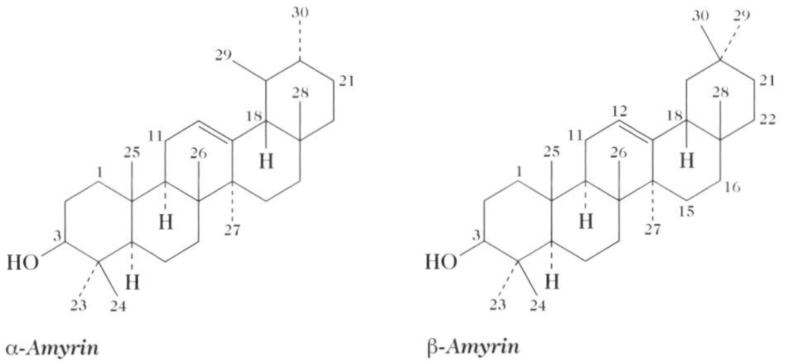

α-Amyrin

β-Amyrin

Amyrin. Struktur von α-Amyrin und β-Amyrin.

Zahlreiche „anaerob atmende" Bakterien sind von zentraler biologischer oder/und biotechnologischer Bedeutung, so für 1) ⇗ *Denitrifikation* und Nitratreduktion; 2) Schwefelkreislauf; 3) die Bildung von Methan im Zuge der Carbonatreduktion durch methanogene Bakterien (⇗ *Methangärung*); 4) die Bildung von Acetat im Zuge der Carbonatreduktion mittels acetogener Bakterien.

anaerobe Fermentation, ein mikrobielles Kultivierungsverfahren ohne molekularen (Luft-) Sauerstoff. Für die meisten technischen Prozesse reicht eine Fermentation in unbelüfteten Reaktoren aus. Für die Kultivierung strikt anaerober Mikroorganismen ist absolute Sauerstofffreiheit der Medien und Gasphasen Voraussetzung. Zur aufwendigen Anaerobentechnik gehören Entlüftung der Medien durch Durchströmen mit Stickstoff, Verwendung absolut O_2-freier Gasphasen und von O_2-Adsorptionsmitteln (z.B. Pyrogallol oder Dithionit), Zusatz von Redoxsystemen (z.B. Ascorbinsäure, Thioglycolat, Sulfide) sowie die Arbeit in speziellen Anaerobboxen. ⇗ *Fermentationstechnik*, ⇗ *Bioreaktor*.

Anaerobier, (Mikro-) Organismen, die sich nur unter Sauerstoffabschluß entwickeln und vermehren können. Als terminale Elektronen- bzw. Wasserstoffakzeptoren können reduzierbare organische Intermediate, z.B. Acetaldehyd (⇗ *alkoholische Gärung*) und Pyruvat (⇗ *Milchsäuregärung*) oder anorganische Substanzen, z.B. Nitrat, Nitrit, genutzt werden (*anaerobe Atmung*). Für obligat anaerobe Mikroorganismen sind bereits Spuren von O_2 toxisch.

Analgetika, Verbindungen, die in therapeutischer Dosierung unter Erhalt des Bewußtseins und ohne wesentliche Beeinflussung anderer Funktionen des Zentralnervensystems über zentrale Angriffspunkte in der Großhirnrinde Schmerzen abzuschwächen oder zu beseitigen vermögen. Man unterscheidet zwischen starken A., die auch als Narkoanalgetika bezeichnet werden, und schwächeren A., mit denen schwere Schmerzen nicht unterdrückt werden können, die aber vielfach noch als *Antipyretika* und *Antiphlogistika* wirken.

Zu den starken A. zählen neben dem Prototyp Morphin synthetische Verbindungen, wie ⇗ *Levorphanol*, das strukturell dem Morphin nahe verwandt ist, sowie ⇗ *Pethidin* und ⇗ *Methadon*, bei denen diese Verwandtschaft nicht erkennbar ist. Zu den schwachen A. gehören Derivate der Salicylsäure, wie ⇗ *Acetylsalicylsäure* und Salicylamid, ⇗ *Pyrazolone*, wie Phenazon, Metamizol und Propyphenazon, und Anilinderivate, wie Paracetamol.

Kombinationspräparate verschiedener A. und zusammen mit anderen Arzneimitteln, z.B. ⇗ *Coffein* bzw. Codein spielen eine gewisse Rolle.

Anandamid-Rezeptor, Cannabionid-Rezeptor, ⇗ *Cannabis*.

Anaphylatoxine, die durch Aktivierung des Komplement-Systems aus den Proteinkomponenten C5, C4 und C3 vorrangig durch spezifische Convertasen gebildeten Spaltprodukte C5a, C4a und C3a, die lokale Entzündungssymptome und eine Kontraktion der glatten Muskulatur auslösen. An der Wirkung der A. ist C-terminales Arginin beteiligt. Carboxypeptidase N inaktiviert die A. durch Abspaltung des C-terminalen Rests.

Anaplerose, *Auffüllreaktion*, Reaktionsfolgen zur Aufrechterhaltung bestimmter Intermediatkonzentrationen von Stoffwechselzyklen. Solche anaplerotischen Sequenzen (Nachfüllbahnen) sind notwendig, wenn Intermediate für anabole Zwecke aus dem Stoffwechselzyklus abfließen. Beispiele für A. sind die Carboxylierung von Pyruvat zu Oxalacetat unter der Katalyse der Pyruvat-Carboxylase, die Bildung von Oxalacetat aus Aspartat bzw. α-Oxoglutarat aus Glutamat durch Transaminierungen, um im ⇗ *Tricarbonsäure-Zyklus* die Konzentrationen dieser Intermediate in der erforderlichen Höhe zu halten. ⇗ *Stoffwechselzyklus*.

anaplerotische Reaktionssequenz, ⇗ *Anaplerose*.

Anchorin, ⇗ *Ankyrin*.

Andersensche Krankheit, *Amylopektinose*, Cori-Typ-IV-Glycogenspeicherkrankheit, ⇗ *Glycogenspeicherkrankheiten*.

Androcymbin, ⇗ *Colchicum-Alkaloide*.

Androgene, eine Gruppe von männlichen Keimdrüsenhormonen. Zu den A. zählen die in den Zwischenzellen des Hodengewebes gebildeten Hauptvertreter Testosteron (Abb.), Androsteron und Androstenolon. Neben diesen eigentlichen A. gibt es eine Reihe schwächer wirksamer, in der Nebennierenrinde produzierter Vertreter, z.B. Androstendion und Adrenosteron. Da A. Vorstufen der Östrogene sind, werden sie auch in den Eierstöcken und in der fetoplazentaren Einheit produziert. Bisher sind über 30 natürlich vorkommende A. bekannt, die sich strukturell alle vom Stammkohlenwasserstoff Androstan (⇗ *Steroide*) ableiten.

A. werden in Sperma, Blut und Harn gefunden, wobei sie im letzteren Fall teilweise an Glucuronsäure, Schwefelsäure oder Protein gebunden ausgeschieden werden. Die biologische Funktion der A. besteht in der Ausbildung der sekundären männlichen Geschlechtsmerkmale; weiterhin sind sie für die Reifung der Spermien und die Tätigkeit der akzessorischen Drüsen des Genitaltrakts von Bedeutung. Außer dieser geschlechtsspezifischen Wirkung weisen A. anabole Aktivität auf, die sich in einer Förderung des Proteinaufbaus und Erhöhung der Stickstoffretention äußert (⇗ *Anabolika*).

Kastration führt zur Rückbildung der sekundären Geschlechtsmerkmale und zu Ausfallserscheinun-

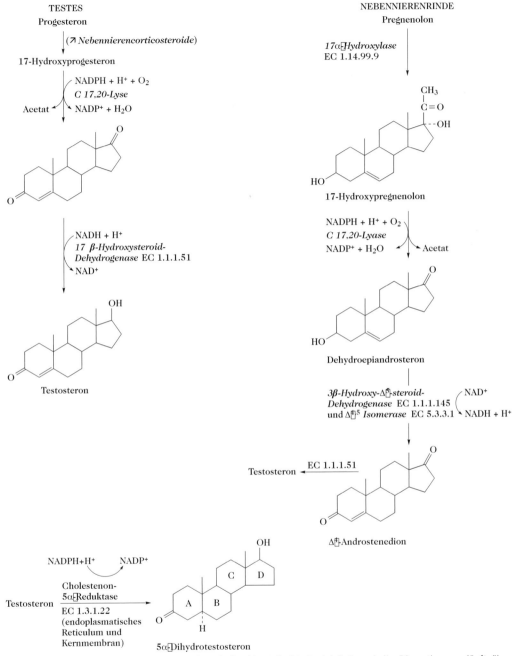

Androgene. Biosynthese von Testosteron. Die primäre Vorstufe ist Acetyl-CoA und die Biosynthese verläuft über Cholesterin (↗ *Terpene*, ↗ *Steroide*). Hoden und Nebennierenrinde verwenden auch Cholesterin, das sie als Cholesterinester von Plasmalipoproteinen (↗ *Lipoproteine*) erhalten. Ein zweites Androgen, das 5α-Dihydrotestosteron, das potenter als Testosteron ist, wird aus zirkulierendem Testosteron in peripheren Bereichen gebildet und nicht durch die Leydigzellen der Hoden. Ring A von 5α-Dihydrotestosteron kann nicht aromatisiert werden, so dass dieses Hormon nicht als Östrogenvorstufe dienen kann.

gen, die durch Zufuhr von A. rückgängig gemacht werden können. Dies wird im Hahnenkammtest ausgenutzt, der zur biologischen Bestimmung von A. dient: Zufuhr von A. bewirkt bei kastrierten Hähnen Wachstum des degenerierten Kamms. Eine *Hahnenkammeinheit* entspricht hierbei derjenigen Menge Androgen, die einen Flächenzuwachs um 20 % bewirkt (z.B. 15 mg Testosteron). Für die Bestimmung der einzelnen A. stehen heute ↗ *Immunassays* zur Verfügung.

Durch Strukturmodifikation erhält man oral hochwirksame synthetische A., z.B. Methyltestosteron und Mesterolon. A. werden therapeutisch, besonders bei Ausfallerscheinungen nach Kastration, Hypogenitalismus, hormonell bedingter Impotenz, Klimakterium, Mammakarzinom und peripheren Durchblutungsstörungen angewandt. Einige synthetische Testosteronanaloga mit 1,2-Cyclopropanring wirken als Antiandrogene. Unangemessene Verabreichung von anabolen Steroiden (z.B. bei Sportlern) kann zu Impotenz oder Sterilität führen.

Androisoxazol, ↗ *Androstanazol*.

Androstan, ↗ *Steroide*.

Androstanazol, ein synthetisches und hoch aktives anaboles Steroid (Abb.). Es wird z.B. bei Entzündungen, Tumorerkrankungen und in der Rekonvaleszenz therapeutisch verwendet. Das ähnlich angewandte Androisoxazol unterscheidet sich strukturell vom A. durch Substitution der NH-Gruppe durch ein Sauerstoffatom.

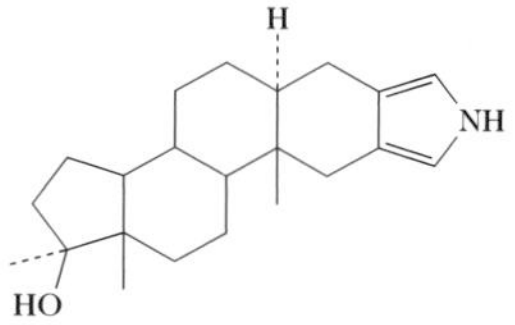

Androstanazol

Androstendion, *Dehydroepiandrosteron, 3β-Hydroxyandrost-5-en-17-dion*, ein Androgen, das ähnliche physiologische, aber weniger potente Wirkungen zeigt als das Testosteron. M_r 286,42 Da, F. 174 °C, $[\alpha]_D$ 190 °. Es ist ein Zwischenprodukt in der Biosynthese des Testosterons in der Nebennierenrinde. ↗ *Androgene*.

Androsteron, *3α-Hydroxy-5α-androstan-17-on* (Abb.), ein Androgen, das in den Zwischenzellen der Hoden gebildet wird und ähnlich wie Testosteron androgen wirksam ist, jedoch 7mal schwächer. M_r 290,54 Da, F. 183 °C, $[\alpha]_D$ 94,5 °. Die Biosynthese erfolgt aus Progesteron über 17α-Hydroxyprogesteron und Androstendion. Androsteron wird im Harn ausgeschieden, woraus es 1931 von Butenandt erstmals isoliert wurde (15 mg Androsteron aus 15.000 l Männerharn).

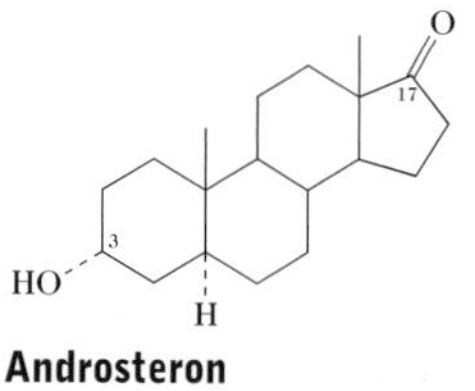

Androsteron

Aneurin, Bezeichnung für *Vitamin B_1* (↗ *Thiamin*).

Aneurinpyrophosphat, ↗ *Thiaminpyrophosphat*.

ANF, Abk. für **a**trialer **n**atriuretischer **F**aktor, ↗ *atrionatriuretisches Peptid*.

Anfangsgeschwindigkeitstechnik, eine graphische Methode zur Bestimmung der Anfangsgeschwindigkeit einer Reaktion aus den Reaktionskinetikkurven. Die Steigungen der Tangenten, die durch den Ursprung t = 0 der Reaktionskurve bei verschiedenen Substratkonzentrationen verlaufen, entsprechen den Anfangsgeschwindigkeiten bei diesen Konzentrationen.

angeborene Stoffwechselstörungen, „Inborn Errors of Metabolism", ist der Titel eines 1902 von Archibold Garrod veröffentlichten Buchs, in dem der Autor die Beziehung zwischen Genen und Enzymen erkannte. Viele Stoffwechselerkrankungen, die durch das Fehlen eines Proteins oder die Synthese einer biologisch ineffizienten Proteinform verursacht werden, sind genetischen Ursprungs. Der Begriff angeborene Stoffwechselstörungen mit seinem zugrunde liegenden biochemischen und genetischen Konzept ist daher gleichbedeutend mit Begriffen wie erblicher Stoffwechselblockade, erblicher Stoffwechselstörung, Enzymopathie und anderen ähnlichen Bezeichnungen.

Die „Ein-Gen-ein-Enzym"-Hypothese (korrekterweise jetzt „Ein-Cistron-ein-Polypeptid"-Hypothese), die zu einem späteren Zeitpunkt aufgrund der Arbeiten an auxotrophen Mutanten von *Neurospora* [G.W. Beadle u. E.L. Tatum *Proc. Natl. Acad. Sci. USA* **27** (1941) 499–506] und an Pigmentierungsmutanten von Insekten (↗ *Ommochrome*) entwickelt wurde, bestätigt das ursprüngliche Konzept der angeborenen Störungen. Aus klinischer Sicht verursachen angeborene Stoffwechselstörungen die gefährliche Akkumulation von nichtmetabolisiertem Material vor der Stoffwechselblockade (z.B. bei Phenylketonurie) und/oder den Mangel, einen essenziellen Metaboliten herzustellen (z.B. bei Albinismus). Das Konzept umfasst mittlerweile auch nichtenzymatische Proteine. Beispielsweise sind anormale Hämoglobine (↗ *Hämoglobinopathie*) das Ergebnis eines angeborenen Fehlers. Bekannte angeborene Stoffwechselstörungen bei Menschen und Tieren sind von medizinischem Interesse und eine Auswahl wird in der Tabelle aufgeführt. Darüber hinaus sind Mikroorganismen mit Metabolismusmutationen für die Untersuchung des intermediären Stoffwechsels und der Molekularbiologie von entscheidender Bedeutung gewesen (↗ *auxotrophe Mutanten*, ↗ *Mutantentechnik*). [H. Harris, *The Principles of Human Biochemical Genetics* (Frontiers of Biology, Bd. 19), 2. Ausg., North Holland Publishing Co., 1975; Stanbury et al. (Hrsg.) *The Metabolic Basis of Inherited Disease*, 5. Ausg., Mc-

Graw-Hill, 1983; H. Galjaard *Genetic Metabolic Diseases (Early Diagnosis and Prenatal Analysis)*, Elsevier/North Holland, 1980]. ↗ *Glycogenspei-* *cherkrankheiten*, ↗ *lysosomale Speicherkrankheiten*.

Angeborene Stoffwechselstörungen. Tab. Angeborene Stoffwechselstörungen bei Menschen und die zugehörigen defizienten Enzyme. Klinische Befunde können bei dem jeweiligen Stichwort gefunden werden.

Stoffwechselstörung	betroffenes Enzymsystem		
	Enzym (offizieller Name)	EC-Nummer (alte EC-Nummer)	alternative Enzymnamen
↗ *Ahornsirup(harn)-Krankheit*	3-Methyl-2-oxobutanoat-Dehydrogenase (Lipoamid)	1.2.4.4	2-Oxoisovaleriat-Dehydrogenase, verzweigtkettige α-Ketosäure-Dehydrogenase, α-Ketosäure-Decarboxylase
↗ *Akatalasie*	Katalase	1.11.1.6	
↗ *Albinismus*	Monophenol-Mono-oxygenase	1.14.18.1	Tyrosinase, Phenolase, Monophenol-Oxidase, Cresolase
↗ *Aldosteronmangel*	Corticosteron-18-Mono-oxygenase	1.14.15.5	Corticosteron-18-Hydroxylase, Corticosteron-Methyloxidase
↗ *Alkaptonurie*	Homogentisat-1,2-Dioxygenase	1.13.11.5	Homogentisicase, Homogentisat-Oxidase
↗ *medikamenten-induzierte Apnoe*	Cholin-Esterase	3.1.1.8	Pseudocholin-Esterase, Acylcholin-Acylhydrolase, Butyrylcholin-Esterase, unspezifische Cholin-Esterase, Cholin-Esterase II (unspezifisch), Benzoylcholin-Esterase
↗ *Argininämie*	Arginase	3.5.3.1	Arginin-Amidinase, Canavanase
↗ *Argininbernsteinsäure-Krankheit*	Arginin-Succinat-Lyase	4.3.2.1	Argininosuccinase
↗ *chronische Granulomatose*	Protein-Kinase C NADP-Oxidase	2.7.1.37	
↗ *Citrullinämie*	Argininsuccinat-Synthase	6.3.4.5	Argininsuccinat-Synthetase, Citrullin-Aspartat-Ligase
↗ *Crigler-Najjar-Syndrom*, konstitutionelle nichthämolytische Hyperbilirubinämie	Glucuronyl-Transferase	2.4.1.17 (2.4.1.76)	
↗ *Cystathioninurie*	Cystathionin-γ-Lyase	4.4.1.1	Homoserin-Desaminase, Homoserin-Dehydratase, γ-Cystathionase, Cystin-Desulfhydrase, Cystein-Desulfhydrase, Cystathionase
↗ *Ehlers-Danlos-Syndrom*	Lysyl-Oxidase	1.4.3.6	
	Prokollagen-Lysin-5-Dioxygenase	1.14.11.4	Prokollagen-Lysin-2-oxoglutarat-5-Dioxygenase, Lysin-Hydroxylase, Lysin-2-oxoglutarat-5-Dioxygenase
	Prokollagen-Peptidase a) C-Endopeptidase b) N-Endopeptidase	3.4.24.19 3.4.24.14	
↗ *Formaminotransferase-Mangelsyndrom*	Glutamat-Formamino-Tranferase	2.1.2.5	
↗ *Fructose-Intoleranz* Aldolase-A-Mangel	Fructosediphosphat-Aldolase	4.1.2.13	Fructosediphosphat-Aldolase, Aldolase, Fructose-1,6-diphosphat-Triosephosphat-Lyase
↗ *Fructosurie*, essenzielle Fructosurie	Ketohexokinase	2.7.1.3	Leber-Fructokinase

Stoffwechselstörung	betroffenes Enzymsystem		
	Enzym (offizieller Name)	EC-Nummer (alte EC-Nummer)	alternative Enzymnamen
↗ Galactosämie, Galactosämie I	UDP-Hexose-1-phosphat-Uridylyl-Transferase	2.7.7.10 (2.7.1.12)	Galactose-1-phosphat-Uridylyltransferase
↗ Galactose-Epimerase-Mangel, Galactosurie III	UDP-Glucose-4-Epimerase	5.1.3.2	UDP-Galactose-4-Epimerase, Galactowaldenase
↗ Galactokinase-Mangel, Galactosediabetes, Galactosurie II	Galactokinase	2.7.1.6	
↗ Hawkinsinurie, Tyrosinämie III	4-Hydroxyphenylpyruvat-Dioxygenase	1.13.11.27	P-Hydroxyphenylpyruvat-Dioxygenase, 4-Hydroxyphenylpyruvat-Hydroxylase, P-Hydroxyphenylpyruvat-Oxidase
↗ Histidinämie	Histidin-Ammoniak-Lyase	4.3.1.3	Histinase, Histidase, Histidin-α-Desaminase
↗ Homocystinurie, Homocysteinämie	Cystathion-β-Synthase	4.2.1.22	Serin-Sulfhydrase, β-Thionase, Methylcystein-Synthase
↗ Hydroxyprolinämie	4-Oxoprolin-Reduktase	1.1.1.104	4-Hydroxyprolin-Oxidase
↗ Hyperammonämien: 1) Hyperammonämie I, Carbamylphosphat-Synthase-Mangel	Mitochondrien-Carbamylphosphat-Synthase (Ammoniak)	6.3.4.16 (2.7.2.5)	Carbamylphosphat-Synthetase (Ammoniak), Carbamylphosphat-Synthetase I, Kohlendioxid-Ammoniak-Ligase
2) Hyperammonämie II, Ornithincarbamyl-Transferase-Mangel	Ornithin-Carbamyl-Transferase	2.1.3.3	
↗ Hyperlysinämie	Saccharopin-Dehydrogenase (NADP⁺, L-Lysin-Bildung) Saccharopin-Dehydrogenase (NAD⁺, L-Glutamatbildung)	1.5.1.8 1.5.1.9	
↗ Hyperprolinämien: 1) Hyperprolinämie I 2) Hyperprolinämie II	Prolin-Dehydrogenase 1-Pyrrolin-5-carboxylat-Dehydrogenase	1.5.99.8 1.5.1.12	
↗ Hypophosphatasie	alkalische Phosphatase	3.1.3.1	alkalische Phosphomonoesterase, Phosphomonoesterase, Glycerophosphatase
↗ Isovalerianacidämie	Isovaleryl-CoA-Dehydrogenase	1.3.99.10	
↗ Lactose-Intoleranz, Gangliosidose GM1, Mucopolysaccharidose IV_B	β-Galactosidase	3.2.1.23	Lactase (Darm)
↗ Lecithin-Cholesterin-Acyltransferase-Mangel, Norumsche Krankheit	Phosphatidylcholin-Sterin-O-Acyltransferase	2.3.1.43	Lecithin-Cholesterin-Acyltransferase, Phospholipid-Cholesterin-Acyltransferase
↗ Methämoglobinämie	Cytochrom-b₅-Reduktase	1.6.2.2	Methämoglobin-Reduktase, Diaphorase
↗ β-Methylcrotonyl-glycinurie	Methylcrotonyl-CoA-Carboxylase	6.4.1.4	
↗ Methylmalonacidurie	Methylmalonyl-CoA-Mutase	5.4.99.2	

Stoffwechselstörung	betroffenes Enzymsystem		
	Enzym (offizieller Name)	EC-Nummer (alte EC-Nummer)	alternative Enzymnamen
↗ *Nebennierenhyperplasien:*			
1) Nebennierenhyperplasie I	Cholesterin-Monooxygenase (Seitenkettenspaltung)	1.14.15.6	Cholesterin-Desmolase, cholesterinseitenkettenspaltendes Enzym, Cytochrom-P450-seitenkettenspaltendes Enzym
2) Nebennierenhyperplasie II, nichtvirilisierende kongenitale Nebennierenhyperplasie	3β-Hydroxysteroid-Dehydrogenase	1.1.1.51	
3) Nebennierenhyperplasie III	Steroid-21-Monooxygenase	1.14.99.10	Steroid-21-Hydroxylase
4) Nebennierenhyperplasie IV, hypertensive kongenitale Nebennierenhyperplasie	Steroid-11β-Monooxygenase	1.14.15.4	Steroid-11β-Hydroxylase, Steroid-11β/18-Hydroxylase
5) Nebennierenhyperplasie V	Steroid-17α-Hydroxylase	1.14.99.9	
↗ *Ornithinämie,* Hyperornithinämie I	Ornithin-Oxosäure-Aminotransferase	2.6.1.13	Ornithin-Aminotransferase
↗ *Orotacidurie,* Orotacidurie I	Orotat-Phosphoribosyl-Transferase	2.4.2.10	Orotidin-5'-phosphat-Pyrophosphorylase
Orotacidurie II	Orotidin-5'-phosphat-Decarboxylase	4.1.1.23	
↗ *Oxalosen:*			
1) Oxalose I	2-Hydroxy-3-oxoadipat-Synthase	4.1.3.15	
2) Oxalose II	Glycerat-Dehydrogenase	1.1.1.29	
↗ *Pankreas-Lipase-Mangel*	Triacylglycerid-Lipase	3.1.1.3	Lipase
↗ *Pentosurie*	L-Xylulose-Reduktase	1.1.1.10	
↗ *Phenylketonurie*	Phenylalanin-4-Monooxygenase	1.14.16.1	Phenylalanin-4-Hydroxylase, Phenylalaninase
↗ *Phytansäurespeicherkrankheit,* Refsumsche Krankheit, Heredopathia atactica polyneuritiformis	Hydroxyphytanat-Oxidase	1.1.3.27	Phytansäure-α-Hydroxylase
↗ *Porphyrie*	verschiedene Enzyme des Häm-Biosyntheseswegs		
↗ *Sarcosinämie*	Sarcosin-Dehydrogenase	1.5.99.1	
↗ *Sulfit-Oxidase-Mangel,* Sulfiturie	Sulfit-Oxidase	1.8.3.1	
↗ *Tyrosinämien, erbliche:*			
1) erbliche Tyrosinämie I, Tyrosinose, erbliche hepatorenale Dysfunktion	Fumarylaceto-Acetase	3.7.1.2	β-Diketonase
2) erbliche Tyrosinämie II, Tyrosinose II, Hypertyrosinämie II, Richner-Hanhart-Syndrom	Tyrosin-Aminotransferase	2.6.1.5	Tyrosin-Transaminase

Stoffwechselstörung	betroffenes Enzymsystem		
	Enzym (offizieller Name)	EC-Nummer (alte EC-Nummer)	alternative Enzymnamen
⁊ *Xanthinurien* 1) Xanthinurie I	Xanthin-Oxidase	1.1.3.22 (1.2.3.2)	
2) Xanthinurie II	Xanthin-Oxidase	1.1.3.22 (1.2.3.2)	
	Sulfit-Oxidase Aldehyd-Oxidase	1.8.3.1 1.2.3.1	
⁊ *Xanthuren-Acidurie*	Kynureninase	3.7.1.3	L-Kynurenin-Hydrolase

Angiokeratoma corporis diffusum, ⁊ *Fabry-Syndrom.*

Angiotensin, *Angiotonin, Hypertensin*, ein zu den Gewebshormonen zählendes blutdruckwirksames Peptidhormon. Durch die Nierenprotease Renin (EC 3.4.99.19) wird im Blut aus einem Plasmaprotein der α_2-Globulinfraktion (Angiotensinogen) das Decapeptid Angiotensin I (Asp-Arg-Val-Tyr-Ile-His-Pro-Phe-His-Leu) freigesetzt, aus dem enzymatisch durch Abspaltung von His-Leu das aktive Octapeptid Angiotensin II entsteht. Angiotensin II wirkt stark blutdrucksteigernd, ist viel wirksamer als Noradrenalin und stimuliert in der Nebennierenrinde die Aldosteronproduktion. Die Inaktivierung des Angiotensins erfolgt durch Angiotensinase im Blut.

Angiotensinase, Syn. für ⁊ *Angiotensin-Conversionsenzym.*

Angiotensinase A, ⁊ *Aminopeptidasen (Tab.).*

Angiotensin-Conversionsenzym, *ACE, Angiotensinase, Peptidyl-Dipeptidase A, Dipeptidyl-Carboxypeptidase I, Kininase II, Peptidase P, Carboxycathepsin* (EC 3.4.15.1), ein im Plasma vorkommendes Enzym, das Angiotensin I in das blutdrucksteigernde Angiotensin II (⁊ *Angiotensin*) umwandelt. ACE ist eine zinkhaltige Metalloprotease (⁊ *Aminopeptidasen*). Inhibitoren des ACE (⁊ *ACE-Hemmer*) haben große Bedeutung in der Behandlung von Hypertonie und myocardialer Insuffizienz.

Angiotensinogen, ein Plasmaprotein (M_r 60 kDa) der α2-Globulinfraktion. Es wird in der Leber synthetisiert, in die Blutbahn abgegeben und durch die Aspartylprotease ⁊ *Renin* in das 10 AS-Peptid Angiotensin I (⁊ *Angiotensin*) gespalten. Durch das ⁊ *Angiotensin-Conversionsenzym* (ACE) erfolgt die Überführung in das vasoaktive Angiotensin II.

Angiotensin-II-Rezeptor-Antagonisten, Verbindungen, die durch Besatz von Angiotensin-II-Rezeptoren die Bindung von Angiotensin-II verhindern und damit eine Blutdrucksenkung bewirken. Die gebräuchlichen Verbindungen enthalten in der Regel einen Tetrazolring und ein Diphenylstrukturelement. Ein Beispiel ist Irbesartan (Abb.).

Angiotonin, ⁊ *Angiotensin.*

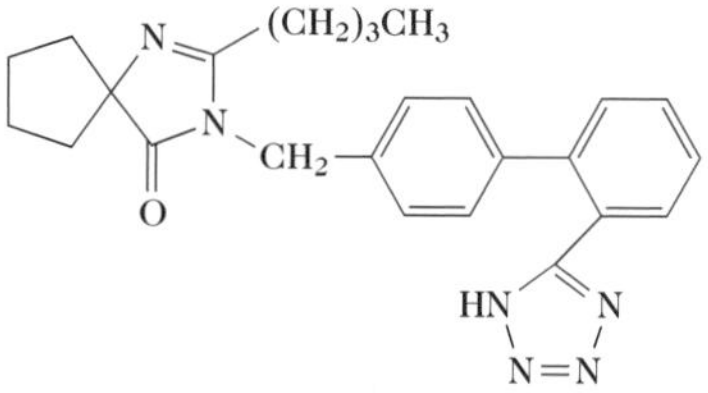

Angiotensin-II-Rezeptor-Antagonisten. Irbesartan.

Angolamycin, ⁊ *Makrolidantibiotika.*

Ångström, Å, Längeneinheit, oft verwendet für Wellenlängen und atomare Dimensionen. $1\,\text{Å} = 10^{-10}$ m.

Angustmycine, von verschiedenen *Streptomyces*-Arten synthetisierte Purinantibiotika (⁊ *Nucleosidantibiotika*). *Angustmycin A* (Decoyinin; 9-β-D-5,6-Didehydropsicofuranosyl-adenin; M_r 279,25 Da, F. 169–172 °C) wurde aus *Streptomyces hygroscopicus var. angustmyceticus* isoliert. Es hat eine spezifische Wirkung gegen Mycobakterien. Grampositive und gramnegative Bakterien sowie Pilze sind gegen A. A unempfindlich. Der Wirkungsmechanismus beruht auf der Hemmung der Bildung von 5-Phosphoribosyl-1-pyrophosphat bei der Purinbiosynthese.

Streptomyces hygroscopicus bildet auch das strukturanaloge *Angustmycin C* – 9-(β-D-Psicofuranosyl-6-amino-)purin; M_r 297,27 Da, F. 212–214 °C (Z.), $[\alpha]_D$ –53,7 ° (c = 1; Dimethylsulfoxid). A. C ist mit Psicofuranin identisch, das aus *Streptomyces hygroscopicus var. decoyicus* isoliert wurde. A. C hemmt spezifisch die XMP-Aminase bei der Purinbiosynthese. Es zeigt antibakterielle und antitumorale Aktivität.

Anhalin, ⁊ *Hordenin.*

Anhalonidin, ⁊ *Anhalonium-Alkaloide.*

Anhalonium-Alkaloide, *Kaktus-Alkaloide*, vorwiegend in Kakteen verbreitet vorkommende ⁊ *Isochinolinalkaloide*. Allen A. liegt ein Tetrahydroisochinolingerüst zugrunde, das im Ring B mehrere phenolische Hydroxylgruppen trägt, die auch verethert sein können. Biosynthese und chemische Synthese erfolgen durch eine Mannich-Kondensation aus einem β-Phenylethylaminderivat mit einer

Carbonylkomponente (Abb.). Dementsprechend kann der Substituent am C1 H-, CH₃– oder ein isoprenoider Rest sein. Durch Phenoloxidation können mehrere Moleküle von A. zu Oligomeren verknüpft werden, z.B. beim Pilocerein. Als Neben-alkaloide treten Derivate des β-Phenylethylamins auf, z.B. Hordenin und Mescalin.

Tyramin   Acetaldehyd   Anhalonidin

Anhaloniumalkaloide. Biosynthese der Anhaloniumbase Anhalonidin durch eine Mannich-Kondensation.

Physiologisch wirken die A. als schwache Narko-tika und paralytische Agenzien. Pellotin zeigt eine krampfauslösende Wirkung, die der des Acetyl-cholins ähnelt. Unter den A. hat Lophophorin die höchste Toxizität. An der Erzeugung rauschartiger Zustände nach der Einnahme von Präparationen der Kakteen sind die heterozyklischen A. nicht direkt beteiligt.

animal protein factor, Bezeichnung für *Vitamin B₁₂* (↗ *Cobalamin*).

Anionenaustauscher, ↗ *Ionenaustauscher*.

Ankyrin, *Anchorin, Syndein*, ein in Erythrocyten und im Gehirn vorkommendes Membranprotein, das ↗ *Spectrin* an die Membran bindet. Spectrin-bindende Aktivität wurde erstmals in Form eines proteolytischen Fragments von M_r 72 kDa isoliert; das M_r des gesamten Proteins beträgt 215 kDa. Jede Erythrozytenhülle (engl. *ghost*, ↗ *Erythrocyten-membran*) enthält ungefähr 10^5 Kopien an A. Das entspricht der Anzahl, die benötigt wird, alle Spectrindimere durch einen 1:1-Komplex zu binden. Im Erythrocyten verbindet A. das Spectrin mit dem cytoplasmatischen Teil von Bande 3 (ei-nem Transmembranprotein), mit dem Anionen-transportprotein und mit den Microtubuli. A. kann auch nichtpolymerisiertes Tubulin binden. [V. Ben-nett, *Annu. Rev. Biochem.* **54** (1985) 273–304; V. Bennett „Ankyrins: adaptors betweeen diverse plasma membrane proteins and cytoplasm" *J. Biol. Chem.* **267** (1992) 8.703–8.706; L.L. Peters u. S.E. Lux „Ankyrins: Structure and function in normal cells and hereditary spherocytes" *Semin. Hematol.* **30** (1993) 85–118]

Annexine, eine Familie von strukturähnlichen Ca²⁺-und Phospholipid-bindenden Proteinen, de-ren *in-vivo*-Funktion noch weitgehend unklar ist. Sie spielen eine Rolle u.a. bei der Endo- und Exo-cytose, der ↗ *Blutgerinnung*, der Organisation des

Cytoskeletts, der Zelldifferenzierung, der Zellproli-feration, der mitogenen Signaltransduktion sowie bei spannungsregulierten Ionenkanal-Prozessen. Die molekulare Struktur der A. wurde detailliert sowohl im kristallinen Zustand als auch in mem-brangebundener Form untersucht. Die Polypeptid-ketten der A. sind in vier oder acht (im Falle des A. VI) α-helicale Domänen ähnlicher Struktur mit ei-ner zentralen hydrophilen Pore gefaltet. Alle Domä-nen enthalten einen charakteristischen Calcium- und Phospholipid-Bindungsort bestehend aus einer 17 Aminosäuren umfassenden Consensussequenz, die Endonexinfalte (engl. *endonexin fold*) genannt wird. Auch in membrangebundener Form ist das „Vier Domänen-Muster" des A.-Moleküls konser-viert. 1990 wurde die erste dreidimensionale Struk-tur eines A. am Beispiel des humanen A. V aufge-klärt. [S. Liemann u. R. Huber, *Cell Mol. Life Sci.* **53** (1997) 516]

Anomere, ↗ *Kohlenhydrate*.

Anorectin, *CTPG*, Pyr¹-Val-Asp-Ser-Met⁵-Trp-Ala-Glu-Gln-Lys¹⁰-Gln-Met-Glu-Leu-Glu¹⁵-Ser-Ile-Leu-Val-Ala²⁰-Leu-Leu-Gln-Lys-His²⁵-Ser-Arg-Asn-Ser-Gln³⁰-NH₂, ein kryptisches Peptid des Prä-Pro-So-matoliberin-(78–107), das während der Prozessie-rung gebildet wird. Es reduziert die Nahrungsauf-nahme nach Injektion in den dritten Ventrikel. [K. Arase et al. *Endocrinology* **121** (1987) 1960]

Anorexika, ↗ *Appetitzügler*.

anorganische Hauptelemente, ↗ *Mineralstoffe*.

anorganische Massenelemente, ↗ *Mineralstoffe*.

anorganische Oxidation, veraltete Bezeichnung für ↗ *Chemolithotrophie*.

anorganische Phosphatase (EC 3.6.1.1), ↗ *Adeno-sinphosphate*.

anorganisches Phosphat, ↗ P_i.

ANP, Abk. für ↗ *atrionatriuretisches Peptid*.

Anserin, ↗ *Peptide*.

Antacida, Verbindungen oder Präparate, die zum Abbinden überschüssiger Magensalzsäure einge-setzt werden. Der pH-Wert des Magensaftes soll auf 3,0–4,0 angehoben werden; keinesfalls soll eine Neutralisation oder Alkalisierung des Mageninhal-tes erfolgen, da sonst erneut eine Magensaft- und damit Magensäureproduktion angeregt wird. Diese Gefahr besteht beim Einsatz von Carbonaten (z.B. Magnesiumcarbonat), bei Hydrogencarbonaten (z.B. Natriumhydrogencarbonat) und Oxiden (z.B. Magnesiumoxid). Günstiger werden heute kolloides Aluminiumhydroxid und Aluminiummagnesiumsi-licate verwendet, die ein gutes Säurebindungsver-mögen haben, ohne den pH-Wert über den genann-ten Wert zu steigern.

Antagonisten, ↗ *Hemmstoffe*.

Antamanid, ein zyklisches Decapeptid (alle Aminosäurereste liegen in der L-Konfiguration vor), das im grünen Knollenblätterpilz *Amanita* *phalloides* enthalten ist (Abb.). Bei Versuchstieren wirkt es als Gegengift zu Phallotoxin und Amatoxin, vorausgesetzt, es wird nicht später als das Toxin verabreicht. Wie Valinomycin ist A. in der Lage, Alkalimetallionen zu binden, wobei es Natrium gegenüber Kalium stärker bevorzugt als Valinomycin. Es bildet leicht mit Na^+- und Ca^{2+}-Ionen stabile Komplexe. Aufgrund seiner Natriumselektivität und seiner stark lipophilen Natur besitzt es auch die Eigenschaften eines Natriumionophors. Die Konformation des freien Peptids und seines Na^+-Komplexes wurde mit Hilfe von Röntgenbeugung bestimmt. Der Austausch eines Pro-Restes oder eines Phe-Restes 9 oder 10 hebt die Antidotaktivität auf. Ein Austausch anderer Aminosäurereste hat einen geringeren Effekt. Da der Iminostickstoff und die Carboxylgruppe des Prolins Teil einer relativ starren Struktur sind (Pro verhindert im Protein die Bildung einer α-Helix und ist als Helix-Unterbrecher bekannt), wird der Austausch von Pro durch jede andere Aminosäure die Konformation des Moleküls ändern. Vermutlich besetzen Phe 9 und Phe 10 in korrekter Anordnung einen Zielrezeptor auf der Membran von Leberzellen und verhindern dadurch das Eindringen von Phalloidin in die Zelle. ↗ *Silybin*. [I.L. Karle et al. *Proc. Natl. Acad. Sci. USA* **76** (1979) 1.532–1.536; H.L. Lotter, *Zeitschrift für Naturforsch.* **39c** (1984) 535–542]

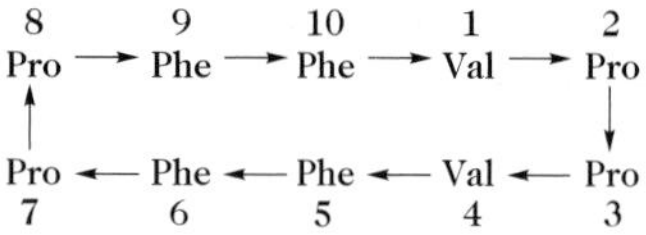

$$8 \quad\quad 9 \quad\quad 10 \quad\quad 1 \quad\quad 2$$
$$\text{Pro} \longrightarrow \text{Phe} \longrightarrow \text{Phe} \longrightarrow \text{Val} \longrightarrow \text{Pro}$$
$$\uparrow \qquad\qquad\qquad\qquad\qquad\qquad\qquad \downarrow$$
$$\text{Pro} \longleftarrow \text{Phe} \longleftarrow \text{Phe} \longleftarrow \text{Val} \longleftarrow \text{Pro}$$
$$7 \quad\quad\ 6 \quad\quad\ 5 \quad\quad\ 4 \quad\quad\ 3$$

Antamanid

Anthelminthika, *Wurmmittel*, d. h. Verbindungen, die zur Bekämpfung von Eingeweidewürmern bei Mensch und Tier verwendet werden. Sie sollen gegen die im Magen-Darm-Trakt und in einigen Fällen in Geweben befindlichen Parasiten wirksam sein. Als Mittel gegen Nematoden (Fadenwürmer, z. B. Oxyuren, Madenwürmer) und Askariden (Spulwürmer) werden z. B. Piperazin, Cyaninfarbstoffe (wie Pyrviniumembonat), Benzimidazolderivate (wie Mebendazol) und zyklische Amidine (wie Pyrantel) eingesetzt. Als Cestodenmittel (Mittel gegen Bandwürmer) hat heute das Salicylanilinderivat *Niclosamid* (Abb.) große Bedeutung.

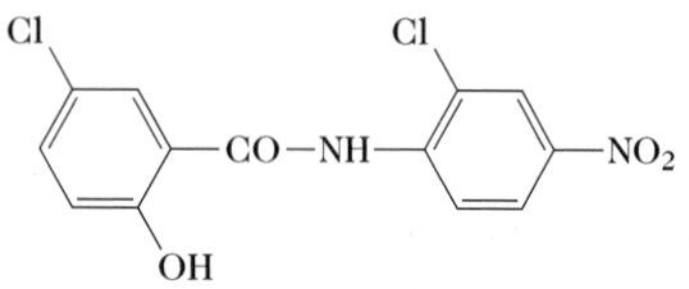

Anthelminthika. Niclosamid.

Antheraxanthin, ↗ *Zeaxanthin*.

Antheridiogen, ein Phytohormon, das chemisch zu den Diterpenoiden gehört (M_r 330 Da, Abb.). Das A. leitet sich strukturell und biogenetisch von den Gibberellinen ab. Es wurde aus dem Farn *Aneimia phyllitidis* isoliert und bewirkt bei diesem noch in einer Verdünnung von 10 μg/l die Ausbildung der Antheridien. In anderen Farnen der Familien *Schizeaceae* und *Polypodiaceae* wurden weitere A. nachgewiesen.

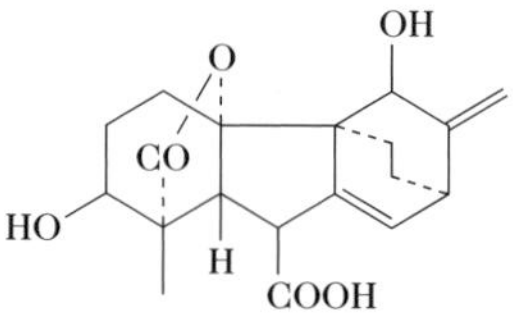

Antheridiogen

Antheridiol, ein pflanzliches Steroidhormon, das sich strukturell vom Stammkohlenwasserstoff Stigmastan (↗ *Steroide*) ableitet und eine Lactongruppierung aufweist (Abb.). A. wurde als erstes pflanzliches Sexualhormon 1971 aus dem Wasserpilz *Achlya bisexualis*, isoliert, wo es – durch das weibliche Mycel ausgeschieden – noch in hoher Verdünnung die Hyphenbildung in den männlichen Pflanzenteilen stimuliert.

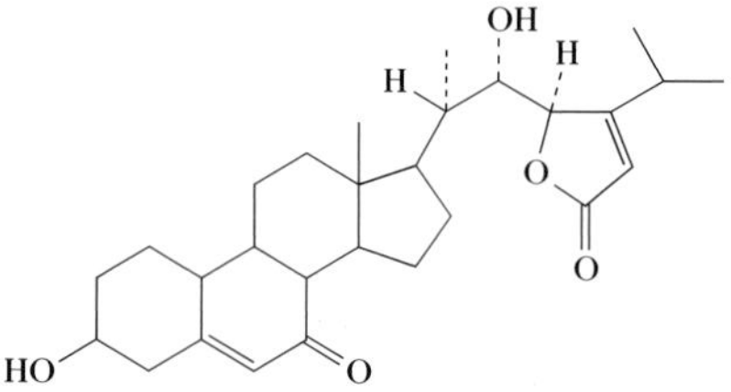

Antheridiol

α-Anthesterin, ↗ *Taraxasterin*.

Anthocyane, zu den Flavonoiden gehörende wichtige und weitverbreitete Pflanzenfarbstoffe (Farbtafeln II u. III). Die A. sind intensiv gefärbt und bewirken die rote, violette, blaue oder schwarze Färbung von Blüten, Blättern und Früchten höherer Pflanzen. Die Vielfalt der Färbungen und Muster beruht auf dem Vorkommen verschiedener A. alleine oder in Kombination mit anderen, meist flavonoiden Farbstoffen (Copigmentierung). A. sind wasserlösliche Glycoside hydroxylierter 2-Phenylbenzopyryliumsalze, die durch Säure- oder enzymatische Hydrolyse in eine Kohlenhydratkomponente und die als Anthocyanidine bezeichneten wasserunlöslichen und instabilen Aglyca (Farbstoffkomponenten) gespalten werden.

Grundkörper der A. ist das aus 15 C-Atomen aufgebaute Flavyliumkation, wobei der Ring B sowie die C-Atome 2, 3 und 4 biogenetisch wie andere Flavonoide aus einer C_6-C_3-Einheit und der Ring A aus einem aus 3 Molekülen Acetat gebildeten C_6-Körper hervorgehen (↗ *Stilbene*). Der letzte genetisch bestimmte Schritt in der Anthocyanbiosynthese scheint die Konjugation mit Glutathion zu sein, als Auftakt zur Überführung der A. in die Vakuole. Das Gen, das diese Reaktion kontrolliert, wurde aus Mais kloniert (Gen *Bronze 2, Bz2*) und die abgeleitete Primärsequenz des Enzyms weist Ähnlichkeit mit der von Glutathion-S-Transferase auf [K.A. Marrs et al. *Nature* **375** (1995) 397–400].

Die *Anthocyanidine* unterscheiden sich in Zahl und Stellung von Hydroxylgruppen, die teilweise durch Methoxygruppen ersetzt oder z.B. mit *p*-Cumarsäure oder Ferulasäure acyliert sein können. Die Mehrzahl ist an den C-Atomen 3, 5 und 7 hydroxyliert. Anthocyanidine mit fehlender 3-Hydroxylgruppe, z.B. Apigenidin (3-Desoxypelargonidin), Luteolinidin (3-Desoxycyanidin) oder Tricetinidin (3-Desoxydelphinidin), sind seltener. Die Einführung weiterer Hydroxylgruppen in Ring B führt zu den drei Grundtypen Pelargonidin (4'-Hydroxy), Cyanidin (3',4'-Dihydroxy) und Delphinidin (3',4',5'-Trihydroxy), deren Glycoside bezüglich Menge und Verbreitung, die wichtigsten Vertreter dieser Farbstoffklasse sind.

A. tragen den gewöhnlich β-glycosidisch gebundenen Kohlenhydratrest im Allgemeinen an der am C-Atom 3, seltener an der am C-Atom 5 befindlichen Hydroxylgruppe sowie bei den Diglycosiden in beiden Positionen (Abb.). Kohlenhydratkomponenten sind vor allem die Monosaccharide Glucose, Galactose und Rhamnose, seltener Xylose und Arabinose, vereinzelt auch Di- und Trisaccharide. Letztere werden als Bioside bzw. Trioside bezeichnet.

Anthocyane. Glycosylierung an einem oder beiden der markierten Orte mit Glucose, Galactose, Rhamnose oder Arabinose, bzw. mit verschiedenen Oligosacchariden ergibt die wasserlöslichen Anthocyane.
R_1 = H, R_2 = OH, R_3 = OH: Cyanidin (blau; Kornblumen)
R_1 = H, R_2 = OH, R_3 = H: Pelargonidin (rot; Geranien)
R_1 = H, R_2 = OH, R_3 = OCH_3: Peonidin (rot; Pfingstrosen)
R_1 = OH, R_2 = OH, R_3 = OCH_3: Petunidin (rot; Petunien)
R_1 = OCH_3, R_2 = OH, R_3 = OCH_3: Malvidin (blau; Malven)
R_1 = OH, R_2 = OH, R_3 = OH: Delphinidin (blau; Rittersporn)

Nach Art, Zahl und Stellung der Kohlenhydratreste sind mehr als 20 verschiedene Anthocyantypen bekannt; insgesamt wurden weit über 100 natürliche A. isoliert und strukturell aufgeklärt.

A. zeigen amphoteres Verhalten. Die Salze der A. mit Säuren sind rot; im neutralen pH-Bereich bilden sich farblose Pseudobasen, während im alkalischen Bereich instabile, violett gefärbte Anhydrobasen auftreten. A. sind im Zellsaft gelöst, werden in die Vakuole abgeschieden und gehören zu den chymotropen Farbstoffen. Die Absorptionsmaxima der A. liegen bei 475–550 nm und um 275 nm.

Anthocyanidine, die durch hydrolytische Spaltung freigesetzten, wasserunlöslichen und meist instabilen Farbstoffkomponenten der ↗ *Anthocyane*.

Anthopleurin-A, H-Gly[1]-Val-Ser-Cys-Leu[5]-Cys-Asp-Ser-Asp-Gly[10]-Pro-Ser-Val-Arg-Gly[15]-Asn-Thr-Leu-Ser-Gly[20]-Thr-Leu-Trp-Leu-Tyr[25]-Pro-Ser-Gly-Cys-Pro[30]-Ser-Gly-Trp-His-Asn[35]-Cys-Lys-Ala-His-Gly[40]-Pro-Thr-Ile-Gly-Trp[45]-Cys-Cys-Lys-Gln-OH, ein 49 AS-Peptid aus der Seeanemonenart *Anthopleura*, das durch drei Disulfidbrücken vernetzt ist. Das Seeanemonentoxin A. zeigt in nanomolarer Konzentration eine positiv inotrope Wirkung, d.h. es erhöht die Kontraktionsfähigkeit des Herzmuskels. Die Tertiärstruktur wurde durch NMR bestimmt. Das synthetische Peptid zeigt mit dem nativen Peptid übereinstimmende CD- und NMR-Daten und besitzt 94 % der inotropen Aktivität des nativen A. [G. Strichartz et al. *Annu. Rev. Neurosci.* **10** (1987) 237; M.W. Pennington et. al. *Int. J. Peptide Protein Res.* **43** (1994) 463]

Anthrachinone, vom Anthrachinon (9,10-Dioxodihydroanthrazen) abgeleitete gelb, orange, rot, rotbraun oder violett gefärbte Verbindungen, die die größte Gruppe der natürlich vorkommenden Chinone bilden (Abb.). Bis auf wenige Ausnahmen, z.B. 2-Methylanthrachinon, sind alle natürlichen A. mono-, di- oder polyhydroxyliert. Weitere bevorzugte Substituenten sind Methyl-, Hydroxymethyl-, Methoxy-, Formyl-, Carboxyl-, längere Alkyl- oder Benzylgruppen. Eine Anzahl A. weist eine dimere Struktur auf.

Anthrachinone

Von den über 170 natürlichen A., die entweder in freier Form oder glycosidisch gebunden vorliegen, findet sich mehr als die Hälfte in niederen Pilzen, vor allem in *Penicillium*- und *Aspergillus*-Arten, sowie in Flechten; der andere Teil kommt in höheren Pflanzen und vereinzelt auch im Tierreich bei Insekten vor. Besonders anthrachinonreich sind die Pflanzenfamilien Rötegewächse (*Rubiaceae*), Kreuzdorngewächse (*Rhamnaceae*), Hülsenfrüchtler (*Leguminosae*), Knöterichgewächse (*Polygonaceae*), Bignoniengewächse (*Bignoniaceae*), Eisenkrautgewächse (*Verbenaceae*) und Liliengewächse (*Liliaceae*). Bekannte Insektenanthrachinone sind Carminsäure, Kermessäure und die Laccainsäure. Die wichtigsten pflanzlichen A. sind Emodin, Alizarin, Rhein, Purpurin und Morindon. Speziell in Pilzen kommen Helminthosporin, Skyrin und die Julichrome vor. Einen besonders hohen Gehalt an A. weisen die Wurzeln der Färberröte (*Rubia tinctorum*), die Rinde von *Coposma australis* und das Mycel von *Helminthosporium gramineum* auf. Wegen der durch A. bedingten abführenden Wirkung sind einige Drogen, wie Radix Rhei, Cortex Frangulae, Fructus und Folia Sennae sowie Aloepräparate, pharmazeutisch bedeutend. Einige A., wie Carminsäure und Alizarin, werden noch heute teilweise als Farbstoffe verwendet. [J. Schripsema u. D. Dagnino „Anthraquinones: Elucidation of the Substitution Pattern of 9,10-Anthraquinones through Chemical Shifts of Perihydroxyl Protons" *Phytochemistry* **42** (1996) 177–184]

Anthracycline, Gruppe von Antibiotika, deren Aglycone Anthrachinonderivate mit linear anelliertem Cyclohexanring (Anthracyclinone) sind. An die Aglycone ist ein Aminozucker glycosidisch gebunden. Die A. werden von verschiedenen *Streptomyces*-Arten, z.B. *Adriamucin* von *Streptomyces peuceticus* und *Daunomycin* von *S. coeruleorubidus*, gebildet. Sie werden als Antineoplastika therapeutisch verwendet, z.B. zur Behandlung der akuten Leukämie. Die Wirkung beruht auf einer ↗ *Interkalation* (Einschiebung) des planaren Molekülteils in die DNA und Fixierung durch Wechselwirkung der Aminogruppe mit den sauren Phosphorsäurediesterbrücken. Die meisten A. sind für eine therapeutische Anwendung zu toxisch.

Anthraglycoside, glycosidisch mit Zuckerresten verbundene hydroxylierte Derivate des Anthrachinons und seiner partiell reduzierten Verbindungen, wie Anthranole, Anthrone und Bianthrone. Die wichtigsten Aglycone vom Anthrachinontyp, die als *Emodine* bezeichnet werden, sind Rhein, Aloe-Emodin, Chrysophanol und Frangula-Emodin (Tab.). Entsprechend substituierte Aglycone sind auch vom Anthron- und vom Bianthrontyp bekannt, wobei bei den Verbindungen vom dimeren Bianthrontyp zwei gleiche oder zwei verschiedene Substitutionsmuster in einem Molekül vorliegen können.

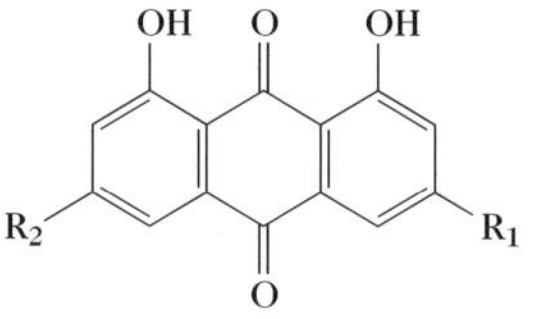

Anthraglycoside

Name	R^1	R^2
Rhein	COOH	H
Aloe-Emodin	CH_2OH	H
Chrysophanol	CH_3	H
Frangula-Emodin	CH_3	OH

Die wichtigsten A. enthaltenden Drogen sind Rhabarber, Faulbaumrinde, Sennesblätter und verschiedene Aloe-Arten. Rhabarber enthält die o. g. Aglycone in der Anthrachinon-, Anthron- und Bianthronform (Abb.) hauptsächlich als Glucoside. Faulbaumrinde enthält hauptsächlich Bianthronglycoside vom Frangula-Emodin-Typ, die schlecht verträglich sind und bei einjähriger Lagerung durch Oxidation in Verbindungen vom Anthrachinontyp übergehen. Hauptinhaltsstoffe der Sennesblätter sind Sennosid A und B. Sennosid A ist die (+)-Form und Sennosid B die *meso*-Form mit unterschiedlicher Konfiguration am C9- und C9'-Atom. Wichtigster Inhaltsstoff von *Aloe* ist die Aloin (Abb.) genannte 10-C-Glucopyranosyl-Verbindung des Aloe-Emodins.

A. sind ↗ *Laxanzien*.

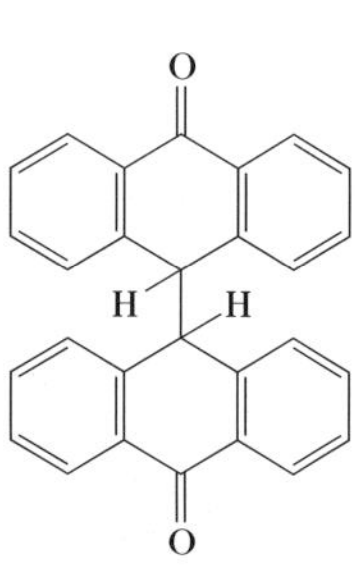

Bianthron

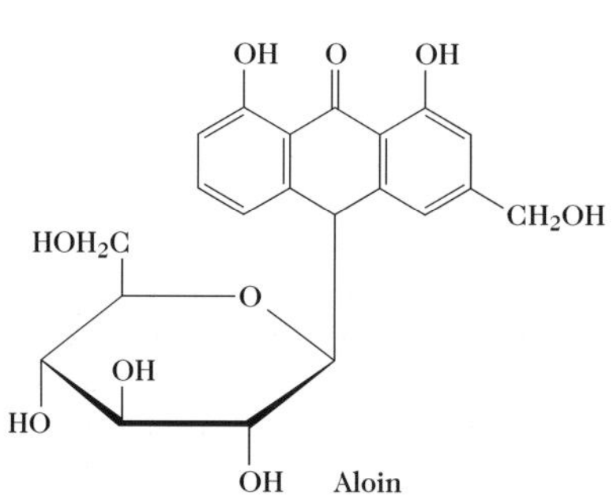

Aloin

Anthraglycoside

3-Anthraniloyl-L-alanin, Syn. für ↗ *L-Kynurenin*.

Anthropodesoxycholsäure, Syn. für ↗ *Chenodesoxycholsäure*.

Antiallergika, ↗ *Antihistaminika*.

Antianämiefaktor, Bezeichnung für *Vitamin B₁₂* (↗ *Cobalamin*).

Antiandrogene, eine Gruppe von chemischen Verbindungen, die die biologische Wirkung von männlichen Keimdrüsenhormonen reversibel inhibieren, indem sie mit dem Hormon kompetitiv am Rezeptor konkurrieren. Besonders wirksame A. sind einige Testosteron- und Gestagenanaloga mit 1α, 2α-Methylengruppe, z.B. Cyproteronacetat.

antianginöse Pharmaka, ↗ *Koronarpharmaka*.

Anti-Antikörper, *sekundäre Antikörper*, sind gegen andere Antikörpermoleküle gerichtet. Sie können in Versuchstieren durch Immunisierung mit (primären) Antikörpern erzeugt werden, erkennen die konstanten, d.h. artspezifischen Regionen der Antikörper, gegen die sie gerichtet sind, und werden zur Amplifizierung und damit besseren Sichtbarmachung einer Antikörperreaktion experimentell genutzt. ↗ *ABC-Technik*.

Antiarrhythmika, Mittel zur Behebung von Herzrhythmusstörungen. Als A. werden unter anderem verwendet ↗ *Chinidin*, ↗ *Ajmalin* und dessen Derivat Detajmiumbitartrat, β-Rezeptorenblocker, wie Propranolol, Lokalanästhetika, wie Lidocain, und weiterhin Procainamid, p-H_2N–C_6H_4–CO–NH–CH_2–CH_2–$N(C_2H_5)_2$.

Antiauxine, ↗ *Auxinantagonisten*.

Anti-Beriberi-Faktor, Bezeichnung für *Vitamin B₁* (↗ *Thiamin*).

Antibiotika, (griech. *antibios*: gegen Leben), Stoffe mikrobiologischer Herkunft, die andere Mikroorganismen in ihrem Wachstum hemmen oder sie abtöten. Die A. haben im Gegensatz zu allgemeinen Zellgiften eine selektive Wirksamkeit. A. werden sowohl von Bakterien als auch von Pilzen gebildet. Therapeutisch wichtige A. stammen unter anderem von der Gattung *Bacillus* (Bacitracin, Gramicidin, Polymyxin, Tyrocidin), von *Streptomyces*- und *Actinomyces*-Arten (Streptomycin, Tetracyclin, Actinomycin, Chloramphenicol, Makrolide, Neomycin) sowie von Schimmelpilzen der Gattungen *Penicillium* und *Aspergillus* (Penicillin, Griseofulvin, Xanthocillin, Helvolinsäure), von denen einige zu den ↗ *Peptidantibiotika* gehören.

Vom chemischen Standpunkt aus betrachtet sind die A. heterogen. Ihre wichtigsten Bauelemente sind: Aminosäuren, oft mit der nichtproteinogenen Konfiguration der D-Reihe (Gramicidin), Acetat/Malonat-Einheiten (Griseofulvin, Tetracycline), Zucker und Zuckerderivate (Streptomycin), tetrazyklische Triterpene (Fusidinsäure, Helvolinsäure, Cephalosporin P₁). Eine große Gruppe der A. leitet sich von Nucleosiden ab (↗ *Nucleosidantibiotika*).

Der Wirkungsmechanismus der A. ist unterschiedlich. Während eine größere Anzahl in Prozesse der Proteinbiosynthese eingreift, wirken z.B. die Penicilline hemmend auf den Aufbau der bakteriellen Zellwand.

Die Bekämpfung bestimmter Infektionskrankheiten wird jedoch dadurch erschwert, dass zahlreiche gegen A. resistente Bakterienstämme auftreten (↗ *Antibiotika-Resistenz*).

Die technische Gewinnung von A. erfolgt durch chemische Synthese und vor allem durch mikrobielle Verfahren (*industrielle Mikrobiologie*). Für diesen Zweck werden hoch produktive Mikroorganismenstämme verwendet und als Stammkulturen gehalten. Das Nährmedium für die industrielle Antibiotikaproduktion wird möglichst aus Rohstoffen hergestellt, die leicht verfügbar und billig sind, wie z.B. verschiedene Zucker, Stärke, Sojaschrot und häufig Maisquellwasser. Im Falle des Penicillins G hat sich die Zugabe von Phenylessigsäure als Vorstufe zur Ausbeutesteigerung bewährt. Typisch für A. als Sekundärmetabolite ist, dass die Bildung erst gegen Ende der logarithmischen Wachstumsphase einsetzt. Daher ist die Nährlösung des Produktionsfermenters so zusammengesetzt, dass das Wachstum durch eine wichtige Komponente der Nährlösung limitiert wird, bevor der Zucker verbraucht ist. Unter diesen Bedingungen setzt die Antibiotikaproduktion ein und hält an, bis die Energievorräte aufgebraucht sind (Abb.). Für eine ökonomische Antibiotikaproduktion sind in gleichem Maße die Stammleistung, die Fermentationsführung und die Aufarbeitung des Produkts von Bedeutung.

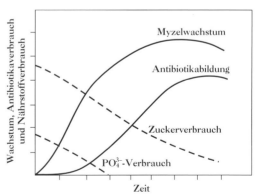

Antibiotika. Kinetik von Wachstum und Antiobiotikabildung.

Antibiotika-Resistenz, befähigt Mikroorganismen und Zellen, in Gegenwart von ↗ *Antibiotika* zu wachsen. Dabei können die Organismen bereits eine natürliche Unempfindlichkeit gegenüber einem Antibiotikum aufweisen, oder sie können die

Resistenz im Verlauf des Wachstums in Gegenwart von Antibiotika entwickelt haben. Natürliche Resistenz beruht oft darauf, dass die Organismen die empfindlichen Strukturen nicht besitzen, oder dass zelluläre Barrieren die Antibiotika nicht an den Wirkort gelangen lassen. Der Erwerb von Resistenzen wurde bereits bald nach dem ersten Einsatz von Antibiotika beobachtet. Inzwischen hat das Auftreten von Resistenzen – bedingt durch den gesteigerten Einsatz von Antibiotika – drastisch an Bedeutung gewonnen, und warnende Stimmen sprechen bereits von der „postantibiotischen Zeit".

Folgende vier Hauptursachen werden für die Entstehung einer Resistenz und ihre Ausbreitung unter dem Druck des Einsatzes von Antibiotika genannt: 1) Übertragung bereits bekannter Resistenzen auf bis dahin sensitive Organismen, 2) Auftreten bisher nicht bekannter Resistenzmechanismen, 3) Erweiterung bisher bekannter Resistenzmechanismen durch ↗ *Mutation* in den entsprechenden Genen, 4) Beteiligung von resistenten Bodenbakterien an opportunistischen Infektionen. Es kann angenommen werden, dass der Ursprung der Resistenz auf die Antibiotikaproduzenten zurückzuführen ist, die gegen die von ihnen gebildeten Antibiotika resistent sein müssen.

Die Gene für eine A.-R. können auf dem Chromosom lokalisiert sein. Die meisten resistenten Bakterien, die bisher aus Patienten isoliert worden sind, enthielten jedoch Resistenzgene auf Resistenz(R)-Plasmiden (↗ *Resistenzfaktoren*). Es ist bekannt, dass R-Plasmide bereits vor dem Einsatz von Antibiotika, d.h. ohne einen erkennbaren Selektionsdruck, aufgetreten sind. Mit Einschränkungen gilt, dass chromosomal codierte Resistenzen in erster Linie den Angriffsort in der Zelle verändern, während R-Plasmide eher Enzyme codieren, die zur Inaktivierung eines antimikrobiellen Agens führen. Häufig enthält ein R-Plasmid die Gene für das Auftreten von multiplen Resistenzen (↗ *Multidrug-Resistenz*). Plasmide werden bevorzugt durch zelluläre Kontakte (*Konjugation*) von einer Donor- auf eine Rezipienten-Zelle übertragen. Eine solche Übertragung findet vor allem unter näheren Verwandten statt, sie ist aber auch von grampositiven auf gramnegative Organismen beobachtet worden. Die Übertragung von Resistenzgenen auf andere Organismen bewirkt notwendigerweise eine Resistenzausbreitung. Diese wird beim Wachstum in Gegenwart von Antibiotika gefördert, da nun derjenige Stamm einen Selektionsvorteil erhält, der ein entsprechendes Resistenzgen erworben hat.

Resistenzentwicklung ist praktisch unter allen Organismen bekannt, die der Bekämpfung mit Antibiotika ausgesetzt sind. Sie verläuft um so rascher, je rascher sich die Zielzellen oder Zielsysteme vermehren. Resistenzentwicklung und -ausbreitung treten besonders dort auf, wo häufig Antibiotika eingesetzt werden, d.h. in Krankenhäusern oder auch in der Veterinärmedizin. Die inzwischen bedrohliche Ausbreitung antibiotikaresistenter Keime ist in erster Linie auf den allzu freizügigen Einsatz von Antibiotika zur Prävention und Behandlung selbst harmloser Infektionskankheiten sowie zur Anzucht von Masttieren (Ergotropika, Kokzidiostatika) zurückzuführen. Um solche Effekte zu vermeiden, werden bestimmte Antibiotika entweder ausschließlich in der Humanmedizin oder aber ausschließlich in der Tieraufzucht verwendet. Zwischenzeitlich hat sich aber gezeigt, dass Antibiotika nicht nur gegen sich selbst Resistenzen auszulösen vermögen, sondern auch gegen andere Vertreter der chemischen Gruppe, der sie angehören. So wurde 1996 in der Bundesrepublik Deutschland dem ergotropen Glycopeptid-Antibiotikum *Avoparcin* die Zulassung als Futterzusatz entzogen, denn es lagen Hinweise dafür vor, dass durch Avoparcin Resistenzen gegenüber dem Glycopeptid ↗ *Vancomycin* ausgelöst werden. Die Tragweite dieser Resistenz wird deutlich, wenn man berücksichtigt, dass Vancomycin ausschließlich in der Humanmedizin zur Behandlung von Infekten benötigt wird, die auf gängige Antibiotika nicht oder nicht mehr ansprechen. Im Gegensatz zu den USA bestehen in europäischen Ländern starke Tendenzen, die Tiermast weitestgehend frei von Antibiotikazusätzen zu halten.

antichaotrope Salze, ↗ *Hofmeister-Serie.*

anticodierender Strang, ↗ *codogener Strang.*

Anticodon, Sequenz von drei Nucleotiden in der Anticodonschleife von transfer-RNA. Während der Proteinbiosynthese treten die Anticodonbasen durch Ausbildung von H-Brücken mit den komplementären Nucleotiden eines ↗ *Codons* der mRNA in Wechselwirkung, wodurch der Einbau einer bestimmten Aminosäure in die Polypeptidsequenz gesichert wird. ↗ *Wobblehypothese,* ↗ *transfer-RNA.*

Anticytokinine, Agenzien, die die physiologische Wirkung von ↗ *Cytokininen* teilweise aufheben, wie z.B. der synthetische Kinetininhibitor 6-Methylpurin.

Antidepressiva, Medikamente mit stimulierender und antidepressiver Wirkung. Depressionen sind vermutlich auf ein neurochemisches Ungleichgewicht zweier oder dreier biogener Amine (Noradrenalin, Serotonin und wahrscheinlich Dopamin) im Gehirn zurückzuführen.

Zur Entstehung von Depressionen werden verschiedene Modelle diskutiert. Der *Monoaminhypothese* zufolge, ist die Depression auf einen Mangel an Noradrenalin und/oder Serotonin zurückzuführen. Bei erblicher Neigung zu Depressionen können auch die entsprechenden Rezeptoren vermindert funktionsfähig sein. Bestimmte Pharmaka mit antidepressiver Wirkung, wie z.B. das in den 1960er Jahren entwickelte Iproniazid, wirken als Hemmer der Monoamin-Oxidase (EC 1.4.3.4; MAO-Hemmer) und verzögern oder verhindern den Abbau der natürlichen ↗ *Catecholamine* (Adrenalin, Noradrenalin, Dopamin), die folglich in erhöhten Konzentrationen weiterbestehen. Für die antidepressive Wirkung der MAO-Hemmer ist vermutlich die Inhibierung der MAO-A in noradrenergen und serotonergen Nervenenden verantwortlich. Da gleichzeitig auch MAO-B in dopaminausschüttenden Neuronen inhibiert werden, kommt es zu Nebenwirkungen und starken, zum Teil lebensbedrohenden Wechselwirkungen mit adrenalinähnlichen Substanzen (in Nasensprays, Asthma- und Erkältungsmitteln und Cocain) und tyraminhaltigen Lebensmitteln (Käse, Rotwein). Bei neuentwickelten spezifisch auf MAO-

A wirkenden A. (z.B. Moclobemid) treten keine starken Nebenwirkungen auf.

Ein zweites Modell (*Rezeptordesensitivierungstheorie*) führt den Noradrenalinmangel auf eine zu starke Rückaufnahme durch die präsynaptischen Nervenenden zurück, wodurch die postsynaptischen Rezeptoren hypersensitiviert werden. Durch Blockieren der Noradrenalinrückaufnahme mittels trizyklischer A. (TCA) stehen am Rezeptor ausreichende Transmittermengen zur Verfügung und die Empfindlichkeit der Rezeptoren normalisiert sich langsam. Zu den klassischen TCA zählen Imipramin und Amitriptylin, sowie deren metabolische Zwischenprodukte Desipramin und Nortriptylin (Abb.).

Ein drittes Modell (*Serotoninhypothese*), eine Abwandlung der Rezeptordesensitivierungstheorie, basiert auf der Beobachtung, dass die Hemmung der

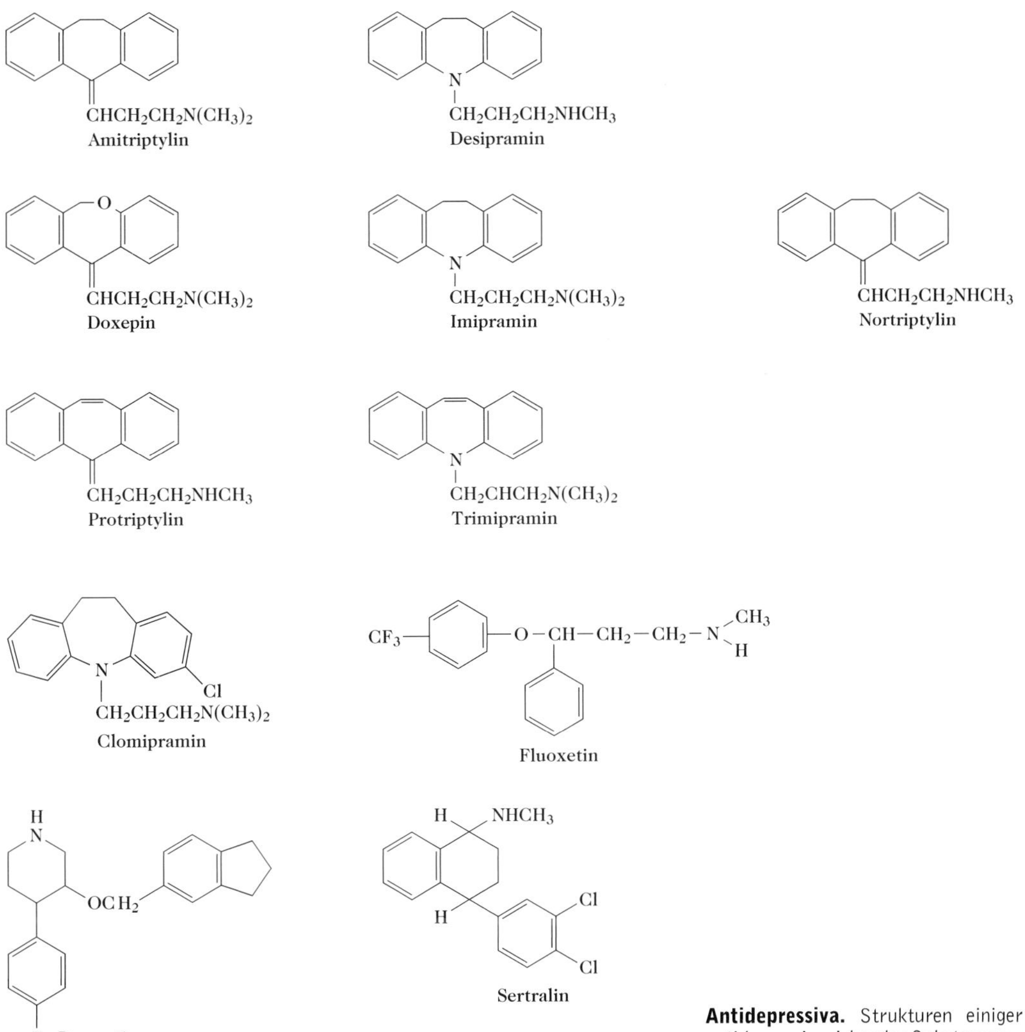

CHCH$_2$CH$_2$N(CH$_3$)$_2$
Amitriptylin

CH$_2$CH$_2$CH$_2$NHCH$_3$
Desipramin

CHCH$_2$CH$_2$N(CH$_3$)$_2$
Doxepin

CH$_2$CH$_2$CH$_2$N(CH$_3$)$_2$
Imipramin

CHCH$_2$CH$_2$NHCH$_3$
Nortriptylin

CH$_2$CH$_2$CH$_2$NHCH$_3$
Protriptylin

CH$_2$CHCH$_2$N(CH$_3$)$_2$
Trimipramin

CH$_2$CH$_2$CH$_2$N(CH$_3$)$_2$
Clomipramin

Fluoxetin

Paroxetin

Sertralin

Antidepressiva. Strukturen einiger antidepressiv wirkender Substanzen.

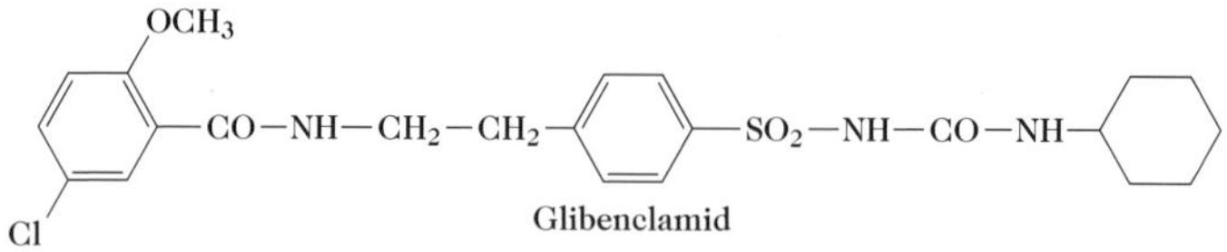

$$\text{Glibenclamid}$$

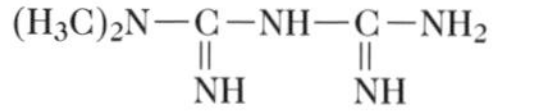

$$(H_3C)_2N-\underset{\underset{NH}{\|}}{C}-NH-\underset{\underset{NH}{\|}}{C}-NH_2$$

Metformin

Antidiabetika

Serotoninrückaufnahme klinisch wirksamer ist als die Noradrenalinrückaufnahme. Der Serotonintransporter (653 Aminosäuren, vermutlich 12 bis 13 Transmembrandomänen) hat starke Ähnlichkeit mit GABA-, Dopamin- und Noradrenalintransportern. Seine Aktivität wird durch cAMP reguliert. Serotoninspezifische Rückaufnahmehemmer (*serotonin-specific reuptake inhibitors*, SSRI), sind z. B. Fluoxetin, Parotexin und Sertralin (Abb.).

Antidermatitisfaktor, zum Vitamin-B_2-Komplex zählendes Vitamin (↗ *Riboflavin*).

Antidiabetika, Mittel, die zur Behandlung der Zukkerkrankheit, ↗ *Diabetes mellitus*, eingesetzt werden. Diese Krankheit ist auf einen Mangel an Insulin im Blut zurückzuführen. Durch Substitutionstherapie mit Insulin können wesentliche Auswirkungen dieses Mangels weitgehend behoben werden. Für verschiedene Diabetesformen, vornehmlich für den Altersdiabetes, werden orale A. eingesetzt. Zu den therapeutisch verwendeten oralen A. gehören die *N*-Arylsulfonylharnstoffe und die Biguanide. Zunächst erlangte *Tolbutamid*, p-CH$_3$-C$_6$H$_4$-SO$_2$-NH-CO-NH-nC$_4$H$_9$, Bedeutung. Durch Ersatz der Methylgruppe am Benzolring durch hydrophobere Reste wurden wesentlich stärkere A. wie z. B. *Glibenclamid* (Abb.) erhalten. Die bisher genannten Verbindungen bewirken bei einer verminderten Insulinproduktion unter anderem eine Verstärkung der Ausschüttung. In seltenen Fällen werden Biguanide wie *Metformin* (Abb.) eingesetzt, die nach einem anderen Mechanismus wirken.

Antidiuretin, ↗ *Vasopressin*.

antidiuretisches Hormon, ↗ *Vasopressin*.

Antidot, *Gegengift*, eine Substanz, die bei Vergiftungen zur Abschwächung oder Aufhebung der Giftwirkung verabreicht wird. Ihre Gabe ist neben der symptomatischen Therapie, der Erhaltung der vitalen Lebensfunktionen und Maßnahmen zur Verhinderung der weiteren Giftresorption sowie zur Beschleunigung der Giftelimination ein wesentlicher Bestandteil der Therapie von Vergiftungen. Gelegentlich werden auch Mittel, die die Giftresorption oder -elimination beeinflussen (Brechmittel, Abführmittel, Adsorptionsmittel, Oxidationsmittel), als unspezifisch wirkende A. bezeichnet. A. im eigentlichen Sinne sind jedoch spezifisch wir-

Antidot. Tab. Wichtige Antidote zur Behandlung von Vergiftungen.

Antidot	Anwendung
Atropinsulfat	Intoxikationen mit Cholin-Esterase-Hemmern
Bemegrin	Stimulation des Atemzentrums nach Schlafmittelintoxikationen
Biperidin	Neuroleptikaintoxikationen
Calciumthiosulfat	Fluorid-, Oxalat- und Citratintoxikationen
Clomethiazol	Alkoholdelirium
Deferoxaminmesilat	Eisenintoxikationen
Dimercaprol	Schwermetallintoxikationen, insbesondere As, Hg, Au, Bi, Ni, Cu, Sb
Dimethylaminophenol	Blausäure- und Cyanidintoxikationen
Dimeticon	Tensidintoxikationen, andere Schaumbildner
Isoamylnitrit	Blausäure- und Cyanidintoxikationen
Methylthioniniumchlorid	Met-Hb-Bildner-Intoxikationen (Nitrobenzen, aromatische Nitro- und Aminoverbindungen, Nitrite)
Nalorphinhydrobromid	Intoxikationen mit Morphin und seinen Derivaten
Obidoxim	Alkylphosphatintoxikationen
Penicilamin	Schwermetallintoxikationen, insbesondere Pb, Hg, Cu, Au, Co, Zn
Phytomenadion	Intoxikationen mit indirekten Koagulanzien
Protaminsulfat	Heparinintoxikationen
Pyrostigmin	Intoxikationen mit Anticholinergika (Atropin)

kende Therapeutika. Hinsichtlich des Wirkungsmechanismus unterscheidet man 1) chemisch: Überführung des Giftes in unlösliche und daher ungiftige Verbindungen (z. B. Überführung der löslichen Barium- und Bleiverbindungen durch Natriumsulfat in unlösliches Barium- und Bleisulfat); Überführung des löslichen Giftes in eine ebenfalls lösliche, aber ungiftige Verbindung (z. B. Überführung von Blausäure und Cyaniden durch Natriumthiosulfat in Rhodanide); „Neutralisation" von Säuren mit verd. Laugen, wie Natriumhydrogencarbonat, Seifenwasser, auch Magnesiumoxid. 2) pharmakologisch: Wirkung durch Antagonismus: Acetylcholin – Atropin wirken aufeinander durch gegenseitige kompetitive (konkurrierende) Verdrängung von den Rezeptoren der Erfolgsorganzellen. Wichtige Beispiele sind in der Tab. aufgeführt.

Antielastase, ↗ *α-Antitrypsin*.

Antienzyme, Polypeptide oder Proteine, die als Enzymihibitoren wirken, wie auch Antikörper gegen Antigenproteine oder Coenzyme. Zu den Antienzymen gehören viele tierische und pflanzliche Proteaseinhibitoren, wie der Trypsininhibitor aus der Sojabohne und das Antitrypsin des Serums, welche starke Komplexe mit den korrespondierenden Proteasen bilden. Spezifische Antikörper werden zur Reinigung und Charakterisierung von Proteinen extensiv genutzt.

Antiepileptika, ↗ *Antikonvulsiva*.

Antifibrinolytika, Verbindungen, die zur Behandlung pathologisch aktivierter Fibrinolysen und zur Steuerung therapeutischer Fibrinolysen (Streptokinasebehandlung) benutzt werden. Sie hemmen die Aktivierung des Plasminogens bzw. des ↗ *Plasmins* und damit die Fibrinolyse, durch die das polymere faserförmige Fibrin abgebaut wird. Als A. werden ε-Aminocapronsäure, 4-Aminomethylbenzoesäure (PAMBA®) und das *trans*-Isomere der 4-Aminomethylcyclohexancarbonsäure (Tranexamsäure; Abb.) angewendet.

$$H_2N\!-\!CH_2$$  COOH

Antifibrinolytika. Tranexamsäure.

Anti-Frost-Proteine, ↗ *Gefrierschutzproteine*.

Antigen-Antikörper-Reaktion, *AAR*, neben der Phagocytose der wichtigste Schutzmechanismus des tierischen Organismus gegen eingedrungene Fremdsubstanzen. Die AAR ist die spezifische Bildung eines unlöslichen Antigen-Antikörper-Komplexes. Mit löslichen Antigenen kommt es zur Präzipitation, mit zellgebundenen Antigenen zur Agglutination. Aufgrund ihrer auch *in vitro* großen Spezifität und Empfindlichkeit (bis in den Pikogrammbereich) wird die AAR zur Antigen- oder Antikörperbestimmung diagnostisch eingesetzt. Die Bindungen zwischen Antigen und Antikörper sind nichtkovalent, d.h. fast ausschließlich hydrophobe, ionische und Wasserstoffbrückenbindungen, die sich zwischen den Amino-, Carbonyl- und Hydroxylgruppen ausbilden. ↗ *Immunglobuline*.

Antigene, Substanzen, die eine Immunantwort auslösen. Es handelt sich um körperfremde, natürliche oder synthetische Makromoleküle, insbesondere Proteine und Polysaccharide (M_r >2 kDa), sowie Oberflächenstrukturen von Fremdpartikeln. Ein Antigen besteht aus einem hochmolekularen Teil, der Träger von meist mehreren niedermolekularen Gruppen ist, die für die Spezifität der Immunantwort und der Reaktion der A. mit den entsprechenden Immunglobulinen ausschlaggebend sind. Diese niedermolekularen Bereiche, *Antigendeterminanten* genannt, liegen an der Moleküloberfläche und bedingen die Valenz der A. Fast alle A. sind polyvalent und induzieren daher mehr als eine Antikörperart. Die größten determinanten Gruppen mit bis zu 30 Aminosäureresten (M_r 3,5 kDa) kommen bei den Proteinantigenen vor. Bei den einfachen Polysacchariden umfasst die Determinante sechs bis sieben Zuckerreste. Um die Struktur von Immunglobulinen zu untersuchen, werden oft Antikörper gegen künstliche Haptene verwendet, die an verschiedene Proteine gebunden sind. So sind Verbindungen, wie z.B. Phosphorylcholin, *p*-Azophenylarsonat, Dinitrophenol und *m*-Aminobenzolsulfonat zwar nicht selbst antigen, reagieren aber mit vorgebildeten Antikörpern, die durch die Injektion des künstlichen, an ein Trägerprotein gebundenen Haptens (z.B. Dinitrophenol gekoppelt an Rinderserumalbumin, injiziert in Kaninchen) induziert wurden. Die antigene Determinante von Proteinen kann entweder in der Konformation oder der Sequenz bestehen. Erstere wird durch Proteindenaturierung zerstört.

antigene Determinante, *Antigendeterminante*, ↗ *Antigene*, ↗ *Epitop*.

Antigestagene, Syn. für ↗ *Antiprogesterone*.

Antigibberelline, ↗ *Gibberellinantagonisten*.

Antigrauhaarfaktor, zum Vitamin-B_2-Komplex zählendes Vitamin (↗ *Riboflavin*).

antihämophiler Faktor, 1) *Faktor VIII* der ↗ *Blutgerinnung*, ein oligomeres β_2-Glycoprotein [M_r 1,12 · 10⁶ Da (Mensch), M_r 1,2 · 10⁶ Da (Rind); 6% Kohlenhydrat], das aus kovalent gebundenen Untereinheiten besteht. Es aktiviert bei der Blutgerinnung den Faktor X und wird dabei vollständig verbraucht. Der a. F. wird durch Ca^{2+}-Ionen stabilisiert, verliert jedoch seine Aktivität, wenn das Blut gelagert wird. Es wurden DNA-Klone isoliert, die für die komplette, aus 2.351 Aminosäuren bestehende Sequenz der Untereinheit des menschlichen antihämophilen Faktors codieren. Das rekombinante Protein (M_r 267 kDa) erniedrigt die Blutgerinnungszeit von hämophilem Plasma und gleicht in biochemischer und immunologischer Hinsicht dem a. F. des Serums. Es weist strukturelle Ähnlichkeiten mit dem Faktor V und mit Coeruloplasmin auf. [J. Gitschier et al. *Nature* **312** (1984) 326–330; W.I. Wood et al. *ibid.* 330–337; G.A. Vehar et al. *ibid.* 337–342; J.J. Toole et al. *ibid.* 342–347].

2) *antihämophiler Faktor B*, ↗ *Christmas-Faktor.*

antihämorrhagisches Vitamin, Bezeichnung für ↗ *Vitamin K.*

Antihistaminika, Verbindungen, die die physiologischen Wirkungen des ↗ *Histamins* aufheben oder abschwächen können. Da an der durch Histamin bewirkten Blutdrucksenkung H_1- und H_2-Rezeptoren beteiligt sind, werden die A. in H_1- und H_2-Antagonisten eingeteilt. Die seit längerer Zeit bekannten klassischen A., auch als *Antiallergika* bezeichnet, sind H_1-Antagonisten, z. B. *Diphenhydramin* und *Tripelennamin*. Die enge strukturelle Verwandtschaft von H_1-Antagonisten mit Vertretern anderer Arzneistoffklassen erklärt die verschiedenen unterschiedlich stark ausgeprägten Nebenwirkungen dieser Substanzen, z. B. zentrale Dämpfung, Spasmolyse, sympathiko- und parasympathikolytische Effekte und lokalanästhetische Wirkung.

Wesentlich später als H_1- sind H_2-Antagonisten gefunden worden. H_2-Antagonisten vermögen die durch Histamin angeregte Magensaftsekretion zu hemmen. Als erste Verbindung wurde *Cimetidin* eingeführt, das zur Behandlung von Magen- und Zwölffingerdarmgeschwüren eingesetzt wird. Bald wurden weitere H_2-Antagonisten (z. B. *Famotidin*) entdeckt, die nicht mehr den Histamin-Rest, sondern andere Heterozyklen und andere basische Reste enthalten (Abb.).

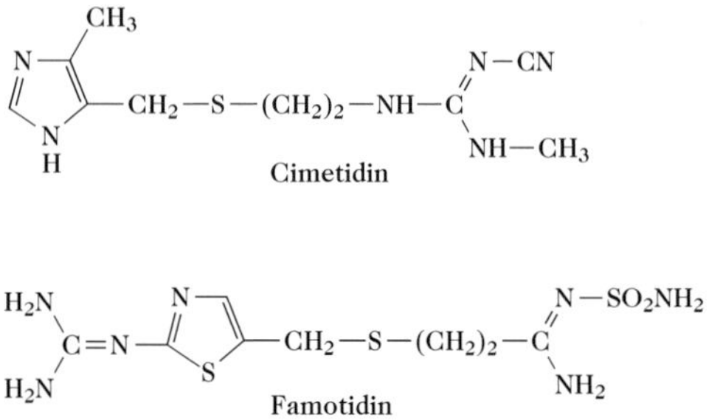

Cimetidin

Famotidin

Antihistaminika

Antihypertensiva, *Antihypertonika*, Verbindungen, die den pathologisch erhöhten Blutdruck senken. Der Blutdruck soll unter der Therapie langsam absinken und bei Dauermedikation ohne größere Schwankungen in normaler Höhe bleiben. Die Ursache der Hypertonie ist in der Mehrzahl der Fälle noch unbekannt (*essenzielle* bzw. *primäre Hypertonie*). Ursachen der *symptomatischen* bzw. *sekundären Hypertonie* sind pathologische Organveränderungen z. B. der Niere (*renale Hypertonie*) und der Drüsen (*endokrine Hypertonie*). Die im folgen-

den aufgeführten A. werden vorwiegend bei essenzieller Hypertonie angewendet. Wichtige A. sind ↗ *Clonidin*, ↗ *Methyldopa* und Dihydralazin. Auch das *Rauwolfia*-Alkaloid ↗ *Reserpin* wird als A. eingesetzt. Außerdem werden β-Rezeptorenblocker (↗ *Sympathikolytika*) und zur Basistherapie Diuretika angewendet.

Antihypertonika, ↗ *Antihypertensiva.*

Antikoagulanzien, ↗ *Antithrombotika.*

Antikonvulsiva, *Antiepileptika*, Verbindungen, die das Auftreten zentral bedingter Krämpfe verhindern oder deren Intensität herabsetzen. Bei epileptischen Anfällen unterscheidet man zwischen dem mit tonischen und klonischen Krämpfen einhergehenden Anfall (*Grand mal*) und dem „kleinen Anfall" ohne generalisierte Krämpfe (*Petit mal*). Wichtige A. finden sich unter anderem in den Stoffklassen der Barbitale, der Hydantoine und der Succinimide (Ethosuximid). Ein wichtiges A. ist das *Carbamazepin*. Auch das stickstofffreie Valeriansäurederivat *Valproinsäure* ist in Gebrauch. Von der Tatsache ausgehend, dass γ-Aminobuttersäure (GABA) als natürlicher dämpfender Transmitter auftritt, sind stabilere Strukturverwandte von A., wie *Vigabatrin* und *Gabapentin* entwickelt worden. Ein Triazinderivat ist *Lamotrigin*, ein Glutaminsäureantagonist. (Abb.)

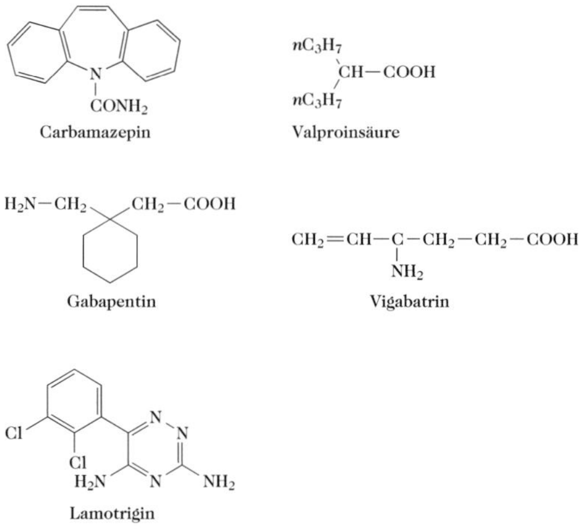

Carbamazepin

Valproinsäure

Gabapentin

Vigabatrin

Lamotrigin

Antikonvulsiva

Antikörper, Glycoproteine, die spezifisch mit einem Antigen reagieren und etwa in Blut und Lymphe Schutzfunktionen erfüllen. Bei der Immunantwort treten die A. mit dem betreffenden Antigen in Wechselwirkung und machen es durch die Bildung eines Antigen-Antikörper-Komplexes unschädlich (↗ *Antigen-Antikörper-Reaktion*). Die A. stellen eine besondere Gruppe der ↗ *Immunglobuline* dar.

Antilymphocytenglobulin, *ALG*, ↗ *Antilymphocytenserum.*

Antilymphocytenserum, *ALS*, ein Immunserum, das einen opsonierenden (↗ *Opsonierung*) und cytotoxischen Effekt auf Lymphocyten ausübt. Es wurde zur Immunsuppression eingesetzt, bevor ↗ *monoklonale Antikörper* gegen spezifische Klassen von Lymphocyten (wie T-Zellen, B-Zellen oder Makrophagen) in großem Umfang zur Verfügung standen. Das Serum wurde durch Injektion von menschlichen Lymphocyten aus Blut, Thymus, Milz oder aus dem Ductus thoracicus in Versuchstiere erzeugt. Zur Verhinderung unerwünschter Nebenreaktionen wurde das A. von Fremdprotein gereinigt und überwiegend als *Antilymphocytenglobulin* (*ALG*), eingesetzt. Durch die Behandlung mit A. wurde überwiegend die zelluläre Immunität und hierbei wiederum besonders die langlebigen zirkulierenden Lymphocyten geschädigt. Inzwischen wurde ALS weitgehend durch monoklonale Antikörper ersetzt, die spezifisch für die Zelloberflächendeterminanten bestimmter Lymphocytentypen, wie T-Zellen, B-Zellen oder Makrophagen sind.

Antimalariamittel, Verbindungen, die zur Therapie und Prophylaxe der in tropischen Gebieten weit verbreiteten, durch die Anophelesmücke übertragenen Malaria eingesetzt werden. Von den A. sind die im Entwicklungszyklus der Malariaerreger im Menschen vorhandenen ungeschlechtlichen Schizonten und/oder die geschlechtlichen Gametocyten innerhalb und außerhalb der Erythrocyten angreifbar. Bestimmte A. können auch erfolgreich zur Malariaprophylaxe eingesetzt werden. Das klassische A. ist ↗ *Chinin*. Von den synthetischen Verbindungen sind z. B. Chlorochin, Primachin, Pyrimethamin und Proguanil in Gebrauch. Wegen steigender Resistenzentwicklung gegenüber den klassischen A. sind neue Verbindungen wie ↗ *Mefloquin* und Halofantrin eingeführt worden.

Antimetabolit, eine Verbindung, die einem Metaboliten in seiner Struktur so ähnlich ist, dass sie seinen Platz am Enzym besetzen kann. Dadurch wird entweder die Enzymreaktion gehemmt, oder der A. wird anstelle des Metaboliten umgesetzt und gegebenenfalls in Zellbestandteile eingebaut. In beiden Fällen kommt es zu Störungen im Stoffwechsel oder zur Hemmung der Zellteilung. A. werden vielfach therapeutisch eingesetzt, z.B. zahlreiche A. des Nucleinsäurestoffwechsels (Purinanaloga, Pyrimidinanaloga, Folsäureantagonisten) als *Cancerostatika*.

antimikrobielle Peptide, endogene gen-codierte Peptide mit besonderer Bedeutung für die frühe Phase der Abwehr gegen mikrobielle Erreger. Sie können innerhalb von Minuten bis Stunden nach dem ersten Kontakt mit dem Pathogen nachgewiesen werden. Die a. P. sind in der Natur weit verbreitet. Insbesondere findet man sie in Säugern, Vögeln, Amphibien, Invertebraten und Pflanzen. Besonders stark exprimiert werden sie in Phagocyten (speziell in Granulocyten) und in verschiedenen Epithelmucosazellen. Man kann sie grob in verschiedene Familien einteilen, wie ↗ *Cecropine* aus Insekten und Schweinen, ↗ *Mellitin* aus der Honigbiene, ↗ *Magainine* aus der Froschhaut, ↗ *Defensine* aus Neutrophilen Granulocyten, *Cryptidine* aus dem Mäusedünndarm, zwei *Pro/Arg-reiche Peptide* (Bac 5 und Bac 7) aus Rinder-Neutrophilen, und ↗ *PR-39* aus Schweine-Eingeweiden. Das Aktivitätsspektrum richtet sich gegen Bakterien, Pilze und verschiedene Virenarten. Viele a. P. treten zunächst elektrostatisch mit der mikrobiellen Zellwand bzw. mit Lipidmembran-Komponenten in Wechselwirkung und durchdringen dann sehr oft die Membran durch Ausbildung spannungsabhängiger Kanäle. In hohen Konzentrationen und in Abwesenheit von Serum sind verschiedene a. P. für Säugerzellen cytotoxisch. Strukturell lassen sie sich einteilen in: 1) Cystein-reiche, amphiphile β-Faltblatt-Peptide (z. B. ↗ *Defensine* und defensinähnliche Peptide wie Protegrine); 2) Cysteindisulfidring-enthaltende Peptide mit oder ohne amphiphile Schwänze (z. B. Bactenecin, Ranalexin); 3) amphiphile α-helicale Peptide ohne Cysteine (z. B. Frosch-Magainine, Cecropine von Insekten und Schweinen) und 4) lineare Peptide mit einer oder zwei dominanten Aminosäuren (z. B. PR-39, oder das tryptophanreiche Indolicidin aus Rinder-Leucocyten). [E. Martin et al. *J. Leukocyte Biol.* **58** (1995) 128]

Anti-Müller-Hormon, *AMH*, (engl. *Muellerin inhibiting substance*, *MIS*), ein aus 536 Aminosäuren aufgebautes homodimeres Glycoprotein (70–72 kDa) A. ist ein hochspezialisiertes Mitglied der TFG-β-Familie der Cytokine (↗ *transformierender Wachstumsfaktor-β*) und kommt in großen Mengen in Sertoli-Zellen und in den Säugetierhoden vor. AMH bewirkt während der Geschlechtsdifferenzierung im männlichen Embryo einen Rückzug des Müller-Gangs. Rinder-AMH-Präparationen inhibieren *in vitro* und *in vivo* das Wachstum von Tumorzellen, die sich von Ovarien und der Gebärmutterschleimhaut (Endometrium) ableiten. Die hoch konservierte C-terminale Domäne von AMH weist eine starke Homologie zum menschlichen transformierenden Wachstumsfaktor-β und der β-Kette des Schweine-Inhibins auf. Die Analyse von cDNA-Klonen ergab ein Protein aus 575 Aminosäuren mit einem Leader-Peptid aus 24 Aminosäuren. Das Humangen enthält fünf Exons, die für ein Protein aus 560 Aminosäuren codieren. [R.L. Cate et al. *Cell* **45** (1986) 685–698]

Antimycotika, Verbindungen mit mehr oder minder spezifischer Wirkung bei Infektionen durch Pilze (↗ *Azolantimycotika*, ↗ *Naftifin*). Als A. werden bestimmte Desinfektionsmittel, z.B. halogenierte Phenole, 8-Hydroxychinolinderivate, Invertseifen und Triphenylmethanfarbstoffe verwendet. Außerdem werden Thiocarbamidsäureester, wie *Tolnaftat* und Azol-A. eingesetzt.

Von den ⁊ *Antibiotika* zeichnen sich die Polyenantibiotika, z.B. *Amphotericin B* und *Nystatin*, und außerdem ⁊ *Griseofulvin* durch eine antimycotische Wirkung aus. Die meisten A. eignen sich nur zur lokalen Anwendung. A. mit sicherer Wirkung bei systemischen Mycosen sind selten. Unter bestimmten Bedingungen können bei generalisierten Mycosen Amphotericin B und Miconazol eingesetzt werden. Nach oraler Applikation wirkt Griseofulvin als A. bei Pilzerkrankungen der Zehen- und Fingernägel. A. werden als *Fungistatika* bezeichnet, wenn sie nur das Pilzwachstum hemmen; als *Fungizide*, wenn sie Pilze abtöten.

Antineoplastika, Syn. für ⁊ *Cytostatika*.

antineuritisches Vitamin, Bezeichnung für *Vitamin B₁* (⁊ *Thiamin*).

Antionkogen, eine Bezeichnung für Gene, die bei normaler Aktivität die Tumorbildung unterdrücken. Oftmals sind die entsprechenden Genprodukte Proteine, die bei der Regulation und Transcription wichtige Funktionen erfüllen.

Antipain, ein ⁊ *Inhibitorpeptid*.

antiparallele Anordnung, ⁊ *Strangpolarität*.

Antiparkinsonmittel, Verbindungen, die die Symptome der ⁊ *Parkinsonschen Krankheit*, z.B. Gliederzittern, Bewegungsverlangsamung und Steifheit, wenigstens zeit- und teilweise zu beheben vermögen. Bei verschiedenen Formen der Parkinsonschen Krankheit ist der Gehalt des inhibitorischen Transmitters ⁊ *Dopamin* in Stammhirnganglien herabgesetzt. Therapeutisch wird zur Erhöhung des Dopamingehaltes dessen biogenetische Vorstufe *Levodopa* (L-DOPA, l-3,4-Dihydroxyphenylalanin) verwendet, das im Gegensatz zu Dopamin die Blut-Hirn-Schranke zu durchdringen vermag und aus dem durch Decarboxylierung Dopamin entsteht. Häufig wird Levodopa zusammen mit einem Decarboxylase-Hemmer verabfolgt, der die Umwandlung in Dopamin außerhalb des Hirns verzögert. Das als Virostatikum eingeführte *Amantadin* wirkt als indirekter Dopaminagonist und erhöht dessen Verfügbarkeit.

Um die Wirkung des in den Stammhirnganglien als erregender Transmitter vorhandenen Acetylcholins zurückzudrängen, werden ⁊ *Parasympathikolytika* (*Anticholinergika*) eingesetzt. Früher wurden Tropa-Alkaloide, wie ⁊ *Atropin* und ⁊ *Scopolamin* und diese Stoffe enthaltende Pflanzenauszüge, benutzt. Heute werden vorzugsweise basische Ether des Benzhydrols, Aminopropanolderivate, wie *Trihexyphenidyl* und das Thioxanthenderivat *Metixen* verwendet.

Antipellagravitamin, ⁊ *Nicotinsäureamid*.

Antiphlogistika, Verbindungen mit entzündungshemmender (antiinflammatorischer) Wirkung. Sie werden hauptsächlich zur Behandlung von Erkrankungen des rheumatischen Formenkreises eingesetzt, z.T. in Form der Langzeittherapie. Stark wirksame A. sind die Glucocorticoide (⁊ *Nebennierenrindenhormone*). Viele schwache Analgetika werden wegen ihrer Wirkung als A. benutzt. Sie werden wie stärker wirksame Verbindungen unterschiedlicher Grundstruktur als nichtsteroidale A. (NSAID = <u>n</u>onsteroidal <u>a</u>ntiinflammatory <u>drugs</u>) bezeichnet. Dazu zählen Pyrazolidindione, wie *Phenylbutazon*, Anthranilsäurederivate (Fenamate), wie *Mefenaminsäure*, Phenyl- und Heteroarylessigsäurederivate (Fenac-Gruppe), wie *Diclofenac* und *Indometacin* und Phenylpropionsäure-Derivate (Profene), wie *Ibuprofen*, sowie Oxicame, wie *Piroxicam* (Abb.).

Phenylbutazon bildet in der Enolform ein wasserlösliches, für Injektionszwecke geeignetes Natriumsalz. Bei Ibuprofen ist die S-(+)-Form wirksam. Die A. zeigen starke Nebenwirkungen auf den Gastrointestinaltrakt, die wie die Hauptwirkung durch Reaktion mit der Cyclooxygenase (COX) hervorgerufen werden. Angestrebt wird eine möglichst spezifische Wirkung gegenüber dem nur im entzündeten Gewebe anzutreffenden Isoenzym COX 2.

Als COX-2-Inhibitor wird das Oxicam *Meloxicam* favorisiert (umstritten), das im Vergleich zu Piroxicam eine andere heterozyklische Seitenkettenstruktur besitzt (Abb.).

Antiphospholipid-Syndrom, eine durch Antikörper gegen endogene Phospholipide ausgelöste Autoimmunreaktion. Die Symptome sind vor allem durch eine Neigung zur Bildung von Thromben in Venen und Aterien, Schlaganfälle, Verhaltensstörungen und auch Fehlgeburten durch Verstopfung der Blutgefäße in der Plazenta gekennzeichnet.

α_2-**Antiplasmin**, Syn. für ⁊ α_2-*Makroglobulin*.

Antiport, *Austauschtransport, Austauschdiffusion*, das Membrantransportsystem, das den Austausch eines Substratmoleküls außen gegen ein anderes innen ermöglicht. Damit ist kein Nettotransport verbunden. ⁊ *Transport*.

Antiprogesterone, *Antigestagene*, Verbindungen, die antagonistisch wirken gegenüber dem für die Entstehung und Aufrechterhaltung der Schwangerschaft notwendigen Progesteron (⁊ *Gestagene*). Die A. werden an den Progesteron-Rezeptor fester gebunden als Progesteron. Potenzielle Anwendungen sind u.a. die Geburtshilfe (Förderung der Wehen, Verbesserung der Öffnung der Geburtswege u.a.), die Behandlung hormonsensitiver Tumoren (z.B. Brustkrebs). *Mifipriston* (*RU 486*) ist ein Handelspräparat (Abb.), das zum Schwangerschaftsabbruch in Kombination mit Prostaglandinen ein-

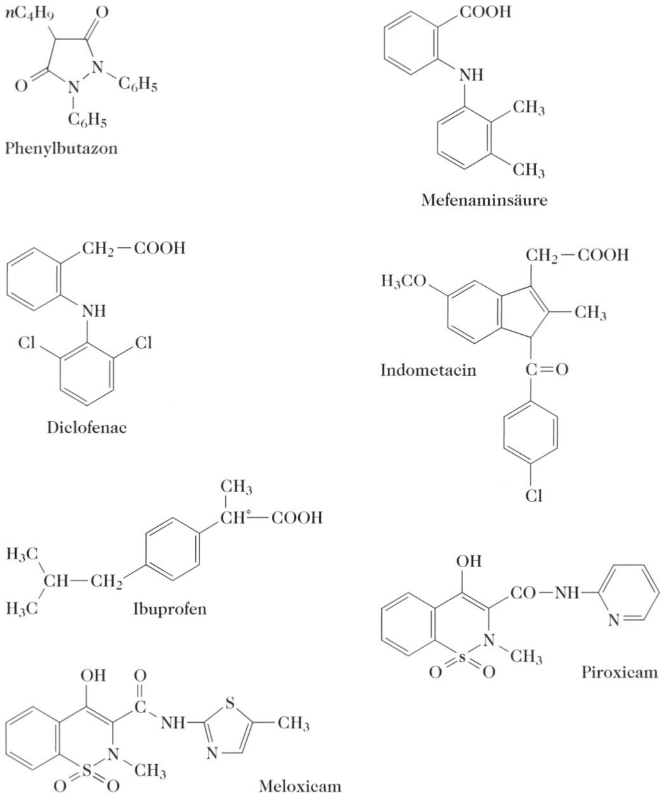

Phenylbutazon

Mefenaminsäure

Diclofenac

Indometacin

Ibuprofen

Piroxicam

Meloxicam

Antiphlogistika

gesetzt wird und als Abtreibungspille („Pille danach") in die Diskussion geraten ist.

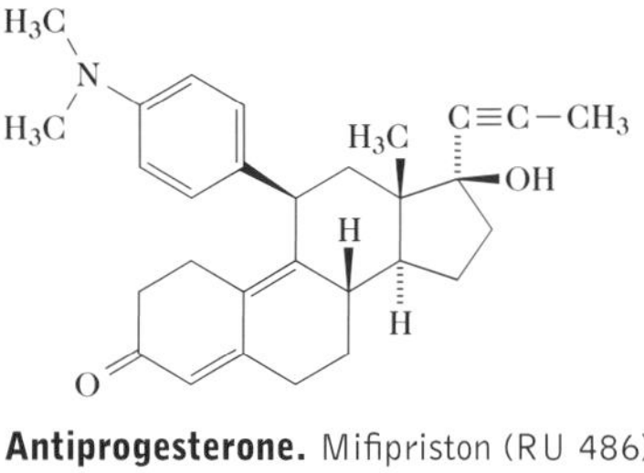

Antiprogesterone. Mifipriston (RU 486).

Antiprotozoika, Verbindungen, die zur Behandlung und Prophylaxe von Protozoeninfektionen herangezogen werden. Zu den humanpathogenen Protozoen gehören z.B. die die Malaria hervorrufenden Plasmodien, die die Schlafkrankheit verursachenden Trypanosomen, die Entamöben, die z.B. zur Amöbenruhr, die Trichomonaden, die zur Trichomoniasis, und die Leishmanien, die z.B. zu Kala Azar führen. Als ↗ *Antimalariamittel* werden ↗ *Chinin* und verschiedene Synthetika eingesetzt. Gegen die Schlafkrankheit wurde zunächst *Suramin* entwickelt, das heute aber unter anderem durch Bisamidine, wie ↗ *Pentamidin*, ersetzt ist.

Bei Amöbeninfektionen ist das Ipecacuanha-Alkaloid (–)-Emetin (↗ *Emetin*) wirksam. Zur Behandlung der Trichomoniasis werden Nitroimidazolderivate, wie ↗ *Metronidazol*, eingesetzt. Bei Leishmanien-Infektionen werden vorwiegend organische Verbindungen des fünfwertigen Antimons benutzt.

Antipsychotika, ↗ *Psychopharmaka*.

Antipurine, ↗ *Purinanaloga*.

Antipyretika, Verbindungen, die durch Einwirkung auf das Wärmezentrum des Zentralnervensystems eine pathologisch erhöhte Körpertemperatur herabsetzen. Eine antipyretische Wirkung üben viele schwache Analgetika, z.B. Derivate der Salicylsäure, ↗ *Pyrazolone* und Analgetika der Anilinreihe, aus.

Antipyrimidine, ↗ *Pyrimidinanaloga*.

Antipyrin, *1,2-Dihydro-1,5-dimethyl-2-phenyl-3H-pyrazol-3-on*, eine schwache Base, pK_a 1,4. Nach oraler Verabreichung wird A. schnell absorbiert und innerhalb von zwei Stunden im ganzen Körperwasser verteilt. Es wurde erstmals 1884 synthetisiert und als fiebersenkendes und Schmerzmittel verwendet, bis es in den 1930ern von neuen Schmerzmitteln verdrängt wurde.

antirachitisches Vitamin, Bezeichnung für ↗ *Vitamin D*.

antisense-DNA, der ↗ *nichtcodierende Strang* der DNA-Matrize.

antisense-Gene, Gene, die ↗ *antisense-RNA* codieren. Künstlich in Zellen eingeschleuste A. haben speziell in der Pflanzenzüchtung zur gezielten Unterdrückung der Expression bestimmter pflanzeneigener Gene geführt. So hat die Expression eines in Tomaten eingefügten a. für eine Polygalacturonase zur Unterdrückung der Expression eines Enzyms geführt, das die harte Schale weich macht. Weiterhin konnte bei anderen Tomaten durch ein künstlich eingeführtes a. durch Inhibierung eines Enzyms des Biosynthesewegs des Reifungshormons Ethylen erreicht werden, dass Tomaten länger grün und fest bleiben und erst nach gezielter Zugabe von Ethylen reifen.

antisense-Konzept, basiert auf der Spezifität der Wechselwirkung des antisense-Moleküls (↗ *antisense-DNA*; ↗ *antisense-RNA*) mit der komplementären RNA- bzw. DNA-Sequenz. Aus pharmakologischer Sicht ist die Zielsequenz eines antisense-Oligonucleotids der spezifische Rezeptor für das antisense-Molekül. Die spezifische Hemmung der Expression eines einzigen Gens durch ein 13 Nucleotide langes antisense-Oligodesoxyribonucleotid mit komplementärer Sequenz zur DNA des Rous-Sarkom-Virus wurde erstmals 1978 durch Paul Zamecznik und Maria Stevenson beschrieben. Diese Autoren erkannten bereits damals die mögliche therapeutische Nutzung, wonach sich pharmakologisch aktive Oligodesoxyribonucleotide spezifisch an die RNA- oder DNA-Sequenz eines Gens anlagern können. In der Natur dienen antisense-Moleküle als Regulatoren. So konnte Ende der sechziger Jahre erstmalig am Beispiel des Lambda-Phagen gezeigt werden, dass bestimmte DNA-Sequenzen sowohl in Sinn- als auch in Gegensinn-Richtung abgelesen werden. Antisense-Moleküle können durch die Bindung an die jeweilige komplementäre Sequenz die Genexpression sowohl positiv als auch negativ beeinflussen. So agieren kurze Oligodesoxyribonucleotide auf molekularer Ebene nicht nur über die Bindung an die mRNA, vielmehr auch über die Bindung an die DNA in der Zelle. Wegen der Doppelstrangpaarung der DNA ist eine solche Wechselwirkung nur durch ein Einschieben zwischen die Stränge der Doppelhelix, oder durch Ausbildung dreisträngiger DNA-Abschnitte in Form von Tripelhelices (↗ *Hoogsteen-Basenpaarung*) möglich. Das a. ist für solche Krankheiten therapeutisch interessant, die durch Hemmung der Expression eines Gens vollständig geheilt oder im Krankheitsverlauf signifikant verbessert werden können. Aufgrund der Kenntnis der Gensequenzen vieler Viren, gibt es erfolgversprechende Ansätze, gegen virale DNA gerichtete antisense-Oligodesoxyribonucleotide ein-

zusetzen. [E. Wickstrom *Trends in Biotechnology* **10** (1992) 281]

antisense-Peptide, *komplementäre Peptide*, Peptide, deren Sequenz sich hypothetisch von dem Strang ableitet, der komplementär ist zu dem für natürlich vorkommende Peptide codierenden. Obgleich noch nicht umfassend untersucht, zeigen a. überraschende biologische Aktivitätsprofile nach Bindung an Rezeptoren des Sinn-Peptides. Das 1969 von Mekler vorgeschlagene Konzept hat nach weiterführenden Untersuchungen verschiedener Arbeitskreise potenzielle Bedeutung für biomedizinische Forschungen erlangt. So zeigten Untersuchungen, dass a. oder Antikörper gegen a. für die Reinigung sowohl von endogenen Liganden als auch von biologischen Rezeptoren sehr nützlich sein können. Neben weiteren potenziellen Anwendungen wird auch der Entwicklung hochselektiver a. gegen Tumorzellmarker für die Diagnose und mögliche Therapieansätze Bedeutung eingeräumt. [K. L. Bost u. J. E. Blalock *Methods Enzymol.* **168** (1989) 16]

antisense-RNA, komplementäre Sequenzen zu Sequenzen der mRNA. A. bzw. antisense-Oligonucleotide können mit der mRNA einen Doppelstrang bilden und somit ihre Funktion behindern und auf diese Weise die normale Genexpression blockieren (↗ *antisense-Konzept*).

Antiserum, *Immunserum*, das Serum eines Tieres (einschließlich Mensch), das mit einem Antigen immunisiert wurde. Je nachdem, ob man mit einem gereinigten Antigen oder mit einem Antigengemisch immunisiert, erhält man mono- oder polyvalentes A., d. h. Antiserum mit einem oder mehreren spezifischen Antikörpern. Außer dem gebildeten Antikörper enthält das A. noch alle anderen Serumproteine. Letztere können entweder durch Ionenaustausch- oder durch Immunadsorptionschromatographie enfernt werden.

antiskorbutisches Vitamin, Bezeichnung für *Vitamin C* (↗ *Ascorbinsäure*).

Antisterilitätsfaktor, Bezeichnung für *Vitamin E* (↗ *Tocopherol*).

Antitemplate-Substanzen, Bezeichnung für ↗ *Chalone*.

Antithrombotika, Verbindungen, die die Bildung von ↗ *Fibrin* und damit von Blutgerinnseln verhindern (*Antikoagulanzien*, *Blutgerinnungshemmer*) bzw. gebildete Blutgerinnsel, d. h. entstandenes Fibrin, aufzulösen vermögen (*Fibrinolytika*). Als Antikoagulanzien werden 4-Hydroxycumarinderivate, wie *Phenprocoumon* und *Warfarin*, und weiterhin ↗ *Heparin* und Heparinoide eingesetzt. Hydroxycumarine hemmen die Synthese von Gerinnungsfaktoren und werden als indirekt wirksame Antikoagulanzien bezeichnet. Heparin aktiviert Gerinnungsfaktoren, die ↗ *Thrombin* hemmen, und gehört damit zu den direkt wirksamen Antikoagulanzien. Als Fibrinolytika werden ↗ *Streptokinase* und ↗ *Urokinase* verwendet.

In der Schädlingsbekämpfung spielen Antikoagulanzien als chronisch wirkende *Rodentizide* eine Rolle.

Antithyreodika, ↗ *Thyreostatika.*

α-Antitrypsin, Antielastase ein zu den ↗ *Serpinen* zählendes Serumprotein (M_r ~53 kDa), das als Inhibitor von Serinproteasen wirkt. Trotz der Bezeichnung handelt es sich hierbei um einen Hemmstoff der Elastase, der das Gewebe vor dem Abbau durch Elastase schützt, indem er das aktive Zentrum des Enzyms blockiert. Bei Fehlen des Inhibitors aufgrund eines genetischen Deffekts wird durch Elastase das Elastin abgebaut, wodurch es zu einem Lungen-Emphysem kommt.

Antitumorproteine, Proteinantibiotika, die das Tumorwachstum hemmen. A. wurden aus den Kulturfiltraten verschiedener *Streptomyces*-Stämme isoliert. Das am besten untersuchte Antitumorprotein, das Neocarcinostatin, ist ein saures Einkettenprotein (M_r 10,7 kDa; Primärstruktur bekannt; 109 Aminosäuren, histidin- und methioninfrei) mit typisch antibiotischer Aktivität gegen grampositive Bakterien, wie *Sarcina lutea* und *Staphylococcus aureus*. Es ist aber auch hoch wirksam gegen experimentelle Tumore und erscheint besonders zur Bekämpfung von Tumoren des Rektums, des Magens, der Gallenblase und des Penis geeignet. Die Hauptwirkung der A. besteht in ihrer Mitosehemmung durch Inhibierung der DNA-Synthese. Außerdem beschleunigen sie den Abbau der vorhandenen DNA.

Die Kenntnis der Primärstruktur ermöglicht die chemische Synthese von A. mit hoher Antitumorwirkung. Die Behandlung des Neocarcinostatins mit Fluoresceinisothiocyanat bewirkte z.B. eine beträchtliche Abnahme der Toxizität bei gleichbleibend hoher Antitumorwirkung. Die Phytotoxine Abrin und Ricin müssen ebenfalls zur Gruppe der A. gerechnet werden, da sie wegen ihrer inhibitorischen Wirkung auf die Proteinbiosynthese bestimmte Tumorzellen in ihrer Vermehrung hemmen.

Antivitamine, Antimetabolite der Vitamine, die das Wachstum von vitaminabhängigen Mikroorganismen hemmen und beim Tier Vitaminmangelerscheinungen hervorrufen.

AP, Abk. für ↗ *alkalische Phosphatase.*

Apamin, H-Cys^1-Asn-Cys-Lys-Ala^5-Pro-Glu-Thr-Ala-Leu^{10}-Cys-Ala-Arg-Arg-Cys^{15}-Gln-Gln-His-NH$_2$ (Disulfidbindungen: Cys^1-Cys^{11}; Cys^3-Cys^{15}), ein 18 AS-Peptidamid des Bienengiftes (1–3 % des Giftes) mit neurotoxischer Wirkung. Essenzielle Bedeutung für die biologische Aktivität haben die beiden Argininbausteine. A. beeinflusst nicht den Blutdruck. Durch subletale Dosen wird eine mehrere Tage andauernde Hypermotilität erzeugt. Die LD_{50} beträgt 4 mg/kg (Maus i.v.). Wegen der geringen Konzentration hat A. für die Gesamtwirkung des Bienengiftes untergeordnete Bedeutung. Ebenso wie das ↗ *Mastzellen-degranulierende Peptid* blockiert A. selektiv Ca^{2+}-abhängige K^+-Kanäle in Neuronen, was zu einer ernsten Störung der ZNS-Funktion führt. A.-sensitive Ca^{2+}-aktivierte K^+-Kanäle sind an der Neurotransmitter/Hormon-induzierten Zunahme der K^+-Permeabilität in verschiedenen Zellen und Geweben beteiligt. [R.C. Hider *Endeavour, New Series* **12** (1988) 60; E. Moczydlowski et al. *J. Membrane Biol.* **105** (1988) 95]

AP-Endonuclease, entfernt auf eine Cytosin- oder Adenin-Desaminierung zurückgehende schadhafte Stellen in der DNA. ↗ *DNA-Reparatur.*

APF-I, Abk. für ATP-abhängiger Proteolysefaktor I, ↗ *Ubiquitin.*

Äpfelsäure, *Hydroxybernsteinsäure,* HOOC-CHOH-CH$_2$-COOH, in vielen Pflanzensäften, meist in der L(+)-Form vorkommende Dicarbonsäure. L-Form: F. 100 °C, Sdp. 140 °C (Z.). Die Salze der Äpfelsäure, die *Malate,* werden im ↗ *Tricarbonsäure-Zyklus* und im ↗ *Glyoxylat-Zyklus* gebildet. Malate spielen eine wichtige Rolle im ↗ *diurnalen Säurerhythmus* der Dickblattgewächse.

APGWamid, H-Ala-Pro-Gly-Trp-NH$_2$, ein 4 AS-Peptidamid mit muskelkontrahierender Aktivität aus der Molluske *Fusinus ferruginens.* [Y. Kuroki et al. *Biochem. Biophys. Res. Commun.* **167** (1990) 273]

Apigenin, ↗ *Flavone.*

Apigenitin, ↗ *Anthocyane.*

Apiin, ↗ *Flavone.*

D-Apiose, ein Monosaccharid mit verzweigter Kohlenstoffkette. M_r 150,13 Da, $[\alpha]_D$ +9°. D-A. findet sich in verschiedenen Glycosiden und als Baustein einiger Polysaccharide. Die Biosynthese der D-A. erfolgt aus D-Glucuronsäure.

Apnoe, ↗ *medikamenteninduzierte Apnoe.*

Apoenzym, der Proteinanteil von ↗ *Enzymen,* die für ihre katalytische Wirksamkeit ein ↗ *Coenzym* bzw. eine prosthetische Gruppe (niedermolekulare organische Verbindungen) oder einen Cofaktor (z.B. ein Metallion) benötigen. Das A. bildet zusammen mit dem Coenzym oder Cofaktor das Holoenzym.

Apoferritin, ↗ *Ferritin.*

apolare Bindungen, eine Art von ↗ *nichtkovalenten Bindungen.*

Apolipoproteine, Trägerproteine von ↗ *Lipiden.* Der Begriff A. bezeichnet das Protein in seiner lipidfreien Form. Die A. verbinden sich mit Lipiden zu verschiedenen Klassen von Lipoproteinpartikeln. Wichtige A. der humanen Plasmalipoproteine sind: ApoA-I (M_r 28 kDa), ApoA-II (M_r 17 kDa), Apo-

IV (M_r 44 kDa), ApoB-48 (M_r 240 kDa), ApoB-100 (M_r 513 kDa), ApoC-I (M_r 7 kDa), ApoC-II (M_r 9 kDa), ApoC-III (M_r 9 kDa), ApoD (M_r 32,5 kDa) und ApoE (M_r 34 kDa).

Apoprotein, der Proteinanteil zusammengesetzter ⌐ *Proteine*. Im Falle der Enzyme auch ⌐ *Apoenzym* genannt.

Apoptose, *programmierter Zelltod*, Zelltod, der durch die Zelle selbst reguliert wird, d.h. er ist genetisch programmiert. Es gibt inzwischen genügend Beweise, die zeigen, dass die molekulare Basis der Apoptose während der Evolution hoch konserviert wurde. Apoptose ist eine Form von reguliertem Zellsuicid, der für eine ordnungsgemäße Embryogenese und Metamorphose, Gewebehomöostase und die Funktion des Immunsystems in Metazoen notwendig ist. Auf der mikroskopischen Ebene der Zelle kommt es bei der Apoptose zum Verlust von Zellverbindungen und Mikrovilli, zu Chromatinkondensation, DNA-Fragmentierung, cytoplasmatischer Kontraktion und dichter Packung von Mitochondrien und Ribosomen. Es bilden sich Membranbläschen, in denen das endoplasmatische Reticulum mit der Zellplasmamembran verschmilzt und die Zelle in mehrere membrangebundene Vesikel unterteilt, die als apoptotische Körper bezeichnet werden. Letztere werden im Allgemeinen von benachbarten Zellen aufgenommen und abgebaut.

Es wurden eine Reihe von Faktoren identifiziert, die die Apoptose aktivieren. Sie kann durch cytotoxische Agenzien induziert werden, aber die natürliche, genetisch programmierte Apoptose scheint von der Initiierung eines Signalstoff-Stoffwechselwegs durch Ligandenbindung an spezifische Rezeptoren auf der Zelloberfläche abzuhängen. Obgleich für die Beobachtung der Apoptose *in vitro* DNA-Spaltungsmuster herangezogen werden können, häufen sich die Beweise dafür, dass cytoplasmatische Proteasen eine Hauptrolle in der Apoptose spielen. Die Gesamtheit der Proteasen, die für das Einsetzen der Apoptose verantwortlich ist, wird im Englischen als *executioner* (Henker) bezeichnet. Es gibt jedoch keine Hinweise dafür, dass diese Proteasen koordiniert, als Teil einer einzigen Funktionseinheit oder innerhalb eines funktionellen Komplexes tätig werden.

Ein früher Hinweis auf die Beteiligung von Proteasen an der Apoptose wurde durch die Identifikation eines porenbildenden Proteins (Perforin) und einer Reihe von Serinproteasen in den cytoplasmatischen Granula cytotoxischer T-Lymphocyten und natürlicher Killerzellen geliefert (die beiden letztgenannten Zellarten töten durch Bindung an die Zielzelle und induzieren die Apoptose). Eine dieser Serinproteasen, bekannt als Granzym B oder Fragmentin-2, besitzt die ungewöhnliche Eigenschaft,

hinter einem Asp-Rest zu spalten. Setzt man Zielzellen einer Kombination aus Perforin und Granzym B aus, so wird Apoptose induziert.

Der apoptotische Zelltod wird auch initiiert (durch einen noch unbekannten Mechanismus), wenn die Zelloberflächenrezeptoren Fas (auch Apo-1 genannt; M_r 45 kDa) und der Typ-1-Tumornekrosefaktor-Rezeptor (TNF-1; M_r 55 kDa) entweder ihre Liganden oder quervernetzende Antikörper binden. Der natürliche Ligand von Fas ist ein glycosyliertes Transmembranprotein Typ II, was darauf schließen lässt, dass die Apoptose durch einen Zell-Zell-Kontakt initiiert wird. Cytotoxische T-Zellen induzieren ebenfalls Apoptose in den Zielzellen, wenn sie an Fas binden. Fas und TNF-1 weisen große Sequenzähnlichkeiten auf, sowohl in ihren cysteinreichen extrazellulären Domänen als auch in ihren intrazellulären „Todesdomänen", die aus ca. 80 Aminosäureresten bestehen. Das Gen für Fas in Mäusen ist defekt, wenn es Mutationen am *lpr*-Ort (engl. *lymphoproliferation*) aufweist. In Abhängigkeit von der Mutationsstelle kann die Expression des Rezeptors völlig inhibiert oder reduziert sein, oder der Rezeptor selbst ist nicht funktionsfähig. Fas-induzierte Apoptose kommt nicht in homozygoten Mäusen vor, die an einer komplexen immunologischen Erkrankung leiden, bei der unter anderem die B- und T-lymphoiden Kompartimente Defekte aufweisen.

Das Interleukin-1β-Conversionsenzym (ICE, das den Vorläufer des Interleukin-1β – M_r 33 kDA – durch proteolytische Spaltung nach einem Asp-Rest in die aktive Form – M_r 17,5 kDa – umwandelt) und andere Mitglieder dieser Proteasefamilie scheinen eine wesentliche Rolle in der Apoptose zu spielen. So blockiert z.B. die Expression des CrmA-Proteins (eines Protease-Inhibitors, der ICE hemmt) die durch Fas oder TNF-1 induzierte Apoptose. Dies impliziert, dass Proteasen vom ICE-Typ an dem Suicidweg beteiligt sind. Als Ziele oder „Todessubstrate", die mit dem Einsetzen der Apoptose in Verbindung stehen, wurden folgende Proteine identifiziert: poly(ADP-Ribose)-Polymerase, Lamin B1, α-Fodrin, Topoisomerase I, β-Actin und die M_r 70 kDa-Komponente des U1 small Ribonucleoproteins (U1-70kD).

Es wurde eine Reihe von Genen identifiziert, die verschiedene Aspekte der Apoptose im Nematoden *Caenorhabditis elegans* kontrollieren. Zwei dieser Gene, *ced-3* und *ced-4*, werden für die Apoptose während der Entwicklung benötigt. Das Genprodukt von *ced-3* zeigt eine signifikante Homologie mit ICE.

[R.E. Ellis et al. *Annu. Rev. Cell Biol.* **7** (1991) 663–698; S. Cory *Nature* **367** (1994) 317–318; S. J. Martin u. D. R. Green *Cell* **82** (1995) 349–352; M. Tewari et al. *J. Biol. Chem.* **270** (1995) 18.738–

18.741; C. D. Gregory (Hrsg.) *Apoptosis and the Immune Response* Wiley-Liss., New York, 1995]

Aporepressor, der in einem reprimierbaren Enzymsystem von einem Regulatorgen codierte inaktive ↗ *Repressor*. Der A. wird durch einen ↗ *Corepressor* aktiviert und kann danach die ↗ *Transcription* blockieren.

APP, Abk. für Aneurinpyrophosphat, ↗ *Thiaminpyrophosphat*.

Appetitzügler, *Anorexika*, Verbindungen, die den Appetit herabsetzen. Sie verringern dadurch die Nahrungsaufnahme und können deshalb unter ärztlicher Kontrolle zur Reduzierung der Körpermasse verwendet werden. Die A. besitzen in der Regel zusätzlich zentral erregende Wirkungen. Viele als A. verwendete Verbindungen sind β-Phenylethylaminderivate und stehen den ↗ *Weckaminen* und ↗ *Sympathikomimetika* nahe. Als A. wird z. B. *Norpseudoephedrin*, C_6H_5–CH(OH)–CH(CH$_3$)–NH$_2$ eingesetzt.

APS, Abk. für Adenosin-5'-phosphosulfat, ↗ *Sulfatassimilation*.

APS-Reduktase, ↗ *Adenyl-Sulfatreduktase*.

APS-Transferase, ↗ *Adenyl-Sulfatreduktase*.

Aptamere, von lat. *aptus*, hochaffine RNA- und DNA-Oligonucleotide, die aufgrund ihrer spezifischen räumlichen Struktur eine hohe Affinität zu einem Zielmolekül besitzen. Um solche A. zu finden, wird seit Anfang der neunziger Jahre ein kombinatorischer Ansatz genutzt, bei dem nach dem Zufallsprinzip eine große Zahl von Oligonucleotiden unterschiedlichster Sequenz und Sekundärstruktur enzymatisch erzeugt wird, aus der das Oligonucleotid mit der höchsten Affinität zu einem Zielmolekül herausgesucht und angereichert wird. Als kombinatorischer Ansatz hat sich die ↗ *in-vitro-Selektion* bewährt. Zielstrukturen für A. können Rezeptoren und andere Proteine, Lipid- oder Kohlenhydratstrukturen sein. Interessanterweise wurden auch schon hochaffine A. gegen kleine Moleküle erhalten (Abb.). Im Gegensatz zur zeitlich und ökonomisch sehr aufwendigen konventionellen Entwicklung niedermolekularer Wirkstoffe, wie z.B. von synthetischen Agonisten für bestimmte Rezeptoren, lassen sich A. in wenigen Wochen bis Monaten erhalten. Außerdem besitzen A. selbst im Vergleich zu monoklonalen Antikörpern in der Regel viel höhere Affinitäten. Eingeschränkt werden die Verwendungsmöglichkeiten von A. allerdings durch zwei wichtige Punkte: 1) Ihre Größe wirkt limitierend für einen intrazellulären Einsatz. Zur Erzeugung der optimalen Vielfalt dreidimensionaler Strukturen von DNA- bzw. RNA-Oligonucleotid-Bibliotheken ist eine Zufallssequenz von minde-

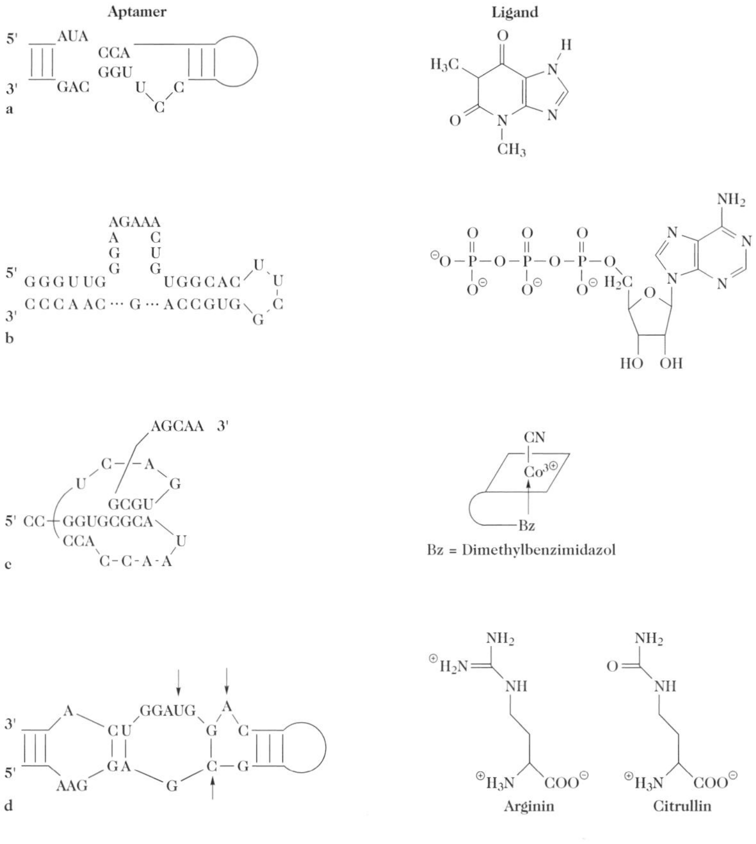

Aptamere. Beispiele einiger Aptamere.
a) Das *Theophyllin*-Aptamer und die Struktur von Theophyllin. Linien im Aptamer verdeutlichen, wo dessen Sekundärstruktur, aber nicht die Sequenz entscheidend für die Bindung ist (Dissoziationskonstante $K_D = 0{,}32\,\mu M$).
b) Das *ATP*-Aptamer und dessen Ligand ($K_D = 0{,}7\,\mu M$).
c) Das *Cyanocobalamin*-Aptamer und dessen Ligand. Linien verdeutlichen die intramolekularen Wechselwirkungen in der komplizierten Pseudoknotenstruktur ($K_D = 0{,}088\,\mu M$).
d) Das *Arginin*-Aptamer, das aus einem Citrullin-Aptamer evolviert wurde, und beide Liganden. Pfeile deuten auf die Punkte, die für die Bindung an ein Arginin bzw. Citrullin bestimmend sind ($K_D = 10{,}0\,\mu M$).

stens 25 Nucleotiden erforderlich. Da für die Stabilisierung der Sekundärstruktur noch zusätzliche terminale Primer-Sequenzen nötig sind, werden die A. so groß, dass sie nur schwer in Zellen aufgenommen werden können. Aus diesem Grunde dominiert die Generierung von A., die gegen extrazelluläre Zielmoleküle gerichtet sind. 2) Ein weiterer Nachteil ist, dass bisher vorrangig RNA-Oligonucleotid-A. entwickelt wurden, da diese im Vergleich zu DNA-A. Raumstrukturen höherer Komplexität ausbilden. Andererseits ist aber RNA gegen einen Abbau durch Nucleasen weniger stabil als DNA. Durch den Einbau von 2'-modifizierten Ribosebausteinen (Ersatz des OH gegen NH_2 bzw. F) wird versucht, die Abbauresistenz zu erhöhen. Allerdings müssen derartige Modifikationen auch von den Polymerasen bei der *in-vitro*-Selektion toleriert werden. Da auch einzelsträngige DNA zur Ausbildung dreidimensionaler Strukturen befähigt ist, wird der Entwicklung von DNA-A. große Aufmerksamkeit geschenkt. [A. D. Ellington *Current Biology* **4** (1994) 427; L. Gold *J. Biol. Chem.* **270** (1995) 13.581; L. Gold et al. *Annu. Rev. Biochem.* **64** (1995) 763]

APUD-System, von engl. *amine precursor uptake decarboxylase system*, besteht aus Zellen des Nervensystems und des gastrointestinalen Trakts, die von neuroektodermalen Zellen der undifferenzierten Neuralwulst abstammen. Sie sind gekennzeichnet durch die Fähigkeit, Amine bzw. deren Vorstufen aufzunehmen und zu decarboxylieren und damit Peptidhormone zu bilden. Die in Darm und Gehirn lokalisierten Zellen produzieren mehrere identische Peptide, z.B. Bombesin, Cholecystokinin, Neurotensin, Substanz P, Enkephalin, Gastrin, vasoaktives Intestinalpeptid, Somatostatin, usw., was auf den gemeinsamen embryonalen Ursprung dieser Gewebe hinweist. Diese Peptide wirken sowohl im Darm als auch im Nervensystem spezifisch. Ihre Funktionen sind jedoch im Allgemeinen unterschiedlich, da sie durch die Blut-Hirn-Schranke von dem jeweils anderen Kompartiment großenteils ausgeschlossen sind.

APUD-Zellen stammen von einem ancestralen Neuron ab. Obwohl das Axon verlorengegangen ist, ist die Nervenversorgung noch über die synaptischen Enden bzw. über eine indirekte nervöse Kontrolle möglich. Es gibt sechs Arten der Sekretion der Peptidhormone von APUD-Zellen: neurokrine (in die Neurone), neuroendokrine (über Axone), endokrine (in den Blutstrom), parakrine (in den interzellulären Raum), epikrine (in somatische Zellen) und exokrine (nach außen).

Das APUD-Konzept eines diffusen neuroendokrinen Systems wurde von A.G.E. Pearse [in *Centrally Acting Peptides*, J. Hughes (Hrsg.), MacMillan, 1978] folgendermaßen definiert: „Die Zellen des APUD-Systems, die Peptide produzieren, welche als Hormone oder als Neurotransmitter wirken, stammen alle von neuroendokrin programmierten Zellen ab, die ihren Ursprung im Ektoblast haben. Sie bilden eine dritte (endokrine oder neuroendokrine) Gruppe des Nervensystems. Dessen Zellen sind als Effektoren der dritten Reihe aktiv, um die Aktivität der Neuronen der somatischen und autonomen Gruppen zu unterstützen, zu modulieren oder zu verstärken und möglicherweise als Tropine sowohl auf die neuronalen als auch auf die nichtneuronalen Zellen zu wirken."

Apurinsäuren, aus Phosphat, Pentose und Pyrimidinen bestehende Polynucleotide, die bei kurzdauernder milder Säurehydrolyse durch Abspaltung der Purinbasen aus Nucleinsäuren entstehen.

Apyrimidinsäuren, durch chemischen Abbau, z.B. Behandlung von DNA mit Hydrazin, entstehende Polynucleotide, die keine Pyrimidinbasen mehr enthalten.

AQP, Akronym für ↗ *Aquaporine*.

Aquaporine, *AQP*, Mitglieder einer Superfamilie integraler Membranproteine (MIP, engl. *major intrinsic protein*), die den Wassertransport in verschiedenen Eukaryonten und Prokaryonten ermöglichen. AQP1 ist ein partiell glycosylierter Wasserselektiver Kanal, der in den Plasmamembranen verschiedener Epithel- und Endoepithelzellen vorkommt. Strukturell ist AQP1 ein Homotetramer mit vier unabhängigen Wasserkanälen. Jedes Monomer besteht aus sechs membrandurchspannenden α-Helices. [G. M. Preston et al. *Science* **256** (1992) 385; T. Walz et al. *Nature* **387** (1997) 624]

Äquivalenzpunkt, *Äquivalenzzone*, der Bereich einer Fällungskurve, in dem alle Antikörperbindungsstellen mit den antigenen Determinanten gesättigt sind und die Antikörper quantitativ ausgefällt worden sind. Im Überstand sind weder Antigen noch Antikörper zurückgeblieben. An diesem Punkt bildet der Antigen-Antikörper-Komplex eine komplizierte Netzwerkstruktur aus (Abb.). Außerhalb dieses Bereichs werden nur kleinere Strukturen oder lösliche binäre Komplexe gebildet.

Äquivalenzzone, ↗ *Äquivalenzpunkt*.

Arabane, aus L-Arabinose $1\rightarrow5$- und $1\rightarrow3$-glycosidisch aufgebaute verzweigte hochmolekulare Polysaccharide, wobei der Arabinoserest als Furanose (↗ *Kohlenhydrate*) vorliegt. A. sind als Bestandteil von Hemicellulosen im Pflanzenreich weit verbreitet.

1-β-D-Arabinofuranosylderivate, Derivate von Adenin, Cytosin, Thymin und Uracil, ↗ *Arabinoside*.

Arabinonucleoside, Syn. für ↗ *Arabinoside*.

Arabinose, eine in der D- und L-Form in der Natur vorkommende Pentose (M_r 150,13 Da, Abb.). Die *L-Arabinose*, β-Form, F. 160 °C, $[\alpha]_D$ +190° → +105°

1 Antikörperüberschuss

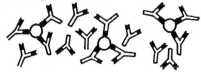

2 Antikörper und Antigen gegeneinander
abgesättigt (Äquivalenzpunkt), Vorliegen
einer Fachwerkstruktur

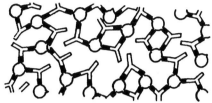

3 Antigenüberschuss

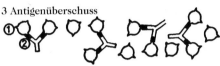

① trivalentes Antigen
② bivalenter Antikörper

Äquivalenzpunkt. Grundtypen von Antigen-Antikörper-Komplexen, dargestellt für den Fall eines trivalenten Antigens und eines bivalenten Antikörpers. Der variable Teil mit der Anitgenbindungsstelle ist schwarz gezeichnet.

(Wasser), ist Bestandteil von Hemicellulosen, z.B. des Arabans des Kirschgummis und kommt in Pflanzenschleimen, Glycosiden und Saponinen vor. Die D-Arabinose, β-Form, F. 160°C, $[\alpha]_D$ −175° → −105,5° (Wasser), ist aus einigen Bakterien isoliert worden und findet sich als Baustein in einigen Glycosiden.

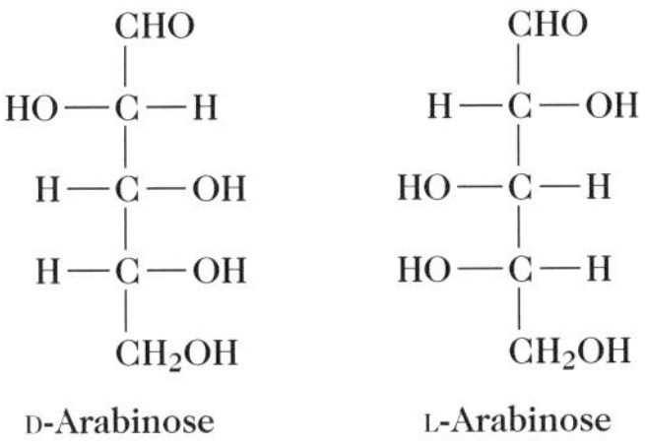

```
        CHO                      CHO
         |                        |
  HO —— C —— H            H —— C —— OH
         |                        |
   H —— C —— OH           HO —— C —— H
         |                        |
   H —— C —— OH           HO —— C —— H
         |                        |
        CH₂OH                    CH₂OH
     D-Arabinose            L-Arabinose
```

Arabinose. D-Arabinose und L-Arabinose.

Arabinoside, *Arabinonucleoside,* Strukturanaloga der Ribonucleotide, in denen die Ribofuranose durch Arabinofuranose ersetzt ist (Abb.). 1-β-D-Arabinofuranosylcytosin (Cytosinarabinosid) inhibiert die Reduktion von Cytidindiphosphat zum entsprechenden Desoxynucleotid im Verlauf der DNA-Biosynthese. Es unterliegt einer raschen Desaminierung zum entsprechenden inaktiven Uracil-

derivat. 1-β-D-Arabinofuranosyluracil (Spongouridin) und 1-β-D-Arabinofuranosylthymin (Spongothymidin) wurden als natürlich vorkommende Pyrimidinanaloga in verschiedenen Schwämmen gefunden. Diese Arabinofuranosylderivate werden deshalb oft auch als Spongonucleotide (engl. *sponge* „Schwamm") bezeichnet.

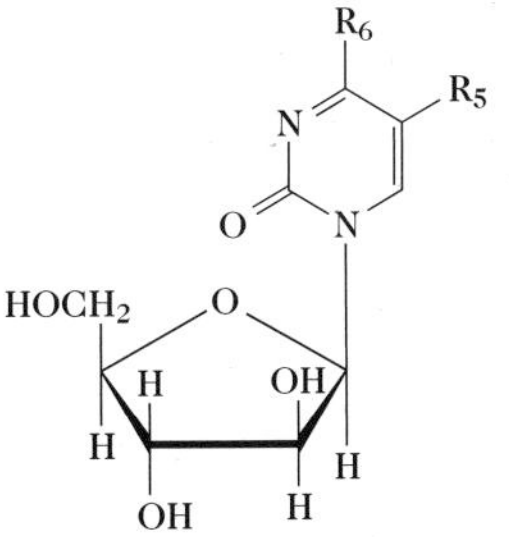

Arabinoside. Struktur bekannter Arabinoside.

Arabinosid	R_5	R_6
1-β-D-Arabinofuranosylcytosin	NH_2	H
1-β-D-Arabinofuranosyluracil	H	OH
1-β-D-Arabinofuranosylthymin	OH	CH_3

Auch Purinbasen können Bestandteil von A. sein, z.B. 1-β-D-Arabinofuranosyladenin (Ara-A) und 9-[2(2-Hydroxyethoxy)methyl]guanin (Acyclovir). Sie werden alle mit Hilfe einer viralen Thymin-Kinase zu Triphosphatestern phosphoryliert, die die virale DNA-Polymerase inhibieren. Aus diesem Grund sind sie als antivirale Agenzien interessant, werden aber unglücklicherweise durch Adenin-Desaminase schnell desaminiert. Durch Veresterung der Zuckerhydroxylgruppen werden diese Verbindungen in die Lage versetzt, die Zellmembran leichter zu passieren, wodurch ihre Wirksamkeit verstärkt wird. Andere synthetische A., z.B. 2'-Fluoro-5-iodoarabinosylcytosin, wurden als potenzielle antivirale Agenzien untersucht. [ACS Highlights: *Science* **220** (1983) 292–293]

Arachidonsäure, *all-cis-5,8,11,14-Eicosatetraensäure,* die biosynthetische Vorstufe mehrerer Gruppen regulatorischer Substanzen: ↗ *Prostaglandine,* ↗ *Thromboxane,* ↗ *Leukotriene* und oxidierte Eicosatrien- und Eicosatetraensäuren. Die A. kommt aus der Nahrung oder stammt von Linolsäure ab, die durch Kettenverlängerung und Einführung von Doppelbindungen abgewandelt wird. Sie wird in die Membranphospholipide, insbesondere die Phosphatidylinositole (↗ *Inositolphosphat*), inkorporiert. Wird sie daraus mit Hilfe der Phospholipase A₂ freigesetzt, kann sie durch mehrere Enzyme oxidiert werden. Phosphatidylinositole werden als Folge der Bindung von Hormonen an ihre spezifischen Rezeptoren gespalten (↗ *sekun-*

däre Botenstoffe). Die erhaltene A. und ihre Metabolite verstärken dann die Hormonsignale und geben diese wieder an das umgebende Gewebe weiter.

A. wird von zwei Enzymarten angegriffen, durch die Lipoxygenase und die cyclo-Oxygenase. Die für die Positionen 15 oder 12 spezifischen Lipoxygenasen erzeugen 15- oder 12-Hydroperoxyeicosatetraensäure (HPETE), die weiter zu Hydroxyeicosatetraensäure (HETE) metabolisiert werden können. Diese Substanzen sind pharmakologisch aktiv und können die Produktion von Leukotrienen inhibieren. Die Einführung einer Hydroperoxygruppe an Position 5 durch die Aktivität einer dritten Lipoxygenase führt zu 5-HPETE, der Vorstufe der ⊅ *Leukotriene*. Die cyclo-Oxygenase bildet Endoperoxide, die nach der Addition von Sauerstoff an Position 15 in ⊅ *Prostaglandine* überführt werden. Das Endoperoxid PGH_2 stellt die Vorstufe der ⊅ *Thromboxane* dar. [S. Moncada u. J.R. Vane *Pharmacol. Rev.* **30** (1979) 293–331]

Arachin, ein Protein der Erdnuss (*Arachis hypogaea*). A. besteht aus sechs Untereinheiten (M_r 345 kDa), die sich aus zwei gleich großen, kovalent gebundenen Polypeptidketten zusammensetzen. A. ist dem Edestin sehr ähnlich.

Arachinsäure, veraltete Bezeichnung für *n-Eicosansäure*, ⊅ *Eicosansäure*.

Arborole, *Dendrimere*, ⊅ *künstliche Enzyme*.

Arcain, *1,4-Diguanidinobutan*, $H_2N-C(=NH)-NH-(CH_2)_4-NH-C(=NH)-NH_2$, ein stark basisches Guanidinderivat, das aus der Muschel *Arca noae* isoliert wurde, aber auch in höheren Pilzen, z.B. dem Tigerritterling (*Panus tigrinus*) vorkommt. A. entsteht aus Putrescin über Agmatin durch eine zweistufige ⊅ *Transamidinierung* mit L-Arginin. A. wirkt blutzuckersenkend.

Areca-Alkaloide, Pyridinalkaloide, bei denen der Pyridinring teilweise hydriert ist (Tab.). Die A. werden aus Betelnüssen, den Samen der Betelpalme (*Areca catechu*, Farbtafel VI, Abb. 1) gewonnen. In der Pflanze sind die A. an Gerbstoffe gebunden. Hauptalkaloid ist das ⊅ *Arecolin*. Die A. leiten sich wahrscheinlich von der Nicotinsäure oder ihren Vorstufen ab. Für die Medizin sind die A. heute nur

Areca-Alkaloide. Struktur der Areca-Alkaloide.

	$R_1 = H$	$R_1 = CH_3$
$R_2 = H$	Guvacin	Arecaidin
$R_2 = CH_3$	Guvacolin	Arecolin

noch von geringem Interesse. Von Bedeutung ist die Droge hingegen als Genussmittel. Ein aus Betelnüssen, Kalk (zum Freisetzen der Alkaloide) und Blättern des Betelpfeffers (*Piper betle*) bereiteter Priem (Betel, Betelbissen) wird gekaut und übt eine stimulierende Wirkung aus. Die Gewohnheit des Betelkauens ist seit mehr als 2.000 Jahren bekannt und auch heute noch weit verbreitet (Ostafrika, Indien, Ozeanien). Man schätzt die Anzahl der Betelkauer, die an ihren rot gefärbten Zähnen zu erkennen sind, auf etwa 200 Millionen Menschen.

Arecaidin, ⊅ *Arecolin*.

Arecolin, *1,2,5,6-Tetrahydro-1-methyl-3-pyridincarbonsäuremethylester*, das Hauptareca-Alkaloid (M_r 155,19 Da, Sdp. 209 °C) und der Methylester des Alkaloids Arecaidin (M_r 141,9 Da, F. 232 °C). A. ist für die physiologische Wirkung der Betelnüsse verantwortlich. A. wirkt als Parasympathikomimetikum. Wegen seiner starken Toxizität wird es aber fast ausschließlich in der Veterinärmedizin angewendet.

ARF-Proteine, eine Gruppe kleiner ⊅ *GTP-bindender Proteine*, ⊅ *Rab-Proteine*.

Arg, Abk. für ⊅ *L-Arginin*.

Arginase (EC 3.5.3.1), eine leberspezifische Hydrolase von hoher Aktivität und Spezifität, die bei den harnstoffbildenden (ureotelen) Tieren als Schrittmacherenzym die letzte Reaktion im Ornithin-Zyklus katalysiert: L-Arginin + H_2O → L-Ornithin + Harnstoff. Während sich bei den landlebenden ureotelen Tieren, z.B. Säugetieren, Fröschen, Sumpfschildkröten, die A. praktisch nur in der Leber findet – Spuren sind in Pankreas, Brustdrüse, Hoden und Niere enthalten – sind die Arginaseaktivitäten bei den ebenfalls ureotelen Knorpelfischen, z.B. Haien und Rochen, nicht nur auf die Leber beschränkt. Die A. dient bei diesen Fischen zur Erzeugung einer hohen Harnstoffkonzentration im Blut (2–2,5 %), die zur Aufrechterhaltung des osmotischen Drucks im Blut lebensnotwendig ist. Leberarginase ist bei proteinreicher Diät erhöht und bei Lebercarcinom erniedrigt. Sie ist ein tetrameres und metallionenabhängiges Enzym, das vier Mangan(II)-Ionen je Molekül A. (M_r 120 kDa) bindet. Die Entfernung des Metallions, z.B. durch EDTA, führt zur Dissoziation der Leberarginase in ihre vier inaktiven Untereinheiten. Manganzusatz macht diesen Vorgang rückgängig. Bei pH 7,0 und 4 °C ist A. über Monate stabil. Unter pH 6 wird das Leberenzym zunehmend inaktiviert, da das tetramere Arginasemolekül im sauren Medium über seine dimeren (M_r 60 kDa; bei pH 4) in seine monomeren (M_r 30 kDa; bei pH 2) Untereinheiten reversibel zerfällt. A. ist ein hochspezifisches Enzym, sie hydrolysiert außer Canavanin nur L- jedoch nicht D-Arginin oder andere Guanidinoverbindungen. Ihr pH-Optimum ist metallionenabhängig und liegt in

Gegenwart von Mn^{2+}-Ionen bei pH 10,0. Typische Inhibitoren der A. sind L-Ornithin und L-Lysin. Die bei den harnsäurebildenden (uricotelen) Wirbeltieren (Vögel, Reptilien) ebenfalls nachweisbare, allerdings sehr gering aktive L-argininspezifische A. unterscheidet sich von der ureotelen Leberarginase im K_M-Wert, der 50–100mal größer ist als der K_M-Wert der Rattenleberarginase, im M_r (276 kDa), in der Ornithinhemmbarkeit und im immunologischen Verhalten.

L-Arginin, *Arg*, *2-Amino-5-guanidovaleriansäure*, die am stärksten basische Aminosäure. M_r 174,2 Da, F. 238 °C (Z.), $[\alpha]_D$ 27,4 °. A. zersetzt sich in heißer Alkalilauge; es bildet schwerlösliche Nitrate, Pikrate und Pikrolonate sowie ein besonders schwerlösliches Salz mit Flaviansäure. Es wird zu Citrullin und Ornithin hydrolysiert. Die *Sakaguchi-Reaktion* dient zum Nachweis und zur quantitativen Bestimmung von L-A.: 1 ml 5 %ige Natriumhydroxydlösung wird zu 3 ml Testlösung gegeben; anschließend werden zwei Tropfen einer 1 %igen ethanolischen α-Naphthollösung und ein Tropfen einer 10 %igen Natriumhypochloritlösung hinzugefügt; die Entwicklung einer tiefroten Farbe zeigt das Vorhandensein von A. an. L-A. ist besonders reichlich in Protaminen und Histonen enthalten. Außerdem kommt L-A. in vielen Pflanzen in freier Form in hoher Konzentration vor, z.B. in Rotalgen, Kürbisgewächsen (*Cucurbitaceae*) und Koniferen. L-A. spielt hier eine Rolle als N-Speichersubstanz und N-Transportform, weshalb besonders hohe Konzentrationen an L-A. in verschiedenen Keimlingen und in Reserveorganen vorkommen.

A. ist eine glucoplastische und eine halbessenzielle Aminosäure für Menschen, Ratten und Hühner. D. h. es wird im Erwachsenenalter nicht benötigt, während die jungen Tiere nicht in der Lage sind, es schnell genug zu synthetisieren, um ihren gesamten Bedarf für Wachstum und Entwicklung zu decken. A. wird im ↗ *Harnstoff-Zyklus* synthetisiert, dort dient es als wichtiges Zwischenprodukt. L-A. wird je nach Spezies von verschiedenen Enzymen angegriffen: 1) Arginase (EC 3.5.3.1) spaltet L-A., das proteolytisch freigesetzt oder im Harnstoff-Zyklus produziert wurde; 2) Transamidinase (EC 2.1.4) (↗ *Amidinotransferase*) katalysiert die Transamidinierung aus L-A. auf verschiedene Aminosäuren und Amine unter Bildung von Guanidinderivaten und ist z.B. auch an der Bildung der Phosphagene beteiligt; 3) L-Arginin-Desiminase (EC 3.5.3.6) hydrolysiert L-A. zu L-Citrullin und Ammoniak; 4) L-Aminosäure-Oxidase (EC 1.4.3.2) desaminiert L-A. zum Ketoanalogen, der 2-Oxo-5-guanidovaleriansäure; 5) L-Arginin-Decarboxylase (EC 4.1.1.19) decarboxyliert L-A. zu Agmatin; 6) L-Arginin-2-Monooxygenase (EC 1.13.12.1) überführt A. in 4-Guanidobutyramid.

A. verstärkt die Spermatogenese. Verschiedene Naturstoffe enthalten L-A., z.B. Octopin und das Phosphagen Argininphosphat. L-A. wurde zuerst von Schulze und Steiger 1886 aus Lupinenkeimlingen isoliert.

Argininämie, eine ↗ *angeborene Stoffwechselstörung*, verursacht durch einen Mangel an ↗ *Arginase* (Arginin-Amidinase, Canavanase, EC 3.5.3.1). Es treten erhöhte Arginin- und Ammoniakwerte im Blut auf, wodurch es zu neurologischen Schädigungen und geistiger Entwicklungsverzögerung kommt. Der Defekt liegt zwar primär in der Leber vor, jedoch wird – ebenso wie bei anderen ererbten Defekten des ↗ *Harnstoff-Zyklus* – eine Schädigung des zentralen Nervensystems beobachtet. Der Grund dafür liegt vermutlich in der toxischen Wirkung, die ein erhöhter Ammoniakspiegel ausübt.

Argininbernsteinsäure-Krankheit, *Argininosuccinurie*, eine ↗ *angeborene Stoffwechselstörung*, verursacht durch einen Mangel an *Arginin-Succinat-Lyase* (Argininsuccinase, EC 4.3.2.1). Dadurch erhöht sich die Argininsuccinatkonzentration im Serum – wo es normalerweise nur in Spuren vorhanden ist – und Argininsuccinat wird in großen Mengen ausgeschieden. Nach einer Proteinmahlzeit steigt die Ammoniakkonzentration im Blut signifikant an. Normalerweise scheint das Enzym nicht gesättigt zu sein, bei den betroffenen Patienten liegt das weniger aktive Enzym (unter 5 % der normalen Aktivität) jedoch gesättigt vor und katalysiert daher die Argininsynthese mit höherer Geschwindigkeit. Dadurch ist die Harnstoffproduktion nicht wesentlich verringert, während die Konzentrationen der Intermediate, die der Argininsuccinatspaltung vorausgehen, verändert ist. Es treten geistige Entwicklungsverzögerung und gelegentlich neurologische Schädigungen auf.

Arginin-Harnstoff-Zyklus, ↗ *Harnstoff-Zyklus*.

Argininosuccinurie, Syn. für ↗ *Argininbernsteinsäure-Krankheit*.

Argininphosphat, ↗ *Phosphagene*.

Ariboflavinose, eine Riboflavin-Mangelkrankheit des Menschen, die gekennzeichnet ist durch: Lippenschädigung, seborrhoische Dermatose rund um Nase, Ohren und Augenlider sowie Haarausfall. Typisch für eine menschliche A. sind auch angulare Stomatitis, Glossitis, Cheilosis und okulare Veränderungen wie Photophobie, undeutliches Sehen sowie Vaskularisierung der Cornea. Bei Ratten verursacht ein experimenteller Riboflavinmangel Wachstumsstörungen und Dermatosen rund um die Nasenlöcher und Augen. ↗ *Riboflavin*.

Aristolochiasäuren, eine Gruppe strukturähnlicher aromatischer Nitroverbindungen aus *Aristolochia*-Arten wie der Osterluzei. Die wichtigste ist *Aristolochiasäure I*, F. 173 °C. Die A. entstehen aus Isochinolinalkaloiden vom Typ des Norlaudanosins durch oxidative Zerstörung des stickstoffhaltigen Rings (Abb.).

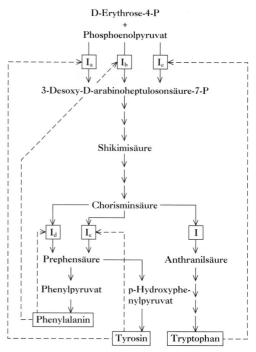

Norlaudanosolin → Aristolochiasäure I

Aristolochiasäuren. Biosynthese von Aristolochiasäure I.

Aristolochiadrogen und ihre Zubereitungen gehören zu den ältesten Arzneimitteln der Menschheit. Bedingt durch die hohe Toxizität der A., hat die Droge ihre Bedeutung verloren. Mehrere Insekten, die sich von *Aristolochia clamatis* oder *A. rotundo* ernähren, speichern A. I zur Abwehr von Fressfeinden. Besonders untersucht wurde dies an dem Schmetterling *Pachlioptera aristolochiae*, der A. I enthält, die seine Raupe aufgenommen hat. [J. von Euw et al. *Nature* **214** (1967) 35–39]

Aromatasehemmer, Verbindungen, die die Umwandlung von C_{19}-Androgenen in C_{18}-Östrogene, d.h. die Aromatisierung des Rings A hemmen. Sie werden zur Behandlung des östrogenabhängigen Mammacarcinoms eingesetzt. Ein Beispiel ist *Aminogluthetimid* (Abb.).

Aromatasehemmer. Aminogluthetimid.

Aromatenbiosynthese, *Aromatisierung*, Biosynthese von Verbindungen, die das Benzolringsystem enthalten. Die beiden wichtigsten Mechanismen

Abb. 1. Aromatenbiosynthese. Vereinfachtes Schema der Regulation der Aromatenbiosynthese. I_a, I_b, I_c: Isoenzyme der Phospho-2-keto-3-desoxyheptonat-Aldolase (EC 4.1.2.15). I_d, I_e: Isoenzyme der Chorismat-Mutase (EC 5.4.99.5).

der A. sind: 1) der *Shikimisäure-Chorisminsäure-Weg*, nach dem die aromatischen Aminosäuren L-Phenylalanin, L-Tyrosin und L-Tryptophan sowie 4-Hydroxybenzoesäure (Vorstufe von Ubichinon), 4-Aminobenzoesäure (Vorstufe von Folsäure), die Phenylpropane (Ligninbausteine, Zimtsäurederivate und die Flavonoide) synthetisiert werden; 2) der *Polyketidweg* (↗ *Polyketide*), in dem Acetatmoleküle kondensiert und aromatische Verbindungen, z.B. 6-Methylsalicylsäure aufgebaut werden.

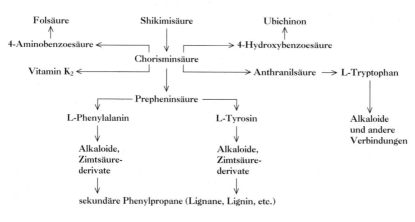

Abb. 2. Aromatenbiosynthese. Schlüsselrolle der Chorisminsäure in der Aromatenbiosynthese.

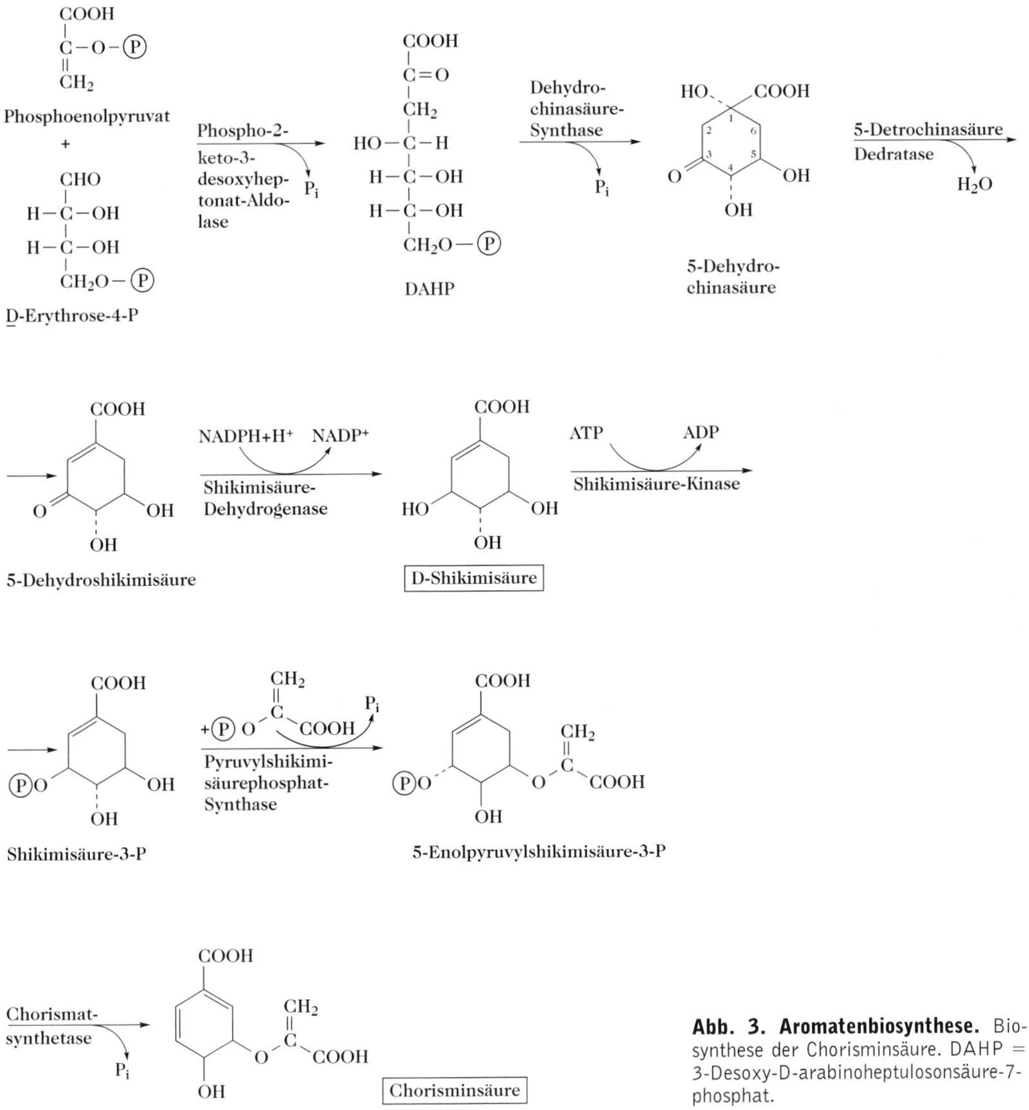

COOH
|
C—O—(P)
‖
CH₂

Phosphoenolpyruvat

+

CHO
|
H—C—OH
|
H—C—OH
|
CH₂O—(P)

D-Erythrose-4-P

→ Phospho-2-keto-3-desoxyheptonat-Aldolase → Pᵢ

COOH
|
C=O
|
CH₂
|
HO—C—H
|
H—C—OH
|
H—C—OH
|
CH₂O—(P)

DAHP

Dehydrochinasäure-Synthese → Pᵢ

HO   COOH

O   OH
|
OH

5-Dehydrochinasäure

5-Detrochinasäure Dedratase → H₂O

COOH

O   OH
|
OH

5-Dehydroshikimisäure

NADPH+H⁺   NADP⁺
Shikimisäure-Dehydrogenase →

COOH

HO   OH
|
OH

D-Shikimisäure

ATP   ADP
Shikimisäure-Kinase →

COOH

(P)O   OH
|
OH

Shikimisäure-3-P

+(P)O   COOH   Pᵢ

CH₂
‖
C
|
COOH

Pyruvylshikimisäurephosphat-Synthase →

COOH

(P)O   O—C—COOH
| ‖
OH   CH₂

5-Enolpyruvylshikimisäure-3-P

Chorismatsynthetase → Pᵢ

COOH

CH₂
‖
O—C—COOH

OH

Chorisminsäure

Abb. 3. Aromatenbiosynthese. Biosynthese der Chorisminsäure. DAHP = 3-Desoxy-D-arabinoheptulosonsäure-7-phosphat.

Die Biosynthese der Flavonoide, z.B. der Anthocyanidine, erfolgt auf beide Arten. Ausgangsverbindungen aller Aromaten, die nach dem Shikimisäure-Chorisminsäure-Syntheseweg gebildet werden, sind die D-Shikimisäure und die Chorisminsäure (Abb. 2). Die Reaktionsfolge zur Bildung von Chorisminsäure, die der Verzweigungspunkt in der Biosynthese der entsprechenden Aromaten ist, zeigt Abb. 3.

Die A. wird durch Rückkopplungsmechanismen reguliert (Abb. 1). Der erste Schritt in der Biosynthese der drei aromatischen Aminosäuren wird durch die 2-Keto-3-desoxyheptonat-Aldolase (EC 4.1.2.15) katalysiert. Für jede aromatische Aminosäure gibt es ein eigenes Isoenzym, das sowohl einer Endproduktinhibierung als auch der Repres-

sion seiner Synthese durch die entsprechende Aminosäure unterworfen ist (Abb. 3). Regulatorische Isoenzyme spielen auch bei der Umwandlung von Chorismat in Prephenat eine Rolle.

Aromatisierung, ↗ *Aromatenbiosynthese.*

Arrestin, *β-Arrestin*, ein an der Zielzell-Adaptation des β_2-adrenergen Rezeptors (↗ *Adrenorezeptoren*) beteiligtes Hemmprotein. Werden Zellen einer hohen Adrenalinkonzentration ausgesetzt, dann erfolgt innerhalb von Minuten eine Desensibilisierung, die von der Phosphorylierung des Rezeptors abhängt. A. bindet an das durch die β-adrenerge Kinase phosphorylierte Ende des β_2-adrenergen Rezeptors. Dadurch wird die Aktivierung des G_S-Proteins (↗ *GTPasen*) verhindert.

ARS, Abk. für ↗ <u>a</u>utonom <u>r</u>eplizierende <u>S</u>equenz.

Arterenol, Syn. für ↗ *Noradrenalin*.

Arylamidasen, eine Gruppe von überall verbreiteten ↗ *Aminopeptidasen*, die synthetische Arylamide, z.B. Alanin-β-naphthylamid, spalten. Daher werden diese nichtnatürlichen Substrate dafür verwendet, A., insbesondere in Serum und Urin zu bestimmen. Hier weist das Vorkommen von A. auf bestimmte Leberkrankheiten hin. Die Mehrzahl der A. ist an Partikel oder an Membranen gebunden und soll deshalb beim resorptiven und sekretorischen Proteintransport eine wichtige Rolle spielen. Außerdem wird eine Beteiligung der A. beim Abbau von Peptidhormonen sowie in der Endphase des intrazellulären Proteinabbaus allgemein angenommen. Aufgrund ihrer Spezifität gegenüber dem Aminosäurerest lassen sich die A. klassifizieren: A. A (Substrate: Asp- oder Glu-Arylamide), A. B (Substrate: Lys- oder Arg-Arylamide) und A. N (Ala- oder Leu-Arylamide). Hohe Aktivitäten an A. werden in den Bürstensäumen der Darmschleimhaut, in den Nierentubuli und auf den Plasmamembranen von Hepatocyten gefunden.

2-Arylbenzofurane, eine bezüglich ihrer Biosynthese heterogene Gruppe natürlicher Verbindungen, die das 2-Arylbenzofuranringsystem (Abb.) enthalten. So kann Egonal – 5-(3-Hydroxypropyl)-7-methoxy-3'4'-methylendioxy-2-arylbenzofuran, ein Bestandteil der nichtverseifbaren Fraktion des Samenöls von *Styrax japonicum* – von einer Bisarylpropan-Verbindung abstammen, die ein Kohlenstoffatom verliert, d.h. es kann seinen Ursprung in Lignan oder Neolignan haben. 6,3',5'-Trihydroxy-2-arylbenzofuran kommt zusammen mit dem Stilben Oxyresveratrol vor und leitet sich vermutlich von diesem durch oxidative Zyklisierung ab. Andere 2-A. werden bei Vertretern der *Leguminosen* gefunden und mehrere von ihnen sind Phytoalexine. Sie werden von Isoflavonoiden mit ähnlichen Substitutionsmustern begleitet und scheinen daher aus diesen Isoflavonoiden durch Verlust eines Kohlenstoffatoms hervorzugehen, so wie z.B. Vignafuran (6,2'-Dimethoxy-4'-hydroxy-2-arylbenzofuran) aus *Lablab niger* und *Vigna unguiculata*. [P. M. Dewick in *The Flavonoids: Advances in Research*, J. B. Harborne u. T. J. Mabry (Hrsg.), Chapman and Hall, 1982]

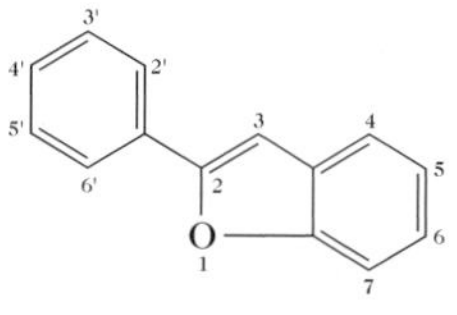

2-Arylbenzofuran. Das 2-Arylbenzofuran-Ringsystem.

3-Aryl-4-hydroxycumarine, eine eng verwandte Gruppe natürlich vorkommender ↗ *Isoflavonoide*, z.B. Scandenin (Abb.) aus *Derris scandens*. [C.P. Falshaw et al. *J. Chem. Soc.* (C) (1969) 374–382]

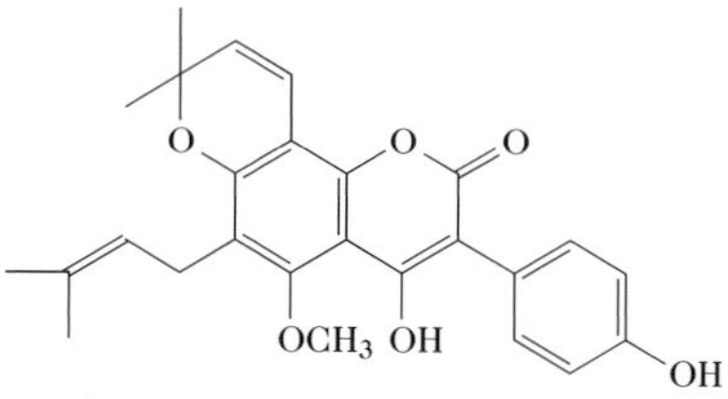

3-Aryl-4-hydroxycumarin. Scandenin.

Arylsulfatasen, die am besten untersuchte Gruppe der Sulfatasen hydrolysieren aromatische Sulfatester an der O-S-Bindung nach der Reaktion:

$$R - O - SO_3^- + H_2O \rightarrow R - OH + H^+ + SO_4^-$$

Dabei bedeutet R-OH Phenol. Typische Substrate von A. sind 2-Hydroxy-5-nitrophenylsulfat (Nitrocatecholsulfat) und 2-Hydroxy-4-nitrophenylsulfat. Nach ihrer Sulfatempfindlichkeit unterscheidet man A., die nicht durch Sulfat gehemmt werden (Typ I), und sulfatempfindliche A. (Typ II). Die meisten mikrobiellen A. sind vom Typ I, darüber hinaus zählt lediglich die mikrosomale Arylsulfatase der Wirbeltiere (A.C), die meist mit anderen Sulfatasen verunreinigt ist, noch dazu. Näher untersucht wurden die A. des zu den Schlauchpilzen gehörenden *Aspergillus aerogenes* (M_r 40,7 kDa; hohe Substratspezifität) und *Aspergillus oryzae* (M_r 90 kDa; geringe Substratspezifität). Die A. vom Typ II sind vorwiegend tierischen Ursprungs und finden sich in den Lysosomen. Die A. aus Rinderleber konnte hochgereinigt werden. Aufgrund ihres unterschiedlichen M_r und isoelektrischen Punkts wurde zwischen der vorherrschenden Arylsulfatase A (M_r 107 kDa; 4 Untereinheiten zu je 27 kDa; I.P. = 3,4) und der gering vorhandenen Arylsulfatase B (M_r 45 kDa; I.P. = 8,3) unterschieden.

Ascorbat-Oxidase (EC 1.10.3.3), ein Enzym, das die reversible Oxidation von ↗ *Ascorbinsäure* zu Dehydroascorbinsäure katalysiert.

Ascorbat:Sauerstoff-Oxidoreduktase, Syn. für ↗ *Dopamin-β-Hydroxylase*.

Ascorbatshuttle, ein Shuttlesystem, in dem cytosolisches Ascorbat Reduktionsäquivalente für die Regeneration von Ascorbat in der Matrix der chromaffinen Nebennierengranula zur Verfügung stellt. Das Ascorbat in den chromaffinen Granula wird im Verlauf der Noradrenalinbiosynthese durch die intragranulare ↗ *Dopamin-β-Hydroxylase* oxidiert. Die Elektronen werden mit Hilfe von membrangebundenem Cytochrom b_{561} über die Granulummembran transportiert. Angetrieben wird dieser Prozess durch die protonenmotorische Kraft einer Membran-ATPase, die Protonen vom Cytosol

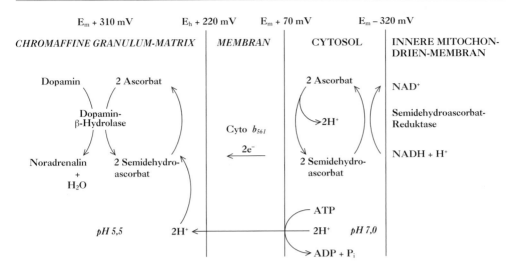

$E_m + 310\,mV$ $E_h + 220\,mV$ $E_m + 70\,mV$ $E_m - 320\,mV$

CHROMAFFINE GRANULUM-MATRIX   *MEMBRAN*   CYTOSOL   INNERE MITOCHON-DRIEN-MEMBRAN

Dopamin   2 Ascorbat   2 Ascorbat   NAD⁺
                                                    NAD$^+$

Dopamin-β-Hydrolase   Cyto b_{561} Semidehydroascorbat-Reduktase

                                 $2e^-$

Noradrenalin + H$_2$O   2 Semidehydro-ascorbat   2 Semidehydro-ascorbat   NADH + H$^+$

                                           ATP

$pH\,5,5$ 2H$^+$ 2H$^+$ $pH\,7,0$

                                           ADP + P$_i$

Ascorbatshuttle. E_m, Mittelpunktpotenzial. E_h, Standard-Halbzellenpotenzial. Die chromaffinen Granula enthalten 40 nmol Ascorbat/mg Protein, was einer Konzentration von 20 mM entspricht, wenn die Stoffe vollständig gelöst sind.

in die Granulummatrix transportiert. Das cytosolische Ascorbat wird durch die mitochondriale Semidehydroascorbat-Reduktase erzeugt. Da die gegenseitige Umwandlung von Ascorbat und seinem freien Semidehydroradikal ein Proton mit einbezieht, kooperiert der pH-Gradient entlang der Granulummembran (ΔpH = 1,5 Einheiten) mit dem Transmembranpotenzial ($\Delta\Psi$ = +0,06 V). Auf diese Weise wird die E_h des Ascorbat/Semidehydroascorbat-Paares innerhalb des Granulums ($E_{h\,(innen)} = E_{h\,(außen)} + \Delta p$) von +0,07 V (Cytosol) auf +0,22 V erhöht, und damit der Elektronenfluss in das Granulum hinein begünstigt (Abb.). [M.F. Beers et al. *J. Biol. Chem.* **261** (1986) 2.529–2.535; L.M. Wakefield et al. *ibid.* 9.739–9.745 und 9.746–9.752]

Ascorbinsäure, *Vitamin C, antiskorbutisches Vitamin*, ein wasserlösliches Vitamin, das in der Natur weit verbreitet ist, besonders in Frischgemüse und Obst. A. ist als γ-Lacton der 2-Oxo-L-gulonsäure ein Derivat der Kohlenhydrate. Die Verbindung wird von den meisten Säugetieren aus D-Glucuronat aufgebaut (Abb. 1). Nur der Mensch, die Menschenaffen und das Meerschweinchen können den Schritt von L-Gulono-γ-lacton zu 2-Oxo-L-gulono-γ-lacton und damit die Synthese von A. nicht vollziehen, weil ihnen die L-Gulonolacton-Oxidase fehlt. Für diese Arten ist A. ein Vitamin und muss mit der Nahrung zur Verfügung gestellt werden. Bei Pflanzen geht die Biosynthese von D-Mannose-6-phosphat aus, das mit D-Glucose- und D-Fructose-6-phosphat im Isomerengleichgewicht steht (Abb. 2). In Roggen, der Erbse und dem Zwergsenf *Arabidopsis thaliana* wurden zwei neue Enzyme nachgewiesen – GDP-Mannose-3,5-Epimerase (EC 5.1.3.18) und L-Galactose:NAD⁺-Oxidoreduktase –, mit deren Hilfe das Hexose-Kohlenstoff-gerüst der D-Mannose ohne Inversion in L-A. umgewandelt wird. Aufgrund seiner Endiolgruppierung wirkt A. als starkes Reduktionsmittel. Durch Abgabe von Wasserstoff wird aus A. ($C_6H_8O_6$) mittels der kupferhaltigen *Ascorbat-Oxidase* Dehydroascorbinsäure ($C_6H_6O_6$) gebildet. Da diese Umwandlung reversibel ist, dient sie als biochemisches Redoxsystem. A. ist an manchen enzymatischen Hydroxylierungen im Stoffwechsel beteiligt, z.B. bei der Hydroxylierung der Aminosäure Prolin im Kollagen. Ascorbinsäuremangel führt zu ↗ *Skorbut*. Die Abwehrkraft des Organismus gegen Infektionskrankheiten wird durch Mangel an A. herabgesetzt. Mit 75 mg liegt der tägliche Bedarf für den Menschen wesentlich höher als bei den anderen ↗ *Vitaminen (Tab.)*. [L. W. Mapson u. E. Breslow *Biochem. J.* **68** (1958) 395-406; G. L. Wheeler, M. A. Jones, N. Smirnoff *Nature* **393** (1998) 365-369]

Asialoglycoproteine, Glycoproteine mit temporär terminalen Sialinsäureresten im Kohlenhydratanteil, die innerhalb von Stunden und Tagen durch Neuraminidasen abgespalten werden. Sie treten mit dem ↗ *Asialoglycoprotein-Rezeptor* in Wechselwirkung und werden durch Rezeptor-vermittelte Endocytose aus dem Blut entfernt. A. haben große Bedeutung für die Eliminierung von Erythrocyten.

Asialoglycoprotein-Rezeptor, auf Leberzellen lokalisierter hochspezifischer Rezeptor für ↗ *Asialoglycoproteine* mit terminal Sialinsäure-freien Kohlenhydratanteilen, die durch Rezeptor-vermittelte Endocytose aus dem Blut entfernt werden. A.-R. besteht aus drei membrandurchspannenden Polypeptidketten (zwei Untereinheiten vom Typ1 und eine vom Typ 2) die je eine Bindungsstelle für Galactosereste besitzen.

Asn, *Asp-NH₂*, Abk. für ↗ *L-Asparagin.*

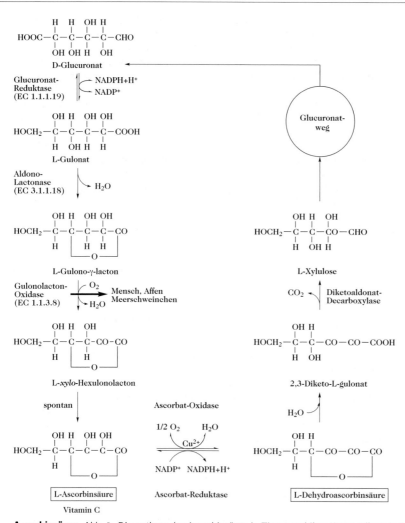

Ascorbinsäure. Abb. 1. Biosynthese der Ascorbinsäure in Tieren und ihre Umwandlung in Dehydroascorbinsäure.

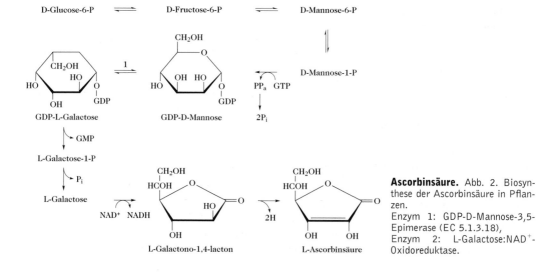

Ascorbinsäure. Abb. 2. Biosynthese der Ascorbinsäure in Pflanzen.
Enzym 1: GDP-D-Mannose-3,5-Epimerase (EC 5.1.3.18),
Enzym 2: L-Galactose:NAD$^+$-Oxidoreduktase.

Asp, Abk. für ↗ *L-Asparaginsäure*.

L-Asparagin, *Asn*, *Asp-NH₂*, $H_2N-OC-CH_2-$ $CH(NH_2)-COOH$ das β-Halbamid der L-Asparaginsäure. M_r 132,1 Da, F. (Hydrat) 236 °C (Z.), $[\alpha]_D$ +37,8 ° (1 M HCl). Asn und Asparaginsäure kommen in freier Form und als Proteinbausteine überall in Organismen vor. Asn spielt eine Rolle bei der metabolischen Kontrolle der Zellfunktionen in Nerven- und Hirngewebe. In vielen Pflanzen werden Asn und L-Glutamin als lösliche Stickstoffreservesubstanzen verwendet. Asn wird enzymatisch aus L-Asn und Ammoniak durch *L-Asparagin-Synthetase* (EC 6.3.1.1 oder 6.3.1.4) gebildet. Der Abbau von Asn wird zumeist durch Spaltung der Amidbindung durch ↗ *L-Asparaginase* eingeleitet.

L-Asparagin-Amidohydrolase, ↗ *L-Asparaginase*.

L-Asparaginase, *L-Asparagin-Amidohydrolase* (EC 3.5.1.1), eine weitverbreitete Hydrolase, die die Spaltung des L-Asparagins in L-Asparaginsäure und Ammoniak katalysiert. Frühere Hoffnungen, dieses Enzym therapeutisch zur Behandlung von akuter lymphatischer Leukämie und Lymphosarkomen einsetzen zu können, haben sich nicht erfüllt. Aufgrund der Beobachtung, dass bestimmte Tumorzellen zwar eine Asparagin-Synthetase besitzen, aber Asparagin nicht aus Glycin über Glyoxylsäure und Oxalacetat synthetisieren können, glaubte man, L-A. in der Krebsbehandlung verwenden zu können. Diese Zellen haben größere Schwierigkeiten, den Verlust von Asparagin zu kompensieren, den sie durch die Aktivität von L-Asparaginase erleiden. Aber viele normale Gewebe sind ebenfalls empfindlich gegenüber L-A. Zu ihrer toxischen Wirkung gehört die Beeinträchtigung der Proteinsynthese, wie z.B. von Insulin, Gerinnungsfaktoren, Albumin und Nebenschilddrüsenhormon.

Hoch gereinigte bakterielle L-A. wurde aus *E. coli*, *Actinetobacter* und *Erwinia carotovora* isoliert. Sie besitzen alle ein M_r in der Größenordnung von 135–138 kDa und bestehen aus vier identischen Untereinheiten (M_r 33 kDa).

L-Asparaginsäure, *L-Aspartat*, *Asp*, *2-Aminobernsteinsäure*, $HOOC-CH_2-CH(NH_2)-COOH$, proteinogene, für Säugetiere nichtessenzielle Aminosäure von saurem Charakter. M_r 133,1 Da, F. 269–271 °C; $[\alpha]_D$ 33,8 ° (c = 2,5 M HCl). L-Asp und Oxalessigsäure können durch Transaminierung ineinander überführt werden. Das Enzym ↗ *Aspartase* ist für die Desaminierung von L-Asp von größerer Bedeutung als für dessen Synthese aus Fumarsäure und Ammoniak. L-Asp spielt eine wichtige Rolle im Harnstoff-Zyklus und für die Purinbiosynthese sowie für die Pyrimidinbiosynthese nach dem Orotsäureweg. Bei den beiden ersten Reaktionswegen tritt L-Asp mit seiner α-Aminogruppe in eine Transaminierung ein, die ATP-abhängig, aber unabhängig von Pyridoxalphosphat ist. Das N-Atom 1 des Purin-

ringsystems und die 6-Aminogruppe von Adenin stammen von der Aminogruppe der L-Asp.

L-Asparagin-Synthetase, ↗ *L-Asparagin*.

Aspartam®, H-Asp-Phe-OMe, ein synthetisches Süßungsmittel, das etwa die einhundertachtzigfache Süßkraft der Saccharose aufweist. Der intensive süße Geschmack des A. wurde 1965 zufällig beim Umkristallisieren bei Searle & Co entdeckt. A. war als Peptidderivat ein Zwischenprodukt bei der Synthese des C-terminalen Tetrapeptids des ↗ *Gastrins*. Es wurde 1966 erstmalig synthetisiert. Es kann chemisch oder enzymatisch im Tonnen-Maßstab synthetisiert werden und wurde bereits 1987 in mehr als 40 Ländern als Süßungsmittel verwendet.

Aspartase, *Aspartat-Ammoniak-Lyase* (EC 4.3.1.1), eine in Mikroorganismen und höheren Pflanzen vorkommende Lyase, die die Spaltung von Asparaginsäure in Fumarsäure und Ammoniak katalysiert:

$$^-OOC-CH_2-CH(NH_3^+)-COO^-$$
$$\rightleftharpoons {}^-OOC-CH=CH-COO^- + NH_4^+.$$

Von biotechnologischer Bedeutung ist die umgekehrte Reaktion, bei der die A. oder Mikroorganismen mit hoher Aspartaseaktivität zur technischen Gewinnung von Asparaginsäure aus Fumarsäure und Ammoniak eingesetzt werden.

Der nur für Asparaginsäure, nicht für die anderen in Proteinen vorkommenden Aminosäuren existierende Abbauweg fehlt bei den Wirbeltieren, da er hier zur vermehrten Bildung des giftigen Ammoniaks beitragen würde. Die bakterielle Aspartase (M_r 180 kDa) ist aus vier gleich großen Untereinheiten (M_r 45 kDa) zusammengesetzt.

Aspartat, ↗ *L-Asparaginsäure*.

Aspartat-Aminotransferase, *AST*, Syn. für ↗ *Glutamat-Oxalacetat-Transaminase*.

Aspartat-Ammoniak-Lyase, ↗ *Aspartase*.

Aspartat-Transcarbamylase, ↗ *Alternaria alternata-Toxine*.

Aspartylglycosamin, ↗ *Aspartylglycosaminurie*.

Aspartylglycosaminurie, eine ↗ *lysosomale Speicherkrankheit* (eine Oligosaccharidose), die durch einen Mangel an N^4-(β-N-Acetylglucosaminyl)-L-Asparaginase (EC 3.5.1.26) verursacht wird. Dadurch ist der Abbau einiger Glycoproteine gestört

Aspartylglycosaminurie. Aspartylglucosamin [2-Acetamido-1-(β-aspartamido)-1,2-didesoxyglucose].

und im Harn treten hohe Konzentrationen an *Aspartylglucosamin* (Abb.) und anderen Glycoasparaginen auf. Die Folgen sind schwere geistige Entwicklungsverzögerung und motorische Beeinträchtigung.

Aspergillussäure, ein Antibiotikum (M_r 224,3 Da), das von *Aspergillus flavus* produziert wird. ↗ *Hydroxamsäure*.

Aspiculamycin, ↗ *Gourgerotin*.

Aspirin, Handelsname für ein hauptsächlich als Schmerz- und Fiebermittel eingesetztes Medikament mit dem Wirkstoff ↗ *Acetylsalicylsäure*.

Asp-NH₂, Abk. für ↗ *L-Asparagin*.

Assembly-Proteine, ↗ *Coated Vesicle*.

Assimilat, im weiteren Sinn Produkt der Assimilation. Im engeren Sinn ein stabilisiertes Endprodukt der ↗ *Photosynthese*.

Assimilation, die Umwandlung körperfremder Substrate in endogene Verbindungen (Assimilate) unter Nutzung der durch die Dissimilation gewonnenen Energie (↗ *Katabolismus*). Während heterotrophe Lebewesen (Mensch, Tier, die meisten Bakterien, Pilze) organische Verbindungen verwenden (↗ *Anabolismus*, ↗ *Amphibolismus*) erfolgt bei auxotrophen Organismen (Pflanzen, Blaualgen und einigen Bakterien) der Aufbau organischer Verbindungen aus anorganischem Ausgangsmaterial, vorrangig unter Nutzung von Lichtenergie. ↗ *Kohlenstoffdioxidassimilation*.

Assimilationsfähigkeit, ↗ *Photosynthese*.

assimilatorische Sulfatreduktion, ↗ *Sulfatassimilation*.

AST, Abk. für Aspartat-Aminotransferase, ↗ *Glutamat-Oxalacetat-Transaminase*.

Astaxanthin, 3,3'-Dihydroxy-β,β-carotin-4,4'-dion, ein zur Gruppe der Xanthophylle gehörendes Carotinoid (M_r 596,82 Da, F. 216 °C, Abb.). A. ist als roter Farbstoff im Tierreich weit verbreitet, besonders bei Krebsen (*Crustacea*), Stachelhäutern (*Echinodermata*) und Manteltieren (*Tunicata*), aber auch in Vogelfedern und in der Fuß- und Beinhaut des Flamingos und anderer Vögel (bedingt durch gefressene Krebse). Da A. im Pflanzenreich nur selten auftritt, ist es als typisch tierisches Carotinoid anzusehen. Nativ liegt A. entweder in freier Form als roter Farbstoff, als Ester, z.B. als Dipalmitat, oder als blaues, grünes oder braunes Chromoprotein vor. Der im Panzer des Hummers *Astacus*

gammarus enthaltene tief blauschwarze Farbstoff besteht aus einem Astaxanthin-Protein-Komplex, aus dem bei Denaturierung (z.B. beim Kochen des Hummers) das rote A., sowie farbloses Protein freigesetzt werden.

Asteromycin, ↗ *Gougerotin*.

Asterosaponin A, ein Steroidsaponin (↗ *Saponine*), das aus dem vom Pregnan (↗ *Steroide*) abgeleiteten Aglycon 3β,6α-Dihydroxypregn-9(11)-en-20-on, je zwei Molekülen 6-Desoxy-D-galactose und 6-Desoxy-D-glucose sowie einem Molekül Schwefelsäure aufgebaut ist. A. wurde zuerst aus dem Seestern *Asterias amurensis* isoliert.

Atemalkoholprüfung, die Bestimmung von Ethanol in der Atemluft mit Gasprüfröhrchen, die von der Verkehrspolizei mitgeführt werden. Bei der A. geht man davon aus, dass zwischen der Blutalkoholkonzentration und dem Alkoholgehalt der ausgeatmeten Luft eine gesetzmäßige Proportionalität besteht. Die Röhrchen enthalten üblicherweise mit einer Lösung von Kaliumdichromat in konz. Schwefelsäure getränktes Kieselgel. Bläst eine Prüfperson durch ein solches Prüfröhrchen einen Plastikmessbeutel auf, so wird durch Alkohol in der Atemluft das Kaliumdichromat zu grünen Chrom(III)-Verbindungen reduziert, die im Röhrchen als grüne Farbzone sichtbar werden. Die Länge der Farbzone ist dem Alkoholgehalt der ausgeatmeten Luft ungefähr proportional. Eine weitere Möglichkeit besteht in der gaschromatographischen Messung der Zusammensetzung der ausgeatmeten Luft, d.h. eine direkte quantitative Bestimmung des Alkoholgehalts der Atemluft. Bei Überschreiten der gesetzlich festgelegten Promillegrenze ist eine ↗ *Blutalkoholbestimmung* erforderlich.

AT-Gehalt, ↗ *GC-Gehalt*.

Atmung, die mit der Aufnahme von molekularem Sauerstoff in den Organismus, seinen Transport in die Zelle und dessen Oxidation zu Wasser verbundenen Prozesse. Unter der *äußeren A.* (Gaswechsel, Respiration) versteht man die Aufnahme von O_2 und Abgabe von CO_2, während die *innere A.* (Zellatmung, ↗ *Katabolismus*) die schrittweise Oxidation von energiereichen Ausgangssubstraten zu energiearmen Ausscheidungsprodukten (CO_2 und H_2O) unter Energiegewinn (↗ *oxidative Phosphorylierung*) in der ↗ *Atmungskette* umfasst.

Atmungsacidose, ↗ *Acidose*.

Astaxanthin

Atmungsalkalose, ↗ *Alkalose*.

Atmungsferment, ↗ *Cytochrom-Oxidase*.

Atmungsgift, ↗ *Atmungsinhibitor*.

Atmungsinhibitor, eine chemische Verbindung, die blockierend in die Atmungskette eingreift und dadurch die Atmung hemmt. Man unterscheidet: 1) echte ↗ *Entkoppler*, die die ATP-Synthese verhindern, ohne den Elektronenfluss zu stoppen, 2) Hemmstoffe der Atmungskettenphosphorylierung im engeren Sinne und 3) Inhibitoren des Elektronentransports der Atmungskette.

Ein A. des zweiten Typs hemmt sowohl den Elektronentransport als auch die oxidative ATP-Bildung. Der Prototyp dieser Inhibitoren ist das Antibiotikum Oligomycin. Solche Hemmstoffe verhindern die Nutzung der energiereichen Zwischenverbindung für die ATP-Synthese. Die oxidative Phosphorylierung wird auch unmittelbar nach Zugabe von Kaliumatractylat (ein Pflanzengift) sowie durch das Antibiotikum Bongkreksäure unterbunden, da diese Verbindungen das mitochondriale Transportsystem für ATP und ADP (ATP-ADP-Carrier) hemmen. Da ADP in den Mitochondrien fehlt, kommt die oxidative Phosphorylierung zum Erliegen. In Gegenwart bestimmter einwertiger Kationen unterbinden Ionophore, wie Valinomycin, Nigericin, Nonactin und Gramicidin, die oxidative Phosphorylierung, da die Atmungsenergie für den mitochondrialen Ionentransport aufgewendet werden muss und nicht für die ATP-Synthese zur Verfügung steht.

Ein A. des dritten Typs hemmt vorwiegend den Elektronentransport. Die Angriffspunkte solcher A. zeigt die Abb. zur ↗ *Atmungskette*. Durch die Inhibitoren des Elektronentransports konnten wertvolle Hinweise auf die Reihenfolge der Elektronenüberträger in der Atmungskette erhalten werden. Cyanide hemmen reversibel Oxidationsenzyme, z.B. die Cytochrom-Oxidase, die Endoxidase der Atmungskette aerober Lebewesen ist. Dieses Enzym wird auch inhibiert von Aziden und Kohlenmonoxid. Allerdings beruht die hohe Giftigkeit von Kohlenmonoxid in Säugetieren in Konzentrationen von >0,01 % auf seiner hohen Affinität zum Hämoglobin, aus dem es kompetitiv den Sauerstoff verdrängt, und nicht auf seiner Wirkung als A.

Atmungskette, *Elektronentransportkette*, eine Reihe von Redoxkatalysatoren, die die Elektronen von Atmungssubstraten auf Sauerstoff übertragen. Die Energie dieses Elektronenflusses wird zur ATP-Synthese genutzt. Die Kopplung der ATP-Synthese mit dem Elektronentransport in der A. ist als *Atmungskettenphosphorylierung* oder ↗ *oxidative Phosphorylierung* bekannt. Der Atmungskettenkomplex ist bei Eukaryonten in der inneren Mitochondrienmembran und bei Prokaryonten in der Zellmembran lokalisiert. Es besteht eine enge funk-

Atmungskette. Tab. 1. E_0'-Werte einiger biologischer Redoxpaare.

Redoxsystem	E_0' [V]
$2 H^+/H_2$	−0,420
$Ferredoxin_{ox}/Ferredoxin_{red}$	−0,420
$NAD^+/NADH + H^+$	−0,320
$Glutathion_{ox}/Glutathion_{red}$	−0,230
$FMN/FMNH_2$	−0,122
Fumarsäure/Bernsteinsäure	+0,031
Cytochrom b (Fe^{3+}/Fe^{2+})	+0,075
Ubichinon/Ubihydrochinon	+0,100
Cytochrom c (Fe^{3+}/Fe^{2+})	+0,254
Cytochrom a (Fe^{3+}/Fe^{2+})	+0,290
Fe^{3+}/Fe^{2+}	+0,770
$1/2 O_2 + 2 H^+/H_2O$	+0,810

tionelle Beziehung zu den Enzymen des ↗ *Tricarbonsäure-Zyklus*, der Reduktionsäquivalente, meist in Form von NADH, manchmal auch als $FADH_2$, zur Verfügung stellt. Abhängig vom Gewebe und von dessen metabolischem Zustand können andere Wege zur Versorgung mit NADH und $FADH_2$ wichtiger sein als der Tricarbonsäure-Zyklus, wie z.B. der ↗ *Fettsäureabbau*.

Die Gesamtreaktion der A. lautet: NADH + H^+ + 1/2 O_2 → H_2O + NAD^+, $ΔG^0$ = −221,7 kJ/mol = −53 kcal/mol. Die elektrochemischen Standardpotenziale der einzelnen Schritte in der A. sind in Tab. 1 aufgelistet. Bei drei Schritten (Abb.) ist die Potenzialdifferenz groß genug, um die Energie, die für die Phosphorylierung von ADP notwendig ist, zur Verfügung zu stellen. Dies sind die drei Orte der ↗ *oxidativen Phosphorylierung*. Am ersten Ort findet der Elektronentransport von NADH auf Ubichinon statt. Da die Elektronen, die von $FADH_2$ stammen, auf der Stufe des Ubichinons in die Kette gelangen, fördern sie die Bildung von lediglich zwei ATP-Molekülen je Elektronenpaar. Die Menge an ATP, die mit Hilfe der Elektronen eines bestimmten Substrats gebildet wird, kann in Form des *P/O-Quotienten* ausgedrückt werden. Dieser gibt die Mole Phosphat an, die je Sauerstoffatom in ATP eingebaut werden. Für Dehydrierungen, die mit Hilfe des Coenzyms NAD^+ ablaufen, ist der P/O-Quotient 3. Für Substrate, die durch Flavinnucleotidenzyme oxidiert werden, beträgt der P/O-Quotient 2. Die Elektronen fließen einzeln über die Kette der Cytochrome, jedoch müssen für die Durchführung der Phosphorylierung zwei Elektronen den Ort passieren, während für die Reduktion eines Sauerstoffmoleküls vier Elektronen benötigt werden. Die Mecha-

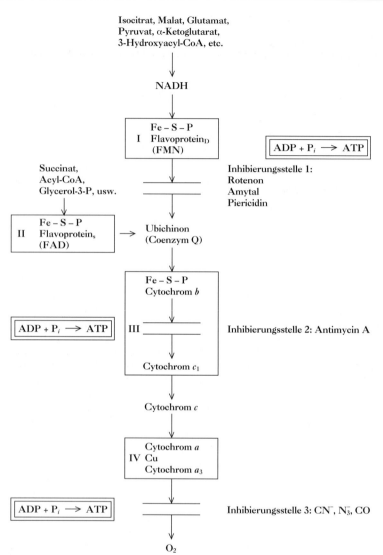

Isocitrat, Malat, Glutamat,
Pyruvat, α-Ketoglutarat,
3-Hydroxyacyl-CoA, etc.

NADH

I Fe – S – P
   Flavoprotein$_D$
   (FMN)

$ADP + P_i \longrightarrow ATP$

Inhibierungsstelle 1:
Rotenon
Amytal
Piericidin

Succinat,
Acyl-CoA,
Glycerol-3-P, usw.

II Fe – S – P
    Flavoprotein$_s$
    (FAD)

$\longrightarrow$ Ubichinon
(Coenzym Q)

Fe – S – P
Cytochrom b

$ADP + P_i \longrightarrow ATP$

III

Inhibierungsstelle 2: Antimycin A

Cytochrom c_1

Cytochrom c

Cytochrom a
IV Cu
Cytochrom a_3

$ADP + P_i \longrightarrow ATP$

Inhibierungsstelle 3: CN$^-$, N$_3^-$, CO

O$_2$

Atmungskette. Die Kästen entsprechen der Zusammensetzung der Komplexe I bis IV. Der Elektronenfluss ist durch Pfeile gezeigt. Die Stellen, an denen einige Atmungsinhibitoren angreifen, sind mit 1, 2 und 3 markiert und durch horizontale Balken angezeigt. Die Stellen 2 und 3 sind auch mit der ATP-Synthese gekoppelt, d. h. entsprechend der chemiosmotischen Theorie, stellt jede dieser Elektronentransferstufen (vom Cytochrom b zum Cytochrom c_1 und vom Cytochrom a_3 zum Sauerstoff) genug Energie zur Verfügung, um einen Protonengradienten für die Synthese eines ATP-Moleküls zu erzeugen. Der erste ATP-Syntheseort ist möglicherweise nicht identisch mit der Inhibierungsstelle 1, wie hier gezeigt. Er liegt jedoch auf der Ubichinonseite (und nicht auf der Substratseite) von Komplex 1.

nismen, die die Deckung dieses unterschiedlichen Bedarfs steuern, sind nicht bekannt.

Da die A. ein membrangebundenes System ist, können die einzelnen Komponenten nur isoliert werden, wenn die Membranstruktur zerstört wird (↗ *Elektronentransportpartikel*, ↗ *Mitochondrien*). Durch Ultraschallaufschluss stellte E. Racker submitochondriale Partikel her, die eine mit Elektronentransport gekoppelte oxidative Phosphorylierung durchführen konnten. Bei der Behandlung mit Harnstoff wird eine Komponente F$_1$ vom Partikel abgespalten, wodurch eine weitere Phosporylierung verhindert wird. Der Elektronentransport, d.h. die Atmung, läuft jedoch weiter. Da die isolierten F$_1$-Strukturen ATPase-Aktivität besitzen, bilden sie wahrscheinlich *in situ* einen Teil des ATP-Synthese-Apparats (ionenmotorische Kraft, ↗ *ATP-*

Synthase). Die Behandlung mit Detergens wurde zur Isolierung von vier Enzymkomplexen (I, II, III und IV) aus den Mitochondrienmembranen eingesetzt. Die Komponenten und Aktivitäten dieser Komplexe sind in Tab. 2 aufgeführt. Die am besten untersuchten Komponenten der A. sind Ubichinon und Cytochrom c, die löslich sind und leicht abgespalten werden können und damit gut zugänglich sind. Es handelt sich hierbei um relativ kleine Moleküle, die wahrscheinlich als Trägersubstanzen fungieren und Elektronen zwischen immobilisierten Komponenten transportieren.

Da die Mitochondrienmembran für ATP/ADP und NADH/NAD$^+$ nicht durchlässig ist, werden zwei Transportsysteme für die Funktion der A. benötigt. Das eine Transportsystem besteht aus einem ATP/ADP-Carrier, der eine erleichterte Austauschdiffu-

Atmungskette. Tab. 2. Komponenten der mitochondrialen Atmungskette.

Komplex	Komponente	Funktionelle Gruppe	Aktivität
	Pyridinnucleotidabhängige Dehydrogenasen	NAD$^+$ oder NADP$^+$	
I	Flavoprotein$_D$	FMN, Nicht-Hämeisen	NADH:Ubichinon-Oxidoreduktase
II	Flavoprotein$_S$	FAD, Nicht-Hämeisen	Succinat-Ubichinon-Oxidoreduktase
–	Ubichinon (Coenzym Q)	Reversibel reduzierbare Chinon-struktur	
III	Eisen-Schwefel-Proteine	Eisen-Schwefel-Zentren	Ubichinon:Cytochrom-c-Oxidoreduktase
	Cytochrom b (b_K und b_T)	Häm (nichtkovalent gebunden)	
	Cytochrom c_1	Häm (kovalent gebunden)	
–	Cytochrom c	Häm (kovalent gebunden)	
IV	Cytochrom a	Häm a	
	Cytochrom a_3	Kupferprotein, Häm a	Cytochrom-Oxidase

sion bewirkt. Das zweite System ist ein metabolischer Shuttle (↗ *Wasserstoffmetabolismus*), der den Reduktionsäquivalenten, die im Cytoplasma erzeugt werden, den Eintritt in das Mitochondrium erlaubt.

Einige Organismen verwenden Wasserstoffakzeptoren, deren Redoxpotenziale höher liegen als das Redoxpotenzial von NADH (z.B. Sulfid, Thiosulfat, Nitrit). Die thermodynamische Arbeit, die zur Reduktion dieser Substrate notwendig ist, wird von der Beteiligung des ATP am ↗ *umgekehrten Elektronentransport* entlang einer Cytochromkette abgeleitet. Im Allgemeinen sind solche Organismen obligatorisch anaerob und ihre Elektronentransportketten enthalten keine Cytochrom-Oxidase.

Atmungskettenphosphorylierung, ↗ *oxidative Phosphorylierung.*

Atmungskontrolle, ↗ *Atmungskette,* ↗ *oxidative Phosphorylierung.*

atomare Masseneinheit, ↗ *Dalton.*

Atommasseneinheit, ↗ *Dalton.*

ATP, Abk. für Adenosin-5'-triphosphat (↗ *Adenosinphosphate*).

ATP-abhängiger Proteolysefaktor I, Syn. für ↗ *Ubiquitin.*

H$^+$/K$^+$-ATPase-Hemmstoffe, ↗ *Ionenpumpenhemmer.*

ATPasen, *Adenosintriphosphatasen,* eine zur Hauptklasse der ↗ *Hydrolasen* zählende große Gruppe ATP-spaltender Enzyme. Unter physiologischen Bedingungen ist die stark exergone ATP-Hydrolyse ($\Delta G_0' = -30{,}5\,kJ \cdot mol^{-1}$) im Allgemeinen mit einem anderen endergonen Prozess gekoppelt, der durch die freigesetzte Energie angetrieben wird. In den meisten enzymatischen Reaktionen ist MgATP^{2+} das eigentliche Substrat und der ΔG-Wert für die ATP-Hydrolyse in intakten Zellen (üblicher-

weise als (ΔG_P bezeichnet) liegt im Bereich zwischen -50 und $-65\,kJ \cdot mol^{-1}$. Viele A. sind am ↗ *aktiven Transport* beteiligt und werden wie folgt eingeteilt: 1) A-A. (Anionentransport); 2) ↗ *P-ATPasen.* (Kationentransport; vorrangig in der Plasmamembran lokalisiert; durch VO$_4^{3-}$ inhibiert); 3) ↗ *V-ATPasen* (lokalisiert bei Tieren in der Membran von sauren Vesikeln, bei höheren Pflanzen und Pilzen in der Vakuolenmembran); 4) F$_0$F$_1$- A. (Mitochondrien) heute ↗ *ATP-Synthase* genannt. ↗ *ionengetriebene ATPasen.*

Ca^{2+}-ATPasen, Calciumpumpen, in der Plasmamembran aller Eukaryonten vorkommende Enzyme, die Ca^{2+}-Ionen aus dem Cytosol herauspumpen. Die dafür erforderliche Energie wird durch ATP-Hydrolyse bereitgestellt. Die cytosolische Ca^{2+}-Konzentration ist mit ±10^{-7}M im Vergleich zum extrazellulären Raum (~10^{-3}M) und endoplasmatischen Reticulum (ER) relativ hoch. Wenn durch ein Signal ↗ *Calciumkanäle* in einer Membran geöffnet werden und Ca^{2+}-Ionen als sekundären Boten freisetzen, erfolgt durch die drastische Erhöhung der Ca^{2+}-Konzentration eine Aktivierung der Ca^{2+}-A. Die Plasmamembran und das ER (sarkoplasmatisches Reticulum in der Muskelzelle) enthalten jeweils eine P-Ca^{2+}-A. Auf der cytoplasmatischen Seite werden zwei Ca^{2+}-Ionen mit hoher Affinität gebunden, dadurch wird gleichzeitig die ATP-Bindungsstelle aktiviert und lagert ein Molekül ATP an. Durch die anschließende ATP-Hydrolyse kommt es zu einer Konformationsänderung der Ca^{2+}-A., wodurch zwei Ca^{2+}-Ionen über einen Kanal durch die Membran geschleust und nur mit geringer Affinität an der extraplasmatischen Seite der Ca^{2+}-A. gebunden werden. Nach Abgabe der Ca^{2+}-Ionen in das Lumen des sarkoplasmatischen Reticulums wird in einem Folgeschritt der Phosphatrest vom

Translokator abgespalten, wodurch dieser in die ursprüngliche Konformation zurückgeführt wird. Muskel- und Nervenzellen besitzen eine zusätzliche Ca^{2+}-A., die den Ausstrom von Ca^{2+}-Ionen mit dem Einstrom von Na^+-Ionen koppelt. Eine solche Ca^{2+}/Na^+-Pumpe hat eine vergleichsweise niedrige Affinität für Ca^{2+}-Ionen, so dass es erst durch einen cytosolischen Anstieg der Ca^{2+}-Konzentration auf das Zehnfache des Standardwertes, wie es bei wiederholter Stimulierung von Muskel- bzw. Nervenzellen der Fall ist, zum Austausch kommt. Die Ca^{2+}-A. in der ER-Membran nimmt entgegen dem Konzentrationsgradienten große Mengen an Ca^{2+}-Ionen selbst dann noch aus dem Cytosol auf, wenn dessen Ca^{2+}-Spiegel schon relativ niedrig ist.

F-ATPasen, ↗ *ATP-Synthase*.

F$_0$F$_1$-ATPase, ↗ *ATP-Synthase*.

P-ATPasen, *P-Typ-ATPasen*, membrangebundene ATPasen, die im Verlauf ihres katalytischen Zyklus ein kovalent phosphoryliertes Intermediat bilden (daher die Bezeichnung „P"). Die P-A. bilden eine von drei Klassen ↗ *ionengetriebener ATPasen* und unterscheiden sich klar von den beiden anderen Klassen (V-Typ und F-Typ) durch ihre Empfindlichkeit gegenüber einer Inhibierung durch Vanadat (VO_4^{3-}, ein Übergangsmetallanaloges zu Phosphat). Zu den P-A. gehören: 1) die H^+-transportierenden ATPasen der Plasmamembran niederer Eukaryonten (Hefe, Pilze) und höherer Pflanzen (Plasmalemma), die H^+ vom Cytosol in das extrazelluläre Kompartiment pumpen, das der Zellwand benachbart ist und diese einschließt; innerhalb dieses Kompartiments aktiviert der erniedrigte pH-Wert Hydrolasen, von denen angenommen wird, dass sie mit der Zellwandbildung in Zusammenhang stehen; 2) die H^+/K^+-transportierenden ATPasen der Plasmamembran von Magenschleimhautepithelzellen der Tiere, die je hydrolysiertem ATP-Molekül ein H^+-Ion vom Cytosol in das Magenlumen pumpen, im Austausch gegen ein K^+-Ion; 3) die Na^+/K^+-transportierenden ATPasen der Plasmamembran höherer Tierzellen, die je hydrolysiertem ATP-Molekül drei Na^+-Ionen vom Cytosol in das extrazelluläre Kompartiment pumpen, im Austausch gegen zwei K^+-Ionen, wodurch eine niedrigere intrazelluläre Na^+- und eine höhere intrazelluläre K^+-Konzentration und eine 50–70 mV-Transmembranpotenzialdifferenz (+ve außen) erzeugt wird, die charakteristisch für solche Zellen ist und 4) die Ca^{2+}-transportierenden ATPasen des sarkoplasmatischen Reticulums (s.R.), die je hydrolysiertem ATP-Molekül 1–2 Ca^{2+}-Ionen vom Cytosol in das Lumen des s.R. pumpen, wodurch die cytosolische Ca^{2+}-Konzentration niedrig gehalten wird.

P-A. bestehen typischerweise aus einem einzigen Peptid (α) von 70–110 kDa. Das Peptid besitzt zwei Domänen, von denen die eine die Membran durchspannt und mehrere α-Helices enthält und die andere in das Cytoplasma ragt. Letztere enthält zum einen die aus einem Asp-Rest bestehende Phosphorylierungsstelle, die typischerweise in der Sequenz Ile-Cys-Ser-Asp-Lys-Thr-Gly-Thr-Leu-Thr vorliegt, sowie zum anderen die ATP-Bindungsstelle. Teil der Na^+/K^+-ATPasen ist darüber hinaus ein zweites Peptid (β) von ~55 kDa, dessen Funktion noch nicht klar ist.

Während ihres Katalysezyklus können die P-A. in zwei unterschiedlichen Konformationszuständen, E_1 und E_2, existieren, die jeweils dem nichtphosphorylierten und dem phosphorylierten Zustand entsprechen und unterschiedliche Affinitäten zu den Ionen besitzen, die über die Membran transportiert werden. Die Änderung von E_1 zu E_2 durch die Reaktion ATP + -Asp- → ADP + -Asp~P- bewirkt den Transport einer Ionenart von einer Seite der Membran auf die andere, während die Änderung von E_2 zu E_1 durch die Reaktion -Asp~P- + H_2O → -Asp- + P_i entweder zu einer Wiederherstellung des ursprünglichen Zustands führt oder den Transport der zweiten Ionenart in die entgegengesetzte Richtung bewirkt, abhängig von der Art der P-A.

Zusätzlich zu VO_4^{3-} werden die Na^+/K^+-ATPasen durch ↗ *Ouabain* und die Plasmamembran-ATPasen durch Dicyclohexyldiimid (DCCD) sowie Diethylstilböstrol inhibiert.

[P.L. Pederson u. E. Carafoli *Trends Biochem Sci.* **12** (1987) 146–150, 186–189]

V-ATPasen, *V-Typ-ATPasen*, eine von drei Klassen ↗ *ionengetriebener ATPasen*. Die Eigenschaften der V-A. unterscheiden sich von denen der beiden anderen Klassen, der F-ATPasen (↗ *ATP-Synthasen*) und ↗ *P-ATPasen*, und werden wie folgt definiert: V-A. 1) sind H^+-transportierende ATPasen, die in Membranen der Vakuolen (daher die Bezeichnung „V") von Hefe, Pilzen (z.B. *Neurospora*) und höheren Pflanzen (d.h. den Tonoplasten) sowie in den Lysosomen, Endosomen, sekretorischen Granula, hormonspeichernden Granula und Clathrinbedeckten Vesikeln höherer tierischer Zellen vorkommen; 2) bilden kein kovalent phosphoryliertes Intermediat (wie der P-Typ) und 3) liegen als Oligomere vor, deren H^+-Translokations- und ADP-Hydrolyse-Funktionen auf unterschiedlichen Untereinheiten lokalisiert sind. Beispielsweise enthalten die Hefe-, *Neurospora*- und Tonoplastenenzyme 60–65 kDA- und 70–89 kDa-Komponenten neben verschiedenen anderen kleineren Peptiden, von denen eines (ein 15–19 kDa-Peptid) Dicyclohexyldiimid (DCCD) kovalent bindet.

V-A. werden durch KNO_3, KSCN und *N*-Ethylmaleinimid stärker inhibiert als die F- und P-ATPasen. Wie diese werden V-A. auch durch DCCD, Diethylstilböstrol und Tributylzinn inhibiert, jedoch nicht durch VO_4^{3-} (einem charakteristischen

P-ATPasen-Inhibitor) oder durch Oligomycin (einem charakteristischen Mitochondrien-F-ATPasen-Inhibitor).

V-A. katalysieren die Aufnahme von H$^+$-Ionen in die verschiedenen Vakuolenstrukturen von Pflanzen und Tieren. Dadurch wird ein pH-Wert erhalten, der unterhalb des pH-Werts des umgebenden Cytoplasmas und nahe dem pH-Optimum der Vakuolenenzyme liegt. Wahrscheinlich sind die V-A. für die Aufnahme und Speicherung von ↗*Catecholaminen* in chromaffine Granula und von ↗ *Serotonin* in synaptische Vesikel notwendig. Der Kopplungsmechanismus, mit dem V-A. die Freie Energie, die durch ATP-Hydrolyse frei wird, auf den Transmembrantransport von H$^+$-Ionen übertragen, ist nicht bekannt. [P.L. Pederson u. E. Carafoli *Trends Biochem. Sci.* **12** (1987) 146–150, 186–189]

ATP-Citrat-(pro-3S)-Lyase, *citratspaltendes Enzym* (EC 4.1.3.8), ein cytosolisches Enzym, das Citrat in Acetyl-CoA und Oxalacetat überführt, unter gleichzeitiger Spaltung eines ATP-Moleküls in ADP + P$_i$: Citrat + ATP + CoA → Acetyl-CoA + Oxalacetat + ADP + P$_i$.

ATP-Imidazol-Zyklus, ↗ *L-Histidin*.

ATP-Synthase, F_0F_1-*ATPase*, *F-ATPase*, ein in der Mitochondrienmembran lokalisiertes Enzymsystem, das den größten Teil des ATP synthetisiert (↗ *oxidative Phosphorylierung*). Die A. wurde 1960 von E. Racker und Mitarbeitern aus Mitochondrien isoliert und 1961 postulierte P. Mitchell einen Reaktionsmechanimus für dieses Enzym. Danach wird die ATP-Synthese durch den an der Mitochondrienmembran bestehenden Protonengradienten (↗ *chemiosmotische Hypothese*) angetrieben. Die A. ist ein multiples Untereinheiten-Enzym (M_r 450 kDa) und macht etwa 15 % des Gesamtproteingehaltes der inneren Mitochondrienmembran aus. Sie besteht aus der F$_1$-Komponente mit der Zusammensetzung $\alpha_3\beta_3\gamma\delta\epsilon$, der F$_0$-Komponente, die vier bis fünf unterschiedliche Untereinheiten und sechs bis zehn Kopien eines DCC (Dicyclohexylcarbo-

diimid)-Bindungsproteins enthält, einem Stiel, der aus zwei Proteinen, dem OSC-Protein (OSCP, engl. *oligomycin-sensitivity-confering protein*), sowie dem Kupplungsfaktor 6 (F6) besteht (Abb.) und den assoziierten Polypeptiden IF$_1$ und F$_B$. Das Katalysezentrum für die ATP-Synthese ist in der β-Untereinheit der F$_1$-Komponente lokalisiert, während die δ-Untereinheit die Zugangsverbindung des F$_0$-Protonenkanals mit F$_1$ bildet. Das DCC-Bindungsproteolipid-Oligomer bildet den Protonenkanal und der Stiel ist zur Bindung von F$_0$ an F$_1$ erforderlich. IF$_1$ und F$_B$ inhibieren die ATP-Hydrolyse und binden an die F$_1$β-Untereinheit. Paul Boyer, einer der Nobelpreisträger für Chemie und Medizin 1997, hatte herausgefunden, dass nicht die Synthese von ATP aus ADP den energieaufwendigsten Schritt darstellt, sondern dass vor allem die Bindung von ADP und anorganischem Phosphat an das Enzym und die Freisetzung des Produktes ATP aus dem Enzym Energie verbrauchen. Diese Erkenntnis steht im Widerspruch zu den meisten enzymatischen Reaktionen, bei denen die Bindung von Substraten und die Produktfreisetzung spontan verlaufen und nur der katalytische Schritt selbst Energie benötigt. Nach Boyer katalysiert die A. den Reaktionsweg nur in einer Richtung, die dadurch zustande kommt, dass die γ-, δ- und ε-Untereinheiten in einem Zylinder rotieren, der wiederum durch alternierende α- und β-Untereinheiten gebildet wird. Dieser Mechanismus wird vom Protonenfluss durch die Mitochondrienmembran angetrieben. Die Vorstellungen über die biochemischen Vorgänge konnten durch die Röntgenkristallstrukturanalyse der A. bestätigt werden, an der John E. Walker, ein zweiter Nobelpreisträger von 1997, entscheidenden Anteil hatte. Für den F$_1$-Teil der Rinder-A. konnte gezeigt werden, dass die strukturell ähnlichen α- und β-Untereinheiten dennoch ADP und ATP unterschiedlich binden und die γ-Untereinheit asymmetrisch in den von den drei α- und drei β-Untereinheiten gebildeten Zylinder eingepasst ist, wodurch Boyers „Rotations"-Mechanismus (*binding change mechanism*) indirekt bestätigt werden konnte. Gemäß dieser Hypothese hat die F$_1$-Komponente drei Nucleotidbindungs-/Katalysezentren, eines je αβ-Untereinheitenpaar, die – obwohl eigentlich identisch – zu einem bestimmten Zeitpunkt in verschiedenen Funktionszuständen existieren. Ein Zustand ist der offene, bzw. O-Zustand, der ADP und P$_i$ nur sehr locker bindet, der zweite ist der L-Zustand, der beide locker bindet, jedoch katalytisch inaktiv ist, und der dritte ist der T-Zustand, der sie fest bindet und katalytisch aktiv ist. Zu Beginn des Katalysezyklus wird ATP fest an das Zentrum im T-Zustand gebunden, ADP und P$_i$ sind locker an das Zentrum im L-Zustand gebunden und das Zentrum im O-Zustand ist leer. Aufgrund

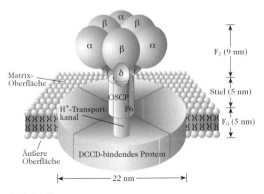

ATP-Synthase

des Flusses von H$^+$ durch den F$_0$-Kanal, der durch die protonenmotorische Kraft angetrieben wird, werden kooperative Konformationsänderungen innerhalb der F$_1$-Komponente hervorgerufen. Hierbei machen die drei Zentren folgende simultanen Konformationsänderungen durch: T → O, O → L und L → T. Diese Änderungen ermöglichen es, dass ATP von dem Zentrum freigesetzt wird, das im T-Zustand war und sich jetzt im O-Zustand befindet, dass ADP und P$_i$ an dem Zentrum ATP bilden, das im L-Zustand war und jetzt im T-Zustand ist und dass ADP und P$_i$ locker an das Zentrum gebunden werden, das im T-Zustand war und jetzt im O-Zustand vorliegt. Wenn weitere H$^+$ durch den F$_0$-Kanal fließen, wird der Vorgang wiederholt. Auf diese Weise werden als Reaktion auf drei H$^+$-Ionendurchflüsse, die die gekoppelten Konformationsänderungen in den drei αβ-Untereinheiten antreiben, bei jedem Durchgang des Zyklus drei ATP gebildet.

ATP:Urea-Amidolyase, ↗ *Urea-Amidolyase*.

Atractylat, ↗ *Atractylosid*.

Atractylosid, *Atractylat*, ein Glucosid aus der Mittelmeerdistel *Atractylis gummitera*. Es wirkt als kompetitiver Inhibitor der Bindung und des Transports von Adeninnucleotiden entlang der inneren Mitochondrienmembran. Das eng verwandte Carboxyatractylat bindet mit einer höheren Affinität (K$_d$ 10^{-8} M) und wird nicht durch Adeninnucleotide verdrängt.

atrialer natriuretischer Faktor, Syn. für ↗ *atrionatriuretisches Peptid*.

atrionatriuretisches Peptid, *ANP*, *Atriopeptid* (engl. *atrial natriuretic peptide*), *atrialer natriuretischer Faktor*, zur Familie der ↗ *natriuretischen Peptide* zählendes Peptidhormon aus dem Herzvorhof (Atrium) der Säugetiere. Das 28 AS-Peptid, H-Ser^1-Leu-Arg-Arg-Ser^5-Ser-Cys-Phe-Gly-Gly^{10}-Arg-Met-Asp-Arg-Ile^{15}-Gly-Ala-Gln-Ser-Gly^{20}-Leu-Gly-Cys-Asn-Ser^{25}-Phe-Arg-Tyr-OH (Disulfidbrücke: Cys^7-Cys^{23}), ist die im Blut zirkulierende aktive Form (Abb.). Es bewirkt eine Erhöhung der Diurese und der Elimination von Na$^+$-Ionen. Weiterhin hemmt es die Sekretion von Renin und Aldosteron, ist daher ein Gegenspieler des Renin-Angiotensin-Aldosteron-Systems und erfüllt eine wichtige Funktion bei der Regulation des Blutdrucks und Blutvolumens. Die entscheidenden Experimente zur Entdeckung des ANP wurden 1981 durch den Arbeitskreis um Debold durchgeführt. Die bioaktive Form des ANP wird durch posttranslationelle Prozessierung des aus 150–152 Aminosäurebausteinen bestehenden Biosynthesevorläufers Prä-Pro-ANP erhalten, dessen Sequenz durch Nucleotidsequenzierung der entsprechenden cDNA abgeleitet wurde. Die N-terminale Sequenz wird bei den AS 23–25 durch eine Signalpeptidase abgespalten, um das 126-Pro-ANP (M$_r$ 15–17 kDa) zu bilden. Pro-ANP wird in atrialen Myocyten, die morphologisch den sekretorischen Zellen von Polypeptidhormonen ähnlich sind, in spezifischen Granula gespeichert. Interessanterweise existiert ein hoher Sequenzhomologiegrad zwischen den Pro-ANPs verschiedener Spezies (Mensch, Hund, Ratte, Kaninchen, Maus). Für die Freisetzung von ANP aus dem Prohormon sorgt eine hochspezifische, membrangebundene Serinprotease, die die Arg^{98}-Ser^{99}-Bindung spaltet, wobei Pro-ANP$^{1-98}$ und ANP$^{99-126}$ im äquimolaren Verhältnis gebildet werden. Das biologisch aktive ANP bildet einen 17 Aminosäurebausteine-enthaltenden Ring mit einer N-terminalen 6 AS-Peptid- und C-terminalen 4 AS-Peptiderweiterung. Die Struktur des bioaktiven ANP ist innerhalb der verschiedenen Spezies hochkonserviert. [G. McDowell et al. *Eur. J. Clin. Invest.* **25** (1995) 291]

Atriopeptid, Syn. für ↗ *atrionatriuretisches Peptid*.

Atromentin, ↗ *Benzochinone*.

Atropin, *DL-Hyoscyamin*, der Tropinester der D,L-Tropasäure. Das Racemat (M$_r$ 289,48 Da, F. 115–117 °C) wird während der alkalischen Aufarbeitung von L(–)-Hyoscyamin gebildet. Die Racemisierung erfolgt so schnell, dass vermutlich das meiste aus pflanzlichem Material isolierte A. von L(–)-Hyoscyamin abstammt: F. 108–111 °C, [α]$_D$ –21° (Ethanol). Es inhibiert spezifisch jene cholinergen Neuronen, die durch Muscarin aktiviert werden. L(–)-Hyoscyamin ist der Tropinester der L-Tropasäure. Für den pupillenerweiternden Effekt ist nur die L-Form verantwortlich, aber in der Medizin wird nur das racemische A. verwendet. Vielseitig angewandt wird A. auch zur Inhibierung der Speichel- und Schweißdrüsensekretion sowie als krampflösendes Mittel im Magen-Darm-Bereich und bei Bronchialasthma. A. ist stark giftig. Formel, Vorkommen und Biosynthese ↗ *Tropanalkaloide*, vgl. Farbtafel VI, Abb. 3 und 4.

atrionatriuretisches Peptid. Aminosäuresequenz der zirkulierenden Form des atrionatriuretischen Peptids, das auch *Cardionatrin I* oder α-atriales natriuretisches Peptid (α-ANP) genannt wird. Das α-ANP von Ratten enthält an Position 12 Ile, während die bei Menschen vorkommende Form an dieser Stelle Met trägt.

											12			
	1										Met			
(N-Ende)	Ser	Leu	Arg	Arg	Ser	Ser	Cys	Phe	Gly	Gly	Arg	Asp	Arg	
											Ile		Ile
	28													
(C-Ende)	Tyr	Arg	Phe	Ser	Asn	Cys	Gly	Leu	Gly	Ser	Gln	Ala	Gly	

Atroscin, ↗ *Scopolamin*.

Attenuation, ein in Bakterienzellen vorkommender Regulationsmechanismus. Während die Enzymrepression der Zelle erlaubt, auf extreme Metabolitenkonzentrationen zu reagieren, ermöglicht die A. vermutlich die Feinabstimmung als Reaktion auf kleine Veränderungen der Metabolitenkonzentrationen. Die A. ist nachweislich wirksam bei der Synthese von Tryptophan, Phenylalanin, Histidin, Leucin, Threonin, Isoleucin und Valin bei *E. coli* und bei der Synthese von Histidin, Leucin und Tryptophan bei *Salmonella typhimurium*.

Vermutlich sind bei allen Bakterien in jedem Operon der Aminosäurebiosynthese Attenuationsstellen vorhanden.

Das erste Strukturgen des Operons ist von der Promotor-Operator-Region durch ein DNA-Stück getrennt, der sog. Leitsequenz (engl. *leader sequence*). Die Transcription des Operons verläuft fortlaufend über diese Leitsequenz und die Strukturgene. Im Fall des *trp*-Operons von *E. coli* z.B. wird eine einzige, fortlaufende *trp*-mRNA aus 7.000 Nucleotiden gebildet, die am 5'-Ende die Leitsequenz (162 Nucleotide) enthält, gefolgt von der mRNA-Sequenz für die Enzyme des Biosynthesewegs. Das Transcript wird nur komplett gebildet, wenn Tryptophan relativ knapp ist. Ist der Tryptophanspiegel hoch, wird nur ein Teil der Leitsequenz transcribiert, dann kommt es zur Termination. Dadurch wird ein kleines Transcript aus 140 Nucleotiden produziert. Der regulierende Faktor ist nicht das Tryptophan selbst, sondern die Tryptophan-

Aminoacyl-tRNA, deren Konzentration die Verfügbarkeit von Tryptophan wiedergibt. Ein Teil der Leitsequenz-RNA wird in ein Peptid aus 14 Aminosäureresten translatiert, von denen zwei Tryptophan sind. Die Codons dieser zwei Trp-Reste besetzen in der Leitsequenz-RNA strategische Positionen (Abb. 1 und Abb. 2). Die Analyse der Leitsequenz-RNA zeigt, dass mehr als eine Sekundärsequenz möglich ist. Welche Sekundärstruktur tatsächlich vorhanden ist, wird durch das Fortschreiten der Ribosomen an der RNA bestimmt. Wenn Tryptophan-Aminoacyl-tRNA im Überfluss vorhanden ist (ebenso wie alle anderen Aminoacyl-tRNA-Spezies, die gebraucht werden), dann verläuft die Translation glatt und das Ribosom erreicht das Stopp-Codon. An diesem Punkt überlappt das Ribosom mit zwei Regionen (Region A und B in Abb. 1 und Abb. 2) der RNA, die die potenzielle Fähigkeit besitzen, eine Sekundärstruktur ausbilden zu können. Die einzige Sekundärstruktur, die dann möglich ist, ist eine durch die Regionen C und D gebildete Haarnadelstruktur, die als Terminationssignal für die Transcription dient. Wenn die Tryptophan-Aminoacyl-tRNA knapp ist, kommt das Ribosom früher, an den Trp-Codons, zum Stillstand. Dann ist nur die Region A bedeckt, es bildet sich eine Sekundärstruktur aus, die keine Inhibitorfunktion besitzt, und die Transcription der Strukturgene läuft ab. Wird das koordinierte Fortschreiten von Transcription und Translation berücksichtigt, wie es in der Abb. 2 dargestellt ist, so lässt sich der Mechanismus noch besser verstehen.

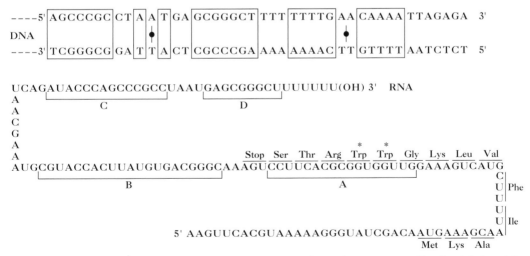

Attenuation. Abb. 1. Attenuatorstelle in der Leitsequenz des Tryptophansyntheseoperons von *E. coli* und die komplette Sequenz der terminierten Leitsequenz-RNA. Zwei Regionen in der *trp*-Attenuator-DNA besitzen eine zweizählige Symmetrieachse. A, B, C, D in der RNA entsprechen den markierten Regionen in Abb. 2. Basenpaarung mit resultierender Haarnadelbildung ist möglich zwischen A und B (Freie Bildungsenergie –46,9 kJ / mol), B und C (–49 kJ / mol) und C und D (–83,7 kJ / mol), Codons für das Leitsequenz-Peptid sind ebenfalls abgebildet und die zwei strategischen Trp-Codons sind durch Sterne gekennzeichnet.

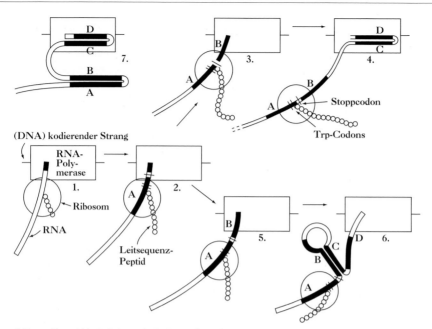

Attenuation. Abb. 2. Schematische Darstellung der Attenuation während der koordinierten Transcription und Translation, basierend auf der Attenuation des Tryptophansyntheseoperons von *E. coli*.

1. Die RNA-Polymerase hat die Operator-Promotor-Stelle verlassen und hat damit begonnen, die Leitsequenzregion in Richtung des ersten Strukturgens des Operons (Komponente I der Anthranilat-Synthetase) zu transcribieren. Das Startcodon für das Leitsequenz-Peptid ist aufgetaucht, ein Ribosom ist angeheftet, die Translation hat begonnen.
2. Wenn mehr RNA synthetisiert ist, hält die Translation mit der Transcription Schritt. Die Synthese der Region A ist abgeschlossen und die der Region B beginnt gerade. Das Ribosom ist im Begriff, die Trp-Codons der Leitsequenz-Peptid-Message zu translatieren.
3. Tryptophan-Aminoacyl-tRNA ist im Überfluss vorhanden, so dass die Translation fortgesetzt wird und mit der Transcription Schritt hält. Das Ribosom hat gerade das Stopp-Codon erreicht und bedeckt teilweise die Region B, die jetzt vollständig synthetisiert ist.
4. Das Ribosom kann nicht weiter vorrücken, die Transcription läuft aber fort. Erscheint die Region C, kann sie mit der vom Ribosom verdeckten Region B keine Basenpaare bilden. Sobald Region D erscheint, bildet es mit C Basenpaare aus. Die resultierende Sekundärstruktur (CD-Haarnadelstruktur) stellt ein Signal für die Termination der Transcription dar. Die RNA-Polymerase und ihr Transcript verlassen die DNA.
5. Tryptophan-Aminoacyl-tRNA ist knapp, so dass das Ribosom an den Trp-Codons pausiert. Wenn B synthetisiert wird, ist es nicht durch das Ribosom bedeckt. Die Translation hält mit der Transcription nicht Schritt.
6. Wenn sich die Region C von der RNA-Polymerase löst, ist sie in der Lage mit B Basenpaare und eine Haarnadelstruktur zu bilden. Da kein freies C mehr zur Verfügung steht, kann gebildetes D mit C keine Basenpaarbindung eingehen. Das Terminationssignal (CD-Haarnadelstruktur) kann somit nicht entstehen. Die Transcription läuft in Richtung des ersten Strukturgens weiter und das ganze Operon ist transcribiert.
7. Wenn andere Aminoacyl-tRNA-Spezies knapp sind, wird das Ribosom noch nicht einmal A erreicht haben, wenn D aufgetaucht ist. Die thermodynamisch begünstigte Struktur besteht dann in den Haarnadelstrukturen AB und CD. Die Transcription wird durch CD terminiert. Auf diese Weise kann ein Defizit an anderen Aminosäuren die Attenuation der Tryptophansynthese hervorrufen.

Es ist ersichtlich, dass die A. eine abgestufte Reaktion auf leichte Konzentrationsveränderungen der regulierenden Aminosäure darstellt. Diese Steuerung funktioniert nicht nach dem „Alles oder Nichts"-Prinzip oder aufgrund eines Schwellenwerts und auch nicht durch Repression oder Rückkopplungsinhibierung, die beide durch einen An/Ausschalt-Mechanismus regulieren. Es ist unwahrscheinlich, dass das Ribosom tatsächlich am *trp*-Codon vollständig anhält, vielmehr wird es in Abhängigkeit von der relativen Versorgung mit der Aminoacyl-tRNA der regulierenden Aminosäure seine Geschwindigkeit verlangsamen oder pausieren. In Anbetracht der Geschwindigkeit der Transcription und der koordinierten Translation (Inkorporation von 45 Nucleotidresten je Sekunde; ca. 4 Minuten für die Transcription des gesamten *trp*-Operons; ca. 3 Minuten für den kompletten Abbau des *trp*-Operon-Transcripts) wird schon eine Verlangsamung des Ribosoms ausreichen, um die Ausbildung einer nichtinhibitorischen Struktur der Leitsequenz-RNA zu begünstigen. Die beiden RNA-Sekundärstrukturen müssen deshalb als zwei thermodynamische Extreme betrachtet werden, die zu einem gewissen Grad im Gleichgewicht stehen.

In allen Attenuationssystemen, die bisher untersucht wurden, ist der Mechanismus analog zu dem hier für die Tryptophansynthese in *E. coli* beschriebenen, d. h. die Codons für die regulierende Aminosäure sind an strategischen Positionen in der Leitsequenz-RNA angeordnet. Bis zu sieben strategische Codons können vorhanden sein (z.B. Phe- und His-Attenuation in *Salmonella*). [D.L. Oxender et al. *Proc. Natl. Acad. Sci USA* **76** (1979) 5.524-5.528; R.M. Gemmill et al. *ibid*. 4.941–4.945; H.M. Johnston et al. *Proc. Natl. Acad. Sci. USA* **77** (1980) 508–512; C. Yanofsky u. R. Kolter, *Annu. Rev. Genet.* **16** (1982) 113–134]

Aucibin, ↗ *Iridoide*.

Auffüllreaktion, ↗ *Anaplerose*.

Aufhellhormon, Pyr-Leu-Asn-Phe-Ser-Pro-Gly-Trp-NH$_2$ (M_r 930 Da), ein Neurohormon, das von den Augenstieldrüsen der Crustaceen produziert wird. Das Hormon wird als Antwort auf visuellen Reiz von den Nervenenden in den Drüsen freigesetzt. Es reguliert die Pigmentgranulaverteilung in den hypodermalen Chromatophoren und versetzt das Tier damit in die Lage, seine Farbe so anzupassen, dass sie zur Umgebung passt.

Auranofin, eine organische Gold(I)-Verbindung, die als Basistherapeutikum (Langzeitbehandlung) bei rheumatischen Erkrankungen verwendet wird. A. ist der Triphenylphosphin-Komplex der Tetra-*O*-acetyl-1-thio-β-d-glucopyranosyl-gold(I)-Verbindung (Abb.). Zu gleichem Zweck wird Aurothioglucose, β-d-1-Thioglucopyranosyl-gold(I) verwendet.

AcOH$_2$C

O — S — Au ⟵ P(CH$_3$)$_3$

OAc

AcO

OAc

Auranofin

Auriculosid, *7,5'-Dihydroxy-4'-methoxy-3'-O-β-D-glucosylflavan*. ↗ *Flavan*.

Aurone, *2-Benzyliden-3-cumarone*, zur Gruppe der Flavonoide gehörende goldgelbe Pflanzenpigmente. A. finden sich besonders in den Blütenblättern von Korbblütlern (*Compositae*), Hülsenfrüchtlern (*Leguminosae*), in Lebermoosen (*Hepaticae*) und Sumachgewächsen (*Anacardiaceae*). Außerdem kommen sie sporadisch in einigen anderen Pflanzen vor. Die einzelnen A. unterscheiden sich in den Substituenten von Ring A und B (Abb.). Als Substituenten treten Hydroxy-, Methoxy-, Methylendioxy- und Furanogruppen auf. Beispiele sind Sulfuretin (6,3',4'-Trihydroxyauron, ein Blütt-

blattpigment vieler Mitglieder der Korbblütler) und Furano-(2",3",6,7):3,4-methylen-dioxyauron von *Derris obtusa*. A. treten häufig als Glycoside auf. [B.A. Bohm in *The Flavonoids: Advances in Research*, J. B. Harbone u. T. J. Mabry, (Hrsg.), Chapman and Hall, 1982, 336–337]

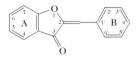

Aurone. Auronringsystem.

Aussalzeffekt, ↗ *Aussalzung*.

Aussalzung, ein Prozess der Stofftrennung, der auf der Herabsetzung der Löslichkeit durch Zusatz dritter Stoffe beruht. Durch Salzzusatz z.B. zur Lösung eines Proteins wird der Aktivitätskoeffizient des gelösten Stoffes erhöht oder erniedrigt. Wird die Sättigungskonzentration des gelösten Proteins verkleinert, spricht man von einem *Aussalzeffekt*, bei einer Erhöhung von einem *Einsalzeffekt*. Die Eignung von Salzen zur Proteinfällung wird durch die ↗ *Hofmeister-Serie* beschrieben. Das antichaotrope Ammoniumsulfat ist das am häufigsten zur Proteinfällung benutzte Salz, da es in Konzentrationen >0,5 M die biologische Aktivität auch sehr empfindlicher Proteine schützt. Es ist ferner durch Dialyse oder Ionenaustausch leicht von den Proteinen zu entfernen.

Austauschdiffusion, ↗ *Antiport*.

Austauscherkonstante, ↗ *Ionenaustauschchromatographie*.

Austauschtransport, ↗ *Antiport*.

Autoimmunkrankheiten, Erkrankungen, die infolge der Aufhebung der natürlichen Immuntoleranz gegen körpereigene Substanzen entstehen. A. können hervorgerufen werden: 1) durch Kreuzreaktion zwischen körpereigenen und -fremden Stoffen, 2) durch fehlende Immuntoleranz gegen körpereigene Substanzen, die normalerweise keinen Kontakt mit dem Immunapparat haben, 3) durch Strukturveränderungen körpereigener Substanzen, 4) durch Reaktivierung bestimmter Zellen, die zum Toleranzbruch führen. Zu den A. zählen neurologische Erkrankungen, wie multiple Sklerose, bakterielle Augenentzündung (*Ophthalmia sympathica*) und krankhafte Muskelschwäche (*Myasthenia gravis*), ferner Erythematodes (eine Hautkrankheit) und chronischer Rheumatismus sowie chronische Leberentzündung und bestimmte Formen der chronischen Nierenentzündung.

Autolyse, die Selbstauflösung bzw. Selbstzerstörung absterbender Zellen. Bei der A. gelangen Cathepsine (↗ *Proteolyse*) in das Cytoplasma, da die Lysosomen, in denen sie kompartimentiert sind, durch die Auflösung ihrer Membran undicht werden. In der lebenden Zelle kommen sie nur bei den Vorgängen der intrazellulären Verdauung in genau definierten Bereichen mit cytoplasmatischen Substraten in Berührung. ↗ *intrazelluläre Verdauung*.

autonom replizierende Sequenzen, *ARS*, eine DNA-Sequenz, die dazu befähigt, sehr häufig autonome Transformationen durchzuführen. Sequenzen dieser Art wurden erstmals in der Hefe *Saccharomyces cerevisiae* identifiziert, wo sie den chromosomalen Replikationsursprung (engl. *origin of replication*) bilden. Später wurden sie auch bei einer Reihe von Eukaryonten, einschließlich dem Menschen, gefunden. Für die ARS-Funktion sind die folgenden beiden Sequenzen von Bedeutung: die Domäne A [5' (A/T)TTTAT(A/G)TTT(A/T) 3'] und Domäne B [5' CTTTTAGC(A/T)(A/T)(A/T) 3']. Die Domäne B ist in 3'-Richtung 50–100 bp von der Domäne A entfernt. ↗ *künstliches Hefechromosom*.

Autophagie, ↗ *intrazelluläre Verdauung*, ↗ *Proteolyse*.

Autophosphorylierung, durch eine Kinase vermittelte Phosphorylierung von spezifischen Tyrosinresten der eigenen Proteinkomponente. Die A. wird vorrangig bei Rezeptoren für die meisten Wachstumsfaktoren beobachtet, die Transmembranproteine mit Tyrosin-spezifischer Protein-Kinase-Aktivität sind.

autotrophe Ernährung, ↗ *Autotrophie*.

Autotrophie, *autotrophe Ernährung*, eine Ernährungsweise, bei der einfache anorganische Verbindungen, wie Kohlendioxid, Ammoniak, Nitrat, Sulfat, zur Synthese von körpereigenen organischen Verbindungen verwendet werden. Der Begriff A. wurde ursprünglich nur zur Kennzeichnung der Kohlenstoffautotrophie verwendet, die die Fähigkeit der grünen Pflanze beschreibt, Kohlendioxid der Luft zu assimilieren (↗ *Kohlendioxidassimilation*). Die Stickstoffautotrophie beruht auf der Nitratassimilation (↗ *Nitratreduktion*) oder ↗ *Stickstofffixierung*, also auf Vorgängen, bei denen Ammoniak gebildet und assimiliert werden kann (↗ *Ammoniakassimilation*). Schwefelautotrophie ist an die Fähigkeit pflanzlicher und mikrobieller Organismen gebunden, Sulfat reduktiv assimilieren zu können (↗ *Sulfatassimilation*). Der Gegensatz von A. ist Heterotrophie.

Auxinantagonisten, Inhibitoren, die die Wirkung von Auxinen auf das Wachstum und die Entwicklung von Pflanzen hemmen und deren Wirkung zumindest teilweise durch Auxine aufgehoben werden kann. Die Bezeichnung A. wird unabhängig vom Mechanismus der Inhibierung gebraucht. Kompetitiv hemmende A. werden Antiauxine genannt. Zu den A. zählen zahlreiche, chemisch verschiedenartige Verbindungen, auch manche syn-thetische Auxine, z.B. Phenylessigsäure und Phenylbuttersäure.

auxinbindende Proteine, *ABP*, kleine Proteine (M_r 20–22 kDa), für die ein auxinbindendes Motiv (↗ *Auxine*), eine Glycosylierungsstelle und die Sequenz -Lys-Asp-Glu-Leu-COOH am Carboxylende charakteristisch ist. In *Zea mays* sind mindestens fünf ABPs vorhanden. Wird *Zm*ABP1 im Expressionssystem des *Baculovirus* synthetisiert, so wirkt das Genprodukt auf das endoplasmatische Reticulum der Insektenzellen, die für die Expression verwendet werden, ein. [H. MacDonald et al. *Plant Physiol.* **105** (1994) 1.049–1.057]. Während einer *in-vitro*-Translation wird *Zm*ABP1 auf Mikrosomen verlagert, die vom endoplasmatischen Reticulum abstammen und dort bearbeitet und glycosyliert. Parallele Untersuchungen der *in-vitro*-Translation von *Zm*ABP4 zeigten, dass nur eines von zwei Translationsprodukten auf die Mikrosomen verlagert wird (das *Zm*ABP4-Transcript unterscheidet sich in seiner Signalsequenz von *Zm*ABP1 und codiert für zwei Translationsprodukte) [N. Campos et al. *Plant Cell Physiol.* **35** (1994) 153–161]. Die Verpackung des ABP in das endoplasmatische Reticulum ist zur Zeit noch schwer mit den klaren experimentellen Beweisen in Einklang zu bringen, dass das Auxinsignal nach der Bindung an die Plasmamembran übermittelt wird. Da die ABPs keine hydrophobe Domäne besitzen, die lang genug ist, eine Membran zu durchspannen, wird angenommen, dass an der Übertragung des ABP-Signals in die Zelle ein Transmembran-Dockingprotein beteiligt ist. Das *AUX1*-Gen (Mutation verursacht ↗ *Agravitropismus* und Resistenz gegen Auxin) codiert für ein Protein mit einem langen hydrophilen N-Terminus und sieben vorhergesagten Transmembrandomänen. Es liegt eine auffallende Ähnlichkeit zu den Gonadotropinrezeptoren vor, deren Liganden Glycoproteine mit M_r 23–30 kDa sind.

Es gibt schlüssige Beweise, dass zumindest die ABP(s), die an der Hyperpolarisation der Protoplasten beteiligt sind, auf der interzellulären Oberfläche der Plasmamembran lokalisiert sind, d.h. extrazellulär funktionieren. Antikörper gegen *Zm*ABP1 blockieren die auxininduzierte Aktivierung der H⁺-ATPase, haben aber keine Wirkung auf ihre Aktivierung durch Fusicocci. [H. Barbier-Brygoo et al. *Plant J.* **1** (1991) 83–93; A. Ruck et al. *Plant J.* **4** (1993) 41–46]

Auxine, eine Gruppe von Pflanzenhormonen, die zu den wichtigsten Regulatoren des Pflanzenwachstums zählt. Natürliche A. sind Indolderivate, von denen man bisher annahm, dass ihre Biosynthese von L-Tryptophan ausgeht. Es könnte aber nötig werden, diese Ansicht zu ändern, da ein tryptophanunabhängiger Weg zur Synthese des wichtigsten Auxins, der Indolyl-3-essigsäure (IES, engl.

indol-3-acetic acid, IAA, Abb.) entdeckt wurde. In Mais und _Arabidopsis_ wird Indolyl-3-acetonitril mit Hilfe einer Nitrilase in Indolyl-3-Essigsäure umgewandelt [J. Normanly et al. _Pro.c Natl. Acad. Sci. USA_ **90** (1993) 10.355–10.359]. Die Indolyl-3-essigsäure (Heteroauxin; Abb.) wird als Standard für den Aktivitätsvergleich mit anderen Wachstumsstimulanzien verwendet. IES wird durch höhere Pflanzen synthetisiert (z.B. enthalten Ananaspflanzen 6 mg/kg Frischgewicht). Sie wurde ebenso in vielen niederen Pflanzen gefunden und kommt auch als Stoffwechselprodukt in Bakterien vor. Der früher zur quantitativen Auxinbestimmung meistens verwendete ↗ _Hafercoleoptilen-Krümmungstest_ wurde durch empfindlichere physikalische Methoden, wie Hochleistungsflüssigkeitschromatographie (HPLC) oder Gaschromatographie (GC), kombiniert mit Massenspektrometrie, ersetzt. Andere natürliche A. sind: 2-(-Indolyl)ethanol (Tryptophol); 2-(3-Indolyl)acetaldehyd; 2-(3-Indolyl)acetonitril; 2-(3-Indolyl)acetamid; 3-(3-Indolyl)propionsäure; 4-(3-Indolyl)butansäure; 3-(3-Indolyl)bernsteinsäure; 2-(3-Indolyl)glycolsäure; 2-(3-Indolyl)acetyl-β-D-glucose; [2-(3-Indolyl)acetyl]aspartatsäure; 2-(3-Indolyl)acetyl-_meso_-inositol; 2-(3-Indolyl)acetyl-_meso_-inositol-galactosid; 2-(3-Indolyl)acetyl-_meso_-inositol-arabinosid. Verbindungen, die einen Zucker- oder Aminosäurerest enthalten, die sog. Auxinkonjugate, stellen vermutlich Speicher- und Transportformen dar.

Auxine. 2-(3-Indolyl)essigsäure.

Die A. regulieren die Wurzel- und Sprossbildung, indem sie das Streckungswachstum und die Zellteilung im Kambium stimulieren. Eine Acidifizierung der Zellwand als Reaktion auf A. (vermutlich aufgrund der Stimulation von H⁺-ATPase der Plasmamembran) ist zumindest zum Teil für den Verlust von Zellwänden und die Stimulation des Streckungswachstums verantwortlich. A. verursachen auch eine Membranhyperpolarisation.

Der Auxin-Signalweg innerhalb der Pflanzenzelle ist unklar, aber vermutlich ist ein G-Protein beteiligt. Das Auxinsignal wird nach der Bindung an die Plasmamembran durch das ↗ _auxinbindende Protein_ übermittelt. Die Bindung von Auxin an das auxinbindende Protein _Zm_ABP1 wurde durch Photoaffinitätsmarkierung des reifen Proteins (163 Aminosäurereste), unter Verwendung des Auxinhomologen 5-[7-H-3]Azidoindol-3-essigsäure untersucht. Die Analyse der tryptischen Fragmente des markierten Proteins zeigte, dass Asp[134] der markier-

te Rest ist, während Trp[136] vermutlich auch zur hydrophoben Bindung des aromatischen Auxinrings beiträgt.

Als Reaktion auf Auxin werden bestimmte Gene schnell transcribiert. Dies trifft insbesondere auf die SAUR-Gene (engl. _small auxin-up-regulated RNA-genes_, sinngemäß: durch-Auxin-aktivierte-RNA-Gene) zu, deren Funktion unbekannt ist. Der Promotor für das _SAUR15A_-Gen der Sojabohne enthält zwei benachbarte, auf Auxin reagierende Sequenzen, TGTCTC und GGTCCCAT [Y. Li et al. _Plant Physiol._ **106** (1994) 37–43]. Andere durch Auxin induzierbare Gene enthalten die auf Auxin reagierenden Elemente entweder innerhalb des Leserasters oder innerhalb nichttranscribierter Regionen, wie dem Promotor. Wahrscheinlich sind einige Proteine, deren Gene auf Auxin reagierende Elemente enthalten, Aktivatoren oder Repressoren von Genen, die Auxinreaktionen vermitteln, z.B. die Proteine PSIAA6 und PSIAA4 der Erbse. Beide Proteine werden nach Auxininduktion extrem schnell transcribiert, beide zeigen sehr hohe Wechselzahlen (Halbwertszeit 8 bzw. 6 min), beide tragen vermutlich Erkennungssignale für die Zellkernlokalisierung und ein βαα-DNA-bindendes Strukturmotiv, ähnlich denen der Arc-Familie der prokaryontischen Repressoren [S. Abel et al. _Proc. Natl. Acad. Sci. USA_ **91** (1994) 326–330]. Weiterhin wurden proteinbindende Regionen in der Promotorregion des auf Auxin reagierenden Gens der Sojabohne, _GmAux28_, identifiziert (unter Verwendung von DNAase I und Gelmobilitätsverschiebungsanalysen) [R.T. Nagao _Plant Mol. Biol._ **21** (1993) 1.147–1.162].

[K. Palme J. _Plant Growth Reg._ **12** (1993) 171–178; S. Brunn et al. _ACS Symp. Series_ **557** (1994) 202–211; M. Blatt u. G.Thiel _Annu. Rev. Plant Physiol. Plant Mol. Biol._ **44** (1993) 543–567; L. Hobbie u. M. Estelle _Plant Cell Envir._ **17** (1994) 525–540; Y.Takahashi et al. _Plant Res._ **106** (1993) 367; C. Garbers u. C. Simmons _Trends in Cell Biology_ **4** (1994) 245–250; P.A. Millner _Current Opinion in Cell Biology_ **7** (1995) 224–231]

Auxinkonjugate, ↗ _Auxine_.

Auxochrome, ↗ _Naturfarbstoffe_.

auxotrophe Mutanten, _Mangelmutanten_, gegenüber der Ausgangsform (Elternformen, Wildtypzellen) durch vermehrte Ernährungsansprüche ausgezeichnete Mutanten. Verbindungen, die die Mutanten nicht mehr selbst synthetisieren können, müssen mit dem Nährmedium als Vitamine oder Substrate zugeführt werden. Ohne diese können die a. M. im Unterschied zum Ausgangstyp nicht mehr wachsen.

A. M. von Mikroorganismen spielen bei der Aufklärung von Biosynthesewegen (↗ _Mutantentechnik_) eine bedeutende Rolle. Man unterscheidet mono- und polyauxotrophe Mutanten. Bei monoauxotrophen Mutanten ist nur ein Gen ausgefallen, so dass die Zuführung nur eines Stoffs zur Wiederherstellung der Wachstumsfähigkeit genügt. Bei polyauxotrophen Mutanten stellen erst mehrere Stoffe die Lebensfähigkeit wieder her. Dabei unterscheidet man: echte polyauxotrophe Mutanten, die polygenisch und polyauxotrophe Einfachmutanten, die monogenisch bedingt sind. Letztere kommen vor 1) in verzweigten Biosyntheseketten, wenn der Stoffwechselblock vor der Verzweigungsstelle liegt, 2) in parallelen Biosyntheseketten, wenn die Reaktionen der beiden Parallelwege durch dieselben Enzyme katalysiert werden.

Den ersten Fall verdeutlicht das Beispiel der Methionin-Isoleucin-Doppelauxotrophen. Sie bedürfen bei Wachstum auf einem Minimalmedium der Supplementierung mit Methionin + Isoleucin oder Methionin + Threonin (da Threonin in Isoleucin umgewandelt werden kann). Der Stoffwechselblock liegt vor der Bildung von L-Homoserin, von dem ausgehend die Verzweigung der Synthesekette erfolgt:

$$\text{Vorstufe} \longrightarrow \text{L-Homoserin} \longrightarrow \text{L-Threonin}$$
$$\downarrow \qquad\qquad\qquad \downarrow$$
$$\text{L-Methionin} \qquad \text{L-Isoleucin}$$

Beispiel für den zweiten Fall ist der mutative Ausfall der Reduktoisomerase bei der Biosynthese von L-Valin und L-Isoleucin. Das Enzym katalysiert in den parallelen Reaktionswegen der Valin-Isoleucin-Synthese eine mit einer Reduktion gekoppelte Isomerisierungsreaktion, die in der Valinsynthese zu α,β-Dihydroxyisovaleriansäure und in der Isoleucinsynthese zu α,β-Dihydroxy-β-methylvaleriansäure führt. In beiden Synthesewegen ist es dasselbe Enzym, das jeweils zwei aufeinanderfolgende Reaktionsschritte vermittelt. Ausfall der Reduktoisomerase durch Mutation des betreffenden Gens führt zur Valin-Isoleucin-Doppelauxotrophie. Die resultierenden Val$^-$/Ile$^-$-Mutanten sind doppelauxotrophe Einfachmutanten. Sie benötigen zum Wachstum die Supplementierung mit Valin und Isoleucin:

$$\text{Pyruvat} \xrightarrow{(1)} Z_1 \xrightarrow{(2)} Z_2 \xrightarrow{(3)} Z_3 \xrightarrow{(4)} Z_4 \xrightarrow{(5)} \text{L-Valin}$$
$$\text{Reduktoisomerase}$$
$$\text{Ketobutyrat} \xrightarrow{(1)} Z_1 \xrightarrow{(2)} Z_2 \xrightarrow{(3)} Z_3 \xrightarrow{(4)} Z_4 \xrightarrow{(5)} \text{L-Isoleucin}$$

(2) sind die von Reduktoisomerase katalysierten Schritte, I_3 ist α,β-Dihydroxyisovaleriansäure, I_c ist α,β-Dihydroxy-β-methylvaleriansäure.
Ein polyauxotropher Nährstoffbedarf einer Mutante durch Mutation eines Gens und Ausfall eines Proteins kann nicht entstehen, wenn von dem betreffenden Enzym Isoenzyme vorliegen, die durch unterschiedliche Gene codiert werden.

Auxotrophie, ein Wachstumsverhalten, das durch die Notwendigkeit der Zuführung von ↗ *Wachstumsfaktoren* (auxotrophe Stoffe) charakterisiert ist. Die A. kann durch Mutation entstanden sein (↗ *auxotrophe Mutanten*). Der Gegensatz ist ↗ *Prototrophie*.

Avenakrümmungstest, ↗ *Hafercoleoptilen-Krümmungstest*.

Avenasterin, *28-Isofucosterin*, ein Isomer von ↗ *Fucosterin*, das in grünen Meeresalgen vorkommt (↗ *Sterine*).

Avermectine, eine Gruppe makrozyklischer Lactone, die von dem Actinomyceten *Streptomyces avermitilis* produziert werden. Avermectine werden in geringen Dosen gegen Nematoden und Arthropodenparasiten von Rindern, Pferden, Schafen, Hunden und Schweinen eingesetzt. Auch gegen Parasiten beim Menschen sind sie potenziell wirksam. A. scheinen mit den 4-Aminobuttersäure-Rezeptoren (GABA-Rezeptoren) in Synapsen zu interagieren, die GABA als Neurotransmitter einsetzen. Bei Säugetieren kommen solche Neuronen nur im zentralen Nervensystem vor, wo sie durch die Blut-Hirn-Schranke geschützt sind. [W.C. Campbell et al. *Science* **221** (1983) 823–827]

Avidin, ein basisches Glycoprotein, dass im Eiweiß vieler Vogel- und Amphibieneier enthalten ist. Die Primärstruktur des A. aus Hühnereiweiß ist bekannt (M_r 66 kDa, pI 10, 10,5 % Threonin). A. besteht aus vier identischen Untereinheiten (128 Aminosäuren, besonders arginin- und histidinreich; M_r 14,3 kDa, ohne Kohlenhydrat). A. bildet einen stöchiometrischen, nichtkovalenten festen Komplex mit dem Vitamin Biotin, der durch proteolytische Enzyme nicht angegriffen und dadurch nicht resorbiert wird. Die Fütterung mit A. oder rohem Hühnereiweiß kann daher einen experimentellen Biotinmangel hervorrufen (↗ *Biotin*). Ein Molekül A. bindet vier Moleküle Biotin. Experimentell wird dieses Verhalten z.B. bei der ↗ *ABC-Technik* genutzt. Aufgrund seiner Proteinnatur wird A. durch Erhitzen denaturiert und damit inaktiviert. Mit anderen, strukturell nicht verwandten Proteinen des Hühnereiweißes, dem Lysozym und Conalbumin (↗ *Siderophiline*), bildet A. das antibakterielle System des Hühnereiweißes.

Avidin-Biotin-Komplex-Technik, ↗ *ABC-Technik*.

Avitaminose, eine schwere Form des Vitaminmangels. Eine A. kann sich aus folgenden Gründen herausbilden: 1) ungenügende Vitaminzufuhr bei Unterernährung oder falscher Ernährung; 2) Zerstörung der Darmflora (z.B. durch Antibiotika); 3) Störung der Resorption (z.B. bei starkem Durchfall).

In tropischen und subtropischen Entwicklungsländern treten bei Kindern aufgrund von Mangelernährung häufig sog. *tropische A.* auf, wie z.B. ↗ *Ariboflavinose,* ↗ *Beriberi,* ↗ *Pellagra,* ↗ *Xerophthalmie* und ↗ *Rachitis.* ↗ *Skorbut* kommt dagegen selten vor.

Axerophthol, Bezeichnung für ↗ *Vitamin A.*

5-Azacytidin, *1-β-D-Ribofuranosyl-5-azacytosin,* ein von *Streptoverticillius lakadamus* var. *lakadamus* synthetisiertes Pyrimidinantibiotikum (Abb., ↗ *Nucleosidantibiotikum*). Es ist gegen gramnegative Bakterien wirksam.

5-Azacytidin

8-Azaguanin, *Pathocidin, 5-Amino-7-hydroxy-1-v-triazolo-[d]-pyrimidin,* ein Purinantagonist, der erstmals 1945 synthetisiert wurde [Roblin et al. J. Am. Chem. Soc. **67** 290–294] (M_r 152,04 Da, Zersetzung ohne zu schmelzen bei 300 °C). Später stellte sich heraus, dass es identisch mit Pathocidin aus *Streptomyces spectabilis* ist. 8-A. beeinflusst viele verschiedene Enzyme des Stoffwechsels und der Purinsynthese. Es inhibiert insbesondere die Translation und verursacht durch seinen Einbau in die mRNA Fehler in der Translation. Durch die Zelle wird es in das korrespondierende 5'-Triphosphatnucleosid überführt, das auf das erste Enzym der Purinbiosynthese, die 5-Phosphoribosylpyrophosphat-Amidotransferase (EC 2.4.2.14) eine Rückkopplungsinhibierung ausübt. 8-A. wirkt auf eine Vielzahl lebender Systeme, einschließlich Bakterien, Protozoen und höhere Tiere, inhibitorisch oder toxisch. Es hemmt das Wachstum verschiedener Adenokarzinome bei Mäusen, hat aber in der Behandlung menschlicher Krebserkrankungen nur begrenzte Anwendung gefunden.

A-Azahomosteroide, ↗ *Salamander-Alkaloide.*

Azapeptide, eine Klasse von Peptidanaloga, die durch einen isoelektronischen Austausch einer α-CH-Gruppe gegen ein N-Atom in einen oder mehreren Aminosäurebausteinen innerhalb des Peptidrückgrats gekennzeichnet sind. Diese zuerst von Gante 1962 beschriebenen Verbindungen hatten bereits verschiedene therapeutische Bedeutungen. Mit dem Boc-Aphe-Agly-ACHPA-Aile-3-pyridyl-me-

thylamid wurde das erste all-Azaaminosäure-Analogon eines peptidischen Reninhibitors beschrieben. [J. Gante et al. *J. Peptide Sci.* **2** (1995) 201]

L-Azaserin, *O-Diazoacetyl-L-serin,* N⁻=N⁺=CH-CO-OCH₂-CH(NH₂)-COOH, eine glutaminanaloge Verbindung. A. hemmt die Übertragung der Amidgruppe (↗ *Transamidierung*) von L-Glutamin auf Formylglycinamidribotid. Es wird von *Streptomyces*-Stämmen gebildet, wirkt mutagen und hat Antitumoraktivität. A. ist gegen Clostridien, *Mycobacterium tuberculosis* und Rickettsien wirksam.

Azidothymidin, *AZT, 3'-Azido-2',3'-didesoxythymidin,* das erste für die Behandlung von ↗ *AIDS* unter der Bezeichnung *Zidovudin* lizensierte Virustatikum (Abb.). A. ist selbst nicht antiviral wirksam. Erst nach Überführung durch wirtszelleigene Kinasen in das 5'-Triphosphat hat es zur reversen Transcriptase der Retroviren, einschließlich HIV1 und HIV2 eine höhere Bindungsaffinität als zu anderen DNA-Polymerasen. Die Hemmwirkung ist nur auf die neu in die Wirtszelle gelangenden HIV-Viren begrenzt, während die bereits im Zellgenom integrierten HIV-DNA-Proviren nicht inhibiert werden. Obgleich es schwierig ist, bei AIDS-Patienten arzneimittelbedingte unerwünschte Reaktionen von krankheitsbedingten Wirkungen zu differenzieren, sind hämatoxische (Knochenmarkschädigung), neurotoxische (Kopfschmerz), gastrointestinale (Leibschmerzen, Erbrechen, Diarrhö u.a.) Nebenwirkungen neben Myopathien und anderen Unverträglichkeiten beobachtet wurden.

Azidothymidin

A-Z-Lösung, ↗ *Nährmedium, Tab. 3.*

Azofer, ↗ *Nitrogenase.*

Azofermo, ↗ *Nitrogenase.*

Azolantimycotika, ↗ *Antimycotika* mit Imidazol- bzw. 1,2,4-Triazol-Struktur. Sie hemmen die Biosynthese des für den Aufbau der Pilzmembran notwendigen ↗ *Ergosterins* auf einer späten Stufe des Syntheseweges. Zunächst wurde das nur lokal wirksame *Clotrimazol* eingeführt, später Verbindungen wie *Miconazol, Econazol* und das Acetal *Ketoconazol,* wobei insbesondere Letzteres auch nach peroraler und parenteraler Applikation wirkt (Abb.).

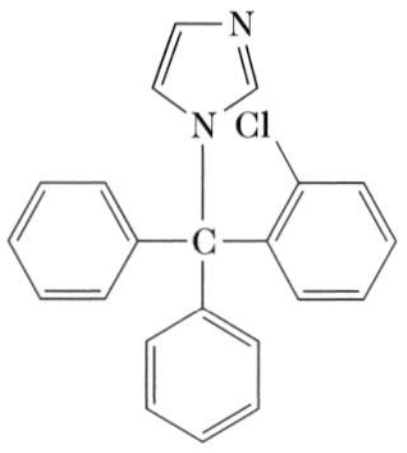

Clotrimazol

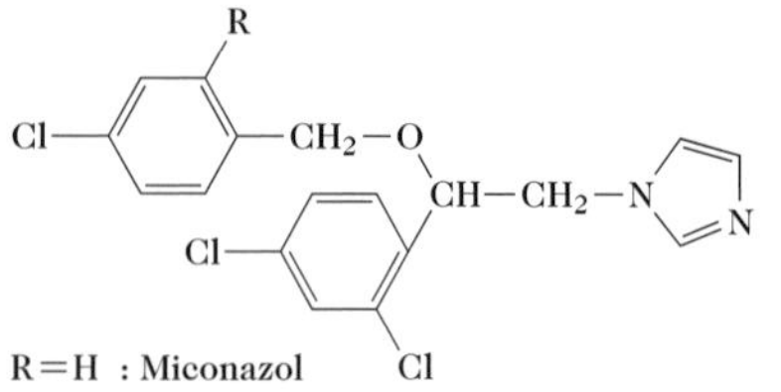

R=H : Miconazol
R=Cl : Econazol

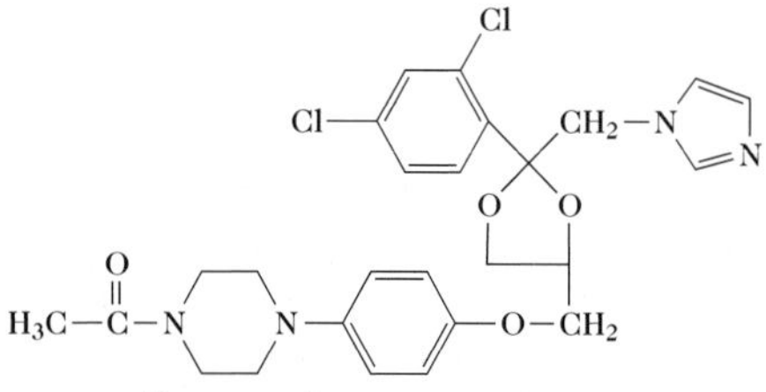

Ketoconazol

Azolantimycotika

Azomycin, *2-Nitroimidazol*, ein von *Norcardia mesenterica* und *Streptomyces eurocidicus* synthetisiertes Antibiotikum (Abb.); F. 281–283 °C. Grampositive und gramnegative Bakterien und besonders Protozoen sind hochempfindlich gegen A. 0,5 µg hemmen das Wachstum von *Trichomonas vaginalis*; 3 µg/ml hemmen das Wachstum von *Salmonella paratyphi*.

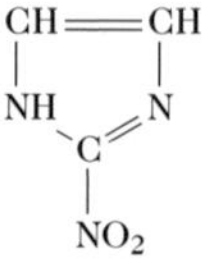

Azomycin

AZT, Abk. für ↗ *Azidothymidin*.

Azulene, *Cyclopentacycloheptene*, eine Klasse blau bis violett gefärbter nichtbenzoider Aromaten, bei denen ein fünfgliedriger und ein siebengliedriger Ring durch ein π-Elektronensextett stabilisiert sind.

Ursprünglich bezeichnete man als A. die blauen hochsiedenden Anteile des Kamillenöls. Die so gewonnenen A. sind Artefakte, die erst beim Erhitzen oder Dehydrieren aus farblosen natürlichen Sesquiterpenen, den Proazulenen, entstehen. Aufgrund ihrer entzündungshemmenden Eigenschaften haben die A. medizinische Bedeutung erlangt. Aufbereitetes Kamillenöl enthält bis zu 15 % Chamazulen (R = H). Guaiazulen (R = CH_3) kommt in Geranienöl vor (Abb.).

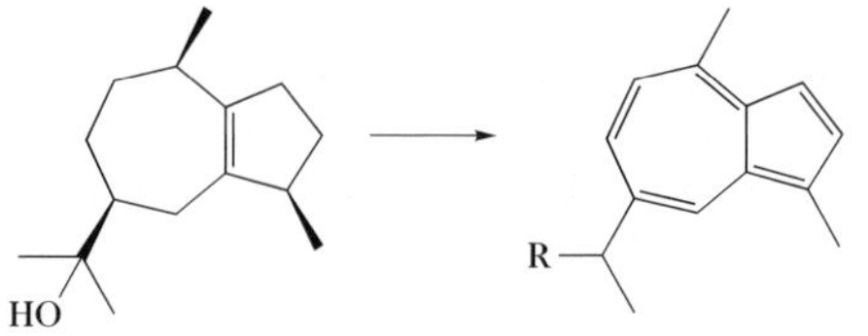

Guaiol (Proazulen)   Guaiazulen, R=CH_3

Azulene. Bildungsweise der Azulene.

Azurin, eine Familie blauer, kupferhaltiger Proteine aus *Pseudomonas*-, *Alcaligenes*- und *Bordetella*-Spezies. A. aus *Pseudomonas fluorescens* enthält 128 Aminosäurereste bekannter Sequenz mit einer Disulfidbrücke innerhalb der Kette. Alle A. besitzen ein M_r 14–16 kDa und homologe primäre und tertiäre Strukturen. Die A. verschiedener Spezies unterscheiden sich aber in ihren Redoxpotenzialen.

A. enthält ein Cu^{2+}-Ion je Molekül, das in einer trigonal bipyramidalen Anordnung gebunden ist, die durch ein verzerrtes N_2SS-Donorset aus Cys (S), Met (S) und 2 His (N) gegeben ist. Hinsichtlich der Größe des Proteinmoleküls und der Art der Cu-Bindung weist A. Ähnlichkeit mit Plastocyanin (grüne Pflanzen) und Stellacyanin (Latex des „Chinese laquer tree") auf. Man nimmt an, dass A. gemeinsam mit Cytochrom c_{551} als terminales Atmungsnetzwerk funktioniert, das entweder O_2 oder Nitrat als Elektronenakzeptor verwendet. Wegen seiner blauen Farbe (λ_{max} 625–630 nm; ε ungefähr 7.000) und seines pI (pH 5,65) ist Azurin aus *Pseudomonas aeruginosa* ein nützlicher Standardisierungsmarker für die isoelektrische Fokussierung. [P. Rosen et al. *Eur. J. Biochem.* **120** (1981) 339–344; P. Frank et al. *J. Biol. Chem.* **260** (1985) 5.518–5.525]

Azurocidin, *CAP 37* (engl. <u>c</u>ationic <u>a</u>ntimicrobial <u>p</u>rotein) ein aus 221 Aminosäurebausteinen aufgebautes Protein (M_r 37 kDa). Es besitzt eine ausgeprägte Homologie zu Serinproteasen und ist gekennzeichnet durch antimikrobielle Aktivität vorrangig gegen grampositive Bakterien und Pilze.

B9, ↗ *Bernsteinsäure-2,2-dimethylamid*.

B995, ↗ *Bernsteinsäure-2,2-dimethylhydrazid*.

BAC, Abk. für <u>b</u>acterial <u>a</u>rtificial <u>c</u>hromosome, ↗ *künstliches Bakterienchromosom*.

Bacillus-thuringiensis-Toxin, ein von *Bacillus thuringiensis* während der Sporenbildung ausgeschiedenes Toxin mit insektizider Wirkung. Das in dieser Phase in großen Mengen synthetisierte B. lagert sich zu Kristallen zusammen. Bei der Aufnahme dieser Kristalle durch Insekten werden durch die Verdauungssäfte die Proteine freigesetzt und gespalten. Die Spaltprodukte binden an Darmwand-Rezeptoren, dringen in die Zellmembran des Darmepithels ein und zerstören diese durch Porenbildung. Diese toxische Wirkung macht man sich seit Jahren bei der biologischen Schädlingsbekämpfung zunutze, indem *Bacillus thuringiensis* etwa zur Bekämpfung von Lepidopteren ausgebracht wird. Neuerdings wird ein modifiziertes Gen für das B. auch in transgene Pflanzen integriert.

Bacimethrin, *4-Amino-2-methoxy-5-pyrimidinmethanol*, ein von *Bacillus megatherium* synthetisiertes Pyrimidinantibiotikum (F. 173–174 °C, Abb.). Thiamin und Pyridoxin wirken antagonistisch. B. ist aktiv gegen einige Hefen und Bakterien.

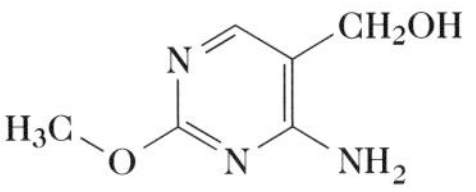

Bacimethrin

Bacitracine, lokal anwendbare Peptidantibiotika aus *Bacillus licheniformis* und *Bacillus subtilis*. B. wurde bereits 1943 entdeckt und besteht aus mindestens neun Peptidkomponenten. Die Hauptkomponente (etwa 70 %, M_r 1,4 kDa) ist das B. A (Abb.). B. ist ein Inhibitor der Polyprenylpyrophosphat-Phosphatase und inhibiert durch Bildung eines Komplexes mit dem Undecaprenylpyrophosphat einen Teilschritt der bakteriellen Zellwandbiosynthese. B. besitzt ein breites Wirkungsspektrum besonders gegen grampositive Bakterien, vor allem Staphylococcen sowie Penicillin- und Sulfonamidresistente Streptococcen. In Form seines Zinksalzes dient B. als Fütterungsantibiotikum in der Tierhaltung. Weiterhin findet es lokale Anwendung bei Verbrennungen, Wundinfektionen und Hauttransplantationen.

Bäckerhefe↗ *Backhefe*

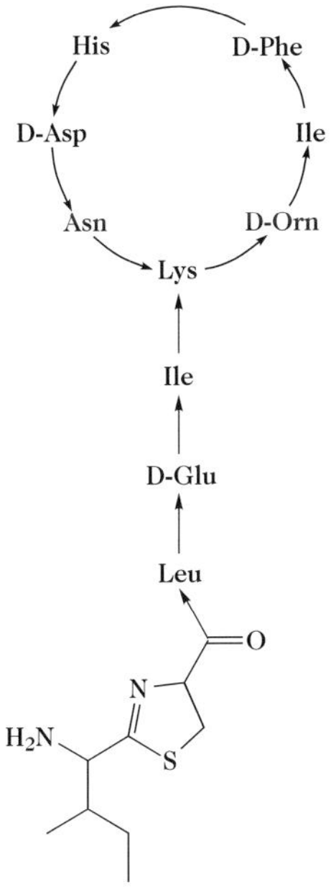

Bacitracine. Bacitracin A.

Backhefe, *Bäckerhefe*, zur Herstellung von Backwaren als biologisches Teiglockerungsmittel verwendete obergärige Stämme von *Saccharomyces cerevisiae*, die sich durch gute Triebkraft und ausreichende Haltbarkeit auszeichnen.

Die Produktion von B. erfolgt in einem mehrstufigen Fermentationsprozess mittels speziell gezüchteter *S. cerevisiae*-Hefen auf Rüben- oder Rohrzuckermelasse als Hauptrohstoff unter Zuführung von Phosphor- und Stickstoffverbindungen. Diese klassisch als „Zulaufverfahren" bezeichneten Prozesse werden unter Nutzung der Regulationsprinzipien des ↗ *Pasteur-Effekts* im Wechsel von Gärungs- und Atmungsstoffwechsel so geführt, dass eine enzymatisch aktive Hefe mit guten Triebeigenschaften bzw. CO_2-Bildung bei der Backwarenherstellung resultiert.

Für den Fermentationsprozess existieren verschiedene Prozessführungsstrategien mit einer wechselnden Anzahl von Fermentationsstufen, die sich grundsätzlich in die sog. *Reinzuchtstufen* zur Anzucht und Vermehrung des *Inoculums* (Stellhefe) und in die Stufen zur Massenvermehrung des Inoculums (Versandhefe) aufteilen. In der Stellhefestufe wird durch Zudosierung von Melasse entsprechend dem Hefewachstum und ausreichender Sauerstoffversorgung die Alkoholbildung zugunsten der Bildung von Biomasse unterdrückt.

B. kommt als Presshefe bzw. Versandhefe oder als Aktivtrockenhefe in den Handel.

Baclofen, *4-Amino-3-(4-chlorphenyl)buttersäure*, ein zentral wirkendes Muskelrelaxans. B. ist ein Agonist an $GABA_B$-Rezeptoren und scheint präsynaptisch die Freisetzung exzitatorischer Transmitter, wie Aspartat und Glutamat zu hemmen. Dadurch werden erregende Einflüsse auf Motoneurone vermindert. Gleichzeitig hemmt B. die Motoneurone auch auf direktem Wege postsynaptisch.

Bacteroide, symbiotische, stickstofffixierende, intrazelluläre Formen von *Rhizobium*-Spezies in Wurzelknöllchen von Leguminosen (↗ *Rhizobien*). Ein Wurzelknöllchen der Sojabohne enthält mehrere tausend Zellen. Jede Zelle ist eng mit Membranvesikeln (syn. Membranhülle) vollgepackt. Die Vesikelmembran besteht aus einer Phospholipid-Doppelschicht, die vom Plasmalemma der Wirtszelle abstammt. Jedes Vesikel enthält ungefähr fünf B., die dort in einer Lösung aus ↗ *Leghämoglobin* liegen. B. differenzieren nicht in freilebende Rhizobien zurück. Rhizobiumkulturen, die man aus den Knöllchen erhält, stammen von unveränderten Bakterienzellen ab, wie sie im Infektionsschlauch des Wirtsgewebes verbleiben.

Baculovirus, AcMNPV, (engl. *Autographa californica Multiple Polyhedrose Virus*), ein für den Gentransfer als Vehikel benutztes Virus. B. ist in der Lage, die für die Genexpression in Insektenzellen häufig verwendete Art *Spodoptera frugiperda* zu infizieren. Für eine effiziente heterologe Genexpression in Insektenzellen, in denen das Protein im Cytosol akkumuliert oder ins endoplasmatische Reticulum sezerniert werden kann, eignen sich solche rekombinanten Viren, deren Wirtsspektrum sich ausschließlich auf Insektenzellen beschränkt.

L-Baikiain, ↗ *Pipecolinsäure*.

Bakterienchlorophylle, *Bakteriochlorophylle*, ↗ *Photosynthesebakterien*, ↗ *Photosynthese*, ↗ *Chlorophylle*.

Bakteriengifte, ↗ *Bakterientoxine*.

Bakterienphotosynthese, die ↗ *Photosynthese* von Photosynthesebakterien (z.B. schwefelfreie Purpurbakterien, grüne Schwefelbakterien), die Bacteriochlorophyll (↗ *Chlorophylle*) als Photosynthesepigment (↗ *Photosynthesepigmente*) besitzen. Die Hauptunterschiede zur Photosynthese der Eukaryonten und prokaryontischen Cyanobakterien (↗ *Photosynthesebakterien*) sind folgende: 1) phototrophe Bakterien gewinnen in lichtabhängigen Reaktionen (durch zyklische Photophosphorylierung) nur ATP; 2) sie enthalten kein Photosystem II, daher kann Wasser nicht als Wasserstoffdonor verwertet und auch kein Sauerstoff entwickelt werden; 3) sie sind deshalb auf andere Wasserstoff- bzw. Elektronendonoren angewiesen; 4) sie führen die Photosynthese unter streng anaeroben Bedingungen durch.

Die Elektronendonoren der B. sind organische Verbindungen (z.B. organische Säuren, photoheterotroph) oder anorganische Stoffe (vor allem reduzierte Schwefelverbindungen, meist Schwefelwasserstoff, photolithoautotroph). Photoheterotrophe

Bakterien können im Allgemeinen mit diesen Stoffen auch aerob im Dunkeln wachsen; die Photolithoheterotrophen gewinnen den Kohlenstoff für Biosynthesen durch CO_2-Fixierung (normalerweise über den ↗ *Calvin-Zyklus*; *Chlorobiaceae* jedoch über den ↗ *reduktiven Citrat-Zyklus*) und lagern den aus Schwefelwasserstoff gebildeten elementaren Schwefel vorübergehend auch intrazellulär ab. Manche Arten vermögen beides. Sie sind mixotroph.

Bei der zyklischen Photophosphorylierung wird Licht durch den Antennenpigmentkomplex absorbiert. Die Anregungsenergie der Pigmentmoleküle wird auf das Reaktionszentrum der photosynthetischen Einheit [z.B. P870: das Bacteriochlorophyll (Bchl.) wird in ein angeregtes Molekül umgewandelt] übertragen. Dort kommt es zur Freisetzung eines Elektrons von hohem Redoxpotenzial (Umwandlung von Lichtenergie in chemische Energie), das einen geeigneten Akzeptor (X, wahrscheinlich Bacteriophaeophytin) reduziert. Von dort wird ein zyklisches Elektronentransportsystem durchlaufen, das – ähnlich der ↗ *oxidativen Phosphorylierung* – an die Phosphorylierung von ATP gekoppelt ist und schließlich zur Reduktion des Bacteriochlorophylls führt. Dabei wird kein NAD(P)H gebildet.

Die am bakteriellen photosynthetischen Elektronenfluss beteiligten Redoxsysteme sind unterschiedlich. Entsprechendes gilt für den ATP-Gewinn.

Das Redoxpotenzial der Wasserstoffdonoren, die von phototrophen Bakterien verwertet werden, ist bedeutend negativer als das von Wasser [z.B. H_2S (E_0' $-0,23$ V) in *Chromatiaceen*, SO_4^{3-} (E_0' $-0,32$ V) und Malat (E_0' $-0,17$ V) in *Rhodospirillaceen*]. Der Energieaufwand zur Reduktion von NAD(P)$^+$ ist deshalb geringer. Der Mechanismus entspricht wahrscheinlich dem chemolithotropher Organismen (↗ *Chemosynthese*) – ein ATP-getriebener ↗ *rückläufiger Elektronentransport*. Licht ist dabei nur für die Bereitstellung von ATP erforderlich. Bei Angebot von organischen Substraten (z.B. Kohlenhydraten) wird NADH durch Dehydrogenase-Reaktionen gebildet. Unter anaeroben Bedingungen im Dunkeln ist ein geringer Energiegewinn zur Lebenserhaltung durch Gärung mit Speicherstoffen als Wasserdonoren möglich.

Eine nichtzyklische Photophosphorylierung (↗ *Photosynthese*) wird als weitere Möglichkeit für die NAD(P)$^+$-Reduktion für phototrophe Bakterien diskutiert.

Bakterientoxine, *Bakteriotoxine*, *Bakteriengifte*, von pathogenen Bakterien gebildete eiweißartige Giftstoffe. Die B. können in Ecto- und Endotoxine unterteilt werden. *Ectotoxine* (Exotoxine) werden von lebenden (grampositiven) Bakterien (z.B. *Corynebacterium diphtheriae*, *Clostridium botuli-*

num) als Stoffwechselprodukte in das umgebende Medium ausgeschieden. Es sind meist thermolabile, antigenwirksame Proteine (M_r 24–1.000 kDa). Toxinbildung und -freisetzung sind vom Kulturmedium und der Wachstumsphase der Bakterien abhängig. Viele Ectotoxine sind Enzyme (z.B. Proteasen). Die Bezeichnung einzelner Ectotoxine erfolgt nach ihrer biologischen und pathogenen Wirkung (z.B. *Hämolysin*) bzw. nach dem von der Ectotoxin-Wirkung betroffenen Organsystem (z.B. *Entero-* und *Neurotoxin*). *Endotoxine* werden nach dem Zelltod der Bakterien freigesetzt. Es sind hochmolekulare Komplexe, die neben Protein aus einer Polysaccharid- und Lipidkomponente (Lipopolysaccharid) bestehen. Der Lipidanteil steht in enger Beziehung zur toxischen Wirkung bakterieller Endotoxine. Sie sind weniger antigenwirksam als die Ectotoxine und werden von gramnegativen Bakterien gebildet. Verschiedene Bakterien können sowohl Ecto- als auch Endotoxine bilden. Im Unterschied zu chemischen Giften haben B. eine bestimmte Inkubationszeit und üben eine mehr oder weniger charakteristische Wirkung auf den Säugetierorganismus aus. B. sind u.a. häufige Ursachen von Lebensmittelvergiftungen.

Bakteriochlorin, *7,8,17,18-Tetrahydroporphyrin.* ↗ *Chlorin.*

Bakteriochlorophylle, *Bakterienchlorophylle,* ↗ *Photosynthesebakterien,* ↗ *Photosynthese,* ↗ *Chlorophyll.*

Bakteriocine, von Bakterien gebildete Proteine (M_r 50–80 kDa) mit toxischer Wirkung auf andere Bakterienstämme. Die Synthese der B. wird von Plasmiden codiert. Sehr gut untersucht sind die von *E. coli* gebildeten *Colicine.*

Bakteriophage, ↗ *Phagen.*

Bakteriorhodopsin, ein integrales Membranprotein (M_r 26 kDa; 248 Aminosäurereste) mit 11-*cis*-Retinal als chromophorer Gruppe, das erstmals in dem halophilen Bakterium *Halobacterium halobium* entdeckt wurde. Die Primärstrukturen von B. und Vertrebratenrhodopsin (M_r 40 kDa) sind nicht homolog, jedoch sind die Tertiärstrukturen dieser beiden Proteine ähnlich. B. besteht aus sieben α-helicalen Bereichen, die in der Membran liegen. Diese werden durch nichthelicale Regionen verbunden, die in den cytoplasmatischen und den extrazellulären Raum herausragen. Die in die Membran integrierten Teile des Moleküls stellen gestreckte Ovoide dar, deren Längsachse annähernd senkrecht zur Membranachse steht.

Der Retinaldehyd bildet mit dem Lysin 216 des Proteins eine Schiffsche Base. Wird das Protein durch Licht aktiviert, wirkt es als Protonenpumpe. Mutanten, denen das B. fehlt, können mit Hilfe eines anderen Proteins, das Retinaldehyd enthält, dem *Haloopsin*, im Licht Na^+ ausscheiden und ATP

bilden. [M.A. Keniry et al. *Nature* **307** (1984) 383–386]

Bakteriostatika, ↗ *Wachstum.*

Bakteriotoxine, ↗ *Bakterientoxine.*

Bakterioviridin, *Bakteriochlorophyll c*, ↗ *Photosynthesebakterien.*

Bakterizid, ↗ *Wachstum.*

Balata, ein kautschukähnliches Polyterpen niederen Molekulargewichts, das aus dem Milchsaft wildwachsender tropischer Bäume, vor allem aus *Mimusops balata* gewonnen wird. Die Doppelbindungen im B. sind *trans* angeordnet (↗ *Polyterpene*), weshalb es im Gegensatz zum Kautschuk nur wenig elastisch ist. Es erweicht beim Erwärmen.

Balbianiringe, ↗ *Riesenchromosomen.*

Baldrianal, ↗ *Valtratum.*

Balsame, *Oleoresinate*, Lösungen von Harzen in etherischen Ölen. Von den Pflanzen werden B. sowohl als physiologische als auch als pathologische Produkte ausgeschieden. Der bei weitem wichtigste B. ist das Terpentin, das sich bei der Verwundung von Nadelbäumen (fischgrätenartige Einschnitte) in einer Menge von 1–2 kg je Baum und Jahr bildet. Durch Wasserdampfdestillation des Rohbalsams sind die Terpentinöle zugängig, als Rückstand verbleibt Kolophonium. Die B. werden meist nach ihrem Herkunftsland bezeichnet, z. B. Perubalsam und Kanadabalsam. Sie werden zum Teil auch in der Riechstoffindustrie und für Pharmazeutika verwendet.

Bamicetin, ein von *Streptomyces plicatus* synthetisiertes Pyrimidinantibiotikum (↗ *Nucleosidantibiotika*). M_r 604,65 Da, F. 240–241 °C, $[\alpha]_D$ 123 °. B. hat im Glycosidanteil eine CH_2-Gruppe weniger als die ↗ *Amicetine*, mit denen es verwandt ist. Es wirkt in geringen Konzentrationen gegen *Mycobacterium tuberculosis.*

band shift-Assay, ↗ *Gelretentionstest.*

Bandenverschiebungstest, Syn. für ↗ *Gelretentionstest.*

α,β-Barrel, (von engl. *barrel* = Fass) ein Helix-β-Faltblatt-Strukturmotiv mancher Proteine. Es wird

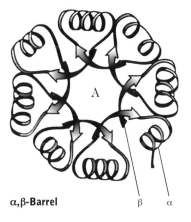

α,β-Barrel   β   α

durch acht α-Helices gebildet, die sich um einen zentralen Bereich anordnen, der wiederum aus acht parallelen β-Faltblatt-Strukturen besteht (Abb.), und das aktive Zentrum ausbildet. Man findet dieses Strukturelement z.B. bei der Ribulose-1,5-diphosphat-Carboxylase (↗ *Rubisco*) und der ↗ *Pyruvat-Kinase*.

β-Barrel, (von engl. *barrel* = Fass) aus der Tendenz zur rechtsgängigen Windung von β-Faltblättern resultierende, stabile Anordnung benachbarter Ketten zu einer trommelähnlichen Tertiärstruktur (Abb.). Eine solche Anordnung findet sich z.B. bei den ↗ *Porinen*.

β-Barrel

Barr-Körperchen, das inaktive X-Chromosom weiblicher Säuger. Es ist als dichtes Objekt an der Innenseite der Kernhülle erkennbar.

BARWIN, ein aus Gerstensamen isoliertes basisches Protein (M_r 13,7 kDa). Es besteht aus 125 Aminosäurebausteinen und enthält drei Disulfidbrücken. B. ist in der Lage, Zucker zu binden. Diese Fähigkeit, verbunden mit der Sequenzhomologie zu Genprodukten wundinduzierter Gene, erlaubt die Zuordnung von B. zu einer Gruppe wundinduzierter Pflanzenproteine, die in einem allgemeinen Verteidigungsmechanismus in Pflanzen involviert sind.

Basenpaarung, die durch Wasserstoffbrücken fixierte spezifische Bindung zwischen Guanin und Cytosin bzw. Adenin und Thymin (in DNA) bzw. Adenin und Uracil (in RNA) im Doppelstrangmolekül von Nucleinsäuren oder bei der Wechselwirkung zwischen DNA und RNA (Abb.). Die spezifische Basenpaarung (*Watson-Crick-Bindung*) ist die Voraussetzung für die Bildung der Doppelhelix-Struktur der DNA aus zwei komplementären Einzelsträngen. Bei der Cokristallisation von Adenin- und Thyminderivaten erfolgt eine A:U-Paarung, bei der nicht das N1-Atom des Purinringsystems im Sinne der Watson-Crick-Geometrie als H-Brücken-Akzeptor wirkt, vielmehr übernimmt das N7-Atom diese Funktion (Abb.). Diese als *Hoogsteen-Basenpaarung* bezeichnete Geometrie erscheint daher stabiler zu sein als die Watson-Crick-Geometrie. Trotzdem ist letztere die bevorzugte Basenpaarung in Doppelhelix-Strukturen. A:U-Paarungen sind aber ebenfalls von biologischer Bedeutung, da sie z.B. zur Stabilisierung von Tertiärstrukturen bei tRNAs beitragen. Auch bei der Realisierung des ↗ *antisense-Konzepts* spielen Hoogsteen-Basenpaarungen eine große Rolle.

basische Proteine, eine Gruppe niedermolekularer, arginin- und lysinreicher einfacher Proteine, die im Zellkern (↗ *Histone*) oder in Fischspermien (↗ *Protamine*) vorkommen und mit den Nucleinsäuren Komplexe eingehen.

Basta®, ↗ *Glufosinate*.

Batatasine, ↗ *Orchinol*.

Batch-Kultur, (für engl. *batch* = Schub), *statische Kultur*, *chargenweise Kultur*, *diskontinuierliche Kultur*, die Bezeichnung für eine diskontinuierliche Prozessführung in einem ↗ *Bioreaktor*, bei der das Nährmedium zum Zeitpunkt t = 0 beimpft und die Fermentation zu einem bestimmten Zeitpunkt (z.B. Verbrauch des limitierenden Substrats) been-

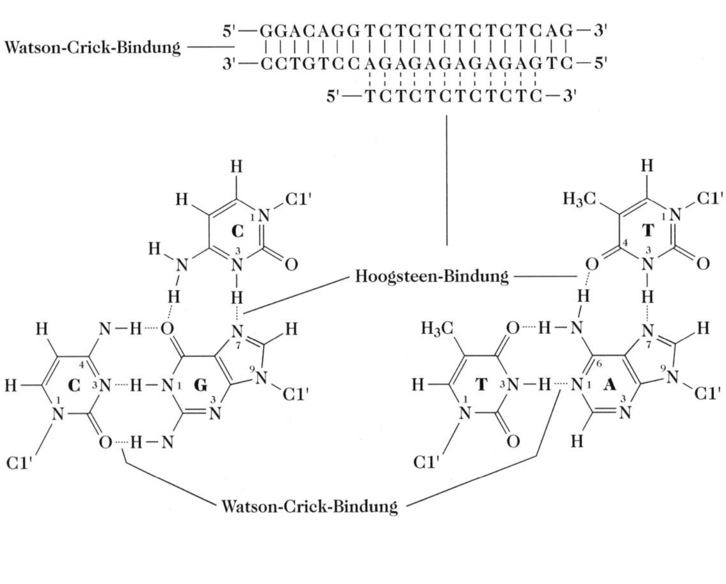

Watson-Crick-Bindung —— 5'—GGACAGG T C T C T C T C T C A G—3'
3'—CCTGTCC A G A G A G A G A G A G T C—5'
5'—T C T C T C T C T C T C—3'

Hoogsteen-Bindung

Watson-Crick-Bindung

Basenpaarung. Alternative Wasserstoffbrückenbindungen zwischen komplementären Basen in der DNA. Während bei der spezifischen Watson-Crick-Bindung nur der 6-Ring der Purinbasen Adenin und Guanin an den Wasserstoffbrückenbindungen beteiligt ist, bilden sich bei einer Hoogsteen-Basenpaarung auch Wasserstoffbrücken zu dem Imidazolringteil.

det wird. Die Mehrzahl industrieller Fermentationsprozesse erfolgt als B.; z.B. bei der Antibiotikaproduktion und bei der Produktion bestimmter Aminosäuren, die nur während einer bestimmten Wachstumsphase des Organismus synthetisiert werden.

Bathochrome, ↗ *Naturfarbstoffe.*

Batrachotoxin, ein Neurotoxin aus der Haut des kolumbianischen Pfeilgiftfrosches *Phyllobates.* Es ruft eine selektive und irreversible Permeabilitätssteigerung von Nervenmembranen für Na$^+$ hervor. LD$_{50}$ für Mäuse beträgt 2 μg/kg i. v. Die toxische Wirkung tritt nur auf, wenn das B. injiziert wird oder über verletztes Gewebe eindringt. Mit der Nahrung aufgenommen, wirkt es nicht giftig, vorausgesetzt es liegt kein Riss oder Geschwür im Verdauungstrakt vor. B. A, aus der gleichen Quelle gewonnen, ist weniger toxisch (LD$_{50}$ für Mäuse 1 mg/kg i. v., Abb.).

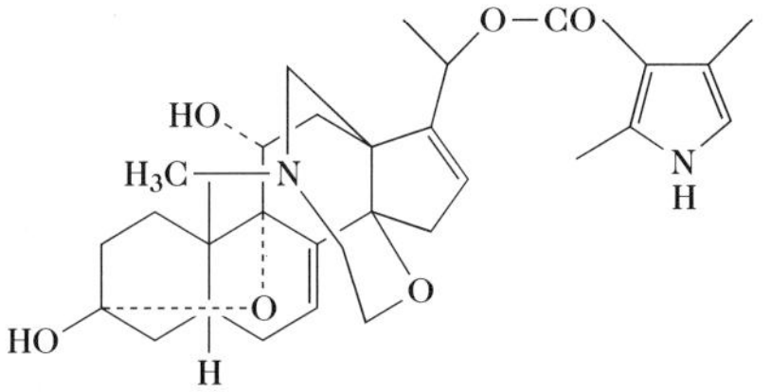

Batrachotoxin.

Batrachotoxin, R =

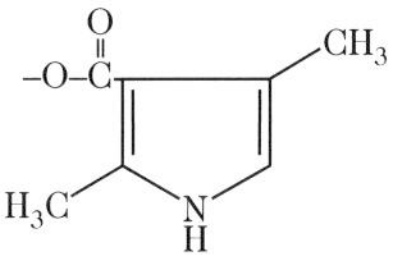

Batrachotoxin A, R = OH

Bavachin,   *7,4'-Dihydroxy-6-prenylflavanon.* ↗ *Flavanon.*

Bay-Region, ein buchtförmiger Bereich polyzyklischer Kohlenwasserstoffmoleküle, der hypothetisch dazu beiträgt, dass diese Moleküle potentere Procarcinogene sind als jene, denen sie fehlt. So wirkt z.B. Phenanthren stärker carcinogen als Anthracen und Benz[a]pyren ist ein potenteres Carcinogen als Benz[c,d]pyren. Die eigentlichen Carcinogene sind die Epoxide der polyzyklischen Kohlenwasserstoffe, die mit Hilfe von ↗ *Cytochrom P450* gebildet werden. Die stärkste carcinogene Wirkung geht von den Epoxiden aus, die am Rand der B. liegen. Das heißt, das entscheidende Carcinogen, das auf metabolischem Weg aus Benz[a]pyren gebildet wird, ist das 7,8-Diol-9,10-epoxid. Die carcinogene Wirkung beruht auf der Alkylierung von DNA durch ein vom Epoxid abstammendes Carboniumion. Molekülorbitalstörungsrechnungen zeigen, dass die Bildung des benzylischen Carboniumions erleichtert wird, wenn das Carboniumion Teil der B. des polyzyklischen Kohlenwasserstoffs ist. Weitere Unterstützung erfährt die Theorie durch das synthetisch hergestellte 1,2,3,4-Tetrahydrophenanthren-3,4-epoxid (Epoxidgruppe am Rand der B.), das stärker carcinogen wirkt als 1,2,3,4-Tetrahydrophenanthren-1,2-epoxid (Epoxid distal zur B.). Analog ist 7,8,9,10-Tetrahydrobenz[a]pyren-9,10-epoxid stärker carcinogen als Tetrahydrobenz[a]pyren-7,8-epoxid. Ausnahmen schließen Chrysen und Benz[e]pyren ein, die eine B. besitzen, aber nur schwach carcinogen wirken. Diese Verbindungen werden rasch in Regionen distal zur B. angegriffen (Regionen relativ hoher Elektronendichte und mit Doppelbindungscharakter, die sog. „K"-Regionen) und bilden Diole, die schnell mit Sulfat oder Glucuronat konjugiert und dann ausgeschieden werden. (Abb.) ↗ *Aflatoxine.* [M.C. Macleod et al. *Cancer Res.* 39 (1979) 3.463–3.470]

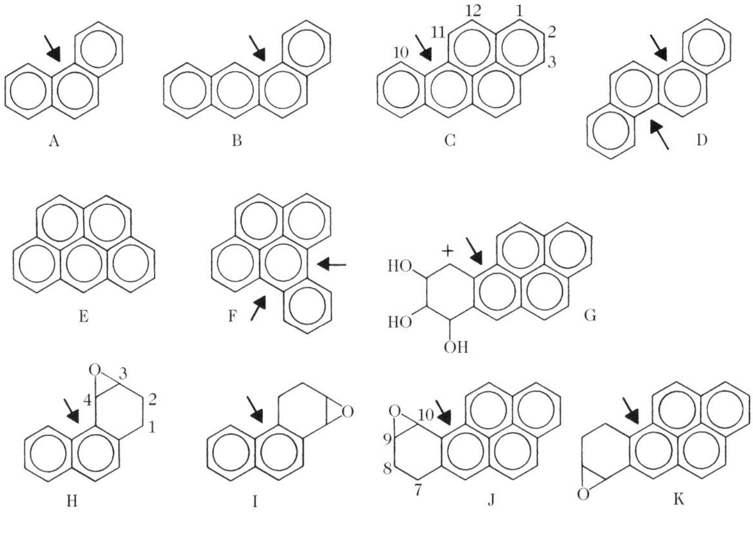

Bay-Region. Polyzyklische Kohlenwasserstoffe und ihre Derivate. Die Bay-Regionen sind durch Pfeile gekennzeichnet.
A Phenanthren. **B** Benzanthracen. **C** Benz[a]pyren. **D** Chrysen. **E** Benz[c,d]pyren. **F** Benz[e]pyren. **G** Carboniumion des Benz[a]pyren-7,8-diol-9,10-epoxids. **H** 1,2,3,4-Tetrahydrophenanthren-3,4-epoxid. **I** 1,2,3,4-Tetrahydrophenanthren-1,2-epoxid. **J** 7,8,9,10-Tetrahydrobenz[a] pyren-9,10-epoxid. **K** 7,8,9, 10-Tetrahydrobenz[a]pyren-7,8-epoxid.

BCA-Assay, *Bicinchoninsäure-Assay*, eine Methode zur quantitativen Proteinbestimmung, die eine Kombination der Biuret-Reaktion mit Bicinchoninsäure (BCA) als Detektionssystem darstellt. Wie die ↗ *Lowry-Methode* beruht das Verfahren auf der Reduktion von Cu^{2+} zu Cu^+, wobei letzteres mit BCA einen Farbkomplex (Abb.) ausbildet, der einen empfindlichen kolorimetrischen Nachweis von Proteinen bei 562 nm ermöglicht. Zur Durchführung der Analyse werden zu einem Probenanteil zwanzig Anteile einer frisch zubereiteten $BCA/CuSO_4$-Lösung gegeben und für 30 min bei 37 °C inkubiert. Der B. stellt eine Alternative zum Lowry-Assay dar. Er ist zwar einfacher durchzuführen, jedoch teurer und auch etwas störanfälliger.

BCA-Assay. Cu^+-Bicinchoninsäure-Komplex.

Bdelline, eine Gruppe von Protease-Inhibitoren aus *Hirudinea* (Egel). Besonders hohe Bdellinaktivitäten wurden in der Region der äußeren Geschlechtsorgane und in den Speicheldrüsen des Egels *Hirudo medicinalis* gefunden. B. inhibieren Trypsin und Plasmin und zeigen eine stark inhibitorische Wirkung auf die trypsinähnliche Protease Acrosin, die in den Acrosomen der Spermatozoen vorkommt.

BDNF, Abk. für engl. *brain-derived neurotrophic factor*, ↗ neurotropher Gehirnfaktor.

Beladungswirkung, ↗ *Pheromone*.

Belastungsprinzip, eine Methode der ↗ *Bilanzuntersuchungen*.

Belladin-Alkaloide, ↗ *Amaryllidazeen-Alkaloide*.

Belladonna-Alkaloide, ↗ *Tropan-Alkaloide*.

Bence-Jones-Proteine, Proteine, die im Urin von Patienten ausgeschieden werden, die an multiplen Myelomen leiden (bösartige Vermehrung antikörperproduzierender Zellen). Auf diese Proteine wurde man erstmals aufmerksam, als sie beim Erwärmen auf 50 °C ausfielen und sich beim weiteren Erwärmen auf 100 °C wieder lösten. Jedes B. besteht aus einem Dimer von Immunglobulin-L-Ketten (durch Disulfidbrücken zusammengehalten) und wird durch einen Klon identischer Zellen produziert (Abb.). Deshalb wird von jedem Patienten nur ein Polypeptid in einer Menge produziert, die für Sequenzbestimmungen ausreicht. Die B. waren für die Strukturbestimmung von ↗ *Immunglobulinen* sehr hilfreich. Jede leichte (L) Kette, M_r 22,5 kDa, besteht aus 214 Aminosäuren. Es ist kein Methionin vorhanden und es gibt keine α-helicalen Bereiche.

Bentazon, ein ↗ *heterozyklisches Herbizid*.

Benzochinone, von *p*-Benzochinon (Abb. 1) abgeleitete Verbindungen, die zur Gruppe der in der Natur weit verbreiteten Chinone gehören. Im Tierreich finden sich *p*-Benzochinon sowie Mono-, Di- und Trimethylbenzochinon, Ethyl-, Methoxy- und 2-Methoxy-3-methylbenzochinon als Wehrsekrete bestimmter Arthropoden. Über 90 verschiedene B. sind aus höheren Pflanzen sowie niederen und höheren Pilzen, besonders Schimmelpilzen, isoliert

Benzochinone. Abb. 1. *p*-Benzochinon.

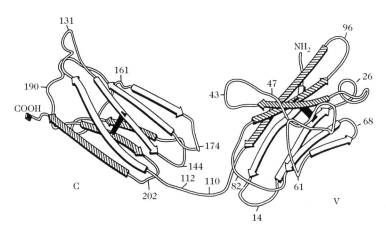

Bence-Jones-Proteine. Bence-Jones-Protein vom L-Typ.

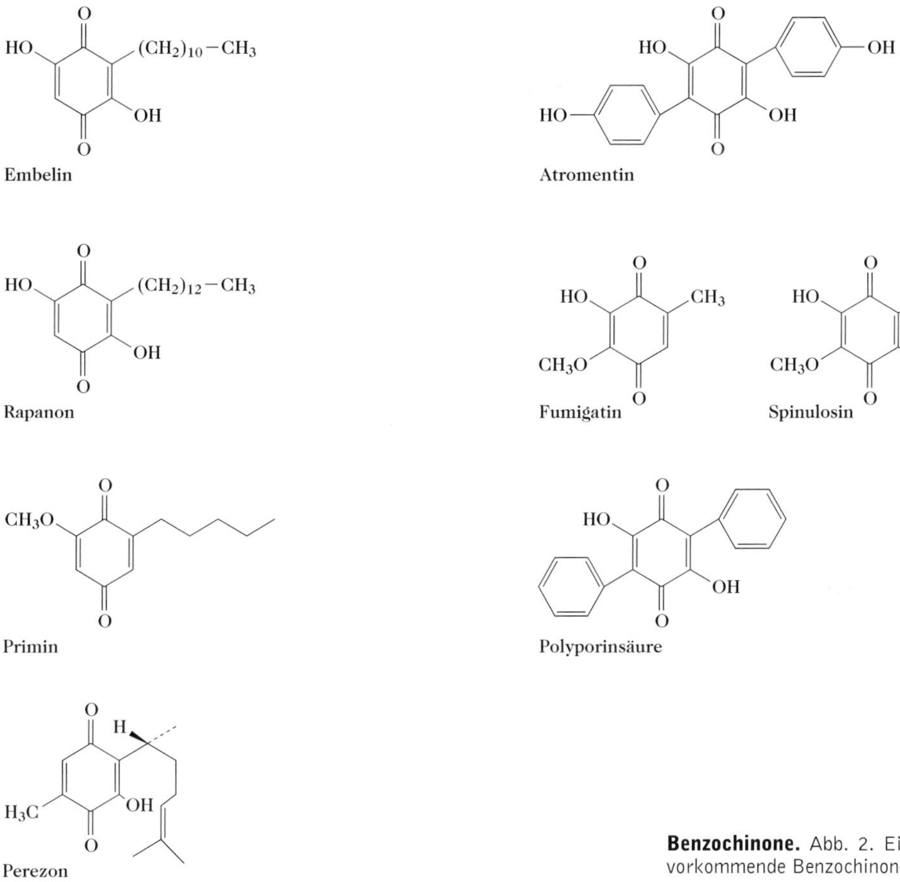

Embelin

Atromentin

Rapanon

Fumigatin   Spinulosin

Primin

Polyporinsäure

Perezon

Benzochinone. Abb. 2. Einige natürlich vorkommende Benzochinone.

worden. Bekannte pflanzliche B. (Abb. 2) sind das hautreizende, goldgelbe *Primin* (F. 62–63 °C) der Becherprimel (*Primula obconica*); das goldgelbe *Perezon* (F. 102–103 °C) aus verschiedenen mexikanischen *Perezia*-Arten; das orangefarbene *Embelin* (F. 142–143 °C) mit antihelminthischer und antibiotischer Wirkung und das orangefarbene *Rapanon* (F. 142–143 °C). Embelin und Rapanon sind in zahlreichen *Myrsinaceen* enthalten. Zu den pilzlichen B. zählen folgende Verbindungen: das kastanienbraune *Fumigatin* (F. 116 °C), das von *Aspergillus fumigatus* und *Penicillium spinulosum* gebildet und in das Kulturmedium ausgeschieden wird; die bronzefarbene *Polyporinsäure* (F. 310–312 °C), die von dem parasitären Pilz *Polyporus nidulans* gebildet wird; das bronzefarbene *Atromentin*, das vor allem in *Paxillus atromentosus* entsteht; das purpurrote *Spinulosin* (F. 203 °C) von *Penicillium*-Arten und *Aspergillus fumigatus*. Die für die Elektronenübertragung innerhalb der Atmungskette notwendigen Chinone mit isoprenoider Seitenkette (Ubichinone bzw. Plastochinone) enthalten ebenfalls einen charakteristischen und für die Funktion notwendigen Benzochinonring.

Benzodiazepine, das kondensierte Ringsystem des Benzols und des Diazepins enthaltende heterozyklische Verbindungen. Es sind mehrere Konstitutionsisomere denkbar, von denen viele erforscht worden sind. Vor allem die *1H-1,4-Benzodiazepine* (Abb.) sind als Tranquilizer (Beruhigungs-, Dämpfungs- und Schlafmittel) bekannt geworden. Daneben sind *1H-1,5-Benzodiazepine* leicht aus *o*-Phenylendiamin und 1,3-Dicarbonylverbindungen zugänglich geworden (Thiele 1907).

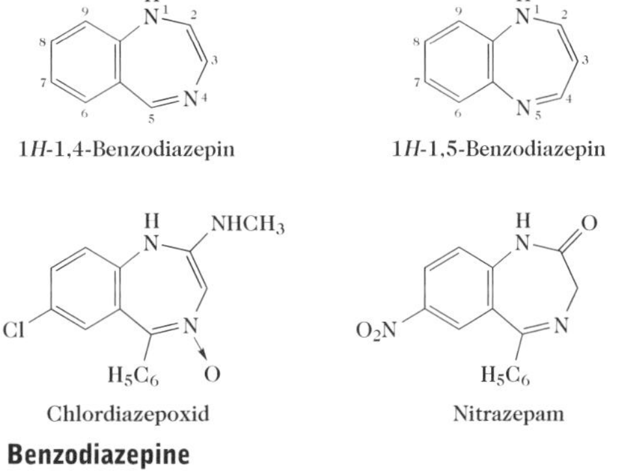

1*H*-1,4-Benzodiazepin   1*H*-1,5-Benzodiazepin

Chlordiazepoxid   Nitrazepam

Benzodiazepine

Verbindungen wie *Chlordiazepoxid* oder *Nitrazepam* (Abb.) gehören zu den Psychopharmaka; ihre Synthese geht von substituiertem *o*-Aminobenzophenonen und C_2N-Bausteinen, z.B. Estern des Glycins, aus.

N-Benzoylglycin, Syn. für ↗ *Hippursäure*.

N-Benzyladenin, ↗ *6-Benzylaminopurin*.

6-Benzylaminopurin, *N-Benzyladenin*, ein häufig eingesetztes synthetisches Cytokinin. Bei 6-B. (Abb. 1) ist der Furfurylrest des Kinetins durch einen Benzylrest ersetzt. 6-Benzylaminopurin wird

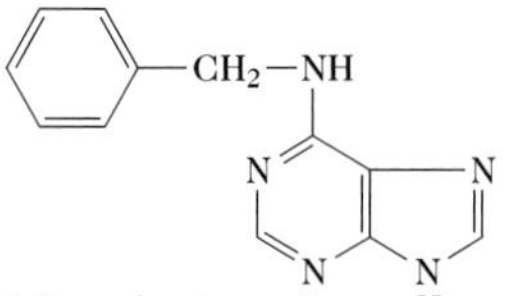

6-Benzylaminopurin

6-Benzylaminopurin. Abb.1.

in pflanzlichen Geweben zu einem cytokininaktiven Metaboliten, dem 6-Benzylamino-7-glucofuranosylpurin (Abb. 2), umgesetzt. Aus der Pappel wurde als natürliches Cytokinin 6-(2-Hydroxybenzylamino)-purinribosid isoliert.

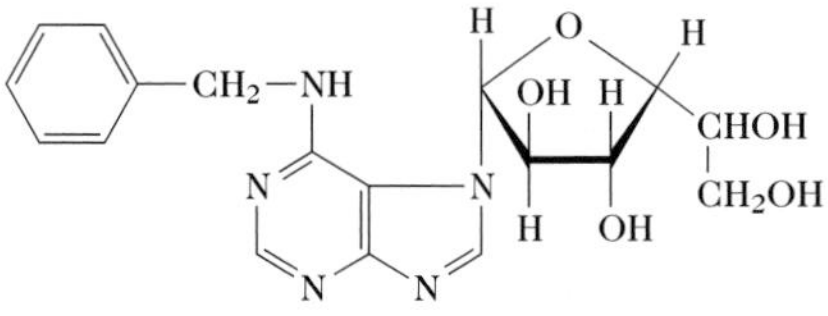

6-Benzylamino-7-glucofuranosylpurin

6-Benzylaminopurin. Abb. 2. 6-Benzylamino-7-glucofuranosylpurin.

Benzylisochinolinalkaloide, eine Gruppe von hauptsächlich in Mohnpflanzen (*Papaveraceae*) vorkommenden Isochinolinalkaloiden. Der Benzylsubstituent am C1 des heterozyklischen Grundgerüsts ermöglicht verschiedene sekundäre Zyklisierungen als Folge einer Phenoloxidation. Auf diese Weise entstehen die Ringskelette der therapeutisch wichtigen ↗ *Mohn-Alkaloide*, ↗ *Erythrina-Alkaloide* und einiger ↗ *Curare-Alkaloide*, wobei letztere Bis-B. sind. Papaverin und die sich von ihm ableitenden Alkaloide entstehen bei der Biosynthese aus zwei Molekülen Dopa, von denen das eine in Dopamin, das andere in 3,4-Dihydroxyphenylacetaldehyd umgewandelt wird. Durch eine Mannich-Kondensation bildet sich zunächst das Tetrahydroisochinolin Norlaudanosin, das danach zu Papaverin dehydriert wird (Abb. 1).

Die Tetrahydroisochinolinbasen sind darüber hinaus Vorläufermoleküle der Alkaloide mit Morphinangrundgerüst (z.B. Thebain, Codein, Morphin). Ein mit Hilfe der Monophenol-Oxidase (EC 1.14.18.1) gebildetes Biradikal wird zu Reticulin

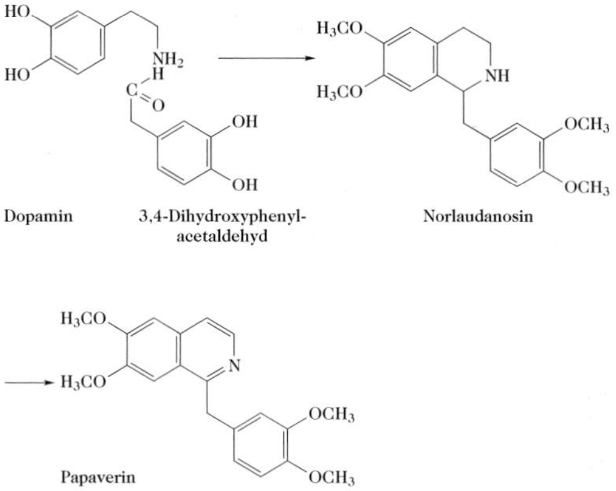

Dopamin   3,4-Dihydroxyphenyl-   Norlaudanosin
              acetaldehyd

Papaverin

Benzylisochinolinalkaloide. Abb. 1. Biosynthese von Papaverin.

umgesetzt, das dann über das tetrazyklische Alkaloid I in Thebain umgewandelt wird. Dessen Überführung in Codein und Morphin wird durch Entmethylierung einer Methoxygruppe eingeleitet (Abb. 2). Durch weitere Dehydrierung bildet sich Morphin.

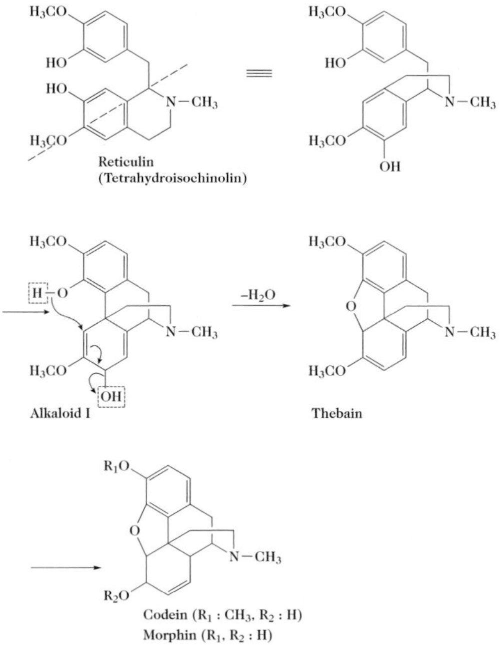

Reticulin
(Tetrahydroisochinolin)

Alkaloid I   Thebain

Codein (R_1 : CH_3, R_2 : H)
Morphin (R_1, R_2 : H)

Benzylisochinolinalkaloide. Abb. 2. Biosynthese des Morphinangrundgerüsts.

Durch oxidative Verknüpfung von zwei Benzylisochinolinmolekülen werden die Bis-Benzylisochinolinderivate gebildet, zu denen das Tubocurarin (ein Curare-Alkaloid) gehört.

Bergius-Rheinau-Verfahren, eine Methode der ↗ *Holzverzuckerung* mit konz. Salzsäure im technischen Maßstab.

Beriberi, eine Thiaminmangelkrankheit, die bei ausschließlicher Ernährung mit poliertem Reis auftritt. Sie ist gekennzeichnet durch nervöse Störungen des zentralen und des peripheren Nervensystems (Polyneuritis) und der Herzfunktion. ↗ *Thiamin*.

Bernsteinsäure, *Ethandicarbonsäure*, HOOC-CH_2-CH_2-COOH, eine organische Säure, die in freier Form in Pflanzen und Tieren vorkommt. F. 185 °C, Sdp. 235 °C (Z.). Im Bernstein liegt die B. als Ester gebunden vor. Im Stoffwechsel sind ihre Salze, die Succinate, als wichtige Zwischenprodukte von Bedeutung. Diese entstehen im ↗ *Tricarbonsäure-Zyklus* und im ↗ *Glyoxylat-Zyklus*. Über Reaktionen des Tricarbonsäure-Zyklus können Succinate zur Synthese von Kohlenhydraten und Aminosäuren genutzt werden. Succinyl-Coenzym A dient als Ausgangspunkt für die Synthese der Porphyrine aus Zwischenprodukten des ↗ *Succinat-Glycin-Zyklus*. Succinyl-Coenzym A entsteht durch Carboxylierung von Propionyl-Coenzym A beim Abbau von Valin und Isoleucin und über 2-Methylmalonyl-Coenzym A beim Abbau ungeradzahliger Fettsäuren. Beim Übergang von Succinyl-Coenzym A in Succinat im Tricarbonsäure-Zyklus wird ein Molekül GTP gebildet.

Bernsteinsäure-2,2-dimethylamid, *Alar 85*, *B9*, HOOC-$(CH_2)_2$-CO-N$(CH_3)_2$, ein synthetischer Wachstumsregulator, der z.B. zur Anregung der Apfelbaumblüte und zur Beschleunigung der Fruchtausfärbung sowie zur Fruchtlockerung bei Kirschen verwendet wird.

Bernsteinsäure-2,2-dimethylhydrazid, *Dimethazid*, *B995*, HOOC-$(CH_2)_2$-CO-NH-N$(CH_3)_2$, ein synthetischer Wachstumsregulator. B. wirkt als Gibberellinantagonist und Wachstumsretardanz, besonders bei zweikeimblättrigen Pflanzen. Es ruft einen vermehrten Fruchtknospenansatz und geringeren Fruchtabfall hervor.

Bestatin, *$N^α$-(3-Amino-2-hydroxy-1-oxo-4-phenyl-butyl)-leucin*, ein aus *Streptomyces olivoreticuli* isoliertes Peptidantibiotikum mit Anti-Tumor-Wirkung.

Betacyane, zur Gruppe der Betalaine gehörende rote bis rotviolette Pflanzenfarbstoffe mit einem Absorptionsmaximum zwischen 534 und 552 nm. Sie leiten sich von Betanidin bzw. Isobetanidin ab und unterscheiden sich durch verschiedenartige Glycosylierung. Bekannte Vertreter sind ↗ *Betanin* und ↗ *Amaranthin*.

Betaine, biogene Amine, die im Pflanzen- und Tierreich weit verbreitet sind. Einfachster Vertreter ist das Betain im engeren Sinne [Glycinbetain, $(CH_3)_3N^+$-CH_2COO^-, M_r 117,2 Da, F. 237–243 °C (Z.) (Hydrochlorid)]. B. werden im Ethanolamin-Zyklus gebildet und sind mit dem Mono- und Dimethylglycin-Stoffwechsel verbunden. Sie können als Methy-

lierungsmittel in der Transmethylierung dienen. Als Betainstruktur wird allgemein die am Stickstoff peralkylierte Zwitterionenform R_3N^+-CHR'-COO$^-$ bezeichnet, die für alle B. charakteristisch ist. Ein wichtiges B. ist Carnitin.

Betalaine, eine Gruppe stickstoffhaltiger Pflanzenfarbstoffe, die fast ausschließlich in den Familien der *Centrospermen* vorkommen. Sie kommen nicht in den gleichen Pflanzenarten vor wie Anthocyane und sind daher von chemotaxonomischem Wert. Die Farbstoffe des Fliegenpilzhuts sind ebenfalls Betalainderivate. Gemeinsamer Strukturbestandteil der B. ist die ↗ *Betalaminsäure*. Die wichtigsten Vertreter der B. sind das rote ↗ *Betanin*, ↗ *Indicaxanthin* sowie die orangefarbenen ↗ *Muscaaurine* des Fliegenpilzes. Die roten Farbstoffe dieses Strukturtyps werden als ↗ *Betacyane*, die gelben als ↗ *Betaxanthine* bezeichnet.

Betalaminsäure, ein zyklischer Dicarboxyaldehyd (Abb.), der Bestandteil aller ↗ *Betalaine* ist. B. entsteht biosynthetisch aus Tyrosin über Dopa. Die Verknüpfung mit verschiedenen Aminosäuren, z.B. Cyclodopa oder Prolin, führt zu den ↗ *Betacyanen* bzw. ↗ *Betaxanthinen*.

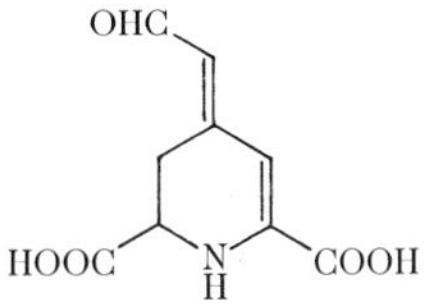

Betalaminsäure

Betamethason, *9-Fluoro-11β,17,21-trihydroxy-16β-methylpregna-1,4-dien-3,20-dion*, ein synthetisches Pregnanderivat (↗ *Steroide*) mit hoher entzündungshemmender Wirksamkeit, das z.B. zur Behandlung von Arthritis verwendet wird. Es unterscheidet sich vom ↗ *Dexamethason* nur in der Konfiguration der 16-Methylgruppe.

Betanidin, ↗ *Betanin*.

Betanin, zur Gruppe der Betalaine gehörender, gut wasserlöslicher roter Farbstoff der Roten Rübe (*Beta vulgaris*). B. ist ein Glycosid, das als Aglycon Betanidin enthält (Abb.). Als Zwitterion liegt B.

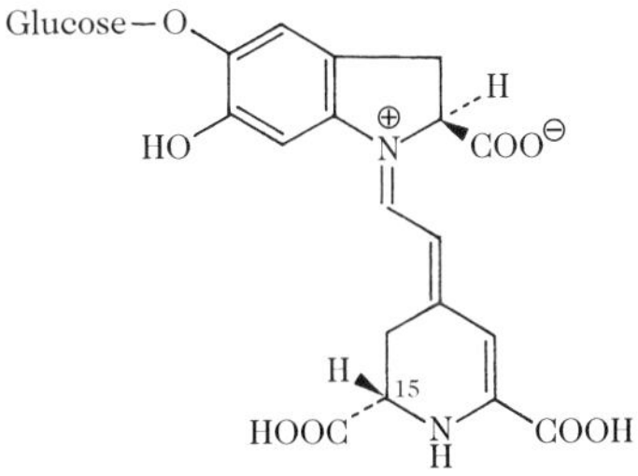

Betanin

unterhalb pH 2 als violettes Kation vor; bei pH 4 erfolgt der Umschlag nach Rot. ⼈ *Betalaine*.

Betastruktur, ⼈ *Proteine*.

Betäubungsmittel, Stoffe und deren Zubereitungen, die starke Veränderungen im Bewusstseinszustand hervorrufen und Abhängigkeiten erzeugen können. Wegen der möglichen missbräuchlichen Verwendung und der unmittelbaren Gefährdung der Gesundheit wird der Umgang mit B. durch das Gesetz über den Verkehr mit Betäubungsmitteln (Betäubungsmittelgesetz) geregelt. B. im Sinne dieses Gesetzes sind die in den Anlagen I (nicht verkehrsfähige B.), II (verkehrsfähige, aber nicht verschreibungsfähige B.) aufgeführten Stoffe und Zubereitungen. Dazu gehören auch Stoffe, aus denen B. hergestellt werden können. Zu den klassischen B. gehören Opiate (⼈ *Morphin*, ⼈ *Heroin*), ⼈ *Cocain*, ⼈ *Haschisch* (⼈ *Cannabinoide*) und verschiedene ⼈ *Halluzinogene* (⼈ *Mescalin*, ⼈ *Lysergsäurediethylamid*). Neuere missbräuchlich verwendete B. sind etliche synthetische Arzneistoffe (Barbiturate, ⼈ *Benzodiazepine*, ⼈ *Weckamine*, ⼈ *Appetitzügler*) und die ⼈ *Designerdrogen* wie ⼈ *Ecstasy*. Häufiger Gebrauch der B. führt meist zu Abhängigkeit, verbunden mit einer pathologischen Deformation der Persönlichkeitsstruktur, sozialer Degeneration und physischem Verfall.

Betaxanthine, zur Gruppe der ⼈ *Betalaine* gehörende gelbe Pflanzenfarbstoffe mit einem Absorptionsmaximum zwischen 474 und 486 nm. Bekannte B. sind ⼈ *Indicaxanthin* sowie die ⼈ *Miraxanthine* und ⼈ *Vulgaxanthine*.

Betel, ⼈ *Areca-Alkaloide*.

Betonicin, ⼈ *Pyrrolidinalkaloide*.

Betulaprenole, ⼈ *Polyprenole*.

Betulenole, isomere bizyklische Sesquiterpenalkohole aus dem Birkenknospenöl. Die B. sind optisch aktiv; sie leiten sich vom Caryophyllengerüst (⼈ *Carophyllene*) ab. Ihre Strukturen sind artspezifisch für *Betula alba* und *Betula lenta*.

Betulin, ein zweiwertiger Alkohol aus der Gruppe der pentazyklischen Triterpene. M_r 442,73 Da, F. 261 °C, $[\alpha]_D$ 15° (Chloroform). B. unterscheidet sich strukturell von ⼈ *Lupeol* durch das Vorliegen einer zweiten Hydroxylgruppe an Position 28. Es kommt unter anderem in Birken- und Haselnussrinde, in Hagebutten sowie im Kaktus *Lemaireocereus griseus* vor.

Betulinsäure, eine Carbonsäure aus der Gruppe der pentazyklischen Triterpene. Sie kommt in vielen Pflanzen vor, z.B. im Gnadenkraut (*Gratiola officinalis*), in verschiedenen Kakteen, in der Rinde von *Platanus*-Arten und des Granatapfelbaums (*Punica granatum*).

bewegliche DNA-Sequenzen, *mobile DNA-Sequenzen, transponierbare genetische Elemente*, Nucleotidsequenzen, die im Stande sind, sich an andere Stellen des Genoms zu verschieben bzw. sich umzugruppieren. Sie kommen sowohl bei prokaryontischen als auch bei eukaryontischen Zellen vor. Prokaryontische bewegliche DNA-Sequenzen werden unterteilt in: 1) Insertionssequenzen (IS) mit einer Länge von <2.000 bp, 2) bakterielle ⼈ *Transposons*, die >2.000 bp lang sind und 3) Bakteriophagen wie z.B. Mu und D108, die sich durch Transposition replizieren. Die Transposition verläuft entweder a) konservativ, d.h. das transponierbare Element wird aus der Donorstelle des Genoms herausgeschnitten und in die Zielstelle eingefügt, oder b) replikativ, wobei das transponierbare Element an der Donorstelle verbleibt und ein Replikat an der Zielstelle eingebaut wird. Eukaryontische bewegliche DNA-Sequenzen werden unterteilt in: 1) eukaryontische Transposons, die DNA direkt umgruppieren und 2) *Retrotransposons*, die über eine RNA-Zwischenstufe transponiert werden, welche mit Hilfe einer RNA-Polymerase von dem betreffenden beweglichen Element transcribiert und dann durch eine ⼈ *reverse Transcriptase* in DNA überführt wird. Retrotransposons werden unterteilt in „virale Retrotransposons", die so genannt werden, weil sie Ähnlichkeit mit dem Genom von Retroviren haben, und „nichtvirale Retrotransposons", die wiederum unterteilt werden in ⼈ *LINEs* und ⼈ *SINEs*.

BH₄, Abk. für ⼈ *Tetrahydrobiopterin*.

Bialaphos, *L-2-Amino-4-hydroxy-4-methyl-phosphinoylbutyryl-L-alanyl-L-alanin*, ein durch *Streptomyces* sp. gebildetes Peptid, das als Kontakt- und systemisches Fungizid eingesetzt wird. B. dient zur Kontrolle des Pilzbefalls bei Reis. Die strukturanalogen Verbindungen 2-Amino-4-phosphonobuttersäure und 2-Amino-4-methylphosphonobuttersäure hemmen in Pflanzen die Glutamin-Synthetase, die die Schlüsselreaktion der ⼈ *Ammoniakassimilation* katalysiert.

Biapigenin, ⼈ *Biflavonoide*.

Bibenzyle, sekundäre Pflanzenstoffe mit dem Bibenzyl-Grundgerüst. Biosynthetisch werden sie aus drei Molekülen Malonyl-CoA und einem Molekül Phenylpropionyl-CoA mit Hilfe der Bibenzyl-Synthase unter Abspaltung von vier Molekülen CO_2 gebildet. Ein wichtiger Vertreter der B., die *Lunularsäure* (Abb.), kommt in Lebermoosen und Algen vor. Der Lunularsäure wird in diesen Pflanzen eine

Bibenzyle. Lunularsäure.

ähnliche Hormonwirkung zugeschrieben wie der ↗ *Abscisinsäure* in höheren Pflanzen. Die synthetisch zugängliche 5-Hydroxylunularsäure zeigt eine stark molluskizide Wirkung.

Bicucullin, ein Alkaloid aus *Dicentra cucullaria*, *Adlumina fungosa* und mehreren *Corydalis*-Arten. Bicucullin (Abb.) ist ein Neurotoxin und ein Krampfgift, das als spezifischer Antagonist des Neurotransmitters ↗ *4-Aminobuttersäure* wirkt.

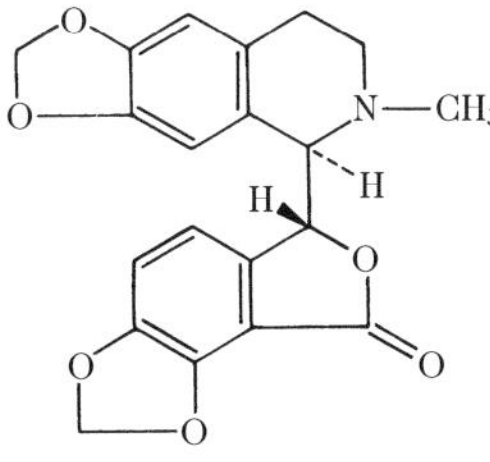

Bicucullin

Bienengift, das von einer Drüse im Hinterleib von Königinnen und Arbeitsbienen (*Apis mellifica L.*) produzierte und über den Stachel abgesonderte Wehrsekret. Es enthält drei Typen von Wirkstoffen: 1) biogene Amine, z.B. Histamin, das Schmerzen erzeugt, gefäßerweiternd wirkt und damit den Verteilungsradius erhöht, 2) biologisch aktive Peptide, wie ↗ *Mellitin* (mit 50% Hauptbestandteil des Toxins) und Apamin, und 3) Enzyme, wie Hyaluronidase und Phospholipase A.

Bienenwachs, ↗ *Melissylalkohol*, ↗ *Melissinsäure*.

Biflavenyle, ↗ *Biflavonoide*.

Biflavonoide, *Biflavenyle*, Dimere aus Flavonoideinheiten. Die beiden Monomere sind entweder durch eine Kohlenstoff-Kohlenstoff- oder eine Etherbindung verknüpft. Je nach Lage und Art der Bindung unterscheidet man zehn Arten von B.:

a) 5',4''' (Ether), z. B. Ochnaflavon (Apigenindimer, Abb. 1),

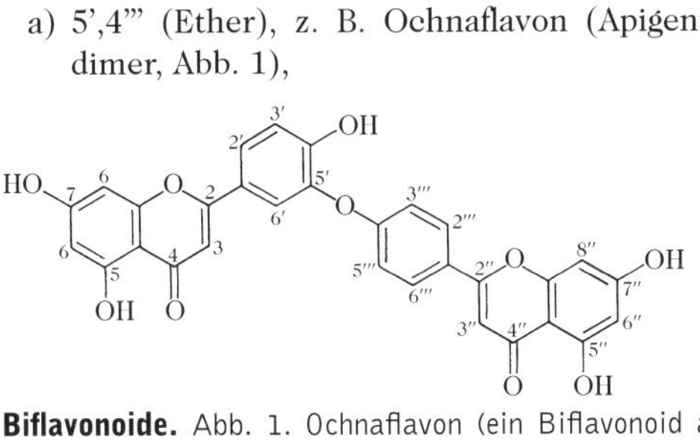

Biflavonoide. Abb. 1. Ochnaflavon (ein Biflavonoid aus *Ochna squarrosa*).

b) 4',6'' (Ether), z. B. Hinekiflavon (Apigenindimer),

c) 5',6'' (C-C), z. B. Robustaflavon (Apigenindimer),

d) 5',8'' (C-C), z. B. Amentoflavon (Apigenindimer),

e) 8,6'' (C-C), z. B. Agathisflavon (Apigenindimer),

f) 3,3'' (C-C), z. B. Biapigenin (Apigenindimer),

g) 8,8'' (C-C), z. B. Cupressuflavon (Apigenindimer)

h) 3,3''' (C-C), z. B. Taiwaniaflavon (Apigenindimer),

i) 6,6'' (C-C), z. B. Succedaneaflavon (Narigenindimer),

j) 3,8'' (C-C), z. B. Xanthochymussid (Abb.2).

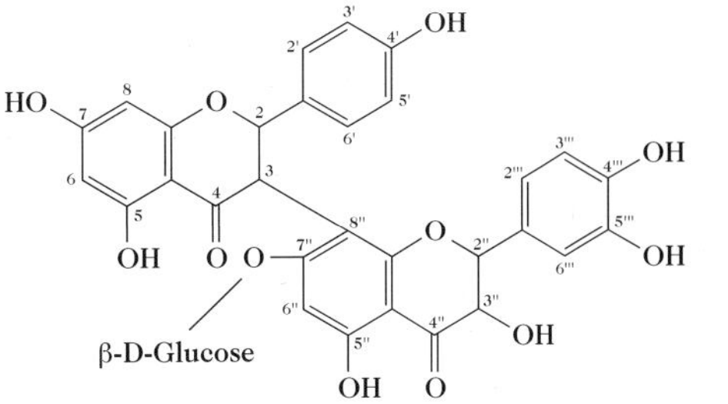

Biflavonoide. Abb. 2. Xanthochymussid (ein Biflavonoid aus *Garcinia*).

Die Bildung der B. kann entweder über die oxidative Kupplung (Radikalenpaarung) zweier Chalconeinheiten mit anschließender Zyklisierung der C_3-Kette, oder über den elektrophilen Angriff eines Radikals auf den Phloroglucinkern eines Chalcons oder Flavons erklärt werden.

Die meisten B. sind Dimere des Apigenins und unterscheiden sich im Substituentenmuster. Der größte Teil der B. sind Biflavone, d.h. jeder Flavonoidteil besitzt eine C2,3-Doppelbindung. Es kommen jedoch auch Flavanon-Flavone [z.B. C-C-gebundenes Volkensiflavon, ein Dimer aus Naringenin(3) und Apigenin(8'')] und Biflavanone (z.B. Xanthochymussid und Succedaneaflavon) vor. Glycoside der B., wie z.B. Xanthochymussid, sind selten.

Die Fähigkeit B. zu bilden, scheint sich in der evolutionären Entwicklung vaskulärer Pflanzen früh herausgebildet zu haben. Bei den meisten Angiospermen und Gymnospermen ist sie verloren gegangen. B. wurden aus vier der fünf Ordnungen der Gymnospermen, aus jeder Familie der Koniferen, außer den *Pinaceen*, und aus 11 Angiospermen-Familien isoliert. Sie kommen nicht in *Gnetales* vor, wodurch deren Ausschluss aus der Ordnung der Gymnospermen und ihre Klassifizierung in einer separaten Gruppe (*Chlamydospermeae*) unterstützt wird. [Geiger u. Quinn in *The Flavonoids: Advances in Research* J.B. Harborne u. T.J. Mabry (Hrsg.), Chapman and Hall, 1982, 525–534]

Biguanide, oral wirkende blutzuckersenkende Substanzen. Sie hemmen durch Anreicherung in der Mitochondrienmembran den Eintritt von Pyruvat in die Mitochondrien und damit die Lactatverwertung. Der blutzuckersenkende Effekt erklärt sich außerdem durch Hemmung der Glucoseresorption im Darm, einer Störung der ↗ *Gluconeogenese* in der Leber und einer verstärkten Wirkung von Insulin. Aufgrund unerwünschter Nebenwirkungen, insbesondere aber durch die Begünstigung des Auftretens einer Lactatacidose aufgrund der gestörten Lactatverwertung, spielen die B. in der Behandlung des Typ-II-Diabetes eine untergeordnete Rolle. Lediglich *Metformin* ist heute noch im Handel. Diese Verbindung wird unverändert und schnell über die Niere ausgeschieden.

Bilanzuntersuchungen, gehören zu den *in-vivo*-Methoden biochemischer Analysen. Für *Bilanzuntersuchungen* werden dem Organismus Stoffe zugeführt und der zeitliche Verlauf ihres Umsatzes im Körper oder ihr Auftauchen in den Ausscheidungsprodukten (Harn, Fäkalien) gemessen (↗ *Stickstoffbilanz*). Auf diese Weise werden Stoffbilanzen erfasst. Ähnlich kann man am isolierten Organ, z.B. an der perfundierten (durchströmten) Leber, verfahren. Eine besondere Form der B. ist das *Belastungsprinzip*, bei dem durch überschüssige Stoffzuführung die Leistungsfähigkeit bzw. die Leistungsgrenze eines Organs oder Organsystems im kranken Organismus ermittelt wird. In der Klinik wird das Belastungsprinzip z.B. zur Nierenfunktionsprüfung angewandt, indem die Geschwindigkeit der Harnausscheidung mit Hilfe von injiziertem Phenolrot gemessen wird.

Biliproteine, ↗ *Phycobilisom*.

Bilirubin, ↗ *Gallenfarbstoffe*.

Biliverdin, ↗ *Gallenfarbstoffe*.

Bioakkumulation, die Fähigkeit von Organismen, insbesondere Mikroorganismen, Substanzen im Organismus über die Konzentration der sie umgebenden Umwelt hinaus anzureichern. Der sog. B.-Faktor entspricht dem jeweiligen Anreicherungsfaktor. Die B. ist Grundlage für die teilweise schon industriell genutzte Metallakkumulation durch Mikroorganismen (↗ *Biosorption*). Sie gewinnt für die Vorreinigung von Metall-belasteten Abwässern der Industrie zunehmend an Bedeutung.

Bioalkohol, *Bioethanol*, durch Vergärung (↗ *alkoholische Gärung*) von Resten und Abfallprodukten der Zuckerproduktion bzw. von speziell hierfür angebauten landwirtschaftlichen Produkten (z.B. Kartoffeln, Rüben, Maiskolbenschrot) hergestellter Alkohol. Die Einführung des Begriffes B. oder Biosprit dient zur Kenntlichmachung von mikrobiell erzeugtem Ethanol gegenüber dem Industriealkohol (Synthesesprit). Für die Verwendung des B. bietet sich vor allem der Einsatz als umweltfreundlicher und leistungsverbessernder Treibstoffzusatz sowie als Rohstoff für die chemische Industrie an.

Bioassay, ↗ *Biotest*.

Biobleichung, ein in der Entwicklung befindlicher Prozess zum mikrobiologischen Abbau von Restligninen in Zellstoffen mittels ↗ *Ligninasen*. Durch diese H_2O_2-abhängigen Peroxidasen wird der aromatische Kern des Lignins über instabile Kationenradikale zu unterschiedlichen Zersetzungsprodukten abgebaut, woraus eine partielle Bleichung des Zellstoffs resultiert. Dazu wird die wässrige Zellstoffsuspension nach Zusatz der für das Pilzwachstum erforderlichen Nährstoffe (insbesondere Kohlenstoffquelle) mit *Phanerochaete chrysosporium* beimpft und bei mäßiger Belüftung kultiviert. Nach 6–8 Tagen sind 50–75 % der Restlignine abgebaut.

Trotz der gegenwärtig noch unzureichenden Produktivität dieses Prozesses ist er von potenzieller Bedeutung, da er zumindest eine partielle Substitution chemischer Bleichverfahren ermöglicht, die zu hochgradig toxischen Belastungen (Chlorlignine) der Abwässer führen.

Biochanin A, ↗ *Isoflavon*.

biochemischer Sauerstoffbedarf, *BSB*, *BOD* (engl. biochemical oxygen demand), das Maß für den Verschmutzungsgrad des Abwassers mit biologisch abbaubaren, organischen Substanzen. Der BSB gibt die Menge Sauerstoff (in mg/l) an, die in fünf Tagen bei 20 °C verbraucht wird, um die in dem jeweiligen Abwasser vorhandenen Verunreinigungen mikrobiell abzubauen.

Biochrome, ↗ *Naturfarbstoffe*.

Biocytin, eine Verbindung aus ↗ *Biotin* und L-Lysin.

Biodeterioration, Syn. für ↗ *Biokorrosion*.

Bioelektrochemie, ein Teilgebiet der Elektrochemie, das sich mit elektrochemischen Vorgängen in biologischen Systemen beschäftigt. Beispiele dafür sind elektrische Erscheinungen an Zellmembranen, die elektrochemische Oxidation und Reduktion biologisch wichtiger Stoffe, die elektrochemische Analyse in biologischen Systemen (insbesondere *in vivo*) sowie die Entwicklung elektrochemischer Sensoren auf bioanalogem Prinzip (↗ *Biosensor*).

Bioelektronik, der Einbau von biologischem Material in elektronische Geräte, z.B. Enzfet (↗ *Feldeffekttransistoren*); ↗ *Biosensor*. Der Ausdruck wird auch im allgemeinen Sinn für die Anwendung der Elektronik bei der Untersuchung biologischer Prozesse verwendet.

Bioelemente, die von Lebewesen für den Aufbau von Körpersubstanz benötigten chemischen Elemente. Die Elementzusammensetzung der Organismen unterscheidet sich beträchtlich von jener der Erdrinde (Tab. 1). Von den über 90 in der Erdkruste enthaltenen Elementen sind etwa 40 Elemente in der lebenden Materie vohanden. Die sechs Elemente C, O, H, N, S, P bilden zusammen über 90 % der lebenden Materie (Tab. 1). Sie werden ganz allge-

Bioelemente. Tab. 1. Relative Häufigkeit der chemischen Elemente in der Erdrinde und im menschlichen Körper (verändert nach Rapoport).

Element	Erdrinde [%]	Mensch [%]	Konzentrierung
Sauerstoff	50	63	–
Silicium	28	0	–
Aluminium	9	0	–
Eisen	5	0,004	–
Calcium	3,6	1,5	–
Kalium	2,6	0,25	–
Magnesium	2,1	0,04	–
Wasserstoff	0,9	10	etwa 10fach
Kohlenstoff	0,09	20	etwa 200fach
Phosphor	0,08	1	etwa 10fach
Schwefel	0,05	0,2	etwa 4fach
Stickstoff	0,03	3	etwa 100fach

Bioelemente. Tab. 2. Elementare Zusammensetzung des menschlichen Körpergewichts, bezogen auf das Trockengewicht.

Element	Prozent
Kohlenstoff	50
Sauerstoff	20
Wasserstoff	10
Stickstoff	8,5
Schwefel	0,8
Phosphor	2,5
Calcium	4,0
Kalium	1,0
Natrium	0,4
Chlor	0,4
Magnesium	0,1
Eisen	0,01
Mangan	0,001
Jod	0,00005

mein als Baustoffe von Biomolekülen, aber auch als Bestandteil anorganischer Gerüstsubstanzen und von Wasser als dem Milieu der Lebensvorgänge benötigt. In quantitativer Hinsicht treten ↗ *Mineralstoffe* in der Körpersubstanz nur in Ausnahmefällen stärker hervor. Die obengenannten sechs Bioelemente machen zusammen mit Ca, K, Na, Cl, Mg und Fe etwa 99,9 % der Biomasse aus. Die restlichen Bioelemente kommen vielfach nur als ↗ *Spurenelemente* vor, die nur in katalytischen Mengen benötigt werden. Während die Leichtmetalle im Organismus in der Regel als leicht bewegliche Kationen vorliegen (Mineralstoffe), verbleiben die Schwermetalle in fixierten stereochemischen Lagen, da sie stabile Biokomplexe bilden. Die Elementarzusammensetzung des Körpergewichts eines Menschen zeigt Tab. 2.

Kohlenstoff (C) bildet das Grundgerüst aller organischen Moleküle. Der gesamte Kohlenstoff der Biomasse stammt letzten Endes vom photosynthetisch fixierten Kohlenstoff des Kohlendioxids der Luft ab (↗ *Photosynthese*). Chemisch-systematisch leiten sich die organischen C-Verbindungen der Lebewesen von Kohlenwasserstoffen, biogenetisch von Kohlenhydraten ab.

Sauerstoff (O) ist Bestandteil fast aller Biomoleküle. Er bildet die reaktiven Zentren für metabolische Umwandlungen von Säuren, Aldehyden, Ketonen, Alkoholen und Ethern. Kohlenwasserstoffe sind erst dann biologisch abbaubar, wenn sie in Verbindungen überführt werden können, die eine Sauerstofffunktion tragen, z.B. durch Hydroxylierung. Sauerstoff ist auch Bestandteil des Hydroxyapatits der Knochen und, was sehr wichtig ist, des Wassers. Der molekulare Sauerstoff der Atmosphäre ist im wesentlichen das Produkt der Photolyse des Wassers in der Photosynthese grüner Pflanzen, die in ihrer Phylogenie die ursprünglich reduzierende Atmosphäre (Uratmosphäre) in die heutige oxidierende Lufthülle verwandelten.

Wasserstoff (H) ist in allen Biomolekülen vorhanden und an C, N, O und S gebunden. Die Abspaltung von Wasserstoff ist gleichbedeutend mit Oxidation. Der biologische Prozess, durch den in atmenden Zellen Wasserstoff mit O_2 verbunden wird – die Elektronentransportkette – dient der Erzeugung von ATP. An den meisten biologischen Reaktionen nimmt der Wasserstoff als Proton $H^+ + e^-$ teil. Die Coenzyme NADH und NADPH fungieren als Überträger von H^+ und $2\,e^-$ (äquivalent zu einem Hydridion). Reaktionen, die H_2 einbeziehen, sind selten (↗ *Wasserstoffmetabolismus*).

Stickstoff (N) ist Bestandteil vieler Biomoleküle, vor allem der lebenswichtigen Proteine und Nucleinsäuren. Molekularer (Luft-)Stickstoff wird im Vorgang der biologischen ↗ *Stickstofffixierung* von bestimmten frei oder symbiotisch lebenden Mikroorganismen zu Ammoniak reduziert. Dieser ist Ausgangsstufe und Endprodukt des Stickstoffmetabolismus.

Schwefel (S) ist in den beiden Aminosäuren Cystein und Methionin und in bestimmten Coenzymen enthalten. Es wird von Pflanzen in Form des Sulfats assimiliert (↗ *Sulfatassimilation*); Tiere benötigen den ursprünglich von Pflanzen gebundenen Schwefel.

Phosphor (P) ist sowohl in anorganischen als auch in organischen Verbindungen als Phosphat vorhanden. Die Nucleotidreste der Nucleinsäuren sind durch Phosphatbindungen miteinander verbunden. Die Energieübertragung von einem Molekül (gewöhnlich ATP) auf ein anderes geschieht in Form einer hochenergetischen Phosphatbindung. Phosphat ist auch in vielen Coenzymen enthalten.

Bioethanol, ↗ *Bioalkohol.*

Biofilm, an festen Oberflächen angelagerte polymere, schleimartige Substanzen, mit denen sich die produzierenden Mikroorganismen (meist in Mischkultur) an diesen anheften.

Biofilter, Anlage zur Geruchsbeseitigung von Abgasen mit Hilfe einer Filtration durch Humusschichten. Die zunächst in der feuchten Filtermasse gebundenen Luftverunreinigungen werden durch aerobe Bakterien biologisch abgebaut.

Biogas, *Sumpfgas, Faulgas, Klärgas,* bei der Lagerung cellulosehaltiger Abfälle (insbesondere von Stalldung, Gülle, Klärschlamm) in geschlossenen luftdichten Behältern durch bakterielle Zersetzung entstehendes Gasgemisch, das aus 50–75 % Methan, 25–50 % Kohlendioxid, bis zu 1 % Wasserstoff und Schwefelwasserstoff besteht. Der zur Biogasbildung führende natürliche Vorgang ist seit Jahrhunderten bekannt (Helmont 1639). Überall dort, wo organische Substanz unter Luftabschluss gerät, wird sie durch kooperative Wirkung verschiedener Bakterienspezies abgebaut. *Acidogene Bakterien* hydrolysieren die Biopolymeren in kleinere Bausteine und vergären sie zu Fettsäuren, Essigsäure, Wasserstoff und Kohlendioxid. *Acetogene Bakterien* bauen die höheren Fettsäuren zu Essigsäure, Wasserstoff und Kohlendioxid ab, und *Methanbakterien* schließlich wandeln Essigsäure bzw. Kohlendioxid in Methan um (Methangärung).

Diese natürlichen Vorgänge laufen bevorzugt unter Temperaturen von 10–15 °C und 30–35 °C ab. Je nach Zusammensetzung des Gasgemisches beträgt der Heizwert des B. zwischen 18 und 25 MJ/m³.

In landwirtschaftlichen Großbetrieben und in Abwasserreinigungsanlagen wird B. in Biogasreaktoren gewonnen. Gülle, organische Abfallstoffe oder Klärschlamm werden in die Anlage gepumpt und unter anaeroben Bedingungen innerhalb von 8–20 Tagen vergoren. Je m³ Reaktorvolumen gewinnt man täglich 0,5–3 m³ B. Bei der wirtschaftlichen Bewertung ist zu berücksichtigen, dass die Biogasanlage selbst einen beachtlichen Eigenbedarf hat, wofür üblicherweise ein Teil des gewonnenen B.

direkt zum Einsatz gelangt. Weiterhin ist bei der Bewertung zu beachten, dass B. im Allgemeinen. territorial nur sehr begrenzt verteilt werden kann. In der Regel wird das B. unmittelbar am Ort zur Wärme- und Elektroenergieerzeugung eingesetzt.

biogene Amine, *biologische Amine,* biologisch und pharmakologisch wichtige, natürlich vorkommende Amine, die in Pflanzen und Tieren weitverbreitet sind. Sie können folgendermaßen eingeteilt werden: 1) Derivate von ↗ *Ethanolamin,* z.B. Cholin, Acetylcholin, Muscarin; 2) Polymethylendiamine, z.B. ↗ *Putrescin,* ↗ *Cadaverin*; 3) ↗ *Polyamine,* z.B. Spermin; 4) Imidazolylalkylamine, z.B. ↗ *Histamin*; 5) Phenylalkylamine, z. B. ↗ *Mescalin,* ↗ *Tyramin,* ↗ *Hordenin*; 6) ↗ *Catecholamine,* z. B. Adrenalin, Noradrenalin, Dopamin; 7) Indolylalkylamine, z.B. ↗ *Tryptamin,* ↗ *Serotonin* und 8) ↗ *Betaine,* z.B. Carnitin.

Viele in Pflanzen vorkommende b. A., die keinen heterozyklischen Ring enthalten, werden auch Protoalkaloide genannt. Kommen diese Protoalkaloide in der gleichen Art oder in der gleichen Familie wie wirkliche Alkaloide vor, mit denen sie biogenetisch verwandt sind (z.B. sind Hordenin, Candicin und Mescalin in *Cactaceen* biogenetisch mit den Isochinolinalkaloiden verwandt), werden sie gewöhnlich ebenso als Alkaloide klassifiziert. Einige b. A. sind Hormone (z.B. Adrenalin), Neurotransmitter (z.B. Acetylcholin, Noradrenalin) oder Bestandteile von Coenzymen (z.B. sind Cysteamin und β-Alanin Vorstufen des Coenzyms A), von Phospholipiden (z.B. Ethanolamin) oder von Ribosomen (z.B. Cadaverin und Putrescin).

Biogeotechnologie, Verfahren, bei denen mit Hilfe von Mikroorganismen oder ihrer Metabolite Metalle aus Erzen, Gesteinen und/oder Lösungen gewonnen werden können (Erzlaugung). Die Methoden der B. werden vor allem dann eingesetzt, wenn sich der weitere Abbau von Erzen mit herkömmlichen chemischen und physikalischen Verfahren aus technologischen oder/und ökonomischen Gründen nicht mehr lohnt.

Bioinformatik, die Speicherung von Sammlungen biologischer Daten mit elektronischen Mitteln und ihre Verarbeitung. ↗ *Datenbanken.*

Bioinsektizide, pflanzliche und mikrobielle Naturstoffe, die Insekten abwehren oder als Inhibitoren die Insektenentwicklung beeinflussen. Entsprechend ihrer Wirkung unterscheidet man folgende Gruppen von pflanzlichen B.: Repellentien, die eine ausgesprochene Abschreckreaktion bewirken (z.B. etherische Öle aus bestimmten Pflanzenarten), Fraß-, Kontakt- und Atemgifte (z.B. Alkaloide wie ↗ *Nicotin,* Nornicotin, Anabasin), Fraß- und Kontaktgifte (z.B. ↗ *Rotenoide*) und reine Kontaktgifte (z.B. ↗ *Pyrethrine*). Ovizide (z.B. ↗ *Cumarine*) sind gegen die Eier und Larven von Insekten gerichtet. Hormone (z.B. ↗ *Phytoecdysone* aus Farnen und Koniferen) stören die Larvenentwicklung. B. wirken meist selektiv und werden rasch abgebaut. Ihr Einsatz erfolgt in der biologischen Schädlingsbekämpfung, häufig in Kombination mit synthetischen Insektiziden.

Das bekannteste Beispiel für ein insektenpathogenes Bakterium ist *Bacillus thuringiensis*. Die pathogene Wirkung – insbesondere gegen Schmetterlingsraupen (*Lepidoptera*) – beruht vor allem auf den vom Bakterium gebildeten Toxinen. Das δ-Endotoxin, ein intrazelluläres, kristallines Glycoprotein, bewirkt nach der Aufnahme mit der Nahrung im Darm der Insekten eine Paralyse. Das extrazelluläre hitzestabile β-Exotoxin (Nucleotid) ist hoch wirksam gegen Fliegenmaden. *B. thuringiensis* wird als Bakterienkonzentrat – nach Zusatz von Formulierungs- und Lichtschutzmitteln – kommerziell hergestellt und erfolgreich angewendet.

Biokatalysatoren, katalytisch wirksame Biomoleküle (↗ *Enzyme*). Außer Proteinen besitzen auch RNA-Moleküle (↗ *Ribozyme*) enzymatische Aktivität. Für Stoffwandlungen werden in der ↗ *Biotechnologie* häufig auch ganze Zellen (vor allem Mikroorganismen, aber auch pflanzliche und tierische Zellen) eingesetzt.

Biokonversion, die selektive, chemische Umwandlung von definiert reinen Substanzen zu definierten Produkten unter Einsatz von Biokatalysatoren (Enzyme, Mikroorganismen, pflanzliche und tierische Zellen bzw. Zellkulturen). ↗ *Biotransformation*.

Biokorrosion, *Biodeterioration, mikrobielle Korrosion*, eine durch Angriff von Bakterien, Hefen, Pilzen, Algen und Flechten an Oberflächen von Metallen, Gesteinen, Beton, Polymeren und anderen Werkstoffen bewirkte Materialzerstörung. Die Hauptursachen der B. sind: 1) Aufnahme von Mikroelementen beim Zellwachstum unterschiedlichster Mikroorganismen in industriellen Systemen (z.B. metallische Kühlsysteme); 2) Bildung organischer Säuren (z.B. Oxalsäure, Zitronensäure, Fumarsäure) durch Pilze sowie gärende Mikroorganismen; 3) Bildung von Schwefelsäure durch Oxidation reduzierter Schwefelverbindungen durch *Thiobacilli*; 4) Bildung von Sulfiden und Hydroxiden von Metallen durch die sog. „kathodische Depolarisation" mittels sulfatreduzierender Bakterien (*Desulfovibrio*) unter anaeroben Bedingungen.

Bei metallischen Werkstoffen spielt die Korrosion von Eisen wirtschaftlich die bedeutendste Rolle. Die anaerobe Korrosion von Eisen tritt stets dann auf, wenn neben Sulfat leicht verwertbare organische Substrate (z.B. Mono- und Dicarbonsäuren) vorhanden sind. Seltener ist die B. von Metallen durch mikrobiell gebildete organische und anorganische Säuren. Hingegen wird die B. von Gesteinen fast ausschließlich durch Säuren bewirkt, die von

den Mikroorganismen als Stoffwechselprodukte ausgeschieden werden. Die Auflösung von Gesteinen in Gegenwart von Ammoniak erfolgt insbesondere durch salpetrige Säure, die durch Ammoniak-Oxidierer (z.B. *Nitrosomonas*) gebildet wird. Nitrit-Oxidierer (u.a. *Nitrobacter*) überführen Nitrit in Nitrat und fördern durch Säurebildung zusätzlich die Korrosion von Gesteinen. Da prinzipiell alle Werkstoffe unsterilen Umgebungsbedingungen ausgesetzt sind, ist die B. vermutlich an allen oberflächlichen Materialzerstörungen mit beteiligt. Durch Materialschutz (z.B. biozide Schutzanstriche) wird versucht, die B. zu verhindern.

biokuläre Enzyme sind solche ↗ *Enzyme*, die sowohl im Cytosol als auch in einem anderen Zellkompartiment vorkommen, wie z.B. ↗ *Glutamat-Oxalacetat-Transaminase*.

biologische Amine, ↗ *biogene Amine*.

biologische Oxidation, die unter der direkten oder indirekten Mitwirkung von Sauerstoff ablaufenden Stoffwechselreaktionen. Für den tierischen Organismus sind Kohlenhydrate, Fette und Proteine die wichtigsten Energiequellen. Diese werden durch verschiedene Reaktionen des Intermediärstoffwechsels bis zur Stufe der aktiven Essigsäure (Acetyl-CoA) abgebaut, die dann über den ↗ *Tricarbonsäure-Zyklus* und die ↗ *Atmungskette* zu CO_2 und Wasser oxidiert wird.

biologische Verbundstoffe, ↗ *Biowerkstoffe*.

Biolumineszenz, die Emission sichtbaren Lichts als Folge einer durch das Enzym ↗ *Luciferase* katalysierten Redoxreaktion. Die bei dieser Luciferin-Luciferase-Reaktion gewonnene Energie wird zur elektronischen Anregung eines Oxidationsprodukts des Luciferins verwendet. Mit der Rückkehr des angeregten Zustands in den Grundzustand geht die Lichtemission einher (Abb.).

In warmen Gebieten ist die B. häufig zu beobachten, besonders unter den Meerestieren. Von den Wirbeltieren sind nur einige Fische lumineszent, darüber hinaus manche Bakterien und Pilze. Die B. kann entweder extrazellulär, intrazellulär oder symbiotisch erzeugt werden. Bei *extrazellulärer* B. werden Luciferin und Luciferase aus Drüsen abgeschieden und die Lichtemission erfolgt außerhalb des Organismus. Bei einer *intrazellulären* B. reagieren die beiden Komponenten in speziellen Leuchtzellen. Das Licht, das von Meerestieren emittiert wird, kann auch durch *symbiotische* Bakterien verursacht werden, die in kleinen Säckchen an der Körperoberfläche getragen werden.

Die Luciferine sind artspezifisch. Sie weisen bezüglich ihrer Struktur eine große Variationsbreite auf und wirken als Peroxidasen, Mono- oder Dioxygenasen. Hinsichtlich der enzymatischen Reaktionsmechanismen und der beteiligten Cofaktoren wurden verschiedene Typen gefunden (Tab.). Das

$$LH_2+ATP+E \; \underset{\longleftarrow}{\overset{Mg^{2+}}{\longrightarrow}} \; E-(LH_2-AMP)+PP_i$$

$$E-(LH_2-AMP)+O_2 \longrightarrow L+H_2O+h\cdot\nu$$

E=Luciferase

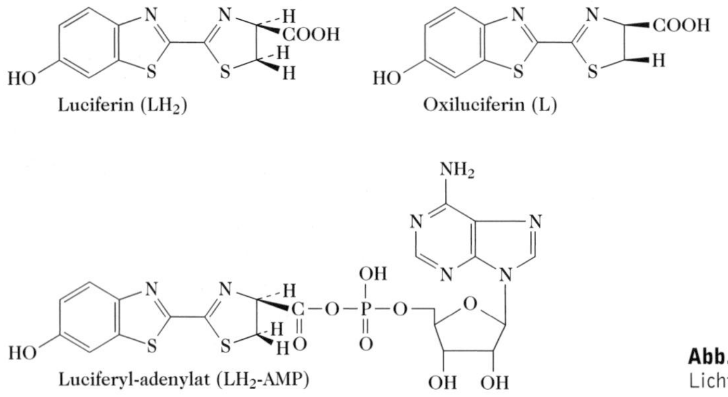

Luciferin (LH$_2$)

Oxiluciferin (L)

Luciferyl-adenylat (LH$_2$-AMP)

Abb. Biolumineszenz. Mechanismus der Lichtemission beim Leuchtkäfer.

am besten untersuchte System ist das des Leuchtkäfers *Photinus pyralis*, eines Verwandten des Glühwürmchens. Zur Lichtemission benötigt diese Luciferin-Luciferase-Reaktion außer O$_2$ noch ATP und Magnesiumionen. Die B. wird von einem Zwischenprodukt des Prozesses (vermutlich einem Peroxid) erzeugt und erreicht Quantenausbeuten von 1 (Anzahl der emittierten Photonen je Molekül Luciferin). Die bakterielle Luciferase katalysiert eine zweistufige Reaktion:

Biolumineszenz. Tab. Biolumineszenzsysteme.

Reaktions-bedingungen	Organismus	λ_{max}
NADH- und FMNH-abhängig	*Photobakterium* (Leuchtbakterien)	470–505
ATP-abhängig	*Photinus* (Leuchtkäfer)	552-582
	Renilla (Federkoralle)	509
Ohne Cofaktoren	*Cypridina* (Muschelkrebs)	460
	Latia (Süßwasser-schnecke)	535
Photoprotein	*Aequorea* (Qualle)	469

1) E-FMNH$_2$ + O$_2$ → E-FMNH-OOH;
2) E-FMNH-OOH + RCHO →
   E + FMN + RCOOH + H$_2$O hv,

wobei E das Enzym ist, RCHO ein langkettiger Aldehyd und E-FMNH-OOH ein 4-Hydroxyperoxy-flavin. [M. Kurfürst et al. *Eur. J. Biochem.* **123** (1982) 355–361]

In manchen Fällen dient die B. als Schutz vor Feinden oder als Köder beim Nahrungserwerb. Für viele Tiere ist die B. eine Möglichkeit zur Biokom-

munikation, bei der sie durch Spektrum, zeitliche Aufeinanderfolge der Lichtblitze oder räumliche Anordnung der Leuchtorgane am Körper Informationen codieren können. Zum Anlocken des Partners verwendet z.B. jede *Photinus*-Art eine andere Frequenz des Blinkens.

Ausgehend von der Beobachtung, dass die Biolumineszenz von *Photinus* durch ATP ausgelöst wird, hat man einen hochempfindlichen Nachweis für ATP in biologischen Proben entwickelt. Er beruht darauf, dass die im Spektrometer messbare Biolumineszenz-Intensität, die beim Mischen einer ATP-enthaltenden Analysenprobe mit einem Luciferin-Luciferase-Präparat (oder Extrakten von Glühwürmchenschwänzen) auftritt, dem ATP-Gehalt proportional ist. Mit dieser Methode lassen sich ATP-Mengen im Nanogrammbereich erfassen. Damit ist wegen ihres ATP-Gehalts auch eine Bakterienzählung möglich. In entsprechender Weise dienen Präparate aus Leuchtbakterien zur NADH-Bestimmung und das Photoprotein aus der Quallenart *Aequorea* zum Calcium- oder Strontiumnachweis. ↗ *Aequorin*.

Die Meerrettich-Peroxidase kann in Gegenwart von H$_2$O$_2$, einem zyklischen Hydrazid, wie Luminol, und synthetischem Leuchtkäfer-Luciferin (kommerziell erhältlich) als Luciferase wirken. Durch Kopplung dieses Enzyms an Proteine, insbesondere an Antikörper, sind eine Reihe von Immunassays entwickelt worden, die auf der Messung des emittierten Lichts basieren. [T.P. Whitehead et al. *Nature* **305** (1983) 158–159]

Biomagnifikation, die Anreicherung einer chemischen Verbindung in einem Organismus durch direkte Aufnahme über die Nahrung (↗ *Bioakkumulation*).

Biomakromolekül, ↗ *Biopolymer*.

Biomasse, die Gesamtheit der von Organismen gebildeten Zellsubstanz. Hierzu zählt insbesondere das durch die ↗ *Photosynthese* der Pflanzen sowie des marinen Phytoplanktons erzeugte organische Material, das als nachwachsende Rohstoffe von zentraler Bedeutung ist. In der Mikrobiologie/Biotechnologie versteht man entsprechend die beim Wachstum von Mikroorganismen gebildete Zellmasse, die als Zelltrockensubstanz (Symbol × g/l) seltener als Zellfrischsubstanz bestimmt und angegeben wird. Die Biomassekonzentration in Kulturflüssigkeiten ist eine wichtige Kenngröße zur Beurteilung von Fermentationsprozessen.

Die B. ist entweder Zielprodukt (z.B. Einzellerprotein, ↗ *Backhefe*, Starterkulturen) oder Nebenbzw. Abfallprodukt biotechnologischer Prozesse (z.B. Abwasserreinigung). Daneben ist die B. auch Ausgangsmaterial zur Gewinnung intrazellulärer Enzyme und Metabolite.

Biomembran, eine Struktur, die Lipide, Glycolipide, Proteine und Glycoproteine enthält und die Zelle nach außen abgrenzt (Zellmembran) bzw. sie in Kompartimente unterteilt. Es handelt sich um eine flächige, 6–10 nm dicke Struktur. Die Lipide besitzen hydrophile Kopfgruppen (in der Abb. 1 durch schwarze Kugeln dargestellt) und hydrophobe Schwanzregionen. In wässrigen Lösungen bilden sie spontan Doppelschichten, in denen sich die Moleküle Seite an Seite und Schwanz an Schwanz aufreihen, so dass die Köpfe auf jede Seite der Doppelschicht in die wässrige Phase zeigen und Wasser von den Schwanzregionen ausschließen. Diese Struktur ist im Elektronenmikroskop nach Anfärbung mit Osmiumtetroxid oder Uranylacetat als zwei schwarze Linien zu sehen, getrennt durch einen nichtgefärbten Zwischenraum. Diesem beobachteten Bild wurde bis vor kurzem die jetzt veraltete Bezeichnung „Einheitsmembran" zugewiesen. Mitochondrien und Plastide werden von zwei Membranen umgeben, der Zellkern dagegen von einer Membran, die sich, sich selbst verdoppelnd, zurückfaltet. Das Cytoplasma eukaryontischer Zellen ist durch ausgedehnte Membranstrukturen charakterisiert, z.B. das ↗ *endoplasmatische Reticulum*, den ↗ *Golgi-Apparat* und die Vakuolen. Im Gegensatz dazu besitzen die Prokaryonten keine internen Membranen, obwohl die Membran in einigen Fällen stark eingestülpt ist.

Die hauptsächlich in Membranen vorkommenden Lipide sind Phospholipide, Glycolipide, Cholesterin

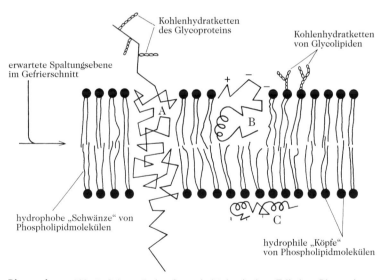

Biomembran. Abb. 1. Schematischer Querschnitt durch einen Teil einer Biomembran.

A ist ein intrinsisches (integrales) Protein, das die Membran vollständig durchspannt; in dem gezeigten Beispiel ragt die Proteinkette auf beiden Seiten der Membranoberfläche heraus. Es handelt sich um ein Glycoprotein, Kohlenhydratreste sind nur an jenem Proteinsegment vorhanden, das aus der äußeren Membranoberfläche ragt. Das dargestellte Modell entspricht dem Glycophorin, einem Erythrocytenmembranprotein; die Proteinkette, die aus der inneren Oberfläche der Erythrocytenmembran herausragt, ist vermutlich mit einem extrinsischen Protein, dem Spectrin, assoziiert.

B ist ein intrinsisches (integrales) Membranprotein, das zum Teil in die Membran eingebettet ist und zum Teil auf der Membranoberfläche liegt.

C ist für viele extrinsische (periphere) Proteine repräsentativ, die mehr oder weniger fest mit der Membran assoziiert sind, aber anscheinend nicht in die Phospholipiddoppelschicht integriert sind, z.B. das Spectrin der Erythrocytenmembran. Extrinsische Proteine sind gewöhnlich eher mit intrinsischen Proteinen assoziiert, als nur an die hydrophilen Köpfe der Phospholipidmoleküle angelagert, wie hier gezeigt wird.

Die Assoziation von Cytochrom c liegt vermutlich zwischen B und C; es ist ein wichtiger funktioneller Bestandteil der inneren Mitochondrienmembran, kann aber extrem leicht abgespalten werden.

und Cholesterinester (↗ *Membranlipide*). Es sind noch verschiedene andere Komponenten vorhanden, die genaue Zusammensetzung der Membran hängt von der Art und dem Typ der Zelle ab. Welche Proteine in welcher Menge vorkommen, hängt davon ab, welche Aufgabe die Membran erfüllt. So enthält die Myelinmembran z. B. nur wenig Protein (18 %), während die innere Mitochondrienmembran zu ungefähr 75 % aus Protein besteht. Membranproteine nehmen eine Vielzahl von Funktionen wahr, z. B. als Mediatoren von sowohl aktivem als auch passivem Transport von nichtlipidlöslichen Substanzen durch die Membran, als Rezeptoren für Hormone und andere informationsübermittelnde Moleküle und als Enzyme. In bestimmten Fällen können sie auch eine strukturelle Rolle spielen (Abb. 2).

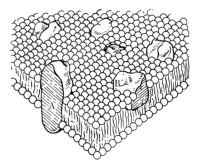

Biomembran. Abb. 2. Dreidimensionales zeichnerisches Modell einer Phospholipiddoppelschicht mit intrinsischen Proteinen. A und B wie in Abb. 1.

Das zur Zeit allgemein anerkannte Strukturmodell der B. ist das *Fließmembran-Modell* (engl. *fluid mosaic model*). Lipidmoleküle und Membranproteine können innerhalb der Doppelschicht, in der sie lokalisiert sind, frei lateral diffundieren und sich drehen. Eine Flip-Flop-Bewegung von der inneren auf die äußere Oberfläche und umgekehrt ist jedoch energetisch ungünstig, weil die hydrophilen Substituenten die hydrophobe Phase durchqueren müssten. Folglich zeigt sich diese Art von Bewegung bei Proteinen so gut wie nie und kommt viel seltener vor, als die translatorische Bewegung der Lipide. Da zwischen der inneren und äußeren Schicht der Doppelschicht nur geringer Materialaustausch stattfindet, können die zwei Oberflächen unterschiedliche Zusammensetzungen besitzen. Für Membranproteine gilt diese Asymmetrie absolut, in der Plasmamembran liegen zumindest in den beiden Monoschichten unterschiedliche Anteile von verschiedenen Lipidklassen vor. Angelagerte Kohlenhydratreste scheinen nur auf der nichtcytosolischen Oberfläche lokalisiert zu sein. Kohlenhydratgruppen, die aus der B. herausragen, sind an den Vorgängen der Zellerkennung, der Zelladhäsion

und möglicherweise an der interzellulären Kommunikation beteiligt. Sie tragen auch zu dem verschiedenartigen immunologischen Charakter der Zelle bei.

Integrale oder intrinsische Proteine der B. können nur durch Auflösung der B. mit Hilfe organischer Lösungsmittel oder Detergenzien herausgelöst werden. Diese Proteine sind für die Unebenheiten verantwortlich, die in Gefrierschnittpräparaten von B. unter dem Elektronenmikroskop beobachtet werden. Periphere oder extrinsische Proteine können von der B. durch Änderung der ionischen Verhältnisse oder extreme pH-Werte abgelöst werden.

↗ *Membranlipide*. ↗ *Erythrocytenmembran*.

Biopolymere, natürlich vorkommende makromolekulare Verbindungen. Zu den B. gehören Polypeptide und ↗ *Proteine*, ↗ *Nucleinsäuren*, ↗ *Polysaccharide*, Polyprene, ↗ *Lignin*, Poly-β-hydroxyalkansäuren u. a. Einbezogen werden auch die entsprechenden totalsynthetischen Verbindungen, wie Polyaminosäuren und Polynucleotide. An Polysaccharide und Proteine können ferner noch kovalent Polymere jeweils anderer chem. Struktur gebunden sein (Pfropfpolymere). So unterscheidet man *Proteoglycane* und *Glycoproteine*, je nachdem, ob das Pfropfpolymer in seinen Eigenschaften einem Polysaccharid (Glycan) oder Protein entspricht. Ihrer Struktur nach handelt es sich bei den B. selten um Homopolymere (Homopolysaccharide, Polyprene), meist jedoch um Copolymere, die aus verschiedenen Aminosäuren (Proteine), Monosacchariden (Heteropolysaccharide) oder Nucleotiden (Nucleinsäuren) bestehen. Polypeptide, Proteine, Nucleinsäuren und Polyprene sind unverzweigt, Polysaccharide können verzweigt oder unverzweigt sein. Lignin ist außerordentlich stark verzweigt und quervernetzt. Bei den Polysacchariden kommen Blockpolymere vor.

Die B. haben essenzielle Bedeutung für alle Lebewesen. Nucleinsäuren sind die Informationsträger (Gene). Proteine liefern aufgrund ihrer biologischen Aktivität als Enzyme, Hormone u. a. die Grundlage für jede Stoffwechselaktivität der Organismen. Fibrilläre Proteine haben Stützfunktionen im tierischen Organismus. Polysaccharide sind die wesentlichen Reservestoffe (stärkeähnliche Polysaccharide). Cellulose und Chitin haben Stützfunktionen. Das Holz als hauptsächliches Stützelement der Pflanze besteht im wesentlichen aus Lignin und Cellulose. Die bakterielle Zellwand wird aus einem Peptidoglycan (↗ *Murein*) gebildet. Proteine und Polysaccharide sind die wesentlichen Bestandteile der Nahrungs- und Futtermittel. Zahlreiche B. sind ferner wichtige Rohstoffe von großer technischer Bedeutung, so für die Textil-, Leder- und Papierindustrie. Zahlreiche Erkenntnisse der makromolekularen Chemie wurden zuerst an B. (Polyprene, Polysaccharide) erarbeitet.

Bei den Proteinen, Nucleinsäuren und Polysacchariden werden verschiedene Strukturebenen unterschieden. Unter *Primärstruktur* wird die Reihenfolge (Sequenz) der einzelnen Monomere in der Polymerkette verstanden. Die Primärstruktur bestimmt wesentlich die Eigenschaften der Copolymeren. Als *Sekundärstruktur* wird die Konformation einzelner Teile der Kette bezeichnet. Die Ketten können außer in einer ungeordneten Struktur (statistisches Knäuel, random coiled structure) aufgrund von nichtkovalenten Bindungen, insbesondere Wasserstoffbrücken, noch in räumlich geordneten Konformationen vorliegen. Die wichtigsten Sekundärstrukturen sind ↗ *Helix* und Faltblatt (↗ *Proteine*). Unter *Tertiärstruktur* wird die räumliche Struktur des gesamten Moleküls verstanden, also auch die Konformation von Seitenketten sowie Wechselwirkungen mit entfernter stehenden Segmenten des Moleküls. Durch Wechselwirkungen zwischen verschiedenen Molekülen kann es durch Selbstorganisation (*self-assembly*) zur Ausbildung von übermolekularen Strukturen kommen. Die *Quartärstruktur* umschreibt die räumliche Anordnung dieser Assoziate.

Hochgeordnete Strukturen der B. gehen durch Änderung äußerer Parameter (Temperatur, Druck, pH-Wert, Zugabe organischer Lösungsmittel) in andere, weniger geordnete Strukturen über. Der Übergang wird auch als *Phasenübergang* bezeichnet. Unter *Denaturierung* wird die Veränderung der nativen Struktur des B., z.B. eines Proteins, verstanden. Die Denaturierung ist erkennbar an Veränderungen der biologischen Aktivität, der optischen oder hydrodynamischen Eigenschaften der B. Bei der reversiblen Denaturierung (*Renaturierung*) werden nichtkovalente Bindungen, bei der irreversiblen Denaturierung auch kovalente Bindungen gelöst.

Bioprozesstechnik, ↗ *Bioverfahrenstechnik.*

Biopterin, ↗ *Pteridine.*

Bioreaktor, *Fermenter,* ein Apparat zur reproduzierbaren und kontrollierten Durchführung von Stoffumwandlungen mit Mikroorganismen (Bakterien, Hefen, Pilze, Algen), pflanzlichen und tierischen Zellen sowie deren Enzymen. Die Konstruktion (Abb.) und Betriebsweise des B. muss gewährleisten, dass neben optimalen Kulturbedingungen (Temperatur, pH-Wert, Nährstoffkonzentration u.a.) eine Quantifizierung der ablaufenden Prozesse und gegebenenfalls eine Maßstabsübertragung möglich ist. An den B. werden zahlreiche Anforderungen gestellt: homogene Durchmischung aller Reaktanden im B., gute Sauerstoffeintragsraten, Wärmeabführung, Vermeidung von Schaumbildung und von mechanischen Schädigungen des

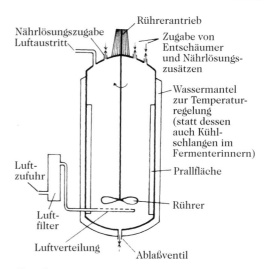

Bioreaktor. Schematische Darstellung eines Fermenters.

Biokatalysators, Messbarkeit der Prozessparameter und Schlüsselkomponenten, Steuerbarkeit des Prozesses u.a. Hinsichtlich der letztgenannten Aspekte unterscheidet man zwischen physikalischen (Temperatur, Druck, Viskosität, Trübung als Maß für die Biomasse/Wachstum u.a.), chemischen (insbesondere pH-Wert, pO_2, pCO_2, Konzentration von Substraten und Produkten) und biologischen bzw. biochemischen (z.B. Biomasse, NADH-, DNA-, RNA- und Proteingehalt) Parametern, die „on-line" (direkt im B., u.a. Erfordernis sterilisierbarer Messfühler) oder „off-line" (Probenentnahme mit nachfolgender Messung) bestimmt werden können.

Für die Kultivierung genetisch rekombinanter Organismen ergeben sich aus gesetzlichen Vorschriften (Gentechnik-Gesetz) besondere konstruktive Maßnahmen. Die B. können nach der Art des Energieeintrages (z.B. Rührreaktor, Tauchstrahlreaktor, Blasensäule) oder nach den Phasenverhältnissen eingeteilt werden (homogene und heterogene B.). Die Reaktorgrößen liegen beim Laborfermenter bis zu einigen Litern, im Pilotmaßstab bis zu einigen m^3 und bei der Gewinnung von Einzellerprotein sowie zur Abwasserreinigung zwischen 1.000 und 10.000 m^3.

Bios I, Bezeichnung für ↗ *myo-Inosit.*

Bios II, Bezeichnung für ↗ *Biotin.*

Biosensoren, eine Kombination bioaktiver Substanzen (Rezeptoren) mit physikalischen oder elektronischen Umformern (Transduktoren, Signaltransducer) sowie einer elektronischen Komponente zur Signalverstärkung. Als Rezeptoren kommen neben Enzymen (↗ *Enzymelektrode*) und Mikroorganismen (in Lösung bzw. Suspension sowie immobilisiert) auch Organellen (z.B. Mitochondrien), Gewebeschnitte, Antikörper, Lectine und Hormone zur Anwendung. Die bioaktive Substanz ist 1) zwischen Membranen eingeschlossen oder daran immobilisiert, 2) unmittelbar auf der Transduceroberfläche (z.B. durch kovalente Bindung) fixiert oder 3) direkt auf die elektronische Komponente (z.B. der Steuerelektrode eines Feldeffekttransistors) aufgebracht. Die zu bestimmende Substanz führt durch Bindung an den Rezeptor zu einer spezifischen Reaktion. Das daraus resultierende Signal wird im Transducer in ein quantifizierbares elektrisches Signal umgewandelt, das durch die elektronische Komponente verstärkt wird.

Die Mehrzahl der B. beruht auf potentiometrischen Verfahren (ionenselektive, z.B. H^+ von NH_4^+, oder gassensitive, z.B. CO_2, NH_3, Elektroden) oder amperometrischen Verfahren (Oxidation/Reduktion, z.B. O_2-Elektrode).

Zur Bestimmung von Glucose dient z.B. die Glucose-Oxidase als Rezeptor (β-D-Glucose + O_2 ⇄ D-Glucono-1,5-lacton + H_2O_2) und eine pH-, O_2- oder H_2O_2-Elektrode als Sensor. Es können aber auch hochmolekulare Substanzen (Peptide, Proteine u.a.) bestimmt werden (↗ *Immunsensor*).

Die Entwicklung der B. ist besonders bei den Immunosensoren zunehmend mit neuen Transducerkonstruktionen verbunden. So wurden in den letzten Jahren neben chemisch sensitiven (CHEMFET) Bio-Feldeffekttransistoren (BIOFET, z.B. EN-FET; Enzym-FET) entwickelt, die aus einem biologischen Rezeptor und einem als Transducer dienenden ↗ *Feldeffekttransistor* bestehen. Letzterer registriert die durch den Rezeptor verursachte Dipolmoment-Änderung oder Ladungsanhäufung.

B. besitzen u.a. folgende Vorteile: Bequeme, direkte und kontinuierliche Messung, wiederholte Verwendung der eingesetzten Biokatalysatoren, relativ schnelle Antwort (Ergebnisse), Messung in gefärbten und trüben Proben.

B. finden Verwendung in den verschiedensten Bereichen der Analytik, insbesondere in der klinisch-chemischen Laboratoriumsdiagnostik sowie zur Kontrolle und optimalen Regelung biotechnologischer Produktionsprozesse. Mit verbesserten Rezeptoren (z.B. gentechnisch gewonnene, Einsatz von Enzymen thermophiler Mikroorganismen) und Transducern bzw. dem Einsatz von Mikroprozessoren werden vielfältige Mess- und Überwachungsverfahren unterschiedlicher biotechnologischer Produktionsprozesse vereinfacht und automatisiert.

Biosonden, Messanordnungen, die empfindlich auf Veränderungen biologischer Strukturen oder Prozesse in der Umwelt reagieren. Sie bestehen aus in Kultur gehaltenen Organismen, Zellen, Zellorganellen oder Biomolekülen (*Bioindikatoren*) und einer Registriereinheit. Im Gegensatz zu den herkömmlichen Indikatororganismen werden B. nicht aufgrund einer bekannten spezifischen Reaktionsweise für Monitoring und/oder Testung bestimmter Chemikalien oder anderer Parameter eingesetzt, sondern mit weitgehend unveränderten Medien oder Parametern aus ausgewählten Ökosystemen aktiv konfrontiert. Nach der Beeinflussung werden die auftretenden Veränderungen definierter Zustände oder Aktivitäten auf der Ebene des Individuums oder der Zelle (z.B. Wachstum, Vermehrung, Formbildung, Entwicklung, Verhalten; Atmung, Photosynthese, Enzymaktivitäten, Genexpression, Membranpermeabilität u.a.) registriert. Für den Einsatz von B. in Ökosystemen bieten sich mobile Laboratorien an, die mit einer Zusammenstellung sich ergänzender B. ausgestattet sind. B. können auch bei der chemischen Analytik von Umweltproben in den Analysengang eingeschaltet werden. Zur technischen Durchführung wird hierbei ihr Einsatz als ↗ *Biosensoren* angestrebt.

Biosorption, die Fähigkeit bestimmter Mikroorganismen (Bakterien, Hefen, Pilze, Algen) zur Anreicherung von Schwermetallen und Radionukliden. Die B. dient der Entfernung oder/und Gewinnung von Metallen aus wässrigen Lösungen (Metallanreicherung). Für die B. sind wenigstens zwei Mechanismen verantwortlich: 1) Bindung der positiv geladenen Metall-Ionen an negativ geladene Gruppen der Oberfläche von Mikroorganismen. Dieser Prozess wird durch verschiedene chemische und physikalische Faktoren beeinflusst. In ähnlicher Weise können oberflächenaktive Polymere (z.B. von marinen *Pseudomonas*-Arten, Gewinnung von Cobalt, Nickel, Zink usw.) oder andere von Mikroorganismen ausgeschiedene Verbindungen (z.B. Emulsan aus *Acinetobacter calcoaceticus* RAG-1, Bindung von Uran) mit Metallen Komplexbindungen bilden. Gold- und Platinmetalle können mit Hilfe C-heterotropher Mikroorganismen (Bakterien/Pilze) über organische Komplexverbindungen angereichert werden. 2) Akkumulation der Metalle im Cytoplasma der Zelle. Dieser Vorgang wird nicht durch chemische oder physikalische Faktoren beeinflusst, ist aber von Stoffwechselprozessen (Membrantransport) abhängig und somit an die intakte, lebende Zelle geknüpft. Von Bedeutung ist die Resistenz der Mikroorganismen gegenüber den meist toxischen Schwermetallen. Sie ist meist genetisch bedingt und wird durch ↗ *Plasmide* kontrolliert. Anreicherungen von mehreren Zehnerpotenzen – insbesondere von Radionucliden – sind möglich. *Rhizopus arrhizus* bindet z.B. ca. 200 mg Uran oder Thorium pro g Trockensubstanz. Die Abtrennung der Metalle von bzw. aus der Biomasse erfolgt durch Desorption oder thermische Zersetzung. Anwendungen bestehen u.a. in der Abwasserbehandlung (Reinigung und gegebenenfalls Rohstoffrückgewinnung, Metallrückgewinnung).

Biosynthese, *Biogenese*, die nach biochemischen Regulationsprinzipien verlaufende, enzymkatalysierte Synthese einer chemischen Verbindung. Von der Biosynthese unterscheiden sich die abiotische Bildung chemischer Verbindungen im Zuge geochemischer Vorgänge, im Zuge der präbiotischen Evolution oder simulierter primitiver Erdbedingungen sowie die chemisch-synthetische Herstellung (Präparation) mit den Mitteln und Methoden der Synthesechemie.

Die B. kann entweder *in vivo* ablaufen (in einem lebenden Organismus oder einem isoliert kultivierten Teil davon, z.B. einem durchströmten Organ) oder *in vitro* (in Zellhomogenaten, Zellextrakten oder Enzympräparationen). Obwohl der Mechanismus der Biosynthese *in vivo* und *in vitro* der gleiche sein kann, sind die Bedingungen gewöhnlich sehr verschieden.

Die Gesamtheit der Biosynthesen in einem Organismus wird als ↗ *Anabolismus* bezeichnet.

Biotechnologie, die Anwendung lebender Organismen oder davon abgeleitete Systeme in der Verfahrenstechnik. In der Praxis werden biotechnologische Verfahren schon seit frühester Zeit angewandt, in Landwirtschaft und Prozessen wie Käseproduktion, Fermentation alkoholischer Getränke, Ledergerbung usw. Andererseits ist der Begriff B. ein ganz moderner Ausdruck, der eine ganz bestimmte Art der Ausbeutung biologischer Prozesse beschreibt und durch Entwicklungen der Molekularbiologie weit ausgedehnt worden ist. Wichtige Gebiete der B. sind: 1) Gentechnik und ↗ *rekombinante DNA-Technik*; 2) Prozesstechnik (z. B. Antikörperproduktion durch Fermentation; mikrobielle Umwandlung einfacher chemischer Ausgangsmaterialen, wie Methanol und Ammoniak in Tierfutter; Produktion von Fuselalkohol durch Fermentation); 3) Konzentrierung von Mineralien, bzw. „mikrobieller Bergbau“; 4) ↗ *Biosensoren*; 5) Biokatalysatoren (↗ *immobilisierte Enzyme*); 6) Abfallbehandlung und Bioabbau; 7) Produktion monoklonaler Antikörper für die medizinische Forschung; 8) Untersuchung der Beziehung zwischen Proteinstruktur und Funktion und der Natur molekularer Wechselwirkungen, mit dem Ziel der (nichtbiologischen) Synthese von Modellkatalysatoren und neuen Medikamenten.

Biotenside, (engl. *biosurfactants*), eine Gruppe ober- und grenzflächenaktiver Substanzen, die in Abhängigkeit von der Kohlenstoffquelle und der Wachstumsphase von verschiedenen Mikroorganismen gebildet werden. B. werden entweder in das Kulturmedium ausgeschieden oder bleiben zellgebunden. Eine Überproduktion wird im Allgemeinen erst nach Erreichen der stationären Wachstumsphase (z.B. Limitation der N-Quelle oder/und zweiwertiger Kationen, wie Fe^{2+}, Ca^{2+} bzw. Mg^{2+}) erreicht.

Die B. gehören unterschiedlichen Stoffklassen an. Neben ↗ *Lipopolysacchariden*, Lipoproteinen, Peptidlipiden (z. B. ↗ *Surfactin*), ↗ *Mycolsäuren* oder ↗ *Ornithinlipiden* machen die Glycolipide (Tab.) die größte Stoffklasse aus.

Verschiedene Trehaloselipide besitzen am zweiten Glucosemolekül in 6-Stellung keine Mycolsäure. Neben dem dargestellten Rhamnolipid R 1 (Tab.), welches aus einem Molekül Rhamnose und zwei Molekülen β-Hydroxydecansäure besteht, werden in Abhängigkeit von den Wachstumsbedingungen ein Rhamnolipid R 2 (je ein Rhamnose- und β-Hydroxydecansäure-Molekül), R 3 (Relation 2 : 2) und R 4 (Relation 2 : 1) nachgewiesen.

Trotz unterschiedlicher Strukturen ist allen B. der Besitz eines hydrophilen (Zucker, eine oder mehrere Aminosäuren, Phosphatgruppe) und eines hydrophoben (längerkettige, funktionalisierte Carbonsäure) Molekülanteils gemeinsam.

Neben der Oberflächen- und Grenzflächenspannung dienen der ↗ *HLB-Wert* und der CMC-Wert zur Charakterisierung der B.

Aufgrund des breiten Spektrums der zur Verfügung stehenden Substanzen, ihrer vielversprechenden physikalischen und chemischen Eigenschaften, ihrer biologischen Wirksamkeit sowie ihrer guten biologischen Abbaubarkeit gewinnen B. in der Industrie zunehmend an Bedeutung.

Neben einer potenziellen Verwendung zum Benetzen, Lösen, zur Schaumbildung, als Detergens, zur Herstellung oder zum Zerstören von Emulsionen ist ein Einsatz der B. bzw. biotensidproduzierender Mikroorganismen in der tertiären Erdölförderung von besonderer Bedeutung.

Von den eigentlichen B. abzugrenzen sind die zellgebundenen und extrazellulären amphiphilen Biopolymere, die im Gegensatz zu den B. die Oberflächenspannung nicht herabsetzen und vor allem wegen ihrer emulsionsstabilisierenden Wirkung von Bedeutung sind.

Biotest, *Bioassay*, die Bestimmung einer biologischen oder nichtbiologischen Substanz, bei der die Reaktion eines lebenden Organismus, eines Organs oder von Gewebe (manchmal Gewebekulturen) auf die Substanz in einem Versuch gemessen wird. Biotests werden für Hormone, Vitamine, Toxine, Antibiotika, usw. verwendet.

Biotin, *Vitamin H*, *Bios II*, *Coenzym R*, ein schwefelhaltiges, wasserlösliches Vitamin. Es enthält zwei fünfgliedrige Ringe und ist ein zyklisches Harnstoffderivat (2′-Oxo-3,4-imidazolin-2-tetrahydrothiophen-n-valeriansäure, Abb.). B. wurde als Hefewachstumsfaktor entdeckt und aus Leberextrakten und dem Eigelb isoliert. Es tritt in acht stereoisomeren Formen auf, von denen die D-Form biologisch am bedeutsamsten ist. In tierischen Geweben fungiert B. als Coenzym in vielen Carboxylierungs-

Biotenside. Tab. Mikrobielle Glycolipide.

Tensid	Struktur
Trehaloselipide[1] (verschiedene Strukturen) nichtionogen, zellwandgebunden	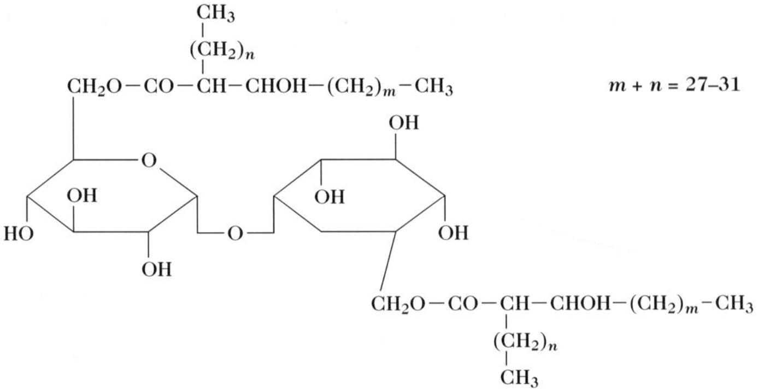 CH_3 ‑ $(CH_2)_n$ ‑ $CH_2O-CO-CH-CHOH-(CH_2)_m-CH_3$ $m + n = 27–31$ (Disaccharid mit OH-Gruppen; zweiter Rest: $CH_2O-CO-CH-CHOH-(CH_2)_m-CH_3$, $(CH_2)_n$, CH_3)
Rhamnolipide[2] (verschiedene Strukturen) anionisch, extrazellulär	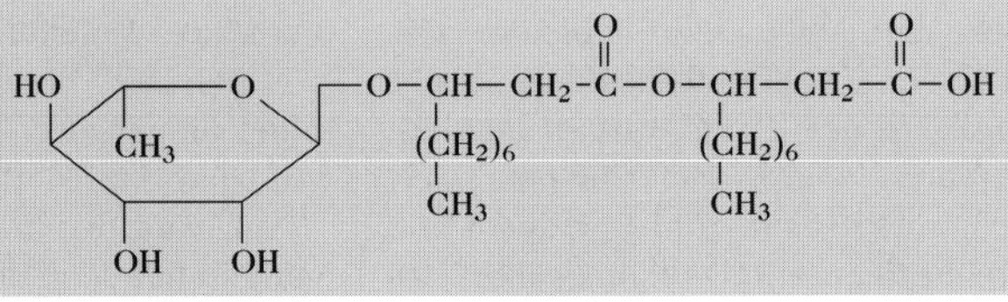 HO ‑ (Rhamnose, CH_3, OH OH) ‑ $O-CH-CH_2-\overset{O}{\overset{\|}{C}}-O-CH-CH_2-\overset{O}{\overset{\|}{C}}-OH$ $(CH_2)_6$ CH_3 $(CH_2)_6$ CH_3
Sophoroselipide (verschiedene Strukturen) nichtionogen (Lactonform), anionisch (Säureform), extrazellulär	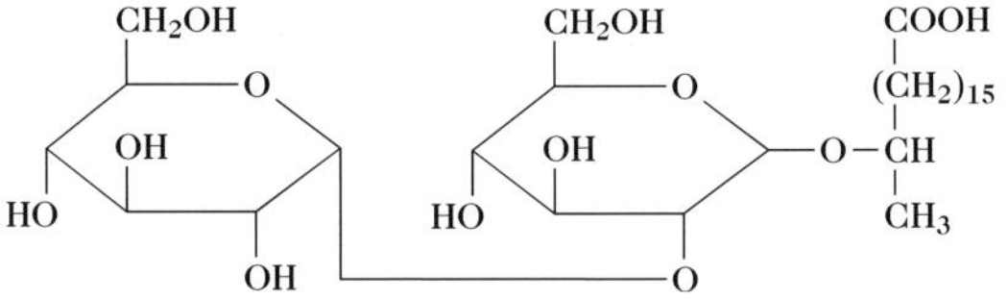 CH_2OH ... CH_2OH ... $COOH$, $(CH_2)_{15}$, $O-CH$, CH_3
Mannoseerythritollipide nichtionogen, extrazellulär	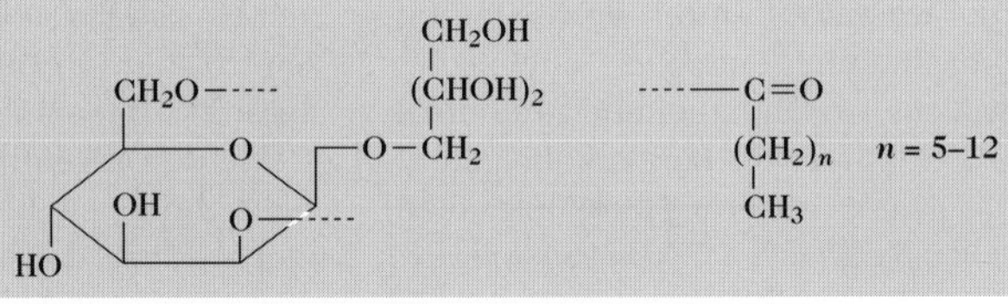 CH_2O---- ... CH_2OH $(CHOH)_2$ ----$C=O$, $O-CH_2$, $(CH_2)_n$ $n = 5–12$, CH_3
Saccharoselipide nichtionogen, extrazellulär	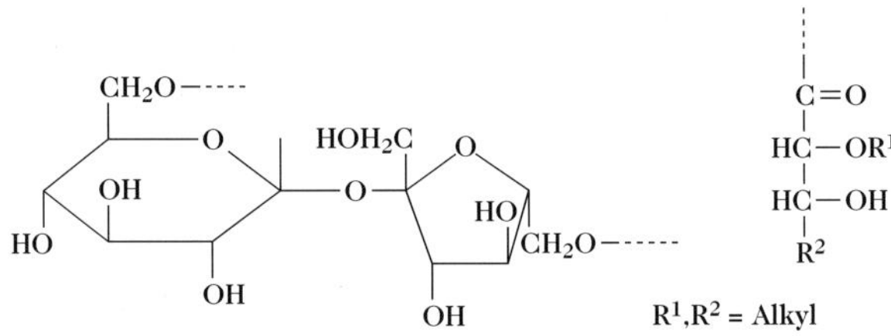 CH_2O---- ... HOH_2C ... $C=O$, $HC-OR^1$, $HC-OH$, R^2 $R^1, R^2 = Alkyl$

[1] Verschiedene Trehaloselipide besitzen am zweiten Glucosemolekül in 6-Position keine Mycolsäure (α-verzweigte – β-hydroxylierte Fettsäure unterschiedlicher Kettenlänge).

[2] Neben dem dargestellten Rhamnolipid R^1, welches aus einem Molekül Rhamnose und 2 Molekülen β-Hydroxydecan-säure besteht, wurden in Abhängigkeit von den Wachstumsbedingungen ein Rhamnolipid R^2 (je ein Rhamnose- und β-Hydroxydecan-säure-Molekül), R^3 (Relation 2 : 2) und R^4 (Relation 2 : 1) nachgewiesen.

reaktionen, in deren Verlauf es kovalent (über eine Amidbindung) an einen Lysylrest des Carboxylierungsenzyms gebunden ist. Das Aminosäurekonjugat ε-*N*-Biotinyllysin ist ebenfalls in tierischem Gewebe vorhanden und wird als *Biocytin* bezeichnet. B.-Mangel ruft im Tierversuch Hauterkrankungen (Seborrhoe, weshalb Biotin den Namen Vitamin H trägt, wobei H für Haut steht) und Haarausfall hervor. Übermäßiger Genuss an rohen Eiern bewirkt beim Menschen eine Avitaminose, da das im Eiklar vorkommende Protein Avidin spezifisch das Biotin bindet und dadurch dessen Resorption verhindert. Biotin ist in praktisch allen Lebensmitteln enthalten. Der tägliche Bedarf (0,25 mg) wird im Allgemeinen durch Darmbakterien abgedeckt. Aus diesem Grund ist ein Biotinmangel praktisch unbekannt.

Biotin

Biotin-Carboxylase, ↗ *Biotinenzyme*.

Biotinenzyme, biotinabhängige Enzyme, die Carboxylierungsreaktionen katalysieren. Die Biotingruppe ist über eine Amidbindung an die ε-Aminogruppe eines spezifischen Lysinrests des Enzymproteins gebunden, d. h. die B. enthalten einen Biotinyllysylrest. Freies (+)-ε-N-Biotinyl-L-Lysin kommt in Hefeextrakt vor und wird als Biocytin bezeichnet. Während der Katalyse wird das N-Atom 1' des Biotinrests in einer ATP-abhängigen Reaktion carboxyliert:

ATP + HCO$_3^-$ + Biotinyl-Enzym (I) →
ADP + P$_i$ + Carboxybiotinyl-Enzym (II).

Die Carboxylgruppe wird dann von Enzym (II) auf das Carboxylasesubstrat übertragen:

(II) + Substrat → (I) + carboxyliertes Substrat (Abb.).

Biotinenzyme. Struktur des Biotinyl-Enzyms (I) und des Carboxybiotinyl-Enzyms (II).

Carboxylierungsreaktionen findet man z. B. bei der Biosynthese der Fettsäuren, beim Abbau von Leucin und Isoleucin, sowie beim Abbau von Fettsäuren mit ungerader Anzahl an C-Atomen. Bei der Fettsäurebiosynthese katalysiert die Acetyl-CoA-Carboxylase (EC 6.4.1.2) folgende Reaktion:

Acetyl-CoA + HCO$_3^-$ + H$^+$ + ATP →
Malonyl-CoA + ADP + P$_i$.

Das Monomere dieses Enzyms ist aus vier verschiedenen Untereinheiten aufgebaut. Eine dieser Untereinheiten, die Biotin-Carboxylase (III), katalysiert die Carboxylierung des Biotinrests. Dieser Biotinrest ist an die zweite Untereinheit kovalent gebunden und wird Biotin-Carboxyl-Carrier-Protein (Biotin-CCP) genannt:

Biotin-CCP + HCO$_3^-$ + H$^+$ + ATP →
Carboxy-Biotin-CCP + ADP + P$_i$.

Im zweiten Reaktionsschritt katalysiert die dritte Untereinheit, die Carboxyl-Transferase (IV), die Übertragung der Carboxylgruppe auf Acetyl-CoA:

Carboxy-Biotin-CCP + Acetyl-CoA →
Biotin-CCP + Malonyl-CoA.

Im Biotin-Carboxyl-Carrier-Protein fungiert der Biotinrest als schwenkbarer Arm für den Transfer des Hydrogencarbonats zwischen der Biotin-Carboxylase und dem Acetyl-CoA, das im aktiven Zentrum der Carboxyl-Transferase gebunden ist.

Bei der Bildung von Oxalacetat aus Pyruvat wird die Carboxylierungsreaktion durch die Pyruvat-Carboxylase (EC 6.4.1.1) katalysiert. Diese besteht aus vier Untereinheiten, an die jeweils ein Molekül Biotin kovalent gebunden ist und die jeweils ein Mg^{2+}-Ion enthalten.

Biotinyl-Enzym + ATP + CO$_2$ + H$_2$O →
Carboxybiotinyl-Enzym + ADP + P$_i$;
Carboxybiotinyl-Enzym + Pyruvat →
Biotinyl-Enzym + Oxalacetat.

Beim Abbau von Fettsäuren mit ungerader Anzahl von C-Atomen wird die Carboxylierung des Propionyl-CoA zum Methylmalonyl-CoA ebenfalls durch Propionyl-CoA-Carboxylase katalysiert:

Carboxybiotinyl-Enzym + CH$_3$-CH$_2$-CO-SCoA →
Biotinyl-Enzym + CH$_3$-CH(COOH)-CO-SCoA.

Die gleiche Reaktion tritt beim Abbau von Isoleucin, Leucin und Valin auf.

Biotransformation, enzymatisch katalysierte Umwandlung von Arzneistoffen und anderen Fremdstoffen (*Xenobiotika*) im Organismus. Die B. findet vor allem in der Leber, in geringem Umfang auch in anderen Organen und in Körperflüssigkeiten statt. Die die B. bewirkenden Enzyme der Leber sind in den Mikrosomen lokalisiert. Die Biotransformationsprodukte können wirkungsschwächer als die Ausgangsstoffe oder unwirksam sein (Entgiftung, Inaktivierung), sie können aber auch wirksamer als die Ausgangsstoffe sein (Giftung, Aktivierung) sein. Letzterer Fall liegt bei den ↗ *Prodrugs* vor. In vielen Fällen werden durch B. besser wasserlösliche und damit besser aus dem Körper eliminierbare Stoffe gebildet. Bei der B. unterscheidet man zwischen Phase-I-Reaktionen (Oxidation, Reduktion, Hydrolyse) und Phase-II-Reaktionen (Konjugatbildung mit körpereigenen Stoffen).

Die wichtigsten Phase-I-Reaktionen sind Oxidationen, wie *C*-Hydroxylierung, Epoxidierung, oxidative *O*-, *N*- und *S*-Dealkylierung, oxidative Desaminierung, *N*- und *S*-Oxidation und die Oxidation von Alkoholen (Abb.).

C-Hydroxylierung

$$-\overset{|}{\underset{|}{C}}-H \longrightarrow -\overset{|}{\underset{|}{C}}-OH$$

Epoxidierung

$$-\overset{|}{C}=\overset{|}{C}- \longrightarrow -\overset{|}{\underset{|}{C}}-\overset{|}{\underset{|}{C}}- \longrightarrow -\overset{|}{\underset{|}{C}}-\overset{|}{\underset{|}{C}}-$$
$$O \qquad OH\ OH$$

Oxidative Dealkylierung

$$-X-\overset{|}{\underset{|}{C}}-H \longrightarrow \left[-X-\overset{|}{\underset{|}{C}}-OH\right] \longrightarrow -XH + -\overset{|}{\underset{\|}{C}}$$
$$O$$
$$X = O, N, S$$

Oxidative Desaminierung

$$-\overset{|}{\underset{H}{C}}-NH \longrightarrow \left[-\overset{|}{\underset{OH}{C}}-NH\right] \longrightarrow -\overset{|}{\underset{\|}{C}} + -NH_2$$
$$O$$

N-Oxidation

$$\overset{\diagdown}{\diagup}N \longrightarrow \overset{\diagdown}{\diagup}N^{\oplus} \longrightarrow O^{\ominus}$$

S-Oxidation

$$-S- \longrightarrow -\overset{}{\underset{\|}{S}}- \longrightarrow -\overset{O}{\underset{\|}{\overset{\|}{S}}}-$$
$$O \qquad\quad O$$

Biotransformation. Phase-I-Reaktion.

Die *C*-Hydroxylierung ist an aromatischen und aliphatischen C-Atomen möglich. Die Epoxidierung erfolgt an aliphatischen Doppelbindungen. Das gebildete Epoxid kann zu einem vicinalen Diol (von lat. *vicinus* = Nachbar) hydrolysiert werden. Auch bei der Hydroxylierung von Aromaten wird eine Epoxidzwischenstufe (Arenoxid) angenommen. Bei einer oxidativen Dealkylierung wird ein dem Heteroatom benachbartes C-Atom zunächst hydroxyliert und der Rest als Carbonylverbindung abgespalten. Analog verläuft die oxidative Desaminierung. *N*- und *S*-Oxidation führen zur Bildung von *N*-Oxiden, Sulfoxiden und Sulfonen. Die Oxidation von Alkoholen ergibt Aldehyde, Ketone und Carbonsäuren. Oxidationsreaktionen werden durch verschiedene Spezies Cytochrom-P450-abhängiger Monooxygenasen (↗ *Cytochrom P450*) katalysiert. Dieses eisenhaltige Enzym verwertet molekularen Sauerstoff. Reduktionen sind von geringerer Bedeutung. Sie betreffen die Umwandlung von Carbonyl-

verbindungen in Alkohole, der Nitro- in eine Aminogruppe, die Aufspaltung einer Azogruppe in zwei Aminbruchstücke und die reduktive Dehalogenierung. Hydrolysen betreffen die Spaltung von Estern, Amiden und Glycosiden. Entsprechende Hydrolasen finden sich auch in Plasma und in Geweben.

Phase-II-Reaktionen setzen vorhandene oder im Rahmen einer Phase-I-Reaktion eingeführte reaktive Gruppen (-OH, -NH$_2$, -SH, -COOH) voraus. Die häufigste dieser Reaktionen ist die Bildung von β-D-Glucuroniden durch Umsetzung von Hydroxygruppen mit UDP-Glucuronsäure (aktive Glucuronsäure). So bildet sich z.B. aus Phenol Phenyl-β-D-glucuronid. In analoger Weise können NH$_2$-, SH- und COOH-Gruppen reagieren. OH-Gruppen können auch mit „aktivem Sulfat" (PAPS; ↗ *Phosphoadenosinphosphosulfat*) in Schwefelsäurehalbester überführt werden. NH$_2$-Gruppen werden mit Hilfe von Acetyl-Coenzym A acetiliert. Aromatische Carbonsäuren werden häufig mit Glycin oder Taurin unter Ausbildung einer Säureamidbindung konjugiert. Besonders bei mehrkernigen Aromaten ohne funktionelle Gruppen erfolgt eine Umsetzung mit Glutathion. Hierbei kommt es durch Umwandlungen über mehrere Zwischenstufen zur Bildung von Mercaptursäuren, beispielsweise (1-Naphthyl)-mercaptursäure, C$_{10}$H$_7$–S–CH$_2$–CH(COOH)NH–CO–CH$_3$, bei denen ein *N*-acetilierter Cysteinrest mit dem S-Atom an den Aromaten gebunden ist. Zu den Phase-II-Reaktionen werden auch *O*-, *S*- und *N*-Methylierungen gerechnet.

In der Biotechnologie werden unter B. oder Biokonversion selektive, chemische Umwandlungen von definiert reinen Substanzen zu definierten Endprodukten verstanden, die durch Mikroorganismen (↗ *mikrobielle Transformationen*), gegebenenfalls durch pflanzliche oder auch tierische Zellkulturen oder isolierte Enzyme katalysiert werden. Sie gewinnen als Zwischenschritte in chemischen Synthesen zunehmend an Bedeutung, vor allem wenn es darum geht, Reaktionen durchzuführen, die chemisch entweder überhaupt nicht oder nur unter großem Aufwand möglich sind. Dazu gehören z.B. Racemattrennungen oder die gezielte Einführung einzelner funktioneller Gruppen oder Asymmetriezentren in ein Molekül. Grund dafür sind einige Eigenschaften der Enzyme, wie Reaktions-, Regio- und Stereospezifität sowie die milden Reaktionsbedingungen (Temperaturen unter 40 °C, meist ein wässriges Milieu, keine extremen pH-Werte), die sie gegenüber den chemischen Reaktionen überlegen machen.

Neben B. am Steroidmolekül (↗ *mikrobielle Steroidtransformationen*) gewinnen u. a. Verfahren, die zur Herstellung optisch reiner D- und L-Aminosäuren von racemischen, chemisch synthetisierten Vorstufen ausgehen und dabei Regio- und Stereospezifität hydrolytischer Enzyme nutzen, wachsende Bedeutung. Der Vorteil der Hydrolasen besteht darin, dass sie Coenzym-unabhängig sind. Neben Esterasen (Spaltung von D-,L-Aminosäureestern bzw. *N*-Acyl-D,L-Aminosäureestern), Acylasen (Spaltung von *N*-Acyl-D,L-Aminosäuren) und Amidasen (Spaltung von D,L-Aminosäureamiden) werden auch ↗ *Hydantoinasen* (Spaltung von D,L-5-monosubstituierten Hydantoinen) eingesetzt. Während die ersten drei Enzyme ausschließlich zu freien L-Aminosäuren führen, kann man mit den Hydantoinasen sowohl die freien D- und L-Aminosäuren als auch deren Vorstufen (D- oder L-*N*-Carbamoylaminosäuren) herstellen.

Redoxreaktionen haben neben Hydrolyse-, Kondensations- und Isomerisierungsreaktionen bis heute die größte wirtschaftliche Bedeutung unter den industriell genutzten B. erlangt.

Bioverfahrenstechnik, *Bioprozesstechnik*, der Teil der Verfahrenstechnik, der sich mit der Entwicklung, mathematischen Modellierung, Maßstabsübertragung und dem Betrieb von industriellen Prozessen der ↗ *Biotechnologie* befasst. Im engeren Sinne werden darunter die gemeinsamen naturwissenschaftlichen und ingenieurtechnischen Grundlagen der mechanischen (z.B. Zentrifugation, Filtration, Zellaufschluss), thermischen (z.B. Sterilisation) und reaktionstechnischen (↗ *Bioreaktor*) Operationen bei Stoffwandlungen (↗ *Biotransformation*) und Produktsynthesen mittels Zellen (insbesondere Mikroorganismen) und Enzymen verstanden. Ein Schwerpunkt der B. ist die Prozesskinetik der biologischen Stoff- und Wärmetransportvorgänge im Bioreaktor.

Biowerkstoffe, eine neue Gruppe von Werkstoffen, deren Grundkomponenten biologische Polymere darstellen. Bei der Entwicklung von B. zeichnen sich folgende Richtungen ab: 1) *Biologische Verbundstoffe*, die aus Polysacchariden und Proteinen bzw. einer Kombination organischer und anorganischer Komponenten bestehen und keine oder nur geringe antigene Wirkung und Toxizität besitzen. Zu den in der Natur vorkommenden Verbundwerkstoffen gehören z.B. das ↗ *Kollagen*, die ↗ *Hyaluronsäure* und das ↗ *Chitin*. Sie finden u.a. Einsatz bei der Entwicklung neuer Transplantatmaterialien (auf der Basis des Kollagens z.B. als Hautersatz, schnelle Wundversorgung) und medizinisch relevanter Implantatwerkstoffe (z.B. Kollagengefäße in Kombination mit Heparinmolekülen) sowie bei der Schaffung künstlich knochenerzeugenden Materials (z.B. eine Kombination von Kollagen und Hydroxylapatit). 2) Neue „*Schmiermittel*" für Gelenke (z.B. mit fermentativ hergestellter Hyaluronsäure). 3) Neue *Klebstoffe* und *Harze* (u.a. Herstellung von Materialien mit flexiblen Klebeeigenschaften durch Vernetzung von Proteinen mit

z.B. Epoxiden, Phenolen oder Urethanen). 4) Mikrobielle Herstellung von *Kunststoffen* (Poly-β-hydroxybuttersäure, Poly-β-hydroxyalkansäuren). 5) Gezielte Schaffung von *Grenzflächen* zur Herstellung von B. mit neuen Eigenschaften.

Zahlreiche biologische Polymere besitzen interessante elektronische Strukturen, die in naher Zukunft zur technologischen Anwendung kommen werden (↗ *Bioelektronik*).

BiP, ein besonderes Hitzeschockprotein (hsp 70), das bei der Proteinfaltung im endoplasmatischen Reticulum als ↗ *molekularer Chaperon* wirkt.

Biphenomycine, zyklische Tripeptide aus den Kulturfiltraten von *Streptomyces griseorubiginosus* mit starker antibotischer Wirkung gegen grampositive, β-lactamresistente Bakterien. Ebenso wie Cyclopeptide, die zur Gruppe der Vancomycine (↗ *Vancomycin*) gehören, enthalten die B. ein Biphenylstrukturelement (Abb.). Im B. B sind mit dem (2*S*,4*R*)-Hydroxyornithin und dem (*S*,*S*)-Diisotyrosin zwei nichtproteinogene Aminosäuren enthalten. Anstelle des (*S*,*S*)-Diisotyrosins findet man im B. A die Biphenylstruktur in Form eines Dimers aus (*S*)-*o*-Hydroxyphenylalanin und (2*S*,3*R*)-*o*-Hydroxyphenylserin. [U. Schmidt et al. *J. Chem. Soc. Chem. Commun.* **13** (1992) 951]

A: R=OH
B: R=H

Biphenomycine

Bisabolan, ↗ *Sesquiterpene*.

Bisbenzylisochinolinalkaloide, eine Gruppe von Isochinolinalkaloiden, deren Grundgerüst sich durch Kupplung zweier Isochinolineinheiten im Zuge einer Phenoloxidation bildet. B. kommen in den *Menispermaceen* und Pflanzen verwandter Familien, einschließlich der *Berberis*, *Magnolia*, *Daphnandra* und *Strychnos* vor.

Bisbibenzyle, in Lebermosen vorkommende sekundäre Pflanzenstoffe. Das *Marchantin C* (Abb.) aus *Marchantia* ist ein Vertreter dieser Stoffklasse. Es entsteht biosynthetisch aus zwei Bibenzyl-Vorstufen (↗ *Bibenzyle*) unter Ausbildung von zwei Etherbrücken.

2,3-Bisphosphoglycerat, Syn. für ↗ *2,3-Diphosphoglycerat*.

Bisbibenzyle. Marchantin C.

2,3-Bisphosphoglycerinsäure, *2,3-Diphospho-glycerinsäure*, ↗ *Glycolyse*, ↗ *Hämoglobin*, ↗ *Rapoport-Luerbing-Shuttle*.

Bitterpeptide, bitter schmeckende Peptide, die die Schmackhaftigkeit einiger Nahrungsmittel ruinieren können. B. entstehen z. B. manchmal während der Reifung bestimmter Käsesorten und wurden auch in fermentierten Sojaprodukten gefunden. Auch bei der kontrollierten enzymatischen Verdauung von reinen Proteinen wurden B. isoliert, z.B. bei der chymotryptischen Hydrolyse von Casein. Man nimmt an, dass die Bitterkeit mit der durchschnittlichen Hydrophobie des Peptids zusammenhängt, so dass Peptide mit einem hohen Gehalt an Val, Leu, Phe und Tyr wahrscheinlich bitter schmecken. Bitterpeptide des Sojaproteinhydrolysats sind Leu-Phe, Leu-Lys, Phe-Ile-Leu-Glu-Gly-Val, Arg-Leu-Leu und Arg-Leu. Im Gegensatz dazu sind verschiedene besonders hydrophile Spinatpeptide nicht bitter, z.B. Glu-Gly, Asp(Glu,Gly,Ser$_2$), Ala(Glu$_2$, Gly, Ser).

Bitterstoffe, vor allem in Korbblütlern (*Compositae*), Enziangewächsen (*Gentianaceae*) und Lippenblütlern (*Labiatae*) vorkommende Substanzen, die aufgrund ihres bitteren Geschmacks zu einer vorwiegend reflektorisch ausgelösten Steigerung der Speichel- und Magensaftsekretion führen. Extrakte solcher Pflanzen werden als Amara (Bittermittel) zur Steigerung des Appetits und Förderung der Verdauung gegeben, sie sind ferner in Magenbitterlikören enthalten.

B. sind chemisch sehr unterschiedlich gebaut. In vielen Fällen handelt es sich um ↗ *Terpene* mit Lactongruppierungen, wie beim Gentiopikrosid der Enzianwurzel. Die Bitterstoffe des Hopfens sind Bittersäuren. Bitter schmeckende Verbindungen, bei denen noch andere physiologische Wirkungen auftreten, z.B. ↗ *China-Alkaloide* und ↗ *Cucurbitacine*, werden nicht zu den B. gezählt.

Bixin, Monomethylester der C$_{24}$-Dicarbonsäure Norbixin (M_r 394 Da, F. 198 °C, Abb.). Norbixin enthält vier Methylverzweigungen, zwei endständige Carboxylgruppen und neun konjugierte Doppelbindungen. Die C$_{20}$-Kette entspricht dem Mittelstück des β-Carotins. Im natürlich vorkommenden B. ist die Δ^{16}-Doppelbindung *cis*-ständig; sie lagert sich unter Bildung des stabileren all-*trans*-B. leicht um (F. 217 °C). B. ist ein Diapocarotinoid, das durch Oxidation aus einem C$_{40}$-Carotinoid entsteht. Als gelber bis orangeroter Farbstoff ist B. in den Samen von *Bixa orellana*, dem Orleanstrauch, enthalten, woraus es extrahiert und als Lebensmittelfarbstoff verwendet wird.

Blasticidine, von *Streptomyces griseochromogenes* synthetisierte Pyrimidinantibiotika (↗ *Nucleosidantibiotika*). Sie inhibieren das Wachstum von Pilzen, z. B. des Reispilzes *Piricularia oryzae*, und einiger Bakterien. Der Wirkungsmechanismus beruht auf der Unterdrückung der Polypeptidkettenverlängerung bei der Proteinbiosynthese. (Abb.)

Blasticidine. Struktur des Blasticidin S.

Blattbewegungsfaktoren, Pflanzenhormone, die durch Beeinflussung des Turgors Bewegungen induzieren. ↗ *Turgorine*.

Blattgrün, ↗ *Chlorophylle*.

Blaualgen, veraltete Bezeichnung für ↗ *Cyanobakterien*.

blaugrüne Bakterien, ↗ *Cyanobakterien*.

Blausäure, ↗ *Cyanwasserstoffsäure*.

Blausäureglycoside, ↗ *cyanogene Glycoside*.

Blei, *Pb*, ein für Menschen und Tiere hoch toxisches und kumulatives Element. Es beeinträchtigt fast alle Schritte der Hämsynthese; es inhibiert das mitochondriale Enzym 5-Aminolävulinsäure-Synthase und die 5-Aminolävulinsäure-Dehydrase, die noch empfindlicher auf B. reagiert (↗ *Porphyrine*). Als Folge dieser Inhibierung tritt ein erhöhter Blutspiegel an 5-Aminolävulinsäure auf, die dann auch im Harn nachweisbar ist. Andere Enzyme, die

Bixin. Struktur des Bixins.

durch absorbiertes B. inhibiert werden, sind: Cytochrom P450 (Leber), Adenyl-Cyclase (Gehirn und Pankreas), Enzyme der Kollagensynthese, einige ATPasen und Lipoamid-Dehydrogenase. Bei einer Bleivergiftung können folgende klinische Symptome auftreten: Anämie, Bleisaumtüpfelung des Zahnfleischs, Magenschmerzen, Muskelschwäche und encephalopathische Erscheinungsformen, die hauptsächlich bei Kindern vorkommen (Krämpfe, Delirium, Gedächtnisverlust, Halluzinationen). Im Blut ist das B. zum größten Teil an die roten Blutkörperchen gebunden und ein klinisches Charakteristikum einer Bleivergiftung ist das Auftreten von basophilen roten Stippchenzellen im Knochenmark und Blutkreislauf (die Reticulocyten dahingehend ähneln, dass sie Mitochondrien enthalten; die Tüpfelung wird durch verklumpte Ribosomen verursacht).

Bleichhormon, H-Tyr1-Leu-Asn-Phe-Ser5-Pro-Gly-Trp-NH₂, ein Neurohormon der Krebse. Es wird aus den Nerventerminalen der Sinusdrüse des Augenstiels freigesetzt und bewirkt die Kontraktion der Pigmentgranula in den hypodermalen Chromatophoren (Bleichwirkung).

Bleomycine, von *Streptomyces verticillus* produzierte Glycopeptidantibiotika, die bei der Behandlung von Schuppenzellcarcinomen, Lymphomen und Hodenkrebs häufig verwendet werden. Es sind ungefähr 200 verschiedene B. bekannt, die sich meistens in der Art des C-terminalen Substituenten unterscheiden, der durch die Zugabe unterschiedlicher Amine zum Bakterienkulturmedium bestimmt werden kann. Das klinisch verwendete Präparat ist eine Mischung aus 11 B. (Handelsname „Blenoxan"); die Hauptbestandteile sind B. A₂ (60–70 %) und B. B₂ (20–25 %; Abb.).

B. verursachen einen Strangbruch der DNA, sowohl in Lösung als auch in intakten Zellen. Es werden alle Arten von DNA (Säugetier-, Virus- und Bakterien-DNA und synthetische Polymere) angegriffen. Die B. binden auch an RNA, bewirken aber keinen Abbau. In RNA-DNA-Hybriden bauen sie die DNA, aber nicht die RNA ab. Diese Spezifität geht auf das Vorhandensein von 2-Desoxyribose zurück. Für den DNA-Abbau durch B. wird molekularer Sauerstoff benötigt, Metallkomplexbildner wie z.B. EDTA, oder das eisenspezifische Reagenz Deferoxamin verhindern ihn. Die biologisch aktive Form der B. besteht aus einem Komplex mit Fe(II). Die *stopped-flow*-Spektroskopie zeigt, dass zwei verschiedene kinetische Ereignisse ablaufen, nachdem der Fe(II)-B.-Komplex O_2 ausgesetzt wurde: 1) Bildung des instabilen Zwischenproduktkomplexes Fe(II)-Bleomycin-O_2; 2) Zerfall dieses Komplexes in eine ESR-aktive Form („aktiviertes B.") die als Fe(III)-B.(O_2H) oder Fe(III)-B.(O_2^{2-}) formuliert wird und die DNA angreift.

Phleomycinen fehlt die Doppelbindung am C4' des Bithiazolteils. Sie sind zwar sonst identisch mit B., aber zu toxisch, um als Antibiotikum eingesetzt werden zu können. Andere verwandte Antibiotika sind Zorbamycin, Victomycin und Platomycin [J.C. Dabrowiak in *Advances In Inorganic Biochemistriy* Bd. 4, Elsevier Biomedical, 1982, 69–113; S.A. Kane u. S.M. Hecht „Polynucleotide Recognition and Degradation by Bleomycin" *Prog. Nucl. Acid Rs. Mol. Biol.* **49** (1994) 313–352].

Blitz-Blot, ↗ *Southern-Blot*.

β-Blocker, nichtnatürliche Antagonisten β-adrenerger Rezeptoren (↗ *Adrenorezeptoren*). Mit dem ↗ *Propranolol* wurde 1964 der erste viel eingesetzte β-B. in England eingeführt. Bis Mitte der neunzi-

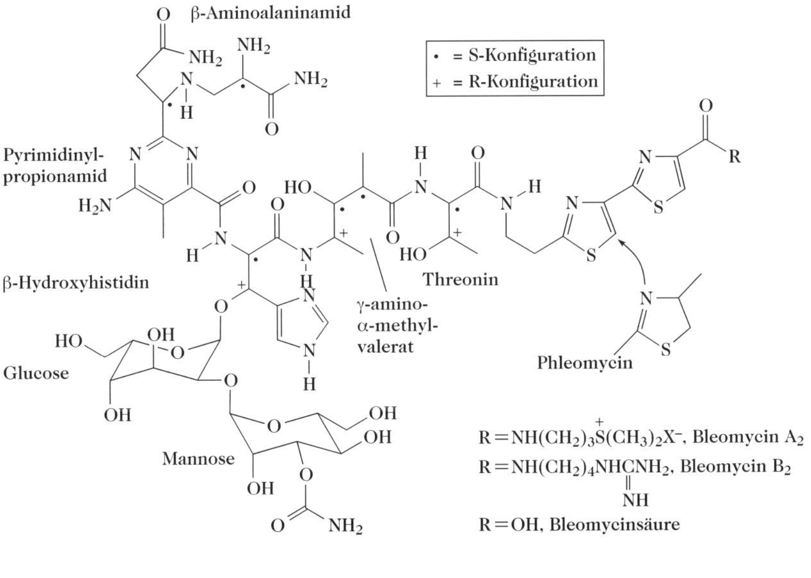

• = S-Konfiguration	+ = R-Konfiguration

β-Aminoalaninamid
Pyrimidinyl-propionamid
β-Hydroxyhistidin
Glucose
Mannose
Threonin
γ-amino-α-methyl-valerat
Phleomycin

R = NH(CH₂)₃S(CH₃)₂X⁻, Bleomycin A₂
R = NH(CH₂)₄NHCNH₂, Bleomycin B₂
R = OH, Bleomycinsäure

Bleomycine

ger Jahre waren in Deutschland 24 Präparate im Handel. Man unterscheidet aus chemischer Sicht zwei Gruppen von β-B. Eine leitet sich vom Phenylethanolamin, das auch das Grundgerüst der Catecholamine darstellt, ab, während die zweite größere Gruppe ein Phenoxypropanolamin-Grundgerüst aufweist. Die β-B. unterscheiden sich in der Selektivität für den β_1- und β_2-Typ, in der intrinsischen Aktivität sowie in der sog. membranstabilisierenden Wirkung, worunter man im wesentlichen die Blockade von spannungsabhängigen Na^+- und Ca^{2+}-Kanälen versteht. Die β-B. verhindern β-Rezeptorvermittelte, agonistische Wirkungen am Herz und die β-, vorrangig β_2-Adrenorezeptor-vermittelte Dilatation von Blutgefäßen und hemmen die β_2-Adrenorezeptor-vermittelte glycogenolytische Wirkung von Adrenalin in Leber und Skelettmuskel. Sie sind die wichtigsten ↗ *Antiarrhythmika*, neben den Diuretika, Calcium-Antagonisten und ↗ *ACE-Hemmern* die wichtigsten ↗ *Antihypertensiva* und dämpfen manche Symptome der Angst (Herzklopfen und Zittern u.a.).

Blotting, Laborbezeichnung für eine biochemische Methode zur Übertragung ("Abklatschen") von auf Agarose- oder Polyacrylamid-Gel getrennten Makromolekülen auf spezielle Membranen, in der Regel Nitrocellulose, zum Zwecke der Fixierung für weitere analytische Untersuchungen (↗ *Southern-Blot*, ↗ *Western-Blot*, ↗ *Northern-Blot*, ↗ *Elektro-Blot*).

Blutalkoholbestimmung, die analytische Erfassung der Blutalkoholkonzentration, d. h. des Ethanolgehaltes im Blut. Die B., die nach der ↗ *Atemalkoholprüfung* vorgenommen wird, erfolgt nach Abnahme von Venenblut im Allgemeinen nach folgenden Verfahren: 1) Verdampfen des Ethanols und Oxidation im Dampfraum über der Blutprobe, z. B. mit Chrom(VI)- oder Vanadium(V)-Verbindungen. Es folgt bei dem *Widmark-Verfahren* die iodometrische Rücktitration des nicht verbrauchten, im Überschuss eingesetzten Kaliumdichromats. Die verbrauchte Menge an Dichromat entspricht dem Ethanolgehalt der Blutprobe. Bei modernen Verfahren folgt eine photometrische Bestimmung der Reagens-Farbänderung. 2) Gaschromatographische Erfassung des Ethanols aus dem Dampfraum über der Blutprobe (*head-space-Technik*) oder mit direkter Einspritzung des Blutes in den Gaschromatographen über Vorsäulen. 3) Enzymatische Oxidation des Ethanols mit ↗ *Alkohol-Dehydrogenase* (ADH) und anschließende Photometrie.

Wegen der besonderen Bedeutung der Ergebnisse für den Betroffenen (Trunkenheitsdelikte) wird in den meisten Ländern die Anwendung von zwei voneinander unabhängigen Analysenmethoden gefordert, deren Ergebnisse innerhalb enger Toleranzen bei insgesamt vorgeschriebener vierfacher Bestimmung übereinstimmen müssen. Ständige Qualitätskontrollen sichern ebenfalls die Ergebnisse (↗ *laborübergreifende Kontrollen*, ↗ *Gute Laborpraxis*).

Zwischen dem Anlass der Blutalkoholkontrolle und der Blutentnahme vergehen aus äußeren Gründen nicht selten mehrere Stunden. Das bedeutet, dass die gefundenen Werte der Blutalkoholkonzentration nicht denen der Vorfallszeit entsprechen. Es muss deshalb zurückgerechnet werden, wobei als bekannte Voraussetzung zutrifft, dass der Ethanolabbau im Organismus von Randbedingungen nahezu unabhängig ist und als Reaktion 0. Ordnung verläuft.

Blutfaserstoff, Syn für ↗ *Fibrin*.

Blutgerinnung, ein Prozess, in dem das Blut ein Blutgerinnsel bildet, das dicht genug ist, um das Bluten aus einer Wunde zu verhindern. Bei den meisten Wirbellosen besteht dieser Prozess darin, einen Pfropfen agglutinierter Blutzellen zu bilden. Wirbeltiere und einige Krebse bilden das Blutgerinnsel sowohl aus ↗ *Fibrin* als auch aus abgefangenen Blutzellen. Das Fibrin bildet ein vernetztes, unlösliches Polymer. Es entsteht aus seiner Vorstufe ↗ *Fibrinogen* (einem großen, aber löslichen Plasmaprotein) mit Hilfe der hochspezifischen Serinprotease ↗ *Thrombin* und des Faktors XIII_a. Der Faktor XIII_a katalysiert die Transamidierung zwischen Glutamin- und Lysinresten, wodurch Bindungen zwischen benachbarten Polypeptidketten im ausgefällten Fibrin gebildet werden.

Die Freisetzung von Thrombin aus seinem inaktiven Proenzym ↗ *Prothrombin* ist der vorletzte Schritt in einer Reihe von Reaktionen, von denen jede eine aktive Serinprotease aus einer inaktiven Vorstufe im Blut freisetzt (Abb.). Dies ist ein Beispiel für eine kaskadenartige Regulation, bei der jede aktivierte Protease die nächste in der Reihe darunterliegende Vorstufe aktiviert, wodurch bei jedem Schritt die beteiligten Materialmengen vermehrt werden (d.h. es findet eine Verstärkung statt). Die Gerinnungsfaktoren sind in der Tabelle aufgeführt. Die römischen Ziffern werden aus historischen Gründen verwendet und aktivierte Formen erhalten das Subskript "a" (z. B. XII_a).

Traditionell unterscheidet man zwischen intrinsischem und extrinsischem Blutgerinnungssystem. So gerinnt das Blutplasma auch, allerdings relativ langsam (in wenigen Minuten), in Gegenwart einer fremden Oberfläche, wie Kaolin oder Glas. – Aus diesem Grund wird Blut für klinische Zwecke in Gefäße abgenommen, die mit ↗ *Heparin* oder Ca^{2+}-bindenden Agenzien wie Citrat oder EDTA beschichtet sind. – Die beteiligten Faktoren sind alle im Plasma enthalten (intrinsisch). Die physiologische Bedeutung der Aktivierung des intrinsischen Systems durch fremde Oberflächen ist nicht be-

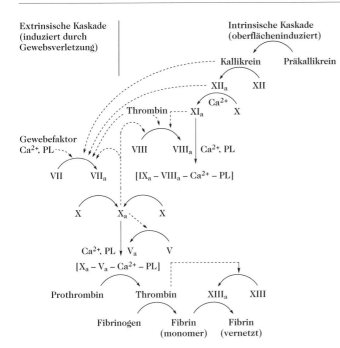

Extrinsische Kaskade
(induziert durch
Gewebsverletzung)

Intrinsische Kaskade
(oberflächeninduziert)

Kallikrein   Präkallikrein

XII_a XII

Ca^{2+}

Thrombin XI_a X

Gewebefaktor
Ca^{2+}, PL

VIII VIII_a Ca^{2+}, PL

VII VII_a $[IX_a - VIII_a - Ca^{2+} - PL]$

X X_a X

Ca^{2+}, PL V_a V

$[X_a - V_a - Ca^{2+} - PL]$

Prothrombin   Thrombin XIII_a XIII

Fibrinogen   Fibrin   Fibrin
(monomer)   (vernetzt)

Blutgerinnung. Abb. Die Blutgerinnungskaskade. PL = Phospholipid oder Zellmembran. Durchgezogene Pfeile zeigen
Reaktionen an, gestrichelte Pfeile katalytische Einwirkung. (nach: L. Lorand
Methods Enzymol. **45B** (1976) 31–37.)

kannt. Beteiligt sind die Proteine XII, XI, hochmolekulares Kininogen und Präkallikrein.

Das extrinsische System, das durch spezifische
proteinhaltige Gewebefaktoren und Phospholipide
aktiviert wird, produziert innerhalb von Sekunden
ein Blutgerinnsel. Der Faktor VII ist der einzige
Plasmafaktor, der nur dem extrinsischen System
angehört. Er kann jedoch durch den Faktor XII_a
oder Kallikrein aktiviert werden, die beide Mitglieder des intrinsischen Systems sind. Außerdem stimulieren niedrige Konzentrationen an Prostacyclin
oder Prostaglandin E_1 (zu niedrig, um den cAMP-
Spiegel anzuheben) die Cystein-Protease gereinigter Blutplättchen, wodurch der Faktor X aktiviert
wird. Dies legt die Vermutung nahe, dass die Unterscheidung zwischen intrinsischen und extrinsischem System möglicherweise künstlich ist [A.K.
Dutta-Roy et al. *Science* **231** (1986) 385–388].

Unter physiologischen Bedingungen erfolgt die
Umwandlung von Prothrombin in Thrombin durch
den Faktor X anscheinend nur, wenn eine Bindung
an eine Zellmembran vorliegt. Den Rezeptor für den
Faktor X bildet der Faktor V der Blutplättchenzell-
membran, welcher die proteolytische Aktivität von
X erhöht.

Das Ausmaß der B. wird *in vivo* durch Aktivierung des Vitamin K-abhängigen Proteins K begrenzt. Dieses ist eine Serinprotease, die aus zwei,
durch Disulfidbrücke(n) verbundene Polypeptidketten (M_r 21 kDa und 35 kDa) besteht. Sie weist in
hohem Maß Sequenzhomologie zum Gla-enthaltenden Gerinnungsfaktor (Gla, ↗ *4-Carboxygluta-
minsäure*) auf und ist wie dieser als Proenzym im

Plasma vorhanden. Aktiviertes Protein C inakti-
viert die Faktoren V_a und VIII_a durch limitierte
Proteolyse. Da V_a und VIII_a für die effiziente Um-
wandlung von X in X_a benötigt werden, dient das
Protein C, das identisch mit dem Autoprothrombin
IIA ist, als negatives Rückkopplungs-Regulations-
element der B. [T. Drakenberg et al. *Proc. Natl. Acad.
Sci. USA* **80** (1983) 1.902–1.906; L.M. Jackson u. Y.
Nemerson *Ann. Rev. Biochem.* **49** (1980) 765–811;
L. Lorand *Methods Enzymol* **45B** (1976) 31–37]

Die Blutgerinnungsfaktoren wurden durch die
Analyse von Hämophilien entdeckt, von denen die
bekannteste Form durch das Fehlen des Faktors
VIII verursacht wird. Die anderen Faktoren wurden
durch Komplementierung von nicht gerinnenden
Plasmamischungen gefunden. Präkallikrein, Prothrombin und die Faktoren XII, XI, X, IX und VII
werden durch die Spaltung spezifischer Peptidbindungen in ↗ *Serin-Proteasen* überführt. Prothrombin und die Faktoren VII, IX, X und XI weisen
homologe *N*-terminale Regionen auf, die multiple
Gla-Reste enthalten. Diese Reste sind für die Bindung von Ca^{2+} und die Ca^{2+}-vermittelte Bindung der
Proteine an Phospholipide (z.B. Blutplättchen-
membranen) essenziell. [C.T. Esmon "Cell Mediat-
ed Events that Control Blood Coagulation and Va-
cular Injury" *Annu. Rev. Cell Biol.* **9** (1993) 1–26]

Blutgerinnungsfaktor IX, Syn. für ↗ *Christmas-
Faktor*.

Blutgruppenantigene, spezifischer Oligosaccha-
ridanteil von Glycoproteinen in den äußeren Membranen von Blutzellen, die von den Immunsyste-
men anderer Individuen oder Organismen als

Blutgerinnung. Tab. Faktoren der Blutgerinnungskaskade.

Faktornr.	Name	Eigenschaften und Funktionen
I	↗ *Fibrinogen*	M_r 340 kDa, besteht aus 6 Ketten: $(A\alpha)_2(B\beta)_2\gamma_2$. Die Umwandlung in Fibrin erfolgt durch Abspaltung von 2 A- oder 2 B-Peptiden. Fibrin wird durch Plasmin gelöst, eine Protease, die mit den Gerinnungsfaktoren verwandt ist und durch ihre eigene Aktivitätskaskade aus Plasminogen freigesetzt wird.
II	↗ *Prothromhin* IIa ist ↗ *Thrombin*	M_r 72 kDa, 582 Aminosäuren mit 12 Disulfidbrücken und 10 Gla*-Resten; ein Glycoprotein. Die Umwandlung in Thrombin erfolgt mit Hilfe von X; Thrombin wird durch Antithrombin III, α_2-Makroglobulin, α_1-Antitrypsin und Hirudin inhibiert.
III	Gewebefaktor	Ein spezifisches Protein + Phospholipide.
IV	Calciumionen	Vermitteln die Bindung von IX, X und VII und von Prothrombin an saure Phospholipide der Zellmembranen, dem Ort ihrer Aktivierung. Sie stabilisieren V, Fibrinogen und möglicherweise Proteine, die an der Aktivierung und Untereinheitendissoziation von XIII beteiligt sind.
V	Proaccelerin V_a ist Accelerin	Labiles Glycoprotein, M_r 350 kDa. V_a vermittelt die Bindung von X und Prothrombin an die Blutplättchen, wo X aktiviert und Prothrombin in Thrombin umgewandelt wird.
VII	Proconvertin	M_r 45-54 kDa. Enthält Gla*. Es ist Teil der extrinsischen Kaskade. VII wird bei Gewebsverletzung freigesetzt.
VIII	↗ *antihämophiler Faktor*	Verschiedene Formen, M_r 10-100 kDa. Es ist unbekannt, welche der Formen bei der Gerinnung aktiv ist. Fungiert als akzessorischer Faktor bei der Aktivierung von X durch IX_a. Ein Mangel an VIII ist die Ursache der klassischen Bluterkrankheit (Hämophilie A).
IX	Christmas-Faktor	M_r 55,4 kDa (Rind), 57 kDa (Mensch), einkettiges Glycoprotein. IX_a enthält schwere Ketten, die Homologien zu Serinproteasen aufweisen, und eine leichte Kette mit Gla*. Ein Mangel ist die Ursache der angeborenen Bluterkrankheit (Hämophilie B)
X	Stuart-Faktor	M_r 54,4 kDa (Rind), 59 kDa (Mensch). 12 Gla*-Reste vorhanden. Aktivierung erfolgt durch 1) IX_a + VIII_a + Ca^{2+} oder 2) VII_a + Gewebsfaktor + Ca^{2+} oder 3) durch die Blutplättchenmembran-Protease.
XI	Plasmathromboplastin, Antecedent (PTA)	M_r 124 kDa (Rind), 160 kDa (Mensch). Glycoprotein, das aus zwei ähnlichen oder gleichen Polypeptiden besteht, verbunden durch Disulfidbrücke(n). Es aktiviert X. XI_a wird inhibiert durch Antithrombin III, Trypsininhibitoren, α_1-Trypsininhibitor und C1-Inhibitor.
XII	Hageman-Faktor	Der erste Faktor des intrinsischen Systems. M_r 74 kDa (Rind), 76 kDa (Mensch); Einkettenglycoprotein. Aktivierung erfolgt durch Plasmin, Kallikrein und XII_a. Inhibierung erfolgt durch Antithrombin III (beschleunigt durch Heparin), C1-Esteraseinhibitor und Limabohnentrypsininhibitor. Aktivierung von XII wird durch Kontakt mit anormalen Oberflächen initiiert.
XIII	Fibrinstabilisierender Faktor (Laki-Lorand-Faktor)	M_r 320 kDa (tetramere Plasmaform), M_r 160 kDa (dimere Blutplättchenform). Beide Formen enthalten zwei a-Untereinheiten, die bei Aktivierung gespalten werden. Die Plasmaform enthält noch zwei b-Untereinheiten. XIII_a ist die für die Quervernetzung von Fibrinfibrillen verantwortliche Transpeptidase.
	Präkallikrein	Aktivierung ergibt Kallikrein, eine Serinprotease, die XII aktiviert.
	HMW (high molecular weight)-Kininogen, Kontaktaktivierungsfaktor, Fitzgerald-Faktor, Flaujeac-Faktor	Aktivierung ergibt Kinin, das – zumindest *in vitro* – an der Aktivierung von XII beteiligt ist.

* Gla = 4-Carboxyglutaminsäure
a = aktivierte Form

Antigene erkannt werden. Die Antigene sind an das Protein Glycophorin in Erythrocyten und sowohl an Proteine als auch an Lipide in anderen Teilen des Körpers gebunden. Beim Menschen wurden fünf Antigensysteme identifiziert: das ABO-, das MN-, das P-, das Rhesus- und das Lutheransystem. Nur die AB0- und Rhesussysteme wirken sich auf die Bluttransfusion zwischen Menschen aus. Die anderen Systeme wurden bei der Verwendung von Tierantikörpern gegen menschliches Blut identifiziert.

Die strukturellen Unterschiede zwischen den AB0-Oligosacchariden werden in Abb. 1 gezeigt. Die genetische Basis für diese Gruppen ist die Existenz von drei Allelen eines Gens, das für die Synthese einer Glycosyl-Transferase codiert. Bei Individuen des A-Typs überträgt das Enzym *N*-Acetylgalactosamin auf die endständigen Positionen der Oligosaccharidketten, während das Enzym bei Personen des B-Typs spezifisch für Galactose ist. Das *O*-Gen produziert anscheinend ein inaktives Enzym. Ein anderes Gen (das *H*-Gen) codiert für eine Fucosyltransferase, die L-Fucose auf das Oligosaccharid überträgt. Wenn das *H*-Gen inaktiv ist, besitzt das Individuum die seltene Blutgruppe Typ I, sofern ein aktives *Le*-Gen vorhanden ist (Le bedeutet Lewis-Faktor). Das *Le*-Gen codiert für ein Enzym, das Fucose an *N*-Acetylglucosamin addiert. Individuen, denen ein aktives *H*-Gen fehlt, die aber ein aktives *Le*-Gen besitzen, haben die Blutgruppe *Le*^a. Wenn sowohl das *H*- als auch das *Le*-Gen aktiv sind, liegt der Blutgruppentyp *Le*^b vor.

Typ A: Ende   Bindung:
Typ B: Kein α-Gal   1 → 3 in Typ-1-Ketten
Typ O: hat nichts   1 → 4 in Typ-2-Ketten

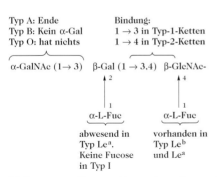

Blutgruppenantigene. Abb. 1. Die Enden von Oligosaccharidketten von Individuen mit unterschiedlichen Blutgruppen.

Ungefähr 80 % der Bevölkerung besitzt ein aktives *Se*-Gen (Se bedeutet Sekretion), so dass sie Glycoproteine in den Speichel oder andere Körperflüssigkeiten sekretieren können, die die B. tragen. Die Struktur des Kohlenhydratteils eines solchen Glycoproteins wird in Abb. 2 gezeigt.

Blut-Hirn-Schranke, eine spezielle Kapillaranordnung im Gehirn, die eine Barriere zwischen Blut und Gehirn bei Wirbeltieren und Mensch darstellt, um den Übertritt der meisten Substanzen aus dem Blut in das Gehirn zu blockieren. Auf diese Weise verhindert die B. stärkere Schwankungen im Gehirnmilieu. Man unterscheidet eine B. in den bilateralsymmetrischen Abschnitten des ZNS um Gefäße, deren Endothelzellen durch feste Verbindungen (↗ *Tight Junctions*) aneinanderhaften und den Eintritt polarer Verbindungen oberhalb einer bestimmten Molekülgröße ins Gehirn verhindern, und eine dorsoventrale Blut-Liquor-Schranke an den Ventrikelwänden. Die ependymalen Zellen sind dort gehirnwärts durch Tight Junctions dicht geschlossen, basal erlauben jedoch ↗ *Gap Junctions* einen Stoffaustausch mit den anschließenden Endothelzellen der Kapillargefäße. Die B. ist auch von großer Wichtigkeit für den Transport von Peptidwirkstoffen in das Gehirn.

Blutkoagulation, ↗ *Blutgerinnung*.

Blutproteine, im Blutplasma vorkommende Proteine, die elektrophoretisch in ↗ *Albumine* (M_r 17–80 kDa) und ↗ *Globuline* (M_r 90–1300 kDa) getrennt werden können. Die Synthese der B. erfolgt in der Leber, in Plasmazellen und dem reticuloendothelialen System. Man kennt mehr als 100 verschiedene B., die auch außerhalb der Blutbahn nachweisbar sind. Sie erfüllen u. a. Transportfunktionen und erhalten durch Wasserbindung den kolloidosmotischen Druck aufrecht. Ein auf Hunger oder eine Nierenerkrankung zurückzuführender Mangel an Albumin führt zur Bildung von Ödemen (Flüssigkeitsansammlung in Geweben). Viele Stoffe werden durch Bindung an B. transportiert, wodurch eine Diffusion in das Gewebe und eine Ausscheidung durch die Nieren verhindert wird. Von den Globulinen, die nach der elektrophoretischen Beweglichkeit in α1-, α2-, β- und γ-Globuline unterteilt werden, sind die Globuline der γ-Fraktion meist ↗ *Immunglobuline*. Ferner hemmen bestimmte

Blutgruppenantigene. Abb. 2. Struktur der Kohlenhydratkomponente des Le^b-Glycoproteins im menschlichen Blut.
GlcNAc = *N*-Acetyl-D-glucosaminyl; GalNAc = *N*-Acetyl-D-galactosaminyl; Gal = D-Galactosyl; Fuc = L-Fucosyl.

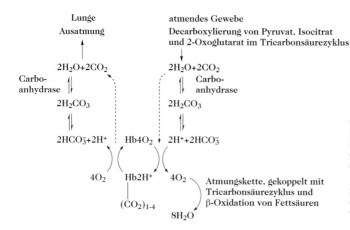

Bohr-Effekt. Abb. 1. Durch die Bindung von Protonen und CO_2 im atmenden Gewebe wird eine Verschiebung der Sauerstoffbindungskurve des Hämoglobins (Hb) hervorgerufen, wodurch Sauerstoff schnell freigesetzt wird. In den Kapillaren der Lungenalveolen läuft der umgekehrte Prozess ab und der hohe Sauerstoffdruck fördert die Sauerstoffbindung unter gleichzeitiger Freisetzung von Protonen und CO_2.

Globuline die Aktivität verschiedener Enzyme im Blutplasma. Die Untersuchung der Verteilung der B. mittels elektrophoretischer Techniken ist für die medizinische Diagnostik von großer Bedeutung. Durch sie können beispielsweise eine krankhafte Zunahme von Globulinen durch bös- oder gutartige Überproduktion (Paraproteinämie, ↗ *Paraproteine*), Antikörpermangel (Agammaglobulinämie), Verminderung der Albuminkonzentration (Analbuminämie), Proteinverlust durch Nierenerkrankungen (nephrotisches Syndrom) etc. erkannt werden.

Blutzucker, ↗ *D-Glucose.*

BMP, Abk. für engl. *bone morphogenetic proteins,* ↗ *Knochen-Morphogenese-Proteine.*

BNP, Abk. für engl. *brain natriuretic peptide,* ↗ *Gehirn-natriuretisches Peptid.*

BOD, BSB, Abk. für engl. *biochemical oxygen demand.* ↗ *biochemischer Sauerstoffbedarf.*

Bohreffekt, eine reversible Verschiebung in der O_2-Bindungskurve des ↗ *Hämoglobins,* die es ermöglicht, dass in den Alveolarkapillaren der Lunge O_2 gebunden und CO_2 freigesetzt wird und in den atmenden Geweben der umgekehrte Prozess stattfindet (Abb. 1). Die Carboanhydrase in den Erythrocyten fördert die schnelle Bildung von Carbonsäure aus gelöstem CO_2 im atmenden Gewebe und jedes H_2CO_3-Molekül dissoziiert spontan in Bicarbonat und ein Proton. Während Oxihämoglobin keine Protonen bindet, werden sie von Desoxihämoglobin, das als Puffer wirkt, absorbiert. DesoxiHb bindet für jeweils vier O_2-Moleküle, die das OxiHb verliert, zwei Protonen. Das Hämoglobin bindet ca. 15 % des im Blut vorhandenen CO_2 in Form von Carbaminogruppen. In der Lunge kehrt sich der Prozess um. O_2 bindet an DesoxiHb unter Abspaltung von Protonen, d.h. die Sauerstoffbindung fördert die CO_2-Ausatmung durch die Lungen, während die Protonenbindung in den atmenden Geweben O_2 freisetzt.

Die Verschiebung in den O_2-Bindungseigenschaften des Hämoglobins wird durch die Acidität (Abb. 2) und den hohen CO_2-Druck (CO_2 allein wirkt bei konstantem pH) im atmenden Gewebe sowie durch die niedrige Acidität und den niedrigen CO_2-Druck in der Lunge verursacht. Die Carbaminogruppen, die sich bei der Reaktion von CO_2 mit nichtionisierten terminalen α-Aminogruppen jeder der vier Hämoglobinketten bilden, sind an Salzbrücken beteiligt, die zur Stabilisierung des DesoxiHb beitragen: $RNH_2 + CO_2 \rightleftarrows RNHCOO^- + H^+$.

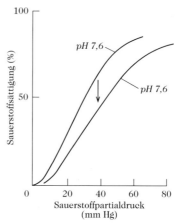

Bohr-Effekt. Abb. 2. Wirkung des pH-Werts auf die Sauerstoffsättigungskurve des Hämoglobins. Mit steigender Acidität, d.h. Abnahme des pH-Werts von 7,6 auf 7,2, wird die Sauerstofffreisetzung begünstigt (Pfeil), weil die prozentuale Sättigung bei jedem gegebenen Sauerstoffpartialdruck niedriger ist.

Bombesin, Pyr^1-Glu-Arg-Leu-Gly^5-Asn-Glu-Trp-Ala-Val^{10}-Gly-His-Leu-Met-NH_2, ein 14 AS-Peptidamid aus der Haut der europäischen Frösche *Bombina bombina* und *Bombina variegata.* B. gehört zur *GRP-Bombesin-Familie* und ist mit dem ↗ *gastrinfreisetzenden Peptid* im C-terminalen Heptapeptidabschnitt identisch. B. kontrahiert die glatte Muskulatur, besitzt blutdrucksenkende Wirkung und stimuliert Niere und Magen. Eine Infusion von 2,4 pmol/kg · min von B. in gesunde Probanden erhöht den Plasmaspiegel von Gastrin, Motilin, Cholecystokinin, des pankreatischen Polypeptids, VIP, GIP, Glucagon, Insulin und Trypsin. Daneben zeigt es eine Vielfalt anderer biologischer Wirkungen. Somatostatin inhibiert die durch B. induzierte Hormonsekretion. Von besonderer Bedeutung ist die thermoregulierende Aktivität des B. Die Applikation von etwa 1 ng B. in die *Cisterna Cerebri* bewirkt innerhalb von 15 min ein Absinken der Rektaltemperatur um 5 °C über einen Zeitraum von 2 h. Ein kompetitiver Inhibitor des B. ist [D-Phe^{12}, Leu^{14}]-B. Die Einführung von D-Phe^6 erhöht die antagonistische Aktivität. [D-Phe^6, Leu^{13}-Ψ-(CH$_2$NH)-Leu^{14}]-B., B.-(6–14) besitzt einen IC$_{50}$ von 5 nM für die Inhibierung der Amylase-Sekretion. B. wird diagnostisch in einem Gastrin-Stimulationstest eingesetzt. B. erhöht den Plasma-Trypsinspiegel bei gesunden Probanden, aber nicht bei Patienten mit pankreatischer Insuffizienz.

Bombykol, *10-trans-12-cis-Hexadecadienol-(1),* ein ↗ *Pheromon,* der Sexuallockstoff der weiblichen Falter des Seidenspinners (*Bombyx mori*). B. (Abb.) ist ein Öl (n$_D^{20}$ 1,4835). Für die Strukturaufklärung wurden aus 500.000 Abdominaldrüsen weiblicher Falter 15 mg Bombykol erhalten. Die Ermittlung der Konfiguration gelang A. Butenandt erst durch Vergleich der biologischen Aktivität isomerer synthetischer Verbindungen mit dem Naturprodukt.

Bombykol

bone morphogenetic proteins, ↗ *Knochen-Morphogenese-Proteine.*

Bongkreksäure, *3-Carboxymethyl-17-methoxy-6,18,21-trimethyldocosa-2,4,8,12,14,18,20-heptaendicarbonsäure,* M$_r$ 486,61 Da. Die Bongkreksäure ist eines von zwei toxischen Antibiotika, die von *Pseudomonas cocovenenans* in verdorbenem Bongkrek (indonesisches Kokosnussgericht) produziert werden. Es ist ein Inhibitor der Adenin-Nucleosid-Translokation und beeinflusst den Kohlenhydratmetabolismus.

Bor, *B,* ein nichtmetallisches Element und ein essenzieller Mikronährstoff für Pflanzen. Es wird als Borat-Anion durch die Wurzeln aufgenommen. Diese Aufnahme wird durch Calciumüberschuss inhibiert. Eine interessante und bislang unvollständig verstandene Wechselwirkung zwischen Calcium und Borat gibt es auch innerhalb der Pflanze. Sowohl B. als auch Calcium werden für das Meristem-

wachstum und die normale Wurzelentwicklung benötigt. Der Borgehalt von Pflanzen liegt normalerweise bei 5–60 mg/kg Trockenmasse. Die physiologische Rolle des B. unterscheidet sich grundsätzlich von der anderer Mikronährstoffe, besitzt aber eine gewisse Ähnlichkeit mit der des Phosphors. B. ist ein unentbehrlicher Strukturbestandteil von Pflanzen und ohne seine vorherige Inkorporation können feine, differenzierte Zellwandstrukturen nicht ausgebildet werden. Auch der Kohlenhydratmetabolismus zeigt eine auffällige Abhängigkeit von der Versorgung mit B. Dieses fördert den Transport von Zucker und den assimilatorischen Prozess. Der Einfluss von B. auf die Bildung differenzierter Strukturen und auf die Verteilung von Kohlenhydraten ist unzweifelhaft mit dessen Bedarf für andere Prozesse verknüpft, wie z.B. der Pollenkeimung, dem Pollenschlauchwachstum, der Blütenentfaltung und dem Fruchtansatz und seinem Einfluss auf den Wasserhaushalt der Pflanzen.

Ein Bormangel äußert sich in verschiedenen Symptomen, wie dem Verlust der Farbe von graugrün bis gelb, letztendlich gefolgt vom Abfallen der Blätter. Das apikale Meristem stirbt ab und die Wurzelspitzen werden nekrotisch. Die durch Bormangel hervorgerufenen Symptome werden durch Trockenheit verschlimmert. Die bekanntesten Bormangelkrankheiten sind die Herzfäule und die Trockenfäule von Rüben, wobei die Herzblätter braun werden und absterben und die Rübe verfault.

Bornan, ↗ *Monoterpene.*

Bornesitol, ↗ *Cyclite.*

Botulinustoxin, ↗ *Gifte.*

Bowman-Birk-Inhibitor, ↗ *Sojabohnen-Trypsininhibitor.*

BPTI, Abk. für *bovine pancreatic trypsin inhibitor,* ↗ *Rinderpankreas-Trypsin-Inhibitor.*

Bradford-Assay, eine quantitative Färbe-Methode für die Anfärbung von Proteinen in Elektrophorese-Gelen unter Verwendung von Coomassie-Brillantblau G-250 (Abb.). Zur Durchführung des B. wird eine Stammlösung aus Farbstoff, Ethanol und Phosphorsäure im Verhältnis 20 bis 50:1 zur Probelösung gegeben. Nach 10 min bei Raumtemperatur wird die Absorption bei 595 nm gemessen. Das Ab-

Bradford-Assay. Coomassie-Brillantblau G-250.

sorptionsmaximum von Coomassie-Brillantblau G-250 verschiebt sich in Gegenwart von Proteinen unter sauren Bedingungen von 465 nm zu 595 nm.

Bradykinin, *BK*, *Kallidin I*, *Kinin 9*, H-Arg¹-Pro-Pro-Gly-Phe⁵-Ser-Pro-Phe-Arg-OH, ein zu den ↗ *Plasmakininen* gehörendes 9 AS-Peptid; M_r 1 kDa, $[\alpha]_D^{20}$ −79 ° (c = 1; Wasser). Es handelt sich um ein Gewebshormon, das aus dem Bradykininogen durch Kallikrein freigesetzt wird. Die Wirkung wird hauptsächlich über B_1- und B_2-Rezeptoren vermittelt, wobei es sich beim B_2-Typ offenbar um einen multiplen Rezeptor handelt. Darüber hinaus wurden weitere B.-Rezeptoren nachgewiesen (B_3 und B_4). B. wirkt blutdrucksenkend, gefäßerweiternd auf die glatte Muskulatur von Darm und Bronchien und Uterus-kontrahierend. Aufgrund seiner gefäßerweiternden Wirkung und weil es mit dem Schweiß freigesetzt wird, wird eine Rolle bei der Temperaturregulation diskutiert, während mit der Freisetzung von B. in Folge von Verletzungen eine Funktion bei der Schmerzauslösung verbunden sein soll. Aus den Methanolextrakten der Amphibienhaut von *Rana temporaria* sowie *R. nigromaculata* wurden ebenfalls B. sowie verschiedene Analoga, insbesondere [Thr]⁶-B., und C-terminal verkürzte Analoga isoliert. Es wurden viele B.-Rezeptor-Antagonisten entwickelt, wie z.B. solche, die β-(2-Thienyl)-alanin (Thi), Octahydroindolcarbonsäure (Oic) sowie D-Tetrahydroisochinolincarbonsäure (D-Tic) enthalten: D-Arg-[Hyp³, Thi⁵, D-Tic⁷, Oic⁸]-BK (Hoe 140), D-Arg-[Hyp³, D-Phe⁷, Phe⁸Ψ (CH₂NH) Arg⁹]-BK u.a. Bei den aufgeführten Beispielen sollte es sich um selektive B_2-Antagonisten handeln. BK-Antagonisten können allgemein Anwendung für die Behandlung von Entzündungen, Schmerzen, Pankreatitis, rheumatischer Arthritis u.a. finden.

brain-derived neurotrophic factor, ↗ *neurotropher Gehirnfaktor*.

Brassicasterin, *Brassicasterol*, *Ergosta-5,22-dien-3β-ol*, ein Pflanzensterin (↗ *Sterine*). M_r 398,69 Da, F. 148 °C, $[\alpha]_D$ −64 °. B. wurde erstmals aus Rübensamenöl (*Brassica campestris*) isoliert (Abb.).

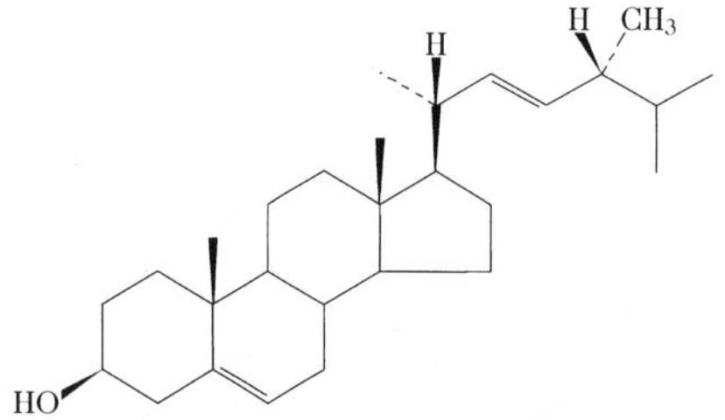

Brassicasterin.

Brassicasterol, ↗ *Brassicasterin*.

Brassinosteroide, eine Klasse wachstumsfördernder Steroide, die in höheren Pflanzen weit verbreitet sind (Pollen und Samen 1–1.000 ng/kg; Triebe 100 ng/kg; Früchte und Blätter 1–10 ng/kg) und auch in niederen Pflanzen, einschließlich der Cyanobakterien, gefunden wurden. Das erste B. wurde 1979 aus Rapspollen (*Brassica napus*) isoliert: das Brassinolid (2α,3α,22(R),23(R)-Tetrahydroxy-24(S)-methyl-B-homo-7-oxa-5α-cholestan-6-on) [M.D. Grove et al. *Nature* **281** (1979) 216–217]. Bis jetzt sind ungefähr 30 natürlich vorkommende B. bekannt und es wurde eine Reihe von Analoga synthetisiert. Im „zweites Bohneninternodium"-Wachstumstest, der die „Brassinaktivität" von der Aktivität anderer Hormone differenziert, wurden die Analoga getestet und damit die strukturellen Eigenschaften aufgezeigt, die für die einzigartige biologische Aktivität der B. benötigt werden. Im Einzelnen sind dies: 1) ein *cis*-vicinaler Glycolteil an C2/C3, 2) eine *trans*-Verbindung zwischen den Ringen A und B, 3) eine Sauerstofffunktion an C6 in Form eines Ketons oder Lactons, 4) ein vicinaler Glycolteil an C22/C23 (für eine maximale Aktivität sollte an beiden Kohlenstoffatomen eine *R*-Konfiguration vorliegen, d.h. beide Hydroxylgruppen sollten nach der modifizierten Fischerformel α-orientiert sein) und 5) eine kurze Alkylgruppe an C24, die die 24S-Konfiguration bewirkt (d.h. α-orientiert ist); die Aktivität nimmt in der Reihenfolge Me > Et > H ab. Beim „zweites Bohneninternodium" Bioassay wird die in Lanolin dispergierte Testverbindung auf das zweite (ca. 2 mm lange) Internodium eines sechs Tage alten *Phaseolus vulgaris*-Keimlings gestrichen. Die Brassinosteroidaktivität wird durch eine Verlänge-

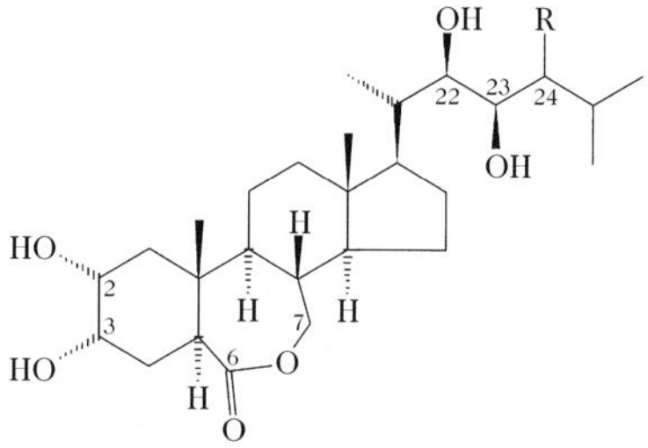

Brassinosteroide. Tab. 1

R	Name
H	28-Norbrassinolid (BR₁₄)
CH₃ (24S)	Brassinolid (BR₁)
CH₂CH₃ (24S)	Homobrassinolid
=CH₂	Dolicholid (BR₃)
=CHCH₃ (24E)	Homodolicholid (BR₁₀)

rung, Krümmung, Verdickung und Spaltung des Internodiums angezeigt, die nach vier Tagen sichtbar wird. Obwohl es erwiesen ist, dass B. das Wachstum durch eine Kombination von Zellteilung und Vergrößerung in jungen wachsenden Geweben, besonders Meristemen, fördern und diese Ergebnisse auf Pflanzen übertragen werden können, ist ihre physiologische Rolle nicht klar. Da B. in niedrigen Konzentrationen (1–100 µg/l) auf Pflanzen wachstumsfördernd wirken, wird ihre Einsatzmöglichkeit in der Landwirtschaft getestet. Über ihre Biosynthese ist wenig bekannt. Möglicherweise stammen sie von gewöhnlichen Pflanzensterinen ab, die durch Hydroxylierungen und im Fall der Ring B-Lactone durch eine Art Baeyer-Villiger-Oxidation eines 6-Oxosteroids derivatisiert werden (Tab. 1 und Tab. 2). [N.B. Mandava *Annu. Rev. Pl. Physiol Pl. Mol. Biol.* **39** (1988) 23–52; H.G. Cutleret et al. (Hrsg.) *Brassinosteroids: chemistry, bioactivity and applications*, ACS Symposium Series No. 474 (1991), American Chemical Society, Washington, DC]

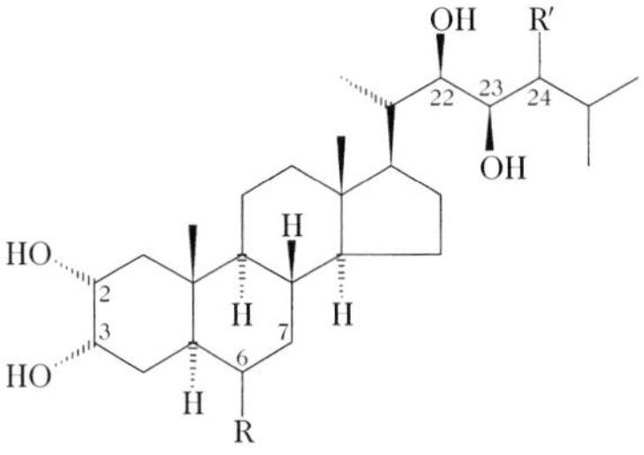

Brassinosteroide. Tab. 2.

R	R′	Name
H	CH$_3$ (24S)	6-Desoxobrassinosteron (BR$_5$)
H	=CH$_2$	6-Desoxodolichosteron (BR$_6$)
H	=CHCH$_3$ (24E)	6-Desoxohomodolichosteron (BR$_{13}$)
=O	H	28-Norbrassinosteron (BR$_{15}$)
=O	CH$_3$ (24S)	Brassinosteron (BR$_2$)
=O	CH$_3$ (24R)	24-Epibrassinosteron (BR$_9$)
=O	CH$_2$CH$_3$ (24S)	Homobrassinosteron (BR$_{12}$)
=O	=CH$_2$	Dolichosteron (BR$_4$)
=O	=CHCH$_3$ (24E)	Homodolichosteron (BR$_{11}$)

Breitbandantibiotika, ↗ *Antibiotika* mit einem relativ breiten Wirkungsspektrum, das sich auf verschiedene grampositive und -negative Bakterien erstreckt (z. B. ↗ *Chloramphenicol* und ↗ *Tetracycline*).

Brenzcatechin, *o-Dihydroxybenzol*, ↗ *Catecholamine*.

Brevifolincarbonsäure, ↗ *Tannine*.

Brimacombefragmente, ↗ *Ribosomenproteine*.

2-Brom-2-chlor-1,1,1-trifluorethan, Syn. für ↗ *Halothan*.

Bromelain (EC 3.4.22.4), ein Thiolenzym aus dem Stamm und den Früchten der Ananas. Das gut untersuchte Stammb. ist ein basisches Glycoprotein (M_r 33 kDa; pI 9,55), das strukturell und katalytisch dem ↗ *Papain* ähnlich ist. B. wird durch Mercaptoethanol und andere SH-Verbindungen aktiviert und durch SH-gruppenblockierende Agenzien, wie Monoiodessigsäure, irreversibel gehemmt. Aufgrund seiner Endopeptidasewirkung dient B. in der Proteinchemie zur Hydrolyse von Polypeptidketten in größere Bruchstücke.

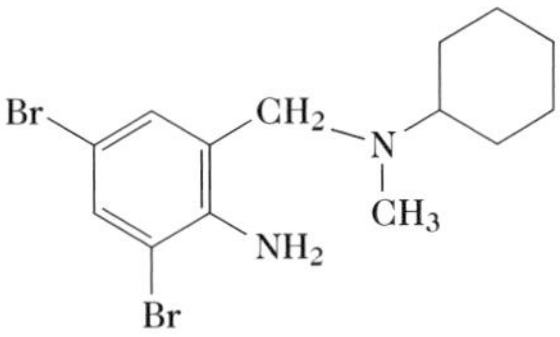

Bromhexin

Bromhexin, eine bromhaltige aromatische Aminoverbindung (Abb.), die als Hydrochlorid in Hustenmitteln enthalten ist. B. entfaltet eine bronchosekretolytische Wirkung.

Broussin, *7-Hydroxy-4'-methoxyflavan*. ↗ *Flavan*.

Brucin, *2,3-Dimethoxystrychnin*, ein Strychnos-Alkaloid. M_r 394,47 Da, F. 105 °C (Tetrahydrat), F. 178 °C (wasserfreie Form). In der präparativen Chemie wird B. zur Spaltung racemischer Säuren in ihre optischen Isomere verwendet. Das B. ist ein starkes Gift, jedoch zehnmal weniger toxisch als Strychnin, von dem es sich ableitet. Die hauptsächliche physiologische Wirkung des B. ist die Lähmung der glatten Muskulatur. Formel und Biosynthese des B. ↗ *Strychnos-Alkaloide*.

brush border Protein, ↗ *Actin-bindende Proteine*.

Bryokinin, ↗ *N^6-(γ,γ-Dimethytallyl)-adenosin*.

BSB, *BOD*, Abk. für ↗ biochemischer Sauerstoffbedarf.

BSE, Abk. für engl. bovine spongiform encephalopathy, ↗ *Prion*.

Bufadienolide, ↗ *Krötengifte*, ↗ herzwirksame Glycoside.

Bufogenine, ↗ herzwirksame Glycoside.

Bufokinin, H-Lys^1-Pro-Arg-Pro-Asp^5-Gln-Phe-Tyr-Gly-Leu^{10}-Met-NH$_2$, ein aus dem Darm der Kröte *Bufo marinus* isoliertes 11 AS-Peptidamid, das strukturell als Nicht-Säuger-Tachykinin bezeichnet werden kann und somit als ein neues Mitglied der Familie der ↗ *Tachykinine* zu betrachten ist. Da B. mit hoher Affinität an den Ratten-NK-1-Rezeptor bindet, kann es als Substanz-P-ähnliches Tachykinin betrachtet werden. Bezüglich der Inhibierung der Bindung von selektiven Radioliganden erwies sich B. 1,8fach potenter als ⁊ *Substanz P* am Ratten-NK-1-Rezeptor, aber nur etwa zweifach weniger potent als Neurokinin A am NK-2-Rezeptor und auch nur zweifach weniger wirksam als Neurokinin B am NK-3-Rezeptor. Insgesamt zeigt B. eine relativ hohe Affinität, aber es fehlt die Selektivität für alle drei Tachykinin-Bindungsorte im Rattengewebe. [J. M. Conclon et al. *J. Peptide Res.* **51** (1998) 210]

Bufotenin, *5-Hydroxy-N-dimethyltryptamin*, ein ⁊ *Krötengift*.

Bufotoxin, das Hauptoxin im Venenum der europäischen Kröte *Bufo vulgaris*. Die minimale tödliche Dosis für Katzen beträgt 390 µg/kg. ⁊ *Krötengifte*.

Buserelin, Pyr^1-His-Trp-Ser-Tyr(Bu^t)^5-D-Ser-Leu-Arg-Pro^{10}-NHEt, internationaler Freiname für das cytostatisch wirksame Analogon des ⁊ *Gonadoliberins*. Das synthetische 9 AS-Peptidamid findet Anwendung beim hormonabhängigen Prostatacarcinom. B. wird langsamer abgebaut und ist deshalb stärker wirksam als das native Hormon. Nach Applikation von B. erhöht sich anfänglich die FSH- und LH-Ausschüttung, jedoch werden im Zeitraum von zwei bis vier Wochen die Rezeptoren der Hypophyse herabreguliert, wodurch die Produktion der gonadotropen Hormone und von Testosteron ebenso abnimmt wie die Spermatogenese.

2,3-Butandiol, ⁊ *Gärungsprodukte*.

D(–)-Butandiol-Dehydrogenase (EC 1.1.1.4), ⁊ *Acetoin*.

2,3-Butandiol-Gärung, von den Bakterien *Enterobacter*, *Serratia* und *Erwinia* benutzter Stoffwechselweg zur Vergärung von ⁊ *D-Glucose*. Im Unterschied zur gemischten Säuregärung anderer *Enterobacteriaceen* (*Escherichia*, *Salmonella* und *Shigella*) wird bei der 2,3-B. weniger Säure gebildet, dafür aber mehr Kohlendioxid (CO_2), Ethanol und vor allem große Mengen ⁊ *2,3-Butandiol*. ⁊ *Ameisensäuregärung*.

Butan-2,3-dion, Syn. für ⁊ *Diacetyl*.

Butanol-Isopropanol-Gärung, ⁊ *Buttersäure-Butanol-Aceton-Gärung*.

Butein, ⁊ *Chalkone*.

***n*-Buttersäure**, *n-Butansäure*, CH_3-$(CH_2)_2$-CO-OH, die einfachste Fettsäure (M_r 88,1 Da, F. –5 °C, Sdp. 163,5 °C). B. kommt an Glycerin gebunden zu 3–5 % in der Butter vor, wo sie beim Ranzigwerden durch hydrolytische Prozesse freigesetzt wird und den unangenehmen Geruch hervorruft. In freier Form kommt B. in zahlreichen Pflanzen und Pilzen sowie in Spuren im Schweiß vor. Buttersäureester sind vielfach in etherischen Ölen enthalten.

Buttersäure-Butanol-Aceton-Gärung, *Aceton-Butanol-Gärung*, eine modifizierte ⁊ *Buttersäuregärung* von *Clostridium acetobutylicum*, bei der

Buttersäure zu Butanol reduziert wird, so dass Buttersäure nur als Nebenprodukt auftritt, und ⁊ *Aceton* aus ⁊ *Acetoacetyl-Coenzym A* entsteht; außerdem kann noch zusätzlich ⁊ *Ethanol* anfallen. Eine weitere Abwandlung zeigt sich bei der ⁊ *Gärung* von *Clostridium butylicum*, das Aceton noch zu Isopropanol reduziert (*Butanol-Isopropanol-Gärung*). In der industriellen Produktion dient als Substrat für die Bakterien Stärke (Maismehl) oder Melasse (mit Maisquellwasser).

Buttersäuregärung, die Vergärung von Kohlenhydraten zu Buttersäure und anderen Stoffwechselprodukten durch eine obligat anaerobe Bakteriengattung (*Clostridien*), die keine Porphyrine, aber H_2O_2-bildende Flavinenzyme besitzen. Bei Anwesenheit von Sauerstoff werden so schnell große Mengen des toxischen H_2O_2 gebildet.

Nach ihrem Hauptprodukt ist eine Unterteilung der *Clostridien* möglich: *C. butyricum* scheidet z.B. Buttersäure, *C. butylicum* Butanol (*Butanol-Isopropanol-Gärung*), *C. acetobutylicum* Aceton und Butanol (*Butanol-Aceton-Gärung*) neben CO_2 und H_2 sowie anderen Gärungsprodukten aus. Die Bildung molekularen Wasserstoffs ist für *Clostridien* charakteristisch.

Der Abbau der Kohlenhydrate erfolgt über den Embden-Meyerhof-Parnas-Weg (⁊ *Glycolyse*). An der Umwandlung von Pyruvat in Acetyl-CoA ist eine Pyruvat-Ferredoxin-Oxidoreduktase (TPP-Enzym) beteiligt (Abb.). Im Gegensatz zum Pyruvat-Dehydrogenase-Komplex wird der Wasserstoff anschließend nicht auf NAD^+, sondern auf Ferredoxin übertragen und von dort unter Mitwirkung der Hydrogenase als molekularer Wasserstoff freigesetzt. Dadurch entstehen beim Glucoseabbau nur 2 Mol NADH (Glycerinaldehyd-3-phosphat-Dehydrogenase-Reaktion), die bei der Bildung der Buttersäure verbraucht werden. Bei der Umwandlung von Butyryl-CoA in Butyrat entsteht ein zusätzliches Mol ATP. Daraus ergibt sich folgende Bilanz:

Glucose + 3 ADP + 3 P_i →
Butyrat + 2 H_2 + 3 ATP + 2 CO_2 (Buttersäuretyp).

Bei niedrigen pH-Werten wird Acetoacetyl-CoA teilweise in Aceton umgewandelt. Dadurch steht weniger Acetoacetyl-CoA für die NAD^+-Regenierung zur Verfügung. Butyryl-CoA wird deshalb nicht zu Buttersäure, sondern in das stärker reduzierte Butanol umgesetzt (Abb.; Butanoltyp, Butanol-Aceton-Gärung).

Zusätzlich kann Butanol aus Butyrat, welches aus dem Kulturmedium wieder aufgenommen wird, gebildet werden. Durch eine Transferase-Reaktion entsteht Butyryl-CoA, welches unter NADH-Verbrauch in Butanol umgewandelt wird. *C. butylicum* ist in der Lage, Aceton unter NADH-Verbrauch in Isopropanol umzuwandeln. Während der Gärung verändern sich so die Verhältnisse der einzelnen

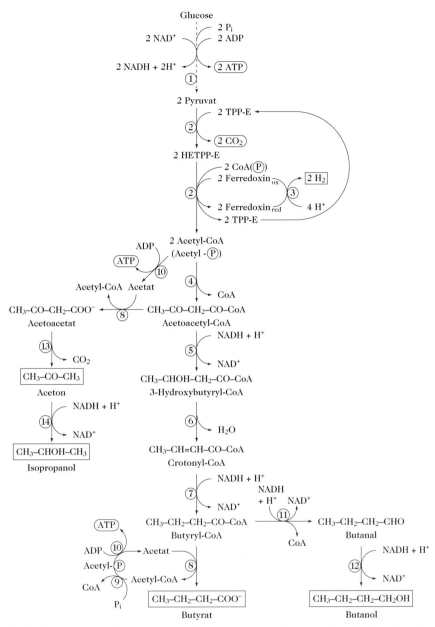

Buttersäuregärung. Bildung von Butyrat, Butanol, Aceton und Isopropanol durch *Clostridien*. Enzyme: (1) Enzyme des Embden-Meyerhof-Parnas-Wegs, (2) Pyruvat-Ferredoxin-Oxidoreduktase, (3) Hydrogenase, (4) Acetyl-CoA-Acyltransferase (β-Ketothiolase), (5) 3-Hydroxybutyryl-CoA-Dehydrogenase, (6) 3-Hydroxybutyryl-CoA-Dehydratase (Crotonase), (7) Butyryl-CoA-Dehydrogenase, (8) CoA-Transferase, (9) Acetyltransferase, (10) Acetatkinase, (11) Aldehyd-Dehydrogenase, (12) Alkohol-Dehydrogenase, (13) Acetoacetat-Decarboxylase, (14) Isopropanol-Dehydrogenase; HETPP, Hydroxyethyl-TPP.

Gärungsprodukte untereinander. Zu Beginn der Gärung wird vorrangig Butyrat ausgeschieden.

Die B. besitzt keine industrielle Bedeutung. Die mikrobielle Bildung von Buttersäure ist die Ursache von Verderbserscheinungen bei Lebens- und Futtermitteln (Backhefe, Silage), falls letztere nicht kühl gelagert bzw. gut konserviert werden (saurer pH).

2,3-Butylenglycol, ↗ *Gärungsprodukte*.

Buxus-Alkaloide, Steroidalkaloide, die als charakteristische Inhaltsstoffe in Pflanzen der Buchsbaumgewächse (*Buxaceae*) vorkommen. Die B. las-

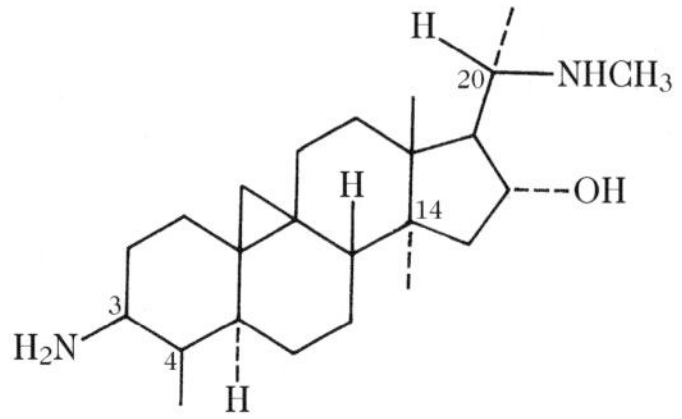

Buxus-Alkaloide. Cyclobuxamid H.

sen sich strukturell vom Pregnan (↗ *Steroide*) mit zusätzlichen Methylgruppen an Position 4 und 14

ableiten, haben an den C-Atomen 3 und 20 Amino- bzw. methylierte Aminofunktionen und weisen meist eine 16α-Hydroxylgruppe sowie einen 9,10-Cyclopropanring auf (Abb.). Die Biosynthese der Buxus-Alkaloide erfolgt über Cycloartenol oder eine ähnliche triterpenoide Vorstufe.

B-Zellen, in aktivierter Form sich zu ↗ *B-Lymphocyten* und Plasmazellen differenzierende Zellen. Die Bezeichnung bezieht sich auf den Umstand, dass bei Vögeln diese Entwicklung in der *Bursa Fabricii* stattfindet.

B-Zellen-Wachstumsfaktor, *BCGF* (engl. *B-cell growth factor*), ↗ *Lymphokine*.

C, 1) ein Nucleotidrest (in einer Nucleinsäure), der die Base C̲ytosin enthält.

2) Abk. für ↗ *Cytidin* (z.B. ist CTP das Akronym für Cytidintriphosphat).

3) Abk. für ↗ *Cytosin*.

Cachectin, ↗ *Tumor-Nekrose-Faktor*.

Cadalenvorstufe, ↗ β-*Cadinen*.

Cadaverin, *1,5-Diaminopentan*, $H_2N-CH_2-CH_2-CH_2-CH_2-CH_2-NH_2$, ein giftiges biogenes Amin, das enzymatisch durch Decarboxylierung von Lysin entsteht. C. stellt die Vorstufe für die Biosynthese einiger Alkaloide dar. Es ist am Leichen- und Fäkaliengeruch beteiligt und wurde früher als „Leichengift" (Ptomain) bezeichnet. C. ist ein bevorzugtes Substrat der Aminoxidase (EC 1.4.3.6).

Cadherine, Proteine, die bei Wirbeltieren die Ca^{2+}-abhängige Zell-Zell-Adhäsion vermitteln. Die meisten C. sind Einfach-Transmembran-Domänen-Glycoproteine, die aus jeweils 700–750 Aminosäureresten aufgebaut sind. Der große extrazelluläre Teil besteht in der Regel aus fünf Domänen mit je etwa 100 Aminosäurebausteinen, von denen drei Domänen Ca^{2+}-Bindungsstellen enthalten. Der cytoplasmatische Teil der Peptidkette der C. tritt über mehrere intrazelluläre Adhäsionsproteine mit dem ↗ *Actin* des Cytoskeletts in Wechselwirkung. Zu den Anheftungsproteinen gehören auch die Catenine (α,β,γ), die über ein weiteres Anheftungsprotein die Verbindung zwischen C. und den Actin-Filamenten herstellen. Die ersten entdeckten C. wurden nach den Geweben bezeichnet, aus denen sie isoliert wurden. So unterscheidet man zwischen *E-C.* (Epithelzellen), *N-C.* (Nerven-, Herz- und Linsenzellen) und *P-C.* (Plazenta- und Epidermiszellen). Während der Entwicklung kommen diese drei C. vorübergehend auch in anderen Geweben vor. Gegenwärtig sind schon mehr als ein Dutzend C. bekannt. Die C. sind bei Wirbeltieren vorwiegend für die gewebespezifische Erkennung verantwortlich. Sie sind die wichtigsten ↗ *Adhäsionsmoleküle*, die Zellen im jungen Embryonalgewebe zusammenhalten. Das E-C., auch *Uvomorulin* genannt, findet man gewöhnlich in konzentrierter Form im Adhäsionsgürtel (↗ *Adhärenz-Verbindungen*) reifer Epithelzellen. Außerdem wird es in der Säugerentwicklung als erstes C. exprimiert und spielt eine entscheidende Rolle für die Verdichtung von Blastomeren. [B. Geiger et al. *Annu. Rev. Cell Biol.* **8** (1992) 307; M. Takeichi *Annu. Rev. Biochem.* **59** (1990) 237]

Cadinan, ↗ *Sesquiterpene*.

β-Cadinen, ein optisch aktives Sesquiterpen, das im etherischen Öl von Wacholder, Zeder und Kubebe vorkommt. Zusammen mit seinen Isomeren und den Hydroxylderivaten (Cadinole) ist β-C. ein Vertreter der Cadinane. Cadinane sind die bekanntesten und am weitesten verbreiteten Sesquiterpene. Sie werden auch Cadalenvorstufen genannt, da sie zu Cadalen (4-Isopropyl-1,6-dimethylnaphthalin) dehydriert werden können. Formel und Biosynthese ↗ *Sesquiterpene*.

Cadinole, ↗ β-*Cadinen*.

CAE, Abk. für engl. *c̲apillary a̲ffinity e̲lectrophoresis*, ↗ *Kapillarelektrophorese*.

Caeridine, eine Familie von Peptiden aus der Haut der Baumfrösche der Gattung *Litoria*. Sie sind weder antimikrobiell wirksam noch fungieren sie als Neuropeptide. Die Rolle der C. in der Amphibienhaut ist noch nicht bekannt. *C. 1.1*, $G^1LLαDGLLGTL^{10}GL-NH_2$, ist eine Hautkomponente der meisten grünen Baumfrösche der o.g. Gattung, während die beiden ineinander umwandelbaren β-Asp-Gly/α-Asp-Gly-Isomere, *C. 1.1* und *C.1.2*, $G^1LLβDGLLGTL^{10}GL-NH_2$, gemeinsam nur aus *Litoria gelleni* isoliert werden konnten. *C. 1.3* ist das zyklische Imid von *C. 1.1* und *C. 1.2*, während *C. 1.4*, $G^1LLαDGLLGGL^{10}GL-NH_2$, in *L. xanthomera* gefunden wurde. Das entsprechende β-Isomer ist *C. 1.5* und das zyklische Imid der *C. 1.4* und *1.5* ist das *C. 1.6*. [S.T. Steinborner et al. *J. Pept. Sci.* **3** (1997) 181; *J. Peptide Res.* **51** (1998) 121]

Caerin-1-Peptide, eine Familie antimikrobieller Peptide aus australischen Baumfröschen der Gattung *Litoria* (Tab.). Alle Mitglieder der C. zeigen signifikante antibiotische Aktivität, insbesondere gegen grampositive Organismen. Das weiteste Aktivitätsprofil kann dem Caerin 1.1 zugeschrieben werden, während die Caerine 1.4 und 1.5 die höchste Aktivität gegen individuelle Mikroorganismen, z.B. gegen *Micrococcus luteus* bzw. *Leuconostoc lactis* aufweisen. Der Austausch der basischen Aminosäure Lys^{11} gegen Gln^{11} (Caerin 1.3) vermindert die Aktivität. Nur beim Einsatz gegen *M. luteus* resultiert aufgrund der positiv geladenen Zellwand eine Aktivitätserhöhung. Die Hautdrüsen des rotäugigen Baumfrosches *Litoria chloris* enthalten eine Vielzahl von Peptiden, darunter vier Vertreter der Familie der C. (Caerine 1.6, 1.7, 1.8 und 1.9). Die Caerine 1.6 und 1.7 kommen auch in der verwandten Spezies *Litoria xanthomera* vor. [D.J.M. Stone et al. *J. Chem. Soc. Perkin Trans 2* (1992) 3173; S.T. Steinborner et al. *J. Peptide Res.* **51** (1998) 121]

Caerulein, $Pyr^1-Gln-Asp-Tyr(SO_3H)-Thr^5-Gly-Trp-Met-Asp-Phe^{10}-NH_2$, ein aus der Haut des australischen Baumfrosches *Hyla caerula* isoliertes

Caerin-1-Peptid	Peptidsequenz
1.1	G^1LLSVLGSVA^{10}KHVLPHVVPV^{20}IAEHL-NH$_2$
1.2	G^1LL<u>G</u>VLGSVA^{10}KHVLPHVVPV^{20}IAEHL-NH$_2$
1.3	G^1LLSVLGSVA^{10}<u>Q</u>HVLPHVVPV^{20}IAEHL-NH$_2$
1.4	G^1LLS<u>S</u>L<u>S</u>SVA^{10}KHVLPHVVPV^{20}IAEHL-NH$_2$
1.5	G^1LLSVLGSV<u>V</u>^{10}KHV<u>I</u>PHVVPV^{20}IAEHL-NH$_2$
1.6	G^1L<u>F</u>SVLGA<u>V</u>A^{10}KHVLPHVVPV^{20}IAE<u>K</u>L-NH$_2$
1.7	G^1L<u>FK</u>VLGSVA^{10}KH<u>LL</u>PHVA$^{}$PV^{20}IAE<u>K</u>L-NH$_2$
1.8	G^1L<u>FK</u>VLGSVA^{10}KH<u>LL</u>PHVVPV^{20}IAE<u>K</u>L-NH$_2$
1.9	G^1L<u>FG</u>VLGS<u>I</u>A^{10}KH<u>LL</u>PHVVPV^{20}IAE<u>K</u>L-NH$_2$

Caerin-1-peptide. Tab.

10 AS-Peptidamid mit kininähnlichen Wirkungen. Verglichen mit ↗ *Bradykinin* hält der blutdrucksenkende Effekt länger an, während die glattmuskuläre Aktivität geringer ist. Aufgrund der Sequenzhomologie zu dem C-terminalen Bereich des ↗ *Cholecystokinins* regt es die Enzymsekretion des Pankreas an. Synthetisches C. ist unter dem Freinamen *Ceruletid* bekannt. Es wird neben CCK-8 (*Sincalid*) in der Röntgendiagnostik und bei der Diagnose der Pankreas-Funktion eingesetzt. Wegen des stimulierenden Effektes auf den Dünndarm wird Ceruletid bei einigen Krankheitsbildern postoperativ therapeutisch eingesetzt. Es findet auch Anwendung bei der Zerstörung von Gallensteinen und zusammen mit Sincalid nasal bei chronischer Pankreatitis.

Cage-Verbindungen, temporär inaktive Moleküle, die zu einem gewünschten Zeitpunkt durch Bestrahlung aktiviert werden können. Man versteht darunter Verbindungen, aus denen das aktive Substrat- oder das aktive Modulatormolekül durch photochemische Abspaltung einer Schutzgruppe freigesetzt wird (Abb.). In den C. ist die inhärente Aktivität gleichsam in einem Käfig (engl. *cage*) eingesperrt. Aus diesem Grunde können die C. beispielsweise mit einem Enzym vermischt werden, die Reaktion aber wird unter idealen Bedingungen erst durch Abspaltung der Schutzgruppe mittels eines intensiven UV-Lichtblitzes ausgelöst. Für den Start biochemischer Reaktionen stehen bereits verschiedene C. kommerziell zur Verfügung, wie z.B. das 1-(2-Nitrophenyl)ethyl-adenosin-5'-triphosphat (*Cage-ATP*), aus dem durch UV-Licht ATP schnell freigesetzt werden, oder N-[1-(2-Nitrophenyl)ethyl]carbamoylcholiniodid (*Cage-Neurotransmitter*), das bei entsprechender Behandlung Nitroacetophenon und das Neurotransmitter-Analogon Carbamoylcholin freisetzt (Abb.).

Calbidin, ein Calcium-bindendes Protein, das z.B. im Kleinhirn vorkommt. Es schützt Purkinje-Zellen vor einer Überflutung mit Ca^{2+}-Ionen, die durch Glutamatausschüttung aus infarktgeschädigten Zellen in den umgebenden Gebieten ausgelöst werden kann.

Calciferol, ein zur Vitamin-D-Gruppe zählendes Vitamin (↗ *Vitamin D*).

Calcineurin, ↗ *Protein-Phosphatase IIb*.

Calcitonin, *CT*, Cys^1-Gly-Asn-Leu-Ser^5-Thr-Cys-Met-Leu-Gly^{10}-Thr-Tyr-Thr-Gln-Asp^{15}-Phe-Asn-Lys-Phe-His^{20}-Thr-Phe-Pro-Gln-Thr^{25}-Ala-Ile-Gly-Val-Gly^{30}-Ala-Pro-NH$_2$ (hCT; Disulfidbrücke: Cys^1-Cys^7), ein 32 AS-Peptidamid, das als Hormon für die Calciumhomöostase und den Knochenumbau ein wichtige Rolle spielt. Endogenes C. wird

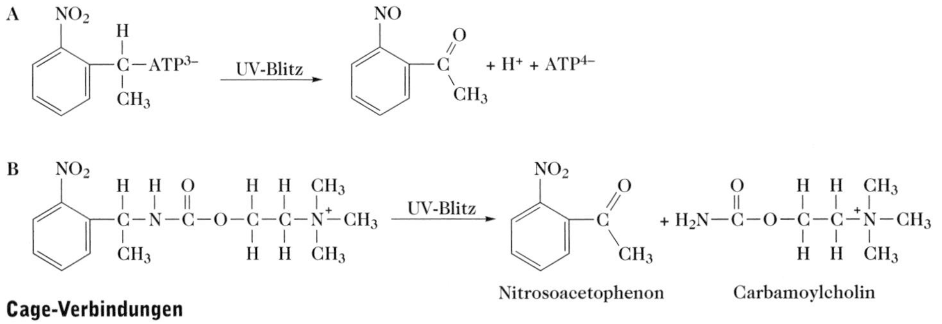

Cage-Verbindungen

über das Vorläufermolekül ^{1}LLAALVQDY^{10} VQMKASELEQ^{20}EQEREGSSLD^{30}SPRSKR**CGNL**^{40} **STCMLGTYTQ**^{50}**DFNKFHTFPQ**^{60}**TAIGVGAPGK**^{70} KR*DMSSDLER*^{80}*DHRPHVSMPQ*^{90}*NAN* (h-Pro-CT) synthetisiert, das reife C. wird dann durch die parafollikulären Zellen (C-Zellen) der Schilddrüse sezerniert. Im h-Pro-CT befindet sich zwischen den Aminosäuren 37 und 69 die um einen Gly-Rest verlängerte Sequenz (fett) des CT. Der C-terminalen, 21 Aminosäuren langen Peptidsequenz (kursiv), auch *PDN*-Sequenz oder *Katacalcin* genannt, wurde ursprünglich eine spezifische, den Plasma-Ca^{2+}-Spiegel senkende Aktivität zugeschrieben. Dies konnte aber bislang nicht bestätigt werden.

Die C-Zellen sind über die gesamte Schilddrüse verstreut. Bei niederen Vertebraten bis zu den Vögeln bilden sie allerdings ein distinktes Organ, den Ultimobranchialkörper. Die ältere Bezeichnung *Thyreocalcitonin* sollte daher nicht mehr verwendet werden. Die Bildung von C. wird durch ansteigenden Blutcalciumspiegel ausgelöst. Die Konzentration von Calcium im Blut und in der extrazellulären Flüssigkeit beträgt etwa 1,25 mM und wird durch C., ↗ *Parathormon* und 1,15 (OH)$_2$-Vitamin D3 durch Rückkopplungskontrollmechanismen reguliert. C. senkt den Ca^{2+}-Spiegel des Blutes, weil es die Knochenbildung fördert. C. stimuliert die Osteoblasten. Darüber hinaus fördert es die Calciumausscheidung durch die Nieren.

Das C.-Gen hat sechs Exons, von denen die Exons 1–4 die mRNA für das *Prä-Pro-Calcitonin* generieren. Aus dem *Pro-Calcitonin* wird C. enzymatisch freigesetzt. Die biologische Bedeutung der dabei entstehenden N- und C-terminal flankierenden Peptide ist noch nicht bekannt. Aus den Exons 1–3 sowie 5 und 6 des C.-Gens wird die mRNA für das Prä-Pro-CGRP (↗ *Calcitoningen-verwandtes Peptid*) gebildet. Bereits 1968 berichteten vier verschiedene Arbeitskreise über die Strukturaufklärung und Synthese des C. aus Schweine-Schilddrüsen. Die wenig später aus verschiedenen Spezies isolierten C. wiesen überraschenderweise große Differenzen in den Sequenzen auf. Interessanterweise zeigten die C., die im Ultimobranchialkörper gebildet werden verglichen mit den aus Säugern isolierten Hormonen, eine 30–44fach höhere hypocalchämische Aktivität. Auf der Grundlage von Sequenzähnlichkeiten, biologischen Aktivitäten und immunologischen Eigenschaften werden C. in drei distinkte Typen eingeteilt: 1) menschliches und Ratten-C., 2) Schweine-, Rinder- und Schaf-C., 3) Lachs- und Aal-C. Obgleich sich humanes C. (hCT) und Lachs-C. (*salmon* CT; sCT) in 16 von 32 Aminosäurebausteinen unterscheiden, bindet sCT an verschiedene Rezeptoren menschlicher

Zelllinien mit höherer Affinität als hCT. Daher wird synthetisches sCT (bzw. Analoga) für verschiedene therapeutische Anwendungen dem natürlichen hCT vorgezogen, zumal letzteres vom Immunsystem und Proteasen leichter angegriffen wird. Man verwendet Lachs-C. zur Behandlung verschiedener Formen der Osteoporose, der Paget-Krankheit (*Osteodystrophia deformans*) u.a., ebenso wie bei Hypercalcämie verbunden mit Lungen- und Brustkrebs und Hyperparathyreoidismus. C. wird meist intravenös verabreicht, aber auch nasale Applikation und orale Präparationen sind denkbar. [C. Basava, in *Peptides: Design, Synthesis, and Biological Activity*, C. Basava u. G. M. Anantharamaiah (Hrsg.) Birkhäuser, Boston 1994, S. 209; R. Muff et al. *Eur. J. Endocrinol.* **133** (1995) 17]

Calcitonin-Familie, strukturell verwandte Peptide mit einem N-terminalen sechs bis sieben Aminosäurebausteine enthaltenden, über eine Disulfidbrücke verknüpften Ring und einem amidierten N-Terminus. Darüber hinaus sind zusätzliche Aminosäuren in der mittleren und C-terminalen Region identisch. Die homologen Peptide der C. zeigen überlappende biologische Wirkungen. Sie binden aber an unterschiedliche Rezeptoren, die zur Familie der G-Protein-gekoppelten Rezeptoren zählen. Vertreter der C. sind ↗ *Calcitonin*, *Calcitoningen-verwandtes Peptid*, ↗ *Adrenomedullin* und *Amylin*. [R. Muff et. al. *Eur. J. Endocrinol.* **133** (1995) 17; S.J. Wimalawansa et al. *Crit. Rev. Neurobiol.* **11** (1997) 167]

Calcitoningen-verwandtes Peptid, *CGRP*, (engl. <u>c</u>alcitonin <u>g</u>ene <u>r</u>elated <u>p</u>eptide), H-Ala^1-Cys-Asp-Thr-Ala^5-Thr-Cys-Val-Thr-His^{10}-Arg-Leu-Ala-Gly-Leu^{15}-Leu-Ser-Arg-Ser-Gly^{20}-Gly-Val-Val-Lys-Asn^{25}-Asn-Phe-Val-Pro-Thr^{30}-Asn-Val-Gly-Ser-Lys^{35}-Ala-Phe-NH$_2$ (CGRP-I; Disulfidbrücke: Cys^2-Cys^7) ein 37 AS-Peptidamid, das zur ↗ *Calcitonin-Familie* gehört. Menschliches CGRP-II enthält im Vergleich zu CGRP-I in drei Positionen unterschiedliche Aminosäurereste (Asn^3/Met^{22}/Ser^{26}). CGRP wird über das *Prä-Pro-CGRP* hauptsächlich im Nervensystem gebildet. Die Information dafür ist in den Exons 1–3 sowie 5 und 6 des Calcitoningens enthalten. Die mRNA für CGRP und auch für Calcitonin wurde zuerst im zentralen und peripheren Nervensystem gefunden. CGRP ist ein in den Neuronen des zentralen und peripheren Nervensystems synthetisiertes Neuropeptid. Neben anderen Mechanismen wird CGRP aus den Nervenenden bei spannungsabhängiger Calciumaufnahme freigesetzt. Man hat verschiedene Rezeptortypen gefunden. [Cys(Acm)2,7] h-CGRP-I zeigt eine hohe agonistische Aktivität im Ratten-Samenleiter-Bioassay, wirkt aber nicht auf Meerschweinchen-Herz-Präparationen. Dagegen zeigt CGRP-I (12–37) eine schwache antagonistische Wirkung an den erwähnten Herzpräparationen, und keine Aktivität im Samenleiter-Bioassay. Für die volle biologische Wirkung scheint die vollständige Struktur notwendig zu sein, wobei sich das aktive Zentrum im N-terminalen Bereich befindet und der C-terminale Teil für die Wechselwirkung mit dem Rezeptor verantwortlich ist. Es wirkt hauptsächlich lokal, ohne den allgemeinen Kreislauf zu erreichen. CGRP ist der potenteste bisher bekannte Vasodilatator. Die gleiche Wirkung hat das nur entfernt ähnliche ↗ *Adrenomedullin* (20 % Homologie). CGRP übt einen positven inotropen Effekt am Herz aus. Es wurde 1983 nach Klonierung des Calcitoningens entdeckt. [M.G. Rosenfeld et al. *Nature* **304** (1983) 129; R. Muff et al. *Eur. J. Endocrinol.* **133** (1995) 17; S.J. Wimalawansa et al. *Crit. Rev. Neurobiol.* **11** (1997) 167]

Calcium, *Ca*, ein Erdalkalielement, das als zweiwertiges Kation in der Natur weit verbreitet ist. In Form von $CaPO_4$ und $CaCO_3$ verleiht es Schalen und Knochen Festigkeit und Härte. Als leicht chelatbildendes Ion, verhilft es Proteinen und Lipiden in Zellmembranen, im Cytoplasma, in Organellen und Chromosomen zu struktureller Stabilität. Es ist ein notwendiger Cofaktor für eine Reihe von extrazellulären Enzymen, einschließlich der prokaryontischen und eukaryontischen Verdauungsenzyme, der Faktoren II, VII, IX und X bei der ↗ *Blutgerinnung* und für die Komplementaktivierung bei Antigen-Antikörperkomplexen. Ca^{2+} bindet mit hoher Affinität an Tubulin und wird für den Eintritt der Zelle in die S-Phase des ↗ *Zellzyklus* benötigt. Kontraktilität, Sekretion, Chemotaxis und Zellaggregation werden durch Ca^{2+} und den Arachidonsäuremetabolismus reguliert. Ca^{2+} spielt bei der Fortpflanzung von Nervenimpulsen und bei der Muskelkontraktion eine wesentliche Rolle.

Ca^{2+} dient in tierischen Zellen als sekundärer Botenstoff (↗ *Hormone*). Wenn der Rezeptor des Calciumsystems durch einen molekularen Stimulus aktiviert wird, wird 4,5-Diphospho-phosphatidylinosit (4,5-Pin) zu Inositol-1,4,5-triphosphat und Diacylglycerin hydrolysiert. Diacylglycerin ist ebenfalls ein Sekundärbotenstoff und fördert die Phosphorylierung verschiedener Proteine durch Aktivierung der ↗ *Protein-Kinase C*. Gleichzeitig wird entweder den Ca^{2+}-Ionen der Eintritt in die Zelle erlaubt oder sie werden aus Reserven innerhalb der Zelle mobilisiert. Der intrazelluläre Ca^{2+}-Spiegel steigt kurzzeitig auf ca 1,0 µmol. Durch diese Konzentration aktiviert Ca^{2+} einige Proteine direkt und andere indirekt, indem es an ↗ *Calmodulin* bindet. Einige durch Calmodulin aktivierte Proteine wirken als Kinasen, die eine andere Gruppe von Proteinen phosphorylieren als die Protein-Kinase C. Protein-Kinase C selbst wird durch eine hohe Ca^{2+}-Konzentration aktiviert. Wenn sie jedoch

zuvor durch Diacylglycerin sensibilisiert wird, kann sie schon durch eine Ca^{2+}-Konzentration aktiviert werden, die nur geringfügig höher liegt als in nichtstimulierten Zellen. Wenn eine Zelle also einmal durch eine kurze Ca^{2+}-Welle aktiviert worden ist, kann die Aktivierung bei viel geringeren Ca^{2+}-Konzentrationen weiter bestehen, weil die Protein-Kinase C aktiviert worden ist.

In vielen Fällen aktiviert ein bestimmter Stimulus sowohl cAMP als auch Ca^{2+}/Diacylglycerin als Sekundärbotenstoffe. Um die danach vor sich gehenden Wechselwirkungen zu beschreiben, hat H. Rasmussen den Ausdruck „synarchic" geschaffen. In einigen Fällen führt die künstliche Stimulation nur eines der beiden Systeme (z.B. Stimulation des Ca^{2+}-Einströmens durch ein Ionophor oder Injektion von cAMP) zur Phosphorylierung der gleichen Proteine. Häufig bewirkt ein Einströmen von Ca^{2+}-Ionen eine kurze Stimulation, während die Injektion von cAMP eine langsame aber langanhaltende Stimulation hervorruft; eine normale und simultane Stimulation beider Systeme bewirkt eine langanhaltende, schnelle Reaktion. Die Gegenwart von zwei sich gegenseitig regulierenden Systemen von sekundären Botenstoffen ermöglicht es der Zelle, mit größerer Plastizität auf den primären Stimulus zu reagieren.

Pflanzen enthalten ebenfalls Calmodulin und setzen Ca^{2+} als Sekundärbotenstoff ein (cAMP ist für Pflanzen kein Sekundärbotenstoff). Sowohl die gravitropischen als die phototropischen Reaktionen von Pflanzen scheinen von Ca^{2+} abzuhängen.

Ein Überschuß an Ca^{2+}-Ionen ist für Zellen toxisch, weshalb sie einen effizienten Mechanismus zum Entfernen dieser Ionen besitzen, z.B. eine Calciumpumpe, die durch hohe intrazelluläre Ca^{2+}-Konzentrationen aktiviert wird und die Ca^{2+}-Ionen aus der Zelle herausbefördert. Unter normalen Bedingungen kann Ca^{2+} gegen in die Zelle strömende Na^+-Ionen ausgetauscht werden. Eine andere Methode, große Mengen an Ca^{2+}-Ionen zu entfernen, ist die Sequestration in den Mitochondrien. In einer Zelle liegt die Ca^{2+}-Konzentration normalerweise bei 0,1 µM, im Blut liegen ca. 1,5 µM freie Ca^{2+}-Ionen vor. [A.K. Campbell *Intracellular Calcium, Its Universal Role as Regulator*, Wiley & Sons, 1983, D. Marmé (Hrsg.) *Calcium and Cell Physiology*, Springer, 1985; W.Y. Cheung (Hrsg.) *Calcium and Cell Function*, Vol IV, Academic Press, 1983]

calciumabhängiges Regulatorprotein, ↗ *Calmodulin*.

Calciumantagonisten, besser *Calciumkanalblocker*, Herzmittel, die den transmembranären Einstrom von Calcium-Ionen durch den sog. Calciumkanal in den Herzmuskel und damit den O_2-Verbrauch des Herzens durch Herabsetzung des Tonus und der Kontraktionskraft hemmen. Dazu

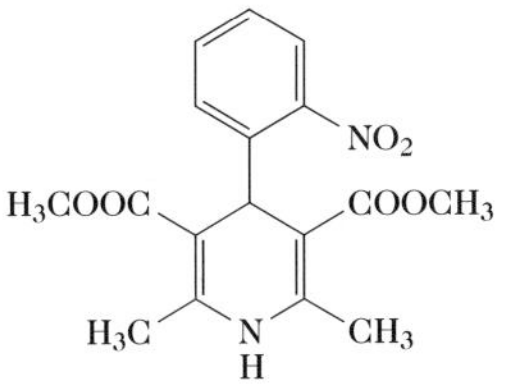

Nifedipin

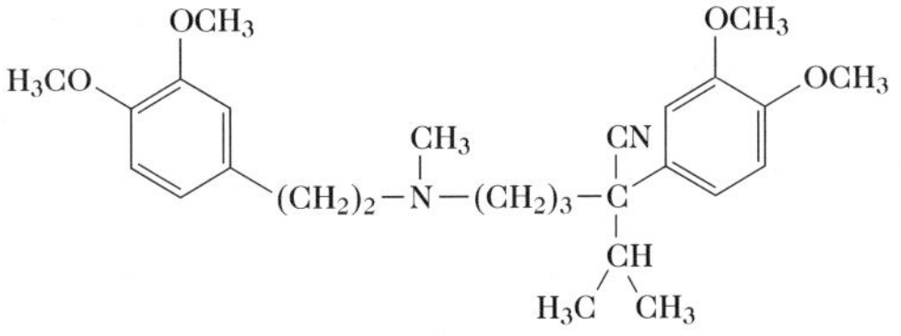

Verapamil

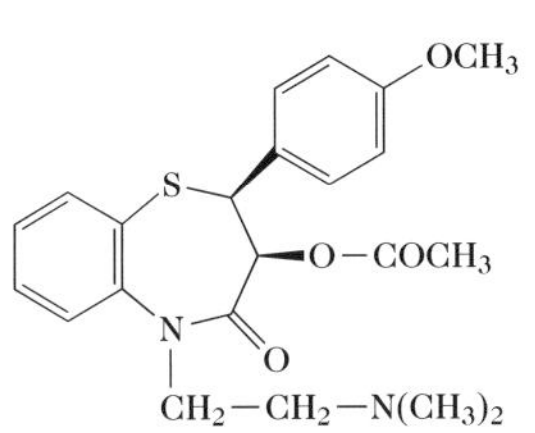

Diltiazem

Calciumantagonisten

gehören Verbindungen der Dihydropyridin-, der Verapamil- und der Diltiazem-Gruppe. Erstes Produkt der Dihydropyridin-Gruppe war *Nifedipin*, das am Dihydropyridinring symmetrisch substituiert ist (Abb.) und leicht durch eine intramolekulare Redoxreaktion unter Aromatisierung des Dihydropyridinringes und Reduktion der Nitro- zu Nitrosogruppe zersetzt wird. Folgeprodukte sind unsymmetrisch substituiert und enthalten Substituenten anderer Art und an anderer Stelle des Benzolringes. *Verapamil* ist ein mit Aralkylresten substituiertes Amin und *Diltiazem* ein Benzo-1,5-diazepin (Abb.).

Calcium-bindende Proteine, *Calciumionen-komplexierende Proteine*, die für die Resorption des in der Nahrung enthaltenen Calciums und für die Übertragung des von Calcium als sekundärem Botenstoff übernommene Informationen auf intrazelluläre biochemische Prozesse von großer Bedeutung sind. Für die Resorption von Calcium aus der Nahrung ist ein in der Darmschleimhaut gebildetes Protein im Zusammenspiel mit einer Ca^{2+}-abhängigen ATPase verantwortlich. Das erste entdeckte C. war das ↗ *Troponin C* in Muskelzellen. Ein damit eng verwandtes und biologisch sehr wichtiges C. ist das ↗ *Calmodulin*. Im sarkoplasmatischen Reticulum findet man das ↗ *Calsequestrin* und das ↗ *Calreticulin*, im Kleinhirn das ↗ *Calbidin*.

Calcium / Calmodulin-abhängige Protein-Kinasen, *CaM-Kinasen*, eine Familie von ↗ *Protein-Kinasen*, die die meisten Ca^{2+}-stimulierten Prozesse in tierischen Zellen vermitteln. Diese Enzyme katalysieren Proteinphosphorylierungs-Reaktionen, wobei beim Anstieg der Konzentration an freiem Ca^{2+} im Cytosol spezielle Serin- oder Threonin-Reste in Zielproteinen phosphoryliert werden. Zu dieser Enzymfamilie gehören u.a. die *Myosin-leichte-Kette-Kinase*, die an der Kontraktion von glatten Muskelzellen beteiligt ist, die den Glycogenabbau stimulierende ↗ *Phosphorylase-Kinase* und die sehr gut untersuchte ↗ *CaM-Kinase II*.

Calciumkanalblocker, ↗ *Calciumantagonisten*.

Calciumkanäle, fakultative Transportproteine für Ca^{2+}-Ionen, die sich bei Änderung des elektrischen Zellmembranpotenzials öffnen oder schließen können. Die spannungsabhängigen C. des Skelettmuskels sind Transmembran-Glycoproteine (M_r 447 kD), die aus fünf Untereinheiten ($\alpha_1, \alpha_2, \beta, \gamma, \delta$) bestehen, wobei die α_1-Untereinheit aus vier Transmembran-Domänen aufgebaut ist (Abb. I-IV), die wiederum jeweils sechs membrandurchspannende α-Helices aufweisen. Die α_1-Untereinheit, die strukturell eng verwandt ist mit der α-Untereinheit des spannungsabhängigen Na^+-Kanals (↗ *Natriumkanäle*), bildet die spannungssensitive Pore. Jeweils nur ein membrandurchspannendes Strukturele-

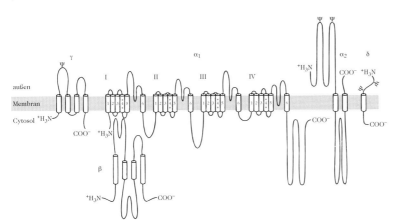

Calciumkanäle. Schematische Darstellung der Struktur des spannungsabhängigen Calciumkanals.
$\alpha_1, \alpha_2, \beta, \gamma, \delta$: Untereinheiten.
I, II, III, IV: membrandurchspannende Domäne der α_1-Untereinheiten.
1, 2, 3, 4, 5, 6: Helices der Domänen I-IV.

ment besitzen die α_2-, γ- und δ-Untereinheit. Es wird durch eine unterschiedliche Zahl von α-Helices gebildet. Die β-Untereinheit ist nicht glycosyliert und offenbar nur intrazellulär lokalisiert. An der Regulation der Aktivität der C. sind Phosphorylierungsmechanismen beteiligt. Es wird angenommen, dass speziell die β-Untereinheit ein Substrat für Phosphorylierungen durch verschiedene Protein-Kinasen darstellt. In der Abbildung sind die Glycosylierungsstellen mit Ψ gekennzeichnet. Es wird angenommen, dass der Messfühler für die Potenzialänderung in der mit 4 bezeichneten Helix in den vier membrandurchspannenden Helices lokalisiert ist. Beim Öffnen des Kanals sollen sich die an das Protein gebundenen positiven Ladungen von der cytosolischen zur extrazellulären Membranseite hin bewegen. Die durch die Änderung des elektrischen Felds initiierte Ladungsverschiebung (*gating charges*) bewirkt eine Konformationsänderung und damit eine Öffnung der Calciumpore. C. finden sich ubiquitär in erregbaren Zellen, wie sekretorischen Zellen, Neuronen, Skelett- und Glattmuskelzellen. Die Blockierung von C. durch spezielle Pharmaka (↗ *Calciumantagonisten*) dient u.a. der Behandlung der coronaren Herzkrankheit und des Hypertonus.

Calcium-Modulator, *CaM*, ↗ *Calmodulin*.

Calciumphosphat-Methode, eine Transfektionsmethode zum Einschleusen von Fremd-DNA in Säugerzellen. Bei der C. wird die DNA mit Calciumchlorid und einer phosphathaltigen Pufferlösung gemischt. Die sich bildenden feinen DNA-Calciumphosphat-Kristalle schlagen sich beim Zellkontakt auf der Zelloberfläche nieder und werden anschließend durch Endocytose in die Zelle aufgenommen.

Calciumpumpen, ↗ *Ca^{2+}-ATPasen*.

Caldesmon, ↗ *Actin-bindende Proteine*.

Caledonin, ein aus dem Manteltier *Didemnum rodriguesi* isoliertes modifiziertes Peptid. Die

Aminogruppe des zentralen Phenylalaninrests ist mit einer schwefelhaltigen β-Aminosäure, der (*S*)-3-Amino-5-mercaptopentansäure, amidartig verknüpft, während die Carboxylgruppe mit einem sechsgliedrigen zyklischen Guaninringsystem verbunden ist, das eine *N*-Octanseitenkette trägt. C. komplexiert Zn^{2+}-und Cu^{+}-Ionen und könnte am Ionentransport durch Membranen mitwirken. [M.J. Vazquez et al. *Tetrahedron Lett.* **36** (1995) 8.853]

Callistephin, ↗ *Pelargonidin*.

Calmodulin, *calciumabhängiges Regulatorprotein*, *CDR* (engl. *calcium dependent regulator*), *Calcium-Modulator*, *CaM*, ein aus 148 Aminosäuren aufgebautes Protein (M_r 17 kDa) mit vier Bindungsstellen für Ca^{2+}-Ionen. C. ist der wichtigste Vertreter der ↗ *Calcium-bindenden Proteine* und kommt in tierischen und pflanzlichen Zellen als weitverbreiteter intrazellulärer Ca^{2+}-Rezeptor vor, der eine Vielzahl Ca^{2+}-regulierter Prozesse vermittelt. Bei Anstieg des cytoplasmatischen Calciumspiegels über 500 nM, verursacht durch Öffnung von ↗ *Calciumkanälen* in der Plasmamembran oder einer Membran von intrazellulären Speichervesikeln, wird C. durch die Bindung von drei oder vier Ca^{2+}-Ionen aktiviert. Viele Enzyme, Pumpen, Membrantransportproteine und andere Zielproteine werden durch Ca^{2+}/CaM reguliert, wobei die meisten Wirkungen nicht direkt durch C., sondern über Ca^{2+}/CaM-abhängige Protein-Kinasen ausgelöst werden. Repräsentative Beispiele hiefür sind die calmodulinabhängige Protein-Kinase II, kurz ↗ *CaM-Kinase II* genannt, und die Ca^{2+}-ATPase-Pumpe der Plasmamembran (↗ *Ca^{2+}-ATPasen*). In einer Säugerzelle sind mehr als 10^{7} Moleküle C. enthalten. In einigen Fällen ist C. auch eine selbständige regulatorische Untereinheit eines allosterischen Enzyms (z.B. Phosphorylase-Kinase). C. ist aus zwei globulären Strukturelementen aufgebaut, die über eine lange α-Helix miteinander verknüpft sind, und

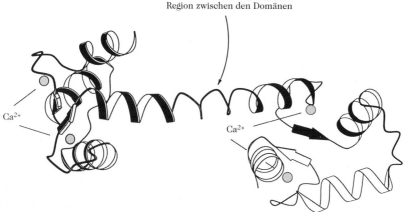

Verbindende Helix mit flexibler
Region zwischen den Domänen

Ca^{2+}

Ca^{2+}

Calmodulin. Struktur
des Calmodulins.

zusammen 6,5 nm lang sind. Beide globulären Enden enthalten je zwei Schleifen aus 12 Aminosäureresten für die Bindung der Ca^{2+}-Ionen (Abb.). Interessanterweise haben die beiden Ca^{2+}-Bindungsregionen am C-Terminus eine etwa zehnfach höhere Affinität zu Ca^{2+} als die beiden anderen Bindungsstellen im N-terminalen Bereich. C. erkennt die verschiedenen Zielproteine offenbar an positiv geladenen, amphipathischen α-Helices, da beide Lappen des Ca^{2+}-C. hydrophobe Sequenzbereiche aufweisen, die von negativ geladenen Regionen umgeben sind, und damit Komplementarität zu positiv geladenen amphiphilen α-Helices aufweisen. [P. Cohen u. C.B. Klee (Hrsg.) *Calmodulin.* Elsevier, Amsterdam, 1988]

Calnexin, ↗ *Calreticulin.*

Calregulin, ↗ *Calreticulin.*

Calreticulin, *Calnexin, Calregulin,* ein im sarkoplasmatischen Reticulum vorkommendes Calciumbindendes Protein (M_r 46 kDa). In der Zelle liegt C. mit einem weiteren Protein (M_r 35 kDa) assoziiert vor. C. übt eine wichtige Funktion bei der Regulation von cytoplasmatisch freiem Ca^{2+} aus und bindet außerdem an unreife Formen verschiedener Membranproteine, wobei vermutet wird, dass es für die korrekte Faltung dieser Proteine von Bedeutung ist. C. wurde auch im Kern und in der Kernmembran nachgewiesen. Die Expression von C. ist offenbar auch von der Zellproliferation abhängig. Außerdem scheint es bei bestimmten Autoimmunerkrankungen eine Rolle zu spielen.

Calsequestrin, ein zu den ↗ *Calcium-bindenden Proteinen* zählendes Membranprotein des sarkoplasmatischen Reticulums. C. ist ein saures Glycoprotein (M_r 55 kDa; 37 % Asp+Glu) mit einer hohen Bindungskapazität für Calciumionen (etwa 45 mol Ca^{2+}/mol C.), das in indirekter Weise für die Muskelfunktion wichtig ist.

Calvinpflanzen, ↗ C_3-*Pflanzen.*

Calvin-Zyklus, *reduktiver Pentosephosphat-Zyklus, photosynthetischer Kohlenstoffreduktions-Zyklus,* eine Serie von 13 enzymkatalysierten Reaktionen, die im Chloroplastenstroma von Pflanzen oder im Cytoplasma von photosynthetischen Bakterien vorkommen und zu einem Zyklus organisiert sind. Dieser hat den Zweck, CO_2 in Kohlenhydrate umzuwandeln, unter Verwendung reduzierter Pyridinnucleotide (NADPH in Pflanzen, NADH in photosynthetischen Bakterien) und ATP, das während der Lichtphase der ↗ *Photosynthese* gebildet wird. Der Zyklus wurde von Melvin Calvin entdeckt, dessen Forschung 1961 mit dem Nobelpreis für Chemie ausgezeichnet wurde. Der C. läuft in allen photosynthetischen Organismen ab, außer den grünen Schwefelbakterien (*Chlorobiaceae*), die CO_2 über den ↗ *reduktiven Citrat-Zyklus* fixieren. Obwohl die Atmosphäre die Quelle für das im Calvin-Zyklus

fixierte CO_2 ist, stellt es nur für die ↗ C_3-*Pflanzen* die direkte Quelle dar; bei C_4-Pflanzen (↗ *Hatch-Slack-Kortschak-Zyklus*) und CAM-Pflanzen (↗ *Crassulaceen-Säurestoffwechsel*) wird das atmosphärische CO_2 zuerst durch Reaktion mit Phosphoenolpyruvat (als HCO_3^-) in Oxalessigsäure (OES) inkorporiert; nachfolgend wird es aus OES regeneriert (oder aus der von der OES abgeleiteten Äpfelsäure) und dann im C. fixiert.

Man kann sich vorstellen, dass der Zyklus aus den folgenden zwei Phasen besteht:

1) eine CO_2-*fixierende, kohlenhydratbildende Phase,* in der sich CO_2 mit einem CO_2-Akzeptormolekül zu einer C_3-Carbonsäure verbindet, die dann im Verlauf einer NAD(P)H- und ATP-verbrauchenden Reaktionssequenz in die Triosephosphate 3-Phosphoglycerinaldehyd (3-PGAld) und Dihydroxyacetonphosphat (DiHOAcP) umgewandelt wird;

2) eine *regenerative Phase,* in der die Triosephosphatmoleküle (die übrig bleiben, nachdem die für allgemeine biosynthetische Zwecke benötigten Moleküle entnommen wurden) eine Reihe von Reaktionen eingehen. Diese haben den Zweck, die Anzahl an Akzeptormolekülen zu regenerieren, die benötigt wird, um die Stöchiometrie des Zyklus zu erfüllen, d.h. drei für jedes DiHOAcP-Molekül, das für allgemeine Biosynthesen abgezweigt wird. In Pflanzen wird DiHOAcP auf physikalischem Weg dem Zyklus entzogen und vom Chloroplasten in das Cytosol exportiert, wo es für die Saccharosebildung verwendet wird. Diese Saccharose wird dann aus der Zelle exportiert und über das Phloem zu jenen Teilen der Pflanze transportiert, die den Zucker benötigen, z. B. die Meristeme, die Wurzeln, die sich entwickelnden Samen und Knollen. Diese physikalische Ausscheidung ist bei photosynthetischen Bakterien jedoch nicht möglich, weil sie keine Chloroplasten oder andere Organellenstrukturen besitzen.

Die erste Phase des C. beginnt mit einer Carboxylierungsreaktion (Reaktion A in der Abb.), die durch die ↗ *Ribulose-1,5-diphosphat-Carboxylase* katalysiert wird. Der CO_2-Akzeptor ist D-Ribulose-1,5-diphosphat (Ru-1,5-dP), von dem angenommen wird, dass er in Form des Endiols mit CO_2 reagiert und das 6C-Zwischenprodukt 2-Carboxy-3-keto-D-arabinitol-1,5-diphosphat bildet. Dieses wird dann hydrolytisch gespalten und es werden zwei Moleküle 3-Phosphoglycerinsäure (3-PGA; ↗ *Ribulosediphosphat-Carboxylase* für den Reaktionsmechanismus) gespalten. Wenn man annimmt, dass ein DiHOAcP-Molekül das Produkt einer Zyklusrunde ist, dann müssen aufgrund der Stöchiometrie drei CO_2-Moleküle mit 3 Ru-1,5-dP reagieren, um sechs 3-PGA-Moleküle zu bilden. Es ist zu beachten, dass der Rest dieses Artikels diese Stöchiometrie zugrunde legt, ebenso wie die Abbildung, in der über

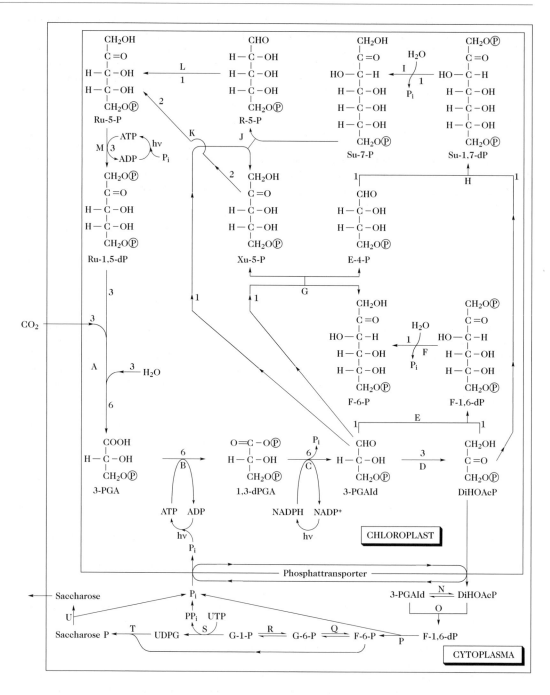

Calvin-Zyklus. Der Calvinsche reduktive Pentosephosphat-Zyklus in den Chloroplasten und die damit verbundene Saccharosesynthese im Cytoplasma. Die Stöchiometrie des Zyklus wird durch Nummern an den Reaktionspfeilen angegeben; A = Ribulosediphosphat-Carboxylase, EC 4.1.1.39; B = Phosphoglycerinsäure-Kinase, EC 2.7.2.3; C = 3-Phosphoglycerinaldehyd-Dehydrogenase, EC 1.2.1.13; D und N = Triosephosphat-Isomerase, EC 5.3.1.1; E, H und O = Fructosediphosphat-Aldolase, EC 4.1.2.13; F und P = Fructose-Diphosphatase, EC 3.1.3.11; G und J = Transketolase, EC 2.2.1.1; I = Sedoheptulose-Diphosphatase, EC 3.1.3.37; K = Ribulosephosphat-3-Epimerase, EC 5.1.3.1; L = Ribosephosphat-Ketol-Isomerase, EC 5.3.1.6; M = Phosphoribulo-Kinase, EC 2.7.1.19; O = Fructosediphosphat-Aldolase, EC 4.1.2.13; P = Fructose-Diphosphatase, EC 3.1.3.11; Q = Glucosephosphat-Ketol-Isomerase, EC 5.3.1.9; R = Phosphogluco-Mutase, EC 2.7.5.1; S = Glucosephosphat-Uridyltransferase, EC 2.7.7.9; T = Saccharosephosphat-Synthase, EC 2.1.4.14; U = Saccharose-Phosphatase, EC 3.1.3.24.

dem Reaktionspfeil die Anzahl Moleküle angegeben ist, die an einer Reaktion beteiligt sind. Alle 3-PGA-Moleküle werden mit Hilfe der Phosphoglycerat-Kinase phosphoryliert, wobei ATP eingesetzt wird, das in der Lichtphase der Photosynthese generiert wird. Es entsteht eine äquivalente Anzahl an 1,3-Diphosphoglycerinsäure-Molekülen (1,3-dPGA; korrekterweise 3-Phosphoglyceroylphosphat genannt; Reaktion B in der Abb.). Diese Reaktion aktiviert die Carboxylgruppe der 3-PGA durch Überführung in eine -CO(OPO$_3^-$)-Gruppe, die im nächsten Schritt zu einer -CHO-Gruppe reduziert werden kann. Bei dieser Reaktion werden alle 1,3-dPGA-Moleküle durch die 3-Phosphoglycerinaldehyd-Dehydrogenase (unter Verwendung von NAD(P)H, das auch während der Lichtphase der Photosynthese generiert wird) reduziert. Es entsteht eine äquivalente Anzahl (6) an 3-PGAld-Molekülen (Reaktion C in der Abb.). Drei dieser Moleküle gehen eine Aldose-Ketose-Isomerisierung ein, die durch die Triosephosphat-Isomerase katalysiert wird, wodurch man drei DiHOAcP-Moleküle erhält (Reaktion D in der Abb.). Auf diese Weise stehen am Ende der ersten Phase des Zyklus jeweils drei Moleküle von 3-PGAld und DiHOAcP. Von diesen wird ein DiHOAcP-Molekül als Photosyntheseprodukt abgezweigt (entspricht drei fixierten CO$_2$-Molekülen). Es bleiben drei 3-PGAld-Moleküle und zwei DiHOAcP-Moleküle übrig, mit denen die zweite Phase des Zyklus beginnt. In der zweiten Phase muss das Kohlenstoffgerüst von fünf Triosephosphatmolekülen (insgesamt 15 Kohlenstoffatome) in der Weise reorganisiert werden, dass drei Pentosephosphatmoleküle in der Form von Ru-1,5-dP geschaffen werden. Diese stellen die CO$_2$-Akzeptormoleküle der nächsten Zyklusrunde dar.

Die zweite Zyklusphase beginnt mit der durch die Diphosphat-Aldolase katalysierten Kondensation eines Moleküls 3-PGAld mit einem Molekül DiHOAcP zu einem Molekül D-Fructose-1,6-diphosphat (F-1,6-dP; Reaktion E in der Abb.). Diesem Schritt folgt die hydrolytische Abspaltung der C1-Phosphatgruppe von F-1,6-dP unter Bildung von D-Fructose-6-phosphat (F-6-P; Reaktion F in der Abb.). Dieses reagiert anschließend mit einem der zwei restlichen 3-PGAld-Moleküle und es entstehen jeweils ein Molekül D-Xylulose-5-phosphat (Xu-5-P) und D-Erythrose-4-phosphat (E-4-P; Reaktion G in der Abb.). Diese Reaktion wird durch Transketolase katalysiert, die in Gegenwart von Thiaminpyrophosphat die Ketolgruppe (CH$_2$OH-CO) aus der C1- und C2-Position des F-6-P auf 3-PGAld überträgt, so dass sie zur Ketolgruppe von Xu-5-P wird. Die Kohlenstoffatome 3, 4, 5 und 6 von F-6-P werden zu E-4-P. Das E-4-P kondensiert dann unter dem katalytischen Einfluß von Fructosediphosphat-Aldolase mit dem einen noch verbliebenen DiHOAcP und

bildet ein Molekül D-Sedoheptulose-1,7-diphosphat (Su-1,7-dP; Reaktion H in der Abb.). Diesem Schritt folgt die hydrolytische Abspaltung der C1-Phosphatgruppe mit Hilfe der Fructose-Diphosphatase, wobei D-Sedoheptulose-7-phosphat (Su-7-P; Reaktion I in der Abb.) entsteht. Dieses reagiert dann mit dem noch übriggebliebenen 3-PGAld-Molekül unter Bildung jeweils eines Moleküls D-Xylulose-5-phosphat (Xu-5-P) und D-Ribose-5-phosphat (R-5-P; Reaktion J in der Abb.). Diese Reaktion wird ebenfalls durch die Transketolase katalysiert und ist in mechanistischer Hinsicht identisch mit Reaktion G (Abb.). An diesem Punkt der zweiten Phase sind zwei Moleküle Xu-5-P vorhanden, die durch zwei transketolasekatalysierte Reaktionen (Reaktion G und J) gebildet wurden, und ein Molekül R-5-P. Jedes dieser drei Pentosephosphate wird jetzt zu D-Ribulose-5-phosphat (Ru-5-P) isomerisiert. Dabei katalysiert die Ribosephosphat-Ketol-Isomerase die Isomerisierung von R-5-P in einer Aldose-Ketose-Umwandlungsreaktion, während die Ribulosephosphat-Epimerase die Isomerisierung von Xu-5-P katalysiert, indem sie die Orientierung der H- und OH-Gruppen an C3 umkehrt (3S in 3R; Reaktion K in der Abb.). Der Zyklus wird mit der Phosphorylierung von drei Molekülen Ru-5-P, katalysiert durch die Phosphoribulo-Kinase, vollendet, wobei ATP verbraucht wird, das in der Lichtphase der Photosynthese generiert wurde. Außerdem werden drei Moleküle Ru-1,5-dP gebildet, die für den Start des nächsten Zyklus benötigt werden.

Verschiedene Enzyme des Calvin-Zyklus, z.B. Ribulose-1,5-diphosphat-Carboxylase, 3-Phosphoglyceraldehyd-Dehydrogenase und Phosphoribulo-Kinase, werden nachweislich durch Licht aktiviert [B.B. Buchanan *Annu. Rev. Plant Physiol.* **32** (1981) 349–383]

Die Hauptbeweise für den C. stammen aus:

1) Untersuchungen des zeitabhängigen Entstehens markierter Zwischenprodukte, wenn ein photosynthetisierender Organismus unter Bedingungen des stationären Zustands ^{14}CO$_2$ ausgesetzt wird; nach 5 Sekunden ist 3-PGA ^{14}C-markiert und nach 30 Sekunden sind alle Zwischenprodukte markiert, was beweist, dass 3-PGA das Carboxylierungsprodukt ist.

2) Markierungsmustern der Kohlenstoffkette von Zwischenprodukten nach einer kurzzeitigen Photosynthese in Gegenwart von ^{14}CO$_2$, das der erwarteten und in der Abb. formulierten Reaktionsfolge entspricht.

3) der Demonstration, dass der Spiegel von 3-PGA im stationären Zustand steigt und der von Ru-1,5-dP auf Null fällt, wenn ein photosynthetisierender Organismus einer Dunkelperiode ausgesetzt wird (wenn NAD(P)H oder ATP nicht gebildet werden konnten), aber im Licht wieder zum Normalzu-

stand zurückkehrt; darüber hinaus wiederholt sich dieses Muster der 3-PGA- und Ru-1,5-dP-Konzentrationen während sukzessiver Licht-Dunkel-Zyklen unendlich oft, was beweist, dass diese zwei Verbindungen durch eine zyklische Reaktionsfolge miteinander in Beziehung stehen und nicht durch eine lineare.

4) der Demonstration, dass alle für den Zyklus benötigten, in der Abb. aufgeführten Enzyme in den Chloroplasten der Pflanzen und im Cytoplasma der photosynthetisierenden Bakterien, die den C. durchführen, vorhanden sind. [W. Martin et al. „Microsequencing and c-DNA cloning of the Calvin cycle/oxidative pentose phosphate pathway enzyme ribose-5-phosphate isomerase (EC 5.3.1.6) from spinach chloroplasts" *Plant Molecular Biology* **30** (1996) 795–805]

Calycosin, ↗ *Pterocarpane*.

CaM, Abk. für Calcium-Modulator, ↗ *Calmodulin*.

CAM, Abk. für **1)** ↗ *Adhäsionsmolekül* (engl. *cell adhesion molecule*) oder für

2) ↗ *Crassulaceen-Säurestoffwechsel* (engl. *crassulacean acid metabolism*).

CaM-Kinase II, ein zu den ↗ *Calcium/Calmodulin-abhängigen Protein-Kinasen* zählendes, sehr gut untersuchtes Enzym. Diese multifunktionelle Protein-Kinase phosphoryliert eine Vielzahl unterschiedlicher Zielproteine und ist auf diese Weise an der Regulation des Energiestoffwechsels, der Ionenpermeabilität sowie der Synthese und Freisetzung von Neurotransmittern beteiligt. Die C. ist ein Dodekamer, wobei die 12 Untereinheiten aus vier homologen Polypeptidketten (α, β, γ und δ) bestehen und in Abhängigkeit vom Zelltyp in einem bestimmten Verhältnis exprimiert werden. In Abwesenheit von Ca^{2+}/Calmodulin ist das Enzym inaktiv. Es wird durch Bindung mehrerer Moleküle Ca^{2+}/Calmodulin aktiviert, wodurch es in die Lage versetzt wird, Zielproteine zu phosphorylieren. Darüber hinaus erfolgt durch gegenseitige Phosphorylierung seiner Untereinheiten eine Autophosphorylierung des multimeren Enzyms. Im autophosphorylierten Zustand bleibt die C. auch ohne Ca^{2+}/Calmodulin aktiv. Das Enzym besitzt also gewissermaßen ein molekulares Gedächtnis, da es über den Zeitpunkt des ursprünglichen Ca^{2+}-Signals hinaus so lange aktiv bleibt, bis es von Protein-Phosphatasen durch Dephosphorylierung in den inaktiven Grundzustand zurückgeführt wird. C. kommt in allen tierischen Zellen vor. Besonders hohe Konzentrationen findet man in Nervenzellen, wo C. speziell in den Synapsen angereichert ist. In den Neuronen, die ↗ *Catecholamine* als Neurotransmitter verwenden, aktiviert der über ↗ *Calciumkanäle* vermittelte Ca^{2+}-Einstrom die C., die ihrerseits durch Phosphorylierung die ↗ *Tyrosin-Hydroxyla-*

se aktiviert. Dadurch wird die Catecholamin-Synthese stimuliert.

CaM-Kinasen, Abk. für ↗ *Calcium/Calmodulin-abhängige Protein-Kinasen*.

cAMP, Abk. für zyklisches (engl. <u>c</u>yclic) <u>A</u>denosin-3′,5′-<u>m</u>onophosphat. ↗ *Adenosinphosphate*.

cAMP-abhängige Protein-Kinase, ↗ *Protein-Kinase A*.

Campesterol, *Campest-5-en-3β-ol* (Abb.), ein Pflanzensterin (↗ *Sterine*). M_r 400,68 Da, F. 158 °C, $[\alpha]_D$ –33 ° (22,5 mg in 5ml $CHCl_3$). C. findet sich in Rapssamen (*Brassica campestris*), Sojabohnen und Weizenkeimen und in einigen Mollusken.

Campesterol

Campher, *Kampfer*, ein im Pflanzenreich weit verbreitetes Keton aus der Reihe der bizyklischen Monoterpene, das in beiden optischen Formen vorkommt. (+)-C. (*Japancampher*), F. 180 °C, Kp. 204 °C, $[\alpha]_D^{20}$ 43,8 ° (c = 7,5; abs. Ethanol); (–)-C. (*Matricariacampher*), F. 178,6 °C, Sdp. 204 °C, $[\alpha]_D^{20}$ –44,2 ° (Ethanol). Als Ausgangsmaterial für die technische Herstellung von Naturcampher eignet sich nur der in den Küstengebieten Ostasiens heimische Campherbaum *Cinnamomum camphora*. C. hat vielfältige pharmazeutische Eigenschaften und wird z.B. in Salben angewendet. Aus α- oder β-Pinen durch Partialsynthese technisch hergestellter C. besteht aus einem racemischen Gemisch und wird vorwiegend in der Kunststoffindustrie eingesetzt. Formel und Biosynthese ↗ *Monoterpene*.

cAMP-Kaskade, ein intrazelluläres Signaltransduktionssystem, das ein von außen kommendes Signal verstärkt und verschiedene Stoffwechselvorgänge auslöst. Die Kaskade wird durch Bindung eines Hormons an einen Zellwandrezeptor gestartet, wobei zunächst ein G_S-Protein (↗ *GTP-bindende Proteine*) aktiviert wird. Die α-Untereinheit des G-Proteins bindet GTP und induziert durch Wechselwirkung mit der Adenylat-Cyclase die Bildung des sekundären Botenstoffs cAMP. Der aktiviert seinerseits die ↗ *Protein-Kinase A*, die eine weitere Phosphorylierung von Zielproteinen induziert. Diese Aktivierungskaskade bewirkt, dass ein einziges Hormonsignal signifikant verstärkt wird, wobei cAMP als sekundärer Botenstoff so lange wirkt, bis durch eine cAMP-abhängige Phosphodiesterase cAMP zu AMP abgebaut und damit das Signal beendet wird.

cAMP-Rezeptor, ein in der Plasmamembran der Amöbe *Dictyostelium discoideum* nachgewiesenes Rezeptorprotein, das die chemotaktische Wirkung (↗ *Chemotaxis*) von cAMP auf diese Organismen vermittelt. Dieser Effekt führt zur Aggregation der Zellen. Während in Säugerzellen cAMP über die Stimulierung der ↗ *Protein-Kinase A* zur Phosphorylierung weiterer Zielproteine führt, tritt cAMP in Bakterien mit dem ↗ *Katabolitgen-Aktivatorprotein* in Wechselwirkung, wodurch die ↗ *Transcription* stimuliert wird.

cAMP-Rezeptor-Protein, ↗ *Adenosinphosphate* (Tab. 2).

Camptothecin, *4-Ethyl-4-hydroxy-1H-pyrano-[3′,4′:6,7]indolizino[1,2-b]chinolin-3,14(4H,12H)-dion* (Abb.), das Hauptalkaloid von Holz und Rinde des in China beheimateten Baumes *Camptotheca acuminata*. Es kommt auch in *Mappia foetida* und *Ervatomia heyneana* vor. M_r 348 Da, F. 264–267 °C (Z.), $[\alpha]_D^{25}$ 31,3 ° (CHCl$_3$/CH$_3$OH, 8 : 2). C. ist eines der aktivsten natürlichen Produkte gegen Leukämie und maligne Tumore. Es wird besonders in der Volksrepublik China als Antikrebsmittel verwendet.

Camptothecin

CAM-Test, ein Bioassay zum Nachweis von chemotaktisch und/oder mitogen wirkenden Angiogenese-Faktoren und von Angioinhibinen. Angiogenese-Faktoren sind Verbindungen, die eine Neubildung von Blutgefäßen (Angiogenese) durch Sprossung vorhandener Gefäße bewirken, wie z.B. die Prostaglandine E$_1$ und E$_2$ (↗ *Prostaglandine*), Derivate der ↗ *Arachidonsäure* und Angiogenin. Man verwendet für den C. die Chorionallantois-Membran des Hühnerembryos (CAM für engl. *chorioallantoic membrane*). Bei der Inkubation mit der Testsubstanz wird im positiven Fall eine Aussprossung und Neubildung von Blutgefäßen beobachtet. Ein anderer Test verwendet nichtvaskularisiertes Gewebe aus der Cornea des Kaninchenauges (*cornea pocket*-Assay).

Ca^{2+}/Na$^+$-Antiport, ein Ionentransport-Shuttlesystem, das den Ausstrom von Ca^{2+}-Ionen mit dem Einstrom von Na$^+$-Ionen koppelt. Ein solches System ist z.B. in der Herzmuskelzelle lokalisiert.

L-Canalin, *L-2-Amino-4-(aminooxy)buttersäure.* M_r 134,12 Da, F. 213 °C (Z.), $[\alpha]_D$ 7,7 ° ± 0,2 °(1,4 %

H$_2$O). Es ist ein Hydrolyseprodukt von ↗ *L-Canavanin* und kommt in allen canavaninhaltigen Leguminosen vor, die Arginase besitzen. Es ist ein starker Inhibitor von pyridoxalphosphathaltigen Enzymen. L-C. reagiert mit dem Vitamin B$_6$-Teil und bildet ein stabiles kovalent gebundenes Oxim. [G.A. Rosenthal et al. *J. Biol. Chem.* **265** (1990) 863–873]

Ca^{2+}/Na$^+$-Pumpe, ↗ *Ca^{2+}-ATPasen*.

L-Canavanin, *L-2-Amino-4-guanidooxybuttersäure.* M_r 176,12 Da, F. 172 °C ± 0,5 °C (Z.), $[\alpha]_D$ 7,9 ° (c = 3,2). L-C. ist ein Strukturanaloges von ↗ *L-Arginin*, das nur in einigen Leguminosen vorhanden ist. Das Vorkommen oder Fehlen von L-C. ist ein nützliches Hilfsmittel bei der ↗ *Chemotaxonomie* von Leguminosen. Es ist eine nichtproteinogene Aminosäure, die auf die meisten Tiere und auf L-canavaninfreie Pflanzen, die auf L-canavaninhaltige Pflanzen aufgepfropft werden, toxisch wirkt. Bei Affen induziert L-C. hämatologische und serologische Anomalien, die für den systemischen *Lupus erythematodes* charakteristisch sind. Die Toxizität von L-C. ist zum Teil darauf zurückzuführen, dass es anstelle von Arginin in Proteine inkorporiert wird. Es ist viel weniger basisch als Arginin und besitzt unter physiologischen Bedingungen eine geringere positive Ladung. Deshalb ist anzunehmen, dass es die tertiären und/oder quartären Strukturen von Proteinen zerstört. In jenen Enzymen, in denen die Argininseitenkette Teil des aktiven Zentrums ist oder dieses unterstützt, kann der Einbau von L-C. ein weniger aktives bzw. inaktives Enzym produzieren.

Bei Pflanzen, die L-C. herstellen, kann die Verbindung die Hauptstickstoffreserve in den Samen darstellen. In den Samen von *Dioclea megacarpa*, einer tropischen Leguminose, ist es für 55 % des Stickstoffs verantwortlich. Die Produktion von giftigem L-C. verleiht der *D. megacarpa* anscheinend einen Evolutionsvorteil, da es für diese Pflanze nur einen einzigen Insektenschädling gibt, den Käfer *Caryedes brasiliensis*, der vollkommen von ihr abhängig ist. Bei L-canavaninhaltigen Pflanzen und bei *C. brasiliensis* wird eine Vergiftung dadurch vermieden, dass sie Arginyl-tRNA-Synthetasen besitzen, die zwischen Arginin und L-C. unterscheiden und deshalb kein L-C. in Proteine einbauen. Der Abbau von L-C. verläuft in keimenden Samen und im Käfer ähnlich (Abb.). Beide nutzen den Stickstoff des L-C. [G.A. Rosenthal, *Scie. Am.* **249** (1983) 164–171]

Cancerogene, ↗ *Carcinogene*.

Cancerostatika, Cytostatika, die in der Tumortherapie eingesetzt werden. Sie verhindern oder verzögern die Zellteilung in verschiedenen Phasen des Zellzyklus. Da die Unterschiede zwischen normalen und Tumorzellen für einen selektiven tumorspezi-

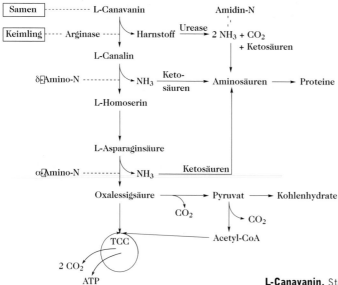

L-Canavanin. Stoffwechsel von L-Canavanin.

fischen Angriff nicht ausreichen, werden C. entweder kombiniert oder nacheinander angewendet. C. werden nach ihrem Wirkungsmechnismus in folgende Gruppen eingeteilt: 1) ↗ alkylierende Agenzien (↗ Cisplatin, ↗ Cyclophosphamid, Dacarbazin, Nitrosoharnstoffverbindungen), 2) ↗ Antimetabolite (Folsäureantagonisten, Purin- und Pyrimidinanaloga), 3) Mitosehemmstoffe (↗ Vinca-Alkaloide), 4) ↗ Antibiotika (↗ Bleomycin, Mitomycin), 5) Enzyme (↗ L-Asparaginase), 6) andere C., z.B. Antiöstrogene, Immunmodulatoren.

Candicin, *N,N,N-Trimethyltyramin*, ein biogenes Amin, das besonders in Gräsern und Kakteen vorkommt.

Cannabinoide, Dibenzopyrane, die in den Blütenspitzen (↗ Marihuana, *Kif* oder *Dagga*) oder in dem aus ihnen gewonnenen Harz (↗ Haschisch oder *Charas*) der weiblichen Hanfpflanze (*Cannabis sativa*, ↗ *Cannabis*) vorkommen. C. sind in der Rauschdroge zu etwa 2–20% enthalten.

Die chemische Zusammensetzung hängt stark von der Hanfsorte ab. Die wirksamste Verbindung ist das zu durchschnittlich 3% im Haschisch enthaltene (−)-$\Delta^{9,10}$-*trans*-Tetrahydrocannabinol (↗ *Haschisch*, *Abb.*). C. wirken psychoaktiv. Geringe Dosen erzeugen Euphorie, höhere Seh- und Hörstörungen sowie Halluzinationen. ↗ *Halluzinogene*, ↗ *Rauschgift*.

Cannabinoid-Rezeptor, *Anandamid-Rezeptor*, ↗ *Cannabis*.

Cannabis, eine Droge aus dem indischen Hanf (*Cannabis sativa variatio indica*) mit sedierenden, euphorisierenden und psychedelischen Eigenschaften. Wichtige Inhaltsstoffe sind das $\Delta9$-*Tetrahydrocannabinol* (Δ^{9}-THC, Abb., A) und etwa 60

chemisch verwandte Cannabinoide. Für die psychotrope Wirkung ist das 11-Hydroxy-Δ^{9}-THC von entscheidender Bedeutung. Das nur in geringen Mengen in C. vorkommende Δ^{8}-THC wirkt psychoaktiv. Als Droge wird C. unterschiedlich zubereitet. *Haschisch* besteht aus dem getrockneten harzartigen Sekret der weiblichen blühenden Hanfstaude und enthält 3–6% Δ^{9}-THC. *Marihuana* („Gras") ist ein tabakartiges Gemisch aus den getrockneten Blättern und Blüten der Pflanze und enthält 1–3% Δ^{9}-THC. *Haschischöl* ist gekennzeichnet durch einen Gehalt von 30–50% Δ^{9}-THC. Die Wirkung von Δ^{9}-THC und anderer Cannabinoide erfolgt über einen pharmakologisch eigenständigen Rezeptor, den *Cannabinoid-Rezeptor* (CB$_1$-Rezeptor), der an ein G$_I$-Protein (↗ *GTP-bindende Proteine*) gekoppelt ist. Bei Rezeptoraktivierung wird die Adenylat-Cyclase gehemmt, wodurch ↗ *Calciumkanäle* blockiert werden. Die höchste Rezeptordichte herrscht in den Basalganglien, im Hippocampus und im Cerebellum vor. Das Rezeptorprotein besteht aus einer Polypeptidkette von 473 Aminosäurebausteinen und bildet sieben relativ hydrophobe Domänen aus. Der Rezeptor ist über sieben Transmembranregionen in der Zellmembran verankert. Durch Bindung von THC an den nach außen ragenden Bereich des Rezeptors wird an der Innenseite der Zellmembran das erwähnte G$_I$-Protein aktiviert, das die Adenylat-Cyclase hemmt. Als endogene Liganden fungieren Ethanolamide ungesättigter Fettsäuren, insbesondere das Arachidonylethanolamid, Anandamid (Abb., B.) genannt. Nach diesem natürlichen Liganden wird der Cannabinoidrezeptor inzwischen auch als *Anandamid-Rezeptor* bezeichnet. Die psychotropen Wirkungen von Cannabinoiden umfassen u.a. ein Gefühl der Entspannung, eine angenehme Apathie, eine milde Euphorie, verbunden mit intensiveren akustischen und optischen Sinneswahrnehmungen. Chronischer Gebrauch führt zur Entwicklung von Toleranz und kann psychische Abhängigkeit, verbunden mit Persönlichkeitsveränderungen, nach sich ziehen. [R.M. Julien *Drogen und Psychopharmaka*, Spektrum Akademischer Verlag, Heidelberg 1997]

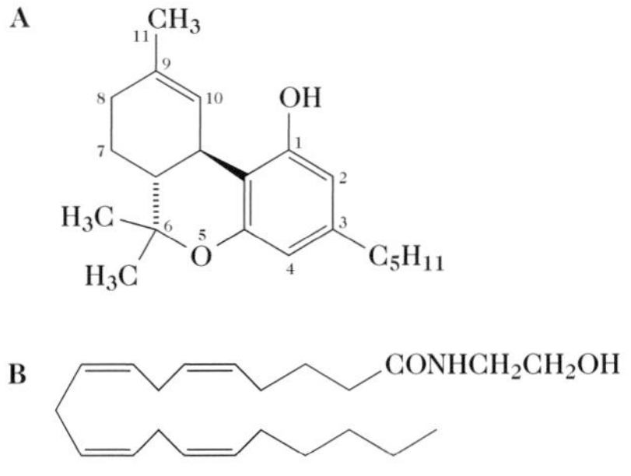

Cannabis. A, (-)-Δ⁹-Tetrahydrocannabinol. B, Anandamid.

Cantharidin, ein toxischer Inhaltsstoff des in Südosteuropa beheimateten Käfers *Lytta vesicatoria* (M_r 196,20 Da, F. 218 °C, Abb.). Die Biosynthese dieses ungewöhnlichen Monoterpens erfolgt aus Mevalonsäure. Seine Verwendung als Aphrodisiakum hat zu Vergiftungen geführt.

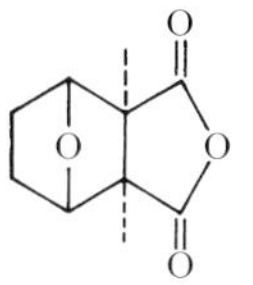

Cantharidin

CAP, Abk. für ↗ *Katabolit-Aktivator-Protein* (engl. *catabolite gene activator protein*).

Capnin, *2-Amino-3-hydroxy-15-methylhexadecan-1-sulfonsäure*, bzw. *1-Desoxy-15-methylhexadecasphingin-1-sulfonsäure* (Abb.), das Hauptsulfolipid der Bakterienfamilien *Cytophaga*, *Capnocytophaga*, *Sporocytophaga* und *Flexibacter* (alle aufgrund ihrer gleitenden Motilität bemerkenswert). Andere Sulfolipide dieser Familien sind vermutlich *N*-acylierte Derivate des Capnins.

Sulfolipide stellen bis zu 20 % der zellulären Lipide dieser Mikroorganismen und sind die Hauptkomponente der Zellhülle. Capnin ist strukturell analog zu Sphinganin; *N*-Acylcapnine sind analog zu den Ceramiden. Die einzige bekannte weitere Quelle für ein ähnliches Sulfolipid ist die eukaryontische Diatomee *Nitzschia alba*, die *N*-acylierte 2-Amino-3-hydroxy-4-*trans*-octadecen-1-sulfonsäure enthält;

der nichtacylierte Teil ist analog zu Sphingosin. [W. Godchaux III u. E.R. Leadbetter *J. Biol. Chem.* **259** (1984) 2.982–2.990]

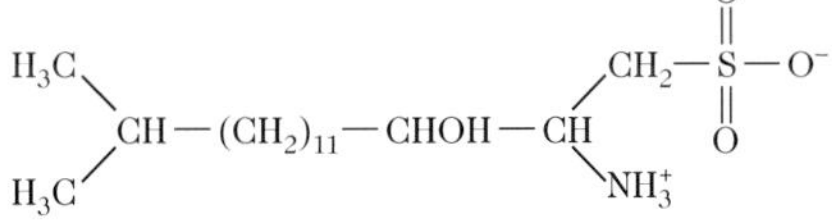

Capnin

Capreomycin, *CM*, ein aus *Streptomyces capreolus* isoliertes zyklisches Peptidantibiotikum (M_r 849 Da), das gegen Mycobakterien durch Hemmung der Proteinbiosynthese wirkt. Früher wurde es als Streptomycin-Alternative gegen Tuberkelbakterien eingesetzt. Wegen potenziell schwerer Nebenwirkungen wird es heute kaum noch verwendet.

***n*-Caprinsäure**, *n-Decansäure*, eine Fettsäure, CH_3-$(CH_2)_8$-COOH (M_r 172,3 Da, F. 31,3 °C, Sdp. 268 °C). *n*-C. kommt vergesellschaftet mit der Caprylsäure hauptsächlich in Glyceriden der Milchfette vor, liegt aber auch in freier und veresterter Form in Samenölen und ↗ *etherischen Ölen* vor.

***n*-Capronsäure**, *n-Hexansäure*, CH_3-$(CH_2)_4$-COOH, eine Fettsäure (M_r 116,16 Da, F. −1,5 °C, Sdp. 207 °C). *n*-C. kommt in Glyceriden vor, zu etwa 2 % im Milchfett sowie in geringen Mengen im Kokosfett und in verschiedenen Palmkernfetten, außerdem in pflanzlichen etherischen Ölen und fetten Ölen.

***n*-Caprylsäure**, *n-Octansäure*, CH_3-$(CH_2)_6$-COOH, eine Fettsäure (M_r 144,2 Da, F. 165 °C, Sdp. 237 °C). *n*-C. kommt in Glyceriden, z.B. zu 1–2 % im Milchfett und zu 6–8 % im Kokosfett und in anderen Palmkernölen vor.

Capsaicin, *8-Methyl-N-vanillyl-6-nonenamid* (Abb.). Das scharfschmeckende Prinzip einiger Paprika-Arten (*Capsicum*), in denen es ausschließlich in den Früchten vorkommt (M_r 305,42 Da, F. 64–65 °C). Biosynthetisch bildet sich der aromatische Teil des C. aus Phenylalanin. Gelegentlich wird C. in der lokalen Reiztherapie verwendet.

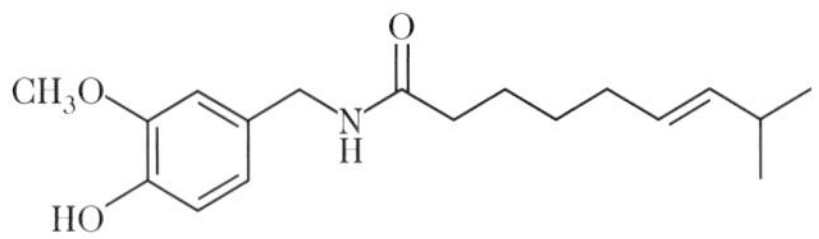

Capsaicin

Capsanthin, ein zu den Xanthophyllen gehörendes Carotinoid. M_r 584,85 Da, F. 176 °C, [α]$_{Cd}$ 36° (CHCl$_3$), Abb. Charakteristisches Strukturelement ist der terminale Fünfring. Die sekundären Hydroxylgruppen haben am C-Atom 3 *R*- und am C-Atom 3' *S*-Konfiguration. C. ist der charakteristische Farbstoff des roten Paprikas (*Capsicum annum*);

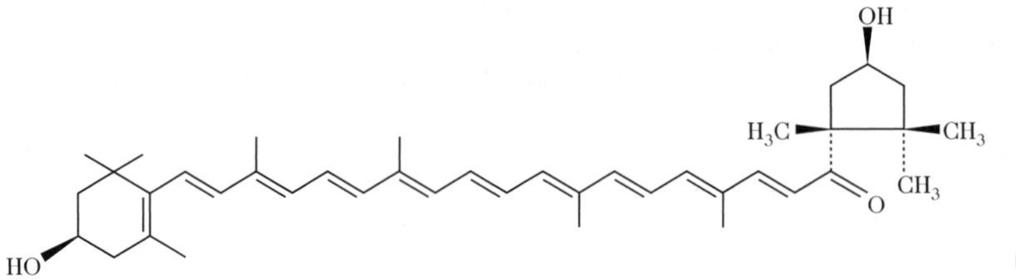

Capsanthin

Begleitpigmente sind ↗ *Capsorubin* und Krypto-capsin sowie Capsanthin-5,6-epoxid. Reife Früchte enthalten 9,6 mg Capsanthin je 100 g Frischmasse.

Capsidiol, ↗ *Phytoalexine*.

Capsorubin, ein zu den Xanthophyllen gehören-des Carotinoid (M_r 600,85 Da, F. 218 °C). C. (Abb.) enthält zwei identische terminale Cyclopentanol-ringe. Die Hydroxylgruppen sind am C-Atom 3 *S*- und am C-Atom 3' *R*-konfiguriert. C. kommt neben ↗ *Capsanthin* als roter Farbstoff in roten Papri-kafrüchten, meist in veresterter Form, vor. Reife Paprikafrüchte enthalten etwa 1,5 mg Capsorubin je 100 g Frischmasse.

Captopril, *1-[(2S)-3-Mercapto-2-methylpropio-nyl]-L-prolin*, ein Antihypertensivum, das als ↗ *ACE-Hemmer* die Angiotensin-II-Konzentration erniedrigt und damit blutdrucksenkend wirkt. C. war der erste entdeckte ACE-Hemmer. Es bindet als Dipeptidanalog mit der Thiolgruppe an das für die katalytische Funktion des ↗ *Angiotensin-Conver-sionsenzyms* essenzielle Zink (Abb.).

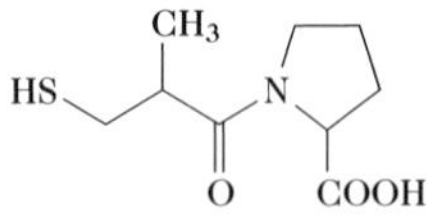

Captopril

Ca²⁺-Pumpe, ↗ *Ca²⁺-ATPasen*.

Caran, ↗ *Monoterpene*.

Carbamat, ↗ *Carbamylphosphat*.

Carbamid, ↗ *Harnstoff*.

Carbamidsäure, *Carbaminsäure, Aminoamei-sensäure*, H_2N–CO–OH, in freier Form nicht be-ständige Verbindung. Von der C. leiten sich einige stabile Derivate, z.B. Harnstoff, ab, die als Zwi-schenprodukte für die Synthese von Pflanzen-schutzmitteln, Pharmaka, Kunstfasern und speziel-len organischen Präparaten verwendet werden. Die Salze und Ester der C. heißen Carbamate, z.B. Ammoniumcarbamat, die Ester werden auch als *Urethane* bezeichnet.

Carbaminogruppe, ↗ *Puffer* (Abschnitt *Puffer in Körperflüssigkeiten*).

Carbaminsäure, Syn. für ↗ *Carbamidsäure*.

Carbamylcholin, ↗ *Acetylcholin*.

6-Carbamylglycylpurinnucleosid, ↗ *6-Carbamyl-threonylpurinnucleosid*.

Carbamylphosphat, H_2N-COO~PO_3H_2, ein ener-giereiches, phosphoryliertes Carbamat, das eine wichtige Zwischenstufe im Stoffwechsel des Stick-stoffs einnimmt. Die *Carbaminsäure* NH_2COOH ist in freier Form unbeständig. Das bei der Hydrolyse von Carbamylverbindungen, wie z.B. der Ureid-propionsäure (↗ *Pyrimidinabbau*), freigesetzte Carbamat zerfällt sofort in CO_2 und Ammoniak. C. (Abb.) ist eine spezifische Ausgangsverbindung der Biosynthese von Arginin und Harnstoff (↗ *Harn-stoff-Zyklus*) sowie von Pyrimidinen nach dem Orotsäureweg (↗ *Pyrimidinbiosynthese*).

C. wird *de novo* oder durch Phosphorolyse von Ureidverbindungen gebildet. Die Neusynthese er-folgt unter der Wirkung von drei verschiedenen Enzymen:

1) Die in der Leber von Wirbeltieren vorkommen-de *Carbamylphosphat-Synthetase I* (EC 6.4.3.16) katalysiert die irreversible Bildung von C. aus Am-moniumhydrogencarbonat und benötigt unter Ver-brauch von 2 Molekülen ATP N-Acetyl-L-glutamat (AGA) als Cofaktor:

$$NH_4HCO_3^- + 2\,ATP \xrightarrow{Mg^{2+};\ AGA}$$
$$H_2NCOOPO_3H_2 + 2\,ADP + P_i.$$

Die Funktion des AGA besteht darin, die aktive Enzymkonformation herzustellen. Bei der Aktivie-rung des Kohlendioxids spielt es keine Rolle. Das

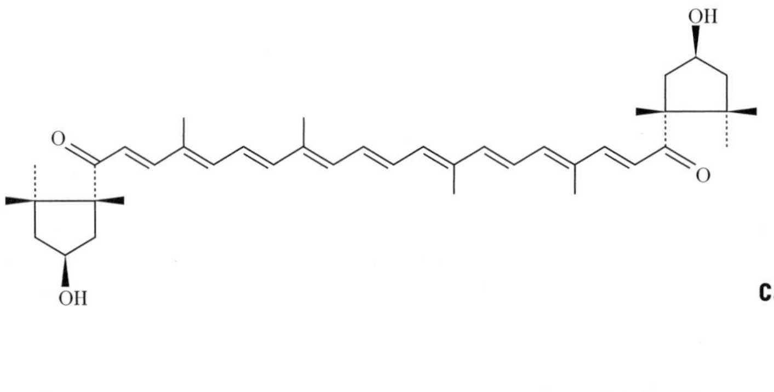

Capsorubin

Enzym ist in den Mitochondrien lokalisiert und der Arginin- und Harnstoffbildung funktionell zugeordnet.

2) Die *Carbamylphosphat-Synthetase II* (Glutaminhydrolyse; EC 6.3.5.5) katalysiert die irreversible Synthese von C. durch Übertragung des Amidstickstoffs von L-Glutamin:

$$HCO_3^- + L\text{-}Glutamin + 2\,ATP + H_2O \xrightarrow{Mg^{2+}}$$
$$H_2NCOOPO_3H_2 + L\text{-}Glutamat + 2\,ADP + P_i.$$

Das cytosolische Enzym ist funktionell der Pyrimidinsynthese zugeordnet. Freie Ammoniumionen können das Glutamin erst in unphysiologisch hohen Konzentrationen ersetzen.

3) Die *Carbamat-Kinase* (*Carbamylphosphokinase*) katalysiert die Phosphorylierung von Carbamat durch ATP :

$$NH_2\text{-}COO^- + ATP \rightleftarrows H_2NCOOPO_3H_2 + ADP.$$

Das Enzym kommt in den verschiedenartigsten Mikroorganismen (*Streptococcus*, *Neurospora* u.a.) vor. In thermodynamischer Hinsicht ist die ATP-Bildung begünstigt. Deshalb nimmt man an, dass die Funktion des Enzyms nicht in der Neusynthese von C., sondern in der ATP-Synthese besteht. Verschiedene Mikroorganismen führen die Phosphorolyse von Allantoin und Citrullin durch. Dabei wird C. gebildet, das dann für die Synthese von ATP eingesetzt werden kann. Die Phosphorolyse von Citrullin führt zu Ornithin und C. Bei der Allantoinfermentation durch *Streptococcus allantoicus* und *Arthrobacter allantoicus* wird Carbamyloxamidsäure (Oxalursäure) gebildet, die unter Aufnahme von anorganischem Phosphat phosphorolytisch gespalten wird:

$$NH_2\text{-}CO\text{-}NH\text{-}CO\text{-}COOH + P_i \rightarrow$$
$$NH_2CO\text{-}COOH + NH_2COOPO_3H_2.$$

Die ATP-Bildung über C. aus Citrullin oder Allantoin sind Beispiele für eine ↗ *Substratkettenphosphorylierung*.

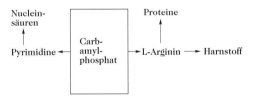

Carbamylphosphat

Zur *Transcarbamylierung* wird stets C. als Donor der Carbamylgruppe benötigt, d.h. eine Transcarbamylierung aus Ureidverbindungen ist nicht direkt möglich. C. ist wahrscheinlich auch der Carbamyldonor bei der Biosynthese von *O*- und *N*-Carbamylderivaten, z.B. ↗ *Albizziin*. C. stellt eine Art stoffwechselaktives Ammoniak als Aus-

gangsverbindung für andere Stickstoffverbindungen dar (Abb.).

Carbamylphosphat-Synthase-Mangel, ↗ *Hyperammonämien*.

Carbamylphosphat-Synthetase, ↗ *Carbamylphosphat*.

Carbamylphosphokinase, ↗ *Carbamylphosphat*.

6-Carbamylthreonylpurinnucleosid, *N-(Nebularin-6-ylcarbamyl)-threonin*, ein zu den seltenen Nucleinsäurebausteinen zählendes Purinderivat, das bisher in sechs spezifischen tRNA-Molekülen nachgewiesen wurde. Aus Hefe-tRNA wurde die analoge Verbindung *6-Carbamylglycylpurinnucleosid* isoliert (Tab.).

6-Carbamylthreonylpurinnucleosid. Tab.

R = — NH — CH₂ — COOH	6-Carbamylglycyl-purinnucleosid

$$R = -NH-\underset{\underset{\displaystyle COOH}{|}}{\overset{\overset{\displaystyle CH_3}{|}}{\underset{}{\overset{|}{CH}}}}$$

6-Carbamylthreonyl-purinnucleosid

Carboanhydrase, *Carbonatdehydratase, Kohlensäureanhydratase* (EC 4.2.1.1), ein weit verbreitetes zinkhaltiges Enzym, das in den meisten Organen und Organismen monomer vorliegt. C. katalysiert die reversible Hydration des Kohlendioxids ($CO_2 + H_2O \rightleftarrows H^+ + HCO_3^-$) mit einer der größten bekannten Wechselzahlen. Außerdem hat die C. eine geringe Hydrationswirkung auf Aldehyde und zeigt eine geringe Esteraseaktivität. Als wichtiger Regulator des Säure-Basen-Haushalts spielt die C. eine entscheidende Rolle sowohl bei der Atmung, dem CO_2-Transport wie auch bei anderen physiologischen Vorgängen, wo die schnelle gegenseitige Umwandlung von Kohlendioxid in Hydrogencarbonat und umgekehrt lebensnotwendig ist. Hohe Konzentrationen an C. werden außer in Erythrocyten und Magenschleimhaut noch in Niere und Augenlinse sowie bei Fischen in den Kiemen, Verdauungsdrüsen und in der Schwimmblase gefunden. Weiterhin wurden C.-Aktivitäten in allen Nichtwirbeltierklassen, bei höheren und niederen Pflanzen und in Bakterien nachgewiesen.

Die am besten untersuchte Erythrocyten-C. ist die des Menschen, welche aus drei Isoenzymen besteht: A, B und C. Die A- und B-Formen sind sich sehr ähnlich. C. B und C unterscheiden sich deutlich sowohl in der Sequenz ihrer 256 (M_r 28 kDa) bzw. 259 (M_r 28,5 kDa) Aminosäuren als auch in ihrer Kettenkonformation und katalytischen Aktivität. Mit Ausnahme der C. der Petersilie (M_r 180 kDa; 6 Untereinheiten mit M_r von je 29 kDa und einem Zinkatom) bestehen die C. aus einer einzelnen Polypeptidkette (M_r 28–30 kDa) und einem für die Katalysewirkung essenziellen Zinkatom. Das Zn befindet sich in einer hydrophoben Tasche, wobei drei seiner vier Liganden Histidinreste sind. Weitere gemeinsame Charakteristika der C. B und C sind das Fehlen von Disulfidbrücken und ein relativ hoher Anteil an β-Strukturen, die bei der C-Form 37 % im Vergleich zu 20 % α-Helixanteilen der Konformation ausmachen. Von den zahlreichen Inhibitoren für C. sind die monovalenten Sulfid-, Cyanid- und Cyanationen die stärksten (z.B. K_l für Sulfidionen $2 \cdot 10^{-6}$ M). Von den Sulfonamiden ist das Acetazolamid (2-Acetylamino-1,3,4-thiodiazol-5-sulfonamid) der am häufigsten für therapeutische Zwecke eingesetzte Inhibitor (zur Glaukombehandlung). [W. S. Sly u. P. Y. Hu „Human Carbonic Anhydrase and Carbonic Anhydrase Deficiencies" *Annu. Rev. Biochem.* **64** (1995) 375–401]

Carboanhydrase-Hemmer, ↗ *Diuretika.*

Carbohydrasen, ↗ *Glycosidasen.*

Carbolin, ↗ *Indolalkaloide.*

Carbomycin, ↗ *Makrolide.*

Carbonsäureesterasen, ↗ *Esterasen.*

Carbonsäuren, organische Verbindungen, die eine Carboxylgruppe –COOH enthalten. Alkan- und Alkenmonocarbonsäuren werden auch Fettsäuren genannt. In wässriger Lösung dissoziieren die C. in Hydroxoniumionen H_3O^+ und Säureanionen $RCOO^-$. C. und ihre Derivate, z.B. Ester und Amide, spielen im Stoffwechsel eine wichtige Rolle. Ein Ester entspricht formal dem Kondensationsprodukt eines Alkohols mit einer C. Obwohl das Gleichgewicht unter physiologischen Bedingungen die freien Komponenten begünstigt, sind Ester, wie Acetyl-CoA und Fettsäuren in lebenden Zellen in großen Mengen vorhanden. Amide werden durch den Austausch der OH-Gruppe von –COOH gegen eine NH_2-Gruppe gebildet. Ihre Biosynthese geht von aktivierten Säurederivaten, wie Anhydride oder Thioester (z.B. Acetyl-CoA) aus. Andere Carbonsäurederivate sind ↗ *Hydroxysäuren* und ↗ *Ketosäuren.* Bei physiologischen pH-Werten liegen die Carbonsäuren größtenteils als Anionen vor.

Carbonylcyanid-*p*-trifluoromethoxyphenylhydrazon, *FCCP*, eine schwache, lipidlösliche Säure, die ohne Zerstörung der mitochondrialen Struktur als chemischer Entkoppler der ↗ *oxidativen Phosphorylierung* wirkt. C. transportiert Protonen (↗ *Ionophore*) durch die innere Mitochondrienmembran und hebt die enge Kopplung zwischen Elektronentransport in der ↗ *Atmungskette* und der oxidativen Phosphorylierung auf (Abb.). Ein weiterer bekannter chemischer Entkoppler ist 2,4-Dinitrophenol.

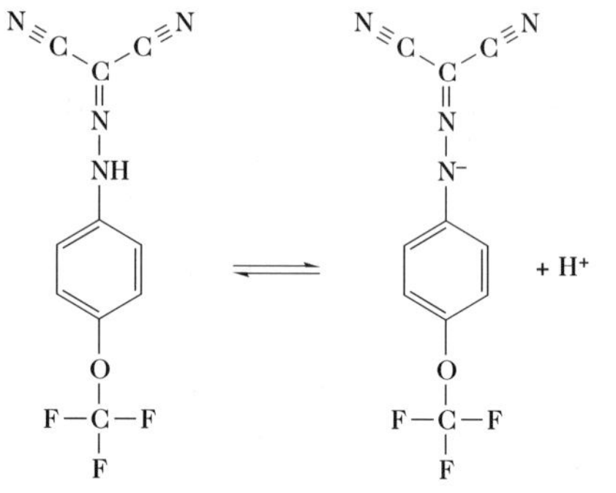

Carbonylcyanid-*p*-trifluoromethoxyphenylhydrazon

Carboxanilidfungizide, Fungizide mit Ringstrukturen verschiedenster Art, die unter dem Begriff Carboxanilide zusammengefasst werden. Die C. sind leicht abbaubar, haben systemische Eigenschaften und zeigen Selektivität gegenüber Ständerpilzen (*Basidiomyceten*), wodurch eine hohe Wirksamkeit gegen Brand- und Rostpilze gegeben ist.

Carboxycathepsin, Syn. für ↗ *Angiotensin-Conversionsenzym.*

Carboxydismutase, ↗ *Ribulosediphosphat-Carboxylase.*

γ-Carboxyglutaminsäure, 4-*Carboxyglutaminsäure, Gla*, (HOOC)$_2$CH-CH$_2$-CH(NH$_2$)-COOH, eine durch ↗ *Posttranslationsmodifizierung* in einigen Proteinen gebildete Aminosäure. Sie unterscheidet sich von der ↗ *Glutaminsäure* durch eine zusätzliche Carboxylfunktion am γ-C-Atom. γ-C. wird posttranslational durch eine Vitamin-K-abhängige Carboxylierung (↗ *4-Glutamylcarboxylase*) nach der Biosynthese des entsprechenden Proteins gebildet. Man findet Gla vor allem in Blutgerinnungsfaktoren, aber auch in anderen Proteinen. In der N-terminalen Region von ↗ *Prothrombin* werden zehn Glutaminsäurebausteine posttranslational modifiziert. Gla ist ein weitaus stärkerer Chelator für Ca^{2+}-Ionen als Glu. Die Ca^{2+}-Bindung fixiert das Prothrombin auf Phospholipidmembranen, die nach einer Verletzung aus Blutplättchen entstehen. Bei einem Mangel an ↗ *Vitamin K* führt die unzureichende Carboxylierung der entsprechenden Glutamatreste im Blutgerinnungsprotein Prothrombin sehr oft zu Blutungen (Hämorrhagien).

4-Carboxyglutaminsäure, ↗ γ-*Carboxyglutaminsäure.*

Carboxylase, 1) ↗ *Carboxylierung.*

2) veraltete Bezeichnung für ↗ *Pyruvat-Decarboxylase.*

Carboxyl-Carrier-Protein, ↗ *Biotinenzyme.*

Carboxylesterasen, 1) eine Untergruppe der Esterasen, die auf Carbonsäureester wirken, z.B. Lipasen.

2) Carboxylesterasen (EC 3.1.1.1), eine Klasse von Enzymen mit breiter Spezifität, gewöhnlich für kurzkettige Säuren und einen Alkohol mit nur einer OH-Gruppe; diese unterscheiden sich von den ↗ *Lipasen* dadurch, dass sie nicht durch Ca^{2+} oder Taurocholat aktiviert werden.

Die unter 2) genannte Gruppe ist weit verbreitet in Wirbeltiergeweben, im Blutserum, in Verdauungssäften und -drüsen (besonders der Gliederfüßler und Weichtiere unter den Nichtwirbeltieren) sowie in Pflanzensamen, Zitrusfrüchten, Mycobakterien und Pilzen. Bei den Säugetieren werden die höchsten Aktivitäten an C. in Leber, Niere, Zwölffingerdarm und Gehirn, bei den männlichen Tieren zusätzlich in den Hoden und Nebenhoden gefunden. Die am eingehendsten untersuchten Leber- und Nieren-C. sind in den Mikrosomen der Zelle lokalisiert. Zusätzlich enthalten die Lysosomen dieser Organe eine Arylesterase mit saurem pH-Optimum. Die physiologische Bedeutung dieser Enzyme liegt in der Inaktivierung pharmakologischer Ester oder Amide (z.B. von Atropin, Phenacetin) und in ihrer Aktivität als Aminoacylgruppen-Transferasen.

Carboxylierung, die Übertragung von Kohlendioxid, häufig in aktivierter Form. Von besonderer Bedeutung ist die Carboxylierung von Pyruvat zu Dicarbonsäuren (Tab.). Sie wurde zuerst von Wood und Werkman als Bilanzreaktion ($C_3 + C_1 = C_4$) gefunden. Die Carboxylierung des Pyruvats dient der Auffüllung des Oxalacetatspiegels (anaplerotische CO_2-Fixierung). Oxalacetat wird für verschiedene synthetische Reaktionen benötigt (↗ *Tricarbonsäure-Zyklus*). Die C. des Pyruvats verläuft nach zwei Prinzipien:

1) direkte Anlagerung von „aktiviertem CO_2" (Wood-Werkman-Reaktion), 2) reduzierende Carb-

Carboxylierung. Tab. Carboxylierungsreaktionen zur Synthese von Oxalacetat bzw. Malat.

Name des Enzyms	Reaktion
PEP*-Carboxylase (EC 4.1.1.31)	PEP + CO_2 → Oxalacetat + P_i
Pyruvat-Carboxylase (EC 6.4.1.1)	Pyruvat + CO_2 + ATP + H_2O → Oxalacetat + ADP + P_i
Malat-Dehydrogenase (decarboxylierend, NADP; *malic enzyme*; EC 1.1.1.39)	Pyruvat + CO_2 + NAD(P)H + H^+ ⇌ Malat + NAD(P)$^+$

* PEP = Phosphoenolpyruvat

oxylierung mittels Malatenzymen (Ochoa). Die letztgenannten Enzyme reduzieren Pyruvat mit Hilfe von NADPH + H^+ und fixieren CO_2 in einem Schritt. Produkt dieser reduzierenden Carboxylierung ist Malat, das nachfolgend Oxalacetat liefern kann.

Die C. hat überragende Bedeutung bei der photosynthetischen CO_2-Fixierung (↗ *Calvin-Zyklus*) und im Fettsäure- und Purinstoffwechsel (Abb.). Die C. von 5-Aminoimidazolribotid zu 5-Aminoimidazolcarboxamidribotid verläuft ohne vorherige Aktivierung des CO_2.

Carboxyltransferase, ↗ *Biotinenzyme.*

Carboxypeptidasen, zinkhaltige einkettige Exopeptidasen, die Proteine und Peptide vom C-terminalen Kettenende her durch sukzessive Abspaltung jeweils eines Aminosäurerests verkürzen. Die tierischen C. spielen bei der Proteinverdauung im Dünndarm eine Rolle. Sie werden in der Bauchspeicheldrüse als inaktive Vorstufen (*Zymogene*) gebildet und im Zwölffingerdarm durch Trypsin in die aktive Form umgewandelt. Nach ihrer Substratspezifität unterscheidet man zwischen C. A und C. B. Während *C. A* bevorzugt Aminosäuren mit aromatischer und verzweigter aliphatischer Seitenkette hydrolysieren, greifen *C. B* nur solche Peptidbindungen an, deren NH-Gruppe von Lysin oder Arginin gebildet wird. Rinder-C. A ist hinsichtlich Struktur und Wirkung die am besten untersuchte Metalloprotease. Das Zinkatom befindet sich in dem taschenförmigen aktiven Zentrum und nimmt am Katalysevorgang teil. 20 % aller Aminosäuren

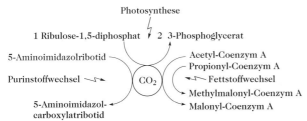

Carboxylierung. Abb. Metabolische Carboxylierungen.

bilden die aus acht Segmenten bestehenden hydrophoben β-Strukturen, die im Molekülinneren liegen. Weitere 35% liegen als oberflächliche α-Helices und 20% als Zufallsknäuel (engl. *random coil*) vor.

Bei der Bildung der C. A aus ProC. A (M_r 87 kDa) entstehen neben der Hauptform C. A (307 Aminosäuren, M_r 34,4 kDa, Primär- und Tertiärstruktur bekannt) durch weitere enzymatische Verkürzung des aminoterminalen Endes die aktiven Formen C. Aβ (305 AS), C. Aγ und C. Aδ (je 300 AS). Die gleich große C. B (300 AS, M_r 34 kDa; M_r des Zymogens 57,4 kDa) hat wie C. A neben einer Peptidase- eine hohe Esterasewirkung. Weitere C. mit geringerer Spezifität wurden aus Zitrusfrüchten und -blättern (C. C), Hefe (C. Y), *Pseudomonas* (M_r 92 kDa, zweikettig), *Aspergillus*arten, keimender Gerste und Baumwollsamen isoliert. Im Gegensatz zu C. A und C. B werden diese unspezifischen C. durch den Serin-Hydrolase-Inhibitor Diisopropylfluorphosphat gehemmt.

Carcinogene, *Cancerogene*, chemische Krebsrisikofaktoren, die im geeigneten Tierexperiment a) die Inzidenz spontan entstehender Tumoren erhöhen, b) die Latenzzeit des Auftretens solcher Tumoren verkürzen, c) Tumoren in anderen Geweben erzeugen, d) die Zahl der Tumoren pro Tier erhöhen. Unter *kompletten* C. (*Solitärcarcinogene*) versteht man solche Stoffe, die bei ausreichender Dosis den gesamten Prozess der Tumorentstehung auslösen. Sie reagieren mit der DNA, sind mutagen (↗ *Ames-Test*), die Wirkung ist irreversibel und additiv und sie besitzen keine Wirkungsschwelle. Beispiele für C., deren krebserzeugende Wirkung beim Menschen als erwiesen angesehen werden kann, sind u.a. Arsen, Asbest, Aminobiphenyl, Aflatoxin-B1 (↗ *Aflatoxine*), Benzol, Benzidin, das Arzneimittel Chlornaphazin, Chromat, Dichlormethylether, das synthetische Hormon Dimethylstilböstrol, das Arzneimittel Melphalan, 2-Naphtylamin, Nickel, Teere, Peche, Teeröle, Vinylchlorid und Zinkchromat.

Cardenolide, ↗ *herzwirksame Glycoside*.

Cardiolipin, *1,3-Bis-(3-sn-phosphatidyl)-glycerin*, ein Glycerophospholipid, bei dem die beiden primären Hydroxygruppen des Glycerins mit Phosphatidsäure verestert sind. C. ist in den Membranen von Bakterien und Mitochondrien von Eukaryonten enthalten. C. aus Rinderherz, in dessen Gesamtphospholipiden es zu etwa 10% enthalten ist, wird als viskoses, bei Raumtemperatur nicht stabiles Öl erhalten, das gut löslich in Benzol und Chloroform, jedoch unlöslich in Methanol ist.

Cardiotoxine, im weitesten Sinn Substanzen, die in toxischen Dosen einen Herzschaden verursachen und zum Herzstillstand führen können. Sie können die Reizerzeugung bzw. die Reizleitung stö-

ren oder direkt den Herzmuskel angreifen. Im engeren Sinn werden die ↗ *herzwirksamen Glycoside* und ihre Pflanzenaglycone und eine Gruppe von ↗ *Krötengiften* eingeschlossen.

Carmin, ↗ *Carminsäure*.

Carminsäure, ein roter Glucosidfarbstoff (F. 130 °C) aus der Schildlausart *Coccus cacti* L., die auf den mittelamerikanischen Kakteenarten der Gattung *Opuntia* lebt. Die C. (Abb.) ist der färbende Bestandteil der Cochenille, der früher zu den teuersten Farbstoffen für Wolle und Seide gehörte. Carmin ist ein unlöslicher Komplex der C. mit Erdalkali- und Schwermetallen, z.B. Zinn. Carmine werden in Kosmetika, Künstlerfarben, Tinten und Lebensmittelfarbstoffen verwendet.

Carminsäure

Carnaubawachs, ein besonders in Südamerika aus den Blättern der Carnaubapalme (*Copernicia cerifera*) gewonnenes hellgelbes Wachs, das bei 80–90 °C schmilzt und in Alkohol, Ether und anderen organischen Lösungsmitteln leicht löslich ist. C. ist das härteste Naturwachs. Es enthält neben Cerotinsäuremelissylester freie Cerotinsäure, Carnaubasäure, höhere einwertige Alkohole und Kohlenwasserstoffe. In der Mischung mit anderen Wachsen erhöht C. deren Schmelzpunkt. Es wird als Polier- und Bohnerwachs, als Dispersionsmittel für Farbstoffe sowie zur Herstellung von Wachstuch und Kerzen und zum Imprägnieren von Geweben und Papieren benutzt. Früher wurde C. fast ausschließlich für die Herstellung von Schallplatten verwendet.

L-Carnitin, *L(–)-3-Hydroxy-4-N,N,N-trimethylaminobutyrat*, $(CH_3)_3N^+$-CH_2-CHOH-CH_2-COOH, ein Betain, das als inneres Salz sehr gut wasserlöslich, in der Betainstruktur sogar stark hygroskopisch ist (M_r 161,2 Da, F. 197–212 °C). L-C. ist für den Transport langkettiger Fettsäuren durch die innere Mitochondrienmembran essenziell. Es wird vom Säugetierorganismus sowohl mit der Nahrung aufgenommen als auch synthetisiert. Die tägliche Carnitinaufnahme des Menschen wird zwischen 2 und 100 mg veranschlagt, kann aber auch über 300 mg betragen. Der Gesamtcarnitinpool eines gesunden Menschen wird mit 15–20 g veranschlagt, wobei der überwiegende Teil im Skelettmuskel lokalisiert ist.

Die Biosynthese des L-C. geht von Lysin aus (Abb.). Die ε-Aminogruppe des L-Lysins wird mit

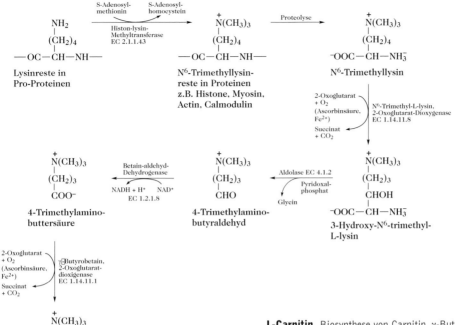

L-Carnitin. Biosynthese von Carnitin. γ-Butyrobetain und 2-Oxoglutarat-Dioxygenase (EC 1.14.11.1) kommen in Leber, Niere und Gehirn vor, während die anderen Enzyme in den meisten Geweben vorhanden sind. Die Aldolase, die 3-Hydroxy-N^6-trimethyl-L-Lysin spaltet, ist möglicherweise identisch mit der Glycin-Hydroxymethyltransferase (EC 2.1.2.1). [W.A. Dunn et al. *J. Biol. Chem.* **259** (1984) 10.764–10.770]

Hilfe von *S*-Adenosyl-L-methionin schrittweise zu *N*-Trimethyllysin methyliert. Letzteres wird in mehreren Schritten zu γ-Butyrobetain, (CH₃)₃N⁺-(CH₂)₃-COO⁻, umgewandelt, aus dem mittels der γ-Butyrobetain-Hydroxylase L-C. entsteht. In Mikroorganismen (*Pseudomonas*-Arten) wird der Abbau von L-C. durch die Carnitin-Dehydrogenase eingeleitet und führt zum Glycinbetain.

Aufgrund der Bedeutung des L-C. im Energiehaushalt der Gewebe und dem Auftreten von Carnitinmangelsyndromen (primär, z.B. muskulär; oder sekundär) gewinnt der therapeutische Einsatz von L-C. zunehmend an Bedeutung.

Carnitin-Acyltransferasen, *CAT*, am Transport langkettiger aktivierter Fettsäuren in die mitochondriale Matrix beteiligte Enzyme. Die CAT I katalysiert auf der cytosolischen Seite der inneren Mitochondrienmembran den Transfer des Acylrests vom Schwefelatom des ↗ *Coenzyms A* auf die Hydroxylgruppe des ↗ *Carnitins*. Nach dem Transport des Acylcarnitins mittels einer Translokase durch die innere Mitochondrienmembran wird die Acylgruppe auf der Matrixseite unter der Katalyse der CAT II wieder auf CoA übertragen.

Carnosin, H-β-Ala-His-OH, ein im Skelettmuskel vorkommendes Dipeptid. Dem C. wird eine Neurotransmitterfunktion zugeschrieben. Durch klinische Studien wurde nachgewiesen, dass C. die Wundheilung fördert und Proteine gegen Quervernetzung schützt. [A.R. Hipkins et al. *Biochem. Soc. Trans.* **22** (1994) 399]

Carotine, isomere ungesättigte Kohlenwasserstoffe mit neun konjugierten *trans*-Doppelbindungen, vier Methylseitenketten und gewöhnlich einem Iononring an einem Ende. Isomere unterscheiden sich in der Anordnung am anderen Ende der Kette. C. mit β-Iononringen werden in der Dünndarmwand oxidativ zu ↗ *Vitamin A* gespalten und sind deshalb als Provitamine wichtig. Bei diesem Vorgang wird das β-C. in zwei Moleküle Vitamin A gespalten, während die α- und γ-Isomere jeweils ein Molekül Vitamin A liefern.

(+)-*α-Carotin*, M_r 536,85 Da, F. 188 °C, $[α]_D$ 385 ° (c = 0,08; Benzol), $λ_{max}$ (CHCl₃) 485 und 454 nm. (+)-α-C. trägt an beiden Enden einen α-Iononring (Abb.). Es hat am C´6 *R*-Konfiguration. α-C. macht bis zu 15 % der Carotinmischung von Karotten aus. Es ist genauso weit verbreitet wie β-C., aber in geringeren Mengen vorhanden. Seine Vitamin-A-Aktivität ist halb so groß wie die von β-Carotin.

β-*Carotin*, M_r 536,85 Da, F. 183 °C, $λ_{max}$ (CHCl₃) 497 und 466 nm. β-C. besitzt zwei terminale β-

Carotine

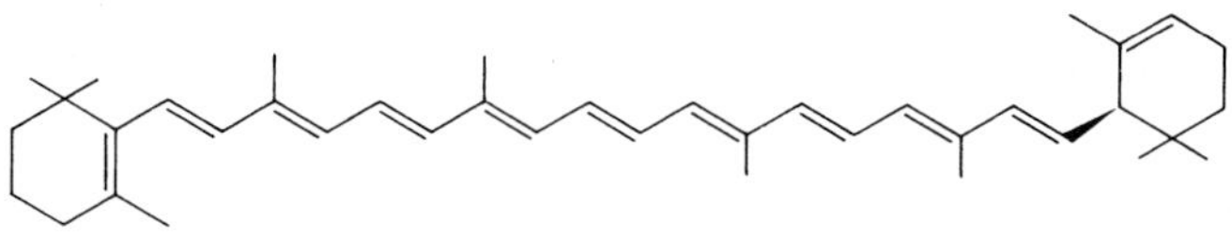

α-Carotin

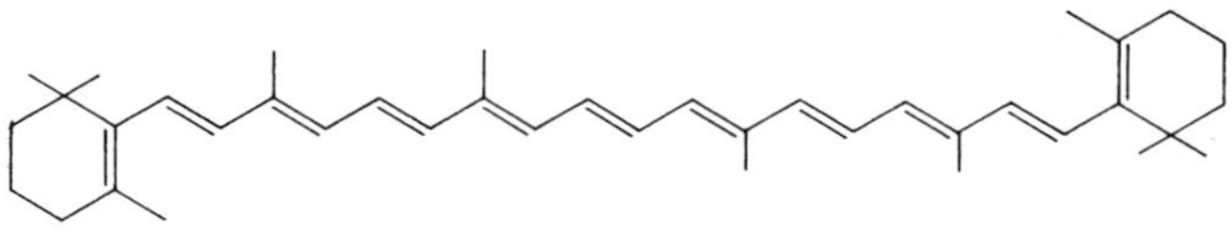

β-Carotin

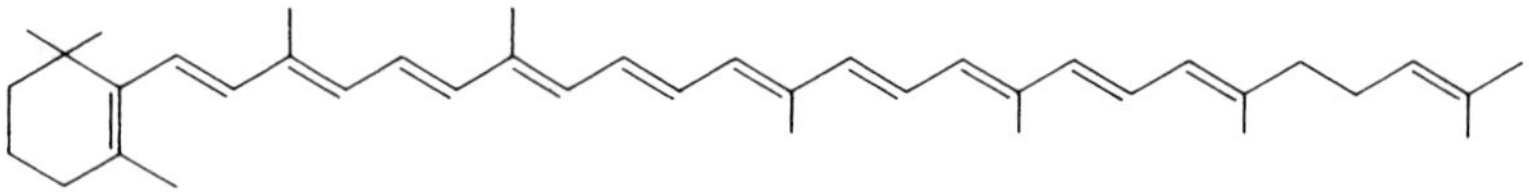

γ-Carotin

Iononringe (Abb.) und ist optisch inaktiv. Seine intensive gelbe Farbe ist auf seine elf konjugierten *trans*-Doppelbindungen zurückzuführen. β-C. ist das in Pflanzen am weitesten verbreitete C. und kommt auch in Bakterien, Pilzen und Tieren (Milch, Fett, Blut, Serum, usw.) vor. Die Carotinmischung der Karotte enthält ungefähr 85 % β-C. Es wird in großem Maßstab synthetisch hergestellt und als Farbstoff für Nahrungsmittel, Pharmazeutika und Kosmetika verwendet.

γ-*Carotin*, M_r 536,85 Da, F. 178 °C (natürliches Material, aus Benzol/Methanol kristallisiert), 135,5 °C (synthetisches Material, aus Petrolether kristallisiert), λ_{max} (CHCl₃) 437, 462 und 494 nm. γ-C. besitzt an einem Ende einen β-Iononring und am anderen Ende eine offene Kette (Abb.) und ist optisch inaktiv. Es kommt in Bakterien, Pilzen und verschiedenen höheren Pflanzen, einschließlich der Karotte (ca. 1 % der Carotinmischung) vor, ist aber nicht so weit verbreitet wie die α- und β-Isomere. ↗ *Carotinoide*; Farbtafel II, Abb. 1.

Carotinoide, eine umfangreiche Klasse gelber und roter Farbstoffe, chemisch hochungesättigte, aliphatische und alizyklische Kohlenwasserstoffe und deren Oxidationsprodukte. Biogenetisch sind die C. aus Isopreneinheiten (C_5H_8) aufgebaut und zeigen daher die für isoprenoide Verbindungen typischen Methylverzweigungen. Die überwiegende Mehrzahl der C. hat 40 C-Atome und gehört zur Gruppe der aus acht Isoprenresten aufgebauten Tetraterpene. Daneben gibt es einige C. mit 45 und 50 C-Atomen, vor allem bei nicht photosynthetisierenden Bakterien. C. mit niedrigerer C-Zahl werden als Nor-, Seco- bzw. Apo-C. bezeichnet.

Man unterteilt die C. in 1) reine Kohlenwasserstoffe, wie z.B. die ↗ *Carotine*, Lycopin, Neurosporin, Phytofluen und Phytoen, und 2) in die sauerstoffhaltigen, gelb gefärbten *Xanthophylle*, z.B. Violaxanthin, Zeaxanthin, Fucoxanthin, Lutein, Neoxanthin, Kryptoxanthin, Astaxanthin, Capsanthin, Capsorubin, Rubixanthin und Rhodoxanthin.

Nativ liegen die Xanthophylle vielfach als Carotinoproteine (d.h., das Carotinoid ist mit einer Proteinkomponente zu einem wasserlöslichen Chromoprotein verbunden, welches das Carotinoid gegen Luft- und Lichteinflüsse stabilisiert) sowie als Fettsäure- oder Glucoseester vor. C. enthalten 9 bis 15 (gewöhnlich 9–11) konjugierte, im Allgemeinen durchgängig *trans*-ständig angeordnete Doppelbindungen und sind dadurch planar gebaute Polyene. Dieses chromophore System bedingt ihre intensive gelbe, orange oder rote Farbe (Farbtafeln II u. III).

Den meisten C. liegt eine ungesättigte, methylverzweigte C_{22}-Kette zugrunde, die an beiden Enden je neun C-Atome in azyklischer (z.B. im Lycopin) oder in zyklisierter (z.B. beim α- und β-Carotin) Form tragen. Als endständige Ringsysteme kommen vor allem die Sechsringe des α- und β-Ionons vor. Die mittelständigen 22 C-Atome sind im Allgemeinen wenig verändert; die zu den Xanthophyllen führenden Oxidationsreaktionen erfolgen bevorzugt an den beiden C_9-Endstücken. Die meisten der etwa 700 strukturbekannten C. gehören als Mono-, Di- oder Polyhydroxyverbindungen sowie Ether, Aldehyde, Ketone oder Säuren zu den Xanthophyllen. Von stereochemischer Bedeutung sind *cis-trans*-Isomerien an den C=C-Doppelbindungen sowie die Absolutkonfiguration an chiralen Zentren. Prototyp der C. ist das ↗ *Lycopin*, eine azyklische C_{40}-Verbindung, von der sich formal die übrigen Vertreter dieser Substanzklasse ableiten lassen.

C. sind als Pigmentfarben im Pflanzen und Tierreich sehr weit verbreitet. Sie bilden eine der wichtigsten Gruppen von Naturfarbstoffen. C. kommen hauptsächlich in den äußeren, sichtbaren Bereichen, wie Haut, Schale, Panzer, Federn und Schnabel, sowie im Eigelb der Vogeleier und in den Sehpigmenten vor. Die im tierischen Organismus aufgefundenen C. sind jedoch pflanzlichen Ursprungs, da das Tier keine *de-novo*-Synthese von C. durchzuführen vermag. Allerdings können die mit der Nahrung aufgenommenen C. umgewandelt werden, z.B. werden Carotine zu Vitamin A oxidiert. Für die Biosynthese der C. ↗ *Tetraterpene*.

Die Carotinoidkonzentration in natürlichem Material liegt durchschnittlich zwischen 0,02 und 0,1 %, bezogen auf die Trockenmasse. Mit 16 % Carotinoidgehalt weist der Augenkranz des Fasans *Narcissus majalis* einen sehr hohen Wert auf, der etwa der 10.000fachen Carotinoidmenge in der Karotte entspricht. Es wird geschätzt, dass in der Natur jährlich etwa 10^8 Tonnen C. produziert werden, vor allem Fucoxanthin, Lutein, Violaxanthin und Neoxanthin; außerdem β-Carotin, Zeaxanthin, Lycopin, Capsanthin und Bixin. Die C. einer Pflanze sind zu über 90 % in den Blättern enthalten und liegen im Allgemeinen als Gemisch vor, das zu 20–40 % aus Carotinen (davon zu über 70 % aus β-Carotin) und zu 60–80 % aus Xanthophyllen, wie Lutein, Violaxanthin, Kryptoxanthin und Zeaxanthin besteht.

Die Bedeutung der C. für den Stoffwechsel liegt einerseits in der Beteiligung an der Energieübertragung bei der Photosynthese und andererseits in der Funktion, Zellen vor schädigendem Lichteinfluss zu schützen. Sie sind auch wichtig als Vorstufe für das Vitamin A und die Sehpigmente. Die Isolierung der C. erfolgt aus pflanzlichem Material durch Extraktion und Adsorptionschromatographie. Die Partial- und Totalsynthese von β-Carotin wird in industriellem Maßstab durchgeführt. Einige C., insbesondere β-Carotin, finden als Farbstoffe in Nahrungsmitteln sowie in Pharmazeutika und Kosmetika Verwendung.

Carotinoproteine, an einen Proteinteil gekoppelte ↗ *Carotinoide*, besonders Xanthophylle.

Carrageen, ↗ *Carrageenan*.

Carrageenan, Polysaccharide, die aus verschiedenen Rotalgen, wie *Chondrus crispus* oder *Gigartina mamillosa*, gewonnen werden. Die getrockneten und gebleichten Thalli dieser Algen werden als *Carrageen* oder „*Irländisch Moos*" bezeichnet. C. bildet hochviskose Lösungen, die beim Erkalten Gele bilden. C. ist ein Gemisch verschiedener Galactane, die sich in Struktur und Eigenschaften unterscheiden. Das Carrageenan besteht zu 45 % aus Carragenin, einem aus Galactose und Galactosesulfat bestehenden Polysaccharid. κ-C. ist eine verzweigte Kettenverbindung und enthält hauptsächlich 3-*O*-substituiertes β-D-Galactopyranose-4-sulfat und 4-*O*-substituierte 3,6-Anhydro-α-D-Galactopyranose, L-(1)-C. 3-*O*-substituiertes β-D-Galactopyranose-2-sulfat und 4-*O*-substituiertes α-D-Galactopyranose-2,6-diphosphat. λ-Carragenin besteht aus α-1→3-glycosidisch verbundenen D-Galactose-4-sulfatresten. C. wird als Gelier- und Dickungsmittel für die Herstellung von Eiscremes, Pudding, Soßen, Konfitüren in der Lebensmittel-

produktion sowie zur Immobilisierung von Enzymen und Zellen in der Biotechnologie eingesetzt.

Carrageenin, ↗ *Carrageenan*.

Carrier, ↗ *Trägermolekül*.

Carubinose, Syn. für ↗ *D-Mannose*.

Carvacrol, *3-Isopropyl-6-methylphenol*, eine farblose, thymianähnlich riechende Flüssigkeit, die autoxidabel ist und sich allmählich gelb färbt. F. 1 °C, Sdp. 237,7 °C, n_D^{20} 1,5230. C. ist wenig löslich in Wasser, löslich in Ethanol und Ether. Es kommt zusammen mit Thymol in verschiedenen etherischen Ölen vor, z.B. im Thymian, Kümmel- und Majoranöl. Synthetisch ist es durch Sulfonierung von *p*-Cymol und nachfolgende Alkalischmelze zugänglich. C. wirkt weniger giftig, dafür aber stärker antiseptisch als Phenol. Es wird deshalb oft als Desinfektionsmittel bevorzugt.

Carvon, *p-Mentha-6,8(9)-dien-2-on*, monozyklisches Monoterpenketon. C. ist eine farblose, nach Kümmel riechende, in Wasser nahezu unlösliche, in Ether und Ethanol lösliche Flüssigkeit. *S*-C. aus Kümmelöl: Sdp. 230 °C bei 101 kPa, $[\alpha]_D$ +59,6°; *R*-C. aus Krauseminzöl: Sdp. 230–231 °C bei 102 kPa, $[\alpha]_D$ –59,4°. Im Kümmelöl ist C. zu 45–60 % enthalten. C. dient zur Aromatisierung von Likören, Mundwässern, Zahnpasten und Körperpflegemitteln.

Caryophyllan, ↗ *Sesquiterpene*.

Caryophyllene, isomere zyklische Sesquiterpenkohlenwasserstoffe, die in vielen etherischen Ölen vorkommen (M_r 204,36 Da).

α- C. ist identisch mit ↗ *Humulen*.

β-C., *4,11,11-Trimethyl-8-methylenbicyclo[7.2.0]-undeca-4-en*; Sdp.$_{·10}$ 123–125 °C, $[\alpha]_D$ –9°, ρ_4 0,9074, n_D 1,4988. Es verfügt über ein *trans*-verknüpftes Cyclobutan-Cyclononan-Ringsystem (die Doppelbindung des ungesättigten Cyclononanringsystems ist *trans*), neigt zu säurekatalysierten Zyklisierungen und bildet ein kristallines Epoxid. Biosynthese und Struktur der C. ↗ *Sesquiterpene*.

Caryoplasma, ↗ *Zellkern*.

Caseine, ↗ *Milchproteine*.

β-**Casomorphine**, β-*CM*, aus Rinder-Caseinpepton isolierte Peptid-Fragmente des Milchproteins β-Casein mit opiatartiger Wirkung. Mehr als 90 % der Hauptkomponente der 1979 erstmalig isolierten Peptide bildete das 7 AS-Peptid β-*CM-7*, H-Tyr^1-Pro-Phe-Pro-Gly^5-Pro-Ile-OH, bei dem es sich um die Partialsequenz 60–66 des Rinder-β-Caseins A2 handelt. C-terminale Verkürzung durch Carboxypeptidase Y ergibt das 5 AS-Peptid β-*CM-5*, H-Tyr^1-Pro-Phe-Pro-Gly^5-OH, das wirksamste Peptid dieser natürlich vorkommenden, zu den ↗ *Exorphinen* zählenden Gruppe von Opioidpeptiden. Die β-CM unterscheiden sich sowohl strukturell als auch in der Protease-Stabilität deutlich von den im Säugerorganismus nachgewiesenen ↗ *Endorphi-*

nen. Die charakteristische Sequenz mit den alternierenden Prolinresten erklärt auf der einen Seite die allgemeine Protease-Stabilität, aber andererseits sind die β-CM gute Substrate für post-Prolin-spaltende Enzyme, wie das post-Prolin-Cleaving-Enzym (PPCE) und die Prolin-spezifische Endopeptidase (PSE). Mit dem *Morphiceptin* (MC), H-Tyr-Pro-Phe-Pro-NH$_2$, wurde ein hochwirksamer Opiatagonist beschrieben. [K. Neubert et al. *CLB* **42** (1991) 200, 259; V. Brantl u. H. Teschemacher β-*Casomorphins and Related Peptides: Recent Developments*, VCH, Weinheim 1994]

Caspasen, *ICE-ähnliche Proteasen*, eine Familie von Cystein-Proteasen mit ausgeprägter Spaltungsspezifität für -Asp↓Xaa-Bindungen und wichtigen Funktionen bei der ↗ *Apoptose*. Im Nematoden *Caenorhabditis elegans* wurde 1993 erstmalig mit dem Genprodukt CED-3 eine für die Apoptose erforderliche Protease nachgewiesen, die eine starke Sequenzhomologie zur Säuger-Cystein-Protease *Interleukin-1β-convertierendes-Enzym* (ICE) aufwies. Seither wurden neben ICE neun weitere verwandte Cystein-Proteasen identifiziert, die als C. bezeichnet wurden (Tab.). Der Trivialname leitet sich ab von „C" für Cysteinprotease und „aspase" wegen der P1-Asp-Spezifität. Alle C. enthalten ein konserviertes Pentapeptid-Motiv QACXG im aktiven Zentrum. Sie werden als inaktive Pro-Enzyme mit einem N-terminalen Peptid (Prodomäne) und zusammenhängender großer und kleiner Untereinheit synthetisiert. Aus den Röntgenkristallstrukturanalysen von C.-1 und C.-3 geht hervor, dass das aktive Enzym ein Heterotetramer ist, bestehend aus zwei kleinen und zwei großen Untereinheiten. Die Aktivierung der C. während der Apoptose führt zu einer Spaltung von kritischen zellulären Substraten, wie Poly(ADP-Ribose-)Polymerase und Laminen. Durch CD95(Fas/APO-1-) und Tumor-Ne-

krose-Faktor-induzierte Apoptose wird C.-8 aktiviert, die am N-Terminus FADD-ähnliche (FADD für *Fas*-assoziiertes Protein mit *death*-Domäne) *death*-Effektor-Domänen enthält, und dadurch ein Bindeglied zwischen Zelltod-Rezeptoren und C. darstellt. Diskutiert wird, dass einige C. sequenziell andere aktivieren, wodurch eine Hierarchie der C. etabliert wird. [G.M. Cohen Biochem. J. **326** (1997) 1]

Cassain, ↗ *Erythrophleum-Alkaloid*.

Castoramin, ↗ *Nuphara-Alkaloide*.

Castraprenole, ↗ *Polyprenole*.

CAT, 1) Abk. für ↗ *Carnitin-Acyltransferasen*.

2) Abk. für Chloramphenicol-Acetyltransferase (↗ *CAT-Assay*).

CAT-Assay, (CAT für Chloramphenicol-Acetyltransferase), ein Reportergensystem zur Charakterisierung der *in-vivo*-Transcripte klonierter Promotoren, das auf dem Reportergen für das Enzym Chloramphenicol-Acetyltransferase basiert. Das in Mikroorganismen vorkommende und diesen Resistenz gegenüber Chloramphenicol verleihende Enzym katalysiert den Transfer von Acetyl-Resten von Acetyl-CoA auf Chloramphenicol. Nach Umlagerungsreaktionen resultiert schließlich das biologisch inaktive 1,3-diacetylierte Chloramphenicol. Für den Nachweis der CAT-Aktivität in transfizierten Säugerzellen werden die Zelllysate mit ^{14}C-Chloramphenicol inkubiert. Die in Gegenwart von CAT resultierenden acetylierten Derivate und nicht umgesetztes ^{14}C-Chloramphenicol werden danach durch Dünnschichtchromatographie aufgetrennt und durch Autoradiographie detektiert.

Catechine, *Flavan-3-ole* (Abb.). (+)-C. und (–)-Epicatechin sind in Pflanzen weit verbreitet. Andere C. sind in ihrer Verteilung mehr begrenzt (Tab.). C. sind mit der Biosynthese des kondensierten ↗ *Tannins* in Verbindung gebracht worden.

Caspasen. Tab.

Caspase	weitere Namen	aktives Zentrum
Caspase-1	ICE	QACRG
Caspase-2	Nedd2, ICH-1	QACRG
Caspase-3	CPP32, Apopain	QACRG
Caspase-4	ICErelII,TX,ICH-2	QACRG
Caspase-5	ICErelIII,TY	QACRG
Caspase-6	Mch2	QACRG
Caspase-7	Mch3,ICE-LAP3	QACRG
Caspase-8	MACH, Mch5	QACQG
Caspase-9	ICE-LAP6,Mch6	QACGG
Caspase-10	Mch4	QACQG

Catechine. Abb. Strukturgrundgerüst.

Catecholamine, Alkylaminoderivate des Brenzcatechins. Die C. werden leicht zu 2-Chinonen oxidiert, die durch intramolekularen nucleophilen Angriff der Aminogruppe zu Indol-Derivaten zyklisieren können. Die so gebildeten Leucochrome können leicht weiter oxidiert werden, anaerob zu den gefärbten Aminochromen, aerob in Gegenwart von Polyphenol-Oxidasen zu den ↗ *Melaninen*. Melaninähnliche Produkte werden auch durch Oxidation der C. mit Chromat gebildet, eine Reaktion, die zum Nachweis der C. in tierischem Gewe-

Catechine. Tab. Strukturen einiger Catechine.

Ringstruktur	Verbindung	Konfiguration	Vorkommen
3,5,7,3´,4´-Pentahydroxyflavan	(+)-Catechin	2R,3S	weit verbreitet in Pflanzen
	(−)-Epicatechin	2R,3R	
3,5,7,3´,4´,5´-Hexahydroxy-flavan	(+)-Gallocatechin	2R,3S	*Camellia sinensis*
	(−)-Epigallocatechin	2R,3R	
3,7,3´,4´,5´-Pentahydroxyflavan	(−)-Robinetinidol	2R,3R	*Robinia pseudoacacia, Acacia mearnsii*
3,7,4´,5´-Tetrahydroxyflavan	(+)-Fisetinidol	2R,3S	*Schinopsis quebracho-colorado*
	(−)-Fisetinidol	2R,3R	Kernholz u. Rinde von *Acacia mearnsii*
3,6,8,4´-Tetrahydroxyflavan	(+)-Afzelechin	2R,3S	*Cochlospermum gillivraei, Desmoncus polycanthos, Eucalyptus calophylla*
	(+)-Epiafzelechin	2S,3S	*Livinstoma chinensis*
	(−)-Epiafzelechin	2R,3R	Afzelia-Holz, *Larix sibirica, Actinidia chinensis, Juniperis communis, Cassia javanica*

be (*chromaffine* Gewebe) herangezogen wird. Die C. spielen im tierischen Organismus eine wichtige Rolle als Neurotransmitter. Dazu gehören ↗ *Dopamin,* ↗ *Noradrenalin* und ↗ *Adrenalin.*

Catecholaminrezeptoren, membranständige Rezeptoren der Catecholamine Adrenalin, Noradrenalin und Dopamin (↗ *Adrenorezeptoren*).

Catecholöstrogene, 2-hydroxylierte Derivate der ↗ *Östrogene.* Die Östrogene werden in der Leber mit Hilfe des mikrosomalen P450-Systems hydroxyliert. Im Lebercytosol wird dann die 2-Hydroxygruppe durch *S*-Adenosyl-L-Methionin unter Einwirkung von Methyl-Transferase methyliert. Die Methoxyderivate werden mit dem Urin ausgeschieden. Die C. und ihre methylierten Derivate (Abb.) sind für 50 % der ausgeschiedenen Östrogenmetabolite verantwortlich. Sie besitzen keine Östrogenaktivität. C., die durch Hydroxylierung von Östrogenen aus ↗ *Ovulationshemmern* entstehen, können die Inaktivierung von Catecholaminen verzögern, da sie mit ihnen um die Methyl-Transferase konkurrieren, die die inaktivierende Methylierung vermittelt. Das erklärt, warum die Einnahme oraler Verhütungsmittel manchmal mit einem Blutdruckanstieg einhergeht.

Catecholöstrogene. Natürlich vorkommende Catecholöstrogene und ihre methylierten Derivate.
2-Hydroxyöstradiol-17β: R$_1$ = H, R$_2$ = αHβOH
2-Methoxyöstradiol-17β: R$_1$ = CH$_3$, R$_2$ = αHβOH
2-Hydroxyöstron : R$_1$ = H, R$_2$ = O
2-Methoxyöstron : R$_1$ = CH$_3$, R$_2$ = O

Da die C. keine östrogene Wirkung besitzen (d.h. nicht uterotrop sind), werden sie im Allgemeinen als Inaktivierungsprodukte der Östrogene betrachtet. Es gibt jedoch Beweise, dass sie (insbesondere die 2-Hydroxyöstrogene) eigenständige Hormone sind, die die Suppression der Prolactinsekretion bewirken. [J. Fishman u. D. Tulchisky *Science* **210** (1980) 73–74]

Catenane, *verkettete DNA,* zwei oder mehr ringförmige DNA-Moleküle, die wie die Glieder einer Kette ineinandergreifen. Die Häufigkeit, mit der verkettete DNA vorkommt, wird durch Inhibitoren der Proteinbiosynthese erhöht. C. kommen in mit SV40 oder ΦX174 infizierten Zellen, in Mausmitochondrien und in menschlichen Leucocytenmitochondrien vor. Die C.-Bildung und die Entkettung der ringförmigen DNA wird *in vitro* durch ↗ *Topoisomerasen* katalysiert. Die *Kinetoplasten-DNA* (*k-DNA*) von Trypanosomen enthält Tausende von Catenanringen. Die meisten von ihnen sind Miniringe (0,8–2,5 kb, in Abhängigkeit von der Trypanosomenart), neben einigen Maxiringen (20–40 kb). So besteht z. B. die k-DNA *von Trypanosoma brucei* aus 6.000 intern verknüpften Miniringen, verflochten mit 20–25 Maxiringen. Der Durchmesser des gesamten Netzwerks variiert zwischen 5 und 15 fm. [P. T. England et al. *Annu. Rev. Biochem.* **51** (1982) 695–726]

Catenine, ↗ *Cadherine.*

Catharantus-Alkaloide, ↗ *Vinca-Alkaloide.*

Cathepsine, ↗ *Proteolyse.*

CCC, 1) Abk. für ↗ *Chlorocholinchlorid.*

2) Abk. für engl. *counter current chromatography,* ↗ *Gegenstromchromatographie.*

CCP, Abk. für *Carboxyl-Carrier-Protein.* ↗ *Biotinenzyme.*

CD, 1) Abk. für Clusterdifferenzierung (engl. *cluster differentiation*) oder Clusterkennzeichnung (engl. *cluster designation*); ein Nomenklatursystem für die Zelloberflächenantigene menschlicher Leucocyten, die durch monoklonale Antikörper erkannt werden. ↗ *CD-Marker*.

2) Abk. für ↗ *Circulardichroismus*.

CD$_{50}$, effektive therapeutische Dosis, Dosis curativa, ↗ *Dosis*.

CD-Antigene, ↗ *CD-Marker*.

CD-Marker, *CD-Antigene*, (CD = Abk. für *clusters of differentiation*, Differenzierungsgruppe), *Zelloberflächenmarker*, Oberflächenmoleküle, die auf allen Zellen in einem Organismus, vor allem jedoch auf Zellen des Immunsystems (Lymphocyten), vorkommen. Sie werden herangezogen, um verschiedene Stadien der Entwicklung eines Zelltyps oder verschiedene Zelltypen voneinander zu unterscheiden. Vielen der durch monoklonale Antikörper charakterisierten Oberflächen-Marker kann auch heute noch keine Funktion zugewiesen werden. Trotzdem erlauben sie eine Unterscheidung von Blutzellen, die sich morphologisch nicht oder nur wenig unterscheiden. Auch in der Diagnostik spielen sie eine bedeutende Rolle. Die Beteiligung an der Signaltransduktion ist in den letzten Jahren bei einigen CD-Markern näher untersucht worden. So bewirkt die Bindung von CD2 an seinen Liganden (CD58 oder LFA-3) über die cytoplasmatische Domäne von CD2 eine Aktivierung des Inositolphospholipid-Stoffwechsels, eine Erhöhung des intrazellulären Calcium-Spiegels, eine Aktivierung der Protein-Kinase C und letztlich eine Erhöhung der Il-2-Produktion (Interleukine). CD4 und CD8 wirken ebenfalls als Effektormoleküle bei der intrazellulären Signaltransduktion. CD44v, eine Isoform des Adhäsins CD44 ist auf einer Vielzahl von Zellen nur vorhanden, wenn sie sich aktiv teilen und wandernde Bewegungen im Organismus vollführen. Am Ende solcher Differenzierungsschritte verschwindet CD44v von der Zelloberfläche. Das Vorkommen von CD44v ist zeitlich streng kontrolliert. In metastasierenden Tumorzellen hingegen findet keine zeitliche Kontrolle statt. Das Gen wird nicht inaktiviert, und CD44v ist somit ständig auf der Zelloberfläche vorhanden. Diese permanente Gegenwart von CD44v, nicht jedoch das Molekül als solches, scheint für die Metastasierung bei einigen Krebsarten verantwortlich zu sein. Gegen CD44v konnten bereits monoklonale Antikörper entwickelt werden, die in Tierversuchen das Metastasieren von Tumoren verhinderten. ↗ *Corezeptoren*, ↗ *HIV-Infektion*, ↗ *Selectine*,

cDNA, Abk. für *complementary DNA*, die Bezeichnung für die einzel- bzw. doppelsträngige DNA-Kopie eines RNA-Moleküls. Ausgangsmaterial für die Synthese der cDNA – katalysiert durch die ↗ *reverse Transcriptase* – ist z. B. die mRNA.

cDNA-Bank, ↗ *Genbank*.

CDP, Abk. für Cytidin-5′-Diphosphat. ↗ *Cytidinphosphate*.

CDP-Cholin, *Cytidindiphosphatcholin*. ↗ *Membranlipide (Biosynthese)*.

CDP-Glycerid, *Cytidindiphosphatglycerid*. ↗ *Membranlipide (Biosynthese)*.

CDP-Ribitol, *Cytidindiphosphatribitol*. ↗ *CDP-Zucker*.

CDP-Zucker, *Cytidindiphosphatzucker*, eine metabolisch aktivierte Form von Zuckern und Zuckerderivaten (↗ *Nucleosiddiphosphatzucker*). CDP-Ribitol ist eine Vorstufe in der Biosynthese bakterieller Zellwände.

CD-Spektrum, ↗ *Circulardichroismus*.

CE, Abk. für engl. *capillary electrophoresis*, ↗ *Kapillarelektrophorese*.

Cecropine, eine Familie ↗ *antimikrobieller Peptide*. Der Name leitet sich von *Hyalophora cecropia* ab. Diese weit verbreiteten Peptide sind in verschiedenen Geweben gegen ein breites Spektrum von Pathogenen aktiv, insbesondere gegen Bakterien, Pilze und Viren. Die wichtigsten C. aus Insekten werden Cecropin A bis B genannt. Sie bestehen aus 35–37 Aminosäureresten und sind charakterisiert durch ein basisches N-terminales Segment und einen hydrophoben C-Terminus. Die C. wurden erstmalig durch Boman und Mitarbeiter isoliert, gereinigt und sequenziert. Die Synthese der Cecropine wurde durch Merrifield beschrieben. [D. Hultmark et al. *Eur. J. Biochem.* **106** (1980) 7; J.Y. Lee et al. *Proc. Natl. Acad. Sci. USA* **86** (1989) 9.159; S. Vunnam et al. *J. Peptide Res.* **49** (1997) 59]

C$_1$-Einheiten, ↗ *aktive Einkohlenstoff-Einheiten*.

Celiomycin ↗ *Viomycin*

Cellobiase, *Gentiobiase*, eine ältere Bezeichnung für eine zu den ↗ *Disaccharidasen* gehörende β-Glucosidase, die β-1→4-(Cellobiose)-glycosidische Bindungen unter Freisetzung von β-D-Glucose spaltet. C. ist Bestandteil cellulolytischer Enzymkomplexe (↗ *Cellulasen*).

Cellobiose, ein reduzierendes Disaccharid. M_r 342,3 Da, β-Form (Abb.): F. 240 °C, $[\alpha]_D^{20}$ 14 °→35 ° (Wasser). C. ist aus zwei β-1→4-glycosidisch verbundenen Molekülen D-Glucose aufgebaut. Es wird weder von Hefe vergoren, noch von Maltase gespal-

Cellobiose. β-Cellobiose.

ten. C. liegt als Disaccharideinheit den Polysacchariden Cellulose und Lichenin zugrunde. Sie kommt in der Natur nicht in freier Form vor, außer als Zwischenprodukt beim Abbau von Cellulose durch die Cellulase. C. ist auch in bestimmten Glycosiden enthalten.

Cellulasen, pflanzliche, mikrobielle und Pilz-Hydrolasen, die ↗ *Cellulose* zu Cellobiose und Glucose abbauen. Bei den C. handelt es sich häufig um ein Gemisch verschiedener Endo- und Exoenzyme, die gegenüber Cellulosederivaten eine höhere Aktivität als gegenüber nativer Cellulose aufweisen. Die am besten untersuchte Cellulase von *Penicillium notatum* besteht aus einer 324 Aminosäuren umfassenden Kette (M_r 35 kDa) mit einer Disulfidbrücke und keiner freien SH-Gruppe. C. dienen zur Herstellung spezieller Nahrungsmittel, wie Babynahrung, Instantprodukte, zur Entfernung unerwünschter Celluloseanteile in Diätnahrung sowie in zunehmendem Maße zur Herstellung von Glucose aus cellulosehaltigen Abfällen.

Cellulose, ein unverzweigtes pflanzliches Polysaccharid – M_r 300–500 kDa; Summenformel $(C_6H_{10}O_5)_n$ –, das aus β-1→4-glycosidisch verbundenen Glucoseeinheiten besteht (Abb.). Durch Enzyme wird Cellulose zum Disaccharid Cellobiose hydrolysiert. Bei der Behandlung von C. mit konzentrierten Säuren, z.B. 40%iger Salzsäure oder 60–70%iger Schwefelsäure oder mit verdünnten Säuren bei erhöhter Temperatur wird C. in D-Glucose gespalten. Bei diesem als Holzverzuckerung bezeichneten Prozess wird C. in gärfähigen Zucker überführt.

Cellulose

C. stellt den Hauptbestandteil der pflanzlichen Zellwände dar. Bestimmte Pflanzenfasern, wie Baumwolle, Hanf, Flachs und Jute, bestehen aus fast reiner C.; Holz dagegen enthält 40–60 % C. In der Zellwand ist die C. in Mikrofibrillen angeordnet, in denen die Celluloseketten parallel verlaufen und durch Wasserstoffbrückenbindungen zwischen den Ketten stabilisiert werden. Die Mikrofibrillen sind in einer Matrix aus anderen Polysacchariden, wie z.B. Pektin, Hemicellulose und Lignin und kleinen Mengen des Proteins Extensin, eingebettet.

Die C.-Mikrofibrillen sind quer zur Längsachse von Zellen, die in die Länge wachsen, angeordnet, wobei eine relativ große Winkeldispersion vorliegt. In dickeren Wänden bilden sie helicale Lamellen, deren Anstieg sich von einer Lamelle zur nächsten ändert.

Die im Pflanzenreich weit verbreitete C. ist mengenmäßig der bedeutendste Naturstoff. Die Gesamtmenge an C. auf der Erde entspricht etwa 50 % des in der Atmosphäre vorhandenen Kohlendioxids. Vom pflanzlichen Stoffwechsel werden jährlich etwa 10 Billionen Tonnen C. gebildet. Celluloseabbauende Enzyme (↗ *Cellulasen*) sind in niederen Pflanzen, holzzerstörenden Pilzen, Termiten und einigen Schnecken enthalten. Der Mensch und fleischfressende Tiere sind nicht zum Celluloseabbau befähigt, so dass C. für die Ernährung einen Ballaststoff darstellt. Wiederkäuer und verschiedene Nagetiere haben zur Celluloseverwertung ein besonderes Verdauungssystem mit symbiotischen Bakterien. C. wird vorwiegend aus Holz oder Stroh durch saure (Sulfitverfahren) oder alkalische (Sulfatverfahren) Hydrolyse gewonnen. Sie wird zur Herstellung von Papier, Textilien, Kunststoffen, Sprengstoffen, Tierfutter und Fermentationsprodukten verwendet. Industrielle Bedeutung haben insbesondere Derivate der C., wie Ether, Ester und Xanthogenate.

Celluloseionenaustauscher, ↗ *Ionenaustauscher*, ↗ *Säulenchromatographie*.

Cellulose-Synthase, ein in der Plasmamembran pflanzlicher Zellen lokalisiertes Enzym, das die extrazelluläre Bildung von Cellulosefibrillen (↗ *Cellulose*) katalysiert. Die C. wandert während der Bildung der Fibrillen an den unter der Plasmamembran liegenden Mikrotubuli entlang, wodurch eine parallele Ausrichtung der Cellulosefibrillen erreicht wird.

Cembrane, *Cembranoide*, monozyklische Diterpene, die aus verschiedenen Pflanzen isoliert wurden, insbesondere aus dem Gummiharz der Kiefern.

Das Cembrangrundgerüst (1-Isopropyl-4,8,12-trimethylcyclotetradecan bzw. Octahydrocembran) besteht aus einem 14gliedrigen, carbozyklischen Ring mit einer Isopropylgruppe an Position 1 und drei Methylgruppen an den Positionen 4, 8 und 12 (Abb.). Das Cembran selbst kommt nicht natürlich vor. Das *Cembren* wurde aus dem Oleoresin der Pinien und das *Eunicin* aus der karibischen Gorgonarienart *Eunicea mammosa* isoliert. Das Cembren A (Neocembren) [-C(CH₃)=CH₂ an Position 1] kann aus dem Gummiharz der *Commiphora mukul* gewonnen werden und wird im ayurvedischen System (altindische Medizin aus der brahmanischen Epoche; Anm. der Übers.) als Medikament eingesetzt. Aus der gleichen Quelle erhält man Mukulol (3,7,11-Cembratrien-2-ol). Isocembren (keine 4,5-Doppelbindung und =CH₂ an Position 4) kommt in *Pinus sibirica* vor. 2,7,11-Cembratrien-4-ol wurde aus verschiedenen Kiefernarten isoliert.

Das *Crassinacetat* aus der karibischen Gorgonarie *Pseudoplexaura porosa* scheint von deren Al-

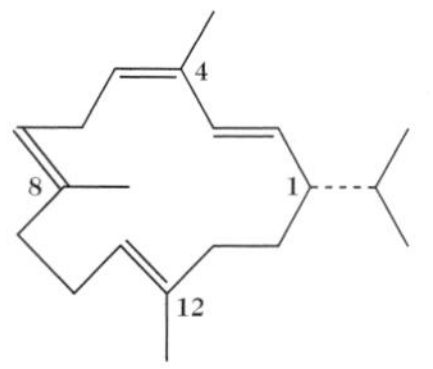

Cembren

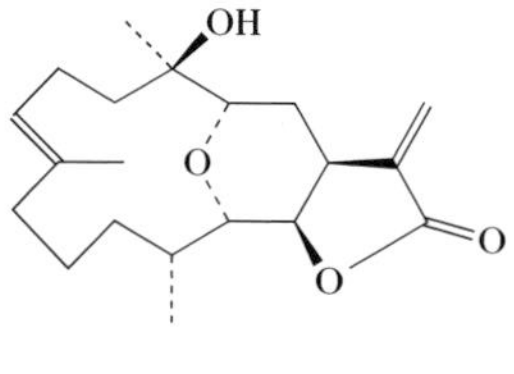

Eunicin

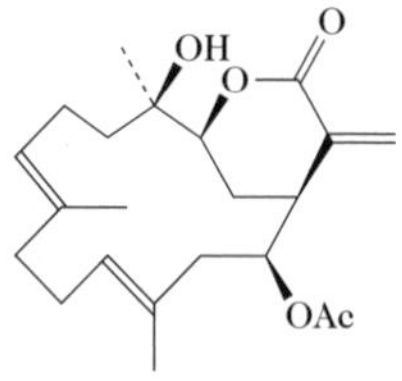

Crassinacetat

Cembrane. Strukturen einiger natürlich vorkommender Cembranderivate.

gensymbionten (*Zooxanthellen*) synthetisiert zu werden. Zellextrakte aus den Zooxanthellen bauen Mevalonsäure und Geranylpyrophosphat in Crassinacetat ein. [A.J. Weinheimer et al. *Progress in the Chemistry of Organic Natural Poducts* **36** (1979) 285–387]

Cembranoide, ↗ *Cembrane*.

Cembren, ↗ *Cembrane*.

centiMorgan , *cM*, ein auf der genetischen Kopplung (*genetic linkage*) beruhendes Abstandsmaß für die physikalische Distanz von Genen auf einem Chromosom. Die Distanz (cM) ist definiert als Anzahl der Rekombinanten dividiert durch die Ge-

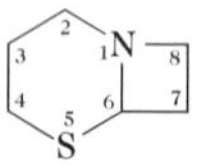

Cepham

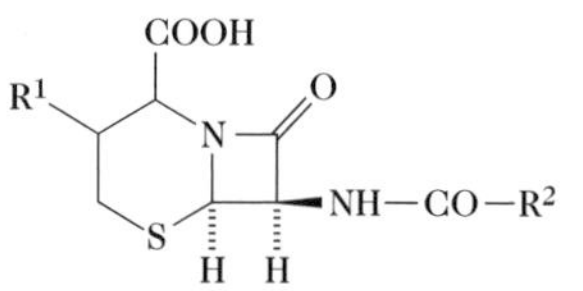

Derivate der
7-Aminocephalosporansäure

samtzahl der Nachkommen multipliziert mit 100. Danach entspricht 1 cM einer Rekombinationshäufigkeit von einem Prozent. Dieses Prinzip der genetischen Vermessung ist nur über limitierte Distanzen möglich, da bei größeren Abständen die Wahrscheinlichkeit von zwei *Crossing over*-Ereignissen signifikant erhöht wird.

Centriolen, hohlzylinderförmige Organellen im Zentrum tierischer Zellen, die an der Bildung des Spindelapparats während der Zellteilung beteiligt sind. Sie sind aus neun ringförmig angeordneten Mikrotubuli-Tripletts aufgebaut.

Centromer, ↗ *Chromosomen*.

Centrosom, *Mikrotubuli-Organisationszentrum*, im Cytoplasma aller eukaryontischen Zellen vorkommendes, für die Zellteilung wichtiges Strukturelement.

Cephaline, ↗ *Membranlipide*.

Cephalomycine, *Cephamycine*, eine Gruppe von ↗ β-*Lactamantibiotika*, die von *Actinomyceten* (*Streptomyces*, *Nocardia*) gebildet und ausgeschieden werden. C. unterscheiden sich von den strukturverwandten ↗ *Cephalosporinen* durch eine zusätzliche 7α-Methoxy-Gruppe an der 7-Amino-Cephalosporansäure. Diese Gruppe verleiht dem Ringsystem eine größere Stabilität gegenüber ↗ β-*Lactamasen*. Von den C. wurden einige halbsynthetische Derivate mit verbesserten Eigenschaften hergestellt.

Cephalosporin P$_1$, ↗ *Cephalosporine*.

Cephalosporine, eine Gruppe der ↗ β-*Lactamantibiotika*, die das bizyklische Grundgerüst *Cepham* (Abb.) enthalten. Die therapeutisch verwendeten C. sind in den meisten Fällen Abkömmlinge

Name	R^1	R^2
Cephalosporin C	CH_3COOCH_2-	$H_3\overset{+}{N}$ $\underset{-OOC}{\overset{|}{CH}}-(CH_2)_3-$
Cefixim	$CH_2=CH-$	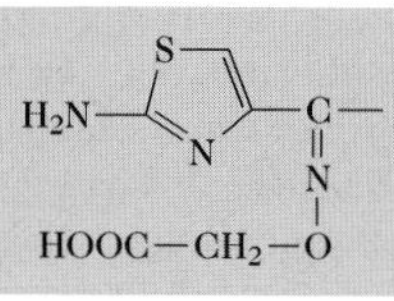 (siehe Strukturformel) H_2N, S, N, $HOOC-CH_2-O$
Cefamandol	(siehe Strukturformel) $N-N$ / N, N, N, $-S-CH_2-$	(siehe Strukturformel) $-CH-$ / OH
Cefotaxin	CH_3COOCH_2-	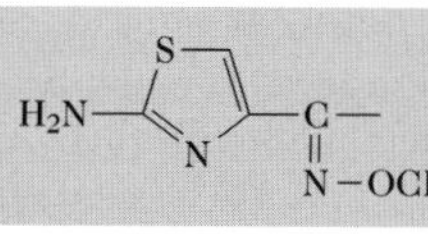 (siehe Strukturformel) H_2N, S, N, $N-OCH_3$
Cefalexin	CH_3-	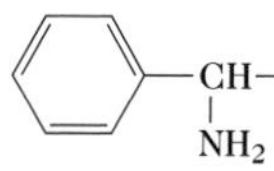 (siehe Strukturformel) $-CH-$ / NH_2

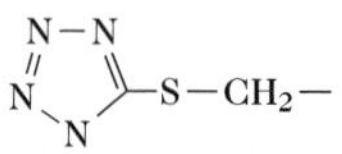

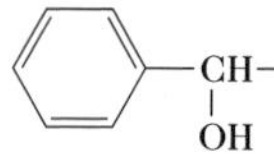

Cephalosporine. Tab. Wichtige Beispiele.

der 7-Aminocephalosporansäure, bei der die Aminogruppe acyliert und z. T. der Acetoxymethylrest verändert ist. Als natürliche Verbindung mit sehr geringer antibiotischer Wirkung wurde *Cephalosporin C* aus *Cephalosporium*-Arten isoliert (Tab.). Die Biosynthese dieser Verbindung erfolgt wie bei den Penicillinen aus L-2-Amino-adipinsäure, L-Cystein und D-Valin, wobei die L-2-Amino-adipinsäure zur D-Form epimerisiert wird, eine Methylgruppe des Cysteins in einen 1,3-Thiazinring eingebaut und die zweite Methylgruppe in den Acetoxymethylrest überführt wird. Die Konfiguration an beiden chiralen C-Atomen entspricht der Konfiguration analoger Chiralitätszentren beim Penicillin. Cephalosporin C wird chemisch zu 7-Aminocephalosporansäure (Abb.) abgebaut, aus der die partialsynthetischen Verbindungen gewonnen werden. Die C. haben eine den Penicillinen vergleichbare antibiotische Aktivität. Stärker ausgeprägt ist die β-Lactamase-Stabilität und die Säurestabilität, die bei den älteren C. wegen schlechter Resorption nach oraler Applikation nicht ausgenutzt werden konnten. Neuere C., wie *Cefotaxim* und *Cefamandol* (Tab.), zeichnen sich durch eine weiter gesteigerte β-Lactamase-Stabilität, breiteres Wirkungsspektrum und stärkere Wirkung aus.

Cepham, ↗ *Cephalosporine*.

Cephamycine, ↗ *Cephalomycine*.

Ceramide, Sphingophospholipide, ↗ *Phospholipide*.

Ceramidlactosidlipidose, Syn. für ↗ *Lactosylceramidose*.

Ceramid-1-phosphorylcholin, ↗ *Membranlipide*.

Ceramidtrihexosidase, α-*Galactosidase A*, ↗ *Fabry-Syndrom*.

Ceratoxine, aus den Anhangsdrüsen der Weibchen der Mittelmeer-Fruchtfliege (*Ceratitis capitata*) isolierte Peptide mit antibakterieller und hämolytischer Wirkung. Sie besitzen strukturelle Ähnlichkeit mit den ↗ *Cecropinen* sowie mit der Bienengiftkomponente ↗ *Mellitin*.

Cerebrocuprein, ↗ *Superoxiddismutase*.

Cerebronsäure, *2-Hydroxytetrakosansäure*, α-*Hydroxylignocerinsäure*, CH_3-$(CH_2)_{21}$-CHOH-COOH, eine Hydroxyfettsäure (M_r 384,63 Da, F. 101 °C). Sie ist Bestandteil verschiedener Glycolipide.

Cerebroside, ↗ *Membranlipide*.

Cereulide, aus dem Meeresbakterium *Bacillus cereus* isolierte zyklische 12 AS-Depsipeptide. *Homocereulid* enthält D-α-Hydroxyisocapronsäure (Hic), L-α-Hydroxyisovaleriansäure (Hiv) und L-*allo*-α-Hydroxy-β-methylvaleriansäure (L-*allo*-Hmv) neben D-Alanin sowie L- und D-Valin: cyclo-[-(D-Hic-D-Ala-Hiv-Val)₂-D-Hic-D-Ala-allo-Hmv-D-Val-]. Im *Cereulid* befindet sich anstelle von L-*allo*-Hmv die um eine Methylgruppe verkürzte Hiv. Der

36-gliedrige Ring der C. ähnelt der Struktur des ↗ *Valinomycins*. Die C. besitzen eine hohe Cytotoxizität. [G.-Y.-S. Wang et al. *Chem. Lett.* **1995**, 791]

Cerotinsäure, *n-Hexakosansäure*, CH_3-$(CH_2)_{24}$-COOH, eine Fettsäure (M_r 396,7 Da, F. 87,7 °C). Sie kommt als Bestandteil von Wachsen in Bienenwachs, Wollwachs, Carnaubawachs und Montanwachs sowie in Spuren in Pflanzenfetten vor.

Cerulenin, das Amid einer ungesättigten Fettsäure (Abb.) mit antibiotischen Eigenschaften gegen Pilze, Hefen und grampositive Bakterien. Es hemmt die ↗ *Fettsäurebiosynthese* (Fettsäuresynthase) sowie die Sterinbiosynthese und verhindert die Synthese und Sekretion bestimmter extrazellulärer Proteine einiger Bakterien (z. B. Glucosyltransferase von *Streptococcus*-Arten).

Cerulenin

Ceruletid, ein synthetisches ↗ *Caerulein*.

Ceruloplasmin, ↗ *Coeruloplasmin*.

Cetyltrimethylammoniumbromid, [H_3C-$(CH_2)_{15}$-$N^+(CH_3)_3$]Br^-, ein sehr oft zur Solubilisierung und Freisetzung integraler Membranproteine eingesetztes Detergens.

Ceveratrum-Alkaloide, ↗ *Veratrum-Alkaloide*.

Cevine, ↗ *Germin*.

CFTR-Protein, cystische-Fibrose-Transmembran-Regulatorprotein (engl. cystic fibrosis transmembrane conductance regulator protein), ein in der Cytoplasmamembran von Epithelzellen lokalisierter ↗ *ABC-Transporter*. C. (M_r 168 kDa) bildet einen sekretorischen Chloridkanal (↗ *Chloridkanäle*) aus, zu dessen Öffnung sowohl die Hydrolyse von ATP als auch eine cAMP-abhängige Phosphorylierung erforderlich sind. Es besteht aus zwei membrandurchspannenden Untereinheiten mit je sechs durchgehenden Segmenten, zwei ATP-bindenden Domänen und einer großen regulatorischen Untereinheit (R-Domäne), die den Kanal im nichtphosphorylierten Zustand (Ruhezustand) geschlossen hält und erst nach Phosphorylierung öffnet. Durch eine Mutation im Gen für das C. wird die *Mucoviscidose* oder cystische Fibrose verursacht.

CGE, Abk. für engl. capillary gel electrophoresis, ↗ *Kapillarelektrophorese*.

cGMP, Abk. für zyklisches Guanosin-3′,5′-monophosphat. ↗ *Guanosinphosphate*.

cGMP-abhängige Phosphodiesterase, ein hydrolytisches Enzym, das cGMP zu 5′-GMP abbaut. Sie ist aus vier Untereinheiten der Zusammensetzung αβγ₂ aufgebaut, wobei α und β die enzymatisch aktiven Untereinheiten darstellen, während die γ-Untereinheit die inhibitorische Domäne bildet. Das

Enzym erfüllt eine wichtige Funktion bei der Signaltransduktion in den Stäbchenzellen der Retina. Es befindet sich im äußeren Segment des Stäbchens und wird nach Konformationsänderung des ↗ *Rhodopsins* über das G-Protein Transducin aktiviert. Dabei bindet die α-Untereinheit des ↗ *Transducins* an die γ-Untereinheit des Enzyms, wodurch die katalytisch aktiven Untereinheiten α und β freigesetzt werden.

CGRP, Abk. für. ↗ *Calcitoningen-verwandtes Peptid*.

Chaksin, ↗ *Guanidinderivate*.

Chalinasterin, *Ostreasterin, 24-Methylenyl-cholesterin, Ergosta-5,24(28)-dien-3β-ol* (Abb.), ein ↗ *Sterin*, M_r 398,66 Da, F. 192 °C, $[\alpha]_D$ –35° (CHCl$_3$). Es ist ein charakteristisches Pollensterin und kommt auch in Schwämmen, Austern, Muscheln und in Honigbienen vor.

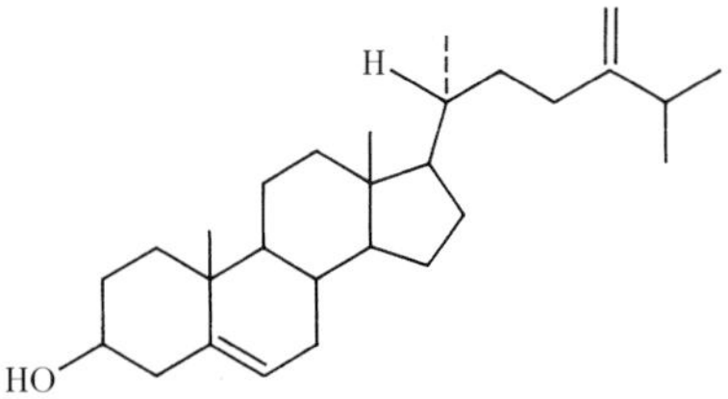

Chalinasterin

Chalkone, Flavonoide, die das in der Abb. dargestellte Ringsystem besitzen. C. sind in Pflanzen weit verbreitet, insbesondere bei den Compositen und den Leguminosen. Sie tragen zur Blütenfarbe bei bestimmten Mitgliedern der *Compositae, Oxalidaceae, Scrophulariaceae, Generiaceae, Acanthaceae* und *Liliaceae* bei. Die Chalkone sind die ersten nachweisbaren C$_{15}$-Vorstufen in der Flavonoidbiosynthese (↗ *Flavonoide*, ↗ *Chalkon-Synthase*). Bohm führt eine Vergleichsliste aus 11 natürlich vorkommenden Chalkonaglyconen und 28 Chalkonglycosiden auf. Beispiele sind *Butein* (2′,4′,3,4-Tetrahydroxychalkon aus z.B. *Acacia*), *Coreopsin* (4′-Glucosid von *Butein* aus z.B. *Cereopsis*), *Pedicin* (2′,5′-Dihydroxy-3′,4′,6′-trimethoxychalkon aus *Didymocarpus*), *Ovalichalkon* (2′-Hydroxy-3′-prenyl-4′,6′-dimethoxychalkon aus *Milletia ovifolia*) und Ψ-*Isocordein* [2′,4′-Dihydroxy-3′-(α,α-dimethylallyl)-chalkon aus *Lonchocarpus* spp.].

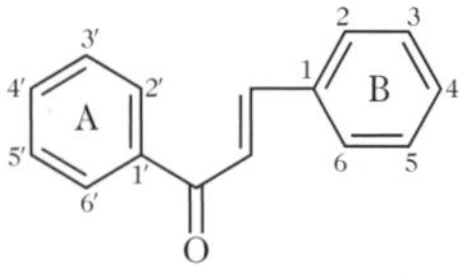

Chalkone. Chalkonringsystem.

[A.B. Bohm *The Flavonoids: Advances in Research*, J.B. Harborne u. T.J. Mabry (Hrsg.), Chapman and Hall, 1982]

Chalkon-Isomerase (EC 5.5.1.6), ein Pflanzenenzym, das die stereospezifische Isomerisierung von Chalkonen in die korrespondierenden (–)-(2S)-Flavone katalysiert (Abb.). Dies stellt einen wichtigen frühen Schritt in der Biosynthese der ↗ *Flavonoide* dar.

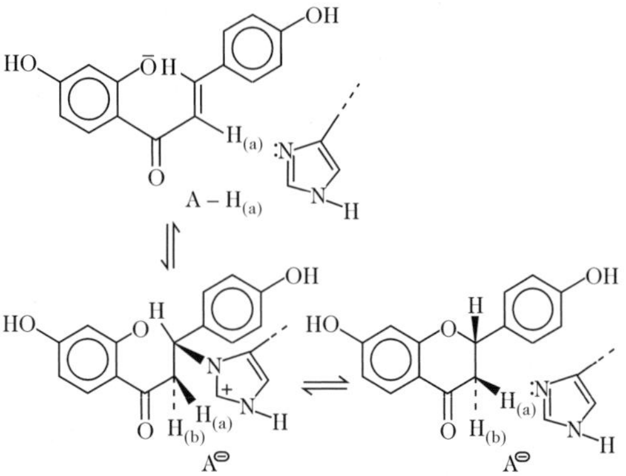

Chalkon-Isomerase. Vorgeschlagener Mechanismus für die Wirkung der Chalkon-Isomerase. [M.J. Boland u. E. Wong *Bioorg. Chem.* **8** (1979) 1–8]. Der nucleophilen Addition einer Imidazolgruppe im aktiven Zentrum des Enzyms an die Doppelbindung folgt der nucleophile Angriff durch das 2′-Phenolation. A-H kann entweder eine acide Seitenkette oder ein Wassermolekül sein.

Chalkon-Synthase, *CHS*, ein Pflanzenenzym (veraltet *Flavonon-Synthase*), das die Synthese von Chalkonen aus einem Molekül CoA-Ester einer substituierten Zimtsäure und drei Molekülen Malonyl-CoA katalysiert, eine Schlüsselreaktion der Flavonoidbiosynthese [↗ *Stilbene (Abb.)*, ↗ *Flavonoide (Abb.)*]. Die Spezifität des Enzyms hängt von der Quelle ab, z.B. bildet CHS aus dem *Tulipa*-Stamen und dem *Cosmos*-Petal Naringenin, Eriodictyol oder Homoeriodictyol aus 4-Cumaroyl-CoA, Caffeoyl-CoA oder Feruloyl-CoA, während CHS aus *Petroselenum hortense* bei pH 8 nur 4-Cumaroyl-CoA verwendet, aber bei pH 6 auch Caffeoyl-CoA angreift. Die genannten Produkte sind Flavonone, die aus dem Chalkonprodukt mit Hilfe der Chalkon-Isomerase und in einem gewissen Ausmaß auch spontan gebildet werden.

Um die Chalkonbildung zu beweisen, muß die Chalkon-Isomerase während der CHS-Reinigung peinlich genau entfernt werden. Die M_r von C. sind unterschiedlich: 80 kDa (*Phaseolus vulgaris*), 55 kDa (*Tulipa, Cosmos*), 77 kDa (*Petroselenum hortense, Brassica oleracea, Haplopappus gracilis*). Die Mehrheit der CHS-Präparate scheint aus zwei identischen Untereinheiten zu bestehen. CHS hat große Ähnlichkeit mit 3-Oxoacyl-[Acyl-Carrier-

Protein]-Synthase (EC 2.3.1.41; *syn*-β-Ketoacyl-ACP-Synthase), einer Fettsäure-Synthase vom Typ II (nichtaggregiert). Deshalb wird angenommen, dass die CHS durch Genduplikation entstanden ist [F. Kreuzaler et al. *Eur. J. Biochem.* **99** (1979) 89–96]. Alle bisher untersuchten CHS aus unterschiedlichen Quellen katalysieren die Bildung von Chalkonen mit A-Ringhydroxylierungsmustern entsprechend dem Phloroglucinol, wobei die drei OH-Gruppen von den CoA-veresterten Carboxylgruppen des Malonyl-CoA stammen. Aus diesem Grund ist es notwendig, die Existenz einer separaten 6´-Desoxychalkon-Synthase zu postulieren, um die Entstehung der meisten der isoflavonoiden Phytoalexine zu erklären. [M. Steele et al. *Z. Naturforsch.* **37c** (1982) 363–368; P. Elomaa et al. „Transformation of antisense constructs of the chalcone synthase gene superfamily into *Gerbera hybrida*: differential effects on the expression of family members" *Molecular Breeding* **2** (1996) 41–50]

Chalone, *Antitemplate-Substanzen*, gewebseigene und gewebsspezifische endogene Mitosehemmer. Sie werden von den reifen bzw. differenzierten Zellen produziert und hemmen nach der Art einer negativen Rückkopplung die Vermehrung der Stammzellen. Die Wirkung der C. ist reversibel und nicht artspezifisch. Bisher wurden C. aus verschiedenen Quellen isoliert. Die C. aus Lymphocyten, Granulocyten und Fibroblasten sind Glycoproteine (M_r von 30–50 kDa), während die aus Erythrocyten und der Leber niedermolekulare Polypeptide sind (M_r 2 kDa). Gemäß der *Chalontheorie* verlangsamen C. nicht nur die Vermehrung, sondern auch den Alterungsprozess und erhöhen damit die Lebensdauer der Zellen. C. wurde eine zentrale Rolle bei der Homöostase (Aufrechterhaltung des Stoffwechselgleichgewichts im Körper) und Regeneration zugeschrieben und man nimmt auch an, dass sie am krebsartigen Wachstum beteiligt sind. Allerdings wurden die oben genannten Vermutungen bislang nicht bestätigt.

Chalontheorie, ↗ *Chalone.*

Chanoclavin, ↗ *Mutterkorn-Alkaloid.*

chaotrope Salze, ↗ *Hofmeister-Reihe.*

Chaperone, ↗ *molekulare Chaperone.*

Chaperonine, Syn. für Chaperone, ↗ *molekulare Chaperone.*

CHAPS, *3-[(3-Cholamidopropyl)-dimethylammonio]-1-propansulfonat* (Abb.), ein nichtdenaturierendes zwitterionisches Detergens, das die Eigenschaften der Detergentien vom Sulfobetaintyp und der Anionen der Gallensalze vereint. C. hebt die Protein-Protein-Wechselwirkungen in stärkerem Maß auf als Natriumcholat oder Triton X-100. Es ist gut verwendbar für die Solubilisierung von Membranproteinen ohne Denaturierung. Die Solubilisierung von Gehirn-Opiatrezeptoren unter Re-

tention der reversiblen Opiatbindung wurde erstmals mit C. erreicht und es ist weiterhin das Detergens der Wahl für die Isolierung vieler anderer Membranproteine, insbesondere von Rezeptoren. [L.M. Hjelmeland et al. *Anal. Biochem.* **130** (1983) 72–82; W.F. Simons et al. *Proc. Natl. Acad. Sci. USA* **77** (1980) 4.623–4.627]

CHAPS und CHAPSO

CHAPSO, *3-[(3-Cholamidopropyl)-dimethylammonio]-2-hydroxy-1-propansulfonat*, ein nichtdenaturierendes zwitterionisches Detergens, ↗ *CHAPS.*

Chargaff-Regeln, von Erwin Chargaff und Mitarbeitern Ende der vierziger Jahre aus DNA-Hydrolysedaten gezogene Schlussfolgerungen über die spezifische Basenzusammensetzung der DNA. Danach ist unabhängig von der jeweiligen Spezies bei allen DNA-Molekülen die Zahl der Adenin-Reste gleich der Zahl der Thymidin-Reste (A = T) und die Zahl der Guanin-Reste gleich der Zahl der Cytosin-Reste (G = C). Daraus folgt, dass die Summe der Pyrimidin-Reste gleich der Summe der Purin-Reste ist (A + G = T + C). Diese Regeln waren von großer Bedeutung bei der Aufklärung der dreidimensionalen Struktur der ↗ *Desoxyribonucleinsäure.*

charge-relay-System, ↗ *Protonenrelais.*

Chaulmoograsäure, *(S)-Cyclopent-2-en-1-tridecansäure*, eine verzweigte Fettsäure, die als Glycerinester im Chaulmoograöl, dem Samenöl der *Flacourtiacee Hydnocarpus kurzii*, vorkommt. C. ist wie die homologe Hydnocarpussäure für den Tuberkulose- und Lepraerreger toxisch und wird zur Leprabehandlung eingesetzt. C. ist auch für Säugetiere von erheblicher Toxizität.

Chavicin, ↗ *Piperin.*

Chebulsäure, ↗ *Tannine.*

chemiosmotische Hypothese, ein von Peter Mitchell [*Nature* **191** (1961) 144–148] vorgeschlagener Mechanismus zur Erklärung, wie die Freie Energie des exergonischen Elektronenflusses entlang einer Elektronentransportkette (in der inneren Mitochondrienmembran, der Thylakoidmembran von Chloroplasten und der prokaryontischen Plasmamembran) die endergonische Phosphorylierung von ADP antreibt, eine Reaktion, die durch die ATPase-Aktivität eines Enzymkomplexes in derselben Membran katalysiert wird (↗ *ATP-Synthase*). Wenn Elektronen eine Kette aus Redoxsystemen (Elektronentransportkette) von einem negativeren Potenzial (z. B. –0,32 V für NAD$^+$/NADH) zu einem weniger negativen Potenzial (z. B. +0,82 V für O$_2$/H$_2$O) hinunterfließen, dann wird die durch die Redoxreaktionen freigesetzte Freie Energie dazu verwendet, Protonen (H$^+$) von einer Seite der Membran auf die andere zu transportieren. Dadurch wird ein elektrochemischer Gradient (d. h. ein Gradient der elektrischen Ladung und elektrischen Konzentration) entlang der Membran aufgebaut. In den Mitochondrien werden die Protonen von der Matrix in den Intermembranraum transportiert (in den Bereich zwischen der inneren und der äußeren Membran); in den Chloroplasten werden sie vom Stroma in das Thylakoidlumen transportiert, während sie im Fall prokaryontischer Zellen vom Cytoplasma auf die extrazelluläre Seite der Plasmamembran transportiert werden. Die Energie, die durch den Elektronenfluss frei wird, wird daher in Form eines elektrochemischen Protonengradienten konserviert. Dieser Gradient stellt eine Kraft dar, der Mitchell den Namen ↗ *protonenmotorische Kraft* gab, die – gemäß der gegenwärtigen Fassung der c. H. – die Protonen über die Membran zurücktreibt (d. h. die Protonen fließen von einer höheren Konzentration zu einer niedrigeren Konzentration und aus einem Bereich höherer positiver Ladung in einen Bereich niedrigerer positiver Ladung). Die Protonen nehmen dabei den Weg über die F$_0$F$_1$-ATP-Synthase, die gezwungen wird, das ATP, das sie aus ADP und P$_i$ gebildet hat, freizusetzen. Auf diese Weise wird die im elektrochemischen Gradienten gespeicherte Freie Energie dazu verwendet die endergonische Phosphorylierung von ADP durchzuführen (ADP + P$_i$ → ATP + H$_2$O; $\Delta G^{0'}$ = + 30,5 kJ · mol^{-1}).

Somit kehren die Protonen auf die Seite der Membran zurück, von der sie gestartet sind. Von hier können sie durch die Wirkung der Elektronentransportkette wieder auf die andere Seite gepumpt werden.

Der fundamentale Grundsatz der c. H. besteht darin, dass Protonen die betreffende Membran nur durch die Wirkung einer Elektronentransportkette oder über den F$_0$F$_1$-Komplex überwinden können, und dass die Membran ansonsten impermeabel für sie ist. Des Weiteren muss die Membran strukturell intakt sein und das Kompartiment, aus dem die Protonen herausgepumpt werden, muss völlig von der Membran umschlossen werden. Idealerweise sollte die Membran auch für andere zelluläre Kationen (z. B. K$^+$) und Anionen (z. B. Cl$^-$) impermeabel sein, weil sonst der Aufbau eines elektrischen Ladungsgradienten über die Membran unmöglich wird (da die Bewegung von H$^+$ durch die Bewegung von Anionen in die gleiche Richtung und/oder von

Kationen in die entgegengesetzte Richtung ausgeglichen werden würde) und der einzige Gradient, der entstehen kann, ein pH-Gradient ist. Es konnte gezeigt werden, dass die innere Mitochondrienmembran all diese Voraussetzungen erfüllt und ein echter elektrochemischer (Ladungs- und Konzentrations-) Gradient aufgebaut wird. Im Gegensatz dazu ist die Thylakoidmembran für andere Ionen stärker permeabel und der aufgebaute elektrochemische Gradient beruht stärker auf Konzentrationsunterschieden als auf einem Ladungsgradienten. Die Voraussetzung der chemiosmotischen Synthese, dass die energieumwandelnden Membranen strukturell intakt sein müssen und das betreffende zelluläre oder Organellenkompartiment völlig umschließen, konnte experimentell nachgewiesen werden; z. B. erzeugen Fragmente der inneren Mitochondrienmembran, die die komplette Elektronentransportkette oder Teile davon enthalten, kein ATP, obwohl sie den Elektronentransport durchführen.

Obgleich es bewiesen ist, dass die Elektronentransportkette der inneren Mitochondrien- und der Thylakoidmembran und der bakteriellen Plasmamembran als H$^+$-Pumpe wirkt, wenn sie aktiv am Elektronentransport mitarbeitet, ist der Mechanismus dieser Pumpenwirkung noch nicht ganz geklärt. Zur Zeit wird ein *Protonenpumpenmechanismus* diskutiert. Diesem Modell zufolge ruft die Elektronenübertragung innerhalb des Proteins in einem bestimmten Komplex Konformationsänderungen hervor, die die pK$_a$-Werte der ionisierbaren Gruppen in ihren Aminosäureseitenketten beeinflussen. Dadurch wird auf einer Seite der Membran die Aufnahme von Protonen und auf der anderen Seite die Abgabe von Protonen verursacht. Zum jetzigen Zeitpunkt gibt es Beweise sowohl für als auch gegen diesen Mechanismus. Das zur Zeit gültige Modell, in dem der durch Elektronentransport erzeugte Protonengradient mit Hilfe des F$_0$F$_1$-Komplexes in die ATP-Synthese „übersetzt" wird, wird unter dem Stichwort ↗ *ATP-Synthase* genauer beschrieben. Die F$_0$-Komponente des Komplexes erstreckt sich durch die gesamte Membran und enthält im Innern eine „Pore", durch die H$^+$-Ionen, angetrieben von der protonenmotorischen Kraft (dem elektrochemischen Gradienten), hindurchtreten können, um zu der Stelle der F$_1$-Komponente zu gelangen, an der die ATP-Synthase lokalisiert ist. Dort ruft es die Synthese von ATP aus ADP und P$_i$ hervor, das vom katalytischen Zentrum der ATP-Synthase freigesetzt wird. Der elektrochemische Protonengradient wird nicht für die Bildung von ATP benötigt, sondern für seine Freisetzung von der ATP-Synthase.

Obwohl die Details dieses Mechanismus noch aufgeklärt werden müssen, wird allgemein angenommen, dass die c. H. zur Zeit die genaueste Beschreibung liefert, die für den Prozess der oxidativen Phosphorylierung in Mitochondrien und Prokaryonten und der Photophosphorylierung in Chloroplasten zur Verfügung steht. Für seine Arbeiten auf diesem Gebiet erhielt Mitchell 1978 den Nobelpreis für Medizin und Physiologie. [P. Mitchell *Biochem.*

Soc. Trans. **4** (1976) 399–430; *Science 206* (1979) 1.148–1.159]

chemische Kampfstoffe, industriell herstellbare chem. Substanzen oder Gemische von Substanzen, die wegen ihrer akuten Toxizität im Sinne tödlicher oder zeitweilig schädigender Wirkungen zu militärischen Zwecken verwendet werden.

Chemische Kampfstoffe. Tab.

Kampfstoff	chem. Struktur	chem. Bezeichnung	physikalische Daten	toxische Daten
Reizerregende Kampfstoffe				
a) Augenreizstoffe				
CN	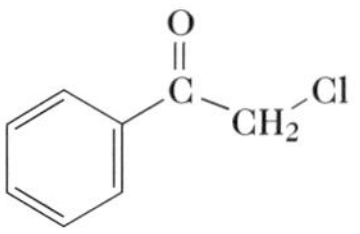	ω-Chloraceto-phenon	F. 56 °C, Sdp. 247 °C, $p(20)$ 1,7 Pa, $C_{max}(20)$ 0,105 mg·l^{-1}	ICt_{50} 5-10 mg·min·m^{-3}, LCt_{50} 8.500 mg·min·m^{-3}, cancerogen
CS	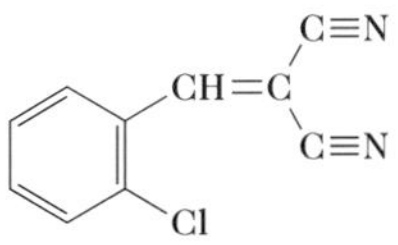	2-Chlorbenzyliden-malodinitril	F. 95–96 °C, Sdp. 310–315 °C, kein merklicher Dampfdruck, Anwendung als Aerosol	ICt_{50} 1-5 mg·min·m^{-3}, LCt_{50} 61.000 mg·min·m^{-3}
CR	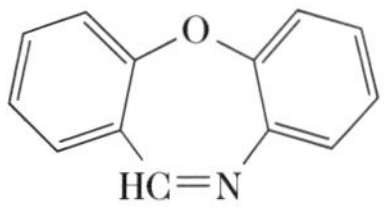	Dibenz-(b,f)-1,4-oxazepin	F. 72 °C, Anwendung als Aerosol oder Lösung	Reizwirkung stärker als bei CS
b) Nasen- und Rachenreizstoffe				
Clark I	$(C_6H_5)_2AsCl$	Diphenylchlorarsin	F. 44 °C, Sdp. 333 °C (Z), $p(20)$ 0,07 Pa. $C_{max}(20)$ 6,8·10^{-4} mg·l^{-1}	ICt_{50} 15 mg·min·m^{-3}, LCt_{50} 15.000 mg·min·m^{-3}
Clark II	$(C_6H_5)_2AsCN$	Diphenylcyanarsin	F. 31,5 °C, Kp. 346 °C (Z), $p(20)$ 0,03 Pa, $C_{max}(20)$ 1,5·10^{-4} mg·l^{-1}	ICt_{50} 25 mg·min·m^{-3}, LCt_{50} 10.000 mg·min·m^{-3}
Adamsit	$NH(C_6H_4)_2AsCl$	Diphenylaminchlor-arsin	F. 195 °C, Sdp. 410 °C, $p(20)$ 3·10^{-11} Pa, $C_{max}(20)$ 2·10^{-5} mg·l^{-1}	ICt_{50} 2–5 mg·min·m^{-3}, LCt_{50} 30.000 min·m^{-3}
Psychotoxische Kampfstoffe				
BZ	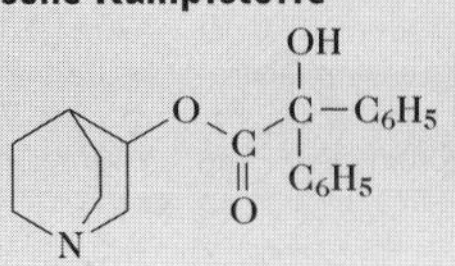	3-Chinuclidinyl-benzilat	F. 189–190 °C, Sdp. 322 °C	ICt_{50} 110 mg·min·m^{-3}, LCt_{50} 200.000 mg·min·m^{-3}
Hautschädigende Kampfstoffe				
S-Lost	$(Cl\text{-}CH_2\text{-}CH_2)_2S$	Bis-(2-chlorethyl)-sulfid	F. 14,4 °C, Sdp. 216–218 °C, $p(20)$ 15,3 Pa, $C_{max}(20)$ 0,625 mg·l^{-1}	ICt_{50} 200 mg·min·m^{-3}, LCt_{50} 1.500mg·min·m^{-3} (inhalativ), LCt_{50} 10.000 mg·min·m^{-3} (perkutan)
N-Lost	$(Cl\text{-}CH_2\text{-}CH_2)_3N$	Tris-(2-chlorethyl)-amin	F. −4 °C, Sdp. 230–235 °C (Z), $p(20)$ 92 Pa, $C_{max}(20)$ 0,07 mg·l^{-1}	ICt_{50} 200 mg·min·m^{-3}, LCt_{50} 1.500 mg·min·m^{-3} (inhalativ)

Chemische Kampfstoffe. Tab.

Kampfstoff	chem. Struktur	chem. Bezeichnung	physikalische Daten	toxische Daten
Lewisit	$Cl_2As-CH=CHCl_2$	2-Chlorethenyl-dichlorarsin	*cis-Form:* F. $-44,7\,^\circ$C, Sdp. $169,8\,^\circ$C, $p(20)$ 208,2 Pa, $C_{max}(20)$ 2,3 mg·l^{-1} *trans-Form:* F. $-2,4\,^\circ$C, Sdp. $196,6\,^\circ$C, $p(20)$ 53,3 Pa, $C_{max}(20)$ 4,5 mg·l^{-1}	ICt_{50} 300 mg·min·m^{-3}, LCt_{50} 1.300 mg·min·m^{-3}
Dichlor-formoxim	$Cl_2C=N-OH$	Dichlorformoxim	F. 39–40 $^\circ$C, Sdp. 129 $^\circ$C, $C_{max}(20)$ 20–25 mg·l^{-1}	Augenreizung bei 25 mg·m^{-3}, Hautschäden bei 1.000 bis 25.000 mg·m^{-3}, LD_{50} 30 mg·kg^{-1}
Lungenschädigende Kampfstoffe				
Phosgen	$Cl_2C=O$	Kohlensäure-dichlorid	F. $-118\,^\circ$C, Sdp. 8,2 $^\circ$C, $p(20)$ 156,4 kPa, $C_{max}(20)$ 6.370 mg·l^{-1}	ICt_{50} 1.600 mg·min·m^{-3}, LCt_{50} 3.200 mg·min·m^{-3}
Allgemeingiftige Kampfstoffe				
Blausäure	$H-C\equiv N$	Cyanwasserstoff	F. -13 bis $-13,4\,^\circ$C, Sdp. 25,6–26,5 $^\circ$C, $p(20)$ 81,6 kPa, $C_{max}(20)$ 873 mg·l^{-1}	Bei 200 mg·min·m^{-3} LCt_{50} 2.000 mg·min·m^{-3}, bei 5.000 mg·min·m^{-3} Tod innerhalb 1 Minute
Nervenschädigende Kampfstoffe				
Sarin (GB)	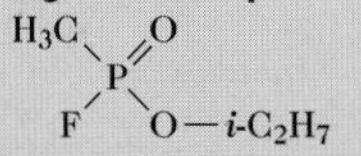 (Strukturformel)	*O*-Isopropylfluor-methylphosphonat	F. $-57\,^\circ$C, Sdp. 151,5 $^\circ$C, $p(20)$ 197 Pa, $C_{max}(20)$ 11,3 mg·l^{-1}	in Ruhe: ICt_{50} 40-55 mg·min·m^{-3}, LCt_{51} 70-100 mg·min·m^{-3}, LCt_{100} 150-180 mg·min·m^{-3} aktive Personen: ICt_{50} 8-25 mg·min·m^{-3}, LCt_{50} 15-50 mg·min·m^{-3}, LCt_{100} 30-90 mg·min·m^{-3}
Soman (GD)	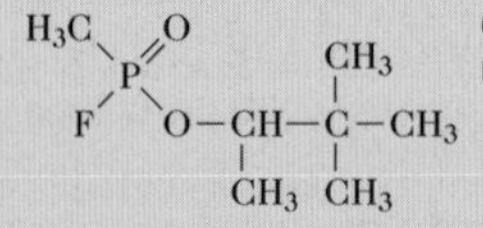 (Strukturformel)	*O*-Pinacolylfluor-methylphosphonat	Erstarrungspunkt -70 bis $-80\,^\circ$C, geringer flüchtig als GB	ICt_{50} 25 mg·min·m^{-3}, LCt_{50} 70 mg·min·m^{-3} (inhalativ) LCt_{50} 7.500-10.000 mg·min·m^{-3} (perkutan)
VX	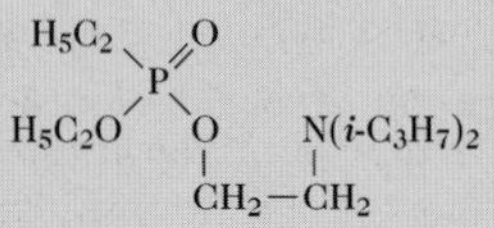 (Strukturformel)	*O*-Ethyl-S-(*N,N*-diisopropylamino-ethyl)methylpho-sphonothiolat	F. unter $-30\,^\circ$C, Sdp. über 300 $^\circ$C, $p(20)$ unter 10^{-2} Pa, $C_{max}(20)$ ~10^{-3}-10^{-4} mg·l^{-1}	ICt_{50} 5 mg·min·m^{-3}, LCt_{50} 36-45 mg·min·m^{-3} (inhalativ), LD_{50} (perkutan) 15 mg/Mensch

F. Schmelzpunkt, Sdp. Siedepunkt bei Normaldruck, $p(20)$ Sättigungsdampfdruck bei 20 $^\circ$C, $C_{max}(20)$ Sättigungskonzentration in Luft bei 20 $^\circ$C, ICt_{50} mittlere außergefechtsetzende Konzentration (als Konzentrations-Zeit-Produkt), LD_{50} mittlere tödlich wirkende Dosis (in mg·kg^{-1}), LCt_{50} mittlere tödlich wirkende Dosis (als Konzentrations-Zeit-Produkt), LCt_{100} tödliche Dosis für 100 % exponierter Personen. Die angegebenen tödlichen und toxischen Dosen beziehen sich auf Menschen, sie sind aus tierexperimentellen Daten extrapoliert.

C. K. wurden zuerst unter Verwendung von Abblasverfahren eingesetzt, später dominierte der artilleristische Einsatz und die Verwendung spezieller Gaswerfer. Moderne Einsatzmittel für die c. K. umfassen Artilleriegranaten, Bomben, Raketen-Gefechtsköpfe, Minen, Flugzeugabsprühgeräte sowie spezielle Einsatzmittel für Reizkampfstoffe. Der Einsatz von c. K. ist völkerrechtlich durch das Genfer Abkommen von 1925 verboten, ihre Beschaf-fung durch das C-Waffen-Übereinkommen von 1997 international geächtet.

Die Einteilung der c. K. nach toxikologischen Aspekten zeigt die Tabelle.

chemische Konvergenz, die Bildung gleicher Naturstoffe durch unterschiedliche Reaktionssequenzen im Stoffwechsel verschiedener Organismen. Ausgeschlossen werden muss eine c. K. beispielsweise bei der Bestimmung der taxonomischen

Verwandtschaft von Pflanzen (↗ *Chemotaxonomie*).

Chemokine, eine Familie chemotaktischer ↗ *Cytokine*, die eine Schlüsselrolle bei der Immunantwort spielt. Sie werden in zwei Subfamilien α und β unterteilt. Während α-C. die ersten zwei Cysteinreste in der Polypeptidkette benachbart enthalten, befindet sich bei den β-C. zwischen diesen beiden Cys-Resten im N-terminalen Kettenbereich ein variierender Aminosäurebaustein. Die α-C. besitzen eine potente chemotaktische Wirkung für Neutrophile, aber nicht für Monocyten, während β-C. ein umgekehrtes Verhalten zeigen. Die Sequenzhomologie innerhalb der Subfamilien beträgt 25–70 %, dagegen ist der Grad der Sequenzidentität zwischen den Mitgliedern der zwei Unterklassen mit 20–40 % weitaus geringer. Zu den α-C. gehören IL-8 (↗ *Interleukine*), auch Neutrophil-aktivierendes Protein (NAP-1) genannt, NAP-2 (neutrophil-aktivierendes Peptid ENA-78), GRO-Maus (*mouse growth-related protein*), PFHU4 (*platelet factor human 4*) u. a. Vertreter der β-C. sind z. B. hMIP-1β (*human macrophage inflammatory protein-1β*), MIP-1α (*mouse macrophage inflammatory protein-1α*), Ratten MCP-1 (*rat monocyte chemotactic protein*). Die Raumstruktur von IL-8 und PFHU4 als Vertreter der α-C. und des hMIP-1β als Repräsentant der β-C. wurde durch NMR und/oder Röntgenkristallstrukturanalyse ermittelt. Alle drei Proteine besitzen eine multimere Struktur. Während IL-8 und hMIP-1β Homodimere sind, ist PFHU4 ein Homotetramer bestehend aus einem Dimer von Dimeren des IL-8-Typs. Mit dem ↗ *Lymphotactin* wurde 1994 der erste Vertreter einer dritten Klasse von C. beschrieben. [D.G. Covell et al. *Protein Science* **3** (1994) 2.064]

chemolithoautotropher Metabolismus, ein Begriff, der den Nährstoffbedarf einer Gruppe von Mikroorganismen definiert. Er setzt sich zusammen aus den Wortteilen *autotroph*, *chemotroph* und *lithotroph*. Autotrophe Organismen können – im Gegensatz zu heterotrophen – CO_2 als einzige Kohlenstoffquelle nützen (↗ *Autotrophie*). Chemotrophe Zellen nutzen Redoxreaktionen zur Energiegewinnung (im Gegensatz zu den phototrophen). Chemolithotrophe Organismen benötigen dabei einfache anorganische Elektronendonatoren wie H_2, H_2S, NH_3 und S (griech. *lithos* = Stein; ↗ *Chemolithotrophie*). Chemoorganotrophe Organismen brauchen dagegen hierfür komplexere organische Verbindungen, wie etwa Glucose. Chemolithotrophe Organismen sind z. B. Knallgas-, Eisen- und nitrifizierende Bakterien.

Chemolithotrophie, *Chemosynthese*, die Stoffwechselart bestimmter Mikroorganismen, die gekennzeichnet ist durch die Verwendung von anorganischen Verbindungen oder Ionen (Ammoniak, Nitrit, Schwefelwasserstoff, Thiosulfat, Sulfit, Eisen(II), Mangan(II)-Ionen) und von Wasserstoff oder elementarem Schwefel, um reduzierende Äquivalente und ATP zu erhalten. Die meisten Organismen, die zur C. fähig sind (Wasser- und Erdbakterien), fixieren CO_2 autotroph (↗ *Autotrophie*). Die Substrate werden durch aerobe oder anaerobe Atmung oxidiert. Diese autotrophe Lebensform wurde früher auch anorganische Oxidation genannt.

chemoorganotropher Metabolismus, ↗ *chemolithotropher Metabolismus*.

Chemostat, die Bezeichnung für eine kontinuierliche Prozessführung mit konstantem Zu- und Ablaufstrom (kontinuierliche Kultur). Im Fließgleichgewicht weisen alle Parameter im ↗ *Bioreaktor* konstante Werte auf.

Chemosterilantien, Gruppe von chem. Schädlingsbekämpfungsmitteln, die die Fortpflanzung verhindern oder die Fortpflanzungsfähigkeit von Lebewesen herabsetzen, indem sie die Entwicklung der Geschlechtszellen beeinflussen. Neben stoffwechselbeeinflussenden Substanzen gehören dazu vor allem alkylierende Substanzen mit cytostatischer Wirkung.

Chemosynthese, 1) chemische Synthese.
2) ↗ *Chemolithotrophie*.

chemotaktische Peptide, ↗ *Chemotaxis*.

Chemotaxis, das Vermögen freibeweglicher Organismen auf chemische Verbindungen bzw. deren Konzentrationsveränderungen zu reagieren. Dabei kann es zu Anlockung (positive C.) oder Abstoßung (negative C.) kommen. Chemische Stoffe, die positive C. initiieren, werden auch als Attraktantien (engl. *attractants*), solche, die negative C. auslösen, als Repellantien (engl. *repellents*) bezeichnet. Die bakterielle C. gegenüber verschiedenen chemischen Stoffen wird durch chemotaktische Rezeptoren vermittelt. Sie gehören zu einer kleinen Familie von Transmembran-Rezeptorproteinen, die das chemotaktische Signal durch die Zellmembran weiterleiten. Da die chemotaktischen Rezeptoren im Zuge der Interaktion mit dem chemotaktischen Stoff methyliert werden, nennt man sie auch *Methyl-akzeptierende Chemotaxisproteine* (MCP). Als chemotaktische Stoffe wirken auch kleine Peptide, wie z. B. For-Met-Phe-Leu-OH.

Chemotaxonomie, Bestimmung der taxonomischen Position und der phylogenetischen Verwandtschaft von Organismen, aufgrund des Vorkommens und der Verbreitung chemischer Bestandteile. Sie findet bei Pflanzen breite Anwendung und ist eine wertvolle Hilfe in der systematischen Botanik. So ist z. B. das Vorhandensein oder das Fehlen von L-Canavanin in der C. von *Papilionaceen* ein nützliches Hilfsmittel. Bei Ausschluss

↗ *chemischer Konvergenz* weist das Vorhandensein der gleichen Naturprodukte auf das Vorhandensein der gleichen Stoffwechselwege, Enzyme und Gene hin, die nur von einer gemeinsamen Evolutionsgeschichte herrühren können. Es gibt jedoch zahlreiche Fälle chemischer Konvergenz, weshalb das Vorhandensein der gleichen Naturprodukte noch nicht die taxonomische Verwandtschaft beweist.

Einige Beispiele für Naturprodukte, auf die die C. angewendet wurde, sind die Alkaloide, die Flavonoide, Proteine (Vergleich von Aminosäuresequenzen homologer Proteine und nichtproteinogenen Aminosäuren). Die Serologie wird in der C. ebenfalls angewendet, d. h. es werden Antiseren, die mit Hilfe eines gereinigten Proteins oder eines Proteinextrakts aus einer Pflanze hergestellt wurden, auf ihre Kreuzreaktivität mit den Proteinen anderer Pflanzen getestet.

Angesichts der Artenfülle des Pflanzenreichs (400.000 rezente Pflanzen, darunter etwa 100.000 niedere Pflanzen) ist die Zahl der chemotaxonomisch geprüften Taxa vergleichsweise gering. Trotzdem hat sich ein gewaltiges Datenmaterial angesammelt. Teilweise haben die Befunde der C. die aufgrund morphologischer Betrachtung erhaltenen Aussagen (vor allem der Blütenmorphologie) zur Systematik und Taxonomie bestätigt. Teilweise haben sie zu Korrekturen bei solchen Taxa geführt, deren systematische Stellung und Taxonomie unsicher erschien. [*Chemotaxonomy of the Leguminosae* Harbourne, Boulter und Turner (Hrsg.), Academic Press, 1971; *The Biology and Chemistry of the Umbelliferae*, Heywood (Hrsg.), Academic Press, 1971; *The Biology and Chemistry of the Compositae*, Heywood, Harbourne und Turner (Hrsg.), Academic Press 1977]

Chemotherapie, eine systemische Therapie mit Arzneimitteln, deren Wirkung sich gegen Krankheitserreger im Organismus unter möglichster Schonung des Wirts richtet. Der Begriff wurde von P. Ehrlich geprägt und beinhaltet das Konzept der *selektiven Toxizität*. Für die Selektivität der Wirkung der Chemotherapeutika sind chem. unterschiedliche Strukturelemente oder unterschiedliche biochemische Reaktionen von Wirt und Erreger Voraussetzung. Chemotherapeutika werden bei Infektionen durch Bakterien, Protozoen, Pilze, Würmer und Viren angewendet. Außerdem spricht man von einer C. der Tumoren. Chemotherapeutika können synthetische oder biogene Arzneistoffe sein. Das erste bedeutende synthetische Chemotherapeutikum war das von P. Ehrlich 1909 entwickelte und 1910 eingeführte *Salvarsan*® (Arsphenamin). Die Behandlung von bakteriellen Infektionen wurde erstmals durch die bakteriostatisch wirksamen Sulfonamide möglich, dafür

stehen jetzt auch zahlreiche ↗ *Antibiotika* zur Verfügung, die z. T. auch bakterizid wirken. Zu den Chemotherapeutika zählen außerdem die ↗ *Antiprotozoika*, wie z. B. die ↗ *Antimalariamittel*, weiterhin die ↗ *Anthelminthika*, die ↗ *Antimycotika* und die ↗ *Virostatika*. Der Einsatz der Chemotherapeutika wird in vielen Fällen durch Ausbildung einer Resistenz (↗ *Antibiotika-Resistenz*) gegen ein wiederholt angewendetes Mittel beeinträchtigt. Das Auftreten der Resistenz ist eine wesentliche Ursache für die Notwendigkeit der ständigen Neuentwicklung von Chemotherapeutika.

Chemotrophie, eine Ernährungsform von Organismen. Chemotrophe Organismen gewinnen ATP durch Oxidation anorganischer oder organischer Substrate und assimilieren Kohlendioxid auf Kosten der hierbei gewonnenen Oxidationsenergie (↗ *Chemolithotrophie*).

Bakterien, die ihre Energie durch Oxidation anorganischer Verbindungen (z. B. anorganische Wasserstoffdonatoren) gewinnen, sind *lithotroph* bzw. *chemolithotroph* (↗ *chemolithoautotropher Metabolismus*). Beispiele: a) *Nitrosomas*, das Ammoniak zu Nitrit und Nitrat oxidiert; b) *Hydrogemonas*, das gasförmigen Wasserstoff mit Sauerstoff oxidiert; c) *Thiobacillus*, das Sulfid, elementaren Schwefel, Thiosulfat und Sulfit zu Sulfat oxidiert. Wenn die Bakterien ihren gesamten Kohlenstoff aus CO_2 beziehen, sind sie *chemoautotroph*. Die meisten dieser Bakterien besitzen eine Elektronentransportkette, die Ähnlichkeit mit der von anderen Bakterien und von Mitochondrien hat. Im Verlauf der Oxidation anorganischer Wasserstoffquellen wird durch „oxidative" Phosphorylierung ATP gewonnen. Die Potenziale der beteiligten Reaktionen liegen jedoch niedriger als bei der aeroben Atmung organischer Substrate, so dass der P/O-Quotient ebenfalls niedriger ist.

Werden organische Wasserstoffdonatoren genutzt, so sind die Organismen *organotroph*. Die meisten Mikroorganismen sind ebenso wie die Tiere *chemoorganotroph*.

Chenodesoxycholsäure, *Anthropodesoxycholsäure*, *3a,7a-Dihydroxycholansäure*, eine Gallensäure. C. bildet farblose Kristalle (Essigester): F. 140 °C, $[\alpha]_D$ +11,1 ° (Ethanol). C. ist in Wasser schwer löslich, löst sich aber gut in organischen Lösungsmitteln. C. kommt unter anderem in der menschlichen Galle vor. Mit Cholesterin bildet sie lösliche Komplexe und wird daher zur Entfernung cholesterinhaltiger Gallensteine eingesetzt.

Chicle, ↗ *Gutta*.

China-Alkaloide, *Chinarinden-Alkaloide*, eine Gruppe von ↗ *Alkaloiden* mit Chinolinringsystem, die sich in den Rinden verschiedener *Cinchona*-Arten (Chinarinde) finden (Farbtafel VI, Abb. 6). In industriell verwerteten Rinden besonderer Zucht-

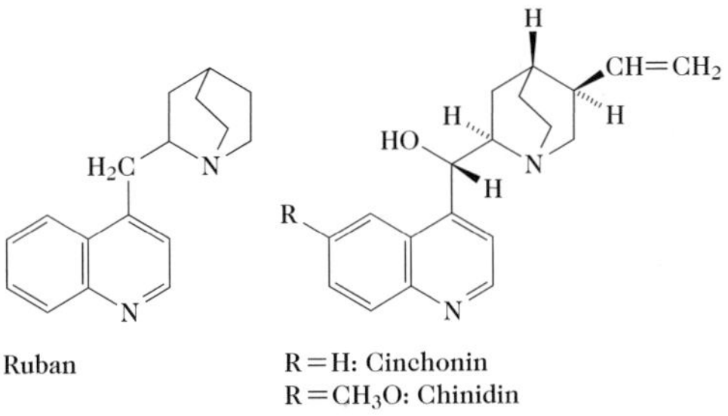

Ruban

R = H: Cinchonin
R = CH₃O: Chinidin

China-Alkaloide. Abb. 1.

formen kann der Gesamtalkaloidgehalt bis zu 17 % betragen. Insgesamt wurden über 25 C. aus China-rinde isoliert. Hauptalkaloide sind ↗ *Chinin*, Chini-din, Cinchonin, M_r 294,40 Da, F. 264 °C, $[\alpha]_D$ 224° (Alkohol), und Cinchonidin. Die C. bestehen aus dem heteroaromatischen Chinolinringsystem und dem heteroaliphatischen Chinuclidinringsystem, die über eine Hydroxymethylengruppe verknüpft sind (Ruban, Abb. 1). Der Chinolinring der China-Alkaloide entsteht im Verlauf der Biosynthe-se (Abb. 2) aus der Aminosäure Tryptophan über Tryptamin, der Chinuclidinkern aus iridoiden Ver-bindungen. *Cinchonamin*, M_r 296,42 Da, F. 207 °C, $[\alpha]_D^{14}$ -86,2 ° (CHCl₃), wird aus Alkaloiden des Car-bolintyps durch Öffnen des Rings C und Reaktion der paraständigen Seitenkette mit dem Stickstoffa-tom synthetisiert. Darauf folgt die Oxidation der primären Alkoholgruppe, Hydroxylierung und Öff-nung des Indolrings (Verbindung I, Abb. 2). Die C.

sind zweisäurige Basen, sie können durch Proto-nierung des stärker basischen N-Atoms des Chinuclidinringes annähernd neutral reagierende basische Salze bilden. Durch zusätzliche Protonie-rung des Chinolin-N-Atoms entstehen sauer reagie-rende neutrale Salze.

Die C. enthalten vier chirale C-Atome. Die abso-lute Konfiguration ist bei Chinin und Cinchonidin 3R, 4S, 8S, 9R und bei Chinidin und Cinchonin 3R, 4S, 8R, 9S. Neben den genannten C. kommen die Dihydroalkaloide mit einem Ethylrest anstelle einer Vinylgruppe am C3-Atom und die Epibasen mit anderer Konfiguration am C9-Atom vor. Die therapeutisch wichtigen C. Chinin und Chinidin lassen sich schwer insbesondere von den entspre-chenden Dihydroalkaloiden abtrennen. Aus diesem Grund wird nur ein bestimmter Prozentsatz an Dihydroverbindung von Chinin und Chinidin zuge-lassen.

Chinagallotannin, ↗ *Tannine.*

Chinarinden-Alkaloide, ↗ *China-Alkaloide.*

Chinasäure, *1L-1,3,4,5-Tetrahydroxycyclohexan-carbonsäure* (Abb.). C. bildet farblose Kristalle. F. 162–163 °C, $[\alpha]_D^{20}$ -42 bis -44 ° (in Wasser). Sie ist in Wasser gut, in Alkohol wenig, in Ether schlecht löslich. Beim Erhitzen tritt Racemisierung ein. C. ist in höheren Pflanzen frei oder mit Kaffeesäure verestert weit verbreitet. Sie wurde zuerst aus Chi-narinde isoliert und ist unter anderem in Zitrus-früchten, Kaffeebohnen sowie vielen einheimi-schen Früchten enthalten.

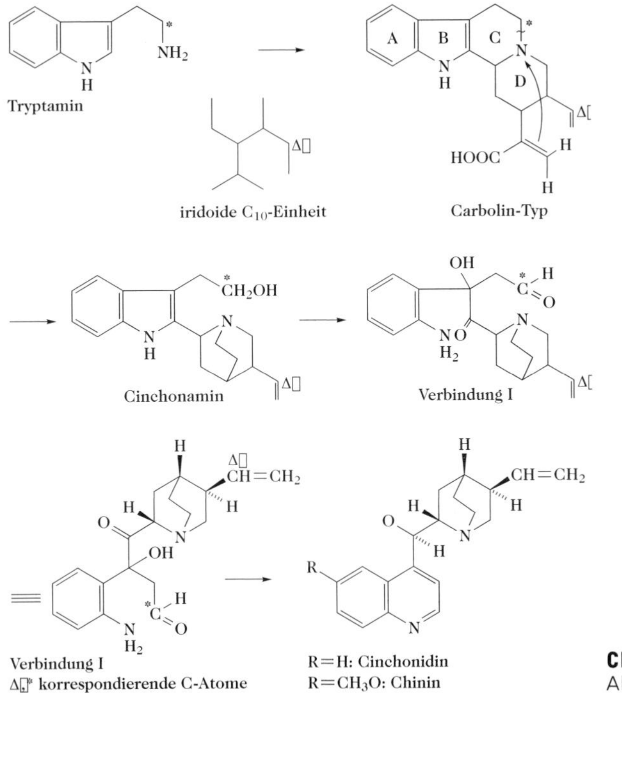

Tryptamin

iridoide C₁₀-Einheit

Carbolin-Typ

Cinchonamin

Verbindung I

Verbindung I
Δ[* korrespondierende C-Atome

R = H: Cinchonidin
R = CH₃O: Chinin

China-Alkaloide. Abb. 2. Biosynthese der China-Alkaloide.

COOH
OH
OH
OH OH

Chinasäure

Chinazolinalkaloide, eine Gruppe von etwa 30 Alkaloiden, die nicht nur in höheren Pflanzen (in sehr entfernten Familien), sondern auch in Tieren und Bakterien vorkommen. Biogenetisch leiten sie sich von der Anthranilsäure ab. Mit dem ↗ *Glomerin*, 1,2-Dimethyl-4-chinazolon, und dem *Homoglomerin*, 2-Ethyl-1-methyl-4-chinazolon, wurden wichtige tierische C. aus dem Wehrsekret des Doppelfüßlers *Glomeris marginata* isoliert. In Kugelfischen (*Tetraodontidae*) und auch anderen Tierarten kommt das neurotoxische Tetrodontoxin vor. Unter den pflanzlichen Chinazolinalkaloiden hat das ↗ *Febrifugin* eine gewisse Bedeutung.

Chinidin, ↗ *Chinin.*

Chinin, das bedeutendste der China-Alkaloide. M_r 324,21 Da, F. 57 °C (Trihydrat), F. 174–175 °C (wasserfrei), $[\alpha]_D^{17}$ –284,5 ° (0,05 M H_2SO_4). In Chinin ist ein Chinolinringsystem am C4 über eine sekundäre Alkoholgruppe mit einem Chinuclidingerüst verknüpft (↗ *China-Alkaloide, Abb*.2). In der Natur tritt Chinin unter anderem mit seinen Stereoisomeren *Chinidin*, dem C9-Epimeren: F. 172,5 °C, $[\alpha]_D^{15}$ +334,1 ° (0,05 M H_2SO_4), sowie *Epichinin* und *Epichinidin*, den C8'-Epimeren auf. C. bildet zwei Reihen bitter schmeckender Salze. Es zeigt vielfache physiologische Wirkungen. Therapeutisch genutzt wird es wegen seiner plasmodienabtötenden Eigenschaft als *Antimalariamittel* (Schizontenmittel; ein Problem ist die mögliche Resistenzentwicklung des Parasiten). C. interkaliert zwischen Basenpaare der DNA der Malariaerreger (↗ *Interkalation*). In gleicher Weise als Antimalariamittel wirken die basisch substituierten Chinolinderivate, wie *Chlorochin* und *Primachin*. Die Wirkung des C. als Antipyretikum ist verhältnismäßig schwach. Chinidin hat im Prinzip die gleichen Wirkungen wie C., aber einen geringeren chemotherapeutischen Effekt. Die Wirkung auf das Herz ist dagegen stärker ausgeprägt. Es wird deshalb als ↗ *Antiarrhythmikum* angewendet. C. wird wegen seiner bakteriziden Wirkung als Grippemittel verwendet. C. ist ein starkes Protoplasmagift, das zu Taubheit und Blindheit und bei Mengen um 10 g zum Tode führen kann.

Chinolinalkaloide, eine Gruppe von Alkaloiden, denen das Gerüst des Chinolins zugrunde liegt. Die C. finden sich sowohl in Mikroorganismen (↗ *Viridicatin*) als auch in höheren Pflanzen. Die therapeutisch wichtigsten sind die ↗ *China-Alkaloide*. Die *Biosynthese* der Chinolinalkaloide geht teils von der Anthranilsäure (Viridicatin), teils von der Aminosäure Tryptophan (China-Alkaloide) aus.

Chinolizidin, *Octahydrochinolizin*, die Stammverbindung der ↗ *Chinolizidinalkaloide*. C. leitet sich vom Chinolizin ab (Abb.). Es handelt sich um Heterozyklen mit einem Brückenkopf-N-Atom, das stark basische Eigenschaften vermittelt (keine sterische Abschirmung des freien Elektronenpaares am N-Atom).

Chinolizin   Chinolizidin

Chinolizidin

Chinolizidinalkaloide, eine Gruppe von Alkaloiden, denen das Chinolizidin-(Norlupinan-) Gerüst zugrunde liegt. Wegen unterschiedlicher Strukturen und Biosynthese teilt man die C. nach ihrem Vorkommen in verschiedene Gruppen ein. Die bedeutendsten C. sind die ↗ *Lupinen-Alkaloide*, deren Biosynthese aus der Aminosäure Lysin erfolgt, die zunächst zu Cadaverin decarboxyliert wird. Demgegenüber werden die in Teichrosen nachgewiesenen ↗ *Nuphara-Alkaloide* mit Chinolizidingerüst auf dem Terpenweg gebildet.

Chinone, von Benzol oder mehrkernigen aromatischen Kohlenwasserstoffen, z.B. Naphthalin, Anthracen oder höheren Ringsystemen, abgeleitete gelb, orange oder rot gefärbte Dioxoverbindungen. Je nach Ringsystem unterscheidet man ↗ *Benzochinone*, ↗ *Naphthochinone*, ↗ *Anthrachinone* u.a. Die CO-Gruppen sind im Allgemeinen *o*- oder *p*-ständig und bilden mit mindestens zwei C=C-Doppelbindungen ein System konjugierter Doppelbindungen (*chinoides System*) aus, das als Chromophor wirkt. Dieser Chromophorentyp kommt in zahlreichen natürlichen und synthetischen Farbstoffen vor.

C. bilden eine umfangreiche und mannigfaltige Naturstoffgruppe, die in allen Organismenhauptgruppen gefunden wird. Chinone mit einer längeren isoprenoiden Seitenkette, wie die Plastochinone, Ubichinone oder Phytochinone, sind an wichtigen Prozessen des Grundstoffwechsels zahlreicher Organismen beteiligt, z.B. an der Photosynthese und Zellatmung. Die *Biosynthese* der C. erfolgt aus Acetat-Malonat über Shikimisäure. Einige C. haben als Abführ- und Wurmmittel pharmazeutische Bedeutung, andere werden als Farbstoffe in der Kosmetik und Histologie sowie als Aquarellfarben verwendet.

Chinoproteine, PQQ-enthaltende Enzyme (PQQ ist Abk. für ↗ *Pyrrolochinolinchinon*). Zu den C. gehören insbesondere verschiedene Dehydrogenasen, die in unterschiedlichen Mikroorganismen vorkommen.

CHIP-Proteine, <u>c</u>hannel <u>f</u>orming <u>i</u>ntegral <u>p</u>roteins, eine Familie strukturell verwandter Proteine mit Wassertransportfunktionen. Ebenso wie die ↗ *Aquaporine* werden die C. zu den ↗ *MIP-Proteinen* gezählt. Sie kommen in sehr wasserpermeablen Zellen und Geweben vor, z.B. in Epithelien. Während der Einbau der C. in die Plasmamembran in Form von Homotetrameren erfolgt, vollzieht sich der Wassertransport jeweils getrennt durch die vier Monomeren. Es wurde eine Kapazität von $2-4 \cdot 10^9$ Moleküle Wasser pro sec ermittelt.

Chiralität, Bezeichnung für die topologische Eigenschaft eines Moleküls, sich wie Bild und Spiegelbild (Enantiomere) zueinander zu verhalten, die nicht miteinander zur Deckung gebracht werden können. Diese Inkongruenz von Molekül und Spiegelbild liegt vor, wenn das betreffende Molekül weder eine Spiegelebene (σ), noch ein Inversionszentrum (i), noch eine Drehspiegelachse (S_n) aufweist. (Eine einfache Drehachse (C_n) kann vorhanden sein.) Die Eigenschaft der Händigkeit (Chiralität), ist ein notwendiges und hinreichendes Kriterium für die Existenz von Enantiomeren und damit für optische Aktivität. Über die Beziehungen zwischen Symmetrie, Chiralität und optischer Aktivität informiert die Tabelle. Die Chiralität einer Verbindung wird durch ein Chiralitätselement bewirkt. Die überwiegende Mehrzahl aller optisch aktiven, also chiralen Verbindungen enthält ein *asymmetrisches Kohlenstoffatom*, d.h. ein Kohlenstoffatom mit vier verschiedenen Substituenten, als *Chiralitätszentrum* bzw. *stereogenes Zentrum*. Glycerinaldehyd, Milchsäure und Weinsäure sowie fast alle Naturstoffe, z.B. Kohlenhydrate, Eiweiße, Steroide und Alkaloide, enthalten asymmetrische Kohlenstoffatome (Abb. 1). Daneben können auch andere asymmetrisch substituierte Zentralatome Chiralitätszentren sein, z.B. Silicium in Silanen, Stickstoff in quartären Ammoniumsalzen und Aminoxiden, Schwefel in Sulfoxiden sowie Metallatome (M) in Komplexverbindungen (Abb. 2). Chiralitätsachsen enthalten entsprechend substituierte Allene, Spirane und Diphenylderivate (Abb. 3).

Chiralität. Tab. Beziehungen zwischen Symmetrie, Chiralität und optischer Aktivität.

Symmetrie	C_n	σ, i, S_n	optische Aktivität
achiral, symmetrisch	+	+	–
chiral, axial symmetrisch	+	–	+
chiral, asymmetrisch	–	–	+

D-(–)-Milchsäure   (2R,3R)-Weinsäure
(R)-(–)-Milchsäure

Chiralität. Abb. 1. Asymmetrische Kohlenstoffatome (durch * gekennzeichnet) als Chiralitätszentren.

Chiralität. Abb. 2. Si, N, S und M als Chiralitätszentren.

Chiralität. Abb. 3. Drei Moleküle mit Chiralitätsachse.

Die *Helizität* ist ein Sonderfall der axialen Chiralität, bei der die Enantiomerie durch den Schraubensinn einer Achse mit Gang charakterisiert ist. Eine rechtsgängige Helix beschreibt längs ihrer Achse eine Rechtsdrehung (Konfigurationsbezeichnung *P* für plus), eine linksgängige Helix eine Linksdrehung (Konfigurationsbezeichnung *M* für minus; Abb. 4).

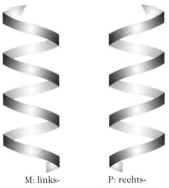

M: links-   P: rechts-
        gängige Helix

Chiralität. Abb. 4. Helizität. Der Drehsinn einer rechtsgängigen (*P*-) und einer linksgängigen (*M*-) Helix ist vergleichbar mit einem rechts- und einem linksgängigen Schraubengewinde.

Chirale Moleküle drehen die Polarisationsebene von linear polarisiertem Licht beim Durchtritt durch die Lösung im gleichen Winkel, aber in entgegengesetzten Richtungen (*optische Aktivität* der Moleküle).

Biologisch interessant ist die Chiralität der ↗ *Aminosäuren*. In der Natur kommen im Allgemeinen nur L-Aminosäuren vor. Auch der unterschiedliche Geruch von Orangen und Zitronen ist nur auf die Chiralität des Duftstoffs Limonen zurückzuführen. Bei Arzneimitteln ist meist nur eine der beiden enantiomeren Formen pharmazeutisch wirksam. Die andere zeigt entweder keine Wirkung oder ist sogar für die Nebenwirkungen des Medikaments verantwortlich. Dies war z.B. bei Thalidomid (Contergan R) der Fall.

Chitin, ein stickstoffhaltiges Polysaccharid, das geradkettig β-1→4-glycosidisch aus *N*-Acetyl-D-glucosaminresten aufgebaut ist (Abb.). C. dient bei niederen Tieren als Gerüstsubstanz und stellt den Hauptbestandteil des Exoskeletts der Wirbellosen dar, z.B. im Panzer von Arthropoden, wie Insekten und Krebse. Es kommt auch als Zellwandsubstanz bei Algen, Pilzen und höheren Pflanzen vor. C. tritt im Allgemeinen mit anderen Polysacchariden, mit Proteinen und anorganischen Salzen (Kalkeinlagerungen) vergesellschaftet auf. Chitinhydrolysierende Enzyme, wie z.B. die Chitinase (EC 3.2.1.14) und die Chitobiase (β-*N*-Acetyl-D-Glycosaminidase, EC 3.2.1.30) sind bei Mikroorganismen, Tieren und Pflanzen weit verbreitet. C. wird biosynthetisch aus UDP-*N*-Acetylglucosamin unter der katalytischen Wirkung der Chitin-Synthase (EC 2.4.1.16) aufgebaut.

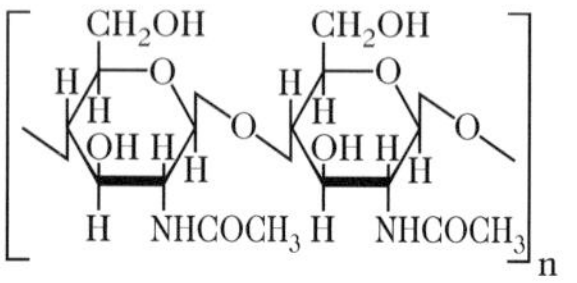

Chitin

Chitinase, *Chitodextrinase*, eine Hydrolase, die durch Endohydrolyse ↗ *Chitin* in Oligomere von *N*-Acetylglucosamin und Chitobiose spaltet. C. sind meist extrazellulär lokalisierte Glycoproteine, die vier Moleküle Calcium pro Enzymmolekül (M_r in Abhängigkeit von der Herkunft 30–120 kDa) besitzen. Die Syntheserate für C. in Laubblättern (z.B. von Gurkenpflanzen) kann nach Behandlung mit ↗ *Elicitoren* oder ↗ *Ethylen* um das 600fache erhöht werden. *Streptomyces griseus* scheidet neben der C. eine Chitobiase aus, wodurch der mikrobielle Abbau von Chitin zu Monomeren möglich ist.

Chitobiase, chitinhydrolysierendes Enzym, EC 3.2.1.16, ↗ *Chitin*.

Chitosamin, ↗ *Glucosamin*.

Chloramphenicol, ein aus *Streptomyces venezuelae* isoliertes Antibiotikum (M_r 323 Da). Von C. gibt es vier verschiedene stereoisomere Formen, wovon nur das hier dargestellte D(–)-*threo*-Chloramphenicol (Abb.) antibiotisch wirksam ist. Chloramphenicol inhibiert die Proteinsynthese der 70S-Ribosomen der Prokaryonten und auch der mitochondrialen Ribosomen eukaryontischer Zellen. Die Proteinbiosynthese an 80S-Ribosomen der Eukaryonten wird nicht beeinflusst. Es hemmt die Peptidknüpfungs- und Translokalisationsreaktion der Proteinbiosynthese an der ribosomalen 50S-Untereinheit, durch spezifische Bindung an ein an dieser Reaktion beteiligtes ribosomales Protein. Das in Frage kommende Protein ist vermutlich in der Akzeptor-Donor-Region der Ribosomen lokalisiert. Als Breitbandantibiotikum wird Chloramphenicol zur Behandlung von Typhus, Paratyphus, Fleckfieber, Leberentzündung (Hepatitis epidemica), Ruhr, Malaria, Diphtherie und Pocken therapeutisch verwendet. Aufgrund der Hemmung der Proteinsynthese mitochondrialer Ribosomen von Eukaryonten ist Chloramphenicol in seiner Wirkung relativ toxisch. Chloramphenicol wird jetzt ausschließlich synthetisch hergestellt.

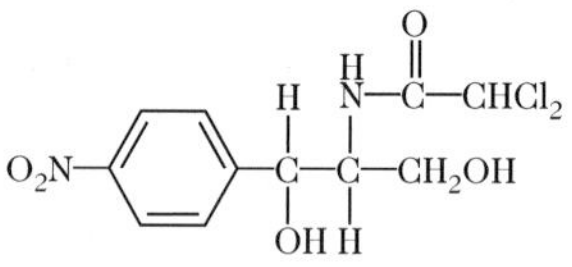

Chloramphenicol

Chlorethylcholinchlorid, ↗ *Chlorocholinchlorid*.

Chlorethylphosphonsäure, *Ethephon*, *Ethrel*, Cl-CH_2-CH_2-PO(OH)$_2$, ein synthetischer Wachstumsregulator, der Ethylen erzeugt (Fruchtreifungshormon). Sie wird bei Steinobst zur Fruchtlockerung und bei Ananas zur Blühanregung verwendet.

Chlorflurenol, ↗ *Morphactine*.

Chlorhäminkristalle, ↗ *Teichmannsche Kristalle*.

Chloridazon, ↗ *heterozyklisches Herbizid*.

Chloridkanäle, membrandurchspannende Glycoproteine, die wässrige Poren für Cl⁻-Ionen ausbilden. Darüber hinaus sind diese Poren auch permeabel für weitere kleine Anionen, wie z.B. Br⁻, I⁻, NO_3^-, HCO_3^-. C. können durch Zn^{2+} und aromatische Carbonsäuren, wie Anthracen-9-carbonsäure blockiert werden. Man kann die C. je nach der Art der Aktivierung in sog. Hintergrund-Kanäle, Ca^{2+}-aktivierte Kanäle und spannungssensitive Kanäle einteilen. Hintergrund-Kanäle sind durch eine hohe Cl⁻-Permeabilität der Zellmembranen unter Ruhebedingungen gekennzeichnet und sind permanent offen. Man findet sie am Skeletmuskel und an neuronalen Zellen. Ca^{2+}-aktivierte Kanäle sind außer für Chloridionen auch für andere kleine Anionen permeabel. Beim Anstieg der freien intrazellulären Ca^{2+}-Konzentration steigt die Wahrscheinlichkeit, dass die Kanalpore geöffnet ist. Dieser Typ von C. wurde in Photorezeptoren, Neuronen und sekretorischen Zellen nachgewiesen. Spannungssensitive C. findet man an Neuronen der Meeresschnecke *Aplysia*, aber auch an bestimmten Säugerneuronen. Die molekulare Struktur der C. ist bisher nur unzureichend geklärt, wobei insbesondere Versuche zur Aufklärung der Struktur an C. des elektrischen Organs des Zitterrochens (*Torpedo*) sowie am sekretorischen C. zu verzeichnen sind. Letzterer ist insofern besonders interessant, weil ein Defekt in seiner Regulation die Ursache der cystischen Fibrose (↗ *CFTR-Protein*) ist.

Chlorin, eine der Basisringstrukturen des Porphyrins. Wendet man das Nummerierungssystem der Kommission für die Nomenklatur der Biologischen Chemie 1960 an, so ergibt sich für Chlorin die systematische Bezeichnung 17,18-Dihydroporphyrin (↗ *Porphyrine*). Mit der Einführung des Terms Porphyrin sind die Namen der ursprünglichen Fischernomenklatur, wie Chlorin, Porphin, Phorbin, Bakteriochlorin, usw. jetzt überflüssig.

Chlorkohlenwasserstoffinsektizide, ↗ *Insektizide*, die in der neueren Geschichte wirtschaftliche Bedeutung erlangten. Ihr Hauptvertreter, das *DDT*, hat die Ära der modernen organosynthetischen Kontaktinsektizide eingeleitet. Die lange Wirkungsdauer der C. ist weitgehend gekoppelt mit einer hohen Persistenz der Wirkstoffe und ihrer problematischen ökologischen Chemie. Da die meisten C. in der Natur auf chemischem, physikalischem oder mikrobiellem Wege nur langsam abgebaut werden, sind sie in vielen Industrieländern verboten oder einschneidenden Restriktionen unterworfen worden (Tab.).

Chlormadinonacetat, *6-Chlor-17α-hydroxypregna-4,6-dien-3,20-dionacetat* (Abb.), ein synthetisches Gestagen. Chlormadinonacetat weist, oral appliziert, eine hohe progesteronähnliche Wirkung auf und wird als Bestandteil von Ovulationshemmern, z.B. Ovosiston, verwendet. Weiterhin wird es in der Tierzucht zur Brunstauslösung und Zyklussynchronisation eingesetzt.

Name	Formel	akute orale LD_{50} Ratte [mg/kg]
Diphenyltrichlorethan-Derivate DDT		250–300
Methoxychlor	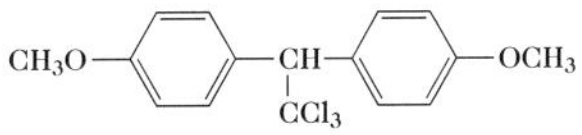	~6.000
Hexachlorcyclohexane Lindan		88–125
Cyclodiene Aldrin		67
Dieldrin	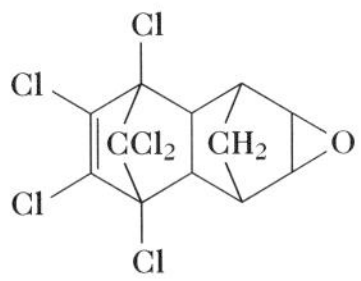	40–87
Endosulfan	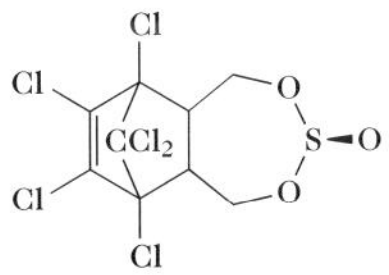	40–50

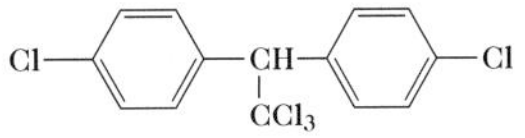

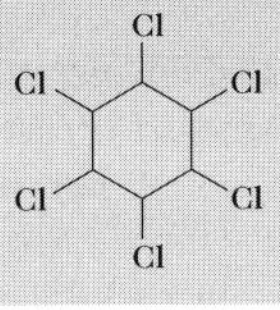

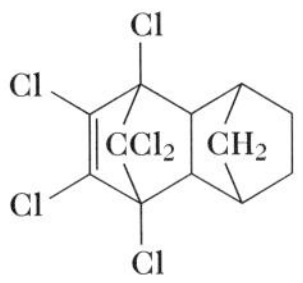

Chlorkohlenwasserstoffinsektizide. Tab. Wichtige Beispiele.

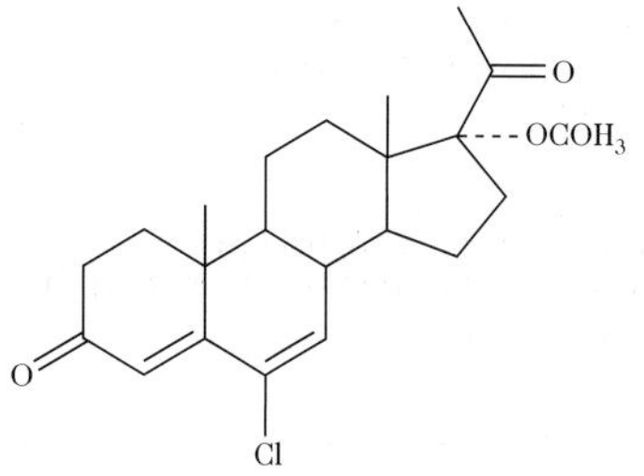

Chlormadinonacetat

Chlormequatchlorid, ↗ *Chlorocholinchlorid*.

Chlornicotinylinsektizide, ↗ *Insektizide*, die an die Acetylcholin-Rezeptoren der nachfolgenden Nervenfasern binden. C. können durch die Acetylcholin-Esterase nicht abgebaut werden, eine nachhaltige Störung des Nervensystems ist die Folge, verbunden mit dem Tod des Schadinsektes. Die gute Kontaktwirkung und die hohe systemische Wirkung auch aus dem Wurzelbereich erlauben somit auch den Einsatz zur Boden- und Saatgutbehandlung mit einem Langzeitschutz. Bei der Anwendung als Beizmittel ist besonders die Wirkung gegen virusübertragende Schädlinge, wie Blattläuse, interessant.

Chlorobiumchlorophyll, *Bakteriochlorophyll c*, *Bakterioviridin*, ein Chlorophyll der *Chlorobiineen*. ↗ *Photosynthesebakterien*.

Chlorochin, ein basisch substituiertes 4-Aminochinolinderivat (Abb.), das als ↗ *Antimalariamittel* und in der Langzeittherapie bestimmter rheumatischer Erkrankungen verwendet wird. C. wirkt vorzugsweise als Schizontenmittel und ist zur Malariaprophylaxe geeignet. Zunehmend treten bei bestimmten Malariaformen Resistenzerscheinungen gegen C. auf.

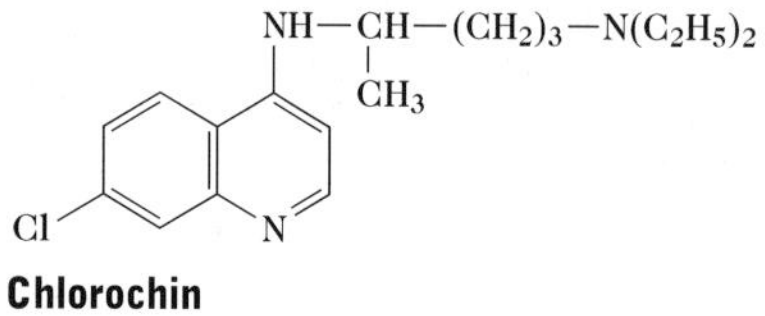

Chlorochin

Chlorocholinchlorid, *CCC*, *Chlormequatchlorid*, *2-Chlorethyltrimethylammoniumchlorid*, $[ClCH_2\text{-}CH_2\text{-}N(CH_3)_3]^+Cl^-$, ein synthetischer Pflanzenwachstumsregulator, der das Längenwachstum der Zellen inhibiert. Durch seinen Einsatz erreicht man zum einen eine Verkürzung und Verstärkung der Stängel und erhält eine robuste Pflanze. Zum anderen erzielt man eine verstärkte Blütenentfaltung und einen höheren Ertrag. CCC wird für eine große Vielzahl von Nutz- und Zierpflanzen verwendet, z.B. um die Widerstandskraft gegen das Umlegen von Weizen, Roggen und Hafer zu erhöhen, zur Unterstützung der lateralen Verzweigung bei Aza-

leen, Fuchsien, Rebstöcken, Tomaten, usw., zur Verhinderung des Abfallens der Früchte vor der Reife bei Erbsen, Aprikosen, usw. und außerdem für zahllose andere Kulturpflanzen wie Baumwolle und verschiedene Gemüse. Es blockiert die Gibberellinsynthese und kann auch die Chlorophyllsynthese erhöhen und die Wurzelentwicklung verstärken.

Chlorocruorin, ein in der Molekülstruktur dem Hämoglobin ähnelndes, grüngefärbtes sauerstofftransportierendes Protein der Polychaeten. Im Häm des C. ist im Vergleich zum Hämoglobin ein Vinylrest durch eine Formylgruppe ersetzt. Es ist im Blut kolloidal gelöst und bindet pro Häm ein Molekül Sauerstoff.

Chlorocruorhäm, die prosthetische Hämgruppe (Abb.) des ↗ *Chlorocruorins*.

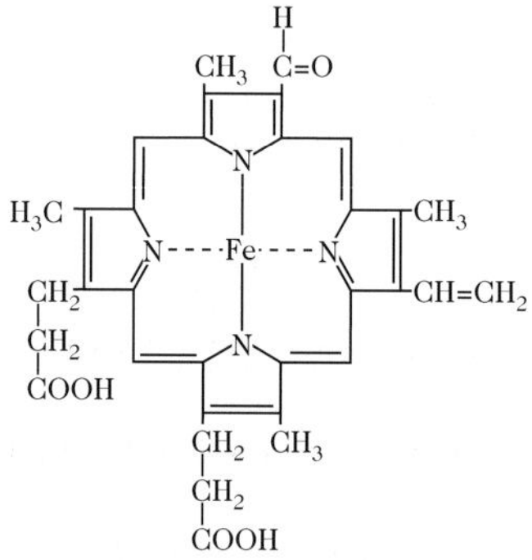

Chlorocruorhäm

Chlorofusin, ↗ *Chlorophyll*.

Chlorophyllase (EC 3.1.1.4), ein zu den Carbonsäureesterasen zählendes pflanzliches Enzym, das die reversible Umwandlung von Chlorophylliden im letzten Teil der Chlorophyllbiosynthese (↗ *Chlorophylle*) optimal bei pH 6,2 katalysiert (Chlorophyllid a + Phytol ⇌ Chlorophyll + H_2O). Die C. kommt bei allen Pflanzen in den grünen wie nichtgrünen Teilen, z.B. in den Wurzeln, vor. Sie ist in den Chloroplasten in der Lipoproteinschicht der Thylakoidmembran, die alle Enzyme und Pigmente des photosynthetischen Apparats enthält, lokalisiert.

Chlorophylle, *Blattgrün*, grüner Photosynthesefarbstoff, der bei allen höher organisierten Pflanzen in mikroskopisch kleinen Farbstoffträgern (Chloroplasten) enthalten ist. Chemisch sind die C. Magnesiumkomplexe verschiedener Tetrapyrrole. Sie können als Derivate von Protoporphyrin betrachtet werden, einem ↗ *Porphyrin* mit zwei freien oder veresterten Carbonsäuregruppen (Tab.). Gegenüber anderen Porphyrinen zeigen die C. charakteristische Unterschiede:

1) zwischen den C-Atomen 7 und 8 besitzen sie eher eine gesättigte als eine Doppelbindung,

Chlorophylle. Tab. Strukturen und Vorkommen. Der makrozyklische Ring kommt in unterschiedlichen Reduktionsgraden vor, d. h. Chlorophyll kann ein Porphyrin, ein Dihydroporphyrin oder ein Tetrahydroporphyrin sein. [Daten aus S.I. Beale u. J.D. Weinstein in Biosynthesis of Heme and Chlorophylls, H.A.Dailey (Hrsg.) 287–391, McGraw-Hill Publishing Co., New York, 1990]

Chlorophyll	Vorkommen	Struktur (Unterschiede zu Chlorophyll *a*)
Chlorophyll *a*	In allen Photosyntheseorganismen (außer den Photosynthesebakterien)	Dihydroporphyrin (Abb. 1)
Chlorophyll *b*	In allen höheren Pflanzen (außer der Orchidee *Neottina nidus avis*), in Grünalgen (*Eugenophyta*, *Chlorophyta*) und in Armleuchtergewächsen (*Charophyta*)	-CHO an Stelle von CH_3 an C3.
Chlorophyll *c* (Chlorofucin)	In Kieselalgen (*Bacillariophyta*), *Dinophyta*, in Braunalgen (*Phaeophyta*) und in einigen Rotalgen (*Rhodophyta*).	Chlorophyll c_I: nichtveresterter Acrylsäurerest an C7; Ring IV hat eine Doppelbindung zwischen C7 und C8; C. c_I ist ein Porphyrin. Chlorophyll c_{II}: nichtveresterter Acrylsäurerest an C7; Ethylidenrest an C4; Ring IV hat eine Doppelbindung zwischen C7 und C8; C. c_{II} ist ein Porphyrin.
Chlorophyll *d*	In Rotalgen.	-CHO an Stelle einer Vinylgruppe an C2.
Bakteriochlorophyll *a*	In Schwefelpurpurbakterien (*Chromatiaceae*), in schwefelfreien Purpurbakterien (*Rhodospirillaceae*).	Acetyl an C2; H und CH_3 an C3; H und Ethyl an C4 (d. h. es ist ein Dihydrochlorophyll); Propionsäurerest an C7 ist mit Phytol oder Geranylgeraniol verestert. Ringe II und IV sind stärker reduziert als im Chlorophyll *c*. Es ist ein Tetrahydroporphyrin.
Bakteriochlorophyll *b*	In einigen schwefelfreien Purpurbakterien (*Chromatiaceae*), z. B. *Rhodobacter viridis*.	Acetyl an C2; H und CH_3 an C3; Ethyliden an C4; Propionsäurerest an C7 ist mit Phytol, Geranylgeraniol oder $\Delta^{2,10}$-Phytadienol verestert.
Bakteriochlorophyll *g*	In einigen streng anaeroben photosynthetischen Purpurbakterien.	H und CH_3 an C3; Ethyliden an C4; Propionsäurerest an C7 ist mit Farnesol oder Geranylgeraniol verestert.
Bakteriochlorophyll *c*	In grünen Schwefelbakterien (*Chlorobiaceae*) und grünen schwefelfreien Bakterien (*Chloroflexaceae*).	α–(*S* oder *R*)–Hydroxyethyl an C2; Ethyl, *n*-Propyl oder Isobutyl an C4; Methyl oder Ethyl an C5; kein Methylcarbonylrest an C10; Propionsäurerest an C7 ist mit Farnesol (oder Phytol in *Chloroflexus aurantiacus*) verestert; Methyl an ΔC.
Bakteriochlorophyll *d*	In grünen Schwefelbakterien (*Chlorobiaceae*) und grünen schwefelfreien Bakterien (*Chloroflexaceae*).	α–(*S* oder *R*)–Hydroxyethyl an C2; Ethyl, *n*-Propyl, Isobutyl oder Neopentyl an C4; Methyl oder Ethyl an C5; kein Methylcarbonylrest an C10; Propionsäurerest an C7 ist mit Farnesol verestert.
Bakteriochlorophyll *e*	In grünen Schwefelbakterien (*Chlorobiaceae*) und grünen schwefelfreien Bakterien (*Chloroflexaceae*).	α–(*S* oder *R*)–Hydroxyethyl an C2; CHO an C3; Ethyl, *n*-Propyl oder Isobutyl an C4; Ethyl an C5; kein Methylcarbonylrest an C10; Propionsäurerest an C7 ist mit Farnesol verestert; Methyl an ΔC.
Protochlorophyll (biosynthetische Vorstufe von Chlorophyll *a*)		Doppelbindung zwischen C7 und C8; es ist ein Porphyrin.
Chlorophyllid		kein Phytolrest; wasserlöslich

2) der Pyrrolring III trägt den isozyklischen Pentanonring, dessen Carboxylgruppe als Methylester vorliegt,

3) C-Atom 7 trägt einen Propionsäurerest; dieser ist im C. *a* und im Bakteriochlorophyll *a* mit Phytol $C_{20}H_{39}OH$ und in den Bakteriochlorophyllen c und d (↗ *Photosynthesebakterien*) mit Farnesol verestert. Diese Kohlenwasserstoffkette ist das lipophile

Ende, das den C. ihre wachsartige Beschaffenheit verleiht und die Kristallisation verhindert. Sie bildet auch den Anker, mit dem die Chlorophyllmoleküle in der Thylakoidmembran festgehalten werden. Der Tetrapyrrolring ist hydrophil.

Die Entfernung von Mg aus Chlorophyllen führt zu *Phäophytinen*. Die Hydrolyse der Phytol- oder Farnesolesterbindung eines Chlorophylls (katalysiert durch Chlorophyllase EC 3.1.1.4) liefert ein wasserlösliches *Chlorophyllid*. Das metallfreie Chlorophyllid wird als *Phäophorbid* bezeichnet. Alle diese Verbindungen sind intensiv gefärbt (Farbtafel II) und zeigen eine starke Fluoreszenz bei Lösung in absolut wasserfreien organischen Lösungsmitteln. Die charakteristischen Absorptionsspektren werden zur Identifizierung und Bestimmung der Chlorophylle und ihrer Derivate verwendet. *In vivo* werden die Absorptionsmaxima stark durch Bindung an Proteine beeinflußt. Einige Chlorophyll-Protein-Komplexe der Thylakoidmembran wurden isoliert und identifiziert.

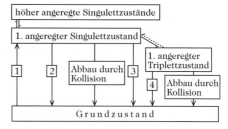

1 Absorption   3 Photochemie
2 Fluoreszenz   4 Phosphoreszenz

Chlorophylle. Abb. 2. Mögliche elektronische Energieumwandlung nach dem Einfangen eines Protons.

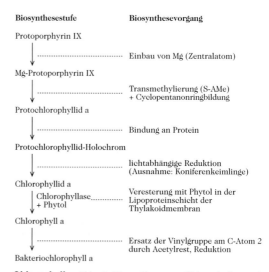

Chlorophylle. Abb. 1. Chlorophyll *a*.

Chlorophylle. Abb. 3. Biosynthese von Chlorophyll a und Bakteriochlorophyll a.

Nur ein kleiner Teil der Pflanzenchlorophylle (Chlorophyll *a*, Abb. 1 und Bakteriochlorophyll *a*) sind direkt aktiv an der ↗ *Photosynthese* beteiligt. Die aktiven Zentren, die aus mit ↗ *Plastochinon* komplexiertem Chlorophyll a_I und Chlorophyll a_{II} bestehen, sind für den Primärprozeß der Photosynthese unbedingt notwendig. Mehr als 99 % der Chlorophylle üben Hilfsfunktionen aus, wie auch die übrigen Hilfspigmente, analog zu den thylakoidalen ↗ *Carotinoiden*. Sie fangen Licht auf und leiten elektronische Anregungsenergie auf die Reaktionszentren der Photosysteme I und II. Möglichkeiten der Umwandlung von elektronischer Anregungsenergie, die vom Auffangen eines Photons durch ein Chlorophyllmolekül herrührt, zeigt die Abb. 2.

Die Biosynthese der Chlorophylle folgt dem Schema der Biogenese der ↗ *Porphyrine* bis zur Stufe von Protoporphyrin IX. Der Mechanismus für die Biosynthese von 5-Aminolevulinsäure unterscheidet sich jedoch bei den einzelnen Spezies. Die Umwandlung von Protoporphyrin IX in Chlorophyll *a* wird in Abb. 3 dargestellt. Die terminalen Schritte der Chlorophyllsynthese verlaufen offensichtlich strukturgebunden in der Thylakoidmembran. [*Bio-*

synthesis of Heme and Chlorophylls, H.A. Dailey (Hrsg.) McGraw Hill, 1990; S.B. Brown et al. *J. Photochem. Photobiol., B: Biology* **5** (1990) 3–23]

Chlorophyllid, ↗ *Chlorophyll*.

Chloroplasten, die Photosyntheseorganellen höherer Pflanzen. Sie sind alle linsenförmig und enthalten Membranstapel (Thylakoide), die in einer wässrigen Phase (Stroma) eingebettet sind. Das Chlorophyll ist in den Thylakoiden eingelagert. Hier wird Lichtenergie in die chemische Energie von ATP und in die Reduktionsäquivalente von NADPH umgewandelt. In einem als Lichtreaktion bezeichneten Prozeß (↗ *Photosynthese*) wird Wasserstoff (als Proton + Elektron) aus Wasser abgespalten und O_2 freigesetzt. Während der Dunkelreaktionen, die im Stroma ablaufen, wird CO_2 zu Kohlenhydraten reduziert. Das Stroma enthält auch Enzyme zur Synthese von Stärke, Fettsäuren und Aminosäuren und auch das genetische System der C., einschließlich der Komponenten für die Transcription und die Translation.

Name	Formel	akute orale LD$_{50}$ Ratte [mg/kg]
Amitrol	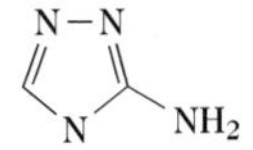 N–N ... NH$_2$	>5.000
Diflufenican	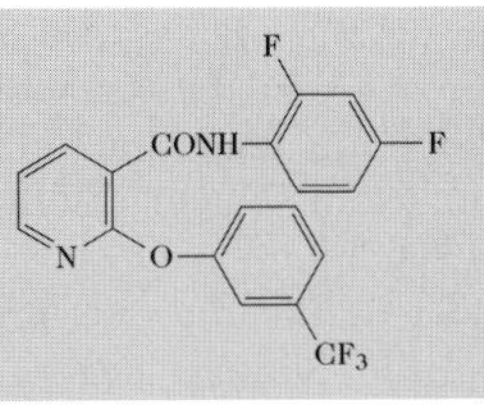 F ... CONH ... F ... N ... O ... CF$_3$	>2.000
Flurochloridon	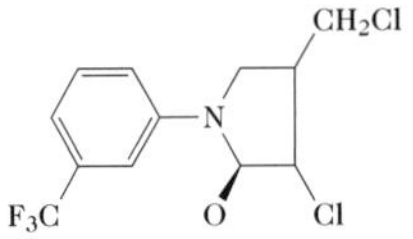 CH$_2$Cl ... N ... F$_3$C ... O ... Cl	3.650
Clomazone	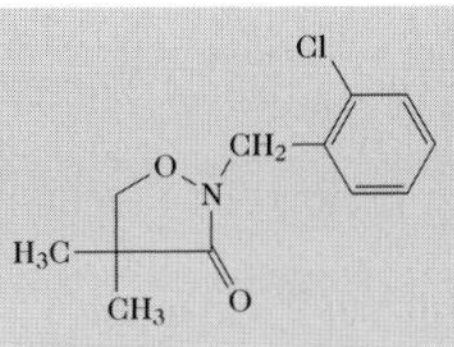 Cl ... CH$_2$ ... O ... N ... H$_3$C ... CH$_3$ ... O	2.080
Sulcotrione	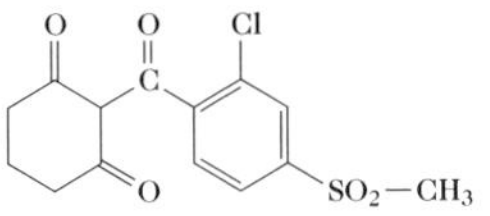 O O Cl ... C ... O ... SO$_2$–CH$_3$	>5.000

Chlorotika-Herbizide. Tab. Wichtige Beispiele.

Die C. höherer Pflanzen und grüner Flagellaten enthalten 10^{-15} bis 10^{-14} g DNA, die in 20 oder mehr circularen histonfreien, redundanten Molekülen vorliegt. Das einzelne DNA-Molekül hat ein M_r von $90 \cdot 10^3$ kDa und eine Länge von 40 µm (Erbse, Lattich, *Euglena*). Die DNA sowie ein Teil der 70S-Ribosomen sind mit den Thylakoidmembranen assoziiert.

Chlorosome, ↗ *Photosynthesebakterien*, ↗ *Photosynthesepigmentsysteme*.

Chlorotika-Herbizide, Verbindungen, die in den behandelten Pflanzen Schäden durch Ausbleichungen der neuentwickelten Gewebe induzieren, sogenannte Chlorosen. Sie gehören verschiedenen Stoffklassen an (Tab.).

4-Chlortestosteron, *4-Chlor-17β-hydroxyandrost-4-en-3-on*, ein aus Testosteron partialsynthetisch gewonnenes anaboles Steroid. Es wird als Ester z.B. bei Rekonvaleszenz, Entzündungen und Tumoren therapeutisch angewandt.

7´-Chlortetracyclin, ↗ *Tetracycline*.

Chlortriazinfarbstoffe, Farbstoffe, die Chlortriazinylgruppen enthalten. Sie reagieren unter alkalischen Bedingungen mit Polysaccharidmatrizen und bilden stabile gefärbte Produkte (Abb. 1). Es steht eine große Anzahl dieser Farbstoffe zur Verfügung, die ein weites Farbgebiet abdecken. Zwei haben in der Biochemie Anwendung gefunden: *Cibacronblau F3GA* (Ciba-Geigy, Abb. 2) und *Procionrot HE3B* (ICI, Abb. 3). Cibacronblau ist der Chromophor von Dextranblau, einem hochmolekularen Polysaccharid (M_r $2 \cdot 10^3$ kDa), das zur Bestimmung des Ausschlussvolumens bei Gelfiltrationssäulen verwendet wird; es wird von allen Arten an Gelfiltrationskolonnen komplett ausgeschlossen. Einige Proteine (z.B. Pyruvat-Kinase,

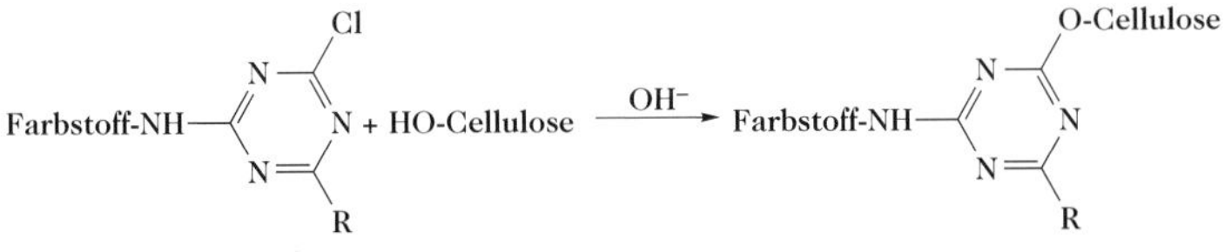

Farbstoff-NH— ... Cl ... N ... N ... R + HO-Cellulose $\xrightarrow{OH^-}$ Farbstoff-NH— ... O-Cellulose ... N ... N ... R

Chlortriazinfarbstoffe. Abb. 1. Kopplungsreaktion eines Chlortriazinfarbstoffs mit Cellulose.

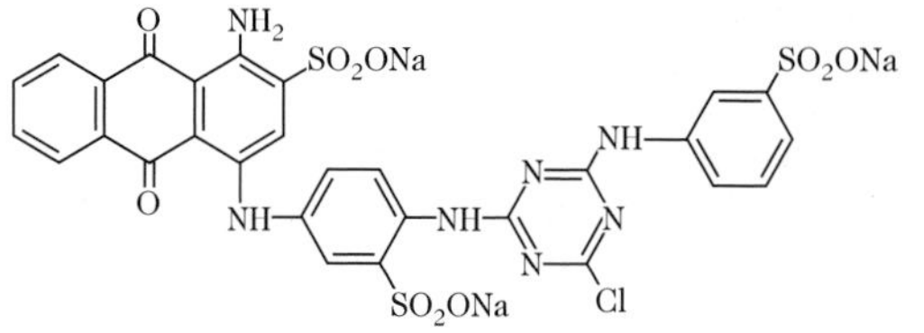

Chlortriazinfarbstoffe. Abb. 2. Cibacronblau F3GA.

Phosphofructokinase, Lactat-Dehydrogenase) binden an Dextranblau und eluieren daher früher als erwartet von der Säule. Diese Beobachtung führte zu der Entdeckung, dass der Farbstoffteil (Cibacronblau) von Dextranblau spezifische Wechselwirkungen mit der nucleotidbindenden Domäne (↗ *Dinucleotidfalte*) von Lactat-, Malat- und Glycerinaldehyd-3-phosphat-Dehydrogenasen und mit der ATP-bindenden Stelle in der Phosphoglycerat-Kinase eingeht. Säulen aus Blauer Sepharose (Sepharose mit gebundenem Cibacronblau) können daher für die Affinitätschromatographie von NAD+- und ATP-abhängigen Enzymen verwendet werden. Die Elution des Proteins erfolgt mit Hilfe des kompetitiv wirkenden Liganden. Procionrot besitzt ähnliche Affinitätseigenschaften wie Cibacronblau. Immobilisiertes Procionrot zeigt eine höhere Spezifität bezüglich der Bindung von NADP+-abhängigen Enzymen und es wurde zur affinitätschromatographischen Reinigung von Glucose-6-phosphat-Dehydrogenase verwendet.

Cholan, ↗ *Steroide.*

Cholansäure, 5β-*Cholan-24-carbonsäure.* ↗ *Gallensäuren.*

Cholecalciferol, *Vitamin D₃*, ein zur Vitamin-D-Gruppe zählendes Vitamin (↗ *Vitamin D*).

Cholecystokinin, *CCK*, ältere Bez. *Cholecystokinin-Pankreozymin (CCK-PZ)*, H-Lys^1-Ala-Pro-Ser-Gly^5-Arg-Val-Ser-Met-Ile^{10}-Lys-Asn-Leu-Gln-Ser^{15}-Leu-Asp-Pro-Ser-His^{20}-Arg-Ile-Ser-Asp-Arg^{25}-Asp-Tyr(SO₃H)-Met-Gly-Trp^{30}-Met-Asn-Phe-NH₂, ein 33 AS-Peptidamid, das als Gewebshormon die Kontraktion der Gallenblase und die Enzymsekretion des Pankreas stimuliert. Erst 1964 gelang der eindeutige Nachweis, dass beide Hormonwirkungen in einem Peptid vereinigt sind. Trotz Rechtfertigung des Doppelnamens hat sich in den letzten Jahren die Bezeichnung C. durchgesetzt. Neben den genannten Wirkungen hemmt C. die Magenmotorik und stimuliert die Duodenalperistaltik. C-terminale Teilsequenzen, wie z.B. das CCK-8, wirken als Neurohormone. Es wird biosynthetisch als Prä-Pro-CCK gebildet, aus dem eine Reihe verschiedener Peptide entstehen können. Die Biosynthese erfolgt in Gehirn, Dünndarm und Pankreas. Synthetisches CCK-8 findet als *Sincalid* vielseitige Anwendung in der Diagnostik (Röntgendiagnostik, Diagnose der Pankreasfunktion u.a.) und Therapie (chronische Pankreatitis, Analgesie). CCK-A (M_r 120 kDa und 80 kDa) und CCK-B (M_r 55 kDa) wurden als Rezeptoren identifiziert, wobei CCK-B im Gehirn (cerebralen Cortex und ZNS) vorkommt. CCK-Rezeptor-Antagonisten werden durch Deletion C-terminaler Aminosäurereste erhalten. Ein sehr starker CCK-A-Rezeptorantagonist ist das *Asperlicin*, ein nichtpeptidisches Stoffwechselprodukt von *Aspergillus alliaceus.*

Cholecystokinin-Pankreomyzin, ↗ *Cholecystokinin.*

Choleratoxin, ein aus zwei Komponenten aufgebautes Protein (M_r 82 kDa), das zu den ↗ *Exotoxinen* gehört, und die Symptome der Cholera hervorruft. Das vom Choleraerreger *Vibrio cholerae* gebildete Toxin inhibiert den Selbst-Inaktivierungsmechanismus der α_s-Untereinheit des trimeren G_s-Proteins (↗ *GTP-bindende Proteine*), wodurch die Adenylat-Cyclase über das durch ADP-Ribosylierung modifizierte α_s permanent im aktivierten Zustand verbleibt. Die ständige Erhöhung des cAMP-Spiegels verursacht in den Epithelzellen des Verdauungstrakts einen starken Na+- und Wasserausstrom in das Darmlumen, wodurch sich der für Cholera typische extreme Durchfall erklärt. Der starke Verlust an Wasser und Elektrolytsalzen kann durch Austrocknen des Körpers letale Folgen ha-

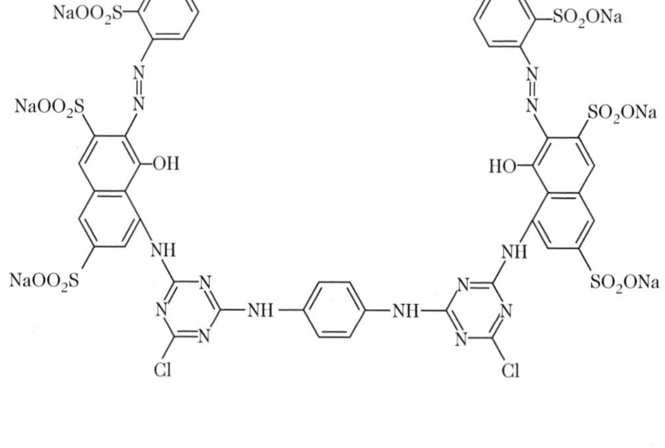

Chlortriazinfarbstoffe. Abb. 3. Procionrot HE3B.

ben. Während die Proteinkomponente B, die selbst aus fünf Untereinheiten (M_r 12 kDa) aufgebaut ist, durch eine spezifische Affinität zum Membran-Gangliosid GM$_1$ für die Anheftung des C. an das entsprechende Gewebe tierischer Zellen verantwortlich ist, besitzt die nur aus einer Untereinheit (M_r 26 kDa) aufgebaute Proteinkomponente A die Aktivität einer ADP-Ribosyl-Transferase und katalysiert die ADP-Ribosylierung der A-Kette (α_s) des G-Proteins mit den bereits geschilderten Wirkungen. ↗ *Gifte*.

Cholestan, ↗ *Steroide*.

Cholestanol, 5α-*Cholestan-β-ol*, ein Zoosterin (↗ *Sterine*); M_r 388,64 Da, F. 142 °C, $[\alpha]_D$ 24° (Chloroform). Es ist ein 5,6-Dihydroderivat von Cholesterin und kommt in geringen Mengen als dessen Begleiter in tierischen Zellen vor. Bei manchen Schwämmen ist C. das Hauptsterin. C. unterscheidet sich vom stereoisomeren ↗ *Coprostanol* durch die Konfiguration am C5 und weist *trans*-Verknüpfung der Ringe A/B auf.

Cholesterin, *Cholesterol*, *Cholest-5-en-3β-ol* (Abb.), das Hauptsterin der höheren Tiere (↗ *Sterine*); M_r 386,64 Da, F. 149 °C, $[\alpha]_D$ –39° (Chloroform). Es tritt frei oder mit höheren Fettsäuren verestert in allen Geweben auf, oft zusammen mit Phospholipiden. Besonders reich an C. sind Gehirn (etwa 10 % der Trockenmasse), Nebennieren, Eidotter und Wollfett. Das Blut enthält etwa 2 mg/ml, gebunden an ↗ *Lipoproteine*. C. ist Bestandteil der Zellmembranen und am Aufbau der Myelinscheide im Nervengewebe beteiligt. Physiologisch wirkt es entgiftend, indem es mit den hämolytisch wirksamen ↗ *Saponinen* schwerlösliche Additionsverbindungen bildet und die roten Blutkörperchen vor Hämolyse schützt. Die menschliche Haut scheidet täglich bis zu 300 mg C. aus, das eine Schutzfunktion ausübt. Pathologisch (↗ *Lipoproteine*) ist die Ablagerung von C. in den Gefäßwänden (Arteriosklerose) und in Gallensteinen, woraus es 1788 erstmalig von Green isoliert wurde.

C. wurde in geringen Mengen auch in Pflanzen, z.B. im Kartoffelkraut, in vielen Pollen, in isolierten Chloroplasten sowie in Bakterien gefunden. Für viele Insekten ist es essenzieller Nahrungsbestandteil zur Biosynthese von Ecdyson und verwandten Häutungshormonen. Die Gewinnung von C. erfolgt

Cholesterin

aus Katzenrückenmark oder Wollfett. Die Totalsynthese gelang 1951 Robinson und Woodward.

Die Biosynthese von C. (↗ *Terpene*) erfolgt aus dem Triterpen Lanosterin (↗ *Steroide, Abb.*) über Zymosterin. C. selbst ist eine wichtige Schlüsselverbindung bei der Biosynthese vieler anderer Steroide, z.B. von Steroidhormonen, Steroidsapogeninen und Steroidalkaloiden.

Cholesterinbiosynthesehemmer, ↗ *HMG-CoA-Reduktasehemmer*.

Cholesterinesterspeicherkrankheit, eine ↗ *lysosomale Speicherkrankheit*, verursacht durch einen Mangel an *Saurer Lipase* (EC 3.1.3.2). Die Aktivität der Leber-Lipase beträgt nur 25 % des Normalwerts. Die Folgen sind Cholesterinesterablagerungen in Leber, Milz, Darmschleimhaut, Lymphknoten und Aorta sowie Lebervergrößerung (Hepatomegalie), die zu Leberfibrose führt. Manchmal kommt es auch zu Gelbsucht und/oder Milzvergrößerung (Splenomegalie). Die Krankheit ist relativ gutartig, sie wird autosomal rezessiv vererbt. Die ↗ *Wolmansche Krankheit* geht möglicherweise auf die Expression eines anderen Mutantenallels am gleichen Ort zurück. [J.M.Hoeg et al. *Amer. J. Hum. Gen.* **36** (1984) 1.190–1.203]

Cholin, $[(CH_3)_3N^+\text{-}CH_2\text{-}CH_2\text{-}OH]OH^-$, ein Bestandteil einiger Phospholipide (↗ *Membranlipide*) und von ↗ *Acetylcholin*. Es ist ein metabolischer Methylgruppendonor. C. vermindert die Ablage von Fett im Körper, wirkt blutdrucksendend und auf den Uterus kontrahierend. Unter bestimmten Bedingungen kann C. in der Nahrung benötigt werden, weshalb ihm manchmal der Status eines Vitamins eingeräumt wird.

Cholin-Acetylase (EC 2.3.1.6), ↗ *Acetylcholin*.

cholinergener Rezeptor, ↗ *Acetylcholin*.

Cholin-Esterase, *Pseudocholinesterase* (EC 3.1.1.8), eine unspezifische Acylcholinesterase, die Butyryl- und Propionylcholin wesentlich schneller hydrolysiert als Acetylcholin. Sie kommt vorwiegend im Serum (M_r von Pferdeserum-C. 315 kDa, 4 Untereinheiten M_r 78 kDa; M_r von Menschenserum-C. 348 kDa, 4 Untereinheiten M_r 86 kDa), in der Leber, der Bauchspeicheldrüse und im Schlangengift, z.B. von der Kobra, vor. Da die C. des Serums ein Sekretionsenzym der Leber darstellt, ist ihre Aktivität bei Leberparenchymschäden deutlich erniedrigt. Das Enzym wird durch die Carbaminsäureester Physostigmin (Eserin) und Prostigmin inhibiert, die in 10^{-4} molarer Konzentration auf die A- und B-Typ-Carboxylesterasen des Serums und der Organe ohne Wirkung sind. Da die C. ein katalytisch wichtiges Serin* im aktiven Zentrum aufweist (Gly-Gly-Asp-Ser*-Gly), wird sie wie Acetylcholin-Esterase durch organische Phosphorsäureester (DFP, E600, E605, Wofatox und andere Nerven- und Gewebsgifte) stöchiometrisch und irreversibel gehemmt. [D.M. Quinn et al. (Hrsg.) *Enzymes of the Cholinesterase Family*, Plenum Press, New York, London, 1995]

Cholin-Esterase-Inhibitoren, ⤤ *Acetylcholin* (Abb. 3).

Cholsäure, *3α,7α,12α-Trihydroxy-5β-cholan-24-säure* (Abb.), eine Gallensäure; M_r 408,56 Da, F. 196–198 °C (Anhydrat), $[\alpha]_D$ 37 ° (c = 0,6; Ethanol). C. liegt in der Galle der meisten Vertrebraten als Lysin- oder Taurinkonjugat vor. Sie bildet mit Fettsäuren und Lipiden, wie Cholesterin und Carotin, Salze. C. wird als Ausgangsmaterial für die Partialsynthesen von therapeutisch wichtigen Steroidhormonen verwendet.

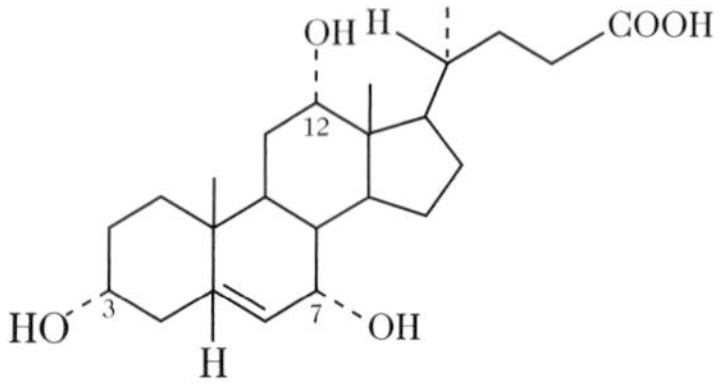

Cholsäure

Chondriosomen, ⤤ *Mitochondrien.*

Chondroitin, ein zu den sauren Mucopolysacchariden gehörendes Copolymer aus β(1→3)D-Glucuronsäure und β(1→4)N-Acetyl-D-galactosamin. Chondroitin-4- und Chondroitin-6-sulfat sind Hauptbestandteile der Bindegewebsgrundsubstanz des Knorpels und der Knochen. Die ⤤ *Chondroitinsulfate* sind aufgrund ihrer Schwefelsäuremonoestergruppen sehr hydrophil und stark sauer.

Chondroitinsulfate, hochmolekulare wasserlösliche Mucopolysaccharide tierischer Herkunft (M_r etwa 250 kDa). C. A und C sind aus äquimolaren Mengen von D-Glucuronsäure und N-Acetyl-D-galactosamin in alternierender β-1→3- und β-1→4-Verknüpfung aufgebaut (Abb.). Sie unterscheiden

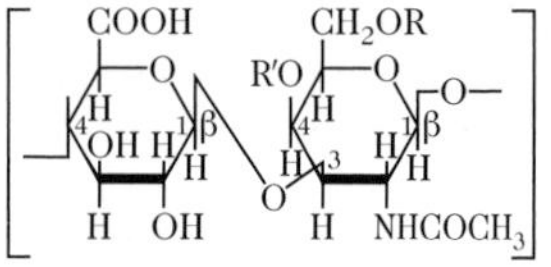

Chondroitinsulfat. Chondroitinsulfat A: R = H, R′ = SO_3H.

sich in der Position der Veresterung. C. B (Dermatansulfat) enthält L-Iduronsäure an Stelle der D-Glucuronsäure. Die C. sind Hauptbestandteil des Knorpelgewebes und betragen bis zu 40 % der Trockensubstanz. Sie kommen auch in Schutz-, Stütz- und Bindegeweben, wie Haut, Sehnen, Nabelschnur, Herzklappen vor. Im Gewebe liegen die C. nichtkovalent an Protein gebunden vor.

Chondrom, die Gesamtheit der genetischen Information, die in den Erbanlagen der Mitochondrien einer Zelle enthalten ist. Da die Anzahl der Mitochondrien je Zelle ebenso stark variiert wie die mitochondriale DNA-Menge in verschiedenen Organismen, kann die genetische Kapazität der einzelnen C. sehr unterschiedlich sein.

Chondrosamin, ⤤ *D-Galactosamin.*

Choriongonadotropin, *Plazentagonadotropin, humanes Choriongonadotropin, hCG,* ein in den ersten Wochen der Schwangerschaft in der Plazenta gebildetes Glycoprotein (M_r 30 kDa). C. besteht aus einer α-Kette (89 Aminosäurereste) und einer β-Kette (145 Aminosäurereste). Die α-Kette ist mit der von ⤤ *Lutropin,* ⤤ *Follitropin* und ⤤ *Thyreotropin* identisch. Der LH/hCG-Rezeptor besteht aus 696 Aminosäuren mit einer 27 Aminosäuren langen Peptid-Signalsequenz. Seine sieben Transmembrandomänen besitzen Homologie zu den G-Protein-Rezeptoren. C. ist für die Auslösung des Eisprungs, die Bildung und Abbaustabilisierung des Gelbkörpers und die Bildung der interstitiellen Zellen der Testikel verantwortlich. Der Nachweis von C. im Harn ist die Grundlage des Schwangerschaftstests nach Aschhein und Zondek. hCG wird in der Humanmedizin verwendet.

Chorionmammotropin, *Plazentalactogen, PL, Humanlactogen, humanes Choriosomatomammotropin, hCS,* ein aus 190 Aminosäureresten und zwei intrachenaren Disulfidbrücken aufgebautes Einkettenprotein (M_r 22 kDa). C. wird in der Plazenta gebildet und besitzt strukturelle Ähnlichkeit mit Somatotropin. Es wird insbesondere gegen Ende der Schwangerschaft ausgeschüttet und wirkt ähnlich wie ⤤ *Somatotropin* und ⤤ *Prolactin.*

Chorisminsäure, ⤤ *Aromatenbiosynthese.*

Christmas-Faktor, *Blutgerinnungsfaktor IX, antihämophiler Faktor B,* ein zur Blutgerinnungskaskade (⤤ *Blutgerinnung*) gehörendes Protein (M_r 72 kDa), dessen Fehlen Hämophilie B, einen Typ der Bluterkrankheit auslöst. Der Name bezieht sich auf den Engländer St. Christmas, bei dem das Fehlen des Faktors zuerst nachgewiesen wurde. Die Biosynthese von C. ist abhängig von Vitamin K.

Chrom, *Cr,* ein für Tiere essenzieller Nahrungsbestandteil. Es werden sehr geringe Mengen benötigt (mindestens 100 ppb in der Nahrung von Ratten). Der menschliche Nahrungsbedarf wurde nicht bestimmt. Obwohl relativ große Mengen an Cr mit isolierten RNA-Fraktionen assoziiert sind, ist die Beziehung zwischen Cr und der RNA-Struktur oder -Funktion unbekannt. Cr ist ein Bestandteil des Glucosetoleranzfaktors (GTF), ein wasserlöslicher, relativ stabiler organischer Komplex von Cr (M_r 500 Da), der bei Tieren und Menschen für die normale Glucosetoleranz essenziell ist. Das erste Symptom eines Chrommangels ist eine verminderte Glucosetoleranz. Ein schwererer Mangel führt zu Glycosurie, vermindertem Wachstum und Verkürzung der Lebenszeit. Eine Diabeteserkrankung, die nicht auf die Behandlung mit Insulin reagiert, kann auf Chrommangel zurückzuführen sein. In solchen Fällen reagieren Kinder auf die Infusion von Chromsalzen leichter als Erwachsene, was vermuten läßt, dass die Fähigkeit, Cr in GTF umzuwandeln mit dem Alter abnimmt. Es ist jedoch noch nicht zweifelsfrei bewiesen, dass Menschen in der Lage sind, Cr in GTF umzuwandeln. Viele natürliche Nahrungsmittel enthalten GTF, insbesondere Brauereihefe, schwarzer Pfeffer, Leber, Käse, Brot und Rindfleisch. Nahrungsmittel mit dem höchsten GTF-Gehalt haben nicht notwendigerweise den höchsten Chromgehalt. Nur Cr^{3+} ist physiologisch aktiv.

chromaffine Zelle, eine Zelle, die ↗ *Adrenalin* in sekretorischen Vesikeln speichert. Nach Stress-induziertem Nervenreiz erfolgt die Abgabe des Hormons.

Chromatid, ↗ *Chromosomen*.

Chromatin, der Komplex aus DNA und Proteinen, insbesondere ↗ *Histonen,* im Kern eukaryontischer Zellen. Ursprünglich bezeichnete der Begriff die färbbare Substanz des Interphasenkerns, der aus DNA, RNA und verschiedenen spezialisierten Proteinen besteht, welche zufällig im Kern verteilt sind. Die chromosomale DNA ist in dieser Phase nur locker verpackt und damit z.B. für die Transcription zugänglich. Unmittelbar vor der Zellteilung kondensiert das Chromatin zu dichten Körpern (Chromosomen), die intensiv gefärbt werden können. Auch im Interphasenkern verbleiben manche DNA-Bereiche in dichtem kondensiertem Verpackungszustand. Dieses Heterochromatin besteht aus nicht codierendem Chromosomenmaterial, an dem keine Transcription stattfindet. Euchromatin dagegen weist eine lockerere Stuktur auf und besteht aus DNA, die transcribiert wird.

Die Grundstruktur des Chromatins sind die wie eine Perlenkette an der DNA aufgereihten ↗ *Nucleosomen*. Die „Perlen" werden dabei von Histonoctameren gebildet, die „Schnur" entspricht dem DNA-Molekül, das um die Octamere gewunden ist und diese miteinander verbindet. Eine höhere Ebene der Chromatinorganisation stellen *30-nm-Filamente* dar, in denen das 10-nm-Filament zu einem Solenoid gewunden ist, mit ungefähr sechs Nucleosomen je Umdrehung, mit einer Neigung von 11 nm. Man nimmt an, dass die ganze Struktur durch ein helicales H1-Polymer im Zentrum des Solenoids stabilisiert wird. Das einzelne Nucleosomenfilament repräsentiert eine niedrigere Chromatinorganisationsstufe, die nur unter nichtphysiologischen Bedingungen bei niedrigen Salzkonzentrationen existiert. Bei einer Erhöhung der Ionen-

stärke beginnen sich die Nucleosomenfilamente zu assoziieren und zu falten, um schließlich bei physiologischen Salzkonzentrationen Filamente mit einem Durchmesser von 30 nm zu bilden.

Schleifenbildende Domänen stellen eine noch höhere, in Metaphasenchromosomen beobachtete, Ebene der Chromatinorganisation dar, in der sich Schleifen aus 30-nm-Filamenten radial vom zentralen Proteingerüst ausbreiten, das die Chromosomenhauptachse bildet. Im Elektronenmikroskop erscheint ein Querschnitt eines Metaphasenchromosoms als ein zentraler fibröser Proteinbereich, der von einem aus Chromatinschleifen bestehenden Hof umgeben ist. Die Größe typischer Schleifen variiert zwischen 20 und 100 kb, was einer durchschnittlichen 30-nm-Filamentlänge von 0,6 μm entspricht. Da das Filament Schleifen bildet (d.h. auf sich selbst zurückgefaltet ist), würde der durchschnittliche Beitrag zum Chromosomendurchmesser 0,3 μm auf allen Seiten betragen. Das zentrale Proteingerüst hat einen Durchmesser von 0,4 μm, so dass der abgeschätzte Durchmesser des Metaphasenchromosoms 1 μm beträgt. Dies stimmt mit dem durch elektronenmikroskopische Messungen erhaltenen Wert überein. Es ist sehr wahrscheinlich, dass die Nichthistonproteine (die 10% der chromosomalen Proteine ausmachen) bei der Bildung von schleifenbildenden Domänen beteiligt sind. Der Faltungsmodus ist unbekannt. Aber durch cytologische Markierung konnte gezeigt werden, dass das Proteingerüst mit DNA-Topoisomerase II hoch angereichert ist.

Die ↗ *Riesenchromosomen* und die polytänen Chromosomen repräsentieren eine weitere Organisationsebene. Deren Banden stimmen möglicherweise mit den schleifenbildenden Domänen der Metaphasenchromosomen überein. ↗ *Superhelix*.

[J. Zlatanova, K. van Holde „The Linker Histones and Chromatin Structure: New Twists" *Prog. Nucl. Acid Res. Mol. Biol.* **52** (1996) 217–259; C. Gruß, R. Knippers „Structure of Replicating Chromatin" *Prog. Nucl. Acid Res. Mol. Biol.* **52** (1996) 337–365]

Chromatofokussierung, der isoelektrischen Fokussierung analoge säulenchromatographische Methode zur Isolierung von Proteinen unter Ausnutzung des isoelektrischen Punkts. Die C. arbeitet ohne elektrisches Feld mit einem linearen pH-Gradienten, der durch Titration mit einem Puffer niedrigen pH-Werts auf einem Ionenaustauscher in der Säule erzeugt wird. Aufgetragene Proteine werden zu scharfen Banden fokussiert und von der Säule eluiert. Mit der C. lassen sich Proteine mit isoelektrischen Punkten zwischen pH 11 und 4 trennen.

Chromatographie, physikalisch-chem. Verfahren zur analytischen oder präparativen Trennung eines Stoffgemisches zwischen zwei miteinander nicht mischbaren Phasen (Tab.). Die C. findet Anwen-

Grundbegriff	Bedeutung
Äquilibrieren	a) Die Gleichgewichtseinstellung des Säulenmaterials auf das Laufmittel, bzw. b) das Sättigen des vorbereiteten Papiers mit dem Dampf des Laufmittels.
Elution	a) Das Auswaschen von Substanz aus einer Säule, bzw. b) von einem Papier- oder Dünnschichtchromatogramm.
Eluant	Die Substanz, die eluiert wird.
Eluat	a) Die Lösung, die beim „Waschen" einer Chromatographiesäule austritt, bzw. b) die Lösung des Materials, das aus einem bestimmten Bereich des Papier- oder Dünnschichtchromatogramms herausgelöst wurde.
Entwickler, Eluent, Elutant	Die mobile Phase, das zum Eluieren verwendete Lösungsmittel.
Entwicklung	a) Der Prozess der Chromatographie, bzw. b) die Behandlung eines Chromatogramms mit einem Nachweisreagens.
Laufmittel, Laufmittelsystem	Eine reine flüssige Phase oder eine Mischung aus Lösungsmitteln.
Front	Die Grenzlinie des Laufmittels.
Laufzeit	Die Zeit für die Durchführung der Chromatographie.
Vergleichssubstanz, Standardsubstanz	Eine authentische Substanz, die verwendet wird a) als interner Marker zur Kalibrierung eines Systems, b) zum Vergleich und zur Identifizierung einer chromatographierten Substanz.
Detektion	Das Sichtbarmachen einer Substanz in einem Kolonneneluat durch seine Absorption, Fluoreszenz, usw. im UV oder sichtbaren Bereich vor oder nach der Behandlung mit Reagenzien, oder mit Hilfe anderer Methoden, wie der Messung von immunologischer Aktivität, Radioaktivität usw. Zu den möglichen Methoden zählt auch die Flammenionisation bei der Gaschromatographie, und bei der Papier- und Dünnschichtchromatographie das Sichtbarmachen durch Färben und Fluoreszenz unter UV-Licht .

Chromatographie. Tab. Grundbegriffe der Chromatographie.

dung als ↗ *Gaschromatographie*, Adsorptionschromatographie, Verteilungschromatographie, ↗ *Ionenaustauschchromatographie*, Permeationschromatographie oder ↗ *Affinitätschromatographie*. Die Trennung beruht auf der unterschiedlichen Wanderungsgeschwindigkeit verschiedener Teilchenarten in einer mobilen Phase entlang der Trennstrecke aufgrund unterschiedlicher Verweilzeiten an einer stationären Phase. Durch kontinuierlichen Substanz- und Wärmeaustausch zwischen beiden Phasen und der Verknüpfung eines primären Trenneffektes mit kinetischen Erscheinungen erfolgt die Stofftrennung. Nach dem Aggregatzustand sind folgende Trennphasenkombinationen möglich: Flüssig-Fest-Chromatographie (engl. *liquid-solid-chromatography*, Abk. LSC), Flüssig-Flüssig-Chromatographie (engl. *liquid-liquid-chromatography*, Abk. LLC), Gas-Fest-Chromatographie (engl. *gas-solid-chromatography*, Abk. GSC) und Gas-Flüssig-Chromatographie (engl. *gas-liquid-chromatography*, Abk. GLC). Entsprechend der geometrischen Gestaltung der Trennstrecke unterscheidet man ↗ *Säulenchromatographie*, Flachbett- bzw. ↗ *Dünnschichtchromatographie* und ↗ *Papierchromatographie*. Die Chromatogrammentwicklung erfolgt nach der Elutionstechnik, Verdrängungstechnik oder Frontaltechnik. Der Anwendungsbereich der C. liegt im Molekülmassenbereich von 10^1 bis 10^{15} Da.

Chromatophore, *Farbstoffträger*, 1) Plastiden höherer Pflanzen: ↗ *Chloroplasten*, ↗ *Chromoplasten* und ↗ *Leucoplasten*.

2) Die photosynthetischen Organellen von ↗ *Photosynthesebakterien*. Die bakteriellen C. sind intraplasmatische Membranen, die aus der Cytoplasmamembran hervorgehen. Sie können als geschlossene Bläschen den Zellinnenraum in dichter Packung erfüllen oder stark abgeflachte, geordnete Stapel bilden. Ihre Membranen sind die Träger der Photosynthesefarbstoffe, der Komponenten des photosynthetischen Elektronentransports und der Photophosphorylierung.

Chromatosomen, ↗ *Nucleosomen*.

Chromogranine, Proteine, die Catecholamine (z.B. Adrenalin, Noradrenalin) spezifisch binden. Sie sind in den Speichervesikeln der catecholaminproduzierenden Zellen mit den Catecholaminen assoziiert. ↗ *Granine*.

Chromomere, ↗ *Chromosomen*.

Chromophore, ↗ *Naturfarbstoffe*.

Chromoplast, durch Carotinoide orangerot bis gelb gefärbter Chromatophor. Die Farbstoffe können in ihm auskristallisieren, z.B. in den C. der Karottenwurzel. In den Blütenblättern des Zierstrauchs *Forsythia* gehen die C. aus grünen Plastiden (↗ *Chloroplasten*) hervor. Die Farbstoffträger der Rotalgen, die durch *Biliproteine* (↗ *Phycobilisom*) rot bis rotviolett gefärbt sind, werden als ↗ *Rhodoplasten* bezeichnet.

Chromoproteine, Proteine, die als prosthetische Gruppe eine Farbstoffkomponente in kovalenter oder nichtkovalenter Bindung enthalten. Zu dieser Proteingruppe gehören die Hämproteine und Eisenporphyrinenzyme, Flavinproteine, Chlorophyll-Protein-Komplexe und porphyrinfreie eisen- oder kupferhaltige C. des Bluts von Wirbeltieren (z.B. Transferrin und Ceruloplasmin) und von Wirbellosen (z.B. Hämerythrin und Hämocyanin).

chromosomale RNA, in eukaryontischen Zellen Bestandteil des ↗ *Chromatins*. c. R. erfüllt wahrscheinlich regulatorische Funktionen bei der Transcription.

Chromosomen, eine subzelluläre Struktur zur Speicherung genetischer Information und deren Übermittlung an die nächste Generation. Die Bezeichnung wurde ursprünglich für das färbbare Material eukaryontischer Kerne verwendet, ist aber erweitert worden und schließt jetzt das genetische Material jeder Zelle oder Organelle ein. Gene entsprechen Sequenzen von Nucleotidbasenpaaren in einem DNA-Molekül, das den zentralen Bestandteil eines C. (↗ *Desoxyribonucleinsäure*) bildet. Die Genkartierung zeigt, dass die Gene auf den C. linear angeordnet sind. Das läßt darauf schließen, dass jedes C. nur ein einziges, sehr langes DNA-Molekül enthält. Prokaryonten besitzen nur ein einzelnes zirkuläres Chromosom, das mit der Zellmembran verbunden ist (↗ *Replikon*). Prokaryontische C. sind mit regulatorischen Proteinen komplexiert, enthalten aber im Gegensatz zu eukaryontischen C. keine Strukturproteine.

Eukaryonten besitzen mehr als ein C. je Zelle (jedes trägt einen Teil des eukaryontischen Genoms) und die Anzahl und die Gestalt dieser C. sind artspezifisch. Als Einleitung einer Zellteilung (Mitose oder Meiose) bilden eukaryontische C. kompakte Strukturen, die mikroskopisch sichtbar sind und intensiv angefärbt werden können. Zu diesem Zeitpunkt bestehen sie aus zwei identischen Längseinheiten, den *Chromatiden*, die an einem Punkt verbunden sind, dem *Centromer*. Die beiden Chromatiden sind die Produkte der eukaryontischen DNA-Replikation, also zwei identische Kopien eines Chromosoms, die bei der Zellteilung gleichmäßig auf die Tochterzellen verteilt werden müssen. Das Centromer ist der Angriffspunkt für die Spindelfäden, die während der Zellteilung die Tochterchromatiden auseinanderziehen. Die Nucleotidsequenz der DNA eines Hefecentromers wurde analysiert und in ↗ *Plasmide* inseriert, wodurch diesen eine so große mitotische Stabilität verliehen wurde, wie sie C. eigen ist (Chromosomensegmente, denen die Centromeren fehlen, werden nicht gleichmäßig zwischen den Tochterzellen aufgeteilt und gehen in einer sich teilenden Population schnell verloren).

Während der Prophase der Meiose zeigen eukaryontische C. dichte, granuläre, heterochromatische Bereiche, die als *Chromomere* bezeichnet werden. Diese sind unter dem Lichtmikroskop sichtbar und enthalten dicht gepackte DNA. Die Chromomere sind durch DNA-arme Bereiche voneinander getrennt, wodurch ein Bandenmuster entsteht, das für das jeweilige C. und die Spezies typisch ist. Der Ausdruck „Chromomer" wird auch für die Bezeichnung der kondensierten Bereiche der Schleifenachse von ↗ *Lampenbürstenchromosomen* und die kondensierten Banden in polytänen C. von Diptera (↗ *Riesenchromosomen*) verwendet.

An den Enden linearer C. befinden sich weitere spezialisierte DNA-Sequenzen, die ↗ *Telomere*. Die Insertion von Telomersequenzen in ein zirkuläres Plasmid überführt dieses in eine lineare Struktur. Ein anderer Sequenztyp (↗ *autonom replizierende Sequenzen*, ARS) verleiht zum einem einem Plasmid die Fähigkeit, sich unabhängig vom Chromosom zu replizieren und stellt andererseits den Ort dar, an dem die Replikation eines Chromosoms initiiert wird. [A.W. Murray u. J.W. Szostak *Nature* **305** (1983) 189–193]

Eukaryontische C. bestehen aus einem Komplex, der sich aus DNA (10–30%), RNA (3–15%) und Protein (40–75%) zusammensetzt und unter dem Namen ↗ *Chromatin* bekannt ist. Die Menge an DNA je Chromosom ist konstant und artspezifisch. Dagegen variiert die Menge an RNA in Abhängigkeit von der Transcriptionsaktivität in der Zelle (↗ *Ribonucleinsäure*). Zusätzlich zu der RNA, die an der Proteinsynthese beteiligt ist, gibt es noch eine organspezifische Fraktion, die sog. *chromosomale RNA*, die vermutlich Teil der Chromosomenstruktur ist und bei der Transcription eine regulatorische Funktion ausübt.

Es gibt zwei Klassen chromosomaler Proteine, die basischen ↗ *Histone* und die saureren Nichthistonproteine. ↗ *Superhelix*, ↗ *Nucleosomen*.

Chromosomen-Crawling, eine Anwendung der ↗ *Polymerasekettenreaktion* (PCR), die die Amplifikation von DNA-Segmenten mit unbekannter Nucleotidsequenz ermöglicht, die auf beiden Seiten einer PCR-Ziel-DNA liegen. Der Name, der von T. Triglia et al. [*Nucleic Acid Res.* **16** (1988) 8.186] geprägt wurde, ist auf die Tatsache zurückzuführen, dass das Verfahren dazu verwendet werden kann, chromosomale Sequenzen zu erforschen, die an ein bekanntes DNA-Segment angrenzen. Dieses Verfahren wurde jedoch auch *inverse PCR* genannt [H. Ochman et al. *Genetics* **120** (1988) 621–623]

Das Verfahren beginnt mit dem vollständigen Verdau der genomischen DNA mit einer ↗ *Restriktionsendonuclease*, die keine Spaltungsstelle innerhalb der „normalen PCR"-Ziel-DNA-Sequenz besitzt. Das Fragment, das diese Sequenz trägt, wird anschließend isoliert. Idealerweise ist dieses Teilstück höchstens bis zu 3.000 Nucleotiden lang. Seine beiden Enden werden ligiert, um eine zirkuläre DNA zu erzeugen. Diese wird direkt oder nach Linearisierung mit einer Restriktionsendonuclease linearisiert, die eine Angriffsstelle innerhalb der „normalen PCR"-Ziel-DNA-Sequenz besitzt, in 25–30 Zyklen der PCR amplifiziert. Das Hauptamplifikationsprodukt ist eine lineare doppelsträngige DNA, die aus der Kopf-zu-Schwanz-Anordnung von Sequenzen besteht, die ursprünglich auf beiden Seiten der „normalen PCR"-Ziel-DNA-Sequenz gelegen haben. Die Stelle, an der diese beiden Sequenzen verbunden sind, trägt die spezifische Erkennungssequenz der Restriktionsendonuclease, die für den Abbau der genomischen DNA verwendet wurde.

chronische Granulomatose, eine ↗ *angeborene Stoffwechselstörung*, bei der Cytochrom b_{245}, Flavoprotein oder Protein-Kinase C (EC 2.7.1.37) fehlen oder eine defekte NADP-Oxidase synthetisiert wird (niedrige Affinität). Das hat zur Folge, dass die Phagocyten kein O_2^- bzw. H_2O_2 produzieren. Dadurch werden katalasepositive Bakterien nicht getötet. Es bilden sich Granuloma in den Lymphdrüsen und es treten chronische oder rekurrierende Lymphadenitis und respiratorische Erkrankung auf. Gewöhnlich tritt bereits in der Kindheit der Tod ein, außer es werden dauernd Antibiotika verabreicht.

Chrysanthemin, ↗ *Cyanidin*.

Chrysin, ↗ *Flavone*.

CHS, Abk. für ↗ *Chalkon-Synthase*.

Chylomikronen, ↗ *Lipoproteine*.

Chymodenin, ein aus dem Dünndarm des Schweins isoliertes 81 AS-Polypeptid. C. erhöht den Gehalt an Chymotrypsinogen im Pankreassaft. Es scheint mit der Rinderherz-Cytochrom-Oxidase Untereinheit PPVII identisch zu sein. [J.W. Adelson et al. *J. Biol. Chem.* **261** (1986) 10.569]

Chymopapain (EC 3.4.22.6), ein Enzym (C. A und C. B jeweils M_r 35 kDa) aus dem Milchsaft des Melonenbaumgewächses Papaya. C. ist dem Papain hinsichtlich Substratspezifität und Struktur des aktiven Zentrums sehr ähnlich. Es unterscheidet sich von ihm durch seine Säurestabilität und seinen höheren isoelektrischen Punkt (C. A pH 10, C. B pH 10,4, Papain pH 8,75).

Chymosin (EC 3.4.23.4), ↗ *Renin*.

Chymostatin, ↗ *Inhibitorpeptid*.

chymotroper Farbstoff, ein in den Vacuolen einer Pflanzenzelle gelöster Farbstoff.

Chymotrypsin, eine Familie strukturell und katalytisch homologer Serinproteasen (↗ *Proteasen*), des Pankreas, in dem sie als Zymogene gebildet und gespeichert werden. Chymotrypsinogen A (pI 9,1, 245 Aminosäuren, M_r 25,67 kDa) ist bei pH 8 kationisch, während Chymotrypsinogen B (pI 5,2, 248 Aminosäuren, M_r 25,76 kDa) bei pH 8 anionisch ist. Aus der Schweinebauchspeicheldrüse, der das Chymotrypsinogen B fehlt, wurde Chymotrypsinogen C (M_r 31,8 kDa, 281 Aminosäuren, Trp-reich) isoliert. Die aktivierten Formen besitzen unterschiedliche Substratspezifitäten. Alle Chymotrypsinogene hydrolysieren bevorzugt Tyrosyl- und Tryptophanylpeptidbindungen und -esterbindungen mit einem pH-Optimum bei 8–8,5. Chymotrypsinogen B greift auch andere Bindungen an (z.B. im Glucagon) und Chymotrypsinogen hydrolysiert zusätzlich Leucyl- und Glutaminylbindungen.

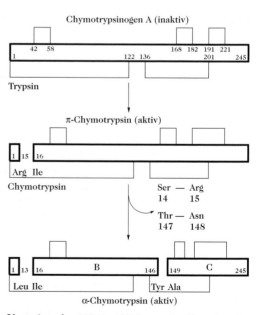

Chymotrypsin. Abb. 1. Aktivierung des Chymotrypsinogens.

Das Chymotrypsinogen A besteht aus einer Polypeptidkette mit fünf intrachenaren Disulfidbrücken

(1–122, 42–58, 136–201, 168–182, 191–221). Durch Trypsinaktivierung wird die Peptidbindung zwischen Arg[15]-Ile[16] gespalten, wodurch das aktive π-C. entsteht. In einem Autolyseprozess spaltet das π-C. aus anderen π-Chymotrypsinmolekülen die Dipeptide Ser[14]-Arg[15] und Thr[147]-Asn[148] heraus. Es entsteht eine Dreikettenstruktur mit gleicher Aktivität, das α-C. Die katalytisch aktiven Aminosäuren His[57], Asp[102] und Ser[195] sind auf den B- und C-Ketten lokalisiert (Abb. 1).

Die Tertiärstruktur des α-C. besteht meistens aus gestreckten Kettensegmenten, die durch Wasserstoffbrückenbindungen und fünf Disulfidbrücken miteinander verbunden sind. Mit Ausnahme der 11 Aminosäuren am Carboxylende der C-Kette enthält das Molekül keine α-Helices. Das aktive Zentrum befindet sich wie beim Trypsin in einer locker strukturierten Region des Moleküls mit einer taschenförmigen Einstülpung zur Aufnahme der Aminosäure des Substrats (Abb. 2). Die „Tasche" bestimmt die Substratspezifität des Enzyms. Der Ser[189]-Rest ist tief in ihr angeordnet.

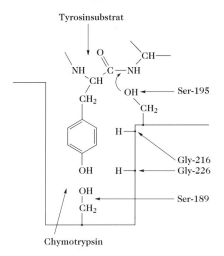

Chymotrypsin. Abb. 2. Die Substratbindungsstelle des Chymotrypsins.

Im Verlauf der Aktivierung rotiert das Kettensegment 187–194 um 180° und bringt die katalytischen Aminosäuren bis auf 0,3 nm an die Oberfläche des Moleküls. Die Substrathydrolyse erfolgt über ein Enzym-Acyl-Intermediat, das einen Ester zwischen der nucleophilen Hydroxylgruppe des Ser[195] und der Säuregruppe der zu spaltenden Peptidbindung darstellt. Der stark nucleophile Charakter des Ser[195] rührt vom benachbarten Protonendonor bzw. –akzeptor His[57] her. Der Effekt wird durch Asp[102] verstärkt (↗ *Protonenrelais*).

Chymotrypsinogen, das proteolytisch inaktive Zymogen des ↗ *Chymotrypsins*. Es ist ein globuläres Einkettenprotein (M_r 25,7 kDa) mit 246 Aminosäureresten und fünf Disulfidbrücken und einem Sekundärstrukturanteil von 9 % α-Helix und 34 % β-Faltblattstruktur. Es wird im Pankreas gebildet. Die Überführung in das aktive Chymotrypsin erfolgt unter der Katalyse von Trypsin bzw. durch Chymotrypsin selbst.

cIMP, Abk. für zyklisches (engl. *cyclic*) Inosin-3′,5′-<u>m</u>ono<u>p</u>hosphat, ↗ *Inosinphosphate*

1,8-Cineol, *Eucalyptol* (Abb.), der Hauptbestandteil des Eucalyptusöls (M_r 154,25 Da; F. 1,3 °C; Sdp. 176–177 °C; $ρ_{20}$ 0,9267; n_D^{20} 1,455–1,460). Es wird für Hustensirup verwendet.

1,8-Cineol

Circulardichroismus, *CD*, eine optische Eigenschaft eines Moleküls, die auf ein asymmetrisches Merkmal in seiner Molekülstruktur hinweist. CD-Spektren erlauben eine schnelle Charakterisierung der Sekundärstruktur von Proteinen und Nucleinsäuren, die in 1–2 ml Lösung in einer Konzentration von 0,05–0,5 mg/ml vorliegen.

CD basiert auf der Tatsache, dass chirale Moleküle die links- und rechtscircularpolarisierten Lichtstrahlen unterschiedlich stark absorbieren. Die CD-Spektren bestehen aus einem Diagramm, in dem die Messung dieser Differenz als Ordinate gegen die Wellenlänge als Abszisse aufgetragen wird. Die Differenz kann entweder direkt als ΔA ausgedrückt werden, welche durch Gleichung 1 definiert wird, oder indirekt als molare Elliptizität ($ϑ_m$ oder $[ϑ]$):

$$ΔA = A_L − A_R = Δε · c · L, \tag{1}$$

wobei A_L = Absorption des linkscircularpolarisierten Lichtstrahls, A_R = Absorption des rechtscircularpolarisierten Lichtstrahls, $Δε$ = Differenz der Absorptionskoeffizienten der beiden Lichtstrahlen ($1\ \text{mol}^{-1} · \text{cm}^{-1}$), c = Probenkonzentration ($\text{mol} · \text{l}^{-1}$) und L = Länge des Lichtwegs (cm) ist.

Die Ursache der molaren Elliptizität liegt darin, dass die links- und rechtscircularpolarisierten Lichtstrahlen trotz anfänglich gleicher Amplitude (d.h. der kombinierte Lichtstrahl ist planar polarisiert) nach dem Durchgang durch die Probenlösung unterschiedliche Amplituden besitzen. Als Folge davon ist der kombinierte austretende Lichtstrahl elliptisch polarisiert. Seine Elliptizität wird in Grad gemessen und durch Gleichung 2 definiert.

$$ϑ_{obs} = \tan^{-1} (b/a), \tag{2}$$

wobei b/a das Verhältnis der beiden Achsen (große und kleine) des elliptisch polarisierten Lichtstrahls ist.

Die molare Elliptizität (ϑ_m oder $[\vartheta]$) wird mit der Einheit $\text{Grad} \cdot \text{cm}^2 \cdot \text{dmol}^{-1}$ angegeben und durch Gleichung 3 definiert.

$$\vartheta_m \text{ (oder } [\vartheta]) = (\vartheta_{obs} \cdot 10)/c \cdot L. \tag{3}$$

Sie steht mit $\Delta\varepsilon$ (s. Gleichung 1) laut Gleichung 4 in Beziehung:

$$\vartheta_m \text{ (oder } [\vartheta]) = 3.300 \cdot \Delta\varepsilon. \tag{4}$$

Die Bezeichnung „mittlere Resteelliptizität" wird oft im Zusammenhang mit Proteinen verwendet. Damit ist die Elliptizität gemeint, die sich bei der Division durch die Anzahl der Aminosäurereste des Proteins ergibt.

Die Hauptquelle der optischen Aktivität von *Proteinmolekülen* liegt in den Peptidbindungen. Deshalb werden die CD-Spektren bei Wellenlängen aufgenommen, die kürzer als 240 nm sind, dem vorherrschenden Absorptionsbereich der Peptidbindungen. Die Absorption der Peptidbindungen beruht auf drei Elektronenübergängen: 1) einem n → π^*-Übergang bei ca. 210–220 nm, bei dem ein Elektron aus dem nichtbindenden Molekülorbital des Carbonylsauerstoffs in ein antibindendes π^*-Molekülorbital angehoben wird, 2) einem $\pi \to \pi^*$-Übergang bei ca. 190 nm und 3) einem möglichen $\pi \to \pi^*$-Übergang bei ca. 160 nm. Letzterer spielt jedoch für die CD-Spektren keine Rolle, da Messungen in diesem Wellenlängenbereich schwierig sind. Da das Rückgrat der Proteinmoleküle aus Aminosäureresten besteht, die durch Peptidbindungen verbunden sind, spiegeln die CD-Spektren im Wellenlängenbereich >180 nm bis <240 nm die Sekundärstruktur (d.h. α-Helix, β-Strang oder Zufallsknäuel) der Proteine wider. Die für diese Konformationen charakteristischen CD-Spektralkurven wurden erstmals durch Verwendung von Polypeptiden mit bekannter Struktur bestimmt, wie z.B. poly-l-Lysin (Abb.). Außerdem wurden CD-Spektren von einer Reihe Proteine aufgenommen, von denen aufgrund von ↗ *Röntgenstrukturanalysen* bekannt war, welcher Sekundärstrukturtyp vorliegt, und welcher Prozentsatz des gesamten Moleküls sich aus diesem Typ zusammensetzt. Mit Hilfe dieser Spektren wurde ein Satz von Standard-CD-Kurven berechnet, der dazu verwendet werden kann, auf einem semiquantitativen Weg den Prozentanteil von α-Helix, β-Strang oder Zufallsknäuel in einem Protein aus dessen CD-Spektrum vorherzusagen [N. Greenfield u. G.D. Fasman *Biochemistry* 8 (1969) 4.108–4.116].

Im Fall von *Nucleinsäuremolekülen* liegt die Hauptquelle der optischen Aktivität in der asymmetrischen Positionierung der Purin- und Pyrimidinreste. Die CD-Spektren werden im Wellenlängenbereich von 220–230 nm aufgenommen, dem Bereich, in dem die Basen absorbieren, nicht jedoch das Zuckerphosphatrückgrat. Diese geben daher die Art der N-Basenstapelung wieder, die nicht nur von der

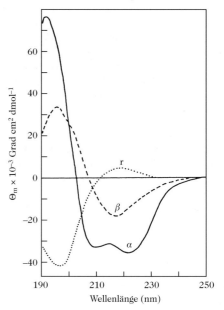

Circulardichroismus. CD-Spektren von Polylysin: α = α-helicale, β = β-Strang- und r = Zufallsknäuelstruktur. [Geändert nach N.J. Greenfield et al. *Biochemistry* 6 (1967) 1.630–1.637 und 8 (1969) 4.108–4.116.]

Konformation des Strangs abhängt, sondern auch vom Nucleinsäuretyp (d.h. DNA oder RNA), der Anzahl der Stränge (d.h. einfach oder doppelt) und der Nucleotidsequenz. Trotz der letzten drei Beschränkungen, können die rechtsgängige A- und B-Form der DNA aufgrund ihrer CD-Spektren erkannt werden, die beide aus einem Peak (d.h. ΔA oder $\vartheta_m > 0$) und einem Minimumbereich (d.h. ΔA oder $\vartheta_m < 0$) bestehen. Für eine A-Form liegen λ_{max} des Peaks bei 270–275 nm, λ_{min} des Minimumbereichs bei 245–248 nm und der Nulldurchgang der Kurve bei 257–259 nm. Bei einer B-Form ist der Bereich des Peaks ($\lambda_{max} \approx 260$ nm) viel größer als jener des Minimums ($\lambda_{min} \approx 210$ nm) und die Kurve geht bei ca. 240 nm durch Null. Darüber hinaus hat der Einsatz künstlicher Nucleotide gezeigt, dass CD-Kurven von Nucleinsäuren, in denen der Peak bei kürzeren Wellenlängen liegt als der Minimumbereich (d.h. die Umkehrung des oben beschriebenen), auf linksgängige Strukturen hinweisen. [W.C. Johnson, Jr. *Annu. Rev. Biophys. Biophys. Chem.* 17 (1988) 145–166; I. Tinoco, Jr. u. C. Bustamante *Annu. Rev. Biophys. Bioeng.* 9 (1980) 107–141]

Circuline, aus den Rohextrakten des tropischen Baumes *Chassalia parvifolia* (Rubiaceae) isolierte makrozyklische Peptide. *Circulin A*, cyclo-(-Tyr[1]-Cys-Tyr-Arg-Asn[5]-Gln-Ile-Pro-Cys-Gly[10]-Glu-Ser-Cys-Val-Trp[15]-Ile-Pro-Cys-Ile-Ser[20]-Ala-Ala-Leu-Gly-Cys[25]-Ser-Cys-Lys-Asn-Lys[30]-) ist ein zykli-

sches 30 AS-Peptid mit drei intrachenaren Disulfidbrücken. Das *Circulin B* unterscheidet sich vom
Circulin A nur in drei Aminosäuresubstitutionen
und einem zusätzlichen Valin-Rest. Mit 30 bzw. 31
Aminosäurebausteinen sind die C. die größten
natürlich vorkommenden Peptide, deren Ringschluss über eine Peptidbindung des Peptidrückgrats vollzogen ist. C. zeigen einige Ähnlichkeiten
mit den weit verbreiteten, antimikrobiell, antiviral
und cytotoxisch wirksamen ↗ *Defensinen*, die aber
nicht über eine Peptidbindung des Rückgrats zyklisiert sind. Die HIV-inhibierenden Eigenschaften
wurden untersucht. [K. R. Gustafson et al. *J. Am.
Chem. Soc.* **116** (1994) 9.337]

Cisplatin,   *cis-Diamindichlorplatin*,   *cis-DDP*
(Abb.), ein platinhaltiges Antitumormedikament,
das erstmals im Jahre 1979 lizensiert wurde. Es ist
besonders effektiv bei der Bekämpfung von Hoden-
tumoren. In Kombination mit anderen Wirkstoffen
wird C. auch zur Behandlung anderer Tumore, z. B.
von Eierstocktumoren eingesetzt. Schwerwiegende
Nebenwirkungen, wie z. B. Nephrotoxizität und periphere Neuropathie, haben bei einigen Patienten
eine dauerhafte Behinderung verursacht. Das zelluläre Ziel von *cis*-DPP ist wahrscheinlich die DNA
oder das Chromatin. [D. C. H. McBrien u. T. F. Slater
(Herausg.) *Biochemical Mechanisms of Platinum
Antitumor Drugs*, IRL Press, Oxford, 1986]

Cisplatin

Cistron, ein Abschnitt der DNA, der für die Aminosäuresequenz einer Polypeptidkette oder für ein
RNA-Molekül (z. B. ribosomale RNA) codiert.

Citral,   ein   zweifach   ungesättigter   Monoterpenaldehyd (M_r 152,24 Da), der als *cis*- und
trans-Isomerengemisch (Abb.) Bestandteil vieler
etherischer Öle ist: *C. A* (*trans-Citral, Geranial*):
Sdp.$_{12}$ 110–112 °C, ρ_{20} 0,8898, n_D^{17} 1,4894; *C. B* (*cis-
Citral, Neral*): Sdp.$_{12}$ 102–104 °C, ρ_{20} 0,8888, n_D^{17}
1,4891. Im Tierreich ist C. Bestandteil komplex
zusammengesetzter Pheromongemische von Insekten. In der Hitze lagert sich C. in Isocitral um. Unter
dem Einfluss von Licht zyklisiert es zum fünfgliedrigen *Photocitral A*. Von großer Bedeutung ist die
Umsetzung von C. mit Aceton zu Pseudoionon, die
den ersten Schritt der technischen Synthese von
Vitamin A darstellt. Für die Riechstoff-, Nahrungs-
und Genussmittelindustrie ist C. das Wichtigste der
aliphatischen Monoterpene.

Citrate, die Salze und Ester der ↗ *Citronensäure*
mit der allg. Formel RO–OC–C(OH)(CH$_2$–CO–
OR)$_2$, wobei R einwertige Metall-Ionen oder Ammo-

trans-Citral   cis-Citral

nium-Ionen bzw. Alkyl- oder Arylreste symbolisiert. Als dreibasige Säure kann Citronensäure
saure und neutrale Salze und Ester bilden. Besondere Bedeutung haben die wasserlöslichen Alkalisalze. Die Natriumsalze, besonders das Dinatrium-
hydrogencitrat, werden zur Herstellung physiologischer Puffer verwendet. Sie haben außerdem
blutgerinnungshemmende Wirkung und werden
zur Herstellung von Blutkonserven eingesetzt. Sie
dienen ferner als Puffermedien für Kosmetika, Lebensmittel und Kesselwasser. Mit Erdalkali-Ionen
und anderen Metallen werden schwerlösliche C.
gebildet.

citratkondensierendes Enzym,   ↗ *Citrat(si)-Syn-
thase*.

Citrat-Lyase, ↗ *Citronensäure*.

Citrat(si)-Synthase,   *citratkondensierendes   Enzym, Citrogenase* (EC 4.1.3.7), ein Enzym des Tricarbonsäure-Zyklus, das die Aldolkondensation
von Oxalacetat und Acetyl-CoA unter Bildung von
Citrat katalysiert. Die C. aus *E. coli* (M_r 248 kDa)
besteht aus vier Untereinheiten (M_r 98 kDa). Das
Enzym aus Schweine- oder Rattenherz (M_r 98 kDa)
besteht aus zwei Untereinheiten (M_r 49 kDa).

citratspaltendes Enzym,   ↗ *ATP-Citrat(pro-3S)-
Lyase*.

Citratzyklus, ↗ *Tricarbonsäure-Zyklus*.

Citrinin, ↗ *Mycotoxine*.

Citrogenase, ↗ *Citrat(si)-Synthase*.

Citronellal, ein ungesättigter Monoterpenaldehyd
(M_r 154,25 Da). Beide optischen Isomere und die
Isopropylidenform kommen natürlich vor. Die am
weitesten verbreitete Form ist das (+)-C. (Sdp. 205–
206 °C, $[\alpha]_D^{25}$ 11,5 °, Abb.). Citronellal ist der Hauptbestandteil des Citronellöls und der etherischen
Öle verschiedener Eukalyptusarten. Für Ameisen
der Gattung *Lasius* dient es als Alarmpheromon.
Die Neigung des C. zur Zyklisierung wird für die
Darstellung monozyklischer Monoterpene, z. B.
Menthol, ausgenutzt.

(+)-Citronellal

β-Citronellol, $(CH_3)_2C=CH(CH_2)_2CH(CH_3)CH_2-$ CH_2OH, azyklischer Monoterpenalkohol. C. ist eine farblose Flüssigkeit mit rosenartigem Geruch. Sdp. 103 °C bei 1,3 kPa, in Wasser praktisch unlöslich, in Alkohol löslich. C. ist als Bestandteil von ↗ *etherischen Ölen* weit verbreitet.

Citronellöl, ein farbloses, im Geruch an Zitronen und Melissen erinnerndes etherisches Öl. Chemisch setzt sich das C. vor allem zusammen aus Geraniol (25–45 %) und Citronellal (25–54 %), Citral, Eugenol und Vanillin.

Citronenöl, *Citrusöl,* ein schwach gelb gefärbtes, angenehm nach Zitronen riechendes und schmeckendes etherisches Öl. Chemisch setzt sich das C. vor allem aus Camphen, Citral, Citronellal, (+)-Limonen (↗ *p-Menthadien*), α- und β-Pinen, Terpinen (↗ *p-Menthadien*), Terpineol und Linalyl- und Gernylacetat zusammen. Außerdem enthält C. noch Octyl-, Nonyl-, Decyl- und Laurinaldehyd.

Citronensäure, eine Schlüsselsubstanz des Tricarbonsäure-Zyklus. Über ihre Konzentration koordiniert sie auch verschiedene andere Stoffwechselwege. Bei ausreichend hohen Konzentrationen an C. wird die Acetyl-CoA-Carboxylase (EC 6.4.1.2), das Schlüsselenzym der Fettsäurebiosynthese, allosterisch aktiviert. Citrat ist ferner ein negativ allosterischer Effektor für die 6-Phosphofructokinase (EC 2.7.1.11), das Schlüsselenzym der Glycolyse. Die C. kann mit verschiedenen Elementen, besonders Eisen und Calcium, Komplexe bilden. In Tieren verbessert sie die Verwertung des mit der Nahrung aufgenommenen Calciums. In Bakterien kann die C. mit Hilfe der ATP-Citrat-Lyase (EC 4.1.3.8) und der Citrat-pro-(3S)-Lyase (EC 4.1.3.6) hydrolisiert werden (Abb.).

Die C. (F. 153–155 °C) wurde erstmals 1784 von Scheele aus Zitronensaft isoliert. Als Zwischenprodukt des Tricarbonsäure-Zyklus kommt sie in allen aeroben Organismen vor. Sie wird in relativ großen Mengen in vielen verschiedenen Pflanzen, besonders in Früchten, aber auch in Blättern und Wurzeln gefunden. C. wird durch industrielle Fermentation, unter Einsatz verschiedener Mikroorganismen, z.B. von *Aspergillus niger,* hergestellt. Als Rohstoff wird üblicherweise Melasse verwendet. Man erreicht Ausbeuten von etwa 60 % des eingesetzten Zuckers.

Citronensäure-Zyklus, Syn für ↗ *Tricarbonsäure-Zyklus.*

Citrostadienol, *4α-Methyl-5α-stigmasta-7,24(28)-dien-3β-ol* (Abb.), ein Phytosterin (↗ *Sterine*); M_r 426,7 Da, F. 162 °C, $[α]_D$ 24 ° $(CHCl_3)$. Es kommt z.B. in Grapefruit- und Orangenöl vor. Es ist ein tetrazyklisches Terpen und stellt eine Zwischenstufe bei der Synthese einiger Pflanzensterine dar.

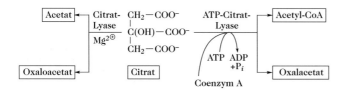

Citrostadienol

L-Citrullin, N^5-*(Aminocarbonyl)-L-ornithin,* α-*Amino-δ-ureidovaleriansäure,* $H_2N-CO-NH-(CH_2)_3$-$CH(NH_2)-COOH$, eine nichtproteinogene Aminosäure; M_r 175,2 Da, Sdp. 220 °C (Zers.), $[α]_D^{25}$ 4,0 ° (c = 2 in Wasser). L-C. kommt in Tieren und Pflanzen in freier Form vor. Im Blutungssaft von Birken und Erlen sowie in Xylemsäften von Birken- und Walnussgewächsen kommt L-C. in großer Menge vor. Es wird in der Leber aus Carbamylphosphat und L-Ornithin durch Ornithin-Carbamyl-Transferase (EC 2.1.3.3) gebildet. Der Citrullin-Phosphorylase-Komplex besteht aus der Ornithin-Carbamyl-Transferase und der Carbamat-Kinase (EC 2.7.2.2) (↗ *Carbamylphosphat*) und katalysiert die Reaktion: L-Citrullin + P_i + ADP ⇌ ATP + Ornithin + HCO_3^- + NH_4^+. Aus L-Citrullin wird Arginin synthetisiert (↗ *Harnstoff-Zyklus*). L-C. wurde erstmals von Wada 1930 aus dem Presssaft von Wassermelonen (*Citrullus vulgaris*) isoliert.

Citrullinämie, eine ↗ *angeborene Stoffwechselstörung,* verursacht durch einen Mangel an *Argininsuccinat-Synthase* (Argininsuccinat-Synthetase, Citrullin-Aspartat-Ligase, EC 6.3.4.5). Dadurch erhöhen sich die Blutwerte für Citrullin und Ammoniak und im Harn treten große Mengen an Citrullin auf. Die Harnstoffsynthese findet noch statt. Die C. führt zu neurologischen Schädigungen und geistiger Entwicklungsverzögerung.

CK/GOT-Quotient, das Verhältnis der Enzymaktivitäten von ↗ *Kreatin-Kinase* (CK) und ↗ *Glutamat-Oxalacetat-Transaminase* (GOT) im Serum. Er hat Bedeutung für die Diagnostik von Herzmus-

Citronensäure. Spaltung von Citrat.

A B   P Q
↑ ↑   ↑ ↑
E EA (EAB-EPQ) EQ E
geordnet sequenziell Bi Bi

A B   P Q
↓ ↑   ↓ ↑
／EA＼   ／EQ＼
E ＼EB／ (EAB-EPQ) ＼EP／ E
↑ ↓   ↑ ↓
B A   Q P
zufällig sequenziell Bi Bi

A   P B   Q
↓   ↑ ↓   ↑
E (EA-EP) F (FB-EQ) E
Ping-pong Bi Bi

kelschäden bzw. Skelettmuskelschäden. C. ist z.B.
nach einem Herzinfarkt <10, nach Schock >10.

Clathrin, die Hauptproteinkomponente der C.-be-
deckten Vesikel (↗ *coated Vesicle*). C. ist ein Proteinkomplex (M_r 650 kDa) bestehend aus drei großen
(H, M_r 180 kDa) und drei kleinen (L, M_r 35 kDa)
Polypeptidketten, die zusammen ein dreibeiniges
Strukturelement, ein Triskeles oder Triskelion bilden (Abb.). Die drei H-Ketten sind jeweils 50 nm
lang und stoßen mit den C-terminalen Enden zusammen. Die Biegung in der schweren Kette führt
zu einer Unterteilung in einen proximalen Arm und
einen distalen Arm. Jede der drei L-Ketten fügt sich
an die jeweilige proximale Einheit der H-Ketten an
(Abb.). Derartige Triskelionen lagern sich zu einem

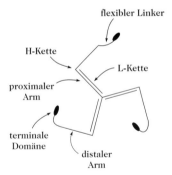

Clathrin. Schematische Darstellung eines Clathrin-Triske-
lions.

käfigartigen, konvexen Netz aus Fünf- und Sechs-
ringen zusammen und bilden auf diese Weise auf
den dem Cytoplasma zugewandten Membran-
oberflächen eine dichte Hülle um die *coated pits*
(„eingehüllte Gruben"). C. ist an der rezeptorvermittelten Endocytose durch Bildung eines polyed-
rischen Gitterwerks um diese *coated pits* beteiligt.

Clauberg-Test, ↗ *Progesteron.*
Claviceps-Alkaloide, ↗ *Mutterkorn-Alkaloide.*
Clavin-Alkaloide, ↗ *Mutterkorn-Alkaloide.*
Clavorubin, ↗ *Ergochrome.*
Clelandsche Kurznotation, eine Nomenklatur zur
Klassifizierung und Darstellung von Mehrsubstrat-
reaktionsmechanismen. Die Symbole A-D werden
für Substrate verwendet; P-Z für Produkte; I-O für
Inhibitoren; E-H für stabile Enzymformen; EA,
EAB, FB, ... für Enzym-Substrat-Komplexe; (EAB),
(EPQ), ... für kurzlebige Intermediatkomplexe. Die
Anzahl der kinetisch wesentlichen Reaktanten, die
die Molekularität bestimmt, wird mit uni, bi, ter, ...
bezeichnet. Die Enzymformen schreibt man von
links nach rechts unter horizontal durchgehende
Linien, die Reaktanten mit entsprechenden Pfeilen
vertikal dazu (Abb.). Bei *sequenziellen Mechanismen* lagern sich alle Substrate an das Enzym an,
bevor das erste Produkt freigesetzt wird, entweder
in geordneter Reihenfolge (ordered) oder zufällig
(random). Bei *Ping-pong-Mechanismen* dissoziieren ein Produkt oder mehrere Produkte vom Enzym, bevor alle Substrate angelagert sind.

Clelandsches Reagens, <u>Di</u>thio<u>th</u>reitol, *DTT*, ein
zur Spaltung von Disulfidbrücken in Peptiden und
Proteinen sehr häufig benutztes Reagens. Es besitzt
ein niedriges Redoxpotenzial und ist daher in der
Lage, Disulfidbrücken in sehr kurzer Zeit vollständig zu reduzieren (Abb.).

Clenbuterol, ein selektives β_2-Sympathikomime-
tikum, das außerdem noch sekretolytische und
antiallergische Wirkung besitzt. Es wird zur Dauerbehandlung von Bronchialasthma und chronischer
Bronchitis eingesetzt.

Clionasterin, *Poriferast-5-en-3β-ol*, ein marines
Zoosterin (↗ *Sterine*); M_r 414,7 Da, F. 138 °C, $[\alpha]_D$
−42 ° (CHCl₃). C. unterscheidet sich vom β-Sitosterin (↗ *Sitosterine*) durch unterschiedliche Stereo-

Protein—S—S—Protein + HS—[Dithiothreitol (DTT)]—SH → 2 Protein—SH + [S—S]

Clelandsches Reagens. Spaltung von Disulfidbrücken mit
Hilfe des Clelandschen Reagens.

chemie am C-Atom 24. Es kommt in Schwämmen, z.B. *Cliona celata* und *Spongilla lacustris*, vor.

CLIP, Abk. für ↗ *corticotropinähnliches Peptid*.

Clostripain (EC 3.4.22.8), eine SH-abhängige, trypsinähnliche Protease (M_r 50 kDa). C. hat Endopeptidase- und Amidase-Esterase-Aktivität und wurde aus Kulturfiltraten von *Clostridium histolyticum* isoliert. C. mit Endopeptidaseaktivität hydrolysiert Proteine, während C. mit Amidase-Esterase-Aktivität synthetische Aminosäureamid- und Aminosäureestersubstrate spaltet. Da C. nur Arginyl- und Lysylbindungen angreift, kann es zur Isolierung von großen Peptidfragmenten ohne vorherige chemische Modifizierung des Substrats eingesetzt werden.

Clupein, ↗ *Protamine*.

cM, Abk. für ↗ *centiMorgan*.

CM, Abk. für 1) ↗ *Capreomycin*,
2) ↗ β-*Casomorphine*.

CMP, Abk. für Cytidin-5'-monophosphat (↗ *Cytidinphosphate*).

CNP, Abk. für ↗ *C-Typ-natriuretisches Peptid*.

CoA, *CoA-SH*, Abk. für Coenzym A.

CoA-SH, *CoA*, Abk. für ↗ *Coenzym A*.

Coated Pit, Bezeichnung für ↗ *Acanthosomen*. ↗ *Coated Vesicle*.

Coated Vesicle, 1) *Clathrin-coated Vesicle*, ein Transportvesikel mit einem Durchmesser von ca. 80 nm, das während des Prozesses der Endocytose (Pinocytose) gebildet wird und in fast allen eukaryontischen Zellen vorkommt. Ein C.-c. V. kann deshalb auch als ein *endocytotisches* oder *pinocytotisches Vesikel* betrachtet werden. Es entsteht durch Einstülpung eines Acanthosoms (engl. *coated pit*) der Plasmamembran. Ein Acanthosom ist ein hoch spezialisierter Bereich der Plasmamembran, der die Zelloberflächenrezeptoren für verschiedene Liganden trägt, die von der Zelle aufgenommen werden, wie z.B. Serumproteine, Insulin, Lipoproteine, usw. Die Rezeptoren werden entweder vor oder nach der Assoziation mit ihren Liganden in den Acanthosomen konzentriert. Der Prozess der C.-c. V.-Bildung aus der Plasmamembran ist deshalb auch unter der Bezeichnung *rezeptorvermittelte Endocytose* bekannt.

In Querschnitten unter dem Elektronenmikroskop werden die Acanthosomen (die ca. 2% der Oberfläche einer typischen tierischen Zelle belegen) als Vertiefungen oder Einbuchtungen der Plasmamembran sichtbar, die auf der cytosolischen Seite eine dicke Schicht eines Proteins, des sog. ↗ *Clathrins*, tragen (↗ *Lipoproteine, Abb. 4*). Wenn sich das Acanthosom einstülpt, bildet das Clathrin ein polyhedrales Netzwerk (verschiedentlich als Gitter oder Korb bezeichnet) um dieses herum und trennt es eventuell unter Bildung eines C.-c. V. von der Membran ab. Die Bildung von C.-c.

V. verläuft während der Lebenszeit einer Zelle normalerweise kontinuierlich. So entstehen bei kultivierten Fibroblasten in jeder Zelle ca. 2.500 C.-c. V. je Minute. Im Durchschnitt existiert ein C.-c. V. nur ca. 20 Sekunden. *In vitro* wurde ein ATP-abhängiges Uncoating-Enzym untersucht (*uncoating*-ATPase, M_r 71 kDa), das Clathrin von den C.-c. V. abspaltet [für jedes freigesetzte Triskelion (s. u.) werden 3 ATP verbraucht]. Es ist ein cytoplasmatisches Protein, das im Überfluss vorhanden ist und zur Familie der Hitzeschockproteine mit M_r 70 kDa (HSP 70) gehört. Das Abstoßen des Clathrins (das recycelt wird) stellt einen Schlüsselschritt der Endocytose dar, die es den Vesikeln erlaubt, entweder mit Endosomen zu fusionieren oder miteinander zu verschmelzen, wobei ein Endosom entsteht. Die Endosomen vereinigen sich dann untereinander, wobei Vesikel mit Durchmessern von 200–400 nm entstehen. Von der Bildung eines C.-c. V. bis zu seiner Inkorporation in ein Endosom dauert es im Schnitt ca. 20 Sekunden. Das Innere eines endosomalen Kompartiments ist sauer (pH 5–6), weil ATP-abhängige H⁺-Pumpen in der endosomalen Membran Protonen vom Cytosol in das Lumen des Endosoms transportieren. Diese Acidität ist wichtig, weil sie die Dissoziation der Protein-Rezeptor-Komplexe unterstützt, die erfolgen soll, bevor die Liganden sortiert und zu ihrem intrazellulären Bestimmungsort weitertransportiert werden.

In vivo sind am Zusammenschluß der Clathrinmoleküle (Triskelionen) zu einem Clathrinkorb der richtigen Größe und Struktur weitere Proteine, die *Assembly-Proteine*, beteiligt, z.B. das monomere *Clathrin-Assembly-Protein* (AP$_{180}$, M_r 180 kDa; unterscheidet sich vom großen Triskelion-Polypeptid), das monomere *Auxilin* (M_r 90 kDa), ein relativ kleines Clathrin-Assembly-Protein (M_r 20 kDa), das Ähnlichkeit hat oder identisch ist mit dem *Myelin-Basic-Protein* und die multimeren *Adaptine*. Alle diese Proteine unterstützen die *in-vitro*-Anordnung der Triskelione in homogenen Populationen von Clathringittern. Man nimmt an, dass die Assembly-Proteine *in vivo* zwischen der Membran des C.-c. V. und seiner Clathrinhülle angeordnet sind.

Clathrin-coated Transportvesikel entstehen auch bei der Membranknospung des *trans*-Golgi-Netzwerks. Diese sind an dem extensiven vesikulären Verkehr zwischen den Golgiapparaten, den Endolysosomen und anderen Organellen beteiligt.

2) *Nicht-Clathrin-coated Vesicle*, COP-(engl. *coat protein*) coated vesicle, ein bedecktes Vesikel, das am Transport vom endoplasmatischen Reticulum zum Golgiapparat, von einem Golgizistern zum anderen und vom Golgiapparat zur Plasmamembran beteiligt ist. Der Transport durch diese Vesikel scheint weniger spezifisch zu sein als jener, der durch die Clathrin-coated Vesicles vermittelt wird.

D.h. vor dem Transport werden keine Liganden ausgewählt, die an spezifische Rezeptoren gebunden sind. Die COP-coated Vesicles sind am Massefluss neu synthetisierter Proteine im sekretorischen Stoffwechselweg beteiligt. Unter dem Elektronenmikroskop erscheinen COP-coated Vesicles weniger strukturiert als die Clathrin-coated Vesicles. Die Hülle der COP-coated Vesicles besteht aus vier Hauptproteinen: α-COP (M_r 160 kDa), β-COP (M_r 110 kDa), γ-COP (M_r 98 kDa) und δ-COP (M_r 61 kDa). Die N-terminale Hälfte des β-COP weist beträchtliche Homologie zu der des β-Adaptins auf. [T. Serafini et al. *Nature* **349** (1991) 248–251; T. Kirchhausen *Curr. Opin. Struct. Biol.* **3** (1993) 182–188; I.S. Trowbridge u. J.F. Collawn *Annu. Rev. Cell Biol.* **9** (1993) 129–161; W. Ye u. E.M. Lafer *J. Biol. Chem.* **270** (1995) 30.551–30.556; H.D. Blackbourn u.a. P. Jackson *Journal of Cell Science* **109** (1996) 777–787]

Cobalamin, *Vitamin B₁₂, tierischer Eiweißfaktor*, engl. *animal protein factor, extrinsischer Faktor*, stellt eine Reihe wasserlöslicher Corrinoide dar, die in sehr geringen Mengen benötigt werden (für Menschen liegt der tägliche Bedarf bei 5 µg Vitamin B₁₂).

Die Corrinoidstruktur besteht aus einem kompliziert aufgebauten Ringsystem: 1) dem Corrinring, 2) einem trivalenten Kobaltatom als komplex gebundenes Zentralatom, 3) einem nucleotidartig verbundenen Basenanteil und 4) einer komplex an das Kobalt gebundenen einwertigen Gruppe, die als Kobaltligand (X) bezeichnet wird (Abb.). In biologischen Systemen kommen als Cobaltliganden vor: -OH, H_2O, $-CH_3$ und Desoxyadenosin. Bei einer

Extraktion erhält man Vitamin B₁₂ gewöhnlich in Form von *Cyanocobalamin*. 5'-Desoxyadenosyl- und Methylcobalamin sind wichtige Coenzyme für Umlagerungsreaktionen.

Vitamin B₁₂ kommt vorwiegend in tierischen Geweben und tierischen Produkten, wie Eigelb und Milch, vor. Es wird hauptsächlich von Bakterien synthetisiert. Grüne Pflanzen enthalten wenig bzw. kein Vitamin B₁₂. Bei strengen Vegetariern werden gelegentlich Mangelsymptome festgestellt, meistens bei gestillten Kindern, deren Mütter keine tierischen Produkte zu sich nehmen. Die Cobalaminreserven des Körpers sind gewöhnlich so groß, dass ein Erwachsener mehrere Jahre davon zehren kann, wenn keine Aufnahme durch die Nahrung erfolgt.

Vitamin B₁₂ wird auch als ↗ *LLD-Faktor* oder als *Antiperniziosafaktor* bezeichnet. Die perniziöse Anämie (bösartige Blutarmut), zeichnet sich durch eine schwere Beeinträchtigung bei der Bildung roter Blutkörperchen, fehlende Magensaftsekretion und Störungen des Nervensystems aus. Sie wird gewöhnlich nicht durch einen ernährungsbedingten Vitamin-B₁₂-Mangel verursacht, sondern durch das Fehlen des ↗ *intrinsischen Faktors*, der für die Vitamin-B₁₂-Resorption benötigt wird.

Cobalt, *Co*, ein essenzielles Bioelement, das in Spuren bei Pflanzen, Tieren und Mikroorganismen vorkommt. Es hat als Bestandteil von Vitamin B₁₂ Bedeutung. Für das mikrobielle Wachstum werden Spuren an Co benötigt. Co dient als Cofaktor oder prosthetische Gruppe in mehreren Enzymen, z.B. in Pyrophosphatasen, Peptidasen, Arginase und bestimmten Enzymen, die an der Stickstofffixierung beteiligt sind.

Cobamid-Coenzym, ↗ *5'-Desoxyadenosylcobalamin*.

Cobramin, ↗ *Schlangengifte*.

Cobratoxin, ↗ *Schlangengifte*.

Coca-Alkaloide, ↗ *Tropanalkaloide*.

Cocain, ein Tropanalkaloid, bei dem die OH-Gruppe des Ecgonins mit Benzoesäure und die COOH-Gruppe mit Methanol verestert ist (Abb.). C. ist das Hauptalkaloid des Cocastrauches *Erythroxylon coca*. Der Gesamtalkaloidgehalt beträgt 0,5–1,0 %. In den südamerikanischen Cocablättern beträgt der Anteil von C. 90 % der Gesamtalkaloide, in den Cocablättern aus Südostasien dagegen etwa nur 25 %. Das (–)-Cocain ist ein bitterschmeckendes weißes Pulver; F. 98 °C; Sdp.$_{·0,1}$ 187 °C; $[\alpha]_D^{20}$

Cobalamin. Vitamin B₁₂.
X = -CN, -OH, -Cl, -NO₂ oder -CNS. In Coenzym-B₁₂-Formen: X = -CH₃ oder 5'-Desoxyadenosyl (↑*5'-Desoxyadenosylcobalamin*).

Cocain

−16° (c = 4, CHCl$_3$). Die Nebenalkaloide enthalten anstelle von Benzoesäure andere Carbonsäuren, wie z.B. Zimtsäure und deren Dimere (Truxinsäure, Truxillsäure), bei denen durch Addition zweier Moleküle Zimtsäure an den olefinischen Doppelbindungen ein Cyclobutanring ausgebildet ist. Ein anderes Nebenalkaloid ist Tropacocain, der J-Tropinbenzoesäureester. Das C. wird durch Extraktion von Cocablättern gewonnen. Der Extrakt wird hydrolysiert. Auf diese Weise erhält man Ecgonin, das durch Veresterung mit Methanol und Benzoesäure leicht in C. überführt werden kann. Das C. wird manchmal als Lokalanästhetikum eingesetzt. Aufgrund seiner euphorischen und (bei höherer Dosis) halluzinogenen Wirkungen, ist die Droge ein beliebtes (jedoch illegales) Rauschmittel. In Südamerika werden Cocablätter zusammen mit Kalk, das die Alkaloide freisetzt, gekaut. [E.L. Johnson „Alkaloid content in *Erythroxylum coca* Tissue During Reproductive Development" *Phytochemistry* **42** (1996) 35–38]

Cocarboxylase, veraltete Bezeichnung für ↗ *Thiaminpyrophosphat* und für die prosthetische Gruppe (ebenfalls Thiaminpyrophosphat) der ↗ *Pyruvat-Decarboxylase*. Der Name „Cocarboxylase" ist verwirrend, weil das Enzym keine Carboxylierung, sondern eine Decarboxylierung katalysiert.

Cocculin, Syn. für ↗ *Picrotoxin*.

Cochenille, Bezeichnung für verschiedene Schildlausarten, die in ihrer Körperflüssigkeit einen roten Farbstoff, die ↗ *Carminsäure*, enthalten. Am wichtigsten ist die echte Cochenilleschildlaus, Scharlach- oder Nopal-Schildlaus, *Coccus cacti*, die ursprünglich in Mexiko an Opuntien vorkam.

Cochliobolin B, ↗ *Sesterterpene*.

cocrosslinking, Bezeichnung für die zusätzliche Quervernetzung von Enzymen nach ihrer vorherigen Immobilisierung an einen Träger (↗ *immobilisierte Enzyme*) durch bifunktionelle Agenzien (z.B. Glutardialdehyd).

Code, ↗ *genetischer Code*.

Codehydrogenase I, ↗ *Nicotinsäureamid-adenin-dinucleotid*.

Codein, ein Opium-Alkaloid, das in verschiedenen Mohnarten vorkommt. Opium besteht zu ca. 4 % aus C.; M_r 299,37 Da; F. 154–156 °C; $[\alpha]_D^{20}$ −137,7° (Ethanol). C. ist der Morphin-3-methylether, der während der Reifung des Mohns in Morphin übergeht. Rund 80 % der Weltproduktion an Morphin werden durch Methylierung in das therapeutisch wichtigere C. überführt. Im Gegensatz zu Morphin wirkt C. kaum analgetisch, vermag aber die Wirkung anderer Analgetika zu steigern. Von besonderer Bedeutung ist die stark dämpfende Wirkung des C. auf das Hustenzentrum. Es besteht kaum Gewöhnungs- oder Suchtgefahr. Zu Formeln und Biosynthese ↗ *Benzylisochinolinalkaloide*.

Codetriplett, ↗ *Codon*.

codierender Strang, *nichtcodogener Strang*, nach Konvention (JCBN/NC-IUB Newsletter, 1989, abgedruckt in „Biochemical Nomenclature & Related Documents – A Compendium", 2. Ausgabe 1992) der Strang einer doppelsträngigen DNA, der die gleiche Nucleotidsequenz besitzt wie das RNA-Transcript (z.B. mRNA), das von der doppelsträngigen DNA abstammt (mit T an Stelle von U). Es handelt sich hierbei nicht um den DNA-Strang, der als Matrize für das RNA-Transcript dient. Deshalb wird der c. S. auch „Nichtmatrizenstrang" genannt. Alternative, aber nach Meinung der 1989-JCBN/NC-IUB-Newsletter weniger zu präferierende Bezeichnungen sind „Gegensinnstrang" und „Transcribierungsstrang". ↗*Nomenklaturkonventionen*.

codogener Strang, *anticodierender Strang*, *Sinnstrang*, der Strang einer doppelsträngigen DNA, der in RNA transcribiert wird, d.h. der Strang, der als Matrize für die Transcription dient.

Codon, *Codetriplett*, eine lineare Sequenz von drei aufeinanderfolgenden Nucleotiden in einem DNA-Molekül oder der RNA, die eine bestimmte Aminosäure spezifizieren. Im Laufe der Translation wird das Codon in der mRNA mit dem Anticodon in der tRNA gepaart, die eine spezifische Aminosäure trägt (↗ *genetischer Code*).

Coenzym, im engeren Sinn die dissoziable, niedermolekulare, aktive Gruppe eines Enzyms, die chemische Gruppen (↗ *Gruppenübertragung*), Wasserstoff oder Elektronen überträgt. C. in diesem Sinn koppeln zwei sonst voneinander unabhängige Enzymreaktionen und können deshalb als Transportmetabolite betrachtet werden. Im weiteren Sinn werden als C. alle katalytisch aktiven, niedermolekularen Gruppen von Enzymen bezeichnet. Darunter fallen dann auch C., die als prosthetische Gruppen fest an das Apoprotein gebunden sind. C. und Apoenzym (Enzymprotein) bilden zusammen das aktive Holoenzym.

Das C. im engeren Sinn tritt in stöchiometrischem Verhältnis in die Enzymreaktion ein, indem es nacheinander mit zwei verschiedenen Enzymproteinen zusammenwirkt, wodurch es den Substratumsatz katalysiert. Ein Beispiel ist das NAD, die aktive Gruppe der Dehydrogenasen und Reduktasen. Es bildet zuerst einen aktiven Komplex mit einer Dehydrogenase (Enzym I) und nimmt den Wasserstoff auf, der vom Substrat abgespalten wurde. Das resultierende NADH dissoziiert vom Enzym I ab und vereinigt sich mit einer Reduktase (Enzym II). Es gibt dann den Wasserstoff an das Substrat dieses Enzyms ab (Abb.). Da das C. wie ein zweites Substrat wirkt, wird es auch als *Cosubstrat* bezeichnet. Es muß in der Lage sein, mit zwei verschiedenen Apoenzymen reversibel zu reagieren. Viele Beispiele, in denen NAD/NADH als Cosubstra-

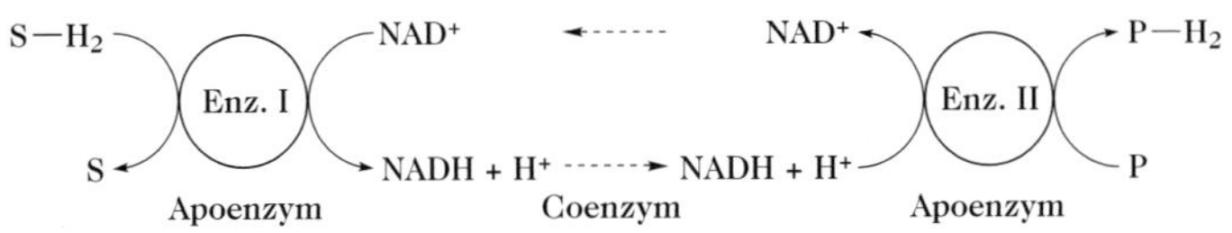

$$S-H_2 \quad \text{Enz. I} \quad NAD^+ \quad \longleftarrow \quad NAD^+ \quad \text{Enz. II} \quad P-H_2$$

$$S \quad \longrightarrow NADH + H^+ \quad \dashrightarrow \quad NADH + H^+ \quad \longrightarrow P$$

Apoenzym   Coenzym   Apoenzym

Coenzym. Die Rolle von NAD als Coenzym bzw. Cosubstrat bei der Dehydrierung und Hydrierung. Enz. I = Triosephosphat-Dehydrogenase, Enz. II = Alkohol-Dehydrogenase; S und S-H_2 = oxidiertes und reduziertes Substrat; P und P-H_2 = oxidiertes und reduziertes Produkt.

te fungieren, findet man in der Glycolyse, der alkoholischen Gärung und im Tricarbonsäure-Zyklus.

Flavin, Häm und Pyridoxalphosphat sind Beispiele für C. im weiteren Sinn. Die Metalle gelten als anorganische Komplemente von Enzymreaktionen und nicht als C. Sie werden als *Cofaktoren* von Enzymen bezeichnet.

Viele C. im weiteren Sinn werden aus Vitaminen synthetisiert. Die Beziehung der C. zu Vitaminen und die Stoffwechselfunktionen der C. sind in der Tabelle zusammengefasst. Unter den gruppenübertragenden C. nimmt das ATP eine Sonderstellung

ein, da es strenggenommen nicht der Definition eines C. entspricht. Die C. der C_1-Körper-Übertragung sind das ↗ *S-Adenosyl-L-methionin*, die ↗ *Tetrahydrofolsäure* und das ↗ *Biotin*. Die C. des C_2-Transfers sind das ↗ *Coenzym A* und das ↗ *Thiaminpyrophosphat*. Das Vitamin B_{12} ist an verschiedenen Stoffwechselreaktionen beteiligt, bzw. in freier Form als Methylvitamin B_{12} und als ↗ *5'-Desoxyadenosylcobalamin*.

Fast alle C. enthalten eine Phosphatgruppe. Sie binden vielfach ungeladene (nichtionisierte) Moleküle bzw. Gruppen.

Coenzym. Tab. Einteilung, Stoffwechselfunktion und Quelle der Coenzyme.

Coenzym	Funktion	Vitaminquelle
1) Oxidoreduktionsenzyme		
NAD	Wasserstoff- und Elektronentransport	Nicotinsäure
NADP	Wasserstoff- und Elektronentransport	Nicotinsäure
FMN	Wasserstoff- und Elektronentransport	Riboflavin
FAD	Wasserstoff- und Elektronentransport	Riboflavin
Ubichinon (Coenzym Q)	Wasserstoff- und Elektronentransport	
Liponsäure	Wasserstoff- und Acylübertragung	
Hämcoenzyme	Elektronentransport	
Ferredoxine	Elektronentransport und Wasserstoffaktivierung	
Thioredoxine	Wasserstofftransport	
2) Gruppenübertragungscoenzyme		
Nucleosiddiphosphate	Übertragung von Phosphorylcholin und Zuckern (UDP, GDP, TDP, CDP)	
Pyridoxalphosphat	Transaminierung, Decarboxylierung, usw.	Vitamin B_6
Phosphoadenosinphosphosulfat	Sulfatübertragung	
Adenosintriphosphat	Phosphorylierung, Pyrophosphorylierung, Übertragung von Adenosyl- und Adenylgruppen	
S-Adenosyl-L-methionin	Transmethylierung	(Methionin)
Tetrahydrofolsäure und Konjugate	Übertragung von Formyl-, Hydroxymethyl- und Methylgruppen	Folsäure
Biotin	Carboxylierung, Transcarboxylierung, Decarboxylierung	Biotin
Coenzym A	Transacylierung, usw.	Pantothensäure
Thiaminpyrophosphat	C_2-Gruppenübertragung, C_1-Gruppenübertragung	Thiamin (Aneurin)
3) Isomerisierungscoenzyme		
Coenzymform des Vitamin B_{12}	Isomerisierungen, z. B. Methylmalonyl-CoA zu Succinyl-CoA. Ribonucleotidtriphosphat-Reduktion; Homocysteinmethylierung; tRNA-Methylierung; Methanproduktion durch methanogene Bakterien, usw.	Vitamin B_{12}
Uridindiphosphat	Zuckerisomerisierung	

Coenzym I, ↗ *Nicotinsäureamid-adenin-dinucleotid*.

Coenzym II, ↗ *Nicotinsäureamid-adenin-dinucleotidphosphat*.

Coenzym A, *CoA, CoA-SH*, das Coenzym der Acylierung (M_r 767,6 Da, λ_{max} 257 nm bei pH 2,5–11,0). Die Lösungen von C. A sind zwischen pH 2 und 6 relativ stabil. CoA besteht aus Adenosin-3',5'-diphosphat, das über das 5'-Phosphat mit dem Phosphat von Pantothein-4'-phosphat verbunden ist (Abb. 1). Für die biologische Aktivität von CoA ist die Thiolgruppe des Cysteamins verantwortlich. Praktisch die gesamte Pantothensäure der Zelle liegt in gebundener Form als C. A vor. Die stoffwechselaktive Form von CoA ist das Acyl-CoA, das als Acylgruppendonor fungiert.

Die Bedeutung von CoA liegt in seiner Fähigkeit, energiereiche Thioesterbindungen zu bilden. Die Methylengruppe, die der aktivierten Thioestergruppe benachbart ist, neigt zur Dissoziation in ein Carbanion und ein Proton (Abb. 2). Das resultierende Carbanion kann durch elektrophile Agenzien angegriffen werden. Durch Bildung des Thioesters wird demnach einmal die Carboxylgruppe der gebundenen Säure (elektrophile Form, nucleophile Reaktionen), zum anderen die nachbarständige α-Position (nucleophile Form, elektrophile Reaktionen) aktiviert. Für die aktivierte Carboxylgruppe sind die folgenden Reaktionen von biochemischer Bedeutung: 1) Reduktion zum Aldehyd; 2) Transacylierungen bei der Bildung von Acetylcholin, Hippursäure, acetylierten Aminozuckern, S-Acetylhydroliponsäure (↗ *Pyruvat-Dehydrogenase*) und Acetylphosphat (Abb. 2a, ↗ *phosphoroklastische Pyruvatspaltung*); 3) Austausch der Sulfhydryl-

komponente in der Thiophorasereaktion, z.B. wenn CoA von Succinyl-CoA auf Acetyl-CoA übertragen wird.

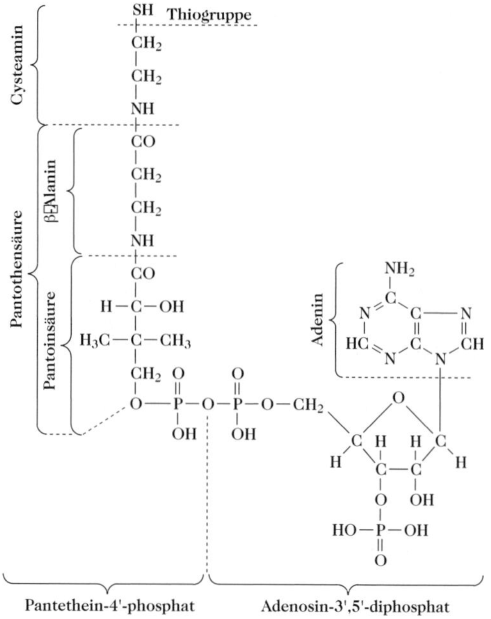

Die α-Methylgruppe im Acetyl-CoA geht verschiedene Kondensationsreaktionen ein, z.B. 1) die Carboxylierung von Acetyl-CoA zu Malonyl-CoA durch die biotinabhängige Acetyl-CoA-Carboxylase (EC 6.4.1.2) in der Fettsäurebiosynthese; 2) die Aldoladdition, z.B. bei der Citratsynthese (Abb. 2b) im Tricarbonsäure-Zyklus. Bei der Bildung von

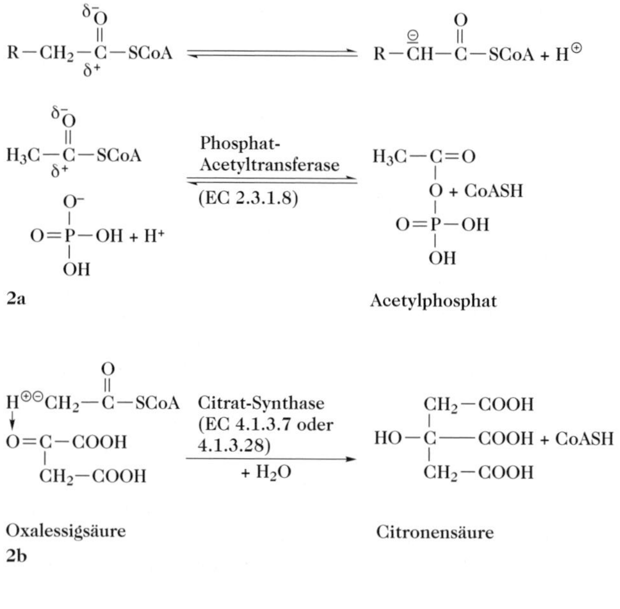

Coenzym A. Abb. 1, vgl. auch Farbtafel VIII, Abb. 1.

2a

Oxalessigsäure
2b

Citronensäure

Coenzym A. Abb. 2. Aktivierte Formen von Acyl-CoA-Verbindungen (Thioestern).
2a) Synthese von Acetylphosphat (aktivierte Carboxylgruppe).
2b) Citratsynthese (aktivierte α-Methylengruppe).

Acetoacetyl-CoA aus zwei Molekülen Acetyl-CoA (Esterkondensation) tritt ein Molekül in der elektrophilen, das andere Molekül in der nucleophilen Form in die Reaktion ein.

Derivate von CoA kommen als Zwischenprodukte bei der β-Oxidation von Fettsäuren (↗ *Fettsäureabbau*) und bei der Synthese einiger Alkaloide vor.

Coenzym B$_{12}$, ↗ *5´-Desoxyadenosylcobalamin.*

Coenzym F, ↗ *Tetrahydrofolsäure.*

Coenzym M, *CoM, CoM-SH, 2-Mercapto-ethansulfonsäure.* C. M spielt eine Rolle beim Methyltransfer im Zuge der bakteriellen Methanproduktion.

Coenzym Q, ↗ *Ubichinon.*

Coenzym R, Bezeichnung für ↗ *Biotin.*

Coeruloplasmin, *Ceruloplasmin, Ferrooxidase, Eisen(II):Sauerstoff-Oxidoreduktase,* EC 1.16.3.1, ein blau gefärbtes Glycoprotein aus dem Säugetierserum (0,2–0,6 g/l). Menschliches C. ist ein Einkettenprotein (M_r 160 kDa) mit Sequenzhomologie zur A-Domäne des Faktors VIII der Blutgerinnung. C. ist ein kupferbindendes Protein, das für die Speicherung und den Transport von Kupfer verantwortlich ist. C. wird in den Hepatocyten gebildet und aus der Leberzelle ins Plasma abgegeben. Etwa 95 % des im Serum enthaltenen Kupfers sind an C. gebunden, den verbleibenden Anteil bindet Albumin. Letzteres transportiert das im Dünndarm resorbierte Kupfer zur Leber, wo es in C. eingebaut wird. C. gehört zu den ↗ *Akute-Phase-Proteinen* und ist verantwortlich für die Erhöhung der Serum-Kupfer-Konzentrationen bei Entzündungen. Eine Erkrankung, die auf mangelnden Kupfereinbau in C. beruht, ist der Morbus Wilson, bei dem Kupfereinlagerungen in Geweben zum Tod führen können. C. zählt neben den ebenfalls kupferhaltigen Enzymen Laccase und Ascorbat-Oxidase zu den Oxidoreduktasen. C. fungiert als Antioxidans (Inhibitor der Lipidperoxidation) und oxidiert Fe(II) zu Fe(III), das durch Ferritin komplexiert werden kann. Fe(II) begünstigt die Bildung toxischer Sauerstoffradikale.

Cofaktoren, bei einer Reihe von Enzymen für die katalytische Wirksamkeit erforderliche Zusatzstrukturen, wie Metall-Ionen oder niedermolekulare organische Verbindungen (↗ *Coenzyme*).

Cofaktor-Regenerierung, enzymatische Verfahren zur Regenerierung von Cofaktoren (z.B. NAD(P)H, FADH$_2$, ATP). So kann z.B. ATP aus ADP und Acetylphosphat mit Hilfe der Acetat-Kinase oder NADH aus NAD$^+$ und Ameisensäure mittels einer Formiat-Dehydrogenase regeneriert werden. Im zweiten Fall wird die Molmasse von NAD$^+$ durch kovalente Bindung an Polyethylenglycol vergrößert und kann so die Membran nicht mehr passieren. Die C. gewinnt für zahlreiche biotechnologische Verfahren (z.B. Synthese von Aminosäuren) zunehmend an Bedeutung.

Coffein, *1,3,7-Trimethylxanthin* (Abb.), ein Purinderivat (↗ *methylierte Xanthine*), das in Kaffeebohnen (0,6–3,0 % C.) und -blättern, Teeblättern (0,8–5,0 %), Kakaobohnen (0,1–0,4 %), den Mateblättern (1,0–2,0 %) und Colanüssen (0,6–3,0 %) vorkommt. Die Gewinnung erfolgt aus den Naturprodukten durch Extraktion mit Benzol oder neuerdings mit überkritischen Gasen (CO$_2$), synthetisch durch Methylierung von Theophyllin. C. wirkt anregend auf das Zentralnervensystem, beseitigt damit die Müdigkeit und erhöht das Konzentrationsvermögen. Weiterhin regt es die Herztätigkeit an, es erweitert die Herzkranzgefäße und hat eine schwache diuretische Wirkung. In Kombination mit Analgetika verstärkt es deren Wirkung. Die Wirkungen des C. beruhen hauptsächlich auf der Inhibierung der Phosphodiesterase, die in adrenalinproduzierenden Zellen zyklisches AMP zu AMP abbaut, wodurch die Adrenalinwirkung verlängert wird.

Coffein

Coimmobilisierung, die Immobilisierung intakter lebender oder toter Zellen von Mikroorganismen mit freien oder ↗ *immobilisierten Enzymen*; z.B. können immobilisierte Enzyme mit ganzen Zellen in eine gemeinsame Matrix eingeschlossen oder Enzyme direkt an lebende Zellen gekoppelt werden. Im zweiten Fall bleibt die Lebensfähigkeit der Mikroorganismen zu einem hohen Prozentsatz erhalten. Durch C. von Mikroorganismen mit entsprechenden Enzymen können u.a. für den Organismus unvergärbare Substrate vergärbar gemacht werden (z.B. C. von Hefezellen mit β-Glucosidase zur Vergärung von Cellulose zu Ethanol). Insgesamt trägt die C. zur Erweiterung des Einsatzspektrums immobilisierter Zellen bzw. Enzyme bei.

CO$_2$-Kompensationspunkt, die CO$_2$-Konzentration, bei der die Photosyntheserate (CO$_2$-Inkorporation) und die Respirationsrate (CO$_2$-Produktion) ausgewogen sind. Der Wert verändert sich mit der Belichtung und bezieht sich immer auf eine bestimmte Lichtintensität. Für C$_3$-Pflanzen liegt der CO$_2$-K. bei 40–60 ppm CO$_2$ bei 25 °C, während er für C$_4$-Pflanzen oft unter 10 ppm liegt. Bei C$_3$-Pflanzen nimmt der CO$_2$-K. mit steigender Temperatur zu, weshalb die Photosyntheseeffizienz mit steigenden Tagestemperaturen abnimmt. Auf den CO$_2$-K. von C$_4$-Pflanzen hat die Temperatur dagegen keinen Einfluss. Außerdem nimmt die CO$_2$-Konzentration in der Umgebung wachsender Pflanzen mit steigender Lichtintensität ab, wodurch ein weiterer Verlust an Effizienz eintritt. ↗ *Photorespiration*.

Colamin, ↗ *Ethanolamin*.

Colamin-Kephaline, ↗ *Membranlipide*.

Colcemid, *Demecolcin*, ↗ *Colchicum-Alkaloide*.

Colchicin, ein Alkaloid, das aus der Herbstzeitlose *Colchicum autumnale* L. gewonnen wird; M_r 399,4 Da; F. 156–160 °C; $[\alpha]_D^{16,5}$ –120,8 ° (Chloroform). C. kommt auch als Glucosid (*Colchicosid*) vor (↗ *Colchicum-Alkaloide*). Da C. spezifisch an Tubulin bindet, verhindert es den „Tretmühlen"-Prozess (↗ *Cytoskelett*) der Mikrotubuli, einschließlich jener der meiotischen und mitotischen Spindeln. Bei Pflanzen induziert C. Polyploidität, indem es die Verteilung der Chromosomen während der Zellteilung verhindert. In geringen Mengen wirkt C. schmerzlindernd und entzündungshemmend, ist in hohen Dosen jedoch toxisch (tödliche Dosis: 20 mg). Es wurde zur Behandlung von Krebswucherungen eingesetzt.

Colchicosid, das Glucosid von ↗ *Colchicin*.

Colchicum-Alkaloide, ↗ *Isochinolinalkaloide*, bei denen der Stickstoff nicht zum heterozyklischen System gehört, sondern als substituierte Aminogruppe am trizyklischen Grundgerüst vorliegt.

Letzteres besteht aus einem aromatischen Ring, einem Tropolonring und einem C_7-Ring. Das Vorkommen der Colchicum-Alkaloide ist auf einige Gattungen der Familie der Liliengewächse (*Liliaceae*) beschränkt. Ihren Namen erhielten die Colchicum-Alkaloide aufgrund ihres Vorkommens in den Herbstzeitlosen (*Colchicum autumnale*). Die Hauptalkaloide sind ↗ *Colchicin* und dessen Glucosid *Colchicosid* sowie *Demecolcin*. Unter dem Einfluss von Licht kann sich der Tropolonring der C. in einen C_4- und einen C_5-Ring umlagern (*Lumicolchicine*).

Die Biosynthese der Colchicum-Alkaloide verläuft über ein 1-Phenylethylisochinolinalkaloid, aus dem durch Hydroxylierungen und Methoxylierungen, Angriff von Phenol-Oxidasen und oxidative Kupplungen Androcymbin gebildet wird. Dieses geht in Demecolcin und weiter in Colchicin über (Abb.).

Colistine, zu den Polymyxinen zählende zyklische Peptidantibiotika. Die C. wurden aus Kulturflüssigkeiten von *Bacillus colistinus* isoliert. Es handelt sich in allen Fällen um zyklisch verzweigte Heptapeptide mit einem α, γ-Diaminobuttersäurerest in der Verzweigungsposition, der über die γ-Aminofunktion mit der Carboxylgruppe eines Threo-

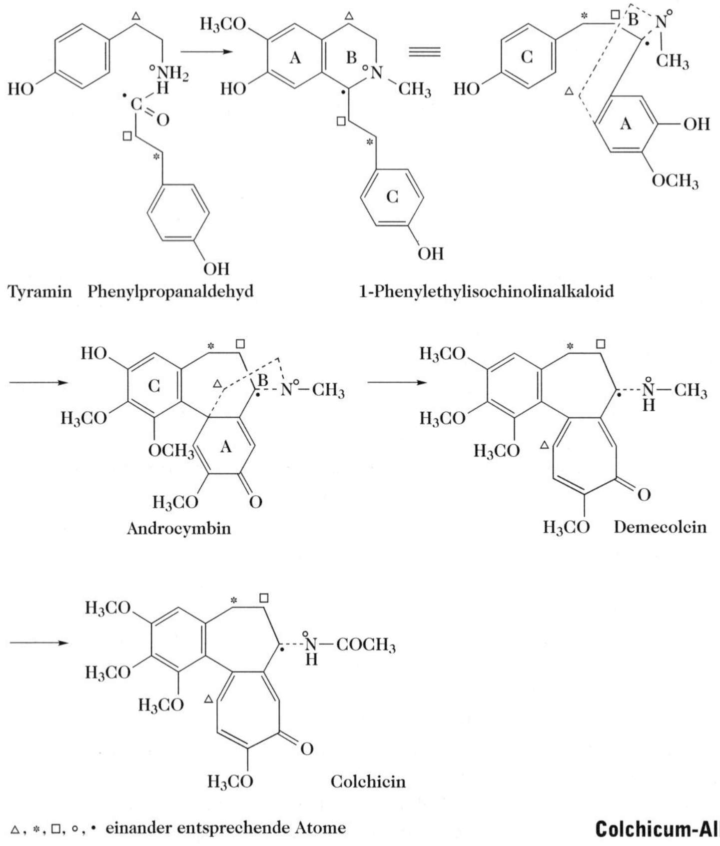

Tyramin   Phenylpropanaldehyd   1-Phenylethylisochinolinalkaloid

Androcymbin

Demecolcin

Colchicin

△, ✳, □, ○, • einander entsprechende Atome

Colchicum-Alkaloide. Biosynthese von Colchicin.

ninrestes verknüpft ist und dadurch die Ringstruktur ausbildet, und an dessen α-Aminogruppe eine Tetrapeptidsequenz geknüpft ist. Der N-Terminus ist entweder durch einen Isopelargonsäure- oder Isooctansäurerest acyliert.

CoM, Abk. für ↗ *Coenzym M.*

Cometabolismus, die Umwandlung (Transformation) von nicht zum mikrobiellen Wachstum verwertbaren Substraten in Gegenwart eines Wachstumssubstrats. Durch den Abbau des Wachstumssubstrats wird nicht nur das Wachstum der Mikroorganismen ermöglicht, sondern zugleich auch die für den C. notwendigen Coenzyme [z.B. NAD(P)$^+$] und Energie (ATP) bereitgestellt.

Durch C. kann u.a. das Verwertungsspektrum der mikrobiell umsetzbaren Cycloalkane, aromatischen Kohlenwasserstoffe und Xenobiotika beträchtlich erweitert werden. ↗ *Cooxidation.*

Compactin, *ML-236B, 6-Demethylmevinolin, 1,2,6,7,8,8a-Hexahydro-β,δ-dihydroxy-2-methyl-8-(2-methyl-1-oxobutoxy)-1-naphthalen-heptansäure-δ-lacton*, ein Pilzmetabolit aus dem Kulturmedium von *Penicillum cigrinum* und *P. brevicompactum.* Die parentale Hydroxysäure des C. ist ein potenter kompetitiver Inhibitor (K$_i$ 1,4 nM) der 3-Hydroxy-3-methylglutaryl-CoA-Reduktase (EC 1.1.1.34). C. reduziert ähnlich wie ↗ *Mevinolin* den Plasma-LDL-Cholesterinspiegel, ist jedoch weniger wirksam als dieses. [A. Endo et al. *FEBS Letters* **72** (1976) 323–326; A.W. Alberts et al. *Proc. Natl. Acad. Sci. USA* **77** (1980) 3.957–3.961]

CoM-SH, Abk. für ↗ *Coenzym M.*

ConA, Abk. für ↗ *Concanavalin A.*

Conalbumin, ↗ *Siderophiline.*

Conantokine, zu den ↗ *Conotoxinen* gehörende Peptide.

Concanavalin A, *ConA*, ein zu den ↗ *Lectinen* gehörendes, aus dem Samen der Schwertbohne (*Canavalia ensiformis*) isoliertes kohlenhydratfreies Protein (Farbtafel IV, Abb. 2). ConA wurde bereits 1919 von Sumner kristallisiert. Es besteht aus vier Untereinheiten mit je 238 Aminosäureresten und enthält je Untereinheit ein Ca^{2+}- und ein Mn^{2+}-Ion. Die Metallionen sind sowohl für das Kohlenhydratbindungsvermögen als auch für die Stabilisierung der Struktur erforderlich. ConA bindet an Kohlenhydratrezeptoren von Glycoproteinen, die Membranbestandteile von Zellen (Erythrocyten, Lymphocyten) sind, wodurch die Zellen agglutinieren. ConA ist ferner ein Mitogen für T-Lymphocyten (T-Zellen) in Kultur, die es in Gegenwart von Makrophagen selektiv zur Proliferation anregt, indem sie die IL-3-Ausschüttung (↗ *Interleukine*) initiiert. ConA findet Anwendung als Stimulans in der Lymphocyten-Kultur und zum Nachweis bestimmter Kohlenhydrate in der Affinitätschromatographie.

Conchiolin, ↗ *Paläoproteine.*

Conessin, ↗ *Holarrhena-Alkaloide.*

Coniin, α-Propylpiperidin, der bedeutendste Vertreter der ↗ *Conium-Alkaloide*; M$_r$ 127,23 Da, F. –2,5 °C, Sdp. 166 °C, [α]$_D$ ±16 °). C. ist der toxische Wirkstoff des giftigen Schierlings *Conium maculatum*, mit dem Sokrates im alten Athen getötet wurde. Die tödliche Dosis beträgt für den Menschen 0,5–1,0 g C. Die größte Menge an C. befindet sich in den unreifen Samen. Die Synthese von C. aus α-Pikolin und Paraldehyd durch Ladenburg im Jahre 1886 war die erste Laborsynthese eines Alkaloids.

Conium-Alkaloide, eine Gruppe einfach gebauter strukturähnlicher Piperidinalkaloide, die nach ihrem ausschließlichen Vorkommen im gefleckten Schierling *Conium maculatum* benannt werden. Die Hauptalkaloide sind ↗ *Coniin* und γ-Conicein (M$_r$ 125,22 Da, Sdp. 168 °C), die Nebenalkaloide sind N-Methyl- oder Hydroxyverbindungen des Coniins. Im Gegensatz zu anderen Piperidinalkaloiden erfolgt die Bildung des Ringsystems nicht aus Lysin, sondern aus Acetat (Abb.).

Coniumalkaloide. Biosynthese der Coniumalkaloide.

Connexin, ein Transmembranprotein (M$_r$ 32 kDa) mit zylindrischer Gestalt (Durchmesser: 2,5 nm; Länge: 7,5 nm). Sechs C.-Moleküle lagern sich zu einem Komplex zusammen, bilden einen zentralen Kanal aus und durchspannen die Membran. Dieser Komplex wird als ↗ *Connexon* bezeichnet. Hohe Ca^{2+}- und H$^+$-Konzentrationen bewirken eine Konformationsänderung der C., wodurch ↗ *Gap Junctions* geschlossen werden.

Connexon, *Hemikanal*, Bauelement einer ↗ *Gap Junction*. Eine Gap-Junction ist aus zwei C. zusammengesetzt, die die Biomembran durchspannen. Im extraplasmatischen Raum treten die C. benachbarter Zellen miteinander in Wechselwirkung und bilden eine plasmatische Zellverbindung aus. Ein C. wiederum besteht aus sechs ↗ *Connexinen* (Abb.). Bei niedrigen Calciumkonzentrationen besteht eine direkte plasmatische Verbindung zweier benachbarter Zellen über einen geöffneten Kanal, während bei hoher Calciumkonzentration durch eine Konformationsänderung eine Verschiebung der Connexine gegeneinander erfolgt, wodurch der Kanal geschlossen wird.

Conopressine, zu den ↗ *Conotoxinen* gehörende Peptide.

Conotoxine, toxische Peptide aus dem Gift von Meeresschnecken der Gattung *Conus* (Kegelschne-

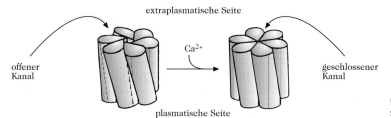

Connexon. Schematische Darstellung eines Connexons.

cken) mit durchschnittlich 12–30 Aminosäurebausteinen und einem Cysteingehalt zwischen 22 und 50 %. Bisher wurden sieben Klassen von C. unterschieden: α-C., µ-C., ω-C., Schlaf-C., Konvulsions-C., C. K und Conopressine. Es gibt etwa 500 Spezies von Kegelschnecken, die sich von Würmern, anderen Mollusken und Fisch ernähren. Diese Giftzüngler besitzen einen komplizierten Giftapparat mit einem harpunenähnlichen Pfeil, der im Bedarfsfall über den Schlund bis zum Ende der Proboscis transportiert wird und nach der Giftbeladung aus der Giftdrüse in den Körper des Opfers geschossen wird. Die Beutetiere werden durch das Toxin schnell paralysiert. Von den etwa 60 beschriebenen Vergiftungsfällen durch Giftzüngler endete etwa die Hälfte aufgrund von Herzversagen tödlich.

α-C. (GIA): H-Glu^1-Cys-Cys-Asn-Pro^5-Ala-Cys-Gly-Arg-His^{10}-Tyr-Ser-Cys-Gly-Lys^{15}-NH$_2$ (Disulfidbindungen: Cys^2-Cys^7/Cys^3-Cys^{13}). Neben dem 15 AS-Peptidamid GIA gibt es noch die etwas verkürzten und leicht sequenzveränderten Formen GI, GII und MI. GIA blockiert postsynaptische nikotinische cholinerge Rezeptoren in der neuromuskulären Verbindung. Die µ-C. sind cysteinreiche 23 AS-Peptidamide (GVIIIA, GVIIIB, GVIIIC) und verursachen Paralyse und Tod durch Blockade muskulärer Na$^+$-Kanäle. ω-C. bewirken nach Injektion in Mäusen Zittern und wurden daher auch *shaker*-Peptide genannt. Diese Toxine blockieren spannungssensitive Ca^{2+}-Kanäle an cholinergen Nervenenden, wodurch die Freisetzung von Acetylcholin inhibiert wird. Solche Peptide werden aufgrund ihrer differenzierten Wirkung als Modellsysteme in der neurowissenschaftlichen Forschung eingesetzt. Das Konvulsions-C. (convulsant-C.) ist mit etwa 100 Aminosäurebausteinen (M_r 13 kDa) bedeutend länger als die anderen C., jedoch ist die Wirkung im ZNS noch unklar. Auch über die C.-K mit etwa 25 Aminosäureresten und drei Disulfidbindungen, die aus dem Gift von *Conus magus* isoliert wurden, gibt es relativ wenig Erkenntnisse.

Die *Conopressine* sind basische 9 AS-Peptidamide mit struktureller Ähnlichkeit zum ↗ *Vasopressin*. In Mäuse injiziert, wirken sie auf die glatte Muskulatur, woraus die Schlussfolgerung gezogen werden könnte, dass sie eine Rolle bei der Vertei-

lung der paralysierenden Toxine im Gastorganismus spielen.

Die Kegelschnecken enthalten noch weitere Peptide mit neurotoxischen Effekten. Dazu zählen die *Conantokine*, die auch „Schlaf"-Peptide genannt werden. Der Name leitet sich vom philipinischen Wort *antokin* ab, das soviel wie schläfrig bedeutet. Conantokine-G und -T sind Antagonisten des NMDA-Rezeptors im Gehirn, einem Subtyp des Glutamatrezeptors. Weitere Vertreter der *Conus*-Peptide sind die ↗ *Contryphane*. [W.R. Gray u. B.M. Olivera *Annu. Rev. Biochem.* **57** (1988) 665]

Contryphane, eine D-Tryptophan-enthaltende Familie von Peptiden aus Meeresschnecken der Gattung *Conus* (Kegelschnecken). Im Gegensatz zu den 12–30 Aminosäurereste-enthaltenden ↗ *Conotoxinen* kommen die kürzerkettigen, in sieben von acht Positionen identischen C. im Gift von *Conus radiatus*, *Conus stercusmuscarum* und *Conus purpurascens* vor. [R. Jacobsen et al. *J. Peptide Res.* **51** (1998) 173]

Convallariaglycoside, herzwirksame Glycoside, die sich zu 0,2–0,6 % im getrockneten Kraut des Maiglöckchens *Convallaria majalis* finden. Es sind etwa 50 Glycoside isoliert worden, die bekanntesten sind *Convallatoxin* und *Convallatoxol* (Abb.). In ihrer therapeutischen Wirkung entsprechen sie etwa den *Strophanthusglycosiden*.

R=CHO   : Convallatoxin
R=CH$_2$OH: Convallatoxol

Convallariaglycoside

Convallatoxin, ↗ *Strophantine*.

Cooxidation, ein Spezialfall des ↗ *Cometabolismus*. Während bei der C. die Kohlenstoff- und Energiequelle für die Mikroorganismen ein Kohlenwasserstoff ist und auch der Reaktionstyp festgelegt ist, können beim Cometabolismus neben der Oxidation auch andere Reaktionen (Reduktion, Substitution u.a.) ablaufen. Dabei muss das zum Wachstum verwendete Substrat kein Kohlenwasserstoff sein.

COP-coated Vesicle, *Nicht-Clathrin-coated Vesicle*, (COP ist Abk. für engl. <u>co</u>at <u>p</u>rotein) ↗ *Coated Vesicle*.

Copolymer, ein polymeres Molekül, das mehr als einen Typ monomerer Einheiten enthält. Ein C. ist z.B. ein synthetisches Polynucleotid, das man bei der Mischinkubation von zwei oder mehr Nucleosiddi- bzw. -triphosphaten mit Hilfe entsprechender Polymerasen erhält. Mit RNA-Polymerase können C. nach folgendem Schema (Khorana) synthetisiert werden, wobei die Variation des Startermoleküls und der zugefügten Nucleosidtriphosphate die Synthese beliebiger unterschiedlicher Copolymere ermöglicht:

AUG (Starter) + [ATP + UTP + GTP]

$\xrightarrow{\textit{RNA-Polymerase}}$ AUGAUGAUG...

Die Synthese derartiger C. mit definierten Tripletts war für die Aufklärung des genetischen Codes von großer Bedeutung.

Coprogen, ein ↗ *Siderochrom*, das durch *Penicillium* und *Neurospora*-Arten gebildet wird.

Coprostan, eine veraltete Bezeichnung für 5β-Cholestan. ↗ *Steroide*.

Coprostanol, *5β-Cholestan-3β-ol*, ein Sterinalkohol; M_r 388,64 Da, F. 101 °C, $[\alpha]_D$ 28 ° (CHCl$_3$). C. entsteht durch Reduktion von Cholesterin durch Darmbakterien und stellt die Hauptform von Sterinen in Fäzes dar. Coprostanol unterscheidet sich von seinem Stereoisomeren ↗ *Cholestanol* in seiner Konfiguration an C5 und seiner A/B-*cis*-Bindung.

Cordycepin, *3'-Desoxyadenosin, Adenin-9-cordyceposid*, ein Purinantibiotikum, das durch *Cordyceps militaris* und *Aspergillus nidulans* synthetisiert wird (↗ *Nucleosidantibiotika*); M_r 251,24 Da, F. 225–226 °C, $[\alpha]_D^{20}$ −47 ° (Wasser). Als Antimetabolit des Adenosins inhibiert es die Purinbiosynthese, ist aber nur wenig toxisch. Im Stoffwechsel wird C. zum Monophosphat phosphoryliert.

Coreopsin, ↗ *Chalkone*.

Core-Partikel, Partikel, die bei partieller enzymatischer Verdauung vom ↗ *Chromatin* freigesetzt werden. Sie enthalten ungefähr 140 Basenpaare der DNA und je zwei Moleküle der „inneren Histone" H2A, H2B, H3 und H4. Innerhalb des Chromatins sind die C. durch ungefähr 40 DNA-Basenpaare voneinander getrennt, die mit den „äußeren Histonen" H1 und H5 assoziiert sind. ↗ *Nucleosomen*.

Corepressor, eine niedermolekulare Verbindung (insbesondere Endprodukte anaboler Stoffwechselwege), die durch Bindung an einen ↗ *Aporepressor* diesen aktiviert. Der so aktivierte Repressor kann mit entsprechenden Regionen des Operators in Wechselwirkung treten und dadurch die ↗ *Transcription* blockieren. ↗ *Enzyminduktion*.

Corezeptoren, Moleküle, die an der spezifischen Erkennung des Antigens durch B-Zellen oder T-Zellen beteiligt sind, selbst aber nicht zur Antigenerkennung beitragen. Zu den C. gehören die T-Zell-Oberflächenmarker CD4 und CD8 (↗ *CD-Marker*), die an die MHC-Moleküle (↗ *Haupthistokompatibilitätskomplex*) außerhalb der Antigenbindungsstelle binden. Für den HI-Viruseintritt in die Zielzelle sind neben CD4 zusätzlich Chemokinrezeptoren (↗ *G-Protein-gekoppelte Rezeptoren*) als C. notwendig. *In vivo* sind die C. vermutlich für die normale Funktion der Antigen-spezifischen Rezeptoren notwendig, deren Signal sie verstärken.

Coriandrol, ↗ *Linalool*.

Cori-Ester, ↗ *Glucose-1-phosphat*.

Corilagin, ↗ *Tannine*.

N-Coronafacoylvalin, ↗ *Coronatin*.

Coronatin, ein chloroseinduzierendes Toxin, das von verschiedenen *Pseudomonas*-Arten produziert wird (Abb. 1). Diese infizieren eine Vielzahl von Gräsern, insbesondere das Weidelgras (*Lolium multiflorum*) und Sojabohnen. Der Biotest basiert auf der Fähigkeit von C., im Kartoffelknollengewebe hypertrophes Wachstum hervorzurufen. Alle Struktur- und Konformationsuntersuchungen von C. wurden zwar an Material aus flüssigen Bakterienkulturen durchgeführt, die Übereinstimmung mit dem Material, das aus Blättern des Weidelgrases isoliert wurde, ist jedoch ziemlich schlüssig (Chromatographie, Aktivität im biologischen Test). Kulturfiltrate von *Pseudomonas syringae* enthalten ungefähr gleiche Mengen an C. und einem Strukturanalogen, dem *N-Coronafacoylvalin*, das ebenfalls ein chloroseinduzierendes Toxin ist. [R.E. Mitchell *Phytochemistry* **23** (1984) 791–793]

Coronatin. Coronatin [A. Ichihara et al. *Tetrahedron Lett.* **4** (1979) 365-368].

Corpus-luteum-Hormon, ↗ *Progesteron*, ↗ *Gestagene*.

Corrin, ↗ *Corrinoide*.

Corrinoide, Verbindungen, die einen Corrinring enthalten. Das annähernd planare Corrinringsystem besteht ähnlich wie das Porphyrinringsystem aus vier Pyrrolringen, die im Unterschied zum Porphin hydriert sind. Drei Verknüpfungspunkte werden durch Methenylgruppen gebildet, während die vierte Verknüpfung aus einer direkten Bindung zwischen zwei Pyrrolringen besteht. Die Pyrrole tragen Acetat-, Propionat- sowie Methylsubstituenten. Als Zentralatom ist Kobalt kovalent gebunden. Das Vitamin B_{12} (↗ *Cobalamin*) ist ein Corrinoid. Corrinoide werden nur von Mikroorganismen produziert.

Cortexolon, *Reichsteins Substanz S, 11-Desoxycortisol, 17α-Hydroxy-11-desoxycorticosteron, 17α,21-Dihydroxypregn-4-en-4,20-dion*, ein Mineralcorticoid aus der Nebennierenrinde; M_r 346,47 Da, F. 205 °C, $[α]_D$ 132 ° (Alkohol). Zu Struktur und Biosynthese ↗ *Nebennierenrindenhormone*.

Cortexon, *Reichsteins Substanz Q, 11-Desoxycorticosteron, DOC, 21-Hydroxypregn-4-en-3,20-dion*, ein Mineralcorticoid aus der Nebennierenrinde. M_r 330,47 Da, F. 142 °C, $[α]_D$ 178 ° (Alkohol). Das Acetat oder Glucosid wird zur Behandlung der Addisonschen Krankheit und von Schockzuständen eingesetzt. Zu Struktur und Biosynthese ↗ *Nebennierenrindenhormone*.

Corticoide, ↗ *Nebennierenrindenhormone*.

Corticoliberin, *Corticotropin-Releasinghormon, CRH, corticotropin releasing factor, CRF*, H-Ser[1]-Glu-Glu-Pro-Pro[5]-Ile-Ser-Leu-Asp-Leu[10]-Thr-Phe-His-Leu-Leu[15]-Arg-Glu-Val-Leu-Glu[20]-Met-Ala-Arg-Ala-Glu[25]-Gln-Leu-Ala-Gln-Gln[30]-Ala-His-Ser-Asn-Arg[35]-Lys-Leu-Met-Glu-Ile[40]-Ile-NH₂, ein 41 AS-Peptidamid aus dem Hypothalamus, das die Freisetzung von ↗ *Corticotropin* (ACTH) und verwandten Peptiden im Hypophysenvorderlappen stimuliert. Im Gehirn kann es auch zusammen mit ↗ *Substanz P*, Acetylcholinesterase, ↗ *Oxytocin* oder mit ↗ *Vasopressin* vorkommen. Es wurde aber auch im Pankreas, in der Plazenta, im Magen sowie in Corticotropin-bildenden Tumoren gefunden. C.-Rezeptoren kommen in der Adenohypophyse und in speziellen Gehirnregionen vor. C. stimuliert die Synthese und Freisetzung von Pro-Opiomelanocortin und dessen Abbau zu Corticotropin, ↗ *Melanotropin* (α-MSH) sowie ↗ β-*Endorphin* in der Hypophyse und in der Plazenta. Es wirkt aber nicht nur über die Bildung von Corticotropin, sondern hat auch einen direkten Potenzierungseffekt auf die ACTH-stimulierte Synthese von Corticosteron. Während die drei N-terminalen Aminosäuren keine Bedeutung für die Aktivität haben, ist die C-terminale Region äußerst wichtig. CRH-(1–41) mit freier Carboxylgruppe und CRH-(1–39)amid haben weniger als 0,1 % der biologischen CRH-Aktivität. Die Säuger-C. besitzen eine hohe Homologie mit ↗ *Sauvagine* und ↗ *Urotensin* I. [E. Emeric-Sauval *Psychoneuroendocrinology* **11** (1986) 277]

Corticostatin R4, *CS-R4, NP-1*, H-Val[1]-Thr-Cys-Tyr-Cys[5]-Arg-Arg-Thr-Arg-Cys[10]-Gly-Phe-Arg-Glu-Arg[15]-Leu-Ser-Gly-Ala-Cys[20]-Gly-Tyr-Arg-Gly-Arg[25]-Ile-Tyr-Arg-Leu-Cys[30]-Cys-Arg-OH (Disulfidbrücken: Cys[3]-Cys[31]/Cys[5]-Cys[20]/Cys[10]-Cys[30]), ein aus dem Knochenmark von Ratten isoliertes 32 AS-Peptid. Es inhibiert neben weiteren homologen Peptiden die Corticotropin-induzierte Bildung der Corticosteroide. Wie andere Vertreter der Corticostatine gehört C. zur Familie der ↗ *Defensine*. [L.A. Cerbini et al. *Peptides* **16** (1995) 837]

Corticosteroide, ↗ *Nebennierenrindenhormone*.

Corticosteron, *Reichsteins Substanz H, Kendalls Substanz B, 11β,21-Dihydroxypregn-4-en-3,20-dion*, ein Nebennierenrindenhormon und ein Glucocorticoid; M_r 346,47 Da, F. 182 °C, $[α]_D$ 223 ° (Alkohol). Die Biosynthese erfolgt aus Progesteron, das zunächst zu Cortexon und dann in Position 11 weiter zu C. hydroxyliert wird. Zu Struktur und Biosynthese ↗ *Nebennierenrindenhormone*.

Corticotropin, *Adrenocorticotropin, adrenocorticotropes Hormon, ACTH*, H-Ser[1]-Tyr-Ser-Met-Glu[5]-His-Phe-Arg-Trp-Gly[10]-Lys-Pro-Val-Gly-Lys[15]-Lys-Arg-Arg-Pro-Val[20]-Lys-Val-Tyr-Pro-Asn[25]-Gly-Ala-Glu-Asp-Glu[30]-Ser-Ala-Glu-Ala-Phe[35]-Pro-Leu-Glu-Phe-OH, ein 39 AS-Peptidhormon. C. reguliert als Hypophysenvorderlappenhormon das Wachstum der Nebennierenrinde und die Bildung der Steroidhormone Cortisol, Cortison und Corticosteron. Sobald der Blutspiegel der Nebennierenhormone den Sollwert erreicht, wird durch einen Rückkopplungsmechanismus die Ausschüttung des C. durch die Hirnanhangdrüse verringert. Mit dem ↗ *Corticotropin-freisetzungsinhibierenden-Faktor* wurde 1995 ein Gegenspieler des ↗ *Corticoliberins* beschrieben. Stress oder ein zu geringer Blutspiegel der Nebennierenrindenhormone veranlasst den Hypophysenvorderlappen durch das Hypothalamushormon Corticoliberin zur Ausschüttung von C. Die eindimensionale Organisation der biologischen Information in der Aminosäuresequenz wurde durch Struktur-Aktivitätsstudien eingehend untersucht. Die N-terminale Sequenz 1–18 enthält praktisch alle Informationen für die Nebennierenrinde, für die Fettzellen (lipolytische Wirkung) und für die Melanophorenzellen. Durch die Sequenz 19–24 wird die steroidogene Aktivität spezifisch verstärkt. Der C-terminale Abschnitt 25–39 enthält die Information für die Antigenizität, für bestimmte Transporteigenschaften und für die Speziesspezifität (Schweine-C. enthält anstelle von Ser in Position 31 Leu, das C. von Rind und Schaf weist Gln anstelle von Glu in Position 33 auf). Das aktive Zentrum umfasst die Sequenz 5–10, während der Abschnitt 11–18 die Rezeptorbindungsregion bildet. Die Sequenz 1–13 des zu Anfang aufgeführten Human-C. entspricht der Primärstruktur des α-Melanotropins (↗ *Melanotropin*). Biosynthetisch wird C. aus dem Vorläufer-Glycoprotein *Pro-Opiomelanocortin* gebildet, das neben der Sequenz des C. noch die des β-Lipotropins und damit auch die der Endorphine und Melanotropine enthält. C. wird durch Chemosynthese hergestellt, insbesondere das ACTH-(1–24), das als pharmazeutisches Präparat (Synacthen®) bei speziellen Formen der Hypophyseninsuffizienz, Allergien, Arthritis u.a. therapeutisch genutzt wird. Bestimmte Teilsequenzen des C., ACTH-(4–10) und entsprechende Analoga, beeinflussen das Leistungsvermögen und bewirken eine Verlangsamung der Extinktionsphase verschiedener konditionierter Verhaltensweisen.

corticotropinähnliches Peptid, *CLIP,* ein Peptid der Ratten- und Schweinehypophyse. Seine Primärstruktur ist mit der Aminosäuresequenz 18–39 von ACTH (↗ *Corticotropin*) identisch. Es ist keine bestimmte Funktion des CLIP bekannt. Es ist möglicherweise ein Spaltprodukt von ACTH, das unvermeidbar während der Produktion des α-MSH gebildet wird. ↗ *Peptide (Abb. 3).*

Corticotropin-freisetzungsinhibierender-Faktor, *corticotropin release-inhibiting factor,* CRIF, H-Phe^1-Ile-Asp-Pro-Glu^5-Leu-Gln-Arg-Ser-Trp^{10}-Glu-Glu-Lys-Glu-Gly^{15}-Glu-Gly-Val-Leu-Met^{20}-Pro-Glu-OH, ein 22 AS-Peptid aus der kryptischen Region des Prä-Pro-Thyreotropin-Releasinghormons, das die Kriterien eines endogenen Statins erfüllt. Corticotropin (ACTH) ist der Hauptregulator bei der adaptiven Antwort des Körpers auf Stress und der physiologischen Stimulierung für die Sekretion von Glucocorticoiden. Zusätzlich zur bekannten negativen Rückkopplungsregulation der ACTH-Freisetzung durch die Glucocorticoide wurde ein Corticostatin postuliert, das als Gegenspieler von ↗ *Corticoliberin* die Synthese von Corticotropin und dessen Sekretion inhibiert. Diese Funktion wird dem CRIF zugeschrieben. [E. Redel et al. *Endocrinology* **136** (1995) 3.557]

Corticotropin-Releasinghormon, ↗ *Corticoliberin.*

Cortin, ↗ *Nebennierenrindenhormone.*

Cortisol, *Reichsteins Substanz M, Kendalls Substanz F,* 11β,17α,21-Trihydroxypregn-4-en-3,20-dion, ein im Blutkreislauf zirkulierendes Glucocorticoidhormon, das in der Nebennierenrinde produziert wird; M_r 362,47 Da, F. 220 °C, $[\alpha]_D^{20}$ 201 ° (c = 1, Alkohol). Zu Struktur und Biosynthese ↗ *Nebennierenrindenhormone.*

Cortison, *Reichsteins Substanz F, Kendalls Substanz E, Wintersteiners Substanz F,* 11-Dehydro-17α-hydroxycorticosteron, 17α,21-Dihydroxypregn-4-en-3,11,20-trion, ein Glucocorticoidhormon aus der Nebennierenrinde; M_r 360,45 Da, F. 215 °C, $[\alpha]_D$ 209 ° (Alkohol). C. unterscheidet sich strukturell vom ↗ *Cortisol* durch eine Ketogruppe in Position 11. Es stimuliert wie dieses die Kohlenhydratbildung aus Proteinen, bewirkt vermehrte

Glycogenspeicherung in der Leber und erhöht den Blutzuckerspiegel. Die Biosynthese erfolgt aus Cortisol, dessen 11β-Hydroxylgruppe enzymatisch dehydriert wird. C. kann partialsynthetisch aus anderen Pregnanverbindungen, Gallensäuren und Steroidsapogeninen hergestellt werden. Die erste Totalsynthese des C. erfolgte 1951 durch Woodward. C. wurde 1935 gleichzeitig von Kendall und Wintersteiner aus Nebennieren isoliert. Es kommt auch im Blut und Urin vor. Cortisonacetat hat als Heilmittel gegen rheumatische Arthritis und allergische Hauterkrankungen Bedeutung, wird in dieser Eigenschaft jedoch von synthetischen Derivaten, z.B. Prednison (↗ *Prednisolon*) und Triamcinolon übertroffen. Zu Struktur und Biosynthese ↗ *Nebennierenrindenhormone.*

Corynanthein, ↗ *Yohimbin.*

Cosmid, ein DNA-Molekül, das durch Fusionieren der DNA eines λ-Phagen mit einem bakteriellen Plasmid gebildet und als Klonierungsvektor verwendet wird (↗ *rekombinante DNA-Technik*). Es enthält das bzw. die Plasmidgen(e) für Antibiotikaresistenz (zu Selektionszwecken), den Plasmidreplikationsursprung und die COS-Sequenz des λ-Phagen. Die COS-Sequenz wird für das Verpacken der DNA in den Proteinmantel des Phagen benötigt. Austauschbare λ-DNA-Bereiche wurden entfernt, um die Klonierung einer größtmöglichen Fremd-DNA zu ermöglichen. Nach der Transfektion wird das Cosmid in multiple infektiöse, phagenähnliche Partikel innerhalb der Wirtsbakterienzelle gepackt, eine Zelllyse ereignet sich jedoch nicht. Die Cosmide sind relativ klein, bestehen aus ungefähr 8 kb und können mehr als 50 kb einer fremden DNA inseriert tragen.

Cosubstrat, ein ↗ *Coenzym,* das wie ein zweites Substrat an der Enzymreaktion teilnimmt.

C_ot, ein Maß für den Reassoziationsgrad einzelsträngiger DNA, die durch Hitzedenaturierung von Duplex-DNA (↗ *Hybridisierung*) hergestellt wurde. Die zwei Parameter, die sich auf die Reassoziierung auswirken, sind: 1) die anfängliche Konzentration (C_0) einzelsträngiger DNA und 2) die Zeit (t). C_0t ist das Produkt dieser Parameter, d.h. C_0t = C_0 (Mol Nucleotiden je Liter) × t (Sekunden). Ein geeigneter Weg, die Reassoziationsgeschwindigkeiten verschiedener DNAs zu vergleichen, ist der $C_0t_{1/2}$-Wert, der dem C_0t-Wert entspricht, bei dem die Hälfte der DNA reassoziiert ist. Je niedriger $C_0t_{1/2}$ ist, desto größer ist die Geschwindigkeit, mit der die komplementären Stränge der DNA reassoziieren. $C_0t_{1/2}$-Werte stellen ein Instrument dar, Nucleotidsequenzen mit Tandemwiederholungen in eukaryontischer DNA zu entdecken. Wenn die Genom-DNA eines gegebenen Eukaryonten in Fragmente von durchschnittlich 1.000 bp-Längen gespalten wird, die dann durch Erhitzen auf 92–94 °C in Einzelstränge denaturiert werden, sind die $C_0t_{1/2}$-Werte für die Reassoziierung von komplementären Paaren nicht gleich. Es lassen sich drei Kategorien unterscheiden: a) Ungefähr 10–15 % der gesamten DNA reassoziiert sehr schnell ($C_0t_{1/2}$-Werte 0,01 oder kleiner), b) weitere 22–40 % reassoziieren langsamer ($C_0t_{1/2}$-Werte 0,01–10), während der Rest c) sehr langsam reassoziiert ($C_0t_{1/2}$-Werte 100–10.000).

Die erste dieser Kategorien besteht aus mehreren unterschiedlichen DNA-Arten, die sich alle aus vielen Tandemwiederholungen einer kurzen Nucleotidsequenz zusammensetzen. Die genaue Nucleotidsequenz, die wiederholt wird, hängt von der DNA-Art ab. Sie werden oft „simple sequence DNA" genannt und sind nahezu identisch mit der ↗ Satelliten-DNA. (Simple sequence DNA besteht aus Satelliten-DNA und „kryptischer Satelliten-DNA". Letztere besteht aus simple sequence DNA, die den gleichen G + C-Gehalt und deshalb die gleiche Schwimmdichte wie die zelluläre Haupt-DNA besitzt. Deshalb wird sie bei der Dichtegradientenzentrifugation nicht von der zellulären Haupt-DNA separiert, sondern bleibt in ihr versteckt. Im Gegensatz dazu trennt sich die „normale" Satelliten-DNA während der Dichtegradientenzentrifugation von der zellulären Haupt-DNA ab.)

Die zweite der genannten drei Kategorien besteht aus DNA-Arten, die sich wenig voneinander unterscheiden. Sie setzen sich alle aus Tausenden von Tandemwiederholungen langer Nucleotidsequenzen zusammen, die bei jeder DNA-Art verschieden sind. Diese wird gewöhnlich *intermediate repeat DNA* genannt.

Die dritte Kategorie setzt sich größtenteils aus *single copy DNA* zusammen, die aus Nucleotidsequenzen bestehen, die nur einmal im Genom vorkommen. Dies schließt Einzelgene ein, die für ein Protein codieren und *spacer-DNA*, deren Funktion unbekannt ist. Der Grund für die Unterschiede in den $C_0t_{1/2}$-Werten der drei DNA-Kategorien liegt darin, dass die komplementären Stränge um so leichter reassoziieren, je weniger „zufällig" die Nucleotidsequenz ist (d.h. je mehr kurze identische Wiederholungen sie hat).

Cotransport, ↗ *Membrantransport*.

Cotylenine, blätterwachstumsfördernde Substanzen aus *Cladosporium*. Alle Cotylenine sind Glycoside des Cotylenols. Die absolute Stereochemie des Cotylenols stimmt mit der der ↗ *Fusicoccine* überein, mit denen sie vermutlich einen im wesentlichen identischen Biosyntheseweg teilt. Formeln bekannter Cotylenine sind in der Abb. dargestellt. Die zuvor isolierten Formen C. B, D und G sind inzwischen als Artefakte identifiziert worden. [T. Sassa et al. *Agric. Biol. Chem.* **39** (1975) 1.729–1.734 (A, C, E); T. Sassa u.a. Takahama *ibid* (1975) 2.213–2.215 (C, F); A. Takahama et al. *ibid* (1979) 647–650 (H, I); A. Bottalico et al. *Phytopathol. Mediterr.* **17** (1978) 127–134 (Struktur-Aktivitäts-Beziehung)]

Couepsäure, ↗ *Licansäure*.

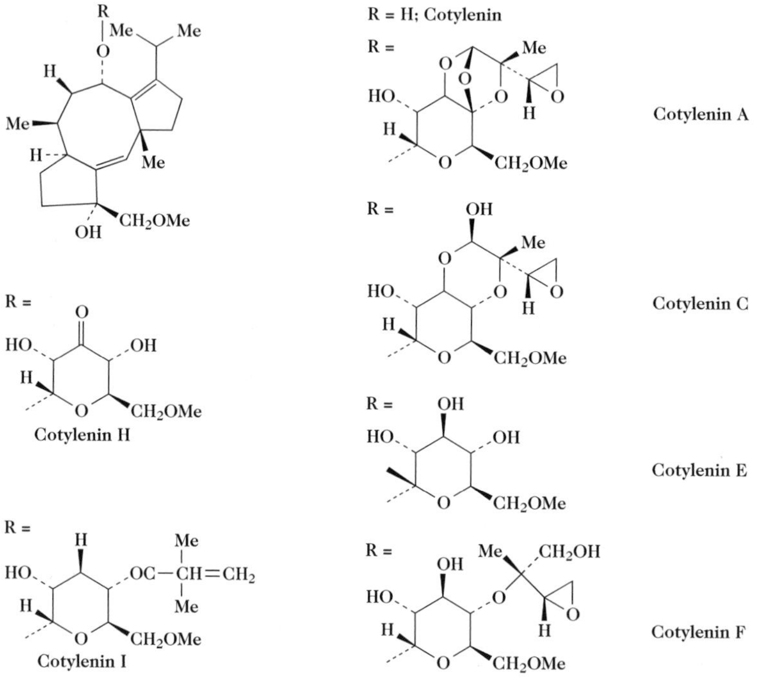

R = H; Cotylenin

Cotylenin A

Cotylenin C

Cotylenin E

Cotylenin F

Cotylenin H

Cotylenin I

Cotylenine

Coviren, ↗ *mehrteilige Viren.*

Cozymase, ↗ *Nicotinsäureamid-adenin-dinucleotid.*

C₃-Pflanzen, *Calvinpflanzen*, grüne Pflanzen, die als Primärprodukt der CO_2-Fixierung C_3-Verbindungen produzieren. Die CO_2-Fixierungsreaktion wird durch die Ribulose-1,5-diphosphat-Carboxylase (EC 4.1.1.39) katalysiert: Ribulose-1,5-diphosphat + CO_2 + H_2O → 2 (3-Phosphoglycerat). ATP und NADPH, die Produkte der Lichtreaktion, werden dazu verwendet, 3-Phosphoglycerat zu 3-Phosphoglycerinaldehyd zu reduzieren (↗ *Kohlendioxidassimilation*), das in den ↗ *Calvin-Zyklus* eintritt. Die meisten grünen Pflanzen zählen zu den C.

C₄-Pflanzen, grüne Pflanzen, bei denen das Primärprodukt der CO_2-Fixierung nicht 3-Phosphoglycerat (↗ *C₃-Pflanzen*), sondern eine C_4-Säure wie Oxalacetat, Malat oder Aspartat ist. Diese Pflanzen besitzen zwei Arten von photosynthetisierenden Zellen. In den Mesophyllzellen nahe der Blattoberfläche wird CO_2 in C_4-Verbindungen fixiert. Für diese Präfixierung von CO_2 ist das cytosolische Enzym Phosphoenolpyruvat-Carboxylase (EC 4.1.1.31) verantwortlich, die Phosphoenolpyruvat zu Oxalacetat carboxyliert (↗ *Hatch-Slack-Kortschak-Zyklus*). Der Calvin-Zyklus wird in den Leitbündelzellen der C_4-Pflanzen durchgeführt. Das CO_2 für den Calvin-Zyklus stammt aus der Decarboxylierung von C_4-Verbindungen und nicht direkt aus der Atmosphäre. Diese „Kranzanatomie", d.h. photosynthetisch aktive Bündelscheidezellen mit einer photosynthetisch aktiven Schicht aus Mesophyllzellen auf jeder Seite, ist typisch für die Blätter von C_4-Pflanzen. Im Gegensatz dazu zeigen die Leitbündel der C_3-Zellen sehr geringe photosynthetische Aktivität. Die C_4-Reaktionen kommen in vielen tropischen Pflanzen und in nichtverwandten *Dikotyledonen*, die an heißes, trockenes Klima angepasst sind, vor. Diese Pflanzen müssen während der heißen Tageszeit ihre Spaltöffnungen schließen, um exzessiven Wasserverlust zu vermeiden, wodurch für die Mesophyllzellen die Verfügbarkeit an atmosphärischem CO_2 begrenzt wird. Die Affinität der Phosphoenolpyruvat-Carboxylase zu CO_2 ist jedoch viel höher als die Affinität der Ribulosediphosphat-Carboxylase (das erste Enzym des Calvin-Zyklus), so dass C_4-Pflanzen spärlich verfügbares CO_2 innerhalb ihrer Blätter fixieren können, sofern Licht und damit ATP vorhanden sind. Es gibt jedoch auch C_4-Pflanzen, die diese biochemische Arbeitsteilung zwischen Leitbündeln und Mesophyllzellen nicht besitzen (↗ *Crassulaceen-Säurestoffwechsel*).

Crabolin, H-Phe¹-Leu-Pro-Leu-Ile⁵-Leu-Arg-Lys-Ile-Val¹⁰-Thr-Ala-Leu-NH_2, ein 13 AS-Peptidamid aus dem Gift europäischer Hornissen. Obgleich es

eine Mastzellen-degranulierende Wirkung besitzt, zeigt es im Gegensatz zu anderen Insektengiften keine lytische Aktivität gegenüber Zellen. C. und andere niedermolekulare Peptide machen etwa 15 % des Giftes aus. Sie besitzen aber nur geringe Säugertoxizität. [R.C. Hider *Endeavour, New Series* **12** (1988) 60; A. Argiolas u. J.J. Pisano *J. Biol. Chem.* **259** (1984) 10.106]

Crabtree-Effekt, eine Abnahme der Atmungsgeschwindigkeit in isolierten Systemen (z.B. in Aszites-Tumorzellen) nach Glucosezusatz. Der Grund liegt möglicherweise in einer effektiveren Kompetition durch die Glycolyse um anorganisches Phosphat und NADH mit der Folge, dass diese Substanzen für die oxidative Phosphorylierung nicht zur Verfügung stehen.

Crassinacetat, ↗ *Cembrane.*

Crassulaceen-Säurestoffwechsel, *CAM* (engl. *Crassulacean acid metabolism*). Pflanzen, die einen CAM besitzen, sind Sukkulenten. Viele gehören *zu den Crassulaceen* (z.B. *Sedum-, Kalanchoe*-Arten), andere wiederum gehören zu den Familien der Ein- und Zweikeimblättrigen und sogar zur Pteridophytenfamilie *Polypodiaceae*. CAM-Pflanzen weisen folgende Charakteristika auf: 1) normalerweise sind ihre Stomata in der Nacht (d.h. im Dunkeln) geöffnet und am Tag (d.h. im Hellen) geschlossen. Diese Stomatabewegungen sind zu der von Nicht-CAM-Pflanzen entgegengesetzt. 2) Während der Dunkelzeit wird CO_2 in den chloroplastenhaltigen Zellen der photosynthetischen Blätter und Stengelgewebe fixiert, indem beträchtliche Mengen an Äpfelsäure synthetisiert werden. 3) Diese Äpfelsäure wird in den großen Vakuolen gespeichert, die für Zellen von CAM-Pflanzen charakteristisch sind. 4) In den Stunden der Helligkeit wird die Äpfelsäure, die während der vorangegangenen Nacht gebildet wurde, decarboxyliert und das erhaltene CO_2 wird in einem lichtgetriebenen ↗ *Calvin-Zyklus* in Saccharose, Stärke oder einige andere Reserveglucane überführt. 5) In der folgenden Nacht werden einige der Reserveglucane katabolisiert, um ein Akzeptormolekül für die Dunkelreaktion der CO_2-Fixierung zur Verfügung zu stellen. Die photosynthetischen Zellen der CAM-Pflanzen besitzen demnach einen Tageszyklus, in dessen Verlauf nachts der Äpfelsäurespiegel steigt und der Reserveglucanspiegel sinkt, während sich am Tag der Vorgang umkehrt.

Der Stoffwechsel, für den diese Charakteristika gelten, läuft im Einzelnen wie folgt ab. In der Nacht tritt CO_2 durch die geöffneten Stomata in das Gewebe ein und diffundiert in die photosynthetischen Zellen, wo es sich in wässrigem Milieu löst und HCO_3^- bildet, möglicherweise mit Unterstützung der Carboanhydrase (EC 4.2.1.1). Das HCO_3^- reagiert dann mit Phosphoenolpyruvat (PEP) unter dem katalytischen Einfluss von PEP-Carboxylase (EC 4.1.1.31) und bildet Oxalacetat, das anschließend durch NADH und mit Hilfe der NAD-Malat-Dehydrogenase (EC 1.1.1.37) zu Äpfelsäure reduziert wird. Die Äpfelsäure wird durch aktiven Transport durch die Tonoplastenmembran transportiert und in den Zellvakuolen akkumuliert. Dadurch wird die Konzentration der Äpfelsäure, die ein allosterischer Inhibitor der PEP-Carboxylase ist, im Cytoplasma niedrig gehalten. Die Produktion der Äpfelsäure läuft während der ganzen Nacht ab, wird jedoch mit Anbrechen der Dämmerung langsamer. Der Grund hierfür liegt vermutlich darin, dass der Turgordruck der Vakuolen, der in der Nacht ständig angestiegen ist, während Äpfelsäure und osmotisch angezogenes Wasser in ihnen akkumuliert wurden, einen kritischen Wert überschreitet und Äpfelsäure zurück in das Cytoplasma drängt, wo es die PEP-Carboxylase inhibiert. Quelle des PEP für die Carboxylierungsreaktion sind die Reserveglucane, die während der vorangegangenen Tageslichtperiode gebildet wurden. Das Glucan wird durch Phosphorylase und verzweigungslösende Enzyme zu D-Glucose-1-phosphat (G-1-P) katabolisiert, das anschließend über den Glycolyseweg in PEP umgewandelt wird. Das $NAD^+/NADH$-Gleichgewicht wird während der Nacht durch den reziproken Bedarf der NAD-Malat-Dehydrogenase und der 3-Phosphoglycerinaldehyd-Dehydrogenase (EC 1.2.1.12) aufrechterhalten.

Im Verlauf der darauf folgenden Tageslichtperiode geht die Äpfelsäure weiter von den Vakuolen in das Cytoplasma über, wo sie decarboxyliert wird, um CO_2 für die lichtgetriebene C_3-Photosynthese über den Calvin-Zyklus zur Verfügung zu stellen. Es gibt zwei verschiedene Decarboxylierungsreaktionen, die im CAM vorkommen, jedoch niemals zusammen in den gleichen Pflanzenspezies. CAM-Miglieder der *Crassulaceae*, *Cactaceae* und *Agavaceae* decarboxylieren Äpfelsäure mit Hilfe des NADP-Äpfelsäure-Enzyms (EC 1.1.1.40) unter Bildung von CO_2 und Pyruvat (Pyr). CAM-Mitglieder der *Liliaceae*, *Bromeliaceae* und *Asclepiadaceae* setzen PEP-Carboxykinase (EC 4.1.1.49) ein, d.h. dass die Äpfelsäure zurück in Oxalacetat verwandelt werden muss, dem Substrat dieses Enzyms. Diese Umwandlung wird durch Malat-Dehydrogenase katalysiert. Das PEP, das mit Hilfe der PEP-Carboxykinase gebildet wurde, und das Pyruvat, das bei der Katalyse durch das NADP-Äpfelsäure-Enzym entsteht, werden zu 3-Phosphoglycerinsäure (3PGS) umgesetzt, das in den Calvin-Zyklus eingespeist wird. Die PEP → 3PGA-Umwandlung verläuft über 2-Phosphoglycerinsäure (2PGS) und benötigt die Enzyme Enolase (EC 4.2.1.11) und Phosphoglycero-Mutase (EC 5.4.2.1). Die Pyr → 3PGA-Umwandlung folgt zwar dem gleichen Weg, am Anfang steht jedoch die Überführung von Pyr in PEP mit Hilfe der Pyruvat-orthophosphat-Dikinase (EC 2.7.9.1).

Die CO_2-Fixierung geschieht unter der katalytischen Wirkung von ⬈ *Ribulosediphosphat-Carboxylase*. D-Fructose-6-phosphat (F-6-P) kann aus dem Calvin-Zyklus (als photosynthetisches Produkt) abgezweigt und für die Synthese von Reserveglucanen, z.B. Stärke, in den Chloroplasten verwendet werden. Außerdem kann Dihydroxyacetonphosphat aus dem Calvin-Zyklus entnommen und vom Chloroplasten in das Cytoplasma exportiert werden, wo es zur Synthese von Saccharose (⬈ *Calvin-Zyklus*, Abb.) eingesetzt werden kann. Die Saccharose wird dann von den Zellen zu dem Teil der Pflanze exportiert, der sich im Wachstum befindet.

Der CAM stellt eine Anpassung dar, die spät in der Evolution in Erscheinung tritt und die es den Pflanzen (z.B. Kakteen) erlaubt, in extrem trockener Umgebung zu überleben und zu wachsen. Während der Tageszeit, wenn es extrem heiß ist, schließen die Kakteen ihre Stomata. Dies, zusammen mit dem niedrigen Oberfläche-zu-Volumen-Verhältnis und der stark gewachsenen Kutikula, verhindert beinahe den gesamten Gasaustausch mit der Atmosphäre und verringert dadurch den Wasserverlust auf fast Null. Auf diese Weise wird auch die CO_2-Aufnahme verhindert. (Das spielt jedoch keine Rolle, da das CO_2, das für den lichtgetriebenen Calvin-Zyklus benötigt wird, durch Decarboxylierung von Äpfelsäure erhalten wird, die im Verlauf der vorangegangenen Nacht gebildet wurde.) Während der Nacht, wenn es viel kühler und der Wasserverlust durch Verdunstung wesentlich geringer ist, können sich die Stomata in Abhängigkeit von der Verfügbarkeit von Wasser öffnen. Wenn es genügend geregnet hat, öffnen sich die Stomata und es kann CO_2 aufgenommen und dazu verwendet werden, Äpfelsäure zu produzieren, die in der folgenden Tageslichtperiode für die Unterhaltung des Calvin-Zyklus verwendet wird. Auf diese Weise ergibt sich eine Nettoproduktion an Kohlenhydraten und der Kaktus kann wachsen. Wenn es jedoch einige Zeit nicht geregnet hat, bleiben die Stomata geschlossen, da der Wasserverlust durch Verdunstung nicht durch Absorption der Wurzeln ausgeglichen werden kann. Deshalb wird in der Nacht kein CO_2 aufgenommen und es erfolgt am Tag keine Nettoproduktion an Kohlenhydraten. Unter diesen Bedingungen kann der Kaktus nicht wachsen, im besten Fall kann er überleben. Dieser Zustand kann unter Anwendung eines „Leerlaufprozesses" Monate und Jahre fortdauern. Die Hauptfunktion dieses Prozesses besteht darin, die Lichtenergie, deren Absorption der Kaktus während der Tageszeit nicht vermeiden kann, weiterzuleiten. Der normale Weg, auf dem eine Pflanze absorbierte Lichtenergie weiterleitet, besteht darin, diese produktiv zur Synthese von Kohlenhydraten und zum Wachstum einzusetzen. Dieser Weg ist dem Kaktus jedoch in dieser Lage versagt. Er leitet die Lichtenergie daher nichtproduktiv weiter, indem er mit Hilfe des CAM einen Carboxylierungs- und Decarboxylierungszyklus in Form der Photoatmung und der Dunkelatmung durchläuft. Während des Tages wird Äpfelsäure decarboxyliert, um CO_2 für den lichtgetriebenen Calvin-Zyklus zur Verfügung zu stellen, bis die Versorgung erschöpft ist. Wenn dies geschieht, dann stellt die Photoatmung das CO_2 zur Verfügung. Während der Nacht wird das Reserveglucan, das am vorhergehenden Tag gebildet wurde, mit Hilfe des normalen Atmungsprozesses der ↗ *Glycolyse* und dem ↗ *Tricarbonsäure-Zyklus* in CO_2 und PEP überführt. Diese werden dann in Äpfelsäure zurück umgewandelt. Dieser Leerlaufprozess besteht fort, bis die Trockenheit zu Ende geht, wenn der Kaktus Wasser aufnimmt, seine Gewebe rehydratisiert, seine Stomata wieder anfangen, sich nachts zu öffnen und aufgrund der Wiedereinführung des produktiven CAM wieder Wachstum stattfindet.

Einige CAM-Pflanzen wachsen in Regionen, in denen die Verfügbarkeit von Wasser ein geringeres Problem darstellt. Diese Pflanzen scheinen vom CAM zur normalen C_3-Photosynthese zu wechseln, wenn Wasser vorhanden ist und zurück zu CAM, wenn Wasser knapp ist. Darüber hinaus gibt es Beweise dafür, dass der CAM bei einigen Pflanzen eine induzierbare Anpassung darstellt. Es scheint zwei Arten an CAM-Pflanzen zu geben, die obligaten oder konstitutiven CAM-Pflanzen (z. B. Kakteen) und die fakultativen oder induzierbaren CAM-Pflanzen (z. B. *Mesembryanthemum crystallinium*).

Creutzfeld-Jacob-Krankheit, ↗ *Prion.*

CRF, Abk. für <u>c</u>orticotropin <u>r</u>eleasing <u>f</u>actor, ↗ *Corticoliberin.*

CRH, Abk. für <u>C</u>orticotropin <u>R</u>eleasinghormon (↗ *Corticoliberin*).

CRIF, Abk. für <u>c</u>orticotropin <u>r</u>elease <u>i</u>nhibiting <u>f</u>actor, ↗ *Corticotropin-Freisetzungsinhibierender-Faktor.*

Crigler-Najjar-Syndrom, *konstitutionelle nichthämolytische Hyperbilirubinämie*, eine ↗ *angeborene Stoffwechselstörung*, verursacht durch das völlige Fehlen des Enzyms *Glucuronyl-Transferase* (UDP-Glucuronat:Bilirubin-Glucuronyltransferase, EC 2.4.1.17, ehemals: EC 2.4.1.76). Die Patienten leiden an schwerer Gelbsucht und an Encephalopathie. Oft tritt der Tod schon in der Kindheit ein.

Die Konjugation mit Glucuronat ist für die Ausscheidung von Bilirubin unbedingt notwendig. Bei einer leichten Krankheitsform ist etwas Enzym vorhanden und es ist eine Behandlung durch die Verabreichung von Phenobarbital möglich, das die Aufnahme des Bilirubins durch die Leber, die Konjugation und Gallensekretion (als Glucuronid) anregt.

α-Crocetin, eine ziegelrote C_{20}-Dicarbonsäure mit sieben konjugierten *trans*-Doppelbindungen. M_r 328 Da, F. 283–285 °C. Als oxidatives Abbauprodukt der Carotinoide gehört C. zur Gruppe der Apocarotinoide. Der Digentiobiose-Ester des C., das *Crocin* (Abb.) bildet den rotgelben Farbstoff des Safrans und ist als gelber Farbstoff in weiteren Krokusarten und einigen anderen höheren Pflanzen enthalten (M_r 976 Da, F. 186 °C). C. und verschiedene Abbauprodukte haben biologisches Interesse. Sie erhöhen die Beweglichkeit der Gameten einzelliger Algen (*Chlamydomonas eugametos*) zur gegenseitigen Anlockung und Befruchtung.

Crocin, ↗ α-*Crocetin.*

Cross-link, ↗ *Quervernetzungen.*

Crotactin, ↗ *Crotoxin.*

Crotamin, ↗ *Crotoxin.*

Crotoxin, Hauptkomponente des Giftes der Klapperschlange (*Crotalus durissimus terrificus*). Der Proteinkomplex (M_r 30 kDa) besteht aus zwei Untereinheiten (*Crotactin* und *Crotamin*). Daneben enthält C. noch Phospholipase A_2, die die Membranen der Nervenzellen schädigt, wodurch die Wirkung des Neurotransmitters Acetylcholin aufgehoben wird. Die daraus resultierenden Lähmungen sind bei hinreichender Dosis tödlich. C. führt lokal zu Schmerzen, Rötung und Nekrose. Müdigkeit, Schock und Kollaps bis zum Eintritt des Todes sind die systemischen Folgen der Vergiftung.

CRP, Abk. für ↗ <u>C</u>-<u>r</u>eaktives <u>P</u>rotein.

Crustecdyson, ↗ *Ecdysteron.*

Cruzain, die wichtigste Cystein-Protease des Parasiten *Trypanosoma cruzi*. Ebenso wie die Säuger-Protease Cathepsin B bindet und hydrolysiert C. Peptidbindungen in Substraten, die Phe oder Arg in der P_2-Position enthalten. Diese duale Bindungsspezifität für basische und hydrophobe Reste wird durch einen Glutaminsäurerest in der S_2-Bindungstasche vermittelt (Glu-205 für C. bzw. Glu-245 für Cathepsin B). Durch *Trypanosoma cruzi* wird die südamerikanische *Trypanosomiasis* (Chagas-Krankheit) verursacht. Die gezielte Hemmung von C. mittels geeigneter niedermolekularer Inhibitoren ist ein wichtiger therapeutischer Ansatz. Zu-

$C_{12}H_{21}O_{10}$—OOC ⋯⋯ $COOC_{12}H_{21}O_{10}$

Crocetin. Crocin.

sätzlich zur Aufklärung der strukturellen Basis der Enzymfunktion, sind detailierte Kenntnisse über die Enzymspezifität von entscheidender Bedeutung für ein erfolgreiches strukturbasierendes Design geeigneter Pharmaka. [C. Serveau et al. *Biochem. J.* **313** (1995) 951; S.A. Gillmor et al. *Protein Sci.* **6** (1997) 1.603]

C₄-Säure-Zyklus, ↗ *Hatch-Slack-Kortschack-Zyklus.*

CSF, Abk. für ↗ *koloniestimulierender Faktor* (engl. <u>c</u>olony <u>s</u>timulating <u>f</u>actor).

CSIF, Abk. für <u>C</u>ytokin<u>s</u>ynthese-<u>i</u>nhibierender <u>F</u>aktor, ältere Bezeichnung für Interleukin 10, ↗ *Interleukine.*

CS-R4, Abk. für ↗ *Corticostatin R4.*

C₄-Stoffwechselweg, ↗ *Hatch-Slack-Kortschak-Zyklus.*

CT, Abk. für ↗ <u>C</u>al<u>ci</u>tonin.

C-terminale Aminosäure, ↗ *Peptide.*

C-Toxiferin-1, Kalabassen-Toxiferin-1 (engl. <u>cala</u>bash <u>t</u>oxiferin 1). ↗ *Curare-Alkaloide.*

CTP, Abk. für <u>C</u>ytidin-5'-<u>tri</u>phosphat.

CTPG, ↗ *Anorectin.*

Cucurbitacine, tetrazyklische Triterpene, die in Form ihrer Glycoside in *Cucurbitaceen* und *Cruciferen* vorkommen. Diese toxischen, bitter schmeckenden Verbindungen sind strukturell mit dem Stammkohlenwasserstoff Cucurbitan [19(10-9β)-Abeo-5β-Lanostan] verwandt, der sich vom Lanostan (↗ *Lanosterin*) durch formale Verschiebung der 10-Methylgruppe in die 9β-Position unterscheidet (Abb.). Cucurbitacin E war früher bekannt als *Elaterin*. Die C. haben eine abführende Wirkung. Einige dienen als Insektenlockstoffe, andere besitzen eine neoplastische und Antigibberellinaktivität.

Cucurbitacine. Cucurbitacin B.

4-Cumarat:CoA-Ligase, *Hydroxyzimtsäure-CoA-Ligase* (EC 6.2.1.12; M_r 55–67 kDa), ein Pflanzenenzym, das einen zweistufigen Prozess katalysiert:

1) $E + R\text{-}CH\text{=}CH\text{-}COOH + ATP \xrightleftharpoons{Mg^{2+}}$
   $E[R\text{-}CH\text{=}CH\text{-}CO \cdot AMP] + PP_i;$

2) $E[R\text{-}CH\text{=}CH\text{-}CO \cdot AMP] + CoA\text{-}SH \rightleftharpoons$
   $R\text{-}CH\text{=}CH\text{-}CO \cdot S\text{-}CoA + AMP + E,$

wobei E das Enzym und R-CH=CH-COOH die *trans*-4-Hydroxyzimtsäure ist. Mit Hilfe der Ionen-

austauschchromatographie konnten Isoenzyme isoliert werden. Das Enzym wird durch AMP kompetitiv inhibiert. In *Glycine max* und in Zellsuspensionskulturen von *Phaseolus vulgaris* wird das Enzym als Reaktion auf den natürlichen Aktivator aus *Phytophtora metasperma* (↗ *Phytoalexine*) vermehrt produziert. Die katalysierte Reaktion stellt einen frühen Schritt in der Biosynthese der ↗ *Flavonoide* dar. [R.A. Dixon et al. *Advances in Enzymology* **55** (1983) 1–136]

Cumarine, Lactone von *cis*-2-Hydroxyzimtsäurederivaten, die in Pflanzen weit verbreitet sind, z.B. in *Umbelliferen* und *Rutaceen*. Der Lactonring kann durch alkalische Behandlung geöffnet werden, wobei *cis*-2-Hydroxyzimtsäuren entstehen, die in Säure spontan rezyklieren. Die meisten C. sind formale Derivate des Umbelliferons, d.h. sie tragen eine OH-Gruppe an C7. Einige besitzen auch eine zweite OH-Gruppe (oder Alkoxygruppe) an C5 oder seltener an C4. *Cumarin* selbst (2H-1-Benzopyran-2-on; 1,2-Benzopyron; *cis*-2-Cumarinsäurelacton; *o*-Hydroxyzimtsäurelacton) ist eine angenehm riechende Verbindung.

Biosynthese. C. sind Produkte des Shikimisäurewegs der ↗ *Aromatenbiosynthese*. Die Schlüsselzwischenverbindung ist die *trans*-Zimtsäure, die entweder in C. selbst umgewandelt werden kann oder – als Auftakt für die Synthese anderer C. – in der *para*-Position hydroxyliert wird (Abb.). Die in geeigneter Weise substituierte *trans*-Zimtsäurevorstufe wird dann in der *ortho*-Position hydroxyliert. Die Glycosylierung dieser Hydroxylgruppe ist möglicherweise wichtig für die nachfolgende *trans-cis*-Isomerisierung der Seitenkette, da starke intramolekulare Wasserstoffbrückenbindungen zwischen der Carboxylgruppe und der 2-Hydroxylgruppe des Glucoserestes nur in der *cis*-Form der 2-Glucosyloxyzimtsäure möglich sind. Es gibt Anzeichen für die Existenz einer Isomerase, jedoch unterliegt die Isomerisierung wahrscheinlich großenteils einer Photokatalyse. Die ↗ *Zimtsäure-4-Hydroxylase*, die in der mikrosomalen Fraktion verwundeter Zellen vorhanden ist, wandelt *trans*-Zimtsäure in *p*-Cumarinsäure um, während die *ortho*-Hydroxylierung durch ein Chloroplastenenzym katalysiert und durch NADPH und 2-Amino-4-hydroxy-6,7-di-methyl-5,6,7,8-tetrahydrobiopteridin stimuliert wird. C. selbst und 7-hydroxyliertes C. kommen selten gleichzeitig in derselben Pflanze vor, d.h. normalerweise wird 7-hydroxyliertes C. synthetisiert, außer wenn das Membransystem, das die *para*-Hydroxylierung der trans-Zimtsäure katalysiert, abwesend oder von geringer Aktivität ist.

Freies C. kommt in gesundem Pflanzengewebe in nicht signifikanten Mengen vor. Wenn Pflanzenzellen beschädigt werden oder die Pflanze welkt, entfernen spezifische Glucosidasen Glucose aus den

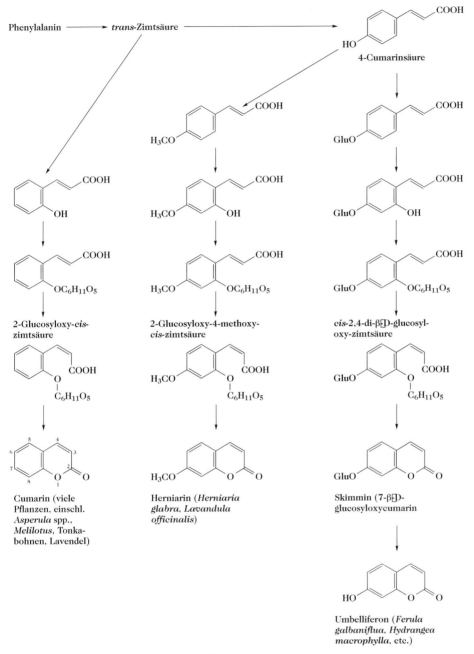

Cumarine. Biosynthese der Cumarine. *Trans*-Zimtsäure wird durch ↗ *Zimtsäure-4-Hydroxylase* in 4-Cumarinsäure umgewandelt. Wenn die Pflanze beschädigt wird, erfolgt nach Abspaltung der 2-Glucosylgruppe durch eine spezifische Glucosidase eine spontane Zyklisierung zum Cumarinringsystem.

2-Glucosyloxy-cis-Zimtsäurevorstufen, die dann spontan zu C. zyklisieren. Einige C. können auch als Glucoside gespeichert werden, sofern eine Hydroxylgruppe für die Glucoseanlagerung verfügbar ist.

Cumaronocumarine, ↗ *Cumestane.*

Cumestane, *Cumaronocumarine,* Verbindungen mit dem in der Abb. dargestellten Ringsystem, das den höchstmöglichen Oxidationszustand des Grundgerüsts der ↗ *Isoflavonoide* repräsentiert. Die C. sind ähnlich wie die Isoflavonoide großenteils auf die *Leguminosen* beschränkt und werden von den entsprechenden 6a,11a-Dehydro-pterocarpanen (↗ *Pterocarpane*) begleitet. Beispiele sind: *Lucernol* (2,3,9-Trihydroxycumestan, *Medicago sativa*), *Sativol* (4,9-Dihydroxy-3-methoxycumestan, *Medicago sativa*), *Psoralidin* (3-Hydroxy-9-methoxy-2-γ,γ-dimethylallylcumestan, *Psoralea corylifolia*), 2-Hydroxy-1,3-dimethoxy-8,9-methylendioxycumestan (*Swartzia leiocalycina*). [J.B. Harborne, T.J. Mabry u. H. Mabry (Hrsg.) *The Flavonoids*, Chapman and Hall, 1975]

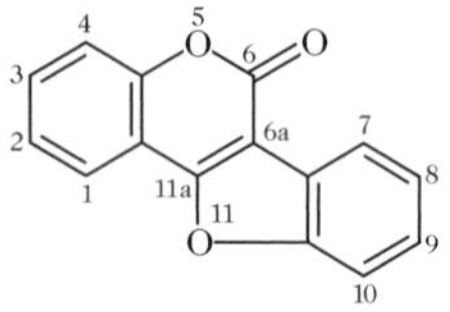

Cumestane. Cumestanringsystem.

cUMP, ↗ *Uridinphosphate.*

Cupressuflavon, ↗ *Biflavonoide.*

Curare-Alkaloide, die toxischen Bestandteile der von den Indianern Südamerikas benutzten Köder- und Pfeilgifte. Ende des vorigen Jahrhunderts unterteilte Boehm die C. nach der Art, wie die Indianer sie aufbewahrten, in Topf-, Tubo- und Kalebassencurare. Diese Einteilung behielt man bei, weil sich die einzelnen Arten in ihrer Herkunft und damit in den chemischen und pharmakologischen Eigenschaften unterscheiden. Die Herstellung des Curare erfolgt durch wässrige Extraktion der Pflanzen und Einengen der Auszüge.

Topf- und *Tubocurare* sind ziemlich ähnliche, wenig giftige Sorten, die aus *Chonodendron*-Arten gewonnen und in Tontöpfen oder Bambusröhren verpackt werden. Die Alkaloide gehören der Isochinolingruppe an. Ihr wichtigster Vertreter ist das quarternäre Bisbenzylisochinolinalkaloid *Tubocurarin*.

Als *Kalebassencurare* bezeichnet man die aus *Strychnos*-Arten gewonnenen und in ausgehöhlten Flaschenkürbissen verpackten Präparate, die sich durch eine Vielfalt an C. und hohe Giftigkeit auszeichnen. Diese Alkaloide leiten sich vom Indol ab. Nach ihrem Bauprinzip unterscheidet man drei Arten: Verbindungen vom Yohimbintyp (z.B. Mavacurin), vom Strychnintyp (z.B. Wieland-Gumlich-Aldehyd) sowie die Bisindolalkaloide (z.B. Kalebassen-Toxiferin-I).

Mit *Curare (Kurare)* bezeichnet man im wissenschaftlichen Sprachgebrauch heute nur noch die muskellähmend (curarisierend) wirkenden C. Diese Eigenschaft findet sich bei den dimeren Indolalkaloiden mit Strychningerüst und zwei quarternären Stickstoffatomen. Diese C. sind sehr giftig; *Kalebassen-Alkaloid-E* und *G* gehören zu den gif-

tigsten Verbindungen überhaupt. Letale Dosen führen zum Tod durch Atemlähmung.

Pharmakologische Wirkung. Die Curare-Alkaloide unterbrechen die nervösen Impulse an der motorischen Nervenendplatte durch Verdrängung des Acetylcholins und führen zu einer Lähmung der quergestreiften Muskulatur. Wegen der langsamen Resorption der C. im menschlichen Verdauungstrakt können durch Pfeilgift getötete Tiere gefahrlos genossen werden. Bei subkutaner oder intramuskulärer Injektion setzt die curarisierende Wirkung schneller ein und hält lange an. Wegen schwankender Zusammensetzung an C. und unangenehmer Nebenwirkungen sind die Curarepräparate in der Medizin durch Reinalkaloide oder synthetische bzw. halbsynthetische Analoge der C. (z.B. Alloferin) ersetzt worden. Sie werden als Muskelrelaxanzien bei Operationen, schwerem Tetanus sowie bei neurologisch bedingten Muskelkrämpfen verwendet.

Curcumagelb, ↗ *Curcumin.*

Curcumin, *Curcumagelb, 1,7-Bis(4-hydroxy-3-methoxyphenyl)-1,6-heptadien-3,5-dion* (Abb.), ein gelber Naturfarbstoff aus den Wurzeln und Schoten von Gelbwurzarten, besonders der in Südostasien kultivierten *Curcuma longa* L. (F. 183 °C). Der getrocknete Wurzelstock wird bei Leber- und Gallenleiden als Medikament verwendet und ist Bestandteil des Curry-Gewürzes. C. ist ein gesetzlich zugelassener Lebensmittelfarbstoff. Außerdem wird C. als Farbstoff in der Textilindustrie sowie als Nachweisreagens für Beryllium verwendet. Die Biosynthese erfolgt über Phenylalanin und Acetat/Malonat als spezifische Vorstufen.

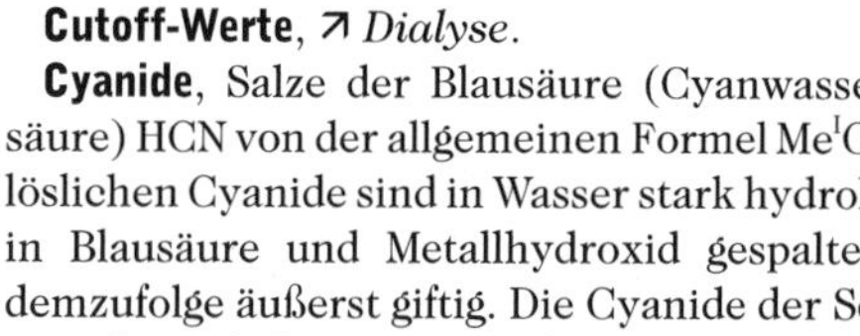

Curcumin

Cuskhygrin, ↗ *Pyrrolidinalkaloide.*

Cutoff-Werte, ↗ *Dialyse.*

Cyanide, Salze der Blausäure (Cyanwasserstoffsäure) HCN von der allgemeinen Formel Me^ICN. Die löslichen Cyanide sind in Wasser stark hydrolytisch in Blausäure und Metallhydroxid gespalten und demzufolge äußerst giftig. Die Cyanide der Schwermetalle sind überwiegend schwerlöslich und bilden mit überschüssigen CN^--Ionen Komplexionen. Blausäure und Alkalicyanide sind häufig Bestandteile von Insektiziden und anderen Bioziden. Aus den ↗ *cyanogenen Glycosiden*, den Glycosiden der α-Hydroxynitrile (Cyanhydrine), wird HCN durch enzymatische Hydrolyse freigesetzt. Nitrile (R-C≡N) sind in Lebewesen relativ selten. Die Nitrilgruppe -C≡N kommt z.B. in dem Alkaloid Ricinin und in der seltenen Aminosäure β-Cyanoalanin vor. HCN kann durch Pflanzen über β-Cyanoalanin assimiliert werden, das enzymatisch zu ↗ *L-Asparagin* hydrolysiert wird (Abb.).

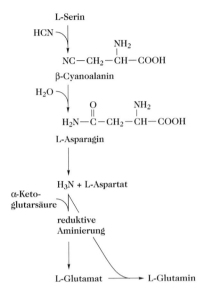

Cyanide. Cyanidassimilation durch Pflanzen.

Die toxische Wirkung der C. besteht in einer reversiblen Inhibierung von Oxidationsenzymen, z.B. der *Cytochrom-Oxidase*. Das venöse Blut behält bei einer Cyanidvergiftung die hellrote Färbung des Hydroxyhämoglobins, da Sauerstoff nicht verwertet wird. Hämoglobin reagiert nicht merklich mit C. Beim Menschen beträgt die durchschnittliche letale Dosis bei oraler Zufuhr 60–90 mg HCN (200 mg Kaliumcyanid). Ein Antidot ist das Methämoglobin MHgb), das eine höhere Affinität zu C. hat als die Cytochrom-Oxidase. Hierbei wird Cyanmethämoglobin (MHgb-CN) gebildet, das langsam in normales Hämoglobin (Hgb-Fe^{2+}) zurückgebildet wird, da das CN^- durch das Enzym Rhodanase (EC 2.8.1.1) zu Thiocyanat umgesetzt wird: $CN^- \rightarrow SCN^-$. Eine in quantitativer Hinsicht unbedeutende Entgiftungsreaktion ist die Bildung von Cyanocobalamin (Vitamin B_{12}, ↗ *Cobalamin*).

Cyanidin, *3,5,7,3',4'-Pentahydroxyflavyliumkation,* ein Aglycon zahlreicher ↗ *Anthocyane;* M_r des Chlorids 322,7 Da, braunrote Nadeln, F. >200 °C (Z.). Glycoside des C. und einiger acylierter Derivate sind im Pflanzenreich weit verbreitet und als Oxoniumsalze für die tiefrote Farbe vieler Blüten und Früchte verantwortlich, z.B. rote Rosen, Pelargonien, Tulpen, Klatschmohn und Zinnien (Farbtafeln II u. III, Abb. 4). Chelatbildung mit Fe(III)- oder Al(III)-Ionen führt zu tiefblau gefärbten Komplexen, die an einem Polysaccharidträger gebunden

sind und nativ somit als Chromosaccharid vorliegen, z.B. *Protocyanin,* der blaue Farbstoff der Kornblume.

Es sind über 20 verschiedene natürliche Glycoside des C. strukturell bekannt, z.B. 1) *Chrysanthemin* – 3-β-Glucosid, F. 205 °C (Chlorid, Z.), aus den roten Herbstblättern einiger Ahornarten, aus den Blüten des Erdbeergewürzstrauchs sowie aus Brombeeren und Holunderbeeren; 2) *Idaein* – 3-β-Galactosid, F. 210 °C (Chlorid, Z.), aus Blättern der Blutbuche sowie aus Äpfeln und Preiselbeeren; 3) *Mekocyanin* – 3-Gentiobiosid, aus Hibiskusblüten sowie Sauerkirschen; 4) *Keracyanin* – 3-Rhamnoglucosid, aus Blüten von Löwenmaul, Schwanenblume, Tulpen und Kirschen; 5) *Cyanin* – 3,5-Di-β-glucosid, F. 204 °C (Chlorid), aus Kornblumen, Veilchen, Dahlien, roten Rosen u.a.

Cyanin, ↗ *Cyanidin.*

Cyanobakterien, *Cyanophyta, Cyanophyceae, Schizophyceae, Mixophyceae, Blaugrüne Bakterien, Blaualgen,* Mikroorganismen, die einen prokaryontischen Zellaufbau besitzen, aber eine oxygene Photosynthese durchführen, in der H_2O als Wasserstoffdonor fungiert. Viele dieser Organismen können auch atmosphärischen Stickstoff fixieren. Zwischen C. und Chloroplasten bestehen viele Ähnlichkeiten. In der endosymbiotischen Evolutionstheorie wird angenommen, dass die Chloroplasten von symbiotischen C. abstammen.

Bei den C. findet die Photosynthese in den Thylakoiden oder Thylakoidstapeln statt, die von der Zellmembran stammen. Die Photosynthesepigmente sind Chlorophyll a, Carotinoide und Biliproteine (Phycocyanin und Phycoerythrin). Das Cytoplasma enthält Ribosomen vom Prokaryontentyp. Typisch für die meisten C. sind Cyanophycinkörnchen. Diese sind farblos und kugel- oder polyederförmig und unter dem Lichtmikroskop sichtbar. Die Cyanophycinkörnchen enthalten Speichermaterial, das aus einem Copolymeren von Arginin und Asparaginsäure besteht. Die Reservekohlenhydrate der C. sind Polymere aus Glucose mit einem Verzweigungsgrad, der zwischen jenem von Glycogen und Amylopektin liegt. Cytochemisch ähneln sie dem Glycogen: sie werden durch Iod braun gefärbt und kommen als diskrete Körnchen (Durchmesser 25–30 nm) vor, die zwischen den Thylakoiden lokalisiert sind. Im Cytoplasma sind auch Polyphosphatkörnchen (Metachromatin, Volutin, Metachromatinkörnchen) vorhanden. Diese sind kugelförmig und variieren in der Größe von sublichtmikroskopisch bis zu mehreren Mikrometern im Durchmesser. Sie stellen kompakte Massen aus den Kaliumsalzen hochmolekularer linearer Polyphosphate dar.

Die innere Zellwand besteht wie die der Bakterien aus Murein, das in der Zellmembran verankert ist.

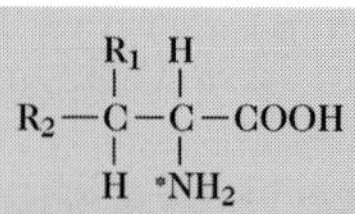 Aminosäure	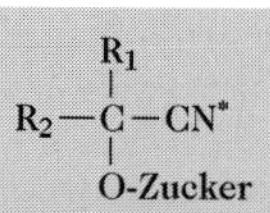 cyanogenes Glycosid	R_1	R_2	Zucker
L-Valin	Linamarin	$-CH_3$	$-CH_3$	Glucose
L-Isoleucin	Lotaustralin	$-CH_2-CH_3$	$-CH_3$	Glucose
L-Phenylalanin	Prunasin	$-C_6H_5$	$-H$	Glucose
L-Phenylalanin	Amygdalin	$-C_6H_5$	$-H$	Gentiobiose
L-Tyrosin	Dhurrin	$-C_6H_4OH$	$-H$	Glucose

Sie wird durch Lysozym angegriffen. Außerhalb der Mureinschicht befindet sich eine plasmatische Schicht und jenseits davon kann eine Schleimkapsel vorliegen.

Cyanocobalamin, eines der B_{12}-Vitamine. ↗ *Cobalamin.*

cyanogene Glycoside, *Blausäureglycoside*, O-Glycoside, die aus Aminosäuren unter Abspaltung der Carboxylgruppe gebildet werden (Tab.). Die Cyanogruppierung entsteht hierbei aus dem α-C-Atom und der Aminogruppe. Durch die Einwirkung von β-Glucosidasen (z.B. Emulsin) und Oxinitrilasen entsteht Cyanwasserstoffsäure.

Cyanophyceae, ↗ *Cyanobakterien.*

Cyanophycinkörnchen, ↗ *Cyanobakterien.*

Cyanophyta, ↗ *Cyanobakterien.*

Cyanwasserstoffsäure, *Blausäure*, *HCN*, eine stark giftige Verbindung, die in Form von ↗ *cyanogenen Glycosiden* in der Natur weit verbreitet ist und aus diesen durch β-Glucosidase, z.B. Emulsin, und Oxinitrilasen freigesetzt wird. Eine Reihe von Pflanzen, insbesondere solche, die cyanogene Glycoside enthalten, können HCN jedoch in ihrem Stoffwechsel verwerten. Hierbei wird HCN gewöhnlich an Serin oder Cystein unter Bildung von Cyanoalanin gebunden, das durch Anlagerung von Wasser in Asparagin umgewandelt wird.

Cyasteron, ein Phytoecdyson (↗ *Ecdyson); M_r* 520,67 Da, F. 164–166 °C, [α]$_D$ 64,5 ° (Pyridin), Abb. Es wurde aus verschiedenen Pflanzen isoliert, u.a. aus *Cyathula capitata* (*Amaranthaceae*) und *Ajuga decumbens* (*Labiatae*). Im Gegensatz zu anderen Ecdysonen besitzt das Cyasteron ein Stigmatanskelett (↗ *Steroide*) und eine γ-Lactongruppe in der Seitenkette.

Cyclin, ein in allen Eukaryontenzellen vorhandenes Protein, das eine wichtige Funktion bei der Kontrolle der Mitose und damit des Zellzyklus spielt. C. ist Bestandteil des *M-Phase-Förderfaktors* (engl. *maturation-promoting factor*, MPF), der als Regulatorprotein im Cytoplasma den Eintritt in die Mitose kontrolliert. Man kennt verschiedene C., die von einer Familie verwandter Gene codiert werden.

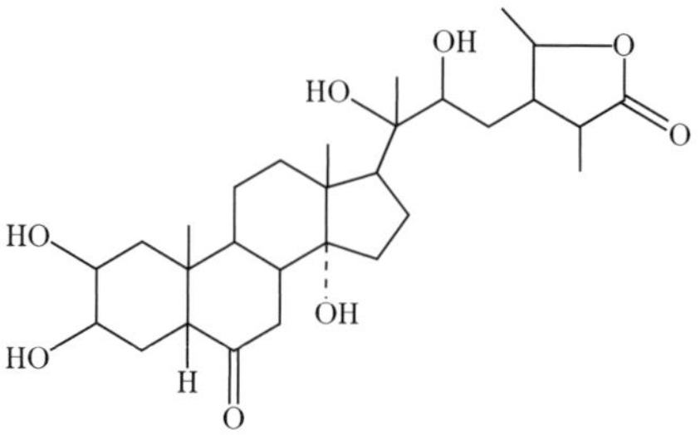

Cyasteron

Das wichtigste mitotische C. ist das C. B. Des Weiteren scheinen die G_1-C. eine Schlüsselfunktion bei der Aktivierung einer Protein-Kinase zu haben, die die Zellen aus der G_1-Phase treibt und sie zur DNA-Replikation veranlasst. Beginn und Ende der Mitose sind mit der Synthese und dem Abbau von C. eng verknüpft. C. wird beim Übergang der Metaphase zur Anaphase durch Proteolyse abgebaut.

Cyclite, Syn. für ↗ *Inositole.*

cyclo-AMP, zyklisches <u>A</u>denosin-3',5'-<u>m</u>onophosphat, ↗ *Adenosinphosphate.*

Cycloartenol, *9,19-Cyclo-5α,9β-lanost-24-en-3β-ol* (Abb.), ein tetrazyklischer Triterpenalkohol; M_r 426,73 Da, F. 115 °C, [α]$_D$ 54 °. C. tritt im Pflanzenreich weit verbreitet auf und wurde z.B. im Milchsaft von Wolfsmilchgewächsen (*Euphorbiaceae*), in der Kartoffel (*Solanum tuberosum*) und der Brechnuß (*Strychnos nux vomica*) nachgewiesen. Die Biosynthese erfolgt aus Squalen über 2,3-Epoxysqualen (↗ *Steroide*, Abb. 6).

Cyclobuxamid H, eines der ↗ *Buxus-Alkaloide.*

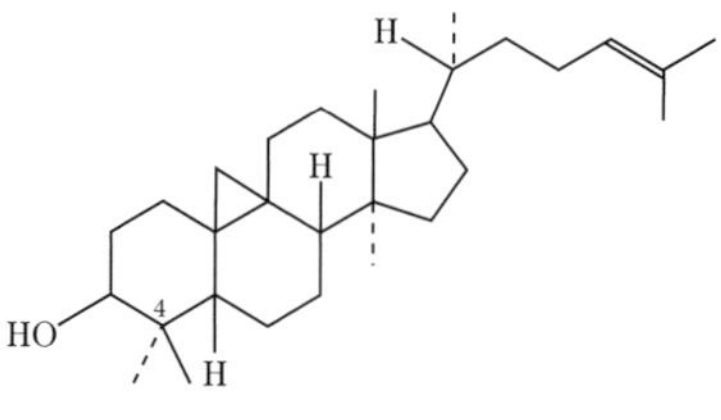

Cycloartenol

cyclo-GMP, *zyklisches* *G̲uanosin-3',5'-m̲ono-phosphat*. ↗ *Guanosinphosphate*.

Cyclohexanhexole, ↗ *Inositole*.

Cycloheximid, *Actidion*, *β-[2-(3,5-Dimethyl-2-2-oxocyclohexyl)-2-hydroxy]ethylg̲utarimid* (Abb.), ein aus *Streptomyces griseus* isoliertes Antibiotikum; M_r 281,3 Da, F. 102–104 °C, $[\alpha]_D^{25}$ −6 ° (c = 2, Wasser). C. hemmt die Proteinbiosynthese an 80S-Ribosomen der Eukaryonten, indem es die Peptidyltransferase auf der großen ribosomalen Untereinheit inhibiert. Es werden sowohl die Initiations- wie die Elongationsreaktionen der Proteinbiosynthese unterbunden, was zu einer Erhöhung der Monosomenzahl und einer Verminderung der Polyribosomenzahl führen kann. C. wird als Fungizid bei Kirschbaumblätterflecken, Rasenkrankheiten und Rosenmehltau verwendet.

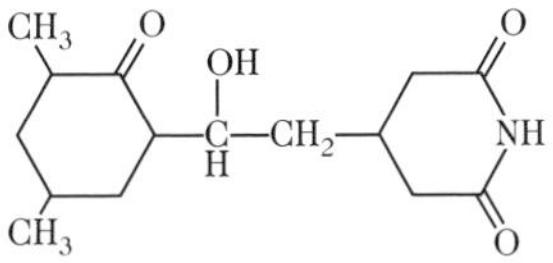

Cycloheximid

Cyclohexitole, ↗ *Inositole*.

cyclo-IMP, *zyklisches I̲nosin-3',5'-m̲onophosphat*. ↗ *Inosinphosphate*.

Cyclonucleotide, Nucleotide, bei denen ein Phosphorsäurerest mit zwei funktionellen Gruppen eines Nucleosidmoleküls verbunden ist (Abb.). Von besonderer biochem. Bedeutung sind die 3',5'-C. von Adenosin und Guanosin; das Adenosin-3',5'-phosphat (zyklisches Adenosin-3',5'-monophosphat, Abk. cAMP, ↗ *Adenosinphosphate*) und das Guanosin-3',5'-phosphat (zyklisches Guanosinmonophosphat, Abk. cGMP, ↗ *Guanosinphosphate*), die als ↗ *sekundäre Botenstoffe* (engl. *second messenger*) eine Rolle bei der Informationsübertragung des durch Peptidhormone an der Membran ausgelösten Signals spielen. C. sind hydrophil und können die Zellmembran nicht durchdringen.

Cyclopenase, ↗ *Viridicatin*.

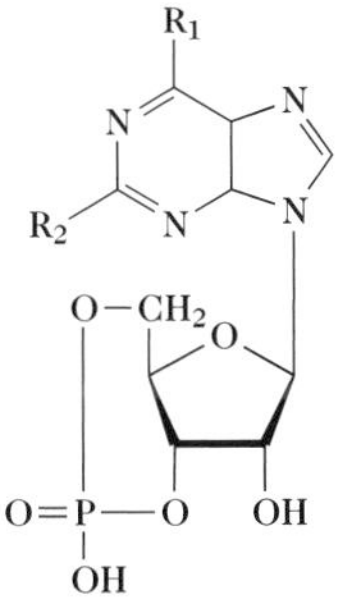

Cyclonucleotide

Cyclopentacycloheptene, ↗ *Azulene*.

Cyclopentanoperhydrophenanthren, ↗ *Steroide*.

Cyclophiline, eine Proteinfamilie mit einer ausgeprägten Sequenzhomologie in einem mittleren, etwa 130 Aminosäurereste umfassenden Kernbereich. C. stammen aus eukaryontischen Zellen und haben eine ausgeprägte Affinität gegenüber Cyclosporin A (↗ *Cyclosporine*; Inhibitorkonstante $K_i \ll 1$ mM) und Katalyseaktivität als ↗ *Peptidyl-Prolyl-cis/trans-Isomerase* (PPIase). Die PPIase katalysiert die *cis-trans*-Isomerisierung von Prolinresten in Proteinen bei Faltungsprozessen. Prokaryontische C. sind in der Regel weniger bindungsfähig. Unter den bekannten sieben Isoformen der menschlichen C. ist das *Cyp18cy* besonders verbreitet und gilt als Rezeptorprotein für die immunsuppressive Wirkung von Cyclosporin A. Cyp18cy besteht aus einer Peptidkette mit 163 Aminosäurebausteinen. Unter den zellulären Proteinen, die an Cyp18cy binden, sind Hitzeschockproteine der Hsp90-Familie. Eine weitere biologisch relevante Wechselwirkung wird mit den p55gag-Polyproteinen des HIV-1 eingegangen, wobei das Cyp18cy der T-Zelle für die Replikation des Virus wichtig ist. [G. Fischer *Angew. Chem.* **106** (1994) 1.479]

Cyclophosphamid, *Endoxan*, *Cytoxan* (Abb.), ein Alkylierungsmittel, das als Immunsuppressivum verwendet wird. C. hemmt die zelluläre und humorale Immunität, indem es Proteine durch Alkylierung der SH- sowie NH_2-Gruppen und Nucleinsäuren durch Alkylierung am N_7 des Guanins modifiziert. Dadurch kommt es zu einer langdauernden Hemmung der Antikörpersynthese, vorausgesetzt, dass C. einen Tag vor bis 15 Tage nach dem Eindringen des Antigens dem Körper zugeführt wird. Es wurde auch zur Verwendung als antineoplastische Substanz vorgeschlagen.

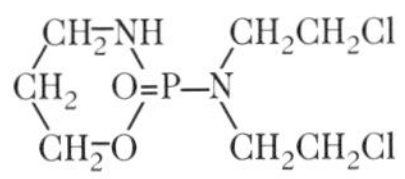

Cyclophosphamid

Cyclosporine, eine Gruppe zyklischer Peptidantibiotika aus niederen Pilzen der Art *Trichoderma polysporum* mit bemerkenswerten biologischen Eigenschaften. *C. A* (*CsA*) ist ein wichtiges Immunsuppressivum in der Immuntherapie bei Knochenmark- und Organtransplantationen. CsA besteht aus 11 teilweise methylierten Aminosäurebausteinen. Im Handel ist es als *Sandimmun*® bekannt. Bisher sind mehr als 25 C. beschrieben worden, die als C. A bis Z bezeichnet werden und auch in ihrer Wirkung dem CsA ähneln. Die Bedeutung der C. liegt in ihrer hohen Immunsuppressivität und in ihrer antiparasitären, fungiziden oder entzündungshemmenden Wirkung. Die C. sind hocheffiziente Inhibitoren der ↗ *Cyclophiline*.

Cyclotheonamide, 19 AS-Cyclopeptide mit starker Inhibitorwirkung gegen ↗ *Thrombin* und andere Serinproteasen. Die 1990 von Fusetani und Mitarbeitern entdeckten C. besitzen großes pharmazeutisches Interesse als niedermolekulare Thrombininhibitoren. C. A. inhibiert dosisabhängig die Aggregation menschlicher Blutplättchen (IC_{50} = 1,5 µM). Gegenüber Trypsin wurde ein K_i von 0,2 nM gemessen. Eine strukturelle Besonderheit ist das Vorkommen von α-Ketoarginin und vinylogem Tyrosin. Verschiedene Synthesen von C. A und C. B wurden beschrieben. [N. Fusetani et al. *J. Am. Chem. Soc.* **112** (1990) 7.053; P. Wipf *Chem. Rev.* **95** (1995) 2.115]

cyclo-UMP, *zyklisches U̲ridin-3',5'-m̲onophosphat.* ↗ *Uridinphosphate*.

Cyd, ↗ *Cytidin.*

Cyproteronacetat, *17α-Acetoxy-6-chlor-1α,2α-methylenpregna-4,6-dien-3,20-dion* (Abb.), ein hochwirksames synthetisches Antiandrogen, das ein Pregnangrundgerüst enthält. C. hebt die androgene Wirkung des männlichen Keimdrüsenhormons Testosteron auf und wird medizinisch bei Hypersexualität angewandt („hormonelle Kastration").

Cyproteronacetat

Cys, Abk. für ↗ *L-Cystein.*

Cystathioninurie, eine ↗ *angeborene Stoffwechselstörung*, verursacht durch einen Mangel an *Cystathion-γ-Lyase* (Homoserin-Desaminase, Homoserin-Dehydratase, γ-Cystathionase, Cystin-Desulfhydrase, Cystein-Desulfhydrase, Cystathionase EC 4.4.1.1). Im Harn, Serum und Gewebe liegen erhöhte Cystathioninkonzentrationen vor. ↗ *L-Cystein.*

Cystatine, eine Familie von Inhibitoren funktionell aktiver Cysteinpeptidasen. Bei dieser Proteininhibitorenfamilie unterscheidet man drei Untergruppen. Die Untergruppen 1 und 2 enthalten niedermolekulare C. mit etwa 100–120 Aminosäurebausteinen. Die Proteine von Gruppe 1 sind intrazellulär lokalisiert und enthalten keine Disulfidbindungen, während die Mitglieder von

Gruppe 2 extrazelluläre Proteine mit Disulfidbrücken umfassen. Die C. von Gruppe 3 sind die *Kininogene*. Dabei handelt es sich um viel größere Proteine, die aus drei C.-Domänen aufgebaut sind.

Die C. sind kompetitive Inhibitoren mit einer allgemein breiten Spezifität und einer hohen Bindungsaffinität für die Ziel-Peptidasen. Alle Säuger-Cysteinpeptidasen gehören zur Papain-Superfamilie. Eine der zwei funktionellen C.-Domänen der Kininogene zeigt inhibitorische Aktivität gegen Calpaine.

Cysteamin, *2-Aminoethanthiol, Thioethanolamin, β-Aminoethylmercaptan*, $H_2N{-}CH_2{-}CH_2{-}$ SH, ein Decarboxylierungsprodukt des Cysteins. Es bildet farblose Kristalle mit unangenehmem Geruch; F. 99–100 °C, F (Hydrochlorid) 70–71 °C. In Wasser und Ethanol ist es leicht löslich. An der Luft wird C. leicht zum entsprechenden Disulfid, dem Cystamin, oxidiert. C. ist Bestandteil des ↗ *Coenzyms A*. Es hat Bedeutung als Strahlenschutzmittel, da es als Radikalfänger wirkt.

L-Cystein, *Cys, L-2-Amino-3-mercaptopropionsäure*, $HS{-}CH_2{-}CH(NH_2){-}COOH$, eine schwefelhaltige proteinogene Aminosäure; M_r 121,2 Da, F. 240 °C (Zers.), $[\alpha]_D^{25}$ 6,5 ° (c = 2 in 5 M HCl). Cys besetzt eine zentrale Stelle im intermediären ↗ *Schwefelstoffwechsel* (Abb. 1) und ist eine wichtige Komponente der Redoxreaktionen in lebenden Zellen. In neutraler oder alkalischer Lösung wird Cys an der Luft zu L-Cystin oxidiert. Die SH-Gruppen der Cys-Reste und die Disulfidgruppen (-S-S-) der Cystinreste sind für die Tertiärstruktur und/oder die Enzymaktivität von Proteinen wichtig.

L-Cystein wird biosynthetisch im Zuge der ↗ *Sulfatassimilation* oder aus ↗ *L-Methionin* durch ↗ *Transsulfurierung* gebildet (Abb. 2).

Cysteinsulfinsäure, ↗ *L-Cystein (Abb. 1).*

Cystein-Synthase, ↗ *Sulfatassimilation.*

L-Cystin, *Dicystein, 3,3'-Dithiobis(2-aminopropionsäure)*, $HOOC{-}(NH_2)CH{-}CH_2{-}S{-}S{-}CH_2{-}$ $CH(NH_2){-}COOH$, das Dimere des Cysteins, das durch Oxidation der SH-Gruppe zu einem Disulfid (-S-S-) entsteht; M_r 240,3 Da, F. 258–261 °C (Zers.), $[\alpha]_D^{25}$ −232 ° (c = 1 in 5 M HCl). Alle in Proteinen vorkommenden Disulfidbrücken sind Cystinreste. Sie werden immer durch posttranslatorische Oxidation von Cysteinresten gebildet.

Cystinbrücken, ↗ *Disulfidbrücken.*

Cystinknoten, ein Motiv der Proteinstruktur, das aus zwei verketteten Ringen besteht. Es entsteht, wenn eine Disulfidbrücke, die zwei β-Stränge verbindet, durch einen Ring aus acht Resten verläuft, der aus einem Disulfidbrückenpaar gebildet wird, das zwei weitere β-Stränge verbindet. Ein C. kommt in der Struktur des menschlichen Choriongonadotropins (hCG) und in verschiedenen anderen Pro-

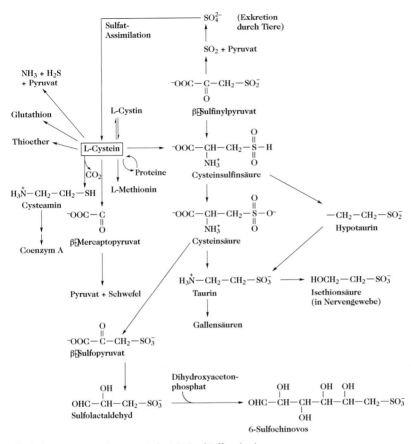

L-Cystein. Abb. 1. Stellung von L-Cystein im Stoffwechsel.

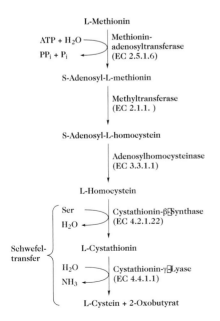

L-Cystein. Abb. 2. Bildung von L-Cystein aus L-Methionin.

teinwachstumsfaktoren, etwa bei dem Blutplättchen-Wachstumsfaktor (*platelet-derived growth factor*, PDGF) vor. [P.D. Sun u. D.R. Davies „Cysteine Knot Growth Factor Superfamily" *Annu. Rev. Biophys. Biomol. Struct.* **24** (1995) 269–291]

cystische Fibrose, *Mucoviszidose* (↗ *CFTR-Protein*).

Cystyl-Aminopeptidase, ↗ *Aminopeptidasen*.

Cyt, Abk. für ↗ *Cytosin*.

Cytidin, *Cyd, C, Cytosinribosid, 3-D-Ribofuranosylcytosin*, ein β-glycosidisches ↗ *Nucleosid* aus D-Ribose und der Pyrimidinbase Cytosin. M_r 243,22 Da, F. 220–230 °C (Zers.), $[\alpha]_D^{25}$ 34,2 ° (c = 2 in Wasser). Die Biosynthese von C. erfolgt als Cytidin-5'-triphosphat (CTP) durch Aminierung von Uridintriphosphat. Die ↗ *Cytidinphosphate* sind für den Stoffwechsel aller lebenden Organismen wichtig.

Cytidindiphosphocholin, *CDP-Cholin*, *aktives Cholin*, die aktivierte Form des Cholins, die aus Phosphocholin und CTP biosynthetisiert wird. ↗ *Membranlipide* (Biosynthese).

Cytidindiphosphoglycerid, *CDP-Glycerid*, ↗ *Membranlipide* (Biosynthese).

Cytidinphosphate, 1) *Cytidin-5'-monophosphat;
CMP, Cytidylsäure*, M_r 323,3 Da, F. 233 °C (Zers.),
2) *Cytidin-5'-diphosphat; CDP*, M_r 403,19 Da und
3) *Cytidin-5'-triphosphat; CTP*, M_r 483,16 Da.

Zur Struktur ↗ *Pyrimidinbiosynthese*. CTP ist
ein Baustein der RNA-Synthese, während desoxy-
CTP ein Baustein der DNA-Synthese ist. CDP kann
als Coenzym der Phospholipidbiosynthese
(↗ *Membranlipide*) betrachtet werden (aktiviertes
Cholin ist CDP-Cholin). Glycerin und der Zuckeral-
kohol Ribitol werden ebenfalls durch die Bindung
an CDP aktiviert (↗ *Nucleosiddiphosphatzucker*).
Die Reduktion von Ribose zu Desoxyribose bei der
Synthese der Desoxyribonucleoside erfolgt auf der
Stufe des CDP (↗ *Nucleoside*).

Cytidinribosid, ↗ *Cytidin*.

Cytidin-5'-triphosphat, *CTP*, ↗ *Cytidinphosphate*.

Cytidylsäure, *Cytidin-5'-monophosphat, CMP*,
↗ *Cytidinphosphate*.

Cytimidin, ↗ *Amicetine*.

Cytisin, ↗ *Lupinen-Alkaloide*.

Cytochalasine, eine Gruppe von Schimmelpilzme-
taboliten mit cytostatischer Wirkung. Es wurden
sechs chemisch ähnliche Cytochalasine aus *Helminthosporium dematioideum, Metarrhizium
anisopliae* und *Rosellina necatrix* isoliert (Abb.).
[M.S. Buchanan et al. *Phytochemistry* **41** (1996)
821–828; M.S. Buchanan et al. *Phytochemistry* **42**
(1996) 173–176]

Cytochalasine. Struktur von Phomin, einem typischen
Cytochalasin.

cytochemische Analysemethoden, *in-vitro*-Unter-
suchungsverfahren, bei denen Metabolite, Enzyme
oder Stoffwechselreaktionen in Zellen durch charakteristische chemische Umsetzungen, z.B. durch
geeignete Farbreaktionen, lokalisiert werden.

Cytochrom P450, ein ↗ *Cytochrom*, dessen reduzierter Komplex mit Kohlenmonoxid ein Absorptionsmaximum bei 450 nm besitzt. Die C. P450 fungieren als terminale Oxidasen in cytochrom-P450-
abhängigen Monooxygenase-Systemen (Abb. 1 und
2). Das System enthält Cytochrom-P450-Redukta-
se (ein Flavoprotein), Cytochrom-P450-Phospho-
lipid und möglicherweise Nicht-Hämeisen. Es ist
ungewiss, ob das Phospholipid direkt am Elektronentransfer beteiligt ist oder ob es nur eine strukturelle Rolle spielt. In einigen Systemen können
Elektronen auch vom Cytochrom b_5 übertragen

Cytochrom P450. Abb. 1. Wirkungsmechanismus von
Cytochrom-P450-Systemen.
A: Cleland-Schreibweise; zeigt die Bindungsordnung und
das Entfernen von Substraten und Produkten.
B: Elektronenübertragung auf Sauerstoff und Substrat über
Cytochrom-P450-Reduktase und Cytochrom P450.

werden. Die Quelle der Reduktionskraft ist für das
System, das über die Cytochrom-P450-Reduktase
operiert, letztendlich das NADPH. Prokaryontische
C. P450 sind löslich, während eukaryontische
membrangebunden innerhalb des endoplasmatischen Reticulums (z.B. in der Leber) oder in der
inneren Mitochondrienmembran vorliegen. Die C.
P450 in den Mitochondrien der Nebennierenrinde
von Säugetieren sind für die Hydroxylierungen im
Verlauf der Corticosteroidbiosynthese verantwortlich. In steroiden Geweben, wie Nieren, Plazenta
und Gehirn, ist C. P450, das für die Spaltung der
Cholesterinseitenkette (↗ *Steroide*) verantwortlich ist (EC 1.14.15.6), in der inneren Mitochondrienmembran lokalisiert. Die Säugetierleber enthält
eine Superfamilie an C. P450 mit überlappenden
Substratspezifitäten, die für die oxidative Umwandlung von verschiedenen endogenen Metaboliten
(z.B. Gallensäurebiosynthese) und von Xenobiotika in polarere Verbindungen verantwortlich sind.
Polare Verbindungen werden leichter ausgeschieden als unpolare, und zwar entweder allein oder
konjugiert mit Sulfat oder Glucuronat. Reaktionen,
die mit Hilfe von C. P450 katalysiert werden, sind
in der Tabelle aufgeführt. Die C. P450 sind auch am
Fettsäurestoffwechsel, an der Prostaglandinbiosyn-
these, der 1,25-Dihydroxyvitamin-D_3-Biosynthese
und vielen anderen endogenen Prozessen beteiligt.

Die Oxidation einiger Xenobiotika mit Hilfe von
C. P450 kann diese in Verbindungen mit größerer
Toxizität oder Carcinogenität überführen (↗ *Bay-
Region*). [S.K. Yang et al. *Science* **196** (1977)
1.199–1.201; D. Pfeil u. J. Friedrich *Pharmazie* **40**
(1985) 217–221; J. Friedrich u. D. Pfeil *ibid.* 228–
232; H.V. Gelboin u. P.O.P. Ts'o (Hrsg.) „Polycyclic
Hydrocarbons and Cancer" Bd. 1, *Environmental
Chemistry and Metabolism*, Academic Press, 1978;
S. Arnold et al. *Biochem. J.* **242** (1987) 375–381]

Cytochrome, Hämproteine, die als partikelgebun-
dene Redoxkatalysatoren bei der Zellatmung, Ener-

Cytochrom P450. Tab. Reaktionen, die durch Cytochrom P450 katalysiert werden.

Reaktionstyp	Beispielverbindungen
Dehalogenierung	Halothan, Kohlenstofftetrachlorid, DDT, Triiodothyronin
N-Desalkylierung	Aminopyrin, Chlorpromazin, Ephedrin, Morphin
O-Desalkylierung	Phenacetin, Griseofulvin, Codein
S-Desalkylierung	6-Methylmercaptopurin, Methylthiobenzylthiazol, Dimethylsulfid
Desaminierung	Amphetamin, Ephedrin
Epoxidierung	Benzpyren, Aflatoxin
Hydroxylierung aliphatischer Verbindungen	Pentobarbital, Antipyrin, Tolbutamid, Imipramin
Hydroxylierung aromatischer Verbindungen	Salicylsäure, Phenobarbital, Acetanilid, synthetischen und natürlichen Östrogenen, Diphenyl
N-Oxidation	2-Acetylaminofluoren, Nicotinamid, Trimethylamin, Guanethidin, Chlorpromazin, Imipramin
Phosphothionatoxidation	Parathion
Sulfoxidation	Chlorpromazin

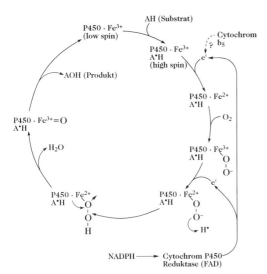

Cytochrom P450. Abb. 2. Wirkungsmechanismus des Cytochrom P450. AH, Substrat. AOH, hydroxyliertes Produkt. Die Bindung des Sauerstoffs an die Fe(II)-Form des Hämproteins mit nachfolgender Delokalisierung eines Elektrons ist eine essenzielle Stufe bei allen Fe-abhängigen Oxygenase-Reaktionen und bei der Bindung des Sauerstoffs an Carrier-Hämproteine wie Hämoglobin.

giekonservierung, Photosynthese und einigen anaeroben bakteriellen Vorgängen fungieren. Sie dienen sowohl als Elektronendonatoren wie auch als –akzeptoren, weil das zentrale Eisenatom des Porphyrinkomplexes einen reversiblen Valenzwechsel ermöglicht:

$$Fe^{3+} \underset{-e^{-}}{\overset{+e^{-}}{\rightleftharpoons}} Fe^{2+}$$

C. sind lebenswichtiger Bestandteil aller Organismen. Sie gehören zu den ältesten Proteinen, deren Struktur sich in den letzten zwei Milliarden Jahren durch Punktmutationen nur unwesentlich geändert hat. Nach ihrer Struktur und ihren Spektren, insbesondere der α-, β- und γ-Bande, unterscheidet man drei Hauptgruppen, C. a, b und c, mit annähernd 30 Vertretern, die durch Hinzufügen von Indizes gekennzeichnet werden, z.B. Cytochrom b_1. Alle drei Typen kommen in den Mitochondrien höherer Pflanzen und Tiere vor, wo sie einen wesentlichen Bestandteil der ↗ *Atmungskette* bilden.

C. a und C. a_3 sind die Oxidations-Reduktions-Einheiten der ↗ *Cytochrom-Oxidase*.

Cytochrom b enthält wie Hämoglobin das Eisen(II)-protoporphyrin IX als prosthetische Gruppe. Es besitzt das niedrigste Redoxpotenzial der Atmungskette und liegt zwischen Ubichinon und C. c. Es ist sehr fest an die Mitochondrienmembran gebunden (Ablösung nur durch Detergenzien). C. b ist ein dimeres Protein (M_r 60 kDa) mit je einer Hämgruppe / Monomer, deren zentrales Fe-Atom wie beim C. c nicht autoxidabel ist und nicht mit CO oder Cyanid reagiert. Es existieren Hinweise, dass C. b in zwei verschiedenen Formen, dem C. b_K und dem C. b_T, vorkommt, die unterschiedliche Redoxpotenziale haben. Dem C. b_T wird eine Funktion bei der Energieübertragung in der Elektronentransportkette zugeschrieben.

Ein mikrosomales C. b mit Hämoglobinähnlichkeit ist das C. b_5 der Vogel- und Säugetierleber. Man vermutet, dass es Elektronen auf das Fettsäure-Oxygenase-System des endoplasmatischen Reticulums überträgt. Die Hämgruppe ist nichtkovalent über Histidin an das Apoprotein gebunden und reagiert nicht mit O_2. Außerdem schützt sie das Cytochrom-b_5-Molekül vor Denaturierung und proteolytischem Angriff. Das durch Detergensbehandlung gelöste C. b_5 ist ein Oligomer (M_r 120 kDa), das aus mehreren Monomeren (M_r 16 kDa; 126 Aminosäuren) besteht. Durch Protease- und/oder Lipasebehandlung abgelöstes C. b_5 enthält nur 82 (Schwein), 83 (Huhn), 87 (Mensch, Affe), 93 (Kalb) oder 98 (Kaninchen) Aminosäuren bekannter Sequenz (M_r 10–11 kDa) und Tertiärstruktur (50 % α-Helix-, 25 % β-Faltblattstruktur).

Andere C. b sind das lösliche C. b_{562} von *Escherichia coli* (110 Aminosäuren, M_r 12 kDa, Sequenz und Hämbindung sind myoglobinähnlich), das das höchste Redoxpotenzial aller bekannten C.-b-Typen besitzt; ferner die oligomeren C. b_6 und C. b_{559} aus den Chloroplastengranula höherer Pflanzen. Sie können nur durch kombinierte Behandlung mit dem neutralen Detergens Triton X-100® (0,1%ig) und dem Proteindissoziationsmittel Harnstoff (4 M) von der Membran in desaggregierter Form abgelöst werden. Beide sind Bestandteil der photosynthetischen Elektronentransportkette. Die C. b_1 (M_r 265 kDa, Monomer 64 kDa) aus *Escherichia coli* und C. b_2 (M_r 235 kDa, Monomer 60 kDa) aus Hefe sind Tetramere mit Dehydrogenase-Aktivität.

Gleichfalls zum Cytochrom-b-Komplex gehört das ↗ *Cytochrom P450*, eine mischfunktionelle mitochondriale Oxidase.

Cytochrom c ist das häufigste und zugleich am besten untersuchte C. (C. c der Wirbeltiere 104 Aminosäuren, M_r 12,4 kDa; C. c der höheren Pflanzen 111 Aminosäuren, M_r 13,1 kDa). Es kommt als zentraler Bestandteil der ↗ *Atmungskette* in den Mitochondrien aller Eukaryonten vor. Die Hämgruppe (Abb. 1) ist an das Apoprotein über zwei Thioetherbindungen zu Cysteinresten im Innern des Moleküls gebunden. Das Eisenatom ist mit zwei weiteren verborgenen Resten, dem Methionin 80 und Histidin 18, verbunden, wodurch erreicht wird, dass das Eisen des nativen C. c weder mit Sauerstoff noch mit anderen hämkomplizierenden Agenzien, z.B. Kohlenmonoxid, reagiert. Dagegen sind die C.-c-Aggregate biologisch inaktiv und autoxidabel. Durch Zusatz von Guanidin × HCl werden sie desaggregiert und gleichzeitig reaktiviert. Weiterhin haben alle C. c aus höheren Pflanzen bzw. Wirbeltieren, deren Sequenz bekannt ist, am *N*-terminalen Ende keine freie Aminogruppe, sondern *N*-Acetylalanin bzw. *N*-Acetylglycin.

Die Primärstrukturen von über 50 phylogenetisch entfernten Spezies des C. c wurden verglichen. Die Moleküle sind evolutionär extrem konserviert. Eine Gegenüberstellung aller bisher bekannten Cytochrom-c-Strukturen ergibt 35 invariante Reste (33 %), die sich größtenteils auf zwei Teilsequenzen, 17 bis 32 und 67 bis 80 (konstante Region), verteilen. Dieser hohe evolutionäre Konservatismus zeigt sich auch beim Vergleich der Kettenkonformation. Bemerkenswert sind die bisher bei keinem anderen globulären Protein beobachteten starken Konformationsunterschiede zwischen der Eisen(II)-Form (kompakte Struktur) und Eisen(III)-Form (lockere, öltropfenähnliche Gestalt) des C. c. Die Übereinstimmungen in der Primär- und Tertiärstruktur, z.B. zwei größere α-Helixabschnitte nur am N- und C-Terminus, lassen sich auch auf die prokaryontischen C. c_2 und c_{550} (137 Reste) von *Rhodospirillum* bzw. *Micrococcus* ausdehnen (Abb. 2).

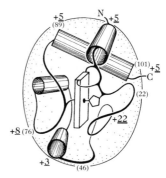

Cytochrome. Abb. 2. Polypeptidkettenfaltung des Wirbeltier-Cytochroms c (104 Reste) und der bakteriellen Cytochrome c_2 (112 Reste) und c_{550} (137 Reste). Die Zylinder repräsentieren die α-Helixabschnitte, die Platte das Häm mit seinen beiden Liganden und die Zahlen in Klammern die Aminosäurereste im Pferde-Cytochrom. c +3, +8, +5 sowie +10 geben die Stellen der Insertionen bei c_2 (einfach unterstrichen) bzw. c_{550} an.

Außer dem mengenmäßig vorherrschenden C. c enthalten die Eukaryonten ein zweites mitochondriales C. c_1. Es unterscheidet sich vom klassischen C. c durch seine Unlöslichkeit, sein größeres Molekulargewicht (M_r 37 kDa) und seine andersartige Aminosäurezusammensetzung. C. c_1 ist Bestandteil der Cytochrom-c-Reduktase.

Bakterielles C. c hat Ähnlichkeit mit eukaryontischem C. c, reagiert jedoch nicht mit der Säugetier-Cytochrom-Oxidase. Folgende bakterielle C. c sind bekannt: 1) *Cytochrom c_2* (112 Reste, M_r 13,5 kDa, pI 6,3, Primär- und Raumstruktur ermittelt) von *Rhodospirillum rubrum*; 2) *Cytochrom c_3* (102, 107 bzw. 111 Reste, abweichende Primärstruktur, zwei Hämgruppen) aus *Desulfovibrio* und anderen sulfatreduzierenden Bakterien; 3) *Cytochrom c_4* (M_r 24 kDa, ein Dimer mit zwei Hämgruppen) sowie 4) *Cytochrom c_5* (M_r 24,4 kDa, ein Dimer) aus *Azotobacter*; 5) *Cytochrom c_5* aus *Pseudomonas* (87

Cytochrome. Abb. 1. Prosthetische Gruppe der Cytochrome c.

Aminosäuren, M_r 10,1 kDa, Sequenz ermittelt) ist ein saures Protein; 6) *Cytochrom cc'* (Monomer, durch Guanidinbehandlung des Dimeren erhältlich: 125 Aminosäuren, M_r 14 kDa, zwei Hämgruppen) aus *Chromatium* und 7) *Cytochrom c'* (127 Aminosäuren, ist der Primärstruktur des Cytochroms cc' sehr ähnlich) aus *Alcaligenes*, beides sind photosynthetische Bakterien; 8) *Cytochrom c551* (82 Aminosäuren, M_r 9,6 kDa, Primärstruktur von fünf Arten bekannt, saures Protein), ein Elektronencarrier der Nitrit-Reduktasen aus *Pseudomonas*; 9) *Cytochrom c553* (82 Aminosäuren, M_r 9,6 kDa, basisch, Sequenz bekannt) und 10) *Cytochrom c555*, auch *Cytochrom c6* oder *f* genannt, sind Bestandteile der Sulfid-Reduktasen aus grünen Schwefelbakterien. C. *f* findet sich außerdem in den Chloroplastenmembranen von Geißeltierchen (*Euglena gracilis*) und in höheren Pflanzen, wo es mit C. b_{559} beim Elektronentransport in der Photosynthese mitwirkt. C. *f* aus Spinat (M_r 270 kDa) besteht aus acht Untereinheiten (M_r 34 kDa), von denen nur vier eine Hämgruppe haben. C. *f* aus *Euglena gracilis* (pI 5,5, M_r 13,5 kDa) ist dem C. c funktionell ähnlich.

Cytochrom-Oxidase, katalysiert den letzten Schritt des Elektronentransports in der Atmungskette und katalysiert den Elektronentransfer vom Cytochrom c zum molekularen Sauerstoff. Die Cytochrom-Oxidase kann durch CN^- (↗ *Cyanide*) oder CO inhibiert werden. Ihre prosthetische Gruppe ist das Häm A, das eine lipophile C_{12}-Seitenkette sowie eine Aldehyd- und eine Vinylgruppe am Porphyrinring trägt. An der Reaktion mit O_2 sind die Redoxsysteme des Hämeisens und des Kupfers (Fe^{2+}/Fe^{3+}; Cu^{2+}/Cu^+) beteiligt. Elektronenmikroskopische Untersuchungen haben gezeigt, dass der Proteinteil des Moleküls während des Redoxprozesses Konformationsänderungen durchläuft. Die oxidierte Form ist kristallin, die reduzierte Form dagegen amorph. Im nativen Zustand ist die C. ein Bestandteil eines phospholipidhaltigen Supermoleküls (M_r $3 \cdot 10^6$ Da), das an die Mitochondrienmembran gebunden ist. Dieser Komplex kann nur durch Behandlung mit Detergenzien (2% Desoxycholat) dissoziiert werden. Die isolierte C. (pI 4–5) bildet einen stabilen, nichtkovalenten Komplex mit Cytochrom c (pI 10,1), aus dem es durch Behandlung mit einem Detergens (0,1% Emasol) und durch Gelfiltration abgetrennt werden kann.

Die beiden Häm A-Gruppen sind an verschiedenen Stellen der Cytochrom-Oxidase gebunden, und unterscheiden sich daher in funktioneller und spektroskopischer Hinsicht. Sie werden als Häm *a* und Häm a_3 bezeichnet. Der *a*-Zustand ist nicht autoxidierbar und reagiert – im Gegensatz zur a_3-Form – weder mit O_2 noch mit CO oder CN^-. Auch die beiden Cu-Ionen sind unterschiedlich gebun-

den. Sie heißen Cu_A und Cu_B. Die Oxidations-Reduktions-Einheiten der C. sind *Cytochrom a* und *Cytochrom a3*. In der Atmungskette überträgt Cytochrom c ein Elektron auf das Häm-*a*-Cu_A-Zentrum. Anschließend wird ein Elektron zum Häm-a_3-Cu_B-Zentrum transferiert und O_2 in mehreren Schritten zu H_2O reduziert. Das O_2-Molekül wird zwischen Fe^{2+} und Cu^+ des Häm-a_3-Cu_B-Zentrums gebunden, so dass keine unvollständig reduzierten Zwischenprodukte (Wasserstoffperoxid, Hydroxylradikale) freigesetzt werden, die die Zelle stark schädigen könnten.

Die gereinigte C. aus dem Herzmuskel ist ein tetrameres Hämlipoprotein, das vier Häm- und vier Kupferchromophore je lipidhaltigem (M_r 440 kDa) oder lipidfreiem (M_r 350 kDa) Molekül enthält. In Gegenwart niedriger Guanidin- (1 M) oder Dodecylsulfatkonzentrationen (0,5%) wird das tetramere Molekül in eine dimere Form umgewandelt (M_r 190 kDa), die 2–3mal so aktiv ist wie die tetramere. Das Monomer kann durch Erhöhung des pH-Werts erhalten werden. Es ist wie das Tetramer nicht sehr aktiv. Höhere Konzentrationen an Dodecylsulfat (1–5%) veranlassen das Cytochrom-Oxidase-Monomer (M_r 90–100 kDa) in vier bis sechs nicht identische Polypeptidketten (Hauptarten M_r 11,5 kDa, 14 kDa, 20 kDa, 39 kDa) zu dissoziieren.

Im Gegensatz zur C. des Herzmuskels besteht das Cytochrom-Oxidase-Monomer der Bakterien, z.B. von *Pseudomonas*, das autoxidierbare und kupferfreie Cytochrom a_2 (M_r 120 kDa), nur aus zwei Untereinheiten (M_r 58 kDa). Es ist nicht bekannt, welche der Ketten die prosthetische Gruppe trägt.

Cytochrophin-4, H-Tyr-Pro-Phe-Thr-OH, ein Spaltprodukt des mitochondrialen Cytochrom *b* mit opioidartiger Aktivität und struktureller Ähnlichkeit zu den ↗ β-*Casomorphinen* und ↗ *Hämorphinen*.

Cytokine, Proteine mit Mediatorfunktionen, die von Zellen hämatopoetischer Herkunft gebildet werden, für viele Effektorwirkungen solcher Zellen verantwortlich sind und die Differenzierung und Aktivierung von Zellen des Immunsystems regulieren. Sie wirken bei der Kommunikation zwischen Immunzellen mit, haben Kontrollfunktionen bei der Proliferation und Differenzierung von Leucocyten, unterstützen die Induktion von Immunreaktionen und haben sowohl hemmende als auch begünstigende Einflüsse auf Entzündungsprozesse. Die Bezeichnung C. wurde 1974 von Cohen eingeführt. Im angelsächsischen Sprachraum werden die C. noch häufig mit dem älteren Terminus ↗ *Lymphokine* bezeichnet. Nach wie vor ist die Terminologie nicht eindeutig und eine klare Abgrenzung des Begriffes C. ist schwierig. Als C. werden im weiteren Sinne der Definition Proteine bezeichnet, die von oder auf Zellen des Immunsystems wirken. Die

Beschränkung auf das Immunsystem allein ist aber nicht eindeutig. C. sind in der Regel größer als 5 kDa und werden im Gegensatz zu den Peptidhormonen von vielen verschiedenen Zellen gebildet. Während Peptidhormone auf spezifische Zielzellen wirken und durch spezifische biologische Aktivitäten gekennzeichnet sind, haben C. viele Zielzellen und zeigen zum Teil überlappende Wirkungen. Zu den C. gehören ↗ *Interleukine*, ↗ *Monokine*, Lymphokine, ↗ *Interferone*, ↗ *koloniestimulierende Faktoren*, der ↗ *Tumor-Nekrose-Faktor* und die ↗ *transformierenden Wachstumsfaktoren* α und β. Da die meisten C. gleichermaßen von Monocyten und Lymphocyten, aber auch von anderen Zellen produziert werden, kann man eigentlich nicht mehr von „echten" Lymphokinen und Monokinen sprechen. Im engeren Sinne der Definition sind Lymphokine C., die von Lymphocyten gebildet werden. Der Begriff Interleukine wurde 1979 geprägt und bedeutet so viel wie „etwas zwischen Leucocyten bewegen". Ein C. darf nur dann Interleukin genannt werden, wenn a) ein gereinigtes, sequenziertes Protein, das kloniert und als rekombinantes Protein exprimiert wurde, vorliegt, b) es ein natürliches Produkt von Zellen des Immunsystems ist, c) es seine Hauptfunktion im Immunsystem erfüllt und d) eine Neubenennung nur bei Vorliegen wichtiger Gründe erfolgt. C. sind bedeutungsvoll für die Therapie vieler Erkrankungen. Interferone, hämatopoetische Wachstumsfaktoren, TNF-α und einige Interleukine befinden sich in der klinischen Erprobung zur Behandlung von Tumorerkrankungen, Chemotherapie, Knochenmarktransplantationen und AIDS. Interferon-α hat sich bei der Heilung der Haarzell-Leukämie ebenso bewährt, wie die koloniestimulierenden Faktoren GM-CSF und G-CSF bei der Behandlung chemotherapieinduzierter Cytopenien (Verminderung der Zahl der Blutzellen). [H. Kirchner et al. *Cytokine und Interferone: Botenstoffe des Immunsystems*, Spektrum Akademischer Verlag, Heidelberg 1993]

Cytokinine, *Phytokinine*, *Kinine*, eine Gruppe von Phytohormonen, die die Zellteilung fördern und eine allgemeine Stimulierung des pflanzlichen Stoffwechsels, besonders der RNA- und Proteinbiosynthese, bewirken. C. sind vorwiegend *N*-substituierte Derivate des Adenins (Abb. 1). In enger Korrelation mit bestimmten Umweltfaktoren, z.B.

Cytokinine. Abb. 1. Substituiertes Adenin.

Licht, und in komplexem Zusammenspiel mit anderen pflanzlichen Hormongruppen, z.B. Gibberellinen und Auxinen, regulieren sie pflanzliche Wachstums-, Differenzierungs- und Entwicklungsprozesse über den Nucleinsäurestoffwechsel und die Enzymsynthese.

Hauptsyntheseort der C. ist in höheren Pflanzen die Wurzel. Die Translokation der C. ist nur gering. Von besonderem Interesse ist das Vorkommen der C. in bestimmten tRNA-Molekülen: 0,05–0,1% der Purinbasen in der tRNA sind cytokininaktiv. Im Darmbakterium *Escherichia coli* enthalten die für die Aminosäuren Phenylalanin, Leucin, Serin, Tyrosin und Tryptophan spezifischen tRNAs C. Das ↗ *N6-(γ,γ-Dimethylallyl)-adenosin* kommt auch in freier Form vor. Die wichtigsten Vertreter der C. sind ↗ *Kinetin*, ↗ *Zeatin* und ↗ *Dihydrozeatin*. Eine hohe Cytokininaktivität haben auch die synthetischen C. *N*-Benzyladenin (↗ *6-Benzylaminopurin*) und SD 8339 (Abb. 2).

Cytokinine. Abb. 2. Einige wichtige Cytokinine.

Nachweis und Bestimmung der C. im Biotest beruhen auf folgenden charakteristischen Cytokininwirkungen: 1) Stimulierung der Zellteilung in Gewebekulturen, z.B. in Tabakssprosswundgewebe oder Sojabohnenkallusgewebe; 2) Zellvergrößerung im Blattscheibentest, z.B. mit Bohnen- oder Radieschenblättern; 3) Hemmung des Chlorophyllabbaus in silierten Blättern, z.B. bleiben mit C. besprühte Blatthälften länger grün; 4) Förderung der Dunkelkeimung von Samen, z.B. beim Dunkelkeimer Salat.

Als erster Vertreter der C. wurde 1955 das Kinetin von Skoog und Miller durch Hydrolyse gealterter DNA aus Heringssperma isoliert. Der erste Nachweis eines C. in Pflanzen erfolgte 1964 durch die Isolierung und Identifizierung von Zeatin aus Maiskörnern. ↗ *Bradykinin*.

Cytokinsynthese-inhibierender Faktor, *CSIF*, ältere Bezeichnung für Interleukin-10 (↗ *Interleukine*).

Cytolipin K, identisch mit Globosid. ↗ *lysosomale Speicherkrankheiten* (*Sandhoffsche Krankheit*).

Cytolysine, Syn. für ↗ *Perforine*.

Cytolysosomen, ↗ *intrazelluläre Verdauung*.

cytoplasmatische Vererbung, Transfer von genetischer Information im Verlauf der sexuellen Reproduktion von Eukaryonten, die nicht von den Chromosomen des Kerns getragen wird. Die cytoplasmatische Vererbung ist auf extrachromosomale Genträger zurückzuführen, z.B. die Mitochondrien- und Plastiden-DNA. Die cytoplasmatische Vererbung gehorcht nicht den Mendelschen Regeln und sie erlaubt die Mischung cytoplasmatischer Genfaktoren während der Mitose. Beispiele für Eigenschaften, die durch cytoplasmatische Vererbung übertragen werden, sind bestimmte kleine Mutationen der Hefe, die Killereigenschaften bestimmter Stämme von *Paramecium* und die Blattpigmentierung der *Antirrhinum majus*.

Cytoplasmon, Gesamtheit der genetischen Information der extranucleären Erbträger einer eukaryontischen Zelle außer Mitochondrien und Plastiden.

Cytosin, *C*, *Cyt*, *6-Amino-2-hydroxypyrimidin*, eine der Pyrimidinbasen von DNA und RNA; M_r 111,11 Da, F. 320–325 °C (Zers.). Die Biosynthese des C. verläuft über die Stufe des Nucleosidtriphosphats (↗ *Pyrimidinbiosynthese*). Es ist auch Bestandteil einiger Nucleosidantibiotika.

Cytosinarabinosid, ↗ *Arabinoside*.

Cytosinribosid, ↗ *Cytidin*.

Cytoskelett, ein dreidimensionales Netzwerk von fibrösen Proteinen im Cytoplasma, die als Trägermaterial für die Struktur, für die Motilität und das Gerüst, entlang dessen intrazelluläre Körper bewegt werden können, zur Verfügung stehen. Das Cytoskelett setzt sich aus drei verschiedenen Komponenten zusammen: den ↗ *Mikrotubuli* (Durchmesser 25 nm), den ↗ *Mikrofilamenten* (6–8 nm) und den Übergangs- oder ↗ *intermediären Filamenten* (10 nm).

Cytostatika, *Antineoplastika*, Verbindungen, die in der Chemotherapie von Krebserkrankungen, bevorzugt bei inoperablen und metastasierenden Erkrankungsformen sowie bei generalisierten malignen Erkrankungen, z.B. Leukämien, eingesetzt werden. C. werden auch prophylaktisch bei chirurgischen Eingriffen gegeben, um die Entstehung von Metastasen und Rezidiven zu verhindern. Sie werden meist als Kombination von Verbindungen mit verschiedenem Angriffspunkt eingesetzt. Die Therapie mit C. ist von zahlreichen Nebenwirkungen begleitet und erfordert strenge ärztliche Überwachung. Zu beachten ist, dass zahlreiche C. selbst cancerogen wirksam sein können. Verschiedene C. wirken auch als Immunsuppressiva.

Eine Einteilung der C. kann vorgenommen werden in 1) ↗ *Antimetabolite*; 2) Alkylanzien (↗ *alkylierende Agenzien*); 3) Mitosehemmstoffe, wie die ↗ *Vinca-Alkaloide* Vinblastin und Vincristin; 4) ↗ *Antibiotika*, wie die ↗ *Anthracycline* Daunorubicin und Doxirubicin, und die ↗ *Actinomycine*, wie Dactinomycin; 5) sonstige Verbindungen, z.B. das Methylhydrazinderivat Procarbazin, das Triazenderivat Dacarbazin, *N*-Nitrosoharnstoffe, z.B. Lomustin (mit einem β-Chlorethylrest), und Platinkomplexe, wie ↗ *Cisplatin*. Daneben dienen zur Behandlung geschlechtsabhängiger Tumoren Verbindungen, die wie gegengeschlechtliche Hormone wirken, wie Fosfestrol, oder eine Antihormonwirkung haben, wie Tamoxifen.

Cytotactin, ↗ *Tenascin*.

Cytoxan, ↗ *Cyclophosamid*.

CZE, Abk. für engl. *capillary zonal electrophoresis*, ↗ *Kapillarelektrophorese*.

Da, Abk. für ↗ *Dalton*.

DABS-Cl, ↗ *Dabsylchlorid*.

Dabsylchlorid, *4-Dimethylaminoazobenzol-4'-sulfonylchlorid*, *DABS-Cl*, ein in der Aminosäure-analytik benutztes Reagens zur Derivatisierung von primären und sekundären Aminen (Abb.). Die Umsetzung erfolgt bei 70 °C und pH 9 innerhalb von 15 min. Die über Wochen stabilen Derivate absorbieren im sichtbaren Bereich bei 436 nm. Die Nachweisgrenze liegt bei etwa 1 pmol. Nachteilig ist, dass es noch keine Automatisierung für die Verwendung von D. gibt und die Notwendigkeit des Einsatzes eines relativ exakten vierfachen Überschusses an Reagens bezogen auf die zu derivatisierenden Aminosäuren.

Dabsylchlorid

DAG, Abk. für *Diacylglycerin* (↗ *Acylglycerine*).

Daidzein, *4',7-Dihydroxyisoflavon*. ↗ *Isoflavon*.

Daidzein-7-glucosid, *Daidzin*, ↗ *Isoflavon*.

Daidzin, *Daidzein-7-glucosid*. ↗ *Isoflavon*.

DAI-System, Abk. für einen Interferon-induzierten doppelsträngigen *RNA*-aktivierten Inhibitor einer Protein-Kinase. DAI inhibiert in Gegenwart von dsRNA die Phosphorylierung der α-Untereinheit des Initiationsfaktors eIF und damit die ribosomale Initiation der ↗ *Proteinbiosynthese* Interferon-behandelter Zellen. Interferone verhindern auf diesem Weg und mit Hilfe des 2,5-A-Systems (↗ *2,5-A*) weitestgehend virale Proliferation.

Dalton, *Da*, *atomare Masseneinheit*, *u*. Das Symbol u für diese Einheit ist möglicherweise missverständlich, da es auch für *unit* (Einheit) steht. Auch die multiplen und submultiplen Formen von u, beispielsweise mu, könnten irreführend sein. Die Bezeichnung „atomare Masseneinheit" ist ebenfalls unhandlich. Deshalb forderten die NCIUB und JCBN 1981 die IUB und IUPAC auf, das International Committee of Weights and Measures (Comité International des Poids et Measures, CIPM) zu beauftragen, den Namen „Dalton" (Da) als Alternative zum Namen „atomare Masseneinheit" anzuerkennen. Ein Da ist ein Zwölftel der Masse des ^{12}C-Nuklids. Es ist gleich $1,6605655 \cdot 10^{-27}$ kg mit einer möglichen Abweichung von ca. 6 ppm.

Dalton-Komplex, ↗ *Dictyosomen*.

Dambonitol, ↗ *Cyclite*.

Datenbanken, Komponenten von Computersystemen zum Speichern, Abrufen, Analysieren und Modellieren biologischer Daten. D. werden verwendet, wenn umfangreiche Datenbestände gesammelt, gespeichert und verbreitet werden müssen, wie z.B. Protein- und Nucleinsäuresequenzen, Genomkarten, Klonierungsvektoren, Restriktionsendonucleasen, Kohlenhydratsequenzen, experimentelle dreidimensionale Atomkoordinaten, Sammlungen von Zelllinien, Hybridomen und Bakterienstämmen, EC-Nummern und Reaktionen von Enzymen, *Escherichia-coli*-Referenzen, Sequenzen und genetische Kartenpositionen, usw. Außerdem gibt es eine D. über molekularbiologische D. Das Tätigkeitsgebiet, das sich mit der Sammlung biologischer Daten, deren Speicherung durch elektronische Mittel und deren Verbreitung befasst, wird *Bioinformatik* genannt.

D. werden durch nationale und internationale Forschungszentren, durch chemische Gesellschaften und durch einzelne Forscher erstellt. Der Wert von D. von Protein- und Nucleinsäuresequenzen ist für die Molekularbiologen und Biochemiker als Basis für die Suche nach Sequenzähnlichkeit unschätzbar. Auf diese Weise kann jede beliebige Nucleotid- oder Proteinsequenz schnell mit all jenen bekannten Sequenzen verglichen werden, die in der D. gespeichert sind. Die Suchverfahren nach Ähnlichkeit können auch zur Identifizierung von Promotoren, Signalsequenzen usw. und zum Aufdecken von Sequenzmustern in Proteinfamilien eingesetzt werden. Durch den Einsatz von Computern mit paralleler Architektur (Parallelrechner, d.h. Rechner mit parallel arbeitenden Prozessoren) und Programmen, wie beispielsweise PROSRCH, BLAZE bzw. MPSRCH kann eine Sequenz von 500 Aminosäuren in wenigen Minuten mit allen gegenwärtig bekannten Proteinsequenzen verglichen werden.

In der Tabelle sind einige Internetadressen aufgeführt, mit deren Hilfe der Zugang zu DNA- und Proteinsequenzen, Proteinstrukturen, Substanzstrukturen und Nomenklaturen möglich ist. [R.A. Harper „EMBnet: an institute without walls" *Trends Biochem. Sci.* **21** (1996) 150–152; G. Goos, J. Harmanis & J. van Leeuwen (Hrsg.) *Advances in Database Technology – EDPT '96. Proceedings of the 5th International Conference on Extending Database Technology* (Lecture Notes in Computer Science 1057), Springer Verlag, Berlin, Heidelberg, New York, 1996]

Datenbanken. Tab.

Name der Datenbank	Institut Ort, Land, eMail-Adresse	Internet-Adresse	Charakteristik
BIOCHEMICAL PATHWAYS	Boehringer Mannheim, Deutschland	http://biochem.boehringer-mannheim.com	Biochemie-Atlas
BioMedNet2		http://biomednet.com/	Biochemie Biomedizin
BRENDA		http://srs.ebi.ac.uk	Enzyme
BRITE	Institute for Chemical Research, Kyoto University, Japan www@genome.ad.jp	http://www.genome.ad.jp/brite/brite.html	Genregulation
cactus	National Cancer Institute (NCI), USA	http://cactus.cit.nih.gov/ncidb/ http://www2.ccc.uni-erlangen.de/ncidb/	Strukturdatenbank
DDBJ	DNA-Datenbank von Japan: National Institute of Genetics, Center of Information Biology, Japan www-admin@ddbj.nig.ac.jp	http://ddbj.nig.ac.jp	DNA-Sequenz-Datenbank
desease	National Center for Biotechnology Information (NCBI) Bethesda, USA info@ncbi.nlm.nih.gov	http://www.ncbi.nlm.nih.gov/desease/	genetisch bedingte Krankheiten
EC Enzyme	National Biomedical Research Foundation, Washington, DC 200007, USA danj@gdb.org	http://www.bis.med.jhmi.edu/Dan/proteins/ec-enzyme.html	EC-Nummern
ENTREZ	National Center for Biotechnology Information (NCBI) Johns Hopkins University, US	http://www3.ncbi.nlm.nih.gov/Entrez/	Proteindatenbank, 3D-Strukturen, Genome
ExPASY-ENZYME	Universität Genf, Schweiz	http://expasy.hcuge.ch/sprot/enzyme.html	Enzyme, EC-Nummern, Links zu Biochemical Pathways
GDB	The Genome Database The Johns Hopkins University, School of Medicine data@gdb.org	http://gdbwww.gdb.org/	Genomdatenbank
GenBank	National Center for Biotechnology Information (NCBI) Bethesda, USA info@ncbi.nlm.nih.gov	http://ncbi.nlm.nih.gov/web/genbank	DNA-Sequenzen
GenBank	Datenbibliothek des European Molecular Biology Laboratory (EMBL), Groß-Britannien office@ebi.ac.uk	http://www.ebi.ac.uk/ebi_docs/genbank_db	DNA-Sequenzen
Genbank	STN International FIZ Karlsruhe, Deutschland	http://www.fiz-karlsruhe.de/online_db.html	DNA-Sequenzen
HGP	The National Human Genome Research Institute, USA	http://www.nhgri.nih.gov/HGP/	Humangenomprojekt

Name der Datenbank	Institut Ort, Land, eMail-Adresse	Internet-Adresse	Charakteristik
IUPAC/IUBMB Nomenclature Recommendations	Institute for Chemical Research, Human Genome Center, Kyoto University www@genome.ad.jp	http://www.genome.ad.jp/kegg/catalog/ nomenclature.html	Nomenklaturempfeh-lungen
KEGG	Institute for Chemical Research, Human Genome Center, Kyoto University www@genome.ad.jp	http://www.genome.ad.jp/kegg/	DNA-Sequenzen, Genomdatenbank, Enzyme, EC-Nummern
LIGAND	Institute for Chemical Research, Human Genome Center, Kyoto University www@genome.ad.jp	http://www.genome.ad.jp/dbget/ ligand.html	Liganden für Enzym-reaktionen
OMIM	National Center for Biotech-nology Information (NCBI) Johns Hopkins University, USA	http://www3.ncbi.nlm.nih.gov/Omim/	Humangenmutationen
PDB	Proteindatenbank Brook-haven, USA	http://www.pdb.bnl.gov	dreidimensionale Proteinstrukturen
PIR	Protein Identification Resources: National Biome-dical Research Foundation, Washington, DC, USA danj@gdb.org	http://www.bis.med.jhmi.edu/Dan/proteins/ pir-last.html	Proteinsequenzen
SWISS-PROT	European Bioinformatics Institute (EBI)	http://www.ebi.ac.uk/ebidocs/swissprotdb/ swisshome.html	Proteinsequenzen
SWISS-PROT	Universität Genf, Schweiz	http://expasy.hcuge.ch/sprot/sprot-top.html	Proteinsequenzen
TBASE	The Jackson Laboratory, Bar Harbor, Maine, USA tbase@jax.org	http://www.jax.org/tbase	Datenbank gezielter, transgener Mutation
TRANSFAC	GBF Braunschweig, Deutschland	http://transfac.gbf.de/	Genregulation

Stand: Febr. 1999.

Datura-Alkaloide, ↗ *Tropanalkaloide*.

DBcAMP, zyklisches $N^6,O^{2'}$-Dibutyryladenosin-3',5'-monophosphat, ↗ *Adenosinphosphate*.

DBC-Coenzym, ↗ *5'-Desoxyadenosylcobalamin*.

DCCC, Abk. für engl. *droplet counter current chromatography*, Tropfen-Gegenstrom-Chromato-graphie, ↗ *Gegenstromchromatographie*.

DCM MTase, Abk. für ↗ *DCM-Methyltransferase*.

DCM-Methyltransferase, *DCM MTase*, ein Pro-dukt des *dcm*-Gens von *E. coli*. D. katalysiert die Methylierung beider Cytosinreste in der Palindrom-sequenz CC(A oder T)GG (↗ *DNA-Methylierung*) unter Verwendung von ↗ *S-Adenosyl-L-methionin* als Methylgruppendonor.

DCMU, ↗ *Dichlorphenyldimethylharnstoff*.

DDAO, Abk. für Dodecyldimethylaminoxid, H_3C-$(CH_2)_{10}$-CH_2-$N^+(CH_3)_2$-O^-, eine als Detergens zur Solubilisierung und Reinigung von Membranpro-teinen eingesetzte zwitterionische Verbindung.

ddATP, ddCTP, ddGTP und ddTTP, ↗ *Didesoxy-ribonucleotidtriphosphate*.

cis-DDP, ↗ *Cisplatin*.

DDT, ↗ *Chlorkohlenwasserstoffinsektizide*.

d. e., Abk. für engl. *diastereomeric excess*, ↗ *Diastereomerenüberschuss*.

DEAE-Cellulose, *Diethylaminoethylcellulose*, durch Substitution von DEAE-Gruppen als schwach basischer Anionenaustauscher wirkende Cellulose, die in der Dünnschicht- und Säulen-chromatographie eingesetzt wird. DEAE-C. wird aufgrund ihrer Eigenschaften zur Trennung und Reinigung u.a. von hochmolekularen Proteinen eingesetzt.

DEAE-Dextran-Technik, eine Methode zum Ein-schleusen von Fremd-DNA in Säugerzellen, die für die Transfektion verschiedener Zelltypen benutzt werden kann. Durch Mischen der DNA mit Diethyl-aminoethyl-Dextran bilden sich DNA-haltige Komplexe, die an der Zelloberfläche haften, und so die Aufnahme der DNA in die Zelle durch Endocytose induzieren.

debranching-Enzym, ↗ *Amylo-1,6-Glucosidase.*

***n*-Decansäure**, ↗ *n-Caprinsäure.*

Decarboxylasen, Enzyme, die die Abspaltung von CO_2 (↗ *Decarboxylierung*) aus Carboxylgruppen von α-Ketosäuren oder von Aminosäuren katalysieren. Beispielsweise ist die ↗ *Pyruvat-Decarboxylase* ein wichtiges Enzym des Kohlenhydratstoffwechsels. Zur Aminosäuredecarboxylierung ↗ *Pyridoxalphosphat.*

Decarboxylierung, Abspaltung einer Carboxylgruppe als CO_2 aus einer Ketosäure oder aus einer Aminosäure. Die D. von Ketosäuren findet im Verlauf des ↗ *Tricarbonsäure-Zyklus* mehrere Male statt. Die D. von β-Ketosäuren geschieht spontan. In biologischen Systemen werden für die oxidative D. von α-Ketosäuren Coenzyme benötigt, wie Thiaminpyrophosphat, Liponsäure, Coenzym A, Flavinadeninnucleotid und Nicotinamidadenindinucleotid. Die oxidative D. von ↗ *Pyruvat* zu Acetyl-CoA und von α-Ketoglutarat zu Succinyl-CoA stellen Knotenpunkte dar, an denen sich viele Stoffwechselwege kreuzen. Die D. von Aminosäuren wird durch Pyridoxalphosphat-Enzyme (↗ *Pyridoxalphosphat*) katalysiert.

Decoyinin, ↗ *Angustmycin.*

defekte Viren, Viren, denen Gene für die Synthese funktionsfähiger Kapsid- oder Hüllproteine fehlen. Beispielsweise kann das Rous-Sarkom-Virus eines seiner Hüllproteine nicht synthetisieren. Um den Replikationszyklus zu vollenden und neue Viruspartikel zu bilden, muss das fehlende Gen durch ein *Helfervirus* zur Verfügung gestellt werden. Das Helfervirus ist ein Mitglied einer Gruppe von Viren, die oft mit dem Rous-Sarkom-Virus assoziiert vorkommen und Rous-assoziierte Viren (RAV) genannt werden. In Abwesenheit eines RAV wird die normale Wirtszelle in eine tumorbildende Zelle transformiert. Die am schnellsten transformierenden Retroviren sind die d. V. Die ↗ *Defizienzviren* werden oft bei den d. V. mit eingeschlossen.

Defektmutante, *Mangelmutante*, eine Bezeichnung, die gelegentlich für eine ↗ *auxotrophe Mutante* verwendet wird.

Defensine, eine Familie von kationischen antibiotischen, antiviralen und cytotoxischen Peptiden mit 29–35 Aminosäurebausteinen, die sechs Cysteinreste in Disulfidbindungen enthalten. D. kommen in Granulocyten, Makrophagen und im Dünndarm von Menschen und anderen Säugern sowie in der Hämolymphe von Insekten vor. Sie gehören zum antimikrobiellen Arsenal vieler Tiere und sollen an Gewebeentzündungen sowie an der endokrinen Regulation während der Infektion beteiligt sein. Man unterscheidet neben den „klassi-

schen" D., die β-D. und die Insekten-D. Aus der Formel für das *humane neutrophile 30-Peptid HNP-1*, H-Ala^1-Cys-Tyr-Cys-Arg^5-Ile-Pro-Ala-Cys-Ile^{10}-Ala-Gly-Glu-Arg-Arg^{15}-Tyr-Gly-Thr-Cys-Ile^{20}-Tyr-Gln-Gly-Arg-Leu^{25}-Trp-Ala-Phe-Cys-Cys^{30}-OH ist die Anordnung der drei Disulfidbrücken zu entnehmen (Cys^2-Cys^{30}/Cys^4-Cys^9/Cys^9-Cys^{29}). D. haben potenzielle Bedeutung als prophylaktische und therapeutische Agenzien bei Infektionen. Sie sind aktiv gegen Virushüllproteine und inhibieren HIV. D. kommen in nativer Umgebung nur als Dimere vor und bilden dabei ein polares und ein apolares Ende mit einem in den hydrophilen Bereich des Dimers eingelagerten wassergefüllten Kanal. Es wird angenommen, dass D. in Zellmembranen einen hydrophilen Kanal oder eine große Pore bilden. Für einen Kanal werden zwei D.-Dimere benötigt, die jeweils die Hälfte der Lipid-Doppelschicht durchspannen, während sich für die Ausbildung einer Pore mindestens vier D. in der Zellmembran zusammenlagern müssen.

Zur Familie der D. gehören auch die Corticostatine (↗ *Corticostatin R4*). [T. Ganz u. R.I. Lehrer *Pharm. Ther.* **66** (1995) 191; E. Martin et al. *J. Leucocyte Biol.* **58** (1995) 128]

Defizienzmutanten, ↗ *auxotrophe Mutanten.*

Defizienzviren, Viren, die durch Mutation die Fähigkeit zur Synthese bestimmter essenzieller Enzyme, z.B. der RNA-abhängigen RNA-Replicase, verloren haben. Der Replikationszyklus kann nur vollendet werden, wenn die Zelle durch einen *Helfervirus* superinfiziert wird, der das Gen für das fehlende Protein trägt. D. sind von ihren Helferviren oft so stark abhängig, dass sie nur in Assoziation mit ihnen vorkommen. In solchen Fällen wird der D. Satellitenvirus genannt, wie z.B. der Tabak-Nekrose-Satellitenvirus (TNSV), der die RNA-Replicase des Tabak-Nekrose-Virus (TNV) benötigt, um seinen Replikationszyklus zu vollenden. Dadurch wird die Replikation des TNV verzögert. Das TNSV ist ein Virusparasit, da es nicht nur die Wirtszelle parasitiert, sondern auch den TNV. Eine ähnliche Beziehung besteht zwischen dem adeno-assoziierten Satellitenvirus und bestimmten Adenoviren.

Unter bestimmten Bedingungen, z.B. in Zellkulturen, kann das fehlende Enzym durch Zellen eines zweiten Organismus, die sog. *Helferzellen*, zur Verfügung gestellt werden. Die D. werden gelegentlich mit den ↗ *defekten Viren* in einer Gruppe zusammengefasst.

Dehydrierung, Abspaltung von Wasserstoff aus einem reduzierten Substrat, das auf diese Weise oxidiert wird. Enzymatische D. werden durch Dehydrogenasen oder Oxidasen katalysiert. Im Allgemeinen werden 2 H-Atome (und 2 Elektronen) auf einmal abgespalten. Der entgegengesetzte Vorgang wird als *Hydrierung* bezeichnet. Im Stoffwechsel laufen z.B. die in der Tabelle aufgeführten D. ab.

Dehydrierung. Tab. Dehydrierungsreaktionen im Stoffwechsel.

gesättigte Verbindung	→ ungesättigte Verbindung
Alkohole	→ Carbonyle
Aldehydhydrate	→ Carbonsäuren
Dihydropyridinnucleotide	→ Pyridinnucleotide
reduzierte Flavinnucleotide	→ oxidierte Flavinnucleotide
Hydrochinone	→ Chinone
Amine	→ Imine

Durch D. von Aminen und Aminosäuren entstehen instabile Iminoverbindungen, die spontan mit Wasser reagieren und in Ammoniak und die korrespondierende Carbonylverbindung übergehen. Aminosäuren werden auf diese Weise in die korrespondierende Ketosäure überführt.

Dehydrobufotenin, ein ↗ *Krötengift*, das in *Bufo marinus* vorkommt (M_r 202 Da). Die kleinste tödliche Dosis beträgt für Mäuse 6 mg/kg.

7-Dehydrocholesterin, *Provitamin D_3, Cholesta-5,7-dien-3β-ol* (Abb.), ein Zoosterin (↗ *Sterine*); M_r 384,6 Da, F. 150 °C, $[\alpha]_D^{20}$ −114 ° (c = 1 in $CHCl_3$). Es kommt in relativ hohen Konzentrationen in menschlicher und tierischer Haut vor, wo es durch UV-Strahlen in Vitamin D_3 umgewandelt werden kann. Die heilende Wirkung von UV-Strahlung bei Rachitis ist auf diese Umwandlung in der Haut zurückzuführen.

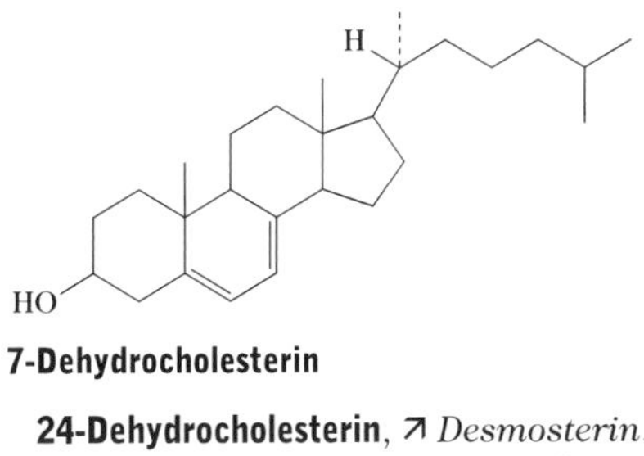

7-Dehydrocholesterin

24-Dehydrocholesterin, ↗ *Desmosterin.*

11-Dehydrocorticosteron, *Kendalls Substanz A, 21-Hydroxypregn-4-en-3,11,20-trion,* ein Glucocorticoidhormon aus der Nebennierenrinde. M_r 344,43 Da, F. 178–180 °C, $[\alpha]_D^{20}$ 258 ° (Ethanol).

Dehydroepiandrosteron, Syn. für ↗ *Androstendion.*

Dehydrogenasen, Redoxenzyme, die aus einem Substrat (Wasserstoffdonor) Wasserstoff abspalten ($2H^+ + 2e^-$) und auf ein zweites Substrat (Wasserstoffakzeptor) übertragen. Es gibt zwei Hauptgruppen an D.: die eine benötigt Pyridinnucleotid (NAD^+ oder $NADP^+$) und die zweite ein Flavincoenzym (↗ *Flavinenzyme*) als primären Wasserstoffakzeptor.

Deletion, Verlust eines oder mehrerer Nucleotide der DNA oder eines gesamten Chromosomenabschnitts; eine Form der Mutation.

Delphin, ↗ *Delphinidin.*

Delphinidin, *3,5,7,3',4',5'-Hexahydroxyflavyliumkation,* ein Aglycon zahlreicher ↗ *Anthocyane.* In glycosidischer Form ist D. in höheren Pflanzen weit verbreitet und bedingt die malvenfarbene und blaue Färbung zahlreicher Blüten und Früchte (Farbtafel III, Abb. 10). Von den mehr als zehn natürlichen Glycosiden, deren Struktur bekannt ist, sind neben einigen Monoglycosiden, wie Gentianin, vor allem *Tulipanin* (3-Rhamnoglucosid), der Farbstoff verschiedener Tulpen, *Violanin* aus Stiefmütterchen (*Viola tricolor*) sowie *Delphin* (3,5-Di-β-glucosid) aus Salvien und Rittersporn von Bedeutung.

Delta-schlafinduzierendes Peptid, ↗ *Δ-schlafinduzierendes Peptid*

Deltorphine, *DT,* aus der Amphibienhaut isolierte regulatorische Peptide mit einer D-Aminosäure. H-NMR-Studien haben gezeigt, dass *Dermenkephalin,* H-Tyr^1-D-Met-Phe-His-Leu^5-Met-Asp-NH_2, im N-terminalen Sequenzbereich die gleiche Konformation wie das ↗ *Dermorphin* hat. Weitere Vertreter der Peptidfamilie sind [D-Ala^2]DT I, H-Tyr^1-D-Ala-Phe-Asp-Val^5-Val-Gly-NH_2 und [D-Ala^2]DT II, H-Tyr^1-D-Ala-Phe-Glu-Val^5-Val-Gly-NH_2. Ein Pro-Peptid aus *Phyllomedusa bicolor* enthält drei Kopien [D-Ala^2]DT I und eine Kopie [D-Ala^2]DT II, wobei im Vorläufermolekül die D-Konfiguration noch nicht vorhanden ist, vielmehr wird sie erst im Verlauf der Prozessierung post-translational gebildet.

Demecolcin, ↗ *Colchicumalkaloide.*

Demissidin, ↗ *Demissin.*

Demissin, ein zur Gruppe der Solanumalkaloide zählendes Steroidalkaloid, das in Wildkartoffelarten, z.B. *Solanum demissum,* vorkommt. D. ist ein Glycoalkaloid, bestehend aus der tertiären Steroidbase *Demissidin* – 5α-Solanidan-3β-ol, M_r 399,67 Da, F. 221–222 °C, $[\alpha]_D$ 30 ° (Chloroform) – und dem aus D-Galactose, D-Xylose und zwei Molekülen D-Glucose zusammengesetzten Tetrasaccharid β-Lycotetrose. Das Aglycon D. unterscheidet sich strukturell von Solanidin (↗ *α-Solanin*) dadurch, dass es am C-Atom 5 keine Doppelbindung und eine 5α-Konfiguration besitzt. D. wirkt fraßvergällend auf Kartoffelkäferlarven und schützt so Wildkartoffelarten vor Befall.

Denaturierung, auf physikalische und chem. Einflüsse zurückzuführende Veränderungen der Sekundär- und Tertiärstruktur von Biopolymeren. Unter Erhalt der ursprünglichen Primärstruktur ist die durch Temperaturerhöhung, pH-Veränderung,

Rühren, Schütteln, Ultraschalleinwirkung, Bestrahlung, Zusatz von bestimmten Salzen, Detergenzien u.a. verursachte D. mit einem mehr oder weniger vollständigen Verlust der biologischen Aktivität und anderer individueller Eigenschaften biopolymerer Verbindungen, z.B. von Proteinen oder Nucleinsäuren, verbunden. Im Gegensatz zur *irreversiblen* D. ist bei einer reversiblen D. eine *Renaturierung* möglich, bei der die native Konformation zurückgebildet wird.

Dendrimere, ↗ *künstliche Enzyme.*

Dendrobium-Alkaloide, eine Gruppe von Terpenalkaloiden aus verschiedenen Arten der Orchideenfamilie *Dendrobium*. Die D. sind Sesquiterpene mit einem heterozyklischen Stickstoff.

Denitrifikanten, Bakterien, die unter anaeroben Bedingungen Nitrat über Nitrit und Distickstoffoxid zu molekularem Stickstoff reduzieren können (↗ *Denitrifikation*).

Denitrifikation, eine unter anaeroben Bedingungen ablaufende enzymatische Reduktion von Nitrat über Nitrit und Distickstoffoxid zu elementarem Stickstoff durch ↗ *Denitrifikanten*. In Abwesenheit von Sauerstoff nutzen Denitrifikanten Nitrat als Wasserstoff- bzw. Elektronenakzeptor für die Energiegewinnung durch Elektronentransportphosphorylierung (↗ *anaerobe Atmung*). Die an der D. beteiligten dissimilatorischen Nitrat- und Nitritreduktasen sind partikelgebunden und werden unter aeroben Bedingungen induziert. Sauerstoff reprimiert ihre Bildung. Von einigen Denitrifikanten kann neben Nitrat auch Nitrit als Wasserstoffakzeptor verwendet werden.

Die bakterielle D. führt in schlecht durchlüfteten Ackerböden zu Stickstoffverlusten. Dabei kann sich auch Nitrit anreichern, das über das Grundwasser in das Trinkwasser gelangt. Die Nitritbildung in nitrathaltigen Nutzpflanzen (z.B. Spinat) kann unter ungünstigen Bedingungen Lebensmittelvergiftungen bewirken. Bei der anaeroben Abwasserbehandlung kann durch denitrifizierende Bakterien der Stickstoffanteil im Abwasser und Faulschlamm verringert werden (↗ *Nitratatmung*, ↗ *Nitratammonifikation*).

de-novo-Synthese, die Neubildung von chemischen Verbindungen (z.B. Proteinen) in lebenden Zellen.

Deposiston, ↗ *Ovulationshemmer.*

Depsipeptide, heterodetische Peptide, die neben Peptid- auch Esterbindungen enthalten. Zu den D. gehören demnach homöomere *O*-Peptide und Peptidlactone der Hydroxyaminosäuren (Serin, Threonin u.a.) sowie die heteromeren Peptide mit Hydroxysäurebausteinen innerhalb der Peptidsequenz, die auch Peptolide genannt werden. Die meisten Peptolide sind zyklische Verbindungen. D. haben als Stoffwechselprodukte von Mikroorganis-

men mit gewöhnlich starker antibiotischer Wirksamkeit große Bedeutung erlangt.

Derepression, Befreiung eines Operons von der Transcriptionsrepression. In prokaryontischen Zellen geschieht dies durch Inaktivierung eines Repressors, indem entweder ein Corepressor entzogen (↗ *Enzymrepression*) oder ein Induktor gebunden (↗ *Enzyminduktion*) wird. In eukaryontischen Zellen erfolgt die D. unter dem Einfluss von regulatorischen Enzymen und Effektoren, wie z.B. Hormonen (↗ *Genaktivierung*).

Dermatansulfat, früher als β-Heparin und Chondroitinsulfat B bezeichnet. Es ist ein Mucopolysaccharid, das L-Iduronsäure enthält, die $\alpha\text{-}1\rightarrow3$-glucosidisch mit *N*-Acetyl-D-galactosamin-4-sulfat verbunden ist. Letztere ist $\alpha\text{-}1\rightarrow4$-glucosidisch an den nächsten Iduronsäurerest gebunden. ↗ *Chondroitinsulfat.*

Dermorphin, H-Tyr^1-D-Ala-Phe-Gly-Tyr^5-Pro-Ser-NH$_2$ ein zu den ↗ *Deltorphinen* zählendes opiatähnliches Peptid aus der Amphibienhaut. D. und [6-Hydroxyprolin]-Dermorphin wurden aus Methanolextrakten der Haut der südamerikanischen Froscharten *Phyllomedusa sauvagai* und *Phyllomedusa rhodai* isoliert. Die D. zeigen eine sehr intensive und langanhaltende periphere und zentrale opiatähnliche Aktivität. So konnte mit D. eine nahezu tausendfach stärkere analgetische Wirkung als mit Morphin erzielt werden.

Desaminierung, Abspaltung der Aminogruppe -NH$_2$ aus chemischen Verbindungen (gewöhnlich Aminosäuren). Bei der metabolischen D. unterscheidet man zwischen 1) oxidativer D. von Aminosäuren zu Ketosäuren und Ammoniak mit Hilfe von ↗ *Flavinenzymen* und Pyridinnucleotidenzymen (↗ *Aminosäuren, Tab. 8*); 2) ↗ *Transaminierung*, bei der eine Aminogruppe von einer Amino- auf eine Ketoverbindung übertragen wird und 3) Abspaltung von Ammoniak aus einer Verbindung unter Ausbildung einer Doppelbindung, z.B. die D. von L-Aspartat zu Fumarat und die D. von Histidin zu Urocaninsäure. Die Transaminierung spielt eine wichtige Rolle bei der Biosynthese von Aminosäuren aus Zwischenprodukten des Tricarbonsäure-Zyklus. Mit Hilfe der Rückreaktionen werden überschüssige Aminosäuren zur Oxidation in den Tricarbonsäure-Zyklus eingeschleust.

Desaturasen, Enzyme, die gesättigte Fettsäuren unter Ausbildung einer Doppelbindung (Desaturierung) in einfach ungesättigte Fettsäuren überführen. Eine D. gehört z.B. zu einem Komplex aus mikrosomalen membrangebundenen Enzymen (NADH-Cytochrom-b_5-Reduktase, Cytochrom b_5), die Stearyl-CoA in Oleyl-CoA in Gegenwart von molekularem Sauerstoff und NADH + H$^+$ überführen, wobei zuerst Elektronen von NADH auf den FAD-Teil der NADH-Cytochrom-b_5-Reduktase übertragen werden und über Cytochrom b_5 zur D. gelangen. Das Nichthäm-Eisenatom der D. wird dadurch in Fe^{2+} überführt und ermöglicht eine Interaktion mit O_2 und dem CoA-Teil der gesättigten Fettsäure. Unter Abspaltung von zwei Molekülen Wasser entsteht die Doppelbindung.

Designer-Drogen, synthetische Rauschmittel, die entwickelt werden, um betäubungsmittelrechtliche Vorschriften zu umgehen. Die wichtigsten Gruppen leiten sich von ↗ *Amphetamin* (Methamphetamin, Mescalin und die Ecstasy-Gruppe), Phencyclidin und Fentanyl ab. ↗ *Ecstasy* (MDMA, 3,4-Methylendioxy-*N*-methylamphetamin) ist die derzeit verbreitetste Disco-Droge und kann zu schweren psychischen Schäden führen. Die psychotrop wirksame Dosis liegt bei 80–150 mg.

Desinfektion, die gezielte Entkeimung mit dem Zweck, die Übertragung bestimmter unerwünschter Mikroorganismen und Infektionserreger (Viren) unabhängig von ihrem Entwicklungszustand, also auch in der stationären Phase, zu verhindern. Im Unterschied zum Sterilisieren wird also nicht völlige Keimfreiheit angestrebt. Desinfektion bedeutet auch nicht, dass die Keime abgetötet werden müssen; es genügt eine Schädigung, die eine Infektion ausschließt. Die einzusetzenden Desinfektionsverfahren hängen vom zu desinfizierenden Material (Räume, Wasser, Wäsche, Ausscheidungen, Körperoberflächen) und von der Art der Infektionserreger (Viren, Bakterien und andere Mikroorganismen, einschließlich Sporen) ab. Ein besonderes Problem ist die viruswirksame Desinfektion. Die *physikalischen Desinfektionsverfahren* beruhen auf der Anwendung von ultravioletter Strahlung (Quarzlampen), die allerdings nur eine Oberflächenwirkung besitzt, und verschiedenen thermischen Verfahren. Bei den thermischen Verfahren wird trockene (Heißluft) oder feuchte Hitze (Wasserdampf) eingesetzt. Die Kurzzeiterhitzung von Lebensmitteln zum Zwecke der Entkeimung wird als *Pasteurisieren* bezeichnet. Die *chemischen Desinfektionsverfahren* beruhen auf dem Einsatz von ↗ *Desinfektionsmitteln*. Entkeimungsverfahren für Trinkwasser umfassen physikalische Verfahren (Filtrationen, UV-Bestrahlung dünner Schichten) sowie den Zusatz von Chlor bzw. chlorhaltigen Präparaten (Hypochlorite, Chlordioxid, Chloramin) oder Ozon (Entfernung von Restozon ist notwendig).

Desinfektionsmittel, chemische Stoffe, die Infektionserreger mit dem Ziele einer ↗ *Desinfektion* abtöten oder schädigen sollen. *Grobdesinfektionsmittel* sind für Räume, Gebrauchsgegenstände (z.B. medizinische Instrumente) und Körperausscheidungen, *Feindesinfektionsmittel* zur hygienischen und chirurgischen Händedesinfektion sowie zur Desinfektion von Körperoberflächen (Haut, Schleimhaut, Wunden) vorgesehen. Feindesinfektionsmittel zur Behandlung von Wunden und Körperhöhlen werden auch als *Antiseptika* bezeichnet.

Die D. wirken über unterschiedliche Mechanismen, die meisten D. besitzen jedoch mehrere Angriffspunkte. Schwermetalle reagieren vor allem mit Thiolgruppen von Proteinen und inaktivieren dadurch z.B. Enzyme. Alkohole, Aldehyde, Ethylenoxid und Phenole denaturieren Proteine. Zahlreiche D. wirken als Oxidationsmittel (Chlorpräparate, Peroxide, Iodpräparate, Kaliumpermanganat). Oberflächenaktive Verbindungen (z.B. Invertseifen) zerstören die Membranstrukturen, auch von umhüllten Viren (z.B. Herpes-, Influenzaviren, HIV). Phenole, Ethylenoxid, Invertseifen und Chlorhexidin wirken nicht gegen Sporen.

Desmin, Proteinbestandteil Vimentin-artiger ↗ *intermediärer Filamente*.

Desmoplakine, fibröse Proteine, die auf der Cytoplasmaseite der Desmosomen (Zell-Zell-Kontaktbereiche der Plasmamembranen von Epithelzellen) vorkommen. Die D. vermitteln die Anheftung der Tonofilamente (↗ *intermediäre Filamente*) an die Plasmamembran.

Desmosin, eine ungewöhnliche, blau fluoreszierende Aminosäure, die im ↗ *Elastin* an Kettenquervernetzungen beteiligt ist.

Desmosomen, ↗ *intermediäre Filamente*.

Desmosterin, *Desmosterol, 5α-Cholesta-5,24-dien-3β-ol*, ein Zoosterin (↗ *Sterine*); M_r 384,64 Da, F. 121 °C, $[\alpha]_D$ −41° (Chloroform). D. unterscheidet sich von ↗ *Cholesterin* durch eine zusätzliche Doppelbindung zwischen den C-Atomen 24 und 25. Es bildet eine Zwischenstufe in der Cholesterinbiosynthese (↗ *Steroide*). D. wurde unter anderem aus der Seepocke *Balanus glandula*, aus Hühnerembryonen und Rattenhaut isoliert.

Desmosterol, ↗ *Desmosterin*.

3'-Desoxyadenosin, ↗ *Cordycepin*.

5'-Desoxyadenosin, ein β-glycosidisches Desoxynucleotid (↗ *Nucleoside*), das als Bestandteil der Coenzymform des Vitamins B_{12} Bedeutung hat (↗ *5'-Desoxyadenosylcobalamin*).

S-(5'-Desoxyadenosin-5')-methionin, ↗ *S-Adenosyl-L-methionin*.

5'-Desoxyadenosylcobalamin, *B_{12}-Coenzym, DBC-Coenzym* (DBC für Dimethylbenzimidazolcobamid), eine der Coenzymformen des Vitamins B_{12} (↗ *Cobalamine*). Im 5'- D. ist die sechste Koordinationsstelle am Kobaltzentralatom des Corrinoidrings kovalent an das 5'-C-Atom des Desoxyadenosylrests gebunden. Andere Cobamid-Coenzyme enthalten anstelle von Dimethylbenzimidazol eine andere *N*-heterozyklische Base. 5'-Desoxyadenosylcobalamin ist das Coenzym bestimmter Isomerisierungsreaktionen (Abb. 1). Bei der Isomerisierung von L-Glutaminsäure zu β-Methyl-

COOH
|
HC—NH₂
CH₂—CH₂—COOH
β☐ α☐

⇌

COOH
|
HC—NH₂
|
H₃C—CH—COOH
β☐Methylasparaginsäure

O
‖
C~SCoA
|
H₃C—CH—COOH
β☐ α☐
Methylmalonyl-CoA

⇌

O
‖
C~SCoA
|
CH₂—CH₂—COOH

Succinyl-CoA

5'-Desoxyadenosylcobalamin. Abb. 1. Isomerisierungsreaktionen, bei denen 5'-Desoxyadenosylcobalamin Cofaktor ist.

asparaginsäure findet eine intramolekulare, reversible Übertragung des Glycinteils von L-Glutamat
von dem C2 auf das C3 der Propionsäuregrup-
pierung statt, während gleichzeitig ein H-Atom in
umgekehrter Richtung verschoben wird. Bei der
Interkonversion von Methylmalonyl-CoA in Succinyl-CoA, die durch Methylmalonyl-CoA-Isomerase
katalysiert wird, wird die Thioestergruppierung
zwischen dem C2 und C3 des Propionsäureteils von
Methylmalonyl-CoA reversibel verschoben. Die Reaktion hat biologische Bedeutung für den Abbau
verzweigter Aminosäuren und im Propionsäure-
stoffwechsel von *Propionibacterium*.

Cobamid-Coenzyme sind auch an dem Abbau von
L-Lysin zu Fettsäuren und Ammoniak bei *Clostridium* und an der Umwandlung von 1,2-Diolen in
Aldehyde bei verschiedenen Mikroorganismen beteiligt (Abb. 2).

Desoxycholsäure, *3α,12α-Dihydroxy-5β-cholan-
24-säure*, eine Gallensäure. M_r 392,58 Da, F. 176–
177 °C, $[\alpha]_D$ 53 ° (Ethanol). D. ist neben Cholsäure
Bestandteil der Galle der meisten Säugetiere, z.B.
von Mensch, Hund, Rind, Schaf, Kaninchen. Sie
kann als Ausgangsmaterial für die Partialsynthese
therapeutisch wichtiger Steroidhormone dienen.

11-Desoxycorticosteron, ↗ *Cortexon*.

Desoxy-L-galactose, ↗ *Fucose*.

3-Desoxygibberellin C, ↗ *Gibberelline*.

Desoxyhämoglobin, ↗ *Hämoglobin*.

6-Desoxyhexosen, ↗ *5-Methylpentosen*, ↗ *Desoxyzucker*.

Desoxynucleoside, ↗ *Nucleoside*.

Desoxynucleosid-Phosphorylasen, ↗ *Nucleoside*,
↗ *Recycling-Nucleotidsynthesewege*.

Desoxynucleotid, ↗ *Nucleotide*.

Desoxynucleotidbiosynthese, ↗ *Nucleotide*.

Desoxyribonuclease I, *DNase I* (EC 3.1.21.1.), ein
Enzym (das gewöhnlich aus Rinderpankreas erhalten wird und deshalb auch als *Pankreasdesoxy-
ribonuclease* bekannt ist), das eine zufällige endonucleolytische Spaltung von Internucleotidbindungen in doppelsträngiger DNA katalysiert, und zwar
bevorzugt, aber nicht ausschließlich zwischen

HO   OH
  \   /
   C—C
H₃C H ³H H
1,2-Propandiol

  +

OH OH
H   H
 \   /
  C—C
 /   \
H   H
|
O Adenin
5'CH₂
|
Co

5'-Desoxyadenosylcobalamin

HO   OH
  \   /
   C—C
H₃C H   H
|
Co

  +

OH OH
H   H
 \   /
  C—C
 /   \
H   H
|
O Adenin
CH₃
5'-Desoxyadenosin
(enzymgebunden)

OH
|
H   OH
 \   /
  C—C
H₃C   H
|
Co
H₂O

OH OH
H   H
 \   /
  C—C
 /   \
H   H
|
O Adenin
5'CH₂
|
Co

³CH₃—²CH₂—¹CHO
Propionaldehyd
(³H gebunden an C-2
und C-1)

5'-Desoxyadenosylcobalamin
(³H gebunden an C-5')

5'-Desoxyadenosylcobalamin. Abb. 2. Mechanismus der
Wirkung von 5'-Desoxyadenosylcobalamin als Cofaktor
der Propandiol-Dehydratase (EC 4.2.1.28). Bei diesem
Mechanismus wandert ³H vom C1 des Substrats zum C2
des Substrats und zum C5' des Cofaktors. Das gleiche
Enzym dehydratisiert Ethylenglycol zu Acetaldehyd.

benachbarten Purinen und Pyrimidinen, unter Bildung von 5'-Phospodi- oder -oligonucleotiden.

Zur Aktivität wird ein zweiwertiges Kation benötigt (ein Bedarf, den die DNase I mit allen anderen
Enzymen gemein hat, die die Phosphorylübertra-
gung katalysieren); für *in-vitro*-Untersuchungen
wird normalerweise Ca^{2+} verwendet, *in vivo* ist
jedoch Mg^{2+} möglicherweise wichtiger. Röntgenstrukturuntersuchungen zeigen, dass das zweiwertige Kation in der Nähe der gespaltenen Phosphodiesterbindung gebunden vorliegt, die sich
ebenfalls in unmittelbarer Nähe von Glu_{75}, His_{131}
und einem gebundenen Wassermolekül befindet
und auf diese Weise eine Glu-His-H₂O-Triade bildet
(Abb.). Diese Triade erinnert stark an das ↗ *Protonenrelais* in Chymotrypsin und anderen Serinproteasen.

Die DNase I wird in Laborexperimenten eingesetzt, bei denen zwischen DNA-Bereichen unterschieden wird, die an spezifische Proteine gebunden sind (und deshalb durch diese geschützt

Desoxyribonuclease I. Katalyse der Phosphodiesterspaltung durch das Protonenrelais der DNase I. Durch die Übertragung eines Protons vom Wasser auf His_{131} entsteht auf der Imidazolseitenkette eine positive Ladung, die durch die negative Ladung der Carboxylgruppe von Glu_{75} stabilisiert wird. Das Hydroxidion greift das P-Atom an und es bildet sich eine fünfbindige Zwischenstufe, die durch elektrostatische Wechselwirkung des negativ geladenen O-Atoms mit dem zweiwertigen Kation stabilisiert wird. Durch den nachfolgenden Abgang der 3'-OH-Gruppe wird der DNA-Strang gespalten und es bleibt eine endständige 5'-Phosphatgruppe zurück.

werden) und solchen, die diese Bindung nicht aufweisen (↗ *Footprinting*). DNase I bildet mit G-Actin einen 1 : 1-Komplex (weshalb Actin ein natürlicher und spezifischer Inhibitor der DNase I ist), der zusammen mit einem Ca^{2+}-Ion und einem Molekül ATP oder ADP kristallisiert werden kann.

Ähnliche Enzyme, die aus anderen Quellen stammen, sind: Streptokokken-DNase (Streptodornase), *E.-coli*-Endonuclease, das „Nicking"-Enzym aus Kalbsthymus, T_4-Endonuclease II, T_7-Endonuclease II, die Colicine E_2 und E_3.

Desoxyribonuclease II, *DNase II, Pankreas-DNase II, saure DNase, Rinderthymus-saure-DNase, Milz-saure-DNase* (EC 3.1.22.1), ein monomeres Enzym (M_r 31 kDa), das die endonucleolytische Spaltung doppelsträngiger DNA in 3'-Phosphomononucleotide und 3'-Phosphooligonucleotide katalysiert. Die ersten definitiven Untersuchungen wurden mit dem Enzym aus Schweinemilz durchgeführt, das einfach als Schweinemilzenzym (engl. *hog-spleen enzyme*) bekannt wurde. Das Enzym (bzw. Enzyme mit besonders ähnlichen Eigenschaften) ist jedoch in Tierzellen weit verbreitet, z.B. im menschlichen Pankreas, Thymus, Leber, Magenschleimhaut und Zervix, ebenso wie in Krabben-, Schlangen- und Lachshoden. Obwohl die optimale Aktivität im pH-Bereich 4–5 liegt, ist dieses Optimum nicht scharf ausgeprägt und es kann sogar bei neutralem pH-Wert eine beachtliche Aktivität erhalten werden.

Es wird allgemein angenommen, dass das Enzym ausschließlich in den Lysosomen lokalisiert ist, wenngleich manche Autoren behaupten, dass ein kleiner Teil (ca. 10 %) der gesamten zellulären Aktivität im Kern ansässig ist. Es ist nicht zweifelsfrei bewiesen, dass die nucleare Aktivität keine Kontamination ist bzw. dass die lysosomalen und

nuclearen Enzyme identisch sind. Auf jeden Fall ist die berichtete 2–7fache Erhöhung der nuclearen DNase-II-Aktivität in der S-Phase synchronisierter HeLa-Zellen interessant, da sie die Vermutung nahe legt, dass das Enzym am zellulären Kernstoffwechsel beteiligt ist.

Ein natürlicher Proteininhibitor der DNase II, der ursprünglich in der Mausleber entdeckt wurde, wurde aus Rinderleber bis zur Homogenität gereinigt (durch Affinitätschromatographie mit Hilfe immobilisierter DNase II). Der Inhibitor ist ein basisches monomeres Protein (M_r 21,5 kDa), das mit der DNase II einen 1 : 1-Komplex bildet und einen s-förmigen Verlauf im Diagramm der Enzymaktivität gegen die Substratkonzentration hervorruft. [G. Bernadi in *The Enzymes*, P.D.Boyer (Hrsg.), **IV** (1971), 271–287, Academic Press; D. Kowalski u. M. Laskoski, Sr. in *Handbook of Biochemistry and Molecular Biology*, 3. Ausgabe, G.D. Frasman (Hrsg.) *Nucleic Acid* **II**, 491–535; H. Sierakowska u. D. Shugar in *Progess in Nucleic Acid Research and Molecular Biology*, W.E. Cohn (Hrsg.), **20**, 50–131, Academic Press, 1977]

Desoxyribonucleinsäuren, *DNA*, aus Desoxyribonucleotiden aufgebautes Biopolymer, das in allen lebenden Zellen und vielen Viren vorkommt. DNA ist der Träger der genetischen Information, die durch identische Replikation der DNA-Moleküle bei der Zellteilung an die Tochterzellen weitergegeben wird.

Struktur. Jede Mononucleotideinheit des DNA-Polymers besteht aus phosphorylierter 2-Desoxyribose, die mit einer der vier Basen Adenin, Guanin, Cytosin oder Thymin (Abk. A, G, C oder T) *N*-glycosidisch verknüpft ist. In DNA höherer Organismen ist Cytosin teilweise durch 5-Methylcytosin, in Phagen-DNA teilweise durch 5-Hydroxymethylcytosin ersetzt. Zur Struktur der Basen ↗ *Nucleoside*. Die Verknüpfung der Mononucleotide zu einer linearen Polynucleotidkette erfolgt über 3',5'-Phosphodiesterbrücken (↗ *Nucleinsäuren*, ↗ *Phosphodiester*). Die prozentualen Anteile der vier Basen der DNA können in verschiedenen Organismen sehr unterschiedlich sein. So enthält die DNA des Tuberkelbazillus 18 % A, die aus Kalbsthymus 30 % A. Jedoch ist die Anzahl an A immer gleich der an T und die Anzahl an G immer gleich der an C (↗ *GC-Gehalt*). Dieses Ergebnis und die Resultate von Röntgenstrukturanalysen (Wilkins und Franklin) haben zur Aufstellung des *Watson-Crick-Modells* geführt, das die Struktur der DNA als *Doppelhelix* erklärt [*Nature* **171** (1953) 737]. Diese Erkenntnis der DNA-Struktur bedeutete eine Revolution der Biowissenschaften, da erst hierdurch erklärt werden konnte, wie die DNA der Träger der genetischen Information sein kann. Dem Watson-Crick-Modell zufolge besteht das DNA-Molekül aus zwei komplementären, aber nicht identischen Polynucleotideinzelsträngen, die sich spiralförmig um eine gemeinsame imaginäre Achse winden. Die beiden Spiralbänder bestehen aus Zucker-Phosphat-Ketten, von denen die Basen in unregelmäßiger Folge, aber in regelmäßigen Abständen in das Innere der Doppelhelix hineinragen. Die beiden Stränge werden durch Wasserstoffbrücken zwischen den Basen der Einzelstränge verbunden. Damit die Stränge in der Helix zusammenpassen, muss einem Purin in einem Strang ein Pyrimidin im anderen Strang gegenüberliegen. Wasserstoffbrückenbindungen können sich (bei Beschränkung auf die Doppelhelix) nur zwischen Adenin und Thymin (A-T) oder Guanin und Cytosin (G-C) ausbilden, so dass die Basensequenz entlang eines Strangs die Sequenz des anderen Strangs bestimmt (↗ *Basenpaarung*). Die genetische Information ist in der Basensequenz der DNA codiert (↗ *genetischer Code*). Die beiden Stränge verlaufen antiparallel, d.h. dass die Phosphatdiester zwischen den Desoxyribo-

seeinheiten in einer Kette von 3' nach 5' gelesen werden und in der anderen von 5' nach 3'. Bei den meisten Organismen wird nur einer der beiden Stränge (der Matrizenstrang, nichtcodierende Strang, Sinnstrang, codogene Strang) transcribiert, während der komplementäre Nichtmatrizenstrang (codierende Strang, Antisinnstrang, nichtcodogene Strang) nicht transcribiert wird. Die Nomenklatur dieser komplementären Stränge wird im Stichwort ↗ *Nomenklaturkonventionen* erklärt.

Die Doppelhelix ist nicht völlig symmetrisch. Sie lässt eine breite und eine schmale Furche erkennen, die sich zwischen den Zucker-Phosphat-Ketten der übereinanderliegenden Windungen ausbilden und die für die Replikations- und Transcriptionsvorgänge an der DNA wichtige sterische Voraussetzungen schaffen (Abb.).

Diese rechtsgängige Doppelhelix mit zehn Basenpaaren je Helixwindung wird *B-DNA* genannt. Sie stellt vermutlich eine gute Näherung für die Struktur der entspannten DNA dar. Die DNA ist ein dy-

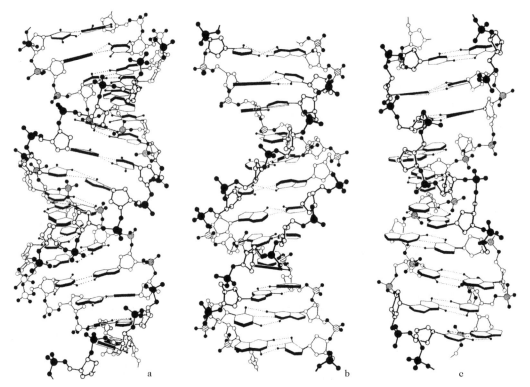

Desoxyribonucleinsäure. Drei Typen der DNA-Doppelhelix. **a:** Die Form der **A-DNA** ergibt sich aus der Verlängerung der Struktur der mittleren sechs Basen im Oktamer GGTATACC, dessen Kristallstruktur bestimmt wurde. **b: B-DNA** bildet sich durch Wiederholung der mittleren zehn Basenpaare des Dodekamers CGCGAATTCGCG, vgl. auch Farbtafel VIII, Abb. 3. **c: Z-DNA** ist eine linksgängige Helix aus alternierenden Guanin- und Cytosinresten; die Struktur wurde durch Verlängerung der mittleren vier Basenpaare von CGCGCG generiert.
Die Wasserstoffatome werden nicht gezeigt. Die Basen werden als Plättchen mit schwarzen Seiten dargestellt. Alle Sauerstoffatome, die an Phosphor gebunden sind, sind schwarz gezeichnet. Die Phosphoratome sind schwarz (vor der Helix) oder gestreift (hinter der Helix) dargestellt. Die Kohlenstoff- und Ringsauerstoffatome der Desoxyribose werden durch Kreise repräsentiert. Die Dimensionen dieser Molekülstrukturen sind in der Tabelle aufgelistet.

Desoxyribonucleinsäure. Tab. 1. Vergleich der B-, A- und Z-DNA.

	B-DNA	A-DNA	Z-DNA
Drehsinn der Helix	rechts	rechts	links
Reste je Windung	10,4	10,9	12,0
Durchmesser der Helix [nm]	2,37	2,55	1,84
Abstand zwischen benachbarten Basenpaaren entlang der Achse (= Anstieg je Rest [nm])	0,34	0,29	G-C 0,35 C-G 0,41
Länge einer Helixwindung (= Helixanstieg [nm])	3,4	3,2	4,5
Rotation benachbarter Basenpaare relativ zueinander (= helicale Verdrehung), (mittlerer und beobachteter Bereich)	$36°$ $(16\text{-}44°)$	$33°$ $(28\text{-}42°)$	G-C $51°$ C-G $8,5°$
Propellerverdrehung	$11,7 \pm 4,8°$	$15,4 \pm 6,2°$	$4,4 \pm 2,8°$
relative Basenneigung (zu den Nachbarbasen)	$-1,0 \pm 5,5°$	$5,9 \pm 4,7°$	$3,4 \pm 2,1°$
Basenneigung (zu der Helixachse)	$-2,0 \pm 4,6°$	$13,0 \pm 1,9°$	$8,8 \pm 0,7°$

namisches Molekül, dessen verschiedene Konformationen miteinander im Gleichgewicht stehen. Dieses Gleichgewicht wird beeinflusst durch die Nucleotidsequenz, die Ionenstärke, die Umgebung, die Gegenwart von Proteinen (z.B. ↗ *Histone* und andere ↗ *DNA-bindende Proteine*) und dem Ausmaß an topologischer Spannung, unter der das Molekül steht.

Das DNA-Fragment d(CpGpCpGpCpGp) kristallisiert als linksgängige Doppelhelix [A. Wang et al. *Nature* **282** (1979) 680–686]. Diese Struktur ist als *Z-DNA* bekannt, da eine imaginäre Linie, die die Phosphatgruppen rund um die äußere Oberfläche verbindet, eine Zick-Zack-Linie beschreibt. (In der B-DNA folgen die Phosphatgruppen einer glatten Spirale, Abb.). Die beiden Stränge der Z-DNA verlaufen antiparallel und komplementäre Basen werden wie bei der B-DNA durch Wasserstoffbrückenbindungen verbunden. Die Orientierung der Basen zum Rückgrat des Moleküls unterscheidet sich jedoch von der in der rechtsgängigen B-DNA. In der Z-DNA befinden sich die flachen Ebenen der Basenringsysteme in einem Winkel von ungefähr $90°$ zur Längsachse des Moleküls und sind parallel zueinander angeordnet. Im Vergleich zu den Basen der B-DNA sind sie jedoch um $180°$ gedreht. Im Fall des Guanins geschieht dies durch Rotation um die glycosidische Bindung, so dass die Guaninreste in *syn*-Konfiguration vorliegen. Im Fall des Cytosins sind sowohl die Base als auch die Desoxyribose rotiert, so dass die Cytosinreste in der *anti*-Konfiguration verbleiben. Daraus ergibt sich eine alternierende Orientierung benachbarter Zucker: das O1' des dG zeigt nach unten, das O1' des dC nach oben. Aus diesem Grund besteht die Wiederholungseinheit der Z-DNA aus einem Dinucleotid (Mononucleotid in der B-DNA). Für weitere Vergleiche s. die Tabelle.

Ein dritter Helixtyp wird bei Röntgenstrukturuntersuchungen von DNA in relativ wasserarmen Lösungen (75 %) beobachtet. Die *A-DNA* ist rechtsgängig wie die B-DNA, es liegen jedoch elf Basenpaare je Helixwindung vor, die in Bezug auf die Ebene senkrecht zur Helixachse um $13°$ geneigt sind. Im Gegensatz zur B-DNA besitzt die A-DNA eine sehr tiefe große Furche. Da die 2'-OH-Gruppe des Riboseteils der RNA die RNA daran hindert, eine B-Konformation anzunehmen, nimmt man an, dass DNA-RNA-Hybride die A-Konformation einnehmen.

Die mittleren Helixparameter der drei DNA-Formen sind in der Tabelle aufgeführt.

Die „Propellerverdrehung" (engl. *propeller twist*) eines Basenpaares ist der Winkel zwischen den Ebenen dieser beiden Basen. (Man sollte sich die „Sprosse" der DNA-Leiter eher in Form eines zweiflügeligen Propellers als in Form eines flachen Bretts vorstellen). Die Neigung der Basen (engl. *base inclination*) und die Neigung der Basenpaare bezogen auf ihre Nachbarbasen (engl. *base roll*) bezieht sich auf die Durchschnittsebene des Basenpaares. Die Basenneigung ist der Winkel zwischen dieser Durchschnittsebene und der Ebene senkrecht zur Helixachse, während die relative Neigung der Winkel zwischen zwei aufeinanderfolgenden Basenpaaren ist. Die Standardabweichungen für die Propellerverdrehung, die relative Neigung und die Basenneigung gegen die Helixachse können der Tabelle entnommen werden. Sie sind vermutlich auf sterische Wechselwirkungen zwischen den Basen zurückzuführen. Manche Kombinationen können enger gepackt werden als andere. Die Van-der-Waals-Anziehungskraft zwischen den Basen stellt sicher, dass jedes Paar so fest wie möglich gebunden wird. Die Variationen der Helixparameter sind deshalb auf die Basensequenz zurückzuführen. Diese kann vermutlich durch solche Proteine erkannt werden, deren Funktion die Erkennung spezifischer Sequenzen erfordert.

Die Achse der B-DNA verläuft durch die Basenpaare, während die Achse der Z-DNA praktisch leer ist und sich eine einzelne, tiefe, enge Furche in das Zentrum des Z-DNA-Moleküls ausdehnt. Ein Teil des Imidazolrings des Guanins ist auf der äußeren konvexen Oberfläche des Z-DNA-Moleküls exponiert. Auf diese Weise gleicht die Helix der Z-DNA einem Materialband, bei dem ein gezackter Saum aus Phosphatgruppen um eine imaginäre zentrale Achse gewunden ist. In Lösung existiert poly(dG-dC)(dG-dC) in der B- oder Z-Konformation. Die gegenseitige Umwandlung dieser beiden Formen ineinander kann mit Hilfe der Inversion des Circulardichroismusspektrums des Moleküls gemessen werden [R.M. Pohl u. T.M. Jovin *J. Mol. Biol.* **67** (1972) 375–396]. B-DNA und Z-DNA sind immunologisch verschieden. So konnte durch die Verwendung spezifischer Antikörper gezeigt werden, dass das negativ superspiralisierte Plasmid pBR322 einen Sequenzbereich enthält, der eine linksgängige Z-DNA-Sequenz bildet: d(CpApCpGpGpGpTpGp-CpGpCpApTpGp) [A. Nordheim et al. *Cell* **31** (1982) 309–318]. Die Z-Konformation ist demzufolge nicht auf poly(dGdC) beschränkt. In diesem Fall ist die Bildung der Z-Struktur begünstigt, weil sie die Spannung freisetzt, die durch die Superspiralisierung hervorgerufen wird. Sowohl B- als auch Z-DNA existieren möglicherweise als Familien eng verwandter Strukturen, deren Mitglieder sich durch leichte Modifikationen der Konformation unterscheiden. Zwei solcher Konformationen der Z-DNA (Z_1 und Z_{II}) wurden beschrieben.

Abweichend von diesem Modell kommt in einigen Viren DNA als einsträngiges, gewundenes Molekül vor. Einzelstrang- wie Doppelstrang-DNA können als ringförmige Moleküle auftreten (Bakterien, Mitochondrien). Die Ringe können durch Ausbildung tertiärer Windungen in sich verdrillt sein (Superhelices, hyper-gewundene Konfiguration). Die Zahl dieser Superspiralwindungen je DNA-Molekül ist eine Funktion der Molekülgröße (33–44 für mitochondriale DNA). ↗ *Superhelix.*

Im Zusammenhang mit Konformationsuntersuchungen doppelsträngiger DNA kamen Cyriax und Gäth 1978 zu der Schlussfolgerung, dass Übergänge zwischen der doppelhelicalen DNA und nichtgewundenen Strukturen möglich sind. Die nichtgewundene Übergangskonformation wurde als *cis-Leiter-Konformation* bezeichnet, da sich die Zuckerphosphatketten in *cis*-ähnlicher Stellung zu den Basenpaaren befinden, die wie Leitersprossen angeordnet sind. Ohne Erzeugung innerer Spannungen im Molekül können sich DNA-Stränge aus der *cis*-Leiter-Konformation in andere Konformationen einschließlich der helicalen Struktur überführen lassen und umgekehrt. Das *cis*-Leiter-Modell kann als Übergangskonformation aus der Doppelhelix zur Einzelstrangstruktur, aber auch zu anderen hochgeordneten Strukturen betrachtet werden. Das Molekulargewicht der DNA ist schwer zu bestimmen, da das Molekül während der Extraktion leicht auseinander bricht. Das höchste gemessene M_r beträgt $1 \cdot 10^9$ Da (ungefähr $2 \cdot 10^6$ Basenpaare), aber das berechnete M_r von E.-*coli*-DNA beträgt $2,8 \cdot 10^9$ Da (3–$4 \cdot 10^6$ Basenpaare). (Das ringförmige Molekül der E.-*coli.*-DNA wurde im Elektronenmikroskop photographiert.) Die gemessenen M_r für Säugetier-DNA sind viel kleiner (10^8 Da), was vermutlich die Schwierigkeit widerspiegelt, die DNA von chromosomalen Proteinen zu befreien, ohne sie zu beschädigen. Es gibt genetische Hinweise, dass die DNA eines einzigen Chromosoms eine riesengroße Kette ist, die 10–20mal so groß ist wie die E.-*coli*-DNA. Die E.-*coli*-DNA ist etwa 1.000 µm lang, während die Länge der mitochondrialen DNA etwa 50 µm beträgt.

Prokaryontische DNA ist in Form riesiger Ringe an die Membran gebunden. Gelegentlich enthalten die Zellen auch kleinere Fragmente, die sog. ↗ *Plasmide* oder Episomen. Bei Eukaryonten ist die DNA zu etwa 95 % im Zellkern lokalisiert und an spezifische Proteine gebunden (↗ *Chromatin*). Diese Nucleoproteine sind die Grundsubstanz der Chromosomen. Mitochondrien und Chloroplasten enthalten ebenfalls DNA (extrachromosomale DNA). Mitochondriale DNA macht etwa 1–2 % der Gesamt-DNA der Zelle aus, Chloroplasten-DNA bis zu 5 %. Der Gesamt-DNA-Gehalt der Zelle ist bei verschiedenen Organismen unterschiedlich, innerhalb eines Organismus jedoch in den verschiedenen Geweben gleich (die Keimzellen diploider Organismen enthalten nur 50 % der DNA von Körperzellen).

Die verschiedenen DNA-Arten einer Zelle können aufgrund der unterschiedlichen Basenzusammensetzung (*GC-Gehalt*) und Größe durch Zentrifugation in CsCl-Gradienten voneinander getrennt werden. Die Dichte (Schwimmdichte, als g CsCl/cm^3 angegeben) wird zur Charakterisierung der DNA herangezogen (z.B. Mäuseleber: Kern-DNA 1,702; ↗ *Satelliten-DNA* 1,691; Mitochondrien-DNA 1,701. *Euglena*: Kern-DNA 1,707; Mitochondrien-DNA 1,691; Chloroplasten-DNA 1,686).

In Bakterien und Blaualgen, die keinen Zellkern haben, ist die ringförmige DNA in Kernäquivalenten (Bakterienchromosom) lokalisiert und darüber hinaus in extrachromosomalen Komponenten, den *Plasmiden* bzw. Episomen.

DNA-Stoffwechsel. Die Verdopplung der DNA-Moleküle als wesentliche Voraussetzung der Weitergabe der genetischen Information, erfolgt in einem komplizierten Prozess, an dem eine Vielzahl von Enzymen beteiligt sind und der als ↗ *Replikation* bezeichnet wird.

Der Abbau von DNA findet in lebenden Zellen normalerweise nicht statt (aber ↗ *Apoptose*), es gibt jedoch verschiedene Enzyme in Geweben, die die DNA von toten oder zerstörten Zellen abbauen (↗ *Nucleasen,* ↗ *Desoxyribonuclease* I+II, ↗ *Phosphodiesterase*). Wenn Bakteriophagen in Bakterienzellen eindringen, produzieren sie Nucleasen, die die Wirts-DNA abbauen. (Die DNA einiger Bakterien enthält eine signifikante Anzahl an methylierten Basen, z.B. 5-Methylcytosin und 6-Methyladenin, die die DNA anscheinend vor dem Abbau durch Viren schützen. Die geradzahligen T-Bakteriophagen, die *E. coli* angreifen, enthalten Hydroxymethylcytosin anstelle von Cytosin, wodurch die DNA vor der eigenen Desoxyribonuclease geschützt wird.) Im Labor kann die DNA durch Säurehydrolyse abgebaut werden. Durch starke Säure wird sie vollständig in Phosphat, Basen und Desoxyribose gespalten. Unter milderen Bedingungen kann sie zu Nucleotiden und Nucleosiden abgebaut werden.

Biologische Bedeutung. Die Information für die Synthese von Zellproteinen ist in der Basensequenz ihrer DNA enthalten (*genetischer Code*). Dies wurde mit Hilfe von Experimenten zur ↗ *Transformation* und ↗ *Transduktion* sowie durch das Aufdecken der Rolle der Phagen-DNA (↗ *Phagenentwicklung*) direkt bewiesen. Andere DNA-Segmente codieren nicht für Proteine oder andere zelluläre RNA (tRNA, rRNA), regulieren jedoch deren Expression (↗ *Operon,* ↗ *Intron,* DNA-*bindende Proteine*). ↗ *DNA-Reparatur.*

Desoxyribonucleotide, ↗ *Nucleotide.*

2-Desoxy-D-ribose, eine Pentose, der eine Hydroxylgruppe fehlt; M_r 134,13 Da; α-Form: F. 82 °C, $[\alpha]_D$ –58 ° (Wasser); β-Form: F. 98 °C, $[\alpha]_D^{20}$ –91 °→–58 ° (Wasser), Abb. Die 2-Desoxy-D-ribose ist der Kohlenhydratbestandteil der ↗ *Desoxyribonucleinsäuren* (DNA).

2-Desoxy-D-ribose. β-2-Desoxy-D-ribose.

Desoxyribosephosphate, phosphorylierte Derivate der Desoxypentose 2-Desoxy-D-ribose. Sie entstehen im Stoffwechsel durch Reduktion aus Ribosephosphaten. Die Reaktion vollzieht sich während der Nucleotidsynthese. Bekannt ist die enzymatische Reduktion von Cytidindiphosphat zu Desoxycytidindiphosphat durch zwei Enzyme von *Escherichia coli.* Desoxyribose-5- und Desoxyribose-1-phosphat stehen durch das Enzym Phosphodesoxyribo-Mutase (EC 2.7.5.6) im Gleichgewicht.

Desoxyribosyltransferasen, Enzyme, die die Übertragung von Desoxyribose von Purin- und Pyrimidindesoxyribosiden auf freie Basen unter Synthese von Desoxynucleosiden katalysieren.

Desoxyribotid, ↗ *Nucleotide.*

Desoxyribozyme, Syn. für ↗ *DNA-Enzyme.*

Desoxythymidin, ↗ *Thymidin.*

Desoxythymidin-5'-diphosphat, Syn. für Thymidin-5'-diphosphat, ↗ *Thymidinphosphate.*

Desoxythymidin-5'-monophosphat, Syn. für Thymidin-5'-monophosphat, ↗ *Thymidinphosphate.*

Desoxythymidin-5'-triphosphat, Syn. für Thymidin-5'-triphosphat, ↗ *Thymidinphosphate.*

Desoxythymidylsäure, Syn. für Thymidin-5'-monophosphat, ↗ *Thymidinphosphate.*

1-Desoxy-D-xylulosephosphat-Biosyntheseweg, *DOXP-Weg,* ein zweiter, mevalonatunabhängiger Biosyntheseweg für Isopentenylpyrophosphat (IPP), Isoprenoide, Phythol, Carotinoide und Plastochinon. Dieser Syntheseweg wurde in den Chloroplasten höherer Pflanzen, in Grünalgen (*Chlorella, Scenedesmus, Chlamydomonas*) und in einigen photosynthetischen Organismen (*Synechocystis*) durch ^{13}C-Markierung und NMR-Spektroskopie nachgewiesen. Die Sterine, deren Biosynthese bei Pflanzen im Cytosol erfolgt, werden dagegen über den Acetat/Mevanolat-Weg (↗ *Terpene*) gebildet. Im ersten Schritt des DOXP werden Pyruvat und Glycerinaldehyd-3-phosphat in einer Transketolasereaktion, katalysiert durch 1-Desoxy-D-xylulose-5-phosphat-Synthase, zu 1-Desoxy-D-xylulose-5-phosphat umgesetzt (Abb.). Im weiteren Verlauf der IPP-Bildung findet eine C-C-Umlagerung statt, deren Mechanismus jedoch noch nicht bekannt ist. [H.K. Lichtenthaler, M. Rohmer u. J. Schwender *Physiol. Plant* **110** (1997) 643–652]

1-Desoxy-D-xylulosephosphat-Biosyntheseweg

Desoxyzucker, Monosaccharide, bei denen eine oder mehrere Hydroxylgruppen durch Wasserstoff ersetzt sind. Man unterscheidet zwischen D. mit endständiger Methylgruppe, z.B. die 6-Desoxyhexosen L-Fucose und L-Rhamnose, und D. mit mittelständiger Methylengruppe, zu denen der wichtige DNA-Baustein 2-Desoxy-D-ribose gehört. D. sind vielfach Bestandteil von Glycosiden, z.B. die D-Digitoxose als Zuckerkomponente vieler Digitalisglycoside.

Destruxine, aus *Metarrhizium anisopliae* und *Oospora destructor* (*Hyphomycetes*) isolierte zyklische Depsipeptide. Die D. gehören zu den Peptidinsektiziden.

Desulfurase, ↗ *Desulfurikation*.

Desulfurikanten, anaerobe Bakterien der Gattungen *Desulfovibrio* und *Desulfotomaculum*, deren ↗ *Sulfatatmung* einen Beitrag zur ↗ *Desulfurikation* leistet. Wichtigster Vertreter ist *Desulfovibrio desulfuricans*. *Desulfovibrio* soll für die Schwefelwasserstoff- bzw. Sulfidbildung im Schwarzen Meer verantwortlich sein.

Desulfurikation, die Fähigkeit einiger obligat anaerober Mikroorganismen (*Desulfurikanten*), Elektronen auf Sulfat zu übertragen und damit Substrate auch ohne molekularen Sauerstoff weitgehend oxidieren zu können (↗ *Sulfatatmung*).

Detergenzienabbau, ein Prozess, bei dem Mikroorganismen synthetische Detergenzien verdauen und sie damit aus der Umwelt entfernen. Unverzweigte Kohlenwasserstoffketten können abgebaut werden, während Verbindungen mit verzweigten Ketten dem Abbau widerstehen. Man kann also bioabbaubare Detergenzien entwerfen.

Detoxikation, die Entgiftung von Pharmaka im Organismus durch ↗ *Biotransformation* und beschleunigte Elimination.

DETPP, ↗ *Thiaminpyrophosphat*.

Dexamethason, *9α-Fluor-16α-methyl-prednisolon*, *9α-Fluor-16α-methyl-11β,17,21-trihydroxy-pregna-1,4-dien-3,20-dion* (Abb.), ein von dem Nebennierenrindenhormon Cortisol abgeleitetes, synthetisches, fluorhaltiges Pregnanderivat (↗ *Steroide*) von hoher entzündungshemmender Wirkung und geringer mineralocorticoider Nebenwirkung. Es wird als Heilmittel gegen Arthritis eingesetzt. D. wird aus Cortisol synthetisiert.

Dexamethason

Dextranase, *1→6-α-D-Glucan-6-glucano-Hydrolase*, eine Hydrolase, die die Endohydrolyse von α-

1→6-glycosidischen Bindungen in den ↗ *Dextranen* katalysiert. Das Enzym wird u.a. von verschiedenen *Penicillium*-Arten gebildet. Neben Dextran ist auch Isomaltosedipalmitat ein guter Induktor der D. Das Enzym wird als Zahnpastazusatz zur Kariesprophylaxe empfohlen.

Dextrane, von bestimmten Mikroorganismen gebildete schleimartige hochmolekulare Polysaccharide. D. sind α-glycosidisch in 1→6-Bindung, häufig auch in 1→4- und 1→3-Verknüpfung, aus D-Glucose aufgebaut. Das M_r beträgt einige Millionen. Der kolloidosmotische Druck von D. mit einem M_r von 75 kDa entspricht dem des Bluts, daher dienen sie als Blutplasmaersatzmittel. Sie werden durch gelenkte mikrobielle Synthese oder durch partielle Hydrolyse höher molekularer D. gewonnen. Die Darstellung von D. erfolgt vorwiegend durch Kultivierung von Milchsäurebakterien *Leuconostoc mesenteroides* und *Leuconostoc dextranicum* auf saccharosehaltigen Nährmedien unter anaeroben Bedingungen. D. sind Ausgangsmaterial für die als Molekularsiebe eingesetzten ↗ *Dextran-Gele*.

Dextran-Gele, ein aus Dextran (↗ *Dextrane*) bestehendes poröses Gel, das mit Epichlorhydrin (Sephadex®) bzw. N,N-Methylenbisacrylamid (Sephacryl®) dreidimensional vernetzt ist, und in der Gel-Chromatographie als Trennmedium verwendet wird. Die Porengröße ist vom Vernetzungsgrad abhängig. D. sind hydrophil und weitgehend indifferent gegenüber Ionen. Sie eignen sich – nach Einbau kovalent fixierter Ionenaustauschgruppen (z.B. Carboxymethyl-, Diethylaminoethyl-, Sulfonat-Reste) – auch gut als Matrix für ↗ *Ionenaustauscher*. Druckstabile D. finden breite Anwendung in der industriellen Chromatographie zur Anreicherung bzw. Reinigung von Proteinen.

Dextrine, wasserlösliche Abbauprodukte der Stärke unterschiedlicher Molekülgröße. Nach ihrer Farbreaktion mit Iod unterscheidet man *Amylodextrine* (blaue Iodreaktion), *Erythrodextrine* (rote Iodreaktion) und niedermolare *Achroodextrine*, die keine Farbreaktion mit Iod geben. Beim Rösten trockener Stärke bei 160–200 °C erhält man die *Röstdextrine*, beim Erhitzen von Stärke mit 3 %iger Salz- oder Salpetersäure entstehen die *Säuredextrine*. *Schardingerdextrine* werden bei Einwirkung von *Bacillus macerans* auf Stärke gebildet. Sie sind ringförmig aus 6–8 α-1→4-glycosidisch verknüpften Glucoseeinheiten aufgebaut, die je nach Ringgröße als α-, β- oder γ- D. bezeichnet werden. D. (insbesondere *Britisches Gummi, Stärkegummi* bzw. *Gommelin*, die durch Rösten der Stärke entstehen) werden für Trockenextrakte und Pillen, Emulgatoren, Verdickungsmittel für Fabrikfarbstoffe, Drucktinten, Klebstoffe, Streichhölzer, Feuerwerkskörper und Explosivstoffe verwendet.

Dextrin-6-α-D-Glucanohydrolase, *oligo-1→6-Glu-cosidase* (EC 3.2.1.10), eine Glucosidase, die im Verdauungssaft des Dünndarms vorhanden ist und früher als Grenzdextrinase bzw. Isomaltase bezeichnet wurde. Das Enzym hydrolysiert spezifisch die α-1→6-Bindungen der Isomaltose und von Oligosacchariden, die durch die Wirkung von α-Amylase auf Stärke und Glycogen entstehen. Hydrolyseprodukte sind Glucose, Maltose und unverzweigte Oligosaccharide, die durch α-Amylase weiter abgebaut werden können.

Dextrose, ↗ *D-Glucose*.

DH, Abk. für ↗ *Diapausehormon*.

DHF, Abk. für <u>D</u>ihydro<u>f</u>olsäure, ↗ *Tetrahydrofolsäure*.

Diabetes mellitus, eine Krankheit, die durch das teilweise oder vollständige Fehlen von ↗ *Insulin*, bzw. durch eine verringerte Anzahl oder verminderte Sensitivität der zellulären Insulinrezeptoren verursacht wird. D. m. ist neben der Fettleibigkeit die am häufigsten vorkommende endokrine Krankheit (mindestens 1% der Bevölkerung von Europa und Nordamerika).

Insulin reguliert die Aufnahme von Blutglucose, Ionen und anderen Substanzen in die Zellen. Bei D. m. kommen sehr hohe Blutglucosespiegel (8–60 mM) vor, mit der Folge, dass Glucose über die Niere verloren geht. D. m. wird am Ausscheiden von süßem Harn in erhöhter Menge erkannt. Bei unbehandeltem D. m. metabolisieren die Mukeln und die Leber, die aus dem hyperglycämischen Blut keine Glucose aufnehmen können, Proteine und Fette. Als Resultat entstehen Abbauprodukte, die denen ähneln, die im Hungerzustand entstehen. Es sind zwei Arten von D. m. bekannt, eine, die im jugendlichen Alter (Typ I) und eine, die im Erwachsenenalter ausbricht (Typ II). Die Neigung zum Typ I ist angeboren. Das Gen bzw. die Gene sind auf dem Haupthistokompatibilitätskomplex lokalisiert. Bei Vorliegen von *Typ-I-D. m.* sind die Langerhansschen Inseln zerstört. Aufgrund der massiven Infiltration durch Lymphocyten nimmt man an, dass es sich um eine Autoimmunkrankheit handelt. Experimentell hervorgerufener Alloxan-D. m. ahmt diese Bedingung nach, da Alloxan bevorzugt die β-Zellen des Pankreas zerstört.

Typ-II-D. m. korreliert streng mit Fettleibigkeit und kann sich durch nachlassende Aktivität der Insulinrezeptoren der Zellmembranen entwickeln.

Leichter D. m. kann durch Diät reguliert werden, bei schweren Fällen muss jedoch Insulin injiziert werden. Bis zur Entdeckung des Insulins Anfang dieses Jahrhunderts war schwerer D. m. tödlich. Leichter D. m. ist von einer Reihe von Nebeneffekten begleitet, einschließlich Schädigung der Netzhautkapillaren, Linsentrübung, Schrumpfen und Entmarkung neuronaler Axone, was zu motori-scher, sensorischer und autonomer Funktionsstörung, Arteriosklerose und Nierenerkrankung führt. Die Schwere dieser Nebeneffekte ist direkt mit dem Grad, mit dem die Blutglucose den normalen Spiegel überschreitet, korreliert. [M. Bliss *The Discovery of Insulin*, University of Chicago Press, 1982; M. Brownlee u.a. Cerami *Ann. Rev. Biochem.* **50** (1981) 385–432; M. Hattori et al. *Science* **231** (1986) 733–736]

Diacetsäure, ↗ *Acetessigsäure*.

Diacetyl, *Butan-2,3-dion*, CH_3-CO-CO-CH_3, ein Diketon, das als Nebenprodukt des Kohlenhydratabbaus auftritt (F. –3 °C, Sdp. 88,8 °C). D. ist der charakteristische Bestandteil des Butteraromas und wurde in zahlreichen biologischen Materialien nachgewiesen. Bei Gärungen kann Diacetyl aus Acetoin, das bei der Decarboxylierung von Pyruvat entstehen kann, mittels Acetoin-Dehydrogenase gebildet werden. In Mikroorganismen ist ein alternativer Weg bekannt, bei dem aktiver Acetaldehyd mit Acetyl-Coenzym A direkt zum D. reagiert. Über die Wiedereinbeziehung des D. in den Stoffwechsel ist nur wenig bekannt. D. dient als Aromastoff in der Lebensmittelindustrie.

Diacetylmorphin, Syn. für ↗ *Heroin*.

Diacylglycerin, ↗ *Acylglycerine*.

Diacylglycerin-Acyltransferase (EC 2.3.1.20), ↗ *Acylglycerine*.

Diafiltration, ein druckgetriebenes Verfahren der Filtration durch Ultra- oder Mikrofiltrationsmembranen. Während der Filtration wird auf der Druckseite ständig reines Lösungsmittel zugegeben, um die Konzentrationsverhältnisse der höhermolekularen Anteile aufrechtzuerhalten. Durch D. wird der Transport niedermolekularer Stoffe im Vergleich zur Dialyse verstärkt. Eine gute Produktreinigung wird erreicht, wenn sich die Molmassen von Wertsubstanz und Verunreinigungen um den Faktor 2–10 unterscheiden.

Dialyse, eine Methode, bei der mit Hilfe einer semipermeablen Membran Moleküle aufgrund ihrer Größe getrennt werden (Farbtafel I, Abb. 2). Die Dialysemembran lässt kleine Moleküle frei diffundieren, während größere Moleküle zurückgehalten werden. Die D. ist die am längsten praktizierte Entsalzungsmethode für Proteine. Man füllt die Proteinlösung in einen Dialyseschlauch, der wegen der Volumenzunahme der Probelösung aufgrund der Wassereinwanderung während der D. nur zu etwa zwei Drittel gefüllt sein sollte. Der durch Knoten verschlossene Schlauch wird in ein Becherglas mit dem gewünschten Puffer gehängt, wobei für eine effektive Entsalzung Rühren und mehrfaches Wechseln des Puffers notwendig sind. Der Fortschritt der Entsalzung kann durch Leitfähigkeitsmessung des Puffers kontrolliert werden. Die D. wird zur Stabilisierung von Proteinen sinnvoller-

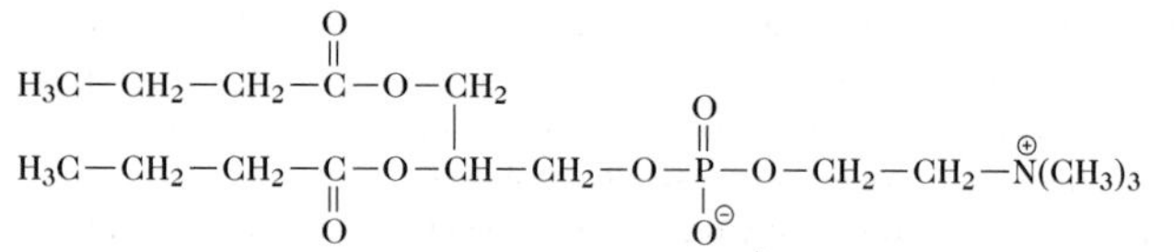

$$H_3C-CH_2-CH_2-\overset{\overset{\textstyle O}{\|}}{C}-O-CH_2$$

$$H_3C-CH_2-CH_2-\overset{\overset{\textstyle }{|}}{\underset{\underset{\textstyle O}{\|}}{C}}-O-\overset{}{CH}-CH_2-O-\overset{\overset{\textstyle O}{\|}}{\underset{\underset{\textstyle O^\ominus}{}}{P}}-O-CH_2-CH_2-\overset{\oplus}{N}(CH_3)_3$$

Dibutyrylphosphatidylcholin

weise im Kühlraum durchgeführt. Die Diffusionsgeschwindigkeit durch die Membran ist abhängig vom Konzentrationsgradienten der diffundierbaren Moleküle, von den Diffusionskonstanten der Teilchen, der Membranoberfläche und der Temperatur. Die im Handel befindlichen Dialysemembranen unterscheiden sich in der Porengröße. Der sog. *Cutoff-Wert* beschreibt die Molekulargewichtsausschlussgröße. Durch diesen Wert wird in der Regel das Molekulargewicht der Proteine angegeben, die zu 90 % von der Membran ausgeschlossen werden. Da der Membrandurchtritt nicht nur vom Molekulargewicht, sondern auch von der Form, von der Ladung und vom Hydratationszustand abhängt, beschreibt der Cutoff-Wert eigentlich nur annähernd die Molekülgrößen, die relativ ungehindert durch die Membran diffundieren. Für Volumina < 500 µl werden keine Schläuche mehr verwendet, vielmehr bedient man sich speziell konstruierter Probenkammern von wenigen Mikrolitern. Prinzipiell kann man mit einem Dialyseschlauch auch Konzentrierungen von Proben vornehmen. Zu diesem Zweck wird der Dialyseschlauch in ein hygroskopisches Material gelegt. Hierfür ist beispielsweise Sephadex G100 geeignet, das durch die Membranwand Flüssigkeit und niedermolekulare Verbindungen saugt. Man wechselt das hygroskopische Material im feuchten Zustand.

cis-Diamindichlorplatin, ↗ *Cisplatin*.

1,5-Diaminopentan, ↗ *Cadaverin*.

Diaminopimelinsäureweg, ↗ *L-Lysin*.

Diamorphin, Syn. für ↗ *Heroin*.

Diapausehormon, *DH*, ein im Subösophagealganglion der Insekten gebildetes Peptidhormon, das die Ei- bzw. Embryonal-Diapause reguliert. DH-A (M_r 3,3 kDa) besteht aus 14 verschiedenen Aminosäurebausteinen und enthält zwei unterschiedliche Aminozucker, während DH-B (M_r 2 kDa) den gleichen Aufbau ohne Aminozucker besitzt.

Diastasen, ↗ *Amylasen*.

Diastereomerenüberschuss, *d.e.* (für engl. *diastereomeric excess*) analog zum ↗ *Enantiomerenüberschuss* (e.e.), der Prozentsatz, zu dem ein Gemisch mehr von dem einen Diastereomer (D_1) enthält als von dem anderen (D_2): d.e. [%] = (D_1 − D_2) · 100 / (D_1 + D_2). Der Begriff D. ist nicht anwendbar, wenn mehr als zwei Diastereomere vorliegen.

6-Diazo-5-oxo-L-Norleucin, *DON*, N⁻=N⁺=CH-CO-CH$_2$-CH(NH$_2$)-COOH, ein Glutaminantagonist. Es inhibiert die Purinneusynthese in Bakterien und Säugetieren und unterbindet das Wachstum experimenteller Tumore, ist aber für Tiere toxisch.

Dibutyrylphosphatidylcholin, ein wasserlösliches Phospholipid, das zum Nachweis von ↗ *Flippasen* verwendet wird (Abb.). D. wird in Liposomen spontan in die äußere Schicht eingebaut. Wenn das Liposom eine in der Membran des endoplasmatischen Reticulums vorkommende Flippase enthält, akkumuliert sich das D. nach kurzer Zeit im Lumen der Vesikel.

Dicarbonsäure-Zyklus, eine zyklische, enzymatisch katalysierte Reaktionsfolge zum Abbau von Glyoxylat oder seinen Vorstufen (Glycolat) in

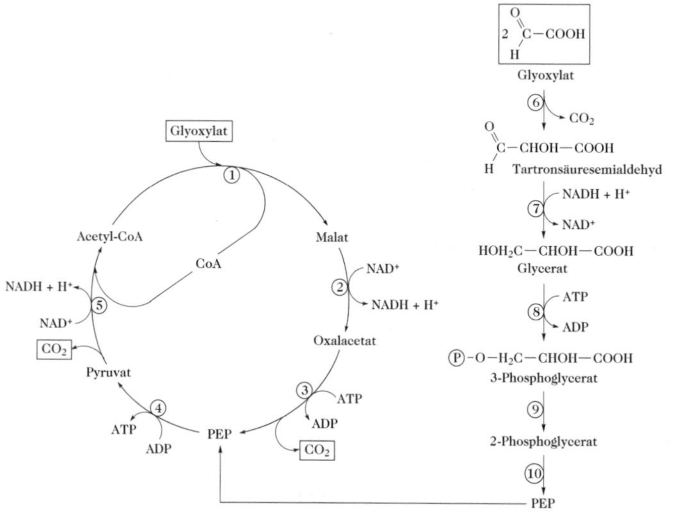

Dicarbonsäure-Zyklus. Abbau von Glyoxylat über den Dicarbonsäure-Zyklus mit Glyceratbahn als anaplerotischer Sequenz. Enzyme: 1) Malat-Synthase, EC 4.1.3.2; 2) Malat-Dehydrogenase, EC 1.1.1.37; 3) PEP-Carboxykinase (Oxalacetat-Decarboxylase), EC 4.1.1.3; 4) Pyruvat-Kinase, EC 2.7.1.40; 5) Pyruvat-Dehydrogenase-Komplex; 6) Glyoxylat-Carboligase (Glyoxylat-Decarboxylase, Tartronatsemialdehyd-Synthase), EC 4.1.1.47; 7) Glycerat-Dehydrogenase (Tartronsäuresemialdehyd-Reduktase); 8) Glycerat-Kinase, EC 2.7.1.31; 9) Phosphoglycerat-Mutase, EC 2.7.5.3; 10) Enolase, EC 4.2.1.11.

Mikroorganismen (z.B. *Pseudomonaden*). Der D. dient der Energieversorgung der Zelle. Glyoxylat wird unter Bildung von 6 Mol ATP (aus 2 Mol NADH) zu CO_2 abgebaut (Abb.). Da Intermediate des D. (insbesondere Phosphoenolpyruvat) auch als Ausgangsstoffe für Biosynthesen (z.B. die ↗ *Gluconeogenese*) genutzt werden, muss eine Nachlieferung dieser Verbindungen erfolgen. Als anaplerotische Sequenz (↗ *Anaplerose*) zum D. dient der ↗ *Glyceratweg*, in der Glyoxylat über Tartronsäuresemialdehyd, Glycerat, 3- und 2-Phosphoglycerat in Phosphoenolpyruvat umgewandelt wird.

Dichlorphenyldimethylharnstoff, *Diuron, DCMU* (engl. *di̲chlorophenyl-di̲methyl u̲rea*), *3-(3,4-Dichlorphenyl)-1,1-dimethylharnstoff*, *N^1-(3,4-Dichlorphenyl)-N,N-dimethylharnstoff* (Abb.), ein systemisches Herbizid, das den Elektronentransport vom Photosystem II zum Photosystem I blockiert (↗ *Photosynthese*). Es wird über die Wurzeln aufgenommen und akropetal in das Xylem weitergeleitet.

$$Cl-\text{C}_6\text{H}_3-NH-CO-N(CH_3)_2$$
$$\quad\quad|$$
$$\quad Cl$$

Dichlorphenyldimethylharnstoff

Dichrostachinsäure, *S-[(2-Carboxy-2-hydroxyethylsulfonyl)methyl]cystein*, $HOOC-CH(OH)-CH_2-SO_2-CH_2-S-CH_2-CH(NH_2)-COOH$, eine schwefelhaltige Aminosäure aus den Samen von *Dichrostachys glomerata* und *Neptunia oleracea*. [R. Gmelin *Hoppe Seyler's Z. Physiol. Chem.* **327** (1962) 186–194; L. Fowden et al. *J. Chem. Soc. (C)* (1971) 833–840]

Dichtegradientenzentrifugation, eine Methode zur Trennung von Makromolekülen aufgrund ihrer Dichte. In einer Zentrifuge bildet eine CsCl-Lösung bei sehr hoher Geschwindigkeit nach einer genügend langen Zeit (24–48 h) einen stabilen Dichtegradienten aus. Die Makromoleküle kommen in einer Schicht zum Stillstand, der sog. isopyknischen Zone, die ihrer Schwebedichte (engl. *buoyant density*) entspricht. Dieser Parameter, ausgedrückt in g/cm^3, kann nach der Zentrifugation genau gemessen werden. Die Dichten der CsCl-Lösung liegen im Bereich von 1,3–1,8 g/cm^3 und decken so den Bereich der meisten Biomoleküle ab. So hat z.B. DNA eine Schwebedichte von 1,7 g/cm^3, RNA 1,6 g/cm^3, Proteine 1,35–1,4 g/cm^3. Zellorganellen, die eine geringere Dichte besitzen, können in Saccharosedichtegradienten getrennt werden. Im Gegensatz zur CsCl-Gleichgewichtsmethode kann die Saccharosegradientenzentrifugation als dynamische Methode eingesetzt werden. Bei ihr wird die Schwebedichte mit Hilfe der Geschwindigkeit bestimmt, mit der die Makromoleküle im Saccharosegradien-

ten sedimentieren. In diesem Fall wird der Gradient aufgebaut, indem Saccharoselösungen mit linear oder exponenziell abnehmender Dichte vorsichtig in das Zentrifugenröhrchen geschichtet werden. Die Makromoleküle werden oben auf die Lösung aufgegeben und die Zentrifugationszeit wird so gewählt, dass die Makromoleküle nicht die Zeit haben, den ganzen Weg bis nach unten zurückzulegen. [G.B. Cline u. R.B. Ryel *Methods in Enzymology* **22** (1971) 38–50; T.J. Bowen *An Introduction to Ultracentrifugation*, Wiley (Interscience) New York, 1970]

Dictyosomen, Komponenten des Golgiapparats, besonders in Pflanzen. D. wurden auch als Lipochondrien und osmiophiles Material bezeichnet. Nach einem Vorschlag von Sitte ist die Gesamtheit der D. einer Pflanzenzelle als ↗ *Golgiapparat* oder Dalton-Komplex aufzufassen.

Dicumarin, Syn. für ↗ *Dicumarol*.

Dicumarol, *Dicumarin*, *3,3'-Methylenbis(4-hydroxy-2H-1-benzpyran-2-on)*, *3,3'-Methylenbis(4-hydroxycumarin)* (Abb.), ein Vitamin-K-Antagonist, der durch die Wirkung von Mikroorganismen auf Cumarin und/oder Cumarinvorstufen (↗ *Cumarine*) in nicht sauber behandeltem (verdorbenem) Heu von Honigklee (*Melilotus*) gebildet wird. Vieh, das von diesem Heu frisst, erkrankt an Hämorrhagie (Honigkleekrankheit). D. wird klinisch zur Vorbeugung von Thrombosen eingesetzt.

Dicumarol

Es wurden verschiedene organische Synthesen veröffentlicht. Von besonderem Interesse für metabolische Untersuchungen sind Synthesen von [14C]-D. Beispielsweise wird [2-14C]-4-Hydroxycumarin (erhalten bei der Reaktion von *o*-Hydroxyacetophenon mit [14C]-Diethylcarbonat in der Gegenwart von Natriumethoxid) durch Behandlung mit Formaldehyd in [2-14C]-D. überführt. [H.R. Eisenhauer et al. *Can. J. Chem.* **30** (1952) 245–250 (dies ist eine nützliche Referenzquelle für andere Synthesemethoden). Isolierung und Strukturbestimmung: H.A. Campbell u. K.P. Link *J. Biol. Chem.* **138** (1941) 21–33; M.A. Stahmann et al. *J. Biol. Chem.* **138** (1941) 513–527]

Dicystein, ↗ *L-Cystin*.

Dicystin, ↗ *L-Cystin*.

Didemnine, eine Familie von Cyclodepsipeptiden aus dem Meeresmanteltier *Trididemnum solidum* mit potenten antiviralen, antitumoralen und immunsuppressiven Aktivitäten. Neben den D. *A*, *B* und *C* wurden weitere Vertreter dieser Familie und auch *Nordidemnine* identifiziert. Aufgrund des sehr attraktiven biologischen Wirkungsprofils stehen die D. im Mittelpunkt umfangreicher Studien und Synthesen. *D. B* war das erste natürliche Meeres-Peptidprodukt, das aufgrund der cancerostatischen und immunsuppressiven Wirkungen in klinische Studien einbezogen wurde. Der Wirkungsmechanismus der D. ist zwar noch nicht aufgeklärt, aber es wurden Fortschritte in Richtung der Identifizierung spezifischer zellulärer Bindungsfaktoren gemacht. [R. Sakai et al. *J. Am. Chem. Soc.* **117** (1995) 3.734]

Didesoxyadenosintriphosphat, *ddATP*, ↗ *Desoxyribonucleotidtriphosphate.*

Didesoxycytidintriphosphat, *ddCTP*, ↗ *Desoxyribonucleotidtriphosphate.*

Didesoxyguanosintriphosphat, *ddGTP*, ↗ *Desoxyribonucleotidtriphosphate.*

Didesoxyribonucleotidtriphosphate, Terminationstriphosphate, synthetische Substrate der DNA-Polymerase I, die deren Einbau in die wachsende Oligonucleotidkette anstelle der normalen Desoxyribonucleotidtriphosphatsubstrate katalysiert (Abb.). Der Einbau eines Terminationstriphosphats hat einen Kettenabbruch zur Folge, weil die 3'-Hydroxylgruppe fehlt. D. werden bei der DNA-Sequenzierung nach der Sangermethode verwendet (↗ *Nucleinsäuresequenzierung*).

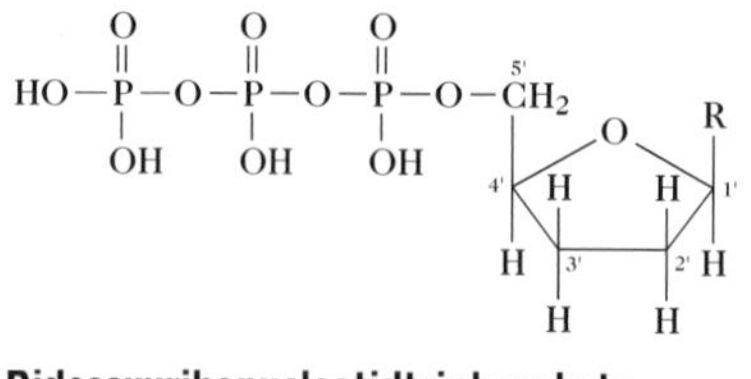

Didesoxyribonucleotidtriphosphate.
R = Adenin: Didesoxyadenosintriphosphat (ddATP)
R = Guanin: Didesoxyguanosintriphosphat (ddGTP)
R = Cytosin: Didesoxycytidintriphosphat (ddCTP)
R = Thymin: Didesoxythymidintriphosphat (ddTTP)

Didesoxythymidintriphosphat, *ddTTP*, ↗ *Desoxyribonucleotidtriphosphate.*

Didymocarpin, ↗ *Humulene.*

Diethylaminoethylcellulose, ↗ *DEAE-Cellulose.*

Differenzialscanningkalorimetrie, *DSK*, ↗ *Membranlipide.*

differenzielle Genaktivierung, ↗ *Genaktivierung.*

differenzielle Genexpression, ↗ *Stoffwechselregulation.*

Diffusionskontrolle, Bezeichnung für den Befund, dass die Geschwindigkeit einer chem. Reaktion nicht durch die eigentliche chem. Wechselwirkung, sondern durch den Transport der reagierenden Teilchen zueinander (die Diffusion) bestimmt wird.

Diffutin, *7-Hydroxy-3',4'-dimethoxy-5'-O-β-D-glucosylflavan.* ↗ *Flavan.*

Digalactosyldiglyceride, ↗ *Membranlipide.*

Digifolein, ↗ *Diginin.*

Digifologenin, Aglyconbestandteil von Digifolein ↗ *Diginin.*

Diginigenin, Strukturbestandteil von ↗ *Diginin.*

Diginin, ein Digitanol, das sich aus dem Pregnanderivat Diginigenin (M_r 344,45 Da, F. 115 °C, $[\alpha]_D$ –126 °) und dem Desoxyzucker D-Diginose zusammensetzt (Abb.). D. tritt als Begleiter von herzwirksamen Glycosiden in Fingerhutarten auf, beispielsweise in *Digitalis purpurea*, aus dem es 1936 von Karrer isoliert wurde.

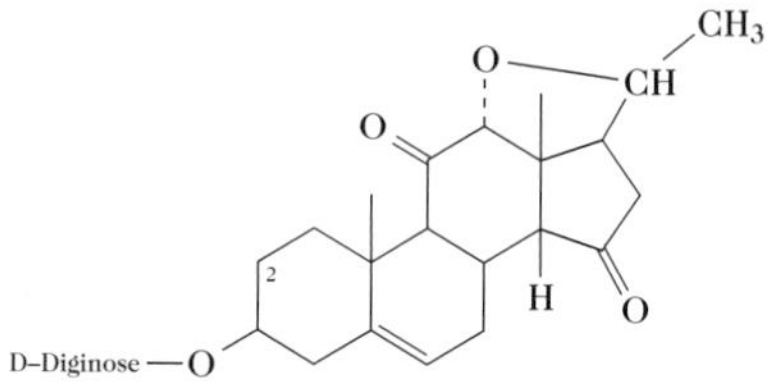

Diginin

Das ebenfalls in *Digitalis*-Arten vorkommende *Digifolein* enthält als Aglycon *Digifologenin* (M_r 360,45 Da, F. 176 °C, $[\alpha]_D$ –269 °), das sich strukturell von Diginigenin durch eine zusätzliche 2β-Hydroxylgruppe unterscheidet.

D-Diginose, Zuckerbestandteil von ↗ *Diginin.*

Digitalisglycoside, zur Untergruppe der Cardenolide gehörende, herzwirksame Glycoside, die in Blättern von *Digitalis*-Arten, besonders im roten Fingerhut (*Digitalis purpurea*) und im wollhaarigen Fingerhut (*Digitalis lanata*) vorkommen und deren Giftigkeit bedingen (Farbtafel VII, Abb. 7 + 8). Die drei wichtigsten D. sind *Digitoxin* – M_r 764,96 Da, F. 256–257 °C (Anhydrat), $[\alpha]_D^{20}$ 4,8 ° (c = 1,2 in Dioxan), Abb. –, *Digoxin* – M_r 780,96 Da, F. 265 °C (Zers.), $[\alpha]_D$ 11 ° –, und *Gitoxin* – M_r 780,96 Da, F. 285 °C (Zers.), $[\alpha]_D$ 22 °. Sie entstehen als Sekundärglycoside bei der Aufarbeitung der Digitalisblätter aus den ursprünglich in der Pflanze vorliegenden genuinen Primärglycosiden, den *Lanatosiden*, durch Abspaltung von D-Glucose und esterartig gebundener Essigsäure. Die im Digitoxin, Digoxin und Gitoxin vorliegenden steroiden Aglyca heißen *Digitoxigenin* – M_r 374,52 Da, F. 253 °C, $[\alpha]_D^{17}$ 18 ° (c = 1,36 in Methanol) –, *Digoxigenin* – M_r 390,52 Da, F. 222 °C (Anhydrat), $[\alpha]_{546}^{20}$ 27 ° (c = 1,77 in Methanol) – und *Gitoxigenin* – M_r 390,52 Da, F. 234 °C, $[\alpha]_{545}^{20}$ 38,5 ° (c = 0,68 in Methanol). Letztere unterscheiden sich strukturell vom Digitoxigenin lediglich durch eine zusätzliche Hydroxylgruppe an C12 bzw. C16. Als Zuckerkomponente treten stets drei Moleküle D-Digitoxose auf. Die Gewinnung der D. erfolgt durch schonende Extraktion des frischen Pflanzenmaterials mit Essigester oder Chloroform. Zur Abtrennung von

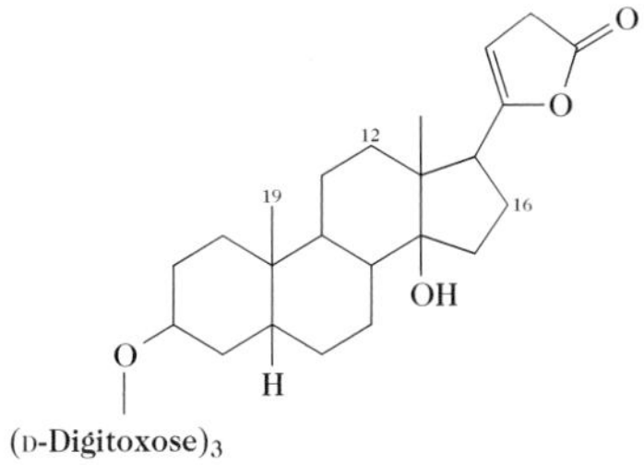

(D-Digitoxose)$_3$

Digitalisglycoside. Digitoxin.

Gerbsäure wird die alkoholische Lösung mit Bleisalzen versetzt. Die Freisetzung aus den Lanatosiden erfolgt enzymatisch. Mit Hilfe einer Verteilungschromatographie und anderer chromatographischer Verfahren werden die Rohglycosidgemische aufgetrennt.

D. zeigen folgende Farbreaktionen: rot mit Natriumnitroprussid in Natriumhydroxydlösung, orange mit alkalischer Picrinsäurelösung und blau-violett mit alkalischer m-Dinitrobenzollösung.

D. sind in der Medizin als herzstärkende Mittel unentbehrlich, wobei sie besonders zur Dauerbehandlung von chronischer Herzmuskelschwäche und Herzklappenfehlern angewandt werden. Anstelle von pulverisierten Blättern oder Extrakten werden jetzt die reinen Glycoside eingesetzt

Digitanole, *Digitanolglycoside*, eine Gruppe von pflanzlichen Glycosiden, die als Aglyca ↗ *Steroide* vom Pregnantyp enthalten, z.B. ↗ *Diginin* und Digifolein. D. treten als Begleiter der herzwirksamen Glycoside auf, haben jedoch keine Herzwirksamkeit. Die Biosynthese der D. erfolgt aus Pregnenolon.

Digitogenin, ↗ *Digitonin*.

Digitonin, ein Gemisch aus vier verschiedenen Steroidsaponinen (↗ *Saponine*), die aus Samen des roten Fingerhuts (*Digitalis purpurea*) gewonnen werden. Der Hauptbestandteil ist zu 70–80 % das eigentliche D. M_r 1.229,36 Da, F. 235 °C, $[\alpha]_D^{20}$ –54° (c = 0,45 g in 15,8 ml Methanol), Abb. Es besteht aus dem vom Spirostan abgeleiteten Aglycon Digitogenin, (25R)-5α-Spirostan-2α,3β,15β-triol, M_r 448,65 Da, F. 296 °C (Zers.), $[\alpha]_D^{10}$ –81° (c = 1,4 in $CHCl_3$), und einer Zuckerkette. D. ist ein starkes Hämolysegift, was auf seine Affinität zu Blutcholesterin zurückzuführen ist. Es wird wegen der Schwerlöslichkeit seiner Komplexverbindung mit

Cholesterin und anderen Sterinen zu deren Abtrennung und quantitativen Bestimmung benutzt.

Digitoxigenin, ↗ *Digitalisglycoside*.

Digitoxin, ↗ *Digitalisglycoside*.

D-Digitoxose, Zuckerbestandteil von ↗ *Digitalisglycosiden*.

Diglyceride, ↗ *Acylglycerine*.

Digoxigenin, ↗ *Digitalisglycoside*.

Digoxin, ↗ *Digitalisglycoside*.

7,8-Dihydrobiopterin, ein Oxidationsprodukt des Cofaktors ↗ *Tetrahydrobiopterin*, das bei Hydroxylierungsreaktionen von bestimmten ↗ *Monooxygenasen* gebildet wird. Durch die Dihydrobiopterin-Reduktase (Abb.) wird das beispielsweise für die Hydroxylierung von Phenylalanin (↗ *Phenylalanin-Hydroxylase*) benötigte 5,6,7,8-Tetrahydrobiopterin zurückgebildet.

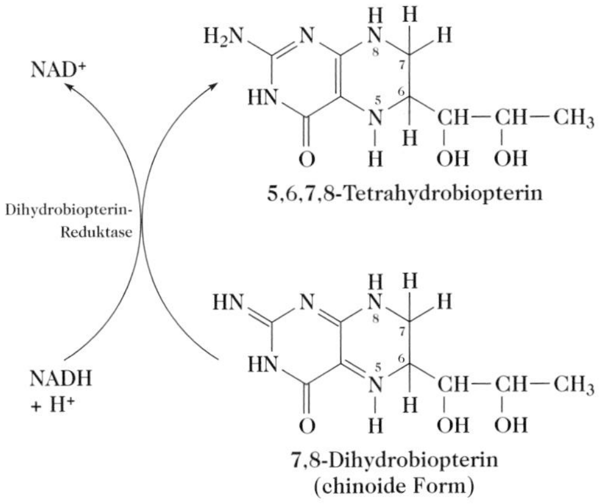

7,8-Dihydrobiopterin

Dihydrobiopterin-Reduktase, ↗ *7,8-Dihydrobiopterin*.

Dihydrofolsäure, ↗ *Tetrahydrofolsäure*.

Dihydrolipoyl-Dehydrogenase, eine FAD-abhängige Oxidoreduktase, die Bestandteil des ↗ *Pyruvat-Dehydrogenase-Komplexes* aus E. coli ist. D. katalysiert die Regenerierung der oxidierten Form des Liponamids der ↗ *Dihydrolipoyl-Transacetylase*. Dabei werden zwei Elektronen auf die prosthetische FAD-Gruppierung der D. und anschließend auf NAD$^+$ übertragen. Durch die spezifische Bindung an die D. erhält das FAD ein ungewöhnliches Elektro-

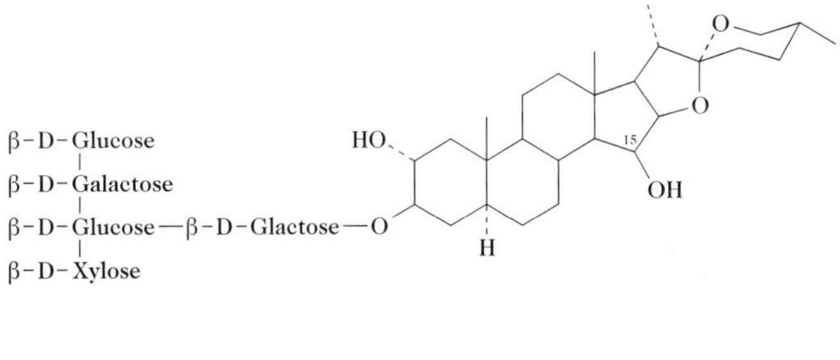

β–D–Glucose
|
β–D–Galactose
|
β–D–Glucose—β–D–Glactose—O
|
β–D–Xylose

Digitonin. Alle Zuckerreste sind in der β-D-Konfiguration.

nenübertragungspotenzial, wodurch der Elektronentransfer zum NAD⁺ ermöglicht wird.

Dihydrolipoyl-Transacetylase, eine Enzymkomponente des ⊅ *Pyruvat-Dehydrogenase-Komplexes* aus *E. coli*. Sie enthält als prosthetische Gruppe ⊅ *Liponsäure*, die säureamidartig mit einem spezifischen Lysinrest des Enzymproteins verknüpft ist. Die D. katalysiert die Übertragung der Acetylgruppe vom Acetylliponamid auf Coenzym A.

Dihydroorotat, ein Zwischenprodukt der ⊅ *Pyrimidinbiosynthese*.

Dihydropyrimidinase, Syn. für ⊅ *Hydantoinase*.

Dihydrouracil, ein Zwischenprodukt des ⊅ *Pyrimidinabbaus* (M_r 114,10 Da, F. 274 °C). 5,6-D. kommt in manchen Nucleinsäuren als seltener Baustein vor.

Dihydroxyacetonphosphat, ⊅ *Triosephosphate*.

Dihydroxyacetonphosphat-α-Glycerinphosphat-Shuttle, ⊅ *Wasserstoffmetabolismus*.

20,22-Dihydroxycholesterin, ⊅ *Cholesterin*.

20,26-Dihydroxyecdyson, ein Steroid, das als Häutungshormon wirkt. Es wurde zusammen mit Ecdyson und Ecdysteron aus Puppen des Tabakspinners *Manduca sexta* isoliert.

Dihydropyrimidinase, Syn. für ⊅ *Hydantoinase*.

Dihydrozeatin, *6-(4-Hydroxy-3-methylbutylamino)purin,* ein Cytokinin aus Mais (*Zea mays*). D. ist ein Derivat des Zeatins und wurde auch als Ribosid und Ribotid isoliert.

Dimethazid, ⊅ *Bernsteinsäure-2,2-dimethylhydrazid*.

N⁶(-γ,γ-Dimethylallyl)adenosin, *N⁶-Isopentenyladenosin,* einer der ⊅ *seltenen Nucleinsäurebausteine,* die in bestimmten tRNAs, z.B. der Serin-tRNA, vorkommen. Es hat auch die Eigenschaften eines ⊅ *Cytokinins* und ist in freier Form im Kulturmedium von *Corynebacterium* und *Agrobacterium* vorhanden.

Das in Kalluszellen von Laubmoossporophyten nachgewiesene Cytokinin *Bryokinin* ist mit der entsprechenden freien Base *N⁶*-γ,γ-Dimethylallyladenin identisch.

Dimethylallylpyrophosphat, ein Zwischenprodukt in der Biosynthese von ⊅ *Terpen*.

3,7-Dimethyloctantyp, ⊅ *Monoterpene* (Abb.).

Dimethylsulfat, ⊅ *alkylierende Agenzien*.

N,N-Dimethyltyrosamin, Syn. für ⊅ *Hordenin*

Dinitrogenase, neben der ⊅ *Dinitrogenase-Reduktase* die Schlüsselkomponente des Nitrogenase-Komplexes bei der ⊅ *Stickstofffixierung*. Die D. ist ein α₂β₂-Tetramer (M_r 240 kDa) und enthält den wahrscheinlich am Elektronentransfer beteiligten „P"-Cluster („P" für proteingebunden) sowie den Eisen-Molybdän-Cofaktor, der an der Bindung, Aktivierung und Reduktion des N₂-Moleküls beteiligt ist. Die D. wird auch als FeMo-Protein bezeichnet. Die α- und β-Untereinheiten sind etwa gleich groß

(M_r 60 kDa) und zeigen auch ein sehr ähnliches Faltungsmuster mit wechselnden β-Strukturelementen in den drei Domänen. In jeder Untereinheit befindet sich zwischen diesen drei Domänen ein Hohlraum, wobei sich im Hohlraum der α-Untereinheit der FeMo-Cofaktor befindet, der nur über jeweils einen Cystein- und Histidinrest mit dem Protein verbunden ist. Als zweiter Faktor ist der P-Cluster sehr symmetrisch zwischen der α- und β-Untereinheit lokalisiert. Die Fixierung erfolgt über je drei Cysteinreste an beide Untereinheiten. Im Gegensatz zum FeMo-Faktor lässt sich der P-Cluster nicht im intakten Zustand aus dem Protein isolieren. Beide Faktoren befinden sich etwa 1 nm unterhalb der Proteinoberfläche. Für die Strukturen der Metall-Cluster wurden verschiedene Modelle vorgeschlagen. Bei einem für den P-Cluster vorgeschlagenen Modell bilden zwei Cystein-Schwefelatome und eine zusätzliche Disulfidbindung eine Brücke zwischen zwei Fe₄S₄-Einheiten. Der FeMo-Faktor ist vergleichsweise komplexer aufgebaut. Er setzt sich aus den zwei Cubanfragmenten Fe₄S₃ und Fe₃MoS₃, die über drei anorganische Sulfidbrücken verbunden sind, und aus Homocitrat zusammen. Letzteres ist durch je ein Sauerstoffatom der Hydroxy- und einer Carboxylgruppe an das Molybdänatom gebunden. Die verbleibenden vier Molybdänliganden sind drei anorganische Schwefelatome und ein N-Atom eines Histidinbausteins. Die D.-Komponente alternativer Nitrogenasen (⊅ *Stickstofffixierung*), von denen es Vanadium-Nitrogenasen, Eisen-Nitrogenasen (*iron only*-Nitrogenasen) und gar solche ohne Heterometallatom gibt, ist ein Hexamer der Zusammensetzung α₂β₂δ₂, wobei die Funktion der δ-Untereinheit (M_r 15 kDa) noch nicht hinreichend bekannt ist.

Dinitrogenase-Reduktase, neben der ⊅ *Dinitrogenase* das zweite Schlüsselenzym des Nitrogenase-Komplexes bei der ⊅ *Stickstofffixierung*. Die D.-R. (M_r 60 kDa) ist ein Dimer aus zwei identischen Untereinheiten und enthält ein 4Fe-4S-Redoxzentrum sowie zwei Bindungsstellen für ATP. Dinitrogenase, die zwei Bindungsstellen für die D.-R. besitzt, wird durch Elektronenübertragung von der D.-R. reduziert. Im Verlauf eines Zyklus wird die reduzierte D.-R. gebunden, während die oxidierte D.-R. von der Dinitrogenase abdissoziiert. Dafür ist die Hydrolyse eines Moleküls ATP durch die D.-R. notwendig. Als Elektronenquelle zur Reduktion der D.-R. können reduziertes ⊅ *Ferredoxin*, Flavodoxin (⊅ *Flavodoxine*), aber auch in Abhängigkeit vom System andere Elektronenträger dienen.

Dinucleotidfalte, eine charakteristisch gefaltete Proteinstruktur, die die Struktur von vier NAD-abhängigen Dehydrogenasen und bestimmter anderer Enzyme, von denen einige keine Nucleotide binden, teilweise oder vollständig bildet. Die D.

wurde erstmals in der Tertiärstruktur von Leber-Alkohol-Dehydrogenase (EC 1.1.1.1), Glycerinaldehyd-3-phosphat-Dehydrogenase (EC 1.2.1.12), Lactat-Dehydrogenase (EC 1.1.1.28) und Malat-Dehydrogenase (EC 1.1.1.37) identifiziert. Alle vier Dehydrogenasen enthalten zwischen 327 und 374 Aminosäurereste, die in zwei unterschiedliche Domänen gefaltet sind. Eine Domäne bindet den NAD-Cofaktor, während die andere Domäne die Bindungs- und Katalysestellen für das Substrat trägt. In jedem Fall besitzt die NAD-bindende Domäne eine Falte. Der Kern besteht aus einer β-Faltblattstruktur, die sechs parallele Stränge (Stranganordnung CBADEF) mit α-helicalen Intrastrangschleifen oberhalb oder unterhalb des Faltblatts enthält. Bei der Phosphoglycerat-Kinase (EC 2.7.2.3) existiert eine ähnliche Struktur, die für die ATP-Bindung verantwortlich ist. Andere Enzyme mit ähnlichen Tertiärstrukturen sind Phosphoglycerat-Mutase (EC 2.7.5.3), Adenylat-Kinase (EC 2.7.4.3), Phosphorylase a (EC 2.4.1.1) und Pyruvat-Kinase (EC 2.7.1.40). Von einigen dieser Enzyme ist nicht bekannt, dass sie Nucleotide binden, und es ist möglich, dass die D. in einem Urprotein vorhanden war und später für die Nucleotidbindung benutzt wurde. Andererseits kann es sein, dass die D. eine besonders stabile Struktur darstellt, die in mehr als einer Enzymfamilie entstanden ist. Enzyme, die eine D. besitzen, binden entweder Dinucleotide oder 2-Oxotriosen. Es könnte sich also in der Tat um eine „Oxotriosefalte" handeln, die mit der D. auf eine gemeinsame Urform zurückgeht. [C.C.F. Blake *Nature* **267** (1972) 482–483]

Dioscin, ein Steroidsaponin (↗ *Saponine*); M_r 869,08 Da, F. 275–277 °C (Zers.), $[\alpha]_D^{13}$ –115° (c = 0,373 in Ethanol), Abb. Das Aglycon des D. ist *Diosgenin*, (25R)-Spirost-5-en-3β-ol (M_r 414,61 Da, F. 204–207 °C). D. kommt in Yamswurzel (*Dioscorea*) und *Trillium*-Arten vor. Diosgenin ist ein wichtiges Ausgangsmaterial zur Partialsynthese von Steroidhormonen.

α–L–Rhamnose
|
β–D–Glucose—O
|
α–L–Rhamnose

Dioscin

Diosgenin, ↗ *Dioscin*.

Dioxine, polychlorierte Dibenzo-1,4-dioxine (PCDD) und Debenzofurane (PCDF), gehören zu den giftigsten aller bisher synthetisierten chemischen Verbindungen. Von den bisher 210 bekannten D. ist das ↗ *2,3,7,8-Tetrachlordibenzo-1,4-dioxin* (2,3,7,8-TCDD) das giftigste. Hierbei handelt es sich um das im Jahre 1976 durch einen Chemieunfall weltbekannt gewordene *Seveso-Gift*. D. entstehen als unerwünschte und manchmal unvermeidbare Verunreinigungen bei industriellen und thermischen Prozessen. Dabei gilt die Chlorchemie als wichtigster Verursacher von Altlasten. Heute entsehen D. hauptsächlich durch unvollständige Verbrennung chlorhaltiger Verbindungen, wie bei der Metallerzeugung und -verarbeitung (zu ca. 80%), der Abfallverbrennung und der Industriefeuerung. Über die Imissionen sind D. überall in der Umwelt vorhanden und reichern sich über die Nahrungskette vor allem in fetthaltigen tierischen Produkten wie Milch, Fleisch, Eiern und Fisch an. In Deutschland nimmt ein Mensch mit seinem „Lebensmittelkorb" täglich etwa 1,2 pg D. auf. Von der WHO wurde der Grenzwert für die tägliche Aufnahme auf 4 pg/kg Körpergewicht festgesetzt. D. lagern sich vor allem im Fettgewebe ab. Sie schädigen vor allem die Leber (Leberkoma), rufen Chlorakne hervor, fördern die Entstehung von Krebs und verursachen Fehlbildungen bei Neugeborenen.

Dioxygenasen, ↗ *Sauerstoffmetabolismus*, ↗ *Oxygenasen*.

Dipenten, ↗ *p-Menthadiene*.

Dipeptidyl-Carboxypeptidase I, Synonym für ↗ *Angiotensin-Conversionsenzym*.

cis-8,10-Diphenyllobenionol, ↗ *Lobelin*

Diphosphatidylglyceride. ↗ *Membranlipide*.

2,3-Diphosphoglycerat, *Glycerat-2,3-diphosphat*, *2,3-Bisphosphoglycerat*, ↗ *Glycolyse*, ↗ *Hämoglobin*, ↗ *Rapoport-Luerbing-Shuttle*.

2,3-Diphosphoglycerinsäure, *2,3-Bisphosphoglycerinsäure*, ↗ *Glycolyse*, ↗ *Hämoglobin*, ↗ *Rapoport-Luerbing-Shuttle*.

Diphosphopyridinnucleotid, ↗ *Nicotinsäureamid-adenin-dinucleotid*.

Diphtherietoxin, *ADP-Ribosylase*, ein saures Einkettenprotein (M_r 62 kDa) mit hoher Toxizität aus *Corynebacterium diphtheriae*, das zur Familie der toxischen Proteine (↗ *Gifte*) gehört, und durch ↗ *ADP-Ribosylierung* wirkt. Bereits wenige Milligramm des D. sind für nichtimmunisierte Personen letal. Diphtherie war vor der Entwicklung effektiver Impfstoffe eine sehr häufige Todesursache bei Kindern. Das Gen für das D. stammt von einem lysogenen Phagen, der einige Stämme von *C. diphtheriae* befällt. D. weist eine trimere Domänenstruktur auf. Im N-terminalen Bereich befindet sich die katalytische Domäne, im mittleren Sequenzbereich die Membran-Insertionsdomäne und im C-terminalen Abschnitt die Rezeptorbindungsdomäne. Das D. bindet mit der zuletzt genannten Domäne an die Vorstufe eines Wachstumsfaktors an der Zelloberfläche, wodurch die Aufnahme des Komplexes durch Endocytose eingeleitet wird. In den Endosomen erfolgt eine Spaltung in das A-Fragment (M_r 21 kDa) und das B-Fragment (M_r 40 kDa). Die Membran-Insertionsdomäne des B-Fragments wird durch den sauren pH des Endosoms aktiviert und ermöglicht dem katalytischen A-Fragment den Transfer in das Cytosol. Schon ein einziges A-Fragment im Cytosol kann eine Zelle durch ADP-Ribosylierung des Elongationsfaktors 2 (EF2) der ↗ *Proteinbiosynthese* töten. Es katalysiert die Übertragung der ADP-Ribose-Einheit von NAD^+ auf ein N-Atom des Imidazolrests in Diphthamid, eines modifizierten Aminosäurerests des EF2, wodurch die Translokase EF2 nicht mehr in der Lage ist, die Translokation der wachsenden Polypeptidkette auszuführen.

Disaccharidasen, Enzyme, die Disaccharide hydrolysieren. Sie sind am weitesten verbreitet in reifen Früchten, Mikroorganismen (Hefen) und in der Dünndarmschleimhaut. ↗ *Invertase*, ↗ *Glucosidasen*, ↗ *β-D-Galactosidase*.

Disaccharide, ↗ *Kohlenhydrate*.

Diskelektrophorese, *diskontinuierliche Elektrophorese*, eine Variante der Gelelektrophorese (↗ *Elektrophorese*), die das Aggregieren von Proteinen beim Eintritt in das Gel verhindert, wodurch schärfere Banden (engl. *disc* für scharfe, scheibenförmige Banden, stellt auch einen Bezug zur Bezeichnung der Methode her) resultieren. Bei der D. verwendet man ein engporiges Trenngel und ein weitporiges Sammelgel und kombiniert darüber hinaus mit verschiedenen Puffern. Sehr häufig eingesetzt wird das Tris-Chlorid/Tris-Glycin-System (Abb.), wobei das Trenngel 0,375 mol·l⁻¹ Tris-HCl, pH 8,8, und das Sammelgel 0,125 mol·l⁻¹ Tris-HCl,

pH 6,8 enthält. Am Anfang der Trennung hat Glycin (pH nahe am isoelektrischen Punkt) eine geringe elektrophoretische Mobilität und fungiert daher als Folge-Ion (Leit-Ionen). Beim Auftragen der Proteinmischung liegen die Mobilitäten der Protein-Ionen zwischen Leit- und Folge-Ionen. Durch Anlegen eines elektrischen Felds wandern alle Ionen mit der gleichen Geschwindigkeit (Isotachophorese). Im Leit-Ionenbereich stellt sich eine niedrige Feldstärke ein, während im Folge-Ionenbereich die Feldstärke automatisch sehr hoch ansteigt. Dadurch befinden sich die Protein-Ionen in einem Feldstärkegradienten. In der Reihenfolge ihrer Mobilitäten bildet sich ein Protein-Stapel aus. Aufgrund dieses Stapeleffekts wandern die Proteine langsam ohne Aggregation in die Gelmatrix und es erfolgt somit eine Vortrennung und Konzentrierung der Zonen am Start. Beim Erreichen der Grenzschicht des engporigen Trenngels werden die Proteine sehr plötzlich einem hohen Reibungswiderstand ausgesetzt. Dadurch kommt es zu einer zusätzlichen Zonenschärfung. Da das niedermolekulare Glycin davon nicht beeinflusst wird, werden die Proteine überholt, die sich nunmehr in einem homogenen Puffer befinden, und der Proteinstapel löst sich nach den Prinzipien der Zonenelektrophorese auf. Aufgrund des auf pH 9,5 ansteigenden pH-Werts erhalten die Proteine höhere Nettoladungen. Im engporigen Trenngel wirkt sich die Molekülgröße signifikant auf die Mobilität aus. Für basische Proteine mit einem isoelektrischen Punkt über 6,8 muss ein anderes Puffersystem verwendet werden.

diskontinuierliche Elektrophorese, ↗ *Diskelektrophorese*.

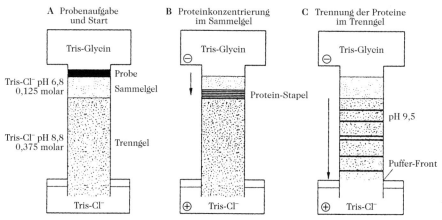

A Probenaufgabe und Start

B Proteinkonzentrierung im Sammelgel

C Trennung der Proteine im Trenngel

Tris-Glycin — Probe — Sammelgel
Tris-Cl⁻ pH 6,8 0,125 molar
Tris-Cl⁻ pH 8,8 0,375 molar — Trenngel
Tris-Cl⁻

Tris-Glycin — Protein-Stapel
Tris-Cl⁻

Tris-Glycin — pH 9,5 — Puffer-Front
Tris-Cl⁻

Diskelektrophorese. A: Die Probe wird auf ein großporiges Sammelgel aufgetragen. Der Laufpuffer enthält kleine Chloridionen mit sehr hoher Mobilität und größere Glycin-Ionen mit geringerer Mobilität. Zwischen diesen Ionen sammeln sich die Protein-Ionen. **B:** Beim Eintritt in das kleinporigere Trenngel, werden die Protein-Ionen stark abgebremst, so dass sie von den Glycin-Ionen überholt werden. Dies hat einen starken Konzentrierungseffekt zufolge. **C:** Im Trenngel werden die konzentrierten Proteinbanden bei pH 9,5 nach ihrer Größe aufgetrennt. [nach: F. Lottspeich u. H. Zorbas (Hrsg.) *Bioanalytik*, Spektrum Akademischer Verlag, 232]

diskontinuierliches Fermentationsverfahren, ↗ *Fermentationsverfahren*.

disseminierte Lipogranulomatose, ↗ *Farbersche Krankheit*.

Dissimilation, ↗ *Katabolismus*.

dissimilatorische Nitratreduktion, ↗ *Nitratreduktion*.

dissimilatorische Sulfatreduktion, ↗ *Sulfatatmung*.

dissipative Strukturen, nach Prigogine (1969) Bezeichnung für räumlich und / oder zeitlich geordnete Zustände, die sich in ursprünglich homogenen nichtstrukturierten molekularen Systemen in großer Entfernung vom thermodynamischen Gleichgewicht ausbilden können. Es sind stationäre Nichtgleichgewichtszustände. Sie können in offenen Systemen bei ständiger Zufuhr von Stoff und freier Energie entstehen, wobei die Energie im System dissipiert, d.h. verteilt wird. In der Biologie und Biochemie sind d.S. für Reizleitungsmechanismen und die Selbstorganisation der Materie im Evolutionsprozess von grundlegender Bedeutung.

Disulfidbrücken, *Cystinbrücken*, Bezeichnung für die Disulfidbindung -S-S- in Peptiden und Proteinen, die sich durch Oxidation zwischen zwei Sulfhydrylgruppen ausbildet:

2 -SH → -S-S-. Disulfidbrücken sind hauptverantwortlich für die Herausbildung und Aufrechterhaltung der Sekundärstruktur von Proteinen. Disulfidbrückenreiche Proteine sind sehr widerstandsfähig gegen Denaturierungsmittel wie Hitze, Säuren und Detergenzien, und gegen proteolytische Enzyme. Die Spaltung der D. kann reduktiv, z.B. durch β-Mercaptoethanol, oder oxidativ, z.B. durch Perameisensäure, erfolgen. Im Organismus werden D. durch spezielle Enzyme gebildet und gespalten, deren bekanntestes die Proteindisulfid-Reduktase (Glutathion, EC 1.8.4.2) ist.

Diterpenalkaloide, ↗ *Terpenalkaloide*.

Diterpene, Terpene, die aus vier Isopreneinheiten ($C_{20}H_{32}$) aufgebaut sind. Dem Phytol, einem aliphatischen Diterpen, kommt als Esterkomponente des Chlorophylls sowie als Bestandteil der Vitamine K und E große Bedeutung zu. Weitere Beispiele für natürlich vorkommende Diterpene sind: ↗ *Steviosid*, ↗ *Vitamin A*, Retinol (Chromophor des Sehpurpurs), bestimmte Alkaloide (Cassain, Aconitin) und Hormone (Gibberelline, Trisporsäure, Antheridiogen). Viele zyklische Diterpene sind Säuren (z.B. Resinosäure, Abietinsäure, s. Abb.).

Biosynthese. Ausgangsverbindung ist das Geranylgeranylpyrophosphat (↗ *Terpene*). Durch hydrolytische Abspaltung des Pyrophosphatrests entstehen die azyklischen D. (z.B. Phytol). Geranylgeranylpyrophosphat wird wahrscheinlich leicht in Geranyllinalool ungewandelt, das dann zu bizyklischen und weiter zu trizyklischen Verbindungen umgesetzt wird (Abb.). Bei einigen der zyklischen D., z.B. der Abietinsäure, tritt eine Wanderung von Substituenten auf. Vom Labdadienyltyp leiten sich die Gibberelline ab.

Dithiothreitol, ↗ *Clelandsches Reagens*.

Dityrosin, ein Dimer des L-Tyrosins (Abb.), das in Säurehydrolysaten verschiedener biologischer Materialien vorkommt: Tussahseide, Fibroin, Insektencuticula, Sporenhülle von *Bacillus subtilis* und Befruchtungsmembran des Seeigels. Bei *Saccharomyces cerevisiae* tritt das D. sporulationsspezifisch auf. Es kommt nur in Sporen und nicht in vegetativen Zellen oder nicht sporenbildenden Zellen unter Sporulationsbedingungen vor. Man nimmt an, dass Dityrosylreste auch *in vivo* existieren und als Quervernetzungen in Strukturproteinen dienen. D. kann *in vitro* aus L-Tyrosin mit Hilfe der Meerrettichperoxidase synthetisiert werden. Die NMR-Analyse hat gezeigt, dass die früher zugewiesene Struktur (phenolische OH-Gruppe *ortho* zur Interringbindung) falsch ist, und dass die OH-Grup-

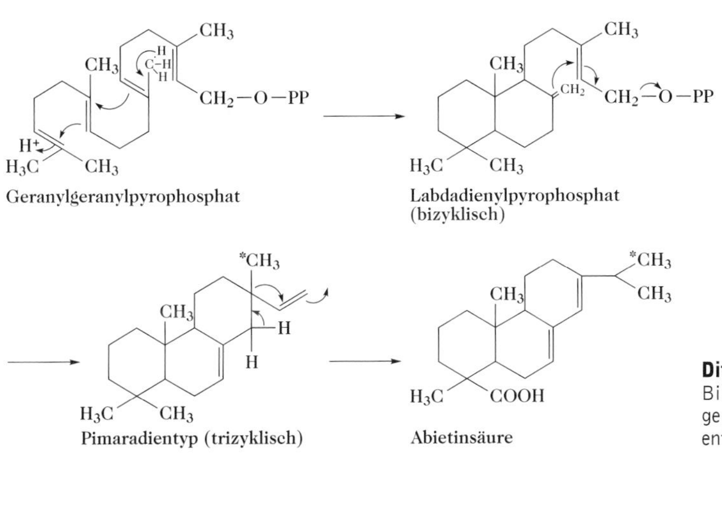

Geranylgeranylpyrophosphat → Labdadienylpyrophosphat (bizyklisch)

Pimaradientyp (trizyklisch) → Abietinsäure

Diterpene. Möglicher Weg für die Bildung von Diterpenen aus Geranylgeranylpyrophosphat. (* einander entsprechende Atome)

pe *meta*-ständig zur Interringbindung angeordnet ist (Abb.). [P. Briza *J. Biol. Chem.* **261** (1986) 4.288–4.294]

Dityrosin

Diuretika, Verbindungen, die durch direkten renalen Angriff die Harnausscheidung erhöhen. Mit der vermehrten Harnmenge werden ödembildende Salze ausgeschieden. D. finden sich in verschiedenen Stoffklassen und haben verschiedene Angriffspunkte. Man unterscheidet ↗ *Osmodiuretika*, ↗ *Quecksilberdiuretika*, Carboanhydrase-Hemmer, ↗ *Saluretika* und Aldosteronantagonisten. *Carboanhydrase-Hemmer* hemmen in der Niere das Enzym ↗ *Carboanhydrase* und damit die Bildung von Hydrogencarbonationen und Protonen aus Kohlendioxid und Wasser. Die Protonen werden gegen Natriumionen ausgetauscht, die rückresorbiert werden. *Aldosteronantagonisten* bewirken eine erhöhte Natriumelimination und Kaliumretention verbunden mit Wasserausscheidung. Sie werden eingesetzt, wenn vom Organismus zu viel Aldosteron gebildet wird und das Alkaliionen-Gleichgewicht dadurch gestört ist.

diurnaler Säurerhythmus, ↗ *Crassulaceen-Säurestoffwechsel.*

Diuron, ↗ *Dichlorphenyldimethylharnstoff.*

divergente Evolution, ↗ *molekulare Evolution.*

DNA, Abk. für ↗ *Desoxyribonucleinsäure.*

DNA-abhängige RNA-Polymerase, Syn. für ↗ *RNA-Polymerase.*

DNA-bindende Proteine, Struktur- und/oder regulative Proteine, die an die DNA gebunden sind. Proteine, die die Transcription bestimmter Gene (↗ *Operon*) reprimieren oder induzieren, müssen in der Lage sein, spezifische Nucleotidsequenzen zu erkennen, während ↗ *Histone* allgemeinere Merkmale erkennen können, wie Gebiete mit höherem oder niedrigerem GC-Gehalt. Variationen der Propellerverdrehung (engl. *propeller twist*) und der Neigung der Basenpaare bezogen auf ihre Nachbarbasen (engl. *base roll*; ↗ *Desoxyribonucleinsäure*) stehen in enger Beziehung zu den Basensequenzen synthetischer DNA-Oligomere. Es ist wahrscheinlich, dass diese Variationen die Wasserstoffbrückenbindungen der Proteine beeinflussen und somit die Basis für die Sequenzerkennung von Proteinen darstellen. Die Z-Form der DNA sollte für

Proteine leicht erkennbar sein. Die Konfiguration der Z-Form hat gewöhnlich einen höheren Energieinhalt als die A- oder B-Form und wird durch alternierende Purin- und Pyrimidinsequenzen oder durch Proteine stabilisiert. Bei der idealen B-Form der DNA ist die kleine Furche (ca. 0,5 nm breit, ca. 0,8 nm tief) zu schmal, um Proteinstrukturelemente unterbringen zu können, während dies in der großen Furche (ca 1,2 nm breit, 0,8 nm tief) möglich ist. Im Regulationsbereich vieler Gene treten alternierende Purin-Pyrimidinsequenzen gehäuft auf.

Röntgenstruktur- und NMR-Untersuchungen zufolge besitzen eine Reihe von Proteinen, die die Genexpression regulieren, eine Supersekundärstruktur, das sog. ↗ *Helix-Turn-Helix-Motiv* (HTH-Motiv). Das HTH-Motiv besteht aus zwei symmetrisch angeordneten α-helicalen Strukturen, von denen jede ca. 20 Reste mit ähnlicher Primärstruktur enthält. Die Helices kreuzen sich unter einem Winkel von ca. 120° und sind räumlich so angeordnet, dass sie an zwei aufeinanderfolgende Windungen der großen Furche der DNA-Helix binden können. Beispiele für regulatorische Proteine, die ein HTH-Motiv besitzen, sind: 1) das *Cro*, ein Repressor des Repressorerhaltungspromotors P-RM im Bakteriophagen Lambda; 2) der Lambda-Repressor, der einerseits als Repressor fungieren, jedoch andererseits auch die Expression seiner eigenen Gene stimulieren kann; 3) das *CAP*, das Katabolit-Aktivator-Protein, das in der Gegenwart von zyklischem AMP die Transcription mehrerer Gene unterstützt, jedoch unter anderen Umständen auch als Repressor wirken kann; 4) der *Lac*-Repressor; 5) der *trp*-Repressor. Röntgenstrukturanalyse der Komplexe, die aus den Repressorproteinen und ihrer Ziel-DNA bestehen, zeigen, dass das Protein sich eng an die DNA-Oberfläche anpasst, indem es über Wasserstoffbrückenbindungen, elektrostatische und Van-der-Waals-Kontakte Wechselwirkungen mit den Basen und Zuckerphosphatketten eingeht. [Y. Takeda et al. *Science* **221** (1983) 1.020–1.026; F.A. Jurnak u. a. McPherson (Hrsg.) *Biological Macromolecule and Assemblies*, Bd. 2, Wiley, New York, 1985; S.C. Harrison „A Structural Taxonomy of DNA-binding domains" *Nature* **353** (1991) 715–719; P.S. Freemont et al. „Structural Aspects of Protein-DNA Recognition" *Biochem. J.* **278** (1991) 1–23; R.E. Harrington u. I. Winciov „New Concepts in Protein-DNA Recognition: Sequence-directed DNA binding and Flexibility" *Prog. Nucl. Acid Res. Mol. Biol.* **47** (1994) 195–270]

DNA-entspannendes Enzym, eine eukaryontische Typ-I-Topoisomerase, die aus Gewebekulturzellen von Säugetieren isoliert wurde [W. Keller, *Proc. Natl. Acad. Sci. USA* **72** (1975) 2.550–2.554]. Die Bezeichnung kann auch für alle anderen ↗ *To-*

poisomerasen von Typ-I und Typ-II verwendet werden.

DNA-Enzyme, *Desoxyribozyme*, katalytisch wirksame DNA-Sequenzen nichtnatürlichen Ursprungs. Durch *In-vitro*-Selektionsprozesse wurden verschiedene künstliche D. hergestellt, wie z.B. verschiedene Klassen von RNA-Phosphorsäureesterspaltenden D., die in Gegenwart zweiwertiger Kationen (Pb^{2+}, Zn^{2+}, Mn^{2+}, Mg^{2+}, und Ca^{2+}) wirken, und deren katalytische Geschwindigkeiten mit denen „selbstspaltender" ⁊ *Ribozyme* vergleichbar sind. Diese D. sind sehr klein und zeigen, dass DNA-Sequenzen zusammen mit Metallionen strukturell in der Lage sind, aktive Zentren in relativ kleinen Domänen auszubilden. Es wurden auch D. mit divalenten Cu^{2+}- oder Zn^{2+}-Cofaktoren gefunden, die die Ligation von DNA-Oligonucleotiden und die Metallierung von Porphyrinringen fördern. Weiterhin kennt man D., die ihre eigene Spaltung katalysieren. Eine Klasse der „selbstspaltenden" D. benötigt Cu^{2+} und Ascorbat. Wie Ribozyme binden diese D. die Substratdomäne des Moleküls über Basenkomplementierung. Die katalytische Domäne besteht aus einer hochkonservierten Sequenz, die mit nur etwa sechs konservierten Nucleotiden den Kernbereich eines divalenten Metallionen-abhängigen Katalysators bilden kann. [R.R. Breaker *Nature Biotechnology* **15** (1997) 427; *Curr. Opin. Chem. Biol.* **1** (1997) 26]

DNA-Fingerprinting, *DNA-Profiling*, eine Methode, die auf dem Restriktionsfragment-Längenpolymorphismus (RFLP) basiert. Danach besitzt jedes Individium ein charakteristisches Restriktionsmuster in Form kurzer, meist 2–3 bp langer, hoch repititiver Sequenzen (im folgenden als Monomer bezeichnet), deren Wiederholungszahlen sich stark unterscheiden (etwa 4–40). Die Detektion solch hoch variabler RFLPs ist für die Identifizierung von Individuen, wie z.B. für Täter- bzw. Vaterschaftsnachweise sehr nützlich.

Diese RFLP-Sequenzbereiche werden als ⁊ *Minisatelliten-DNA*, Tandemwiederholungen variabler Anzahl (engl. variable number tandem repeats, VNTRs), hypervariable Loci und hochvariable Sequenzwiederholungen (engl. highly variable repeats, HVRs) bezeichnet. Die Bezeichnung „variabel" in diesen Namen weist auf die Tatsache hin, dass die Anzahl der tandemartig wiederholten Monomere an einem bestimmten genetischen Ort bei verschiedenen Individuen dieser Spezies unterschiedlich ist. Diese Anzahl kann sogar bei demselben Individuum in einem Paar homologer Chromosomen unterschiedlich sein. Die Monomere selbst scheinen aufgrund ihrer Länge und Nucleotidsequenz in verschiedene Klassen zu fallen. An einem gegebenen Ort haben die Monomere jedoch typischerweise die gleiche Nucleotidsequenz. Allerdings sind auch Abweichungen von diesem Muster bekannt. Bei Menschen sind die verschiedenen Monomerklassen dadurch charakterisiert, dass sie G-reich sind und mehrere Sequenzen besitzen, die sich ähnlich genug sind, dass eine Gensonde (⁊ *Sonde*) konstruiert werden kann, die unter Bedingungen niederer ⁊ *Stringenz* an alle bindet.

Die funktionelle Bedeutung dieser hypervariablen Genorte ist noch nicht bekannt. Sie haben sich für die Identifizierung eines bestimmten Individuums, für die Bestimmung familiärer Verwandtschaft und für ökologische sowie evolutionäre Untersuchungen als sehr wertvoll erwiesen. Dies beruht darauf, dass 1) die Variation in der Monomerenanzahl an einem gegebenen hypervalenten Locus im Genom bei einer gegebenen Art übereinstimmt, 2) die hohe Zahl an hypervariablen Loci im Genom einer gegebenen Spezies übereinstimmt und 3) die hypervariablen Loci auf die gleiche Weise vererbt werden wie Mendelsche Gene.

In welcher Weise sich Individuen in ihren hypervalenten Genorten unterscheiden, wird mit Hilfe der Restriktionsanalyse chromosomaler DNA untersucht. Dies ist möglich, weil die Restriktionsstellen vieler ⁊ *Restriktionsendonucleasen* nicht in der Minisatelliten-DNA vorkommen. Das bedeutet, dass bei einer Verdauung der chromosomalen DNA mit einer solchen Endonuclease alle Arten an Minisatelliten-DNA intakt bleiben und die Spaltungen an ihren jeweiligen Enden stattfinden. Auf diese Weise erhält man von Individuen, die an spezifischen hypervariablen Genorten tandemartige Monomerwiederholungen in unterschiedlicher Anzahl besitzen, unterschiedlich lange Restriktionsfragmente dieses Ortes. Diese können mit Hilfe der Gelelektrophorese getrennt und im ⁊ *Southern-Blot* mit einer passenden Sonde nachgewiesen werden.

Die Vorgehensweise ist wie folgt: Die DNA-Quelle, die ausreichen sollte, um mindestens 60 ng zu isolieren, wird über Nacht mit einer Mischung aus Natriumdodecylsulfat (welches den Zellkern lysiert), Proteinase K (das die nachfolgende DNA-Gewinnung durch Verdauung des anwesenden Proteins unterstützt) und Dithiothreitol (das die Wirkung der Proteinase K durch Reduktion der Disulfidbindungen der Proteine unterstützt) inkubiert. Für forensische oder diagnostische Zwecke kann die DNA-Quelle aus Blut oder einem Blutfleck (d.h. den Leucocyten), ganzen Spermien oder einem Spermienfleck (d.h. Spermienzellen), Haarwurzelzellen, Epithelzellen aus der Mundhöhle oder Zellen aus irgendeinem verfügbaren Körpergewebe bestehen. Die DNA wird extrahiert und dann mit einer Endonuclease inkubiert, die sie in Fragmente spaltet. Von den vielen Endonucleasen, die für diesen Zweck geeignet wären, werden gewöhnlich diejeni-

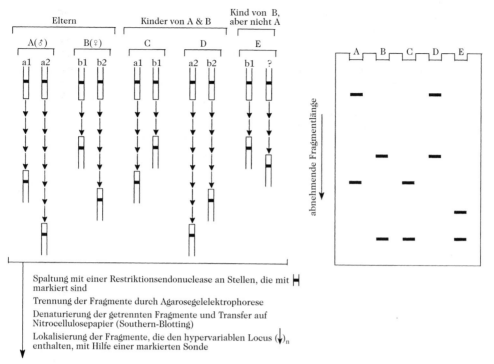

DNA-Fingerprinting. Verwendung des DNA-Fingerprintings zur Festsetzung familiärer gegenseitiger Verwandtschaft. Dieses Beispiel zeigt den DNA-Fingerprint eines hypervariablen Genorts.

gen ausgewählt, die eine Sequenz aus vier bp erkennen (z.B. *Hae*III, die ^{5}GG$^\downarrow$CC$^{3'}$ erkennt). Der Grund dafür ist, dass bei einer zufälligen Verteilung der Basen in der DNA eine bestimmte 4-Basen-Sequenz (z.B. GGCC) im Durchschnitt alle $4^4 = 256$ Basenpaare vorkommt, was als eine hinreichende Spaltungsfrequenz betrachtet wird. Die DNA-Fragmente, die die hypervariablen Genorte enthalten, werden dann an Hand ihrer Größe durch Agarose-Gelelektrophorese getrennt und auf Nitrocellulosepapier übertragen (Southern-Blot). Dadurch entsteht das gleiche Bandenmuster wie es auf dem Gel vorhanden war. Das Nitrocellulosepapier wird dann in eine Lösung getaucht, die eine markierte Sonde für den gesuchten hypervariablen Genort bzw. die gesuchten Genorte enthält. Die Sondenmoleküle binden nur an solche Banden, die aus denaturierten DNA-Fragmenten zusammengesetzt sind, die ein oder mehr Monomere des hypervariablen Ziellocus bzw. der -loci enthält. Der Nachweis der Banden erfolgt mit Hilfe der Markierung, die in der Sonde vorhanden ist (z.B. Autoradiographie bei einer radioaktiv markierten Sonde). Die heute üblichen Einzel-Locussonden markieren nur eine spezifische Art eines hypervariablen Locus. Sie detektieren auf dem Southern-Blot weit weniger Banden als eine Multi-Genortsonde. Dies wird gewöhnlich dadurch kompensiert, dass die

Restriktionsfragmentprobe mit mehreren verschiedenen Einzel-Locussonden separat untersucht wird.

Die diagnostischen Möglichkeiten des DNA-Fingerprinting, die erstmals 1985 aufgezeigt wurden [A.J. Jeffreys et al. *Nature* **314** (1985), 67–73], werden in der Abb. dargestellt. Diese geben einen spezifischen hypervariablen Genort wieder, der durch ein Paar Restriktionsschnittstellen begrenzt ist (durch die Kastenform veranschaulicht) und in einem homologen Chromosomenpaar bei vier menschlichen Individuen vorkommt: A und B sind Vater und Mutter von C und D, die keine eineiigen Zwillinge sind. A und B sind beide heterozygot bezüglich des Genorts, A besitzt vier Tandemwiederholungen des Monomeren (dargestellt durch die Pfeile) auf einem Homologen (a1) und sieben auf dem anderen (a2), während B zwei (b1) und fünf (b2) besitzt. Die Kinder C (mit vier und zwei Wiederholungen) und D (mit 7 und 5 Wiederholungen) repräsentieren zwei (a1 und b1; a2 und b2) der vier möglichen genetischen Kombinationen dieses Genorts in den Nachkommen von A und B. Die beiden anderen möglichen Kombinationen sind a1 und b2 sowie a2 und b1. Der rechte Teil der Abb. zeigt die Banden des Southern-Blots, die von diesem Genort im Genom jedes dieser vier Individuen herrühren, und demonstrieren klar, dass das Verfahren zwischen diesen unterschieden hat. Jedoch genügt die Untersuchung eines einzigen hypervariablen Locus nicht, um C und D mit Sicherheit voneinander unterscheiden zu können. Es gibt eine Chance von 1 zu 16, dass C und D die gleiche genetische Ausstattung an dem in Frage kommenden hypervariablen Locus aufweisen. Diese Chance wird jedoch exponenziell kleiner, wenn die Anzahl der hypervariablen Loci linear erhöht wird. Die Sonden vom multi-Typ oder ein Satz aus einfach-Typen detektieren oft zwanzig oder mehr hypervariable Loci. Das Resultat stimmt mit der früheren Behauptung überein, dass A und B die Eltern der beiden Kinder sind, weil C und D die eine oder andere der beiden Banden sowohl von A als auch von B haben. Dies reicht jedoch nicht aus, um eine Elternschaft zu beweisen. Wenn jedoch das Kriterium an zwanzig oder mehr verschiedenen hypervariablen Loci erfüllt ist, wird die Möglichkeit, dass A und B nicht die Eltern von C und D sind, verschwindend gering. Die Spalte E in Abb. 1 zeigt die Banden des Southern-Blots, die sich vom hypervariablen Genort im Genom eines fünften Individuums E ableiten, das das in einer früheren Ehe geborene Kind von B ist. Die Tatsache, dass keines der Fragmentcharakteristika dieses Genorts, nämlich a1 mit vier Tandemwiederholungen und a2 mit sieben, in der Spalte E vorhanden ist, schließt A als Vater von E aus. Dies demonstriert den Wert des DNA-Fingerprintings bei Vaterschaftsverfahren.

Die Anwendbarkeit des DNA-Fingerprintings in der Forensik wurde von Gill begründet [P. Gill et al. *Nature* **318** (1985) 577–579; P. Gill et al. *Electrophoresis* **8** (1987) 38–44]. Das Verfahren wurde 1986 erstmals in einem Kriminalfall eingesetzt [P. Gill u. D.J. Werrett *For. Sci. Int.* **35** (1987) 145–148]. Es führte nicht nur zu der Schuldigsprechung eines Mannes wegen Vergewaltigung und Mord an zwei Mädchen (1983 und 1986 nahe Leicester, GB), sondern auch zum Ausschluss eines Mannes aus beiden Untersuchungen, der den Mord von 1986 gestanden hatte und von dem die Polizei deshalb glaubte, dass er auch den Mord 1983 begangen habe.

Jeffreys führt eine Fragmentübereinstimmungsstatistik von 0,25 an, d.h. die Möglichkeit, dass zwei nicht verwandte Individuen (z.B. ein Vergewaltiger und ein unschuldiges Individuum) bei zehn im D. übereinstimmenden Fragmenten das gleiche Fragmentmuster besitzen, ist $0,25^{10} = 9,53 \cdot 10^{-7}$ oder ca. eins zu einer Million [*Biochem. Soc. Trans.* **15** (1987) 309–317]. Obwohl dies kein absoluter Beweis ist, reicht das Verfahren möglicherweise für das Erzielen eines Schuldspruchs aus, wenn es zu allen anderen Indizienbeweisen hinzugefügt wird. Es ist offensichtlich, dass das Gewicht des DNA-Fingerprints beträchtlich steigt,

wenn sich die Anzahl der gemeinsamen Fragmente erhöht.

Das Problem einiger forensischer Proben liegt darin, dass zu wenig DNA (< 60 ng) zur Verfügung steht und dass sie durch Alterung und/oder andere Bedingungen, denen sie ausgesetzt war, in kurze Stücke abgebaut wurde. Es kann größtenteils durch Einsatz der ↗ *Polymerasekettenreaktion* (PCR) gelöst werden, mit deren Hilfe vorselektierte bekannte hypervariable Loci vervielfacht werden, die anschließend der DNA-Fingerprintanalyse unterworfen und mit den äquivalenten Loci des Verdächtigen verglichen werden. Es muss sorgfältig darauf geachtet werden, dass eine Kontamination der DNA mit DNA von Polizisten, Laboranten oder anderen Personen vermieden wird. Um diese Möglichkeit auszuschließen, wurden strenge Richtlinien aufgestellt. Beispielsweise wird die Beweis-DNA in einem anderen Labor analysiert als die DNA von einem Verdächtigen.

Vor einiger Zeit wurde ein weiteres DNA-Fingerprinting-Verfahren beschrieben [A.J. Jeffreys et al. *Nature* **354** (1991) 204–209], das auf der Sequenzvariation in hypervariablen Loci basiert und nicht auf der Anzahl der vorhandenen Tandemwiederholungen. Es wurde erfolgreich auf den hypervariablen Genort D1S8 angewandt und überwindet viele Beschränkungen des konventionellen DNA-Fingerprintings.

Das DNA-Fingerprinting wird auf dem Gebiet der Populationsgenetik nichtmenschlicher Spezies immer häufiger eingesetzt. Die häufigsten Anwendungen sind: 1) Aufklärung des individuellen männlichen Reproduktionserfolgs in einem gegebenen Gebiet bei Wild-, Säugetier-, Vogel- und Reptilienarten, in der sich die Weibchen während ihrer fruchtbaren Phase mit mehreren verschiedenen Männchen paaren können oder fähig sind, für eine lange Zeit lebensfähige Spermien zu speichern, z.B. bei der Bestimmung, ob es eine Beziehung zwischen der Anzahl der Nachkommen, die vom Revierhalter gezeugt wurden, und der Größe seines Reviers gibt [H.L. Gibbs *Science* **250** (1990) 1.394–1.397]. 2) Bestimmung genetischer Verwandtschaft insbesondere in der Erhaltungsgenetik [B. Amos u.a.R. Hoelzel *Biol. Conserv.* **61** (1992) 133–144] durch Messung des „Bandenübereinstimmungskoeffizienten" [M. Lynch *Med. Biol. Evol.* **7** (1990) 478–484]. Letzterer ist ein Index für die Ähnlichkeit zweier DNA-Fingerprint-Muster und wird durch die Gleichung $S_{xy} = 2n_{xy}/(n_x + n_y)$ berechnet, wobei n_x und n_y die Zahl der Banden in den DNA-Fingerprints der Individuen x und y sind und n_{xy} die Anzahl der Banden ist, die die beiden Muster gemeinsam haben. Je höher der Wert ist, desto größer ist die Ähnlichkeit der beiden Muster (und deshalb die genetische Verwandtschaft der beiden

Individuen). Ein Wert von eins zeigt eine absolute Gleichheit an.

DNA-Glycosylase, ↗ *DNA-Reparatur*.

DNA-Gyrase, eine Typ-II-Topoisomerase. ↗ *Topoisomerasen*.

DNA-Ligase, ↗ *Polynucleotid-Ligase*.

DNA-Methylierung, Methylierung von Adenin- und Cytosinresten der DNA unter Bildung von N^6-Mehyladenin (m^6A), 5-Methylcytosin (m^5C) und N^4-Methyladenin (m^4A), wobei unterschiedliche Methylierungsgrade und –muster entstehen, die für die Ursprungsarten spezifisch sind. Die Methylgruppen ragen in die große Furche der B-DNA hinein. Bei eukaryontischer DNA ist in der Regel m^5C die einzige methylierte Base. Sie kommt meistens in den CG-Dinucleotiden von Palindromsequenzen vor. Bei bestimmten Pflanzen können über 30% der C-Reste methyliert vorliegen, bei der Säugetier-DNA ungefähr 70%. Die Methylgruppen von m^6A, m^5C und m^4A rühren bei allen Organismen von einem Transfer aus ↗ *S-Adenosyl-L-methionin* her.

Restriktions-Modifikation. In Bakterien dienen die artspezifischen DNA-Methylierungsmuster dazu, die DNA der Zelle vor ihren eigenen ↗ *Restriktionsendonucleasen* zu schützen. Bei *E. coli* erfolgt die DNA-Methylierung hauptsächlich durch 1) die dam-Methyltransferase [Produkt des *dam*(<u>D</u>NA-<u>A</u>denin-<u>M</u>ethylierungs)-Gens; methyliert A in der Palindromsequenz GATC] und 2) die dcm-Methyltransferase [Produkt des *dcm*(<u>D</u>NA-<u>C</u>ytosin-<u>M</u>ethylierungs)-Gens; methyliert C in den Palindromsequenzen CC(A oder T)GG]. Die DNA-Methyltransferase (M.HhaI) von *Haemophilus haemolyticus* methyliert einen C-Rest in der Sequenz 5'-GCGC-3' in der Doppelstrang-DNA unter Bildung von 5'-G-m⁵C-GC-3'. Die Röntgenstrukturanalyse des Komplexes von M.HhaI mit der selbstkomplementären Sequenz d(TGATAGCGCTATC) zeigt, dass die DNA in einer Spalte zwischen zwei Enzymdomänen gebunden wird. Das Zielcytosin bewegt sich aus der kleinen Furche heraus und fügt sich in das aktive Zentrum des Enzyms ein, wo es durch S-Adenosyl-L-methionin methyliert wird. Wenn das Zielcytosin sich aus seiner Position entfernt, hinterlässt es auf dem komplementären Strang ein exponiertes G. Die entstehende Lücke wird vorübergehend durch Gln^{237} der Enzymseitenkette ausgefüllt.

Reparatur einer Fehlpaarung. In prokaryontischen Systemen spielt die DNA-Methylierung bei der Korrektur von falsch gepaarten Basen eine Rolle. Dieser Prozess ist als *Fehlpaarungsreparatur* (engl. *mismatch repair*) bekannt. Bei *E. coli* wird das Fehlpaarungsreparaturenzym durch die Gene *mutH*, *mutL* und *mutS* codiert. Das Enzym tastet neu replizierte DNA nach falsch gepaarten Basen ab, entfernt das Einzelstrangsegment, das das fal-

sche Nucleotid enthält und die DNA-Polymerase fügt ein neues Segment ein, das die richtige Base enthält. Es ist aber außerdem ein Mechanismus zur Identifizierung der falschen Base eines fehlgepaarten Paares erforderlich. Dieser Mechanismus basiert darauf, dass die Methylierung hinter der Replikation zurückbleibt, so dass ein neu replizierter Tochterstrang für eine kurze Zeitspanne (Sekunden bis Minuten) vorübergehend weniger methyliert ist als sein Parentalstrang. Das Korrekturenzym kontrolliert den Methylierungsgrad jedes Strangs, indem es die unmethylierte Sequenz GATC erkennt, jedoch nicht ihr nachfolgendes Methylierungsprodukt G-m⁶A-TC.

Eukaryontische Genregulation. Für die eukaryontische Genregulation ist die Methylierung von C-Resten in spezifischen CG-Dinucleotiden von Palindromsequenzen wichtig. CG-Dinucleotide kommen im eukaryontischen Genom nur 20% häufiger vor, als sie bei einer zufälligen Verteilung vorliegen würden. Die Regulationsregionen vieler Gene strangaufwärts enthalten dagegen Inseln normaler CG-Frequenz. Durch Transfektion, Mikroinjektion und zellfreie Transcription konnte gezeigt werden, dass die spezifische Methylierung von C in den CpG-Dinucleotidresten in diesen Regulationsregionen strangaufwärts (sowohl das Muster als auch die Dichte der Methylierung sind wichtig) eine Inhibierung oder Inaktivierung des Promotors zur Folge hat, woraus eine Repression der Transcription resultiert.

Repetitiv induziertes Stilllegen eines Gens (engl. *gene silencing*). Ein Hinweis auf das Vorkommen dieses Regulationsphänomens ergab sich erstmals als beobachtet wurde, dass eine konstruierte Markierungssubstanz in *Nicotiana tabacum* reversibel methyliert und inaktiviert wurde, nachdem ein zweites rekombinantes Gen, das die gleichen Homologien besitzt wie das inaktivierte Markergen, eingeführt wurde. Das Phänomen wurde bei mehreren anderen Pflanzen und bei filamentösen Pilzen beobachtet.

Die *trans*-Inaktivierung des Markergens hängt von der Gegenwart seines homologen Gegenstücks ab, das an einer anderen Stelle des Genoms inkorporiert wird. Wenn die beiden Transgene durch Segregation getrennt werden, wird die *trans*-inaktivierte Kopie in nachfolgenden Generationen reaktiviert. Dies impliziert, dass das still gelegte Transgen epigenetisch modifiziert wird und dass dieser Prozess durch den homologen Stilllegelocus initiiert wird. Wie empfindlich die Transgene in Bezug auf die homologieinduzierte Stilllegung reagieren, hängt von der Anordnung, Modifikation, Sekundärstruktur und dem Genomort der transgenen Sequenzen ab. Dieser Stilllegemechanismus hat klare Auswirkungen auf die Regulation der Genexpression in transgenen Pflanzen. 1987 wurde von einer inversen Korrelation zwischen der Kopienzahl des Transgens und der Genaktivität berichtet.

Ein gemeinsames Merkmal der transcriptionellen Stilllegung bei Pflanzen und prämeiotischer Geninaktivierung in filamentösen Pilzen ist die Methylierung von Cytosinresten in repetitiven DNA-Sequenzen. Zusätzlich zu der Möglichkeit, dass die DNA-Methylierung durch Konformationsänderungen induziert wird, ist es wahrscheinlich, dass auch fremde Sequenzen gezielt methyliert werden. Die Methylierung von repetitiven DNA-Sequenzen und von fremder DNA könnte dem Genom sowohl einen evolutionären Vorteil verleihen, als auch die Toleranz des Genoms gegenüber inkorporierten fremden Sequenzen erhöhen. Die Hypermethylierung verhindert die somatische Rekombination zwischen homologen Sequenzen, erzeugt still gelegte epigenetische Zustände (die unter begünstigenden Umweltbedingungen reaktiviert werden können) und erleichtert die evolutionäre Sequenzdivergenz durch Desaminierung von m^5C, woraus die Mutation C→T folgt. [R.L.P. Adams *Biochem. J.* **265** (1990) 309–320; A. Razin u. H. Cedar *Microbiol. Reviews* **55** (1991) 451–458; A.P. Bird *Cold Spring Harbor Symp. Quant. Biol.* **58** (1993) 281–285; J.P. Jost u. H.P. Saluz (Hrsg.) *DNA Methylation: Molecular Biology and Biological Significance*, Birkhäuser, Basel, Boston, Berlin, 1993; E. Li et al. *Nature* **366** (1993) 362–365; G.L. Verdine *Cell* **76** (1994) 197–200; A. Razin u. T. Kafoi „DNA methylation from embryo to adult" *Prog. Nucl. Acid Res. Mol. Biol.* **48** (1994) 53–81; S.S. Smith „Biological Implications of the Mechanism of Action of Human DNA (Cytosin-5)methyltransferase" *Prog. Nucl. Acid Res. Mol. Biol.* **49** (1994) 65–111; A.J.M. Matzke et al. „Homology-dependent gene silencing in transgenic plants – epistatic silencing loci contain multiple copies of methylated transgenes" *Molecular and General Genetics* **244** (1994) 219–229; X. Cheng „Structure and Function of DNA Methyltransferases" *Annu. Rev. Biophys. Biomol. Struct.* **24** (1995) 293–318; F. Radtke et al. *Biol. Chem. Hoppe-Seyler* **377** (1996) 47–56; P. Meyer „Repeat-Induced Gene Silencing: Common Mechanisms in Plants and Fungi" *Biol. Chem. Hoppe-Seyler* **377** (1996) 87–95; S. Prösch et al. *Biol. Chem. Hoppe-Seyler* **377** (1996) 195–201]

DNA-Nucleotidyltransferase, ↗ *DNA-Polymerase*.

DNA-Photolyasen, photoreaktivierende Enzyme ↗ *DNA-Reparatur*.

DNA-Polymerase, *DNA-Nucleotidyltransferase* (EC 2.7.7.7), ein Enzym, das die Synthese von DNA-Polynucleotidketten an einer vorher vorhandenen DNA-Matrize katalysiert (DNA-Replikation). Die Vorstufen sind die vier 3'-Desoxyribonucleotidtriphosphate. *In vitro* kann das Enzym auch

Homo- und Copolymere der Triphosphate synthetisieren. Je nach Herkunft (höhere Organismen, Bakterien, Viren) zeigen die DNA-Polymerasen unterschiedliche Spezifität, z.B. für Einzelstrang- oder Doppelstrang-DNA als Primer.

Aus *E. coli* sind drei DNA-Polymerasen isoliert worden. Die *Polymerase I (Kornberg Enzym)* verknüpft Desoxyribonucleosidtriphosphate zu hochmolekularen Polynucleotiden unter Abspaltung von Pyrophosphat. Die Kette wächst vom 5'-Phosphat zum 3'-OH-Ende. Die Reaktion benötigt *in vitro* einen Oligonucleotidprimer. Die Nucleotide werden an das 3'-Hydroxylende addiert. Außerdem ist eine Matrizen-DNA für die Ausbildung der richtigen Nucleotidsequenz erforderlich. Mit Hilfe der DNA-Polymerase gelang Kornberg 1967 die *in-vitro*-Totalsynthese der DNA des einsträngigen Phagen ΦX 174. Das Enzym ist *in vivo* jedoch wahrscheinlich nicht für die DNA-Replikation, sondern für die ↗ *DNA-Reparatur* verantwortlich. Die Funktion der DNA-Polymerase II in der Zelle ist noch ungeklärt. Die DNA-Replikation wird wahrscheinlich durch die DNA-Polymerase III katalysiert.

DNA-Profiling, ↗ *DNA-Fingerprinting*.

DNA-Reparatur, eine Reihe von Mechanismen zur Wiederherstellung der normalen DNA-Struktur (d.h. der genetischen Unversehrtheit), nach Beschädigung z.B. durch Toxine, UV- oder ionisierende Strahlung sowie spontane Bindungsspaltung (z.B. Spaltung glycosidischer Bindungen; Desaminierung von Cytosin- zu Uracilresten).

Reaktivierung von Pyrimidindimeren. UV-Strahlen können eine Dimerisierung benachbarter Thyminreste desselben DNA-Strangs hervorrufen. Cytosin- und Cytosin-Thymin-Dimere werden zwar auch innerhalb eines Strangs gebildet, jedoch in viel kleineren Raten. Das resultierende Dimer passt nicht in die Doppelhelix und verhindert dadurch eine normale Transcription und Replikation.

Diese Schädigung kann durch die Wirkung von *photoreaktivierenden Enzymen* bzw. *DNA-Photolyasen* (M_r 55–65 kDa) korrigiert werden. Diese Enzyme besitzen einen nichtkovalent gebundenen Chromophor, der artspezifisch entweder aus N^5,N^{10}-Methenyltetrahydrofolat oder aus 5-Desazaflavin besteht. Das monomere Enzym bindet an das Pyrimidindimer. Der Chromophor absorbiert Licht im Bereich von 300–500 nm und überträgt die Anregungsenergie auf FADH. Dieses transferiert ein Elektron auf das Pyrimidindimer, das dann in zwei Monomere gespalten wird.

Entfernung von Alkylierungen durch Alkyltransferasen. Die Basen der DNA können durch nichtphysiologische Alkylierungsmittel, wie N-Methyl-N'-nitrosoguanidin (ein starkes Mutagen und Carcinogen), oder spontan in der unbehandelten, normalen Zelle durch die nichtenzymatische Methylierungsaktivität von *S*-Adenosylmethionin alkyliert werden. In *E. coli* und Säugetierzellen werden O^6-Methylguanidin und O^6-Ethylguanidin durch die *O^6-Methylguanidin-DNA-Methyltransferase* desalkyliert, die eine einzelne Alkylgruppe auf einen ihrer eigenen Cys-Reste überträgt und dann inaktiv wird. Bei *E. coli* hat diese O^6-Mehylguanidin-DNA-Methyltransferase-Aktivität das 178 Reste umfassende C-terminale Segment des aus 354 Resten bestehenden Ada-Proteins (das *ada*-Genprodukt).

Exzision veränderter Basen. Als Alternative zur Photoreaktivierung kann ein Pyrimidindimer ausgeschnitten und durch zwei Monomere ersetzt werden. Dieser Prozess wird in *E. coli* als Reaktion auf die Verformung, die durch das Dimer erzeugt wird, durch einen Proteinkomplex, die *uvrABC-Excinuclease* (codiert durch die *uvrABC*-Gene), initiiert. Die Excinuclease spaltet den betroffenen DNA-Strang acht Nucleotide entfernt vom Dimer in 5'-Richtung und vier Nucleotide entfernt in 3'-Richtung. Das exzisierte Oligonucleotid, das das Dimer enthält, wird entfernt. Die DNA-Polymerase I synthetisiert und ersetzt dann das fehlende Segment, indem sie das freie 3'-Ende als Primer und das freiliegende Stück des intakten komplementären Strangs als Matrize verwendet. Zum Schluss wird das 3'-Ende der neu synthetisierten DNA mit dem freien 5'-Ende des gespaltenen Strangs durch die DNA-Ligase verknüpft.

Xeroderma pigmentosum, eine autosomal rezessiv vererbte Hautkrankheit des Menschen, kann durch eine Reihe von Defekten in der Pyrimidindimerreparatur verursacht werden. Bei einer Form dieser Krankheit arbeitet die Excinuclease mangelhaft. Die Haut von Homozygoten ist gegenüber dem UV-Anteil des Sonnenlichts empfindlich, was zu Atrophie der Dermis, zu Keratosen, Geschwüren und Hautkrebs führt. Bei kultivierten normalen Fibroblasten des Menschen wird die Hälfte der Pyrimidindimere innerhalb von 24 Stunden herausgeschnitten. Dagegen werden bei kultivierten Fibroblasten von Xeroderma-pigmentosa-Patienten in 24 Stunden fast keine Dimere entfernt.

Reparatur desaminierter Cytosin- oder Adeninreste. Die Cytosin- und Adeninreste der DNA werden in geringem Maß spontan zu Uracil und Hypoxanthin desaminiert. Da Uracil mit Adenin Basenpaarungen bildet, entsteht bei der Replikation der DNA, die einen Uracilrest enthält, ein Tochterstrang, der ein AU-Basenpaar an Stelle des ursprünglichen GC-Basenpaars enthält. In analoger Weise entsteht ein Tochterstrang, der CHyp anstelle von TA enthält, da sich Hypoxanthin mit Cytosin paart. Diese Mutationen werden durch ein Reparaturverfahren verhindert, das durch die hydrolyti-

sche Entfernung der betroffenen Base mit Hilfe einer spezifischen DNA-Glycosylase (z.B. *Uracil-DNA-Glycosylase*) initiiert wird. Zurück bleibt ein Loch in der Basensequenz eines intakten DNA-Moleküls, das AP-Stelle (engl. *apurine* bzw. *apyrimidine*) genannt wird und einen Desoxyribosephosphatrest enthält. Eine AP-Endonuclease spaltet das Rückgrat dieser DNA neben der AP-Stelle. Die DNA-Polymerase I schneidet den übriggebliebenen Desoxyribosephosphatrest heraus und ersetzt ihn durch Desoxycytidinphosphat (vorgegeben durch Basenpaarung mit dem Guaninrest des unbeschädigten komplementären Strangs). Schließlich wird der Strang von der DNA-Ligase geschlossen.

Reparatur durch Rekombination. Die Replikation kann ablaufen, bevor die o. g. Reparaturmechanismen einsetzen können. Beispielsweise ergibt sich bei der Replikation einer DNA, die ein Pyrimidindimer enthält, ein Tochterstrang, der aus zwei Teilstücken besteht. Die beiden Teilstücke sind komplementär zu dem defekten Strang und durch Basenpaarung an diesen gebunden, aber durch eine Lücke voneinander getrennt, die dem Pyrimidindimer gegenüber liegt. Eine Exzisionsreparatur ist nicht möglich, weil hierfür ein fehlerfreier komplementärer Strang benötigt wird. Das Geschwisterduplex ist jedoch fehlerfrei und einer seiner Stränge enthält die korrekte Nucleotidsequenz, die benötigt wird, um die Lücke zu füllen. Deshalb wird die Lücke durch Transfer der passenden Sequenz aus dem fehlerfreien Geschwisterduplex, z.B. durch homologe Rekombination, gefüllt. Im Geschwisterduplex entsteht eine Lücke, die durch Auffüllen und Ligation geschlossen werden kann, weil die Nucleotidsequenz, die der Lücke gegenüber liegt, intakt ist. Nach der Rekombination (bzw. Postreplikationsreparatur) enthält ein Duplex immer noch das Pyrimidindimer. Dies kann anschließend mit Hilfe der Photoreaktivierung oder der Reparatur durch Nucleotidexzision korrigiert werden. Analog zur homologen genetischen Rekombination kann die Rekombinationsreparatur auch durch recA vermittelt werden. Beide Prozesse sind sich in mechanistischer Hinsicht sehr ähnlich.

SOS-Reparatur. Dabei handelt es sich um eine Notreaktion der Zelle auf massive Schädigung der DNA, ↗ *SOS-Antwort*.

[L.C. Myers et al. *Biochemistry* **32** (1993) 14.089–14.094; B. Van Houtten u.a. Snowden *Bio-Essays* **15** (1993) 51–59; K. Morikawa *Curr. Opin. Struct. Biol.* **3** (1993) 17–23; K. Tanaka u. R.D. Wood *Trends Biochem. Sci.* **19** (1994) 83–86; M.H. Moore et al. *EMBO J.* **13** (1994) 1.495–1.501; DNA Repair: a special issue of *Trends in Biochemical Sciences* **20** (1995) issue 10; S.N. Guzder et al. „Reconstitution of Yeast Nucleotide Excision repair" *J. Biol. Chem.* **270** (1995) 12.973–12.976;

S. Griffin „DNA damage, DNA repair and desease" *Current Biology* **6** (1996) 497–499]

DNA-RNA-Hybride, Doppelstrangmoleküle, die aus einer DNA- und einer komplementären RNA-Nucleotidkette bestehen. Sie bilden einen intermediären Zustand bei der Transcription (↗ *Ribonucleinsäuren*) und bei der Vermehrung onkogener RNA-Viren (↗ *RNA-abhängige DNA-Polymerase*). Sie können aber auch *in vitro* durch ↗ *Hybridisierung* hergestellt werden. Sie sind stabil gegen Ribonucleasen.

DNase I, ↗ *Desoxyribonuclease I*.

DNase II, ↗ *Desoxyribonuclease II*.

DNase-I-Technik, ↗ *Footprinting*.

DNA-Sequenzierung,   ↗ *Nucleinsäuresequenzierung*.

DNA-Sonden, ^{32}P-markierte RNA, cDNA oder synthetische Oligonucleotide, die zur Markierung von DNA beim Southern-Blot dienen. ↗ *rekombinante DNA-Technik (Sonden)*.

DNA-Swivelase, eine ↗ *Topoisomerase* vom Typ I.

DNA-Synthese, Synthese von Oligodesoxyribonucleotiden mit spezifischer Basensequenz unter Einsatz chemischer Methoden. Bei der ursprünglichen *Phosphodiestermethode* wird das 5'-Phosphat des einen Nucleotids (dessen andere funktionellen Gruppen geschützt sind) mit dem 3'-Hydroxyl eines anderen geschützten Nucleotids kondensiert (Abb. 1). Die Reaktionszeiten sind lang und die Ausbeute nimmt mit der Länge der synthetisierten Kette rasch ab. Diese Methode ist historisch gesehen wichtig, da sie für die erste Totalsynthese eines Gens, eines biologisch funktionellen Suppressor-tRNA-Gens, angewandt wurde. [H.G. Khorana *Science* **203** (1979) 614–625]

Die *Phosphotriestermethode* überwindet einige Nachteile der Phosphodiestermethode, da während der Synthese der benötigten Sequenz jede als Zwischenstufe auftretende Phosphodiesterfunktion blockiert wird. Diese Methode wurde zur Synthese von 67 verschiedenen Oligonucleotiden mit Kettenlängen von 10–20 bp eingesetzt, die dann zusammengefügt wurden, um ein α-Interferongen mit einer Kettenlänge von 517 Basenpaaren herzustellen [M.D. Edge et al. *Nature* **292** (1981) 756–762]. Die Reaktionen können in Lösung durchgeführt werden (Abb. 2), jedoch ist eine Festphasensynthese effizienter (Abb. 3).

Bei der *Festphasensynthese* wird das Oligodesoxyribonucleotid synthetisiert während es kovalent an einen festen Träger gebunden ist. Damit jede Synthesestufe vollständig abläuft, wird mit einem Überschuss an gelösten, geschützten Nucleotiden und Kopplungsreagenzien gearbeitet. Die Festphasensynthese ist leicht automatisch durchzuführen. Für diesen Zweck werden technisch fortschrittliche Flüssigkeitsverteilungsgeräte eingesetzt, bei denen die Beschickung des festen Trägers mit Reagenzien mit Hilfe von Computern gemessen und reguliert wird.

Die moderne Methode der Wahl (manuell oder automatisiert) ist ein Festphasensystem, das die Phosporamiditchemie einsetzt (Abb. 4). Die fortschrittlichsten automatisierten Systeme verwenden β-Cyanoethylamidit anstelle von Methylamidit. Die Cyanoethylschutzgruppe verhindert die potenziell mögliche Thyminmethylierung durch Internucleotidmethylphosphat, zu der es bei der Verwendung von Methylamidit kommen könnte. Darüber hinaus lässt sich die Cyanoethylgruppe wieder leichter entfernen als die Methylgruppe, so dass die Entfernung des schützenden Phosphats, die Schutzgruppenentfernung von den Basen und die Abspaltung vom festen Träger in einer einzigen Stufe durchgeführt werden können.

Der feste Träger kann entweder aus Glas mit regulierter Porengröße oder Silica (Phosphoramiditmethode) bzw. aus Polystyren-divinylbenzen (Phosphotriestermethode) bestehen. Die Nucleotide sind über einen Succinylrest an das Aminoende eines Spacerarms des festen Trägers gebunden (Abb. 5). Das Produkt der chemischen DNA-Synthese ist ein einsträngiges Oligonucleotid. Mit Hilfe geeigneter enzymatischer Methoden (↗ *rekombinante DNA-Technik*) können kurze Oligonucleotide *in vitro* in die doppelsträngige Form überführt werden. Für die Synthese sehr langer doppelsträngiger DNA (z.B. eines ganzen Gens) können von beiden Strängen überlappende Oligonucleotide synthetisiert werden, die dann zum gesamten Polynucleotid durch Basenpaarung aneinandergereiht und mit Hilfe von Ligase zusammengesetzt werden (Abb. 6). [R.L. Letsinger u. W.B. Lunsford *J. Amer. Chem. Soc.* **98** (1976) 3.655–3.661; N.D. Sinha et

DNA-Synthese. Abb. 1. Prinzip der Phosphodiestermethode zur DNA-Synthese. B* = geschützte Base. MMTr = Monomethoxytrityl.

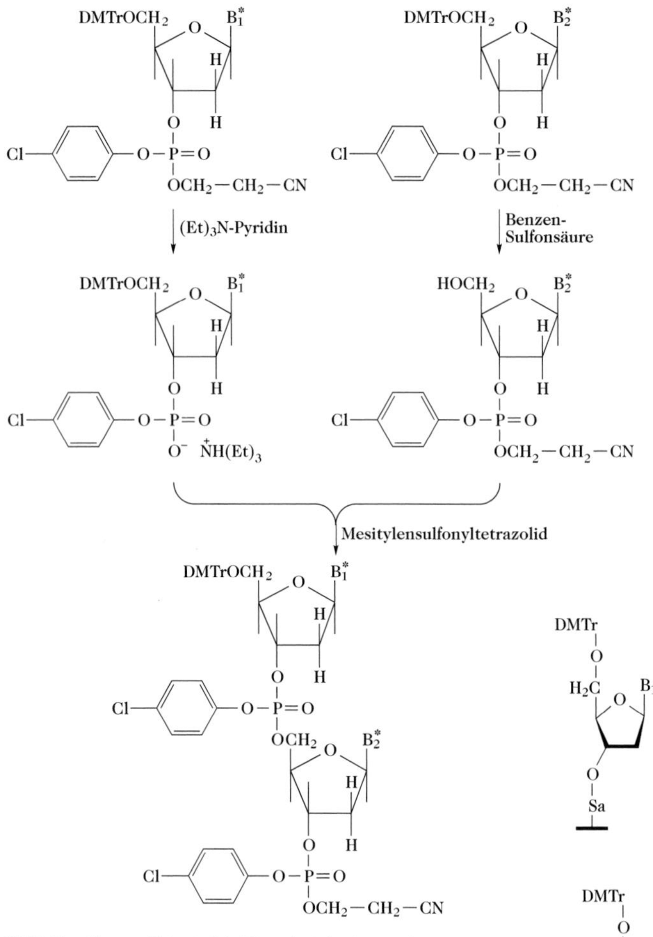

DNA-Synthese. Abb. 2. Die Phosphotriestermethode zur DNA-Synthese. B* = geschützte Base. DMTr = Dimethoxytrityl.

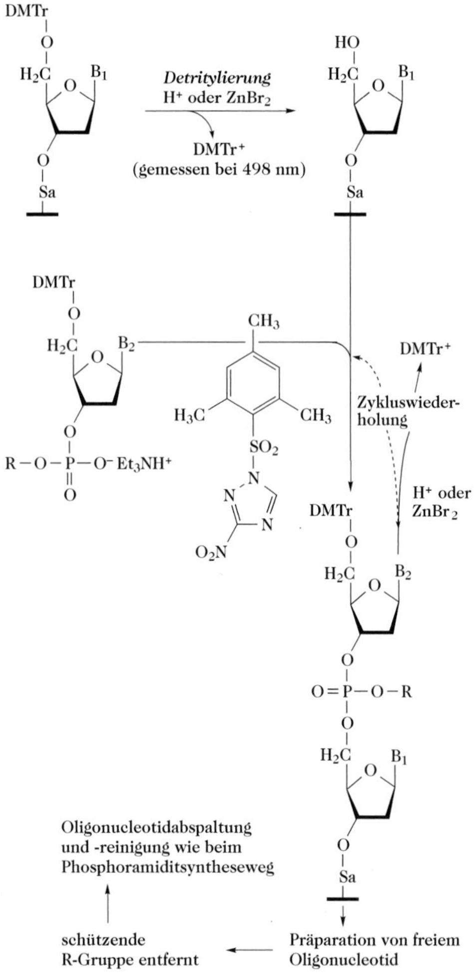

DNA-Synthese. Abb. 3. Phosphotriestermethode zur DNA-Synthese in einem Festphasensystem. Die leuchtend orangene Farbe (λ_{max} 498 nm) des DMTr-Kations kann dazu verwendet werden, die Kopplungseffizienz zwischen den Synthesezyklen zu bestimmen. Sa = Spacerarm. B_1, B_2 = geschützte Basen. Die Kondensation wird durch Mesitylen-2-sulfonyl-3-nitro-1,2,3-triazol aktiviert. R ist eine Phosphorylschutzgruppe.

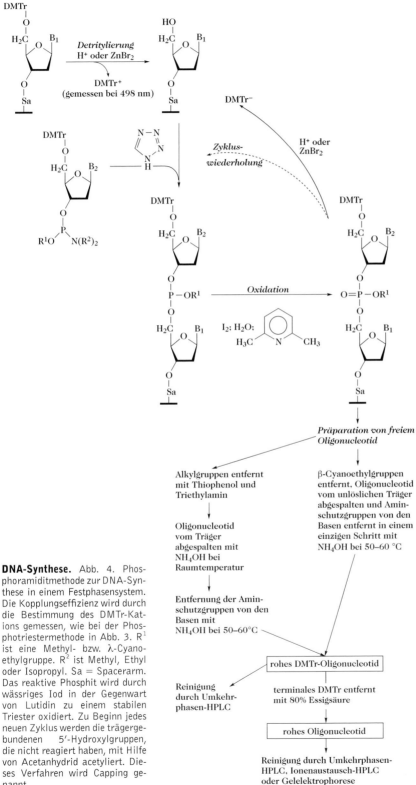

DNA-Synthese. Abb. 4. Phosphoramiditmethode zur DNA-Synthese in einem Festphasensystem. Die Kopplungseffizienz wird durch die Bestimmung des DMTr-Kations gemessen, wie bei der Phosphotriestermethode in Abb. 3. R^1 ist eine Methyl- bzw. λ-Cyanoethylgruppe. R^2 ist Methyl, Ethyl oder Isopropyl. Sa = Spacerarm. Das reaktive Phosphit wird durch wässriges Iod in der Gegenwart von Lutidin zu einem stabilen Triester oxidiert. Zu Beginn jedes neuen Zyklus werden die trägergebundenen 5′-Hydroxylgruppen, die nicht reagiert haben, mit Hilfe von Acetanhydrid acetyliert. Dieses Verfahren wird Capping genannt.

Alkylgruppen entfernt mit Thiophenol und Triethylamin

Oligonucleotid vom Träger abgespalten mit NH$_4$OH bei Raumtemperatur

Entfernung der Aminschutzgruppen von den Basen mit NH$_4$OH bei 50–60°C

Reinigung durch Umkehrphasen-HPLC

Präparation von freiem Oligonucleotid

β-Cyanoethylgruppen entfernt, Oligonucleotid vom unlöslichen Träger abgespalten und Aminschutzgruppen von den Basen entfernt in einem einzigen Schritt mit NH$_4$OH bei 50–60 °C

rohes DMTr-Oligonucleotid

terminales DMTr entfernt mit 80% Essigsäure

rohes Oligonucleotid

Reinigung durch Umkehrphasen-HPLC, Ionenaustausch-HPLC oder Gelelektrophorese

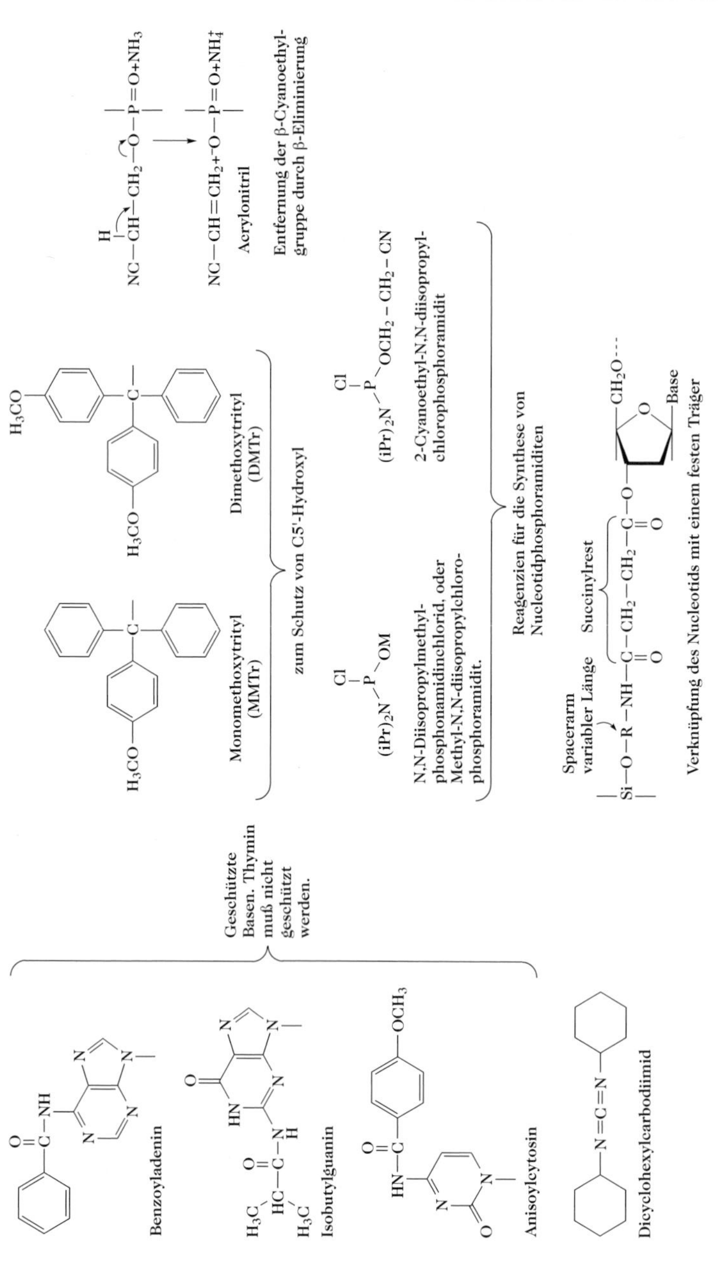

DNA-Synthese. Abb. 5. Einige Strukturen und Reagenzien der chemischen DNA-Synthese.

NC–CH–CH2–O–P=O+NH3 → NC–CH=CH2+O–P=O+NH4

Acrylonitril

Entfernung der β-Cyanoethylgruppe durch β-Eliminierung

Dimethoxytrityl (DMTr)

zum Schutz von C5-Hydroxyl

Monomethoxytrityl (MMTr)

Cl–P(iPr)2N–OCH2–CH2–CN

2-Cyanoethyl-N,N-diisopropyl-chlorophosphoramidit

Cl–P(iPr)2N–OM

N,N-Diisopropylmethyl-phosphonamidinchlorid, oder Methyl-N,N-diisopropylchloro-phosphoramidit.

Reagenzien für die Synthese von Nucleotidphosphoramiditen

Spacerarm variabler Länge — Succinylrest

Verknüpfung des Nucleotids mit einem festen Träger

Geschützte Basen. Thymin muß nicht geschützt werden.

Benzoyladenin

Isobutylguanin

Anisoylcytosin

Dicyclohexylcarbodiimid

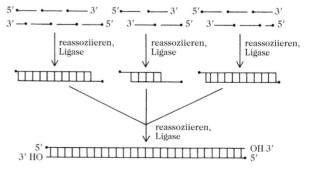

DNA-Synthese. Abb. 6. Synthese einer doppelsträngigen DNA aus überlappenden Oligonucleotiden beider Stränge. Das 5'-Ende jedes Oligonucleotids wird zuerst durch Polynucleotid-Kinase in der Gegenwart von ATP phosphoryliert.

reassoziieren, Ligase

reassoziieren, Ligase

al. *Nucleic Acids Res.* **12** (1984) 4.539–4.557; R. Newton *Internat. Biotech. Lab.* **5** (1987) 46–53]

DNA-Technik, ↗ *rekombinante DNA-Technik.*

DNA-Vektoren, ↗ *Vektoren.*

DOC, ↗ *Cortexon.*

docking protein, ↗ *Signalerkennungspartikel-Rezeptor.*

Dodecanoyl-CoA-Synthetase, ↗ *aktivierte Fettsäuren.*

Dodecyldimethylaminoxid, ↗ *DDAO.*

Dolastatin I, ein aus den inneren Organen des japanischen Seehasen *Dolabella auricilaria* isoliertes zyklisches Hexapeptid. Das Peptid enthält drei unterschiedliche heterozyklische Fünfringsysteme (Oxazol, Thiazol und Oxazolin). Es zeigt Cytotoxizität gegen HeLa S3-Zellen (IC$_{50}$ = 12 µg/ml). [H. Sone et al. *Tetrahedron* **53** (1997) 8.149]

Dolicholphosphate, membrangebundene Polyprenolphosphate (aus 13–20 Isopreneinheiten aufgebaut, Abb.), die von einem löslichen Donor (Uridin- oder Guanosin-diphosphat-glycoside) Glycosyleinheiten aufnehmen und diese dann an Membranproteine oder -lipide weitergeben. Die D. können deshalb als Coenzyme der Protein- und Lipidglycosylierung angesehen werden. Die höchsten Konzentrationen an D. kommen in den Membranen des Zellkerns, des Golgiapparates und des rauen endoplasmatischen Reticulums vor.

$$H \left[H_2C - \underset{\underset{CH_3}{|}}{C} = CH - CH_2 \right]_n CH_2 - \underset{\underset{CH_3}{|}}{CH} - CH_2 - CH_2O - PO_3H_2$$

Dolicholphosphate. n = 13–20 (hauptsächlich) bei Säugetieren.

Doliculid, ein Cyclodepsipeptid mit struktureller Ähnlichkeit zum ↗ *Jaspamid* und den ↗ *Geodiamoliden.* [H. Ishiwata et al. *J. Org. Chem.* **59** (1994) 41.710]

domain swapping, ↗ *Domänenaustausch.*

Domäne, eine Kombination von Protein-Sekundärstrukturelementen (α-Helices, β-Faltblätter), die eine komplexe, gefaltete globuläre Einheit darstellt. Eine D. ist aus einem Abschnitt einer Polypeptidkette aufgebaut, die in der Regel zwischen 50 und 350 Aminosäurebausteine enthält. Kleine Proteine enthalten oft nur eine D., während größere Proteine mehrere D. enthalten können, die über wenig strukturierte Kettenbereiche verbunden sind. D. werden sehr oft von einzelnen Exons codiert.

Domänenaustausch, (engl. *domain swapping*), ein molekularbiologischer Versuchsansatz, bei dem ↗ *Domänen* von Proteinen untereinander vertauscht oder mit Domänen anderer Proteine gekoppelt werden. Im Allgemeinen erreicht man dies durch *in-vitro*-Kombinationen der zugrunde liegenden codierenden DNA-Bereiche der entsprechenden Gene und Expression in Bakterien.

DON, Abk. für ↗ *6-Diazo-5-oxo-L-norleucin.*

Donorstelle, 1) die Bindungsstelle für die tRNA auf dem Ribosom im Verlauf der ↗ *Proteinbiosynthese.* 2) Consensus-Sequenz der 5'-Spleißstelle der mRNA-Vorläufer (↗ *Intron*).

Dopa, Abk. für 3,4-Dihydroxyphenylalanin. ↗ *Dopamin.*

Dopamin, *Hydroxytyramin, β-(3,4-Dihydroxyphenyl)-ethylamin* (Abb.), eines der Catecholamine; M_r 153,2 Da, F. 241–243 °C (Hydrochlorid). D. wird durch Decarboxylierung von 3,4-Dihydroxyphenylalanin (Dopa) gebildet, das seinerseits durch Hydroxylierung von Tyrosin entsteht. D. stellt die Vorstufe der Hormone Noradrenalin und ↗ *Adrenalin* dar. In Leber, Lunge und Darm ist D. das Endprodukt des Tyrosinstoffwechsels. Im zentralen Nervensystem dient es als Neurotransmitter. Die höchste Konzentration an Dopaminneuronen kommt im Strionigralsystem vor, das im Verlauf der Parkinsonschen Krankheit degeneriert. Die Blut-Hirn-Schranke ist für D. undurchlässig, jedoch durchlässig für Dopa. [H.N. Wagner et al. *Science* **221** (1983) 1.264–1.266; E.S. Garnett et al. *Nature* **305** (1983) 137–138]. Agonisten des D., wie die Amphetamine (↗ *Antidepressiva*), können psychotische Symptome auslösen, die denen der Schizophrenie ähnlich sind. Antagonisten des D. (Neuroleptika) werden zur Behandlung von Schizophrenie eingesetzt. Es konnte gezeigt werden, dass postsynaptische Dopaminrezeptoren funktionell mit einer Adenylat-Cyclase über ein intrinsisches Membranprotein, das G/F-Protein, verknüpft sind. Wenn die Dopaminrezeptoren besetzt sind, setzt das G/F-Protein ein GDP-Molekül frei und bindet ein GTP-Molekül. Dies ist der geschwindigkeitsbestimmende Schritt bei der Aktivierung der Adenylat-Cyclase. Es wurde lange Zeit angenommen, dass eine Überempfindlichkeit gegen D. ein Grund für Schizophrenie wäre. Ein Vergleich des Gehirngewebes von Schizophrenen und von Kontrollpersonen wies jedoch keinen Unterschied in der Aktivierung der Adenylat-Cyclase durch D. auf.

Es sind zwei Arten von Dopaminerkennungsstellen beschrieben worden: der D$_1$-Typ vermittelt die

Dopamin

Stimulierung der Adenylat-Cyclase und der D_2-Typ die Inhibierung. Beide Arten sind an die Cyclase über das G/F-Protein gekoppelt. Im Homogenat des Nucleus caudatus aus dem Gehirn von schizophrenen Personen wird durch den selektiven D_1-Agonisten 2,3,4,5-Tetrahydro-7,8-dihydroxy-1-phenyl-1H-3-benzazepin mehr AMP gebildet als bei gesunden Personen. [M. Memo et al. *Science* **221** (1983) 1.304–1.306]. ↗ *Ascorbatshuttle.*

Dopamin-β-Hydroxylase, *3,4-Dihydroxyphenylethylamin-Hydroxylase, Ascorbat:Sauerstoff-Oxidoreduktase (β-Hydroxylierung)* (EC 1.14.17.1), eine Monooxygenase, die die Hydroxylierung von Dopamin zu Noradrenalin und von Tyramin zu Octopamin katalysiert. Die D.-β-H. ist ein Kupferprotein, das durch Fumarat stimuliert und Disulfiram spezifisch inhibiert wird. [Reinigung und physiologische Eigenschaften: S. Friedman u. S. Kaufman *J. Biol. Chem.* **240** (1965) 4.763–4.773]. Das Ascorbat, das als Elektronendonor benötigt wird, wird in das freie Radikal ↗ *Semidehydroascorbat* überführt [S. Skotland u. T. Ljones *Biochim. Biophys. Acta* **630** (1980) 30–35]. *In vitro* dismutieren zwei freie Radikale schnell unter Bildung eines Ascorbats und eines Dehydroascorbats. Unter physiologischen Bedingungen, z.B. im Verlauf der Noradrenalinsynthese im Nebennierenmark, wird das freie Radikal zu Ascorbat zurückreduziert. ↗ *Ascorbatshuttle.*

Doping, (amerikanisch-englisch *dope* für Rauschgift, Narkotikum), Einnahme bestimmter Drogen, z.B. ↗ *Anabolika*, ↗ *Amphetamine* und ähnliche, um die körperliche Leistungsfähigkeit in sportlichen Wettkämpfen zu erhöhen; bei internationalen Wettkämpfen strikt verboten.

Doppelblindstudie, in der Arzneimittelforschung Bezeichnung für die im Verlauf der klinischen Studien der Phase II durchgeführte Testreihe, bei der weder der Versuchsleiter noch der Proband darüber informiert ist, ob die im Test befindliche Verbindung ein spezifischer Wirkstoff oder ein Scheinpräparat (Placebo) ist.

Doppelhelix, ↗ *Desoxyribonucleinsäure.*

Doppelmembran, ↗ *Biomembran.*

Doppelstrangbruch, ein Bruch in einem Doppelstrang-DNA-Molekül, bei dem beide Stränge gebrochen sind, ohne dass sie voneinander getrennt sind. Ein D. kann durch mechanische Kräfte, Strahlung, chemische Substanzen oder Enzyme verursacht werden.

Dormin, ↗ *Abscisinsäure.*

Dosis, die Menge eines Arzneimittels, die auf einmal verabreicht wird. Bei Tierexperimenten ist die D. durch die Menge gegeben, die auf einen festgesetzten Teil der Versuchstiere eine spezifische Wirkung ausübt (Tab.). Die Angabe einer D. erfolgt in mg je kg Körpergewicht und sollte die Art der Ap-

plikation der Verbindung ausdrücken, z.B. LD_{50} 20 mg/kg Maus, s. c. (für subcutane Verabreichung). Über Gefährlichkeit bzw. Sicherheit eines Pharmakons entscheidet die *therapeutische Breite* (therapeutischer Index) LD_{50}/ED_{50}.

Dosis. Tab. Dosis-Wirkungs-Relationen.

Bezeichnung	Abk.	Definition
mittlere Effektivdosis; Dosis effectiva	ED_{50}	Dosis, bei der 50 % der Versuchstiere einer Reihe einen Effekt zeigen
effektive, therapeutische Dosis; Dosis curativa	CD_{50}	identisch mit vorstehender Definition, verwendet bei Verbindungen mit therapeutischer Wirkung
kleinste tödliche Dosis	LD_{05}	Dosis, bei der 5 % der Versuchstiere sterben
mittlere tödliche Dosis; Dosis letalis	LD_{50}	Dosis, die für 50 % der Versuchstiere tödlich wirkt
absolute tödliche Dosis	LD_{100}	Dosis, bei der 100 % der Versuchstiere sterben

Dot-Blotting, eine einfach zu handhabende Filterhybridisierungs-Technik. Die zu analysierende DNA oder RNA wird ohne vorangegangene gelelektrophoretische Fraktionierung direkt auf Membranen gegeben. Hierzu verwendet man einfache Apparaturen, die ein Gitter enthalten, und die zu testende Probe wird über Vakuum auf die unterhalb des Gitters befindliche Membran gesaugt. Man kann viele Proben gleichzeitig testen und quantifizieren. Mittels dieser Methode kann beispielsweise die Menge einer bestimmten Nucleinsäure innerhalb eines Nucleinsäuregemisches quantitativ bestimmt werden, oder es lassen sich viele Proben hinsichtlich der Präsenz einer bestimmten Oligo- oder Polynucleotidsequenz analysieren. Doppelsträngige DNA-Proben müssen denaturiert werden, weil nur vollständig denaturierte DNA bei der sich anschließenden Hybridisierung ein verlässliches Signal gibt.

DOXP, Abk. für *1-Desoxy-D-xylulosephosphat,* ↗ *1-Desoxy-D-xylulosephosphat-Biosyntheseweg.*

DPG, ↗ *2,3-Diposphoglycerat.*

DPN, Abk. für Diphosphopyridinnucleotid. ↗ *Nicotinsäureamid-adenin-dinucleotid.*

D1-Protein, ein Protein, das gemeinsam mit dem ähnlich aufgebauten D2-Protein und zwei Molekülen ↗ *Chlorophyll* das Reaktionszentrum des Photosystems II (PS II) in der Thylakoidmembran (↗ *Photosynthese*) bildet. Das in den Chloroplasten synthetisierte D. (M_r 32 kDa) spielt eine wichtige Rolle beim photosynthetischen Elektronentransport.

DPX 1840, *3,3a-Dihydro-2-(p-methoxyphenyl)-8H-pyrazolo-[5,1-a]-isoindol-8-on* (Abb.), ein synthetischer Wachstumsregulator, der den Auxintransport, die Ethylenproduktion und das Wurzelwachstum bei Baumwolle und Sojabohne beeinflusst.

DPX 1840

D-RNA, ↗ *messenger-RNA*.

DSIP, Abk. für ↗ <u>δ</u>-<u>s</u>chlaf<u>i</u>n<u>d</u>uzierendes <u>P</u>eptid.

DSK, Abk. für <u>D</u>ifferenzial<u>s</u>canning<u>k</u>alorimetrie. ↗ *Membranlipide*.

dTDP, Abk. für <u>T</u>hymidin-5'-<u>di</u>phosphat, ↗ *Thymidinphosphate*.

dTDP-Zucker, Zucker oder Zuckerderivate, die durch die Bindung an Desoxythymidindiphosphat aktiviert sind.

dThd, Abk. für <u>D</u>esoxy<u>th</u>ymidin. ↗ *Thymidin*.

dTMP, Abk. für <u>T</u>hymidin-5'-<u>m</u>on<u>o</u>phosphat, ↗ *Thymidinphosphate*.

DTNB, Abk. für 5,5'-<u>Di</u>thio-bis(2-<u>n</u>itro<u>b</u>enzoesäure), ↗ *Ellman-Reagens*.

DTT, Abk. für <u>Di</u>thio<u>t</u>hreitol, ↗ *Clelandsches Reagens*.

dTTP, Abk. für <u>T</u>hymidin-5'-<u>t</u>ri<u>p</u>hosphat, ↗ *Thymidinphosphate*.

(–)-Duartin, *(3S)-7,3'-Dihydroxy-8,4',2'-trimethoxyisoflavan*. ↗ *Isoflavan*.

Dulcit, ein optisch inaktiver, C_6-Zuckeralkohol, der von Galactose abstammt (M_r 182,17 Da, F. 189 °C). Dulcit kommt in Algen, Pilzen sowie in Saft und Rinde verschiedener höherer Pflanzen vor. Die synthetische Herstellung erfolgt durch Reduktion von Galactose sowie durch Isolierung aus Dulcitoder Madagaskar-*Manna (Melampyrum nemorosum L.)*.

Dunkelreaktion, ↗ *Photosynthese*.

Dünnschichtchromatographie, *DC*, eine Mikromethode der Adsorptionschromatographie auf dünnen Schichten (Flachbettmethode). Als Trennschichten dienen Adsorbenzien wie Kieselgel oder Aluminiumoxid mit oder ohne Gipszusatz. Sie werden auf Glasplatten oder Aluminiumfolien gegossen oder mit einem Streichgerät aufgebracht und anschließend aktiviert, die Schichtdicke beträgt 250–300 mm. Die Substratmengen liegen bei 1–3 mg und werden wie bei der ↗ *Papierchromatographie* dosiert. Auf ähnliche Weise erfolgt auch die Entwicklung der Chromatogramme und die Sichtbarmachung der Substanzflecke. Die Trennzeiten sind geringer als bei der Papierchromatographie und liegen bei 30–60 Minuten.

D. wird vorwiegend nach der aufsteigenden Methode ein- oder zweidimensional betrieben. Die Entwicklung der Chromatogramme erfolgt in N-Kammern (Normalkammer >3 mm Gasraum) oder in ideal gesättigten S-Kammern (Schmalkammer <3 mm Gasraum). Gegenüber der Papierchromatographie kann man auch mit Schicht- oder Lösungsmittelgradienten arbeiten und die getrennten Komponenten vor einer zweiten Trennung reaktiv verändern. Diese Methode wird TRT- (Trennen-Reagieren-Trennen-) Technik genannt. Für die präparative D. verwendet man 1–2 mm dicke Schichten und dosiert im Bereich von 5–50 mg.

Die Auswertung der D. erfolgt wie bei der Papierchromatographie. Zusätzlich kann man durch Erhitzen, Iodbedampfung oder Behandlung mit konz. Schwefelsäure eine Sichtbarmachung von Substanzflecken erreichen.

Durch Verwendung von Adsorbenzien mit kleinerem Korngrößenbereich und dünneren Schichten wird eine wesentliche Verringerung der Trennstufenhöhe erreicht (↗ *Hochleistungsflüssigkeitschromatographie*). Die als horizontale Methode betriebene Hochleistungsdünnschichtchromatographie (engl. <u>h</u>igh <u>p</u>erformance <u>t</u>hin<u>l</u>ayer <u>c</u>hromatography, HPTLC) kann linear oder zirkular (U-Kammer) angewendet werden. Dabei verkleinern sich die chromatographischen Parameter (Trennstufenhöhe, Analysenzeit) um etwa eine Zehnerpotenz.

Duodenin, ↗ *Inkretine*.

Duramycine, zum Typ B der ↗ *Lantibiotika* gehörende tetrazyklische 19 AS-Peptide. Neben D. A (*Leucopeptin*), B und C gehören zum Typ B noch *Cinnamycin* und *Ancovenin*. D. wirken als Inhibitoren der Phospholipase A2. Während D. B und C gegen Entzündungen eingesetzt werden, wird D. A als Antibiotikum verwendet. [A. Fredenhagen et al. *J. Antibiot.* **43** (1990) 1.403]

Dynamin, ein GTP-bindendes Protein (M_r 94–96 kDa), das eine wichtige Rolle bei der Endocytose synaptischer Vesikel spielt. D. existiert in drei Isoformen, wobei D. I Neuronen-spezifisch ist. Der Kreislauf neuraler synaptischer Vesikel ist gekennzeichnet durch Freisetzung der Neurotransmitter durch einen extrazellulären Reiz und Wiederaufnahme der synaptischen Vesikel durch Endocytose. Der weniger als eine Minute dauernde Exocytose/Endocytose-Zyklus gewährleistet auch nach einer starken Stimulation eine schnelle Wiederaufnahme synaptischer Vesikel. Das bevorzugt in den Synapsen vorkommende D. liegt entweder im phosphorylierten Zustand (Ruhezustand der Synapse) oder in einem dephosphorylierten Zustand vor. Der Phosphorylierungs-/Dephosphorylierungs-Zyklus ist an die synaptische Erregung und Sekretion gekoppelt. Während Depolarisation und Ca^{2+}-Ioneneinstrom über die Aktivierung spezifischer Phosphatasen eine Dephosphorylierung des D. bewirken, wird in der Repolarisationsphase D. durch die Protein-Kinase C wieder phosphoryliert. Es wird angenommen, dass D. die Endocytose synaptischer Vesikel vollendet. Während der neuralen Exocytose erfolgt eine schnelle Dephosphorylierung von D., es bindet GTP und leitet den Abschnürvorgang des mit Clathrin markierten Membranbereichs ein. Die im Zuge der Repolarisation stattfindende Phosphorylierung erhöht die intrinsische GTPase-Aktivität des D., wodurch GTP hydrolysiert und die Vesikelabschnürung beendet wird. Möglicherweise sind andere D.-Isoformen auch an der rezeptorvermittelten Endocytose beteiligt. [P. DeCamilli *FEBS Lett.* **369** (1995) 3]

dynamische Reziprozität, ↗ *SPARC*, ↗ *Tenascin*, ↗ *Thrombospondin*.

Dyneine, mechanochemische Proteine, die an der Bewegung von Cilien (Wimperhärchen) und Flagellen (Geißeln) sowie am cytoplasmatischen Transport mit Hilfe von Mikrotubuli beteiligt sind. Cytoplasmatische D. und Kinesine bewegen sich als Motorproteine in entgegengesetzter Richtung an den Mikrotubuli entlang und transportieren ganz bestimmte membranumhüllte Organellen zu festgelegten Stellen in der Zelle. Ebenso wie das D. im Cytoplasma enthält auch das *Cilien-D.* eine ATP-hydrolysierende Domäne (D.-ATPase), um sich an einem Mikrotubulus entlang bewegen zu können. Das Cilien-D. ist beträchtlich größer als das cytoplasmatische D. Es ist ein Proteinaggregat (M_r 2.000 kDa), bestehend aus 9–12 Polypeptidketten, von denen die schweren Ketten (die größte Kette hat M_r 512 kDa) den Hauptteil der Kopf- und Stieldomänen bilden. Am Stielende findet man viele kleinere Ketten. So besteht das D. der Flagelle der einzelligen Grünalge *Chlamydomonas* aus zwei bis drei schweren und zehn kleineren Peptidketten. [I. Corthesy-Theulaz et. al. *J. Cell. Biol.* **118** (1992) 1.333]

Dynorphin, H-Tyr^1-Gly-Gly-Phe-Leu^5-Arg-Arg-Ile-Arg-Pro^{10}-Lys-Leu-Lys-Trp-Asp^{15}-Asn-Gln-Lys-Arg-Tyr^{20}-Gly-Gly-Phe-Leu-Arg^{25}-Arg-Gln-Phe-Lys-Val^{30}-Val-Thr-OH, ein 1982 entdecktes 32 AS-Peptid mit Opiatwirkung. Es enthält sowohl N-terminal als auch im Abschnitt 20–24 jeweils die Sequenz des Leu-Enkephalins sowie im Abschnitt 1–17 ein bereits 1979 partiell charakterisiertes D.-17, das aufgrund der sehr hohen Aktivität am Meerschweinchenileum diesen Namen erhielt. Das zuerst entdeckte D.-17 wird als *Dynorphin A* und das 13 AS-Peptid der Sequenz 20–32 als *Dynorphin B* bezeichnet. Ein anderes Fragment, das *Dynorphin-8* mit der N-terminalen Sequenz 1–8 wurde in mit D.-A vergleichbaren oder höheren Dosen im Hypothalamus gefunden. D.-8 wurde pharmakologisch als hochpotenter Ligand des Kappa-Opiatrezeptors klassifiziert. Dem D.-8 wird eine Transmitterfunktion zugeschrieben, während das metabolisch stabilere D. A eher als ein Hormon anzusehen ist. 1982 wurde aus der cDNA die Sequenz des Prä-Pro-D. abgeleitet. Wegen der Ähnlichkeit des aus 256 Aminosäuren aufgebauten Proteins mit dem Enkephalinvorläufer wurde dieser Biosynthesevorläufer zunächst als Prä-Pro-Enkephalin B bezeichnet. Da möglicherweise Leu-Enkephalin kein physiologisches Produkt dieses Vorläufermoleküls ist, wird die Bezeichnung Prä-Pro-D. vorgezogen. Prä-Pro-D. enthält auch die Sequenz des Neoendorphins.

Dystrophin, ein nur etwa 0,002 % ausmachendes Muskelprotein. Neben anderen Proteinen ist D. an der Verankerung des aus nebeneinanderliegenden Myofibrillen und Desmin-Intermediärfibrillen gekoppelten Systems beteiligt. Das Fehlen des D. verursacht die Duchenne-Muskeldystrophie (DMD). Diese erbliche Muskelerkrankung wird auf das fehlende oder defekte Duchenne-Becker-Muskeldystrophie-Gen zurückgeführt. D. ähnelt in seiner Struktur dem Spectrin. Es dürfte auch an der Verbindung spezieller Proteine der Muskelzellmembran mit den Actin-Filamenten in der Myofibrille beteiligt sein.

E

Eadie-Hofstee-Auftragung, ↗ *kinetische Datenauswertung*.

EAG, Abk. für E̲lektroa̲ntennogramm. ↗ *Pheromone*.

Ecdyson, α-Ecdyson, Häutungshormon, (22R)-2β,3β,14,22,25-Pentahydroxy-5β-cholest-7-en-6-on, ein Steroidhormon, das bei Insekten die Häutung der Raupe zur Puppe und der Puppe zum Schmetterling bewirkt. Erster erkennbarer Effekt ist hierbei die Aktivierung bestimmter Gene (↗ *Genaktivierung*). Ecdyson wurde 1954 von Butenandt und Karlson als erstes kristallines Insektenhormon aus Puppen des Seidenspinners *Bombyx mori* isoliert (25 g / 550 kg) und später auch in anderen Insekten nachgewiesen. Die Strukturaufklärung erfolgte 1963 mit Hilfe der Röntgenkristallstrukturanalyse (Abb.). Ecdyson war der erste Vertreter einer Gruppe strukturverwandter Ecdysone, die bei Insekten und Krebsen (*Crustacea*) als Häutungshormone wirken und später als Phytoecdysone auch in Pflanzen aufgefunden wurden, z.B. zusammen mit ↗ *Ecdysteron* in *Lemmaphyllum microphyllum* Presl. und *Lolypodium vulgare* Linné. Die Biosynthese von Ecdyson und verwandten Hormonen erfolgt aus Cholesterin oder Phytosterinen (↗ *Sterine*), die von Insekten als Vitamine aufgenommen werden.

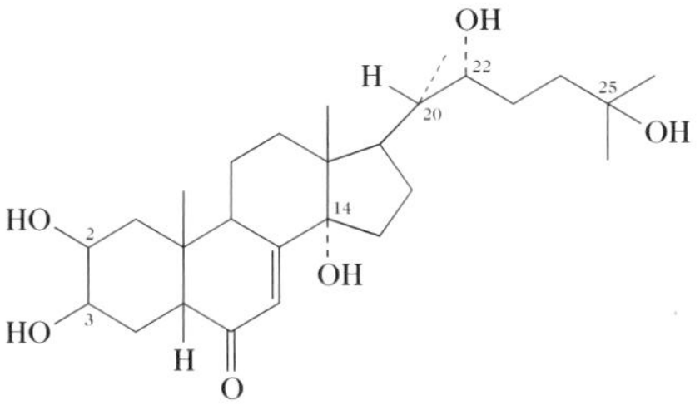

Ecdyson

α-**Ecdyson**, ↗ *Ecdyson*.

β-**Ecdyson**, ↗ *Ecdysteron*.

Ecdysteroid-Carrier-Proteine, *ECP*, Transport- und Speicherfunktionen ausübende Proteine, die mit Ecdysteroiden Konjugate bilden. *Calliphorin* (M_r 528 kDa) kommt in der Hämolymphe von Schmeißfliegen (*Calliphoridae*) vor und ist ein relativ unspezifisches E. mit geringer Affinität. Dagegen ist ein aus Wanderheuschrecken (*Locusta migratoria*) isoliertes E. (M_r 280 kDa) hochspezifisch für 20-Hydroxyecdyson und 2-Desoxy-20-hydroxyecdyson.

Ecdysteroide, als Häutungs- oder Verpuppungshormone wirkende Steroide, die bei bestimmten Wirbellosen auf die Epidermiszellen einwirken und Häutungen induzieren bzw. Verpuppungen auslösen. Bei den Insekten werden sie in den Prothorakaldrüsen produziert.

Nach ihrer Herkunft teilt man die E. in Zoo- und Phytoecdysteroide ein. *Zooecdysteroide* wurden aus Insekten, Krebsen und verschiedenen Würmern isoliert. Im Allgemeinen liegt ihre Konzentration im Bereich von 10^{-5}–10^{-9} %. Grundkörper der E. ist das *Ecdyson*, 2β,3β,14α,22R,25-Pentahydroxy-5β-cholest-7-en-6-on, auch α-Ecdyson. Ecdyson und 20-Hydroxyecdyson (Abb.), auch als β-Ecdyson oder Crustecdyson bezeichnet, sind die am weitesten verbreiteten E. Ecdyson wurde 1954 von Butenandt aus Seidenspinnerraupen isoliert. Die Biosynthese erfolgt ausgehend vom Cholesterin. *Phytoecdysteroide* konnten in relativ großer Menge (etwa 1 % der Trockenmasse) zuerst aus der japanischen Konifere *Podocarpus nakai*, später auch aus Pflanzen anderer Familien, isoliert werden. Sie haben z.T. noch Alkylreste in der Seitenkette am C-Atom 17. E. sind chemisch durch die 14α-Hydroxygruppe und die 2-enon-Struktur im Ring B charakterisiert. Als Polyhydroxysteroide sind sie in polaren Lösungsmitteln gut, in apolaren dagegen schlecht löslich.

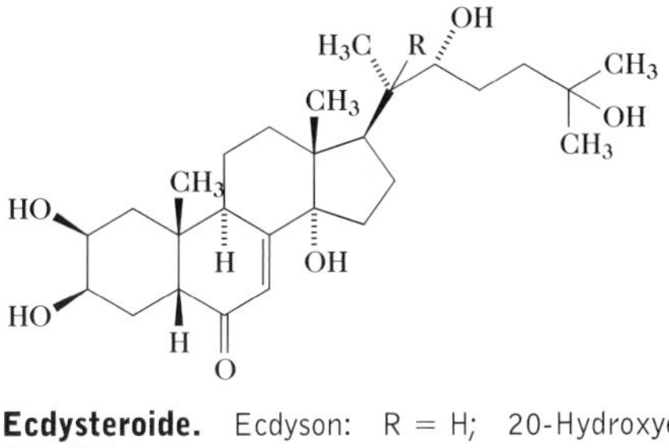

Ecdysteroide. Ecdyson: R = H; 20-Hydroxyecdyson: R = OH.

Ecdysteron, β-Ecdyson, Crustecdyson, 20-Hydroxyecdyson, ein Häutungshormon aus der Stoffklasse der Steroidhormone (M_r 480,65 Da, F. 238 °C). E. kommt zusammen mit ↗ *Ecdyson* in Puppen des Seidenspinners *Bombyx mori* vor (2,5 mg / 500 kg) und wurde auch aus anderen Insekten isoliert. Es tritt weiterhin bei Krebsen (*Crustacea*), z.B. *Jarus lalandei* und *Callinectes sapidus*, als Häutungshormon auf. In neuerer Zeit wurde sein Vorkommen auch in zahlreichen Pflanzen nachgewiesen, z.B. in *Lemmaphyllum microphyllum* Presl., *Podocarpus elatus* und *Trillium smalii*. Strukturell unterscheidet sich E. von Ecdyson durch eine zusätzliche Hydroxylgruppe in Position 20.

Ecgonin, der Basenteil vieler Coca-Alkaloide; M_r 185,22 Da; (–)-Form: F. 205 °C (Z.), $[\alpha]_D$ –45,5 °

(Wasser); DL-Form: F. 212 °C. Mit seinen vier Chiralitätszentren verfügt E. über eine Reihe z. T. natürlich vorkommender Stereoisomerer. Technisch wird E. durch Hydrolyse aus den Rohalkaloiden der Cocablätter gewonnen und durch Veresterung mit Methanol und Benzoesäure in das Cocain überführt, dem die linksdrehende Form des E. zugrunde liegt. Formel und Biosynthese ↗ *Tropanalkaloide*.

Echinochrome, ↗ *Spinochrome*.

Echinodermsaponine, ↗ *Echinodermtoxine*.

Echinodermtoxine, *Echinodermsaponine*, niedermolekulare Steroidtoxine, die in den Drüsen der Echinodermata produziert werden. Die Seegurke (*Holothuria*) sezerniert hochtoxische sulfatierte Steroidglycoside, die *Holothurine*. Der Seestern produziert Asterotoxine und Asterosaponine, in denen das Hauptaglycon Pregnendiolon ist. ↗ *Asterosaponin A*.

Echinomycin, *Chinomycin A*, ein Depsipeptidantibiotikum, das aus *Streptomyces echinatus* isoliert wurde und gegen grampositive Bakterien wirkt. Es enthält als Heterokomponente 2-Chinoxalincarbonsäure.

EC-Nomenklatur, von der *enzyme commission* der IUPAC (*International Union of Pure and Applied Chemistry*) und IUB (*International Union of Biochemistry*) 1961 eingeführte Einteilung der ↗ *Enzyme* nach ihrer Wirkungsspezifität in 6 Hauptklassen und entsprechende Unterklassen.

ECP, Abk. für ↗ *Ecdysteroid-Carrier-Proteine*.

Ecstasy, *3,4-Methylendioxy-N-methylamphetamin* (Abb.), *MDMA*, ein Phenylethylaminderivat, das wegen seiner aufputschenden Wirkung in der Discoszene häufig in Gebrauch ist (↗ *Designer-Drogen*). E. kann zu schweren psychischen Schäden führen. Die psychotrop wirksame Dosis liegt bei 80–150 mg.

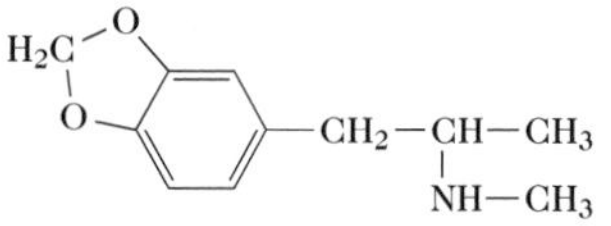

Ecstasy

Ectocarpen, *all-cis-(1-Cyclohepta-2',5'-dienyl)-but-1-en*, ein Sexuallockstoff des weiblichen Gameten der Braunalge *Ectocarpus stiliculosus*. Sdp. 80 °C, $[\alpha]_D^{22}$ 72° (c = 0,03 in CHCl$_3$).

Ectotoxine, ↗ *Gifte*.

ED$_{50}$, mittlere Effektivdosis, Dosis effectiva, ↗ *Dosis*.

Edestin, ein zu den Globulinen zählendes hexameres Protein (M_r 300 kDa), von dem jede Untereinheit aus zwei Polypeptidketten (M_r 27 bzw. 23 kDa) besteht, die durch interchenare Disulfidbrücken verknüpft sind. E. lässt sich beispielsweise aus entöltem Hanfsamen (*Cannabis sativa*) extra-

hieren und nach Dialyse auch kristallisieren. Weitere Quellen für die Gewinnung sind Baumwoll- und Leinsamen.

EDF, Abk. für *erythroid differentiation factor*, Syn. für Activin A (↗ *Activine*).

Edman-Abbau, eine nach Pehr Edman benannte Sequenzierungsmethode (↗ *Sequenzanalyse*) von Peptiden und Proteinen. Bei diesem am N-Terminus beginnenden Degradierungsverfahren wird im ersten Schritt der N-terminale Aminosäurebaustein mit Phenylisothiocyanat (PITC) umgesetzt (Abb.). Dieses Reagens reagiert mit der freien α-Aminogruppe unter Bildung eines Phenylthiocarbamoylpeptid-Derivats (PTC-Peptid). Durch Umsetzung mit einer starken wasserfreien Säure (z.B. CF$_3$COOH) erfolgt Zyklisierung und Freisetzung der N-terminalen Aminosäure als 2-Anilino-thiazolinon-Derivat (ATZ-Aminosäure). Letztere wird in einen Konverter überführt und durch eine wässrige Säure zum stabileren Phenylthiohydantoin (PHT-Aminosäure) isomerisiert. Die Analyse und Identifizierung erfolgt mit chromatographischen Methoden. Die um einen Aminosäurerest verkürzte Poly-

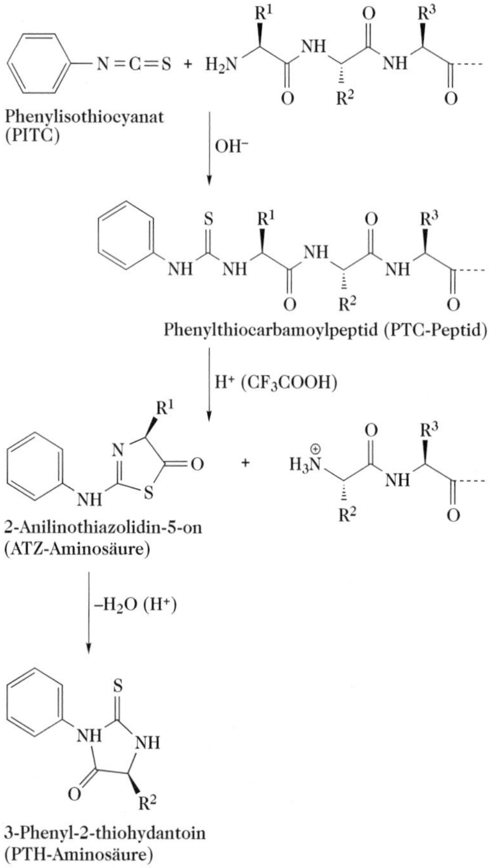

Phenylisothiocyanat (PITC)

OH⁻

Phenylthiocarbamoylpeptid (PTC-Peptid)

H⁺ (CF$_3$COOH)

2-Anilinothiazolidin-5-on (ATZ-Aminosäure)

–H$_2$O (H⁺)

3-Phenyl-2-thiohydantoin (PTH-Aminosäure)

Edman-Abbau. Stufenweise Peptidsequenzierung nach Edman (erster Abbauzyklus).

peptidkette wird dann weiteren Abbauzyklen unterworfen. Basierend auf diesem Prinzip verläuft heute die *automatische Sequenzierung* von Peptiden und Proteinen. Durch die generelle Verbesserung der Technologie ist eine automatische Sequenzanalytik im Picomol-Maßstab möglich. Einen großen Fortschritt erbrachte der Einsatz von HPLC-Techniken für den Nachweis der PTH-Aminosäuren sowie die Einführung eines Online-Detektionssystems für den Routinebetrieb. Ein *Edman-Sequenator* besteht aus dem eigentlichen Sequenator, einer HPLC-Anlage zur Analyse der PTH-Aminosäuren sowie einem Computer zur Steuerung und Analyse der Daten. In dem noch von Edman konstruierten *Flüssigphasen-Sequenator (spinning cup*-Sequenator) erfolgte die Umsetzung mit dem PITC und Spaltung in einem rotierenden Zylinder, auf dessen Wand durch die starke Rotation (1.000–4.000 rpm) die zu analysierende Proteinlösung einen hauchdünnen Film ausbildet. Über eine seitlich angebrachte Spezialleitung erfolgte die Zu- und Abführung der Reagenzien, Lösungsmittel, Produkte etc. Die Sequenzierungsausbeute von Schritt zu Schritt liegt unter optimalen Bedingungen bei etwa 98 %. Die Folge ist, dass nach 50 Zyklen nur noch etwa 20 % der Aminosäurereste in dieser Position erhalten werden, allerdings zusammen mit maximal 80 % der vorhergehenden nicht vollständig umgesetzten Aminosäuren. Zur Umgehung dieses Problems und weiterer Schwierigkeiten wurde der *Festphasen-Sequenator* entwickelt. Hierbei wird das Protein an derivatisierte Glas- oder Polystyroloberflächen fixiert und die Edman-Reaktionen können in einer kleinen Säule durchgeführt werden. Obgleich man sehr vorteilhaft Reagenzien und Nebenprodukte gründlich auswaschen kann, stellen unvollständige Reaktionen und der prinzipiell nicht mehr mögliche Nachweis derjenigen Aminosäuren, über die die Fixierung am Träger stattfand, entscheidende Nachteile dar. Mit dem *Gasphasen-Sequenator*, bei dem die Base für die Kopplung und die Säure für die Spaltung im gasförmigen Zustand mit Argon als Trägergas zugeführt werden (Zugabe der übrigen Reagenzien erfolgt in flüssiger Form) wurde eine drastische Verbesserung der Sequenzierungsergebnisse erreicht. Das Peptid oder Protein wird an einer mit Polybren beschichteten Glasfaserscheibe adsorptiv gebunden. Dieser Polybren-Film ist für die verwendeten Lösungsmittel gut durchlässig. Die abgespaltene PTH-Aminosäure wird über eine angeschlossene HPLC-Anlage identifiziert und quantifiziert. Mit Proteinmengen ab etwa 15–100 pmol können routinemäßig Peptidsequenzen von 15–30 Aminosäuren gewonnen werden. Für die Zuverlässigkeit und Reproduzierbarkeit der Sequenzierung sind reine Analysenproben erforderlich, für deren Bereitstellung sich die hoch-

auflösende Kapillarelektrophorese anbietet. Andererseits kann man zu analysierende Proteinproben elektrophoretisch trennen und mit der Technik des ↗ *Western-Blot*, z.B. auf Polyvinylidenfluorid (PVDF) transferieren, wobei insbesondere derivatisierte PVDF-Membranen eine kovalente Fixierung der Probe ermöglichen, die dann direkt im Gasphasen-Sequenator analysiert wird. Auch Sequenatoren mit adsorptiven biphasischen Säulen sind kommerziell erhältlich. Bei diesen können flüssige Proben unmittelbar auf die Säule aufgetragen werden. Die Empfindlichkeit eines Sequenators wird entscheidend durch das angeschlossene Analysen- und Detektionssystem bestimmt. Mit dem Anschluss einer Kapillar-HPLC lässt sich Analytik im Fentomol-Bereich realisieren. Weitere Verbesserungen bieten Diodenarray-Detektoren, die eine simultane Analyse aller in einem Zyklus freiwerdenden PTH-Aminosäuren erlauben. [R.M. Hewick et al. *J. Biol. Chem.* **255** (1981) 7.990; B. Wittmann-Liebold in *Protein Structure Analysis* R.M. Kamp et al. (Hrsg.) Springer-Verlag, Berlin, 1997, 107]

Edman-Sequenator, ↗ *Edman-Abbau.*

EDRF, Abk. für engl. e̲ndothelium-d̲erived r̲elaxing f̲actor, ↗ endothelialer vasodilatierender Faktor.

Edrophonium, ↗ *Acetylcholin (Tab.).*

EDTA, Abk. für ↗ *Ethylendiamintetraessigsäure* (engl. e̲thylendiam̲intet̲raac̲etic acid).

e. e., Abk. für engl. e̲nantiomeric e̲xcess, ↗ *Enantiomerenüberschuss.*

effektive therapeutische Dosis, Dosis curativa, CD_{50}, ↗ *Dosis.*

Effektor, eine natürliche oder synthetische Verbindung, die die Wirkung von Enzymen fördert (*Aktivator*) oder hemmt (*Inhibitor*) bzw. in der Molekularbiologie eine Bezeichnung für ein zellulär wirksames Stoffwechselprodukt (*Metabolit*), ein Hormon oder eine andere Substanz, die an der Regulation der Genaktivität beteiligt ist.

EGF, Abk. für ↗ *Epidermis-Wachstumsfaktor* (engl. e̲pidermal g̲rowth f̲actor).

Egonal, ↗ *2-Arylbenzofurane.*

Ehlers-Danlos-Syndrom, eine Gruppe ↗ angeborener Stoffwechselstörungen, die durch einen Mangel an folgenden Enzymen verursacht werden können: *Lysyl-Oxidase* (EC 1.4.3.6), *Prokollagen-Lysin-5-Dioxygenase* (Prokollagen-Lysin-2-Oxoglutarat-5-Dioxygenase, Lysin-Hydroxylase, Lysin-2-Oxoglutarat-5-Dioxygenase, EC 1.14.11.4) oder *Prokollagen-Peptidase* (C-Endopeptidase EC 3.4.24.19, oder N-Endopeptidase EC 3.4.24.14). Das Kollagen weist einen verringerten Gehalt an Hydroxylysin auf. Klinische Erscheinungsformen sind hyperelastische Haut, hyperdehnbare Gelenke, leichte Bildung blauer Flecken und schlechte Wundheilung.

EIA, Abk. für engl. *enzyme immuoassay*, *Enzymimmunassay*, ein Immunassay, bei dem eine enzymatische Markierung verwendet wird (↗ *Immunassays*). Dies ist ein kompetitiver Bindungstest, der ähnlich wie ↗ *RIA* funktioniert und auf dem Gebiet der therapeutischen Wirkstoffbestimmung häufig angewandt wird. Um eine Verbindung X zu testen, ist es notwendig, einen Antikörper (d.h. anti-X) gegen diese zu erzeugen und eine Probe zu synthetisieren, in der X in der Weise kovalent an ein Enzym (d.h. X-Enz) gebunden ist, dass das Enzym seine Aktivität und X seine Fähigkeit beibehält, als Antigen von anti-X zu fungieren. Eine weitere Voraussetzung ist, dass das Enzym seine Aktivität verliert, wenn X-Enz an anti-X unter Bildung des Antikörper-Antigen-Komplexes anti-X-X-Enz bindet. Das Testverfahren basiert wie das von RIA auf der Erstellung einer Standardkurve. Hierfür wird X in einer Reihe von verschiedenen, bekannten Konzentrationen mit einer zuvor bestimmten festen Menge an anti-X und X-Enz eine geeignete Zeit lang inkubiert. Dann wird die Enzymaktivität der Reaktionsmischung bestimmt, indem ein passendes Substrat hinzugefügt und das erhaltene Produkt gemessen wird. Wenn die Konzentration von X zunimmt, steigt die Enzymaktivität ebenfalls an, weil X mit der konstanten Menge an X-Enz um die konstante Anzahl an anti-X-Bindungsstellen konkurriert, wodurch zunehmend mehr X-Enz in der katalytisch aktiven, ungebundenen Form vorliegt. Die Standardkurve besteht aus der graphischen Darstellung der „Enzymaktivität" als Ordinate gegen „log Konzentration an X" als Abszisse. Der Bereich des Diagramms, der einer Geraden entspricht, wird, wie oben beschrieben, zur Konzentrationsbestimmung von X in einer unbekannten Probe herangezogen.

Eicosanoide, hormonartig wirkende Verbindungen, die durch eine enzymatisch gesteuerte Peroxidation aus mehrfach ungesättigten C_{20}-Fettsäuren, insbesondere der Arachidonsäure (20:4) und der Dihomo-γ-linolensäure (20:3), gebildet werden. Der Name E. leitet sich von der ↗ *Eicosansäure* ab. Zu den E. gehören Umsetzungsprodukte der Cyclooxygenase und der Lipoxygenase. Cyclooxygenase-Produkte sind die Cycloendoperoxide,

die ↗ *Prostaglandine*, die ↗ *Thromboxane* und das ↗ *Prostacyclin*. Lipoxygenase-Produkte sind die als Intermediate auftretenden 5- bzw. 12-Hydroperoxyeicosatetraensäuren (5- bzw. 12-HPETE), verschiedene chemotaktisch wirkende Mono- und Oligohydroxyeicosatetraensäuren (z.B. 5- oder 12-HETE) und die ↗ *Leukotriene*.

Eicosansäure, *Icosansäure* (nach IUPAC), *Arachinsäure* (nach IUPAC zu vermeiden), CH_3-$(CH_2)_{18}$-$COOH$, eine höhere, gesättigte Fettsäure. E. kristallisiert in glänzenden Blättchen; F. 75,3 °C, Sdp. 328 °C (Z.). Sie ist in Wasser unlöslich, in Ether und Chloroform löslich. E. kommt als Bestandteil von Glyceriden in vielen pflanzlichen Fetten und fetten Ölen vor, z.B. im Erdnussöl, Maisöl, Rüböl, Olivenöl und Sonnenblumenöl.

$δ^9$-Eicosensäure, Syn. für ↗ *Gadoleinsäure*.

EIDA, Abk. für *Enzyme immunodetection assay*. ↗ *rekombinante DNA-Technik*.

Einheitsmembran, ↗ *Biomembran*.

Einkohlenstoff-Einheiten, ↗ *aktive Einkohlenstoff-Einheiten*.

Einkohlenstoff-Zyklus, ein Zyklus der Methylübertragung und Methyloxidation, an dem Glycin, Sarcosin, Dimethylglycin, Betain und Cholin beteiligt sind. Er wurde erstmals 1958 aufgrund der Beobachtung vorgeschlagen, dass Dimethylglycin und Sarcosin durch Rattenlebermitochondrien oxidiert werden [Mackenzie u. Frisell, *J. Biol. Chem.* **232** (1958) 417–427]. Die Existenz eines E.-Z. ist mittlerweile erwiesen. An diesem Zyklus ist die Cholinoxidation in den Mitochondrien und die Phosphatidylcholinsynthese im endoplasmatischen Reticulum beteiligt (Abb. 2). [A.J. Wittwer u. C. Wagner *J. Biol. Chem.* **256** (1981) 4.102–4.108, 4.109–4.115]

Die Dehydrierung von Sarcosin und Dimethylglycin ist eng mit der Umwandlung von Glycin in Serin über den Zyklus zur Verwendung und Regenerierung von $N^{5,10}$-CH_2-THF beteiligt. Sarcosin und Dimethylglycin, die aus Rattenleber isoliert wurden, besitzen ein fest (jedoch nichtkovalent) gebundenes THF-Derivat mit einer Kette aus fünf Glutamatresten. Dieses THF(Glu)$_5$ tritt möglicherweise an die Stelle von THF in unten gezeigten Reaktionen. Bei Abwesenheit von THF findet die Oxidation

Einkohlenstoff-Zyklus. Abb. 1.
*Das FAD der Sarcosin- und der Dimethylglycin-Dehydrogenase ist kovalent gebunden, Position 8α des Isoalloxazinrings ist mit dem Imidazol (N3) des Histidinrests verknüpft. [R.J. Cook et al. *J. Biol. Chem.* **260** (1985) 12.998-13.002]

von Dimethylglycin und Sarcosin weiterhin statt, die Produkte sind jedoch Glycin und Formaldehyd. Diese werden möglicherweise durch Hydrolyse der enzymgebundenen Oxidationsprodukte gebildet (Abb. 1).

Weitere Produkte sind CO_2 und Formiat, die durch den Abbau von THF-Derivaten entstehen, die keinen Beitrag zur Umwandlung von Glycin in Serin leisten.

Einsalzeffekt, ↗ *Aussalzung.*

Einschlusskomplexbildungschromatographie, *Inclusions-Chromatographie,* ein Verfahren der ↗ *Chromatographie,* bei dem die Probenmoleküle im hydrophoben Innenraum von chemisch gebundenen Cyclodextrinen Einschlusskomplexe mit der inneren Oberfläche der Cyclodextrin-Toroid-Struktur bilden. Durch E. können u.a. Aminosäure-Enantiomere, Mycotoxine und Chinone getrennt werden.

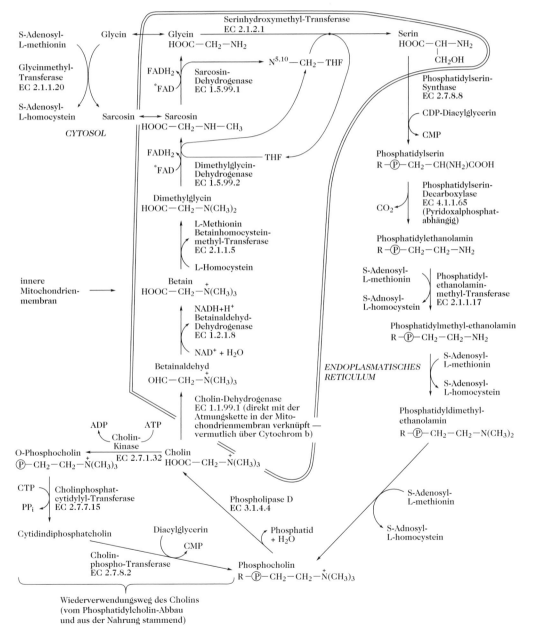

Einkohlenstoff-Zyklus. Abb. 2.
Enzyme: EC 1.2.1.1, ↗ *Formaldehyd-Dehydrogenase*; EC 1.5.1.5, Methylen-THF-Dehydrogenase (NADP$^+$); EC 1.5.1.6, Formyl-THF-Dehydrogenase; EC 3.5.4.9, Methylen-THF-Cyclohydrolase.

Einsubstrat-Enzyme, Enzyme, die Reaktionen mit nur einem Substrat katalysieren. E.-E. sind meist Isomerasen oder hydrolytische Enzyme, da bei Hydrolysereaktionen das beteiligte Wasser als konstant angesehen werden kann und häufig kein spezieller Enzym-Wasser-Komplex gebildet wird.

Einzellerprotein, *SCP* (engl. *single cell protein*), das Gesamtprotein aus der Zellmasse von Bakterien, Pilzen, Mikroalgen, Hefen u. a., das vorrangig als Futtermittelzusatz oder Nahrungsmittel Verwendung findet. Während Mikroorganismen in Bioreaktoren mit hoher Produktionskapazität angezüchtet werden, erfolgt die Anzucht photosynthetisierender Mikroorganismen in flachen Teichen. E. besitzt gegenüber der landwirtschaftlichen Eiweißproduktion eine Reihe von Vorteilen, wie höherer Proteinanteil, Möglichkeit der genetischen Manipulation der Zellzusammensetzung, geringerer Energieeinsatz, schnelle Vermehrungsraten, konstante Produktqualität etc. Nachteile sind ohne Zweifel der hohe technische Aufwand, hohe Substratkosten (insbesondere bei petrochemischen Produkten), die Gefahr von gesundheitsgefährdenden Verunreinigungen durch Toxine oder in den Zellen gespeicherte Schwermetallsalze sowie ein zu hoher Nucleinsäureanteil, der selbst für Tierfutternutzung limitierend ist. Damit verbunden sind höhere Aufarbeitungs- und Reinigungskosten.

Einzelstrangbruch, ein Bruch in einem doppelsträngigen DNA-Molekül, der nur in einem der beiden Stränge auftritt, so dass das Molekül zusammenbleibt. Ein E. ist die Voraussetzung zur Bildung der Drehpunkte bei der DNA-Replikation, vor allem bei circulären Molekülen. E. werden durch Endonucleasen, physikalische Effekte oder Chemikalien verursacht und können durch die Polydesoxyribonucleotid-Synthetasen (EC 6.5.1.1 und 6.5.1.2) repariert werden .

Eisen, *Fe*, ein außerordentlich wichtiges Bioelement, das in allen lebenden Zellen verbreitet ist. Der menschliche Organismus enthält etwa 4–5 g Fe, davon 75 % in Form des Hämoglobins. In der Natur kommt Fe in den Oxidationsstufen II und III vor. Es wird in höheren Tieren proteingebunden gespeichert. Innerhalb des Blutkreislaufs erfolgt der Transport des Fe durch Transferrin (↗ *Siderophiline*). Vom Transferrin erfolgt der enzymatische Einbau des Fe in metallfreie Porphyrinmoleküle (↗ *Hämeisen*). Weiterhin kommt Fe auch als Nicht-Hämeisen in verschiedenen Verbindungen vor (↗ *Nicht-Hämeisen-Proteine*), z. B. ↗ *Eisen-Schwefel-Proteine*. Für den Eisenstoffwechsel in Mikroorganismen sind besonders eisenhaltige Naturprodukte wichtig, die als ↗ *Siderochrome* bezeichnet werden.

Fe ist besonders an Elektronenübertragungsprozessen (Redoxprozessen) im Stoffwechsel beteiligt, z. B. bei der Reduktion von Ribonucleotiden zu Desoxyribonucleotiden. Es ist Coenzym der Aconitase (EC 4.2.1.3) im Tricarbonsäure-Zyklus und Bestandteil einer Reihe von Metalloflavoproteinen. In Mikroorganismen ist die Regulation spezifischer biosynthetischer Prozesse von der Anwesenheit des Fe abhängig. So wird z. B. durch Fe die Bildung von Citronensäure durch *Aspergillus niger* gehemmt, die Bildung verschiedener Antibiotika durch *Streptomyces*-Arten gefördert. In Pflanzen bewirkt Eisenmangel eine ungenügende Ausbildung des Chlorophylls (*Chlorose*).

Eisen-Gallus-Reaktion, ↗ *Gerbstoffe*.

Eisennitrogenase, ↗ *Nitrogenase*.

Eisenporphyrin, ↗ *Häm*.

Eisen(II):Sauerstoff-Oxidoreduktase, ↗ *Coeruloplasmin*.

Eisen-Schwefel-Cluster, Eisen-Schwefel-Zentren, Strukturelement der ↗ *Eisen-Schwefel-Proteine*.

Eisen-Schwefel-Proteine, *Fe-S-Proteine*, biochemisch wichtige Proteine, die Fe^{2+}- oder Fe^{3+}-Ionen und anorganischen Schwefel in äquimolaren Mengen enthalten. Diese Ionen sind in *Eisen-Schwefel-Zentren* (*Eisen-Schwefel-Clustern*) lokalisiert und an Elektronenübertragungsprozessen beteiligt. E. kommen in allen Organismen vor und haben eine generelle katalytische Funktion im Energiestoffwechsel, z. B. beim Wasserstoffmetabolismus, bei der Stickstoff- und Kohlendioxidfixierung, der oxidativen und photosynthetischen Phosphorylierung, der mitochondrialen Hydroxylierung sowie der Nitrit- und Sulfitreduktion. Sie gehören zu den Nicht-Häm-Eisen-Proteinen.

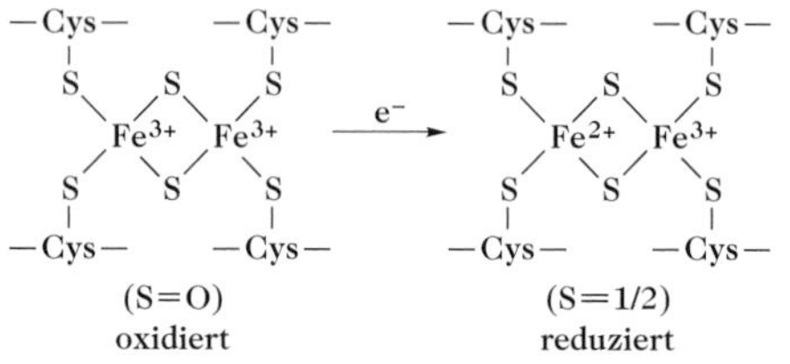

Eisen-Schwefel-Proteine. Anordnung der Eisenatome in einem 2Fe-2S-Zentrum.

Eisen-Schwefel-Zentrum, Eisen-Schwefel-Cluster, Strukturelement der ↗ *Eisen-Schwefel-Proteine*.

Eisenstoffwechsel, ↗ *Ferritin*.

EL-531, *α-Cyclopropyl-α-(4-methoxyphenyl)-5-pyrimidinmethanol* (Abb.), ein synthetischer Wachstumsverzögerer. EL-531 ist ein Gibberellin-

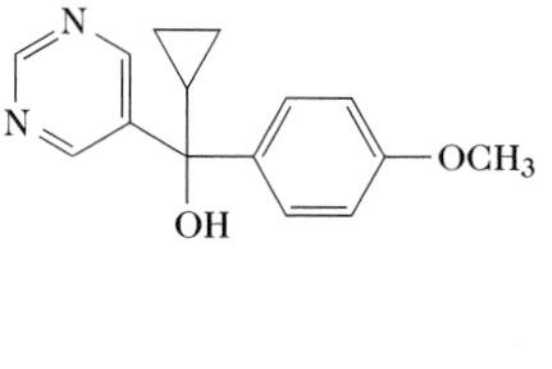

EI-531

antagonist, der das Wachstum von Salathypokotylen hemmt.

Elaidinsäure, ↗ *Ölsäure*.

Elastase (EC 3.4.21.11), eine Endopeptidase, die für die Hydrolyse des ↗ *Elastins* in tierischen elastischen Fasern spezifisch ist. Im Wirbeltierpankreas wird als inaktive Vorstufe *Pro-Elastase* gebildet, die im Zwölffingerdarm durch Trypsin in E. umgewandelt wird. Natürliches Substrat der E. ist das valin-, leucin- und isoleucinreiche, wasserunlösliche Elastin. Durch Einwirkung der E. bilden sich wasserlösliche Spaltprodukte des Elastins. Angriffspunkt der E. in der Peptidkette sind die von den nichtaromatischen hydrophoben Resten gebildeten Peptidbindungen. Beste synthetische E.-Substrate sind daher Acetyl-(alanyl)$_3$-methylester und Benzoyl-alanyl-methylester. Dagegen werden Benzoyl-L-argininester (Trypsinsubstrat) und Acetyl-L-tyrosinester (Chymotrypsinsubstrat) von E. nicht angegriffen.

Die Primär- und Tertiärstruktur der E. zeigt große Übereinstimmung mit der anderer Pankreasproteinasen. Von den 240 Aminosäuren der Elastasesequenz (M_r 25,7 kDa) stimmen 52 % in ihrer Position mit denen des Trypsins und der Chymotrypsine A und B überein. Darunter befinden sich die katalytisch wichtigen Aminosäuren (His$_{57}$, Asp$_{102}$, Ser$_{195}$), das für die Konformation wichtige Ionenpaar Val$_{16}$/Asp$_{197}$ und die Lage der vier Disulfidbrücken. Erwartungsgemäß bestehen auch in der Raumstruktur zwischen der E. und den anderen Serinproteasen des Pankreas (↗ *Chymotrypsin*, ↗ *Trypsin*) große Ähnlichkeiten (Farbtafel VIII, Abb. 4).

Ein zweites elastolytisches Enzym mit M_r 21,9 kDa wurde aus Schweinepankreas isoliert. Es hydrolysiert das Chymotrypsinsubstrat Acetyltyrosinester viel besser als Chymotrypsin selbst. Ein aus dem Bodenbakterium *Myxobacter* 495 isoliertes elastaseähnliches Enzym, die α-lytische Proteinase (M_r 19,9 kDa, 198 Aminosäuren), ist der Pankreas-E. sowohl in ihrer Struktur (Homologiegrad 41 %, Sequenz im aktiven Zentrum -Gly-Asp-Ser-Gly, drei homologe Disulfidbrücken) als auch in ihrer Substratspezifität (Angriffspunkt an den von neutralen und aliphatischen Aminosäuren gebildeten Peptidbindungen) sehr ähnlich. Da aus einem weiteren Mikroorganismus, *Pseudomonas aeruginosa*, eine E. (M_r 22,3 kDa) isoliert werden konnte, scheint das Enzym nicht nur für das Tierreich von Bedeutung zu sein.

Elastin, ein am Aufbau der elastischen Fasern des Bindegewebes beteiligtes ↗ *Strukturprotein* (Skleroprotein). Es besteht aus 850–870 Aminosäurebausteinen und enthält vor allem Gly (27 %), Ala (23 %), Pro (12 %) sowie aliphatische hydrophobe Aminosäuren, wie Val (17 %) sowie Leu und Ile (zusammen 12 %). Die kovalente Vernetzung der Polypeptidketten erfolgt durch Desmosin, Isodesmosin und Lysinonorleucin, wodurch ein gummiartiges, elastisches Maschenwerk entsteht, das den elastinenthaltenden Geweben (Blutgefäße, Lunge, Haut, Uterus, Sehnen u.a.) die Dehnbarkeit und Verformbarkeit gibt.

Nach der Biosynthese werden die Elastinmoleküle in den extrazellulären Raum ausgeschieden und lagern sich in der Nähe der Plasmamembran, sehr oft in Einstülpungen der Zelloberfläche, zu elastischen Fasern zusammen. Nach der Sekretion werden die Elastinmoleküle untereinander quervernetzt und bilden danach ein Geflecht aus Fasern und Schichten. Die vernetzenden Aminosäuren Desmosin, Isodesmosin und Lysinonorleucin werden posttranslational aus Lysinresten durch das Enzym Lysyl-Oxidase gebildet. Die gelbe Farbe, Elastizität, Unlöslichkeit in Wasser, Resistenz gegenüber Denaturierung und Proteasen (Ausnahme: ↗ *Elastase*) sind auf die dreidimensionale Vernetzung zurückzuführen. Im E. wechseln sich hydrophobe Abschnitte, die für die elastischen Eigenschaften verantwortlich sind, mit α-helicalen Bereichen, die viele Alanin- und Lysinbausteine enthalten, und Querverbindungen zwischen benachbarten Molekülen herstellen, ab. Jeder Abschnitt wird von einem eigenen Exon codiert. Proteolytisch wird E. nur durch Elastase angegriffen. Durch Hydrolyse bildet sich aus dem wasserunlöslichen E. das wasserlösliche α-E. (M_r 70 kDa), das durchschnittlich 17 Peptidketten mit ca. 35 Aminosäurebausteinen enthält, neben einer β-Fraktion (M_r 5,5 kDa) mit zwei Peptidketten und 27 Bausteinen.

Vom Humanelastingen und dessen 5'-flankierenden Regionen wurde die gesamte Nucleotidsequenz bestimmt. [M.M. Bashir et al. *J. Biol. Chem.* **264** (1989) 8.887–8.891; H. Yeh et al. *Biochemistry* **28** (1989) 2.365–2.370]

Elaterin, ↗ *Cucurbitacine*.

Eledoisin, Pyr^1-Pro-Ser-Lys-Asp^5-Ala-Phe-Ile-Gly-Leu^{10}-Met-NH$_2$, ein 1949 aus den Speicheldrüsen von Kopffüßlern aus dem Mittelmeer (*Eledone moschata* und *Eledone aldrovandi*) von Erspamer entdecktes 11 AS-Peptidamid, dessen Strukturaufklärung und Totalsynthese 1962 gelang. E. erregt die extravasale glatte Muskulatur und senkt den Blutdruck beim Menschen, wobei der hypotensive Effekt länger anhält als bei Anwendung von ↗ *Bradykinin*. Subkutane Applikation führt auch zur Stimulierung der Speicheldrüsen und der gastrointestinalen Sekretion. Aus der Synthese einer Vielzahl von Analoga geht hervor, dass N-terminal verkürzte Analoga wirksamer sind als das native E. und bereits das C-terminale 6 AS-Peptidamid die volle Aktivität aufweist.

Elektroantennogramm, ↗ *Pheromone*.

Elektro-Blot, Transfer und Immobilisierung elektrophoretisch aufgetrennter Proteine aus einer Polyacrylamidmatrix auf eine Membran aus Nitrocellulose (↗ *Western-Blot*) unter dem Einfluss eines elektrischen Felds.

Elektrochromatographie, ↗ *Elektrophorese.*

Elektrofokussierung, ↗ *isoelektrische Fokussierung.*

Elektronenaustauschchromatographie, ↗ *Ionenaustauschchromatographie.*

elektronenparamagnetische Resonanzspektroskopie, ↗ *Elektronenspinresonanzspektroskopie.*

Elektronenspinresonanzspektroskopie, *ESR-Spektroskopie*, ein Verfahren, das zur Untersuchung von Substanzen eingesetzt wird, die paramagnetisch sind, d. h. ein ungepaartes Elektron aufweisen. Bei biologischen Materialien beruht der Paramagnetismus hauptsächlich auf zwei Molekülarten, den freien Radikalen und jenen, die ein Übergangsmetallion besitzen. Einige Spektroskopiker begrenzen die Bezeichnung ESR-Spektroskopie auf die Untersuchung freier Radikale, da diese einen erkennbaren Elektronenspin aufweisen. Für das Studium von Übergangsmetallen, bei denen der Paramagnetismus aus der Elektronenverteilung in den d-Orbitalen herrührt, verwenden sie den Ausdruck *elektronenparamagnetische Resonanzspektroskopie* (EPR-Spektroskopie). Die Spektren werden jedoch mit denselben Geräten aufgenommen und die meisten Autoren verwenden die Bezeichnungen ESR- und EPR-Spektroskopie entweder wahlweise oder je nach persönlicher Präferenz.

Die ESR-Spektroskopie entspricht der ↗ *NMR-Spektroskopie* in der Hinsicht, dass sie die Resonanzabsorption elektromagnetischer Strahlung durch Teilchen (ungepaarte Elektronen bei ESR, der Kern von bestimmten Atomarten bei NMR) misst, wenn sie von einem niedrigeren Energieniveau auf ein höheres übergehen und wieder zurückfallen. Diese Energieniveaus werden durch das Anlegen eines äußeren magnetischen Felds induziert. Im biologischen Zusammenhang wird die ESR-Spektroskopie eingesetzt, um: 1) Radikale zu erfassen und zu identifizieren, die aus Enzymsubstraten, Coenzymen, Wirkstoffen und Hormonen im Verlauf von Stoffwechselreaktionen erzeugt werden; 2) Redoxkomponenten zu identifizieren und die Elektronenübertragung in komplexen Systemen zu verfolgen, wie sie in Mitochondrien und Chloroplasten vorkommen (↗ *Eisen-Schwefel-Proteine* wurden beispielsweise mit Hilfe von ESR entdeckt); 3) Informationen über Struktur und Funktion von Übergangsmetallzentren in Metalloproteinen, wie den ↗ *Cytochromen* zu erhalten; 4) Strahlungsschäden und andere Abnormalitäten in Nucleinsäuren und Proteinen zu untersuchen; 5) Konformationsänderungen in Proteinen zu erforschen und 6) die

Struktur und Fluidität von Membranen zu studieren.

Elektronentransportkette, ↗ *Atmungskette.*

Elektronentransportpartikel, *ETP*, elektronentransportierende Bruchstücke aus Mitochondrien, die man aus den isolierten Mitochondrien durch Aufschluss mit Ultraschall oder Detergenzien gewinnen kann. In den Elektronentransportpartikeln liegt das vollständige Elektronentransportsystem der ↗ *Atmungskette* vor. Elektronenmikroskopisch erscheinen die ETP als membranumschlossene Bläschen, die von manchen Autoren als komplexes Riesenmolekül definierter Zusammensetzung angesehen werden. Die *schweren* ETP (Abk. ETP_H, H von engl. *heavy*) enthalten noch die Succinat-Dehydrogenase. Bei ihrer Extraktion geht die Aktivität der ETP und ETP_H verloren, kann jedoch experimentell durch Zusatz geeigneter Lipide wiederhergestellt werden. Bei einer weiteren Zerkleinerung der ETP erhält man die Komplexe der Atmungskette.

elektronenübertragende Flavine, *ETF* (engl. *electron transfer flavins*), Flavoproteine (↗ *Flavinenzyme*), die den Elektronentransport von reduziertem FADH auf das Cytochromsystem vermitteln. Flavoproteine können Substrate der ↗ *Atmungskette* oxidieren, deren Oxidation nicht über die Pyridinnucleotide verläuft. Das betreffende Atmungssubstrat muss jedoch gegenüber dem $(NADH + H^+)/NAD^+$-System ein positiveres Redoxpotenzial aufweisen, was durch elektronenübertragende Flavine bewirkt wird. ETF aus Schweineleber enthalten je Eisenatom sechs Moleküle Flavin sowie Kupfer.

Elektropherographie, ↗ *Elektrophorese.*

Elektrophorese, im weiteren Sinne die Trennung von geladenen Teilchen einer Lösung aufgrund ihrer unterschiedlichen Wanderungsgeschwindigkeit in einem elektrischen Feld ohne Abscheidung an den Elektroden. Die Wanderungsgeschwindigkeit v ist das Produkt aus der Feldstärke E und der Nettobeweglichkeit m der Ionen: $v = m \cdot E$. Verbindet man zwei Elektroden durch einen kontinuierlich leitenden Elektrolyten miteinander (*elektrophoretisches System*), so ist die Feldstärke innerhalb des Systems konstant und folglich die Wanderungsgeschwindigkeit proportional der Nettobeweglichkeit. Da diese unter definierten elektrophoretischen Bedingungen von Größe, Gestalt und Ladung der Teilchen abhängt, kann man Teilchen verschiedener Art voneinander trennen. Als E. im engeren Sinne bezeichnet man die Wanderung von Kolloidteilchen oder Makromolekülen, als *Ionophorese* die Bewegung kleiner anorganischer Ionen. Der Wanderung der Teilchen im elektrischen Feld wirkt die Diffusion entgegen, deren Einfluss der Teilchengröße und der Feldstärke proportional ist. Folglich erfordert die Trennung kleiner Ionen große Spannungen

(1.000–10.000 V), während sich große Teilchen durch *Niederspannungselektrophorese* (300–400 V) trennen lassen. Die Wanderungsgeschwindigkeit der Ionen zeigt weiterhin eine große Abhängigkeit vom Dissoziationsgrad und damit vom pH-Wert der Lösung. Bei Vorzeichenumkehr der Ladung der Teilchen infolge pH-Änderung verändert sich die Wanderungsrichtung. Für jede Substanz existiert ein isoelektrischer Punkt, an dem die Beweglichkeit des Teilchens Null wird. Durch geeignete Pufferwahl zur Einstellung der Beweglichkeit und Löslichkeit der Stoffe kann die E. dem jeweiligen Trennproblem angepasst werden.

Die E. kann in freier Lösung oder auf Trägermaterialien, wie Stärke, PVC-Pulver, Cellulose (Papier), Polyamid-Agarose- und Dextrangel, durchgeführt werden (*Elektropherographie, Elektrochromatographie*), wobei elektrophoretische mit chromatographischen Trennprinzipien kombiniert werden. So werden bei der Gelelektrophorese die geladenen Moleküle mit Hilfe eines elektrischen Felds in einer Pufferlösung durch ein poröses Gel getrieben. Variation in Gelzusammensetzung und Puffer gestatten, die Moleküle entsprechend ihrer Ladung, ihrem isoelektrischen Punkt, ihrer Nettobeweglichkeit (*Isotachophorese*) oder auch entsprechend ihrer biospezifischen Affinität (*Affinoelektrophorese*) zu trennen. Bei der *Porengradientenelektrophorese* nimmt die Porengröße des Gels in Richtung der elektrophoretischen Beweglichkeit kontinuierlich ab, so dass Moleküle (z.B. natürliche Proteine) vorrangig nach ihrer Größe getrennt werden. Das bei der *Diskelektrophorese* verwendete Gel besitzt Diskontinuitäten im pH-Wert und in der Porengröße, die aus der Kombination eines großporigen Sammelgels zur Konzentrierung der Probe auf eine schmale Startzone und eines feinporigen Trenngels (Permeationseffekt) für die Fraktionierung der Komponenten resultieren, wodurch eine große Trennleistung bedingt wird. Bei der *SDS-Elektrophorese* bindet als Detergens zugesetztes Natriumdodecylsulfat (SDS) die Moleküle der Analysenprobe, wobei es ihre natürliche Ladung mit seiner eigenen negativen Ladung maskiert. Die nun in ihrer Ladungsdichte gleichen Moleküle werden nach ihrer Größe durch die Permeationseffekte des Gels getrennt.

Die E. kann zur Trennung geladener, in wässrigen Lösungen stabiler Teilchen verwendet werden, z.B. in der Routineuntersuchung biologischer Flüssigkeiten (Urin, Serum), zur Fraktionierung von Nucleinsäuren, zur Charakterisierung von Enzymen oder zur Ermittlung von Moleküleigenschaften (isoelektrischer Punkt, elektrophoretische Beweglichkeit, Molekülmasse).

elektrostatische Bindung, eine Form der ⌐ *nichtkovalenten Bindung*

(9R,11S)-Eleutherin, ⌐ *Naphthochinone (Tab.)*.

Elicitor, jeder Faktor, ob biotisch oder abiotisch, der die Bildung von ⌐ *Phytoalexinen* in Pflanzengewebe induziert. Beispiele für abiotische E. sind Schwermetallsalze wie $HgCl_2$ und $CuCl_2$. Die Bezeichnung E. wird oft speziell für eine Glucanfraktion verwendet, die bei einer Hitzebehandlung aus der Zellwand eines phytopathogenen Pilzes freigesetzt wird. Der Glucanelicitor wird experimentell dafür eingesetzt, die Synthese von Phytoalexinen zu induzieren. Die Elicitoraktivität ist nicht art- oder varietätsspezifisch und stellt eine allgemeine, induzierbare Antwort auf die Infektion durch Mikroorganismen dar. In manchen Fällen sind spezifische ⌐ *Oligosaccharine* E. Dies sind Fragmente, die aufgrund der Infektion aus der Zellwand der Pflanze entstehen oder vom angreifenden Mikroorganismus stammen und durch Enzyme der Pflanze freigesetzt wurden. [A.R. Ayers et al. *Plant Physiol.* **57** (1976) 751–759, 760–765, 766–774, 775–779; U. Zähringer et al. *Z. Naturforsch.* **360** (1981) 234–241; A.G. Darvill u. P.A. Albersheim *Ann. Rev. Plant Physiol.* **35** (1984) 243–275]. Meistens wirken jedoch Proteine als Elicitoren, z.B. Enzyme, die von den pathogenen Organismen für den Angriff von Pflanzenzellen sezerniert werden. Alle Arten von Elicitoren werden von spezifischen Rezeptoren an der Außenseite der Plasmamembran der Pflanzenzellen gebunden. Dadurch wird die Aussendung von Signalen (z.B. die Phosphorylierung eines Proteins) initiiert, an deren Ende im Zellkern die Transcription derjenigen Gene ausgelöst wird, die für die Enzyme der Phytoalexine codieren [H.W. Heldt, „*Pflanzenbiochemie*", Spektrum Akademischer Verlag Heidelberg, Berlin, Oxford, **1996**, S. 394].

ELISA, Abk. für engl. <u>e</u>nzyme-<u>l</u>inked <u>i</u>mmuno<u>s</u>orbent <u>a</u>ssay, enzymgebundener Immunsorbent Assay (⌐ *Immunassays*). Dies ist ein „Zwei-Antikörper-Sandwich"-Assay, bei dem ein Enzym als Markierung eingesetzt wird. Er kann angewendet werden, um entweder einen Antikörper oder ein Antigen zu detektieren oder zu messen. Bei der Anwendung für ein Antigen wird der Test auf ähnliche Weise durchgeführt wie bei einem „two-site-IRMA" (⌐ *IRMA*). Der einzige Unterschied besteht darin, dass der zweite Antikörper, der für den Test von X (d.h. anti-X_2) verwendet wird, durch die kovalente Bindung eines Enzyms (d.h. anti-X_2-Enz) anstelle eines Radioisotops markiert wird. Eine nichtquantitative Version eines solchen Tests kommt in Testkits für Humanschwangerschaften zur Anwendung, wobei das Humanchoriongonadotropin (hCG), das eine Woche nach der Embryoimplantation im mütterlichen Urin vorhanden ist, als Antigen in Frage kommt. Verschiedene Hersteller konfigurieren den Test auf unterschiedliche Weise, um Zuverlässigkeit mit leichter Anwendung zu kombinieren. Dennoch besteht der Test im wesentlichen aus folgenden Schritten: a) Zugabe einer kleinen Urinmenge zu einem Antikörper gegen hCG (d.h. anti-hCG), der an einen festen Träger gebunden vorliegt; wenn der Urin hCG enthält, wird ein Antikörper-Antigen-Komplex (d.h. anti-hCG$_1$-hCG) gebildet, b) Freiwaschen von Urin, c) Zugabe eines zweiten anti-hCG, der enzymmarkiert ist und für eine andere Bindungsstelle auf dem hCG-Molekül spezifisch ist (d.h. anti-hCG$_2$-Enz), wodurch ein gebundenes Ab$_1$-Antigen-Ab$_2$-Sandwich (d.h. anti-hCG$_1$-hCG-anti-hCG$_2$-Enz) gebildet wird, vorausgesetzt, dass zuvor ein gebundener anti-hCG$_1$-hCG-Komplex entstanden ist, d) Freiwaschen von nichtgebundenem anti-hCG$_2$-Enz und e) Zugabe einer Lösung eines farblosen Substrats des Enzyms und Warten auf das Erscheinen des farbigen Produkts.

Für den Fall, daß ein Antikörper getestet werden soll (z.B. anti-X), wird das Antigen (d.h. X) an einen festen Träger gebunden und die Lösung, die anti-X in unbekannter Konzentration enthält, zugegeben, wodurch gebundenes X-anti-X entsteht. Letzteres wird durch Zusatz von enzymmarkiertem Antigen detektiert, das an die Fc-Region von anti-X bindet, wobei ein gebundenes Antigen-Antikörper-anti-Antikörper-Sandwich (d.h. X-anti-X-anti-[anti-X]-Enz) gebildet wird. Anschließend wird eine Lösung eines farblosen Enzymsubstrats hinzugefügt, wodurch ein gefärbtes Produkt entsteht. Dieses Produkt kann bei Bedarf spektrophotometrisch gemessen und der Test mit Hilfe einer zuvor erstellten Standardkurve quantifiziert werden.

Ellagitannine, Syn. für ↗ *Gallotannine*.

Ellman-Reagens, *DTNB, 5,5'-Dithio-bis(2-nitrobenzoesäure)*, ein Reagens zur Detektion und Quantifizierung von Thiolfunktionen in Proteinen (Abb.). Das bei der Reaktion freigesetzte Thionitrobenzoat-Anion kann wegen seines hohen Absorptionskoeffizienten spektroskopisch leicht bestimmt werden.

Elongation, die Phase der ↗ *Proteinbiosynthese*, in der die Aminosäurekette durch Addition neuer Reste verlängert wird.

Elongationsfakoren, *Transferfaktoren*, Proteine, die die Elongation von Peptidketten im Verlauf der ↗ *Proteinbiosynthese* katalysieren. Aus Bakterien wurden drei Elongationsfaktoren isoliert: EFT, ein gemischtes Dimer aus zwei Proteinen – Ts (M_r 42 kDa) und Tu (M_r 44 kDa) – und EFG. Die bakte-

riellen Elongationsfaktoren interagieren nicht mit dem 80S-Ribosom von Eukaryonten. Die Elongationsfaktoren können durch Salzwaschungen des 70S-Ribosoms gewonnen werden.

eluotrope Reihe, Auflistung von Lösungsmitteln für die ↗ *Hochleistungsflüssigkeitschromatographie* nach zu- bzw. abnehmender Polarität.

Embden-Ester, ein Gemisch aus D-Glucose-6-phosphat und D-Fructose-6-phosphat, die beide Zwischenprodukte der Glycolyse sind.

Embden-Meyerhof-Parnas-Weg, Syn. für ↗ *Glycolyse*, ↗ *Buttersäuregärung*.

Embelin, ↗ *Benzochinone*.

embryonale Induktionsstoffe, chemische Verbindungen, die in der Embryonalentwicklung die Differenzierung von Organen bewirken. Aus Hühnerembryonen ist ein niedermolekulares Protein isoliert worden, das im Ectoderm der Gastrula von Amphibien die Anlage zu Nieren- und Muskelgewebe (*mesodermaler Faktor*) sowie Chordagewebe (*neuraler Faktor*) auslösen kann.

Emerskultur, *Oberflächenkultur*, eine Methode zur Züchtung von Mikroorganismen auf der Oberfläche flüssiger, halbfester oder fester Nährmedien. E. haben, von speziellen Einsatzbereichen abgesehen, im Vergleich zu ↗ *Submerskulturen* an Bedeutung verloren. Beispiele für E. sind die Produktion von Enzymen auf festen Substraten und in einigen Betrieben die Citronensäureproduktion. Dabei bedient man sich flacher Schalen, die in großen Behältern übereinander angeordnet sind. Sonderformen der Oberflächenverfahren stellen die bei der Essigsäureproduktion und der Abwasserreinigung verwendeten turmartigen Behälter dar, in denen die Mikroorganismen auf Trägermaterial wachsen und das Substrat kontinuierlich vorbeifließt.

Emerson-Effekt, eine Steigerung der photosynthetischen Quantenausbeute bei langwelligem Rotlicht (700 nm), die sich ergibt, wenn eine Pflanze gleichzeitig mit kürzeren Wellenlängen (<670 nm) bestrahlt wird. Im Bereich von 700 nm erfolgt ein steiler Abfall der photosynthetischen Effizienz, der durch die synergistische Wirkung von Licht kürzerer Wellenlänge ausgeglichen werden kann. Der Effekt zeigt, dass an der Bildung von Sauerstoff zwei Photosysteme beteiligt sind und dass diese unterschiedliche lichtsammelnde Pigmente enthalten. Diese Schlussfolgerungen wurden durch Aktionsspektren des Emerson-Effekts bestätigt. ↗ *Rotab-*

Ellman-Reagens. Derivatisierung von Cysteinresten in Proteinen. R = Rest der Aminosäure, DTNB = 5,5′-Dithio-bis(2-nitrobenzoesäure).

fall, ↗ *photosynthetische Pigmentsysteme*, ↗ *Photosynthese (Abb. 1)*.

Emersverfahren, ↗ *Emerskultur*.

Emetin, ein dimeres Isochinolinalkaloid (Abb.), das als Hauptalkaloid der Brechwurz (*Radix Ipecacuanhae*, Farbtafel VI, Abb. 5) wichtigster Vertreter der Ipecacuanha-Alkaloide ist; M_r 480,68 Da, F. 74 °C, $[\alpha]_D^{20}$ −50° (Chloroform). E. ist sehr giftig. Für die Schleimhäute hat es eine starke Reizwirkung und führt bei hohen Dosen zum Erbrechen. Es wird zur Behandlung der Amöbenruhr eingesetzt. Bei der Biosynthese der Alkaloide der Emetingruppe werden durch eine Mannich-Kondensation zwei Moleküle Phenylethylamin mit einem iridoiden C_9-Körper verknüpft.

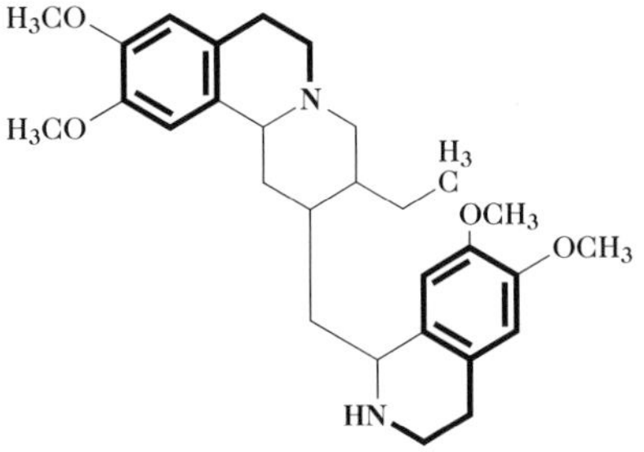

Emetin

Emodin, ein orangefarbener Anthrachinonfarbstoff (Abb., F. 225 °C), der als Glycosid oder als Dimer (Skyrin) weit verbreitet ist. Das 5,5'-Dimer, (+)-Skyrin (F. 380 °C), kommt in *Penicillium*-Arten vor. Es ist in zahlreichen höheren Pflanzen, z.B. Rhabarberwurzeln, Faulbaum (*Rhamnus frangula* L.), *Cascara sagrada* enthalten. E. wird als Kathartikum verwendet.

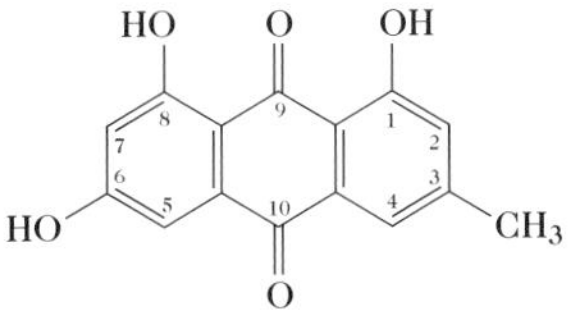

Emodin

EMSA, Abk. für *electrophoretic mobility shift assay*, ↗ *Gelretentionstest*.

Emulsan, ein von *Acinetobacter calcoaceticus* RAG-1 bei Wachstum auf *n*-Alkanen gebildetes anionisches, extrazelluläres Heteropolysaccharid (M_r ~10^6 Da). E. besteht aus einem Polysaccharidgrundgerüst aus *N*-Acetyl-D-galactosamin, *N*-Acetylhexosaminuronsäure sowie einem bisher nicht identifizierten Aminozucker, welcher mit Fettsäuren (2- und 3-Hydroxydodecansäure) verestert ist. Ein weiterer Bestandteil des E. ist Protein (~20%).

Enalapril, *N-[(S)-1-Ethoxycarbonyl-3-phenylpropyl]-L-alanyl-L-prolin*, ein ↗ *ACE-Hemmer* mit blutdrucksenkender Wirkung. E. ist die inaktive veresterte Vorstufe (Prodrug) der wirksamen Form Enalaprilat, die erst in der Leber durch Esterhydrolyse freigesetzt wird.

Enantiomere, chemische Verbindungen, die sich wie Bild und Spiegelbild zueinander verhalten, ↗ *Chiralität*.

Enantiomerenüberschuss, *e. e.* (für engl. *enantiomeric excess*), der prozentuale Überschuss des einen Enantiomers über das Racemat: e. e. (%) = $(E_1 - E_2) \cdot 100/(E_1 + E_2)$.

encephalitogenes Protein, *Myelinprotein A1*, das wichtigste Myelinprotein des zentralen Nervensystems von Säugetieren. Bei der Injektion in Meerschweinchen, Kaninchen oder Ratten induziert es allergische autoimmune Encephalomyelitis (EAE), eine Entzündung des Gehirns und des Rückenmarks. Die Struktur des encephalitogenen Proteins aus der Myelinscheide von Menschen, Rindern, Kaninchen und Meerschweinchen wurde aufgeklärt: M_r 18 kDa, 170 Aminosäuren, 11 % Arg, 8 % Lys und 6 % His, jedoch kein Cys. EAE kann durch eine relativ kleine aktive Region des encephalitogenen Proteins induziert werden, deren Lage bei verschiedenen Arten unterschiedlich ist.

Endocrocin, ↗ *Ergochrome*.

Endocytose, ein Prozess zur Aufnahme von Makromolekülen und Partikeln in Zellen durch Abschnitte der Plasmamembran, die das aufzunehmende Material einschließen und durch nachfolgende Abschnürung intrazelluläre Vesikel bilden. In Abhängigkeit von der Größe der gebildeten Vesikel unterscheidet man zwischen Pinocytose und Phagocytose. Flüssigkeiten und gelöste Substanzen werden in kleine Vesikel (etwa 150 nm Durchmesser) durch *Pinocytose* („Zell-Trinken") aufgenommen, während große Partikel (Mikroorganismen, Zelltrümmer u.a.) über große, Phagosomen genannte Vesikel (Durchmesser > 250 nm) durch *Phagocytose* („Zell-Fressen") in die Zelle gelangen.

endogenes Minimum, ↗ *minimaler Proteinbedarf*.

endokrine Hormone, Hormone, die durch spezielle Zellen in endokrinen Drüsen produziert und in den Blutstrom abgegeben werden. Sie unterscheiden sich von den ↗ *Gewebshormonen*, die durch diejenigen einzelnen Zellen in Geweben synthetisiert werden, die auf bestimmte Funktionen spezialisiert sind.

Endolysin, ↗ *Lysozym*.

Endomembransystem, ↗ *endoplasmatisches Reticulum*.

Endonexine, zu den ↗ *Annexinen* zählende Ca^{2+}-abhängige Phospholipid-bindende Proteine (M_r

33 kDa), die unter anderem hemmend auf die Blutgerinnung wirken, die Phospholipase A_2 inhibieren und an das Cytoskelett binden.

Endonucleasen, die allgemeine Bezeichnung für Hydrolasen, die Nucleinsäuren (DNA und RNA) spezifisch oder unspezifisch durch Spaltung von Phosphodiester-Bindungen innerhalb des Moleküls abbauen. E. werden *in vitro* in gentechnischen Verfahren zur Spaltung bzw. zum Abbau von DNA- und RNA-Molekülen eingesetzt. ↗ *Restriktionsendonucleasen.*

Endopeptidasen, zu den ↗ *Proteasen* gehörende hydrolytische Enzyme, die Peptidbindungen innerhalb einer Peptidkette spalten.

endoplasmatisches Reticulum, *ER*, ein netzartiges System aus Doppelmembranen im Cytoplasma eukaryontischer Zellen. Die Membranen bilden Röhren und Kanäle mit Durchmessern von 50–500 nm. Das ER scheint mit der äußeren Kernmembran und mit dem sekretorischen System der Zelle (dem ↗ *Golgi-Apparat*) ein zusammenhängendes System zu bilden. Wenn das ER mit den Ribosomen assoziiert ist, wird es *raues ER* genannt, ansonsten *glattes ER.* Das raue ER ist an der Synthese von Membranproteinen und am Proteinexport beteiligt. Die wachsenden Polypeptide treten durch die Membran hindurch. Wenn die Zelle homogenisiert wird, bilden die Membranen des ER *Vesikel,* die als Mikrosomenfraktion isoliert werden können. Die Enzymaktivitäten, die in den Mikrosomen vorhanden sind, hängen zu einem gewissen Maß vom Ursprungsgewebe ab. Sie werden gewöhnlich durch die Gegenwart von Leitenzymen, wie Glucose-6-Phosphatase und den mischfunktionellen Oxidasen, charakterisiert (z.B. Lebermikrosomen). Andere Enzyme des ER sind für die Biosynthese von Triacylglycerinen, Glycerophospholipiden, Mucopolysacchariden und Glucuroniden verantwortlich. Verschiedene Schritte der Steroidbiosynthese, wie die Bildung von Mevalonsäure aus Hydroxymethylglutarat, die Synthese von Squalen aus Farnesylpyrophosphat sowie von Cholesterin aus Lanosterin laufen im ER ab. (Die anderen Schritte der Cholesterinbiosynthese sind im Cytoplasma oder in den Mitochondrien lokalisiert.) Die Umwandlung und der Abbau von Steroiden erfolgen im ER. Das ER zeigt auch enge Beziehungen zum Schwefelstoffwechsel.

ENDOR, (engl. *electron nuclear double resonance*), Doppelresonanzverfahren, bei dem auf die Probe gleichzeitig die Resonanzfrequenzen der ↗ *Elektronenspinresonanzspektroskopie* und ↗ *NMR-Spektroskopie* eingestrahlt werden. Die ENDOR-Methode dient in paramagnetischen Substanzen zur Bestimmung von Hyperfeinstruktur-Kopplungskonstanten, wenn diese im ESR-Spektrum nicht einwandfrei beobachtbar sind.

Endorphine, *Opioidpeptide*, *opiatähnliche Peptide,* Peptide mit morphinähnlichen Wirkungen, die vom Organismus gebildet werden und als körpereigene Liganden (endogenes Morphin) in ähnlicher Weise wie das Analgetikum Morphin mit den μ-Opiatrezeptoren (μ_1: Opiate und E., μ_2: Morphin) in Wechselwirkung treten (Abb.). Obgleich die Bezeichnung E. alle Peptide mit opiatähnlichen Wirkungen einschließlich des ↗ *Enkephalins* umfassen sollte, versteht man unter E. im engeren Sinne höhermolekulare Opiatpeptide, insbesondere Fragmente des β-Lipotropins (↗ *Lipotropin*). Leu-Enkephalin, α-Neoendorphin (↗ *Neoendorphine*) und ↗ *Dynorphin* entsprechen dieser eingeschränkten Definition nicht. Für alle E. (mit Ausnahme des Enkephalins, Neoendorphins und Dynorphins) ist ↗ *Pro-Opiomelanocortin* der Biosynthesevorläufer. Aus dem Pro-Opiomelanocortin werden β-Lipotropin, ↗ *Corticotropin* (ACTH), γ-MSH (↗ *Melanocyten-stimulierende Hormone*) und β-Lipotropin, das die Sequenzen der α-, β- und γ-E. und des β-MSH enthält, freigesetzt. Aus Pro-Enkephalin A entstehen Met- und Leu-Enkephalin sowie C-terminal erweiterte Sequenzen, während Pro-Enkephalin B die Vorstufe für Dynorphin sowie

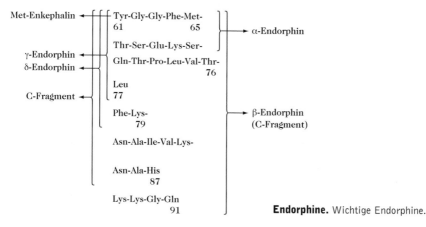

Endorphine. Wichtige Endorphine.

die Neoendorphine ist. Das C-terminale 4 AS-Peptid von β-E. ist der *Melanotropin-potenzierende Faktor* (*MPF*).

E. wurden bisher u.a. im zentralen Nervensystem, in der Hirn-Rückenmark-Flüssigkeit, in der Niere, in den Nervengeflechten des Magen-Darm-Trakts, im Blut, in der Plazenta und in der Hypophyse nachgewiesen. E. wirken als Opiatagonisten und verursachen eine dosisspezifische Herabsetzung der Kontraktionsschwelle des Samenleiters (vas deferens) der Maus und des Meerschweinchen-Ileums. E. wird eine Rolle in der Pathogenese von geistigen Störungen (Schizophrenie, Halluzinationen u.a.) zugeschrieben. Eine Beziehung zwischen Stress und E. wird ebenfalls diskutiert. Obgleich die physiologischen Funktionen der E. nur lückenhaft bekannt sind, gilt es als sicher, dass die neuromodulierende Funktion der E. bei der Steuerung der Schmerzempfindlichkeit nur ein Aspekt des Wirkungsspektrums ist. Erwähnt seien Wechselbeziehungen der E. mit Mechanismen des autonomen Nervensystems (z.B. Kreislauf, Körpertemperatur, Schlaf, Appetit). Insbesondere synthetische Analoga versprechen therapeutisch-medizinische Einsatzmöglichkeiten.

endothelialer vasodilatierender Faktor, *EDRF* (engl. *endothelium-derived relaxing factor*), ein Anfang der achtziger Jahre von Robert Furchgott postulierter Faktor, der die Endothelzellschicht zur Freisetzung einer gefäßerweiternden Substanz stimuliert. Später zeigte sich, dass die Wirkung von EDRF mit der der therapeutisch genutzten Nitrovasodilatatoren vergleichbar ist, die die lösliche Isoform der ↗ *Guanylat-Cyclase* in der glatten Muskulatur durch Freisetzung von ↗ *Stickstoffmonoxid* (NO) stimulieren. Ende der achtziger Jahre wurde schließlich gezeigt, daß der endogene Stimulator EDRF der löslichen Isoform der Guanylat-Cyclase identisch ist mit NO.

Endotheline, von den Endothelzellen sezernierte Peptide und andere Verbindungen, wie Prostacyclin und der später als Stickstoffmonoxid identifizierte ↗ *endotheliale vasodilatierende Faktor* (EDRF), die die regulierende Wirkung von Endothelzellen auf den Blutdruck vermitteln. *Endothelin-1*, ein 21 AS-Peptid mit zwei intrachenaren Disulfidbrücken (Abb.) zeigt eine 10mal stärkere Wirkung als Angiotensin II (↗ *Angiotensin*). Es wird biosynthetisch aus einem *Prä-Pro-Endothelin* (203 Aminosäurebausteine) über *Pro-Endothelin* gebildet. Pro-Endothelin (*Big-Endothelin*) besteht aus 39 Aminosäureresten. Subpopulationen von Endothelin-Rezeptoren können zwischen E.-1, E.-2 und

E.-3 unterscheiden. Therapeutisch sind die E.-1-selektiven Antagonisten von Bedeutung für die Behandlung von Bluthochdruck und Arteriosklerose.

Endotoxine, Bestandteile der äußeren Zellwand gramnegativer Bakterien, die meistens von abgetöteten und lysierten Bakterien freigesetzt werden. Sie bewirken im eukaryontischen Organismus die Induktion und Freisetzung von Endzündungsmediatoren aus Immunzellen, insbesondere von Makrophagen/Monocyten und Endothelzellen. So werden u.a. der Tumor-Nekrose-Faktor-α (↗ *Tumor-Nekrose-Faktor*), ↗ *Thromboxan*, ↗ *Leukotriene*, Interleukin-1 und Interleukin-6 (↗ *Interleukine*) und ↗ *Stickstoffmonoxid* freigesetzt. Die Mediatorinduktion, deren Mechanismus noch unklar ist, reicht von Fieber bis zum septischen Schock. Chemisch sind die E. Lipopolysaccharide (LPS), die aus einer hydrophilen Polysaccharidkomponente sowie einem kovalent angeknüpften Lipidanteil (Lipoid A) aufgebaut sind. Das Lipoid A besteht aus diphosphorylierten Glucosamin-Disacchariden, an die wenigstens sechs Fettsäurereste geknüpft sind. Diese Struktur ist bei den verschiedenen gramnegativen Bakterien ähnlich und bildet das endotoxische Wirkprinzip. ↗ *Gifte*.

Endoxan, ↗ *Cyclophosphamid*.

Endoxidation, *terminale Oxidation*, der letzte Schritt im Stoffwechsel. Im Stoffwechsel aerob atmender Zellen wird die E. durch den ↗ *Tricarbonsäure-Zyklus* ausgeführt.

Endprodukt, die letzte Verbindung eines metabolischen Stoffwechselwegs, dessen Bildung nach dem vorgegebenen Reaktionsweg irreversibel ist. Ein E. kann Ausgangsstufe anderer metabolischer Stoffwechselwege sein. Es kann aber auch akkumuliert oder ausgeschieden werden. Ein E. kann die Geschwindigkeit seiner eigenen Synthese steuern, entweder als allosterischer ↗ *Effektor* eines seiner Enzyme am Anfang des Wegs oder als Repressor des Operons, das für die Enzyme codiert.

Endprodukthemmung, ein wichtiger Mechanismus zur schnellen Regulation des Stoffwechsels durch reversible Enzymhemmung. Ein am Ende einer Stoffwechselsequenz gebildetes Produkt wirkt als negativer Effektor (Inhibitor) auf ein am Anfang der Reaktionsfolge lokalisiertes, meist allosterisches Enzym. ↗ *Rückkopplung*, ↗ *Stoffwechselregulation*.

Endproduktrepression, die Hemmung der Synthese der Enzyme einer (anabolen) Stoffwechselsequenz durch das Endprodukt der Reaktionskette. Der Repressor wird hier erst nach Reaktion mit

$$H\text{-Cys}^1\text{-Ser-Cys-Ser-Ser}^5\text{-Leu}$$

HO-Trp-Ile^{20}-Ile–Asp–Leu-His-Cys^{15}-Phe-Tyr-Val-Cys-Glu^{10}-Lys-Asp   Met

Endotheline. Endothelin-1.

dem im Überschuss erzeugten Stoffwechselprodukt zur Bindung an den Operator und damit zum Abschalten der mRNA-Synthese befähigt. Die E. ist aufgrund der kurzen Halbwertszeit der mRNA ein relativ schnell ablaufender Regulationsmechanismus. Ein Entzug des Endprodukts führt zur Ablösung des Repressors von der DNA und damit zur Neusynthese der mRNA und nachfolgend der Enzyme.

energetische Kopplung, bei Stoffwechselreaktionen die Bezeichnung für die Kopplung von energiebereitstellenden (*exergonen*) Reaktionen (z.B. Spaltung von ATP) mit energieverbrauchenden (*endergonen*) Reaktionen. Letztere werden dadurch energetisch möglich.

Energieinhalt, ↗ *Adenosinphosphate*.

energiereiche Bindungen, ↗ *energiereiche Verbindungen*.

energiereiche Phosphate, *hochenergetische Phosphate*, phosphorylierte Verbindungen, in denen der Phosphatester eine hohe Freie Hydrolyseenthalpie entfaltet (dies entspricht einem hohem Übertragungspotenzial der Phosphorylgruppen). In biologischen Systemen wird die chemische Energie in Form energiereicher Phosphate gespeichert. Dies können Säureanhydride der Phosphorsäure (z.B. ATP), Enolphosphate (z.B. ↗ *Phosphoenolpyruvat*) oder Amidinphosphate (z.B. Phosphagene) sein. Eine energiereiche Phosphatbindung wird in Form einer „Schnörkel"-Bindung (~) anstelle des normalen Bindestrichs zwischen Gruppen dargestellt: R~P (wobei P eine Phosphatgruppe ist). ↗ *energiereiche Verbindungen*.

energiereiche Verbindungen, in der Biochemie übliche Bezeichnung für Verbindungen mit einem hohen Gruppenübertragungspotenzial in der Zelle. Sie besitzen eine ausreichend hohe freie Enthalpie der Hydrolyse (ΔG^0 von mindestens $21\,kJ/mol$, Tab.), um eine Gruppe (z.B. Phosphat) auf andere Moleküle zu übertragen. Man kennzeichnet die

energiereiche Verbindungen. Standardwerte der freien Energie ΔG_0 der Hydrolyse einiger wichtiger Verbindungen.

Verbindung	ΔG_0 (kJ/mol)	ΔG_0 (kcal/mol)
Kreatinphosphat	42,7	10,2
Phosphoenolpyruvat	53,2	12,7
Acetyl-Coenzym A	34,3	8,2
Aminoacyl-tRNA	29,0	7,0
ATP → ADP + P_i	30,5	7,3
ATP → AMP + P~P	36,0	8,6
P~P → 2 P_i	28,0	6,7

energiereiche Bindung (*hochenergetische Bindung*) durch ~ anstelle des normalen Bindungsstrichs (z.B. $CH_3CO{\sim}SCoA$ in der Thioesterbindung des Acetyl-Coenzyms A). Die e.V. (z.B. ATP, Phosphoenolpyruvat, Kreatinphosphat) enthalten zu einem großen Teil Phosphatreste, die entweder mit Phosphorsäure oder einer anderen schwachen Säure anhydridartig verbunden sind (↗ *energiereiche Phosphate*). E.V. werden mittels der bei katabolen Prozessen freiwerdenden Energie synthetisiert und ermöglichen anabole Prozesse (energetische Kopplung). Sie werden auch zur Aktivierung weniger reaktiver Verbindungen eingeführt.

Energiestoffwechsel, die Gesamtheit jener Reaktionen, die der Bereitstellung von Energie aus dem Abbau von Kohlenhydraten und Fetten dient. Das wichtigste Bindeglied zwischen energiebereitstellenden und -verbrauchenden Reaktionen ist das ATP. Es wird in großen Mengen durch die ↗ *Atmung* und in kleineren Mengen durch die ↗ *Glycolyse* zur Verfügung gestellt. Bei Photosyntheseorganismen wird ATP auch durch die Lichtreaktionen (↗ *Photosynthese*) gewonnen. Da die Zwischenprodukte der Glycolyse und des Tricarbonsäure-Zyklus auch als Ausgangsverbindungen für viele Synthesen dienen, kann zwischen dem E. und der Synthese nicht klar getrennt werden.

Enkephalin, ein aus zwei Pentapeptiden bestehendes Gemisch endogener Peptide mit morphinähnlichen Wirkungen (↗ *Opioidpeptide*). *Methionin-E.* (Met-E.), H-Tyr-Gly-Gly-Phe-Met-OH, und *Leucin-E.* (Leu-E.) differieren nur in der C-terminalen Aminosäure und kommen *in vivo* in unterschiedlichen Mengenverhältnissen vor. Mit den E. wurde 1975 durch Hughes und Kosterlitz das erste körpereigene Opiatpeptid aus dem Schweinehirn isoliert (*Enkephalos*, griech. für Gehirn). Es wurde in verschiedenen Bereichen des Gehirns, in der *Substantia gelationosa* des Rückenmarks, aber auch in exokrinen Zellen des Magen-Darm-Traktes gefunden. E. wirkt sowohl als Neurotransmitter als auch als Neuromodulator. E. wird durch limitierte Proteolyse aus wesentlich größeren Vorläufermolekülen (*Prä-Pro-Enkephalin*) gebildet. Das nach Abspaltung der Signalsequenz resultierende *Pro-Enkephalin A* enthält sechsmal Met-E. und einmal Leu-E., während im *Pro-Enkephalin B* dreimal Leu-E., jedoch überhaupt kein Met-E. enthalten ist.

Enniatine, zyklische Hexadepsipeptide, die zu den ionophoren Antibiotika gehören und von *Fusarium*-Stämmen produziert werden. Wichtige Vertreter sind *Enniatin A*, cyclo-(-D-Hyv-MeIle-)$_3$, *Enniatin B*, cyclo-(-D-Hyv-MeVal-)$_3$ und *Enniatin C*, cyclo(-D-Hyv-MeLeu-)$_3$, die alle D-α-Hydroxyisovaleriansäure neben den angeführten L-N-Methylaminosäuren enthalten. E. komplexieren spezifisch K⁺-Ionen und können diese in Form von Kryptaten – mit einer hydrophoben Hülle versehen – durch Membranen transportieren. Wegen der hohen Säugertoxizität sind sie pharmakologisch ohne Bedeutung. Sie dienen aber als künstliche Membranporen, in die Kaliumionen eindringen können. (↗ *Ionophor*)

ENOD-40, (ENOD für engl. *early nodulation gene*), ein an der Bildung der Knöllchen nach dem Befall der Leguminosenwurzeln mit *Rhizobium* beteiligtes Oligopeptid. Da das ENOD-40-Gen nur eine kurze codierende Region (offenes Leseraster) für ein Oligopeptid von 12–13 Aminosäuren aufweist, wird einem Peptid dieser Größe die volle Wirkung zugeschrieben. E. löst Zellteilung aus, wobei die wachstumsinhibierende Wirkung hoher Auxinkonzentrationen aufgehoben wird. [K. van de Sande et al. *Science* **273** (1996) 370]

Enolase (EC 4.2.1.11), ein Enzym, das bei der ↗ *Glycolyse* die reversible Dehydratisierung des 2-Phosphoglycerats zu Phosphoenolpyruvat katalysiert. Es ist ein dimeres *Metalloenzym*, das zur Stabilisierung seiner Struktur 2 Mg^{2+} je Mol und als katalytisch aktives Enzym 4 Mg^{2+} je Mol benötigt. Zn^{2+} und Mn^{2+} wirken ebenfalls als Aktivatoren, während F^- die E. inhibiert. Beispiele für die M_r einiger E. (M_r der Untereinheit in Klammern): Kaninchenleber und -muskel 82 kDa (41 kDa); Lachs 100 kDa (48 kDa); Hefe 88 kDa (44 kDa); *E. coli* 90 kDa (46 kDa). Wie die meisten Glycolyseenzyme kommt die E. in mehreren Isoformen (↗ *Isoenzyme*) vor, die mit Hilfe der ↗ *Elektrophorese* getrennt werden können.

Entactin, *Nidogen*, ein Glycoprotein der Basalmembran (M_r 150 kDa). Das hantelförmige E. besteht aus drei globulären Domänen (G1, G2 und G3), von denen eine (G3) an den Kreuzungspunkt des kreuzförmigen Laminin-Moleküls bindet. Über die Domäne G2 bindet E. an Zellen und an Typ-IV-Kollagen. [A.E. Chung et al. *Kidney Int.* **43** (1993) 13–19; D. Reinhardt et al. *J. Biol. Chem.* **268** (1993) 10.881; Li-J. Dong et al. *J. Biol. Chem.* **270** (1995) 15.838–15.843]

Enteroamin, ↗ *Serotonin*.

Enterodiol, *2,3-bis(3-Hydroxybenzyl)butan-1,4-diol* (Abb.), ein Lignan, das in Form seines Glucuronids im Primatenurin zusammen mit dem Glucu-

ronid des verwandten Lignans ↗ *Enterolacton* vorkommt.

Enterogastron, ↗ *gastrininhibierendes Polypeptid*.

enterohepatischer Kreislauf, ↗ *Gallensäuren*.

Enterokinase, ↗ *Enteropeptidase*.

Enterolacton, *trans-3,4-bis[(3-Hydroxyphenyl)-methyl]dihydro-2-(3H)furanon*, *trans-2,3-bis(3-Hydroxybenzyl)-γ-butyrolacton* (Abb.), ein Lignan, das in Form seines Glucuronids im Primatenurin zusammen mit dem Glucuronid des verwandten Lignans ↗ *Enterodiol* vorkommt. [S.R. Stitch *Nature* **287** (1980) 738–740; D.R. Setchell et al. *Biochem. J.* **197** (1981) 447–458]

Enterolacton

Enteropeptidase, *Enterokinase* (EC 3.4.21.9), eine hochspezifische duodenale Protease, die nur auf Trypsinogen wirkt und das N-terminale Peptid (Val-[Asp]₄-Lys) unter Bildung von Trypsin abspaltet. Die E. besitzt das M_r 196 kDa (1.100 Aminosäuren) und besteht aus zwei kovalent gebundenen Glycopeptiden (M_r 134 kDa und 62 kDa). Die E. enthält von allen Verdauungsenzymen den größten Kohlenhydratanteil (37 %).

Enterostatin, ein die Fettaufnahme regulierendes Peptid. E. wird im Darm durch Spaltung der sekretierten pankreatischen Pro-Colipase gebildet. Die verbleibende Colipase dient als ein obligatorischer Cofaktor für die Pankreaslipase beim Fettabbau. Gegenwärtig existiert nur ein Immunoassay für die Messung des menschlichen E.-Peptids H-Ala-Pro-Gly-Pro-Arg-OH. Die Antikörper zeigen auch Kreuzreaktion mit H-Val-Pro-Gly-Pro-Arg-OH, aber nicht mit H-Val-Pro-Asp-Pro-Arg-OH. Mit dieser Methode wurde immunreaktives E. im menschlichen Serum und Urin nachgewiesen. Die Freisetzung von E. in das gastrointestinale Lumen wird durch fettreiche Nahrung erhöht. E. inhibiert selektiv die Fettaufnahme. Experimente mit Tiermodellen zeigten, dass E. sowohl periphere als auch zentrale Wirkungsorte für die selektive Inhibierung der Fettaufnahme haben kann. [R.C. Bowyer et al. *Clin. Chim. Acta* **200** (1991) 137; C. Erlanson-Albertson u. D. York *Obes. Res.* **5** (1997) 360]

Enterotoxin, ↗ *Exotoxine*.

Entkeimung, in der Abwasserreinigung die Beseitigung oder Verminderung der im Abwasser enthal-

Enterodiol

tenen Keime, besonders der pathogenen Keime. Es werden folgende Verfahren unterschieden: a) *Sterilisation*: Vernichtung aller Keime, z.B. durch Kochen (Tierkörperverwertungsbetriebe u.a.). b) *Pasteurisierung*: Vernichtung nur der pathogenen Keime durch Erhitzen, z.B. des Schlamms kommunaler Kläranlagen. c) *Desinfektion*: Sehr starke Verringerung der Anzahl der Keime (Keimarmmachung). Die Verfahren entsprechen im Wesentlichen denen der Desinfektion in der Wasseraufbereitung.

Entkoppler, *Entkopplungsagenzien*, Verbindungen, die den Elektronentransport von der ↗ *Atmungskette* abkoppeln und damit die ATP-Synthese in den Mitochondrien (↗ *oxidative Phosphorylierung*) beenden, ohne dass dabei in den Zellen die Sauerstoffaufnahme blockiert wird. In Anwesenheit von E. bildet sich kein Protonengradient aus, da E. als lipidlösliche schwache Säuren im Sinne von Protonencarriern bzw. H^+-Ionophoren wirken und damit einen Protonenfluss durch die innere Mitochondrienmembran ermöglichen. Wichtige E. sind 2,4-Dinitrophenol und ↗ *Carbonylcyanid-p-trifluoromethoxyphenylhydrazon*. Die Entkopplung der oxidativen Phosphorylierung hat auch biologische Bedeutung, insbesondere als ein Mittel für die Wärmeerzeugung, beispielsweise für neugeborene Tiere, Winterschlaf haltende Tiere, sowie kälteangepasste Säuger. Diese Thermogenese erfolgt im braunen Fettgewebe, wo das als E. wirkende Protein *Thermogenin* (*uncoupling protein*) lokalisiert ist. Es ist ein Dimer aus zwei Untereinheiten (M_r 33 kDa) und bildet einen Nebenweg für den Fluss der Protonen vom Cytosol zur Matrix, wodurch der Protonengradient abgebaut und statt ATP Wärme gebildet wird.

Entkopplungsagenzien, ↗ *Entkoppler*.

Entner-Douderoff-Weg, ein anaerober Abbauweg (Abb.) für Kohlenhydrate in einigen Mikroorganismen, besonders *Pseudomonas*-Arten, denen einige glycolytische Enzyme (z.B. Hexokinase, Phosphofructokinase, Glycerinaldehyd-3-phosphat-Dehydrogenase) fehlen.

Entwindungsenzyme, Typ-I-Topoisomerasen von Eukaryonten, ↗ *Topoisomerasen*.

Enzymanaloga, ↗ *künstliche Enzyme*.

enzymatische Analysemethoden, *in-vitro*-Untersuchungsverfahren, bei denen Enzym-, Coenzym- und Substratwirkungen in Homogenaten, zellfreien Extrakten, Rohenzymextrakten und anderen *in-vitro*-Ansätzen untersucht werden. Für e. A. müssen angereicherte, gereinigte oder reine und kristallisierte Enzyme verwendet werden. Zur Bestimmung der ↗ *Enzymkinetik* wird gereinigtes Enzym verwendet. Für Untersuchungen der chemischen und physikalischen Eigenschaften, wie z.B. für photometrische Messungen, sowie für die Bestimmung

der Aminosäurezusammensetzung muss das vollkommen reine Enzym vorliegen. Zur Untersuchung des Feinmechanismus der Enzymkatalyse sowie zur Bestimmung der dreidimensionalen Struktur von Enzymen und Enzym-Substrat-Komplexen (↗ *Röntgenstrukturanalyse*) ist schließlich das kristallisierte Enzym notwendig.

enzymatische Bräunung, Reaktionen, durch die in pflanzlichen Lebensmitteln (Obst, Kartoffeln, manche Gemüsearten) vorkommende phenolische Verbindungen, meist Polyphenole, durch Enzyme polymerisiert werden, wobei braune Produkte entstehen. In der intakten Pflanzenzelle sind die Enzyme (Oxidoreduktasen; Phenolase, Phenol-Oxidase, Polyphenol-Oxidase) von den Substraten getrennt, daher tritt die e.B. erst nach Zellzerstörung ein; Sauerstoff ist als Wasserstoffakzeptor erforderlich. Während die Braunfärbung von Äpfeln, Bananen, Meerrettich oder Kartoffeln unerwünscht ist, ist die e.B. bei der Herstellung von schwarzem Tee und Kakao notwendig, da die Produkte dadurch ihre typische Farbe und den Geschmack erhalten.

Enzyme, früher als *Fermente* bezeichnet, in der lebenden Zelle gebildete Proteine, die als Biokatalysatoren die chem. Reaktionen des Stoffwechsels beschleunigen und in zunehmendem Maße auch zur selektiven Stoffwandlung (Biotransformation) außerhalb des Zellbereiches eingesetzt werden. Die

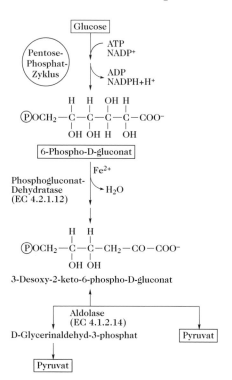

Entner-Douderoff-Weg. Glucoseabbau über den Entner-Douderoff-Weg.

Beschleunigung ist 10^3–10^6fach gegenüber der unkatalysierten Reaktion, die Anzahl der je Enzymmolekül umgesetzten Substratmoleküle kann bis zu 10^5 je s betragen.

Als Katalysatoren verringern die E. die Aktivierungsenergie der katalysierten Reaktion durch intermediäre Bildung eines Enzym-Substrat-Komplexes. Das thermodynamische Gleichgewicht der Reaktion wird dabei nicht verändert, sondern nur beschleunigt eingestellt. Die E. erscheinen am Ende der Reaktion in ihrer ursprünglichen Form. Das Temperaturoptimum der enzymatisch katalysierten Reaktion liegt bei etwa 50 °C. Oberhalb dieser Temperatur kommt es zur Hitzedenaturierung der Proteinkomponente. Eine Ausnahme bilden die thermophilen E. bestimmter Mikroorganismen, die bis zu 110 °C katalytisch wirksam bleiben. Die Wirkung der E. ist weiterhin vom pH-Wert des Mediums, von der Anwesenheit spezifischer Effektoren sowie von der Substratkonzentration abhängig. Alle E. zeichnen sich durch eine hohe Substrat- und Wirkungsspezifität aus. Generell wird nur eine Verbindung (oder ein Verbindungstyp) als Substrat akzeptiert oder nur ein bestimmter Reaktionstyp beschleunigt, wobei die regio-, stereo- und enantioselektive Umsetzung des Substrats besonders charakteristisch ist. Die volle katalytische Wirksamkeit der E. ist an das Vorliegen einer bestimmten Konformation des Gesamtmoleküls gebunden. Für die Bindung und Umsetzung des Substrats sind dagegen nur einige räumlich benachbarte Aminosäurereste des ↗ *aktiven Zentrums* und kooperativ wirksame Effektoren verantwortlich.

Klassifizierung. Die gegenwärtig bekannten mehr als 2.500 E. können nach ihrem Vorkommen in der Natur (tierische, pflanzliche, mikrobielle E.), nach ihrer Stellung im Stoffwechsel (Verdauungs-, Atmungsketten-, Blutgerinnungsenzyme), nach ihren funktionellen Gruppen (Serin-, SH-Enzyme), nach ihren physikalischen Eigenschaften und nach vielen anderen Gesichtspunkten eingeteilt werden. Durchgesetzt hat sich jedoch das auf der Wirkungsspezifität beruhende internationale Einteilungssystem (*EC-Nomenklatur*, Abk. von engl. *e̲nzyme c̲ommission*). Danach erhält jedes E. eine vierstellige Codenummer, die die Hauptgruppe oder Klasse, die Gruppe, die Untergruppe und die Seriennummer festlegt (Tab. 1).

Struktureller Aufbau. Als globuläre Proteine können die E. aus nur einer Polypeptidkette bestehen (*monomere* oder *Einkettenenzyme*) oder aus mehreren gleichen oder verschiedenen Untereinheiten aufgebaut sein (*oligomere* oder *Mehrkettenenzyme*). Einkettenenzyme sind vor allem an das Blut oder an den Verdauungstrakt abgegebene Sekretenzyme. Häufig werden diese E. in Form inaktiver Vorstufen (↗ *Zymogene*) gebildet und erst

am Wirkort durch limitierte Proteolyse freigesetzt. Mehrkettenenzyme gehören zu den Zellenzymen, die nur intrazellulär wirksam werden und vielfach an spezifische Zellstrukturen, z.B. an Membranen, gebunden sind. *Allosterische E.* sind Mehrkettenenzyme mit Bindungsstellen sowohl für das Substrat als auch für ein Effektor- oder Modulatormolekül (meist das Endprodukt einer Biosynthesekette). Sie dienen der Regulation der Enzymaktivität (Rückkopplungsregulation, Rückkopplungsmechanismus). Zu den Mehrkettenenzymen gehören weiterhin die *Multienzymkomplexe*, bei denen E., die aufeinanderfolgende Reaktionsschritte katalysieren, als Untereinheiten auftreten und Quartärstrukturen ausbilden, in denen die katalytischen Zentren der Einzelenzyme optimal stabilisiert sind. Im Gegensatz zu den Multienzymkomplexen sind die mehrere katalytische Funktionen ausübenden *multifunktionellen E.* gewöhnlich Einkettenenzyme. Einige E. üben innerhalb des gleichen Organismus gleiche Funktionen aus. Weist ihr Aufbau eine unterschiedliche Aminosäuresequenz auf, werden sie als ↗ *Isoenzyme* bezeichnet.

Etwa die Hälfte aller Enzyme benötigt außer der Proteinkomponente (*Apoenzym*) noch ↗ *Coenzyme* und Metall-Ionen als *Cofaktoren*. Diese sind entweder fester Bestandteil der E. (*prosthetische Gruppe*) oder werden von den aktiven Formen nur reversibel gebunden. Für das Zustandekommen der katalytischen Wirkung sind Proteinkomponenten und Cofaktoren gemeinsam (*Holoenzym*) verantwortlich.

Metalloenzyme enthalten als Bestandteil Metall-Ionen (z.B. Oxidoreduktasen Fe^{2+} und Fe^{3+}, Oxidasen Cu^{2+}, Dehydrogenasen Zn^{2+}, Nitrogenase Mo^{2+} und α-Amylase Ca^{2+}) oder werden durch kooperativen Einfluss von Metall-Ionen in ihrer Wirksamkeit optimiert (z.B. Zn^{2+} in Acylasen und Mg^{2+} in Hexokinase und Carboxylase).

Die an der Bildung des aktiven Zentrums der E. beteiligten Aminosäuren sind in der Primärstruktur oftmals sehr weit voneinander entfernt, kommen aber durch die räumliche Faltung der Polypeptidkette in unmittelbare Nachbarschaft. Häufig zeigt das *aktive Zentrum* von E., die zur gleichen Gruppe gehören, auffallende Übereinstimmung. So enthalten z.B. die tierischen Serinproteasen Trypsin, Chymotrypsin, Elastase, Thrombin und Plasmin einen reaktiven Serinrest im aktiven Zentrum, der von Asparaginsäure- und Histidinresten umgeben ist. Für derartig verwandte E. wird eine von einem gemeinsamen Urenzym ausgehende Evolution angenommen.

E. sind Proteine und werden somit durch den Prozess der Proteinbiosynthese gebildet. Die in der Zelle ständig synthetisierten E. werden als *konstitutive E.* bezeichnet, die nur unter bestimmten

Enzyme. Tab. 1. Einteilung der Enzyme nach ihrer Spezifität.

Gruppe	Beschreibung	Beispiele	EC-Nummer
1	**Oxidoreduktasen:** katalysieren Redoxreaktionen innerhalb eines Substratpaares		
1.1	Wirken auf >CHOH	Aldehyd-Dehydrogenase	1.1.1.1
1.2	Wirken auf >C=O	Formiat-Dehydrogenase	1.2.1.2
1.3	Wirken auf $-CH_2-CH_2-$	Succinat-Dehydrogenase	1.3.99.3
1.4	Wirken auf $>CH-NH_2$	L-Aminosäure-Oxidase	1.4.3.2
2	**Transferasen:** katalysieren intermolekulare Gruppenübertragungen		
2.1	C_1-Gruppenübertragung	Aspartatcarbamoyl-Transferase	2.1.2.3
2.2	Carbonylgruppen	Transketolase	2.2.1.1
2.3	Acylgruppen	Cholin-Acetyltransferase	2.3.1.6
2.4	Glycosylgruppen	Glycogen-Synthase	2.4.1.11
2.5	Alkyl-, Arylgruppen	Methion-Adenosyltransferase	2.5.1.6
2.6	Aminogruppen	Alanin-Aminotransferasen	2.6.1.2
2.7	Phosphorhaltige Gruppen	Nicotinamidnucleotid-Adenyltransferasen	2.7.7.1
3	**Hydrolasen:** katalysieren hydrolytische Spaltung von		
3.1	Esterbindungen	Lipase	3.1.1.3
3.2	Glycosidbindungen	α-Amylase	3.2.1.1
3.3	Etherbindungen	Adenosylmethion-Hydrolase	3.3.1.2
3.4	Peptidbindungen	Leucin-Aminopeptidase	3.4.11.1
3.5	Anderen C-N-Bindungen	Urease	3.5.1.5
4	**Lyasen:** katalysieren Eliminierungsreaktionen unter Bildung von Doppelbindungen oder, als *Synthasen* bezeichnet, Additionen an Doppelbindungen		
4.1	C-C-Lyasen	Pyruvat-Decarboxylase	4.1.1.1
4.2	C-O-Lyasen	Carboanhydrase	4.2.1.1
4.3	C-N-Lyasen	Aspartase	4.3.1.1
5	**Isomerasen:** katalysieren Isomerisierungsreaktionen		
5.1	Racemasen-Epimerasen	Alanin-Racemase	5.1.1.1
5.2	*cis-trans*-Isomerasen	Retinal-Isomerase	5.2.1.3
5.3	Intramolekulare Oxidoreduktasen	Triosephosphat-Isomerase	5.3.1.1
5.4	Intramolekulare Transferasen	Phosphoglucomutase	5.4.2.2
6	**Ligasen (Synthetasen):** katalysieren die Verknüpfung zweier Moleküle unter ATP-Verbrauch		
6.1	C-O-Verknüpfung	Tyrosyl-tRNA-Synthetase	6.1.1.1
6.2	C-S-Verknüpfung	Acetyl-CoA-Synthetase	6.2.1.1
6.3	C-N-Verknüpfung	NAD-Synthetase	6.3.1.5
6.4	C-C-Verknüpfung	Pyruvat-Carboxylase	6.4.1.1

Wachstumsbedingungen oder im Bedarfsfall produzierten E. nennt man *adaptive E*. Bei den letzteren unterscheidet man die *induzierbaren E*., die in größeren Mengen und mit erhöhter Aktivität unter dem Einfluss eines Induktors entstehen, wobei als Induktor das Substrat des betreffenden Enzyms oder Fremdmoleküle, z.B. Pharmaka oder Pflanzenschutzmittel, agieren, und die *reprimierbaren E*., deren Synthese durch bestimmte Stoffe, vor allem durch die Endprodukte einer Biosynthesekette, blockiert werden kann.

Wirkungsmechanismus. Bei allen Enzymreaktionen wird durch spezifische intermolekulare Wechselwirkung zwischen Enzym (E) und Substrat (S) zunächst ein Enzym-Substrat-Komplex (ES) gebildet, der durch Konformationsänderung der Proteinkomponente in einen aktivierten Komplex umgelagert wird und dann in den Enzym-Produkt-Komplex (EP) übergeht. Aus dem EP-Komplex wird durch Dissoziation das Produkt freigesetzt und das Enzym zurückgebildet. Die Teilschritte der Reaktion können wie folgt formuliert werden:

$$E + S \leftrightharpoons ES \rightleftarrows EP \rightleftarrows P + E.$$

Die Gleichgewichtspfeile weisen darauf hin, dass alle Reaktionsschritte reversibel verlaufen. Die Umkehrreaktionen sind besonders dann wichtig, wenn deren Umsatz an freier Energie nur gering ist, z.B. bei Umesterungen oder Transaminierungen. Durch Veränderung der Gleichgewichtskonzentrationen kann das Gleichgewicht nach beiden Seiten verschoben werden. Eine Gleichgewichtsverschiebung findet z.B. auch dann statt, wenn das Reaktionsprodukt in einer Folgereaktion schneller umgesetzt wird, als es in der ersten entsteht. Bei E., die nur in Verbindung mit einem Coenzym (Ce) wirksam sind, übernimmt dieses häufig einen vom Substrat (S^1x) abgespaltenen Molekülteil (x), z.B. Wasserstoffatome bei Oxidoreduktasen, wird dann selbst als Coenzym (Cex), z.B. CH_2, von einem Enzym (E^2) übernommen, das dann x, z.B. 2 H, auf ein Zweitsubstrat überträgt:

$$E^1 + S^1H_2 + Ce \rightleftharpoons [E^1Ce \cdot S^1H_2] \rightleftharpoons E^1 + S^1 + CeH_2;$$
$$CeH_2 + E^2 + S^2 \rightleftharpoons [E^2 \cdot S^2 \cdot CeH_2] \rightleftharpoons E^2 + Ce + S^2H_2.$$

Die Geschwindigkeit der enzymatisch katalysierten Reaktion ist insbesondere von einer hohen Substratkonzentration im Bereich des aktiven Zentrums, von einer optimalen Orbitalorientierung der reagierenden Moleküle sowie von der schnellen Konformationsänderung der Proteinkomponente und der Zerfallsgeschwindigkeit des EP-Komplexes abhängig. Bei gegebener Enzymmenge steigt die Reaktionsgeschwindigkeit mit steigender Substratkonzentration an (↗ *Michaelis-Menten-Kinetik*).

Mechanistisch kann die Enzymreaktion eine Kovalenzkatalyse oder eine allgemeine Säure-Base-Katalyse sein. Bei der *Kovalenzkatalyse* wird ein hochreaktives Intermediat aus Enzym und Substrat gebildet, z.B. Acylverbindungen der Serinenzyme oder Schiffsche Basen der Lysinenzyme (Transaldolase, D-Aminosäure-Oxidase). Die Katalyse wird durch den Angriff einer nucleophilen Gruppe des E. (Imidazol des Histidins, OH-Gruppe des Serins, SH-Gruppe des Cysteins) auf ein elektrophiles C-Atom des Substrats eingeleitet. Ein Beispiel für die Kovalenzkatalyse ist die Spaltung spezifischer Peptidbindungen durch das Serinenzym Chymotrypsin (Abb.). Im aktiven Zentrum des Enzyms sind die Aminosäurereste Serin[195], Histidin[57] und Asparaginsäure[102] an der Katalyse beteiligt. Das Asparaginsäureanion übernimmt die Funktion einer Cobase, das Histidin die der allgemeinen Base und das Serin die des Nucleophils. Das beim nucleophilen Angriff des Serins auf die Carbonylgruppe der Peptidbindung intermediär gebildete Acylenzym wird unter Mitwirkung von Wasser hydrolysiert. Bei der *allgemeinen Säure-Base-Katalyse* ermöglichen E. chem. Reaktionen im neutralen pH-Bereich. Es werden solche Reaktionen beschleunigt, die ohne Katalysator hohe OH^-- oder H^+-Konzentrationen erfordern würden. Die Katalyse wird hier durch Protonendonor oder Protonenakzeptorgruppen des aktiven Zentrums bewirkt, z.B. durch die COOH-(COO$^-$)-Gruppe von Asparaginsäure, die NH$_3^+$-(NH$_2$-)-Gruppe von Lysin oder die C_6H_5OH-($C_6H_5O^-$)-Gruppe des Tyrosins.

Enzymhemmung. Generell kann die Wirkung von E. durch Effektoren beeinflusst werden. Aktivatoren erhöhen die Enzymaktivität z.B. durch spezifische Bindung inaktivierender Metallionen oder durch Erhöhung der Zerfallsgeschwindigkeit des Enzym-Substrat-Komplexes. *Inhibitoren* bewirken eine im Allgemeinen reversible Hemmung, wobei man eine kompetitive und eine nichtkompe-

titive Hemmung unterscheidet. Zu einer *kompetitiven Hemmung* kommt es, wenn natürliches Substrat und diesem in der Struktur ähnliche Verbindungen (Inhibitoren, Antimetabolite) um dieselbe Bindungsstelle am Enzym konkurrieren und das betreffende E. keine absolute Substratspezifität aufweist. So wird z.B. Succinat-Dehydrogenase, die die Umsetzung von Bernsteinsäure als natürliches Substrat katalysiert, durch die um eine CH_2-Gruppe ärmere Malonsäure gehemmt. Die kompetitive Hemmung kann grundsätzlich durch Erhöhung der Substratkonzentration zurückgedrängt oder aufgehoben werden. Bei der *nichtkompetitiven Hemmung* ist eine strukturelle Verwandtschaft des Inhibitors zum Substrat nicht erforderlich. Die hemmende Wirkung ist von der Inhibitorkonzentration abhängig und beruht auf der reversiblen Wechselwirkung des Inhibitormoleküls mit funktionellen Enzymgruppen, die für die Ausbildung der katalytisch wirksamen Proteinkonformation verantwortlich sind. So werden z.B. E., die eine essenzielle SH-Gruppe enthalten, nichtkompetitiv durch Schwermetall-Ionen gehemmt. Andererseits wirken Chelatbildner, z.B. EDTA, als nichtkompetitive Inhibitoren, indem sie für die Enzymwirkung essenzielle Metall-Ionen binden. Natürliche Inhibitoren spielen eine wichtige Rolle für

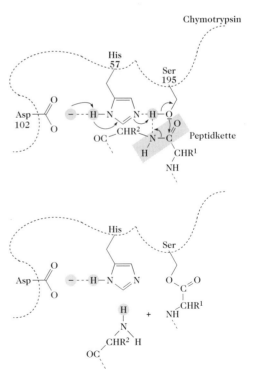

Enzyme. Vereinfachte Darstellung der Spaltung einer Peptidbindung durch Chymotrypsin. R^1 und R^2 bedeuten Seitenketten der Aminosäuren 1 und 2.

die Regulation der Aktivität von E. in der lebenden Zelle.

Enzymeinheiten. Zur Bestimmung der *Enzymaktivität* wird in der durch eine bestimmte Enzymmenge katalysierten Reaktion die zeitliche Abnahme des Substrats oder die Zunahme des Substrats oder die Zunahme des Reaktionsprodukts meist spektroskopisch ermittelt.

Nach Festlegungen der Internationalen Enzymkommission der IUPAC ist eine *Enzymeinheit* (1 U) die Menge an E., die unter Standardbedingungen die Umwandlung von 1 µmol Substrat pro Minute katalysiert. Als neue Internationale Einheit wurde 1972 die katalytische Einheit *Katal*, Einheitenzeichen kat, eingeführt. 1 kat ist die Menge an Enzymaktivität, die 1 mol Substrat pro Sekunde umsetzt. Als Untereinheiten wurden das Mikrokatal (µkat), Nanokatal (nkat) und Picokatal (pkat) zugelassen. Für die Umrechnung zwischen den Einheiten gilt: $1\,kat = 6 \cdot 10^7\,U$ bzw. $1\,U = 16{,}67\,nkat$.

Die durch ein Enzymmolekül oder durch ein aktives Zentrum je Minute umgesetzte Anzahl an Substratmolekülen wird als *molare Aktivität* (früher *Wechselzahl*) bezeichnet. Mit dem Umsatz von 36 Millionen Substratmolekülen je Minute zeigt das E. Carboanhydrase C eine besonders hohe Aktivität.

Gewinnung. E. können aus Tieren, Pflanzen oder Mikroorganismen gewonnen werden. Zur Isolierung aus tierischem Gewebe werden meist nur bestimmte Organe, z.B. Bauchspeicheldrüsen oder Nieren, aufgearbeitet. Nach Homogenisierung des Materials werden die E. direkt mit geeigneten Pufferlösungen extrahiert oder zunächst bei tiefen Temperaturen

mit einem organischen Lösungsmittel, z.B. Aceton, zu einem Trockenpulver verarbeitet. Pflanzliche E., z.B. Papain, werden aus den Presssäften isoliert, die man aus dem mechanisch zerkleinerten Pflanzenmaterial erhält. Die Konzentrierung und Feinreinigung der E. erfolgt durch Fällungs- und Adsorptionsverfahren sowie durch Ultrafiltration.

Für die technische Gewinnung von E. hat die Fermentation mit Mikroorganismen und Mutanten überragende Bedeutung erlangt. Die Produktion erfolgt diskontinuierlich in Fermentern bis 100.000 l Inhalt, die Fermentationsdauer beträgt 50–150 h. Die Isolierung ist einfach, wenn die E. extrazellulär in das Kulturfiltrat ausgeschieden werden, z.B. bei den im Maßstab von 500 t/a produzierten bakteriellen Proteasen und Amylasen. Die meisten E. sind aber intrazellulär lokalisiert, so dass zunächst die meist stabile Zellwand der Mikroorganismen mechanisch zerstört werden muss, z.B. im Hochdruckhomogenisator oder in Rührwerkskugelmühlen.

Bedeutung und Verwendung. Die Vorzüge der Enzymkatalyse, unter milden Bedingungen nebenproduktfreie Reaktionen mit hoher Ausbeute zu ermöglichen, werden in zunehmendem Maße in der Praxis genutzt. Technische Einsatzgebiete sind vor allem die Waschmittel-, Lebensmittel-, Getränke- und Pharmaindustrie (Tab. 2). Ein bedeutender Fortschritt in der Enzymtechnik wurde durch die Immobilisierung von E. erreicht (↗ *immobilisierte Enzyme*).

Eine Alternative zu diesen trägerfixierten E. ist der Einsatz von Enzym-Membran-Reaktoren in der Biotechnologie.

Enzyme. Tab. 2. Eine Auswahl technischer und medizinischer Verwendungen von Enzymen.

Enzym	Reaktion	Verwendung
Glucose-Oxidase aus Aspergillus niger oder *Penicillium*	Glucose $\xrightarrow{O_2}$ Gluconolacton	Konservierung von Nahrungsmitteln und Getränken durch Entfernung von O_2. Verhinderung von Braunfärbung (z.B. von Trockenvollei) durch Entfernung von Glucose.
Katalase aus Mikroorganismen	$2\,H_2O_2 \rightarrow 2\,H_2O + O_2$	Nahrungsmittelkonservierung, zusammen mit Glucose-Oxidase Enfernen von überschüssigem H_2O_2 bei der Milchkonservierung durch Behandlung mit H_2O_2.
Glucose-Isomerase aus Hefe und anderen Mikroorganismen	Glucose $\rightleftarrows$ Fructose	Fructoseproduktion zur Erhöhung der Süße von Getränken ohne Kohlenhydrate zuzusetzen. Fructoseherstellung als Zusatzstoff für Papier, um dessen Plastizität zu erhöhen.
Invertase (β-Fructosidase) aus Hefe und *Aspergillus*	Saccharose (S.) $\rightarrow$ Glucose + Fructose Invertzucker (I.)	I. ist süßer und leichter verdaulich als S. und wird in künstlichem Honig, Eiscreme, Schokoladencremes, usw. verwendet.
Lactase (β-Galactosidase)	Lactose $\rightarrow$ Galactose + Glucose	Herstellung von Milchprodukten für Erwachsene, denen dieses Enzym fehlt.

Enzyme. Tab. 2. Eine Auswahl technischer und medizinischer Verwendungen von Enzymen.

Enzym	Reaktion	Verwendung
„Naringase"	Naringin → Naringenin + Kohlenhydrate	Entfernung des bitteren Geschmacks aus Grapefruitsaft. Naringenin ist weniger bitter als Naringin.
Lipase aus dem Pankreas von *Rhizopus nigricans*	Triacylglycerin → Glycerin + Fettsäuren	Isolierung labiler Fettsäuren, Verbesserung des Käsearomas, Kakaoverarbeitung, Verdauungshilfsmittel.
L-Aminosäure-Acylase aus der Niere	DL-Acylaminosäure → L-Aminosäure + D-Acylaminosäure	Herstellung essenzieller Aminosäuren für die tierische und menschliche Ernährung.
Penicillin-Amidase aus Mikroorganismen	Penicillin G → 6-Aminopenicillansäure (6AP)	6AP ist die Ausgangsverbindung für halbsynthetisches Penicillin.
α-Amylase (Endoamylase aus Pankreas, Bakterien und *Aspergillus*)	Hydrolyse von α-1,4-Glucanen (z.B. Stärke, Amylose, Amylopektin) zu Dextrinen und Maltose	Verdauungs- und Backhilfsmittel; Spaltung von Stärke in Getränken; Herstellung von Stärkekleistern und nichtsüßendem Sirup; zur Stärkeentfernung in der Textilindustrie.
α-Amylase + Glucoamylase	Entfernung von Glucose vom nichtreduzierenden Ende von Produkten der Amylasewirkung	Herstellung von Glucose aus Stärke in hoher Ausbeute und mit hoher Reinheit.
Cellulase aus *Aspergillus niger* und *Stachybotrysatra*	Hydrolyse von Cellulose zu Cellobiose	Hilfsmittel zur Extraktion pharmazeutisch aktiver Grundbestandteile; Entfernung von Cellulose aus Nahrungsmitteln für spezielle Diäten; Weichmachen von Baumwolle.
Pektin-Esterase aus *Aspergillus niger*	Pektinmethylester → Pektinsäure + CH_3OH	Entfernung von Pektinhüllen von Pflanzenfasern; Beseitigung von Trübungen in Fruchtsäften und Bier; Herstellung von Fruchtsäften und Pürees.
Lysozym aus Mikroorganismen	Hydrolyse von Murein der Bakterienzellwände	Entfernung von Bakterien aus Kuhmilch für Kinderrezepturen.
Proteasen (Trypsin, Pepsin, Elastase, Papain, usw.)	Hydrolyse von Peptidbindungen	Verdauungshilfe; Entfernung von nekrotischem Gewebe; Aknebehandlung; Fleischzartmacher; Zubereitung spezieller Diäten und Peptonmedien für Mikroorganismen; Entfernung von Proteinen aus Kohlenhydraten und Fetten; Verhinderung der Trübung von Bier; Waschmittelzusatz; Ledergerbung.
Rennet aus Kalbsmagen und ähnliche Enzyme aus Mikroorganismen	Hydrolyse von Phe-Met-Bindungen in κ-Casein.	Käseherstellung.
Streptokinase aus Streptococcen	Plasminogen → Plasmin	Entfernung von Blutgerinnseln (Fibrinolyse).

In der Medizin dienen Bestimmungen der E. im Serum oder im Harn zur differenziellen Diagnose und Therapiekontrolle zahlreicher Erkrankungen, z.B. Herzinfarkt, Hepatitis, Pankreatitis. Bestimmte E. werden zur Substitutionstherapie bei Störungen der Verdauung, Blutgerinnung und Fibrinolyse sowie zur Behandlung von Verbrennungen, Wunden, Transplantaten, Herz-, Kreislauf- und Krebserkrankungen zugeführt.

Von Bedeutung sind *Enzymimmunoassays*, die E. als „Marker" für immunologische Reaktionspartner verwenden und eine schnelle Konzentrationsbestimmung von Hormonen, Immunglobulinen, Antigenen, Drogen u.a. ermöglichen. ↗ *Enzymelektroden* dienen zur Erfassung von Messgrößen elektrochem. Prozesskontrollen. Am bekanntesten sind Glucose-sensitive Elektroden mit immobilisierter Glucose-Oxidase als E. Gemessen wird hier die Abnahme der Sauerstoff- oder die Zunahme der Wasserstoffperoxidkonzentration. Durch Kopplung der Glucose-Oxidase mit entsprechenden Hydrolasen erhält man Enzymelektroden, die zur schnellen

Bestimmung glucosehaltiger Oligosaccharide verwendet werden. *Enzymthermistoren* nutzen die bei enzymkatalysierten chem. Umsetzungen auftretende Reaktionswärme als Messsignal.

Die Anwendung von E. und gentechnisch hergestellten Mutanten wird in Zukunft sowohl auf dem Sektor der Analytik als auch auf dem Gebiet der Enzymtechnik (Biotransformationen) an Umfang zunehmen. Das gilt auch für den Einsatz von ↗ *katalytischen Antikörpern* sowie auch von künstlichen, proteinfreien E., den Synzymen, (↗ *künstliche Enzyme*) bei denen eine zum Teil beträchtliche katalytische Aktivität durch den Einbau „enzymspezifischer" Strukturelemente in synthetische Makromoleküle erreicht wird.

Enzymeinheiten, ↗ *Enzyme (Enzymeinheiten)*.

Enzymelektroden, die am häufigsten in der Literatur beschriebenen und kommerziell angebotenen ↗ *Biosensoren*, bei denen ↗ *immobilisierte Enzyme* als Rezeptor wirken und ein elektrochemisches Messsystem als Transduktor fungiert. Die eingesetzten Enzyme liefern durch Bildung oder Abbau elektrodenaktiver Produkte bzw. Substrate ein direktes und ausreichend sensitives chemisches Signal, das vom Transduktor in ein elektrisches Signal umgewandelt wird. In vielen Fällen gewährleisten Coenzyme [z.B. NAD(P)$^+$ bei Oxidoreduktasen] über Redoxmediatoren die Verknüpfung mit elektrochemischen oder optischen Sensorelementen. Neben Einzelenzymen (und Mikroorganismen) können auch mehrere in einer Membran (z.B. Kollagen) coimmobilisierte Enzyme eingesetzt werden. Beim Saccharose-Sensor sind es die Invertase, Mutarotase und Glucose-Oxidase:

$$\text{Saccharose} + H_2O \xrightarrow{\text{Invertase}} \alpha\text{-}D\text{-}\text{Glucose} + D\text{-}\text{Fructose}$$

$$\alpha\text{-}D\text{-}\text{Glucose} \xrightarrow{\text{Mutarotase}} \beta\text{-}D\text{-}\text{Glucose}$$

$$\beta\text{-}D\text{-}\text{Glucose} + O_2 + H_2O \xrightarrow{\text{Glucoseoxidase}} D\text{-}\text{Glucose-}\delta\text{-}\text{lacton} + H_2O_2.$$

Neben Faktoren, die die Enzymaktivität beeinflussen können (Aktivatoren, Inhibitoren u.a.), hängt die Empfindlichkeit des Sensors auch von der Art des Transduktors ab. Die Nachweisgrenze einfacher amperometrischer Elektroden liegt bei etwa 100 nmol/l, bei potentiometrischen bei ca. 100 µmol/l.

E. finden breite Anwendung in der klinisch-chemischen Laboratoriumsdiagnostik (z.B. Bestimmung von Glucose) und biotechnologischen Industrie (z.B. E. für Saccharose, Ethanol).

enzymgebundener Immunsorbentassay, ↗ *ELISA*.

Enzymgraph, *Enzymnetzwerk*, eine spezielle Darstellungsform des stöchiometrischen Modells, bei dem enzymatische Reaktionen in Gestalt eines Netzwerks veranschaulicht werden. Knotenpunkte

dieses Netzwerks sind die ↗ *Enzymspezies*, die durch Pfeile in Reaktionsrichtung mit angeschriebenen Reaktionsgeschwindigkeitskonstanten, den gerichteten bewerteten Kanten, verbunden werden. Aus Enzymgraphen lassen sich unter Verwendung von Beziehungen der Graphen- und Netzwerktheorie in relativ einfacher Weise die zugehörigen Geschwindigkeitsgleichungen ablesen. Die Abb. zeigt ein Beispiel eines Enzymgraphen für ein Enzym mit zwei aktiven Zentren, dabei sind E die Enzymspezies, die mit keinem (E_0), mit einem (E_1) oder mit zwei (E_2) Substratmolekülen einen Komplex, den Michaelis-Menten-Komplex, bilden.

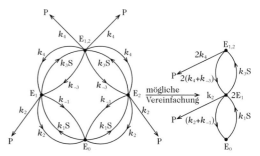

Enzymgraph. Enzymgraph für ein Enzym mit zwei aktiven Zentren. E_i sind die Enzymspezies; P ist das Produkt; S ist das Substrat.

Enzymimmunassay, ↗ *EIA*.

Enzym-Immunnachweis-Assay, *EIDA* (engl. *enzyme immunodetection assay*), ↗ *rekombinante DNA-Technik*.

Enzyminduktion, Auslösung der Synthese von Enzymen durch einen Induktor. In Bakterien wird die Synthese zahlreicher kataboler Enzyme durch das jeweilige Substrat induziert. Das am besten untersuchte Beispiel ist die Induktion der Enzyme des *lac*-Operons in *Escherichia coli* durch das Substrat Lactose (Abb.; der eigentliche Induktor ist die Allolactose, die in kleinen Mengen durch Umlagerung der Lactose gebildet wird). Das Regulatorgen R codiert für einen spezifischen Repressor, der sich bei Fehlen eines Induktors an den dazugehörigen Operator O anlagert und die Transcription der Strukturgene z, y und a blockiert (negative Kontrolle); es findet keine mRNA- und damit keine Enzymsynthese statt. Werden die Bakterien jedoch in ein lactosehaltiges Medium gebracht, dann blockiert der Induktor die Bindung des Repressors an den Operator. Auf diese Weise wird die Transcription aller Strukturgene und damit die Synthese der lactoseabbauenden Enzyme ermöglicht. In Zellen, die auf Lactose wachsen, ist deshalb die Zahl der β-Galactosidasemoleküle etwa 1.000mal höher als in nichtinduzierten Zellen. Die Gegenwart von Glucose verhindert die Induktion der β-Galactosidase durch Lactose. Dies ist auf die ↗ *Katabolitrepression* zurückzuführen.

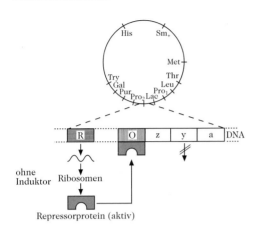

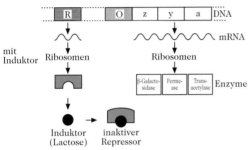

Enzyminduktion. Induktion des *lac*-Operons. Der Kreis stellt das Chromosom von *Escherichia coli* dar, auf dem die Lactoseregion und einige andere genetische Bereiche eingetragen sind.

Auch in höheren Organismen kann die E. durch Effektoren wie Hormone (z.B. Dopa-Decarboxylase durch Ecdyson in Insekten), oder durch das Substrat (z.B. die Nitrat-Reduktase durch Nitrat in höheren Pflanzen) induziert werden. Der Mechanismus dieser E. ist bisher noch nicht in allen Einzelheiten geklärt. ↗ *Genaktivierung*.

Enzyminterkonversion, ↗ *kovalente Enzymmodifizierung*.

Enzymisomerisierung, reversible Änderungen der Enzymkonformation im Verlauf eines katalytischen Zyklus. ↗ *enzymkinetische Parameter*.

Enzymkinetik, mathematische Behandlung enzymkatalysierter Reaktionen. Aus kinetischen Experimenten und durch Auswertung der erhaltenen Daten (↗ *kinetische Datenauswertung*) erhält man eine Fülle an Informationen über Reaktionsmechanismen. Ein kinetisches Experiment besteht darin, unter kontrollierten Bedingungen für Temperatur, pH-Wert, Substrat- und Enzymkonzentration, Pufferzusammensetzung, usw. die Geschwindigkeit zu messen, mit der das Substrat verschwindet oder das Produkt erscheint. Die ein-

fachste graphische Darstellung der Daten ist eine Zeit-Umsatz-Kurve, ein Diagramm, in dem $\Delta[S]$ gegen die Zeit aufgetragen wird (wobei $[S]$ die Konzentration des Substrats ist). Das allgemeine Interesse gilt der Momentgeschwindigkeit $v = d[S]/dt$ (Geschwindigkeitsgesetz), deren Bestimmung aus der Zeit-Umsatz-Kurve schwierig sein kann. Für diesen Fall kann ein integriertes Geschwindigkeitsgesetz oder der zeitliche Verlauf der Produktbildung nützlich sein. Die Aktivität eines Enzyms entspricht der Substrat- bzw. Produktmenge, die in einer gegebenen Zeit verbraucht bzw. gebildet wird. Das Nomenklatur-Kommitee der *International Union of Biochemistry* empfahl 1961 als Bezugsgröße die Verwendung der *Enzymeinheit* (U, Unit). 1 U ist die Menge eines Enzyms, die benötigt wird, um 1 Mikromol eines Substrats in einer Minute unter Standardbedingungen umzusetzen (↗ *Enzyme*).

↗ *Einsubstrat-Enzyme* zeigen eine Kinetik erster Ordnung. Die Geschwindigkeitsgleichung einer solchen unimolekularen oder pseudounimolekularen Reaktion lautet $v = -d[S]/dt = k[S]$. Die Reaktion wird durch die Halbwertszeit $t_{1/2} = \ln2/k = 0,693/k$ charakterisiert, wobei k die Geschwindigkeitskonstante erster Ordnung ist. Die Relaxationszeit τ, d.h. die Zeit, die verstreicht, bis $[S]$ auf $1/e$ des anfänglichen Werts gefallen ist, ist gegeben durch $\tau = 1/k = t_{1/2}/\ln2$.

Wenn an der Reaktion mehr als ein Substrat beteiligt ist (↗ *Multisubstrat-Enzyme*), liegt eine Kinetik zweiter Ordnung (oder pseudozweiter Ordnung, ↗ *Clelandsche Kurznotation*) vor. Eine Reaktion zweiter Ordnung wird durch die Gleichung

$$A + B \xrightarrow{\ k_2\ } P$$

wiedergegeben, mit k_2 als bimolekularer Geschwindigkeitskonstante und $v = k_2[A][B]$. Alle chemischen Reaktionen sind reversibel und erreichen eventuell einen Gleichgewichtszustand, in dem die Geschwindigkeiten der Hin- und Rückreaktionen gleich sind.

Die Gleichung einer reversiblen Reaktion ist gegeben durch

$$A + B \underset{k_2}{\overset{k_1}{\rightleftarrows}} P$$

wobei k_1 bzw. k_2 die Geschwindigkeitskonstanten der Hin- bzw. Rückreaktion sind. Die Gleichgewichtskonstante ist $K = [P]/[A][B] = k_1/k_2$.

Die Michaelis-Menten-Behandlung der Enzymkinetik setzt voraus, dass sich das Substrat und das Enzym vorübergehend zu einem Enzym-Substrat-Komplex verbinden, der entweder in das Substrat oder das Produkt zerfallen kann: $E + S \rightleftarrows ES \rightleftarrows E + P$. Für einen kurzen Zeitraum kann angenommen werden, dass die Geschwindigkeit, mit der sich

[ES] ändert, klein ist verglichen mit der Änderung von [S] (Fließgleichgewichtsnäherung, *steady state approximation*), da die Geschwindigkeit der Bildung und des Zerfalls des ES-Komplexes gleich groß sind. Daraus ergibt sich, dass

$$[E][S] = \frac{(k_2 + k_2)}{k_1}[ES] = K_m[ES],$$

wobei K_m die *Michaelis-Konstante* ist. Die Michaelis-Menten-Gleichung der Anfangsreaktionsgeschwindigkeit (wenn [P] = 0) lautet

$$v = \frac{V_{max}}{1 + K_m/[S]} = \frac{V_{max}[S]}{K_m + [S]}.$$

Die Größen K_m und V_{max} werden als kinetische Parameter eines Enzyms bezeichnet (↗ *enzymkinetische Parameter*). Eine graphische Darstellung der Anfangsreaktionsgeschwindigkeit in Abhängigkeit von der Substratkonzentration verläuft nichtlinear (Abb.). Deshalb ist es schwierig, aus dieser die kinetischen Parameter zu bestimmen (außer durch Computeranalyse).

Bei den bisherigen Betrachtungen wurde vorausgesetzt, dass die Rückreaktion vernachlässigt werden kann. Die Reaktionen, die von vielen Enzymen katalysiert werden, sind im wesentlichen irreversibel oder die Produkte sind sofort Gegenstand weiterer Reaktionen, so dass die Annahme der Irreversibilität Gültigkeit hat. Wenn die Reaktion jedoch reversibel ist, muss die Michaelis-Gleichung modifiziert werden. Haldane schlug eine Notation vor, in der V_H und V_R die Maximalgeschwindigkeiten der Hin- und Rückreaktionen sind und K_mS und K_mP die

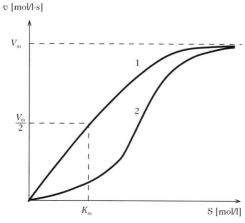

Enzymkinetik. Graphische Darstellung der Anfangsreaktionsgeschwindigkeit in Abhängigkeit von der Substratkonzentration, die gelegentlich auch Enzymkennlinie genannt wird. 1 = Michaelis-Menten-Hyperbel. 2 = sigmoide Kurve kooperativer Enzyme. Zu linearen Transformationen ↗ *kinetische Datenauswertung*.

Michaelis-Konstanten von Substrat und Produkt. Damit ergibt sich für ein System mit einem einzigen Substrat und einem einzigen Produkt die Haldane-Beziehung $K = V_f K_m P / V_r K_m S$.

↗ *Multisubstrat-Enzyme* katalysieren die Reaktionen von zwei oder mehr Substraten. Solche Enzyme können eine Reihe von verschiedenen Komplexen (Enzymspezies) mit einem oder beiden Substraten und/oder Produkten bilden. Die Reihenfolge, mit der diese Spezies gebildet werden, kann zufällig oder geordnet sein. Die ↗ *Clelandsche Kurznotation* bietet einen geeigneten Weg, diese Möglichkeiten darzustellen. Die Kinetik dieser Reaktionen wird extrem kompliziert. Die Gesamtheit der Reaktionen kann in Form von Enzymnetzwerken (↗ *Enzymgraphen*) aufgezeigt werden. Zur Auswertung der kinetischen Daten eines solchen Systems wird ein Computer benötigt. Die Informationen, die mit Fließgleichgewichtsexperimenten gewonnen werden, reichen jedoch nicht aus. Es müssen schnelle Messmethoden eingesetzt werden, die es ermöglichen, Reaktionsmechanismen vor Einstellung des Fließgleichgewichts (*pre-steady-state*) untersuchen zu können, wie z.B. Stopped-Flow-, Temperatursprung- und Blitzlicht-Methoden (*Relaxationsmethoden*).

enzymkinetische Parameter, Enzymparameter, die Parameter von Enzymgeschwindigkeitsgleichungen, die konstant bleiben, wenn Temperatur, Druck, pH-Wert und Pufferzusammensetzung konstant sind. Sie werden von den Geschwindigkeitskonstanten der Geschwindigkeitsgleichungen abgeleitet und häufig dafür verwendet, die funktionellen Eigenschaften des Enzyms zu charakterisieren. Einige e. P. geben physikalische Sachverhalte wieder, z.B. ist K_i die Dissoziationskonstante des Enzym-Inhibitor-Komplexes, V_m die Maximalgeschwindigkeit bei Substratsättigung, K_S (Substratkonstante) die Substratkonzentration bei Halbsättigung und K_m (Michaelis-Konstante) die Substratkonzentration, die der Halbmaximalgeschwindigkeit entspricht.

Enzymmodifizierung, ↗ *kovalente Enzymmodifizierung.*

Enzymmodulation, ↗ *kovalente Enzymmodifizierung.*

Enzymnetzwerk, ↗ *Enzymgraph.*

Enzymparameter, ↗ *enzymkinetische Parameter.*

Enzymreaktor, ein Reaktor für den Einsatz gelöster, an Träger fixierter oder in Polymerstrukturen bzw. Membranen eingeschlossener Enzyme für biochemische Stoffumwandlungen (↗ *immobilisierte Enzyme*). Während für gelöste Enzyme Rührkessel- und Rohrreaktoren oder zum Zwecke der Enzymrückhaltung und kontinuierlichen Prozessführung Membranreaktoren zum Einsatz gelangen, wurden für trägerfixierte oder eingekapselte Enzyme verschiedene Spezialkonstruktionen entwickelt (z. B. Festbettreaktoren). Die Auswahl des geeigneten E. erfolgt insbesondere unter dem Gesichtspunkt der Kinetik, des erforderlichen Umsatzes, der rheologischen Eigenschaften der Substratlösung und des Grads der Verunreinigung des Substrats. E. sind gegenüber den ↗ *Bioreaktoren* für Mikroorganismen meist sehr viel kleiner, in der Konstruktion einfacher und damit billiger.

Enzymrepression, Blockierung der Synthese von anabolen Enzymen einer Reaktionskette durch das Endprodukt der betreffenden Biosynthesekette. Dieser Regulationstyp ist bei Prokaryonten z. B. für die Operons der Enzyme, die verschiedene Aminosäuren synthetisieren, nachgewiesen. Liegt das Endprodukt, die Aminosäure, im Überschuss vor, wird die Synthese aller Enzyme des betreffenden Operons eingestellt. Wird das Endprodukt entzogen, erfolgt eine ↗ *Derepression*. ↗ *Attenuation*.

Den Mechanismus der E. zeigt schematisch die Abb.: Im aktiven System ist der vom Regulatorgen R codierte Repressor inaktiv (Aporepressor), der Operator O kann nicht verschlossen werden. Dadurch ist die Transcription der Strukturgene S des betreffenden Operons möglich, und die Enzyme E werden synthetisiert. Häuft sich das Endprodukt der Synthesekette (z. B. die Aminosäure) an, so verbindet es sich als Corepressor mit dem Repressorprotein. Der Operator wird blockiert, so dass die weitere Enzymsynthese eingestellt wird. ↗ *Genaktivierung*.

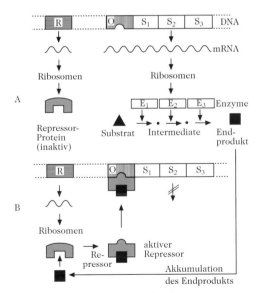

Enzymrepression. Repression der Enzymsynthese. A = aktives System, B = reprimiertes System.

Enzymspezies, Intermediate, alle kovalenten und nichtkovalenten Verbindungen zwischen Enzymen und Substraten (Enzym-Substrat-Komplexe) und/ oder Produkten bzw. Effektoren. Die Bezeichnung wird auch für alle verschiedenen Konformationen eines Enzyms verwendet, die während der Katalyse vorkommen (↗ *Enzymisomerisierung*). Die E. sind mit den Messmethoden der Stationärenzymkinetik (↗ *Enzymkinetik*) nicht direkt messbar. Ihre Stationärkonzentrationen werden aus den kinetischen Gleichungen für festgelegte Werte der Konzentrationsvariablen bestimmt. Die E. können im Prinzip mit den Methoden der Prästationärenzymkinetik der Messung zugänglich gemacht werden.

Enzymtechnik, eine der Basistechniken der modernen Biotechnologie, bei der Enzyme als Katalysatoren, insbesondere in der chemischen, pharmazeutischen und Lebensmittelindustrie, eingesetzt werden (↗ *industrielle Enzyme*). Die E. nutzt die Vorteile der Enzymkatalyse, unter milden Bedingungen (Temperatur, Druck, Acidität) nebenproduktfreie Reaktionen mit hoher Spezifität und Ausbeute durchzuführen. Ein bedeutender Fortschritt in der E. wurde durch den Einsatz ↗ *immobilisierter Enzyme* erreicht. Durch diese Methode der Enzymfixierung werden die Stabilität des Enzyms und die Parameter, die sein Wirkungsoptimum bestimmen (pH-, Temperatur-, Viskositätsoptimum), die Widerstandsfähigkeit gegenüber bakterieller Zersetzung, der Zutritt des Substrats zum Enzym, die Empfindlichkeit gegenüber Enzyminhibitoren, beeinflusst. Vorteilhaft und immer häufiger angewendet wird die Fixierung der Enzyme in einer speziellen Netzmatrix des Polymers, die Kopplung an geeignete semipermeable Membranen sowie die Enzymbindung an Polymerfasern (↗ *Enzymreaktor*). Einen besonderen Platz bei der Enzymfixierung nimmt die Mikroeinkapselung ein, d. h. die Bindung der Enzyme in einer speziellen semipermeablen Matrix eines Polymergemisches. Methoden der Coimmobilisierung und Cofaktor-Regenerierung tragen zur Erweiterung des Applikationsspektrums bei.

Umfangreich ist der Anwendungsbereich von Enzymen in der analytischen Chemie und klinisch-chemischen Laboratoriumsdiagnostik (z. B. ↗ *Enzymelektroden*, Enzymimmunoassays).

Die gegenwärtigen Arbeiten haben folgende Ziele: 1) Entwicklung neuer Einkapselungstechniken (z. B. Einsatz von Multienzymkomplexen), 2) Konstruktion neuer Typen von Enzym- bzw. Bioreaktoren, 3) selektive Erhöhung der Biosynthese des entsprechenden Enzyms in den Zellen durch Einsatz der Gentechnik, 4) Weiterentwicklung des „enzyme engineering" (↗ *Protein-Design*).

Ephedrin, ↗ *Antidepressiva*.

epidermaler Wachstumsfaktor, Syn. für ↗ *Epidermis-Wachstumsfaktor*.

Epidermin, ein zum Typ der ⟋ *Lantibiotika* gehörendes tetrazyklisches 21 AS-Peptidamid. Es wirkt gegen *Propionibacterium acne* und findet Anwendung gegen Akne und Ekzeme. [H. Allgaier et. al. *Angew. Chem.* **97** (1985) 1.051; *Eur. J. Biochem.* **160** (1986) 9]

Epidermis-Wachstumsfaktor, *EGF*, (engl. *epidermal growth factor*), *epidermaler Wachstumsfaktor*, *β-Urogastron*, *Urogastron*, E¹SYPGCPS-SY¹⁰DGYCLNGGVC²⁰MHIESLDSYT³⁰-CNCVIGYSG D⁴⁰-RCQTRDLRW-W⁵⁰ELR (Disulfidbrücken: Cys⁶-Cys²⁰, Cys¹⁴-Cys³¹, Cys³³-Cys⁴²), ein in verschiedenen Geweben anzutreffender Polypeptidwachstumsfaktor. EGF ist aus 53 Aminosäuren aufgebaut und enthält drei intrachenare Disulfidbrücken (M_r 6 kDa). Er stimuliert das Wachstum verschiedener Zelltypen, insbesondere die Proliferation und Keratinisierung des epidermalen Gewebes. Dem EGF entspricht das aus Harn isolierte *Urogastron*, das die Säureproduktion des Magens hemmt. EGF wird biosynthetisch aus dem *Prä-Pro-EGF* (1.168 AS) gebildet. Die Wirkungsvermittlung erfolgt über den *EGF-Rezeptor*, ein membranständiges Glycoprotein (M_r 170 kDa) mit 1.186 Aminosäurebausteinen. An den EGF-Rezeptor binden auch EGF-ähnliche Polypeptide (⟋ *transformierender Wachstumsfaktor* und ⟋ *Vacciniavirus-Wachstumsfaktor*). Der Rezeptor besitzt Ähnlichkeit mit den Rezeptoren für PDGF und für den koloniestimulierenden Faktor 1. Einen verstümmelten EGF-Rezeptor ohne extrazelluläre Domäne findet man im Genprodukt des viralen Krebsgens (Onkogens) v-*erbB* (aus dem Vogel-Erythroblastose-Virus), in dem die Tyrosin-Kinase-Aktivität ständig aktiviert bleibt, und aufgrund der nicht mehr vorhandenen Steuerungskontrolle zur Krebsbildung führt. Die Proto-Onkogene c-*fos* und c-*jun* werden durch EGF induziert.

Epimere, ⟋ *Kohlenhydrate*.

Epinephrin, ⟋ *Adrenalin*.

Episom, ⟋ *Plasmid*.

Epithelkörperchen, ⟋ *Parathyreoidea*.

Epithelschutzvitamin, ⟋ *Vitamin A*.

Epitop, *antigene Determinante*, die spezifische Region eines Antigens, die mit dem antigenbindenden Teil eines Antikörpers, ⟋ *Paratop* genannt, oder mit einem T-Zell-Rezeptor in Wechselwirkung tritt.

Epitop-Markierungssequenz, *Epitop-tag-Sequenz*, eine im Vektor eines Plasmids enthaltene Sequenz, die den Expressionsnachweis mittels biochemischer Methoden erleichtert. Antikörper gegen verschiedene E. sind kommerziell zugänglich.

Epitop-tag-Sequenz, ⟋ *Epitop-Markierungssequenz*.

EPO, Abk. für ⟋ *Erythropoietin*.

Epoetin, Syn. für ⟋ *Erythropoietin*.

2,3-Epoxysqualen, ⟋ *Squalen*.

EPR-Spektroskopie, Abk. für elektronenparamagnetische Resonanzspektroskopie, ⟋ *Elektronenspinresonanzspektroskopie*.

Equilenin, *3-Hydroxyöstra-1,3,5(10),6,8-penta-en-17-on*, ein Östrogen. M_r 266,32 Da, F. 259 °C, $[\alpha]_D^{16}$ 87 ° (12,8 mg, auf 1,8 ml in Dioxan aufgefüllt). E. kommt zusammen mit ⟋ *Equilin* im Harn trächtiger Stuten vor. Es weist 1/25 der biologischen Aktivität von Östron auf und unterscheidet sich vom Equilin durch den aromatischen Ring B. E. wurde 1939 als erstes natürliches Steroid totalsynthetisch dargestellt.

Equilin, *3-Hydroxyöstra-1,3,5(10),7-tetraen-17-on* (Abb.), ein Östrogen. M_r 268,34 Da, F. 240 °C, $[\alpha]_D^{25}$ 308 ° (c = 2 in Dioxan). E. kommt zusammen mit ⟋ *Equilenin* im Harn trächtiger Stuten vor. Es weist 1/20 der biologischen Aktivität von Östron auf.

Equilin

Equol, ⟋ *Isoflavone*.

ER, Abk. für ⟋ *endoplasmatisches Reticulum*.

ERAB, Abk. für engl. *endoplasmatic reticulum associated binding protein*, ein aus 262 Aminosäuren aufgebautes Protein, das wahrscheinlich eine bedeutende Rolle im Mechanismus der Pathogenese der Alzheimerschen Krankheit spielt. ERAB wird zur Familie der Alkohol-Dehydrogenasen gezählt und ist auch am Steroidstoffwechsel beteiligt. Es wird in den Neuronen von Alzheimer-Patienten verstärkt exprimiert, insbesondere in der Umgebung von senilen Plaques. ERAB liegt mit dem endoplasmatischen Reticulum assoziiert vor, transloziert aber zusammen mit gebundenem Amyloid-β (⟋ *Amyloidprotein*) zur Plasmamembraninnenseite. [S.D. Yan et al. *Nature* **382** (1996) 685; **389** (1997) 689; K. Beyreuther u. C.L. Masters *Nature* **389** (1997) 677]

erbliche hepatorenale Dysfunktion, ⟋ *erbliche Tyrosinämie I*.

erbliche Tyrosinämie I, *Tyrosinose*, *erbliche hepatorenale Dysfunktion*, eine ⟋ *angeborene Stoffwechselstörung*, die durch einen Mangel an *Fumarylacetoacetase* (EC 3.7.1.2) verursacht wird (Abb.). Fumarylacetoacetat kann nicht auf normalem Weg metabolisiert werden (⟋ *Phenylalanin*), sondern wird akkumuliert und zu Succinylacetoacetat reduziert, das zu Succinylaceton decarboxyliert wird. Letzteres inhibiert die *4-Hydroxyphenylpyruvat:Sauerstoff-Oxidorkta-*

se (Hydroxylierung, Decarboxylierung; EC 1.13.11.27), wodurch Tyrosinämie (Methioninkonzentration im Blut oft erhöht) und erhöhte Konzentrationen an Tyrosin, 4-Hydrophenylpyruvat, 4-Hydroxyphenyllactat und 4-Hydroxyphenylacetat auftreten. Außerdem wird *Porphobilinogen-Synthase* (EC 4.2.1.24) inhibiert, mit der Folge, dass 5-Aminolävulinsäure in hohen Mengen ausgeschieden wird und Symptome akuter Leberporphyrie auftreten. Allgemeine klinische Symptome sind: Aminoazidurie, Glucosurie, Proteinurie und Hypokalemie, Hypoprothrombinämie und Gelbsucht. Gewöhnlich tritt bereits in früher Kindheit der Tod ein. Überlebende entwickeln Zirrhose und hepatorenale Dysfunktion, oft auch maligne Hepatome, Azidose und Vitamin-D-resistente Rachitis. [B. Lindblad et al. *Proc. Natl. Acad. Sci. USA* **74** (1977) 4.641–4.645]

erbliche Tyrosinämie II, *Tyrosinose II, Hypertyrosinämie II, Richner-Hanhart-Syndrom*, eine ↗ *angeborene Stoffwechselstörung*, verursacht durch einen Mangel an *cytosolischer Tyrosin-Aminotransferase* (EC 2.6.1.5). In Blut und Hirn-Rückenmarks-Flüssigkeit tritt Tyrosin in erhöhter Konzentration auf. In Harn liegen erhöhte Konzentrationen an Tyrosin, 4-Hydroxyphenylpyruvat, 4-Hydroxyphenyllactat und 4-Hydroxyphenylacetat vor. Folgen sind: leichte bis moderate geistige Entwicklungsverzögerung, Blasenbildung und Hyperkeratose auf Handflächen und Fußsohlen sowie Photophobie. Im Gegensatz zur erblichen ↗ *Tyrosinämie I* wird keine hepatorenale Dysfunktion beobachtet. Die Krankheit kann durch phenylalanin- und tyrosinarme Ernährung reguliert werden.

Erepsin, eine veraltete Bezeichnung für die Amino- und Dipeptidasen, die durch die Schleimhaut des Dünndarms sezerniert werden. Tripeptidasen sind im Erepsinkomplex nicht eingeschlossen, sind jedoch in der Schleimhaut selbst vorhanden.

Ergastoplasma, ↗ *endoplasmatisches Reticulum* (raues).

Ergocalciferol, *Vitamin D₂*, ein zur Vitamin-D-Gruppe zählendes Vitamin (↗ *Vitamin D*).

Ergochrome, *Secalonsäuren*, eine Gruppe schwach saurer hellgelber Naturfarbstoffe, denen als Grundgerüst ein dimeres 5-Hydroxychromanon zugrunde liegt (Abb.). Die E. sind optisch aktiv und wurden aus verschiedenen Pilz- und Flechtenarten isoliert. E. sind toxisch. Sie entstehen biogenetisch aus Acetat über das Anthrachinon Emodin durch dessen oxidative Ringöffnung. Das nach Menge und Verbreitung wichtigste E. ist die *Secalonsäure* A; weitere E. sind Secalonsäure B, C und D, *Ergoflavin*, *Ergochrysin* A und B sowie die *Ergochrome* AD, BD, CD und DD. Als Begleitpigmente treten im Mutterkornpilz zwei Anthrachinoncarbonsäuren auf, das orangerote *Endocrocin* und das rote *Clavorubin*, das am C5 eine zusätzliche Hydroxylgruppe enthält.

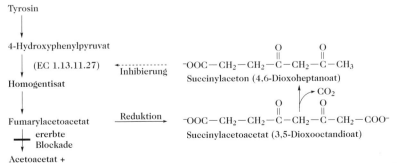

Ergochrome. Struktursystem der Ergochrome.

Ergochrysin, ↗ *Ergochrome*.
Ergoflavin, ↗ *Ergochrome*.
Ergolin-Alkaloide, ↗ *Mutterkorn-Alkaloide*.
Ergometrin, ↗ *Mutterkorn-Alkaloide*.
Ergosomen, ↗ *Polyribosomen*.
Ergostan, ↗ *Steroide*.
Ergosterin, *Provitamin D₂, Ergosta-5,7,22-trien-3β-ol*, das am weitesten verbreitete Mycosterin (Fungussterin). Bei den meisten Pilzen ist E. ein wichtiger Bestandteil der Zelle bzw. der Myzelium-membran. E. wird auch von einigen Protozoen (insbesondere *Trypanosomatidae* und Bodenamöben), *Chlorella* und den primitiven Tracheophyten *Lycopodium complanatum* synthetisiert. E. wird nicht von allen Pilzen hergestellt, z.B. kommt es bei *Pythium* und *Phytophthora*, die überhaupt keine Sterine synthetisieren, nicht vor. Bei einigen Pilzen, die E. produzieren, ist es jedoch nicht das

wichtigste Sterin. Bei den Rostpilzen (*Uredinales*) beispielsweise besitzt das vorherrschende Sterin einen C2-Substituenten am C24. E. geht bei UV-Bestrahlung in das Vitamin D$_2$ (↗ *Vitamin D*, Cholecalciferol) über. Die Hauptquelle für Ergosterin für kommerzielle Zwecke ist die Hefe. Zur Biosynthese ↗ *Steroide*. [E.I. Mercer *Pestic. Sci.* **15** (1984) 133–155]

Ergot-Alkaloide, ↗ *Mutterkorn-Alkaloide*.

Ergotamin, ↗ *Mutterkorn-Alkaloide*.

Ergotoxin, ↗ *Mutterkorn-Alkaloide*.

Eriodictyol, *5,7,3',4'-Tetrahydroxyflavanon*. ↗ *Flavanon*.

erleichterte Diffusion, *trägervermittelter Transport*, der passive Transport von Stoffen durch Membranen, der durch in der Membran befindliche ↗ *Trägermoleküle* vermittelt wird. Das Transportsubstrat wird an einer Membranseite an den Träger gebunden, an der anderen freigesetzt. Aus der größeren Beweglichkeit des Träger-Substrat-Komplexes gegenüber dem freien Substrat erklärt sich die höhere Transportgeschwindigkeit träger-gekoppelter Transportprozesse gegenüber der freien Diffusion. Die e.D. ist dabei durch folgende Eigenschaften charakterisiert: 1) Transport ohne Aufwand von Stoffwechselenergie, dem Konzentrationsgradienten des Transportsubstrats folgend. 2) Abhängigkeit von der Substratkonzentration: Ähnlich wie bei Enzymen wird mit steigender Substratkonzentration eine Sättigung der Aufnahmegeschwindigkeit erreicht. In Analogie zur Michaelis-Menten-Konstante (↗ *Enzymkinetik*) ergibt sich K$_t$ aus der Substratkonzentration, bei der die halbmaximale Transportgeschwindigkeit V$_t$/2 erreicht ist. 3) Substratspezifität bzw. Selektivität des Trägers. Vom entsprechenden Träger wird nur ein Substrat (z.B. Aminosäure, Zucker) oder eine Gruppe strukturähnlicher Verbindungen transportiert. 4) Kompetitive Hemmung durch Substratanaloga und z.T. nichtkompetitive Hemmung durch Veränderung der Konformation der Substratbindungsstellen des Trägers durch Hemmstoffe. 5) Der Temperaturkoeffizient ist höher als bei der einfachen Diffusion.

erster Botenstoff, engl. *first messenger*, ↗ *Hormone*.

Ertragskoeffizient, ↗ *Kultivierung von Mikroorganismen*.

Erucasäure, *cis-Docos-13-ensäure*, Δ^{13-14}-*Docosensäure*, CH$_3$-(CH$_2$)$_7$-CH=CH-(CH$_2$)$_{11}$-COOH, eine Fettsäure. M$_r$ 338,56 Da, cis-Form: F. 34 °C, Sdp.$_{10}$ 254,5 °C. Sie ist als Glyceridbestandteil in zahlreichen Samenölen der Cruciferen und Tropaeolaceen enthalten.

Erythrina-Alkaloide, Isochinolinalkaloide, meist tetrazyklisch, die ausschließlich in der Leguminosengattung *Erythrina* vorkommen.

D-Erythrit, CH$_2$OH-CHOH-CHOH-CH$_2$OH, ein optisch inaktiver Zuckeralkohol (M$_r$ 122,12 Da, F. 122 °C), der sich von der D-Erythrose ableitet. Er kommt in einigen Algen, Pilzen, Flechten und Gräsern vor.

Erythrocruorin, ein hämoglobinähnliches Protein, das bei vielen Evertebraten vorkommt. Bei einigen Schnecken und Würmern (z.B. *Cirraformis*) ist es ein hochmolekulares extrazelluläres Atmungspigment (3·10^6 Da), das aus hämtragenden Peptidketten (162 AS, M$_r$ 18,5 kDa) besteht. Bei Seegurken, Muscheln, Polychaetae und einigen primitiven Vertebraten wie dem Flussneunauge kommt es auch als intramuskuläres niedermolekulares Protein (M$_r$ 16,7–56,5 kDa) vor.

Erythrocuprein, ↗ *Superoxid-Dismutase*.

Erythrocytendifferenzierungsfaktor, *EDF*, Syn. für Activin A, ↗ *Activine*.

Erythrocytenmembran, eine typische Plasmamembran. Sie wurde oft als Prototyp für Untersuchungen an Membranen (↗ *Biomembran, Abb. 1*) ausgewählt, da sie leicht präpariert werden kann, leicht verfügbar und relativ einfach aufgebaut ist. Die E. besitzt jedoch die ungewöhnliche Eigenschaft, dass sie besonders fest am Cytoskelett verankert ist. Membranen von reifen Säugetiererythrocyten werden durch osmotische Lyse präpariert und gewaschen. Wenn die leeren E. („Ghosts") in physiologisches Medium zurückkehren, werden sie wieder versiegelt und nehmen ihre ursprüngliche Form an. Die E. besteht zu 49 % aus Protein, zu 44 % aus Lipid und zu 7 % aus Kohlenhydrat.

Die Solubilisierung der leeren E. in 1 %igem Natriumdodecylsulfat und daran anschließende SDS-Polyacrylamid-Gelelektrophorese und Färbung mit Coomassieblau zeigt mehr als zehn gut definierte Proteinbanden. Die Färbung mit Periodsäure-Schiff-Reagens (engl. *periodic acid-Schiff reagant*, PAS), das Kohlenhydrate anfärbt, lässt vier Banden (PAS-Banden) erkennen.

Einige Proteine können durch Änderung der Ionenstärke oder des pH-Werts des Mediums aus der E. extrahiert werden. Dies deutet darauf hin, dass es sich um periphere Proteine handelt. Da diese Proteine angegriffen werden, wenn den Präparationen nichtversiegelter leerer E. Proteasen hinzugefügt werden, jedoch unberührt bleiben bei versiegelten leeren E. bzw. bei intakten Erythrocyten, müssen sie auf der cytoplasmatischen Seite der Membran lokalisiert sein.

Die peripheren Proteine wurden wie folgt charakterisiert (die Banden des SDS-Polyacrylamid-Gelmusters werden von oben nach unten durchnummeriert; die Bande 1 entspricht dem Protein, das am langsamsten wandert und das höchste Molekulargewicht besitzt). Bande 1 und 2: dimere und monomere Formen des *Spectrins*; dieses bildet ein

Netzwerk und stabilisiert und reguliert die Form der Erythrocyten durch Wechselwirkung mit anderen Proteinen. Bande 4,1: ein Protein, das Spectrin mit der Membran verknüpft. Bande 5: *Actin*. Bande 6: Glycerinaldehyd-3-phosphat-Dehydrogenase.

Die Banden 3 und 7 und alle vier PAS-Banden entsprechen *integralen Membranproteinen*, die nur mit Detergenzien oder organischen Lösungsmitteln von der E. dissoziiert werden können. Die Bande 3 repräsentiert das Anionentransportprotein (*Ionenkanal*). Dies unterstützt einerseits den Austausch von Bicarbonat und Chlorid, der notwendig ist, um den Erythrocyten-pH-Wert zu puffern, und andererseits den Import von Phosphat und Sulfat. Die PAS-Banden stehen für verschiedene Mitglieder der Glycophorin-Familie.

Glycophorin A ist das Hauptsialoglycoprotein der E., das zu 60 % aus Kohlenhydrat (16 Oligosaccharideinheiten, 15 *O*-verknüpft, 1 *N*-verknüpft) und zu 40 % aus Protein besteht (↗ *Glycophorine*).

Ungefähr 75 % des Proteinnetzwerks („Skelett") der E. bildet ↗ *Spectrin*. Durch Vernetzung der Spectrinmoleküle bildet sich auf der cytosolischen Seite der E. ein dichtes Netzwerk aus, in dem Spectrin auch an ↗ *Ankyrin* gebunden ist, das seinerseits an das Anionentransportprotein (Bande 3) bindet.

Dieses dichte Netzwerk des quervernetzten Spectrins ist für die Ausbildung der konkaven Scheibenform der Erythrocyten verantwortlich und verleiht den Erythrocyten die extreme Flexibilität, die notwendig ist, um die Kapillaren zu passieren.

Die Ursache einiger hämolytischer Anämien liegt in der Ausbildung von Abnormalitäten des Proteinskeletts der E. Eine Form der *hereditären Sphärocytose* (Kugelzellenanämie, zerbrechliche, unflexible, sphärische Erythrocyten) wird durch eine verminderte Synthese von normalem Spectrin und der Gegenwart eines abnormalen Spectrins verursacht, das mit verminderter Affinität an das Protein der Bande 4,1 bindet. Eine andere Form geht auf die Abwesenheit des Proteins der Bande 4,1 zurück. Aufgrund ihrer Unflexibilität haben kugelförmige Erythrocyten Ähnlichkeit mit gealterten Erythrocyten und werden aus dem Kreislauf entfernt und in der Milz zerstört. Im Fall der *hereditären Elliptocytose* (elliptische Erythrocyten), die in Teilen Südostasiens und in Melanesien vorkommt, liegt ein defektes Anionentransportprotein vor. Die homozygote Form ist tödlich, die heterozygote Form verleiht Malariaresistenz. [R.T. Moon u.a.P. McMahon „General diversitiy in nonerythroid spectrins" *J. Biol Chem.* **265** (1990) 4.427–4.433; K.E. Sahr et al. „Complete cDNA and polypeptide sequence of human erythroid α-spectrin" *J. Biol. Chem.* **264** (1990) 4.434–4.443; J.A. Chasis u. N. Mohandas

„Red blood cell glycophorins" *Blood* **80** (1992) 1.869–1.879; J.G. Conboy „Stucture, function and molecular genetics of erythroid membrane skeletal protein 4,1 in normal and abnormal blood cells" *Semin. Hematol.* **30** (1993) 58–73; V. Bennet u. D.M. Gilligan *Annu. Rev. Cell Biol.* **9** (1993) 27–66; P.O. Schischmannoff et al. „Spectrin and actin-binding domains of 4,1" *J. Biol. Chem.* **270** (1995) 21.243–21.250; J. Whelan „Selectin Synthesis and Inflammation" *Trends Biochem. Sci.* **21** (1996) 65–69]

Erythrodextrine, ↗ *Dextrine*.

Erythromycin, ↗ *Makrolide*.

erythrophiles γ-Globulin, überwiegend IgG und in geringerem Maß IgM (↗ *Immunglobuline*), die die Oberfläche der Erythrocytenmembran bedecken und für die Unversehrtheit und das normale Überleben der Erythrocyten notwendig sind. Im normalen Plasma sind ungefähr 3.000 mg e. γ-G. je Liter enthalten. In 1 Liter fester Erythocyten sind ungefähr 250 mg gebundenes e. γ-G. vorhanden. Nach Splenektomie ist die Produktion des e. γ-G. deutlich verringert und die Halbwertszeit der Erythrocyten ist auf 50 % vermindert. Innerhalb von 4–8 Monaten nach der Splenektomie kehren der erythrophile γ-Globulin-Spiegel und die Halbwertszeit zu ihrem normalen Wert zurück.

Erythrophleum-Alkaloide, eine Gruppe Terpenalkaloide aus *Erythrophleum guineense* und *Erythrophleum ivorense*. Die E. sind Ester oder Amide des Diterpens Cassainsäure mit substituierten Ethanolaminen. Hauptalkaloid ist das *Cassain* (Abb.), das eine ausgeprägte Herzwirksamkeit zeigt, die der der Digitalisglycoside gleicht.

Erythrophleum-Alkaloide. Cassain.

erythropoetischer Wachstumsfaktor, Syn. für ↗ *Erythropoietin*.

Erythropoietin, *EPO*, *erythropoetischer Faktor*, *Hämopoietin*, *Epoetin*, ein monomeres Glycoprotein (M_r 30 kDa; 165 Aminosäurebausteine) mit einem Proteinanteil von etwa 60 %. Der hohe Kohlenhydratanteil ist durch drei *N*-Glycosylierungsstellen (Asn[24], Asn[38] und Asn[83]) sowie eine *O*-Glycosylierungsstelle (Ser[126]) gekennzeichnet. Physiologisch bewirkt das in der Nierenrinde gebildete E. eine schnelle Regulation und Anpassung der Bildung der roten Blutzellen (Erythropoese) an den Sauerstoffbedarf der Gewebe und Organe. E. wird zur Verhinderung und Behandlung von Anämien, insbesondere bei Dialysepatienten, aber auch bei Neugeborenen und Krebspatienten therapeutisch eingesetzt. Die Synthese erfolgt bei Bedarf hauptsächlich von adulten Nieren- und fetalen Leberzellen. Sauerstoffmangel im Gewebe (Hypoxie), z.B. bei Hämoglobinmangel oder bei der Höhenanpassung, ist ein wesentlicher Stimulator für die Synthese von E. Das gebildete E. gelangt über die Blutbahn ins Knochenmark, wo es nach Bindung an spezifische Rezeptoren die Proliferation und Differenzierung von Erythrocytenvorläuferzellen (CFU-E, BFU-E) zu reifen Erythrocyten stimuliert. Das Gen für das E. ist beim Menschen auf Chromosom 7 lokalisiert. Interessanterweise können auch Makrophagen *in vitro* E. produzieren. E. gehört neben dem Granulocyten-CSF (↗ *koloniestimulierende Faktoren*) zu den am häufigsten gentechnisch hergestellten menschlichen Proteinen. So betrug 1995 der Umsatz weltweit etwa 2,6 Milliarden US-Dollar. Missbräuchlich wird es als Dopingmittel eingesetzt. Mittels kombinatorischer Techniken gelang es, ein 20 AS-Peptid mit keinerlei Sequenzhomologie zum nativen EPO zu entwickeln, das als Dimer an den dimerisierten EPO-Rezeptor bindet und die Bildung von Erythrocyten *in vivo* stimuliert. Wenngleich die Bindungsaffinität um den Faktor 1.000 geringer ist, konnte doch gezeigt werden, dass die dimerisierten Oligopeptidliganden jeweils mit beiden Rezeptormolekülen in Wechselwirkung treten und die Bindungsstellen partiell mit denen des nativen EPO überlappen. Die Überführung des 20 AS-Peptides in ein oral applizierbares Mimeticum wird angestrebt. [H. Pagel u. W. Jelkmann *Dtsch. med. Wschr.* **114** (1989) 957; N. C. Wrighton et al. *Science* **273** (1996) 458; O. Livnah et al. *Science* **273** (1996) 464]

D-Erythrose, CH_2OH-CHOH-CHOH-CHO, eine Aldotetrose; M_r 129 Da, $[\alpha]_D^{20}$ −35° (c = 2 in Wasser). D-Erythrose-4-phosphat ist ein Zwischenprodukt im Kohlenhydratstoffwechsel (↗ *Calvin-Zyklus*).

Eserin, ↗ *Physostigmin*.

Esperin, ein zyklisches antibiotisches Depsipeptid aus *Bacillus mesentericus*. Die Sequenz Glu-Leu-Leu-Val-Asp-Leu-Leu ist durch eine höhere β-Hydroxyfettsäure N-terminal acyliert und bildet gleichzeitig mit der β-Carboxylgruppe des Asparaginsäureesters eine Lactonstruktur.

ESR-Spektroskopie, Abk. für ↗ *Elektronenspinresonanzspektroskopie*.

essenzielle Fettsäuren, *Vitamin F*, ungesättigte ↗ *Fettsäuren* (besonders Linolsäure, Linolensäure und Arachidonsäure), die vom Körper nicht selbst synthetisiert werden können und daher Vitamincharakter aufweisen. Sie dienen als Bausteine für Membranlipide sowie als Vorstufen von Prostaglandinen.

essenzielle Fructosurie, ↗ *Fructosurie*.

Essigsäure, *Ethansäure*, CH_3-COOH, eine gemeine Monocarbonsäure, die in einigen Organismen in freier Form als Endprodukt der Fermentation und als Endprodukt von Oxidationsreaktionen vorkommt. Acetat wird auf metabolischem Weg durch Dehydrierung von Acetaldehyd entweder mit Hilfe der Aldehyd-Oxidase (EC 1.2.3.1) oder der NAD(P)⁺-abhängigen Aldehyd-Dehydrogenase (EC 1.2.1.3) gebildet. Die aktivierte Form der E., das ↗ *Acetyl-Coenzym A* ist eine Schlüsselverbindung des intermediären Stoffwechsels.

Ess1/Ptf1-Protein, ↗ *Parvuline*.

Ester, ↗ *Carbonsäuren*.

Esteralkaloide, ↗ *Steroidalkaloide*.

Esterasen, zu den Hydrolasen gehörende Gruppe von ↗ *Enzymen*, die die hydrolytische Spaltung von Esterbindungen katalysieren. Untergruppen der E. sind die Carbonsäure-Esterasen, die als Spaltprodukte die entsprechenden Carbonsäuren und Alkohole aufweisen (↗ *Lipasen*, ↗ *Acetylcholin-Esterase*); die weit verbreiteten phosphomonoesterspaltenden ↗ *Phosphatasen*; die als Endonucleasen wirksamen, phosphodiesterspaltenden Phosphodiesterasen (↗ *Ribonuclease*), die ↗ *Phospholipasen*, die Thiolesterasen, die z.B. in Acetylcoenzym A die Thioesterbindung unter Bildung von aktivierter Essigsäure und Coenzym A spalten, und die ↗ *Sulfatasen*, die organische Schwefelsäureester des Typs R-O-SO₃H hydrolysieren. Zu letzteren gehören die Arylsulfatasen, die vor allem auf Ester der Nitrophenole wirken.

Etamycin, *Viridogrisein*, H-Hypic¹-Thr-D-Leu-D-αHyp-Sar⁵-DiMeLeu-Ala-PheSar-OH (Lactonring zwischen Thr und PheSar), ein von *Streptomyces*-Stämmen produziertes Peptidlacton-Antibiotikum. Es wirkt gegen grampositive Bakterien und Tuberkelbazillen (*Mycobacterium tuberculosis*). Die α-Aminofunktion ist durch den 3-Hydroxypipecolinsäure-Rest substituiert. Als ungewöhnliche Aminosäurebausteine fungieren L-β-Dimethylleucin (DiMeLeu), Sarkosin (Sar), L-α-Phenylsarkosin (PheSar) sowie D-*allo*-Hydroxyprolin.

ETF, Abk. für ↗ *elektronenübertragende Flavine*.

Ethanal, ↗ *Acetaldehyd*.

Ethanalsäure, ↗ *Glyoxylsäure*.

Ethandicarbonsäure, ↗ *Bernsteinsäure*.

Ethanol, *Ethylalkohol*, CH_3-CH_2-OH, das Endprodukt der ↗ *alkoholischen Gärung* von Kohlenhydraten (F. −114,4 °C, Sdp. 78,33 °C). E. entsteht durch Decarboxylierung von Pyruvat und kommt in geringen Mengen in vielen Organismen vor. Bei Menschen beträgt der normale Blutspiegel 0,002–0,005 %. In bestimmten Geweben, denen die Fähigkeit zum oxidativen Abbau des E. fehlt, wird E. in Fettsäureethylester überführt. E. verursacht einen

Kurzzeitrausch. Wenn E. in großen Mengen konsumiert wird, zerstört es die Leber und oft den Pankreas, das Herz und das Gehirn. Pankreas, Herz und Gehirn, die nicht in der Lage sind, E. zu Acetaldehyd zu oxidieren, werden vermutlich durch die Fettsäureethylester geschädigt. [E.A. Laposata u. L.G. Lange *Science* **231** (1986) 497–501]

Ethanolamin, *Aminoethanol*, $H_2N-CH_2-CH_2-OH$, ein biogenes Amin, das durch Decarboxylierung von L-Serin entsteht. Es ist ein weit verbreiteter Bestandteil von Phospholipiden. Hierbei ist E. mit einem Acylglycerinphosphatteil verestert und liegt als Phosphatidylethanolamin vor (↗ *Ein-Kohlenstoff-Zyklus*).

Ethansäure, ↗ *Essigsäure*.

Ethephon, ↗ *Chlorethylphosphonsäure*.

etherische Öle, flüchtige, stark riechende ölige Produkte, die durch Wasserdampfdestillation von Pflanzen oder Pflanzenteilen oder durch Auspressen der äußeren Fruchtschalen einiger Zitrus-Arten gewonnen werden. Im Gegensatz zu den ebenfalls aus Pflanzen zu gewinnenden fetten Ölen (z.B. Leinöl und Rapsöl) verdunsten die e.Ö. vollständig und hinterlassen auf Papier keinen Fettfleck. Nach einer Definition der International Standard Organization handelt es sich bei e. Ö. im strengen Sinne nur um die durch Wasserdampfdestillation von Pflanzen oder Pflanzenteilen bzw. durch Auspressen der Fruchtschalen einiger Citrusarten gewonnenen Produkte. In der Praxis werden jedoch auch die durch Extraktion mit flüchtigen Lösungsmitteln, Enfleurage oder Mazeration aus Blüten gewonnenen Blütenöle sowie die aus anderen Pflanzenteilen, Harzen und Balsamen erhältlichen Resinoide den e. Ö. zugeordnet.

Die e.Ö. sind Stoffgemische aus im Allgemeinen 5–20 Komponenten. Sie unterscheiden sich nach Anzahl, Art und Mengenverhältnissen der Bestandteile charakteristisch voneinander. Manche e.Ö. bestehen aber überwiegend aus einer Verbindung, z.B. Wintergrünöl zu 99% aus Salicylsäuremethylester und Lemongrasöl zu 80% aus Citral, andere aus über 100 Komponenten, z.B. Mandarinenschalenöl aus 148 Verbindungen. Die prozentuale Zusammensetzung der e.Ö. schwankt in Abhängigkeit von Standort, Jahr und Jahreszeit der Gewinnung sowie Gewinnungs- und Lagerungsmethode.

Die Bestandteile der e.Ö. sind überwiegend ↗ *Terpene* und ↗ *Sesquiterpene*. Die duftenden Komponenten sind die Sauerstoffderivate, wie Alkohole, Ether, Aldehyde, Ketone, Ester, Lactone, Epoxide, aber auch einige *N*- und *S*-haltige Verbindungen, die meist nur in ganz geringen Mengen vorkommen.

Die Namen der e.Ö. entsprechen den Pflanzen bzw. den Pflanzenteilen, in denen sie enthalten sind, z.B. Angelikawurzelöl, Zimtblätteröl, Oran-

genblütenöl, Knoblauchöl, Wacholderbeeröl, Sandelholzöl, Agrumenschalenöl, Muskatnussöl. In einigen Fällen unterscheidet man zwischen den e.Ö. verschiedener Teile einer Pflanze, so heißen z.B. die e.Ö. aus den Blüten des Pomeranzenbaumes Neroliöl, aus Zweigen und Blättern Petitgrainöl und aus den Früchten Pomeranzenöl.

Die e.Ö. sind farblos oder farbig, dünn- oder dickflüssig, selten von halbfester, salbenartiger Konsistenz. Sie sind meist leichter als Wasser, selten auch im Vakuum unzersetzt destillierbar und oft deutlich empfindlich gegenüber Luft, Licht und Wärme.

Die Qualitätsbestimmung und der Nachweis von Verfälschungen erfolgt heute vorwiegend durch moderne Trennverfahren (↗ *Gaschromatographie*, HPLC, ↗ *Dünnschichtchromatographie*) zusammen mit spektroskopischen Methoden.

E. Ö. sind in allen Pflanzen mit riechenden Teilen enthalten. Von den über 3.000 bekannten e.Ö. spielen jedoch nur etwa 150 eine praktische Rolle (z.B. Anisöl, Bergamotteöl, Campheröl, Citronellöl, Citrusöle, Eucalyptusöl). Die e.Ö. finden sich in den Pflanzen als Tropfen in Zellen oder in größeren Hohlräumen, nur in einigen Pflanzen liegen sie als geruchlose Glycoside vor (z.B. Bittermandelöl, Wintergrünöl), aus denen sie beim Einweichen in Wasser durch enzymatische Hydrolyse freigesetzt werden. Interessanterweise enthalten alkaloidreiche Pflanzen weniger oder keine e.Ö. und umgekehrt.

Die Abscheidung der e.Ö. in den Pflanzen ist irreversibel, d.h., sie werden am Stoffwechsel nicht mehr beteiligt. Sie dienen in den Blüten als Insektenmerkzeichen, in den vegetativen Teilen als Schutzsubstanzen gegen Zerstörung und in den Wurzeln als Abwehrstoffe gegen Mikroorganismen. Eine fungizide und bakterizide Wirkung wurde bei vielen e.Ö. nachgewiesen.

Die e.Ö. gewinnt man durch Wasserdampfdestillation, Extraktion oder Auspressen. Die Wasserdampfdestillation liefert ausschließlich die flüchtigen Bestandteile der Pflanzen, sie lässt sich jedoch nur für relativ beständige e.Ö. anwenden. Durch Extraktion mit niedrigsiedenden Lösungsmitteln erhält man die *konkreten Öle*, die noch reichlich Wachse und Paraffine enthalten. Das Ausfällen dieser Öle mit Ethanol und Abdestillieren des Alkohols im Vakuum ergibt die *absoluten Öle*, die auch für Feinparfüme geeignet sind. Am mildesten ist die Extraktion mit verflüssigten Gasen, z.B. Kohlendioxid, Ammoniak, Ether, im überkritischen Bereich. Man gewinnt so besonders unverfälschte und naturgetreue Blütenöle. Die durch Auspressen gewonnenen e.Ö. der Zitrusfrüchteschalen haben die gleiche Zusammensetzung wie in den Schalen und enthalten nur wenig schwer- und nichtflüchtige Verbindungen.

Die e.Ö. werden in der Parfümindustrie und als Riechstoffe eingesetzt.

Ethidiumbromid, *3,8-Diamino-5-ethyl-6-phenyl-phenanthridiniumbromid*, ein organischer Farbstoff, der aufgrund seiner planaren Struktur leicht in die DNA interkalieren kann (Abb.). Das interkalierte E. kann durch UV-Licht (254–366 nm) angeregt werden und emitiert Licht im orange-roten Bereich (590 nm). Da durch die Bindung eine Fluoreszenzverstärkung resultiert, ist die Färbung der Nucleinsäuren auch in Gegenwart des freien E. gut sichtbar. Routinemäßig wird E. dem Agarosegel und dem Laufpuffer zugesetzt, wodurch eine anschließende Färbung nicht erforderlich ist und man darüber hinaus die Wanderung der Nucleinsäuren in einfacher Weise zeitlich verfolgen kann. Das E.-Kation ist für die Fluoreszenz verantwortlich und wandert während der Elektrophorese zur Kathode. Die Färbung mit E. in Agarose-Gelen ermöglicht den Nachweis von 10–20 ng doppelsträngiger DNA. Die Mobilität der DNA wird durch die Interkalation von E. um etwa 15 % reduziert. Auch einzelsträngige DNA und RNA interagiert mit E., allerdings sind die Wechselwirkungen deutlich schwächer. E. ist wegen seiner interkalierenden Wirkung ein starkes Mutagen, so dass beim Umgang große Sorgfalt geboten ist.

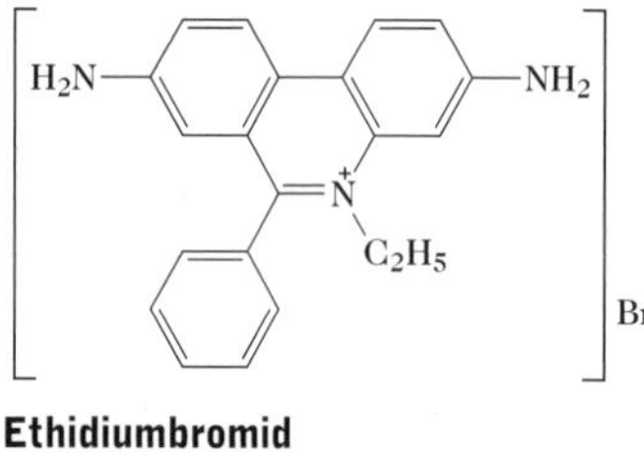

Ethidiumbromid

Ethinylöstradiol, *19-Nor-17α-pregna-1,3,5(10)-trien-20-yn-3,17β-diol* (Abb.), ein synthetisches Östrogen; M_r 296,41 Da, F. 146 °C, $[\alpha]_D$ 1 ° (Dioxan). Subcutan verabreicht hat E. die gleiche Wirkung wie Östradiol. Bei oraler Anwendung hat E. jedoch eine weit größere Aktivität als Östradiol und wird deshalb als Bestandteil von Ovulationshemmern verwendet. Die Synthese erfolgt durch Anlagerung von Ethin (Acetylen) an Östron in der Gegenwart

Ethinylöstradiol

von Natrium in flüssigem Ammoniak. Für eine Synthese in kleinem Maßstab (z.B. für die Herstellung von radioaktiv markiertem E.) wird Lithiumacetylid zu Östron in Dimethylsulfoxid hinzugegeben.

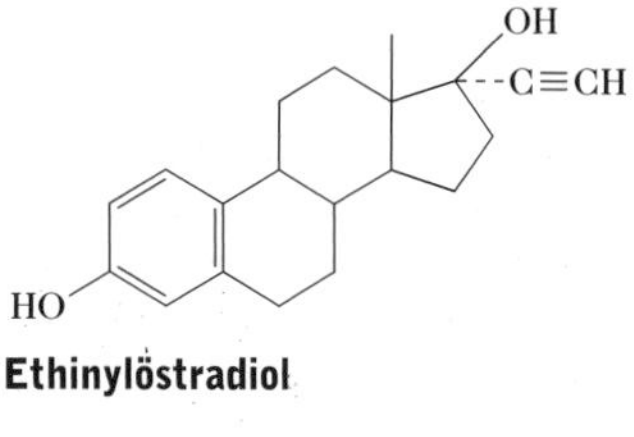

Ethrel, ↗ *Chlorethylphosphonsäure*.

Ethylalkohol, ↗ *Ethanol*.

Ethylen, *Ethen*, *Fruchtreifungshormon*, ein gasförmiges Pflanzenhormon, das in pflanzlichem Gewebe weit verbreitet ist und die Fruchtreifung, den Blatt- und Fruchtabfall, sowie das Altern der Pflanze beschleunigt (M_r 28,05 Da, Sdp. –102,4 °C). Exogenes E. bewirkt ein schnelleres Reifen und Ausfärben von Früchten und induziert Blühen und Samenkeimung. Die Ethylenbiosynthese nimmt als Einleitung der entwicklungsbedingt programmierten Seneszenz und als Antwort auf umweltbedingten Stress zu. Es wird vermutet, dass der Ethylenrezeptor ein Zn^{2+}- bzw. Cu^{2+}-enthaltendes Metalloprotein ist, der jedoch noch nicht charakterisiert wurde. Die beiden Kohlenstoffatome des E. stammen biosynthetisch gesehen von den beiden Methylengruppen des L-Methionins ab, wobei 1-Aminocyclopropan-1-carboxylat (ACC) auftritt. Die Produktion von ACC ist mit einem Reaktionszyklus, dem sog. *Yang-Zyklus*, verknüpft, in welchem die Methylgruppe und der Schwefel des L-Methionins zurückgewonnen werden und der Rest des L-Methioninmoleküls kontinuierlich auf Kosten der Kohlenstoffatome von Ribose neu synthetisiert wird (Abb.). Dieser kontinuierliche Ersatz von L-Methionin ist wahrscheinlich notwendig, weil es eine der am wenigsten verbreiteten Aminosäuren ist. Wenn fünf Kohlenstoffatome den Zyklus in Form von ACC verlassen, werden sie durch Inkorporation des Adenosinteils von ATP aufgefüllt. Der Zyklus wird durch das cytosolische Enzym 1-Aminocyclopropan-1-carboxylat-Synthase (*ACC-Synthase*) katalysiert. Die ACC-Synthese stellt den geschwindigkeitsbestimmenden Schritt der Ethylensynthese dar. Faktoren, die die Synthese von E. fördern (Auxin, Cytokinine + Auxin, Ca^{2+} + Cytokinine, E. selbst und Stressfaktoren, wie Verletzung, Anaerobiose, Hitze, Kälte, Cd^{2+}, Li^+, UV-Licht und Pathogene) bewirken eine Aktivitätszunahme der ACC-Synthase. Die Umwandlung von ACC in E. wird durch ein membrangebundenes Enzym, die *ACC-Oxidase* (mögliche Membranstellen sind der Tonoplast und das Plasmalemma) katalysiert. Die Reaktion benötigt molekularen Sauerstoff und Ascorbat. CO_2 wirkt *in vivo* als Stimulator und das gereinigte Enzym zeigt *in vitro* einen bestimmten Bedarf an CO_2. Die Rolle des CO_2 in Bezug auf die Stöchiometrie der Umsetzung ist jedoch nicht ersichtlich. Es wird auch Fe^{2+} benötigt, das vermutlich ein normaler Bestandteil des Enzyms ist. Die Stöchiometrie der Reaktion wird in der Abb. dargestellt.

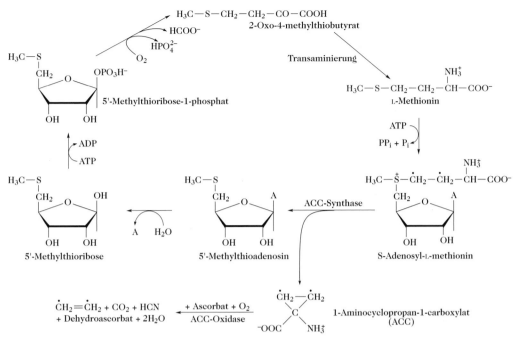

Ethylen. Biosynthese von Ethylen in pflanzlichem Gewebe. Der obere Zyklus ist unter der Bezeichnung *Yang-Zyklus* bekannt. Aus den beiden Methylengruppen des S-Adenosyl-L-methionins gehen über die beiden Methylengruppen von ACC schließlich die beiden Kohlenstoffatome des Ethylens hervor (gekennzeichnet durch ausgemalte Kreise). A = Adenin.

Die ACC-Synthase wurde aus verschiedenen Quellen kloniert (485 Aminosäurereste im Tomatenenzym). Alle Gene zeigen einen hohen Konservierungsgrad, insbesondere in sieben Bereichen, von denen einer einen Lysylrest der aktiven Bindungsstelle enthält, der Pyridoxalphosphat und S-Adenosyl-L-methionin bindet. Gene für die ACC-Oxidase wurde ebenfalls aus mehreren Quellen isoliert und kloniert (ACC-Oxidase aus Tomate 315 Aminosäurereste). Auch dieses Protein weist einen hohen Konservierungsgrad auf.

Die genetische Analyse des Signaltransduktionswegs von E. wurde durch die Verwertung des „Triple-Response"-Phänotyps der *Arabidopsis* erleichtert. „Triple-Response"-Phänotypen sind Mutanten, die erhöhte Ethylenmengen produzieren. Die dreifache Antwort besteht in: 1) der Hemmung der Epikotyl- und Wurzelverlängerung, 2) der radialen Verdickung der Epikotyl- und Wurzelzellen und 3) der Entwicklung einer horizontalen (diagravitropen) Wuchsform. Die Wirkung von Inhibitoren der Ethylenwahrnehmung und -biosynthese und das Verhalten von Mutanten, die nicht in der Lage sind, auf E. zu reagieren, wurde untersucht. Hierbei wurde gezeigt, dass die Induktion der „Triple Response" vollständig von der Fähigkeit der Pflanze abhängt, E. wahrzunehmen und darauf zu antworten.

Mit Hilfe geeigneter *Arabidopsis*-Mutanten konnte die Existenz von 15 Genen im Ethylen-Signaltransduktionsweg demonstriert werden. Eine Schlüsselkomponente des Signalwegs scheint das Genprodukt zu sein, das bei den ctr1-Mutanten von *Arabidopsis* defekt ist. Das prognostizierte Produkt des klonierten CTR1-Gens enthält Domänen, die für eine Serin-Threonin-Protein-Kinase typisch sind, und zeigt strukturelle Ähnlichkeit mit der mitogenaktivierenden Protein-Kinase-Kinase-Kinase (MAPKKK). Bemerkenswerterweise wirken MAPKKK, MAPKK und MAPK bei verschiedenen Eukaryonten in Phosphorylierungskaskaden als Reaktion auf verschiedene entwicklungsbedingte Signale und Stresssignale. [A. Theologis *Cell* **70** (1992) 181–184; H. Kende *Annu. Rev. Plant Physiol. Plant Mol. Biol.* **44** (1993) 283–307; J.R. Ecker *Science* **268** (1995) 667–675; C. Chang „The ethylene signal transduction pathway in Arabidopsis: an emerging paradigm?" *Trends Biochem. Sci.* **21** (1996) 129–133; D.J. Osborne et al. „Evidence for a Non-ACC Ethylene Biosynthesis Pathway in Lower Plants" *Phytochemistry* **42** (1996) 51–60]

Ethylenbildner, ↗ *Chlorethylphosphonsäure*.

Ethylendiamintetraessigsäure, *EDTA* (eng. ethylenediaminetetraacetic acid), ein Chelatbildner, der *in vitro* für die Chelatbildung divalenter Metallionen in biochemischen Systemen verwendet wird.

EDTA wird gewöhnlich in Form des Natriumsalzes eingesetzt (Na$_2$EDTA). Oral kann EDTA bei einer Bleivergiftung zur Chelation des Bleis verabreicht werden. In der älteren Literatur ist EDTA unter dem Handelsnamen *Versen* bekannt.

trans-Ethylendicarbonsäure, ↗ *Fumarsäure.*

Ethylmethansulfonat, ↗ *alkylierende Agenzien.*

Etiocholan, ↗ *Steroide.*

ETP, Abk. für ↗ *Elektronentransportpartikel.* ↗ *Mitochondrien.*

Eucalyptol, ↗ *1,8-Cineol.*

Euchromatin, ↗ *Chromatin.*

Eumelanine, ↗ *Melanine.*

Eunicin, ↗ *Cembrane.*

Eurystatine, aus *Streptomyces eurythermus* isolierte Inhibitoren der Prolylendopeptidase. Die E. enthalten mit dem β-Amino-α-oxocarbonsäure-Rest einen für die Inhibitorwirkung essenziellen Baustein. *E. A* wurde auch synthetisch dargestellt.

Exendine, aus dem Gift von *Heloderma suspectum* (Gilamonster) isolierte 39 AS-Peptide, die zur ↗ *Glucagon-Secretin-VIP-Familie* gehören. *Exendin-4*, H-His^1-Gly-Glu-Gly-Thr^5-Phe-Thr-Ser-Asp-Leu^{10}-Ser-Lys-Gln-Asn-Glu^{15}-Glu-Glu-Ala-Val-Arg^{20}-Leu-Phe-Ile-Ile-Trp^{25}-Leu-Arg-Asn-Gly-Gly^{30}-Pro-Ser-Ser-Gly-Ala^{35}-Pro-Pro-Pro-Ser-OH, ein 39 AS-Peptid, von dem sich das ebenfalls aus 39 Aminosäureresten bestehende *Exendin-3* in den folgenden Positionen unterscheidet: Ser^2, Asp^3, Met^{14} und Glu^{26}. Exendin-4 und GLP-I (↗ *Glucagon-ähnliche Peptide*) weisen einen sehr hohen Grad an Sequenzhomologie auf. E.-4 ist ein potenter Agonist für die GLP-I-Rezeptoren in den pankreatischen B-Zellen und in der Lunge sowie für den rekombinanten humanen B-Zellen-GLP-I-Rezeptor. Das N-terminal verkürzte Exendin-3(9–39)amid ist dagegen ein GLP-Rezeptor-Antagonist

Exocytose, ein Ausscheidungsprozess von Molekülen aus eukaryontischen Zellen. Zu diesem Zweck werden die zu transportierenden Verbindungen in Membran-umhüllte Vesikeln verpackt, die mit der äußeren Zellmembran verschmelzen und auf diesem Wege ihre Fracht nach außen abgeben.

Exoenzyme, **1)** Enzyme, die aus pro- und eukaryontischen Zellen sezerniert werden (Exoproteine). Eukaryontische Zellen (tierische und pflanzliche Zellen, Hefen und andere Pilze) scheiden im Allgemeinen Glycoproteine mit einer rel. Molmasse von mehr als 60 kDa aus. Diese Proteine enthalten meist Disulfidbrücken. Im Gegensatz dazu sind E. bakterieller Herkunft relativ klein (M_r 20–60 kDa), frei von Kohlenhydraten und besitzen keine Disulfidbrücken. Zahlreiche mikrobielle E., besonders grampositiver Bakterien, besitzen kommerzielle Bedeutung (↗ *industrielle Enzyme*). Zum großen Teil handelt es sich um Hydrolasen, die sich relativ einfach aus der Kulturflüssigkeit der Mikroorganis-

men isolieren lassen und außerdem eine außerordentliche Stabilität besitzen. Sie bauen natürliche Polymere (z. B. Proteine, Stärke, Cellulose, Pectine) zu Bruchstücken (Monomeren) ab, die von den Mikroorganismen aufgenommen und metabolisiert werden können. Häufig werden diese E. erst dann von den Mikroorganismen sezerniert, wenn eine Limitation an assimilierbaren Nährstoffen im Kulturmedium eingetreten ist.

2) Das Präfix Exo- erhalten auch Enzyme, die ein Substrat von einem Ende her hydrolytisch abspalten (z. B. Exopeptidasen).

Exon, der codierende Bereich eines eukaryontischen Gens. Bei proteincodierenden Genen werden die den Exons entsprechenden Abschnitte der Prä-mRNA von den ↗ *Introns* getrennt und in einem Spleißen (engl. *splicing*) genannten Prozess zusammengefügt. ↗ *messenger-RNA.*

Exonucleasen, ↗ *Nucleasen.*

Exopeptidasen, ↗ *Proteasen.*

Exorphine, neuroaktive Peptide exogenen Ursprungs mit opiatähnlicher Wirkung. Sie wurden erstmalig aus Partialhydrolysaten von Casein bzw. Weizengluten isoliert. Gut untersuchte Vertreter der E. sind die ↗ β-*Casomorphine.*

Exotoxine, von der pathogenen Bakterienzelle ausgeschiedene Toxine, bei denen es sich in der Mehrzahl um Proteine handelt. E. gehören zu den stärksten Giften. Sie wirken sowohl zellmembranschädigend als auch intrazellulär. Pathophysiologisch von den E. unterschieden werden die *Enterotoxine*. Solche intrazellulär aktiven Toxine wirken primär lokal im Gastrointestinaltrakt. Vertreter der membranschädigenden und cytolytischen E. sind beispielsweise das α-Toxin des Gasbranderregers *C. perfringes*. Dieses α-Toxin ist eine bakterielle Phospholipase C (M_r 45 kDa), die durch Spaltung von ↗ *Phosphatidylcholin* und ↗ *Sphingomyelin* die Zellmembran zerstört. Andere cytolytische Toxine wirken über eine zur Porenbildung führende Membraneinlagerung. Hierzu werden das α-Toxin von *S. aurens*, das ↗ *Hämolysin* aus *E. coli* und das ↗ *Streptolysin* von *S. pyogenes* gezählt. Das α-Toxin von *S. aurens* (M_r 34 kDa) bindet zunächst als Monomer an die Membran, danach erfolgt mit weiteren Molekülen eine Oligomerisierung zu einer zyklischen Hexamerstruktur. Die intrazellulär wirkenden E. besitzen in den überwiegenden Fällen enzymatische Aktivität, so dass sie in extrem niedrigen Konzentrationen wirken. Wichtige Vertreter sind das ↗ *Diphtherietoxin*, das ↗ *Choleratoxin*, das ↗ *Pertussistoxin*, ↗ *Shigatoxine* u. a.

Extinktion, *optische Dichte*, *Absorbanz*, Maß für die Lichtundurchlässigkeit einer Probe: $E = \log I_0 / I_D = \log 1 / D$, wobei I_0 Intensität der auffallenden Strahlung, I_D Intensität der durchgelassenen Strahlung, D Durchlässigkeit I_D / I_0 ist.

extrachromosomale Gene, DNA-Moleküle, die außerhalb des Zellkerns lokalisiert sind, z.B. in den ↗ *Plastiden* und ↗ *Mitochondrien*. Die e. G. bei Bakterien sind die ↗ *Plasmide*.

extrazelluläre Matrix, ein Netzwerk aus Proteinen, wie ↗ *Kollagen*, ↗ *Elastin*, Glycoproteinen – beispielsweise ↗ *Laminin*, ↗ *Fibronectin* und ↗ *Entactin* – und verschiedenen ↗ *Proteoglycanen* (hauptsächlich ↗ *Heparansulfate*), die zusammen die Basalmembranen und das Interstitialstroma bilden. Es gibt zahlreiche andere Proteinkomponenten, z.B. *Osteonektin* (M_r 33 kDa; bindet Ca^{2+}), *Anchorin II* (M_r 34 kDa; bindet an Zellen und Kollagen II), *Epinektin* (M_r 70 kDa; bindet an Epithelzellen und Heparin), *Thrombospondin* (M_r 140 kDa, tri-mer; bindet an Zellen, Proteoglycane, Kollagen, Laminin, Fibrinogen, Ca^{2+}), *Chondronektin* (M_r 56 kDa, trimer; bindet an Zellen und Kollagen II), *Vitronektin* (M_r 75 kDa; bindet an Zellen, Heparin und Kollagen), *Tenascin* (Cytotactin) (M_r 230 kDa, hexamer; bindet an Zellen und Fibronektin).

Man nimmt an, dass der geregelte Matrixabbau durch Matrix-Metalloproteinasen durchgeführt wird. ↗ *Adhäsionsmoleküle*. [C. Ries u. P.E. Petrides *Biol. Chem. Hoppe Seyler* **376** (1995) 345–355]

extrinsische Blutgerinnung, ↗ *Blutgerinnung*.

extrinsischer Faktor, (engl. *extrinsic factor*) ↗ *Cobalamin*.

Exzisionsreparatur, ↗ *DNA-Reparatur*.

F_{ab}-Einheit, Syn. für ↗ F_{ab}-*Fragment*.

F_{ab}-Fragment, F_{ab}-*Einheit*, abgeleitet von *F* für Fragment und *ab* für <u>a</u>ntigen<u>b</u>indend, die kurzen Arme eines ↗ *Antikörpers* mit der hochvariablen Bindungsstelle für das ↗ *Antigen*. Das F. kann durch ↗ *limitierte Proteolyse* mittels ↗ *Papain* von dem Antikörper getrennt werden.

Fabry-Syndrom, *Angiokeratoma corporis diffusum*, eine ↗ *lysosomale Speicherkrankheit* (Sphingolipidose), verursacht durch einen Mangel an *Ceramid-Trihexosidase* (α-Galactosidase; EC 3.2.1.22). Als Folge der Akkumulation von Ceramidtrihexosid treten Hautschädigungen (purpurrote Flecken und Knötchen), Hornhauttrübung, Linsentrübung, Retinaödem sowie cardiovaskuläre, neurologische und gastrointestinale Störungen auf. Charakteristisch sind starke brennende Schmerzen in den Extremitäten. Die Krankheit ist an das X-Chromosom gekoppelt.

F-Actin, polymerisiertes ↗ *Actin*.

FAD, Abk. für ↗ <u>F</u>lavin<u>a</u>denin<u>d</u>inucleotid.

Faktor II, *Prothrombin*. ↗ *Blutgerinnung*.

Faktor VIII, Syn. für ↗ *antihämophiler Faktor*. ↗ *Blutgerinnung*.

Faktor XIII, *fibrinstabilisierender Faktor*, der letzte Gerinnungsfaktor in der Blutgerinnungskaskade (↗ *Blutgerinnung*). Er ist ein α$_2$-Plasmaglobulin mit M_r 350 kDa und besteht aus zwei α- und zwei β-Ketten, die ein M_r von 100 kDa und 77 kDa je Kette aufweisen. Er wird durch Thrombin in Gegenwart von Ca^{2+} zum Faktor XIIIa aktiviert, der die Bildung von γ-Glutamyl-ε-Lysin-Peptidbindungen in einer calciumabhängigen Transamidierungsre-

aktion katalysiert. Diese Bindungen dienen der Quervernetzung der Fibrinketten zu einem dreidimensionalen Netzwerk, dem Blutgerinnsel.

β-Faltblatt, ↗ *Faltblattstruktur*.

Faltblattstruktur, β-*Struktur*, eine vorrangig in ↗ *Proteinen* vorkommende Kettenkonformation (Sekundärstruktur). Eine F. entsteht bei einer parallelen oder antiparallelen Anordnung von zwei oder mehreren nebeneinander in einer Ebene liegenden Peptidketten, wobei die sterische Hinderung der Seitenketten der Aminosäurebausteine eine Verdrehung der Peptidstrukturen gegeneinander erzwingt. Eine F. ist charakterisiert durch eine plissierte Anordnung mit abwechselnd oberhalb oder unterhalb des Faltblattes stehenden Seitenketten (Abb.). F. findet man beispielsweise im ↗ *Seidenfibroin* und in anderen β-Keratinen (↗ *Keratine*), aber auch in verschiedenen Domänen einer Polypeptidkette.

Fangantikörper, (engl. *catching antibody*), ein hochspezifischer Antikörper, der beim Sandwich-ELISA, einer Variante des ↗ *ELISA* nach Immobilisierung in einer Mikrotiterplatte in Analogie zu einem Bindungsschritt der ↗ *Affinitätschromatographie* nur ein relevantes gelöstes Antigen bindet. Mit Hilfe von F. ist eine Konzentrierung spezifischer Antigene aus hochverdünnten Lösungen möglich.

Färberröte, ↗ *Krappfarbstoff*.

Farbersche Krankheit, *disseminierte Lipogranulomatose*, eine ↗ *lysosomale Speicherkrankheit* (Sphingolipidose), verursacht durch einen Mangel an *Acylsphingosin-Deacylase* (Ceramidase; EC 3.5.1.23). Aufgrund des Enzymdefekts akkumulieren Ceramide, Glycolipide und manchmal Dermatansulfat subkutan, in Sehnen (insbesondere in Gelenken) und in Neuronen. Klinische Symptome sind geschwollene Gelenke und subkutane Knoten, Wachstumsverzögerung. F. K. führt normalerweise im Alter von 7–22 Monaten zum Tod, gelegentlich überleben Patienten auch.

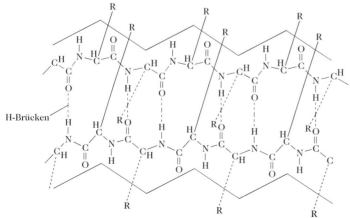

Faltblattstruktur. Anordnung der Peptidketten.

Farnesol, *3,7,11-Trimethyl-2,6,10-dodecatrien-1-ol*, ein azyklischer Sesquiterpenalkohol, der in vier doppelbindungsisomeren Formen (*trans-trans*, *cis-cis*, *cis-trans* und *trans-cis*) existiert (M_r 222,37 Da). Die wichtigste Form ist *trans-trans*-F. (Abb.), ein nach Maiglöckchen riechendes Öl (Sdp.$_{10}$ 160 °C, ρ_4 0,895, n_D^{25} 1,4872). F. kommt in etherischen Ölen und anstelle von Phytol in einem Bakterienchlorophyll der Gattung *Chlorobium* vor. Das aus Larven des Mehlkäfers *Tenebrio molitor* isolierte F. zeigt Juvenilhormonaktivität.

Farnesol

Farnesylprotein-Transferase, *FPTase*, Syn. für ↗ *Farnesyltransferase*.

Farnesylpyrophosphat, ↗ *Farnesol*.

Farnesyltransferase, *FTase*, *Farnesylprotein-Transferase (FPTase)*, ein wichtiges Enzym bei der posttranslationellen Proteinmodifizierung, das den Transfer eines C-15 Farnesylrests von Farnesylpyrophosphat auf die Thiolfunktion eines proteingebundenen Cysteinrests (C) unter Ausbildung einer kovalenten Thioetherbindung katalysiert. Proteine mit dem Sequenzmotiv CAAX (A bedeutet hier nicht Alanin, sondern allgemein eine aliphatische Aminosäure; X = Met, Ser, Gln oder Ala) sind typische Substrate für die FTase, während Proteine mit X = Leu durch die ↗ *Geranylgeranyltransferase (GGTase-I)* mit dem C-20 Geranylgeranyl-Rest modifiziert werden. Die FTase besteht aus einer α-Untereinheit (48 kDa, identisch mit der entsprechenden Untereinheit der GGTase-I) und der β-Untereinheit (46 kDa). Zink- und Magnesiumionen sind für die Aktivität erforderlich. Die FTase wurde aus Schweine- und Rinderextrakten isoliert und bis zur Homogenität gereinigt, aber auch aus dem Cytosol des Rattengehirns sowie später aus menschlichen Plazenta-cDNA-Bibliotheken kloniert. Die menschliche FTase zeigt 95 % Sequenzhomologie zum Ratten-Enzym.

Während sich in der α-Untereinheit der Isoprenoid-Bindungsort befindet, wird das Proteinsubstrat durch die β-Untereinheit gebunden. Die Identifizierung der FTase und die Bedeutung der Farnesylierung der oncogenen Ras p21-Proteine (↗ *Ras-Proteine*) haben die Suche nach geeigneten Inhibitoren dieser posttranslationellen Modifikation als potenzielle Antitumor-Drugs verstärkt. [D.M. Leonard *J. Med. Chem.* **40** (1997) 2.971]

Farnochinon, *Vitamin K_2*, ein zur Vitamin-K-Gruppe zählendes Vitamin (↗ *Vitamin K*).

FaRP, Abk. für ↗ *FMRFamid-ähnliches Peptid*.

Fas, *Fas-Rezeptor* (↗ *Fas-Ligand*).

Fascin, ↗ *Mikrofilamente*.

Faserproteine, *Gerüstproteine*, *Scleroproteine*, *fibrilläre Proteine*, Proteine, die weitestgehend aus einem Sekundärstruktur-Typ (α-Helix oder β-Faltblatt) aufgebaut sind und deren Polypeptidketten durch lange Stränge oder faltblattartige Strukturen gekennzeichnet sind. Sie erfüllen wichtige Funktionen in der Anatomie und Physiologie von Wirbeltieren, vor allem Schutz-, Gerüst- und Stützfunktionen. F. mit Helixstruktur sind z.B. α-Keratine (↗ *Keratine*), ↗ *Kollagen*, solche mit Faltblattstruktur sind die β-Keratine mit dem wichtigen Vertreter ↗ *Seidenfibroin*.

FasL, Abk. für ↗ *Fas-Ligand*.

Fas-Ligand, *FasL*, (engl. auch *Fas death factor*), auch *CD95L* oder *Apo-1L*, ein zur Tumor-Nekrose-Faktor-Familie zählendes Cytokin. F. ist ein Zelloberflächen-Glycoprotein (M_r 40 kDa), das nach Bindung an den Fas-Rezeptor ↗ *Apoptose* (programmierten Zelltod) induziert. Ferner bewirkt F. eine Ca^{2+}-unabhängige Cytotoxizität. Während verschiedene Zellen den Fas-Rezeptor exprimieren, erfolgt die Expression von FasL vorrangig an aktivierten T-Zellen. Der menschliche Fas-Rezeptor (hFas) besteht aus 325 Aminosäurebausteinen, mit einer N-terminalen Signalsequenz und einer membrandurchspannenden Region in der Molekülmitte. Die extrazelluläre Region besteht aus drei cysteinreichen Domänen, während die etwa 70 Aminosäurereste umfassende cytoplasmatische Region mit dem entsprechenden Abschnitt des TNF-Rezeptor-1 einen starken Homologiegrad aufweist und für die Transduktion des Apoptose-Signals verantwortlich ist. Daher wird dieser Sequenzbereich auch als *death*-Domäne bezeichnet. Das Gen für FasL ist bei Mensch und Ratte auf Chromosom 1 lokalisiert. Die beiden davon abgeleiteten Proteine weisen einen Homologiegrad von 77 % in der Aminosäuresequenz auf. Ein Sequenzabschnitt von etwa 150 Aminosäuren in der extrazellulären Region von FasL ist den entsprechenden Regionen der anderen Mitglieder der ↗ *Tumor-Nekrose-Faktor-Familie* sehr ähnlich. FasL bindet an seinen Fas-Rezeptor und tötet die entsprechenden Zellen innerhalb von Stunden durch Induzierung der Apoptose. Wahrscheinlich induziert die FasL-Fas-Interaktion eine Rezeptortrimerisierung, wodurch das Signal *death* (Tod) weitergeleitet wird. Die Identifizierung von FasL als ein Zelltod-induzierendes Molekül ist nicht nur von Bedeutung für die pathologische Funktion des FasL-Fas-Systems im Allgemeinen, vielmehr wird von der mechanistischen Aufklärung der Fas-vermittelten Apoptose und deren Rolle in der Physiologie oder Pathologie ein besseres Verständnis des Lebens und Tods von Zellen sowie der grundlegenden Mechanismen einiger Krankheiten erwartet. [S. Nagata u. P. Golstein *Science* **267** (1995) 1.449; D.R. Green u. C.F. Ware *Proc. Natl. Acad. Sci. USA* **94** (1997) 5.986]

fast-protein liquid chromatography, ⌐ *FPLC.*

F-ATPasen, ⌐ *ATP-Synthase.*

Faulgas, Syn. für ⌐ *Biogas.*

Favismus,   ⌐ *Glucose-6-phosphat-Dehydrogenase.*

FBPase, Abk. für Fructose-2,6-diphosphatase (⌐ *Fructose-2,6-diphosphat*).

FCCP, Abk. für ⌐ *Carbonylcyanid-p-trifluoromethoxyphenylhydrazon.* ⌐ *Ionophor.*

F$_c$-Fragment, ⌐ *Immunglobuline.*   ⌐ *Dehydrogenase.*

FCS, Abk. für ⌐ *Fluoreszenz-Korrelations-Spektroskopie.*

Fd, Abk. für ⌐ *Ferredoxin.*

Fe, Elementsymbol für ⌐ *Eisen.*

Febrifugin, ein Chinazolin-Alkaloid aus der Hortensie und dem Strauch *Dichroa febrifuga*, das in der chinesischen Volksmedizin seit dem Altertum genutzt wird; F. 139–140 °C, $[\alpha]_D^{25}$ 6 ° (CHCl$_3$). F. ist ein starkes Antimalaria- und fiebersenkendes Mittel, das jedoch für den Menschen zu giftig ist.

Fed-batch-Kultur, *Zulaufkultur*, die Bezeichnung für eine *Batch-Kultur* (⌐ *Fementationsverfahren*), bei der kontinuierlich oder in Intervallen eine Nährlösung (C-, N-Quelle oder Wuchsstoffe usw.) zugeführt, aber keine Kulturlösung abgezogen wird. Dadurch nimmt das Volumen im ⌐ *Bioreaktor* ständig zu. Die F. ist eine Prozessvariante und nimmt eine Zwischenstellung zwischen einer Batch-Kultur und einer kontinuierlichen Kultur ein. Durch eine F. kann u.a. eine Substrat-Überschusshemmung verhindert werden. F. werden u.a. zur Produktion von ⌐ *Penicillin* eingesetzt.

Feedback-Mechanismen,   ⌐ *Rückkopplung*, ⌐ *Stoffwechselregulation.*

Feedforeward-Mechanismen,   ⌐ *Rückkopplung*, ⌐ *Stoffwechselregulation.*

Feldeffekttransistor, *FET*, ein elektronisches Bauelement, bei dem der Stromfluss des Halbleitermaterials durch das elektrische Feld an einem bestimmten Teil seiner Oberfläche, dem sog. *Gate* (engl. für Tor), reguliert wird. Dieses elektrische Feld kann durch die Bindung (und nachfolgende Reaktion) von Enzymen (ENZFET) oder Antikörpern (IMMUNOFET) an das Gate variiert werden. Das Gate kann auch für spezifische Ionen (ISFET) oder andere chemische Verbindungen (CHEMFET) sensibilisiert werden.

Feldinversionsgelelektrophorese, *FIGE*, eine spezielle Technik der ⌐ *Pulsfeldgelelektrophorese* zur Auftrennung hochmolekularer Nucleinsäuren. Das Prinzip der F. besteht darin, dass zwei um 180° verschiedene elektrische Felder abwechselnd angelegt werden, wobei die Wanderung der Nucleinsäuren in eine einheitliche Richtung (zur Anode) durch einen längeren oder stärkeren Puls in dieser Richtung festgelegt werden kann.

FeMo-Protein, ⌐ *Dinitrogenase.*

Fenchelöl, ein etherisches Öl von meist schwach gelber Färbung. Es enthält hauptsächlich Anethol (bis zu 60 %), ferner Camphen, Pinen, Anisketon und speziell ⌐ *Fenchon.* F. dient als Aroma in der Süßwaren- und Spirituosenindustrie und wird in der Pharmazie und in der Medizin als Hustenmittel und als blähungshemmendes Medikament verwendet.

Fenton-Reaktion, die Bildung von Hydroxylradikalen bei der Reduktion von Wasserstoffperoxid durch Eisen(II): $Fe^{2+} + H_2O_2 = Fe^{3+} + \cdot OH + OH^-$. Durch Verwendung von [Fe(EDTA)2$^-$] und Wasserstoffperoxid, wobei das gebildete Eisen(III)-Intermediat durch Ascorbat wieder zu Fe(II) reduziert werden kann, wirkt dieses System wie eine *chemische Nuclease*. Die gebildeten hochreaktiven Hydroxylradikale eignen sich vorzüglich zur Analyse der Proteinbindungsstelle auf der DNA, indem sie in DNA-Protein-Komplexen Nucleoside herausspalten, die nicht durch Protein-DNA-Interaktionen geschützt sind. Sie initiieren an solchen Positionen eine Reaktion am C-4'-Atom des betreffenden Desoxyriboserestes, die letztendlich zur Eliminierung des Nucleosids führt, während 5'- und 3'-Phosphatreste übrig bleiben. Durch diese sequenzspezifische DNA-Spaltung entsteht durch den *Radikal-Footprint* ein gleichmäßiges Spaltungsmuster, das Rückschlüsse auf spezifische Protein-DNA-Wechselwirkungen erlaubt. ⌐ *Footprinting.*

Fermentation, alle Arten von biologischen Stoffwandlungen, bei denen mittels Mikroorganismen bzw. der von ihnen synthetisierten Enzyme Biomasse, Primär- (z.B. Ethanol) und Sekundärmetabolite (z.B. Antibiotika) gebildet oder Verbindungen umgewandelt oder abgebaut werden. Im engeren Sinne wird der Begriff F. für die Veredelung pflanzlicher (Tee, Kaffee, Kakao, Tabak, Flachs) und tierischer Produkte (z.B. Leder) benutzt.

Dieser technologische Begriff unterscheidet sich vom biochemischen Begriff der ⌐ *Gärung.*

Fermentationsmedium, *Kulturmedium, Nährlösung*, ⌐ *Nährmedium*, eine wässrige Lösung von optimal abgestimmten Nährstoffen mit den Hauptelementen C, H, O, N, P, K, S und Spurenelementen (Ca, Mg, Fe, Mn, Mo, Zn, Cu, Co, Ni u.a.) sowie evtl. benötigten Wuchsstoffen, ⌐ *Vitaminen*, Aminosäuren u.a.

Fermentationstechnik, Methoden und Verfahren zur Kultivierung von Mikroorganismen, pflanzlichen und tierischen Zellen, einschließlich der Medien- und Apparatesterilisation sowie der Bereitstellung der Impfkultur. Es wird zwischen Oberflächen- (↗ *Emerskultur*) und ↗ *Submerskulturen* unterschieden. Auch die Prozessführung (z.B. ↗ *Batch-Kultur*, ↗ *kontinuierliche Kultur*) sind Gegenstand der F.

Fermente, ältere, nicht mehr übliche Bezeichnung für ↗ *Enzyme*.

Fermenter, die klassische Bezeichnung für ↗ *Bioreaktoren*, die zur submersen Kultivierung von Mikroorganismen bzw. der Gewinnung der von diesen gebildeten extra- und intrazellulären Produkte dienen. F. sind eine Weiterentwicklung der ursprünglichen Gärbottiche. Insbesondere die Bioreaktoren für den Einsatz in der biotechnologischen Lebensmittelproduktion (Herstellung von Bier, Wein, Ethanol, Backhefe, Essig, Joghurt usw.) werden nach wie vor als F. bezeichnet.

Ferredoxine, *Fd*, ↗ *Eisen-Schwefel-Proteine* mit niedrigem Molekulargewicht, die als Elektronenüberträger zwischen Enzymsystemen fungieren, ohne eigene Enzymaktivität zu haben. Der Name wurde von Mortenson für eisenhaltige Proteine aus *Clostridium pasteurianum* geprägt. Die F. sind an zahlreichen Stoffwechselreaktionen beteiligt. So nehmen die *8-Fe-F.* an vielen Elektronenübertragungsprozessen in Organismen, wie den Clostridien und den Photosynthesebakterien, teil (Tab.). Die Primärstrukturen vieler F. wurden aufgeklärt. Sie enthalten etwa 55 Aminosäurereste, davon acht Cysteinreste, die an den jeweils gleichen Positionen der Polypeptidkette stehen. Die Aufklärung der dreidimensionalen Struktur zeigte, dass die Moleküle zwei identische 4 Fe-4 S-Cluster enthalten, von denen jeder einen Würfel bildet und mit vier Cysteinresten der Peptidkette kovalent verknüpft ist. Jedes 4 Fe-4 S-Zentrum kann ein Elektron übertragen.

4-Fe-F. enthalten als aktives Zentrum ein einzelnes 4 Fe-4 S-Cluster, wobei – ähnlich wie bei den Clostridien-F. – die Eisenatome an die einzigen vier Cysteinreste gebunden sind. Diese F. wurden vor allem aus Bakterien isoliert, wobei die Primärstrukturen des *Desulfovibrio-gigas*-F. und des *Bacillus-stearothermophilus*-F. bekannt sind.

Hochpotenzial-Eisen-Schwefel-Protein (*HiPIP*) ist ein spezieller Typ von F., der bisher nur aus vier Arten von Photosynthesebakterien isoliert werden konnte, aber mit Hilfe der ESR-Spektroskopie auch in anderen Bakterien entdeckt wurde. Das HiPIP hat ebenfalls einen einzigen 4 Fe-4 S-Cluster, doch unterscheidet es sich von den anderen F., deren Normalpotenziale im Bereich des Normalpotenzials der Wasserstoffelektrode ($-420\,V$) liegen, durch sein positives Normalpotenzial von etwa $+350\,mV$. Außerdem ist dieses HiPIP aus *Chromatium* im oxidierten Zustand paramagnetisch.

2-Fe-F. aus Blaugrünalgen, Grünalgen und höheren Pflanzen haben ähnliche Primärstrukturen (96 bis 98 Aminosäurereste mit 4–6 Cysteinbausteinen) und zeigen einen hohen Homologiegrad. Vier der sechs Cysteine befinden sich bei allen Pflanzenferredoxinen in den Positionen 39, 44, 47 und 77, die kovalent mit dem Fe-S-Zentrum verbunden sind. Ein vorgeschlagenes Modell für 2-Fe-F. wird bei ↗ *Eisen-Schwefel-Proteine* in der Abb. gezeigt. In den Photosyntheselamellen der sauerstoffproduzierenden Organismen wirken 2-Fe-F. als Elektronentransferkatalysatoren bei zwei energieliefernden Reaktionen, 1) der nichtzyklischen und 2) der zyklischen Photophosphorylierung:

$$NADP^+ + H_2O + ADP + P_i \xrightarrow{Fd\,/\,Licht}$$
$$NADPH + H^+ + ATP + \tfrac{1}{2}O_2 \tag{1}$$
$$ADP + P_i \xrightarrow{Fd\,/\,Licht} ATP \tag{2}$$

Die wichtigsten Stoffwechselreaktionen, an denen F. beteiligt sind, sind in der Tabelle aufgeführt.

Zur chemischen Struktur von F. wurden bisher mehrere Vorschläge gemacht (Abb. 1 und Abb. 2).

Ferredoxine. Tab. Ferredoxin-(Fd)-abhängige Stoffwechselreaktionen.

Reaktion	Ferredoxin-Typ
Stickstofffixierung $N_2 + 6\,ATP + 6\,e^- \rightarrow 2\,NH_3 + 6\,ADP + 6\,P_i$	Nitrogenasekomplex: Molybdoferredoxin, enthält 18-28 Fe-S und 1 Mo + Azoferredoxin (4 Fe-4 S-Zentrum) + 8 Fe-Fd (stickstofffixierende Bakterien, Blaugrünalgen)
Wasserstoffstoffwechsel $2\,H^+ + 2\,e^- \rightleftarrows H_2$	Hydrogenase (4 Fe-S-Zentrum) + 4 Fe-Fd, 8 Fe-Fd oder 2 Fe-Fd (Bakterien, Blaugrünalgen)
Phosphoroklastische Reaktion $CH_3\text{-}CO\text{-}COO^- + P_i \rightarrow CH_3\text{-}CO\text{-}O\text{-}PO_3H_2 + CO_2 + H_2$	8 Fe-Fd + komplexes Fe-S-Enzym (*Clostridium*)
Synthese von α-Ketosäuren (Pyruvat, α-Ketoglutarat, α-Ketobutyrat), reduktive CO_2-Fixierung $CH_3\text{-}CO\sim CoA + CO_2 \rightarrow CH_3\text{-}CO\text{-}COO^- + CoA$	8 Fe-Fd (photosynthetische und Gärungsbakterien, z.B. *Chromatium, Clostridium*)
Photosynthetische NADP-Reduktion $NADP^+ + H_2O \xrightarrow{Licht} NADPH + H^+ + \tfrac{1}{2}O_2$	2 Fe-Fd (Pflanzen, Algen)

Modell der Fe-S-Gruppe im Fd

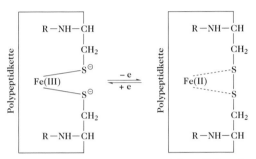

Ferredoxine. Abb 1. Strukturvorschlag des Ferredoxins: Chelatmodell (eingetragen sind nur 2 Fe).

Ferredoxine. Abb 2. Strukturvorschlag des Ferredoxins: Metallatom-Inselstrukturen.

Ferreirin, *5,7,6'-Trihydroxy-4'-methoxyisoflavanon.* ↗ *Isoflavanon.*

Ferrichrom, ↗ *Siderochrome.*

Ferrimycin, ↗ *Siderochrome.*

Ferrioxamine, ↗ *Siderochrome.*

Ferritin, das wichtigste Eisenspeicherprotein des Säugetierorganismus. Zusammen mit dem verwandten ↗ *Hämosiderin* speichert es etwa 25 % des im Körper nicht unmittelbar als Funktionseisen benötigten Eisens. Die Speicherform befindet sich vorwiegend im Leberparenchym und im retikuloendothelialen System. Die Proteinkomponente des F., das *Apoferritin* (M_r 445 kDa) besteht aus 24 teilweise Kohlenhydrat-enthaltenden Untereinheiten. Im F. sind die Polypeptidketten in Form eines pentagonalen Dodekaeders angeordnet, der das eingelagerte Eisen in Micellen aus $[(FeOOH)_8 \cdot (FeO:PO_3H_2)]$ enthält. Es handelt sich um eine Art Eiseneinschlussverbindung, in der das Eisen(III) sowohl als Phosphat als auch als Hydroxid vorliegt, aber auch an Thiolgruppierungen von Cysteinresten des Apoferritins gebunden ist. F. übt eine vorübergehende Eisenspeicherfunktion aus. Das von den Schleimhautzellen des Darms abgegebene Eisen wird im Blutplasma vom Trägerprotein ↗ *Transferrin* übernommen und zu den Eisendepots, insbesondere zu den blutbildenden Geweben des roten Knochenmarks transportiert. Vor der Bindung an Transferrin wird Eisen im Serum durch ↗ *Coeruloplasmin* zum dreiwertigen Eisen oxidiert. Obwohl F. eine organgebundene Eisenspeicherform darstellt, findet man es im Plasma in Konzentrationen von 50–250 µg/l. Der Gehalt an F. im Plasma ist ein Maßstab für die verfügbaren Eisendepots des Körpers und unabhängig vom Gehalt des an Transferrin gebundenen Plasmaeisens, da sich das Serum-F. als ein zuverlässiger Parameter für den Sättigungsgrad der Eisenspeicher des Organismus erwiesen hat. Die Bestimmung von F. ermöglicht daher eine Differenzierung verschiedener Anämieformen.

Ferrooxidase, ↗ *Coeruloplasmin.*

Fervenulin, *6,8-Dimethylpyrimido-5,4-e-1,2,4-triazin-5,7-(6H,8H)-dion,* ein durch *Streptomyces fervens* synthetisiertes Pyrimidinantibiotikum (M_r 193,17 Da, F. 178–179 °C). Fervenulin (Abb.) zeigt eine dem ↗ *Toxoflavin* analoge Struktur, ist aber weniger toxisch. Es hat ein breites Wirkungsspektrum und wirkt besonders gegen Coccen, gramnegative und phytopathogene Bakterien und gegen Trichomonaden.

Fervenulin

Fe-S-Protein, ↗ *Eisen-Schwefel-Proteine.*

Festbettreaktor, der Typ eines ↗ *Bioreaktors*, bei dem die am Stoffumsatz beteiligten ↗ *Biokatalysatoren* an Trägermaterialien (Füllkörper z.B. aus Kunststoff, Keramik oder Naturstoffen wie Holzchips oder Lavatuffgestein) immobilisiert sind und die Prozessführung kontinuierlich erfolgt. Die Biokatalysatoren sind entweder an der Oberfläche fixiert oder in oberflächennahen Poren – z.B. in Carrageenan-Perlen – eingelagert. In F. können nahezu vollständige Stoffumsätze erreicht werden. Nachteilig ist die Verstopfungsgefahr, vor allem bei Prozessen mit starker Zellvermehrung. Für Enzymreaktionen mit starker Substrathemmung sind F. weniger geeignet. F. finden u.a. bei der Abwasserreinigung sowie bei der Herstellung von High-Fructose-Corn-Syrup (Isomeratzucker) Anwendung.

Festphasen-Peptidsynthese, *SPPS* (engl. <u>s</u>olid <u>p</u>hase <u>p</u>eptide <u>s</u>ynthesis), *Merrifield-Synthese,* eine 1962 vom Nobelpreisträger Robert Bruce Merrifield eingeführte ↗ *Peptidsynthese,* bei der ein unlöslicher polymerer Träger verwendet wird. Ein lineares Peptid wird durch schrittweises Anknüpfen der sequenzspezifischen, temporär geschützten Aminosäuren aufgebaut, wobei das C-terminale Ende der wachsenden Polypeptidkette kovalent mit einem

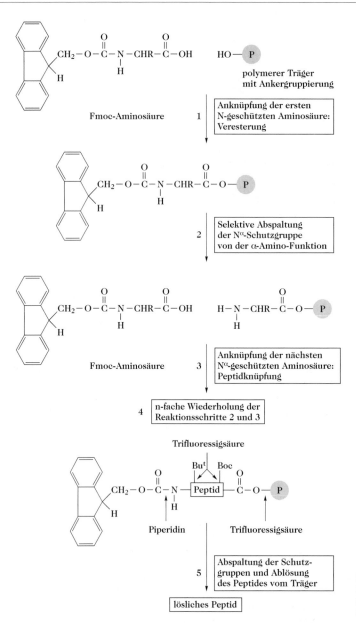

Festphasen-Peptidsynthese. Abb. 1. Schematische Darstellung der Festphasen-Peptidsynthese unter Anwendung des Fmoc, Bu^t-Schutzgruppenschemas.

Kunstharzträger verknüpft ist (Abb. 1). Zur Gewährleistung einer kontrollierten Reaktionsführung und zur Vermeidung von Nebenreaktionen müssen reaktive funktionelle Seitenketten der Aminosäuren durch geeignete Schutzgruppen temporär blockiert werden. Während die α-Aminogruppe der zu verknüpfenden Aminosäure nur bei der eigentlichen Kupplungsreaktion geschützt sein muss, werden permanente Seitenkettenschutzgruppen erst nach Beendigung der Synthese vom Peptid abgespalten. Im Gegensatz zur ribosomalen ↗ Proteinbiosynthese erfolgt die Verlängerung der Peptidkette vom C- zum N-Terminus. Als polymerer Träger

hat sich ein Copolymerisat aus Polystyrol und 1–2 % 1,4-Divinylbenzol bewährt. Die durch Perlpolymerisation erhaltenen Harzkügelchen mit einem Durchmesser zwischen 20 und 100 µm quellen in den für die Synthese verwendeten Lösungsmitteln und werden dadurch für die Reagenzien permeabel. Als intermediäre α-Aminoschutzgruppen werden hauptsächlich die tert.-Butyloxycarbonyl (Boc)- und die Fluorenyl-9-methoxycarbonyl (Fmoc)-Gruppe eingesetzt. Die *Boc-Gruppe* ist stabil gegenüber katalytischer Hydrierung und alkalischer Hydrolyse und lässt sich durch milde Acidolyse, z.B. mit Trifluoressigsäure (TFA) abspalten. Die ständi-

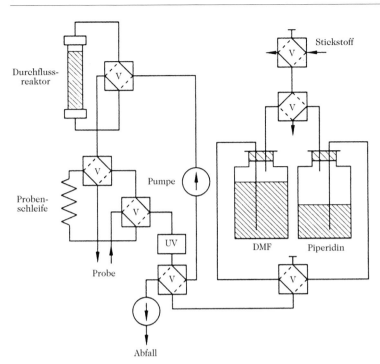

Festphasen-Peptidsynthese.
Abb. 2. Schematische Darstellung eines Peptidsynthesizers. V = Ventil, UV = UV-Detektor, DMF = Dimethylformamid.

ge Wiederholung der sauren Deblockierungsreaktionen nach den einzelnen Kupplungsschritten kann zur partiellen Deblockierung von Seitenkettenschutzgruppen sowie zu einer geringen Hydrolyse der Ankerbindung zum polymeren Träger führen. Die *Fmoc-Gruppe* (Abb. 1) besitzt den Vorteil, dass sie durch Behandlung mit geeigneten Basen wie Morpholin, 2-Aminoethanol oder Piperidin abgespalten werden kann. Werden als Ankergruppierung am polymeren Träger sowie zum Schutz der Drittfunktionen entsprechender Aminosäurebausteine säurelabile, gegen Basen resistente Gruppierungen verwendet, dann können vorteilhafterweise intermediäre und permanente Schutzgruppen unabhängig voneinander abgespalten werden.

Die Kupplungsreaktion (3) ist ein äußerst wichtiger Schritt für die F., weil ein vollständiger Umsatz die Grundvoraussetzung für die Einheitlichkeit des Endprodukts ist. In der Regel wird das Reagens im Überschuss eingesetzt, wobei Anhydride, Aktivester oder sog. *in-situ*-Aktivatoren, bei denen intermediär aktivierte Esterderivate entstehen, bevorzugte Verwendung finden. Die sich ständig wiederholenden Reaktionsschritte (2) Abspaltung der α-Aminoschutzgruppe und (3) Anknüpfung der nächsten Nα-geschützten Aminosäure (Kupplungsreaktion) haben die weitgehende Automatisierung der Syntheseschritte und Konstruktion von Peptidsynthesizern (Abb. 2) ermöglicht, von denen die meisten nach dem Durchflussprinzip arbeiten. Das Harz befindet sich in einer Säule mit einer Fritte am Boden, so dass Reagenzien und Lösungsmittel au-

tomatisch zugeführt, mit dem Trägermaterial vermischt und anschließend abgesaugt werden können. Die Wiederholung der Schritte 2 und 3 erfolgt bis zur gewünschten Länge des aufzubauenden Peptids. Im Schritt 5 erfolgt die Abspaltung des synthetisierten Peptids vom polymeren Träger. Die Ablösung von der Harzmatrix gelingt mittels Reagenzien, die in Abhängigkeit vom gewählten Schutzgruppenschema die Ankerbindung zwischen C-terminaler Aminosäure und Träger selektiv spalten, oder auch synchron eine partielle oder vollständige Deblockierung des synthetisierten Peptids bewirken. Aus der F. entwickelte sich die ↗ *multiple Peptidsynthese*. [E. Atherton u. R.C. Sheppard *Solid-Phase Synthesis - A Practical Approach*, Oxford University Press, 1989; H.-D. Jakubke *Peptide: Chemie und Biologie*, Spektrum Akademischer Verlag Heidelberg, 1996]

Festphasen-Sequenator, ↗ *Edman-Abbau*.

Festsubstratfermentation, mikrobiologische Umsetzungen von festen, partikelförmigen Substraten (z.B. Holzspäne, Zuckerrohr). Hauptproblem der F. ist die Kontaktierung von Mikroorganismen, festem Substrat, wässriger Phase und gegebenenfalls Luft. Zur F. sind deshalb spezielle Typen von ↗ *Bioreaktoren* erforderlich.

FET, ↗ *Feldeffekttransistor*.

α-Fetoprotein, *AFP*, ein zu den α-Globulinen zählendes Glycoprotein (M_r 70 kDa), das im Plasma von Neugeborenen (0,1 mg/ml), jedoch beim Erwachsenen nur in Spuren (<<1 mg/ml) vorkommt. Es wird zunächst im Dottersack, danach in Leber und Gastrointestinaltrakt der Föten gebildet. Nach der Geburt tritt an die Stelle des α-F. das Serumalbumin, mit dem es auch strukturelle Ähnlichkeit besitzt. Durch ↗ *Immunassay* oder ↗ *Gegenstromelektrophorese* kann es im mütterlichen Blut und in der Fruchtblasenflüssigkeit nachgewiesen werden. Vermehrtes Auftreten kann eine Indikation für bestimmte Missbildungen oder von bestimmten Carcinomen sein.

Fettalkohole, unverzweigte, aliphatische, einwertige Alkohole mit 10–20 C-Atomen, die in der Natur als Bestandteile von ↗ *Wachsen* (↗ *Wachsalkohole*) vorkommen. Sie werden aus den korrespondierenden Fettsäuren durch Reduktion erhalten und in den verschiedenen Bereichen der Emulgiertechnik verwendet.

Fette und fette Öle, *Glyceride*, die Mono-, Di- und Triester des dreiwertigen Alkohols Glycerin. Die natürlichen F. u. f. Ö. bestehen zu etwa 98 % aus gemischten Triglyceriden. Monoglyceride sind lediglich in Spuren (1 %), Diglyceride nur in geringen Mengen (3 %) enthalten. Die wichtigsten der am Aufbau der F. u. f. Ö. beteiligten Fettsäuren sind Palmitinsäure $C_{15}H_{31}COOH$ und Stearinsäure $C_{17}H_{35}COOH$ in den festen Fetten sowie Ölsäure $C_{17}H_{33}COOH$, Linolsäure $C_{17}H_{31}COOH$ und Linolensäure $C_{17}H_{29}COOH$ in den Ölen. Tierische F. u. f. Ö. enthalten noch Phosphatide, Vitamine und geringe Mengen an Cholesterin. Milchfett z.B. enthält über 60 verschiedene Fettsäuren, davon 2,5–4 % mit 4 C-Atomen, 1,5–2,5 % mit 6 C-Atomen, 1,0–1,5 % mit 8 C-Atomen, 2,5–3,5 % mit 10 C-Atomen, 2,5–4 % mit 12 C-Atomen, 7–13 % mit 14 C-Atomen, 20–35 % mit 16 C-Atomen und 25–35 % mit 18 C-Atomen. Butterfett z.B. enthält außer den Fettsäuren je kg 4–14 mg Vitamin A, 3–10 mg Vitamin D, 25–30 mg Vitamin E sowie 4–9 mg Carotin, 2–3 g Cholesterin und 2–5 g Phospholipide.

In den pflanzlichen F. u. f. Ö. ist kein Cholesterin enthalten, dagegen liegen bis zu 65 % Linolsäure und 0,5–1,0 g Vitamin E vor. Neben den normalen Fettsäuren kommen in bestimmen F. u. f. Ö. auch substituierte Säuren vor, so z.B. die Ricinolsäure (12-Hydroxy-9-octadecensäure) bis zu 90 % im Ricinusöl; β-Ketofettsäuren bis zu 0,03 % im Milchfett; alkylverzweigte Fettsäuren bis zu 75 % in Mikrobenfetten und bis zu 3 % als Stoffwechselprodukte der Pansenbakterien in Wiederkäuerfetten; Cyclopentencarbonsäuren, z.B. die in tropischen Pflanzen vorkommende Chaulmoograsäure (13-Cyclopenten-2-tridecansäure) sowie Cyclopropan- und Cyclopropensäuren bis zu 30 % in Bakterienfetten.

Eigenschaften. Fette sind feste oder halbfeste, Öle dagegen flüssige Stoffe mit Erstarrungspunkten zwischen etwa –20 °C und +40 °C. Die F. u. f. Ö. sind aufgrund ihrer Dichte von etwa 0,9 g · cm^{-3} leichter als Wasser und in diesem unlöslich. In feiner Verteilung mit Wasser bilden sie Emulsionen, die durch grenzflächenaktive Verbindungen stabilisiert werden können. In organischen Lösungsmitteln (mit Ausnahme von Alkoholen) sind die F. u. f. Ö. leicht löslich. Beim Kochen mit Laugen tritt Verseifung ein. Die Gelbfärbung der natürlichen F. u. f. Ö. beruht auf ihrem Gehalt an Carotinoiden, ihr Geruch und Geschmack auf der Anwesenheit von Aromastoffen. Für das typische Butteraroma z.B. ist Diacetyl (Butan-2,3-dion) mit 0,5 mg/kg Butterfett verantwortlich. In geringerer Konzentration sind Acetoin, Butanol, Butan-2-on, Methylsulfid, Ethylformiat und eine Reihe aliphatischer Lactone an der Aromabildung beteiligt. Beim Ranzigwerden der F. u. f. Ö. kommt es unter Einwirkung von Luftsauerstoff und durch enzymatisch-mikrobielle Prozesse zu Autoxidationen, Hydrolysen und Decarboxylierungen, wobei der Gehalt an Mono- und Diglyceriden sowie die Bildung von Alkan-2-onen stark zunehmen.

Analytisches. Die für die Charakterisierung der F. u. f. Ö. wichtigsten Kennzahlen sind die *Verseifungszahl* (VZ), die angibt, wieviel Milligramm Kalilauge zur Verseifung von 1 g Fett oder fettem Öl erforderlich sind, sowie die *Iodzahl* (IZ), die angibt, wieviel Gramm Iod an 100 g Fett addiert werden und damit ein Maß für den Gehalt an ungesättigten Verbindungen ist. Die Ermittlung der Fettsäurezusammensetzung erfolgt heute vor allem durch ↗ *Gaschromatographie* (Tab.).

Vorkommen und Gewinnung. F. u. f. Ö. sind in jeder Zelle mikrobiellen, pflanzlichen und tierischen Ursprungs enthalten. Im tierischen Organismus findet sich Fettgewebe besonders unter der Haut sowie als Reservefett in der Bauchhöhle und in der Nähe von Organen. Die pflanzlichen Fette finden sich vor allem im Fruchtfleisch und in den Samen. Die wichtigsten Ölfrüchte sind Oliven, Kokosnuss, Hanf- und Leinsaat, Erdnüsse, Maiskeime, Baumwollsamen, Sojabohnen, Palm- und Sonnenblumenkerne. Zur Gewinnung werden die Fettgewebe ausgepresst, ausgeschmolzen oder mit Lösungsmitteln, wie Benzin, Kohlenstoffdisulfid und Trichlorethen, und neuerdings auch mit überkritischen Gasen extrahiert. Die rohen F. u. f. Ö. werden in den meisten Fällen noch raffiniert. Dazu werden sie mit verdünnter Schwefelsäure oder Phosphorsäure vorgereinigt, dann mit Alkalien, z.B. 8%iger Natronlauge, entsäuert, mit Adsorptionsmitteln, wie Bleicherden oder Entfärbungskohlen, entfärbt und durch Dämpfen von unerwünschten Geschmacksstoffen befreit.

Synthetische Fette gewinnt man durch Veresterung der bei der Paraffinoxidation entstehenden Fettsäuregemische mit Glycerin bei Temperaturen über 100 °C unter gleichzeitiger Entfernung des entstehenden Wassers. Obwohl gegen die in den

	Erstarrungspunkt/ Schmelzpunkt [°C]	Verseifungszahl VZ	Iodzahl IZ
Schweineschmalz	27 … 40	190 … 200	45 … 70
Rindertalg	40 … 50	190 … 200	35 … 50
Gänsefett	25 … 35	190 … 200	60 … 75
Butterfett	15 … 25	220 … 235	20 … 35
Kokosfett	20 … 25	250 … 265	7 … 10
Palmkernfett	20 … 25	245 … 255	12 … 17
Kakaobutter	22 … 26	190 … 200	35 … 40
Baumwollsaatöl	0 … 5	190 … 200	100 … 120
Erdnussöl	4 … −2	185 … 195	100 … 110
Leinöl	<−15	190 … 195	170 … 195
Rapsöl	−3 … 0	170 … 180	95 … 105
Sojaöl	<−15 … −10	190 … 195	120 … 140
Sonnenblumenöl	−20 … −10	185 … 195	115 … 140
Sesamöl	−6 … −3	185 … 195	100 … 120

Fette und fette Öle. Tab. Kenndaten.

synthetischen F. enthaltenen ungeradzahligen Fettsäuren keine physiologischen Bedenken bestehen, spielen sie für die menschliche Ernährung derzeitig keine Rolle.

Emulgierte Fette, deren wichtigster Vertreter die Margarine ist, erhält man durch Emulgieren von Pflanzenölen, Pflanzenfetten und hydrierten Fetten unter Zusatz von etwa 0,5 % Emulgatoren, Aromastoffen, Farbstoffen, Konservierungsmitteln, Stärkesirup, Kochsalz, Citronensäure sowie von 0,2 % Kartoffelstärke (zur Unterscheidung von Butter) in Wasser oder gesäuerter Magermilch. Der Fettgehalt beträgt 80 %, bei joulereduzierten Fetten etwa 40 %. Unverdauliche Pseudofette, z.B. Ether des Glycerins und Ester der Propan-1,2,3-tricarbonsäure oder der Butan-1,2,3,4-tetracarbonsäure, finden vor allem aus ökonomischen Gründen keine verbreitete Anwendung.

Verwendung. 80 % der gewonnenen F. u. f. Ö. werden als Lebensmittel verwendet (1 g Fett = 38 kJ). Weiterhin dienen F. u. f. Ö. zur Herstellung von Fettsäuren, Glycerin, Seifen, Salben, Kerzen, Lacken, Firnissen und Malerfarben.

Fetthärtung, ein Verfahren zur Überführung von pflanzlichen und tierischen fetten Ölen zu nahezu geruch- und geschmacklosen harten Fetten durch katalytische Hydrierung. Die Hydrierung der ungesättigten Fettsäureglyceride zu gesättigten führt zu einer Erhöhung des Schmelzpunktes.

Fettleber, ↗ *lipotrope Substanzen.*

Fettsäureabbau, *Fettsäurekatabolismus*, erfolgt hauptsächlich durch β-Oxidation. Die α- und ω-Oxidation stellen Nebenwege dar.

Die β-Oxidation ist ein zyklischer (spiralförmiger) Prozess, durch den die Fettsäuren schrittweise vom Carboxylende her abgebaut werden. In jeder Runde des Zyklus werden zwei Kohlenstoffatome in Form von Acetyl-CoA abgespalten und das β-Kohlenstoffatom wird oxidiert:

$$R\text{-}CH_2\text{-}CH_2\text{-}CO\text{~}SCoA \xrightarrow{HS-CoA}$$
$$R\text{-}CO\text{-}CoA + CH_3\text{-}CO\text{~}SCoA.$$

Abb. 1 zeigt die „Fettsäurespirale". Die Initiierungsreaktion besteht in der Aktivierung der Fettsäure zum Acyl-CoA mit Hilfe einer Acyl-CoA-Synthetase (EC 6.2.1.3), ein Vorgang, für den ATP benötigt wird:

$$R\text{-}CH_2\text{-}CH_2\text{-}COOH + ATP + HS\text{-}CoA \rightarrow$$
$$R\text{-}CH_2\text{-}CH_2\text{-}CO\text{~}SCoA + AMP + PP_i.$$

Das Acyl-CoA wird durch Acyl-CoA-Dehydrogenase (EC 1.3.99.3; ein FAD-Enzym) zu 2,3-Dehydroacyl-CoA oxidiert. Diese Verbindung wird hydratisiert und dann oxidiert zu 3-Ketoacyl-CoA. Letztere wird gespalten (thiolysiert), wobei Acetyl-CoA und ein neues Acyl-CoA gebildet werden. Das neue Acyl-CoA ist zwei Kohlenstoffatome kürzer als das ursprüngliche und wird sofort einer weiteren β-Oxidation unterzogen. In jeder Runde der Fettsäurespirale entsteht ein Molekül Acetyl-CoA, das im Tricarbonsäure-Zyklus weiter oxidiert wird. Die vollständige Oxidation eines Moleküls Steroyl-CoA erzeugt 148 Moleküle ATP (aus 18 C-Atomen entstehen 9 Moleküle Acetyl-CoA; 1 Acetyl-CoA ergibt im Tricarbonsäure-Zyklus 12 Moleküle ATP; zusätzlich werden bei jedem der 8 β-Oxidationsschritte 5 Moleküle ATP gebildet). Die Energie, die am Ende in den Phosphatbindungen von 148 ATP-Molekülen

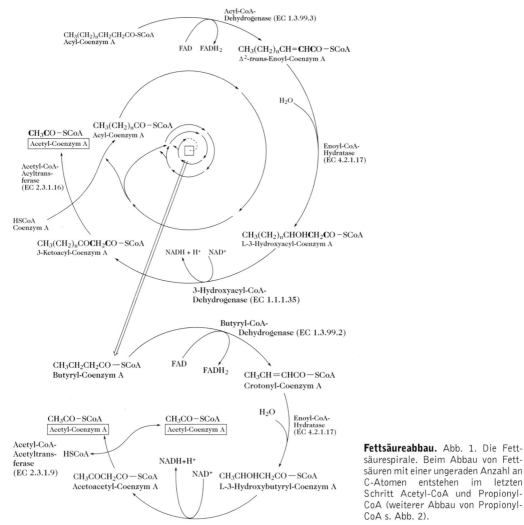

Fettsäureabbau. Abb. 1. Die Fettsäurespirale. Beim Abbau von Fettsäuren mit einer ungeraden Anzahl an C-Atomen entstehen im letzten Schritt Acetyl-CoA und Propionyl-CoA (weiterer Abbau von Propionyl-CoA s. Abb. 2).

gespeichert ist, entspricht 50 % der Verbrennungswärme der Fettsäure.

Unter der Vorraussetzung, dass die Fettsäure eine gerade Anzahl an C-Atomen enthält, kann sie durch β-Oxidation vollständig zu Acetyl-CoA abgebaut werden. Wenn die Fettsäure eine ungerade Anzahl an C-Atomen enthält, führt die schrittweise Entfernung von jeweils zwei Kohlenstoffatomen eventuell zu einer C_3-Verbindung, z.B. Propionyl-CoA, die auf einem alternativen Stoffwechselweg metabolisiert werden muss. Dieser Weg ist in Abb. 2 dargestellt. Beträchtliche Mengen an Propionyl-CoA entstehen auch beim Abbau der verzweigtkettigen Aminosäuren Isoleucin und Valin. Der Hauptweg beinhaltet die Carboxylierung von Propionyl-CoA zu Methylmalonyl-CoA, worauf sich die vitamin-B_{12}-abhängige Isomerisierung zu Succinyl-CoA anschließt. Die Ausscheidung von Methylmalonyl-

CoA ist ein diagnostischer Hinweis auf Vitamin-B_{12}-Mangel.

Zum Abbau verzweigtkettiger Fettsäuren werden verschiedene Wege beschritten, von denen einige aus dem Metabolismus verzweigtkettiger Aminosäuren (↗ *L-Leucin*) abstammen. Fettsäuren mit kurzen Ketten werden in den Mitochondrien in ihr Fettsäureacyl-Derivat überführt, während Fettsäuren mit langen Ketten durch das endoplasmatische Reticulum und die äußere Mitochondrienmembran aktiviert werden können. Langkettige Fettsäuren können die innere Mitochondrienmembran nicht durchdringen und müssen in Form des Acyl-Carnitins (Abb. 3) in die Mitochondrien transportiert werden.

Die α-*Oxidation von Fettsäuren* kommt in keimenden Pflanzensamen vor. Eine Fettsäure-Peroxidase (EC 1.11.1.3) katalysiert die Decarboxylierung

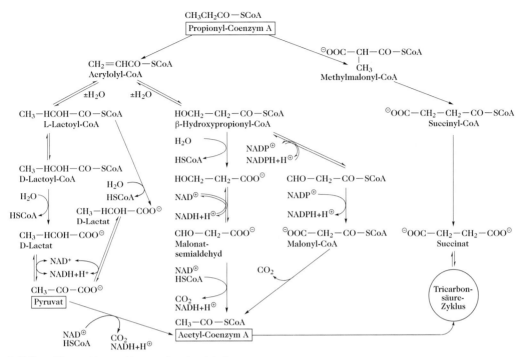

Fettsäureabbau. Abb. 2. Abbau von Propionyl-CoA.
Auf dem Methylmalonyl-CoA-Weg wird Propionyl-CoA durch eine ATP-abhängige Carboxylierung in Methylmalonyl-CoA
überführt. Die S-Methylmalonyl-CoA-Mutase (EC 5.4.99.2), ein cobamidabhängiges Enzym, wandelt Methylmalonyl-CoA
in Succinyl-CoA um.
Auf dem Lactatweg wird Propionyl-CoA zu Acrylyl-CoA dehydriert. Durch α-Hydratisierung entsteht L-Lactoyl-CoA, das
zu Lactat hydrolysiert wird.
In Pflanzenmitochondrien wird Acrylyl-CoA zu 3-Hydroxypropionyl-CoA hydratisiert, das zu Malonsäuresemialdehyd
deacyliert und oxidiert wird. Dieses wird entweder direkt durch oxidative Decarboxylierung oder indirekt über Malonyl-
CoA in Acetyl-CoA überführt.

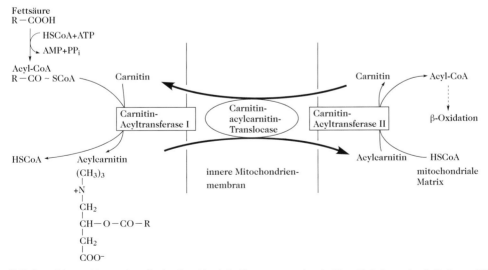

Fettsäureabbau. Abb. 3. Die Rolle des Carnitins beim Transport von langkettigen Fettsäuren durch die innere Mitochondrienmembran. Die Carnitin-Acylcarnitin-Translocase ist ein integrales Membranaustauschtransportsystem. Die Carnitin-
Acyltransferasen I und II sind auf der äußeren und inneren Oberfläche der inneren Mitochondrienmembran lokalisiert.

und gleichzeitige Bildung eines Aldehyds, wobei H_2O_2 als Wasserstoffakzeptor fungiert. Das Aldehyd kann entweder zu einer Fettsäure oxidiert oder einem Fettalkohol reduziert werden.

Bei der ***ω-Oxidation*** wird die endständige Methylgruppe einer Fettsäure durch Enzyme katalysiert, die in der mikrosomalen Fraktion von tierischen Zellen und in mikrobiellen Zellen vorkommen. Das Substrat besteht normalerweise in einer C_8- bis C_{12}-Fettsäure, die in zwei Schritten in die Dicarbonsäure überführt wird: 1) Hydroxylierung des ω-C-Atoms unter Bildung einer ω-Hydroxyfettsäure, ein Vorgang, für den Sauerstoff und NADPH benötigt werden; 2) Oxidation des hydroxylierten ω-C-Atoms zu einer Carboxylgruppe, katalysiert durch ein lösliches, nicht mikrosomales Enzym, das gewöhnlich NAD^+-abhängig ist.

Fettsäurebiosynthese, ein Prozess, der durch die Fettsäure-Synthase katalysiert wird und bei dem die Fettsäurekohlenstoffkette schrittweise aus C2-Einheiten (die von Malonylgruppen stammen, mit anschließender Decarboxylierung) aufgebaut wird. Die Intermediate der Fettsäurebiosynthese sind Thioester des ↗ *Acyl-Carrier-Proteins* (ACP) und des Coenzyms A wie beim Fettsäureabbau.

Malonyl-CoA wird durch eine biotinabhängige Carboxylierung von Acetyl-CoA synthetisiert (↗ *Biotin*):

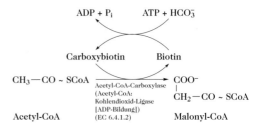

Fettsäurebiosynthese. Abb. 1. Kooperative Aktivität der Proteine der Fettsäure-Synthase, die als Multienzymkomplex bzw. als einzelnes multifunktionelles Protein vorliegen kann (Tab. 2). Die Zick-Zack-Linie stellt den beweglichen Pantetheinarm des Acyl-Carrier-Proteins dar. Der mittlere Kreis repräsentiert das Acyl-Carrier-Protein und die äußeren Kreise die anderen Enzyme (s. Tab. 1). Die rein schematische Darstellung gibt nicht notwendigerweise die wirkliche Aneinanderreihung der Proteine wieder.

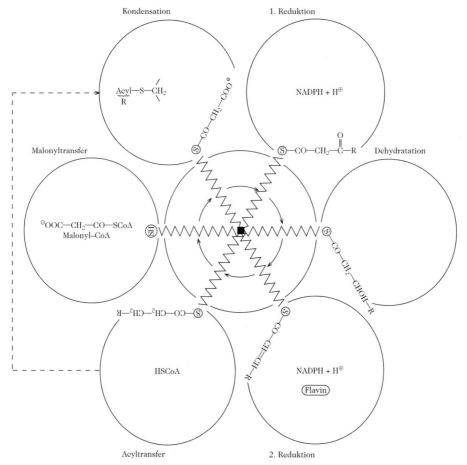

Fettsäurebiosynthese. Tab. 1. Reaktionen der Fettsäuresynthese. Das Enzym besitzt eine periphere SH-Gruppe (die zu einem Cysteinrest gehört) und eine zentrale SH-Gruppe (die zu Pantethein gehört). Mit Ausnahme der Acetyl-CoA-Carboxylase können die katalytischen Aktivitäten (zusammen mit dem Acyl-Carrier-Protein), die in der Tabelle aufgelistet sind, entweder Bestandteil diskreter Proteine in einem Multienzymkomplex sein oder sie sind alle in einem einzelnen multifunktionellen Protein vorhanden (s. Tab. 2).

Enzym	Funktion	Reaktion
1) Acetyl-CoA-Carboxylase	Malonyl-CoA-Synthese	$CH_3CO{\sim}SCoA + HCO_3^- + ATP \xrightarrow[\text{Biotin}]{H_2O, Mg^{2+}} {}^-OOC{-}CH_2{-}CO{-}SCoA + ADP + P_i$ Acetyl-CoA $\quad$ Malonyl-CoA
2) Acetyl-Transacylase	Acylgruppenübertragung (Initiationsreaktion)	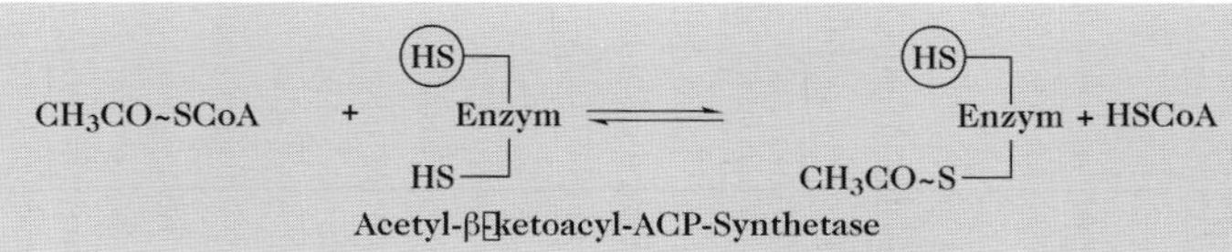 $CH_3CO{\sim}SCoA + \text{Enzym(HS)} \rightleftharpoons \text{Enzym} + HSCoA$ $CH_3CO{-}S$; $CH_3CO{-}S$ Acetyl-β-Ketoacyl-ACP-Synthetase
3) Malonyl-Transacylase 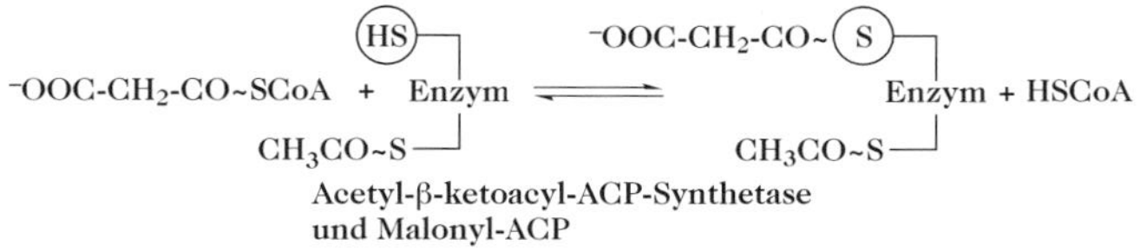	Malonylgruppenübertragung	${}^-OOC{-}CH_2{-}CO{\sim}SCoA + \text{Enzym(HS)} \rightleftharpoons {}^-OOC{-}CH_2{-}CO{-}S \;\; \text{Enzym} + HSCoA$ $CH_3CO{-}S$; $CH_3CO{-}S$ Acetyl-β-ketoacyl-ACP-Synthetase und Malonyl-ACP
4) β-Ketoacyl-ACP-Synthetase	Kondensation	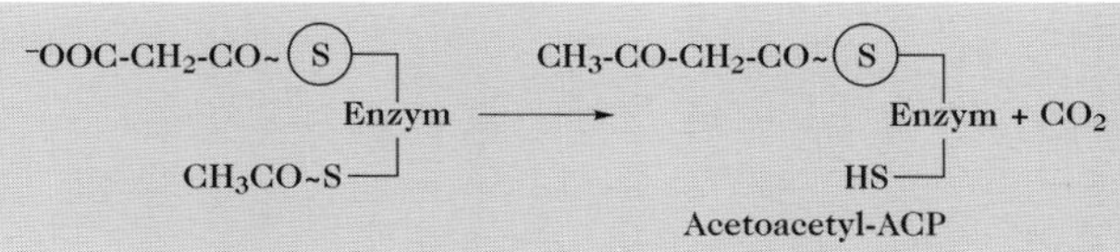 ${}^-OOC{-}CH_2{-}CO{\sim}S\text{(Enzym)} \rightarrow CH_3{-}CO{-}CH_2{-}CO{\sim}S\text{(Enzym)} + CO_2$ $CH_3CO{-}S$; HS Acetoacetyl-ACP
5) β-Ketoacyl-ACP-Reduktase	1. Reduktion	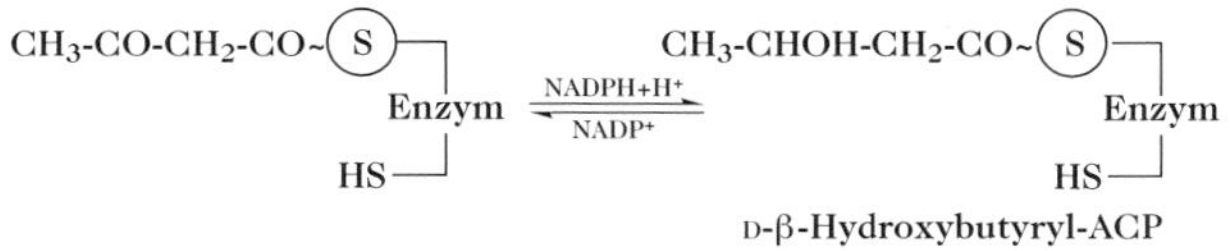 $CH_3{-}CO{-}CH_2{-}CO{\sim}S\text{(Enzym)} \xrightarrow[NADP^+]{NADPH+H^+} CH_3{-}CHOH{-}CH_2{-}CO{\sim}S\text{(Enzym)}$ HS ; HS D-β-Hydroxybutyryl-ACP
6) Enoyl-ACP-Hydratase (Crotonase)	Dehydrierung	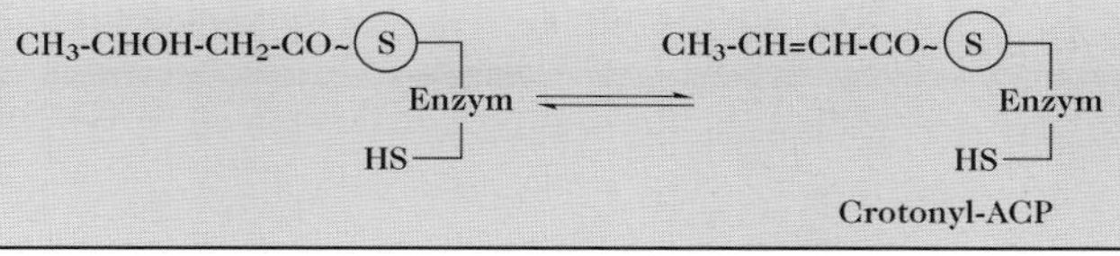 $CH_3{-}CHOH{-}CH_2{-}CO{\sim}S\text{(Enzym)} \rightleftharpoons CH_3{-}CH{=}CH{-}CO{\sim}S\text{(Enzym)}$ HS ; HS Crotonyl-ACP

Fettsäurebiosynthese. Tab. 1. Reaktionen der Fettsäuresynthese. Das Enzym besitzt eine periphere SH-Gruppe (die zu einem Cysteinrest gehört) und eine zentrale SH-Gruppe (die zu Pantethein gehört). Mit Ausnahme der Acetyl-CoA-Carboxylase können die katalytischen Aktivitäten (zusammen mit dem Acyl-Carrier-Protein), die in der Tabelle aufgelistet sind, entweder Bestandteil diskreter Proteine in einem Multienzymkomplex sein oder sie sind alle in einem einzelnen multifunktionellen Protein vorhanden (s. Tab. 2).

Enzym	Funktion	Reaktion
7) Enolyl-ACP-Reduktase	2. Reduktion	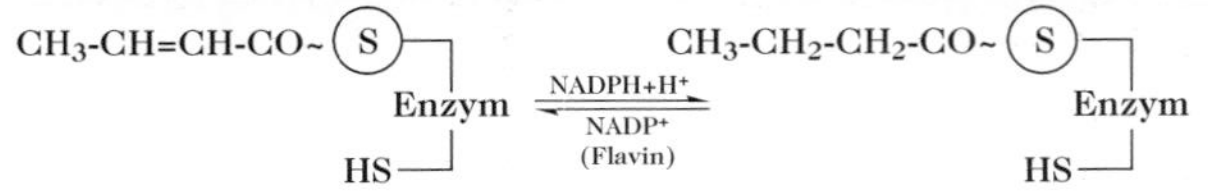 $CH_3\text{-}CH\text{=}CH\text{-}CO\text{-}$ (S) — Enzym — HS $\xrightarrow[\text{(Flavin)}]{\text{NADPH+H}^+ \;/\; \text{NADP}^+}$ $CH_3\text{-}CH_2\text{-}CH_2\text{-}CO\text{-}$ (S) — Enzym — HS
8) Transacylase	Acylgruppenübertragung (anschließend wiederholte Malonylgruppenübertragung, z. B. Reaktion 3)	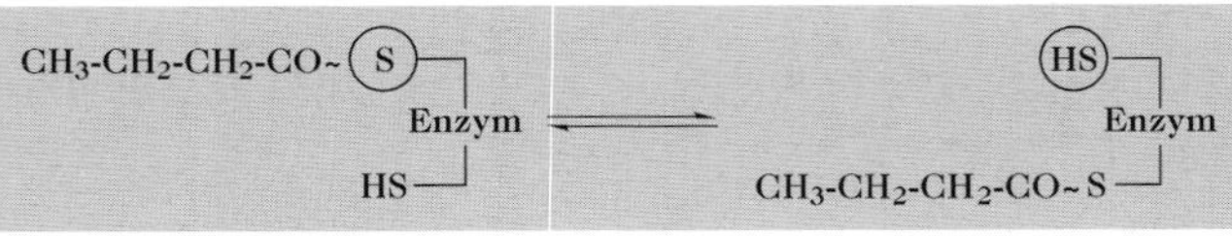 $CH_3\text{-}CH_2\text{-}CH_2\text{-}CO\text{-}$ (S) — Enzym — HS $\rightleftharpoons$ $CH_3\text{-}CH_2\text{-}CH_2\text{-}CO\text{-}$ S — Enzym — (HS)
	wiederholte Kettenverlängerungszyklen	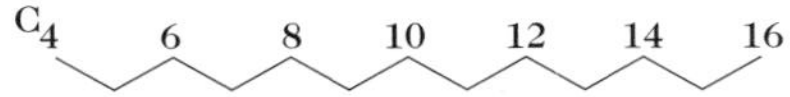 C_4 6 8 10 12 14 16
9) Transacylase	Palmitylgruppenübertragung (Terminationsreaktion)	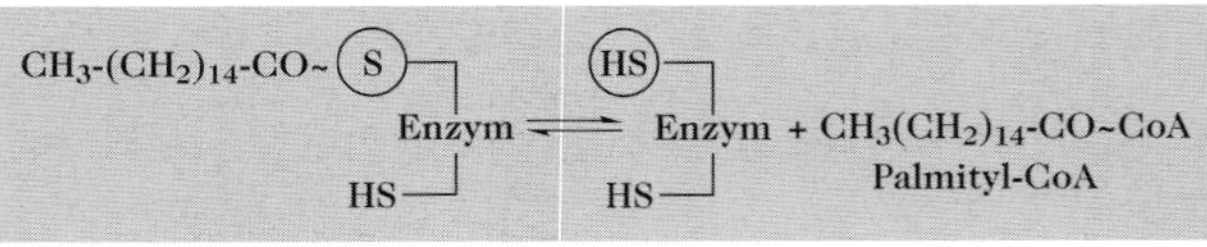 $CH_3\text{-}(CH_2)_{14}\text{-}CO\text{-}$ (S) — Enzym — HS $\rightleftharpoons$ Enzym + $CH_3(CH_2)_{14}\text{-}CO\text{-}CoA$ Palmityl-CoA — (HS) — HS
10) Thioesterase	Hydrolyse (Terminationsreaktion)	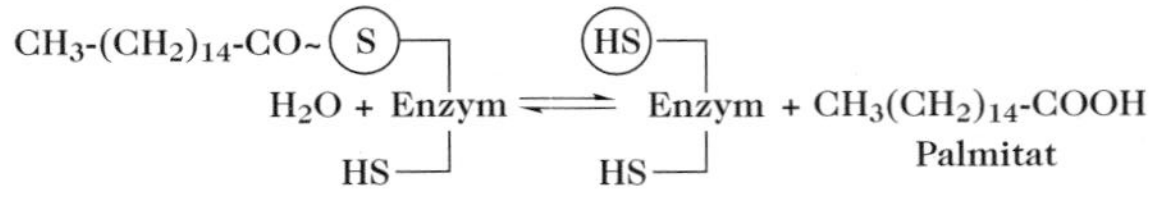 $CH_3\text{-}(CH_2)_{14}\text{-}CO\text{-}$ (S) — Enzym — HS $\;H_2O$ + Enzym $\rightleftharpoons$ Enzym + $CH_3(CH_2)_{14}\text{-}COOH$ Palmitat — (HS) — HS

alternative Terminationsreaktionen

Die Malonylgruppe von Malonyl-CoA wird auf das ACP übertragen, wo sie eine Thioesterbindung mit der SH-Gruppe des kovalent gebundenen 4-Phosphopantetheins eingeht. Dieser Phosphopantetheinarm dient als Träger für Substrate und Intermediate, die anschließend durch die anderen katalytischen Aktivitäten der Fettsäure-Synthase auf ihn übertragen werden (Tab. 1 und Abb. 1). Jede neu gebildete gesättigte Acylgruppe wird vom Phosphopantetheinarm auf die SH-Gruppe eines Cysteinylrests („periphere" SH-Gruppe) der β-Ketoacyl-Synthetase transferiert. Anschließend wird die nächste Malonylgruppe an das freigewordene zentrale Thiol gebunden und ein neuer Reaktionszyklus (Kondensation, Reduktion, Dehydratisierung, Reduktion) erweitert die Acylgruppe durch zwei weitere Kohlenstoffatome. Diese Zyklen werden wiederholt, bis ein Palmitoylrest (C_{16}) entstanden

ist, der dann entweder als freie Säure oder als Fettsäureacyl-CoA freigesetzt wird, abhängig davon, ob das System eine Thioesterase oder eine CoA-Transacylase (Tab. 1 und 2) besitzt. Für den Fall der Palmitatsynthese lautet die stöchiometrische Gleichung:

Acetyl-CoA + 7 Malonyl-CoA + 14 NADPH + 14 H$^+$ → Palmitat + 7 CO$_2$ + 14 NADP$^+$ + 8 HSCoA + 6 H$_2$O.

Bei den meisten Bakterien und in den Chloroplasten sind das Acyl-Carrier-Protein und die Enzyme der Fettsäurebiosynthese diskrete Proteine, die in einem Multienzymkomplex (Typ-II-Fettsäure-Synthase) nichtkovalent assoziiert sind. Dagegen besteht die Fettsäure-Synthase bei Tieren (Typ I) aus einem Dimer eines einzelnen multifunktionellen Proteins. Die Fettsäure-Synthase der Hefe stellt einen Zwischentyp dar (Typ I/Typ II) (Tab. 2).

Fettsäurebiosynthese. Tab. 2. Fettsäure-Synthasen.

Quelle	Beschreibung
Rattenleber, Rattenfettgewebe, milchbildende Ratten- und Kaninchenmilchdrüsen, Hühnerleber, Gänsesteißdrüse, *Ceratitis capitata* (ein Insekt), *Crypthecodinium* (ein Dinoflagellat).	Typ-I-Fettsäure-Synthase. Die Enzymaktivitäten sind in einer Serie von globulären Domänen in einem einzelnen multifunktionellen Protein angeordnet, M_r 4–5 · 10^5 Da. Dieses besteht aus zwei identischen Untereinheiten (α_2-Struktur), jede von M_r 1,8–2,5 · 10^5 Da. Die β-Ketoacyl-Synthase-Aktivität ist nur beim Dimer vorhanden, da für die Aktivität zwei Thiolgruppen – eine von jeder Untereinheit – nebeneinander liegen müssen. Die Enoyl-Reduktase benötigt kein Flavin-Coenzym (zur Reduktion wird direkt NADPH verwendet). Die Termination wird durch Hydrolyse (Thioesterase) durchgeführt und die Produkte sind hauptsächlich Palmitat, neben etwas Stearat.

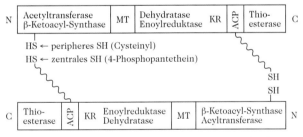

Vorgeschlagene Struktur des Dimers von Typ-I-Fettsäure-Synthase (gestützt auf Untersuchungen des Hühnerleberenzyms). ACP = Acyl-Carier-Protein, KR = β-Ketoacyl-Reduktase, MT = Malonyl-Transacylase.

Mycobacterium smegmatis, Corynebacterium diphteriae, Streptomyces coelicolor, Brevibacterium ammoniagenes	Ähnelt dem Typ-I-Enzym, d. h. die Untereinheiten sind identisch und jede ist ein multifunktionelles Protein (α_6-Struktur). Das Enzym, M_r 2 · 10^6 Da, besteht aus sechs identischen Untereinheiten, jede von M_r 290 kDa. Die Enoyl-Reduktase verwendet FMN. Die Fettsäurebiosynthese hängt sowohl von NADH (Enoylacyl-Reduktion) als auch von NADPH (β-Ketoacyl-Reduktion) ab. Die Hauptprodukte des *M. smegmatis*-Enzyms sind Palmitat und Tetracosanat.

Fettsäurebiosynthese. Tab. 2. Fettsäure-Synthasen.

Quelle	Beschreibung
Saccharomyces cerevisiae (Die Fettsäure-Synthasen von *Neurospora crassa, Penicillium patulum* und *Pythium debaryanum* – alles filamentöse Fungi – haben M_r 2,2–4,0 · 10^6 Da und scheinen Ähnlichkeit mit dem Hefeenzym zu haben)	Scheint eine evolutionäre Zwischenstufe zwischen Typ I und Typ II zu sein. M_r 2,4 · 10^6, besteht aus einer geraden Anzahl an nicht identischen Untereinheiten, M_r 213 kDa (α) und M_r 203 kDa (β), d. h. $\alpha_6\beta_6$-Struktur. Die Enoyl-Reduktase in der β-Untereinheit verwendet FMN. Die Produkte sind Palmitoyl-CoA bzw. Stearoyl-CoA.

α	β-Ketoacyl-Synthase	Acyl-Carrier	β-Ketoacyl-Reduktase	
β	Enoyl-Reduktase	Dehydratase	Acetyl-Trans-acylase	Malonyl- und Palmitoyl-Transacylase

Verteilung der katalytischen Aktivitäten in den α- und β-Untereinheiten der Hefefettsäure-Synthase.

Quelle	Beschreibung
Euglena gracilis	Das Cytoplasma enthält Typ-I-Enzym (α_2, M_r 200 kDa), synthetisiert primär Palmitoyl-CoA. Die Chloroplasten enthalten das Typ-II-System (unterschiedliche Enzyme), das hauptsächlich Stearoyl-ACP herstellt.
Die meisten Bakterien, einschließlich *Escherichia coli, Clostridium butyricum, Bacillus subtilis, Pseudomonas aeruginosa, Phormium lunidum.* Pflanzen, z.B. Avocado, Gerste, Spinat, Saflor, Petersilie. Chlamydomonas (Algen)	Typ-II-Fettsäure-Synthase. 6–7 diskrete Enzyme und ein Acyl-Carrier-Protein, nicht kovalent verbunden. Bei Pflanzen befinden sich die Enzyme nur in den Plastiden, im Cytoplasma läuft keine Fettsäuresynthese ab. Die Ähnlichkeit des Typ-II-Systems von Pflanzen und Bakterien unterstützt die endosymbiontische Theorie vom Ursprung der Chloroplasten. Die Enoyl-Reduktase verwendet FMN. Das primäre Produkt ist Palmitat.

Bei Tieren läuft die Fettsäurebiosynthese im Cytoplasma ab. Die Startsubstanz, das Acetyl-CoA wird in den Mitochondrien mit Hilfe der Pyruvat-Dehydrogenase (Multienzymkomplex) produziert.

Der Hauptweg für die Bereitstellung von cytosolischem Acetyl-CoA wird in Abb. 2 gezeigt.

Für jedes Acetyl-CoA, das von den Mitochondrien in das Cytosol transportiert wird, wird ein NADPH

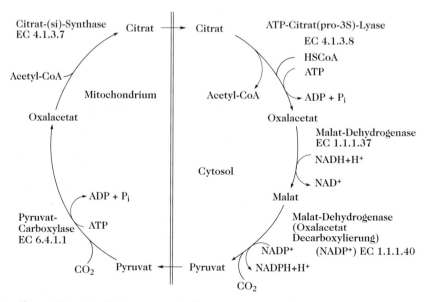

Fettsäurebiosynthese. Abb. 2. Produktion von cytosolischem Acetyl-CoA auf Kosten von mitochondrialem Acetyl-CoA durch Bildung, Transport und Abbau von Citrat.

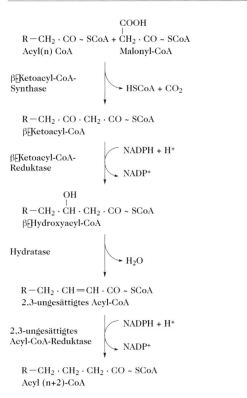

Fettsäurebiosynthese. Abb. 3. Das endoplasmatische Reticulum-System zur Elongation von Fettsäureacylketten.

erzeugt. Bei der Umwandlung von 8 Molekülen Acetyl-CoA in Palmitat werden 8 der benötigten 14 NADPH-Moleküle durch die Malat-Dehydrogenase (EC 1.1.1.40, Abb. 2) zur Verfügung gestellt. Die restlichen 6 NADPH liefert der ↗ *Pentosephosphat-Zyklus.* Der geschwindigkeitsbestimmende Schritt in der Synthese von Fettsäuren aus Acetyl-CoA ist die Synthese von Malonyl-CoA, die durch die Acetyl-CoA-Carboxylase katalysiert wird. Die aktive Acetyl-CoA-Carboxylase aus tierischem Gewebe ist ein Polypeptid (M_r 4–$8 \cdot 10^6$ Da), das in inaktive Monomere oder Dimere der M_r 230 kDa-Untereinheit dissoziiert werden kann. Jede Untereinheit stellt ein multifunktionelles Protein dar, das die katalytischen Aktivitäten der Biotin-Carboxylase, des Biotin-Carboxy-Carrier-Proteins und der Transcarboxylase sowie die regulatorische allosterische Bindungsstelle (↗ *Biotin*) enthält. Citrat und Isocitrat aktivieren das Enzym, indem sie die Aggregation der Untereinheiten fördern. Der Antagonist des Citrateffekts ist Palmitoyl-CoA, das auch den Carrier inhibiert, der Citrat über die innere Mitochondrienmembran transportiert (Abb. 2).

Elongation der Fettsäurekohlenstoffkette. Die Spezifität der β-Ketoacyl-ACP-Synthase bewirkt, dass das Enzym normalerweise Fettsäuregruppen bis zu einer Kettenlänge von C_{14} (Tetradecanoyl-

rest) bindet. Der Hexadecanoylrest (C_{16}-, Palmitoylrest) kann nicht gebunden werden, so dass Palmitat bzw. Palmitoyl-CoA als Endprodukt der Fettsäurebiosynthese freigesetzt wird. Die Kettenlänge kann mit Hilfe von Elongationsreaktionen verlängert werden, die sich in den Mitochondrien und im endoplasmatischen Reticulum bei Tieren abspielen. In den Mitochondrien wird die Elongation durch Addition von Acetyl-CoA-Einheiten durchgeführt (nicht Malonyl-ACP). Dieser Weg gleicht beinah einer Umkehrung der β-Oxidation (↗ *Fettsäureabbau*), mit dem Unterschied, dass die ungesättigte Bindung an C_2 durch NADPH und nicht durch $FADH_2$ reduziert wird. Im endoplasmatischen Reticulum stammen die C_2-Einheiten für die Elongation vom Malonyl-CoA ab und alle Zwischenstufen liegen in Form ihrer CoA-Ester vor (ACP-Ester sind nicht beteiligt; Abb. 3). Das mikrosomale Elongationssystem ist möglicherweise physiologisch wichtiger als das mitochondriale System. Wahrscheinlich arbeitet das mitochondriale System nur, wenn das NADH/NAD⁺-Verhältnis in den Mitochondrien hoch ist, d.h. unter anaeroben Bedingungen bzw. in der Leber, wenn große Mengen an Ethanol oxidiert werden.

Bei Bakterien und Pflanzen läuft die Elongation durch Fortführung der Reaktionen der Fettsäurebiosynthese über C_{16} hinaus ab, wobei Synthasen unterschiedlicher Spezifität eingesetzt werden. Aus Pflanzen wurden zwei β-Ketoacyl-Synthasen isoliert. Die erste stellt primär Palmitat her, während die Produktverteilung in Gegenwart der zweiten Synthase in Richtung Stearat verschoben wird. Ungesättigte Säuren werden auf die gleiche Weise verlängert wie gesättigte. Zur Biosynthese ↗ *ungesättigter Fettsäuren* s. dort.

Synthese von Fettsäuren mit ungerader Kohlenstoffzahl und von Fettsäuren mit verzweigten Ketten. Durch die Einführung verschiedener Primer oder Startermoleküle in die Fettsäurebiosynthese anstelle von Acetyl-CoA entstehen ungeradzahlige oder verzweigte Kohlenstoffketten (Tab. 3).

Die Elongation der verzweigten Startermoleküle in Tab. 3 führt zu verzweigten Fettsäuren, deren Verzweigung von der Carboxylgruppe entfernt liegt. Für die Synthese verzweigter Fettsäuren, mit einer Verzweigung in der Nähe der Carboxylgruppe, muss das Startermolekül unverzweigt sein und es muss in den letzten Schritten der Elongation ein verzweigtes Substrat, z.B. Methylmalonyl-CoA, eingeführt werden. Die Mycocerosinsäuren sind eine Familie multimethylverzweigter Säuren, die von Mycobakterien, wie etwa *Mycobacterium tuberculosis*-var. *bovis Bacillus Calmette-Guérin* hergestellt werden. Sie besitzen meistens eine gerade Kette aus 18–20 Kohlenstoffatomen und einen multimethylverzweigten Bereich am Carboxyende:

Fettsäurebiosynthese. Tab. 3. Verschiedene Startermoleküle für die Fettsäurebiosynthese. Die Acylgruppe des CoA-Derivats wird auf die periphere SH-Gruppe (SH-Gruppe der β-Ketoacyl-ACP-Synthase) übertragen (Tab. 1, Reaktion 2).

Startermolekül	Fettsäureprodukt
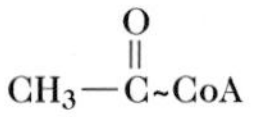 $CH_3-\overset{O}{\underset{\|}{C}}\sim CoA$ Acetyl-CoA	geradzahlige, unverzweigte Kohlenstoffkette
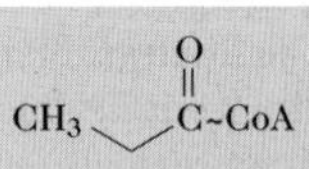 $CH_3\diagdown\overset{O}{\underset{\|}{C}}\sim CoA$ Propionyl-CoA	ungeradzahlige, unverzweigte Kohlenstoffkette
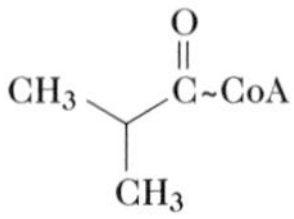 $CH_3\diagdown\overset{\overset{O}{\|}}{\underset{\underset{CH_3}{\|}}{C}}\sim CoA$ Isobuturyl-CoA (aus Valin)	geradzahlige, verzweigte Kohlenstoffkette (Iso-Serien)
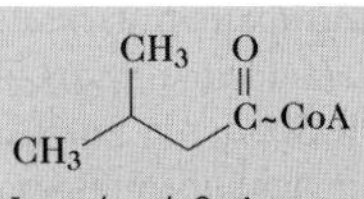 $\overset{CH_3}{\underset{CH_3}{\diagup}}\diagdown\overset{O}{\underset{\|}{C}}\sim CoA$ Isovaleryl-CoA (aus Leucin)	ungeradzahlige, verzweigte Kohlenstoffkette (Iso-Serien)
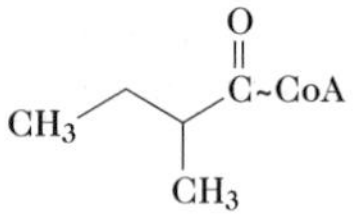 $CH_3\diagdown\overset{\overset{O}{\|}}{\underset{\underset{CH_3}{\|}}{C}}\sim CoA$ 2-Methylbuturyl-CoA (aus Isoleucin)	ungeradzahlige, verzweigte Kohlenstoffkette (Anteiso-Serien)

Aus *Mycobacterium tuberculosis* var. *bovis* BCG

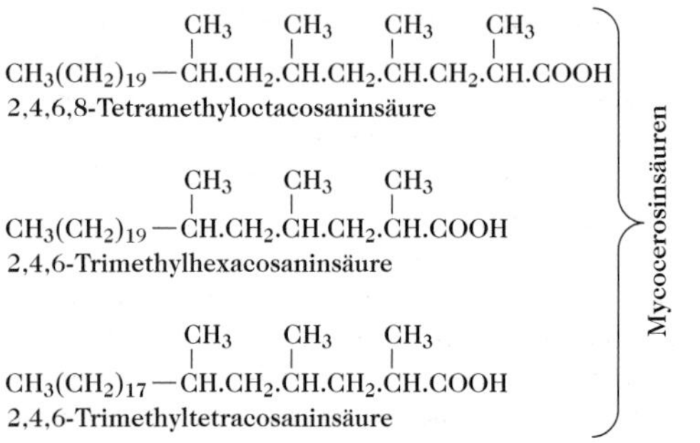

$$CH_3(CH_2)_{19}-\overset{CH_3}{\underset{\|}{CH}}.CH_2.\overset{CH_3}{\underset{\|}{CH}}.CH_2.\overset{CH_3}{\underset{\|}{CH}}.CH_2.\overset{CH_3}{\underset{\|}{CH}}.COOH$$
2,4,6,8-Tetramethyloctacosaninsäure

$$CH_3(CH_2)_{19}-\overset{CH_3}{\underset{\|}{CH}}.CH_2.\overset{CH_3}{\underset{\|}{CH}}.CH_2.\overset{CH_3}{\underset{\|}{CH}}.COOH$$
2,4,6-Trimethylhexacosaninsäure

$$CH_3(CH_2)_{17}-\overset{CH_3}{\underset{\|}{CH}}.CH_2.\overset{CH_3}{\underset{\|}{CH}}.CH_2.\overset{CH_3}{\underset{\|}{CH}}.COOH$$
2,4,6-Trimethyltetracosaninsäure

Mycocerosinsäuren

wurde eine neue Fettsäure-Synthase, die Mycocerosinsäure-Synthase isoliert, die *n*-Fettsäureacyl-CoA mit Methylmalonyl-CoA verlängert [D.L. Rainwater u. P.E. Kolattukudy *J. Biol. Chem.* **260** (1985) 216–223]. Sie besteht aus zwei identischen Untereinheiten (M_r Untereinheit 238 kDa, M_r Dimer 490 kDa). Sie verlängert gerade Fettsäureacyl-CoA-

Ester von *n*-C_6 auf *n*-C_{20}, unter Bildung der korrespondierenden tetramethylverzweigten Mycocerosinsäuren und verwendet kein Malonyl-CoA. Verzweigungsmethylgruppen, die in der Nähe des Zentrums der Fettsäurekette liegen, rühren von einer Kohlenstoffübertragung von *S*-Adenosyl-L-methionin auf ein ungesättigtes Fettsäurederivat in einem Phospholipid her, gefolgt von einer Reduktion. Ein Beispiel hierfür ist die Synthese von 10-Methylstearinsäure (Tuberculostearinsäure) bei Mycobakterien, *Nocardia*, *Streptomyces* und *Brevibacterium*:

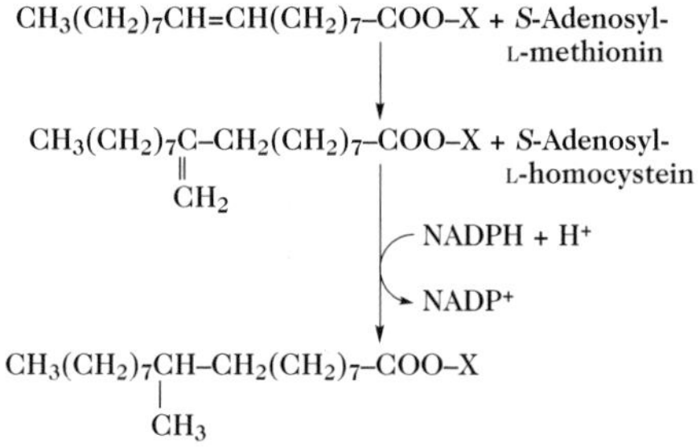

$$CH_3(CH_2)_7CH=CH(CH_2)_7-COO-X + \text{S-Adenosyl-L-methionin}$$
$$\downarrow$$
$$CH_3(CH_2)_7\overset{\|}{\underset{CH_2}{C}}-CH_2(CH_2)_7-COO-X + \text{S-Adenosyl-L-homocystein}$$
$$\big\uparrow \text{ NADPH} + H^+$$
$$\big\downarrow \text{ NADP}^+$$
$$CH_3(CH_2)_7\underset{\underset{CH_3}{\|}}{CH}-CH_2(CH_2)_7-COO-X$$

Tuberculostearoylgruppe in einem Phospholipid

Cyclopropanfettsäuren (gramnegative Bakterien, einige grüne Pflanzen, Zooflagellate) werden durch eine Kohlenstoffübetragung von *S*-Adenosyl-L-methionin auf ein *cis*-einfachungesättigtes Fettsäurederivat gebildet:

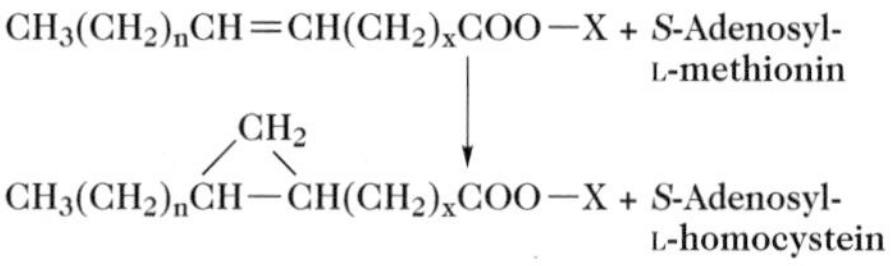

$$CH_3(CH_2)_nCH=CH(CH_2)_xCOO-X + \text{S-Adenosyl-L-methionin}$$
$$\downarrow$$
$$CH_3(CH_2)_n\overset{CH_2}{\overset{\diagup\diagdown}{CH-CH}}(CH_2)_xCOO-X + \text{S-Adenosyl-L-homocystein}$$

Hydroxyfettsäuren können Intermediate der Fettsäurebiosynthese sein, die derivatisiert worden sind (3-Hydroxyfettsäuren mit D-Konfiguration). Sie können auch durch Oxygenierung, katalysiert durch Cytochrom-P-450-Systeme (insbesondere ω-Oxidation bei Eukaryonten; ↗ *Fettsäureabbau*), entstehen. Eine weitere Methode zur Biosynthese von Hydroxyfettsäuren ist die Hydratisierung von Doppelbindungen ungesättigter Fettsäuren. Spezifische Fettsäure-Hydratase-Systeme, die diese Reaktion katalysieren, wurden für Bakterien, insbesondere *Pseudomonas*-Arten, charakterisiert. [J.B. Ohlrogge *Trends Biochem. Sci.* **7** (1982) 386–387; J.S. Wakil et al. *Annu. Rev. Biochem.* **52** (1983) 537–579; A.J. Fulco *Prog. Lipid Res.* **22** (1983) 133–160; A.D. McCarthy u. D.G. Hardie *Trends Biochem. Sci.* **9** (1984) 60–63]

Fettsäurekatabolismus, ↗ *Fettsäureabbau*.

Fettsäuren, gesättigte und ungesättigte aliphatische Monocarbonsäuren. Die Bezeichnung F. ist auf das Vorkommen zahlreicher, insbesondere höhermolekularer aliphatischer Monocarbonsäuren in den Fetten zurückzuführen. Diese F. sind meist geradzahlige, gesättigte oder ungesättigte, überwiegend unverzweigte Monocarbonsäuren. In der Natur vorkommende *ungesättigte F.* liegen in der *Z*-Konfiguration vor. In mehrfach ungesättigten F. sind die Ethengruppierungen durch CH_2-Gruppen getrennt, d.h., sie sind nicht konjugiert. Diese strukturelle Besonderheit der natürlichen F. wird als *Divinylmethanrhythmus* bezeichnet. *Kurzkettige F.*, von C_4 bis C_{10}, z.B. Buttersäure, sind hauptsächlich in den Milchfetten der Säugetiere enthalten. Palmitin- und Stearinsäure (16 bzw. 18 C-Atome) kommen in nahezu allen tierischen und pflanzlichen Fetten vor. Langkettige F. sind in den Hirnlipiden und in Wachsen zu finden. Die am häufigsten vorkommende ungesättigte F. ist die ↗ *Ölsäure*. In verschiedenen pflanzlichen fetten Ölen und in Fischleberölen sind auch *mehrfach ungesättigte F.* wie z.B. Linol- und Linolensäure enthalten, insbesondere im Leinöl. Diese mehrfach ungesättigten Säuren gehören zu den *essenziellen F.*, die für den Menschen und für höhere Tiere zur Aufrechterhaltung der normalen Körperfunktionen lebensnotwendig sind und vom Organismus nicht synthetisiert werden können, sondern mit der Nahrung aufgenommen werden müssen. Sie haben Vitamincharakter und werden als *Vitamin F* bezeichnet.

Die Löslichkeit der F. hängt entscheidend von der Länge der Alkylkette ab. Mit steigender Kettenlänge sinkt die Löslichkeit in Wasser (etwa ab C_4) und steigt die Löslichkeit in apolaren Lösungsmitteln. Die höheren F. können durch alkalische Hydrolyse von Fetten gewonnen werden.

Fettsäure-Synthetase-Komplex, ↗ *Multienzymkomplexe*, ↗ *Fettsäurebiosynthese*.

F_0F_1-ATPase, Syn. für ↗ *ATP-Synthase*.

FGAR, Abk. für *N-Formylglycinamidribotid*, ↗ *Purinbiosynthese*.

FGF, Abk. für engl. *fibroblast growth factor*, ↗ *Fibroblasten-Wachstumsfaktoren*.

FH_4, Abk. für ↗ *Tetrahydrofolsäure*.

fibrilläre Proteine, ↗ *Faserproteine*.

Fibrin, *Blutfaserstoff*, *Plasmafaserstoff*, ein zu den Plasmaproteinen zählendes Globulin, das den Hauptbestandteil des Blutgerinnungssystems bildet. Im Blut befindet sich mit dem ↗ *Fibrinogen* die Vorstufe des F., aus der sich bei Verletzungen unter der Katalyse von ↗ *Thrombin* durch Gerinnung innerhalb von 5 bis 7 min ein feinfaseriges Gerüst ausbildet, mit dem rote und weiße Blutkörperchen sowie Thrombocyten (Blutplättchen) verkleben und dadurch die Wunde verschließen. Thrombin wird aus dem Prothrombin durch die in den Thrombocyten gespeicherte Thrombokinase freigesetzt. Ein effizientes Blutstillungsmittel ist eine mit

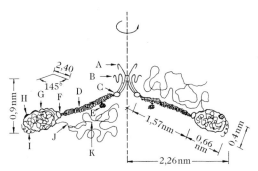

Fibrinogen. Detailliertes, maßstabsgerechtes Fibrinogenmodell. A: Fibrinogenpeptid A am Aminoende der α-Kette; B: Fibrinopeptid B am Aminoende der β-Kette; C: erstes Disulfiddrehgelenk, das alle drei Polypeptidketten zusammen- und in Deckung hält; D: schraubenförmiges Verbindungsspiralsegment, das die Domänen I und III zusammenhält; E: Kohlenhydrat, gebunden an Rest 52 der γ-Kette; F: zweites Disulfiddrehgelenk, das alle drei Ketten zusammenhält; G: Domäne III; H: Kohlenhydrat auf der β-Kette; I: carboxyterminales Segment der γ-Kette, das bei der intermolekularen Quervernetzung einbezogen wird; J: Plasminangriffspunkt und Quervernetzungsbereich der α-Kette; K: Carboxyende der α-Kette. [aus Doolittle et al. *Horizons Biochem. Biophys.* **3** (1977) 164–191, mit Genehmigung]

Thrombinlösung durchtränkte Schaum- oder Schwammform des Fibrinogens. Der hydrolytische Abbau des F., die *Fibrinolyse*, erfordert die Serinprotease Plasmin, die aus der inaktiven Vorstufe *Plasminogen* gebildet wird.

Fibrinase, Syn. für ↗ *Plasmin*.

Fibrinogen, ein dimeres, aus drei Paaren nichtidentischer Polypeptidketten aufgebautes Protein (M_r 340 kDa), das zugleich das einzige koagulierbare Protein des Blutplasmas aller Wirbeltiere ist. Das symmetrisch aufgebaute F. mit den unterschiedlichen Untereinheiten Aα (M_r 63 kDa, 610 AS), Bβ (M_r 56 kDa) und Bγ (M_r 47 kDa, 409 AS) wird durch interchenare Disulfidbrücken in den N-terminalen Segmenten zusammengehalten (Abb.). Auf beiden Seiten des zentralen Knotens erstreckt sich eine schraubenförmige Spirale, die von jeweils einer der Polypeptidketten gebildet wird. In diesem Bereich verlaufen die Polypeptidketten parallel und passen genau zueinander. Die schraubenförmige Spirale ist durch einen zweiten Bereich von Disulfidbindungen („Disulfiddrehgelenk") von der terminalen, globulären Region des Proteins getrennt. Die α-Ketten ragen als „Zufallsknäuel" aus dieser globulären Region heraus und dienen als Querverbindungen im Fibringerinnsel. Bei der Umwandlung von F. in ↗ *Fibrin* werden durch Thrombin als erstes die *Fibrinopeptide A* (18 AS Peptid) von den Aα-Ketten entfernt, indem sie bei Arg_{16} gespalten und Fibrin-I-Monomere gebildet werden. Durch die zweite Spaltung bei Arg_{14} in der Bβ-Kette wird das *Fibrinopeptid B* (20 AS Peptid) freigesetzt, sobald die Fibrin-I-Monomere sich Ende-an-Ende zu Protofibrillen polymerisiert haben. Das resultierende Fibrin-Monomer $(\alpha\beta\gamma)_2$ polymerisiert unter dem Einfluss von Ca^{2+}-Ionen und anderen Faktoren (Blutgerinnungsfaktor XIII) unter Quervernetzung (↗ *Isopeptidbindung*) zu einem unlöslichen Gerüst. Für den normalen Gerinnungsablauf werden etwa 15 Faktoren benötigt, von denen F. der Faktor I ist. Bereits geringfügige anormale Strukturveränderungen innerhalb eines Faktors können zu einer *Bluterkrankheit* (*Hämophilie*) führen.

Fibrinogen ist auch in den α-Granula der Blutplättchen vorhanden und wird von stimulierten Blutplättchen sezerniert. F. bindet an spezifische Rezeptorbindungsstellen auf der Blutplättchenoberfläche. In dieser Hinsicht weist das F. ähnliche Eigenschaften wie andere adhäsive Proteine auf: ↗ *Fibronectin*, ↗ *von-Willebrand-Faktor*, ↗ *Thrombospondin*. [„Molecular Biology of Fibrinogen and Fibrin" *Annals of the New York Academy of Sciences* **408** (1983)]

Fibrinolyse, der durch Plasmin katalysierte Abbau von ↗ *Fibrin* zu löslichen Spaltprodukten.

Fibrinolysin, Syn. für ↗ *Plasmin*.

Fibrinolytika, *Thrombolytika*, therapeutisch einsetzbare Verbindungen mit einem fördernden Effekt auf die ↗ *Fibrinolyse* zum Zweck der Auflösung von intravasalen Fibringerinnseln. *Antikoagulantien* hemmen bzw. verhindern dagegen die Bildung von Blutgerinnseln. Wichtige Thrombolytika „der ersten Generation", die frei zirkulierendes und am Thrombus gebundenes ↗ *Plasminogen* aktivieren, sind beispielsweise ↗ *Urokinase*, ↗ *Streptokinase* und Anistreplase. Thrombolytika „der zweiten Generation" sind etwa t-PA (↗ *Plasminogen-Aktivator*) und Saruplase, eine rekombinante Pro-Urokinase, die vorrangig an Fibrin gebundenes Plasminogen aktivieren. Bei der Anistreplase (*p*-anisoylierter Plasminogen-Streptokinase-Aktivator-Komplex, APSAC) handelt es sich um einen stöchiometrischen Komplex aus humanem Lysyl-Plasminogen, mit einem durch Acylierung mittels *p*-Anissäure blockierten aktiven Zentrum, und Streptokinase. Die Blockierung des aktiven Zentrums schützt vor Inaktivierung durch α_2-Antiplasmin. Die aktivierende Wirkung kommt erst nach Deacylierung am Fibrin zustande. Unter Voraussetzung einer vorsichtigen Dosierung wird mit den F. der zweiten Generation lokal Thrombolyse erzielt, wogegen eine systemische Fibrinolyse ausgeschlossen werden kann.

Fibrinopeptide, die beiden Peptidkettenpaare (A und B), die durch Thrombinwirkung von den Aminoenden der 2 α- und 2 β-Ketten des ↗ *Fibrinogens* abgespalten werden. Die F. entstehen durch die Spaltung von Arg-Gly-Bindungen, so dass Arg das C-terminale Ende der F. bildet und Gly das N-terminale Ende der α- und β-Fibrinketten. Die Sequenz der menschlichen F. A lautet: Ala-Asp-Ser-Gly-Glu-Gly-Asp-Phe-Leu-Ala-Glu-$(Gly)_3$-Val-Arg, und der menschlichen F. B: Pyr-Glu-Gly-Val-Asn-Asp-Asn-$(Glu)_2$-Gly-$(Phe)_2$-Ser-Ala-Arg. Die Größe der F. A liegt zwischen 14 Aminosäuren (Pferd, Eidechse) und 19 (Rind) und der F. B zwischen 9 (Rhesusaffe) und 21 (Rind, Elch, Känguruh). Ihre artspezifische Sequenz und Größe ermöglichten erstmals die Aufstellung eines detaillierten biochemischen Stammbaums der Säugetiere, der mit dem klassischen Stammbaumschema große Ähnlichkeit hat. Die F. haben eine vasokonstriktive Wirkung, die verhindert, dass die gerinnungsaktiven Substanzen zu schnell von einer verletzten Stelle entfernt werden.

fibrinstabilisierender Faktor, Laki-Lorand-Faktor, Faktor XIII der ↗ *Blutgerinnung*.

Fibroblasten-INF, *Fibroblasteninterferon*, ↗ *Interferone*.

Fibroblasten-Interferon, *IFN-β* (↗ *Interferone*).

Fibroblasten-Wachstumsfaktoren, *FGF* (engl. *fibroblast growth factor*), *HBGF* (engl. *heparin binding growth factor*), eine zu den Cytokinen gehörende Familie von Polypeptid-Wachstumsfaktoren. Sie werden in verschiedenen tierischen Geweben, wie Gehirn, Hypophyse, Plazenta, Retina und Thymus gebildet und beeinflussen als Mitogene das Wachstum vieler mesodermaler und neuroectodermaler Zellen, induzieren die Angiogenese (Blutgefäßbildung) und bestimmen die Wachstumsrichtung von Nervenzellen. Weiterhin wird eine Beteiligung an vielen Differenzierungsvorgängen in frühen Entwicklungsstadien diskutiert. Der *basische FGF* (M_r 16 kDa, IP = 9,6) fördert die Differenzierung von PC-12-Zellen und die Umwandlung von Fibroblasten in Adipocyten, hemmt die Dedifferenzierung von Chondrocyten, Myoblasten und vaskulären Endothelzellen, erhöht die Transcription des c-*myc*- und des c-*fos*-Oncogens und begünstigt die Angiogenese. Der *saure FGF* aus Gehirn und Retina (M_r 14,5 kDa, IP = 5–5,9) vermittelt über die gleichen Rezeptoren nahezu dieselben biologischen Wirkungen wie der basische FGF. Beide FGF binden ↗ *Heparin*, wobei jedoch nur die biologische Wirkung des sauren FGF durch die Komplexbildung verstärkt wird. FGF-3 bis -5 sind Produkte von ↗ *Oncogenen*. Die FGF zeigen eine Sequenzverwandtschaft zu IL-1 (↗ *Interleukine*). Zur Familie der F. gehört auch der ↗*Keratinocyten-Wachstumsfaktor*.

Fibroin, ein wasserunlösliches Faserprotein (Scleroprotein; M_r 200 kDa) mit einem hohen Gehalt an Glycin (44 %), Alanin (26 %) und Serin (13 %). Zusammen mit ↗ *Sericin*, das die F.-Fasern miteinander verklebt, bildet F. einen Hauptbestandteil der Naturseide. Ein Aminosäure-Hexamer (-Gly-Ser-

Gly-Ala-Gly-Ala)$_n$ kommt besonders häufig vor und sorgt für die Ausbildung von β-Faltblattstrukturen, wobei sich Gly-Reste zu einer Seite und die Ser- sowie Ala-Seitenketten zur anderen Seite hin orientieren. Durch diese schichtförmige mikrokristalline Anordnung der β-Faltblätter sind Seidenfasern fest, jedoch nur wenig dehnbar. Die von Insekten und Arachniden (Spinnentieren) produzierte Seide dient der Herstellung von Kokons, Nestern, Netzen und Eistielen. In der produzierenden Drüse wird die Seide in flüssiger Form gespeichert und erst während des Spinnens bildet sich die wasserunlösliche Form.

Fibronectin, abgeleitet von lat. *fibra* für Faser und *nectere* für verbinden, ein bei allen Wirbeltieren vorkommendes Glycoprotein, das als extrazelluläres Adhäsionsprotein zur Zell-Matrix-Verbindung beiträgt (bekannt als *Zelloberflächenprotein, Galactoprotein A, Oberflächenfibroblastenantigen, Zeta- oder Z-Protein,* engl. *large external transformation sensitive protein*). F. ist ein Dimer aus zwei sehr großen Untereinheiten, die in der Nähe des C-Terminus durch Disulfidbrücken verbunden sind. Die beiden Polypeptidketten sind zwar sehr ähnlich, jedoch nicht identisch. Sie stammen von demselben Gen ab, wobei die Unterschiede in der Sequenz auf ein unterschiedliches Spleißen zurückzuführen sind. In jeder Untereinheit mit nahezu 2.500 Aminosäurebausteinen findet man fünf bis sechs stäbchenförmige Domänen, die durch biegsame Peptidkettenabschnitte verbunden sind. Die Domänen wiederum bestehen aus kleinen, sich mehrfach wiederholenden Modulen. Eins der wichtigsten Module ist die 90 Aminosäurereste lange sog. *Typ-III-Fibronectin-Wiederholungseinheit,* die in jeder Untereinheit etwa fünfzehnmal vorkommt. Die einzelnen Domänen erfüllen unterschiedliche Funktionen, indem sie an eine bestimmte Zelle oder ein Molekül binden. Die Zell-bindende Aktivität ist die Tripeptidsequenz R-G-D (Arg-Gly-Asp), die sich in der Typ-III-Wiederholungseinheit befindet. Die R-G-D-Sequenz ist auch ein charakteristisches Merkmal anderer extrazellulärer Anheftungsproteine und wird auch von ↗ *Integrinen* erkannt. Vom F. existieren mehrere Formen (Isoformen). Das lösliche *Plasma-F.* zirkuliert im Blut und anderen Körperflüssigkeiten und übt wahrscheinlich Funktionen bei der Wundheilung, Blutgerinnung und Phagocytose aus. Andere F.-Formen finden sich in der extrazellulären Matrix als unlösliche *F.-Filamente,* in denen die Dimere untereinander durch weitere Disulfidbrücken verknüpft sind. Für die Bildung der Filamente sind offenbar weitere Proteine notwendig. Alle F.-Formen werden durch ein Gen mit etwa 50 Exons ähnlicher Größe codiert. Neben der Anheftung von Zellen an die Matrix dirigiert F. im Wirbeltierembryo auch die Wanderung der Zel-

len, indem es abwechselnd an Integrin bindet und von diesem dissoziiert.

F. ist ein Bestandteil der fibrillären Matrix, die im Blastulastadium von Amphibienembryonen unter dem Blastocoeldach liegt und wird für die mesodermale Zellwanderung im Verlauf der Gastrulation benötigt.

Aus normalem menschlichem Plasma und anderen Quellen wurden Fragmente des F. isoliert. Ein erhöhter Spiegel an diesen Fragmenten ist charakteristisch für Krankheiten mit abnormal hoher Proteolyserate, einschließlich Krebs.

[M.D. Pierschbacher u. E. Ruoslathi *Nature* **309** (1984) 30–33; R. Hynes *Annu. Rev. Cell Biol.* **1** (1985) 67–90; M.Okada et al. *J. Biol. Chem.* **260** (1985) 1.811–1.820; E.J.H. Danen et al. *J. Biol. Chem.* **270** (1995) 23.196–23.202; R.O. Hynes *Fibronectine,* Springer Verlag, New York, 1989; J. Engel et al. *J. Mol. Biol.* **150** (1981) 97–120; A.L. Main et al. *Cell* **71** (1989) 671–678]

Fibronectin-Wiederholungseinheit Typ III, ↗ *Fibronectin* und ↗ *Tenascin.*

Ficaprenole, ↗ *Polyprenole.*

Fichtennadelöle, im weiteren Sinne Sammelbezeichnung für eine ganze Reihe von etherischen Ölen, die aus jungen Trieben, Nadeln, auch Zapfen nicht nur von Fichten, sondern auch von Lärchen und Kiefern durch Wasserdampfdestillation gewonnen werden. Das Fichtennadelöl im engeren Sinne gewinnt man aus jungen Trieben und frischen Nadeln der in Nord- und Mitteleuropa heimischen Fichte oder Rottanne bei maximal 0,25 %iger Ausbeute.

Ficifolinol, 3,9-Hydroxy-2,8-di-γ-γ-dimethyl-allylpterocarpan. ↗ *Pterocarpane.*

Ficoll®, synthetisches polysaccharidähnliches Polymer, das man durch Umsetzen von Saccharose mit Epichlorhydrin erhält. F. ist ein farbloses nichtkristallines Pulver, gut löslich in Wasser, Molekülmasse etwa 400 kDa. Es dient im biochem. Laboratorium aufgrund des niedrigen osmotischen Druckes seiner wässrigen Lösung zur Konzentrierung wässriger Lösungen durch Dialyse sowie bei der Dichtezentrifugation zur Trennung und Isolierung von Zellen und Zellorganellen.

FIGE, Abk. für ↗ <u>F</u>eld<u>in</u>versions<u>gelel</u>ektrophorese.

Filaggrin, ein basisches Protein (M_r 26,5–49 kDa, abhängig von der Tierart), aus der Hornschicht der Epidermis. Es ist möglicherweise identisch mit dem interfilamentären Keratinmatrixprotein. Seine Funktion besteht darin, das Präkeratin zu Filamenten zu organisieren, wenn die Epidermiszellen sich aus der Basalschicht herausbewegen und keratinisiert werden. Filaggrin wird als hochphosphorylierter Vorläufer synthetisiert, der das Keratin nicht organisieren kann. Später wird der phosphattragen-

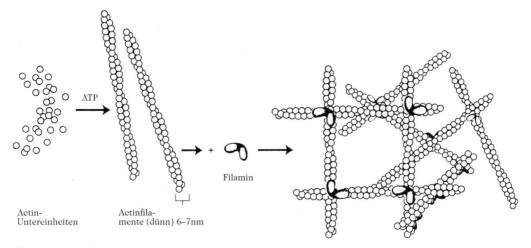

Filamin. Abb. 1. Filamin hält Actinfilamente zusammen, die sich rechtwinklig kreuzen.

de Bereich durch Proteolyse entfernt. Das Restprotein besitzt eine große Anzahl an Arg-Resten, die vermutlich mit den sauren Bereichen des Keratins in Wechselwirkung treten. Die Arg-Reste werden in einem späteren Schritt in Citrullin überführt, wodurch F. die Fähigkeit verliert, Präkeratin zu aggregieren. [P. Traub *Intermediate Filaments*, Springer, Heidelberg, 1985]

Filamin, ein zu den ↗ *Actin-bindenden Proteinen* zählendes gelbildendes Protein. F. ist ein Homodimer und verbindet zwei sich überkreuzende Actin-Filamente (Abb. 1; ↗ *Actin*). In gestreckter Form ist jedes F.-Dimer etwa 160 nm lang und bildet eine biegsame, spitzwinkelige Verbindung zwischen zwei benachbarten Actin-Filamenten (Abb. 2). Dadurch wird die Formierung eines aufgelockerten, viskosen Geflechtes begünstigt. F. und Fondrin stabilisieren durch die Vernetzung der Actin-Filamente das gesamte Geflecht (↗ *Cytoskelett*), wodurch die Viskosität des Mediums, in dem sich die Fila-

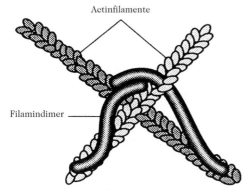

Filamin. Abb. 2. Schematische Darstellung der Bindung des Filamindimers an Actinfilamente.

mente befinden, ansteigt. In einer Zelle kann bis zu 1 % der Proteinmenge aus F. bestehen.

Fimbrin, ein cytoplasmatisches Protein (M_r 68 kDa) von Wirbeltierzellen, das zu den ↗ *Actin-bindenden Proteinen* zählt. F. kommt in angereicherter Form in den parallelen Filament-Bündeln am Leitsaum der Zellen vor, speziell in den Mikrospikes und Filopodien. Es vernetzt benachbarte Actin-Filamente (↗ *Actin*), wodurch es zu einer Bündelung der Filamente in diesen Anordnungen kommt (↗ *Cytoskelett*). Man findet derartig gebündelte Actin-Filamente z. B. auch in den ↗ *Mikrovilli*.

Fingerabdruckgebiet, die für ein Molekül charakteristischen IR-Absorptionsbanden unterhalb von 1.500 cm^{-1}, ein Begriff aus der ↗ *Infrarotspektroskopie*.

fingerprint-Gebiet, ↗ *Fingerabdruckgebiet*.

Fingerprint-Technik, ↗ *Proteine*, ↗ *DNA-Fingerprinting*.

first messenger, engl. für „erster Botenstoff", ↗ *Hormone*.

Fisetin, ↗ *Flavone*.

Fitzgeraldfaktor, Kontaktaktivierungsfaktor, HMW-Kininogen (*high molecular weight*-Kininogen), Flaujeac-Faktor, wird zu Kinin aktiviert, das an der Aktivierung von Faktor XII der ↗ *Blutgerinnung* beteiligt ist.

FK506-bindende Proteine, *FKBP*, eine Familie der ↗ *Peptidyl-Prolyl-cis/trans-Isomerasen* (*PPIasen*). Sie werden, wie die Vertreter einer zweiten Familie der PPIasen, die ↗ *Cyclophiline*, durch die immunsupressive Verbindung FK506 gehemmt. Cytosolische FKBP (*Makrophiline*) gehören mit weniger als 110 Aminosäurebausteinen (M_r 12 kDa) zu den kleineren bekannten Enzymen. Für die FKBP wurden bisher nur wenige intrazelluläre Bindungsproteine gefunden. Sehr spezifisch und fest wird FKBP12cy an den Ryanodin-Rezeptor (M_r 565 kDa), den Ca^{2+}-Kanal der Skelettmuskulatur, gebunden. Die katalytische Domäne des FKBP12cy ist in vielen größeren Proteinen, wie z.B. dem 52 kDa-Bestandteil des heterooligomeren Steroidrezeptors enthalten. [G. Fischer *Angew. Chem.* **106** (1994) 1.479]

FKBP, Abk. für ↗ *FK506-bindende Proteine*.

Flagellin, der wichtigste Proteinbestandteil geißeltragender Bakterien. Die Filamente des Flagellins sind geordnete Aggregate mit einer α-Keratinstruktur, die sich beim mechanischen Strecken reversibel in eine β-Keratinstruktur umwandelt. Durch Säuredissoziation (pH 3–4) entsteht das Flagellinmonomer (M_r 33–40 kDa), das in seiner Aminosäurezusammensetzung (304 Reste) kein Cystein und Tryptophan und nur Spuren von Prolin und Histidin aufweist.

Flaujeac-Faktor, Kontaktaktivierungsfaktor, HMW-Kininogen (*high molecular weight*-Kininogen), Fitzgeraldfaktor, wird zu Kinin aktiviert, das an der Aktivierung von Faktor XII der ↗ *Blutgerinnung* beteiligt ist.

Flavan, ein natürlich vorkommendes ↗ *Flavanoid*, mit dem in Abb. 1 gezeigten Ringsystem.

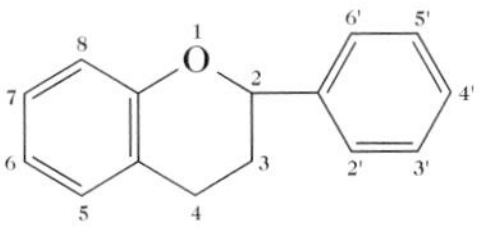

Flavan. Abb. 1. Das Flavanringsystem.

F., die in den Positionen 3 oder 4 unsubstituiert sind, sind in Lösung instabil und bilden polymere Produkte. Dies erklärt, warum relativ wenig über natürlich vorkommende F. berichtet wird. Dagegen werden die stabileren 3- oder 4-Hydroxyflavane, z.B. Flavan-3-ole (Catechine) und Flavan-3,4-diole (Leucoanthocyanidine) häufiger als Pflanzenprodukte angetroffen. Vier bekannte Flavanglycoside sind *Diffutin* (7-Hydroxy-3',4'-dimethoxy-5'-*O*-β-D-glucosylflavan, *Canscora diffusa*), *Auriculosid* (7,5'-Dihydroxy-4'-methoxy-3'-*O*-β-D-glucosylflavan, *Acacia auriculiformis*), *Koaburarin* [(2*R*)-5-Hydroxy-7-*O*-β-D-glucosylflavan, *Enkianthus nudipes*) und 7,4'-Dihydroxy-5-*O*-β-D-xylosylflavan (*Buckleya lanceolata*)]. Die F. kommen in sieben Familien vor: *Ericaceae, Gentianaceae, Leguminosae, Liliaceae, Myristicaceae, Santalaceae* und *Amaryllidaceae*. Einige F. besitzen antimikrobielle Aktivität und einige sind auch Phytoalexine. So wird z.B. *Broussin* (7-Hydroxy-4'-methoxyflavan) durch verletztes Xylemgewebe von *Broussonetia papyrifera* (Papiermaulbeere) gebildet und ist in gesundem Gewebe nicht vorhanden. Es inhibiert bei 10^{-4}–10^{-5} M das Wachstum des Bakteriums

Bipolaris leersiae. Die Infektion von *Narcissus pseudonarcissus* durch *Botrytis cinerea* löst die Produktion von 7-Hydroxyflavan, 7,4'-Dihydroxyflavan und 7,4'-Dihydroxy-8-methylflavan aus, die das Wachstum des Pilzes inhibieren und auch gegen die Sporenkeimung in flüssiger Kultur aktiv sind.

Diffutin (s.o.) weist ausgesprochen adaptogene (Anti-Stress- und Anti-Angst-) Aktivität auf und ist ein mildes ZNS-Depressivum (Barbituratpotenzierung). In durchströmtem Froschherzen zeigt es einen beachtlichen ionotropen Effekt und keine arrhythmogenen Eigenschaften. Zusätzlich potenziert es die kontraktile Antwort des Meerschweinchenvas auf Catecholamin, ohne die Aufnahme von Adrenalin zu inhibieren. Bei 500 mg/kg ist Diffutin für Hunde nicht toxisch. Die Verwendung von *Canscora* in der Indianermedizin als pflanzliches Heilmittel für bestimmte geistige Störungen wird durch diese Beobachtungen gestützt.

Es wurden auch drei Dimere isoliert, die das Flavanringsystem enthalten (Abb. 2).

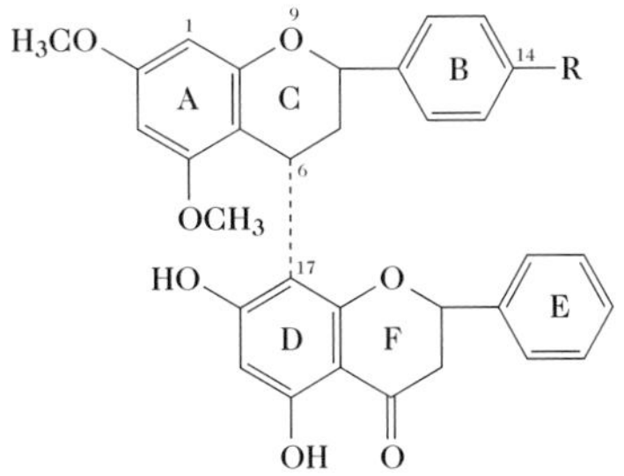

R = H: Xanthorrhon; R = OH: 14-Hydroxyxanthorrhon; beide aus *Xanthorrhoea* (*Liliaceae*).

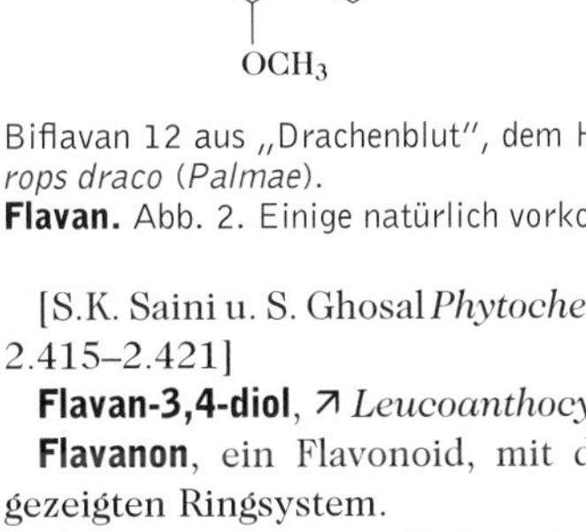

Biflavan 12 aus „Drachenblut", dem Harz von *Deamonorops draco* (*Palmae*).
Flavan. Abb. 2. Einige natürlich vorkommende Flavane.

[S.K. Saini u. S. Ghosal *Phytochemistry* **23** (1984) 2.415–2.421]

Flavan-3,4-diol, ↗ *Leucoanthocyanidine*.

Flavanon, ein Flavonoid, mit dem in der Abb. gezeigten Ringsystem.

Flavanone mit einer Hydroxylgruppe in Position 3 können als Flavanonole bezeichnet werden, sind aber im Allgemeinen eher als Dihydroflavanole bekannt. Die Flavanone gehören zu den frühesten

Flavanon. Flavanonringsystem.

Produkten der Flavonoidbiosynthese (↗ *Flavonoide, Abb.*). Viele Flavanone besitzen fungistatische bzw. fungitoxische Eigenschaften. Sie kommen in freier Form oder als Glycoside in vielen Angiospermen- und Gymnospermenfamilien vor, für eine taxonomische Analyse stehen nicht genügend Daten zur Verfügung. Beispiele sind: *Naringenin* (5,7,4'-Trihydroxyflavanon), das in mehreren Pflanzenfamilien vorkommt und in ruhenden Pfirsichblüten als Wachstumsinhibitor wirkt; *Naringin* (Naringenin-7-neohesperidosid), ein bitter schmeckender Bestandteil der Grapefruit und der Bitterorange; *Prunin* (Naringenin-7-glucosid) aus *Prunus*; *Pinostrobin* (5-Hydroxy-7-methoxyflavanon) aus *Prunus*; *Pinocembrin* (5,7-Dihydroxyflavanon) aus *Pinus*; *Bavachin* (7,4'-Dihydroxy-6-prenyl-flavanon) aus *Psoralea*; *Eriodictyol* (5,7,3',4'-Tetrahydroxyflavanon) aus *Eriodictyon*; *Hesperetin* (5,7,3'-Trihydroxy-4'-methoxyflavanon) aus *Citrus*; *Hesperidin* (Hesperetin-7-rutinosid) aus *Citrus*. Eine Auflistung bekannter Flavanone findet man bei B.A. Bohm in *The Flavonoids: Advances in Research*, J.B. Harbone u. T.J. Mabry (Hrsg.), Chapman and Hall, 1982, S. 350–416.

Flavanon-Synthase, ↗ *Chalkon-Synthase*.

Flavin, eine Verbindung, die das 6,7-Dimethyl-isoalloxazinringsystem enthält (Abb.). Biologische Bedeutung haben: ↗ *Flavinadenindinucleotid*, ↗ *Flavinmononucleotid* und ↗ *Riboflavin*. ↗ *Flavinenzyme*.

Flavin. Flavinringsystem.

Flavinadenindinucleotid, *FAD, Riboflavinadenosindiphosphat*, ein Flavinnucleotid (Abb.), das die Wirkgruppe (prosthetische Gruppe) von vielen ↗ *Flavinenzymen* ist (M_r 785,6 Da). $E_0' = -0,219$ V (pH 7,0, 30 °C), Fluoreszenzmaximum bei 530 nm. ε_{450} der oxidierten Form FAD⁺ = 11.300, der reduzierten Form FADH = 980. Verdünnte Lösungen von FAD werden beim Erhitzen z. T. zu ↗ *Flavinmononucleotid* hydrolysiert. In alkalischer Lösung

wird FAD schnell in zyklisches Riboflavin-4',5'-phosphat verwandelt. FAD ist weniger photolabil als Flavinmononucleotid oder Riboflavin.

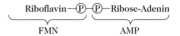

Flavinadenindinucleotid. Struktur des FAD.

Als reversibles Redoxsystem der Flavinnucleotide wirkt das Isoalloxazinsystem, das Grundgerüst des Riboflavins. Wasserstoff wird an den N-Atomen 1 und 10 unter Bildung der farblosen Dihydroverbindung angelagert, während oxidiertes FAD gelb ist.

Bei der *Flavinkatalyse* kommen drei Oxidationsstufen vor, die jeweils die kationische, neutrale und anionische Form umfassen, wodurch neun Spezies möglich sind. Flavosemichinon ist die intermediäre Radikalform der Flavinoxidation. Diese Form steht im Gleichgewicht mit Flavochinon und Flavohydrochinon: Flavochinon (oxydiert) ⇄ Flavosemichinon (halbreduzierte Form) ⇄ Flavohydrochinon (reduziert). An einigen Katalysemechanismen ist nur ein Elektron beteiligt, d.h. Flavochinon wird in Semichinon bzw. Semichinon in Hydrochinon überführt. Bei einem 2-Elektronen-Mechanismus pendelt das Flavin zwischen Chinon- und Hydrochinonzustand hin und her. Biosynthetisch wird FAD aus Flavinmononucleotid durch die FAD-Pyrophosphorylase (EC 3.6.1.8) gebildet:

FMN + ATP ⇄ FAD + PP$_i$.

Flavinenzyme, *Flavoproteine, gelbe Enzyme*, eine Gruppe von über 70 in Tieren, Pflanzen und Mikroorganismen vorkommenden Oxidoreduktasen, die als Wirkgruppe meist ↗ *Flavinadenindinucleotid* (FAD), seltener ↗ *Flavinmononucleotid* (FMN) in fester Bindung enthalten. Diese Coenzyme werden reversibel reduziert, entweder durch den Wasserstofftransfer von einem Substrat (z.B. bei Succinat-Dehydrogenase) oder von NAD(P)H. Die gelbe Farbe des oxidierten Riboflavinanteils gab dieser Enzymgruppe den Namen „gelbe Enzyme". Da sowohl die Eigenschaften des FAD und FMN bei der Proteinbindung sehr verändert werden können und auch erhebliche Unterschiede in struktureller und funktioneller Hinsicht zwischen den verschiedenen F. bestehen, existiert kein Grundtyp wie z.B. bei den Hämoglobinen. Einige F., die *Metalloflavinenzyme* (*Metalloflavoproteine*), enthalten zusätzlich Metalle, wie Fe, Mg, Cu und Mo, die an der Fixierung der F. am Mitochondrium beteiligt sind (↗ *Molybdänenzyme*).

F. können entsprechend ihrer Hauptreaktion eingeteilt werden in:

1) *Oxidasen*, die mit Sauerstoff als Wasserstoffakzeptor reagieren und zwei oder vier Elektronen übertragen können. Zwei-Elektronen-übertragende

Oxidasen oxidieren Substrate unter Bildung von H_2O_2. Zu ihnen gehören z.B. die ↗ D(+)-Glucose-Oxidase, die eisen- und molybdänhaltigen ↗ Xanthin-Oxidasen und die L- und D-Aminosäure-Oxidasen (FMN- bzw. FAD-haltig). Letztere katalysieren die irreversible Bildung der jeweiligen α-Ketosäuren. Vier-Elektronen-übertragende Oxidasen sind kupferhaltig; sie oxidieren Substrate unter Bildung von Wasser. Hierzu zählen z.B. die Laccase, die Ascorbinsäure-Oxidase und eine p-Diphenol-Oxidase.

2) *Reduktasen*, die bevorzugt mit Cytochromen reagieren, z.B. Cytochrom-b_5-, Cytochrom-c- und Glutathion-Reduktase (alle FAD-haltig), GMP-Reduktase und die molybdänhaltige Nitrat-Reduktase.

3) *Dehydrogenasen*, bei denen der natürliche Wasserstoffakzeptor einiger Vertreter unbekannt ist. Ein bekanntes Beispiel ist die ↗ Succinat-Dehydrogenase des Tricarbonsäure-Zyklus. Weitere Dehydrogenasen sind die Atmungskettenenzyme NADH- und NADPH-Dehydrogenase (FMN-haltig) und die Acyl-CoA-Dehydrogenase.

Daneben existieren F. komplexer Natur, wie die Hämoflavinenzyme (z.B. die Ameisensäure-Dehydrogenase von *Escherichia coli*), die außer der Flavinenzymkomponente noch Metalle, Sulfhydryl-Disulfid-Systeme und Hämingruppen enthalten.

Flavinkatalyse, ↗ *Flavinadenindinucleotid.*

Flavinmononucleotid, *FMN, Riboflavin-5'-phosphat,* ein Flavinnucleotid, die prosthetische Gruppe verschiedener ↗ *Flavinenzyme.* M_r 456,4 Da, $E_0' = -0,219 V$ (pH 7,0, 30 °C), Fluoreszenzmaximum bei 530 nm. FMN besteht aus 6,7-Dimethyl-isoalloxazin (Flavin) und einem mit N9 verknüpften Ribitolrest (Abb.). FMN kommt in Form der freien Säure oder des Natriumsalzes vor und enthält allgemein zwei bis drei Moleküle H_2O. In saurer Lösung wird die Phosphatesterbindung hydrolysiert; in alkalischer Lösung ist die Isoalloxazinring-Ribitol-Bindung instabil. Über den gesamten pH-Bereich ist FMN photolabil und wird insbesondere in alkalischen Lösungen photolytisch gespalten.

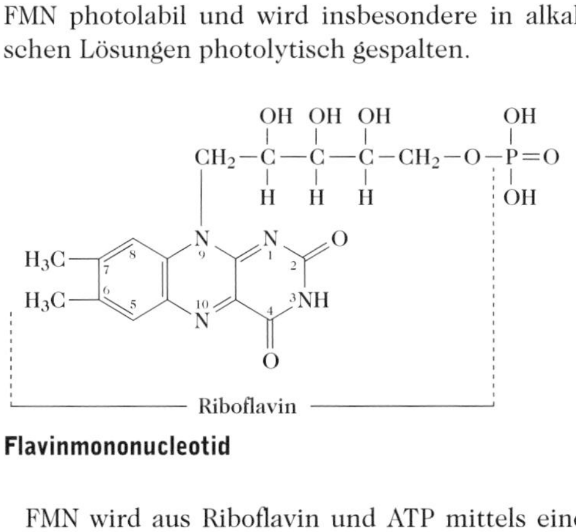

Flavinmononucleotid

FMN wird aus Riboflavin und ATP mittels einer Flavo-Kinase gebildet und durch saure und alkali-

sche Phosphatasen gespalten. Es ist Bestandteil der NADH-Dehydrogenase (↗ *Atmungskette*).

Flavinnucleotide, *Flavocoenzyme,* die Coenzyme der ↗ *Flavinenzyme.* Genau genommen sind F. ↗ *prosthetische Gruppen,* sie können jedoch bei einigen Flavinenzymen leicht vom Apoenzym abgetrennt werden. F. sind ↗ *Flavinmononucleotid* und ↗ *Flavinadenindinucleotid.*

Flavocoenzyme, ↗ *Flavinnucleotide.*

Flavodoxine, Elektronentransferproteine (M_r 20 kDa) mit niedrigem Potenzial, die ein Molekül ↗ *Flavinmononucleotid* (FMN) nichtkovalent gebunden enthalten. Sie kommen bei einer Reihe von Prokaryonten und wenigen eukaryontischen Algen vor und treten im Allgemeinen nur dann auf, wenn die Umgebung einen Eisenmangel aufweist. Die F. sind anscheinend in der Lage, ↗ *Ferredoxin* in allen Reaktionen zu ersetzen, an denen das Eisen-Schwefel-Elektronentransferprotein beteiligt ist. Besonders von stickstofffixierenden Organismen werden F. als Reduktionsmittel der ↗ *Nitrogenase* bevorzugt. Der redoxaktive Bestandteil der F. ist das FMN, das in zwei Ein-Elektronenschritten über das Semichinon reduziert wird. Die E_0'-Werte dieser beiden Schritte liegen gewöhnlich weit auseinander. Für die Reduktion des oxidierten F. der Cyanobakterien zum Semichinon liegt E_0' im Bereich von –0,210 bis –0,235 V. Der E_0'-Wert für die Reduktion des Semichinons zum reduzierten F. beträgt –0,414V. Die F. können in ihren oxidierten, Semichinon- und reduzierten Formen kristallisiert werden.

Flavone, *Flavonfarbstoffe,* eine Gruppe von Pflanzenfarbstoffen, die das Flavonringsystem enthalten. Dieses besteht aus zwei verschiedenartig substituierten Phenylringen (A und B) sowie den mit dem Ring A fusionierten γ-Pyronring C, der für die typischen Reaktionen der F. (basisches Verhalten und Salzbildung) verantwortlich ist. Von etwa 300 natürlich vorkommenden F. ist die Struktur bekannt; außer *Flavon* (Abb.) sind alle hydroxyliert,

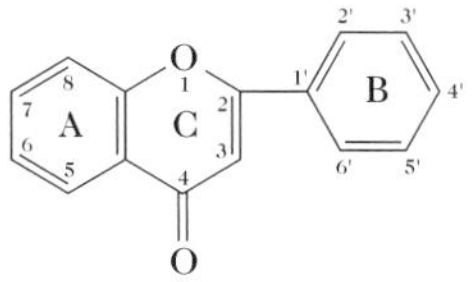

Flavone. Flavonringsystem.

wobei 1 bis 7 OH-Gruppen vorhanden sein können. Bevorzugte Hydroxylierungsstellen sind die Positionen 3, 5 und 7 sowie 3' und 4'. In Stellung 3 hydroxylierte F. werden vielfach als *Flavonole* bezeichnet und als Untergruppe der F. aufgefasst. Teilweise enthalten F. auch Methyl- und Methoxygruppen. In der Pflanze liegen F. in freier Form vor, vielfach aber als β-O-Mono-, Di- oder Triglycoside bzw. als Ester. Bevorzugte Glycosidierungsstellen sind 3- und 7-Hydroxylgruppen.

Beispiele sind: *Chrysin* (5,7-Dihydroxyflavon, Pappelknospen, Kernholz und viele Pinien); *Primetin* (5,8-Dihydroxyflavon, Primeln); *Galangin* (3,5,7-Trihydroxyflavon, Holz von Pinienbäumen und Wurzeln von *Apinia officinarum*); *Apigenin* (5,7,4'-Trihydroxyflavon, weiße und gelbe Blüten); *Kaempferol* (3,5,7,4'-Tetrahydroxyflavon, viele Pflanzen, einschließlich 50% aller Angiospermen); *Fisetin* (3,7,3',4'-Tetrahydroxyflavon, Holz und Blüten vieler höherer Pflanzen); *Luteolin* (5,7, 3',4'-Tetrahydroxyflavon, blühende Pflanzen, z.B. Reseda, Dahlien, Ginster); *Morin* (3,5,7,2',4'-Pentahydroxyflavon, verschiedene Mitglieder der Moraceae, z.B. Färbermaulbeerbaum); *Quercetin* (3,5,7,3',4'-Pentahydroxyflavon, breites Vorkommen bei 56% aller Angiospermen); *Myricetin* (3,5,7,3',4',5'-Hexahydroxyflavon, höhere Pflanzen, z.B. Rinde von *Myrica nagi*).

F. und Flavonole sind vakuoläre Farbstoffe mit starker Absorption im Bereich von 240–270 nm und von 320–380 nm, d.h. sie sind gelb. Ihr häufiges Vorkommen zusammen mit Anthocyaninen führt zu roten und gelben Blütenfarben. Die Farbstoffe werden gewöhnlich zum Färben und Drucken verwendet, insbesondere jene aus der Eichenrinde, dem Färbermaulbeerbaum (*Chlorophora tinctoria*), der Kreuzdornbeere und der Kamille.

Die Biosynthese der F. erfolgt aus einer Phenylpropaneinheit, z.B. Zimtsäure, die den aromatischen Ring B und die C-Atome 2, 3 und 4 ergibt. Die restlichen C-Atome des Rings entstehen durch Kopf-Schwanz-Kondensation aus Acetat-Malonat.

Flavonfarbstoffe, ↗ *Flavone.*

Flavonoide, Naturprodukte mit einem $C_6C_3C_6$-Grundgerüst. Bei den meisten Flavonoiden liegt dieses Grundgerüst in Form eines Phenylchromanringsystems vor. Die Phenylgruppe ist entweder an Position 2 (normale F.), 3 (Isoflavonoide) oder 4 (Neoflavonoide) des Pyranrings gebunden. Je nach Oxidationsgrad des Pyranrings unterteilt man in ↗ *Anthocyanine,* Flavanone, ↗ *Flavone,* ↗ *Isoflavonoide,* ↗ *Isoflavane,* ↗ *Isoflavonone,* ↗ *Isoflavone,* ↗ *Neoflavonoide,* ↗ *Leucoanthocyanidine* und ↗ *Catechine.* Der sauerstoffenthaltende Ring kann auch eingeschnürt vorliegen (↗ *Aurone*) oder fehlen (↗ *Chalkone,* ↗ α-*Methyldesoxybenzoine*). *Biosynthese.* Mit Hilfe von radioaktiver Markierung wurde erkannt, dass alle Klassen von Flavonoiden biosynthetisch in enger Beziehung stehen (Abb. auf Seite 337). Ein Chalkon stellt das letzte Intermediat der Biosynthesesequenz dar, die allen F. gemein ist. Die ersten, von Phenylalanin ausgehenden Biosyntheseschritte führen auch zur Biosynthese anderer Phenylpropylverbindungen, z.B. Cumarinen, Lignanen, Lignin, Benzoesäurederivaten, aromati-

schen Estern, usw. Chalkone bilden außerdem die Vorstufen der Stilbene. Die verschiedenen Hydroxylierungs- und Methoxylierungsmuster der F. können in einer frühen Stufe eingeführt werden, z.B. bei der Hydroxylierung von Cumaroyl-CoA zu Kaffeeoyl-CoA und O-Methylierung von Kaffeeoyl-CoA zu Feruloyl-CoA. Die Eigenschaften der S-Adenosyl-L-methionin:Kaffeeoyl-CoA-3-O-Methyltransferase (EC 2.1.1.104) aus Pflanzen wurden bestimmt (S-Adenosyl-L-methionin + Kaffeeoyl-CoA → S-Adenosyl-L-homocystein + Fe-ruloyl-CoA). Hydroxylierung, O-Methylierung und Glycosylierung finden auch auf verschiedenen Stufen nach der Bildung des Flavonoidringsystems statt. In der Abb. sind einige typische Umwandlungen aufgeführt; außerdem zeigt sie die biosynthetischen Verwandtschaften zwischen den Hauptklassen der F. [J. Ebel u. K. Hahlbrock in *The Flavonoids: Advances and Research* J.B. Harborne u. T.J. Mabry (Hrsg.) Chapman and Hall, 1982, S. 641–675]

Flavonol, ein Flavon, das in Position 3 hydroxyliert ist. F. und Flavonone stellen die am weitesten verbreiteten Klassen der Flavonoide dar. ↗ *Flavone.*

Flavonon-Synthase, veraltet für ↗ *Chalkon-Synthase.*

Flavoproteine, ↗ *Flavinenzyme.*

Fliegenpilztoxine, die Toxine des *Amanita muscaria* (Farbtafel VI, Abb. 2). Vergiftungen durch diese Pilze sind selten tödlich. Zu den Fliegenpilztoxinen gehören ↗ *Muscarin* und andere quaternäre Ammoniumbasen wie Muscaridin, Indolverbindungen, ↗ *Ibotensäure* und ihre Derivate ↗ *Muscimol* und ↗ *Muscazon* (Abb.). Muscimol und Ibotensäure hemmen motorische Funktionen, Muscimol wirkt auch psychotrop. Dies erklärt die Verwendung von Fliegenpilzen als bewusstseinserweiterndes Mittel in einigen Regionen. Die fliegentötende Kraft, die diesem Pilz schon lange zugeschrieben wird (daher

(+)-Muscarin

Ibotensäure

Muscimol

Muscazon

Fliegenpilztoxine

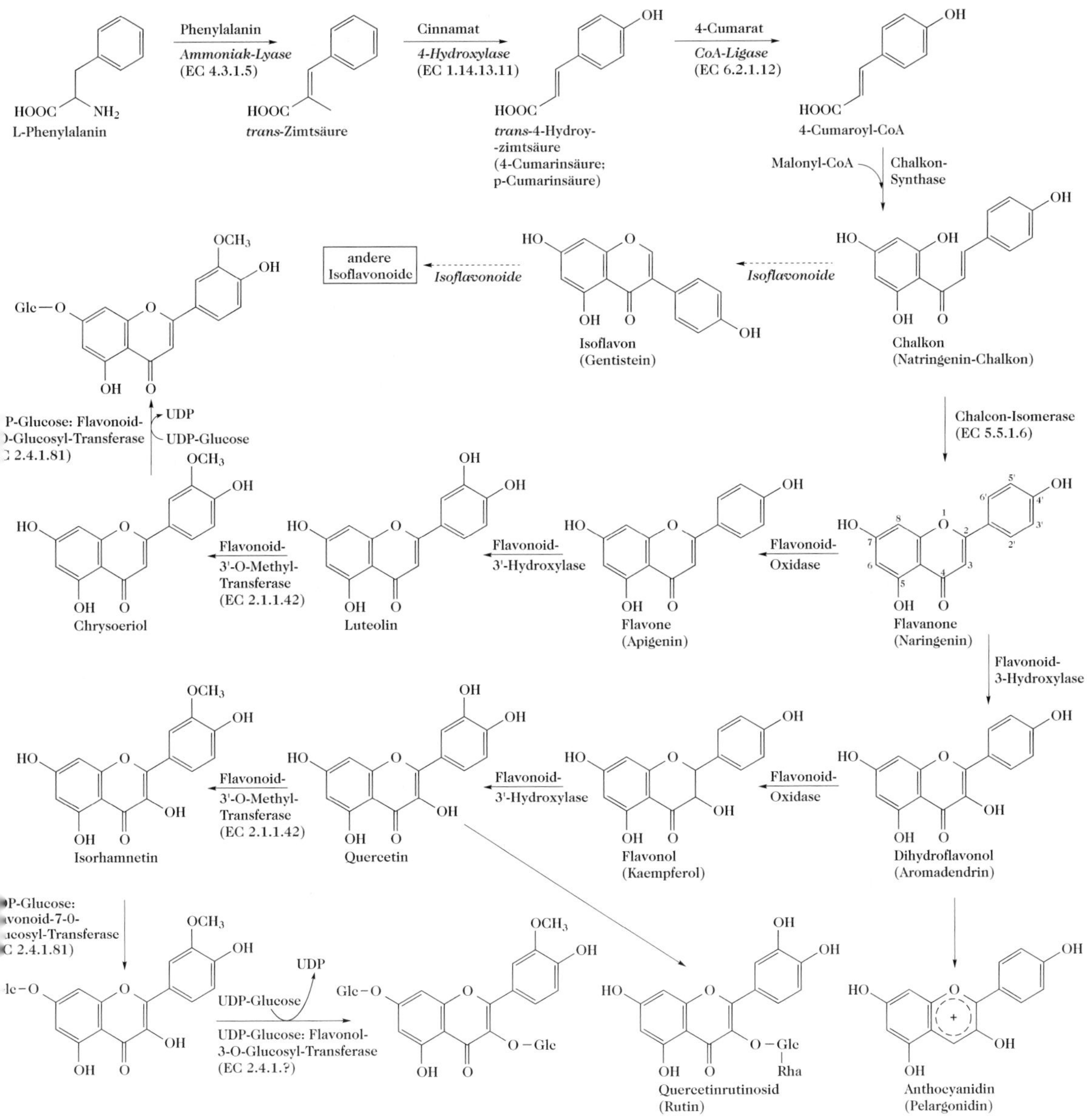

Flavonoide. Biosynthese von Flavonoiden.

sein Name), ist auf die leicht insektizide Wirkung von Ibotensäure und Muscimol zurückzuführen, die jedoch nur zum Tragen kommt, wenn der Pilz von Fliegen konsumiert wird.

Flippasen, spezielle Phospholipid-Translokatoren, die auf der Plasmaseite der Membran synthetisierte Membranlipide wegen der nicht möglichen transversalen Diffusion unter Energieaufwand durch den hydrophoben Membranbereich transportieren. F. findet man insbesondere in der Membran des endoplasmatischen Reticulums (ER), wo

sie z.B. cholinhaltige Phospholipide, jedoch nicht solche, die Ethanolamin oder Inosit enthalten, zwischen der cytosolischen und luminalen Seite des ER austauschen. Dieser spezifische „*flip-flop*" durch die Doppelmembran führt folgerichtig zu einer asymmetrischen Lipidverteilung in der Doppelmembran.

Florimycin, Syn. für ↗ *Viomycin*.

Flugzeitmassenspektrometer, auch *TOF-Analysator* (von engl. *time of flight*) genannt, für ↗ *MALDI* verwendete Massenanalysatoren. Die Massenbestimmung im Hochvakuum erfolgt über eine äußerst exakte elektronische Zeitmessung zwischen dem Start der Ionen in der Quelle bis zum Eintreffen am Detektor.

Fluid-Mosaik-Modell, ↗ *Biomembran.*

Fluorcitronensäure, ↗ *Fluoressigsäure.*

Fluorenol, ↗ *Morphactine.*

Fluorescein, *Resorcinphthalein*, ein Xanthenfarbstoff. F. kommt in einer gelben labilen Modifikation vor, die sich bei 250–260 °C in eine rote stabile Modifikation umwandelt. Spuren von F. wirken in verd. Alkalien intensiv grüngelb fluoreszierend. Man erhält F. durch Erhitzen von Resorcin mit Phthalsäureanhydrid in Gegenwart von Schwefelsäure als Katalysator.

Fluoressigsäure, F–CH$_2$–COOH, farblose und fast geruchlose Nadeln; F. 35 °C, Sdp. 165 °C. F. ist in Wasser und Alkohol löslich. Sie kommt in einigen Giftpflanzen als toxischer Bestandteil vor (z.B. in den Blättern von *Dichapetalum cymosum*). F. kann durch Umsetzung von Iodessigester mit Quecksilberfluorid und anschließende Hydrolyse des Fluoressigesters mit Calciumhydroxid hergestellt werden. Aufgrund der hohen Toxizität werden F. und einige ihrer Derivate, z.B. das Natriumsalz sowie Fluoressigsäuremethyl- und -ethylester, als Schädlingsbekämpfungsmittel verwendet. Außerdem haben sie als Kampfstoffe eine gewisse Bedeutung erlangt.

Fluoressigsäure ist außerordentlich giftig. Sie kann durch die Haut aufgenommen werden und Schädigungen des Herzens und heftige Krämpfe verursachen. Die Giftwirkung der Fluoressigsäure beruht darauf, dass sie in Form der Coenzym-A-Verbindung mittels Citrat-Synthase mit Oxalacetat zu Fluorcitronensäure reagiert, die als starker Hemmstoff der Aconitase den Tricarbonsäure-Zyklus blockiert.

Fluoreszenz, eine Form der Lumineszenz, bei der die Anregung durch Absorption von Photonen (Photolumineszenz) erfolgt. Sie stellt formal die Umkehr der Lichtabsorption dar, indem eine Desaktivierung angeregter Elektronenzustände durch Reemission der Anregungsenergie als Strahlung erfolgt. Man kann zwischen optischer F. und Röntgenfluoreszenz unterscheiden, je nachdem, ob die emittierte Strahlung im Ultraviolett und Sichtbaren oder im Röntgengebiet liegt. Die Fluoreszenzstrahlung, die innerhalb von 10^{-9}–10^{-6} s nach der Anregung abgegeben wird, hat entweder die gleiche Energie (*Resonanzfluoreszenz*) oder eine geringere Energie als die einfallende Strahlung (Stokessche Regel). Von der F. ist die Phosphoreszenz zu unterscheiden, die eine größere Abklingdauer ($>10^{-4}$ s) aufweist. F. kann bei festen, flüssigen und gasförmigen anorganischen und organischen Stoffen auftreten. Die Anzahl der fluoreszierenden anorganischen Verbindungen (Fluorit, Uraniumverbindungen, Verbindungen der Seltenerdmetalle, gasförmige Proben von Alkalimetallen u.a.) ist relativ begrenzt. Viel häufiger fluoreszieren organische Verbindungen.

Fluoreszenz-Korrelations-Spektroskopie, *FCS*, eine Analysenmethode, die darauf beruht, dass fluoreszenzmarkierte Moleküle Licht abstrahlen, das durch Spiegel und Linsen auf Photodioden geleitet wird und sich dadurch im Mikroskopobjektiv sammelt. Als ein Beispiel für diese *Einfarben-FCS* soll die Wechselwirkung einer mit einem Fluoreszenzlabel markierten RNA-Sonde, die sich allein mit einer definierten Diffusionsgeschwindigkeit durch den Messstrahl bewegt, mit einem DNA-Molekül angeführt werden. Die durch die Interaktion zwischen beiden Molekülen verringerte Diffusionsgeschwindigkeit kann gemessen werden, erfordert aber relativ lange Messzeiten bis zu einer Minute. Bei der *Zweifarben-FCS* werden die Moleküle entweder mit zwei verschiedenen Fluorophoren markiert, oder man fokussiert bei einem zweifach markierten Molekül die beiden auf die Probe fallenden Laserstrahlen exakt auf das gleiche Detektionsvolumen. Die zweifach markierten Moleküle werden durch Vergleichsmessung identifiziert. Für die Auswertung der Korrelationskurven ist die Bestimmung der Difussionsgeschwindigkeiten nicht mehr notwendig, vielmehr leitet sich die Konzentration aus der Amplitudenhöhe ab. Dadurch werden die Messzeiten drastisch reduziert und Messungen mit Fluoreszenzhintergrundstrahlung (Rauschen), die für biologisches Material durchaus typisch ist, können trotzdem vorgenommen werden. Mit F. sind Echtzeit-Messungen von Enzymkinetiken, Nucleinsäure-Hybridisierungskinetiken und Untersuchungen zur Proteinaggregation ebenso möglich geworden wie die Durchführung eines Hochleistungs-Screening mit einem angestrebten Durchsatz von 100.000 Proben pro Tag mit sehr geringen Substratkonzentrationen.

Fluorid, F^-, ein Anion, das im Knochen und Zahnapatit vorkommt. Geringe Mengen bewirken eine Verminderung des Vorkommens von Karies. Dieser kariostatische Effekt des F^- wurde für Menschen eindeutig gezeigt. Die Fluoridierung von Wasser stellt eine öffentliche Gesundheitsmaßnahme dar (optimaler Gehalt im Trinkwasser 1–2 ppm F^-). Die Rolle des F^- als Inhibitor bei Osteoporose ist weniger sicher. Hohe F^--Spiegel sind toxisch (Fluorose). F^- wirkt auf mehrere Enzyme. Ein Überschuss an F^- bewirkt eine Abnahme der Fettsäure-Oxidase in der Rattenniere und inhibiert teilweise die Darmlipase. Bei einer Fluorose ist die Fettsäureverwertung beeinträchtigt. Der Kohlenhydratstoffwechsel ist ebenfalls betroffen, was vermutlich auf eine Inhibierung der Enolase und ein Verschieben des NAD⁺/NADH-Verhältnisses zugunsten von NADH zurückzuführen ist. Kuhmilch enthält 1–2 µg F⁻/g Trockengewicht, Getreide 1–3 µg F⁻/g, Tee 100 µg F⁻/g und Meeresfrüchte 5–10 µg F⁻/g.

Fluorose, schwere Form der Fluorintoxikation bei Tieren. Folgen der Erkrankung sind verstärkte Abnutzung und Schwarzfärbung der Zähne, Deformation der Röhrenknochen und Gelenke, Versteifungen. Gefährdung besteht auch bei in der Fluorchemie tätigen Menschen. ↗ *Fluorid*.

Fluorscamin, ↗ *Aminosäurereagenzien*.

Flüssigchromatographie, *LC*, chromatographische Methode mit flüssiger mobiler Phase zur Analyse fester oder flüssiger Stoffgemische (↗ *Chromatographie*). Als stationäre Phase verwendet man bei der Flüssig-Adsorptions-Chromatographie (LSC) aktive feste Stoffe (Adsorbentien), bei der Flüssig-Verteilungs-Chromatographie (LLC) auf einem Träger fixierte Flüssigkeiten. Die 1903 erstmals entwickelte Methode hat noch eine Bedeutung für die Probenaufbereitung (Abtrennung von Verunreinigungen), in der Analytik wird sie fast ausschließlich als ↗ *Hochleistungsflüssigkeitschromatographie* angewendet.

Flüssigphasen-Sequenator, ↗ *Edman-Abbau*.

FMN, ↗ *Flavinmononucleotid*.

FMRFamid, H-Phe-Met-Arg-Phe-NH₂, ein 1977 aus Muskenganglien isoliertes 4 AS-Peptidamid mit muskelkontrahierender Wirkung. F. wird z. B. in *Aplysia* durch ein Gen codiert, das 21 Kopien der 4 AS Peptidsequenz enthält. Es ist verantwortlich für die Kontraktion des Mollusken-Herzmuskels und bewirkt auch die prolongierte Kontraktion anderer Muskeln. F. zeigt positiv ionotrope, positiv chronotrope und antiarrhythmische Wirkung auf das Herz der Venusmuschel. Von F. ausgehende Wirkungen wurden auch in Hohltieren, Insekten, Fischen und in Säugern nachgewiesen, wo es als Neurotransmitter oder Neuromodulator wirken soll. Vom F. leiten sich die ↗ *FMRFamid-ähnlichen Peptide* ab.

FMRFamid-ähnliche Peptide, *FaRPs* (engl. *FMRFamide-related peptides*), im zentralen und peripheren Nervensystem von Insekten vorkommende Peptide. Mittels immuncytochemischer Methoden wurden FaRPs im Kükenpankreas, im Ileum vom Hund, in Gehirnnervenzellen von Ratte und Frosch u.a. nachgewiesen. Aus dem Kükenhirn wurde mit dem LPLRFamid der erste Vertreter dieser Peptidfamilie aus Vertebraten isoliert. Daneben gibt es eine Reihe weiterer Quellen, aus denen Vertreter dieser Peptidfamilie isoliert werden konnten. In der Peripherie zeigen die F. eine Vielfalt von modulatorischen Wirkungen auf die Kontraktion von Skelett-, Herz- und Visceralmuskel. Im Ovidukt von *Locusta migratoria* wirkt beispielsweise PDVDHVFLRFamid (*SchistoFLRFamid*) als ein

Neuromodulator und inhibiert sowohl die spontane als auch die induzierte Muskelkontraktion. Schisto-FLRFamid hat separate Bindungs- und Aktivierungsregionen am Rezeptor. Während VFLRFamid die minimale Bindungssequenz darstellt, ist das 6 AS Peptidamid mit dem für den inhibitorischen Effekt essenziellen Histidin die minimale Sequenz, die den inhibitorischen Effekt stimuliert. Interessanterweise binden neben den genannten beiden inhibitorischen FaRPs auch die stimulierenden FaRPs (YVFLRFamid) an der gleichen Rezeptor-Bindungsregion, wodurch die Existenz eines einfachen Rezeptorsystems nachgewiesen wurde, das sowohl inhibitorische als auch stimulierende Signale von FaRPs weiterleitet. Beide enthalten die gleiche Bindungssequenz VFLRFamid, sind aber in der Lage, entgegengesetzte Muskelwirkungen aufgrund von Unterschieden in der Aktivierungsregion zu vermitteln. Offenbar ist dieser einfache Rezeptor mit zwei unterschiedlichen intrazellulären Signalsystemen gekoppelt, die entweder inhibitorische oder stimulierende Wirkungen vermitteln. [Z. Wang et al. *Peptides* **16** (1995) 1.181]

Fodrin, ↗ *Actin-bindende Proteine*.

Folat-H₂, ↗ *Tetrahydrofolsäure*.

Folat-H₄, ↗ *Tetrahydrofolsäure*.

Folch-Extraktion, ein häufig angewandtes Verfahren zur Extraktion von Lipiden. Zu diesem Zweck wird das biologische Material mit einer Mischung aus Chloroform/Methanol (2 : 1 v/v) homogenisiert. Die ausgefallenen Proteine und Nucleinsäuren werden abfiltriert und – wenn erforderlich – reextrahiert. Der Lipidextrakt wird mit Wasser bzw. einer Salzlösung im Scheidetrichter bis zur Phasentrennung gewaschen. Die untere, organische Phase enthält die Lipide. Mittels der F. lassen sich Phospholipide, Neutrallipide, viele Sphingolipide und auch Lysophosphatide nahezu vollständig aus biologischem Gewebe extrahieren.

Folinsches Aminosäurereagenz, ↗ *Aminosäurereagenzien*.

Folliberin, *FSH-RH* oder *FRH*, (engl. *follicle-stimulating hormone releasing hormone*), ↗ *Gonadoliberin*.

follikelstimulierendes Hormon, Syn. für ↗ *Follitropin*.

follikelstimulierendes Hormon-Releasinghormon, ↗ *Gonadoliberin*.

Follistatin, ein aus Rattenovarien isoliertes Glycoprotein. Für das humane F. wurden zwei 344 bzw. 317 Aminosäurebausteine große Vorläufer nachgewiesen. Reifes F. kann demnach 315 bzw. 288 Aminosäurereste umfassen. F. besitzt drei homologe Domänen mit etwa 50 % Sequenzhomologie. Beide F. inhibieren zusätzlich zu den ↗ *Inhibinen* die Freisetzung von FSH sowie die FSH-stimulierte Produktion von Östrogen. F. ist ein Bindungsprotein für die ↗ *Activine*. [S.-Y. Ying *Endocr. Rev.* **9** (1988) 267; S. Shimasaki et al. *Proc. Natl. Acad. Sci.* F (1988) 4.218]

Follitropin, *follikelstimulierendes Hormon, FSH*, ein gonadotropes Hormon der Adenohypophyse der Säuger. Menschliches F. (M_r 25 kDa; I.P. 4,5; 16% Kohlenhydratanteil) besteht aus einer α-(89 AS) und einer β-(111 AS) Untereinheit. Die Ausschüttung wird durch das Hypothalamushormon ↗ *Gonadoliberin* stimuliert. Die Regulation der Sekretion ist geschlechtsunspezifisch. Während F. bei der Frau das Inizialwachstum des Follikels im Ovar stimuliert, induziert es beim Mann die Entwicklung der Samenkanälchen und die Spermatogenese. [N. B. Schwartz *Can. J. Physiol. Pharmacol.* **73** (1995) 675]

Folsäure, *Pteroylglutaminsäure*, ein Vitamin des B₂-Komplexes, in dem Pteroinsäure mit L-Glutaminsäure säureamidartig verbunden ist (Abb.). *Pteroinsäure (Vitamin H')* ist aus 6-Methylpterin und 4-Aminobenzoesäure aufgebaut. F. ist in der Natur weit verbreitet und kommt vor allem in Leber, Hefe und Gemüse vor. In Pflanzen und Mikroorganismen liegen Folsäurekonjugate vor, bei denen bis zu sieben L-Glutaminsäurereste peptidartig an die γ-Carboxygruppe gebunden sind. F. wird synthetisch durch Kondensation von 6-Formyl-pterin mit *N*-(4-Aminobenzoyl)-L-glutaminsäure und Hydrierung

der dabei entstehenden Azomethinstruktur dargestellt. Die biochemisch aktive Form der F. ist die ↗ *Tetrahydrofolsäure* (FH₄), bei der die Doppelbindungen zwischen N-5- und C-6-Atom sowie zwischen C-7- und N-8-Atom hydriert sind. Sie wirkt in Form verschiedener Derivate als Coenzym von Enzymen, die Einkohlenstoffkörper (↗ *aktive Einkohlenstoff-Einheiten*) übertragen. FH₄ kann in den Positionen N5 und N10 Hydroxymethyl- und Formylgruppen tragen. Beispielsweise überträgt die Aminosäure L-Serin ihre Hydroxymethylgruppe auf FH₄, wodurch $N^{5,10}$-Methylen-FH₄ und Glycin gebildet werden. Eine Kohlenstoffeinheit, die an FH₄ gebunden ist, kann entweder oxidiert oder reduziert werden. So kann $N^{5,10}$-Methylen-FH₄ zu N^5-Methyl-FH₄ reduziert werden, welches in Methylierungsreaktionen als Methyldonor dient.

Beim Menschen kann eine Avitaminose weniger durch eine ungenügende Aufnahme als vielmehr durch gestörte Verwertung der F. auftreten. Sie äußert sich vor allem in verschiedenen Formen der Blutarmut (Megaloblastenanämie, Thrombocytopenie). F. wird zusammen mit Vitamin B₁₂ bei der Therapie bestimmter Anämieformen verwendet, bei denen das Enzym fehlt, das aus F.-Konjugaten die Freisetzung von F. bewirkt. Als Antidot des Methotrexats bei der Krebstherapie wird *Leucovorin*, das Calciumsalz der *Folinsäure*

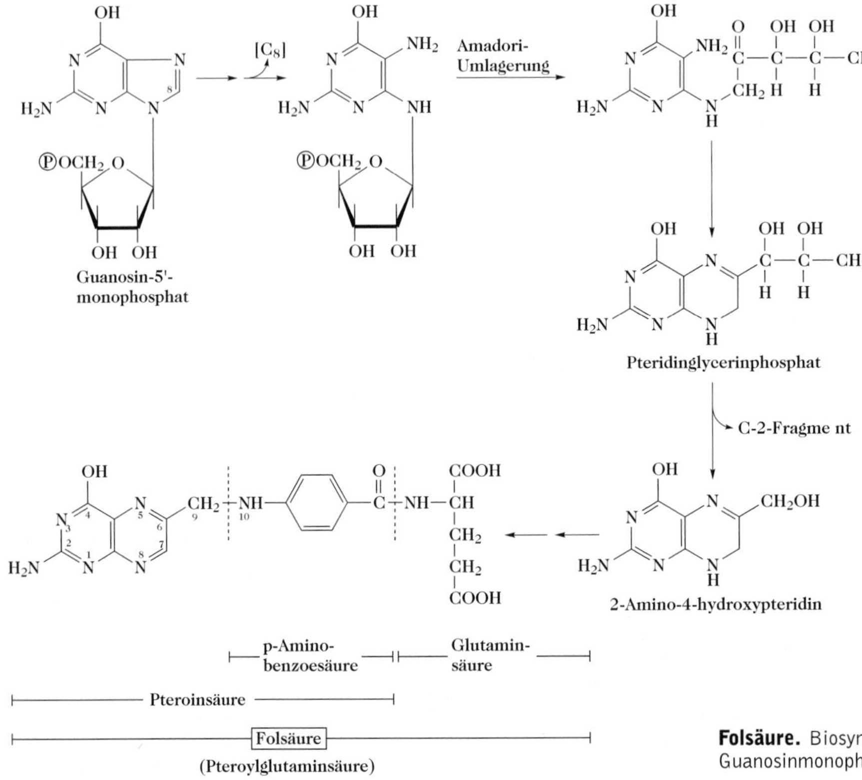

Folsäure. Biosynthese von Folsäure Guanosinmonophosphat.

(5-Formyltetrahydrofolsäure), verwendet. Folsäureantimetabolite sind Aminopterin und Amethopterin, die bei Leukämie therapeutisch eingesetzt werden. Die Sulfonamide sind Antimetabolite der *p*-Aminobenzoesäure und wirken daher als Hemmstoffe der bakteriellen Folsäurebiosynthese.

Footprinting, eine Methode zur Identifizierung spezifischer Proteinbindungsstellen auf der DNA (z. B. Bestimmung von Promotorsequenzen der DNA, die die RNA-Polymerase binden, ↗ *Pribnow-Box*.

Unter Versuchsbedingungen wird ein Strang der DNA am 5'-Ende mit ^{32}P markiert (↗ *rekombinante DNA-Technik*) und dann *in vitro* mit dem DNA-bindenden Protein inkubiert. Das bindende Protein kann entweder in gereinigter Form eingesetzt werden oder die endmarkierte DNA kann mit einer rohen Mischung von Proteinen versetzt werden, die das in Frage kommende Protein enthält, beispielsweise mit einem Zellkernextrakt. Es sind zwei alternative Techniken möglich: 1) die DNase-I-Technik, die darauf basiert, dass der Bereich, an den das Protein bindet, vor dem Angriff durch DNase I geschützt wird; 2) die Dimethylsulfat-(DMS)-Technik, bei der genutzt wird, dass der Bereich, an den das Protein bindet, nicht durch DMS methyliert werden kann.

Bei der *DNase-I-Technik* wird die mit Protein komplexierte, endmarkierte DNA mit DNase I unter milden, regulierten Bedingungen inkubiert, so dass im Durchschnitt nur eine Spaltungsstelle („Nick") je DNA-Molekül entsteht. Zur Kontrolle wird eine Probe der gleichen endmarkierten DNA, die nicht mit Protein komplexiert wurde, auf ähnliche Weise mit DNase I behandelt. Beide DNA-Proben werden

denaturiert und nebeneinander in einem Sequenzierungsgel einer Elektrophorese unterworfen (die Fragmente werden nach der Größe getrennt). Die Autoradiographie der Gele zeigt, dass die Kontroll-DNA zufällig gespalten wurde und eine nicht unterbrochene Leiter an radioaktiven Nucleotiden erzeugt hat. Das Autoradiogramm der DNase-I-verdauten, proteinkomplexierten DNA weist eine ähnliche, jedoch unterbrochene Leiter auf (d. h. die Nucleotidenleiter enthält eine Lücke bzw. einen *Footprint*), weil bestimmte potenzielle Spaltungsstellen durch das gebundene Protein vor der DNase-Wirkung geschützt werden (Abb.). Alle Banden der vollständigen Leiter besitzen das gleiche 5'-Ende. Sie entsprechen den Spaltungsprodukten, die sich um jeweils ein Nucleotid unterscheiden und vom 5'-Mononucleotid bis zu den Nucleotiden reichen, die $n - 1$ und am Schluss n Nucleotidreste enthalten, wobei n die Gesamtzahl der Nucleotidreste in einem DNA-Einzelstrang (bzw. die Anzahl der Basenpaare in der ursprünglichen doppelsträngigen DNA-Probe) ist. Jede DNA-Verdauungsprobe enthält mehr als n Nucleotide, da zusätzlich die Fragmente vorhanden sind, die entweder das 3'-Ende enthalten oder denen die 3'- und 5'-Enden fehlen. Durch die Autoradiographie werden jedoch nur die Spaltprodukte erfasst, die das 5'-Ende besitzen. Deshalb ist es nicht nur möglich, die relative Lage des Proteins auf der DNA zu bestimmen, sondern auch die vollständige Nucleotidsequenz der DNA und die Identität der Nucleotidsequenzen, die durch das Protein geschützt werden (↗ *Nucleinsäuresequenzierung*).

Bei der *Dimethylsulfat-(DMS)-Technik* wird das endmarkierte DNA-Segment mit DMS behandelt, an seinen methylierten G-Resten chemisch ge-

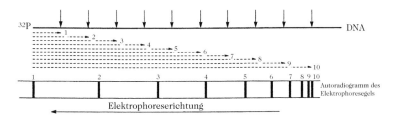

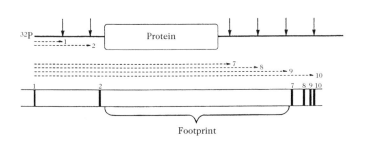

Footprint

Footprinting. Schematische Darstellung der DNase-I-Technik des Footprintings.
↓ Spaltungsstelle der DNase I.
- - - ► 1,
- - - - ► 2,
- - - - - ► 3
usw. entsprechen den DNA-Fragmenten, die sich vom ^{32}P-markierten Ende bis zur Spaltungsstelle erstrecken.

spalten und die erhaltenen Fragmente elektrophoretisch getrennt (↗ *Nucleinsäuresequenzierung*). Wie beim zuvor beschriebenen Verfahren, bestimmen die Lücken und *Footprints* im Autoradiogramm die Lage und die Natur der DNA-Sequenzen, die das in Frage kommende Protein binden.

Forbessches Syndrom, Cori-Typ-III-Glycogenspeicherkrankheit, ↗ *Glycogenspeicherkrankheiten*.

Formaldehyd-Dehydrogenase, *Formaldehyd: NAD⁺-Oxidoreduktase* (Glutathionformylierung; EC 1.2.1.1), ein Enzym, das die NAD-abhängige Bildung von *S*-Formylglutathion aus Glutathion und Formaldehyd katalysiert. Der erste Schritt der Überführung von Formaldehyd in Formiat (Abb.) wurde bei Rind, Huhn, Mensch, Affe und in der Rattenleber, der Retina von Mensch und Tier und der Hefe nachgewiesen. Der zweite Schritt wird durch die *S*-Formylglutathion-Hydrolase katalysiert. Beide Enzyme wurden aus Rattenleber isoliert und gereinigt [L. Uotila u. M. Koivusalo *J. Biol. Chem.* **249** (1974) 7.653–7.663, 7.664–7.672]. Glutathion ist auch ein Substrat der ↗ *Glyoxylase*. Im Glyoxylasesystem wird das Substrat jedoch durch intramolekulare Hydridverschiebung modifiziert, während die Formaldehyd-Dehydrogenase eine NAD-gebundene Oxidation einbezieht (NADP dient ebenfalls als Cofaktor, jedoch ist NAD effizienter).

Glutathion—SH+HCH $\xrightarrow[\text{NAD}^+ \quad \text{NADH+H}^+]{\text{Formaldehyd-Dehydrogenase}}$

S-Formylglutathion

Glutathion—S—CH $\xrightarrow[\text{H}_2\text{O}]{\text{Hydrolase}}$ Glutathion—SH +HOCH

Formiat

Formaldehyd-Dehydrogenase. Oxidation von Formaldehyd zu Formiat mit Hilfe der gekoppelten Aktivität der Formaldehyd-Dehydrogenase und der *S*-Formylglutathion-Hydrolase.

Formaldehyd : NAD⁺-Oxidoreduktase, Syn. für ↗ *Formaldehyd-Dehydrogenase*.

5-Formamidoimidazol-4-carboxamidribotid, ↗ *Purinbiosynthese*.

Formamino-Transferase-Mangelsyndrom, eine ↗ *angeborene Stoffwechselstörung*, verursacht durch einen Mangel an *Glutamat-Formaminotransferase* (EC 2.1.2.5). Nach oraler Histidinzufuhr liegt im Harn eine erhöhte Formaminoglutamatkonzentration vor, wogegen die Folatkonzentration im Serum adäquat ist. Als Folge des F. treten geistige und physische Entwicklungsverzögerungen sowie neurologische Abnormalitäten auf. ↗ *Histidin*.

N⁵-Formimino-FH₄, ↗ *aktive Einkohlenstoff-Einheiten*.

Formimino-FH₄-Cyclodesaminase (EC 4.3.1.4), ↗ *aktive Einkohlenstoffeinheiten*.

Formononetin, *7-Hydroxy-4'-methoxyisoflavon*. ↗ *Isoflavon*.

Formose, ein Zuckergemisch, das gerad- und verzweigtkettige Monosaccharide unterschiedlicher Konfiguration, besonders Hexosen, z.B. die DL-Glucose, jedoch auch Pentosen, z.B. die Arabinose, enthält. F. entsteht bei der Einwirkung von Alkalioder Erdalkalihydroxiden, besonders von Calciumhydroxid, auf Formaldehydlösung.

Formycine, Pyrimidinantibiotika (↗ *Nucleosidantibiotika*), die von *Nocardia interforma* synthetisiert werden (Abb.). Das *Formycin* selbst ist 3β-D-Ribofuranosyl-7-aminopyrazolo-(4,3-d)-pyrimidin; F. 141–142 °C, $[\alpha]_D^{20}$ −35,5 ° (c = 1 in 0,1 M HCl). Die biogenetische Vorstufe ist das Adenosin. F. wird in Formycin-5'-triphosphat umgewandelt, das als ATP-Analogon wirkt. Besonders *Mycobacterium* und *Xanthomonas oryzae* sind empfindlich gegen Formycin.

R=NH₂ Formycin
R=OH Formycin B (Hydroxyformycin)

Formycine

Formycin B bzw. Hydroxyformycin, wird außerdem von *Streptomyces lavendulae* und *S. roseochromogenes* var. *cyaensis* synthetisiert. F. 247 °C (Zers.), $[\alpha]_D^{20}$ −51,5 ° (c = 1 in Wasser). Formycin B ist das Desaminierungsprodukt des Formycins und weniger toxisch als dieses. Die Wirkung beschränkt sich vor allem auf *Mycobacterium* und einige Viren.

N¹⁰-Formyl-FH₄, ↗ *aktive Einkohlenstoffeinheiten*.

Formyl-FH₄-Deformylase (EC 3.5.1.10), ↗ *aktive Einkohlenstoff-Einheiten*.

Formyl-FH₄-Synthetase (EC 6.3.4.3), ↗ *aktive Einkohlenstoff-Einheiten*.

N-Formylglycinamidinribotid, ein Zwischenprodukt der ↗ *Purinbiosynthese*.

N-Formylglycinamidribotid, *FGAR*, ein Zwischenprodukt der ↗ *Purinbiosynthese*.

Formylmethionyl-tRNA, ↗ *Initiations-tRNA*.

N¹⁰-Formyltetrahydrofolsäure, ↗ *aktive Einkohlenstoff-Einheiten*.

Forsman-Antigene, ↗ *Haptene*.

Fosfomycin, ein Antibiotikum, chemisch eine Propylenoxidphosphonsäure (Abb.). F. wird aus Kulturen von *Streptomyces fradiae*, *viridochromogenes* und *wedmorensis* gewonnen und hemmt die Biosynthese der bakteriellen Zellwand.

Fosfomycin

FPLC, Abk. für *fast-protein liquid chromatography*, ein modernes Verfahren der ↗ *Chromatographie*, das unter Verwendung spezieller feinkörniger Säulenfüllmaterialien ähnlich wie die ↗ *Hochleistungsflüssigkeitschromatographie*, aber bei geringerem Druck, arbeitet. Die FPLC ist für die Trennung von Proteinen, Peptiden und Polynucleotiden – nicht zuletzt aufgrund der Schnelligkeit und hohen Trennschärfe – gut geeignet.

FPTase, *Abk.* für Farnesylprotein-Transferase, ↗ *Farnesyltransferase*.

Fragarin, ↗ *Pelargonidin*.

Fragmentin-2, Granzym B, eine aus cytotoxischen T-Lymphocyten isolierte Serinprotease, die an der Induzierung der ↗ *Apoptose* beteiligt zu sein scheint.

Fragmentreaktion, eine Reaktion, die zur Aktivitätsbestimmung der Peptidyltransferase verwendet wird. In einem zellfreien System, das 70 S- bzw. 80 S-Ribosomen enthält, wird die wachsende Peptidkette auf ↗ *Puromycin* übertragen und als Peptidyl-Puromycin freigesetzt.

Fraktion-1-Protein, ↗ *Ribulosediphosphat-Carboxylase*.

freie Energie, Formelzeichen F (im englischen Sprachraum A), eine thermodynamische Zustandsgröße, die die Fähigkeit eines Systems charakterisiert, Arbeit zu leisten. Sie ist definiert als $F = U - TS$, wobei U die innere Energie, T die Temperatur in K und S die Entropie bedeuten.

FRH, Abk. für follikelstimulierendes Hormon-Releasinghormon. ↗ *Gonadoliberin*.

5α-Friedelan, ↗ *Friedelin*.

Friedelin, ein pentazyklisches Triterpenketon, M_r 426,70 Da, F. 263 °C, $[\alpha]_D$ −27,8 ° (CHCl₃). F. kommt u. a. in der Rinde der Korkeiche (1 %), in Grapefruitschalen und manchen Flechten vor. Das Kohlenwasserstoffgrundgerüst des F. ist 5α-Friedelan.

Fruchtreifungshormon, ↗ *Ethylen*.

Fruchtzucker, ↗ *D-Fructose*.

Fructane, weit verbreitete pflanzliche Reservepolysaccharide, die aus β-D-Fructofuranoseeinheiten bestehen, die durch 2→1-Bindungen (Inulingruppe) oder 2→6-Bindungen (Levangruppe) glycosidisch miteinander verknüpft sind (Polyfructosane). ↗ *Inulin* wird in der Diabetiker-Ernährung verwendet. Fructan-spaltende Enzyme wurden bisher aus *Aspergillus niger* und verschiedenen Bakterien isoliert.

β-Fructofuranosidase, Syn. für ↗ *Invertase*.

D-Fructose, *Fruchtzucker*, *Lävulose*, eine Ketohexose (Abb.); M_r 180,16 Da, F. 104 °C, $[\alpha]_D^{20}$ −135 ° → −92 ° (Wasser). F. schmeckt süßer als alle anderen Kohlenhydrate und wird von Hefe vergoren. Sie liegt in kristallisierter Form als β-Pyranose, gebunden als Furanose (↗ *Kohlenhydrate*) vor. Die chemische Reduktion ergibt D-Sorbitol und D-Mannitol im Verhältnis 1 : 1. Wichtige Derivate der F. sind Fructose-1,6-diphosphat und Fructose-1-phosphat.

F. findet sich neben Glucose und Saccharose in vielen süßen Früchten und im Honig. Sie ist Bestandteil zahlreicher Oligosaccharide, wie Saccharose, Raffinose, Stachyose und Gentianose, und verschiedener Polysaccharide, wie Inulin und Lävan.

F. dient Diabetikern als Mittel zum Süßen von Speisen, da auch größere Mengen an Fructose den Blutzuckerspiegel nicht wesentlich erhöhen.

Fructosestoffwechsel. F. wird durch Ketohexokinase (EC 2.7.1.3) zu Fructose-1-phosphat phosphoryliert. Die Umwandlung in Fructose-6-phosphat ist nur gering. Fructose-1-phosphat unterliegt in der Leber einer Aldolasespaltung in Dihydroxyacetonphosphat und Glycerinaldehyd. Dihydroxyacetonphosphat mündet direkt in die ↗ *Glycolyse*. Glycerinaldehyd wird entweder mit NAD⁺ und ATP über Glycerinsäure in 2-Phosphoglycerinsäure

a   b   c

D-Fructose. Gleichgewicht in wässriger Lösung zwischen der 6-gliedrigen Ringstruktur der β-D-Fructopyranose (a), der offenen Kettenstruktur (b; Fischerkonvention) und der 5-gliedrigen Ringstruktur der β-D-Fructofuranose (c).

oder durch eine Triosekinase in Glycerinaldehyd-3-phosphat umgewandelt. Damit ist der Anschluss an den allgemeinen Kohlenhydratstoffwechsel erreicht. Die vom Glucoseabbau abweichenden Reaktionen des Fructosestoffwechsels erlauben eine getrennte Regulation beider Prozesse.

In der Leber kann Fructose über den Zuckeralkohol Sorbit in Glucose umgewandelt werden.

Fructose-1,6-bisphosphat, ↗ *Fructose-1,6-di-phosphat.*

Fructose-1,6-diphosphat, *Fructose-1,6-bisphosphat, Harden-Young-Ester*, ein Derivat der Fructose, bei dem die OH-Gruppen an C1 und C6 mit Phosphorsäure verestert sind. Es ist ein wichtiges Zwischenprodukt der ↗ *Glycolyse.*

Fructose-2,6-diphosphat, *F2,6P*, ein bei allen Tieren, Pilzen und einigen Pflanzen, aber nicht in Bakterien vorkommendes Derivat der ↗ *Fructose.* F. (Abb. 1) fungiert als Hauptregulator der ↗ *Glyco-*

Fructose-2,6-diphosphat. Abb. 1. Strukturformel von Fructose-2,6-diphosphat.

lyse und der ↗ *Gluconeogenese.* Es stimuliert die ↗ *Phosphofructokinase* und hemmt die ↗ *Fructose-1,6-diphosphatase.* F. wird von der *Phosphofructokinase-2 (PFK-2)*, einem bifunktionellen Enzym, aus Fructose-6-phosphat gebildet und durch die zweite Komponente des bifunktionellen Enzyms, die *Fructose-2,6-diphosphatase (FBPase-2)*, wieder gespalten (Abb. 2). Das Gleichgewicht der

Fructose-2,6-diphosphat. Abb. 2. Bildung und Abbau von Fructose-2,6-diphosphat.

Aktivitäten von PFK-2 und FBPase-2 in der Leber und damit die Konzentration von F. in diesem Organ wird durch ↗ *Glucagon* reguliert. Über Glucagon wird letztendlich die ↗ *Protein-Kinase A* aktiviert, die das bifunktionelle Enzym PFK-2/FBPase-2 phosphoryliert, wodurch die FBPase-2-Aktivität erhöht und die PFK-2-Aktivität inhibiert wird. Dadurch senkt Glucagon die Konzentration an F. in der Zelle, hemmt auf diese Weise die Glycolyse und stimuliert die Gluconeogenese (Abb. 3).

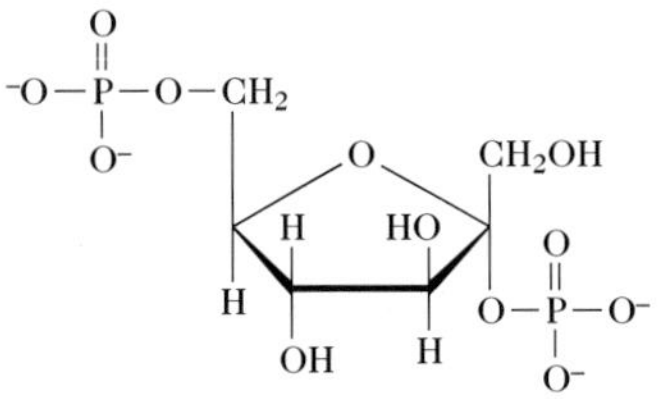

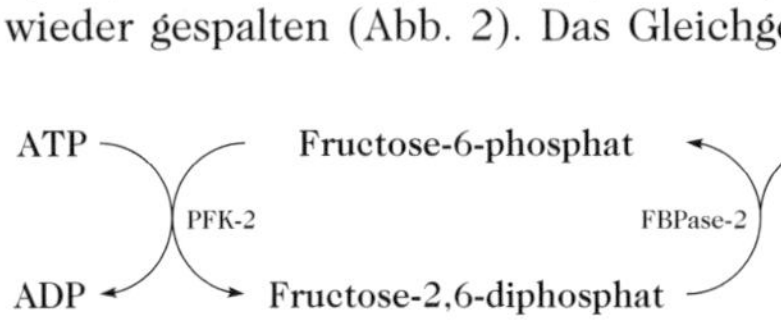

Fructosediphosphat-Aldolase, *Aldolase* (EC 4.1.2.13), eine tetramere Lyase, die 1,6-Diphosphat reversibel in zwei Triosephosphate spaltet, das Dihydroxyacetonphosphat und das D-Glyceraldehydphosphat. Die Reaktion verläuft analog zur Aldolkondensation ($CH_3CHO + CH_3CHO \rightarrow CH_3$-$CHOH$-$CH_2$-$CHO$), woher das Enzym seinen Namen hat. Im Gleichgewicht liegen 89% Fructosediphosphat und 11% Triosephosphat vor. Das Enzym katalysiert die Kondensation einer Reihe von Aldehyden mit Dihydroxyacetonphosphat und kann auch Fructose-1-phosphat spalten. Die Leberaldolase (Aldolase B, M_r 156 kDa, vier Untereinheiten von M_r 39 kDa) spaltet Fructose-1,6-diphosphat und Fructose-1-phosphat mit beinahe der gleichen Geschwindigkeit. Die Muskelaldolase (Aldolase A, M_r 160 kDa, vier Untereinheiten von M_r 41 kDa, pI 6,1) besitzt dagegen bezüglich des Diphosphats eine höhere Aktivität. Die Aldolase aus Hefe wird durch Cystein inhibiert und durch Fe^{2+}, Zn^{2+} und Co^{2+} reaktiviert. Die Spinatblattaldolase hat ein M_r von lediglich 120 kDa (M_r der Untereinheiten 30 kDa).

Die Skelettmuskelaldolase hat von den Aldolasen der tierischen und menschlichen Organe die höchste Aktivität: fünfmal so hoch im Vergleich zu dem Enzym aus Gehirn, Leber und Herzmuskel. Aus diesem Grund besitzt die Bestimmung der Serumaldolase eine diagnostische Bedeutung für Muskelkrankheiten wie Myoglobinurie und progressive Muskeldystrophie.

Fructose-2,6-diphosphatase, *FBPase-2*, ↗ *Fructose-2,6-diphosphat.*

Fructose-Intoleranz, *Aldolase-B-Mangel*, eine ↗ *angeborene Stoffwechselstörung*, die durch ei-

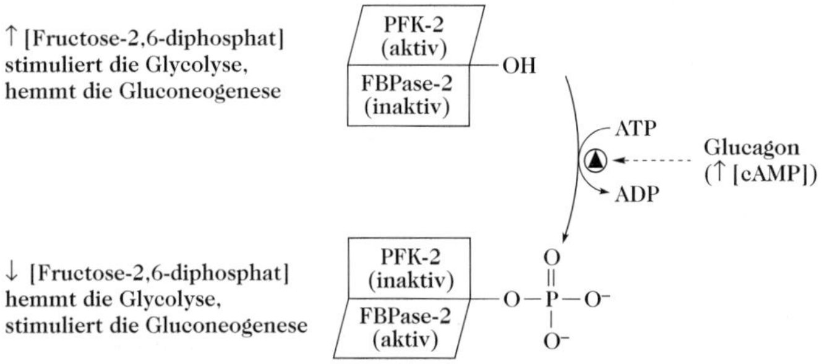

Fructose-2,6-diphosphat. Abb. 3. Reziproke Regulation des bifunktionellen Enzyms PFK-2/FBPase-2 durch glucagonvermittelte Phosphorylierung.

nen Mangel an ↗ *Fructosediphosphat-Aldolase* (Isoenzym B, M_r 156 kDa, EC 4.1.2.13) verursacht und autosomal-rezessiv vererbt wird. Dadurch häuft sich Fructose-1-phosphat in der Leber an und hemmt die Fructose-1,6-Diphosphatase sowie die Fructosediphosphat-Aldolase und stört so die Glycolyse und die Gluconeogenese. Klinische Symptome sind: Fructosämie, Fructosurie und Hypoglucosämie nach der Aufnahme von Fructose. Des Weiteren können Hyperuratämie, Hepatomegalie, Nierentubulusdysfunktion und intraokulare Blutung auftreten. Die Patienten sind symptomfrei und gesund, wenn Fructose vermieden wird. Aldolase A (im Muskel und in den meisten anderen Geweben) und Aldolase C (Gehirn und Herz) sind vorhanden und voll aktiv.

Fructose-6-phosphat, *Neuberg-Ester*, ein Zwischenprodukt der ↗ *Glycolyse*, das durch Isomerisierung von Glucose-6-phosphat entsteht. Es kann ferner bei der Transketolierung aus Erythrose-4-phosphat entstehen.

β-h-Fructosidase, ↗ *Invertase*.

Fructosurie, *essenzielle Fructosurie*, eine ↗ *angeborene Stoffwechselstörung*, die durch einen Mangel an *Ketohexokinase* (Leber-Fructokinase, EC 2.7.1.3) verursacht wird. Nach der Aufnahme von Fructose treten Fructosämie und Fructosurie auf, jedoch ohne pathologische Folgen.

frühe Proteine, ↗ *Phagenentwicklung*.

FSH, Abk. für F̲ollikel-s̲timulierendes H̲ormon, ↗ *Follitropin*.

FSH-RH, Abk. für F̲ollikel-s̲timulierendes H̲ormon R̲easinghormon (↗ *Gonadoliberin*).

FTase, *Abk. für ↗ F̲arnesyltransferase*.

L-Fucose, *6-Desoxy-L-galactose* (Abb.), ein Bestandteil der Blutgruppensubstanzen A, B und 0 und verschiedener Oligosaccharide der Frauenmilch, des Seetangs, von Pflanzenschleimen, von verschiedenen Glycosiden und Antibiotika. M_r 164 Da, F. (α-Form) 140 °C, $[\alpha]_D^{20}$ −153° → −76° (c = 9). Die Antibiotika enthalten verschiedentlich auch die D-Fucose. L-F. entsteht in Form des aktivierten Derivats Guanosindiphosphat-L-Fucose aus GDP-D-Mannose durch Dehydrierung, Isomerisierung und Reduktion.

Fucosidose, eine ↗ *lysosomale Speicherkrankheit* (Oligosaccharidose), verursacht durch einen Mangel an α-L-Fucosidase (EC 3.2.1.51). Es kommt zur Akkumulation fucosereicher Glycoproteine, Sphingolipide und Glycosaminglycane. Klinische Symptome sind: schwere progressive cerebrale De-

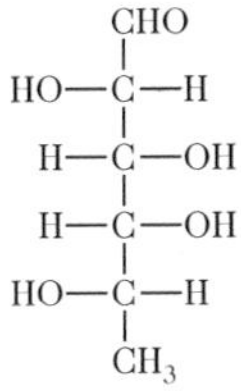

L-Fucose

generation im Säuglings- und Kleinkindalter (schnell bei Typ I, langsam bei Typ II), Skelettveränderung der Gesichtsmerkmale (ähnlich wie beim Hurlerschen Syndrom, ↗ *Mucopolysaccharidose*), Leber- und Milzvergrößerung (Hepatosplenomegalie; Typ I zeigt Herzvergrößerung). Die krankhafte Veränderung der Gesichtsmerkmale unterscheidet sich jedoch von der beim Hurlerschen Syndrom beobachteten.

Fucosterin, *(24E)-Stigmasta-5,24(28)-dien-31β-ol* (Abb.), ein Phytosterin (↗ *Sterine*); M_r 412,67 Da, F. 124 °C, $[\alpha]_D^{20}$ −38,4° (CHCl$_3$). F. ist das typische Sterin mariner Braunalgen, wurde aber auch aus Frischwasseralgen isoliert.

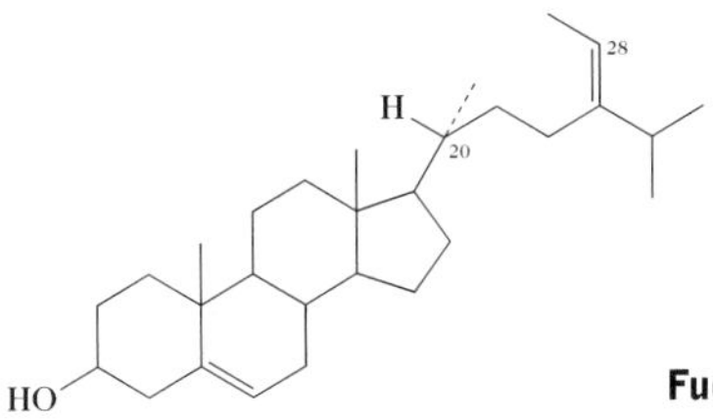

Fucosterin

Fucoxanthin, ein Carotinoidpigment mit einer Allen-, einer Epoxy- und einer Carbonylgruppe sowie drei Hydroxylgruppen, von denen eine acetyliert ist (Abb.), M_r 658,88, F. 160 °C, $[\alpha]_D^{20}$ 72,5° ± 9° (CHCl$_3$). Fucoxanthin hat an seinen Chiralitätszentren 3S-, 5R-, 6S-, 3'S-, 5'R-, 6'R-Konfiguration. Es kommt in vielen Meeresalgen, insbesondere den braunen Algen vor und stellt mengenmäßig den größten Anteil natürlich vorkommender Carotinoide dar.

Fugu-Gift, ↗ *Tetrodotoxin*.

Fulvene, gelbe bis rote Kohlenwasserstoffe mit gekreuzt konjugierten Doppelbindungen, die sich

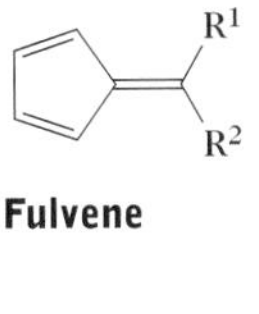

Fulvene

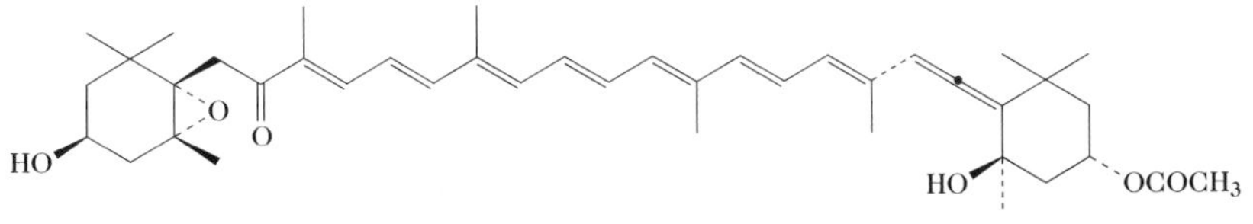

Fucoxanthin

vom Cyclopentadien durch Kondensation mit aliphatischen oder aromatischen Aldehyden oder Ketonen ableiten (Abb.).

Fumarase, *Fumarat-Hydratase* (EC 4.2.1.2), das Tricarbonsäure-Zyklus-Enzym, das Fumarat durch Addition von Wasser an die Doppelbindung reversibel in Malat überführt. Im Gegensatz zu anderen Hydrolasen, die entweder Pyridoxalphosphat oder Metallionen als Cofaktoren benötigen, hat die Fumarase keinen Cofaktor. Sie liegt als Tetramer (M_r 194 kDa, 1.784 Aminosäuren, keine Disulfidbrücken) aus identischen Untereinheiten (M_r 48,5 kDa) vor und kommt in mehreren Isoenzymformen vor.

Fumarat-Hydratase, Syn. für ↗ *Fumarase*.

Fumarsäure, *trans-Ethylendicarbonsäure* (Abb.), ein Zwischenprodukt des ↗ *Tricarbonsäure-Zyklus* und die Form, in der die Kohlenstoffgerüste von Aspartat (↗ *Harnstoff-Zyklus*), Phenylalanin und Tyrosin (über Fumarylacetoacetat) in den Zyklus eingeschleust werden (M_r 116,1 Da, Sdp. 290 °C, Sublimationspunkt bei 200 °C). F. ist in freier Form im Pflanzenreich weit verbreitet, wurde 1810 aus Pilzen isoliert und 1833 im Erdrauch (*Fumaria officinalis*) entdeckt. Die *cis*-Form ist die Maleinsäure.

Fumarsäure

Fumigatin, ↗ *Benzochinone*.
Fundamentalvariable, ↗ *Konzentrationsvariable*.
Fungistatika, ↗ *Antimycotika*.
Fungizide, ↗ *Antimycotika*.
Fungus-Sexualhormon, ↗ *Trisporsäuren*.
Funtumia-Alkaloide, eine Gruppe von Steroidalkaloiden, die als charakteristische Inhaltsstoffe in Pflanzen der Hundsgiftgewächs- (*Apocynaceae*-) Gattung *Funtumia* vorkommen. Die F. leiten sich vom Pregnan (↗ *Steroide*) ab und haben am Kohlenstoffatom 3 und (oder) 20 eine Amino- oder Methylaminogruppe. Wichtigste Vertreter sind z.B. *Funtumin* (3α-Amino-5α-pregnan-20-on) und *Funtumidin* (3α-Amino-5α-pregnan-20α-ol) aus *Funtumia latifolia*. Die Biosynthese der F. erfolgt über Cholesterin und Pregnenolon.

Funtumidin, ein ↗ *Funtumia-Alkaloid*.
Funtumin, ein ↗ *Funtumia-Alkaloid*.
Furanosen, ↗ *Kohlenhydrate*.
Fuselöl, Nebenprodukt der alkoholischen Gärung mit unangenehmen Geschmackseigenschaften. Das F. besteht hauptsächlich aus einem Gemisch von Amyl-, Isoamyl-, Isobutyl- und *n*-Propylalkohol. Die Verbindungen werden aus Aminosäuren, besonders Leucin, Isoleucin und Tyrosin, durch

Desaminierung und Decarboxylierung gebildet. Das aus Tyrosin erhaltene Tyrosol ist in Bier enthalten.

Fusicoccin, *Fusicoccin A* (Abb. 1), das Haupttoxin aus Kulturfiltraten von *Fusicoccum amygdali*, einem pathogenen Pilz, der für eine Welkkrankheit von Mandel und Pfirsich verantwortlich ist. Man nimmt an, dass F. ein einziges zentrales Transportsystem spezifisch aktiviert (möglicherweise durch Wechselwirkung mit der Plasmalemma-ATPase, wodurch die Umwandlung von Phosphatbindungsenergie in Protonengradientenenergie stimuliert wird) und dass alle anderen Effekte des Toxins Folgen dieses fundamentalen Vorgangs sind. Bei höheren Pflanzen ruft F. im Allgemeinen Zellvergrößerung, Protonenfluss, K⁺-Fluss und Stomataöffnung hervor. Es fördert auch die Samenreifung in Antagonismus zu Abscisinsäure.

Fusicoccin. Abb. 1. [K.D. Barrow et al. *Chem. Commun.* **19** (1968) 1.198–1.200]

Man unterscheidet zwei Reihen verwandter F., die alle als Cometabolite im Kulturfiltrat von *Fusicoccum amygdali* vorkommen: F. A und zehn Cometabolite, die sich nur in Anzahl und Position von Acetylgruppen unterscheiden (verursacht möglicherweise durch nichtenzymatische *in-vitro*-Wanderung von Acetylgruppen) sowie zwei 19-Desoxyfusicoccine.

Markierungsexperimente zeigen, dass die F. Diterpene sind (die strukturell ähnlichen Ophiobolane sind Sesterterpene). Drei von vier möglichen 4-*pro-R*-Wasserstoffatomen der Mevalonsäure werden in das Aglycon inkorporiert, davon eines an C6 und eines an C15, jedoch keines an C3. Eines der H-Atome an Position 2 der Mevalonsäure wird in C8 eingebaut (bei Ophiobolin wandert dieser Wasserstoff zu C15). Sechs von acht möglichen Wasserstoffatomen in Position 5 der Mevalonsäure werden in das Aglycon inkorporiert, zwei von ihnen an C9 und C13. Zusammen mit den Markierungsmustern von ¹³C- und ¹⁴C-markierter Mevalonsäure sind diese Resultate nur mit einer Synthese über all-*trans*-Geranylgeranylpyrophosphat konsistent (Abb. 2).

Fusicoccin. Abb. 2. Biosynthese des Aglyconrings der Fusicoccine.

Der abschließende Ringschluss durch zwei aufeinanderfolgende 1,2-Hydridverschiebungen wurde mit Hilfe des Einbaus von $[3\text{-}^{13}C,4\text{-}^2H_2]\text{-}(3RS)$-Mevalonlacton gezeigt. Die NMR-Analyse des gebildeten F. ergab, dass die Signale, die durch $^{13}C7$ und $^{13}C15$ hervorgerufen werden, durch die Gegenwart von ^2H an jedem von ihnen stark abgeflacht werden.

Die F. und ↗ Cotylenine bilden eine Verbindungsklasse, von denen keine weiteren natürlich vorkommenden Repräsentanten bekannt sind. Der glycosidische Zuckerrest ist ebenfalls ungewöhnlich für Fungusmetabolite. [E. Marre *Annu. Rev. Plant Physiol.* **30** (1979) 273–278 (Wirkungsweise und Physiologie); A. Banerji et al. *J. Chem. Soc. Chem. Comm.* (1978) 843–845 (Biosynthese)]

Fusidinsäure, ein tetrazyklisches Triterpenantibiotikum (Abb.); M_r 516,69 Da, F. 192 °C, $[\alpha]_D$ –9 °(CHCl$_3$). F. wurde aus Kulturfiltraten von *Fusi-

Fusidinsäure

dium coccineum isoliert und wirkt wie die strukturverwandten Triterpenantibiotika ↗ *Cephalosporin P$_1$* und *Helvolinsäure* gegen grampositive Erreger. Die Biosynthese erfolgt aus Squalen über 2,3-Epoxysqualen. F. hemmt die Proteinbiosynthese, indem es die Reaktion des Elongationsfaktors EFG an der kleinen Ribosomenuntereinheit unterbindet.

G

G, 1) ein Nucleotidrest (in einer Nucleinsäure), der die Base Guanin enthält.

2) Abk. für ↗ *Guanosin* (beispielsweise steht GTP für Guanosintriphosphat).

3) Abk. für ↗ *Guanin*.

GA 3, ↗ *Gibberelline*.

GABA, Abk. für engl. *gamma-aminobutyric acid*, ↗ *4-Aminobuttersäure*.

GABA-Rezeptoren, eine Gruppe von ↗ *Rezeptoren*, die in der interzellulären Kommunikation involviert sind, und durch den inhibitorischen Neurotransmitter GABA (↗ γ- bzw. *4-Aminobuttersäure*) stimuliert werden (Abb.). Der GABA$_A$-Rezeptor gehört zu den ligandenaktivierten Ionenkanälen oder ↗ *ionotropen Rezeptoren*, während der GABA$_B$-Rezeptor zu den ↗ *G-Protein-gekoppelten Rezeptoren* gerechnet wird. Der *GABA$_A$-R.* ist ein ↗ *Chloridkanal*. Bindung von GABA an diesen Rezeptor öffnet den Kanal für Chloridionen und hemmt dadurch die Zelle. GABA$_A$-R. sind also inhibitorisch und wirken neuraler Erregung entgegen. Bekannterweise ist GABA der dominierende inhibitorische Transmitter im Gehirn. Ein selektiver GABA$_A$-Agonist ist das Fliegenpilzgift ↗ *Muscimol*, während als kompetitiver Antagonist, der um die GABA-Bindungsstelle konkurriert, ohne einen Effekt auslösen zu können, das Krampfgift ↗ *Bicucullin* wirkt. Über den GABA$_A$-R. wirken viele Pharmaka, die in der Regel nicht an die GABA-Bindungsstelle binden, sondern wie das Krampfgift ↗ *Picrotoxin* den Ionenkanal direkt verstopfen. Auch Kokkulin, ein Inhaltsstoff der Kokkelskörner des südostasiatischen Mondsamengewächses *Anamirta cocculus*, wirkt als Kanalblocker. Weitere zentral wirkende Pharmaka treten mit GABA$_A$-R. in Wechselwirkung, indem sie an spezifischen Bindungsstellen des Rezeptors angreifen, die von der GABA-Erkennungsregion verschieden sind. Dazu zählen Benzodiazepin-Tranquilizer (↗ *Benzodiazepine*) wie Diazepam, die GABA-induzierte Cl⁻-Ströme verstärken, während inverse Benzodiazepin-Agonisten (Methyl-6,7-dimethyl-4-ethyl-β-carbolin-3-carboxysäure, DMCM) die GABA-Wirkung hemmen, so dass die Chloridkanäle der nachgeschalteten Zelle geschlossen bleiben. Die Folge ist Angstauslösung beim Menschen. An eine andere Rezeptorregion binden hypnotisch-narkotische Barbiturate (↗ *Pentobarbital* u. a.), die Chloridionenströme ebenfalls verstärken, jedoch in anderer Weise wie Benzodiazepine. Es gilt als wahrscheinlich, dass die sedierende Wirkung der genannten Pharmaka auf eine Verstärkung des hyperpolarisierenden Chloridionenstroms zurückgeführt werden kann. Mittels ↗ *Affinitätschromatographie* unter Verwendung von Benzodiazepin als Ligand wurden aus Membranfraktionen des Säugergehirns GABA$_A$-Rezeptor-Proteine gereinigt. Der GABA$_A$-R. des Gehirns ist ein Tetramer aus zwei α-Unterein-

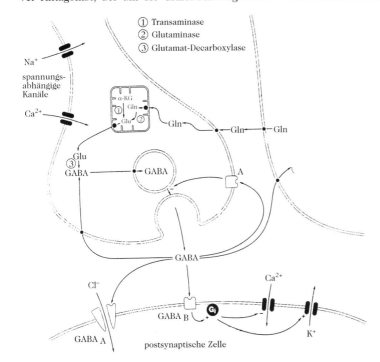

① Transaminase
② Glutaminase
③ Glutamat-Decarboxylase

GABA-Rezeptoren. Schematische Darstellung der synaptischen Übertragung durch GABA. + = Aktivierung, – = Hemmung, A = präsynaptischer Autorezeptor, G$_i$ = inhibitorisches G-Protein, α-KG = α-Ketoglutarat.

heiten (M_r je 53 kDa) und zwei β-Untereinheiten (M_r je 57 kDa). Vier membrandurchspannende Helices bilden in der Membran ein Pore, wobei die Bindungsstelle für GABA die β-Untereinheiten sind. Aus den Ergebnissen molekularer Klonierungstechniken geht hervor, dass bei Säugern 15 in ihrer Aminosäuresequenz unterschiedliche Untereinheiten des GABA$_A$-R. existieren, die den Familien α, β, γ und δ zugeordnet werden. Die Kombinationsmöglichkeiten der 15 Untereinheiten bei einer wahrscheinlichen Zahl von fünf Untereinheiten pro GABA$_A$-R. führt zu einer großen Vielfalt der Zusammensetzung dieses Rezeptortyps, wobei die Anzahl der in der Natur vorkommenden Kombinationen noch ebensowenig bekannt ist, wie die Gründe dafür, weshalb überhaupt so viele Typen erforderlich sind.

Der *GABA$_B$-R.* zählt zu den G-Protein-gekoppelten Rezeptoren. In aktivierter Form vermindert er, vermittelt durch G-Proteine, in neuralen Zellen die Wahrscheinlichkeit, dass Ca^{2+}-Kanäle geöffnet sind und erhöht die Wahrscheinlichkeit, dass K$^+$-Kanäle geöffnet sind (Abb.). Aufgrund der Tatsache, dass ein Ca^{2+}-Einstrom Erregung, ein K$^+$-Ausstrom dagegen Hemmung bedeutet, ist dem GABA$_B$-R. eine Hemmung der Zellen zuzuschreiben. Er wird durch das zentrale Muskelrelaxans ↗ *Baclofen* aktiviert. GABA$_B$-R. sind häufig präsynaptisch lokalisiert und können dort die Transmitterfreisetzung hemmen Die im Ratten-Hippocampus vorkommenden GABA$_C$-R. erwiesen sich pharmakologisch als unempfindlich sowohl gegenüber dem Antagonisten Biscullin des GABA$_A$-R. als auch gegenüber Baclofen.

G-Actin, ↗ *Actin.*

Gadoleinsäure, Δ^9-*Eicosensäure*, CH$_3$-(CH$_2$)$_9$-CH=CH-(CH$_2$)$_7$-COOH, eine Fettsäure (M_r 310,5 Da, F. 39 °C). Sie ist ein Bestandteil von Acylglycerinen in Pflanzen und Fischöl sowie von Phosphatiden.

Gadomer-17, ein wasserlösliches Kontrastmittel für die magnetische Kernspinresonanz, das 24 Gadolinium-Chelate (Gd-Chelate) auf der Oberfläche eines Dendrimer-Rückgrats (M_r 17 kDa) enthält. Ausgehend von Trimesinsäuretrichlorid und 18 Lysinen wurde zunächst das 24er-Amin synthetisiert, an das die 24 Gadolinium-Chelatoren geknüpft wurden. Bei G. handelt es sich um das erste polymere Kontrastmittel, das vollständig ausgeschieden wird, und im Vergleich zu niedermolekularen Gadolinium-Chelaten eine verlängerte intravasale Retention zeigt. [G. Adam et al. *Magn. Reson. Imaging* **4** (1994) 462; *ibid.* **7** (1997) 678]

Galactane, Polysaccharide aus D-Galactose, die in Pflanzen vorkommen. Sie sind im Allgemeinen unverzweigt und hochmolekular. Beispiele sind Agar-Agar und Carrageenan.

Galactitol, ↗ *Dulcit.*

Galactokinase, ein Enzym, das D-Galactose unter ATP-Verbrauch am C-1 phosphoryliert: Galactose + ATP → Galactose-1-phosphat + ADP. Es fungiert als Startenzym für die Umwandlung von Galactose in Glucose.

Galactokinase-Mangel, *Galactosediabetes*, *Galactosämie II*, *Galactosurie*, eine ↗ *angeborene Stoffwechselstörung* verursacht durch einen Mangel an *Galactokinase* (EC 2.7.1.6). Nach der Aufnahme von Galactose oder Lactose (z.B. Milch) treten Galactosämie und Galactosurie auf. Galactose wird teilweise zu Galactitol abgebaut. Es tritt schon in frühem Alter schwere Linsentrübung auf. Betroffene Personen sind geistig weitgehend normal entwickelt, es können jedoch neurologische Störungen auftreten. Durch lebenslange galactosefreie Nahrung besteht Beschwerdefreiheit.

Galactomannane, Heteropolysaccharide, die aus langen unverzweigten Ketten von β-D-(1→4)-verknüpften Mannoseresten mit einzelnen α-D-(1→6)-verknüpften Galactosebausteinen bestehen. Definitionsgemäß werden die G. von den ↗ *Mannanen* durch einen D-Galactopyranoseanteil größer als 5 % unterschieden. Man findet sie als Speicherpolysaccharide in den Samen von Leguminosen. Im Gegensatz zu den Mannanen sind G. wasserlöslich und bilden aufgrund der hohen Quellfähigkeit hochviskose Gele. Man nutzt diese Eigenschaft in der pharmazeutischen Technologie als sog. Tablettensprengstoff bei Retardtabletten. Ferner werden sie in der Lebensmittelindustrie als Verdickungs- und Geliermittel eingesetzt.

Galactoprotein A, Syn. für ↗ *Fibronectin*, wenn es als Zelloberflächenprotein auftritt.

Galactosämie I, eine ↗ *angeborene Stoffwechselstörung*, verursacht durch einen Mangel an *UDP-Hexose-1-phosphat-Uridylyl-Transferase* (Galactose-1-phosphat-Uridyl-Transferase, EC 2.7.7.10, früher EC 2.7.1.12). Es handelt sich um eine spezifische Unfähigkeit, Galactose zu metabolisieren, wodurch hohe Konzentrationen an Galactose und Galactose-1-phosphat in Geweben und Körperflüssigkeiten auftreten. Die Folgen sind im Allgemeinen schwer. Die körperliche und die geistige Entwicklung sind verzögert. Klinische Symptome sind: Hepatomegalie, eventuell Zirrhose und Nierentubulusdysfunktion. G. I führt oft früh zum Tod. Wenn sie jedoch in den ersten Tagen erkannt wird, kann eine vollkommen galactosefreie Ernährung (rigoroser Ausschluss von Milch) ein normales Wachstum und eine normale Entwicklung ermöglichen.

Galactosämie II, Syn. für ↗ *Galactokinase-Mangel.*

Galactosämie III, Syn. für ↗ *Galactose-Epimerase-Mangel.*

D-Galactosamin, *Chondrosamin*, 2-Amino-2-desoxy-D-galactose, ein Aminozucker. M_r 179,17 Da, F.

185 °C (Hydrochlorid), $[\alpha]_D^{20}$ 125° → 98° (in Wasser). D-G. leitet sich von D-Galactose ab, wobei die Hydroxylgruppe am C2 durch eine Aminogruppe ersetzt wird. Es liegt in der Natur meist als *N*-Acetylderivat vor und ist Bestandteil einiger Mucopolysaccharide, wie Chondroitinsulfat, der Blutgruppensubstanz A u.a. Außerdem kommt es in Mucoproteinen vor.

Galactose, eine Aldohexose, die in der Natur in der D- und L-Form vorkommt. M_r 180,16 Da, D-Galactose (Abb. 1): F. 167 °C, α-Form $[\alpha]_D^{20}$ 151° → 80°(Wasser), β-Form $[\alpha]_D^{20}$ 53° → 80°(Wasser); L-Galactose: F. 165 °C. Die G. ist besonders in Tieren weitverbreitet und ist ein Bestandteil von Oligosacchariden, wie Lactose, sowie von Cerebrosiden und Gangliosiden in tierischem Nervengewebe. In Pflanzen tritt sie als Bestandteil der Melibiose, Raffinose und Stachyose sowie als Grundkörper der ⬈ *Galactane* auf. Sie kommt darüber hinaus als Zuckerkomponente einiger Glycoside vor.

G. wird als UDP-G. aus UDP-Glucose synthetisiert. Die Epimerisierung an C4 wird durch die UDP-Glucose-4-Epimerase (EC 5.1.3.2) katalysiert. Diese Reaktion ist reversibel und der Abbau der UDP-G. verläuft ebenfalls über UDP-Glucose. Die G. tritt über Galactose-1-phosphat und UDP-G. in den allgemeinen Glucosestoffwechsel ein (Abb. 2).

Galactose. Abb. 1. α-D-Galactose.

Galactosediabetis, ⬈ *Galactokinase-Mangel*.

Galactose-Epimerase-Mangel, *Galactosämie III*, eine gutartige ⬈ *angeborene Stoffwechselstörung* verursacht durch einen Mangel an *UDP-Glucose-4-Epimerase* (UDP-Galactose-4-Epimerase, Galactowaldenase, EC 5.1.3.2). Eine Störung der Enzymaktivität liegt nur in Erythrocyten und Leucocyten vor (bei Heterozygoten mittlere Aktivität). Die Leber-Enzymaktivität ist normal.

α-Galactosidase A, Ceramidtrihexosidase, ⬈ *Fabry-Syndrom*.

β-Galactosidase (EC 3.2.1.23), eine Disaccharidase, die Lactose zu Galactose und Glucose hydrolysiert (Abb. 1). Das Lactoseoperon (*lac*-Operon) von *E. coli* enthält die Strukturgene für die β-G., die Galactosid-Permease und die Thiogalactosid-Transacetylase. Die Induktion der Transcription des *lac*-Operons (bewiesen als Induktion der Synthese von β-G. und der anderen beiden Enzyme)

Galactose
→
P-P$_i$ UDP-Glucose   Galactose-1-phosphat   UTP

UDP-Glucosidpyro-Phosphorylase (EC 2.7.7.9)   Hexose-1-phosphat-Uridylyltransferase (EC 2.7.7.12)   Galactose-1-phosphat-Uridylyltransferase (EC 2.7.7.10)

UTP   Glucose-1-phosphat   UDP-Galactose

UDP-Glucose-Epimerase (EC 5.1.3.2)

UDP-Glucose

Galactose. Abb. 2. Beziehungen zwischen Galactose- und Glucosestoffwechsel.

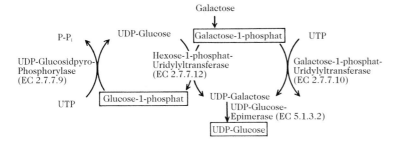

Lactose — β-Galactosidase (Transglycosylierung) → 1,6-Allolactose

β-Galactosidase (Hydrolyse) → Galactose + Glucose

β-Galactosidase. Abb. 1. Die Hydrolyse von Lactose zu Galactose und Glucose und die Transglycosylierung von Lactose zu 1,6-Allolactose. Beide Reaktionen werden durch die β-Galactosidase katalysiert.

ermöglicht es Bakterien, Lactose als alleinige Kohlenstoffquelle zu nutzen. Der eigentliche Induktor ist die 1,6-Allolactose, die durch Transglycosylierung aus Lactose gebildet wird (Abb. 1). Es gibt auch nicht metabolisierbare oder künstliche Induktoren des *lac*-Operons, wie z.B. Isopropylthiogalactosid (Abb. 2). Die klassischen Untersuchungen zur Induktion der β-G. führten Jacob und Monod dazu, für die Regulation der Proteinsynthese das Operonmodell (↗ *Operon*) vorzuschlagen. Die β-Galactosidaseaktivität wird mit Hilfe des farblosen Substrats o-Nitrophenyl-β-D-Galactosid gemessen, das zu Galactose und dem farbigen Produkt o-Nitrophenol hydrolysiert wird. Letzteres kann spektrophotometrisch bestimmt werden. ↗ *Enzyminduktion*, ↗ *Enzymrepression*. [J.H. Miller, *Experiments in Molecular Genetics*, Cold Spring Harbor, New York, 1972]

β-Galactosidase. Abb. 2. Isopropylthiogalactosid, ein künstlicher Induktor der β-Galactosidase.

Galactosurie, ↗ *Galactokinase-Mangel*.

Galactosylceramid-Lipidose, ↗ *Krabbesche Krankheit*.

D-Galacturonsäure, eine Uronsäure, M_r 194,14 Da, F. 159 °C, α-Form $[α]_D^{20}$ 98° → 50,8° (Wasser), β-Form $[α]_D^{20}$ 27° → 50,8° (Wasser). D-G. wird aus D-Galactose synthetisiert. Sie ist zu 40–60 % in Pektinen enthalten und kommt auch in einigen anderen pflanzlichen Polysacchariden vor.

Galangin, ↗ *Flavone*.

Galanin, H-Gly[1]-Trp-Thr-Leu-Asn[5]-Ser-Ala-Gly-Tyr-Leu[10]-Leu-Gly-Pro-His-Ala[15]-Ile-Asp-Asn-His-Arg[20]-Ser-Phe-His-Asp-Lys[25]-Tyr-Gly-Leu-Ala-NH$_2$, ein 1983 aus dem Schweinedünndarm isoliertes und auch im Pankreas auftretendes 29 AS-Peptid. Der Name bezieht sich auf die erste und letzte Aminosäure (Glycin und Alanin) der Sequenz des G. vom Schwein. G. inhibiert bei Menschen die gastrointestinale Motilität und verzögert die gastrische Entleerung. *In vitro* wurde eine durch G. stimulierte Hemmung der Insulinfreisetzung beobachtet. Im perfundierten Schweinepankreas erhöht G. die Freisetzung von Insulin und inhibiert die Sekretion von ↗ *Somatostatin*. Es inhibiert auch die Sekretion von Magensäure in Ratten nach Stimulierung durch ↗ *Pentagastrin*. Eine *i.v.* Infusion beim Menschen bewirkt einen starken Anstieg des Plasmaspiegels von ↗ *Somatotropin* und im geringeren Ausmaß von ↗ *Prolactin* über die Stimulierung von ↗ *Adrenalin*, ↗ *Somatoliberin* oder die Inhibierung von Somatostatin. Als Neuropeptid zeigt G. viele interessante physiologische Effekte und Wirkungen auf das Verhalten. G.-Rezeptoren wurden im ZNS sowie im Hypophysenvorderlappen, Pankreas, Magen und in der glatten Darmmuskulatur u.a. gefunden. [J.A. Rökaeus *Trends Neurosci.* **10** (1987) 158; J. N. Crawley *Regulatory Peptides* **59** (1995) 1]

Galanthamin, ↗ *Amaryllidazeen-Alkaloide*.

Galegin, *3-Methyl-2-butenyl-guanidin*, ein Guanidinderivat, das zusammen mit 4-Hydroxygalenin in den Samen der Geißraute (*Galega officinalis*) vorkommt. G. wird im Spross gebildet und in den Samen akkumuliert. Die isoprenoide Kohlenstoffkette des G. wird nicht über die Mevalonsäure-Isopentenylpyrophosphat-Sequenz der Terpenoidsynthese gebildet. Die Guanidinogruppe wird im Verlauf einer ↗ *Transamidierung* addiert.

Gallamin, ↗ *Acetylcholin (Tab.)*.

Gallanicin, ein kationisches, sehr cysteinreiches Peptidantibiotikum. Es wurde aus neutrophilen Granulocyten des Huhns (Gattung *Gallus*) isoliert und zeigt Ähnlichkeit mit den ↗ *Defensinen*.

Gallenalkohole, eine Gruppe von polyhydroxylierten Steroiden, die sich strukturell vom Stammkohlenwasserstoff Cholestan ableiten. G. treten in Form von Schwefelsäureestern als charakteristischer Bestandteil der Galle niederer Wirbeltiere auf, z.B. Scymmol (3α,7α,12α,24,25,27-Hexahydroxy-5β-cholestan) aus Haifischgalle.

Gallenfarbstoffe, lineare Tetrapyrrole, die durch den Abbau von Porphyrinen, insbesondere des Häms, gebildet werden (Abb. 1). Die α-Methinbrücke des Protohäms zwischen den Ringen A und B wird oxidativ gespalten mit Hilfe mikrosomaler Hydroxylasen [mikrosomale Häm-Oxygenase (Dezyklisierung), EC 1.14.99.3, die unbedingt die NADPH-Ferrihämoprotein-Reduktase, EC 1.6.2.4, benötigt], wobei Kohlenmonoxid und *Biliverdin IX* entstehen. Das Eisen wird zu Fe(II) reduziert und dem Eisenpool des Körpers zugeführt oder in Form von Hämosiderin und Ferritin gespeichert. Biliverdin wird zu Bilirubin reduziert und in einem Komplex mit Serumalbumin zur Leber transportiert.

Bilirubin wird vor allem durch den Abbau von Hämoglobin reifer Erythrocyten im reticuloendothelialen System (Milz), im Knochenmark und in der Leber gebildet. Besonders bei perniziöser Anämie entsteht ein Teil des Bilirubins auch beim Abbau von Myoglobin und Cytochrom. Bei hämolytischer Gelbsucht kommt es in großen Mengen im Serum und im Gewebe vor und befindet sich bei Kindern im Urin und in den Fäzes. In freier Form (d.h. nicht an Serumalbumin gebunden) ist es hoch toxisch, besonders bei Neugeborenen, wo es die Blut-Hirn-Schranke schneller überwindet als bei

Biliverdin

Bilirubin

Mesobilirubin

Mesobilirubinogen

d-Urobilinogen

Stercobilinogen

i-Urobilin

d-Urobilin

Stercobilin

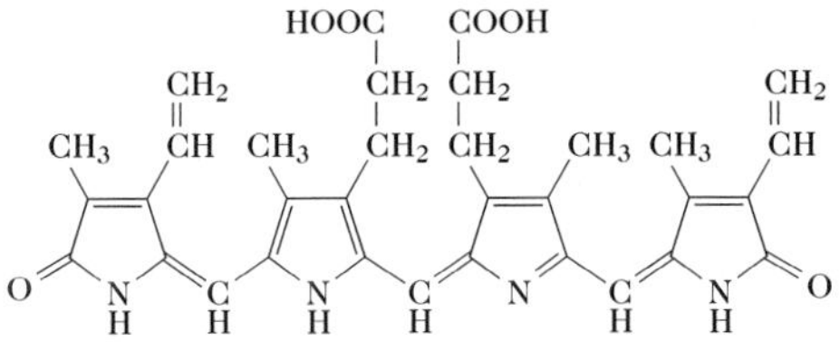

Gallenfarbstoffe. Abb. 1. Einige Gallenfarbstoffe und verwandte Verbindungen.

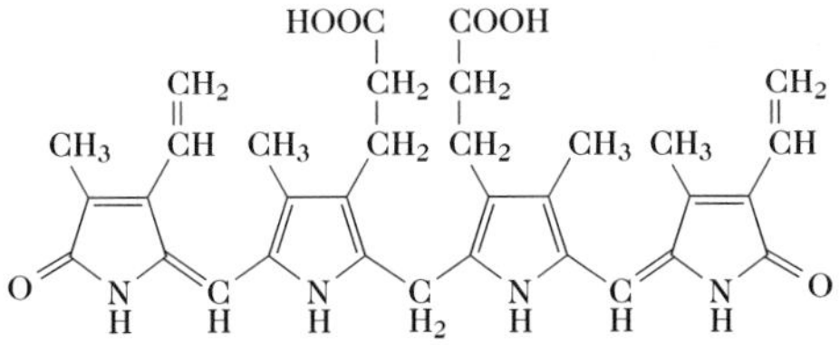

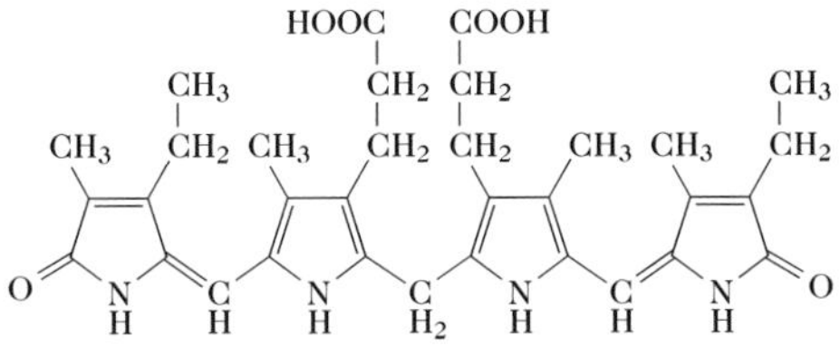

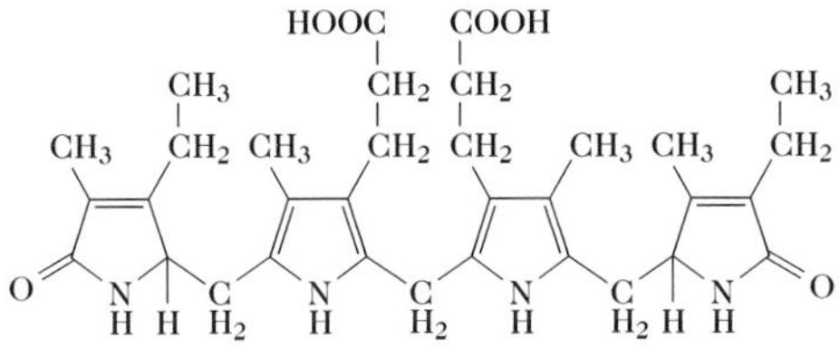

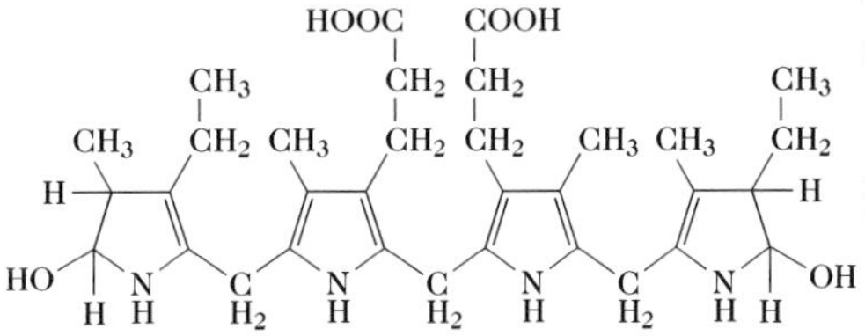

Erwachsenen. Es wirkt als Atmungsentkoppler. Plasmabilirubin dissoziiert in der Leber von Albumin ab und wird im Cytoplasma der Leberzellen konzentriert. Hierauf wird Bilirubin mit zwei Glucuronsäureresten konjugiert (Abb. 2, katalysiert durch die Glucuronosyltransferasen EC 2.4.1.76 und EC 2.4.1.77, die hauptsächlich im glatten endoplasmatischen Reticulum der Leberzellen lokalisiert sind). Das konjugierte Bilirubin wird in die Galle ausgeschieden, wo es wahrscheinlich an Lecithin oder Gallenproteine gebunden ist. Im Dickdarm wird der größte Teil des Konjugats hydrolysiert und das dabei entstehende freie Bilirubin durch Darmbakterien zu *d*-Urobilinogen, Stercobilinogen und *meso*-Bilirubinogen reduziert. Diese farblosen Verbindungen werden durch Sauerstoff zu Stercobilin und Urobilin oxidiert, die die braune Farbe der Fäzes verursachen.

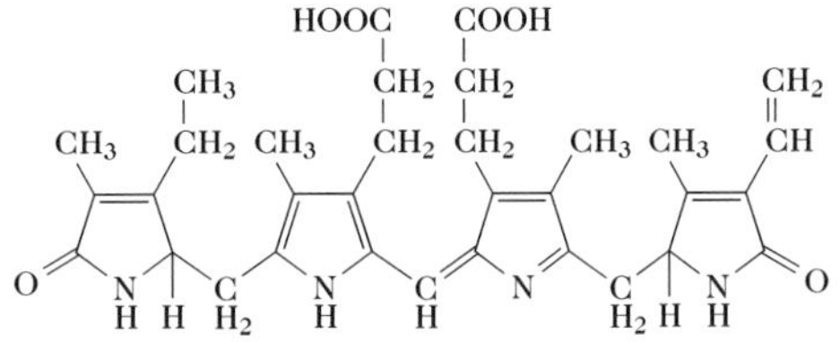

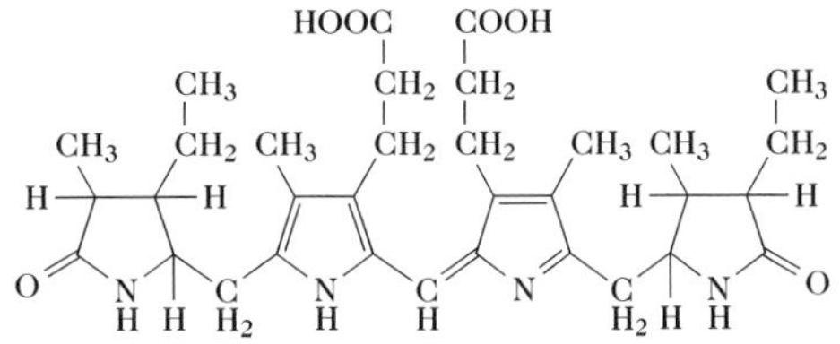

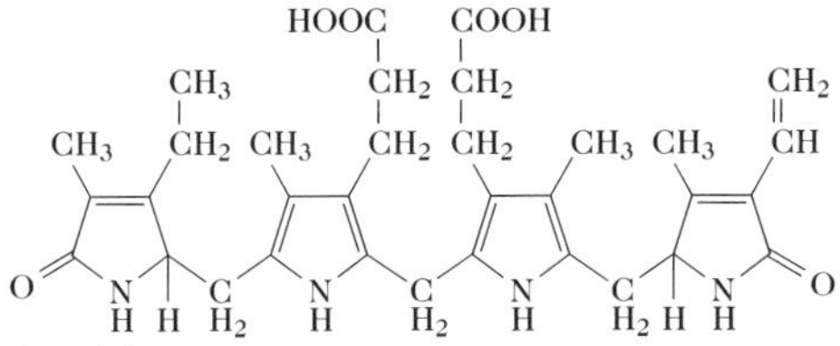

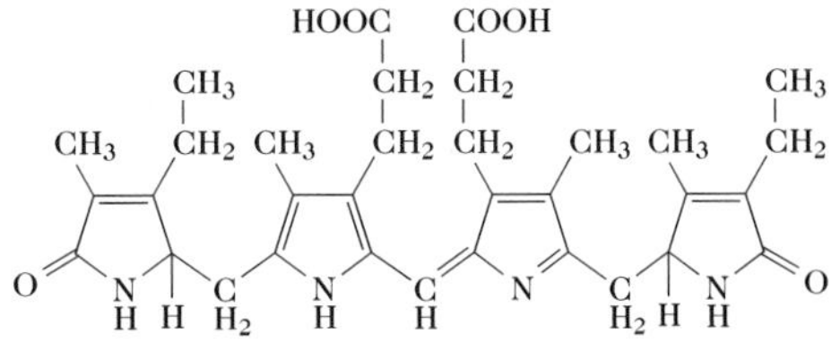

Biliverdin kommt in der Galle einiger Tiere, in der Plazenta einiger Säugetiere (Uteroverdin) und in der Eischale vieler Vögel (Oocyan) vor. Man findet es auch im Mekonium von Föten und Neugeborenen und in postmortaler Galle.

Durch die Reduktion der zwei Vinylsubstituenten des Bilirubins zu Ethylgruppen entsteht *meso*-Bilirubin. Eine weitere Reduktion der Methinbrücken

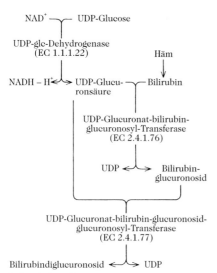

Gallenfarbstoffe. Abb. 2. Biosynthese des Bilirubindiglucuronosids.

führt zu *meso*-Bilirubinogen, das sich in der Gallenflüssigkeit, im Urin und in den Fäzes findet und bei pathologischem Leberzustand in erhöhter Menge vorliegt. Spuren des Urobilinogens werden vom Pfortaderblut absorbiert, zur Leber zurückgebracht und mit der Gallenflüssigkeit ausgeschieden. Ein Teil des Urobilinogens gelangt jedoch in das Blutkreislaufsystem und tritt eventuell im Urin auf (bis zu 4 mg/24 h). Bei Vorliegen von Okklusionsikterus befindet sich im Urin und in den Fäzes praktisch kein Urobilinogen. Bei hämolytischem Zustand ist die Konzentration an Urobilinogen im Urin und in den Fäzes erhöht. Stercobilinogen ist das Hauptausscheidungsprodukt des Hämoglobins bei den meisten Vertebraten und sein Oxidationsprodukt, Stercobilin (*l*-Uroabilin), ist Bestandteil des normalen Urins und der normalen Fäzes. *i*-Urobilin (Urobilin IXα; das Oxidationsprodukt von *meso*-Bilirubinogen) und *d*-Urobilin (das Oxidationsprodukt von *d*-Urobilinogen) finden sich in normalem Urin und in den normalen Fäzes.

Lineare Tetrapyrrole können Metallkomplexe bilden, in denen das Metallion an alle vier Stickstoffatome in einer nahezu planaren Ringstruktur gebunden ist. Dies ist möglich, weil der Pyrrolring sowohl in der Lactim- als auch in der Lactamform vorliegen kann. Der in dem Metallkomplex gebildete Ring wird vermutlich durch Wasserstoffbrückenbindungen stabilisiert, wie z.B. beim Verdohäm und Biliverdinhäm.

Gallensäuren, Bestandteile der Gallenflüssigkeit, die als Emulsionsmittel dienen. Es sind Steroidcarbonsäuren, die über eine Peptidbindung mit Taurin oder Glycin verbunden sind. Sie werden entsprechend der vorliegenden Aminosäure als Taurocholsäuren bzw. Glycocholsäuren bezeichnet. Die Glycocholsäure kommt überwiegend in der Gallenflüssigkeit von Menschen und Rindern vor, die Taurocholsäure in der Gallenflüssigkeit von Kaninchen. Die G. sind charakteristisch für Säugetiere. Bei niederen Vertebraten wird die gleiche Funktion von den ⊅ *Gallenalkoholen* ausgeübt. Das Zusammensetzungsmuster der G. ist bei den Säugetieren oft artspezifisch.

Die Salze der Gallensäuren setzen die Oberflächenspannung herab und emulgieren Fette, wodurch sie die Voraussetzung für deren Resorption durch die Darmwand schaffen. Weiterhin aktivieren sie die Lipasen. Beim Menschen werden täglich 90% (von 20–30 g) der abgeschiedenen Gallensäuren im Darm wieder resorbiert und zur Leber in den enterohepatischen Kreislauf zurückgeführt. Ein Liter Gallenflüssigkeit enthält ungefähr 30 g G.

Die Biosynthese der G. (Abb. auf Seite 355) erfolgt aus Cholesterin, wobei nach 7α-Hydroxylierung, Reduktion der Doppelbindung an Position 5 und Epimerisierung an Position 3, die C27-Seitenkette nach dem Prinzip der β-Oxidation abgebaut wird. Freie G. werden durch alkalische Hydrolyse z.B. von Schweine- oder Rindergalle gewonnen. Sie werden als Ausgangsmaterial zur Partialsynthese von therapeutisch wichtigen Steroidhormonen verwendet.

Gallotannine, *hydrolysierbare Gerbstoffe*, *Ellagitannine*, Ester von einem Zucker (in der Regel Glucose) mit einem oder mehreren Polyphenolcarbonsäuren (⊅ *Gallussäure* oder Depside).

Gallussäure, *3,4,5-Trihydroxybenzoesäure*, in Pflanzen weit verbreitete Phenolcarbonsäure, insbesondere als Baustein der ⊅ *Gallotannine*, aus denen G. durch säurekatalysierte Hydrolyse gewonnen werden kann. G. bildet farblose Kristalle; F. 225–250 °C. (Z.). Sie ist löslich in heißem Wasser, wenig löslich in kaltem Wasser und unlöslich in Chloroform und Benzol. G. wirkt stark reduzierend, Lösungen der Alkalisalze werden zur Absorption von Sauerstoff eingesetzt. Ester der G. (Gallate) dienen als Antioxidanzien. Mit Eisen(III)-Ionen entsteht eine blauschwarze Färbung. G. dient zur Herstellung von Tinten (*Eisengallustinten*). G. bildet intermolekulare Ester.

GAL4-Protein, ein zu den ⊅ *Gen-Aktivatorproteinen* zählendes Protein aus der Bäckerhefe. G. ist in der Regel für die Aktivierung der Transcription von Hefe-Genen verantwortlich, die für Enzyme codieren, die die Umwandlung von Galactose in Glucose katalysieren. G. besteht aus zwei Strukturdomänen, die gleichzeitig Funktionsdomänen darstellen. Eine DNA-bindende Domäne bindet in der Nähe der Gene für die genannten Enzyme des Galactosestoffwechsels an eine sog. *upstream*-Aktivatorsequenz (UASG) und positioniert den Transcriptionsfaktor

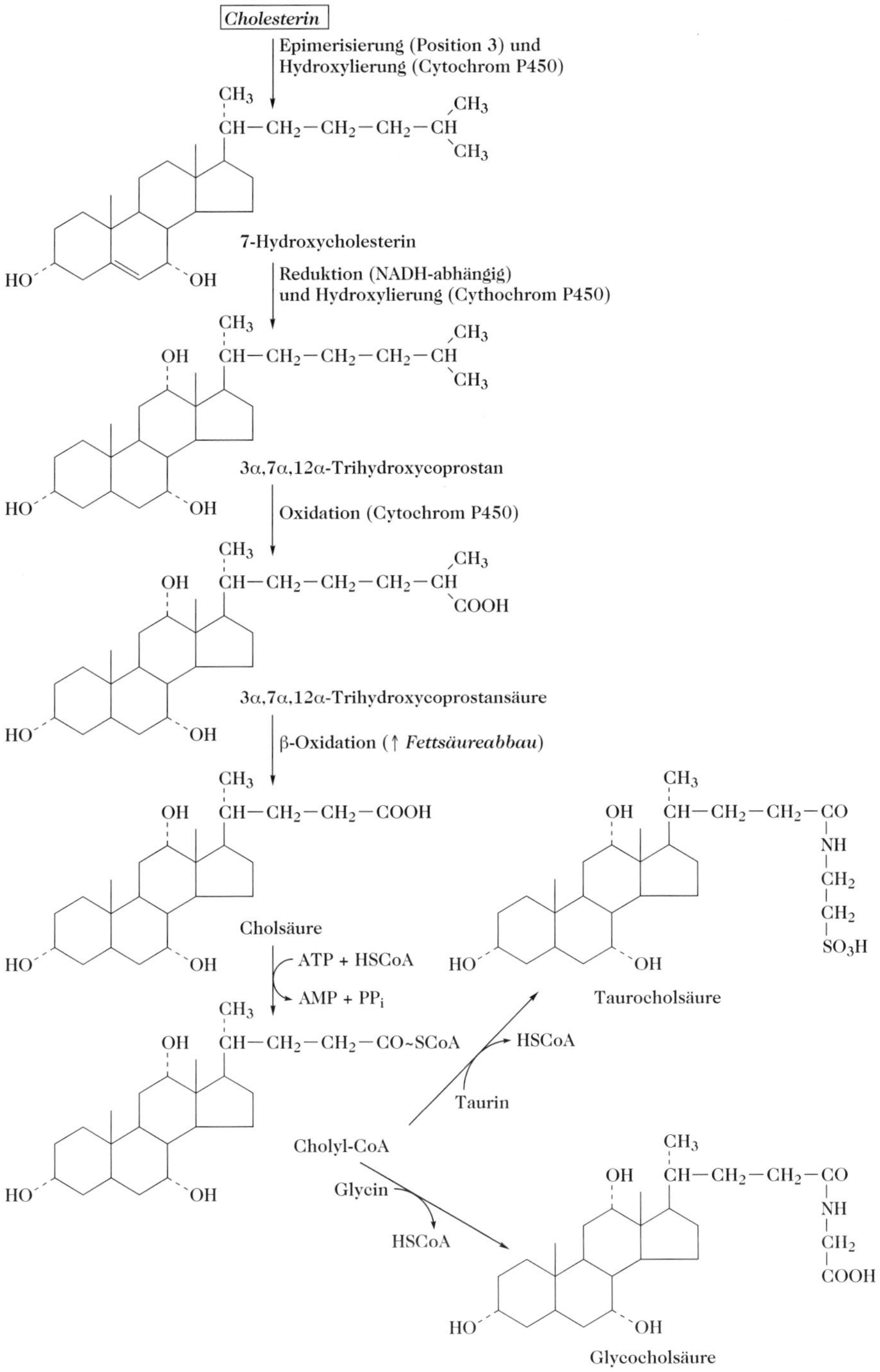

Gallensäuren. Biosynthese der Gallensäuren.

in die Nähe einer Transcriptionseinheit oder eines Promotors. Der auf der DNA fixierte Transcriptionsfaktor tritt mit der zweiten Domäne, der Aktivierungsdomäne, in Wechselwirkung, wodurch der Kontakt zum Transcriptionsapparat hergestellt und die Transcription ausgelöst wird. Aktivierungsdomänen enthalten sehr viele saure Aminosäurebausteine. Entscheidend für die Funktion ist der saure Charakter, nicht die exakte Aminosäuresequenz. Wegen der funktionellen Komplementarität und Modularität der beiden Domänen fand G. Verwendung bei der Entwicklung der *Two-Hybrid*-Technik, worunter man ein genetisches System zur Ermittlung von Protein-Protein-Wechselwirkungen versteht.

Gametenlockstoffe, ↗ *Sexuallockstoffe*.

Gammaglobuline↗ *Immunglobuline*

Gamone, pflanzliche ↗ *Sexuallockstoffe*.

Ganglioside, *Sialosylglycosylsphingolipide*, Glycosphingolipide (↗ *Glycolipide*) mit einem bis vier immer endständigen Sialinsäureresten. Bei G. mit mehreren Sialinsäureresten ist der Oligosaccharidrest verzweigt. Aus Rinderhirn oder Rattenleber isolierte G. erhält man als amorphe Pulver, die in Methanol/Chloroform (1 : 1) sowie Wasser und anderen polaren Lösungsmitteln löslich sind. Die Fettsäurekomponente der G. ist meist Stearinsäure. Die G. gehören der Ganglio- oder Neolacto-Serie der Glycosphingolipide an.

Die G. sind als saure Glycolipide in der äußeren Hälfte der Zellmembran lokalisiert. Besonders hoch ist ihre Konzentration im Gehirn. Das Gangliosidmuster der äußeren Zellmembran ist organ- und speziesspezifisch. G. sind Rezeptoren für biologisch aktive Verbindungen, so für Serotonin, Tetanustoxin, ↗ *Choleratoxin*, thyreotropes Hormon und andere Hormone.

Gangliosidosen, ↗ *lysosomale Speicherkrankheiten*, Sphingolipidosen mit Speicherung der Monosialoganglioside G_{M1}, G_{M2} und G_{M3} im zentralen Nervensystem und teilweise auch in anderen Organen.

G_{M1}-Gangliosidosen, verursacht durch einen Mangel an β-*Galactosidase* (EC 3.2.1.23). G_{M1}-G. treten in folgenden Formen auf:

1) *allgemeine G_{M1}-Gangliosidose, G_{M1}-Gangliosidose I, neuroviszerale Lipidose, Pseudo-Hurlersches Syndrom, Maladie de Landing.* Die Isoformen A_1, A_2 und A_3 der β-Galactosidase sind defekt. Als Folge akkumulieren G_{M1}-Gangliosid und Desialo-G_{M1}-Gangliosid in Neuronen und Glycosaminglycane in Milz, Leber, Epithelzellen der Nierenglomeruli und Knochenmark. Klinische Symptome sind geistige und motorische Retardierung, Leber- und Milzvergrößerung (Hepatosplenomegalie). Die Krankheit führt bis Ende des zweiten Lebensjahrs zum Tod.

2) *juvenile G_{M1}-Gangliosidose, G_{M1}-Gangliosidose II.* Es fehlen nur zwei der drei Leber-β-Galactosidasen (A_1 und A_3). Sphingolipide akkumulieren nicht in der Leber. G_{M1} wird ausschließlich im zentralen Nervensystem abgelagert. Die Krankheit schreitet langsamer fort als die allgemeine Gangliosidose, das klinische Bild ist jedoch ähnlich. Sie führt gewöhnlich zwischen dem dritten und zehnten Lebensjahr zum Tod.

3) *adulte G_{M1}-Gangliosidose, G_{M1}-Gangliosidose III.* Aktivität der β-Galactosidase beträgt ungefähr 5 % des Normalwerts. Spätestens mit acht Jahren tritt eine motorische Verschlechterung ein, die in-

tellektuellen Fähigkeiten sind jedoch nur gering beeinträchtigt. [A.T. Hoogeveen et al. *J. Biol. Chem.* **259** (1984) 1.974–1.977]

4) *G_{M1}-Gangliosidose einschließlich Sialidose.* Den beiden Enzymen β-*Galactosidase* (EC 3.2.1.23) und *Sialidase* (Neuraminidase; EC 3.2.1.18) fehlt ein schützendes Glycoprotein und beide sind instabil. Monosialoganglosid G_{M1} und Sialyloligosaccharide akkumulieren in Neuronen, Milz, Leber, Knochenmark und Nieren. Die kindliche Form (Typ I) tritt in der frühen Kindheit auf und hat in klinischer Hinsicht Ähnlichkeit mit der allgemeinen G_{M1}-Gangliosidose. Die jugendliche Form (Typ II) manifestiert sich mit 3–20 Jahren, zeigt progressive neurologische Störung mit Ataxie und mäßiger geistiger Entwicklungsstörung, grobe Gesichtsmerkmale, Knochendeformationen und kirschrote makuläre Flecken und weist keine Viszeromegalie auf. Die Lebenserwartung kann normal sein.

G_{M2}-Gangliosidosen, eine Sphingolipidose, die durch einen Mangel an β-*N-Acetylhexosaminidase* (EC 3.2.1.30) verursacht wird. G_{M1}-G. treten in folgenden Formen auf:

1) *jugendliche G_{M2}-Gangliosidose.* Man kennt spätkindliche und jugendliche Formen, wobei der Verlust an Enzymaktivität sehr unterschiedlich sein kann. Bei Typ I (Tay-Sachssche Krankheit) wird Monosialoganglosid G_{M2} akkumuliert. Die Symptome des Typs II (Sandhoffsche Krankheit) gleichen denen von Typ I, jedoch treten zusätzlich Hepatomegalie und Cardiomyopathie auf. Im Fall von Typ III (Bernheimer-Seitelbergsche Krankheit) sind die klinischen Symptome ähnlich wie bei Tay-Sachs, jedoch sind oft keine roten makulären Flecken vorhanden und die Krankheit schreitet langsamer fort. Sie führt in der Kindheit zum Tod.

2) *adulte G_{M2}-Gangliosidose.* Monosialoganglosid G_{M2} wird intraneural in weißer und grauer Hirnmaterie eingelagert, geringe Mengen akkumulieren in Leber und Milz. Die Krankheit manifestiert sich zwischen 18 und 40 Jahren (manchmal zwischen zwei und vier Jahren, schreitet dann langsam fort). Die klinischen Symptome äußern sich in geistiger und motorischer Verschlechterung. Einige Jahre nach der ersten Manifestation tritt der Tod ein.

G_{M3}-Gangliosidosen, eine Sphingolipidose, verursacht durch einen Mangel an *(N-Acetylneuraminyl)-galactosylglucosylceramid-N-Acetylgalactosaminyl-Tansferase* (EC 2.4.1.92). Monosialoganglioside G_{M1} und G_{M2} werden nur mangelhaft synthetisiert und G_{M3} akkumuliert in Gehirn und Leber. Die klinischen Symptome sind ähnlich wie bei der allgemeinen Gangliosidose (GM_1-Gangliosidosen). Die Krankheit führt bereits im ersten Lebensjahr zum Tod.

GAP, Abk. für ↗ *GTPase-aktivierende Proteine*.

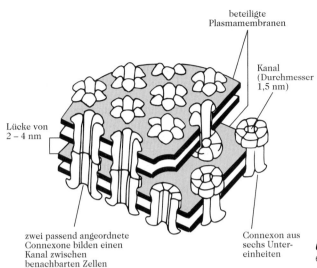

beteiligte
Plasmamembranen

Kanal
(Durchmesser
1,5 nm)

Lücke von
2 – 4 nm

zwei passend angeordnete
Connexone bilden einen
Kanal zwischen
benachbarten Zellen

Connexon aus
sechs Unter-
einheiten

Gap-Junction. Ein zeichnerisches Modell für eine *Gap-Junction.*

Gap-Junction, *Kontaktzone, Nexus*, kleine, verstärkte Öffnungen zwischen benachbarten Zellen, die elektrischen Strömen, Ionen und kleinen Molekülen den Durchtritt vom Cytoplasma der einen Zelle zum Cytoplasma der anderen Zelle erlaubt. Sie ist eine der häufigsten Zellverbindungen und kommt in vielen Geweben und bei nahezu allen Tierarten vor. Eine solche Kontaktzone ist durch eine 2–4 nm breite Lücke in den Membranen zweier benachbarter Zellen charakterisiert, die von kanalbildenden Proteinen (Abb.) überspannt wird. Diese Transmembranproteine werden als *Connexone* bezeichnet. Sie sind aus jeweils sechs identischen Proteinuntereinheiten, den *Connexinen*, aufgebaut und enthalten wahrscheinlich vier membrandurchspannende α-Helices. Die sechs Untereinheiten aggregieren zu einem Connexon mit einer wässrigen Pore im Zentrum, für deren Wand jedes Connexin eine α-Helix beisteuert. Bei höheren Pflanzen bilden die *Plasmodesmata* ähnliche Kanäle, die die Wanderung kleiner Moleküle durch die Zellwand zwischen den Zellen ermöglichen.

Gapmer, von engl. *gap*, Lücke, Bezeichnung für chimäre Oligodesoxyribonucleotide, die beispielsweise am 5'- und am 3'-Ende anstelle der Internucleotidbindungen jeweils Methylphosphonatbindungen (Δ) enthalten, während die mittleren Bindungen zwischen den Nucleotiden Phosphorothionatbindungen (unterstrichen) sind: 5'-AA–CΔ*GΔTΔAC*GTCTCAGTΔAΔCΔ*GΔT-3' Darüber hinaus sind die Cytosinbausteine (*) in CpG-Sequenzen methyliert. Durch die Methylphosphonatbindungen wird die Lipophilie und Membrangängigkeit erhöht. G. haben Bedeutung für die Entwicklung neuer sequenzspezifischer Oligonucleotid-Therapeutika.

GAR, Abk. für ↗ G̲l̲y̲c̲i̲n̲a̲m̲i̲d̲r̲i̲bonucleotid.

Gärung, schrittweiser, enzymatischer Abbau organischer Verbindungen zu organischen Endprodukten zum Zwecke der Energiegewinnung unter anaeroben Bedingungen. Bei der G. wird nur ein Teil des Substrats (z.B. Glucose) oxidiert und die dabei freiwerdende Energie zur ATP-Bildung (durch Substratphosphorylierung) genutzt. Der oxidierte Kohlenstoff wird als CO_2 ausgeschieden. Im Gegensatz zur ↗ Atmung werden die bei der Oxidation entstehenden Reduktionsäquivalente (NADH) nicht auf molekularen Sauerstoff, sondern auf den Rest des Substrats übertragen. Bei der ↗ alkoholischen G. wird z.B. Acetaldehyd zu Ethanol reduziert und dieses in das Kulturmedium ausgeschieden. Der durch G. erzielte Energiegewinn ist geringer als der durch Atmung. Während z.B. bei der alkoholischen G. der Hefezelle je Mol Glucose nur zwei Mol ATP gebildet werden, entstehen bei der vollständigen Oxidation von einem Mol Glucose 36 bzw. 38 Mol ATP.

Unter dem Aspekt der Substratnutzung für das Wachstum ist die G. unökonomisch. Das Substrat wird vorwiegend zur Energieproduktion umgesetzt, woraus hohe Ausbeuten an ↗ Gärungsprodukten resultieren. Die durch G. gebildeten Produkte entsprechen teilweise denen, die durch unvollständige Oxidation entstehen (z.B. Essigsäure).

Die Bezeichnung der Gärungsform richtet sich nach den mengenmäßig vorherrschenden (z.B. Alkohol, Milchsäure) oder besonders charakteristischen (z.B. Ameisensäure) Ausscheidungsprodukten. Letztere sind für die anaerob wachsende Zelle ohne Bedeutung und können dem bei der Atmung anfallenden CO_2 und H_2O gleichgesetzt werden. G. kommen vor allem bei niederen heterotrophen

Organismen vor (Hefen und andere Pilze, Bakterien). Auch in Geweben höherer Pflanzen und Tiere können Gärungsprozesse ablaufen.

Zahlreiche G. haben industrielle Bedeutung. Obwohl in der Mehrzahl der Fälle Kohlenhydrate als Substrate dienen, sind prinzipiell alle Verbindungen vergärbar, die durch intramolekulare Spaltung in einer exergonen Reaktion teilweise oxidiert werden können. Dazu gehören alle Naturstoffe, die aus Kohlenstoff-, Wasserstoff-, Sauerstoff- oder/und Stickstoffatomen zusammengesetzt sind. So können außer Kohlenhydraten auch organische Säuren, Aminosäuren (aromatische Aminosäuren sind nur bedingt vergärbar), Purine und Pyrimidine vergoren werden. Hingegen sind aliphatische und aromatische Kohlenwasserstoffe, Steroide, Fettsäuren ab C_5 usw. unter anaeroben Bedingungen stabil, da sie nahezu ausschließlich nur aus Kohlenstoff- und Wasserstoffatomen aufgebaut sind und durch intramolekulareSpaltung keine Energie gewonnen wird.

Gärungsprodukte, Endprodukte des anaeroben mikrobiellen Energiestoffwechsels. Von der Vielzahl der G. haben oder hatten nur einige wirtschaftliche Bedeutung erlangt (Tab.). Bei der Begrenztheit fossiler Rohstoffe (insbesondere Erdöl, Erdgas, Kohle) wird die Erzeugung von G. in der Zukunft größere Bedeutung erlangen.

Gas-Adsorptions-Chromatographie, ↗ *Gaschromatographie*.

Gärungsprodukte. Tab. Industriell erzeugte Gärungsprodukte.

Produkt	Organismus	Verwendung
Ethanol	*Saccharomyces cerevisiae*	Genuss- und Lösungsmittel, industrielle Zwecke, Essigsäureherstellung
Glycerin	*Saccharomyces cerevisiae*	Sprengmittelherstellung
Milchsäure	*Lactobacillus delbrueckii, L. bulgaricus*	Nahrungsmittel- und pharmazeutische Industrie
Aceton und Butanol	*Clostridium acetobutylicum, C. butylium*	Lösungsmittel
2,3-Butandiol	*Bacillus polymyxa, B. subtilis, Aerobacter aerogenes*	nach Überführung in Butadien zur Herstellung von Kautschuk, Antifrostmittel
Methan	methanogene Bakterien	Energiewirtschaft

Gaschromatographie, *GC*, chromatographische Methode mit gasförmiger mobiler Phase zur Analyse (*analytische G.*) gasförmiger oder unzersetzt bzw. reproduzierbar zersetzt verdampfbarer Stoffgemische. Bei der *Gas-Adsorptions-Chromatographie* (GSC, engl. *g*as-*s*olid-*c*hromatography), auch als *Gas-Feststoff-Chromatographie* bezeichnet, ist die stationäre Phase ein aktiver fester Stoff (Adsorbens), bei der *Gas-Verteilungs-Chromatographie* (GLC, engl. *g*as-*l*iquid-*c*hromatography) eine Flüssigkeit (*Gas-Flüssigkeit-Chromatographie*), die auf einem inerten festen Trägermaterial fixiert ist. In der G. kommt fast ausschließlich die Elutionstechnik zur Anwendung bei isothermer oder temperaturprogrammierter Arbeitsweise.

Technik der G. Die Apparatur besteht aus einer Druckflasche mit Druckminderventil, einer Gasmess- und -regeleinheit, dem Probeneinlass, dem Thermostaten mit der Trennsäule, einem Detektor mit Verstärker und Messwertregistrierung und -auswertung mit einem PC. Als *Trägergase* verwendet man vorwiegend Wasserstoff, Helium, Stickstoff oder Argon, ihre Strömungsgeschwindigkeit wird mit Feinstnadelventilen reguliert und mit Rotametern oder Seifenfilmströmungsmessern gemessen. Die Probengabe erfolgt mit Mikrodosierspritzen durch ein Septum oder mit Dosierschleifen, die Probenmenge liegt bei 1–10 µl für Flüssigkeiten und bei 1–10 ml für Gase.

Stationäre Phasen sind in der GSC Adsorbenzien wie Kieselgel, Aluminiumoxid, Aktivkohle, Molekularsiebe (4 A, 5 A und 13 X) oder poröse Polymere (Porapak). Die Körnung dieser Materialien liegt bei 0,1–0,2 mm bzw. 0,2–0,3 mm. In der GLC benutzt man vorwiegend gekörntes Trägermaterial auf Kieselgurbasis (Chromosorb W, Celite, Sterchamol), als stationäre Phasen Trennflüssigkeiten mit abgestufter Polarität, unterschiedlicher Selektivität und verschiedener thermischer Stabilität (Tab. 1). Die Bewertung von Trennflüssigkeiten erfolgt durch Differenzen von Retentionsindizes ausgewählter Testsubstanzen (Rohrschneider- bzw. McReynolds-Indizes). Während des Trennungsvorgangs stellt sich ein Gleichgewicht der gelösten Substanz zwischen der stationären und der mobilen Phase ein. Der Verteilungskoeffizient hängt vom Gasdruck p der gelösten Substanz ab und ist eine Funktion der Temperatur T: $\ln(p) = \Delta H / RT + C$, wobei ΔH die molare Lösungsenthalpie und C eine Konstante ist. Je höher die Temperatur ist, um so weniger wird die gelöste Substanz von der stationären Phase zurückgehalten, und um so schneller verlässt sie deshalb die Kolonne. Diese Tatsache wird genutzt, um Verbindungen mit langen Retentionszeiten durch schrittweise Temperaturerhöhung aus der Kolonne zu treiben. Der Nachweis der getrennten Komponenten erfolgt mit *Detektoren*, die sich nach dem

Trennflüssigkeit	Polarität[1]	Temperatur-bereich [°C]	Einsatzmöglichkeit
Alkane			
Squalan	up	20 – 150	Aliphaten, Aromaten, Trennung nach Siedepunkten
Silicone			
Methyl-SE 30	up	50 – 300	Alkanole, Alkanale, Alkanone, Aromaten, Trennung nach Siedepunkten
Phenylalkyl-SE 52	mp	100 – 300	Aminosäurederivate, Aromaten, Heterozyklen
Cyanoalkyl-XE 60	sp	20 – 275	Halogenkohlenwasserstoffe, Pestizide
Carboranmethyl-Dexsil 300	up	50 – 400	Hochtemperaturtrennungen
Polyglycole			
Carbowax 20 M	mp	50 – 250	Alkanole, Alkanale, Alkanone, Aromaten, Alkene
Ester			
Dinonylphtalat	sp	20 – 130	Fettsäureester, Halogenverbindungen, Aminosäurederivate
N-Verbindungen			
β,β'-Oxidipropionitril	sp	20 – 80	Aromaten, Ester, Amine
Flüssigkristalle			
4,4'-Azoxyphenetol	mp	140 – 165	Strukturisomere

[1] up, unpolar oder schwach polar; mp, mittelpolar; sp, stark polar.

Gaschromatographie. Tab. 1. Trennnflüssigkeiten und ihre Einsatzmöglichkeiten.

jeweiligen physikalischen Messprinzip sowie in ihrer Empfindlichkeit und Selektivität unterscheiden (Tab. 2). Die Messwertanzeige erfolgt als Zeitdifferenzial.

Moderne Hochleistungsvariante der G. ist die *Kapillargaschromatographie*, bei der durch den Einsatz von Trennkapillaren (engl. *open tubular columns*) aus Metall, Glas oder Quarz (*fused silica*) mit einem Innendurchmesser von 0,1–0,5 mm und

Gaschromatographie. Tab. 2. Detektoren für die Gaschromatographie.

Detektor	Nachweisgrenze [g·s⁻¹]	Einsatzgebiet
Wärmeleitfähigkeitsdetektor (WLD)	10^{-6}	verwendbar für alle Stoffe
Flammenionisationsdetektor (FID)	10^{-12}	selektiv für alle Verbindungen mit CH_2-Gruppen
Elektronenanlagerungsdetektor (EAD)	10^{-14}	empfindlich für Substanzen mit hoher Elektronenaffinität

10–200 m Länge Trennleistungen von 10^{-5}–10^{-7} theoretischen Trennstufen erreicht werden können. Die stationäre Phase befindet sich dabei als Film auf der Innenwand der Kapillare. Aufgrund einer geringen Belastbarkeit (10^{-2}–10^{-3} ml) erfordern Trennkapillaren Splitdosierung und eine empfindliche Detektion (Abb. 1). Für Routineanalysen wird ein Flammenionisationsdetektor verwendet. Er besteht aus einer kleinen H_2-Luft-Flamme, die an einer Metalldüse brennt. Das Eluatgas mischt sich mit dem H_2 bevor dieses aus der Düse tritt. Die Verbrennung von H_2 erzeugt freie Radikale, aber keine Ionen; jedoch werden bei der Verbrennung von Kohlenstoff positive Ionen und freie Radikale gebildet. Die Ionen wandern zur Sammelelektrode, wo sie durch den Strom, den sie induzieren, gemessen werden. Anwendung findet die Kapillargaschromatographie unter anderem bei der Analyse von Naturstoffen, Erdölprodukten und Isomerengemischen (Abb. 2).

Bei der qualitativen Analyse erfolgt die Auswertung durch Substanzvergleich, Zumischen oder durch Kombination mit anderen Methoden (z.B. MS und IR-Spektroskopie). Zur quantitativen Analyse wird die *Peakfläche* herangezogen. Die Peak-

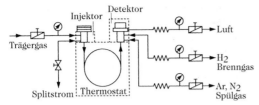

Gaschromatographie. Abb. 1. Gaschromatographie mit Kapillartrennsäule und Flammenionisationsdetektor.

fläche ist der dosierten Menge proportional. Die Bestimmung dieser Peakfläche erfolgt durch Näherungsverfahren (Höhe mal Halbwertsbreite) oder durch mechanische bzw. elektronische Integration. Unter Berücksichtigung stoffspezifischer Korrekturfaktoren erhält man aus dem digitalisierten Messwert das quantitative Analysenergebnis in Masse- oder Volumenprozent. Die *Nachweisgrenze* der G. liegt bei 10^{-15} g Substanz.

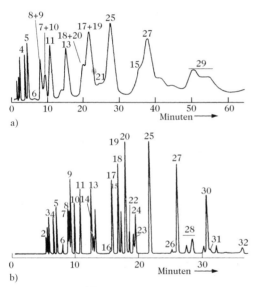

a)

b)

Gaschromatographie. Abb. 2. Gaschromatogramm eines Leichtbenzins. a) gepackte Säule: Säulenlänge 3 m, Innendurchmesser 6 mm, Trennflüssigkeit Dioctylphthalat auf Sterchamol; b) Kapillarsäule: Säulenlänge 50 m, Innendurchmesser 0,3 mm, Trennflüssigkeit Squalan.

Gasphasen-Sequenator, ↗ *Edman-Abbau*.

Gastrin, ein zu den ↗ *gastrointestinalen Hormonen* zählendes Peptidhormon mit stimulierender Wirkung auf die Salzsäuresekretion im Magen, die Enzymsekretion im Pankreas sowie auf die gastrointestinale Muskulatur. Es wird in der Schleimhaut der Pylorusregion des Magens sezerniert. G. ist ein Gewebshormon, das auch zur Gastrin-Cholecystokinin-Gruppe gezählt wird, zu der noch die Amphibien-Peptide ↗ *Caerulein* und ↗ *Phyllocaerulein* gehören. Man unterscheidet Gastrin I und Gastrin II. *Gastrin I* (Mensch), Pyr^1-Gly-Pro-Trp-Leu^5-Glu-

Glu-Glu-Glu-Glu^{10}-Ala-Tyr-Gly-Trp-Met^{15}-Asp-Phe-NH$_2$; *Gastrin II* (Mensch) enthält am Tyrosin in Position 12 eine *O*-Sulfatgruppe. In allen Spezies treten Gastrin I und II in verschiedenen Verhältnissen auf. Überraschenderweise zeigt das C-terminale N-geschützte Tetrapeptidamid die physiologische Wirkung des nativen Hormons, die etwa 1/10 (je Mol) der biologischen Aktivität des Gesamthormons entspricht. Das Pentagastrin Boc-β-Ala-Trp-Met-Asp-Phe-NH$_2$ (*Peptavlon*®) wird klinisch für die Diagnostik der Magensekretion verwendet.

gastrinfreisetzendes Peptid, GRP, (engl. *gastrin releasing peptide*) V^{1}PLPAGGGTV^{10}LTKMYPRG NH^{20}WAVGHLMa (Mensch), ein aus dem gastrischen Gewebe von Schweinen, Hunden, Küken und aus menschlichen Lungentumoren isoliertes 27 AS-Peptidamid, das zur GRP-Bombesin-Familie gehört. Die C-terminale Heptapeptidsequenz von GRP und ↗ *Bombesin* ist identisch. Immunreaktives GRP wurde auch im ZNS gefunden. Im Gastrointestinaltrakt wurden die höchsten Konzentrationen im Magen (Antrum) und im Zwölffingerdarm (Duodenum) nachgewiesen, aber auch in der Lunge ist die Konzentration vergleichsweise hoch. GRP-(14–27) wirkt wie Bombesin. Die kürzeste, noch aktive Sequenz ist GRP-(23–27). GRP stimuliert ebenso wie Bombesin die Freisetzung von ↗ *Gastrin*, ↗ *Cholecystokinin*, ↗ *Motilin*, ↗ *pankreatischem Polypeptid* u. a., wenn es gesunden Probanden verabreicht wird. Weitere biologische Effekte sind z.B. die Stimulation des Umsatzes von ↗ *Phosphatidylinositol* im ZNS, Muskelkontraktion, Blutdrucksteigerung und Inhibierung der TRH-Freisetzung im Ratten-Hypothalamus.

gastrininhibierendes Polypeptid, GIP, *glucoseabhängiges insulinfreisetzendes-Hormon*, hGIP, H-Tyr^1-Ala-Glu-Gly-Thr^5-Phe-Ile-Ser-Asp-Tyr^{10}-Ser-Ile-Ala-Met-Asp^{15}-Lys-Ile-His-Gln-Gln^{20}-Asp-Phe-Val-Asn-Trp^{25}-Leu-Leu-Ala-Gln-Lys^{30}-Gly-Lys-Lys-Asn-Asp^{35}-Trp-Lys-His-Asn-Ile^{40}-Thr-Gln-OH, ein unter der Wirkung des sauren Chymus im Duodenum gebildetes Peptid, das die Magensäuresekretion und -motilität hemmt. Es gehört zur Glucagon-Sekretin-VIP-Familie. Erhöhte Nüchternwerte werden beim juvenilen Diabetes und im Hungerzustand gefunden. Aufgrund einer durch GIP bewirkten höheren Insulinfreisetzung (synonyme Bezeichnung) nach peroraler oder intravenöser Glucosezufuhr wurde es als erstes ↗ *Inkretin* klassifiziert.

Das menschliche GIP-Gen umfasst 10 kb und ist auf dem langen Arm von Chromosom 17 lokalisiert. Die Analyse der cDNA-Klone zeigte, dass GIP sich von einem 153 AS-Proteinvorläufer ableitet. Durch Prozessierung wird ein Hauptprodukt mit biologischer Bedeutung gebildet, das GIP 1–42. Die kürzeren isolierten GIP-Fragmente sind das Ergebnis proteolytischer Spaltungen während der Reinigungsprozesse. Aus dem unteren Teil des Schweinedünndarms wurde 1993 GIP 7–42 isoliert, das antibakterielle Aktivität zeigte. GIP-Rezeptoren wurden zwischenzeitlich entdeckt und charakterisiert. Der Ratten-GIP-Rezeptor besteht aus einem 455 AS-Glucoprotein (M_r 52 kDa). Die entsprechende mRNA des Rezeptors wurde in Pankreas, Magen, Duodenum, Dünndarm, Fettgewebe, Gehirn, Hypophyse u.a. detektiert. Nicht in allen Geweben, in denen die GIP-Rezeptor-Expression nachgewiesen wurde, zeigt GIP die bekannten biologischen Effekte. GIP stimuliert als ein Inkretin bei erhöhtem Glucosespiegel durch eine konzentrationsabhängige Erhöhung der intrazellulären cAMP-Konzentration die Insulinsekretin in den B-Zellen der Langerhansschen Inseln. GIP wurde 1969 durch Mutt entdeckt.

Gastrodiagnost, Syn. für ↗ *Pentagastrin.*

gastrointestinale Hormone, aglanduläre Peptidhormone des Magen-Darm-Trakts, die an der Regulation der Verdauungsvorgänge beteiligt sind. Sie werden nicht von einer speziellen Drüse sezerniert, sondern in besonderen Zellen bestimmter Gewebebereiche gebildet. Wichtige Vertreter sind ↗ *Gastrin,* ↗ *Sekretin,* ↗ *Motilin,* ↗ *Cholecystokinin,* ↗ *gastrininhibierendes Polypeptid* und ↗ *vasoaktives Intestinalpolypeptid.* Die g. H. wurden auch im Gehirn, in Nervenfasern und Nervenenden nachgewiesen.

Gas-Verteilungs-Chromatographie, ↗ *Gaschromatographie.*

gated channel, *kontrollierter Ionenkanal,* ↗ *Ionenkanal.*

Gauchersche Krankheit, eine ↗ *lysosomale Speicherkrankheit* (eine Sphingolipidose), die in folgenden Formen auftritt: a) chronisch (Erwachsene; mindestens zwei Untertypen); b) kindlich neuropathisch; c) jugendlich neuropathisch (Norbottnian); d) pränatal neuropathisch. G. K. wird durch einen Mangel an *Glucosylceramidase* (EC 3.2.1.45) verursacht. Die Enzymaktivität entspricht im Fall a ungefähr 15 % und im Fall c 2,5 % des Normalwerts. Bei Vorliegen von b und d ist das Enzym nicht vorhanden. Die Folgen sind: Akkumulation von Glucosylceramid in Leber, Milz, Knochenmark und Leucocyten, im Gehirn (im Fall von b, c und d) und gelegentlich in der Lunge (im Fall von b), Leber- und Milzvergrößerung (Hepatosplenomegalie), Anämie, Panzytopenie; Ostealgie und Osteoporose, Purpura, cerebrale Degeneration (bei b und c). Typ a manifestiert sich zwischen dem 1. und 60. Lebensjahr und kann jederzeit durch Infektion oder Leberdysfunktion zum Tod führen. Typ b bricht im ersten Jahr aus und ist im ersten bzw. zweiten Jahr tödlich. Die Manifestation von Typ c erfolgt zwischen dem 6. und 20. Jahr und führt in der Pubertät bzw. im frühen Erwachsenenalter zum Tod. Typ d

hat den Tod im Uterus zur Folge (fetale Asziteshydrops).

Gay-Lussac-Gleichung, ↗ *alkoholische Gärung.*

Gazaniaxanthin, ↗ *Rubixanthin.*

GBP, Abk. für Glycerat-2,3-diphosphat, ↗ *2,3-Diphosphoglycerat.*

GC, Abk. für ↗ G͟a͟s͟c͟h͟r͟o͟m͟a͟t͟o͟g͟r͟a͟p͟h͟i͟e.

GC-Gehalt, die Menge von Guanin + Cytosin in Nucleinsäuren, ausgedrückt in Mol% der insgesamt vorhandenen Basen. GC-Gehalt und AT-Gehalt (Adenin + Thymin) ergänzen sich somit zu 100 Mol%, vorausgesetzt, das Molekül ist doppelsträngig. Der GC-Gehalt höherer Organismen liegt zwischen 28 und 58 %, während jener von Prokaryonten im Bereich von 22–74 % liegt. Die Dichte einer doppelsträngigen DNA-Spezies hängt vom GC-Gehalt ab, ebenso wie der Schmelzpunkt, der mit zunehmendem GC-Gehalt fast linear ansteigt. Auch die Flexibilität der DNA-Helix ist eine Funktion des GC-Gehalts: poly(dG) × poly(dC) ist viel steifer als DNA mit einer zufälligen Sequenz, die ihrerseits steifer ist als poly(dA) × poly(dT). Dies trägt sowohl zur Torsions- als auch zur Krümmungsflexibilität bei. Diese Unterschiede sind möglicherweise wichtig in Bezug auf die Superspiralisierung der Helices in den ↗ *Chromosomen.* [M.Hogan et al. *Nature* **304** (1983) 752–754]

Die ↗ *DNA-Methylierung* ist ein Merkmal von vielen Vertebratengenomen. Es gibt einige Hinweise dafür, dass die mCpG-Sequenz leicht desaminiert wird, wobei Methylcytosin in Thymidin überführt wird, so dass die DNA von Vertebraten 4–5mal weniger CpG enthält, als bei einer zufälligen Verteilung erwartet werden würde; sie ist entsprechend mit TpG angereichert. Dieser Mechanismus kann zu einem unterschiedlichen Gesamt-GC-Gehalt der Spezies führen. [A.Bird et al. *Cell* **40** (1985) 91–99]

GCP, Abk. für G͟ranulocyten-c͟hemotaktisches P͟eptid, ↗ *Interleukine.*

G-CSF, Abk. für Granulocyten-CSF, ↗ *koloniestimulierende Faktoren.*

GDP, Abk. für G͟uanosin-5'-d͟iphosphat. ↗ *Guanosinphosphat.*

GDP-Zucker, Abk. für ↗ *G͟uanosind͟iphosphatz͟ucker.*

GDS, Abk. für G͟uaninnucleotid-D͟issoziationsstimulatoren, ↗ *Guaninnucleotid-freisetzende Proteine.*

GEF, Abk. für Guaninnucleotidaustausch-Faktoren, ↗ *Guaninnucleotid-freisetzende Proteine.*

Gefrierschutzproteine, *Anti-Frost-Proteine* (engl. *antifreeze proteins*), gefrierpunktsenkende Proteine und Glycoproteine aus den Körperflüssigkeiten in der Antarktis lebender Fische bzw. aus überwinternden Insekten. Bei einer mittleren Temperatur von −1,9 °C besteht bei antarktischen Fischen die

Möglichkeit, dass trotz gelöster Stoffe die flüssigen Blutbestandteile gefrieren könnten. Diese Gefahr wird durch G. vermindert. Die aus *Trematomus borchgrevinski* und *Boreogadus saida* isolierten Glycoproteine enthalten bis zu etwa 50mal die Tripeptideinheit -Ala-Ala-Thr- mit einem am Threoninrest angeknüpften Disaccharid [β-Galactosyl-(1→3)α-N-galactosamin]. G. bewirken, dass das ausfrierende Wasser eine fasrige Form annimmt, wodurch die Eisbildung erschwert und das unterkühlte Wasser stabilisiert wird. Außerdem kommt es durch den Gefrierprozess zu einer Konzentrierung gelöster niedermolekularer Komponenten in der unterkühlten Körperflüssigkeit, wodurch der Effekt signifikant verstärkt wird. Andere im kalten Wasser lebende Fische verwenden auch kohlenhydratfreie Proteine als G., die sehr oft einen hohen Anteil an Alanin und Cystein enthalten.

Gegengift, ↗ *Antidot*.

Gegenstromchromatographie, *CCC* (engl. *counter current chromatography*), eine Kombination von Flüssig-Flüssig-Verteilungschromatographie mit der Gegenstromverteilung ohne Verwendung fester Träger, wobei entweder das hydrostatische oder hydrodynamische Gleichgewichtssystem eines Zweiphasenlösungsmittelsystems angewendet wird. In eine Trennsäule, in der sich ein Lösungsmittel (stationäre Phase) befindet, wird an einem Ende ein anderes, mit der stationären Phase nicht mischbares Lösungsmittel (mobile Phase) eingeführt, das aufgrund der Gravitation in Richtung des anderen Endes durch die stationäre Phase hindurchwandert. Durch kontinuierliche Elution wird die mobile Phase ständig ersetzt, während die stationäre Phase in der Trennsäule verbleibt. In die Säule gebrachte Probengemische werden folglich zwischen beiden Phasen verteilt und entsprechend ihrer Verteilungskoeffizienten getrennt. Durch Modifizierung der Geometrie der Trennsäule wurden verschiedene Gegenstromchromatographievarianten entwickelt, wie *Tropfen-Gegenstrom-Chromatographie* (DCCC, engl. *droplet counter current chromatography*; Abb.) und *Rotation-locular-CCC* (RLCCC, engl. *rotation locular counter current chromatography*).

Die G. gestattet wirksame Trennungen auch kleinerer Probenmengen in kürzeren Zeiträumen mit ausgezeichneter Reproduzierbarkeit, hoher Reinheit der Fraktionen und guter Probenrückgewinnung.

Gegenstromelektrophorese, *Überwanderungselektrophorese*, ein elektrophoretisches Verfahren (↗ *Elektrophorese*) das vorrangig in der klinischen Chemie zum Nachweis von ↗ α-*Fetoprotein* eingesetzt wird. Auf einem Agarose-beschichteten Objektträger werden in zwei ausgestanzte Löcher die Antikörper- bzw. Antigen-Lösung gegeben. Im alkalischen Agarosegel wandern die meisten Antikörper aufgrund der Elektroosmose zur Kathode, die Antigene zur Anode (Abb.). Bei entsprechender Polung wandern Antikörper (Ak) und Antigen (Ag) beim Anlegen der elektrischen Spannung aufeinander zu. In der Überwanderungszone findet die Antigen-Antikörper-Reaktion statt, wobei sich eine Präzipitationslinie (P) ausbildet.

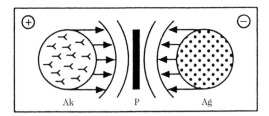

Gegenstromelektrophorese. Prinzip der Gegenstromelektrophorese.

Gehirn-natriuretisches Peptid, *BNP* (engl. *brain natriuretic peptide*), H-Ser[1]-Pro-Lys-Thr-Met[5]-Arg-Asp-Ser-Gly-Cys[10]-Phe-Gly-Arg-Arg-Leu[15]-Asp-Arg-Ile-Gly-Ser[20]-Leu-Ser-Gly-Leu-Gly[25]-Cys-Asn-Val-Leu-Arg[30]-Arg-Tyr-OH (Disulfidbrücke: Cys[10]-Cys[26]), ein 32 AS-Peptidamid, das zur Familie der ↗ *natriuretischen Peptide* zählt. Es wurde 1988 erstmalig aus Schweinegehirn isoliert, wobei es sich hierbei zunächst um ein verkürztes 26 AS-Peptid mit einem 17 Reste-enthaltenden Ring handelte. Im zyklischen Teil erwiesen sich 13 der 17 Aminosäurereste identisch mit denen des ↗ *atrionatriuretischen Peptids* (ANP). Die natriuretischen und hypotensiven Wirkungen des BNP ähneln denen des ANP. Experimentelle Studien an Ratten führten zu der Annahme, dass BNP durch Regulation der Aktivität des ↗ *Vasopressins* und des Angiotensin-II-hypothalamischen Systems an der Aufrechterhaltung der Homöostase der Körperflüssigkeit beteiligt sein könnte. [G. McDowell et al. *Eur. J. Clin. Invest.* **25** (1995) 291]

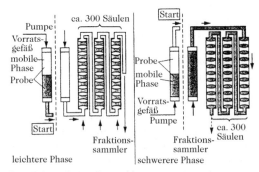

Gegenstromchromatographie. Tropfen-Gegenstromchromatographie (*links* aufsteigende und *rechts* absteigende Methode).

Gelactine, ↗ *Actin-bindende Proteine*.

Gelatine, ein Protein (M_r 13,5–500 kDa), das v. a. aus den Aminosäuren Glycin, Prolin, Hydroxyprolin und Alanin besteht. Die in Alkohol und Ether unlösliche G. quillt in Wasser, insbesondere in der Wärme, stark auf und bildet schließlich eine viskose Lösung, die beim Erkalten gallertartig erstarrt. G. wird durch Partialhydrolyse des in Knochen und Häuten von Tieren enthaltenen ↗ *Kollagens* gewonnen. Das hochquervernetzte, wasserunlösliche, kollagenreiche Rohmaterial wird nach zwei Verfahren in wasserlösliche G. mit beliebigen physikochemischen Eigenschaften (Viskosität, Gelstärke, Farbe, Klarheit) umgewandelt. Beim sauren Verfahren zur Gewinnung von *Typ-A-G.* aus Schweineschwarten überwiegen hydrolytische Spaltungen in einzelnen Kollagenketten. Bei der alkalischen Hydrolyse zur Gewinnung der *Typ-B-G.* aus gereinigten Knochen und Häuten kommt es vermehrt zur Spaltung inter-/intramolekularer Quervernetzungen und von Glutamin-/Asparaginresten. Die nach dem Trocknen der sterilisierten Extrakte gewonnene Granulat- oder Blatt-G. wird u.a. in der Lebensmittelindustrie (v. a. Typ A-G.) zur Herstellung von Sülzen, kalorienarmen Brotaufstrichen, Joghurts, Puddings, Geleespeisen, Mayonnaisen, Speiseeis, Gummibärchen; in der Photoindustrie als Matrix der lichtempfindlichen Emulsion (Photo-G.); in der Bakteriologie für Nährböden; in der Kosmetik als Bestandteil von Salben; in der Pharmazie zur Herstellung von Gelatinekapseln und als Bindemittel für Tabletten verwendet.

gelbe Enzyme, ↗ *Flavinenzyme*.

Gelchromatographie, *Gelfiltration*, eine chromatographische Methode mit der Moleküle nach ihrer Größe getrennt werden. Die G. basiert auf einer unterschiedlichen Permeation der zu trennenden Moleküle in ein poröses Trägermaterial mit kontrollierter Porengröße. Ab einer bestimmten Größe können die Moleküle nicht mehr in die Poren des Trenngels eindringen und erscheinen im Eluat zusammen mit der Lösungsmittelfront im Ausschlussvolumen V_o. Die kleineren Moleküle dringen in die Poren der stationären Phase ein, erfahren dadurch eine Verzögerung in der Wanderungsgeschwindigkeit, so dass ihr Elutionsvolumen V_m der Summe des internen Probenvolumens und des Partikelzwischenraumes entspricht. Zwangsläufig haben die kleinsten Moleküle die längste Aufenthaltsdauer in den Poren und werden zuletzt eluiert. Die mobile Phase fungiert lediglich als Lösungsmittel und hat keinen Einfluss auf den Trenneffekt.

Die G. ist eine Form der Ausschlusschromatographie (*size exclusion chromatography, SEC*). Es existieren verschiedene Bezeichnungen für diese Trenntechnik. Bei Verwendung wässriger Trennsysteme spricht man von einer *Gelfiltrationschroma-*tographie (*GFC*), beim Einsatz nichtwässriger Trennsysteme von einer *Gelpermeationschromatographie* (*GPC*). Bei der G. wird die Selektivität durch die Auswahl von Trenngel, Lösungsmittel bzw. Puffer, pH-Wert und Probenvolumen bzw. Säulendimension determiniert. Unter der Voraussetzung des Einsatzes einer gut gepackten Säule, ist die Flussrate der einzige variable Parameter. Während sich die Auswahl des Lösungsmittels nach der Probenlöslichkeit richtet, ist für die Wahl des Trenngels einmal der Fraktionierungsbereich von Wichtigkeit, aber auch die Lösungsmittelstabilität des Gels in Abhängigkeit von der Verwendung von wässrigen Puffern (mittlere Ionenstärke: 50–100 mM) oder organischen Lösungsmitteln. Für eine effektive Trennungsauflösung muss das Auftragsvolumen in Relation zur Säulendimension klein sein. Ansonsten kommt es zu Bandenverbreiterung und schlechter Peakauflösung (Farbtafel I, Abb. 1).

Gelelektrophorese, ↗ *Elektrophorese*.

Gelfiltration, Syn. für ↗ *Gelchromatographie*.

Gelfiltrationschromatographie, *GFC*, ↗ *Gelchromatographie*.

Gelpermeationschromatographie, *GPC*, ↗ *Gelchromatographie*.

Gelretentionstest, (engl. *gel retention/retardation assay*), *EMSA* (engl. *electrophoretic mobility shift assay*), *Bandenverschiebungstest* (engl. *band shift assay*), ein Nachweisverfahren für Protein-DNA-Wechselwirkungen. Dieser Test basiert darauf, dass Protein-DNA-Komplexe im elektrischen Feld langsamer laufen als freie DNA. Für die Durchführung wird radioaktiv markierte DNA (Länge: 20–300 bp) mit der Proteinlösung inkubiert und auf einem quervernetzten Polyacrylamidgel elektrophoretisch analysiert. Die freie DNA läuft am Gelrand mit. Durch Autoradiographie wird festgestellt, ob die hinzugegebene DNA durch Wechselwirkung mit dem Protein bzw. den Proteinen in ihrem elektrophoretischen Laufverhalten retardiert wurde.

Gelsolin, ein zu den ↗ *Actin-bindenden Proteinen* zählendes globuläres Protein (M_r 90 kDa). Es lagert sich als Reaktion auf die Aktivierung durch Ca^{2+}-Ionen an die plus-Enden von Actinfilamenten an und bewirkt dadurch deren Fragmentierung. G. ist das am besten charakterisierte Abtrennungs-Protein, das ein Gel aus gereinigten Actin-Filamenten (↗ *Actin*) und ↗ *Filamin* in Gegenwart von Ca^{2+} in einen flüssigeren Zustand überführen kann. G. und andere in der Zellrinde verschiedener Wirbeltierzellen vorkommende Abtrennproteine werden nur bei Ca^{2+}-Konzentrationen von 10^{-6} M aktiviert, wie sie im Cytosol nur temporär vorkommen. [P. Matsudaira u. P.Jamny Cell **54** (1988) 139]

gemischte Säuregärung, *Acetoin-Butandiol-Gärung*, ein bei fakultativ anaeroben Bakterien (u.a.

Enterobakterien) auftretender Typ der ↗ *Gärung*. Unter anaeroben Bedingungen werden dabei aus Kohlenhydraten eine Vielzahl von Gärungsprodukten gebildet. Der Abbau der Kohlenhydrate erfolgt im Allgemeinen über den Embden-Meyerhof-Parnas-Weg (↗ *Glycolyse*). Nur wenige Stämme nutzen den Phosphogluconat-Weg (↗ *Pentosephosphat-Zyklus*).

E. coli, aber auch *Salmonella* und *Shigella*, bilden beim Abbau der Kohlenhydrate neben CO_2, H_2 und Ethanol vorwiegend Säuren (Lactat, Acetat, Succinat, Formiat). Während Enterobakterien Pyruvat unter aeroben Bedingungen mittels des Pyruvat-Dehydrogenase-Komplexes in Acetyl-CoA umwandeln, wird unter anaeroben Bedingungen Pyruvat durch die Pyruvat-Formiat-Lyase in Acetyl-CoA und Formiat gespalten. Die unter anaeroben Bedingungen induzierte Pyruvat-Formiat-Lyase ist äußerst sauerstoffempfindlich und auch unter anaeroben Bedingungen nicht sehr stabil. Formiat wird u.a. durch *E. coli* in H_2 und CO_2 gespalten. Bakterien, die die entsprechenden Enzyme nicht besitzen, reichern Formiat an (z.B. *Erwina*, *Shigella*). Das im Embden-Meyerhof-Parnas-Weg gebildete NADH wird durch verschiedene weitere Reaktionen verbraucht bzw. reoxidiert, woraus sich die Vielzahl weiterer Gärungsprodukte ergibt. *E. coli* ist nicht in der Lage, Acetoin bzw. 2,3-Butandiol zu bilden. Letzteres wird z.B. von *Enterobacter aerogenes* gebildet (↗ *2,3-Butandiolgärung*).

Gen, ein Abschnitt der DNA, der für eine einzelne Polypeptidkette (Strukturgen oder Cistron), eine einzelne Spezies von transfer- oder ribosomaler RNA oder eine Sequenz codiert, die durch Regulatorproteine (Regulatorgen) erkannt wird und mit diesen in Wechselwirkung tritt. In Prokaryonten bilden oft mehrere Cistrone eine einzelne regulatorische Einheit, das ↗ *Operon*. Bei Eukaryonten werden Nucleotidspannen, die für Aminosäuresequenzen codieren (Exons) oft durch solche unterbrochen, die nicht für Aminosäuresequenzen codieren (Introns) und während der posttranscriptionellen Modifizierung der RNA herausgeschnitten werden. Solche Gene werden auch unterbrochene Gene (engl. *split genes*) genannt.

Gen-Aktivatorproteine, die Gen-Transcription aktivierende Proteine (↗ *Genaktivierung*). Sie sind durch einen modularen Aufbau gekennzeichnet und bestehen aus mindestens zwei unterschiedlichen Domänen. Eine Domäne enthält spezifische Strukturmotive, um eine Regulator-DNA-Sequenz zu erkennen. Die andere Domäne tritt dagegen mit der Transcriptionsmaschinerie in Kontakt und beschleunigt die Geschwindigkeit der Initiation der Transcription. Für eine Familie der G. ist eine Häufung saurer Aminosäurebausteine (Asp, Glu) an ihrer Oberfläche charakteristisch (↗ *GAL4-Protein*).

Genaktivierung, die regulierte Aktivierung eines Gens, die zu dessen Transcription (↗ *Genexpression*) führt. Kein Organismus synthetisiert kontinuierlich all die Proteine, die in seinem Genom codiert vorliegen. Sogar bei Prokaryonten kann eine Zelle (Klon) viele Teilungszyklen durchlaufen, ohne Enzyme für katabolische oder anabolische Stoffwechselwege herzustellen, die nicht benötigt werden. Andere Enzyme werden nur zu einem spezifischen Zeitpunkt während des Zellzyklus produziert. Bei multizellulären Eukaryoten wird die Situation noch komplizierter, weil Gene existieren, die nur in spezifischen Geweben oder auf einer spezifischen Entwicklungsstufe exprimiert werden. Bei beiden Zelltypen kann die Transcriptionsrate eines Gens als Reaktion auf Umweltbedingungen in einem weiten Bereich variieren. Die Genaktivierung wird bei Prokaryonten meistens dadurch erreicht, dass spezifische Proteine (Repressoren bzw. Aktivatoren) an DNA-Sequenzen binden, die benachbart zur Transcriptionsinitiationsstelle (↗ *Promotor*) sind. ↗ *Operon*.

Obwohl in eukaryontischen Genomen keine Operons gefunden wurden, kann die Expression einzelner Gene auf ähnliche Weise reguliert werden. Eukaryontische Gene besitzen ebenso wie prokaryontische Gene Promotoren, d.h. nicht-translatierte DNA-Abschnitte, die an Strukturgene angrenzen. Diese sind an der Bindung der RNA-Polymerase an die DNA beteiligt und dirigieren diese vermutlich an die exakte Stelle, an der die Transcription beginnt: an die Initiationsstelle. Bei Bakterien können die Proteine, die spezifisch an Promotoren gebunden vorliegen, bewirken, dass das assoziierte Gen (bzw. Operon) entweder transcribiert wird oder nicht. Es ist sehr wahrscheinlich, dass solche Aktivator- und Repressorproteine auch für eukaryontische Gene existieren. Für die Prolactin-Genfamilie konnte gezeigt werden, dass die Stellen, an denen die Hormonrezeptorkomplexe an die DNA binden, stromaufwärts (auf der 5'-Seite) zum Strukturgen lokalisiert sind.

Die Gene einiger Viren, die eukaryontische Zellen infizieren, enthalten zusätzlich zu ihren Promotoren assoziierte Transcriptionsverstärker (engl. *enhancer*). Diese können über weite Entfernungen wirken und die Transcription eines Promotors verstärken, der bis zu 3.000 Basenpaare entfernt liegt, entweder stromauf- oder stromabwärts von dem Verstärkerelement. Sie wirken unabhängig davon, ob sie in 5'→3'- oder 3'→5'-Richtung in Bezug auf die Transcriptionsrichtung inseriert sind. Die Verstärkerelemente sind gewebs- und artspezifisch, weisen jedoch eine konservierte Kernsequenz auf,

$$GGTGTGG\frac{AAA}{TTT}G.$$

In den Introns von Immunglobulingenen wurden homologe Strukturen gefunden. Es wird vemutet, dass sie auch in anderen zellulären Genen vorkommen.

In Hefe werden die Gene für zwei unterschiedliche Paarungtypen in vegetativ reproduzierenden Zellen nicht exprimiert. Unter bestimmten Umständen werden jedoch entweder die Matα- oder die Mata-Gene an einen anderen Chromosomenort verschoben. Nur in dieser Position werden sie exprimiert. Zur Repression der α-Gene in ihrer nicht-aktiven Position ist die Aktivität eines anderen Gens (SIR) notwendig, dessen Produkt vermutlich an eine Stelle der DNA bindet, die mindestens 800 bp stromabwärts vom Gen entfernt liegt. Ein Protein, das in dieser Entfernung vom Strukturgen an die DNA bindet, verhindert die Transcription vermutlich dadurch, dass es eine Umlagerung des Nucleosoms bewirkt. Auf diese Weise kann die RNA-Polymerase die Initiationsstelle des Gens nicht erreichen. [K.A. Nasmyth et al. *Nature* **289** (1981) 245–250]

Das Produkt des Matα-Gens der Hefe, die Homöo-box-Sequenz (↗ *Homöobox*) von *Drosophila* und homologe Sequenzen bei anderen Organismen scheinen – ähnlich wie die bakteriellen Aktivatoren – als Regulationselemente für zerstreut liegende Gene zu fungieren, die im Verlauf der Entwicklung simultan aktiviert werden. Es wird angenommen, dass die Gene, die durch die Produkte homöotischer Gene induziert werden, Sequenzen aufweisen, die mit bakteriellen Promotoren oder möglicherweise viralen Enhancern verglichen werden können und an die die regulatorischen Proteine, die die Tanscription stimulieren, binden.

In vielen eukaryontischen Zelltypen existieren Mechanismen zum Transponieren von Genen auf einem Chromosom. Die Umordnung von Genen, wie sie bei den Hefe-Paarungstyp-Genen vorkommen, ist für die Immunglobulin- und T-Zellen-Antigen-Rezeptormoleküle ein notwendiger Schritt zur Aktivierung der entsprechenden Lymphoidklone.

Auch die ↗ *DNA-Methylierung* scheint mit der Genaktivierung bei Eukaryonten in Verbindung zu stehen. DNA-Abschnitte, in denen große Teile der Thymidinreste methyliert vorliegen, werden nicht transcribiert. Gene, die in einem Gewebe methyliert (und inaktiv) sind, können in einem anderen Gewebe nichtmethyliert vorliegen und exprimiert werden. [J.D. Hawkins, *Gene Structure and Expression*, Cambridge University Press, Cambridge, 1985; Benjamin Lewis, *Gene Expression*, Wiley, New York; A. Kumar (Hrsg.) *Eukaryotic Gene Expression*, Plenum Press, New York, 1984]

Genamplifikation, 1) die Vervielfältigung von Genen durch Tandemduplikationen (Crossover-Ereignisse, bei denen eine zusätzliche Genkopie entsteht). Bei Eukaryonten können solche Vervielfältigungen etwa nach Behandlung mit toxischen Substanzen beobachtet werden. So führt die Inkubation von in Zellkultur gehaltenen Säugerzellen mit Methotrexat zur Amplifikation der Gene für die Dihydrofolat-Reduktase (DHFR, wird durch Methotrexat inhibiert). Während die meisten Zellen unter diesen Bedingungen absterben, findet man bei den Überlebenden eine stark erhöhte Expression von DHFR. Während das DHRF-Gen normalerweise nur einfach im Genom vorliegt (engl. *single copy*), ist es in diesen Zellen in vielfachen Kopien zu finden. Diese Kopien können in das Genom integriert oder auf kleinen extrachromosomalen Elementen lokalisiert sein. Im letztgenannten Fall gehen sie den Zellen aufgrund der fehlenden Centromerregionen schnell wieder verloren, wenn die Kulturbedingungen geändert werden, d.h. Methotrexat entfernt wird.

2) als Spezialfall die Herstellung extrachromosomaler Kopien der Gene der ribosomalen RNA. Bei Froscheizellen führt die Genamplifikation zur Ausbildung zahlreicher extrachromosomaler Nuclei. Die Genamplifikation kann in diesem Fall als besonderes Regulationsprinzip für rRNA angesehen werden.

3) G. kann zur ↗ *Redundanz* führen, der Anwesenheit multipler Kopien des gleichen Gens auf dem Chromosom, wenn die amplifizierten Gene stabil in das Genom integriert worden sind.

Genbank, die Bezeichnung für eine Sammlung von klonierten DNA-Fragmenten, die insgesamt das vollständige Genom eines spezifischen Organismus repräsentieren. Die einzelnen DNA-Fragmente sind dabei in Klonierungsvektoren (z.B. ↗ *Plasmide*) eingebaut.

Prinzipiell wird zwischen zwei Arten von G. unterschieden:

1) *Genomische G., Genombibliotheken* werden aus der zellulären DNA eines Organismus angelegt und enthalten Klonierungsvektoren mit eingebauten genomischen DNA-Fragmenten. Die zelluläre DNA wird durch Spaltung mit Restriktionsendonucleasen oder durch mechanisches Abscheren fragmentiert. Die langen, dünnen DNA-Moleküle können durch Scherkräfte leicht zerlegt werden. Eine intensive Bestrahlung mit Ultraschall erzeugt DNA-Fragmente aus ungefähr 300 Nucleotidpaaren, während bei der Behandlung mit einem Schnellrührer (1.500 Umdrehungen/min für 30 min) Fragmente aus ungefähr 8 kbp entstehen. Um eine Genombibliothek aufzubauen, wird das gesamte Komplement der DNA-Fragmente in geeigneten Vektoren kloniert, gewöhnlich in Phagen oder Cos-

miden. Dieses Verfahren wird gelegentlich als „Schrotflinten"-Methode bezeichnet, weil es nicht selektiv ist und auf die statistische Wahrscheinlichkeit baut, dass jedes Gen in mindestens einem der DNA-Fragmente enthalten ist. Die Anzahl der Klone, die notwendig sind, um sicherzugehen, dass eine Genombibliothek alle Gene des zellulären Genoms enthält, kann mit Hilfe folgender Gleichung berechnet werden: $N = [\ln(1 - P)] / [\ln(1 - a/b)]$, wobei N die Anzahl der erforderlichen Klone ist, P die Wahrscheinlichkeit, dass jedes Gen vorhanden ist (d.h. dieser Wert kann verschieden festgesetzt werden, z.B. 95%, 80%, usw.), a die durchschnittliche DNA-Fragmentgröße, die in den Vektor inseriert wird, und b die Größe des Gesamtgenoms.

Wenn ein Bacteriophage als Klonierungsvektor dienen soll, wird dieser zuerst gereinigt und dann mit einer Restriktionsendonuclease behandelt. Das fragmentierte zelluläre Genom und die Phagen-DNA-Restriktionsfragmente werden gemischt, hybridisiert und ligiert, wodurch eine Population rekombinanter DNA-Phagen-Moleküle entsteht, in der alle Restriktionsfragmente des zellulären Genoms zufällig verteilt sind. Diese Phagen-Hybrid-DNA wird in ein Wirtsbakterium (die meisten Versuche wurden mit dem Bacteriophagen λ und *E. coli* durchgeführt) übertragen, wodurch schließlich eine Phagenpopulation erzeugt wird, die die Genombibliothek trägt. Besonders geeignet für den Aufbau von Genombibliotheken eukaryontischer Organismen, die sehr große Genome besitzen, sind Cosmide, die eine Aufnahmegrenze von 52 kbp Fremd-DNA haben.

Wenn nur ein Teil aller im Genom eines Organismus vorkommenden DNA-Bereiche in der G. enthalten ist, spricht man entsprechend von einer subgenomischen G.

2) Im Gegensatz zu den genomischen G. enthalten die *cDNA-G.* die mittels der ↗ *reversen Transcriptase* in DNA umgeschriebenen Sequenzen aller in einer Zelle vorkommenden mRNA-Moleküle (↗ *rekombinante DNA-Technik*). Um eine cDNA-Klondatenbank zu erzeugen, wird mRNA aus einem Organ, Gewebe oder Organismus isoliert und dann als Matrize zur Synthese von cDNA verwendet. In multizellulären Eukaryonten exprimieren die spezialisierten Zellen nicht das gesamte Genom. Es werden relativ wenige Proteine hergestellt und die entsprechende mRNA ist deshalb zu einem hohen Anteil vorhanden. Beispielsweise besteht die mRNA aus dem Pankreas zum großen Teil aus mRNA für Prä-Pro-Insulin, Leguminosenwurzelknöllchen besitzen einen hohen Spiegel an Leghämoglobin-mRNA, und die mRNA von Seidenfibroin herrscht in den seidesynthetisierenden Drüsen der Seidenraupe vor. Ein Vorteil der mRNA liegt darin,

dass sie das Endprodukt der Prozessierung darstellt, in dem die Introntranscripte (↗ *Intron*) bereits entfernt sind. Die cDNA-Nucleotidsequenz entspricht deshalb der Aminosäuresequenz des Genprodukts. Eukaryontische rekombinante Gene, die Introns enthalten, können nach der gentechnischen Herstellung in einer prokaryontischen Umgebung nicht prozessiert werden. Da die meisten eukaryontischen mRNAs einen 3'-PolyA-Schwanz tragen (↗ *messenger-RNA*), kann sie mit Hilfe von Affinitätschromatographie auf Oligo-dT-Cellulose isoliert werden.

mRNA, die zur cDNA-Synthese bestimmt ist, kann mit Hilfe von Saccharosedichtegradientenzentrifugation oder von HPLC angereichert werden. Jede mRNA-Fraktion wird in einem *in-vitro*-Translationssystem (für eukaryontische mRNA werden Reticulocytenlysat oder Weizenkeimsysteme verwendet) getestet, unter Verwendung von radioaktiven Aminosäurevorstufen. Gewöhnlich wird das Translationsprodukt durch Präzipitation mit einem spezifischen Antikörper analysiert, gefolgt von SDS-Gelelektrophorese sowie Fluorographie.

Die erste Stufe der cDNA-Synthese wird mit reverser Transcriptase (↗ *RNA-abhängige DNA-Polymerase*) durchgeführt, wobei ein mRNA-cDNA-Hybrid entsteht (Abb. 1). Solche Hybride wurden zwar erfolgreich in Bakterienplasmide inseriert, jedoch wird gewöhnlich die mRNA-Matrize durch alkalische Hydrolyse abgespalten und die Einzelstrang-cDNA in die Doppelstrangform überführt. Eine Region mit Selbstkomplementarität am 3'-Ende der cDNA führt zur Bildung einer kurzen

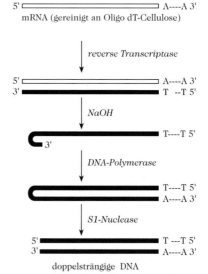

Genbank. Abb. 1. *In-vitro*-Synthese einzel- und doppelsträngiger cDNA. Die kurze Haarnadelstruktur am 3'-Ende des anfänglich synthetisierten Einzelstrangs dient als Primer für die Synthese des zweiten DNA-Strangs.

Haarnadelstruktur. Durch weiteres Wirken der reversen Transcriptase bzw. DNA-Polymerase I in Gegenwart von Desoxyribonucleotidtriphosphaten wird die 3'→ 5'-Elongation weitergeführt und eine Doppelstrangstruktur mit einem geschlossenen Ende gebildet. Die Abspaltung der Haarnadelschleife mit Hilfe von S1-Nuclease führt zur Bildung einer doppelsträngigen cDNA, die für die Klonierung geeignet ist. Die DNA-Polymerase I besitzt auch Nucleaseaktivität, die zur teilweisen Zerstörung der synthetisierten DNA führen kann. Aus diesem Grund wird gewöhnlich das ⚹ *Klenow-Fragment* der Polymerase I oder eine andere Polymerase, wie die Bacteriophagen-T4-DNA-Polymerase eingesetzt.

Bei der Abspaltung der Haarnadelschleife durch die S1-Nuclease wird zwangsläufig auch ein Teil der DNA-Sequenz, die dem 5'-Ende der mRNA entspricht, entfernt. Dieses Problem wird durch eine verbesserte Methode zur Synthese von cDNA mit vollständiger Länge überwunden. Dem ersten cDNA-Strang wird ein Oligo-dC-Schwanz angehängt, so dass die Synthese des zweiten Strangs mit Oligo-dG als Startermolekül durchgeführt werden kann (Abb. 2).

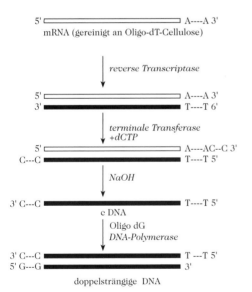

Genbank. Abb. 2. *In-vitro*-Synthese einzel- und doppelsträngiger cDNA. Bei der Synthese des zweiten DNA-Strangs dient Oligo-dG als Primer, welches an den 3'-Oligo-dC-Schwanz anhybridisiert ist. Der Oligo-dC-Schwanz wurde in einer früheren Stufe durch die Wirkung der terminalen Transferase in Gegenwart von dCTP angehängt.

Geneserin, ⚹ *Physostigmin.*

gene targeting, engl. Bezeichnung für alle zielgerichteten Mutationen. G. t. umfasst die gezielte Inaktivierung von Genen (*Knock-out-* oder *Loss of Function*-Mutanten), den Genaustausch (*Knock-*

in) und die gezielte Einführung von Punktmutationen in einer funktionellen Mutante eines Moleküls (*Gain-of-Function*-Mutante).

genetische Rekombination, ⚹ *Rekombination.*

genetischer Code, die Regeln für die Translation der Basensequenzen von Nucleinsäuren in die Aminosäuresequenzen von Polypeptiden (⚹ *Proteinbiosynthese*). Die Nucleinsäurebasen werden in Tripletts abgelesen. Die vier Basen ergeben 64 (4³) verschiedene Permutationen („Wörter"). Da durch den Code nur 20 Aminosäuren spezifiziert werden müssen, können viele Tripletts redundant sein und sind es auch. In Tabelle 1 sind die Aminosäuren und die dazugehörenden Tripletts bzw. *Codons* aufgelistet.

Genetischer Code. Tab. 1.

1. Base	2. Base				3. Base
	U	C	A	G	
U	Phe	Ser	Tyr	Cys	U
	Phe	Ser	Tyr	Cys	C
	Leu	Ser	term	term	A
	Leu	Ser	term	Trp	G
C	Leu	Pro	His	Arg	U
	Leu	Pro	His	Arg	C
	Leu	Pro	Gln	Arg	A
	Leu	Pro	Gln	Arg	G
A	Ile	Thr	Asn	Ser	U
	Ile	Thr	Asn	Ser	C
	Ile	Thr	Lys	Arg	A
	Met*	Thr	Lys	Arg	G
G	Val	Ala	Asp	Gly	U
	Val	Ala	Asp	Gly	C
	Val	Ala	Glu	Gly	A
	Val	Ala	Glu	Gly	G

* AUG ist Bestandteil des Initiationssignals und codiert auch für innere Met-Reste.

Drei der Codons („term" in der Tabelle) bestimmen die Beendigung der Translation (⚹ *Terminationscodon*). Die Ketteninitiation wird durch längere Sequenzen angezeigt, die durch Initiationsfaktoren erkannt werden (⚹ *Proteinbiosynthese*).

Der Code enthält keine Kommata. Das „Leseraster", die Art, in der die Sequenz in Tripletts unterteilt wird, wird durch den genauen Punkt bestimmt, an dem die Translation initiiert wird. Dies bedeutet, dass die Sequenz CATCATCAT in den drei möglichen Leserastern als CAT,CAT,CAT oder C,ATC,ATC,AT oder CA,TCA,TCA,T gelesen werden kann. Eine Mutation, die das Lesemuster eines Gens ändert, z.B. die Deletion oder Insertion von ein oder zwei Nucleotiden, wird *Leserastermutation* genannt. Normalerweise ist der Code nicht überlappend. Im Bakteriophagen ΦX 174 sind jedoch zwei Gene vollständig in anderen Genen enthalten.

Diese werden in verschiedenen Leserahmen translatiert, so dass die Aminosäuresequenzen der Proteine, die von diesen codiert werden, unterschiedlich sind.

Genetischer Code in der mitochondrialen mRNA. In der mitochondrialen mRNA unterscheiden sich einige Codons von denen, die in der Tabelle aufgeführt sind und die für die cytoplasmatische und bakterielle mRNA ermittelt wurden. Beispielsweise werden in der menschlichen Mitochondrien-mRNA AGA und AGG als Terminationscodons verwendet. Weitere Unterschiede sind in Tabelle 2 aufgeführt.

Außerdem setzen die Mitochondriensysteme weniger tRNA-Arten (maximal 24) als die Nichtmitochondriensysteme (32–40) ein. Dies könnte das Resultat einer einfacheren Decodierungsstrategie in den Mitochondrien sein, da hier die tRNA mit U in der Wobble-Position mit jeder der vier Basen paart (↗ *Wobblehypothese*). Daher können die acht Aminosäuren, die durch jeweils mindestens vier Codons codiert werden, nur durch acht tRNAs bedient werden.

Genetischer Code. Tab. 2. Einige Codons in mitochondrialer mRNA.

mRNA	5′ CAA	AUA	CUA	UGA 3′
Mitochondrien von				
– Hefe	Gly	Ile	Thr	Trp
– Mensch	Gly	Met	Leu	Trp
– Neurospora	Gly	Ile	Leu	Trp

Genetischer Code der Ciliaten. Der genetische Code der Ciliaten gleicht dem für andere Eukaryonten beschriebenen, mit der Ausnahme, dass UAA und UAG für Glutamin codieren und nicht als Stoppsignale fungieren. Ein Vergleich der Genstruktur und der Proteinsequenz zeigt, dass die TAA- und TAG-Tripletts in der DNA (nichtcodierender Strang) mit dem Glutamin des Oberflächenantigenproteins von *Paramecium*, des α-Tubulins von *Stylonchia* und eines Histons von *Tetrahymena* korrespondiert. Die Ciliaten-mRNA scheint nur ein Terminationscodon zu besitzen: UGA. [F. Caron u. E. Meyer *Nature* **314** (1985) 185–188; J.R. Preer et al. *Nature* **314** (1985) 188–190]

genetischer Fingerabdruck, ↗ *DNA-Fingerprinting*.

genetisches Material, Träger der genetischen Information. Es besteht in höheren Organismen, Bakterien und manchen Viren aus doppelsträngiger DNA, in einigen Viren aus einsträngiger DNA und in anderen Viren aus RNA. ↗ *Desoxyribonucleinsäure*, ↗ *Chromosomen*.

Genexpression, 1) die Synthese eines funktionellen Proteins. Sie kann nach erfolgter ↗ *Genaktivierung* beginnen. Sie besteht in der Transcription des Gens, der Translation der mRNA, oft in der Prozessierung der mRNA und oft in der posttranslationellen Prozessierung des anfänglichen Translationsprodukts (↗ *Posttranslationsmodifizierung*).

2) Die G. im Zuge der ↗ *rekombinanten DNA-Technik*. Für die Transcription eines klonierten Inserts ist das Vorhandensein eines Promotors notwendig, der von der Wirts-RNA-Polymerase erkannt wird. Für die Translation wird eine Ribosomenbindungsstelle auf der mRNA benötigt. Wenn die mRNA in *E. coli* translatiert wird, enthält die Ribosomenbindungsstelle das Translationsstart-Codon (AUG oder GUG) und eine Ribonucleotidsequenz, die komplementär zu den Basen am 3′-Ende der 16S-ribosomalen RNA ist. Dies sind die sog. S-D-Sequenzen (benannt nach Shine und Dalgarno, die diese Sequenz 1975 erstmals postulierten). Sie sind in fast allen *E.*-coli-mRNAs vorhanden. Ihre Länge variiert zwischen 3 und 9 Nucleotiden und sie sind 3–12 Basen vor dem Translationsstartcodon angeordnet. Obwohl ein fremdes Proteinprodukt von seinem eigenen *N*-Terminus aus unter der Kontrolle eines *E.*-coli-Promotors synthetisiert werden kann (z.B. menschliches Wachstumshormon), entsteht gewöhnlich ein Fusionshybrid oder ein chimäres Protein. Beispielsweise wurde mit Hilfe der rekombinanten DNA-Technik das eukaryontische Gen für β-Endorphin an das bakterielle Gen für β-Galactosidase angehängt und in *E. coli* exprimiert. Das gebildete Protein war deshalb ein Hybrid aus β-Galactosidase und β-Endorphin, von dem das β-Endorphin (ein Polypeptid aus 31 Aminosäuren) proteolytisch abgespalten werden konnte. Es wurden verschiedene Gene in Kombination mit dem β-Galactosidasegen kloniert, deren Expression anfänglich Fusionsproteine ergab, z.B. Somatostatin und Humaninsulin. Die Spaltung dieser chimären Proteine kann auf unterschiedliche Weise vorgenommen werden. Wenn es sich beispielsweise um ein vollständig synthetisches Gen (↗ *DNA-Synthese*) handelt, kann ein zusätzliches Codon für *N*-terminales Methionin eingefügt werden, wodurch im chimären Protein eine CNBr-empfindliche Spaltungsstelle erzeugt wird.

Oocyten können exogene Gene transcribieren. Insbesondere wurden *Xenopus*-Oocyten experimentell als Ersatzsystem zur Expression klonierter DNA verwendet. Beispielsweise wurden Gene für Ovalbumin, Seeigelhistone sowie verschiedene Proteine des Phagen SV40 auf diese Weise exprimiert. Die Oocyte ist eine relativ große Zelle mit einem großen Kern, so dass Microinjektionen von DNA in den Zellkern technisch leicht durchzuführen sind. Über eine feine Glaskapillare können beispielsweise 20–40 nl an DNA-Lösung injiziert werden.

Mausembryonen wurden ebenfalls als Expressionssysteme für fremde DNA verwendet. SV40-DNA wurde durch Microinjektion in Präimplantationsblastocyten überführt, die in den Uterus von Pflegemüttern eingepflanzt wurden. Die entstandenen Nachkommen sind Chimären, d.h. nur ein Teil der Zellen in jedem Gewebe enthält integrierte SV40-DNA. Die nachfolgende Generation bildet jedoch genetisch definierte Unterstämme, was zeigt, dass die SV40-DNA in Keimbahnzellen integriert worden ist. Um auf einer frühen Entwicklungsstufe eine Integration in ein Wirts-Chromosom sicherzustellen und um Chimärenbildung zu vermeiden, kann die DNA in den männlichen Prokern des frisch befruchteten Eis injiziert werden. Zwischen 3 % und 40 % der Tiere, die aus diesen Embryonen entstehen, sind *transgene Mäuse*, d.h. ihre DNA enthält das integrierte fremde Gen. Das Maus-Metallothionein-(MMT-)Gen wurde mit anderen Genen verschmolzen und in Mäuseembryonen wiedereingeführt. Eine Induktion des MMT-Gens durch Schwermetalle (z.B. Zink oder Cadmium) führt auch zur Expression des Hybridpartners. Auf diese Weise wurden transgene Mäuse gezüchtet, die Hybridgene für MMT-*Herpes-simplex*-Thymidin-Kinase, MMT-Ratten-Wachstumshormon und MMT-menschliches Wachstumshormon tragen.

Genin, ↗ *Aglycon*.

Genistein, 5,7,4'-Trihydroxyflavon. ↗ *Isoflavon*.

Genistin, Genistein-7-glucosid. ↗ *Isoflavon*.

Genkartierung, Bestimmung der relativen Positionen verschiedener Gene auf einem DNA-Molekül. ↗ *Kartierung*.

Genklonierung, ↗ *rekombinante DNA-Technik*.

Genkopplung, *Faktorenkopplung*, die Kopplung und damit verminderte Rekombinierbarkeit von Genen, die auf einem gemeinsamen Chromosom lokalisiert sind. ↗ *Kartierung*.

Genom, die Gesamtheit der chromosomengebundenen Gene einer haploiden Zelle (einschließlich Prokaryonten) bzw. eines haploiden Chromosomensatzes im Zellkern von Eukaryonten.

Genombibliothek, Syn. für ↗ *genomische Bibliothek*.

genomische Bibliothek, *Genombibliothek*, eine Sammlung rekombinanter DNA-Fragmente, die das gesamte Genom eines Organismus darstellen. ↗ *Genbank*.

Genomprojekt, Sammelbezeichnung für Projekte zur vollständigen Sequenzierung und Analyse der Genome von Mensch, Hefe und anderen Organismen. Tab. 1 zeigt die geschätzte Genomgröße verschiedener Organismen. Bis August 1998 war für 15 Mikroorganismen die Sequenzierung des gesamten Genoms abgeschlossen (Tab. 2).

Genomprojekt. Tab. 1. Die Genomgröße verschiedener Organismen im Vergleich.

Organismus	geschätzte Anzahl Basenpaare [× 10⁶]	geschätzte Anzahl Gene
Mensch	3.000	60.000–80.000
Maus	3.000	50.000–100.000
Drosophila	165	15.000–25.000
Nematode	100	11.800–13.800
Hefe (Pilz)	14	8.355–8.947
E. coli (Bakterium)	4,67	3.237
H. influenza (Bakterium)	1,8	
M. genitalium (Bakterium)	0,58	

Caenorhabditis elegans diente dabei als Modellorganismus für die geplante vollständige Sequenzierung des menschlichen Genoms. Dieses Mitte der 80er Jahre initiierte große amerikanische Sequenzierprojekt, mit dem das Erbgut des Menschen entschlüsselt werden soll, wird als *Humangenomprojekt* bezeichnet. Bis Oktober 1998 wurden von

Genomprojekt. Tab. 2. Vollständig sequenzierte Genome.

Organismus	Genomgröße [MBasen]	geschätzte Anzahl der Gene
Saccharomyces cerevisiae	12,1	6.034
Escherichia coli	4,6	4.288
Bacillus subtilis	4,2	~4.000
Synechocystis	3,6	3.168
Archaeoglobus fulgidus	2,2	2.471
Pyrobaculum aerophilum	2,2	–
Haemophilus influenza	1,8	1.740
Methanobacterium thermoautotrophicum	1,8	1.855
Helicobacter pylori	1,7	1.590
Methanococcus jannaschii	1,7	1.692
Aquifex aolicus	1,5	1.508
Borrelia burgdorferi	1,3	863
Treponema pallidum	1,1	1.234
Mycoplasma pneumoniae	0,8	677
Mycoplasma genitalium	0,6	470

Wissenschaftlern weltweit in der Datenbank *Gen-Bank* (Tab. 3) über 175×10^6 Nucleotide von Human-DNA-Sequenzen veröffentlicht (das entspricht ungefähr 5% der Gesamtsequenz). Zum gleichen Zeitpunkt waren – basierend auf YACs (↗ *künstliche Hefechromosomen*) – 30.181 menschliche Gene kartiert. Dies entspricht ungefähr der Hälfte aller menschlichen Gene, deren Anzahl auf 60.000–80.000 geschätzt wird. In den ersten Jahren des Projekts konzentrierten sich die Bemühungen auf die Entwicklung neuer, schnellerer und kosteneffizienterer Sequenzierungs- und Kartierungsmethoden. Dies ist z.B. mit der Einführung der YACs und neuerdings der *BACs* (↗ *künstliche Bakterienchromosomen*) sowie von ↗ *Nucleotidchips* gelungen, so dass zur Zeit die Hoffnung besteht, dass das Humangenom sogar schon im Jahr 2003 –zwei Jahre früher als geplant – vollständig sequenziert und kartiert ist und die Budgetvorgaben eingehalten werden.

Genomprojekt. Tab. 3. Die Humangenomdaten können über diese Knoten abgefragt werden.

Land	Anschrift	1) Telefon 2) Fax 3) e-mail	WWW-Seite
USA (Hauptknoten)	GDB Human Genom Database John Hopkins University School of Medicine 2024 E. Monument Street, Suite 1-200 Baltimore, Maryland 21205-2100 USA	1) 1-410-955-9705 2) 1-410-614-0434 3a) User Support and Registration: help@gdb.org 3b) Data Acquisition and Curation: data@gdb.org	http:\\gdbwww.gdb.org\.
Australien	Mrs. Carolyn Bucholtz Australian National Genomic Information Service (ANGIS) Dept. Of Electrical Engineering Building J03 University of Sydney Sydney, NSW 2006 Australia	1) und 2) 61-2-9351-2948 3) bucholtz@angis.su.oz.au	GDB Mirror Site ANGIS Web Server
	Dr. Anthony P. Kyne The Walter and Eliza Hall Institute of Medical Research Royal Melbourne Hospital Campus Royal Parade Parkville Melbourne, Victoria 3050 Australia	1) 61-3-9345-2586 2) 61-3-9347-0852 3) tony@wehi.edu.au	GDB Mirror Site WEHI (Walter and Eliza Hall Institute) Web Server
Belgien	Mr. David Coornaert Belgian EMBnet Node Brussels Free Universities Computing Centre Departement of Molecular Biology Rue des Chevaux 67 B 1640 Rhode-St.-Genese	1) 32-2-6509764 2) 32-2-6509767 3) dcoorna@dbm.ulb.ac.be	GDB Mirror site Belgian EMBnet Node
Deutschland	The Biocomputing Unit Abteilung für Molekularbiophysik Deutsches Krebsforschungszentrum (DKFZ) Im Neuenheimer Feld 280 69120 Heidelberg Deutschland	1) 49-6221-42-2349 2) 49-6221-42-2333 3) gdb@dkfz-heidelberg.de	GDB Mirror Site German Cancer Research Center Web Server
Frankreich	Dr. Philippe Dessen INFOBIOGEN Service de bioinformatique 7, rue Guy Môquet – BP 8 94801 Villejuif Cedex France	1) 33-1-49-59-52-41 2) 33-1-49-59-52-50 3) gdb@infobiogen.fr	GDB Mirror Site INFOBIOGEN Web Server

Genomprojekt. Tab. 3. Die Humangenomdaten können über diese Knoten abgefragt werden.

Land	Anschrift	1) Telefon 2) Fax 3) e-mail	WWW-Seite
Großbritannien	UK HGMP Resource Centre Hinxton Cambridge CB10 1SB U. K.	1) 44-1223-494520 2) 44-1223-494512 3) support@hgmp.mrc.ac.uk	GDB Mirror Site UK HGMP Resource Centre Web Server
Israel	Dr. Jaime Prilusky Bioinformatics Unit Weizmann Institute of Science 76100 Rehovot Israel	1) 972-8-9343456 2) 972-8-9344113 3) Isprilus@weizmann.weiz- mann.ac.il	GDB Mirror Site Weizmann Institute Web Server
Italien	Mr. Gyorgy Simon Tigem – Telethon Institute of Genetics and Medicine Informatics Core Via Olgettina, 58 20132 Milan Italy	1) 39-2-21-560-212 2) 39-2-21-560-220 3) simon@tigem.it	GDB Mirror Site Tigem Web Server
	Dr. Luciano MelanesiIstituto Tecnologie Biomediche Avanzate L.I.T.A. – C.N.R. Via Fratelli Cervi, 93 20090 Segrate (MI) Italy	1) 39-2-26422604 2) 39-2-26422770 3) melanesi@itba.mi.cnr.it	GDB Mirror Site ITBA Web Server
Japan	GDB Japan Node Staff Japan Science and Technology Corpora- tion (JST) 5-3, Yonban-cho Tokyo 102 Japan	1) 81-3-5214-8491 2) 81-3-5214-8470 3) gdb-staff@gdbnet.ad.jp	GDB Mirror Site JICST Web Server
Niederlande	CAOS/CAMM Center Faculty of Science University of Nijmegen P.O. Box 9010 6500 GL Nijmegen The Netherlands	1) 31-24-3653391 2) 31-24-3652877 3) post@caos.kun.nl	GDB Mirror Site CAOS/CAMM Centre Web Server
Schweden	GDB User Support Biomedical Centre Box 570 S-751 23 Uppsala Sweden	1) 46-18-17-44-32 2) 46-18-52-68-49 3) help@gdb.embnet.se	GDB Mirror Site Biomedical Centre Web Server
Taiwan	National Health Research Institutes Department of Research Resources Division of Computer and Information 128 Yen-Chiu-Yuan Rd., Sec. 2 Taipei 115 Taiwan R.O.C.	1) 886-2-26534401 x8223 2) 886-2-26513723 3) gdb@nhri.org.tw	GDB Mirror Site National Health Research Institutes Web Server

Stand: Juli 1998.

Die Probleme bei der Sequenzierung des Humangenoms bestehen vor allem darin, dass 96 % der menschlichen genomischen DNA nicht aus Genen, sondern aus nichtcodierenden DNA-Sequenzen bestehen. Weiter wird die Ermittlung der Basensequenz der Gene kompliziert durch die Fragmentierung ihrer DNA in codierende Exons und nichtcodierende Introns. Im Zuge der Sequenzierung des bisher umfangreichsten Genoms (von *Caenorhabditis elegans*) hat man herausgefunden, dass sich für 92 % der Introns die Exon/Intron-Grenzen voraussagen lassen. Geht man aber davon aus, dass ein durchschnittliches Gen von *C. elegans* aus fünf Exons besteht, dann sinkt die Wahrscheinlichkeit für eine korrekte Vorhersage aller fünf Exons auf 65,9 %. Bei weiterer Berücksichtigung der

Tatsache, dass die Termini nur zu 70 % ausgehend von den Basensequenzen der DNA nachweisbar sind, so lassen sich letztlich für *C. elegans* nur etwa 46 % aller Gene korrekt vorhersagen. Für das menschliche Genom führen diese Betrachtungen bei Berücksichtigung des weitaus höheren Anteils nichtcodierender Sequenzen (*C. elegans*: 73 %; Mensch: 96 %) zu der Schlussforderung, dass eine Vorhersagbarkeit von 100 % nicht zu erreichen ist. Darüber hinaus zeigt die Existenz von unterschiedlich gespleißten mRNAs, dass eine eindeutige Identifizierung von Introns und Exons selbst im zellulären Bereich nicht möglich ist.

Genotyp, die Gesamtheit der Gene – sowohl dominante als auch rezessive – eines Individuums.

Genrettung, engl. *marker rescue*, Isolierung eines Markierungsgens nach Kreuzreaktivierung. ↗ *rekombinante DNA-Technik (Selektion).*

Gensonde, ↗ *Sonde.*

Gensynthese, die chemisch-enzymatische Synthese biologisch aktiver Gene. Am Beginn der Syntheseplanung für ein synthetisches Gen stehen Überlegungen, die später die Klonierung in einem Klonierungsvektor und die Expression in einem entsprechenden Wirtsorganismus erleichtern. Von besonderer Bedeutung ist hierbei auch die Einplanung brauchbarer Schnittstellen für ↗ *Restriktionsendonucleasen*, die die spätere Klonierung erleichtern. Gleichermaßen wichtig sind Überlegungen zur möglichen Ausbildung von Sekundärstrukturen innerhalb oder auch zwischen den Oligonucleotiden, da diese die spätere Reassoziation der einzelnen Oligonucleotide zu größeren Genfragmenten erschweren können. Für die Synthese von DNA-Abschnitten bekannter Basensequenz, die die Information für andere Nucleinsäuren bzw. für Polypeptide und Proteine tragen, reichen die gegenwärtig bekannten rein chem. Verfahren der Oligonucleotidsynthese nicht aus. Erst durch die Einbeziehung verschiedener Enzyme für die Kettenverlängerung chem. dargestellter Oligo- und Polynucleotide gelang der synthetische Vorstoß in den Bereich der Strukturgene. Prinzipiell zeichnen sich zwei unterschiedliche Synthesestrategien ab:

1) *DNA-Ligase-Verfahren.* Grundlage dieser strategischen Variante ist die enzymkatalysierte Verknüpfung relativ kurzer chem. dargestellter Oligonucleotide (10–15 Nucleotide) zu doppelsträngigen DNA-Segmenten. Die Nucleotidsequenzen der synthetischen Oligonucleotide müssen so konzipiert sein, dass sie der Gesamtheit der beiden zu synthetisierenden DNA-Stränge entsprechen. Ferner ist für die Doppelstranganordnung komplementärer Oligonucleotide eine Überlappung um jeweils 4–5 Nucleotide erforderlich. Nach der enzymkatalysierten Phosphorylierung der 5'-Hydroxyfunktionen der Oligonucleotidsegmente durch die Oligonucleotid-Kinase erfolgt die Verknüpfung der 5'-Phosphatgruppe eines Segmentes mit der 3'-Hydroxygruppe eines zweiten Segmentes durch die DNA-T4-Ligase. Diese Strategie wurde bereits 1970 von Khorana und Mitarbeitern für die Synthese des Gens für die Alanin-tRNA aus Hefe angewandt, wobei die DNA-Sequenz, die sie synthetisierten, aus der Primärstruktur der Alanin-tRNA abgeleitet wurde. Diese G. stimulierte andere Arbeitsgruppen, sich mit der Synthese von Genen zu beschäftigen, die eine Gewinnung eukaryontischer Proteine ermöglichen. Als Beispiele sollen die Synthesen der Gene für Somatostatin, Angiotensin II, der beiden Insulinketten sowie des Interferons erwähnt werden. So wurde das Gen für das humane Leucocyten-Interferon ausgehend von 67 chem. synthetisierten Oligonucleotiden nach der beschriebenen Verfahrensweise aufgebaut. Das aus 517 Basenpaaren bestehende Produkt wies nur einen geringen Reinheitsgrad auf. Es konnte aber durch Klonierung angereichert und isoliert werden. Hier erkennt man sehr deutlich den Vorteil der Oligonucleotidsynthese gegenüber der Peptidsynthese, da selbst aus einem für einen Chemiker absolut unbrauchbaren Gemisch das sequenziell richtige Gensegment durch gentechnische Operationen selektioniert und durch Klonierung vermehrt werden kann.

2) *DNA-Polymerase-Verfahren.* Mit der zunehmenden Effektivität der Synthesetechniken von Oligo- und Polynucleotiden an polymeren Trägern lassen sich solche mit 30–40 Nucleotiden (unter besten Bedingungen bis etwa 200 Basen) aufbauen, die dann in Form von vier Segmenten durch komplementäre Basenpaarung so aneinandergelegt werden können, dass sich etwa zehn basenumfassende DNA-Duplexe ausbilden. Die DNA-Polymerase I (Klenow-Enzym) akzeptiert diese Oligonucleotidanordnung als Substrat und katalysiert in Anwesenheit der vier 5'-Nucleosidtriphosphate (dATP, dGTP, dCTP und dTTP) die Anheftung von Desoxyribonucleotid-Resten entsprechend der im synthetischen Matrizenstrang enthaltenen Information. Bei der als Autopriming bezeichneten Strategie werden längere Oligonucleotide eingesetzt, die an ihrem 3'-Ende stabile Haarnadelstrukturen ausbilden können. Diese dienen als Primer für die DNA-Polymerase-Reaktionen. Die für die Ligation mehrerer DNA-Fragmente benötigten Enden werden nach der Polymerisation durch Spaltung mit entsprechenden ↗ *Restriktionsendonucleasen* erzeugt. Es bedarf keiner weiteren Erläuterung, dass durch die enzymkatalysierte Auffüllreaktion diese Strategie ökonomischer ist als das DNA-Ligase-Verfahren und dass mit der weiteren Verbesserung der chem. Trägersynthese von Polynucleotiden gute Voraussetzungen für die Synthese längerer Gene,

die für entsprechende Proteine codieren oder maßgeschneiderte Operatoren und Promotoren für den Regelteil eines Operons darstellen, bestehen. Die kombinierte biochemisch-organische Synthesestrategie wird dazu beitragen, dass der zunehmende Bedarf an synthetischer DNA für die nähere Zukunft abgesichert werden kann.

Gentamicine, *Gentamycine*, eine Gruppe von Aminoglycosidantibiotika, die von *Micromonospora purpurea* gebildet werden. Die G. enthalten 2-Desoxystreptamin als Aglycon, an das zwei Aminomonosaccharide glycosidisch gebunden sind. Therapeutisch eingesetztes G. besteht aus den Komponenten C1, C1a (Abb.) und C2. Die G. haben ein breites Wirkungsspektrum und werden hauptsächlich bei schweren Allgemeininfektionen durch gramnegative Problemkeime eingesetzt. Eine ähnliche Struktur hat das Sisomicin.

Gentamicine

Gentamycin, ↗ *Gentamicine*, ↗ *Streptomycin*.

Gentechnik, *Gentechnologie*, engl. *genetic engineering*, die Gesamtheit aller Methoden und Techniken zur molekulargenetischen Analyse von DNA- und RNA-Molekülen, ihrer Synthese, gezielten Veränderung (Genmanipulation) und Kombination, der Erzeugung chimärer DNA-Moleküle, der Übertragung von Genen auf andere Organismen (Klonierung, Gentransfer) sowie der Konservierung und Registrierung. Zum größten Teil handelt es sich dabei um Techniken, bei denen die aus den Organismen isolierten Nucleinsäuren *in vitro* manipuliert werden. Mit den heute schon vorhandenen experimentellen Möglichkeiten können beliebige Gene oder DNA-Abschnitte aus dem Genom eines Organismus isoliert und hinsichtlich ihres Aufbaus und ihrer Funktion analysiert werden (u.a. ↗ *Genbank*, Genkarte, Gendiagnostik). Andererseits können Gene durch chemische Totalsynthese erzeugt werden (↗ *Gensynthese*). ↗ *rekombinante DNA-Technik*.

Gentechnologie, ↗ *Gentechnik*.

Gentherapie, die vorteilhafte Veränderung eines Phänotyps durch Änderung bzw. Normalisierung von defektem genetischem Material. Zur Zeit wird

der Begriff im Zusammenhang mit dem Ausschalten von genetischen Defekten bei Menschen durch genetische Manipulation spezifischer Körperzellen verwendet. Es gibt im Prinzip drei mögliche Methoden zur Gentherapie.

1) Zellen werden dem Körper des genetisch defekten Individuums entnommen, behandelt und dann zurückgeführt. Wenn Blutzellen verwendet werden, sind periodische Zyklen der *ex-vivo*-Behandlung und Reinfusion notwendig, da die Blutzellen nur eine begrenzte Lebensdauer haben. Es dürfte zweckmäßiger sein, die Stammzellen des Knochenmarks anzuvisieren, da diese offenbar unsterblich sind.

2) Durch Verwendung von Trägern werden die korrektiven Gene direkt in das Individuum eingeführt, d.h. in das Gewebe, in dem sie benötigt werden. Diese *in-situ*-Behandlung wurde z.B. für die Mucoviszidose und die Muskeldystrophie entwickelt. Die Methode kann für die Behandlung lokaler Störungen eingesetzt werden, jedoch nicht zur Korrektur der Systembedingungen.

3) Bei der angestrebten *in-vivo*-Methode würden Genträger in den Kreislauf injiziert und zum passenden Zielort, unter Ausschluss aller anderen Zelltypen, transportiert werden. Diese vom Ansatz her ideale Methode existiert jedoch noch nicht.

[J. Lyon u. P. Gorner *Altered Fates: Gene Therapy and the Retooling of Human Life* W.W. Norton 1995; K.W. Culver *Gene Therapy: A Handbook for Physicians* Mary Ann Liebert, Inc. Publishers, 1994]

Gentiana-Alkaloide, Terpenalkaloide mit einem Pyridingerüst (daher auch zu den Pyridinalkaloiden zählend), die vorwiegend in Enzian-(*Gentiana*-) Arten vorkommen. Als biogenetische Vorstufe der G.-A. sind bizyklische Monoterpene anzunehmen, zumal sich das verbreitet vorkommende ↗ *Gentianin* in Gegenwart von Ammoniumionen leicht aus Gentiopikrosid gewinnen lässt (Abb.).

Gentiana-Alkaloide. Bildung von Gentianin aus Gentiopikrosid, in der Gegenwart von Ammoniumionen.

Gentianin, 1) ein Terpenalkaloid, das wegen seines Pyridinrings auch zu den Pyridinalkaloiden gezählt werden kann (M_r 175 Da, F. 82–83 °C). G. kommt verbreitet in Enziangewächsen (*Gentianaceae*) vor. Seine Existenz war lange umstritten, weil es sich in Gegenwart von Ammoniak leicht aus *Gentiopikrosid*, einem Glucosid aus den Wurzeln vieler Enzian-Arten, bilden kann.

2) *Gentisin, Gentianinsäure,* 1,7-Dihydroxy-3-methoxyxanthon, ein Farbstoff aus dem gelben Enzian (*Gentiana lutea*) und anderen Enzianarten (M_r 258 Da, F. 266–267 °C).

3) ein Anthocyanfarbstoff mit dem Delphinidingrundgerüst aus *Gentiana acaulis*.

Gentianinsäure, ↗ *Gentianin, 2.*

Gentianose, ein nichtreduzierendes Trisaccharid (F. 211 °C, $[\alpha]_D^{20}$ 33,4°), das als Speicherverbindung in den Wurzeln von Enziangewächsen (*Gentianaceae*) vorkommt. Es besteht aus einer Fructose- und zwei D-Glucose-Einheiten. Ein Glucose- und das Fructosemolekül sind wie in der Saccharose miteinander verknüpft; das zweite Glucose-Molekül ist mit dem ersten β-1 → 6-verknüpft.

Gentiobiose, ein reduzierendes Disaccharid, das β-1 → 6-glycosidisch aus zwei Molekülen D-Glucopyranose aufgebaut ist (Abb.). M_r 342,3 Da, α-Form: F. 86 °C; β-Form: F. 193 °C, $[\alpha]_D^{20}$ −11° → +9,8° (Wasser). G. ist ein Isomeres der Isomaltose, von der sie sich nur durch die sterische Anordnung der Glycosidbindung (β- statt α-) unterscheidet. In der Natur findet sich G. nur in gebundener Form, z.B. in Glycosiden, wie Amygdalin und Gentiopikrin, außerdem im Trisaccharid Gentianose sowie als Esterkomponente des Crocins.

Gentiobiose

Gentiopikrosid, ein Glucosid aus den Wurzeln vieler Enzian-Arten, M_r 356 Da, F. 122 °C (mit Kristallwasser) bzw. 191 °C (wasserfrei), $[\alpha]_D$ −196,3° (Wasser). ↗ *Gentianin, 1.*

Gentisin, ↗ *Gentianin, 2.*

Gentisinsäure, *2,5-Dihydroxybenzoesäure, Hydrochinoncarbonsäure,* ein Strukturisomeres der Dihydroxybenzoesäuren (Abb.). G. bildet farblose, nadelförmige Kristalle; F. 205 °C. Sie löst sich leicht in heißem Wasser, Alkohol und Ether, schwer in Benzol. Beim Erhitzen über den Schmelzpunkt zerfällt sie in Hydrochinon und Kohlendioxid. G. ist Stoffwechselprodukt verschiedener *Penicillium*-Arten und weist antibiotische Wirkung auf.

Gentisinsäure

Gentobiase, ↗ *Cellobiase.*

Geodiamolide, Sekundärmetabolite des Meeresschwamms *Geodia sp.* G. sind Cyclodepsipeptide mit struktureller Ähnlichkeit zum ↗ *Jaspamid* und ↗ *Doliculid.* [P. Wipf *Chem. Rev.* **95** (1995) 2.115]

GEP, Abk. für engl. *guanine nucleotide exchange-promoting protein,* ↗ *Guaninnucleotid-Austauschfaktoren,* ↗ *GTP-bindende Proteine.*

Geranial, das *trans*-Isomer des ↗ *Citrals.*

Geraniol, *2,6-Dimethylocta-2,6-dien-8-ol* (Abb.), ein ungesättigter azyklischer Monoterpenalkohol, M_r 154,25 Da, F. −15 °C, Sdp. 230 °C, ρ^{20} 0,8894, n_D^{20} 1,4766. G. ist eine nach Rosen riechende Flüssigkeit. Die Δ^2-Doppelbindung ist *trans* angeordnet. In Gegenwart von Alkalien lagert sich G. in das *cis*-Doppelbindungsisomere *Nerol* (Abb.) um. Bei der Allylumlagerung entsteht das strukturisomere *Linalool* (Abb., OH-Gruppe an C3). G. ist Bestandteil vieler etherischer Öle z.B. bis zu 60% im Rosenöl, und kommt auch als Geranylacetat (Sdp. 242 °C) vor. Es wird, vorwiegend als Acetat, in der Riechstoffindustrie verwendet.

Geraniol   *Nerol*   *(+)-Linalool*

Geraniol

Der Pyrophosphorsäureester des G., das *Geranylpyrophosphat,* ist ein wichtiges Intermediat in der Biosynthese der ↗ *Terpene.* Die Kopf-Schwanz-Verknüpfung von zwei Molekülen Geranylphosphat ergibt Geranylgeranylpyrophosphat, die Vorstufe der Tetraterpene.

Geraniumöl, *Pelargoniumöl,* ein farbloses, oft auch grünliches bis bräunliches etherisches Öl von angenehm rosenähnlichem Geruch. Das G. enthält hauptsächlich ↗ *Geraniol* (bis zu 40%), ↗ *Citronellol,* ↗ *Linalool,* Phenylethylalkohol, Terpineol und ↗ *Menthol.*

Geranylgeranyl-Transferase, *GGTase,* ein wichtiges Enzym der posttranslationellen Proteinmodifizierung, das den Transfer eines Geranylgeranyl-Rests von Geranylgeranylpyrophosphat auf die Thiolfunktion eines proteingebundenen Cysteinrests unter Ausbildung einer kovalenten Thioetherbindung katalysiert. Die α-Untereinheit (48 kDa) des dimeren Enzyms ist identisch mit der α-Untereinheit der ↗ *Farnesyltransferase,* während die β-Untereinheit (43 kDa) verschieden ist. Zn^{2+}- und Mg^{2+}-Ionen sind für die Aktivität essenziell. Die Substraterkennung ist abhängig von der *upstream*-Region des C-Terminus. Proteine mit dem Motiv CAAX (C = Cystein; A bedeutet hier nicht Alanin, sondern steht allgemein für eine beliebige aliphatische Aminosäure; X = Leu) sind die bevorzugten Substrate. Insbesondere K-Ras-2 (↗ *Ras-Proteine*) werden *in vitro* durch G., aber auch durch die Farnesyltransferase entsprechend kovalent modifiziert. [J.F. Moomaw u. P.J. Casey *J. Biol. Chem.* **267** (1992) 17.438; D.M. Leonard *J. Med. Chem.* **40** (1997) 2.971]

Geranylpyrophosphat, ↗ *Geraniol*.

Gerbstoffe, Substanzen, mit deren Hilfe tierische Häute in Leder oder Felle in Pelze umgewandelt werden. Man unterscheidet zwischen pflanzlichen, mineralischen (anorganischen) und synthetischen organischen G. *Pflanzliche G.* (*Tannine*) sind Polyhydroxyphenole, die in Wasser, Alkohol und Aceton löslich sind. Zu den *mineralischen, anorganischen* G. zählen Aluminiumsulfat (Alaungerbung, „Weißgerbung") und Chromalaun ($KCr(SO_4)_2 \cdot 12 H_2O$) bzw. Chrom(III)-sulfat („Chromgerbung", „Chromleder").

Zu den *synthetischen organischen* G. gehören die sog. *Syntane* bzw. *Neradole*. Das sind Kondensationsprodukte zwischen Phenol- und Naphthalinsulfonsäuren mit Formaldehyd.

Die pflanzlichen G. werden außer für das Gerben von Häuten und Fellen auch für die Erzeugung von Tannin-Formaldehyd-Harzen (z.B. für die Holzverleimung), als Zusatzstoffe für Bohrflüssigkeiten, zur Verhinderung von Kesselsteinbildung in Dampferzeugern, in der Pharmazie zur Therapie bei Hauterkrankungen u.a. eingesetzt.

Germin, ein Veratrum-Alkaloid vom Ceveratrumtyp mit C-nor-D-homo-Struktur (Abb.), M_r 509,62 Da, F. 220 °C, $[\alpha]_D^{25}$ +4,5° (95 % Ethanol), $[\alpha]_D^{16}$ +23,1° (c = 1,13 in 10 %iger Essigsäure). Germinester wurde besonders aus Germer (*Veratrum album*, *V. viride* und *V. nigrum*) und *Zygadenus venosus* isoliert. Die Säurekomponenten sind meistens Essigsäure, Angelicasäure und Tiglinsäure. Esteralkaloide des G. haben stark blutdrucksenkende Wirkung. Die isomere, gleichfalls als Esteralkaloid vorkommende Veratrumbase *Veracevin* (F. 183 °C, $[\alpha]_D$ –33°) aus *Veratrum sabadilla* unterscheidet

Germin

sich von G. durch fehlende 15- bei zusätzlicher 12α-Hydroxylgruppe. Durch alkalikatalysierte Isomerisierung entsteht aus dem nativen Veracevin *Cevin* mit 3α-ständiger Hydroxylgruppe.

Gerüstproteine, ↗ *Faserproteine*.

Geschmacksverstärker, Bezeichnung für Verbindungen, die den Geschmackseffekt von Geschmacksstoffen verstärken. G. selbst lösen keine oder nur eine geringe Geschmacksempfindung aus. Zu den G. werden u.a. Natriumglutamat sowie Inosin-5‘-monophosphat und Guanosin-5‘-monophosphat gezählt. ↗ *Maltol* steigert den Süßeeindruck in Kohlenhydrat-reichen Lebensmitteln (z.B. Marmeladen, Gelees) und verleiht eine leichte Aromanote. Zahlreiche G. (Glutaminsäure, 5‘-Nucleotide) werden mittels biotechnischer Verfahren unter Einsatz von Mutanten (auxotrophe und regulationsdefekte) hergestellt.

Geschwindigkeitsgleichung, in der ↗ *Enzymkinetik* eine Gleichung, die die Reaktionsgeschwindigkeit als Funktion der Geschwindigkeitskonstanten und der Konzentrationen von ↗ *Enzymspezies*, Substrat und Produkt ausdrückt. Unter der Annahme eines Stationärzustands stellt die ↗ *Michaelis-Menten-Gleichung* eine nützliche Näherung dar. Geschwindigkeitsgleichungen werden graphisch als ↗ *Enzymgraphen* dargestellt und im ↗ *King-Altman-Verfahren* hergeleitet.

gespaltene Gene, *unterbrochene Gene*, engl. *split genes*, ↗ *Intron*.

Gestagene, *Gelbkörperhormone*, *Corpus-luteum-Hormone*, eine Gruppe weiblicher Sexualhormone. Die natürlichen G. leiten sich vom Pregnan ab und enthalten 21 C-Atome und Sauerstofffunktionen am C-Atom 3 und C-Atom 20. Von den Nebennierenrindenhormonen, die ebenfalls Pregnanderivate sind, unterscheiden sie sich durch die geringere Anzahl von Sauerstofffunktionen. Hauptvertreter der natürlichen G. ist das auch als Schwangerschaftshormon bezeichnete *Progesteron* (4-Pregnen-3,20-dion, Abb.). Die Bildung des Progesterons erfolgt in der zweiten Zyklushälfte in dem aus dem Follikel nach Eisprung gebildeten Corpus luteum (Gelbkörper). Außerdem wird es während der Schwangerschaft in der Plazenta gebildet. Die Biosynthese erfolgt aus Cholesterin über Pregnenolon.

Die G. sind für die Vorbereitung der proliferierten Uterusschleimhaut auf die Einbettung des befruchteten Eis und die Aufrechterhaltung der Schwangerschaft verantwortlich. Sie verhindern weitere Ovulationen durch Hemmung der Gonadotropinausschüttung.

Progesteron wird meist in Kombination mit Östrogenen zur Behandlung von Menstruationsanomalien therapeutisch eingesetzt. Oral kommt es praktisch nicht zur Wirkung. Parenteral wird es in

R = H : Progesteron
R = OH : Hydroxyprogesteron
R = OCOCH₃ : Hydroxyprogesteronacetat
R = OCO(CH₂)₄CH₃ : Hydroprogesteroncapronat

Chlormadinoacetat

R = CH₃ : Norethisteron
R = C₂H₅ : Levonorgestrel

Gestagene

Form öliger Lösungen eingesetzt. Durch Einführung einer α-ständigen OH-Gruppe am C-Atom 17 konnte eine Wirkungssteigerung und in Verbindung mit einer Acylierung dieser OH-Gruppe eine verzögerte Metabolisierung und damit eine Wirkungsverlängerung erreicht werden. *Hydroxyprogesteronacetat* entfaltet oral eine gestagene Wirkung; *Hydroxyprogesteroncapronat* wird parenteral appliziert und als Depotpräparat eingesetzt (Abb.). Vornehmlich als Gestagenkomponente in Kontrazeptiva wird das 17α-Hydroxyprogesteronderivat *Chlormadinon* (Abb.) verwendet. In zunehmendem Umfang werden zu diesem Zwecke 19-Nortestosteronderivate und Analoga verwendet, die einen 17α-Ethinyl- oder einen anderen Alkyl- oder Alkenylrest enthalten. Beispiele sind *Norethisteron* und *Levonorgestrel*, die den natürlichen Steroiden in der Konfiguration entsprechende D-(–)-Form des synthetischen racemischen Norgestrels.

Gewebeplasminogen-Aktivator, *tPA* (engl. *tissue plasminogen activator*), eine zur Chymotrypsin-Familie gehörende Serinprotease, die unter physiologischen Bedingungen die Fibrinolyse initiiert. G. ist ein aus mehreren Domänen aufgebautes Glycoprotein mit 17 Disulfidbrücken, das im Gegensatz zu anderen Serinproteasen der Chymotrypsinfamilie auch in einer Einkettenform (*single-chain* tPA, sc-tPA) proteolytisch aktiv ist. tPA aktiviert selektiv das Zymogen Plasminogen zu ↗ *Plasmin*, das mit relativ breiter Spezifität ↗ *Fibrin* abbaut und auch

das sc-tPA aktiviert. Der letztgenannte Prozess schließt einen positiven Rückkopplungszyklus. Die Plasminogen-Aktivierung durch tPA wird durch die Anwesenheit von Fibrin stark stimuliert und prinzipiell durch den schnell wirkenden Plasminogen-Aktivator-Inhibitor Typ 1 (PAI-1) inhibiert. Die therapeutisch bevorzugte Applikationsform ist das sc-tPA. Aus der Röntgenkristallstrukturanalyse der katalytischen Domäne von rekombinantem sc-tPA geht hervor, dass Lys[156] eine Salzbrücke mit Asp[194] ausbildet und dadurch eine aktive Konformation der Einkettenform stabilisiert. G. ist in der Lage, ohne Beeinträchtigung der Gerinnungsfähigkeit des Bluts Blutgerinnsel aufzulösen. Es lassen sich gentechnisch verschiedene G.-Varianten herstellen. Durch Modifikation des Glycosylierungsmusters ist es möglich, die biologische Halbwertzeit von G. im Blut ohne Verminderung der biologischen Wirkung zu verlängern. Therapeutische Indikationen für G. sind der akute Herzinfarkt und andere thrombotische Gefäßverschlüsse.

Gewebshormone, eine Gruppe von Hormonen, die nicht in einer Hormondrüse (↗ *Hormone*), sondern in spezifisch zur Hormonproduktion ausgebildeten Einzelzellen entstehen. Die Gewebshormone werden in drei Gruppen unterteilt: 1) ↗ *Secretin*, ↗ *Gastrin* und ↗ *Cholecystokinin* im Magen-Darm-Trakt; 2) ↗ *Angiotensin* und ↗ *Bradykinin*, die als inaktive Vorstufen im Blut vorkommen und 3) ↗ *biogene Amine*, wie ↗ *Histamin*, ↗ *Serotonin*, ↗ *Tyramin* und ↗ *Melatonin*. Die letztgenannte Gruppe stellt eine Ausnahme von der Regel dar, dass Hormone ihre Wirkung an Orten entfalten, die von ihrer Produktionsstätte entfernt liegen, da sie auf das unmittelbar umgebende Gewebe einwirken.

GFC, Abk. für *Gelfiltrationschromatographie*, ↗ *Gelchromatographie*.

GFP, Abk. für ↗ *grünfluoreszierende Protein*.

GGNG-Peptide, eine Gruppe myoaktiver Peptide aus Erdwürmern. Diese Peptide bestehen aus 17 oder 18 Aminosäureresten mit einem übereinstimmenden C-Terminus und einer intrachenaren Disulfidbrücke. *GGNG-1*, H-Ala[1]-Pro-Lys-Cys-Ser[5]-Gly-Arg-Trp-Ala-Ile[10]-His-Ser-Cys-Gly-Gly[15]-Gly-Asn-Gly-OH (Disulfidbrücke: Cys[4]-Cys[13]) und *GGNG-2* aus dem Darmgewebe des Erdwurms *Eisenia foetida* stimuliert die Darmmotilität isolierter Darmpräparationen der gleichen Spezies. Ebenso wirkt *GGNG-3*, ein [Arg[1], Ala[5]]GGNG-1 aus *Pheretima vittata*. [T. Oumi et al. *Biochem. Biophys. Res. Commun.* **216** (1995) 1.072]

GGTase, Abk. für ↗ *Geranylgeranyl-Transferase*.

GH, Abk. für engl. *growth hormone*. ↗ *Somatotropin*.

giant messenger-like RNA, ↗ *messenger-RNA*.

Gibban, ↗ *Gibberelline*.

Gibberellan, ↗ *Gibberelline*.

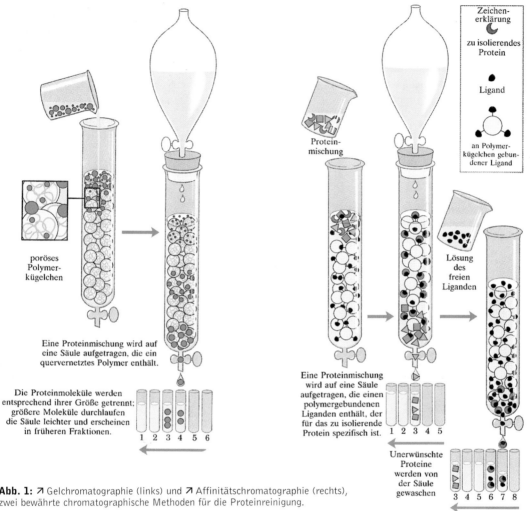

Abb. 1: ↗ Gelchromatographie (links) und ↗ Affinitätschromatographie (rechts), zwei bewährte chromatographische Methoden für die Proteinreinigung.

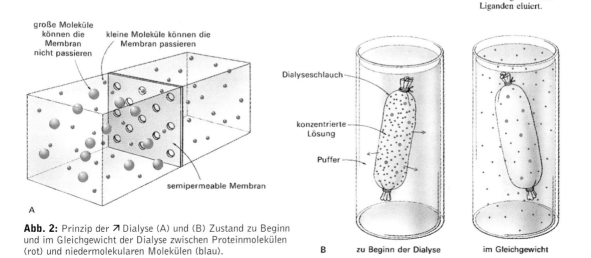

Abb. 2: Prinzip der ↗ Dialyse (A) und (B) Zustand zu Beginn und im Gleichgewicht der Dialyse zwischen Proteinmolekülen (rot) und niedermolekularen Molekülen (blau).

Farben und Farbstoffe im Pflanzenreich. Die bei Pflanzen auftretenden Farbstoffe sind ein gutes Beispiel für die komplizierten Wechselwirkungen von physiologischer Notwendigkeit, biochemischen Gegebenheiten und ökologischer Funktion.

In der Vegetationsperiode überlagern die grünen ↗ Chlorophylle alle anderen Blattpigmente. Im Herbst werden bei den laubabwerfenden Pflanzen die stickstoffhaltigen Chlorophylle abgebaut und die Metaboliten zurück in den Spross verlagert; so bleibt der für höhere Pflanzen meist schwer verfügbare Stickstoff der Pflanze erhalten. Mit der Abnahme der Chlorophylle treten die – auch im Sommer

vorhandenen – ↗ Carotine und ↗ Carotinoide mit ihren Gelb- und Rottönen in Erscheinung. Als Kohlenwasserstoffe sind sie für die Pflanze weniger wertvoll und verbleiben in den abfallenden Blättern. Zusätzlich sorgen im Herbst Glycoside des ↗ Cyanidins bei einigen Gehölzarten für die rote Komponente der Herbstfärbung. Cyanidinglycoside und andere ↗ Anthocyane sind auch für die intensive Färbung zahlreicher Blüten und Früchte mitverantwortlich. **Abb. 1:** Roteiche (*Quercus* spec.) in Herbstfärbung, Spuren des grünen Chlorophylls sind noch entlang der Blattadern zu erkennen. **Abb. 2:** Zinnien enthalten Oxoniumsalze des Cyanidins als rote Komponente. Diese bewirken auch die

Färbung von roten Rosen, reifen Kirschen und Mohn (**Abb. 7, 8 und 9**). Durch unterschiedliche pH-Werte und räumliche Verteilungsmuster können identische Farbstoffe unterschiedliche Farbwirkungen erzielen, so bei den Blüten der Mittagsblume (**Abb. 3**) und des Lungenkrauts (*Pulmonaria*, **Abb. 4**), bei dem der Farbumschlag mit der Bestäubung der Blüte ausgelöst wird und so Signalwirkung hat. Weiße Färbungen gehen meist Totalreflexion an luftgefüllten Zellen zurück. Blaue Farbtöne werden u.a. durch Keracyanin bewirkt, z.B. beim Veilchen (*Viola*, **Abb. 5**) und bei der Kornblume (*Centaurea*, **Abb. 6**), welche zusätzlich Protocyanin, ein Chromosaccharid, enthält.

Anthocyanidine wie das Delphinidin als blaue Komponente treten u.a. bei Eisenhut (*Aconitum*, **Abb. 10**) und Rittersporn auf. Auch schwarze Färbungen können durch Überlagerungen verschiedener Anthocyane erzielt werden, so bei den Saftmalen der Mohnblüte (**Abb. 9**). Solche Saftmale markieren den Ort der Nektarproduktion und locken so die Bestäuber zu den Staubgefäßen und Narben, meist im Zentrum der Blüten (z.B. bei Veilchen, **Abb. 5**). So steht neben den Farbstoffen oft der gesamte Aufbau der Blüte im Zeichen der Anlockung von Bestäubern, sowohl bei großen Einzelblüten (Glockenblume, **Abb. 11**) als auch bei ganzen Blütenständen (Sonnenblume, **Abb. 12**).

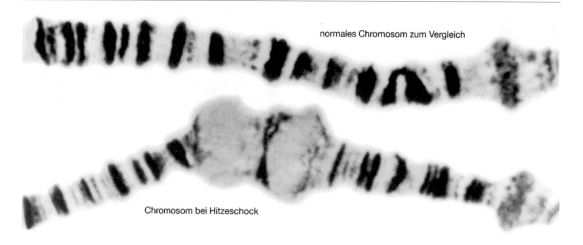

normales Chromosom zum Vergleich

Chromosom bei Hitzeschock

Abb. 1: Durch starke Temperaturerhöhung auf den Riesenchromosomen in den Speicheldrüsen der Taufliege (*Drosophila melanogaster*) ausgebildete Puffs, die die Expression der ↗ Hitzeschock-Proteine repräsentieren.

Abb. 2: Kristalle des Pflanzenproteins ↗ Concanavalin im Mikroskop unter polarisiertem Licht.

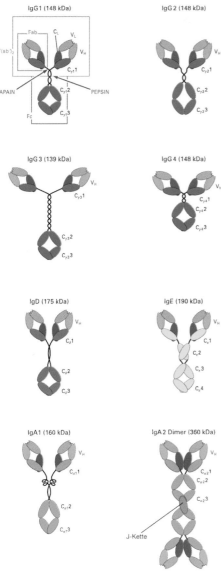

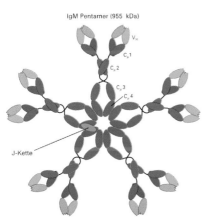

IgG1 (148 kDa)

IgG 2 (148 kDa)

IgG 3 (139 kDa)

IgG 4 (148 kDa)

IgD (175 kDa)

IgE (190 kDa)

IgA1 (160 kDa)

IgA 2 Dimer (360 kDa)

J-Kette

IgM Pentamer (955 kDa)

J-Kette

◄ **Abb. 1:** Immunglobuline-Isotypen

Abb. 2: Strukturvergleich Myoglobin – Hämoglobin

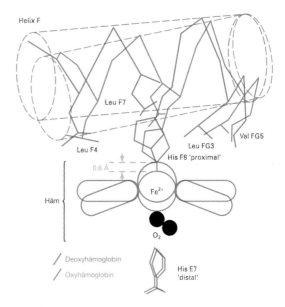

Abb. 3: Strukturverschiebungen im Hämoglobin

Pflanzeninhaltsstoffe und ihre Nutzung für den Menschen

Die Pyridinalkaloide der Betelnuss, ↗ Areca-Alkaloide, sind das Wirkprinzip des von mehr als 200 Mio. geschätzten Betel-Kauern genutzten Genuss- bzw. Rauschmittels des Betel-Bissens (**Abb. 1**, Samen der Betelpalme *Areca catechu*). Die psychotrope Wirkung des Muscimols (eines der ↗ Fliegenpilzgifte, **Abb. 2**, Fliegenpilz, *Amanita muscaria*) führte zur Verwendung des Fliegenpilzes als Rauschmittel u.a. bei zentraleuropäischen Reitervölkern. Neben der „kosmetischen" Wirkung der Pupillenerweiterung, die der Tollkirsche (**Abb. 3**) zum botanischen Namen *Atropa bella-donna* (belladonna = schöne Frau) verhalf, stehen heute

andere pharmazeutische Aspekte des ↗ Atropins im Vordergrund. Atropin, *DL-Hyoscyamin*, der Tropinester der D,L-Tropasäure, wird während der alkalischen Aufarbeitung von L(–)-Hyoscyamin gebildet, welches auch im schwarzen Bilsenkraut (*Hyoscyamus niger*, **Abb. 4**) vorkommt. Dieses fand früher u.a. als Abbortivum Verwendung – die Nebenwirkungen der stark giftigen Pflanze, Halluzinationen und Übererregtheit, sollen mit zur Entstehung von Hexensagen beigetragen haben. ↗ Emetin, das Hauptalkaloid der Brechwurz (*Cephaelis ipecacuanha*, **Abb. 5**), bewirkt starken Brechreiz und wird zur Behandlung der Amöbenruhr eingesetzt. Bekannter als die Brechwurz ist die Chinarinde, *Cinchona*

pubescens (**Abb. 6**), deren Wirkstoffe, die ↗ China-Allaloide, u.a. in der Malariaprophylaxe Bedeutung haben. Auch dem Laien ist der rote Fingerhut (*Digitalis purpurea*, **Abb. 7**) als Giftpflanze mit herzwirksamen Inhaltsstoffen, den ↗ Digitalisglycosiden, bekannt, wobei die Wirkstoffe auch aus Plantagen des wolligen Fingerhuts (*D. lanata*, **Abb. 8**) gewonnen werden. Rund 50mal süßer als Saccharose ist ↗ Glycyrrhizin, ein Glycosid aus der Lakritzpflanze (Süßholz, *Glycyrrhiza glabra*, **Abb. 9**). Geerntet werden die Süßholzwurzeln (**Abb. 10**), aus denen der eingedickte Saft (Lakritze) durch Kochen und Filtrieren gewonnen wird. Als „Süßkartoffel″ werden in einigen Regionen auch die Knollen des Topinamburs (*Helianthus*

tuberosus, **Abb. 11**), eines Verwandten der bekannten Sonnenblume (*Helianthuus annus*, vgl. Farbtafel 3, Abb. 12), bezeichnet. Die echte Süßkartoffel (*Ipomoea batatas*, Convolvulaceae) ist jedoch eine Pflanze der Tropen. Wichtiger Inhaltsstoff des Topinamburs ist das ↗ Inulin, welches im menschlichen Darm kaum verstoffwechselt wird und daher u.a. als Füllstoff in Schlankheitsdiäten, aber auch in Diabetikerprodukten eingesetzt wird. Nicht süß, sondern bitter ist die gewünschte Eigenschaft der Blüten weiblicher Hopfenpflanzen (*Humulus lupulus*, **Abb.12**). Zu den Aroma gebenden und antibiotisch wirkenden Inhaltsstoffen, die in der Bierherstellung Verwendung finden, gehören die ↗ Humulene.

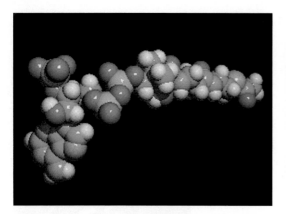

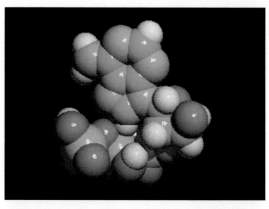

Abb. 1: Kalottenmodell von ↗ Acetyl-Coenzym A. Der Essigsäurerest ist energiereich an die freie SH-Gruppe des ↗ Coenzyms A gebunden. Bestandteil des Coenzyms A ist neben Pantethein-4-phosphat Adenosin-3′-5′-diphosphat. Das Ringsystem des Adenins ist unten links zu erkennen, der Schwefel der SH-Gruppe oben rechts.

Abb. 2: ↗ Adenosin-5′-triphosphat, die wichtigste energiereiche Verbindung des Zellstoffwechsels. Das Adenin ist hier im Vordergrund (oben) zu erkennen, die Triphosphatkette im Hintergrund (unten).

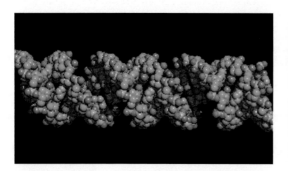

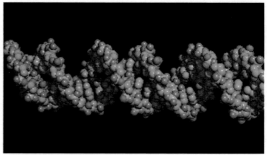

Abb. 3: ↗ Desoxyribonucleinsäure in den Konformationen der A-DNA (links) und der B-DNA (rechts), wie sie in der Legende zur Abbildung auf Seite 246 beschrieben sind. Die hier gezeigte Darstellung als Kalottenmodell lässt die große und die kleine Furche der DNA-Doppelhelix jeweils gut erkennen.

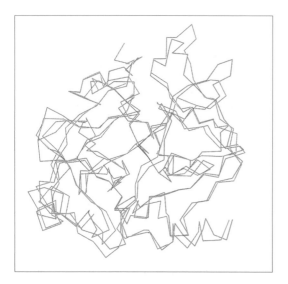

Abb. 4: Vergleich der Konformation der Hauptkette von Elastase (rot) und der von Chymotrypsin (blau) als Vertreter ↗ homologer Proteine.

Gibberellensäure, ↗ *Gibberelline.*

Gibberellinantagonisten, Hemmstoffe, die bei Pflanzen die Wirkung von Gibberellinen hemmen und deren Wirkung zumindest teilweise durch Gibberelline aufgehoben werden kann. Die Bezeichnung G. wird unabhängig von der Wirkungsweise gebraucht. Kompetitive Inhibitoren von Gibberellinen, d. h. Verbindungen, die an dasselbe aktive Zentrum wie die Hormone binden, heißen *Antigibberelline.* Zu den Gibberellinantagonisten zählen z.B. das Phytohormon ↗ *Abscisinsäure,* eine Reihe von Wachstumsretardanzien, wie ↗ *Chlorocholinchlorid,* ↗ *Morphactine,* ↗ *AMO 1618,* ↗ *EL 531* und ↗ *Bernsteinsäuremono-2,2-dimethylhydrazid,* Dichlorisobuttersäure, sowie andere natürliche Inhaltsstoffe, z.B. Tannine.

Gibberelline, eine Klasse von weitverbreiteten natürlichen Pflanzenwachstumsregulatoren, die das Längenwachstum stimulieren. Das erste entdeckte G. wurde 1938 aus *Gibberella fujikuroi* (*Fusarium moniliforme*), dem Pathogen der Balkan-Reiskrankheit, isoliert. Alle bekannten ~90 Gibberelline enthalten das trizyklische Gibbanringsystem. Die IUPAC empfiehlt, die Nomenklatur und Numerierung vom *ent-Gibberellan*-System abzuleiten (Abb. 1).

Die G. werden in der Reihenfolge ihrer Entdeckung mit G. A_1 bis A_{52} bezeichnet. Man unterschei-

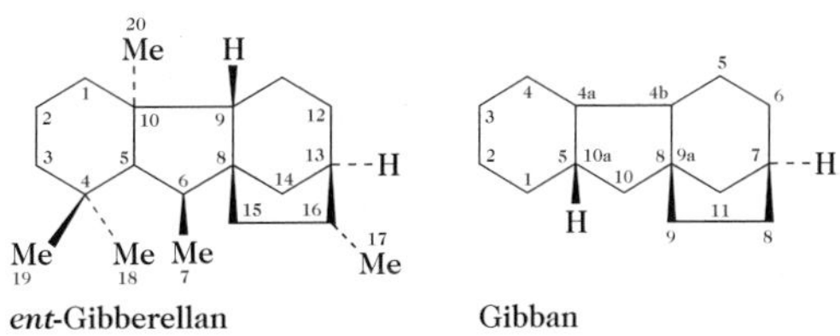

Gibberelline. Abb. 1. Numerierungssysteme von *ent*-Gibberellan und Gibban.

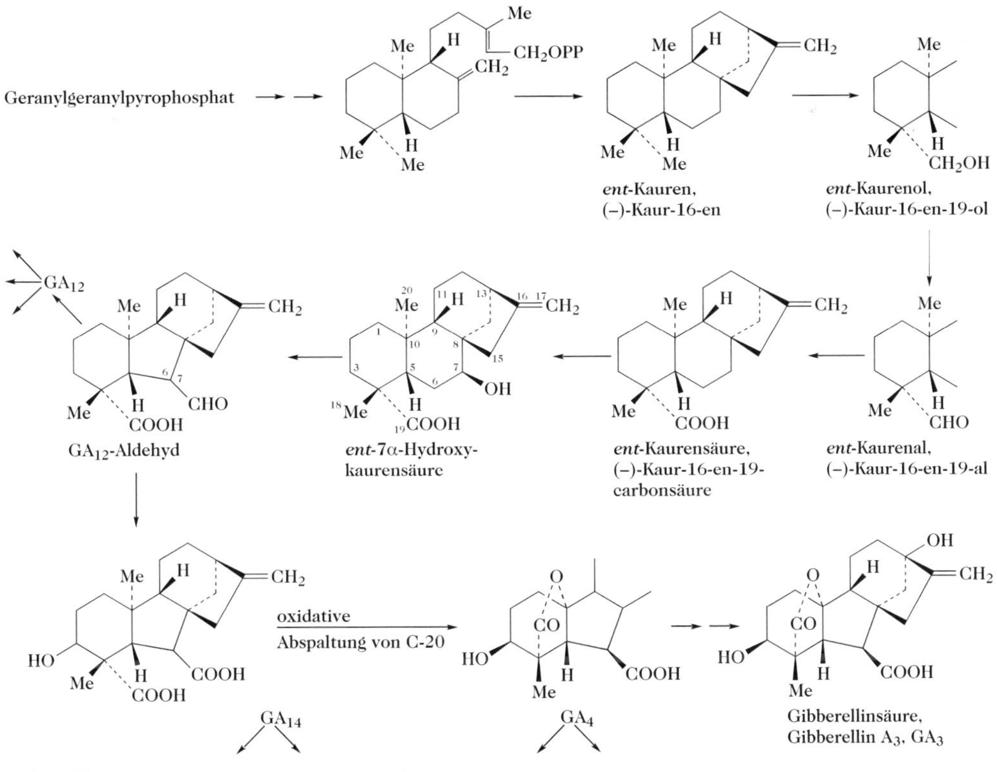

det zwei Hauptgruppen: G. mit 20 C-Atomen (*ent-Gibberellane*) und solche mit 19 C-Atomen (*ent-20-nor-Gibberellane*). Weitere Unterschiede zwischen den G. ergeben sich aus dem Vorliegen bzw. der Abwesenheit von Hydroxylgruppen in den Positionen 1, 2, 3, 11, 12 und 13. G. A_3 (das am besten bekannte aller G.) wird kommerziell aus Kulturfiltraten von *G. fujikuroi* gewonnen. Einige der bekannten Abbauprodukte von G. A_3 sind Gibberellinsäure, Allogibberinsäure, Gibberinsäure, Gibberen und G. C. Zusätzlich zu diesen freien G. wurden aus Pflanzen wasserlösliche Gibberellinglucoside und Gibberellinglucoseester isoliert. Diese stellen möglicherweise Transport- und Speicherformen der biologisch aktiven freien G. dar.

Die einzelnen G. weisen in den verschiedenen Biotests sehr unterschiedliche Wirksamkeit auf. Einige sind offenbar physiologisch von geringer

Gibberelline. Abb. 2. Biosynthese der Gibberelline.

Bedeutung, andere dürften Zwischenprodukte der Synthese oder des Abbaus von aktiven Hormonen darstellen. Die wichtigste Wirkung der G. besteht in der Stimulierung des Längenwachstums und der Zellteilung. Die Förderung des Längenwachstums von Zwergmutanten mit genetisch blockierter Gibberellinbiosynthese ist Grundlage von Biotests mit einer Nachweisempfindlichkeit von 1 ng G. (Zwergentest und Zwergmaistest). Auch der Salat- und der Gurkenhypokotyltest beruhen auf der Förderung des Sprosswachstums durch G. Außerdem hemmen G. das Wurzelwachstum und beeinflussen Ruheperioden und Samenkeimung. Durch Gibberellinbehandlung lässt sich bei Gurken, Tomaten und Weintrauben Parthenokarpie auslösen. Die Keimungsbeschleunigung durch G. ist Grundlage des Samenkeimungstests und erlaubt in der praktischen Anwendung eine verkürzte und gleichmäßige Keimungsrate bei Braugerste. Die G. fördern auch die Blütenbildung und das Fruchtwachstum, worauf ihre Anwendung in der kommerziellen Landwirtschaft beruht.

G. A_3 aktiviert Gene in embryofreien Gerstensamen, woraus geschlossen wird, dass der Embryo G. in die Aleuronschicht freisetzt, die dort Gene für die Synthese von hydrolytischen Enzymen, besonders α-Amylase, aktivieren. Hierauf beruht der α-Amylasetest für G. Einige durch Partialsynthese hergestellte G., z.B. 3-Desoxygibberellin C und Pseudogibberellin A_1 wirken als Antigibberelline ($\nearrow$ *Gibberellinantagonisten*).

Biosynthese. G. sind Diterpene, die aus Geranylgeranylpyrophosphat (Abb. 2) synthetisiert werden. Das Povital, eine gemeinsame Zwischenstufe in der Biosynthese aller G. ist das Gibberellin-A_{12}-Aldehyd. Danach divergieren die Biosynthesewege beträchtlich. [A. Lang *Ann. Rev. Plant Physiol.* **21** (1970) 537–570; J.E. Graebe u. H.J. Ropers in *Phytohormones and Related Compounds – A Comprehensive Treatise* vol 1, D.S. Letham, P.B. Goodwin u. T.J.V. Higgins (Hrsg.), North Holland, 1978, S. 107–204; P. Hedden et al. *Annu. Rev. Plant Physiol.* **29** (1978) 149–192; P. Fuchs u. G. Schneider „Synthesis of glucosyl conjugates of [17-^{2}H$_2$]-labelled and unlabelled Gibberellin A_{34}" *Phytochemistry* **42** (1996) 7–10]

Gibberellinglucoside, $\nearrow$ *Gibberelline*.
Gibberellinsäure, $\nearrow$ *Gibberelline*.
Gibberen, $\nearrow$ *Gibberelline*.
Gibberinsäure, $\nearrow$ *Gibberelline*.

Gibbs-Effekt, eine scheinbar anormale Markierung von Glucose, die aus der kurzen photosynthetischen Assimilation von $^{14}CO_2$ durch *Chlorella* erfolgt. Das resultierende Fructosediphosphat ist symmetrisch markiert, wie es nach dem Reaktionsweg des $\nearrow$ *Calvin-Zyklus* zu erwarten ist. Im Gegensatz dazu sind Glucosephosphate und der Glucoseteil der Stärke asymmetrisch markiert, wobei C4 wesentlich mehr ^{14}C enthält als C3, und C1 und C2 wesentlich mehr enthalten als C5 und C6. [O. Kandler u. M. Gibbs *Plant Physiol.* **31** (1956) 411–412]. Der G. zeigt, dass die beiden Hälften des Glucosemoleküls nicht aus dem gleichen Pool für Triosephosphate stammen wie Fructosediphosphat. Er legt auch nahe, dass Fructosediphosphat nicht die Vorstufe von Glucosephosphat ist. Mit Hilfe der Reaktionen der revidierten Version des $\nearrow$ *Pentosephosphat-Zyklus* kann der G. erklärt werden.

Gifte, Verbindungen, die den menschlichen und tierischen Organismus schädigen können. Die Einordnung einer Substanz als Gift ist von der Dosierung abhängig, da bei entsprechend hoher Dosierung nahezu jede Substanz toxisch ist. Die Giftwirkung ist außerdem von der Applikationsart, der Einwirkungsdauer und anderen Faktoren abhängig. Zahlreiche G. vor allem pflanzlicher Herkunft werden bei selektiver Wirkung in entsprechender Dosierung als Arzneistoffe eingesetzt.

Der Umgang mit G. wird gesetzlich durch die Gefahrstoffverordnung, die Chemikalien-Verbotsverordnung, das Chemikaliengesetz und das Arzneimittelgesetz geregelt. Nach der Gefahrstoffverordnung werden Stoffe, von denen eine Vergiftungsgefahr ausgeht, aufgrund ihrer mittleren letalen Dosis (LD_{50} der Ratte nach oraler Applikation) in gesundheitsschädliche (LD_{50}, 200–2.000 mg/kg Körpergewicht), giftige (LD_{50} 25–200 mg/kg) und sehr giftige (LD_{50} <25 mg/kg) Stoffe eingeteilt (Tab. 1).

Die Vergiftungen können durch Verschlucken, Einatmen oder Hautkontakt erfolgen. Dabei kann es sich um eine akute oder chronische Toxizität handeln. Veränderungen an der Desoxyribonucleinsäure führt zur Genotoxizität, was Mutagenität und/oder Cancerogenese ($\nearrow$ *Carcinogene*) auslösen kann.

Wichtigste organotrope toxische Effekte betreffen Leber (Hepatotoxizität), Niere (Nephrotoxizität), Haut (Kontaktallergien, Phototoxizität), Embryo (Embryotoxizität, Teratogenität), Nervensystem (Neurotoxizität), das blutbildende System oder den Gastrointestinal-Trakt. Eine besondere Gruppe von G. stellen die $\nearrow$ *Betäubungsmittel* dar. Schwerwiegende Zellschädigungen (Cytotoxizität) betreffen vor allem proliferierende Zellen. Unmittelbar am Sauerstofftransport greifen Methämoglobin-bildende Stoffe (Nitrite, aromatische Nitro- und Aminoverbindungen, Redoxfarbstoffe) an. Toxisch auf die Lunge wirken Atemgifte (z.B. Kohlenmonoxid, Cyanwasserstoff, Schwefelwasserstoff) und Lungenreizstoffe (z.B. Stickstoffoxide, Fluor, Phosgen, Schwefeldioxid, Formaldehyd). Zu den anorganischen G. gehören ferner Arsen-, Selen- und Tellur-

Gifte. Tab. 1. Mittlere letale Dosis einiger Substanzen.

Gift	LD_{50} [mg/kg]
Botulinustoxin	0,00003
Tetanustoxin	0,0001
Palytoxin	0,01
Diphtherietoxin	0,3
Cobratoxin	0,3
Batrachotoxin	2
Tetrodotoxin	8
Aflatoxin B_1	10
Maitotoxin	50
Digitoxin	180
Seeanemonentoxin ATXII	300
Tubocurarin	500
Strychnin	500
Atropin	750
Nicotin	1.000
$HgCl_2$	1.000
Muscarin	1.100
Pumiliotoxin A	2.500
Diisopropylfluorophosphat (DFP)	5.000
NaCN	6.440
As_2O_3	14.500
Phenobarbital	100.000

verbindungen, Cyanide und Fluoride, Phosphor und Phosphide, Chromate, Quecksilberverbindungen sowie zahlreiche Schwermetallsalze. Zu Art und Mechanismus der Schädigungen siehe Tab. 2. Sehr stark toxisch wirkende synthetische Verbindungen wurden als ⌐ *chemische Kampfstoffe* entwickelt (z.B. aktivierte organische Phosphorsäureester, Loste). Ein besonderes toxikologisches Problem stellen Pestizide (Insektizide, Herbizide) sowie ⌐ *Dioxine* (insbesondere ⌐ *2,3,7,8-Tetrachlordibenzo-1,4-dioxin*) dar.

Biogene G. (*Toxine*) werden von Mikroorganismen, Pflanzen und Tieren gebildet.

Von den Mikroorganismen sind es vor allem Bakterien, niedere Pilze und Dinoflagellaten, die Toxine produzieren. Die ⌐ *Bakterientoxine* werden in Endo- und Exotoxine eingeteilt. Die *Endotoxine*, bei denen es sich um Lipopolysaccharide der äußeren Zellwand gramnegativer Bakterien handelt, wirken erst toxisch nach Autolyse der Bakterien. *Exotoxi-*

ne werden dagegen von den Bakterien in die Umgebung abgegeben. Es sind die stärksten bisher bekannten Gifte.

G. niederer Pilze werden als ⌐ *Mycotoxine*, G. höherer Pilze als Pilzgifte bezeichnet. Mycotoxine sind wegen möglicher Kontamination von Lebensmitteln von Bedeutung. Von besonderem toxikologischen Interesse sind die ⌐ *Aflatoxine*, die von verschiedenen *Aspergillus*-Stämmen auf verdorbenen Lebensmitteln gebildet werden und sehr stark hepatotoxisch und cancerogen wirken. Die Trichothecene werden von *Fusarium*-Arten gebildet und gehören zu den Sesquiterpenen. Durch kontaminiertes Getreide kann es zur Leukopenie kommen. Indol-Alkaloide vom Ergolin-Typ (⌐ *Mutterkorn-Alkaloide*) kommen im Mutterkorn (*Secale cornutum*) vor. Zu den giftigen Großpilzen gehören der Knollenblätterpilz (*Amanita phalloides* mit den Amatoxinen und Phallotoxinen), der Fliegenpilz (*Amanita muscaria* mit Muscarin und den 3-Hydroxyisoxazolen ⌐ *Ibotensäure*, ⌐ *Muscimol* und ⌐ *Muscazon*, die auch im Pantherpilz, *Amanita pantherina*, vorkommen) und die Frühjahrsmorchel (*Gyromitra esculenta* mit Acetaldehyd-*N*-methyl-*N*-formylhydrazon). ⌐ *Muscarin* wirkt als Neurotoxin, die ⌐ *Amatoxine* und Monomethylhydrazin parenchymtoxisch (leber- und nierenschädigend). Sehr stark hepatotoxisch wirken die ⌐ *Phallotoxine*. Einige Pilze besitzen eine psychotrope Wirkung und werden als Rauschstoffe (Halluzinogene) eingesetzt. Psychotrop wirken die erwärmten Isoxazole sowie ⌐ *Psilocybin*, Psilocin und weitere Tryptaminderivate aus mexikanischen Pilzen der Gattung *Psilocybe*.

Zu den besonders stark wirkenden Inhaltsstoffen der Gift- und Arzneipflanzen gehören zahlreiche Alkaloide (z.B. ⌐ *Strychnin*, ⌐ *Curare-Alkaloide*) und Glycoside (⌐ *cyanogene Glycoside*, ⌐ *herzwirksame Glycoside*). Ausgesprochene Giftpflanzen sind die Tollkirsche (⌐ *Atropin*), der gefleckte Schierling (⌐ *Coniin*) oder die Herbstzeitlose (⌐ *Colchicin*). Als Cancerogene können ⌐ *Pyrrolizidin-Alkaloide* wirken.

Tierische G. werden von Spinnen (u.a. das Toxin der Schwarzen Witwe, *Latrodectus trecimguttatus*), Insekten (⌐ *Bienengift*, Wespengift), Skorpionen (⌐ *Skorpiongifte*, Serotonin, Polypeptide), Schlangen (⌐ *Schlangengifte*, Polypeptide, die als Neuro- und Cardiotoxine wirken), Amphibien (das ⌐ *Batrachotoxin*, ein Steroidalkaloid des kolumbianischen Pfeilgiftfrosches *Phyllobates aurotaenia*; das ⌐ *Samandarin* des Feuersalamanders *Salamandra salamandra* oder das ⌐ *Bufotenin* der Erdkröte *Bufo bufo*, Histrionicotoxin, ein Piperidinalkaloid des kolumbianischen Frosches *Dendrobates histrionicus*), Fischen (⌐ *Tetrodotoxin*) gebildet. Zahlreiche Gifte von Tieren (z.B. von

Schlangen und Skorpionen) und Pflanzen greifen am Nervensystem an. Diese Neurotoxine reagieren selektiv mit Ionenkanälen, Neurotransmitter-Rezeptoren oder Proteinen der präsynaptischen Neurotransmitter-Ausschüttung und sind deshalb wichtige Werkzeuge der Neurobiochemie. An spannungsabhängigen Natriumkanälen greifen u.a. Tetrodotoxin, Histrionicotoxin, Saxotoxin (heterozyklisches Guanidin aus den *Dinoflagellaten Conyaulax*, die auch in Muscheln vorkommen können), Batrachotoxin, Aconitin, Veratridin (Steroidalkaloid), die Seeanemonentoxine (Polypeptide), Skorpiongifte, ↗ *Pyrethrine*, Brevetoxin an; an spannungsabhängigen Kaliumkanälen Noxiustoxin

(Skorpiongift). Von den Neurotransmitter-Rezeptoren werden Glycin-Rezeptoren durch Strychnin, nicotinartige Acetylcholin-Rezeptoren durch Peptidtoxine aus Schlangen (α-Bungarotoxin aus *Bungarus multicinctus*, Peptidtoxine aus Kobras und Seeschlangen), aber auch durch pflanzliche Alkaloide wie Atropin, Nicotin, Muscarin oder die Curare-Alkaloide als wesentliche Bestandteile der amerikanischen Pfeilgifte (D-Tubocurarin, Calebassen-Curare) blockiert. An der präsynaptischen Neurotransmitter-Freisetzung greifen etliche Proteine, so Schlangentoxine, das Toxin der Spinne Schwarze Witwe oder die Clostridientoxine (Botulinus-, Tetanustoxin) an.

Gifte. Tab. 2. Einige Gifte und ihre Wirkung im Organismus.

Gruppe	Beispiele	Mechanismus, Art der Schädigung	Sofortmaßnahmen, Antidote
1. Gifte, die die Sauerstoffversorgung des Organismus behindern			
Methämoglobin-bildner	*Oxidationsmittel:* Chlorat, Perchlorat, *gekoppelte Oxidation:* Nitrit, Nitrat, nitrose Gase *indirekte Met-Hb-Bildner:* arom. Nitro- u. Aminoverb.	direkte oder indirekte Oxidation des Fe^{2+} im Hämoglobin (Hb) zu Methämoglobin (Met-Hb) „Blausucht", Ersticken	Redoxfarbstoffe (Methylenblau, Thionin)
Hämoglobinblocker	CO	Verdrängung des O_2 von Hb: Kopfschmerz, Übelkeit, Kreislauf-Kollaps, Cheyne-Stokessche Atmung	Frischluft, Beatmung, O_2-Maske
Atemgifte	Cyanid, Sulfid	Blockade der Atmungsenzyme (Cytochrom-Oxidase), Erbrechen, Atemlähmung	Thiosulfat (Entgiftung des CN^- zu CNS^-) evtl. Co-Verb. (Komplexierung des CN^-)
2. Gifte, die zu Proteindenaturierungen führen			
Lungenreizstoffe	Stickstoffoxide, SO_2, Formaldehyd, Diisocyanate, Halogene, Halogenwasserstoffe, Phosgen	Schädigung der Alveolarstrukturen, Lungenödem	Ruhigstellung, Glucocorticoid-Aerosole
starke Säuren und Basen		Zerstörung von Strukturen	Wasserspülungen
Schwermetalle		Bindung an Liganden (SH, OH, NH_2, COOH, Imidazol)	Komplexbildner (Dimercaprol, EDTA, D-Penicillamin). Ni: Dithiocarb. Fe: Deferomaxin
	Pb	chronisch: „Bleiblässe" (Hemmung der Hämoglobin-Synthese), Kolik, Lähmungen, Bleisaum der Gingiva	
	Hg	Gastroenteritis, Stomatitis, Nieren-ZNS-Schädigung	
	As	Bindung an SH-Gruppen, „Kapillargift": Blutdruckabfall, Neuritis	
	Th	Übelkeit, Erbrechen, Polyneuropathie, Haarausfall	
	Ni	Dermatitis, „Nickelkrätze"	

Gifte. Tab. 2. Einige Gifte und ihre Wirkung im Organismus.

Gruppe	Beispiele	Mechanismus, Art der Schädigung	Sofortmaßnahmen, Antidote
	Cd	Gefahr der Akkumulation, Degeneration der Schleimhaut, Nierenschäden, Knochendefekte	

3. Gifte, die an biologischen Membranen angreifen

Gruppe	Beispiele	Mechanismus, Art der Schädigung	Sofortmaßnahmen, Antidote
org. Lösungsmittel	Alkohole; arom., halogenierte Kohlenwasserstoffe	Anreicherung in Lipiddepots, lähmende, erregende Wirkung, organspezif. Schäden (Leber, Niere, Blut)	Giftelimination, Beatmung, künstl. Niere
oberflächenaktive Verb.	Invertseifen, Seifen	Solubilisierung von Proteinen, Zerstörung der Membranstruktur, Hämolyse	Giftentfernung (Magenspülung), Aktivkohle
Nervengifte (Neurotoxine)	Insektizide (Pyrethroide, chlorierte zykl. Kohlenwasserstoffe: DDT, Dieldrin) Pflanzengifte: Nicotin, Coniin, Aconitin, Strychnin, Curare-Alkaloide; Schlangen-, Spinnen-, Bienen-, Skorpiongifte; Gifte von Meeresorganismen (Polyether); Bakterientoxine: Tetanus-, Botulinustoxin	Beeinflussung des transmembranären Ionentransports: Übererregung, Lähmungen	symptomatische Behandlung, Giftentfernung (Magenspülung), Beatmung, bei proteinartigen Giften Antiseren

4. Hemmer der Acetylcholin-Esterase

Gruppe	Beispiele	Mechanismus, Art der Schädigung	Sofortmaßnahmen, Antidote
org. Phosphorsäureester	Parathion, Paraoxon, Dichlorvos, Dimethoat	Erhöhung der Acetylcholin-Konzentration: Miosis, Speichelfluss, Atemstörungen, Blutdrucksenkung, Krämpfe, Atemlähmung	Parasympatholytika: Atropin, bei org. Phosphorsäureestern Oxime (Pralidoxim, Obidoxim)
Carbamate	Physostigmin		

5. Gifte, die an Nucleinsäuren angreifen

Gruppe	Beispiele	Mechanismus, Art der Schädigung	Sofortmaßnahmen, Antidote
Alkylanzien	Loste, Diazomethan, Dimethylsulfat, Pyrrolizidin-Alkaloide, Aflatoxine	Alkylierung von Nucleinsäurebasen, Quervernetzung der Stränge; Loste: genotoxische mutagene, cancerogene, embryotoxische Effekte	Prävention
Krebs-Promotoren	polyhalogenierte arom. Kohlenwasserstoffe: Dioxine (TCDD), polychlor., polybrom. Diphenyle (PCBs, PBBs)	cancerogene, teratogene Wirkungen	Prävention
Gifte der Knollenblätterpilze		Hemmung der Nucleinsäuresynthese	

Vergiftungen beim Menschen treten vor allem in Verbindung mit Suizidversuchen und im Kindesalter auf und betreffen insbesondere Arzneistoffe (Benzodiazepine, Neuroleptika, Analgetika, Betablocker), insektizide Organophosphate, Geschirrspülmittel, Nagellackentferner, Möbelreiniger, Petroleum und organische Lösungsmittel.

Die Notfalltherapie wird heute möglichst kausal durchgeführt, wobei spezifisch nach Giftgruppen (Nr. 1–24) therapiert wird. Solche Giftgruppen sind u.a. Ätzmittel, Reizstoffe, Metalle, Tenside sowie Anticholinergika, Krampfgifte, Methämoglobinbildner, Herzgifte, Nierengifte, Nervengifte, Lebergifte, blutbildschädigende, fruchtschädigende, erbgutverändernde, krebserzeugende oder sensibilisierende Stoffe. Für einige Gifte stehen spezifische Antidote zur Verfügung, so Chelatbildner (z.B. Dimercaprol, Ethylendiamintetraacetat, D-Penicillamin) bei Schwermetallvergiftungen oder Atropin und Oxime (Pralidoxim, Obidoxim) bei Vergiftungen durch Phosphorsäureester. Bei Vergiftungen durch Cyanide werden

4-Dimethylaminopyridin (DMAP) und Thiosulfat gegeben.

GIP, Abk. für ↗ *gastrininhibierendes Polypeptid*.

Gitogenin, ↗ *Giton*.

Giton, ein Steroidsaponin, M_r 1.051,21 Da, F. 272 °C, $[\alpha]_D$ –51° (Pyridin). Das Aglycon ist Gitogenin, (25R)-Spirostan-2α,3β-diol, M_r 432,62 Da, F. 272–275 °C (Zers.), $[\alpha]_D^{20}$ –70° (c = 1,02 in CHCl$_3$). Die Zuckerkette besteht aus zwei Galactose-, einer Glucose- und einer Xyloseeinheit. Gitogenin unterscheidet sich von Digitogenin (↗ *Digitonin*) durch die fehlende 15β-Hydroxylgruppe. G. wurde aus rotem Fingerhut (*Digitalis purpurea*) und *Digitalis germanicum* isoliert, freies Gitogenin auch aus Agaven- und Yuccaarten.

Gitoxigenin, ↗ *Digitalisglycoside*.

Gitoxin, ↗ *Digitalisglycoside*.

Gla, Abk. für *L-4-Carboxyglutaminsäure*, ↗ *γ-Carboxyglutaminsäure*.

Glabren, ↗ *Isoflav-3-en*.

glandotrope Hormone, *Gewebshormone*, ↗ *Hormone*.

glanduläre Hormone, *Gewebshormone*, ↗ *Hormone*.

Glc, Abk. für ↗ *D-Glucose*.

GLC, Abk. für engl. *gas liquid chromatography*, *Gas-Flüssigkeit-Chromatographie*, *Gas-Verteilungschromatographie*, ↗ *Chromatographie*, ↗ *Gaschromatographie*.

GLDH, Abk. für ↗ *Glutamat-Dehydrogenase*.

Gliadin, ein zu den Prolaminen zählendes Protein aus Weizen (M_r 27,5 kDa) und Roggen. Das besonders glutaminreiche Protein bildet zusammen mit den Glutelinen den Kleber (Gluten).

Glicentin, R^{1}SLQNTEEKS^{10}RSFPAPQTDP^{20}LDDPDQMTED^{30}KRHSQGTFTS^{40}DYSKYLDSRR^{50}AQDFVQWLMN^{60}TKRNKNNIA, ein aus dem Schweineintestinaltrakt isoliertes 69 AS-Peptid. Es wird bei der posttranslationellen Prozessierung aus Pro-Glucagon gebildet. Die Sequenz 33–69 entspricht der des ↗ *Oxyntomodulins*.

Gln, Abk. für ↗ *L-Glutamin*.

Globin, die Proteinkomponente des Hämoglobins und Myoglobins.

Globoidzellen-Leucodystrophie, ↗ *Krabbesche Krankheit*.

Globosid, ↗ *lysosomale Speicherkrankheiten* (Abb.).

Globuline, in reinem Wasser unlösliche bzw. nur wenig lösliche, dagegen in verdünnten Neutralsalzlösungen gut lösliche höhermolekulare Proteine, die mit halbgesättigter Ammoniumsulfatlösung wieder ausgefällt werden. Sie besitzen eine kugelförmige (globuläre) Gestalt. Man findet G. in den meisten Zellen, in Milch, Eiern, Blut, Pflanzensamen u.a. Die aus Blutplasma gewonnenen Serum-G. haben M_r zwischen 44 kDa und 20.000 kDa. Nach der elek-

trophoretischen Beweglichkeit werden die Serum-G. in α-, β- und γ-G. (↗ *Immunglobuline*) eingeteilt, wobei eine noch weitere Untergliederung möglich ist.

Glomerin, ein Chinazolin aus dem Wehrsekret des Saftkuglers (*Glomeris marginata*) (Abb., F. 204 °C). Das Sekret enthält auch Homoglomerin (F. 149 °C). Diese beiden Chinazoline können als tierische Alkaloide betrachtet werden.

Glomerin. Glomerin (R = C$_2$H$_5$) und Homoglomerin (R = CH$_3$).

GLP, 1) Abk. für engl. *good laboratory practice*, ↗ *Gute Laborpraxis*.

2) Abk. für engl. *glucagon-like peptides*, ↗ *Glucagon-ähnliche Peptide*.

Glp, empfohlene Abk. für ↗ *Pyroglutaminsäure*.

Glu, Abk. für ↗ *L-Glutaminsäure*.

<Glu, empfohlene Abk. für ↗ *Pyroglutaminsäure*.

□Glu, empfohlene Abk. für ↗ *Pyroglutaminsäure*.

Glucagon, H-His^1-Ser-Gln-Gly-Thr^5-Phe-Thr-Ser-Asp-Tyr^{10}-Ser-Lys-Tyr-Leu-Asp^{15}-Ser-Arg-Arg-Ala-Gln^{20}-Asp-Phe-Val-Gln-Trp^{25}-Leu-Met-Asn-Thr-OH, ein 29 AS-Peptidhormon mit blutzuckererhöhender Wirkung (M_r 3,485 kDa). Es gehört zur Glucagon-Secretin-VIP-Familie. Die A-Zellen der Langerhansschen Inseln produzieren das Pro-Glucagon, aus dem bei der Prozessierung G. (Pro-Glucagon 33–61), *GRPP* (engl. *glicentin-related pancreatic peptide*, Pro-Glucagon 1–30), und *MPGF* (engl. *major pancreatic proglucagon fragment*, Proglucagon 72–158) gebildet werden. MPGF enthält die Sequenzen der ↗ *Glucagon-ähnlichen Peptide I* und *II* (*GLP-I, GLP-II*) sowie des *intervenierenden Peptids-2* (*IP-2*). Wie Adrenalin ist G. ein Antagonist des ↗ *Insulins*. Blutzuckerabfall ist der physiologische Reiz für die Bildung von G. Es stimuliert sowohl die Glycogenolyse als auch die Gluconeogenese und wirkt weiterhin lipolytisch.

Mit Hilfe des Radioimmunassays kann Glucagon im Blutserum nachgewiesen werden (in der Größenordnung von pg/ml). Therapeutisch wird G. bei hypoglycämischen Krankheitsbildern (Insulinüberdosierung bzw. Hyperinsulinismus) oder bei Glycogenspeicherkrankheiten eingesetzt. Wegen der spasmolytischen Wirkung findet G. Anwendung beim Röntgen und der Endoskopie des Intestinaltraktes und auch bei der Computertomographie von Pankreas, Leber und Niere. Durch Modifizierungen im N-terminalen Sequenzbereich wurde mit dem [Des-His^1, Des-Phe^6, Glu^9]Glucagon ein effizienter Antagonist synthetisiert.

Glucagon-ähnliche Peptide, GLP (engl. *glucagon-like peptides*), zur Glucagon-Secretin-VIP-Familie gehörende Peptidhormone des Intestinaltraktes. Durch gewebespezifische Prozessierung im Darm werden aus dem in den pankreatischen A-Zellen produzierten Proglucagon GLP-I (Pro-Glucagon 78–107) und GLP-II (Pro-Glucagon 126–158) neben ↗ *Glicentin*, ↗ *Oxyntomodulin*, GRPP und dem *intervenierenden Peptid-2* (Pro-Glucagon 111–122) gebildet. *GLP-I* zeigt eine starke insulinfreisetzende Aktivität und ist nach GIP der zweite Vertreter der ↗ *Inkretine*. Bereits die Abspaltung des N-terminalen Histidinrests führt zu einem nahezu vollständigen Verlust der insulinsekretorischen Wirkung. Durch die Bindung an spezifische pankreatische B-Zellen-Rezeptoren stimuliert GLP-I die cAMP-Produktion und induziert synergistisch mit Glucose die Insulinsekretion. [H.-C. Fehmann et al. *Endocrine Rev.* **16** (1995) 390]

Glucagon-Secretin-VIP-Familie, eine Gruppe von Peptiden mit signifikanten Sequenzhomologien, die im Intestinaltrakt, Pankreas und Gehirn vorkommen, aber auch in Giften von Eidechsen gefunden wurden. Zur G. gehören ↗ *Glucagon*, ↗ *Secretin*, das ↗ *vasoaktive Intestinalpolypeptid* (VIP), das ↗ *gastrininhibierende Polypeptid* (GIP), die ↗ *Glucagon-ähnlichen Peptide* I und II, ↗ *Oxyntomodulin*, das ↗ *Hypophysen-Adenylat-Cyclase-aktivierende Polypeptid* (engl. *pituitary adenylate cyclase activating polypeptid*, PACAP), die Helospectine I und II und das ↗ *Helodermin* aus den Giften von *Heloderma horridum* bzw. *Heloderma suspectum* sowie die ↗ *Exendine*.

Glucane, weit verbreitete, aus D-Glucose aufgebaute lineare oder verzweigte hochmolekulare Homopolysaccharide. Die Verknüpfung der Glucoseeinheiten kann α-(1→4)-glycosidisch (α-G., Amylose) oder β-(1→4)-glycosidisch (β-G., Cellulose) sein. Zu den verzweigten G. gehören u.a. Amylopectin (↗ *Stärke*), Dextran und Laminarin. Zu den G. zählen auch einige Exopolysaccharide (z.B. Pullulan).

D-Glucitol, *D-Sorbit*, *Sorbitol*, ein Alditol mit gluco-Konfiguration (Abb.). M_r 182,17 Da, F. 97 °C, $[\alpha]_D^{20}$ –2° (Wasser). Es kommt natürlich in vielen Früchten, vor allem denen der *Rosaceen*, vor. In den Früchten der Eberesche (*Sorbus aucuparia*) ist es zu 5–10 % enthalten. D-G. wird im Organismus in Fructose umgewandelt. Deshalb und wegen seines süßen Geschmacks verwendet man es als Diabetikerzucker (↗ *Süßungsmittel*). D-G. dient ferner in der pharmazeutischen Technologie als Feuchthaltemittel und wird vielseitig in der Lebens-

mittelindustrie, z.B. als Feucht- und Frischhaltemittel, eingesetzt. Es ist Ausgangsprodukt der biotechnologischen Gewinnung von ↗ *Ascorbinsäure* (Vitamin C). Medizinisch wird D-G. wegen seiner diuretischen Wirkung verwendet.

D-Glucitol

Die Darstellung erfolgt durch katalytische oder elektrochemische Reduktion der konfigurativ mit D-Sorbit verwandten Hexosen D-Glucose, D-Fructose oder L-Sorbose. Von technischer Bedeutung ist die katalytische Hydrierung von D-Glucose.

Erhitzen von D-G. in Gegenwart saurer Katalysatoren führt unter intramolekularer Wasserabspaltung zu inneren Ethern, von denen das *1,4-Sorbitan* bei teilweiser Veresterung mit Fettsäuren und Umsetzung mit Ethylenoxid Lösungsvermittler und Emulgatoren ergibt.

Glucocorticoide, ↗ *Nebennierenrindenhormone*.

Glucocorticoid-Rezeptor, ein im Cytoplasma gelöster Rezeptor, der spezifisch die in der Nebennierenrinde gebildeten Glucocorticoide bindet. Der G. enthält drei funktionelle Domänen. Am N-Terminus befindet sich eine nichtkonservierte Domäne, die den G. ermöglicht, mit anderen Regulatormolekülen der Transcription in Wechselwirkung zu treten. Daran schließt sich eine konservierte DNA-Bindungsdomäne aus 66 Aminosäurebausteinen, gefolgt von einer Hormonbindungsdomäne aus 240 Aminosäureresten, an. Die Funktion der hormonbindenden Domäne in einem intakten Rezeptor besteht darin, in Abwesenheit des Hormons die DNA-bindende Domäne so zu blockieren, dass sie mit der DNA nicht in Wechselwirkung treten kann. Bei Aktivierung des Rezeptors bindet dieser an spezifische DNA-Sequenzen, die Hormonantwortelemente (*hormon response elements*; HRE) genannt werden. Die HRE regulieren die Expression nahegelegener Gene. Die HREs für Steroidrezeptoren sind Palindrome, die aus einem Sequenzpaar von je 6 bp bestehen und durch einen Spacer aus 3 bp getrennt werden. Das Glucocorticoid-*Response-Element* (Abb.) und das des Östrogenrezeptors unterscheiden sich in der Sequenz, so dass die entsprechenden DNA-bindenden Domänen zwischen diesen HREs differenzieren können. Aus Röntgenkristalldaten geht hervor, dass bei der Bindung der DNA-bindenden Domäne des G. an das palindrome Ant-

5'−N A G A A C A N N N TG T T C T N−3'

3'−N T C T T G T N N N A C A A G A N−5'

Glucocorticoid-*response element*
(GRE)

Glucocorticoid-Rezeptor. Palindromische Ziel-DNA-Sequenz für den Glucocorticoidrezeptor.

wortelement der DNA die Domäne dimerisiert. Dabei entspricht die Symmetrie des gebildeten Dimers der ihrer Ziel-DNA. In jeder Proteinuntereinheit befinden sich zwei Zinkcluster, in denen je ein Zn^{2+} tetraedrisch durch vier Cysteinsulfhydryl-Gruppen chelatisiert ist. Die Konformation dieser DNA-bindenden Domäne unterscheidet sich von jener der ⌐ *Zinkfinger*. Im Gegensatz zu den länglichen Zinkfingern hat sie eine kugelförmige Gestalt. Während die zwei Untereinheiten eines Steroidrezeptors die gleiche DNA-Sequenz erkennen, agieren einander benachbarte Zinkfinger unabhängig voneinander und können ganz unterschiedliche DNA-Sequenzen erkennen. Durch eine Aufweitung der großen DNA-Furche um 0,2 nm wird die Bindung begünstigt, so dass jeweils eine Erkennungshelix jeder Domäne des Dimers genau eingepasst werden kann.

Glucokinase, ⌐ *Kinasen.*

Glucomannane, ⌐ *Mannnane,* ⌐ *Hemicellulosen.*

Gluconeogenese, *Glucoseneusynthese,* die Bildung von Glucose aus Nichtkohlenhydratvorstufen. Die G. ist ein universeller anaboler Stoffwechselweg bei allen Tieren, Pflanzen, Pilzen und Mikroorganismen. Bei Tieren sind die wichtigsten Vorstufen Lactat, Pyruvat, Glycerin und der größte Teil der Aminosäuren. Die G. ist bei höheren Tieren in der Leber und in wesentlich geringerem Umfang in der Nierenrinde lokalisiert und liefert Glucose für den Bedarf in Gehirn, Muskeln und roten Blutkörperchen. Der anabole Weg von Pyruvat bis zur Glucose ist praktisch der umgekehrte Stoffwechselweg der ⌐ *Glycolyse,* an dem sieben reversibel wirkende Enzyme beteiligt sind und drei praktisch irreversible Schritte der Glycolyse durch andere Enzyme katalysiert werden müssen. Es handelt sich dabei um a) die Umwandlung von Pyruvat in Phosphoenolpyruvat über Oxalacetat unter Beteiligung der Pyruvat-Carboxylase, Malat-Dehydrogenase

(Malat-DH) und Phosphoenolpyruvat-Carboxykinase (EC 4.1.1.49), b) die Dephosphorylierung von Fructose-1,6-diphosphat durch die Fructose-1,6-diphosphatase (EC 3.1.3.11) und c) die Dephosphorylierung von Glucose-6-phosphat durch die Glucose-6-phosphat-Phosphatase (EC 3.1.3.9; Abb. 1). Aus der Gesamtgleichung der G. vom Pyruvat bis zur Glucose:

2 Pyruvat + 4 ATP + 2 GTP + 2 NADH + 4 H_2O →

Glucose + 4 ADP + 2 GDP + 6 P_i + 2 NAD$^+$ + 2 H$^+$

wird deutlich, dass für jedes gebildete Molekül Glucose sechs energiereiche Phosphatgruppen erforderlich sind.

Glycolyse und G. werden getrennt und reziprok reguliert. Dadurch wird vermieden, dass unter normalen Umständen ein Leerlaufzyklus (engl. *futile cycle*) abläuft, in dem die Energie der ATP-Hydrolyse in Wärme überführt wird. Die erste Regulationsstelle ist der Pyruvat-Dehydrogenase-Komplex (Glycolyse) und die Pyruvat-Carboxylase (Abb. 2). Die Aktivität des erstgenannten Enzyms wird durch Acetyl-CoA inhibiert, die des zweitgenannten stimuliert. Der zweite Regulationspunkt ist die Fructose-1,6-diphosphatase des Gluconeogenesepfads, die durch AMP stark inhibiert wird, und die Phosphofructokinase der Glycolyse, die durch AMP und ADP stimuliert, durch Citrat und ATP inhibiert wird. Ein Überschuss an Acetyl-CoA und / oder ATP in der Zelle fördert so die Biosynthese von Glucose aus Pyruvat und deren Speicherung als Glycogen.

Die G. kann vom Kohlenstoffgerüst jeder Aminosäure ausgehen, die in eine C4-Carbonsäure überführt werden kann (glucoplastische Aminosäuren), d.h. in eine der Zwischenstufen des ⌐ *Tricarbonsäure-Zyklus,* die in Oxalacetat umgewandelt werden können.

Die G. in der Leber wird durch ⌐ *Glucagon* und ⌐ *Adrenalin* gefördert, deren Wirkungen durch cAMP vermittelt werden. Wenn der Organismus fastet, werden Glucocorticoide (z.B. Cortisol) aus den Nebennierenrinden freigesetzt. Diese induzieren in der Leber die Synthese der Enzyme der G. Die Glucocorticoide machen die Zellen anscheinend auch empfindlicher gegenüber cAMP und damit gegenüber Glucagon. Als Folge tritt bei fastenden Tieren eine erhöhte G. aus Aminosäuren ein.

a) Pyruvat + HCO$_3^-$ + ATP $\xrightarrow{\text{Pyruvat-Carboxylase}}$ Oxalacetat + ADP + P$_i$ + H$^+$

 Oxalacetat + NADH + H$^+$ $\xrightarrow{\text{mitoch. Malat-DH}}$ L-Malat + NAD$^+$

 L-Malat + NAD$^+$ $\xrightarrow{\text{cytosol. Malat-DM}}$ Oxalacetat + NADH + H$^+$

 Oxalacetat + GTP $\xrightarrow[\text{Carboxykinase}]{\text{Phosphoenolpyruvat-}}$ Phosphoenolpyruvat + CO$_2$ + GDP

b) Fructose-1,6-diphosphat + H$_2$O $\xrightarrow[\text{diphosphatase}]{\text{Fructose-1,6-}}$ Fructose-6-phosphat + P$_i$

c) Glucose-6-phosphat + H$_2$O $\xrightarrow[\text{phosphatase}]{\text{Glucose-6-}}$ Glucose + P$_i$

Gluconeogenese. Abb. 1. Reaktionsschema.

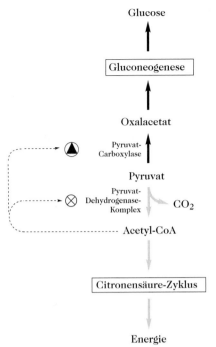

Glucose

↑

Gluconeogenese

↑

Oxalacetat

Pyruvat-
Carboxylase ↑

Pyruvat

Pyruvat-
⊗ Dehydrogenase-
Komplex CO_2

Acetyl-CoA

Citronensäure-Zyklus

↓

Energie

Gluconeogenese. Abb. 2. Die Verwertung von Pyruvat: entweder Umwandlung in Glucose und Glycogen durch Gluconeogenese oder Oxidation zu Acetyl-CoA und Energiegewinnung. Jeweils die ersten Enzyme der beiden Pfade werden durch Acetyl-CoA reziprok reguliert. [aus: A.L. Lehninger, D.L. Nelson u. M.M. Cox *Prinzipien der Biochemie*, Spektrum Akademischer Verlag, Heidelberg, 1994, 699]

glucoplastische Aminosäuren, Aminosäuren, deren Abbauprodukte zur ↗ *Gluconeogenese* beitragen können. ↗ *Aminosäuren*.

Glucoproscillaridin A, Syn. für ↗ *Scillaren A*.

Glucopyranosylnucleinsäuren, *GNA*, Strukturbestandteile von ↗ *Peptidnucleinsäuren* und Hexose-DNA enthaltende Verbindungen. Die GNA bieten einen neuen Ansatz in der Antisense-Therapie. [R.A. Goodnow Jr. et al. *Tetrahedron Lett.* **38** (1997) 3.199]

Glucosamin, *2-Amino-2-desoxyglucose*, *Chitosamin* (Abb.), ein weitverbreiteter Aminozucker; M_r 179,17 Da, α-Form: F. 88 °C, $[\alpha]_D^{20}$ 100° → 7,5° nach 30 Minuten (Wasser); β-Form: F. 110 °C (Zers.), $[\alpha]_D^{20}$ 28° → 47,5° nach 30 Minuten (Wasser). G. kommt in Chitin, in Mucopolysacchariden wie Heparin, Chondroitin- und Mucoitinsulfat, sowie in

CH₂OH

H   O   OH
  H
  OH   H
HO   H
  H   NH₂

β-Glucosamin

Blutgruppensubstanzen und anderen komplex gebauten Polysacchariden vor. In den meisten Fällen liegt es in *N*-acetylierter Form vor.

Glucosaminglycane, ↗ *Proteoglycane*.

D-Glucose, *Glc*, *Traubenzucker*, *Dextrose*, das am meisten verbreitete Monosaccharid: eine Aldohexose, die der Galactose stereoisomer ist. M_r 180,16 Da, α-Form: F. 146 °C, $[\alpha]_D$ 112,1° → 52,7° (c = 10 in Wasser); β-Form: F. 148–155 °C, $[\alpha]_D$ 18,7° → 52,7° (c = 10 in Wasser); Abb. Die stabilste Konfiguration für die Pyranose ist die Sesselform, in der alle Hydroxylgruppen der β-Form äquatorial angeordnet sind (↗ *Kohlenhydrate, Abb. 4*). In der α-Form sind die beiden anomeren Hydroxylgruppen am C-Atom 1 und 2 dagegen *cis*-ständig. D-G. kristallisiert aus Wasser oder heißem Ethanol als α-D-Glucopyranose, je nach den Bedingungen als Monohydrat, F. 83 °C, oder wasserfrei. β-D-Glucopyranose kann aus heißen Wasser-Ethanol-Mischungen oder Pyridin erhalten werden. Die handelsübliche G. ist die α-D-Glucopyranose, ein weißes, kristallines Pulver, leicht löslich in Wasser, sehr schwer löslich in Ethanol.

CH₂OH   CH₂OH

H   O   H   H   O   OH
  H   H
  OH   H   OH   H
HO   OH   HO   H

H   OH   H   OH

α-D-Glucose   β-D-Glucose

D-Glucose

Im Gleichgewicht sind 64 % β- und 36 % α-Pyranose enthalten. Der Anfangswert in Wasser beträgt beim α-Anomer +112,2°, beim β-Anomer +18,7°. D-G. schmeckt weniger süß als Saccharose.

D-G. ist verschiedenen anaeroben und aeroben Gärungen zugänglich, z.B. der alkoholischen Gärung, Milchsäure-, Essigsäure- oder Citronensäuregärung. D-G. ist als zentraler Bestandteil des Kohlenhydratstoffwechsels in der Natur weit verbreitet. In freier Form findet sich D-G. in Früchten, im Honig sowie zu etwa 0,1 % im Blut (Blutzucker). Dieser Blutzucker wird durch die Hormone ↗ *Insulin* und ↗ *Glucagon* reguliert. Ein erhöhter Blutzuckerspiegel tritt bei der nicht behandelten Zuckerkrankheit (↗ *Diabetes mellitus*) auf. Ein stark erniedrigter Blutzuckerwert (*Hypoglykämie*) führt zum Schock. Es gibt standardisierte Vorschriften zum Nachweis von D-G. im Harn (Biophan-G-Teststreifen, Benedict-Methode) und im Blut (Glucose-Oxidase-, *o*-Toluidin-, Hexacyanoferrat(III)-Methode).

Im tierischen und pflanzlichen Stoffwechsel sind vor allem die Phosphorsäureester der D-G. als Intermediärprodukte außerordentlich bedeutend.

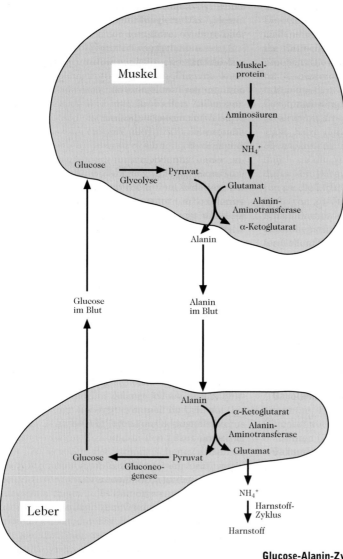

Glucose-Alanin-Zyklus

Die durch Adenosindiphosphat aktivierte Form der D-G., die *ADP-D-G.*, spielt bei der Stärkesynthese in Pflanzen eine Rolle. UDP-Glucose ist der D-G.-Donor bei der Synthese vieler Saccharide (↗ *Nucleosiddiphosphatzucker*). Zu den aus D-G. aufgebauten Polysacchariden, den Glucanen, gehören z.B. die stärkeähnlichen Reservepolysaccharide ↗ *Amylose*, ↗ *Amylopektin* und ↗ *Glycogen*, das Gerüstpolysaccharid ↗ *Cellulose* sowie die von Bakterien produzierten ↗ *Dextrane*.

D-G. wird durch Hydrolyse von Stärke mit etwa 0,3 % Säure bei etwa 120 °C im Autoklaven gewonnen. Nach dem Abkühlen wird mit Aktivkohle entfärbt und eingedickt. Beim Abkühlen kristallisiert aus dem Sirup nach dem Animpfen eine noch unreine G. aus, die durch Raffination gereinigt wird.

Zunehmende Bedeutung gewinnt die biotechnologische Herstellung von D-G. durch enzymatische Stärkehydrolyse mit α-Amylase und Glucoamylase. D-G. kann auch aus der Cellulose des Holzes gewonnen werden (Holzverzuckerung).

Verwendung. D-G. wird bei der intravenösen Ernährung zur schnellen Energiezufuhr medizinisch eingesetzt. Sie dient, meist in Form der Hydrolyseprodukte von Polysacchariden, in großem Maßstab als Ausgangsprodukt für biotechnologische und chem. Synthesen, z.B. alkoholische Gärung, Ascorbinsäure- oder Glucitolsynthese.

glucoseabhängiges insulinfreisetzendes-Hormon, Syn. für ↗ *gastrininhibierendes Polypeptid*.

Glucose-Alanin-Zyklus, ein wichtiger reversibler Stoffwechselweg bei Tieren zwischen Muskel und

Leber, bei dem Alanin als Carrier für den Transport von Aminogruppen sowie für das C-Skelett des Pyruvats aus dem Muskel in die Leber fungiert. Die aus Pyruvat durch ↗ *Gluconeogenese* in der Leber gebildete Glucose wird wieder in den Muskel zurücktransportiert (Abb.). Im Muskel und auch in bestimmten anderen Organen werden Aminosäuren zur Energiegewinnung abgebaut, wobei die Aminogruppen durch ↗ *Transaminierung* in Form von Glutamat akkumuliert werden. Letzteres kann zum Transport in die Leber in Glutamin umgewandelt werden, oder es überträgt im G. unter der Katalyse der Alanin-Aminotransferase seine Aminogruppe auf Pyruvat, das durch Muskelarbeit in großen Mengen gebildet wird. Das gebildete Alanin trägt bei pH 7 keine Ladung und wird als nichttoxischer Carrier über die Blutbahn zur Leber transportiert, wo es durch Transaminierung wieder in Pyruvat überführt wird und über die Gluconeogenese Glucose bildet, während NH_4^+-Ionen in den ↗ *Harnstoff-Zyklus* einfließen.

Glucose-Carrier, ↗ *Glucosetransporter.*

Glucose-1,6-diphosphat, ein Derivat der Glucose, bei dem die OH-Gruppen an den C-Atomen 1 und 6 mit Phosphorsäure verestert sind. G. stellt ein wichtiges Intermediat der ↗ *Glycolyse* dar. Seine Synthese erfolgt 1) in Hefen, Pflanzen und Muskeln folgendermaßen:

Glucose-1-phosphat + ATP $\xrightarrow{Mg^{2+}}$

Glucose-1,6-diphosphat + ADP;

2) in *Escherichia coli* und Muskeln: 2 Glucose-1-phosphat ⇄ Glucose-1,6-diphosphat + Glucose.

G. ist das Cosubstrat der Phosphoglucomutase (EC 2.7.5.1), die die gegenseitige Umwandlung von Glucose-1- in Glucose-6-phosphat katalysiert (Abb.).

Glucoseneusynthese, ↗ *Gluconeogenese.*

Glucose-Oxidase (EC 1.1.3.4), ein in Schimmelpilzen (z.B. *Penicillium notatum, Aspergillus niger*), Bakterien (*Acetobacter* und *Pseudomonas* sp. u.a.), Pflanzen (z.B. Rotalgen) sowie in tierischen Organen vorkommendes Flavinenzym, das spezifisch β-D-Glucose in Gegenwart von Sauerstoff zu Gluconolacton und Wasserstoffperoxid oxidiert:

β-D-Glucose + O_2 →
D-Glucono-D-lacton + H_2O_2.

Aus dem Lacton entsteht spontan oder enzymatisch (Gluconolactonase) Gluconsäure (↗ *Aldonsäure*). Die G. aus *Aspergillus* ist ein dimeres, aus identischen Untereinheiten bestehendes Flavoglycoprotein (16 % Kohlenhydrat; M_r 160 kDa; 2 FAD/mol, pH-Optimum 5,0–7,0) mit hoher Spezifität gegenüber Glucose, das durch *p*-Chlormercuribenzoat gehemmt wird. Die G. wirkt durch die Bildung von Wasserstoffperoxid bakterizid und wurde deshalb früher als Antibiotikum verwendet.

Die G. findet vorzugsweise Anwendung in der Lebensmittelindustrie, wo sie aufgrund der katalytischen Wirkung zur Sauerstoffentfernung und zur Farb- und Geschmackserhaltung eingesetzt wird. Außerdem findet sie (auch als ↗ *Enzymelektrode*) Anwendung in der klinisch-chemischen Diagnostik bei der enzymatischen Blutzuckerbestimmung.

Glucose-1-phosphat, *Cori-Ester,* ein Derivat der Glucose, bei dem die OH-Gruppe am C-Atom 1 mit Phosphorsäure verestert ist. G. ist Produkt der Phosphorolyse des ↗ *Glycogens* und der ↗ *Stärke.* Es wird durch Phosphoglucomutase (EC 2.7.5.1) in Glucose-6-phosphat umgewandelt.

Glucose-6-phosphat, *Robinson-Ester,* ein Zwischenprodukt des ↗ *Kohlenhydratstoffwechsels,* das Schlüsselfunktion besitzt.

Glucose-6-Phosphatase, ein nur in der Leber vorkommendes Enzym, das Glucose-6-phosphat (Glc-6-P) in Orthophosphat (P_i) und Glucose spaltet. Durch diese Reaktion wird bei niedrigem Blutglucosespiegel das letztendlich aus dem ↗ *Glycogen* durch Glycogenolyse (↗ *Glycogenstoffwechsel*) bzw. durch ↗ *Gluconeogenese* gebildete Glucose-6-phosphat hydrolytisch gespalten. Die freie Glucose wird in den Blutstrom ausgeschüttet, um zu den Geweben zu gelangen, die Glucose als Brennstoff benötigen. Die Mg^{2+}-abhängige, membrangebundene G. ist im endoplasmatischen Reticulum der Leberzellen lokalisiert. Das zu spaltende Glucose-6-phosphat (Glc-6-P) wird in das Lumen des ER transportiert (T_1), wo G. in Anwesenheit eines assoziierten Ca^{2+}-bindenden Stabilisatorproteins

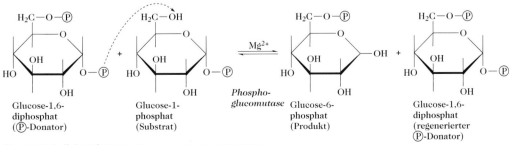

Glucose-1,6-diphosphat. Die Phosphoglucomutase-Reaktion.

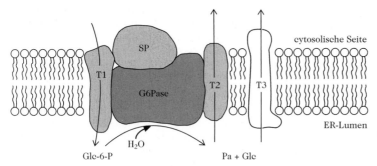

Glucose-6-Phosphatase. Hydrolytische Spaltung von Glucose-6-phosphat (Glc-6-P) durch Glucose-6-Phosphatase (G6Pase) im Lumen des endoplasmatischen Reticulums (ER).

(SP) die Reaktion katalysiert (Abb.). Glucose und P_i werden durch die Transporter T_2 bzw. T_3 wieder in das Cytosol zurücktransportiert Die G. fehlt in Muskeln und Gehirn, so dass in diesen Organen auf diesem Wege keine freie Glucose gebildet werden kann.

Glucose-6-phosphat-Dehydrogenase, *GPDH*, *Zwischenferment*, (EC 1.1.1.49), das Schlüsselenzym des ↗ *Pentosephosphat-Zyklus*, das im Tier- und Pflanzenreich weit verbreitet ist. Für die G.-D. ist eine Bildung des aktiven Enzyms aus präformierten, inaktiven Vorstufen nachgewiesen. GPDH ist ein tetrameres Enzym mit M_r von 206 kDa (in *Neurospora*) bis 240 kDa (in Erythrocyten), dessen Halbmoleküle durch das Coenzym NADP zusammengehalten werden. Von der menschlichen Erythrocyten-GPDH sind 50 genetische Varianten bekannt, darunter eine erbliche defekte Form. Letztere führt nach Genuss bestimmter Leguminosen, z. B. von Saubohnen, dem Einatmen von Bohnenblütenstaub oder nach Einnahme vieler Medikamente zu einer schweren hämolytischen Anämie, dem Favismus (Bohnenkrankheit), der besonders im Mittelmeerraum, Asien und Amerika verbreitet ist.

Glucosephosphat-Isomerase, *Phosphohexoisomerase*, *Phosphoglucoisomerase*, ein in vielen Mikroorganismen vorkommendes Enzym, das die reversible Isomerisierung der Aldose Glucose-6-phosphat in die Ketose Fructose-6-phosphat katalysiert (Abb.). Technische Anwendung findet vor allem G. aus *Streptomyces*-Arten, und zwar wird sie in immobilisierter Form zur partiellen Isomerisierung des bei der Stärkehydrolyse durch α-Amylase und Glucoamylase anfallenden Glucosesirups eingesetzt. Die resultierende Mischung hat eine Zusammensetzung von 42 % Fructose, 50 % Glucose und 8 % anderen Zuckern und weist wegen des hohen Gehalts an Fructose eine größere Süßkraft als Saccharose auf.

Glucosetoleranz-Faktor, *GTF*, ein Komplex aus ↗ *Chrom* und weiteren Faktoren, dessen Zusammensetzung und Struktur nicht vollständig bekannt ist. Der Komplex hat eine insulinpotenzierende Wirkung, die auf dem in einer bestimmten chemischen Form vorliegenden Chrom-Anteil beruht. Der G. kommt u. a. in Bierhefe, Leber und Pilzen vor. Es werden auch synthetische G.-aktive Präparate entwickelt und für die Prävention von Störungen des Kohlenhydratstoffwechsels erprobt.

Glucosetoleranz-Test, Messung der Fähigkeit des Körpers zur Verwertung einer bestimmten Menge Glucose innerhalb einer determinierten Zeitspanne. Die Kontrolle erfolgt durch Verfolgen des Verlaufs der Blutzuckerkurve nach oraler Glucosebelastung. In der Regel trinkt der Patient im nüchternen Zustand 100 g Glucose in einem Glas Wasser. In Abständen von jeweils 30 min wird der Blutglucosespiegel mehrere Stunden lang gemessen. Während ein Gesunder die Glucoseaufnahme schnell ausgleicht (Anstieg des Blutglucosespiegels maximal auf 9–10 $mmol \cdot l^{-1}$), steigt bei Diabetikern der Blutglucosespiegel weit über den Schwellenwert der Nieren, der bei etwa 10 $mmol \cdot l^{-1}$ liegt.

Glucosetransporter, *Glucose-Carrier*, Transportsysteme für Glucose. Die meisten tierischen Zellen nehmen Glucose durch passiven ↗ *Transport* mit Hilfe von G. aus der extrazellulären Flüssigkeit auf, da dort im Vergleich zum Cytosol die Glucose in hoher Konzentration vorliegt. Diese G. fungieren als Uniporter, da sie mit der Glucose Moleküle eines Typs mit einer durch die Größen V_{max} und K_M determinierten Geschwindigkeit von einer Seite der Membran auf die andere transportieren. Die G. gehören zu einer Familie homologer Proteine, die durch 12 membrandurchspannende α-Helices ge-

Glucose-6-phosphat →[Glucosephosphat-Isomerase]← Fructose-6-phosphat

Glucosephosphat-Isomerase

kennzeichnet sind. Der G. in Erythrocyten ist ein Glycoprotein (M_r 55 kDa) bestehend aus vier Hauptdomänen. Ein Bündel von 12 membrandurchspannenden α-Helices bildet einen hydrophoben Zylinder, umgeben von einem hydrophilen Kanal, durch den Glucose transportiert wird. Zwischen den Helices 6 und 7 ist eine große Domäne mit einer Häufung geladener Aminosäurebausteine lokalisiert. Eine kleinere, Kohlenhydrat-tragende externe Domäne befindet sich zwischen den Helices 1 und 2, während der C-Terminus eine relativ große cytoplasmatische Domäne bildet. Die Glucosebindungsorte an den beiden Seiten der Erythrocytenmembran besitzen unterschiedliche Konformationen. Im Zustand der Aufnahme sind die Bindungsstellen für die Glucose auf der Außenseite der Doppelschicht zugänglich. Nach dem Durchtritt durch die Pore verursacht eine Konformationsänderung die Öffnung nach innen und damit eine Dissoziation des Glucosemoleküls. Der Erythrocyten-G., als *GLUT1* bezeichnet, besitzt eine hochkonservierte Aminosäuresequenz. Die Sequenzübereinstimmung zwischen dem G. des Menschen und der Ratte beträgt 98 %. Vier andere G. (*GLUT2* bis *GLUT5*) zeigen nur Sequenzübereinstimmungen von 40–65 % mit GLUT1 und besitzen eine unterschiedliche Geweveverteilung. Beispielsweise findet man GLUT2 vorrangig in den β-Zellen des Pankreas, während GLUT4 hauptsächlich in Muskel- und Fettzellen vorkommt. In Fett- und Muskelzellen wird die Aufnahme von Glucose durch ↗ *Insulin* stimuliert. Im Normalzustand befinden sich die G. GLUT4 in internen Membranvesikeln. Bei Stimulation durch Insulin fusionieren sie mit der Plasmamembran (Exocytose), um Glucose aufnehmen zu können. Nach Beendigung des Insulinstimulus erfolgt die Umkehr durch Endocytose. Im Gegensatz zum passiven Transport mittels der G. erfolgt die Glucoseaufnahme durch Darm- und Nierenzellen aus dem Lumen des Darms bzw. aus den Nierenkanälchen aus Regionen niedriger Glucosekonzentration. Der Transport von Glucose aus dem Darminnenraum in die extrazelluläre Flüssigkeit erfolgt aktiv durch einen Na$^+$-getriebenen Glucose-Symport (↗ *Transport*). Die Glucose wird durch die apikale Membrandomäne gepumpt und tritt dann ihrem Konzentrationsgradienten folgend mit einem anderen Glucose-Carrier-Protein über die basale und laterale Membrandomäne wieder aus der Zelle heraus. Für die Aufrechterhaltung des den Glucose-Symport treibenden Na$^+$-Gradienten sorgt eine in den basalen und lateralen Membranteilen lokalisierte Na$^+$/K$^+$-ATPase, die eine niedrige Na$^+$-Konzentration aufrecht erhält (Abb.).

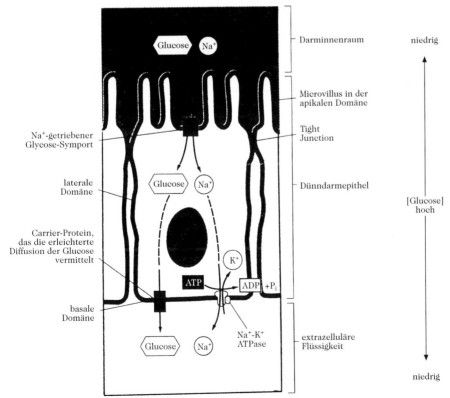

Glucosetransporter. Glucose-Transport über eine Darmepithel-Zelle.

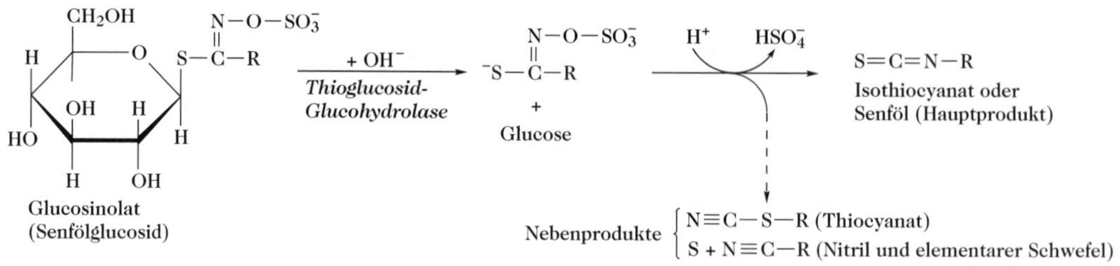

$$\text{Glucosinolat (Senfölglucosid)} \quad \xrightarrow[\text{Glucohydrolase}]{+\ OH^- \atop \textit{Thioglucosid-}} \quad \begin{array}{c} N-O-SO_3^- \\ \| \\ ^-S-C-R \\ + \\ \text{Glucose} \end{array} \quad \xrightarrow[HSO_4^-]{H^+} \quad \begin{array}{c} S=C=N-R \\ \text{Isothiocyanat oder} \\ \text{Senföl (Hauptprodukt)} \end{array}$$

$$\text{Nebenprodukte} \begin{cases} N\equiv C-S-R \text{ (Thiocyanat)} \\ S + N\equiv C-R \text{ (Nitril und elementarer Schwefel)} \end{cases}$$

Glucosinolat. Abb. 1. Die Umwandlung eines Glucosinolats in das korrespondierende Isothiocyanat durch die Wirkung von Thioglucosid-Glucohydrolase.

Glucosidasen, ↗ *Disaccharidasen.* **1)** *α-1→4-Glucosidasen, Maltasen,* EC 3.2.1.20, hydrolisieren α-D-Glucoside wie Maltose, Saccharose etc. **2)** *β-1→4-Glucosidasen, β-D-Glucosid-Glucohydrolasen,* ↗ *Cellobiasen,* EC 3.2.1.21. spalten endständige, nicht reduzierende β-D-Glucosereste von β-D-Glucosiden ab. Sie zeigen eine breite Spezifität und können zum Teil auch andere Substrate angreifen.

β-D-Glucosid-Glucohydrolasen, ↗ *Glucosidasen.*

Glucosinolat, *Senfölthioglucosid, Senfölglucosid,* ein natürliches Pflanzenprodukt. G. kommen besonders in *Cruciferen, Capparidaceen* und *Resedaceen* vor. Bekannt sind mehr als 70 verschiedene G. (Tab.). G. sind 1-β-D-Thioglucopyranoside, wobei der Kohlenhydratrest immer aus einer einzelnen Glucoseeinheit besteht. Normalerweise ist das Kation Kalium, beim Sinalbin ist es jedoch das basische organische Molekül Sinapin. Bei einer alternativen Nomenklatur, die früher benutzt wurde, wird das Präfix „Gluco-" vor den passenden Teil des lateinischen Binomens der Ursprungspflanze gesetzt, z.B. Glucotropaeolin aus *Tropaeolum majus.*

Glucosinolat. Tab. Einige Beispiele natürlich vorkommender Glucosinolate.

Glucosinolat	Quelle	Formel
Sinalbin, Sinapinglucosinalbat, Sinapin-4-hydroxybenzylglucosinolat	*Sinapis alba* (weißer und gelber Senf)	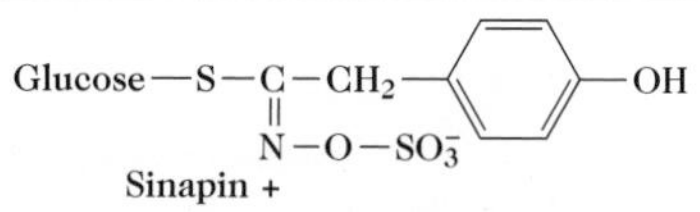 Glucose—S—C(=N—O—SO$_3^-$)—CH$_2$—C$_6$H$_4$—OH Sinapin +
Sinigrin, Allylglucosinolat, Sinigrosid, Kaliummyronat	*Brassica nigra* (schwarzer Senf), *Amoracia rusticana* (Meerrettich)	Glucose—S—C(=N—O—SO$_3^-$K$^+$)—CH$_2$—CH=CH$_2$
Benzylglucosinolat Glucotropaeolin	*Tropaeolum majus* (Kapuzinerkresse)	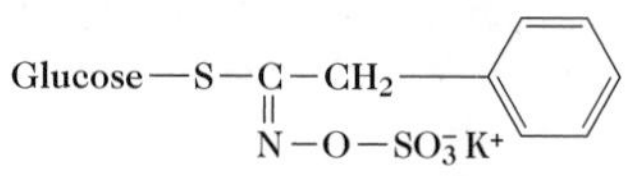 Glucose—S—C(=N—O—SO$_3^-$K$^+$)—CH$_2$—C$_6$H$_5$
Phenylethylglucosinolat Gluconasturtiin	*Nasturtium officinale* (Brunnenkresse)	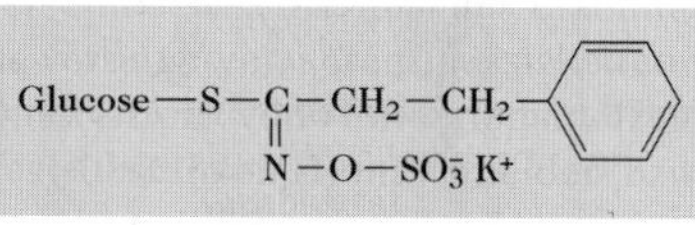 Glucose—S—C(=N—O—SO$_3^-$K$^+$)—CH$_2$—CH$_2$—C$_6$H$_5$
3-(Methylsulfonyl)-propylglucosinolat Glucocheirolin	*Cheiranthus cheiri* (Mauerblümchen)	Glucose—S—C(=N—O—SO$_3^-$K$^+$)—(CH$_2$)$_3$—SO$_2$—CH$_3$
*2-Hydroxy-3-butenyl-glucosinolat, Progoitrin, Glucorapiferin	verschiedene *Brassica*-Spezies (insbesondere Gelbe Rübe)	Glucose—S—C(=N—O—SO$_3^-$K$^+$)—CH$_2$—CHOH—CH=CH$_2$

* 2-Hydroxy-3-butenylisothiocyanat (S=C=N-CH$_2$-CHOH-CH=CH$_2$), das Senföl aus 2-Hydroxy-3-butenylglucosinolat, zyklisiert spontan zu 5-Vinyl-2-thiooxazolidon (Goitrin), das für die goitrogene Wirkung (↗ *Goitrogene*) von Gelben Rüben und Rapsöl verantwortlich ist.

(S)-5-Ethenyl-2-oxazolidinthion (5-Vinyl-2-thiooxazolidon, Goitrin)

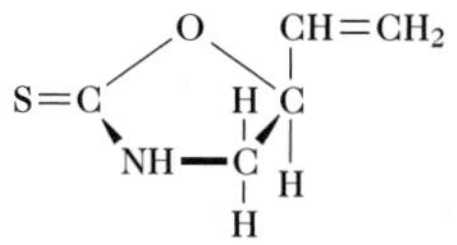

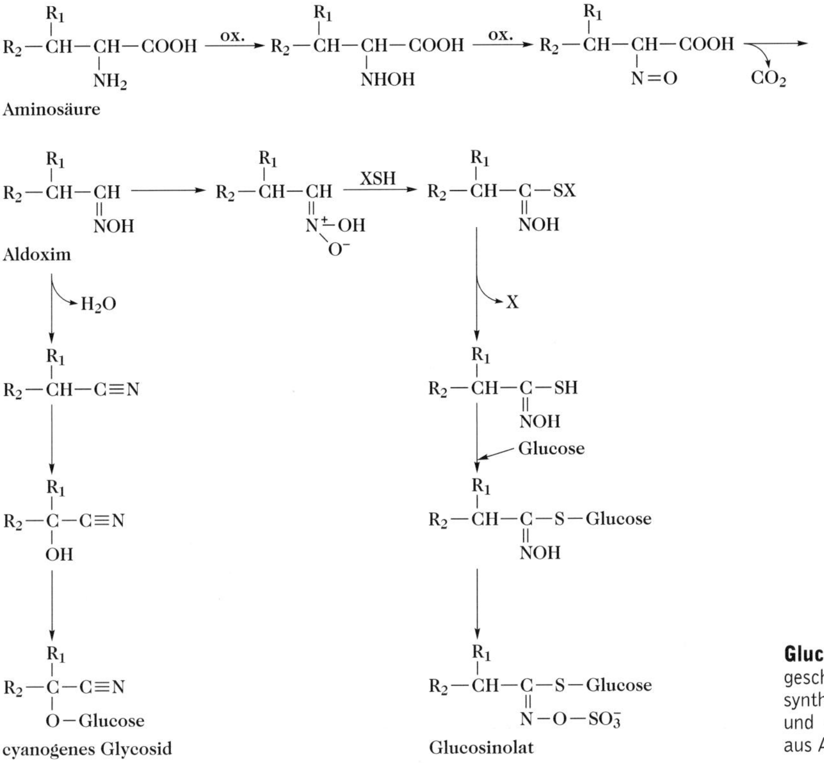

Glucosinolat. Abb. 2. Vorgeschlagener Weg der Biosynthese von Glucosinolaten und cyanogenen Glycosiden aus Aminosäuren.

Infolge einer Schädigung der Pflanze werden die G. hydrolysiert und flüchtige, scharfe, tränenreizende Isothiocyanate freigesetzt, die sog. Senföle. Wegen ihrer Fähigkeit, Senföle zu bilden, dienen verschiedene Mitglieder der *Cruciferae* (z.B. Meerrettich, Senf) als Würzmittel. Die Senföle sind in den Pflanzen normalerweise nicht vorhanden und werden erst gebildet, wenn eine Gewebeschädigung eine Wechselwirkung der G. mit der Thioglucosid-Glucohydrolase (EC 3.2.3.1) erlaubt. Die Aktivierung dieses Enzyms durch seinen Cofaktor Ascorbinsäure dürfte auch durch die Gewebeschädigung gefördert werden. Der enzymatischen Hydrolyse der *S*-Glucosid-Bindung folgt eine Molekülumlagerung des Aglycons bei gleichzeitiger Produktion von Sulfat und Isothiocyanat (Abb. 1). Wie bei den cyanogenen Glycosiden erfolgt auch die Biosynthese der G. aus Aminosäuren (Abb. 2).

Für *Peronospora parasitica* (Mehltau) ist Allylisothiocyanat hoch toxisch. Kohlarten, die auf milderen Geschmack gezüchtet wurden (und daher einen niedrigeren Sinigringehalt aufweisen), fehlt die Resistenz gegen das Pathogen. Sinigrin ist ein Fresslockstoff für die Kohlweißlinglarve (*Pieris brassicae*) und ein Eiablagestimulanz für das ausgewachsene Weibchen. Auch für die Kohlblattlaus stellt es einen Fresslockstoff dar, wobei die Kohl-

blattlaus reife Blätter mit mittlerem Sinigringehalt bevorzugt und junge Blätter mit sehr hohem Gehalt an diesem Glucosinolat meidet.

7-Glucosylzeatin, Syn. für ↗ *Raphanatin.*

D-Glucuronat-D-Gulonat-Weg,   ↗ *Glucuronatweg.*

Glucuronatweg, *Glucuronat-Xylose-Zyklus, D-Glucuronat-L-Gulonat-Weg,* ein Weg des Kohlenhydratstoffwechsels, auf dem *myo*-Inositol und Ascorbat synthetisiert und abgebaut werden (Abb. 1). Glucose wird in Position 6 zu D-Glucuronat oxidiert, vermutlich über UDP-Glucose (↗ *Nucleosiddiphosphatzucker*). Glucuronat, das auch das Produkt der *myo*-Inositol-Oxygenase ist, dient als Ausgangssubstanz für die Synthese von Glucuroniden und wird zu L-Gulonat reduziert. Da hierbei das C6 des Glucuronats zum C1 des Gulonats wird, gehört letzteres zur L-Serie der Kohlenhydrate. L-Gulonat wird in den L-Ascorbatweg (↗ *Ascorbinsäure*) umgeleitet oder zu 3-Keto-L-gulonat oxidiert, das zu L-Xylulose decarboxyliert wird. Die Xylulose wird zum Zuckeralkohol Xylitol reduziert, der zu D-Xylulose zurück oxidiert wird. Der abermalige Wechsel der Konfiguration erfolgt durch die Bildung des C5 der D-Xylulose aus dem C1 des Xylits. D-Xylulose wird zu Xylulose-5-phosphat phosphoryliert, das dem ↗ *Pentosephosphat-Zyklus* angehört. Glucose-6-phosphat, die Vorstufe

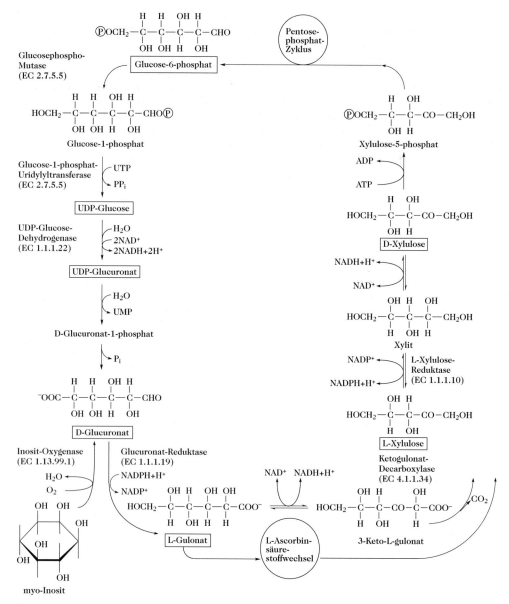

Glucuronatweg. Abb. 1. Umsatz von D-Glucuronat und L-Gulonat über den Glucuronatweg.

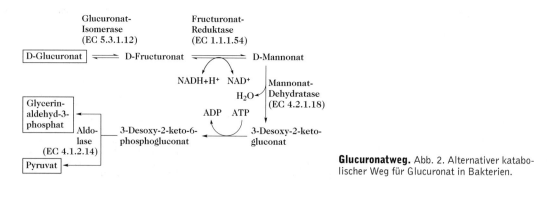

Glucuronatweg. Abb. 2. Alternativer katabolischer Weg für Glucuronat in Bakterien.

der UDP-Glucose wird im Pentosephosphat-Zyklus aus Xylulose-5-phosphat regeneriert.

Bakterien besitzen einen alternativen Weg für den Abbau von Glucuronat zu Glycerinaldehyd-3-phosphat und Pyruvat (Abb. 2).

Glucuronat-Xylose-Zyklus, ↗ *Glucuronatweg*.

D-Glucuronsäure, *GlcUA* (Abb. 1), eine ↗ *Uronsäure*. D.-G. fällt meist sirupartig an, bildet farblose Kristalle aus Ethanol; F. 165 °C. D.-G. ist leicht löslich in heißem Wasser und Ethanol, $[\alpha]_D$ +36,3° (in Wasser, im Mutarotationsgleichgewicht). Sie ist Bestandteil der Mucopolysaccharide und pflanzlicher Schleime. Biosynthetisch wird UDP-Glucose zu UDP-G. oxidiert. Diese „aktive" D.-G. dient im tierischen und menschlichen Organismus zur Bindung an zahlreiche körpereigene (z.B. ↗ *Ascorbinsäure*) und körperfremde Substanzen (z.B. Pharmaka), zu denen insbesondere Alkohole, Phenole, Amine und Carbonsäuren gehören. Die so gebildeten Glycoside oder Ester werden als Glucuronide bezeichnet (Abb. 2). Die Konjugation findet in der Leber statt und ermöglicht eine Ausscheidung der erwähnten Verbindungen durch die Niere.

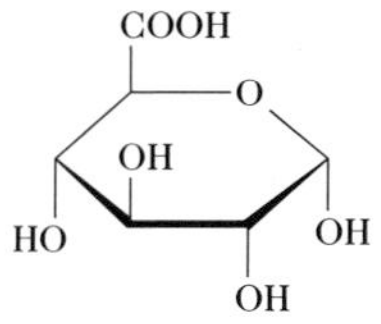

D-Glucuronsäure. Abb. 1. Strukturformel.

Glufosinate, Handelsname *Basta*® (Abb.), ↗ *Organophosphorherbizide*. G. unterbindet die Glutaminbildung durch eine Hemmung der Glutamin-Synthetase, was zu einer Ammoniumanreicherung und damit zur Störung der Photosynthese in der Pflanze führt. Es kann auch als natürliches Stoffwechselprodukt aus *Actinomyceten* als Peptid isoliert werden. Durch die Übertragung von Herbizid-resistenz-erzeugenden Genen in Kulturpflanzen (↗ *transgene Pflanzen*) ist es möglich, G. zu acetylieren und somit in der Pflanze zu inaktivieren.

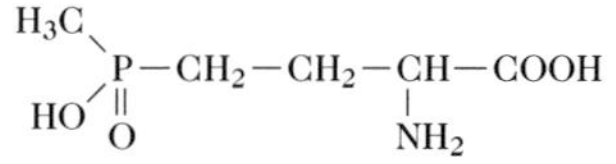

Glufosinate

Glu-NH₂, Abk. für ↗ *L-Glutamin*.

Glutamat-Decarboxylase, ein Enzym, das die Umwandlung von Glutamat in ↗ *4-Aminobuttersäure* (GABA) katalysiert. G. wird im Zentralnervensystem ausschließlich in GABA-Neuronen exprimiert. Die G. kann daher zur histochemischen Darstellung von GABA-Neuronen dienen. Durch die von G. katalysierte Reaktion wird aus dem wichtigsten erregenden Neurotransmitter der wichtigste hemmende Transmitter.

Glutamat-Dehydrogenase, *GLDH*, ein bei Vertebraten aus sechs identischen Untereinheiten aufgebautes allosterisches Enzym, das die oxidative Desaminierung von Glutamat katalysiert (Abb.).

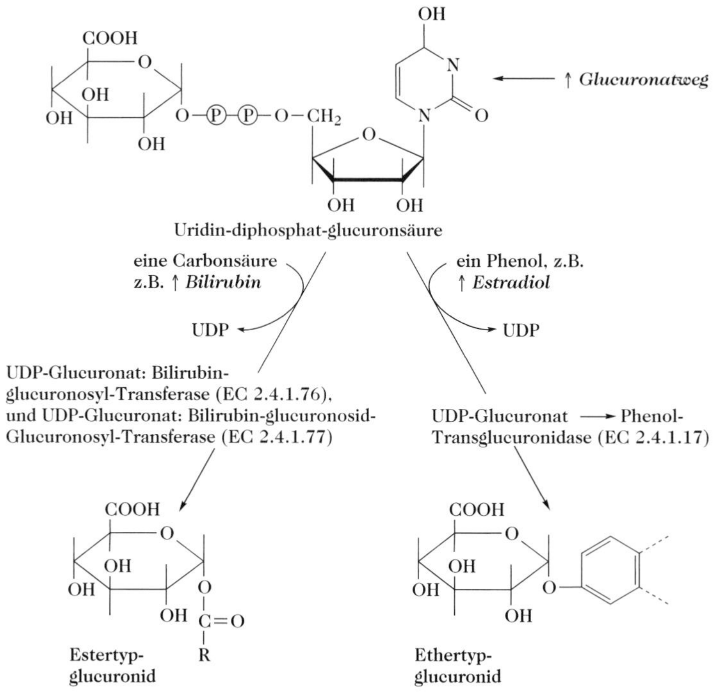

Uridin-diphosphat-glucuronsäure

UDP-Glucuronat: Bilirubin-glucuronosyl-Transferase (EC 2.4.1.76), und UDP-Glucuronat: Bilirubin-glucuronosid-Glucuronosyl-Transferase (EC 2.4.1.77)

UDP-Glucuronat ⟶ Phenol-Transglucuronidase (EC 2.4.1.17)

Estertyp-glucuronid

Ethertyp-glucuronid

D-Glucuronsäure. Abb. 2. Bildung von Glucuronsäurekonjugaten (Glucuronide bzw. Glucuronoside). Die UDP-Glucuronat:Phenol-Transglucuronidase (EC 2.4.1.17) katalysiert die Glucuronidierung einer großen Reihe von Phenolen, Alkoholen und Fettsäuren. Die Glucuronidierung von Bilirubin stellt einen wichtigen Sonderfall dar (↗ *Crigler-Najjar-Syndrom*).

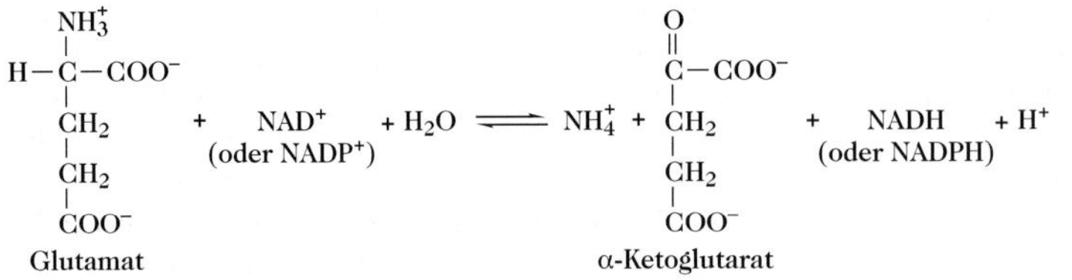

$$
\begin{array}{c}
\overset{+}{N}H_3 \\
| \\
H-C-COO^- \\
| \\
CH_2 \\
| \\
CH_2 \\
| \\
COO^- \\
\text{Glutamat}
\end{array}
\; + \; NAD^+ \; (\text{oder } NADP^+) \; + H_2O \; \rightleftharpoons \; NH_4^+ \; +
\begin{array}{c}
O \\
\| \\
C-COO^- \\
| \\
CH_2 \\
| \\
CH_2 \\
| \\
COO^- \\
\text{α-Ketoglutarat}
\end{array}
\; + \; NADH \; (\text{oder } NADPH) \; + H^+
$$

Glutamat-Dehydrogenase. Durch Glutamat-Dehydrogenase katalysierte Reaktion.

Die G. kann sowohl NAD⁺ als auch NADP⁺ als Coenzym verwenden. GTP und ATP sind negative allosterische Modulatoren, dagegen aktivieren die positiven Modulatoren GDP und ADP das Enzym. Demzufolge bewirkt eine Erniedrigung der Energieladung der Zelle die Oxidation von Aminosäuren.

Glutamat-Oxalacetat-Transaminase, *GOT*, *Aspartat-Aminotransferase*, ein in Mitochondrien und im Cytoplasma lokalisiertes Enzym, das die pyridoxalphosphatabhängige Reaktion: Aspartat + α-Ketoglutarat → Glutamat + Oxalacetat katalysiert. Das bilokuläre Enzym kommt in allen Geweben (insbesondere Leber, Herz, Gehirn, Skelettmuskel) vor. Die GOT-Aktivität im Serum liegt normalerweise bei 15–18 U/l. Da bei einem Herzinfarkt oder bei Lebererkrankungen die GOT-Aktivität im Serum deutlich ansteigt, ist deren Aktivitätsbestimmung in der Regel mit Hilfe des ↗ *optischen Tests* von diagnostischer Bedeutung.

Glutamat-Synthase, ein bakterielles Enzym, das die reduktive Aminierung von α-Ketoglutarat unter Verwendung von Glutamin als Stickstoffdonor katalysiert: α-Ketoglutarat + Glutamin + NADPH + H⁺ → 2 Glutamat + NADP⁺. Bei Tieren ist die G. nicht bekannt.

Glutamat-Transaminase, ein Enzym, das den Neurotransmitter ↗ *4-Aminobuttersäure* (GABA) in Succinatsemialdehyd umwandelt und damit inaktiviert.

L-Glutamin, *Gln*, *Glu-NH₂*, eine proteogene Aminosäure, das 5-Amid der L-Glutaminsäure; M_r 146,15 Da, F. 185–186 °C (Zers.), $[\alpha]_D^{20}$ 9,2° (c = 2 in Wasser) oder 46,5° (c = 2 in 5 M HCl). In kochenden wässrigen neutralen Lösungen oder in schwach saurem Milieu wird G. schnell in das Ammoniumsalz von Pyrrolidoncarbonsäure (↗ *L-Glutaminsäure*) umgewandelt.

L-G. wird mit Hilfe der L-Glutamin-Synthetase (EC 6.3.1.2) aus L-Glutaminsäure und Ammoniak in einer endergonen Reaktion gebildet:

Glu + NH₄⁺ + ATP → Gln + ADP + Pᵢ.

Die Synthese ist durch die Kopplung mit der ATP-Hydrolyse thermodynamisch begünstigt. Freie Zwischenstufen treten offenbar nicht auf. Die Synthese von L-G. ist von Bedeutung für die ↗ *Ammoniakentgiftung* und die Bildung von Stickstoffexkreten (L-G. ist bei der Synthese von Carbamylphosphat und Purinen der Stickstoffdonor). Bei Pflanzen und Mikroorganismen spielt die Glutaminsynthese nach diesem Mechanismus eine Rolle als Drehpunkt in der Assimilation von Ammoniumionen (↗ *Ammoniakassimilation*). Außerdem ist bei Pflanzen L-G., das durch die gleiche Reaktion synthetisiert wird, eine wichtige Stickstoffspeichersubstanz.

L-G. stellt daher eine zentrale Zwischenstufe im Stickstoffmetabolismus dar. Sie stellt den Amidstickstoff zur Verfügung (durch Transamidierung), der für die Synthese einer Vielzahl von anderen Verbindungen (Abb.) benötigt wird. In der Niere spielt L-G. ebenfalls eine wichtige Rolle, da es hydrolysiert wird und der gebildete freie Ammoniak die Reabsorption von Kalium- und Natriumionen erleichtert. L-G. ist für das Gehirn ein wichtiger Nährstoff (↗ *L-Glutaminsäure*). Da L-G. mit seiner Amidgruppe an der Biosynthese von Hexosaminen beteiligt ist, fördert es die Regeneration von Mucoproteinen und des Darmepithels.

Glutaminanaloga, Syn. für ↗ *Glutaminantagonisten*.

Glutaminantagonisten, *Glutaminanaloga*, Strukturanaloge von L-Glutamin, die glutaminabhängige Reaktionen kompetitiv inhibieren. Beispiele: ↗ *6-Diazo-5-oxo-L-Norleucin*, ↗ *Albizziin* und ↗ *L-Azaserin*.

Glutamincarbamylphosphat-Synthetase, ↗ *Carbamylphosphat*.

Glutamin-phosphoribosylpyrophosphat-Amidotransferase, *Glutamin-PRPP-Amidotransferase*, ein Schrittmacherenzym der ↗ *Purinbiosynthese*,

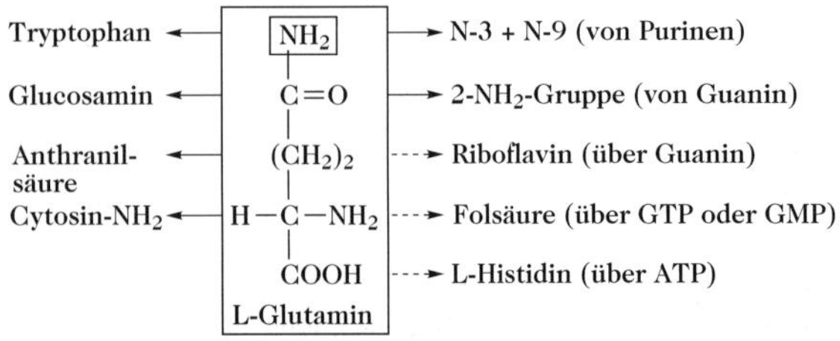

Tryptophan ← ┌─[NH₂]─→ N-3 + N-9 (von Purinen)
Glucosamin ← │   C=O   →─ 2-NH₂-Gruppe (von Guanin)
Anthranil- ← │ (CH₂)₂ ⤍ Riboflavin (über Guanin)
säure
Cytosin-NH₂ ← H–C–NH₂ ⤍ Folsäure (über GTP oder GMP)
            │ COOH   ⤍ L-Histidin (über ATP)
            └ L-Glutamin

L-Glutamin. Die zentrale Rolle von Glutamin im Stoffwechsel.

das die Bildung von 5-Phosphoribosyl-1-amin aus 5-Phosphoribosyl-1-pyrophosphat und Glutamin unter Abspaltung von Pyrophosphat und Glutamat katalysiert.

Glutamin-PRPP-Amidotransferase, Syn. für ↗ *Glutamin-phosphoribosylpyrophosphat-Amidotransferase.*

L-Glutaminsäure, *Glu*, *L-α-Aminoglutarsäure*, eine proteogene Aminosäure mit zwei Carboxylgruppen. M_r 147,1 Da, F. 247–249 °C (Zers.), $[\alpha]_D^{25}$ 17,7° (c = 2 in Wasser) oder 46,8° (c = 2 in 5 M HCl). Sie ist in fast allen Proteinen und insbesondere in Samenproteinen enthalten. Beim Erhitzen zyklisiert Glutaminsäure zu L-Pyrrolidoncarbonsäure (Abb. 1). Diese Verbindung wird auch als eine posttranslationelle Modifizierung von Glutaminsäureresten in Proteinen gebildet (↗ *Pyroglutaminsäure*). Die Biosynthese von Aminosäuren, die der 2-Oxoglutarat (α-Ketoglutarat)-Familie angehören, beginnt mit Glu (Abb. 2). Im Gehirn ist die G. am Transport von Kaliumionen beteiligt und entgiftet Ammoniak unter Bildung von Glutamin, welches die Blut-Hirn-Schranke passieren kann. Im zentralen Nervensystem wird G. durch die Glutamat-Decarboxylase (EC 4.1.1.15) zu 4-Aminobuttersäure decarboxyliert.

G. besitzt geschmacksverstärkende Eigenschaften (normalerweise als Mononatriumglutamat verwendet). Aus diesem Grund war sie die erste Aminosäure, die industriell hergestellt wurde, zuerst durch Hydrolyse Glu-reicher Quellen wie Weizengliadin (34,7 % Glu), dann durch industrielle Fermentation [A.L. Demain, *Naturwiss.* **67** (1980) 582–587].

Die G. ist Bestandteil von γ-Glutamylpeptiden, die an einem vorgeschlagenen Mechanismus zum Aminosäuretransport durch Zellmembranen (↗ *γ-Glutamylzyklus*) beteiligt sind. Einige γ-Glutamylpeptide kommen auch im zentralen Nervensystem vor, große Mengen sind in Pflanzen enthalten, wo sie als Reserveverbindungen dienen und oft seltene

Aminosäuren enthalten. Die G. ist auch Bestandteil von ↗ *Glutathion*. Bei Tieren erfolgt die Biosynthese der G. durch Transaminierung von 2-Oxoglutarat, welches direkt aus dem Tricarbonsäure-Zyklus stammt. Die Transaminierung kommt auch bei grünen Pflanzen und Mikroorganismen vor. Diese können jedoch G. auch durch die Wirkung von Glutamat-Synthase oder durch reduktive Aminierung von 2-Oxoglutarat (↗ *Ammoniakassimilation*) synthetisieren. Der Abbau von G. ist auf zwei Wegen möglich: 1) durch Transaminierung oder Dehydrierung entsteht 2-Oxoglutarsäure; 2) durch Decarboxylierung wird 4-Aminobuttersäure gebildet, die in Bernsteinsäure überführt wird und dann in den Tricarbonsäure-Zyklus eintritt.

L-Glutaminsäure-Dehydrogenase (EC 1.4.1.2), ↗ *Alanin.*

Glutamin-Synthetase, ein Enzym, das in vielen Geweben einschließlich des Gehirns die Umsetzung von Ammoniak mit Glutamat zu Glutamin katalysiert. Die Reaktion ist ATP-abhängig und verläuft in zwei Schritten. Im ersten Schritt wird aus Glutamat und ATP γ-Glutamylphosphat gebildet, das mit NH_4^+ unter Abspaltung von Orthophosphat Glutamin liefert. ↗ *Ammoniakassimilation*, ↗ *kovalente Enzymmodifizierung*, ↗ *L-Glutamin.*

4-Glutamyl-Carboxylase, *γ-Glutamyl-Carboxylase*, *Vitamin-K-abhängige γ-Glutamyl-Carboxylase*, das Enzym, das für die posttranslationelle Carboxylierung von Glutamat- zu 4-Carboxyglutamatresten in bestimmten Proteinen verantwortlich ist (Abb.). Die Reaktion benötigt Vitamin K, wodurch sich der Vitamin-K-Bedarf von Blutgerinnungsproteinen erklärt, wie z.B. Prothrombin, das 4-Carboxyglutamatreste enthält. Es handelt sich um ein mikrosomales Enzym, das mit Hilfe verschiedener Detergenzien gelöst werden kann. Das mikrosomale System benötigt anscheinend ATP, während das solubilisierte Enzym keinen ATP-Bedarf aufweist. An dieser Carboxylierung ist Biotin nicht beteiligt.

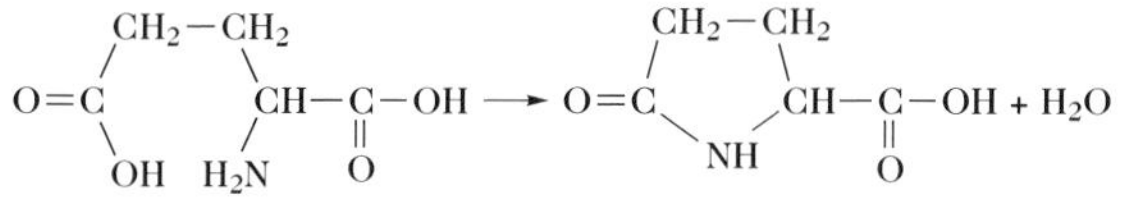

L-Glutaminsäure. Abb. 1. Zyklisierung von L-Glutaminsäure.

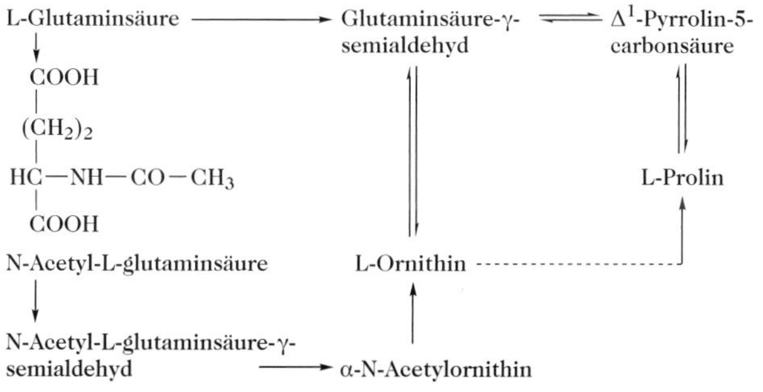

L-Glutaminsäure. Abb. 2. Biosynthese von L-Ornithin und L-Prolin aus L-Glutaminsäure.

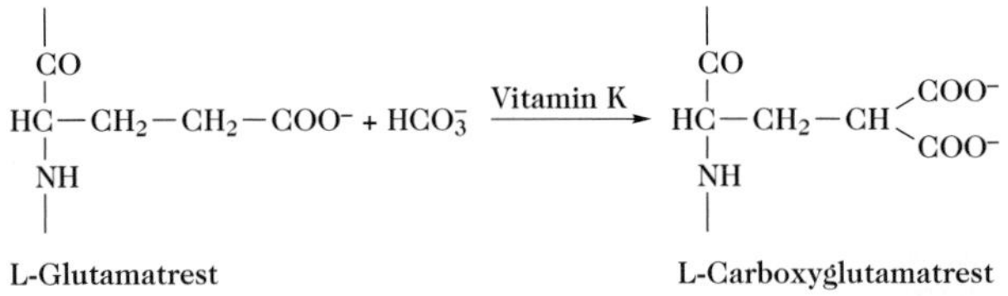

L-Glutamatrest   L-Carboxyglutamatrest   **4-Glutamyl-Carboxylase**

γ-Glutamyl-Carboxylase, ↗ *4-Glutamyl-Carboxylase*.

γ-Glutamylzyklus, ein Reaktionszyklus, der für den Transport von Aminosäuren durch Zellmembranen vorgeschlagen wurde (Abb.). Auf der äußeren Membranoberfläche werden Aminosäuren durch die Wirkung der membrangebundenen γ-Glutamyltransferase (EC 2.3.2.2) in ihre γ-Glutamylpeptide überführt, wobei Glutathion als γ-Glutamyldonor dient:

Aminosäure + Glutation →
Cys-Gly + γ-Glutamylaminosäure.

Die Produkte werden in die Zelle transportiert und gespalten, das Cys-Gly in Gly und Cys und die γ-Glutamylaminosäure in 5-Oxoprolin und die Aminosäure. 5-Oxoprolin wird in Glutaminsäure umgewandelt, so dass der γ-Glutamyl-Zyklus wiederholt werden kann. [A. Meister *Science* **220** (1983) 472–477]

Glutathion, *L-Glutamyl-L-Cysteinyl-L-Glycin*, *GSH*, ein Tripeptid, das bei Tieren, den meisten Pflanzen und Bakterien vorkommt. F. 182–192 °C, $[\alpha]_D^{20}$ −17° (c = 2 in Wasser). Es fungiert als biologisches Redoxagens, Coenzym und Cofaktor und als Substrat bei bestimmten Kopplungsreaktionen, die durch die ↗ *Glutathion-S-Transferase* katalysiert werden. Die Konzentration des GSH in Zellen beträgt 0,1–10 mM. Im Verlauf des ↗ *γ-Glutaminylzyklus* wird GSH in die extrazelluläre Flüssigkeit exportiert. In seiner Funktion als Redoxagens fängt GSH freie Radikale ab und reduziert Peroxide (2 GSH + ROOH → GSSG + ROH + H₂O) und schützt so Membranlipide vor diesen reaktiven Substanzen. Es ist besonders wichtig in der Linse und bei Parasiten, die keine Katalase zur Entfernung von H_2O_2 besitzen.

GSH wird in der Zelle in zwei Schritten gebildet:
Glu + Cys → γ-Glu-Cys, und γ-Glu-Cys + Gly → GSH.

Glutathion-Peroxidase, katalysiert die Reaktion von ↗ *Glutathion* (GSH) mit Wasserstoffperoxid und organischen Peroxiden: 2 GSH + R-O-OH →

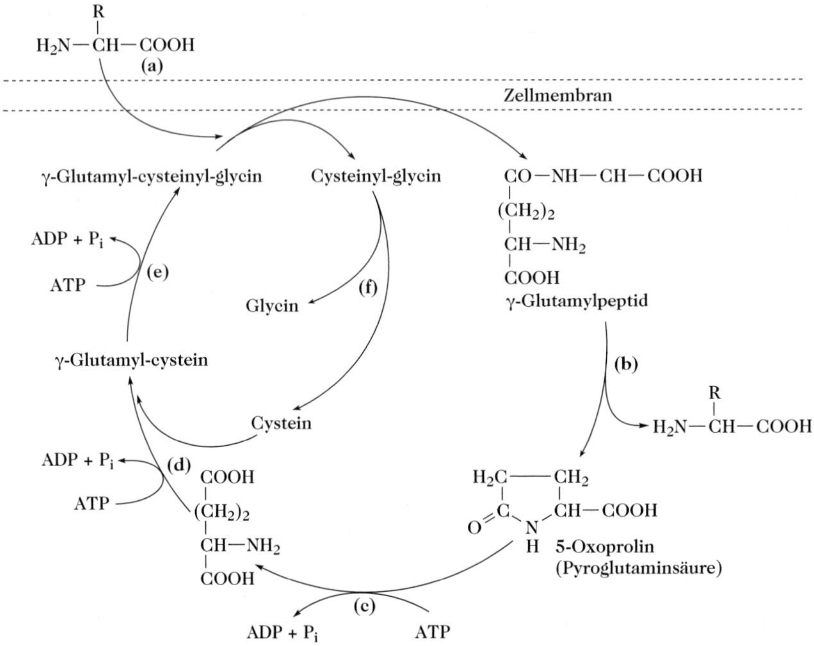

γ-Glutamylzyklus. a) γ-Glutamyl-Transpeptidase [(5-Glutamyl)-Peptid: Aminosäure-5-Glutamyltransferase, EC 2.3.2.2]. b) γ-Glutamyl-Cyclotransferase [(5-Glutamyl)-L-Aminosäure-5-Glutamyltransferase (Zyklisierung), EC 2.3.2.4]. c) 5-Oxo-Prolinase [5-Oxo-L-Prolinamido-Hydrolase (ATP-Hydrolyse), EC 3.5.2.9]. d) γ-Glutamylcystein-Synthetase [L-Glutamat:L-Cystein-γ-Ligase (ADP-Bildung), EC 6.3.2.2]. e) Glutathion-Synthetase [γ-L-Glutamat:L-Cystein: Glycin-Ligase (ADP-Bildung), EC 6.3.2.3]. f) Dipeptidase.

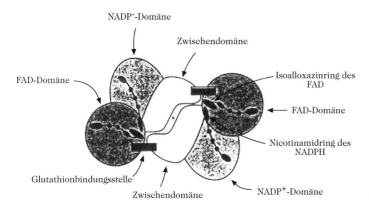

Glutathion-Reduktase. Schematischer Aufbau der Glutathion-Reduktase.

GSSG + H$_2$O + ROH. Sie erfüllt daher eine wichtige Funktion bei der Entgiftung schädlicher Nebenprodukte. Die G. enthält im aktiven Zentrum ↗ *Selenocystein*. Als möglicher Katalysemechanismus wird angenommen, dass die Selenolatform (R-Se$^-$) des Selenocysteinrests Peroxide zu Alkoholen reduziert und dabei zur Selenylsäure (R-SeOH) oxidiert wird. Im Folgeschritt greift Glutathion in die Reaktion ein und bildet ein Selensulfid-Addukt (R-Se-S-G). Ein zweites Molekül Glutathion regeneriert die Selenolat-Form des Enzyms und bildet dabei oxidiertes Glutathion (GSSG).

Glutathion-Reduktase, ein Enzym, das Elektronen mittels FAD von NADPH + H$^+$ auf oxidiertes ↗ *Glutathion* überträgt. G. ist ein Dimer aus 50 kDa-Untereinheiten, wobei jede Untereinheit aus drei Domänen besteht (Abb.). Die FAD- und NADP$^+$-Domänen sind einander ziemlich ähnlich und binden FAD bzw. NADP$^+$ in gestreckter Form, wodurch der Isoalloxazin- und der Nicotinamidring in enge Nachbarschaft gebracht werden. Die dritte Domäne ist die Zwischendomäne. Die Bindungsstelle für das oxidierte Glutathion ist die FAD-Domäne der einen Untereinheit und die Zwischendomäne der anderen Untereinheit.

Glutathion-S-Transferase, *GST*, *Ligandin* (EC 2.5.1.18), eine Gruppe von Enzymen im Lebercytosol, die die Reaktion von Glutathion (fungiert als Nucleophil) mit einer Reihe von elektrophilen hydrophoben Substraten katalysiert: RX + GSH → HX + RSG, dabei ist GSH reduziertes Glutathion, R kann ein aliphatisches, aromatisches oder heterozyklisches Radikal und X eine Sulfat-, Nitrit-, Halogenid-, Epoxy- oder Cyanidgruppe eines Thiocyanats sein. Die GST ist an der Entgiftung zahlreicher carcinogener, mutagener und toxischer Alkylierungsmittel sowie einiger pharmakologisch aktiver Verbindungen und Xenobiotika beteiligt. Die wasserlöslichen Glutathionkonjugate werden metabolisiert, indem die Glutamat- und Glycinreste gespalten werden und die freie Aminogruppe des Cysteinylrests acetyliert wird. Hierbei entstehen schwefelhaltige Säuren, die ausgeschieden werden. GST geht auch starke nichtkovalente Bindungen mit einer Reihe von Liganden ein, ohne eine weitere Reaktion zu katalysieren, beispielsweise mit Östrogen, Steroidkonjugaten, Bilirubin, Probenecid, Häm, Penicillin und Chloramphenicol. Aufgrund dieser Eigenschaft wurde dem Protein der Name Ligandin verliehen, bevor bekannt war, dass GST und Ligandin identisch sind. Eine dritte Eigenschaft der GST besteht in der kovalenten Bindung mehrerer elektrophiler Substrate der Übertragungsreaktion in Abwesenheit von Glutathion. Außerdem katalysieren GST-Enzyme bestimmte Isomerisierungsreaktionen, für die Glutathion als Coenzym fungiert, z.B. von Maleylaceton zu Fumarylaceton und die Positionsisomerisierung von Δ^5- zu Δ^4-ungesättigten 3-Ketosteroiden.

Alle cytosolischen GST aus Rattenleber sind basische Proteine (M_r ca. 45 kDa). Es existiert ein membrangebundenes Enzym (im endoplasmatischen Reticulum, der äußeren Mitochondrienmembran und den Peroxisomen), das sich von seinem cytosolischen Gegenstück bezüglich des M_r, der Primärsequenz und der immunologischen Eigenschaften stark unterscheidet. ↗ *Kristalline*. [W.B. Jakoby u. J.H. Keen *Trends in Biochemical Sciences* **2** (1977) 299–231; L.F. Chasseaud *Adv. Cancer Res.* **29** (1979) 175–274; R. Morgenstern u. J.W. DePierre *Rev. Biochem. Toxicol.* **7** (1985) 67–104; B. Mannervik *Adv. Enzymol. Relat. Areas Mol. Biol.* **57** (1985) 357–417; B. Ketterer u. H.V. Sies *Glutathione Conjugation: Its Mechanism, and Biological Significance*, (Hrsg.), Academic Press Ltd. London, 1988]

Gluteline, *Glutenine*, eine Gruppe globulärer Proteine, die zusammen mit den ↗ *Prolaminen* vor allem im Getreide vorkommen. Sie sind nur bei extremen pH-Werten in Wasser löslich und zeichnen sich durch einen hohen Gehalt an Glutaminsäure (bis zu 45 %) und Prolin aus. Hauptvertreter der G. sind das Glutein des Weizens und das Orycenin aus Reis.

Gluten, das aus Glutelinen und Prolaminen der Getreidearten gebildete Kleber-Eiweiß, das für die Backfähigkeit von Weizen- und Roggenmehl notwendig ist. Da Prolamine im Hafer- und Reiskorn fehlen, sind ihre Mehle nicht zum Backen geeignet.

Glutenin, ↗ *Gluteline*.

Glutin, zu den Scleroproteinen zählende, aus dem Kollagen des tierischen Bindegewebes und Knochen gewonnene leimartige Substanz. G. unterscheidet sich von der Gelatine durch einen geringeren Reinheitsgrad.

Gly, Abk. für ↗ *Glycin*.

Glyceolline, vier Phytoallexine, die von *Glycine max* L. als Antwort auf die Infektion durch *Phytophthora megasperma* var. *sojae* oder als Antwort auf die Behandlung von Sojabohnencotyledonen oder Zellkulturen mit einem ↗ *Elicitor* produziert werden (Abb.). Mikrosomen aus *Glycine*-Zellsuspensionen, die durch einen Elicitor angeregt wurden, katalysieren die 6a-Hydroxylierung von 3,9-Dihydroxypterocarpan zu 3,6a,9-Trihydroxypterocarpan. Die Reaktion ist von NADPH und O$_2$ abhängig. [U. Zahringer et al. *Z. Naturforsch.* **36C** (1981) 234–241; M.L. Hagmann et al. *Eur. J. Biochem.* **142** (1984) 127–131]

Glyceraldehyd, ↗ *Glycerinaldehyd*.

Glycerat-2,3-diphosphat, ↗ *2,3-Diphosphoglycerat*, ↗ *Glycolyse*, ↗ *Hämoglobin*, ↗ *Rapoport-Luerbing-Shuttle*.

Glyceratweg, ein anaplerotischer Stoffwechselweg zur Verwertung von Glyoxylat in Mikroorganismen und Pflanzen. Zwei Moleküle Glyoxylat werden durch Tartronatsemialdehyd-Synthase (EC 4.1.1.47) in Tartronsäuresemialdehyd umgewandelt. Der Semialdehyd wird dann zu D-Glycerat reduziert, das durch Glycerat-Kinase (EC 2.7.1.31) zu 3-Phosphoglycerat phosphoryliert wird. Dieses wird durch Phosphoglycero-Mutase (EC 2.7.5.3) und Enolase (EC 4.2.1.11) in Phosphoenolpyruvat überführt, das in den allgemeinen Kohlenhydratstoffwechsel eintritt. Bilanz:

2 Glyoxylat + ATP + NAD(P)H + H$^+$ → Phosphoenolpyruvat + ADP + CO$_2$ + NAD(P)$^+$.

Glyceride, ↗ *Acylglycerine*.

Glycerin, Propan-1,2,3-triol, CH$_2$OH-CHOH-CH$_2$OH, eine sirupartige, süß schmeckende Flüssigkeit, Sdp. 290 °C (Zers.). G. ist in Form seiner Ester in Fetten, fetten Ölen (↗ *Acylglyceride*, Neutralfette) und Phospholipiden (↗ *Membranlipide*) weit verbreitet. G. entsteht zu etwa 3% als Nebenpro-

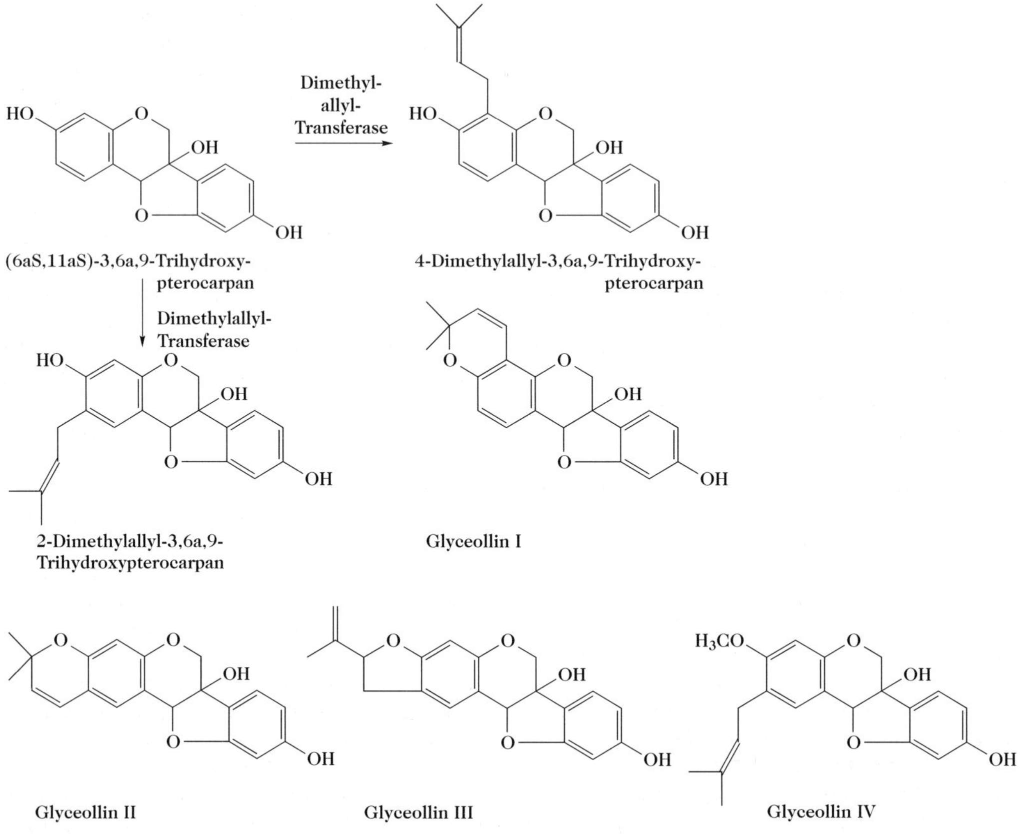

(6aS,11aS)-3,6a,9-Trihydroxy-pterocarpan

4-Dimethylallyl-3,6a,9-Trihydroxy-pterocarpan

2-Dimethylallyl-3,6a,9-Trihydroxypterocarpan

Glyceollin I

Glyceollin II

Glyceollin III

Glyceollin IV

Glyceolline

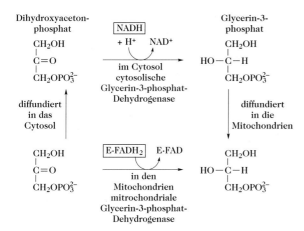

Glycerinphosphat-Shuttle. Schematische Darstellung.

dukt der alkoholischen Gärung durch Reduktion von Dihydroxyacetonphosphat bzw. Glycerinaldehyd-3-phosphat und Hydrolyse der Phosphatgruppe. Zur technischen Gewinnung von G. wird einer alkoholischen Gärung Natriumhydrogensulfit zugesetzt. Dieses bildet eine Additionsverbindung mit Acetaldehyd, das dadurch der Reduktion entzogen wird. Auf diese Weise wird eine vermehrte Reduktion von Dihydroxyacetonphosphat erreicht (↗ *Neubergsche Gärung*).

Glycerinaldehyd, *Glyceraldehyd, 2,3-Dihydroxypropanal*, $HOCH_2-CHOH-CHO$, die einfachste Aldose (↗ *Kohlenhydrate*). G. kommt als D-, L- und DL-Form vor. Die DL-Form (F. 145 °C) entsteht durch partielle Oxidation von Glycerin. G. ist in Wasser löslich, in Alkohol und Ether schwer löslich. Er reduziert Fehlingsche Lösung. G. liegt im Gleichgewicht mit Dihydroxyaceton vor. Eine Mischung von G. mit wenig Dihydroxyaceton wird als *Glycerose* bezeichnet. Sie ergibt bei einer Aldolreaktion ein Gemisch von Hexosen, das z.B. Fructose enthält. Natürlich kommt D-G.-3-phosphat als wichtiges Intermediat der Glycolyse vor. Der rechtsdrehende D-G. dient als Bezugssubstanz für die Konfiguration optisch aktiver Verbindungen.

Glycerinaldehyd-3-phosphat, ↗ *Triosephosphate*.

Glyceringärung, ↗ *Neubergsche Gärung*.

Glycerin-Kinase, ein in der Leber und in der Niere vorkommendes Enzym, das Glycerin unter Verbrauch von ATP in L-Glycerin-3-phosphat überführt.

***sn*-Glycerin-3-phosphat**, *L-Glycerin-3-phosphat, D-Glycerin-1-phosphat*, ↗ *Glycerolipide*.

Glycerinphosphat-Shuttle, ein Transportsystem für Elektronen des cytosolischen NADH in die Mitochondrien. Da die innere Mitochondrienmembran für NADH und NAD^+ vollständig undurchlässig ist, muss das während der ↗ *Glycolyse* gebildete NADH + H^+ unter Regenerierung von NAD^+ oxidiert werden. Ein Carrier für die Reduktionsäquivalente ist Glycerin-3-phosphat. Der erste Schritt des G.

(Abb.) besteht im Elektronentransfer von NADH auf Dihydroxyacetonphosphat unter der Katalyse der cytosolischen Glycerin-3-phosphat-Dehydrogenase, wobei Glycerin-3-phosphat entsteht. Es diffundiert in die Mitochondrien und wird an der äußeren Oberfläche der inneren Mitochondrienmembran durch eine FAD-abhängige mitochondriale Glycerin-3-phosphat-Dehydrogenase zu Dihydroxyacetonphosphat reduziert, das in das Cytosol diffundiert und damit das Shuttle-System komplettiert. Der Preis für den Transport ist ein ATP, weil die Elektronen des $FADH_2$ erst auf der Stufe des Coenzyms Q in die ↗ *Atmungskette* einmünden und bei der ↗ *oxidativen Phosorylierung* in der Bilanz statt drei nur zwei ATP gebildet werden.

Glycerinsäure, $HOCH_2-CHOH-COOH$, eine Dihydroxysäure, die im Intermediärstoffwechsel sowohl in freier Form als auch phosphoryliert vorkommt. Glycerat wird aus Glyoxylat über den ↗ *Glyceratweg* oder aus Serin über Hydroxypyruvat gebildet. Die 1-, 2- und 3-Monophosphate des Glycerats und das 1,3-Diphosphoglycerat stellen wichtige Zwischenprodukte bei der alkoholischen Gärung, der Glycolyse und der Photosynthese dar. Die Bildung von 3-Phospho-D-glycerat aus Glycerinaldehyd-3-phosphat steht mit der ATP-Bildung in Zusammenhang.

Glyceroglycolipide, ↗ *Glycerolipide*.

Glycerolipide, Derivate des Glycerins, die mindestens eine lipophile *O*-Acyl-, *O*-(1-Alkenyl)- oder *O*-Alkylgruppe enthalten. Am verbreitetsten sind die *O*-Acyl-Derivate, die Esterglycerolipide. Die wichtigste Gruppe der G. mit 1-Alkenylresten sind die ↗ *Plasmalogene*. Alkoxyglycerolipide sind vor allem als Alkyldiacylglycerin in hohen Anteilen in Fischleberölen, in geringen Mengen aber auch in Säugetieren enthalten. In Halobakterien kommen auch G. mit isoprenoiden Alkylresten vor.

Die G. werden nach dem Substituenten in 3-Stellung des Glycerins (Tab.) eingeteilt in 1) *einfache (neutrale) G.*, zu denen vor allem die Mono-,

Di- und Triacylglycerine (Mono-, Di-, Triglyceride) gehören und deren wichtigste Gruppe die Fette (↗ *Fette und fette Öle*) sind, und 2) *komplexe G.*, zu denen die *Glycerophospholipide* mit einem Phosphorsäure- oder Phosphorsäuremonoesterrest sowie die *Glyceroglycolipide* mit einem Mono- oder Oligoglycosylrest (↗ *Membranlipide*) gehören. Grundkörper der Glycerophospholipide ist die Phosphatidsäure, von der sich durch weitere Veresterung mit Alkoholen, wie Cholin (Phosphatidylcholin), Ethanolamin (Phosphatidylethanolamin), Serin (Phosphatidylserin), Glycerin (Phosphatidylglycerin, Cardiolipin) oder Inositol (Phosphatidylinositole) die anderen Verbindungen ableiten. Bei den Glyceroglycolipiden handelt es sich um die Glycoside von Mono- oder Diacylglycerinen.

Glycerolipide. Tab.

$$CH_2OR^1 \quad R^1, R^2 = Acyl$$
$$R^2OCH$$
$$CH_2OR^3$$

R^3	Verbindung
OH	Diacylglycerin (Diglycerid)
Oacyl	Triacylglycerin (Triglycerid, Fette)
OPO_3H_2	Phosphatidsäure
$\overset{O^-}{\underset{O}{\overset{\mid}{OPOCH_2CH_2\overset{+}{N}(CH_3)_3}}}$ ‖	Phosphatidylcholin (Lecithin)
$\overset{O^-}{\underset{O}{\overset{\mid}{OPOCH_2CH_2\overset{+}{N}H_3}}}$ ‖	Phosphatidylethanolamin
$\overset{O^-}{\underset{O \quad ^+NH_3}{\overset{\mid}{OPOCH_2CHCOOH}}}$ ‖	Phosphatidylserin
$\overset{O^-}{\underset{O}{\overset{\mid}{OPOCH_2CHOHCH_2OH}}}$ ‖	Phosphatidylglycerin
O-β-D-Gal	Monogalactosyldiacylglycerin
O-β-D-Gal-β-D-Gal	Digalactosyldiacylglycerin
SO_3H_2	Sulfolipide

Gal = Galactose

Die natürlichen G. sind optisch aktiv – Triacylglycerine allerdings nur, wenn sie in 1- und 3-Stellung verschiedene Acylreste tragen. Die spezifische Drehung liegt bei 3–6°. Glyceroglycolipide enthalten noch zusätzliche chirale Zentren. Zur Konfigurationsangabe der G. dient eine stereospezifische Nummerierung (*stereospecific numbering*, sn). Dabei wird das C-Atom zum C-1, das bei der Fischer-Projektion bei senkrechter Anordnung der C-Atome oben steht, wenn die Hydroxygruppe in 2-Stellung links angeordnet ist. Die natürlich vorkommenden Glycerophospholipide leiten sich vom *sn*-*Glycerin-3-phosphat* (ältere Bezeichnungen: L-Glycerin-3-phosphat oder D-Glycerin-1-phosphat) ab, das aus Ausgangsprodukt der Biosynthese ist.

Die Chloroplastenmembran der höheren Pflanzen und der Algen enthält neben Phosphatidylglycerin fast ausschließlich Monogalactosyldiacylglycerine, Digalactosyldiacylglycerine sowie Sulfolipide, die als Sulfonsäuren stark oberflächenaktiv und sauer sind. Glyceroglycolipide mit anderen Zuckerresten kommen in Bakterien vor.

Glycerophospholipide, ↗ *Glycerolipide*.

Glycerose, Gemisch von ↗ *Glycerinaldehyd* und Dihydroxyaceton.

Glycin, *Gly, Aminoessigsäure*, H_2N-CH_2-COOH, die einfachste proteogene Aminosäure; M_r 75,07 Da, F. 233–290 °C (Zers.). G. ist nicht essenziell. Sein Aminostickstoff ist leicht austauschbar, weshalb er einer Aminosäurediät in größeren Mengen hinzugefügt wird, um als Stickstoffpool für die Synthese nichtessenzieller Aminosäuren zu dienen. Durch Transaminierung oder oxidative Desaminierung geht G. in Glyoxylsäure über, die weiter zu Ameisensäure metabolisiert wird. G. wird aus Glyoxylat durch Transaminierung oder aus L-Serin mit Hilfe der L-Serintetrahydrofolat-5,10-hydroxymethyl-Tansferase gebildet. Glyoxylat und L-Serin sind relativ frühe Produkte der Photosynthese (Abb. 1).

Die Reaktionen der Glycinsynthese aus Glyoxylat sind Bestandteile des *Glycolsäure-Zyklus*. Das α-C-Atom des Glycins kann zur Synthese aktiver Einkohlenstoff-Einheiten verwendet werden, entweder direkt oder über Glyoxylsäure. Die direkte Spaltung ist von Tetrahydrofolsäure (THF) abhängig und ergibt aktives Formaldehyd:

Gly + THF → $N^{5,10}$-Methylen-THF + CO_2 + NH_3.

Der Weg, der von Glyoxylsäure ausgeht, führt zu aktiver Ameisensäure. Bei der Reaktion 2 Gly → L-Serin + CO_2 + NH_3 wird ein Gly-Molekül in die aktive Einkohlenstoffeinheit umgewandelt, während das andere als Akzeptor in der Glycin-Serin-Interkonversion dient. G. kann über den ↗ *Succinat-Glycin-Zyklus* und über den Aminoethanol-Zyklus vollständig abgebaut werden (Abb. 2).

Der Succinat-Glycin-Zyklus ist der Weg, auf dem das α-C-Atom und der Aminostickstoff des Gly in ↗ *Porphyrine* inkorporiert werden. Das intakte Glycinmolekül wird in die Positionen 4, 5 und 7 des Purinrings eingebaut sowie über die Bildung aktiver

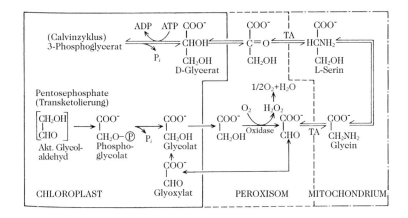

Glycin. Abb. 1. Der Glycolsäure-Zyklus.
TA = Transaminierung.

Einkohlenstoffkörper in die Positionen 2 und 8
(↗ *Purinbiosynthese*). Durch Methylierung von G.
werden Sarkosin und Glycinbetain gebildet. Durch
↗ *Transamidinierung* mit L-Arginin entsteht das
Glycocyamin, ein Vorläufer in der Synthese von
Kreatin und Kreatinin. G. ist auch Bestandteil des
Glutathions und wirkt als Neurotransmitter, ↗ *Gly-
cin-Rezeptor*.

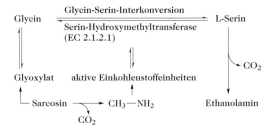

Glycin. Abb. 2. Der Aminoethanol-Zyklus.

Glycin-Allantoin-Zyklus, *Purinzyklus*, Reaktionsfolge zur Synthese von Harnstoff (Abb.), die in
Lungenfischen *(Dipnoi)* und in bestimmten harn-
stoffakkumulierenden Pflanzen eine Rolle spielt.
Die beim Purinabbau anfallenden Produkte Glyoxylat und Harnstoff werden mit unterschiedlicher
Geschwindigkeit reassimiliert. Glyoxylat wird in

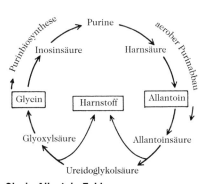

Glycin-Allantoin-Zyklus

Glycin umgewandelt, das wieder in die Purinbio-
synthese einmünden kann. Damit ist der Zyklus
geschlossen. Besondere Bedeutung hat der Glycin-
Allantoin-Zyklus neben dem Harnstoff-Zyklus nach
Krebs und Henseleit für die Harnstoffbildung in
Lungenfischen, z.B. *Protopterus dolloi* und *Protop-
terus aethiopicus,* die während der Sommerruhe
(Aestivation) Harnstoff in Mengen von 0,5—1 % des
Körpertrockengewichts in der Körperflüssigkeit an-
sammeln.

Glycinamidribonucleotid, *GAR*, ein Zwischenprodukt in der ↗ *Purinbiosynthese*.

Glycinin, ein biologisch vollwertiges Protein der
Sojabohne. Es wird in subzellulären Partikeln, den
„protein bodies" (Proteinkörper) gespeichert. Die
dimere Form (M_r 350 kDa) besteht aus 12 Untereinheiten (M_r je Untereinheit 28,5 kDa), die sich in
sechs basische (I.P. 8,0—8,5) und in sechs saure (I.P.
3,0—5,4) Ketten unterteilen lassen. G. ist dem
↗ *Arachin* strukturell verwandt.

Glycin-Rezeptor, ein zu den ↗ *ionotropen Rezeptoren* gehörender Rezeptor für den hemmenden
Neurotransmitter ↗ *Glycin*. Es ist ein Liganden-
gesteuerter Ionenkanal. Die Bindung von Glycin an
den Rezeptor führt nach kurzer Latenzzeit von
< 5 ms zum Öffnen der Kanalpore, wodurch Cl⁻-
Ionen entlang des osmotischen Gradienten in das
Zellinnere einströmen und dadurch die Zelle hyper-
polarisieren. Durch ↗ *Strychnin*, das Krampfgift
aus *Strychnos nux vomica*, wird nur der G., nicht
aber der GABA$_A$-Rezeptor (↗ *GABA-Rezeptoren*)
blockiert.

Glycinspaltungssystem, ein Enzymsystem, das für
den Hauptteil des Glycinstoffwechsels in der Verte-
bratenleber verantwortlich ist. Es besteht aus vier
Proteinen: 1) dem P-Protein, das Pyridoxalphosphat enthält, 2) dem H-Protein, das als Carrier
fungiert und Liponsäure enthält, 3) dem L-Protein
(Lipoamid-Dehydrogenase) und 4) dem T-Protein,
einer Transferase, die von Tetrahydrofolat abhängig
ist. Einzelreaktionen des G. zeigt die Abb.

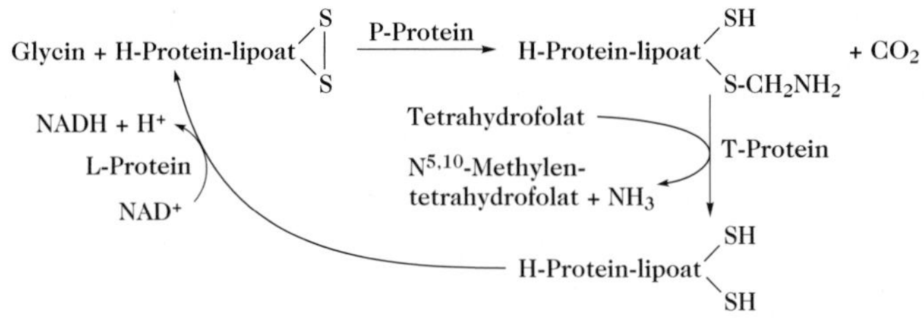

Glycinspaltungssystem

Gesamtreaktion:

Glycin + THF + NAD$^+$ →

$N^{5,10}$-Methylen-THF + NH$_3$ + CO$_2$ + NADH + H$^+$.

[K. Fujiwara et al. *J. Biol. Chem.* **259** (1984) 10.664–10.668]

Glycin-Succinat-Zyklus, ↗ *Succinat-Glycin-Zyklus.*

Glycin-Synthase, ein Enzym, das eine Synthese von ↗ *Glycin* in folgender Weise katalysiert: CO$_2$ + NH$_4^+$ + $N^{5,10}$-Methylen-THF + NADH → Glycin + THF + NAD$^+$. Verläuft die Reaktion in umgekehrter Richtung, wird das Enzym *Glycin-Spaltungsenzym* (↗ *Glycin-Spaltungssystem*) genannt.

Glycoalkaloide, ↗ *Steroidalkaloide,* ↗ *Saponine.*

Glycocholinsäuren, ↗ *Gallensäuren.*

Glycogen, ein tierisches Polysaccharid, das ähnlich wie Amylopektin α-1→4-glycosidisch aus D-Glucoseresten aufgebaut ist, sich von diesem aber durch einen etwa doppelt so hohen Verzweigungsgrad unterscheidet. Die Verzweigungen kommen durch Seitenketten zustande, die α-1→6-glycosidisch verknüpft sind und aus 6 bis 12 Glucoseresten bestehen. Das M_r beträgt 1 bis 16 Millionen; das entspricht im Maximalfall 10^5 Glucoseinheiten. G. gibt mit Iod eine braunviolette Farbe. Es findet sich besonders in der Leber (bis zu 10 %) und in den Muskeln (bis zu 1 %). Als Reserve-

kohlenhydrat unterliegt G. einem ständigen Auf- und Abbau.

Glycogenin, ein Protein (M_r 37 kDa), das als Primer der ↗ *Glycogen-Synthase* fungiert. Das C1-Kohlenstoffatom des ersten Glucosemoleküls ist kovalent mit der Hydroxylgruppe eines bestimmten Tyrosinrestes des G. verknüpft. G. wirkt autokatalytisch als Glycosyltransferase, indem es bis zu acht Glucosereste unter Mitwirkung von UDP-Glucose als Donor zu einem α(1→4)-verknüpften Oligosaccharid verbindet. Danach wird die Glycogen-Synthase aktiv.

Glycogenolyse, ↗ *Glycogenstoffwechsel.*

Glycogenose II, *Pompesche Krankheit,* eine ↗ *Glycogenspeicherkrankheit.* Von den verschiedenen Glycogenspeicherkrankheiten ist nur die Pompesche Krankheit auch eine ↗ *lysosomale Speicherkrankheit.*

Glycogen-Phosphorylase, ein Enzym des ↗ *Glycogenstoffwechsels,* das terminale α(1→4)-glycosidische Bindungen zwischen zwei Glucoseresten im Glycogen phosphorolytisch unter Bildung von Glucose-1-phosphat (Cori-Ester) spaltet. Die G. spaltet wiederholt vom nichtreduzierenden Ende bis zu einer Stelle, die noch vier Glucosereste von einem α(1→6)-Verzweigungspunkt entfernt ist. Für die Katalyse ist *Pyridoxal-5'-phosphat* (PLP, ↗ *Pyridoxalphosphate*) erforderlich, dessen Aldehydgruppe

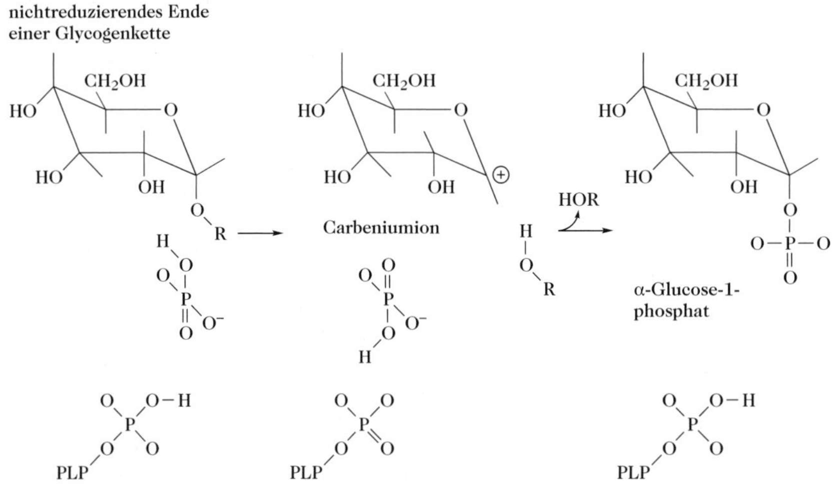

Glycogen-Phosphorylase. Abb. 1. Postulierter Mechanismus der Katalyse der Glycogen-Phosphorylase. R = Rest des Glycogens, PLP = Pyridoxalphosphat, HOR = um einen Glucoserest verkürzte Glycogenkette.

mit einer spezifischen Lysinseitenkette des Enzyms eine Schiffsche Base ausbildet. Das 5'-Phosphat des PLP tritt mit dem reagierenden Orthophosphat in Form eines allgemeinen Säure-Base-Katalysators in Wechselwirkung (Abb. 1). Das als Zwischenprodukt auftretende Carbeniumion wird von Orthophosphat angegriffen, wobei α-Glucose-1-phosphat gebildet wird. Die phosphorolytische Spaltung, die zu einem phosphorylierten Produkt führt, erfordert den vollständigen Ausschluss von Wasser im aktiven Zentrum der G. Damit erklärt sich die spezielle Funktion des PLP als allgemeiner Säure-Base-Katalysator. Die G. wird durch allosterische Wechselwirkungen und reversible Phosphorylierung reguliert. Im Skelettmuskel kommt die G. in zwei Formen vor. Neben der katalytisch aktiven Form, kurz *Phosphorylase a* genannt, kommt noch die normalerweise im ruhenden Muskel inaktive Form, die *Phosphorylase b*, vor. Die monomere Untereinheit der G. besteht aus 841 Aminosäurebausteinen (M_r 97 kDa) und faltet sich kompakt zu zwei Domänen. Die aminoendständige Domäne aus 480 Aminosäurebausteinen enthält die glycogenbindende Einheit (60 Aminosäurereste), während die carboxylendständige Domäne aus 361 Aminosäureresten aufgebaut ist. Das aktive Zentrum des Enzyms ist in einer tiefen Spalte, die von den beiden Domänen gebildet wird, lokalisiert. Dadurch ist es vom wässrigen Milieu abgeschirmt. Die PLP-Bindungsstelle befindet sich zwangsläufig in unmittelbarer Nachbarschaft (Abb. 2). Die Glycogenbindungsstelle ist etwa 3 nm vom aktiven Zentrum entfernt. Dieser relativ große Abstand ermöglicht der G. viele endständige Reste des verzweigten Glycogens phosphorolytisch abzuspalten. Die Regulation der G. erfolgt sowohl durch reversible Phosphorylierung des Ser^{14} in beiden

identischen Untereinheiten des Dimers als auch allosterisch (↗ *Allosterie*) durch den Effektor AMP. Die Phosphorylase b des Muskels ist nur in Gegenwart hoher Konzentrationen des allosterischen Effektors AMP aktiv. Als negative allosterische Effektoren wirken ATP und Glucose-6-phosphat. In der Regel ist unter physiologischen Bedingungen im ruhenden Muskel die Phosphorylase b inaktiv. Im arbeitenden Muskel wird der AMP-Spiegel erhöht und dadurch kommt es zur Aktivierung der Phosphorylase b. Erhöhter Adrenalinspiegel (↗ *Adrenalin*) und elektrische Muskelreizung führen über die kovalente Phosphorylierung zur Bildung der hochaktiven Phosphorylase a. Die Regulation der Leber-Phosphorylase unterscheidet sich von der des Muskelenzyms. Die G. der Leber wird nicht durch AMP aktiviert, außerdem wird die Phosphorylase a der Leber durch Bindung von Glucose inaktiviert. Da in der Leber der Sinn des Glycogenabbaus darin besteht, Glucose bei niedrigem Blutglucosespiegel für den Transport in andere Gewebe bereitzustellen, kann das Leberenzym auf Glucose reagieren.

Glycogenspeicherkrankheiten, eine Gruppe von Zuständen, die durch übermäßige Ablagerung von Glycogen in der Leber, den Muskeln oder anderen Organen charakterisiert ist. Sie sind durch das vererbte Fehlen eines der Enzyme des Glycogenabbaus bedingt.

Cori-Typ-I-Glycogenspeicherkrankheit (Von-Gierkesche Krankheit). Aufgrund eines Glucose-6-phosphatase(EC 3.1.3.9)-Mangels lagert sich Glycogen in der Leber und den Nieren ein. Diese Organe werden dadurch vergrößert. In den Muskeln findet keine Glycogenablagerung statt. Die Glycogenstruktur ist normal. Zusätzlich tritt eine Hypoglycämie und eine Lactatacidose auf und das Wachstum ist verzögert. Die Prognose ist günstig.

Cori-Typ-II-Glycogenspeicherkrankheit (Glycogenose II, Pompesche Krankheit). Bedingt durch einen Amylo-1,4-α-Glucosidase(EC 3.2.1.20)-Mangel lagert sich Glycogen in vielen Geweben ein, einschließlich des Herzens, das vergrößert ist. Das meiste Glycogen liegt in großen Vakuolen (aufgeblähte Lysosomen) vor, die bei anderen Formen der Glycogenese nicht angetroffen werden. Das Enzym ist in Lysosomen lokalisiert und das Glycogen tritt auf dieser Stufe des Abbaus in das Lysosom ein. Der Kohlenhydratstoffwechsel ist nicht weiter beeinträchtigt. Der Tod tritt in frühen Jahren aufgrund von Herzversagen ein.

Cori-Typ-III-Glycogenspeicherkrankheit (Forbessches Syndrom). Da ein Mangel an Amylo-1,6-α-Glucosidase (EC 3.2.1.33) vorliegt, dem Enzym, das die Hydrolyse der Kettenverzweigungen katalysiert, weist das Glycogen kürzere äußere Ketten auf und ist dextrinähnlich. Im Kindesalter ist die Leber vergrößert. Sie kann sich jedoch im Erwachsenen-

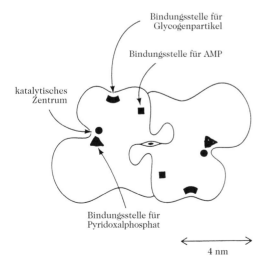

Bindungsstelle für Glycogenpartikel

Bindungsstelle für AMP

katalytisches Zentrum

Bindungsstelle für Pyridoxalphosphat

← 4 nm →

Glycogen-Phosphorylase. Abb. 2. Schematische Darstellung des Phosphorylase-*b*-Dimers.

alter verkleinern. Es tritt zusätzlich eine leichte Hypoglycämie und eine milde Lactacidose auf, letztere kann fehlen. Die Prognose ist günstig.

Cori-Typ-IV-Glycogenspeicherkrankheit (Andersensche Krankheit, Amylopektinose). Aufgrund eines Mangels an Amylo-(1,4→1,6)-Transglucosidase (EC 2.4.1.1), dem Glycogenverzweigungsenzym, besitzt das Glycogen längere innere und äußere Ketten mit sehr wenigen Verzweigungspunkten. Es lagert sich in den Geweben ab und es bildet sich eine Leberzirrhose aus. Die Kinder sterben im Kleinkindalter.

Cori-Typ-V-Glycogenspeicherkrankheit (McArdlesche Krankheit). Bedingt durch einen Mangel an Muskelphosphorylase (EC 2.4.1.1) lagert sich Glycogen in den Muskeln ab. Die Glycogenstruktur ist normal. Bei körperlicher Bewegung treten Muskelkrämpfe auf und im Urin kann Myoglobin aus verletzten Muskeln enthalten sein. Die Patienten sind symptomfrei, wenn sie anstrengende körperliche Tätigkeit unterlassen. Die Prognose ist günstig.

Cori-Typ-VI-Glycogenspeicherkrankheit (Herssche Krankheit). Aufgrund eines Leberphosphorylase(EC 2.4.1.1)-Mangels ist die Leber vergrößert. Die Glycogenstruktur ist normal. Es treten leichte Formen der Hypoglycämie und Lactacidose auf. Die Prognose ist günstig.

Typ-VII-Glycogenspeicherkrankheit (von Cori nicht aufgeführt). Da ein Mangel an 6-Phosphofructokinase (EC 2.7.1.11; Muskelisoenzym) vorliegt, lagert sich Glycogen in den Muskeln ab. Die Glycogenstruktur ist normal. Bei kraftvoller oder längerer körperlicher Anstrengung tritt eine anormale Muskelschwäche und -steifheit auf. Auch Fructose-6-phosphat und Glucose-6-phosphat werden abgelagert. Die Hälfte der Enzymaktivität in den Erythrocyten fehlt (die restlichen 50 % gehen auf ein anderes Isoenzym zurück) und es liegt eine leichte Hämolyse vor. Die Prognose ist günstig.

Typ-VIII-Glycogenspeicherkrankheit (von Cori nicht aufgeführt). Aufgrund eines Mangels an Phosphorylase-Kinase (EC 2.7.1.38) ist die Leber vergrößert. Die Glycogenstruktur ist normal. Die Prognose ist günstig.

Glycogenstoffwechsel, die Synthese und der Abbau des Glycogens im Organismus (Abb. 1). Ausgangsverbindung für die Synthese ist Glucose-6-phosphat, das durch eine Phosphoglucomutase in Glucose-1-phosphat umgewandelt wird. Wichtiges katalytisch wirkendes Cosubstrat ist dabei Glucose-1,6-diphosphat. Die Glycogensynthese verläuft über ein aktiviertes Zuckerderivat, die Uridindiphosphatglucose. Hierbei wird enzymatisch das C-Atom 1 der Glucoseeinheit an das C-Atom 4 des endständigen Glucoserestes eines vorgegebenen Startpolysaccharids $(\alpha\text{-}1,4\text{-Glucosyl})_n$ – Glycogen,

Dextrin oder im Extremfall Maltose – angeheftet. Eine Transglycosidase (Glycogenverzweigungsenzym, Q-Enzym, EC 2.4.1.18) löst nachfolgend ein Kettenstück aus dieser 1→4-Bindung und knüpft es an die Hydroxylgruppe in Position 6 einer Glucoseeinheit. Das Glycogenverzweigungsenzym ist damit für die Verzweigungen im Glycogenmolekül verantwortlich (Abb. 1).

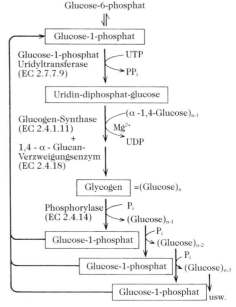

Glycogenstoffwechsel. Abb. 1. Synthese und Abbau von Glycogen.

Der Abbau des Glycogens (*Glycogenolyse*) erfolgt phosphorolytisch unter Katalyse der Glycogenphosphorylase (EC 2.4.1.1). Das Enzym überträgt den Glucoserest vom nichtreduzierenden Ende des Glycogens auf anorganisches Phosphat unter Bildung von Glucose-1-phosphat, das zu Glucose-6-phosphat isomerisiert und dann in den allgemeinen Kohlenhydratabbau einfließt (↗ *Glycolyse*). Die 1→6-Verzweigungsstellen werden nicht durch die Phosphorylase, sondern durch eine Hydrolase gespalten. Beim vollständigen Abbau des Glycogens entstehen damit neben Glucose-1-phosphat auch stets etwa 10 % freie Glucose.

Die Regulation des Glycogenstoffwechsels erfolgt über Enzymumwandlungen (↗ *kovalente Enzymmodifizierung*; Abb. 2).

Die Glycogen-Synthetase kommt in den Muskeln gewöhnlich in der aktiven Form vor, während die Phosphorylase in ihrer inaktiven Form (*b*) vorliegt. Die Phosphorylase *b* kann durch explosionsartiges Auftreten von AMP aufgrund von Muskelaktivität allosterisch akiviert werden, so dass die Phosphorylierung einsetzen kann. Jedoch stellen hormonel-

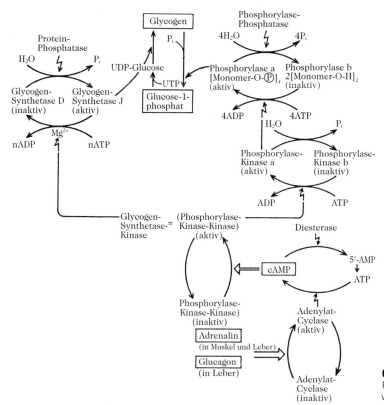

Glycogenstoffwechsel. Abb. 2. Regulation des Glycogenstoff- wechsels.

le und nervöse Stimulierungen wichtigere Regula- toren des Glycogenstoffwechsels dar. Adrenalin und Glucagon aktivieren die Adenylat-Cyclase (EC 4.6.1.1). Das dabei gebildete cAMP aktiviert eine Reihe von Protein-Kinasen, u.a. auch eine, die die Phosphorylase-Kinase (EC 2.7.1.38) aktiviert und die Glycogen-Synthase inaktiviert. Die inaktive Form der Phosphorylase kann auch allosterisch aktiviert werden durch Ca^{2+}-Ionen, die als Resultat einer Muskelkontraktion freigesetzt werden. Die aktivierte Phosphorylase-Kinase a überführt inak- tive Phosphorylase b in aktive Phosphorylase a. Die Phosphorylase a ist Gegenstand der allosterischen Inhibierung durch Glucose-6-phosphat, so dass der Glycogenabbau verlangsamt wird durch den Auf- bau dieses Produkts. Zusätzlich aktiviert Glucose- 6-phosphat in allosterischer Weise die Glycogen- Synthase.

Das System entspannt sich und kommt zum Ru- hezustand, wenn eine Reihe von Phosphatasen die von Kinasen addierten Phosphatgruppen abspalten. Von diesen Enzymen ist wenig bekannt, sie müssen jedoch ebenfalls reguliert werden. Das Gesamtsys- tem wird also sowohl allosterisch reguliert durch Substrate und Produkte als auch durch posttrans- lationelle Modifizierung der Enzyme als Antwort auf Hormone und Nervenimpulse.

Glycogen-Synthase, ein Enzym des ↗ *Glycogen- stoffwechsels*, das die Übertragung von Glucose aus der aktivierten UDP-Glucose auf eine wachsende Glycogenkette katalysiert, wobei $\alpha(1{\rightarrow}4)$-glycosi- dische Bindungen geknüpft werden. Der Aufbau eines Glycogenmoleküls kann nur dann erfolgen, wenn die wachsende Oligosaccharidkette bereits mehr als vier Glucosebausteine enthält. Die G. be- nötigt daher einen Primer in Form von ↗ *Glycoge- nin*. Durch Phosphorylierung eines spezifischen Se- rinrestes wird die aktive G. a inaktiviert und geht in die G. b über, die für ihre Aktivität einen hohen Glucose-6-phosphat-Spiegel benötigt. Die aktive a- Form wird durch Glucose-6-phosphat nicht beein- flusst. Die G. besitzt in zwei Clustern am N- und C- Terminus insgesamt neun Phosphorylierungsstel- len. Die Phosphorylierung erfolgt durch ↗ *Protein- Kinase A*, aber auch durch verschiedene andere Kinasen.

Glycolipide, phosphorfreie ↗ *Membranlipide*, de- ren nichtpolarer Alkoholteil (Y in Abb. 1a) über eine glycosidische Bindung an einen polaren Mono- oder Oligosaccharidrest gebunden ist.

Bei *Glyceroglycolipiden* besteht der nichtpolare Alkoholteil aus einem sn-1,2-Diacylglycerinrest, dessen sn-3-Sauerstoff glycosidisch an den polaren Mono- oder Oligosaccharidrest gebunden ist, wie in

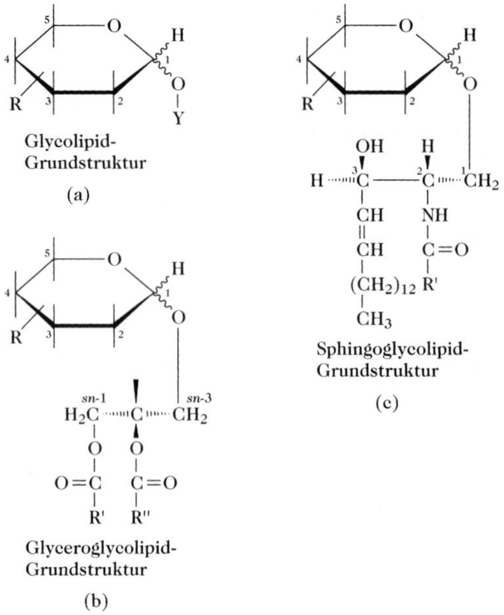

Glycolipid-
Grundstruktur

(a)

Glyceroglycolipid-
Grundstruktur

(b)

Sphingoglycolipid-
Grundstruktur

(c)

Glycolipide. Abb. 1. Grundstrukturen von Glycolipiden und ihren Unterklassen, den Glyceroglycolipiden und den Sphingoglycolipiden. R = Rest des glycosidischen polaren Molekülteils. R' und R'' = Kohlenwasserstoffketten. Y = nichtpolarer Rest.

Abb. 1b gezeigt. Die bekanntesten Glyceroglycolipide sind die 1,2-Diacetyl-3-β-D-galactosyl-sn-glycerine (oft Monogalactosyldiglyceride genannt). Sie stellen die Hauptlipide von Chloroplastenmembranen dar und machen 40% ihres Trockengewichts aus, was sie zu den am weitesten verbreiteten Membranlipiden der Biosphäre macht. Sie werden in den Chloroplastenmembranen begleitet von den 1,2-Diacyl-3-[α-D-galactosyl-(α1→6)-β-D-galactosyl]-sn-glycerinen (Digalactosyldiglyceride) und

den 1,2-Diacyl-3-(6-sulfo-α-D-chinovosyl)-sn-glycerinen (oft Pflanzensulfolipide genannt, obwohl Pflanzensulfonolipide der bessere Name wäre, da er die Sulfonsäurenatur des schwefelsäurehaltigen Teils hervorhebt). Die Strukturen dieser Verbindungen werden in Abb. 2 gezeigt.

Im Fall der *Sphingoglycolipide* ist der nichtpolare Alkoholrest ein N-Acylsphinganinderivat (ein Ceramid), dessen C1-Sauerstoff glycosidisch an den polaren Mono- oder Oligosaccharidrest gebunden ist, wie in Abb. 1c gezeigt. Diese Lipide werden oft *Glycosylceramide* genannt. Sie können unterteilt werden in Verbindungen, die einen oder mehrere Sialinsäurereste tragen (gewöhnlich Ganglioside genannt, ↗ Neuraminsäuren), und Verbindungen ohne Sialinsäurereste. Die Sphingoglycolipide ohne Sialinsäure können weiter in einfache und komplexe eingeteilt werden. Die erstgenannten, die oft Cerebroside genannt werden, besitzen nur einen Glycosylrest, der manchmal an der 3-Hydroxylgruppe sulfatiert ist. Sie werden anhand von 1-β-D-Galactosylceramid (Abb. 3a) und seinem Glycosylanalogen typisiert. Letzteres besitzt ein Oligosaccharid (s. Beispiele in Tabelle 1), das β-glycosidisch über den Lactosylrest an seinem reduzierenden Ende an Ceramid-C1 gebunden ist. Lactosylceramid (Abb. 3b) ist auch an der Struktur von Gangliosiden beteiligt, deren Oligosaccharidteile (s. Beispiele in Tabelle 2) durch die Gegenwart von einem oder mehr Sialinsäureresten noch komplexer sind. Die Sialinsäurereste stammen gewöhnlich von N-Acetyl-Neuraminsäure (NANA) ab, manchmal auch von N-Glycosylneuraminsäure (NGNA; Abb. 4). Sie sind in den Oligosacchariden über α2→3-glycosidische Bindungen mit Glycosylresten verknüpft, bzw. mit anderen über α2→8-glycosidische Bindungen.

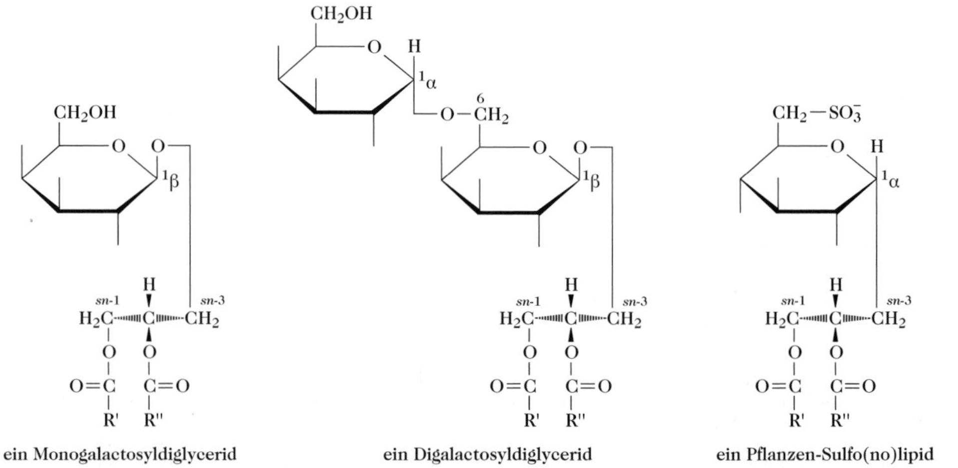

ein Monogalactosyldiglycerid   ein Digalactosyldiglycerid   ein Pflanzen-Sulfo(no)lipid

Glycolipide. Abb. 2. Strukturen einiger Glyceroglycolipide. R und R' = Kohlenwasserstoffketten

Glycolipide. Tab. 1. Strukturen einiger komplexer Nichtsialo-Sphingoglycolipide (alle besitzen einen Lactosylrest [D-Gal-(β1→4)D-Glc], der glycosidisch mit C1 von Ceramid verknüpft ist).

Struktur	Trivialname des Oligosaccharids	Name des Sphingoglycolipids
Gal(α1→4)Gal(β1 → 4)Glc(β1→)Cer	Globotriaose	Globotriaosylceramid
GalNAc(α1→4)Gal(α1→4)Gal(β1→4)Glc(β1→)Cer	Globotetraose	Globotetraosylceramid
Gal(α1→3)Gal(β1→4)Glc(β1→)Cer	Isoglobotriaose	Isoglobotriaosylceramid
GalNAc(α1→4)Gal(α1→3)Gal(β1→4)Glc(β1→)Cer	Isoglobotetraose	Isoglobotetraosylceramid
Gal(β1→4)Gal(β1→4)Glc(β1→)Cer	Mucotriaose	Mucotriaosylceramid
Gal(β1→4)Gal(β1→4)Gal(β1→4)Glc(β1→)Cer	Mucotetraose	Mucotetraosylceramid
GalNAc(β1→3)Gal(β1→4)Glc(β1→)Cer	Lactotriaose	Lactotriaosylceramid
Gal(β1→3)GalNAc(β1→3)Gal(β1→4)Glc(β1→)Cer	Lactotetraose	Lactotetraosylceramid
Gal(β1→4)GalNAc(β1→3)Gal(β1→4)Glc(β1→)Cer	Neolactotetraose	Neolactotetraosylceramid

Struktur	Bezeichnung*

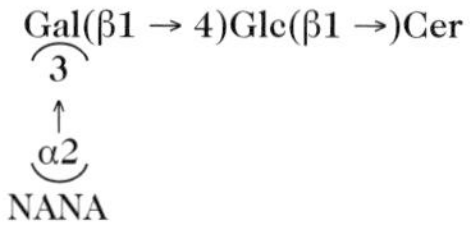

$$\underset{\underset{\underset{\text{NANA}}{\overset{\alpha 2}{\uparrow}}}{3}}{\text{Gal}}(\beta 1 \to 4)\text{Glc}(\beta 1 \to)\text{Cer} \qquad \text{GM3}$$

$$\text{GalNAc}(\beta 1 \to 4)\underset{\underset{\underset{\text{NANA}}{\overset{\alpha 2}{\uparrow}}}{3}}{\text{Gal}}(\beta 1 \to 4)\text{Glc}(\beta 1 \to)\text{Cer} \qquad \text{GM2}$$

$$\text{Gal}(\beta 1 \to 3)\text{GalNAc}(\beta 1 \to 4)\underset{\underset{\underset{\text{NANA}}{\overset{\alpha 2}{\uparrow}}}{3}}{\text{Gal}}(\beta 1 \to 4)\text{Glc}(\beta 1 \to)\text{Cer} \qquad \text{GM1}$$

GD1a

$$\underset{\underset{\text{NANA}}{\overset{\alpha 2}{\uparrow}}}{\underset{3}{\text{Gal}}}(\beta 1 \to 3)\text{GalNAc}(\beta 1 \to 4)\underset{\underset{\text{NANA}}{\overset{\alpha 2}{\uparrow}}}{\underset{3}{\text{Gal}}}(\beta 1 \to 4)\text{Glc}(\beta 1 \to)\text{Cer}$$

GD1b

$$\text{Gal}(\beta 1 \to 3)\text{GalNAc}(\beta 1 \to 4)\underset{\underset{\text{NANA}(\alpha 2 \to 8)\text{NANA}}{\overset{\alpha 2}{\uparrow}}}{\underset{3}{\text{Gal}}}(\beta 1 \to 4)\text{Glc}(\beta 1 \to)\text{Cer}$$

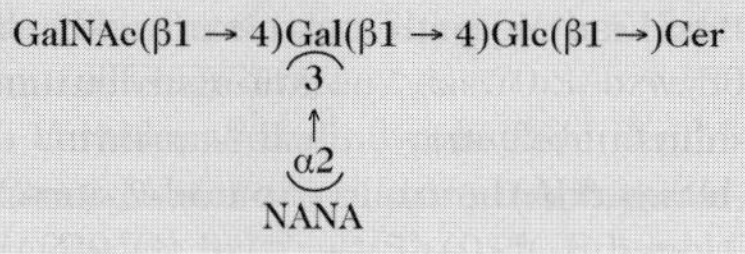

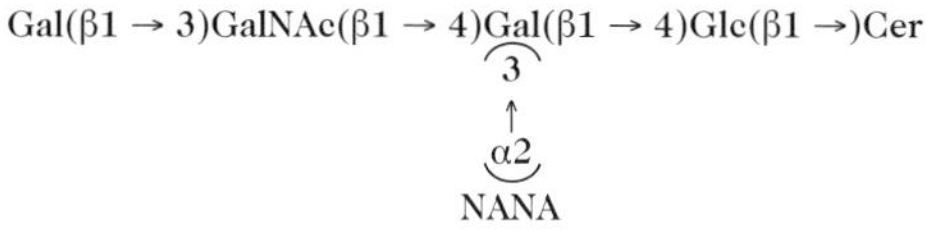

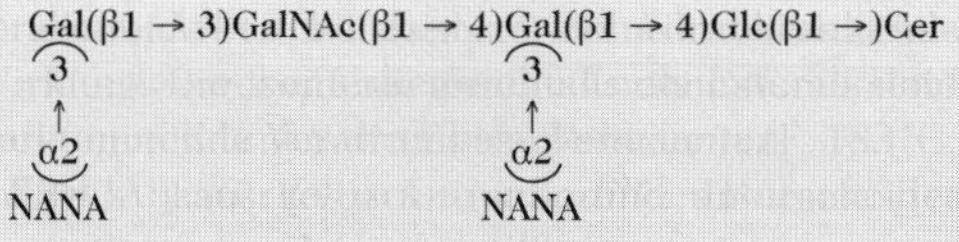

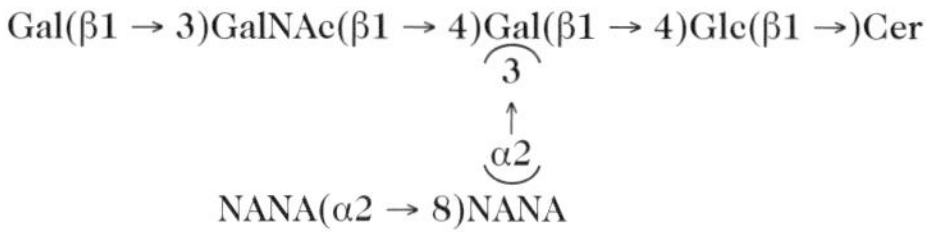

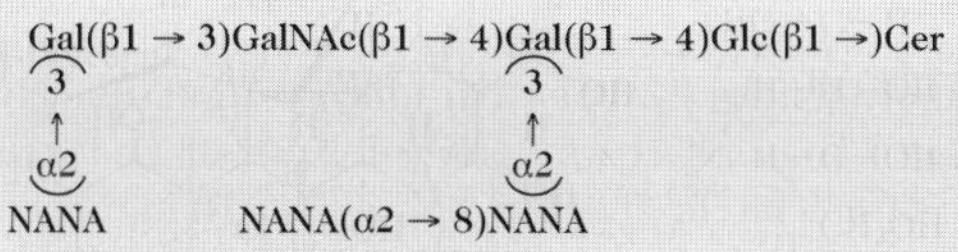

GT1b

$$\underset{\underset{\text{NANA}}{\overset{\alpha 2}{\uparrow}}}{\underset{3}{\text{Gal}}}(\beta 1 \to 3)\text{GalNAc}(\beta 1 \to 4)\underset{\underset{\text{NANA}(\alpha 2 \to 8)\text{NANA}}{\overset{\alpha 2}{\uparrow}}}{\underset{3}{\text{Gal}}}(\beta 1 \to 4)\text{Glc}(\beta 1 \to)\text{Cer}$$

* Nomenklatur laut Svennerholm [*J. Neurochem.* 10 (1963) 613–623], wobei G = Gangliosid, M = Monosialo-, D = Disialo-, T = Trisialo- sind und die arabischen Ziffern die Wanderungssequenz auf Dünnschichtchromatogrammen anzeigen.

Glycolipide. Tab. 2. Strukturen einiger Ganglioside (alle besitzen einen Lactosylrest [D-Gal-(β1→4)D-Glc], der glycosidisch mit C1 von Ceramid verknüpft ist).

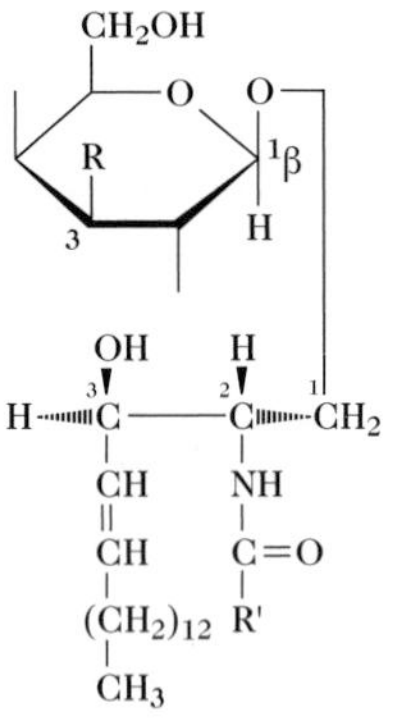

ein 1-β-D-Galactosylceramid (R=OH)
und seine Sulfatester (R=O–SO$_3^-$)
(R' = eine Kohlenwasserstoffkette)

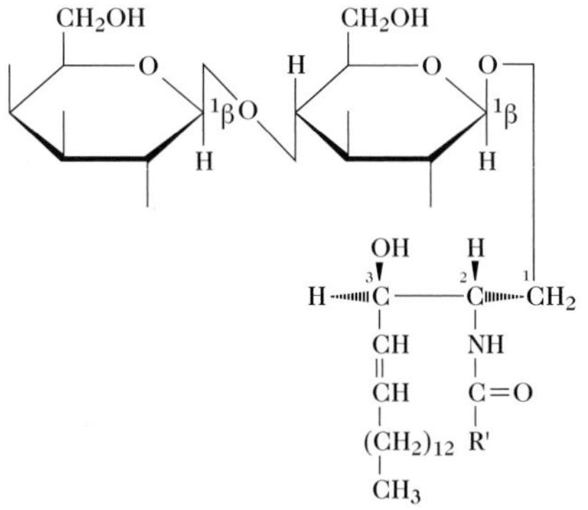

ein Lactosylceramid
(R' = eine Kohlenwasserstoffkette)

Glycolipide. Abb. 3. oben: ein Galactosylceramid (ein einfaches, Nichtsialo-Sphingoglycolipid). unten: ein Lactosylceramid (ein Baustein komplexer Nichtsialo-Sphingoglycolipide und von Gangliosiden).

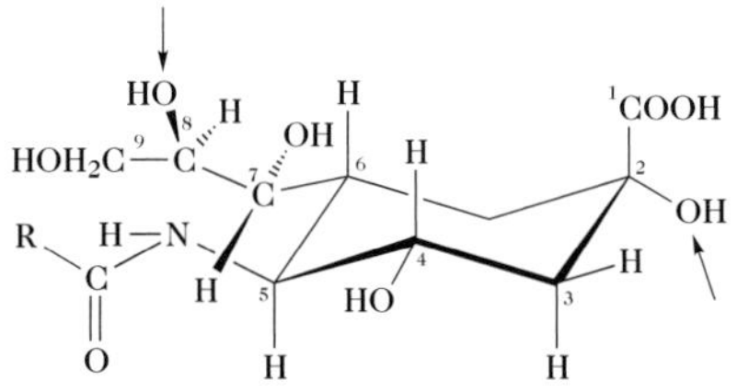

Sialinsäure ⎡ R=CH$_3$; *N*-Acetylneuraminsäure
            (NANA)
        ⎣ R=HOCH$_2$; *N*-Glycolylneuraminsäure
            (NGNA)

Glycolipide. Abb. 4. Struktur von Sialinsäuren. Die mit einem Pfeil gekennzeichneten Hydroxylgruppen sind an glycosidischen Bindungen in Gangliosidoligosacchariden beteiligt, entweder SA(α2→3)Gly oder SA(α2→8)SA, wobei *SA* Sialinsäure und *Gly* ein Monosaccharidrest sind.

Glycolsäure, *Hydroxyessigsäure*, HOCH$_2$-COOH, eine wichtige Hydroxycarbonsäure, die besonders in jungen Pflanzenteilen und unreifen Früchten, z.B. Stachelbeere, Weinbeere und Apfel, vorkommt (M_r 76,05 Da, F. 79 °C). G. ist ein Zwischenprodukt der Photosynthese, wo sie durch ↗ *Transketolierung* aus dem aktiven Glycolaldehyd gebildet wird. Mit Hilfe des Enzyms Glycolsäure-Oxidase (EC 1.1.3.1) wird Glycolsäure zu Glyoxylsäure oxidiert. Glyoxylsäure kann in ↗ *Glycin* überführt oder zu G. zurückreduziert werden.

Glycolsäure-Zyklus, ↗ *Glycin*.

Glycolyse (griech. *glykos* „süß" und *lysis* „Spaltung"), *Embden-Meyerhof-Parnas-Weg*, ein für alle Organismen essenzieller Stoffwechselweg für den katabolischen Abbau von Glucose unter Bildung von Adenosintriphosphat (ATP). Im engeren Sinn versteht man darunter die anaerobe G., d.h. den Abbau von Glucose ohne Beteiligung von Sauerstoff zu Lactat (Salz der Milchsäure) bzw. Ethanol (↗ *alkoholische Gärung*). Dieser Weg der anaeroben Verwertung von Glucose ist der älteste biochemische Mechanismus zur Gewinnung von Energie in Form von ATP, der die Entwicklung von lebenden Organismen in einer sauerstofffreien Atmosphäre ermöglichte. Die anaerobe G. ist für verschiedene anaerobe und fakultativ anaerobe Mikroorganismen der wichtigste Weg zur ATP-Gewinnung. Von je einem Molekül umgesetzter Glucose werden 150,72 kJ (36 kcal) Energie erhalten, die zur Nettosynthese von 2 Molekülen Adenosintriphosphat dienen. Unter aeroben Bedingungen („aerobe" G.) ist unter Beibehaltung fast aller Reaktionsschritte Pyruvat (Salz der Brenztraubensäure) ein Intermediat, das anschließend durch den Pyruvat-Dehydrogenase-Komplex unter CO$_2$-Abspaltung und Oxidation zu Acetyl-CoA weiterreagiert. Nach Einmündung in den ↗ *Tricarbonsäure-Zyklus* wird der Acetylrest zu CO$_2$ abgebaut, und die gebildeten Reduktionsäquivalente führen in der ↗ *Atmungskette* zu einer deutlich höheren Energieausbeute.

Die G. bis zur Stufe des Pyruvats (Abb. 1, Tab.) wird durch 10 cytosolische Enzyme katalysiert. In der vorbereitenden Phase kommt es unter Verbrauch von ATP zur Bildung des Fructose-1,6-diphosphats, das danach zu 2 Molekülen Triosephosphat gespalten wird. Anschließend werden die letztlich aus Glucose gebildeten 2 Moleküle Glycerinaldehyd-3-phosphat am C-1 oxidiert, wobei die gewonnene Energie in Form von Reduktionsäquivalenten (NADH + H$^+$) und 1,3-Diphosphoglycerat konserviert wird (Abb. 2, Seite 411). Dieses Intermediat besitzt ein hohes Phosphatgruppenübertragungspotenzial und ermöglicht unter der Katalyse der Phosphoglycerat-Kinase den Transfer des Phosphatrests auf ADP unter Bildung von ATP (Substratkettenphosphorylierung). Nach Bildung

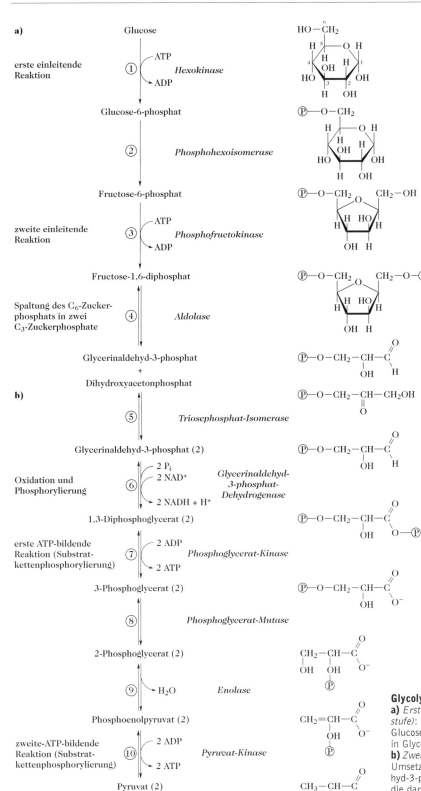

a)

erste einleitende Reaktion

Glucose → ① ATP / ADP *Hexokinase*

Glucose-6-phosphat → ② *Phosphohexoisomerase*

Fructose-6-phosphat

zweite einleitende Reaktion

③ ATP / ADP *Phosphofructokinase*

Fructose-1,6-diphosphat

Spaltung des C_6-Zuckerphosphats in zwei C_3-Zuckerphosphate

④ *Aldolase*

Glycerinaldehyd-3-phosphat
+
Dihydroxyacetonphosphat

b)

⑤ *Triosephosphat-Isomerase*

Glycerinaldehyd-3-phosphat (2)

Oxidation und Phosphorylierung

⑥ 2 P_i / 2 NAD^+ → 2 NADH + H^+ *Glycerinaldehyd-3-phosphat-Dehydrogenase*

1,3-Diphosphoglycerat (2)

erste ATP-bildende Reaktion (Substratkettenphosphorylierung)

⑦ 2 ADP → 2 ATP *Phosphoglycerat-Kinase*

3-Phosphoglycerat (2)

⑧ *Phosphoglycerat-Mutase*

2-Phosphoglycerat (2)

⑨ → H_2O *Enolase*

Phosphoenolpyruvat (2)

zweite-ATP-bildende Reaktion (Substratkettenphosphorylierung)

⑩ 2 ADP → 2 ATP *Pyruvat-Kinase*

Pyruvat (2)

Glycolyse. Abb. 1. Übersicht. **a)** *Erste Stufe (Vorbereitungsstufe)*: Phosphorylierung von Glucose und ihre Umwandlung in Glycerinaldehyd-3-phosphat. **b)** *Zweite Stufe (Ertragsstufe)*: Umsetzung von Glycerinaldehyd-3-phosphat in Pyruvat und die daran gekoppelte ATP-Bildung.

Glycolyse. Tab. Reaktionen der Glycolyse.

Reaktion Nr.	Reaktionsgleichung	Name des Enzyms	Inhibitoren	$\Delta G^{0'}$(Freie Enthalpie) kJ/mol (kcal/mol)
1	Stärke oder Glycogen + $nP_i \rightarrow$ n-Glucose-1-P	Phosphorylase (EC 2.4.1.1)		+3,06 (+0,73)
2	Glucose-1-P $\rightarrow$ Glucose-6-P	Phosphoglucomutase (EC 2.7.5.1)	Fluorid, organische Phosphate	−7,29 (−1,74)
3	Glucose + ATP $\rightarrow$ Glucose-6-P + ADP	Hexokinase (EC 2.7.1.1)		−16,77 (−4,00)
4	Glucose-6-P $\rightleftarrows$ Fructose-6-P	Glucosephosphat-Isomerase (EC 5.3.1.9)	2-Desoxyglucose-6-P	+1,68 (+0,40)
5	Fructose-6-P + ATP $\rightarrow$ Fructose-1,6-P_2 + ADP + H^+	6-Phosphofructo-Kinase (EC 2.7.1.11)	ATP, Citrat	−14,24 (−3,40)
6	Fructose-1,6-P_2 $\rightleftarrows$ Dihydroxyaceton-P + Glycerinaldehyd-3-P	Fructosediphosphat-Aldolase (EC 4.1.2.13)	Chelatbildner (nur bei Enzymen aus Mikroorganismen)	+24,01 (+5,73)
7	Dihydroxyaceton-P $\rightleftarrows$ Glycerinaldehyd-3-P	Triosephosphat-Isomerase (EC 5.3.1.1)		+7,66 (+1,83)
8	Glycerinaldehyd-3-P + P_i + NAD^+ $\rightleftarrows$ 1,3-P_2-glycerat + NADH + H^+	Glycerinaldehydphosphat-Dehydrogenase	Threose-2,4-P_2	+6,28 (+1,50)
9	1,3-P_2-Glycerat + ADP + H^+ $\rightleftarrows$ 3-P-glycerat + ATP	Phosphoglycerat-Kinase (EC 2.7.2.3)		−18,86 (−4,5)
10	3-P-glycerat $\rightleftarrows$ 2-P-glycerat	Phosphoglycero-Mutase (EC 2.7.5.3)		+4,44 (+1,06)
11	2-P-glycerat $\rightleftarrows$ Phosphoenolpyruvat	Enolase (EC 4.2.1.11)	Ca^{2+}, Fluor + P_i	+1,84 (+0,44)
12	Phosphoenolpyruvat + ADP + H^+ $\rightleftarrows$ Pyruvat + ATP	Pyruvat-Kinase (EC 2.7.1.40)	Ca^{2+}, Na^+	−31,44 (−7,5)
13	Pyruvat + NADH + H^+ $\rightleftarrows$ Lactat + NAD^+	Lactat-Dehydrogenase (EC 1.1.1.27)	Oxamat	−25,12 (−6,00)

Anmerkung: Die Reaktionen 8 bis 13 müssen im Ablauf der Glycolyse verdoppelt werden, da beide Triosen (Reaktionen 6 und 7) umgesetzt werden. P = Phosphat, P_i = anorganisches Phosphat.

von Phosphoenolpyruvat liefert die zweite Substratkettenphosphorylierung der G. ein weiteres Äquivalent ATP unter Generierung von Pyruvat. Das bei der Reaktion der Glycerinaldehyd-3-phosphat-Dehydrogenase gebildete NADH + H^+ muss regeneriert werden. Während unter anaeroben Bedingungen viele Organismen die Elektronen des NADH + H^+ auf Pyruvat unter Bildung von Lactat übertragen (Abb. 3), erfolgt die Regenerierung von NAD^+ in den Mitochondrien im Prozess der ↗ Atmung. Auch im Wirbeltiermuskel führt intensive Muskelaktivität bei unzureichender Sauerstoffversorgung zur Lactatbildung. Bilanz:

Glucose ($C_6H_{12}O_6$) + 2 P_i + 2 ADP $\rightarrow$ 2 Lactat ($C_3H_6O_3$) + 2 ATP.

Hefezellen regenerieren NAD^+ durch Pyruvatreduktion zu Ethanol und CO_2. Diese anaeroben Prozesse werden als ↗ Fermentation oder ↗ Gärung bezeichnet.

Das Schlüsselenzym der Glycolyse ist die 6-Phosphofructo-Kinase (EC 2.7.1.11), die durch hohe ATP-Konzentrationen inhibiert und durch ADP und AMP aktiviert wird. Deren Produkt, das Fructosediphosphat, aktiviert die Pyruvat-Kinase. Der ↗ Pasteur-Effekt stellt einen weitere Regulierungsform der Glycolyse dar.

Glycopeptid-Transpeptidase, ein Enzym, das die Quervernetzung der Peptidoglycanketten der Bakterienzellwand katalysiert. Bei dieser Quervernetzungsreaktion greift die N-terminale Aminogruppe einer Pentaglycinkette die Peptidbindung zwischen zwei D-Alaninresten einer anderen C-terminalen Peptideinheit an. Dabei bildet die G. ein Acylintermediat mit dem vorletzten D-Alaninrest des D-Ala-

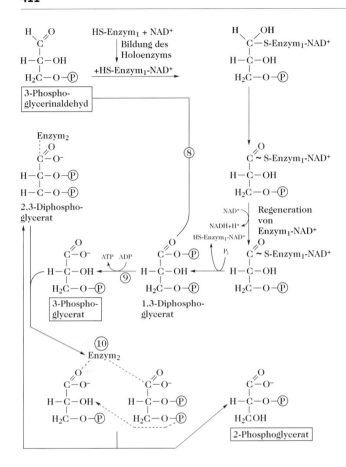

Glycolyse. Abb. 2. Mechanismus der Reaktionen 8 und 10 der Glycolyse (s. Tab.). $Enzym_1$ = Triosephosphat-Dehydrogenase, $Enzym_2$ = Phosphoglyceromutase.

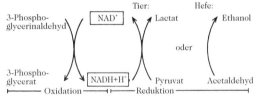

Glycolyse. Abb. 3. Oxidoreduktionszyklus der Glycolyse.

D-Ala-Peptids aus, das dann den Acylrest auf die Aminofunktion des terminalen Glycinrestes transferiert. ⌐ *Penicillin* inhibiert die G. durch Bindung an das aktive Zentrum des Enzyms, da es strukturell den D-Ala-D-Ala-Rest des normalen Substrates nachahmt. Penicillin fungiert als Analogon des Übergangszustandes.

Glycophorine, Glycoproteine der *Erythrocytenmembran* mit einem Kohlenhydratanteil, der etwa 60 % der relativen Molekülmasse ausmacht, und dessen Hauptkomponente *N*-Acetylneuraminsäure ist. Der größte Anteil der Erythrocyten-Oberflächenkohlenhydrate stammt von G. In einer Zelle kommen etwa eine Million G.-Moleküle vor. Die exakte Funktion der G. ist noch nicht geklärt. G. A (M_r 31 kDa; 131 Aminosäurebausteine) durchzieht als *single-pass*-Membranprotein die Doppelschicht der Erythrocytenmembran, wobei ein 23 Aminosäuren-umfassendes Helixsegment die Membran durchspannt und der Kohlenhydrat-tragende Teil aus der Membranaußenseite herausragt. In geringerer Menge sind G. B (M_r 23 kDa) und G. C (M_r 19 kDa) in der Erythrocytenmembran vorhanden.

Glycoproteine, Proteine mit kovalent gebundenem Oligosaccharid. Der Proteinteil der G. wird von der mRNA translatiert und die Addition des Oligosaccharids ist eine posttranslationelle Modifizierung. Dies steht im Gegensatz zu den Peptidoglycanen (⌐ *Murein*), bei denen das Kohlenhydratrückgrat strukturell dominiert und durch relativ kurze Polypeptidsequenzen quervernetzt wird, die unabhängig von mRNA und Ribosomen synthetisiert werden. G. kommen in Pflanzen und Tieren, jedoch nicht in Bakterien vor (eine bemerkenswerte Ausnahme stellt ein G. von *Halobacterium* dar, s. u.). Die meisten G. werden entweder in Köperflüssigkeiten sezerniert oder sind Membranproteine. Zu ihnen gehören viele Enzyme, die meisten Proteinhormone, Plasmaproteine, alle Antikörper, Komplementfaktoren, Blutgruppen- und Mucuskomponenten und viele Membranproteine. Die Polypeptidketten der G. tragen im Allgemeinen eine Reihe von kurzen Heterosaccharidketten und diese enthalten fast immer N-Acetylhexamine und Hexosen (gewöhnlich Galactose und/oder Mannose, seltener Glucose). Das letzte Glied der Kette besteht sehr häufig aus Sialinsäure oder L-Fucose. Die Oligosaccharidketten sind oft verzweigt und setzen sich selten aus mehr als 15 Monomeren zusammen (gewöhnlich 2–10 Monomere, entsprechend einem M_r von 540–3.200 Da). Die Anzahl der Saccharidketten auf einem Polypeptid ist sehr unterschiedlich; Ovalbumin enthält 3 % Saccharid, während das Schaf-Submaxillaris-G. zu 50 % aus Kohlenhydrat besteht. Die Sequenzen der Zuckermonomere werden durch die Spezifität der Glycosyl-Transferasen bestimmt und möglicherweise auch durch die Konzentrationen der verfügbaren aktivierten Zucker. Folglich weisen die G. Mikroheterogenität in ihren Saccharidteilen auf.

Eigenschaften und Funktionen. Aufgrund ihrer hohen Viskosität haben die G. eine Schmier- und Schutzfunktion, z.B. gegen proteolytische Enzyme, Bakterien und Viren. Sie spielen eine Rolle in der zellulären Adhäsion und der Kontakthemmung beim Wachstum von Zellen in Gewebekulturen und sind auch für die zelluläre Erkennung von fremdem Gewebe verantwortlich.

Die G. sind wesentliche Bestandteile der Rezeptoren für Virus- und Pflanzenagglutinine und für Blutgruppensubstanzen. Zu den G. gehören Siderophiline und Ceruloplasmin. Einige G. sind Membrantransportproteine. Für die biologische Aktivität der Gonadotropinhormone ist der Kohlenhydratteil essenziell; in vielen Fällen inaktiviert die selektive Entfernung der terminalen Sialinsäurereste das Hormon. Das Kohlenhydrat dient offensichtlich als Marker für die Erkennung durch einen Rezeptor.

Die G. werden am rauen endoplasmatischen Reticulum (ER) synthetisiert und die wachsende Polypeptidkette streckt sich durch die Membran der cytoplasmatischen Seite aus. In den Zisternen des endoplasmatischen Reticulums werden Zuckereinheiten an die Kette addiert, wodurch verhindert wird, dass sie durch die Membran zurückkehrt. Im Fall der N-Glycane (s. u.) wird im ER ein Standardkomplement an Zuckern addiert, das aus zwei N-Acetylglucosamin-, neun Mannose- und drei Glucoseeinheiten besteht. Vesikel, die aus dem ER erwachsen, transportieren die G. zum ↗ *Golgi-Apparat*, wo einige Zuckereinheiten abgespalten und

andere addiert werden, um die für das Protein passende Struktur zu bilden. Das gereifte G. kann ausgeschieden, zu einem der Zellorganellen transportiert bzw. in die Zellmembranen inkorporiert werden.

Die kovalente Protein-Kohlenhydrat-Bindung kann entweder N-glycosidisch oder O-glycosidisch sein. N-glycosidisch gebundene Oligosaccharide werden N-Glycane und O-glycosidisch gebundene Oligosaccharide O-Glycane genannt.

N-glycosidische Bindung. Bei Tieren und Pflanzen ist nur eine Art von N-glycosidischer Bindung in G. bekannt. Diese liegt zwischen dem Amidstickstoff eines Asparaginrests und dem C1 eines N-Acetylglucosaminrests (GlcNAc) vor (Abb. 1). Ein sulfatiertes G. in der Zellwand von *Halobacterium* enthält zwei Arten an Kohlenhydraten: 1) ein sulfatiertes, repetitives, hochmolekulares Saccharid, das Ähnlichkeit mit einem tierischen Glycosaminoglycan hat, und 2) ein sulfatiertes, niedermolekulares Saccharid mit der Zusammensetzung 1 Glucose : 3 Glucuronsäure : 3 Sulfat. In dieser Verbindung ist die Glucose N-glycosidisch mit dem Amidstickstoff eines Asparaginrests verknüpft. Sie ist die erste, in der eine Asparaginglucosebindung in einem G. gefunden wurde.

Glycoproteine. Abb. 1. Verknüpfung von N-Acetylglucosamin und einem L-Asparaginrest, repräsentativ für die Bindungsstelle von N-Glycanen in Glycoproteinen.

Die meisten N-Glycane enthalten einen gemeinsamen Kern (Abb. 2). Jede terminale Mannose der Kernstruktur wird als Antenne betrachtet, die verlängert werden kann. Wenn jede endständige Mannose mindestens einen GlcNAc-Rest trägt, spricht man von einer *komplexen antennenartigen* Struktur. Wenn eine Mannose des Kernbereichs durch GlcNAc substituiert ist und die andere durch Mannosereste verlängert wird, entsteht ein Hybrid mit einer *zweifachen Antenne*. Durch die Verknüpfung einer kernterminalen Mannose mit mehr als einem GlcNAc bilden sich Strukturen mit dreifacher, vierfacher usw. Antenne. Eine zweigeteilte antennenartige Struktur weist einen GlcNAc-Rest auf, der mit der zentralen Mannose des Kerns β1→4 verknüpft ist (Abb. 4, Seite 414).

Biosynthese der N-Glycane. Auf dem Lipidcarrier ↗ *Dolicholphosphat* wird zuerst eine große Vorstufe des Oligosaccharids synthetisiert. Die

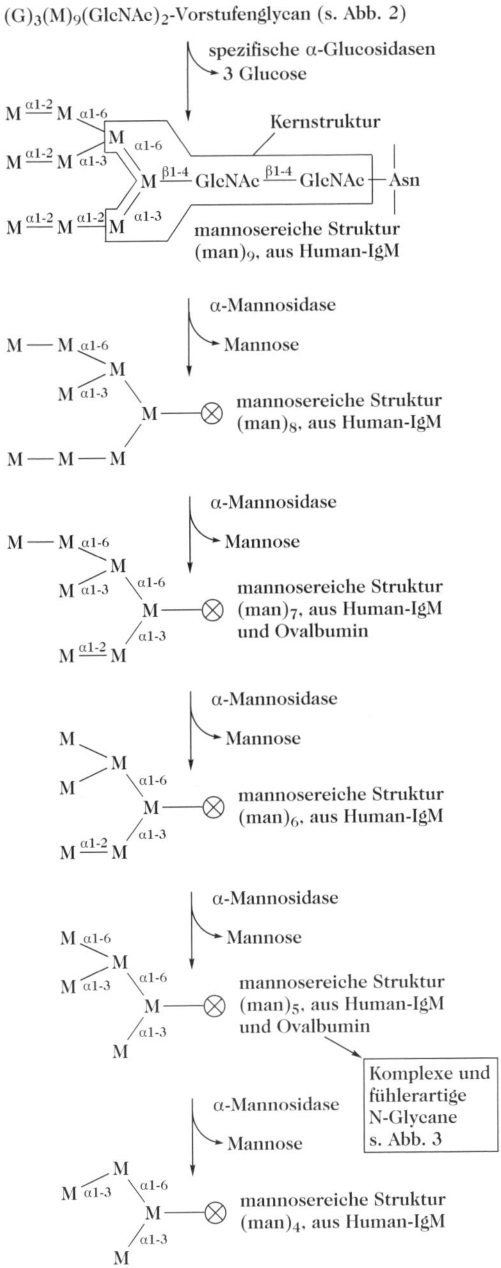

$(G)_3(M)_9(GlcNAc)_2$-Vorstufenglycan (s. Abb. 2)

spezifische α-Glucosidasen → 3 Glucose

Kernstruktur

mannosereiche Struktur (man)$_9$, aus Human-IgM

α-Mannosidase → Mannose

mannosereiche Struktur (man)$_8$, aus Human-IgM

α-Mannosidase → Mannose

mannosereiche Struktur (man)$_7$, aus Human-IgM und Ovalbumin

α-Mannosidase → Mannose

mannosereiche Struktur (man)$_6$, aus Human-IgM

α-Mannosidase → Mannose

mannosereiche Struktur (man)$_5$, aus Human-IgM und Ovalbumin

Komplexe und fühlerartige N-Glycane s. Abb. 3

α-Mannosidase → Mannose

mannosereiche Struktur (man)$_4$, aus Human-IgM

Glycoproteine. Abb. 2. Prozessierung des asparaginegebundenen Vorstufenkohlenhydrats. Durch die Entfernung von drei Glucoseresten entsteht die mannosereiche Struktur (Man)$_9$. Bei der anschließenden Entfernung von Mannoseresten werden mannosereiche Strukturen (Man)$_8$ bis (Man)$_4$ gebildet.

⊗ = — GlcNAc — GlcNAc — Asn

Glycansynthese wird durch die Übertragung von GlcNAc von Uridindiphosphat-N-acetylglucosamin

(UDPGlcNAc) auf Dolicholphosphat initiiert, wobei Dolichol-N-acetylglucosaminylpyrophosphat gebildet wird. Wie in Abb. 3 dargestellt, erfolgt die Anknüpfung von α-Mannosyl- und letztlich Glucoseeinheiten in einem geordneten Prozess, der möglicherweise getrennte, spezifische Mannosyl- und Glucosyltransferasen für jede Stufe benötigt. Das gesamte Endprodukt wird auf einen spezifischen Asparaginrest eines Polypeptidakzeptors übertragen (unter Freisetzung von Dolicholpyrophosphat). Als Akzeptoren fungieren sowohl kleine Peptide, die Asparagin enthalten, als auch native Proteine. Das beteiligte Enzym ist für die Struktur –Asn-X-Ser (oder Thr)- spezifisch, wobei X jede Aminosäure sein kann, außer Prolin und möglicherweise Asparaginsäure. Die Aminogruppe von Asn und die Carboxylgruppe von Ser (oder Thr) müssen in einer Peptidbindung vorliegen bzw. auf andere Weise blockiert sein.

Die Prozessierung (im Golgi-Apparat) beginnt mit der Entfernung der drei Glucosereste durch spezifische α-Glucosidasen. Anschließend werden durch spezifische α-Mannosidasen, die für alle mannosereichen Strukturen verantwortlich sind, auf die man in Glycanen stößt, α-Mannosereste geordnet abgespalten.

Komplexe und antennenartige N-Glycane leiten sich von der (Man)$_5$ mannosereichen Struktur durch Reaktionen her, die von der Transferase I [UDP-GlcNAc:α-D-Mannosid (GlcNAc an Manα1-3)-β1-2-GlcNAc-Transferase I] eingeleitet werden.

O-Glycane. In O-Glycanen ist das C1 eines Zuckerrests glycosidisch mit der Hydroxylgruppe der Seitenkette von Serin, Threonin, Hydroxylysin oder Hydroxyprolin verknüpft. In Pflanzenglycanen ist Arabinose, glycosidisch verknüpft mit Hydroxyprolin, weit verbreitet. In anderen Organismen wurde diese Struktur jedoch nicht gefunden. D-Galactose, β-glycosidisch mit Hydroxylysin verknüpft, kommt nur in tierischem Kollagen vor. Das Kollagen enthält auch 2-O-α-D-Glucopyranosyl-D-Galactose, verbunden mit Hydroxylysin. Im Pflanzenglycan Extensin und im Kollagen der Wür-

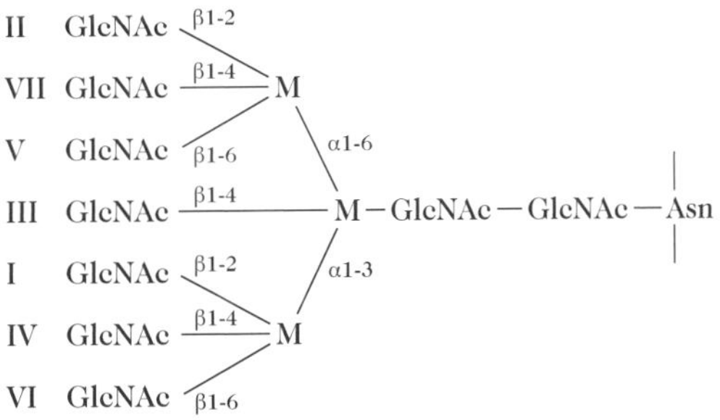

II   GlcNAc $\xrightarrow{\beta1-2}$

VII   GlcNAc $\xrightarrow{\beta1-4}$ M

V   GlcNAc $\xrightarrow{\beta1-6}$ $\xrightarrow{\alpha1-6}$

III   GlcNAc $\xrightarrow{\beta1-4}$ M — GlcNAc — GlcNAc — Asn

I   GlcNAc $\xrightarrow{\beta1-2}$ $\xrightarrow{\alpha1-3}$

IV   GlcNAc $\xrightarrow{\beta1-4}$ M

VI   GlcNAc $\xrightarrow{\beta1-6}$

Glycoproteine. Abb. 3. Numerierungssystem für die Antennen und die GlcNAc-Transferasen.

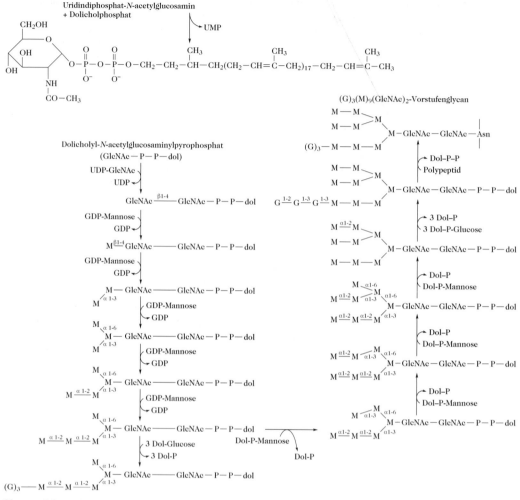

Glycoproteine. Abb. 4. Biosynthese der Vorstufe der asparagingebundenen N-Glycane. Asn = Asparaginrest im Polypeptid; M = Mannosylrest; G = Glucosylrest; Dol-P = Dolicholphosphat; GlcNAc = *N*-Acetylglucosaminylrest.

mer *Lumbricus* und *Nereis* findet man Galactose, die mit Serin glycosidisch verknüpft ist. In den G. von Hefen und Pilzen sind die Kohlenhydratketten durch eine glycosidische Bindung zwischen Mannose und Serin oder Threonin gebunden. Diese Bindungsart leistet auch einen kleinen Beitrag zur Glycoproteinstruktur von Säugetieren.

Glycoproteinhormone, eine Bezeichnung, die auf die beiden Hypophysengonadotropine (luteinisierende und follikelstimulierende Hormone) Choriogonadotropin und Thyrotropin angewendet wird. Sie bestehen aus zwei Peptiduntereinheiten (α und β), die beide glycosyliert und durch Disulfidbrücken intern quervernetzt sind. Sie werden als eine Familie betrachtet, wodurch andere glycosylierte Proteinhormone, z.B. Erythropoietin ausgeschlossen sind. Möglicherweise kann ↗ *Inhibin* zur Familie der Glycoproteinhormone gerechnet werden.

[J.G. Pierce u. T.F. Paraons *Annu. Rev. Biochem.* **50** (1981) 465-495]

Glycosaminoglycan, ↗ *Mucopolysaccharide.*

Glycosidasen, eine Gruppe von Hydrolasen, die glycosidische Bindungen in Kohlenhydraten, Glycoproteinen und Glycolipiden angreifen. Sie sind nicht sehr spezifisch und unterscheiden nur zwischen der Bindungsart, z.B. O- oder N-glycosidisch und deren Konfiguration (α oder β). ↗ *Amylasen,* ↗ *Taka-Amylase,* ↗ *Neuraminidase,* ↗ *Oligo-1,6-Glucosidase,* ↗ *Amylo-1,6-Glucosidase,* Disaccharidasen, ↗ *Cellulasen,* ↗ *Lysozym* und ↗ *Invertase.*

Glycoside, Derivate der Monosaccharide, die durch Kondensationsreaktionen der glycosidischen Hydroxygruppe mit alkoholischen oder phenolischen Hydroxygruppen (*O*-Glycoside), Mercaptogruppen (*S*-Glycoside) oder NH-Gruppen (*N*-Glycoside, darunter Nucleoside) entstehen und als Acetale bzw. Thio- oder Aminoacetale aufgefasst werden können. Bei den C-Glycosiden, z.B. ↗ *Pseudouridin*, ↗ *Showdomycin* oder Barbaloin, handelt es sich nicht mehr um Analoga von Acetalen.

Nach der Art des Rests, der die glycosidische OH-Gruppe ersetzt, kann zwischen Holosiden und Heterosiden unterschieden werden. Bei den *Holosiden* ist der Glycosylrest an die OH-Gruppe eines zweiten Monosaccharidrestes gebunden. Zu diesem Typ gehören die Oligo- und Polysaccharide. Bei den *Heterosiden* ist der Glycosylrest an eine zuckerfreie Komponente, das Aglycon (*Genin*), gebunden.

G. können durch säurekatalysierte Hydrolyse wieder in ihre Bestandteile zerlegt werden. Die Stabilität der glycosidischen Bindung hängt ab von der Struktur des Mono- oder Oligosaccharids (Konfiguration, Ringgröße, Substituenten), von der Konfiguration und von der Struktur des Aglycons. Sehr labil sind die G. von 2-Desoxyzuckern, relativ stabil sind die N-G. von π-Mangel-Heteroaromaten, z.B. Pyrimidinnucleoside. Zur β-Eliminierung neigende G. sind auch alkalilabil. Glycosidspaltende Enzyme werden als *Glycosidasen* bezeichnet. G. sind optisch aktiv. Die *Hudsonschen Regeln* besagen, dass die α-D-G. den polarisierten Lichtstrahl nach rechts, die β-D-G. nach links drehen. Diese Regeln versagen jedoch bei den Pyrimidinnucleosiden.

Vorkommen. Nucleoside sind als Bestandteile der Nucleinsäuren und bestimmter Coenzyme ubiquitär verbreitet. Zu den G. des tierischen Organismus gehören die Glycolipide, Glycoproteine und Proteoglycane sowie Glucuronide. Zahlreiche Antibiotika liegen als G. vor, z.B. die Aminoglycosidantibiotika (z.B. Streptomycin), die Macrolidantibiotika und die Nucleosidantimetabolite. Die meisten G. kommen jedoch als sekundäre Naturstoffe in Pflanzen vor, z.B. die ↗ *herzwirksamen Gycoside* (G. von Cardenoliden und Bufadienoliden), die ↗ *Saponine* und G. von Steroidalkaloiden, G. von Flavonoiden, Phenolglycoside, z.B. Arbutin oder ↗ *Phlorhizin*, die Anthraglycoside sowie die relativ weit verbreiteten ↗ *cyanogenen Glycoside*, z.B. die G. des Mandelsäurenitrils (Amygdalin, Prunasin und Sambunigrin) sowie das α-Hydroxyisobuttersäurenitril-β-D-glucosid Linamarin. Aglycone der cyanogenen G. sind Cyanhydrine, die in der Pflanze aus Aminosäuren wie Phenylalanin, Tyrosin und Valin entstehen. Die cyanogenen G. werden enzymatisch in die entsprechenden Zucker und Cyanhydrine gespalten, aus denen sofort Cyanwasserstoff freigesetzt wird.

Darstellung. Der unmittelbare Austausch der glycosidischen OH-Gruppe eines Mono- oder Oligosaccharids gegen eine nucleophile Gruppe des Ag-

lycons gelingt nicht. Nach E. Fischer lassen sich aber Monosaccharide in Gegenwart von Mineralsäuren mit Alkoholen zu G. umsetzen, bei denen es sich dann allerdings um Anomerengemische sowie Gemische von Pyranosiden und Furanosiden handelt. Daher werden G. fast ausschließlich aus Glycosylhalogeniden (Halogenosen) synthetisiert, deren OH-Gruppen durch Acetyl-, Benzoyl-, Benzyl-, Toluyl- oder andere, nach erfolgter Synthese leicht wieder entfernbare Gruppen geschützt sind. Zur Entfernung des sich bildenden Halogenwasserstoffes wird in Gegenwart kleiner Mengen Alkalien oder Silbercarbonat gearbeitet. Zur Synthese der Nucleoside wird häufig auch gleich von den Silbersalzen der entsprechenden Aglycone ausgegangen. Als Glycosylhalogenide dienen z.B. 2,3,4,6-Tetra-O-acetyl-α-D-glucopyranosylbromid, 2,3,5-Tri-O-benzoylribofuranosylchlorid, 3,5-Di-O-toluyl-2-desoxyribofuranosylchlorid oder 2,3,5-O-benzylarabinofuranosylchlorid. Ferner werden zur Synthese von G. auch Zuckeranhydride sowie aus Acylglycosylhalogeniden herstellbare Acyloxoniumsalze eingesetzt. Die Biosynthese erfolgt ausgehend von Derivaten der Aldose-1-phosphate, den Zuckernucleotiden.

Verwendung. Häufig sind G. pharmakologisch wirksam und werden deshalb in der Medizin verwendet.

Glycosylaminoglycanabbau, ↗ *Mucopolysaccharidosen*.

Glycosylceramide, ↗ *Membranlipide*.

Glycyl-histidyl-lysin, ein aus menschlichem Plasma isoliertes Tripeptid mit wachstumsfördernder Wirkung. Es erhöht die Wachstumsgeschwindigkeit und beeinflusst die Differenzierung einer Vielzahl von Zellen. Schnell wachsende Zellen produzieren H-Gly-His-Lys-OH. Es wird angenommen, dass die physiologische Rolle dieses Tripeptids in der Wundheilung und Hautreparatur liegt. Die Bindung von Cu^{2+}-Ionen erfolgt mit einer dem Plasmaalbumin ähnlichen Affinität, so dass es möglicherweise als Transporter für zweiwertige Übergangsmetallionen in serumfreien bzw. serumarmen Medien dienen könnte. Eine Hauptwirkung ist die Erhöhung der Lebensrate von normalen Leberzellen in Kulturen und die Wachstumsstimulierung in Hepatomazellen. Daher wurde das Tripeptid auch als *Leberzellwachstumsfaktor* bezeichnet. Weiterhin tritt G. auch mit dem Angiotensin II AT_1-Rezeptor in Wechselwirkung.

Glycyrrhetin, ↗ *Glycyrrhetinsäure*.

Glycyrrhetinsäure, *Glycyrrhetin*, ein pentazyklisches Triterpen mit Carbonsäure- und Ketonfunktionen; M_r 470,7 Da, F. 300 °C, $[\alpha]_D$ 98° (CHCl$_3$). G. ist das Aglycon der Glycyrrhizinsäure, dem extrem süßen Bestandteil der Süßholzwurzel von *Glycyrrhiza glabra* L. Außerdem ist die G. das Aglycon der

↗ *Saponine* aus anderen Pflanzen, z.B. der Rinde von *Pradosia latescens* und den Rhizomen des Farns *Polypodium vulgare*. Sie unterscheidet sich strukturell von β-Amyrin durch das Vorliegen einer 11-Keto- und einer 30-Carboxylgruppe (↗ *Amyrin*, *Abb.*, Farbtafel VII, Abb. 9 u. 10).

Glyoxalase, *Aldoketo-Mutase*, ein System von Enzymen, das in vielen Organismen vorkommt. Es besteht aus der Lactoyl-glutathion-Lyase (Glyoxalase I; EC 4.4.1.5), die die Kondensation von Methylglyoxal und Glutathion zu *S*-Lactoyl-glutathion katalysiert, und der Hydroxyacylglutathion-Hydrolase (Glyoxalase II; EC 3.1.2.6), die die Hydrolyse des Kondensationsprodukts zu Lactat und Glutathion katalysiert. Die Bedeutung des Systems ist nicht bekannt.

Glyoxalsäure, ↗ *Glyoxylsäure*.

Glyoxylat-Carboligase, ↗ *Tartronsäuresemialdehyd-Synthase*.

Glyoxylat-Zyklus, *Krebs-Kornberg-Zyklus*, eine bei bestimmten Pflanzen und Mikroorganismen vorkommende Variante des ↗ *Tricarbonsäure-Zyklus*, die eine Nettosynthese von Succinat und Oxalacetat aus Acetyl-CoA (Abb. 1) und damit die Bildung von Kohlenhydraten über die ↗ *Gluconeogenese* erlaubt. Der G. nutzt Teilreaktionen des Tricarbonsäure-Zyklus, wobei das Isocitrat aber durch die Isocitrat-Lyase (EC 4.1.3.1) in Succinat und Glyoxylat gespalten wird. Anschließend wird durch die Malat-Synthase (EC 4.1.3.2) Glyoxylat mit Acetyl-CoA zu Malat verknüpft, das danach zum Oxalacetat oxidiert wird (Abb. 2). Durch den G. werden praktisch die beiden Decarboxylierungsreaktionen des Tricarbonsäure-Zyklus umgangen. Bei jedem Umlauf werden zwei Moleküle Acetyl-CoA eingespeist. Bilanz:

2 Acetyl-CoA + NAD$^+$ + 2 H$_2$O →
Succinat + 2 CoA + NADH + H$^+$.

Somit können höhere Pflanzen und Mikroorganismen, die vorrangig Lipide als Energiequelle nutzen,

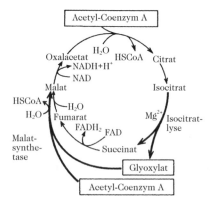

Glyoxylat-Zyklus. Abb. 1. Generierung von Oxalacetat aus Acetyl-CoA.

über den G. Kohlenhydrate aufbauen. Der G. dient Pflanzensämlingen zur Verwertung ihrer Fettreserven. Er ermöglicht das Wachstum von Mikroorganismen auf Fettsäuren oder Essigsäure als einzige Kohlenstoffquelle. Da bei Wirbeltieren die Isocitrat-Lyase und Malat-Synthase fehlen, können sie keine Glucose aus Lipiden bilden.

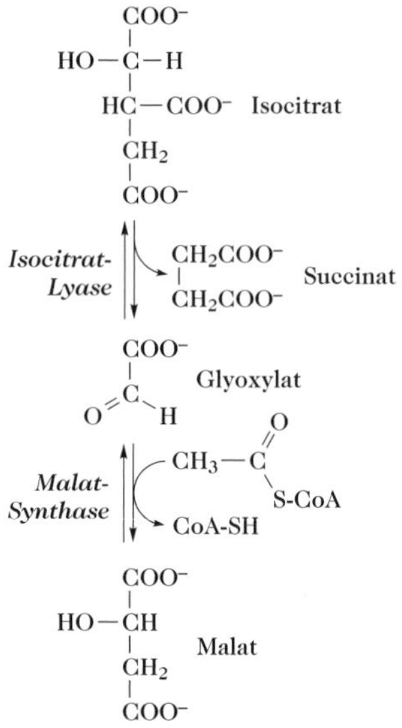

Glyoxylat-Zyklus. Abb. 2. Vom Tricarbonsäure-Zyklus abweichende Schritte.

Glyoxyldiureid, ↗ *Allantoin*.

Glyoxylsäure, *Oxoethansäure*, *Glyoxalsäure*, *Oxalaldehydsäure*, OHC–COOH, die einfachste Oxocarbonsäure. G. bildet unbeständige, stark hygroskopische Kristalle; F. 98 °C. Sie ist in Wasser leicht, in Alkohol und Ether schwer löslich. Mit Wasser entsteht ein stabiles, kristallines Hydrat (HO)$_2$CH–COOH; F. 70–75 °C. G. kommt in freier Form in unreifen Früchten, z.B. im Rhabarber und in Stachelbeeren sowie in den grünen Blättern zahlreicher Pflanzen vor. In bestimmten Pflanzenfamilien (z.B. Ahorn, Boretsch, Kastanie) liegt G. in Form der Glyoxylsäureureide, Allantoin und Allantoinsäure vor, die beim Purinabbau entstehen. Im Stoffwechsel entsteht Glyoxylat durch oxidative Desaminierung oder Transaminierung von Glycin. Glyoxylat kann auch aus Sarkosin hervorgehen. Decarboxylierung von G. liefert aktivierte Ameisensäure. G. nimmt im ↗ *Glyoxylat-Zyklus* der Mikroorganismen und Pflanzen eine zentrale Stellung ein. Synthetisch kann sie durch Oxidation von Glyoxal, durch Hydrolyse von Dichloressigsäure oder durch kathodische Reduktion von Oxalsäure hergestellt werden. G. wird zur Herstellung von Vanillin, pharmazeutischen Präparaten und Pflanzenschutzmitteln verwendet.

Glyphosat, Handelsname *Round up*®, gehört zur Gruppe der ↗ *Organophosphorherbizide*. Das 1971 von der Firma Monsanto entwickelte G. nimmt unter den kommerziellen Herbiziden eine Spitzenstellung ein. Es handelt sich um einen Abkömmling der Aminosäure Glycin (Abb.). G. zeichnet sich durch günstige toxikologische Eigenschaften aus, besonders durch die schnelle Adsorption und Metabolisierung im Boden, die zu einer Halbwertszeit von lediglich ca. 3 Tagen führt.

$$\begin{array}{c} HO \\ \diagdown \\ P-CH_2-NH-CH_2-COOH \\ HO\diagup \; \| \\ O \end{array}$$

Glyphosat

GM-CSF, Abk. für G̲ranulocyten-M̲akrophagen-CSF, ↗ *koloniestimulierende Faktoren.*

GMP, Abk. für G̲uanosin-5'-m̲onop̲hosphat, ↗ *Guanosinphosphate.*

GMP-Reduktase (EC 1.6.6.8), ein Flavinenzym, das die Umwandlung von Guanosin-5'-monophosphat in Inosinsäure in einem einzigen Schritt katalysiert. Sie ist Teil des Systems, das Guanin- in Adeninverbindungen überführt.

GNA, Abk. für ↗ *Glucopyranosylnucleinsäuren.*

GnRH, Abk. für engl. *gonadotropin releasing hormone*, gonadotropinfreisetzendes Hormon, ↗ *Gonadoliberin.*

GNRP, Abk. für engl. *g̲uanine n̲ucleotide r̲eleasing p̲roteins,* ↗ *Guaninnucleotid-freisetzende Proteine.*

Golgi-Apparat, ein Komplex aus Membranstrukturen in eukaryontischen Zellen. Er ist der Ort der Protein-Prozessierung, insbesondere der Proteinglycosylierung.

In differenzierten Zellen besteht der G. aus drei verschiedenen Strukturtypen: den Zisternen (geformt wie abgeflachte Ballons), den Vesikeln, die aus den Rändern der Zisternen entstehen, und Gruppen von Vakuolen, die auch Dictyosomen heißen. Die Zisternen liegen gestapelt vor. In jedem Stapel sind mindestens drei funktionell verschiedene Kompartimente vorhanden. Die Zisternen auf der *cis*-Seite oder proteinerhaltenden Seite des Stapels sind durch das Vorhandensein von Mannosidase I charakterisiert, jene in der Mitte durch Mannosidase II und *N*-Acetylglucosamin-Transferase und die auf der *trans*-Seite oder proteinfreisetzenden Seite durch Galactosyl- und Sialyltransferasen (↗ *Glycoproteine*). Glycoproteine vom *N*-Glycantyp erhalten im Lumen des endoplasmatischen Reticulums eine Oligosaccharidkette. Die Proteine werden in Vesikeln, die sich vom endoplasmatischen Reticulum abschnüren, zur *cis*-Seite des Golgi-Apparats transportiert. Hier werden die Proteine, die für unterschiedliche Kompartimente der Zelle

bestimmt sind, z. B. Lysosomen, Plasmalemma oder Sekretion, erkannt und in Abhängigkeit von ihrem Bestimmungsort verschiedenartigen Prozessierungsschritten unterworfen. Lysosomale Proteine werden an der Kohlenhydratkette phosphoryliert, jedoch sonst nicht wesentlich modifiziert. Sekretorische und Plasmalemmaproteine verlieren typischerweise alle ihre Mannoseeinheiten und erhalten in einem mehrstufigen Verfahren andere Kohlenhydrateinheiten.

Die Proteine weden von einer Zisterne des G. zur nächsten mit Hilfe von Vesikeln transportiert, die sich aus den Rändern der Zisternen bilden. Experimente mit fusionierten Zellen haben gezeigt, dass die Proteine alle Schritte der Glycosylierung nicht notwendigerweise in demselben Stapel durchlaufen. Am Ende der Prozessierung werden die Glycoproteine entweder in den Dictyosomen gespeichert, sezerniert, zu den passenden Zellorganellen transportiert oder in das Plasmalemma inkorporiert. [W.G. Dunphy et al. *Cell* **40** (1985) 463–472]

Gonadoliberin, *gonadotropinfreisetzendes Hormon, GnRH* (engl. *gonadotropin releasing hormone*), Pyr[1]-His-Trp-Ser-Tyr[5]-Gly-Leu-Arg-Pro-Gly[10]-NH₂, ein im Hypothalamus gebildetes 10 AS-Peptidamid, das neurosekretorisch ausgeschüttet wird, in den Hypophysenvorderlappen (Adenohypophyse) gelangt und dort die Freisetzung von ↗ *Lutropin* und auch ↗ *Follitropin* bewirkt. Antikörper gegen synthetisches G. hemmen sowohl die LH- als auch die FSH-Freisetzung. Es wird aus dem 92 AS-Prä-Pro-GnRH-Vorläufer freigesetzt. Das C-terminale 56 AS-Peptid des Biosynthesevorläufers, das *Gonadotropin Releasinghormon-assoziierte Peptid* (*GAP*), zeigt einen Prolactin-inhibierenden Effekt. GnRH kommt nicht nur im Hypothalamus, sondern auch in Gehirn, Herz, Nieren, Pankreas, Dünndarm, Gonaden u.a. vor. Aus diesen Gründen ist G. identisch mit *Luliberin* (*LH-RH*) und *Folliberin* (*FSH-RH*). Der von der WHO empfohlene Freiname ist *Gonadorelin*. [B. Kutscher et al. *Angew. Chem.* **109** (1997) 2.240]

Gonadorelin, WHO-Freiname für ↗ *Gonadoliberin.*

gonadotrope Hormone, Syn. für ↗ *Gonadotropine.*

Gonadotrophine, Syn. für ↗ *Gonadotropine.*

Gonadotropin II, ↗ *luteinisierendes Hormon.*

Gonadotropine, *Gonadotrophine, gonadotrope Hormone*, geschlechtsunspezifische Hormone des Hypophysenvorderlappens der höheren Wirbeltiere, die die Hormonausschüttung der Geschlechtsdrüsen (↗ *Follitropin*, ↗ *Lutropin*, ↗ *Prolactin*) sowie des Plazentahormons ↗ *Choriongonadotropin* stimulieren. Die Freisetzung der G. wird durch die Konzentration der Sexualhormone über den Hypothalamus und die Hypophyse gesteuert. [N.R.

Mondgal (Hrsg.) *Gonadotropins and Gonadal Function*, Academic Press, New York, 1974; J.G. Pierce u. T.F. Parsons *Ann. Rev. Biochem.* **50** (1981) 465]

gonadotropinfreisetzendes Hormon, ↗ *Gonadoliberin*.

good laboratory practice, *GLP*, ↗ *Gute Laborpraxis*.

Gossypol, ein aromatisches Triterpen aus Baumwollsamen (*Gossypum hirsutum*; Abb.), M_r 518,54 Da, F. 184 °C aus Ether, 199 °C aus Chloroform, 214 °C aus Petrolether. Die Biosynthese erfolgt aus Mevalonsäure über Nerylpyrophosphat und *cis,cis*-Farnesylpyrophosphat. Es ist leicht giftig und wurde zur Verwendung als Insektizid vorgeschlagen.

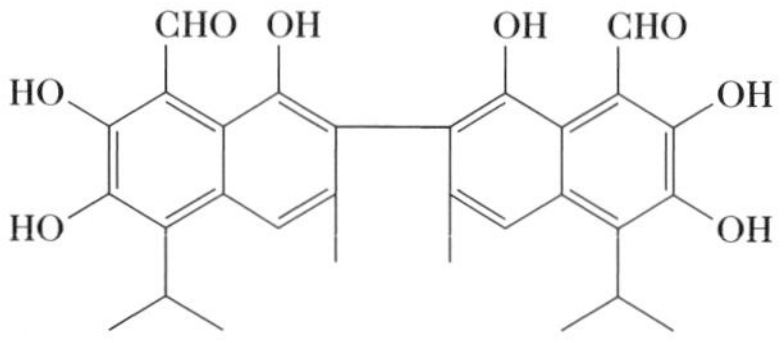

Gossypol

GOT, Abk. für ↗ *Glutamat-Oxalacetat-Transaminase*.

GOT+GPT/GLDH-Quotient, ein zur Differenzialdiagnose von Lebererkrankungen verwendeter Quotient für das Verhältnis der Aktivitäten der Glutamat-Oxalacetat-Transaminase (GOT) plus Glutamat-Pyruvat-Transaminase (GPT) zu ↗ *Glutamat-Dehydrogenase* (GLDH) im Serum.

Gougerotin, *Aspiculamycin, Asteromycin, 1-Cytosinyl-4-sarcosyl-D-serylamino-1,4-didesoxy-β-D-glucopyranuramid* (Abb.), ein wichtiges Pyrimidinantibiotikum (↗ *Nucleosidantibiotika*), das von *Streptomyces gougeroti* synthetisiert wird. Es inhibiert die Proteinbiosynthese an eukaryontischen und prokaryontischen Ribosomen.

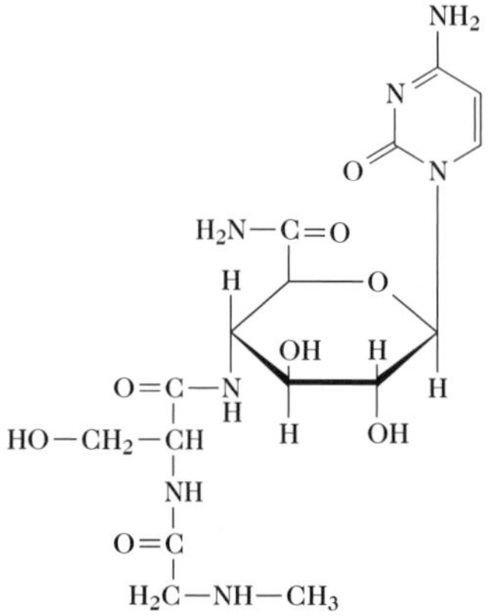

Gougerotin

GPC, Abk. für *Gelpermeationschromatographie*, ↗ *Gelchromatographie*.

GPDH, Abk. für ↗ *Glucose-6-phosphat-Dehydrogenase*.

G-Proteine, Abk. für ↗ *GTP-bindende Proteine*.

G-Protein-gekoppelte Rezeptoren, *Sieben-Helix-Rezeptoren, Serpentin-Rezeptoren, Sieben Transmembran-Domänen-Rezeptoren*, eine Familie von ↗ *Rezeptoren*, deren Mitglieder durch eine Sieben-Helix-Transmembranstruktur gekennzeichnet sind. Diese Rezeptoren und die G-Proteine (↗ *GTP-bindende Proteine*) erfüllen Schlüsselfunktionen bei sensorischen und hormonellen Signalübertragungsprozessen. Sie sind bei allen Eukaryonten essenziell für die Signaltransduktion (Adenylat-Cyclase-Kaskade, Phosphoinosid-Kaskade, Sehvorgang). Die Wirkung wird stets über G-Proteine vermittelt, wobei umgekehrt die Aktivierung der G-Proteine auch nur über diesen Rezeptortyp erfolgt.

Jede Helix (H_1–H_7) setzt sich aus 20–25 großenteils hydrophoben Aminosäuren zusammen, die sowohl auf der cytosolischen Seite der Membran durch Polypeptidloops [C1 (H1–H2), C2 (H3–H4) und C3 (H5–H6); C für *cytosolisch*] als auch auf der äußeren Seite durch Loops [E2 (H2–H3), E3 (H4–H5) und E4 (H6–H7); E für extrazellulär] miteinander verknüpft sind (Abb.). Zusätzlich erstreckt sich 1) E1 als äußere Polypeptidkette von H1 bis zum *N*-Terminus und 2) C4 als cytosolische Kette von H7 bis zum *C*-Terminus. Wahrscheinlich sind die Kette C4 und die Schleife C3, die viel länger ist als die anderen cytosolischen Schleifen, Bestandteil der G-Protein-Bindungsstelle. Die Lage der Ligandenbindungsstelle, die von der äußeren Seite des Rezeptors zugänglich sein muß, hängt von der Identität des Liganden ab. Große Proteinhormone, wie das luteinisierende Hormon (LH, 26 kDa) binden wahrscheinlich an die Polypeptidkette E1. Diese ist im Fall von Rezeptoren, die Proteine binden, viel länger (333 Aminosäuren für LH) als im Fall von Rezeptoren, die kleine Liganden (Catecholamin, Peptidhormone) binden. Aufgrund dieses Unterschieds werden die G. R. in zwei Unterklassen eingeteilt: 1) solche mit einer kurzen Polypeptidkette E1; hierzu zählen die Rezeptoren für Adrenalin (α_1, α_2, β_1, β_2), Serotonin, Acetylcholin (Muscarin), Angiotensin, Bradykinin sowie Bombesin und 2) solche mit einer langen E1- Kette; hierzu gehören die Rezeptoren für LH und möglicherweise für das follikelstimulierende Hormon sowie das thyroidstimulierende Hormon. ↗ *Chemokine*.

Die Ligandenbindungstasche befindet sich in der Nähe des Zentrums der Doppelschicht. Bei der Bindung eines Liganden wird eine Konformationsänderung induziert, die an Schleifen im cytosolischen Membranbereich, speziell an die dritte cytosolische Schleife weitergeleitet wird, wodurch G-Proteine

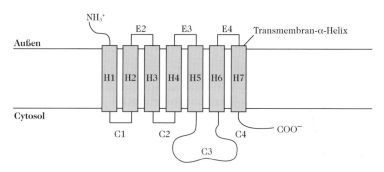

G-Protein-gekoppelte Rezeptoren. Schematische Darstellung. E1–E4 = extrazelluläre Schleifen; H1–H7 = Transmembran-Helices; C1–C4 = cytosolische Schleifen.

angeschaltet werden. Durch Öffnung der Guanyl-nucleotid-Bindungsstelle des G-Proteins erfolgt der Austausch von GTP gegen gebundenes GDP. Dieser Prozess wird durch den aktivierten Rezeptor signifikant beschleunigt. Zu den G. gehören beispielsweise die ↗ *Adrenorezeptoren* für Adrenalin und Noradrenalin, die ↗ *Muscarinrezeptoren* für Acetylcholin, die Dopaminrezeptoren, die Histaminrezeptoren, viele Serotoninrezeptoren, der GABA$_B$-Rezeptor (↗ *GABA-Rezeptoren*), die Adenosinrezeptoren, die Angiotensinrezeptoren und die Opiatrezeptoren. In der Tabelle sind ausgewählte G. und die von G-Proteinen vermittelten biochemischen Vorgänge zusammengestellt.

GPT, Abk. für Glutamat-pyruvat-Transaminase. ↗ *Transaminasen*.

Gradientenelution, ↗ *Säulenchromatographie*.

Gramicidine, eine Gruppe von Peptidantibiotika, die von *Bacillus brevis* produziert wird. *Gramicidin S*, cyclo-(-Val^1-Orn-Leu-D-Phe-Pro^5)$_2$, wurde 1944 isoliert, zwei Jahre später wurde die Struktur aufgeklärt. 1956 gelang die Totalsynthese und damit die erste Chemosynthese eines Peptidantibiotikums. G. S wirkt gegen grampositive, jedoch nicht gegen gramnegative Bakterien. Konformationsstudien führten zu einem Raummodell mit einer dominierenden antiparallelen Faltblattstruktur. Die Biosynthese von G. S erfolgt nach dem Prinzip der

S-Aminoacyl-Aktivierung mit Vorordnung an Enzymmatrizen, ein Biosyntheseschema, das auch für verschiedene andere Peptidantibiotika zutrifft. Die *G. A-C* sind lineare Pentadecapeptide mit N-terminalem Formylrest und C-terminaler β-Ethanolamidgruppe. In Abhängigkeit von der N-terminalen Aminosäure (Val oder Ile) unterscheidet man zwischen den *Valin-Gramicidinen A–C* und den *Isoleucin-Gramicidinen A–C*. Bemerkenswert ist die alternierende Anordnung von L- und D-Aminosäuren. Man nimmt an, dass sich die linearen G. um K$^+$- und Na$^+$-Ionen und andere monovalente Kationen gruppieren und auf diese Weise eine Kanalstruktur (Pore) ausbilden, durch die die Kationen transportiert werden. Sie induzieren als Ionophore den Transport von monovalenten Kationen durch biologische Membranen, aber auch durch künstliche Phospholipid-Doppelschichten. G. finden als Lokalantibiotika gegen Infektionen durch grampositive Bakterien Verwendung.

Graminizide, ↗ *Herbizide*.

Granatan, ↗ *Pseudopelletierin*.

Granine, eine Familie saurer Polypeptide (M_r 70–120 kDa), die in Neuronen und endokrinen Zellen vorkommen. Zu dieser Chromogranin/Secretogranin-Familie gehören *Chromogranin A* und B sowie *Secretogranin II* und *III* (ursprünglich 1B1075 genannt). Die G. kommen weit verbreitet

G-Protein-gekoppelte Rezeptoren. Tab. Ausgewählte G-Protein-gekoppelte Rezeptoren.

Rezeptor	G-Protein	Ligand	Effektor	Effekt
β-Adrenorezeptor	G$_S$	Adrenalin	Adenylat-Cyclase	Glycogenabbau
muscarinischer Rezeptor	G$_I$	Acetylcholin	Kaliumkanal	Verminderung der Schrittmachertätigkeit
Serotoninrezeptor	G$_S$	Serotonin	Adenylat-Cyclase	Verhaltenssensibilisierung und Lernen bei Aplysia
Rhodopsin	Transducin	Licht	cGMP-Phosphodiesterase	Sehempfindung
Geruchsrezeptoren	G$_{olf}$	Riechstoffe	Adenylat-Cyclase	Geruchsempfindung
Chemotaxisrezeptor	G$_q$	For-Met-Phe-Leu	Phospholipase C	Chemotaxis
Geschmacksrezeptoren	G$_{g\alpha}$ (Gusducin)	Nahrung	Adenylat-Cyclase	Geschmack

in den Sekretionsgranula des neuroendokrinen Systems vor. Vereinfacht lässt sich sagen, dass die G. bei der auf dem Calcium-Bindungsvermögen beruhenden Vesikelaggregation eine Rolle spielen sowie als Pro-Hormon oder Chaperon wirken. Im Vordergrund stehen die Pro-Hormoneigenschaften. [A. L. Iacangelo u. L. E. Eiden *Regulatory Peptides* **58** (1995) 65]

Granuliberin R, H-Phe^1-Gly-Phe-Leu-Pro^5-Ile-Tyr-Arg-Arg-Pro^{10}-Ala-Ser-NH$_2$, ein aus der Amphibienhaut (*Rana rugosa*) isoliertes 12 AS-Peptidamid mit Mastzellen-degranulierender Wirkung. G. besitzt aufgrund der Verteilung der hydrophoben und hydrophilen basischen Aminosäurereste Eigenschaften eines natürlichen Detergens.

Granulocyten-chemotaktisches Peptid, *GCP*, ältere Bezeichnung für Interleukin-8 (↗ *Interleukine*).

Granulocyten-CSF, *G-CSF*, ein zu den ↗ *koloniestimulierenden Faktoren* zählendes Glycoprotein.

Granulocyten-Makrophagen-CSF, *GM-CSF*, ein zu den ↗ *koloniestimulierenden Faktoren* zählendes Glycoprotein.

Granulomatose, ↗ *chronische Granulomatose*.

Granzym B, *Fragmentin-2*, eine aus cytotoxischen T-Lymphocyten isolierte Serinprotease, die an der Induzierung der ↗ *Apoptose* beteiligt zu sein scheint.

Grenzdextrinase, veraltete Bezeichnung für ↗ *Dextrin-6-α-D-Glucanohydrolase*.

GRH, ↗ *Releasinghormone*.

Grisein, ein von *Streptomyces griseus* synthetisiertes eisenhaltiges Antibiotikum, das als zyklisches Polypeptid mit der Pyrimidinbase Cytosin vorliegt. Die Eisenionen sind als Hydroxamateisen(III)-komplex stark gebunden. G. enthält mit ↗ *Albomycin* identische funktionelle Gruppen und gehört wie dieses zu den Sideromycinen. Es wurde erstmals 1947 von Reynolds und Waksman isoliert. G. ist wirksam besonders gegen gramnegative Bakterien und unwirksam gegen Pilze.

Griseofulvin, ein Antibiotikum mit Spiranstruktur (Abb.), das von *Penicillium griseofulvum* und *P. patulum* gebildet wird. Es handelt sich um ein Polyketid, das aus einem Molekül Acetyl-CoA und sechs Molekülen Malonyl-CoA synthetisiert wird. G. kann als systemisches Antimycotikum therapeutisch eingesetzt werden.

Griseofulvin. Spiranstruktur von Griseofulvin.

GRP, Abk. für engl. *gastrin releasing peptide*, ↗ *gastrinfreisetzendes Peptid*.

GRP-Bombesin-Familie, eine Peptidgruppe, zu der das ↗ *gastrinfreisetzende Peptid* und die aus Amphibienhaut isolierten Peptide ↗ *Bombesin*, ↗ *Alytensin*, Ranatensin und Litorin gehören.

grünfluoreszierendes Protein, *GFP*, ein aus der pazifischen Qualle *Aequorea victoria* isoliertes Protein, das unter Anregung mit längerwelligem UV-Licht intensive grüne Fluoreszenz zeigt. Die Tertiärstruktur des GFP besteht aus einem fassartig geschlossenen elfsträngigen β-Faltblatt (β-Barrel), das von einer zentralen α-Helix durchzogen wird. Der Fluorophor des GFP wird autokatalytisch aus der Tripeptidsequenz Ser^{65}-Tyr^{66}-Gly^{67} der 238 Aminosäurebausteine umfassenden Peptidkette gebildet, wobei durch Zyklisierung und Oxidation ein p-Hydroxybenzyliden-imidazolinon entsteht. Die fluorophore Gruppierung unterbricht die koaxiale α-Helix und befindet sich, sehr gut abgeschirmt vom Lösungsmittel, im Zentrum des GFP. Der Qualle ermöglicht das GFP Biolumineszenz mit hoher Energieausbeute, in dem es Anregungsenergie aus der Chemilumineszenz-Reaktion des Proteins Aequorin strahlungsfrei absorbiert und mit einer etwa dem Fluorescein vergleichbaren Quantenausbeute von 0,72–0,85 abstrahlt. GFP zeigt auch bei der rekombinanten Expression in eukaryotischen oder bakteriellen Wirtszellen in Abwesenheit exogener Substrate und Cofaktoren intensive, direkt sichtbare Fluoreszenz. Damit kann es als biologische Sonde zur Untersuchung der Genexpression sowie zur Lokalisierung von Proteinen in lebenden Zellen verwendet werden. Durch Protein-Engineering wurden effizientere GFP-Mutanten entwickelt, die auch mit dem Untersuchungsprotein fusioniert direkt durch Fluoreszenzmikroskopie *in vivo* nachweisbar sind. [M. Chalfie et al. *Science* **263** (1994) 802; A. B. Cubitt et al. *Trends Biochem. Sci.* **20** (1995) 448]

Gruppentransfer, Syn. für ↗ *Gruppenübertragung*.

Gruppenübertragung, *Gruppentransfer*, die enzymatische Übertragung von funktionellen Gruppen oder Molekülen von einem Molekül auf das andere (Tab., Seite 421). ↗ *Coenzyme* dienen oft als Gruppenüberträger, weshalb sie auch *Transportmetabolite* heißen. Die Hydrolyse und die Phosphorolyse stellen einen speziellen Fall der Gruppenübertragung dar, bei dem die Gruppe auf Wasser bzw. ein Phosphation übertragen wird.

GSC, Abk. für engl. *gas solid chromatographie*, *Gas-Feststoff-Chromatographie*, *Gas-Adsorptionschromatographie*, ↗ *Chromatographie*, ↗ *Gaschromatographie*.

GST, Abk. für ↗ *Glutathion-S-Transferase*.

Gruppenübertragung. Tab. Gruppenübertragungsreaktionen.

Übertragene Gruppen		EC-Nummer
$-CH_3$	Methyl	2.1.1
$-CH_2OH$	Hydroxymethyl, Formyl usw.	2.1.2
$-\overset{\overset{O}{\parallel}}{C}-OH$	Carboxyl, Carbamyl	2.1.3
$R-\overset{\overset{O}{\parallel}}{C}-$	Aldehyd, Keton	2.2.1
$R-\overset{\overset{O}{\parallel}}{C}-$	Acyl Aminoacyl	2.3.1 2.3.2
Glucosyl-Ring	Hexosyl Pentosyl andere Glucosylgruppen	2.4.1 2.4.2 2.4.3
$R-CH_2-$	Alkyl, Aryl, kein Methyl	2.5.1
$-NH_2$ $=N-OH$	Amino Oximino	2.6.1 2.6.3
H_2PO_3-	Phosphorgruppen	2.7
$-S$ $-SO_2$	Schwefelgruppen	2.8

GTF, Abk. für Glucosetoleranzfaktor. ↗ *Chrom.*

GTP, Abk. für Guanosin-5'-triphosphat. ↗ *Guanosinphosphate.*

GTPase-aktivierende Proteine, *GAP*, im Ras-Zyklus (↗ *Ras-Proteine*) wirkende Proteine, die sich an Ras- oder Ras-verwandte ↗ *GTP-bindende Proteine* anlagern und die intrinsische GTPase-Aktivität dieser Proteine erhöhen. Dadurch wird GTP in GDP und anorganisches Phosphat gespalten und es kommt zu einer Inaktivierung der GTP-bindenden Proteine. Die Säuger-GAPs umfassen u.a. das gut untersuchte p120Ras^{GAP} und Neurofibromin (NF1, M_r 290 kDa), dessen Expression zum größten Teil in neuralen Geweben erfolgt.

GTPasen, ↗ *GTP-bindende Proteine.*

GTP-bindende Proteine, *GTPasen*, eine große Superfamilie an Proteinen, die die Fähigkeiten besitzen, GTP zu binden und dessen Hydrolyse in GDP und P$_i$ zu katalysieren. Durch diesen Vorgang wird ein „Ein-Aus-Schaltungs"-Mechanismus für jeweils bestimmte Zellaktivitäten in Gang gesetzt. Die Superfamilie kann in folgende verschiedene Familien unterteilt werden: **1)** ↗ *Translationsfaktoren*, die an der ribosomalen Proteinsynthese beteiligt sind, z.B. EF-Tu; **2)** die heterotrimeren G-Proteine, die das transmembrane Signal von Hormonen und

Licht übertragen; **3)** die ↗ *Ras-Proteine*, die bei der Regulation der Zellproliferation und -differenzierung eine Rolle spielen; **4)** andere kleine (20–35 kDa; *small Gs*) GTPasen, die vermutlich in der Regulation des intrazellulären Transports von Vesikeln (z.B. Rab, ARF) und bei der Aktivierung von Bewegungsvorgängen und der Organisation des Cytoskeletts involviert sind; **5)** solche, die an der Bindung der naszierenden Polypeptidkette an das endoplasmatische Reticulum (ER) beteiligt sind (z.B. SRP, SRP-R).

In der Superfamilie der GTP-b. P. sind jene Proteine nicht eingeschlossen, die zwar GTP binden, dieses aber nicht als „Ein-Aus-Schalter" verwenden, wie z.B. ↗ *Tubulin*, Guanylat-Cyclase und GTP-bindende Kinasen.

Alle GTP-b. P. durchlaufen den gleichen „Ein-Aus-Schaltungs"-Zyklus, der zwei verschiedene Konformationszustände beinhaltet, abhängig davon, ob GTP oder GDP an das Enzym (E) gebunden ist: E · GTP oder E · GDP. E · GTP stellt die aktive Konformation dar, die der „Ein"-Position des Schalters entspricht und signalisiert, dass der Prozess, der durch den Schalter reguliert wird, ablaufen kann. E · GDP ist die inaktive Konformation, die der „Aus"-Position des Schalters entspricht und die Einstellung des Prozesses signalisiert. Die Umwandlung von E · GDP in E · GTP vollzieht sich durch Austausch von GDP durch GTP und wird durch ein *Guaninnucleotid-Austauschprotein* (engl. *guanine-nucleotide exchange-promoting protein*, GEP) stimuliert. Dieses löst durch seine Bindung an E · GDP eine Konformationsänderung von E aus, wodurch die Affinität der Nucleotidbindungsstelle für GDP erniedrigt und für GTP erhöht wird. GTP, dessen intrazelluläre Konzentration höher ist als die von GDP, bindet an E, sobald GDP abdissoziiert. Die Überführung von E · GTP in E · GDP vollzieht sich aufgrund der intrinsischen GTPase-Aktivität von E, die durch die Bindung eines *GTPase-aktivierenden Proteins* (GAP) an E · GTP sehr stark angeregt wird. Die Natur von GEP und GAP hängt von der GTPase ab. Im Fall des *E.-coli*-Elongationsfaktors EF-Tu (↗ *Translationsfaktoren*) übernimmt EF-Ts die Rolle des GEP und das Ribosom die des GAP, während bei den heterodimeren G-Proteinen beide Parts durch den Liganden-Rezeptor-Komplex und eine ~133-Aminosäuredomäne der α-Untereinheit des G-Proteins übernommen werden.

↗ *Translationsfaktoren*, ↗ *Ras-Proteine*, ↗ *Rab-Proteine*, ↗ *Rho-Proteine*, ↗ *Signalerkennungspartikel.*

Heterotrimere G-Proteine bilden eine umfangreiche Gruppe von Proteinen (~16 wurden allein in Säugetieren identifiziert), die transmembrane Signale übermitteln. Sie bestehen aus drei verschiedenen Untereinheiten: α (39–52 kDa), β (35–36 kDa)

und γ (7–10 kDa). β und γ sind so fest miteinander verbunden, dass sie *in vitro* nur durch Denaturierungsmittel getrennt werden können und *in vivo* als eine dimere Einheit fungieren. Gegenwärtig werden die einzelnen G-Proteine anhand ihrer α-Untereinheit identifiziert, die ihnen ihre Spezifität verleiht. Damit ergeben sich verschiedene G-Proteine mit $G_s\alpha$-, $G_i\alpha$-, $G_{olf}\alpha$-, $G_t\alpha$-, $G_q\alpha$- und $G_o\alpha$-Untereinheiten, von denen es verschiedene Spezies gibt, die gewöhnlich durch Hinzufügen einer Zahl unterschieden werden, z.B. $G_s1\alpha$, $G_s2\alpha$, $G_i1\alpha$, $G_i2\alpha$. Aufgrund von Homologien der Aminosäuresequenzen werden die α-Untereinheiten in drei Familien eingeteilt: $G_s\alpha$, $G_i\alpha$ und $G_t\alpha$. Jede α-Untereinheit scheint aus zwei Domänen zu bestehen, einer mit ~170 Aminosäureresten, die eine einzige Guaninnucleotidbindungsstelle (GDP oder GTP) mit hoher Affinität und niedriger intrinsischer GTPase-Aktivität enthält, und einer mit ~130 Aminosäureresten, die wie ein eingebautes GAP wirkt, wenn die α-Untereinheit ihr Effektorprotein bindet und die geeignete Konformation einnimmt. $G\alpha \cdot GDP$ bindet sich fest an die βγ-Untereinheit und stellt die inaktive „ausgeschaltete" Konformation dar. $G\alpha \cdot GTP$ dissoziiert von der βγ-Untereinheit und bildet die aktive „eingeschaltete" Konformation. AlF_4^- kann in der Gegenwart von Mg^{2+} durch Wechselwirkung mit $G\alpha \cdot GDP$ GTP nachahmen und Gα aktivieren. Die βγ-Untereinheiten aller G-Proteine, außer G_t, sind austauschbar. Ursprünglich glaubte man, dass sie im G-Protein-Signaltransduktionsweg einen inaktiven Partner bilden. Dies trifft zwar in den meisten Fällen zu, jedoch gibt es Ausnahmen. Beispielsweise werden alle physiologischen Antworten, die durch Stimulation der Pheromonrezeptoren der Hefe ausgelöst werden, durch Gβγ und nicht durch $G\alpha \cdot GTP$ übermittelt. Die G-Proteine sind an die cytoplasmatische Seite der Plasmamembranen gebunden. Diese Bindung wird durch die Gegenwart von Isoprenylgruppen auf der γ-Untereinheit und durch Myristylgruppen auf den $G_i\alpha$-Untereinheiten unterstützt, die aufgrund ihres Kohlenwasserstoffcharakters leicht mit der Lipiddoppelschicht assoziieren und als Anker fungieren.

Der G-Protein-GTPase-katalysierte Zyklus beginnt mit der Umwandlung des inaktiven $GDP \cdot G\alpha$-Gβγ-Komplexes in die aktive $G\alpha \cdot GTP$-Form durch Wechselwirkung mit einem GEP, das den Austausch von GDP durch GTP unterstützt und dadurch die Affinität des Gα für Gβ herabsetzt. Die Natur des GEP hängt vom G-Protein ab. Gewöhnlich ist es ein Liganden-Rezeptorprotein-Komplex. Im Fall der G_t-Proteine (der Transducine), die an der Transduktion visueller Signale in den Stäbchen ($G_t1\alpha$) und Zapfen ($G_t2\alpha$) in der Netzhaut der Augen beteiligt sind, wird die Rolle des GEP jedoch durch ein aktiviertes Opsin (↗ *Sehvorgang*) übernommen.

Der Rezeptor des Liganden-Rezeptorprotein-Komplexes ist ein ↗ *G-Protein-gekoppelter Rezeptor*, auch Sieben-Helix-Rezeptor genannt, weil seine Aminosäuresequenz sieben Abschnitte aus ~23 hydrophoben Aminosäureresten enthält, die sieben α-Helices bilden und die in der Plasmamembran liegen. Die Liganden sind normalerweise Hormone, z.B. ↗ *Adrenalin*, ↗ *Glucagon*, oder Geruchsstoffe. Das $G\alpha \cdot GTP$ verbindet sich mit seinem spezifischen Effektorprotein und moduliert dessen Aktivität. So binden $G_s\alpha \cdot GTP$ und $G_{olf}\alpha \cdot GTP$ an die Adenylat-Cyclase, ändern dadurch ihre Konformation und überführen sie von ihrer katalytisch inaktiven in ihre katalytisch aktive Form. In ähnlicher Weise binden 1) $G_i\alpha \cdot GTP$ an die Adenylat-Cyclase, 2) $G_t\alpha \cdot GTP$ an die cGMP-Phosphodiesterase und 3) $G_o\alpha \cdot GTP$ und $G_q\alpha \cdot GTP$ an Phospholipase C und aktivieren das jeweilige Enzym. Durch die Bindung von $G\alpha \cdot GTP$ an sein Effektorprotein ändert sich die Konformation von $G_s\alpha$ in der Weise, dass die intrinsische GTPase-Aktivität stimuliert wird. Vermutlich betrifft diese Konformationsänderung die o. g. ~133 Aminosäurereste-enthaltende Domäne. Wenn GTP zu GDP hydrolysiert wird, ändert sich die Konformation von $G_s\alpha$, so dass die Affinität zum Effektorprotein verschwindet und die Affinität zu Gβγ wiederhergestellt wird. Deshalb dissoziiert $G_s\alpha \cdot GDP$ vom Effektorprotein und bindet an Gβγ unter Bildung des $GDP \cdot G\alpha$-Gβγ-Komplexes, mit dem der Zyklus von vorne beginnen kann. Die Dissoziation des $G_s\alpha \cdot GDP$ vom Effektor kehrt die Wirkung um, die die Bindung von $G_s\alpha \cdot GTP$ an den Effektor verursacht hat (das Effektorprotein wird durch α-Untereinheiten vom Typ „s", „olf", „t", „q" und „o" stimuliert und durch solche vom Typ „i" inhibiert). G_{olf} ist in den olfaktorischen Epithelzellen lokalisiert. Es wird durch die Bindung eines Geruchsstoffmoleküls an ein spezifisches Rezeptorprotein angeschaltet, das sich in der apikalen Plasmamembran der Rezeptorzelle (gegenwärtig wird angenommen, dass jede olfaktorische Epithelzelle Geruchsstoffrezeptoren besitzt, die spezifisch für eine Geruchsstoffspezies sind) befindet, und aktiviert anschließend die Adenylat-Cyclase, die die intrazelluläre Konzentration an cAMP beträchtlich erhöht. Letzteres bindet an cAMP-kontrollierte Na^+-Kanäle und veranlasst diese, sich zu öffnen. Als Folge davon tritt die Depolarisation der Zellmembran und die Weiterleitung eines elektrischen Signals zum olfaktorischen Cortex des Gehirns ein.

Obwohl sowohl G_o als auch G_q die Phospholipase C (jedoch nicht Phospholipase Cγ) aktivieren, handelt es sich doch um zwei verschiedene Gebilde. Dies ergibt sich aus der Tatsache, dass das Pertussistoxin, das vom Keuchhustenbakterium *Bordetella pertussis* ausgeschieden wird, die Übertragung des ADP-Riboseteils von NAD^+ auf $G_o\alpha$, jedoch nicht auf $G_q\alpha$ katalysiert. Dadurch wird der Austausch von GDP gegen GTP verhindert, G_o verbleibt in der inaktiven Form GDP · Gα-Gβγ und die Phospholipase C wird nicht aktiviert. Das Pertussistoxin wirkt in ähnlicher Weise auf ein G_i und verhindert die Inhibierung der Adenylat-Cyclase, wenn der entsprechende Rezeptor stimuliert wird.

Das Choleratoxin unterbricht den GTPase-Umschaltungs-Zyklus des G_s der Darmepithelzellen, wodurch ein massiver Wasserverlust des Körpers verursacht wird, der für den Verlauf der Cholera charakteristisch ist. Das Toxin besteht aus einer A-Untereinheit, die ein A_1-Peptid (23 kDa) enthält, das über eine -S-S-Brücke mit einem A_2-Peptid verknüpft ist, und fünf B-Untereinheiten. Letztere binden spezifisch an das G_{M1}-Gangliosid, das sich auf der Lumenoberfläche der Plasmamembran von Darmepithelzellen befindet. Diese Bindung ermöglicht es der A-Untereinheit, in die Zelle einzudringen, wo sie einer proteolytischen Spaltung und Reduktion der -S-S-Brücke unterliegt. Das auf diese Weise freigesetzte A_1-Peptid katalysiert die Übertragung von ADP-Ribose aus NAD^+ auf Arg_{201} der α-Untereinheit des GTP · G_sα-Adenylat-Cyclase-Komplexes, wodurch die GTPase-Aktivität inhibiert wird. Dadurch bleibt die Adenylat-Cyclase in ihrer aktiven Form und hält den intrazellulären cAMP-Spiegel hoch. Die Folge ist eine kontinuierliche Sekretion an Ionen (Na^+, Cl^-, $CHCO_3^-$) und Wasser aus den Zellen und letztlich aus anderen Körpergeweben in das Darmlumen. Das Choleratoxin katalysiert auch die ADP-Ribosylierung von Arg_{174}, der α-Untereinheit von G_t, mit ähnlichem Verlust der GTPase-Aktivität.

Gua, ↗ *Guanin*.

Guanidin, ↗ *Guanidinderivate*.

Guanidinderivate, Verbindungen, die die stark basische Guanidingruppe (Abb. 1) enthalten. Das Guanidin $H_2N-C(=NH)-NH_2$ selbst kommt in freier Form nur in einigen Pflanzen vor. Die Guanidino-

gruppe wird im Verlauf der Argininbiosynthese (↗ *Harnstoff-Zyklus*) *de novo* synthetisiert. Andere Guanidine werden durch ↗ *Transamidinierung* aus Arginin gebildet (Abb. 2).

Wahrscheinlich überall im Organismenreich verbreitete G. sind das L-Arginin und die γ-Guanidinobuttersäure. Einige G. sind in ihrem Vorkommen auf Pflanzen beschränkt, z.B. ↗ *L-Canavanin* und ↗ *Galegin*; andere G., wie die ↗ *Phosphagene*, kommen nur im Tierreich vor. Das Guanidinderivat Streptidin ist der Baustein des Antibiotikums Streptomycin.

G. werden durch verschiedene Enzyme abgebaut: 1) *Transamidinase* kann als katabolisches Enzym wirken, wenn das gebildete Guanidinderivat durch andere Enzyme weiter abgebaut wird und die gleichzeitig gebildete Aminoverbindung katabolisiert wird; 2) Arginase und Heteroarginase setzen aus G. Harnstoff hydrolytisch frei. Die *Arginase* (L-Arginin-Ureohydrolase) spaltet L-Arginin, L-Canavanin und γ-Hydroxyarginin, kommt aber möglicherweise in Form von Isoenzymen vor, die Heteroarginaseaktivität zeigen. Die *Heteroarginase* unterscheidet sich in ihrer Substratspezifität deutlich von der klassischen Arginase. Sie spaltet G. mit einer Kettenlänge von weniger als 6 C-Atomen, z.B. die γ-Guanidinobuttersäure. Heteroarginasen haben im Vergleich zur Arginase einen erweiterten Spezifitätsbereich bzw. hydrolysieren nur ganz spezielle G., z.B. Arcain, Agmatin, Streptomycin oder γ-Guanidinobuttersäure.

Guanin, G, Gua, *2-Amino-6-hydroxypurin*, eine der vier Nucleinsäurebasen (Abb.), M_r 151,23 Da, F. 360 °C (Zers.). G. ist auch ein Bestandteil von Nucleotidcoenzymen und dient als Ausgangsmaterial für die Biosynthese vieler Naturprodukte wie Pterine und die Vitamine Folsäure und Riboflavin. Freies G. kommt in der Natur selten vor. Es wurde 1844 zuerst im peruanischen Guano entdeckt. G. ist das Stickstoffausscheidungsprodukt bei Spinnen. Das

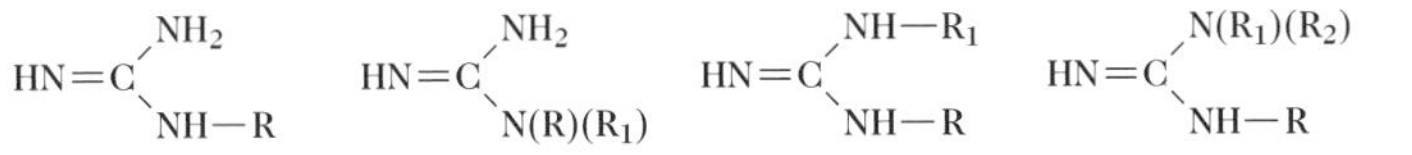

$$HN=C\overset{NH_2}{\underset{NH-R}{<}} \qquad HN=C\overset{NH_2}{\underset{N(R)(R_1)}{<}} \qquad HN=C\overset{NH-R_1}{\underset{NH-R}{<}} \qquad HN=C\overset{N(R_1)(R_2)}{\underset{NH-R}{<}}$$

Guanidinderivate. Abb. 1. Verschiedene Typen von Guanidinderivaten.

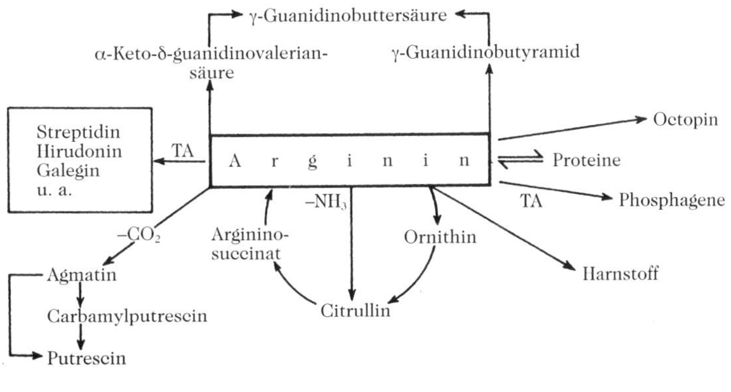

Guanidinderivate. Abb. 2. Stoffwechselschicksale des Arginins. TA = Transamidinierung.

Enzym Guanin-Desaminase (EC 3.5.4.3) desaminiert G. zu Xanthin. Diese Reaktion leitet den Purinabbau ein.

Guanin

Guaninnucleotid-Austauschfaktoren, Syn. für ⊅ *Guaninnucleotid-freisetzende Proteine*.

Guaninnucleotid-bindende Proteine, ⊅ *GTP-bindende Proteine*.

Guaninnucleotid-Dissoziationsstimulatoren, Syn. für ⊅ *Guaninnucleotid-freisetzende Proteine*.

Guaninnucleotid-freisetzende Proteine, *GNRP* (engl. *guanine nucleotide releasing proteins*), *Guaninnucleotid-Austauschfaktoren* , *GEF* (engl. *guanine nucleotide exchange factors*), *Guaninnucleotid-Dissoziationsstimulatoren*, *GDS* (engl. *guanine nucleotide dissociation stimulators*) stimulieren die Freisetzung von GDP aus inaktivem Ras-GDP (⊅ *Ras-Proteine*) bzw. Ras-verwandten Proteinen und spielen daher eine wichtige Rolle in der Signaltransduktion. Ausgewählte Vertreter sind SOS1 und SOS2, CDC25, C3G, DBL, OST smgGDS und Ral-GDS. [L.A. Quilliam et al. *BioEssays* **17** (1995) 395; K.S. Vogel et al. *Cell* **82** (1995) 733]

Guanosin, *Guo*, *9-β-D-Ribofuranosylguanin*, ein Nucleosid (Abb.). Als Dihydrat bildet es farblose Kristalle, die bei etwa 110 °C wasserfrei werden; F. ~240 °C (Z.). G. ist wenig löslich in kaltem Wasser, unlöslich in Ethanol und Ether, in verd. Säuren und Alkalien löst es sich unter Salzbildung. G. ist Baustein der ⊅ *Ribonucleinsäuren*. Die Nucleotide, Guanosin-5'-mono-, -di- und -triphosphat, spielen eine Rolle im Intermediärstoffwechsel. Biosynthetisch wird als erstes Guaninderivat Guanosinmonophosphat (GMP) aus Inosinmonophosphat gebildet. GMP wird als ⊅ *Geschmacksverstärker* verwendet.

Guanosin

Guanosin-5'-diphosphat, GDP, ⊅ *Guanosinphosphate*.

Guanosindiphosphatzucker, *GDP-Zucker*, durch Guanosindiphosphat aktivierte Form verschiedener Zucker. Die Synthese erfolgt analog der Bildung anderer ⊅ *Nucleosiddiphosphatzucker*, d.h. durch Kondensation eines an C1 phosphorylierten Zuckers mit einem Guanosintriphosphat unter Abspaltung von Pyrophosphat. Besondere Bedeutung hat Guanosindiphosphatmannose. Auch Glucose, Fucose und Rhamnose kommen als GDP-Derivate vor.

Guanosin-5'-monophosphat, GMP, ⊅ *Guanosinphosphate*.

Guanosinphosphate, Phosphorsäureester des Guanosins, die im Stoffwechsel von großer Bedeutung sind. Biologisch wichtig sind die am C5' der Ribose veresterten Derivate. Entsprechend der Anzahl an Phosphorsäureresten unterscheidet man Guanosinmono-, -di- und -triphosphat.

1) *Guanosin-5'-monophosphat*, GMP, *Guanylsäure*, M_r 363,2 Da, F. 190–200 °C (Z.), entsteht bei der ⊅ *Purinbiosynthese* aus Xanthosinmonophosphat und ist Ausgang für die Synthese der anderen G. GMP hat unter anderem Bedeutung als Würz- und Aromastoff und wird zu diesem Zweck aus Hefenucleinsäure gewonnen oder durch Mutanten bestimmter Mikroorganismen, wie *Corynebacterium glutamicum*, großtechnisch produziert.

2) *Guanosin-5'-diphosphat*, GDP (M_r 443,2 Da) entsteht durch Phosphorylierung aus GMP mittels einer Kinase oder durch Dephosphorylierung aus Guanosintriphosphat. Bestimmte Zucker, z.B. Mannose, werden durch Bindung an GDP aktiviert (⊅ *Nucleosiddiphosphatzucker*).

3) *Guanosin-5'-triphosphat*, GTP (M_r 523,2 Da) kann in Analogie zum Adenosintriphosphat Energie für biochemische Reaktionen bereitstellen. Die Energie, die bei der Dehydrierung von α-Ketoglutarat (2-Oxoglutarat) im Tricarbonsäure-Zyklus frei wird, fließt in dieses GDP/GTP-System. Die Energie kann von hier aus auf das ADP/ATP-System übertragen werden. GTP kann auch die Phosphatgruppe bei der Synthese von Phosphoenolpyruvat aus Oxalacetat bei der Glucoseneubildung liefern. GTP ist eine wichtige Energiequelle für die ⊅ *Proteinbiosynthese*.

4) *zyklisches Guanosin-3',5'-monophosphat*, *cyclo-GMP, cGMP* (M_r 345,2 Da) ein zum zyklischen Adenosin-3',5'-monophosphat (⊅ *Adenosinphosphate*) strukturanaloges Guanosinphosphat, das in vielen Geweben in ähnlichen Konzentrationen vorkommt. cGMP wird von einer für GTP hoch spezifischen Guanylat-Cyclase synthetisiert. Das cGMP-Guanylat-Cyclase-System hat biologische Bedeutung bei der Vermittlung der Wirkung bestimmter Hormone und neurohumoraler Überträgerstoffe, wie Acetylcholin, Prostaglandine und Histamin.

Guanosin-5'-triphosphat, GTP, ↗ *Guanosinphosphate*.

Guanylat-Cyclase, ein Enzym, das in Analogie zur ↗ *Adenylat-Cyclase* die Bildung von 3',5'-cyclo-Guanosinmonophosphat (cGMP) aus 5'-Guanosintriphosphat katalysiert: GTP → cGMP + PP_i. Das dabei gebildete anorganische Pyrophosphat (PP_i) wird durch eine Pyrophosphatase hydrolysiert. Von der G. gibt es membrangebundene, aber – im Gegensatz zur Adenylat-Cyclase – auch lösliche Formen. In Stäbchenzellen der Retina ist die G. für die Aufrechterhaltung eines bestimmten cGMP-Spiegels verantwortlich. Wird ein Photon auf dem Rezeptor ↗ *Rhodopsin* absorbiert, dann aktiviert das G-Protein ↗ *Transducin* eine membranständige cGMP-abhängige Phosphodiesterase, die cGMP zu GMP hydrolysiert. Diese lichtinduzierte Hydrolyse von cGMP bewirkt die Schließung kationenspezifischer Kanäle in der Plasmamembran. Dadurch nimmt die G. in der Abschaltung des Sehprozesses und der Adaptation eine zentrale Rolle ein und wird in der Sehzelle durch Änderung der Calciumkonzentration an- bzw. abgeschaltet.

Guanylin, H-Pro^1-Asn-Thr-Cys-Glu^5-Ile-Cys-Ala-Tyr-Ala^{10}-Ala-Cys-Thr-Gly-Cys^{15}-OH (Disulfidbrücken: Cys^4-Cys^{14}, Cys^7-Cys^{15}), ein 15 AS-Peptid mit zwei intrachenaren Disulfidbrücken, das ebenso wie das ↗ *Uroguanylin* die membrangebundene, intestinale Guanylat-Cyclase aktiviert. Der primäre Effekt des G. ist die Bildung des zyklischen Guanosinmonophosphats (cGMP), das eine modulierende Wirkung auf die Sekretion von Wasser und Elektrolyten ausübt. Es wurde im Hämodialysat und im Urin nachgewiesen. Aufgrund struktureller Gemeinsamkeiten besitzt es Ähnlichkeiten zum bakteriellen hitzestabilen Enterotoxin Sta (N^1TFYCCELCC^{10}NPACTGCY), das über einen cGMP / Guanylat-Cyclase-abhängigen Mechanismus sekretorische Diarrhöe verursacht. Das humane Pro-G. enthält 94 Aminosäurereste. [M.G. Currie et al. *Proc. Natl. Acad. Sci. USA* **89** (1992) 974; L.R. Forte u. M.G. Currie *FASEB J.* **9** (1995) 643]

Guanylsäure, ↗ *Guanosinphosphate*.

(+)-Guibourtacacidin, 7,4'-Dihydroxyflavan-3,4-diol. ↗ *Leucoanthocyanidine*.

Gummi, **1)** *der Gummi*: vulkanisierter ↗ *Kautschuk*;

2) *das Gummi*, wasserlösliche Bestandteile der Gummiharze.

Guo, Abk. für ↗ *Guanosin*.

Gurkenhypocotyltest, ↗ *Gibberelline*.

Gute Laborpraxis, *GLP* (engl. *good laboratory practice*), bestimmt die Richtlinien für den organisatorischen Ablauf und die Bedingungen, unter denen Prüfungen klinischer und nichtklinischer Labors geplant, durchgeführt und überwacht werden sowie für die Aufzeichnung und Berichterstattung

der Prüfung. Die allgemeine Verwaltungsvorschrift mittels derer die Einhaltung der Grundsätze der GLP überwacht wird, wurde per Gesetz am 15.5.1997 erlassen (I G II 3 – 61042-6). Voraussetzung für die Erteilung einer GLP-Bescheinigung ist eine Inspektion. Für folgende Prüfungen kann bescheinigt werden, dass sie GLP-gerecht durchgeführt werden: 1) Prüfung zur Bestimmung physikalisch-chemischer Eigenschaften und Gehaltsbestimmungen, 2) Prüfung zur Bestimmung toxikologischer Eigenschaften, 3) Prüfung zur Bestimmung erbgutverändernder Eigenschaften (*in vitro* und *in vivo*), 4) ökotoxikologische Prüfung zur Bestimmung der Auswirkungen auf aquatische und terrestrische Organismen, 5) Prüfungen zum Verhalten im Boden, im Wasser und in der Luft, Prüfungen zur Akkumulation und zur Metabolisierung, 6) Prüfungen zur Bestimmung von Rückständen, 8) Prüfungen zur Bestimmung der Auswirkungen auf Mesokosmen und natürliche Ökosysteme, 9) analytische Prüfungen an biologischen Materialien. Zu den Grundsätzen der GLP zählen z.B.: 1) es sind qualifiziertes Personal, geeignete Räumlichkeiten, Ausrüstung und Material vorhanden; 2) das Personal wird ausgebildet und regelmäßig aus- und weitergebildet. Hierüber werden Aufzeichnungen geführt; 3) die Mitarbeiter sind mit ihren Aufgaben vertraut; 4) Gesundheitsschutz- und Sicherheitsmaßnahmen werden gemäß den nationalen und/oder internationalen Vorschriften angewandt; 5) ein Qualitätssicherungsprogramm und Mitarbeiter für dessen Umsetzung sind vorhanden; 6) Kopien aller Prüfpläne werden aufbewahrt; 7) alle Standard-Arbeitsanweisungen werden chronologisch geführt; 8) jede Prüfung wird termingerecht und ordnungsgemäß mit einer ausreichenden Anzahl an Mitarbeitern und einem qualifizierten Prüfleiter durchgeführt und 9) die Führung des Archivs unterliegt einem Verantwortlichen. Der Prüfleiter muß sicherstellen, daß die im Prüfplan beschriebenen Verfahren befolgt und alle gewonnenen Daten lückenlos festgehalten und aufgezeichnet werden und die Prüfberichte im Archiv aufbewahrt werden (15 Jahre). Das Personal seinerseits hat die Aufgabe, sicherheitsbewußt zu arbeiten.

Ein Labor, das den Grundsätzen der GLP genügt, muß über ein Qualitätssicherungsprogramm verfügen, das sicherstellt, daß dem Personal der Prüfplan und die Standard-Arbeitsanweisungen zur Verfügung stehen. Um sicher zu gehen, daß der Prüfplan und die Arbeitsanweisungen eingehalten werden, führt das Qualitätssicherungspersonal regelmäßige Inspektionen und/oder Überprüfungen (Audit) einer laufenden Prüfung durch.

Labors müssen räumlich so eingerichtet sein, daß einzelne Arbeitsabläufe voneinander getrennt werden und biologisch gefährliche Stoffe separat untersucht werden können. Die Bereiche für Eingang und Lagerung von Prüf- und Referenzsubstanzen müssen voneinander getrennt sein, um Verunreinigungen und Verwechslungen zu vermeiden. Alle verwendeten Geräte müssen regelmäßig gereinigt und überprüft werden. Reagenzien müssen gekennzeichnet sein (IUPAC-Name, Chemical-Abstract-Nummer, Code). Von jeder Charge der Referenz- und Prüfsubstanzen müssen Identität, Chargennummer, Reinheit, Zusammensetzung und Konzentration bekannt sein. Tiere, Pflanzen und mikrobielle Systeme müssen in geeigneter Weise untergebracht und gepflegt werden. Neu eingetroffene Tiere und Pflanzen müssen vor einer Prüfung getrennt untergebracht werden und dürfen bei Auftreten einer ungewöhnlichen Sterblichkeit nicht eingesetzt werden.

Gutta, ein kautschukähnliches Polyterpen aus etwa 100 Isopreneinheiten, bei denen die Doppelbindungen *trans* angeordnet sind (↗ *Polyterpene, Abb.*). G. wird auf der Halbinsel Malaya und den indonesischen Inseln aus dem Milchsaft von *Palaquium gutta* gewonnen. Im Gegensatz zu ↗ *Kautschuk* ist G. weniger elastisch, dafür beständiger gegen Chemikalien und Umwelteinflüsse (Isoliermaterial). Je nach der Herkunft tritt G. mit anderen Terpenen vermischt auf. Die Mischung mit Harzen nennt man *Guttapercha,* die mit Triterpenalkoholen *Chicle* (Ausgangsprodukt für die Kaugummiherstellung).

Guttapercha, ↗ *Gutta,* ↗ *Kautschuk.*

Guvacin, ↗ *Areca-Alkaloide.*

Guvacolin, ↗ *Areca-Alkaloide.*

Gyrase, eine Typ-II-Topoisomerase. ↗ *Topoisomerasen.*

Gyrase-Hemmer, Verbindungen mit bakterizider Wirkung. Sie hemmen die in Bakterien vorhandene DNA-Gyrase (Topoisomerase II, ↗ *Topoisomerasen*), die hauptsächlich die Überspiralisierung (Supercoiling) der bakteriellen DNA nach der Zellteilung unterbindet. Dadurch findet die DNA in der Zelle nicht mehr Platz. Erste Verbindung dieses Wirktyps war ↗ *Nalidixinsäure*, die bei Infektionen des Urogenitaltrakts angewendet wird. Weiterentwicklungen zeigten, dass die 4-Chinolon-3-carbonsäure essenzielles Strukturelement ist. Heteroatome können in den Benzolring eingebaut sein. Wirkungssteigerung und Indikationserweiterung konnte durch Einführung von Fluoratomen und basischen Substituenten erreicht werden. Beispiele sind *Ciprofloxazin* und *Ofloxazin* (Abb.)

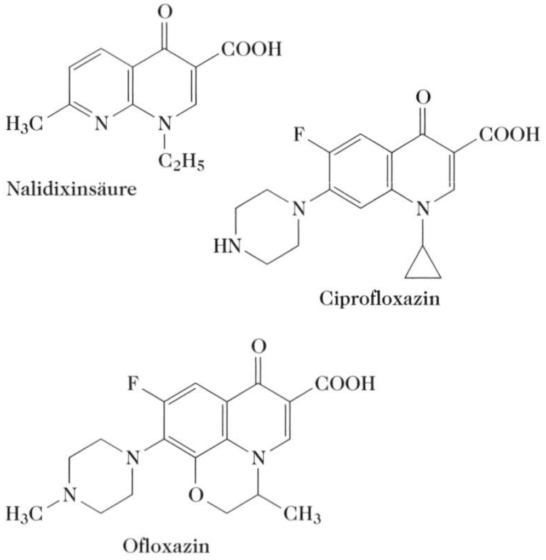

Nalidixinsäure

Ciprofloxazin

Ofloxazin

Gyrase-Hemmer. Beispiele.

H

Haarnadelschleifen-Ribozyme, Syn. für ↗ *hairpin-Ribozyme*.

Hafercoleoptilen-Krümmungstest, *Avenakrümmungstest*, ein Biotest zur quantitativen Bestimmung von Auxinen, der folgendermaßen vorgenommen wird:

Die Coleoptile wird abgeschnitten, das in der Coleoptile steckende Primärblatt durch Herausziehen an der Basis abgeschnitten und ein Agarblock mit der Testsubstanz einseitig auf den Coleoptilstumpf aufgesetzt. Das im Agar enthaltene Auxin dringt einseitig in die Coleoptile ein und führt durch die einseitige Wachstumsförderung zur Coleoptilkrümmung. Der Krümmungswinkel ist eine Funktion der Auxinkonzentration.

Hagemann-Faktor, Faktor XII der ↗ *Blutgerinnung*.

Haginin, *Haginin A*, 7,4'-Dihydroxy-2',3'-dimethoxyisoflav-3-en; *Haginin B*, 7,4'-Dihydroxy-2'-methoxyisoflav-3-en. ↗ *Isoflav-3-en*.

Hahnenkammeinheit, ↗ *Androgene*.

Hahnenkammtest, ↗ *Androgene*.

hairpin-Ribozyme, Haarnadelschleifen-Ribozyme, wichtige Vertreter der ↗ *Ribozyme*. H. wurden erstmalig in Pflanzen-Viroiden gefunden.

Halan®, ↗ *Halothan*.

Halbdesmosomen, Syn. für ↗ *Hemidesmosomen*.

Halluzinogene, eine Gruppe von Drogen, die Veränderungen in der Stimmung und Wahrnehmung sowie im Denken und Verhalten verursachen. Zu ihnen zählen nicht die Suchtmittel, obwohl einige Anwender von H. abhängig werden. Die H. mit den stärksten Wirkungen werden Psychedelika genannt.

Die H. können in vier Gruppen eingeteilt werden: 1) Derivate von Indolalkaloiden (Tryptamin, Harmin, Ibogain, LSD, Psyilocybin), 2) Derivate von Piperidin (Belladonna, Atropin, Scopolamin, Hyoscyamin, Phencyclidin), 3) Phenylethylamine (Mescalin, Amphetamin, Adrenochrom) und 4) Cannabinole aus Cannabispflanzen.

Die meisten H. sind Sympathikomimetika und bewirken eine Erhöhung des Blutdrucks, höheren Puls, Erweiterung der Pupillen, Schwitzen, Herzklopfen und gesteigerte Sehnenreflexe. Marihuana (die getrockneten Blätter der Cannabispflanze) wirkt am schwächsten, wenn es geraucht wird, es verbleibt 2–3 Stunden im Körper, länger, wenn es gegessen wird. LSD ist das am stärksten wirkende H. dieser Gruppe. Die effektive Dosis für einen Erwachsenen beträgt 25 µg. Es bleibt für 6–8 Stunden im Körper, wobei die stärksten psychologischen Wirkungen für 3–4 Stunden anhalten; danach ist der größte Teil aus dem zentralen Nervensystem verschwunden.

Die Verwendung der H. für medizinische und psychische Anwendungen sowie im nichtmedizinischen Bereich unterliegt in Deutschland dem Betäubungsmittelgesetz.

Haloopsin, ↗ *Bakteriorhodopsin*.

Halothan, *2-Brom-2-chlor-1,1,1-trifluorethan*, BrClCH–CF$_3$, eine farblose, nicht brennbare Flüssigkeit mit süßlichem, angenehmem Geruch, die meist mit wenig Thymol stabilisiert wird; Sdp. 50,2 °C. H. ist schwer löslich in Wasser, löslich in Ether und Petrolether. H. wird als Inhalationsnarkotikum (*Halan®*) verwendet.

Häm, 1) ein Metallporphyrin, das als prosthetische Gruppe von Hämproteinen, wie z.B. Cytochrom, Hämoglobin, Nitrit-Reduktase, usw., fungiert. Das Eisenatom ist koordinativ an die vier Pyrrolstickstoffatome des Porphyrinrings gebunden (Abb. 1). Die Biosynthese der Eisenporphyrine geht vom Protoporphyrin IX aus (↗ *Porphyrine*). Das Eisen wird mit Hilfe von Eisen-Chelatasen (EC 4.99.1.1) eingebaut (Abb. 2). ↗ *Protohäm*, ↗ *Chlorocruorhäm*, ↗ *Sirohäm*.

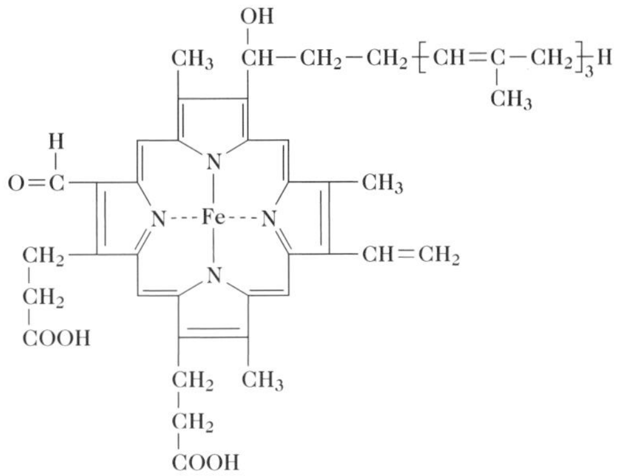

Häm. Abb. 1. Häm *a*, die prosthetische Hämgruppe der Cytochrome *a* / *a*$_3$.

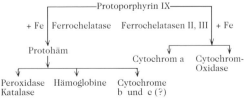

Häm. Abb. 2. Abstammung des Häms von Protoporphyrin IX.

2) ein Eisenkomplex, bei dem die organische Komponente kein Porphyrin, sondern eine ver-

wandte Tetrapyrrolstruktur ist, z.B. Verdohäm, Biliverdinhäm.

3) ein Eisenkomplex des ↗ *Chlorins*.

Hämagglutination, ↗ *Agglutination*.

Hämagglutinine, ↗ *Immunglobuline*.

D-Hamamelose, ein verzweigtes Monosaccharid. F. 111 °C, $[\alpha]_D^{20}$ −7,1° (Wasser). Sie kommt in höheren Pflanzen vor, z. B. in der *Hamamelis*-Rinde, und entsteht biosynthetisch ähnlich wie Apiose durch intramolekulare Umlagerung einer unverzweigten Hexose.

hämatopoetische Wachstumsfaktoren, ↗ *koloniestimulierende Faktoren*.

Hämeisen, Eisen, das koordinativ in Porphyrinen gebunden ist. ↗ *Häm*, ↗ *Hämproteine*.

Hämerythrin, *Hery*, ein Eisen(II)-protein, das in einigen meeresbewohnenden Wirbellosen die Funktionen der Hämoglobine der höheren Tiere besitzt. H. ist ein Nichthäm-Eisen-Protein (M_r 108 kDa) aus acht Untereinheiten mit je zwei direkt proteingebundenen Fe^{2+}-Ionen. Jede Polypeptidkette (M_r 13,5 kDa) enthält 113 Aminosäurebausteine und kann 1 Mol Sauerstoff binden. Die sauerstofffreie Form ist farblos, die sauerstoffbeladene Form (Oxyhämerythrin) blauviolett gefärbt.

Hammerkopf-Ribozyme, (engl. *hammerhead ribozymes*), wichtige Vertreter der ↗ *Ribozyme*. Ausgehend von Untersuchungen an ↗ *Viroiden*, die als einsträngige zirkuläre RNA-Moleküle das Potenzial besitzen, sich selbst zu spalten, konnte dem aktiven Zentrum in der Umgebung spezifischer Spaltstellen die Sekundärstruktur eines Hammerkopfes zugeschrieben werden. Ein solcher Hammerkopf besteht aus drei helicalen Regionen, die von einem zentralen Kernbereich mit offenbar ungepaarten Nucleotiden ausgehen. Dieses Strukturmodell führte zur Konstruktion eines H., das aus nur 43 Nucleotiden besteht und katalytisch aktiv ist. (Abb.). Der aus nur 19 Nucleotiden bestehende Strang (fette Nucleotidsymbole) besitzt das Katalysepotenzial, während der 24 Nucleotide lange Strang das Substrat mit einer Spaltstelle darstellt.

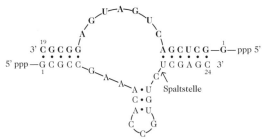

Hammerkopf-Ribozyme. Synthetisches Hammerkopf-Ribozym.

Hämocyanin, *Hcy*, ein sauerstoffübertragendes Kupferprotein, das im Blut von Weichtieren und Arthropoden enthalten ist und hier die Funktion der Hämoglobine bei den höheren Tieren erfüllt. Es ist im Blut frei gelöst. Die relativen Molekülmassen von H. sind speziesabhängig und bewegen sich von 770 kDa (Hummer) bis zu 6.700 kDa (Weinbergschnecke). Die sauerstofffreie Form ist farblos, die sauerstoffbeladene Form mit einwertigem Kupfer (*Oxyhämocyanin*) kräftig blau gefärbt.

Hämoglobin, *Hb*, ein sauerstofftransportierendes Protein der Vertebraten, das für die rote Farbe des Bluts verantwortlich ist. Es liegt in den Erythrocyten (rote Blutkörperchen) als 34%ige Lösung vor und transportiert den Sauerstoff von der Lunge zu den anderen Geweben. Hb ist ein Tetramer, das aus zwei Polypeptidkettenpaaren und vier Hämgruppen besteht (M_r 64,5 kDa). Bei einem Fe^{2+}-Gehalt von 0,334 % und einer Gesamtmenge von 950 g Hb im menschlichen Körper sind im Hb 3,5 g oder 80 % des Gesamtkörpereisens enthalten. Das Hb des erwachsenen Menschen besteht zu 96,5–98,5 % aus Hb A_1 ($\alpha_2\beta_2$) und zu 1,5–3,5 % aus Hb A_2 ($\alpha_2\delta_2$). Das Globin wird von mindestens sieben verschiedenen Strukturgenen kodiert, die auf den Chromosomen 11 und 16 als Cluster vorliegen.

Jedes haploide Genom weist zwei α-Gene auf, d.h. insgesamt sind vier α-Gene vorhanden. In der embryonalen Entwicklung treten drei Hb-Formen sehr früh auf: $\xi_2\epsilon_2$ (Hb Gower), $\xi_2\gamma_2$ (Hb Portland) und $\alpha_2\epsilon_2$ (Hb Gower 2). Nach dem dritten Schwangerschaftsmonat werden die ξ- und ε-Polypeptide nicht mehr synthetisiert (Abb. 1), alle drei embryonalen Hämoglobine (Hb Es) verschwinden und werden durch das Fetalhämoglobin (Hb F, $\alpha_2\gamma_2$) ersetzt. Die ξ-Kette kann als embryonale α-Kette betrachtet werden.

In funktioneller Hinsicht stellt die ε-Kette eine embryonale β-ähnliche Kette dar. Hb E und Hb F

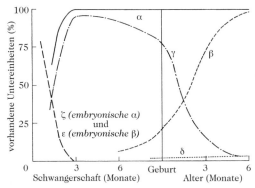

Hämoglobin. Abb. 1. Konzentrationsänderungen der Hämoglobinuntereinheiten im Verlauf der menschlichen Schwangerschaft und frühen neonatalen Entwicklung. Da alle Untereinheiten Teil eines Hämoglobintetramers sind, spiegeln diese Änderungen die entwicklungsbedingten Variationen des vorhandenen Hämoglobintyps wider.

unterscheiden sich vom Adult-Hb durch ihre höhere O_2-Affinität, die den Gasaustausch zwischen dem embryonalen und dem mütterlichen Blut ermöglicht. Alle Menschen und sogar die Schimpansen besitzen ein identisches Hämoglobin. Anomalien sind pathologisch und werden durch Punktmutationen hervorgerufen, die entweder zur Substitution von Aminosäuren oder – seltener – zu deren Verlust führen. Von den 153 bisher bekannten Anomalien gehen 87 auf Variationen der β-Kette zurück. Die häufigste und bekannteste ist das ↗ *Sichelzellhämoglobin*. ↗ *Hämoglobinopathien*.

Humane α-Ketten enthalten 141 und die β-Ketten 146 Aminosäurereste. Die Sequenzen des Human-Hämoglobins und die vieler anderer Vertebraten-Hämoglobine sind aufgeklärt. Die Tertiärstruktur der Hb-Ketten und die Quartärstruktur des gesamten tetrameren Moleküls wurde durch Röntgenstrukturuntersuchungen von Perutz bestimmt. Abgesehen von geringen Abweichungen, die sich aus den Unterschieden der Primärstruktur ergeben, sind die Hämoglobinketten ganz ähnlich wie das Myoglobinmolekül gefaltet. Auch die Fixierung der Hämgruppe über ihr Eisen(II)-Atom an zwei Histidinreste sowie über hydrophobe Wechselwirkungen in der Hämtasche entspricht der Anordnung im Myoglobin. Wesentlich komplizierter sind die – beim Myoglobin fehlenden – nichtkovalenten, vorwiegend hydrophoben Wechselwirkungen zwischen den einzelnen Hämoglobinketten. Sie bilden besonders zwischen den α- und β-Ketten große hydrophobe Kontaktregionen, die die Grundlage für die Wechselwirkungen der vier räumlich getrennten Hämgruppen bei der reversiblen kooperativen Bindung von vier Sauerstoffmolekülen je Hämoglobinmolekül bilden.

Die hydrophoben Wechselwirkungen ermöglichen außerdem das Aufeinandergleiten der beiden αβ-Dimere während der O_2-Beladung und -Abgabe. Dieser allosterische Effekt ist für die sigmoide O_2-Bindungskurve des Hb verantwortlich. Das Fehlen kovalenter Bindungen zwischen den Hämoglobinketten kann durch reversible Dissoziation des Hb gezeigt werden. Bei pH 4 ist die Dissoziation asymmetrisch und es bilden sich α_2 und β_2. Bei pH 11, in 1 M NaCl, ist sie symmetrisch und es entstehen zwei (αβ)-Einheiten. In der Gegenwart von *p*-Chlormercuribenzoat kommt es zur Dissoziation in Monomere. Medizinisch bedeutsam ist, dass die Affinität des Hämoglobins zum giftigen CO 325mal größer ist als zum O_2.

Die einkettigen hämoglobinähnlichen Atmungspigmente bei Wirbellosen (M_r 16 kDa) können aufgrund ähnlicher Primär- und Tertiärstrukturen zum Myoglobin und den α- und β-Ketten des Hb als Vorläufer des tetrameren allosterischen Hb angesehen werden. Eine Sonderstellung nimmt das in

Hefen vorhandene Einkettenhämoglobin ein, da es außer Häm noch FAD enthält (M_r 50 kDa).

Konformationszustände des Hämoglobins. Im Desoxyh. sind die vier Untereinheiten relativ fest miteinander assoziiert und die Ketten werden durch verschiedene nichtkovalente (ionische) Bindungen und durch hydrophobe Wechselwirkungen miteinander verbunden. Das Desoxyh. stellt die T-Form (von engl. *taut*, *tight* bzw. *tense*) dar. Die T-Form bildet acht wichtige ionische Bindungen (Salzbrücken; Abb. 2).

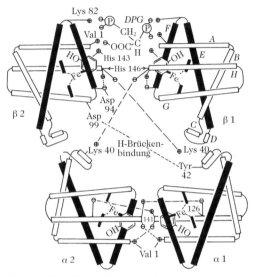

Hämoglobin. Abb. 2. Schematische Darstellung der vier Untereinheiten von Desoxyhämoglobin. Die helicalen Bereiche sind durch A, B, usw. gekennzeichnet. Die räumliche Struktur des Tetramers zeigt Farbtafel V, Abb. 1. DPG = 2,3-Diphosphoglycerat.

Im Desoxyh. liegen die vorletzten Tyr-Reste aller vier Ketten in einer hydrophoben Tasche zwischen den Helices F und H. Das Eisenatom der Hämgruppe befindet sich ungefähr 0,08 nm außerhalb der Ebene des Porphyrinringsystems. Die Hämgruppen sind in den V-förmigen Taschen lokalisiert, die durch die Helices F und E gebildet werden. In den α-Untereinheiten befinden sich die Hämgruppen in offenen Taschen, die den Zutritt von O_2 erlauben, während die Hämtaschen der β-Untereinheiten komprimierter sind und den Eintritt von O_2 verhindern. Das Desoxyh. bindet in seiner zentralen Höhlung über Salzbrücken mit vier positiv geladenen Gruppen der beiden β-Ketten ein Molekül 2,3-Desoxyphosphoglycerat (Abb. 2).

Im Oxyh. sind die Untereinheiten weniger fest assoziiert, weshalb diese Konformation R-Form (von engl. *relaxed*) genannt wird. In der R-Form weisen die ionisierbaren Gruppen andere Dissoziationskonstanten auf und die Salzbrücken, die im

Desoxyhämoglobin vorhanden sind, werden aufgebrochen. Die β-Untereinheiten lagern sich im Oxyh. enger zusammen, ihre Hämtaschen werden weiter und lassen O_2 zu. Wenn das Eisen einer Hämgruppe Sauerstoff bindet, bewegt es sich um 0,8 nm in die Ebene des Porphyrinrings hinein und zieht das His[92] mit. 2,3-Diphosphoglycerat wird nicht gebunden (Abb. 3).

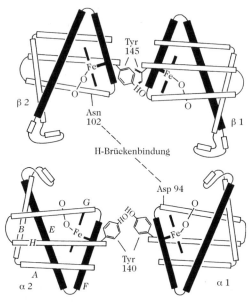

Hämoglobin. Abb. 3. Schematische Darstellung der vier Untereinheiten von Oxyhämoglobin. Die helicalen Bereiche sind durch A, B, usw. gekennzeichnet. Es ist kein 2,3-Diphosphoglycerat mehr vorhanden und die beiden β-Untereinheiten haben sich aufeinander zu bewegt (vgl. Abb. 2). Die räumliche Struktur des Tetramers zeigt Farbtafel V, Abb. 1.

Während des Übergangs von der T- zur R-Form rotiert ein Untereinheitenpaar ($\alpha_1\beta_1$) um 15° gegen das andere ($\alpha_2\beta_2$). Die Rotationsachse ist exzentrisch, weshalb sich das $\alpha_1\beta_1$-Paar auch leicht zur Achse hin bewegt (Farbtafel V, Abb. 2).

Die Fähigkeit des Hämoglobins, im Lungengewebe O_2 zu binden und CO_2 freizusetzen, im übrigen Gewebe dagegen den umgekehrten Prozess zu durchlaufen, erklärt sich aus einer reversiblen Verschiebung seiner O_2-Affinität in Abhängigkeit von Acidität und CO_2-Druck des umgebenden Gewebes (↗ Bohr-Effekt). Verbunden ist dieses Phänomen mit der unterschiedlichen Affinität von Desoxyh. und Oxyh. zu Protonen. Oxyh. bindet keine H^+-Ionen, Desoxyh. dagegen für $4O_2$-Moleküle je zwei Protonen. Während des Übergangs von Oxyh. zu Desoxyh. werden drei Paare negativ geladener (d.h. protonenbindender) Gruppen in eine stärker negative Umgebung überführt: Die resultierenden Erhö-

hungen des pK dieser Gruppen machen sie für die Bindung von Protonen verfügbar.

2,3-Diphosphoglycerat bindet nichtkovalent an Desoxyh., jedoch nicht an Oxyh. Im Desoxyh. ist ein DPG-Molekül mit den geladenen α-Aminogruppen und den N-terminalen Valinresten der beiden β-Ketten, verbunden. Auch andere β-Kettengruppen können möglicherweise zur DPG-Bindung beitragen. Das DPG verschiebt das Gleichgewicht zwischen Oxyh. und Desoxyh. + O_2 auf die rechte Seite. Die molare Konzentration des DPG ist in den Erythrocyten ungefähr genauso groß wie die des Hämoglobins. Diese reicht aus, um die Dissoziationskurve nach rechts zu verschieben (Abb. 4): $Hb(O_2)_4 + DPG \rightleftarrows Hb \cdot DPG + 4O_2$.

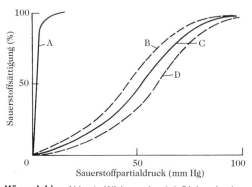

Hämoglobin. Abb. 4. Wirkung des 2,3-Diphosphoglycerats auf die Sauerstoffsättigungskurve des Hämoglobins. **A:** 2,3-Diphosphoglycerat nicht vorhanden; **B:** 2,3-Diphosphoglycerat-Konzentration niedrig; **C:** 2,3-Diphosphoglycerat-Konzentration normal; **D:** 2,3-Diphosphoglycerat-Konzentration hoch.

Die Erythrocyten-DPG-Konzentration kann sich als Antwort auf eine mangelhafte Sauerstoffversorgung der Gewebe verändern. Wenn z.B. die Luftzufuhr in den Bronchien begrenzt ist, wie bei obstruktivem Lungenemphysem, nimmt der O_2-Druck des arteriellen Bluts ab. Dies wird durch eine Verschiebung der O_2-Dissoziationskurve kompensiert, indem die Erythrocytenkonzentration des DPG von 4,5 mM auf bis zu 8,0 mM zunimmt (Abb. 4). Das DPG spielt auch bei der Anpassung an größere Höhen eine Rolle. Durch den Übergang auf 4.500 m über NN erhöht sich die Erythrocyten-DPG-Konzentration nach zwei Tagen auf 7,0 mM. Während der Lagerung von Blut nimmt dessen O_2-Affinität aufgrund des Verlusts von DPG zu (in 10 Tagen nimmt DPG auf 0,5 mM ab, wenn das Blut in saurer Citrat-Dextrose aufbewahrt wird). Obwohl das Blut nach der Transfusion wieder DPG zurückerhalten kann (nach einem Gesamtaustausch wird innerhalb von 24 h die Hälfte des normalen Spiegels erreicht), geschieht dies in kritischen Fällen möglicherweise nicht schnell genug. Die Zugabe von DPG zum Blut hat keine Wirkung, da es die Erythrocytenmembran nicht passieren kann. Durch den Zusatz von ↗ *Inosin* bleibt dagegen der DPG-Spiegel der gelagerten roten Blutzellen erhalten, da Inosin die Erythrocytenmembran passieren kann und in DPG überführt wird. Diese Umwandlung wird mit Hilfe von Reaktionen des ↗ *Pentosephosphat-Zyklus* durchgeführt. ↗ *Rapoport-Luerbing-Shuttle*. [R.E. Dickerson u. I. Geis *The Structure and Action of proteins*, W.A. Benjamin, 1969; M.F. Perutz *Annu. Rev. Biochem.* **48** (1979) 327–386, *Nature* **228** (1970) 726–739, *Sci. Amer.* **239** (6) (1978) 92–125; J.V. Kilmartin *Brit. Med. Bull.* **32** (1976) 209–222; A. Arnone *Nature* **237** (1972) 146–149].

Hämoglobinopathie, eine angeborene Anormalität der Hämoglobinstruktur, die gewöhnlich durch die Substitution einer einzelnen Aminosäure in den α- oder β-Ketten verursacht wird und das Ergebnis einer Punktmutation im α- oder β-Gen ist. Es sind auch H. bekannt, bei denen Aminosäuredeletionen vorliegen. H. sind ↗ *angeborene Stoffwechselstörungen*. ↗ *Thalässamien* können ebenfalls als H. klassifiziert werden. Viele strukturell anormale Hämoglobine sind klinisch unauffällig. Andere weisen eine erhöhte oder erniedrigte Sauerstoffaffinität auf oder sind instabil. Als Folge der Instabilität kann es zur Bildung von ↗ *Heinz-Körpern* oder Sichelzellen kommen, die Erythrocyten können eine niedrigere Lebensdauer aufweisen oder es können hämolytische Anämien auftreten. Andere funktionelle Defekte, die auftreten können, sind: Mangel an Untereinheitenkooperativität, verminderter Bohr-Effekt und geringere Wirkung des 2,3-Diphosphoglycerats

(↗ *Hämoglobin*). Als Ausgangssuchverfahren für anormale Hämoglobine werden hauptsächlich die Stärkegel- und Papierelektrophorese eingesetzt. Mit der Elektrophorese können nicht alle Mutantenhämoglobine getrennt werden. Die Hinweise auf das Vorhandensein eines anormalen Hämoglobins sind oft physiologischer oder klinischer Natur, z.B. anormale Sauerstoffaffinität, Instabilität, usw. Im Zweifelsfall müssen die α- und β-Ketten des verdächtigen Hämoglobins gereinigt und mit Hilfe konventioneller Verfahren der Proteinsequenzanalyse analysiert werden, um die Stelle der Aminosäuresubstitution zu identifizieren. Für die Bezeichnung des anormalen Hämoglobins (Tab., Teil G) wurde zu Anfang ein Inizialensystem (F = fetal, S = Sickle, M = Methämoglobin) gewählt, bei dem die Buchstaben entsprechend ihrer Entdeckung eingesetzt wurden. In der Tabelle sind einige der bekannten H. aufgeführt. In der Literatur wird regelmäßig über neue H. berichtet. Bisher sind ungefähr 350 verschiedene H. bekannt, wovon ungefähr 150 durch E.R. Huehns in *Blood and Its Disorders* [R.M. Hardistry u. D.J. Weatherall (Hrsg.), 2. Ausg., Blackwell Scientific Publications, Oxford, 1982] behandelt werden. Das *International Hemoglobin Information Center* publiziert aktualisierte Listen von anormalen Hämoglobinen in der Zeitschrift *Hemoglobin*. Weitere Informationen sind auch bei R.G. Schneider „Methods for Detection of Hemoglobin Variants and Hemoglobinopathies in the Routine Clinical Laboratory" *RC Critical Review in Clinical Laboratory Sciences* (November 1978) zu finden.

Hämoglobinopathien. Tab. Anormale Hämoglobine. Die Namen der anormalen Hämoglobine beziehen sich auf die geographischen Orte, an denen die jeweiligen Hämoglobine erstmals entdeckt wurden. Die Bezeichnung „instabil" kennzeichnet solche Hämoglobine, bei denen *in vivo* eine beschleunigte Erythrocytenzerstörung und *in vitro* ein Ausfällen des Hämoglobins beim Erwärmen auf 50 °C auftritt. Zum Numerierungssystem der Reste und zum Vergleich mit normalem Hämoglobin A ↗ *Hämoglobin*.

Name	Substitution	O_2-Affinität	Kooperativität	Bohr-Effekt	Bemerkungen
A. Aminosäuresubstitutionen, die den Kontakt mit der Hämgruppe beeinträchtigen.					
A-1. *Hämoglobine M (= Methämoglobin).* Das Hämeisen ist irreversibel oxidiert, d. h. liegt im Fe(III)-Zustand vor. Das vorliegende Methämoglobin kann durch die Methämoglobin-Reduktase nicht reduziert werden. Es sind fünf Arten bekannt. Nur Heterozygote überleben.					
Boston	α58(E7)His → Tyr	gering	gering	verringert	dauerhaft in der Desoxyform.
Hyde-Park	β92(F8)His → Tyr	hoch	verringert	normal	s. Abb. S. 433
A-2. *Andere Substitutionen in der hämbindenden Region.*					
Hammersmith	β42(CD1)Phe → Ser	gering	leicht erniedrigt		Das polare Ser ermöglicht wahrscheinlich den Eintritt von Wasser in die Hämtasche.
Zürich	β63(E7)His → Arg	hoch	verringert	normal	instabil

Hämoglobinopathien. Tab. Anormale Hämoglobine. Die Namen der anormalen Hämoglobine beziehen sich auf die geographischen Orte, an denen die jeweiligen Hämoglobine erstmals entdeckt wurden. Die Bezeichnung „instabil" kennzeichnet solche Hämoglobine, bei denen *in vivo* eine beschleunigte Erythrocytenzerstörung und *in vitro* ein Ausfällen des Hämoglobins beim Erwärmen auf 50 °C auftritt. Zum Numerierungssystem der Reste und zum Vergleich mit normalem Hämoglobin A ↗ *Hämoglobin*.

Name	Substitution	O_2-Affinität	Kooperativität	Bohr-Effekt	Bemerkungen
B. Aminosäuresubstitutionen, die den Kontakt zwischen den $\alpha 1$- und $\beta 1$-Untereinheiten beeinträchtigen.					
Heathrow	$\beta 103$(G5)Phe → Leu	hoch			
Prato	$\alpha 31$(B12)Arg → Ser	normal	normal	normal	
C. Aminosäuresubstitutionen, die den Kontakt zwischen den α_1- und β_2-Untereinheiten beeinträchtigen					
Hiroshima	$\beta 146$(C-terminales His) → Asp	hoch		vermindert	Bohrproton kann nicht abgespalten werden
Richmond	$\beta 102$(G4)Asn → Lys	normal	normal	normal	
Jackson	$\alpha 127$(H10)Lys → Asn				keine anormalen Eigenschaften bekannt
Helsinki	$\beta 82$(EF6)Lys → Met	niedrig		vermindert	Lys_{82} ist Diphosphoglycerat-Bindungsstelle
D. Aminosäuresubstitutionen im Hohlraum zwischen ähnlichen Ketten					
Jackson	$\alpha 127$(H10)Lys → Asn				keine anormalen Eigenschaften bekannt
Helsinki	$\beta 82$(EF6)Lys → Met	niedrig		vermindert	Lys_{82} ist Diphosphoglycerat-Bindungsstelle
E. Aminosäuresubstitutionen im Innern der Untereinheiten. Austausch eines unpolaren gegen einen polaren Rest im hydrophoben Innern, oder eines kleines Rests gegen einen großen Rest verursacht Instabilität. Insertion von Pro in eine Helix ruft Distorsion (Pro ist ein „Helixbrecher") und Instabilität hervor.					
Port Phillip	$\alpha 91$(FG3)Leu → Pro				instabil
Perth	$\beta 32$(B14)Leu → Pro	hoch			instabil
F. Aminosäuredeletionen. Alle Hb sind instabil.					
Freiburg	$\beta 23$(B5)Gly	hoch			
St. Anton	$\beta 74$–75(E18–E19)Gly-Leu	normal			
Gun Hill	$\beta 91$–95(F7–FG2)Leu-His-Cys-Asp-Lys				essenzielle Kontakte mit Häm nicht vorhanden; β-Ketten enthalten kein Häm; hämolytische Anämie.

G. Aminosäuresubstitutionen auf der äußeren Oberfläche des Moleküls		
Name	Substitution	Bemerkungen
Hämoglobin C	$\beta 6$(A3)Glu → Lys	Relativ weit verbreitet bei Westafrikanern und Menschen westafrikanischer Abstammung. Heterozygote besitzen 30–40 % HbC (+ ca. 60 % HbA) und sind gesund. Homozygote können milde Anämie haben, ihre Lebenserwartung ist normal.
Hämoglobin D	$\beta 121$(GH4)Glu → Gln	Relativ häufig bei Schwarzen (0,4 %), Algeriern (2,0 %) und Sikhs in Nord- und Zentralindien, tritt in anderen Gruppen sporadisch auf. Homozygote zeigen nur geringe Symptome (Anämie) und die Bezeichnung „Hämoglobin-D-Krankheit" ist wahrscheinlich übertrieben.
Hämoglobin E	$\beta 26$(B8)Glu → Lys	s. a. Punkt B. Das zweithäufigste anormale Hb der Welt, das bei Menschen auftritt, die aus Südostasien abstammen. Homozygote zeigen leichte Anämie.
Hämoglobin J	$\alpha 115$(GH3)Ala → Asp	Kommt in Neu-Guinea vor. Vermutlich keine pathologische Bedeutung.

Hämoglobinopathien. Tab. Anormale Hämoglobine. Die Namen der anormalen Hämoglobine beziehen sich auf die geographischen Orte, an denen die jeweiligen Hämoglobine erstmals entdeckt wurden. Die Bezeichnung „instabil" kennzeichnet solche Hämoglobine, bei denen *in vivo* eine beschleunigte Erythrocytenzerstörung und *in vitro* ein Ausfällen des Hämoglobins beim Erwärmen auf 50 °C auftritt. Zum Numerierungssystem der Reste und zum Vergleich mit normalem Hämoglobin A ⌐ *Hämoglobin.*

Name	Substitution	Bemerkungen
Hämoglobin O Arab	β121(GH4)Glu → Lys	Verstärkt bei Heterozygoten mit HbS Sichelzellenbildung. Geringe O_2-Affinität bei Homozygoten mit Sichelzellen. Ursprung liegt vermutlich bei nichtarabischen Völkern des präsemitischen Ägyptens. Das Reservoir stellen vermutlich Sudanesen dar, die sich im ottomanischen Reich weit verbreitet haben. Kommt auch vor in Jamaika, Rumänien, Bulgarien und Ungarn.
Korle Bu	β73(E17)Asp → Asn	Nur von einer Westafrikanischen Familie beschrieben. Homozygoten zeigen normalerweise keine pathologischen Eigenschaften.

Hämoglobinopathien. Bei der Hämoglobinopathie Hyde Park zerstört der Austausch des hämbindenden His F8 durch Tyr die Fähigkeit des Häms, Sauerstoff zu binden.

Hämolysin, ein monomeres Protein (M_r 107 kDa), das zu den ⌐ *Exotoxinen* zählt. H. aus *E. coli* bildet Zellmembranporen. Aufgrund des Porendurchmessers von 1–2 nm könnte beispielsweise Lactose eine derartige Pore passieren. Die durch solche Toxine induzierten Poren verursachen eine massive Störung des intrazellulären Ionenmilieus, führen zum Verlust von porenpermeablen Molekülen, wie ATP, NAD^+ oder GTP, und letztendlich zum Zelltod.

Hämopexin, ein freies Häm-bindendes Glycoprotein der β_1-Globulinfraktion. H. (M_r 57 kDa) enthält etwa 23 % Kohlenhydrate und transportiert das komplexgebundene Häm in die Hepatocyten, wo es katabolisiert wird.

Hämophilie, erblich bedingte Störung der ⌐ *Blutgerinnung.*

hämopoetischer Zellwachstumsfaktor, ⌐ *koloniestimulierende Faktoren.*

Hämopoietin, Syn. für ⌐ *Erythropoietin.*

Hämorphine, eine Klasse von *Opioidpeptiden,* die sich von ⌐ *Hämoglobin* ableiten. Sie werden durch enzymatische Hydrolyse aus Polypeptidketten des Hämoglobins gebildet und wurden zuerst aus enzymatisch behandeltem Rinderblut isoliert. Ähnlich wie die ⌐ β-*Casomorphine* enthalten sie eine N-terminale Tyr-Pro-Sequenz. Das erste H. wurde 1986 entdeckt und als *Hämorphin-4* (H-Tyr-Pro-Trp-Thr-OH) bezeichnet. Es ist die kürzeste Sequenz mit opioidähnlicher Aktivität. Die ersten natürlich vorkommenden H. wurden 1991 aus dem Gehirn, der cerebrospinalen Flüssigkeit, sowie aus dem Blutplasma isoliert und charakterisiert. Es handelt sich um N- und/oder C-terminal erweiterte Formen von Hämorphin-4. *Hämorphin-7, LVV-Hä-*

morphin-6 und *LVV-Hämorphin-7* besitzen starke Affinität zu Opioidrezeptoren. Weitere H. sind *Valorphin* und *Spinorphin*. [F. Nyberg et al. *Biopolymers* **43** (1997)147; Q. Zhao et al. *Biopolymers* **43** (1997) 75]

Hämosiderin, ein Eisen-Speicher-Protein für das nicht unmittelbar benötigte Funktionseisen des Säugerorganismus mit ähnlicher Funktion wie ⌐ *Ferritin.* Es ist kein Hämprotein, sondern ein hochmolekulares Ferritinaggregat mit zusätzlich als $Fe(OH)_3$ gebundenem Eisen. H. bildet in den Zellen (Leber, Milz, Knochenmark u.a.) gelbe bis braunrote Pigmente. Der Eisengehalt des H. beträgt 37 %. Die Gesamtspeichereisenmenge beträgt etwa 0,7 g, davon enthält die Leber 0,2–0,5 g. Am Anstieg des Serumeisenspiegels kann man die durch einen Leberschaden herbeigeführte verminderte Speicherkapazität erkennen.

Hämproteine, überall vorkommende Chromoproteine, die als Atmungspigmente an Sauerstofftransport (⌐ *Hämoglobin,* ⌐ *Hämerythrin*) und Sauerstoffspeicherung (⌐ *Myoglobin*) beteiligt sind. Die Katalase und die Peroxidase sind für die Reduktion von Peroxiden verantwortlich, während Cytochrome beim Elektronentransport zwischen Dehydrogenasen und terminalen Akzeptoren involviert sind. Ihre prosthetische Gruppe, das *Eisenporphyrin IX* oder *Häm,* ist fest an die Proteinkomponente gebunden. Während vier Liganden des Eisens vom Porphyrinring besetzt sind, dienen die zwei freien Liganden des Zentralatoms zur Bindung an das Protein (über Histidin) und zur O_2-Bindung (bei den respiratorischen Hämproteinen) bzw. ebenfalls zur Proteinbindung (über Cys, Met, Trp, Lys oder Tyr). Bei Cytochrom c erfolgt eine zusätzliche Fixierung des Porphyrinrings an das Protein durch kovalente Anlagerung zweier SH-Gruppen an die beiden Vinylgruppen des Häms. Eines der charakteristischen Merkmale der Hämproteine im reduzierten Zustand [Fe(II)] ist ihr durch drei intensive Banden ausgezeichnetes Spektrum im sichtbaren Bereich: 1) α-Bande, λ_{max} 550–565 nm, 2) β-Bande,

λ_{max} 520–535 nm, und 3) γ- oder Soret-Bande, λ_{max} 400–415 nm.

Hanes-Wilkinson-Diagramm, ↗ *kinetische Datenauswertung*.

Haptene, partielle bzw. unvollständige Antigene. Es handelt sich entweder um chemisch definierte Moleküle, z.B. Dinitrophenol, oder um einen Teil der Molekülstruktur eines Antigens. Sie binden spezifisch an die korrespondierenden Antikörper (↗ *Immunglobuline*), sie können aber keine Immunantwort (d.h. Antikörperbildung) auslösen, wenn sie nicht an ein Carrier-Protein gebunden sind. Nach der parenteralen Applikation eines proteingekoppelten H. produziert der Körper zwei spezifische Antikörper, einen gegen das Protein und einen gegen das gebundene H. (haptenspezifische Antikörper). Die Halb-H. wirken als Antigene, jedoch ohne dass eine Präzipitation auftritt.

Eines der wirksamsten H. ist ein Glycolipid aus tierischen Organen, das Forsman-H. Das Forsman-H. des Pferdes ist *N*-Acetyl-α-galactosaminyl-*N*-acetyl-β-galactosaminyl-(1-3)-[galactosyl-(1-4)]$_2$-glucosyl-ceramid. Eine enzymatische Entfernung der terminalen GalNAc-Gruppe zerstört die Forsman-Antigenwirkung. Das Forsman-Antigen, das sich aus dem Forsman-H. und einem spezifischen Protein zusammensetzt, induziert die Bildung von Hämolysin.

Haptoglobin, *Hp*, ein saures α_2-Plasmaglycoprotein, das spezifisch an freies Plasma-Oxyhämoglobin bindet, wobei ein Komplex mit hoher Molekülmasse (M_r 310 kDa) gebildet wird, der durch die Nieren nicht gefiltert werden kann. Die damit verbundene Konformationsänderung im Hämoglobin erlaubt es der Häm-α-methenyl-Oxygenase der Leber, den Häm-Porphyrinring zu entfernen. Anschließend wird das Globin durch die trypsinähnliche Proteasewirkung der β-Kette von Hp abgebaut. H. ist ein Tetramer, das aus zwei ungleichen Kettenpaaren besteht, 2α und 2β, die durch Disulfidbrücken zusammengehalten werden. Human-H. existiert in den drei genetischen Varianten Hp 1-1, 2-2 und 2-1, die sich in ihrem elektrophoretischen Muster unterscheiden. Während Hp 1-1 als eine einzige Bande wandert, weisen Hp 2-2 und 2-1 verschiedene (bis zu 14) diskrete Banden auf, die stabilen Oligomeren des Monomers (eine β-, eine α_1- und eine α_2-Kette in Hp 2-1; eine β- und eine α_2-Kette in 2-2) entsprechen. Das M_r des Hp-2-2-Monomers beträgt 57,3 kDa. Diese Heterogenität ist auf die Existenz von zwei verschiedenen α-Kettentypen (α_1 und α_2) zurückzuführen. Während α_1 82 Aminosäuren enthält (M_r 9 kDa), ist α_2 mit 142 Aminosäuren beinahe doppelt so groß (M_r 17,3 kDa). Im Gegensatz zur α-Kette ist die kohlenhydrattragende und viel größere β-Kette (M_r 40 kDa; ohne Zuckerreste 35 kDa) bei allen Hp-Typen gleich groß.

Aufgrund der Sequenzhomologien zwischen den Hp-α-Ketten und den Immunglobulinen lässt sich schließen, dass Hp ein natürlicher, vorgeformter Antikörper gegen Hämoglobin ist.

Har, Abk. für ↗ *Homoarginin*.

Harden-Young-Ester, ↗ *Fructose-1,6-diphosphat*.

Harmalin, ↗ *Harman-Alkaloide*.

Harman-Alkaloide, eine Gruppe von Indolalkaloiden mit einem β-Carbolinringsystem. Biosynthetisch bilden sich die H.-A. aus Tryptophan und einer Carbonylkomponente in einer Reaktion, die sich auch *in vitro* unter zellmöglichen Bedingungen durchführen lässt. Das ubiquitäre Vorkommen der Vorläufer und die einfache Bildungsweise sind ein Grund dafür, dass sich H.-A. in den verschiedensten Pflanzengattungen finden. Hauptalkaloide sind *Harmin* (M_r 212,25 Da, F. 262 °C) und *Harman* (F. 237–238 °C; Abb.), daneben finden sich auch 3,4-Dihydroharmin [*Harmalin*; F. 250 °C (Z.)] und 1,2,3,4-Tetrahydroharmin. In der Medizin werden H.-A. in geringem Umfang bei Encephalitis und Parkinsonscher Krankheit angewandt. Einige H.-A. führen auch zu Halluzinationen und Rauschzuständen.

Harman: R=H
Harmin: R=OCH$_3$

Harmanalkaloide. Harman: R = H; Harmin: R = OCH$_3$.

Harmin, ↗ *Harman-Alkaloide*.

Harnsäure, 2,6,8-Trihydroxypurin (Abb.), ein Ausscheidungsprodukt des Purinstoffwechsels der meisten Tiere (M_r 168,1 Da, F. >400 °C). H. wurde 1776 von Scheele im Harn entdeckt und konnte aus Vogelexkrementen (Guano) isoliert werden. Ihre Salze heißen *Urate*. Bei einigen Tieren, den uricotelen Organismen (Vögel, Reptilien, viele Insekten), ist H. die Hauptform der stickstoffhaltigen Ausscheidungsprodukte. Mensch und Menschenaffen scheiden H. meist unverändert aus. Beim erwachsenen Menschen entfallen 1–3 % des Gesamtstickstoffs im Harn auf H.

Lactimform   Lactamform

Harnsäure. Tautomere Formen der Harnsäure.

H. entsteht aus Xanthin durch das Enzym Xanthin-Oxidase im aeroben ↗ *Purinabbau*. Auch der Aminostickstoff beim Abbau der Aminosäuren kann in H. umgesetzt werden. Das Enzym Uricase setzt H. zu Allantoin um (Uricolyse, ↗ *Purinab-bau*).

Harnstoff, *Carbamid*, H_2N-CO-NH_2, das Diamid der Kohlensäure (M_r 60,01 Da, F. 132,7 °C). Wässrige Harnstofflösungen entwickeln beim Stehenlassen hohe Konzentrationen an reaktiven Cyanationen, die durch Ansäuern abgetrennt werden können. H. ist das Produkt der Ammoniakentgiftung bei den Ureoteliern. Es wird über verschiedene Stoffwechselwege gebildet: 1) über den ↗ *Harnstoff-Zyklus*, 2) durch oxidativen Purinabbau und enzymatische Hydrolyse von Allantoinsäure und Glyoxylharnstoff (Ureidoglycolat), 3) durch Hydrolyse von L-Arginin und anderen Guanidinderivaten mittels Arginase und anderen Enzymen der EC-Unterklasse 3.5.3 (↗ *L-Arginin*, ↗ *Guanidinderivate*), 4) durch verschiedene weitere Stoffwechselwege von begrenzter Verbreitung oder Bedeutung, z.B. durch den seltenen oxidativen Pyrimidinabbau. H. wird durch Urease und Urea-Amidolyase gespalten. Andere Mechanismen der nichtureatischen Harnstoffspaltung sind in ihrer Bedeutung zweifelhaft und enzymologisch nicht bewiesen.

H. wird von vielen höheren Pilzen (*Basidiomyceten*), und zwar besonders von Champignon-(*Agaricus-*)Arten und Bauchpilzen (*Gasteromycetales*), wie den Stäublingen (*Lycoperdon*) und den Bovisten (*Bovista*), akkumuliert. Im Kulturchampignon z.B. ist H. ein echtes Stickstoffexkret (↗ *Ammoniakentgiftung*), in Bovisten und Stäublingen eine Stickstoffreservesubstanz für die Protein- und Chitinsynthese der Sporen (Stickstoffspeicherung und -translokation, ↗ *Ammoniakentgiftung*). H. kann zur Osmoregulation bei den Meeresknorpelfischen dienen, wo er in den Gewebsflüssigkeiten und im Blut in relativ hoher Konzentration angesammelt wird. Eine Speicherung von H. findet auch in den Körperflüssigkeiten von Lungenfischen (*Dipnoi*) während der Sommerruhe statt, wenn sich die Tiere in ein kokonartiges Gebilde zur Überdauerung der Trockenzeit einschließen. H. bildet sich hier über den Harnstoff-Zyklus und einen Purinzyklus der Harnstoffsynthese.

Harnstoff wird in 6–8molarer Konzentration als Denaturierungsmittel für Proteine verwendet. Ungeklärt ist die toxische Wirkung von H. auf die Haut. Seit langem dient H. als Stickstoffdünger. Seine im Boden durch Urease bewirkte schnelle Spaltung in Ammoniak und Kohlensäure führt zu Stickstoffverlusten und Vergiftung. Aus diesem Grund wird der H. in Form von Harnstoff-Aldehyd-Kondensationsverbindungen eingesetzt, die für die Pflanzen Quellen mit langsam freigesetztem Stickstoff darstellen. Die Schwierigkeit kann auch durch eine geeignete Applikationsform (Granulate) und durch Einsatz von Ureaseinhibitoren (↗ *Urease*) prinzipiell überwunden werden. Eine ähnliche Problematik besteht bei der Verwendung von H. zur Rinderernährung als Nichtproteinstickstoff, weshalb geeignete Harnstoffverbindungen, z.B. Diacetylharnstoff, eingesetzt werden müssen, aus denen H. nur langsam als Stickstoffquelle mobilisiert wird. Im Wiederkäuermagen wird H. durch die symbiontischen Pansenmikroorganismen (↗ *Symbiose*) zerlegt.

Harnstoff-Amidolyase, ↗ *Urea-Amidolyase*.

Harnstoff-Carboxylase (Hydrolyse), ↗ *Urea-Amidolyase*.

Harnstoff-Zyklus, *Arginin-Harnstoff-Zyklus*, *Ornithinzyklus*, *Krebs-Henseleit-Zyklus*, ein bei Säugetieren und anderen ureotelischen Tieren (z.B. erwachsenen Amphibien) vorkommender Stoffwechselkreislauf, über den Harnstoff aus Kohlendioxid, Ammoniak und dem α-Aminostickstoff von L-Asparaginsäure unter Verbrauch von ATP synthetisiert wird (Abb.). Der Vorgang ist energiegebunden. Für die Synthese eines Moleküls Harnstoff oder L-Arginin werden drei Moleküle ATP benötigt und vier energiereiche Bindungen verbraucht (zwei ATP-Moleküle werden zu ADP und anorganischem Phosphat, ein ATP zu AMP und Pyrophosphat gespalten, letzteres wird zu anorganischem Phosphat hydrolysiert). Der H. ist ein katalytischer Prozess und hängt von der Wiederverwertung des katalytisch wirksamen Moleküls L-Ornithin ab. Die primäre Funktion des H. besteht darin, den als Abfall anfallenden Stickstoff in nichttoxischen, löslichen Harnstoff zu überführen, der ausgeschieden werden kann. Der Zyklus dient jedoch nicht nur der Hydrolyse von L-Arginin zu Harnstoff, sondern kann auch – durch Übertragung der Amidingruppe auf Glycin – zur Bildung von L-Ornithin und Guanidinoacetat (dem Vorläufer von Kreatin, ↗ *L-Arginin*, ↗ *Phosphagene*) herangezogen werden. Eine weitere Funktion ist die Synthese der proteinogenen Aminosäure L-Arginin. Der H. war in der Evolution primär ein Mechanismus der Synthese von L-Arginin. Bei Tieren wird der H. durch die Synthese von L-Ornithin aufgefüllt. Diese erfolgt: 1) aus L-Glutamat und 2) in gewissem Ausmaß aus Abbauprodukten des L-Prolins. L-Ornithin und L-Arginin stehen über den H. im Gleichgewicht. Mit Hilfe von L-Arginin aus der Nahrung kann der H. bedient werden. Umgekehrt kann die Synthese von L-Ornithin und dessen Umwandlung in L-Arginin durch den H. den ernährungsbedingten Bedarf an L-Arginin decken. Die Lage des Gleichgewichts dieser beiden Prozesse hängt ab von: 1) der jeweiligen Tierart, 2) dem physiologischen Zustand und 3) der Nahrung. Viele junge, heranwachsende Tiere müssen L-Arginin mit der Nahrung zu sich nehmen, während sie anscheinend im Erwachsenenalter den gesamten Bedarf durch Synthese decken können.

Die L-Argininsynthese dient in erster Linie der Bereitstellung der Amidinogruppe. Andere natür-

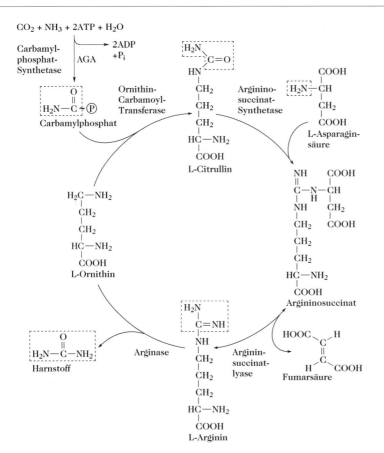

Harnstoff-Zyklus. AGA = *N*-Acetylglutaminsäure, ein stimulierender allosterischer Effektor der Carbamylphosphat-Synthetase.

lich vorkommende Guanidinoverbindungen, in erster Linie ↗ *Phosphagene*, werden durch die Übertragung der Amidinogruppe aus L-Arginin auf den geeigneten Aminoakzeptor synthetisiert.

Der Hauptort des H. ist die Leber. Die Umwandlung von L-Ornithin in L-Citrullin, sowie die Synthese von Carbamylphosphat geschehen in der mitochondrialen Matrix, alle anderen Reaktionen laufen im Cytoplasma ab. Das Nierencytoplasma enthält zwar die Enzyme für die Überführung von L-Citrullin in L-Ornithin, den Nierenmitochondrien fehlen jedoch die notwendigen Enzyme zur Umwandlung von L-Ornithin in L-Citrullin und zur Synthese von Carbamylphosphat. Ein Teil des L-Citrullins wird von der Leber zur Niere transportiert, wo es in L-Ornithin und Harnstoff überführt wird. Der H. ist über folgende Reaktionsfolge mit dem Tricarbonsäure-Zyklus (TCA) verbunden: 1) Fumarat, das durch die Wirkung von Argininosuccinat-Lyase produziert wird, tritt in die Mitochondrien ein und wird 2) im TCA in Oxalacetat umgewandelt; 3) Mit Hilfe der Transaminierung von Oxalacetat zu Aspartat, wird Abfallstickstoff in die Aminogruppe von Aspartat eingebaut; 4) das Aspartat reicht diesen Stickstoff durch die Wirkung von

Argininosuccinat-Synthase an den H. weiter. Eine dieser Reaktionen (Malat + NAD^+ → Oxalacetat + NADH + H^+) stellt über die ↗ *oxidative Phosphorylierung* eine Quelle für drei Moleküle ATP dar. Der Hauptteil des Ammoniaks, der bei der Synthese von Carbamylphosphat verbraucht wird, stammt aus der oxidativen Desaminierung von L-Glutamat durch die L-Glutamat-Dehydrogenase: L-Glutamat + NAD^+ + H_2O → 2-Oxoglutarat + NADH + H^+ + NH_3. Auch hier werden durch die Oxidation von NADH drei Moleküle ATP gebildet. Der Energiebedarf des H. wird demnach durch die Energieproduktion assoziierter Prozesse nahezu gedeckt. ↗ *Ammoniakassimilation.*

Harze, größtenteils amorphe, feste oder halbfeste, durchscheinende, geruch- und geschmacklose organische Stoffe meist pflanzlichen Ursprungs. Bei den *Baumharzen* unterscheidet man nach ihrem Alter zwischen fossilen H., z.B. Bernstein, rezentfossilen H. (einige Jahre bis Jahrhunderte alt), z.B. Kopalharze, und den durch Verletzung von Bäumen frisch gewonnenen rezenten H., die meist als Balsame vorkommen. Zu den H. wird auch der ↗ *Kautschuk* gerechnet. *Pflanzenharzen*, z.B. dem Mastix, kommt mengenmäßig keine große Bedeutung zu.

Gemische von H. mit Schleimstoffen bezeichnet man als Gummiharze, Lösungen von H. in etherischen Ölen als ↗ *Balsame*. Das wichtigste der *tierischen Harze* ist der Schellack, der vom Weibchen der ostasiatischen Stocklaus produziert wird.

H. sind unterkühlte Schmelzen. Sie lösen sich in unpolaren Lösungsmitteln. Wie die etherischen Öle sind H. komplexe Stoffgemische, in denen Terpene und Aromaten dominieren. Die Struktur der Harzbestandteile ist noch ungenügend aufgeklärt. Nach ihren chemischen Eigenschaften lassen sich die Harzbestandteile einteilen in: 1) *Resinotannole*, aromatische Phenylpropanharzalkohole, vereinigt mit Tanninen; sie kommen zum Teil in freier Form, jedoch überwiegend in Form von Estern, verbunden mit aromatischen Säuren oder mit Umbelliferon, vor; 2) *Resinole*, kristalline, farblose Harzalkohole, z.B. Terpenalkohole, die zum Teil frei und zum Teil als Ester vorkommen; 3) ↗ *Harzsäuren*, teilweise kristalline Verbindungen, die überwiegend in freier Form gefunden werden. Die Harzsäuren ergeben in Verbindung mit Alkaliionen *Harzseifen*. Harzsäuren bilden kristalline Salze oder Ester, die *Resinate* (↗ *Harzsäuren*). 4) *Resene*, indifferente Substanzen, die weder Ester noch Säuren sind; 5) *Resine*, Ester, z.B. Coniferylbenzoat.

Die Rohharze wie auch abgetrennte Harzbestandteile werden vielfältig angewandt bei der Herstellung von Lacken, Polituren, Textilhilfsmitteln, Kosmetika und Pharmazeutika.

Harzianine, *HC*, eine Gruppe von Peptidantibiotika aus *Trichoderma harzianum*, die zu den kürzerkettigen ↗ *Peptaibolen* zählen. Die aus 14 Aminosäureresten, darunter drei Aib-Pro-Motiven in den Positionen 4/5, 8/9 und 12/13, aufgebauten H. zeigen antagonistische Eigenschaften gegen phytopathogene Pilze, erhöhen die Permeabilität von Liposomen und erzeugen wie die längerkettigen Peptaibole spannungsabhängige Transmembrankanäle. [S. Rebuffat et al. *J. Chem. Soc. Perkin Trans* **1995**, 1.849]

Harzsäuren, *Resinosäuren*, hydroaromatische Diterpene, die sauren Bestandteile der Harze. Kolophonium besteht bis zu 90 % aus H. Die wichtigsten Vertreter sind ↗ *Abietinsäure*, Neoabietinsäure, Dextropimarsäure und Neopimarsäure. Salze und Ester der Harzsäuren heißen *Resinate*. Alkalisalze werden auch als *Harzseifen* bezeichnet.

Harzseifen, ↗ *Harzsäuren*.

Haschisch, das getrocknete Harz aus den Drüsenhaaren der weiblichen Hanfpflanze (*Cannabis sativa L.*, ↗ *Cannabis*). Durch seinen Gehalt an dem psychotrop wirksamen $\Delta^{9,10}$-Tetrahydrocannabinol (2–8 %) ist Haschisch eines der häufigsten Rauschmittel. *Marihuana* (oft synonym mit H. gebraucht) nennt man die getrockneten und zerkleinerten Triebspitzen des weiblichen Hanfs mit einem Ge-

halt von 0,5–2 % $\Delta^{9,10}$-Tetrahydrocannabinol. Beide Hanfdrogen haben in der Volksmedizin ihrer berauschenden Wirkung wegen seit Jahrtausenden Anwendung gefunden. Heute sind sie neben Alkohol die am weitesten verbreiteten Rauschmittel. Die Drogen werden meist allein oder im Gemisch mit Tabak in Zigaretten („joints") oder Pfeifen geraucht. Bei chronischem Gebrauch von H. kommt es zur Sucht mit körperlichem und geistigem Verfall und sexueller Hemmungslosigkeit.

Der Gehalt an $\Delta^{9,10}$-Tetrahydrocannabinol und den strukturähnlichen, aber nicht psychotrop wirksamen Hanfinhaltsstoffen, wie Cannabinol (F. 76–77 °C), Cannabidiol und Cannabidiolsäure (Abb.), schwankt stark. Das aus europäischem Hanf hergestellte H. enthält im Gegensatz zu den tropischen Kulturformen neben viel Cannabidiol und Cannabidiolsäure nur wenig $\Delta^{9,10}$-Tetrahydrocannabinol.

Haschisch. Einige Haschischverbindungen.

Haschischöl, ↗ *Cannabis*.

Hatch-Slack-Kortschak-Zyklus, *HSK-Zyklus*, C_4-*Säure-Zyklus*, C_4-*Stoffwechselweg*. Der C_4-Stoffwechselweg wurde bei zwei tropischen Gräsern, dem Mais und dem Rohrzucker, entdeckt, aber mittlerweile weiß man, dass er bei vielen *Gramineen*-Arten und einigen Arten verschiedener *Dikotyledonen*-Familien vorkommt. Pflanzen, die den C_4-Stoffwechselweg beschreiten (↗ *C4-Pflanzen*), gedeihen optimal bei hohen Lichtintensitäten und Tagestemperaturen von 30–35 °C. Charakteristisch für diese Pflanzen sind hohe Photosyntheseraten, große Wachstumsgeschwindigkeiten, geringe Wasserverlustraten, niedrige Photorespiration und eine ungewöhnliche Blattstruktur.

Der erste Hinweis, dass sich die photosynthetische CO_2-Fixierung bei C_4-Pflanzen von der bei anderen Pflanzen (↗ *C_3-Pflanzen*) unterscheidet, ergab sich 1965 aus Kortschaks Entdeckung, dass Zuckerrohrblätter bei einer Photosynthese in $^{14}CO_2$ als erste markierte Verbindungen die C_4-Carbonsäuren D-Maleinsäure und L-Asparaginsäure bil-

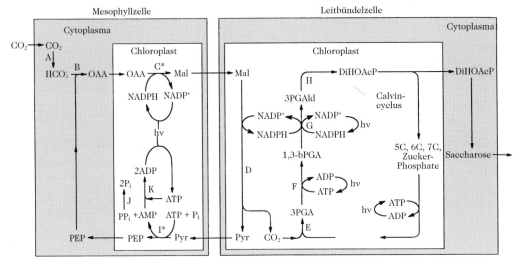

Hatch-Slack-Kortschak-Zyklus. Der C_4-Stoffwechselweg von solchen Pflanzenarten, die zur Katalyse der Decarboxylierungsreaktion das NADP-abhängige Malatenzym verwenden.
OAA = Oxalacetat; Mal = Malat; Pyr = Pyruvat; PEP = Phosphoenolpyruvat; 3PGA = 3-Phosphoglycerinsäure; 1,3-bPGA = 1,3-Diphosphoglycerat; 3PGAld = 3-Phosphoglyceraldehyd; DiHOAcP = Dihydroxyacetonphosphat; P_i = anorganisches Orthophosphat; PP_i = anorganisches Pyrophosphat; A = Carboanhydrase; B = PEP-Carboxylase; C = NADP-Malat-Dehydrogenase; D = NADP-Malatenzym; E = Ribulosediphosphat-Carboxylase; F = Phosphoglycerat-Kinase; G = 3-Phosphoglyceraldehyd-Dehydrogenase; H = Triosephosphat-Isomerase; I = Pyruvat/Orthophosphat-Dikinase; J = Pyrophosphatase; K = Adenylat-Kinase; Sterne markieren lichtaktivierte Enzyme.

den. Verschiedene Untersuchungen zeigten, dass CO_2 zuerst mit einer C_3-Verbindung reagiert und eine C_4-Dicarbonsäure bildet, die eine „C4-Transcarboxylierungsreaktion" mit einem Akzeptormolekül eingeht, wobei eine C_3-Verbindung und [1-^{14}C]3PGA gebildet werden, welches in Triose und Hexosephosphate überführt wird. Die Transcarboxylierungsreaktion konnte jedoch nicht gefunden werden und es wurde schließlich entdeckt, dass die C4-Carboxylgruppe der C_4-Carbonsäure in einer Decarboxylierungsreaktion als CO_2 entfernt wurde, das dann mit Hilfe von ↗ *Ribulosediphosphat-Carboxylase* (*Rubisco*) in 3PGA fixiert wurde. Diese beiden Carboxylierungsreaktionen finden in C_4-Pflanzen räumlich getrennt statt. Die erste Reaktion, die Phosphoenolpyruvat(PEP)-Carboxylasekatalysierte Umwandlung von CO_2 und PEP in Oxalacetat, spielt sich im Cytoplasma der Mesophyllzellen ab, während die zweite Reaktion, die Rubisco-katalysierte Überführung von CO_2 und D-Ribulose-1,5-diphosphat in 3PGA im Chloroplastenstroma der Leitbündelzellen vonstatten geht. Die Decarboxylierungsreaktion ereignet sich ebenfalls in den Leitbündelzellen.

Der Mechanismus des C_4-Stoffwechsels stimmt bei allen C_4-Pflanzen weitgehend überein. Bezüglich der Decarboxylierungsreaktion sind jedoch drei Varianten möglich:

L-Maleinsäure + NAD$^+$ →
$$CO_2 + Pyruvat + NADPH + H^+ \qquad (1)$$

L-Maleinsäure + NAD$^+$ →
$$CO_2 + Pyruvat + NADH + H^+ \qquad (2)$$
Oxalacetat + ATP →
$$CO_2 + Phosphoenolpyruvat + ADP \qquad (3)$$

Der C_4-Stoffwechsel von Pflanzen der Gruppe 1 (NADP-Malatenzym; Gl. 1) wird in der Abb. dargestellt. Durch die offenen Stomata der Blätter strömt Luft in den weiten interzellulären Raum ein und umgibt die Mesophyllzellen. Das CO_2 dringt zum Cytoplasma dieser Zellen vor, dissoziiert und wird, vermutlich unterstützt durch die Carboanhydrase (EC 4.2.1.1), ionisiert (A, Abb.). Das gebildete HCO_3^- wird von der PEP-Carboxylase (EC 4.1.1.31; B, Abb.) dazu verwendet, PEP zu Oxalat zu carboxylieren (Gl. 4). Im Gegensatz zu Rubisco setzt die PEP-Carboxylase HCO_3^- und nicht CO_2 als Carboxylierungssubstrat ein.

$$HCO_3^- + PEP → Oxalat + H_3PO_4 \qquad (4)$$

Bis zu diesem Punkt ist der Stoffwechselweg für alle drei Gruppen der C_4-Pflanzen gleich, alle führen eine schnelle Umwandlung von Oxalat, Malat und Aspartat durch. Bei den Pflanzen der Gruppe 1 geht das Oxalat in die Mesophyllchloroplasten über. Dort wird es mit Hilfe der NADP-abhängigen Malat-Dehydrogenase (EC 1.1.1.82; C, Abb.), einem lichtaktivierten Enzym, zu Malat reduziert. Dazu wird NADPH verwendet, das während der Lichtphase der Photosynthese erzeugt wird. Das Malat wandert dann von den Chloroplasten der Mesophyllzellen zu jenen der Leitbündelzellen, vermutlich über das

Cytoplasma der Plasmodesmata, die die beiden Zellarten miteinander verbinden. Anschließend wird das Malat durch das NADP-abhängige Malatenzym (Gl. 1; D, Abb.) decarboxyliert. Das gebildete CO_2 dient der Rubisco (E, Abb.) als Substrat, tritt in den Calvin-Zyklus ein und wird in ein photosynthetisches Produkt überführt. Das Pyruvat aus dieser Reaktion geht von den Leitbündelchloroplasten zurück zu den Mesophyllchloroplasten, vermutlich über das Cytoplasma der verbindenden Plasmodesmata. Es wird mit Hilfe des lichtaktivierten Enzyms Pyruvat/Orthophosphat-Dikinase (EC 2.7.9.1), das in der Lichtphase der Photosynthese (Gl. 5; I, Abb.) erzeugtes ATP verwendet, zurück in PEP überführt. Diese Reaktion wird durch die schnelle, exergone Hydrolyse von Pyrophosphat zu Orthophosphat durch die Pyrophosphatase (EC 3.6.1.1; J, Abb.) in Richtung PEP-Synthese verschoben.

$$\text{Pyruvat} + \text{ATP} + P_i \rightarrow \text{PEP} + \text{AMP} + PP_i \qquad (5)$$

Das nach Gl. 5 gebildete AMP wird durch die Adenylat-Kinase (EC 2.7.4.3; K, Abb.) auf Kosten von ATP phosphoryliert. Die gebildeten zwei ADP-Moleküle werden während der Lichtphase der Photosynthese zurück in ATP überführt. Das NADPH, das in den Leitbündelchloroplasten gebildet wird, wenn Malat decarboxyliert wird (Gl. 1; D, Abb.), wird dazu verwendet, den Calvin-Zyklus anzutreiben. Das Photosyntheseprodukt des Calvin-Zyklus, das Dihydroxyacetonphosphat (DiHOAcP), wird von den Leitbündelchloroplasten in das Cytoplasma transportiert, wo es in Saccharose überführt (↗ *Calvin-Zyklus, Abb. 1*) und anschließend zu den wachsenden Teilen der Pflanze exportiert wird.

Man nimmt an, dass die C_4-Photosynthese eine evolutionäre Anpassung darstellt, die es den Pflanzen erlaubt, unter heißen, trockenen Bedingungen gut zu gedeihen. C_4-Pflanzen können den Wasserverlust über ihre Stomata reduzieren, da diese einen höheren Widerstand gegen Gasdiffusion haben. Als Konsequenz daraus verläuft der CO_2-Konzentrationsgradient zwischen der Luft auf der Außenseite des Blatts und dem interzellulären Raum, der die Photosynthesezellen umgibt, viel steiler als bei C_3-Pflanzen. Die CO_2-Konzentration ist in den Mesophyllzellen viel kleiner als bei C_3-Mesophyllzellen. Bei einer solch niedrigen CO_2-Konzentration ist Rubisco [$K_m(CO_2) \sim 10\,\mu M$] kein adäquater Katalysator für die Carboxylierungsreaktion in C_4-Mesophyllzellen. Dieses Problem wurde durch die Verwendung von PEP-Carboxylase gelöst, die eine viel höhere Affinität zu CO_3^- besitzt und eine Reaktion katalysiert (Gl. 4), die im wesentlichen irreversibel verläuft, da die Spaltung der enolischen Phosphatbindung stark exergonisch ist ($\Delta G^{0\prime}$ der PEP-Hydrolyse = $-61,9\,kJ \cdot mol^{-1}$). Auf diese Weise wird

CO_2 in eine C_4-Dicarbonsäure eingebaut, die anschließend in die Leitbündelzellen übertragen wird. Innerhalb der Leitbündelzellen wird CO_2 durch Decarboxylierung freigesetzt und in einer Höhe konzentriert, die für eine adäquate Funktion von Rubisco nötig ist. Ein weiterer Vorteil der Konzentrierung von CO_2 in den Leitbündelchloroplasten liegt darin, dass die Oxygenaseaktivität von Rubisco erniedrigt wird (CO_2 ist ein kompetitiver Inhibitor der Oxygenaseaktivität von Rubisco), wodurch die Geschwindigkeit des verschwenderischen Prozesses der ↗ *Photorespiration* beträchtlich erniedrigt wird. Letzteres kompensiert die anscheinend niedrigere Effizienz der C_4-Photosynthese (5 ATP und 2 NADPH werden benötigt, um 1 CO_2 zu fixieren) gegenüber der C_3-Photosynthese (3 ATP und 2 NADPH werden benötigt, um 1 CO_2 zu fixieren).

Haupthistokompatibilitätskomplex, *MHC* (engl. *major histocompatibility complex*), mehrere eng gekoppelte genetische Loci bei Vertebraten, die für Zelloberflächenglycoproteine und Serumproteine – bekannt als *Histokompatibilitätsantigene* – codieren. Zusätzlich zum MHC, der bei allen überprüften Vertebraten gefunden wurde, gibt es andere Zelloberflächenantigene, die wenig untersucht sind und als Minorhistokompatibilitätsantigene (-komplexe) bezeichnet werden.

Die Haupthistokompatibilitätsantigene spielen eine besondere Rolle bei der Erkennung von Fremdsubstanzen durch T-Zellen. Bei der T-Zell-vermittelten Immunität prüfen T-Zellen kontinuierlich die Oberflächen aller Zellen und töten jene ab, die fremde Markerproteine aufweisen. Somit sind die MHC-Proteine die Faktoren, die die Abstoßung von Organtransplantaten verursachen. Der H. kommt bei allen höheren Wirbeltieren vor und wird je nach Spezies unterschiedlich bezeichnet. Beim Menschen nennt man die Genprodukte des H. *humanes Leucocyten-Antigen* (*HLA*). H-2 ist die Bezeichnung für den H. der Maus, B für den des Huhns, BolA für den des Rindes und RhLA für den des Rhesusaffen. Die biologische Funktion der Produkte des H. besteht darin, den T-Zellen Antigene anzubieten, da diese Lymphocyten nur auf Antigene reagieren können, wenn sie an körpereigene Moleküle des H. gebunden sind. Die Genprodukte des H. werden entsprechend der englischen Abkürzung ↗ *MHC-Proteine* genannt.

Häutungshormon, ↗ *Ecdyson*.

Hawkinsinurie, *Tyrosinämie III* (Abb.), eine ↗ *angeborene Stoffwechselstörung*, die auf einen Mangel an *4-Hydroxyphenylpyruvat-Dioxygenase* (P-Hydroxyphenylpyruvat-Dioxygenase, 4-Hydroxyphenylpyruvat-Hydroxylase, EC 1.13.11.27) zurückzuführen ist. Es kommt zur Ausscheidung von (2-L-Cystein-*S*-yl-1,4-dihydroxycyclohex-5-en-1-yl)essigsäure (Hawkinsin) und Hydroxylcyclohex-

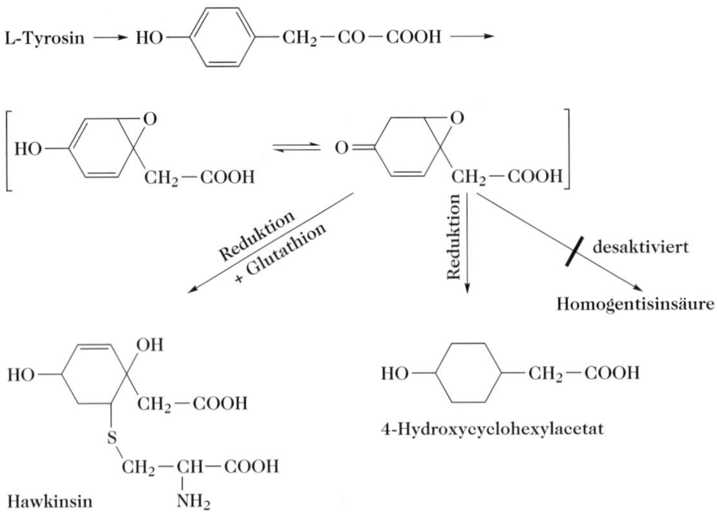

L-Tyrosin $\longrightarrow$ HO—⬡—CH_2—CO—COOH $\longrightarrow$

$$\left[\text{HO}-⬡<^{O}\;CH_2-COOH\right] \rightleftharpoons \left[O=⬡<^{O}\;CH_2-COOH\right]$$

Reduktion + Glutathion

Reduktion

desaktiviert

Homogentisinsäure

HO—⬡(OH)(CH_2—COOH)(S—CH_2—CH—COOH)

Hawkinsin NH_2

HO—⬡—CH_2—COOH

4-Hydroxycyclohexylacetat

Hawkinsinurie

ylessigsäure im Harn und es bestehen leichte Hypertyrosinämie und Acidose. Behandlung erfolgt durch proteinarme Ernährung und Ascorbinsäureergänzung. Das defekte Enzym setzt vermutlich reaktive Intermediate frei, bevor 4-Hydroxyphenylpyruvat in Homogentisat (↗ *Phenylalanin*) umgewandelt wird. [B. Wilcken et al. *New Engl. J. Med.* **305** (1981) 865–869]

Hb, Abk. für ↗ *Hämoglobin*.

HBGF, Abk. für engl. *heparin binding growth factor*, Syn. für ↗ *Fibroblasten-Wachstumsfaktoren*.

HbS, Abk. für ↗ *Sichelzellhämoglobin*.

hCG, Abk. für *humanes Choriongonadotropin*, ↗ *Choriongonadotropin*.

hCS, Abk. für *humanes Chorionsomatomammotropin*, ↗ *Chorionmammotropin*.

Hcy, 1) Abk. für ↗ *Homocystein*.
2) Abk. für ↗ *Hämocyanin*.

HD, Abk. für ↗ *Helodermin*.

HDL, Abk. für engl. *high density lipoprotein*. ↗ *Lipoproteine*.

Hefeadenylsäure, ↗ *Adenosinphosphate*.

Hefeautolysat, ein aus Hefen (meist Back- oder Brauereihefen) hergestelltes aminosäure- und vitaminreiches Produkt. Zur Herstellung werden Hefesuspensionen auf 48–50 °C erwärmt und einige Stunden bei dieser Temperatur belassen. Dadurch werden die Membranen der Hefezellen geschädigt und die Zellinhaltsstoffe durch zelleigene Proteasen und Nucleasen hydrolysiert. Der Autolyseprozess wird durch Erhitzen auf ca. 75 °C beendet und anschließend die unlöslichen Zellbestandteile abgetrennt.

H. kann als frisches Produkt den Nährmedien als Vitamin- und Aminosäurequelle zugesetzt oder zu ↗ *Hefeextrakt* weiter verarbeitet werden.

Hefeextrakt, ein durch Sprühtrocknung bzw. Eindampfung aus ↗ *Hefeautolysat* hergestelltes pulver- bzw. pastenförmiges Konzentrat der löslichen Inhaltsstoffe von Hefezellen. H. besitzt einen hohen Rohprotein-, Aminosäure- und Vitamingehalt. H. wird als Vitamin-, Aminosäure- und Stickstoffquelle sowohl Nährmedien zur Kultivierung von Mikroorganismen zugesetzt als auch in der Nahrungsmittelindustrie (u.a. aufgrund der geschmacksverstärkenden Eigenschaften) eingesetzt.

Heidelberger Kurve, ↗ *Präzipitationskurve*.

Heinz-Körper, unregelmäßige, lichtbrechende Einschlüsse in Erythrocyten, die an die innere Membranoberfläche gebunden sind. Sie können einen Durchmesser von bis zu 3 μm aufweisen und werden durch Vitalfarbstoffe angefärbt. Ungefärbt können sie aufgrund ihrer grünen Fluoreszenz erkannt werden. Heinz-Körper sind unlösliche Aggregate aus abgebautem Hämoglobin, vermengt mit Bruchstücken von Lipiden und anderen Proteinen. Einige Autoren meinen, dass für die Entstehung von Heinz-Körpern zuerst Methämoglobin gebildet werden muss. Dies steht jedoch im Gegensatz zu der Beobachtung, dass einige Wirkstoffe, die die Bildung von Heinz-Körpern bewirken, keine messbare Erhöhung an Methämoglobin hervorrufen. Die Heinz-Körper-Bildung wird durch die gleichen Wirkstoffe und Umweltschadstoffe gefördert, die auch hämolytische Anämie verursachen, z.B. Phenylhydrazin, *O*-Methyl-, *O/N*-Dimethyl- und Trimethylhydroxylamin. [H. Martin et al. *Klin. Wochenschr.* **42** (1964) 725–731; G. Rentsch *Biochem. Pharmacol.* **17** (1968) 423–427; E. Beutler *Pharmacol. Rev.* **21** (1969) 73–103; C.C. Winterbourn u. R.W. Carrell *Brit. J. Haematol.* **25** (1973) 585–592]

Helfervirus, ein Virus, das einem ↗ *defekten Virus* oder ↗ *Defizienzvirus* zu normaler Vermehrung in einer Wirtszelle verhilft.

Heliangin, ein Sesquilacton und Pflanzenwachstumshemmstoff, der erstmals aus den Blättern von Topinambur (*Helianthus tuberosus*) isoliert wurde (Abb.). Es ist ein Gibberellinantagonist, hemmt das Wachstum von Hafercoleoptilen und fördert das Wurzelwachstum von Bohnen (*Phaseolus* spp.).

Heliangin

Helicität, ↗ *Chiralität*.

Helix, eine wichtige Sekundärstruktur von ↗ *Biopolymeren* und hochgeordneten synthetischen Polymeren, bei der die Polymerkette schraubenförmig um eine gemeinsame Achse angeordnet ist. Eine H. kann rechts- oder linksgängig (↗ *Chiralität*, *Abb. 4*) sowie ein- oder mehrsträngig sein. Eine *einsträngige H.* wird charakterisiert durch den Anstieg $d = p/n$, wobei p die Ganghöhe (engl. *pitch*) ist, d.h. die Länge um die die Helix bei einer vollen Umdrehung zunimmt, während n etwa bei Proteinen die Zahl der Aminosäurebausteine pro helicaler Windung angibt.

Die in Proteinen häufig vorkommende α-H. wird als $3,6_{13}$-H. bezeichnet (3,6 Aminosäuren je Windung, der Index gibt die Anzahl der Atome einschließlich der Wasserstoffbrücken an, die in der Aufsicht den Ring bilden). Einsträngige H. werden von Proteinen und Polypeptiden, Polysacchariden sowie synthetischen Polymeren gebildet. *Superhelices* sind mehrsträngige H., bei denen sich mehrere Polymerstränge um eine gemeinsame Achse winden. Beispiele für Superhelices sind die *Doppelhelix* der ↗ *Desoxyribonucleinsäure* sowie Tripelhelices. Bei der *Tripelhelix* des Kollagens winden sich jeweils drei Polypeptidketten um die eigene Achse zu einer gemeinsamen Überstruktur.

Helixbrecher, ↗ *Helix-Unterbrecher*.

Helix-Loop-Helix-Motiv, *HLH-Motiv*, ein Strukturmotiv DNA-bindender Proteine, das aus einer kurzen α-Helix besteht, die durch eine flexible Schleife mit einer zweiten längeren Helix verknüpft ist. Dieses HLH-Motiv unterscheidet sich vom ↗ *Helix-Turn-Helix-Motiv*. Aufgrund der Flexibilität des Loops kann sich eine Helix zurückfalten und sich gegen eine zweite legen, so dass sich die beiden Monomere zu einem Vier-Helix-Bündel zusammenlagern können und dadurch sowohl mit der DNA als auch untereinander in Wechselwirkung treten. Fehlt einem HLH-Protein ein α-helicaler Fortsatz, der für die Interaktion mit der DNA verantwortlich ist, dann resultieren bei der Dimerisierung eines solchen Torso-Proteins mit einem intakten Protein inaktive HLH-Heterodimere, denen die Fähigkeit fehlt, an eine DNA fest zu binden. Solche Torso-Proteine im Überschuss können also eine Homodimerisierung intakter HLH-Proteine blockieren und dadurch eine Bindung an die DNA verhindern. Somit bietet der Mechanismus der Heterodimerisation der Zelle einen Kontrollmechanismus zur Inaktivierung spezifischer Gen-Regulatorproteine.

Helix-Turn-Helix-Motiv, *HTH-Motiv*, ein zuerst in bakteriellen Proteinen entdecktes Strukturmotiv DNA-bindender Proteine. Es ist gekennzeichnet durch zwei α-Helices, die durch eine kurze Umkehrschleife (Turn) miteinander verbunden sind. Die carboxyterminale längere Helix wird *Erkennungs-Helix* genannt. Sie passt in die große Furche der DNA (↗ *Desoxyribonucleinsäure*). Die Aminosäureseitenketten enthalten das Erkennungsmuster für die spezifische DNA-Sequenz und variieren daher bei den verschiedenen DNA-Bindungsproteinen. Aber auch außerhalb des HTH-Motivs interagieren Teile der Polypeptidketten mit der DNA, woraus eine Feinabstimmung der Wechselwirkungen resultiert. Die beiden Helices des HTH-Motivs bilden durch spezielle Wechselwirkungen einen definierten Winkel zueinander. Viele Sequenz-spezifische DNA-bindenden Proteine binden als symmetrische Dimere an DNA-Sequenzen. Diese Dimeranordnung erlaubt es jedem Protein-Monomer eine nahezu identische Anzahl an Kontaktstellen auszubilden, wodurch gleichzeitig die Bindungsaffinität signifikant erhöht wird. Bei den als Beispiele aufgeführten HTH-DNA-bindenden Proteinen sind die beiden Kopien der Erkennungs-Helix (rot dargestellt) im Dimer durch eine Helixwindung (3,4 nm) voneinander getrennt. Das HTH-Motiv vermittelt die Bindung vieler Regulatorproteine an spezifische Kontrollstellen in der DNA.

Helix-Unterbrecher, *Helixbrecher*, Strukturbestandteile von Polypeptidketten, die die Bildung einer Helix stören, wie z.B. die Aminosäure ↗ *L-Prolin*. Da an der Peptidbindung die Ringstruktur des Prolins beteiligt ist, ist der Bindungswinkel starr und es kommt zur Ausbildung eines Knicks in der Helix. Das Stickstoffatom des Prolins kann außerdem keine Wasserstoffbrückenbindungen bilden und bewirkt eine weitere Destabilisierung der Helix. Andererseits werden diese Eigenschaften etwa bei der Bildung haarnadelförmiger β-Schleifen und bei der Struktur des ↗ *Kollagens* ausgenutzt. ↗ *Antamanid.*

Helminthosporal, ein Produkt des phytopathogenen Pilzes *Helminthosporium sativum* (*Bipolaris* *sarokiniamna*), das an Pflanzen ähnliche Wirkungen zeigt wie die Gibberelline.

Helodermin, *HD*, H[1]SDAIFTEEY[10]SKLLAKLALO[20] KYLASILGSR[30]TSPPPa, ein aus dem Gift von *Heloderma suspectum* isoliertes 35 AS-Peptidamid. Die einzigen giftigen Reptilien sind neben den Schlangen die beiden Spezies von *Heloderma* (Gilamonster, *H. suspectum* und *H. horridum*), die 50 bzw. 80 cm lang werden können, und vor allem in Arizona, Neu-Mexiko, Zentral-Mexiko und südlich davon im nördlichen Mittelamerika vorkommen. LD_{50} des Rohgiftes beträgt 1,4 mg/kg (Maus). Unwohlsein, erhöhter Puls, leicht erniedrigter Blutdruck sowie erhöhte Temperatur (39,5 °C) sind die allgemeinen Vergiftungssymptome, wobei tödliche Unfälle beim Menschen bisher nicht bekannt geworden sind. Durch Bindung an VIP- und Secretin-Rezeptoren wird die Adenylat-Cyclase aktiviert. Im Vergleich zu Sekretin und VIP verursacht H. eine stärkere Sekretion von Amylase im Rattenpankreas und eine geringere Synthese von cAMP. Es unterdrückt den Calciumeinbau in Rattenknochen und erhöht die durch ↗ *Parathyrin* induzierte Knochenresorption.

Hemicellulosen, eine Gruppe von Polysacchariden, die als Begleiter der Cellulose im Holz vorkommen und eine relative Molekülmasse von 8–10 kDa (Durchschnittspolymerisationsgrad 70–220) aufweisen. H. bestehen aus Hexosen (Mannose, Glucose, Galactose) und Pentosen (Xylose, Arabinose). Hexosen dominieren bei den H. der Nadelhölzer, Pentosen bei denen der Laubhölzer. Hauptkomponenten sind $\beta(1\rightarrow4)$-Mannane und $\beta(1\rightarrow4)$-Xylane. Zum Teil enthalten die H. Acetyl- und Methoxygruppen. Laubholzxylane bestehen z.B. zu 12–19 % aus Acetylgruppen, die in siedendem Wasser bzw. im alkalischen Medium als Essigsäure bzw. Alkaliacetat abgespalten werden. H. sind in Wasser unlöslich, lösen sich aber im Unterschied zur Cellulose in verdünnter Säure und in Laugen.

Aufgrund der chemischen Struktur hat sich heute folgendes Einteilungsprinzip der Holz-H. durchgesetzt (entscheidend hierfür sind primär die Zuckerreste der Hauptkette): 1) *Xylane* – a) 4-O-Methylglucuronoxylan, b) O-Acetyl-4-O-methyl-glucuronoxylan, c) Arabino-4-O-methyl-glucuronoxylan; 2) *Mannane* – a) Glucomannan, b) Galactoglucomannan; 3) *Galactane* – a) Galactan, b) Arabinogalactan.

Die beim Holzaufschluss anfallenden und teilweise bereits abgebauten H. werden zur biotechnologischen Produktion von Ethanol und Futterhefe herangezogen.

Aus den Xylanen können Furfural und Xylit im industriellen Maßstab gewonnen werden.

Bei den Papierzellstoffen ist man bestrebt, einen hohen Anteil der H. zu erhalten, die Textil(Chemie-)zellstoffe sollten weitgehend aus reiner Cellulose (α-Cellulose) bestehen.

Hemidesmosomen, *Halbdesmosomen*, morphologisch den ↗ *Desmosomen* ähnliche Proteinstrukturen, die sich aber im chemischen Aufbau und in der Funktion unterscheiden. Sie binden die Membran der Unterseite der Epithelzellen an die darunter befindliche Basalmembran, die eine spezielle Struktur der extrazellulären Matrix an der Grenzfläche zwischen Epithel- und Bindegewebe darstellt. Auch die Keratin-Filament-Gerüste benachbarter Zellen sind mit der Basalmembran über H. verbunden. Die Transmembran-Verbindungsproteine der H. gehören zu den extrazellulären Matrixrezeptoren der Familie der ↗ *Integrine*.

Hemikanal, ↗ *Connexon*.

Hemisubstanzen, ↗ *Zellwand*.

Hemiterpene, Terpene, die aus einer Isopreneinheit (C_5H_8) aufgebaut sind. Anzahlmäßig stellen sie eine kleine Gruppe dar. Der wichtigste Vertreter ist das *Isopren*, das durch Abspaltung von Pyrophosphat aus Isopentenylpyrophosphat („aktives" Isopren) gebildet wird (Abb.).

Isopentenylpyrophosphat   Isopren

Hemiterpene. Bildung von Isopren aus Isopentenylpyrophosphat.

Hemmstoffe, *Inhibitoren*, *Antagonisten*, Wirkstoffe, die in unterschiedlicher Weise chemische und biologische Prozesse hemmen. In der Enzymologie sind zahlreiche H. bekannt, die ↗ *Enzyme* mechanistisch differenziert hemmen. Spezielle H. sind die ↗ *Antibiotika*. Zellspezifische H. bringen nach Erreichen der vorgegebenen Organform das Zellwachstum zum Stillstand. Bei Pflanzen sind native H. (↗ *Wachstumsregulatoren*) im Wechselspiel mit Phytohormonen an der Steuerung von Wachstum und Entwicklung beteiligt. Antagonisten von Hormonen besitzen als Gegenspieler der Agonisten pharmakologische Bedeutung.

Henderson-Hasselbach-Gleichung, die quantitative Beziehung zwischen dem pH-Wert, der Pufferwirkung eines Gemischs einer schwachen Säure und ihrer konjugierten Base, sowie dem pK_a-Wert (a für *acidum*) dieser Säure (Abb.). Die H. beschreibt die Titrationskurven aller schwachen Säuren. Bei Konzentrationsgleichheit einer schwachen Säure und ihres Salzes ist folgerichtig $pH = pK_a$, d.h. der pK_a-Wert einer schwachen Säure gibt den pH-Wert an, bei dem die Hälfte der Säure undissoziiert vorliegt. Aus dem molaren Verhältnis der Protonendonor- und Protonenakzeptor-Konzentrationen bei jedem gegebenen pH-Wert lässt sich der

pK_a-Wert einer Säure ermitteln. Die Berechnung des pH-Werts eines konjugierten Säure-Base-Paares bei gegebenem pK_a-Wert und Molverhältnis ist ebenso möglich, wie die Berechnung des Molverhältnisses zwischen Protonendonor und -akzeptor bei jedem pH-Wert, wenn Kenntnis über den pK_a der schwachen Säure besteht. Die Bestimmung des Hydrogencarbonat-Kohlensäure-Systems im Blut ist für die Untersuchung des Säure-Base-Haushalts in der Klinik von großer Bedeutung. Ausgehend von einem pH-Wert des Bluts von 7,4 und dem pK_a-Wert der Kohlensäure von 6,1 ergibt sich aus der H. $\log[HCO_3^-] \cdot [H_2CO_3]^{-1} = 1{,}3$. Das Verhältnis Hydrogencarbonat/Kohlensäure ist demnach 20 : 1 entsprechend einer Konzentration von Hydrogencarbonat im Blut von 24 mmol $\cdot$ l^{-1} bzw. Kohlensäure von 1,2 mmol $\cdot$ l^{-1}.

$$pH = pK_a + \lg \frac{[A^-]}{[HA]}$$

Henderson-Hasselbach-Gleichung. [A$^-$] steht für die Konzentration des Säureanions, [HA] für die Konzentration der undissoziierten Säure.

Henna, ein roter Naturfarbstoff aus den gepulverten Blättern und Stengeln des Hennastrauches *Lawsonia inermis* (*Lythrazeen*). H. wird schon von Alters her zum Rotfärben von Fingernägeln und Haaren verwendet. Durch Kombination mit Gerbstoffen, z.B. Galläpfelauszügen, lassen sich verschiedene Farbtöne erzielen. Der Hauptfarbstoff der H. ist *Lawson*, chemisch 2-Hydroxy-1,4-naphthochinon, F. 192 °C.

Heparansulfat, ein Monosulfatester eines acetylierten (*N*-Acetyl-) Heparins. Aufgrund der Ergebnisse, die bei Isolierung aus tierischem Gewebe (Leber) erhalten wurden, nimmt man an, dass Heparansulfat eine Mischung aus Mucopolysacchariden darstellt, die sich im Grad der Sulfatierung und Aminogruppenacetylierung unterscheiden.

Heparin, stark saures Mucopolysaccharid, das in seiner chemischen Struktur nicht so eindeutig definierbar ist wie andere Mucopolysaccharide (Abb.). Es enthält hauptsächlich *N*-Acetyl-D-glucosamin, Glucuron- und Iduronsäure; rechtsdrehend. Die stark saure Reaktion bewirken Schwefelsäurereste, die esterartig an die OH-Gruppe in 6-Stellung oder amidartig an die NH$_2$-Gruppe eines Glucosaminrests gebunden sind. Die Molekülmasse des H. beträgt 17–20 kDa. H. wird aus tierischen Organen, wie Herz, Lunge oder Leber, isoliert. Aufgrund seines stark sauren Charakters bildet es salzartige Verbindungen mit Proteinen. H. bindet *in vivo* an Antithrombin III, wodurch der Blutgerinnungsfaktor Thrombin gespalten und die Blutgerinnungskaskade gehemmt wird. H. hat dadurch Bedeutung zur Prophylaxe und Therapie thromboembolischer Erkrankungen. Bessere pharmakokinetische Eigenschaften (längere Wirkungsdauer) haben niedermolekulare Heparine (*low molecular weight heparins, LMWH*) wie Enoxaparin, Reviparin oder Dalteparin, die durch partiellen Abbau des natürlichen H. mittels Heparinase oder Nitritspaltung gebildet werden.

Heparin

β-Heparin, veraltete Bezeichnung für ↗ *Dermatansulfat*.

Hepatocyten-stimulierender Faktor, *HSF* (engl. *hepatocyte stimulating factor*), ältere Bezeichnung für Interleukin-6 (↗ *Interleukine*).

HEPES, Abk. für *N*-2-Hydroxypiperazin-*N*-2-ethansulfonsäure, eine Verbindung mit Puffereigenschaften, die im pH-Bereich 6,8–8,2 verwendet wird.

Heptosen, Monosaccharide, die sieben C-Atome enthalten. Die 7-Phosphate von D-Mannoheptulose und D-Sedoheptulose haben Bedeutung im Kohlenhydratstoffwechsel.

D-altro-2-Heptulose, Syn. für ↗ *D-Sedoheptulose*.

Herbizide, biologisch aktive chemische Verbindungen zur Abtötung von Pflanzen oder Pflanzenteilen, insbesondere zur Bekämpfung von Unkräutern und Ungräsern. Zur Vertilgung von Ungräsern (monokotyle Unkräuter) dienende Mittel werden als *Graminizide* bezeichnet. Eine Unterteilung der Herbizide kann nach verschiedenen Gesichtspunkten erfolgen z.B. nach dem Ort der Aufnahme in die Pflanzen (*Boden-* oder *Blattherbizide*), nach dem Anwendungstermin in Bezug auf das Entwicklungsstadium der Kulturpflanze (*Vorauflauf-* oder *Nachauflaufherbizide*), nach dem Wirkungsbereich (*Totalherbizide* oder *Selektivherbizide*). Als besonders praktikabel hat sich die Einteilung der H. aufgrund ihrer chemischen Konstitution erwiesen, da die zu einer chemischen Wirkstoffkonfiguration zusammengefassten Herbizide in der Regel auch mehrere übereinstimmende Eigenschaften (z.B. Wirkungsweise) besitzen.

Von den wichtigsten chemischen Wirkstoffklassen werden folgende im Einzelnen besprochen: ↗ *Chlorotika-Herbizide*, ↗ *heterozyklische Herbizide*, ↗ *Organophosphorherbizide*, ↗ *Phenoxycarbonsäureherbizide*, ↗ *N-Phenylcarbamather-*

bizide, ↗ *Pyridinherbizide*, ↗ *Thiolcarbamatherbizide*, ↗ *Triazinherbizide*, ↗ *Sulfonylharnstoffherbizide*.

Heredopathia atactica polyneuritiformis, ↗ *Phytansäurespeicherkrankheit*.

Heroin, *Diacetylmorphin, Diamorphin* (Abb.), eines der gefährlichsten ↗ *Rauschgifte*, F. 173 °C, $[\alpha]_D^{25}$ −166° (Methanol). H. ist wenig stabil und zersetzt sich beim Kochen in Wasser. Es entsteht durch Acetylierung der beiden Hydroxylgruppen des Morphins durch Acetylchlorid. Dabei wird die analgetische Wirkung auf das Sechsfache gesteigert. Wegen der außerordentlich großen Suchtgefahr ist die therapeutische Anwendung von H. in den meisten Ländern verboten.

Heroin

Hershberg-Test, ↗ *Anabolika*.

Hers-Krankheit, ↗ *Glycogenspeicherkrankheiten*.

Hery, Abk. für ↗ *Hämerythrin*.

Herzglycoside, ↗ *herzwirksame Glycoside*.

herzwirksame Glycoside, *Herzglycoside*, Naturstoffe und deren partialsynthetische Abwandlungsprodukte mit Steroidstruktur, die eine Wirkung auf das Herz ausüben. Sie enthalten ein Cyclopentanoperhydrophenanthren-Grundgerüst, bei dem die Ringe A/B *cis*-, B/C *trans*- und C/D *cis*-verknüpft sind. Man unterscheidet zwischen dem *Cardenolidtyp* mit einem 17β-ständigen ungesättigten fünfgliedrigen Lactonring (z.B. ↗ *Strophantine* und ↗ *Digitalisglycoside*) und dem *Bufadienolidtyp* (*Bufogenine*) mit einem zweifach ungesättigten sechsgliedrigen Lactonring an gleicher Stelle (z.B. ↗ *Scillaren A*; Abb.). Die Aglycone der stark herzwirksamen Verbindungen enthalten eine 3β- und eine 14β-ständige OH-Gruppe. Daneben können weitere Sauerstofffunktionen meist in Form von Hydroxygruppen vorhanden sein. Über das O-Atom

herzwirksame Glycoside

am C3 sind ein bis fünf Monosaccharidreste glycosidisch gebunden. Bei den Zuckern finden sich neben D-Glucose und L-Rhamnose selten vorkommende Vertreter wie 2,6-Didesoxyhexosen (z.B. D-Digitoxose), Methylether von 6-Desoxyhexosen (z.B. D-Digitalose) und Methylether von 2,6-Didesoxyhexosen (z.B. D-Cymarose und D-Oleandrose). Bisher wurden mehr als 400 Glycoside isoliert, die hauptsächlich in den Familien der Scrophulariazeen (Digitalis-Arten), Liliazeen (*Urginea maritima, Convallaria majalis*), Ranunculazeen (Adonis-Arten) und Apocynazeen (Strophanthus-Arten, *Nerium oleander*) aufgefunden wurden.

Im Hautsekret von Kröten (*Bufo*-Arten) finden sich nichtglycosidische Verbindungen vom Bufadienolidtyp (↗ *Krötengifte*).

In neuerer Zeit wurden h. G. auch in Insekten, z.B. dem Grashüpfer *Poekilocerus bufonius* und dem Schmetterling *Danaus plexippus*, nachgewiesen, die sie mit pflanzlicher Nahrung aufnehmen. Als Vorstufe der Biosynthese von herzwirksamen Glycosiden wurde Pregnenolon nachgewiesen.

H. G. verstärken in therapeutischen Dosen die Schlagkraft des insuffizienten Herzmuskels und finden seit langer Zeit breite Anwendung in der Therapie. In höheren Dosen sind sie toxisch. Sie werden an spezifische Membranrezeptoren gebunden, von denen man annimmt, dass sie Teil des Na^+/K^+-ATPase-Komplexes sind. Endogene Verbindungen, die an die gleichen Rezeptoren gebunden werden („g-strophantinähnliche Verbindungen", engl. „*ouabain-like compounds*", OLC), wurden aus verschiedenen Quellen isoliert. [Y. Shimoni et al. *Nature* **307** (1984) 369–371; F.Abe et al. „Presence of Cardenolides and Ursolic Acid from Oleander leaves in Larvae and Frass of *Daphnis nerii*" *Phytochemistry* **42** (1996) 51–60]

Vom therapeutischen Standpunkt aus sind folgende h. G. von Bedeutung: Digitalisglycoside (↗ *Purpureaglycoside*, ↗ *Lanataglycoside*), ↗ *Strophanthusglycoside*, ↗ *Convallariaglycoside* und ↗ *Scillaglycoside*.

Hesperetin, 5,7,3'-Trihydroxy-4'-methoxyflavanon. ↗ *Flavanone*.

Hesperidin, Hesperetin-7-rutinosid, ein Flavanonglycosid (↗ *Flavanone*), dessen Anteil am Trockengewicht der Orangenschale 8 % beträgt.

Heteroauxin, veraltete Bezeichnung für ↗ *Indolyl-3-essigsäure*.

Heterochromatin, ↗ *Chromatin*.

heterodetische Peptide, ↗ *Peptide*.

heterogene nucleäre RNA, engl. *heterogeneous nuclear RNA*, ↗ *messenger-RNA*.

Heteroglycane, Polysaccharide, die aus zwei oder mehreren unterschiedlichen Monosaccharidresten aufgebaut sind, z.B. Pektine, Pflanzenschleime und Pflanzengummi sowie Mucopolysaccharide.

heteromere Peptide, ↗ *Peptide*.

Heterophagie, ↗ *intrazelluläre Verdauung*.

heteropolare Bindung, eine Form der ↗ *nichtkovalenten Bindung*.

Heteropolypeptide, ↗ *Proteinoide*.

Heterosid, eine Verbindung, die aus einem oder mehreren Kohlenhydratresten und einer Komponente einer anderen Stoffklasse, dem Aglycon oder Genin, besteht. Zu den Heterosiden gehören z.B. die Glycoside.

heterotrophe Ernährung, ↗ *Heterotrophie*.

Heterotrophie, *heterotrophe Ernährung*, eine Ernährungsweise, bei der organische Verbindungen mit der Nahrung zugeführt werden müssen. Bei der *Kohlenstoffheterotrophie* dienen organische Kohlenstoffverbindungen, z.B. Glucose, als Kohlenstoff- und Energiequelle, d.h. zur Bereitstellung von C-Ketten für körpereigene Stoffsynthesen und von ATP. Die Ausprägung der H. ist bei den verschiedenen sich heterotroph ernährenden Lebewesen (alle Tiere sowie der Mensch und auch die meisten Mikroorganismen) sehr unterschiedlich und kann sich auch auf die Notwendigkeit der Zufuhr essenzieller Aminosäuren, essenzieller Fettsäuren, von Vitaminen u.a. erstrecken. Besondere Ernährungsansprüche stellen ↗ *auxotrophe Mutanten*. Heterotrophe Ernährungsweisen spezieller Art sind der ↗ *Parasitismus*, der ↗ *Saprophytismus* und die ↗ *Symbiose*. Zur Kennzeichnung der sehr unterschiedlichen mikrobiellen Ernährungsweisen genügen die Begriffe autotroph und heterotroph nicht, da man zusätzlich die Art der Kohlenstoffquelle und der Energiebereitstellung sowie die chemische Natur des für reduktive Synthesen benötigten Reduktionsmittels beachten muß. Das Gegenteil von H. ist die ↗ *Autotrophie*.

heterozyklische Herbizide, als Photosynthesehemmer wirkende Herbizide. Die selektive Wirkung beruht neben einem unterschiedlichen Aufnahmeverhalten vor allem auf der Fähigkeit der Pflanzen, den Wirkstoff bzw. die herbizidwirksamen Metaboliten durch Bildung von glycosidischen Konjugaten schnell zu inaktivieren (Tab.).

HETPP, Abk. für Hydroxyethylthiaminpyrophosphat. ↗ *Thiaminpyrophosphat*.

Hexabrachion, Syn. für ↗ *Tenascin*.

Δ⁹-Hexadecansäure, Syn. für ↗ *Palmitoleinsäure*.

n-Hexadecansäure, Syn. für ↗ *Palmitinsäure*.

n-Hexacosansäure, Syn. für ↗ *Cerotinsäure*.

n-Hexansäure, Syn. für ↗ *n-Capronsäure*.

Hexestrol, *meso-Hexestrol* (Abb.), eine synthetische Verbindung mit Östrogenwirkung. Es ist kein Steroid, wird aber für therapeutische Zwecke wie natürliches Östrogen eingesetzt.

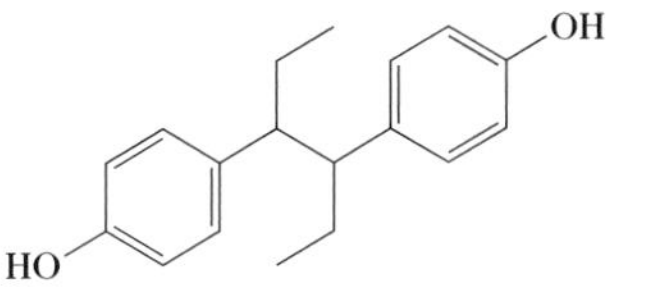

Hexestrol

Hexitole, Zuckeralkohole mit sechs C-Atomen. Von den zehn möglichen Isomeren kommen D-Sorbitol, Dulcitol, D-Mannitol, Iditol und Allitol natürlich vor.

Hexokinase (EC 2.7.1.1), ein Enzym, das die Übertragung einer Phosphorylgruppe von ATP auf den C6-Sauerstoff von Glucose oder anderen Hexosen, wie z.B. Mannose oder D-Glucosamin, katalysiert. Das physiologische Substrat ist MgATP. Die Reaktion mit Glucose stellt den ersten Schritt in

Name	Formel	akute orale LD$_{50}$ Ratte [mg/kg]
Pyridat	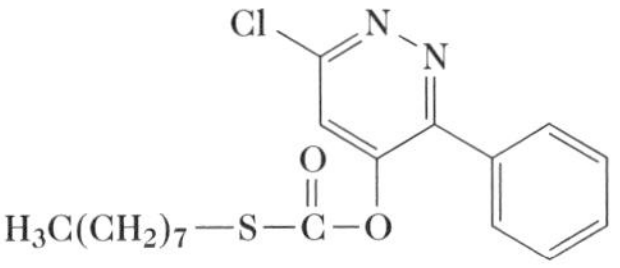	> 2.000
Bentazon	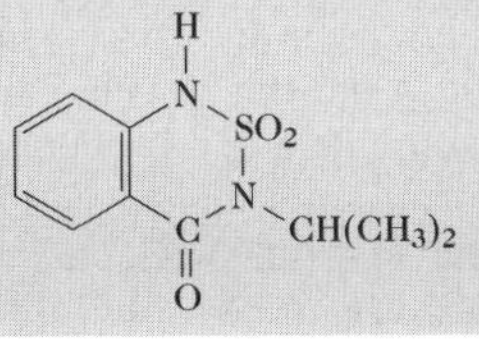	> 1.000
Chloridazon	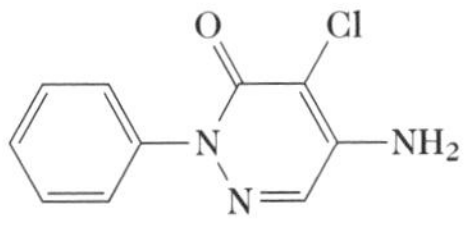	2.140–3.830

heterozyklische Herbizide. Tab. Wichtige Beispiele.

der ↗ *Glycolyse* dar. Die H. bindet spezifisch an Porin, ein Protein der äußeren Mitochondrienmembran, das ADP und Sacchariden den Durchtritt durch diese Membran erlaubt. Obwohl die H. ein lösliches Protein ist, scheint sie unter physiologischen Bedingungen mit der Mitochondrienmembran verbunden zu sein. Dies wird durch die Beobachtung gestützt, dass die mitochondriengebundene H. einen höheren K_m-Wert für MgATP (0,25 mM gegenüber 0,12 mM für nichtgebundene H.) besitzt und gegen die Produktinhibierung durch Glucose-6-phosphat empfindlicher ist.

Röntgenstrukturuntersuchungen von Hexokinasekristallen, die in Gegenwart und Abwesenheit von Glucose gewachsen waren, zeigen, dass bei Vorliegen von gebundener Glucose ein Teil des Moleküls um 12° rotiert und dabei die Substratbindungsspalte um das Glucosemolekül schließt. In dieser Konformation wird Wasser aus der Spalte ausgeschlossen. In wässriger Lösung führt die Hexokinase die gleichen Konformationsänderungen durch und Glucoseanaloga, die zu sperrig sind, um eine Konformationsänderung herbeizuführen, sind keine Substrate dieses Enzyms, in manchen Fällen jedoch Inhibitoren. Obwohl Wasser in der Substrattasche an der gleichen Position wie die 6-OH-Gruppe des Zuckers binden kann, induziert es weder eine Konformationsänderung, noch wird es schnell phosphoryliert (dies würde zur Hydrolyse von ATP führen; H. besitzt keine hohe ATPase-Aktivität). Durch die Bindung werden die Enthalpie und die Wärmekapazität des Enzyms kaum verändert. [B.I. Kurganov in G.R.Welch (Hrsg.) *Organized Multienzyme Systems* Academic Press, Orlando, 1985, 241–268; K. Takahashi et al. *Biochem.* 20 (1981) 4.693–4.697; W.S. Bennett u. T.A. Steitz, *Proc. Natl. Acad. Sci. USA* 75 (1978) 4.848–4.852]

β-Hexosaminidase A, *β-N-Acetylhexosaminidase*, ein lysosomales Enzym, das Glycolipide hydrolysiert. Es ist das Schlüsselenzym beim Abbau des Gangliosids G_{M2}. Das Fehlen oder eine Störung des Enzyms, das speziell die Abspaltung des terminalen N-Acetylgalactosaminrestes katalysiert, führt zu einem erblichen Defekt des Gangliosidabbaus, der ↗ *Tay-Sachs-Krankheit*.

Hexosane, hochmolekulare Pflanzenpolysaccharide. Es handelt sich um Homoglycane, die sich aus Hexosen zusammensetzen, wie z.B. Glucane, Fructane, Mannane und Galactane.

Hexosemonophosphatweg, ↗ *Pentosephosphat-Zyklus*.

Hexosen, aus sechs C-Atomen aufgebaute Aldosen, die eine bedeutende Gruppe der Monosaccharide (↗ *Kohlenhydrate*) bilden. Alle aufgrund der vier asymmetrischen C-Atome möglichen stereoisomeren Aldohexosen sind isoliert bzw. synthetisiert worden. D-Glucose, D-Mannose, D-Galactose und L- sowie D-Talose sind in der Natur teils in freier, teils in gebundener Form weit verbreitet. Besondere Bedeutung haben einige phosphorylierte H. Die beiden 6-Desoxyzucker L-Rhamnose und L-Fucose zählen auch zu den H. Die den Aldohexosen entsprechenden Ketohexosen sind als *Hexulosen* zu bezeichnen. Zu ihnen gehören die natürlich vorkommenden Monosaccharide D-Fructose und L-Sorbose.

Hexulosen, ↗ *Hexosen*.

Hibbertsche Ketone, ↗ *Lignin*.

high density lipoproteins, *HDL*, Lipoproteine hoher Dichte $(1{,}063 < d < 1{,}21\,\text{g}/\text{cm}^3)$, eine Gruppe von ↗ *Lipoproteinen*, die als Transportform von Phospholipiden und Cholesterin von der Peripherie zur Leber dienen. Während die Vorstufen der HDL in Leber und Darm gebildet werden, erfolgt die endgültige Ausformung erst im Blut. Sie haben von allen Lipoproteinen mit 5–10 % den höchsten Proteinanteil. HDL enthalten die Apolipoproteine A-1, A-2, C und E (ca. 45–50 % Gesamtprotein), etwa 17–23 % Cholesterin und Cholesterinester, etwa 20–30 % Phospholipide und ca. 3–6 % Triglyceride. Der Lipidanteil beträgt 50–55 %. Der Durchmesser liegt bei 0,07–0,1 µm. Sie wandern bei der Lipoproteinelektrophorese in der α-Bande. Die Halbwertszeit beträgt etwa 5 Tage. Die Normalwerte beim Mann liegen bei 300 mg/dl, bei der Frau bei 460 mg/dl. Hohe HDL-Cholesterinkonzentrationen werden als Schutzfaktor für Herz- und Gefäßerkrankungen angesehen.

Hill-Koeffizient, ↗ *Hill-Plot*.

Hill-Plot, graphische Auftragung zur Bestimmung des Kooperativitätsgrades von Enzymen (↗ *Kooperativität*). Die Auftragung $\log Y_S/(1 - Y_S)$ gegen $\log \alpha$ liefert eine Kurve, deren Steigung 1 ist für großes und kleines α und endliche Wechselwirkungsenergie zwischen den substratbindenden Orten. Dabei ist Y_S die Sättigungsfunktion, das ist der Bruchteil des Enzyms in der Enzym-Substrat-Komplex-Form, und $\alpha = S/K_m$. Für die meist im Experiment realisierten Zwischenwerte von α erhält man näherungsweise eine Gerade mit der maximalen Steigung h (Abb.), dem *Hill-Koeffizienten*. Dieser dient als Maß für die Kooperativität und ist im Allgemeinen nicht identisch mit der Zahl n der Untereinheiten eines Enzyms, sondern nur eine minimale Schätzung für n. Im Fall unendlicher Wechselwirkungsenergie zwischen den substratbindenden Orten entartet die Hill-Kurve in eine Gerade, deren Steigung gleich der Anzahl der Untereinheiten ist. Die in der Abb. gezeigte Konstruktion des Ordinatenstücks AB erlaubt die Bestimmung der totalen Wechselwirkungsenergie ΔG_W zwischen substrat- oder effektorbindenden Orten:

$\Delta G_W = 2{,}303 \cdot RT \cdot AB$. Hierbei ist R die allgemeine Gaskonstante und T die absolute Temperatur. Die

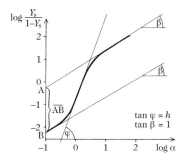

Hill-Plot

Sättigungsfunktion kann auch für Effektoren ermittelt werden. Y_E ist der Bruchteil des Enzyms in der Enzym-Effektor-Komplex-Form. Für Enzyme, die mit ihrem Enzymsubstratkomplex im Gleichgewicht stehen, kann die Sättigungsfunktion Y_S durch die kinetische Sättigung v/V_m ersetzt werden, so dass $\log v \cdot (V_m - v)$ gegen $\log \alpha$ aufgetragen werden kann. Für einen Effektor muss entsprechend $\log (v - v_0)/(V - v)$ gegen $\log \alpha$ aufgetragen werden. Es bedeutet v die gemessene Reaktionsgeschwindigkeit bei konstantem S, v_0 die Geschwindigkeit ohne Effektor bei gleichem S und V die Geschwindigkeit bei Sättigung mit dem Effektor für das gewählte S; S ist die Substratkonzentration.

Hill-Reagenzien, ↗ *Hill-Reaktion*.

Hill-Reaktion, die lichtabhängige Sauerstoffentwicklung mit einem künstlichen Oxidationsmittel (Elektronenakzeptor) bei der Photosynthese. R. Hill beobachtete diese Reaktion an belichteten isolierten Chloroplasten, als er bei Ausschluss von CO_2 Eisen(III)-oxalat als Oxidationsmittel verwendete. Eisen(III)-oxalat (Reduktion von Fe^{3+} zu Fe^{2+} bei der Reaktion) kann durch Kaliumferricyanid, Chinone und andere Verbindungen *(Hill-Reagenzien)* ersetzt werden. Spinatchloroplasten katalysieren die folgende H.:

$$4 K_3[Fe(CN)_6] + 2 H_2O + 4 K^+ \rightarrow$$
$$4 K_4[Fe(CN)_6] + 4 H^+ + O_2$$

Die „natürliche" H. ist die Photolyse des Wassers, das „natürliche" Hill-Reagens das oxydierte NADP.

Hinekiflavon, ↗ *Biflavonoide*.

HiPIP, Abk. für Hochpotenzial-Eisen-Schwefel-Protein (engl. *high potential iron-sulfur protein*), ein ↗ *Ferredoxin*.

Hippuricase, ↗ *Hippursäure*.

Hippursäure, *N-Benzoylglycin*, C_6H_5-CO-NH-CH_2-COOH, das Benzoylderivat des ↗ *Glycins*. H. kristallisiert in farb- und geruchlosen Prismen; M_r 179,2 Da, F. 190–193 °C. Sie ist in heißem Wasser und Alkohol gut löslich, in Petrolether und Benzol unlöslich. H. entsteht besonders reichlich in der Niere von Pflanzenfressern aus Benzoesäure und Glycin unter dem Einfluss des Enzyms *Hippuricase* und wird im Harn (tägl. 1–1,25 g beim Menschen)

ausgeschieden. Sie dient daher als Entgiftungsprodukt der durch den Abbau aromatisch substituierter Aminosäuren gebildeten Benzoesäure. Synthetisch ist H. aus Benzoylchlorid und Glycin herstellbar. H. wurde 1829 von Liebig aus Pferdeharn isoliert (griech. *hippos* Pferd, *uron* Harn).

Hircinol, ↗ *Orchinol*.

Hirudin, H-Val^1-Val-Tyr-Thr-Asp^5-Cys-Thr-Glu-Ser-Gly^{10}-Gln-Asn-Leu-Cys-Leu^{15}-Cys-Glu-Gly-Ser-Asn^{20}-Val-Cys-Gly-Gln-Gly^{25}-Asn-Lys-Cys-Ile-Leu^{30}-Gly-Ser-Asp-Gly-Glu^{35}-Lys-Asn-Gln-Cys-Val^{40}-Thr-Gly-Glu-Gly-Thr^{45}-Pro-Lys-Pro-Gln-Ser^{50}-His-Asn-Asp-Gly-Asp^{55}-Phe-Glu-Glu-Ile-Pro^{60}-Glu-Glu-Tyr(SO$_3$H)-Leu-Gln^{65}-OH (Disulfidbrücken: Cys^6/Cys^{14}, Cys^{16}/Cys^{28}, Cys^{22}/Cys^{39}), ein aus dem Blutegel (*Hirudo medicinalis*) isoliertes 65 AS-Peptid. H. bindet mit hoher Affinität die Protease ↗ *Thrombin* und ist mit einer Inhibitionskonstante $K_i = 20$ fM der effizienteste Vertreter der ↗ *Thrombininhibitoren*. Während man früher nur geringe Mengen H. aus Blutegeln gewinnen konnte, ist es heute gentechnisch durch Expression in Hefe oder *E. coli* in hoher Reinheit und großen Mengen zugänglich. H. findet Anwendung bei Thrombosen, Thrombophlebitiden, d.h. dem varikösen Symptomenkomplex und ähnlichen Beschwerden. [J.M. Maraganore et al. *Biochemistry* **29** (1990) 7.065; P.H. Johnson et al. *Annu.Rev.Med.* **45** (1994) 165]

His, Abk. für ↗ *L-Histidin*.

His-tag, ↗ *Affinitätschromatographie*.

Histamin, β-*Imidazol-4(5)ethylamin* (Abb.), ein biogenes Amin $(M_r$ 111,14 Da, F. 85 °C). H. wird durch enzymatische Decarboxylierung aus L-Histidin gebildet. Es regt die Magenfundusdrüsen zur Magensaftsekretion an, erweitert die Blutkapillaren (wichtig für höhere Durchblutung, Blutdrucksenkung), erhöht die Permeabilität (Quaddelbildung und Rötung nach lokaler Histaminapplikation) und führt zur Kontraktion der glatten Muskulatur des Magen-Darm-Kanals, des Uterus und der Atemwege (bei Asthma bronchiale). Der Abbau des H. erfolgt durch Diamin-Oxidasen und Aldehyd-Oxidasen zu Imidazolylessigsäure. H. ist im Pflanzen- und Tierreich weit verbreitet, z.B. in Brennesseln, Mutterkorn, Bienengift und im Speicheldrüsensekret von stechenden Insekten. Als Gewebshormon ist H. in Mengen der Größenordnung µg/g Frischgewicht in Leber, Lunge, Milz, quergestreifter Muskulatur, Schleimhaut von Magen und Darm sowie gespeichert mit Heparin in Mastzellen zu finden.

$$\text{N} \diagdown \text{N} \diagup \text{—CH}_2\text{—CH}_2\text{—NH}_2$$
$$\overset{|}{\text{H}}$$

Histamin

Histamin-Rezeptoren, zu den G-Protein-gekoppelten Rezeptoren zählende ↗ *Rezeptoren* für das biogene Amin ↗ *Histamin*. Letzteres wird vor allem in Mastzellen und basophilen Granulocyten gespeichert und daraus nach einem entsprechenden Stimulus freigesetzt. Man unterscheidet drei Gruppen von H., H_1, H_2 und H_3. Aktivierte H_1-H. stimulieren die Phosphaditylinosit-spezifische ↗ *Phospholipase C*. Histamin erhöht über den H_1-Rezeptortyp beispielsweise die Gefäßpermeabilität und den Tonus der Bronchialmuskulatur. Möglicherweise geht die sedierende und antiemetische Wirkung der H_1-H.-Antagonisten, wie des Diphenhydramins auf eine Blockade cerebraler H_1-Rezeptoren zurück. Andere *Antihistitaminika* des H_1-Typs wirken z.B. allergischen und anaphylaktischen Reaktionen entgegen, bekämpfen Juckreiz und wirken gefäßabdichtend. Durch aktivierte H_2-Rezeptoren wird die Adenylat-Cyclase stimuliert und dadurch kommt es zu einer Steigerung der Herzfrequenz und der Magensäuresekretion. *H_2-Rezeptor-Blocker* werden beispielsweise bei Gastritis und Ulkuserkrankungen des Darms eingesetzt. Für den H_3-Rezeptortyp ist der Transduktionsmechanismus noch nicht bekannt. Über präsynaptische H_3-Autorezeptoren hemmt Histamin seine eigene Freisetzung.

L-Histidin, *His, Imidazolylalanin*, eine proteinogene, halbessenzielle Aminosäure; M_r 155,2 Da, F. 277 °C (Z.), $[\alpha]_D^{25}$ = +11,8° (c = 2 in 5 M Salzsäure) oder −38,5° (c = 2, Wasser). His ist bei vielen Enzymen Bestandteil des katalytischen Zentrums und ist auch Baustein von Carnosin und Anserin. Es ist schwach glucoplastisch. In Abwesenheit von His kann das erwachsene Tier sein Stickstoffgleichgewicht für kurze Zeit erhalten; für das wachsende Tier ist es jedoch unbedingt erforderlich. Der Imi-

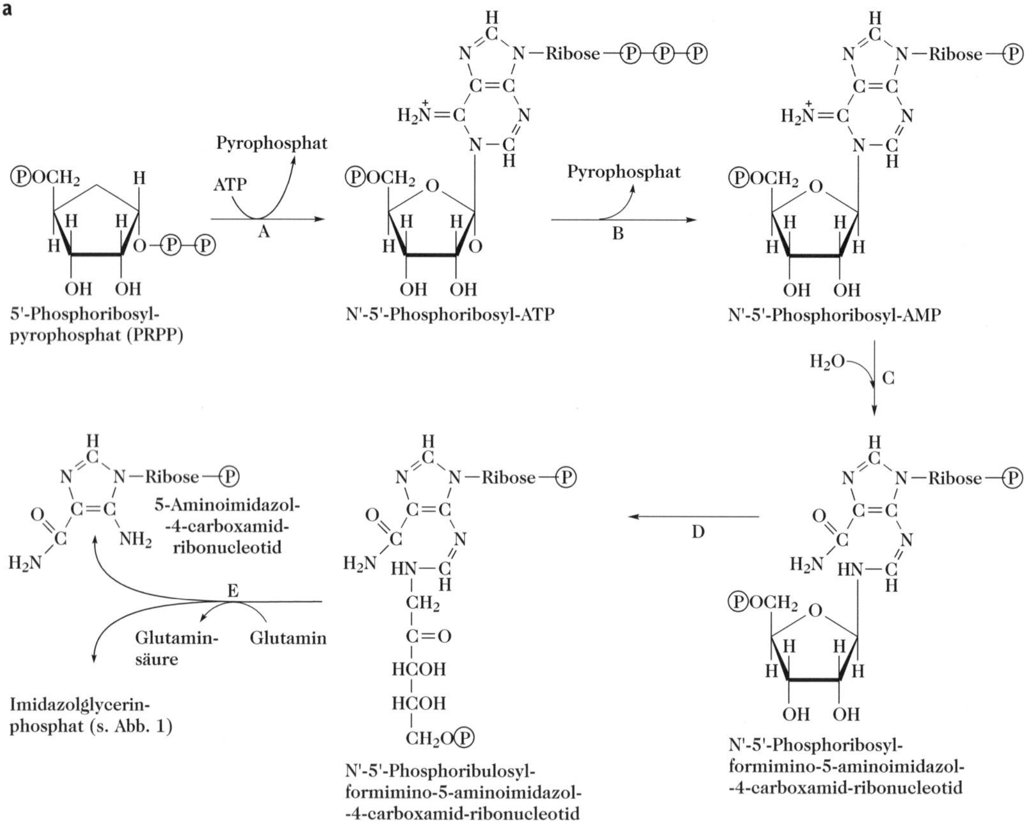

L-Histidin. Abb. 1. a) Die ersten Schritte der Imidazolbiosynthese.
A: *N*-1-(5′-Phosphoribosyl)adenosintriphosphat:Pyrophosphatphosphoribosyl-Transferase, bzw. ATP-Phosphoribosyl-Transferase (EC 2.4.2.17).
B: Phosphoribosyl-ATP-Pyrophosphohydrolase (EC 2.4.2.17). In *Neurospora* ist dieses Enzym trifunktional und katalysiert auch die Reaktion A und die Umwandlung von Histidinol in Histidin (Abb. 1b).
C: 1-*N*-(5′-Phospho-D-ribosyl)-AMP-1,6-Hydrolase, bzw. Phosphoribosyl-AMP-Cyclohydrolase (EC 3.5.4.19).
D: Amadori-Umlagerung des Phosphoribosylrests.
E: Amidotransferase und Cyclase. Vermutlich wird durch die Übertragung von Stickstoff aus Glutamin eine Zwischenstufe gebildet, aus der dann durch Zyklisierung der Imidazolring von Imidazolglycerinphosphat hervorgeht. Die Zwischenstufe ist nicht bekannt und die Amidotransferase- und Cyclaseaktivitäten konnten noch nicht voneinander getrennt werden.

b

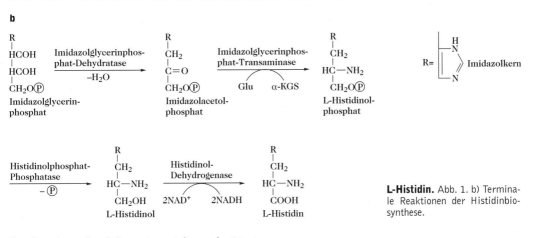

L-Histidin. Abb. 1. b) Terminale Reaktionen der Histidinbiosynthese.

dazolring kann durch Säugetiere nicht synthetisiert werden. His wird über Imidazolglycerinphosphat im terminalen Teil (Abb. 1b) des *ATP-Imidazol-Zyklus* (Abb. 2) gebildet. Bei dieser Biosynthese wird Phosphoribosyl-Formimino-aminoimidazol-carboxamidribotid durch eine im Zellstoffwechsel relativ seltene Amadori-Umlagerung gebildet. Es ist bemerkenswert, dass ATP als Substrat dient. In das His werden nur das C-2-Atom und das N-1-Atom des Purinrings eingebracht (Abb. 1a). His wird durch Histidase zu *Urocaninsäure* (Imidazolacryl-säure) abgebaut und weiter über Imidazolonpropionsäure und Formiminoglutaminsäure zu Glutaminsäure metabolisiert (Abb. 3). Die intermediär gebildete Formiminogruppe wird zur Synthese ↗ *aktiver Einkohlenstoff-Einheiten* verwendet. His wird zur Behandlung von Allergien und Anämien verwendet. Im Labor ist His ein nützlicher Puffer im physiologischen pH-Bereich. [R.G. Martin et al. *Methods in Enzymology* **XVII B** (1971) 3–44; M. Brenner u. B.N. Ames „The Histidine Operon and Its Regulation" in Greenberg (Hrsg.) *Metabolic Pathways* (3. Ausg.) **5**, 349–387]

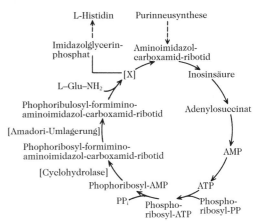

L-Histidin. Abb. 2. Der ATP-Imidazol-Zyklus. Der letzte Teil dieses Zyklus wird im Detail in Abb. 1a gezeigt.

L-Histidin. Abb. 3. Biochemischer Abbau von Histidin. A: L-Histidinammoniak-Lyase (Histidase; EC 4.3.1.3). B: 4-Imidazol-5-propionat-Hydrolyase (Urocanase; EC 4.2.1.49).

Histidinämie, eine ↗ *angeborene Stoffwechselstörung*, die auf einen Mangel an *Histidin-Ammoniak-Lyase* (Histidase, Histinase, Histidin-α-Desaminase, EC 4.3.1.3) zurückzuführen ist. Histidin kann nicht in Urocaninsäure umgewandelt werden. Dadurch treten im Blut und in der Hirn-Rückenmarks-Flüssigkeit erhöhte Histidinkonzentrationen auf und im Harn liegen vermehrt Histidin, Imidazolpyruvat, Imidazollactat und Imidazolacetat vor. Nach Histidinzufuhr wird kein Formiminoglutamat ausgeschieden. H. ist gewöhnlich gutartig und es kommt selten zu geistiger Entwicklungsverzögerung.

histochemische Analysemethoden, *in-vitro*-Untersuchungsverfahren, bei denen an Organ- bzw. Gewebeschnitten Metabolite, Enzyme oder Stoffwechselreaktionen durch charakteristische chemische Umsetzungen, z.B. durch geeignete Farbreaktionen, lokalisiert werden.

Histokompatibilitäts-Antigene, ↗ *MHC-Proteine*.

Histon-Acetylierung, die Acetylierung der Nucleosomen-Histone. Die H. wird durch die Histon-Acetyl-Transferase katalysiert, wobei als Acetyldonor ↗ *Acetyl-Coenzym A* dient und als Acetylakzeptoren die ε-Aminogruppen spezifischer Lysinbausteine im N-terminalen Bereich der ↗ *Histone*. Durch die ↗ *Histon-Deacetylase* kann die H. wieder rückgängig gemacht werden. Obgleich die genaue zelluläre Funktion der H. noch nicht hinreichend geklärt ist, könnte durch Blockierung positiver Ladungen im aminoterminalen Bereich der Histone die Interaktion dieses Sequenzbereichs mit der nucleosomalen DNA geschwächt werden. Dadurch könnte der Zugang von Transcriptionsfaktoren zu ihren spezifischen Bindungsstellen begünstigt werden. Die H. ist mit der transcriptionellen Aktivität der entsprechenden Chromatinregion korreliert.

Histon-ähnliche Proteine, *HLP* (engl. *histon-like proteins*), bei Prokaryonten verbreitete und in den Zellen in relativ großer Menge vorkommende kleine, basische Proteine. Die Sequenz und Struktur der H. sind innerhalb der Prokaryonten stark konserviert. Ausgewählte Vertreter der H. sind das aus zwei Untereinheiten (α: HU-2, M_r 9,5 kDa; β: HU-1, M_r 9,2 kDa) aufgebaute *HU*, das DNA unspezifisch bindet. Dadurch wird die Ganghöhe der DNA-Doppelhelix von ca. 10 bp auf ca. 8,5 bp reduziert, wodurch die DNA eine elektronenmikroskopisch sichtbare Perlenschnurstruktur einnimmt. Hierbei windet sich die DNA um HU unter Ausbildung einer negativen Superspiralisierung, wodurch DNA-Struktur und Genaktivität reguliert werden können. Pro Zelle sollen 60.000 Moleküle HU vorkommen.

IHF ist ebenfalls ein Heterodimer (α: M_r 14 kDa; β: M_r 20 kaD). Die Bindung an spezifische Sequenzen der DNA führt zu einer Krümmung des DNA-

Moleküls. IHF ist wichtig für die Verpackung der λ-Phagen-DNA in die Phagenköpfe. Von *H-1* gibt es drei verschiedene Formen (M_r 14–20 kDa). Es ist mit anderen H. an der Strukturmodulation beteiligt.

Histon-Deacetylase, ein Enzym, das eine Abspaltung von Acetylresten aus acetylierten Histonen katalysiert. Der Acetylierungsgrad der Histone im Chromatin wird durch die H. und die Histon-Acetyl-Transferase (↗ *Histon-Acetylierung*) in einem dynamischen Gleichgewicht gehalten. Es wird eine Beteiligung der H. an der Aktivierung von Chromatindomänen und/oder an der Transcription von Genen diskutiert.

Histone, basische globuläre Proteine mit einem hohen Gehalt an Arginin und Lysin, die in der Hauptsache Strukturproteine der Eukaryonten-Chromosomen sind (↗ *Chromatin*, ↗ *Nucleosomen*). Aufgrund von Unterschieden in der relativen Molekülmasse und des Gehaltes an basischen Aminosäurebausteinen werden die H. in 5 Klassen eingeteilt. Die *H1-H.* enthalten durchschnittlich 215–220 Aminosäurereste (M_r 21,5–22 kDa) und sind im Laufe der Evolution weniger konserviert als die *Nucleosomen-H.*, die wiederum in die Klassen *H2A* (M_r 14 kDa; 129 AS), *H2B* (M_r 13,8 kDa; 125 AS), *H3* (M_r 15,3 kDa; 135 AS) und *H4* (M_r 11,3 kDa; 102 AS) eingeteilt werden. Letztere sind dafür verantwortlich, dass die DNA in Nucleosomen aufgewickelt wird. Von Bedeutung für die Funktion spezieller H. ist die ↗ *Histon-Acetylierung*. Der hohe Anteil positiver Ladungen in den H. ist die Ursache für die feste Bindung an die stark negativ geladene DNA. Die Bindung der H. an die DNA ist unabhängig von der Nucleotidsequenz. H. haben einen starken Einfluss auf die an den Chromosomen stattfindenden Reaktionen, da sie wahrscheinlich nur selten von der DNA dissoziieren. Die nur in Eukaryonten vorkommenden H. sind in hohen Konzentrationen in den Zellen vorhanden. Von allen H. findet man etwa 60 Millionen Moleküle je Zelle. Im Vergleich hierzu kommen von einem typischen sequenzspezifischen DNA-bindenden Protein nur etwa 10.000 Moleküle vor. In den Spermatozoen werden die H. durch ↗ *Protamine* ersetzt. Die Funktion der H. im bakteriellen Chromosom übernehmen die ↗ *Histon-ähnlichen Proteine*.

Histon-Kinase, ein Enzym, das die Phosphorylierung von ↗ *Histonen* katalysiert. Bei der Hefe *Schizosaccharomyces pombe* wirkt als spezifische Histon-(H1-)Kinase ein Komplex aus ↗ *Cyclin* und der Protein-Kinase p34^{cdc2}. Protein-Kinasen sind als Teil eines komplexen regulatorischen Netzwerks für einen korrekten Ablauf der Mitose mit verantwortlich. Die Aktivierung des Protein-Kinase-Cyclin-Komplexes zu Beginn der mitotischen bzw. meiotischen Phase erfolgt bei *Sacharomyces* und auch bei anderen Eukaryonten durch eine Phosphoprotein-Phosphatase (Genprodukt cdc 25), wodurch von der Protein-Kinase p34^{cdc2} ein Phosphatrest vom Tyr^{15} der Polypeptidkette abgespalten wird.

Histopin, ⁊ *D-Octopin*.

Hitzeschock-Proteine, *Hsp*, eine Gruppe von Proteinen, die als eine zelluläre Antwort auf einen Hitzeschock, aber auch bei bestimmten chemischen Schädigungen von verschiedenen lebenden Zellen temporär in großer Menge synthetisiert werden. Sie werden entsprechend ihren relativen Molekülmassen in verschiedene Gruppen eingeteilt, wobei die im Kürzel enthaltene Zahl die ungefähre M_r in kDa wiedergibt. In Eukaryonten-Zellen findet man H. des Typs *Hsp60*, *Hsp70* und *Hsp90*. Daneben sind auch relativ kleine H, wie *Hsp10* und homologe Vertreter aus Prokaryonten bekannt. Interessanterweise enthalten die Mitochondrien ihre eigenen Hsp60 und Hsp70. Ein spezielles Hsp, ⁊ *BiP*, spielt im endoplasmatischen Reticulum eine wichtige Rolle bei der Faltung von Proteinen. Zur Familie der H. gehören die ⁊ *molekularen Chaperone*, die als Faltungshelfer-Proteine bei der Rückfaltung hitzegeschädigter Proteine, aber auch bei der normalen Proteinfaltung gemeinsam mit anderen Proteinen bzw. Enzymen eine wichtige Funktion erfüllen. Im weiteren Sinne gehören die H. zu den Stressproteinen. Bei einem plötzlichen Temperaturanstieg wird beispielsweise in *Drosophila* ein *Hitzeschocktranscriptionsfaktor* (HSTF) exprimiert (Farbtafel IV, Abb. 1). Dieses DNA-bindende Protein (M_r 93 kDa) bindet an die Consensus-Sequenz 5'-CNNGAANNTCCNNG-3'. Mehrere Kopien dieser Sequenz (Hitzeschockelement: *heat-shock-response element*) sind bei den Genen der H. etwa 15 bp stromaufwärts von der TATA-Box vorhanden. [E.A. Craig *CRC Crit. Rev. Biochem.* **18** (1986) 239–280; C. Wu *Annu. Rev. Cell. Dev. Biol.* **11** (1995) 441–469]

hitzestabile Enzyme, ⁊ *thermostabile Enzyme*.

HIV, Abkürzung für <u>h</u>umanes <u>I</u>mmundefizienz-<u>V</u>irus (Abb.). Daten, die aus der Sequenzierung der *gag*- und *env*-Gene des AIDS-Virus (*AIDS*) verschiedener Regionen gewonnen wurden, legen die Vermutung nahe, dass sich aufgrund der Sequenzunterschiede und der unterschiedlichen Verbreitung mindestens fünf verschiedene Stämme des HIV unterscheiden lassen, die Unterschiede von mindestens 30 % aufweisen. HIV 1 ist besonders in Europa und den USA verbreitet, ein zweiter Stamm in Brasilien und Zaire, der dritte in Sambia und Somalia, und zwei weitere in Taiwan bzw. Uganda, Kenia und der Elfenbeinküste.

Nach einer Infektion mit dem humanen Immundefizienz-Virus (HIV; ⁊ *HIV-Infektion*) kommt es in den meisten Fällen zu einer längeren Latenzzeit, während der die Zahl der CD4-T-Zellen langsam abnimmt. Erst in einem späteren Stadium bildet sich ein Syndrom aus, das als ⁊ *AIDS* bezeichnet wird.

Tropismus. Das HIV ändert während der Zeit, in der es einen Patienten befallen hat, seine Präferenz für verschiedene Zelltypen – eine Fähigkeit, die als HIV-Tropismus bezeichnet wird. Die beiden Zelltypen, die von unterschiedlichen Subtypen befallen werden, sind die T-Zellen und die Makrophagen. Man spricht von *Makrophagen-tropischen* und *T-Zell-tropischen* Viren. Der Tropismus des HIV wird durch Sequenzen in der V3-Schleife des Glycoproteins gp 120 bedingt. Um den Tropismus des Virusisolats zu ändern sind nur wenige Mutationen notwendig.

Ein weiteres Merkmal, in dem sich verschiedene HIV-Isolate unterscheiden, ist ihre Fähigkeit, Syncytien (Zellklumpen) zu induzieren. Danach werden Syncytium induzierende (engl. *syncytium inducing*, SI) und nicht induzierende (engl. *non syncytium inducing*, NSI) Phänotypen unterschieden. Im Allgemeinen gilt, dass die SI-Viren T-Zellen befallen und nur schlecht in Makrophagen wach-

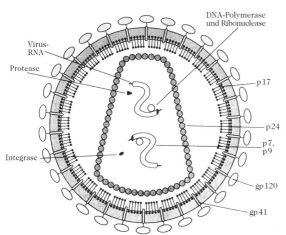

HIV. Aufbau des HIV. In einer äußeren runden Hülle aus den Glycoproteinen gp 20 und gp 41 und dem Protein p 17 liegt der konische Viruskern aus den Proteinen p 7, p 9 und p 24 sowie einer DNA-Polymerase, einer Ribonuclease, einer Integrase und einer Protease. Im Kern ist die RNA des Virus verpackt.

sen. Die NSI-Viren bevorzugen dagegen Makrophagen als Zielzellen und replizieren nicht in etablierten T-Zell-Linien. Die NSI-Viren bilden den Hauptbestandteil der Virus-Population kurz nach einer Infektion; sie sind vermutlich stärker infektiös als SI-Viren. Im Unterschied dazu treten die SI-Viren besonders in späteren Stadien auf, also bei Patienten, die sich im Stadium des ARC (↗ *Aids-related Komplex*) befinden oder bereits an AIDS leiden.

HIV-Infektion, Übertragung und Eindringen von ↗ *HIV* in humane Zielzellen. Der Krankheitsverlauf ist geprägt durch den Wettlauf zwischen der Bekämpfung der vorhandenen Virus-Mutanten durch das Immunsystem des Patienten und der Entstehung und Selektion neuer Virus-Mutanten und sieht bei jedem Patienten unterschiedlich aus. Der Immunstatus zum Zeitpunkt der Infektion und später ist entscheidend für die Art des Krankheitsverlaufs. Nach der Vorstellung mancher Autoren selektioniert das Immunsystem erst im Laufe des Krankheitsverlaufs diejenigen Virus-Varianten heraus, die schließlich zum Krankheitsbild ↗ *AIDS* führen (Abb.). Ebenfalls wichtig für den Krankheitsverlauf ist die Art des Kontakts mit dem Virus. Bei einer Übertragung ins Blut oder über die verletzte Körperoberfläche wird das Virus durch CD4-positive (↗ *CD-Marker*) Zellen (Langerhans-Zellen der Epidermis, Monocyten, Makrophagen und T-Lymphocyten) in die benachbarten Lymphknoten transportiert. Eine starke Immunantwort gegen das Virus ist vermutlich verbunden mit dessen Weitergabe über den Kontakt der an der Immunantwort beteiligten Zellen.

Bei der pädiatrischen Form von AIDS ist der Zeitpunkt entscheidend, zu dem das Kind durch die Mutter infiziert wird. In einigen Fällen wird durch eine Infektion mit dem Virus im sich entwickelnden Immunsystem des Kindes eine Toleranz für die viralen Antigene induziert, was eine Bekämpfung unmöglich macht. Tatsächlich sterben 20% der (möglicherweise über die Plazenta) infizierten Kinder sehr früh (im Mittel nach 4,1 Monaten) und zeigen wenig oder keine Immunantwort gegen HIV.

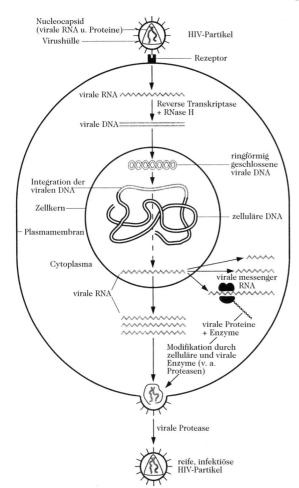

HIV-Infektion. Lebenszyklus des humanen Immundefizienz-Virus (HIV): Die Infektion einer Zelle mit HIV erfolgt, nachdem das Virus Kontakt mit einem Rezeptor (dem CD4-Molekül) der Zelloberfläche aufgenommen hat. Die virale RNA wird durch die reverse Transcriptase in DNA umgeschrieben und kann als sog. Provirus in die genomische DNA integrieren, wo sie in manchen Zellen jahrelang ruht. Durch eine Induktion der infizierten Zelle kann das Virus erneut aktiviert werden und neue Viren produzieren. Diese Viren können weitere Zellen infizieren. Welche Faktoren das Provirus aktivieren, ist erst unzureichend bekannt.

Bei einer ausreichenden Immunantwort können sowohl Kinder als auch Erwachsene das Virus zunächst unter Kontrolle halten, wobei es auch dabei große Unterschiede zwischen einzelnen Patienten gibt. In den meisten Fällen tritt bei infizierten Erwachsenen eine starke humorale und zelluläre Immunreaktion gegen das HIV auf. Diese Immunreaktion führt dazu, dass aus einer akuten eine persistierende Infektion wird, bei der das Virus in den befallenen Zellen (ca. eine von tausend CD4-positiven T-Lymphocyten) transcriptionell inaktiv bleibt. Nur in jeder 100. infizierten Zelle – in denen das Virus durch die Polymerase-Kettenreaktion nachgewiesen werden kann – kann auch virale Transcription gezeigt werden. Das Virus wird zusammen mit den T-Lymphocyten aktiviert, wenn diese in die S-Phase des Zellzyklus eintreten.

Für die Abnahme des Titers an T-Zellen kommen direkte Mechanismen, die zum Absterben der Zelle führen, und indirekte Mechanismen, bei denen die T-Zellen durch andere Komponenten des Immunsystems beeinträchtigt werden, in Betracht. Direkte Mechanismen sind die Virus-induzierte Lyse der befallenen Zellen und die Bildung von Syncytien, vermittelt durch Proteine des Virus (gp 120, das auch in löslicher Form auftritt), bei denen auch nicht befallene Zellen beteiligt sein können. Für indirekte Mechanismen spricht die Beobachtung, dass nicht-cytopathische Stämme von HIV gefunden werden konnten, die dennoch pathogen für den Organismus insgesamt sind. Auch bei einer Infektion mit diesen Stämmen kommt es zu einer Reduktion der Zahl an CD4-T-Zellen. Als indirekte Mechanismen, die bei dieser Infektion beteiligt sein könnten, werden Autoimmunreaktionen diskutiert, die durch Immun-Mimikry hervorgerufen werden, ebenso wie die Aktivierung von Apoptose in den T-Zellen (↗ *HIV-1-Protease*). Für die bei Infektion mit HIV beobachteten neurologischen Symptome, die auftreten, obwohl das Gehirn HIV-frei bleibt, konnte eines der Proteine des Virus verantwortlich gemacht werden, das Glycoprotein 120 (gp 120). In picomolarer Konzentration kann dieses Protein toxisch auf Neuronen des Hippocampus von Nagetieren wirken. Verantwortlich ist dafür eine Erhöhung der intrazellulären Calciumkonzentration, hervorgerufen durch lösliches gp 120, wie es anscheinend vom Virus abgegeben wird. Das lösliche gp 120 wirkt vermutlich auf den *N*-Methyl-Aspartat-Rezeptor. Folgen sind die Bildung freier Radikale, zelluläre Nekrose und ↗ *Apoptose* durch die Überaktivierung von Schlüsselenzymen der Signaltransduktion (Protein-Kinase C, Calcium/Calmodulin-abhängige Protein-Kinase II, Phospholipasen, Protein-Phosphatasen und andere).

HIV-1-Protease, P^{1}QITLWQRPL^{10}VTIRIGGQLK^{20} EALLDTGADD^{30}TVLEEMNLPG^{40}KWKPKMIGGI^{50}G GFIKYRQYD^{60}QIPVETCGHK^{70}AIGTVLVGPT^{80}PVN IIGRNLL^{90}TQIGCTLNF, eine aus zwei identischen Monomeren mit je 99 Aminosäurebausteinen aufgebaute Aspartat-Protease, die für die Entwicklung des AIDS-Virus (↗ *AIDS*, ↗ *HIV*) entscheidende Bedeutung hat. Trotz der identischen Dimerstruktur enthält das Enzym nur ein aktives Zentrum, wofür jede Polypeptidkette einen katalytisch wichtigen Aspartat-Rest beisteuert. Die Triade des aktiven Zentrums (Asp^{25}, Thr^{26}, Gly^{27}) befindet sich in einer Schleife, deren Struktur durch ein Netzwerk von H-Brücken, ähnlich wie in eukaryontischen Enzymen, stabilisiert wird. Der katalytische Spalt wird durch zwei β-*hairpin*-Strukturelemente der beiden Monomere wie durch zwei Scheren begrenzt. Im Inhibitor/Substrat-freien Zustand sind die „Scheren" weit geöffnet, so dass ein Zutritt zum aktiven Zentrum gegeben ist. Die Bindung von Substrat/Inhibitor induziert eine starke Bewegung der „Scheren", wodurch sich der Bindungsspalt schließt. Die H. gehört zu den Aspartat-Proteasen. Sie spaltet große, virusspezifische Polyproteine an definierten Aminosäurepaaren, wobei eine Octapeptidregion mit der spezifischen Spaltstelle in das aktive Zentrum eingepasst wird. Durch die H. werden die für den Lebenszyklus des HI-Virus essenziellen Strukturproteine und Enzyme aus den Polyproteinprodukten der viralen *gag*- und *pol*-Gene proteolytisch freigesetzt. Folgerichtig führt die Inhibierung der H. zur Produktion nichtinfektiöser viraler Partikel. Daher ist dieses Enzym das primäre Ziel für das rationale Design effizienter Inhibitoren, das weitgehend auf Röntgenkristallstrukturanalysen der freien Protease und von Protease-Inhibitor-Komplexen basiert. Die H. spaltet Peptidbindungen zwischen einem hydrophoben Rest und Prolin, wobei nach dem Prolinrest eine weitere hydrophobe Aminosäure folgt. Durch den Ersatz des Prolins durch eine Hydroxyethylen-Gruppe wurden schließlich wirkungsvolle Inhibitoren entwickelt, wie das Nα-Acetylpepstatin (Abb. 1; K$_i$ ~1 nM). Um

HIV-1-Protease. Abb. 1. Struktur des *N*-Acetylpepstatins.

aber mit diesen Inhibitoren nicht auch menschliche Aspartat-Proteasen zu hemmen, wurden unter Nutzung der für die H. charakteristischen zweifachen Symmetrie neue Inhibitoren entwickelt, die in ihrer Symmetrie und Geometrie der viralen Protease angepasst wurden. Mit einem symmetrischen Inhibitor des in Abb. 2 dargestellten Typs konnte die Wirkungsselektivität auf das Zehntausendfache erhöht werden. Erfolge im Kampf gegen HIV erbrachte die Kombinationstherapie, bei der nicht nur die virale Protease inhibiert wird, sondern auch die reverse Transkriptase (RTI). Auf diese Weise wird die Absenkung der CD-Zahl verlangsamt und der Ausbruch der Krankheit verzögert. [R.C.L. Milton et al. *Science* **256** (1992) 1.445; K.-C. Chou *Anal. Biochem.* **233** (1996) 1. Abb. F/8136]

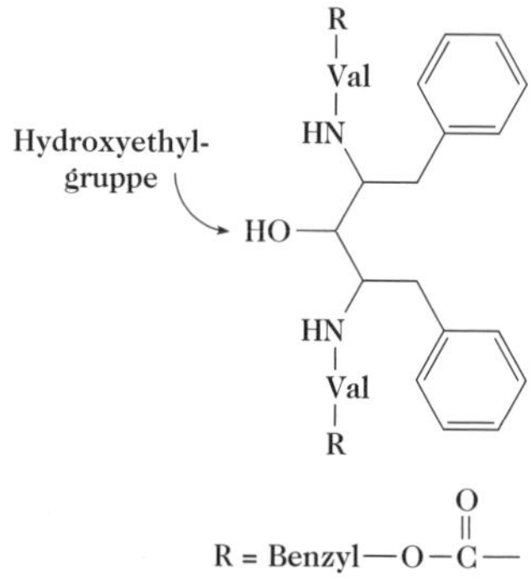

Hydroxyethyl-
gruppe

R = Benzyl—O—C—

HIV-1-Protease. Abb. 2. Strukturtyp eines wirksamen symmetrischen Inhibitors der HIV-1-Protease.

HLB-Wert, Abk. für engl. *hydrophilic-lipophilic-balance*, eine durch Berechnung oder empirische Methoden erhaltene Größe, die eine Aussage über das molare Verhältnis von hydrophilen zu hydrophoben (lipophilen) Bereichen amphiphiler Moleküle erlaubt und für die Beschreibung von Tensideigenschaften (Wasserlöslichkeit der Substanz, Ausbildung von Öl-in-Wasser- bzw. Wasser-in-Öl-Emulsion) von Bedeutung ist.

HLH-Motiv, Abk. für ↗ *Helix-Loop-Helix-Motiv*.

HLP, Abk. für engl. *histon-like proteins*, ↗ *Histon-ähnliche Proteine*.

hMG, Abk. für *humanes Menopausengonadotropin* (↗ *Menopausengonadotropin*).

HMG-Box-Domäne, eine für die DNA-Bindung verantwortliche, etwa 80 Aminosäurebausteine enthaltende Proteindomäne, die bei verschiedenen eukaryontischen Proteinen konserviert ist. Außer in manchen ↗ *HMG-Proteinen* wurde die H. auch in Transcriptionsfaktoren (z.B. UBF, LEF-1, TCF-1), geschlechtsbestimmenden Faktoren und anderen DNA-assoziierten Proteinen nachgewiesen. Man kennt Proteine mit einer bis sechs H. Die H. interagiert vorrangig mit der kleinen DNA-Furche und induziert eine Krümmung der DNA-Doppelhelix.

Die Tertiärstruktur ist L-förmig und besteht aus drei Helices (Abb.), die zusammen etwa 75% der Aminosäurereste einschließen und die stark konservierten Sequenzbereiche basischer und hydrophober Reste enthalten.

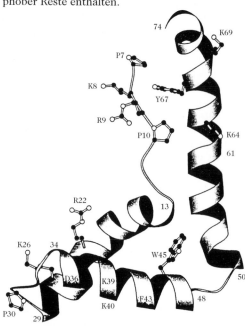

HMG-Box-Domäne. Schematische Darstellung der durch NMR-Spektroskopie aufgeklärten Tertiärstruktur der HMG-Box-Domäne aus dem HMG1-Protein (↗ *HMG-Proteine*) der Ratte (B-Domäne).

HMG-CoA, Abk. für ↗ *3-Hydroxy-3-methylglutaryl-Coenzym A*.

HMG-CoA-Reduktase, Abk. für ↗ *3-Hydroxy-3-methylglutaryl-Coenzym-A-Reduktase*.

HMG-CoA-Reduktasehemmer, *Cholesterinbiosynthesehemmer*, hemmen die Cholesterinbiosynthese durch Inhibition eines frühen Schrittes der Biosynthese, der Umwandlung von HMG-CoA (Hydroxymethylglutaryl-Coenzym A) in Mevalonsäure. Sie werden als ↗ *Lipidsenker* angewendet, wobei insbesondere das LDL gesenkt werden soll. *Lovastatin* wurde erstmals aus dem Bodenpilz *Aspergil-*

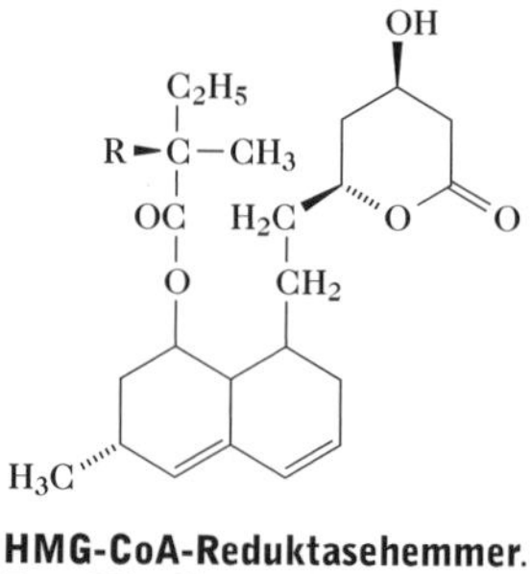

HMG-CoA-Reduktasehemmer. R = H, Lovastatin; R = CH$_3$, Simvastatin.

lus terreus isoliert. Die Verbindung ist ein ↗ *Prodrug*. Wirkform ist die Substanz mit geöffnetem Lactonring. Weitere Verbindungen sind *Simvastatin* und *Pravastatin*, das keinen Lactonring, sondern die β,δ-Dihydroxycarbonsäurekette enthält (Abb.). Die Verbindungen werden biotechnologisch, neuere Substanzen mit weniger Asymmetriezentren vollsynthetisch dargestellt.

HMG-Proteine, (engl. <u>h</u>igh <u>m</u>obility <u>g</u>roup proteins), eine Familie von kleinen chromosomalen ↗ *Nichthiston-Proteinen* (M_r bis 30 kDa) eukaryontischer Organismen. Aufgrund eines hohen Gehalts an geladenen Aminosäurebausteinen besitzen sie eine hohe Mobilität bei der Gelelektrophorese. Sie können mit 0,35 M NaCl-Lösung vom Chromatin abgelöst werden und sind selbst in 2%iger Trifluoressigsäure löslich. Aufgrund des unterschiedlichen Bindungsverhaltens an Einzel- und Doppelstrang-DNA, an Nucleosomen-assoziierte und reine Doppelstrang-DNA werden sie in *HMG 1/2* (M_r 25 kDa), *HMG 14/17* (M_r 10 kDa) und in *HMG I/Y* (M_r 10 kDa) eingeteilt. Obgleich das basische Motiv der DNA-Bindungsdomäne von HMG 1/2 bei verschiedenen Transcriptionsfaktoren gefunden wurde, ist die biologische Funktion dieser Proteine noch nicht geklärt.

HMTPP, Abk. für 2-<u>H</u>ydroxy<u>m</u>ethyl<u>t</u>hiamin<u>p</u>yro<u>p</u>hosphat. ↗ *Thiaminpyrophosphat.*

HMW-Kininogen, Abk. für engl. <u>h</u>igh <u>m</u>olecular <u>w</u>eight-Kininogen, *Kontaktaktivierungsfaktor, Fitzgerald-Faktor, Flaujeac-Faktor*, wird zu Kinin aktiviert, das an der Aktivierung von Faktor XII der ↗ *Blutgerinnung* beteiligt ist.

hnRNA, Abk. für <u>h</u>eterogene <u>n</u>ucleäre <u>RNA</u>. ↗ *messenger-RNA.*

Hochdruckflüssigkeitschromatographie, Syn. für ↗ *Hochleistungsflüssigkeitschromatographie.*

hochenergetische Bindungen, ↗ *energiereiche Verbindungen.*

hochenergetische Phosphate, Syn. für ↗ *energiereiche Phosphate.*

Hochleistungsflüssigkeitschromatographie, *HPLC* (engl. <u>h</u>igh <u>p</u>erformance <u>l</u>iquid <u>c</u>hromatography), *Hochdruckflüssigkeitschromatographie, schnelle Flüssigchromatographie*, Methode der Flüssigchromatographie unter optimierten Bedingungen durch Verkleinerung der Teilchengröße der stationären Phase auf 5–10 μm. Bei idealen Säulen ist die Trennstufenhöhe gleich dem Teilchendurchmesser, mit industriell gefertigten Säulen erreicht man dreifache Werte. Die H. hat sich aus der Säulenchromatographie entwickelt und unterscheidet sich von dieser durch größere Analysengeschwindigkeit, höhere Trennleistung sowie eine niedrigere Nachweisgrenze (Abb. 1).

Als Pumpen verwendet man Kurzhubkolbenpumpen, Kolbenmembranpumpen oder Langhubkol-

Hochleistungsflüssigkeitschromatographie. Abb. 1. Baugruppen eines HPLC-Geräts: 1 Lösungsmittelvorratsgefäß, 2 Hochdruckpumpe, 3 Probendosiersystem, 4 Trennsäule, 5 Detektor, 6 Probensammler, 7 Datenauswertungssystem.

benpumpen mit Fördervolumina von 0,1–10 ml · min^{-1} bei Drücken bis zu 60 MPa. Die Pumpen sollen eine möglichst pulsfreie Förderung des Eluenten und eine konstante Förderleistung garantieren. Große Bedeutung hat die Gradientenelution (binäre oder ternäre Gradienten), die entweder auf der Niederdruckseite durch Mischkammern oder auf der Hochdruckseite durch weitere Pumpen erfolgt. Die *Probeninjektion* kann im Niederdruckbereich durch Septuminjektion oder bei hohem Säulenvordruck mit Probenschleifen vorgenommen werden. Eine drucklose Probendosierung bei unterbrochenem Eluentenstrom ist die *stop flow*-Probenaufgabe.

Als Trennsäule verwendet man Edelstahlsäulen oder für niedere Drücke Glassäulen mit einem Innendurchmesser zwischen 2 und 4 mm und Längen von 10–50 cm.

Der *Detektor* hat die Aufgabe, im Säuleneluat durch kontinuierliche Messung einer physikalischen Größe für die im Eluat enthaltenen Substanzen ein konzentrationsproportionales Messsignal zu erzeugen. Zur Messung durchströmt das Eluat eine Durchflusszelle, deren Volumen zwischen 5 und 20 μl liegt. Die am häufigsten benutzten Detektoren sind der UV-Detektor (Empfindlichkeit 10^{-10} g · ml^{-1}) und das Differenzialrefraktometer (Empfindlichkeit 10^{-7} g · ml^{-1}).

Die *Lösungs-* oder *Elutionsmittel* unterscheiden sich in der Lösungsmittelstärke, ihren Dielektrizitätskonstanten, der Viskosität und im Brechungsindex. Der Einsatz eines Eluenten richtet sich nach dem jeweiligen Trennproblem sowie dem verwendeten Trennprinzip. Zur Adsorptionschromatographie an polaren Adsorbenzien (Kieselgel, Aluminiumoxid) verwendet man unpolare oder wenig polare Lösungsmittel (Hexan, Methylenchlorid), an unpolaren Phasen (Umkehrphasen) polare Lösungsmittel (Wasser, Methanol). Im Falle der ↗ *Verteilungschromatographie* muss das Elutionsmittel mit der Trennflüssigkeit gesättigt sein. Zur Auswahl mobiler Phasen für spezielle Trennprobleme wurden *eluotrope Reihen* von Lösungsmitteln aufgestellt, die sich für hydrophile und hydrophobe Adsorbenzien unterscheiden (Tab.). Für viele Trennprobleme benötigt man Lösungsmittelgemische. Zur optimalen Auftrennung sehr komplexer Substratgemische verändert man programmiert die

Elutionskraft der mobilen Phase (Gradient-Technik).

Hochleistungsflüssigkeitschromatographie. Tab. Eluotrope Reihen von Lösungsmitteln für die HPLC.

hydrophile	hydrophobe
Adsorbenzien	
Wasser	Hexan
Methanol	Benzol
Ethanol	Essigsäureethyl-ester
Propan-1-ol	Diethylether
Essigsäure-ethylester	Propan-1-ol
Aceton	Aceton
Diethylether	Ethanol
Benzol	Methanol
Hexan	Wasser

Als Trägermaterialien verwendet man poröse Materialien (Kieselgel, Aluminiumoxid) mit großer spezifischer Oberfläche oder Dünnschichtteilchen (engl. _porous layer beads_, _PLB_) mit einer porösen Schicht (1–3 μm) auf einem harten und undurchlässigen Kern (Glas). Durch Umsetzung der Sila-nolgruppen des Kieselgels mit organischen bzw. siliciumorganischen Verbindungen erhält man chemisch modifizierte Träger. Der organische Rest ist kovalent an die Trägeroberfläche gebunden, wobei man mit Alkylsilanen mit C_2- bis C_{18}-Kohlenstoffatomen ohne funktionelle Gruppen unpolare stationäre Phasen für die Umkehrphasenchromatographie (RPC, Abk. für engl. _reversed phase chromatography_) erhält. Meist werden C_8- und C_{18}-Phasen verwendet (z.B. poröse Träger Lichrosorb RP 8 und RP 18 oder PLB Perisorb RP 8 und RP 18). Die H. kann als Adsorptions-, Verteilungs-, ↗ _Ionenaustauschchromatographie_, Permeations- oder ↗ _Affinitätschromatographie_ betrieben werden. Die Methode findet breite Anwendung in allen Bereichen der Chemie, Biochemie und Pharmazie, ein Anwendungsbeispiel zeigt Abb. 2.

Hochpotenzial-Eisen-Schwefel-Protein, _HiPIP_, (engl. _high potential iron-sulfur protein_) ein ↗ _Ferredoxin_.

Hofmeister-Serie, die Ordnung von Salzen nach ihrer Fähigkeit, Proteine zu fällen. Die in dieser Reihe links stehenden Salze, die _antichaotrope_ oder _kosmotrope_ Salze genannt werden, gelten als besonders effektive und schonende Fällungsmittel (Abb.). Sie fördern praktisch Proteinaggregationen über hydrophobe Wechselwirkungen. Die weit rechts in dieser Reihe angeordneten _chaotropen_ Salze vermindern hydrophobe Effekte, wodurch die Proteine in Lösung verbleiben. Ammoniumsulfat ist das zuerst und am häufigsten angewandte Salz zur Proteinfällung (↗ _Aussalzung_).

$$\xleftarrow{\text{antichaotrop}}$$
$$SO_4^{2-} > CH_3COO^- > Cl^- > Br^- > NO_3^- > ClO_4^- > I^- > SCN^-$$

$$NH_4^+ > K^+ > Na^+ > Cs^+ > Li^+ > Mg^{2+} > Ca^{2+} > Ba^{2+}$$
$$\xrightarrow{\text{chaotrop}}$$

Hofmeister-Serie

Hohlfaserfiltration, ↗ _hollow-fiber-Filtration_.

Hohlfaserreaktor, die Bezeichnung für einen speziellen Typ eines ↗ _Membranreaktors_, bei dem der Substratstrom durch ein Hohlfaserbündel fließt und der Biokatalysator (Zellen, Enzyme) an den Bündeln adsorptiv fixiert oder zwischen den Fasern eingebettet ist. Das entstandene Produkt tritt mit dem Permeatstrom aus. Aufgrund der möglichen hohen Zell- bzw. Enzymkonzentration werden hohe Stoffumwandlungsraten erreicht. Problematisch sind insbesondere die Maßstabsübertragung sowie die Automatisierung.

Holarrhena-Alkaloide, _Kurchi-Alkaloide,_ eine Gruppe von Steroidalkaloiden, die als charakteristische Inhaltsstoffe in Pflanzen der Hundsgiftgewächs- (_Apocynaceae_-) Gattung _Holarrhena_ vor-

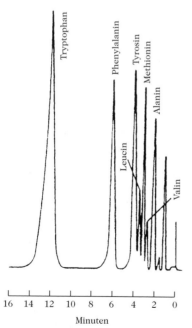

Hochleistungsflüssigkeitschromatographie. Abb. 2. Chromatogramm eines Aminosäuregemischs.

kommen. Die etwa 50 bisher isolierten Vertreter leiten sich vom Stammkohlenwasserstoff Pregnan (↗ *Steroide*) ab, der in 3- und 20-Stellung durch Amino- oder Methylaminogruppen substituiert ist, z. B. das weit verbreitete *Conessin* (Abb.) und dessen 12β-Hydroxyderivat *Holarrhenin*. Bei diesen beiden Steroiden ist die 20-Aminogruppe mit dem C18 zum Pyrrolidinring verknüpft. Conessin ist als Ausgangsmaterial zur Synthese von Aldosteron von Interesse. H. haben vor allem blutdrucksenkende, curareähnliche, diuretische und narkotisierende Eigenschaften. Die alkaloidreiche Rinde des Kurchistrauchs *Holarrhena antidysererentica* wird in Indien gegen Ruhr verwendet. Die Biosynthese der H. erfolgt über Cholesterin und Pregnenolon.

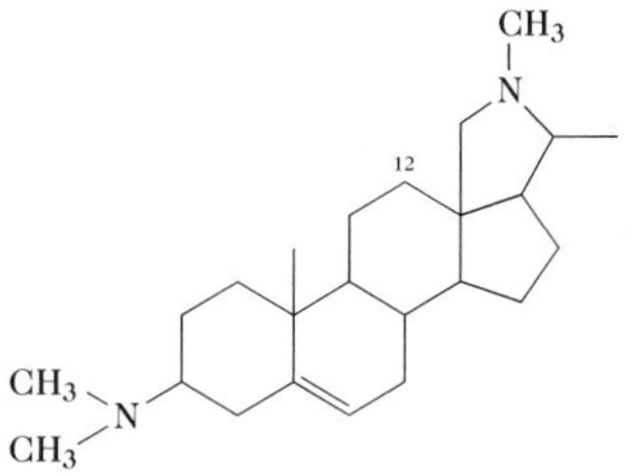

Holarrhena-Alkaloide. Conessin.

Holarrhenin, ↗ *Holarrhena-Alkaloide*.

hollow-fiber-Filtration, *Hohlfaserfiltration*, ein Verfahren der Membranfiltration, bei dem Hohlfasermodule (Membranmodule, z. B. Plattenmodule) eingesetzt werden. H. hat sich vor allem bei der ↗ *Umkehrosmose* bewährt.

Holocellulose, Gesamtmenge der in Wasser unlöslichen Polysaccharide pflanzlichen Fasermaterials (Cellulose und wasserunlösliche Hemicellulosen). Der Gehalt an H. beträgt bei Laubhölzern 72–79 %, bei Nadelhölzern 60–73 %. Er kann durch unterschiedliche Behandlungsmethoden des extraktstofffreien, zerkleinerten, verholzten Pflanzenmaterials bestimmt werden. Der Holocellulosegehalt ist eine wichtige Kenngröße für die Papier- und Pappenherstellung. Es ist allerdings zu berücksichtigen, dass keine der unterschiedlichen Bestimmungsverfahren für die H. eine ganz exakte Trennung des Lignin- und Polysaccharidanteiles in dem Polymerenverband Holz ergibt.

Holoenzym, ältere Bezeichnung für den Apoenzym-Coenzym-Komplex (↗ *Enzyme*).

Holoside, Verbindungen, die ausschließlich aus glycosidisch verknüpften Zuckerresten bestehen, wie z. B. Oligo- und Polysaccharide.

Holothurine, eine Gruppe hochtoxischer Inhaltsstoffe aus Seegurken- *(Holothurioidea-)* Arten. H. sind wasserlösliche, sulfatierte Steroidglycoside, die ein Saponin als Molekülteil aufweisen. Sie besitzen eine größere hämolytische Aktivität als Saponi-

ne pflanzlichen Ursprungs. Die karibische Seegurke *Actinopyga agassizi* produziert ein Gemisch von H. und stellt die Hauptquelle dieser Verbindungen dar. H. A trägt eine Kette aus vier Zuckerresten: D-Glucose, D-Xylose, 3(*O*)-Methylglucose und D-Quinose; das Sulfat ist an die Xylose gebunden (Abb.). Die Hydrolyse von desulfatiertem H. A mit konz. HCl hat eine Hydroxylgruppenelimierung aus Position 12 und Einführung einer Doppelbindung zwischen den C-Atomen 7 und 8 des Steroidaglycons zur Folge. Mit Hilfe milderer Methoden zur Entfernung des Kohlenhydrats (z. B. milde saure Methanolyse) entsteht das wahre Aglycon (Abb.). [J.D. Chanley u. C. Rossi *Tetrahedron* **25** (1969) 1911–1920; J.S. Grossert *Chem. Soc. Rec.* **1** (1972) 1–25]

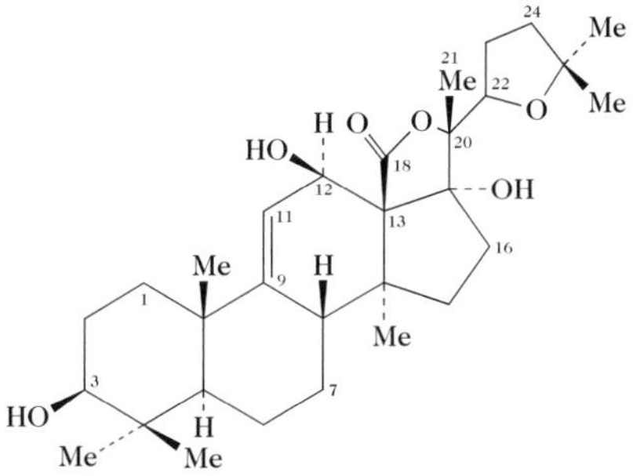

Holothurine. Aglycon von Holothurin A aus *Actinopyga agassizi*. Der Kohlenhydratrest ist mit der C3-Hydroxylgruppe glycosidisch verknüpft.

Holothurinogenine, ↗ *Holothurine*.

Holz, im wesentlichen aus toter Zellwandsubstanz bestehendes natürliches Verbundmaterial aus den drei Hauptkomponenten ↗ *Cellulose*, ↗ *Hemicellulose* und ↗ *Lignin*. Daneben kommen noch die sog. Holzinhaltsstoffe (akzessorische Holzbestandteile) im H. vor, die verschiedenen Stoffgruppen (z. B. Terpene, Lipoide, Phenole, Stickstoffverbindungen, mineralische Bestandteile) zuzuordnen sind und in unterschiedlicher Zusammensetzung und Menge in den verschiedenen Baumarten und Baumteilen vorkommen.

Die Holzpolysaccharide sind im wesentlichen die Träger der Zugfestigkeit, das Lignin der Träger der Druckfestigkeit im Polymerenverbund. Die Holzinhaltsstoffe beeinflussen Geruch, Geschmack, Färbung, Tränkbarkeit, Widerstandsfähigkeit gegen Pilze und Insekten usw., dagegen nur in untergeordnetem Maße die Festigkeitseigenschaften des Holzes.

Die elementare Zusammensetzung des Holzes ist etwa: 50,5 % Kohlenstoff, 6,4 % Wasserstoff, 43 % Sauerstoff, 0,3 % mineralische Bestandteile (Holzasche), unter 0,1 % Stickstoff. Extraktstofffreies Holz von Nadelhölzern und Laubhölzern besteht zu etwa 40–44 % aus Cellulose. Die Nadelhölzer enthalten hingegen mehr Lignin (27–32 %) und weniger Hemicellulosen (20–25 %) als die Laubhölzer (18–24 % Lignin, 30–35 % Hemicellulosen). ↗ *Holzessig*, ↗ *Holzverzuckerung*, ↗ *Kolophonium*.

Holzessig, *Rohholzessig*, das bei der Holzverkohlung und Holzvergasung erhaltene Schwelwasser. H. ist eine wässrige Lösung von Essigsäure, Methanol, Aceton und „löslichem Teer" (wasserlösliche oder durch Lösungsvermittlung der übrigen Holzessigbestandteile löslich gewordene Teerbestandteile). Aus 1 m³ Holz können als Nebenprodukte der Holzkohleerzeugung 30–50 kg Essigsäure und etwa 13–15 kg eines Methanol-/Acetongemischs erhalten werden.

Holzhydrolyse, Syn. für ↗ *Holzverzuckerung*.

Holzverzuckerung, *Holzhydrolyse*, hydrolytische Spaltung von glycosidischen Bindungen der Holzpolysaccharide unter dem katalytischen Einfluss von Säuren. Durch diese Reaktion wird der Durchschnittspolymerisationsgrad der Polysaccharide vermindert, und beim weiteren Fortschreiten der Hydrolyse erhält man Monosaccharide. Die H. ist technisch bedeutsam für die Herstellung von Xylose und Furfural aus den Hemicellulosen; für die Erzeugung von Glucose (und deren anschließende biotechnologische Umwandlung zu Futterhefe, Ethanol u. a.), von Textilzellstoffen, von mikrokristalliner Cellulose, von Celluloseacetat und -nitrat aus dem Celluloseanteil des Holzes.

Die H. wird im technischen Maßstab nach dem *Scholler-Tornesch-Verfahren* (Perkolation von Holzspänen bei 180–190 °C und 1,2–1,4 MPa mit 0,5- bis 1%iger Schwefelsäure) und nach dem *Bergius-Rheinau-Verfahren* (Hydrolyse mit konz. Salzsäure) durchgeführt.

Holzzucker, ↗ *D-Xylose*.

homing-Rezeptor, ein auf Lymphocyten vorhandenes Oberflächenprotein, das die Adhäsion der zirkulierenden Zellen des Blutes an eine bestimmte Wandregion in den Lymphknoten ermöglicht. Diese Rückkehr (*homing*) wird durch spezifische Interaktionen zwischen Rezeptoren auf der Oberfläche der Lymphocyten und Kohlenhydraten auf den Endothelien der Lymphknoten vermittelt. Der H. ist ein integrales Membranprotein, das eine extrazelluläre N-terminale Lectindomäne (↗ *Lectine*) enthält, die ansonsten auch in anderen Zelloberflächen-Rezeptoren und Plasmaproteinen von Vertebraten vorkommt.

Homoarginin, *Har*, ein höheres Homologes des Arginins mit einer zusätzlichen Methylengruppe in der Seitenkette.

Homobatrachotoxin, in der Haut von Pfeilgiftfröschen (Familie *Dendrobatidae*) sowie in Federn, Haut und Muskulatur von drei zur Familie der Fliegenschnäpper gehörenden *Pitohui*-Arten (*P. dichrous, P. kirhocephalus, P. ferrugineus*) vorkom-

mendes Toxin (Abb.). Es verhindert die Schließung des Na^+-Kanals, wodurch es zu einer Dauererregung und damit zur Lähmung der Muskulatur kommt.

Homobatrachotoxin

Homocereulide, ↗ *Cereulide*.

Homocystein, *Hcy*, ein höheres Homologes des Cysteins mit einer zusätzlichen Methylengruppe in der Seitenkette.

Homocysteinämie, Syn. für ↗ *Homocystinurie*.

Homocystinurie, *Homocysteinämie*, eine ↗ *angeborene Stoffwechselstörung*, die durch einen Mangel an *Cystathion-β-Synthase* (Serin-Sulfhydrase, β-Thionase, Methylcystein-Synthase, EC 4.2.1.22) verursacht wird. Aus Homocystein und Serin wird kein Cystathion gebildet. Im Serum treten erhöhte Homocystein- und Methioninkonzentrationen auf und der Harn enthält Homocystin und Homocysteincysteindisulfid. Im Gehirn, wo es normalerweise in signifikanten Mengen vorhanden ist, fehlt Cystathion. Klinische Symptome sind: geistige Entwicklungsverzögerung, Linsenablatio, Skelettanormalitäten (hochgewachsene Statur, Arachnodaktylie), Arterien- und Venenthrombose.

homodetische Peptide, ↗ *Peptide*.

Homoferreirin, 5,7-Dihydroxy-4',6'-dimethoxyisoflavanon. ↗ *Isoflavanone*.

Homoglomerin, ↗ *Glomerin*.

Homoglycane, aus gleichartigen Monosaccharidresten geradkettig oder verzweigt aufgebaute Polysaccharide. H. sind im Pflanzenreich weit verbreitet. Zu ihnen gehören die Arabane, Xylane, Glucane, Fructane, Mannane, Galactane, die Stärkebestandteile Amylose und Amylopektin sowie Cellulose und Glycogen.

homologe Proteine, durch divergente Evolution aus einem gemeinsamen Vorläufer entstandene Proteine mit meist großen Übereinstimmungen in ihrer Primär- und Tertiärstruktur. H. P. sind z.B. Cytochrome, Hämo- und Myoglobine, Ferredoxine (hämfreie Eisenproteine), Fibrinopeptide, Immunglobuline, Peptidhormone (z.B. Insulin und Hypophysenhormone), Schlangengifttoxine und Enzyme, wie die Serinproteasen des Pankreas (Trypsin, Chymotrypsin, Elastase) und der

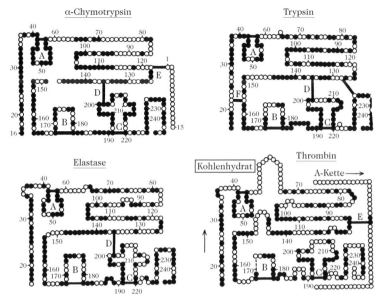

○ verschiedene Aminosäuren ● identische Aminosäuren

homologe Proteine. Abb. 1. Vergleich der Primärstrukturen und der Lage der Disulfidbrücken von vier Serinproteasen. A bis G bezeichnet die homologen Disulfidbrükken.

Blutgerinnung (z.B. Thrombin, Plasmin) und die Lactat-Dehydrogenase. Als Beispiel für Homologien in der Primärstruktur sind in der Tabelle die Partialsequenzen um die katalytisch wichtigen Aminosäurereste verschiedener Serinproteasen aufgelistet. Abb. 1 gibt einen Vergleich der Primärstrukturen und der Lage der Disulfidbrücken des Trypsins, α-Chymotrypsins, Thrombins und der Elastase wieder. Dass sich die Strukturhomologie auch in der Konformation der Polypeptidketten widerspiegelt, wird in Farbtafel VIII für α-Chymotrypsin und Elastase gezeigt. Obwohl nur etwa

40% der Aminosäuren beider Proteine homolog, d.h. identisch sind, ergibt sich eine ähnliche räumliche Faltung. Darüber hinaus werden die Positionen 57, 102 und 195 bei beiden Molekülen von den wichtigen Aminosäuren Histidin, Asparaginsäure und Serin eingenommen.

Homologisierung, ↗ *Glucosinolat*.

homomere Peptide, ↗ *Peptide*.

Homöobox, (engl. *homoeobox*, am. *homeobox*) eine Sequenz von Basenpaaren in der DNA mit einer Länge von ungefähr 180 Kilobasen. Sie ist hoch konserviert und wurde bei Insekten, anderen Ar-

homologe Proteine. Tab. Sequenzbereiche homologer proteolytischer (A) und esterolytischer (B) Enzyme aus der Umgebung des aktiven Serinrests (Ser*).

	Enzym	Sequenz									
A	Trypsin (Rind, Schaf, Schwein, Hundshai, Hai, Garnele)	Asp	Ser	Cys	Glu	Gly	Asp	Ser*	Gly	Gly	Pro
	Chymotrypsin A und B (Rind)	Ser	Ser	Cys	Met	Gly	Asp	Ser*	Gly	Gly	Leu
	Elastase (Schwein)	Ser	Gly	Cys	Glu	Gly	Asp	Ser*	Gly	Gly	Pro
	Thrombin (Rind)	Asp	Ala	Cys	Glu	Gly	Asp	Ser*	Gly	Gly	Pro
	„Trypsin" (*Streptomyces griseus*)	Asp	Thr	Cys	Glu	Gly	Asp	Ser*	Gly	Gly	Pro
B	Acetylcholin-Esterase			Phe	Gly	Glu		Ser*	Ser	Glu	Gly
	Pseudocholin-Esterase (Pferd)				Gly	Glu		Ser*	Ala	Gly	Gly
	Leberesterase (Schwein, Pferd, Schaf, Huhn)				Gly	Glu		Ser*	Ala	Gly	Gly
	Pankreaslipase (Schwein)				Leu			Ser*	Gly	His	
	Alkalische Phosphatase (*Escherichia coli*)	Asp	Tyr	Val	Thr	Asp		Ser*	Ala	Ala	Ser

thropoden, Annelida und Chordaten, einschließlich dem Homo sapiens identifiziert. Bei Insekten kommt die H. in einer Reihe von Genen vor, die die Entwicklung von Körpersegmenten regulieren. Alle Gene, von denen bekannt ist, dass sie eine H. enthalten, stehen im Zusammenhang mit der embryonalen Entwicklung. Die Funktionen der Homöobox-tragenden Gene von Nichtinsekten sind unbekannt. [W.J. Gehring *Cell* **40** (1985) 3–5]

homöoviskose Adaptation, ↗ *Membranlipide*.

Homopolymer, ein Polymer, das aus identischen monomeren Einheiten zusammengesetzt ist, z.B. Amylose und Polyphenylalanin. Im engeren Sinne sind H. synthetische Polynucleotide, in denen alle Nucleotide die gleiche Base enthalten, z.B. Polyadenylsäure, Polyuridylsäure, Polydesoxyadenylsäure. Homopolynucleotide (gewöhnlich einsträngig) können *in vitro* aus Nucleosiddi- oder -triphosphaten mit Hilfe entsprechender Polymerasen ohne Matrize, lediglich mit einem Oligonucleotid als Starter, synthetisiert werden. Homopolynucleotide, insbesondere Poly-A-Sequenzen, kommen in einigen RNA-Arten von Eukaryonten auch natürlich vor (↗ *messenger-RNA*).

Homopterocarpin, 3,9-Dimethoxypterocarpan. ↗ *Pterocarpane*.

Homosteroide, ↗ *Steroide*.

Hoogsteen-Basenpaarung, eine von einem DNA-Doppelstrang mit einer Abfolge von Purinbasen (Adenin, Guanin) ausgehende zusätzliche ↗ *Basenpaarung* zu einem aus Pyrimidinbasen (Thymin, Cytosin) bestehenden DNA-Abschnitt. Dabei wird über die nach Hoogsteen benannte Wasserstoffbrückenbindung eine intermolekulare Tripelhelix ausgebildet.

Hopanoide, natürlich vorkommende Derivate des pentazyklischen Triterpens Hopan (Tab.).

Eukaryontische H. können in zwei Klassen unterteilt werden: 1) solche mit einer sauerstoffhaltigen Gruppe an C3, deren Biosynthese durch die Zyklisierung von 2,3-Epoxysqualen erfolgt und 2) solche, die durch die Zyklisierung von Squalen selbst gebildet werden. Das erste Mitglied der Klasse 1), das gefunden wurde, war 22-Hydroxyhopan-3-on, das aus dem Harz von *Hopea* sp. (*Dipterocarpaceae*) isoliert wurde; Weitere 3-Hydroxy- und 3-Ketohopanoide kommen in verschiedenen höheren Pflanzenklassen vor. Mitglieder der Klasse 2), z.B. Diplopten, Diplopterol (Tab.), wurden bis jetzt nur in Farnen, einigen wenigen Fungi und Protozoen gefunden.

Prokaryontische H. (Bakteriohopanoide) wurden später als ihre eukaryontischen Pendants entdeckt und sind unter Cyanobakterien, methylotrophen Bakterien, Essigsäurebakterien, *Rhodospirillaceen* (schwefelfreie Purpurbakterien) und in verschiedenen grampositiven und gramnegativen Bakterien

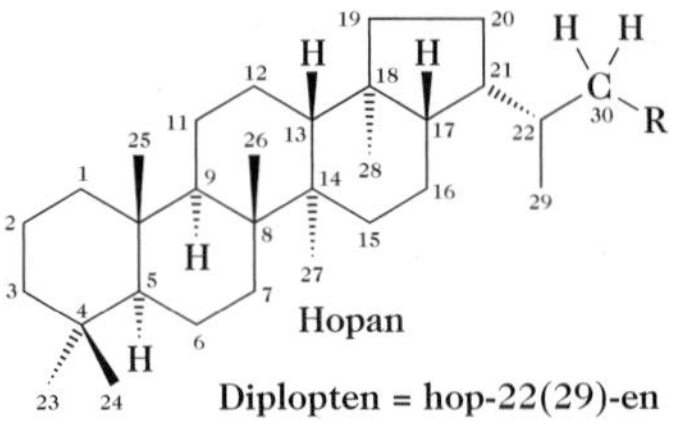

Hopan

Diplopten = hop-22(29)-en

Hopanoide. Tab.

R	Name
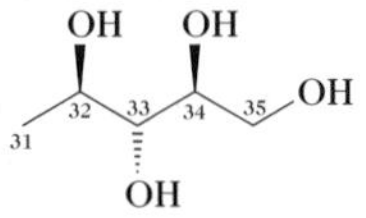	Bacteriohopantetrol
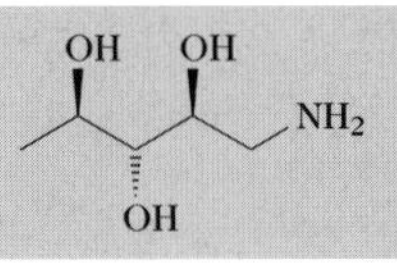	Bacteriohopanaminotriol
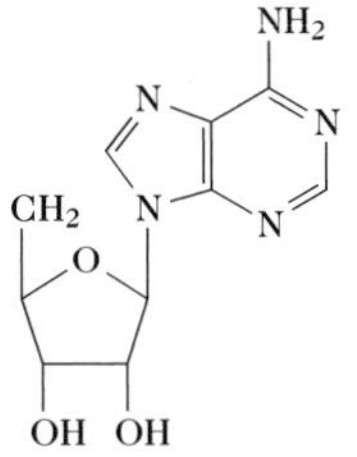	Adenosylhopan

weit verbreitet. Ihr Spiegel ist bei diesen Organismen ähnlich hoch wie der der Sterine bei Eukaryonten (1–2 mg/g Trockengewicht). In Archaebakterien, *Chromatiaceen* (Schwefelpurpurbakterien) und Enterobakterien scheinen keine H. vorzukommen. Strukturell entsprechen sie den 3-Desoxyhopanoiden der Eukaryonten, abgesehen davon, dass sie an C30 eine C_5-n-alkylpolysubstituierte Kette besitzen. Die am häufigsten vorkommenden Bakterioh. sind Bacteriohopantetrol und Bacteriohopanaminotriol (Tab.). Freie Polyole und Aminopolyole wie diese kommen nur in *Acetobacter* spp. und Methanbakterien vor. Gewöhnlich ist der polysubstituierte C_5-Alkylteil der Bakterioh. mit einem weiteren polaren Teil verbunden (Tab.), der eine Aminosäure (z.B. L-Ornithin, L-Tryptophan), ein Zucker (z.B. D-Glucosamin) oder ein Nucleosid (z.B. Adenosin) sein kann. Die Biosynthese des Hopanrests der prokaryontischen H. erfolgt durch Zyklisierung von Squalen, während sich der C_5-Rest vermutlich von Ribose oder einer ribosehaltigen Verbindung ableitet. Bakterioh. und Verbindungen, die vermutlich von diesen abstammen, sind in geologischen Sedimenten weit verbreitet und wurden Geoh. genannt. Sie haben ihren Ursprung in den Hopanoiden der Zellen von aufeinander folgenden Populationen mariner und lakustrischer Mikroorganismen, die in den letzten 1,5 Mrd. Jahren gelebt haben. Das Hauptinteresse an prokaryontischen H. rührt von der zunehmenden Wahrscheinlichkeit her, dass sie in den Prokaryontenmembranen die gleiche stabilisierende Rolle spielen wie die Sterine in Eukaryontenmembranen. Prokaryonten, die keine H. besitzen, haben alternative membranstabilisierende Moleküle (z.B. die Phytanylether der Archaebakterien). [G. Ourisson et al. *Annu. Rev. Microbiol.* **41** (1987) 301–333]

Hordein, ↗ *Prolamine*.

Hordenin, *Anhalin, N,N-Dimethyltyrosamin*, ein weitverbreitetes biogenes Amin (F. 117–118 °C, Sdp. 173–174 °C). Als Phenylethylaminderivat gehört es zu den blutdrucksteigernden Aminen, zeigt jedoch nur geringe physiologische Aktivität.

Hormone, organisch-chemische Verbindungen, die in Tieren oder Pflanzen (↗ *Phytohormone*) der Kommunikation zwischen den Zellen dienen und somit als interzelluläre Regulationsstoffe wirken. Ihrer chemischen Struktur nach handelt es sich bei den H. um Peptide oder Proteine (↗ *Peptidhormone*), Aminosäuren oder ↗ *biogene Amine* und deren Derivate (↗ *Neurotransmitter*, ↗ *Schilddrüsenhormone*), Steroide (↗ *Sexualhormone*, Corticoide, ↗ *Ecdysteroide*) oder Isoprenoide (↗ *Juvenilhormone*) sowie Derivate ungesättigter Fettsäuren (↗ *Eicosanoide*).

H. können von Nervenzellen (*Neurohormone, Neurotransmitter*), endokrinen Drüsen (*glanduläre H.*) oder delokalisiert von verschiedenen, nicht eigens dafür spezialisierten Zellen des Organismus (*aglanduläre* oder *Gewebshormone*) gebildet werden. Zu den Neurohormonen gehören die Hypothalamushormone. Glanduläre H. der Wirbellosen sind die Juvenilhormone und Ecdysteroide. Zu den aglandulären H. der Wirbeltiere gehören die gastrointestinalen H., die ↗ *Plasmakinine*, ↗ *Substanz P*, die Eicosanoide sowie Differenzierungs-, Stimulierungs- und Wachstumsfaktoren, die oft nur funktionell charakterisiert wurden. Einige dieser Peptidhormone (z.B. die gastrointestinalen H., Substanz P) wurden auch im Zentralnervensystem nachgewiesen.

Wirkungsweise. Innerhalb der H. besteht eine Hierarchie. Die vom Hypothalamus produzierten Neurohormone hemmen (↗ *Statine*) oder fördern (↗ *Liberine*) die Freisetzung der Hypothalamus-Vorderlappenhormone, die wiederum als übergeordnete H. (*glandotrope H.*) die Hormonausschüttung der peripheren Hormondrüsen beeinflussen (Freisetzung der glandulären H.). Über einen Rückkopplungsmechanismus regulieren die peripheren H. in Form eines Regelkreises die Produktion der übergeordneten H. Die Rückkopplung erfolgt auch nerval. Der Transport vom Bildungs- oder Freisetzungsort zum Wirkort erfolgt über die Körperflüssigkeiten. H., bei denen die Entfernung zwischen Freisetzungs- und Wirkort sehr kurz ist, so dass Diffusion ausreicht, werden auch als *Lokalhormone* bezeichnet. Dazu gehören die Neurotransmitter und Gewebshormone. Von einer *parakrinen* Wirkungsweise spricht man, wenn die von einer Zelle gebildete Substanz unmittelbar auf benachbarte Zellen einwirkt, während bei der *endokrinen* Wirkungsweise zunächst Körperflüssigkeiten den Transport übernehmen, so dass weiter entfernte Zielzellen erreicht werden. Biochemisch lassen sich bei der Informationsübertragung durch H. drei Phasen unterscheiden: 1) die Biosynthese oder Freisetzung (wenn eine Speicherung erfolgt), 2) die spezifische Wechselwirkung mit Rezeptoren an oder in der Zielzelle, die über Folgereaktionen einen bestimmten biologischen Effekt auslöst, und 3) die Entfernung des H. vom Wirkort durch Abbau (enzymatischer Abbau z.B. durch Acetylcholin-Esterase oder Monoamin-Oxidase) oder Rücktransport.

Hormonrezeptoren können in der Zielzelle in der Zellmembran oder im Inneren der Zelle lokalisiert sein. Die meisten H. reagieren mit membrangebundenen Rezeptoren, d.h. sie gelangen meist nicht in die Zelle. Lediglich die Steroid- und Schilddrüsenhormone reagieren mit intrazellulären Rezeptoren. Verschiedene Hormonrezeptoren sind durch Affinitätschromatographie bereits isoliert und chemisch charakterisiert worden. Bei den meisten Rezeptoren konnten durch Bindungsstudien mit Agonisten und Antagonisten multiple Formen unterschieden werden, die sich bei gleicher Spezifität der Wechselwirkung mit dem H. deutlich durch Lokalisation, Struktur und molekularen Wirkungsmechanismus unterscheiden.

Der molekulare Wirkungsmechanismus der einzelnen H. ist unterschiedlich. Bei den Steroidhormonen kommt es nach der Reaktion mit den cytoplasmatischen Rezeptoren zu einer Translokation des Hormon-Rezeptor-Komplexes zum Zellkern, wo in der Regel über eine Derepression eine verstärkte Proteinsynthese ausgelöst wird. Die zellmembrangebundenen Rezeptoren sind an Effektorsysteme gekoppelt. Am besten untersucht ist das *Adenylat-Cyclase-System*. Dabei kommt es durch Reaktion des H. („erster Botenstoff", engl. *first messenger*) zur Aktivierung des Enzyms Adenylat-Cyclase, das aus AMP cAMP bildet. cAMP beeinflusst in der Zelle dann als „zweiter Botenstoff" (engl. *second messenger*) zahlreiche Stoffwechselprozesse, im wesentlichen die Proteinphosphorylierung. Nach der Stimulierung anderer Rezeptoren (muscarinartiger Acetylcholin-Rezeptor, α-Adrenorezeptor) kommt es zu einem erhöhten Phospholipid-Metabolismus bei gleichzeitiger Erhöhung der intrazellulären Calciumionen- und cGMP-Konzentration. Andere Rezeptoren, wie der nicotinische Acetylcholin-Rezeptor, sind an Ionenkanäle gekoppelt. Der unterschiedliche Wirkungsmechanismus spiegelt sich in Zeiten zwischen Eintreffen des H. an der Zielzelle und Eintreten der Wirkung wider. Die an Ionenkanäle gekoppelten membrangebundenen Rezeptoren (Acetylcholin-Rezeptor) reagieren innerhalb von Millisekunden. Die an die Freisetzung von sekundären Botenstoffen gekoppelten membrangebundenen Rezeptoren zeigen Reaktionszeiten von Sekunden bis Minuten, während die Reaktion mit den intrazellulären Rezeptoren ein längeres Zeitprofil aufweist. Durch das enge Zusammenwirken von Hormon- und Nervensystem mit dem Zellstoffwechsel macht sich jede Störung der Hormonsynthese, der Sekretion und des Transports sowie das Fehlen eines Rezeptors oder eines veränderten Hormonabbaus in einer Störung des Gesamtstoffwechsels bemerkbar.

Nachweis. H. lassen sich mit Hilfe chemischer, biologischer, immunologischer und radiologischer oder einer Kombination dieser Methoden nachweisen. Die Gaschromatographie eignet sich zum Nachweis von Steroidhormonen und Prostaglandinen. Bei weitem die größte Bedeutung für den Hormonnachweis haben z. Z. die Methoden, bei denen zwei Nachweisprinzipien kombiniert werden. Die Methode der Wahl ist die radioimmunologische Bestimmung von H., die sich fast auf alle H. anwenden lässt, wobei mit allem Nachdruck darauf verwiesen werden muss, dass zwischen den Hormonmengen, die mit dieser Methode, und denen, die mit biologischen Verfahren ermittelt werden, oft erhebliche Differenzen bestehen.

Bei der *radioimmunologischen Hormonbestimmung* wird Meerschweinchen oder Kaninchen das zu bestimmende H. in möglichst reiner Form in bestimmter zeitlicher Reihenfolge injiziert, damit sich Hormonantikörper bilden können. Zum anderen wird dieses H. mit radioaktivem ^{125}Iod markiert. Zum Nachweis wird ^{125}I-Hormon mit Hormonantikörpern gemischt. Es bildet sich ein ^{125}I-Hormonantikörperkomplex. Gibt man dazu die zu untersuchende Körperflüssigkeit, so reagiert das in dieser Lösung vorhandene, nicht markierte H. mit dem Komplex und verdrängt das markierte H. aus dieser Bindung. Trennt man anschließend das freie und komplexgebundene H. durch elektrophoretische, chromatographische oder Fällungs-Methoden und misst die Radioaktivität des freien und des gebundenen markierten H., so kann man aus diesem Verhältnis die Menge des gesuchten H. errechnen, da der Wert für das freie H. um so höher ist, je mehr markiertes H. aus dem Komplex durch unmarkiertes verdrängt worden ist.

Eine andere Kombination besteht aus einer biologischen und einer radiochemischen Methode, die

Hormonrezeptormethode (*Radioligand-Hormonrezeptor-Methode*). Aus tierischen Organen lassen sich Hormonrezeptoren isolieren, die mit dem zu messenden H. in einem ersten Schritt reagieren. Damit kann das H. isoliert werden (Diskrimination). In einem zweiten Schritt wird ^{125}Iod-markiertes H. hinzugegeben und belegt alle am Rezeptor noch nicht besetzten Stellen. Misst man die Radioaktivität des Hormonrezeptorkomplexes, ist die Aktivität um so höher, je weniger natives H. sich in der zu untersuchenden Flüssigkeit befand.

Hormonrezeptormethode, *Radioligand-Hormonrezeptor-Methode*, ein Nachweisverfahren für ↗ *Hormone*.

Hp, Abk. für ↗ *Haptoglobin*.

HPGF, Abk. für engl. *hybridoma / plasmacytoma growth factor*, Hybridoma-/ Plasmacytoma-Wachstumsfaktor, eine ältere Bezeichnung für ↗ *Interleukine*.

HPLC, Abk. für engl. *high performance liquid chromatography*, ↗ *Hochleistungsflüssigkeitschromatographie*.

HPr-Protein, ein thermostabiles Protein des Phosphotransferase-Systems aus *E. coli*. Es ist am Phosphat-Transfer von Phosphoenolpyruvat auf die in die Zellen aufzunehmenden Kohlenhydrate beteiligt.

HSF, Abk. für Hepatocyten-stimulierender Faktor, eine ältere Bezeichnung für Interleukin-6, ↗ *Interleukine*.

HSK-Zyklus, Abk. für ↗ *Hatch-Slack-Kortschak-Zyklus*.

Hsp, Abk. für ↗ *Hitzeschockproteine*.

HTH-Motiv, Abk. für ↗ *Helix-Turn-Helix-Motiv*, ein Strukturelement von ↗ *DNA-bindenden Proteinen*.

Hudsonsche Regeln, Aussagen über die Richtung, in die ↗ *Glycoside* einen polarisierten Lichtstrahl drehen.

Hüllproteine, am Aufbau von Capsiden beteiligte Strukturproteine. Sie gehören zu den sog. *späten Proteinen* im Lebenszyklus von Bakteriophagen oder anderen Viren.

humanes Choriongonadotropin, *hCG*, ↗ *Choriogonadotropin*.

humanes Chorionsomatomammotropin, *HCS*, ↗ *Chorionmammotropin*.

humanes Menopausengonadotropin, *hMG*, ↗ *Menopausengonadotropin*.

Humangenomprojekt, ↗ *Genomprojekt*.

Human-Lactogen, ↗ *Plazentalactogen*.

Huminsäuren, uneinheitlich zusammengesetzte Gemische hochmolekularer Verbindungen, die in Humusboden, Torf und Braunkohle vorkommen. Sie sind durch Ihren Gehalt an Carboxygruppen und phenolischen Hydroxygruppen als Polyelektrolyte in Alkalien löslich. Ihr Molmassenbereich erstreckt sich von 2–300 kDa. Durch Extraktion und partielle Fällung können sie in die Subfraktionen Hymatomelansäuren (alkohollöslicher Anteil), Braun- und Grauhuminsäuren aufgetrennt werden. H. werden durch mikrobiellen Abbau hauptsächlich aus ↗ *Lignin* und ↗ *Cellulose* gebildet. Man findet in den H. als coadsorbierte Substanzen ↗ *Proteine* und ↗ *Kohlenhydrate*.

H. haben Ionenaustauschereigenschaften und binden basische Stickstoffverbindungen. Sie spielen deshalb für die Bodenfruchtbarkeit eine bedeutende Rolle.

Huminstoffe, charakteristische Bestandteile des ↗ *Humus*, die beim Abbau organischer Substanzen pflanzlicher oder tierischer Herkunft im Boden entstehen. Zu den H. gehören vor allem die ↗ *Huminsäuren*.

Humulantyp, ↗ *Sesquiterpene (Abb.)*.

Humulene, isomere monozyklische Sesquiterpenkohlenwasserstoffe verschiedener etherischer Öle (M_r 204,36 Da). α-H. (α-Caryophyllen, Didymocarpin, 2,6,6,9-Tetramethyl-1,4,8-cycloundecatrien, Sdp.$_{10}$ 123 °C, ρ_4 0,8905, n_D 1,5508) kommt besonders im Öl von Hopfen (*Humulus lupulus*-Arten, *Moraceae*, Farbtafel VII, Abb. 12) und in den Blättern von *Lindera strychnifolia*, (*Lauraceae*) vor. β-H. – (E,E)-1,4,4-Trimethyl-8-methylen-1.5-cycloundecadien, ρ_4 0,8907, n_D 1,5012 – kommt ebenfalls im Hopfenöl vor und hat das gleiche elfgliedrige Ringsystem wie das α-Isomere, nur dass eine der drei Doppelbindungen exozyklisch ist. Hopfenöl enthält auch sauerstoffhaltige Humulenderivate und β-Caryophyllen. Formel und Biosynthese ↗ *Sesquiterpene*.

Humus, die Gesamtheit der abgestorbenen organischen Substanz des Bodens pflanzlicher, tierischer und mikrobieller Herkunft. Charakteristische Bestandteile des H. sind die Huminstoffe, vor allem ↗ *Huminsäuren*.

Hunter-Syndrom, Typ-II-↗ *Mucopolysaccharidose*, eine ↗ *lysosomale Speicherkrankheit*.

Hurler-Syndrom, Typ-I$_{II}$-↗ *Mucopolysaccharidose*, eine ↗ *lysosomale Speicherkrankheit*.

HVRs, Abk. für hochvariable Repeats (<u>h</u>ighly <u>v</u>ariable <u>r</u>epeats). ↗ *Minisatelliten-DNA*.

Hyaluronsäure, saures Mucopolysaccharid der Struktur [GlcNAc-β(1→4)-GlcUA-β(1→3)]$_n$, das als Proteoglycan vorliegt (M_r 200–400 kDa; Abb.). H. kommt im Knorpel, in der Gelenkschmiere, in der Nabelschnur sowie im Glaskörper des Auges

vor. Wässrige Lösungen zeigen hohe Viskosität, wodurch sich die biologische Funktion als „Schmiermittel" erklärt. Die Biosynthese aus D-Glucose erfolgt in den Fibroplasten. In reiner Form lässt sich H. aus dem Glaskörper oder aus der Nabelschnur gewinnen. H. wird enzymatisch durch die in Bakterien, Blutegeln oder Spermatozoen vorkommenden *Hyaluronidasen* gespalten.

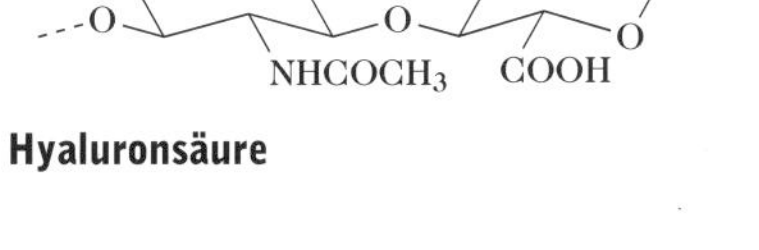

D,L-Hyascyamin, ↗ *Atropin*.

Hybridisierung, Bildung einer Hybrid-Nucleinsäureduplex durch die Assoziation von Einzelsträngen der DNA und der RNA (DNA : RNA-Hybrid) oder von Einzelsträngen der DNA, die in einer natürlichen Duplex nicht aneinandergebunden sind (DNA : DNA-Hybrid). Es sind auch RNA : RNA-Hybride möglich. Die Hybridisierung dient dazu, spezifische Nucleotidsequenzen zu erkennen und zu isolieren und das Ausmaß der Homologie zwischen Nucleinsäuren zu bestimmen. Hierzu werden die beiden Nucleinsäuren durch Erwärmen über den T_m (↗ *Schmelzpunkt*) hinaus denaturiert und anschließend eine Hybridisierung bei einer Temperatur, die 25 °C unterhalb der T_m liegt, ermöglicht. Einzelstränge müssen ebenfalls durch Erwärmen denaturiert werden, damit Basenpaarungen innerhalb des Strangs aufgebrochen werden. Normalerweise liegt eine Komponente (RNA oder cDNA) der Hybridisierungsmischung in relativ niedriger Konzentration vor und ist radioaktiv (mit bekannter spezifischer Radioaktivität) markiert mit ^{32}P oder ^{3}H, während die andere Komponente (zelluläre DNA oder Fragmente davon) unmarkiert und im Überschuss vorhanden ist. Die H. wird bestimmt, indem die einzelsträngigen von den doppelsträngigen Nucleinsäuren getrennt werden und die spezifische Radioaktivität der doppelsträngigen gemessen wird.

Zur Quantifizierung der Hybridisierung wird meistens die Filter- oder Geltechnik eingesetzt. Die DNA wird denaturiert und auf einem Agaroseoder Polyacrylamidgel aufgetrennt oder an einen Cellulosenitratfilter adsorbiert. Das Gel oder der Cellulosenitratfilter werden nun mit einer Lösung der radioaktiv markierten DNA oder RNA, die nachgewiesen werden soll, inkubiert. Das ungebundene radioaktive Material wird durch Verdauung mit Hilfe von Ribonuclease (DNA : RNA-Hybride sind gegen Enzyme resistent) oder einer Desoxyribonuclease, die bevorzugt einsträngige DNA angreift, entfernt. Die Menge an Radioaktivität, die nach dem Waschen auf dem Gel oder dem Filter verbleibt, ist ein Maß für die Komplementarität zwischen den Sequenzen der beiden Proben.

Eine Hybridisierung kann auch in Lösung durchgeführt werden. In diesem Fall werden die einzel- und doppelsträngigen Verbindungen durch Chromatographie auf Hydroxyapatit getrennt.

Hyaluronsäure

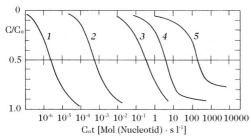

Hybridisierung. Hybridisierungsdiagramme bzw. „C_0t-Kurven" verschiedener DNA-Proben. 1) Poly U + poly A; 2) Maus-Satelliten-DNA; 3) Phagen-T4-DNA; 4) *Rhizobium*-DNA; 5) Überschuss Sojabohnen-DNA mit radioaktiver Wurzelknöllchen-Leghämoglobin-cDNA [Einzel- und Doppelstrang-DNA auf Hydroxyapatit getrennt und Radioaktivität der Doppelstrang-DNA als Index für die Fraktion (C/C_0) von aneinandergelagerter cDNA angezeigt].

DNA : RNA-Hybride. Die Hybridisierung von RNA mit DNA kann zur Untersuchung der Genmultiplizität und zur Genisolierung genutzt werden. Bei der cytologischen Hybridisierung lässt man radioaktive RNA mit chromosomaler DNA eines histologischen Präparats hybridisieren. Dadurch erhält man Hinweise auf den Chromosomenort des Gens (der Gene) der betreffenden RNA. Umgekehrt können klonierte DNA-Gensonden dazu verwendet werden, die histologische Verteilung der mRNA aufzuzeigen, die dem klonierten Gen entspricht.

DNA : DNA-Hybride. Wenn hitzedenaturierte DNA (↗ *Schmelzpunkt*) langsam abgekühlt wird, können sich wieder Doppelstrangmoleküle ausbilden, d.h. die Einzelstränge reassoziieren. Wenn zwei verschiedene DNAs gemeinsam denaturiert werden, wird das reassoziierte Gemisch Hybridmoleküle enthalten, vorausgesetzt die beiden DNAs besitzen gemeinsame Basensequenzen. Auch mit Hilfe von DNA : DNA-Hybridisierung kann die Kopienzahl von Genen ermittelt werden. Die DNA : DNA-Hybridisierung in Lösung, mit anschließender Bestimmung der T_m des resultierenden Hybrids, stellt in der biochemischen Taxonomie ein leistungsstarkes Hilfsmittel dar. Die Differenz der T_m (ΔT_m) zwischen konspezifischen (gleiche Arten) und heterospezifischen (verschiedene Arten) DNA-Hybriden ist ein Maß für die evolutionäre Nähe der beiden Organismen.

Hybridisierungskinetik. Die Assoziation zweier Stränge folgt einer Kinetik zweiter Ordnung. Das Gleichgewicht lautet:

$$A + B \underset{K2}{\overset{K1}{\rightleftharpoons}} AB,$$

wobei AB dem Hybrid oder dem reassoziierten Molekül entspricht. Wenn a und b die Ausgangskonzentrationen der beiden Stränge A und B sind und x die Konzentration von AB zur Zeit t, dann ist die Geschwindigkeit der Assoziation gegeben durch: $dx/dt = K_1 \cdot (a - x) \cdot (b - x) - K_2 \cdot x$. Da K_2

viel kleiner als K_1 ist, folgt näherungsweise: $dx/dt = K_1 \cdot (a - x) \cdot (b - x)$. Obwohl ein Hybridisierungspartner oft in relativ niedriger Konzentration vorliegt (d.h. $a \gg b$), gibt es Umstände, unter denen A und B in gleicher Konzentration vorhanden sind, z.B. bei der Reassoziation geschmolzener DNA oder bei der Hybridisierung gleicher DNA-Mengen aus verschiedenen Spezies. Die obige Gleichung lautet dann: $dx/dt = K_1 (a - x)^2$ und die Integration ergibt: $x/a = a \cdot K_1 \cdot t / (1 + K_1 \cdot a \cdot t)$. Diese Gleichung stellt die mathematische Grundlage der C_0t-Methode (↗ $C_0 t$) dar und wird gewöhnlich ausgedrückt in $C/C_0 = 1 / (1 + K \cdot C_0 \cdot t)$, wobei C = Konzentration der restlichen DNA (mol/l) zur Zeit t [Sekunden] und C_0 = Anfangskonzentration denaturierter DNA (mol/l) ist. Die graphische Darstellung der Hybridisierung bzw. Assoziation erfolgt durch das Auftragen von $C_0 \cdot t$ gegen C/C_0 (Abb.). Da die beobachteten Geschwindigkeitsbereiche sich um mindestens acht Größenordnungen unterscheiden, ist es notwendig, $C_0 t$ in logarithmischem Maßstab aufzutragen; die resultierende Kurve zweiter Ordnung ist gewöhnlich symmetrisch.

Hybridoma, eine unsterbliche Zelllinie, die durch die Fusion von Lymphocyten mit einer geeigneten Linie transformierter Zellen hergestellt wird. Hybridomas dienen gewöhnlich als Quellen für monoklonale Antikörper (↗ *Immunglobuline*).

Hybridoma-Plasmacytoma-Wachstumsfaktor,

HPGF (engl. *hybridoma / plasmacytoma growth factor*), ältere Bezeichnung für Interleukin-6 (↗ *Interleukine*).

Hydantoinase, *Dihydropyrimidinase*, ein zu den ↗ *Hydrolasen* gehörendes Enzym, das die Spaltung von 5,6-Dihydrouracil zu Ureidopropionat, aber auch die Hydrolyse von Aminosäurederivaten von Hydantoinen katalysiert. Die D-H. kommt weit verbreitet in Bakterien (z.B. *Aerobacter cloaceae*, *Pseudomonas striata*), Hefen (unter anderem *Candida utilis*, *Pichia vini*) sowie in pflanzlichen und tierischen Extrakten vor und besitzt unabhängig von der Herkunft eine breite Substrat- und strenge Stereospezifität. Zwischen dem natürlichen Substrat dieses Enzyms (Dihydrouracil) und einem D,L-5-monosubstituierten Hydantoin besteht Strukturanalogie. Bei der enzymatischen Spaltung von 5-monosubstituierten Hydantoinen entsteht zuerst eine *N*-Carbamoylaminosäure, aus der nachfolgend die freie Aminosäure gebildet wird (Abb.).

Diese Reaktionen eignen sich für die Produktion vieler *N*-Carbamoyl-D-Aminosäuren (z.B. unter Verwendung von *P. striata*), wobei der Carbamoylrest anschließend chemisch abgespalten wird. Gegenüber der Amino-Acylase-Reaktion hat dieses Verfahren den Vorteil, dass man die 5-monosubstituierten Hydantoine direkt als Substrat einsetzen kann und es nicht den Umweg über die D,L-Aminosäuren und deren Derivate (*N*-Acetyl-D,L-amino-säuren) erfordert.

D,L-5-substituiertes Hydantoin → D- oder L,*N*-Carbamoyl-aminosäure → D- oder L-Aminosäure

Hydantoinase

Während die D-H. in der Natur ubiquitär verbreitet ist, wurden L-spezifische Spaltungen von D,L-monosubstituierten Hydantoinen nur für wenige Mikroorganismen beschrieben (z.B. *Clostridium oroticum, Flavobacterium ammoniagenes*). Breitere industrielle Anwendung bei der Herstellung aromatischer L-Aminosäuren sowie von deren Derivaten findet bisher nur *F. ammoniagenes*. Mit der H. aus *Pseudomonas hydantoinophilum* konnten D-Aminosäuren direkt aus entsprechenden Hydantoinen hergestellt werden.

Hydnocarpussäure, Bestandteil des Chaulmoograöls, ↗ *Chaulmoograsäure*.

Hydratation, die Wechselwirkung von Wassermolekülen mit gelösten Stoffen, wie Ionen, Molekülen, Kolloiden. Die H. ist ein Spezialfall der Solvatation, die gebildeten Produkte werden als Hydrate bezeichnet. Sie hat einen großen Einfluss auf die Wasserlöslichkeit von Salzen (Lösungen) und beruht auf einer elektrostatischen Ion-Dipol-Wechselwirkung. Diese ist umso ausgeprägter, je größer die Ionenladung und je kleiner der Ionenradius ist. Kationen werden generell stärker hydratisiert als Anionen. Die Anzahl der an ein Ion gebundenen Wassermoleküle wird als *Hydratationszahl* bezeichnet.

Hydratationszahl, ↗ *Hydratation*.

Hydrierung, ↗ *Reduktion*.

Hydroazulen, ↗ *Proazulen*.

Hydrochinoncarbonsäure, ↗ *Gentisinsäure*.

Hydrogenase, eine bei Prokaryonten und einigen Eukaryonten (u.a. Algen) weit verbreitete ↗ *Oxidoreduktase*, die reversibel Elektronen zwischen H_2 und H^+ überträgt und so molekularen Wasserstoff bilden oder aktivieren kann. Entsprechend des Akzeptors (Coenzyms) unterscheidet man folgende H.: 1) Hydrogen-Dehydrogenase: $H_2 + NAD^+ \rightarrow H^+ + NADH$. 2) Cytochrom-$c_3$-Hydrogenase: $2\,H_2 +$ Ferrocytochrom $c_3 \rightarrow 4\,H^+ +$ Ferrocytochrom c_3. 3)

Ferredoxin-H^+-Oxidoreduktase: $2\,\text{Ferredoxin}_{red} + 2\,H^+ \rightarrow 2\,\text{Ferredoxin}_{ox} + H_2$.

In den verschiedenen physiologischen Gruppen der Bakterien (u.a. chemolithotrophe, methanogene, phototrophe Bakterien) erfüllt das Enzym unterschiedliche Funktionen. Die nach Art des von ihnen verwendeten Elektronendonors benannten Wasserstoffbakterien lassen sich aufgrund des Hydrogenasespektrums in drei Gruppen unterteilen: 1) Bakterien mit einer löslichen (cytoplasmatischen) H., für die NAD^+ als primärer Elektronenakzeptor fungiert (z.B. *Nocardia opaca*). 2) Bakterien mit einer partikulären (membrangebundenen) H. (z.B. *Paracoccus denitrificans*). Die partikuläre H. reduziert nicht $NAD(P)^+$, sondern überträgt die Elektronen auf die in der Membran lokalisierte Elektronentransportkette ($H_2 \rightarrow 2\,H^+ + 2\,e^-$). 3) Bakterien, die neben einer löslichen eine membrangebundene H. enthalten (z.B. *Alcaligenes eutrophus*).

Wasserstoff-oxidierende Bakterien, denen die lösliche H. fehlt, sind auf einen ↗ *rückläufigen Elektronentransport* zur $NAD(P)^+$-Reduktion für die CO_2-Fixierung angewiesen. Hinsichtlich der Sauerstoffempfindlichkeit können zwei Typen von H. unterschieden werden: 1) H., die irreversibel durch Sauerstoff inaktiviert werden (aus anaeroben Bakterien). 2) H., die stabil gegen eine irreversible Sauerstoffinaktivierung sind und reversibel durch Sauerstoff gehemmt werden. Eine Ausnahme macht die lösliche H. aus *A. eutrophus*, die durch Sauerstoff weder inaktiviert noch gehemmt wird.

Die Ferredoxin-abhängige H. (aus obligat anaeroben Bakterien, z.B. *Clostridium*) wird durch CO gehemmt und ist von ATP unabhängig. Damit unterscheidet sie sich von der CO-unempfindlichen ATP-bedürftigen Hydrogenaseaktivität der ↗ *Nitrogenase*. Die Entwicklung von molekularem Wasserstoff an der Nitrogenase ist eine Konkurrenzreaktion der Stickstoffreduktion bei der Luftstickstoffbindung.

H. sind für die mikrobielle Wasserstoffbildung von potenziellem Interesse. Entsprechendes gilt für ihren Einsatz als Katalysator bei organisch-präparativen Synthesen (u.a. ↗ *Cofaktor-Regenerierung*) sowie für den Wasserstoff-Ionenaustausch und die Produktion von „schwerem Wasser" (D_2O).

Hydrolasen, zur 3. Hauptklasse gehörende ↗ *Enzyme*, die hydrolytische Spaltungen katalysieren. Hierzu gehören ↗ *Esterasen*, ↗ *Glycosidasen* und viele andere mehr.

hydrolysierbare Gerbstoffe, ↗ *Gallotannine*.

hydrophobe Bindungen, ↗ *nichtkovalente Bindungen*.

hydrophobe Chromatographie, ein Verfahren der ↗ *Chromatographie*, das auf der Wechselwirkung zwischen hydrophoben Bereichen der zu trennenden Verbindung (Proteine, Peptide) mit einem hydrophoben bzw. hydrophob substituierten Träger (als stationäre Phase) beruht. Die Proteine werden bei hohen Salzkonzentrationen (z.B. 2 M Ammoniumsulfat), die zur Dehydratisierung der Proteine führen, am Trägermaterial gebunden und durch Erniedrigung der Ionenstärke der mobilen Phase in einem Salzgradienten selektiv eluiert. Die Freisetzung erfolgt dabei in der Reihenfolge zunehmender hydrophober Eigenschaften der Proteine. Auch durch Erniedrigung der Polarität des Elutionsmittels kann eine fraktionierte Ablösung erfolgen.

Die h. C. ist gut für die Reinigung von Proteinen und z.B. von Peptidhormonen ohne vorherige Entsalzung geeignet.

hydrostabiles Prinzip, ↗ *Puffer.*

Hydroxamsäuren, Carbonsäurederivate, die die tautomere Gruppierung R-CO-NHOH ⇄ R-C(OH)=N-OH enthalten. H. können mit Metallionen stabile fünfgliedrige Ringe bilden. Besondere Bedeutung haben sie im Eisenstoffwechsel vieler Organismen. Bekannte H. sind die *Aspergillussäure* (Abb.), aufgebaut aus den Aminosäuren Leucin und Isoleucin, die von *Aspergillus flavus* synthetisiert wird, und die ↗ *Siderochrome.*

Hydroxamsäuren. Aspergillussäure.

Hydroxyapatit-Chromatographie, eine chromatographische Trennmethode für Proteine unter Verwendung von Hydroxyapatit, Ca$_5$(PO$_4$)$_3$OH, als Säulenmaterial. Das Prinzip beruht darauf, dass Amino- und Carboxylgruppen der Aminosäurebausteine von Proteinen mit der Oberfläche der nichtporösen Hydroxyapatitkristalle in Wechselwirkung treten. Während die Aminogruppen in ihrem ionischen Verhalten bei der H. ähnlich reagieren, wie bei einer Ionenaustauschchromatographie, zeigt sich der Unterschied bei den Carboxylfunktionen, die von den überwiegend negativ geladenen Phosphatgruppen abgestoßen, andererseits aber von den Calciumionen komplexiert werden. Für die Auswahl der richtigen Elutionspuffer muss man wissen, ob die zu trennenden Proteine basisch, sauer oder neutral sind. Aufgrund der spezifischen Adsorptions- und Elutionsmöglichkeiten ist die H. eine interessante Proteintrennmethode. Allerdings limitiert die geringe Kapazität der nichtporösen Kristalle des Hydroxyapatits die Anwendung.

2'-Hydroxy-3-arylcumarine, eine Gruppe natürlich vorkommender ↗ *Isoflavonoide,* z.B. Pachyrrhizin (Abb.) aus *Pachyrrhizus erusus* und *Neorautanenia* spp. [L. Crowbie u. D.A. Whiting *J. Chem. Soc.* (1963) 1.569–1.579].

2'-Hydroxy-3-arylcumarine. Pachyrrhizin.

Hydroxybernsteinsäure, ↗ *Äpfelsäure.*

3-Hydroxy-2-butanon, ↗ *Acetoin.*

β-Hydroxybutyrat-Acetoacetat-Shuttle, ↗ *Wasserstoffmetabolismus.*

20-Hydroxyecdyson, Syn. für ↗ *Ecdysteron.*

Hydroxyessigsäure, ↗ *Glycolsäure.*

N-2-Hydroxyethylpiperazin-N-2-ethansulfonsäure, *HEPES,* eine Verbindung, die für die Herstellung von ↗ *Puffern* im pH-Bereich von 6,8–8,2 verwendet wird (M_r 238,3 Da).

Hydroxyisovalerianazidämie, ↗ *3-Methylcrotonylglycinurie.*

Hydroxylasen, ↗ *Oxygenasen.*

Hydroxylierung, ↗ *Oxygenasen.*

α-Hydroxylignocerinsäure, ↗ *Cerebronsäure.*

Hydroxylubimin, ↗ *Phytoalexine.*

5-Hydroxymethylcytosin, eine Pyrimidinverbindung, die zu den seltenen Nucleinsäurebausteinen zählt (M_r 141,13 Da, Zersetzung ab 200°C ohne Schmelzen). Die Synthese des 5-H. erfolgt aber nicht durch nachträgliche Modifizierung von Cytosin, sondern es wird als 5-Hydroxymethyldesoxycytidylsäure im Zuge der ↗ *Pyrimidinbiosynthese de novo* gebildet. 5-H. wurde 1952 aus Desoxyribonucleinsäure isoliert. Es kommt in der DNA von Bakteriophagen der T2-, T4- und T6-Reihe anstelle von Cytosin vor.

3-Hydroxy-3-methylglutaryl-Coenzym A, *HMG-CoA,* ein wichtiges Intermediat des Stoffwechsels, das sowohl im Cytosol als auch in den Mitochondrien der Leberzellen vorkommt. Das mitochondriale H. bildet die Vorstufe der ↗ *Ketonkörper,* während das cytosolische H. durch die ↗ *3-Hydroxy-3-methylglutaryl-Coenzym-A-Reduktase* in ↗ *Mevalonat* überführt wird und damit eine wichtige Zwischenverbindung der Biosynthese des ↗ *Cholesterins* ist. H. entsteht aus Acetoacetyl-CoA, Acetyl-CoA und Wasser unter der Katalyse der 3-Hydroxy-3-methylglutaryl-CoA-Synthase (Abb. auf Seite 467).

3-Hydroxy-3-methylglutaryl-Coenzym-A-Reduktase, *HMG-CoA-Reduktase,* das Schlüsselenzym der Biosynthese des ↗ *Cholesterins.* Das im Cyto-

3-Hydroxy-3-methylglutaryl-Coenzym A. Biosynthese von 3-Hydroxy-3-methylglutaryl-Coenzym A aus Acetoacetyl-CoA, Acetyl-CoA und Wasser.

plasma lokalisierte Enzym katalysiert die Synthese des ⟋ *Mevalonats*, die zugleich die Schrittmacherreaktion der *de-novo*-Cholesterinsynthese ist:

3-Hydroxy-3-methylglutaryl-CoA + 2 NADPH
+ 2 H⁺ → Mevalonat + 2 NADP⁺ + CoA.

Die Syntheseaktivität hängt von der in den Zellen vorliegenden Cholesterinmenge ab, so dass durch einen Rückkopplungsmechanismus die Menge und Aktivität der H. reguliert wird. Die Kontrolle der H. erfolgt auf unterschiedlichen Wegen. Durch Phosphorylierung mittels einer AMP-abhängigen Protein-Kinase wird die Aktivität der H. gesenkt, so dass bei einem niedrigen ATP-Spiegel die Cholesterinsynthese praktisch zum Erliegen kommt. Während die cytosolische Domäne der H. die katalytische Aktivität besitzt, reagiert die Membrandomäne auf die Konzentration von Mevalonat und Derivaten des Cholesterins. Beim Vorliegen großer Mengen wird der Abbau des Enzyms beschleunigt. Weiterhin erfolgt die Kontrolle der H. auf der Transcriptionsebene. Das Gen der H. trägt auf der 5'-Seite eine kurze DNA-Sequenz, die als regulatorisches Kontrollelement die Geschwindigkeit der mRNA-Synthese determiniert (*SRE, sterol responsive element*). In Gegenwart von Steroiden hemmt SRE die mRNA-Synthese. Schließlich reduzieren von Mevalonat abgeleitete Metabolite die Geschwindigkeit des Translationsschrittes.

Hydroxymethylglutaryl-Zyklus, ⟋ *Ketogenese*.

Hydroxymethyl-Transferase (EC 2.1.2.1), ⟋ *aktive Einkohlenstoff-Einheiten*.

2-Hydroxy-1,4-naphthochinon, Syn. für *Lawson*, die Hauptfarbstoffkomponente des ⟋ *Henna*.

Hydroxynervonsäure, Δ^{15}-2-Hydroxytetracosensäure, CH_3-$(CH_2)_7$-CH=CH$(CH_2)_{12}$-CHOH-COOH (M_r 382,5 Da), eine hydroxylierte, ungesättigte Fettsäure. Sie ist der Hauptbestandteil der Cerebroside.

2-Hydroxy-3-oxoadipat-Glyoxylat-Lyase, ⟋ *2-Hydroxy-3-oxoadipat-Synthase*.

2-Hydroxy-3-oxoadipat-Synthase, *2-Hydroxy-3-oxoadipat-Glyoxylat-Lyase (Carboxylierung*; EC 4.1.3.15), ein Enzym, das in Bakterien und der Säugetierleber vorkommt und die decarboxylative Kondensation von 2-Oxoglutarat mit Glyoxylat katalysiert. Bei Säugetieren ist das Produkt 2-Hydroxy-3-oxoadipat wichtig, um den Glyoxylatmetabolismus von der Oxalatsynthese abzulenken (⟋ *Oxalsäure*; ⟋ *Oxalose*). *In vitro* katalysiert das Enzym eine Vielzahl von verwandten Decarboxylierungs- und Kondensationsreaktionen (Abb. auf Seite 468), die der Bildung von ⟋ *Acetoin* aus Pyruvat und Acetaldehyd analog sind. [M.A. Schlossberg et al. *Biochemistry* 9 (1970) 1.148–1.153]

3α-Hydroxy-5α-pregnan-20-on, ein biologisches Abbauprodukt von Progesteron; M_r 318,4 Da, F. 175 °C, [α]$_D$ 96° (Alkohol). Es tritt wie die Stereoisomeren 3β-Hydroxy-5α-pregnan-20-on – F. 194 °C, [α]$_D$ 91° (Alkohol) – und 3α-Hydroxy-5β-pregnan-20-on – F. 149 °C, [α]$_D$ 106° (Alkohol) – im Harn von Schwangeren auf.

Hydroxyprolin, *Hyp, Pro(OH)*, ein Aminosäurerest in Kollagen, der durch posttranslationelle Modifizierung von Prolinresten gebildet wird (⟋ *Posttranslationsmodifizierung*). Die Hydroxylierung wird in Position 3 oder 4 durchgeführt. In Kollagen kommt 4Hyp häufiger vor. Nach dem enzymatischen Abbau von Kollagen wird das 4Hyp zunächst durch reduktive Ringspaltung zu 4-Hydroxy-2-oxoglutarat und dann zu Pyruvat und Glyoxylat abgebaut (⟋ *L-Prolin*). 3Hyp ist auch ein Bestandteil von Amanitatoxinen (⟋ *Amatoxine*).

Hydroxyprolinämie, eine ⟋ *angeborene Stoffwechselstörung*, verursacht durch einen Mangel an *4-Oxoprolin-Reduktase* (4-Hydroxyprolin-Oxidase, EC 1.1.1.104). 4-Hydroxyprolin wird nicht in (*S*)-1-Pyrrolidin-3-hydroxy-5-carboxylat (⟋ *L-Prolin*) überführt. Dadurch ist die 4-Hydroxyprolinkonzentration im Serum 30–50mal höher als normal und auch im Harn erhöht. Im Kollagenstoffwechsel treten keine Anomalien auf. H. führt zu schwerer geistiger Entwicklungsverzögerung.

6-Hydroxypurin, veraltet für ⟋ *Hypoxanthin*.

Hydroxysäuren, Carbonsäuren, in denen ein oder mehrere Wasserstoffatome des Alkanrests durch Hydroxylgruppen (-OH) ersetzt sind. Je nach der Stellung der Carboxylgruppe –COOH (=C1) zur Hydroxylgruppe –OH werden α-, β-, γ-, δ-H. usw. unterschieden. Milchsäure z.B. ist 2-Hydroxypropionsäure bzw. α-Hydroxypropionsäure. Wichtige H. sind neben der Milchsäure: Glycerinsäure, Äpfelsäure und Citronensäure.

2-Hydroxytetracosansäure, ⟋ *Cerebronsäure*.

Δ^{15}-**2-Hydroxytetracosensäure**, Syn. für ⟋ *Hydroxynervonsäure*.

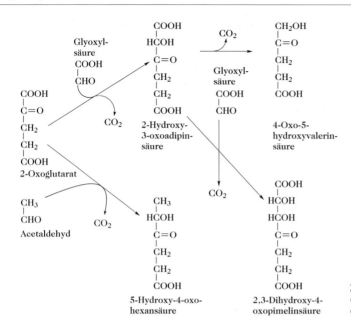

2-Hydroxy-3-oxoadipat-Synthase. Einige Reaktionen, die von der 2-Hydroxy-3-oxoadipat-Synthase katalysiert werden.

9-Hydroxy-trans-2-decensäure, ↗ *Königinnensubstanz.*

5-Hydroxytryptophan, ein Zwischenprodukt in der Synthese von ↗ *Melatonin* und ↗ *Serotonin.* Es findet klinische Anwendung bei der Behandlung von Depression und Myoklonus [M.A.A. Namboodiri *Science* **221** (1983) 659-660].

Hydroxytyramin, Syn. für ↗ *Dopamin.*

Hydroxyxanthorrhon, ↗ *Flavan.*

Hydroxyzimtsäure-CoA-Ligase, ↗ *4-Cumarat: CoA-Ligase.*

o-**Hydroxyzimtsäurelacton,** ↗ *Cumarin.*

Hygrin, ↗ *Pyrrolidinalkaloide.*

Hymatomelansäuren, ↗ *Huminsäuren.*

Hyocholsäure, *3α,6α,7α-Trihydroxy-5β-cholan-24-säure,* eine zur Gruppe der Gallensäuren gehörende trihydroxylierte Steroidcarbonsäure; M_r 408,58 Da, F. 186 °C, $[\alpha]_D$ +5,5° (Alkohol). H. ist Bestandteil von Schweine- und Rattengalle und hat wie die als Hauptbestandteil in Schweinegalle vorkommende ↗ α-*Hyodesoxycholsäure* als Ausgangsmaterial zur Synthese von Steroidhormonen Bedeutung.

α-**Hyodesoxycholsäure,** *3α,6α-Dihydroxycholansäure,* eine Gallensäure, die als Glyco-Konjugat in der Schweinegalle vorkommt. α-H. bildet farblose Kristalle (aus Essigester), die in Wasser schwer, in organischen Lösungsmitteln leicht löslich sind; M_r 392,58 Da, F. 197 °C, $[\alpha]_D$ +8° (Ethanol). Die ebenfalls in der Schweinegalle enthaltene 3β,6α-Dihydroxycholansäure wird als β-H. bezeichnet.

Hyoscin, ↗ *Scopolamin.*

Hyoscyamin, ↗ *Atropin.*

Hyp, 1) Abk. für ↗ *Hypoxanthin;*

2) Abk. für ↗ *Hydroxyprolin.*

Hyperammonämie I, *Carbamylphosphat-Synthase-Mangel,* eine ↗ *angeborene Stoffwechselstörung,* die auf einen Mangel an Mitochondrien-*Carbamylphosphat-Synthase (Ammoniak)* (Carbamylphosphat-Synthetase, Kohlendioxid-Ammoniak-Ligase, EC 6.3.4.16, früher EC 2.7.2.5) zurückzuführen ist. Dadurch kommt es zu extremer Hyperammonämie. In Plasma und Hirn-Rückenmarks-Flüssigkeit treten erhöhte Glutaminkonzentrationen auf. Harnstoff wird in geringen Mengen ausgeschieden. Gewöhnlich treten bereits in der postnatalen Periode Koma und Tod ein.

Hyperammonämie II, *Ornithincarbamyl-Transferase-Mangel,* eine ↗ *angeborene Stoffwechselstörung,* verursacht durch einen Mangel an *Ornithincarbamyl-Transferase* (Ornithin-Transcarbamylase, EC 2.1.3.3). Im Blut tritt eine sehr stark erhöhte Ammoniakkonzentration und in Plasma und Hirn-Rückenmarks-Flüssigkeit eine erhöhte Glutaminkonzentration auf. Die Harnstoffausscheidung ist niedrig. In Harn ist die Orotsäurekonzentration erhöht und es sind Uracil und Uridin vorhanden. Das Gen für das Enzym ist X-gebunden. Bei Jungen ist der Krankheitszustand ernst. Da in der Leber nur 0–0,2 % der normalen Enzymaktivität vorliegen, sterben die betroffenen Jungen in der postnatalen Phase (es sind auch einige Fälle bekannt, in denen die Krankheit erst später ausbricht). Die betroffenen Mädchen besitzen 5–10 % der normalen Leberenzymaktivität. Einige Mädchen starben in der späten Kindheit und andere überlebten bei eingeschränkter Proteineinnahme. Klinische Symptome sind: anormales EEG, geistige

Entwicklungsverzögerung, Gehirnatrophie und Hepatomegalie.

Hyperbilirubinämie, ↗ *Crigler-Najjar-Syndrom*.

hyperchlorämische Alkalose, ↗ *Alkalose*.

hyperchromer Effekt, Anstieg der Extinktion einer Lösung bei einer bestimmten Wellenlänge infolge struktureller Veränderungen der gelösten Moleküle. Der h. E. ist ein wichtiger experimenteller Hinweis auf die Denaturierung der DNA, da die A_{260} zunimmt, wenn die durch Wasserstoffbrücken zusammengehaltene Doppelhelix durch Erhitzen in einen ungeordneten Knäuelzustand übergeht (↗ *Hybridisierung*).

Hyperlysinämie, eine ↗ *angeborene Stoffwechselstörung*, die auf einen Mangel an *Saccharopin-Dehydrogenase* (NADP⁺, L-Lysin-Bildung; EC 1.5.1.8) und *Saccharopin-Dehydrogenase* (NAD⁺, L-Glutamatbildung; EC 1.5.1.9) verursacht wird. Im Plasma ist die Lysinkonzentration erhöht (0,2–1,5 mmol/l). Im Harn treten erniedrigte Konzentrationen an Lysin, N-Acetyllysin, Homocitrullin und Homoarginin auf. Die betroffenen Personen sind gewöhnlich symptomfrei. Einige Patienten sind geistig entwicklungsverzögert, dies hängt jedoch wahrscheinlich nicht mit der Stoffwechselstörung zusammen. ↗ *L-Lysin*.

Hyperornithinämie, ↗ *Ornithinämie*.

Hyperoxid-Dismutase, Syn. für ↗ *Superoxid-Dismutase*.

Hyperprolinämie I, eine ↗ *angeborene Stoffwechselstörung*, verursacht durch einen Mangel an *Prolin-Dehydrogenase* (EC 1.5.99.8). In Serum und Harn ist die Prolinkonzentration erhöht. Der Harn enthält außerdem 4-Hydroxyprolin und Glycin (möglicherweise aufgrund der Sättigung des Transportsystems dieser Aminosäuren durch Prolin in den Nierentubuli). Die Störung ist gutartig. In einigen Fällen tritt geistige Entwicklungsverzögerung auf. ↗ *L-Prolin*.

Hyperprolinämie II, eine ↗ *angeborene Stoffwechselstörung*, die auf einen Mangel an *1-Pyrrolin-5-carboxylat-Dehydrogenase* (EC 1.5.1.12) zurückzuführen ist. In Serum und Harn ist die Prolinkonzentration erhöht. Die Serum-Pyrrolin-5-carboxylat-Konzentration ist 10–20mal höher als normal. Im Harn tritt vermehrt Pyrrolin-5-carboxylat, Prolin, 4-Hydroxyprolin und Glycin auf. Klinische Symptome sind geistige Entwicklungsverzögerung und Konvulsionen. Eine prolinarme Ernährung hat nur eine geringe Wirkung auf die Regulation. ↗ *L-Prolin*.

Hypertensin, ↗ *Angiotensin*.

Hypertyrosinämie II, ↗ *erbliche Tyrosinämie II*.

Hypervitaminose, Erkrankung durch Überdosierung von ↗ *Vitaminen*. Hypervitaminosen kommen vor allem bei fettlöslichen Vitaminen (A, D, E, K) vor, da diese im Gegensatz zu den wasserlöslichen gespeichert werden. Gegenteil: ↗ *Avitaminose*.

Hypnotika, *Schlafmittel*, fördern das Einschlafen und führen einen schlafähnlichen Zustand herbei. Neben in bescheidenem Umfang verwendeten Verbindungen wie Chloralhydrat und Barbitalen werden hauptsächlich Benzodiazepine eingesetzt. Substanzen mit ungewöhnlichen Strukturen für dieses Indikationsgebiet sind *Zolpidem* und *Zopiclon* (Abb.).

Hypnotika

Hypochrome, ↗ *Naturfarbstoffe*.

hypochromer Effekt, optische Erscheinung bei Molekülen mit mehreren Chromophoren, wobei die Summe der Absorptionen der Einzelkomponenten größer ist als die Absorption des Gesamtmoleküls. So ist die Extinktion der Nucleinsäuren bei 260 nm geringer, als sich aus der Summe der sie aufbauenden Basen rechnerisch ergibt. Der h. E. ist vom Adenin- und Thymingehalt abhängig und deshalb bei DNA größer als bei RNA. Doppelsträngige Polynucleotide zeigen einen größeren h. E. als einsträngige, weil er durch Wasserstoffbrückenbindungen verstärkt wird.

Hypophosphatasie, eine ↗ *angeborene Stoffwechselstörung*, verursacht durch einen Mangel an *alkalischer Phosphatase* (alkalische Phosphomonoesterase, Glycerophosphatase; EC 3.1.3.1). Die Folgen sind mangelhafte Ossifikation und Skelettanomalitäten. In Harn und Plasma treten erhöhte Konzentrationen an O-Phosphoethanolamin und anorganischem Pyrophosphat auf. Bei „Pseudohypophosphatasie" ist das Enzym vorhanden, besitzt jedoch eine verminderte Affinität zu Phosphoethanolamin. Normalerweise sezernieren Osteoblasten extrazelluläre Vesikel, die die alkalische Phosphatase enthalten, welche für die Produktion von anorganischem Phosphat durch Hydrolyse von Pyrophosphat und organischen Phosphaten, wie O-Phosphoethanolamin verantwortlich ist. Dieses anorganische Phosphat bildet bei der Reaktion mit Calcium Apatitkristalle, die zur Knochenmineralisierung führen.

Hypophysen-Adenylat-Cyclase-aktivierendes Polypeptid, *PACAP*, (engl. *pituitary adenylate cyclase activating polypeptide*), zwei mit unterschiedlicher Kettenlänge aus dem Schafshypothalamus isolierte Peptidamide, die in der Ratten-Hypophyse die Adenylat-Cyclase stimulieren. Die mRNA wurde nicht nur im Hypothalamus, sondern auch in menschlichen Testes nachgewiesen. Hochspezifische Rezeptoren wurden vor allem im Hypothalamus, Hirnstamm, Großhirn und in der Lunge gefunden. [A. Miyata et al. *Biochem. Biophys. Res. Commun.* **170** (1990) 643]

Hypotaurin, ↗ *L-Cystein*.

Hypovitaminose, leichte Erkrankungen, die durch Vitaminmangel verursacht werden (schwere Krankheitszustände: ↗ *Avitaminose*). Sie sind durch Zufuhr des fehlenden Vitamins reversibel. ↗ *Vitamine*.

Hypoxanthin, *Hyp*, früher *Sarkin, 6-Hydroxypurin*, ein Purinderivat (Formel ↗ *Inosin*; M_r 136,11 Da, F. 150 °C (Z.). H. entsteht im Zuge des aeroben Purinabbaus aus Adeninverbindungen durch Desaminierung oder durch Hydrolyse von Inosinverbindungen. Als seltener Nucleinsäurebaustein kommt es in bestimmten transfer-RNAs vor. H. ist im Tier- und Pflanzenreich weit verbreitet.

Hypoxanthinosin, ↗ *Inosin*.

Hypoxanthinribosid, Syn. für ↗ *Inosin*.

Hypusin, *Nε-(4-Amino-2-hydroxybutyl)lysin*, eine Aminosäure, die im eukaryontischen Initiationsfaktor 4D (eIF-4D) vorkommt und durch con- oder posttranslationelle Modifizierung von Lys^{50} gebildet wird (Abb.). Mit Hilfe der Radiotraceranalyse konnte gezeigt werden, dass die terminalen vier Kohlenstoffatome des H. von den Butylkohlenstoffatomen von Spermidin abstammen, die Enzymologie dieses Vorgangs ist jedoch nicht bekannt. Die Desoxyhypusin-Hydroxylase benötigt für ihre Aktivität nur Sulfhydrylreagenzien. Da das Enzym nicht auf Fe^{2+} (welches inhibiert), 2-Oxoglutarat und Ascorbat angewiesen ist, gehört es nicht zu den 2-Oxosäure-Dehydrogenasen. Eine Variante des eIF-4D, in dem der Rest 50 ein unmodifiziertes Lys bleibt, ist biologisch inaktiv, d.h. sie stimuliert *in vitro* nicht die Synthese von Methionylpuromycin bzw. Globin und inhibiert *in vivo* die Wirkung des nativen eIF-4D nicht wesentlich. [Myung Hee Park et al. *J. Biol. Chem.* **259** (1984) 12.123–12.127; A. Abbruzzese et al. *J. Biol. Chem.* **261** (1986) 3.085–3.089; Z. Smit-McBridge et al. *J. Biol. Chem.* **264** (1989) 18.527–18.530]

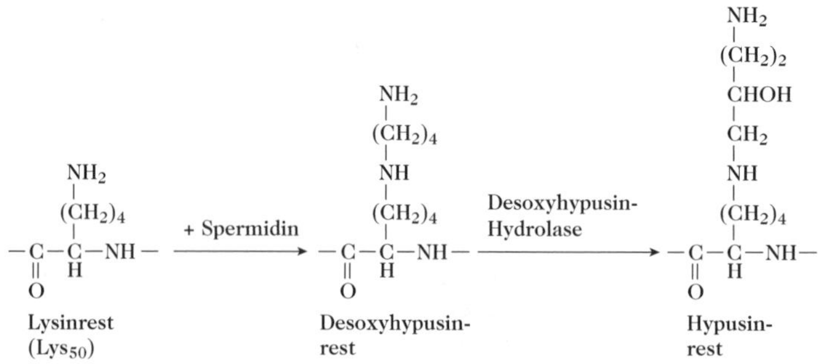

Hypusin. Biosynthese des Hypusinrests im eukaryontischen Initiationsfaktor 4D.

IAA, Abk. für engl. indol-3-acetic acid, ↗ Indolyl-3-essigsäure.

Ibotensäure, Pantherin, 5α–Alanyl-3-hydroxyisoxazol, eine α-Aminocarbonsäure mit dem heterozyklischen Substituenten Isoxazol, der in Stellung 3 hydroxyliert ist (M_r 162 Da, F. 145 °C (Z.); ↗ Fliegenpilztoxine, Abb.). I. ist ein psychotroper, schwach insektizider Stoff, der zusammen mit seinem Decarboxylierungsprodukt, dem ↗ Muscimol, zu den Fliegenpilzgiften zählt. I. kommt nur in wenigen Fliegenpilz-(Amanita-)Arten vor. In Frischpilzen ist sie in Konzentrationen von durchschnittlich 0,05 % enthalten. I. ist eine pharmakologisch hochwirksame Verbindung, jedoch in den meisten Tests weniger wirksam als Muscimol. Ein weiteres Derivat der I. ist die erythro-Dihydroibotensäure, die ↗ Tricholomasäure.

Ibuprofen, (R,S)-2-(4-Isobutylphenyl)propionsäure (Abb.), M_r 206,27 Da, Fp. 74–76 °C, farbloses Pulver oder Kristalle mit charakteristischem Geruch. Es ist in Wasser praktisch unlöslich, löst sich aber in den meisten organischen Lösungsmitteln. Aufgrund der guten antiphlogistischen Wirkung wurde es in der Vergangenheit als Antirheumatikum verwendet. In den letzten Jahren erfolgt auch der Einsatz in einer Dosierung von 200 mg als Analgetikum und unterliegt nicht der Rezeptpflicht. Die Biosynthese der ↗ Prostaglandine wird nur vom S(+)-Enantiomer gehemmt. Insgesamt gesehen sind die Nebenwirkungen relativ gering.

CH₃ HC–CH₂ CH₃ (Struktur) CH₃ CH–COOH

Ibuprofen

ICAM, Abk. für engl. intercellular adhesion molecules, ↗ interzelluläre Adhäsionsmoleküle.

ICE-ähnliche Proteasen, ↗ Caspasen.

Icosansäure, ↗ Eicosansäure.

ICSH, Abk. für engl. interstitial cell-stimulating hormone, ↗ luteinisierendes Hormon.

Idaein, ↗ Cyanidin.

IDP, Abk. für Inosin-5'-diphosphat, ↗ Inosinphosphate.

IEP↗ isoelektrischer Punkt

IES, Abk. für ↗ Indolyl-3-essigsäure.

IF, 1) Abk. für ↗ Initiationsfaktoren.

2) Abk. für ↗ intermediäre Filamente.

IFN, Abk. für Interferon, ↗ Interferone. IFN-α, Leucocyteninterferon; IFN-β, Fibroblasteninterferon; IFN-γ, Lymphocyteninterferon.

Ig, Abk. für ↗ Immunglobulin.

IGF, Abk. für engl. insulin-like growth factor, ↗ insulinähnlicher Wachstumsfaktor.

IGF-Rezeptor, ↗ Insulin-ähnlicher Wachstumsfaktor.

Ig-Homologie-Element, Immunglobulin-ähnliche Domäne, ↗ Immunglobulin-Großfamilie.

IHB, Abk. für ↗ Inhibine.

Ile, Abk. für ↗ L-Isoleucin.

IMAC, Abk. für immobilisierte Metallchelat-Affinitätschromatographie (↗ Affinitätschromatographie).

Imidazolalanin, ↗ L-Histidin

Imidazolalkaloide, vereinzelt vorkommende Alkaloide mit einem Imidazolgerüst. Ihr bedeutendster Vertreter ist ↗ Pilocarpin. Die Biosynthese der I. ist mit dem Histidinstoffwechsel verknüpft.

immobilisierte Enzyme, ursprünglich lösliche Enzyme, die durch Bindung an anorganische oder organische Träger unlöslich gemacht werden. Die Immobilisierungsmethoden entsprechen prinzipiell denen intakter Zellen (↗ immobilisierte Mikroorganismen). Allgemein unterscheidet man:

1) trägerfixierte Enzyme: Die Fixierung geschieht durch: a) Adsorption an hydrophobe oder elektrisch geladene makromolekulare Trägermaterialien; b) kovalente Bindung an aktivierte makromolekulare, wasserunlösliche Trägermaterialien; c) kovalente Quervernetzung mittels bi- oder multifunktioneller Reagenzien.

2) eingeschlossene Enzyme (in polymere Netzwerke, semipermeable Membranen, hinter Ultrafiltrationsmembranen).

Bei den trägerfixierten Enzymen, die häufiger angewendet werden, werden makroporöse Träger bevorzugt, um eine möglichst große Oberfläche für die Adsorption oder kovalente Bindung zu erhalten. Voraussetzung für eine erfolgreiche kovalente Fixierung des Enzyms ist die Anwesenheit funktioneller Gruppen am Träger. Ein oft benutztes Aktivierungsverfahren (insbesondere bei Dextrangelen) ist die Umsetzung mit Bromcyan (Abb. 1). Entsprechend der chemischen Natur der funktionellen Gruppe können sich verschiedene Bindungstypen ausbilden (Ether, Thioether, Ester usw.). Es wurde noch über viele weitere Kopplungsverfahren zur kovalenten Anknüpfung von Enzymen an Agar-, Agarose- und Sephadexträger sowie an die silanisierte Oberfläche von porösem Glas berichtet. Einzelheiten dieser Verfahren und weitere Aspekte zu i. E. sind verständlich abgehandelt in: [Methods in Enzymology XLIV, 1976, Klaus Mosbach, Hrsg., Academic Press].

1. Aktivierung

$$\begin{array}{c}\boxed{\text{TRÄGER}}\!-\!OH \\ \boxed{\text{TRÄGER}}\!-\!OH\end{array} \xrightarrow[\text{pH }10,5]{\text{Br CN}} \begin{array}{c}\boxed{\text{TRÄGER}}\!-\!O \\ \boxed{\text{TRÄGER}}\!-\!O\end{array}\!\!C\!=\!NH$$

2. Kopplung

$$\begin{array}{c}\boxed{\text{TRÄGER}}\!-\!O \\ \boxed{\text{TRÄGER}}\!-\!O\end{array}\!\!C\!=\!NH + H_2N\!-\!\boxed{\text{Enzym}}\!-\!COOH \xrightarrow[\text{8 - 9}]{\text{pH}} \begin{array}{c}\boxed{\text{TRÄGER}}\!-\!O \\ \boxed{\text{TRÄGER}}\!-\!O\end{array}\!\!C\!=\!N\!-\!\boxed{\text{Enzym}}\!-\!COOH$$

Immobilisierte Enzyme. Abb. 1. Kovalente Bindung von Enzymen an unsubstituierte Polysaccharide (z. B. Sepharose) mit der Bromcyanmethode.

Die Menge an kovalent gebundenem Enzym ist im Allgemeinen gering (1–5 %), in Ausnahmefällen, besonders wenn die Reaktionspartner entgegengesetzt geladen sind, 10 % oder mehr, z.B. 12 % für Katalase, die an Cellulosederivate gebunden ist.

I. E. haben ähnliche Vorteile wie immobilisierte Zellen: kontinuierliche und wiederholte Verwendbarkeit, höhere Stabilität (insbesondere Erhöhung des Temperaturoptimums und der Lösungsmittelbeständigkeit) sowie bei trägergebundenen Enzymen der Wegfall der Diffusionsbarriere. Nachteile sind die erforderliche Enzymisolierung, Aktivitätsverluste bzw. -änderungen der Regenerierung von Coenzymen usw. Die Änderung der Aktivität i. E. wird zum einen durch die Eigenschaften des Trägers (Hydrophilie, Hydrophobie, Dielektrizitätskonstante u.a. m.) verursacht, zum anderen tragen die eingeschränkte Flexibilität und Mobilität des fixierten Enzyms, sowie sterische Faktoren, die sich in einem erschwerten Substratzutritt zum katalytischen Zentrum und einer verzögerten Wegdiffusion der Reaktionsprodukte äußern, dazu bei. Gemessen an der in den meisten Fällen erzielten Stabilitätserhöhung, sind jedoch diese Veränderungen geringfügig. Sie können umgangen oder reduziert werden durch Zwischenschalten einer Seitenkette (*Spacer*), die dem Enzym mehr Beweglichkeit und damit ungehinderten Kontakt mit den Substraten verleiht („Enzyme an der Leine").

Speziell medizinisch von Bedeutung sind die in künstlich erzeugten Mikrokapseln aus Polyamid, Polyurethan, Polyphenylester, Phospholipiden (*Liposomen*) eingeschlossenen Enzyme (*künstliche Zellen*, Durchmesser 5-90 μm). Da diese mikroenkapsulierten Enzyme ebenso wie die hochmolekularen Proteine ihrer Umgebung die Kapselporen nicht passieren, umgekehrt aber ihre niedermolekularen Substrate jederzeit zu ihnen gelangen können, ermöglicht diese Form fixierter Enzyme ihren Einsatz als therapeutische Agenzien. Hinzu kommt ihre fehlende Antigenität und ihre Nichtangreifbarkeit durch die Proteasen des umgebenden Milieus.

Außer für Stoffumwandlungen werden i. E. als Enzymersatz bei angeborenen Enzymdefekten, wie Katalasemangel, bei der Behandlung asparaginabhängiger Lymphosarkome oder als künstliche Niere eingesetzt. Obwohl positive Resultate mit den künstlichen Zellen unter *in-vivo*-Bedingungen (intraperitonale Zufuhr) erhalten wurden, liegt ihr Hauptanwendungsgebiet z. Z. in der extrakorporalen Anwendung, z. B. Hämdiffusion in Form der künstlichen Niere (Abb. 2). Bedeutung haben i. E. auch für die biochemische Analytik, für die Medizin (u. a. Enzymsubstitution im Menschen bei Enzymdefekten), Abwasserreinigung, Energiegewinnung usw. Durch ↗ *Coimmobilisierung* mit Zellen kann das Applikationsspektrum beträchtlich erweitert werden.

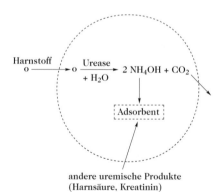

Immobilisierte Enzyme. Abb. 2. Schema einer künstlichen Zelle mit eingeschlossener Urease und albuminumhüllter Aktivkohle als Adsorbens für Harnsäure, Ammoniak und Kreatinin. 10 ml einer Suspension dieser 20 μm großen Ureasekapseln entsprechen einer Oberfläche von 20.000 cm^2 und ist damit größer als diejenige konventioneller künstlicher Nieren.

Beispiele für eine industrielle Verwendung von i. E. sind: 1) Proteasen (in Detergenzien, zur Herstellung von Käse und anderen Nahrungsmitteln), 2) Carbohydrasen (zum Hydrolysieren von Stärke, Umwandlung von Glucose in Fructose: *Glucose-*

Isomerase, usw.) und 3) Lipasen (in der Nahrungsmittelverarbeitung). Verschiedene andere immobilisierte Enzyme werden in der Analyse, Produktion und Entwicklung von Pharmazeutika eingesetzt [*Industrial Enzymology*, Nature Press, New York, 1983]

immobilisierte Metallchelat-Affinitätschromatographie, *IMAC*, ↗ *Affinitätschromatographie*.

immobilisierte Mikroorganismen, lebende Mikroorganismen (wachsende oder ruhende Zellen), die überwiegend an Träger fixiert und in dieser Form biologisch aktiv sind. Die Immobilisierungsmethoden sind prinzipiell auch auf andere Zellen, Organellen und Enzyme (↗ *immobilisierte Enzyme*) anwendbar:

1) *Adhäsion (Adsorption) und Bewuchs an Träger*: Dies ist die klassische Art der sog. passiven Immobilisierung, die zum mikrobiellen Bewuchs (↗ *Biofilm*) führt und in der Natur häufig (auch unerwünscht) auftritt. Am Zustandekommen der Adhäsion sind außer van-der-Waals-Kräften noch andere Bindungskräfte (hydrophobe Wechselwirkung, Wasserstoffbrückenbindung und ionische Bindungen) beteiligt. Die Adsorptionsfähigkeit hängt von der chemischen Zusammensetzung, Gesamtladung und dem Alter der Zellen ab sowie von der Ladung, Zusammensetzung, aber auch Porosität des Trägers. Als Träger können verschiedene Materialien dienen, u. a. Glas, Titan- und Zirkondioxid, Cellulose, Nylon, Polyvinylalkohol usw.

Für die kovalente Bindung der Zellen an Träger liegen nur wenige Beispiele vor.

2) *Aggregation bzw. Agglomeration – intrazelluläre Vernetzung der Zellen*: Hierbei werden prinzipiell keine wasserunlöslichen Träger benötigt: Man unterscheidet dabei zwischen der natürlichen (Flockung von Bakterien, Pelletbildung bei Pilzen) und der künstlichen Aggregation. Letztere wird erreicht durch a) Flockung, die auf physikalisch-chemischen Wechselwirkungen unter Einbeziehung von Flockungsmitteln (z. B. anionische oder kationische Polyelektrolyte, die die Oberflächenladung beeinflussen) beruht, b) Quervernetzung über bifunktionelle Agenzien (vor allem Glutaraldehyd).

3) *Einschluss in Polymermatrix*: Für die Immobilisierung von Zellen durch Einschluss verwendet man neben synthetischen (vor allem Polyacrylamid) natürliche Polymere (Polysaccharide oder Proteine). Die Biopolymerperlen, in denen die Zellen eingeschlossen sind, werden entweder durch Chelatisierung (Ca^{2+}) oder durch Quervernetzung (Glutardialdehyd) „gehärtet".

Bei den Einschlussverfahren sind die Poren des „Trägers" kleiner als die Größe der Mikroorganismen. Diese verbleiben somit innerhalb des Einschlusses, während Substrate und Produkte einbzw. austreten können.

4) *Einkapselung in Membranen*: Hierbei kann zwischen der Einkapselung in feste und flüssige (fluide) Membranen unterschieden werden. Feste Membranen werden aus einer vorgefertigten Membran (Membranreaktoren, z. B. Hohlfasermembranreaktor) gebildet, oder aber die Membran wird unmittelbar um die Zellsuspension herum ausgebildet (Mikroverkapselung). Flüssige Membranen werden durch die Phasengrenze zwischen zwei nicht mischbaren flüssigen Phasen gebildet.

Eine ideale Immobilisierungsmethode für alle Mikroorganismen und Anwendungsgebiete existiert nicht. Die Funktionsfähigkeit bzw. der physiologische Zustand der Zellen wird durch die Immobilisierung beeinflusst. Unabhängig davon weisen immobilisierte Zellen zahlreiche Vorteile auf, wie etwa die leichtere Zellabtrennung und Zellrückhaltung. Von Vorteil ist auch, daß sich die Enzyme in ihrem natürlichen Mikromilieu befinden und so oft eine höhere pH-, Temperatur- und Operationsstabilität besitzen. Außerdem sind Multienzymreaktionen leichter durchführbar als mit immobilisierten Enzymen. Entsprechendes gilt für Coenzym-abhängige Enzymreaktionen mit *in-situ*-Regenerierung der Coenzyme / Cofaktoren.

Demgegenüber bestehen u. a. folgende Nachteile: Diffusionsbehinderung durch die Zellwand und Zellmembran sowie durch die Träger- bzw. Polymermatrix, Fixierung enzymatisch inaktiver Zellen, Ablauf unerwünschter Nebenreaktionen und proteolytischer Vorgänge usw.

Der Einsatz immobilisierter Zellen ist immer dann von Vorteil, wenn a) die an der Stoffumwandlung beteiligten Enzyme intrazellulär lokalisiert sind, b) die aus den Zellen isolierten Enzyme während und nach der Immobilisierung instabil sind, c) die Mikroorganismen keine interferierenden Enzyme enthalten oder diese leicht inaktiviert oder entfernt werden können, und d) die Substrate und Produkte ein geringes Molekulargewicht besitzen.

I. M. können für eine Vielzahl von Stoffumwandlungen in Einschritt- und Multienzymreaktionen eingesetzt werden. Das erste Beispiel für eine industrielle Anwendung war die Synthese von L-Aspartat aus Ammoniumfumarat (aufgrund hoher Aspartase-Aktivitäten der Zelle). Von ähnlich großer Bedeutung ist die Herstellung von Fructosesirup mittels i. M. mit Glucose-Isomerase-Aktivität. Insgesamt können i. M. zur Umwandlung von Kohlenhydraten, Herstellung von Aminosäuren, Umwandlung von Antibiotika, Herstellung von organischen Säuren, Energiegewinnung, Durchführung von Abbaureaktionen (insbesondere für die Abwasserreinigung) genutzt werden. Auch die Wirkungsweise der in der Analytik eingesetzten ↗ *Biosenso-*

ren erfordert, dass biologisches Material (Zellen, Enzyme) einen Kontakt mit der festen Unterlage eingehen. Durch ↗ *Coimmobilisierung* mit Enzymen kann das Applikationsspektrum beträchtlich erweitert werden.

Die Mehrzahl der Prozesse wird mit Bakterien, seltener mit Hefen durchgeführt. Das Mycel lebender Pilze homogen im Immobilisierungssystem zu verteilen, bereitet z. Zt. noch Schwierigkeiten. Pilzsporen lassen sich hingegen leichter handhaben. Als Immobilisierungsmethode dominiert allgemein das Einschlussverfahren.

immobilisierte Zellen, durch Immobilisierung in einen Reaktionsraum-begrenzten Zustand versetzte Zellen. Neben ↗ *immobilisierten Enzymen* und ↗ *immobilisierten Mikroorganismen* haben insbesondere pflanzliche Zellen aufgrund ihres großen Synthese- und Biotransformationspotentials (z. B. sekundäre Naturstoffe) große Bedeutung.

immobilisierte Zellorganellen, durch Immobilisierung in einen Reaktionsraum-begrenzten Zustand versetzte Zellorganellen, die zuvor aus Zellen isoliert wurden. Besondere Bedeutung haben immobilisierte Mitochondrien, Chloroplasten und Thylakoide (↗ *Photosynthese*). Mit ihrer *in vivo* fixierten Enzymausstattung werden sie insbesondere für Substratumwandlungen (↗ *Biotransformation*) getestet.

Immobilisierung, die Fixierung von Enzymen (↗ *immobilisierte Enzyme*), Zellorganellen und ganzen Zellen (↗ *immobilisierte Mikroorganismen*) u. a. an makromolekulare Trägermaterialien, vor allem zum Einsatz in der Biotechnologie.

Immunantwort, eine spezifische Schutz- oder Abwehrreaktion des Körpers gegen Fremdsubstanzen, die sog. ↗ *Antigene*. Bei der humoralen Immunantwort werden ↗ *Immunglobuline*, die auch Antikörper genannt werden, in das Blut, die Lymphe oder die Verdauungssäfte sezerniert. Die Immunglobuline (Ig) werden von Lymphocyten produziert, die bei Säugetieren vom Knochenmark abstammen und bei den Vögeln von der *Bursa fabricii* (B-Zellen). Die B-Zellen weisen auf ihren Oberflächen membrangebundene Ig auf, die Oberflächen-Ig (sIg, s für engl. *surface*). Wenn diese mit einem fluoreszenzmarkierten Antigen inkubiert werden (↗ *Immunfluoreszenz*), unterliegen jene B-Zellen, deren sIg zum Antigen komplementär sind, einem „capping"-Prozess. Die Antigen-sIg-Komplexe sammeln sich in einem Bereich der Zellmembran und werden vermutlich ingestiert. Dies ist anscheinend ein notwendiger Schritt, um die B-Zellen zur Vermehrung und Sezernierung von Ig zu aktivieren. Einige Antigene, einschließlich der Bakterienlipopolysaccharide, können gereinigte B-Zellkulturen anregen, Antikörper herzustellen. Die meisten Antigene benötigen jedoch die Gegenwart von Makrophagen

und T-Lymphocyten (*T* für Thymus). Einige partikuläre Antigene, wie Bakterien, werden von Phagocyten verschlungen, die dann das Antigen den T- und B-Zellen „präsentieren". B-Zellen, die durch „Helfer"-T-Zellen stimuliert wurden, vermehren und sezernieren Antikörper in das Blut oder die Lymphe. Die Vermehrung angeregter B-Zellklone wird durch „Suppressor"-T-Zellen reguliert. In vielen Fällen benötigen die B-Zellen zur Expression von Antikörpern sowohl die „Präsentation" durch den Makrophagen als auch die Aktivierung durch Helfer-T-Zellen. Die chemischen Mediatoren dieser Wechselwirkung sind die ↗ *Lymphokine*.

Wenn eine Infektion fortschreitet, schalten viele B-Zellen von der Produktion der IgM-Antikörper (↗ *Immunglobuline*) auf die der IgG („gamma-Globuline") um. Letzere besitzen gewöhnlich eine höhere Affinität zum Antigen. Nachdem die Infektion abgeklungen ist, fällt der Serumspiegel von IgG ab, jedoch nicht auf Null. Einige B-Zellen werden zu „Gedächtnis"-Zellen transformiert. Im Fall eines Sekundärangriffs durch das gleiche Antigen, sind die Gedächtniszellen in der Lage, die Teilung und IgG-Produktion schneller durchzuführen als bei der Primärantwort.

Bei der zellulären Immunantwort greifen T-Zellen fremde Zellen oder fremdes Gewebe direkt an (wie beispielsweise bei der Transplantatabstoßung). Sie werden als cytotoxische T-Zellen bezeichnet. Bei niederen Tieren heißen diese Zellpopulationen „natürliche Killerzellen".

Immunassays, *Immuntests*, Tests, die sich die spezifische Wechselwirkung zwischen einem ↗ *Antigen* und seinem Antikörper zunutze machen, um die Gegenwart oder die Konzentration von einem der beiden zu bestimmen. Die Detektion und Quantifizierung eines Antikörpers wird am einfachsten mit Hilfe des reinen oder fast reinen Antigens durchgeführt. Wenn nur unreines Antigen zur Verfügung steht, kann es notwendig sein, den Test mit einem zweiten Verfahren zu ergänzen, wie z. B. der Immunpräzipitation oder dem Immunblotting, um die Fähigkeit des Antikörpers (besonders eines polyklonalen), das richtige Antigen vom Hintergrund zu unterscheiden, zu verstärken. Der verwendete Antikörper kann polyklonal (idealerweise affinitätsgereinigt) oder monoklonal sein.

Die I. können in drei Schritte unterteilt werden: 1) die Antikörper-Antigen-Reaktion, 2) die Abtrennung des Antikörper-Antigen-Komplexes von anderen Komponenten der Reaktionsmischung, insbesondere von ungebundenen Antikörpern und Antigenen, und 3) die Messung der Antwort. Für die Antikörper-Antigen-Reaktion sind zwei Konfigurationen möglich: a) die Präzipitation eines Reaktanden mit einem Überschuss des anderen, oder b) die Konkurrenz zwischen bekannten Mengen des Antikörpers oder Antigens und dem Material, das untersucht werden soll (eine unbekannte Menge an Antigen oder Antikörper). So kann ein Test auf Antikörper durchgeführt werden, durch a) die Verwendung von Antigen im Überschuss oder b) die Konkurrenz eines markierten Antikörpers bekannter Menge und eines unmarkierten Antikörpers unbekannter Menge um ein Antigen, das in einer bestimmten Menge vorliegt. In ähnlicher Weise kann der Test eines Antigens erfolgen durch a) die Verwendung des Antikörpers im Überschuss oder b) die Konkurrenz eines markierten Antigens bekannter Menge und eines unmarkierten Antigens unbekannter Menge um einen Antikörper, der in einer bestimmten Menge vorliegt.

Um die Abtrennung des Antikörper-Antigen-Komplexes zu ermöglichen, können der Antikörper (zum Test des Antigens) oder das Antigenprotein (zum Test des Antikörpers) an einem festen Trägermaterial immobilisiert sein. Das feste Trägermaterial a) Nitrocellulose, b) Polyvinylchlorid oder c) Polystyrol kann die Wand des Reaktionsgefäßes sein (z. B. die Mulde der Mikrotitrationsplatte), oder es kann in Form einer dünnen Schicht oder eines Bettes vorliegen.

Zur Messung der Antikörper-Antigen-Wechselwirkung benutzt man markierte Antikörper, markierte Antigene oder Sekundärreagenzien (z. B. Anti-Antikörper, die der Reaktionsmischung nach der Bildung des Antikörper-Antigen-Komplexes zugegeben werden). Für Immunassays wurden von Anfang an radioaktive Markierungen verwendet. Der γ-Strahler ^{125}I ($t_{1/2}$ = 59,6 d) wird häufig zur Markierung der Phenylgruppe von Tyrosinresten in Antikörpern und proteinhaltigen Antigenen eingesetzt. Außerdem werden auch Antikörper und Antigene verwendet, die auf chemischem oder biosynthetischem Weg mit β-Strahlern wie ^{3}H ($t_{1/2}$ = 12,4 a), ^{14}C ($t_{1/2}$ = 5.730 a), ^{35}S ($t_{1/2}$ = 87,4 d) und ^{32}P ($t_{1/2}$ = 14,3 d) markiert sind. In neuerer Zeit finden zur Markierung von Antiköpern, Antigenen und Sekundärreagenzien Enzyme und fluoreszierende Verbindungen Verwendung. Am häufigsten werden die Enzyme Meerrettichperoxidase, alkalische Phosphatase und β-Galactosidase eingesetzt, die kovalent an den Antikörper oder das proteinhaltige Antigen gekoppelt werden, indem Glutaraldehyd als Linker zwischen den Enzym-NH$_2$-Gruppen und den Antikörper/Antigen-NH$_2$-Gruppen fungiert. Für den Immuntest mit Hilfe der Meerrettichperoxidase wird diese mit 3,3',5,5'-Tetramethylbenzidin und H$_2$O$_2$ inkubiert und nach Ansäuerung die Absorption des gelben Produkts bei 450 nm gemessen. Bei Verwendung der alkalischen Phosphatase wird zunächst eine Inkubation mit p-Nitrophenolphosphat bei pH 9,5 durchgeführt und anschließend die Absorption des Produkts bei 400 nm bestimmt. Die β-

Galactosidase wird mit o-Nitrophenyl-β-D-galactopyranosid inkubiert und dann die Absorption des gelben Produkts bei 410 nm gemessen. Die am häufigsten verwendeten fluoreszierenden Verbindungen sind Fluorescein (Anregung 495 nm, Emission 525 nm), Tetramethylrhodamin (Rhodamin B; Anregung 552 nm, Emission 570 nm), Sulforhodamin 101, saures Chlorid (Texasrot; Anregung 596 nm, Emission 620 nm) und Phycoerythrine (Anregung ~545 nm, Emission ~575 nm). Bei der Markierung mit Isothiocyanatderivaten von Fluorescein und mit Tetramethylrhodamin werden mit den freien Aminogruppen der Antikörper und Antigene Thiocarbamidobindungen gebildet. Die fluoreszenzmarkierten Verbindungen werden spektrofluorometrisch getestet, indem eine geeignete Wellenlänge zur Anregung verwendet und die Intensität der emittierten Fluoreszenzstrahlung gemessen wird.

Unabhängig von der eingesetzten Markierung kann die Anwort der Antikörper-Antigen-Wechselwirkung verstärkt werden, indem man sich die Affinität der Proteine ↗ Avidin oder ↗ Streptavidin zu ↗ Biotin zu Nutze macht (↗ ABC-Technik).

Der weite Bereich verfügbarer I. kann unterschiedlich klassifiziert werden. Nach E. Harlow u. D. Lane werden die I. in drei Klassen unterteilt: 1) Antikörper-Einfang-Assays, 2) Antigen-Einfang-Assays und 3) Zwei-Antikörper-Sandwich-Assays. Jede dieser Klassen wird in vier Unterklassen unterteilt, in Abhängigkeit davon, ob der Test bei Antikörperüberschuss, Antigenüberschuss, Antikörperkonkurrenz oder Antigenkonkurrenz durchgeführt wird [Antibodies: a laboratory manual 1988, S. 553-612, Cold Spring Harbor Laboratory]. In wissenschaftlichen Berichten wird jedoch gegenwärtig die Klassifizierung nach dem Komponentensystem angewandt. Dieses basiert auf der Markierungsmethode, die für die Messung der Antikörper-Antigen-Bindungsantwort verwendet wird. Die Methoden lassen sich einteilen in 1) Immunassays unter Verwendung einer radioaktiven Markierung: a) Radioimmunassay mit kompetitiver Bindung (↗ RIA, engl. radioimmunoassay) und b) Immunradiometrischer Assay (↗ IRMA, engl. immunoradiometric assay); 2) Immunassays unter Verwendung einer enzymatischen Markierung: a) Enzymimmunassay (↗ EIA, engl. enzyme immunoassay) und b) enzymgebundener Immunsorbentassay (↗ ELISA, engl. enzyme-linked immunosorbent assay); 3) Immunassays unter Verwendung einer Kombination von Radioisotopen- und Enzymmarkierungen: ultrasensitiver Enzymradioimmunassay (↗ USERIA).

Immunchromatographie, eine Form der ↗ Affinitätschromatographie, die die spezifische Reaktion zwischen Antigen und Antikörper nutzt. Bei der I. wird ein Antiserum über eine Antigen-beladene Matrix gegeben, dabei werden die komplementären Antikörper gebunden. Durch Veränderung des pH-Werts oder/und der Ionenstärke können diese wieder von der Matrix freigesetzt und so in reiner Form erhalten werden. Mittels Antikörper-Immunsorbenzien können die entsprechenden Antigene isoliert werden.

Immundefektsyndrom, ⤳ *AIDS*.

Immunelektrophorese, eine Proteintrennmethode, die praktisch aus einer Kombination von Gelelektrophorese und Immunpräzipitation besteht. Die I. kann in Abhängigkeit vom Antiserum ca. 15–30 Plasmaproteine auftrennen. Sie dient dem qualitativen und quantitativen Nachweis bestimmter Proteine in der zu analysierenden Mischung, sowie der Ermittlung von Ladungsänderungen oder der Identifizierung monoklonaler Immunglobuline. Bei der I. werden die Proteine zunächst im elektrischen Feld aufgetrennt, dann schließt sich die Immundiffusion der aufgetrennten Proteine gegen das polyklonale Antiserum an (Abb.). Das Stanzloch für die Antikörperaufgabe ist zu einer Rinne erweitert. Natürlich kann man auch mittels monospezifischer Antiseren in komplexen Proteinmischungen einzelne Proteinkomponenten nachweisen. Eine Variante der I. ist die *zweidimensionale Immunelektrophorese* oder ⤳ *Kreuzelektrophorese*. Dabei werden die in der ersten Dimension aufgetrennten Proteine in der zweiten Dimension mittels „Elektrodiffusion" in ein Gel elektrophoresiert, das das polyklonale Antiserum enthält.

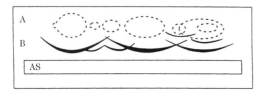

Immunelektrophorese. Prinzip der Immunelektrophorese. A = elektrophoretisch aufgetrennte Proteinmischung; AS = polyklonales Antiserum; B = Präzipitationslinien der Immundiffusion.

Immunfluoreszenz, eine empfindliche Nachweistechnik für Antigene oder Antikörper, bei der die Antikörper mit einer stark fluoreszierenden Verbindung, wie Rhodamin oder Fluoresceinisothiocyanat gekoppelt sind. Gewebe, Zellen oder Elektrophoresegele, die das Antigen enthalten, werden mit dem fluoreszierenden Antikörper inkubiert; nach gründlichem Waschen zeigt die Markierung die Gegenwart und die Lage des Antigens an und kann mit Hilfe eines Fluoreszenzmikroskops bestimmt werden. Im Fall der direkten I. liegt der spezifische Antikörper markiert vor. Bei der indirekten I. ist der Antikörper gegen den spezifischen Antikörper markiert (wenn z. B. der spezifische Antikörper aus

einem Kaninchen stammt, können die fluoreszierenden Antikörper einem Anti-Kaninchenserum einer Ziege angehören). Hierdurch wird eine Verstärkung der Fluoreszenz erreicht: während an die Antigenbindungsstelle nur ein spezifisches Antikörpermolekül gebunden werden kann, sind verschiedene Anti-Antikörper in der Lage, an unterschiedliche Stellen auf dem spezifischen Antikörper zu binden.

Immunglobulin-ähnliche Domäne, *Ig-Homologie-Element*, ⤳ *Immunglobulin-Großfamilie*.

Immunglobuline, *Ig*, *Antikörper*, *Gamma-globuline*, *γ-Globuline*, zu der ⤳ *Immunglobulin-Großfamilie* gehörende Glycoproteine, die als spezifische Komponenten der humoralen Immunantwort fungierenden Antikörper. Sie haben die Aufgabe, durch spezifische Bindung an die Antigene, diese zu markieren und auf diese Weise für ⤳ *Phagocytose*, cytotoxische und lytische Reaktionen durch Immunzellen und Komplementproteine zugänglich zu machen. Nach Größe, Kohlenhydratanteil und Aminosäuresequenz erfolgt eine Einteilung in fünf Klassen (Tab.). Die I. besitzten eine einheitliche Grundstruktur. Sie sind aus zwei *leichten Ketten*, den *L-Ketten* (M_r 23 kDa), und zwei *schweren Ketten*, den *H-Ketten* (von engl. *heavy*; M_r 53–75 kDa) aufgebaut. Die vier Ketten werden durch kovalente Disulfidbrücken und nichtkovalente Wechselwirkungen zusammengehalten. Die Antigenbindungsstellen werden von den N-Termini sowohl der leichten als auch der schweren Ketten gebildet. Zur Scharnier (*hinge*)- und Fuß-Region tragen ausschließlich die schweren Ketten bei, die durch Disulfidbrücken zwischen der $C_H{}^1$- und $C_H{}^2$-Domäne miteinander verknüpft sind. Die einfachsten I., wie das IgG-Molekül (Abb.1) sind Y-förmige Strukturen. Bei der limitierten Proteolyse des IgG (M_r 150 kDa) mit Papain werden die H-Ketten N-terminal von den Disulfidbrücken gespalten. Dabei entstehen F_{ab}-Fragmente (*ab* für engl. *antigen binding*), und ein F_c-Fragment (c für engl. *crystallizing*). Die Arme des Y-förmigen IgG-Moleküls werden von den F_{ab}-Fragmenten (je M_r 50 kDa) gebildet. Sie bestehen aus einer vollständigen L-Kette und dem N-Terminus der H-Kette, woraus sich die Antigen-Bindungsstelle („ab") rekrutiert. Die begrenzte Proteolyse mit Pepsin erfolgt C-terminal von den interchenaren Disulfidbrücken und liefert zwangsläufig ein bivalentes $F_{(ab')_2}$-Fragment und ein etwas kleineres F_c-Fragment. Diese Fragmente haben allerdings die biologischen Eigenschaften der nativen IgG-Moleküle verloren, d.h. sie sind nicht in der Lage, das Komplementsystem zu aktivieren bzw. an F_c-Rezeptoren zu binden. I. mit zwei identischen Antigen-Bindungsstellen (Paratopen) werden bivalente Antikörper genannt. Enthält das Antigen drei oder mehr Epitope, dann können die Antikörper Kreuzvernetzungsreaktionen durchführen, wobei eine bewegliche Scharnier-Region die räumliche Anpassungstätigkeit erhöht. Neben den zweiwertigen Antikörpern gibt es auch vielwertige Antikörper, wie z. B. IgA und IgM (vgl. Tab.).

Immunglobuline. Tab. Einteilung und Eigenschaften der Humanimmunglobuline (Ig).

	IgG	IgM	IgA	IgD	IgE
Sedimentationskonstante	6,5–7 S	19 S	7 S	6,8–7,9 S	8,2
M_r [kDa], davon L-Kette stets 23 kDa	150	950	360–720	160	190
H-Kettentyp M_r [kDa]	$\gamma 1$–$\gamma 4$ 50–60	μ 71	α 64	δ 60–70	ε 75,5
Kettenformel (L = κ oder λ)	$L_2\gamma_2$	$(L_2\mu_2)_nJ^*$	$(L_2\alpha_2)_nJ^*$	$(L_2\delta_2)_2$	$L_2\varepsilon_2$
Kohlenhydrat	2–3 %	10–12 %	8–10 %	12,7 %	10–12 %
Anteil an den Serum-Ig	70–75 %	7–10 %	10–22 %	0,03–1 %	0,05 %
Serumkonzentration (mg/100ml)	1.300 (800–1800)	140 (60–280)	210 (100–450)	3 (1–40)	0,03 (0,01–0,14)
Valenz der Bindung	2	5 (10)	1 (Serum) 2 (Plasma)	?	2
biol. Halbwertzeit (Tage)	8 (IgG3) oder 21	5,1	5,8	2,8	2–3
Komplementbindung	ja	ja	nein	nein	nein

n = 1, 2 oder 3

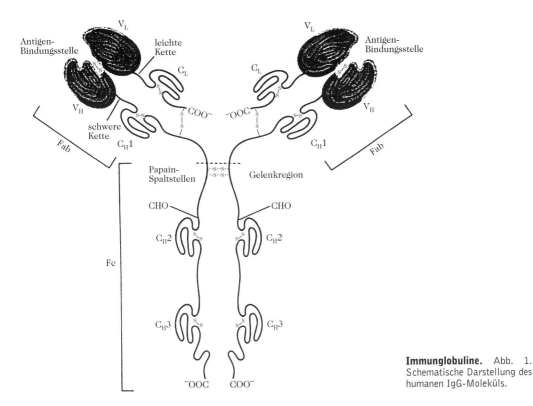

Immunglobuline. Abb. 1. Schematische Darstellung des humanen IgG-Moleküls.

Der Name des F_c-Fragmentes (M_r 50 kDa) bezieht sich auf die leichte Kristallisationstendenz. Es bildet den Stiel des Y-förmigen IgG-Moleküls und ist aus den identischen C-terminalen Teilen der beiden H-Ketten aufgebaut. Darin sind Effektorstellen für gemeinsame Eigenschaften der I. lokalisiert, die für die Induktion der Phagocytose, Auslösen des Komplementsystems und auch für die Steuerung des Transports der I. zu ihrer Wirkungsstelle von Bedeutung sind. Die menschlichen I. lassen sich in fünf Klassen einteilen: IgA, IgD, IgE, IgG und IgM (Tab.). Sie differieren im H-Kettentyp, der in der gleichen Reihenfolge mit α, β, ε, γ und μ bezeichnet wird. Während die I. IgD, IgE und IgG nur als Dimere des Typs $(L-H)_2$ vorliegen, besteht IgM aus Pentameren der entsprechenden Dimere und IgA tritt als Monomer, Dimer und Trimer der zugehörigen Dimere auf. In diesen Multimeren sind die Dimer-Einheiten sowohl untereinander als auch mit der sog. J-Kette über Disulfidbrücken verknüpft. Die J-Kette ist ein verbindendes Protein (J von engl. *joining*; M_r 20 kDa). Die multimeren Strukturen des IgA-Dimers und von IgM zeigt Abb. 2 (s.a. Farbtafel V, Abb. 1).

Die physiologischen Funktionen der sezernierten I. sind recht unterschiedlich. **IgM** ist fast ausschließlich im Blut vorhanden und ist besonders aktiv gegen eindringende Mikroorganismen. Es ist der vorherrschende Antikörper in der frühen Phase einer primären Immunantwort. Als Reaktion auf ein Antigen beginnt seine Produktion zwei bis drei Tage nach dem ersten Kontakt mit dem Antigen. IgM kommt auch membrangebunden auf der B-Zellen-Oberfläche vor und fungiert dort als Antigenrezeptor.

IgG ist der häufigste zirkulierende Antikörper. Er ist der wichtigste Antikörper der sekundären Immunantwort, wenn sich der Körper wiederholt mit dem gleichen Antigen auseinandersetzen muss. Er wird in vier Unterklassen IgG1 bis IgG4 unterteilt, die sich in den γ-Ketten unterscheiden. Wie IgM kann dieser Antikörper das Komplementsystem aktivieren. IgG bindet des Weiteren mit seinem F_c-Teil an entsprechende Rezeptoren auf Monocyten, Makrophagen und Granulocyten und fördert die Phagocytose des gebundenen Antigens. Zur Familie der IgG-I. zählen alle Antitoxine, die in der Lage sind, die in den Körper eingedrungenen Toxine zu neutralisieren. IgG ist zwischen Blut und interstitieller Flüssigkeit recht gleichmäßig verteilt. Es ist der einzige Antikörper, der durch rezeptorvermittelte Endocytose die Plazentaschranke überwinden kann und damit die passive Immunität von der Mutter auf den Fötus überträgt. IgG wird zwei Tage nach dem ersten Auftreten von IgM produziert.

IgA findet sich außer im Serum auch im Verdauungstrakt sowie in Körperflüssigkeiten, wie Speichel, Schweiß, Tränen, Milch, Bronchial- und Urogenitalsekreten, wo es die erste Abwehrlinie bei der lokalen Infektabwehr darstellt. IgA verhindert die Anheftung von Viren und Bakterien an die Oberfläche von Epithelien. Das IgA im Colostrum (die erste Milch einer stillenden Mutter) schützt Säuglinge gegen in den Darm eindringende Krankheitserreger.

IgD kommt im Blut nur in sehr niedrigen Konzentrationen vor. Membranständig auf B-Zellen dient es als Antigenrezeptor und ist notwendig für die Differenzierung der B-Zellen in Plasmazellen und B-Gedächtniszellen.

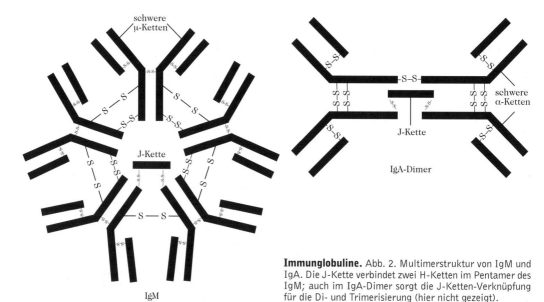

Immunglobuline. Abb. 2. Multimerstruktur von IgM und IgA. Die J-Kette verbindet zwei H-Ketten im Pentamer des IgM; auch im IgA-Dimer sorgt die J-Ketten-Verknüpfung für die Di- und Trimerisierung (hier nicht gezeigt).

IgE ist hauptsächlich auf der Oberfläche von Mastzellen und basophilen Granulocyten lokalisiert, wo es über die Schwanzregion gebunden ist. Es spielt eine wichtige Rolle bei der Auslösung allergischer Reaktionen und hat eine Schutzfunktion gegen Parasiten.

L- und H-Ketten der I. bestehen aus einer variablen (V-) und einer konstanten (C-)-Region. Die Myelom-L-Ketten enthalten 214 Aminosäurebausteine. Dimere aus L-Ketten sind die ↗ *Bence-Jones-Proteine*, die bei verschiedenen Patienten unterschiedliche Sequenzen aufweisen. So ist die L-Ketten-Sequenz 1–108 variabel, während der C-terminale Abschnitt (109–214) eine konstante Region darstellt. Auch die H-Kette von Myelom-I. mit 446 Aminosäurebausteinen besteht wie die L-Kette aus einer variablen Region im aminoterminalen Sequenzbereich (1–108) gefolgt von einer dreimal so langen konstanten Region. Sowohl in der L- als auch in der H-Kette kommen drei Segmente einer weitaus größeren Variabilität vor, die die hypervariablen Regionen der Antigenbindungsstellen bilden. Da diese Regionen die Spezifität der Antikörper bestimmen, bezeichnet man sie als *komplementaritätsbestimmende Regionen* (CDR, von engl. <u>c</u>omplementarity-<u>d</u>etermining <u>r</u>egion). Die Domänenstruktur des IgG (Abb.1) zeigt, dass die variable Region der L-Kette (V_L) der variablen Region der H-Kette (V_H) ähnelt. Weiterhin besteht die konstante Region der H-Kette aus drei gleichen Teilen (C_H^1, C_H^2, C_H^3) mit teilweise übereinstimmender Sequenz. Auch ist die konstante Region der L-Kette (C_L) den drei Domänen der konstanten Region der H-Kette wiederum sehr ähnlich. Schließlich befinden sich in jeder Domäne die intramolekularen Disulfidbrücken an derselben Stelle. Die Ähnlichkeit der homologen Domänen zeigt sich auch in der Tertiärstruktur des $F_{ab'}$-Fragmentes sowie der F_c-Einheit. Die Vielfalt der variablen Domänen mit unterschiedlicher Antigenbindungsspezifität entsteht durch somatische Rekombination von Gensegmenten sowie durch somatische Punktmutationen in den rekombinierten Genen. Die Rekombination der Gene der I. erfolgt in einer festgelegten Reihenfolge. Zuerst findet in der reifenden B-Zelle eine Umlagerung von Genen im H-Kettenlocus auf einem Chromosom statt. Dabei wird eines der D-Gensegmente mit einem J-Gensegment rekombiniert. Im Anschluss an die D-J-Kombination erfolgt die Verknüpfung des DJ-Segments mit einem V-Gen-Segment, woraus ein funktionelles H-Ketten-Gen resultiert.

I. kommen entweder als membranständige Rezeptoren oder als lösliche Antikörper vor. In der Regel zerstört ein Antikörper ein eindringendes Antigen nicht. Durch die Bildung eines Antigen-Antikörper-Komplexes kommt es zur Auslösung verschiedener Effektormechanismusketten. Am einfachsten ist eine *Neutralisation*, die dadurch zustande kommt, dass der Antikörper bestimmte Stellen auf einem Antigen blockiert und das Antigen dadurch unwirksam macht. Eine Neutralisation eines Virus durch einen Antikörper erfolgt dadurch, dass sich der Antikörper an die Stelle heftet, die vom Virus an der Wirtszelle zum Andocken genutzt wird. Die *Agglutination* (Verklumpung) von Bakterien durch Antikörper ist ein weiterer Effektormechanismus. Voraussetzung dafür ist das Vorhandensein von mindestens zwei Antigenbindungsstellen, wodurch benachbarte Antigenmoleküle vernetzt werden können. Phagocytotoxische Zellen können verklumpte Bakterien schneller vernichten als einzelne. Ein ähnlicher Mechanismus ist die *Präzipitation*. In diesem Fall führt die Vernetzung zu einem unlöslichen Präzipitat, das Phagocyten aufnehmen. Zu den wichtigsten Mechanismen der humoralen Immunantwort zählt die Aktivierung des ↗ *Komplementsystems*. Die im Blut eines immunisierten Tiers gebildeten und daraus gewonnenen Antikörper werden *polyklonale Antikörper* genannt. Sie werden von verschiedenen B-Zell-Klonen gebildet, von denen jeder Antikörper für ein bestimmtes Epitop des zur Immunisierung verwendeten Antigens spezifisch ist. Jede normale Immunantwort ist polyklonal. Aus einer solchen Mischung einen spezifischen Antikörper zu gewinnen, ist äußerst aufwendig. 1975 wurde durch Köhler und Milstein eine Methode zur Herstellung ↗ *monoklonaler Antikörper* entwickelt. Monoklonal bedeutet, dass bei diesem Verfahren sämtliche antikörperproduzierenden Zellen Abkömmlinge einer einzelnen Zelle sind. [G.M. Edelmann *Scientific American* **223** (1970) 34–42; R.R. Porter *Science* **180** (1973) 713–716]

Immunglobulin-Großfamilie, eine große Gruppe von Erkennungsmolekülen des Immunsystems, die von einem gemeinsamen Vorläufer-Gen abstammen, das nur für eine einzige Ig-ähnliche Domäne codierte. Neben den als Antikörper fungierenden ↗ *Immunglobulinen*, den ↗ *MHC-Molekülen* und den T-Zell-Rezeptoren zählt man zu der I. die Co-Rezeptoren CD4, CD28, viele der invarianten Peptidketten, die mit T- und B-Zell-Rezeptoren assoziiert sind, und die verschiedenen, auf Leucocyten und Lymphocyten lokalisierten F_c-Rezeptoren. Die *Immunglobulin-ähnliche Domäne* oder *Ig-Homologie-Element* (*Ig homology unit*) ist das gemeinsame Strukturelement aller Mitglieder der I. Sie umfasst etwa 100–110 Aminosäurebausteine, zeigt in der Raumstruktur die charakteristische Immunglobulinfaltung mit den beiden antiparallelen β-Faltblattstrukturen und enthält eine stabilisierende Disulfidbrücke (↗ *Bence-Jones-Proteine*). Viele Vertreter der I. sind Dimere oder Oligomere.

Immun-INF, *Lymphocyteninterferon*, ↗ *Interferone*.

Immun-Interferon, *IFN-γ* (↗ *Interferone*).

Immunisierung, die Erzeugung von Antikörpern, die eine Unempfindlichkeit des Körpers gegen Krankheitserreger und andere Antigene bewirken. Man unterscheidet 1) *aktive Immunisierung* durch Injektion von lebenden, abgeschwächten (z. B. Poliomyelitis-Impfstoff nach Sabin, Pockenimpfstoff), abgetöteten (Typhus-Impfstoff) Erregern oder deren gereinigten Fraktionen, die die wichtigen Determinanten enthalten, und 2) *passive Immunisierung* durch Injektion von Antiserum oder Antikörpern, die sich in einem Fremdorganismus gegen die Erreger gebildet haben und aus diesem gewonnen wurden. Während aktive I. bei wiederholter Impfung lebenslangen Schutz ermöglicht, ist die passive I. nur einige Wochen wirksam und nicht mit dem Antiserum bzw. Antikörper der gleichen Tierart wiederholbar, da die zugeführten artfremden Antikörper als Antigene wirken. Die passive I. dient daher zur kurzzeitigen Prophylaxe oder Therapie, um die Zeit bis zur eigenen Antikörperbildung zu überbrücken (z. B. Tetanus-Simultan-Immunisierung).

immunradiometrischer Assay, ↗ *IRMA*.

Immunschwächesyndrom, ↗ *AIDS*.

Immunosensoren, Bezeichnung für eine spezielle Form von ↗ *Biosensoren*, die auf der Reaktion zwischen immobilisierten Rezeptoren (↗ *Antikörper*) und einem Immunogen (↗ *Antigene*) beruhen. Die Wechselwirkung wird insbesondere durch elektrochemische, optische, kalorimetrische oder piezoelektrische Transduktoren in ein elektrisches Messsignal umgewandelt. Der Vorteil dieser *direkten I.* ist die unmittelbare Messung der Antigen-Antikörper-Wechselwirkung ohne zusätzliche Enzyme oder Antikörper. *Indirekte I.* basieren auf der Markierung eines an der Immunreaktion beteiligten Partners. Aus den *Enzymimmunoassays* (EIA) wurden Enzymimmunosensoren entwickelt, die die hohe Selektivität der Immunreaktion mit der großen Empfindlichkeit durch den enzymatischen Verstärkereffekt kombinieren. Hierbei wird eine geeignete enzymkatalysierte Bestimmungsreaktion mit elektrochemischen, kalorimetrischen oder optischen Signaltransduktoren verfolgt. Antikörper lassen sich nicht nur durch Enzyme, sondern z. B. auch durch Fluoreszenzindikatoren und Redoxmediatoren markieren.

I. werden in der klinisch-chemischen Diagnostik, Biochemie und Bioprozesstechnik sowie -analytik zur Bestimmung von u. a. Hormonen, Antikörpern, Pharmaka usw. eingesetzt. I. haben die Palette der ↗ *Enzymelektroden* beträchtlich erweitert. Prinzipiell sind mit I. alle immunogenen Substanzen messbar. ↗ *Feldeffekttransistor*.

Immunserum, ↗ *Antiserum*.

Immunsuppression, die unspezifische Unterdrückung der ↗ *Immunantwort* durch ↗ *Immunsuppressiva*.

Die I. ist ein wichtiges Mittel zur Therapie von Autoimmunerkrankungen und zur Verhinderung der Transplantatabstoßung nach erfolgter Organtransplantation. Die Unterdrückung der Antikörperbildung hat jedoch eine erhöhte Infektionsbereitschaft des Körpers zur Folge und birgt die Gefahr einer verstärkten Tumorbildung in sich. Die pathologische I., die bei ↗ *AIDS* (*Aquired Immune Deficiency Syndrome*) beobachtet wird, ist oft (möglicherweise immer) tödlich, aufgrund von fortschreitenden Infektionen und Tumoren. Eine echte Alternative zur allgemeinen I. ist die *spezifische Immunsuppression*. Sie kann mittels antigenspezifischer Immunseren oder durch die Induzierung einer Immuntoleranz erreicht werden. Bei letzterer liegt eine antigenspezifische Unterdrückung der Immunantwort vor, ohne dass die Abwehrkräfte des Körpers Schaden erleiden.

Immunsuppressiva, Verbindungen zur Unterdrückung der Immunreaktion. Sie werden bei Organtransplantationen zur Verhinderung der Abstoßung des Transplantats und bei Autoimmunkrankheiten eingesetzt, bei denen die Immunreaktion durch körpereigene Stoffe ausgelöst wird. Als I. dienen Cyclosporin A (↗ *Cyclosporine*), ↗ *Cytostatika*, z. B. ↗ *Cyclophosphamid* und Azathioprin, weiterhin Glucocorticoide (↗ *Nebennierenrindenhormone*) und ↗ *Antilymphocytenserum*. Während letzteres sich gegen die Zellen des Immunsystems richtet, entfalten die anderen Substanzen eine antiproliferative, d. h. gegen eine erhöhte Vermehrung der Plasmazellen gerichtete Wirkung. Auf molekularer Ebene inhibieren diese Stoffe mittelbar oder unmittelbar die DNA- und RNA-Synthesevorgänge. ↗ *Immunsuppression*.

Immuntoleranz, das Ausbleiben einer ↗ *Immunantwort* auf 1) körpereigene Substanzen oder Antigene, mit denen der Körper vor oder kurz nach der Geburt Kontakt gehabt hat (*natürliche I.*), und 2) auf Zufuhr hoher oder niedriger Mengen bestimmter Antigene (*Tolerogene*), die dann vom Körper als nicht fremd angesehen und daher geduldet werden (*erworbene I.*). Für die Aufrechterhaltung der erworbenen I. ist die ständige Anwesenheit von Tolerogenen erforderlich, da sonst die Immunantwort für dieses Antigen wieder auftritt. Immunsuppressive Maßnahmen erleichtern die Induktion einer I. beim Erwachsenen.

Immuntoxine, *Immunotoxine*, aus einem monoklonalen Antikörper und einem toxischen Protein (z. B. ↗ *Diphtherietoxin*, ↗ *Ricin*) bestehende Hybridmoleküle. Der Antikörper erkennt spezifisch Oberflächenstrukturen auf Krebszellen und dirigiert auf diese Weise das Toxin zu diesen zu eliminierenden Zellen. Die B-Zelle des Toxins vermittelt die Bindung und das Eindringen des Toxins in die Zelle. Zunächst war aber ein Nachteil der Methode, dass die B-Kette auch an andere als Krebszellen bindet. Inzwischen sind Mutanten entwickelt worden, die nicht mehr die ursprüngliche Bindungsfähigkeit in der B-Kette aufweisen. Die mit diesen Mutanten hergestellten I. binden wesentlich spezifischer an Tumorzellen, wodurch die Nebenwirkungen im Vergleich zu den herkömmlichen I. um vier bis fünf Zehnerpotenzen verringert werden konnten.

IMP, Abk. für I̲no̲sin-5'-m̲o̲no̲p̲hosphat (↗ *Inosinphosphate*).

Inaktivasen, ↗ *Stoffwechselregulation*.

Inclusions-Chromatographie, ↗ *Einschlusskomplexbildungschromatographie*.

Indican, ein aus Indoxyl und einem Molekül Glucose aufgebautes Glucosid; F. 57 °C, $[\alpha]_D^{15}$ −66° (in Wasser). I. findet sich in *Indigofera-Arten,* z. B. der Indigopflanze (*Indigofera tinctoria*), sowie im Färberwaid (*Isatis tinctoria*) und einigen anderen höheren Pflanzen. Es ist die Vorstufe für natürlichen ↗ *Indigo*.

Indicaxanthin, ein gelber Betaxanthin-Farbstoff des Feigenkaktus (*Opuntia ficus-indica*). I. ist der bekannteste Vertreter der Betaxanthine. Es unterscheidet sich vom Betanin durch Ersatz des Cyclodoparests durch L-Prolin (Abb.).

Indicaxanthin

Indigo, ein schon im Altertum und besonders im Mittelalter geschätzter dunkelblauer Küpenfarbstoff (F. 390–392 °C). I. wurde früher aus einigen *Indigofera*-Arten, wie *Indigofera tinctoria*, und dem Färberwaid (*Isatis tinctoria*) gewonnen. Letztere enthält den farblosen Ester Indoxyl-5-oxofuranogluconat, und *Indigofera* das farblose Indoxyl-β-D-glucosid (Indican). Bei einer Beschädigung der Pflanze werden beide Verbindungen enzymatisch hydrolysiert, wobei die entsprechenden Zucker und Indoxyl (3-Hydroxyindol) gebildet werden. Indoxyl lässt sich durch Luftoxidation in I. (Abb.) überführen. Natürlicher I. enthält bis zu 95 % I. und als Begleitfarbstoffe Indirubin und Indigobraun. Heute wird I. nur noch auf synthetischem Weg

hergestellt. I. zeichnet sich durch Lichtechtheit sowie Säure- und Alkalibeständigkeit aus und ist besonders für Baumwoll- und Wollfärberei geeignet. I. war früher der wichtigste organische Farbstoff. Heute haben halogenierte Derivate und andere indigoide Farbstoffe mehr Bedeutung erlangt. [E. Epstein et al. *Nature* **216** (1967) 547–549]

Indigo

Indikatormethoden, biochemische *in-vivo*-Analysemethoden, bei denen dem Organismus, dem isolierten Organ oder der steril kultivierten Gewebe- oder Zellkultur indizierte (mit einem Index oder einer Markierung versehene) Atome, Atomgruppierungen (funktionelle Gruppen) oder Moleküle zugeführt werden. Die Indizierung (Markierung) ist eine Art Etikettierung, vergleichbar der Färbung einer Kugel in einer Vielzahl ungefärbter Kugeln. Man kann so den Weg, den das indizierte Atom bzw. Molekül im Stoffwechsel nimmt, verfolgen und sein Verhalten mit dem der nichtindizierten Atome bzw. Moleküle der gleichen Art vergleichen. Die wichtigste I. ist die ↗ *Isotopentechnik*, bei der stabile oder radioaktive Nuclide der Bioelemente zur Markierung von Stoffen verwendet werden. Eine I. war z. B. auch die von Dakin und Knoop verwendete Anhängung nicht verwertbarer aromatischer Reste an Fettsäuren, womit sie die β-Oxidation der Fettsäuren als paarigen Abbau erfassen konnten (↗ *Fettsäureabbau*). Die Verwendung von Isotopen (Nucliden) in der Biochemie überwindet eine prinzipielle Schwierigkeit, der sich der Untersucher gegenübersieht: die exogen zugeführten Verbindungen, z. B. die Nahrungsstoffe, bestehen aus denselben Bausteinen wie die Verbindungen, die dem chemischen Bestand des Organismus angehören. Eine wichtige Rolle für Stoffwechseluntersuchungen, insbesondere für Biosynthese- und Regulationsstudien, spielt die ↗ *Mutantentechnik*. Zunächst griff man auf angeborene Stoffwechselstörungen zurück, z. B. auf die ↗ *Alkaptonurie* oder die Phenylketonurie, heute verwendet man induzierte Mutanten, die bezüglich der Synthese lebensnotwendiger (*essenzieller*) Metaboliten oder in ihrem Regulationsverhalten defekt sind. Besonders die kombinierte Verbindung von Mutanten- und Isotopentechnik trug sehr wesentlich zu den schnellen Erfolgen der Biochemie und zum exponentiellen Wachstum biochemischer Erkenntnisse bei.

indirekte ABC-Technik, ↗ *ABC-Technik*.

Indolalkaloide, mit mehr als 600 Vertretern eine der umfangreichsten Gruppen der ⌐ *Alkaloide*. Biogenetisch leiten sich fast alle I. vom Tryptophan ab; der überwiegende Teil enthält außerdem einen Monoterpenbaustein (*iridoide I.*), der für den Formenreichtum verantwortlich ist. Bei den I. ist eine Einteilung nach ihrem Vorkommen von Vorteil (Tab.), weil sich viele Pflanzengattungen durch charakteristische Strukturtypen auszeichnen. In die Tabelle sind wegen ihrer Abstammung von Indolvorstufen auch die Chinaalkaloide aufgenommen, obwohl deren Hauptalkaloide ein Chinolingerüst haben. Die meisten I. zeichnen sich durch hervorragende pharmakologische Eigenschaften aus.

Indolalkaloide. Tab. Einteilung der Indolalkaloide.

Strukturtyp	typische Vertreter
Carbolin	Harmanalkaloide
Pyrrolidinoindol	Physostigmin
Ergolin	Mutterkornalkaloide
iridoide Indolalkaloide	Rauwolfia-, Vinca-, Strychnos-, Curare- (Calebassencurare-), China-Alkaloide

Neben den I. gibt es noch viele *natürliche Indolverbindungen*, die nicht zu den Alkaloiden zu zählen sind, z. B. die Melanine, Betalaine, Sporidesmine und das Gliotoxin.

Indolyl-3-essigsäure, *IES*, β-*Indolylessigsäure*, *IAA* (engl. *indol-3-acetic acid*), früher *Heteroauxin* (⌐ *Auxine, Abb.*). I. bildet Blättchen; F. 165–166 °C. Sie ist in Alkohol, Ether und Aceton leicht, in Wasser und Chloroform wenig löslich. I. ist das bekannteste Auxin (⌐ *Phytohormone*); sie ist in fast allen Pflanzenteilen vorhanden und fördert das Streckungswachstum und zahlreiche Entwicklungsprozesse, wirkt jedoch in höheren Konzentrationen als starkes Pflanzengift. I. ist synthetisch leicht zugänglich aus Indol und Chloressigsäure, aus Gramin über das entsprechende Indolylacetonitril oder aus Indol und Natriumglycolat. Der Nachweis der I. erfolgt kolorimetrisch nach Reaktion mit Fructose und Cystein in Schwefelsäure.

***induced* fit**, ⌐ *Kooperativitätsmodell*.

Induktion, ⌐ *Enzyminduktion*.

Induktor, eine chemische Verbindung, die in einer Zelle die Synthese von biologisch aktiven Proteinen auslöst (⌐ *Enzyminduktion*). I. können die Substrate von Enzymen sein oder auch andere Effektoren, z. B. Hormone.

industrielle Enzyme, Enzyme, die im technischen Maßstab für den Einsatz in verschiedenen Industriezweigen produziert werden. Da sich Mikroorganismen schnell in großen Mengen vermehren lassen, sind sie hervorragend als Enzymquellen geeignet. Eine großtechnische Produktion wurde erst nach Entwicklung geeigneter Isolierungs- (z. B. Ultrafiltration) und Anreicherungs- bzw. Reinigungsverfahren möglich. Die Zahl der Mikroorganismen, die zur Gewinnung von Enzymen geeignet sind, ist groß und vielfältig. Die Kultivierung erfolgt vorwiegend submers. Neben einer phänotypischen (u. a. optimale Zusammensetzung des Nährmediums) ist eine genotypische Optimierung zum Erreichen maximaler Enzymausbeuten erforderlich. Durch die Fortschritte der Gentechnik ist es heute möglich, maßgeschneiderte Enzyme (z. B. veränderte Substratspezifität) herzustellen.

Enzyme werden seit den neunziger Jahren des letzten Jahrhunderts kommerziell verwendet. Damals führte man Pilzextrakte im Brauereiwesen ein, um die Umwandlung von Stärke in Zucker zu beschleunigen. Seitdem hat sich das Applikationsfeld der i. E. beträchtlich erweitert. Gegenwärtig wird besondere Aufmerksamkeit denjenigen Enzymproduzenten gewidmet, die unter extremen Umweltbedingungen wachsen (insbesondere thermophile und halophile Mikroorganismen). Thermostabile Enzyme sind – ebenso wie Enzyme aus halophilen Organismen, die durch hohe Salzkonzentrationen nicht denaturiert werden – insgesamt stabiler und können bei Reaktionstemperaturen angewandt werden, die bei bestimmten Substraten zu einer besseren Löslichkeit führt. Bei der Enzymproduktion ist eine größere Sicherheit gegen Kontamination durch Fremdkeime gegeben. Auch der Entwicklung von Verfahren zur vermehrten Verwendung stabiler und wirtschaftlicher arbeitender trägergebundener i. E. (⌐ *immobilisierte Enzyme*), Enzym-Membranreaktoren eingeschlossen, wird große Aufmerksamkeit gewidmet. Die Isomerisierung von Glucose zu Fructose ist gegenwärtig der größte technische Prozess, der mit Hilfe eines i. E. (z. B. Glucose-Isomerase) durchgeführt wird. Parallel dazu wird für die Zukunft der industrielle Einsatz von künstlichen, Protein-freien Enzymen (Synzyme), deren planvolle und gezielte Darstellung erst in den Anfängen steht, erwartet.

Daneben werden zahlreiche, vorwiegend intrazelluläre Enzyme für die Analytik sowie für medizinische Zwecke entwickelt.

induzierbare Enzyme, *adaptative Enzyme*, Enzyme, die im Gegensatz zu den ⌐ *konstitutiven Enzymen* von der Zelle nicht ständig, sondern je nach Wachstumsbedingungen mit unterschiedlicher Syntheserate gebildet werden. I. E. werden nur in Gegenwart eines ⌐ *Induktors* synthetisiert. Als Induktor wirkt vor allem das Substrat des betreffenden initialen Enzyms einer katabolen Stoffwechselkette.

infektiöse Nucleinsäure, in Wirtszellen eingedrungene Virusnucleinsäure, deren genetische Information mit Hilfe des Transcriptionsapparats der Wirtszellen in Virusprodukte umgesetzt wird (↗ *Viren*, ↗ *Phagenentwicklung*).

Informofere, Proteinpartikel, die durch Entfernen der mRNA aus Nucleoproteinpartikeln (die mRNA bzw. Vorstufen davon enthalten) entstehen. ↗ *messenger-RNA*, ↗ *Informosomen*.

Informosomen, nach Spirin mRNA enthaltende Nucleoproteinpartikel, die aus dem Cytoplasma eukaryontischer Zellen isoliert werden können. Durch Dichtegradientenzentrifugation lassen sie sich von Ribosomen und Polyribosomen abtrennen. I. werden als Transportpartikel für mRNA angesehen. Sie nehmen die im Zellkern gebildete mRNA auf (wahrscheinlich an der Kernmembran) und stellen sie im Cytoplasma bei der Bildung von Polyribosomen zur Verfügung. ↗ *messenger-RNA*.

Infrarotspektroskopie, *IR-Spektroskopie, Ultrarotspektroskopie, UR-Spektroskopie*, Teilgebiet der Spektroskopie, das die Wechselwirkung elektromagnetischer Strahlung aus dem infraroten Spektralbereich mit einer Probe untersucht. Wenn eine geeignete Probe eines Stoffs mit IR-Strahlung durchstrahlt wird, so wird eine Reihe von Frequenzen dieser IR-Strahlung absorbiert, der Rest wird durchgelassen. Trägt man die prozentuale Absorption A oder Durchlässigkeit der Probe in Abhängigkeit von der Wellenzahl v oder Wellenlänge auf, so erhält man ihr IR-Spektrum (Abb.). Bei der Absorption der Strahlung ändern die Moleküle ihre Rotations- und Schwingungsenergie. Die dabei entsprechend der Gleichung $\Delta E = h \cdot v$ (E Energie, h Plancksche Konstante) auftretenden Rotations- und Schwingungsfrequenzen v erlauben weitgehende Rückschlüsse auf die Struktur von Molekülen und gestatten deren qualitative und quantitative Bestimmung.

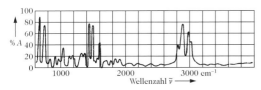

Infrarotspektroskopie. IR-Spektrum von Polystyrol.

Verwendet wird die I. 1) für die *Strukturaufklärung* von Molekülen, 2) für die *Substanzidentifizierung* und 3) für die Untersuchung von Adsorbenzien und adsorbierten Molekülen. Die *quantitative I.* ist in den letzten Jahren von anderen Methoden (z. B. Gaschromatographie, UV-Spektroskopie) verdrängt worden. 4) Wichtig ist die I. dagegen heute für die Analyse von *Wasserstoffbrückenbindungen*. Spezialformen der I. sind 1) die Analyse mit polarisierter Strahlung, 2) die Be-

stimmung des sog. *Infrarot-Dichroismus*, 3) die *Matrix-Isolations-Technik* und 4) die *Methode der abgeschwächten Totalreflexion* (ATR-Technik, von engl. *attenuated total reflectance*).

INH, Abk. für I̲so̲ni̲co̲ti̲n̲h̲ydrazid (↗ *Nicotinsäure*).

Inhibierung, die Verzögerung oder Hemmung des Ablaufes einer chemischen Reaktion durch zugesetzte Stoffe, die Inhibitoren.

Inhibierungsfaktoren, (engl. *inhibiting factors*) Syn. für ↗ *Statine*.

Inhibierungs-Radioimmunassay, Syn. für *Radioimmunassay*, ↗ *ELISA*.

Inhibine, *IHB*, aus Sperma- oder Follikelflüssigkeit isolierte Glycoproteine mit inhibierendem Einfluss auf die Sekretion von ↗ *Follitropin*. I. sind Heterodimere bestehend aus zwei Untereinheiten, einer größeren α- und einer kleineren β-Peptidkette. Während die α-Ketten von IHB-A (bzw. IHB-B) identisch sind, bestehen zwischen α- und β-Ketten strukturelle Ähnlichkeiten. Neben den Heterodimeren ist auch eine Kombination zweier β-Ketten bekannt. Diese zeigen eine entgegengesetzte Wirkung zu den I. und werden daher als ↗ *Aktivine* bezeichnet. [S.-Y. Ying *Endocr. Rev.* **9** (1988) 267]

Inhibitoren, ↗ *Hemmstoffe*.

Inhibitorpeptide, niedermolekulare Oligopeptid-Fettsäure-Verbindungen mikrobiellen Ursprungs, die tierische und pflanzliche Proteasen irreversibel inaktivieren. Die Inhibierung ist stöchiometrisch, d. h., 1 Molekül Inhibitorpeptid inhibiert 1 Molekül Enzym. Die zur Zeit bekanntesten Inhibitorpeptide sind: 1) *Leupeptin* [Acetyl- (oder Propionyl-) L-Leu-L-Leu-argininal, wobei L-Leucin auch durch L-Isovalerin oder L-Valin ersetzt sein kann] aus *Streptomyces*-Arten. Leupeptin hemmt Cathepsin B (Cathepsine sind intrazelluläre Proteasen), Papain, Trypsin, Plasmin und Cathepsin D. Die Inhibitorwirkung nimmt in dieser Reihenfolge ab. 2) *Pepstatin* (Isovaleryl-L-Val-L-Val-β-hydroxy-γ-NH$_2$-ε-CH$_3$-Heptanoyl-L-Ala-β-hydroxy-γ-NH$_2$-ε-CH$_3$-Heptansäure) aus Strahlenpilzen hemmt Pepsin und Cathepsin D. 3) *Chymostatin* inhibiert alle bekannten Chymotrypsinformen, Cathepsin A, B und D sowie Papain. 4) *Antipain* hemmt Papain, Trypsin und Plasmin.

Inhibitorproteine, größtenteils niedermolekulare resistente Proteine von kompakter Struktur mit fehlender Speziesspezifität. I. hemmen reversibel oder irreversibel entweder auf molekularer Ebene bestimmte anabole oder katabole Stoffwechselabläufe bzw. einzelne Stoffgruppen oder auf zellulärer Ebene Wachstums- und Zellreifungsvorgänge normaler und entarteter Gewebe sowie die biologische Aktivität bestimmter Zellen. Die bekannteste Gruppe der I. sind die *Proteinaseinhibitoren*, eine im Tierreich, besonders im Nahrungsprotein vieler Eier (Eiklar), und in Pflanzensamen weit verbreitete Stoffklasse meist proteaseunempfindlicher, disulfidbrückenreicher Polypeptide. Ein großer Teil tierischer Proteinaseinhibitoren sind sekretorische Proteine, wie der Trypsininhibitor des Säugetierpankreas, des Blut- und Samenplasmas, der Milch, des Kolostrums, der Speicheldrüsen und des Schneckenschleims. Die M_r der Proteinaseinhibitoren liegen meist zwischen 5 und 25 kDa. Weitaus höhere M_r haben jedoch die kohlenhydrathaltigen Inhibitorproteine des menschlichen Blutplasmas, die zur Gruppe der α-Globuline zählen, z. B. $α_1$-Antitrypsin (M_r 54 kDa), $α_1$-Antichymotrypsin (M_r 68 kDa), Inter-α-Trypsininhibitor (M_r 160 kDa) und $α_2$-Makroglobulin (M_r 820 kDa). Die Proteinaseinhibitoren bilden mit den Proteasen des Verdauungstrakts, der Blutgerinnung, der Blutdruckregulation sowie der Zellen und Gewebe temporäre oder permanente inaktive Enzym-Inhibitor-Komplexe.

I. für andere Enzyme sind z. B. die Hemmstoffe der Atmungskette, von denen ein spezieller Inhibitor der Cytochrom-Oxidase näher charakterisiert wurde. Eine weitere Gruppe von I., wie die Toxalbumine, und die Bakterientoxine hemmen die Proteinbiosynthese. Dagegen blockieren Repressorproteine, Antitumorproteine und Chalone die Synthese oder Funktion der DNA bzw. RNA, die sich im Falle der Chalone in einer Mitosehemmung manifestiert. Die Interferone hemmen das Viruswachstum durch Induktion einer neuen RNA, die ein Antivirusprotein codiert. Andere oberflächenaktive I., wie die Schlangengifte, manche Bakterientoxine oder die Lectine, blockieren bestimmte Rezeptorproteine auf den Synapsen oder den Erythrocyten, wodurch es zu schwerwiegenden Störungen des Nervensystems oder zu Zellagglutinationen kommt. Beispiele für I. mit eng umschriebener Wirkung sind die Apo-Transferrine, die das mikrobielle Wachstum hemmen, das Troponin-I., das die Actomyosin-ATPase hemmt, und die Peptone, die die Blutgerinnung hemmen.

Initiationscodon, *Startcodon*, Folge von drei Nucleotiden in der mRNA, die vom Anticodon der Formylmethionyl-tRNA (Prokaryonten) bzw. der Methionyl-tRNA (Eukaryonten) erkannt wird und damit das Startzeichen zur Polypeptidbildung während der Proteinbiosynthese gibt. Das Initiationscodon hat die Sequenz 5'-AUG und ist offenbar an sterisch bevorzugter Stelle in der informationstragenden RNA lokalisiert. ↗ *genetischer Code*.

Initiationsfaktoren, *IF*, katalytisch wirkende Proteine, die für die Startprozesse der RNA-Synthese (↗ *Ribonucleinsäure*) und der ↗ *Proteinbiosynthese* notwendig sind. Von *E. coli* sind drei strukturell und funktionell verschiedene IF in der Proteinbiosynthese nachgewiesen: IF 1 (M_r 9 kDa), IF 2 (M_r 97 kDa) und IF 3 (M_r 22 kDa). Sie sind offenbar

locker mit den Ribosomen verbunden, können von diesen mit 0,5 M NH_4Cl oder KCl abgetrennt oder nach Homogenisation aus dem Cytoplasma isoliert werden. Einige Eukaryonten besitzen mehr als 10 IF (eIF, „e" für eukaryontisch), von denen keiner einen IF aus Bakterien funktionell ersetzen kann, d. h., es besteht strikte Klassenspezifität beim Proteinsynthesestart.

Auch zum spezifischen Start der RNA-Synthese am Promotor ist ein IF erforderlich, der bei Prokaryonten als Sigma- (σ-) Faktor bezeichnet wird. Es ist ein Polypeptid vom M_r 90 kDa.

Initiationskomplex, ↗ *Ribonucleinsäuren*, ↗ *Proteinbiosynthese*.

Initiations-tRNA, *Starter-tRNA*, eine tRNA-Art, die spezifisch für das Methionin ist, das bei Prokaryonten in der Proteinbiosynthese als erster Aminosäurerest eingesetzt wird. Diese besondere tRNA unterscheidet sich jedoch in ihrer Primär- und Tertiärstruktur von jener methioninspezifischen tRNA, die für den Einbau von Methionin innerhalb der Polypeptidkette verantwortlich ist.

Bei Prokaryonten besteht dieser initiierende Rest nicht aus Methionin selbst, sondern aus N-Formylmethionin. Die Formylierung findet nach der Veresterung des Met an die tRNA statt, katalysiert durch eine Transformylase, die den Formylrest von der Formyltetrahydrofolsäure überträgt. Das vollständige tRNA-Derivat, das die Einführung des ersten N-terminalen Restes übernimmt ist also fMet-$tRNA_f^{Met}$ (Formylmethionin-tRNA, wobei der tiefergestellte Index „f" anzeigt, dass diese RNA-Art ein formyliertes Methionin trägt).

Bei Eukaryonten (d. h. bei der Initiation der Proteinsynthese an 80S-Ribosomen) ist das initiierende tRNA-Derivat Met-$tRNA_i^{Met}$, wobei der tiefergestellte Index „i" diese RNA-Art von derjenigen der Prokaryonten unterscheidet.

Das N-terminale f-Met bzw. Met wird bei den meisten Proteinen noch während deren Biosynthese wieder abgespalten (↗ *Posttranslationsmodifizierung*) und erscheint deshalb nicht im reifen Protein.

Inkretine, *Inkretin-Hormone*, die innere Sekretion des Pankreas stimulierende Hormone aus dem Intestinaltrakt. Zu den I. gehören das ↗ *gastrininhibierende Polypeptid* (GIP) und das *Glucagonähnliche Peptid I (7–37)/(7–36)amid* (GLP-I). Neben der starken insulinfreisetzenden Wirkung wird den I. eine Regulatorfunktion bei der Transcription und Translation im Rahmen der Biosynthese des Pro-Insulins zugeschrieben. In den intestinalen L-Zellen werden aus dem Pro-Glucagon *Glicentin* (Pro-Glucagon 1–69), *Oxyntomodulin* (Pro-Glucagon 33–69), GLP-I, GLP-II und IP-2 (↗ *Glucagon*) gebildet. Die Wirkung der I. wird über GLP-I- und GIP-Rezeptoren auf pankreatischen B-Zellen vermittelt, die mit dem Adenylat-Cyclase-System gekoppelt sind. [H.-C. Fehmann et al. *Endocrine Rev.* 16 (1995) 390]

Inkretin-Hormone, Syn. für ↗ *Inkretine*.

Ino, Abk. für ↗ *Inosin*.

Inosin, *Ino, Hypoxanthosin, Hypoxanthinribosid, 9β-D-Ribofuranosylhypoxanthin*, ein β-glycosidisches Nucleosid aus D-Ribose und Hypoxanthin (Abb.); M_r 268,23 Da, F. 218 °C (Z.), $[\alpha]_D^{25}$ –73,6° (c = 2,5, 0,01 N NaOH). I. kommt in freier Form unter anderem im Fleisch und in Hefen vor. Es entsteht durch Dephosphorylierung von Inosinphosphaten. I. ist Bestandteil des Anticodons bestimmter transfer-RNAs (↗ *seltene Nucleinsäurebausteine*) und erfüllt dort spezifische Funktionen.

Inosin-5'-diphosphat, ↗ *Inosinphosphate*.

R = H   Hypoxanthin

R = HOCH₂ ... Inosin

R = ... Inosinsäure (IMP) Inosin-5'-monophosphat

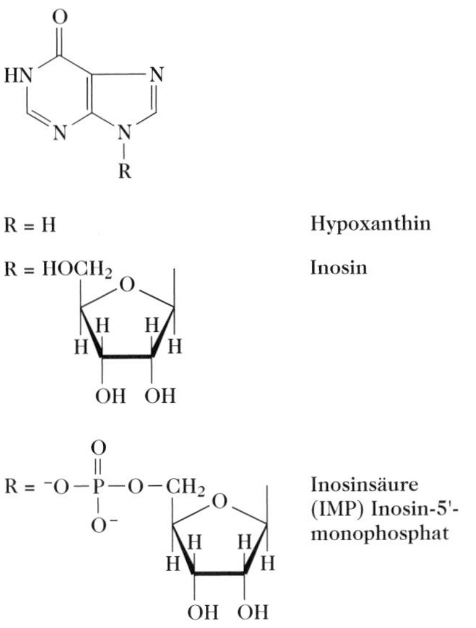

Inosin. Struktur von Hypoxanthin, Inosin und Inosinsäure.

Inosin-5'-monophosphat, ↗ *Inosinphosphate*.

Inosinphosphate, zu den Nucleotiden zählende Phosphorsäureester des Inosins.

1) Inosin-5'-monophosphat (IMP, Inosinsäure, Hypoxanthinribosid-5'-phosphorsäure (Formel ↗ *Inosin*) ist aus der Purinbase Hypoxanthin, D-Ribose und Phosphorsäure aufgebaut. M_r 348,22 Da, $[\alpha]_D^{25}$ –36,8° (c = 0,87; 0,1 M HCl). IMP ist die biosynthetische Vorstufe aller Purine. IMP dient zusammen mit Guanylsäure als Würz- und Aromastoff und wird zu diesem Zweck entweder aus Fleischextrakten isoliert, durch Hydrolyse von Hefenucleinsäuren gewonnen oder durch Mutanten bestimmter Mikroorganismen, z. B. *Corynebacterium glutamicum,* großtechnisch produziert.

2) Inosin-5'-triphosphat (ITP, M_r 508,19 Da) kann als energiereiches Phosphat in manchen Stoffwechselreaktionen (Carboxylierungen) ATP

ersetzen. Es entsteht durch Phosphorylierung von IMP über *Inosin-5'-diphosphat*, (IDP, M_r 428,2 Da).

3) zyklisches Inosin-3',5'-monophosphat (cyclo-IMP, cIMP) eine zum zyklischen Adenosin-3',5'-monophosphat (↗ *Adenosinphosphate*) strukturanaloge Verbindung, die ähnlich dem Adenosinderivat das Wachstum bestimmter transplantabler Tumoren hemmt.

Inosinsäure, ↗ *Inosinphosphate*.

Inosin-5'-triphosphat, ↗ *Inosinphosphate*.

Inosite, Syn. für ↗ *Inositole*.

Inositole, *Inosite, Cyclohexitole, Cyclohexanhexole*, die neun Isomere des 1,2,3,4,5,6-Hexahydroxycyclohexans (Tab.), die alle natürlich vorkommen. Sie haben die gleiche empirische Formel ($C_6H_{12}O_6$, M_r 180,15 Da) wie die Hexosen und sind biosynthetisch mit diesen verwandt. Sie besitzen jedoch einen Hexanring (mit Sesselkonformation) und keinen heterozyklischen Ring. Die Hydroxylgruppen können entweder in der äquatorialen oder der axialen Position vorliegen, so dass acht *cis,trans*-Isomere möglich sind. Sieben davon sind optisch inaktiv. Das achte *cis,trans*-Isomer bildet ein Isomerenpaar, das aus der optisch aktiven 1D-*chiro*- und 1L-*chiro*-Form besteht. Nach der modernen Nomenklatur werden zunächst die Stellungen der Hydroxygruppen angegeben, die oberhalb der Ebene des Cyclohexanringes stehen (Abb.) und durch einen Schrägstrich von den unterhalb der

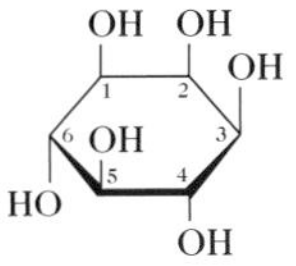

Inositole. (1,2,3,5 / 4,6)-Inositol).

Inositole. Tab. Die neun isomeren Inositole.

Präfixe (nach älterer Nomenklatur)	Präfixe (nach neuerer Nomenklatur)	
cis-	(1,2,3,4,5,6)-	Inositol
epi-	(1,2,3,4,5/6)-	Inositol
allo-	(1,2,3,4/5,6)-	Inositol
neo-	(1,2,3/4,5,6)-	Inositol
myo-	(1,2,3,5/4,6)-	Inositol
muco-	(1,2,4,5/3,6)-	Inositol
scyllo-	(1,3,5/2,4,6)-	Inositol
dextro-	(1,2,5/3,4,6)-	Inositol
levo-	(1,2,4/3,5,6)-	Inositol

Ebene stehenden abgetrennt. Die häufigste natürliche Form ist das *myo-Inosito* (1,2,3,5/4,6-Cyclohexanhexol). *myo-I.* wirkt bei Mikroorganismen als Wachstumsfaktor und wird als *Bios I* bezeichnet. Es wird zum Vitamin-B-Komplex gezählt. In Eukaryontenzellen liegt es vorwiegend als Phosphatidylinositol (↗ *Inositphosphat*) vor. In höheren Pflanzen sind auch inositolhaltige Sphingolipide enthalten. Scyllitol (*scyllo-I.*) kommt in den Organen verschiedener Knorpelfische (z. B. Haie, Rochen) vor, im Harn verschiedener Säugetiere, einschließlich des Menschen, in *Calycanthus occidentalis* und *Chimonanthus fragrans* (beides Pflanzen aus der Familie der *Calycanthaceen*). Die Methylether von *dextro-I.*, *levo-I.* und *myo-I.* sind in Pflanzen weit verbreitet, z. B. (+)-Pinitol (3-*O*-Methyl-*dextro*-inositol), (–)-Pinitol (3-*O*-Methyl-*levo*-inositol), (–)-Quebrachitol (1-*O*-Methyl-*levo*-inositol), Bornesitol (1-*O*-Methyl-*myo*-inositol), Sesquoyitol (5-*O*-Methyl-*myo*-inositol), *meso*-Dambonitol (1,3-Di-*O*-methyl-*myo*-inositol), *meso*-Ononitol (4-*O*-Methyl-*myo*-inositol), Liriodendritol (1,5-Di-*O*-methyl-*myo*-inositol). ↗ *Phytinsäure*.

[S.J. Angyal *Quart. Reviews* **11** (1957) 212–226; S.J. Angyal u. L. Anderson *Adv. Carbohydrate Chem.* **14** (1959) 135–212]

myo-Inositolhexaphosphorsäureester, Syn. für ↗ *Phytinsäure*.

Inositolphosphate, Phosphatester des zyklischen Alkohols *myo*-Inositol. Sie kommen in der Plasmamembran als Bestandteil von Phospholipiden, den sog. Phosphatidylinositolen, vor. Inositol-1,4,5-triphosphat (InsP₃) wird in der Plasmamembran von verschiedenen Hormon- oder Neurotransmitterrezeptoren aus Phosphatidylinositol-4,5-diphosphat (PtdInsP₂) freigesetzt, wenn der Rezeptor besetzt wird. InsP₃ ist vermutlich die aktive Form, die dafür verantwortlich ist, daß Ca^{2+} nach der Stimulation der Zelle freigesetzt wird, und ist somit ein sekundärer Botenstoff (↗ *Hormone*, ↗ *Calcium*) für solche Agenzien wie Acetylcholin, Vasopressin, Substanz P und den epidermalen Wachstumsfaktor (↗ *Peptidhormone*).

InsP₃ wird rasch in drei Schritten zu *myo*-Inositol abgebaut. Die letzte dieser Reaktionen wird durch *myo*-Inositol-1-Phosphatase (EC 3.1.3.25) katalysiert, welche durch Lithium inhibiert wird. Die *de-novo*-Synthese von *myo*-Inositol ergibt *myo*-Inositol-1-Phosphat und kein freies *myo*-Inositol, so dass die Inhibierung dieses Enzyms den Degradationszyklus unterbricht und die Bildung von Phosphatidylinositol verhindert. Wahrscheinlich ist dieser Effekt für die pharmakologische Wirkung des Lithiums bei manischer Depression verantwortlich.

Phosphatidylinositol ist weiter verbreitet als PtdIns4P oder PtdIns4,5P. Da die drei Spezies jedoch miteinander im Gleichgewicht stehen, wird PtdIns4,5P, das durch Spaltung von der Membran freigesetzt wird, rasch ersetzt. Das Diacylglycerin, das bei der Spaltung von PtdIns4,5P freigesetzt wird, ist wie InsP₃ ein sekundärer Botenstoff. Es aktiviert die Membran-C-Kinase, die anschließend eine Reihe anderer Proteine durch Phosphorylierung aktiviert (↗ *Calcium*). Der Diacylglycerinteil von PtdIns4,5P kann in Position 2 Arachidonsäure tragen. Wenn diese Arachidonsäure durch Hydrolyse von Diacylglycerin abgespalten wird, kann sie ebenfalls als Zellaktivator fungieren.

In der Form als Phosphatidester spielen die I. eine wesentliche Rolle bei der Aktivierung vieler Zelltypen. Bei der Spaltung von PtdIns4,5P entstehen mindestens drei verschiedene sekundäre Botenstoffe: InsP₃, das anschließend eine Flut an intrazellulärem Ca^{2+} erzeugt, Diacylglycerin und Arachidonsäure. [M.J. Berridge *Biochem. J.* **220** (1984) 345–360; D. H. Carney et al. *Cell* **42** (1985) 479–488]

Inositol-1,4,5-triphosphat-Rezeptor, ein aus einem tetrameren Protein gebildeter Ca^{2+}-Kanal in der Membran intrazellulärer Ca^{2+}-Speicher. I. ähnelt funktionell und strukturell dem ↗ *Ryanodin-Rezeptor*. Die Kanalöffnung wird durch Ligandenbindung an die cytoplasmatischen N-terminalen Regionen reguliert. Es ist noch nicht eindeutig geklärt, ob alle vier Rezeptoruntereinheiten den Liganden Inositol-1,4,5-triphosphat (InsP3) (↗ *Inositolphosphate*) binden müssen, ehe die Kanalöffnung erfolgt. Die N- und C-terminalen Enden der Proteinuntereinheiten sind durch etwa 1.500 Aminosäurebausteine getrennt. Die Ausbildung der Kanalpore erfolgt wahrscheinlich durch C-terminale Sequenzbereiche, die Transmembran-α-Helices bilden. Der I. selbst hat Protein-Kinase-Aktivität und unterliegt allosterischer Regulation teilweise durch gleiche Effektoren wie der Ryanidinrezeptor. Man kennt Rezeptorsubtypen, die sich in der sog. *linking*-Domäne unterscheiden und wahrscheinlich einer unterschiedlichen Regulation ausgesetzt sind.

Insecticyanin, ein blaues Biliprotein aus der Hämolymphe und dem Integument des Tabakschwärmers (*Manduca sexta*). Im Zusammenspiel mit der gelben Farbe der Carotinoide, die ebenfalls vorhanden sind, ist I. für die grüne Farbe der Larven verantwortlich. Es wird nur von den Larven produziert, ist jedoch von der Verpuppung bis zum ausgewachsenen Weibchen in der Hämolymphe weiter vorhanden und wird dann in die Eier abgesondert. Es liegt als tetrameres Molekül vor, das aus identischen Untereinheiten (jede M_r 21,4 kDa, 189 Aminosäuren, Sequenz bekannt, 2 Disulfidbrücken) besteht. Die chromophore Gruppe des I. ist Biliverdin IX, das fest gebunden vorliegt und nur unter denaturierenden Bedingungen abgespalten werden kann. Es wurden hochaufgelöste röntgenkristallographische Untersuchungen durchgeführt. [H.M. Holden et al. *J. Biol. Chem.* **261** (1986) 4212–4218]

Insektenhormone, für den Lebenszyklus der Insekten verantwortliche, meist niedermolekulare Substanzen. An der Steuerung der nachembryonalen Entwicklung der Insekten sind drei Hormone beteiligt: 1) Aktivationshormon (Gehirnhormon, adenotroper Faktor); 2) Häutungshormon (↗ *Ecdyson*); 3) Juvenilhormone. Die Auslösung jeder Häutung erfolgt durch das im Gehirn produzierte Aktivationshormon, ein Polypeptid. Seine Wirkung beruht auf einer Steigerung der RNA-Synthese innerhalb der Häutungsdrüse. Damit geht die Ausschüttung eines Häutungshormons mit Steroidstruktur (oder seiner biogenetischen Vorstufen) aus der Prothorakaldrüse einher. Über die Art der Häutung entscheidet das Juvenilhormon, ein Sesquiterpen aus den Corpora allata. Hohe Konzentrationen dieses Hormons führen zu einer Larvalhäutung, niedrige Konzentrationen zu einer Puppenhäutung. Eine Imaginalhäutung tritt auf, wenn das Juvenilhormon für sich allein wirkt.

Gleiche oder strukturell nahe Verwandte der Ecdysone aus Insekten finden sich auch verbreitet und in z. T. hohen Konzentrationen im Pflanzenreich (Phytoecdysone). So lassen sich aus 15 kg frischen Eibenblättern 300 mg Ecdysteron isolieren, eine Menge, für die etwa 6.000 kg Insektenpuppen aufgearbeitet werden müssen.

Neben den natürlichen Verbindungen hat eine Vielzahl synthetischer Analoga eine hohe Aktivität im biologischen Test gezeigt, besonders Juvenilhormonaktivität. Mit solchen Substanzen soll die Bekämpfung von Schadinsekten durch umweltfreundliche biologische Methoden erfolgen, z. T. sind sie schon im Einsatz.

Insektenlockstoffe, ↗ *Pheromone*.

Insektizide, biologisch aktive Verbindungen, die sich in ihrer Wirkung gegen Insekten und deren Entwicklungsformen richten. Wichtigste Anwendungsbereiche sind die *Hygiene* (I. gegen aktive oder passive Überträger und Zwischenwirte von Krankheiten und Seuchen wie Fliegen, Mücken, Flöhe und Wanzen bei Mensch und Tier), der Pflanzenschutz sowie der Vorratsschutz.

Die Wirkung der I. kann im Laufe der Zeit durch Resistenzen eingeschränkt werden, hervorgerufen durch Entgiftungsmechanismen der Insekten. Durch die Verwendung von ↗ *Synergisten* sowie einen häufigen Wirkstoffwechsel kann der Resistenz entgegengesteuert werden. I. lassen sich in folgende Gruppen einteilen: *Chlorkohlenwasserstoffinsektizide* (*DDT* wird noch heute in vielen Ländern der dritten Welt produziert und angewendet), ↗ *phosphororganische Insektizide, Carbamatinsektizide*, ↗ *Pyrethroide, Acylharnstoffinsektizide*, ↗ *Chlornicotinyl-Insektizide*.

Von Bedeutung sind weiterhin: ↗ *Repellents*, ↗ *Chemosterilantien*, ↗ *Juvenilhormone*, mikrobielle Insektizide, entomopathogene Mikroorganismen, z. B. *Bacillus thuringiensis* (↗ *Bioinsektizide*); natürliche I., z. B. ↗ *Pyrethrum*, ↗ *Nicotin, Derris, Azadirachtin*.

Etwa 80 % aller auf dem Markt befindlichen I. gehören zu den phosphororganischen I., den Carbamatinsektiziden und den Pyrethroiden.

insektizide Proteine, bakterielle Proteine, die als Fraßgifte zur Bekämpfung von bestimmten Insekten bzw. Insektenlarven dienen. Aus *Bacillus thuringiensis*-Stämmen gewonnene Pulver werden als Insektizide gegen Mücken und Schadinsekten in der Landwirtschaft eingesetzt.

Insertion, ↗ *Mutation*.

Insertionssequenz, ↗ *Transposon*.

Insulin, ein aus zwei Peptidketten aufgebautes Peptidhormon. Die A-Kette mit 21 und die B-Kette mit 30 Aminosäureresten wird durch zwei interchenare Disulfidbrücken zu einem bizyklischen System verknüpft, während in der A-Kette eine intrachenare Disulfidbrücke enthalten ist. I. wird in den B-Zellen der Langerhansschen Inseln des Pankreas gebildet und senkt als Gegenspieler des ↗ *Gluca-*

Insulin. Abb. 1. Primärstruktur des Schafsinsulins. Humaninsulin (H) und Rinderinsulin (R) unterscheiden sich im Sequenzabschnitt A 8-10 vom Schafsinsulin; im Humaninsulin ist darüber hinaus das C-terminale Alanin der B-Kette gegen Threonin ausgetauscht.

Enzyme des Kohlenhydratstoffwechsels	Aktivität	Phosphorylierung
Fructose-6-phosphat-2-Kinase	↑	↓
Glycogen-Synthase	↑	↓
Phosphorylase	↓	↓
Phosphorylase-Kinase	↓	↓
Phosphoprotein-Phosphatase-Inhibitor 1	↓	↓
Pyruvat-Dehydrogenase	↑	↓
Pyruvat-Kinase	↑	↓
Enzyme des Lipidstoffwechsels		
Acetyl-CoA-Carboxylase	↑	↑
ATP-Citrat-Lyase	keine Änderung	↑
Diacylglycerin-Acyltransferase	↑	↓
Glycerinphosphat-Acyltransferase	↑	↓
Hydroxymethylglutaryl-CoA-Reduktase	↑	↓
Hydroxymethylglutaryl-CoA-Reduktase-Kinase	↓	↓
Triacylglycerin-Lipase	↓	↓
Andere		
Insulinrezeptor (β-Untereinheit)	?	↑
Ribosomales Protein S6 (in 40S-Untereinheit)	?	↑
zyklisches-AMP-Phosphodiesterase (niedriger K_m-Typ)	↑	↑
Ca-ATPase der Plasmamembran	↓	↓?
Na/K-ATPase der Plasmamembran	↑?	↑

↑ = Phosphorylierung bzw. Aktivitätszunahme;
↓ = Dephosphorylierung bzw. Aktivitätsabnahme

Insulin. Tab. 1. Wirkungen von Insulin auf die Phosphorylierung und die Aktivität verschiedener Enzyme und Proteine. Die Wirkungen sind indirekter Art, d. h. Insulin bindet an seinen Rezeptor auf der Zellmembran und initiiert eine Kette von Ereignissen, die in der Phosphorylierung (Kinasereaktion) oder Dephosphorylierung (Phosphataseaktivität) des Enzyms ihren Höhepunkt erreichen.

gons bei physiologischem Bedarf den Blutglucosespiegel. Die typischen I.-Mangelsymptome ergeben das Krankheitsbild des ↗ Diabetes mellitus, deren Ursachen weitgehend unbekannt sind. I. wurde 1921 durch Banting und Best als Diabetes-kompensierendes Prinzip entdeckt. 1926 gelang Abel die Reindarstellung und Kristallisation und 1955 wurde durch Sanger die Primärstruktur aufgeklärt. Schließlich ermittelte 1969 Dorothy Hodgkin die Raumstruktur durch Röntgenkristallstrukturanalyse. I. wurde lange Zeit industriell durch Extraktion von Pankreata aus Schwein und Rind gewonnen. 1963 gelang den Arbeitskreisen um Helmut Zahn in Aachen, Katsoyannis in Pittsburgh und Chu Wang in Shanghai die Totalsynthese der beiden Ketten und deren Kombination durch statistische Oxidation zum Insulin mit biologischer Aktivität. Der eindeutige Strukturbeweis für die von Sanger vorgeschlagene Primärstruktur (Abb. 1) konnte erst 1974 durch eine von Rittel und Mitarbeitern beschriebene Totalsynthese des Humaninsulins erbracht werden, bei der auch die Disulfidbrücken im Verlauf der Chemosynthese in eindeutiger Weise unter Vermeidung von Disulfidaustausch geknüpft wurden. Aufgrund des hohen Bedarfs an I. (Weltjahresbedarf beträgt gegenwärtig ca. 6 Tonnen mit einem Marktwert von ca. 1,8 Mrd. DM) ist die gentechnische Produktion die Methode der Wahl, obgleich auch die Semisynthese des Humaninsulins aus Schweineinsulin durch enzymatischen Aminosäureaustausch prinzipiell mit den gentechnischen Produktionsverfahren konkurrieren kann, wenn genügend Schweineinsulin durch Extraktionsverfahren bereitgestellt werden könnte. Aufgrund der komplexen Struktur des I. stellt die Chemosynthese keine Produktionsalternative dar. Obgleich Humaninsulin weniger immunogen ist als Schweine- oder Rinderinsulin, konnte es letzteres nicht sofort verdrängen, weil gut eingestellte Diabetiker nicht unbedingt zum Humaninsulinpräparat wechseln

Gewebe	Prozess	Insulin	Adrenalin	Glucagon
Muskel	Glucoseaufnahme	↑	↑	–
	Glycolyse	↑	↑	–
	Glycogenolyse	↓	↑	–
	Glycogensynthese	↑	↓	–
Fettgewebe	Glucoseaufnahme	↑	↓	(↓)
	Lipogenese	↑	↓	(↓)
	Lipolyse	↓	↑	(↑)
Leber	Fettsäuresynthese	↑	↓	↓
	Fettsäureoxidation	↓	↑	↑
	Gluconeogenese	↓	(–)	↑
	Glycogenolyse	↓	↑	↑
	Glycogensynthese	↑	↓	↓
	Ketonkörperbildung	↓	(–)	↑

↑ = Aktivitätszunahme; ↓ = Aktivitätsabnahme

Insulin. Tab. 2. Wirkungen von Insulin und anderen Hormonen auf den Kohlenhydrat- und Lipidstoffwechsel im Muskel, im Fettgewebe und in der Leber. Insulin stimuliert in allen drei Geweben die Aminosäureaufnahme und die Proteinsynthese.

müssen. [D. Brandenburg, *Insulin Chemistry* in *Handbook of Experimental Pharmacology* Vol. 92, P. Cuatrecas u. S. Jacobs (Hrsg.) Springer-Verlag, Berlin 1990]

I. ist das einzige blutzuckersenkende Hormon. Es beeinflusst den gesamten Intermediärstoffwechsel, speziell von Leber, Fettgewebe und Muskulatur. I. erhöht die Zellpermeabilität für Monosaccharide, Aminosäuren und Fettsäuren, beschleunigt die Glycolyse, den Pentosephosphat-Zyklus und in der Leber die Glycogensynthese. Es fördert die Fettsäure- und Proteinbiosynthese. Diese indirekten Wirkungen auf verschiedene Enzyme und Stoffwechselprozesse sind in den Tabellen 1 und 2 aufgeführt.

Die meisten Arten besitzen nur einen Insulintyp, jedoch liegen bei drei Nagetierspezies (Laborratte, Maus, Spitzmaus) und zwei Fischarten (Thunfisch, Krötenfisch) zwei verschiedene Hormone vor. Die Ratte ist im Besitz von zwei Insulingenen, während bei Menschen nur eines vorhanden ist. Die Ratten- und Humaninsulingene wurden sequenziert [G.I. Bell et al. *Nature* **284** (1980) 26–32]. Das reife mRNA-Transcript codiert für Prä-Pro-Insulin, das eine aminoterminale hydrophobe, 16 Reste umfassende Signalsequenz trägt (↗ *Signalhypothese*; Abb. 2). Sobald Prä-Pro-Insulin durch die Membran in das Lumen des endoplasmatischen Reticulums tritt, wird die Signalsequenz entfernt und es entsteht Pro-Insulin. Pro-Insulin wird zum Golgi-Apparat transportiert, wo die proteolytische Entfernung einer internen Sequenz, des Verbindungspeptids (*connecting peptide*, C-Peptid), begonnen wird. In den Speichergranula wird die Hydrolyse fortgesetzt. Zusätzlich zu anderen Strukturhomologien

enthält das C-Peptid verschiedener Arten an seinem Aminoende Arg-Arg und an seinem Carboxyende Lys-Arg. Diese stellen die proteolytischen Spaltungsstellen für den Angriff durch trypsinähnliche Enzyme dar. Die Disulfidbrückenbindungen werden unmittelbar nach der Translation gebildet und sind im Pro-Insulin vorhanden. Das I. wird durch Fusion der Membran reifer Speichergranula mit der Plasmamembran der Zelle freigesetzt (Sekretion). Die Insulinausschüttung, die als Antwort auf Metabolite der ↗ *Atmung* (z. B. Glucose) oder bestimmte Hormone erfolgt, wird durch eine Konzentrationserhöhung von freien cytosolischen Ca²⁺-Ionen ausgelöst. Die Ca²⁺-Konzentrationserhöhung wird durch vermehrtes Einströmen von Ca²⁺ durch spannungsabhängige Ca²⁺-Kanäle und durch Mobilisierung intrazellulärer Ca²⁺-Reservoirs verursacht.

Inositoltriphosphat kann als sekundärer Botenstoff für die Freisetzung von Ca²⁺ aus internen Speichern dienen (↗ *Inositolphosphate*). Es existiert kein eindeutiger Nachweis dafür, dass dieser Vorgang für die Stimulierung verschiedener sekretorischer Zellen universell sein könnte. [S.K. Joseph et al. *J. Biol. Chem.* **259** (1984) 12952–12955; C.B. Wollheim u. G.W.G. Sharp *Physiol. Rev.* **61** (1981) 914–973]

Ein wichtiger physiologischer Stimulus für die Insulinsekretion besteht in einer hohen Blutglucosekonzentration, z. B. in Form der Hyperglycämie, die nach einer Mahlzeit auftritt, und die Insulinsekretion fördert. Weitere primäre physiologische Stimuli der Insulinsekretion sind: Mannose, Leucin, Arginin, Lysin, kurzkettige Fettsäuren, langket-

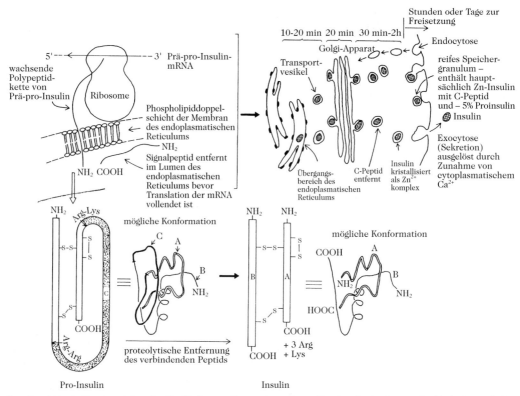

Insulin. Abb. 2. Posttranslationelle Modifizierung (Prozessierung) von Pro-Insulin im Lumen des Endoplasmatischen Reticulums, im Golgi-Apparat und in den Transportvesikeln. Diese Prozesse ereignen sich in den B-Zellen der Langerhansschen Inseln. Insulinsekretion erfolgt durch Exocytose. Die Membranen werden vermutlich durch Endocytose zurückgeführt.

tige Fettsäuren, Acetoacetat und β-Hydroxybutyrat. Zu den sekundären physiologischen Stimuli (fördern die Insulinfreisetzung nicht direkt, beeinflussen jedoch die Antwort auf die primären Stimuli) zählen: Glucagon, Sekretin, Pankreozymin, Gastrin, Acetylcholin und Prostaglandin E_1 und E_2. Die Insulinsekretion wird durch Somatostatin, Adrenalin und Noradrenalin inhibiert. Die Biosynthese und die Sekretion von I. sind mit unterschiedlichen Glucosekonzentrationen gekoppelt. So wird die Insulinsynthese durch Glucosekonzentrationen angeregt, die höher als 2–4 mM sind, während zur Insulinsekretion Glucosekonzentrationen oberhalb von 4–6 mM erforderlich sind. Die Biosynthese von I. wird auch gefördert von: Mannose, Dihydroxyaceton, Glyceraldehyd, Leucin, *N*-Acetylglucosamin, α-Ketoisocaproat, Glucagon und Methylxanthinen. Adrenalin inhibiert die Insulinbiosynthese, während Galactose keinen Effekt ausübt. Die Sulfonylharnstoffe, die im Fall der Typ-2-Diabetes (mangelhafte sekretorische Antwort der B-Zellen) zur pharmakologischen Anregung der Insulinsekretion angewandt werden, stimulieren die Insulinbiosynthese nicht.

Das I. wird radioimmunologisch bestimmt. Der Normalwert im Blut beträgt beim Menschen 1 ng/ml.

I. wird rasch aus dem Kreislauf entfernt und abgebaut (inaktiviert). Der Hauptabbauort ist die Leber, jedoch besitzen die meisten peripheren Gewebe spezifische insulinabbauende Enzyme. Diese Enzyme sind in den Zellen lokalisiert, so dass das Insulin vor dem Abbau in diese aufgenommen werden muss. Dies geschieht durch rezeptorvermittelte Endocytose. Anschließend dissoziiert das Insulin vom Rezeptor und wird abgebaut, während der Rezeptor vermutlich an die Plasmamembran zurückkehrt. Eine lösliche Insulinprotease greift sowohl das Insulinmolekül als auch die getrennten A- und B-Ketten an. Zusätzlich enthält die Zelle eine Insulinglutathion-Transhydrogenase, die an die intrazellulären Membranen gebunden vorliegt und die Disulfidbindungen von I. spaltet, wodurch getrennte A- und B-Ketten entstehen. Die abbauenden Enzyme werden durch I. stimuliert. Die insulinabbauende Aktivität in der Leber nimmt durch Hungern ab und steigt bei Nahrungsaufnahme wieder an. Ein exzessiver Abbau kann eine Ursache bzw. ein beisteuernder Faktor des ⌐ *Diabetes mellitus* sein. [W. Montague, *Diabetes and the Endocrine Pancreas – A Biochemical Approach* Croom Helm, London, 1983; M.P. Czech, Hrsg., *Molecular Basis of Insulin Action* Plenum Press, New York 1985; L.M. Graves u. J.C. Lawrence, jr. „Insulin, Growth Factors, and cAMP. Antagonism in the Signal Transduction Pathways" *Trends Endocrinol.* **7** (1996) 43–50]

insulinähnlicher Wachstumsfaktor, IGF (engl. *insulin-like growth factor*), *IGF-1* ist ein 70 AS-Polypeptid (M_r 7,6 kDa) mit drei intrachenaren Disulfidbrücken, das in Wechselwirkung mit anderen Hormonen Wirkungen des ⌐ *Somatotropins* auf die Skelettknochen vermittelt. Es dient auch zur Charakterisierung des ⌐ *Insulinrezeptors*. Beim Menschen ist das Gen auf dem Chromosom 12 lokalisiert, während sich auf dem Chromosom 11 das Gen für IGF-2 befindet. *IGF-2* ist ein 67 AS-Polypeptid (M_r 7,5 kDa) mit ebenfalls drei intrachenaren Disulfidbrücken und hat Anteil an der fetalen und embryonalen Entwicklung des Nervensystems und der Knochen. Außerdem senkt es, z. B. vermittelt über den *Nervus vagus*, eine durch ⌐ *Pentagastrin* initiierte Produktion der Magensäure. Die Wirkungen der i. W. werden über den IGF-1-Rezeptor (M_r 400 kDa) und den IGF-2-Rezeptor (M_r 250 kDa) vermittelt. Der *IGF-1-Rezeptor* (IGF-Rezeptor Typ I) ähnelt in der Struktur dem Insulinrezeptor ($\alpha_2\beta_2$). Die extrazelluläre α-Untereinheit enthält eine cysteinreiche Region und 11 Glycosylierungsstellen, während die β-Untereinheit extrazellulär glycosyliert ist, eine Transmembran-Domäne (24 Aminosäurebausteine) und eine intrazelluläre Domäne mit Tyrosin-Kinase-Aktivität aufweist. Der *IGF-2-Rezeptor* (IGF-Rezeptor Typ II) zeigt einen anderen, mehr dem Mannose-6-phosphat-Rezeptor ähnelnden Aufbau. Es ist ein monomeres Protein mit einer weitaus größeren extrazellulären Domäne, die 19 Glycosylierungsstellen aufweist, während die viel kürzere intrazelluläre, hydrophile Domäne an verschiedenen Stellen phosphoryliert werden kann. [W.S. Cohick u. D.R. Clemmons *Annu. Rev. Physiol.* **55** (1993) 131–153; R. Yamamoto-Honda *J. Biol. Chem.* **270** (1995) 2729–2734; D.E. Jensen et al. *J. Biol. Chem.* **270** (1995) 6.555–6.531]

Insulinrezeptor, ein tetrameres Transmembran-Glycoprotein, das nach Bindung von ⌐ *Insulin* durch Autophosphorylierung eines Tyrosinrests das extrazelluläre Signal in die Zelle weiterleitet. Es besteht aus zwei α- und zwei β-Untereinheiten, die durch Disulfidbindungen verknüpft sind. Diese heterotetramere Form stammt von einer einzelnen Polypeptidvorstufe ab (Abb. 1), deren Struktur von einem cDNA-Klon hergeleitet wurde. Im endoplasmatischen Reticulum erfolgt die Abspaltung der Signalsequenz, die partielle Glycosylierung, die Faltung des Polypeptids und die Bildung der Disulfidbindungen, die die α- und β-Untereinheiten verknüpfen. Die weitere Glycosylierung und die proteolytische Spaltung in α- und β-Untereinheiten werden im Golgi-Apparat durchgeführt. Anschließend erfolgt der Transport zur Plasmamembran.

Die kurzzeitigen metabolischen Wirkungen und die langzeitige wachstumsfördernde Aktivität von Insulin werden durch dessen Bindung an den spezifischen Zelloberflächenrezeptor mit hoher Affinität angeregt. Die Bindungsanalyse von ^{125}I-markiertem Insulin an den I. ergibt ein gebogenes Scatchard-Diagramm und eine Bindungskonstante von 1 nM. Bei der milden reduktiven Spaltung (Dithiothreitol) des in Triton X-100 gelösten, affinitätsmarkierten I. (M_r 440 kDa) entstehen durch Spaltung der Disulfidbindungen zwischen den α-Untereinheiten zwei identische Dimere (M_r

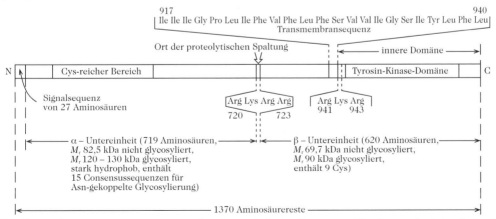

Insulinrezeptor. Abb. 1. Struktur des Vorstufenpolypeptids des Insulinrezeptors. Eine Sequenz basischer Aminosäuren (in diesem Fall Arg_{941}, Lys_{942}, Arg_{943}) an der Verbindungsstelle zwischen der Transmembransequenz und der Cytoplasmadomäne ist ein allgemeines Merkmal von Transmembranproteinen. Man nimmt an, dass sie mit den polaren Gruppen von Phospholipiden auf der Membranoberfläche in Wechselwirkung treten.

220 kDa). Bei der vollständigen Reduktion bilden sich getrennte α- und β-Untereinheiten (M_r 120 und 90 kDa), wobei die α-Untereinheiten eine hohe ^{125}I-Insulinaktivität aufweisen. Folglich bindet jede α-Untereinheit auf der äußeren Membranoberfläche ein Insulinmolekül. Nur die β-Untereinheiten durchspannen die Membran (Abb. 2). Die Insulinbindung ruft eine Tyrosin-Kinase-Aktivität (gedeutet als starke Zunahme von V_{max} eines existierenden aktiven Zentrums) in der intrazellulären Domäne der β-Untereinheit hervor. Die insulinabhängige Kinase katalysiert die Phosphorylierung von Tyr-Resten in der β-Untereinheit selbst und auch von anderen Peptiden und Proteinen (↗ *Protein-Tyrosin-Kinase*, ↗ *Rezeptor-Tyrosin-Kinasen*) durch ATP. Auch Serinreste des I. werden phosphoryliert, jedoch befindet sich die verantwortliche Serin-Kinase nicht im I.

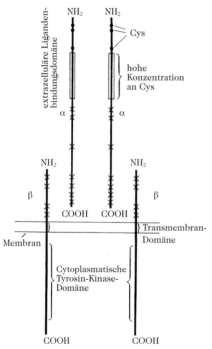

Insulinrezeptor. Abb. 2. Vorgeschlagene Anordnung des heterotetrameren Insulinrezeptorkomplexes. Einzelne Cys-Reste, die an Disulfidbindungen zwischen den Einheiten beteiligt sein können, sind durch X gekennzeichnet.

Zwischen der β-Untereinheit des I., den Rezeptoren anderer Wachstumsfaktoren (z. B. Epidermis-Wachstumsfaktor-Rezeptor) und bestimmter Onkogenprodukte, die Tyrosin-Kinase-Aktivität besitzen (z. B. Produkte der *src*-Genfamilie) bestehen viele Ähnlichkeiten. [M. P. Czech *Recent Progress*

in Hormone Research **40** (1984) 347–377; A. Ullrich et al. *Nature* **313** (1985) 756–761]

integrierte Geschwindigkeitsgleichung, eine Gleichung, die die Substrat- bzw. Produktkonzentration einer Enzymreaktion als Funktion der Zeit darstellt. Die zugehörigen graphischen Darstellungen sind die Zeit-Umsatz-Kurven, die andererseits auch direkt durch Messung gewonnen werden können (↗ *Enzymkinetik*). Durch Integration der Michaelis-Menten-Gleichung erhält man z. B. mit (S_0 − S) = P die integrierte Geschwindigkeitsgleichung $P(t) = V_m \cdot t + K_m \cdot \ln S/S_0$. Hierbei sind P die Produktkonzentration, S die Substratkonzentration, S_0 die Substratkonzentration zur Zeit $t = 0$, V_m und K_m die Maximalgeschwindigkeit und die Michaeliskonstante (↗ *enzymkinetische Parameter*).

integrierter Pflanzenschutz, Pflanzenschutzsystem, das alle wirtschaftlich, ökologisch und toxikologisch vertretbaren Methoden in ihrer Gesamtheit nutzt, um Schadorganismen unter der wirtschaftlichen Schadensschwelle zu halten. Grundlage ist die sinnvoll ausgewogene Kombination chemischer und nichtchemischer Pflanzenschutz- und Schädlingsbekämpfungsmaßnahmen. Chemische Maßnahmen werden mit möglichst biozönoseschonenden und selektiv wirkenden Mitteln durchgeführt, die das biologische Gleichgewicht in der Natur nicht stören. Zu den nichtchemischen Maßnahmen gehören neben Anbaumaßnahmen wie Fruchtfolgen, Bodenbearbeitung und Errichtung ökologischer Nischen auch Maßnahmen wie die Förderung oder Aussetzung natürlicher Feinde der Schädlinge, Anwendung von ↗ *Pheromonen*, Verwendung mechanischer Hindernisse oder Anbau klima- und standortgerechter Nutzpflanzenarten.

Integrine, eine zu den ↗ *Adhäsionsmolekülen* zählende Familie, zu der die Leucocyten-I., *very late activation*-Antigene und die Cytoadhäsine zählen. Es sind Rezeptoren mit einer heterodimeren Struktur, wobei die α- und β-Ketten nichtkovalent miteinander verknüpft sind. Beide Ketten ragen mit einer kurzen C-terminalen Transmembranregion in das Cytoplasma. Während die α-Kette nur eine Disulfidbrücke enthält, ist die β-Kette besonders reich an Cysteinresten mit vier repetitiven Sequenzen. I. binden sehr häufig Peptidliganden mit der RGD(-Arg-Gly-Asp-)-Sequenz. Im inaktiven Zustand sind I. dephosphoryliert, in der aktiven Form dagegen phosphoryliert. Erst durch Bindung der I. an einen Liganden wird die Kinase aktiviert und katalysiert die Phosphorylierung. *Leucocyten-I.*, $β_2$-*I.* besitzen die Struktur $α_1 β_2$ und erfüllen immunregulatorische Funktionen, insbesondere Kommunikation mit immunkompetenten Zellen. Man unterscheidet das *leucocytenfunktionsassoziierte Antigen-1* (*LFA-1*), das *Mac-1* (abgeleitet von *macrophage*) und das *gp 150,95* (*gp* für Glycoprotein). LFA-1 findet man auf allen Immunzellen. Der Ligand ist das interzelluläre Adhäsionsmolekül (ICAM). Mac-1 ist vor allem auf Monocyten und Makrophagen vorhanden. Die im Verlauf der Immunantwort freigesetzten Verbindungen C5a (ein zum Komplementsystem gehörendes Protein) und Leukotrien stimulieren die Bildung von Mac-1. Die Komplementkomponente C3bi und LPS (Lipopolysaccharid der Zellwand gramnegativer Bakterien) sind die Mac-Liganden. Das Glycoprotein gp 150,95 (Zahl ist die relative Molekülmasse der α- und β-Kette) ist das dritte Protein der Leucocyten-I. und kommt hauptsächlich auf Gewebemakrophagen vor. Als Ligand fungiert wie bei Mac-1 die Komponente des Komplements C3bi. Die **very late activation-Antigene**, β_1-**I.** sind gekennzeichnet durch die Struktur $\alpha_1\beta_1$ und kommen in verschiedenen Zelltypen vor. Liganden sind vor allem Bestandteile der extrazellulären Matrix (Kollagen, Fibronectin, Laminin u. a.). Bedeutung haben sie bei der Ontogenese und Morphogenese, aber auch bei der Wundheilung. Interessanterweise sind sie nach neueren Erkenntnissen auch an der Kommunikation der Zellen des Immunsystems beteiligt. **Cytoadhäsine**, β_3-**I.**, besitzen die Struktur $\alpha_1\beta_3$, kommen in verschiedenen Zelltypen vor und binden als Liganden ebenfalls Bestandteile der extrazellulären Matrix. Sie sind an der Morphogenese und Wundheilung beteiligt. [R.O. Hynes *Cell* **48** (1987) 549; T.K. Kishimoto et al. *Adv. Immunol.* **46** (1989) 149]

Interferon-β_2, *IFN-β_2*, ältere Bezeichnung für Interleukin-6 (↗ *Interleukine*).

Interferone, *IFN*, zu den ↗ *Cytokinen* gehörende Proteine, die die Vermehrung von Viren in Zellen hemmen. Sie werden auf äußere Reize, wie Antigene, Mitogene, Viren und einige chemische Verbindungen, von verschiedenen kernhaltigen Zellen, insbesondere Lymphocyten (IFN-γ), Fibroblasten (IFN-β) und Monocyten/Makrophagen (IFN-α) synthetisiert und bewirken virale Interferenz. Unter Virusinterferenz versteht man das schon seit 1935 bekannte Phänomen, dass bei bereits virusinfizierten Patienten eine gleichzeitige oder schnell folgende zweite Virusinfektion nicht mehr oder nur partiell wirksam wird. Neben der antiviralen Aktivität inhibieren I. die Zellvermehrung und führen zur Rückbildung von Tumoren. Außerdem können sie Immunreaktionen initiieren, hemmen oder verstärken. Die antitumoralen Eigenschaften der I. basieren auf verschiedenen Mechanismen, die aber noch nicht vollständig geklärt sind. Einerseits wirken I. antiproliferativ und hemmen dadurch die Vermehrung von Turmorzellen, auf der anderen Seite aktivieren sie bestimmte Immunzellen, wie Makrophagen und natürliche Killerzellen und steigern die Fähigkeit zur Phagocytose oder deren zellvermittelte Cytotoxizität. Neben diesen bedeuten-

den Funktionen bei der Abwehr von Tumorzellen, hemmen I. offenbar auch die Expression von Onkogenen, die für die unkontrollierte Vermehrung von Tumorzellen verantwortlich sind. Die Entdeckung der I. geht auf das Jahr 1957 zurück, als Isaacs und Lindenmann den ersten löslichen Faktor isolierten, der virale Interferenz bewirkte, diesen als Protein erkannten und den Namen I. prägten. Neben ihrer primären Funktion als zellulärer Abwehrstoff gegen die Ausbreitung von Virusinfektionen im Gewebe, stehen heute zusätzlich die antiproliferativen Anti-Tumor-Wirkungen und die Anti-Autoimmun-Wirkungen im Vordergrund des pharmazeutischen Interesses und klinischer Studien. Die I. sind in der Regel Glycoproteine mit M_r zwischen 10 und 60 kDa. In der Regel besitzt jede Tierart eigene Formen, davon mehrere mit verschiedenen antigenen Eigenschaften. Recht gut bekannt sind die I. aus Zellsystemen des Menschen und von Mäusen, die abgekürzt als HuIFN bzw. MuIFN bezeichnet werden. Aufgrund molekularbiologischer und immunologischer Erkenntnisse spricht man heute statt von I. des Typ I meist von IFN-α und IFN-β und statt von I. des Typ II von IFN-γ. *Interferon-α* (*IFN-α*), wegen der bevorzugten Bildung durch weiße Blutzellen auch *Leucocyten-I.* genannt, besteht aus einer Familie nahe verwandter Proteine mit einer Sequenzhomologie zwischen 80 und 95 %. Alle IFN-α-Gene sind beim Menschen auf dem Chromosom 9 lokalisiert. Man kennt bisher 24 Gene, von denen neun Pseudogene sind, die aus einem gemeinsamen Vorläufer durch Genduplikation entstanden sind. Die 15 Gene codieren die verschiedenen Subtypen (16–23), die als Proteine, teilweise in glycosylierter Form, freigesetzt werden. Die IFN-α bestehen aus 165–166 Aminosäurebausteinen (M_r 20 kDa). Induktoren für die Synthese sind Viren und einige synthetische Substanzen. Hauptproduzenten sind Monocyten/Makrophagen. Geringe Mengen werden von manchen Zelltypen konstitutiv hergestellt. IFN-α wirkt antiviral und initiiert eine erhöhte MHC-Klasse-I-Expression (↗ *MHC-Moleküle*).

Interferon-β (*IFN-β*) wegen der bevorzugten Bildung durch Fibroblasten, früher auch *Fibroblasten-I.* genannt, ist ein Glycoprotein (166 Aminosäurereste; M_r 20 kDa). Die Sequenzhomologie zum IFN-α beträgt 50 %. Das IFN-β-Gen ist ebenfalls auf Chromosom neun lokalisiert. Beide Typ I-I.-Gene besitzen keine Introns. Neben den Fibroblasten produzieren beim Menschen auch Monocyten/Makrophagen IFN-β, jedoch in viel geringeren Mengen als IFN-α. Es wirkt ähnlich wie IFN-α über den Rezeptor CD 118.

Interferon-γ (*IFN-γ*), auch als *Immun-I.* bezeichnet, ehemals Typ II-I., unterscheidet sich biochemisch deutlich von den Typ I-I. Es ist ein Glycoprotein mit 143 Aminosäurebausteinen (M_r 22 kDa), das *in vivo* als Dimer vorliegt. Das Gen befindet sich auf Chromosom 12 und besitzt im Unterschied zu den Genen der Typ I-I. drei Introns. Es besteht keine Sequenzhomologie zu Typ I-I. Nach Antigenkontakt produzieren hauptsächlich T-Helferzellen und natürliche Killerzellen IFN-γ in größeren Mengen. IFN-γ wird auch zu den ↗ *Lymphokinen* gerechnet. Es ist abgesehen von einer schwachen antiviralen Aktivität ein Modulator des Immunsystems und bewirkt u. a. die Aktivierung von Makrophagen und die Synthese von Histokompatibilitäts-Antigenen der Klasse II. Es spielt weiterhin eine wichtige Rolle bei der Produktion und Funktion von Antikörpern.

I. werden technisch aus Gewebekulturen oder mittels gentechnischer Verfahren hergestellt. Als Arzneimittel kann am Menschen nur HuIFN angewandt werden, das in ausreichender Menge produziert werden kann. Die Applikation erfolgt parenteral. Die Wirkungsmechanismen der I. sind heute erst in groben Umrissen erkennbar. Die I. induzieren in anderen Zellen eine Kaskade von Prozessen, die unspezifisch mit der weiteren Virusvermehrung interferieren. Beispielsweise unterbinden sie die Bildung von Virushüllproteinen. Neben den antiviralen Effekten liegt ihre Bedeutung in der erhöhten HLA-1-Expression (↗ *MHC-Moleküle*) und in der Aktivierung cytotoxischer Lymphocyten bei der HBV-Elimination. Leider sind die hochgesteckten Erwartungen bezüglich des therapeutischen Nutzens wegen unerwarteter Nebenwirkungen etwas gedrosselt worden. IFN-α wurde gegen einige Leukämieformen eingesetzt. [H. Kirchner et al. *Cytokine und Interferone: Botenstoffe des Immunsystems*, Spektrum Akademischer Verlag, Heidelberg 1994]

Interkalation, Einschub eines Gastmoleküls zwischen lamellar angeordnete Strukturen. Beispiele aus der Mineralogie und anorganischen Chemie sind die Aufnahme von Ammoniak oder Wasser durch Tone, von Chalkogeniden wie Niobiumdiselenid oder Molybdändisulfid durch Alkalimetalle oder verschiedenen Elektronendonoren oder -akzeptoren durch Graphit. In der Biochemie und Molekularbiologie wird als I. der Einschub lipophiler Substanzen in die Phospholipid-Doppelschicht der Membran sowie der Einschub größerer planarer Ringsysteme zwischen benachbarten Basen doppelsträngiger DNA verstanden. Die Bindung an die DNA ist, z. B. bei Acridinorange, sehr fest, sequenzunspezifisch und nicht kovalent. ↗ *Actinomycine* reagieren bevorzugt an GC-Paaren. Durch I. kommt es u. a. zur Entwindung der Doppelhelix, was Veränderungen in den hydrodynamischen und optischen Eigenschaften sowie der biologischen Aktivität bewirkt. DNA-interkalierende Verbindungen hemmen die DNA-Replikation (↗ *Replikation*) und Transcription (↗ *Ribonucleinsäure*); sie erzeugen

aber auch Mutationen. Einige werden als ↗ *Cytostatika* eingesetzt.

Interkonversion, in der Biochemie allgemein die metabolische Umwandlung von Intermediaten des Stoffwechsels ineinander, in der Enzymologie speziell die reversible Überführung von Enzymen in aktive und inaktive Formen (↗ *kovalente Enzymmodifizierung*).

interkonvertierbare Enzyme, oligomere Enzyme, die in zwei oder mehreren, ineinander umwandelbaren Formen vorkommen, welche sich in ihrem katalytischen Potenzial unterscheiden. Oftmals liegen eine aktive und eine inaktive Enzymform vor, deren Verhältnis zueinander durch spezifische kovalente Modifizierungsmechanismen gesteuert wird. Ein Beispiel sind Phosphorylase a und b in der ↗ *Glycogenolyse*.

Interkrine, ↗ *Chemokrine*.

Interleukin-3, *IL-3*, *Multi-CSF*, ein zu den ↗ *koloniestimulierenden Faktoren* zählendes ↗ *Interleukin*.

Interleukine, zu den ↗ *Cytokinen* gehörende Proteinmediatoren mit Hauptfunktionen im Immunsystem (z. B. T-Zell- Mastzell- und Makrophagenaktivierung, Induktion von Wachstum und Differenzierung von B- und T-Zellen, chemotaktische Wirkung auf T- und neutrophile Zellen, u. a.).

Interleukin-1 (*IL-1*), *leucocytenaktivierender Faktor* (*LAF*), wurde 1972 im Kulturüberstand von stimulierten adhärenten Leucocyten entdeckt. IL-1 ist ein kleines Protein (M_r 17 kDa) mit vielfältigen Wirkungen auf verschiedene Zelltypen sowie einem breiten Spektrum immunologischer Aktivitäten, die über IL-1-Rezeptoren vermittelt werden. Es kommt in zwei Formen (IL-1α und IL-1β) vor, die sich sehr deutlich in ihrer Aminosäuresequenz (Homologiegrad: 22–26 %) unterscheiden, jedoch an die gleichen Rezeptoren binden und identische biologische Aktivität aufweisen. IL-1 wirkt auf eine Vielzahl von Zielzellen, die an Immun- und Entzündungsreaktionen beteiligt sind, ist an der Regulation der Zellentwicklung im Knochenmark und im Thymus beteiligt und begünstigt die funktionelle Aktivierung reifer Zellen.

Interleukin-3 (*IL-3*) gehört als *Multi-CSF* zu den ↗ *koloniestimulierenden Faktoren*. *Interleukin-6* (*IL-6*), spielt eine zentrale Rolle bei der immunologischen Abwehr und wird von einer Vielzahl aktivierter lymphoider oder auch nichtlymphoider Zellen (T-Zellen, Monocyten, Makrophagen, B-Zellen, Fibroblasten Endothelzellen u. a.) sowie von einigen Tumorzellen konstitutiv gebildet. Es entsteht im Laufe von Entzündungsreaktionen und hat Einfluss auf Wachstum und Differenzierung von B- und T-Zellen. Eine weitere wichtige Funktion ist die Induktion von ↗ *Akute-Phase-Proteinen* in den Hepatocyten der Leber. IL-6 ist ein Glycoprotein mit einem unterschiedlichen Glycosylierungsgrad (M_r 23–30 kDa). IL-6-Rezeptoren sind Glycoproteine (M_r 80 kDa) mit einer Rezeptorzahl pro Zelle, die in Abhängigkeit vom Zelltyp zwischen 300 (bei ruhenden T-Zellen) und 3.000 bei einigen Zelllinien variiert. IL-6 war früher unter anderen Bezeichnungen bekannt, wie *B-Zellen stimulierender Faktor 2* (BSF-2), *hybridoma/plasmacytoma growth factor* (HPGF), *Hepatocyten stimulierender Faktor* (HSF), *monocyte granulocyte inducer type 2* (MGI-2) und *Interferon-β$_2$* (IFN-β$_2$). Nach der Klonierung ergab sich in allen Fällen die molekulare Identität mit IL-6. Die Bezeichnung INF-β$_2$ ist nicht zutreffend, weil IL-6 keine antivirale Wirkung zeigt.

Interleukin-8 (IL-8) ist ein auf Granulocyten wirksames Cytokin, das zuerst als *Neutrophile-aktivierendes Protein-1 (NAP-1)* und *Granulocytenchemotaktisches Protein (GCP)* bezeichnet wurde. Die Synonyme wurden 1989 zur Bezeichnung IL-8 zusammengefasst, nachdem die Proteingleichheit nachgewiesen wurde. IL-8 ist ein echtes pleiotropes Cytokin und kein Chemoattraktant. IL-8 ist ein Einkettenprotein (M_r 10 kDa; I.P. 8–8,5). Es wird über einen Vorläufer (99 Aminosäurebausteine) gebildet, woraus sich durch Prozessierung das 72 AS-Peptid IL-8 bildet. Daneben sind noch andere biologisch aktive Formen mit 69, 70 und 77 Aminosäureresten bekannt. Der IL-8-Rezeptor (M_r 58–60 kDa) wird auf Monocyten, Neutrophilen, Basophilen und einigen T-Zellen exprimiert.

Interleukin-10 (IL-10) ist ein säurelabiles Protein (M_r 35–40 kDa). Der Biosynthese-Vorläufer besteht aus 178 Aminosäurebausteinen mit einer hydrophoben Signalsequenz von 18 Aminosäuren. Das rekombinate IL-10 ist nur 18 kDa groß und besitzt trotzdem volle biologische Aktivität. IL-10 wurde 1989 als *Cytokin-Synthese-inhibierender Faktor (CSIF)* beschrieben, aber bereits wenig später den I. zugeordnet. IL-10 steigert die humorale Immunantwort und unterdrückt die zellvermittelte Immunantwort. IL-10 ist neben IL-4 der stärkste IFN-γ-Antagonist, da es die Expression der MHC-Klasse-II (↗ *MHC-Moleküle*) auf den meisten Zellen zu-

rückdrängt. Dagegen wird die MHC-Klasse-II-Expression auf B-Zellen begünstigt, wodurch die humorale Immunantwort gefördert wird.

intermediäre Filamente, sehr widerstandsfähige, seilartige, langlebige Faserproteine mit großer Bedeutung für die Struktur und mechanische Belastbarkeit der meisten tierischen Zellen. Die Bezeichnung intermediär ist darauf zurückzuführen, dass ihr elektronenmikroskopisch ermittelter Durchmesser von 8–10 nm zwischen dem der Actin-Filamente (↗ *Actin*) und der ↗ *Mikrotubuli* liegt (↗ *Cytoskelett*). Strukturell besonders gut ausgebildete i. F. finden sich im Cytoplasma von Zellen, die mechanisch anspruchsvoll belastet werden. Sehr hoch ist das Vorkommen in Epithelien sowie entlang der Axone von Nervenzellen und in den unterschiedlichsten Muskelzellen. In vielen tierischen Zellen ist der Zellkern von einem Geflecht aus i. F. umgeben, das sich nach außen bis zur Peripherie der Zelle erstreckt und mit der Plasmamembran in Wechselwirkung steht. Die i. F. sind Polymere aus Faserproteinen mit einem N-terminalen Kopf, einem C-terminalen Schwanz und einer stäbchenförmigen Domäne im mittleren Bereich. Letztere besteht aus einer langgestreckten α-Helix mit einer sog. Heptaden(Siebener)-Wiederholungseinheit. Die langen Tandem-Wiederholungen enthalten ein ganz bestimmtes Sequenzmotiv aus sieben Aminosäuren (a-b-c-d-e-f-g)$_n$, von denen die Reste a und d gewöhnlich apolar sind. Dieses Motiv begünstigt die Ausbildung von Doppelwendel-Dimeren aus zwei parallel verlaufenden α-Helices. Die meisten Proteine der i. F. enthalten eine ähnliche stabförmige Domäne, bestehend aus etwa 310 Aminosäurebausteinen und einer ausgedehnten α-Helix., während die C- und N-terminalen Enden keine helicale Struktur ausbilden und in den verschiedenen i. F. hinsichtlich Größe und Sequenz differieren (Abb.). Man kann die cytoplasmatischen i. F. der Wirbeltierzellen in vier Klassen unterteilen: 1) *Keratin-Filamente*, 2) *Vimentin* und *Vimentin-ähnliche Filamente*, 3) *Neurofilamente* und 4) *Lamine*. Die größte Vielfalt zeigen die Keratin-Filamente in Epi-

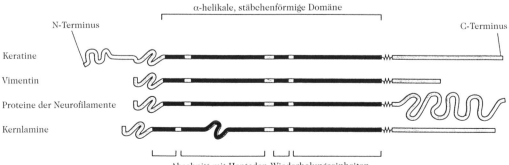

intermediäre Filamente

thelzellen und ihren Abkömmlingen (Haare, Nägel u. a.). Die einzelne Epithelzelle ist in der Lage, verschiedene Keratine zu synthetisieren, die alle zu einem System von Keratin-Filamenten copolymerisieren. In Epithelzellen sind Keratin-Filamente an *Desmosomen* und *Hemidesmosomen* gekoppelt. Desmosomen und Hemidesmosomen sind spezialisierte Zellverbindungen, die benachbarte Zellen verbinden bzw. für die Verankerung der Zelle an der darunter befindlichen Basalmembran sorgen. Die Heterogenität der Keratine ist groß und kann medizinisch zur Diagnose von Krebserkrankungen der Epithelien genutzt werden.

Eine spezielle Gruppe von Proteinen intermediärer Filamente sind die Lamine A, B und C (M_r 65–75 kDa) aus der Kernlamina von Eukaryontenzellen. Sie unterscheiden sich von den anderen Proteinen der i. F. a) durch eine etwas längere mittlere, stabförmige Domäne; b) durch die Ausbildung eines flächigen, blattartigen Geflechtes unter Mitwirkung anderer Proteine; c) durch ein spezielles Transportsignal , das nach der Synthese den Transport in den Kern veranlasst; d) die gebildeten Netzwerke zerfallen zu Beginn der Mitose und werden danach neu gebildet. Offenbar bildete ein Lamin des Zellkerns in der Evolution den ersten Typ eines i. F.

Vimentin (M_r 54 kDa) in vielen Zellen mesenchymaler Herkunft und *Vimentin-ähnliche Proteine*, wie *Desmin* (M_r 53 kDa) in Muskeln, das *saure fibrilläre Gliaprotein* (M_r 50 kDa) in den Gliazellen und das *Peripherin* (M_r 66 kDa) in Neuronen bilden Polymere von i. F. aus Proteinen eines einzigen Typs. Vimentin ist das verbreitetste Protein der i. F. im Cytoplasma. Es kommt in Fibroblasten, Endothelzellen und Leucocyten vor, aber auch andere Zellen exprimieren es temporär während der Entwicklung. Das saure fibrilläre Gliaprotein ist für die Bildung der Gliafilamente in den Astrocyten des ZNS sowie in verschiedenen Schwannschen Zellen des peripheren Nervensystems verantwortlich. Die *Neurofilament-Proteine NF-L, NF-M* und *NF-H* (M_r 60–130 kDa) von Säugetieren, bezeichnet nach niedriger, mittlerer und hoher relativer Molekularmasse, bilden die neuronalen i. F., die sich über die Länge eines Axons erstrecken und in ausgereiften Nervenzellen den wichtigsten Cytoskelettbestandteil eines Axons darstellen. [K. Albers u. E. Fuchs *Int. Rev. Cytol.* **134** (1992) 243; Y.-H. Chou et al. *Cell* **62** (1990) 1.063; S. Okabe et al. *J. Cell. Biol.* **121** (1993) 375; M. Stewart *Curr. Opin. Cell. Biol.* **5** (1993) 3; P.A. Coulombe *Curr. Opin. Cell. Biol.* **5** (1993) 17; D.W. Cleveland et al. *J. Cell. Sci. Suppl.* **15** (1991) 85; E.A. Nigg *Cell. Biol.* **3** (1992) 245; P.A. Janmey *Curr. Opin. Cell. Biol.* **3** (1991) 4]

Intermediärstoffwechsel, *Zwischenstoffwechsel*, Begriff aus den Anfängen der physiologischen Chemie, um jenen Bereich des Stoffwechsels zu be-

zeichnen, der zwischen Nahrungsaufnahme und Ausscheidung von Exkreten liegt. Im Wesentlichen ist der Begriff Zwischenstoffwechsel heute mit ↗ *Primärstoffwechsel* identisch. Er bezeichnet den Stoffwechsel von ↗ *Intermediaten* auf- und abbauender Reaktionsfolgen. Der I. ist primär auf Erhaltung und Vermehrung des Lebens ausgerichtet und verläuft in allen Zellen grundsätzlich ähnlich. Er verkörpert die grundlegenden Stoffwechselprozesse unter Berücksichtigung von Wachstum, Vererbung und Evolution.

Intermediat, *Zwischenprodukt*, jede Verbindung des ↗ *Intermediärstoffwechsels*. Im engeren Sinne ist ein I. eine Verbindung in einer metabolischen Kette von Reaktionen, die Startverbindung und das Endprodukt ausgenommen.

interstitialzellenstimulierendes Hormon, ↗ *Lutropin*.

interzelluläre Adhäsionsmoleküle, *ICAM*, (engl. *intercellular adhesion molecules*), zu den ↗ *Adhäsionsmolekülen*, aber nicht zu den ↗ *Integrinen* zählende Gruppe von Proteinen, die Bedeutung für die Immunantwort haben. Man kennt die Subtypen ICAM-1, ICAM-2 und ICAM-3. Auf allen immunkompetenten Zellen, aber auch auf Thymus-, Epithel- und Endothelzellen, Fibroblasten und den Peyerschen Plaques, kommt ICAM-1 vor. Die Bindung an LFA-1 (↗ *Integrine*) initiiert viele Reaktionen in den Zellen, insbesondere auch eine Umstrukturierung des Cytoskeletts. Als Rezeptor für Erreger des Schnupfens (Rhinoviren) und der Malaria (*Plasmodium falciparum*) ermöglicht es ICAM-1 diesen Krankheitserregern, in die Zellen zu gelangen und sich dort zu vermehren. Auf Lymphocyten, Monocyten, Epithel- und Endothelzellen wird ICAM-2 exprimiert. LFA-1 wird verglichen mit ICAM-1 durch ICAM-2 mit geringerer Affinität gebunden. ICAM-1 besteht aus einer Polypeptidkette mit 505 Aminosäureresten, die partiell in der Membran verankert ist. Der extrazelluläre Teil bildet fünf immunglobulinartige Domänen. ICAM-2 besteht aus einer Polypeptidkette mit nur 254 Aminosäurebausteinen, deren extrazellulärer Teil nur zwei Domänen auszubilden vermag. Beide Proteine gehören der ↗ *Immunoglobulin-Großfamilie* an. ICAM-3 kommt auf neutrophilen Granulocyten, Monocyten und Lymphocyten vor. LFA-1 wird ebenfalls nur mit geringer Affinität gebunden. Im Unterschied zu ICAM-2 kann ICAM-3 durch Cytokine induziert werden. [G.J. Dougherty et al. *Eur. J. Immunol.* **18** (1988) 35]

intrazelluläre Produkte, die Bestandteile und Inhaltsstoffe (insbesondere Stoffwechselintermediate und Enzyme) der (mikrobiellen) Zelle, die bei intakter Zellbegrenzung während der Kultivierung bzw. des Fermentationsprozesses die Zelle nicht verlassen. Zur Gewinnung i. P. ist die Separierung der Zellen (z. B. durch Zentrifugation) mit nachfolgendem Zellaufschluss erforderlich. Die Gewinnung i. P. ist daher kostenintensiver als die von extrazellulären Produkten.

intrazelluläre Verdauung, der Verdauungsvorgang in der Zelle, bei dem das lysosomale System eine besondere Rolle spielt. Makromolekulare Stoffe werden durch Pinocytose und Phagocytose in die als *Phagosomen* bezeichneten Vakuolen aufgenommen, die mit primären Lysosomen zu *Verdauungsvakuolen* (sekundäre Lysosomen) verschmelzen. Die intrazelluläre Verdauung betrifft von außen zugeführte (exogene) Substrate und (endogene) Zellbestandteile. Demzufolge unterscheidet man zwischen *Heterophagie* und *Autophagie*. Die ⟋ *Autolyse* ist ebenfalls eine Form der Autophagie, jedoch eine i. V. abgestorbener bzw. absterbender Zellen. In lebenden Zellen kann die Autophagie sich in der i. V. ganzer Cytoplasmabezirke äußern.

Durch Einziehung von Membranen abgegrenzte Cytoplasmabezirke, die anschließend verdaut werden, heißen *Cytolysosomen*. Die Bruchstücke der i. V. müssen aus den Verdauungsvakuolen und Cytolysosomen in das Zellplasma ausgeschleust werden, damit sie weiter abgebaut werden können. Die i. V. wurde vor allem ausführlicher bei Protozoen, Fibroblasten in Gewebekultur und polymorphkernigen Leucocyten untersucht.

intrinsische Blutgerinnung, ⟋ *Blutgerinnung.*

intrinsischer Faktor (engl. *intrinsic factor*), ein sialinsäurehaltiges Glycoprotein, das in der Magenschleimhaut gebildet wird. Diese Protein bildet mit ⟋ *Cobalamin* (dem *extrinsischen Faktor*) einen pepsinresistenten Komplex, der im Ileum resorbiert wird.

Intron, eine dazwischenliegende Sequenz in einem eukaryontischen Gen. Manchmal wird der Begriff zur Bezeichnung der korrespondierenden dazwischenliegenden Sequenz im RNA-Transcript verwendet, diese sollte jedoch genauer Introntranscript (IT) genannt werden. Die Bezeichnung *dazwischenliegende Sequenz* (IVS, *intervening sequence*) wird sowohl für I. als auch für Introntranscripte gewählt. Die I. und die codierenden Sequenzen (*Exons*) werden gemeinsam transcribiert; die Introntranscripte werden dann entfernt, um die funktionelle RNA zu erhalten. Ein I. leistet daher keinen Beitrag zum letztendlich entstehenden Genprodukt der flankierenden Exons. I. kommen in eukaryontischer mRNA, tRNA und Kern-tRNA und in mitochondrialer mRNA und rRNA vor. Prokaryontische Gene enthalten im Allgemeinen keine I. In Hefegenen sind sie seltener als in höheren Eukaryonten. Man könnte annehmen, dass das Fehlen von Introns einem primitiven Zustand entspricht. Die Analyse der Pyruvat-Kinase-Gene von Hühnern (13 kb, 9 bzw. 10 Introns) und

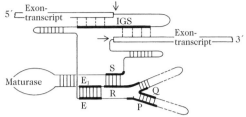

→ Endonucleasespaltungsstellen

Intron. Abb. 1. Sekundärstruktur des Introntranscripts (IT) der mitochondrialen Vorläufer-RNA von Pilzen [abgewandelt nach R.W. Davies et al. *Nature* **300** (1982) 719–724]. Die Nucleotidsequenzanalyse von vier mitochondrialen Introns aus *Aspergillus nidulans* und fünf aus *Saccharomyces cerevisiae* zeigt, dass alle korrespondierenden ITs in der Lage sind, die gleiche Sekundärstruktur auszubilden. P, Q, R und S entsprechen hochkonservierten Bereichen. E und E_1 sind nicht hochkonserviert, jedoch immer komplementär. Diese Sekundärstruktur bringt die Enden der beiden flankierenden Exontranscripte einander nahe. Die genaue Ausrichtung der Spleißstellen wird durch eine interne Führungssequenz (IGS, *internal guide sequence*) im IT sichergestellt. Die IGS besteht aus zwei Tandemregionen, die mit den terminalen Regionen der entsprechenden flankierenden Exontranscripte Basenpaare bildet. Der Maturase-Loop stellt einen Bereich dar, der für eine mRNA-Maturase translatiert, ein Protein, das für die Excision essentiell ist. Dies ist jedoch eine große Ausnahme, da die meisten ITs nicht für ein Protein codieren. Das Diagramm ist nicht maßstabsgetreu und es sind auch noch Tertiärstrukturen vorhanden, die nicht gezeigt werden.

von Hefe (1,5 kb, keine Introns) legt jedoch die Vermutung nahe, dass das Urgen von beiden zuerst aus kleineren DNA-Blöcken zusammengesetzt wurde, vermutlich vor der Divergenz von Pro- und Eukaryonten. Der anschließende Verlust von I. in den Hefe- und Prokaryontengenen kann als adaptive Antwort auf die Selektion in Bezug auf eine schnellere Reproduktion angesehen werden [N. Lonberg u. W. Gilbert *Cell* **40** (1985) 81–90]. Gene, die Introns enthalten, werden *unterbrochene Gene* (engl. *split genes*) genannt. Das Verfahren, in dem die I. aus einem RNA-Transcript entfernt und die benachbarten Exons verbunden werden, heißt *Spleißen* (engl. *splicing*). Die Basensequenz von Introns in der mRNA beginnt mit 5'GU und endet mit AG3'. Diese Sequenzen dienen als Erkennungsstellen für *spleißende Enzyme*. Das 5'GU ... AG3'-Muster kommt in tRNA-Vorläufermolekülen nicht vor, woraus geschlossen wird, dass mindestens zwei spleißende Enzyme existieren, eines für mRNA und eines für tRNA. I. sind oft länger als Exons und können den größeren Teil eines Gens ausmachen, beispielsweise enthält das Gen für Ovalbumin sieben I. und 7.700 Basenpaare, während die korrespondierende gespleißte mRNA aus 1.859 Basen besteht. Abhängig vom Organismus und dem Typ der Vorläufer-RNA sind mehrere verschiedene Spleißmechanismen möglich. Ein Modell für das Spleißen von Mitochondrien-RNA bei Fungi wird in Abb. 1 gezeigt.

Das Spleißen von präribosomaler RNA bei *Tetrahymena* geschieht unabhängig von ATP oder einem Protein (Abb. 2). [L.D. Hurst u. G.T. McVean *Current Biology* **6** (1996) 533–536]

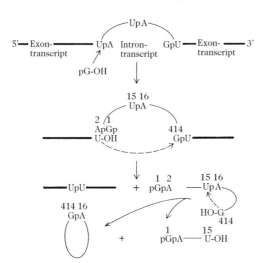

Intron. Abb. 2. Autokatalytische Spaltungsligation von präribosomaler RNA der *Tetrahymena* [abgewandelt nach A.J. Zaug et al. *Nature* **301** (1983) 578–583]. Der Prozess wird durch die Insertion von Guanosin zwischen dem 3'-Ende des Exontranscripts (U) und dem 5'-Ende des IT initiiert. Dabei wird die -UpA-Phosphodiesterbindung gespalten und das Guanosin an das 5'-Ende des IT gebunden, wodurch das IT von 413 auf 414 Nucleotide erweitert wird. Guanosin kann durch GMP, GDP bzw. GTP ersetzt werden. Für experimentelle Zwecke wird ^{32}P-markiertes GMP eingesetzt, um das 5'-Ende des IT zu markieren. Das freie Ende (-U-OH) des Exontranscripts verbindet sich mit dem 5'-terminalen U des anderen Exontranscripts (unter Bildung einer neuen -UpU-Phosphodiesterbindung) bei gleichzeitiger Freisetzung des IT an seinem 3'-Ende. Das 3'-terminale G (Nucleotid 414) spaltet die Phosphodiesterbindung zwischen den Nucleotiden 15 (U) und 16 (A) unter Bildung eines zyklischen RNA-Fragments (Nucleotide 6–414) und eines linearen Fragments (Nucleotide 1–15). Auf diese Weise werden zwei Phosphodiesterbindungen gespalten und zwei gebildet. Die Zyklisierung soll möglicherweise verhindern, daß das ungewünschte RNA-Fragment an der Rückreaktion teilnimmt. Der gesamte Prozess kann als eine autokatalytische Spaltungs-Ligations-Reaktion beschrieben werden, wobei es sich bei der RNA um eine selbstspleißende RNA handelt. Eine selbstspleißende RNA wird auch als *Ribozym* bezeichnet. Die Entfernung von ITs durch Spleißen stellt eine der Arten der ↗ *Posttranscriptionsmodifikation* von RNA dar.

Inulin, *Poly-β-(2 →1) fructofuranosan*, Polyfructose, ein hochmolekulares pflanzliches Reservekohlenhydrat (F. 178 °C, $[\alpha]_D$ –40°). I. gehört zur Gruppe der Fructane und ist β-1→2-glycosidisch aus etwa 20–30 Fructofuranoseeinheiten aufgebaut (Abb.). Vermutlich schließt das nichtreduzierende Kettenende mit Glucose ab. I. findet sich als Reservestoff in den Knollen und Wurzeln zahlreicher Korbblütlerarten (*Compositae*, z.B. Dahlien und Topinambur, Farbtafel VII, Abb. 11). Es wird in Diabetikernahrung und in der Bakteriologie verwendet.

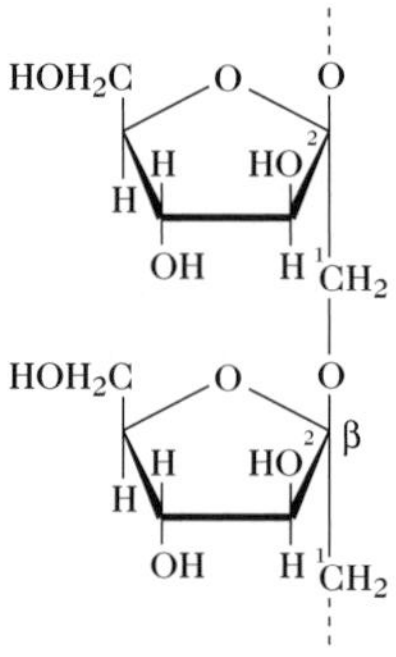

Inulin

inversere PCR, ↗ *Chromosomen-Crawling*.

Invertase, β-*D-Fructofuranosidase* (EC 3.2.1.26), eine saccharosespaltende Hydrolase aus Hefe, Pilzen und höheren Pflanzen. *Hefeinvertase* ist ein dimeres (M_r 270 kDa), *Neurosporainvertase* ein tetrameres (M_r 210 kDa, M_r der Untereinheit 51,5 kDa) Glycoprotein. Das Enzym zeigt auch Transferase-Aktivität und kann den Fructosylrest außer auf Wasser (Hydrolyse) auch auf andere Zuckermoleküle übertragen. Inhibitoren für I. sind Anilin (für Pilzinvertasen), Pyridoxal (für Kartoffelinvertasen) und Zinkionen (für alle I.).

I., die vor allem aus Back- oder Bierhefe hergestellt wird, findet im Lebensmittelsektor bei der Herstellung von Invertzucker Verwendung.

Invertseifen, Verbindungen mit der Struktur quartärer Ammoniumsalze, die Tensideigenschaften aufweisen. Im Gegensatz zu den Seifen ist bei den I. das Kation der Träger dieser Eigenschaften und sie behalten in Gegenwart mehrwertiger Kationen ihre Wirksamkeit bei. Die I. werden in breitem Umfang als Desinfektionsmittel und als Konservierungsmittel verwendet. Sie haben ein breites antibakterielles Wirkungsspektrum. Besonders empfindlich sind grampositive Bakterien. Daneben wirken I. als Antimycotika und können Viren inaktivieren. Beispiele sind *Benzododeciniumbromid*, *Alkoniumbromid*, ↗ *Cetylmethylammoniumbromid* und *Cetylpyridiniumchlorid*.

Invertzucker, ein zu gleichen Teilen aus D-Glucose und D-Fructose bestehendes Gemisch. I. wird durch säurekatalysierte Hydrolyse von Saccharose erhalten. Da Fructose stark linksdrehend ist, verändert sich durch die Hydrolyse der rechtsdrehenden Saccharose der Drehsinn, d. h., es tritt Inversion ein (↗ *Mutarotation*). Da Bienen eine entsprechende Invertase enthalten, besteht Honig zu 70–80 % aus I. Der süße Geschmack ist dabei im wesentlichen der Fructose zuzuschreiben. I. wird in der Lebensmittelindustrie zur Bereitung von Kunsthonig sowie als Feuchthaltemittel eingesetzt.

in-vitro-Analysemethoden, (*in vitro* bedeutet im Reagenzglas) sind Untersuchungsverfahren an Zellorganellen, Zellfraktionen, Rohenzympräparaten, gereinigten oder reinen Enzymen sowie in rekonstituierten Systemen, z. B. im *in-vitro*-Proteinsynthese-System, für die die Zerstörung der intakten Struktur der (lebenden) Zelle charakteristisch ist. Man bezeichnet *in-vitro*-Methoden deshalb auch als analytisch-desintegrierende Untersuchungsverfahren. Homogenisierte Zellen, Gewebe und Organe kann man als solche verwenden oder noch weiter in ihre Bestandteile auftrennen, d. h. durch Zentrifugation fraktionieren. Für weitere Informationen zu Zelldisruption, subzellulärer Fraktionierung und Enzymreinigung ↗ *Proteine* und ↗ *Dichtegradientenzentrifugation.*

Zu den i. v. A. zählen auch die ↗ *histochemischen Analysemethoden* und die ↗ *cytochemischen Analysemethoden* sowie die ↗ *enzymatischen Analysemethoden.*

in-vitro-Evolution, ↗ *in-vitro-Selektion.*

in-vitro-Selektion, *in-vitro-Evolution, SELEX* (engl. *systematic evolution of ligands by exponential enrichment*), eine kombinatorische Methode zur Darstellung einer großen Zahl von RNA- und DNA-Oligonucleotiden sowie zur Isolierung spezifisch ligandenbindender Moleküle aus derartigen Pools. Mit diesem Verfahren ist es möglich, routinemäßig DNA- oder RNA-Moleküle zu isolieren, die mit hoher Affinität die unterschiedlichsten Liganden, wie andere Nucleinsäuren, Proteine und auch

kleine organische Verbindungen (↗ *Aptamere*) binden. Unter Umgehung von Design-Strategien ist es auf diesem Wege möglich, sehr seltene Moleküle mit spezifisch ligandenbindenden Eigenschaften aus extrem großen Pools aus Nucleinsäuren mit zufälliger Sequenz zu isolieren. Mit diesem Verfahren können beispielsweise Bindungsstellen für Proteine an Nucleinsäuren studiert werden, um neue Informationen über Protein-Nucleinsäure-Wechselwirkungen zu erhalten. Weiterhin ermöglicht diese Methode, Struktur und Funktion von ↗ *Ribozymen* zu untersuchen. Dadurch konnten die Substratspezifität von katalytischer RNA verändert und auch die katalytische Aktivität verbessert werden. Für die Durchführung des Verfahrens wird zunächst eine große Bibliothek von Oligodesoxynucleotiden von absolut zufälliger Sequenz oder eine Bibliothek degenerierter Oligodesoxynucleotide mit einer Vielzahl von Varianten durch chemische Methoden synthetisiert. Wenn erforderlich, kann diese Bibliothek aus DNA-Sequenzen auch durch *in-vitro*-Transcription in eine RNA-Bibliothek umkopiert werden. Nachfolgend wird der Pool mit dem Ziel der Anreicherung der funktionellen Moleküle Selektionsschritten unterzogen. Nach jedem Selektionsschritt wird der Pool der erhaltenen Moleküle amplifiziert, wodurch in den nachfolgenden Selektionsschritten die funktionellen Spezies weiter angereichert werden können. Für die Amplifikation wird die ↗ *Polymerase-Kettenreaktion* (PCR) eingesetzt, oder die Vermehrung erfolgt im Transcriptionsschritt. Die Abbildung zeigt schematisch das Prinzip des Verfahrens, wobei die Selektion ligandenbindender DNA- oder RNA-Moleküle mit Hilfe

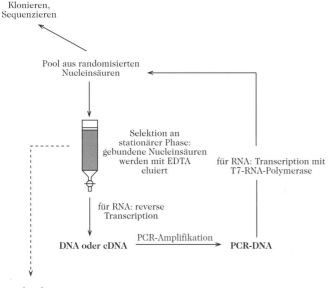

in-vitro-Selektion

der ⃁ *Affinitätschromatographie* erfolgt. Obgleich zur Selektion von DNA-Molekülen reverse Transcription und Transcription nicht benötigt werden, sind zur Vermeidung der Bildung inaktiver Duplex-DNA aus komplementären Strängen asymmetrische PCR oder Einzelstrangreinigung erforderlich. [M. Famulok u. J.W. Szostak *Angew. Chem.* **104** (1992) 1.001–1.011; G.F. Joyce *Gene* **82** (1989) 83–87; C. Tuerk u. L. Gold *Science* **249** (1990) 505–510]

in-vivo-Analysemethoden, sind Untersuchungsverfahren am Gesamtorganismus, seinen Organen oder Zellen. Hierzu zählen ⃁ *Bilanzuntersuchungen*. Die wichtigsten i.v.A. sind die ⃁ *Indikatormethoden*.

5-Ioddesoxyuridin, Syn. für ⃁ *Idoxuridin*.

Iodzahl, ⃁ *Fette und Fette Öle (Analytisches)*.

Ionenausschlusschromatographie, ⃁ *Ionenaustauschchromatographie*.

Ionenaustauschchromatographie, eine Form der Flüssig-Fest-Chromatographie (⃁ *Chromatographie*), die auf der reversiblen Ausbildung heteropolarer Bindungen zwischen den an die Matrix (M) des Ionenaustauschers gebundenen Festionen (F) und mobilen Gegenionen (G) basiert. Passiert ein ionisches Gemisch eine *Ionenaustauschersäule*, so werden neutrale Moleküle oder Ionen eluiert, die die gleiche Ladung wie die Festionen besitzen, während die den Festionen entgegengesetzt geladenen Spezies mit den Gegenionen um die Bindungsplätze konkurrieren, wobei die Ionen mit höherer Ladung als die Gegenionen an die Festionen gebunden und zurückgehalten werden. An der gesamten Trennstrecke stellt sich durch Austausch ein spezifisches Konzentrationsverhältnis alter und neuer Gegenionen zwischen Ionenaustauscher und Eluent, das *Ionenaustauschgleichgewicht* $(MF\text{-}G_1) + G_2 \rightleftarrows (MF\text{-}G_2) + G_1$ mit der *Austauscherkonstante* $K_A = [MF\text{-}G_2] \times [G_1] / [MF\text{-}G_1] \times [G_2]$, immer wieder ein.

Entsprechend der Lage ihres Austauschgleichgewichts werden die an die Festionen des Austauschers gebundenen Ionen durch Elution mit geeigneten Basen oder Säuren differenziell abgelöst, d. h., die Substanzen haben unterschiedliche Wanderungsgeschwindigkeiten. Die Retentionszeit der Komponenten wird unter anderem beeinflusst durch die Größe und Ladung der Probenionen, den pH-Wert der mobilen Phase, die absolute Konzentration und den Typ ionischer Spezies in der mobilen Phase sowie die Säulentemperatur. Danach ist es möglich, auch chemisch eng verwandte Ionen gleicher Ladung zu trennen.

Neben dem Ionenaustausch beeinflussen auch Adsorption und Verteilung die Trennung, bei Verwendung von Austauschern auf Dextran-Gel-Basis auch die Permeation.

Bei der *Ionenausschlusschromatographie* werden durch geschickte Wahl des pH-Wertes, der Ionenstärke, organischer Lösungsmittel u. a. in unterschiedlicher Weise ionisierte Anteile des Probengemischs durch Abstoßung von den gleichsinnig geladenen Festionen des Austauschers getrennt.

Werden als Ionenaustauscher Chelatharze verwendet, die paarweise angeordnete Festionen tragen, so können komplexbildende Ionen von Übergangsmetallen unter Ringschluss daran gebunden werden, an denen im Anschluss daran ein Ligandenaustausch erfolgt. Nach beendeter *Ligandenaustauschchromatographie* muss der Austauscher durch Zuführung von Protonen regeneriert werden.

Bei Verwendung von Austauschern, die reversibel oxidierbare bzw. reduzierbare Festionen besitzen, spricht man von *Redoxchromatographie* bzw. *Elektronenaustauschchromatographie*.

Die I. wird zur Trennung von Proteinen, Nucleinsäuren, Peptiden, Aminosäuren, Kohlenhydraten und Lipiden sowie zur Reinigung von Enzymen eingesetzt.

Ionenaustauscher, alle natürlichen und künstlichen – meist festen – Stoffe, die befähigt sind, gebundene Ionen gegen andere Ionen aus dem umgebenden flüssigen Milieu reversibel auszutauschen, wobei sich die Struktur des festen I. nicht wesentlich verändert. Der Austauschvorgang beruht auf einer Ionenbeziehung; daneben können auch rein absorptive Bindungen auftreten. I. sind hochmolekulare, quellbare und unlösliche Polyelektrolyte, und zwar *Acidoide* (Festsäuren, Makropolysäuren) oder *Basoide* (Festbasen, Makropolybasen) von mannigfaltiger chemischer Beschaffenheit. Der Ionenaustausch verläuft stöchiometrisch, wobei sich nach dem Massenwirkungsgesetz ein Gleichgewicht einstellen kann: $IG_1 + G_2 \rightleftarrows IG_2 + G_1$. Hierbei ist I der Ionenaustauscher, G_1 und G_2 sind Gegenionen des I. und des Milieus. Nach der Art des Ions am Austauscher unterscheidet man *Kationenaustauscher*, die negative funktionelle Festionen mit positiven Gegenionen enthalten, und *Anionenaustauscher* mit positiv geladenen Festionen, die zum Ladungsausgleich mit negativen Gegenionen (Anionen) umspült sind. Ankergruppen (austauschaktive Komponenten) bei handelsüblichen Kationenaustauschern sind zumeist: $-C_6H_4O^-$, $-SO_3^-$ $-COO^-$, $-PO_4^{3-}$ oder $-AsO_3^{2-}$; Ankergruppen bei Anionenaustauschern sind: $-N^+H_3$, $-N^+H_2R$, $-N^+HR_2$, $-N^+R_3$ (R = organischer Rest). Amphotere I. haben sowohl saure als auch basische Festionen, metallspezifische Ionenaustauscherharze paarweise angeordnete Festionen spezifischer Art, die bestimmte Metallionen komplexieren können (*spezifische I.*). I. haben große innere Oberflächen, so dass ihre Austauschkapazität zumeist sehr hoch ist, z. B. 500 m²/g, Austauschkapazität 0,5–10 mval/g, was zu einer Ionenkonzentration führen kann, die einer 10 M Lösung entspricht.

Die I. können nach folgenden Typen eingeteilt werden: 1) *Kunstharzaustauscher* bestehen aus einer hydrophoben, begrenzt quellbaren Grundsubstanz (Matrix), deren Eigenschaften von ihrer Grundstruktur, Quervernetzung sowie von der Art und Anzahl der Festionen abhängen (Kohlenwasserstoffnetzwerk mit vielen ionisierbaren Gruppen). Der Vernetzungsgrad entscheidet über die Quellbarkeit und Porosität des I. und beeinflusst damit seine Wirkung als Molekularsieb und die Durchflussgeschwindigkeit durch ein Harzbett. Er hat zugleich Einfluss auf die Austauscherkapazität.

2) *Celluloseionenaustauscher* tragen nahe ihrer Oberfläche im hydrophilen Netzwerk der Cellulosefasern austauschaktive Gruppen, die durch Substitution oder Imprägnieren eingeführt werden. Sie werden als Papiere oder Pulver hergestellt und bieten den prinzipiellen Vorteil, dass auch große Moleküle ausgetauscht werden können, die in das Maschenwerk eines Kunstharzaustauschers u. U. nicht eindringen können. Sie sind daher von besonderer Bedeutung für die Proteinchemie.

3) Ionenaustauscher auf *Dextrangelbasis* haben austauschaktive Gruppen, die über Etherbrücken an die Glucosebausteine der hydrophilen Matrix gebunden sind.

4) *Anorganische Ionenaustauscher* sind die silicatischen Permutite, die früher zur Wasserenthärtung eingesetzt wurden, heute jedoch kaum mehr verwendet werden, und Zeolithe. Dies sind kristalline Aluminosilicate natürlicher Herkunft mit einem Netzwerk von SiO_4- und AlO_4-Tetraedern. ↗ *Ionenaustauschchromatographie.*

Ionenfiltrationschromatographie, ein Reinigungsverfahren für ↗ *Proteine*, das durch die Kombination von Ionenaustausch- und Gelchromatographie ohne Anwendung eines Salzgradienten zeitsparend ist. Die Proteintrennungen erfolgen auf Diethylaminoethyl- (DEAE-) Dextranen (mit Quervernetzung) bei konstantem pH innerhalb von 2 bis 3 Stunden.

ionengetriebene ATPasen, membrangebundene Enzyme, die – als Teil ihres katalytischen Zyklus – den Transport einer oder mehrerer Ionenarten durch die Membran, in der sie lokalisiert sind, mit entweder der Hydrolyse von ATP zu ADP und P_i oder der Synthese von ATP aus ADP und P_i koppeln. Sie gehören drei Hauptklassen an: den ↗ *P-ATPasen*, *F-ATPasen* (↗ *ATP-Synthase*) und ↗ *V-ATPasen*.

Die drei ionengetriebenen ATPase-Typen stehen in vielen Zellen in einer streng hierarchischen („Herr-Sklave"-) Beziehung zueinander, besonders in jenen höherer Eukaryonten. Beispielsweise operiert die ATP-Synthase in Mitochondrien höherer Tierzellen nur in Richtung ATP-Synthese, angetrieben durch die ↗ *protonenmotorische Kraft*, die durch Elektronenfluss in der ↗ *Atmungskette* erzeugt wird. Die ATP-Synthase ist daher der „Herr", der die „Sklaven" P- und V-ATPasen der extramitochondrialen Membranen mit ATP versorgt, das von diesen hydrolysiert wird, um mit der freiwerdenden Energie den endergonen Transmembranionenfluss anzutreiben.

Ionenkanal, ein Transmembranprotein oder ein Proteinkomplex, der eine hydrophile Pore bildet und es den Ionen dadurch ermöglicht, zwischen den wässrigen Umgebungen auf jeder Membranseite zu wandern. I. sind entweder für Kationen oder Anionen spezifisch. Die Spezifität kann sogar so streng sein, dass nur eine Ionenart akzeptiert wird. Ein I. kann dauerhaft offen sein, so dass ein Ion jederzeit frei passieren kann (z. B. der I., der den Durchtritt von K^+ während der Erzeugung des Membranruhepotenzials erlaubt). Die meisten I. öffnen jedoch erst als Antwort auf einen Reiz und heißen deshalb *kontrollierte Ionenkanäle*. Letztere können wie folgt klassifiziert werden: 1) ligandenkontrollierte I., die als Antwort auf die Bindung eines spezifischen Liganden öffnen, beispielsweise der nicotinische Rezeptor von ↗ *Acetylcholin*; 2) spannungskontrollierte I., die als Anwort auf Änderungen des Membranpotenzials öffnen. [W.A. Catterall „Structure and Function of Voltage-gated Ion Channels" *Annu. Rev. Biochem.* 64 (1995) 493–531]

Ionenpumpen, innerhalb der Zellmembranen wirkende Stoffwechselzyklen, die Ionen gegen einen bestehenden Konzentrationsgradienten transportieren können.

Das bioelektrische Membranpotenzial der Nerven z. B. beruht auf einer unterschiedlichen Verteilung von Na^+- und K^+-Ionen. Die hohe Konzentration an K^+-Ionen im Nerveninneren und das Überwiegen der Na^+-Ionen in der umgebenden Flüssigkeit führt zur Ausbildung eines Normalpotenzials von −60 mV. Die zur Erhaltung des Ionenungleichgewichts erforderliche Energie entstammt vor allem dem ATP, das bei der oxidativen Phosphorylierung erhalten wird. Bei einer Reizung der Nerven kommt es zu einer Permeabilitätsänderung und Polarisationsumkehr. Na^+-Ionen wandern in den Innenraum, K^+-Ionen strömen aus. Nach wenigen Millisekunden wird der ursprüngliche Zustand wiederhergestellt. Die Na^+-Ionen werden aus dem Innenraum „herausgepumpt". Ursache der plötzlichen Permeabilitätsänderungen sind wahrscheinlich Strukturänderungen der Membranproteine, die durch freigesetztes Acetylcholin ausgelöst werden.

Ionenpumpenhemmer, H^+/K^+-ATPase-Hemmstoffe, Verbindungen, die den aktiven Transport von Protonen aus den Belegzellen der Magenschleimhaut in den Magen blockieren und dadurch die

Acidität im Magen senken. Beispiel ist das Sulfoxid *Omeprazol* (Abb.), das im sauren Magen in ein zyklisches Sulfenamid als Wirkform umgelagert wird. Zusammen mit säurestabilen Penicillinen, wie Amoxicillin, bzw. Macrolidantibiotika verabreicht, wird die Entwicklung des Magengeschwüre hervorrufenden Mikroorganismus *Heliobacter pyloris* unterdrückt. Als nachteilig kann sich die irreversible Hemmwirkung erweisen.

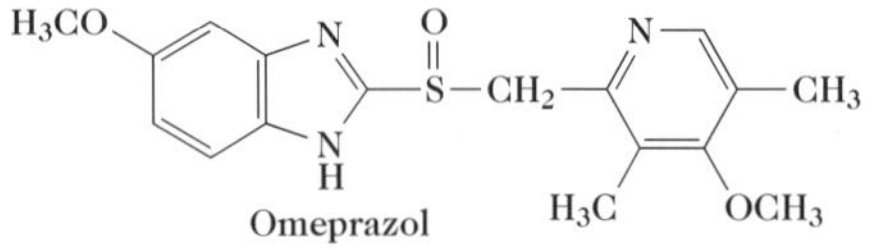

Omeprazol

Ionenpumpenhemmer

Iononring, ↗ *Tetraterpene*.

Ionophor, eine Verbindung, die die Permeabilität von Membranen für Ionen erhöht. Die Wirkung der I. beruht darauf, die Ionenladung zu delokalisieren und sie von der hydrophoben Region der Lipiddoppelschicht abzuschirmen. Die M_r der I. liegen typischerweise im Bereich von 0,5–2 kDa. Sie besitzen sowohl hydrophobe (lipidlösliche) als auch hydrophile (ionenbindende) Regionen. Man unterscheidet zwei Arten: 1) Mobile Carrier, die innerhalb der Membran diffundieren und den Transport von bis zu 1.000 Ionen je Sekunde katalysieren. 2) Kanalbildner, die einen Kanal in der Membran ausbilden; diese sind weniger spezifisch, können aber den Transport von bis zu 10^7 Ionen in der Sekunde katalysieren, d. h. der Durchtritt des Ions durch die Membran ist nur durch die Diffusionsgeschwindigkeit begrenzt.

Beispiele für I.: ↗ *Valinomycin* ist ein mobiler Carrier mit einer hohen Spezifität für den K^+-Transport. Es unterscheidet zwischen K^+ und Na^+ in einem Verhältnis von 10.000 : 1. ↗ *Gramicidin* ist ein Kanalbildner mit geringer Unterscheidung zwischen Protonen, monovalenten Kationen und NH_4^+. *Nigericin* ist ein mobiler Carrier, der ein Proton verliert, wenn er ein Kation bindet; auf diese Weise bildet er einen neutralen Komplex, der durch die Membran diffundiert und einen elektroneutralen Austausch von K^+ gegen H^+ katalysiert. *Entkoppler* (↗ *oxidative Phosphorylierung*) sind ebenfalls I., die spezifisch für Protonen sind, z. B. besitzt ↗ *Carbonylcyanid-p-trifluoromethoxyphenylhydrazon* (FCCP) ein ausgedehntes konjugiertes System mit delokalisierten π-Elektronen; es ist lipidlöslich und kann auch als Anion vorliegen.

Ionophorese, die Bewegung kleiner anorganischer Ionen im elektrischen Feld, im Gegensatz zu ↗ *Elektrophorese*.

ionotrope Rezeptoren, *ligandenaktivierte Ionenkanäle*, aus mehreren, zumeist fünf Polypeptidketten aufgebaute Proteine, die ringförmig eine Pore ausbilden. Während im Ruhezustand die Pore geschlossen ist, öffnet sie sich nach Bindung eines Transmitters. Ionen strömen hinein und hinaus und die Zellmembran wird de- oder hyperpolarisiert. Im Kanal sorgen Selektivitätsfilter für die bevorzugte Passage bestimmter Ionen, während andere ausgeschlossen werden. Die i. R. sind schnelle ↗ *Rezeptoren*, da sich die Prozesse in Millisekunden abspielen. Zu den i. R. gehören der Nicotinrezeptor als Prototyp dieser Familie (↗ *nicotinische Rezeptoren*), der ↗ *5-HT₃-Rezeptor*, der GABA_A-Rezeptor (↗ *GABA-Rezeptoren*) und der ↗ *Glycinrezeptor*.

IPA, 6-Δ²-Isopentenylaminopurin, 6-(3-Methyl-2-butenyl)aminopurin, N^6-γ,γ-Dimethylallyladenin, Bryokinin (↗ *N⁶-[γ,γ-Dimethylallyl]-adenosin*). IPA ist ein ↗ *Cytokinin*.

Ipecacuanha-Alkaloide, iridoide ↗ *Isochinolinalkaloide*. Wichtigster Vertreter ist das ↗ *Emetin*.

Ipomoeamaron, ein ↗ *Phytoalexin* mit Sesquiterpenstruktur. I. bildet sich bei der Infektion von Süßkartoffeln durch phytopathogene Mikroorganismen. Biosynthetisch entsteht es aus Mevalonsäure über Farnesol (Abb.).

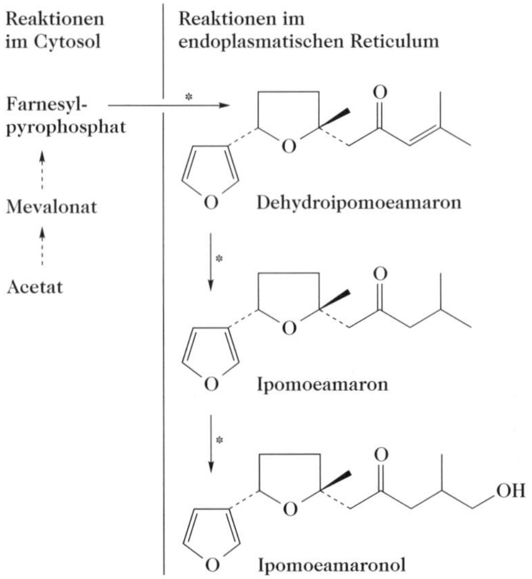

Ipomoeamaron. Biosynthese von Ipomoeamaron und verwandten Verbindungen in Süßkartoffelwurzeln (*Ipomoea batatas Lam.*), infiziert mit *Ceratocystis fimbriata*. Die Umwandlung von Acetat in Farnesylpyrophosphat (↗ *Terpene*) geschieht in der nichtinfizierten Pflanze und wird durch Infektion stimuliert. Alle mit einem Stern markierten Reaktionen laufen vor einer Infektion nicht ab. [P.A. Brindle u. D.R. Threlfall *Biochem. Soc. Trans.* 11 (1983) 516–522]

Iridin, ↗ *Protamine*.

Iridodial, ein Vertreter der *Iridoide* (Sdp.₁ 90–92 °C, n_D^{19} 1,4782). Die Dialdehydform des I. steht im Gleichgewicht mit der Halbacetalform (Abb.). Von der bizyklischen Struktur wurde der Name für die Naturstoffklasse der Iridoide abgeleitet. I. ist zuerst im Wehrsekret verschiedener Ameisen nachgewiesen worden.

Iridodial

Iridoidalkaloide, ↗ *Terpenalkaloide*.

Iridoide, eine Gruppe von Naturstoffen, die durch ein methylcyclopentanoides Monoterpengerüst charakterisiert ist. Früher wurden I. fälschlich als *Pseudoindicane* bezeichnet, weil sie in Gegenwart von Luft und Säuren z. T. in intensiv blau gefärbte Verbindungen übergehen können. Dieser Vorgang entspricht aber nicht der Überführung von Indicanglycosiden in Indigo. Der Name I. leitet sich vom Iridodial ab, das im Wehrsekret von Ameisen gefunden wurde. In höheren Pflanzen sind die I. weit verbreitet und liegen vielfach als Glycoside vor. Neben den C_{10}-Iridoiden, z. B. Verbenalin und Loganin, dem bedeutendsten Vertreter, finden sich auch Verbindungen mit neun C-Atomen, z. B. Aucubin, und acht C-Atomen. In einigen Fällen weisen die I. zusätzliche Strukturelemente auf, wie Acetat im Plumierid. Innerhalb der Iridoide bilden die ↗ *Valepotriate* eine in sich geschlossene Gruppe. Aus den I. gehen durch Aufspaltung des Methylcyclopentanrings die *Secoiridoide* hervor, zu denen Bitterstoffe, wie Gentiopikrosid, gehören. Einige I. lassen sich leicht in Monoterpenalkaloide überführen und werden deshalb als biogenetische Vorläufer diskutiert.

Die Biosynthese der I. geht vom Geranylpyrophosphat aus, wobei dieses zunächst hydroxyliert und dann zu Nerylpyrophosphat isomerisiert wird. Über Zwischenreaktionen (Oxidation, Reduktion, Hydroxylierung oder Decarboxylierung) werden sowohl die Verbindungen vom Loganintyp (Aucubin, Usnedosid, Actinidin) als auch nach Aufspaltung des Rings A und erneuter Zyklisierung die des Gentiopikrosidtyps (Gentianin, Abb. ↗ *Gentiana-Alkaloide*) gebildet. [A. Bianco et al. *Phytochemistry* **42** (1996) 81–91; A.J. Chulia et al. *Phytochemistry* **42** (1996) 139–143]

Iridoidindolalkaloide, ↗ *Indolalkaloide*.

Iridoidisochinolinalkaloide, ↗ *Isochinolinalkaloide*.

Iridomyrmecin, ein zu den Iridoiden zählendes Monoterpenlacton (Abb.), M_r 162 Da, F. 59–60 °C, $[\alpha]_D^{17}$ +205°. I. wurde zuerst aus dem Pheromongemisch von Ameisen der Gattung *Iridomyrmex* iso-

liert. Bei Alkalibehandlung entsteht das isomere Isoiridomyrmecin (F. 58–59 °C, $[\alpha]_D^{17}$ −62°), das für andere Ameisenarten ein Pheromon darstellt.

Iridomyrmecin

Iristectorigenin, 7,5,3'-Trihydroxy-6,5'-dimethoxyisoflavon. ↗ *Isoflavon*.

Iristectorin A, Iristectorigenin-7-glucosid. ↗ *Isoflavon*.

IRMA, Abk. für engl. *immunradiometric assay*, *immunradiometrischer Assay* (↗ *Immunassays*). IRMA stellt eine Modifikation von ↗ *RIA* dar, bei der der Antikörper, und nicht das Antigen, das getestet werden soll (X), radioaktiv wird. Dieser Assay wird oftmals dann verwendet, wenn X nicht in radioaktiver Form erhalten werden kann oder wenn dessen immunologische Eigenschaften durch die radioaktive Markierung verändert werden. IRMA kann entweder mit einem radioaktiv markierten Antikörper (d. h. anti-$^*X_1$) oder mit zwei Antikörpern, die an unterschiedliche Stellen des X-Moleküls binden und von denen eines (das zweite im Test eingesetzte) radioaktiv markiert ist (d. h. anti-X_1 und anti-$^*X_2$), durchgeführt werden. Das letztgenannte Verfahren wird „*two-site*-IRMA" genannt und ist ein Beispiel für einen „zwei-Antikörper-Sandwich-Assay". Es hat, unabhängig davon, ob nun radioaktive, enzymatische oder fluorometrische Markierungen eingesetzt werden, den Vorteil, dass es eine größere chemische Spezifität aufweist, weil es zwei verschiedene Antigenbindungsstellen einbezieht. Es hat den Nachteil, dass zwei Antikörper, die entweder beide monoklonal sind, oder einer polyklonal (wie anti-X_1) und einer monoklonal (wie anti-$^*X_2$), benötigt werden. Bei beiden IRMA-Verfahren werden jetzt Antikörper Festphasenmethoden (z. B. Bettschüttungen oder Mikrotiterplatten) zur Trennung des markierten Antikörper-Antigen-Komplexes von ungebundenem, markiertem eingesetzt.

Das „*two-site*-IRMA"-Verfahren für den Test von X beginnt mit der Bindung von anti-X_1 an die Wand der Mikrotiterplatte. Nach dem Waschen werden die restlichen Proteinbindungsstellen mit einem irrelevanten Protein wie Hämoglobin (Hb) durch Inkubation mit PBS-Hb blockiert. Um eine Standardkurve zu erstellen, wird jeder Mulde eine andere, bekannte Konzentration an X zugegeben und zur Bildung von anti-X_1-X 4–16 h inkubiert. Bezogen auf die am stärksten konzentrierte verwendete Probe, muß anti-X_1 gegenüber X in jeder Mulde im Überschuss vorliegen. Ungebundenes X wird durch Waschen entfernt. Anschließend wird bei Raumtemperatur für ~2 h mit dem gleichen Volumen einer Lösung des anti-$^*X_2$ inkubiert. Im Anschluss wird gewaschen, um nicht gebundenes anti-$^*X_2$ zu entfernen. Die Mulden werden ausgeschnitten und ihre Radioaktivität, die durch das gebundene „Sandwich" aus anti-X_1-X-anti-$^*X_2$ verursacht wird, bestimmt. Die Standardkurve ergibt sich durch die graphische Darstellung von „cpm, gebunden" (d. h. Radioaktivität in anti-X_1-X-anti-$^*X_2$) als Ordinate gegen „log Konzentration von X" als Abszisse. Innerhalb dieser Kurve wird der Bereich, der eine Gerade darstellt, zur Bestimmung der Konzentration an X in einer unbekannten Probe herangezogen. Zu diesem Zweck wird das Verfahren, das zur Erzeugung der Standardkurve angewandt wurde, wiederholt und es werden bekannte Verdünnungen der unbekannten Probe von X anstelle der bekannten Konzentrationen von X verwendet. Es wird die Verdünnung ausgewählt, deren „cpm, gebunden" auf der Geraden der Standardkurve liegt, und der korrespondierende Abszissenwert abgelesen. Die Konzentration wird dann durch Bildung des antilog und unter Berücksichtigung der Verdünnung bestimmt.

IR-Spektroskopie, Abk. für ↗ *Infrarotspektroskopie*.

IS, Abk. für Insertionssequenz, ↗ *Transposon*.

Isethionsäure, ↗ *Cystein*.

Isochinolinalkaloide, eine große Gruppe von ↗ *Alkaloiden*, die im Pflanzenreich weit verbreitet vorkommen. Der heterozyklische Grundkörper bildet sich *in vivo* vornehmlich im Zuge einer Mannich-Kondensation aus einem Phenylethylaminderivat und einer Carbonylkomponente. Die dabei entstehenden Tetrahydroisochinolinderivate gehen durch Dehydrierung in Isochinolinderivate über (Abb.). Nach der Natur des Carbonylbausteins kann man zwischen verschiedenen Strukturtypen unterscheiden, die wiederum typisch für gewisse Pflanzenarten sind und deshalb nach ihnen benannt werden (Tab.). Durch sekundäre Zyklisierungen als Folge von Phenoloxidationen, durch Umlagerungen und Ringspaltungen können Verbindungen mit komplizierten Ringsystemen entstehen, die sich nur durch ihren gemeinsamen Biosyntheseweg als I. ausweisen.

Isochinolinalkaloide. Tab. Einteilung der Isochinolinalkaloide.

Grundgerüst	typische Vertreter
Tetrahydroisochinolin-alkaloide	Anhalonium-(Kaktus-) Alkaloide, Salsola-Alkaloide
Phenylisochinolin-alkaloide	Amaryllidazeen-Alkaloide
Benzylisochinolin-alkaloide	Mohn-Alkaloide (Papaver-Alkaloide), Erythrina-Alkaloide, einige Curare-Alkaloide
Phenylethylisochinolin-alkaloide	Colchicum-Alkaloide
Bis-Benzylisochinolin-alkaloide	einige Curare-Alkaloide
iridoide Isochinolin-alkaloide	Ipecacuanha-Alkaloide

Isocitrat-Dehydrogenase, ein zu den Dehydrogenasen zählendes Enzym, das mittels NAD^+ oder $NADP^+$ Isocitrat an der sekundären Hydroxylgruppe dehydriert und gleichzeitig die reversible Decarboxylierung des entstehenden Oxalsuccinats zu 2-Oxoglutarat katalysiert. Das NAD^+-spezifische Enzym (EC 1.1.1.41) kommt nur intramitochondrial vor, wird durch ADP (tierisches Gewebe) bzw. AMP (Hefe, Schimmelpilz) allosterisch aktiviert, durch ATP gehemmt, wirkt nur in Richtung 2-Oxoglutarat und decarboxyliert zugesetztes Oxalsuccinat nicht. Das $NADP^+$-abhängige Enzym (EC 1.1.1.42) kommt sowohl in den Mitochondrien als auch im Cytoplasma vor. Es benötigt Magnesium(II)- oder Mangan(II)-Ionen, decarboxyliert zugegebenes Oxalsuccinat, ist nicht Bestandteil des Tricarbonsäure-Zyklus und dient der Produktion von Reduktionskraft für Synthesen.

Isocitronensäure, HOOC-CH_2-CH(COOH)-CHOH-COOH, eine zur Citronensäure isomere Monohydroxytricarbonsäure, die im Pflanzenreich weit verbreitet ist und in freier Form besonders in Dickblattgewächsen und Früchten vorkommt. Im Stoffwechsel haben die Salze der I., die *Isocitrate*, Bedeutung als Zwischenprodukte des ↗ *Tricarbonsäure-Zyklus*, wo sie mittels Aconitase aus Citrat entstehen. Durch anschließende Oxidation gehen sie in 2-Oxoglutarat über. Im ↗ *Glyoxylat-Zyklus* wird Isocitrat in Succinat und Glyoxylat gespalten.

Phenylethylamin + Aldehyd

Tetrahydro-isochinolin

Isochinolin

Isochinolinalkaloide. Biosynthese von Isochinolinen.

ψ-Isocordein, ↗ *Chalkone*.

isoelektrische Fokussierung, die Trennung von ↗ *Proteinen* aufgrund ihrer unterschiedlichen isoelektrischen Punkte in einem pH-Gradienten durch ↗ *Elektrophorese*. Der Gradient wird bei diesem Säulenverfahren durch ein Gemisch synthetischer niedermolekularer Trägerampholyte (Ampholine) mit unterschiedlichem pI während der Elektrophorese ausgebildet und durch einen Rohrzuckergradienten stabilisiert. Die zu trennenden Proteine wandern dann während der Elektrophorese an diejenige Stelle in der Säule, die ihrem pI-Wert entspricht, und können nach Stromabschaltung durch vorsichtiges Leeren der Säule direkt und in präparativen Mengen gewonnen werden.

isoelektrischer Punkt, *pI*, *pH_I*, *IEP*, bei amphoteren Elektrolyten (z. B. Aminosäuren, Peptide, Proteine) die Hydroniumionenaktivität (pH-Wert), bei der Ladungsgleichheit eintritt, d. h. die Zahl der positiv geladenen Ionen gleich der Zahl der negativ geladenen ist. Er ist abhängig von der Ionenstärke und der Art des verwendeten Puffers. Der i. P. ist spezifisch für einen bestimmten amphoteren Elektrolyten, der dort charakteristische Eigenschaften aufweist, z. B. ein Minimum der Löslichkeit und der Viskosität. Bei kolloiden Ampholyten sinkt die elektrophoretische Beweglichkeit auf Null, die Quellungsgeschwindigkeit auf ein Minimum, häufig tritt Ausflockung ein. Man kann den i. P. aus den Dissoziationskonstanten der sauren (K_S) und der basischen (K_B) Gruppen und dem Ionenprodukt des Wassers (K_W) berechnen: $pH_I = \int (pK_W + pK_S - pK_B)$.

Die elektrophoretischen Trennmethoden der Ampholyte beruhen auf den unterschiedlichen pI-Werten der einzelnen Komponenten. Die Bestimmung des pI erfolgt entweder elektrophoretisch bei verschiedenen pH-Werten oder durch Elektrofokussierung in einem Ampholine-pH-Gradienten.

Isoenzyme, *Isozyme*, multiple Formen eines Enzyms mit gleicher Substratspezifität, jedoch genetisch determinierten Unterschieden in der Primärstruktur. Bestehen diese Unterschiede nicht, so spricht man von ↗ *Pseudo-Isoenzymen*. I. unterscheiden sich häufig in ihrem isoelektrischen Punkt (Ladungsisomere) und seltener in ihrem M_r (Größenisomere, z. B. Glutaminase-Isoenzym aus *Pseudomonas*, Glutamat-Dehydrogenase-Isoenzym aus *Chlorella*). Bei oligomeren I. sind diese Unterschiede in ihren Untereinheiten lokalisiert. Weiter unterschiedlich sind katalytische Eigenschaften, beispielsweise der K_m-Wert (↗ *enzymkinetische Parameter*), pH- und Temperatur-Optimum einschließlich Hitzelabilität, ferner Effektoreneinflüsse, immunologisches Verhalten und unterschiedliche Verteilungsmuster in den verschiedenen Organen und Zellbestandteilen. I. können entwicklungsbedingte ↗ *Isoformen* sein oder sie können in unterschiedlichen Geweben eines erwachsenen Organismus ähnliche Aufgaben erfüllen. I. können 1) aus genetisch voneinander unabhängigen Produkten verschiedener Gene bestehen, z. B. die mitochondriale und die cytosolische Malat-Dehydrogenase; 2) von Unterschieden in den Regulationssequenzen in der DNA oder RNA herrühren, die die Transcription oder die RNA-Prozessierung steuern (*Posttranslationsmodifizierung*). Im Fall von Proteinen, die aus nichtidentischen Untereinheiten bestehen, entstehen I. durch die Bildung von Hybridformen, z. B. Herz- und Muskel-↗ *Lactat-Dehydrogenase*. I. können auch 3) aus genetisch bedingten Enzymvarianten (Allelen) entstehen, z. B. die Glucose-6-phosphat-Dehydrogenase des Menschen, von der mehr als 50 genetische Varianten bekannt sind. Weiterhin wird die Bezeichnung I. als Arbeitsbegriff für Enzyme gleicher katalytischer Aktivität verwendet, die durch geeignete Verfahren, z. B. Elektrophorese, aufgetrennt werden können. Aufgrund ihrer Ladungsunterschiede werden alle I. fast ausschließlich durch Elektrophorese auf Papier, Celluloseacetatfolie, Stärke, Agarose oder Polyacrylamid, durch Isoelektrofokussierung oder durch Ionenaustauschchromatographie getrennt. Liegen zusätzlich Unterschiede in ihrer Größe vor, können die I. durch zonale Zentrifugation im Dichtegradienten (z. B. Isocitrat-Ddehydrogenase-Isoenzym) oder durch Gelfiltration getrennt werden. I. mit verschiedenen Bindungseigenschaften für Inhibitoren, z. B. Carboanhydratase-Isoenzyme, können durch Affinitätschromatographie getrennt werden. Außerdem können Affinitätsmethoden, die monoklonale Antikörper einsetzen, zur Trennung und Identifizierung von I. verwendet werden.

Isoeugenol, *2-Methoxy-4-propenylphenol* (Abb.), eine farblose Flüssigkeit; F. −10 °C, Sdp. 266 °C, n_D^{20} 1,5726 (*Z*-Form), n_D^{20} 1,5784 (*E*-Form). I. riecht eugenolartig, jedoch ist es schwächer und angenehmer im Geruch. Es ist schwer löslich in Wasser, leicht löslich in Ethanol und Ether. I. findet sich in verschiedenen etherischen Ölen, z. B. im Ylang-Ylang-Öl und im Muskatnussöl. Es ist in der Natur seltener als Eugenol, kann aber aus diesem durch Erhitzen mit Kaliumhydroxid auf 220 °C gewonnen werden (Verschiebung der Doppelbindung). I. wird in der Parfümerie und als Konservierungsmittel für Lebensmittel verwendet. Zugleich ist es Zwischen-

Isoeugenol

produkt für die Synthese von Vanillin durch oxidativen Abbau.

Isoflavan, eine Verbindung, die das Isoflavangerüst (Abb.) enthält, das am stärksten reduzierte Ringsystem aller ↗ *Isoflavonoide*. Sowohl die 3*R*- als auch die 3*S*-Konfiguration kommen natürlich vor. Wenn Pterocarpane und I. gleichzeitig in einer Pflanze vorkommen, liegen beide in der gleichen Konfiguration vor, woraus geschlossen wird, dass sie biogenetisch verwandt sind. Das erste natürliche I., von dem berichtet wurde, war der tierische Metabolit Equol (↗ *Isoflavon*). Alle anderen bekannten natürlichen I. sind Pflanzenprodukte, z. B. *(–)-Duartin* [(3*S*)-7,3'-Dihydroxy-8,4',2'-trimethoxyisoflavan, Holz von *Machaerium* spp.], *(–)-Mucronulatol* [(3*S*)-7,3'-Dihydroxy-4',2'-dimethoxyisoflavan, Holz von *Machaerium* spp.], *(+)-Vestitol* [(3*S*)-7,2'-Dihydroxy-4'-methoxyisoflavan, Holz von *Machaerium vestitum*, *Dalbergia variabilis*], *(–)-Vestitol* [(3*R*)-Konfiguration, *Cyclolobium claussenii*, *C. vecchi*], *(+)-Laxifloran* [(3*R*)-7,4'-Dihydroxy-2',3'-dimethoxyisoflavan, *Lonchocarpus laxiflorus*], *(+)-Lonchocarpan* [(3*R*)-7,4'-Dihydroxy-2',3',6'-trimethoxyisoflavan, *Lonchocarpus laxiflorus*], *Phaseolinisoflavan* [(3*R*)-7,2'-Dihydroxy-3',4'-dimethylchromenylisoflavan, *Phaseolus vulgaris*], *(+)-Licoricidin* [5,4',2'-Trihydroxy-7-methoxy-6,3-di-γ,γ-dimethylallylisoflavan, *Glycyrrhiza glabra*] und (3*S*)-2'-Hydroxy-7,4'-dimethoxyisoflavan (*Dalbergia ecastophyllum*).

Isoflavan. Isoflavanringsystem.

Im Vergleich zu den korrespondierenden Isoflavonen und Isoflavanonen sind die I. relativ wirkungsvolle Fungizide. [Krämer et al. *Phytochemistry* **23** (1984) 2.203–2.205. Allgemeine Referenzen: *The Flavonoids*, J.B. Harborne, T.J. Mabry u. H. Mabry, Hrsg., Chapman and Hall, 1975]

Isoflavanon, ein Isoflavonoid mit dem in der Abb. dargestellten Ringsystem. Es sind relativ wenige natürlich vorkommende I. bekannt. Wie andere ↗ *Isoflavonoide* sind auch die I. auf verschiedene Unterfamilien der *Leguminosen* beschränkt. Beispiele: *Padmakastein* (5,4'-Dihydroxy-7-methoxy-

Isoflavanon. Isoflavanonringsystem.

isoflavanon, Rinde von *Prunus puddum*), *Ferreirin* und *Homoferreirin* (5,7,6'-Trihydroxy-4'-methoxy- und 5,7-Dihydroxy-4',6'-dimethoxyisoflavanon, aus Kernholz von *Ferreirea spectabilis*), *Sophorol* (7,6'-Dihydroxy-3',4'-methylendioxyisoflavanon, *Maakia amurensis*). [*The Flavonoids*, J.B. Harborne, T.J. Mabry u. H. Mabry, Hrsg., Chapman and Hall, 1975]

Isoflav-3-en, ein ↗ *Isoflavonoid* mit dem in der Abb. dargestellten Ringsystem. Es ist seit vielen Jahren als Dehydratisierungsprodukt von Isoflavonolen bekannt. 1974 wurde erstmals von einem natürlich vorkommenden I. berichtet. Es stellt vermutlich die biosynthetische Vorstufe von Cumestanen dar. Beispiele: *Haginin B* und *Haginin A* (7,4'-Dihydroxy-2'-methoxyisoflav-3-en und 7,4'-Dihydroxy-2',3'-dimethoxyisoflav-3-en, beide aus *Lespedeza cyrtobotrya*), *Sepiol* (7,2',3'-Trihydroxy-4'-methoxyisoflav-3-en) und *2'-Methylsepiol* (beide aus *Gliricidia sepium*), *Neorauflaven* und *Glabren*. [*The Flavonoids*, J.B. Harborne, T.J. Mabry u. H. Mabry, Hrsg., Chapman and Hall, 1975]

Isoflav-3en. Isoflav-3-enringsystem.

Isoflavon, ein natürlich vorkommendes ↗ *Isoflavonoid*, das das Isoflavonringsystem (Abb.) zur Grundlage hat. Es entsteht biosynthetisch aus entsprechend gebauten Chalkonen durch eine Wanderung der Arylgruppe im B-Ring vom C2 zum C3 während der Bildung des oxidierten Chromanringsystems (↗ *Isoflavonoide*).

Genistein (5,7,4'-Trihydroxyisoflavon; F. 292 °C) wurde bereits 1899 aus dem Farbstoff des Färberginsters (*Genista tinctora*) isoliert und anschließend in unterirdischem Klee (*Trifolium subterraneum*), Sojabohne und Früchten des *Sophora japonica* identifiziert. Genistein besitzt östrogene Aktivität und ist für die Unfruchtbarkeit australischer Schafe, die auf Weideland mit unterirdischem Klee grasen und für das „Frühjahrsüberschießen" der Milchproduktion bei Milchkühen in Großbritannien verantwortlich. Ein Hauptmetabolit von Genistein bei Tieren ist Equol (Abb.) [M.N. Cayen et al. *Biochim. Biophys. Acta* **86** (1964) 56–64].

Leichte östrogene Aktivität (Erhöhung des Uterusgewichts bei Gabe an unreife Mäuse) zeigen *Biochanin A* (5,7-Dihydroxy-4'-methoxyisoflavon, *Cicer arietinum*, *Ferreirea spectabilis*, *Trifolium* spp.) und *Prunetin* (5,4'-Dihydroxy-7-methoxyisoflavon, *Prunus puddum*, *P. avium*, *Pterocarpus*

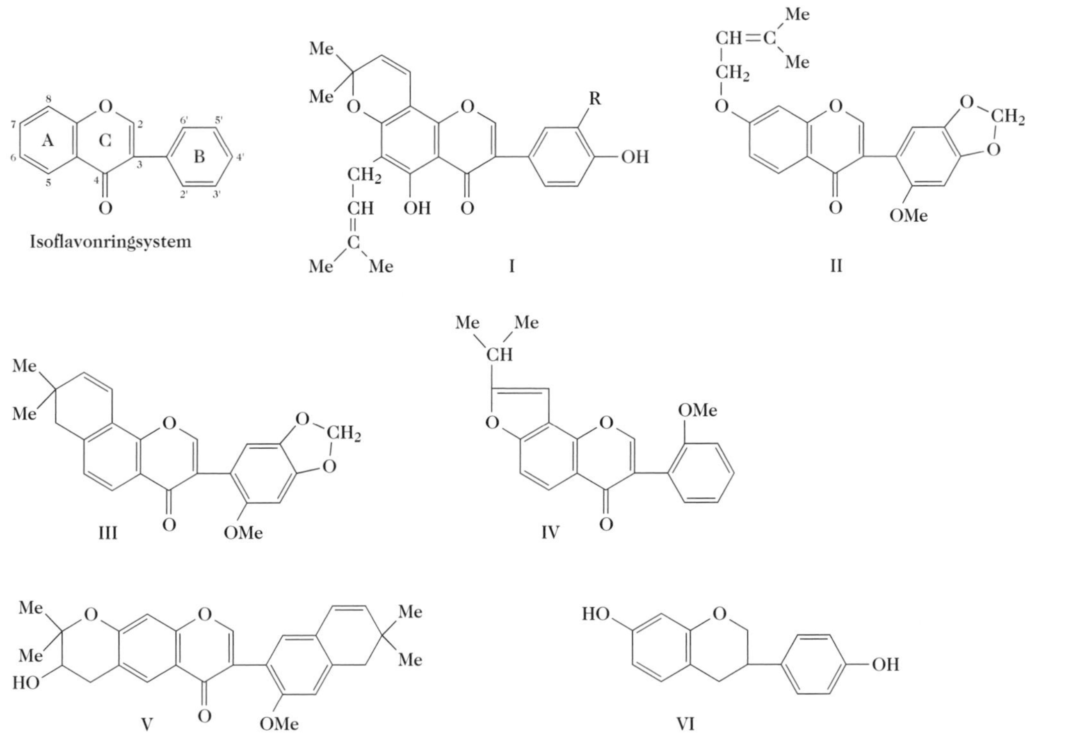

Isoflavone.
I: R = H, Osajin; R = OH, Pomiferin (Osaje-Orangenbaum, *Maclura pomifera*).
II: Maximasubstanz C (*Tephrosia maxima*).
III: Jamaicin (*Piscidia erythrina*).
IV: Muneton (*Mundulea suberosa*).
V: Mundulon (*Mundulea sericea*).
VI: Equol (Metabolit von Genistein bei Tieren).

angolensis). Für alle anderen I. fehlt ein eindeutiger Beweis für eine östrogene Aktivität.

Weitere Beispiele für I. mit einfachen Substituenten sind: *Daidzein* (4',7-Dihydroxyisoflavon, F. 323 °C, *Pueria* spp. und andere Leguminosen), *Orobol* (3',4',5,7-Tetrahydroxyisoflavon, F. 270 °C, Wurzeln von *Lathyrus montanus*), *Formononetin* (7-Hydroxy-4'-methoxyisoflavon, Sojabohne, *Trifolium subterraneum*, *T. pratense*), *Muningin* (6,4'-Dihydroxy-5,7-dimethoxyisoflavon, *Pterocarpus angolensis*), *Afrormosin* (7-Hydroxy-6,4'-dimethoxyisoflavon, *Afrormosia elata*), *Tlatlancuayin* (5,2'-Dimethoxy-6,7-methylendioxyisoflavon, mexikanische „Tlatlancuaya" *Iresine celosioides*). Wie diese Aufzählung zeigt, ist das Isoflavonvorkommen zum großen Teil auf die *Papilionoideen* beschränkt, eine Unterfamilie der *Leguminosen*. Beachtenswerte Ausnahmen sind die I. aus *Iris* spp. (*Iridaceae*): 4',5,7-Trihydroxy-3',6-dimethoxyisoflavon (*I. germanica*), *Iristectorigenin* (7,5,3'-Trihydroxy-6,5'-dimethoxyisoflavon, *I. tectorum*, *I. spuria*), 5,7-Dihydroxy-6,2'-dimethoxyisoflavon (*I. spuria*) [A.S. Shawl et al. *Phytochemistry* **23** (1984) 2405–2406].

Orobol und *Pratensein* (5,7,3'-Trihydroxy-4'-methoxyisoflavon) kommen in *Bryum capillare* vor, wo sie als 7-(6"-Malonyl)-glucosid vorliegen; dies ist die erste Veröffentlichung über das Vorkommen von I. in Moospflanzen (Bryophyten) [S. Anhut et al. *Phytochemistry* **23** (1984) 1073–1075].

Wie andere Flavonoide liegen die I. in der Pflanze als Glycoside vor. Kohlenhydratkomponenten sind vor allem Glucose und Rhamnose. Beispiele sind: *Daidzin* (Daidzein-7-glucosid), *Ononin* (Formononetin-7-glucosid), *Genistin* (Genistein-7-glucosid), *Sophoricosid* (Genistein-4'-glucosid), *Sophorabiosid* (Genistein-4'-rhamnoglucosid), *Prunetrin* (Prunetin-7-glucosid), *Iristectorin A* (Iristectorigenin-7-glucosid).

Isoflavonoid, ein Flavonoid mit dem verzweigten $C_6C_3C_6$-Grundgerüst (Abb. 1).

Die meisten I. enthalten das 3-Phenylchromangerüst, in dem die C_3-Kette mit Sauerstoff zyklisiert vorliegt.

Zu den I. zählen Isoflavone, Isoflavanone, Isoflavane, Isoflav-3-ene, Rotenoide, Pterocarpane, Cumestane, 3-Aryl-4-hydroxycumarine, 2'-Hydroxy-3-arylcumarine, 2-Arylbenzofurane, α-Methyldes-

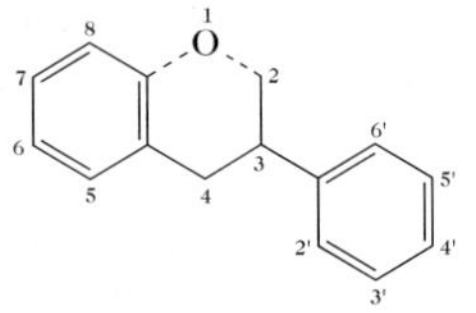

Isoflavonoid. Abb. 1. Das Isoflavonoidringsystem.

oxybenzoine und einzelne Verbindungen wie Lisetin und Ambanol (s. Einzeleinträge). I. haben eine begrenzte botanische Verbreitung und kommen hauptsächlich in den Unterfamilien *Papilionoideae* der *Leguminosen* und manchmal in der Unterfamilie *Caesalpinioideae* vor. Vereinzelt werden sie auch in anderen Familien gefunden (*Rosaceae*, *Moraceae*, *Amaranthaceae*, *Podocarpaceae*, *Chenopodiaceae*, *Cupressaceae*, *Iridaceae*, *Myristicaceae*, *Stemonaceae*). I. kommen auch in mikrobiellen Kulturen vor [z. B. T. Hazato et al. *J. Antibiot. Tokyo* **32** (1979) 217–222]. Da das Kultur-

medium jedoch in allen Fällen Sojamehl enthielt, besteht die Möglichkeit, dass diese I. doch pflanzlichen Ursprungs sind.

Biosynthese. Die Biosynthese aller ↗ *Flavonoide* verläuft über Chalkone. Die 1,2-Arylwanderung, die zum charakteristischen Isoflavonoidgerüst führt, spielt sich während der Umwandlung der Chalkone ab und wird von einer Nettooxidation begleitet. Im Gegensatz dazu, ist an der Biosynthese aller anderen Flavonoide eine Umwandlung des Chalkons in ein Flavanon mit der gleichen Molekülstrukturformel beteiligt. Einer interessanten Theorie für den Mechanismus der Arylwanderung zufolge, verläuft die Phenoloxidation über eine Spirodienonzwischenstufe (Abb. 2) [A. Pelter et al. *Phytochemistry* **10** (1971) 835–850]. In Übereinstimmung mit diesem vorgeschlagenen Mechanismus steht die Erkenntnis, dass 4-Methoxychalkone nicht als Substrate für die Wanderung fungieren. Tatsächlich wären nur zwei Chalkone als Substrate geeignet,

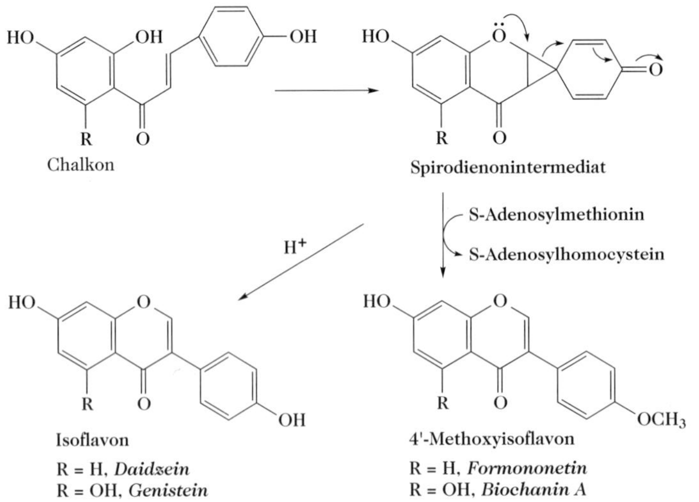

Isoflavonoid. Abb. 2. Vorgeschlagener Mechanismus für die Zyklisierung und Oxidation von Chalkonen zu Isoflavonen.

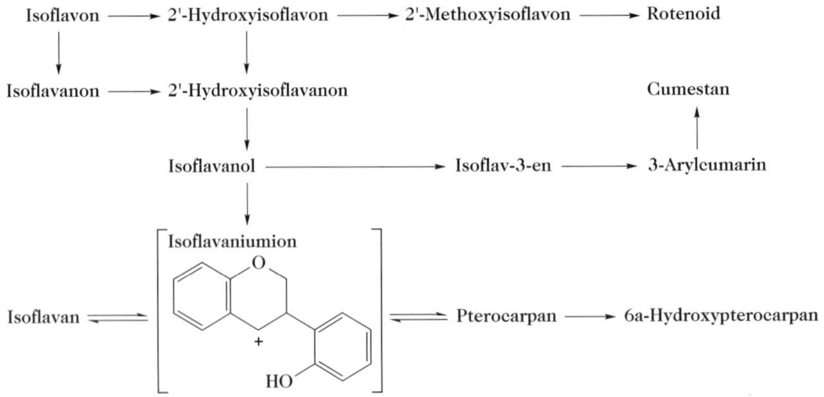

Isoflavonoid. Abb. 3. Biosynthetische Beziehungen innerhalb der Hauptgruppe der Isoflavonoide. Zu Strukturformeln s. Einzeleinträge.

das 2',4',4-Trihydroxychalkon und das 2',4',6',4-Tetrahydroxychalkon, aus denen Daidzein und Genistein entstehen könnten. Formononetin und Biochanin A können durch Methylierung von Daidzein und Genistein entstehen, es existieren jedoch zwingende Hinweise dafür, dass die 4'-Methylierung hauptsächlich während der Umwandlung der Chalkone vor sich geht, d. h. während der Arylwanderung. Diese vier I. könnten dann als Vorstufe praktisch aller bekannten natürlichen I. dienen. I., denen die Sauerstofffunktion in 4'-Position fehlt, sind selten. Diese können durch eine analoge Phenoloxidation von 2-Hydroxychalkonen, die zu 2'-Hydroxy- (oder -Methoxy-) Flavonen führt, gebildet werden. Das Substitionsmuster des B-Rings der Isoflavone scheint durch die Hydroxylierungsreihenfolge 4'→2',4'und 4'→4',5'→2',4',5' bestimmt zu sein. Die Substition im A-Ring in den Positionen 7 und 5,7 ist durch die Chalkone vorgegeben, bei Isoflavonen ist jedoch eine weitere Hydroxylierung in Position 6 möglich. Die biosynthetischen Beziehungen innerhalb der Hauptgruppe der I. wurden hauptsächlich mit Hilfe von Isotopenmarkierungen (^{14}C und ^{3}H) untersucht und sind in Abb. 3 gezeigt [P.M. Dewick in *The Flavonoids: Advances in Research* J.B. Harborne u. T.J. Mabry, Hrg., Chapman and Hall, 1982, 535–640; J.L. Ingham „Naturally Occuring Isoflavonoids (1855–1981)" in *Progress in the Chemistry of Organic Natural Products* **43** (1983) 1–266].

Isoformen, verschiedene Formen von Zellen oder Makromolekülen, die im Verlauf der Ontogenese nacheinander entstehen und gegeneinander ausgetauscht werden. Bei Säugetieren z. B. wird eine leichte Myosinkette, die im Skelett- und Herzgewebe vorhanden ist, im Erwachsenenalter gegen leichte Ketten ausgetauscht, die für den jeweiligen Muskeltyp spezifisch sind. Außerdem wird die schwere Kette des Fetusmyosins nach der Geburt durch eine Übergangsform der schweren Kette ersetzt, die im Erwachsenenalter wiederum gegen die endgültige schwere Kettenform ausgetauscht wird. [A.I. Caplan et al. *Science* **221** (1983) 921–927]

28-Isofucosterin, ↗ *Avenasterin*.

isohydrisches Prinzip, *hydrostabiles Prinzip*, ↗ *Puffer (Puffer von Körperflüssigkeiten)*.

L-Isoleucin, *Ile, L-α-Amino-β-methylvaleriansäure*, $CH_3-CH_2-CH(CH_3)-CH(NH_2)-COOH$, eine aliphatische neutrale proteinogene Aminosäure; M_r 131,2 Da, F. 285–286 °C (Z.), $[\alpha]_D^{20}$ +12,4° (c = 1, H_2O) oder +39,5° (c = 1 in 5 M Salzsäure). Ile kommt in relativ großen Mengen in Hämoglobin, Edestin, Casein und Serumproteinen sowie in der Zuckerrübenmelasse vor, aus der es 1904 von F. Ehrlich erstmals isoliert wurde. Ile ist essenziell und wirkt zugleich glucoplastisch (Abbau über Propionsäure) und ketoplastisch (Bildung von Essig-

säure; ↗ *L-Leucin*). Seine Biosynthese geht von α-Ketobuttersäure und Pyruvat aus. α-Ketobutyrat entsteht durch Dehydratisierung bzw. Desaminierung von L-Threonin durch Threonin-Dehydratase (Threonin-Desaminase). L-Isoleucin und L-Valin werden auf parallelen Wegen synthetisiert. Die einzelnen Reaktionsschritte (Abb. auf Seite 510) werden durch die gleichen Enzyme katalysiert (↗ *auxotrophe Mutanten*). Die Biosynthese von L-Leucin trennt sich von diesem Syntheseschema der verzweigtkettigen Aminosäuren auf der Stufe des Valinvorläufers α-Ketoisovaleriansäure.

Isolysergsäure, ↗ *Lysergsäure*.

Isomagnolol, ↗ *Neolignane*.

Isomaltase, veraltete Bezeichnung für ↗ *Dextrin-6-α-D-glucanohydrolase*.

Isomaltose, ein reduzierendes Disaccharid, das α-1→6-glycosidisch aus zwei Molekülen D-Glucopyranose aufgebaut ist. I. entsteht beim enzymatischen Abbau verzweigter Polysaccharide, z. B. von Amylopektin. I. ist ein Stereoisomeres der Gentiobiose.

Isomerasen, zur 5. Hauptgruppe der EC-Nomenklatur gehörende ↗ *Enzyme*, die eine intramolekulare Umwandlung isomerer Verbindungen katalysieren. Wichtige Vertreter der I. sind Racemasen und Epimerasen sowie intramolekulare Oxidoreduktasen (Triosephosphat-Isomerase, Glucose-6-phosphat-Isomerase u. a.) und intramolekulare Transferasen, wie z. B. die Methylmalonyl-CoA-Mutase.

Isonicotinsäurehydrazid, ↗ *Nicotinsäure*.

Isopelletierin, ↗ *Punica-Alkaloide*.

Isopentenylacetat, $(CH_3)_2CH-CH_2-CH_2-O-CO-CH_3$, das wirksamste Alarmpheromon (↗ *Pheromone*) der Honigbienen (M_r 130 Da). I. wird in den Drüsengeweben des Stachelrinnenpolsters gebildet und bei einem Stich des Tieres freigesetzt. Sein Geruch lockt andere Bienen an.

Isopentenylpyrophosphat, ein Intermediat bei der Biosynthese der ↗ *Terpene*.

Isopeptidbindung, eine Peptidbindung zwischen Seitenketten-ständigen Amino- und Carboxylfunktionen trifunktioneller Aminosäurebausteine in Peptiden und Proteinen. Ein wichtiger Vertreter dieser Bindungsart ist die kovalente Querbrückenbindung, die sich zwischen der ε-Aminogruppe eines Lysinrests und einer seitenständigen Carboxylgruppe von Glutamin- oder Asparaginsäure unter Wasserabspaltung ausbildet: $H_2N-CH(COOH)-CH_2-CH_2-COOH + H_2N-(CH_2)_4-CH(NH_2)-COOH \rightarrow N^\varepsilon$-(γ-Glutamyl)-lysin + H_2O. Die Isopeptidbindung wurde im polymerisierten Fibrin und in nativer Wolle nachgewiesen. Sie wird nicht durch die körpereigenen Verdauungsproteasen, sondern erst im Dickdarm durch bakterielle Gärungsvorgänge aufgesprengt. Das Vorhandensein von Isopeptidbin-

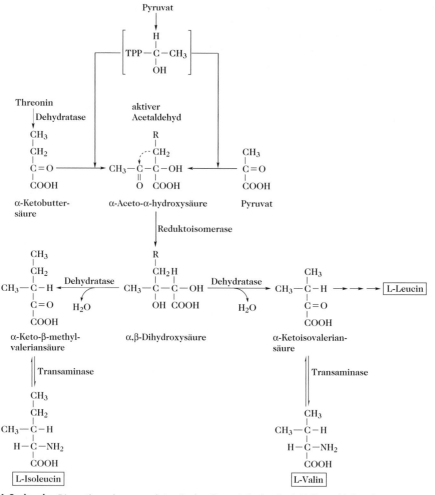

L-Isoleucin. Biosynthese der verzweigten Aminosäuren L-Isoleucin, L-Valin und L-Leucin.

dungen in Nahrungsproteinen, vermindert deshalb deren Ernährungswert.

Isopren, ↗ *Terpene,* ↗ *Hemiterpene.*

Isoprenoidalkaloide, Syn. für ↗ *Terpenalkaloide.*

Isoprenoide, ↗ *Terpene.*

Isoprenregel, ↗ *Terpene.*

isopyknische Zone, ↗ *Dichtegradientenzentrifugation.*

Isorubijervin, ein Veratrum-Alkaloid vom Jerveratrumtyp (↗ *Veratrum-Alkaloide*); M_r 413,65 Da, F. 237 °C, $[\alpha]_D$ +6,5° (Alkohol). I. kommt z. B. in Germer *(Veratrum album, V. eschscholtzii* und *V. viride)* vor und unterscheidet sich strukturell vom Solanum-Alkaloid Solanidin (↗ α-*Solanin*) durch eine zusätzliche 18-Hydroxylgruppe. Im Glycoalkaloid *Isorubijervosin* aus *Veratrum eschscholtzii* ist I. mit D-Glucose verknüpft.

Isosorbiddinitrat, der Salpetersäurediester des Sorbids (Abb.). Sorbid (1,4:3,6-Dianhydro-sorbit). Es ist ein wirksames ↗ *Koronarpharmakon* und

eignet sich zur Anfallsprophylaxe von Angina pectoris. Auch ein Monoester wird verwendet.

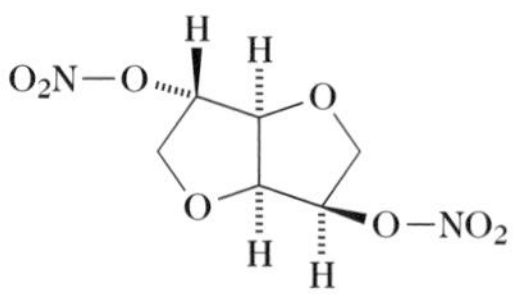

Isosorbiddinitrat

Isosteviol, ↗ *Steviosid.*

Isotachophorese, eine Form der ↗ *Elektrophorese,* bei der die Moleküle anhand ihrer Nettobeweglichkeit getrennt werden.

Isotope, Atomkerne mit gleicher Kernladungszahl (Ordnungszahl), aber unterschiedlicher Neutronen- und Massenzahl. Die I. gehören somit zum gleichen chemischen Element, z. B. Neon 20 und Neon 22 ($^{20}_{10}$Ne und $^{22}_{10}$Ne). Außer in der Masse unterscheiden sich I. noch im Kernvolumen, in der

Spinquantenzahl und magnetischen Quantenzahl des Atomkerns.

Man unterscheidet zwischen *stabilen I.* und *radioaktiven I.* (*Radioisotope*). Fast jedes in der Natur vorkommende Element ist eine Mischung von I., die mit verschiedenen Häufigkeiten in der Mischung enthalten sind.

In der Biologie und der Medizin werden I. vielfach zur Markierung bestimmter Stoffe verwendet (↗ *Isotopentechnik*).

Isotopentechnik, *Tracertechnik*, *Leitisotopentechnik*, die Verwendung radioaktiver (strahlender) und stabiler Isotope (exakter: Nuclide) in der biologischen, chemischen und physikalischen Forschung sowie in der Technik. Da in der I. Atome, Atomgruppierungen (funktionelle Gruppen) oder Moleküle durch Zugabe (bei Elementen) oder Einbau markierter Atome indiziert bzw. markiert werden, rechnet man sie zu den ↗ *Indikatormethoden*. Zur Markierung werden *Radionuclide*, die einen instabilen Kern haben und unter Aussendung von Strahlung (α-, β-, γ-Strahlung) in einem bestimmten, durch die Halbwertszeit charakterisierten Zeitraum zerfallen, und *stabile Nuclide* verwendet. Letztere müssen sich in ihren relativen Häufigkeiten von der natürlichen Isotopen-Zusammensetzung des betreffenden chemischen Elements deutlich unterscheiden, d. h., das seltenere Isotop, das als *Leitisotop* dienen soll, muss angereichert sein. Die Bezeichnung Tracertechnik (engl. *to trace* für nachspüren, verfolgen, nachweisen) für Isotopentechnik bezieht sich darauf, dass man das markierte Atom im Gemisch mit gleichartigen, nichtmarkierten Atomen (im Isotopengemisch des chemischen Elements) verfolgen, aufspüren und mit Hilfe geeigneter Detektions- und Messverfahren nachweisen kann. Die Markierung „leitet" den Untersucher (Leitisotopentechnik), so wie eine schwarze Kugel unter einer Vielzahl weißer Kugeln von sonst gleicher Größe und Beschaffenheit jederzeit erkannt werden kann.

In der Biochemie stehen von allen Bioelementen Radionuclide oder stabile Nuclide zur Verfügung (Tab.). Die I. bietet drei prinzipielle Vorteile bei ihrer Verwendung in der biologischen Forschung: 1) Das spezifische Verhalten von Atomen und Molekülen kann verfolgt werden; 2) bei Ausschluss von Isotopieeffekten sind genaue und hochempfindliche Untersuchungen möglich; 3) das normale (physiologische) Verhalten eines biologischen Systems wird durch Isotope in der Regel nicht verändert.

Radionuclide können auf verschiedene Art und Weise nachgewiesen und gemessen werden (Geiger-Müller-Zählrohre; Dünnschichtscanner, Szintillationszähler u. dgl.).

Stabile Nuclide können am einfachsten massenspektroskopisch bestimmt werden.

Isotopentechnik. Tab. Nuclide der Bioelemente (Auswahl).

Nuclid	Symbol	Halbwertszeit	Art der Strahlung
Wasserstoff (Deuterium) (Tritium)	^2H ^3H	stabil 10,46 Jahre	– β, sehr weich
Kohlenstoff	^{13}C ^{14}C	stabil 5.568 Jahre	– β, sehr weich
Stickstoff	^{13}N ^{15}N	10,05 Min. stabil	β –
Phosphor	^{32}P	14,3 Tage	β
Schwefel	^{35}S	87,1 Tage	β, weich

Für Biosynthesestudien bzw. Vorläufer-Produkt-Untersuchungen genügt die Ermittlung spezifischer Einbauraten oft aus folgendem Grunde nicht, besonders wenn sie relativ niedrig liegen (1% und weniger): Eine zugefütterte (applizierte) markierte Verbindung kann in verschiedene Stoffwechselwege eingeschleust und abgebaut werden, so dass der spezifische Einbau des verwendeten Vorläufers in das untersuchte Stoffwechselprodukt erst durch eine *Positionsermittlung* des Isotops im Markierungsprodukt nachgewiesen werden muss. Durch die Lokalisation des markierten Isotops im Reaktionsprodukt kann man ausschließen, dass eine unspezifische Markierung durch Verschmierung im Stoffwechsel erfolgte, wobei deduktive Schlüsse auf der Grundlage der Reaktionsmechanismen der theoretischen organischen Chemie zur Entscheidungsfindung dienen. Eine ^{14}C-Verbindung könnte z. B. zu $^{14}CO_2$ abgebaut werden, das unspezifisch in das Reaktionsprodukt inkorporiert wird.

Die I. wird in der Biochemie zur Lösung folgender Fragestellungen eingesetzt: 1) Lokalisation von Metaboliten, Enzymen und Stoffwechselreaktionen im Organismus und in der Zelle, 2) Verfolgung von Aufnahme-, Transport- und Akkumulationsprozessen, 3) Nachweis physiologischer Leistungen und Funktionsprüfung, z. B. der Schilddrüsenfunktion mit ^{131}I, 4) Erfassung des Turnovers von Biomolekülen und Zellbestandteilen, 5) Aufklärung der Biosynthese von Naturstoffen und Biomakromolekülen, z. B. der Proteinbiosynthese.

Wichtig ist die Verbindung der I. mit chromatographischen und histo- bzw. cytochemischen Untersuchungsverfahren, die als *Autoradiographie* bezeichnet wird. Radionuclide schwärzen durch Aussendung von Strahlung einen aufgelegten Röntgenfilm an den Stellen, wo die radioaktiv markierte Substanz lokalisiert ist. In Form der elektronenmikroskopischen Radioautographie wurde der Anwendungsbereich dieser Methodik bis in den supramolekularen und molekularen Bereich erweitert. Durch Kombination der I. mit der Papierchromatographie gelang z. B. die Aufklärung der Dunkelreaktionen der Photosynthese durch M. Calvin und Mitarbeiter. Diese Methodik wird als *Papier-Autoradiographie* bezeichnet.

Isovaleraldehyd, $(CH_3)_2CH\text{-}CH_2\text{-}CHO$, ein natürlich vorkommender Aldehyd (ρ 0,7977, Sdp. 92,5 °C). I. ist eine farblose, stechend riechende Flüssigkeit, die sehr reaktiv ist und unter Säureeinfluss leicht polymerisiert. Isovaleraldehyd kommt in vielen etherischen Ölen, besonders in Eukalyptusarten, vor und wird durch Oxidation von Isoamylalkohol synthetisch gewonnen.

Isovalerianazidämie, eine ↗ *angeborene Stoffwechselstörung*, die auf einen Mangel an *Isovaleryl-CoA-Dehydrogenase* (EC 1.3.99.10) zurückzuführen ist. Die Umwandlung von Isovaleryl-CoA in β-Methylcrotonyl-CoA (↗ *L-Leucin*) läuft nur mangelhaft ab. In Plasma und Harn ist die Isovaleratkonzentration erhöht. Außerdem liegen im Harn erhöhte Konzentrationen an Isovalerylglycin, Isovalerylcarnitin und manchmal 3-Hydroxyisovalerat vor. Klinische Symptome sind: Ketoacidotische Krise, manchmal mit tödlichem Koma; leichte geistige Entwicklungsverzögerung bei Überlebenden. Die Behandlung besteht in leucinarmer Ernährung und Ergänzung durch Glycin und / oder Carnitin, um die Ausscheidung an Isovalerylkonjugaten zu erhöhen. Bei einer Krise wird Peritonealdialyse angewandt.

Isozyme, ↗ *Isoenzyme*.

Itaconsäure, *Methylenbernsteinsäure, cis-Methylenbutendisäure, Prop-2-en-1,2-dicarbonsäure*, $CH_2{=}C(COOH)\text{-}CH_2\text{-}COOH$, eine ungesättigte Dicarbonsäure, farblose, hygroskopische Kristalle; F. 175 °C (auch 161–162 °C angegeben). Sie kann nicht unzersetzt destilliert werden. I. ist in Alkohol gut, in Wasser schwerer löslich, in Ether, Benzol und Chloroform praktisch unlöslich. I. entsteht als Stoffwechselprodukt bestimmter Schimmelpilze, z. B. *Aspergillus itaconicus*, und wird biotechnologisch durch Fermentation aus Zucker, Melasse u. a. gewonnen. Außerdem wird I. technisch aus Citronensäure durch trockene Destillation oder durch Erhitzen konz. wässriger Lösungen hergestellt. I. wird als Zwischenprodukt für die Herstellung von Kunststoffen, Weichmachern und Additiven verwendet.

ITP, Abk. für Inosin-5'-triphosphat (↗ *Inosinphosphate*).

IUB, Akronym für International Union of Biochemistry.

IUPAC, Akronym für International Union of Pure and Applied Chemistry.

IVS, Abk. für engl. *intervening sequences* (dazwischenliegende Sequenzen), ↗ *Introns*.

I-Zellkrankheit, eine ↗ *lysosomale Speicherkrankheit*, (↗ *Mucolipidose*).

Lexikon der Biochemie
Teil 2

Bildnachweise/Rechteinhaber

Alberts et al., *Molecular Biology of the Cell*, Garland Publishing, Originalausgabe 1994. (S. 11: Keratine, S. 45: Laminin)

Jakubke, H.-D., *Peptide – Chemie und Biologie*, Spektrum Akademischer Verlag, 1. Aufl. 1996: (S. 47: Lantibiotika, S. 64: β-Lipotropin)

Lehninger, Nelson, Cox, *Principles in Biochemistry*, copyright 1993, 1992 Worth Publishers, Inc. Mit freundlicher Genehmigung. (Farbtafel VII: Steroidhormonrezeptor)

Michal, G. (Hrg.) *Biochemical Pathways*. Spektrum Akademischer Verlag, 1999. (Farbtafel I: Supersekundärstrukturen, Farbtafel III: Ribosomen, Abb. 3; transfer-RNA, Farbtafel V: MHC-Moleküle, Abb. 1, 2 und 3, Farbtafel VIII: Zellkompartimentierung)

Richmond, T. J., *Nature* (389:252) mit freundlicher Genehmigung. Copyright 1997 Macmillan Magazines Ltd. (Farbtafel II: Nucleosomen, Abb. 1)

Stryer, *Biochemistry*, 4. Aufl., copyright 1995, 1988, 1981, 1975 Lubert Stryer. Mit freundlicher Genehmigung von W. H. Freemnann and Company: (S. 101: MHC-Moleküle, S. 133: Na^+-K^+-ATPase, S. 135: Natriumkanäle, S. 285: Ramachandran-Diagramm, S. 390: Thioredoxin, S. 439: U-snRNP, Farbtafel III: Ribosomen, Abb. 1 und 2, Farbtafel VI: Signalerkennungspartikel, Farbtafel VII: LDL-Rezeptor)

Voet, D.; Voet, J. G. *Biochemie*, 2. Auflage, Wiley-VCH, 1999. Übersetzt mit der Erlaubnis von John Wiley & Sons, Inc. Alle Rechte vorbehalten. (S. 77: Malat-Aspartat-Shuttle, S. 213: Photosynthese, Farbtafel VI: Phosphoinositolkaskade)

Proteine – Verständliche Forschung, Spektrum Akademischer Verlag, 1995. (Farbtafel II: Nucleosomen, Abb. 2, Farbtafel IV: Zinkfinger, Abb. 1 und 2)

J

J1, Syn. für ↗ *Tenascin*.

Jak-Familie, früher auch *Janus-Familie* genannt, eine Familie von Kinasen, die mit Rezeptoren assoziiert sind. Hierzu gehören Jak1, Jak2, Jak3 und Tyk2 mit M_r 130 kDa. Sie enthalten Tyrosin-Kinase- und Tyrosin-Kinase-ähnliche Domänen, jedoch keine SH2- und SH3-Domänen. Die Kinasen der J. werden direkt durch IFN-Rezeptoren (↗ *Interferone*) aktiviert und phosphorylieren diese. Dadurch wird die Bindung von ↗ *STAT-Proteinen* an den Rezeptor und deren Phosphorylierung ermöglicht (↗ *Tyrosin-Kinase-assoziierte Rezeptoren*).

Jamaicin, ↗ *Isoflavon*.

Janus-Familie, veraltetes Syn. für ↗ *Jak-Familie*.

Japancampher, ↗ *Campher*.

japanisches Bienenwachs, Syn. für ↗ *Japanwachs*.

Japanwachs, *japanisches Bienenwachs*, ein pflanzliches Wachs, das aus verschiedenen in Japan und Kalifornien vorkommenden Sumachfrüchten gewonnen wird. Die blassgelbe, harte Masse (F. 52–54 °C, D. etwa $1 \, \mathrm{g \cdot cm^{-3}}$) besitzt einen talgartigen, schwach ranzigen Geruch, ist leicht löslich in Alkohol, Ether, Benzin und Petrolether. Die Hauptbestandteile des J. sind Palmitinsäureglycerinester und freie Palmitinsäure. J. wird zur Herstellung von Kerzen, Firnis und Schuhpflegemitteln verwendet.

Jasminöl, ein aus den Blüten des Jasmins gewonnenes etherisches Öl, das in der Hauptsache aus folgenden Verbindungen besteht: Benzylacetat (bis zu 65 %), Linalylacetat, Linalool, Indol und Benzylalkohol. Es wird in der Parfümindustrie verwendet.

Jasmonate, Ester und Derivate der ↗ *Jasmonsäure*.

Jasmonat-induzierte Proteine, *JIP*, Bezeichnung für eine heterogene Gruppe von Proteinen, die bei exogener Verabreichung von Jasmonaten in den entsprechenden Pflanzen synthetisiert werden. Die exogene Applikation von Jasmonaten führt zu pleiotropen Effekten in Pflanzen, die allgemein mit einer Induktion, Förderung oder Hemmung biochemischer oder physiologischer Prozesse verbunden sind. Auf der molekularen Ebene äußern sich solche Effekte in Änderungen der Genexpression etwa bei der Synthese, Modifizierung oder dem Abbau von Proteinen. Sehr häufig lassen sich natürliche Stressreaktionen mit der Aktivierung von Stressgenen in Verbindung bringen, die zur Expression von Stressproteinen führt. Vertreter der JIP sind u.a. Lipoxygenase, Protease-Inhibitoren I und II, Thio-

nine, Phenylalanin-Ammonium-Lyase (PAL), vegetative Speicherproteine, Chalkonsynthase, Systemin, Prolin-reiche Zellwandproteine sowie JIP 60, das als Ribosomen-inaktivierendes Protein identifiziert werden konnte. Bei Verwundung von Pflanzen z.B. durch Fraß werden als Abwehrfunktion gegen die induzierenden Stressfaktoren Protease-Inhibitoren freigesetzt, die Proteasen im Verdauungstrakt von Tieren inhibieren. In diesem Zusammenhang konnten Jasmonsäuremethylester (↗ *Jasmonsäure*) und ↗ *Abscisinsäure* als Signalstoffe nachgewiesen werden. Die in der pflanzlichen Zellwand lokalisierten Thionine besitzen ein Abwehrpotenzial gegenüber schädigenden Bakterien oder Pilzen. Die der mechanischen Zellwandverfestigung dienenden, prolinreichen Proteine hemmen z.B. den Wachstumsprozess von Pilzhyphen. PAL ist ein sehr wichtiges Enzym für die Biosynthese phenylpropanoider Intermediate, aus denen beispielsweise Ligninvorstufen und unter Beteiligung der Chalkon-Synthase und weiterer Enzyme ↗ *Phytoalexine* synthetisiert werden. JIP 60 bewirkt bei hohen endogenen oder exogenen Jasmonatkonzentrationen oder einer längerfristigen Stresseinwirkung die irreversible Spaltung von Polysomen in die ribosomalen Untereinheiten, wodurch die ribosomale Proteinsynthese blockiert wird und schließlich der Zelltod eintritt.

Jasmonsäure, *3-Oxo-2-(2'-cis-pentenyl)-cyclopropan-1-essigsäure*, $C_{12}H_{18}O_3$; M_r 210,2 Da, ein viskoses Öl, $\mathrm{Sdp._{0,001}}$ 125 °C, $[\alpha]_D$ −83,5° (c = 0,97, $CHCl_3$). Der flüchtige Methylester ($\mathrm{Sdp._{0,001}}$ 81–84 °C) kommt ebenfalls in Pflanzen vor und besitzt ähnliche Eigenschaften. Die beiden Verbindungen werden unter der Bezeichnung *Jasmonat* zusammengefasst. Beide kommen in ihren leicht ineinander überführbaren 1R,2S- und 1R,2R-Isomerenformen vor, wobei die erstgenannte häufiger vorkommt (Abb.). Beide besitzen hohe biologische Aktivität als Signalstoffmoleküle, Hormone oder Wachstumsregulatoren. Die Jasmonsäureester haben eine größere Wirksamkeit. Beide sind in den meisten Organen in fast allen Pflanzenarten vorhanden. Die J. liegt in Konzentrationen von 10 ng bis 3 µg / g Frischgewicht vor, abhängig vom Gewebe und von der Art, und ist besonders in jungen Organen weitverbreitet. Die Biosynthese von J. aus α-Linolensäure beinhaltet eine lipoxygenasevermit-

Jasmonsäure. Jasmonsäure und sein Methylester.
1R,2S-Jasmonsäure: R = H
Methyljasmonat: R = CH_3

telte Oxygenierung und anschließende zusätzliche Modifikationen. J. regt die *de-novo*-Transcription von Genen an, die am chemischen Abwehrmechanismus von Pflanzen beteiligt sind (↗ *Jasmonatinduzierte Proteine*).

Der wohlriechende Methylester der J. kommt in den etherischen Ölen einiger Blüten (z. B. Jasmin) und Früchte vor und wird in der Parfümindustrie in großen Mengen synthetisiert und eingesetzt. Es ist auch ein aktiver Bestandteil des Sexualpheromons, der vom männlichen orientalischen Fruchtfalter ausgeschieden wird. [R.K. Hill et al. *Tetrahedron* **21** (1965) 1.501–1.507; F. Johnson et al. *J. Org. Chem.* **47** (1982) 4.254–4.255; P.E. Staswick *Plant Physiol.* **99** (1992) 804–807; H. Grundlach et al. *Proc. Natl. Acad. Sci. USA* **89** (1992) 2.389–2.393; R.P. Bodnaryk *Phytochemistry* **35** (1994) 301–305]

Jaspamid, *Jasplakinolid*, ein 1986 entdecktes Cyclodepsipeptid aus Extrakten von *Jaspis sp.* J. zeigt potente cytotoxische, fungizide und insektizide Wirkungen und ist daher ein interessantes Ziel für pharmakologische Untersuchungen einschließlich Struktur-Aktivitäts-Studien. Es enthält mit (R)-β-Tyrosin und D-δ-Bromtryptophan (2-Bromabrin) zwei seltene Aminosäuren in Konjugation mit einer Polyketidkette (Abb.). [P. Wipf *Chem. Rec.* **95** (1995) 2.115]

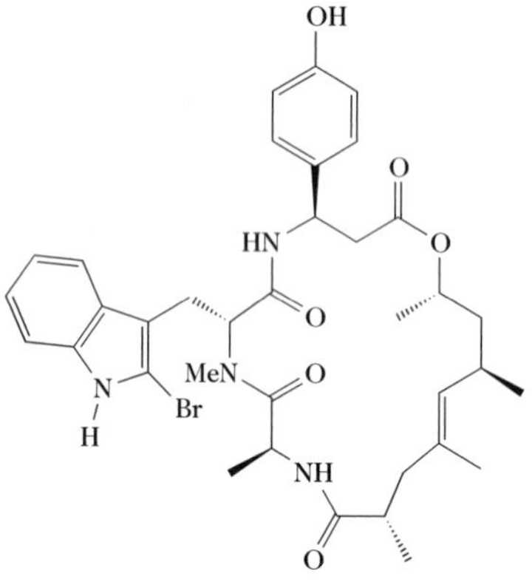

Jaspamid

Jasplakinolid, Syn. für ↗ *Jaspamid*.
Jerveratrum-Alkaloide, ↗ *Veratrum-Alkaloide*.
Jervin, ein Veratrum-Alkaloid vom Jerveratrumtyp mit C-nor-D-homo-Struktur (M_r 425,62 Da, F. 238 °C, $[\alpha]_D$ –147°). J. ist Hauptalkaloid von Germer (*Veratrum album* und *V. viride*).
JH, Abk. für ↗ *Juvenilhormon*.
J-Kette, *joining Kette*, eine in menschlichen ↗ *Immunglobulinen*, speziell im IgA2-Dimer und IgM-Pentamer, vorkommende stabilisierende Polypeptidkette.
joining Kette, ↗ *J-Kette*.

Jonone, eine Gruppe von mehrfach ungesättigten Ketonen, die sich von Sesquiterpenen ableiten (Abb.). J. sind schwach gelbe Öle mit etwas unterschiedlichem veilchenartigem Geruch; Pseudojonon ist azyklisch. J. sind in etherischen Ölen enthalten, jedoch relativ selten. Die Synthese von Pseudojonon kann von Citral oder Dihydrolinalool ausgehen. Säurekatalysierte Zyklisierung des Pseudojonons führt zu α- und β-J. Die J. werden in der Riechstoffindustrie zur Parfümherstellung verwendet. β-J. dient als Ausgangsprodukt für die Vitamin-A-Synthese.

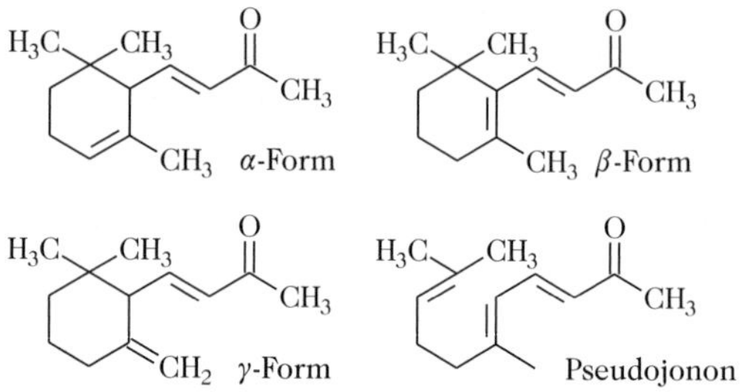

Jonone

jugendliche Gangliosidose, ↗ *Gangliosidose*.
Juglon, *5-Hydroxynaphtho-1,4-chinon*; F. 155 °C. J. bildet gelbrote Kristalle und ist in Wasser praktisch unlöslich. Es war früher Bestandteil bräunender Öle, die aus den Blättern und Fruchtschalen der Walnuss bereitet wurden.
Juniperinsäure, 16-Hydroxypalmitinsäure, $HOCH_2$-$(CH_2)_{14}$-COOH, eine Fettsäure (M_r 272,42 Da, F. 95 °C). J. findet sich als typische Wachssäure im Wachs zahlreicher Nadelhölzer, z. B. des Wacholders (*Juniperus communis*).
junk DNA, sog. „DNA-Schrott", eine etwas lockere, gelegentlich benutzte Bezeichnung für außerhalb codierender Sequenzbereiche eines Genoms lokalisierte DNA. Dieser Terminus basiert darauf, dass nur etwa zwei bis drei Prozent des menschlichen Genoms codierende Eigenschaften aufweist. Dabei ist aber zu bedenken, dass diese Sequenzbereiche auch für bisher noch nicht aufgeklärte Funktionen der DNA benötigt werden könnten.
Jun-Proteine, Proteine mit Leucinreißverschluss-Regionen (↗ *Leucinreißverschluss-Proteine*). Die J., die ebenso wie die Fos-Proteine zunächst als Produkte der *jun-* und *fos*-Onkogene identifiziert wurden, können über die Leucinreißverschluss-Region ein Paar DNA-bindender Module ausbilden und auf diese Weise zwei benachbarte DNA-Sequenzen binden. Die aus J.- und Fos-Proteinen gebildeten Homo- (Jun-Jun bzw. Fos-Fos) und Heterodimere (Jun-Fos) werden durch eine superspiralisierte α-Helix zusammengehalten. Heterodimere weisen eine höhere Stabilität auf. Sie bilden einen Transcriptionsregulator aus, der Zielstellen des Transcrip-

tionsfaktors AP1 (Aktivatorprotein 1) auf der DNA erkennt.

Juvabion, engl. *paper factor*, ein mono-zyklischer Sesquiterpenester (Abb.) aus dem Holz der nordamerikanischen Balsamtanne (*Abies balsamea*). (+)-Juvabion ist ein Öl. M_r 266 Da, $[\alpha]_D^{20}$ +79,5° (c = 3,5, CHCl$_3$). J. ist das erste aus Pflanzen isolierte und in seiner Struktur aufgeklärte Juvenilhormon. Es ist spezifisch für *Pyrrhocoris apterus* und nur in der rechtsdrehenden Form biologisch aktiv. Die Suche nach J. wurde durch die Beobachtung angeregt, dass Filterpapier aus dem Holz der Balsamtanne einen Faktor enthielt, der bei *Pyrrhocoris*-Larven zu Entwicklungsanomalien führte. Im Holz der Balsamtanne anderer Herkunft findet man neben J. das ebenfalls biologisch aktive *Dehydro-Juvabion*; M_r 264 Da, $[\alpha]_D^{20}$ +102,5° (c = 3,6, CHCl$_3$). In beiden Fällen ergab sich eine vom Bisabolantyp abweichende sterische Anordnung der Seitenkette.

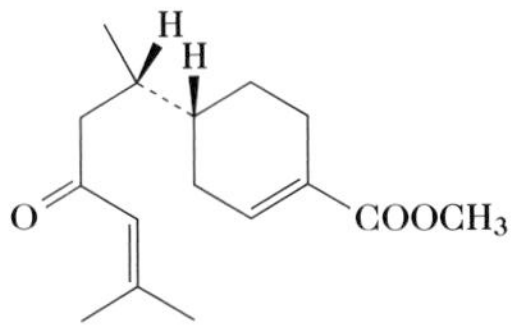

(Abb.). Bei den natürlichen J. handelt es sich um Sesquiterpene. Bereits das aus Larven des Mehlkäfers *Tenebrio molitor* isolierte *Farnesol* hat Juvenilhormonaktivität. Derivate des Farnesolsäuremethylesters mit Juvenilhormonaktivität konnten aus den Schmetterlingen *Hyalophora cecropia* (als Hauptkomponente C$_{17}$-JH oder JH-I, daneben C$_{18}$-JH oder JH-II) und *Manduca sexta* (C$_{16}$-JH) isoliert werden. Zahlreiche aus Pflanzen isolierte oder synthetisch erhaltene Verbindungen weisen Juvenilhormonaktivität auf, z. B. das Sesquiterpen *Juvabion*. Untersuchungen über Struktur-Wirkungs-Beziehungen haben das Ziel, Insektizide mit hoher Selektivität zu entwickeln. Allerdings reagieren Insekten nur während einer relativ kurzen Entwicklungsphase auf exogene J. Larven und Imagines werden in Entwicklung und Aktivität nicht beeinträchtigt.

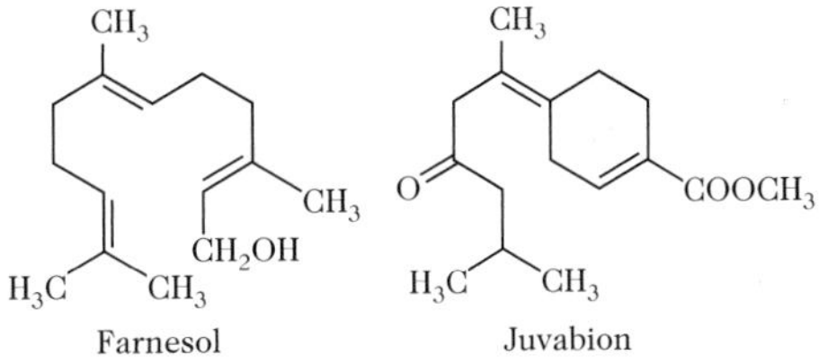

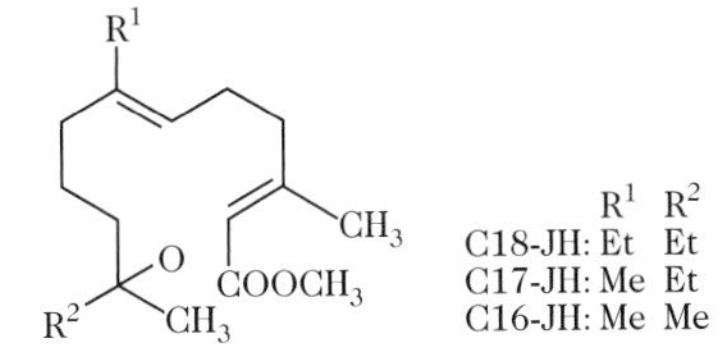

Farnesol   Juvabion

Juvabion

juvenile Gangliosidose, ↗ *Gangliosidose*.

Juvenilhormone, *JH*, eine Gruppe von glandulären Insektenhormonen. J. werden in den paarig angelegten Corpora allata gebildet und fördern die Differenzierung der Larve, hemmen aber die der Imagines. J. werden als Analoga der Wachstumshormone (↗ *Somatotropin*) der Wirbeltiere angesehen

	R^1	R^2
C18-JH:	Et	Et
C17-JH:	Me	Et
C16-JH:	Me	Me

Juvenilhormone

Kachirachirol-B, ↗ *Neolignane*.

Kaempferol, ↗ *Flavone*.

Kainat-Rezeptoren, ein zu den ↗ *ionotropen Rezeptoren* gehörender, nach dem Prototyp Kainat (↗ *Kaininsäure*) benannter Liganden-gesteuerter Ionenkanalrezeptor-Typ für den wichtigsten erregenden Transmitter Glutamat. K. haben große transmembranäre Poren, die permeabel für kleine Kationen sind. Sie sind also nicht-selektive kationische Kanäle, wie z. B. auch der nicotinische Acetylcholinrezeptor (↗ *nicotinische Rezeptoren*). Während ihre Poren Na^+, K^+, Ca^{2+} und Cs^+ passieren lassen, sind sie für Anionen nicht durchlässig.

Kaininsäure, ein Analoges der zyklischen Form der ↗ *Glutaminsäure*, das aus der Meerespflanze *Digenea simplex* extrahiert wurde (Abb.). K. ist ein Anthelminthikum und hat in der Neurobiologie als selektives Neurotoxin Bedeutung erlangt. Sie zerstört Neurone, lässt Axone und Synapsen jedoch intakt. [E.G. McGeer et al., *Kainic acid as a Tool in Neurobiology*, Raven, New York, 1978]

Kaininsäure

Kairomone, ↗ *Pheromone*.

Kaktus-Alkaloide, ↗ *Anhaloniumalkaloide*.

Kalebassen-Toxiferin-1, *C-Toxiferin-1*, ↗ *Curare-Alkaloide*.

Kaliumkanäle, *spannungsabhängige Kaliumkanäle*, membrandurchspannende Glycopeptide, deren wässrige Kanalporen für K^+-Ionen, jedoch auch für andere kleine Kationen (Tl^+, Rb^+, NH_4^+, Na^+ u. a.) permeabel sind. K^+-Ionen können einen K. um den Faktor 100 besser passieren als Na^+-Ionen. Das kommt daher, dass im Vergleich zum Kaliumion mehr freie Energie aufgewandt werden muss, um das Natriumion zu dehydratisieren. Cs^+-Ionen sind zwar in der Lage, in die Öffnung eines K. einzutreten, sie können den Kanal aber nicht durchdringen. Daher fungieren Cs^+-Ionen als universelle Blocker für K.

Bei *Drosophila* werden K. durch das sog. *shaker*-Gen kodiert, aus dessen Primärtranskript durch unterschiedliches Spleißen mindestens fünf verschiedene mRNA-Typen für verwandte K. entstehen. Das

70 kDa große Genprodukt der *shaker*-cDNA aggregiert zu einem tetrameren Kanal, der wie der ↗ *Natriumkanal* eine vierfache Symmetrie aufweist. Eine Untereinheit enthält (wie Natriumkanaldomänen) sechs membrandurchspannende Helices und (wie Natrium- und ↗ *Calciumkanäle*) einen S4-Spannungssensor.

Offene K. bringen das Membranpotenzial in die Nähe des Kaliumgleichgewichtspotenzials, das beim Säugermuskel bei –98 mV liegt. Die K. tragen dazu bei, dass nach einer Depolarisation der Ruhezustand wieder hergestellt wird, wobei durch ihre hyperpolarisierende Wirkung die Erregbarkeit herabgesetzt wird. Diese stabilisierenden und regenerierenden Aktivitäten werden durch verschiedene K. realisiert, die sich in ihrer Spannungsempfindlichkeit, ihrer Kinetik, aber auch in ihrer Modulation durch Calciumionen und verschiedene Neurotransmitter unterscheiden. Man unterteilt die K. recht willkürlich in a) spannungsaktivierte K., b) Ca^{2+}-aktivierte K. und c) Liganden-gesteuerte K., da beispielsweise Ca^{2+}-aktivierte Kanäle auch spannungssensitiv sind und ihre Leitfähigkeit durch Neurotransmitter moduliert werden kann. Die *spannungsaktivierten K.* wiederum gehören drei Subtypen an. Durch Membrandepolarisation werden der verzögerte, *auswärtsgleichgerichtete K.* (delayed rectifier channel, K-Kanal) und der transiente auswärtsgleichgerichtete K. (K[A]-Kanal), durch Membranhyperpolarisation der *einwärtsgleichgerichtete K.* (inward rectifier channel, anomalous rectifier, $K[I_R]$-Kanal) aktiviert. Kaliumströme durch verzögerte auswärtsgleichgerichtete Kanäle (I_K) werden durch stärkere Depolarisationen ausgelöst, aktivieren mit einem sigmoidalen Zeitverlauf (verzögert) und zeigen während lang dauernder Depolarisation kaum Inaktivierung. Der Terminus „auswärtsgleichgerichtet" bedeutet, dass die Kanäle unter physiologischen Bedingungen Kaliumionen nur von innen nach außen transportieren. Sie werden beispielsweise durch extrazelluläres 4-Aminopyridin blockiert. Kaliumströme durch I_A-Kanäle werden durch kleinere Depolarisationen ausgelöst. Sie aktivieren schnell und zeigen starke Inaktivierung während anhaltender Depolarisation (<100 ms). Eher unselektiv sind kationische Kanäle, die Kaliumionen ebenso gut leiten wie Natriumionen und als K(h)-Kanäle (h = Abk. von hyperpolarisationsaktiviert) bezeichnet werden. Man findet diesen Typ in Photozellen, zentralen Neuronen und Schrittmacherzellen des Herzens.

Ca^{2+}-aktivierte K. (K[Ca]-Kanäle) werden durch einen Anstieg freier intrazellulärer Ca^{2+}-Konzentrationen aktiviert. Nach der unterschiedlichen Leitfähigkeit für K^+-Ionen, der Spannungssensitivität und nach pharmakologischen Gesichtspunkten lassen sie sich in zwei Subtypen unterteilen. Der Maxi- oder *Big*-K(Ca)-Kanal wird durch Erhöhung der intrazel-

lulären Calciumkonzentration um 1–10 µM aktiviert, besitzt eine große Leitfähigkeit (daher die Bezeichnung) und kann in nanomolaren Konzentrationen selektiv durch das Skorpiontoxin *Charybdotoxin* (von *Leiurus quinquestriatus*) blockiert werden. Die durch Erhöhung der intrazellulären Calciumkonzentration um 10–100 nM aktivierbaren, aufgrund ihrer geringen Leitfähigkeit als *Small*-K(Ca)-Kanäle bezeichneten K. werden durch das Bienengifttoxin ↗ *Apamin* in nanomolarer Konzentration blockiert. Sie sind nicht spannungssensitiv.

Auch die *Liganden-gesteuerten K.* können weiter in Neurotransmitter-Rezeptor-modulierte K. und ATP-sensitive Kanäle (K[ATP]-Kanäle) unterteilt werden. Letztere sind in Abwesenheit von ATP offen und geschlossen, wenn sich die ATP-Konzentration im millimolaren Bereich bewegt. Man findet solche K. in Neuronen, Herz- und Skelettmuskelzellen und in den β-Zellen des Pankreas.

Kallidin, *Kinin-10*, *Lysylbradykinin*, H-Lys^1-Arg-Pro-Pro-Gly^5-Phe-Ser-Pro-Phe-Arg^{10}-OH, ein zu den ↗ *Plasmakininen* zählendes Peptid (M_r 1.188 Da). Es wird aus einem Biosynthesevorläufer des Blutplasmas, dem *Kallidinogen* (M_r 68 kDa), durch die Protease *Kallikrein* freigesetzt. K. wirkt blutgefäßerweiternd und damit blutdrucksenkend sowie kontrahierend auf die glatte Muskulatur von Darm, Uterus, Bronchien u. a. Durch Aminopeptidasen wird K. leicht unter Abspaltung des N-terminalen Lysinrestes in ↗ *Bradykinin* überführt.

Kallikreine, *Kininogenine*, *Kininogenasen*, zu den Serin-Proteasen zählende Enzyme, die die ↗ *Plasmakinine* aus inaktiven Biosynthesevorläufer-Proteinen freisetzen. Die K. kommen als *Prä-Kallikreine (Kallikreinogene)* in Plasma, Pankreas, Speicheldrüsen, Darmwand, Lunge u. a. vor. Im Blut werden unter Mitwirkung des Faktors XII der ↗ *Blutgerinnung* (Hagemann-Faktor) die Zymogene in die aktiven Plasma-K. überführt. Weiterhin üben die K. zentrale Funktionen bei der Blutgerinnung, Fibrinolyse, Immunabwehr, Nierenfunktion, Blutdruckregulation und Spermienwanderung aus. Von den wichtigen Inhibitoren der K. soll das ↗ *Aprotinin* erwähnt werden.

Kallikreinogene, ↗ *Kallikreine*.

Kalmusöl, ein dickflüssiges, viskoses, gelblichbraunes, bitter schmeckendes etherisches Öl von campherartigem Geruch. Es wird aus den Wurzelstöcken der Kalmuspflanze durch Wasserdampfdestillation gewonnen. Im K. sind unter anderem folgende Verbindungen enthalten: ↗ *Campher*, Pinen, Camphen, Asaron, Asarylaldehyd, Eugenol, Methyleneugenol, ↗ *Palmitinsäure*, Önanthsäure und verschiedene Kohlenwasserstoffe. K. wird verwendet zur Parfümierung von Seifen und zur Likörherstellung. In der Pharmazie und Medizin dient K. als Gichtmittel und magenstärkendes Mittel.

Kalorie, Einheitenzeichen *cal*, veraltete Einheit der Wärme. Die verbindliche SI-Einheit ist das Joule (J). 1 cal = 4,1868 J.

kälteempfindliche Enzyme, oligomere Enzyme, die mit zunehmender Abkühlung ihre Stabilität und damit ihre katalytische Aktivität einbüßen. Ursache der oft reversiblen Kälteinaktivierung ist die bei den meisten k. E. nachgewiesene Dissoziation in ihre unwirksamen Untereinheiten, die durch Abschwächung der hydrophoben Wechselwirkungen und / oder durch eine Veränderung der elektrostatischen sowie ionogenen Bindungen ausgelöst wird. Beispiele sind die mitochondriale Adenosintriphosphatase und die Carbamylphosphat-Synthase des Muskels.

Kampfer ↗ *Campher*.

Kanamycine, eine Gruppe von Aminoglycosidantibiotika, die aus den Kulturlösungen von *Streptomyces kanamyceticus* gewonnen werden. Sie bestehen aus verschiedenen Komponenten (Kanamycin A, B, C) und enthalten als Aglycon 2-Desoxystreptamin, an das zwei Aminozucker glycosidisch gebunden sind. Die K. sind gegen gramnegative Keime wirksam und in der Tuberkulosetherapie von Bedeutung (↗ *Streptomycin*). Sie haben, ähnlich dem Streptomycin, neurotoxische Nebenwirkungen. *Amikacin* ist ein Derivat des Kanamycins A, bei dem eine Aminogruppe des 2-Desoxystreptamins acyliert ist.

Kapillaraffinitätselektrophorese, *CAE*, ↗ *Kapillarelektrophorese (Tab.)*.

Kapillarelektrophorese, *CE*, eine trägerfreie elektrophoretische Trennmethode, die in einer Kapillare mit einem Innendurchmesser von etwa 100 µm durchgeführt wird. Sie ist gerätetechnisch einfach aufgebaut (Abb.) Die K. besteht in der einfachsten Ausführung aus einer *fused-Silica*-Kapillare, einer Hochspannungsversorgung, zwei Elektroden, zwei Pufferreservoirs und einem Detektor. Zusätzlich enthalten moderne Anlagen Probengeber und Frakti-

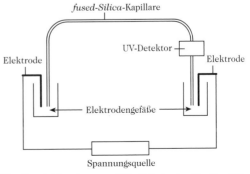

Kapillarelektrophorese. Abb. Prinzip der Kapillarelektrophorese.

Kapillarelektrophorese. Tab. Trennprinzipien in der Kapillarelektrophorese. [nach F. Lottspeich u. H. Zorbas (Hrsg.) Bioanalytik, S. 261, Spektrum Akademischer Verlag, Heidelberg 1998]

Trenntechnik	Abk.	Trennung nach Unterschieden in	Anwendung
Kapillarzonenelektrophorese	CZE	Größe / Ladung (Mobilität)	Peptide, Proteine, kleine Ionen
Isotachophorese	ITP	Größe / Ladung (Mobilität)	Proteine, kleine Ionen
Kapillaraffinitätselektrophorese	CAE	Größe / Ladung (Mobilität)	Protein-Ligand-Wechselwirkungen
Micellarelektrokinetische Chromatographie	MEKC	Polarität	Aminosäuren, Neutralteilchen
Kapillargelelektrophorese	CGE	Größe	Proteine, DNA
Isoelektrische Fokussierung	IEF	Ladung (isoelektrischer Punkt)	Proteine

onssammler, ein hydrodynamisches Injektionssystem und Kapillarthermostatisierungseinheiten. Zur Aufrechterhaltung der für die K. erforderlichen hohen Feldstärke ist eine regelbare Gleichspannungsquelle bis zu 30 kV essenziell. Wünschenswert ist ein Betrieb bei konstanter Spannung und Stromstärke. Höhere Spannungen sind prinzipiell einsetzbar, jedoch können sich Probleme durch Entladungen über das Gehäuse oder durch Luftfeuchtigkeit ergeben. Eine Detektion ist je nach Anwendung sowohl kathoden- als auch anodenseitig möglich, so dass die Polarität wählbar sein muss. Die Hochspannung wird über abgeschirmte Kabel an die Platinelektroden geleitet, die zusammen mit den Kapillarenden in die Puffergefäße tauchen. Es werden in der Regel wässrige Puffersysteme (z. B. Phosphat- und Citratpuffer bei saurem pH sowie TRIS- und Boratpuffer bei basischem pH, aber auch verschiedene zwitterionische Puffer) verwendet. Mittels Pufferzusätzen (Micellenbildner, Ampholyte oder Siebmatrices u. a.) lassen sich verschiedene Trennprinzipien realisieren. Die Trennungen finden bei einer elektrischen Feldstärke von mehreren hundert V/cm statt. Aufgrund des kleinen Innendurchmessers der Kapillare bewegt sich der Strom im Bereich von 100 μA. Da die Kapillare für UV transparent ist, lassen sich die Analyte mittels eines Detektors direkt in der Säule (*on-column*-Detektor) nachweisen. Mittels der K. lassen sich Peptide, Proteine, Oligosaccharide, Nucleinsäuren, Vitamine, Pharmaka, Tenside, organische Säuren, Pestizide, Polymere, Farbstoffe, aber auch ganze Zellen, Viren und Bakterien analysieren. Minimale Probenvolumina, geringer Lösungsmittelverbrauch, kurze Trennzeiten und hohe Auflösung sind die Vorteile dieser Analysenmethode. Die verschiedenen Arten der K. sind in der Tabelle zusammengefasst. [F. Lottspeich u. H. Zorbas (Hrsg.) *Bioanalytik*, Kapitel 11: *Kapillarelektrophorese*, S. 253–284, Spektrum Akademischer Verlag, Heidelberg 1998]

Kapillargaschromatographie, ↗ *Gaschromatographie (Tab.).*

Kapillargelelektrophorese, *CGE*, ↗ *Kapillarelektrophorese (Tab.).*

Kapillarzonenelektrophorese, *CZE*, ↗ *Kapillarelektrophorese (Tab.).*

Kappa-Casein, ↗ *Milchproteine.*

Kapsid, ↗ *Virushüllprotein.*

Kapsomere, ↗ *Virushüllprotein.*

Kartierung, engl. *mapping, Genkartierung*, die Unterteilung eines ↗ *Genoms*, ↗ *Gens* oder DNA-Abschnitts in definierte, kleinere Abschnitte oder die Lokalisierung von RNA-Termini (Start- und Stoppstellen der Transcription sowie Prozessierungs-Stellen) auf dem Genom.

a) Nach der Anfärbung mit bestimmten Farbstoffen (gewöhnlich Mepacrin oder Giemsa) weist jedes Chromosom ein charakteristisches Muster an querverlaufenden, verschieden stark gefärbten Banden auf. Jede Bande stellt ungefähr 5–10 % der Chromosomenlänge dar und entspricht ungefähr 10^7 DNA-Basenpaaren. Färbt man die weniger kondensierte DNA der Prophase, können mehr Banden (bis zu 3.000) unterschieden werden. Nach Vorbehandlung (z. B. mit Trypsin) und anschließender Anfärbung mit Adenin / Thymin- (AT-) spezifischen oder Guanin / Cytosin- (GC-) spezifischen Farbstoffen, werden unterschiedliche Bandenmuster erhalten, die die Verteilung GC- und AT-reicher Regionen anzeigen.

b) *Kopplungsanalysen*. Um Genorte zu kartieren, wird schon seit längerer Zeit die Genverteilung in Familien, insbesondere die von Krankheitsgenen, untersucht. Hierzu wird die *Genkopplung* bestimmt, d. h. das Ausmaß, in dem Gene zusammen an die Nachkommen vererbt werden. Wenn die Gene auf einem Chromosom weit voneinander entfernt vorliegen oder auf unterschiedlichen Chromosomen lokalisiert sind, besteht eine Wahrscheinlichkeit von 50 %, dass sie zusammen vererbt werden; man sagt, diese Gene sind nicht gekoppelt. Je näher zwei Gene auf einem Chromosom beieinanderliegen, desto geringer ist die Wahrscheinlichkeit, dass sie während der Meiose durch Rekombination getrennt werden und desto häufiger treten sie zusammen bei Nachkommen auf, d. h. desto höher ist ihr Kopplungsgrad

(*Rekombinationskartierung*). Die Auflösung von Karten, die auf Kopplungsanalysen basieren, ist relativ grob.

c) Klonierte oder durch andere Methoden unterscheidbare Gene können mit physikalischen Methoden kartiert werden. Zur *physikalischen Kartierung* von Humangenen oftmals Methoden der somatischen Zellgenetik eingesetzt. Dazu ist es notwendig, ein Heterokaryon zu konstruieren, das durch die Fusion der interessierenden (Human)zelle mit einer anderen Zelle (z. B. Maustumorzelle), der das in Frage kommende Gen fehlt, entsteht. Das Heterokaryon durchläuft die Mitose und produziert eine Hybridzelle (somatischer Zellhybrid), in der beide Chromosomensätze in einem einzigen großen Kern vorliegen. Die ursprünglichen Hybridzellen sind instabil und neigen dazu, auf zufällige Weise Chromosomen zu verlieren. Human-Maus-Hybride, die für die Humangenkartierung nützlich sind, enthalten alle Mauschromosomen und einen Teil der Humanchromosomen, einzelne Humanchromosomen oder Teile von Humanchromosomen. Diese Hybridzellen werden vermehrt und als Zelllinien erhalten. Unter der Voraussetzung, dass ein Humangen ein auf Zellniveau detektierbares Produkt aufweist, kann es so einem bestimmten Chromosom oder sogar einem Abschnitt des Chromosoms zugeordnet werden. Um zu bestimmen, welche Humanchromosomen oder Teile von Chromosomen in der Zelllinie vorhanden sind, wird die Hybridzell-DNA markiert (z. B. mit Biotin) oder mit normaler Humanmetaphasen-DNA hybridisiert (eine Technik, die als *chromosome painting* bekannt ist). Durch Hybridisierung in ↗ *Southern-Blots* kann ein Humangen in einem somatischen Zellhybrid auch detektiert und kartiert werden, ohne dass es in der Zelle exprimiert wird.

d) DNA-Sequenzunterschiede zwischen Individuen, d. h. Polymorphismusregionen (↗ *DNA-Fingerprinting*) können genau charakterisiert werden, stellen nützliche Marker dar und werden ebenfalls auf Genkarten eingetragen. Solche Polymorphismusregionen haben ihre Ursache in: 1) ↗ *Restriktionsfragmentlängenpolymorphismen* und 2) einer variablen Anzahl von Tandem-Repeat-Sequenzen. Im Durchschnitt kommen polymorphe Regionen alle 300–500 Basenpaare vor.

e) cDNA-Karten zeigen die DNA-Positionen, die exprimiert werden, d. h. die in mRNA transkribiert werden. Um den Syntheseort einer mRNA auf einem Chromosom zu lokalisieren, wird im Labor synthetisierte cDNA als Gensonde verwendet. Wenn der Ort eines Krankheitsgens aufgrund der Kopplungsanalyse ungefähr bekannt ist, kann eine cDNA-Karte der korrespondierenden Region für weitere Untersuchungen über einen interessierenden Satz von Genen Aufschluss geben.

f) Die Kartierung eines Genoms bzw. Genomabschnitts kann auf molekularer Ebene durchgeführt werden. Dazu wird der betreffende DNA-Abschnitt mit verschiedenen Restriktionsenzymen in parallelen Experimenten so gespalten, dass die relative Anordnung der jeweils entstehenden Restriktionsfragmente ermittelt werden kann. Die DNA wird in Restriktionsfragmente (*Restriktionskartierung*, Restriktionsanalyse) unterteilt. Durch richtiges Zusammensetzen der Restriktionsfragmente erhält man eine physikalische Karte (Restriktionskarte) des DNA-Moleküls.

Durch eine hochauflösende Kartierung kann entweder eine *Makrorestriktionskarte* (Top-Down-Kartierung) oder eine *Contig-Karte* (Bottom-Up-Kartierung) erstellt werden. Bei der *Top-Down-Kartierung* wird ein einzelnes Chromosom mit Hilfe von selten schneidenden Restriktionsenzymen in große Fragmente (bis zu mehrere Megabasen) gespalten. Die Fragmente werden durch Wechselfeldgelelektrophorese getrennt und die Gene kartiert. Hieraus ergibt sich die Makrorestriktionskarte, die die Anordnung von Schnittstellen der selten schneidenden Enzyme und die Abstände zwischen diesen zeigt. Solche Karten weisen mehr Kontinuität und weniger Lücken zwischen den Fragmenten auf als Contig-Karten, ihre Auflösung ist jedoch geringer. Bei der *Bottom-Up-Kartierung* wird die Chromosomen-DNA in kleine Stücke geschnitten, anschließend wird jedes Stück kloniert und in ↗ *Cosmiden* oder in ↗ *künstlichen Hefechromosomen* (YAC) isoliert. Überlappende Klone können anschließend in eine physikalische Karte oder ein Contig, das alle Gene der betreffenden Region einbezieht, eingeordnet werden.

Kassinin, H-Asp^1-Val-Pro-Lys-Ser^5-Asp-Gln-Phe-Val-Gly^{10}-Leu-Met-NH$_2$, ein zu den ↗ *Tachykininen* gehörendes Peptidamid. Es wurde aus dem Methanolextrakt der Haut des afrikanischen Frosches *Kassina senegalis* isoliert und 1977 erstmalig synthetisiert. Die glattmuskuläre Aktivität des K. beträgt nur etwa 0,5 % der am isolierten Meerschweinchen-Ileum durch ↗ *Substanz P* erzielten Wirkung.

Kastratengonadotropin, Syn. für ↗ *Menopausengonadotropin.*

Kasugamycin, ein Aminoglucosidantibiotikum. ↗ *Streptomycin.*

kat, Abk. für ↗ *Katal.*

katabolische Reduktionskraft, *CRC* (engl. *catabolic reduction charge*), ↗ *Wasserstoffmetabolismus.*

Katabolismus, *Dissimilation,* die Gesamtheit der im Organismus unter Energiefreisetzung ablaufenden Abbauprozesse des Intermediärstoffwechsels. Es werden durch ↗ *Assimilation,* d. h. anabole Stoffwechselwege gebildete Biopolymere, wie Proteine, Kohlenhydrate, Lipide etc. abgebaut, wobei durch Substratkettenphosphorylierung und Atmungskettenphosphorylierung ATP gebildet wird. Deshalb ist in einem gewissen Sinne Katabolismus identisch mit dem ↗ *Energiestoffwechsel*. Beim Abbau der Biopolymere bzw. der Zellsubstanz spielen hydrolytischer Abbau und Oxidation eine besondere Rolle. Kohlenstoffketten werden im Katabolismus durch Abspaltung von Kohlendioxid (Decarboxylierung) nach vorhergehender Oxidation verkürzt. Die Oxidation erfolgt im Stoffwechsel in der Regel durch den Entzug von Wasserstoff aus den Atmungssubstraten bzw. aus den Gärsubstraten (Dehydrierung). Der K. führt unter Umständen bis zu Kohlendioxid, Wasser und Harnstoff als End- und Ausscheidungsprodukte.

Katabolitgen-Aktivator-Protein, *CAP* (engl. *catabolite-gene activator protein*), ein Protein, das die Expression eines Satzes von *E. coli*-Genen kontrolliert, der nur in der Abwesenheit von Glucose in Betrieb genommen wird (↗ *Katabolitrepression*).

Katabolitrepression, bei Prokaryonten die Repression der Transcription von Genen, die für induzierbare Enzyme kodieren. So reprimieren z. B. Glucose bzw. Metabolite des Glucoseabbaus die Synthese solcher Enzyme, die für den Glucoseabbau nicht benötigt werden (Glucose-Repression). Erst nach Verbrauch des bevorzugten Substrates wird das „ungünstigere" metabolisiert. Die Aufeinanderfolge der Substratverwertung zeigt sich in einem biphasischen bzw. mehrphasischen Wachstumsverlauf (Diauxie).

Bei der K. sind Glucose und cAMP Gegenspieler. Für die Bindung der RNA-Polymerase an den Promotor und den Start der Transcription sind cAMP und ein Rezeptorprotein (CRP = cAMP *receptor protein* bzw. CAP = *catabolite-gene activator protein*) erforderlich. In Abwesenheit von Glucose aktiviert cAMP das CAP. Der sich bildende cAMP-CAP-Komplex führt nach Anlagerung an eine palindrome Sequenz des Promotors zu einer effektiveren Bindung der RNA-Polymerase, d. h., der cAMP-CAP-Komplex fungiert als Aktivator. Röntgenstrukturuntersuchungen zeigen, dass cAMP-CAP fester an eine linksgängige Helix als an eine rechtsgängige Helix binden kann. Man stellt sich vor, dass der cAMP-CAP-Komplex die DNA der Bindungsstelle in eine linksgängige Konfiguration zwingt und dadurch eine Entwindung der angrenzenden Region verursacht, die die Transcription fördert. Glucose vermindert die cAMP-Bildung, so dass kein cAMP-CAP-Komplex entsteht und keine Transcription erfolgt. Lactose fördert hingegen die cAMP-Bildung (positive Regulation). Das Beispiel zeigt, dass negativ kontrollierte induzierbare katabole Operons auch einer positiven Kontrolle durch CAP unterliegen. Die Endform der Genexpression hängt vom Spiegel sowohl des ↗ *lac-Repressorproteins* als auch des CAP ab.

Für die Wechselwirkung zwischen Glucose und cAMP wird die Beeinflussung der Aktivität der membrangebundenen Adenylat-Cyclase (↗ *Adenosinphosphate*) verantwortlich gemacht. Die Aktivität dieses Enzyms ist hoch, wenn die Komponenten des Zuckertransportsystems (↗ *Phosphotransferase-System*) phosphoryliert sind. Das ist der Fall bei Abwesenheit zu transportierender Zucker. In ihrer Gegenwart sinkt der Phosphorylierungsgrad, da der Zucker in phosphorylierter Form ins Cytoplasma gelangt. Dadurch sinkt die Aktivität der Adenylat-Cyclase und damit auch der cAMP-Spiegel.

Eine positive Regulation erfolgt auch bei einigen anderen Enzymsystemen (z. B. Abbau von Arabinose, Maltose, Rhamnose in *E. coli*). Hierbei wird ein vom Regulatorgen codiertes allosterisches Protein durch Reaktion mit dem Induktor (z. B. Arabinose) aktiviert, der in dieser Form erst die Transcription der entsprechenden Strukturgene ermöglicht.

Auch Enzyme des Sekundärstoffwechsels unterliegen der K. So findet die Synthese von Sekundärprodukten, wie z. B. Penicillin, Actinomycin und Riboflavin, in bestimmten Entwicklungsphasen von Mikroorganismuskulturen statt.

Die K. ist nicht allein auf Kohlenstoffquellen (Kohlenstoff-K.) beschränkt. So werden z. B. Enzyme, die N-haltige Substrate umsetzen (z. B. ↗ *Proteasen*, Nitrat-Reduktasen), oft durch schnell verwertbare N-Quellen (z. B. Ammonium-Ionen, Glutamin) reprimiert (Stickstoff-K.).

K. spielen bei zahlreichen Fermentationen eine wichtige Rolle.

Katacalcin, *PDN-Sequenz*, die C-terminale Sequenz des Calcitonin-Vorläufermoleküls, ↗ *Calcitonin*.

Katal, *kat*, eine seit 1972 von der Enzymkommission der IUB (*International Union of Biochemistry*) empfohlene SI-Maßeinheit für die Enzymaktivität. 1 kat ist diejenige Enzymmenge, die 1 mol Substrat pro s umsetzt. Da diese Einheit sehr groß und unhandlich ist ($1 \text{ kat} = 6 \cdot 10^7 \text{ U}$), wird vielfach noch die Maßeinheit Unit (U) verwendet. 1 U entspricht 16,67 nkat.

Katalase (EC 1.11.1.6), ein tetrameres Hämenzym (M_r 245 kDa), das die Entfernung des hochgiftigen Wasserstoffperoxids aus der Zelle katalysiert: $H_2O_2 \rightleftarrows H_2O + \frac{1}{2} O_2$. Je Untereinheit ($M_r$ 60 kDa) enthält die K. eine Hämgruppe in Form von Ferriprotoporphyrin IX. Die K. kommt in allen tierischen Organen, besonders in der Leber (hier in besonderen Zellorganellen, den Peroxisomen), den Erythrocyten und pflanzlichen Organen sowie bei fast allen aeroben Mikroorganismen vor. Die K. hat mit $5 \cdot 10^6$ Molekülen H_2O_2 je Minute und Katalasemolekül eine der höchsten Wechselzahlen unter den Enzymen. Bei niedrigen H_2O_2-Konzentrationen wirkt die

K. als Peroxidase. Die K. wird durch Schwefelwasserstoff, Blausäure und Azide, z. B. NaN$_3$, inhibiert.

katalytische Antikörper, *katalytisch aktive Antikörper, Antikörperenzyme, Abzyme*, engl. _antibody enzymes_, ↗ *monoklonale Antikörper*, mit enzymatischer Aktivität, die chemische Reaktionen spezifisch katalysieren. Das Prinzip der Katalyse durch Enzyme beruht darauf, dass die Aktivierungsenergie des Übergangszustands der katalysierten Reaktion herabgesetzt wird. Der Übergangszustand wird dabei durch spezifische Wechselwirkungen zwischen den funktionellen Gruppen im aktiven Zentrum des Enzyms mit den entsprechenden Gruppen des Substrats stabilisiert. Es ist daher vorstellbar, k. A. herzustellen, indem Analoga des Übergangszustands als Antigene verwendet werden. Beispielsweise entsteht bei der Esterhydrolyse durch den Angriff des OH⁻-Ions auf die Carbonylgruppe im Übergangszustand eine tetrahedrale Konformation, mit einer negativen Teilladung auf dem Carbonylsauerstoff. Derivate der Phosphonsäure [H(HO)$_2$P=O] sind in ihrer tetrahedralen Struktur und ihrer Ladungsverteilung dem ÜZ der Esterhydrolyse ähnlich (Abb.). Ein monoklonaler Antikörper, der spezifisch für das Phosphonatanalogon ist, katalysiert tatsächlich die Esterhydrolyse. Deren Geschwindigkeit ist dabei tausendfach höher als die der spontanen Hydrolyse in Lösung.

F$_3$C—C(O)—⟨⟩—CH$_2$—C(O)—O—⟨⟩—C(O)—CH$_3$

Ester

F$_3$C—C(O)—⟨⟩—CH$_2$—C(O⁻)(X)—O—⟨⟩—C(O)—CH$_3$

tetraedrischer Übergangszustand

F$_3$C—C(O)—⟨⟩—CH$_2$—P(O⁻)(O)—O—⟨⟩—C(O)—CH$_3$

Phosphonatanalogon

Katalytische Antikörper. Antikörper, die die Hydrolyse des gezeigten Esters katalysieren, wurden durch Immunisierung von Mäusen mit dem Phosphonatanalogon des Esters hergestellt.

Seit 1986 wird in der Literatur von Abzymen berichtet, die Acyltransfer, β-Eliminierung, Spaltung einer C-C-Bindung, Peroxidation, Pophyrinmetallierung und Redoxreaktionen katalysieren. Die laufenden Arbeiten auf diesem Gebiet haben zum Ziel, die katalytische Effizienz der Abzyme zu verbessern. Dazu werden Haptene eingesetzt, die nicht nur die Konformation des ÜZ der betreffenden Reaktion nachahmen, sondern auch eine geladene Gruppe besitzen. Diese hat den Zweck, eine entgegengesetzt geladene Gruppe in den Antikörper einzuführen, die so positioniert ist, dass sie die Umwandlung des ÜZ in das Produkt unterstützt, indem sie – je nach Erfordernis des Reaktionsmechanismus – ein Proton abstrahiert bzw. zur Verfügung stellt. [K.D. Janda *J. Amer. Chem Soc.* **113** (1991) 5.427–5.434; S.J. Benkovic *Annu. Rev. Biochem.* **61** (1992) 29–54]

katalytische Konstante, k_{cat}, die Reaktionsgeschwindigkeit der Produktbildung, die in der Michaelis-Menten-Gleichung (↗ *Michaelis-Menten-Kinetik*) als k_2 bezeichnet wird. Ihr Wert entspricht dem theoretischen Maximum der molaren Aktivität.

katalytisches Zentrum, ↗ *aktives Zentrum*.

Kationenaustauscher, ↗ *Ionenaustauscher*.

Kauren, *ent-Kaur-16-en*, ein tetrazyklischer Diterpenkohlenwasserstoff, der im Pflanzenreich in der (−)- und (+)-Form verbreitet vorkommt. *(−)-Kauren*, M_r 272 Da, F. 50 °C, $[\alpha]_D^{20}$ −75°. Vom K. gibt es verschiedene, z. T. natürlich auftretende Stereoisomere. Formel und Bedeutung des K. als Intermediat bei der Biosynthese der Phytohormone ↗ *Gibberelline*.

Kautschuk, Bezeichnung für die wichtigsten Vertreter der Elastomere. Ursprünglich bezeichnete man als K. nur den Naturkautschuk, heute werden alle hochpolymeren Stoffe, die bei Raumtemperatur amorph sind, eine niedrige Glastemperatur sowie eine weitmaschige Vernetzung aufweisen und mit Temperaturerhöhung über eine zunehmende Plastizität verfügen, als K. bezeichnet.

Naturkautschuk, NR (engl. _natural rubber_), wird aus dem Latex (Milchsaft) einiger tropischer und nichttropischer Gewächse gewonnen. Die wichtigste kautschukliefernde Pflanze ist der in Plantagen angebaute Kautschukbaum (*Hevea brasiliensis*). Chemisch sind die Naturkautschukarten Polyisoprene von fast 100%iger cis-1,4-Konfiguration (Abb. a), während die dem Naturkautschuk nahestehenden Harz-haltigen Naturprodukte Guttapercha (↗ *Gutta*) und Balata *trans*-Konfiguration zeigen (Abb. b). Die relative Molekülmasse des mechanisch nicht bearbeiteten Naturkautschuks ist nicht einheitlich und liegt zwischen 500 kDa und 1.000 kDa.

$$\begin{bmatrix} H_3C & & H \\ & C=C & \\ H_2C & & CH_2 \end{bmatrix}_n$$

a)

$$\begin{bmatrix} H_3C & & CH_2 \\ & C=C & \\ H_2C & & H \end{bmatrix}_n$$

b)

Kautschuk. a) Naturkautschuk und b) Guttapercha.

Die Isoprenmoleküle des Naturkautschuks sind in kettenförmigen Knäueln miteinander verbunden.

Durch Dehnen werden die kettenförmigen Makromoleküle gestreckt und dadurch parallel ausgerichtet. Durch die Vulkanisation, die einen Einbau von
Schwefel in die noch vorhandenen Doppelbindungen unter Bildung von Schwefelbrücken zwischen
den Ketten darstellt, wird die Beweglichkeit der
Kette durch intermolekulare Brückenbildung herabgesetzt, so dass eine Verformung nun mehr Kraft
erfordert, begrenzt und nach Aufhören der Kraft-
einwirkung reversibel ist.

K. ist empfindlich gegenüber Oxidationsmitteln.
Bei längerem Abkühlen verliert K. seine elastischen
Eigenschaften durch teilweise Kristallisation.

Kawa, ein rauscherzeugendes Getränk, das auf
den Pazifischen Inseln aus den Wurzeln des
Rauschpfeffers (*Piper methysticum* L.) gewonnen
wird. K. hat eine leichte schmerzstillende und eu-
phorisierende Wirkung (↗ *Rauschgift*). Die bisher
isolierten Wirkstoffe sind α-Pyrone, u. a. *Dihy-
dromethysticin* und *Dihydrokawain*.

kb, *kbp* Abk. für Kilobasenpaare (1.000 bp), eine
Längeneinheit für doppelsträngige DNA.

k$_{cat}$, Abk. für ↗ *katalytische Konstante*.

KDEL, Abk. für die Aminosäuresequenz Lys-Asp-
Glu-Leu im Einbuchstabencode, die eine Marker-
gruppierung für residente ER-Proteine (↗ *KDEL-
Proteine*) darstellt.

KDEL-Proteine, Bezeichnung für die im rauen endoplasmatischen Reticulum (ER) verbleibenden Proteine mit einem C-terminalen Sequenzmarker
↗ *KDEL*. Diese Sequenz wirkt als Rückhaltesignal für
ER-Proteine, die dadurch an einen spezifischen in der
ER-Membran und in kleinen Transportvesikeln nachweisbaren Rezeptor gebunden werden. Sie wurden in
mehr als 50 ER-Proteinen von Wirbeltieren, Insekten,
Nematoden und Pflanzen gefunden. Die KDEL-Mar-
kierung verhindert nicht nur den Austritt eines Proteins aus dem ER, sie dient auch sozusagen als Rücksen-
deetikettierung. Sobald solche Proteine den Golgi-
Komplex erreichen, binden sie an Membranrezeptoren, die ihre C-terminale Sequenz erkennen. Der Pro-
tein-Rezeptor-Komplex wird dann in Vesikel eingebaut und ins ER zurück transportiert. Auf diese Weise
werden die im ER vorkommenden ↗ *molekularen
Chaperone* und andere Proteine, die für die Proteinfaltung neu entstandener Ketten verantwortlich sind,
im ER festgehalten. Entfernt man die KDEL-Sequenz,
dann werden die entsprechenden Proteine ins ER-
Lumen sezerniert. Experimentelles Anheften der Sequenz an ein Sekretionsprotein führt dazu, dass dieses in der ER-Membran verbleibt. Bei Hefe
übernimmt die Sequenz HDEL (His-Asp-Glu-Leu)
diese Funktion.

k-DNA, Kinetoplasten-DNA. ↗ *Catenan*, ↗ *Kinetoplast*.

KDO, Abk. für ↗ Ketodesoxyoctulusonsäure.

Keimdrüsenhormone, Syn. für ↗ *Sexualhormone*.

Kendalls Substanzen, *K. S. A*, Syn. für ↗ *11-Dehy-
drocorticosteron*; *K. S. B*, Syn. für ↗ *Corticosteron*;
K. S. E, Syn. für ↗ *Cortison*.

Keracyanin, ↗ *Cyanidin*.

Keramanide, eine Familie Oxazol bzw. Thiazol
enthaltender schwach cytotoxischer Cyclopeptide
aus dem Schwamm *Theonella sp.* Hierzu gehören
Orbiculamid A und die K. B, C, D und E. Sie enthalten ungewöhnliche Bausteine wie vinyloge und α-
ketohomologe Aminosäuren. Die K. F (Abb.), G, H
und J haben eine ähnliche Struktur, jedoch ist der
Oxazolring durch ein Thiazolstrukturelement ausgetauscht. [P. Wipf, *Chem. Rev.* **95** (1995) 2.115]

Keramanide. Keramanid F.

Keratansulfat, ein saures Mucopolysaccharid, das
sich aus *N*-Acetyl-D-glucosamin-6-sulfat und D-Galactose zusammensetzt, die alternierend über β-
1→3- und β-1→4-glycosidische Bindungen verknüpft sind. K. kommt in der Hornhaut des Auges,
im Knorpel, in der Aorta und in den Zwischenwir-
belscheiben vor. Zur Strukturformel ↗ *Mucopolysaccharidosen*.

Keratinase, ein hydrolytisches Enzym aus dem
thermophilen Bakterium *Bacillus licheniformis*,
das Kollagen, Elastin, Keratin und andere Proteine
spaltet. K. ist ein Monomer (M_r 33 kDa) und besitzt
einen isoelektrischen Punkt bei pH 7,25.

Keratine, eine Gruppe von Strukturproteinen
(Scleroproteinen), die beispielsweise in Wolle, Haaren, Krallen, Hufen, Schildpatt, Schuppen, Vogel-
schnäbeln, Hörnern und Federn vorkommen. Man
unterscheidet α-K., die sich durch einen hohen
Gehalt an Cystein (2–16 %) und eine α-Helix-Grund-
struktur auszeichnen, und β-K., deren typische Vertreter kein Cystein enthalten und durch die Ausbildung antiparalleler Faltblattstrukturen gekennzeichnet sind. In den α-K. sind nach älteren
Literaturangaben je drei der α-helicalen Polypeptidketten strangförmig umeinander gewunden und bilden *Protofibrillen* mit einem Durchmesser von
2 nm. Elektronenmikroskopische Aufnahmen haben
gezeigt, dass je 11 dieser Protofibrillen zu kabelähn-
lichen *Mikrofibrillen* (Durchmesser 8 nm) verdrillt

Keratine. Fortschreitende Zusammenlagerung von α-Keratinketten (**A**) zu Fibrillen unterschiedlicher Stärke, bis hin zu seilartigen Keratin-Filamenten (**E**). [nach Alberts et al., Molekularbiologie der Zelle, VCH, Weinheim, New York, 1995]

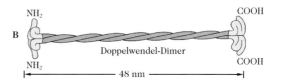

Tetramer aus zwei versetzt angeordneten Doppelwendel-Dimeren

zwei verbundene Tetramere

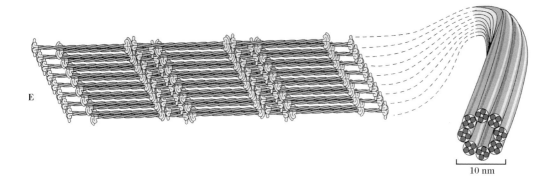

werden, die ihrerseits zu *Makrofibrillen* zusammentreten (Durchmesser 200 nm). Die Makrofibrillen liegen parallel zur Faserachse in den abgestorbenen Zellen der Wollfaser, die in ihrer Endstruktur einen Durchmesser von 20.000 nm erreicht. Ein neueres Modell (Abb.) geht davon aus, dass jeweils 2 Helices der Struktur (A) ein Doppelwendel-Dimer (B) ausbilden, von denen sich zwei nebeneinander legen und ein antiparalleles Tetramer aus vier Polypeptidketten (C) bilden. Da innerhalb eines solchen Tetramers die Dimere versetzt zueinander angeordnet sind, können sie sich mit einem zweiten Tetramer (D) verbinden. In den seilartigen *Keratin-Filamenten* (↗ *intermediäre Filamente*) sind die Tetramere spiralartig zusammengelagert (E). In den menschlichen Epithelien finden sich über 20 verschiedene K., wenigstens acht weitere *harte K.* kommen z. B. in Haaren und Nägeln vor. Basierend auf der Aminosäuresequenz unterscheidet man zwischen *sauren K. des Typs I* (M_r 40–70 kDa) und *neutral/basischen K.*

des Typs II (M_r 40–70 kDa). K.-Filamente sind immer Heterodimere aus der gleichen Anzahl von Keratinen des Typs I und II. Die α-Keratinfasern zeichnen sich durch eine hohe Dehnbarkeit und Elastizität aus. In feuchter Wärme dehnen sie sich und gehen in eine β-Faltblattstruktur mit parallel angeordneten Polypeptidketten über. Beim Abkühlen bildet sich spontan die α-helicale Struktur zurück, aufgrund der im Vergleich zu den β-K. längeren Seitenketten der Aminosäurebausteine. Darüber hinaus beruht die Elastizität auf der Quervernetzung der Helices durch Disulfidbrücken. Dieses charakteristische Verhalten von α-K. ermöglicht die Bildung der Dauerwellen des Haares. Zu diesem Zweck wird das Haar um einen Gegenstand in der gewünschten Form gewickelt und dann in der Wärme mit einem milden, Thiolgruppen enthaltenden Reduktionsmittel behandelt. Während das Reduktionsmittel die Disulfidbrücken spaltet, werden durch die feuchte Wärme die Wasserstoffbrücken-Bindungen aufgebrochen. Nach einer bestimmten Einwirkungszeit wird die reduzierend wirkende Lösung durch ein Oxidationsmittel ersetzt, das neue Disulfidbrücken bildet und beim Abkühlen entsteht die neue α-helicale Struktur, die das Haar in der gewünschten Weise formt.

Wichtigstes β-K. ist das ↗ *Seidenfibroin* (M_r 365 kDa), dessen Polypeptidketten -Gly-Ser-Gly-Ala-Gly-Ala-Sequenzen als bestimmendes Strukturelement enthalten. Die benachbarten Ketten selbst sind über Wasserstoffbrücken in der β-Faltblattstruktur stabilisiert. Durch Zusammenlagerung der Polypeptidkettenpaare kommt es zur Ausbildung räumlich ausgedehnter Proteinkomplexe, die durch ↗ *Sericin*, ein zweites, jedoch wasserlösliches Seidenprotein, gefestigt werden. Die geringe Dehnbarkeit und große Geschmeidigkeit der Seidenfasern beruhen auf den starken Kovalenzbindungen der gestreckten Peptidkette und den schwachen Van-der-Waals-Bindungen zwischen den Faltblättern.

Keratin-Filamente, ↗ *Keratine*, ↗ *intermediäre Filamente*.

Keratinocyten-Wachstumsfaktor, engl. *keratinocyte growth factor, KGF*, ein zur Familie der Fibroblasten-Wachstumsfaktoren gehörendes Cytokin. Der natürliche Human-KFG besteht aus einer Polypeptidkette mit 163 Aminosäurebausteinen und übt mitogene Aktivität auf Keratinocyten und epitheliale Zellen aus. Er besitzt aber keine nachweisbare Aktivität auf Fibroblasten und endotheliale Zellen. Da K. von Stromazellen *in vivo* und *in vitro* freigesetzt wird, kann man schließen, dass er als spezifischer parakriner Faktor an der Regulation der Proliferation und Differenzierung normaler epithelialer Zellen beteiligt ist. Die Wirkungsvermittlung erfolgt über einen hochaffinen Rezeptor. Rekombinanter Human-KGF wird in *E. coli* hergestellt. [J.S. Rubin et al., *Proc. Natl. Acad. Sci. USA* **86** (1989) 802]

Kermessäure, ein zur Gruppe der Anthrachinone gehörender leuchtend roter Insektenfarbstoff, F. 250 °C (Zers.), der sich von der strukturverwandten Carminsäure am C-Atom 2 durch den fehlenden C-glycosidischen Glucoserest unterscheidet. K. ist zu 1–2 % in *Kermes* enthalten, dem Trockenkörper weiblicher Schildläuse *Kermococcus ilicis*. Kermes gehört zu den am längsten bekannten Farbstoffen und wurde schon im Altertum als scharlachroter Beizenfarbstoff (Venezianer Scharlach) verwendet. Im 16. Jh. wurde Kermes durch Cochenille verdrängt.

Kernlokalisationssequenz, ↗ *Kernporen*.

kernmagnetische Resonanzspektroskopie, engl. *nuclear magnetic resonance spectroscopy*, ↗ *NMR-Spektroskopie*.

Kernporen, Öffnungen der Kernmembran, die selektive Barrieren für den Proteintransport von im Cytosol synthetisierten Proteinen darstellen. Während kleinere Proteine (M_r 15 kDa), wie z. B. die Histone, ohne Probleme in den Kern gelangen können, werden große Proteine (M_r >90 kDa) zurückgehalten, wenn sie nicht eine spezifische Signalsequenz enthalten. Eine solche *Kernlokalisationssequenz* enthält z. B. das T-Antigen des SV40-Virus (M_r 92 kDa), das die Transcription und Replikation der Virus-DNA reguliert. Ein Aminosäureaustausch in der Position 128 der stark basischen Teilsequenz -Pro-Lys-Lys-Lys[128]-Arg-Lys-Val- inaktiviert die Kernlokalisationssequenz. Durch künstliches Anheften der viralen Heptapeptidsequenz an ein Protein, das normalerweise nur im Cytosol vorkommt, kann experimentell der Transport des eigentlich cytosolischen Proteins in den Kern hervorgerufen werden. Inzwischen sind verschiedene Kernlokalisationssequenzen identifiziert worden. Sie werden nach Eintritt des Proteins in den Kern nicht abgespalten. Vollständig gefaltete Proteine können in den Zellkern gelangen, jedoch nicht in Chloroplasten oder Mitochondrien. Bestimmte Kernlokalisationssequenzen können aber auch den Eintritt kleinerer Proteine beschleunigen. Für den Transport großer Proteine in den Zellkern ist ATP-Hydrolyse erforderlich.

β-Ketoacyl-ACP-Reduktase, ein NADP⁺-abhängiges Enzym der ↗ *Fettsäurebiosynthese*, das die Umwandlung von Acetoacetyl-ACP (ACP, Abk. für ↗ *Acyl-Carrier-Protein*) in D-3-Hydroxybutyryl-ACP katalysiert.

β-Ketoacyl-CoA, R-CH₂-CO-CH₂-CO-S-CoA, ein Intermediat der β-Oxidation der Fettsäuren (↗ *Fettsäureabbau*), das unter der Katalyse der NAD⁺-abhängigen Hydroxyacyl-CoA-Dehydrogenase aus L-3-Hydroxyacyl-CoA gebildet wird.

β-Ketoacyl-Synthase, das kondensierende Enzym des multifunktionellen Enzymkomplexes der Fettsäure-Synthase (↗ *Fettsäurebiosynthese*), das die

Umsetzung von Acyl-ACP mit Malonyl-CoA unter Abspaltung von Kohlendioxid katalysiert. Bei der Fettsäuresynthese in Bakterien katalysiert diese Reaktion das Acyl-Malonyl-ACP-kondensierende Enzym des Multienzym-Komplexes.

β-Ketobuttersäure, Syn. für ↗ *Acetessigsäure*.

Ketodesoxyoctulusonsäure, *KDO*, *2-Keto-3-desoxymannooctonsäure* (Abb.), baut als saure Kohlenhydratkomponente zusammen mit N-Acetylneuraminsäure die bakteriellen Kapselpolysaccharide u. a. von *E. coli* und *Neisseria meningitidis* auf. In geringen Mengen kommt KDO als Baustein von Rhamnogalacturonan II, einem Pectin der Dikotyledonen vor.

Ketodesoxyoctulusonsäure

Ketoeleostearinsäure, ↗ *Licansäure*.

ketogene Aminosäuren, ↗ *Aminosäuren*.

Ketogenese, die Bildung von Ketonkörpern. Das primäre Produkt der Ketogenese ist Acetoacetat. Seine Synthese erfolgt in der Leber aus Acetyl-CoA über Acetoacetyl-CoA und β-Hydroxy-β-methylglutaryl-CoA. Durch Katalyse der β-Hydroxybutyrat-

Dehydrogenase entsteht aus Acetoacetat β-Hydroxybutyrat. Das Enzym ist in den Mitochondrien lokalisiert. Aceton bildet sich durch spontane Decarboxylierung aus Acetoacetat (Abb. 1). Dieses wird auch beim Abbau der ketoplastischen Aminosäuren Leucin, Isoleucin, Phenylalanin und Tyrosin produziert.

In der normalen Leber werden nur kleine Mengen Ketonkörper gebildet. Ihre Konzentration beträgt im Blut 0,5–0,8 mg je 100 ml Plasma. Bei dieser *physiologischen Ketogenese* wird Acetoacetat in der peripheren Muskulatur wieder abgebaut. Durch die 3-Ketosäure-CoA-Transferase wird das Coenzym A von Succinyl-CoA auf Acetoacetat übertragen. Auch ist eine direkte Aktivierung des Acetoacetats durch Coenzym A und ATP bekannt (Abb. 2). Beide Male entsteht Acetoacetyl-CoA, das unter Coenzym-A-Verbrauch thioklastisch in zwei Moleküle Acetyl-CoA gespalten wird.

Bei Kohlenhydratmangel (Hungerzustand, Ketonämie der Wiederkäuer) oder bei mangelhafter Kohlenhydratverwertung (Diabetes mellitus) ist die Ketogenese stark gesteigert. Die Ursache dieser *pathologischen Ketogenese* liegt in einer Störung des Gleichgewichts zwischen Fettsäureabbau zum Acetyl-CoA und dessen Verwertung im Tricarbonsäure-Zyklus . Die um ein Vielfaches gesteigerte Oxidation der Fettsäuren führt unter diesen Umständen zu einem Anstieg der intrazellulären Acetyl-CoA-Konzentration. Die Folge ist die Kondensation von zwei Molekülen Acetyl-CoA zu Acetoacetat über den *Hy-*

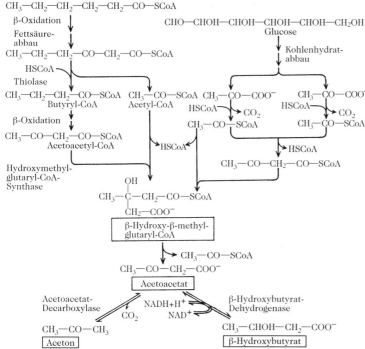

Ketogenese. Abb. 1. Biosynthese der Ketonkörper Acetoacetat, β-Hydroxybutyrat und Aceton.

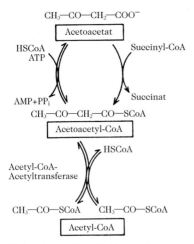

Ketogenese. Abb. 2. Umwandlung von Acetoacetat in Acetylcoenzym A.

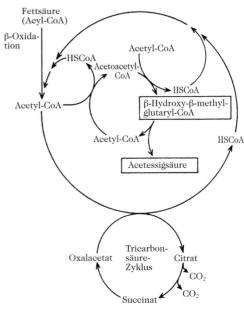

Ketogenese. Abb. 3. Hydroxymethylglutarylzyklus zur Regenerierung von Coenzym A für die β-Oxidation der Fettsäuren.

droxymethylglutaryl-Zyklus (Abb. 3) unter Abspaltung von Coenzym A. Über diesen Zyklus wird unter pathologischen Bedingungen das für die β-Oxidation der Fettsäuren wichtige Coenzym A regeneriert. Die Reaktionsfolge übernimmt damit die Rolle der Citratsynthase im Tricarbonsäure-Zyklus.

Ein Alternativweg der Ketogenese besteht in der Einbeziehung des intermediär bei der β-Oxidation der Fettsäuren auftretenden Acetoacetyl-CoA in die Acetoacetatbildung. In diesen Prozess ist das Enzym Thiolase eingeschaltet. Acetoacetyl-CoA reagiert mit Acetyl-CoA zu Hydroxymethylglutaryl-CoA, das in Acetoacetat umgewandelt wird.

α-Ketoglutarat-Dehydrogenase-Komplex, *2-Oxoglutarat-Dehydrogenase-Komplex*, ein Multienzymkomplex des ⏶ *Tricarbonsäure-Zyklus*, der α-Ketoglutarat durch oxidative Decarboxylierung in Succinyl-CoA überführt. Er ähnelt in seiner Struktur dem ⏶ *Pyruvat-Dehydrogenase-Komplex* (Abb.).

Beide Komplexe sind homologe Multienzymkomplexe. Mit Thiaminpyrophosphat (TPP), Liponamid (L[SH]$_2$), CoA, FAD und NAD$^+$ sind an diesen Reaktionen die gleichen Coenzyme beteiligt. Die drei Enzyme des α-K. sind α-Ketoglutarat-Dehydrogenase, Transsuccinylase und die Dihydrolipoyl-Dehydrogenase. Letztere ist mit dem entsprechenden Enzym des Pyruvat-Dehydrogenase-Komplexes identisch. Das Zentrum des α-K. bildet die Transsuccinylase (entsprechend Transacetylase im Pyruvat-Dehydrogenase-Komplex).

α-Ketoglutarsäure, *2-Oxoglutarsäure*, HOOC-CO-CH$_2$-CH$_2$-COOH, eine Ketodicarbonsäure, die einen wichtigen Verzweigungspunkt im Tricarbon-

R = $^-$OOC$-$CH$_2-$CH$_2-$; L$\diagdown^{S}_{S}$ = oxidiertes Liponsäureamid; L$\diagdown^{SH}_{SH}$ = reduziertes Liponsäureamid

α-Ketoglutarat-Dehydrogenase-Komplex. Schematische Darstellung.

säure-Zyklus darstellt (F. 113–114 °C). α-K. entsteht als Salz (*α-Ketoglutarat*) durch oxidative Decarboxylierung von Isocitrat bei der Transaminierung im Aminosäurestoffwechsel aus Glutamat sowie beim Abbau von Lysin über Glutarat und α-Hydroxyglutarat. Die oxidative Decarboxylierung von α-Ketoglutarat liefert Succinyl-Coenzym A. Die reduktive Aminierung führt zu Glutamat.

α-Ketoisocapronat, *2-Oxo-isocapronat,* $(H_3C)_2CH-CH_2-CO-COO^-$, Salz der α-Ketoisocapronsäure, das durch ↗ *Transaminierung* aus ↗ *L-Leucin* auf der ersten Stufe des Abbaus dieser ketogenen Aminosäure gebildet wird. Durch oxidative Decarboxylierung mittels des Verzweigtketten-α-Keto-Dehydrogenase-Komplexes (↗ *Multienzymkomplexe*) entsteht Isovaleryl-CoA, das über weitere Zwischenstufen schließlich Acetyl-CoA und Acetoacetat liefert.

Ketonkörper, organische Verbindungen, die bei der ↗ *Ketogenese* im Organismus anfallen. K. sind Acetoacetat und die aus ihm entstehenden Verbindungen β-Hydroxybutyrat und Aceton. Ihre verstärkte Bildung aus Acetyl-CoA unter bestimmten pathologischen Bedingungen, z. B. bei Diabetes mellitus, führt zu Acidose, da Acetoacetat und β-Hydroxybutyrat, die als Anionen vorliegen, die HCO_3^--Konzentration im Blut vermindern. Weitere Folgen sind die Ausscheidung der Ketonkörper durch die Nieren, die Produktion eines sauren Harns und die Schädigung des Zentralnervensystems.

Ketosäuren, *Oxosäuren,* Carbonsäuren, die außer der Carboxylgruppe -COOH noch die Carbonylgruppe -C=O als funktionelle Gruppe enthalten. Je nach der Stellung des Carbonyls zur Carboxylgruppe werden α-, β- und γ-Ketosäuren (2-, 3- und 4-Oxosäuren) unterschieden. Liegen beide Gruppen unmittelbar nebeneinander, so spricht man von α-Ketosäuren bzw. 2-Oxosäuren (z. B. Brenztraubensäure und α-Ketoglutarsäure bzw. 2-Oxoglutarsäure), liegt eine CH_2-Gruppe dazwischen, spricht man von β-Ketosäure bzw. 3-Oxosäure (z. B. Acetessigsäure).

Ketosen, Polyhydroxyketone, die neben Aldosen eine wichtige Untergruppe der Monosaccharide darstellen. Charakteristisch ist ihre nichtterminale -C=O-Gruppe, der bei einer systematischen Bezifferung die niedrigst mögliche Zahl zukommt. Die Ketosen sind formal auf Dihydroxyaceton zurückzuführen. Alle bisher bekannten natürlichen Ketosen enthalten die Carbonylgruppe in 2-Stellung. Sie werden je nach Anzahl ihrer Kettenkohlenstoffatome in Tetrulosen, Pentulosen usw. unterteilt und entweder durch die Endung -ulose, z. B. Ribulose, oder wie die D-Fructose mit Trivialnamen bezeichnet.

Kettenkonformation, ↗ *Proteine.*

Keuchhusten-Toxin, Syn. für ↗ *Pertussis-Toxin.*

KGF, Abk. für engl. *keratinocyte growth factor,* ↗ *Keratinocyten-Wachstumsfaktor.*

Kieselgele, *Silicagele, Kieselsäuregele,* hochkondensierte, röntgenamorphe Polykieselsäuren, die eine zusammenhängende Struktur mit sehr unterschiedlichen Mengen an eingeschlossenem Wasser aufweisen. Das im Labor zur Gastrocknung angewandte *Blaugel* ist mit Cobalt(II)-nitrat als Feuchtigkeitsindikator imprägniert, der bei Sättigung des K. mit Feuchtigkeit eine rosa Färbung zeigt.

Kieselsäuregele, Syn. für ↗ *Kieselgele.*

Killerzellen, *natürliche Killerzellen, NK-Zellen,* machen etwa 5–12 % Prozent der zirkulierenden Leucocyten aus. Die NK-Zellen und T-Zellen werden aus einem gemeinsamen Vorläufer im Knochenmark gebildet. Früher wurden sie als große granulierte Lymphocyten (engl. *large granular lymphocytes*) bezeichnet und weder den T-Zellen noch den Monocyten zugeordnet. Je nach dem extrazellulären Signal, das auf die Vorläuferzelle einwirkt, wird sie entweder im peripheren lymphatischen Gewebe zur NK-Zelle oder sie wandert in den Thymus und entwickelt sich dort zur T-Zelle. Die Hauptfunktion der K. besteht in der Abtötung von Tumorzellen und virusinfizierten Zellen. Außerdem sind die K. an der Abwehr von Bakterien, Protozoen und Pilzen beteiligt.

A-Kinase, Syn. für ↗ *Protein-Kinase A.*
Ca^{2+}-Kinase, Syn. für ↗ *Protein-Kinase C.*
C-Kinase, Syn. für ↗ *Protein-Kinase C.*

Kinasen, zu den Transferasen gehörende Enzyme, die Phosphatreste von ATP auf Substrate mit geeigneten Akzeptorgruppierungen übertragen. Bekannte Vertreter der K., die Phosphatreste auf Hydroxygruppen von Monosacchariden übertragen, sind z. B. die ↗ *Hexokinase,* ↗ *Glucokinase,* ↗ *Phosphofructokinase.* Weitere Akzeptorgruppierungen sind Hydroxyfunktionen von Aminosäurebausteinen (Serin, Threonin, Tyrosin) in Proteinen. Die durch ↗ *Protein-Kinasen* katalysierte Phosphorylierung ermöglicht eine effektive Regulation der Aktivität bestimmter Proteine.

Kinectin, ein aus der Membran der Mikrosomen isoliertes Protein (M_r 160 kDa). Es ist an der cytoplasmatischen Membranseite lokalisiert, fungiert als ein Rezeptorprotein des ↗ *Kinesins* und ist damit an der Mikrotubulibewegung beteiligt.

Kinesin, ein Motorprotein, das Vesikel und Organellen in einer Richtung an Mikrotubulusbahnen entlang bewegt. Es besteht aus zwei großen Untereinheiten (M_r 110 kDa), die zwei Köpfe ausbilden, einem superspiralisierten Stiel und einem gespaltenen Schwanz, mit dem zwei leichte Ketten (M_r 70 kDa) assoziieren (Abb. 1). Der N-Terminus der globulären Domäne jeder schweren Kette enthält eine ATP-Bindungsstelle und eine Bindungsstelle für

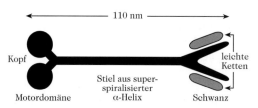

Kinesin. Abb. 1. Schematischer Aufbau des Kinesins.

Kinetin

den Mikrotubulus. Die C-terminale Schwanzregion bindet sich zusammen mit den beiden leichten Ketten an einen spezifischen Rezeptor (↗ *Kinectin*) in der Membran einer Organelle oder eines Vesikels. K. und die cytoplasmatischen ↗ *Dyneine* sind Mikrotubuli-assoziierte Motorproteine. Die Kinesinfamilie, die vielgestaltiger ist als die Dyneine, ist am Organellentransport, der Mitose, der Meiose und dem Transport sekretorischer Vesikel in den Axonen beteiligt. Organellen und Vesikel, die K. enthalten, wandern vom ↗ *Minusende* eines Mikrotubulus zum Plusende (Abb. 2). Es handelt sich hierbei um einen anterograden Transport vom Zellzentrum zur Peripherie mit einer Transportgeschwindigkeit von 0,5–2 μm/s, wobei die dafür benötigte Energie durch Hydrolyse von ATP gewonnen wird. Im Gegensatz zu ↗ *Myosin* und Dynein fördert das ATP beim K. seine Bindung an einen Proteinpartner. Durch die intrinsische ATPase-Aktivität wird ATP hydrolysiert, wodurch sich K. kurzzeitig vom Mikrotubulus löst, um einen „Schritt" nach vorn zu machen. Für den Transport in die Gegenrichtung, den retrograden Transport, ist Dynein verantwortlich. [R.D. Vale, *Trends Biochem. Sci.* **17** (1992) 300]

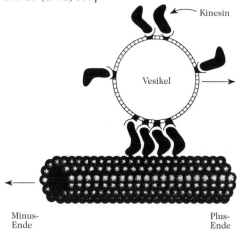

Kinesin. Abb. 2. Schematische Darstellung der Transportbewegung von Vesikeln an Mikrotubuli mittels Kinesin.

Kinetin, *6-Furfurylaminopurin* (Abb.), die Modellsubstanz für Cytokinine, löst in Verbindung mit anderen Wirkfaktoren, z. B. Auxinen, bei ruhendem pflanzlichem Gewebe eine erneute Zellteilung aus. Es beeinflusst den pflanzlichen Nucleinsäure-

und Proteinstoffwechsel. Neben zahlreichen physiologischen Wirkungen verhindert es unter anderem das Vergilben isolierter Blätter und schafft ein Attraktionszentrum für die Proteinsynthese. K. wird durch Hydrolyse von Desoxyribonucleinsäure erhalten. Die 2-Desoxyribose der DNA liefert dabei den Furfurylrest des K. Es kann auch synthetisch aus 6-Mercaptopurin und Furfurylamin gewonnen werden.

kinetische Datenauswertung, eine Datenauswertung, die mit Hilfe des Computers durch eine nichtlineare Regressionsanalyse ausgeführt wird. Es wird ein objektives Verfahren angewandt, bei dem die Summen der Quadrate der Differenzen zwischen berechneten und experimentell bestimmten Werten minimiert werden (Methode der kleinsten Quadrate). Wenn eine Reaktion der Michaelis-Menten-Kinetik folgt, ergibt die graphische Darstellung der Anfangsgeschwindigkeit (v) gegen die Substratkonzentration (S) eine gleichseitige Hyperbel der Form: $v = V_{max} S / (K_m + S)$. Für eine erste Näherung im Labor kann diese Gleichung so umgeformt werden, dass die Grundlage für mehrere lineare Transformationen geschaffen wird, mit deren Hilfe V_{max} (Maximalgeschwindigkeit) und K_m (Michaeliskonstante) bestimmt werden können. Solche graphischen Auswertungen sind nicht ganz frei von subjektiven Einflüssen.

Das *Lineweaver-Burk-* bzw. *doppelt reziproke Diagramm* (Tab. und Abb. A) wird oft verwendet, es ist jedoch das am wenigsten zuverlässige der möglichen linearen Transformationen. Kleine Fehler in v für kleine Werte von v ziehen sehr große Fehler für $1/v$ nach sich. Für große Werte von v wird der gleiche kleine Fehler für $1/v$ vernachlässigbar. Die Autoren dieser Methoden wiesen auf den Fehler hin, der hohen $1/v$-Werten anhaftet und auf die Notwendigkeit, die niedrigen Werte von $1/v$ stärker zu gewichten. Dies wird jedoch von vielen Anwendern missachtet. Es wurde vorgeschlagen, das Lineweaver-Burk-Diagramm allgemein zur Bestimmung der K_m-Werte anzuwenden.

Eine zufriedenstellendere Fehlerstreuung ergibt sich bei der Auftragung von S/v gegen S, dem *Hanes-Diagramm* bzw. *Hanes-Wilkinson-Diagramm* (Tab. und Abb. C). Eine weitere lineare Transformation stellt v gegen v/S dar, das *Eadie-Hofstee-Diagramm*. Der Fehler nimmt mit steigendem v/S zu, da v jedoch Bestandteil beider Koor-

Kinetische Datenauswertung. Tab. Lineare Transformationen der Gleichung $v = V_{max}\,S\,/\,(K_m + S)$, wobei v = Anfangsgeschwindigkeit, V_{max} = Maximalgeschwindigkeit, wenn das Enzym mit Substrat gesättigt ist, K_m = Michaelis-Konstante, S = Ausgangssubstratkonzentration. Die lineare Scatchard-Gleichung ist ebenfalls aufgeführt, mit b = Konzentration des gebundenen Liganden, f = Konzentration des freien Liganden, K_d = Dissoziationskonstante, b_{max} = Maximalkonzentration von b, wenn der Ligand sättigt.

Auftragung*	Gleichung	Ordinate	Abszisse	Ordinaten-schnittpunkt	Abszissen-schnittpunkt	Steigung
Lineweaver-Burk (doppelt reziprokes Diagramm; A)	$\dfrac{1}{v} = \dfrac{K_m}{V_{max}} \times \dfrac{1}{S} + \dfrac{1}{V_{max}}$	$\dfrac{1}{v}$	$\dfrac{1}{S}$	$\dfrac{1}{V_{max}}$	$\dfrac{-1}{K_m}$	$\dfrac{K_m}{V_{max}}$
Eadie-Hofstee (B)	$v = -K_m\dfrac{v}{S} + V_{max}$	v	$\dfrac{v}{S}$	V_{max}	$\dfrac{V_{max}}{K_m}$	$-K_m$
Hanes-Wilkinson (C)	$\dfrac{S}{v} = \dfrac{1}{V_{max}}S + \dfrac{K_m}{V_{max}}$	$\dfrac{S}{v}$	S	$\dfrac{K_m}{V_{max}}$	$-K_m$	$\dfrac{1}{V_{max}}$
Eisenthal-Cornish Bowden (direkt lineares Diagramm; D)	$V_{max} = v + \dfrac{v}{S}K_m$	v	$-S$	Verbindungslinien $S_1 - v_1$, $S_2 - v_2$, $S_n - v_n$ Schnittpunkt bei V_{max} und K_m		
Scatchard (E)	$\dfrac{b}{f} = \dfrac{1}{K_d}(b_{max} - b)$	$\dfrac{b}{f}$	b	$\dfrac{b_{max}}{K_d}$	b_{max}	$\dfrac{1}{K_d}$

*Buchstaben in Klammern beziehen sich auf die Abb.

dinaten ist, variiert der Fehler eher in Bezug auf den Ursprung als auf die Achsen, d. h. die Fehlerbalken laufen am Ursprung zusammen (Tab. und Abb. B).

Die zufriedenstellendste Behandlung kinetischer Daten stellt das *direkte lineare Diagramm* von Eisenthal und Cornish Bowden (1974) dar. Auf den Achsen werden –S als Abszisse und v als Ordinate aufgetragen. Anstatt das übliche hyperbolische Diagramm von S/v (↗ *Enzymkinetik*) aufzustellen, werden zusammengehörige Punkte (jeder –S-Wert wird mit seinem v-Wert in Beziehung gesetzt)

durch eine Gerade verbunden. Der Punkt, an dem sich die Geraden dieser Familie kreuzen, ergibt die Werte für V_{max} und K_m. Der mathematische Hintergrund dieses Diagramms ist die Umformung der allgemeinen Gleichung zu: $V_{max} = v + v\,K_m/S$, wobei V_{max} und K_m nur scheinbar Variable sind. In Wirklichkeit gehört nur ein Wert für V_{max} und K_m zu allen v- und S-Paaren. Aufgrund experimenteller Fehler ist der Kreuzungspunkt der Geraden nicht immer eindeutig definiert. In diesem Fall wird der Punkt gewählt, an dem die meisten Geraden zusam-

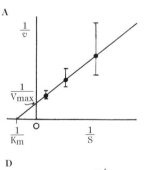

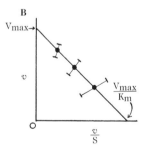

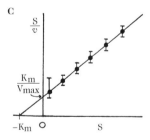

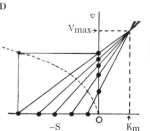

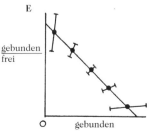

Kinetische Datenauswertung. Abb. Lineare Transformation der Gleichung $v = V_{max}S / (K_m + S)$. Die Fehlerbalken sind ebenfalls eingezeichnet. **A:** Lineweaver-Burk-, oder doppelt reziprokes Diagramm; **B:** Eadie-Hofstee-Diagramm; **C:** Hanes-Wilkinson-Diagramm; **D:** Eisenthal-Cornish Bowden-, oder direkt lineares Diagramm; **E:** Scatchard-Diagramm, das zur Bestimmung von Bindungskonstanten herangezogen wird.

mentreffen. Der Vorteil dieser Methode liegt darin, dass jede Messung einzeln dargestellt wird und dann als schlecht bewertet werden kann, wenn ihre Gerade nicht mit der Mehrheit übereinstimmt (Tab. und Abb. D).

Das Scatchard-Diagramm wird oft für die Bestimmung von Bindungskonstanten eingesetzt, die anderen Diagramme (A–D) sind für diesen Zweck ebenso geeignet. Solche Messungen sind wichtig, z. B. für die Bestimmung der Stärke der Assoziation zwischen Hormonen und Zellmembranen, zwischen Regulationsenzymen und Effektormolekülen und zwischen Steroidhormonen und ihren hochaffinen Rezeptorproteinen in den Zellen des Zielorgans. Das Scatchard-Diagramm stellt einen Sonderfall der Hill-Gleichung (⁊ *Hill-Plot*) dar, wenn $n_{\text{H}} = 1$. Die Konzentration eines Bindungspartners wird konstant gehalten, wobei dies gewöhnlich ein Protein, eine Organelle oder eine Zelle sein wird. Die Konzentration des kleineren Liganden wird variiert (Tab. und Abb. E).

kinetische Gleichungen, *Bewegungsgleichungen*, ein System von Differenzialgleichungen, das die zeitlichen Änderungen der Konzentrationen von Enzymspezies als Funktion der Reaktionsgeschwindigkeitskonstanten, der Enzymspezieskonzentration und der Konzentrationsvariablen beschreibt. Die k. G. für das Michaelis-Menten-Schema lauten: $dE/dt = -k_1 SE + k_{-1}ES$, $dES/dt = k_1 SE - (k_1 + k_2)ES$ (⁊ *Michaelis-Menten-Gleichung*).

kinetische Kontrolle, Bezeichnung für den experimentellen Befund, dass das Ergebnis eines Vorganges nicht durch thermodynamische, sondern durch kinetische Gesetze bestimmt wird. Ursache ist das Auftreten von Hemmungserscheinungen, die das Erreichen des thermodynamischen Gleichgewichts verzögern oder praktisch vollständig unterbinden. Bei Parallelreaktionen kann dies zur ⁊ *Selektivität* führen. Gegensatz: ⁊ *thermodynamische Kontrolle*.

Kinetoplast, eine Struktur an der Geißelbasis von Trypanosomen. Er besitzt eine hohe Affinität zu basischen Farbstoffen und wurde erstmals im frühen 20. Jahrhundert durch Lichtmikroskopie entdeckt. Unter dem Elektronenmikroskop wird sichtbar, dass der Kinetoplast eine Scheibchenstruktur in der Matrix des Mitochondriums ist. Der K. ist biochemisch interessant, weil er eine ungewöhnliche Form verketteter DNA, die Kinetoplasten-DNA (k-DNA) enthält. ⁊ *Catenan*.

Kinetoplasten-DNA, *k-DNA*, ⁊ *Catenan*.

King-Altman-Verfahren, Verfahren zur Herleitung von Geschwindigkeitsgleichungen nach einfachen Regeln. Diese Regeln ergeben sich bei Verwendung der Determinantentheorie zur Auflösung inhomogener linearer Gleichungssysteme. Man zeichnet

zunächst alle möglichen geometrischen Figuren des Enzymgraphen auf, die die verschiedenen Enzymformen (⁊ *Enzymspezies*) ineinander überführen. Hierbei ist die Zahl der Linien (Kanten) um 1 kleiner als die Zahl der Enzymformen. Kreise und Zyklen sind verboten und werden eliminiert. Die Kanten werden mit den zugehörigen Reaktionsgeschwindigkeitskonstanten bzw. mit Produkten von Geschwindigkeitskonstanten und Konzentrationsvariablen des betreffenden Reaktionsschrittes (z. B. E $\xrightarrow{k_{18}}$ ES) versehen (Kantenbewertung). Nach den King-Altman-Regeln gilt dann die folgende Verteilungsgleichung: Enzymform / E_t = Summe der Produkte der Kantenbewertungen aller Wege, die zu dieser Enzymform führen, dividiert durch Σ. Dabei ist E_t die totale Enzymkonzentration, Σ die Summe der Zähler aller Verteilungsgleichungen des Enzymgraphen. Die Geschwindigkeitsgleichung ergibt sich aus der Multiplikation der produktproduzierenden Enzymform, etwa EP, mit der zugehörigen katalytischen Konstante: $v = k_{\text{cat}} E P$. Hierbei sind k_{cat} die katalytische Konstante und E P das Enzymprodukt. Im Falle mehrerer produktproduzierender Enzymformen werden die Teilgeschwindigkeiten addiert.

Kinin-10, Syn. für ⁊ *Kallidin*.

Kininase II, Syn. für ⁊ *Angiotensin-Conversionsenzym*.

Kinine, ⁊ *Plasmakinine*.

Kininogenase, ⁊ *Kallikrein*.

Kininogenin, ⁊ *Kallikrein*.

Kjeldahl-Methode, eine Methode zur quantitativen Stickstoffbestimmung organischer Stoffe. Bei der K. wird die organische Substanz durch Erhitzen mit konz. Schwefelsäure unter Zusatz eines Katalysators (Schwermetalle, Selen u.a) in einem langstieligen Glaskolben (Kjeldahl-Kolben) zu CO_2 und H_2O oxidiert und es bildet sich dabei eine dem organisch gebundenen Stickstoff äquivalente Menge NH_3, die als $(NH_4)_2SO_4$ gebunden vorliegt (*feuchte Veraschung*). Durch Zugabe von NaOH im Überschuss wird der Ammoniak freigesetzt und in eine Vorlage destilliert, in der sich ein bestimmtes Volumen einer Schwefelsäuremaßlösung befindet. Der resultierende Überschuss an Schwefelsäure wird volumetrisch bestimmt und daraus der Stickstoffgehalt berechnet. Ausgehend von einem durchschnittlichen Proteinstickstoffgehalt von 16 %, kann nach vorangehender Entfernung des Nichtproteinstickstoffes durch Multiplikation des N-Gehaltes mit 6,25 die Proteinmenge zurückgerechnet werden.

Klärgas, Syn. für ⁊ *Biogas*.

Klasse-I-MHC-Moleküle, *Klasse-I-MHC-Proteine*, Syn. für MHC-Klasse-I-Moleküle, ⁊ *MHC-Moleküle*.

Kleeblattmodell, das aufgrund der Sequenzanalyse von ⁊ *transfer-RNA* postulierte Sekundärstrukturmodell. Die Primärsequenzen der über 100 bislang

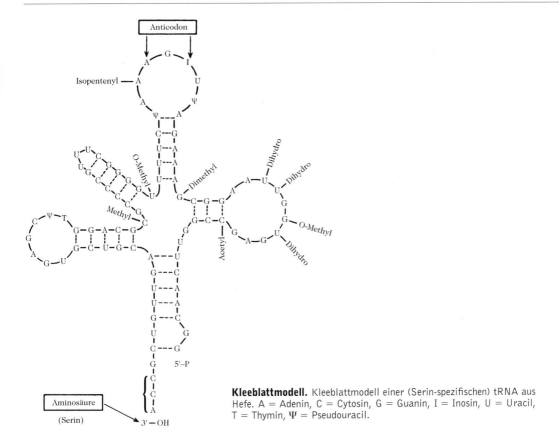

Kleeblattmodell. Kleeblattmodell einer (Serin-spezifischen) tRNA aus Hefe. A = Adenin, C = Cytosin, G = Guanin, I = Inosin, U = Uracil, T = Thymin, Ψ = Pseudouracil.

untersuchten tRNA-Moleküle können intramolekulare Basenpaarungen ausbilden, die zu einer kleeblattförmigen Faltung der Moleküle führen.

Das K. besteht aus drei Hauptschleifen und vier Stammabschnitten (Abb.). 1) Die Anticodonschleife enthält das ↗ *Anticodon*, eine Sequenz aus drei Nucleotiden, die für die entsprechende Aminosäure spezifisch ist. Am 5'-Ende des Anticodons befindet sich stets ein Uracilrest und am 3'-Ende ein Purin oder -derivat. Bei Pflanzen besteht dieses Purinderivat oft aus N^6-(γ,γ)-Adenin, auch Triacanthin genannt. 2) Die Dihydrouracil-(DiHU-)Schleife enthält immer Dihydrouracil. 3) Die Thymin-Pseudouracil-(TΨC-)Schleife, für die die Sequenz 5'-GTΨC-3' charakteristisch ist, ist offenbar an der Bindung der Aminoacyl-tRNA an das 50S-Ribosom beteiligt. Manche tRNA-Moleküle enthalten eine weitere Schleife, in deren Stiel Nucleotide durch Basenpaarungen verbunden sind.

kleinste tödliche Dosis, LD_{05}, ↗ *Dosis*.

Klenow-Fragment, eine einzelne Polypeptidkette (M_r 76 kDa), die bei der Spaltung der *E.-coli*-DNA-Polymerase I mit Subtilisin entsteht. Das K. trägt die 5'→3'-Polymeraseaktivität und die 3'→5'-Exonucleaseaktivität, die 5'→3'-Exonucleaseaktivität fehlt jedoch. Es ist mittlerweile als kloniertes Pro-

tein kommerziell erhältlich. [H. Jacobsen et al. *Eur. J. Biochem.* **45** (1974) 623–627]

klinische Analyse, ein Teilgebiet der Analyse, dessen Untersuchungsgegenstand die menschlichen Körperflüssigkeiten, hauptsächlich Blut und Urin, seltener Bauchraumflüssigkeit, Bauchspeicheldrüsensaft, Fruchtwasser, Gehirn-, Gelenk- und Herzbeutelflüssigkeit, Magensaft, Pleuraerguss, Schweiß, Speichel und Stuhl, sind. Die k. A. dient zur Diagnostik und Therapieüberwachung, zur Beurteilung der Prognose einer Erkrankung und zur Vorsorge.

Mit den üblichen analytischen Methoden werden die Elektrolyte, hauptsächlich die Konzentration der Natrium-, Kalium-, Calcium-, Magnesium-, Chlorid-, Hydrogencarbonat-, Phosphat- und Sulfat-Ionen, daneben aber auch die Gehalte an Spurenelementen und toxischen Schwermetallen bestimmt. Spezielle Methoden der Biochemie dienen zur Erfassung der Substrate (↗ *Enzyme*, ↗ *Hormone* und ↗ *Vitamine*).

klinische Chemie, ein wissenschaftliches Gebiet, das Naturwissenschaft und Medizin verbindet, und mittlerweile als unabhängige Disziplin etabliert ist. Sie wurde durch M.C. Sanz und P. Lous (*IFCC News Letters* 6, 1) folgendermaßen definiert: „Die Klinische Chemie umfasst das Studium der chemischen Aspekte menschlichen Lebens in Gesundheit und Krankheit und die Anwendung chemischer Laboratoriumsmethoden zur Diagnose, Behandlungskontrolle und Krankheitsprophylaxe." ↗ *klinische Analyse.*

Klon, ↗ *Klonierung.*

klonale Deletionstheorie, ↗ *Immunglobuline.*

klonale Selektionstheorie, ↗ *Immunglobuline.*

Klonbank, ↗ *Genbank.*

Klonierung, die Anfertigung identischer Kopien. Unter K. wurde früher ein Verfahren zur Isolierung einer Zelle aus einer größeren Zellpopulation verstanden, die sich danach unter Erzeugung vieler identischer Zellen reproduzieren ließ. Als *Klon* wird jede Zellpopulation bezeichnet, deren Zellen alle von derselben Mutterzelle abstammen. Analog wird bei der K. von DNA ein spezifisches Gen oder ein DNA-Segment aus einem größeren Chromosom abgetrennt, mit einem kleinen Carrier-DNA-Molekül verbunden und danach schließlich die modifizierte DNA selektiv amplifiziert. Diese Verfahren werden als DNA-Rekombinationstechnik (↗ *rekombinante DNA-Technologie*) oder Gentechnik (*genetic engineering*) bezeichnet.

Knickbildung (engl. *kinking*), eine durch spezifische Basenpaarung hervorgerufene, an bestimmten Stellen geknickte (*kinked*) DNA-Struktur. Ursachen für die K. sind beispielsweise vier hintereinander angeordnete Adeninreste oder spezielle DNA-Protein-Wechselwirkungen.

Knochenfett, ein bei Zimmertemperatur meist flüssiges oder schmalzartiges Fett, das meist aus etwa 97 % Fettbestandteilen und höchstens 3 % Wasser besteht. Der Gehalt an freien Fettsäuren kann bis zu 50 % betragen. K. enthält vorwiegend Stearin-, Öl-, Linol- und Linolensäure.

Knochen-Gla-Protein, *BGP* (engl. bone gla protein), ↗ *Matrix-Gla-Protein.*

Knochen-Morphogenese-Proteine, *Osteogenin, Osteopoetin,* (engl. bone morphogenetic proteins, *BMP*), die Knochenbildung stimulierende Glycoproteine. Aus der cDNA wurden für die humanen BMP-2A , BMP-2B und BMP-3 die Primärstrukturen mit 396, 408 bzw. 427 Aminosäurebausteinen ermittelt, wobei die Strukturen von BMP-2A und BMP-2B sehr ähnlich sind. Im C-terminalen Bereich zeigen diese Proteine einen hohen Homologiegrad zu den ↗ *Inhibinen.* Die Bildung von BMP wird durch Vitamin D stimuliert. Die Produktion der Proteine verringert sich mit zunehmendem Alter. Die BMPs zählt man zur TGF-β-Großfamilie (↗ *transformierende Wachstumsfaktoren*). [M.R. Urist, *Science* **150** (1965) 893; E. Özkaynak et al. *EMBO J.* **9** (1990) 2.085]

Knockout-Mäuse, Mäuse, bei denen mit Hilfe von Gen-*Targeting* durch spezifische Mutation (homo-

loge Rekombination) Gene inaktiviert wurden. Die K. haben in der Entwicklungsbiologie und Immunologie für die Untersuchung der Funktion von Genen große Bedeutung.

Koaburarin, (2*R*)-5-Hydroxy-7-*O*-β-D-glucosylflavan. ↗ *Flavan.*

Koagulationsvitamin, veraltete Bezeichnung für ↗ *Vitamin K.*

Koazervation, Entmischungserscheinung, bei der sich ein kolloides System in zwei Phasen trennt, von denen die eine mit der kolloiden Substanz angereichert und die andere verdünnter ist. Dies wird häufig dann beobachtet, wenn zwei entgegengesetzt geladene Sole miteinander vermischt werden. K. spielt eine große Rolle bei der modellmäßigen Beschreibung biologischer Phänomene.

Koffein, ↗ *Coffein.*

Kohlendioxidassimilation, *Kohlenstofffixierung,* die Inkorporation von CO_2 in größere organische Verbindungen. Der Begriff Kohlendioxidassimilation wird manchmal als Synonym für Photosynthese verwendet. Die Photosynthese besteht aber genau genommen aus einer Reihe von Reaktionen, in der ATP und NAD(P)H generiert werden, die für die Durchführung der Reaktionen der K. verwendet werden. Die größte Bedeutung kommt der K. in grünen Pflanzen und Cyanobakterien zu. Der größere Teil findet im ↗ *Calvin-Zyklus* statt, der kleinere Teil im ↗ *Hatch-Slack-Kortschack-Zyklus.* Die K. kann auch durch chemische Energie in autotrophen oder chemoautotrophen Organismen, insbesondere Bakterien, angetrieben werden. Von diesen verwenden einige einen Prozess, der dem Calvin-Zyklus ähnlich ist. Das methanogene Bakte-

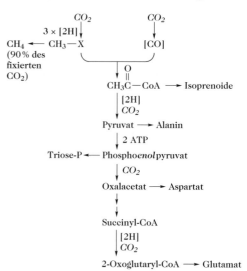

Kohlendioxidassimilation. Kohlendioxidassimilation in *Methanobacterium thermoautotrophicum* [geändert, aus M. Rühlmann et al. *Arch. Microbiol.* **141** (1985) 399–406].

rium *Methanobacterium thermoautotrophicum* fixiert CO_2 durch eine Reihe von fünf Hauptreaktionen, die jedoch nicht den Calvin-Zyklus einschließen (Abb.). Es gibt auch eine anaplerotische CO_2-Fixierung (↗ *Carboxylierung*, ↗ *Biotinenzyme*).

Kohlenhydrate, eine umfangreiche Klasse von Naturstoffen, die strukturchemisch zu den Polyhydroxycarbonylverbindungen und deren Derivaten gehört. Die K. entsprechen im Allgemeinen der Zusammensetzung $(C)_n(H_2O)_n$. Sie wurden ursprünglich als hydratisierte Form des Kohlenstoffs aufgefasst und von K. Schmidt 1844 als Kohlenhydrate bezeichnet. Dieser Name ist beibehalten worden, obwohl er vom chemischen Standpunkt aus unzutreffend ist und heute auch Verbindungen zu den K. gerechnet werden, die eine abweichende Summenformel aufweisen, z. B. Aldonsäuren, Uronsäuren, Desoxyzucker, oder zusätzlich Stickstoff oder Schwefel enthalten, z. B. Aminozucker, Mucopolysaccharide. Die Mono- und Oligosaccharide nennt man häufig auch *Zucker* bzw. *Saccharide*, bei den Monosacchariden unterscheidet man u. a. *Furanosen* und *Pyranosen*. Die einzelnen Vertreter der K. werden mit Trivialnamen oder davon abgeleiteten systematischen Namen bezeichnet, die die Endung -ose tragen, z. B. Glucose, Fructose. Zur Nomenklatur der K. haben 1969 die *IUPAC Commission on the Nomenclature of Organic Chemistry* und die *IUPAC-IUP-Commissions on Biochemical Nomenclature* verbindliche Richtlinien herausgegeben.

Die K. sind in jeder pflanzlichen oder tierischen Zelle enthalten und stellen mengenmäßig den größten Anteil der auf der Erde vorkommenden organischen Verbindungen dar. Sie entstehen in den Pflanzen im Verlaufe des Assimilations-Prozesses und bilden zusammen mit den Fetten und Eiweißen die organischen Nährstoffe für Menschen und Tiere.

Die Kohlenhydrate unterteilt man aufgrund ihrer Molekülgröße in ↗ *Mono-*, ↗ *Oligo-* und ↗ *Polysaccharide*.

Kohlenhydratstoffwechsel, der ständige Auf-, Um- und Abbau der ↗ *Kohlenhydrate* im Organismus. Von besonderer Bedeutung im K. sind Reaktionen zwischen den polymeren Speicherformen (Glycogen und Stärke) und der monomeren Transport-

und Substratform für enzymatische Umsetzungen (Glucose und Glucosephosphat), Reaktionen zur gegenseitigen Umwandlung und zum Abbau von Kohlenhydraten und Reaktionen zur Synthese von Glucose aus Nichtkohlenhydratverbindungen (glucoplastische Aminosäuren, Fette). Dabei kommt dem Glucose-6-phosphat eine zentrale Stellung im gesamten K. zu. Unter Vernachlässigung von Seitenwegen (↗ *Glucuronatweg*, ↗ *Entner-Doudoroff-Weg*, ↗ *Phosphoketolaseweg*) ergeben sich für das Glucose-6-phosphat vier Hauptwege: 1) ↗ *Glycolyse*, 2) Glycogensynthese (↗ *Glycogenstoffwechsel*), 3) ↗ *Pentosephosphat-Zyklus* und 4) enzymatische Hydrolyse zu freier Glucose. Die Effektivität dieser Hauptwege hängt im tierischen Organismus von der Funktion des jeweiligen Gewebes ab. Ein Aktivitätswechsel der Gewebe, z. B. bei Krankheit, wirkt sich entscheidend auf den K. aus (Abb. 1).

Unter bestimmten Bedingungen ist aus den Abbauprodukten des K. eine Resynthese von Kohlenhydraten möglich. Ausgangsmaterial für diese ↗ *Gluconeogenese* sind Lactat und glucoplastische Aminosäuren.

Der K. lässt sich in drei verschiedene Phasen einteilen:

1) *Mobilisierung*: Poly-, Oligo- und Disaccharide werden phosphorolytisch in Hexosephosphate, besonders in Glucose-6-phosphat zerlegt. Bei der Verdauung erfolgt die Spaltung durch Hydrolyse.

2) *Interkonversionen*: Bei der gegenseitigen Umwandlung der ↗ *Monosaccharide* gibt es folgende Reaktionstypen: a) *Epimerisierung*, die Umkehr der sterischen Anordnung an einem C-Atom durch Epimerasen (z. B. im Galactosestoffwechsel); b) *Isomerisierung*, die durch Isomerasen katalysierte reversible Umwandlung von Aldosen in Ketosen (z. B. von Glycerinaldehyd-3-phosphat in Dihydroxyacetonphosphat); c) Übertragung von C_3-(Transaldolierung) und C_2-Bruchstücken (↗ *Transketolierung*) in Form eines Dihydroxyacetonphosphatrestes bzw. „aktiven Glycolaldehyds"; d) Oxidation einer Aldose zur Säure und nachfolgende Decarboxylierung. Auf diesem Weg entstehen aus Hexosen Pentosen. In dieser zweiten Phase des K. werden die Intermediärprodukte der ersten

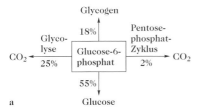

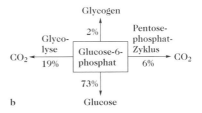

Kohlenhydratstoffwechsel. Abb. 1. Umsatz des Glucose-6-Phosphats (a) unter normalen und (b) unter krankhaften Bedingungen (Diabetes mellitus) in Prozent des Gesamtumsatzes.

Phase unvollständig abgebaut. Produkte sind vorwiegend Triosephosphate. Dabei wird etwa ein Drittel des gesamten Freien Energiepotenzials freigesetzt und teilweise zur Synthese von ATP verwendet.

3) *Amphibolische Reaktionsketten:* In Form von Pyruvat und Acetyl-Coenzym A fließen die Abbauprodukte des Kohlenhydratstoffwechsels in den allgemeinen Stoffwechsel ein (Abb. 2).

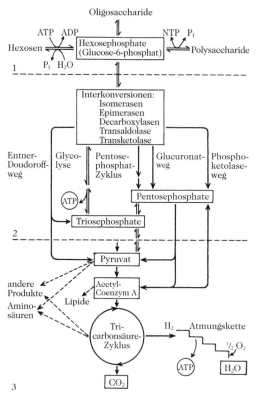

Kohlenhydratstoffwechsel. Abb. 2. Die drei Phasen des Kohlenhydratstoffwechsels. NTP = Nucleosidtriphosphat.

Biosynthesen im K. Pflanzliche Organismen sind die Hauptproduzenten der Kohlenhydrate in der Natur. Bei der Photosynthese entstehen durch eine Reihe enzymatischer Reaktionen (die „Dunkelreaktionen" der Photosynthese) phosphorylierte Monosaccharidderivate, die in freie Zucker hydrolysiert oder in ↗ *Nucleosiddiphosphatzucker* umgewandelt werden können.

Bei der Biosynthese von ↗ *Polysacchariden* wie Stärke, Glycogen, Cellulose, werden die Monosaccharideinheiten durch die Bildung von Nucleotidderivaten aktiviert und in dieser Form mittels Transferasen unter Abspaltung des Nucleotids auf eine nichtaktivierte, sich verlängernde Polysaccharidkette übertragen. Die Biosynthese ist an das Vorhandensein eines höherpolymeren Startermoleküls

gebunden. Bei der Biosynthese des Oligosaccharids Saccharose und des Polysaccharids Stärke stellen die Uridindiphosphatglucose (UDP-Glucose) und die Adenosindiphosphatglucose (ADP-Glucose) aktivierte Zucker zur Verfügung. Für die Synthese der β-1→4-Glucosylkette der Cellulose dient zwar wahrscheinlich hauptsächlich die UDP-Glucose als Vorstufe. Die GDP-Glucose kann jedoch auch als Vorstufe eingesetzt werden.

Der *Abbau* der Oligo- und Polysaccharide erfolgt in den Organismen mittels spezifischer Enzyme hydrolytisch (Hydrolasen) oder phosphorolytisch (Phosphorylasen).

Die *Regulation des K.* ist gekennzeichnet durch enge, über Stoffwechselprodukte vermittelte Wechselbeziehungen zwischen den einzelnen Stoffwechselwegen. Die Glycolyse wird durch die allosterische Regulation der Enzyme ↗ *Phosphofructokinase* und Pyruvatkinase kontrolliert, ↗ *Pasteur-Effekt.* Zwischenprodukte des Pentosephosphat-Zyklus hemmen das einleitende Enzym der Glycolyse, die Phosphoglucoisomerase, was zu einer Beeinträchtigung des glycolytischen Abbaus führt.

Kohlenmonoxid, *CO*, ein farb- und praktisch geruchloses brennbares Gas. K. ist äußerst giftig, da es eine 300-mal größere Affinität zu Hämoglobin (Abk. Hb) zeigt als Sauerstoff. Das CO verdrängt O_2 vom Hämoglobin, so dass die roten Blutkörperchen ihre normale Funktion, den Sauerstofftransport zu den Geweben, nicht erfüllen können. Die Reaktion zwischen Hb und CO ist reversibel: HbO_2 + CO ⇌ HbCO + O_2. O_2 kann nur im großen Überschuss CO aus seiner Bindung an Hb lösen. Der Tod durch Kohlenmonoxidvergiftung tritt nach Ablauf folgender Vorgänge ein: 1) durch die Bildung von HbCO wird die Transportkapazität des Blutes für Sauerstoff erniedrigt; 2) in sauerstoffempfindlichen Geweben, besonders im Gehirn, treten Intoxikationen auf (Symptome: Kopfschmerzen); 3) das Atmungszentrum im Gehirn wird gelähmt, die Atmung fällt ab (Symptom: Bewusstlosigkeit); 4) die Herztätigkeit hört wegen mangelhafter Sauerstoffzuführung auf. K. dringt in den Körper nur über die Lungenalveolen ein. Konzentrationen von >0,01 % gelten als toxisch. Die maximale Arbeitsplatzkonzentration, Abk. MAK, beträgt 55 mg CO/m^3 Luft.

Eine endogene Bildung von CO (hauptsächlich in Milz, Leber und Niere) findet während des Abbaus von Protohäm (aus Hämoglobin und anderen Hämproteinen) statt, der durch die mikrosomale Hämoxygenase (Dezyklisierung; EC 1.14.99.3) katalysiert wird. Dabei wird das Porphyrinringsystem des Protohäms in die lineare Porphyrinstruktur des Biliverdins überführt. Dabei wird eine α-Methenbrücke oxidiert und als CO freigesetzt.

Kohlenstofffixierung, Syn. für ↗ *Kohlendioxidassimilation.*

Kohlenwasserstoffabbau, *mikrobieller Kohlenwasserstoffabbau,* Abbau von Kohlenwasserstoffen durch bestimmte Mikroorganismen, die diese Verbindungen als ihre einzige Kohlenstoff- und Energiequelle nutzen. Diese Fähigkeit ist für die mikrobielle Proteinproduktion und für die Beseitigung von Umweltverschmutzungen durch Mineralöle von Bedeutung. Der K. ist sehr von deren Struktur abhängig. Am besten werden die unverzweigten Alkane mit 10–18 Kohlenstoffatomen abgebaut. Der Hauptweg ist die einseitig endständige Oxidation der Kette zu -CH₂OH durch ↗ *Cytochrom P450* und die anschließende Oxidation zu -CHO sowie schließlich zu -COOH durch NAD-abhängige Dehydrogenasen. Der weitere Abbau der Fettsäure erfolgt durch β-Oxidation. Aromatische Kohlenwasserstoffe werden schwerer als aliphatische Strukturen abgebaut. Vor der Ringspaltung erfolgt immer eine Phenolbildung durch eine Monooxygenase; eine Dioxygenase spaltet dann den Ring neben der Hydroxylgruppe: Pyrocatechol → *cis,cis*-Muconat → α-Ketoadipat → Acetat + Succinat.

Kohlenwasserstoffe, Verbindungen mit einem Kohlenstoffgerüst, an das ausschließlich Wasserstoffatome gebunden sind. Die meisten Biomoleküle können als Derivate der K. aufgefasst werden. Durch Austausch der Wasserstoffatome gegen funktionelle Gruppen ergeben sich Familien organischer Verbindungen, wie z. B. Alkohole mit einer oder mehreren Hydroxygruppen, Amine mit Aminogruppen, Aldehyde und Ketone mit Carbonylgruppen und Carbonsäuren mit Carboxygruppen. Viele Biomoleküle enthalten zwei oder mehr funktionelle Gruppen, wie z. B. ↗ *Aminosäuren* mit einer Amino- und einer Carboxygruppe. Diese beiden funktionellen Gruppen verleihen den Aminosäuren die Fähigkeit, zu Proteinen zu kondensieren.

Kohn-Fraktionierung, eine Methode zur Plasmaproteingewinnung im großen Maßstab durch fraktionierte Fällung. Hierbei wird Blutplasma mit steigenden Mengen an kaltem Ethanol versetzt und das jeweils ausgefällte Protein abzentrifugiert.

Kojisäure, *2-Hydroxymethyl-5-hydroxy-4-pyron,* eine durch diskontinuierliche Fermentation von Glucose-haltigen Lösungen mit *Aspergillus*-Arten (*A. niger, A. oryzae*) hergestellte Verbindung, die sich durch Zusatz von ZnSO₄ als Metall-Chelatkomplex aus dem Kulturfiltrat abtrennen lässt. K. kann als analytisches Reagens (z. B. Bestimmung von Eisen) verwendet werden und spielt eine Rolle bei der Herstellung von Metallchelaten. K. hat antibiotische und geringe insektizide Eigenschaften.

Kokonase, eine aus einer inaktiven Vorstufe gebildete Protease, die ein Schlüsselenzym bei der Entwicklung von Insekten darstellt. Beispielsweise wird der von der Raupe des Seidenspinners (*Bom-* *byx mori*) gesponnene Kokon bei der Verpuppung durch die K. proteolytisch gespalten.

Kollagen, ein extrazelluläres Protein, das für die Festigkeit und die Flexibilität des Bindegewebes verantwortlich ist. Es ist für 25–30 % des Proteins eines Tieres verantwortlich. Reifes K. ist unter physiologischen Bedingungen nicht löslich, außerdem wird es durch Wärme, Basen oder schwache Säuren denaturiert.

Struktur. Unter dem Lichtmikroskop erscheint das K. in Form von Fibrillen. Diese bestehen, wie unter dem Elektronenmikroskop sichtbar wird, aus Mikrofibrillen. Die Mikrofibrillen zeigen eine charakteristische Querstreifung mit einem Wiederholungsabstand von 67 nm, die auf eine Ende-an-Ende-Ausrichtung der zugrundeliegenden Moleküleinheit, des Tropokollagens, zurückzuführen ist (Abb. 1). Das Tropokollagenmolekül ist eine rechtsgängige Tripelhelix, die aus zwei identischen Polypeptidketten (α₁) und einer etwas unterschiedlichen Kette (α₂) besteht. Jede α-Kette ist ihrerseits eine linksgängige Helix mit einem Anstieg von 0,95 nm, während die Superhelix einen Anstieg von 10 nm aufweist. Die helicalen und superhelicalen Strukturen werden durch Wasserstoffbrückenbindungen zwischen der HN-Gruppe eines Glycins der einen Kette und der C=O-Gruppe eines Prolins oder einer anderen Aminosäure der benachbarten Kette stabilisiert. Die Tropokollagenmoleküle sind außerdem quervernetzt (s. u.). Die ungewöhnlichen strukturellen Eigenschaften des K. sind auf seine Aminosäuresequenz zurückzuführen. Jede α-Kette (M_r 100 kDa) enthält ungefähr 1.000 Aminosäurereste. Die Sequenz kann folgendermaßen zusammengefasst werden: (Gly-X-Y)ₙ, wobei X häufig Pro und Y oft Hyp (Hydroxyprolin) ist.

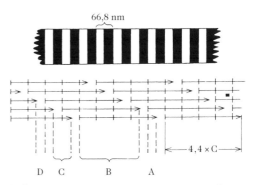

Kollagen. Abb. 1. Schematische Struktur von Kollagenmikrofibrillen. A: ein Bereich kurzer Überlappungen. B: ein langer Überlappungsbereich. C: ein Überlappungsbereich, der der Zone einer Lücke und einem Bereich kurzer Überlappung entspricht und für den Abstand von 66,8 nm in der Bandenstruktur der Mikrofibrillen verantwortlich ist. D: eine Lücke. Jeder einzelne Pfeil (Länge 4,4 × C) repräsentiert ein Tropokollagenmolekül.

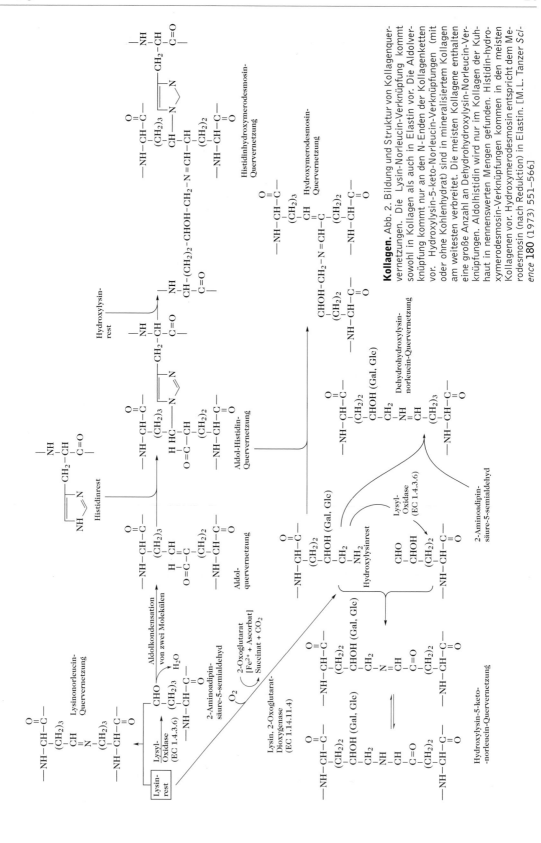

Kollagen. Abb. 2. Bildung und Struktur von Kollagenquervernetzungen. Die Lysin-Norleucin-Verknüpfung kommt sowohl in Kollagen als auch in Elastin vor. Die Aldolverknüpfung kommt nur an den N-Enden der Kollagenketten vor. Hydroxylysin-5-keto-Norleucin-Verknüpfungen (mit oder ohne Kohlenhydrat) sind in mineralisiertem Kollagen am weitesten verbreitet. Die meisten Kollagene enthalten eine große Anzahl an Dehydrohydroxylysin-Norleucin-Verknüpfungen. Aldolhistidin wird nur im Kollagen der Kuhhaut in nennenswerten Mengen gefunden. Histidin-hydroxymerodesmosin-Verknüpfungen kommen in den meisten Kollagenen vor. Hydroxymerodesmosin entspricht dem Merodesmosin (nach Reduktion) in Elastin. [M. L. Tanzer *Science* 180 (1973) 551–566]

Biosynthese. Das K. wird in Fibroblasten als Prokollagen, das ebenfalls aus drei Ketten (M_r 140 kDa) besteht, synthetisiert. Vor der Freisetzung des Prokollagens werden aus Prolyl- und Lysylresten durch posttranslatorische Modifizierung Hydroxyprolyl- und Hydroxylysylreste gebildet. Einige Hydroxylysylreste werden intrazellulär durch Addition von Galactose oder Glycosylgalactose an die Hydroxylgruppe weiter modifiziert. Die Ketten werden dann in den intrazellulären Raum ausgeschieden, wo N-terminale Peptide mit M_r von 20 kDa und C-terminale Peptide mit M_r von 35 kDa mit Hilfe von zwei Prokollagen-Peptidasen abgespalten werden. Anschließend bildet sich spontan das Tropokollagen. Spezifische Lysyl- und Hydroxylysylreste werden durch die Lysyl-Oxidase oxidiert, wodurch die Stickstoffgruppe der Seitenkette verlorengeht und eine Aldehydgruppe gebildet wird. Diese Aldehydgruppen führen mit benachbarten Seitenketten spontan Schiffsche Basen- und Aldol-Kondensationen durch, wobei eine Vielzahl von Quervernetzungen gebildet wird, die zur Festigkeit des K. beitragen (Abb. 2).

Kollagenerkrankungen. Eine Reihe von vererbten und umweltbedingten Erkrankungen sind auf eine Beeinträchtigung der Kollagensynthese zurückzuführen. Vererbte Enzymdefekte sind verantwortlich für das ↗ *Ehlers-Danlos-Syndrom* (überdehnbare Haut), das Marfan-Syndrom (Tendenz der Aorta zu reißen), die Osteogenesis imperfecta (starke Knochenbrüchigkeit) und die Dermatosparaxis (Hautbrüchigkeit beim Rind). Da zur Bildung der Hydroxyprolylreste Ascorbinsäure benötigt wird, blockiert ein Mangel dieses Vitamins in der Nahrung (Skorbut) die Kollagenbildung. Der Lathyrismus resultiert aus der Aufnahme der wohlriechenden Platterbse (*Lathyrus odoratus*) oder von Nitrilen durch junge Tiere bzw. aus einem Kupfermangel. Dieses Syndrom ist auf die Inhibierung der Lysyl-Oxidase und dem daraus resultierenden Fehlen von Quervernetzungen im K. zurückzuführen. Bei rheumatischer Arthritis, Osteoarthrose, Sklerodermie und Alkaptonurie werden Kollagenfibrillen abgebaut. [W.G. Cole *Prog. Nucl. Acid Res. Mol. Biol.* **47** (1994) 29–80; D.J. Prockop *Annu. Rev. Biochem.* **64** (1995) 403–434]

Kollagenase, eine Protease, die als einziges Enzym das native Kollagen zu löslichen niedermolekularen Peptiden abbauen kann. Von den insgesamt 20 beschriebenen K. aus Bakterien, Pilzen, Gliederfüßlern, Amphibien und Säugetieren sind bis jetzt nur das extrazelluläre Enzym des Bakteriums *Clostridium histolyticum* und die K. aus der Haut und dem Schwanz der Kaulquappe näher untersucht worden. Die *Clostridium*-K. (K. A M_r 105 kDa, K. B M_r 57 kDa) greift hauptsächlich die Peptidbindung an, die vor der Gly-Pro-Sequenz liegt (-↓-Gly(16)-Pro-Ser- ↓-Gly-Pro-). Die vor Gly-Leu und Gly-Ala liegenden Bindungen werden in geringerem Maß hydrolysiert, z. B. in der α_1-Kette.

koloniestimulierende Faktoren, *CSF* (engl. *colony stimulating factors*), zu den Cytokinen zählende Glycoproteine, die in Konzentrationen von 10^{-11}–10^{-13} M für die Proliferation, die Differenzierung und das Überleben von hämatopoetischen Vorläuferzellen benötigt werden (Tab.). Es gibt folgende funktionelle Unterklassen: M-CSF (Makrophagenstimulation), G-CSF (Granulocytenstimulati-

koloniestimulierende Faktoren. Einige koloniestimulierende Faktoren, die die Bildung von Blutzellen (bei Mäusen) beeinflussen. [nach B. Alberts, D. Bray, J. Lewis, M. Raff, K. Roberts, J.D. Watson, *Molekulare Zellbiologie*, VCH Weinheim, 1995]

Faktor	Größe [kDa]	Zielzelle	Produzentenzelle	Rezeptoren
Erythropoietin	51	CFC-E (Erythrocyten-Kolonie-bildende Zellen)	Nierenzellen	Cytokin-Familie
Interleukin 3 (IL-3)	25	pluripotente Stammzellen, die meisten Vorläuferzellen, viele endgültig differenzierte Zellen	T-Lymphocyten, Epidermiszellen	Cytokin-Familie
Granulocyten/ Makrophagen-CSF (GM-CSF)	23	GM-Vorläuferzellen	T-Lymphocyten, Endothelzelle, Fibroblasten	Cytokin-Familie
Granulocyten-CSF (G-CSF)	25	GM-Vorläuferzellen und Neutrophile	Makrophagen, Fibroblasten	Cytokin-Familie
Makrophagen-CSF (M-CSF)	70 (Dimer)	GM-Vorläuferzellen und Makrophagen	Fibroblasten, Makrophagen, Endothelzellen	Tyrosin-Kinase-Rezeptoren-Familie
Steel-Faktor (Stammzellenfaktor)	40–50 (Dimer)	blutbildende Stammzellen	Stromazellen im Knochenmark und viele andere Zellen	Tyrosin-Kinase-Rezeptoren-Familie

on), GM-CSF (Granulocyten- und Makrophagen-stimulation) und multi-CSF (auch Interleukin 3, P-Zellen stimulierender Faktor und hämatopoetischer Zellwachstumsfaktor), der auch die Proliferation von eosinophilen Leucocyten, Megakaryocyten, Erythrocyten- und Mastzellen, sowie neutrophilen Granulocyten und Makrophagen stimuliert. Einige menschliche CSF werden in Form rekombinanter Proteine produziert und klinisch dazu eingesetzt, dem Leucocytentod während einer Chemotherapie entgegenzuwirken und Knochenmarkstransplantationen zu erleichtern. Vermutlich werden die CFS in allen tierischen Geweben und in den meisten normalen Zellen produziert.

[D. Numm u. N-K. Cheung *Semin. Oncol.* **19** (1992) 395–407; C.J. Sherr et al. *Cell* **41** (1985) 665–676; A. Ullrich u. J. Schlessinger *Cell* **61** (1990) 203–212; E.R. Stanley *Methods Enzymol.* **116** (1985) 564–587; L.J. Guilbert u. E.R. Stanley *J. Biol. Chem.* **261** (1986) 4.024–4.032; L. Coussens et al. *Nature* **320** (1986) 277–280; C.J. Sherr *Trends Genet.* **7** (1991) 398–402; G. Vario u. J.A. Hamilton *Immunol. Today* **12** (1991) 362–369; M. Reedijk et al. *EMBO J.* **11** (1992) 1.365–1.372; Xiang-Xi et al. *J. Biol. Chem.* **269** (1994) 31.693–31.700; E.W. Taylor et al. *J. Biol. Chem.* **269** (1994) 31.171–31.177].

Kolophonium, ein natürliches ⟋ *Harz*, das als Destillationsrückstand des Balsams aus Nadelhölzern oder durch Extraktion der Kiefernwurzelstöcke gewonnen wird. Es besteht hauptsächlich aus ⟋ *Abietinsäure* und verwandten ⟋ *Harzsäuren*, ist hart und spröde und in vielen organischen Lösungsmitteln löslich.

Kolorimetrie, halbquantitative Methode bei der Analyse, die auf dem visuellen Vergleich der Farbintensität von Lösungen beruht. Kolorimetrische Methoden sind heute meist durch photometrische (⟋ *Photometrie*) verdrängt worden, wobei im Sprachgebrauch häufig nicht exakt zwischen K. und Photometrie unterschieden wird.

kombinatorische Synthesen, kombinatorische chemische und biochemische Verfahren zur Erzeugung molekularer Vielfalt für den Aufbau von Verbindungsbibliotheken. Solche Bibliotheken dienen einer innovativen Leitstruktursuche und -optimierung für Pharmaka, Komplexbildner, Supraleiter, Farbstoffe, neue Katalysatoren u. a. Die k. S. haben sich in der Peptidchemie entwickelt (⟋ *multiple Peptidsynthese*). Bei der Suche nach Wirkstoffen für die Entwicklung neuer Pharmaka interessiert nicht mehr nur die Struktur einer Substanz: eine durch rationelles Wirkstoffdesign aus der Leitstruktur entwickelte Verbindung kann nicht besser sein als der gegenwärtige Erkenntnisstand über diese Struktur. Der aktuelle empirische Ansatz bei der Suche nach neuen Verbindungen mit gewünschten Eigenschaften versucht vielmehr den natürlichen Selektionsprozess zu kopieren. Dafür ist es erforderlich, Tausende potenzieller Substanzen mit nichtrepetitiven Molekülresten gleichzeitig zu erzeugen. Während die traditionelle organische Chemie eine Verbindung nach der anderen synthetisiert, gelingt es mit den k. S. viele Substanzen mit definierter Struktur gleichzeitig herzustellen. Dabei steht nicht mehr eine definierte Zielstruktur im Blickfeld, sondern eine Gruppe von Verbindungen, d. h. es werden anstelle der Bildung eines Produktes AB aus zwei Edukten A und B strukturchemisch differierende Edukte vom Typ A (A^1–A^x) mit solchem vom Typ B (B^1–B^x) nach den Prinzipien der Kombinatorik umgesetzt, wobei jeder Baustein vom Typ A mit jedem vom Typ B reagiert. Generell unterscheidet man zwischen parallelen und kombinatorischen Ansätzen, wobei Einzelverbindungen oder definierte Mischungen unterschiedlicher Komplexität resultieren. Die technische Durchführung erfolgt sowohl parallel, in separaten Behältnissen bzw. Kompartimenten, als auch simultan in einer Mischung. Ist z. B. x = 10, so resultieren 100 Produkte, während bei entsprechender Erweiterung auf mehrstufige Synthesen, bei denen in jeder Reaktion alle möglichen Kombinationen erzeugt werden, eine große Palette von Produkten entsteht, die man als Produktmatrix oder Produktbibliothek bezeichnet. Eine dreistufige Synthese mit je x = 10 Edukten der Typen A, B, C und D liefert schon 10.000 Produkte. Die Bibliotheksgröße wird in mehrstufigen k. S. linear durch die Zahl der eingesetzten Edukte und exponenziell durch die Zahl der Reaktionsschritte determiniert.

Bei der natürlichen Selektion wird aus einer evolutiv entstandenen Vielfalt ähnlicher Strukturen ausgewählt. Die experimentelle Suche nach einem Wirkstoff beginnt in der Regel mit einer Leitstruktur, die mit Hilfe durchsatzstarker *in-vitro*-Primärtests durchgeführt wird. In der Medizinischen Chemie werden solchen Testsystemen (*Assays*) dem jeweiligen Krankheitsbild zugrunde liegende Schlüsselmechanismen zugeordnet, wofür als molekulare Sonden Rezeptoren oder Enzyme dienen. Ohne Kenntnis der Identität der individuellen Substanzen einer Bibliothek kann durch den Einsatz eines mechanismusorientierten *Hochdurchsatz-Screenings*, HTS (abgeleitet von engl. *high-throughput-screening*), das auf spezifischen Rezeptoren, Ionenkanälen oder Enzymen basiert, die im Substanzpool enthaltene aktivste Verbindung identifiziert werden. Entsprechend automatisierte Testsysteme ermöglichen das Screening von Tausenden von Substanzen pro Tag, wobei sogar mit sehr geringen Substanzmengen (sowohl löslicher als auch trägergebundener Verbindungen) die *in-vitro*-Aktivität zuverlässig bestimmt werden kann. Die Trefferquote liegt unter 1 %. Die resultierenden Primärbefunde (*Treffer, Hits*) werden einer chemischen und biologischen Evaluierung unterworfen, die die Anzahl positiver Kandidaten weiter drastisch reduziert. Die so ausgewählten Verbindungen werden dann der Leitstrukturoptimierung zugeführt. Nicht die Quantität, sondern vielmehr die strukturelle Diversität (Verschiedenartigkeit) und Qualität stehen im Blickpunkt der weiteren Optimierung. Im Idealfall sollte eine möglichst effiziente Stammverbindung zur Steigerung der Wirkspezifität und Wirkhöhe systematisch modifiziert werden, bis Kandidaten für toxikologische und klinische Untersuchungen schließlich zu einem Arzneistoff führen. Die Medizinische Chemie benötigt dafür in der Regel acht- bis zehntausend synthetische Verbindungen. Die k. S. bilden eine pragmatische Alternative zu der parallelen Generierung einer großen Zahl von Molekülen unterschiedlicher Strukturen mit weniger Synthesestufen. Will man z. B. drei Aminosäuren zu den möglichen 27 Tripeptiden kombinieren, so lässt sich die k. S. dieser 27 Zielprodukte an einem polymeren Träger auf neun separate Schritte

reduzieren, wobei sich die drei wiederholenden Arbeitsgänge (Mischen, Synthetisieren und Neuportionieren) leicht automatisieren lassen (Abb. 1). Im Gegensatz dazu werden für die lineare Synthese 81 Synthesestufen benötigt.

Bei Bibliotheken, die aus Parallelsynthesen resultieren, ist das *Auffinden der Struktur* aktiver Verbindungen relativ leicht, da der Syntheseort mit der aufzubauenden Struktur verknüpft ist. Dies erreicht man z. B. durch Kompartimentierung (jedes eingesetzte Polymerkügelchen enthält eine diskrete Molekülart) oder man legt ein Matrizenfeld an. Beispiele hierfür sind photolithographische Synthesen auf funktionalisierten Glasoberflächen, bei denen eine Kompartimentierung durch einfaches Abdecken von Teilen der Platte möglich ist, oder die Synthese von Benzodiazepinderivaten an einer Polyethylen-Pinmatrix. Multiple parallele Synthesen können beispielsweise auch auf Mikrotiterplatten durchgeführt werden.

Die *Strukturbestimmung* aktiver, trägergebundener Substanzen kann massenspektrometrisch erfolgen. Für eine nachträgliche Identifizierung wur-

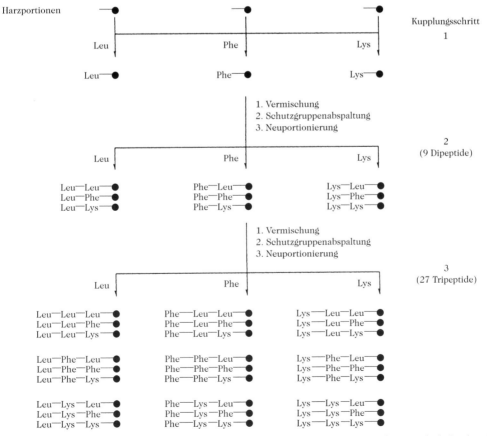

Kombinatorische Synthesen. Abb.1. Schematische Darstellung der Portionierungs-Mischungsmethode (engl. *split and combine*) am Beispiel einer kombinatorischen Tripeptidsynthese.

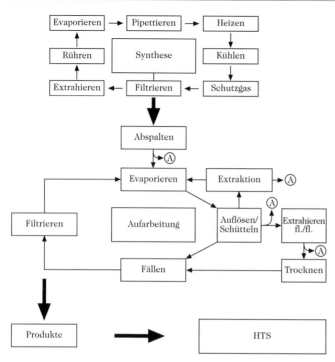

Kombinatorische Synthesen. Abb. 2. Schematische Vernetzung von Funktionalität in der probenorientierten Automation bei kombinatorischen chemischen Synthesen. A = Analytik (MS, HPLC, NMR etc.); HTS = Abk. für Hochdurchsatzscreening (engl. *high throughput screening*).

den auch verschiedene Reportersysteme beschrieben, die eine Strukturaufklärung über *Codemoleküle* ermöglichen. Damit ist es möglich, die chemischen Syntheseschritte auf jeder Stufe zurückzuverfolgen, wodurch deduktiv auf die Struktur der Treffer geschlossen werden kann. Codierungssysteme sind beispielsweise oligomere Peptid- oder Nucleotidsequenzen, die parallel zum Aufbau der Substanzbibliothek synthetisiert werden. Die Code-Identifizierung erfolgt durch Sequenzierung, Nucleotidsequenzen können vorher gegebenenfalls durch PCR (↗ *Polymerasekettenreaktion*) amplifiziert werden. Für einen binären, nichtsequenziellen Code können auch Halogenaromaten eingesetzt werden, die man jeweils vor der Anküpfung der einzelnen Synthesebausteine in geringen Konzentrationen mit dem Träger verknüpft, und zur Codeentzifferung oxidativ abspaltet, silyliert und gaschromatographisch bestimmt. Man kann aber auch eine Matrixcodierung mit Fluorophoren vornehmen, die eine Sortierung mit einem Zellsortierer ermöglichen. Bei nichtchemischen Codes erfolgt die Aufzeichnung der entsprechenden Syntheseschritte beispielsweise in einem Speicherchip, der durch Hochfrequenz-Signale beschrieben und dechiffriert werden kann.

Nachteilig bei der Anwendung k. S. für den Aufbau von Peptid- und Polynucleotidbibliotheken ist, dass Peptide leicht einem proteolytischen Abbau unterliegen, geringe Bioverfügbarkeit besitzen und aufgrund der repetitiven Monomereinheiten nur eine eingeschränkte Diversität erlauben. Darüber hinaus ist die Übersetzung einer Peptidleitstruktur in ein nichtpeptidartiges Pharmakon nicht einfach zu realisieren. Aus diesem Grund werden inzwischen nichtrepetitive niedermolekulare organische Substanzbibliotheken bevorzugt. Die Abwandlung der Peptid- oder Nucleinsäuregrundstruktur führte beispielsweise zu ↗ *Peptoiden*, ↗ *Peptidnucleinsäuren*, Oligocarbamaten und Oligopyrrolinonen.

Für die praktische Durchführung der k. S. werden heute flexibel einsetzbare, zentral automatisierte probenorientierte Mehrkomponentensysteme verwendet, die typischerweise aus einem zentralen Steuerrechner, kombiniert mit verschiedenen spezialisierten Peripheriegeräten, die von einem zentralen Roboterarm mit Proben versorgt werden, bestehen (Abb. 2). Entscheidend ist weiterhin die Technologie zur Aufreinigung und Charakterisierung der dargestellten Einzelverbindungen. Nicht eindeutig charakterisierte Verbindungen führen zur Häufung falsch positiv deklarierter Treffer im biologischen Primärscreening, die dann in die aufwendigen Abläufe des Sekundärscreenings und der Leitstrukturoptimierung gelangen.

Die Entscheidung für das *Format* einer Substanzbibliothek als Einzelverbindungen oder Substanzmischungen (Abb. 3) ist sowohl für die Synthese als auch für das biologische Screening von Bedeutung. Mit Mischungen lassen sich in kürzerer Zeit mehr Verbindungen synthetisieren und testen, da in solchen Mischungen alle Substanzen aber in annähernd äquimolaren Mengen vorliegen, müssen sie anschließend in einem zeitaufwendigen, „Dekonvo-

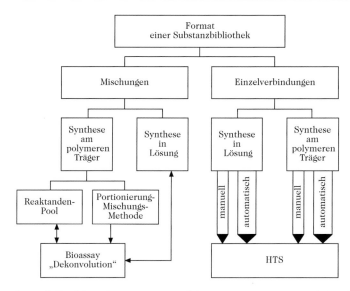

Kombinatorische Synthesen. Abb. 3. Vergleich der möglichen Formate von aus unterschiedlichen Verfahren der chemischen kombinatorischen Synthese hervorgehenden Substanzbibliotheken. HTS = Abk. für Hochdurchsatzscreening (engl. *high throughput screening*).

lution" (Entfaltung) genannten Verfahren getrennt werden. Hierzu sind die wiederholte Resynthese und Testung von Subbibliotheken mit geringerer Komplexität erforderlich, um die gesuchte Einzelverbindung einzukreisen und schließlich zu identifizieren. Bibliotheken mit mehr als 10.000 Verbindungen lassen sich effizient nur als Mischungen herstellen, während Bibliotheken von Einzelsubstanzen in der Regel weniger als 1000 Verbindungen enthalten.

In der Peptid- und Oligonucleotidchemie dominiert eindeutig die Festphasensynthese, für alle niedermolekularen organischen Reaktionen sind k. S. in Lösung nutzbar. Im letztgenannten Fall ist die Automatisierung der Aufarbeitungs- und Reinigungsschritte deutlich schwieriger, die Methodik ist hier noch nicht im gleichen Grad ausgereift.

Zusätzlich zur Nutzung für die Wirkstoffsuche und Pharmakaentwicklung wird versucht, mit Hilfe der *kombinatorischen Biosynthesen* den natürlichen Selektionsprozess zu kopieren. Durch zufällige Mutation, Rekombination und Duplikation von „Biosynthesegenen" verschiedener Eltern-Organismen lassen sich prinzipiell „nichtnatürliche Naturstoffe" herstellen, wofür auch der horizontale Gentransfer zwischen verschiedenen Organismen genutzt werden kann. Als Beispiel sollen die Gene der Enzyme genannt werden, die für die Kondensation, Zyklisierung und weiterführende Reaktionen des Biosyntheseweges der Polyketide verantwortlich sind. Diese Gene sind in Genkassetten angeordnet, die einer Neukombination unterzogen werden können. Selbstverständlich führt nicht jede Kombination zu einem neuen Produkt, da die Aktivität und Stabilität der veränderten Enzyme nicht vorhergesehen und gewährleistet werden kann. Trotz solcher Einschränkungen wurden mehr als 25 neuartige Polyketide auf dem Wege der kombinatorischen Biosynthese gewonnen. Der Aufwand für die Vergrößerung des Naturstoffpools auf diesem Wege ist jedoch noch relativ groß. (↗ *in-vitro-Selektion*, ↗ *Aptamere*)

Die k. S. haben sich in den vergangenen Jahren zu einem wesentlichen Bestandteil neuer strategischer Ansätze zur Identifizierung neuer Materialien oder Katalysatoren, aber insbesondere zur Herstellung therapeutisch interessanter Pharmaka entwickelt. Für eine weitere Steigerung der Effizienz ist die Einbeziehung moderner Informationsverarbeitung, Miniaturisierung, Automatisierung, Mikrofluidik und moderner Trenn-, Analysen- und Detektionsmethoden, Bioassayoptimierung und insbesondere die Einbeziehung verbesserter Methoden der kombinatorischen Biologie und Biochemie ein absolutes Erfordernis. [G. Jung (Hrsg.) *Combinatorial peptide and nonpeptide libraries – A handbook for the search of lead structures.* Verlag Chemie, Weinheim, 1996; S. Cheng et al., *Bioorgan. Med. Chem.* **4** (1996) 727–737; M. Eigen u. R. Rigler, *Proc. Natl. Acad. Sci. USA* **91** (1994) 5.740–5.747; C. Khosla et al., *Biotechnol. Bioeng.* **52** (1996) 122–128; K.T. O'Neil u. R.H. Hoess, *Curr. Op. Struct. Biol.* **5** (1995) 443–449]

Kompartiment, ↗ *Kompartimentierung*.

Kompartimentierung, die Unterteilung eukaryontischer Zellen in membranumschlossene Reaktionsräume. K. dient der Regulation von Stoffwechselvorgängen. Nur wenige Enzyme in Eukaryontenzellen können sich frei in Lösung bewegen, vielmehr sind sie an bestimmten Stellen der Zelle durch K. konzentriert, wodurch die Geschwindigkeit von Reaktionen, die sie katalysieren, erhöht wird. Ein solcher Einschluss in membranumgrenzte ↗ *Zellkompartimente* erhöht auch die Konzentration der miteinander in Reaktion tretenden Substrate. So sind z. B. ↗ *Glycolyse*, ↗ *Pentosephosphat-Zyklus* und ↗ *Fettsäurebiosynthese* im Cytosol lokalisiert, während ↗ *Tricarbonsäure-Zyklus*, ↗ *oxidative Phosphorylierung*, ↗ *Ketogenese* und β-Oxidation der Fettsäuren in den Mitochondrien ablaufen. Einige Stoffwechselwege, wie ↗ *Gluconeogenese* und ↗ *Harnstoff-Zyklus* hängen vom Zusammenwirken von biochemischen Reaktionen ab, die in beiden Kompartimenten ablaufen. Einige Substratmoleküle werden, je nachdem ob sie sich im Cytosol oder in den Mitochondrien befinden, unterschiedlich metabolisiert. Während z. B. Fettsäuren in den Mitochondrien sehr schnell abgebaut werden, erfolgt im Cytosol ihre Veresterung oder Ausschleusung.

kompetitiver Inhibitor, ↗ *Effektoren*.

komplementäre DNA, ↗ *cDNA*.

Komplementärstrukturen, zwei Strukturen, die sich gegenseitig ergänzen, z. B. die beiden Polynucleotidketten in der DNA-Doppelhelix. Die Basenpaare Adenin und Thymin (bzw. Uracil in der RNA) sowie Guanin und Cytosin sind komplementäre Basen. Hieraus ergibt sich, dass die Nucleotidsequenz in einem Polynucleotidstrang eine ganz bestimmte, den Basenpaarbildungen entsprechende Sequenz im Komplementärstrang bedingt.

Komplementbindungsreaktion, die Anheftung der C1-Komponente des Komplements an das Fc-Fragment (↗ *Immunglobuline*) des Antikörpers, das an die Oberflächenantigene von Erythrocyten oder Bakterien gebunden ist. Hierdurch wird die Aktivierung des ↗ *Komplementsystems* in Gang gesetzt.

Komplementsystem, ein hitzelabiles (100 %ige Inaktivierung nach 30 Min bei 56 °C) Kaskadensystem im Serum aller Vertebraten. Es besteht bei Säugetieren aus mindestens 20 Glycoproteinen, von denen sieben die Lokalisierung der Wirkung regulieren. Jede aktivierte Komponente (oder jeder aktivierte Komplex) ist eine hochspezifische Protease, die nur auf die nächste Komponente der Kaskade wirkt. Es sind zwei Wege bekannt, der *klassische* und der *alternative*. Der klassische Weg wird durch

die Bindung von C1 an Immunkomplexe, die IgG oder IgM enthalten [die C1-Bindungsstellen sind in der Fc-Region von IgG und IgM (↗ *Immunglobuline*) lokalisiert; die Bindung ist Ca^{2+}-abhängig], aktiviert. C1 besteht aus drei Untereinheiten: C1q, C1r und C1s. Die Bindungsstellen für IgG und IgM liegen auf C1q. Die Besetzung dieser Bindungsstellen verleiht der Untereinheit proteolytische Aktivität, wodurch eine einzelne Peptidbindung auf C1r gespalten wird. Die auf diese Weise aktivierte C1r-Untereinheit hydrolysiert ihrerseits eine Peptidbindung auf C1s. Dadurch wird der vollständig aktive C1-Komplex erhalten, der die aufeinanderfolgende Ansammlung von zirkulierenden Komponenten zu einem oberflächengebundenen Proteinkomplex initiiert (Abb. 1). Der alternative Weg wird durch eine Vielzahl von Aktivatoren initiiert, einschließlich Antikörpern (IgA und IgE, die nach Komplexierung mit einem Antigen nicht den klassischen Weg aktivieren), Polysacchariden mit hohem M_r von Bakterien und Hefen, Bruchstücken von Pflanzenzellwänden und Protozoen. Es wird angenommen, dass dieser Weg für die einleitende Reaktion auf das Eindringen von Bakterien sorgt, da er in Abwesenheit von Antikörpern aktiviert wird. Der Faktor D des alternativen Weges ist auch in nichtaktiviertem Serum proteolytisch aktiv, d. h. seine Bildung aus einer inaktiven Vorstufe ist nicht Teil des Kaskadenverstärkungssystems.

Früh auftretende Komponenten jedes Wegs sind in erster Linie an der Bildung von zwei Proteinkomplexen beteiligt, die entweder als C3- oder C5-Konvertasen fungieren. Die proteolytische Aktivierung von C5 stellt den letzten enzymatischen Schritt dar, der den spontanen Zusammenschluss der später gebildeten Komponenten (C6–C9) zu einem nichtenzymatischen lytischen Komplex auslöst, der in der Lage ist, Zellmembranen zu durchbohren (Abb. 1 und 2). Daraus folgt, dass die Hauptaufgabe des Komplementsystems darin besteht, fremde invasive Zellen aufzulösen. Trotz der anaphylatoxischen und chemotaktischen Eigenschaf-

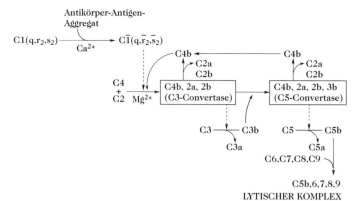

Komplementsystem. Abb. 1. Klassischer Weg der Komplementaktivierung. Ein Balken über der Ziffer oder dem Buchstaben eines Faktors zeigt, dass der Faktor aktiviert (d. h. proteolytisch aktiv) ist. Die Aktivierung durch Proteolyse erfolgt nahe dem N-Ende, wodurch ein kleines (a) und ein großes (b) Spaltungsprodukt entsteht, z. B. C3 → C3a + C3b.

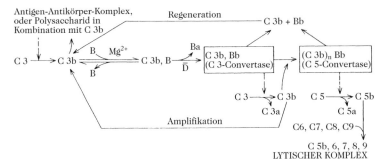

Komplementsystem. Abb. 2. Der alternative Weg der Komplementaktivierung. s. Legende zu Abb. 1.

ten einiger Komponenten (besonders C3a, C4a und C5a) bleiben die fremden Zellen empfänglich für die Phagocytose. Das K. ist außerdem an der Solubilisierung von Immunkomplexen und an der Entwicklung der zellulären Immunantwort beteiligt. Das Fehlen von Komponenten des K. ist von wiederholten bakteriellen Infekten begleitet und wird mit bestimmten Autoimmunkrankheiten in Verbindung gebracht.

Die Aminosäuresequenzen der meisten Komponenten des K. wurden mit Hilfe einer Kombination von Protein- und cDNA-Sequenzierungstechniken bestimmt.

Für experimentelle Zwecke wird das Serum von Meerschweinchen oder von Patienten, denen aufgrund eines genetischen Defekts eine Komponente fehlt, als Komplementsystemquelle (hämolytisches System) verwendet. Sensibilisierte Schaferythrocyten dienen als Immunaggregate für die Untersuchung des klassischen Weges, während Kaninchenerythrocyten für den alternativen Weg genutzt werden. [R.R. Porter, P.J. Lachmann u. K.B.M. Reid (Hrsg.) *Biochemistry and Genetics of Complement*, Cambridge University Press, 1986]

komplette Carcinogene, ↗ *Carcinogene.*

Konformationsdiagramme, ↗ *Ramachandran-Diagramme.*

Königinnensubstanz, ursprünglich Bezeichnung für die Gesamtheit des aus etwa 30 Substanzen bestehenden Mandibeldrüsensekrets der Bienenkönigin, heute Trivialname für *9-Oxo-trans-2-decensäure* (Abb.). Unter den Pheromonen der Bienen kommt dieser Verbindung zusammen mit *9-Hydroxy-trans-2-decensäure* größte Bedeutung für die Aufrechterhaltung der Arbeitsteilung innerhalb des Staates zu. Bei der Brutpflege lecken die Arbeitsbienen das Pheromongemisch von der Königin ab. Dadurch schrumpfen ihre Ovarien ein, und sie werden an der Aufzucht von Weisel- (Königinnen-)

Zellen gehindert. Die Larven in Königinnenzellen werden nicht durch Honig, sondern durch Weiselzellenfuttersaft (Gelée royale), ein Gemisch aus Pollen und Sekreten, ernährt. Gelée royale enthält keine K. Es wird als Gesundheitsmittel empfohlen, seine Wirkung ist aber umstritten.

konkrete Öle, ↗ *etherische Öle.*

konstitutive Enzyme, in der Zelle – unabhängig von der Entwicklung und den Wachstumsbedingungen – ständig vorhandene Enzyme. Im Gegensatz dazu werden ↗ *induzierbare Enzyme* von der Zelle nur bei Bedarf synthetisiert.

Kontaktaktivierungsfaktor, *HMW-Kininogen* (von engl. *high molecular weight*), *Fitzgeraldfaktor*, *Flaujeac-Faktor*, wird zu Kinin (↗ *Cytokinin*) aktiviert, das an der Aktivierung von Faktor XII der ↗ *Blutgerinnung* beteiligt ist.

Kontaktzone, ↗ *Gap-Junction.*

kontinuierliche Kultur, die Bezeichnung für eine kontinuierliche Prozessführung in der ↗ *Fermentationstechnik,* bei der während des Wachstumsprozesses ständig frische Nährlösung zugeführt und das gleiche Volumen Kulturlösung (mit dem Produkt, einschließlich des restlichen Substrats und den Zellen) abgezogen wird. Im Gegensatz hierzu liegt bei einer diskontinuierlichen Kultur ein geschlossenes System vor, in dem die Mikroorganismen wachsen, bis ein Nährstoff ins Minimum gerät; distinkte Wachstumsphasen können unterschieden werden (↗ *Kultivierung von Mikroorganismen*). K. K. sind meist produktiver als ↗ *Batch-Kulturen*. Sie werden sehr häufig im Labormaßstab eingesetzt.

Befindet sich eine k. K. im Fließgleichgewicht, so wird das System als ↗ *Chemostat* bezeichnet.

kontraktile Proteine, Sammelbezeichnung für Proteine wie ↗ *Myosin,* ↗ *Actin,* ↗ *Dynein* und andere, die in kontraktilen Organen oder Strukturen, wie Muskeln (↗ *Muskelproteine*), Geißeln und anderen vorkommen und deren Kontraktilität bewirken.

Kontrazeptiva, Mittel zur Verhinderung der Empfängnis. Als orale K. werden meist Kombinationen eines Östrogens und eines Gestagens eingesetzt. Orale K. können über eine Hemmung der LH-Frei-

Königinnensubstanz. R = O: Königinnensubstanz; R = H, OH: 9-Hydroxy-trans-2-decensäure.

setzung und damit der Ovulation wirken (*Ovulationshemmung*, Verhinderung des Eisprungs) oder über eine Hemmung der Einbettung des befruchteten Eies in die Uterusschleimhaut (*Nidationshemmung*) bzw. über die Bildung eines für Spermien nicht durchlässigen, zähflüssigen Zervixsekrets. Natürliche Gestagene und Östrogene werden vom Darm nur schwach absorbiert. Deshalb werden als orale Ovulationshemmer synthetische Gestagen- und Östrogenderivate eingesetzt. Als ↗ *Östrogene* werden Östradiolderivate, wie z. B. ↗ *Ethinylöstradiol*, ↗ *Mestranol*, Ethinylöstradiol-3-cyclopentylether (Chingestanol), als ↗ *Gestagene* Derivate des 17α-Acetoxyprogesterons, z. B. Chlormadinonacetat und 17α-ethinylierte 19-Nortestosteronderivate und Analoga, wie z. B. Norethisteronacetat und Levonorgestrel, verwendet. Man unterscheidet *Einphasenpräparate*, bei denen während des Einnahmezeitraumes eine konstante Kombination von einem Gestagen mit einer geringen Menge Östrogen verabreicht wird, und *Zweiphasenpräparate (Sequenzialtherapie)*, bei denen zunächst nur ein Östrogen (evtl. mit einer geringen Menge Gestagen) und später ein Gestagen/Östrogen-Gemisch eingenommen wird. Die eingesetzte Wirkstoffmenge beträgt in beiden Fällen 0,5–5 mg Gestagen und 0,05–0,1 mg Östrogen je Tablette. Da die Zweiphasen-Ovulationshemmer weniger wirksam waren als die Kombinationsprodukte und unerwünschte Nebenwirkungen zeigten, wurden sie 1976 vom US-Markt genommen. Die „Minipille" enthält eine geringe Menge an Gestagen (0,075 mg Norgestrel oder 0,35 mg Norethindon) und kein Östrogen. Sie ist frei von vielen Nebenwirkungen, jedoch treten manchmal Zwischenblutungen auf. Außerdem ist eine hormonelle Konzeptionsverhütung z. B. durch kontinuierliche Zufuhr geringer Gestagenmengen und durch Injektion eines Depot-Gestagens möglich.

Es sind mehrere unterschiedliche orale Kontrazeptiva kommerziell erhältlich, die verschiedene Kombinationen der genannten synthetischen Gestagene und Östrogene enthalten (↗ *Chlormadinonacetat*).

kontrollierte Ionenkanäle, ↗ *Ionenkanäle*.

konvergente Evolution, ↗ *molekulare Evolution*.

Konzentrationsvariable, *Fundamentalvariable*, *Primärvariable*, diejenigen Stoffe eines enzymatischen Reaktionssystems, deren Konzentrationen direkt durch den Experimentator kontrolliert werden können. K. sind z. B. Substrate, Produkte und Effektoren. Sie sind somit zu unterscheiden von den Enzymspezies, deren Konzentrationen aus den kinetischen Gleichungen im Fließgleichgewicht für vorgegebene Werte der K. bei bekannten Reaktionsgeschwindigkeitskonstanten berechnet werden können. Im kinetischen Experiment wird im Allgemeinen eine K. variiert, während die anderen unverändert bleiben.

kooperative oligomere Enzyme, *allosterische Enzyme*, Enzyme, die aus mehreren Untereinheiten aufgebaut sind und Kooperativitätsverhalten zeigen, ↗ *Kooperativität*.

Kooperativität, ein Phänomen, das bei oligomeren oder monomeren Enzymen auftritt, die mehr als eine Bindungsstelle für einen bestimmten Liganden besitzen. Die kooperative Bindung kann negativ oder positiv sein und kann für den gleichen Liganden (homotrope K.) oder für einen abweichenden Liganden (heterotrope K.) eintreten. Dies bedeutet rein phänomenologisch, dass die Dissoziationskonstante für jede sukzessive Ligandenbindung kleiner (positive K.) oder größer (negative K.) ist als die vorhergehende. K. spielt auch dann eine Rolle, wenn die Bindung eines Substrat- oder Effektormoleküls die Konfiguration ändert und damit auch die Reaktivität oder katalytische Konstante (↗ *Michaelis-Menten-Gleichung*) für andere Substratmoleküle. Der Kooperativitätsgrad wird gewöhnlich mit Hilfe eines ↗ *Hill-Plots* bestimmt.

Bei positiver K. verläuft die Bindungskurve (Sättigungskurve) sigmoid (s-förmig). Um die K. zu beschreiben, wurden zahlreiche Modelle entwickelt (↗ *Kooperativitätsmodell*). Es wird angenommen, dass die K. durch Änderungen in der dreidimensionalen Struktur des Enzymproteins verursacht wird und dass jede Untereinheit eines oligomeren Enzyms in mindestens zwei Konfigurationen existieren kann, die mit den Effektormolekülen unterschiedlich reagieren. Außerdem geht man davon aus, dass die Konfigurationsänderung einer Untereinheit Konfigurationsänderungen in den anderen Untereinheiten des gleichen Moleküls induziert. Die allgemeinste sigmoide Geschwindigkeitsgleichung ist: $v^{-1} = a + bS^{-1} + cS^{-2} + \ldots$ Dieser Gleichungstyp kann ebenso wie die sigmoiden Bindungskurven aus anderen Modellen abgeleitet werden, die im Kooperativitätsmodell nicht eingeschlossen sind.

Kooperativitätsmodell, ein strukturelles und funktionelles Modell kooperativer oligomerer Enzyme, mit dem das Kooperativitätsverhalten (↗ *Kooperativität*) beim Umsatz von Substraten oder bei der Bindung von Effektoren erklärt und beschrieben werden kann. Das K. erlaubt die Herleitung von Bindungspotenzialen und Bindungsgleichungen, die mit den Messdaten verglichen werden können. Dabei müssen eine Reihe von Parametern hypothetisch festgelegt werden, um zu speziellen K. für bestimmte Enzyme zu gelangen: 1) die Anzahl der Untereinheiten, 2) die räumliche Anordnung der Untereinheiten (tetraedrisch, quadratisch planar, usw.), 3) die Anzahl der Konfigurationen der Untereinheiten und die Art ihrer Wechselwirkung mit

Effektoren (*Konfigurationshypothese*), 4) die Art der Beeinflussung anderer Untereinheiten bei der Änderung der Konfiguration einer Untereinheit (*Interaktionshypothese*).

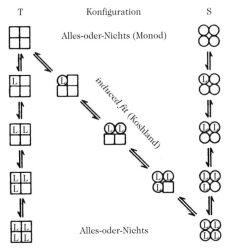

Kooperativitätsmodell. Konfigurations-Kooperativitätsmodell eines tetrameren Enzyms. L = Ligand (Substrat oder Effektor).

Häufig bezeichnet man das K. für ein tetrameres Enzym, für das das Monod-Modell und das Koshland-Modell Grenzfälle sind (Abb.), als allgemeines K. Es ist jedoch durch die Annahme von nur zwei Untereinheitenkonfigurationen (S und T) schon spezialisiert. Die Konfigurationshypothese des *Monod-Modells* (*Monod-Wyman-Changeux-Modell*, *MWC-Modell*, *Alles-oder-Nichts-Modell*) ist eine 2-Konfigurationshypothese (S- und T-Zustand der Untereinheiten), wobei die Effektorbindung der zwei Zustände exklusiv oder nicht exklusiv sein kann. Die Konfigurationshypothese des *Koshland-Modells* (*Adair-Koshland-Némethy-Filmer-Modell*, *AKNF-Modell*, *induced-fit-Modell*) ist eine *induced-fit-Hypothese*, d. h. die Liganden-bindende Konfiguration existiert in Abwesenheit des Liganden nur in vernachlässigbarer Menge und wird durch seine Anwesenheit induziert. Bezüglich der Interaktionshypothese postuliert das Monod-Modell einen Alles-oder-Nichts-Übergang der Untereinheitenkonfigurationen. Man nennt diesen Übergang auch „konzertiert" (engl. *concerted*). Das Koshland-Modell schreibt jedem Kontakt zwischen Untereinheiten eine freie Wechselwirkungsenergie zu, die charak-teristisch für die zwei Konfigurationen der Untereinheiten ist.

Kopplungsanalyse, ↗ *Kartierung*.

Kopplungsfaktoren, ↗ *Atmungskette*.

Korksäure, *Suberinsäure*, *Hexan-1,6-dicarbonsäure*, $HOOC-(CH_2)_6-COOH$, eine höhere gesättigte Dicarbonsäure. F. 142 °C, Sdp. 300 °C (Zers.). K. entsteht bei der Oxidation von Kork oder von Rizinusöl mit Salpetersäure neben den Homologen Azelain- und Sebacinsäure. In hohen Ausbeuten erhält man K. aus Cyclooocten.

Kornberg-Enzym, Bezeichnung für die DNA-Polymerase I (↗ *DNA-Polymerasen*), die von A. Kornberg isoliert und charakterisiert wurde. Mit Hilfe des K. gelang 1967 die erste *in-vitro*-Synthese einer natürlichen Desoxyribonucleinsäure.

Koronardilatatoren, ↗ *Koronarpharmaka*.

Koronarpharmaka, Verbindungen, die zur Behandlung von Erkrankungen der Herzkranzgefäße und des sie umgebenden Gewebes eingesetzt werden. K. sollen eine Durchblutungssteigerung des Herzens durch Herabsetzung des Strömungswiderstandes und vor allem eine Beseitigung des Sauerstoffmangels bewirken. Sie werden auch als *antianginöse Pharmaka* bezeichnet, da Sauerstoffmangel im Herzen zu Angina pectoris führt. Als K. werden unter anderem β-Rezeptorenblocker (↗ *Sympathikolytika*), wie Propranolol, verwendet. K. finden sich weiterhin in der Gruppe der Salpetersäureester, wie z. B. Nitroglycerin, *Isosorbiddinitrat* und Pentaerythrittetranitrat, der Gruppe der araliphatischen Amine, die ihre Wirkung vorzugsweise als Calciumantagonisten entfalten, wie z. B. Nifedipin, Verapamil und Prenylamin, $(C_6H_5)_2CH-CH_2-CH_2-NH-CH(CH_3)-CH_2-C_6H_5$ und unter den heteroaromatischen Verbindungen, die als Koronardilatatoren bezeichnet werden und im akuten Anfall nicht wirksam sind, wie z. B. Carbochromen, ein synthetisches Derivat des Cumarins und *Dipyridamol*. Bei einigen Verbindungen dieser Substanzklasse, wie z. B. bei Dipyridamol, wird die Thrombocytenaggregationshemmung zur Erklärung der Wirkung mit herangezogen.

Koshland-Modell, ↗ *Kooperativitätsmodell*.

Koshland-Reagens, 2-Hydroxy-5-nitrobenzylbromid, ein Reagens zur chemischen Modifizierung von Tryptophanresten in Peptiden und Proteinen (Abb.).

kosmotrope Salze, ↗ *Hofmeister-Reihe*.

Koshland-Reagenz

kovalente Enzymmodifizierung, *Enzymmodulati-on, Enzyminterkonversion*. Oligomere (d. h. Multi-ketten-)Enzyme können in zwei oder mehr Formen existieren, die durch enzymkatalysierte kovalente Modifizierung ineinander umwandelbar sind, und sich z. B. in der Aktivität, der Substrataffinität oder der Abhängigkeit von Effektoren unterscheiden. Gewöhnlich besteht der Aktivitätsunterschied darin, dass die eine Form aktiv und die andere inaktiv ist. Die Aktivität der umwandelnden Enzy-me wird durch andere Enzyme, Metabolite und/ oder Effektoren reguliert. Die k. E. ist neben der ⌐ *Allosterie* wichtig für die physiologische Regula-tion. Während die Allosterie eine Feinanpassung der Geschwindigkeit von Stoffwechselreaktionen ermöglicht, stellt die k. E. einen Ein-/Ausschalter der Zellfunktionen dar, der sehr empfindlich auf Umgebungseinflüsse reagiert.

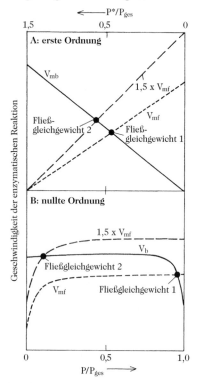

kovalente Enzymmodifizierung. Abb. 1. Anteile des ak-tivierten (P*) und inaktiven (P) Proteins im stationären Zustand.
A: Wenn die K_m-Werte des Enzyms, das die Hin- und Rückreaktionen katalysiert, größer als P_{ges} sind, dann liegt eine Reaktionskinetik erster Ordnung vor. Eine Erhöhung der Geschwindigkeit der Hinreaktion um 50 % verschiebt den Anteil von P in die aktive Form (P*/P) nicht stark.
B: Wenn dagegen P_{ges} viel größer als K_m ist, so dass die Reaktionskinetik nullter Ordnung ist, verschiebt eine 50 %ige Erhöhung der Geschwindigkeit der Hinreaktion den Anteil an aktivem Protein von 0,05 zu 0,9 (in diesem Beispiel). [angepasst nach D.C. LaPorte u. D.E. Koshland, *Jr. Nature* **305** (1983) 286–290]

Die häufigste Art der k. E. scheint ein Phosphory-lierungs-/Dephosphorylierungs-Zyklus zu sein. Viele Rezeptormoleküle der Zellmembran sind Ki-nasen, ebenso wie die Produkte einiger Onkogene.

Die Möglichkeit solcher Systeme, auf kleine Kon-zentrationsänderungen der Effektormoleküle dras-tisch zu reagieren, beruht auf ihrem kinetischen Verhalten, das mit der ⌐ *Michaelis-Menten-Glei-chung* beschrieben werden kann. Im stationären Zustand hängt die Geschwindigkeitskonstante der Aktivierungs- und Inaktivierungsreaktion $\overset{kc}{\underset{kb}{\rightleftarrows}}$ von dem Anteil des in aktiver Form (P*/P_{ges}) vorliegen-den Proteins P ab. Wenn die Substratkonzentration (das regulierte Protein) kleiner als der K_m-Wert des regulierenden Enzyms ist, liegt eine Kinetik erster Ordnung vor. Für die Hinreaktion gilt: $v_H = (V_{mH}/K_{mH})$ P, und für die Rückreaktion: $v_R = (v_{mR}/K_{mR})$ P*. Wenn die beiden Reaktionen wie in Abb. 1 gra-phisch dargestellt werden, dann erscheint der An-teil des aktivierten Enzyms im stationären Zustand am Schnittpunkt der Graphen der beiden Enzyme. Eine geringe Aktivitätsänderung (V_m) bei einem der beiden Enzyme hat keine große Auswirkung auf den aktiven Anteil des Substratproteins.

Wenn dagegen die Konzentration des regulierten Proteins groß genug ist, um die beiden modifizie-renden Enzyme zu sättigen, ergibt sich eine Reak-tion nullter Ordnung. In diesem Fall verursacht eine relativ kleine Änderung des V_m-Werts von ei-nem der beiden eine große Änderung an dem Anteil des regulierten Proteins, der in der aktiven Form vorliegt (Abb. 1B). Dadurch wird das System gegen-über Konzentrationsänderungen eines allosteri-schen Regulators für eines der modifizierenden En-zyme sehr empfindlich. Ein Beispiel für ein System, das der Regulierung nullter Ordnung gehorcht, ist die Isocitrat-Dehydrogenase aus *E. coli* [D.C. La-Porte u. D.E. Koshland, *Jr. Nature* **305** (1983) 286–290]. Dieses Enzym bestimmt die Verteilung des Acetyl-CoA zwischen dem Tricarbonsäure-Zyklus und dem Glyoxylat-Zyklus. Die Isocitrat-Dehy-drogenase, die dem Tricarbonsäure-Zyklus angehört, wird durch Phosphorylierung inaktiviert. Die Phos-phatase, die die Phosphatgruppen entfernt und da-durch die Dehydrogenase aktiviert, wird ihrerseits durch 3-Phosphoglycerat aktiviert, eine Stoffwech-selvorstufe des Acetyl-CoA. Wenn 3-Phosphogly-cerat vorhanden ist, erlaubt die aktive Isocitrat-Dehy-drogenase den Eintritt des Acetyl-CoA in den Tri-carbonsäure-Zyklus, wo es zu CO_2 oxidiert wird. Wenn die Bakterien jedoch auf einem Überschuss von Acetat wachsen, verursacht der relative Mangel an 3-Phosphoglycerat die Inaktivierung der Phos-phatase und damit der Dehydrogenase. Der Tricar-bonsäure-Zyklus wird dann stillgelegt und die Gly-oxylatweiche stellt Kohlenstoff für die Synthese von Zellsubstanzen zur Verfügung. Die K_m der Phosphatase verhält sich zur Konzentration der Isocitrat-Dehydrogenase so, dass eine geringe Konzentrationsänderung des 3-Phosphoglycerats das Gleichgewicht der Isocitrat-Dehydrogenase von fast ganz aktiv zu fast ganz inaktiv verschiebt und umgekehrt.

Die Phosphorylase, die den Glycogenabbau katalysiert, stellt ein Beispiel für eine k. E. als Reaktion auf die Konzentration des sekundären Botenstoffs zyklisches AMP (↗ *Hormone*) dar. Die inaktive Form (b) der Phosphorylase wird durch Phosphorylierung eines Serinrests aktiviert. Bei der Muskelphosphorylase wird dabei die dimere b-Form des Enzyms dazu veranlasst, zu einem Tetramer zu aggregieren, der aktiven a-Form (in der Leber haben die a- und b-Form das gleiche M_r). Das Enzym, das für die Aktivierung verantwortlich ist, die Phosphorylase-b-Kinase, muss seinerseits durch eine spezifische Kinase aktiviert werden.

Andere Enzyme, die durch Phosphorylierung und Dephosphorylierung reguliert werden, sind die Pyruvat-Dehydrogenase, die Glycogen-Synthetase, die Phosphofructokinase und die Glutamat-Dehydrogenase. Eine k. E., die durch eine Änderung des M_r begleitet ist, d. h. eine Assoziation und Dissoziation, liegt bei der Phosphoribosylpyrophosphat-Amidotransferase, der Pankreaslipase (F- und S-Lipase), der menschlichen Glucose-6-phosphat-Dehydrogenase und der Pyruvat-Kinase in der Rattenniere vor (↗ *ADP-Ribosylierung*) [O.M. Rosen u. E.G. Krebs (Hrsg.) *Protein Phosphorylation*, Cold Spring Harbor Laboratory, Cold Spring Harbor, N.Y. (1982), Bd. **8**, A u. B].

Ein anderes gut untersuchtes Beispiel für eine k. E. ist die Glutamin-Synthetase (EC 6.3.1.2), die die L-Glutaminsynthese katalysiert: ATP + L-Glutamat + NH_3 → ADP + P_i + L-Glutamin. Die Regulation dieses Enzyms durch k. E. wurde hauptsächlich für *E. coli* und *Klebsiella*-Spezies untersucht (Abb. 2).

Das Enzym besteht aus 12 Untereinheiten (jedes M_r ca. 50 kDa), die in einem Hexagon angeordnet sind. Die Untereinheiten sind identisch und enthalten einen Tyrosylrest, der mit Hilfe der Glutaminsynthetase-Adenyltransferase (EC 2.7.7.42) adenyliert werden kann. Zwischen der Phosphatgruppe des AMP-Rests und der phenolischen OH-Gruppe des Tyrosylrests bildet sich eine Phosphoesterbindung aus. Wenn alle 12 Untereinheiten adenyliert sind (E_{12}), ist das Enzym vollständig inaktiv, während volle Aktivität vorliegt, wenn keine Untereinheit adenyliert ist (E_0). Zwischen E_{12} und E_0 sind theoretisch 382 Formen der adenylierten Glutamin-Synthetase möglich, die wirkliche Anordnung der Adenylgruppen in den mittleren Stufen der Adenylierung ist jedoch nicht bekannt. Die Glutaminsynthetase-Adenyltransferase, die aus *E. coli* isoliert und gereinigt wurde, besitzt zwei aktive Zentren, von denen eines die Glutamin-Synthetase adenyliert und das andere desadenyliert. Die Transferase aktiviert bzw. deaktiviert die Synthetase in Abhängigkeit von der relativen Aktivität dieser beiden aktiven Zentren. Diese wiederum hängt von einem regulatorischen Protein P_{II} ab, das aus vier identischen Untereinheiten besteht. Jede Untereinheit enthält einen Tyrosylrest, der mit Hilfe der Uridylyl-Transferase uridylyliert wird. Die uridylylierte Form aktiviert die Desadenylierungsaktivität, während die nichturidylylierte Form die Adenylierungsaktivität der Adenyltransferase stimuliert. Die Uridylyl-Transferase wird durch 2-Oxoglutarat aktiviert und durch L-Glutamin inhibiert, so dass das Verhältnis 2-Oxoglutarat / Glutamin letztendlich die Aktivität der Glutamin-Synthetase reguliert.

Kovalenzkatalyse, ↗ *Enzyme (Wirkungsmechanismen)*.

Krabbesche Krankheit, *Krabbesche Leucodystrophie, Galactosylceramid-Lipidose, Globoidzellen-Leucodystrophie*, eine ↗ *lysosomale Speicherkrankheit* (eine Sphingolipidose), die durch einen Mangel an *Galactosylceramidase* (EC 3.2.1.46) verursacht wird. Infolge des defekten Enzyms wird Galactosylceramid nicht zu Galactose und Ceramid hydrolysiert, sondern in Axonen akkumuliert. Die Myelinscheide ist davon nicht betroffen. Globoidzellen infiltrieren die weiße Hirnmasse. Die K. K. äußert sich in einer raschen neurologischen Verschlechterung und führt zum Tod im Kindesalter.

Krabbesche Leucodystrophie, ↗ *Krabbesche Krankheit*.

Kranzanatomie, ↗ C_4-*Pflanzen*.

Krappfarbstoff, *Färberröte*, Pflanzenfarbstoff aus der Echten Färberröte (*Rubia tinctorium*) und an-

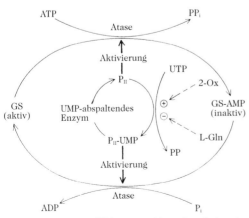

kovalente Enzymmodifizierung. Abb. 2. Regulation der Aktivität der Glutamin-Synthetase durch Adenylierung und Deadenylierung. GS = Glutamin-Synthetase; GS-AMP = adenylierte Glutamin-Synthetase; Atase = Adenylyl-Transferase; 2-Ox = 2-Oxoglutarat; L-Gln = L-Glutamin.

deren Vertretern der Rötegewächse (*Rubiaceae*). Wichtige Vertreter sind die glycosidisch gebundenen färbenden Bestandteile Alizarin und Purpurin. K. wird hauptsächlich zur Herstellung von Krapplack verwendet, einem Farbstoff mit hervorragender Lichtbeständigkeit. Dieses Produkt wird heutzutage ausschließlich aus synthetischem Alizarin hergestellt.

Krauseminzöl, hellgelbes bis hellgrünes etherisches Öl mit charakteristischem, starkem, durchdringendem, frisch-krautigem Geruch. Hauptbestandteil ist (–)-Carvon (bis 60 %; ↗ *Carvon*); daneben sind enthalten: Dihydrocuminylacetat (Hauptgeruchsträger), ↗ *Limonen*, α-Pinen und ↗ *Phellandren* sowie Ester des Dihydrocarveols, Linalool, Cineol und Pulegon. K. wird in der Zuckerwaren- und Gewürzindustrie verwendet sowie zur Aromatisierung von Kaugummi und Zahnpasten. In der Parfümerie findet es in Lavendel- und Jasminparfümen besonders in Seifen Verwendung.

Kreatin, *β-Methylguanidoessigsäure, Methylglycocyamin, N-Amidosarkonin,* ein Produkt des Aminosäurestoffwechsels, das leicht in das zyklische Anhydrid, das ↗ *Kreatinin,* umgewandelt wird. Über 90 % des K. eines erwachsenen Menschen ist in seiner Muskulatur lokalisiert. Die Konzentration ist in kontrahierenden Muskeln besonders hoch, d. h. wenn in großem Maße chemische Energie in mechanische Arbeit umgesetzt wird. Die normale menschliche Plasmakonzentration des K. ist bei Frauen höher (0,35–0,93 mg / 100 ml) als bei Männern (0,17–0,50 mg / 100 ml). K. ist normalerweise kein Bestandteil des Harns, außer in der Schwangerschaft. Es wird auch bei Muskeldystrophie und anderen Muskelkrankheiten ausgeschieden. Andererseits ist Kreatinin eine der Hauptstickstoffverbindungen des normalen Harns.

Zur Rolle des Kreatinphosphats als Phosphagen und zur Formel und Biosynthese des K. ↗ *Phosphagene.*

Kreatinin, *2-Imino-1-methyl-imidazolidin-4-on.* K. bildet farblose Kristalle; F. 291–305 °C (Zers.). In Wasser ist es löslich, in Ether und Chloroform praktisch unlöslich. K. entsteht im Organismus aus ↗ *Kreatin* bzw. Kreatinphosphat (Speicherform des energiereichen Phosphats im Muskel, ↗ *Phosphagene*) durch Wasser- bzw. Phosphatabspaltung und Zyklisierung (Abb.) und kommt vor allem im Muskel vor (90%). Bei gesunden erwachsenen Menschen liegen die normalen Plasmakonzentrationen bei 0,95–1,29 mg / 100 ml (Männer) und 0,77–0,98 mg / 100 ml (Frauen). Der normale Harn eines Erwachsenen enthält im Durchschnitt 2,15 g K. in einem 24h-Zeitraum, mit einer weiten Variationsbreite, die hauptsächlich von der gesamten Muskelmasse abhängig ist. Bei gesunden Menschen ist das K. im Harn endogenen Ursprungs, wird kontinuier-

lich aus Kreatin im Muskel gebildet und kaum von Änderungen in der Ernährung beeinflusst. Für jedes Individuum ist die Kreatininkonzentration relativ konstant und wird oft als interner Standard für die Auswertung der Mengen anderer Substanzen im Harn herangezogen. In der klinischen Chemie wird K. zur Funktionsprüfung der Niere eingesetzt (*Kreatinin-Clearance*).

Kreatinin. Umwandlung von Kreatin in Kreatinin.

Kreatin-Kinase, *Kreatinphosphokinase* (EC 2.7.3.2), eine Phosphotransferase, die in Gehirn und Muskel vorkommt. Es handelt sich um ein dimeres Enzym mit M_r 82 kDa. Es gibt drei verschiedene Untereinheiten: M (Muskel), B (Gehirn) und Mi (Mitochondrien) und vier bekannte Isoenzyme (BB, MB, MM, MiMi). Das BB-Dimer kommt im Gehirn, im glatten Muskel und im embryonalen Skelettmuskel vor. Während der Entwicklung des letztgenannten findet ein gradueller Wechsel von BB über MB zum MM-Dimer statt. Die meisten K. sind löslich, jedoch sind 5 % des MM-Dimers im gestreiften Muskel in der M-Linie lokalisiert (↗ *Muskelproteine*). Die MiMi-K. befindet sich auf der Außenseite der inneren Mitochondrienmembran, wo sie mit einer ADP / ATP-Translokase gekoppelt ist.

Die K. katalysiert die reversible ATP-Bildung aus ADP und Kreatinphosphat in Abhängigkeit von Mg(II) und Mn(II). Die Muskelkontraktion verbraucht ATP. Während einer längeren Arbeit wird das ATP jedoch nicht aufgebraucht, weil die K. kontinuierlich die Phosphorylierung von ADP zu ATP auf Kosten der großen Mengen an gespeichertem Kreatinphosphat katalysiert. Die immobilisierte Kreatin-Kinase in der M-Linie des Muskels reicht aus, um den ATP-Spiegel sogar bei kraftvoller Kontraktion aufrecht zu erhalten. Man nimmt an, dass die restlichen 95 % der löslichen K. dazu dienen, die Kreatinphosphatversorgung nach einer Periode der Verarmung schnell wieder herzustellen. In ähnlicher Weise ermöglicht die MiMi-K. die effiziente Umwandlung von mitochondrialem ATP in Kreatinphosphat. [T. Wallimann u. H.M. Eppenberger in J. Shay (Hrsg.) *Cell and Muscle Motility* 6, Plenum Press, 1985, S. 239–285]

Geschädigte Skelett- und Herzmuskeln setzen K. in das Serum frei. Die Zunahme an Serum-K. dient daher zur Frühdiagnose des Herzinfarkts, zum Nachweis des progressiven Muskelzerfalls und zur

Abgrenzung gegenüber der Lungenembolie, die von keiner Erhöhung der Serum-K. begleitet ist.

Kreatinphosphat, ↗ *Phosphagene.*

Kreatinphosphokinase, Syn. für ↗ *Kreatin-Kinase.*

Krebs, ein bösartiges, d. h. unkontrolliertes und metastasierendes Wachstum. Aufgrund epidemiologischer Untersuchungen und von Laborexperimenten ist seit langem bekannt, dass Krebs durch Viren (*Retroviren*), bestimmte chemische Substanzen (↗ *Carcinogene*) und durch ionisierende Strahlung verursacht werden kann (↗ *Onkogene,* ↗ *Mutagene*).

Die Transformation einer Zelle oder eines Klons in eine Krebszelle kommt selten vor, und wird in einem einzigen Schritt vollzogen. Zellwachstum und -teilung werden durch viele verschiedene Gene kontrolliert und eine Veränderung in irgend einem dieser Gene genügt nicht, um eine unkontrollierte Zellteilung zu induzieren. In einem normalen Körper können Zellklone existieren, die „präcancerös" sind, d. h. bösartig werden, wenn sie einer weiteren Verletzung oder Mutation ausgesetzt werden. Es gibt Beweise dafür, dass präcanceröse (gutartige) Tumore polykonal sind, und dass der Klon, der sich am aggressivsten teilt, sich auf Kosten der anderen vermehrt.

Krebs-Henseleit-Zyklus, ↗ *Harnstoff-Zyklus.*

Krebs-Kornberg-Zyklus, ↗ *Glyoxylat-Zyklus.*

Krebsviren, Syn. für ↗ *Tumorviren.*

Krebs-Zyklus, ↗ *Tricarbonsäure-Zyklus.*

Kreuzelektrophorese, *zweidimensionale Immunelektrophorese nach Clarke/Freedman,* eine Variante der ↗ *Immunelektrophorese,* die zum quantitativen Nachweis von Antigenen dient (Abb.). Hierbei lässt man in der ersten Dimension elektrophoretisch aufgetrennte Proteine mittels Elektrodiffusion in der zweiten Dimension in ein Antikörper-haltiges Gel hineinwandern. Zunächst

wird das zu untersuchende Antigengemisch (Ag) auf einem Agarosegel elektrophoretisch aufgetrennt (Abb. a und b). In einem zweiten Schritt wird an das reine Agargel, das die aufgetrennten Proteine enthält, ein Antikörper-haltiges Gel anpolymerisiert. Danach wird, versetzt um 90° zur ersten Elektrophoreserichtung, eine zweite elektrophoretische Trennung (c) durchgeführt. Dabei tritt das gesuchte Antigen mit dem im Gel enthaltenen Antikörper in Wechselwirkung, wodurch es zu einer Präzipitation von Antigen-Antikörper-Komplexen kommt. Je mehr Antigen in der Probe enthalten ist, desto länger wird das raketenförmige Präzipitat (d). Durch einen Vergleich mit Standardpräzipitaten erfolgt eine Quantifizierung des gesuchten Antigens.

Kristalline, lösliche Proteine, die fast 90 % des gesamten Linsenproteins bei Vertebraten ausmachen. Linsenzellen werden nicht erneuert, so dass sie die Lebensspanne des Tiers überdauern müssen. Außerdem können sie nicht ersetzt werden, weil die Linsenzellen ihren Kern und andere Organellen verlieren. Vermutlich würden diese Zellbestandteile Diskontinuitäten im Brechungsindex hervorrufen. Die K. müssen daher außergewöhnlich stabil sein und allen schädlichen Einflüssen, die zu Denaturierung oder Aggregation führen könnten, standhalten. Sie müssen außerdem einen engen Löslichkeitsbereich aufweisen, um fließende Änderungen des Brechungsindex sicherzustellen.

Die K. werden in drei Hauptgruppen eingeteilt: α, β und γ. Diese Einteilung erfolgte ursprünglich aufgrund ihrer Präzipitierbarkeit, mittlerweile jedoch entsprechend ihrem M_r-Bereich, wie er mittels Gelfiltration bestimmt wurde.

Die α-K. umfassen zwei Untergruppen, eine mit einem durchschnittlichen M_r von 800 kDa und eine mit viel höherem Wert. Alle α-K. sind oligomer und unterscheiden sich nur im relativen Anteil von vier Untereinheiten: αA_1, αA_2, αB_1 und αB_2. Zwei davon,

  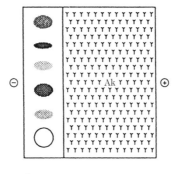 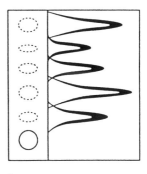

a　　　　b　　　　c　　　　d

Kreuzelektrophorese. Prinzip der Kreuzelektrophorese. a: ein Antigengemisch wird auf ein Agarosegel aufgetragen und b: elektrophoretisch aufgetrennt. c: Ein antikörperhaltiges Gel wird an das Agarosegel anpolymerisiert und eine zweite Trennung – im Verhältnis zur Richtung der ersten Elektrophorese um 90° gedreht – durchgeführt. d: Die Länge des raketenförmigen Präzipitats ist proportional zur Menge des Antigens. Ag = Antigen, Ak = Antikörper.

nämlich αA_2 und αB_2, sind primäre Genprodukte, während αA_1 und αB_1 aus posttranslatorischer Modifizierung hervorgehen.

β-K. bestehen aus mindestens sieben Genprodukten. Alle β-K. sind Oligomere, die zwischen Dimeren und Aggregaten aus bis zu acht Ketten variieren. Allen gemeinsam ist die Hauptuntereinheit βBp. Bezüglich der anderen Untereinheiten können sie sich jedoch beträchtlich unterscheiden.

Die *γ-K.* sind alle monomer mit einem M_r von weniger als 28 kDa und bestehen aus vier oder fünf Genprodukten. Die Linsen von Reptilien und Vögeln enthalten neben den α-, β- und γ-K. noch tetramere δ-K.

Die K. sind hoch konserviert und haben sich seit dem Auftauchen der Vertebraten-Linsen vor 500 Millionen Jahren relativ langsam entwickelt [W.W. DeJong et al. *J. Mol. Evol.* **10** (1977) 123–135]. Alle β- und γ-Polypeptide sind in hohem Grad homolog und möglicherweise aus einem Vorläufer-Protein durch Punktmutation, Insertion und Deletion und durch N- und C-Endenerweiterung der β-K. hervorgegangen. Die γ-Proteine enthalten einen ungewöhnlich hohen Anteil an Cystein. Es wird daher angenommen, dass die freien SH-Gruppen dazu dienen, oxidative Quervernetzung in anderen Linsenproteinen zu verhindern.

Die Röntgenstrukturanalyse des γ-II-K. vom Kalb zeigt bei einer Auflösung von 0,6 nm ein symmetrisches Molekül mit zwei Lappen, die aus vier ähnlichen Polypeptiddomänen aufgebaut sind, von denen jede 40 Aminosäurereste enthält. Viele Met-, Cys-, Trp-, Tyr- und Phe-Reste liegen nahe beieinander (weniger als 0,65 nm), woraus geschlossen wird, dass Wechselwirkungen zwischen den aromatischen Seitenketten, den Arg-Resten, dem polarisierbaren Schwefel des Met-Restes und der SH-Gruppe des Cys bestehen. Dies kann zur Stabilisierung des Proteins durch Delokalisierung von π-Elektronen beitragen und kann auch als Elektronentransportsystem dienen. [H. Bloemendal u. W.W. DeJong *Trends in Biochemical Sciences* **4** (1979) 137–141; L. Summers et al. *Peptide and Protein Reviews* **3** (1984) 147–168]

Eine gewisse Sequenzähnlichkeit zwischen Cephalopoden-K. und der Cephalopoden-Glutathion-S-Transferase (GST) weist darauf hin, dass die Gene der Kristalline möglicherweise von denen der Entgiftungsenzyme abstammen können. [S.I. Tomarev et al. *J. Biol. Chem.* **266** (1991) 24.226–24.231]

Krötengifte, Giftstoffe, die im Hautdrüsensekret von Kröten (*Bufonidea*) enthalten sind (Abb.). Man unterscheidet: 1) *Bufadienolide* (Bufogenine) mit digitalisartiger Herzwirksamkeit (↗ *herzwirksame Glycoside*), z. B. ↗ *Bufotoxin*. Sie verstärken die Herztätigkeit und verlangsamen die Schlagfre-

quenz. Im Krötenblut sind die Bufadienolide in einer Verdünnung von 1 : 5.000 bis 1 : 20.000 vorhanden und für die normale Herztätigkeit notwendig. 2) Basische Giftstoffe, die zu den Alkaloiden zählen und chemisch Tryptamin- bzw. Indolderivate darstellen, z. B. *Bufotenin*, ↗ *Dehydrobufotenin* und ↗ *O-Methylbufotenin*. Die basischen Giftstoffe mancher Krötenarten enthalten Adrenalin und ähnliche Substanzen. Bufotenine steigern den Blutdruck und wirken lähmend auf die motorischen Zentren des Gehirns und des Rückenmarks. K. sind von anästhesierender Wirkung, die ein Mehrfaches des Cocains beträgt.

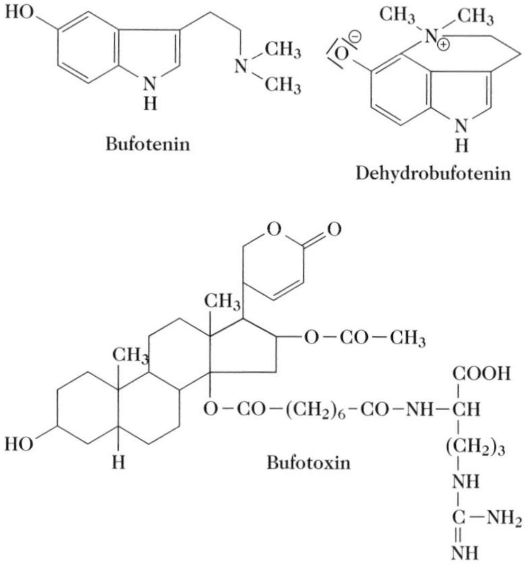

Bufotenin

Dehydrobufotenin

Bufotoxin

Krötengifte

Kryoenzymologie, eine Methode zur Verlangsamung katalytischer Prozesse. Unter normalen Bedingungen verläuft die Umwandlung des vom Enzym gebundenen Substrats in das Produkt der katalytischen Reaktion sehr viel schneller als die Diffusion eines neuen Substratmoleküls in das kristalline Enzym, so dass der Enzym-Substrat(ES)-Komplex äußerst kurzlebig ist. Mittels der K. lässt sich die Struktur von ES-Komplexen während der Katalyse unter Anwendung der Fourier-Differenzmethode aufklären. Ein ES-Kristall wird auf niedrige Temperaturen (beispielsweise auf –50 °C) abgekühlt, wobei das Eindringen von Substratmolekülen in die poröse Enzymkristallstruktur noch möglich ist. Dadurch wird der katalytische Prozess signifikant verlangsamt und ansonsten kurzlebige Intermediate lassen sich mittels der genannten Röntgenbeugungsuntersuchung nachweisen.

Kryptosterin, Syn. für ↗ *Lanosterin*.

Kryptoxanthin, *(3R)-β,β-Caroten-3-ol* (Abb.), ein Xanthophyll (M_r 552,85 Da, F. 169 °C). Es ist ein

Kryptoxanthin

verbreiteter Pflanzenfarbstoff, der besonders in Früchten vorkommt, z. B. Paprika, Orangen, Mandarinen und Papaya, außerdem in Mais und im Eidotter. Als Provitamin liefert ein Molekül K. ein Molekül Vitamin A.

k-Tupel, eine Oligonucleotid- bzw. Peptidsequenz der Länge k.

Kultivierung von Mikroorganismen, *Kulturverfahren*, Inkulturnahme oder Anzucht eines Organismus. Bei der K. v. M. unterscheidet man diskontinuierliche (statische) Kultivierung und kontinuierliche Kultivierung (↗ *kontinuierliche Kultur*, ↗ *Batch-Kultur*, ↗ *Chemostat*). Über die technische Kultivierung von Mikroorganismen ↗ *Fermentationstechnik*. Bei einer diskontinuierlichen Kultur, bei der die Zellen in einem geschlossenen System wachsen, bis ein Nährstoff limitierend wird, können distinkte *Wachstumsphasen* unterschieden werden: Anlaufphase (*lag-Phase*), exponentielle Phase, stationäre Phase und Absterbephase (Autolyse). In der graphischen Darstellung des Wachstumsverlaufs trägt man die Logarithmen der Gesamtzellenanzahl bzw. der Lebendzellenanzahl (↗ *Wachstum*) gegen die Zeit auf und erhält so eine *Wachstumskurve*. Wichtige *Wachstumsparameter* sind die Anlaufzeit, die Wachstumsrate (Verdopplungsrate) und der Ertrag. Das (Masse-)Verhältnis des Ertrags (Masseausbeute) zum Substratverbrauch wird als *Ertragskoeffizient* oder *ökonomischer Koeffizient* bezeichnet. Er kann auch als Energieertragskoeffizient definiert werden, wenn man den tatsächlichen ATP-Gewinn zu dem theoretisch möglichen in Beziehung setzt.

Kulturmedium, ↗ *Fermentationsmedium*.

Kulturverfahren, ↗ *Kultivierung von Mikroorganismen*.

Kunstharzaustauscher, ↗ *Ionenaustauscher*.

künstliche Enzyme, *Synzyme*, partiell- oder vollsynthetische Moleküle mit enzymähnlichen katalytischen Eigenschaften. Neben der Synthese von Polypeptiden mit vereinfachten strukturellen Parametern aktiver Zentren, die oftmals nur geringe katalytische Effizienz aufweisen, gilt das Interesse makrozyklischen oder sphärischen Molekülen, wie z. B. sog. Wirtsmolekülen, die in der Lage sind, kleine Moleküle in Hohlräume aufzunehmen, selektiv zu adsorbieren und dadurch Reaktionen zu beschleunigen. Zu den k. E. rechnet man auch *Dendrimere* (*Arborole*, *fraktale Moleküle*), die aus kleinen, verzweigten, meist identischen Molekülen durch repetitive Synthese hergestellt werden, und meist baum-

artig verzweigte Strukturen aufweisen mit M_r bis zu 14 kDa. *Sphäriphane* sind künstliche sphärische Kohlenwasserstoffe, in denen mehrere aromatische Ringe über Alkylgruppen miteinander verknüpft worden sind. Ein Sphäriphan der Zusammensetzung $C_{36}H_{36}$ aus vier Benzolringen, die über sechs Ethylenbrücken miteinander verbunden sind, hat einen Radius von 284 pm und Eintrittsöffnungen auf der Oberfläche von 193 pm, welche die Einlagerung von Silber- und Galliumionen ermöglichen. Auch ist es bereits gelungen, drei Porphyrinringstrukturen zu einem k. E. zu verknüpfen, das Diels-Alder-Reaktionen katalysiert. Schon in den fünfziger Jahren befasste sich Wolfgang Langenbeck mit der Synthese und Testung k. E., die damals noch „Fermentmodelle" genannt wurden.

künstliches Bakterienchromosom, *BAC*, engl. *bacterial artificial chromosome*, ein ringförmig geschlossener, extrachromosomal lokalisierter, 8 kb großer DNA-Vektor für *E. coli*, mit einer Klonierungskapazität von bis zu 300 kb. Er basiert auf dem bei Wildtyp-*E. coli* für die bakterielle Konjugation notwendigen F1-Plasmid. Neben Replikationsfunktionen (*origin of replication*) umfasst die BAC-Vektor-DNA selektierbare Marker (↗ *Antibiotika-Resistenzen*) und einen Bereich zur gerichteten Insertion von Fremd-DNA. Die BACs werden ähnlich wie die YACs (↗ *künstliches Hefechromosom*) in ↗ *Genomprojekten*, auch dem *Humangenomprojekt*, zur Aufnahme von Klonen und zur physikalischen Kartierung verwendet.

künstliches Hefechromosom, *YAC*, engl. *yeast artificial chromosome*, ein insgesamt 50 kb großer Klonierungsvektor, der aus dem Telomer, dem Centromer und dem Replikationsursprung von Hefechromosomen (*Saccharomyces cerevisiae*), selektierbaren Hefegenen und weiterer DNA aufgebaut wird. Der Replikationsursprung (↗ *autonom replizierende Sequenz*) versetzt den Vektor in die Lage, sich unabhängig von den Wirtszellchromosomen replizieren zu können.

In einem YAC können sehr lange DNA-Stücke (bis zu 1.000 kb) kloniert werden. YACs wurden beispielsweise dazu eingesetzt, überlappende Klone von Human-DNA zu isolieren, die sich über die gesamte Länge einzelner Humanchromosomen erstrecken (*Humangenomprojekt*, ↗ *Genomprojekte*). [D. Cohen et al. *Nature* 366 (1993) 698–701; A.J. Cuticchia (Hrsg.) *Human Genome Mapping – A Compendium*, John Hopkins University, Baltimore u. London, 1995]

Kupfer, *Cu*, ein wichtiges Bioelement, das am Elektronentransport in Mitochondrienmembranen beteiligt ist, von Pflanzen für die Chlorophyllsynthese benötigt wird und in einer Reihe von Enzymen (↗ *Kupferproteine*) vorhanden ist. Große Mengen an Cu sind toxisch, wenngleich in der Nähe von Kupferminen und -halden tolerante Pflanzen- und Mikroorganismenstämme entstehen. Die maximale Arbeitsplatzkonzentration (MAK) in Gießereien und Schmelzhütten beträgt in Deutschland $0,1\,mg/m^3$ Rauch und $1,0\,mg/m^3$ Staub und Nebel. Der tägliche Bedarf des Menschen an Cu liegt bei 2 mg, die Menge im Körper bei 100–150 mg. Die höchsten Konzentrationen werden in der Leber und in den Knochen gefunden. Das Blut von Säugetieren enthält eine Reihe von Kupferproteinen und die Synthese des Hämoglobins ist Kupfer-abhängig, obwohl es dieses Metall nicht enthält. Die Sauerstofftransportpigmente im Blut von Mollusken und Crustaceen enthalten Kupfer (↗ *Hämocyanine*).

Kupferproteine, häufig blau gefärbte Metallproteine, die meist ein Gemisch von ein- und vorwiegend zweiwertigem Kupfer in ihrem Molekül enthalten. Ausnahmen sind die Plastocyanine der Chloroplasten (M_r 11 kDa, $2\,Cu^{2+}$) und ↗ *Hämocyanine* (die Sauerstofftransportproteine im Blut von Arthropoden und Mollusken, die nur Cu^{2+} oder Cu^+ enthalten). Mit Ausnahme der Kupferthiolatproteine (↗ *Metallothioneine*) sind die bekannten Kupferproteine entweder Enzyme, für die Sauerstoff ein Substrat ist, oder Sauerstofftransportproteine. Sogar ↗ *Ceruloplasmin*, von dem lange angenommen wurde, dass es nur ein Transportprotein ist, zeigt Oxidaseaktivität gegenüber ungesättigten Verbindungen, einschließlich Indolen. Einige dieser Oxidasereaktionen inkorporieren das gesamte O_2-Molekül in Wasserstoffperoxid, z. B. katalysiert die Cu-haltige *Aminosäure-Oxidase* (↗ *Flavinenzyme*) die Reaktion $RCH_2NH_2 + O_2 + H_2 \rightarrow RCHO + H_2O_2 + NH_3$ und die Galactose-Oxidase die Reaktion $O_2 + Galactose \rightarrow H_2O_2 + Galactohexosedialdose$. Die im Folgenden aufgeführten Kupfer-Oxidasen inkorporieren nur ein Atom des O_2-Moleküls in das Produkt, während das andere zu Wasser reduziert wird:

Dopamin-β-Monooxygenase (EC 1.14.17.1) hydroxyliert Dopamin zu Noradrenalin, *Monophenol-Monooxygenase* (EC 1.14.18.1) oxidiert (hydroxyliert) Tyrosin und andere Phenole, *Laccasen* (EC 1.10.3.2) kommen in höheren Pflanzen und Pilzen, insbesondere den weißen Fäulnispilzen, vor und sind am Metabolismus des Lignins beteiligt. Die klassische *Tyrosinase* (Catechol-Oxygenase, EC 1.10.3.1) katalysiert den ersten Schritt in der Synthese des ↗ *Melanins* aus Tyrosin.

Die *Cytochrom-c-Oxidase* (EC 1.9.3.1) und die *Ascorbat-Oxidase* (EC 1.10.3.3) reduzieren O_2 zu zwei Molekülen Wasser. Die ↗ *Superoxid-Dismutase* (EC 1.15.1.1) hat ein ungewöhnliches Substrat, das Superoxidradikalion. ↗ *Azurin*. [R. Lontie (Hrsg.) *Copper Proteins and Copper Enzymes*, CRC Press, Boca Raton, 1984; T.G. Spiro (Hrsg.) *Copper Proteins*, Wiley, New York, 1981]

Kurchi-Alkaloide, ↗ *Holarrhena-Alkaloide*.

Kuru-Krankheit, von Papua *kuru* zittern, *Lachkrankheit*, *Schüttelkrankheit*, eine durch ↗ *Prionen* hervorgerufene Infektion des Zentralnervensystems, früher als *slow-Virus-Infektion betrachtet*. Die bei den Papua auf Neuguinea endemische Erkrankung (Inkubationszeit oft mehrere Jahre) manifestiert sich durch langsam fortschreitende Degeneration des Kleinhirns und des extrapyramidal motorischen Systems. Symptome sind Schwäche, Zittern, Schielen, Gangunsicherheit, Schluck- und Sprachstörungen; führt nach 6–9 Monaten zum Tode, tritt meist bei jungen Frauen auf.

Kwashiorkor, eine chronische Form von Mangelernährung, die hauptsächlich im zweiten Lebensjahr auftritt. Der Name wurde 1933 durch Cicely Williams [*Archs. Dis. Childh.* **8** (1933) 423] in die moderne Medizin eingeführt. Das Wort bedeutet „entthrontes Kind", d. h. entthront von der Brust durch eine erneute Schwangerschaft. K. wird durch eine Kombination von Mangelernährung und Aflatoxinvergiftung verursacht [R.G. Hendrickse, *British Medical Journal* **285** (1982) 843–846; S.M. Lamplugh u. R.G. Hendrickse, *Annals of Tropical Paediatrics* **2** (1982) 101–104]. In heißen, feuchten Ländern der dritten Welt enthalten viele im Laden verkaufte Lebensmittel ↗ *Aflatoxine*, insbesondere das Erdnussöl, das zum Kochen verwendet wird. Gut ernährte Kinder können diese relativ geringen Toxinmengen abbauen und ausscheiden. Bei Kindern mit Proteinmangel ist diese Fähigkeit jedoch geschwächt. Es entsteht ein Circulus vitiosus, in dessen Verlauf sich die Aflatoxine anreichern und die Leber weiter schädigen, wodurch die Fähigkeit der Leber, Protein zu synthetisieren, weiter stark vermindert wird. Wie alle anderen Formen der Protein-Energie-Mangelernährung wird K. oft durch mikrobielle Infektionen und Darmwürmer beschleunigt und verschlimmert. Kwashiorkorpfer zeigen verzögertes Wachstum und Anämie. Die Osmolarität des Bluts ist verringert und wird zum Teil dafür verantwortlich gemacht, dass sich Flüssigkeit im Körper ansammelt und die Gewebe in einem wässrigen, aufgedunsenen Zustand sind. Das Auftreten von Ödemen ist ein allgemeines Merkmal von K. Die Haare wachsen spärlich und besonders bei dunkelhäutigen Kindern können Flecken oder Streifen („Flaggenzeichen") von rotem, blondem oder grauem Haar auftreten. Diese krankhaften Haarveränderungen sind vermutlich auf einen spezifischen Tyrosinmangel zurückzuführen. Die

Haut weist eine sehr charakteristische Dermatose auf, bei der Bereiche mit Pigmentierung und ohne Pigmentierung und sich schälende Partien auftreten, wobei die unteren Extremitäten und das Gesäß am stärksten betroffen sind. Die Muskeln sind ständig geschwächt, so dass weder Gehen noch Krabbeln möglich sind. Ebenfalls charakteristisch für K. ist eine Fettleber. Bei K. bleibt das subkutane Fett erhalten, während es bei Kräfteverlust stark entleert ist. Bei den meisten Formen von Protein-Energie-Mangelernährung liegen ähnliche Veränderungen an Plasmaaminosäuren vor. In über 50 % der Fälle bewirkt eine Mischung aus allen essenziellen Aminosäuren eine Heilung des K.

L-Kynurenin, *3-Anthraniloyl-L-alanin* (Abb.), ein Abbauprodukt des ↗ *L-Tryptophans*. L-K. wird bei den meisten Säugetieren zu ↗ *Nicotinsäureamid* umgewandelt. Aus Hydroxy-K. werden in der Pflanze Chinolinderivate synthetisiert.

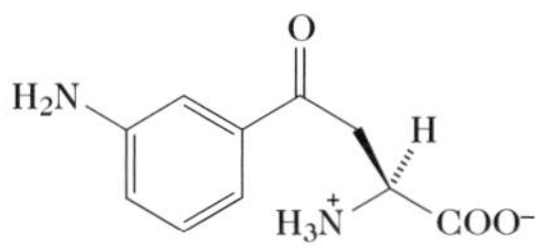

Kynurenin

Kynureninasemangel, ↗ *Xanthuren-Acidurie*.

Labdadienylpyrophosphat, ein Intermediat bei der Biosynthese der ↗ *Diterpene*.

Labferment, Syn. für ↗ *Rennin*.

Laborfermenter, ein ↗ *Bioreaktor* für submerse Kultivierungen von Mikroorganismen, tierischen und pflanzlichen Zellen im Labormaßstab (Reaktorgröße 0,2–30l). Die Mehrzahl der L. sind Rührreaktoren. Mit L. sollen vor allem Informationen über den entsprechenden Prozess gewonnen werden, daher sind sterilisierbare Sensoren für die Messung der Temperatur, des pH-Wertes, der Gelöstsauerstoff-Konzentration sowie des pCO_2-Wertes erforderlich.

laborübergreifende Kontrolle, *zusammenarbeitende laborübergreifende Überwachung, Qualitätskontrollenüberwachung, Multicenterbewertung*, ein System zur Bewertung der Unverzerrtheit und Genauigkeit von Referenzmethoden, die von einzelnen klinisch-chemischen Labors eingesetzt werden, und zur Abschätzung der Leistungsfähigkeit analytischer Messgeräte. Proben desselben Testmaterials werden in verschiedenen Labors analysiert und der Bereich der Streuung für das spezielle analytische Verfahren zwischen den Labors bestimmt. In manchen Ländern ist es für klinisch-chemische Labors Pflicht, an solchen Qualitätssicherungsüberwachungen teilzunehmen. Diejenigen Labors, die die Anforderungen für eine spezielle Analyse nicht erfüllen, können von Krankenversicherungsgesellschaften nicht anerkannt werden. Mit ähnlichen Kontrollen werden die Zuverlässigkeit, Unverzerrtheit, Genauigkeit und Anwendungsfreundlichkeit sowie die Betriebskosten neuer Geräte getestet. Berichte von l. K. erscheinen regelmäßig im *European Journal of Clinical Chemistry and Clinical Biochemistry*. [Symposium on Reference Methods in Clinical Chemistry. *Eur. J. Clin. Chem. Clin. Biochem.* **29** (1991) 221–279; W.J. Geilenkeuser u. G. Röhle *Eur. J. Clin. Chem. Clin. Biochem.* **32** (1994) 369–375]

Unabhängig von den l. K. können Labors ihr Qualitätssicherungssystem regelmäßig überprüfen und zertifizieren lassen. In Deutschland erfolgt die Bescheinigung auf Basis der Grundsätze der ↗ *Guten Laborpraxis* (GLP), die gesetzlich festgelegt sind.

Laccase, *Monophenol-Monooxygenase* (EC 1.14.18.1), ein zu den ↗ *Oxidoreduktasen* zählendes Kupfer-haltiges Flavinenzym. Die L. besitzt eine geringe Spezifität und vermag unterschiedliche Substrate, wie Guajakol, Hydrochinon, Aminophe-

nole und auch *p*-Phenylendiamin über Phenoxyradikale zu oxidieren und spielt eine Rolle bei der Biosynthese des ↗ *Lignins*. Sie kommt in verschiedenen Pilzen und auch im japanischen Lackbaum vor. In Pilzen findet man sie zusammen mit den Ligninasen. Bedeutung hat die L. für die Bestimmung von Phenolen in Enzymelektroden.

Lachkrankheit, Syn. für ↗ *Kuru-Krankheit.*

Lac-Repressor-Protein, die erste isolierte und näher charakterisierte Repressorsubstanz (Produkt eines Regulatorgens). Das L. ist ein saures (pI 5,6), aus vier identischen Untereinheiten (M_r 38 kDa; 347 Aminosäuren, deren Sequenz und räumliche Anordnung aufgeklärt ist) aufgebautes allosterisches Protein (M_r 152 kDa). Das L. wird bei *E. coli* in einem Genabschnitt gebildet, der zu einem für die Synthese dreier Enzyme des Lactosestoffwechsels kodierenden Locus direkt benachbart ist (Regulatorgen des ↗ *Lac-Systems*). L. verhindert die Transcription des Lactoseoperons (↗ *Operon*) durch seine spezifische Bindung an das Operatorgen. Allolactose, die aus dem Substrat Lactose entsteht, bindet das L., wodurch dieses vom Operator abgelöst und inaktiviert wird. ↗ *Enzyminduktion.* [R.T. Sauer *Structure* **4** (1996) 219–222]

Lac-System, diejenige Region des Genoms von *E. coli* und anderen Enterobakterien, die die Fähigkeit, Lactose und andere β-Galactoside zu verwerten, steuert. Es besteht aus den Strukturgenen *LacZ* für β-Galactosidase, *LacY* für Galactosid-Permease und *LacA* für Thiogalactosid-Transacetylase, ferner aus einem Operator, einem Promotor und einem Regulatorgen, das für die Synthese des ↗ *Lac-Repressor-Proteins* verantwortlich ist.

Die Enzyme des L. sind induzierbar, d. h. sie werden nur in Gegenwart von Lactose oder anderen β-Galactosiden im Nährmedium gebildet (↗ *Enzyminduktion*). Das *Lac*-Operon umfasst weniger als 0,1 % der *E.-coli*-DNA.

α-Lactalbumin, ein zu den ↗ *Albuminen* gehörendes, extrem hitzestabiles ↗ *Milchprotein*. Das menschliche α-L. ist zu 0,14–0,6% in der Frauenmilch enthalten, besteht aus 123 Aminosäuren (M_r 14,2 kDa) und enthält vier Disulfidbrücken. α-L. fungiert als eine Untereinheit der Lactose-Synthase, ist jedoch allein katalytisch inaktiv.

β-Lactamantibiotika, einen β-Lactamring enthaltende Antibiotika, die die bakterielle Zellwandbiosynthese hemmen. Sie gehören zu den am häufigsten von verschiedenen pro- und eukaryontischen Mikroorganismen gebildeten Wirkstoffen. Für die therapeutische Anwendung sind sie die wichtigste Gruppe antibakterieller Verbindungen. Zu den klassischen β-L. gehören die 1929 von Fleming entdeckten Penicilline und die 1953 aufgefundenen Cephalosporine (Abb.). Charakteristisch ist der β-Lactamring als antibakteriell aktive Zentralgrup-

β-Lactamantibiotika. Grundstrukturen ausgewählter β-Lactamantibiotika mit therapeutischer Bedeutung; der β-Lactamkern ist hervorgehoben.

pierung. Man unterscheidet vier verschiedene Wirkstoffklassen: ↗ *Penicilline* (ca. 30 Derivate), ↗ *Cephalosporine* (ca. 20 Derivate), ↗ *Monobactame* (therapeutisch bedeutungsvoll: Aztreonam) und Carbapeneme (therapeutisch bedeutungsvoll: Imipenem). Bei der in der Abb. gezeigten *Clavulansäure* handelt es sich um einen Inhibitor der ↗ *β-Lactamasen*. Man verwendet Clavulansäure neben anderen β-Lactamase-Inhibitoren in Kombination mit sog. Lactamase labilen Penicillinen. Die Angriffsorte der β-L. sind die bakteriellen Peptidoglycan-Synthetasen (Murein-Synthetasen), die hauptsächlich als Transpeptidasen die Glycanstränge durch kurze Peptidbrücken quervernetzen, wodurch das stabile Peptidoglycangerüst der Bakterienzellwand entsteht. Das β-Lactamgerüst hat strukturelle Ähnlichkeit mit der *N*-Acetylmuraminsäure und blockiert dadurch die Transpeptidasen. Die iniziale Bildung aus der Tripeptidvorstufe δ-(L-α-aminoadipyl)-L-cysteinyl-D-valin erlaubt die biogenetische Eingruppierung der Penicilline und Cephalosporine in die Klasse der Peptidwirkstoffe. Um die pharmakokinetischen Eigenschaften zu verbessern und zum Zwecke der Erhöhung der Resistenz gegen die Wirkung der β-Lactamasen haben die β-L. wie keine andere Naturstoffklasse umfangreiche halbsynthetische Modifikationen erfahren. Ergeb-

nis ist z. B. das ↗ *Ampicillin*, ein Penicillin-Derivat mit einer α-Aminogruppe, die eine hohe Wirksamkeit gegen alle grampositiven Keime vermittelt. Das ↗ *Amoxillin* zeigt zwar *in vitro* die gleiche Wirksamkeit wie Ampicillin, ist aber *in vivo* wegen höherer Serumspiegel und günstigerer Ausscheidungskinetik besser wirksam. Für den therapeutischen Einsatz stehen gegenwärtig mehr als 50 verschiedene Wirkstoffe oder entsprechende Wirkstoffkombinationen zur Verfügung.

β-Lactamasen, *β-Lactamhydrolasen*, den Lactamring von ↗ *β-Lactamantibiotika* hydrolysierende Enzyme. Sie spielen eine wichtige Rolle bei der Inaktivierung von ↗ *Penicillinen*, ↗ *Cephalosporinen* und anderen β-Lactamantibiotika und sind daher die Hauptursache für die Resistenz von Bakterien gegen diese Antibiotika. *Penicillinasen* sind z. B. bei Staphylococcen aktiv, während *Cephalosporinasen* beispielsweise bei *Pseudomonas* wirken, andere β-L. spalten auch Monobactame und Carbapeneme. Durch *Breitspektrum-β-Lactamasen* werden die Lactamringe sowohl von Penicillinen als auch von Cephalosporinen hydrolysiert. Während grampositive Bakterien ihre β-L. nach außen ins umgebende Milieu freisetzen, konzentrieren gramnegative Bakterien ihre β-L. vor allem im periplasmatischen Raum. Bei chromosomal vermittelter, d. h. induzierbarer Produktion von β-L. wird die Menge der gebildeten Enzyme unter dem Einfluss bestimmter β-Lactamantibiotika signifikant erhöht. In einer Phase hoher, induzierter Produktion von β-L. häufen sich Mutationen, die zu resistenten Mutanten mit permanent hoher, d. h. konstitutiver oder stabil dereprimierter β-Lactamase-Produktion führen. Von therapeutischer Bedeutung sind natürlich vorkommende oder synthetische β-Lactamase-Inhibitoren, wie z. B. die Clavulansäure (↗ *β-Lactamantibiotika*) oder Sulbactam und Tazobactam.

Lactase, ↗ *Disaccharidasen*, ↗ *Lactose-Intoleranz*.

Lactat, das Salz der ↗ *Milchsäure*.

Lactat-Dehydrogenase, *LDH*, *Milchsäure-Dehydrogenase*, *(S)-Lactat : NAD⁺-Oxidoreduktase* (EC 1.1.1.27), ein zu den Oxidoreduktasen gehörendes Enzym mit sehr gut untersuchten Isoformen. Die L. katalysiert die NAD- bzw. NADH-abhängige Nebenreaktion der Glycolyse: Milchsäure ⇌ Brenztraubensäure. Das Enzym ist absolut spezifisch für L(+)-Lactat (Salz der Milchsäure), D(−)-Lactat wird nicht dehydriert. Die höchsten LDH-Aktivitäten haben Herzmuskel und Leber. LDH (M_r 140 kDa) besteht aus vier gleich großen Untereinheiten (M_r 35 kDa). Es gibt zwei Typen an Untereinheiten, die sich in Ladung, katalytischen Eigenschaften und Organspezifität unterscheiden: die Herzmuskel- (H-) und die Muskel- (M-) Typen. Die fünffache Isomerie der LDH kommt durch die fünf möglichen

Reassoziationsformen beider Typen zum Tetramer zustande: H_4, H_3M (beide im Herzmuskel), H_2M_2, HM_3 und M_4 (die beiden letzten im Skelettmuskel). Aufgrund ihrer verschiedenen pI-Werte können die fünf LDH elektrophoretisch getrennt werden, wobei die H_4-LDH die größte negative Ladung aufweist. Beide LDH-Organtypen unterscheiden sich außerdem in ihrer Hemmbarkeit durch Pyruvat (H-Typ stark, M-Typ schwach), die zur Regulation des Glycolyse- und Tricarbonsäure-Zyklus dient. H_4 und H_3M sind außerdem hitzeempfindlich; so erfolgt nach 5-minütiger Erhitzung bei 65 °C eine 100 %ige Inaktivierung. Außer diesen fünf LDH der Säuger- und Vogelorgane enthalten die Spermien dieser Tiere ein sechstes LDH-Isoenzym, die LDH X. Diese ebenfalls tetramere LDH enthält einen dritten Polypeptidkettentyp und zeigt eine breitere Substratspezifität als die übrigen LDH. Eine LDH gleicher Größe (M_r 140 kDa), jedoch ohne Untereinheitsstruktur und ohne Isoenzyme, wurde im Gewebe einer Garnele (*Artemia salina*) nachgewiesen.

LDH dient zur Diagnose des Herzinfarkts und der Hepatitis, da bei diesen Krankheiten der LDH-Spiegel beträchtlich erhöht ist. Gereinigte LDH dient im gekoppelten optischen Test zur Bestimmung anderer Enzyme, z. B. der Pyruvat-Kinase, Enolase, Transaminase, sowie zur enzymatischen Bestimmung zahlreicher Metabolite, wie ADP, ATP, L-Lactat und Pyruvat.

Lactat-Gärung, ↗ *Milchsäuregärung*.

Lactoferrin, ein zu den ↗ *Siderophilinen* zählendes, mit dem ↗ *Transferrin* strukturell und funktionell verwandtes Eisen bindendes Protein, das als ↗ *Milchprotein* in der menschlichen Milch (2 g/l), aber auch in anderen Körpersekreten vorkommt. L. (M_r 77–93 kDa) wird in Drüsenepithelzellen und neutrophilen Granulocyten gebildet. Im Serum kommt es nur in sehr geringen Konzentrationen vor. Es bindet reversibel zwei Atome Eisen pro Molekül. Die antibakterielle Wirkung ist auf den Entzug des für das Wachstum der Bakterien essenziellen Eisens durch Komplexbildung zurückzuführen. Diese Funktion ist beispielsweise für die Haltbarkeit von Milch und Eiern wichtig.

Lactoflavin, ↗ *Riboflavin*.

lactogenes Hormon, Syn. für ↗ *Prolactin*.

β-Lactoglobulin, ein in der Milch (↗ *Milchproteine*) aller Wiederkäuer und wahrscheinlich aller Paarhufer vorkommendes globuläres Protein. Es ist ein aus zwei identischen Untereinheiten (162 Aminosäurebausteine; M_r 18 kDa je Kette) aufgebautes Protein, das strukturell mit dem Retinol bindenden Protein des Blutplasmas verwandt ist. Das β-L. der Schweinemilch kommt als Monomer vor. β-L. ist das wichtigste Molkenprotein der Kuhmilch (2–3 g/l). Während des Erhitzens der Milch tritt es mit Kappa-Casein in Wechselwirkung und trägt dabei zur Erhöhung der Hitzestabilität des Casein-Micellen-Komplexes bei.

Lactoperoxidase, ein Enzym (M_r 77,5 kDa), das zur enzymatischen Iodierung von Tyrosinresten mit ^{125}I und ^{131}I als radioaktive Marker verwendet wird. Da L. keine Zellwände oder Membranen passieren kann, findet sie zur selektiven Radioaktivmarkierung von Membranproteinen lebender Zellen Verwendung.

Lactose, *Milchzucker*, ein reduzierendes Disaccharid. M_r 324,3 Da, α-Form: F. 223 °C, $[\alpha]_D^{20}$ +89,4° → +55,5° (Wasser); β-Form (Abb.): F. 252 °C, $[\alpha]_D^{20}$ +34,9° → +55,3° (Wasser). L. kristallisiert oberhalb 93 °C aus Wasser als β-L., unterhalb 93 °C als α-Lactosemonohydrat. Sie ist β-1→4-glycosidisch aus je einem Molekül D-Galactose und D-Glucose aufgebaut, wobei beide Monosaccharidreste als Pyranosen vorliegen. Von gewöhnlicher Hefe wird L. nicht vergoren, lediglich von Spezialhefen, wie Kefir. Milchsäurebakterien wandeln L. zu Milchsäure um. Auf diesem Prozess beruht das Sauerwerden der Milch.

Lactose. β-Lactose.

L. ist das wichtigste Kohlenhydrat der Milch aller Säugetiere. In Frauenmilch ist L. zu 6–8 %, in Kuhmilch zu 4–5 % enthalten (↗ *Lactose-Intoleranz*). Daneben findet sich L. als Kohlenhydratbaustein einiger Oligosaccharide, kommt aber auch im Pflanzenreich, z. B. in Früchten und Pollen, vor. L. wird in den Milchdrüsen der Säugetiere durch die L.-Synthase synthetisiert. Die β-Form der Uridindiphosphat- (UDP-) Galactose tritt dabei mit D-Glucose zusammen, wobei in β-glycosidischer Bindung der Galactoserest auf die OH-Gruppe am C4 der Glucose übertragen wird.

Durch β-Galactosidase und bei Säurehydrolyse tritt die Spaltung der L. ein. Die Gewinnung von L. erfolgt durch Eindampfen der Molke, die bei der Käseherstellung anfällt, wobei sich zuerst Lactalbumin und dann L. abscheiden. L. wird als Grundsubstanz pharmazeutischer Präparate verwendet und dient als Nährsubstrat bei mikrobiologischen Prozessen, z. B. bei der Penicillinproduktion.

Lactose-Intoleranz, *Gangliosidose GM1, Mucopolysaccharidose IV_B*, eine ↗ *angeborene Stoffwechselstörung*, die durch einen Mangel an *β-Galactosidase* (Lactase; EC 3.2.1.23) verursacht wird. Lactase (↗ *Disaccharidasen*) ist im Kleinkindalter vorhanden, wo sie für die Verdauung der Lactose in der Muttermilch benötigt wird. Das Enzym geht mit dem Alter zurück. Das Auftreten von Abdomenschmerzen und Diarrhö nach dem Trinken von Milch ist darauf zurückzuführen, dass Lactose in der Darmschleimhaut nicht hydrolysiert und malabsorbiert wird. Der Zustand ist in der ganzen Welt weit verbreitet. Eine ererbte Fortdauer hoher intestinaler Lactase-Aktivität findet man nur bei nordeuropäischen Völkern (und solchen, die von diesen abstammen) und bestimmten arabischen und hamitischen Bevölkerungsgruppen.

Lactosylceramidose, *Ceramidlactosid-Lipidose*, eine ↗ *lysosomale Speicherkrankheit* (Sphingolipidose), verursacht durch einen Mangel an *Ceramidlactosid-β-Galactosidase*. L. führt zu Akkumulation von Ceramidlactosid, Lebervergrößerung (Hepatomegalie), Milzvergrößerung (Splenomegalie), progressiver Hirnschädigung und neurologischer Beeinträchtigung.

Lactotropin, ↗ *Prolactin*.

Lactucerol, ↗ *Taraxasterin*.

Laki-Lorand-Faktor, ↗ *Blutgerinnung (Tab.)*.

Lamine, intermediäre Filamentproteine, die die Kernfaserschicht des Zellkerns der Eukaryontenzellen bilden und einen Kontakt zwischen der inneren Kernmembran und dem Chromatin herstellen.

Laminin, in der Basallamina enthaltenes Glycoprotein der extrazellulären Matrix. Es besteht aus einem großen Komplex (M_r 850–1.000 kDa) aus drei langen asymmetrisch-kreuzförmig angeordneten Peptidketten (A, B_1 und B_2), die durch Disulfidbrücken vernetzt sind (Abb.). Die Polypeptidketten enthalten mehr als 1.500 Aminosäurebausteine. Es sind jeweils drei Typen der A- und B_1-Ketten und zwei unterschiedliche Formen von B_2-Ketten bekannt, so dass wenigstens 18 verschiedene Isoformen des L. vorkommen können, von denen sieben bereits nachgewiesen werden konnten. Sehr gut charakterisiert wurde das *L.-1* (M_r 900 kDa) aus dem Engelbrecht-Holm-Swarm-Tumor der Maus. Da jede Isoform eine charakteristische Gewebeverteilung zeigt, erklärt sich der chemisch unterschiedliche Aufbau der Ba-

salmembranen. L. besitzt mehrere, funktionell unterschiedliche Domänen, wobei eine an das Kollagen des Typs IV, eine andere an Heparansulfat sowie zwei oder auch mehrere an L.-Rezeptorproteine auf der Zelloberfläche binden. L. gehört zu den ersten Proteinen der extrazellulären Matrix, die während der Embryonalentwicklung gebildet werden. In dieser frühen Phase fehlt in den Basalmembranen das ↗ *Kollagen* vom Typ IV nahezu vollständig, so dass diese vorwiegend aus einem Geflecht aus L. bestehen. Nach einem gegenwärtig postulierten Modell entsteht die Basalmembran durch spezifische Interaktionen zwischen den drei Proteinen L., Kollagen des Typs IV sowie ↗ *Entactin* und dem Proteoglycan Perlecan. Entactin besitzt eine hantelähnliche Struktur und bindet sowohl an das L. als auch an das Kollagen des Typs IV, wodurch eine zusätzliche Brückenbildung in der Basalmembran resultiert. [J. Engel et al. *J. Mol. Biol.* **150** (1981) 97–120; K. Tryggvason *Curr. Opin. Cell. Biol.* **5** (1993) 877–882; G.R. Martin u. R. Timpl. *Annu. Rev. Cell. Biol.* **3** (1987) 57–85; A. Utani et al. *J. Biol. Chem.* **270** (1995) 3.292–3.298; M. Nomizu et al. *J. Biol. Chem.* **270** (1995) 20.583–20.590; A.R.E. Shaw et al. *J. Biol. Chem.* **270** (1995) 24.496–24.099]

Laminin-Rezeptor, ein u. a. auf Epithelzellen und im Wachstumskegel von Axonen sowie von Dendriten nachweisbarer Rezeptor, der spezifisch mit dem ↗ *Laminin* der extrazellulären Matrix in Wechselwirkung tritt. Der L. gehört zur Superfamilie der ↗ *Integrine*. Er übt eine wichtige Funktion bei der Zelladhäsion sowie beim Wachstum von Axonen und Dendriten aus.

Lamin-Kinase, ein Enzym, das durch Phosphorylierung verschiedener ↗ *Lamine* zur Depolymerisation und damit zum Zerfall der Laminaggregate führt. Dieser Vorgang führt zum Zusammenbruch der Kernhülle, der in der Prophase der ↗ *Mitose* vorausgeht. Die Phosphorylierung erfolgt durch die aktivierte cdc2-Kinase (M_r 34 kDa), die von einem Zellteilungszyklus-Gen kodiert wird. Zur Aktivierung benötigt die cdc2-Kinase Cyclin B (↗ *Cyclin*).

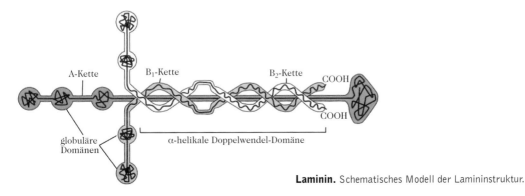

Laminin. Schematisches Modell der Lamininstruktur.

Lampenbürstenchromosomen, übergroße, bis zu 1 mm lange Chromosomen, die in der meiotischen Prophase bei Molchen und einigen anderen Tieren auftreten. Sie bilden seitliche Schleifen, die dem L. ein bürstenartiges Aussehen geben. Die reversiblen Schleifen entsprechen entspiralisierten Einzelchromomeren, die neben der DNA, Proteine und RNA enthalten. Sie sind Orte aktiver RNA-Synthese (↗ *Genaktivierung*).

Lanataglycoside, *Lanatoside*, zu den ↗ *herzwirksamen Glycosiden* gehörende ↗ *Digitalisglycoside* aus dem Wolligen Fingerhut *Digitalis lanata*. Die Pflanze hat wegen des relativ hohen Glycosidgehaltes der Droge von 0,4–1,0 % und der Anwesenheit von Digoxigeninabkömmlingen Bedeutung erlangt. Es wurden bisher über 60 L. isoliert.

Lanatoside, ↗ *Lanataglycoside*.

Langkettenfettsäuren-CoA-Ligase (EC 6.2.1.3), ↗ *Acylglycerine*.

Lanolin, *Wollfett*, *Wollwachs*, die wachsartige Hautausscheidung der Schafe (F. 36–42 °C). Der Anteil des L. beträgt bis zu 50 % der Masse der Rohwolle. L. ist ein komplexes Gemisch von Fettsäuren, Alkoholen, Fetten und wachsartigen Stoffen. Letztere sind vorwiegend Ester von Sterinen (↗ *Cholesterin* und ↗ *Lanosterin*) oder aliphatischen langkettigen Alkoholen mit höheren Fettsäuren, die teilweise δ-hydroxyliert sind oder einen endständigen Isopropyl- oder Isobutylrest tragen. L. wird aus Rohwolle durch Extraktion mit organischen Lösungsmitteln oder Seifenlösungen gewonnen. Als *Cera Lanane* ist es wegen seiner Eigenschaft Wasser-in-Öl-Suspensionen zu bilden, eine wichtige Ausgangssubstanz für Salbengrundlagen pharmazeutischer oder kosmetischer Erzeugnisse.

5α-Lanostan, ↗ *Lanosterin*.

Lanosterin, *Lanosterol*, *Kryptosterin*, *5α-Lanosta-8(9),24-dien-3β-ol* (Abb.), ein tetrazyklischer Triterpenalkohol. M_r 426,7 Da, F. 140 °C, $[\alpha]_D$ +60° (Chloroform). L. wird auch zu den Zoosterinen (↗ *Sterine*) gerechnet. Es kommt in größeren Mengen im Wollfett der Schafe vor (↗ *Lanolin*). L. leitet sich vom Stammkohlenwasserstoff *5α-Lanostan* ab. Die Biosynthese erfolgt aus Squalen über 2,3-Epoxysqualen, wobei L. als Primärprodukt der Biosynthese aller weiteren tetrazykli-

Lanosterin

schen Triterpene vom Lanostantyp sowie der ↗ *Steroide* wichtig ist.

Lanosterol, Syn. für ↗ *Lanosterin*.

Lanthanidionensonde. Die trivalenten Ionen der Seltenerdmetalle (Lanthanide) können aufgrund ihrer magnetischen und spektroskopischen Eigenschaften als Marker in biologischen Systemen verwendet werden. Beispielsweise verschieben externe Eu(III)- und Pr(III)-Ionen die ^{1}H-NMR-Resonanz der $-N(CH_3)$-Kopfgruppe von Lecithinen in der äußeren Schicht von Phospholipiddoppelschichten. Diese Eigenschaft wurde genutzt, um die Wirkung von Lokalanästhetika auf Phospholipiddoppelschichten zu beobachten und den Transport von Lanthanidionen durch Ionophore zu untersuchen. Die lanthanideninduzierte NMR-Verschiebung wurde auch zur Konformationsbestimmung von 3',5'-cAMP und anderen Nucleotiden in Lösung eingesetzt.

Die Lanthanidionen wurden außerdem als Austauschionen für Ca(II) verwendet, das selbst keine physikalischen Eigenschaften besitzt, die es erlauben würden, sein Verhalten in biologischen Systemen zu studieren. Die vier gebundenen Ca(II)-Ionen von Thermolysin können durch drei Lanthanidionen ausgetauscht werden. Dieser Austausch verursacht keine wesentliche Konformationsänderung des Polypeptidrückgrats und die gebundenen Lanthanidionen dienen als schwere Röntgenatome für kristallographische Untersuchungen des Proteins. Die beiden gebundenen Ca(II)-Ionen von Parvalbumin können auf ähnliche Weise durch Eu(III) oder Tb(III) ausgetauscht werden, die dann als schwere Röntgenatome dienen oder mit Hilfe laserinduzierter Lumineszenz untersucht werden können. Tb(III) und Eu(III) weisen nützliche Lumineszenzeigenschaften auf, wobei die durchschnittliche Lebensdauer des Übergangszustands 100–3.000 µs beträgt. Eine sensibilisierte Lumineszenz von proteingebundenem Tb(III) wurde bei mehreren Proteinen beobachtet. Das Anregungsspektrum ist typisch für den aromatischen Rest, der für die Sensibilisierung verantwortlich ist (Anregungsmaxima: 259 nm für Phe, 280 nm für Tyr, 295 nm für Trp). Gd(III) besitzt isotrope magnetische Eigenschaften und eine lange Elektronen-Spin-Gitter-Relaxationszeit, was es zu einer idealen Kern-Relaxations-Sonde macht. Die meisten anderen Lanthanidionen haben kürzere Relaxationszeiten und ziemlich große magnetische Anisotropien, so dass sie als dipolare Shift-Reagenzien geeignet sind. Gd(III) besitzt außerdem ein Raumtemperatur-EPR-Spektrum. Diese Eigenschaft hat jedoch keine breite Anwendung gefunden. Der magnetische Circulardichroismus von Nd(III) ist sehr intensiv und wurde genutzt, um die Nd(III)-Bindung an Thermolysin zu bestimmen. [W. Horrocks *Adv. Inorg. Biochem.* 4 (1982) 201–261]

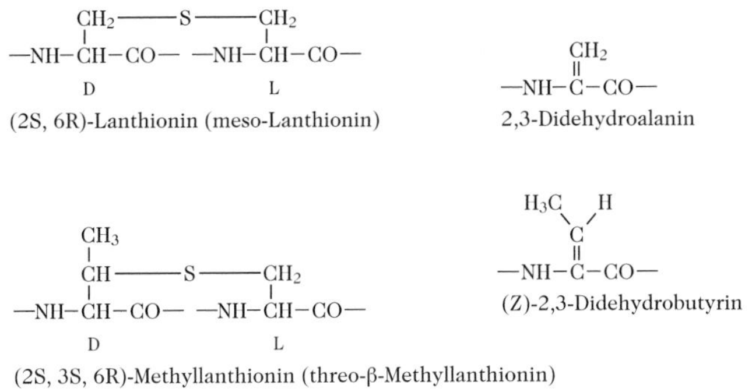

```
       CH2 ——— S ——— CH2
        |               |
 —NH—CH—CO—   —NH—CH—CO—
        D               L
```
(2S, 6R)-Lanthionin (meso-Lanthionin)

```
          CH2
          ||
 —NH—C—CO—
```
2,3-Didehydroalanin

```
      (CH2)4 ——— NH ——— CH2
        |                 |
 —NH—CH—CO—   —NH—CH—CO—
        L                 L
```
(2S, 9S)-Lysinoalanin

```
   CH3
    |
   CH ——— S ——— CH2
    |               |
 —NH—CH—CO—   —NH—CH—CO—
        D               L
```
(2S, 3S, 6R)-Methyllanthionin (threo-β-Methyllanthionin)

```
    H3C    H
       \  /
        C
        |
 —NH—C—CO—
```
(Z)-2,3-Didehydrobutyrin

Lantibiotika. Abb. 1. Ungewöhnliche Aminosäurebausteine in Lantibiotika.

Lantibiotika, ribosomal synthetisierte polyzyklische Peptidantibiotika mit Sulfidbrücken und α,β-Didehydroaminosäure-Bausteinen, deren Bezeichnung auf die ungewöhnlichen Thioetheraminosäuren *meso*-Lanthionin und 3-Methyllanthionin zurückzuführen ist. Neben den beiden genannten Bausteinen (2*S*,6*R*)-Lanthionin und (2*S*,3*S*,6*R*)-Methyllanthionin findet man in den L. seltene ungesättigte Aminosäuren, wie 2,3-Didehydroalanin und (*Z*)-2,3-Didehydrobutyrin, und das (2*S*,9*S*)-Lysinoalanin (Abb. 1). Die Kettenlänge der L. bewegt sich zwischen 19 und 34 Aminosäureresten. Aufgrund unterschiedlicher Strukturprinzipien teilt man die L. sinnvollerweise in zwei Subtypen ein: Typ A sind

L. vom Nisin-Typ und Typ B vom Duramycin-Typ. Zum Typ A gehören ↗ *Pep5*, ↗ *Nisin*, ↗ *Subtilin*, ↗ *Epidermin*, Gallidermin (M_r 2.164 Da; 22 AS), Mersacidin (M_r 1.825 Da; 20 AS) und Actagardin (M_r 1.890 Da; 19 AS). Wichtige Vertreter des Typs B sind Cinnamycin (Ro 09–0198, Lanthiopeptid; M_r 2.041 Da; 19 AS), ↗ *Duramycine* und Ancovenin (M_r 1.959 Da; 19 AS).

L. werden vielfach genutzt: Nisin findet Verwendung in der Nahrungsmittelkonservierung, Epidermin wird gegen Akne und Ekzeme eingesetzt, Ancovenin wirkt als Inhibitor des ↗ *Angiotensin-Conversionsenzyms* und hat daher Bedeutung bei der Blutdruckregulation. Auch Subtilin wird als Konser-

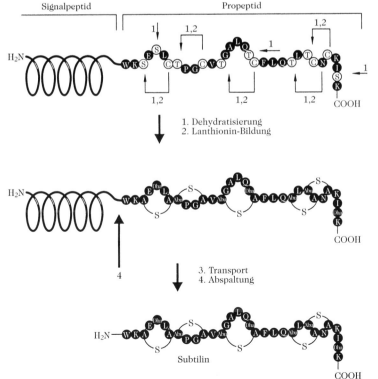

1. Dehydratisierung
2. Lanthionin-Bildung

3. Transport
4. Abspaltung

Subtilin

Lantibiotika. Abb. 2. Biosynthese von Lantibiotika am Beispiel von Subtilisin.

vierungsmittel verwendet, während Duramycine als Inhibitoren der Phospholipase A_2 wirken. L. werden von Mikroorganismen verschiedener Gattungen wie beispielsweise *Staphylococcus, Lactococcus, Bacillus* und *Streptomyces* produziert. Die antibiotische Wirkung richtet sich überwiegend gegen grampositive Keime. Daher sollten L. besser zu den *Bacteriocinen* als zu den üblichen Antibiotika gezählt werden. Im Zuge der Biosynthese entstehen die L. aus Vorläuferproteinen, den Prä-Lantibiotika. Posttranslationell werden Serin- und Threoninreste enzymatisch zu 2,3-Didehydroalanin bzw. (Z)-2,3-Didehydrobutyrin dehydratisiert, gefolgt von einer stereospezifischen Addition von vier Cystein-Thiolgruppen an vier der α,β-Didehydroaminosäuren unter Sulfidringbildung. Durch Addition von Lysin an Didehydroalanin kann weiterhin Lysinoalanin gebildet werden. Das modifizierte Prä-Pro-Peptid wird dann durch spezifische Proteinkanäle durch die Bakterienzellwand transportiert, auf der Membranaußenseite wird die Signalsequenz durch eine Signalpeptidase abgespalten. Das Prinzip wird vereinfacht am Beispiel der Subtilinbiosynthese demonstriert (Abb. 2). L. werden von grampositiven Bakterien gebildet, wirken aber auch gegen diesen Bakterientyp. Das bedeutet, dass sich die Produzentenzellen gegen die auch für sie toxischen L. schützen müssen. Es wird angenommen, dass die schützende Funktion dem hydrophilen Signalpeptid zukommt. Solange diese Sequenz mit dem modifizierten L. kovalent oder durch intermolekulare Wechselwirkungen verbunden ist, ist ein Schutz gegen die toxische Wirkung auf die Zellwand gegeben. [G. Jung *Angew. Chem.* **103** (1991) 1067; G. Jung u. H. G. Sahl (1991), *Nisin and Novel Lantibiotics* ESCOM, Leiden]

LAP, Abk. für ↗ *Leucin-Aminopeptidase.*

Lapachol, ↗ *Naphtochinone (Tab.).*

Larixinsäure, Syn. für ↗ *Maltol.*

Larvalhormone, ↗ *Juvenilhormone.*

Laser-Scan-Mikroskopie, lichtmikroskopisches Verfahren, das eine dreidimensionale Analyse transparenter Objekte ohne die üblicherweise erforderlichen Dünnschichtpräparationstechniken ermöglicht. Mit diesem Verfahren kann Licht aus unterschiedlichen Ebenen des zu untersuchenden Objektes separiert werden (Abb.). Beim Laser-Scan-Mikroskop wird über einen Scanner durch die Linsen eines Objektivs Laserlicht beugungsbegrenzt auf das Präparat fokussiert. Reflexions- bzw. Emissionslicht aus der Fokusebene und aus anderen Ebenen gelangt über den Scanner zu einem Strahlteiler, wo es aus dem Laserstrahlengang ausgekoppelt wird. Dieses ausgekoppelte Licht wird auf eine extrem kleine Blende (*pinhole*) fokussiert und trifft nach dem Blendenausgang auf ein Detektionssystem. Bei entsprechender Position des *pinholes* kann nur Licht aus der Fokusebene die Blende passieren,

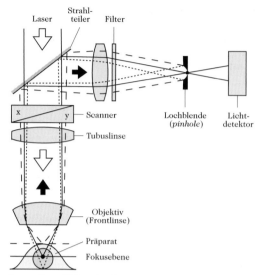

Laser-Scan-Mikroskopie. Schematische Darstellung eines Laser-Scan-Mikroskops.

während Licht aus anderen Ebenen des zu untersuchenden Objektes wirksam unterdrückt wird. Mittels Rechnerunterstützung lässt ein schichtweises Abtasten ein dreidimensionales Bild des Untersuchungsobjektes entstehen. Durch Verwendung von Fluoreszenzfarbstoffen und unterschiedlichen Wellenlängen des Beobachtungslasers kann die räumliche Verteilung markierter Substanzen analysiert werden. Die Kombination von stoff- mit schichtspezifischer Arbeitsweise ermöglicht eine zerstörungsfreie, dreidimensionale Beobachtung von Prozessen in lebenden Systemen.

Lassostruktur, beim ↗ *Spleißen* von mRNA-Vorläufern auftretende Verzweigung (*branch*). Dabei greift das 3'-OH-Ende des Exons die Phosphodiesterbindung zwischen dem Intron und dem Exon an. Während die Exons miteinander verknüpft werden, wird das Intron in Form einer L. freigesetzt.

Latex, ↗ *Kautschuk.*

Lathyrin, ↗ *Guanidinderivate.*

lathyrinogene Aminosäuren, nichtproteinogene Aminosäuren, die in den Samen von Platterbsenarten (*Lathyrus*) vorkommen. L. A. sind die α,γ-Diaminobuttersäure $H_2N\text{-}(CH_2)_2\text{-}CH(NH_2)\text{-}COOH$ (neurolathyrinogene Wirkung), das β-Aminopropionitril, das in Samen von *Lathyrus odoratus* als γ-Glutamylpeptid vorkommt, und die zu 0,1–2,5 % in *Lathyrus sativus* vorkommende β-N-Oxalyl-L-α,β-diaminopropionsäure $HOOC\text{-}CH(NH_2)CH_2\text{-}NH\text{-}CO\text{-}COOH$. Die bei Mensch und Tier durch l. A. hervorgerufene Krankheit wird als *Lathyrismus* bezeichnet, wobei man Neuro- (Nerven-) und Osteo- (Knochen-) Lathyrismus unterscheidet. β(N-γ-Glutamyl)-aminopropionitril z. B. verursacht bei Ratten Skelettabnormitäten.

Lathyrismus, ↗ *Kollagen*, ↗ *lathyrinogene Aminosäuren*.

Laurinsäure, *n-Dodecansäure*, CH_3-$(CH_2)_{10}$-$COOH$, eine der verbreitetsten Fettsäuren, eine typische Wachssäure (M_r 200,3 Da, F. 44 °C, Sdp.$_{100}$ 225 °C). L. ist als Glycerid in den Samenfetten der Lorbeergewächse (*Lauraceae*) enthalten und findet sich zu 52 % im Palmkernöl, zu 48 % im Kokosfett, zu 4–8 % in der Butter und als Säurekomponente im Walrat.

N-Laurylsarcosin, ein mit Laurinsäure (*n-Dodecansäure*) acyliertes Derivat des ↗ *Sarcosins* (Abb.), das häufig anstelle von ↗ *Natriumdodecylsulfat* bei der Isolierung genomischer DNA aus Pflanzenzellen als Detergens eingesetzt wird.

N-Laurylsarcosin

Lavendelöl, ein farbloses, oft auch schwach gelblich bis gelblichgrün gefärbtes etherisches Öl von angenehmem, süßem, blumig-krautigem Geruch und etwas bitterem Geschmack. Als Hauptbestandteil enthält L. maximal etwa 60 % (–)-Linalylacetat, daneben auch ↗ *Linalool*, ↗ *Geraniol*, Borneol, Cineol (↗ *1,8-Cineol*), ↗ *Thymol*, Caryophyllen (↗ *Caryophyllene*), Cumarin (↗ *Cumarine*) und Pinen.

Lävoglucosan, ein ↗ *Zuckeranhydrid*.

Lävulose, Syn. für ↗ *D-Fructose*.

Lawson, die Hauptfarbstoffkomponente des ↗ *Henna*.

Laxanzien, *Abführmittel*, Stoffe, die die Darmentleerung auslösen bzw. fördern. L. regen die Darmperistaltik an und beschleunigen die Passage des Darminhalts. Nach chemischen Gesichtspunkten kann man die L. in folgende Gruppen einteilen: 1) Hydroxyanthracenderivate, z. B. die in verschiedenen Pflanzen vorhandenen Anthraglycoside; 2) synthetische phenolische Verbindungen z. T. mit veresterten OH-Gruppen, z. B. Phenolphthalein und Bisacodyl; 3) salinische Abführmittel, z. B. Natriumsulfat; 4) pflanzliche Öle, z. B. Ricinusöl; 5) als Gleitmittel wirkende Paraffinkohlenwasserstoffe; 6) osmotisch wirkende Zucker oder Zuckeralkohole, z. B. Lactose und Sorbitol.

(+)-Laxifloran, (3R)-7,4'-dihydroxy-2',3'-dimethoxyisoflavan. ↗ *Isoflavan*.

LC, Abk. für engl. *liquid chromatography*, ↗ *Flüssigchromatographie*.

LC/MS-Kopplung, eine Kopplung der Flüssigkeitschromatographie (LC, von *liquid chromatography*) mit der Massenspektrometrie (MS). Hierbei wird das Eluat von miniaturisierten Chromatographiesäulen in ein Elektrospray-MS geleitet, in welchem die getrennten Proteinmoleküle nacheinander die Ionenquelle erreichen. Durch die Anwendung von flüssigen Proben lassen sich auch Peptide und Proteine analysieren. Die Nachweisgrenze der L. bewegt sich im unteren Picomol-Bereich.

LD, Abk. für ↗ *letale Dosis*.

LDH, Abk. für ↗ *Lactat-Dehydrogenase*.

LDL, Abk. für engl. ↗ *low density lipoproteins*.

LDL-Rezeptor, ein Transmembran-Glycoprotein (M_r 115 kDa) mit fünf unterschiedlichen funktionellen Domänen (Farbtafel VII). Der L. ist in der Plasmamembran der meisten Zelltypen lokalisiert und übt eine wichtige Funktion bei der Regulation des Cholesterinstoffwechsels (↗ *Cholesterin*) aus. Er ist in spezialisierten Membranbereichen, den *coated pits* (↗ *Clathrin*) lokalisiert. Nach der Bindung der Apo-B-100-Proteinkomponente des LDL (↗ *low density lipoproteins*) wird der LDL-Rezeptor-Komplex durch Endocytose aufgenommen. Danach verschmelzen die LDL-haltigen Vesikel mit den Lysosomen. Während die Proteinkomponente des LDL durch Proteasen abgebaut wird, hydrolysiert eine lysosomale saure Lipase die Cholesterinester. Der L. bewegt sich zur Plasmamembran zurück. Der Umlauf eines Rezeptors dauert etwa zehn Minuten, so dass bei einer etwa eintägigen Lebensdauer des L. sehr viele LDL-Moleküle in die Zelle transportiert werden. Die LDL-Aufnahme in die Zelle wird über die Dichte des L. auf der Zellmembran reguliert. Bei hoher Cholesterinkonzentration in der Zelle nach Freisetzung des Cholesterins aus den LDL in den Lysosomen wird die Synthese des L. durch Rückkopplung blockiert, wodurch die Aufnahme von weiterem Cholesterin aus den LDL-Partikeln des Blutplasmas unterbrochen wird. Fehlen oder ein Mangel funktionstüchtiger L. ist in vielen Fällen die Ursache der *familiären Hypercholesterinämie* (FH), die auf einer Mutation eines einzigen autosomalen Genorts beruht, und aufgrund der sehr hohen Konzentration von LDL und Cholesterin im Plasma zur Cholesterinablagerung in verschiedenen Geweben und insbesondere in den Koronararterien zur Arteriosklerose führt. Das L.-Gen ist etwa 50 kb lang und besteht aus 18 Exons, von denen eines für das Signalpeptid, sechs für die Liganden-bindende Domäne, eines für den Transmembranbereich, zwei für die cytoplasmatische Domäne und acht für einen Bereich noch nicht endgültig geklärter Funktion kodieren. Die N-terminale LDL-bindende Domäne des reifen L. besteht aus 292 Aminosäurebausteinen und enthält eine cysteinreiche Sequenz von 40 Resten, die sich mit leichten Variationen siebenmal wiederholt. Eine

Häufung negativer Ladungen durch Glutamat- und Aspartatseitenkettenfunktionen ist die Ursache für die Interaktion mit einer positiv geladenen Region des Apo-B-100-Proteins auf der Oberfläche des LDL. Die zweite Domäne, bestehend aus 350 Aminosäureresten, enthält zwei N-gebundene Kohlenhydratgruppierungen. Die danach folgende dritte Domäne mit 58 Resten enthält viele Serin- und Threoninbausteine, die O-gebundene Kohlenhydratreste tragen. Diese Oligosaccharide halten wie Streben den Bindungsbereich des Rezeptors von der Membran weggestreckt, um eine optimale Wechselwirkung der aminoterminalen Domäne mit den LDL-Partikeln zu gewährleisten. Die Transmembrandomäne besteht aus 22 hydrophoben Aminosäurebausteinen, an die sich eine cytosolische Domäne mit 50 Aminosäureresten anschließt, welche die Wechselwirkung des L. mit den *coated pits* kontrolliert und an der Endocytose beteiligt ist. Der L. ist der Prototyp eines ↗ *Mosaikproteins*.

Lebensmittelfarbstoffe, Stoffe, die zum Färben von Lebensmitteln oder zur Herstellung von Lebensmittelfarben (Gemische oder Zubereitungen von L., die zusätzlich Trägersubstanzen oder Lösungsmittel enthalten) bestimmt sind. Sie müssen als Zusatzstoffe bei ihrer bestimmungsgemäßen Anwendung gesundheitlich unbedenklich sein: Hinsichtlich des Gehaltes der L. an toxischen Schwermetallen, aromatischen Aminen und etherlöslichen Bestandteilen sind spezielle Reinheitsanforderungen gestellt. Als natürliche organische L. sind z. B. Riboflavin (E 101), ↗ *Curcumin* (E 100), verschiedene ↗ *Carotinoide* (E 160/161), ↗ *Anthocyane* (E 163) und ↗ *Chlorophylle* (E 140/141) zugelassen, als künstliche organische L. können z. B. Tartrazin (E 102), Chinolingelb (E 104), Gelborange S (E 110), Azorubin (E 122), Cochenillerot A (E 124; Ponceau 4R), Erythrosin (E 127), Indigotin (E 132), Patentblau V (E 131) und Brilliantschwarz BN (E 151) eingesetzt werden. Auch anorganische Pigmentfarbstoffe wie Kreide (E 170), Titandioxid (E 171), Eisenoxide und -hydroxide (E 172), Aluminium, Silber und Gold (E 173–175) sind z. T. eingeschränkt zugelassen. Für den Einsatz von L. sind z. T. Höchstmengen festgesetzt worden. Das Vortäuschen eines Gehaltes an wertvollen Bestandteilen (z. B. Eier, Kakao, Früchte) sowie das Verdecken von Verdorbenheit oder minderwertiger Beschaffenheit durch L. ist untersagt. Die Farbstoffe müssen in der Zutatenliste genannt werden. Die Reinheitsanforderungen sind in der ZusatzstoffverkehrsVO geregelt.

Lecithin, ↗ *Membranlipide*.

Lecithincholesterin-Acyltransferase-Mangel, *Norumsche Krankheit*, eine ↗ *angeborene Stoffwechselstörung*, verursacht durch einen Mangel an *Phosphatidylcholin-Sterin-O-Acyltransferase* (Le-cithin-Cholesterin-Acyltransferase, Phospholipid-Cholesterin-Acyltransferase; EC 2.3.1.43). Das Enzym katalysiert normalerweise die Bildung von Cholesterinestern durch Übertragung einer ungesättigten Fettsäure aus Position 2 von Lecithin auf die 3-OH-Gruppe von Cholesterin. Bei einem Enzymmangel ist die Konzentration an Cholesterin und Triacylglycerin im Plasma erhöht und an Lysophosphatidylcholin und Cholesterinestern erniedrigt. Das Plasma ist trüb bzw. milchig. Klinische Symptome sind: multiple Lipoproteinanormalitäten, Hornhautopazität sowie normochrome Anämie und Proteinurie aufgrund von Nierenschädigung. Eine Therapie besteht in einem Enzymaustausch.

Lectine, *Phytohämagglutinine*, laut Definition durch das *Nomenclature Committee der IUB* ist ein L. ein „zuckerbindendes Protein oder Glycoprotein nichtimmunen Ursprungs, das Zellen agglutiniert und/oder Glycokonjugate ausfällt." Diese Definition kann erweitert werden, um ähnliche Proteine einzuschließen, die komplexe Saccharide zwar spezifisch binden, jedoch nicht agglutinieren bzw. ausfällen. Bei diesen Proteinen handelt es sich um „monovalente Lectine". L. kommen in fast allen Haupttaxa blühender Pflanzen und auch bei einigen nichtblühenden Pflanzen vor. Es wurden auch vertebrate und mikrobielle L. identifiziert. L. binden an Erythrocyten, Leukämiezellen, Hefe und einige Bakterienarten. Da die Bindung saccharidspezifisch ist, können L. keine Zellen agglutinieren, die nicht die passenden Oberflächensaccharide tragen. Es wird erwartet, dass um so mehr L. gefunden werden, je mehr Arten an Oberflächensacchariden bei Screening-Assays verwendet werden. Vermutlich sind sie ubiquitär. L. können bis zu 10 % der löslichen Proteine in Extrakten von reifen Samen ausmachen; in anderen Pflanzenteilen sind sie in geringeren Konzentrationen enthalten. Die L., die in vegetativen Geweben vorkommen, unterscheiden sich oft von den Samenlectinen der gleichen Pflanze. Die physiologische Wirkung der Pflanzenlectine ist unbekannt. Man vermutet, dass sie die Infektion von Leguminosenwurzelhaarspitzen durch *Rhizobium* fördern, oder dass sie pathogene Mikroorganismen hemmen. Die Vertebratenlectine üben möglicherweise bei der Entwicklung eine Funktion aus und spielen eine Rolle bei der rezeptorvermittelten Endocytose.

Die bekanntesten Pflanzenlectine sind Concanavalin A (Con A) aus der Jackbohne (*Canavalia ensiformis*), das 1919 von Sumner kristallisiert wurde, die Agglutinine aus Weizenkeimlingen (WGA, engl. *wheat germ agglutinins*), Lima-, Garten- (*Phaseolus*) und Sojabohne, Rizinus und Kartoffel (Tab.). WGA ist sehr gut charakterisiert. L. mit ähnlichen Spezifitäten und ähnlicher Struktur kommen bei Roggen und Gerste vor. Samen aus 90

Lectin. Tab. Relative Molekularmassen und Untereinheitenstruktur einiger Lectine aus Pflanzensamen.

Herkunft	M_r [kDa]	Untereinheiten Anzahl	M_r [kDa]	Bemerkungen
Jackbohne	bei pH > 7 110	4	27	238 Aminosäuren, n. k.
(Concanavalin)	bei pH < 6 54	2	27	Primärstruktur bekannt, Lipoprotein
Limabohne	247 124	4 2	62 62	Glycoprotein, n. k.
	247 124	8 4	31 31	Glycoprotein, k.
Gartenbohne	140	2α 1β 1β	35 35 36,5	Glycoprotein
	126	4	31	
Weizenhämagglutinine	34	2	17	kein Glycoprotein, n. k.
Rizinus	125	1 1 1	33 30 27,5	Glycoprotein, k.
Kartoffel	95	2	46	Glycoprotein (50 % Kohlenhydrat), n. k.

k. = kovalent, n. k. = nicht kovalent verbundene Untereinheiten

anderen Vertretern der Gräserfamilie weisen L. auf, die immunologisch mit WGA identisch sind, sich jedoch bezüglich der Spezifitäten unterscheiden. Die Samenlectine der Gräser werden nur in den Embryonen gefunden. Leguminosensamen sind sehr reich an L. und von einer Reihe dieser L., einschließlich des Con A, ist die vollständige Aminosäuresequenz bekannt. Zwischen den L. verwandter Leguminosen bestehen umfassende Homologien. Strukturuntersuchungen von Con A haben einen neuen Proteinreifungstyp offenbart [D.J. Bowles et al. *J. Cell Biol.* **102** (1986) 1.284–1.297]. Con A (bestehend aus vier identischen Untereinheiten, jede mit M_r 27,5 kDa) zeigt maximale Sequenzähnlichkeit mit den L. von Linsen, Sojabohnen und Bohnen, wenn sein N-Terminus in die Nähe der Mitte der anderen Lectinsequenzen gebracht wird. Man weiß jetzt, dass das primäre Translationsprodukt einer Transpeptidation unterworfen wird, es kommt also nicht zu einer proteolytischen Spaltung mit nachfolgender Ligation. Dieser Mechanismus ist sonst nur noch vom letzten Schritt der Peptidoglycansynthese bei Bakterien (↗ *Murein*) bekannt. [M.E. Etzler *Ann. Rev. Plant Physiol.* **36** (1985) 209–234; T.C. Bøg-Hansen u. E. van Driessche (Hrsg.) *Lectins: Biology Biochemistry, Clinical Biochemistry*, Bd. **5**, de Gruyter, Berlin, 1986; s. a. die vorangehenden Bände dieser Serie]

Leerlauf-Zyklus, *Substratzyklus* engl. *futile cycle*, eine Sequenz von Stoffwechselreaktionen, die in der Summe nichts bewirkt, außer dem Abbau von ATP oder einem anderen Molekül, das Energie zur Verfügung stellt. Ein Beispiel ist der Zyklus, der durch die 6-Phosphofructokinase (EC 2.7.1.11) und die Fructose-Diphosphatase (EC 3.1.3.11) gebildet wird. Die 6-Phosphofructokinase phosphoryliert Fructose-6-phosphat zu Fructose-1,6-disphosphat (Verbrauch von ATP), und die Fructose-Diphosphatase spaltet die 1-Phosphatgruppe von Fructose-1,6-diphosphat ab. Ein weiteres Beispiel steht mit den Enzymen der ↗ *Glycolyse* und der ↗ *Gluconeogenese* zur Verfügung. Vermutlich verbrauchen die L. normalerweise keine großen Zellenergiemengen, da die Enzyme der gegenläufigen Reaktion unter strenger ↗ *Stoffwechselregulation* stehen, so dass zu einer gegebenen Zeit die Reaktion nur in einer Richtung abläuft. Der Fructosephosphat-Zyklus und der Pyruvat → Oxalacetat → PEP → Pyruvat-Zyklus werden jedoch *in vivo* in der Leber mit messbarer Geschwindigkeit durchgeführt. Die L. stellen außerdem in thermogenen Geweben wie dem braunen Fett und dem Brustkorbmuskel von Insekten Wärme zur Verfügung.

Leghämoglobin, *Legoglobin*, ein autoxidables Hämprotein, das in den Wurzelknöllchen von Leguminosen vorkommt. L. ist strukturell und funktionell mit Hämoglobin und Myoglobin verwandt. Die Aminosäuresequenz und die dreidimensionale Struktur von L. weisen Homologien mit der von tierischem Myoglobin auf. L. ist für die symbiotische Stickstofffixierung in den Wurzelknöllchen der Leguminosen essenziell. Es ist für den raschen Sauerstofffluss zu den Bakteroiden verantwortlich (vgl. die Rolle von Myoglobin beim Sauerstofftransport zu den atmenden Enzymen des Muskels). Die Globinsynthese unterliegt der genetischen Regulation durch den Makrosymbionten (Wirtspflanze); das Häm wird von den Mikrosymbionten (*Rhizobium*-Bakteroide) synthetisiert. Die Konzentration des L. zeigt eine positive Korrelation mit der N_2-Fixierungskapazität des Knöllchengewebes. In Abhängigkeit von der Wirtspflanzenart können mehr als ein L. vorhanden sein. Das L. aus Sojabohnen kann in mindestens vier Bestandteile a–d zerlegt werden, wobei a und c die Hauptbestandteile mit den M_r 16,8 kDa und 15,95 kDa sind. Beide wurden kristallisiert: die Komponente c wurde weiter in c_1 und c_2 zerlegt, die sich nur in ihren C-Enden unterscheiden (Lysin bei c_1; Phenylalanin bei c_2). L. ist cystein- und methioninfrei und zeigt keine immunologische Kreuzreaktion mit Hämproteinen von *Rhizobium*. L. tritt nur im symbiotischen System von Leguminose/*Rhizobium* auf, bei freilebenden *Rhizobia* und nichtinfizierten Leguminosen ist es nicht vorhanden.

L. ist zwischen Bakteroiden und Membranhülle lokalisiert. (↗ *Stickstofffixierung*)

Legoglobin, Syn. für ↗ *Leghämoglobin*.

Legumin, ein oligomeres Speicherprotein aus Leguminosensamen (M_r 328 kDa), das aus sechs Untereinheitenpaaren besteht. Jedes Untereinheitenpaar setzt sich aus einer α-Untereinheit (M_r 36 kDa) und einer β-Untereinheit (M_r 20 kDa) zusammen, die durch eine Disulfidbrücke kovalent miteinander verbunden sind. L. wird *in vitro* in Form einer einzelnen Polypeptidkette (M_r 60 kDa) synthetisiert, die *in vivo* in α- und β-Untereinheiten gespalten wird. Das Vorstufenpolypeptid enthält bereits die Disulfidbrücke, so dass die Untereinheitenpaare spezifisch sind. Untersuchungen von *Vicia-faba*-L. zeigen, dass das Vorstufenpolypeptid von mindestens zwei unterschiedlichen Genfamilien (die möglicherweise aus einem einzigen Gen hervorgegangen sind) kodiert wird, wodurch Untereinheitenpaare vom Typ A und B entstehen. Die Typ-Aα- und -Aβ-Untereinheiten enthalten beide Met, während es bei Typ-B-Untereinheiten nicht vorhanden ist. Innerhalb der Untereinheitenpaare wurden weitere Heterogenitäten in der Aminosäurezusammensetzung festgestellt, die vermutlich auf Mutationen des gemeinsamen Vorläufergens zurückzuführen sind. [C. Horstmann, *Phytochemistry* **22** (1983) 1.861–1.866]

Leitenzym, *Markerenzym*, ein in der Zell- oder Membranfraktion vorwiegend oder ausschließlich vorkommendes Enzym. L. dienen der biochemischen Charakterisierung und Reinheitsprüfung der nach Zellaufschluss und fraktionierter Zentrifugation erhaltenen Zellfraktionen.

Leitersequenzierung, engl. *peptide ladder sequencing*, eine 1993 erstmalig beschriebene Kombination aus ↗ *Edman-Abbau* und ↗ *MALDI-*

Massenspektrometrie. Die L. ist dadurch gekennzeichnet, dass ein Peptid durch einen modifizierten Edman-Abbau pro Reaktionszyklus nur unvollständig abgebaut wird, wobei das Peptidgemisch aus kontinuierlich um einen Aminosäurerest verkürzten Peptiden, das als *Peptidleiter* bezeichnet wird, einer massenspektrometrischen Analyse unterworfen wird. Eine Peptidleiter kann erzeugt werden, indem man den Edman-Abbau mit 95 % Phenylisothiocyanat in Gegenwart von 5 % Phenylisocyanat durchführt, wobei sich in jedem Zyklus eine bestimmte Menge eines säurestabilen Phenylcarbamoyl- (PC)-Peptids bildet (Abb.) Aus dem MALDI-Spektrum der gesamten Mischung, das die Massenpeaks der PC-Peptide enthält, lässt sich über den Massenabstand der aufeinanderfolgenden Ionensignale die Sequenz ablesen. Von Vorteil sind die relativ kurzen Abbauzeiten von nur etwa 5 min pro Zyklus, da die ansonsten beim Edman-Abbau erforderliche quantitative Derivatisierung entfällt. Im Prinzip lässt sich eine Peptidleiter auch erzeugen, wenn das Edman-Reagens nur kurzzeitig mit dem zu analysierenden Peptid reagiert. Verwendet man das flüchtige Reagens, so können zusätzlich Extraktionsschritte entfallen und Sequenzierungen im Femtomol-Bereich sind möglich. Nachteilig ist, dass zwischen Leucin und Isoleucin aufgrund der Massengleichheit nicht differenziert werden kann und dass die nur geringe Massendifferenz zwischen

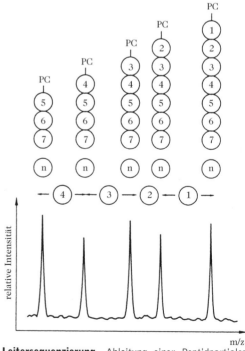

Leitersequenzierung. Ableitung einer Peptidpartialsequenz aus der aufeinander folgenden Massendifferenz mittels MALDI-MS. PC = Phenylcarbamoyl

Asparagin / Asparaginsäure bzw. Glutamin / Glutaminsäure eine ausreichende Massenrichtigkeit erfordert. Die notwendige Massenrichtigkeit wird gegenwärtig durch MALDI-TOF-Massenspektrometer nur für einen Bereich bis etwa 5 kDa erreicht, so dass diese äußerst interessante Methode nur für Peptidsequenzierungen angewandt werden kann. [B.T. Chait et al., *Science* **262** (1993) 89; J.W. Metzger, *Angew. Chem.* **106** (1994) 763]

Leitisotopentechnik, Syn. für ↗ *Isotopentechnik*.

Lemongrasöl, ein rötlich-gelbes bis bräunlich-rotes, leicht bewegliches etherisches Öl von intensivem Geruch und zitronenähnlichem Geschmack. Es enthält in der Hauptsache Citral, Dipenten, ↗ *Limonen*, Myrcen, ↗ *Geraniol* (sowohl in freier Form als auch verestert), ↗ *Linalool*, Methylheptenol, ↗ *Nerol*, ↗ *Farnesol*, Caprinaldehyd und Methylheptenon.

Leptin, *OB-Protein, hOB*, ein aus 145 Aminosäureresten mit einer Disulfidbrücke aufgebautes Protein, das als Signalmolekül für die Erhaltung des Körpergewichts Bedeutung zu haben scheint. L. und Mutantenformen stehen in Verbindung mit Adipositas (OB für Obesitas, Fettleibigkeit) und Typ II Diabetes. Es tritt mit Rezeptoren auf Gehirnzellen des bogenförmigen Kerns in Wechselwirkung, wodurch die Freisetzung von ↗ *Neuropeptid* Y unterdrückt wird. Injektion von L. in obese Mäuse führt zur Verminderung des Körpergewichts und zur Korrektur des Diabetes-Status der Versuchstiere. Rezeptoren des L. und verschiedene Spleißvarianten wurden kloniert und zeigen Sequenzhomologien zur Klasse I Cytokin-Rezeptorfamilie. Vorausetzung für die Wirkung ist, dass eine hinreichende Konzentration an L. im ZNS vorhanden ist. L. zeigt etwa 67 % Sequenzhomologie beim Vergleich verschiedener Spezies, wie Mensch, Gorilla, Schimpanse, Rhesusaffe, Hund, Kuh, Schwein, Ratte und Maus. NMR-Studien an Mäuse-L. (146 AS; eine Disulfidbrücke) führten zur Annahme, dass es eine Vier-Helix-Bündel-Struktur ausbildet, wobei die Länge der Helices und das Disulfidmuster Übereinstimmungen mit der *short-helix*-Cytokinfamilie erkennen lassen. Im Gegensatz hierzu wird L.-E100 der *long-helix*-Cytokin-Familie zugeordnet. Die Rezeptoren dieser Cytokine gehören zur IL-6-Rezeptor-Subfamilie, die gp130 als eine Komponente der Signal-Transduktion in ihrem Rezeptorkomplex verwendet. [M.A. Pelleymounter et al. *Science* **269** (1995) 540; J.L. Halaas et al. *Science* **269** (1995) 543; F. Zhang et al. *Nature* **387** (1997) 206; A.D. Kline et al. *FEBS Lett.* **407** (1997) 239]

Lesch-Nyhan-Syndrom, eine ↗ *angeborene Stoffwechselstörung*, die auf das nahezu völlige Fehlen der Hypoxanthin-Guanin-Phosphoribosyltransferase (HGPRT) zurückzuführen ist. Das L. äußert sich in einem zwanghaften Hang zur Selbstverstüm-

melung, geistiger Behinderung, spastischem Verhalten, extremer Feindseligkeit und exzessiver Bildung von Urat. Bereits im Alter zwischen zwei und drei Jahren beginnen unter dem L. leidende Kinder ihre Finger und Lippen anzunagen. Der hohe Uratspiegel im Serum führt zwangsläufig zur Gicht. Das menschliche Gen (44 kb) für die HGPRT enthält neun Exons, wobei das L. durch Punktmutationen in drei der Exons verursacht wird. Das L. wird geschlechtsgebunden rezessiv vererbt. Durch das Fehlen der HGPRT kommt es zu einer Uratüberproduktion und Konzentrationserhöhung an ↗ *5-Phosphoribosyl-1-pyrophosphat* (PRPP). Zusätzlich verläuft die Purinbiosynthese mit gesteigerter Geschwindigkeit. Die ursächliche Verbindung zwischen dem Fehlen von HGPRT und den neurologischen Symptomen ist ungeklärt.

letale Dosis, *LD, tödliche Dosis*; LD_{05}, die kleinste tödliche Dosis; LD_{50}, die mittlere tödliche Dosis; LD_{100}, die absolut tödliche Dosis; ↗ *Dosis*.

Leu, Abk. für ↗ *L-Leucin*.

Leualacin, ein aus *Hapsidospora irregularis* isoliertes zyklisches Pentadepsipeptid. Es handelt sich um einen neuen Calciumblocker, der sich strukturell völlig von klinisch genutzten Calciumblockern (Dihydropyridine, Benzodiazepine und Verapamil-Derivate) unterscheidet. L. inhibiert kompetitiv die spezifische Bindung von Nitrendipinen an Schweineherz-Mikrosomen. [K. Hamano et al. *J. Antibiot.* **45** (1992) 899; U. Schmidt u. J. Langner *J. Chem. Soc. Chem. Commun.* **1994**, 2.381]

L-Leucin, *Leu, L-α-Aminoisocapronsäure*, $(CH_3)_2CH-CH_2-CH(NH_2)-COOH$, eine aliphatische, neutrale proteinogene Aminosäure. M_r 131,2 Da, F. 293–295 °C (Z.); $[\alpha]_D^{25}$ –11,0° (c = 2, Wasser) oder +16,0° (c = 2 in 5 M Salzsäure). Leu ist essenziell und ketoplastisch. Es findet sich besonders reichlich in Serumalbuminen und -globulinen. Durch Desaminierung und Decarboxylierung wird Leu über Isovaleriansäure zu Acetessigsäure und Essigsäure abgebaut (Abb. auf Seite 54). Die Biosynthese von Leu folgt dem Schema der verzweigten Aminosäuren (↗ *L-Isoleucin*) und zweigt erst auf der Stufe der α-Ketoisovaleriansäure ab, die über Reaktionen, welche denen des Tricarbonsäure-Zyklus analog sind, zu α-Ketoisocapronsäure umgesetzt wird. Diese wird anschließend zu Leu transaminiert.

Leucin-Aminopeptidase, *LAP*, eine in der Dünndarmschleimhaut und in vielen anderen Organen vorkommende ↗ *Aminopeptidase*, die Leucin und auch andere N-terminale Aminosäuren (mit Ausnahme von Lysin und Arginin) von Peptiden und Proteinen abspaltet. Hohe LAP-Aktivitäten sind in der Darmschleimhaut, in Leberzellen, Gallenwegsepithelien, in den Nieren, Brustdrüsen, Pankreas u. a. vorhanden. Von diagnostischer Bedeu-

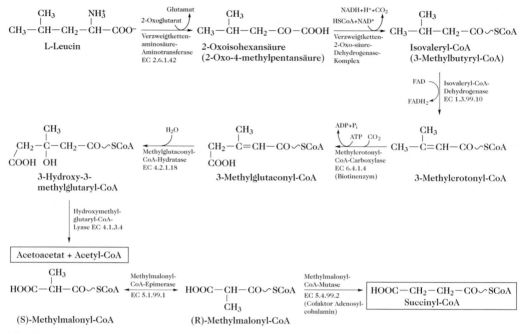

L-Leucin. Abbau von Leucin.

tung sind beispielsweise erhöhte LAP-Aktivitäten bei chronischer Alkoholintoxikation und bei einer Cholestase (Gallenstauung). Auch im 3. bis 5. Monat der Schwangerschaft steigt die LAP-Aktivität im Serum signifikant an. Die Bestimmung der Aktivität der LAP erfolgt mittels des ↗ *optischen Tests*.

Leucinose, ↗ *Ahornsirup(harn)krankheit*.

Leucin-Reißverschluss, ein Strukturmotiv DNA-bindender Proteine, das sowohl Homodimerisierung als auch Heterodimerisierung dieser Proteine vermittelt, jedoch selbst kein DNA-bindendes Motiv ist. Mehrere DNA-bindende Proteine enthalten kurze siebenfache Sequenzwiederholungen, in denen jede siebte Position durch einen Leucinrest besetzt ist, wie z. B. der Rattenleber-Transcriptionsfaktor C/EBP (CCAAT/Enhancer bindendes Protein), Hefe-Transcriptionsaktivator GCN4, sowie mehrere durch Onkogene kodierte DNA-bindende Proteine. Es wurde vorausgesagt, dass diese Proteine eine Superspiralisierung (*coiled coil*) ausbilden, unterstützt durch das Ineinandergreifen der Leucinseitenketten, wie die Zähne eines Reißverschlusses. Die Vorhersage wurde durch die Röntgenstrukturanalyse der L.-Region (33 Reste) von GCN4 bestätigt. Die ersten 30 Reste der Reißverschluss-Region enthalten ungefähr 3,6 kurze siebenfache Sequenzwiederholungen. Diese bilden eine α-Helix mit ungefähr acht Umdrehungen, die unter Bildung einer Vierteldrehung einer parallelen linksgängigen Superspiralisierung dimerisiert. Das heißt, das Dimer nimmt die Form einer verwundenen Leiter ein,

wobei jede zweite Sprosse durch Seite-an-Seite-Kontakte von Leucinresten entsteht (nicht ineinandergreifend, wie ursprünglich vorausgesagt). Die anderen Sprossen werden durch Seite-an-Seite-Kontakte anderer hydrophober Reste (hauptsächlich Valinreste) gebildet. [W.H. Landschulz et al. *Science* **240** (1988) 1.759–1.764; E.K. O'Shea et al. *Science* **254** (1991) 539–544; T.E. Ellenberger *Curr. Opin. Struct. Biol.* 4 (1994) 12–21; K. Gramatikoff et al. *Biol. Chem. Hoppe Seyler* **376** (1995) 321–325]

Leucin-Reißverschluss-Proteine, DNA-bindende Proteine, deren Hauptstrukturmerkmal das Motiv des ↗ *Leucin-Reißverschlusses* ist.

Leucin-Zipper, engl. für ↗ *Leucin-Reißverschluss*.

Leucoanthocyanidine, *Flavan-3,4-diole*, eine Klasse von ↗ *Pro-Anthocyanidinen*. L. sind ein weitverbreiteter Pflanzenbestandteil, besonders in Holz, Rinde und Fruchtschalen. Beispiele sind: **(+)-Guibourtacacidin** (7,4'-Dihydroxyflavan-3,4-diol, absolute Konfiguration 2R:3S:4S, aus *Guibourtia coleosperma* und *Acacia cultriformis*, **(–)-Leuco-fisetinidin** (7,3',4'-Trihydroxyflavan-3,4-diol, absolute Konfiguration 2S:3R:4S, aus *Schinopsis lorentzii*), **(+)-Leucorobinetinidin** (7,3',4',5'-Tetrahydroxyflavan-3,4-diol, absolute Konfiguration 2R:3S:4R aus *Robinia pseudoacacia*) und **(+)-Mollisacacidin** (7,3',4'-Trihydroxyflavan-3,4-diol, absolute Konfiguration 2R:3S:4R aus dem Kernholz von *Acacia baileyana* und Splintholz von *A. me-*

arnsii; Abb.). L. werden mit der Biosynthese von kondensierten ⌐ *Tanninen* und kondensierten Proanthocyanidinen in Verbindung gebracht.

Leucoanthocyanidine. Mollisacacidin.

Leucocyten, Syn. für ⌐ *weiße Blutzellen.*

leucocytenaktivierender Faktor, *LAF,* Syn. für Interleukin-1, ⌐ *Interleukine.*

leucocytenfunktionsassoziierte Antigene, *LFA-2* und *LFA-3,* zwei entscheidend an der Immunantwort beteiligte ⌐ *Adhäsionsmoleküle. LFA-2* (Syn. *CD2*) ist Bestandteil der Oberfläche von T-Zellen, T-Vorläuferzellen und granulären Lymphocyten. Bei T-Zell-vermittelten Reaktionen ist der Bindungspartner von LFA-2 das LFA-3 als Oberflächenkomponente der antigenpräsentierenden Zellen. Die Bindung zwischen LFA-2 und LFA-3 begünstigt den Kontakt zwischen ICAM-1 auf der immunkompetenten Zelle und dem Leucocyten-Integrin LFA-1 auf antigenpräsentierenden Zellen. Weiterhin ist LFA-2 an der T-Zell-vermittelten Cytolyse beteiligt. Ohne Einbeziehung eines T-Zell-Rezeptors können Alloantigene und Lectine durch Bindung an LFA-2 T-Zellen aktivieren. Die wichtigste biologische Funktion von *LFA-3,* der auf Leucocyten, Thymusepithelzellen, Erythrocyten, Bindegewebs- und Endothelzellen vorkommt, ist der beschriebene Kontakt mit LFA-2. Darüber hinaus ist LFA-3 an der Regulation der Synthese von IL-1 (⌐ *Interleukine*) im Thymusepithel sowie an der Differenzierung von Thymocyten beteiligt.

Leucocyten-Interferon, *Leucocyten-INF,* Syn. für. *INF-α* (⌐ *Interferone*).

(–)-Leucofisetinidin, *7,3',4'-Trihydroxyflavan-3,4-diol.* ⌐ *Leucoanthocyanidine.*

Leucokinin, das spezifische leukophile γ-Globulin, das an die Leucocytenmembran bindet und als Vorstufe von ⌐ *Tuftsin* fungiert.

Leucomycin, ⌐ *Makrolide.*

Leucoplasten, farblose Plastiden, die überwiegend Speicherorganellen in Pflanzenzellen sind (Ausnahme: Etioplasten, das sind nicht ergrünte ⌐ *Chloroplasten*). L. sind die stärkespeichernden Amyloplasten, die proteinspeichernden Aleuroplasten und die fettspeichernden Elaioplasten.

Leucopterin, *2-Amino-5,8-dihydro-4,6,7(1H)-pteridintrion* (Abb.), ein zur Gruppe der Pteridine gehörendes weißes Flügelpigment des Kohlweißlings und anderer Schmetterlingsarten (F. >350 °C). Die Biosynthese erfolgt aus Guanin und zwei C-

Atomen einer als Vorstufe dienenden Pentose. Die Struktur des 1926 von H. Wieland und C. Schöpf aus 200.000 Kohlweißlingen isolierten Farbstoffs wurde 1940 von R. Purrmann aufgeklärt.

Leucopterin

(+)-Leucorobinetinidin, *7,3',4',5'-Tetrahydroxyflavan-3,4-diol.* ⌐ *Leucoanthocyanidine.*

Leukämie-inhibierender Faktor, engl. *leukemia inhibitory factor, LIF,* ein aus einer Polypeptidkette mit 180 Aminosäureresten (hLIF) aufgebautes stark und variabel glycosyliertes Protein (⌐ *Cytokine*) mit pleiotroper Wirkung. Zielzellen von LIF sind Monocyten, Makrophagen und deren Vorläufer. LIF fördert den Eintritt hämatopoetischer Stammzellen in den Zellzyklus. Er stimuliert die Bildung von IL-3-induzierten Megakaryocyten-Kolonien und die Synthese von ⌐ *Akute-Phase-Proteinen* in Hepatocyten. Neben einer Reihe weiterer Wirkungen hemmt LIF die Aktivität der ⌐ *Lipoprotein-Lipase* in Adipocyten, stimuliert die Proliferation von Myoblasten und begünstigt die Knochenresorption. Rekombinanter hLIF wird aus *E. coli* gewonnen, besteht aus 181 Aminosäuren (zusätzliches Met am N-Terminus) und ist nicht glycosyliert.

leukophiles γ-Globulin, überwiegend γG-Globulin und in geringerer Menge γA- und γM-Globulin, die die Oberfläche der Leucocytenmembran bedecken.

Leukotriene, Lipidhormone, die von der ⌐ *Arachidonsäure* abstammen. Leucocyten sind wichtige Quellen für L. (daher das Präfix „Leuko-"). Alle L. enthalten drei Doppelbindungen (daher „triene"). Die Hauptleukotriene sind zwar vierfach ungesättigt, die vierte Doppelbindung ist jedoch mit den anderen nicht konjugiert. Die L. sind mit den „langsam reagierenden Substanzen der Anaphylaxe" (engl. *slow reacting substances, SRS*) identisch, welche die Immunhypersensitivität vermitteln. Außerdem verstärken sie Entzündungen. Alle L. rufen eine starke Kontraktion der Lungen hervor (sie sind hundert- bis tausendmal wirksamer als die Histamine) und stimulieren die Freisetzung von Thromboxanen und Prostaglandinen. Eine Lipoxygenase, die an C5 der Arachidonsäure angreift, liefert 5-Hydroperoxyeicosatetraencarbonsäure. Durch Überführung dieser Verbindung in das 5,6-Epoxid entsteht Leukotrien A_4, das sehr instabil ist; seine Halbwertszeit beträgt in Puffer bei pH 7,4 und 25 °C 10 Sekunden. Es wird jedoch durch alkalische Bedingungen bzw. Albumin stabilisiert. Die Strukturen von Leukotrien A_4 und anderen L. werden in

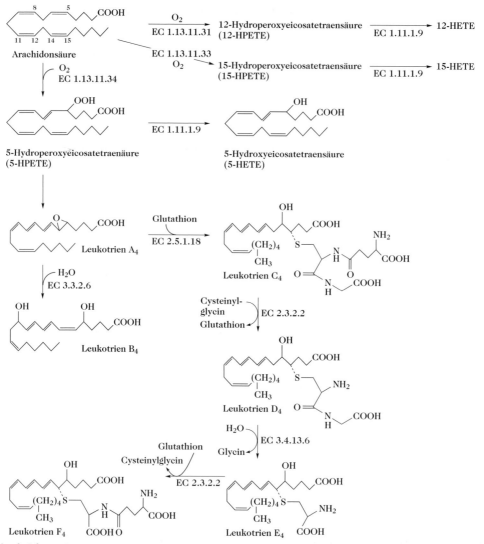

Leukotriene. Der Lipoxygenase-Weg des Arachidonsäure-Stoffwechsels. EC 1.11.1.9: Glutathion-Peroxidase. EC 1.13.11.31: Arachidonsäure-12-Lipoxygenase. EC 1.13.11.33: Arachidonsäure-15-Lipoxygenase. EC 1.13.11.34: Arachidonsäure-5-Lipoxygenase. EC 2.3.2.2: γ-Glutamyltransferase. EC 2.5.1.18: Glutathion-Transferase. EC 3.3.2.6: Leukotrien-A$_4$-Hydrolase. EC 3.4.13.6: Cysteinyl-Glycin-Dipeptidase.

der Abbildung dargestellt. Die physiologischen Wirkungen verschiedener L. sind nicht identisch. Die L. C$_4$, D$_4$ und E$_4$ sind myotrop und stimulieren die Kontraktion glatter Muskeln. Leukotrien B$_4$ ist ein chemotaktisches Agens für Makrophagen und Eosinophile. Makrophagen werden zur Aggregation und zur Freisetzung von Superoxid und lysosomalen Enzymen veranlasst. Leukotrien B$_4$ induziert die Transformation von T-Lymphocyten in Suppressor-T-Zellen und hat möglicherweise andere Wirkungen, die die Immunantwort modulieren. [P.

Borgeat et al. *Adv. Lipid Res.* **21** (1985) 47–77; P. Sirois, *ibid*. 79–101]

Leupeptin, ↗ *Inhibitorpeptide.*

Leurocristin, ↗ *Vincristin.*

Leuschssche Anhydride ↗ *Polyaminosäuren.*

Levorphanol, ein synthetisch zugängliches Morphinanderivat, bei dem im Vergleich zum Morphin die Etherbrücke fehlt (Abb.; vgl. ↗ *Benzylisochinolin-Alkaloide, Abb. 2*). Das (–)-Enantiomer des L. wirkt als starkes Analgetikum. Das (+)-Enantiomer des L. zeigt eine ausgeprägte hustensedative Wirkung, die beim *Dextromethorphan* (Abb.) noch stärker ist. L. unterliegt dem Suchtmittelgesetz.

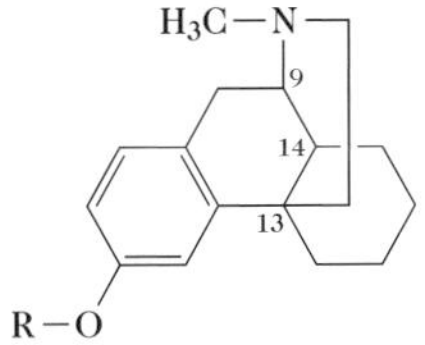

Levorphanol. R = H; (–)-Form: Levorphanol. R = CH$_3$; (+)-Form: Dextromethorphan.

Levothyroxin, ein ↗ *Schilddrüsenhormon*.
Levulose, ↗ *D-Fructose*.
LFA, Abk. für ↗ *leucocytenfunktionsassoziierte Antigene*.
LH, Abk. für *luteinisierendes Hormon*, ↗ *Lutropin*.
LH-RH, Abk. für *luteinisierendes Hormon Releasinghormon*, ↗ *Gonadoliberin*.
Liberine, IUPAC-IUB-Bezeichnung für Releasinghormone. Das Suffix *-liberin* beschreibt das entsprechende Freisetzungshormon des Hypothalamus, wie z. B. ↗ *Corticoliberin* oder ↗ *Gonadoliberin*.
Licansäure, *Couepsäure, Ketoeleostearinsäure, Oxoeleostearinsäure, 4-Oxo-9,11,13-octadecatriencarbonsäure*, CH$_3$(CH$_2$)$_3$(CH=CH)$_3$(CH$_2$)$_4$CO (CH$_2$)$_2$COOH, aus dem Samenfett oder -öl von *Licania rigida* (Oiticika-Öl). Ursprünglich wurde irrtümlicherweise angenommen, dass die Quelle für das Öl *Couepia grandiflora* ist, daher der Name Couepsäure. L. existiert in zwei Formen: α-L. (Fp. 74–75 °C) ist *cis*-9, *trans*-11, *trans*-13, β-L. (Fp. 99,5 °C) ist all-*trans* konfiguriert. α-L. isomerisiert unter der Wirkung von Licht bzw. in Gegenwart von Schwefel- oder Iodspuren leicht zu β-L. Sie stellt die einzige ungesättigte Oxosäure dar, die aus natürlichem Fett isoliert wurde. Sie ist auch in den Samenfetten von anderen *Licania*-Arten vorhanden, beispielsweise von *L. arborea* (Mexico), *L. crassifolia* (Ostindien) und *L. venosa* (Guyana) sowie in den Samenfetten mehrerer *Parinarium*-Arten.
Die Glyceridöle der L. sind von kommerzieller Bedeutung für die Herstellung von alkali- und wasserresistenten Überzügen in der Farbindustrie.
Lichenin, *Moosstärke*, als Reservestoff und Gerüstsubstanz dienendes Polysaccharid (M_r 25–30 kDa, [α]$_D$ +120°). L. ist celluloseähnlich aus 150–200 D-Glucoseresten aufgebaut, die α-1→4-glycosidisch verknüpft und 1→3-glycosidisch verzweigt sind. Es findet sich in vielen Flechten und besitzt antineoplastische Eigenschaften.
Lichtatmung, Syn. für ↗ *Photorespiration*.
Lichtkompensationspunkt, die Lichtintensität, bei der die Rate der Photosynthese (CO$_2$-Inkorporation) und die Rate der Atmung (CO$_2$-Produktion) ausgeglichen sind. ↗ *CO$_2$-Kompensationspunkt*.

Lichtreaktionen, ↗ *Photosynthese*.
Lichtsammelprotein, ein stark hydrophobes, integrales Membranprotein, das aus den Thylakoiden vieler Angiospermen, Gymnospermen und grünen Algen isoliert wurde. Es ist hauptsächlich mit dem Photosystem II assoziiert, jedoch wurde auch ein Zusammenhang mit dem Photosystem I beobachtet. Chlorophyll *a* und *b* werden in äquimolaren Mengen gebunden, zusammen mit Lutein und β-Carotin. Das molare Verhältnis Chlorophyll/Carotin beträgt 3–7/1. M_r des Proteins beträgt je nach Art 27–35 kDa. Man kennt auch Komplexe, die zwei verschiedenartige Untereinheiten enthalten. Je Mol Protein (vermutlich M_r 30 kDa) liegen bis zu 6 Mol ↗ *Chlorophyll* gebunden vor. Das Protein dient dem Transport von Lichtenergie von Chlorophyll *a* zu *b* und ist an der Stabilisierung bzw. Stapelung der Grana beteiligt (ist hierfür jedoch nicht essenziell). In den Leitbündelzellen von C4-Pflanzen werden nur sehr geringe Mengen an L. gefunden.
(+)-Licoricidin, *5,4',2'-Trihydroxy-7-methoxy-6,3-di-γ,γ-dimethylallylisoflavan*. ↗ *Isoflavan*.
Liebermann-Burchardt-Reaktion, eine Farbreaktion zum Nachweis von Sterinen, bei der die in Chloroform gelöste Testsubstanz mit Schwefelsäure und Acetanhydrid behandelt wird. Ein auftretender Farbumschlag von Rosa über Blau nach Grün zeigt ungesättigte Sterine an und bildete früher die Grundlage der quantitativen Bestimmung von Cholesterin im Blut.
LIF, Abk. für ↗ *Leukämie-inhibierender Faktor*.
ligandaktivierte Ionenkanäle, Syn. für ↗ *ionotrope Rezeptoren*.
Ligandenaustauschchromatographie, ↗ *Ionenaustauschchromatographie*.
Ligandin, ↗ *Glutathion-S-Transferase*.
Ligasen, ↗ *Enzyme*.
Lignane, Pflanzenprodukte (L. wurden auch in Primatenharn gefunden; ↗ *Enterolacton*, ↗ *Enterodiol*), die sich formal von zwei *n*-Propylbenzolresten (Phenylpropan) ableiten, die über die mittleren Kohlenstoffatome ihrer Seitenkette verknüpft sind (Abb. 1).

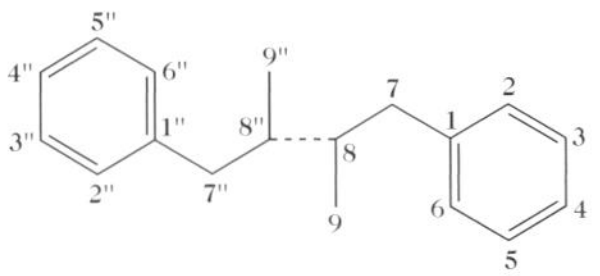

Lignane. Abb. 1. Allgemeine Strukturformel.

Die beiden Benzolringe sind gewöhnlich auf identische Weise substituiert. Laut Freudenberg stellen die L. Zwischenstufen in der Biosynthese von ↗ *Ligninen* dar.

In 55 Familien der Gefäßpflanzen wurden L. gefunden. Von den Lignan-enthaltenden Pflanzen sind die Gymnospermen am bekanntesten. L. kommen in allen Pflanzenteilen vor, wobei Holz und Harz besonders reichhaltige Quellen darstellen (Abb. 2). Es wurden L. isoliert, die Antitumor-, Antimitotikum-, Antivirus-, insektizide, antibakterielle und fungistatische Eigenschaften besitzen. Einige L. inhibieren die zyklische AMP-Phosphodiesterase von Säugetieren, andere wirken kathartisch oder kardiovaskulär bzw. können DNA zerstören und die Nucleinsäuresynthese hemmen.

Lignane. Abb. 2. Guajaretsäure aus *Guaiacum officinale*.

Lignifizierung, die Einlagerung von ↗ *Lignin* in die Cellulosematrix der Zellwand. Im ↗ *Holz* sind Cellulose und Lignin physikalisch und chemisch miteinander verbunden.

Lignin, *Holzstoff*, ein aus aromatischen Ringen bestehendes Polymerisat, das das Inkrustationsmaterial der Zellwand von Pflanzenzellen bildet und für deren Dicke und Stärke verantwortlich ist. Chemisch ist L. schlecht definierbar. Nach Freudenberg ist L. ein makromolekulares, irreversibles, verzweigtes Dehydrierungspolymerisat oder -kondensat mit übergeordneter additiver Verknüpfung. Nach Adler und Gierer ist L. die durch Säuren im wesentlichen nicht hydrolysierbare, polymorphe, amorphe, inkrustierende Substanz des Holzes, aufgebaut aus Methoxyl-haltigen Phenylpropaneinheiten, die durch Etherbindungen und C-C-Bindungen verknüpft sind. L. wird auch als „Zufallspolymer aus Hydroxyphenylpropaneinheiten" beschrieben. Bezüglich der chemischen Beschaffenheit von L. bestehen Speziesspezifitäten. Am besten untersucht ist das Fichtenholzlignin.

Biosynthese. Primäre Ligninbausteine sind Hydroxyzimtalkohole nach Art des Coniferyl-, Sinapin- und p-Cumarylalkohols. Das L. der Nadelhöl-

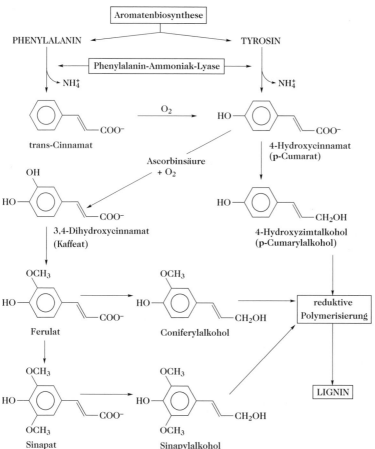

Lignin. Biosynthese von Lignin.

zer wird vor allem aus Coniferylalkohol und wechselnden, stets kleinen Anteilen von Sinapin- und *p*-Cumarylalkohol aufgebaut. Das L. zweikeimblättriger Bedecktsamer, insbesondere der Laubhölzer, wird vor allem aus Sinapin- (~44%) und Coniferylalkohol (48%) gebildet, neben 8% *p*-Cumarylalkohol. Das L. von Gräsern setzt sich aus p-Cumaryl- (~30%), Coniferyl- (~50%) und Sinapyl- (~20%) Alkohol zusammen. Diese primären Ligninbausteine werden aus den aromatischen Aminosäuren L-Phenylalanin und L-Tyrosin gebildet (Abb.). Die erste Reaktion wird durch ↗ *L-Phenylalanin-Ammoniak-Lyase* (EC 4.3.1.5) katalysiert. Dieses Enzym wird unter Beteiligung von Phytochrom durch Licht induziert und ist für die Synthese von pflanzlichen phenolischen Verbindungen aus Phenylalanin und Tyrosin von allgemeiner Bedeutung.

Der gesamte Vorgang der Biosynthese von L. ist ein Wechselspiel von enzymatischer Phenoldehydrierung und nichtenzymatischer Kupplung von Radikalen, die aus Phenolationen durch den Verlust eines Elektrons entstehen, und wird als *reduktive Polymerisation (Dehydrierungspolymerisation)* bezeichnet.

Der Vorgang kann im künstlichen Ligninverfahren bewiesen werden: Coniferylalkohol (80 mol%), *p*-Cumarylalkohol (14 mol%) und Sinapylalkohol (6 mol%) werden unter streng aeroben Bedingungen mit einer Phenol-Oxidase (z. B. der Pilz-Laccase) inkubiert. Das Produkt ist mit dem Fichtenlignin identisch. Vermutlich ist für die Ligninbiosynthese eine Peroxidase oder ein ähnliches Oxidationssystem verantwortlich.

Bei Anwendung der Isotopentechnik auf das Studium der Ligninbiosynthese müssen *Ligninkriterien* angewandt werden, da das markierte Reaktionsprodukt eindeutig gegen andere Zellwandpolymerisate analytisch abgegrenzt werden muss. Eine Methode besteht darin, das L. *in situ* abzubauen und anschließend Abbauprodukte zu isolieren, von denen zweifelsfrei bekannt ist, dass sie von L. abstammen. Beispielsweise zeigte Hibbert, dass das Erhitzen von Holz unter Rückfluss mit Ethanol, das 2% HCl enthält, ein Gemisch aus wasserlöslichen aromatischen Ketonen ergibt. Diese Verbindungen, die sog. *Hibbertschen Ketone*, haben folgende Strukturen: R-CO-CO-CH$_3$, R-CH$_2$-CO-CH$_3$, R-CO-CH(OC$_2$H$_5$)-CH$_3$ und R-CH(OC$_2$H$_5$)-CO-CH$_3$, wobei R ein Guaiacyl- oder Syringylrest ist. Die Hibbertschen Ketone repräsentieren die intakte Phenylpropanstruktur der ursprünglichen L. [D. Fengel u. G. Wegener *Wood – Chemistry, Ultrastructure, Reactions*, DeGruyter, Berlin, New York, 1989; A.M. Boudet u. J. Grima-Pettenati *Molecular Breeding* **2** (1996) 25–39]

Ligninasen, ein Komplex von Enzymen, die den Abbau von ↗ *Lignin* bewirken. L. werden im wachstumsentkoppelten Sekundärmetabolismus von Weißfäulepilzen, besonders *Phanerochaete chrysosporium*, oft parallel mit geringen Mengen von ↗ *Cellulasen* gebildet. L wurden auch in den Actinomyceten *Streptomyces viridosporus* sowie in einigen anderen Mikroorganismen nachgewiesen und daraus isoliert. *P. chrysosporium* bildet zwei extrazelluläre Hämperoxidasen (M_r 42–46 kDa) mit Protoporphyrin IX als prosthetischer Gruppe, von denen eine neben H$_2$O$_2$ zusätzlich Mn^{2+} benötigt. Die beiden Peroxidasen sind offenbar in der Lage, nahezu alle Bindungen im Ligninmolekül zu spalten. Das für den Ligninabbau erforderliche H$_2$O$_2$ wird wahrscheinlich durch verschiedene Oxidasen bereitgestellt.

Der natürliche Ligninabbau ist das Ergebnis des Zusammenwirkens verschiedener Bakterien und Weißfäulepilze. Biotechnologisch wird der Ligninabbau mit Hilfe von L. zur Gewinnung von ↗ *Ethanol*, ↗ *Einzellerprotein* u. a. aus natürlichen Cellulose-haltigen Verbindungen (nachwachsende Rohstoffe) genutzt.

Lignocerinsäure, *n-Tetracosansäure*, CH$_3$-(CH$_2$)$_{22}$-COOH, eine Fettsäure (M_r 368,6 Da, F. 84 °C). L. findet sich als Glyceridbestandteil in geringer Konzentration, meist unter 3%, in vielen Samenfetten, wie Erdnuss- und Rapsöl, ferner auch in einigen Cerebrosiden (z. B. Kerasin) und Phosphatiden sowie in Wachsen.

limitierte Proteolyse, eine begrenzte proteolytische Modifizierung von Proteinen bei Regulationsprozessen. Eine l. P. findet auch bei der Aktivierung von Enzymen statt, die in Form inaktiver Vorstufen (Pro-Enzyme, Zymogene) bereitgestellt werden und erst am Wirkungsort durch Abspaltung eines oder mehrerer Peptidbruchstücke in die aktive Konformation übergehen. Beispiele sind die Enzyme der Blutgerinnungskaskade (↗ *Blutgerinnung*) sowie Verdauungsenzyme (↗ *Trypsin*, ↗ *Chymotrypsin* u. a.).

Limonen, ein monozyklischer Terpenkohlenwasserstoff, farbloses Öl mit zitronenartigem Geruch (Abb.); Sdp. 175–176 °C bei 102·10^3 Pa; +-L.: α$_D$ 126,8°; –-L.: α$_D$ –122,6°. Es wird in Gegenwart von Luft und Licht leicht oxidiert. L. ist als D- und L-Form sehr weit in etherischen Ölen verbreitet. D-L. lässt sich durch fraktionierte Destillation von Pomeranzenschalen oder Kümmelöl, L-L. aus Edeltannenzapfenöl gewinnen. Das Racemat wird als

Limonen

Dipenten bezeichnet. L. wird in großem Umfang in der Riechstoffindustrie verwendet.

Linalool, *3,7-Dimethylocta-1,6-dien-3-ol*, ein azyklischer Monoterpenalkohol (Abb.). L. ist ein farbloses Öl mit angenehmem Geruch nach Maiglöckchen; M_r 154,25 Da; (+)-L.: Sdp. 194–198 °C, $[\alpha]_D^{20}$ +19,2°; (–)-L.: Sdp. 190–195 °C, $[\alpha]_D^{20}$ –19,4°. L. kommt in freier Form oder als Ester in zahlreichen etherischen Ölen vor. L-L. ist Hauptkomponente des Krauseminzöls, D-L. des Corianderöls. Linalylacetat ist in größerer Menge im Lavendel-, Citronen- und Bergamotteöl enthalten. Durch Säuren erfolgt leicht Isomerisierung zu Geraniol und Nerol. L. wird in der Riechstoffindustrie verwendet und ist Ausgangsprodukt für die Synthese von Citral und der Jonone.

$$H_3C-\underset{\underset{CH_3}{|}}{C}=CH-CH_2-CH_2-\underset{\underset{CH_3}{|}}{\overset{\overset{OH}{|}}{C}}-CH=CH_2$$

Linalool

Lincomycin, ein von *Streptomyces lincolnensis* gebildetes Antibiotikum mit der Struktur eines S-α-Glycosids. L. ist hauptsächlich gegen grampositive Keime wirksam und wird bei Penicillin- und Erythromycinresistenz eingesetzt. Ein partialsynthetisches Derivat des L. ist *Clindamycin* mit anderer Konfiguration am C7-Atom.

Lindan, γ-*Hexachlorcyclohexan*, γ-HCH, gehört zu den ehemals bedeutendsten ↗ *Chlorkohlenwasserstoff-Insektiziden*. γ-HCH hat als einziges HCH-Isomeres hervorragende insektizide Eigenschaften. Bei der Produktion von L. fallen ca. 85 % an unerwünschten Nebenprodukten an, deren Beseitigung Umweltprobleme verursacht. In Wirkungsart und -spektrum ähnelt es dem DDT. Wegen seiner höheren Flüchtigkeit zeigt es jedoch neben Kontakt- und Fraßgiftwirkung auch Atemgiftwirkung und hat eine bessere Inizial-, aber geringere Dauerwirkung. Auch seine Persistenz und Neigung zur Kumulation im Fettgewebe ist wesentlich geringer. Beim Menschen können bei oraler Aufnahme in öligen Lösungsmitteln 14 g tödlich wirken. Präparate mit Roh-HCH dürfen in Deutschland seit 1980 nicht mehr verwendet werden.

LINE(s), Abk. für *Long Interspersed DNA sequence Element(s)*, eine der beiden Hauptklassen (die andere ist ↗ *SINEs*) von mittelrepetitiven DNA-Sequenzen (↗ C_ot), die im Säugetiergenom vorkommen. Sie bestehen aus einer einzelnen Nucleotidsequenz, die 6.000–7.000 bp lang ist und als nicht tandemartig wiederholtes Element an Tausenden von verschiedenen Stellen im Genom vorkommt. Von dem am häufigsten vorkommenden LINE im Humangenom – der L1-Familie – gibt es ca. 50.000 Kopien. Dies entspricht ~5 % der gesamten

Human-DNA. Sie können an neue Stellen innerhalb des Genoms wandern (transponieren) und gehören deshalb zur Kategorie der ↗ *beweglichen DNA-Sequenzen*, speziell der *nichtviralen Retrotransposons*. Sie stammen wahrscheinlich von RNA-Polymerase-II-erzeugten Transcripten ab.

Lineweaver-Burk-Diagramm, ↗ *kinetische Datenauswertung*.

linker-DNA, ↗ *Nucleosomen*.

linking number, ↗ *Verknüpfungszahl*.

Link-Protein, *Verbindungsprotein*, Bezeichnung für ein Protein (M_r 65 kDa), das im Proteoglycan des Knorpels die Verbindung der Kern-Proteine mit dem zentralen Hyaluronsäure-Filament stabilisiert.

Linolensäure, $\Delta^{9,12,15}$-*Octadecatriencarbonsäure*, CH_3-CH_2-CH=CH-CH_2-CH=CH-CH_2-CH=CH-$(CH_2)_7$-COOH, eine essenzielle Fettsäure (M_r 278,44 Da, Fp. –11,2 °C, Sdp.$_{17}$ 232 °C). L. kommt in Pflanzen und Tieren vor und ist ein weit verbreiteter veresterter Bestandteil von Pflanzenfetten und Glycerophosphatiden. L. wird nicht von Säugetieren synthetisiert. Die oben genannte Verbindung ist auch als α-L. bekannt. $\Delta^{6,9,12}$-Octadecatriencarbonsäure, CH_3-$(CH_2)_4$-CH=CH-CH_2-CH=CH-CH_2-CH=CH-$(CH_2)_4$-COOH heißt γ-Linolensäure.

Linolsäure, $\Delta^{9,12}$-*Octadecadiensäure*. CH_3-$(CH_2)_4$-CH=CH-CH_2-CH=CH-$(CH_2)_7$-COOH, eine essenzielle Fettsäure (M_r 280,44 Da, F. –5 °C, Sdp.$_{14}$ 202 °C). L. ist im Pflanzen- und Tierreich sehr verbreitet. Sie findet sich als Glyceridbestandteil zahlreicher Fette und Öle sowie in Phosphatiden. Für den Säugetierorganismus ist sie ein essenzieller Nahrungsbestandteil.

Liothyronin, ein ↗ *Schilddrüsenhormon*.

Lipasemangel, ↗ *Pankreas-Lipasemangel*.

Lipasen, zu den Hydrolasen zählende Enzyme, die die Spaltung von Neutralfetten (Triacylglycerine, Triglyceride) in Fettsäuren und Glycerin oder Monoglycerid katalysieren. Adipocyten und keimende Samen enthalten L., die gespeicherte Triacylglycerine hydrolysieren, wobei Fettsäuren für den Transport in andere Gewebe, in denen die Fettsäuren als Energieträger benötigt werden, freigesetzt werden. Im Darm sind L. an der Verdauung und Absorption von Nahrungsfetten beteiligt. Die *Pankreas-spezifische L.* (*Pankreas-Triacylglycerid-Lipase*, EC 3.1.1.3) wird im Pankreas und im Fettgewebe gebildet und in aktiver Form sezerniert. Die Pankreas-L. katalysiert die Hydrolyse der wasserunlöslichen Triacylglycerine in der Fett-Wasser-Grenzfläche des Darms zu 1,2-Diacylglycerinen und 2-Acylglycerinen, wobei die peristaltischen Darmbewegungen und die emulgierenden Eigenschaften von ↗ *Gallensäuren* die Verdauungsgeschwindigkeit deutlich vergrößern. Wegen der potenziellen Gefahr der Denaturierung an der Fett-Wasser-Grenzschicht benötigt die Pankreas-L. für die volle Aktivität eine *Colipase*, ein Protein, das ebenfalls im Pankreas synthetisiert wird, und mit der L. einen 1 : 1-Komplex bildet. Dadurch wird die Denaturierung verhindet und die Lipase an der Fett-Wasser-Grenzfläche verankert.

Eine *hormonsensitive Triacylglycerin-L.* ist an der Mobilisierung der im Fettgewebe gespeicherten Lipide beteiligt und katalysiert die Hydrolyse von Triacylglycerinen zu Fettsäuren und Glycerin. Dabei werden die freien Fettsäuren in den Blutkreislauf abgegeben und binden an das Albumin. Diese Lipase wird in Abhängigkeit vom hormonell kontrollierten cAMP-Spiegel in der Zelle durch Phosphorylierung aktiviert. Adrenalin, Noradrenalin und Glucagon erhöhen die cAMP-Konzentration im Fettgewebe, wodurch eine cAMP-abhängige Proteinkinase aktiviert wird, die wiederum den Phosphorylierungsgrad der von der Kinase gesteuerten Enzyme erhöht. Die cAMP-abhängige Phosphorylierung der hormonsensitiven Triacylglycerin-L. stimuliert letztlich durch die Förderung der Lipolyse im Fettgewebe die Fettsäureoxidation (↗ *Fettsäureabbau*). Insulin senkt dagegen die intrazelluläre cAMP-Konzentration, wodurch es zu einer Dephosphorylierung und somit Inaktivierung der hormonsensitiven Triacylglycerin-L. kommt.

Die in Lipoproteinkomplexen (Chylomikronen bzw. VLDL) transportierten Triacylglycerine werden durch die ↗ *Lipoprotein-Lipase* in freie Fettsäuren und Glycerin gespalten.

Lipid A, der lipophile Anteil des ↗ *Lipopolysaccharids* der äußeren Membran gramnegativer Bakterien.

Lipide, überwiegend lipophile Derivate langkettiger Monocarbonsäuren, der Fettsäuren. L. können unterteilt werden in einfache und komplexe L. Bei den *einfachen L.* sind die Fettsäuren esterartig an Alkohole gebunden. Zu dieser stark lipophilen Gruppe gehören die ↗ *Wachse* als Ester lipophiler Alkohole sowie die ↗ *Fette und fetten Öle* als Ester des Glycerins. Die *komplexen L.*, auch als *Lipoide* bezeichnet, enthalten außer den Fettsäuren und der Alkoholkomponente noch weitere Bausteine, wie Phosphorsäure oder deren Ester (Phospholipide) oder Mono- bzw. Oligosaccharidreste (Glycolipide). Nach der Alkoholkomponente lassen sich die komplexen L. in ↗ *Glycerolipide* und Sphingolipide einteilen. Die komplexen L. sind amphiphile Substanzen. Sie bestehen aus einer lipophilen Komponente, den Alkylketten der Fettsäuren und des Sphingoids, sowie einer hydrophilen Komponente („Kopfgruppe"), dem Phosphorsäure- oder Kohlenhydratrest (Abb.). Die hydrophile Komponente kann neutral (z. B. Phosphatidylcholin, Sphingomyelin, neutrale Glycolipide) oder sauer sein (z. B. Phosphatidylserin, Phosphatidylglycerin, saure Glycolipide). Die komplexen L. können in verschiedenen mesomorphen Zustandsformen vorliegen.

Lipide. Allgemeine Struktur der komplexen Lipide. Bei Phospholipiden sind R = Phosphorsäure oder Phosphorsäureester; bei Glycolipiden sind R = Mono- oder Oligosaccharidreste.

L. geringer Polarität, z. B. die Triacylglycerine, sind leicht löslich in aliphatischen oder aromatischen Kohlenwasserstoffen, aber nur schwer löslich in Methanol. Dagegen sind polare L., wie die Phospho- oder Glycolipide, in Kohlenwasserstoffen schwer löslich. Die meisten Phospholipide sind in kaltem Aceton schwer löslich, während sich z. B. die Di- und Triglycerine leicht lösen. Durch diese Lösungsunterschiede sind grobe Trennungen möglich. Die Schmelzpunkte sind bei den L. durch das Auftreten polymorpher Formen und die Bildung von Mischkristallen wenig charakteristisch. Die spezifischen Drehungen sind nur sehr gering und für die Charakterisierung wenig geeignet.

Lipidose, verschiedene Formen ↗ *lysosomaler Speicherkrankheiten*.

Lipidsenker, Verbindungen, die den Blutfettspiegel senken. Das betrifft neben den Triglyceriden insbesondere Cholesterinfraktionen, die wie das LDL (↗ *low density lipoprotein*) ein erhebliches Gefahrenpotenzial für atherogene Erkrankungen darstellen. Als systemisch wirksame Lipidsenker werden verwendet: Nicotinsäure und deren Ester, Nicotinylalkohol, Dextrothyroxin (das Isomere des Thyroxins), Clofibrinsäureabkömmlinge wie Gemfibrozil, das Dithioacetal Procubol und besonders die ↗ *HMG-CoA-Reduktasehemmer*. Nicht systemisch wirksam sind Colestipol, ein quervernetztes Copolymer aus Diethylentriamin und Epichlorhydrin und Colestyramin, ein Mischpolymerisat aus Styrol und mit quaternisierten Aminomethylgruppen substituiertes Divinylbenzol. Diese Verbindungen binden Gallensäuren und entziehen sie dem enterohepatischen Kreislauf und senken so den Cholesterinspiegel.

Lipochondrien, ↗ *Dictysomen*, ↗ *Golgi-Apparat*.

Lipofuscin, *Alterspigment*, intrazelluäre Cluster aus gelben Granula, die bei Menschen allgemein vorkommen. L. wird während des gesamten Lebens kontinuierlich in Nerven, Herz und Leberzellen sowie in anderen Organen abgelagert. L. ist besonders markant für die Pyramidalzellen der Großhirnrinde, die Rückenmarkshornzellen und die Zellkörper der Hypoglossuskerne älterer Personen. In den Neuronen der Olivarkerne beginnt die Ablagerung von L. früher und fällt im mittleren Alter auf. L. stammt wahrscheinlich von Lysosomen ab, die sich in nichtverdaubarem Material angesammelt haben. Die meisten dieser zusammengedrängten Lysosomen bzw. Restkörper werden durch Exocytose entfernt, jedoch bleiben einige innerhalb der Zelle übrig und die enthaltenen Lipide werden oxidiert. Das resultierende Gemisch aus Proteinen und teilweise oxidierten vielfach ungesättigten Fettsäuren bildet das L. Es wird durch Sudan-Schwarz und Periodsäure-Schiffsches-Reagenz intensiv angefärbt.

Lipofuscinose, ↗ *neuronale Ceroidlipofuscinose.*

Lipoide, ↗ *Lipide.*

Liponsäure, *Thioctansäure, 6,8-Dithiooctansäure, (+)-5[3-(1,2-Dithiolanyl)]pentansäure,* ein Wasserstoff und Acylgruppen übertragendes Coenzym. L. ist Bestandteil der ↗ *Pyruvat-* und ↗ *α-Ketoglutarat-Dehydrogenase-Komplexe,* die die oxidative Decarboxylierung der entsprechenden 2-Oxosäuren katalysieren (↗ *Tricarbonsäure-Zyklus*). Die natürliche Form ist die α-(+)-L. M_r 206,3 Da, F. 47,5 °C, $[α]_D^{25}$ +96,7° (c = 1,88 Benzol), $E_0{}' = -0,325$ V (pH 7,0, 25 °C). Das asymmetrische Kohlenstoffatom hat die *R*-Konfiguration (Abb. A).

L. und *Dihydroliponsäure* bilden ein biochemisch wichtiges Redoxpaar. Die Dihydroliponsäure (reduzierte L.) wird als Lip(SH)$_2$ und die oxidierte Form als Lip(S$_2$) dargestellt. In der Zelle liegt die L. häufig als Carbonsäureamid (Lipoamid) vor. Wenn die L. als Coenzym fungiert, ist sie kovalent über eine Amidbindung an die ε-Aminogruppe eines Lysylrests des Enzyms gebunden. Wenn die L. am Transfer von Acylgruppen beteiligt ist, ist die Acylgruppe mit einem der Schwefelatome über eine Thiolesterbindung verknüpft. Bei der Oxidation von Pyruvat durch *E. coli* liegt das Intermediat 6-*S*-Acetyl-6,8-dithioloctansäure vor (Abb. B). Vermutlich werden alle Acylgruppen in der 6-*S*-Position getragen, da alle synthetisierten 8-Thiolacylderivate der Dihydroliponsäure biologisch inaktiv sind.

Liponsäure. A: (3*R*)-1,2-Dithiolan-3-pentancarbonsäure, die oxidierte Form der Liponsäure; B: 6*S*-Acetyl-6,8-Dithiolactonsäure. Das Acetylderivat der reduzierten Form der Liponsäure ist über eine Amidbindung mit der ε-Aminogruppe eines Lysinrests an ein Enzymprotein gebunden.

Lipopolysaccharide, *LPS,* charakteristische Bestandteile der äußeren Membran gramnegativer Bakterien. Sie lassen sich durch Extraktion der Bakterien mit 45 %igem wässrigem Phenol bei 65 °C gewinnen. Das L. (M_r 10–15 kDa) ist ein amphiphiles Polymer, das in drei Bereiche unterteilt werden kann: 1) Das *Lipid A* stellt den lipophilen Anteil dar. Es besteht aus zwei bis drei Zuckerresten, an die bis zu sechs Fettsäuren (u. a. auch Hydroxysäuren) über Ester- oder Amidbindungen geknüpft sind. 2) Die *Kern-Zone* („Core"-Oligosaccharid) ist ein relativ konstantes Oligosaccharid mit 2-Keto-3-desoxyoctonat (KDO) als typischem Zucker. 3) Die sich daran anschließende *O-spezifische Kette (O-Antigen)* ist relativ variabel und besteht aus nur wenigen Zuckern, allerdings in bis zu 40 sich wiederholenden Einheiten. Sie bedingt die serologische Spezifität der Bakterien.

Wildtypzellen („glatter Wildtyp") synthetisieren die vollständige Struktur (S-LPS). In R-Mutanten, in denen die Biosynthese auf verschiedenen Stufen blockiert ist, entstehen nur unvollständige Strukturen. Daneben wurden Mutanten entdeckt, denen ein oder mehrere Proteine der äußeren Membran fehlen, was eine gezielte Änderung der Membranzusammensetzung ermöglicht.

Die endotoxische Eigenschaft der L. ist auf das Lipid A zurückzuführen, durch das die L. auch in der Membran verankert sind.

In der immunologischen Forschung werden L. vor allem als Mitogene und Adjuvans eingesetzt.

Lipoproteine, zusammengesetzte Proteine, die Lipide als prosthetische Gruppe enthalten. Ihr Kohlenhydratanteil beträgt 1–2 %. Sie kommen im Blut- und Zellplasma, in den Zell- und Zellorganellmembranen sowie im Eidotter vor, in der Leber werden sie gebildet. Die Funktion der L. im Blutplasma besteht im Transport und der Verteilung der aus dem Dünndarm resorbierten Neutralfette und fettähnlichen Stoffe, wie Phosphatide, freies und verestertes Cholesterin, freie Fettsäuren, fettlösliche Vitamine und Hormone, über die Lymph- und Blutbahn zur Leber und in andere Organe. L. sind besonders von Bedeutung bei Transport und Ablagerung von ↗ *Cholesterin* und spielen damit eine Rolle bei der Entstehung der Arteriosklerose, die auf Cholesterinablagerung in den Gefäßwänden zurückgeht.

L. können elektrophoretisch oder durch Ultrazentrifugation im Dichtegradienten charakterisiert werden. Die Flotationsgeschwindigkeit S_f ist eine charakteristische Messgröße; die dabei beobachteten Dichten werden zur Klassifizierung genutzt (Tab.), ↗ *high density lipoproteins,* ↗ *low density lipoproteins,* ↗ *very low density lipoproteins.*

Die größten L. sind die mikroskopisch sichtbaren *Chylomikronen* (Durchmesser 500 nm). Sie treten nach der Verdauung fetter Speisen im Blut auf. Naszierende Chylomikronen werden durch den

Lipoproteine. Tab. Klassifizierung und Eigenschaften der Lipoproteine im Blutplasma des Menschen. VLDL = *very low density lipoproteins* (Lipoproteine mit sehr geringer Dichte); LDL = *low density lipoproteins* (Lipoproteine mit geringer Dichte); IDL = *intermediate density lipoproteins* (Lipoproteine mit mittlerer Dichte); HDL = *high density lipoproteins* (Lipoproteine mit hoher Dichte); VHDL = *very high density lipoproteins* (Lipoproteine mit sehr hoher Dichte). [F.T. Lindgren et al. in G.J. Nelson (Hrsg.) *Blood Lipids and Lipoproteins: Quantitation, Composition and Metabolism*, Wiley-Interscience, New York, 1972]

Lipo-protein-Typ	Elektrophorese-fraktion	Dichte	Flotation (S_f)	M_r $[\times 10^3 \text{ kDa}]$	mg/100 ml Plasma	% Eiweiß	reich an
	Chylomikronen	<0,960	10^3–10^5		0–50	1	Triacylglycerinen
VLDL	Prä-β-Lipoprote-ine	0,960–1,006	20–400	5,0–20	150–250	7	Triacylglycerinen
IDL		1,006–1,019	12–20	3,4	50–100	11	Cholesterinestern
LDL	β-Lipoproteine	1,019–1,063	0–12	2,0–2,7	315–385	21–23	Cholesterinestern
HDL	α-Lipoproteine	1,063–1,210		0,375	270–380	35–50	Phospholipiden
VHDL$_1$		>1,210	Sedim. Konst. 2–10S	0,145	?	65	freien Fettsäuren
VHDL$_2$		1,210		0,280	?	97	freien Fettsäuren

Dünndarm produziert und enthalten große Mengen an Triacylglycerinen und Cholesterylestern. Das Chlolesterin, das mit Nahrungsmitteln aufgenommen wird, tritt im Dünndarm in Form naszierender Chylomikronen in Erscheinung. Chylomikronen transportieren Triacylglycerine zu Fettgewebe und Muskeln. Eine Lipase (L.-Lipase, EC 3.1.1.34) auf den Membranen der Kapillarendothelzellen hydrolysiert ungefähr 90 % der Triacylglycerine. Die resultierenden Fettsäuren diffundieren in die Gewebszellen (↗ *Acylglycerine*). Chylomikronenreste werden von der Leber aufgenommen, ihr Cholesterin dient zur Regulation der Cholesterin- und LDL-Rezeptor-Synthese.

Intermediate density lipoproteins, IDL enthalten zwei Apoproteine: E und B-100. Ersteres ist in mehreren Kopien vorhanden und besitzt eine hohe Affinität zu ↗ *LDL-Rezeptoren*. Rezeptor-gebundenes IDL wird durch Endocytose aufgenommen, der Rest abgebaut. Dabei wird das Apoprotein E abgespalten und es bleibt LDL zurück, das nur ein einziges Apoprotein-B-100-Molekül und einen höheren Gehalt an Cholesterylester enthält (↗ *low density lipoproteins*).

[R.M. Glickman u. S.M. Sabesin in I.M. Arias et al. (Hrsg.), *The liver: Biology and Pathology*, 2. Aufl., Raven Press, New York, 1988]

Lipoprotein-Lipase, ein zu den ↗ *Lipasen* zählendes hydrolytisches Enzym, das in Chylomikronen oder VLDL (↗ *Lipoproteine*) enthaltene Triacylglycerine hydrolytisch spaltet und dadurch in Form der Spaltprodukte aus den Lipoproteinen freisetzt. Dadurch gehen die VLDL (↗ *very low density lipoproteins*) in IDL (*intermediate density lipoproteins*) über. Die enzymatische Hydrolyse erfolgt in den

Kapillaren von Fettgewebe und Skelettmuskulatur. Die freigesetzten Fettsäuren gelangen ins Fettgewebe bzw. in den Muskel, während das Glycerin zur Leber oder zu den Nieren transportiert wird. Dort erfolgt unter der Katalyse von Glycerin-Kinase und Glycerin-3-phosphat-Dehydrogenase eine Umwandlung in das Dihydroxyacetonphosphat, einem Intermediat der ↗ *Glycolyse*.

Liposom, *Phospholipiddoppelschichtvesikel*, ein durch eine bimolekulare Schicht von Lipiden abgegrenztes wässriges Kompartiment. L. entstehen durch Ultraschallbehandlung von Mischungen aus Phosphogliceriden oder anderen geeigneten Lipiden und Wasser. Alternativ werden Phospholipide in wässriger Lösung mit Hilfe eines Detergens dispergiert. Anschließend wird die Detergenskonzentration durch Dialyse allmählich verringert, bis sich L. bilden. Noch einfacher lassen sich L. durch Quellung von Phospholipiden in wässrigem Medium gewinnen. Als Phospholipid wird häufig Ei-Lecithin verwendet. L. nehmen kugelige oder gestreckte Formen an, die einen Durchmesser von bis zu 2 µm haben können. L. sind nicht immer einfache Vesikel, sondern bestehen oft aus mehreren konzentrischen Vesikeln, von denen jedes von einer Doppellipidmembran umgeben ist und eine Schicht von wässrigem Medium umschließt. Werden L. in Gegenwart von Salzen, Proteinen oder anderen wasserlöslichen Bestandteilen gebildet, so werden diese in das wässrige Kompartiment des L. eingeschlossen und auf diese Weise von der äußeren Umgebung isoliert. L. haben beträchtliche Bedeutung als Modell für die Struktur biologischer Membranen und als Vehikel für die Einschleusung therapeutischer Agenzien erlangt. In die Blutbahn injizierte L. werden von den Zellen des reticuloendothelialen Systems schnell aufgenommen. Dieses System soll bei einer Therapie gegen Leishmaniase (eine tropische und subtropische Parasitose, verursacht von Hämoflagellaten der Gattung *Leishmania*) eingesetzt werden. Die Injektion von L., die ein Antimon-haltiges Medikament (Megluminantimoniat, bzw. Natriumstibogluconat) enthalten, ist bei leishmania-infizierten Hamstern ungefähr 1.000-mal wirkungsvoller gegen die Krankheit, als die Injektion des Medikaments allein. [R.M. Straubinger *Methods in Enzymology* **221** (1993) 361–376; K.D. Lee et al. *J. Biol. Chem.* **271** (1996) 7.249–7.252]

lipotrope Substanzen, Verbindungen, die direkt oder indirekt am Fettstoffwechsel beteiligt sind und eine Verfettung der Leber verhindern bzw. korrigieren können (↗ *Fettleber*). Sie dienen als Substrate für die Phosphatidbiosynthese und begünstigen die Synthese dieser Substrate (z. B. durch Methylierung). So sind Cholin und jede Substanz, die Methylgruppen zur Cholinsynthese beisteuern (z. B. Methionin) lipotrope Substanzen.

lipotropes Hormon, Syn. für ↗ *Lipotropin*.

Lipotropin, *lipotropes Hormon*, *LPH*, ein lipolytisch wirkendes Polypeptidhormon aus dem Hypophysenvorderlappen. Es wurde 1964 entdeckt und besteht aus β- und γ-L. *β-L.* vom Schaf (M_r 9,9 kDa) ist aus 91 Aminosäuren aufgebaut, wobei die N-terminale Sequenz 1–58 der Primärstruktur des *γ-L.* entspricht (Abb.). β-L. steuert Lipolyse und Fettsäuretransport. Mit vermehrtem Fetttransport zur Leber ist ein Anstieg der Ketonkörper und freien Fettsäuren im Blut verbunden. Eine pathologische Zunahme des L. tritt beim Diabetes mellitus auf. Biosynthetisch entsteht das β-L. aus dem gemeinsamen Vorläufermolekül ↗ *Pro-Opiomelanocortin*.

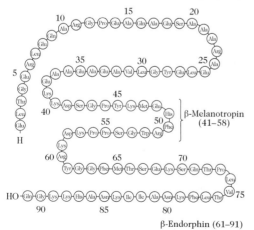

γ-Lipotropin (1–58)

β-Melanotropin (41–58)

β-Endorphin (61–91)

Lipotropin. Primärstruktur des β-Lipotropins (Schaf).

Die verwandtschaftlichen Beziehungen zu anderen Hormonen sind hervozuheben. So entspricht der Sequenzbereich 41–58 des β-L. der Primärstruktur des β-Melanotropins (↗ *Melanotropin*), während die Sequenz 61–91 dem β-Endorphin zuzuordnen ist. Im Hypophysenzwischenlappen verläuft die Prozessierung des β-L. zu γ-L. und β-Endorphin. [J. Bogard et al. *J. Biol. Chem.* **270** (1995) 23.038]

Liriodendritol, ↗ *Inositole*.

Lisetin, ein ↗ *Isoflavonoid* und das einzige bekannte natürlich vorkommende Cumaronochromon (Abb.). L. wurde aus dem Kernholz von *Poscidia erythrina* isoliert. [Falshaw et al. *Tetrahedron Suppl. Nr. 7* (1996) 333–348]

Lisetin

Lissoclinum-Peptide, aus der Gattung *Lissoclinum* isolierte zyklische Peptide, in denen kleine heterozyklische Ringsysteme (Oxazoline, Oxazole, Thiazoline und Thiazole) alternierend mit Standardaminosäure-Segmenten verknüpft sind. Die Mehrzahl dieser Meerestier-Metabolite zeigt cytotoxische Aktivitäten, von denen das *Ulithiacyclamid* (aus *Lissoclinum patella*) eines der potentesten L. ist mit einer *in vitro*-Aktivität von $IC_{50} = 40$ ng/ml gegen L1210 Leukämiezellen. Weitere Vertreter der L. sind Ulicyclamid, Lissoclinamid, Ascidiacyclamid, Patellamide A–C, Westiellamid u. a., die auch durch chemische Synthesen zugänglich sind. [P. Wipf *Chem. Rev.* **95** (1995) 2.115]

Lithocholsäure, *3α-Hydroxy-5β-cholan-24-säure*, eine zur Gruppe der Gallensäuren gehörende monohydroxylierte Steroidcarbonsäure. M_r 376,58 Da, Fp. 185 °C, $[\alpha]_D$ 32° (Ethanol). Sie wurde aus der Galle von Mensch, Rind, Kaninchen, Schaf und Ziege isoliert und wird normalerweise aus Rindergalle gewonnen. L. wird von Darmbakterien aus Chenodesoxycholat gebildet. Sie wird absorbiert und zur Leber zur Ausscheidung zurückgeführt. Sie ist nicht vollständig konjugiert und für die Leber relativ toxisch. L. kann bei der Pathogenese der Leberschädigung nach einer Gallenstasis von Bedeutung sein.

Litorin, ↗ *Alytensin*.

lizensierender Faktor, ↗ *Zellzyklus*.

LLC, Abk. für engl. *liquid liquid chromatography*, Flüssig-Flüssig-Chromatographie, ein Verfahren, bei dem zwei verschiedene flüssige Trennphasen kombiniert werden, ↗ *Chromatographie*.

LLD-Faktor, eine Substanz, die für das Wachstum von *Lactobacillus lactis* erforderlich und mit ↗ *Cobalamin* (Vitamin B$_{12}$) identisch ist.

LMWH, Abk. für engl. *low molecular weight heparins*, ↗ *Heparin*.

Lobelia-Alkaloide, eine große Anzahl 2,6-disubstituierter Piperidinalkaloide der Gattung *Lobelia*, insbesondere aus der in einigen europäischen Ländern und den USA kultivierten Heilpflanze *Lobelia inflata*. Nach den funktionellen Gruppen der Substituenten unterscheidet man drei Strukturtypen: *Lobelidiole*, *Lobelionole* und *Lobelidione* (Abb.). Die Substituenten R$_1$ und R$_2$ können CH$_3$, -C$_2$H$_5$ oder -C$_6$H$_5$ sein, die Anordnung der Seitenketten *cis* oder *trans*. Es treten auch N-Norverbindungen und 2-monosubstituierte L. auf. Das Hauptalkaloid ist ↗ *Lobelin*. Eine Synthese der Lobelidione aus Glutardialdehyd, Methylamin und Acylessigsäure unter zellmöglichen Bedingungen lehnt sich an die Biogenese der L. an. Die Droge dient als Antiasthmatikum.

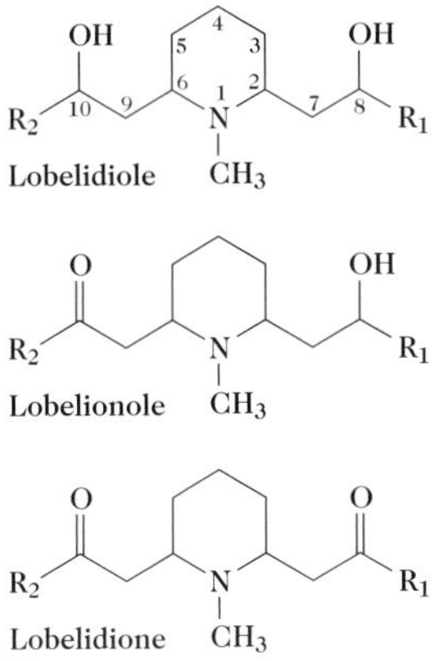

Lobelia-Alkaloide

Lobelidiole, ↗ Lobelia-Alkaloide.

Lobelidione, ↗ Lobelia-Alkaloide.

Lobelin, (–)-*Lobelin*, *cis*-8,10-Diphenyllobelionol, Hauptvertreter der ↗ *Lobelia-Alkaloide* (*Abb. Lobelionole*, R$_1$ und R$_2$ sind Phenylgruppen -C$_6$H$_5$). L. kristallisiert in Form von farblosen Nadeln; F. 130–131 °C, $[\alpha]_D^{15}$ –43° (c = 1, Ethanol). Das aus *Lobelia inflata* isolierte L. dient in der Medizin als Atemanaleptikum und wegen seiner nicotinähnlichen Eigenschaften als Raucherentwöhnungsmittel. Bei gleichzeitiger Zufuhr von Nicotin und L. addieren sich die Wirkungen der beiden Alkaloide, so dass es zu Brechreiz und Ekelgefühlen kommt.

Lobelionole, ↗ Lobelia-Alkaloide.

Lockstoffeinheit, ↗ Pheromone.

Loganin, Esterglucosid aus der Gruppe der Iridoide (F. 222–223 °C). Bei der Spaltung mit Emulsin bildet sich das Aglycon Loganetin. L. (Abb.) und die freie Säure *Loganinsäure* findet man in *Strychnos*- und *Menyanthes*-Arten. Im Verlaufe der Biosynthese von Iridoiden und vielen Alkaloiden kommt dem L. eine Schlüsselfunktion zu. Über die Biosynthese des L. ↗ *Iridoide*.

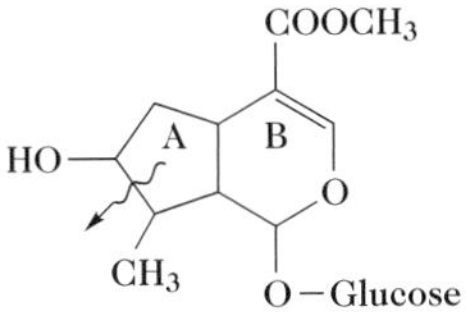

Loganin

Lohmann-Reaktion, ↗ Phosphagene.

Lokalanästhetika, Verbindungen, die die Erregbarkeit und die Leitungsfähigkeit im Nervengewebe auf einem örtlich begrenzten Gebiet reversibel herabsetzen. Die Wirkung beruht auf einer Hemmung des Einstroms von Natrium-Ionen in Nervenzellen. L. werden sehr vielseitig angewandt: Zur *Oberflächen*- bzw. *Schleimhautanästhesie*, bei der vor allem Nervenenden betroffen werden, zur *Leitungsanästhesie*, bei der die Erregungsübertragung in einem Nervenstamm unterbrochen wird, zur *Infiltrationsanästhesie*, durch die Nervenenden und kleinere Nervenstränge im Infiltrationsgebiet beeinflusst werden.

Gegen Metabolisierung relativ stabile L. werden auch bei Herzrhythmusstörungen angewandt. Als erstes L. wurde das Alkaloid Cocain 1884 in der Augenheilkunde verwendet. Seit langem sind hauptsächlich synthetische Verbindungen in Gebrauch. Erstes synthetisches L. war das *Benzocain* (*Anästhesin*®), 4-(H$_2$N)C$_6$H$_4$COOC$_2$H$_5$, der 4-Aminobenzoesäureethylester. *Procain* (*Novocain*®), 4-(H$_2$N)C$_6$H$_4$–CO–O–CH$_2$–CH$_2$–N(C$_2$H$_5$)$_2$, der 4-Aminobenzoesäureester des 2-Diethylaminoethanols. Die wässrige Lösung des Procainhydrochlorids reagiert annähernd neutral und eignet sich gut für Injektionen. *Tetracain*, 4-(H$_2$N)-C$_6$H$_4$–CO–O–(CH$_2$)$_2$–N(CH$_3$)$_2$, wird als Oberflächenanästhetikum eingesetzt. *Lidocain*, 2,6-(CH$_3$)$_2$C$_6$H$_3$–NH–CO–CH$_2$–N(C$_2$H$_5$)$_2$, ist aufgrund seiner Anilidstruktur und der orthoständigen Substituenten besonders stabil. Zur Lumbalanästhesie wird u. a. *Bupivacain* (Abb.) verwendet.

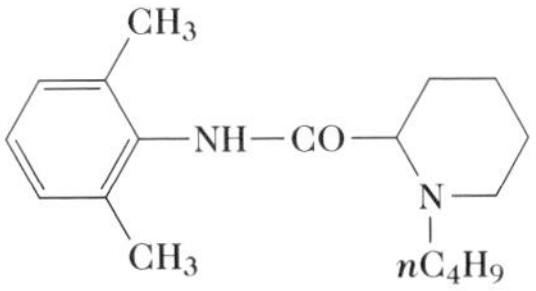

Lokalanästhetika. Bupivacain.

Lokalhormone, ↗ *Hormone*.

Lomatiol, ↗ *Naphthochinone*.

(+)-Lonchocarpan, ein ↗ *Isoflavan*.

Lophenol, *4α-Methyl-5α-cholest-7-en-3β-ol*, ein Zoo- bzw. Phytosterin (↗ *Sterine*). M_r 400,69 Da, F. 151 °C, $[α]_D$ +5° (Chloroform). L. wurde aus Rattengewebe und -fäzes sowie aus dem Kaktus *Lophocereus schottii* isoliert. Es kann auch als tetrazyklisches Triterpen mit 31,32-Bisdesmethyllanostan-Skelett aufgefasst werden und nimmt biogenetisch eine Mittelstellung zwischen ↗ *Lanosterin* und den daraus entstehenden eigentlichen Sterinen ein.

Lophophorin, ↗ *Anhalonium-Alkaloide*.

lösliche RNA, veraltete Bezeichnung für ↗ *transfer-RNA*.

Lost, eine Gruppe ↗ *chemischer Kampfstoffe*.

Lovastatin, ein ↗ *HMG-CoA-Reduktasehemmer*.

low density lipoproteins, LDL, ↗ *Lipoproteine* geringer Dichte (1,00–1,02 g/cm³). In der Elektrophorese wandern sie mit der β-Albuminfraktion. LDL bleiben mit Hilfe einer geringen Menge an nichtverestertem Cholesterin, das seine hydrophile OH-Gruppe auf der Außenseite der Partikel präsentiert, als Suspension im Blut erhalten. Dieses Cholesterin kann jedoch leicht verlorengehen und sich in den Arterien als Arteriosklerose-Plaques ablagern. Vermutlich ist dies der Grund für die Korrelation zwischen hohen LDL-Konzentrationen im Blut und Arteriosklerose. LDL können im Blut aus IDL (*intermediate density lipoproteins, Lipoproteine mittlerer Dichte*) entstehen. Sie tragen als Proteinkomponente das Apoprotein-B-100, das die Bindung an ↗ *LDL-Rezeptoren* vermittelt.

Bei Vorliegen einer *familiären Hyperlipidämie* sind die Gene für die LDL-Rezeptoren defekt und sowohl IDL als auch LDL werden entweder langsam oder gar nicht aus dem Blut entfernt. Hohe LDL-Konzentrationen sind daher ein Kennzeichen dieser Krankheit.

Eine hohe intrazelluläre Cholesterinkonzentration verhindert die Aufnahme von LDL und IDL durch die Gewebe, so dass das Plasma-LDL und -IDL in anormal hohen Konzentrationen vorliegen. Dies erklärt möglicherweise die Korrelation zwischen Nahrungsmittelcholesterin und Arteriosklerose.

[N.B. Myant, *Cholesterol Metabolism, LDL, and the LDL Receptor*, Academic Press, Inc., New York, 1990]

Lowry-Methode, eine 1951 von O. H. Lowry entwickelte, kolorimetrische Methode zur quantitativen Proteinbestimmung. Sie basiert auf der *Biuret-Reaktion* sowie der *Folin-Reaktion* für aromatische Aminosäuren. Hierbei wird zunächst ein Kupfer-Protein-Komplex in alkalischer Lösung gebildet, der dann ein zugegebenes Phosphomolybdat-Phosphowolframat (*Folin-Ciocalteau-Phenol-Reagens*) reduziert. Der in Abhängigkeit von der Proteinmenge gebildete blaue Farbstoff wird bei 578 nm gegen einen Blindwert gemessen und mittels einer Eichkurve (Serumalbumin-Standardlösung) quantifiziert.

LPH, Abk. für *lipotropes Hormon*, ↗ *Lipotropin*.

LPS, Abk. für ↗ *Lipopolysaccharide*.

LRH, ↗ *Liberine*.

LSC, Abk. für engl. *liquid solid chromatography*, Flüssig-Fest-Chromatographie, ein Verfahren, bei dem eine flüssige und eine feste Trennphase kombiniert werden, ↗ *Chromatographie*.

LSD, Abk. für ↗ *Lysergsäurediethylamid*.

LTH, Abk. für *luteotropes Hormon*, ↗ *Prolactin*.

Lubimin, ↗ *Phytoalexine*.

Lucernol, ↗ *Cumestane*.

Luciferase, ein zu den Oxidoreduktasen zählendes niedermolekulares Thiolenzym, das ↗ *Luciferin* in Anwesenheit von Luftsauerstoff, ATP und Magnesiumionen zu Oxyluciferin dehydriert, wobei 96 % der frei werdenden Energie als sichtbares, meist blaues Licht abgegeben werden. Dieser Vorgang bildet die Grundlage der ↗ *Biolumineszenz*. Die bisher in reiner Form isolierten L. sind oligomere niedermolekulare Proteine: L. der amerikanischen Feuerfliege (*Photinus pyralis*) M_r 95 kDa, 2 Untereinheiten (M_r 50 kDa); des *Photobacteriums* M_r 80 kDa, je eine Untereinheit zu 38 kDa und 41 kDa; der Leuchtkoralle (*Renilla reniformis*) M_r 34 kDa, 3 Untereinheiten (M_r 12 kDa).

L. lassen sich zum empfindlichen Nachweis von Cofaktoren nutzen. Mit der L. aus dem Leuchtkäfer kann ATP bis zu 10^{-11} molaren Konzentrationen in der Zelle bestimmt werden. L. werden auch in ↗ *Biosensoren* zur ATP-Bestimmung verwendet. Bakterielle L. können auch zur NADH-Bestimmung (Nachweisgrenze 0,1 fmol) eingesetzt werden.

Luciferin, Sammelname für jene Substrate, die bei der Einwirkung des Enzyms ↗ *Luciferase* in Gegenwart von Sauerstoff zur Biolumineszenz befähigt sind. Für die Lichtaussendung sind elektronisch angeregte Oxidationsprodukte des L. (vermutlich Peroxide) verantwortlich. Bisher kennt man fünf in ihrer Struktur aufgeklärte L., die nach ihrem Vorkommen benannt werden. *Photinus-L.* (↗ *Biolumineszenz, Abb.*) stammt aus Leuchtkäfern der Gattung *Photinus* und stellt das einzige natürliche Benzthiazolderivat dar. Sowohl die D- als auch die L-Form sind chemolumineszent, aber nur die D(–)-Verbindung – gelbliche Nadeln, F. 190 °C (Zers.), $[α]_D^{24}$ –29° (Formamid) – gibt mit Luciferase, O_2, ATP und Magnesiumionen eine Biolumineszenz. Obgleich verschiedene *Photinus-Arten* grünes bis gelbes Licht emittieren, weisen sie alle das gleiche L. auf und unterscheiden sich nur durch die beteiligte Luciferase. *Latia-L.* (Abb.) aus der Süßwasserschnecke *Latia neritoides* hat eine ungewöhnliche Sesquiterpenstruktur. Auf einen Stimulus hin scheidet das Tier einen Schleim aus, der als Folge der Reaktion des L. mit Luciferase, O_2 und einem

„Purpurprotein" stark fluoresziert. *Cypridina-L.* und eine spezifische Luciferase werden im Muschelkrebs *Cypridina hilgendorfii* in getrennten Drüsen gespeichert. Auf einen Impuls hin sezerniert das Tier beide Komponenten gleichzeitig in das sauerstoffhaltige Meerwasser, wo sie sich lösen und beim Vermischen eine blaue Fluoreszenz erzeugen. Biosynthetisch wird das *Cypridina*-L. aus Tryptophan, Arginin und Isoleucin aufgebaut. *Renilla*-L. (Abb.) aus der Federkoralle *Renilla reniformis* (Seestiefmütterchen) ist eine instabile Verbindung, die in Form ihres Sulfosäureesters gespeichert wird. Eine L.-Sulfokinase setzt das L. frei. Durch elektrische oder mechanische Reize erfolgt die Auslösung der Biolumineszenz, die sich in konzentrischen Wellen grünen Lichts über die Oberfläche des Tieres zieht.

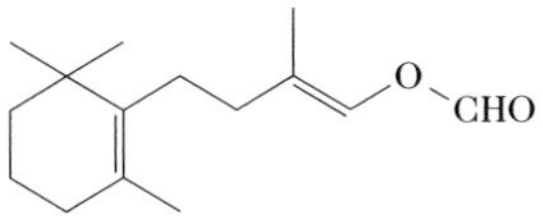

Latia-Luciferin

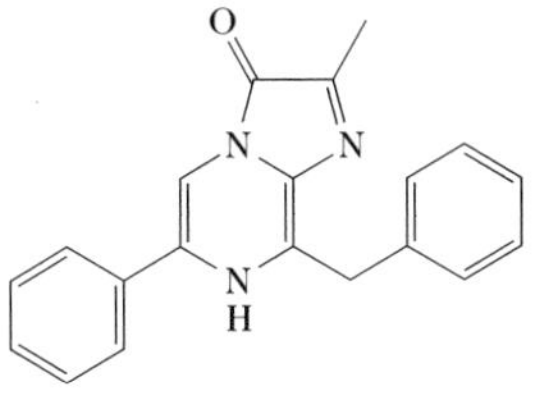

Renilla-Luciferin

Luciferine

Bakterien-L. ist noch nicht charakterisiert worden. Die Luciferase erzeugt aber mit FMNH und einem geradkettigen Aldehyd mit mehr als sieben C-Atomen eine Lumineszenz.

Strukturuntersuchungen sind sehr aufwendig, da das L. nur in sehr kleinen Mengen vorkommt. 30.000 Leuchtkäfer liefern 15 mg und 40.000 Korallen 0,5 mg des jeweiligen L. Viele L. oder synthetische Analoga zeigen eine spontane Chemolumineszenz, wenn sie in protonenfreien Lösungsmitteln, wie Dimethylsulfoxid, reagieren. Die Quantenausbeuten sind aber geringer als bei der Biolumineszenz. ↗ *Aequorin*, ↗ *Photoproteine*.

Luliberin, identisch mit ↗ *Gonadoliberin*.

Lumazin, ↗ *Pteridine*.

Lumicolchicin, ↗ *Colchicum-Alkaloide*.

Luminol, *5-Amino-2,3-dihydrophthalazin-1,4-dion, 3-Aminophthalsäurehydrazid, 5-Amino-1,4-dihydroxyphthalazin*, eine Verbindung, die durch Oxidation, z. B. mit H_2O_2, eine intensive blaue Chemiluminiszenz zeigt. In einem Chemilumineszenz-Assay testet man beispielsweise die Phagocytoseaktivität von Zellen. Zu diesem Zweck gibt man L. zu den Zellen. Wird es in Lysosomen aufgenommen, so

zeigt es mit H_2O_2 eine blaue Chemilumineszenz, wobei aus dem L. 5-Aminophthalsäure (Abb.) gebildet wird. Die Lichtemission kann im Photomultiplier gemessen werden. L. findet weiterhin im Immunoassay Anwendung.

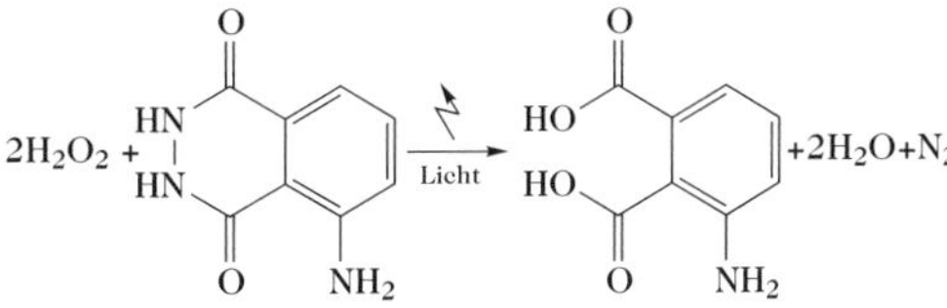

Luminol. Chemilumineszenz-Test mit Luminol.

Lumisom, Bezeichnung für eine Vesikel, in der zur Biolumineszenz führende chemische Prozesse ablaufen. Ein L. findet man bei manchen marinen Coelenteraten (Hohltieren).

Lumisterin, ↗ *Vitamin D*.

Lunularsäure, ein in Lebermoosen vorkommendes Biphenyl-Derivat (↗ *Bibenzyle, Abb.*), das in Analogie zur ↗ *Abscisinsäure* in höheren Pflanzen eine wichtige entwicklungsphysiologische Rolle spielt. In Form des synthetischen 5-Hydroxyderivates zeigt die L. eine stark molluskizide Wirkung.

5α-Lupan, ↗ *Lupeol*.

Lupanin, ↗ *Lupinen-Alkaloide*.

Lupeol, ein pentazyklischer Triterpenalkohol. M_r 426,73 Da, F. 215 °C, $[\alpha]_D$ +28° (Chloroform). L. leitet sich strukturell vom Stammkohlenwasserstoff *5α-Lupan* ab (Abb.). Er kommt frei, verestert und als Aglycon von Triterpensaponinen (↗ *Saponine*) in zahlreichen Pflanzen vor und wurde z. B. im Milchsaft von *Ficus-Arten*, in Samenschalen der Gelben Lupine (*Lupinus luteus*) und in Mistelblättern nachgewiesen. Außerdem wurde L. in den Cocons der Seidenraupe *Bombyx mori* gefunden.

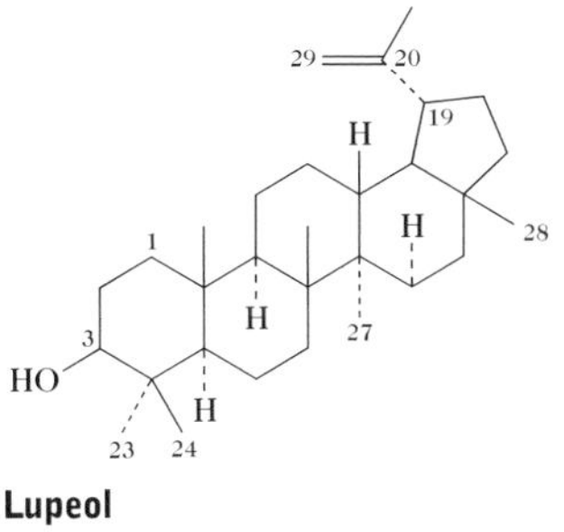

Lupeol

Lupinen-Alkaloide, eine Gruppe von Chinolizidin-Alkaloiden, die ein Ringsystem enthalten, das bekannt ist als ↗ *Chinolizidin*, Octahydropyridocolin, Norlupinan bzw. 1-Azabicyclo[0,4,4]decan. Dieses Ringsystem kann mit noch weiteren N-haltigen Ringsystemen kondensiert vorliegen, so dass neben bi- auch tri- und tetrazyklische L. vorkom-

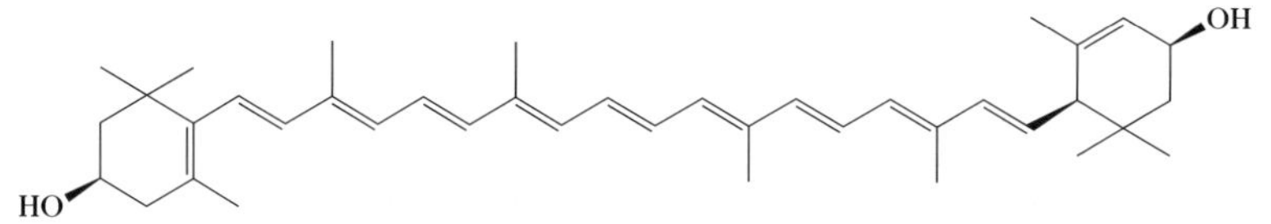

Lutein

men. Die wichtigsten Vertreter der L. sind *Lupinin*, *Lupanin*, *Spartein* (Abb.) und *Cytisin*. Die Biosynthese der L. geht von der Aminosäure Lysin aus. L. finden sich insbesondere in Lupinenarten (*Lupinus*, Bitterlupinen), Besenginster (*Sarothamnus scoparius*), Goldregen (*Laburnum anagyroides*) und Stechginster (*Ulex europaeus*). Eine unmittelbare Verwendung der sehr proteinreichen Bitterlupinen als Futtermittel ist wegen der bitteren und toxischen L. nicht möglich. Für die Tierernährung können nur die durch Dämpfen, Wässern und Extraktion entgifteten Bitterlupinen oder die durch Auslesezüchtung gewonnenen alkaloidarmen Süßlupinen genutzt werden.

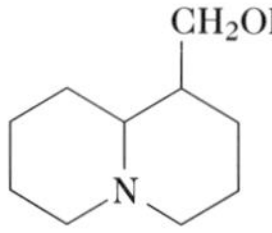

Lupinin

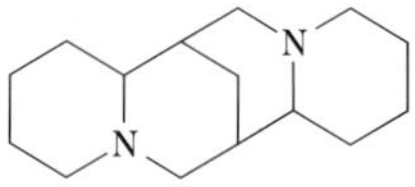

Spartein

Lupinen-Alkaloide.

Lupinin, ↗ *Lupinen-Alkaloide.*

Lutein, *Xanthophyll*, *(3R,3'R,6'R)-β,ε-Carotin-3,3'-diol*, *3,3'-Dihydroxy-α-carotin* (Abb.), ein zu den Xanthophyllen gehörendes Carotinoid. M_r 568,85 Da, F. 193 °C, $[\alpha]_{Cd}^{20}$ +160° (Chloroform), +145° (Ethylacetat). L. enthält denselben Chromophor wie α-Carotin und ist mit Zeaxanthin isomer. Als gelber Farbstoff ist L. mit Carotin und Chlorophyll in allen grünen Pflanzenteilen enthalten. Es findet sich auch in zahlreichen gelben und roten Blüten und Früchten. Im Tierreich tritt L. als Pigment in Vogelfedern, im Eidotter und im Gelbkörper auf. L. liegt entweder in freier oder in veresterter Form vor. Es zeigt keine Vitamin-A-Aktivität.

luteinisierendes Hormon, Syn. für ↗ *Lutropin.*

luteinisierendes Hormon Releasinghormon, Luliberin, identisch mit ↗ *Gonadoliberin.*

Luteolin, ↗ *Flavone.*

Luteolinidin, ↗ *Anthocyanine.*

Luteolyse, die allmähliche Rückbildung des Gelbkörpers (*Corpus luteum*) nach dem Eisprung.

luteotropes Hormon, Syn. für ↗ *Prolactin.*

Luteotropin, Syn. für ↗ *Prolactin.*

Lutropin, *luteinisierendes Hormon, LH, interstizialzellenstimulierendes Hormon, ICSH*, ein gonadotropes Hormon der Säuger. Menschliches L. (M_r 23 kDa; I.P. 7,3.; 15,5% Kohlenhydratanteil) besteht aus einer α- (89 AS) und einer β-Kette (121 AS), von denen die α-Untereinheit mit der des ↗ *Thyreotropins* identisch ist. Die Ausschüttung im Hypophysenvorderlappen erfolgt über das Hypothalamushormon ↗ *Gonadoliberin*. L. wirkt auf die Gonaden und stimuliert im weiblichen Geschlecht die Östrogenbildung und aufgrund einer vermehrten Produktion des Östrogens den Follikelsprung im Ovar sowie die Umwandlung des Follikels zum Gelbkörper (Gelbkörperbildungshormon). Im männlichen Geschlecht wird durch L. die Bildung von Testosteron in den Leydigschen Zwischenzellen des Hodens angeregt. [N.B. Schwartz *Can. J. Physiol. Pharmacol.* **73** (1995) 675]

Lyasen, ↗ *Enzyme* der 4. Hauptklasse nach der EC-Nomenklatur. L. katalysieren die nichthydrolytische Abspaltung von Gruppen aus Substraten unter Ausbildung einer Doppelbindung bzw. die Anlagerung einer Gruppe an eine Doppelbindung. Im letzteren Fall spricht man von Synthasen.

Lycopin, ein zur Gruppe der Carotinoide gehörender ungesättigter aliphatischer Kohlenwasserstoff isoprenoider Herkunft (Abb.; M_r 536 Da, F. 173 °C). L. ist als roter Farbstoff im Pflanzenreich, besonders in Früchten und Beeren, weit verbreitet. Zur Biosynthese ↗ *Tetraterpene*.

β-Lycotetraose, ↗ *α-Tomatin.*

Lymphocyten, Zellen des spezifischen Immunsystems, die vor allem für die spezifische Erkennung von Antigenen und die Auslösung einer gerichteten Immunantwort verantwortlich sind. Die L. machen etwa 20% der gesamten weißen Blutkörperchen (Leucocyten) aus. Man unterscheidet zwischen T-Zellen (↗ *T-Lymphocyten*) und B-Zellen (↗ *B-Lym-*

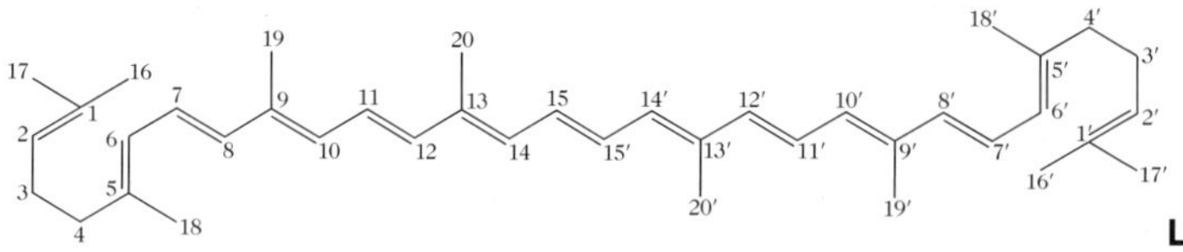

Lycopin

phocyten). Die Zahl der B- und T-L. in einem Organismus verändert sich nach der Reifung des Immunsystems nicht mehr, obgleich täglich Millionen neuer L. gebildet werden. Die Annahme, dass neu gebildete L. alte L. ersetzen, ist nicht mehr aufrecht zu erhalten. Vielmehr häufen sich die Hinweise, dass es nur einem Teil der neu gebildeten L. gelingt, die alten L. zu ersetzen. Die meisten neu gebildeten L. sterben wieder ab. Nur solche L., die einen Selektionsvorteil gegenüber den alten Zellen haben, etablieren sich im Immunsystem. Es wird nach diesen Vorstellungen angenommen, dass die meisten L. wochen-, monate- oder sogar jahrelang leben. Vermutlich sind einige identisch mit den Gedächtniszellen, die bei einer Immunantwort nach dem ersten Kontakt mit dem Antigen aktiviert werden.

B-Lymphocyten, *B-Zellen*, ein sich aus aktivierten B-Zellen im Knochenmark (engl. *bone marrow*) des Erwachsenen bzw. in der fötalen Leber entwickelnder Lymphocytentyp, der später ↗ *Antikörper* bildet und Träger der humoralen Immunität ist.

T-Lymphocyten, *T-Zellen*, neben den B-Lymphocyten (B-Zellen) die zweite große Klasse der ↗ *Lymphocyten*. T-L. werden im Thymus entwickelt und sind für die zelluläre Immunantwort verantwortlich. Sie tragen einen T-Zell-Rezeptor (TCR), der ein Antigen in Kombination mit endogenen ↗ *MHC-Molekülen* erkennt. Neben dem TCR tragen T-L. auf ihrer Oberfläche mit CD4 (bei cytotoxischen T-Zellen) oder CD8 (bei den T-Helfer-Zellen) sog. Hilfsrezeptoren, mit denen eine ergänzende Bindung an die MHC-Moleküle erfolgt. Das mit dem TCR verbundene CD3-Molekül übermittelt die Information einer erfolgten Antigenbindung in das Zellinnere.

Lymphocyten-Interferon, *Lymphocyten-INF*, ↗ *Interferone*.

Lymphokine, *Cytokine, T-Zell-Cytokine*, lösliche Proteine mit lokaler Mediatorfunktion, die bevorzugt die Zellen des Immunsystems beeinflussen. Sie modifizieren das Verhalten und das Wachstum von Zellen, insbesondere solcher, die an der Immunantwort beteiligt sind. Die Bezeichnung L. wurde 1969 von Dumonde für die Beschreibung löslicher Faktoren verwendet, die von sensibilisierten Lymphocyten nach Wechselwirkung mit Antigenen oder Mitogenen gebildet werden und eine von der immunologischen Spezifität dieser Zellen unabhängige Wirkung entfalten. Nach der Entdeckung anderer löslicher Faktoren, die sich nicht von Lymphocyten ableiten, wurden neben den Begriff L. die Bezeichnungen ↗ *Monokine* (abgeleitet von Monocyten), ↗ *Cytokine* (abgeleitet von nichtlymphoiden Zellen) und ↗ *Interleukine* (zwischen Leucocyten wirkende Faktoren) eingeführt. Aufgrund der nachträglichen Einschränkung des Begriffs L. ist die Terminologie etwas verwirrend. Der Terminus L. wird im an-

gelsächsischen Sprachgebiet auch heute noch oft synonym für Cytokine verwendet. Andererseits werden im deutschsprachigen Raum L. und Monokine als Teilgruppe der Cytokine betrachtet. L. im engeren Sinne sind danach von Lymphocyten gebildete Cytokine, beispielsweise verschiedene Interleukine (IL-2, IL-4, IL-10) und Interferon-γ (IFN-γ). [A.S. Hamblin, *Lymphokines: in focus*, D. Male u. D. Rickwood (Hrsg.) IRL Press, Oxford, 1988]

Lymphotactin, ein Vertreter einer neuen Klasse von ↗ *Chemokinen*. Während die α-Chemokine durch ein strukturell konserviertes Cys-Cys-Motiv und die β-Chemokine durch ein Cys-Xaa-Cys-Motiv charakterisiert sind, fehlt beim L. der typische N-terminale Cys-Rest bei ansonsten großer Ähnlichkeit mit den Chemokinen, insbesondere mit den α-Chemokinen. L. besitzt chemotaktische Aktivität für Lymphocyten, aber nicht für Monocyten und Neutrophile. Es ist also ein Lymphocyten-spezifisches Chemokin. [G.S. Kelner et al. *Science* **266** (1994) 1.395]

Lymphotoxin, ältere Bezeichnung für Tumor-Nekrose-Faktor-β (↗ *Tumor-Nekrose-Faktor*).

Lys, Abk. für ↗ *L-Lysin*.

Lysergsäure, eine tetrazyklische Indolverbindung (M_r 368,32 Da). In ihrer D-Form – F. 240 °C (Z.), $[\alpha]_D^{20}$ +40° (c = 0,5, Pyridin) – ist die L. Grundkörper des LSD (↗ *Lysergsäurediethylamid*) und einer Gruppe der ↗ *Mutterkorn-Alkaloide*. Bei letzteren gehen Derivate der L. unter Konfigurationsumkehr am C8 in die biologisch inaktiven der *Isolysergsäure* über.

Lysergsäurediethylamid, *LSD*, ein nicht natürlich vorkommendes Derivat der D-Lysergsäure (Abb.). LSD ist das am stärksten wirksame bekannte Halluzinogen. Halluzinogene Lysergsäureabkömmlinge kommen in der mexikanischen Zauberdroge Ololiuqui, den Samen des Windengewächses *Rivea corymbosa* vor, nämlich Lysergsäureamid (Ergin) und Lysergsäurehydroxyethylamid. LSD kann halbsynthetisch aus Mutterkorn-Alkaloiden gewonnen werden, die z. B. in der Form des Ergometrins ebenfalls in *Rivea*-Samen vorkommen. Die halluzinogene Wirkung des LSD, die durch

Lysergsäurediethylamid. D-Lysergsäurediethylamin (LSD-25).

L-Lysin + 2-Oxoglutarat $\xrightarrow{\;H_2O\;}$ $\underset{\substack{(CH_2)_2 \\ | \\ COOH}}{\overset{\substack{COOH \\ |}}{C}} = N-(CH_2)_4-CH(NH_2)COOH \longrightarrow \underset{\substack{(CH_2)_2 \\ | \\ COOH}}{\overset{\substack{COOH \\ |}}{H\overset{|}{C}}}-NH-(CH_2)_4-CH(NH_2)COOH$

NADPH NADP⁺
+ H⁺

L-Saccharopin

NAD⁺ ⟶ L-Glutamat

$HOOC-(CH_2)_3-\underset{\underset{O}{\|}}{C}-COOH \xleftarrow{\text{Transami-}\atop\text{nierung}} HOOC-(CH_2)_3-CH(NH_2)COOH \xleftarrow{NAD^+} OHC-(CH_2)_3-CH(NH_2)COOH$

2-Oxoadipinsäure
2-Aminoadipinsäure
2-Aminoadipinsäuresemialdehyd

┄┄┄┄┄┄┄► wie beim Abbau von ↗ *L -Tryptophan*

L-Lysin. Abb. 1. Abbau von L-Lysin in der Tierleber.

schizophrenie-ähnliche Zustände gekennzeichnet ist, wurde von A. Hofmann während der Rekristallisation einer LSD-Tartratprobe zufällig erkannt. Der Gebrauch von LSD zeigt verheerende gesundheitliche Folgen.

L-Lysin, *Lys, α, ε-Diaminocapronsäure, 2,6-Diaminocapronsäure,* H₂N-(CH₂)₄-CH(NH₂)-COOH, eine basische proteinogene essenzielle Aminosäure. M_r 146,2 Da, F. 224 °C (Z.), $[\alpha]_D^{25}$ +25,9° (c = 2 in 5 M Salzsäure) bzw. +13,5° (c = 2, Wasser). Lys ist in Proteinen aus Getreide (Weizen, Gerste, Reis) und in anderen pflanzlichen Nahrungsmitteln in begrenzter Menge vorhanden. Der Bedarf an Lys ist besonders für das Kind und das junge wachsende Tier hoch, da es speziell für die Knochenbildung wichtig ist. Wie Threonin ist Lys nicht an reversiblen Transaminierungen beteiligt.

In der Rattenleber wird Lys hauptsächlich in den Mitochondrien abgebaut (Abb. 1). Dass er eine Umkehr der Reaktionen der Lys-Synthese darstellt (Abb. 2), ist eine Besonderheit dieses Abbauwegs. Die Bildung von Saccharopin eröffnet einen direkten Zugang zu 2-Aminoadipin-6-semialdehyd unter Umgehung der zyklischen Piperidein- und Piperidinintermediate. Der Semialdehyd wird auch auf einem zweiten Weg produziert, der durch die L-Aminosäure-Oxidase eingeleitet wird. Die gebildete Oxosäure zyklisiert spontan zu Δ¹-Piperidein-2-car-

bonsäure. Der Semialdehyd wird anschließend zu 2-Aminoadipinsäure oxidiert, die zu 2-Oxoadipinsäure transaminiert wird. Der weitere Abbau über Glutaryl-CoA zu Acetyl-CoA ist mit den letzten Schritten des L-Tryptophanabbaus (↗ *L-Tryptophan*) identisch. An einem alternativen Weg des Lysinabbaus in Säugetieren (und in Hefen) sind acetylierte Intermediate beteiligt, wodurch eine Zyklisierung verhindert wird. Ein weiterer Weg existiert in Bakterien. D-Lysin kann diesen Weg durch Umwandlung in L-Lysin mit Hilfe einer Pyridoxalphosphat-abhängigen Racemase ebenfalls beschreiten. Lys wird durch L-Lysin-Oxygenase in 5-Aminovaleramid überführt.

Für die Biosynthese von Lys gibt es in Pflanzen und Mikroorganismen zwei Wege: 1) Im *α-Aminoadipinsäureweg* in Brotschimmel (*Neurospora crassa*), der Bäckerhefe (*Saccharomyces cerevisiae*) u. a. wird Lys über α-Aminoadipinsäure aufgebaut. Diese Reaktionsfolge ist homolog zum Tricarbonsäure-Zyklus bis zur Stufe der α-Ketoadipinsäure. 2) Der *Diaminopimelinsäureweg* (Abb. 2), der in Bakterien, Blaualgen, Grünalgen, höheren Pflanzen und bestimmten Pilzen abläuft, enthält als Schlüsselsubstanz die L-α,ε-Diaminopimelinsäure, die nach Umsetzung zur meso-α,ε-Diaminopimelinsäure durch Decarboxylierung in Lys umgewandelt wird.

Pyruvat
+ $\xrightarrow{-H_2O}$ $\underset{\substack{HOOC-C \diagdown_N^{\diagup} CH-COOH}}{\overset{\substack{H \\ | \\ C \\ HC \diagup \diagdown CH_2}}{}}$ $\xrightarrow{NADPH + H^+}$ Δ¹-Piperidein-2,6-dicarbonsäure $\longrightarrow$ N-Succinyl-2-oxo-L-6-aminopimelinsäure $\longrightarrow$
L-Aspartat

2,3-Dihydropicolinsäure

$\longrightarrow$ N-Succinyl-L-2,6-diaminopimelinsäure $\longrightarrow$ L-2,6-Diaminopimelinsäure $\longrightarrow$ $\underset{\substack{(CH_2)_3 \\ | \\ H-\overset{|}{C}-NH_2 \\ | \\ COOH}}{\overset{\substack{COOH \\ | \\ H-\overset{|}{C}-NH_2 \\ |}}{}}$ $\xrightarrow{-CO_2}$ L-Lysin

Meso-2,6-Diaminopimelinsäure

L-Lysin. Abb. 2. Diaminopimelinsäureweg der L-Lysin-Biosynthese.

Von besonderer technischer Bedeutung ist die enzymatische Synthese von Lys aus DL-α-Amino-caprolactam mit Hilfe der mikrobiell zugänglichen L-Aminocaprolactam-Hydrolase. Das bei der Synthese anfallende D-α-Aminocaprolactam wird enzymatisch racemisiert und schließlich vollständig in Lys überführt. Verwendet wird Lys als Futtermittelzusatz sowie zur Aufwertung biologisch minderwertiger pflanzlicher Nahrungsproteine. Durch einen Zusatz von 0,1–0,3 % Lys kann die Wachstumsrate von Geflügel und Schweinen beträchtlich gesteigert werden. Lys wurde 1889 von Drechsel erstmals aus Casein isoliert.

NK-Lysin, ein aus dem Darmgewebe von Schweinen isoliertes 78-AS-Peptid mit antibakterieller Aktivität. Es bildet amphiphatische α-Helices, die mit Phospholipidmembranen in Wechselwirkung treten und porenformende Aktivitäten zeigen. Das gereinigte Peptid zeigt auch lytische Aktivität gegen Tumorzellen und wird durch cytotoxische T-Zellen und natürliche Killerzellen synthetisiert. Zwischen NK-L. und dem ↗ *Amöbaporen* besteht 25–30 % Sequenzidentität und 45–50 % Sequenzähnlichkeit, so dass das NK-L. als ein homologes Säugerpeptid des porenformenden Peptids eines Protozoen-Parasiten betrachtet werden kann. [M. Andersson et al. *EMBO J.* **14** (1995) 1.615; M. Leippe *Cell* **83** (1995) 17]

Lysinonorleucin, eine durch Kondensation zweier Lysinreste benachbarter Peptidketten unter der Katalyse der ↗ *Lysin-Oxidase* entstandene Verbindung, die zur Quervernetzung von Elastinfasern beiträgt (↗ *Elastin*).

Lysin-Oxidase, *Lysyl-Oxidase*, ein extrazelluläres, Cu^{2+}-abhängiges Enzym, das Lysin- und Hydroxylysinreste von Kollagenfibrillen (↗ *Kollagen*) und ↗ *Elastin* desaminiert, wobei die resultierenden Aldehydgruppen mit Aldehydgruppen benachbarter Peptidketten in einer Aldoladdition bzw. mit entsprechenden Lysin- oder Hydroxylysingruppen der benachbarten Kette unter Aldiminbildung reagieren

(↗ *Lysinonorleucin*) und somit zur Quervernetzung beitragen.

Lysocephaline, *Lysophosphatidinsäuren*, zu den ↗ *Membranlipiden* gehörende ↗ *Phospholipide*.

Lysolecithine, *Lysophosphatidinsäuren*, zu den ↗ *Membranlipiden* gehörende ↗ *Phospholipide*.

Lysopin, ↗ D-Octopin.

lysosomale Speicherkrankheiten, ↗ *angeborene Stoffwechselstörungen* (Tab.) die dadurch gekennzeichnet sind, dass in den ↗ *Lysosomen* spezifische Hydrolasen fehlen (Abb.) und deshalb die Enzymsubstrate akkumuliert bzw. „gespeichert" werden. Ein genetischer Defekt kann darin bestehen, dass keine lysosomale Hydrolase synthetisiert wird, ein Aktivatorprotein fehlt, ein weniger stabiles Enzym synthetisiert wird oder das synthetisierte Enzym kein Zielortmerkmal, das auf die Lysosomen ausgerichtet ist, aufweist. L. S. werden gewöhnlich entsprechend der Natur des akkumulierten Materials benannt, z. B. *Mucopolysaccharidose, Oligosaccharidose, Mucolipidose, Sphingolipidose*, usw.

Lysosomen, im Cytoplasma eukaryontischer Zellen vorkommende, 0,22 nm große, licht- und elektronenoptisch homogene Organellen von ausgesprochen polymorpher Natur, die biochemisch oder histochemisch, aber nicht morphologisch zu charakterisieren sind. Sie sind durch eine Lipoproteinmembran gegen das Cytoplasma abgegrenzt. L. sind Orte ↗ *intrazellulärer Verdauung*, besonders von biologisch wichtigen Makromolekülen, wie Proteinen, Polynucleotiden, Polysacchariden, Lipiden, Glycoproteinen, Glycolipiden u. a. Katalysatoren dieser Abbauprozesse sind etwa 40 verschiedene lysosomale Hydrolasen, die alle ihre Wirkungsmaxima im sauren pH-Bereich haben. Leitenzym der L. ist die saure Phosphatase. L. werden unter anaeroben Bedingungen zerstört, wobei die lysosomalen Enzyme freigesetzt werden, die den Zellinhalt durch Autolyse zersetzen. Autolyse ist für postmortale Vorgänge kennzeichnend.

lysosomale Speicherkrankheiten. Tab. Einige humane lysosomale Speicherkrankheiten und die defizienten Enzyme. Die klinischen Befunde sind bei dem jeweiligen Stichwort aufgelistet.

lysosomale Speicherkrankheit	defektes Enzym	EC-Nummer
↗ *Aspartylglycosaminurie*	N^4-(β-N-Acetylglucosaminyl)-L-Asparaginase	3.5.1.26
↗ *Cholesterinesterspeicherkrankheit*	saure Lipase	3.1.3.2
↗ *Fabry-Syndrom*	Ceramid-Trihexosidase	3.2.1.45
↗ *Farbersche Krankheit*	Acylsphingosin-Deacylase (Ceramidase)	3.5.1.23
↗ *Fucosidose*	α-L-Fucosidase	3.2.1.51
↗ *Gangliosidosen*		
G_{M1}-Gangliosidosen		

lysosomale Speicherkrankheiten. Tab. Einige humane lysosomale Speicherkrankheiten und die defizienten Enzyme. Die klinischen Befunde sind bei dem jeweiligen Stichwort aufgelistet.

lysosomale Speicherkrankheit	defektes Enzym	EC-Nummer
− allgemeine G_{M1}-Gangliosidose (infantile Gangliosidose, Gangliosidose I-G_{M1}, neuroviszerale Lipidose, Pseudo-Hurlersches Syndrom, Maladie de Landing)	β-Galactosidase A_1, A_2 und A_3	3.2.1.23
− juvenile G_{M1}-Gangliosidose (spätinfantile Gangliosidose, Gangliosidose II-G_{M1})	β-Galactosidase A_1 und A_3	3.2.1.23
− adulte G_{M1}-Gangliosidose (Gangliosidose III-G_{M1})	β-Galactosidase	3.2.1.23
− G_{M1}-Gangliosidose einschließlich Sialidose	β-Galactosidase und Sialidase	3.2.1.23 3.2.1.18
G_{M2}-Gangliosidosen		
− kindliche und jugendliche G_{M2}-Gangliosidose	β-N-Acetylhexosaminidase	3.2.1.30
− adulte G_{M2}-Gangliosidose	β-N-Acetylhexosaminidase A	3.2.1.30
G_{M3}-Gangliosidosen		
G_{M3}-Sphingolipodystrophie	(N-Acetylneuraminyl)-galactosylglucosylceramid-N-Acetylgalactosaminyl-Transferase	2.4.1.92
↗ Gauchersche Krankheit	Glycosylceramidase	3.2.1.45
↗ Krabbesche Krankheit (Krabbesche Leucodystrophie, Galactosylceramid-Lipidose, Globoidzellen-Leucodystrophie)	Galactosylceramidase	3.2.1.46
↗ Lactosylceramidose	Ceramidlactosid-β-Galactosidase	
↗ Mannosidose	α-Mannosidase	3.2.1.24
↗ metachromatische Leucodystrophie	Arylsulfatase	3.1.6.8
↗ Mucolipidosen		
− Mucolipidose I (↗ Sialidose)		
− Mucolipidose II (I-Zell-Krankheit)	N-Acetylglucosamin-Phosphotransferase	2.7.8.17
− Mucolipidose III (Pseudo-Hurlersche Polydystrophie)	N-Acetylglucosamin-Phosphotransferase	2.7.8.17
↗ Mucopolysaccharidosen		
− Mucopolysaccharidose I_H (Hurlersches Syndrom, Gargoylismus)	α-L-Iduronidase	3.2.1.76
− Mucopolysaccharidose I_S (Scheiesches Syndrom)	α-L-Iduronidase	3.2.1.76
− Mucopolysaccharidose II (Huntersches Syndrom)	Iduronat-2-Sulfatase	3.1.6.13
− Mucopolysaccharidose III_A (Sanfilippo A)	Heparan-N-Sulfatase	
− Mucopolysaccharidose III_B (Sanfilippo B)	α-N-Acetylglucosaminidase	3.2.1.50
− Mucopolysaccharidose III_C (Sanfilippo C)	Glucosamin-N-Acetylglucosaminidase	2.3.1.3
− Mucopolysaccharidose III_D (Sanfilippo D)	N-Acetylglucosamin-6-Sulfatase	3.1.6.14
− Mucopolysaccharidose IV_A (Morquio-Brailsford-Syndrom I)	N-Acetylgalactosamin-6-Sulfatase	3.1.6.4
− Mucopolysaccharidose IV_B (Morquio-Brailsford-Syndrom II)	β-Galactosidase	3.2.1.23
− Mucopolysaccharidose VI_A, VI_B, VI_C (Maroteaux-Lamy-Syndrom)	N-Acetylgalactosamin-4-Sulfatase	3.1.6.12
− Mucopolysaccharidose VII (Sly-Syndrom)	β-Glucuronidase	3.2.1.31
↗ Mucosulfatidose	β-Galactosidase	3.2.1.23

lysosomale Speicherkrankheit	defektes Enzym	EC-Nummer
↗ *neuronale Ceroidlipofuscinose (familiäre amaurotische Idiotie)*		
↗ *Nieman-Picksche Krankheit*	Sphingomyelin-Phosphodiesterase	3.1.4.12
↗ *Sandhoffsche Krankheit*	β-N-Acetylhexosaminidase A und B	3.2.1.30
↗ *Saure-Phosphatase-Mangel*	lysosomale saure Phosphatase	3.1.3.2
↗ *Sialidose (Mucolipidose I)*	Glucoprotein-Sialidase	3.2.1.18
↗ *Sialinsäurespeicherkrankheit*		
↗ *Tay-Sachssche Krankheit*	β-N-Acetylhexosaminidase A	3.2.1.30
↗ *Wolmansche Krankheit*	saure Lipase	3.1.3.2

Die *primären L.* werden im Golgi-Apparat der Zelle gebildet. Durch ihre Verschmelzung mit phagocytierenden und pinocytierenden Vakuolen, den Phagosomen, entstehen die als Verdauungsvakuolen bezeichneten *sekundären L.* Substrate der L. sind demnach auch Zellpartikel wie Ribosomen oder selbst Mitochondrien, die von Phagolysosomen aufgenommen und abgebaut werden können. L. wurden 1959 von De Duve (Nobelpreis 1974) entdeckt.

Lysozym, *Endolysin, Muramidase* (EC 3.2.1.17), eine weit verbreitet vorkommende Hydrolase. Sie ist in Phagen, Bakterien, Pflanzen, Nichtwirbeltieren und Wirbeltieren, bei letzteren vor allem in Eiklar, Speichel, Tränen und Schleimhäuten enthalten. L. löst als bakteriolytisches Enzym die Proteoglycankomponente der Bakterienmembran auf, indem es die β-1→4-Bindung zwischen *N*-Acetylglucosamin und *N*-Acetylmuraminsäure hydrolysiert. Deshalb dient L. zum Schutz gegen das Ein-

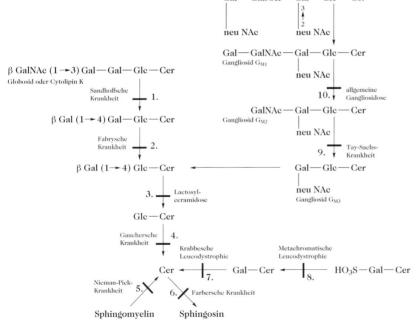

Lysosomale Speicherkrankheiten. Abb. Katabolismus von Glycososphingolipiden und Sphingomyelin bei Menschen. Die Stellen, an denen Stoffwechselstörungen auftreten, sind durch fette Balken gekennzeichnet. Cer, Ceramid; Gal, Galactosyl; Glc, Glucosyl; GalNAc, *N*-Acetylgalactosaminidyl; neuNAC, *N*-Acetylneuraminidyl; **1.** β-Acetylhexosaminidase, EC 3.2.1.20; **2.** Ceramidtrihexosidase, EC 3.2.1.22; **3.** Ceramidlactosid-β-Galactosidase, EC 3.2.1.?; **4.** Glucosylceramidase, EC 3.2.1.45; **5.** Sphingomyelin-Phosphodiesterase, EC 3.1.4.12; **6.** Acylsphingosin-Desacylase, EC 3.5.1.23; **7.** Galactosylceramidase, EC 3.2.1.46; **8.** Arylsulfatase, EC 3.1.6.8; **9.** β-Acetylhexosaminidase, EC 3.2.1.30; **10.** β-Galactosidase, EC 3.2.1.23.

dringen von Bakterien. Die tierischen L. bestehen stets aus einer Kette von 129 Aminosäuren homologer Sequenz (M_r 14,2–14,6 kDa), die durch vier Disulfidbrücken und Wasserstoffbrücken, insbesondere zwischen den Seitenketten von Ser, Thr, Asn und Gln, zu einem globulären Protein bekannter Tertiärstruktur (42 % α-Helix, hydrophobe Tryptophanreste liegen an der Oberfläche) zusammengefaltet sind. Ein Molekül L. wird wie andere Hydrolasen (z. B. Papain, Ribonuclease) durch einen Spalt in zwei Hälften geteilt. Dieser Spalt ist das aktive Zentrum des L. und dient zur Aufnahme einer Hexasaccharideinheit des zu hydrolysierenden Proteoglycanmoleküls. Zwischen L. und α-Lactalbumin (123 Reste) besteht eine bemerkenswerte Übereinstimmung in der Primär- und Tertiärstruktur. Es wird vermutet, dass beide Proteine von einem gemeinsamen Vorläuferprotein mit Lysozymaktivität abstammen, ein Beispiel der divergenten Evolution durch Genduplikation. Dagegen bestehen zwischen tierischem und Bakteriophagen-L. keine strukturellen Beziehungen. Das Bakteriophagen-L. besteht aus 157 Aminosäureresten (λ-Phagen-Endolysin, M_r 17,87 kDa) oder 164 Aminosäureresten (T4- und T2-Phagen-L., M_r 18,72 kDa) und sind entweder Endoacetylmuramidasen (T4, T2) oder Endoacetylglucosaminidasen (Streptococcen-L.).

Lysylbradykinin, ↗ *Bradykinin*.

Lysyl-Oxidase, Syn. für ↗ *Lysin-Oxidase*.

Lyticase, ein Enzym, das spezifisch zum Aufschluss von Hefezellwänden verwendet wird, wobei die lysierten Hefen anschließend mit Proteinase K weiter behandelt werden.

M

mμ, Millimicron, ein veraltetes Symbol für nm.

Maackiain, *3-Hydroxy-8,9-methylendioxypterocarpan*. ↗ *Pterocarpane*.

Mac-1, ein vor allem auf Makrophagen vorkommender Vertreter der ↗ *Integrine*.

Macdougallin, *14α-Methyl-5α-cholest-8(9)-en-3β,6α-diol*, ein Phytosterin (↗ *Sterine*). M_r 416,69 Da, F. 173 °C, $[\alpha]_D$ +72° (Chloroform). M. wurde aus den Kakteen *Peniocereus fosterianus* und *P. macdougalli* isoliert. Es kann auch als tetrazyklisches Triterpen mit 30,31-Bisdesmethyllanostan-Skelett angesehen werden und nimmt eine Mittelstellung zwischen Lanosterin und den daraus entstehenden eigentlichen Sterinen ein.

Maduropeptin, *MDP*, ein aus der Kulturflüssigkeit von *Actinomadura madurae* isoliertes antitumorwirksames Chromoprotein. M. besteht aus einem Endiin-enthaltenden Chromophor (Abb.) und einem sauren stabilisierenden Protein (M_r 32 kDa). Der Chromophor bildet einen labilen neungliedrigen Endiin-Ring, zeigt aber keine Homologie zu ähnlichen Endiin enthaltenden Chromoproteinen (Neocarcinostatin, Macromomycin, Actinoxanthin oder Kedarcidin). Der M.-Chromophor allein besitzt antibakterielle und cytotoxische Wirkungen. Er spaltet Doppelstrang-DNA *in vitro* an speziellen biologisch kritischen DNA-Sequenzen, während das proteaseähnliche Apoprotein den Chromophor stabilisiert und solubilisiert. Ebenso wie ↗ *Neocarcinostatin* und Kedarcidin katalysiert M. *in vitro* den Abbau von Histonen zu niedermolekularen Peptiden. [N. Zein et al., *Biochemistry* **34** (1995) 11.591]

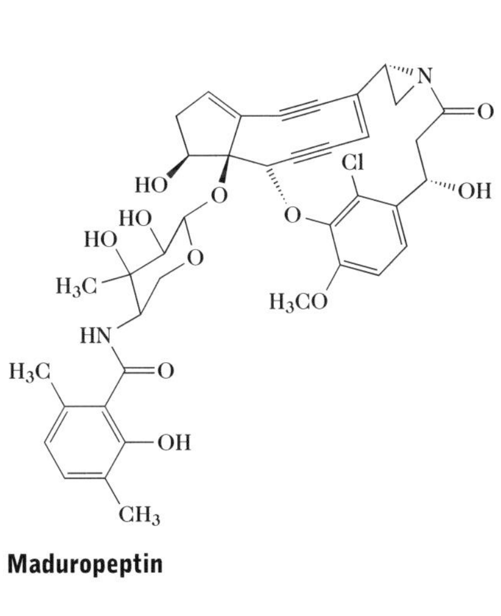

Maduropeptin

Magainine, die ersten in Wirbeltieren entdeckten Peptide, die neben dem Immunsystem ein spezielles chemisches Abwehrsystem gegen Infektionen repräsentieren. Aus der Haut südafrikanischer Klauenfrösche (*Xenopus laevis*) wurden verschiedene, strukturell ähnliche Peptide mit antibakterieller Wirkung isoliert. *M. I* besitzt folgende Sequenz: H-Gly^1-Ile-Gly-Lys-Phe^5-Leu-His-Ser-Ala-Gly^{10}-Lys-Phe-Gly-Lys-Ala^{15}-Phe-Val-Gly-Glu-Ile^{20}-Met-Lys-Ser-OH, während *M. II* ein [Lys^{10}, Asn^{22}] M. ist. Die beiden wirksamsten M. sind strukturell sehr ähnlich und haben die Fähigkeit, amphiphile α-Helices zu bilden, die Membranen durchspannen können. M. besitzen antibakterielle und fungizide Wirkungen. Schon in sehr geringen Konzentrationen verursachen M. kurzzeitig eine osmotische Lyse bei Protozoen, was möglicherweise auf eine Unterbrechung des Flüssigkeitstransports durch die Zellmembran zurückzuführen ist. In umfangreichen Struktur-Aktivitäts-Studien werden Analoga der M. auf antivirale, antibakterielle und auch antitumorale Wirkungen getestet. [M. Zasloff et al., *Proc. Natl. Acad. Sci. USA* **85** (1988) 910]

Magnesium, *Mg*, ein Bioelement mit zahlreichen biologischen Funktionen. Es ist z. B. Bestandteil des ↗ *Chlorophylls* und als Cofaktor an Phosphorylierungsvorgängen (z. B. der Hexokinase, Phosphofructokinase und Adenylat-Kinase), an der Photosynthese, an den Reaktionen des ↗ *Energiestoffwechsels* sowie an vielen anderen enzymatischen Vorgängen im pflanzlichen Stoffwechsel beteiligt. Im menschlichen Organismus fungiert es z. B. als Aktivator des Zuckerabbaus und ist ein Antagonist des Calciums. Mg-Mangel, z. B. infolge von Darmresorptionsstörungen oder chronischem Alkoholismus, führt zu starken Krämpfen. Die WHO empfiehlt eine tägliche Aufnahme von 300–350 mg Mg. Medizinische Verwendung finden Mg-Salze gegen Blutstauungen, Fettsucht, Leber- und Gallenleiden sowie Verstopfung.

Maillard-Reaktion, Reaktion von reduzierenden Mono- oder Oligosacchariden mit Aminosäuren oder Aminen. Die M. verläuft über die Bildung von Glycosylaminen und anschließende Amadori-Umlagerung. Eine M. tritt beim Erhitzen von Glycoproteinen oder Kohlenhydrat-Protein-Gemischen ein. Auf Produkte der M. ist unter anderem das Braunwerden vieler Lebensmittel beim Lagern zurückzuführen.

Maisfaktor, ↗ *Zeatin*.

Maitotoxin, ein aus Zellkulturen des Dinoflagellaten *Gambierdiscus toxicus* isoliertes wasserlösliches und hochtoxisches Algengift (LD$_{50}$ 50 ng/kg, Maus, i.p.). Das über die Nahrungskette angereicherte Toxin ist eine der Ursachen für die sog. *Ciguarata-Fisch-Vergiftung*, deren Symptome sich in Magen-Darm-Verstimmung, Herz-Kreislauf-Beschwerden,

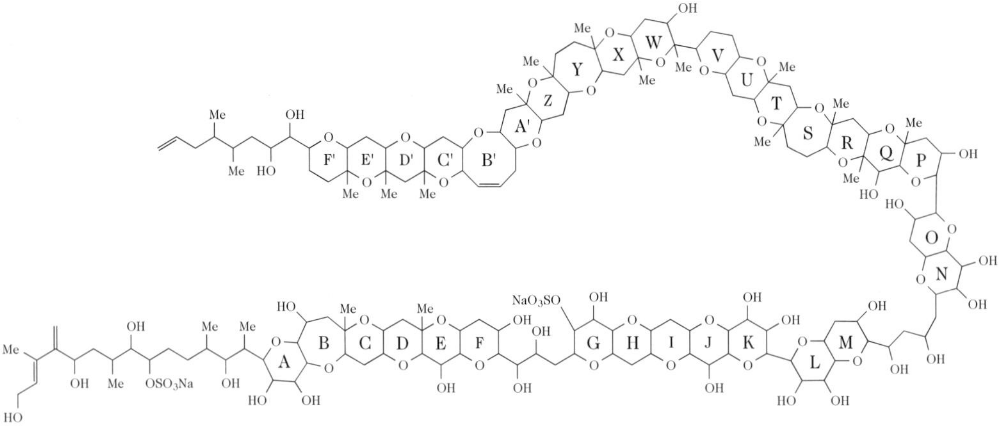

Maitotoxin

Juckreiz, Umkehrung der Heiß-Kalt-Empfindung u. a. äußern. Das aus Polyether-Einheiten aufgebaute M. (M_r 3.422 Da) ist eines der größten bisher bekannten natürlich vorkommenden „Nichtbiopolymeren" (Abb.). [K. Tachibana et al., *Angew. Chem.* **108** (1996) 1.782]

MAK, 1) auch *mAK*, Abk. für ↗ *monoklonale Antikörper*. **2)** Abk. für ↗ *maximale Arbeitsplatzkonzentration*.

Makroelement, ↗ *Mineralstoffe*.

α_2-Makroglobulin, *α_2-Antiplasmin*, ein α_2-Plasmaprotein, M_r 650–725 kDa. α_2-M. ist ein Glycoprotein und enthält 8,2 % Kohlenhydrate (Mannose, Fucose, *N*-Acetylglucosamin und Sialinsäure). Die elektronenmikroskopisch bestimmte Struktur gleicht zwei sich gegenüberliegenden Bohnen. Diese beiden identischen Untereinheiten sind nichtkovalent verbunden. Jede Untereinheit besteht aus zwei Peptidketten, die durch Disulfidbrücken kovalent verknüpft sind. α_2-M. bindet eine Reihe von Proteasen unterschiedlicher Spezifität und unterschiedlichen Ursprungs, z. B. Trypsin, Plasmin, Thrombin, Kallikrein und Chymotrypsin und inhibiert diese. Im Gegensatz zu anderen Protease-Inhibitoren blockiert α_2-M. die aktiven Zentren der Enzyme nicht, weshalb die Aktivität von α_2-M.-Komplexen gegenüber niedermolekularen synthetischen Substraten fast vollständig erhalten bleibt. Die gebundene Protease wirkt auf die α_2-M.-Untereinheit (M_r ungefähr 350 kDa) und spaltet eine Proteinkette nahe ihrem Mittelpunkt. Die Spaltungsprodukte sind noch über Disulfidbrücken miteinander verbunden. α_2-M. hemmt selektiv das Wachstum von Tumoren in Zellkulturen und bei Ratten. Wie ↗ *Coeruloplasmin* besitzt α_2-M. eine spezifische Bindungsaffinität für Zink. Die Konzentration an α_2-M. beträgt beim Menschen 220–380 mg / 100 ml Plasma.

Makrolid-Antibiotika, Syn. für ↗ *Makrolide*.

Makrolide, *Makrolid-Antibiotika*, eine Gruppe von Antibiotika aus verschiedenen *Streptomyces*-Stämmen, denen eine komplizierte makrozyklische Struktur gemeinsam ist. M. hemmen die Proteinbiosynthese durch Blockierung der Peptidknüpfung und der Translokationsreaktion an der ribosomalen 50 S-Untereinheit, ähnlich dem ↗ *Chloramphenicol*. Zu den M. gehören z. B. Erythromycin (Abb.), Spiramycin, Oleandomycin, Carbomycin, Angolamycin, Leucomycin, Picromycin; fast alle werden als Breitbandantibiotika therapeutisch eingesetzt.

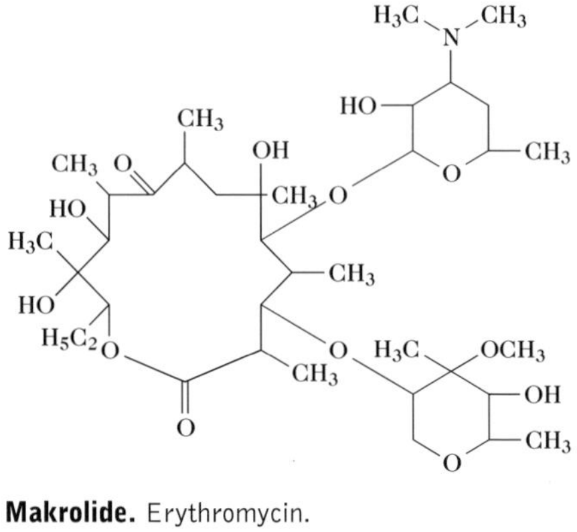

Makrolide. Erythromycin.

Makrophagen, Effektorzellen der unspezifischen Immunabwehr, die zusammen mit den ↗ *Monocyten* zu den Zellen des mononukleären Phagocytensystems gehören. Sie entwickeln sich aus den Monocyten in verschiedenen Organen und Gewebesystemen. In Abhängigkeit vom Gewebetyp unterscheidet man M. der Lunge (*Alveolarmakrophagen*), der Milz (*Milzmakrophagen*), der Bauchhöhle (*Peritonealmakrophagen*), der Gelenke, des Knochens (*Osteoklasten*), der Leber (*Kupffer-Zellen*), des Bindegewebes, der Niere und des Gehirns. Die Aufgabe der

M. im nicht entzündeten Gewebe besteht in der Beseitigung gealterter Zellen. Im Gegensatz dazu sind an Entzündungsprozessen aktivierte M. beteiligt, die sich durch einen erhöhten Metabolismus auszeichnen und zu einer gesteigerten Phagocytose, Cytotoxizität und Adhärenz befähigt sind. Diese sekretorisch hochaktiven Zellen greifen durch vermehrte Freisetzung von ↗ *Cytokinen* regulierend in die Immunreaktion ein.

Makrophagen-CSF, *M-CSF, CSF-1*, ein zu den ↗ *koloniestimulierenden Faktoren* zählendes Glycoprotein.

Maladie de Landing, ↗ *Gangliosidosen (allgemeine G_{M1}-Gangliosidose)*.

Malat, ↗ *Äpfelsäure.*

Malat-Aspartat-Shuttle, ein Transportsystem für die Elektronen des während der ↗ *Glycolyse* gebildeten NADH + H$^+$ vom Cytosol durch die innere Mitochondrienmembran. Da die innere Mitochondrienmembran für NADH + H$^+$ und NAD$^+$ völlig undurchlässig ist, müssen die bei der Glycolyse durch die Oxidation des Glycerinaldehyd-3-phosphats gebildeten Reduktionsäquivalente (NADH + H$^+$) zur Oxidation in der ↗ *Atmungskette* mittels komplexer Shuttle-Systeme in das Mitochondrium geschleust

werden. Im Vergleich zum ↗ *Glycerinphosphat-Shuttle* ist der M. bei Säugern komplexer, aber bezüglich der Energiekonservierung effizienter. Zum M. gehören zwei Membran-Carriersysteme und vier Enzyme (Abb.). Die Elektronen des cytosolisch gebildeten NADH + H$^+$ werden unter der Katalyse der cytosolischen Malat-Dehydrogenase auf Oxalacetat übertragen. Das gebildete Malat gelangt über den Malat/α-Ketoglutarat-Carrier durch die innere Mitochondrienmembran in die Mitochondrienmatrix und wird dort durch die mitochondriale Malat-Dehydrogenase wieder in Oxalacetat umgewandelt, wodurch der Elektronentransfer komplettiert wird. Die Regeneration von Oxalacetat im Cytosol erfolgt durch die zweite Stufe des M. Hierbei wird durch die Aspartat-Aminotransferase mitochondriales Oxalacetat in Aspartat überführt, das über den Glutamat/Aspartat-Carrier in das Cytosol gelangt, während gleichzeitig aus Glutamat α-Ketoglutarat entsteht. Im Cytosol wird durch Transaminierung des ebenfalls transferierten α-Ketoglutarats Oxalacetat regeneriert und damit der Kreis geschlossen. Der M. ergibt im Gegensatz zum Glycerinphosphat-Shuttle bei der energetischen Verwertung der Elektronen des NADH + H$^+$ in der Atmungskette drei ATP. Der M.

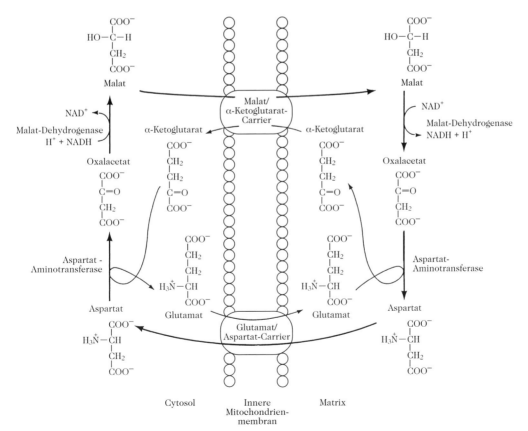

Malat-Aspartat-Shuttle. [leicht verändert aus Voet u. Voet, Biochemie, VCH, Weinheim, 1992]

ist für Herz und Leber relevant. Der Transfer der Elektronen des NADH + H$^+$ über den M. kann nur dann erfolgen, wenn das NADH/NAD$^+$-Verhältnis im Cytosol höher ist als in der Mitochondrienmatrix.

Malat-Dehydrogenase, eine NAD$^+$-abhängige Oxidoreduktase, die im ↗ *Tricarbonsäure-Zyklus* die Dehydrierung von *S*-Malat zu Oxalacetat katalysiert. Das von der sekundären alkoholischen Hydroxylgruppe des Malats abgespaltene Hydrid-Ion wird auf NAD$^+$ übertragen. Aufgrund der endergonen Reaktion ist die Konzentration des gebildeten Oxalacetats sehr niedrig. Eine cytosolische M. ist am ↗ *Malat-Aspartat-Shuttle* sowie am ↗ *Tricarboxylat-Transportsystem* der ↗ *Fettsäurebiosynthese* beteiligt.

Malatenzym(e), *L-Malat-NADP-Oxidoreduktase, decarboxylierend* (EC 1.1.1.40), ein wichtiges Enzym, das in den meisten Organismen gefunden wurde und die Decarboxylierung von L-Malat zu Pyruvat und CO$_2$ katalysiert, bei gleichzeitiger Reduktion von NADP$^+$ zu NADPH (bzw. Synthese von Malat durch die Rückreaktion):

HOOC-CH$_2$-CHOH-COOH + NADP$^+$ ⇄ CH$_3$-CO-COOH + CO$_2$ + NADPH + H$^+$. Das M. übernimmt im Stoffwechsel verschiedene Rollen: 1) Die Synthese von Malat kann als anaplerotische Reaktion (↗ *Anaplerose*) des Tricarbonsäure-Zyklus dienen. 2) Ein wichtiger Weg zur vollständigen Verbrennung jedes Zwischenprodukts des Tricarbonsäure-Zyklus besteht in dessen Überführung in Malat und der nachfolgenden Decarboxylierung von Malat zu Pyruvat und CO$_2$ mit Hilfe von Malatenzymen. Tierische Mitochondrien enthalten zwei M., von denen eines spezifisch für NADP ist und das andere sowohl NADP als auch NAD verwendet. Die Regulierung ist komplex: wenn die Glycolyse auf niedriger Stufe abläuft, aktiviert freies CoA M. und fördert dadurch die Oxidation von Malat, während eine rasch ablaufende Glycolyse den NADH-Spiegel erhöht, der M. inhibiert. 3) In Pflanzen, die den C4-Weg der Photosynthese (↗ *Hatch-Slack-Kortschack-Zyklus*) beschreiten, exportieren die Mesophyllzellen Malat zu den Leitbündelzellen, wo es mit Hilfe von M. decarboxyliert wird; das entstehende CO$_2$ wird im Calvin-Zyklus assimiliert, während das Pyruvat zu den Mesophyllzellen zurückkehrt. 4) Das Malatenzym spielt zur Erzeugung von cytoplasmatischem NADPH in einem Kreislaufprozess eine wichtige Rolle: Malat, das von den Mitochondrien exportiert wird, wird durch cytoplasmatisches M. unter Bildung von NADPH decarboxyliert. Das Pyruvat tritt in die Mitochondrien ein und wird in Oxalacetat umgewandelt und anschließend durch NADH hydriert. Auf diese Weise wird Reduktionskraft (NADH) der Mitochondrien in Reduktionskraft (NADPH) des Cytoplasmas überführt, wo sie für NADPH-abhängige Biosynthesereaktionen zur Verfügung steht (↗ *Wasserstoffmetabolismus*).

Malat-Oxalacetat-Shuttle, ↗ *Wasserstoffmetabolismus*.

Malat-Synthase, ein glyoxysomales Enzym, das im ↗ *Glyoxylat-Zyklus* aus Glyoxylat und Acetyl-CoA die Synthese von Malat katalysiert.

MALDI, *matrixunterstützte Laserdesorption/Ionisation*, verbunden mit Massenspektrometrie ein spezielles Verfahren, das durch die schonende Ionenerzeugung die Analyse von Peptiden, Proteinen und Oligonucleotiden ermöglicht. Hierbei wird die Analysenprobe in eine geeignete Matrix eingebettet, die bei der eingestrahlten Laserwellenlänge eine hohe Absorption zeigt, wodurch nicht nur höhere Intensitäten der Analytmolekülionen erhalten werden, sondern nahezu keine Fragmentionen auftreten. Als typische Matrixsubstanzen für die M. in der biochemischen Analytik bewährten sich kleine organische Moleküle, wie beispielsweise Bernsteinsäure, Glycerin, Nicotinsäure, 2,5-Dihydroxybenzoesäure für die Analyse von Peptiden und Proteinen, speziell für Proteine 3,5-Dimethoxy-4-hydroxyzimtsäure (Sinapinsäure), für Peptide α-Cyano-4-hydroxyzimtsäure und für Oligonucleotide 4-Hydroxypipecolinsäure. Man verwendet für die M.-Massenspektroskopie u. a. Impuls-Festkörperlaser im UV-Bereich, wie z. B. Nd-YAG-Laser (Yttrium-Aluminium-Granat-Kristalle dotiert mit Neodym) mit Impulsdauern von 5–15 ns und Wellenlängen von 355 nm (Frequenzverdreifachung) oder 266 nm (Frequenzvervierfachung) oder Stickstoff-Laser mit Impulsdauern von 3–5 ns mit einer Wellenlänge von 337 nm. Für den IR-Bereich können Er-YAG-Laser (Yttrium-Aluminium-Granat-Kristalle dotiert mit Erbium) mit Impulsdauern von 90 ns und einer Wellenlänge von 2,94 μm eingesetzt werden. Als Massenanalysatoren für M.-Massenspektroskopie verwendet man ↗ *Flugzeitmassenspektrometer*, die auch TOF-Analysatoren genannt werden, so dass man diese Analysenmethode auch als *MALDI-TOF* bezeichnet. Mittels M.-Massenspektroskopie kann man auch die Molekülmasse großer Moleküle, wie z. B. Proteine, sehr exakt bestimmen. Bei Kenntnis der Aminosäuresequenz lässt sich aus der Differenz der theoretischen Masse und der Masse eines posttranslationell modifizierten Proteins der Grad der Modifizierung z. B. durch Glycosylierung, Phosphorylierung oder Sulfatierung ermitteln. Nach limitierter Proteolyse von Proteinen gelingt es, ohne vorangegangene Auftrennung des Proteolysegemischs die Sequenz kleinerer Peptide nach kontrollierter Fragmentierung durch bestimmte massenspektrometrische Verfahren wie PSD (von engl. *post source decay*) bzw. CID (von engl. *collision induced decay*) zu bestimmen. Darüber hinaus lässt sich aus den Sequenzspektren unmittelbar die Lokalisation kovalenter Modifizierungen in der Peptidkette ermitteln. Da die Empfindlichkeit derartiger massenspektrometrischer Techniken bis in den Femtomol- und Subfemtomol-Bereich reicht, wird damit die Sensitivität der optischen Detektion des klassischen ↗ *Edman-Abbaus* übertroffen. [F. Lottspeich u. H. Zorbas (Hrsg.), *Bioanalytik*, Spektrum Akademischer Verlag, Heidelberg, Berlin 1998]

Maleinsäurehydrazid, *MH*, *1,2-Dihydro-3,6-pyridazindion* (Abb.), ein zur Gruppe der Retardanzien gehörender synthetischer Wachstumsregulator. Wegen seiner wachstumshemmenden Wirkung (stark, jedoch zeitlich begrenzt) wird MH zur Niederhaltung von Gräsern verwendet. MH hemmt die Samenreifung, unterdrückt das Wachstum von Wurzeln und Spitzentrieben. Bei Tabak und Tomaten unterbindet es die Ausbildung von Geiztrieben, bei Kartoffeln und Zwiebeln hemmt es die Keimung. Die Wirkung ist auf grüne Pflanzen beschränkt, andere Organismen werden nicht oder nur wenig beeinflusst. Tiere besitzen gegenüber MH eine hohe Toleranz. Die LD_{50} beträgt bei Ratten 4 g je kg Körpergewicht. Es sind keine Wirkungen nachweisbar, wenn Ratten lebenslang 1 % MH mit der Nahrung aufnehmen. Es gibt jedoch einige Hinweise dafür, dass MH carcinogen wirkt, weshalb es auf der Liste der vermutlich carcinogenen Substanzen geführt wird.

Maleinsäurehydrazid

Malformine, heterodet zyklische Pentapeptide mit cytotoxischen Wirkungen. *M. A$_1$*, cyclo-(D-Cys^1-D-Cys-Val-D-Leu-Xaa^5-; Disulfidbrücke: D-Cys^1-D-Cys^2; Xaa = Ile) ist ein Stoffwechselprodukt von *Aspergillus niger*. Daneben kennt man *M. B$_1$* (Xaa = Ala), *M. B$_2$* (Xaa = Val) und *M. C* (Xaa = Leu). M. verursachen Missbildungen bei höheren Pflanzen.

Malonsäure, HOOC-CH$_2$-COOH, eine Dicarbonsäure, die in freier Form nur vereinzelt in Pflanzen nachgewiesen wurde (F. 135,6 °C). Im Stoffwechsel liegt M. als Anion (*Malonat*) vor. Es ist ein bekannter kompetitiver Inhibitor der Succinat-Dehydrogenase im Tricarbonsäure-Zyklus. Ein besonders reaktionsfähiges Derivat der M., das Malonyl-Coenzym A, ist ein Zwischenprodukt der Fettsäurebiosynthese.

Malonyl-ACP, ein Intermediat der ↗ *Fettsäurebiosynthese*. M. ist ein durch Bindung an das Acyl-Carrier-Protein (ACP) aktivierter C$_2$-Gruppen-Donor, wobei eine Carboxylgruppe des Malonats mit dem ACP über eine Thioesterbindung verknüpft ist.

Malonyl-CoA, *Malonyl-Coenzym A*, ein unter der Katalyse der Acetyl-CoA-Carboxylase aus Acetyl-CoA, Natriumbicarbonat und ATP bei der ↗ *Fettsäurebiosynthese* gebildetes Intermediat.

Malonyl-Transacylase, *Malonyl-Transferase*, eine Komponente des Multienzymkomplexes der Fettsäure-Synthase von E. *coli* bzw. des multifunktionellen Enzymkomplexes der tierischen Fettsäure-Synthase, die den Transfer des Malonyl-Restes von Coenzym A (CoA) auf das Acyl-Carrier-Protein (ACP) während der ↗ *Fettsäurebiosynthese* katalysiert: Malonyl-CoA + ACP → Malonyl-ACP + CoA.

Maltase, veraltet für α-Glucosidase, ↗ *Glucosidasen*, ↗ *Maltose*.

Maltol, *Larixinsäure*, *3-Hydroxy-2-methyl-4H-pyran-4-on*, karamelartig riechende, rote Verbindung; F. 163–164 °C (Subl.). M. kommt in der Lärchenrinde und im Holzpech vor. Es bildet sich bei der trockenen Destillation von Stärke und Cellulose, bei Back- und Bratvorgängen sowie beim Rösten von Malz. M. wirkt als Geschmacksverstärker der Empfindung »süß« und spart als Zusatzstoff in Süßwaren Zucker ein.

Maltose, *Malzzucker*, *4-O-α-D-Glucopyranosyl-D-Glucose*, ein reduzierendes Disaccharid (Abb.). M_r 342,3 Da, F. 103 °C, $[\alpha]_D^{20}$ +112° → +137° (c = 4), in dem zwei Moleküle Glucose α-1→4-glycosidisch verknüpft sind. Sie ist zu Cellobiose stereoisomer. Verdünnte wässrige Säuren oder das in Hefe, Malz und Verdauungssäften enthaltene Enzym α-Glucosidase (früher Maltase) spaltet M. zu zwei Molekülen D-Glucose. M. ist der Grundbaustein von Stärke und Glycogen, findet sich aber auch vereinzelt in freier Form in höheren Pflanzen. Neben Lactose und Saccharose ist sie eines der drei natürlich vorkommenden Disaccharide. Das Monohydrat der M. wird technisch in ungefähr 80 %iger Ausbeute durch den Abbau von Stärke durch Amylasen (Diastase) gewonnen. Sie dient als vergärbares Ausgangsprodukt für Sprit, Bier und Branntwein sowie als Bienenfutter und Nährbodensubstrat.

Maltose. α-Maltose.

Maltose-Bindungsprotein, *MBP*, ein Protein (M_r 40 kDa) aus E. *coli*, das als Fusionsprotein in der rekombinanten DNA-Technologie Verwendung findet. Die entsprechenden Vektoren enthalten das Strukturgen für M., *malE*, Fremd-DNA wird stromabwärts davon inseriert. Das Fusionsprotein kann sowohl ins Periplasma als auch intrazellulär akkumuliert werden. Die MBP-Domäne lässt sich nach affinitätschromatographischer Reinigung durch den Gerinnungsfaktor Xa abspalten.

Maltotriose, ein aus drei Glucoseeinheiten α-1→4-glycosidisch verknüpftes Trisaccharid.

Malvidin, *3,5,7,4'-Tetrahydroxy-3',5'-dimethoxy-flavyliumkation*, das Aglycon verschiedener ↗ *Anthocyane*. Insgesamt sind über zehn natürliche Glycoside des M. bekannt, z. B. *Önin* (3-β-Glucosid), der Farbstoff der blauen Weintrauben und Blüten von Alpenveilchen- und Primelarten, sowie *Malvin* (3,5-Di-β-glucosid) aus der Wilden Malve (*Malva sylvestris*) und anderen Blütenpflanzen.

Malvin, ↗ *Malvidin*.

Malzextrakt, ein durch wässrige Extraktion von Gerstenmalz bei 50–60 °C gewonnener Extrakt, der bei der Kultivierung von Mikroorganismen dem Nährmedium zugesetzt wird. M. enthält als Hauptkomponente Maltose und andere Kohlenhydrate, aber auch Vitamine (z. B. 100 μg/g Nicotinsäure, 10 μg/g Thiamin). Der Gesamtstickstoffgehalt liegt bei etwa 1 %.

Malzzucker, ↗ *Maltose*.

Mammotropin, ↗ *Prolactin*.

Man, Abk. für ↗ *D-Mannose*.

Mangan, *Mn*, ein Bioelement, das in allen lebenden Zellen vorhanden ist. Diese enthalten gewöhnlich weniger als 1 ppm Mn auf der Trockengewichtsbasis bzw. weniger als 0,01 mM Mn in frischem Gewebe. Knochen enthalten 3,5 ppm Mn, Bakteriensporen dagegen 0,3 % Mn(II) ihres Trockengewichts. Mn(II) ist für die Sporenbildung von *Bacillus subtilis* wichtig. Diese Bakterien können eine intrazelluläre Mn-Konzentration von 0,2 mM gegenüber einer externen Mn-Konzentration von 1 μM aufrechterhalten. Mn stellt für Tiere und Pflanzen einen essenziellen Nahrungsbestandteil dar. Ein Manganmangel führt bei Tieren zur Degeneration der Keimdrüsen und zu Skelettanormalitäten. Bei Hühnern heißt die charakteristische Skelettanormalität Sehnenvorfallkrankheit bzw. Perose. Manganmangel ruft bei Pflanzen Chlorose und Dörrfleckenkrankheit hervor.

Viele Glycosyltransferasen (insbesondere Galactosyl- und *N*-Acetylgalactosaminyl-Transferasen) benötigen Mn zu ihrer Aktivität. Dies erklärt die Beeinträchtigung des Mucopolysaccharidstoffwechsels im Zusammenhang mit Symptomen des Manganmangels. Weitere Mangan-Proteine sind die Farnesylpyrophosphat-Synthetase, die eine Stufe der Cholesterinsynthese katalysiert, die Lactose-Synthetase, das Wasser-spaltende Protein P680 des Photosystems II bei der ↗ *Photosynthese*, die tierische mitochondriale Pyruvat-Carboxylase, ↗ *Concanavalin A* und die ↗ *Superoxid-Dismutase*.

Mangelmutanten, ↗ *auxotrophe Mutanten*.

Mannane, im Pflanzenreich weitverbreitete Polysaccharide, denen Reservefunktion zukommt. Mannane sind aus D-Mannose vorwiegend β-1→4-glycosidisch aufgebaut. Sie treten als Begleitstoffe der Cellulose auf (Hemicellulose). Hefezellwände enthalten M., deren Rückgrat aus α-1→6-glycosidisch verknüpften Mannosemolekülen aufgebaut ist. Diese besitzen kurze Verzweigungen (1–2 Mannoseeinheiten), die über α-1→2- und α-1→3-Bindungen gebildet werden.

Mannazucker, Syn. für ↗ *D-Mannit*.

Mannich-Basen, ↗ *Mannich-Kondensation*.

Mannich-Kondensation, Synthese von β-Aminoketonen aus CH-aciden Verbindungen (z. B. Ketone mit α-ständigen H-Atomen, Aldehyde, ferner aliphatische Nitroverbindungen, Blausäure, Ethin, Phenole, Thiophen, Pyrrol, Indol), Carbonylverbindungen, z. B. Formaldehyd, und primären oder sekundären Aminen (Abb.).

$$R-CO-CH_3 + H_2C{=}O + HNR_2 \xrightarrow{\ -H_2O\ }$$
$$R-CO-CH_2-CH_2-NR_2$$

Mannich-Kondensation

Die Produkte der M. werden als *Mannich-Basen* bezeichnet. Entscheidend für das Zustandekommen der M. ist die Primärreaktion zwischen dem Amin und dem Formaldehyd unter Bildung eines Aminomethyl-Kations. Das Aminomethyl-Kation reagiert im zweiten Reaktionsschritt mit dem Carbanion der CH-aciden Verbindung. Dabei kommt es zur Bildung einer Mannich-Base.

Die M. spielt bei der Biosynthese einiger Alkaloide eine wesentliche Rolle (z. B. ↗ *Anhalonium-Alkaloide*).

D-Mannit, *Mannitol, Mannazucker*, ein von der D-Mannose abgeleitetes Hexit. M_r 182,17 Da, F. 166 °C, $[\alpha]_D$ −2,1° (Wasser). M. ist zu 75 % im Saft der Manna-Esche (*Fraxinus ornus*) enthalten und auch in anderen höheren Pflanzen sowie in Pilzen und Algen weit verbreitet. M. dient Diabetikern als Zuckerersatz.

Mannitol, Syn. für ↗ *D-Mannit*.

D-Mannosamin, *2-Amino-2-desoxy-D-mannose*, ein von der D-Mannose abgeleiteter Aminozucker, wobei die Hydroxylgruppe am C2 durch eine Aminogruppe ersetzt ist. M_r 179,17 Da, F. des Hydrochlorids 180 °C, $[\alpha]_D$ −4° (c = 8, Wasser). M. ist Bestandteil der Neuraminsäuren sowie tierischer Mucolipide und Mucoproteine.

D-Mannose, *Man*, eine zu den Monosacchariden gehörende Hexose (Abb.). M_r 180,16 Da; α-Form: F. 133 °C, $[\alpha]_D^{20}$ +29,3° → +14,2°; β-Form: Zersetzung bei 132 °C, $[\alpha]_D^{20}$ 17,0° → +14,2° (c = 4). D-M. ist am C2 epimer mit der D-Glucose. Im Pflanzenreich findet sie sich nur vereinzelt in freier Form, ist aber Baustein zahlreicher hochpolymerer Polysaccharide aus Algen, Hefen und höheren Pflanzen. Besonders reich an M. ist Manna, ein Ausscheidungsprodukt verschiedener Eschearten.

Im *Mannosestoffwechsel* wird D-M. nicht durch Uridindiphosphat, sondern durch Guanosindiphosphat (GDP) aktiviert. Eine Transferase überführt Mannose-1-phosphat in GDP-Mannose. Der Abbau der M. erfolgt über das 6-Phosphoderivat zu Glucose-6-phosphat.

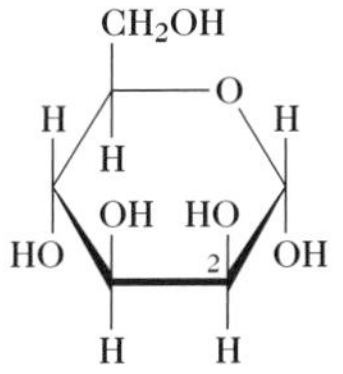

D-Mannose

Mannose-6-phosphat, *M6P*, ein molekularer Marker für die Lenkung von Proteinen zu den Lysosomen. Ein für den Transport in die Lysosomen bestimmtes Glycoprotein erhält seine M6P-Markierung im *cis*-Kompartiment des Golgi-Apparats. Dieser Phosphattransfer wird durch die *N*-Acetylglucosamin(GlcNAC)-Phosphotransferase katalysiert. Danach wird vom Phospho-*N*-acetylglucosamin-Intermediat durch die GlcNAc-Phosphoglycosidase der *N*-Acetylglucosaminrest abgespalten (Abb.). Im Golgi-Apparat befindet sich ein integrales Membranprotein, der ↗ *Mannose-6-phosphat-Rezeptor*, der die so markierten Proteine erkennt. [T.J. Baranski et al., *J. Biol. Chem.* **267** (1992) 23.342–23.348]

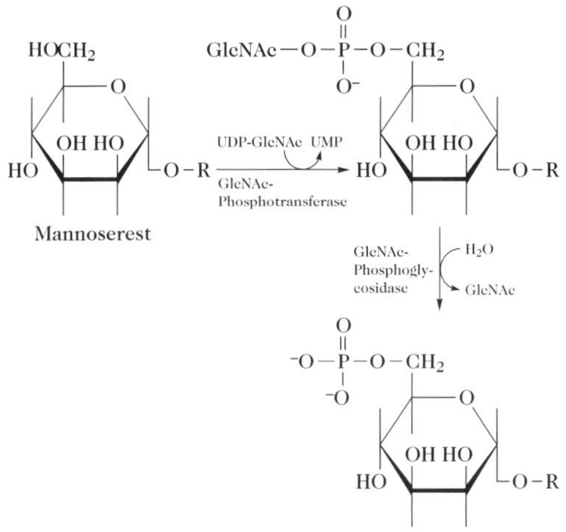

Mannose-6-phosphat. Mannose-6-phosphat-Markierung eines lysosomalen Glycoproteins, R = Rest des Glycoproteins.

Mannose-6-phosphat-Rezeptor, ein im *trans*-Golgi-Kompartiment auf der Lumenseite lokalisiertes Membranprotein, das ↗ *Mannose-6-phosphat*-(M6P)-markierte Proteine erkennt und bindet. M. spielt eine wichtige Rolle bei der Sortierung von Proteinen, die am rauen endoplasmatischen Reticulum ribosomal synthetisiert werden, und im Golgi-

Apparat für den Weitertransport zu Lysosomen bzw. für die Sekretion vorbereitet werden. Nach der Bindung schnüren sich Vesikel mit dem Glycoprotein-Rezeptor-Komplex von den Rändern des *trans*-Golgi-Kompartiments ab. Durch Erniedrigung des pH-Werts in dieser Sortiervesikel dissoziiert das markierte Glycoprotein von seinem Rezeptor. Das lysosomale Protein wird dephosphoryliert und gelangt in das Lumen des Lysosoms, während der M. zurückgeführt wird. Der Rezeptor kann auf diese Weise mehrfach verwendet werden. Fehlt der M., dann werden neusynthetisierte Glycoproteine mit Mannose-6-phosphat auf dem sekretorischen Weg aus der Zelle exportiert.

Mannosidose, eine ↗ *lysosomale Speicherkrankheit* (eine Oligosaccharidose), die durch einen Mangel an *α-Mannosidase* (EC 3.2.1.24) verursacht wird. Es kommt zur Akkumulation mannosereicher, glucosaminhaltiger Oligosaccharide. Klinische Symptome sind: Gehirnschädigung, Knochenanomalitäten, Hornhaut- und Linsentrübung, Leber- und Milzvergrößerung (Hepatosplenomegalie), sowie Skelettveränderungen und Gesichtsmerkmale ähnlich wie beim Hurlerschen Syndrom (Mucopolysaccharidose I$_H$, ↗ *Mucopolysaccharidosen*).

D-Mannuronsäure, eine von der D-Mannose abgeleitete Uronsäure (M_r 194,14 Da). Ist Baustein des Polyuronids Alginsäure.

MAO, Abk. für ↗ *Monoaminooxidase*.

MAO-Hemmer, ↗ *MAO-Inhibitoren*.

MAO-Inhibitoren, *MAO-Hemmer*, Inhibitoren der mitochondrialen ↗ *Monoaminooxidase* (MAO) mit antidepressiver Wirkung. Durch die Hemmung der MAO-A bzw. MAO-B mittels der M. *Tranylcypromin*, ein Amphetamin-Analogon, bzw. des substituierten Benzamids *Moclobemid* (Abb.) wird der Abbau von Noradrenalin und Serotonin in den Axonenden blockiert, wodurch der Gehalt in den Speichervesikeln und damit die Freisetzung im synaptischen Spalt ansteigt. Diese chronisch gesteigerte Konzentration bewirkt Adaptationsprozesse an prä- und postsynaptischen Neurotransmitterrezeptoren, auf die eine Besserung der Depression zurückzuführen ist. M., wie z. B. der L-Antipode von *Selegilin* [C$_6$H$_5$-CH$_2$-CH(CH$_3$)-N(CH$_3$)-CH$_2$-C≡CH], werden als Antiparkinsonmittel eingesetzt.

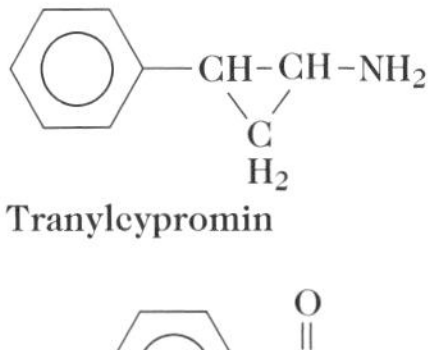

Tranylcypromin

Moclobemid

MAO-Inhibitoren

MAP 82

MAP, Abk. für ↗ *mikrotubulusassoziiertes Protein*, MAP-2, ↗ *Actin-bindende Proteine*.

MAPK, Abk. für mitogenaktivierte Protein-Kinase, ↗ *MAP-Kinase*.

MAP-Kinase, *MAPK, mitogenaktivierte Protein-Kinase, extrazellulär regulierte Kinase, ERK*, Sammelbezeichnung für eine Familie von Schlüsselenzymen in Signalprozessen von Wachstumsfaktor-Rezeptoren und Rezeptoren für Differenzierungsfaktoren. Diese Kinasen werden durch ein breites Spektrum unterschiedlicher Signale eingeschaltet, von denen einige ↗ *Rezeptor-Tyrosinkinasen*, andere wiederum ↗ *G-Protein-gekoppelte Rezeptoren* aktivieren. Sie wirken in Protein-Phosphorylierungskaskaden und erlangen ihre volle Aktivität nur dann, wenn sie an einem Threonin- und an einem Tyrosin-Rest phosphoryliert sind. Die regulatorische Thr-Glu-Tyr-Sequenz ist charakteristisch für alle M. von Hefe bis zu den Wirbeltieren. Die M. wird durch die *MAP-Kinase-Kinase (MAP-KK)* aktiviert, wobei sowohl der Tyrosin- als auch der Threonin-Rest der M. phosphoryliert werden. Die MAPKK selbst wird durch Phosphorylierung an Ser/Thr-Resten unter der Katalyse der *MAP-Kinase-Kinase-Kinase (MAPKKK)* aktiviert. Im Falle einer Aktivierung der Kaskade über Rezeptor-Tyrosinkinasen bzw. Ras (↗ *Ras-Proteine*) handelt es sich bei der MAPKKK häufig um die Serin/Threonin-Protein-Kinase *Raf*, während bei einer Aktivierung über G-Protein-gekoppelte Rezeptoren bzw. ↗ *Protein-Kinase C* die MAPKKK entweder Raf oder eine andere Serin/Threonin-Kinase sein kann. Die auf dem Wege dieser Kaskade aktivierte M. leitet das Signal durch Phosphorylierung anderer Protein-Kinasen bzw. genregulatorischer Proteine weiter. [E. Nishida u. Y. Gotoh, *Curr. Biol.* **3** (1993) 513–515]

MAP-Kinase-Kinase, *MAPKK*, ↗ *MAP-Kinase*.

MAP-Kinase-Kinase-Kinase, *MAPKKK*, ↗ *MAP-Kinase*.

MAPKK, Abk. für MAP-Kinase-Kinase, ↗ *MAP-Kinase*.

MAPKKK, Abk. für MAP-Kinase-Kinase-Kinase, ↗ *MAP-Kinase*.

Marasmus, *Unterernährung*, eine Ernährungsmangelkrankheit, die meistens bei Kindern unter einem Jahr auftritt und auf unzureichende Zuführung von Proteinen und Energieäquivalenten mit der Nahrung zurückzuführen ist. Normalerweise liegen auch gleichzeitig Mineralstoff- und Vitaminmangel sowie gastrointestinale Infektionen vor. Das Körpergewicht beträgt weniger als 60% des Altersdurchschnitts. Gewöhnlich liegt Entwässerung vor und es ist nur wenig oder kein subkutanes Fett vorhanden. Der Plasmaalbuminspiegel liegt bei 25 g/l (Normalwert 40 g/l). Charakteristische Haar- und Hautschäden wie bei ↗ *Kwashiorkor* treten nicht auf. Marasmusopfer wurden oft abrupt und früh abgestillt und bekamen anschließend verdünnte (und oft unhygienische) künstliche Nahrung, deren Gehalt an Energie und Protein niedrig ist. M. bei Kindern ist vergleichbar mit Hungern bei Erwachsenen. ↗ *Protein-Energie-Mangelernährung*.

Marfan-Syndrom, eine autosomal-dominant vererbte Krankheit, die durch Überstreckbarkeit der Gelenke, Unterentwicklung des Unterhautgewebes und der Muskulatur, Augenfehlbildungen, fakultative Herz-, Lungen- und Gefäßanomalien, Riesenwuchs u. a. gekennzeichnet ist. Zum M. führen Mutationen im Gen für das Glycoprotein Fibrillin, das offenbar für den Zusammenhalt der elastischen Fasern verantwortlich ist. Das M. ist benannt nach dem französischen Internisten Bernard J.A. Marfan.

Marihuana, die getrockneten und zerkleinerten Triebspitzen der weiblichen Hanfpflanze, ↗ *Haschisch*.

Markerenzym, ↗ *Leitenzym*.

Marker-Synthese, eine Laborsynthese, die von R.E. Marker zur Überführung von Diosgenin in Progesteron entwickelt wurde. In den fünfziger Jahren wurden fast alle Steroidhormone in den Labors aus Diosgenin synthetisiert, Ausgangsmaterialien waren eine japanische *Dioscorea*-Art, sowie die von Marker als Quellen identifizierten *Dioscorea composita* und *D. macrostachya* aus Mexiko. Mittlerweile stehen auch andere Synthesemethoden zur Verfügung, die M. ist jedoch noch immer von Bedeutung. Als Folge der Marker-Synthese fiel der Progesteronpreis in den späten vierziger Jahren von 80 Dollar je Gramm auf unter 50 Cents je Gramm.

Markierungsstelle, ↗ *Isotopentechnik*.

Maroteauz-Lamy-Syndrom, Syn. für Mucopolysaccharidose VI, ↗ *Mucopolysaccharidosen*.

Maspin, ein in den Epithelzellen von Brustdrüsen vorkommender Vertreter der ↗ *Serpine* mit tumorsuppressiver Aktivität. M. ist in der Zellmembran und in der extrazellulären Matrix lokalisiert. Die Art der M.-Wirkung ist gegenwärtig noch nicht aufgeklärt, sie entspricht nicht der anderer Serpine. Die cDNA von M. besteht aus 2.584 Nucleotiden und kodiert für ein 42 kDa-Protein mit der allgemeinen Struktur eines Serpins. [P.C.R. Hopkins et al., *Science* **265** (1994) 1.893–1.894]

Massenkultur, Fermentationsverfahren mit hoher Zelldichte (Ausbeute; Biotrockenmasse = 25 kg·m^{-3}). M. sind nur mit ↗ *Submerskulturen* möglich.

Mastoparan, H-Ile^1-Asn-Leu-Lys-Ala^5-Leu-Ala-Ala-Leu-Ala^{10}-Lys-Lys-Ile-Leu-NH$_2$, ein 14-AS-Peptidamid, das im Gift von Wespen, Hornissen u. a. vorkommt. Es degranuliert Mastzellen und induziert die Freisetzung von Catecholaminen und Serotonin aus adrenalen chromaffinen Zellen bzw. Plättchen. Neben M. der obigen Sequenz kommen weitere Peptide des Mastoparan-Typs vor. So enthält das Gift europäischer Hornissen [Leu^1,Leu^7,Val^9] M., das *M. C* genannt wird, und das ⏶ *Crabolin*. M. sind wie ⏶ *Mellitin* auch direkt hämolytisch aktiv und bilden darüber hinaus künstliche Ionenkanäle in Gastzellmembranen. [R.C. Hider, *Endeavour, New Series*, **12** (1988) 60; A. Argiolas u. J.J. Pisano, *J. Biol. Chem.* **259** (1984) 10.106]

Mastzellen, Gewebezellen, die neben ihrer Funktion, Parasiten sowie über die Schleimhaut eingedrungene Mikroorganismen unschädlich zu machen, gemeinsam mit basophilen Granulocyten die Symptome der Allergie verursachen. Man unterscheidet zwischen den Mucosa-assoziierten M. der Schleimhäute und den Bindegewebs-M. Auf der Oberfläche tragen die M. Rezeptoren, die freie IgE-Antikörper binden können. Eine Vernetzung gebundener IgE-Moleküle durch Antigene führt zur Degranulation der M. und zur Freisetzung von Entzündungsmediatoren. Ausgeschüttetes Histamin ist für die Quaddelbildung bei Allergien verantwortlich.

Mastzellen degranulierendes Peptid, *MCDP*, H-Ile^1-Lys-Cys-Asn-Cys^5-Lys-Arg-His-Val-Ile^{10}-Lys-Pro-His-Ile-Cys^{15}-Arg-Lys-Ile-Cys-Gly^{20}-Lys-Asn-NH$_2$ (Disulfidbindungen: Cys^3–Cys^{15}/Cys^5–Cys^{19}), ein 22-AS-Peptidamid des Bienengifts (1–2% des Giftes) mit neurotoxischer Wirkung. M. besitzt strukturelle Ähnlichkeit mit dem ⏶ *Apamin*, der zweiten neurotoxischen Komponente des Bienengifts. Beide basischen Peptide sind Zellen gegenüber nicht direkt lytisch wirksam, jedoch zeigt MCDP eine extrem potente Mastzellen degranulierende Aktivität, verbunden mit der Freisetzung großer Mengen von Histamin in die Gewebe. Ebenso wie Apamin blockiert MCDP Ca^{2+}-abhängige K$^+$-Kanäle in Neuronen. Die LD$_{50}$ beträgt 40 mg/kg (Maus, *i.v.*). [R.C. Hider, *Endeavour, New Series*, **12** (1988) 60; E. Moczydlowski et al., *J. Membrane Biol.* **105** (1988) 95]

Mastzellenwachstumsfaktor, Syn. für ⏶ *Stammzellenfaktor*.

Matricariacampher, ⏶ *Campher*.

Matricin, ein Prochamazulen vom Guajanolidtyp, ein Sesquiterpenlacton, das in Kamillenblüten und Schafgarbe vorkommt. In schwach saurer Lösung entsteht aus M. die entsprechende Säure, die *Guajazulencarbonsäure*, die bei etwa 50 °C, also z. B. während der Wasserdampfdestillation der Kamillenblüten, unter CO$_2$-Abspaltung und Aromatisierung in Chamazulen übergeht.

Matrix, ⏶ *Stroma*.

Matrix-GLA-Protein, *MGP*, ein Knochenmatrix-assoziiertes, γ-Carboxyglutaminsäure (Gla)-enthaltendes Protein (M$_r$ 15 kDa). MGP und *BGP* (engl. *bone Gla protein*, 49-AS, M$_r$ 5,8 kDa) sind die beiden Gla-enthaltenden Proteine im Knochen (80% des Kno-

chen-Gla ist Teil des BGP). Während BGP aus dem Knochen während der Demineralisierung isoliert werden kann, ist MGP stark mit der Kollagenknochen-Matrix assoziiert, die nach der Demineralisierung zurückbleibt. [P.A. Price et al., *Biochem. Biophys. Res. Commun.* **117** (1983) 765]

Matrix-Isolations-Technik, Verfahren zur IR-Spektrenbestimmung von reaktiven Zwischenprodukten, eine Spezialform der ⏶ *Infrarotspektroskopie*.

Matrix-Rezeptoren, Rezeptoren für die extrazelluläre Matrix, die für Wechselwirkungen zwischen der extrazellulären Matrix und Zellen verantwortlich sind. Es handelt sich um Transmembranproteine, die die Matrix mit dem Cytoskelett in der Zellrinde verbinden. Die wichtigsten Rezeptoren auf tierischen Zellen sind die ⏶ *Integrine*.

Matrix-unterstützte Laserdesorption/Ionisation, ⏶ *MALDI*.

Matrizenstrang, ⏶ *codogener Strang*.

Mavacurin, ein ⏶ *Curare-Alkaloid*.

Maxam-Gilbert-Verfahren, eine Methode der ⏶ *Nucleinsäuresequenzierung* zur Sequenzbestimmung von DNA. Hierbei werden DNA-Einzelstrangfragmente, die an einem Ende, oft dem 5'-Ende, radioaktiv markiert wurden, chemisch gespalten. Zusätzlich können die DNA-Fragmente mit [γ-^{32}P]ATP in der Gegenwart von Polynucleotid-5'-Hydroxylkinase inkubiert werden, wobei an die Hydroxylgruppe des 5'-Endes eine [^{32}P]-Phosphatgruppe addiert wird. Wenn diese Hydroxylgruppe bereits eine Phosphatgruppe trägt, wie es bei nativer DNA der Fall ist, muss diese zuerst durch Inkubation der DNA mit alkalischer Phosphatase aus *E. coli* oder Kalbsdarm entfernt werden. Dann werden aliquote Teile der Präparation mit markierter DNA mindestens vier verschiedenen chemischen Verfahren unterworfen, durch die ein spezifisches Nucleosid (d. h. eine *N*-Base und ihre *N*-glycosidisch gebundene 2-Desoxy-D-ribose) oder eine spezifische Nucleotidart von der Polynucleotidkette abgespalten wird. Die Bedingungen, unter denen jedes dieser Spaltungsverfahren durchgeführt wird, werden so gewählt, dass jedes markierte DNA-Molekül in der DNA-Probe im Durchschnitt nur einmal gespalten wird, wobei die Spaltstelle zufällig lokalisiert ist. Es entstehen zwei Spaltprodukte: eines mit einem [^{32}P]Phosphat an seinem 5'-Ende und einem nichtmarkierten Phosphat an seinem 3'-Ende und eines mit einer nichtmarkierten Phosphatgruppe an seinem 5'-Ende und entweder einer Hydroxylgruppe oder einer nichtmarkierten Phosphatgruppe an seinem 3'-Ende. Von diesen beiden Produkten wird mit Hilfe der anschließenden Autoradiographie nur das markierte detektiert. Wenn das genannte Verfahren beispielsweise auf die Sequenz $^{(5')}$CGATGGCAGTCT$^{(3')}$ angewandt wird, entstehen bei Spaltung vor G die folgenden fünf ^{32}P-markier-

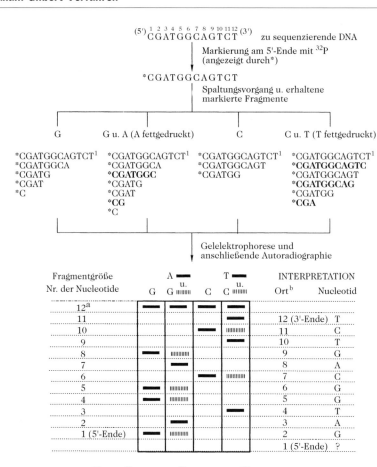

Maxam-Gilbert-Verfahren. Das Schema zeigt die Methode der chemischen DNA-Spaltung nach Maxam und Gilbert, angewandt auf die Bestimmung der Nucleotidsequenz eines hypothetischen DNA-Abschnitts. a = Ursprungs-DNA, d. h. die nichtgespaltene, jedoch ^{32}P-markierte DNA, die sequenziert wird. b = Position jedes Nucleotids in der sequenzierten DNA, nummeriert vom 5'-Ende aus.

ten Fragmente: ^{32}P-C, ^{32}P-CGAT, ^{32}P-CGATG, ^{32}P-CGATGGCA. Dieser Satz wird dann elektrophoretisch aufgetrennt. Die analogen Fragmentsätze, die sich bei den anderen Spaltungsverfahren ergeben, befinden sich in dazu parallelen Bahnen. Auf Sequenzgelen (Elektrophorese bei ~8 M Harnstoff und ~70 °C, um Wechselwirkungen über Wasserstoffbindungen zu unterdrücken) können Fragmente getrennt werden, die sich in ihrer Länge um einen Nucleotidrest unterscheiden. Die Lage der getrennten Fragmente in jeder Bahn wird durch Autoradiographie bestimmt. Aus dem Bandenmuster kann die vollständige Nucleotidsequenz der untersuchten DNA abgeleitet werden (Abb.).

Allgemein werden bei dem M. folgende vier Spaltungsreaktionen durchgeführt: 1) *Spaltung bei Guanin (G)*. Behandlung der markierten DNA mit Dimethylsulfat in wässrigem Puffer bei pH 8 führt zur Guaninmethylierung an N-7, die C8-C9-Bindung des Guanins wird basenkatalysiert gespalten und der 2-Desoxy-D-riboserest wird durch Piperidin entfernt. 2) *Spaltung bei Purinen (G und A)*. Die Abspaltung von G und A nutzt die Tatsache, dass unter sauren Bedingungen (pH 2) die Purin-N-Atome der markierten DNA protoniert werden, wo-

durch die glycosidische Bindung von G und A geschwächt wird. Dadurch wird der Weg zur Abspaltung von G und A und ihrer 2-Desoxy-D-riboreste durch Piperidinbehandlung geebnet. 3) *Spaltung bei Pyrimidinen (C und T)*. Zur Spaltung von C und T wird die markierte DNA mit wässrigem Hydrazin behandelt. Hierbei werden die Pyrimidinringe durch konjugierte nucleophile Addition an ihre Carbonylgruppen geöffnet. Durch Behandlung mit Piperidin werden dann C und T in Form eines fünfgliedrigen N-Heterozyklus abgespalten und ihre Ringreste anschließend als Harnstoff zusammen mit den 2-Desoxy-D-riboresten entfernt. 4) *Spaltung bei Cytosin (C)*. Um C allein abzuspalten, wird wie bei der Abspaltung von C und T verfahren, jedoch wird Hydrazin in Gegenwart von 1,5 M NaCl eingesetzt, um eine Ringöffnung von T zu verhindern. Auch andere Spaltungsverfahren wurden beschrieben [B.J.B. Ambrose u. R.C. Pless *Methods Enzymol.* **152** (1987) 522–538].

Die Abb. zeigt den Satz markierter Fragmente, der aus der oben genannten DNA mit Hilfe der vier Spaltungsmethoden erzeugt wurde, nach Trennung auf einem Sequenzgel. Die nichtgespaltene, markierte DNA, die 12 Nucleotide lang ist, legt die kürzeste Wegstrecke zurück und erscheint in allen vier Bahnen an der gleichen Position als dunkle Bande. Die Position von A-Nucleotiden ergibt sich aus dem Vergleich der A + G-Spur mit der G-Spur, ebenso wie die Position der T-Nucleotide aus dem Vergleich der T + C-Spur mit der C-Spur.

Das Nucleotid am 5'-Ende der DNA kann mit Hilfe des M. nicht bestimmt werden. In der Praxis wird das zweite Nucleotid nach dem 5'-Ende (*C in der Abb.) häufig auf dem Gel auch nicht identifiziert. Die Identität dieser beiden Nucleotide kann jedoch durch Sequenzierung des komplementären DNA-Strangs festgestellt werden kann. Mit dem M. können DNA-Fragmente von bis zu 250 Nucleotiden erfolgreich sequenziert werden.

Alternativ zu dieser chemischen Methode wurde die ↗ Sanger-Sequenzierung entwickelt, die heute wesentlich häufiger angewandt wird.

maximale Arbeitsplatzkonzentration, *MAK*, die höchste zulässige Konzentration eines Schadstoffes, d. h. eines giftigen Gases, Dampfes oder Staubes, in der Raumluft des Arbeitsplatzes. Die MAK sollte in mg/m^3 angegeben werden. MAK-Werte werden auf der Grundlage von Tierexperimenten und Erfahrungen am Menschen festgelegt.

Maximalgeschwindigkeit, ↗ *Michaelis-Menten-Kinetik*.

Maxima-Substanz C, ↗ *Isoflavone*.

MBP, Abk. für ↗ *Maltose-Bindungsprotein*.

MC, Abk. für Morphiceptin, ↗ *β-Casomorphine*.

McArdlesche Krankheit, ↗ *Glycogenspeicherkrankheit*.

MCH, Abk. für engl. melanin-concentrating hormone, ↗ *Melanin konzentrierendes Hormon*.

MCP, **1)** Abk. für Makrophagen-chemotaktisches Peptid, ein in Monocyten und Gewebszellen synthetisiertes inflammatorisches ↗ *Cytokin* mit chemotaktischer Wirkung. **2)** Abk. für ↗ *Methylakzeptor-Chemotaxisprotein*. **3)** Abk. für engl. multicatalytic protease, ↗ *Proteasom*.

MDA, Abk. für 3,4-Methylendioxyamphetamin, eine sich vom Amphetamin ableitende Verbindung, die zur Gruppe der ↗ *Stimulanzien* gehört.

MDMA, Abk. für 3,4-Methylendioxy-N-methylamphetamin, auch ↗ *Ecstasy*, *XTC* oder *Adam* genannt, ein Vertreter der ↗ *Designer-Drogen*.

MDP, Abk. für ↗ *Maduropeptin*.

MDR, Abk. für engl. multidrug resistance, ↗ *Mehrfachresistenz*, ↗ *Multidrogenresistenz-Transportprotein*.

Mebendazol, *(Methyl-benzoyl-1H-benzimidazol-2-yl)-carbamat*, ein 1971 als Breitband-Anthelminthikum eingeführtes Mittel gegen verschiedene Fadenwürmer und gegen Bandwürmer.

Mecamylamin, ↗ *Acetylcholin (Tab.)*.

Mechanoenzym, eine Bezeichnung für ein Protein, wie z. B. das ↗ *Myosin*, das die Umwandlung von chemischer Bindungsenergie in mechanische Energie katalysiert (↗ *Motorproteine*).

Mecocyanin, ↗ *Cyanidin*.

Mediatoren, durch unterschiedliche Stimuli aus Geweben freigesetzte bzw. aus Vorläufern im Blut oder in Geweben neu gebildete endogene Wirkstoffe, denen pathogenetische Bedeutung u. a. bei Allergien, Entzündungen und verschiedenen Schockzuständen zugeschrieben wird.

medikamenteninduzierte Apnoe, eine ↗ *angeborene Stoffwechselstörung*, die durch einen Mangel an *Cholin-Esterase* (EC 3.1.1.8) verursacht wird. Das Enzym ist zwar im Serum vorhanden, zeigt jedoch eine atypische Kinetik. Der Zustand wurde erstmals mit der Einführung von *Suxamethonium* (Succinyldicholin) als Muskelentspanner in der Elektrokrampftherapie entdeckt. Dieses Medikament wird normalerweise schnell durch die Cholin-Esterase hydrolysiert und die Wirkungen dauern nur wenige Minuten an. Die betroffenen Patienten (1 von 2.000 Europäern) entwickeln bei normaler Medikamentendosis längeranhaltende Muskelparalyse und Apnoe (bis zu 2 Stunden). Der Zustand wird durch Inhibierungsmessung der Serumcholin-Esterase mit Cibucain geprüft. Der Prozentsatz der Inhibierung wird mit Hilfe der Dibucainzahl angegeben (80% für normales Enzym, 20% für atypisches Enzym bei 10^{-5} M Dibucain). Dibucainzahlen von ungefähr 62% kommen bei ungefähr 4% der Europäer vor, die ungefähr gleiche Mengen der normalen und der atypischen Form besitzen.

Meerrettich-Peroxidase, eine aus Meerettich isolierte Peroxidase, die als Cosubstrat H_2O_2 verwendet. Bei dieser enzymatischen 1-Elektronen-Oxidation entstehen zunächst Radikale, die auf unterschiedliche Weise weiterreagieren können. Neben einer Dimerisierung radikalischer Zwischenstufen, können die Radikale an Makromoleküle binden bzw. von solchen Wasserstoff abstrahieren und dadurch ein neues Radikal erzeugen. Der Transfer eines Elektrons auf Sauerstoff führt zur Bildung von Sauerstoffradikalanionen. Die M. hat Bedeutung als Enzymmarker sowohl für die direkte Enzymkopplung als auch für den Enzym-Substrattransfer.

Mefloquin, ein ↗ *Antimalariamittel* mit chininähnlicher Struktur (Abb.). Es wirkt auf Blutschizonten.

Mefloquin

Mehrfachresistenz, eine besondere Form der Resistenz von Zellen nicht nur gegen ein gegen sie eingesetztes Medikament, sondern auch gegen andere Pharmaka, mit denen sie vorher noch nie Kontakt hatten. Mehrfachresistente Zellen enthalten häufig zusätzliche Paare kleiner Chromosomen, sog. *Double-Minute-Chromosomen*, oder eine homogen anfärbbare Region (engl. *homogeneously staining region, HSR*), die das normale Bandenmuster des Chromosoms unterbricht. In beiden Fällen handelt es sich um eine stark amplifizierte kurze Sequenz. Die amplifizierte DNA enthält häufig das sog. *Mehrfachresistenz-Gen* (engl. *multidrug resistance gene, mdr1*). Dieses Gen kodiert eine Transport-ATPase (↗ *Multi-Drogenresistenz-Transportprotein*), die dafür sorgt, dass lipophile Pharmaka aus der Zelle hinaus transportiert werden. Auch durch die Amplifikation anderer Gene können z. B. Krebszellen einen Selektionsvorteil erlangen. Beispielsweise führt eine chemotherapeutische Krebsbehandlung mit dem Folsäureantagonisten ↗ *Metothrexat* zur Amplifikation des Gens für die Dihydrofolat-Reduktase. Chloramphenicolresistenz-übertragende R-Plasmide vermitteln häufig auch M. gegen Tetracycline, Ampicillin und Aminoglycoside. Derartige M. kommen vor allem bei Enterobacteriaceen, aber auch bei Salmonellen und Shigellen vor.

mehrteilige Viren, *Coviren*, Pflanzenviren, deren Genom geteilt (segmentiert) und in mehr als ein Virion gepackt vorliegt. Die geteilten Portionen sind oft unterschiedlich groß. Segmentierte Virusgenome, die in zwei bzw. drei verschiedene Virionen verpackt sind und alle für die Infektiosität und die Produktion neuer Virusnachkommen benötigt werden, werden zweiteilige bzw. dreiteilige Genome genannt.

meiotische Rekombination, ↗ *Rekombination*.

MEKC, Abk. für ↗ *micellare elektrokinetische Chromatographie*.

Melanine, hochmolekulare, amorphe Indolchinonpolymere mit der empirischen Summenformel $(C_8H_3NO_2)_x$. Ihr Stickstoffgehalt liegt bei 6–9 %. M. sind Naturfarbstoffe, die vor allem im Tierreich bei Wirbeltieren und Insekten vorkommen, vereinzelt aber auch in Mikroorganismen, Pilzen und in höheren Pflanzen verbreitet sind. Bei Säugetieren kommen hauptsächlich zwei Melanintypen vor: die schwarz-braunen stickstoffhaltigen *Eumelanine* und die heller gefärbten, schwefelhaltigen, alkalilöslichen *Phaeomelanine*. Zusätzlich werden die niedermolekularen, gelben, roten und violetten ↗ *Trichochrome* zur Klasse der M. gezählt, weil sie ebenfalls als Pigmente dienen und biogenetisch mit den M. eng verwandt sind, d. h. sie stammen durch Oxidation von Tyrosin ab.

Bildungsort der M. sind die Melanosome, die in den Melanocyten vorhanden sind, bzw. die Netzhaut des Auges. Die Biosynthese geht von der Aminosäure Tyrosin aus, die mit Hilfe des Melanotro-

pins und des Adenylat-Cyclase-Systems über verschiedene Zwischenstufen in Indol-5,6-chinon überführt wird, das zum Endprodukt Eumelanin oxidativ polymerisiert. Nativ liegen die M. häufig als Melanoproteine mit einem Proteingehalt von 10–15 % vor. Bei Menschen und Säugetieren wird die Pigmentierung von Haut, Haar und Augen fast ausschließlich durch M. bewirkt. Weiterhin finden sich M. in vielen Vogelfedern, in der Haut von Reptilien und Fischen, im Skelett von Insekten sowie als färbender Bestandteil der Tinte von Tintenfischen (*Sepiamelanin*). Die M. können diffus verteilt sein oder als Granula vorliegen. Die Entstehung von Farbmustern bei Säugetieren beruht auf Besonderheiten in der Pigmentverteilung. Beim Menschen sind die Brauntönung der Haut und die Haarfarbe nur von der Konzentration an Melanineinschlüssen abhängig. Leberflecke und Sommersprossen kommen durch besonders hohe Melaninanreicherung zustande. Sonnenlicht bewirkt vermehrte Pigmentierung (Sonnenbräunen). Dabei kommt den M. als Lichtschutzfaktor gegenüber übermäßiger, schädigender UV-Einstrahlung wesentliche Bedeutung zu. Der Farbwechsel beim Chamäleon und anderen farbanpassungsfähigen Tierarten beruht auf einer hormonell gesteuerten Beeinflussung der vorwiegend aus M. bestehenden Pigmentdispersion (↗ *Melanotropin*). Durch Tyrosinase-Mangel kommt es zu einer Störung der Melaninbildung (↗ *Albinismus*).

Melanin konzentrierendes Hormon, *MCH* (engl. *melanin concentrating hormone*), D^{1}TMRCMVGRV^{10}YRPCWEV (Disulfidbrücke: Cys^5–Cys^{14}), ein heterodet zyklisches 17-AS-Peptid mit hautaufhellender Wirkung (↗ *Melanotropin*). Nur der Sequenzbereich 5–15, der strukturelle Ähnlichkeit mit ACTH-(13–19) besitzt, ist für die biologische Wirkung erforderlich, insbesondere der für die Rezeptorwechselwirkung essenzielle Trp^{15}-Rest. MCH vom Lachs inhibiert die Corticoliberin-stimulierte Freisetzung von ACTH (↗ *Corticotropin*) und die Bildung von Cortisol. [B.I. Baker et al., *Endocrinol.* **106** (1985) R5]

Melanocyten stimulierendes Hormon, Syn. für ↗ *Melanotropin*.

Melanoliberin, *Melanotropin-freisetzendes Hormon, MRH, MRF* (engl. *melanotropin releasing hormone* bzw. *factor*) ein die Ausschüttung des ↗ *Melanotropins* stimulierendes Hormon. Mit dem von ↗ *Oxytocin* abgeleiteten Hexapeptidfragment H-Cys-Tyr-Ile-Gln-Asn-Cys-OH wurde eine Sequenz für M. vorgeschlagen.

Melanophoren-Hormon, Syn. für ↗ *Melanotropin*.

Melanostatin, *Melanotropin-Freisetzung inhibierendes Hormon, MRIH, MIH, MIF* (engl. *melanotropin release inhibiting hormone* bzw. *factor*), die Freisetzung von ↗ *Melanotropin* hemmendes Hormon. Mit dem C-terminalen Tripeptidamid, H-Pro-Leu-Gly-NH$_2$ des ↗ *Oxytocins* wurde eine Sequenz für das M. vorgeschlagen. M. inhibiert die Freisetzung von α-MSH in der Hypophyse. Als ein schwacher μ-Rezeptorantagonist verhindert es die antinociceptive Aktivität von Morphin, β-Endorphin oder Morphiceptin. M. reduziert Aggression, verhindert eine durch Morphin oder Alkohol induzierte Toleranz und erhöht die Affinität von Dopamin-Antagonisten zu Dopamin-Rezeptoren. Einige der ZNS-Effekte scheinen über Dopamin-Rezeptoren vermittelt zu werden. M. und einige Analoga verursachen antidepressive Wirkungen, erhöhen die Lernfähigkeit und werden zur Behandlung der Parkinsonschen Krankheit eingesetzt. [N-Me-D-Leu^2]MRIH (*Parepti-de*) verstärkt z. B. L-DOPA-induzierte Verhaltensmuster, zeigt antidepressive Aktivität und wird zur Behandlung der Parkinsonschen Krankheit verwendet.

melanotropes Hormon, Syn. für ↗ *Melanotropin*.

Melanotropin, *Melanocyten stimulierendes Hormon, MSH, Melanophoren-Hormon, melanotropes Hormon*, ein unter der Kontrolle der Hypothalamus-Hormone Melanoliberin und Melanostatin in der Hypophyse gebildetes Peptidhormon. M. stimuliert durch Aktivierung einer Tyrosinase die Synthese des Melanophorenpigments Melanin (Melanogenese) sowie den Transport der das Pigment enthaltenden Granula (Melanosomen) bei wechselwarmen Vertebraten. Die Dunkelfärbung der Haut wird durch die Dispersion der Melanosomen durch die vielen Dendriten der Melanocyten verursacht. Im Gegensatz dazu wird die Aufhellung der Haut durch Konzentration der Melanosomen erreicht (induziert durch das ↗ *Melanin konzentrierende Hormon*). Nach Verabreichung von α-M. wird die menschliche Haut nach 24 h dunkler. Eine Dunkelfärbung der Haut wird bei verschiedenen Krankheiten mit erhöhtem α-MSH-Spiegel (Cushings-, Addisons-, Nelsons-Syndrom), bei Nierenschädigung oder bei ACTH-sekretierenden Tumoren beobachtet. Der *Melanotropin potenzierende Faktor* erhöht die melanotrope Aktivität von α-M.

Obgleich bei Vögeln und Säugern die biologische Bedeutung des M. noch nicht hinreichend geklärt ist, zeigt das α-M. (Abb.) bei Säugern starke Effekte auf eine Vielzahl von Geweben. So wurde M. beim erwachsenen Menschen auch im ZNS und in verschiedenen peripheren Organen gefunden, Beeinflussung von Lern- oder Wachstumsprozessen durch M. wird diskutiert. Das nur während der Schwangerschaft zirkulierende M. ist möglicherweise fötalen Ursprungs.

M. wird biosynthetisch aus dem Vorläufer ↗ *Pro-Opiomelanocortin* freigesetzt. Neben den bisher bekannten α- und β-M. wurde im Biosynthesevorläufer eine dritte M.-Sequenz, das γ-M., entdeckt. Die Identifikation einer vierten potenziellen M.-Sequenz im Pro-Opiomelanocortin unterstützt die Annahme einer Serie von Genduplikationen. [A. Eberle, *Melanotropins: Chemistry, Physiology and Mechanisms*, Karger, Basel 1988]

Melanotropin freisetzendes Hormon, Syn. für ↗ *Melanoliberin*.

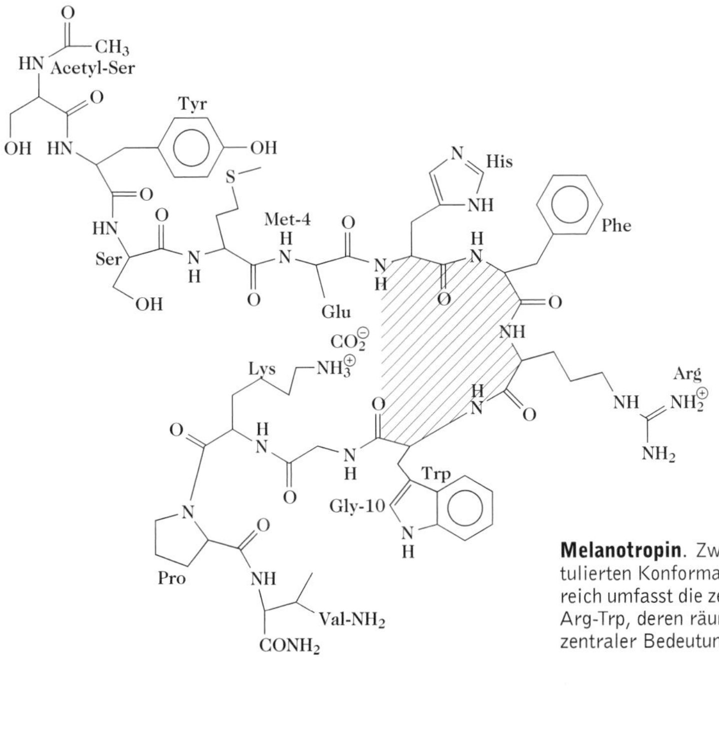

Melanotropin. Zweidimensionale Darstellung der postulierten Konformation von α-MSH. Der schattierte Bereich umfasst die zentrale Tetrapeptidsequenz -His-Phe-Arg-Trp, deren räumliche Struktur für die Aktivität von zentraler Bedeutung ist.

Melanotropin-Freisetzung inhibierendes Hormon, Syn. für ↗ *Melanostatin*.

Melanotropin potenzierender Faktor, *MPF*, H-Lys-Lys-Gly-Glu-OH, entspricht dem C-terminalen 4-AS-Peptid von β-Endorphin (↗ *Endorphine*).

Melasse, ein Nebenprodukt bei der Gewinnung von Zucker aus Zuckerrüben bzw. Zuckerrohr. M. fällt als hochviskose Flüssigkeit (Mutterlauge) an, aus der sich mit konventionellen Methoden kein Zucker mehr kristallisieren lässt. M. besteht zu ca. 50–60 % aus Kohlenhydraten (überwiegend Saccharose), 15–20 % Wasser sowie verschiedenen organischen (z. B. Aminosäuren, organische Säuren) und anorganischen (Aschegehalt ca. 8–12 %) Bestandteilen. M. wird entweder als Futtermittel verwendet oder dient – aufgrund des relativ günstigen Preises – als wichtiger technischer Rohstoff in der Fermentationsindustrie (z. B. bei der Erzeugung von Backhefe).

Melatonin, *N-Acetyl-5-methoxytryptamin*, ein Hormon der Epiphyse und der Retina (Abb.; M_r 232,2 Da, F. 116–118 °C). M. hemmt die Entwicklung der Keimdrüsenfunktion bei jungen Tieren und Menschen und die Wirkung der Gonadotropine bei erwachsenen Tieren. Wahrscheinlich stellt M. einen Effektor des Verhaltensrhythmus bei Säugetieren und Vögeln dar, wenngleich der molekulare Mechanismus noch nicht bekannt ist [J. Redman et al. *Science* **119** (1983) 1.089–1.091]. Ratten, die kontinuierlich Licht ausgesetzt sind, sind aufgrund des Fehlens der antigonadotropen Aktivität von M. ununterbrochen brünstig. Bei Amphibien vermittelt M. die Antwort der Hautpigmentierung auf Licht. M. macht den dunklerfärbenden Effekt von Melanotropin rückgängig, indem es die Melaningranula dazu veranlasst, innerhalb der Melanocyten zu aggregieren, anstatt sich zu verteilen. M. scheint das Ablegen der Photorezeptorscheiben in der Vertebratenretina zu beeinflussen. [J. Besharse u. P.M. Iuvone *Nature* **305** (1983) 133–135]

$$CH_2-CH_2-NH-CO-CH_3$$

H_3CO—

N
H

Melatonin

M. wird aus Serotonin durch Acetylierung zu *N*-Acetylserotonin und anschließender Methylierung (katalysiert durch Acetylserotonin-Methyltransferase, EC 2.1.1.4) synthetisiert. In der Epiphyse erfolgt die Regulation der Melatoninbiosynthese durch Epinephrin, welches die Adenylat-Cyclase (EC 4.6.1.1) stimuliert, die anschließend die Protein-Kinase anregt. Der geschwindigkeitsbestimmende Schritt wird durch die Serotonin-*N*-Acetyltransferase katalysiert. Die Melatoninsynthese wird

durch Licht, das über die Augen und das Nervensystem wirkt, unterdrückt und erreicht im Dunkeln einen Höhepunkt. Die Inaktivierung und Ausscheidung von M. erfolgt über 6-Hydroxymelatonin oder 5-Methoxyindolessigsäure.

Melecitose, *O-α-D-Glucopyranosyl-(1→3)-O-β-D-fructofuranosyl-(2→1)-D-glucopyranosid*, ein Trisaccharid, das aus einem Molekül D-Glucose und dem Disaccharid Turanose (einem Isomeren der Saccharose) aufgebaut ist (F. des Dihydrats 155 °C, $[\alpha]_D^{20}$ +91,7°). Hohe Konzentrationen an M. kommen im Manna vor, das auf der Oberfläche von Kiefern gebildet wird, und im Honig, der von Bienen hergestellt wird, die in Dürrezeiten M. aus diesem Manna sammeln.

Melibiose, *6-O-α-D-Galactopyranosyl-D-glucose*, ein reduzierendes Disaccharid. M_r 342,3 Da, F. des Dihydrats 85 °C, $[\alpha]_D^{20}$ +112° → 129°. M. ist α-1→4-glycosidisch aus D-Galactose und D-Glucose aufgebaut, die beide in pyranoider Form vorliegen. M. ist aus Pflanzensäften isoliert worden und ein Bestandteil des Trisaccharids Raffinose.

Melissinsäure, *n-Triacontansäure*, $CH_3\text{-}(CH_2)_{28}\text{-}COOH$, eine höhere Monocarbonsäure (M_r 452,78 Da, F. 94 °C). M. ist vor allem in Bienen- und *Montanwachs* (fossiles Pflanzenwachs aus bitumenreicher Rohbraunkohle) als Esterkomponente enthalten.

Melissylalkohol, *Myricylalkohol, 1-Triacontanol, 1-Hydroxytriacontan, Triacontansäure* (IUPAC), $CH_3\text{-}(CH_2)_{28}CH_2OH$. M. ist in Kutikulawachsen der Pflanzen enthalten. *Bienenwachs* besteht hauptsächlich aus dem Palmitatester des Melissylalkohols.

Melitose, Syn. für ↗ *Raffinose*.

Melittin, H-Gly^1-Ile-Gly-Ala-Val^5-Leu-Lys-Val-Leu-Thr^{10}-Thr-Gly-Leu-Pro-Ala^{15}-Leu-Ile-Ser-Trp-Ile^{20}-Lys-Arg-Lys-Arg-Gln^{25}-Gln-NH$_2$, ein 26-AS-Peptidamid, das etwa 50 % der Trockensubstanz des Bienengifts ausmacht. Die hämolysierende Wirkung und oberflächenspannungserniedrigende Aktivität ist auf die Verteilung der hydrophoben Aminosäurebausteine im N-terminalen Bereich und der hydrophilen Aminosäurereste im C-terminalen Sequenzabschnitt zurückzuführen, so dass M. auch als eine „Invertseife auf Peptidbasis" bezeichnet wird. Es liegt als nichtlytisches Tetramer vor. Erst nach der Injektion erfolgt durch die damit verbundene Verdünnung eine Dissoziation in die Monomere, die dann die Membranen vieler Zellen angreifen und damit die Lyse einleiten. Bei niedrigen Konzentrationen können Oligomere des M. membrandurchsetzende anionenselektive Poren ausbilden, was zu einer signifikanten Störung der normalen Zellaktivität führen kann. Es wirkt sowohl anregend als auch lähmend auf die Herzfunktionen. Während niedere Dosen einen positiven ionotropen Effekt verursachen, führt eine höhere Dosierung zu einer irreversiblen Kontraktion. Die LD_{50} beträgt 3,5 mg/kg (Maus, *i. v.*). Das *Prä-Pro-M.* ist die biosynthetische Vorstufe. Nach Abspaltung der Signalsequenz (21 Aminosäurebausteine) resultiert das *Pro-M.* der Sequenz 22–70 des Vorläuferproteins. Durch enzymatische Umwandlung des C-terminalen Gly^{70} in die C-terminale Amidgruppierung und gleichzeitige proteolytische Spaltung der Ala^{43}-Gly^{44}-Bindung entsteht das biologisch aktive Toxin. [R.C. Hider *Endeavour, New Series* **12** (1988) 60]

Membran, ↗ *Biomembran*.

Membranenzyme, Enzyme, die auf der Oberfläche der Phospholipiddoppelschicht von vielen verschiedenen Typen an ↗ *Biomembranen* vorhanden sind oder in dieser integriert vorliegen. M. sind z. B. die Glucose-6-Phosphatase des endoplasmatischen Reticulums, die Galactosyl-Transferase des Golgi-Apparats, die Succinat-Dehydrogenase für die Matrix, die oligomycinempfindliche ATPase für die „innere" Membran und die Monoamin-Oxidase sowie rotenonunempfindliche NADH-Cytochrom-c-Reduktase für die „äußere" Membran der Mitochondrien oder die natriumionenabhängige ATPase und 5'-Nucleotidase der Zellmembran. Im Zellstoffwechsel spielen die M. eine zentrale Rolle, da die meisten Reaktionen an Membranen ablaufen. Die Bestimmung der M. hat für die erfolgreiche Isolierung und Charakterisierung der einzelnen Membrantypen eine große Bedeutung erlangt.

Membranfiltration, Trennverfahren, mit denen flüssige Gemische von Verbindungen/Partikeln unterschiedlicher molarer Masse separiert werden können. Die Rückhaltung der Komponenten ist abhängig vom Porendurchmesser und dem Aufbau der Polymer-Membran. Druckgetriebene Membrantrennprozesse sind die ↗ *Ultrafiltration* sowie die ↗ *Umkehrosmose*. M. liegen u. a. auch der ↗ *Dia-*lyse, ↗ *Diafiltration* und Elektrodialyse zugrunde. M. werden mit relativ geringen Energie- und Investitionskosten in der Biotechnologie, u. a. bei Sterilisation der Ausgangsstoffe und Aufarbeitung der Produkte, eingesetzt.

Membran-ghosts, leere Erythrocytenmembranen, die sich bilden, wenn rote Blutkörperchen in eine Lösung mit einer Salzkonzentration gegeben werden, die niedriger ist als die Salzkonzentration im Inneren der Zellen. ↗ *Erythrocytenmembran*.

Membranlipide, Lipide, die die Lipiddoppelschicht von ↗ *Biomembranen* bilden. M. können in struktureller Hinsicht auf verschiedene Weisen klassifiziert werden. Die gegenwärtige Klassifizierung (Abb.) teilt sie in ↗ *Phospholipide*, ↗ *Glycolipide* und ↗ *Sterine* ein.

Die Biosynthese der M. findet auf der cytosolischen Seite der Doppelmembran des endoplasmatischen Reticulums (ER) statt. Zum Aufbau der Doppelschicht wird ein Teil der M. mit Hilfe von ↗ *Flippasen* auf die Lumenseite des ER transportiert. Von eukaryontischen Zellen ist bekannt, dass M. zwischen verschiedenen Membrantypen in Form von Membranfragmenten übertragen werden. Beispielsweise werden Teilstücke des endoplasmatischen Reticulums, einem Ort aktiver Membranlipidsynthese, in Golgi-Zisternen inkorporiert, von welchen kleine Membranvesikel, die sekretorische Produkte enthalten, abgeschnürt werden. Diese Vesikel werden anschließend Bestandteile der Plasmamembran, wenn sie im Verlauf der Sekretion ihres Inhalts durch Exocytose mit dieser verschmelzen (↗ *Membran-Recycling*). Vermutlich existieren für den Transport von M. zu anderen Zellorganellen ähnliche Prozesse.

Die verschiedenen M. sind vermutlich alle an der „kollektiven" Funktion zur Aufrechterhaltung der Fluidität beteiligt, d. h. sie gewährleisten den Grad

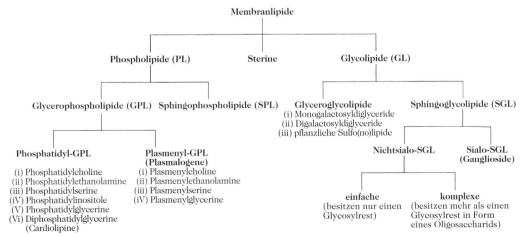

Membranlipide. Abb. Klassifizierung der Membranlipide.

an Fluidität, der für das normale Funktionieren der Membran unter den gegebenen Umweltbedingungen notwendig ist. Diese Fluidität entspricht ungefähr der von Olivenöl bei Raumtemperatur. Die Kohlenwasserstoffketten von Phospho- und Glycolipiden spielen bei der Festlegung der Fluidität eine dominante Rolle, sie wird jedoch durch Größe und Ladung der polaren Kopfgruppen moduliert, wie aus ihrer Wirkung auf die Übergangstemperatur (T_c) einer Auswahl von Lipiden in der Tabelle zu erkennen ist. Unterhalb von T_c verhält sich die Doppelschicht, die sich aus einer gegebenen Molekülart zusammensetzt, wie ein Feststoff. Wenn die Temperatur schrittweise erhöht wird, wird ein Punkt (T_c) erreicht, an dem ein Phasenübergang stattfindet, an dem die Doppelschicht „schmilzt". Der Phasenübergang („Schmelzpunkt") erstreckt sich über einen Bereich von 10–25 °C. Damit die Membranen eines Organismus ihre normalen Aufgaben erfüllen können, muss die Mischung ihrer Doppelschichtlipide derart beschaffen sein, dass dieser „funktionelle Fluiditätsbereich" über einen weiten Bereich an Umgebungstemperaturen gewährleistet ist, einschließlich täglicher (Tag = warm/Nacht = kalt) und jahreszeitlicher (Sommer = heiß/Winter = kalt) Schwankungen. Verschiedene Mikroorganismen sind nachweislich in der Lage, den „funktionellen Fluiditätsbereich" ihrer Membranen als Antwort auf längerdauernde Veränderungen der Umgebungstemperatur anzupassen, indem sie den Fettsäureacylteil ihrer Phospho- und Glycolipide ändern. Eine Temperaturerhöhung bewirkt eine Verschiebung zu längerkettigen, gesättigteren Fettsäureresten, während ein Abfallen der Temperatur eine Verlagerung zu kürzerkettigen, ungesättigteren bzw. verzweigteren Fettsäureresten bewirkt. Dieser Prozess heißt *homöoviskose Adaptation* und wird durch die Wirkung von spezifischen Lipasen und Acyltransferasen an dem in der Membran verbleibenden Lipid ausgeführt. Die homöoviskose Adaptation ist für die Anpassung an tägliche Temperaturänderungen ungeeignet. Hier helfen die Sterine, die – abhängig von den Umständen – auf die Membranfluidität zwei gegensätzliche Wirkungen ausüben. Wenn Sterine, z. B. Cholesterin, in Doppelschichten inkorporiert werden, vermindern sie unterhalb von T_c die Fluidität, da sie Beweglichkeit der Phospho- und Glycolipide behindern (kondensierender Effekt). Oberhalb T_c erhöhen Sterine dagegen die Fluidität (verflüssigender Effekt). Die kombinierten Wirkungen der kondensierenden und verflüssigenden Eigenschaften von Sterinen erweitern den Temperaturbereich beträchtlich, in dem die Membran funktionell fluid ist.

Zusätzlich zu ihrer kollektiven Funktion, die Membranfluidität aufrecht zu erhalten, weisen einige M. spezifische Funktionen auf. Beispielsweise fungieren viele Glycolipide mit großen Oligosaccharidkopfgruppen als Rezeptoren, die an der immunologischen Abwehr, Zelldifferenzierung sowie Organellen- und zellulären Erkennung beteiligt sind. ↗ *Membranproteine*.

Membranlipide. Tab. Phasenübergangstemperaturen einiger Glycerophospholipide.

Glycerophospholipid	Fettsäureacylrest	T_c [°C]
Phosphatidylcholin	14:0/14:0	23
	16:0/16:0	40,5
	18:0/18:0	58
	18:1(*sn*-1) / 18:0(*sn*-2)	15
	18:0(*sn*-1) / 18:1(*sn*-2)	3
	16:0(*sn*-1) / 18:1(*sn*-2)	−5
	18:1/18:1	−22
Phosphatidylglycerin	16:0/16:0	41
Phosphatidylserin	16:0/16:0	53
Phosphatidylethanol-amin	16:0/16:0	64

T_c = Temperatur des Übergangs vom festen Gelzustand in einen flexiblen, flüssigkeitsähnlichen flüssigkristallinen Zustand.

membranochrome Farbstoffe, pflanzliche Pigmente, die die Zellwände imprägnieren, z. B. kernholzfärbende Phenole und Chinone.

Membranproteine, Proteinkomponenten von Membranen, die für die dynamischen Prozesse der meisten Membranfunktionen verantwortlich sind. Die ↗ *Membranlipide* stellen Permeabilitätsbarrieren dar, bilden dadurch Kompartimente und schaffen das für die Wirkung der M. erforderliche Milieu. Art und Menge der Proteine in den Membranen variieren sehr stark. Im ↗ *Myelin*, einer Membranstruktur in den Axonen von Nervenzellen, ist der Proteinanteil mit 18% relativ niedrig, während Plasmamembranen der meisten anderen Zellen etwa 50% Proteine in Form von Kanälen, Pumpen (↗ *ionotrope Rezeptoren*), Rezeptoren und Enzymen (↗ *Membranenzyme*) u. a. enthalten. Darüber hinaus finden sich in Membranen, die wie die inneren Membranen der Mitochondrien und Chloroplasten der Energieübertragung dienen, sogar Proteinanteile bis zu 75%. Die M. können auf verschiedene Art mit der Lipiddoppelschicht verbunden sein (↗ *Biomembran*). [M. Chow et al., *Curr. Opin.Cell. Biol.* **4** (1992) 629–636; M.L. Jennings, *Annu. Rev. Biochem.* **58** (1989) 999–1.027; S.J. Singer, *Annu. Rev. Cell. Biol.* **6** (1990) 247–296; J.-L. Popot, *Curr. Opin. Struct. Biol.* **3** (1993) 512–540]

Membranreaktor, ein ↗ *Bioreaktor* in einem kontinuierlich betriebenen Prozess, bei dem mit Hilfe von Dialyse-, Ultra- oder Mikrofiltrationsmembranen der Biokatalysator (Enzyme oder Zellen) im Reaktionsraum zurückgehalten wird. Die Rückhaltung des Biokatalysators kann durch einen reinen Filtereffekt der eingesetzten Membran oder durch zusätzliche kovalente Bindung des Enzyms bzw. der Zellen an die Membran erfolgen.

Einsatz finden die M. z. B. bei der L-Aminosäuresynthese, wobei Enzyme (z. B. Aminosäure-Dehydrogenase und Formiat-Dehydrogenase) und Polyethylenglycol-gebundene Coenzyme (z. B. NADH) durch eine Ultrafiltrationsmembran zurückgehalten werden. Dem Reaktor werden Lösungen des Substrats und eines Cosubstrats zur Cofaktorregenerierung zugeführt. Das Produkt kann sauber und pyrogenfrei abgezogen werden, während die Biokatalysatoren weiter im Einsatz bleiben.

Membran-Recycling, die Wiederverwendung von Membranbestandteilen aus sekretorischen Vesikeln. Beim Verschmelzen sekretorischer Vesikel mit der Plasmamembran bei der Exocytose wird die Membranoberfläche nur temporär stark vergrößert, da die Membranbestandteile durch Endocytose ebenso schnell wieder von der Zelloberfläche entfernt werden. Die Proteine aus der Membran der sekretorischen Vesikel gelangen wahrscheinlich über Endosomen wieder zum *trans*-Golgi-Feld, wo sie erneut verwendet werden können. Die Verteilung der Membranbestandteile zwischen den einzelnen Zellkompartimenten befindet sich in einem Fließgleichgewicht (*steady state*).

Membrantransport, der durch Membrantransportproteine (Trägerproteine und Kanalproteine) vermittelte ↗ *Transport* von Molekülen durch ↗ *Biomembranen*. [W.D. Stein, *Channels, Carriers and Pumps: An Introduction to Membrane Transport*, Academic Press, San Diego, 1990]

Menachinon-6, *Vitamin K_2*, ein zur Vitamin-K-Gruppe zählendes Vitamin (↗ *Vitamin K*).

Menadion, *Vitamin K_3* und Provitamin der Vitamin-K-Gruppe (↗ *Vitamin K*).

Menopausengonadotropin, *Kastratengonadotropin, humanes M., hMG, Urogonadotropin*, ein Gemisch von hypophysären FSH (↗ *Follitropin*) und LH (↗ *Lutropin*), das Frauen in der Menopause vermehrt ausscheiden. Das menschliche M. spielt eine Rolle in der Sterilitätsbehandlung.

p-Menthadiene, zweifach ungesättigte monozyklische Monoterpenkohlenwasserstoffe (M_r 136,24 Da). Die 14 möglichen Strukturisomeren des *p*-M. – von denen neun in etherischen Ölen vorkommen – unterscheiden sich in der Anordnung der beiden Doppelbindungen im *p*-Menthan-Grundgerüst (↗ *Limonen*, ↗ *Phellandren*, ↗ *Terpinen*).

Von den *p*-M. leiten sich die umfangreichen Gruppen sauerstoffhaltiger monozyklischer Monoterpene ab.

p-Menthan, ↗ *Monoterpene* (Abb.).

Menthenthiol, *p-Menth-1-en-8-thiol*, ein Schwefel-Derivat der monozyklischen Terpenreihe, das

als charakteristischer Aromastoff der Grapefruit identifiziert wurde. M. besitzt ein asymmetrisches C-Atom und existiert daher in zwei enantiomeren Formen (Abb.), die beide, wie auch das synthetisch erhaltene Racemat, eine extrem niedrige Geruchsschwelle aufweisen. So sind z. B. 10^{-7} mg des Racemats in 1 l Wasser durch Geschmacks- und Geruchssinn wahrnehmbar.

Menthenthiol

Menthol, *p-Menthan-3-ol*, der bedeutendste monozyklische Monoterpenalkohol (M_r 156,27 Da). M. hat drei asymmetrische Kohlenstoffatome und kann in vier Racematen und acht stereoisomeren Formen vorliegen. Der natürliche Vertreter ist (–)-M. (Abb.) als Hauptbestandteil des Pfefferminzöls (F. 43 °C, Sdp. 216 °C, $[\alpha]_D$ –49,4°, ρ_5^{15} 0,904, n_D^{20} 1,4609). Als Riechstoff hat M. nur geringe Bedeutung, dagegen wird es wegen seines Pfefferminzgeschmacks in großem Maße bei der Herstellung von Aromen, Zahnpasten u. dgl. verwendet. Bei der Oxidation von M. entsteht (–)-*Menthon* (M_r 154,25 Da, F. –6 °C, Sdp. 204 °C, $[\alpha]_D$ –29,6°), das auch Bestandteil des Pfefferminzöls ist.

(–)-Menthol

(–)-Menthon, ↗ *Menthol*.

β-Mercaptoethanol, HS-CH_2-CH_2-OH, ein neben dem ↗ *Clelandschen Reagens* zur reduktiven, reversiblen Spaltung von Disulfidbrücken in Peptiden und Proteinen verwendetes Reagens. Die sich zunächst ausbildenden gemischten Disulfide werden in Anwesenheit eines großen Überschusses an β-M. weiter reduziert, wobei zwei freie SH-Gruppen pro Disulfidbrücke gebildet werden. Es wird zusammen mit Harnstoff zur ↗ *Denaturierung* von Proteinen eingesetzt.

2-Mercaptoethansulfonsäure, ↗ *Coenzym M*.

Mercaptogruppe, ↗ *Thiolgruppe*.

Meromyosin, ↗ *Myosin*.

Merrifield-Synthese, Syn. für ↗ *Festphasen-Peptidsynthese*.

Mescalin, *3,4,5-Trimethoxyphenylethylamin* (Abb.), der Hauptwirkstoff der mexikanischen Zauberdroge Peyotl oder Peyote, ein als Halluzinogen wirkendes biogenes Amin. *Peyote* sind in Scheiben geschnittene und getrocknete Teile des Kaktus *Anhalonium lewinii* (*Lophophora spec.*). Ein wirksameres Halluzinogen als M. ist sein synthetisches Derivat *DOM*, 2,5-Dimethoxy-4-methylamphetamin.

$$CH_3O - \underset{OCH_3}{\underset{|}{\bigcirc}} - CH_2 - CH_2 - NH_2$$

CH$_3$O   CH$_2$—CH$_2$—NH$_2$

CH$_3$O

OCH$_3$ **Mescalin**

Meselson-Stahl-Experiment, das erste Experiment, das definitiv bewies, dass die DNA-Replikation (↗ *Replikation*) semikonservativ verläuft [M. Meselson u. F.W. Stahl *Proc. Natl. Acad. Sci. USA* **44** (1958) 671–682]. DNA, in der alle Stickstoffatome der Basen aus dem Isotop ^{15}N bestehen, ist ein wenig schwerer als „normale" DNA, in der die Basen nur ^{14}N enthalten. Der Unterschied in der Schwebedichte reicht aus, um ^{14}N- und ^{15}N-markierte DNA durch Zentrifugation in einem Cäsiumchloridgradienten zu trennen.

E. coli wurde über mehrere Generationen in einem Medium gezüchtet, das isotopenreines ^{15}NH$_4^+$ als einzige Stickstoffquelle enthielt, bis die gesamte DNA mit ^{15}N markiert war. ^{15}N-markierte DNA besitzt eine Schwebedichte von 1,744 g/ml, während diejenige von ^{14}N-markierter DNA 1,704 g/ml beträgt. Wenn die Replikation konservativ verlaufen würde (d. h. eine Tochterzelle die intakte Elternduplex und die andere Tochterzelle eine Duplex aus zwei neu synthetisierten Strängen enthält), dann wären in einem Medium, das ^{14}NH$_4^+$ enthält, nach einer Zellteilungsphase zwei DNA-Spezies mit den Schwebedichten 1,704 und 1,744 g/ml vorhanden. Wenn der Vorgang der Replikation semikonservativ ist (d. h. jeder Strang der Elternduplex dient als Matrize für die Synthese seines Partners), dann

liegt nach einer Zellteilungsphase in Gegenwart von ^{14}NH$_4^+$ alle Tochter-DNA als ^{14}N : ^{15}N-Hybride mit einer mittleren Schwebedichte vor. In Gegenwart von ^{14}NH$_4^+$ erscheint nach einer Zellteilungsphase anstelle der Bande für ^{15}N-markierte DNA eine einzige Bande des ^{14}N : ^{15}N-Hybrids (Schwebedichte 1,725 g/ml). Die Bande für ^{14}N-markierte DNA (Schwebedichte 1,704 g/ml) tritt erst in der zweiten Zellteilungsphase auf (Abb.).

Mesobilirubin, ↗ *Gallenfarbstoffe*.

Mesobilirubinogen, ↗ *Gallenfarbstoffe*.

messenger-RNA, *mRNA*, *template-RNA*, *Botschafter-RNA*, *Boten-RNA*, RNA, die am Ribosom in ein Polypeptid translatiert wird (↗ *Proteinbiosynthese*).

Der Anfangspunkt der Translation wird durch Startcodons (immer AUG) signalisiert, denen jeweils eine Nucleotidsequenz am 5'-Ende vorgelagert ist. Beispielsweise liegt das Startcodon für die β-Galactosidase in der *lac*-mRNA von *E. coli* an Position 39. Die nichttranslatierte Nucleotidsequenz am 5'-Ende der prokaryontischen mRNA enthält Nucleotide, die komplementär zu einer Sequenz in der 15S-rRNA des Ribosoms sind. Vermutlich unterstützt diese Sequenz die Bindung der mRNA an das Ribosom.

Funktionelle mRNA ist einzelsträngig. Die mRNA wird normalerweise an mehreren Ribosomen gleichzeitig translatiert. Auf diese Weise werden aus einer mRNA viele Proteinmoleküle hergestellt. In Prokaryonten ist die Lebensdauer von mRNA kurz, wobei die Halbwertszeit mehrere Minuten beträgt. Eukaryontische mRNA ist gewöhnlich für Stunden bzw. Tage stabil. Prokaryontische mRNA kann die Information für die Synthese mehrerer spezifischer Proteine hintereinander enthalten. Man spricht von *polycistronischer RNA*, da sie ohne Unterbrechung an mehreren benachbarten Cistrons der DNA transkribiert wird.

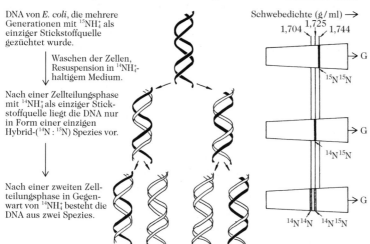

DNA von *E. coli*, die mehrere Generationen mit ^{15}NH$_4^+$ als einziger Stickstoffquelle gezüchtet wurde.

Waschen der Zellen, Resuspension in ^{14}NH$_4^+$-haltigem Medium.

Nach einer Zellteilungsphase mit ^{14}NH$_4^+$ als einziger Stickstoffquelle liegt die DNA nur in Form einer einzigen Hybrid-(^{14}N : ^{15}N) Spezies vor.

Nach einer zweiten Zellteilungsphase in Gegenwart von ^{14}NH$_4^+$ besteht die DNA aus zwei Spezies.

Schwebedichte (g/ml) →

1,704   1,725   1,744

→ G

^{15}N^{15}N

→ G

^{14}N^{15}N

→ G

^{14}N^{14}N ^{14}N^{15}N

Meselson-Stahl-Experiment. Die DNA-Banden in den analytischen Ultrazentrifugenröhrchen werden durch UV-Licht sichtbar gemacht. →G zeigt die Beschleunigungsrichtung aufgrund der Schwerkraft (Zentrifugalfeld) an.

In eukaryontischen Zellen sind die Synthese der mRNA und deren Translation weitaus komplizierter. Das erste Transcriptionsprodukt (*Primärtranscript*) ist eine heterogene hochmolekulare RNA (engl. *giant messenger-like RNA*, Abk. *mlRNA*, auch als *D-RNA* bezeichnet; *heterogeneous nuclear RNA*, *hnRNA*); M_r in tierischen Zellen $1–15 \cdot 10^6$ Da). HnRNA wird im Kernplasma synthetisiert (im Gegensatz zu ribosomaler RNA, die im Nucleolus synthetisiert wird) und ist der Vorläufer der aktiven, polysomalen mRNA. HnRNA enthält sowohl Nucleotidsequenzen, die schließlich in Polypeptide translatiert werden (*Exons*) als auch lange Sequenzstränge, die nicht translatiert werden (*Introns*). Am 5'-Ende sind außerdem repetitive Sequenzen vorhanden, die jedoch nicht translatiert werden (↗ *Redundanz*). Das 3'-Ende der hnRNA und der eukaryontischen mRNA trägt *Poly(A)-Sequenzen* und das entgegengesetzte 5'-Ende der meisten Messengers trägt ein „Kappe" (*Cap*) aus 7-Methylguanosintriphosphat, das mit dem ersten „normalen" Nucleotid über eine 5'-zu-5'-Bindung verknüpft ist.

Eukaryontische mRNAs, die ein Cap tragen, werden bei der zellfreien Proteinsynthese leichter translatiert als jene ohne Cap. Durch Entfernung des Caps wird die Bindung der mRNA an das Ribosom gestört. Es ist nicht bekannt, wann das Cap *in vivo* hinzugefügt wird. Caps dienen offenbar der korrekten Positionierung der Ribosomen am Startcodon der mRNA. Sie werden vom sog. *cap-binding protein* erkannt, das zu den eukaryontischen Initiationsfaktoren der Translation zählt und für die Bindung der mRNA an die ribosomale 40S-Untereinheit sorgt.

Die meisten eukaryontischen mRNAs tragen einen 3'-Poly(A)-Schwanz. Ausnahmen sind die Histon-mRNA, einige Hela-Zell-mRNAs und einige frühe mRNA-Spezies von Seegurkenembryonen.

Direkt nach der Synthese werden alle hnRNAs an Proteinpartikel gebunden, die vom Kern abgetrennt werden können. Es konnte nachgewiesen werden, dass diese hnRNPs poly(A)-Polymerasen und Endonucleasen enthalten. Das Proteinpartikel ohne mRNA wird auch *Informofer* genannt.

Die hnRNA unterliegt noch im Zellkern einer Prozessierung, wobei die Introns und einige der nichttranslatierten Endsequenzen entfernt und abgebaut werden. Die Poly(A)-Sequenzen bleiben davon größtenteils unberührt, jedoch werden einige teilweise oder vollständig abgebaut. Auf diese Weise können in manchen Fällen bis zu 90 % der hnRNA abgebaut werden, bevor sie in das Cytoplasma gelangt. Die verbleibenden eigentlichen mRNA-Moleküle (in tierischen Zellen beträgt das M_r 0,05–$1,5 \cdot 10^6$ Da) werden in das Cytoplasma transportiert, wo sie zunächst als *Ribonucleoproteinpartikel* (*RNP*, manchmal auch *Informosomen* genannt)

vorliegen. Die mRNA verlässt dann das RNP und lagert sich mit Ribosomen zu aktiven Polysomen zusammen. Die vollständig verarbeitete monocistronische eukaryontische mRNA besitzt zusätzlich zum Poly(A)-Schwanz am 3'-Ende noch einige nichttranslatierte Nucleotide am 5'-Ende. Zur Regulation der mRNA-Synthese ↗ *Genaktivierung*, ↗ *Operon*, ↗ *Enzyminduktion*, ↗ *Enzymrepression*, ↗ *Attenuation*.

Mesterolon, *1α-Methyl-3β-hydroxy-5α-androstan-3-on*, ein synthetisches Androgen. M. weist oral hohe Wirksamkeit auf und wird wie ↗ *Methyltestosteron* bei Mangel- und Ausfallerscheinungen der männlichen Keimdrüsen und bei endokrinen Störungen therapeutisch angewandt.

Mestranol, *17α-Ethinyl-3-methoxyöstra-1,3,5(10)-trien-17β-ol*, ein synthetisches Östrogen. M. weist oral hohe biologische Aktivität auf und wird als Bestandteil von Ovulationshemmern verwendet. Es unterscheidet sich strukturell von ↗ *Ethinylöstradiol* durch Vorliegen einer 3-Methoxygruppe.

Met, Abk. für ↗ *L-Methionin*.

metabolische Acidose, ↗ *Acidose*.

metabolische Alkalose, ↗ *Alkalose*.

Metabolismus, ↗ *Stoffwechsel*.

Metabolit, eine Substanz, die im ↗ *Stoffwechsel* umgesetzt oder gebildet wird. Die Biopolymere werden in diese Definition nicht einbezogen, jedoch ihre Vorstufen, Abbau- und Bildungsprodukte. Da der Stoffwechsel im weitesten Umfang durch die Enzyme gelenkt und beherrscht wird, sind M. in gewissem Sinne alle kleinen Moleküle des Stoffwechsels, die durch Enzyme umgesetzt werden. Im Sinne der Enzymologie werden Stoffe, die von Enzymen angegriffen bzw. umgesetzt werden, als Substrate bezeichnet.

metachromatische Leucodystrophie, eine ↗ *lysosomale Speicherkrankheit* (Abb.; eine ↗ *Sphingolipidose*), die durch einen Mangel an *Arylsulfatase A* (EC 3.1.6.8) verursacht wird. Es kommt zur Akkumulation von Galactosylsulfatceramid und Lactosylsulfatceramid in Nieren und Gallenblase sowie von Galactosylsulfatceramid im Gehirn in der weißen Masse und in peripheren Nervenscheiden. Klinische Symptome sind cerebrale Degeneration und motorische Störungen. Der Tod tritt 5–10 Jahre nach Auftreten der Erkrankung bzw. im Alter von 3–7 Jahren (kindliche Form) ein.

Metallchelat-Affinitätschromatographie, ↗ *Affinitätschromatographie*.

Metallmarker, direkte, nichtradioaktive Reportergruppen, wie beispielsweise Gold-markierte ↗ *Antikörper*. Die zur direkten Visualisierung verwendeten Goldpartikel lassen sich in der Empfindlichkeit der Detektion durch eine zusätzliche Silberfärbung noch steigern.

Metalloenzyme, Enzyme, die für ihre katalytische Aktivität Metallionen benötigen. In Abhängigkeit von der Stärke der Metallion-Protein-Interaktionen enthalten die M. im engeren Sinne festgebundene Metallionen. Hierbei handelt es sich hauptsächlich um Übergangsmetallionen (Fe^{2+}, Fe^{3+}, Cu^{2+}, Zn^{2+}, Mn^{2+} oder Co^{2+}). Beispiele hierfür sind die ↗ *Katalase*, ↗ *Carboanhydrase*, ↗ *Alkohol-Dehydrogenase*, ↗ *Dinitrogenase*, Enzyme der ↗ *Glycolyse* und ↗ *Metalloproteasen*. *Metallionen-aktivierte Enzyme* binden dagegen relativ schwach Metallionen aus dem umgebenden Medium, wobei es sich vorrangig um Ionen der Alkali- und Erdalkalimetalle (Na^+, K^+, Mg^{2+} oder Ca^{2+}) handelt. Die Beteiligung der Metallionen am Katalyseprozess erfolgt in unterschiedlicher Weise, wobei a) durch Bindung an die Substrate reaktionsbegünstigende Änderungen der Konformation initiiert werden, b) Redoxreaktionen durch reversible Änderungen des Oxidationzustandes vermittelt werden oder c) die Katalyse durch elektrostatischen Ausgleich negativer Ladungen und damit verbundener Stabilisierung und Abschirmung gefördert wird. So sind beispielsweise Mg-ATP-Komplexe die eigentlichen Substrate der ↗ *Kinasen*, weil das Mg^{2+}-Ion neben seiner orientierenden Wirkung vor allem die negativen Ladungen der Phosphatgruppen elektrostatisch abschirmt.

Metalloflavinenzyme, ↗ *Flavinenzyme*.

Metalloflavoproteine, ↗ *Flavinenzyme*.

Metalloproteasen, eine Untergruppe der ↗ *Proteasen* für deren Katalysemechanismus Metallionen essenziell sind. Ebenso wie die Aspartat-Proteasen bilden sie während der Katalyse kein kovalentes Intermediat aus. Das Metallion ist gewöhnlich Zn^{2+}, obgleich auch andere Übergangsmetallionen wirksam sein können. Vertreter der M. sind beispielsweise ↗ *Thermolysin* und Carboxypeptidase A (↗ *Carboxypeptidasen*).

Metalloproteine, Proteine mit vorrangig komplexgebundenen Metallionen. Hierzu gehören zahlreiche Transport- und Speicherproteine sowie ↗ *Metalloenzyme*. Beispiele sind ↗ *Hämoglobin*, ↗ *Myoglobin*, ↗ *Cytochrome*, ↗ *Transcriptionsfaktoren* (Zinkfinger-Proteine), ↗ *Cobalamin*, ↗ *Schilddrüsenhormone*, ↗ *Ferritin*, ↗ *Transferrin*, ↗ *Eisen-Schwefel-Proteine*, ↗ *Metallothioneine*, Mangan-Proteine.

Metallothioneine, in Tieren, Pflanzen und Pilzen vorkommende Polypeptide mit einem hohen Cysteingehalt (20–30 %) und zahlreichen Cys-Xaa-Cys-Sequenzen. Man unterteilt die M. in drei Klassen ein. Zur *Klasse I* gehören die M. der Säugetiere und Pilze. Die Proteine der Tiere sind aus etwa 60 Aminosäureresten aufgebaut und besitzen höhere relative Molekülmassen (M_r 6–7 kDa) als die der Pilze (M_r 2,5 kDa). Die 20 freien SH-Gruppen der Cysteinbausteine findet man in Cys-Xaa-Cys-Sequenzen oder in Cys-Cys-Clustern. Die tierischen M. können bis zu sieben bi- und 12 monovalente Metallionen pro Molekül M. binden, wie z. B. Cd^{2+}, Zn^{2+}, Cu^{2+}, Sn^{2+}. Die M. dieser Klasse sind gekennzeichnet durch jeweils eine N- und C-terminale Cystein-haltige Domäne, die Metallionen als Metallthiolate gebunden enthalten. Die meisten Säugetiere enthalten eine Reihe von Isoformen, von denen M. I und M. II (jeweils 61 Aminosäurebausteine) vorrangig in der Leber bzw. in den Nieren, aber auch in anderen Geweben vorkommen. In selektierten, Cd-resistenten tierischen Zell-Linien konnte eine 3–60fache Amplifikation von M.-Genen nachgewiesen werden. Die Biosynthese der M. wird durch Schwermetallionen, Gewebsverletzungen, ↗ *Glucagon*, ↗ *Cytokine*, ↗ *Interferone*, Glucocorticoide u. a. induziert. Das nach Entfernung der Metallionen verbleibende *Apothionein* ist stark oxidationsempfindlich. Die M. sind an Transport, Stoffwechsel, Entgiftung des Körpers von Schwermetallen sowie der Inaktivierung von Radikalen beteiligt. Die physiologische Funktion ist noch nicht vollständig geklärt. Sie besteht bei Tieren vermutlich sowohl in einer Aufrechterhaltung der normalen zellulären Metallionen-Homöostase, insbesondere im Fall von Zinkionen, aber auch in der Entgiftung toxischer Mengen an Metallionen.

Die *Klasse II* der M. umfasst M. aus Cyanobakterien, Hefe, *Caenorhabditis elegans* u. a. Die Anordnung der Cysteinreste (12–18) ist nicht identisch mit der der M. der Klasse I.

Die *Klasse III* der M. kommt in Pflanzen vor. Diese Moleküle werden auch als *Phytochelatine*, teilweise auch als *Cadystine* oder *γ-Glutamyl-Peptide* bezeichnet. Die Synthese erfolgt an cytoplasmatischen Protein-Komplexen aus Glutathion unter Katalyse der Phytochelatin-Synthase. Das dominierende Strukturelement ist (γ-Glu-Cys)$_{2-7}$Gly.

Methadon, *(R,S)-6-Dimethylamino-4,4-diphenyl-3-heptanon-hydrochlorid*, eines der ersten vollsynthetischen Opioide. M. besitzt ein Chiralitätszentrum (Abb.). Linksdrehendes *R*-M., *Levomethadon*, zeigt eine zwölfmal stärkere analgetische und hustenstillende Wirkung als das *S*-M. und wirkt etwa zweimal stärker als das Racemat. M. hat morphinähnliche Wirkung, wobei die Wirkung länger anhält als die des Morphins. Da eine Gewöhnung langsamer entsteht und die Entzugserscheinungen milder sind als bei Morphin, hat es therapeutische Bedeutung für den Opioidentzug. Die orale Dosis von M. wird so

Methadon. Methadonhydrochlorid.

eingestellt, dass der Abhängige von Heroin oder Morphin im Grenzbereich zwischen M.-Euphorie und Auftreten von Entzugserscheinungen gehalten wird. Durch kontinuierliche Verringerung der Dosis an M. wird die Drogenfreiheit angestrebt. Es gibt Hinweise dafür, dass M. möglicherweise auch Bedeutung für die Therapie bestimmter Krebsarten haben könnte, wobei die Wechselwirkung nicht über den Opioidrezeptor, sondern über einen anderen Rezeptor erfolgt.

Methämoglobin, ein Hämoglobin, bei dem das Eisen trivalent [Fe(III)] ist. M. kann keinen Sauerstoff transportieren (↗ *Methämoglobinämie*).

Methämoglobinämie, eine ↗ *angeborene Stoffwechselstörung*, die durch einen Mangel an *Cytochrom-b$_5$-Reduktase* (EC 1.6.2.2) verursacht wird. Betroffene Individuen haben graublaues und cyanotisches Aussehen, weil im Blutkreislauf ein hoher Anteil an Methämoglobin zirkuliert, das keinen Sauerstoff transportieren kann. Methämoglobin wird in den Erythrocyten kontinuierlich durch Oxidation von Hämoglobin gebildet. Normalerweise wird Methämoglobin größtenteils durch eine NADH-abhängige Reduktase (67 %) und zu einem geringeren Teil durch eine NADPH-abhängige Reduktase und durch eine nichtenzymatische Wechselwirkung mit Glutathion und Ascorbat zu Hämoglobin reduziert. Die von M. betroffenen Patienten sind jedoch nicht ernsthaft beeinträchtigt. Bei einem klinisch ähnlichen kongenitalen Zustand ist das Hämoglobin anormal und kann nicht mit dem Enzym reagieren. Dieser Befund ist jedoch sehr selten.

Methamphetamin, *Pervitin*, $C_6H_5–CH_2–CH(CH_3)–NH–CH_3$, das bekannteste Phenylethylaminderivat mit der Wirkung eines ↗ *Weckamins*. M. unterliegt dem Suchtmittelgesetz.

Methangärung, *Methanogenese*, die anaerobe Bildung von Methan durch methanogene Bakterien. Für die Reduktion von Kohlendioxid zu Methan wird ein zyklischer Ablauf postuliert (Abb.). Nach Bindung von Kohlendioxid an Methanofuran (ein langkettiges Molekül mit einem aromatischen Ring und einem terminalen Furanring) erfolgt der Transfer der C1-Einheit auf Tetrahydromethanopterin (THMP, ähnlich der Folsäure, u. a. einen Zuckerrest enthaltend). Die durch stufenweise Reduktion gebildete CH_3-Gruppe wird schließlich vom THMP auf Coenzym M (2-Mercaptoethansulfonsäure, $HS–CH_2–CH_2–SO_3^-$) übertragen. Der letzte Schritt in der Methanbiosynthese wird nach $CH_3–S–CoM + H_2 \rightarrow CH_4 + HS–CoM$ durch die Methyl-CoM-Reduktase katalysiert, an dem zahlreiche Cofaktoren (u. a. Faktor 430, ein Nickel enthaltendes Tetrapyrrol, 2 Mol F_{430}/Mol Enzym) und Proteine beteiligt sind. Der Faktor 420 (F_{420}, ein 5-Deazaflavin-Derivat) dient als 2-Elektronenüberträger in der Hydrogenasereaktion. Vom F_{420} können die Elektronen auch auf $NADP^+$ (mittels einer $NADP^+$-F_{420}-Oxidoreduktase) – nicht aber auf NAD^+ – übertragen werden. Formiat (Formiat-Dehydrogenase), Kohlenmonoxid (CO-Dehydrogenase) und eventuell auch Methanol sowie Acetat können als Elektronendonatoren für F_{420} dienen.

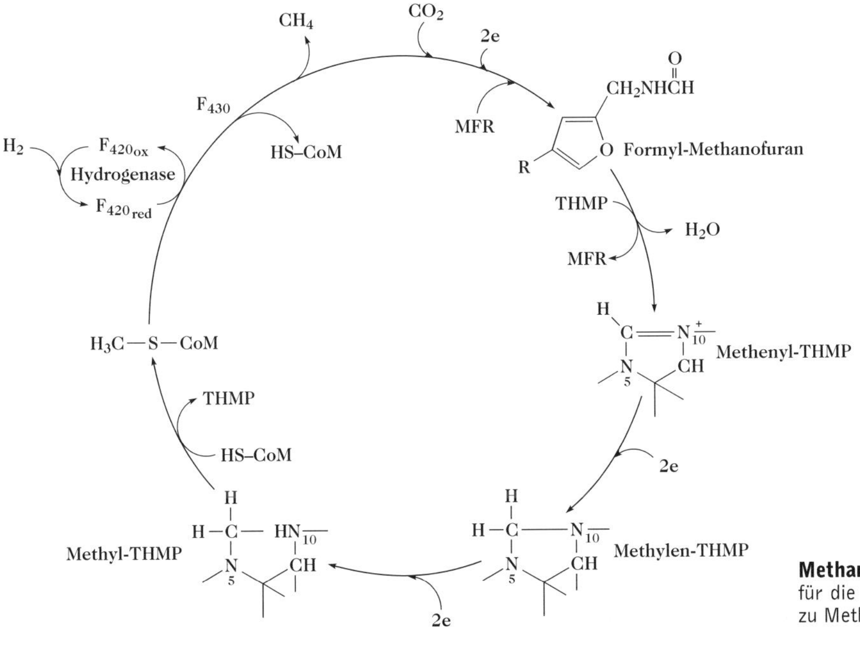

Methangärung. C_1-Zyklus für die Reduktion von CO_2 zu Methan.

Eine M. kommt an den Stellen vor, wo Pflanzen absterben und anderes organisches Material unter anaeroben Bedingungen zersetzt wird (Sümpfe, Moore, Sedimentschichten von Seen, Flüssen und Meeren, Mülldeponien, Nassreisfelder, Pansen von Wiederkäuern usw.). Jährlich werden etwa 500–800 t Methan gebildet, das zu ca. 20 % an der Klimaveränderung durch den sog. Treibhauseffekt beteiligt ist.

Biotechnologische Bedeutung besitzt die M. bei der anaeroben Abwasserreinigung, Schlammfaulung und bei der Stabilisierung von Hausmüll und landwirtschaftlichen Abfällen. Ein Hauptziel ist dabei die Erzeugung von ↗ Biogas.

Methan-Monooxygenase, *MMO*, eine Oxidoreduktase, die in Anwesenheit von NADH und Sauerstoff die Umwandlung von Methan zu Methanol als inizialen Schritt der Methan-Verwertung durch methanotrophe Bakterien katalysiert (↗ *Methanolassimilation*). In Abhängigkeit von der Kupferkonzentration im Medium wird eine lösliche (*sMMO*) oder partikuläre (*pMMO*, bei Kupferkonzentrationen über 1 µmol/g Zelltrockengewicht) gebildet. Ähnlich wie andere Monooxygenasen besteht die sMMO aus drei Komponenten: Die Hydroxylase-Komponente (Komponente A; M_r 245 kDa) ist ein Oligomer aus drei unterschiedlichen Untereinheiten (α, β, γ). Die Komponente B (M_r 16 kDa) ist ein farbloses, saures Protein mit noch nicht genau bekannter

Funktion, während die Komponente C (M_r 40 kDa) ein Eisen-Schwefel-Flavoprotein ist, das als NADH-Akzeptorreduktase fungiert.

Die sMMO katalysiert *in vitro* u. a. auch die Hydroxylierung primärer und sekundärer Alkyl-C-H-Bindungen sowie aromatischer Verbindungen, die Oxidation von Ammoniak zu Hydroxylamin sowie von Kohlenmonoxid zu Kohlendioxid.

Methanogenese, Syn. für ↗ *Methangärung*.

Methanolassimilation, der Einbau des Methan- bzw. Methanol-Kohlenstoffs in körpereigene Verbindungen. Die M. trennt sich vom Energiestoffwechsel (↗ *Methanoxidation*) auf der Stufe des Formaldehyds. Beim *Serin-Weg* (methylotrophe Organismen vom Typ II) wird der C1-Körper – katalysiert durch die Serin-Hydroxymethyltransferase (mit Pyridoxalphosphat als Cofaktor) – unter Bildung von Serin auf Glycin übertragen (Abb.). Die CO_2-Fixierung erfolgt durch die PEP-Carboxylase. Durch die Malyl-CoA-Lyase wird Glyoxylat wieder zur Verfügung gestellt. Die Rückbildung des zweiten Moleküls Glyoxylat geschieht entweder durch das Zusammenspiel von Enzymen des Tricarbonsäure-Zyklus mit der Isocitrat-Lyase (ICL⁺; *Serin-Isocitrat-Lyase-Weg*) oder – über einen noch nicht genau bekannten Weg – direkt vom Acetyl-CoA (ICL⁻).

Beim *Ribulosemonophosphat-Weg* (*RMP-Weg*) – einer Variante des bei CO_2-autotrophen Organismen vorkommenden Ribulosediphosphat-Zyklus

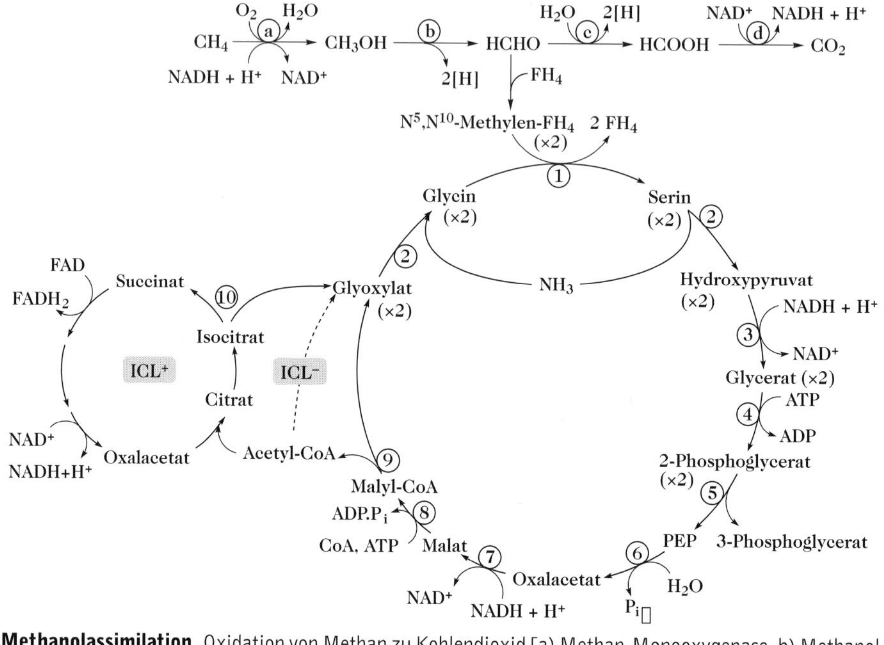

Methanolassimilation. Oxidation von Methan zu Kohlendioxid [a) Methan-Monooxygenase, b) Methanol-Dehydrogenase, c) Formaldehyd-Dehydrogenase, d) Formiat-Dehydrogenase] und Assimilation der C1-Körper durch den Serin-Weg [1) Serin-Hydroxymethyltransferase, 2) Aminotransferase, 3) Hydroxypyruvat-Reduktase, 4) Glycerat-Kinase, 5) Enolase, 6) PEP-Carboxylase, 7) Malat-Dehydrogenase, 8) Malat-Thiokinase, 9) Malyl-CoA-Lyase, 10) Isocitrat-Lyase, --- nicht bekannt (ICL⁻); ICL⁺, Isocitrat-Lyase-Weg].

(Calvin-Zyklus; ↗ *Photosynthese*) – wird der C1-Körper durch Aldoladdition mit Ribulose-5-phosphat verbunden. Das aus Hexulosephosphat gebildete Fructose-6-phosphat dient einerseits zur Regeneration des Formaldehydakzeptors Ribulose-5-phosphat, andererseits als Ausgangsmaterial für Biosynthesen.

Für den RMP-Weg (methylotrophe Organismen vom Typ I) wurden verschiedene Varianten beschrieben:

1) Beim *KDPG-(2-Keto-3-desoxy-6-phosphogluconat)-Aldolase-Weg* wird Fructose-6-phosphat nach Isomerisierung zu Glucose-6-phosphat durch die Enzyme des oxidativen Pentosephosphat-Zyklus und Entner-Doudoroff-Wegs zu Glycerinaldehyd-3-phosphat und Pyruvat umgesetzt. Ausgehend von drei Molekülen Fructose-6-phosphat (zwei Moleküle Fructose-6-phosphat und ein Molekül Glycerinaldehyd-3-phosphat dienen der Regeneration von drei Molekülen Ribulose-5-phosphat) lautet die Bilanz:

$$3\,HCHO + NAD^+ \rightarrow Pyruvat + NADH + H^+.$$

2) Der *FBP-Aldolase-Weg* (SBP-Variante) unterscheidet sich vom RMP-Weg durch die Bildung von Fructose-1,6-diphosphat bzw. Sedoheptulose-1,7-diphosphat und dem damit verbundenen erhöhten ATP-Verbrauch. In Hefen werden Formaldehyd und Xylulose-5-phosphat (Xylulosemonophosphat-Weg) durch die Dihydroxyaceton-Synthase, eine Transketolase, zu Glycerinaldehyd-3-phosphat und Dihydroxyaceton umgesetzt. Letzteres wird durch eine Triokinase (Triokinase-Weg) zu Dihydroxyacetonphosphat phosphoryliert. Geht man von je drei Molekülen Xylulose-5-phosphat und Formaldehyd aus, können so ebenfalls zwei Moleküle Fructose-6-phosphat (über Fructose-1,6-diphosphat) und zwei C3-Verbindungen gebildet werden.

Methanophenazin, ein neues Coenzym der Methanogenese, das bei methanogenen *Archea* Funktionen übernimmt, die bei Bakterien von ↗ *Ubichinon* oder von Menachinon (↗ *Vitamin K*) erfüllt werden. Beim M. handelt es sich um ein Dibenzopyrazin, das über eine Etherbrücke in 2-Stellung mit einer Pentaisoprenoidseitenkette verknüpft ist, wobei die erste Isoprenoideinheit in reduzierter Form vorliegt

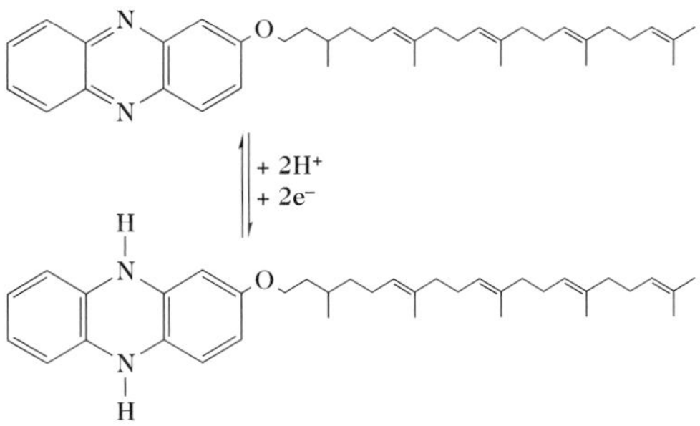

Methanophenazin. Oxidierte und reduzierte Form des Methanophenazins.

(Abb.). M. fungiert als Mediator des Elektronentransports und des damit verbundenen Aufbaus eines elektrochemischen Protonengradienten bei der Energiekonservierung in methanogenen *Archea*. [H.J. Abken et al., *J. Bacteriol.* 180 (1998) 2.027–2.032]

Methanoxidation, der Energiegewinnungsweg methanotropher bzw. methylotropher Organismen, d. h. von Mikroorganismen, die Methan oder andere C1-Verbindungen (z. B. Methanol, Methylamin) als einzige Kohlenstoff- und Energiequelle nutzen können. Die Oxidation von Methan entspricht der Oxidation höherer Alkane, endet aber beim Kohlendioxid (Abb.). Der erste Schritt ist eine Hydroxylierung, die durch eine ↗ *Methan-Monooxygenase* (1) katalysiert wird. An der Weitermetabolisierung des Methanols ist eine Methanol-Dehydrogenase (2) beteiligt, die Pyrrolo-chinolin-chinon (PQQ; Bakterien) als prosthetische Gruppe enthält. In den Hefen und Pilzen ist das Enzym NAD⁺-abhängig. Peroxisomen besitzen Methanol-Oxidasen, die neben Formaldehyd Wasserstoffperoxid als Reaktionsprodukt bilden. Formaldehyd wird durch NAD(P)⁺-abhängige oder NAD(P)⁺-unabhängige Formaldehyd-Dehydrogenasen (3) sowie eine lösliche NAD⁺-abhängige Formiat-Dehydrogenase (4) zu Kohlendioxid oxidiert. Die Oxidation von Methanol zu Kohlendioxid liefert Reduktionsäquivalente und damit ATP für die Assimilation des Methan- bzw. Methanol-Kohlenstoffs (↗ *Methanolassimilation*). Der Kohlenstoff wird auf der Stufe des Formaldehyds assimiliert.

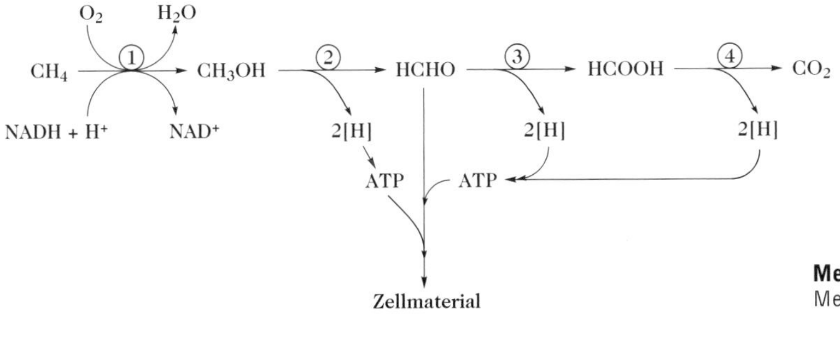

Methanoxidation. Oxidation von Methan zu Kohlendioxid.

N^{5,10}-Methenyl-FH$_4$, ↗ *aktive Einkohlenstoff-Einheiten.*

Methenyl-FH$_4$-Cyclohydrolase (EC 3.5.4.9), ↗ *aktive Einkohlenstoff-Einheiten.*

L-Methionin, *Met,* α-*Amino-γ-methylmercaptobuttersäure,* eine schwefelhaltige, essenzielle proteinogene Aminosäure. M_r 149,2 Da, F. 281 °C (Zers.), $[\alpha]_D^{25}$ +23,2° (c = 0,5–2,0 in 5 M Salzsäure) bzw. −10,0° (c = 0,5–2,0, Wasser). Die biologische Wertigkeit vieler Pflanzenproteine wird durch ihren niedrigen Methioningehalt begrenzt. Die Biosynthese von M. geht von Cystein und Homoserin aus, führt über Cystathionin zum Homocystein, das bei *Escherichia coli* durch Übertragung der Methylgruppe von N^5-Methyltetrahydrofolsäure zu M. methyliert wird. Das Coenzym bei dieser Methylgruppenübertragung ist das Vitamin B$_{12}$. In grünen Pflanzen kann M. auch durch Transaminierung von 2-Oxo-4-methylthiobutyrat (↗ *Ethylen*) synthetisiert werden. Die aktive Form von M., d. h. das ↗ *S-Adenosyl-L-methionin,* fungiert als Methylgruppendonor bei ↗ *Transmethylierungen.* Der Abbau von M. verläuft über ↗ *L-Cystein.*

Die großtechnische Gewinnung von D,L-M. (mehr als 100.000 Tonnen jährlich) erfolgt durch die Strecker-Synthese mit dem aus Acrolein und Methylmercaptan entstehenden β-Methylmercaptopropionaldehyd. D,L-M. wird als Futtermittelzusatz in der Geflügelaufzucht verwendet. Da L- und D-M. gleichermaßen verwertet werden, ist eine Enantiomerentrennung nicht erforderlich.

N-Formyl-Methionin, *N-For-Met,* das *N*-Formyl-Derivat der Aminosäure Methionin. *N*-For-Met wird bei der bakteriellen ↗ *Proteinbiosynthese* als erste Aminosäure in alle Proteine eingebaut. Es wird von einer spezifischen Transformylase aus an die Initiator-tRNA gebundenem Methionin gebildet. Im reifen Protein können der Formylrest oder das gesamte *N*-For-Met wieder abgespalten werden.

Methotrexat, *Amethopterin, 4-Desoxy-4-amino-10-methylfolsäure,* ein äußerst wirksamer Inhibitor ($K_i < 10^{-9}$ M) der Dihydrofolat-Reduktase. Es blockiert die Umwandlung der Dihydrofolsäure in die ↗ *Tetrahydrofolsäure* und damit den für die Biosynthese von Thymidin und Purinen essenziellen C1-Körperstoffwechsel. Obgleich M. ziemlich toxisch ist, wird es als ein wertvolles Pharmakon für die Behandlung schnell wachsender Tumoren, wie z. B. bei akuter Leukämie, Chorioncarcinom und Bronchialcarcinom eingesetzt. Weiterhin hat M. Bedeutung als langfristig wirksames Antirheumatikum, wofür viel niedrigere Dosierungen ausreichen, als sie für die Tumortherapie erforderlich sind. Strukturformel ↗ *Aminopterin.*

Methoxymellein, ↗ *Phytoalexine.*

Methylakzeptor-Chemotaxisproteine, *Methyl-akzeptierende Chemotaxisproteine, MCP,* ursprüngliche Bezeichnung von vier Chemorezeptoren der bakteriellen ↗ *Chemotaxis,* die von den vier Genen *tsr, tar, trg* und *tap* kodiert und während der Adaptation reversibel methyliert werden. Jedes der M. (M_r 60 kDa) besteht aus 1) einer periplasmatischen Domäne, an die Lock- und Schreckstoffe binden, 2) einem Transmembransegment aus zwei Helices, 3) einer cytosolischen Domäne, die mit einem zentralen Verarbeitungssystem in Verbindung steht, das die Richtung der Geißelrotation kontrolliert, und 4) einer cytosolischen Region, die an verschiedenen Positionen reversibel methyliert werden kann. Die periplasmatische Domäne des Aspartatrezeptors bildet ein 4-Helix-Bündel mit 2 nm Durchmesser und mehr als 7 nm Länge. [G.L. Hazelbauer, *Curr. Opin. Struct. Biol.* **2** (1992) 505–510; B.L. Stoddard et al., *Biochemistry* **31** (1992) 11.978–11.983]

O-Methylangolensin, ein ↗ α-*Methyldesoxybenzoin.*

γ-N-Methylasparagin, ein Aminosäurerest in der β-Untereinheit des Allophycocyanins von *Anabena variabilis* (Abb.). Es wird durch posttranslationelle Modifizierung eines Asparaginylrests gebildet. [A.V. Klotz et al. *J. Biol. Chem.* **261** (1986) 15.891–15.894]

$$\begin{array}{c} O \\ \| \\ C-NH-CH_3 \\ | \\ CH_2 \\ | \\ H_3\overset{+}{N}-CH-COO^- \end{array} \qquad \textbf{γ-N-Methylasparagin}$$

O-Methylbufotenin, ein in der Kröte *Bufo alvarius* vorkommendes Gift (↗ *Krötengifte*), das aber auch pflanzlichen Ursprungs sein kann. Neben den allgemeinen Wirkungen der Krötengifte erzielt M. auch einen psychotropen Effekt. Seine kleinste tödliche Dosis (bei Mäusen) beträgt 75 mg/kg.

β-Methylcrotonyl-CoA, H$_3$C-C(CH$_3$)=CH-CO-S-CoA, ein Intermediat des Abbaus von ↗ *L-Leucin* und gleichzeitig von β-Methyl-verzweigten Fettsäuren. Durch Carboxylierung von β-M. mittels der *β-Methylcrotonyl-CoA-Carboxylase* unter Verbrauch eines Moleküls ATP bildet sich β-Methylglutaconyl-CoA, $^-$OOC-CH$_2$-C(CH$_3$)=CH-CO-S-CoA. Der Mechanismus der Carboxylierung ähnelt dem durch ↗ *Pyruvat-Carboxylase* vermittelten.

β-Methylcrotonyl-CoA-Carboxylase, ↗ β-*Methylcrotonyl-CoA.*

3-Methylcrotonylglycinurie, β-*Hydroxyisovalerianacidämie,* eine ↗ *angeborene Stoffwechselstörung,* die durch einen Mangel an *Methylcrotonyl-CoA-Carboxylase* (EC 6.4.1.4) verursacht wird. Im Harn werden 3-Methylcrotonylglycin und 3-Hydroxyisovaleriat ausgeschieden. Dies hat Acidose in früher Kindheit, Hypotonie und Muskelatrophie zur Folge. Die Behandlung besteht in einer leucinarmen Ernährung. ↗ *L-Leucin.*

α-Methyldesoxybenzoine, von dieser Gruppe sind nur zwei natürlich vorkommende Repräsentanten bekannt: *Angolensin* (Abb.) aus dem Kernholz von *Pterocarpus*-Arten und dem Holz von *Pericopsis*-Arten (Teakholz) sowie *2-O-Methylangolensin* aus dem Holz von *Pericopsis*. In *Pericopsis* treten die α-M. gemeinsam mit den Isoflavonen Afrormosin und Biochanin A auf. Aus diesem Grund wird vermutet, dass die α-M. auch isoflavonoiden Ursprungs sind. [W.D. Ollis et al. *Aust. J. Chem.* **18** (1965) 1.787–1.790; M.A. Fitzgerald et al. *J. Chem. Soc. Perkin* **1** (1976) 186–191]

α-Methyldesoxybenzoin. (–)-Angolensin.

α-Methyldopa, das α-Methylderivat des 3,4-Dihydroxyphenylalanins (↗ *DOPA*), das als Antisympathotonikum die Konzentration an freigesetztem ↗ *Noradrenalin* an den sympathisch innervierten Effektorzellen hemmt. Es wurde als Inhibitor der DOPA-Decarboxylase entwickelt und ist soweit bekannt ein Substrat dieses Enzyms. Nach der Aufnahme in Catecholamin-Neurone im Gehirn und in der Peripherie wird es durch die DOPA-Decarboxylase in α-Methyldopamin und danach in noradrenergen Neuronen mittels der Dopamin-β-Hydroxylase in α-Methylnoradrenalin überführt, das als sog. falscher Transmitter vesikulär gespeichert wird und den eigentlichen Wirkstoff darstellt.

Methylenbernsteinsäure, Syn. für ↗ *Itaconsäure*.

***cis*-Methylenbutensäure**, Syn. für ↗ *Itaconsäure*.

β-Methylglutaconyl-CoA, ↗ *β-Methylcrotonyl-CoA*.

Methylglycocyamin, Syn. für ↗ *Kreatin*.

Methylglyoxal, Zwischenprodukt des Kohlenhydratabbaus in verschiedenen Organismen. In bestimmten Bakterien (Pseudomonas-Arten) wird Glycerinaldehyd-3-phosphat nicht direkt über die Glycolyse zu Pyruvat umgesetzt, sondern zu Glycerinaldehyd dephosphoryliert und anschließend zu M. dehydratisiert. M. wird dann in einem Katalysezyklus, an dem auch Glutathion beteiligt ist, in Lactat überführt (Vorstufe von Pyruvat).

Methylgruppendonoren, Cosubstrate enzymatischer Methylierungen. Der wichtigste M. ist das ↗ *S-Adenosyl-L-methionin*. Das nach der Übertragung der Methylgruppe auf einen Akzeptor resultierende Homocystein wird unter der Katalyse der Homocystein-Methyltransferase durch den Transfer einer Methylgruppe von N5-Methyltetrahydrofolat wieder in Methionin überführt. Der Zyklus der aktivierten Methylgruppe wird komplettiert durch die Umsetzung von Methionin mit ATP zum S-Adenosylmethionin.

β-Methylguanidoessigsäure, Syn. für ↗ *Kreatin*.

N⁶-*cis*-γ-Methyl-γ-hydroxymethylallyladenosin, 6-(4-Hydroxy-3-methyl-but-cis-2-enyl)-aminopurin, ein Adeninderivat und das *cis*-Isomer von ↗ *Zeatin*. Es kommt als seltener Nucleinsäurebaustein in bestimmten tRNA-Spezies vor, dessen Biosynthese durch Modifizierung eines Adenosinrests in der Nucleinsäure erfolgt. Die freie Verbindung zeigt Cytokininaktivität.

methylierte Xanthine, N-Methylderivate des Xanthins, deren Biosynthese durch enzymatische Methylierung freier Xanthine (N-1, 3 und 7) mit S-Adenosyl-L-Methionin erfolgt (Tab.). M. X. kommen in bestimmten Pflanzen vor und sind als Purinalkaloide bekannt. Beispiele sind ↗ *Coffein*, ↗ *Theobromin* und ↗ *Theophyllin*. Synthetische Derivate von m. X. werden häufig für therapeutische Zwecke eingesetzt.

methylierte Xanthine. Strukturen methylierter Xanthine.

	R_1	R_3	R_7
Xanthin	H	H	H
Theophyllin	CH_3	CH_3	H
Theobromin	H	CH_3	CH_3
Coffein	CH_3	CH_3	CH_3

Methylmalonacidämie, ↗ *Methylmalonacidurie*.

Methylmalonacidurie, *Methylmalonacidämie*, eine ↗ *angeborene Stoffwechselstörung*, verursacht durch einen Mangel an *Methylmalonyl-CoA-Mutase* (EC 5.4.99.2; ↗ *Methylmalonyl-CoA*). (R)-Methylmalonyl-CoA wird nicht in Succinyl-CoA umgewandelt, weshalb große Mengen an Methylmalonsäure in Plasma und Harn vorkommen. Betroffene Kinder wachsen nicht und zeigen ausgeprägte Ketoacidose. Die Erkrankung führt oft früh zum Tod. Weitere typische Symptome sind Hyperammonämie und intermittierende Hyperglycinämie. Hilfreich sind begrenzte Proteinaufnahme und synthetische Nahrungsmittel, insbesondere eine geringe Aufnahme von Leucin, Isoleucin, Valin, Threonin und Methionin. Ein ähnlicher Zustand kann von einem kongenitalen Mangel an *Methylmalonyl-CoA-Epimerase* (EC 5.1.99.1) herrühren. In beiden Fällen tritt keine Reaktion auf Vitamin B₁₂ auf. Ein anderer Typ der M. hat seine Ursache vermutlich in einem ererbten Mangel an *Desoxyadenosyl-Trans-*

ferase (überträgt die 5'-Desoxyadenosylgruppe in der Cobalaminsynthese), die das Coenzym der Methylmalonyl-CoA-Mutase zur Verfügung stellt. Bei dieser Form wird eine Reaktion auf die Injektion von Vitamin B_{12} beobachtet. Vitamin B_{12}-Mangel (↗ *Cobalamin*) hat ebenfalls eine M. zur Folge.

Methylmalonyl-CoA, $^-OOC-CH(CH_3)-CO-S-CoA$, ein Intermediat des Stoffwechselweges vom Propionyl-CoA zum Succinyl-CoA beim Abbau von Fettsäuren mit ungerader Anzahl von C-Atomen sowie einigen unpolaren Aminosäuren (Met, Val, Ile). Unter der Katalyse der biotinabhängigen *Methylmalonyl-CoA-Carboxylase* wird Propionyl-CoA ($H_3C-CH_2-CO-S-CoA$) unter Verbrauch eines ATP zum D-M. carboxyliert, das danach mit Hilfe der *Methylmalonyl-CoA-Epimerase* zum L-M. isomerisiert wird. Das L-Isomer des M. wird unter der Katalyse des Cobalamin-Enzyms *Methylmalonyl-CoA-Mutase* in Succinyl-CoA ($^-OOC-CH_2-CH_2-CO-S-CoA$) überführt. Eine angeborene Störung des M.-Stoffwechsels führt zu ↗ *Methylmalonacidurie*.

Methylmalonyl-CoA-Carboxylase (EC 4.1.1.41), ↗ *Methylmalonyl-CoA*.

Methylmalonyl-CoA-Epimerase (EC 5.1.99.1), ↗ *Methylmalonyl-CoA*, ↗ *Methylmalonacidurie*.

Methylmalonyl-CoA-Mutase (EC 5.4.99.2), ↗ *Methylmalonyl-CoA*, ↗ *Methylmalonacidurie*.

Methylnissolin, *3-Hydroxy-9,10-dimethoxypterocarpan*. ↗ *Pterocarpane*.

Methylotrophie, die Verwertung von Einkohlenstoffverbindungen, die höher reduziert sind als CO_2, als einzige Kohlenstoff- und Energiequelle. [C. Anthony *The Biochemistry of Methylotrophs* Academic Press, London, 1982]

5-Methylpentosen, *6-Desoxyzucker*, ↗ *Desoxyzucker* mit endständiger Methylgruppe, z. B. Rhamnose und Fucose, die Bausteine von Polysacchariden, Glycoproteinen und Pflanzenglycosiden sind.

2'-Methylsepiol, ein ↗ *Isoflav-3-en*.

Methyltestosteron, *17α-Methyltestosteron, 17α-Methyl-17β-hydroxyandrost-4-en-3-on*, ein synthetisches Steroid aus der Gruppe der Androgene. M. weist oral hohe biologische Aktivität auf und wird besonders bei Hypogenitalismus, hormonaler Impotenz und peripheren Durchblutungsstörungen therapeutisch angewandt. Es unterscheidet sich strukturell vom ↗ *Testosteron* durch eine zusätzliche 17α-Methylgruppe.

5-Methyltetrahydrofolat-Homocystein-Methyltransferase (EC 2.1.1.13), ↗ *aktive Einkohlenstoff-Einheiten*.

Methyltransferasen, Syn. für ↗ *Transmethylasen*.

Metmyoglobin, ↗ *Myoglobin*.

Metronidazol, ein Nitroimidazolderivat (Abb.), das bei Infektionen durch Trichomonaden als Chemotherapeutikum eingesetzt wird. Es ist auch antibakteriell wirksam.

Metronidazol

Mevaldinsäure, ein Intermediat bei der Biosynthese der ↗ *Terpene*.

Mevalonat, Anion der Mevalonsäure (Abb.), ein wichtiges Intermediat der Biosynthese des ↗ *Cholesterins*. Die Bildung von M. aus cytosolischem 3-Hydroxy-3-methylglutaryl-CoA unter der Katalyse der ↗ *3-Hydroxy-3-methylglutaryl-Coenzym-A-Reduktase* (HMG-CoA-Reduktase) ist die Schrittmacherreaktion der Cholesterinsynthese: 3-Hydroxy-3-methylglutaryl-CoA + 2 NADPH + 2 H^+ → Mevalonat + 2 $NADP^+$ + CoA. ↗ *Terpene*.

Mevalonat

Mevinolin, *1,2,6,7,8,8a-Hexahydro-β,δ-dihydroxy-2,6-dimethyl-8-(2-methyl-1-oxobutoxy)-1-naphthalinheptansäure-δ-lacton* (Abb.), ein Pilzmetabolit aus dem Kulturmedium von *Aspergillus terreus*. Die zugrunde liegende Hydroxysäure (Mevolinsäure, Abb. a) ist ein wirksamer kompetitiver Inhibitor (K_i 0,6 nm) der 3-Hydroxy-3-methylglutaryl-CoA-Reduktase (EC 1.1.1.34). Bei oraler Einnahme von M. wird der Plasmaspiegel von LDL-Cholesterin um 30 % erniedrigt und die Anzahl der LDL-Rezeptoren bei menschlichen Heterozygoten der familiären Hypercholesterinämie (↗ *Lipoproteine*) mäßig erhöht. Wenn M. zusammen mit Cholestyramin verabreicht wird, sinkt das Plasma-LDL-Cholesterin um 50–60 % und die Erhöhung der LDL-Rezeptoren fällt höher aus. ↗ *Compactin*. [A.W. Alberts et al. *Proc. Natl. Acad. Sci. USA* **77** (1980) 3.957–3.961]

Mevinolin. a: Compactin (R = H); Mevinolin (R = CH_3); **b:** Mevinolinsäure.

Meyerhof-Quotient, ↗ *Pasteur-Effekt*.

MF, Abk. für M̲ais̲f̲aktor. ↗ *Zeatin*.

MGF, Abk. für engl. m̲ast cell g̲rowth f̲actor, ↗ *Stammzellenfaktor*.

MGI, Abk. für M̲onocyten-G̲ranulocyten-I̲nduktor, ↗ *Interleukine*.

MGP, Abk. für ↗ *M̲atrix-G̲la-P̲rotein*.

MH, Abk. für ↗ *M̲aleinsäureh̲ydrazid*.

MHC, Abk. für engl. m̲ajor h̲istocompatibility c̲omplex, ↗ *Haupthistokompatibilitätskomplex*.

MHC-Moleküle, *MHC-Proteine*, vom ↗ *Haupthistokompatibilitätskomplex* (engl. *major histocompatibility complex, MHC*) kodierte Proteine, die Informationen über den in einer Zelle vorhandenen Proteinbestand auf die Zelloberfläche übertragen. Dadurch erhält das Immunsystem Informationen über den Zustand der Zelle und kann wenn nötig z. B. mit der Abtötung einer virusinfizierten Zelle durch einen cytotoxischen T-Lymphocyten oder mit der Aktivierung einer B-Zelle durch einen Helfer-T-Lymphocyten reagieren. M. sind in den Membranen tierischer Zellen gebundene Glycoproteine. Ihr Name rührt von der Kopplung von MHC-Genprodukten mit der Gewebeverträglichkeit bei Transplantationen her. Man unterscheidet zwei Klassen von M., die sich strukturell und funktionell unterscheiden. Während die *MHC-Klasse-I-Moleküle* auf den meisten Körperzellen eines Säugetiers lokalisiert sind, kommen die *MHC-Klasse-II-Moleküle* nur auf wenigen Zelltypen, wie auf den B-Zellen, den Makrophagen, den dendritischen Zellen und auf dem Thymusepithel vor (Farbtafel V).

Ein *MHC-I-Molekül* besteht aus einer schweren α-Kette (M_r 44 kDa), aus 350 Aminosäurebausteinen, mit drei Immunoglobulin-Domänen-ähnlichen Abschnitten ($α_1$, $α_2$ und $α_3$) und einer Transmembranregion sowie einer nicht kovalent daran gebundenen leichten β-Kette mit 99 Aminosäureresten, die auch unter der Bezeichnung *β₂-Mikroglobulin* bekannt ist (Abb. a). MHC ist ein Oberbegriff für die entsprechenden Gene und Genprodukte. In Abhängigkeit von der Spezies existieren noch andere Bezeichnungen, wie *HLA (Human Leucocyte Antigen)* für den MHC des Menschen.

MHC-II-Moleküle bestehen aus zwei nahezu gleich großen Ketten, einer α-Kette (M_r 33 kDa) und einer nicht kovalent gebundenen β-Kette (M_r 30 kDa). Jede Kette besitzt zwei extrazelluläre Domänen, ein Transmembransegment und einen sehr kurzen cytosolischen Schwanz (Abb. b). In den MHC-I-Molekülen bilden die zwei membranfernen Domänen $α_1$ und $α_2$ eine Peptidbindungsstelle. Das spezifische Bindungsmuster ermöglicht es, dass viele Millionen verschiedener Peptide durch dieses eine MHC-I-Molekül präsentiert werden können. Bei den MHC-II-Molekülen wird eine Peptidbindungstasche ebenfalls von den membranfernen Domänen ($α_1$ und $β_1$) gebildet. Die MHC-Gene sind durch einen ungewöhnlich hohen Polymorphismus gekennzeichnet. Die Peptidbindungsstellen in beiden Typen der M. sind zwangsläufig die am stärksten variablen Regionen.

Die Aufgabe eines MHC-I-Moleküls besteht darin, aus dem beim intrazellulären Proteinabbau resultierenden Peptidgemisch eine Auswahl zu akquirieren und an die Zelloberfläche zu transportieren. Dabei erfolgt die Peptidbeladung nach der Neusynthese im ER, wobei das Peptid zum integralen Bestandteil des fertiggestellten MHC-I-Moleküls wird. Welche Peptide ausgewählt werden, ist weitgehend von der Spezifität der M. abhängig. Die Details des zugrunde liegenden Mechanismus sind noch nicht vollständig aufgeklärt. Ein cytosolisches Protein wird bei der Proteindegradierung durch ein ↗ *Proteasom* in Peptide gespalten und durch Peptidtransporter *TAP* (von engl. *transporter associated with antigen processing*) in das ER transportiert. Der Weg der Peptide vom Proteasom zu TAP ist noch nicht bekannt. Möglicherweise sind daran ↗ *molekulare Chaperone* wie Hsp70 beteiligt. Von der großen Zahl an MHC-Allelprodukten besitzt jedes seine eigene, individuelle Peptidspezifität. In einer normalen Zelle sind etwa 10^5–10^6 MHC-I-Moleküle enthalten, die ca. 10^4 verschiedene Peptide mit individuellen Kopienzahlen zwischen 1 und mehr als 10.000 präsentieren. Das Immunsystem ist gegen diese 10^4 Selbstpeptide tolerant. Kommen durch eine Virusinfektion einige neue Peptide hinzu, so werden sie von den für MCH-I-zuständigen T-Zellpopulationen der CD8⁺-Zellen als fremd erkannt. Neben der Bekämpfung virusinfizierter und maligner Zellen haben T-Zellen, die Peptide auf MHC-I-Molekülen erkennen, auch Bedeutung für die Entfernung von mit Parasiten oder mit bestimmten Bakterien infizierten Zellen.

Die MHC-II-Beladung beginnt durch Komplexierung von α- und β-Ketten mit der invarianten Kette

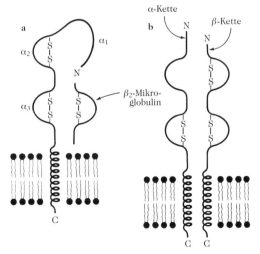

MHC-Moleküle. Schematische Darstellung eines M H C - I - Moleküls (a) und eines M H C - I I - Moleküls (b).

I$_i$ eines Chaperon-artigen Mehrzweckmoleküls zunächst zu Nonameren. Nach dem Transport in ein spezielles lysosomenartiges Vesikel erfolgt zunächst die partielle Proteolyse der I$_i$-Kette durch Cathepsin S, wobei kurze Peptide (*CLIP*, engl. *Class II associated invariant chain peptide*) gebildet werden, die die MHC-Grube blockieren. Danach erfolgt der Austausch der CLIPs gegen „richtige" Peptide, die von speziellen, im sauren pH aktiven lysosomalen Proteasen produziert werden. Die fertig beladenen MHC-II-Moleküle werden dann an die Zelloberfläche gebracht. Von den in der Peptidbindungsgrube fixierten neun Aminosäuren eines MHC-II-Liganden (der insgesamt 12–25 Aminosäuren langen Peptide) sind drei bis vier in spezifitätstragenden Taschen verankert. Helfer-T-Zellen werden von Fremdpeptiden aktiviert, die an MHC-II-Moleküle gebunden sind. Diese Peptide stammen aus den Proteolyseprodukten von Proteinen, die durch Endocytose in eine B-Zelle oder einen Makrophagen gelangt sind, und signalisieren, dass eine Zelle auf ein Pathogen gestoßen ist. Die aktivierten T-Helfer-Zellen stimulieren dann die Proliferation von B-Zellen. [J. Trowsdale, *Immunogenetics* **41** (1995) 1–17; L.J. Stern und D.C.Wiley, *Structure* **2** (1994) 245–251; P.J. Lehner und P. Cresswell, *Curr. Opin. Immunol.* **8** (1996) 59–67]

MHC-Proteine, Syn. für ↗ *MHC-Moleküle*.

micellarelektrokinetische Chromatographie, *MEKC*, eine auf Elektrophorese und Chromatographie basierende Trenntechnik. Durch einen Zusatz von Detergenzien als Micellenbildner zum Puffersystem bilden sich pseudostationäre Phasen aus geladenen Micellen aus. Die Analyttrennung beruht auf ihrer unterschiedlichen Verteilung zwischen der Lösung und dem Inneren der Micelle. In Abhängigkeit von der Polarität besitzen Analyte eine differierende Affinität zur pseudostationären Phase der Micelle und daher auch eine unterschiedliche Wanderungsgeschwindigkeit.

Michaelis-Konstante, ↗ *Michaelis-Menten-Kinetik*.

Michaelis-Menten-Gleichung, gibt die Beziehung zwischen der Reaktionsgeschwindigkeit (v), der Maximalgeschwindigkeit, wenn das Enzym mit Substrat gesättigt ist (V_m) und der Substratkonzentration (S) wieder:

$v = V_m \cdot S / (K_m + S)$. Für S « K_m ergibt sich damit eine Reaktion 1. Ordnung, $v = (V_m/K_m) \cdot S$, und für K_m « S eine Reaktion 0. Ordnung, $v = V_m$ = konst. V_m und K_m sind enzymkinetische Parameter. Die Gestalt der Michaelis-Menten-Gleichung kann häufig auch in komplizierteren Fällen angewandt werden. Die Parameter setzen sich dann in anderer Weise aus den Reaktionsgeschwindigkeitskonstanten zusammen. ↗ *Michaelis-Menten-Kinetik*.

Michaelis-Menten-Kinetik, *Michaelis-Menten-Schema*, ein stöchiometrisches Modell, das die Beziehung zwischen freiem Enzym (E), Substrat (S), Enzym-Substrat-Komplex (Michaelis-Komplex, ES) und Produkt (P) zeigt:

$$E + S \underset{k_2}{\overset{k_1}{\rightleftharpoons}} ES \xrightarrow{k_2} E + P$$

wobei k_1 und k_2 Geschwindigkeitskonstanten (k_2 nennt man auch *katalytische Konstante*, Symbol k_{cat}) sind. $(k_{-1} + k_2)/k_1 = K_m$ heißt *Michaelis-Konstante*, sie ist eine kinetische Konstante. Gilt k_2 « k_{-1}, so wird $K_m \sim K_S = k_{-1}/k_1$ (Michaelis-Fall), und man nennt die Gleichgewichtskonstante K_S Substratkonstante. Gilt k_{-1} « k_2, so wird $K_m \sim k_2/k_1$ (Briggs-Haldane-Fall). ↗ *Michaelis-Menten-Gleichung*.

Microbodies, Syn. für ↗ *Peroxisomen*.

Micropeptin 90, ein aus der blaugrünen Alge *Microcystis aeruginosa (NIES-90)* isoliertes zyklisches Depsipeptid. M. inhibiert ↗ *Plasmin* und Trypsin mit IC$_{50}$ von 0,1 bzw. 2,0 mg/ml, jedoch nicht Papain, Chymotrypsin oder Elastase. M. enthält als ungewöhnliche Bausteine 3-Amino-6-hydroxy-2-piperidon, *N*-Methyl-L-tyrosin und die Aminofunktion des Threonins ist mit Glycerinsäure-3-*O*-Sulfat acyliert. [K. Ishida et al., *Tetrahedron Lett.* **36** (1995) 3.535]

MIF, Abk. für engl. *melanotropin inhibiting factor*, ↗ *Melanostatin*.

Mifipriston, *RU 486*; ↗ *Antiprogesterone*.

MIH, Abk. für engl. *melanotropin inhibiting hormone*, ↗ *Melanostatin*.

mikrobielle Kohleentschwefelung, die Entfernung von Schwefelverbindungen aus der Kohle (vor allem Disulfidschwefel FeS$_2$: Pyrit, Markasit) mittels spezieller Mikroorganismen in Rein- (z. B. *Thiobacillus ferrooxidans*) oder Mischkulturen (z. B. *T. ferrooxidans* und *T. thiooxidans*). Die Schwefelverbindungen werden oxidiert und in lösliche Eisenverbindungen überführt (Entschwefelung). Für die Entfernung des organischen Schwefels aus der Kohle sind bevorzugt heterotroph wachsende *Bacillus*-, *Pseudomonas*- und *Arthrobacter*-Arten geeignet.

mikrobielle Korrosion, ↗ *Biokorrosion*.

mikrobielle Produktionsverfahren, ↗ *Fermentationstechnik*.

mikrobielle Steroidtransformationen, weltweit die am intensivsten durchgeführten ↗ *mikrobiellen Transformationen* an ↗ *Steroiden*. M. S. werden dann eingesetzt, wenn chemische Synthesen nicht oder nur sehr aufwendig bzw. in geringerer Ausbeute durchgeführt werden können. Das ist besonders dann der Fall, wenn eine hohe Regio- oder Stereospezifität erforderlich ist. So sind u. a. folgende Reaktionen beschrieben worden: Hydroxylierungen, Dehydrierungen, oxidativer Seitenkettenabbau, Aromatisierung, Hydrierung von Doppelbindungen und Reduktionen von Carbonyl- zu Hydroxygruppen (Abb.). Als Ausgangsmaterial dienen pflanzliche (↗ *Phytosterine*) und tierische Steroid-

rohstoffe, wie z. B. Diosgenin (↗ *Dioscin*), Hecoge-
nin, das β-Sitosterin (↗ *Sitosterin*) aus Sojabohnen
sowie Gallensäuren, die der Kulturlösung der Mikroorganismen nach Durchlaufen der Wachstumsphase zugesetzt werden. Die Fermentationen werden z. T. in nichtwässrigen Systemen durchgeführt.
Verfahren mit ruhenden, ↗ *immobilisierten Zellen*
sowie zellfreien Systemen wurden beschrieben.
Nach Abschluss der Umsetzung wird das Steroidge-
misch mit einem apolaren Lösungsmittel extrahiert
und die Lösung aufgearbeitet. Technisch wichtige
m. S. sind die 11α-Hydroxylierung (z. B. Bildung

von 11α-Hydroxyprogesteron mittels *Rhizopus
nigricans*), 11β-Hydroxylierung (z. B. Bildung von
Cortisol aus Reichsteins Substanz S mittels *Curvu-
laria lunata*, vgl. Abb.), 16α-Hydroxylierung (z. B.
Gewinnung von 9α-Fluor-16α-hydroxycortisol aus
9α-Fluorcortisol durch *Streptomyces* sp.), eine 1,2-
Dehydrierung (z. B. Bildung von Prednisolon aus
Cortisol mittels *Corynebacterium* oder *Arthrobac-
ter simplex*, vgl. Abb.). Neben weiteren Hydroxylie-
rungsreaktionen in 17α- und 21-Stellung (außer am
C-8, C-13 und C-20 können durch verschiedene
Mikroorganismen alle Positionen am Steroidmole-

mikrobielle Steroidtransformationen. Übersicht.

kül hydroxyliert werden) und Esterverseifungen hat vor allem der mikrobielle Seitenkettenabbau (vgl. Abb.) große ökonomische Bedeutung erlangt. Dabei wird selektiv die aliphatische Seitenkette am C-17 abgespalten, ohne dass dabei das Steroidgerüst angegriffen wird. Um das zu verhindern (z. B. häufig stattfindende 1,2-Dehydrierungen, 9α-Hydroxylierungen), werden Strukturveränderungen des Sterins durchgeführt, so dass enzymatische Reaktionen an diesen Stellen nicht möglich sind oder es werden die abbauenden Enzyme gehemmt bzw. Mutanten verwendet, die diese Enzyme nicht mehr besitzen. Ein Seitenkettenabbau bis zu C-19-Steroiden ist wegen der Progesteronsynthese besonders interessant. Zum Seitenkettenabbau sind besonders selektierte Stämme von *Mycobacterium*, *Arthrobacter*, *Nocardia*, *Corynebacterium* und *Streptomyces* geeignet. So wird z. B. durch mikrobiellen Seitenkettenabbau von Cholesterin oder β-Sitosterol 1,4-Androstadien-3,17-dion erhalten, welches auf chemischem Wege leicht in Östron umgewandelt werden kann, das eine Zwischenstufe der Synthese von 19-Norpregnan-Derivaten ist. Die 19-Norsteroide werden weltweit als ↗ *Kontrazeptiva* genutzt.

mikrobielle Transformation, durch Mikroorganismen (Bakterien, Hefen, Pilze) bzw. deren Enzyme katalysierte substrat- und meist auch stereospezifische Stoffumwandlungen (↗ *Biotransformation*), die in einem oder wenigen Schritten erfolgen. Zahlreiche Mikroorganismen sind in der Lage, bestimmte chemische Reaktionen auch an artfremden, nicht für das Wachstum erforderlichen Substraten durchzuführen. Zu den Reaktionstypen der m. T. gehören insbesondere Oxidationen (z. B. Hydroxylierung, Dehydrierung, Epoxidierung), Reduktionen, hydrolytische Spaltungen (vor allem Esterspaltung) sowie Kondensationsreaktionen (*N*- und *O*-Glycosidierung, *N*-Acylierung u. a.). Zunehmend an Bedeutung gewinnen m. T. mit ↗ *immobilisierten Zellen* (und Enzymen).

Neben den intensiv untersuchten ↗ *mikrobiellen Steroidtransformationen* ist für die pharmazeutische Industrie u. a. auch die durch *Saccharomyces cerevisiae* katalysierte asymmetrische Kondensation von Benzaldehyd und Acetaldehyd von Bedeutung. Das dabei entstehende (*R*)-1-Phenyl-1-hydroxy-2-propanon wird in Gegenwart von Methylamin zu (1*R*,2*S*)-Ephedrin hydriert. Ökonomisch von größerer Bedeutung ist die für die Vitamin-C-Produktion wichtige Oxidation von D-Glucitol zu L-Sorbose durch *Acetobacter suboxydans* oder *A. xylinum*. Auch bei der Synthese anderer Vitamine (insbesondere Biotin, Pantothensäure, Vitamin E) werden wichtige Teilschritte durch m. T. katalysiert. Entsprechendes gilt für die ↗ *Prostaglandine*, wo insbesondere bei der Modifizierung von na-

tiven und synthetischen Prostaglandinen (Einführung von Hydroxygruppen) m. T. verwendet werden. Technische Bedeutung besitzt u. a. auch die Bildung von Salicylsäure aus Naphthalin.

mikrobielle Wasserstoffbildung, die Bildung von Wasserstoff durch Mikroorganismen. Die m. W., an der die ↗ *Hydrogenase* beteiligt ist, kann auf drei Wegen erfolgen: 1) *Anaerobe fermentative W.*: Hierbei dienen organische Stoffe (insbesondere Kohlenhydrate) als Kohlenstoffquelle (vor allem durch saccharolytische Clostridien). Neben Wasserstoff werden zahlreiche Nebenprodukte (u. a. Essig-, Butter- und Propionsäure, Aceton, Butanol) gebildet. 2) *Anaerobe phototrophe W.*: Organische Substrate oder reduzierte Schwefelverbindungen werden als Elektronendonoren und Licht als Energiequelle von den phototrophen Bakterien verwertet. 3) *Aerobe phototrophe W.* (photobiologische Erzeugung von Wasserstoff): Insbesondere Cyanobakterien und Grünalgen sind zur Spaltung von Wasser in H_2 und $\frac{1}{2} O_2$ (Biophotolyse) befähigt.

mikrobieller Elektronentransport, die Energiegewinnung von Mikroorganismen durch oxidative Elektronentransportphosphorylierung. Die Elektronentransportketten in Hefen und Pilzen entsprechen im wesentlichen denen höherer Organismen (↗ *Atmungskette*). Die Elektronentransportwege einiger Hefen und Pilze besitzen allerdings einige Eigenschaften, die nicht in allen Mitochondrien auftreten. Dazu gehört, dass 1) der P/O-Quotient aufgrund eines Defekts der ersten Phosphorylierungsstelle nur den Wert 2 besitzt, 2) durch eine Flavin-abhängige (Cytochrom-b_2-enthaltende) Lactat-Dehydrogenase Lactat direkt mit der Elektronentransportkette in Kontakt treten kann, 3) manche Hefen und Pilze Cyanid-insensitive Oxidationswege besitzen, welche beim Ubichinon abbrechen und zu keiner messbaren ATP-Produktion führen. Hingegen weist die in der inneren Cytoplasmamembran bzw. mesosomalen Strukturen lokalisierte bakterielle Atmungskette eine größere Variabilität hinsichtlich der Redoxträger und eine relative Unempfindlichkeit gegenüber Hemmstoffen (z. B. Rotenon, Antimycin A) auf. Im Einzelnen treten beim bakteriellen Elektronentransport folgende Besonderheiten auf: 1) Bakterien enthalten zahlreiche Flavoprotein-(FMN-/FAD-) abhängige Dehydrogenasen, die einen Elektronentransport vom Substrat (neben Succinat und NADH auch Glycerinphosphat, Malat, Lactat, Formiat, D-Alanin u. a.) auf Chinone oder direkt auf Cytochrome (vor allem vom *b*-Typ) ermöglichen.

2) Neben dem Ubichinon (meist CoQ_8) der Mitochondrien kommen in Bakterien auch solche vom Naphthochinontyp (Menachinone, MK; oder K-Vitamine) vor. Alle aeroben Bakterien enthalten mindestens ein Chinon. Während in grampositiven

Bakterien meist nur Menachinon vorkommt, enthalten gramnegative Bakterien entweder nur Ubichinon oder Ubichinon und Menachinon. Grampositive Anaerobier besitzen nur geringe Mengen an Ubi- und Menachinon. 3) Cytochrome kommen bei den verschiedenen Bakterien in unterschiedlichen Kombinationen vor. Häufig treten mehrere terminale Oxidasen auf. Neben Cytochrom aa_3, welches mit der in den Mitochondrien vorkommenden Cytochrom-Oxidase identisch ist (z. B. in *Paracoccus*), fungieren Cytochrom o (mit Häm B als prosthetischer Gruppe), a_1 (z. B. in *Acetobacter*), Cytochrom d oder d_1 als terminale Oxidasen. 4) Statt Sauerstoff sind bei fakultativen Anaerobiern auch andere Elektronenakzeptoren möglich (z. B. Nitrat, Nitrit, Sulfat, Thiosulfat).

In Abhängigkeit von den Wachstumsbedingungen kommt es zu Veränderungen der Atmungskette. Unter limitierten Bedingungen treten häufig Verzweigungen der Atmungskette mit verschiedenen terminalen Oxidasen auf.

Neben der oxidativen können einige Bakterien (phototrophe Bakterien) auch die photosynthetische Elektronentransportphosphorylierung (↗ *Photosynthese*) sowie die Substratkettenphosphorylierung zur ATP-Bildung nutzen.

mikrobieller Kohlenwasserstoffabbau, ↗ *Kohlenwasserstoffabbau*.

Mikroelemente, ↗ *Spurenelemente*.

Mikrofilamente, Bestandteile des ↗ *Cytoskeletts*, die aus ↗ *Actin* und actinbindenden Proteinen bestehen. *Stressfasern*, die mit Hilfe von Hellfeldmikroskopie beobachtet wurden, sind Bündel von M. mit entgegengesetzter Polarität. Sie enthalten Actin, α-Actinin und Myosin oder myosinähnliches Protein. Tropomyosin, Filamen und Vinculin sind in einigen Bereichen der Stressfasern lokalisiert. Die Stressfasern können zwar *in vitro* kontrahieren, *in vivo* führen sie aber wahrscheinlich keine Kontraktionen durch. Sie wirken im Gegenteil als Zugelemente, die sich Bewegungen widersetzen. *Vinculin* (M_r 130 kDa) ist nicht nur mit den Enden der Stressfasern verbunden, sondern auch mit Substrat-Adhäsionsplaques und Zell-Zell-Kontaktbereichen. ↗ *Fibronectin*, das ebenfalls Zelladhäsion vermittelt, ist ein weiterer Organisator von M. Flecken, die durch Quervernetzung von Zelloberflächenproteinen durch Antikörper oder Lectine gebildet werden, sind mit den Stressfasern verbunden. Zusätzlich zu den Stressfasern bauen M. polygonale Netzwerke innerhalb der Zelle auf. Dies wurde mit Hilfe von Immunfluoreszenzphotographie von Zellen gezeigt, die mit Actinantikörpern behandelt worden waren. *Filamen* (M_r 250 kDa) bildet *in vitro* Quervernetzungen zwischen den Mikrofilamenten. [H.R. Byers et al. in J.W. Shay (Hrsg.) *Cell and Muscle Motility*, Bd. 5, *The Cyto-*

skeleton, Plenum Press, New York, 1985, S. 83–137; D.J. DeRosier u. L.G. Tilney *ibid.* S. 139–169].

Mikroglobuline, im weiteren Sinne ↗ *Globuline* mit niedriger relativer Molekülmasse. $α_1$-**M.** ist ein Glycoprotein des Plasmas bestehend aus 183 Aminosäuren, das eine Bindungsaffinität zu anderen Proteinen hat. Es besteht eine Sequenzhomologie zum ↗ *β-Lactoglobin* und zum Retinol bindenden Protein. $β_2$-**M.** ist aus 100 Aminosäuren aufgebaut (M_r 11,8 kDa) und weist Verwandtschaft zu den Immunglobulinen auf. Man findet es mit dem Lymphocyten-Antigen CD1 assoziiert, und ferner ist es ein Bestandteil der Immunglobulin-Fc-Rezeptoren des Darmepithels von neugeborenen Kindern. Mit den Klasse-I-MHC-Proteinen ist es nichtkovalent im Verhältnis 1 : 1 verknüpft (↗ *MHC-Moleküle*).

Mikroheterogenität, ein bei der posttranslationellen Proteinglycosylierung auftretendes Phänomen, wonach Glycoproteine einer durch die genetische Information vorgegebenen Aminosäuresequenz sich in der Anzahl, Lokalisation und Sequenz der gebundenen Glycane unterscheiden. Die Ursachen der M. sind vermutlich unvollständige Glycosylierung oder Mangel an absoluter Spezifität der katalytisch wirksamen Glycosyltransferasen und Glycosylasen.

Mikronährstoffe, Syn. für ↗ *Spurenstoffe*.

Mikrosomen, heterogene Fraktion aus submikroskopischen Partikeln von 0,02–0,2 μm Durchmesser. Die M. werden nach Zellaufbruch durch stufenweises Zentrifugieren des Zellhomogenats bei Beschleunigungen von 100.000 x g gewonnen. Die Mikrosomenfraktion besteht weitgehend aus zerrissenem ↗ *endoplasmatischem Reticulum* und zum Teil aus Plasmamembranbläschen, die sich während der Zellzerstörung gebildet haben. Unter dem Elektronenmikroskop kann man erkennen, dass an der Außenseite der M. ↗ *Ribosomen* haften.

Mikrotubuli, Polymere von Tubulinproteinen (↗ *Tubuline*), die *in vivo* möglicherweise immer mit anderen Proteinen, den ↗ *mikrotubulusassoziierten Proteinen* (engl. <u>m</u>icrotubule <u>a</u>ssociated <u>p</u>roteins, MAPs), assoziiert sind, und zwar funktionsabhängig mit unterschiedlichen MAPs. Die M. sind als Teil des ↗ *Cytoskeletts* die strukturellen Hauptbestandteile der mitotischen und meiotischen Spindelfasern, der Cilien und Flagellen. In Axonen und Dendriten dienen sie als Kabel, an dem entlang Organellen mit Hilfe von Kinesin und dem retrograden Translokator bewegt werden [R.D. Vale et al. *Cell* **43** (1986) 632–632].

M. können aus gereinigtem Tubulin *in vitro* polymerisiert werden, zerfallen aber beim Abkühlen des Reaktionsgemischs wieder in die Monomere. In der Gegenwart von MAPs läuft die Polymerisation bei einer niederigeren Tubulinkonzentration ab und die erhaltenen M. sind stabiler.

Man kann bei M. ein ↗ *plus-Ende* und ein ↗ *minus-Ende* unterscheiden. Nahe dem plus-Ende des M. bildet sich ein Bereich von GTP-Tubulin-Dimeren, während etwas weiter zurück die E-Bindungsstelle der Dimeren (↗ *Tubulin*) GDP enthält. Die Dimere, die vom minus-Ende freigesetzt werden, haben ein GTP und ein GDP gebunden. Es ist wahrscheinlich, dass die GTP-Hydrolyse das Polymer stabilisiert.

Die Anlagerungsschritte der Mikrotubuli können wie folgt zusammengefasst werden: 1) Heterodimere assoziieren „α-Tubulinende an β-Tubulinende" und bilden kurze Protofilamente; 2) die Protofilamente sind instabil und assoziieren sich Seite an Seite leicht vertikal zueinander versetzt mit benachbarten Heterodimeren, so dass eine gekrümmte Fläche entsteht; 3) typischerweise bildet die gekrümmte Fläche eine leere Röhre von 24 nm Durchmesser, wenn 13 Protofilamente vorhanden sind, in eine horizontal benachbarte Heterodimere eine Reihe bilden, die – aufgrund der oben genannten leichten Verschiebung – spiralförmig verläuft; 4) Verlängerung der Röhre durch Addition weiterer Heterodimere an jedem Ende.

Im Gleichgewicht ist die Geschwindigkeit der Addition von Untereinheiten am einen Ende des Mikrotubulus gleich der Geschwindigkeit der Abspaltung am anderen Ende. Dieser Prozess wird als „Tretmühle" bezeichnet, da ein gegebenes Tubulindimer langsam vom plus- zum minus-Ende des M. wandert. In vielen Zellen werden die M. durch Verankerung, vermutlich des minus-Endes, an mikrotubulusorganisierende Zentren (engl. m̲icrotubule o̲rganizing centers, MTOC) stabilisiert. Dies trifft für die neuronalen Axone, polaren und mitotischen M. zu. Dagegen scheinen die kinetochoren M. über ihre plus-Enden mit dem Kinetochor verbunden zu sein.

Die Antikrebswirkstoffe ↗ *Colchicin*, Vincristin und Vinblastin (↗ *Vinca-Alkaloide*) sowie ↗ *Taxol* binden an Tubulin und wirken sich nachteilig auf die Eigenschaften der M. aus. Als eine Folge davon wird die Mitose unterbrochen, weil die Kernspindel zum größten Teil aus M. zusammengesetzt ist.

mikrotubulusassoziierte Proteine, *MAPs*, Proteine mit spezifischen Bindungsstellen für ↗ *Tubuline*. Es ist nicht bekannt, ob Dynein, Kinesin und die retrograden Translokatoren (↗ *Kinesin*) aufgrund dieser Definition MAPs sind, da ihre Affinität zu ↗ *Mikrotubuli* vielleicht durch andere MAPs vermittelt wird. Die klassischen MAPs sind in der Tabelle aufgelistet.

Die biologischen Funktionen der MAPs sind nicht bekannt. Obwohl sie *in vitro* den Zusammenbau der Mikrotubuli fördern, konnte dies *in vivo* nicht beobachtet werden. MAP$_2$ bindet an Actinfilamente, sekretorische Granula, *Coated Vesicles* und Neurofilamente. Es ist jedoch nicht sicher, dass

diese Bindung spezifisch ist. Durch Immunfluoreszenz konnte gezeigt werden, dass MAP$_2$ an intermediäre Filamente (Vimentin) bindet. [T.W. McKeithan u. J.L. Rosenbaum in J.W.Shay (Hrsg.) *Cell and Muscle Motility*, Bd. 5, *The Cytoskeleton*, Plenum Press, New York, 1985, S. 255–288; R.B. Vallee, *ibid* S. 289–311; D.W. Cleveland u. K.F. Sullivan *Annu. Rev. Biochem.* **53** (1985) 331–365]

Mikrotubulus-assoziierte Proteine. Tab.

Protein	M_r [kDa]	Eigenschaften
MAP$_1$	350	Projektion auf Mikrotubulusoberfläche
MAP$_2$	270	Projektion auf Mikrotubulusoberfläche
	70	mit MAP$_2$ assoziiertes Protein
Tau	55–62	asymmetrisches Protein
Typ-II-cAMP-abhängige Protein-Kinase	54–39	mit MAP$_2$ assoziiertes Enzym
niedermolekulare MAPs	28–30	leichte Ketten von MAP$_1$

Mikrovilli, fingerförmige Ausstülpungen, die die Oberfläche vieler Tierzellen vergrößern. Besonders ausgeprägt sind M. auf Epithelzellen des Dünndarms, wodurch die Absorptionsfläche der Zelle um etwa den Faktor 20 vergrößert wird. Der Kern eines Mikrovillus wird aus parallelen Actin-Filamenten (↗ *Actin*) gebildet, die durch die Proteine Villin und ↗ *Fimbrin* zusammengehalten werden.

Milchproteine, in der Milch vorkommende, leichtlösliche Proteine aus der Gruppe der Caseine und der Molkenproteine. Hauptvertreter der *Caseine* sind α$_S$-, β- und κ-Casein. Die wichtigsten *Molkenproteine* sind β-Lactoglobulin, α-Lactalbumin und Lactoferrin. Außerdem enthält die Milch mehrere Enzymproteine, z. B. Lactoperoxidase, Xanthin-Oxidase, sowie die Immunglobuline IgG, IgA, IgM u. a. Die Immunglobuline finden sich besonders im Kolostrum, einer proteinreichen milchähnlichen Flüssigkeit, die in den ersten Tagen nach der Geburt zur Ernährung des Neugeborenen gebildet wird. Sie werden vom Darm des Neugeborenen ungespalten resorbiert und bilden in den ersten Lebenswochen dessen einzige Antikörperreserve.

Milchsäure, CH_3-CHOH-COOH eine aliphatische, optisch aktive Hydroxysäure, die in Pflanzen, besonders Keimlingen, weit verbreitet ist; *DL-Form*: F. 18 °C, Kp. 119 °C bei 1,6 kPa; *L-(+)-Form* und *D-(−)-Form*: F. 25–26 °C. Das Salz (*Lactat*) der rechtsdrehenden L-M. ist das Endprodukt der anaerob verlaufenden ↗ *Glycolyse* und Ausgangsprodukt für die ↗ *Gluconeogenese*. Durch verstärkten Glycogenabbau im arbeitenden Muskel erhöht sich der Milchsäurespiegel im Blut von 5 mg% auf 100 mg%. In der sich anschließenden Erholungsphase wird der größte Teil der M. wieder zum Aufbau von Glycogen genutzt. Bei verschiedenen mikrobiellen Gärungsformen entsteht häufig *DL-Milchsäure*. [A.Weltman *The Blood Lactate response to Exercise*. Current Issues in Exercise Science, Monograph No. 4, Human Kinetics 1995; ISBN 0-87322-769-7]

Milchsäure-Dehydrogenase, Syn. für ↗ *Lactat-Dehydrogenase*.

Milchsäuregärung, der enzymatische Abbau von Kohlenhydraten (insbesondere Glucose, Lactose) zu Milchsäure unter anaeroben Bedingungen. Neben der Milchsäurebildung in der Muskulatur sind manche Pilze, Grünalgen, höhere Pflanzen und vor allem Milchsäurebakterien (*Lactobacteriaceae*) zur M. befähigt.

Bei der *homofermentativen M.*, zu der neben verschiedenen Lactobacillen (z. B. *Lactobacillus lactis*, *L. bulgaricus*) auch Coccen (u. a. *Streptococcus lactis*) in der Lage sind, entsteht praktisch nur Milchsäure (etwa 90 %). Der Abbau der Glucose erfolgt – wie in der Skelettmuskulatur der Säugetiere – über die ↗ *Glycolyse*. Im Gegensatz zu Tieren, die ausschließlich L-Lactat bilden, entsteht bei den aufgeführten Bakterien nur D-Lactat. *L. casei* bildet bei der homofermentativen M. L-Lactat und *L. curvatus* D,L-Lactat. Die optische Aktivität der gebildeten Milchsäure ist von der Stereospezität der Lactat-Dehydrogenase sowie von dem Vorkommen einer Racemase abhängig.

Bei der *heterofermentativen M.* wird nur ein Teil der Glucose in Lactat umgewandelt. Aus dem Rest entsteht Ethanol und CO_2 (*Leuconostoc mesenteroides*) oder Acetat und CO_2 (*L. brevis*). Beide Bakterienspecies sind obligat heterofermentativ und besitzen u. a. keine Aldolase. Glucose wird deshalb über den ↗ *Pentosephosphat-Zyklus* zu Xylulose-5-phosphat abgebaut, welches durch die Phosphoketolase (TPP-Enzym) in Glycerinaldehyd-3-phosphat und Acetylphosphat gespalten wird. Acetylphosphat wird entweder in Acetat oder über Acetyl-CoA und Acetaldehyd in Ethanol umgewandelt. Mit Ethanol als Endprodukt wird jedes gebildete Molekül NADH in einer anderen Reaktion wieder reoxidiert. Pro Mol Glucose entsteht 1 Mol ATP, die Hälfte der bei der homofermentativen M. gebildeten ATP-Menge.

Mit Acetat als Endprodukt entsteht ein NADH-Überschuss, der z. B. durch Reduktion der Glucose zu Mannit abgebaut werden kann. Zusätzlich wird durch Substratkettenphosphorylierung (Acetatkinase) ein Mol ATP gewonnen.

Lactat wird auch von verschiedenen Enterobacteriaceen, Bacillen und Clostridien heterofermentativ gebildet.

Von industrieller Bedeutung ist die homofermentative M. Milchsäure wird u. a. als konservierender Nahrungsmittelzusatz, in der Gerberei (Quellen und Entkalken) und in der Textilindustrie als Färberei- und Druckereihilfsmittel verwendet. In der Pharmazie kommt sie vor allem als Calciumsalz zum Einsatz.

Heterofermentative werden neben den homofermentativen Milchsäurebakterien für die Silage-, Sauerkraut- und Sauergurkenherstellung genutzt.

Milchzucker, Syn. für ↗ *Lactose*.

Millimikron, $m\mu$, eine Längeneinheit, die äquivalent zu ↗ *Nanometer* ist.

Milz-saure-DNase II, ↗ *Desoxyribonuclease II*.

Mineralcorticoide, ↗ *Nebennierenrindenhormone*.

Mineralstoffe, *Makroelemente, Nährsalze, anorganische Hauptelemente*, anorganische Nährstoffe, die von den Lebewesen in größerer Menge als die Mikroelemente (↗ *Spurenelemente*) benötigt werden. Sie werden als Kationen (Na^+, K^+, Ca^{2+} u. a.), Anionen (Cl^-, J^-, NO_3^-, SO_4^{2-} u. a.) oder Salze aufgenommen. Nur in Ausnahmefällen treten M. in Lebewesen quantitativ stark hervor, z. B. in Gerüst- und Stützstrukturen, wie Knochen der Wirbeltiere, Kieselsäurepanzer von Kieselalgen, in den verkieselten Zellwänden von Schachtelhalmen und in mit Calciumcarbonat inkrustierten Zellwänden der Armleuchteralgen.

Die leicht beweglichen Kationen K^+ und Na^+ spielen beim Stofftransport durch Membranen (↗ *Ionenpumpe*) eine wichtige Rolle. K^+ ist dabei das intrazelluläre, Na^+ das extrazelluläre Kation der aktiven Transportmechanismen. Cl^- ist intra- und extrazelluläres Anion und Gegenion von H^+ bei der H^+Cl^--Produktion des Magens. Calcium ist Strukturkomponente der Knochensubstanz, als Calciumpectinat am Aufbau der Mittellamelle (Primordialmembran) der Zellwand von Pflanzen beteiligt und dient als „Oxalatfänger" in Pflanzen, die Oxalsäure in Form des schwer löslichen Calciumoxalats speichern. Außerdem spielen Calciumionen bei der Muskelkontraktion eine wichtige Rolle. ↗ *Magnesium* wird für die Aktivität vieler Enzyme benötigt, ist ein Bestandteil von Chlorophyll und an der Knochenbildung beteiligt.

minimaler Proteinbedarf, *minimaler Stickstoffbedarf*, die Höhe der gesamten täglichen Proteinmenge, die benötigt wird, um den Stickstoffverlust durch Ausscheidung zu kompensieren. Der Bedarf von Erwachsenen an Gesamtprotein (das die optimale Menge an essenziellen Aminosäuren enthält) liegt laut Empfehlung der WHO bei 25–35 g je Tag. Der absolut m. P. entspricht der Stickstoffmenge, die während einer proteinfreien, jedoch kalorienmäßig adäquaten Ernährung ausgeschieden wird und liegt für Erwachsene bei 2,4 g N = 15 g Protein je Tag. Die vom *United States Dept. of Agriculture* empfohlene tägliche Zuweisung wurde in den letzten Jahren von 70 g auf 40 g für Erwachsene nach unten korrigiert.

minimaler Stickstoffbedarf, Syn. für ⌐ *minimaler Proteinbedarf.*

Minimyosin, ⌐ *Actin-bindende Proteine.*

Minisatelliten-DNA, eine Untergruppe von ⌐ *Satelliten-DNA*. Bei Menschen und anderen Säugetieren haben einige Satelliten-DNA-Spezies (auch hochrepetitive DNA genannt) $C_o t_{1/2}$-Werte von 0,01 oder weniger und – mit Ausnahme der „kryptischen" Satelliten-DNA – eine Schwebedichte, die sich stark von der der Hauptmenge der Genom-DNA unterscheidet. M. ist relativ kurz (typischerweise 1–5 kb) und setzt sich aus bis zu 50 tandemartigen Nucleotidsequenzwiederholungen (Kopf-Schwanz-verknüpft) zusammen, die jeweils aus 10–60 bp bestehen. Die übrige Satelliten-DNA besteht aus deutlich längeren Sequenzen. Innerhalb des Genoms gibt es verschiedene Minisatelliten, die sich voneinander in der Nucleotidsequenz unterscheiden. Während die Sequenz eines gegebenen Minisatelliten weitgehend konstant ist, gibt es zwischen den Genomen von Individuen einer bestimmten Art beträchtliche Abweichungen in der Anzahl der Wiederholungseinheiten. Die Ursache hierfür liegt wahrscheinlich in ungleichem Crossing-over im Verlauf der Meiose. Deshalb wurden Minisatelliten „hypervariable Loci", *variable number of tandem repeats* (*VNTRs*) und hochvariable Repeats (*HVRs*) genannt. Die individuelle Variabilität in der Anzahl von Tandemrepeats wird im Verfahren des ⌐ *DNA-Fingerprinting* genutzt.

minus-Ende, das „langsam wachsende" Ende eines Microtubulus oder eines Actin-Filaments, von dem Monomere schneller wieder abdissoziieren als sie gebunden werden. Aus diesem Grund werden in den meisten Zellen die m. der ⌐ *Mikrotubuli* durch Anbindung an das Centrosom (das Mikrotubuliorganisierende Zentrum, MOC) stabilisiert. ⌐ *Actin*, ⌐ *Actinin.*

Minusstrang, ⌐ *codogener Strang.*

MIP-Proteine, Abk. für engl. *major intrinsic protein of the bovine lens gap junction*, eine Familie von Membranproteinen, die überwiegend den Transport von kleinen Molekülen, Wasser und Ionen durch Membranen vermitteln. Das namengebende M. im engeren Sinne hat Bedeutung für die Biogenese und Funktion der Linse bei Säugern. Die meisten Vertreter der M.-Familie bestehen aus 250–290 Aminosäurebausteinen mit sechs α-helicalen Transmembrandomänen. Die Amino- und Carboxyltermini sind intrazellulär lokalisiert. Einige M. werden posttranslationell glycosyliert oder palmitoyliert, während andere durch reversible Phosphorylierung reguliert werden. Zu den Wasserkanal-

bildenden M. gehören u. a. die ⌐ *Aquaporine* und ⌐ *CHIP-Proteine.*

Miraculin, ein geschmacksveränderndes Glycoprotein aus der Wunderbeere (*Synsepalum dulcificum*, Familie der *Sapotaceae*), die in West-Afrika beheimatet ist. M. selbst schmeckt nicht süß, jedoch bekommen saure Substanzen einen süßen Geschmack, wenn die Zunge zuvor M. ausgesetzt war. Diese Wirkung kann mehrere Stunden anhalten. [R.H. Cagan *Science* **181** (1973) 32–35]

Miraxanthine, gelbe ⌐ *Betaxanthine* der Wunderblume *Mirabilis jalapa*. Sie bestehen aus Konjugaten der Betalaminsäure mit Methionin (Miraxanthin I), Asparaginsäure (Miraxanthin II), Tyramin (Miraxanthin IV) oder Dopamin (Miraxanthin VI).

Mirestrol, *Miröstrol*, ein wirksames Pflanzenöstrogen aus den in Thailand vorkommenden Knollen von *Pueraria mirifica* (Abb.). Die Knollen sind in der Volksmedizin für ihre verjüngenden und oral empfängnisverhütenden Eigenschaften bekannt. [N.E. Taylor et al. *J. Chem. Soc.* (1960) 3.685; M.C.L. Kashemsanta et al. *Kew. Bull.* (1952) 549]

Mirestrol

MIS, Abk. für engl. *Müllerian inhibiting substance*, ⌐ *Anti-Müller-Hormon.*

mischfunktionelle Oxygenasen, Syn. für ⌐ *Monooxygenasen.*

Mitchell-Hypothese, ⌐ *oxidative Phosphorylierung.*

Mitochondrien, veraltet *Chondriosomen*, in allen eukaryontischen Zellen vorkommende, 0,3–5 μm große Organellen sehr unterschiedlicher, meist jedoch rundlicher oder langgestreckter Form. M. der Muskelzellen werden als *Sarcosomen* bezeichnet. Die Anzahl der M. je Zelle hängt von der Zellart ab. Die Extremwerte liegen bei 20–24 M. in Spermien und 500.000 bei Protozoen (*Chaos chaos*). Leberparenchymzellen enthalten etwa 500 M.

Die elektronenoptische Abbildung der M. zeigt eine charakteristische *Binnenstruktur*: eine Doppelmembran aus Lipoproteinen, bestehend aus Außen- und Innenmembran (5–7 nm dick), umgibt das M. (⌐ *Biomembran*). Zwischen Außen- und Innen(hüll)membran befindet sich der Intermembranraum (auch äußere Matrix oder äußere Mitochondrienkammer genannt). Außen- und Innenmembran sind submikroskopisch, funktionell und nach ihrer Biogenese unterschieden.

Die Dichte der äußeren Membran liegt bei ungefähr $1,1\,\text{g}/\text{cm}^3$ und ist für die meisten Substanzen mit M_r von 10 kDa oder weniger durchlässig. Sie enthält einen hohen Anteil an Phospholipiden (das Gewichtsverhältnis Phospholipid zu Protein liegt bei 0,82). Nach einer Extraktion von 90 % der mitochondrialen Phospholipide mit Aceton bleibt die innere Membran intakt und ihre Doppelschichtstruktur bleibt erhalten, während die äußere Membran zerstört wird. Die Lipidfraktion enthält eine geringe Konzentration an Cardiolipin, eine hohe Konzentration an Phosphoinositol und Cholesterin, aber kein Ubichinon. Die Dichte der inneren Membran liegt bei $1,2\,\text{g}/\text{cm}^3$. Neutrale Substanzen, wie z. B. Zucker, deren M_r unterhalb von 150 Da liegt, scheinen die innere Membran frei zu passieren, während der Durchtritt aller anderen Substanzen streng reguliert ist. Phospholipide sind nur zu einem geringen Anteil vorhanden (Gewichtsverhältnis Phospholipid zu Protein 0,27) und enthalten ungefähr 20 % Cardiolipin. Die Komponenten der Atmungskette, einschließlich des Ubichinons, sind in der inneren Membran vorhanden.

Die innere Membran umschließt die *Matrix* (das *Stroma*), welche ein kontraktiles Netzwerk aus Strukturproteinen darstellt, das in eine wässrige Phase eingebettet ist. Die Innenmembran springt in Form charakteristischer Ausstülpungen, der *Cristae* (Septen) oder *Tubuli* (Schläuche), in die Matrix vor. Die Bezeichnungen Cristaeraum (Matrix) und Intracistaeraum (Intermembranraum) sind nicht eindeutig und sollten vermieden werden.

Durch Zerstörung der M. entstehen kleinere Fragmente, die als *submitochondriale Partikel* (SMP) bekannt sind. SMP bestehen hauptsächlich aus Fragmenten der inneren Membran, die unter Bildung von Vesikeln wieder verschmelzen. Diese werden gelegentlich auch als „*inside-out*-Partikel" bezeichnet, weil die äußere Oberfläche (die dem umgebenden Medium ausgesetzt ist) der inneren Membranoberfläche (die der Matrix ausgesetzt ist) im intakten M. entspricht. Die Leistung der oxidativen Phosphorylierung kann verloren gehen, die Partikel können jedoch weiterhin aktiv atmen (Elektronentransportpartikel, ETP). Durch vorsichtige und milde Membranzerstörung können auch SMP entstehen, die die oxidative Phosphorylierung noch ausführen können.

Die innere Membran enthält die Komponenten der *Atmungskette* und neben etlichen weiteren Enzymen den Enzymapparat der ↗ *oxidativen Phosphorylierung*.

Im Intermembranraum sind verschiedene Kinasen lokalisiert. Leitenzyme der äußeren Membran sind die Flavin-haltige Amin-Oxidase (Monoamin-

oxidase; EC 1.4.3.4) und die NADH-Dehydrogenase (EC 1.6.99.3). Auch mit dieser Membran sind eine Vielzahl weiterer Enzyme assoziiert, etwa viele Enzyme des Phospholipidstoffwechsels.

Die Matrix enthält u. a. alle Enzyme des ↗ *Tricarbonsäure-Zyklus*, mit Ausnahme der Succinat-Dehydrogenase, und Enzyme für die β-Oxidation von Fettsäuren.

Mit der Matrixseite der inneren Membran sind kleine Partikel verbunden (M_r 85 kDa), die bei Negativfärbung unter dem Elektronenmikroskop sichtbar sind. Sie bilden das ATP-synthetisierende System der oxidativen Phosphorylierung (↗ *ATP-Synthasen*).

Coenzyme wie NAD^+, $NADP^+$ und Coenzym A sind in der wässrigen Phase der Matrix konzentriert.

M. enthalten circuläre, histonfreie DNA von (bei Säugetieren) etwa 5 µm Länge. Diese DNA kodiert für mitochondriale Proteine, mitochondriale ribosomale RNA und tRNA. Die Matrix enthält das proteinsynthetisierende System der M. M. aus Wirbeltierzellen enthalten ↗ *Ribosomen* von 50–55 S, M. aus Zellen anderer Organismen hingegen Ribosomen von 70 S. Die Biosynthese aller übrigen Mitochondrienbestandteile scheint unter der genetischen Kontrolle des Zellkerns zu stehen. Der genetische Code und das tRNA-Komplement der M. unterscheiden sich von denen des Cytoplasmas (↗ *genetischer Code*).

mitogenaktivierte Protein-Kinase,   Syn.   für ↗ *MAP-Kinase*.

Mitomycin C, ein erstmals 1956 aus *Streptomyces caespitosus* isoliertes Aziridinantibiotikum (M_r 334 Da; Abb.). M. hemmt die DNA-Synthese. Im natürlichen oxidierten Zustand inaktiv, kann M. chemisch oder in der Zelle durch intramolekulare Umlagerung und Reduktion zu einer bifunktionellen alkylierenden, aber instabilen Substanz aktiviert werden. Hierbei entstehen zwei Carboniumionen in den Positionen 1 und 10, die kovalent an die DNA binden und die beiden Stränge der Doppelhelix irreversibel netzartig verknüpfen. Dadurch wird die DNA-Polymerase in ihrer Funktion gehindert. M. wirkt bakterizid und cytotoxisch. Zur Gruppe der Aziridinantibiotika gehören weitere Mitomycine sowie Porfiromycine.

Mitomycin C

Mitose-Zyklus, Syn. für ↗ *Zellzyklus*.
Mittellamelle, ↗ *Zellwand*.

mittlere tödliche Dosis, *Dosis letalis*, LD_{50}, ↗ *Dosis*.

Mixanpril, *N-[(2S,3R)-2-benzoylthiomethyl-3-phenylbutanoyl]-L-alanin*, ein dualer Inhibitor für die neutrale Endopeptidase-24.11 (NEP) und das Angiotensin-Conversionsenzym (ACE). Das oral applizierbare M. hat Bedeutung für die Behandlung von chronischem Bluthochdruck und Herzfehlern. M. wurde mittels Peptid-Design entwickelt und durch diastereoselektive Synthese hergestellt. [S. Turcaud et al., *Biorg. Med. Chem. Lett.* **5** (1995) 1.893]

Mixophyceae, ↗ *Cyanobakterien*.

Mixotrophie, eine Ernährungsform von Organismen. Die meisten obligatorisch autotrophen Organismen können organische Verbindungen zwar als Kohlenstoffquelle assimilieren, jedoch nicht als Energiequelle nutzen. Bei einem Gedeihen unter diesen sog. mixotrophen Bedingungen wird die Energiequelle nur zum Erzeugen von ATP benötigt. Eine organische Verbindung wiederum stellt lediglich eine Quelle für reduzierten Kohlenstoff und – wenn notwendig – für Wasserstoff dar.

mlRNA, Abk. für giant messenger-like RNA. ↗ *Messenger-RNA*.

MMO, Abk. für ↗ *Methan-Monooxygenase*.

mobile DNA-Sequenzen, ↗ *bewegliche DNA-Sequenzen*.

Moderatorprotein, ↗ *Calmodulin*.

Modulation, **1)** eine Veränderung der Kinetik eines Enzyms nach reversibler Veränderung seiner Proteinkonformation durch Bindung eines modulierenden oder allosterischen Effektors (↗ *Allosterie*, ↗ *kovalente Enzymmodifizierung*).

2) Regulierung der Translationsgeschwindigkeit von mRNA durch ein modulierendes Codon, das für eine seltene tRNA kodiert, die als Modulator-tRNA bekannt ist. Dies ist wichtig bei der Regulation der Synthese einer Enzymkette an einer polycistronischen mRNA, wobei bestimmte Modulator-tRNAs für die Kontinuität des Ablesens zwischen den Einzelenzymen verantwortlich zeichnen. Ein Beispiel ist die Biosynthese der zehn für die Histidinsynthese notwendigen Enzyme durch eine polycistronische messenger-RNA.

MoFe-Protein, Abk. für Molybdän-Eisen-Protein, ↗ *Dinitrogenase*.

Mohn-Alkaloide, ↗ *Papaver-Alkaloide*.

molare Aktivität, ↗ *Enzymkinetik*.

molare Masse, M, stimmt numerisch mit der ↗ *relativen Molekülmasse* M_r überein, wird jedoch mit Einheiten angegeben, beispielsweise ist die m. M. von Glycin $75 \, g \cdot mol^{-1}$. Gelegentlich wird als Abkürzung für die m. M. M anstelle von M_r verwendet, z. B. in der Svedberg-Gleichung: $M = R \cdot T \cdot s / D \cdot (1 - v\rho)$ (mit dem Sedimentationskoeffizienten s, dem Diffusionskoeffizienten D, dem partiellen spezifischen Volumen v und der Dichte ρ).

molecular modelling, engl. Sammelbezeichnung für die computergestützte Berechnung, Darstellung und Bearbeitung von realistischen Molekülstrukturen und ihren physikalisch-chemischen Eigenschaften. Die interaktive Bearbeitung der räumlichen Struktur größerer Moleküle erfordert eine leistungsfähige Computergraphik. Außerdem sind effektive Näherungsverfahren für die schnelle Berechnung der Struktur, Wechselwirkung und Dynamik von derartigen Systemen eine wesentliche Voraussetzung.

Für die effektive Durchmusterung des Konfigurationsraumes unter Einbeziehung der Temperatur werden vor allem molekularstatistische Computersimulationen genutzt.

Wichtige 3D-Strukturdaten für das m. m. liefern die Cambridge-Datenbank (http://www.chem.ta-mu.edu/services/crystal) und die Brookhaven-Proteindatenbank (PDB; ↗ *Datenbanken, Tab.*). Erstere enthält über 140.000 Kristallstrukturen von Molekülen. In der letzteren sind mehr als 4.000 Protein- und DNA-Strukturen angegeben. M. m. gewinnt zunehmend an Bedeutung für das Design von Molekülen mit gewünschten Eigenschaftsmustern in Chemie, Biochemie und Pharmazie sowie in den Materialwissenschaften.

Molekularbiologie, eine Teildisziplin der modernen Biologie, die sich mit der Struktur und Funktion biologischer Makromoleküle (insbesondere Nucleinsäuren, Proteine) beschäftigt. Ziel der M. ist (nach Monod) „die Interpretation der wesentlichen Eigenschaften der Organismen aufgrund ihrer molekularen Strukturen". Die M. basiert insbesondere auf den Erkenntnissen der Biochemie, Biophysik von Makromolekülen, Genetik (↗ *Molekulargenetik*), Mikrobiologie und Virologie.

molekulare Chaperone, *Faltungshelfer*, vorübergehend an Faltungsintermediate bindende Proteine, die dadurch bei Faltungsvorgängen assistieren. Sie besitzen die Fähigkeit zur Unterdrückung unspezifischer Aggregationen und vermögen kinetisch gefangene Intermediate bzw. aggregierte Proteine wieder einer produktiven Faltung zuzuführen. Die unter bestimmten Stressbedingungen auftretenden Missfaltungen von Proteinen sind auch pathologisch relevant, da sie zur Bildung von Proteinaggregaten führen können (Amyloidplaques). An der Bildung bzw. Verhinderung oder Reparatur solcher Proteinaggregationen sind m. C. beteiligt. Man unterscheidet zwischen *Chaperoninen*, *Hsp70-Systemen* und *Ribosomen-assoziierten Chaperonen*. Vertreter der *Chaperonine* sind in der Lage, doppelringförmige Oligomere mit einem zentralen Hohlraum auszubilden, in dessen apikalen Enden die Faltungssubstrate binden. Der bakterielle Vertreter GroEL, der den Cofaktor GroES benötigt, kann wahrscheinlich mit Substraten in verschiedenen Faltungszuständen in

Wechselwirkung treten und dadurch kinetisch gefangene Intermediate in ihre native Konformation
überführen. Die beim Hitzeschock (kurze Temperaturerhöhung auf ca. 42°C für 5 min) in großen
Mengen gebildeten, als m. C. agierenden *Hitzeschockproteine* vermögen die Akkumulation falsch
gefalteter Proteine zu unterdrücken, die während
des Hitzeschocks auftreten. Die zuerst in Bakterien
nachgewiesenen m. C. wurden als Verwandte der
Hitzeschockproteine 60 und 70 (Hsp60 und Hsp70)
identifiziert. In Zellen von Eukaryonten findet man
verschiedene Familien von Hsp60- und Hsp70-Pro-
teinen, die in unterschiedlichen Organellen vorkommen. So enthalten Mitochondrien spezifische Hsp60
und Hsp70, die sich von den im Cytosol vorkommenden Vertretern unterscheiden, und ein spezielles
Hsp70, auch *BiP* genannt, begleitet die Faltung von
Proteinen im endoplasmatischen Reticulum. Die
Wechselwirkung der *Hsp70-Systeme* wird durch den
ATP/ADP-Status determiniert. Am Beispiel des Ver-
treters *DnaK* konnte anhand der Kristallstruktur seiner Substratbindungsdomäne im Komplex mit einem Peptidsubstrat gezeigt werden, dass das Substrat in einer hydrophoben Tasche über einen
Sequenzabschnitt von etwa fünf Aminosäureresten
gebunden wird. Die hydrophobe Bindungstasche

wird von zwei Schleifen und einem β-Sandwich gebildet. Bei den Faltungsvorgängen am Ribosom sind
Ribosomen-assoziierte Chaperone beteiligt. [R.A.
Laskey et al., *Nature* **275** (1978) 416–420; R.S. Ellis
und S.M. Hemmingsen, *Trends Biochem. Sci.* **14**
(1989) 339–342; P.A. Cole, *Structure* **4** (1996) 239–
242; A.A. Antson et al., *Curr. Opin. Struct. Biol.* **6**
(1996) 142–150; J.S. Weissman et al., *Cell* **84** (1996)
481–490; D. Wall et al., *J. Biol. Chem.* **270** (1995)
2.139–2.144]

   molekulare Evolution, zusammen mit der chemischen Evolution die Prozesse, durch die erstmals
Biomoleküle entstanden sind, aus denen dann
selbstreproduzierende Organismen hervorgegangen sind. Die chemische Evolution, durch die Biomoleküle aus anorganischem Material entstanden
ist, wird im Stichwort ⤢ *Abiogenese* beschrieben.
Sie führt zur Entstehung erster Makromoleküle,
von Proteinen und Polynucleotiden.

   Es ist unbekannt, wie Polynucleotide selbstreplizierend wurden, aber Kuhn hat angenommen, dass
die Änderungen zwischen ein- und zweisträngigen
Formen zu Anfang durch periodische Änderungen
in der Umwelt angetrieben worden sein müssen.
Die Selektion könnte in dem Moment eingesetzt
haben, als Systeme zur mäßig genauen Selbstrepli-

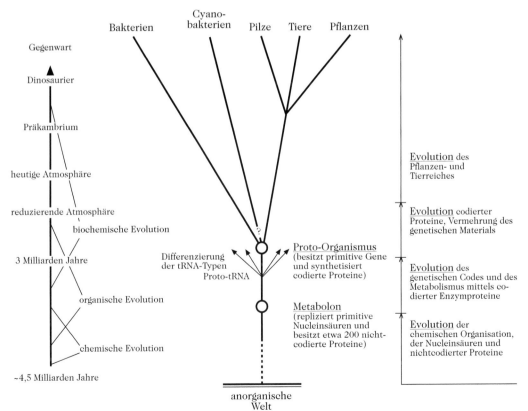

molekulare Evolution. Abb. 1. Phasen der molekularen Evolution.

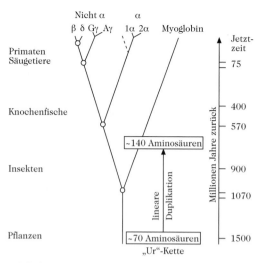

molekulare Evolution. Abb. 2. Evolution der menschlichen Hämoglobin-(Hb)-Ketten (α, β, γ, δ). Die Abtrennung der α-Kette des Pferde-Hb vom Human-Hb ist mit gestrichelter Linie angegeben.

kation fähig waren, und die Merkmale, nach denen zu Anfang selektiert wurde, waren vermutlich die Effizienz und die Genauigkeit der Replikation und die Stabilität der Nucleinsäuremoleküle zwischen den Replikationszyklen. Vor der Evolution der nucleinsäuregesteuerten Proteinsynthese (↗ *genetischer Code*) muss das gesamte System bereits von einer Membran umschlossen gewesen sein.

Nachdem die Stufe der nucleinsäuregesteuerten Proteinsynthese erreicht worden war, müssen sich die Organismen schnell vermehrt haben (Abb. 1, auf Seite 111). Die Selektion würde zunächst die Entwicklung von Enzymen begünstigen, die Nucleinsäuren und Proteine aus abiotisch gebildeten Vorstufen synthetisieren, später diejenigen Enzyme, die Bausteine von Proteinen und Nucleinsäuren aus verfügbaren Vorstufen synthetisieren. Die universellen Soffwechselwege wären so Schritt für Schritt aus dem Rückwärtsgehen von komplexen zu einfachen Formen entstanden, als die wachsenden Zellpopulationen ihre frühen abiotischen Ressourcen ausgeschöpft hatten. Diese biochemische Evolution führte schließlich zur Evolution der Photosynthese durch Cyanobakterien, die eine oxidierende Atmosphäre erzeugt und der abiotischen Bildung organischer Verbindungen ein Ende gesetzt hat. Die ältesten fossilen Bakterien und Cyanobakterien sind ungefähr 3 Milliarden Jahre alt und die Atmosphäre wurde vor etwa 2 Milliarden Jahren oxidierend.

Mechanismen der m. E. Ein Organismus, der genau soviel DNA besitzt, wie er für die Kodierung der minimalen, lebensnotwendigen Enzymausstattung benötigt, wäre sehr unflexibel. Deshalb sind

Mechanismen, die das DNA-Komplement je Zelle erhöhen, wichtig für die Variation, Anpassungsfähigkeit und die weitere Evolution. Der wichtigste Mechanismus ist die Genduplikation, die durch ungleiches *crossing over* oder durch eine vollständige Genverdopplung (engl. *single locus duplication*) erfolgen kann. Zu Anfang sind die beiden duplizierten Gene identisch. Da jedoch Mutationen in einem Gen nicht tödlich sind, wenn das andere funktioniert, kann dieses Punktmutationen, Deletionen oder Additionen (↗ *Mutation*) akkumulieren. Eine Selektion tritt ein, wenn das neue Protein Funktionen im Organismus übernimmt, die ihn besser an seine Umwelt anpassen. Auf diese Weise sind eine Reihe von Proteinfamilien entstanden: die Cytochrome c, die Myoglobine, die α-, β-, γ- und δ-Hämoglobinketten (Abb. 2), die Fibrinpeptide, einige Proteinhormone, die Pankreas-Serinproteasen und vermutlich viele andere.

Unterschiedliche Proteinfamilien haben durch Punktmutationen entstandene Aminosäuresubstitutionen in unterschiedlichem Maß angehäuft. Es ist möglich, eine durchschnittliche Mutationsrate zu berechnen, deren Vergleich mit der Anzahl der Substitutionen in der Primärsequenz von Enzymen zweier Spezies näherungsweise die Zeit ergibt, die verstrichen ist, seit sich ihre phylogenetischen Linien getrennt haben. In der Tabelle sind einige Beispiele angeführt, einschließlich der sich extrem schnell ändernden Fibrinpeptide (90 Punktmutationen je 100 Aminosäuren und 100 Millionen Jahren) und der stark konservativen Histone (2 Mutationen in 1,5 Milliarden Jahren). Die statistische Mutationshäufigkeit ist dabei in allen Fällen gleich,

molekulare Evolution. Tab. Mutationsraten verschiedener Proteinfamilien (gekürzt aus Dayhoff: *Atlas of Protein Sequence*, 1972). N = akzeptierte Punktmutation je 100 Aminosäurereste in 100 Millionen Jahren.

Protein oder Peptid	N
Fibrinpeptide	90
Wachstumshormon	37
Pankreas-RNase	33
Immunglobuline	32
Lactalbumin	25
Hämoglobinketten	14
Myoglobin	13
Pankreas-Trypsininhibitor	11
tierisches Lysozym	10
Trypsinogen	4
Cytochrom c	3
Histon IV	0,06

jedoch führen bei bestimmten Proteinen fast alle Änderungen zum Funktionsverlust und sind damit tödlich, während andere eine größere funktionelle Toleranz aufweisen.

Sowohl auf molekularer als auch auf der Organismenebene kann man konvergente und divergente Evolution beobachten. Eine *konvergente Evolution* tritt ein, wenn ähnliche Umwelteinflüsse die Entwicklung ähnlicher Merkmale bei nicht verwandten Organismen begünstigen, wie z. B. die Stromlinienform bei Fischen und Meeressäugetieren oder Enzyme mit ganz unterschiedlichen Sequenzen, die die gleiche Reaktion katalysieren. Bei einer *divergenten Evolution* entstehen aus einer Organismen- oder Proteinart zwei oder mehr Arten. Für die molekulare Divergenz sind die oben diskutierten Mechanismen (Genduplikation, Akkumulation von Mutationen) verantwortlich.

Molekulargenetik, ein Wissenschaftszweig, der sich aus der Synthese von Genetik und ↗ *Molekularbiologie* herausgebildet hat. Sie nutzt Methoden der Biochemie, Mikrobiologie und insbesondere der Gentechnik, die der M. neue Dimensionen eröffnet hat. Die M. befasst sich insbesondere mit der Struktur und Funktion der Träger der genetischen Information (↗ *Nucleinsäuren*) biologischer Systeme, mit dem ↗ *Gen* als funktioneller Einheit, den Mechanismen der Regulation der genetischen Information sowie der Evolution der Organismen auf molekularer Ebene (↗ *molekulare Evolution*).

Molekulargewicht, ↗ *relative Molekülmasse*.

Molekülmasse, ↗ *relative Molekülmasse*.

Molkenproteine, ↗ *Milchproteine*.

(+)-Mollisacacidin, *7,3′,4′-Trihydroxyflavan-3,4-diol*, ↗ *Leucoanthocyanidine*.

Molybdän, *Mo*, ein wichtiges Spurenelement für Pflanzen und Bakterien und für die symbiotische Luftstickstoffbindung durch Leguminosen. Es ist nicht bekannt, ob Mo für Tiere ein essenzieller Nahrungsbestandteil ist. Es ist jedoch Bestandteil von mindestens drei tierischen Enzymen (↗ *Molybdänenzyme*). Bei Pflanzen und Bakterien spielt Mo in Form verschiedener Molybdänenzyme eine wichtige Rolle im Stickstoffmetabolismus. In biologischen Systemen besteht teilweise ein Antagonismus zwischen Mo und Kupfer.

Molybdän-Eisen-Protein, *MoFe-Protein*, ein Cofaktor der ↗ *Dinitrogenase*, der N_2 bindet und reduziert.

Molybdänenzyme, zusammenfassende Bezeichnung von gegenwärtig sechs bekannten oligomeren Oxidoreduktasen, deren essenzieller Bestandteil Molybdän ist: 1) die ↗ *Nitrogenase*, 2) die ↗ *Nitrat-Reduktase* (EC 1.6.6.3); 3) die ↗ *Xanthin-Oxidase* (EC 1.2.3.2) aus Tieren und Bakterien; 4) die *Aldehyd-Oxidase* (EC 1.2.3.1) aus tierischer Leber, die die Reaktion $R\text{-}CHO + H_2O \rightarrow R\text{-}COOH + 2\,H^+ +$

$2\,e^-$ katalysiert; 5) die *Sulfit-Oxidase* (EC 1.18.3.1) aus Säuger- und Vogelleber (M_r 114 kDa; zwei Untereinheiten), die die Reaktion $SO_3^{2-} + H_2O \rightarrow SO_4^{2-} + 2\,H^+ + 2\,e^-$ katalysiert; dieses Enzym enthält ein b_5-ähnliches Cytochrom und leitet in der Atmungskette Elektronen direkt an Cytochrom c weiter; 6) die *Formiat-Dehydrogenase* (EC 1.2.1.2), ein membrangebundenes Enzym von *E. coli*, das jeweils ein Atom Molybdän und Selen, eine Hämgruppe und Nichthäm-Eisen-Schwefel-Zentren enthält. Es ist NAD$^+$-abhängig und katalysiert die Reaktion $HCOO^- + NAD^+ \rightarrow CO_2 + NADH$.

Diejenigen M., die außerdem Flavoproteine sind, z. B. Nitrat-Reduktase, Xanthin-Oxidase und Aldehyd-Oxidase werden auch *Molybdänflavoproteine* genannt. In den M. ist das Mo Teil des Elektronentransfer-Redoxsystems.

Molybdänflavoproteine, ↗ *Molybdänenzyme*.

Monellin, ein aus zwei nicht kovalent verknüpften Peptidketten aufgebautes, wasserlösliches Protein mit einer 2.000–2.500-fach höheren Süßkraft im Vergleich zu Saccharose. Die beiden Peptidketten bestehen aus 44 bzw. 50 Aminosäureresten. Der süße Geschmack des M. ist noch in einer Verdünnung von 10^{-8} Mol/l zu spüren. Es wurde 1967 aus der westafrikanischen Frucht von *Dioscoreophyllum cumminsi Diels* (*Menispermacae*) isoliert. M. ist das erste bekannte für den Menschen süß schmeckende Protein. Ein weiteres, süß schmeckendes Protein ist ↗ *Thaumatin*. [T. Mizukoshi et al., *FEBS Lett.* **413** (1997) 409–416]

Monoacylglycerine, ↗ *Acylglycerine*.

Monoaminoxidase, *MAO*, eine Flavin-haltige ↗ *Oxidoreduktase*, die den Abbau primärer Amine katalysiert. Die M. ist ein wichtiges Enzym bei der Metabolisierung von ↗ *Noradrenalin* und ↗ *Adrenalin*. M. kommt in der äußeren Mitochondrienmembran der meisten Zellen vor und dient als Leitenzym der äußeren Mitochondrienmembran. Man unterscheidet zwischen MAO-A und MAO-B, wobei die catecholaminenergen Axonenden nur MAO-A, Gliazellen dagegen beide Formen enthalten. 3,4-Dihydroxyphenylglycol (DOPEG) ist der synaptische Hauptmetabolit von Noradrenalin und Adrenalin. Auch am Abbau von ↗ *Histamin* und ↗ *Serotonin* ist die MAO beteiligt.

Monobactame, Vertreter der ↗ *β-Lactamantibiotika*. Sie werden von gramnegativen Bakterien produziert. Als erstes synthetisch zugängliches Chemo-

Monobactame. Aztreonam.

therapeutikum gegen aerobe gramnegative Erreger wurde Mitte der achtziger Jahre das *Aztreonam* (Abb.) eingeführt. Die M. befinden sich am Anfang ihrer therapeutischen Entwicklung.

Monocyten, Effektorzellen der unspezifischen Immunabwehr, die zusammen mit den ↗ *Makrophagen* zu den Zellen des mononukleären Phagocytensystems gehören. Sie sind mit einem Durchmesser von 15 µm die größten Blutzellen und kommen zu 2–8 % Prozent im menschlichen Blut vor. Die M. zirkulieren etwa 20–30 h im Blut und wandern schließlich in verschiedene Organe und Gewebesysteme, wo sie sich zu ↗ *Makrophagen* entwickeln. Die M. sind ebenso wie die Makrophagen imstande, über spezifische Rezeptoren, die Kohlenhydrate wie Fucose und Mannose tragen, an nicht verkapselte Mikroorganismen zu binden.

Monocyten-Granulocyten-Induktor Typ 2, *MGI-2*, ältere Bezeichnung für Interleukin-6 (↗ *Interleukine*).

Monod-Gleichung, *Monod-Kinetik*, ein von J. Monod aufgestelltes Geschwindigkeitsmodell zur Beschreibung der Abhängigkeit der ↗ *spezifischen Wachstumsrate* μ (h^{-1}) von der (limitierenden) Substratkonzentration [S] (mol/l):

$$\mu = \mu_{max} \frac{[S]}{K_S + [S]}.$$

μ_{max} ist dabei die maximale spezifische Wachstumsrate, die für jeden (Mikro-)Organismus eine vom Substrat, pH-Wert und der Temperatur abhängige Stoffgröße darstellt; K_S die Substratsättigungskonstante (mol/l), die als die Substratkonzentration definiert ist, bei der ein Mikroorganismus mit

$$\mu = \frac{\mu_{max}}{2}$$

wächst. Entsprechend der ↗ *Michaelis-Menten-Gleichung* der Enzymkinetik erhält man bei Auftragung von μ gegen [S] einen hyperbolen Kurvenverlauf mit Sättigungscharakter, d. h. bei geringen Substratkonzentrationen ist μ eine Funktion von [S]. Bei hohen Substratkonzentrationen ist der Einfluss von K_S im Quotient

$$\frac{[S]}{K_S + [S]}$$

praktisch zu vernachlässigen, d. h. der Mikroorganismus wächst nahezu mit maximaler spezifischer Wachstumsrate. Auch bei einer 10fach höheren [S] als der des K_S-Werts ist jedoch die maximal mögliche Wachstumsrate erst zu ca. 92 % erreicht.

Die M. ergibt sich aus der Betrachtung des mikrobiellen Wachstums als Resultat aller in der Zelle ablaufenden Enzymreaktionen. Analog zur Enzymkinetik kann auch hier eine Auswertung nach Lineweaver-Burk (↗ *kinetische Datenauswertung*) er-

folgen. Die Anwendung der M. ist auf einfache Systeme begrenzt.

Monod-Kinetik, Syn. für ↗ *Monod-Gleichung*.

Monod-Modell, ↗ *Kooperativitätsmodell*.

Monod-Wymann-Changeux-Modell, ↗ *Kooperativitätsmodell*.

Monogalactosyldiglyceride, ↗ *Glycolipide*.

Monoglyceride, ↗ *Acylglycerine*.

Monokine, von Monocyten gebildete ↗ *Cytokine*, Beispiele für M. sind Interleukin-1α/β, Interleukin-6, TNF-α.

monoklonale Antikörper, *mAK*, *MAK*, die Bezeichnung für ↗ *Antikörper*, die von einer einzigen Plasmazelle (aus B-Lymphocyten nach Kontakt mit dem spezifischen ↗ *Antigen* oder einem Mitogen entstandene, enddifferenzierte Zelle) bzw. von einem Klon, der aus einer einzigen Plasmazelle hervorgegangen ist, sezerniert wird (↗ *Immunglobuline*). Sie sind in ihrer biochemischen Zusammensetzung und demnach auch in ihren Bindungs- und Effektoreigenschaften vollkommen homogen bzw. identisch. M. A. können mit Hilfe der Immuntechnik künstlich geschaffen werden. Sie sind als Bioreagenzien (Immunpräparate) von Bedeutung und werden in der klinischen Diagnostik, der biologischen Grundlagenforschung und Biotechnologie (z. B. Gewinnung/Reinigung von Zellprodukten), Therapie und in den letzten Jahren zunehmend in der Gentechnik (u. a. Isolierung von mRNA) eingesetzt.

Monomer, ↗ *Untereinheit*.

Monooxygenasen, *mischfunktionelle Oxygenasen*, zu den ↗ *Oxidoreduktasen* zählende NADP⁺-abhängige Enzyme, die ein Sauerstoffatom des O_2-Moleküls in das Substrat als Hydroxylgruppe einbauen, während das andere Sauerstoffatom zu Wasser reduziert wird: RH + O_2 + NADPH + H^+ → ROH + H_2O + NADP⁺. Die synonyme Bezeichnung mischfunktionelle Oxygenasen bezieht sich auf diese doppelte Funktion, d. h. Oxidation des Substrats und Reduktion von Sauerstoff. Die von den M. katalysierte Hydroxylierungsreaktion erfordert die Aktivierung des Sauerstoffs. Die an der Synthese der Steroidhormone und Gallensäuren beteiligten M. verwenden dafür Cytochrom P_{450}, das als letztes Glied einer Elektronentransportkette in den Mitochondrien der Nebennierenrinde und in Lebermikrosomen lokalisiert ist. Die P_{450}-Enzyme der Säuger werden durch zehn Genfamilien kodiert. Der Mensch besitzt mehr als 100 Gene für M. mit unterschiedlichen Substratspezifitäten. Die Wirkungsdauer vieler Medikamente ist oftmals davon abhängig, wie schnell sie durch P_{450}-Enzyme inaktiviert werden.

Monophenol-Monooxygenase, *Laccase* (EC 1.14.18.1), ↗ *Sauerstoffmetabolismus*, ↗ *Lignin*.

Monosaccharide, einfache ↗ *Kohlenhydrate*, die sich nicht mehr hydrolytisch in einfachere Kohlen-

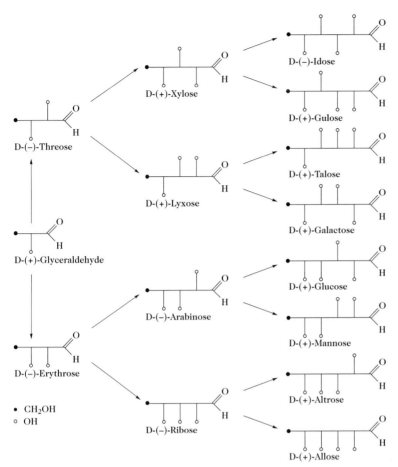

Monosaccharide. Abb. 1. Schematische Darstellung der D-Aldosen.

hydratarten spalten lassen. Sie stellen die primären Oxidationsprodukte mehrwertiger aliphatischer Alkohole mit meist unverzweigter Kohlenstoffkette dar. Erfolgt die Oxidation in der terminalen primären Alkoholgruppe, so entstehen die als ↗ *Aldosen* bezeichneten Polyhydroxyaldehyde (Abb. 1). Bei Oxidation einer sekundären Alkoholgruppe, meist am C-Atom 2, entstehen als ↗ *Ketosen* bezeichnete Polyhydroxyketone.

Struktur. Fast alle natürlich vorkommenden M. haben eine unverzweigte Kohlenstoffkette; Ausnahmen sind Hamamelose, Apiose, Streptose u. a. Die Konfigurationsangabe erfolgt durch die Präfixe D und L (Abb. 2), wobei diese Bezeichnungen nichts mit dem optischen Drehvermögen zu tun haben.

CHO	CHO
(CHOH)$_n$	(CHOH)$_n$
H—C—OH	HO—C—H
CH$_2$OH	CH$_2$OH
D-Reihe	L-Reihe

Monosaccharide. Abb. 2. Die Fischerprojektion von D- und L-Kohlenhydraten.

Dieses wird nach Wohl und Freudenberg durch (+) und (–) ausgedrückt, z. B. (+)-D-Glucose. Nach Rosanow-Wohl-Freudenberg leitet sich ein D-Zucker von der ursprünglich willkürlich gewählten Bezugssubstanz D-Glycerinaldehyd ab, wobei in der Fischerschen Projektionsformel das am weitesten von der Carbonylgruppe entfernte asymmetrische Kohlenstoffatom die Hydroxylgruppe rechts trägt; bei einem L-Zucker befindet sich die entsprechende Hydroxylgruppe links. Im Allgemeinen trägt jedes Kohlenstoffatom der Kohlenhydrate eine Hydroxylgruppe bzw. eine von ihr abgeleitete Funktion. Bei Ersatz einer Hydroxylgruppe durch Wasserstoff oder eine Aminogruppe entstehen die ↗ *Desoxyzucker* bzw. die ↗ *Aminozucker*. Kohlenhydrate sind durch eine Vielzahl von Asymmetriezentren ausgezeichnet. Die Anzahl der stereoisomeren Formen eines M. ist durch die Formel 2^n gegeben, wobei n die Anzahl der asymmetrischen Kohlenstoffatome bedeutet.

In den Projektionsformeln nach Fischer (Abb. 3a) werden die Kohlenhydrate senkrecht und kettenförmig geschrieben, wobei die Aldehydgruppe am Kopfende und die Hydroxymethylgruppe am Fuß-

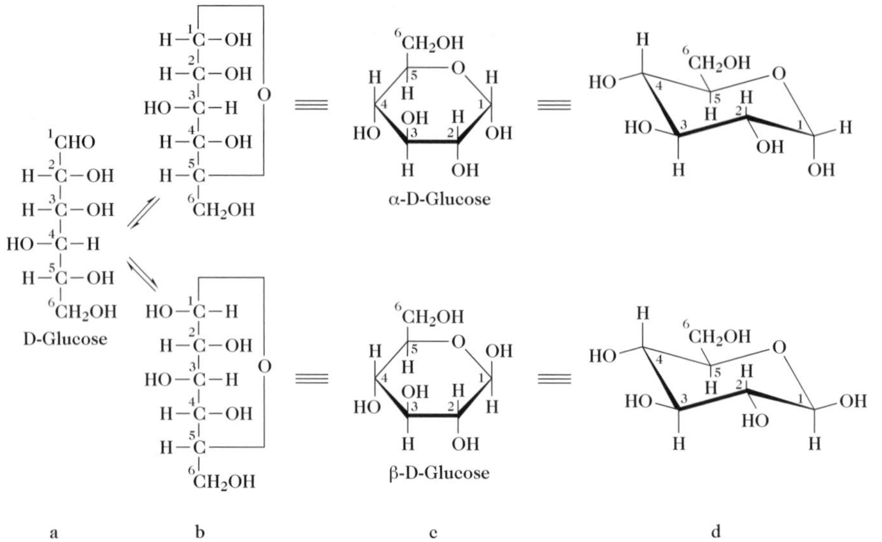

Monosaccharide. Abb. 3. Formelschreibweisen der Kohlenhydrate nach Fischer (a), Tollens (b) und Haworth (c); bei (d) wird die Konformation durch die Sesselform dargestellt.

ende der Kette steht. Diese Darstellung ist zwar übersichtlich, jedoch wird der räumliche Bau der Moleküle nicht wiedergegeben. Außerdem entsprechen dieser offenkettigen Formel nicht alle Eigenschaften der M.; so lagern sich z. B. Natriumhydrogensulfit oder Ammoniak nicht an die Aldehydgruppe einer Aldose an.

Nach Tollens liegt dieses Verhalten darin begründet, dass die M. nicht oder nur zum geringen Teil in offenkettiger Form vorliegen. Stattdessen bildet die Carbonylgruppe eine Halbacetalbindung mit einer der Hydroxylgruppen, so dass ein sauerstoffhaltiger Ring entsteht. Je nach Ringgröße unterscheidet man die fünfgliedrigen *Furanosen* (Halbacetalbindung vom C1 zum C4) und die sechsgliedrigen *Pyranosen* (Halbacetalbindung vom C1 zum C5). Die meisten M. liegen als Pyranosen vor. Die furanoide Form tritt in manchen ↗ *Oligosacchariden*, z. B. in der Saccharose, und in einigen ↗ *Polysacchariden*, z. B. in Arabanen, auf. Die formelmäßige Darstellung dieser zyklischen Halbacetalform erfolgt nach der älteren Schreibweise nach Tollens (Abb. 3b), besser und übersichtlicher aber nach Haworth (Abb. 3c). Unter Weglassung der Ringkohlenstoffatome wird der Ring perspektivisch dargestellt, indem die stark gezeichneten Bindungsstriche der Ringatome im Vordergrund der Papierebene zu denken sind. Die jeweiligen Substituenten stehen senkrecht zur Ringebene. Der Furanosering ist nahezu eben gebaut, der Pyranosering gewinkelt, da im Pyranring der C-O-C-Winkel mit 111° etwa gleich groß ist wie der Tetraederwinkel mit 109° 28'.

Es liegen somit räumlich ähnliche Verhältnisse wie beim Cyclohexan vor. Die durch den Heterosauerstoff bedingte Asymmetrie ermöglicht zwei Sessel- und sechs Wannenformen. Die Pyranosen liegen jedoch meist in der energetisch günstigsten Sesselform vor, z. B. D-Glucose, D-Galactose und D-Mannose.

Von den 10 Substituenten an den 5 Ringatomen sind 5 axial und 5 äquatorial angeordnet. In der β-D-Glucose sind z. B. alle Hydroxylgruppen und die Hydroxymethylgruppe äquatorial. Die in Abb. 3d gezeigten Konformationsformeln kommen der Wirklichkeit am nächsten, da sie die räumliche Anordnung der Substituenten am besten zum Ausdruck bringen und ein besseres Verständnis für die chemischen und biochemischen Reaktionen und das physikalische Verhalten der Kohlenhydrate ermöglichen.

Durch die Ringbildung entsteht am ursprünglichen Carbonylkohlenstoffatom (bei Aldosen am C-Atom 1, bei Ketosen am C-Atom 2) ein neues Asymmetriezentrum. Dadurch treten zwei zusätzliche Isomere auf, die als α- und β-Form bezeichnet werden. Sie unterscheiden sich im Löslichkeitsverhalten, im Schmelzpunkt, im optischen Drehvermögen u. a. In der D-Reihe wird nach Hudson das Diastereoisomere mit dem höheren positiven Drehwert als α-Form, das stärker nach links drehende als β-Form bezeichnet; in der L-Reihe umgekehrt. In den Konfigurationsformeln nach Tollens wird die am C-Atom 1 haftende Hydroxylgruppe der α-Form in der D-Reihe auf die rechte Seite und die der β-Form auf die linke Seite geschrieben. Bei der Haworthschen Schreibweise steht die betreffende Hydroxylgruppe der α-Form nach unten, die der β-Form nach oben. In der L-Reihe werden die Hydroxylgruppen entgegengesetzt angeordnet. Entsprechendes gilt für die Konformationsformel. Man erkennt, dass in der α-Form die Hydroxylgruppen an den C-Atomen 1 und 2 *cis*-, in der β-Form *trans*-ständig sind.

In Lösungen stehen α- und β-Isomere über die offenkettige Form im Gleichgewicht (Oxo-cyclo-Tautomerie). Auf der Gleichgewichtseinstellung zwischen α- und β-Form beruht die als ↗ *Mutarotation* bezeichnete Erscheinung, dass sich der Drehwert einer frisch bereiteten wässrigen Lösung bis zu einem konstanten Endwert verändert.

Unterscheiden sich zwei Diastereomere nur durch die Konfiguration am C1, so werden sie als *Anomere* bezeichnet, z. B. α- und β-Glucose. *Epimere* sind diastereomere M., die sich nur durch die entgegengesetzte konfigurative Anordnung einer Hydroxylgruppe unterscheiden. z. B. D-Glucose und D-Mannose am C2 sowie D-Galactose und D-Glucose am C4.

Reaktionen. Die chemischen Eigenschaften der M. beruhen unter anderem auf dem Vorhandensein reaktionsfähiger Keto- bzw. Aldehydgruppen und den alkoholischen Hydroxylgruppen. Aldosen und Ketosen ergeben mit einem Überschuss Phenylhydrazin bzw. Hydroxylamin die zur Charakterisierung gut geeigneten Osazone bzw. Oxime. Milde Oxidation führt zu den ↗ *Aldonsäuren*, stärkere Oxidationsmittel ergeben die Aldarsäuren. Geeignete Oxidation von Glycosiden, in denen jeweils das empfindliche Carbonyl-C-Atom geschützt ist, ergibt die ↗ *Uronsäuren*. Bei Reduktion entstehen unter Aufnahme von zwei Molekülen Wasserstoff die ↗ *Zuckeralkohole* (Abb. 4). Die bei der Halbacetalbildung entstehende glycosidische Hydroxylgruppe ist besonders reaktionsfähig und reagiert mit OH-, NH- oder SH-haltigen Verbindungen zu ↗ *Glycosiden*. Die alkoholischen Hydroxylgruppen lassen sich verethern und verestern. Bei intramolekularer Wasserabspaltung werden ↗ *Zuckeranhydride* gebildet.

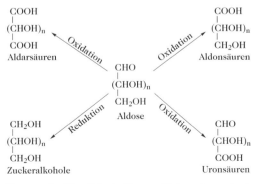

Monosaccharide. Abb. 4. Die verschiedenartigen, durch Oxidation bzw. Reduktion aus Aldosen hervorgehenden Kohlenhydrate.

Nachweis und Bestimmung. Isolierung und Identifizierung der M. erfolgen vor allem mit geeigneten chromatographischen Verfahren, wie Papier-, Dünnschicht-, Säulen- und Gaschromatographie, sowie Elektrophorese. In den meisten modernen Verfahren wird die Gaschromatographie oder die Hochleistungsflüssigkeitschromatographie in Kombination mit der Massenspektroskopie eingesetzt. Viele ältere Nachweisreaktionen beruhen auf Farbreaktionen mit Phenolen, wie α-Naphthol (violett) oder Resorcin (grün). Beim Erhitzen mit Salzsäure entsteht aus Pentosen unter Wasserabspaltung Furfural, während Hexosen 5-Hydroxymethylfurfural liefern. Letzteres zerfällt unter Wasseraufnahme in Lävulinsäure und Ameisensäure. Furfural und Lävulinsäure lassen sich leicht mit Phenolen zu Farbstoffen kondensieren und somit nachweisen bzw. zur quantitativen Bestimmung verwenden. Ein wichtiger biochemischer Test ist die Vergärbarkeit insbesondere durch Hefen. Da Pentosen im Allgemeinen nicht vergoren werden, ist eine Unterscheidung von den Hexosen möglich. Die Reduktion von Metallsalzlösungen stellte lange Zeit eine Labormethode zum Nachweis reduzierender Zucker dar.

Vorkommen. M. kommen in der Natur in freier Form vor, insbesondere D-Glucose und D-Fructose, und gebunden als Grundbausteine zahlreicher Oligo- und Polysaccharide. Es sind heute über 100 verschiedene natürlich vorkommende M. bekannt. Einige von ihnen spielen eine entscheidende Rolle bei zahlreichen Stoffwechselprozessen und treten, meist in Form ihrer Phosphorsäureester, als wichtige Intermediärprodukte auf. (↗ *Kohlenhydratstoffwechsel*, ↗ *Glycolyse*).

Monosomen, ↗ *Ribosomen*.

Monoterpene, aliphatische, mono-, di-, oder trizyklische Terpene, die aus zwei Isopreneinheiten ($C_{10}H_{16}$) aufgebaut sind (Tab.). Einige Verbindungen, wie *p*-Cymol und die Phenole Carvacrol und Thymol, sind Benzolderivate. Ein Cyclohexanderivat anderer Struktur ist das Cantharidin. Cyclopentanderivate sind die ↗ *Iridoide* und ↗ *Pyrethrine*. Die wichtigsten Grundkörper der bizyklischen M. sind Thujan, Caran, Pinan, Bornan (früher Camphan) und Fenchan. M. sind im Pflanzenreich weit verbreitet, sie können aus dem zerkleinerten Pflanzenmaterial durch Extraktion mit unpolaren oder wenig polaren Lösungsmitteln oder durch Wasserdampfdestillation gewonnen werden. Der stärkste bekannte Aromastoff ist das M. *p*-Menth-1-en-8-thiol (↗ *Menthentiol*), der Geruchsstoff des Grapefruitsaftes.

Durch den Einbau von Stickstoff erhält man die Monoterpenalkaloide (z. B. Nuphara-Alkaloide).

Über die biologische Bedeutung der M. ist mit Ausnahme ihrer Rolle als Intermediate beim Auf-

Monoterpene. Strukturtypen.

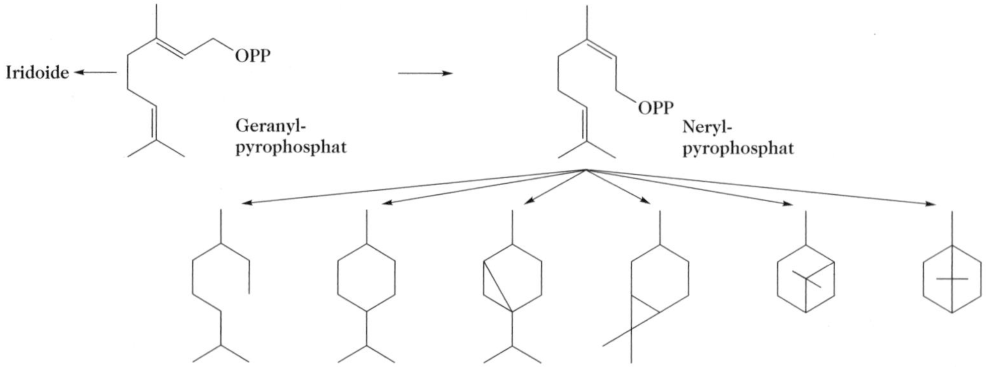

Typ	3,7-Dimethyl-octan	p-Menthan	Thujan	Caran	Pinan	Bornan
Kohlenwasserstoffe	Ocimen Myrcen	Terpinen Dipenten Phellandren p-Cymol Limonen	Sabinen	Δ^3-Caren	α-Pinen β-Pinen	
Alkohole	Geraniol Nerol Linalool Citronellol	Terpineol Menthol				Borne-ol
Carbonylverbindungen	Citral Citronellal	Menthon Pulegon Carbon Piperiton Carvon				Cam-pher

bau anderer Terpene wenig bekannt. Ihrer leichten Flüchtigkeit wegen sind M. als Bestandteile olfaktorisch wirkender Pheromongemische (z. B. Citral, Iridodiol) bedeutungsvoll. Das bittere Prinzip *Gentiopikrosid* (↗ *Gentianin*) ist ebenfalls ein M. In reiner Form oder in komplexen Gemischen, z. B. Balsamen und Terpentinöl, werden M. in großen Mengen in Pharmazie, Lebensmittel-, Riechstoff- und Lackindustrie eingesetzt. Nerol und Geraniol werden in Parfums verwendet.

M. werden aus Geranylpyrophosphat (↗ *Terpene*) bzw. dem durch Isomerisierung daraus entstehenden Nerylpyrophosphat gebildet. Die aliphatischen M. entstehen durch Hydrolyse der Phosphatbindung bzw. Elimination von Pyrophosphorsäure (Bildung des 3,7-Dimethyloctantyps); zyklische M. werden gewöhnlich durch nucleophile Substitution am C-Atom 1 des Geranylpyrophosphats unter Abspaltung von Pyrophosphorsäure aufgebaut, wobei man die o. a. Strukturtypen unterscheidet. Durch reduktive Zyklisierung entstehen iridoide Verbindungen.

Montansäure, *n-Octacosansäure*, CH_3-$(CH_2)_{26}$-COOH, eine Wachssäure (M_r 424,73, F. 91 °C). M. findet sich in verschiedenen Wachsen, z. B. in *Montanwachs* (fossiles Pflanzenwachs aus bitumenreicher Rohbraunkohle) und Bienenwachs.

Montanwachs, ↗ *Montansäure*.

Moosstärke, Syn. für ↗ *Lichenin*.

MOPS, Abk. für ↗ 3-*Morpholino-1-propansulfonsäure*.

Morbus Addison, ↗ *Nebennierenrindenhormone*.

Morbus Alzheimer, ↗ *Alzheimersche Krankheit*.

Morin, ↗ *Flavone*.

Morindon, *1,2,5-Trihydroxy-6-methyl-anthrachinon*, ein zur Gruppe der Anthrachinone gehörender orangeroter Farbstoff, F. 285 °C (aus Eisessig). M. ist in Wurzeln, Rinde und Holz von *Morinda*-Arten enthalten und diente früher in einigen asiatischen Ländern, besonders in Indien, als wichtiger Naturfarbstoff.

Morphactine, eine Gruppe von hochwirksamen synthetischen Wachstumsregulatoren. Die M. (Abb.) leiten sich strukturell vom *Flurenol* [9'-Hydroxy-fluoren-(9)-carbonsäure, R = H] ab, insbesondere durch Veresterung der Carboxylgruppe oder/und Substitution im Ringsystem, z. B. *Chlorflurenol* (R = Cl).

M. hemmen und modifizieren in einem weiten Konzentrationsbereich das Pflanzenwachstum, wobei sie als Gibberellinantagonisten wirken. Mit einigen Herbiziden, z. B. 2,4-D, haben die M. synergistische Eigenschaften und ermöglichen deren Anwendung als Breitbandherbizid. Zu den vielfältigen weiteren physiologischen Effekten der M. gehören Verkürzung der Sprossinternodien, kompakt-buschiger Wuchshabitus, reversible Hemmung des Mitoseablaufs, Beeinflussung von Wurzelwachstum sowie Geo- und Phototropismus, Verzögerung der Blüteninduktion, Erzeugung samenloser Früchte und die Beeinflussung der Geschlechtsausbildung bisexueller Blüten.

Morphactine. Fluorenol (R = H); Chlorfluorenol (R = Cl).

Morphiceptin, ↗ *β-Casomorphine.*

Morphin, *Morphium,* der Hauptvertreter der Opiumalkaloide. M_r 285,35 Da, F. 254 °C, $[\alpha]_D^{20}$ –130,9° (Methanol). M. wird in großem Maße (mehr als 1.000 t je Jahr) aus dem Opium gewonnen. Türkisches und mazedonisches Opium haben einen Gehalt von 15–20 % M. Der überwiegende Teil des M. wird durch Methylierung in Codein überführt. M. wirkt schmerzstillend ohne Bewusstseinstrübung. In seiner Wirkung wird es von keinem Analgetikum übertroffen. Bei hohen Dosen tritt Tod durch Atemlähmung ein. Wegen seiner besonderen Gefahr als Suchtmittel setzt man M. nur sehr beschränkt ein. Ein noch gefährlicheres Suchtmittel ist ↗ *Heroin,* das Diacetylderivat des M. Formel und Biosynthese ↗ *Benzylisochinolin-Alkaloide.*

Morphinan, ↗ *Benzylisochinolin-Alkaloide.*

Morphium, Syn. für ↗ *Morphin.*

3-Morpholino-1-propansulfonsäure, *MOPS,* eine Puffersubstanz (M_r 209,3 Da, pK_a 7,2 bei 25 °C), die für die Herstellung von Puffern im pH-Bereich von 6,5–7,9 verwendet wird, u. a. im Gemisch mit Natriumacetat als Laufpuffer für die Gelelektrophorese von RNA bei Verwendung von Formaldehydgelen.

Morphoregulator, (griech. *morphe* Gestalt), synthetische Substanz, die in die Morphogenese verändernd eingreift; z. B. 2,4-D, ↗ *Herbizide.*

Morquio-Brailsford-Syndrom, Syn. für Mucopolysaccharidose IV, ↗ *Mucopolysaccharidosen.*

Mosaikprotein, ein Protein, das von einem durch Exonmischung entstandenen Gen kodiert wird. Ein Beispiel für ein M. ist der ↗ *LDL-Rezeptor,* dessen Gen aus 18 Exons besteht, die die strukturellen Besonderheiten dieses Transmembranproteins kodieren.

Motilin, H-Phe[1]-Val-Pro-Ile-Phe[5]-Thr-Tyr-Gly-Glu-Leu[10]-Gln-Arg-Met-Gln-Glu[15]-Lys-Glu-Arg-Asn-Lys[20]-Gly-Gln-OH, ein die Magenmotilität und die Pepsinausschüttung stimulierendes gastrointestinales 22-AS-Peptid. Es wird im Duodenum, vor-

rangig zum Zeitpunkt der Nahrungsaufnahme, gebildet. Es ist auch im Gehirn weit verbreitet mit den höchsten Konzentrationen im Cerebellum (Kleinhirn). Als Rezeptoragonisten des M. wirken bestimmte Makrolidantibiotika. Es bestehen keine signifikanten Sequenzhomologien zu anderen gastrointestinalen Peptidhormonen. M. ist auch synthetisch zugänglich. Die für die Aktivität verantwortliche Sequenz liegt zwischen den Aminosäurebausteinen 6 und 16. Phe[1] ist aber für die volle biologische Aktivität essenziell. [J.E.T. Fox, *Life Sci.* **35** (1984) 695]

Motorproteine, an Actin-Filamente oder ↗ *Mikrotubuli* bindende Proteine, die unter ATP-Hydrolyse im Innern der Eukaryontenzellen Bewegungen erzeugen. Sie nutzen das Mikrotubuli-Geflecht als Gerüst zur Verschiebung membranumhüllter Organellen. Das erste entdeckte M. war das ↗ *Myosin.* Später wurden mit dem ↗ *Kinesin* und den ↗ *Dyneinen* weitere M. gefunden. Die Drehbewegung der bakteriellen Geißeln erfolgt nicht durch Hydrolyse von ATP oder GTP, sondern durch protonenmotorische Kraft. Die M. der Geißeln sind das *motA*-Protein, das Protonenkanal-Komplexe bildet, und das *motB*-Protein, welches Protonenbindungsstellen am Rand des M-Ringes ausbildet. Bakteriengeißeln drehen sich mit einer Geschwindigkeit von 100 Umdrehungen pro sec. Für eine Drehung müssen etwa 1.000 Protonen durch die Membran fließen, wobei die Drehkraft durch das Wechselspiel der Genprodukte *motA* und *motB* erzeugt wird, die in der Cytoplasmamembran lokalisiert sind. [E. Eisenberg u. T.L. Hill, *Science* **227** (1985) 999–1.006; R.B. Vallee u. H.S. Shpetner, *Annu. Rev. Biochem.* **59** (1990) 909–932; D.F. Blair u. H.C. Berg, *Cell* **60** (1990) 439–449]

MP, Abk. für ↗ *Myelopeptide.*

MPF, 1) Abk. ↗ *M-Phase-Förderfaktor.*

2) Abk. für Melanotropin potenzierender Faktor, ↗ *Endorphine.*

M-Phase-Förderfaktor, *MPF* (engl. *maturation-promoting factor*), ein cytoplasmatisches Regulatorprotein, das den Eintritt in die Mitose kontrolliert. Es handelt sich um eine Protein-Kinase, deren Aktivierung durch einen exponenziell-autokatalytischen Prozess die Zelle in die Mitose führt, während die anschließende Inaktivierung von MPF die Zelle aus der Mitose entlässt. MPF besteht aus zwei Hauptkomponenten, der Cyclin-abhängigen Kinase Cdc2 und ↗ *Cyclin.* Für die Aktivierung von MPF ist eine Assoziation von Cdc2 mit Cyclin erforderlich. Die Inaktivierung von MPF am Ende der Mitose wird durch den Abbau von Cyclin verursacht. Für den nächsten Zyklus wird MPF durch Akkumulation von neu synthetisiertem Cyclin reaktiviert. Die Reaktivierungszeit von MPF reicht in frühen Embryonen für eine Runde der DNA-Replikation aus.

MRF, Abk. für engl. *melanotropin releasing factor*, ↗ *Melanoliberin.*

MRH, Abk. für engl. *melanotropin releasing hormone*, ↗ *Melanoliberin.*

MRIH, Abk. für engl. *melanotropin release inhibiting hormone*, ↗ *Melanostatin.*

mRNA, ↗ *messenger-RNA.*

MSH, Abk. für Melanocyten stimulierendes Hormon, ↗ *Melanotropin.*

MSH-ICH, Abk. für Melanocyten stimulierendes Hormon inhibierendes Hormon, Melanotropin-Freisetzung inhibierendes Hormon, ↗ *Melanostatin.*

MSH-RH, Abk. für engl. *melanocyte stimulating hormone releasing hormon*, Melanotropin freisetzendes Hormon. ↗ *Melanoliberin.*

MTOC, Mikrotubuli-Organisationszentrum, ↗ *Mikrotubuli.*

Mucine, ↗ *Glycoproteine.*

Mucolipidosen, autosomal-rezessiv erbliche ↗ *lysosomale Speicherkrankheiten*:

Mucolipidose I, ↗ *Sialidose.*

Mucolipidose II, *I-Zell-Krankheit*, verursacht durch einen Mangel an *N-Acetylglucosamin-Phosphotransferase* (EC 2.7.8.17). Es kommt zur Akkumulation von Glycoaminoglycanen und Glycolipiden in Fibroblasten, Hepatocyten und Schwannschen Zellen. Die Erkrankung ähnelt klinisch dem Hurlerschen Syndrom (Mucopolysaccharidose I$_H$, ↗ *Mucopolysaccharidosen*) und führt schon in der Kindheit zum Tod.

Mucolipidose III, *Pseudo-Hurlersche Polydystrophie*, verursacht durch einen Mangel an *N-Acetylglucosamin-Phosphotransferase* (EC 2.7.8.17). Die Auswirkungen und klinischen Symptome sind ähnlich wie bei Mucolipidose II, jedoch milder ausgeprägt. Die Patienten überleben bis ins Erwachsenenalter.

Mucolipidose IV, auf einen Mangel an *Exo-α-Sialidase* (EC 3.2.1.18) zurückzuführen. Das Enzym hydrolysiert α-2,3-, α-2,6- und α-2,8-glycosidische Bindungen terminaler Sialinsäurereste. Als Folge des Enzymmangels akkumulieren Ganglioside, Glycolipide, Lipofuscin und Lysodiphosphatidsäure in Lysosomen vieler Gewebe. Klinische Symptome sind Hornhauttrübung und Demenz. Es treten keine Skelettveränderungen und keine Lebervergrößerung (Hepatomegalie) auf.

Mucopolysaccharide, zur Gruppe der Heteroglycane gehörende Polysaccharide des tierischen Bindegewebes. Die sauren M. bestehen aus einem acetylierten Hexosamin (*N*-Acetylglucosamin oder *N*-Acetylgalactosamin), und einer Uronsäure (gewöhnlich Glucuronsäure, manchmal Iduronsäure, wie in Dermatansulfat), die eine charakteristische, sich wiederholende Disaccharideinheit aufbauen. Die sich wiederholende Struktur des Polymers ent-

hält alternierende 1→4- und 1→3-Bindungen. Viele Polysaccharide enthalten außerdem Sulfat. Beispiele sind: ↗ *Hyaluronsäure*, ↗ *Chondroitinsulfat*, ↗ *Dermatansulfat*, ↗ *Keratansulfat*, ↗ *Heparin* und ↗ *Heparansulfat*. Einige Blutgruppensubstanzen und bakterielle Polysaccharide sind ebenfalls M. Bei Tieren fungieren die M. als stützende und schützende Materialien und als Gleitmittel.

M. werden aus UDP-*N*-Acetylhexosamin und UDP-Glucuronsäure (bzw. -Iduronsäure) synthetisiert. Die Sulfatisierung dieser Polysaccharide erfolgt mittels Adenosin-3'-phosphat-5'-phosphosulfat unmittelbar nach Verlängerung der Zuckerkette. Syntheseort ist das endoplasmatische Reticulum.

Eine angeborene Störung des Abbaus von Chondroitinsulfat, Keratansulfat, Dermatansulfat und/oder Heparansulfat äußert sich in ↗ *Mucopolysaccharidosen.*

Mucopolysaccharidosen, angeborene ↗ *lysosomale Speicherkrankheiten*, die durch eine Störung des enzymatischen Abbaus der Mucopolysaccharide durch die Lysosomen, in welchen sie gelagert werden, bedingt sind (Abb.).

Mucopolysaccharidose I geht auf einen Mangel an *α-L-Iduronidase* (EC 3.2.1.76) zurück und tritt in zwei Formen auf:

Mucopolysaccharidose I$_H$, *Hurler-Syndrom, Gargoylismus.* Es kommt zur Akkumulation von Heparansulfat und Dermatansulfat im Gewebe. Klinische Symptome sind: großer Schädel, abgeflachter Nasenrücken, Hypertrichose, kurzer Nacken, vorspringende Stirn, große Zunge und Lippen, breite Lücken zwischen den Zähnen und Gaumenhypertrophie, dicke, behaarte Haut und gewöhnlich trübe Hornhaut. Herzklappen, -kranzgefäße und -muskeln sind oft betroffen, weshalb der Tod aufgrund von Herzversagen vor dem 20. Lebensjahr eintritt. Des Weiteren treten Herz- und Milzvergrößerung (Hepatosplenomegalie), Skelettanormalitäten (Zwergwuchs und Kyphose), schwere und progressive geistige Entwicklungsverzögerung auf.

Mucopolysaccharidose I$_S$, *Scheiesches Syndrom.* Die Gesichtsmerkmale sind ähnlich wie bei Typ I$_H$. Das Herz ist nur in einigen Fällen betroffen. Es tritt keine geistige Entwicklungsverzögerung auf und das Skelett ist im Vergleich zu Typ I$_H$ weniger anomal.

Mucopolysaccharidose II, *Hunter-Syndrom*, früher Typ V, wird durch einen Mangel an *Iduronat-2-Sulfatase* (EC 3.1.6.13) verursacht. Es kommt zur Akkumulation von Heparansulfat und Dermatansulfat. Das Herz ist selten betroffen. Es tritt keine Hornhauttrübung auf und die geistige Entwicklungsverzögerung ist geringer als bei Typ I$_H$. M. II tritt in zwei Formen auf, wobei Typ II$_A$ stärker ausgeprägt als Typ II$_B$ ist.

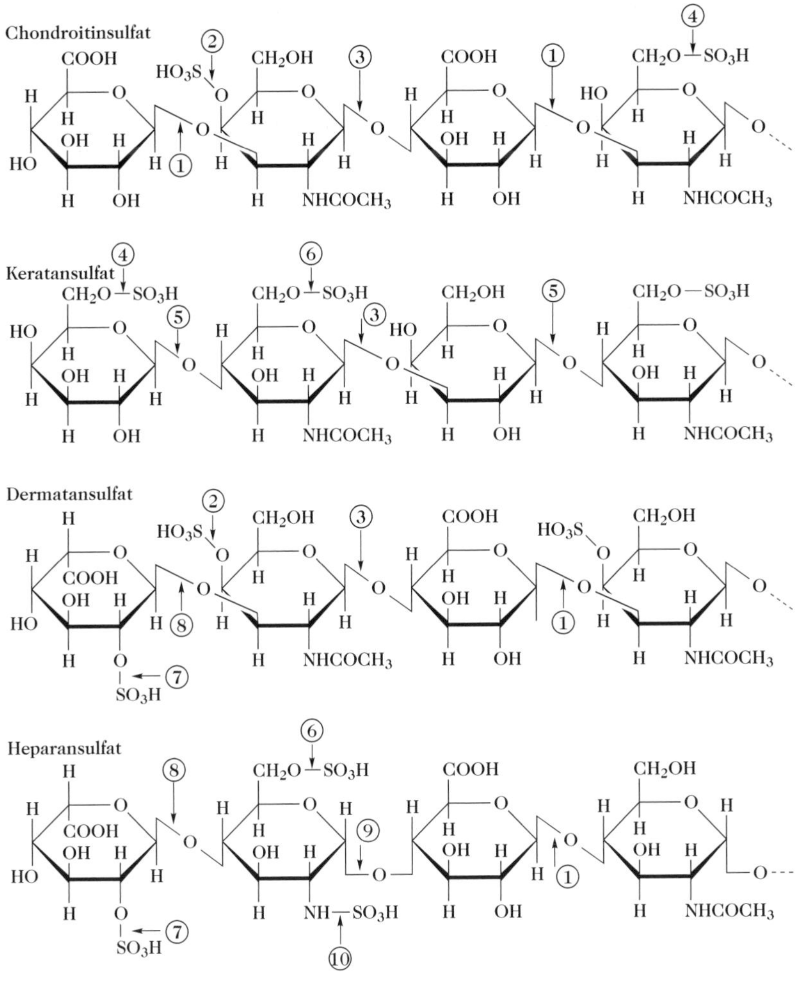

Mucopolysaccharidosen. Glycosaminoglycane (Mucopolysaccharide) und die Angriffspunkte abbauender Enzyme. Fehlende oder mangelhafte Funktion eines dieser Enzyme führt zur Akkumulation unvollständig abgebauter Mucopolysaccharide, d. h. zu Mucopolysaccharidosen. 1. β-Glucuronidase; 2. N-Acetylgalactosamin-4-sulfatase; 3. β-N-Acetylhexosaminidase; 4. N-Acetylgalactosamin-6-sulfatase; 5. β-Galactosidase; 6. N-Acetylglucosamin-6-sulfatase; 7. Iduronat-2-sulfatase; 8. L-Iduronidase; 9. α-N-Acetylglucosaminidase; 10. Heparan-N-sulfatase.

Mucopolysaccharidose III, tritt in vier Formen auf, die am Enzymdefekt unterscheidbar sind:

Mucopolysaccharidose III$_A$, Sanfilippo A, geht auf defekte *Heparan-N-Sulfatase* zurück. Als Folge tritt Akkumulation von Heparansulfat auf. Es bildet sich keine Hornhauttrübung aus, das Herz ist nicht, das Skelett nur leicht betroffen. Die Gesichtsmerkmale sind ähnlich wie bei Typ I$_H$, jedoch weniger stark ausgeprägt.

Mucopolysaccharidose III$_B$, Sanfilippo B, verursacht durch einen Mangel an *α-N-Acetylglucosaminidase* (EC 3.2.1.50). Es kommt zur Akkumulation von Heparansulfat und Glycososphingolipiden. Die Gesichtsmerkmale sind ähnlich wie bei Typ III$_A$.

Mucopolysaccharidose III$_C$, Sanfilippo C, bedingt durch defekte *Glucosamin-N-Acetyltransferase* (EC 2.3.1.3). Als Folge kommt es zur Akkumulation von Heparansulfat. Die Gesichtsmerkmale sind ähnlich wie bei Typ III$_A$.

Mucopolysaccharidose III$_D$, Sanfilippo D, wird durch einen Mangel an *N-Acetylglucosamin-6-Sul-*

fatase (EC 3.1.6.14) hervorgerufen. Es kommt zur Akkumulation von Heparansulfat. Klinische Symptome sind milde Osteochondrodystrophie und hypoplastische Zahnbildung. Die Gesichtsmerkmale sind ähnlich wie bei Typ III$_A$.

Mucopolysaccharidose IV, Abbaustörung von Keratansulfat, tritt in zwei Formen auf:

Mucopolysaccharidose IV$_A$, Morquio-Brailsford-Syndrom (Variante 1), bedingt durch defekte *N-Acetylgalactosamin-6-Sulfatase* (EC 3.1.6.4). Es kommt zur Akkumulation von Keratansulfat und manchmal von Chondroitinsulfatpeptid. Es tritt keine geistige Entwicklungsverzögerung auf und das Herz ist selten betroffen. Klinische Symptome sind: gelegentlich Hornhauttrübung, markanter Krüppelwuchs, schwere, charakteristische Veränderungen von Rippen, Brustbein, Wirbeln sowie Hand- und Fußknochen sowie dünner Zahnschmelz.

Mucopolysaccharidose IV$_B$, Morquio-Brailsford-Syndrom (Variante 2) hervorgufen durch defekte *β-*

Galactosidase (EC 3.2.1.23). Das Enzym besitzt einen hohen K_m-Wert für Keratansulfat und einen normalen für Ganglioside. Es kommt zur Akkumulation von Keratansulfat. Es tritt keine geistige Entwicklungsverzögerung auf und der Zahnschmelz ist normal. Es zeigen sich geringe Knochenveränderungen und Hornhauttrübung. Das Herz ist selten betroffen. Die Gesichtsmerkmale sind normal.

Mucopolysaccharidose VI, Maroteaux-Lamy-Syndrom, tritt in den vier Formen VI_A, VI_B und VI_C auf und wird durch defekte *N-Acetylgalactosamin-4-Sulfatase* (EC 3.1.6.12) hervorgerufen. Es kommt zur Akkumulation von Dermatansulfat. Es tritt keine geistige Entwicklungsverzögerung auf. Das Herz ist in einigen Fällen betroffen. Die Gesichtsmerkmale sind weniger stark verändert als bei Typ I_H. Bei Typ VI_A entspricht die Skelettveränderung der von Typ I_H, jedoch ohne Wirbeldeformation. VI_B und VI_C zeigen moderate und leichte Skelettveränderungen.

Mucopolysaccharidose VII, Sly-Syndrom, verursacht durch einen Mangel an *β-Glucuronidase* (EC 3.2.1.31). Es kommt zur Akkumulation von Chondroitin-4-sulfat und Chondroitin-6-Sulfat, manchmal auch von Dermatansulfat und/oder Heparansulfat. Es tritt keine starke geistige Entwicklungsverzögerung auf, manchmal kommt es zur Hornhauttrübung. Die Gesichtsmerkmale können entweder Typ I_H ähneln, weniger stark verändert sein oder normal. Die Skelettdeformationen sind gewöhnlich sehr markant. Das Herz ist nicht betroffen.

Mucosulfatidose, eine ↗ *lysosomale Speicherkrankheit* (eine Form ↗ *metachromatischer Leucodystrophie* und eine Sphingolipidose), verursacht durch einen Mangel an neun verschiedenen Sulfatasen, die auf Sulfatide, Steroide und Glycosaminoglycane wirken sowie an *β-Galactosidase* (EC 3.2.1.23). Als Folge kommt es zur Akkumulation von Metaboliten wie Gangliosiden, Sulfatiden, Cholesterinsulfat und Dehydroepiandrosteronsulfat in Neuronen und Leber und Ausscheidung von Glycosaminoglycanen im Harn. Klinische Symptome sind: mäßige Hepatosplenomegalie und cerebrale Degeneration. Man beobachtet einen progressiven Verlauf mit motorischen Störungen, Ataxie und Krämpfen. Die Erkrankung bricht im Alter von 1–4 Jahren auf und führt vor dem 12. Lebensjahr zum Tod.

Mucoviszidose, *cystische Fibrose*, eine verbreitete Erbkrankheit, deren Ursache auf eine Mutation in einem Gen zurückzuführen ist, das für einen Chlorid-Kanal in der Plasmamembran von Epithelzellen kodiert (↗ *CFTR-Protein*).

(–)-Mucronulatol, *(3S)-7,3'-Dihydroxy-4',2'-dimethoxy-4'-methoxyisoflavan*. ↗ *Isoflavan*.

Müllerscher Hemmstoff, Syn. für ↗ *Anti-Müller-Hormon*.

Multicenterbewertung, ↗ *laborübergreifende Kontrolle*.

Multi-Drogenresistenz-Transportprotein, *MDR* (engl. *multidrug resistance protein*), eine zu den ↗ *ABC-Transportern* gehörende eukaryontische Transport-ATPase, die hydrophobe Pharmaka aus den Zellen pumpen kann. Die Überexpression von MDR in humanen Krebszellen hat zur Folge, dass die Tumorzellen gegenüber chemisch nicht verwandten cytotoxischen Pharmaka resistent werden. Durch den Vergleich der Plasmamembranen verschiedener sensitiver und resistenter Tumorzellen wurde das P-Glycoprotein als ATP-abhängiges, transmembranes Transportprotein entdeckt. Das entsprechende Gen und das Genprodukt kommen auch in normalen Zellen vor. Die erhöhte Expression in resistenten Zellen ist auf eine Gen-Amplifikation zurückzuführen. Anhand von Transfektionsuntersuchungen *in vivo* konnte festgestellt werden, dass sensitive Zellen zu resistenten Zellen konvertieren, wenn zusätzliche Kopien des entsprechenden Gens übertragen werden. Die in-vivo-Funktion des Gens ist nicht eindeutig geklärt. Das P-Glycoprotein zeigt starke Ähnlichkeiten zum ↗ *CFTR-Protein*. Durch Einsatz von Hemmstoffen des P-Glycoproteins, wie Verapamil kann die Transportfunktion inhibiert werden.

Multienzymkomplex, eine geordnete Assoziation funktionell und strukturell verschiedener Enzyme, die aufeinanderfolgende Schritte in einer Reaktionskette katalysieren. Die heute bekannten M. bestehen aus 2–7 verschiedenen, nichtkovalent miteinander verbundenen, katalytischen Einheiten (M_r 160 kDa bis einige Millionen), die nicht mit Lipiden oder Nucleinsäuren assoziiert und frei von enzymatisch inaktivem Proteinmaterial sind. Sie lassen sich durch pH-, Temperatur- und Ionenstärkeänderung, chemische Modifizierung oder durch Behandlung mit neutralen oder anionischen Detergenzien in ihre noch aktiven Halbmoleküle und Teilenzyme oder sogar in deren (meist inaktive) Untereinheiten zerlegen. Eine Reassoziierung der dissoziierten M. zu einem aktiven, der physiologischen Form sehr ähnlichen Komplex, ist für viele M. beschrieben worden. M. repräsentieren somit einen viel einfacheren, subzellulären Kompartimentierungsgrad als die mit Zellorganellen assoziierten membrangebundenen Enzyme (z. B. des Tricarbonsäure-Zyklus). Durch die enge Nachbarschaft der aktiven Zentren der im M. wirksamen Enzyme sowie durch deren hohe Substrat- und Zwischenproduktaffinität verlaufen die Reaktionen kontrolliert, schnell und ohne Substratverlust. Die Intermediate werden direkt von einem Enzym zum nächsten weitertransportiert, ohne dass sie vom Komplex abdissoziieren. Beispiele von M. sind der ↗ *α-Ketoglutarat-Dehydrogenase-Komplex*, der ↗ *Pyruvat-Dehydrogenase-Komplex* und der ↗ *Fettsäure-Synthetase-Komplex*.

multikatalytische Protease, Syn. für ↗ *Proteasom*.

multi-*pass*-Transmembranprotein, ein Transmembranprotein (↗ *Transport*), das die Lipid-Doppelschicht in Form von α-Helices mehrfach durchspannt.

multiple Peptidsynthese, *MPS, simultane multiple Peptidsynthese, SMPS*, die gleichzeitige Synthese einer Vielzahl von Peptidsequenzen unterschiedlicher Länge und beliebiger Aminosäurezusammensetzung. Die MPS basiert weitgehend auf der ↗ *Festphasen-Peptidsynthese* und bildet die wesentliche Grundlage für ↗ *kombinatorische Synthesen*. Bei der MPS kann es sich einerseits um eine gezielte, simultane Synthese von getrennten Einzelpeptiden handeln, z. B. um viele Analoga eines biologisch aktiven Peptides (*multiple Analogapeptidsynthese, MAPS*), oder um die Synthese komplexer Peptidmischungen, sog. *Peptidbibliotheken*. Bei den verschiedenen MPS-Varianten bestehen die Unterschiede in der Art des polymeren Trägermaterials sowie im Methodenarsenal. Man kennt z. B. die Peptidsynthese „im Teebeutel" (*tea-bag-Methode*), bei der die an einen polymeren Träger gebundene Startaminosäure in ein gekennzeichnetes Polypropylennetz eingeschweißt wird. Die für die spezielle MPS erforderliche Anzahl „*tea-bags*" überführt man in eine Weithalsflasche entsprechenden Volumens und führt in diesem Behältnis die für die Abspaltung der α-Aminoschutzgruppe erforderlichen Standardoperationen gemeinsam durch. Danach werden die Harzpäckchen aus dieser Flasche entnommen, sortiert und parallel in getrennten Reaktionsgefäßen mit der zweiten Aminosäure umgesetzt. Die Abspaltung der α-Aminoschutzgruppe erfolgt dann wieder gemeinsam. Notwendig ist eine computergestützte Berechnung der Synthesezyklen und vorteilhaft eine computergesteuerte Automatisierung der Waschschritte. Daneben werden die *Spot-Synthese* (Cellulose als Träger) und die *parallele Synthese an Polyethylenstäbchen* (96 Pins auf ELISA-Platten) verwendet. [R.A. Houghten, *Proc. Natl. Acad. Sci. USA* **82** (1995) 5.131; H.M. Geysen et al., *Proc. Natl. Acad. Sci. USA* **81** (1984) 3.998; R. Frank et al., *Peptides 1990*, E. Giralt, D. Andreu, (Hrsg.) ESCOM, Leiden 1991, S. 151]

multiple Sklerose, *Polysklerose*, eine relativ häufige Krankheit des Zentralnervensystems, bei der die Myelinscheiden (↗ *Myelin*) herdförmig und regellos durch weitgehend unbekannte Mechanismen zerstört sind. Symptome sind u. a. Augenmuskellähmung, skandierende Sprache, spastische Lähmungen, Sensibilitäts-, Blasen- und Mastdarmstörungen.

Multisubstratenzyme, Enzyme, die zwei oder mehr Substrate benötigen, um eine bestimmte Reaktion katalysieren zu können. Die Enzyme bilden dementsprechend ternäre (mit zwei Substraten),

quarternäre (mit drei Substraten), usw. Komplexe. Dieser Kategorie gehören viele Enzyme an, beispielsweise müssen die NAD-abhängigen Dehydrogenasen sowohl das Substrat als auch NAD$^+$ binden. ↗ *Clelandsche Kurznotation*.

Mundulon, ↗ *Isoflavon*.

Muneton, ↗ *Isoflavon*.

Muningin, *6,4'-Dihydroxy-5,7-dimethoxyisoflavon*. ↗ *Isoflavon*.

Muramidase, ↗ *Lysozym*.

Muraminsäure, *N-Acetyl-3-O-carboxy-ethyl-D-glucosamin, O-Lactyl-N-acetylglucosamin*, ein von Glucosamin abgeleiteter Aminozucker (F. 151 °C, $[α]_D$ +144°). M. ist in *N*-acetylierter Form in den Mucopolysaccharid-Peptid-Komplexen der Zellwände zahlreicher grampositiver Bakterien enthalten. Zur Biosynthese der M. ↗ *Murein*.

Murein, (von lat. *murus* Wand, Mauer), *Peptidoglycan*, ein der Cytoplasmamembran von Bakterien nach außen aufgelagerter charakteristischer Molekülverband. Das M. macht bei den grampositiven Bakterien etwa 50 %, bei den gramnegativen Bakterien etwa 10 % der Trockenmasse der Zellwand aus. Das Netzwerk des M. wird aus linearen Glycansträngen gebildet, die durch Oligopeptidketten quervernetzt sind (Abb.). Das Glycan ist ein Blockpolymer aus β(1→4)-verknüpften *N*-Acetylglucosamin und *N*-Acetylmuraminsäure: (GlcNAc-MurAc)$_n$. Die COOH-Gruppe des Lactylrests jeder MurAc ist über eine Peptidbindung mit einer Tetrapeptidkette verknüpft, die neben L- (vor allem L-Alanin, L-Lysin) auch D-Aminosäuren (vor allem D-Glutaminsäure, D-Alanin) enthält. Durch Peptidbindung der terminalen COOH-Gruppe des D-Alanins eines Tetrapeptides und der freien NH$_2$-Gruppe einer entsprechenden Aminosäure (L-Lysin, *m*-oder L,L-Diaminopimelinsäure) eines Tetrapeptides einer anderen Mucopolysaccharidkette kommt es zur Quervernetzung. Bei *Staphylococcus aureus* (grampositiv) erfolgt die Quervernetzung zwischen zwei heteropolymeren Ketten über ein Glycin-Pentameres zwischen D-Alanin und L-Lysin. Insgesamt entsteht so ein einschichtiger (gramnegative Bakterien) bzw. mehrschichtiger (grampositive Bakterien) M.-(Peptidoglycan-)Sacculus, dessen Primärstruktur bei den verschiedenen Bakterien unterschiedlich ist.

Beim Abbau des M.-Gerüstes, der durch ↗ *Lysozym* und Muroendopeptidase erfolgt, entstehen Muropeptide. Die Bausteine des M. werden im Cyto-

Murein. Schematische Darstellung der Mureinstruktur.

plasma synthetisiert und nach Transport über die Cytoplasmamembran in die wachsende Zellwand eingebaut. Durch Antibiotika (z. B. ↗ *Penicillin*, ↗ *Cephalosporin*) kann die M.-Synthese auf verschiedenen Stufen gehemmt werden.

Murein-Lipoprotein, *Braunsches Lipoprotein*, ein Protein der äußeren Membran gramnegativer Bakterien. Das von Braun und Mitarbeitern erstmals für *Escherichia coli* beschriebene Protein (M_r 7,2 kDa) besteht aus 58 Aminosäuren und trägt am N-terminalen Cysteinrest eine Fettsäure in Amidbindung und ein Diacylglycerin als Thioether. Diese drei Fettsäurereste sind in die Lipiddoppelschicht der äußeren Membran integriert. Mit der ε-Aminogruppe ihres C-terminalen Lysinrestes sind etwa 30 % aller Lipoproteinmoleküle kovalent an die im Peptidoglycan von *E. coli* vorkommende Diaminopimelinsäure gebunden. Sie stellen so eine Verbindung zwischen äußerer Membran und Peptidoglycanschicht her (↗ *Murein*).

Muscaaurine, orangefarbene Farbstoffe des Fliegenpilzhutes, die zur Gruppe der ↗ *Betalaine* gehören. Grundbaustein dieser Farbstoffe ist die ↗ *Betalaminsäure*, die im M. I mit Ibotensäure und im M. II mit Glutaminsäure verknüpft ist. Neben M. I – VII finden sich im Fliegenpilz das gelbe *Muscaflavin*, ein Isomeres der Betalaminsäure, das violette *Muscapurpurin* und das rot-braune *Muscarubin*.

Muscaflavin, ein ↗ *Muscaaurin*.

Muscapurpurin, ein ↗ *Muscaaurin*.

Muscarin, ein zu den biogenen Aminen gehörendes ↗ *Fliegenpilztoxin*. M. ist eine quaternäre Ammoniumbase. Das aus dem Fliegenpilz (*Amanita muscaria*) isolierte (+)-M. ist ein 2*S*,4*R*,5*S*-(4-Hydroxy-5-methyl-tetrahydrofurfuryl)-trimethylammoniumsalz. Es ist in der Huthaut des Fruchtkörpers konzentriert. In Arten der Pilzgattungen *Inocybe* und *Clitocybe* ist (+)-M. in höherer Konzentration enthalten. Die Symptome einer experimentellen Muscarinvergiftung entsprechen nicht den Symptomen einer Fliegenpilzvergiftung, so dass wohl andere wasserlösliche Inhaltsstoffe die zentralaktiven Fliegenpilzgifte sind, nämlich ↗ *Ibotensäure*, ↗ *Muscimol* und ↗ *Muscazon*.

muscarinische Acetylcholin-Rezeptoren, Syn. für ↗ *Muscarinrezeptoren*.

muscarinische Agonisten, ↗ *Acetylcholin (Abb. 3)*.

Muscarinische Antagonisten, ↗ *Acetylcholin (Abb. 3)*.

muscarinische Rezeptoren, Syn. für ↗ *Muscarinrezeptoren*.

Muscarinrezeptoren, *muscarinische Acetylcholin-Rezeptoren*, auf Muscarin, ein Alkaloid des Fliegenpilzes *Amanita muscaria*, ansprechende Rezeptoren. Mit den M. und den nicotinischen Rezeptoren, die auf Nicotin ansprechen, sind zwei Arten

cholinerger Synapsen besetzt, über die der Neurotransmitter ↗ *Acetylcholin* seine Wirkung vermittelt. Die M. gehören zu den ↗ *G-Protein-gekoppelten Rezeptoren*. Während die M. vom Typ M_1 und M_3 über ein G-Protein der G_q-Familie die ↗ *Phospholipase C* stimulieren, wird durch den Rezeptortyp M_2 über ein G-Protein der G_i-Familie die Adenylat-Cyclase gehemmt oder ein K^+-Kanal geöffnet.

Muscarubin, ein ↗ *Muscaaurin*.

Muscazon, eine α-Aminocarbonsäure mit einem heterozyklischen 2(3 H)-Oxazolon-Substituenten, M_r 144 Da, F. 190 °C (Zers.). M. kommt im Fliegenpilz (*Amanita muscaria*) vor. Es ist leicht aus Ibotensäure durch UV-Bestrahlung der verdünnten wässrigen Lösung zugänglich. Der Isoxazolring des 3-Hydroxyisoxazols wird dabei in das 2(3 H)-Oxazolonsystem des M. umgewandelt. M. ist weitaus weniger giftig als ↗ *Ibotensäure*.

Muschelvergiftung, ↗ *Saxitoxin*.

Muscimol, das Enolbetain von 5-Aminomethyl-3-hydroxyisoxazol, ein ↗ *Fliegenpilztoxin*; M_r 100 Da, F. 155–156 °C (Hydrat), 174–175 °C (wasserfrei). M. ist stark polar. Es ist wahrscheinlich kein genuiner Inhaltsstoff des Fliegenpilzes (*Amanita muscaria*), sondern geht bei der Aufarbeitung von Pilzmaterial aus Ibotensäure hervor. M. ist pharmakologisch hochwirksam und in den meisten Tests wirksamer als Ibotensäure. Eine Hemmung motorischer Funktionen steht im Vordergrund der pharmakologischen Eigenschaften. M. führt im Experiment zu euphorischer und dysphorischer Verstimmung und zu Wirkungen, die an eine Modellpsychose erinnern, wobei halluzinatorische Erscheinungen bei Versuchspersonen fehlen.

Muskeladenylsäure, ↗ *Adenosinphosphat*.

Muskelkontraktion, Zusammenziehung (Verkürzung) von Muskeln. Jegliche M. ist das Resultat zahlreicher asynchron verlaufender Verkürzungen der einzelnen Muskelzellen oder -fasern eines Muskels, letztlich ihrer subzellulären kontraktilen Elemente, der ↗ *Myofibrillen*, und sie erfolgt bei allen Muskeltypen unter ATP-Verbrauch aufgrund der gleichen molekularen Grundprozesse (↗ *kontraktile Proteine*, ↗ *Muskelproteine*), welche an der hochgeordneten quergestreiften Muskulatur der Wirbeltiere am besten untersucht sind. Die M. geht mit einem zyklischen Binden und Lösen von Querbrücken zwischen Actin- und Myosinfilamenten (↗ *Actine*, ↗ *Myosin*) einher. Dabei hangeln sich die letzteren mit ihren beweglichen und seitlich abstehenden HMM-Köpfen an den umgebenden Actinfilamenten entlang, so dass Actin- und Myosinfilamente zunehmend weiter zwischeneinandergleiten (*sliding-filament Mechanismus*).

Der einzelne Kontraktionszyklus verläuft folgendermaßen: Im Ausgangszustand der ruhenden ATP-reichen Muskelfaser liegen Actin- und Myosinfilamente getrennt vor und können passiv aneinander entlanggleiten (Muskelerschlaffung), da das Actin durch ATP aus einer möglichen Bindung an die Myosinköpfe verdrängt ist. Die ATP-beladenen Myosinmoleküle ihrerseits sind in einer energiereichen gestreckten Konformation vorgespannt. Da die korrespondierenden Myosin-Bindungsorte am Actin durch Tropomyosin/Troponin sterisch blockiert sind, bleibt die actinaktivierbare Myosin-ATPase (Adenosintriphosphatase) inaktiv. Eine momentane Erhöhung der Ca^{2+}-Konzentration im Sarcoplasma von ca. 10^{-8} auf 10^{-5} mol/l führt zur allosterischen Umlagerung der Troponin-Tropomyosin-Komplexe am Actinfilament und gibt die Myosin-Bindungsstellen am Actin frei, aktiviert damit also indirekt die Myosin-ATPase, die dann als Actomyosin-ATPase das aktive Enzym bildet (*elektromechanische Kopplung*). Dieses benötigt als Cofaktor Mg^{2+}. Unter Hydrolyse von ATP zu ADP + P_i kann nun jeder Myosinkopf eine Bindung mit dem nächstgelegenen Actin eingehen, wobei die Vorspannungsenergie des Myosins in kinetische Energie umgewandelt wird, so dass die Myosinmoleküle in ihre energieärmere, stärker abgewinkelte Konformation zurückschnellen und die gebundenen Actinfilamente um einen Betrag von etwa 10 nm an sich entlangziehen. Eine erneute Bindung von ATP löst die Actomyosin-Komplexe wieder und bereitet den nächsten Kontraktionszyklus vor. Die Zyklen folgen aufeinander, solange genügend ATP im Muskel zur Verfügung steht, und sie werden gesteuert durch kurzfristig wechselnde Ca^{2+}-Konzentrationen im Sarcoplasma.

Im Ruhezustand bleibt das Calcium in den Zisternen des sarcoplasmatischen Reticulums (*L-System*) gespeichert. Seine Freigabe erfolgt auf nervösen Reiz hin. Die Nervenimpulse lösen durch eine kurzfristige Permeabilitätsänderung einen Calcium-Ausstrom aus. Unmittelbar nach Abklingen des nervösen Impulses befördern Calcium-Pumpen in den Membranen des L-Systems das Ca^{2+} in die L-Zisternen zurück bis zur Auslösung des nächsten Zyklus.

Überschreitung der Muskeltyp-spezifischen Kontraktionsfrequenz durch zu rasch aufeinanderfolgende Erregungsimpulse führt zur energieaufwendigen Dauerkontraktion (*Tetanus*, *Krampf*) des einzelnen Muskels.

Wenngleich auch die Kontraktion glatter Muskelzellen nach dem gleichen Prinzip verläuft, so fehlt dort das Ca^{2+}-abhängige Tropomyosin-Troponin-Steuersystem, und die Regulation der Abfolge der einzelnen Kontraktionszyklen geschieht calciumunabhängig auf eine bis jetzt noch nicht bekannte Weise. Die Energie für die M. wird in rasch arbeitenden, allerdings auch rasch ermüdenden (weißen) Muskelfasern hauptsächlich durch ↗ *Glycolyse* von

Kohlenhydraten zu Lactat bereitgestellt, in den weniger rasch arbeitenden, dafür aber dauerbelastbaren, an Myoglobin reichen (roten) Muskelfasern jedoch auf aerobem Wege aus oxidativer Phosphorylierung gewonnen. Die Verarmung von Muskelfasern an ATP nach Überlastung führt zur vorübergehenden Bildung fester Actomyosin-Komplexe und lässt die betreffenden Fasern erstarren (*Muskelkater*), was beim völligen Erlöschen der ATP-Produktion nach dem Tod der Zelle die Leichenstarre bewirkt.

Muskelproteine, Sammelbezeichnung für nicht wasserlösliche Proteine von Muskelzellen, die am Aufbau des kontraktilen Apparates (↗ *kontraktile Proteine*, ↗ *Muskelkontraktion*) beteiligt sind. Im Wesentlichen sind dies das ↗ *Myosin* (enzymatisch spaltbar in zwei Meromyosin-Komponenten), das G- und F-Actin (↗ *Actine*), ↗ *Paramyosin* und ↗ *Tropomyosin*, ↗ *Troponin*, α- und β-Actinin (↗ *Actinine*), ↗ *Desmin* und zwei noch nicht genau in ihrer Struktur bekannte Proteine, das C- und das M-Linien-Protein.

Mutagene, chemische Agenzien und physikalische Einflüsse, die geeignet sind, in Nucleinsäuren (DNA und RNA) ↗ *Mutationen* auszulösen.

Zu den *chemischen M.* gehören 1) *Basenanaloga*, wie z. B. 5-Bromuracil (BU für die Ketoform bzw. BU* für die Enolform), ein Strukturanaloges des Thymins. Es wird bei der DNA-Replikation anstelle von Thymin in die neu gebildete DNA eingebaut. Hierdurch werden einige A-T-Paare durch A-BU-Paare ersetzt (↗ *Basenpaarung*). BU zeigt ein anderes Paarungsverhalten als Thymin, da es häufiger als Thymin zur Enolform tautomerisiert. In der Enolform hat BU* das gleiche Paarungsverhalten wie Cytosin. Das führt dazu, dass anstelle eines A-T-Basenpaares bei der Replikation das Basenpaar BU-G gebildet wird, das sich wie das Paar C-G verhält. Dadurch kommt es zu einer Änderung der Basen- bzw. Nucleotidsequenz der DNA (*Transition*). 2) *modifizierende Agenzien* (z. B. Dimethylsulfat durch Alkylierung der Basen); 3) *interkalierende Stoffe* (z. B. Acridinorange; vgl. Acridinfarbstoffe, ↗ *Interkalation*) und spindelaktive Stoffe.

Physikalische M. sind 1) ionisierende Strahlen, die die Bildung reaktiver, freier Radikale bewirken. Diese führen nachfolgend u. a. zu Einzelstrang- oder Doppelstrangbrüchen und Basenverlust der DNA. 2) ultraviolettes Licht besonders im Wellenlängenbereich von 250–260 nm, das eine chemische Veränderung der Nucleotidbasen der DNA, z. B. Bildung von Thymin-Dimeren durch Cycloaddition bewirkt.

Zum Nachweis mutagener Substanzen wurden bakteriologische Tests (z. B. ↗ *Ames-Test*) entwickelt. Einige chemische Stoffe werden erst nach Biotransformation in biologisch wirksame M. umgewandelt (z. B. polyzyklische Aromaten, ↗ *Bay-Region*). In der Molekulargenetik verwendet man M. zur Erhöhung der spontanen Mutationsrate.

Mutanten, durch ↗ *Mutation* entstandene Organismen, die charakteristische Unterschiede zu den Elternformen oder Wildtypzellen zeigen, z. B. morphologische Unterschiede (Änderungen oder Störungen bei der Zellwandbildung), physiologische Unterschiede (z. B. Änderung der Temperaturempfindlichkeit) oder neue Nahrungsbedürfnisse (↗ *auxotrophe Mutanten*). Bakterielle auxotrophe M. werden in reinen Kulturen durch ↗ *Mutagene* erzeugt und müssen durch geeignete Anreicherungs- und Selektionstechniken, wie z. B. die Penicillin-Selektionstechnik, selektioniert werden.

Die *Mutationsrate* gibt die Wahrscheinlichkeit der Mutation je Zellgeneration an. Sie hat Zahlenwerte zwischen 10^{-6} und 10^{-10}.

Die *Mutantenhäufigkeit* bezeichnet den Anteil an M. einer Zellpopulation. Sie hat Zahlenwerte zwischen 10^{-4} und 10^{-11} und ist für einzelne Merkmale unterschiedlich.

Auxotrophe M. und M. mit regulatorischen Defekten haben sich als sehr nützlich erwiesen, z. B. zur Untersuchung von Stoffwechselwegen (↗ *auxotrophe Mutanten*, ↗ *Mutantentechnik*), zur Erforschung von Regulationsmechanismen (↗ *Repressor*) und zur Kartierung bakterieller Genome.

Mutantentechnik, eine der wichtigsten Methoden der Biochemie, die (bakterielle) ↗ *Mutanten* als analytisches Hilfsmittel verwendet. Vor allem ↗ *auxotrophe Mutanten* werden vielfältig bei Stoffwechseluntersuchungen eingesetzt. Solche Mutanten haben einen Stoffwechselblock an einer definierten Stelle des Biosynthesewegs eines essenziellen Produkts (z. B. einer Aminosäure oder eines Coenzyms). Ein solcher Block wird durch die ↗ *Mutation* eines Gens verursacht, das (über Transcription und Translation) für die Produktion eines Enzyms verantwortlich ist.

Durch Ausfall eines Enzyms in einer Synthesekette kann ein Zwischenprodukt A nicht in B überführt werden und die Synthese des lebenswichtigen Endprodukts wird blockiert. Das Zwischenprodukt A wird entweder a) akkumuliert, b) ausgeschieden oder c) in einer sonst nicht erfolgenden Nebenreaktion zu einer anderen Verbindung umgesetzt. Die betreffende auxotrophe Mutante kann nur wachsen, wenn B oder das nicht mehr gebildete Produkt bzw. eine zwischen B und dem Produkt liegende Verbindung dem Nährmedium der Mutante zugesetzt wird. Somit können in einer *Akkumulationsanalyse* die Akkumulations-, Ausscheidungs- oder Nebenprodukte von A untersucht werden und/oder in einem *Supplementierungstest*, durch welches Intermediärprodukt Wachstum ermöglicht bzw. ob durch Supplementierung des Endprodukts

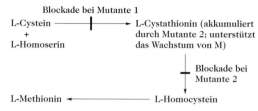

Mutantentechnik. Ein Beispiel für eine Akkumulationsanalyse.

der betreffenden Biosynthese der genetische Block überwunden und die Mutante phänotypisch normalisiert wird.

Bei *Akkumulationsanalysen* kann man auch mit zwei unterschiedlichen Mutanten arbeiten, deren akkumulierende Zwischenprodukte zur gegenseitigen Supplementierung genutzt werden können. Lässt man beide Mutanten in unmittelbarer Nachbarschaft auf einem festen Wachstumsmedium heranwachsen, so können die Akkumulationsprodukte durch Diffusion gegeneinander ausgetauscht werden. An der Diffusionsgrenze ist dann vermehrtes Wachstum zu beobachten (Abb.).

Dieses Phänomen ist als *cross-feeding* oder *Syntrophismus* bekannt. Mit Hilfe dieser Technik ist es möglich, eine große Anzahl von Mutanten zu testen, die bezüglich desselben Endprodukts auxotroph sind, und sie in der Reihenfolge ihrer Stoffwechselblockaden anzuordnen. Wenn z. B. die Mutante 3 die Mutante 2 ergänzt, die ihrerseits Mutante 1 ergänzt (Mutante 3 kann ebenfalls Mutante 1 ergänzen), dann ist der betreffende Stoffwechselweg der Mutante 3 später blockiert als der von Mutante 2, die ihrerseits später blockiert ist als Mutante 1. Eine solche Analyse kann ohne Kenntnis der Natur der beteiligten Zwischenprodukte durchgeführt werden. In Wildtyporganismen sind die biosynthetischen Zwischenprodukte oft in so niedriger Konzentration vorhanden, dass ihre Analyse sehr schwierig ist. Durch auxotrophe Mutanten können diese Zwischenprodukte dagegen in außergewöhnlich großen Mengen gebildet werden. Dies ist vermutlich auf die Abwesenheit des Endprodukts (oder dessen sehr niedrige Konzentration) zurückzuführen, das im Wildtyporganismus für die Rückkopplungs-Regulierung des Biosynthesewegs verantwortlich ist. In Abwesenheit des Endprodukts gerät der Stoffwechselweg außer Kontrolle, zumindest bis zur Stelle der Stoffwechselblockade, und setzt eine ungewöhnlich große Menge an Material um.

Die Stoffwechselblockade, die durch Mutation bedingt ist, kann man auch an dem Messwert der betreffenden Enzymaktivität erkennen. Das Enzym fehlt oder ist in seiner Aktivität vermindert. Unter Umständen wird noch ein serologisch ähnliches, aber enzymatisch inaktives Protein gebildet, d. h. Transcription und Translation des Proteins wurden durch die Mutation nicht verhindert. Es sind jedoch kleine Veränderungen (manchmal Austausch einer einzigen Aminosäure) aufgetreten, die die katalytische Aktivität zerstören. Hierbei handelt es sich um so genannte *CRiM*-Proteine (engl. *cross reacting material*; das „i" wird zur leichteren Aussprache hinzugefügt).

Die Anwendung von Supplementierungstests wird bei auxotrophen Mutanten durch das Auftreten polyauxotropher Einfachmutanten erschwert, die von den echten polyauxotrophen Mutanten (polygenische Mutanten) zu unterscheiden sind.

Die M. wurde auch bei natürlich vorkommenden Mutationen von Tieren angewandt, z. B. zur Untersuchung des Abbaus von Phenylalanin und Tyrosin (⊿ *L-Phenylalanin*).

Mutarotation, eine Änderung der optischen Drehung eines optischen Isomers, gewöhnlich eines Kohlenhydrats, in wässriger Lösung. Die M. beruht darauf, dass – bedingt durch die Cyclohalbacetalform eines Kohlenhydrats – zwei als Anomere bezeichnete Formen existieren, die α- und die β-Form. Beide diastereomeren Formen unterscheiden sich in ihrem chemisch-physikalischen Verhalten, wie Schmelzpunkt, Löslichkeit und besonders im optischen Drehvermögen. In wässriger Lösung stellt sich zwischen den beiden diastereomeren Halbacetalformen und der offenkettigen Form unter Änderung des Drehwerts allmählich ein Gleichgewicht ein. Diese Gleichgewichtseinstellung kann durch Zugabe von Säuren oder Basen beschleunigt werden. So beträgt z. B. bei der D-Glucose der Anfangsdrehwert der α-Form in Wasser $[\alpha]_D^{20}$ +113°, der der β-Form $[\alpha]_D^{20}$ +19,7°. Nach einigen Stunden kommt es aufgrund der Gleichgewichtseinstellung zwischen {{alpha}}- und {{beta}}-Glucose zu einem Endwert von $[\alpha]_D^{20}$ +52,3°. Dieser Wert entspricht 37 % α- und 63 % β-Glucose. Vielfach werden zur Charakterisierung eines M. zeigenden Monosaccharids Anfangs- und Endwert angegeben, z. B. $[\alpha]_D$ +113° → +52°.

Mutasen, eine Untergruppe der ⊿ *Isomerasen*. Die M. katalysieren die Übertragung einer funktionellen Gruppe innerhalb eines Substratmoleküls, wie z. B. die Phosphoglucomutase, die Glucose-1-phosphat reversibel in Glucose-6-phosphat umwandelt.

Mutation, chemische oder physikalische Veränderung am genetischen Material einer Zelle oder eines Organismus. Eine einzige M. stellt eine Änderung in einem Gen dar, das ein definierter Abschnitt der DNA (oder RNA) ist. Chemische Änderungen in der DNA können in der Substitution eines Nucleotids gegen ein anderes bestehen, welche auf einen Kopierfehler (einen Basenpaarungsfehler) oder eine Änderung, wie z. B. die Dimerisierung benachbarter Basen, die ein genaues Kopieren verhindert,

zurückzuführen sind. Zu den physikalischen Änderungen zählen Bruch oder Verlust eines Teils des DNA-Moleküls oder Umlagerung des Moleküls.

Eine Punktmutation betrifft ein einzelnes Nucleotid. Sie kann bestehen in a) der Substitution eines Nucleotids gegen ein anderes, b) dem Verlust eines Nucleotids (Deletion) oder c) der Insertion eines zusätzlichen Nucleotids. In jedem Fall wird die Nucleotid- bzw. Basensequenz geändert. In den Fällen b und c wird das Leseraster oder die Einteilung der Sequenz in Triplets, die in Aminosäuren übersetzt werden (⊿ *genetischer Code*, ⊿ *Proteinbiosynthese*), verschoben. Dies hat ernsthafte Auswirkungen auf das Proteinprodukt des Gens, sofern es sich um ein Strukturgen handelt.

Der Austausch einer Base gegen eine andere kann, aber muss nicht eine Änderung in der Interpretation eines Basentriplets oder eines nichttranslatierten Abschnitts der DNA nach sich ziehen. M., die keine phänotypischen Auswirkungen haben, werden „stumme M." genannt. Der größte Teil der DNA in einem multizellulären Organismus wird allem Anschein nach niemals translatiert. Ein Teil dieser nichttranslatierten DNA reguliert die Expression der Strukturgene (⊿ *Genexpression*), ein anderer Teil dient dazu, Umlagerungen, wie crossing-over von Geschwisterchromosomen und Verlagerung von ⊿ *Transposons*, zu ermöglichen, ein weiterer Teil unterstützt die Paarung homologer Chromosomen bei der Meiose und wieder ein anderer Teil scheint keine Funktionen zu haben oder dient nur als Abstandshalter zwischen Genen. M. in solchen Bereichen haben wahrscheinlich keine Auswirkung.

Erkennbare M. führen zu Änderungen in Struktur- oder Regulatorgenen und zeigen sich entweder durch das Fehlen oder durch Veränderungen von Enzymen, Strukturproteinen, Stoffwechselreaktionen oder Stoffwechselleistungen. Auswirkungen auf morphologische Merkmale können Änderungen in der Pigmentierung, Körperstruktur oder Reaktionen auf Umweltveränderungen sein.

M. können ungerichtet sein, spontan oder induziert (z. B. durch ⊿ *Mutagene*) und können in multizellulären Organismen sowohl in den Soma- als auch in den Keimzellen auftreten. In der Natur werden nur letztere an nachfolgende Generationen weitergegeben. Eine ungerichtete M. kann selektiert werden, um Umwelteinflüssen, die die Arterhaltung bedrohen, entgegenzuwirken. Es ist jedoch wahrscheinlicher, dass sie verloren geht. Eine spontane M. kann auf Fehler bei der DNA-Replikation zurückzuführen sein. Einige Abschnitte der DNA unterliegen diesen Fehlern häufiger (hot spots) als andere. Das genetische Material, das durch Vererbung die Konstanz der Arten über die Folge der Generationen und über die geologischen Zeitalter sichern soll, ist in einem gewissen Ausmaß variabel. Diese Variabilität der Gene ist die Grundlage der Evolution. Die Evolution hat vermutlich Polymerasen selektiert, die eine niedrige, jedoch endliche Tendenz dazu haben, sich in der Replikation zu irren.

Mutationshäufigkeit, ⌐ *Mutanten.*

Mutationsrate, ⌐ *Mutanten.*

Mutterkorn-Alkaloide, *Claviceps-Alkaloide*, *Ergot-Alkaloide*, *Ergolin-Alkaloide*, eine Gruppe von mehr als 30 Indolalkaloiden mit Ergolingerüst. Sie werden vornehmlich von verschiedenen Arten der Pilzgattung *Claviceps* (Familie der *Ascomyceten*) gebildet, die auf Roggen und Wildgräsern parasitieren. Ihren Namen erhielten die M. von den als Mutterkorn [engl. *ergot*] bezeichneten Sclerotien (Dauerformen) von *Claviceps purpurea*. Diese Sclerotien bilden sich nach Infektion der Roggenblüten durch Pilzsporen und entwickeln sich zu 1–3 cm langen, dunkelvioletten, stark giftigen Körnern, die bis zu 1 % M. enthalten können. M. wurden auch in höheren Pflanzen gefunden.

Die M. bilden zwei Untergruppen (Lysergsäurederivate und Clavin-Alkaloide), in Abhängigkeit vom Oxidationszustand des Substituenten an C8 des tetrazyklischen Ergolinringsystems (Abb. 1). Die erste Gruppe umfasst Säureamide mit einfachen Aminen (z. B. *Ergometrin*) oder zyklischen Tripeptiden (Peptidalkaloide, z. B. *Ergotamin*). Am Aufbau des Tripeptids sind die Aminosäuren D-Prolin, L-Leucin, L-Valin, L-Phenylalanin oder L-Alanin beteiligt. Die Verknüpfung mit der Carboxyl-

gruppe der Lysergsäure übernehmen entweder Alanin (Ergotamintyp) oder Valin (Ergotoxintyp).

Alle von der Lysergsäure abgeleiteten M. sind linksdrehend. Sie kommen zusammen mit den rechtsdrehenden Isomeren vor, die sich von der Isolysergsäure ableiten und deren Trivialnamen auf -inin enden (z. B. *Ergotaminin*). Beim Stehen wässriger Lösungen gehen die Derivate der Lysergsäure unter Konfigurationsumkehr am C-Atom 8 in die der Isolysergsäure über. Der Nachweis der M. kann durch ihre Fluoreszenz oder durch Indolreagenzien erfolgen.

Biosynthese. M. entstehen bei *Claviceps purpurea* und wahrscheinlich auch bei höheren Pflanzen aus Tryptophan und Isopentenylpyrophosphat (⌐ *Terpene*). Über 4-Dimethylallyltryptophan führen weitere Reaktionen (Hydroxylierung, Methylierung, Decarboxylierung und Bildung einer neuen C-C-Bindung) zu dem Alkaloid Chanoclavin, aus dem alle anderen Clavin-Alkaloide und die Lysergsäurederivate hervorgehen. Der Peptidteil der Alkaloide vom Ergotamin- und Ergotoxintyp wird durch einen Multienzymkomplex gebildet (Abb. 2). Zur Gewinnung der M. werden die nach künstlicher Infektion von Roggen gesammelten Sclerotien aufgearbeitet. Außerdem werden M. auch in Kulturen des Pilzes auf künstlichen Nährböden gebildet.

Unter den M. haben die Lysergsäurederivate, besonders die Peptidalkaloide, eine Vielzahl günstiger pharmakologischer Eigenschaften, während Clavin- und Isolysergsäurealkaloide physiologisch inaktiv sind. Extrakte der Mutterkorndroge hatten früher eine große Bedeutung (erste überlieferte Beschreibung von 1582). Wegen ihres schwankenden Gehalts an M. sind sie heute ausnahmslos durch Reinalkaloide (besonders Ergotamin) oder halbsynthetische Analoga verdrängt worden. M. stimulieren die Kontraktion glatter Muskeln, insbesondere des Uterus und der Arteriole in peripheren Teilen des Körpers; sie werden zur Regulation der Hämorrhagie nach der Geburt eingesetzt. Wegen ihrer therapeutischen Breite setzt man M. auch in Kombinationspräparaten ein, z. B. zur Dämpfung des vegetativen Nervensystems zusammen mit Tropan-Alkaloiden. Während die natürlichen M. eine gefäßverengende Wirkung haben, sind die halbsynthetischen Präparate, die durch Hydrierung der Δ^9-Doppelbindung entstehen, gefäßerweiternd.

In den letzten Jahren wurden nur wenige natürlich vorkommende M. entdeckt. Von besonderem Interesse ist das *Ergoladinin* aus der Isolysergsäurereserie. Es ist das erste schwefelhaltige natürliche M., von dem berichtet wurde. Der zyklische Tripeptidteil wird von Prolin, Valin und Methionin gebildet.

Durch Anteile von Mutterkorn im Mehl ist es bis in dieses Jahrhundert zu Massenvergiftungen ge-

Mutterkorn-Alkaloide. Abb. 1. Zu den Clavin-Alkaloiden zählen Agroclavin mit R = H und Elymoclavin mit R = OH. Lysergsäureabkömmlinge sind Lysergsäure mit R = OH, LSD mit R = N(C$_2$H$_5$)$_2$, Ergometrin mit R = NH-(CH$_2$)$_2$-OH und Ergotamin (vergl. Abb. 2).

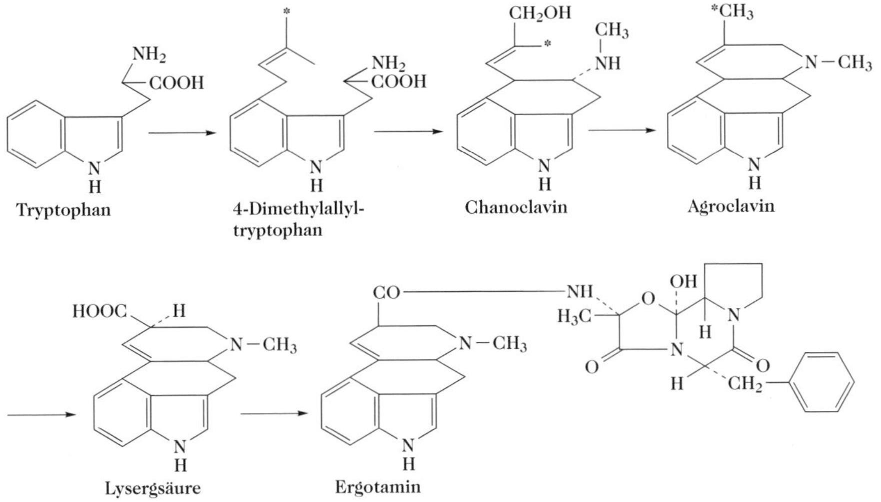

Mutterkorn-Alkaloide. Abb. 2. Biosynthese der Clavin- und Lysergsäurealkaloide. Der Stern markiert einander entsprechende C-Atome.

kommen. Die Krankheit wurde als *Brandseuche* bzw. *St.-Antonius-Feuer* bezeichnet und heißt heute *Ergotismus*. Vergiftungssymptome sind: schmerzhafte, spastische Kontraktionen der Muskeln und Gefäße, Pelzigkeitsgefühl und Kribbeln der Haut sowie Gangrän und Absterben von Gliedmaßen. Die Vergiftung ist oft tödlich.

MWC-Modell, ↗ *Kooperativitätsmodell*.

Myasthenia gravis, ↗ *Acetylcholin*.

Mycobactin, ein von *Mycobacterium*-Arten synthetisiertes ↗ *Siderochrom*.

Mycocerosinsäure, ↗ *Fettsäurebiosynthese*.

Mycolsäuren, langkettige, α-verzweigte Fettsäuren der Mycobakterien, überwiegend β-Hydroxyfettsäuren der allgemeinen Struktur $R^1CHOH-CH(R^2)-COOH$. Die Gesamtzahl der C-Atome variiert zwischen 30 und 90. Bei der Gattung *Mycobacterium* (z. B. *M. tuberculosis*) ist R^1 z. B. ein Alkylrest mit zwei Cyclopropanringen und R^2 ein Alkylrest mit 22 oder 24 C-Atomen. Daneben kommen noch die entsprechenden β-Methoxy- und β-Ketosäuren vor. Freie und veresterte M. sind Bestandteile der Wachse von Mycobakterien. Die Diester der Trehalose mit M. werden als *Cord-Faktoren* bezeichnet.

Mycosterine, ↗ *Sterine*.

Mycotoxine, Stoffwechselprodukte bestimmter niederer Pilze und Mikroorganismen, die gegen andere Organismen, besonders Vertebraten (auch Mensch), stark giftig wirken. Dabei können gleiche chemische Substanzen von verschiedenen Pilzarten gebildet werden. Von den etwa 100.000 beschriebenen Pilzen bilden ungefähr 50 M., die den Wirtsorganismus entweder direkt schädigen, z. B. pflanzenpathogene Pilze, oder indirekt über die Nahrung bei Tier und Mensch Krankheiten hervorrufen. Häufig entwickeln sich Mycotoxinproduzenten auf unsachgemäß gelagerten Nahrungsmitteln und führen zu Lebensmittelvergiftungen. Derartige M. sind z. B. Botulinustoxine (↗ *Gifte*), ↗ *Aflatoxine* und ↗ *Ochratoxine*. Weitere M. sind unter anderem das Nierengift *Citrinin* aus *Penicillium citrinum*, das *Notatin* aus *Penicillium notatum*, *Rubratoxine* aus *Penicillium rubrum* und *Sporidesmin* aus *Pithomyces chartarum* (frühere Bezeichnung *Sporidesmin bakeri*). Wichtige Toxinbildner sind ferner *Penicillium islandicum*, *Paecilomyces varioti*, *Fusarium sporotrichioides* und *Stachybotrys atra*. Die ebenfalls zu den M. zählenden bakteriellen Toxine werden in Endo- und Exotoxine eingeteilt.

Mydriatikum-Alkaloide, *pupillenerweiternde Alkaloide*. ↗ *Tropanalkaloide*.

Myelin, eine Membranstruktur bestehend aus 18% Protein und einer Lipidhauptkomponente, die als Isolator für bestimmte Nervenfasern fungiert. Durch die Myelinscheide werden die Axone vieler Wirbeltierneurone isoliert. Dadurch wird die Geschwindigkeit der Weiterleitung des Aktionspotenzials eines Axons signifikant erhöht. Bei der ↗ *multiplen Sklerose* ist die Myelinisierung krankhaft zerstört.

Myelinprotein A1, Syn. für ↗ *encephalitogenes Protein*.

Myelopeptide, *MP*, aus Säuger-Rückenmarkzellen isolierte Peptide mit regulatorischen Funktionen. Aus dem Überstand von Schweine-Rückenmark-Zellkulturen wurden zwei Hexapeptide und eine hochgereinigte MP-Fraktion *(Myelopid)* gewonnen. *MP-1*, H-Phe^1-Leu-Gly-Phe-Pro^5-Thr-OH, zeigt immunregulative Aktivitäten und *MP-2*, H-Leu^1-Val-Val-Tyr-Pro^5-Trp-OH, hebt den inhibitorischen Effekt von Leukämiezellen auf die funktionelle Aktivität von T-Lymphocyten auf. *Myelopid* wird in Russland in der Medizin und Veterinärmedizin für die Prophylaxe und Behandlung von Immundefekt-Erkrankungen eingesetzt. [R.V. Petrov et al., *Biosci. Rep.* **15** (1995) 1]

Myofibrille, ein speziell organisiertes Bündel aus ↗ *Actin*, ↗ *Myosin* und weiteren Proteinen im Cytoplasma von Muskelzellen (↗ *Muskelproteine*), das sich im Gleitfilament-Mechanismus kontrahiert. In der Querbänderung der einzelnen Myofibrillen wechseln stärker anfärbbare und optisch doppelbrechende (anisotrope) Zonen (*A-Banden*) mit helleren, einfachbrechenden (isotropen) *I-Banden* ab (Abb.). Jede I-Bande ist in der Mitte durch eine feine Linie (*Z-Scheibe, Z-Streifen*) unterbrochen, während in der Mitte jeder A-Bande ein aufgehellter Bereich (H-Zone) erscheint. Jedes Z-Z-Intervall stellt eine kontraktile Einheit (Sarcomer) dar, deren Feinstruktur im Elektronenmikroskop erkennbar wird. Die Z-Scheiben bestehen aus einem Filz fädiger Proteinmoleküle (α-Actinin, vernetzt durch ↗ *Desmin*). In diesem Geflecht sind beidseits haarnadelförmig gekrümmte Actinfilamente verankert, deren freie Enden (I-Banden) sich zur Sarcomermitte hin in hoher Ordnung mit dickeren Myosinfilamenten (A-Bande) überlappen, so dass im Querschnittbild jeweils ein Myosinfilament von 6 Actinfilamenten umgeben ist. Zwischen Actinen und Myosinen können elektronenoptisch sichtbare Querbrücken (↗ *Myosin*, HMM-Köpfe) ausgebildet sein. Bei der Kontraktion eines Sarkomers gleiten Actin- und Myosinfilamente unter ständigem Lösen und Schließen der Brückenbindungen zwischeneinander (↗ *Muskelkontraktion*), bis die Enden der Myosinfilamente an die Z-Scheiben anstoßen (*sliding-filament*-Mechanismus). Die Summe der Elementarkontraktionen aufeinanderfolgender Sarkomere ergibt die Gesamtkontraktion der Muskelfaser.

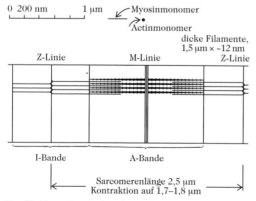

Myofibrillen. Das Ineinandergreifen dicker und dünner Filamente im gestreiften Muskel. [D.E. Metzler, *Biochemistry. The Chemical Reactions of Living Cells*, Academic Press, 1977]

Myoglobin, ein im Muskel besonders konzentriertes Sauerstoff-bindendes Protein (M_r 17 kDa). M. besteht aus einer Peptidkette von 153 Aminosäuren. Die Raumstruktur ist gekennzeichnet durch acht Helices, die untereinander durch kurze Peptidsequenzen verbunden sind. Von 153 Aminosäuren des M. sind 121 Bestandteil der Helices, deren Länge zwischen 7 und 26 Aminosäuren variiert. Das Häm ist in eine hydrophobe Tasche eingebettet. Der fünfte Ligand des Häm (II) ist His[87], das sog. *proximale Histidin*. Im Oxy-M. befindet sich das Fe(II) 22 pm außerhalb der Porphyrinebene in Richtung des proximalen His orientiert und ist durch O_2 koordinativ abgesättigt, wobei das *distale Histidin* His[58] eine H-Brücke zum Sauerstoff ausbildet. M. zeigt strukturelle und funktionelle Ähnlichkeit zum Hämoglobin und erfüllt die O_2-Transportfunktion in der Muskulatur. Da die Affinität des O_2 zum M. größer ist als zum ↗ *Hämoglobin*, wird der Sauerstoff des Blutes an das M. abgegeben. Während das Fe(II)-haltige M. purpurrot gefärbt ist, führt eine Oxidation zum Fe(III) zum nicht mehr O_2-bindenden, braun gefärbten *Metmyoglobin*. Besonders reich an M. sind die Herzmuskeln tauchender Meeressäuger (Wale, Robben, Seehunde), aber auch die Flugmuskeln von Vögeln.

myo-**Inositol**, ↗ *Inositole*.

Myokinase, ↗ *Adenylat-Kinase*.

Myosin, ein hochmolekulares Protein (M_r 540 kDa), das ebenso wie ↗ *Actin* ein wichtiger Baustein der kontraktilen Muskelfaser (↗ *Muskelproteine*) ist. M. ist aus zwei Polypeptidketten mit je 2.000 Aminosäureresten und einem globulären Kopfstück am Kettenende, bestehend aus zwei Paaren kleinerer Polypeptide (M_r 20 kDa), den sog. leichten Ketten, aufgebaut. M. besteht aus einem stäbchenförmigen Teil (150 × 2 nm) und aus zwei miteinander verdrillten α-Helices, an die sich die beiden globulären Köpfe von 20 × 7 nm anfügen (Abb.). In diesen Köpfen ist die ATPase-Aktivität lokalisiert und weiterhin befindet sich dort die Bindungsstelle für Actin. M. war das erste entdeckte ↗ *Motorprotein*. Actin und M. formen während der Muskelkontraktion temporär den *Actomysin*-Komplex. 200–250 parallel angeordnete Moleküle des M. bilden die dicken Filamente der ↗ *Myofibrillen* des Muskels (↗ *Myosinfilamente*).

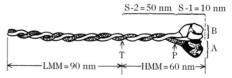

Myosin. Schema des Myosinmoleküls. T = Angriffspunkt des Trypsins. P = Angriffspunkt des Papains, wenn es in geringer Konzentration vorliegt. LMM + S-2 = Schwanzteil. S-1 = Kopfteil.

Durch Einwirkung der Enzyme Trypsin oder Papain entstehen zwei wasserlösliche Fragmente, die *Meromyosine (MM)*. Unter kontrollierten Bedingungen vollzieht sich die Spaltung hauptsächlich an einem Punkt des helicalen Stiels. Dieser Punkt wird „Scharnier" (engl. *hinge*) genannt. Man unterscheidet das fibrilläre leichte (engl. *light*) LMM (M_r 140 kDa) und das globuläre schwere (engl. *heavy*) HMM (M_r 340 kDa). LMM besteht aus zwei, HMM aus neun Polypeptidketten. HMM besitzt eine Affinität zu ↗ *Actin* und wird oft dazu verwendet, die Orientierung von Actinfilamenten aufzuzeigen.

Myosinfilament, funktionelles Bauelement der kontraktilen ↗ *Myofibrillen* in schräg- und quergestreifter Muskulatur. Jedes M. erreicht bei einer Dicke von 1,6 µm eine Länge von etwa 325 nm und besteht aus etwa 200–400 einzelnen ↗ *Myosin*-Molekülen. Diese sind in zwei Bündeln in umgekehrter Polarität mit ihren Schäften zusammengesteckt, so dass die jeweils in gegenständigen Paaren wie Stacheldrahtzinken allseits schräg aus dem Filament herausragenden Myosinköpfchen an beiden Filamentenden in entgegengesetzte Richtungen weisen (Abb.). In der Filamentmitte (*M-Zone*) sind die einzelnen Moleküle durch ein Hilfsprotein miteinander vernetzt und so in ihrer Anordnung fixiert. Aufeinanderfolgende Paare von Myosinköpfchen haben einen Abstand von 14,3 nm voneinander und sind im Winkel von jeweils 60° spiralig gegeneinander versetzt, so dass in Perioden von 43 nm jeweils zwei Paare von Myosinköpfchen in der gleichen Ebene stehen. In konzentrierten Salzlösungen (KCl) zerfallen die Myosinfilamente reversibel in ihre Einzelmoleküle, reaggregieren jedoch in Lösungen physiologischer Konzentration wieder zu Filamenten. Durch Interaktion zwischen den Myosinköpfchen der M. und den in Z-Stäben oder Z-Scheiben verankerten Actinfilamenten kommt die Kontraktion schräg- oder quergestreifter Muskelzellen zustande. ↗ *Muskelkontraktion*.

Myrcen, ein dreifach ungesättigter azyklischer Monoterpenkohlenwasserstoff. M. ist eine angenehm riechende Flüssigkeit (M_r 136,24 Da, Sdp.$_{12}$ 55–56 °C, ρ^{15} 0,8013, n_D^{19} 1,470). Es ist Bestandteil vieler etherischer Öle und wird für die Riechstoffindustrie zusätzlich aus β-Pinen der Terpentinöle durch Pyrolyse gewonnen. M. dient zur Darstellung der isomeren azyklischen Monoterpenalkohole und ihrer Acetate.

Myosinfilament. Aufbau eines Myosinfilaments.

Myrcen

Myricetin, ↗ *Flavone*.

Myricylalkohol, Syn. für ↗ *Melissylalkohol*.

Myristinsäure, *n-Tetradecansäure*, $CH_3\text{-}(CH_2)_{12}\text{-}COOH$, eine Fettsäure ($M_r$ 228,4 Da, F. 58 °C, Sdp.$_{100}$ 250,5 °C). M. ist in der Natur als Bestandteil fast aller pflanzlichen und tierischen Fette weit verbreitet, z. B. im Kokosfett, im Erdnuss-, Lein- und Rapsöl, im Milchfett und in Fischölen. Besonders reich an M. sind die Fette der Muskatnussgewächse (*Myristicaceae*). M. ist als Wachssäure Bestandteil der Wachse.

Myristoyl-CoA, $H_3C\text{-}(CH_2)_{12}\text{-}CO\text{-}S\text{-}CoA$, ein Donor der *N*-Myristoyl-Transferase bei der kovalenten Anheftung eines Myristoyl-Restes an den N-Terminus eines löslichen cytosolischen Proteins. Dies führt zur Verankerung dieses Proteins in einer Membran.

Myrosin, ↗ *Thioglucosid-Glucohydrolase*, ↗ *Glucosinolat*.

Myrosinase, ↗ *Thioglucosid-Glucohydrolase*, ↗ *Glucosinolat*.

NAD, Abk. für ↗ *Nicotinsäureamid-adenin-dinucleotid.* NAD⁺ entspricht der oxidierten Form, NADH der reduzierten Form des Pyridinteils im Coenzym.

NAD⁺/NADH-Quotient, das zelluläre Verhältnis zwischen der oxidierten und reduzierten Form des ↗ *Nicotinsäureamid-adenin-dinucleotids,* das für die Regulation des Stoffwechsels von Bedeutung ist. Ähnliches gilt auch für den NADP⁺/NADPH-Quotienten.

NADH-Dehydrogenase, *NADH-Q-Reduktase,* der erste Enzymkomplex der ↗ *Atmungskette* (Komplex I) in der inneren Mitochondrienmembran. Die N. (M_r 880 kDa) besteht aus mindestens 34 Untereinheiten und enthält als prosthetische Gruppe Flavinmononucleotid (FMN). Die Elektronen werden von NADH auf FMN übertragen, wobei FMN unter Bildung eines intermediären Semichinons nur ein Elektron aufnehmen kann. Vom Semichinonradikal wird das zweite Elektron unter Bildung von FMH_2 übernommen. Mehrere Eisen-Schwefel-Proteine sind am weiteren Transfer der Elektronen auf das Coenzym Q beteiligt. Die Elektronenübertragung innerhalb der N. kann durch Rotenon oder Amytal spezifisch inhibiert werden. Die N. wird sowohl vom Zellkern- als auch vom Mitochondriengenom codiert.

NADH-Q-Reduktase, Syn. für ↗ *NADH-Dehydrogenase.*

NAD⁺-Kinase, das Enzym des letzten Schrittes der Biosynthese von NADP⁺ (↗ *Nicotinsäureamid-adenin-dinucleotidphosphat*), das die Phosphorylierung der 2'-Hydroxylgruppe der Adeninriboseeinheit von NAD⁺ unter Bildung von NADP⁺ katalysiert.

NADP, Abk. für ↗ *Nicotinsäureamid-adenin-dinucleotidphosphat.* NADP⁺ entspricht der oxidierten Form des Pyridinteils im Coenzym.

NADPH-Oxidase, Elektronentransportkette in Lymphocyten und in der Membran der phagocytischen Vakuole professioneller Phagocyten (Granulocyten und Monocyten). Unter Verwendung von NADPH + H⁺ reduziert die N. Sauerstoff zu Superoxid und Wasserstoffperoxid. Diese Elektronentransportkette ist die Grundlage für die als *oxidative* oder *respiratory burst* bezeichnete Aktivierungsreaktion von neutrophilen Granulocyten und Monocyten. Das Reduktionssystem besteht aus einem Membran-assoziierten Flavocytochrom, cytosolischen Faktoren und einem GTP-bindenden Protein. Die gebildeten Superoxidanionen können Membranen durchqueren und in andere toxische Sauerstoffmetabolite umgewandelt werden, die bei cytotoxischen Reaktionen (z. B. Abtötung von Bakterien durch Phagocyten) wirksam werden.

Na⁺-Glucose-Symport, ↗ *Glucosetransporter.*

Nährlösung, ↗ *Fermentationsmedium,* ↗ *Nährmedium.*

Nährmedium, Milieu zur Kultivierung von Mikroorganismen, Zell-, Gewebe- und Organkulturen. N. sind flüssig (*Nährlösung*) oder fest (*Nährboden*). Nährböden erhält man, indem man dem flüssigen N. ein geeignetes Verfestigungsmittel hinzusetzt, z. B. Gelatine, Kieselgel oder ↗ *Agar-Agar.* Ein N. enthält Mineralstoffe in größerer Menge und ausbalanciertem Verhältnis, sowie Spurenelemente, die oft in den Nährsalzen als Verunreinigungen enthalten sind.

Ein *komplexes* N. ist in seiner Zusammensetzung mehr oder weniger schlecht definiert. Es kann Zusätze enthalten wie Hefe- oder Fleischextrakt, Pepton, Kokosnussmilch u. a. Bevorzugt werden jedoch *synthetische* N. (hergestellt durch Mischung definierter chemischer Verbindungen bekannter Reinheit) oder *Minimalmedien* (synthetische Medien, mit bekannter Zusammensetzung, die nur diejenigen Komponenten enthalten, die zum Wachstum unbedingt erforderlich sind). Höhere Ansprüche können durch Zusatz von ↗ *Wachstumsfaktoren* gedeckt werden. In synthetischen N. dient meist Glucose als Kohlenstoff- und Energiequelle. Als Stickstoffquelle wird eine anorganische Stickstoffverbindung, wie Nitrat, ein Ammoniumsalz, oder eine organische Stickstoffverbindung, z. B. Harnstoff, hinzugesetzt. Weiterhin können definierte Vitamin- und Spurenelementlösungen (z. B. A-Z-Lösung nach Hoogland) zugegeben werden.

Nährsalze, Syn. für ↗ *Mineralstoffe.*

Na⁺-Kanäle, Abk. für ↗ *Natriumkanäle.*

Na⁺-K⁺-ATPase, *Natrium-Kalium-Pumpe,* eine ATP-getriebene Natrium-Kalium-Pumpe tierischer Zellen mit besonderer Bedeutung für die Aufrechterhaltung des Zellvolumens und der Ionenzusammensetzung innerhalb der Zelle. Im Verhältnis zum äußeren Medium haben die meisten tierischen Zellen hohe Kalium- und niedrige Natriumkonzentrationen. Der aktive ↗ *Transport* von Natrium- und Kaliumionen (pro Reaktionszyklus drei Na⁺ nach außen und zwei K⁺ nach innen) erzeugt einen Ionengradienten von eminenter physiologischer Bedeutung auch für die elektrische Erregbarkeit von Nerven- und Muskelzellen sowie für den aktiven Transport von Aminosäuren und Zuckern. Die N. benötigt mehr als ein Drittel des im Ruhezustand verbrauchten ATP. Jens C. Skou, einer der drei Nobelpreisträger für Chemie und Medizin 1997, isolierte 1957 die N. aus Nervenzellmembranen von Krebsen und klärte die Grundlagen des Enzymmechanismus auf, insbesondere die intermediäre Phosphorylierung dieser ATPase. Die N. besteht aus zwei verschiedenen Untereinheiten (α 112 kDa; β 35 kDa), die in der Membran als $\alpha_2\beta_2$-Tetramer vorliegen (Abb.). Der größte Teil der aus mindestens acht membrandurchspannenden α-Helices bestehenden α-Kette mit der ATP-Bindungsstelle, befindet sich im cytosolischen Membranbereich, während sich auf der kurzen extrazellulären Seite eine Bindungsstelle für herzaktive Steroidinhibitoren (Digitoxigenin, Quabain) befindet. Die Na^+-abhängige Phosphorylierung erfolgt an einem spezifischen Aspartatrest unter Ausbildung eines β-Aspartylphosphat-Intermediats, das in Gegenwart von K^+-Ionen wieder dephosphoryliert wird, wobei verschiedene Konformationszustände des Enzyms durchlaufen werden. Pro Sekunde werden durch die mit maximaler Geschwindigkeit arbeitende Pumpe 300 Na^+- und 200 K^+-Ionen transportiert. Wenn kein Transport von K^+ und Na^+ erfolgt, wird auch kein ATP hydrolysiert. Herzaktive Steroide aus dem Roten Fingerhut (*Digitalis purpurea*) sind starke Inhibitoren (K_i ~10 nM) der N. Daraus resultiert ein höherer Na^+-Spiegel in der Herzmuskelzelle, der einen verlangsamten Ca^{2+}-Ausstrom über den Natrium-Calcium-Austauscher bewirkt und der resultierende Anstieg der Ca^{2+}-Konzentration steigert die Kontraktionskraft des Herzmuskels. [J.S. Skou, *Angew. Chem. Int. Ed. Engl.* **37** (1998) 2.321–2.328]

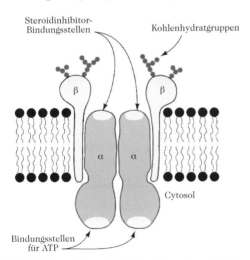

Na^+-K^+-ATPase. Schematische Darstellung der $\alpha_2\beta_2$-Untereinheitenstruktur.

Nalidixinsäure, *1-Ethyl-7-methyl-1,8-naphthyridin-4-on-3-carbonsäure* (Abb.; M_r 232,2 Da), ein Antibiotikum, das therapeutisch gegen gramnegative Bakterien verwendet wird und die DNA-Replikation in sich vermehrenden Bakterienkulturen hemmt.

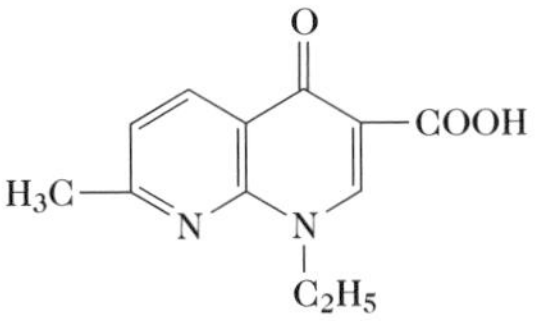

Nalidixinsäure

Naloxon, *N-Allyl-4,5α-epoxy-3,14-dihydroxy-6-morphinanon*, ein reiner Opiat-Antagonist (Abb.). N. besitzt keine morphinagonistischen Eigenschaften, antagonisiert aber die Wirkung von Agonisten an μ-, δ- und κ-Rezeptoren. Man verwendet N. vorrangig bei Überdosierung von Opioidagonisten als Antidot. N. wird zwar oral sehr gut resorbiert, wird aber in der Leber vollständig mit Glucuronsäure konjugiert. Daher ist eine parenterale Applikation notwendig.

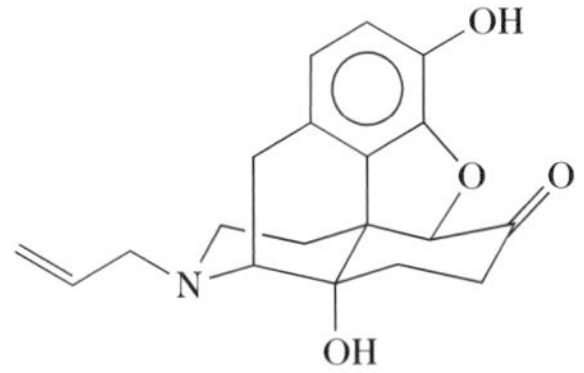

Naloxon

Nano-LC, Bezeichnung für die analytische ↗ *Flüssigchromatographie*, die durch Verkleinerung des Säulendurchmessers (<1 mm) und der Flussrate (<0,05 ml/min) gekennzeichnet ist.

Nanometer, *nm*, Längeneinheit, entspricht 10^{-9} m bzw. 10^{-7} cm.

Naphthochinone, von 1,4-Naphthochinon (Abb.) abgeleitete Verbindungen, die zur Gruppe der Chinone gehören und in der Natur weit verbreitet sind. Aus höheren Pflanzen sowie aus Bakterien und Pilzen sind über 120 strukturell verschiedene N. isoliert worden. Bekannte pflanzliche Vertreter dieser Naturstoffgruppe sind Alkannin, Eleutherin, Juglon, Lapachol, Lawson (↗ *Henna*), Lomatiol, Plumbagin und Shikonin. Im Tierreich finden sich Naphtochinone, z. B. ↗ *Spinochrome*, bei den Stachelhäutern, besonders bei Seeigeln. Wichtige N. sind außerdem die K-Vitamine. Pilzliche N. werden biosynthetisch im Allgemeinen aus Acetat und Malonat auf dem Polyacetatweg gebildet, während in der höheren Pflanze und bei Bakterien Shikimisäu-

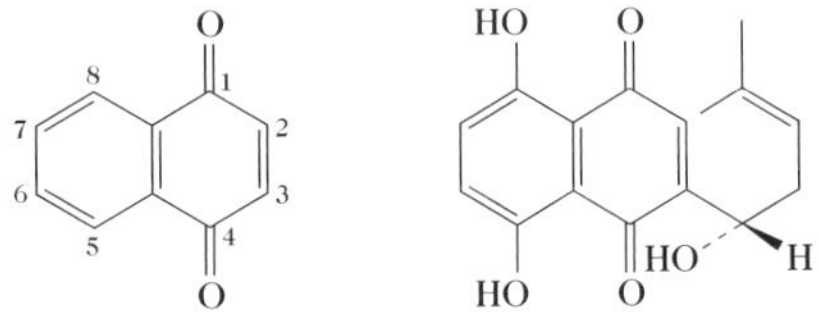

1,4-Naphthochinon   Alkannin

Naphthochinone

re und eine C$_3$-Verbindung als Biosynthesevorstufen zur Bildung der N. verwendet werden.

Naringenin, *5,7,4'-Trihydroxyflavanon.* ↗ *Flavonoide (Abb.)*, ↗ *Flavanon.*

Naringin, *Naringenin-7-neohesperidosid.* ↗ *Flavanon.*

Naringinase, Enzymgemisch aus L-Rhamnosidase
und β-Glucosidase, das aus Pflanzenmaterial, aber
auch Mikroorganismen (z. B. *Aspergillus niger*) gewonnen werden kann. Die N. spaltet das bitter
schmeckende Naringin (Naringenin-5-rhamnosido-
glucosid) in die nicht bitteren Bestandteile Rhamnose und Prunin. Letzteres wird nachfolgend in
Glucose und Naringenin gespalten. Die N. dient in
großem Umfang zur Entbitterung von Obstkonzen-
traten, insbesondere von Grapefruit.

Narkotika, Mittel, die in geeigneter Dosierung eine vorübergehende Lähmung der Zellfunktionen des
Zentralnervensystems unter Ausschaltung von Be-
wusstsein, Schmerzempfindung, Muskelspannung
und Abwehrreflexen ohne Beeinträchtigung der lebensnotwendigen Zentren der *Medula oblongata* bewirken. N. werden zur Ausschaltung operativ verursachter Schmerzen eingesetzt. Man unterscheidet
zwischen *Inhalationsnarkotika* mit pulmonaler Anwendung (Distickstoffoxid, halogenierte Ester, wie
Desfluran bzw. Kohlenwasserstoffe, wie Halothan
u. a.) und *Injektionsnarkotika* mit intravenöser Applikation (Barbiturate, Ketamin, Etomidat, Propofol,
injizierbare Benzodiazepine u. a.). Ausgewählte Narkotika zeigt die Abb.

Desfluran Halothan Distickstoffoxid

Ketamin Etomidat

Propofol

Narkotika

Na$^+$-Transport, ↗ *Amilorid.*

Natriumdodecylsulfat, *SDS* (engl. *sodium dodecyl
sulfate*), [H$_3$C-(CH$_2$)$_{10}$-CH$_2$-O-SO$_3$]$^-$Na$^+$, ein bei biochemischen Operationen vielseitig eingesetztes an-
ionisches Detergens. N. überdeckt durch die Über-

tragung der großen negativen Ladung auf das Protein
dessen eigene Ladung, wodurch mit SDS beladene
Proteine praktisch identische Ladungs-Masse-Ver-
hältnisse und ähnliche Gestalt aufweisen. Bei der
SDS-Page   (↗ *Polyacrylamid-Gelelektrophorese*)
werden daher Proteine nur entsprechend ihrer molaren Massen aufgetrennt. Durch SDS-Behandlung
werden nichtkovalente Wechselwirkungen in Proteinen mit Quartärstruktur aufgehoben, so dass man
die molaren Massen der Untereinheiten ermitteln
kann.

Natrium-Kalium-Pumpe, Syn. für. ↗ *Na$^+$-K$^+$-ATPa-
se.*

Natriumkanäle, *spannungsabhängige Natriumkanäle, Na$^+$-Kanäle*, membrandurchspannende
Glycoproteine, deren wässrige Poren sich nach Depolarisation der Zellmembran öffnen und spezifisch
für Na$^+$-Ionen permeabel sind. Im Inneren eines Neurons liegt, wie auch in den meisten anderen Zellen,
eine hohe K$^+$- und eine niedrige Na$^+$-Konzentration
vor. Diese Ionengradienten werden durch die ↗ *Na$^+$-
K$^+$-ATPase* erzeugt. Das Aktionspotenzial entsteht
durch große temporäre Permeabilitätsänderungen
der Axonmembran für Na$^+$- und K$^+$-Ionen. Durch
Depolarisation der Membran über einen Schwellenwert öffnen sich die N., wodurch aufgrund des großen elektrochemischen Gradienten Na$^+$-Ionen in die
Zelle fließen. Durch die schnelle und große Änderung des Membranpotenzials innerhalb einer Millise-
kunde schließen sich die N. spontan und die
↗ *Kaliumkanäle* öffnen sich etwa zeitgleich, um K$^+$-
Ionen nach außen zu befördern. Der N. aus dem
elektrischen Organ des Zitteraals besteht aus einer
einzelnen Polypeptidkette (M_r 260 kDa) mit vier sich
wiederholenden Einheiten, von denen sich jede mit
hoher Wahrscheinlichkeit zu sechs Transmembran-
helices faltet (Abb.). Aus den vier sich wiederholenden Einheiten des N. bildet sich eine stark selektive
Pore für Na$^+$-Ionen. Der aus Rattenhirn isolierte N.
enthält zusätzlich zur 260 kDa-α-Kette noch eine β$_1$-
(M_r 36 kDa) und eine β$_2$-Kette (M_r 333 kDa). Aus den
cDNA-Sequenzen der N. von Zitteraal und Ratte wurde eine sechzigprozentige Sequenzübereinstimmung abgeleitet. Der N. ist eng, wodurch Ionen mit
einem Durchmesser von >0,5 nm ausgeschlossen
werden. Bis auf wenige Ausnahmen, wie beispielsweise Glattmuskelzellen der Blutgefäße, kommen N.
in allen erregbaren Zellen, wie Neuronen, sekretorischen Zellen und den Zellen des Herz- und Skelettmuskels vor. Die N. werden durch zahlreiche Pharmaka und Toxine beeinflusst. Man unterscheidet
zwischen Na$^+$-Kanal-Antagonisten, die die elektrische Erregbarkeit reduzieren, und Na$^+$-Kanal-Ago-
nisten, die entweder N. direkt aktivieren oder ihre
Inaktivierung verlangsamen. Die wirkungsvollsten
Neurotoxine, die N. blockieren, sind das hochwirksame Gift aus dem Kugel- oder Fugo-Fisch, das

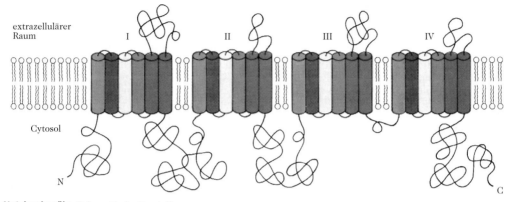

extrazellulärer
Raum

I   II   III   IV

Cytosol

N

C

Natriumkanäle. Schematische Darstellung.

↗ *Tetrodotoxin* und das ↗ *Saxitoxin* aus marinen Dinoflagellaten. Die positiv geladene Guanidinogruppe, die beide Gifte enthalten, tritt mit einer negativ geladenen Carboxylatgruppierung am Eingang des N. auf der extrazellulären Kanalseite in Wechselwirkung, wodurch die Porenöffnung blockiert wird. ↗ *Lokalanästhetika* bilden eine zweite Klasse von Na⁺-Kanal-Antagonisten, deren Rezeptoren an der intrazellulären Seite der N. liegen. Sie blockieren reversibel die Entstehung und Ausbreitung von Aktionspotenzialen in Schmerzfasern und verhindern auf diese Weise, ohne Ausschaltung des Bewusstseins, die Schmerzwahrnehmung. Antiarrhythmika der Klasse I blockieren N., indem sie den Na⁺-Einstrom während der Depolarisation hemmen. Diese Hemmung erfolgt in ähnlicher Weise wie die lipophiler Lokalanästhetika.

natriuretische Peptide, eine Familie von Peptidhormonen mit harntreibender, natriuretischer (Na⁺-Ionen-ausschwemmender) und blutdrucksenkender Wirkung. Zu diesen für die Regulation des Elektrolythaushalts und des Blutdrucks wichtigen Peptiden zählen das ↗ *atrionatriuretische Peptid* (ANP), das ↗ *gehirnnatriuretische Peptid* (BNP) und das ↗ *C-Typ-natriuretische Peptid* (CNP). Die biologischen Wirkungen der n. P. werden über spezifische natriuretische Peptidrezeptoren auf den Oberflächen der Zielzellen vermittelt. Man unterscheidet die Rezeptor-Subtypen A/R₁ (GC-A), B/R₁ (GC-B) und C/R₂. Der Typ-A-Rezeptor (M_r 120 kDa) stimuliert nach Interaktion mit ANP die Bildung von cGMP. Obgleich ANP gewöhnlich als ein vom Herz gebildetes Hormon betrachtet wird, ist wichtig festzustellen, dass das Herz gleichzeitig das Zielorgan ist. Die Erhöhung der cGMP-Konzentration im Herz ist die Grundlage für die Wirkung am Herz. Der Typ-A-Rezeptor wird auch durch BNP stimuliert. Für den strukturell ähnlichen Typ-B-Rezeptor ist der primäre Ligand das CNP. Ligand-Rezeptor-Wechselwirkungen führen auch zur Akkumulation von cGMP. Der Nachweis von CNP-Rezeptoren in den Mikrogefäßen des Gehirns lässt

vermuten, dass CNP ein wichtiger Regulator der Elektrolyt-Homöostase im Gehirngewebe ist und die Wirkungen der Blut-Hirn-Schranke kontrolliert. Der Typ-C-Rezeptor (M_r 60 kDa) ist nicht mit der Guanylat-Cyclase gekoppelt. Da alle drei Peptide mit etwa der gleichen Affinität an diesen Rezeptor binden, wurde postuliert, dass es sich dabei um einen *clearance*-Rezeptor handeln könnte. ANP hat im Blutstrom eine Halbwertszeit von etwa 30 sec. Die Inaktivierung erfolgt vor allem im Bürstensaum der Niere durch Endopeptidase 24.11, die die Cys⁷-Phe⁸-Bindung und damit den Ring spaltet. Auch bei der Inaktivierung von BNP und CNP ist die Endopeptidase 24.11 involviert, wobei die Mechanismen aber nicht eindeutig geklärt sind. Die biologischen Funktionen von ANP und BNP sind sehr ähnlich. Während ANP normalerweise in hohen Konzentrationen im Atrium vorkommt, ist BNP vorrangig in den Ventrikeln lokalisiert. CNP findet man dagegen im ZNS. ANP und BNP besitzen potenzielle Bedeutung als Therapeutika. [G. McDowell et al., *Eur. J. Clin. Invest* **25** (1995) 291]

C-Typ-natriuretisches Peptid, *CNP*, (engl. *c-type natriuretic peptide*), H-Gly¹-Leu-Ser-Lys-Gly⁵-Cys-Phe-Gly-Leu-Lys¹⁰-Leu-Asp-Arg-Ile-Gly¹⁵-Ser-Met-Ser-Gly-Leu²⁰-Gly-Cys-OH (Disulfidbrücke: Cys⁶–Cys²²), ein 22 AS-Peptid, das zur Familie der ↗ *natriuretischen Peptide* zählt. Die natriuretischen Aktivitäten von CNP sind im Vergleich zu den anderen beiden natriuretischen Peptiden ANP und BNP geringer. Es verursacht eine signifikante Erniedrigung des arteriellen Blutdrucks. CNP wurde erstmalig 1990 aus dem Schweinegehirn isoliert. Im Gegensatz zu ANP und BNP hat man es im Blutkreislauf praktisch nicht nachweisen können, dagegen ist es in anderen Geweben, wie im vaskulären Endothel, Niere, Intestinaltrakt, Cerebrospinalflüssigkeit vorhanden, wo es regionale autokrine Funktionen erfüllt. Der Schweine-CNP-Vorläufer ist ein aus 126 Aminosäuren aufgebautes kleines Protein. Nach Spaltung der Ala²³-Lys²⁴-Bindung im Prä-Pro-CNP wird das 103-AS Peptid Pro-CNP gebildet, aus dem nach Spaltung der Peptidbindung nach Lys[104] das Schweine-CNP-22 freigesetzt wird. Erfolgt die Bindungsspaltung nach Arg[73], dann entsteht mit CNP-53 eine zweite endogene Form des CNP, in welcher der C-Terminus mit dem CNP-22 identisch ist. Der 17 Aminosäurereste enthaltende Ring zeigt hohe Sequenzhomologie zu den entsprechenden Ringstrukturen von ANP und BNP, während die erweiterten Sequenzbereiche verschieden sind. [G. McDowell et al. *Eur. J. Clin. Invest.* **25** (1995) 291]

Naturfarbstoffe, *Biochrome*, farbige organische Verbindungen, die im Tier- und Pflanzenreich außerordentlich weit verbreitet sind. Ihre Farben sind durch ihre chemischen Strukturen bedingt, die Licht im sichtbaren Spektrum zwischen 400 und 800 nm absorbieren und die nichtabsorbierten Wellenlängen reflektieren oder übertragen. Wird nur eine Farbe des Spektrums gleichmäßig absorbiert, so erscheint dem menschlichen Auge die Komplementärfarbe. Werden alle Teile des Spektrums gleichmäßig absorbiert, sehen die Substanzen grau bis schwarz aus. Eine Nichtabsorption oder gleichmäßige Reflexion aller Wellenlängen des sichtbaren Spektrums führt zu Weiß. Diese *Pigmentfarben* unterscheiden sich von den ↗ *Strukturfarben*, die auf der Lichtreflexion und -refraktion durch physikalische Oberflächenstrukturen basieren. Natürliche (und auch synthetische) Farbstoffe organischer Herkunft sind ungesättigte Verbindungen mit einem System konjugierter Doppelbindungen. Als *chromophore Gruppen* (*Chromophore*) bezeichnet man Strukturelemente wie -CH=CH-, =CO, -N=O oder -N=N-; sie bedingen das Auftreten von Absorptionsbanden im sichtbaren Bereich. *Auxochrome Gruppen* (*Auxochrome*), z. B. -NR$_2$, -NH$_2$, -OH, rufen selbst keine Farbigkeit hervor, verstärken jedoch die Intensität eines vorhandenen Chromophors. *Bathochrome* und *Hypochrome* bewirken eine Verschiebung der Absorption in lang- bzw. kurzwelligere Bereiche und rufen eine Veränderung des sichtbaren Farbtons hervor. Die meisten N. zeigen auch zu einem bestimmten Grad Fluoreszenz und / oder Phosphoreszenz. Bei einigen N. kann UV-Licht zu einer Fluoreszenz anregen, deren Wellenlänge in der Nähe der sichtbaren Farbe liegt, wie z. B. beim Ribitylflavin. Durch dieses Zusammentreffen kann die normale Intensität der sichtbaren Farben erhöht werden.

Tierische Farbstoffe heißen auch *Zoochrome*. Die Bezeichnung ↗ *Phytochrome* ist dagegen auf bestimmte Pflanzenpigmente beschränkt. Nach ihrer chemischen Struktur unterteilt man die N. in die Stoffklassen der Carotinoide, Pteridine, Tetrapyrrole, Chinone, Melanine, Flavonoide, Ommochrome, Betalaine, Ergochrome sowie in indigoide Farbstoffe u. a.

Viele N. haben als Lock-, Schreck- oder Tarnfarbe große Bedeutung für die Existenz und Arterhaltung des betreffenden Individuums; andere fungieren als Schutzfaktoren, z. B. vor schädigendem UV-Licht (↗ *Melanin*) oder gegen Pilzbefall (einige ↗ *Flavonoide*). Einige sind am Sammeln sowie an der Umwandlung von Lichtenergie in Pflanzen beteiligt, während tierische Pigmente, wie z. B. Hämoglobin, für den Transport von Sauerstoff wichtig sind. Vielfach treten N. aber auch als Stoffwechselendprodukte ohne sichtbare äußere Funktion auf.

N. werden schon seit Jahrtausenden zum Färben verwendet. Zu den ältesten N. gehören Alizarin, Indigo und Purpur, aber auch Safran, Kermes und Cochenille sowie flavonoidhaltige Farbhölzer. Mit der Entwicklung synthetischer, den Naturprodukten meist überlegener Farbstoffe ist die Nutzung von N. stark zurückgegangen. Dagegen werden in der Lebensmittelindustrie N. weiterhin eingesetzt.

Naturkautschuk, ↗ *Kautschuk*.

natürliche Killerzellen, *NK-Zellen*, ↗ *Killerzellen*.

NBD-Chlorid, Abk. für das fluoreszenzmarkierende Reagens 4-Chlor-7-nitrobenz-2-oxa-1,3-diazol, das ein Fluoreszenzemissionsmaximum von 520 nm für 2-Mercaptoethanoladdukte von Proteinen besitzt.

Nebenbasen, ↗ *seltene Nucleinsäurebausteine*.

Nebennierenhyperplasien, *Nebennierenrindenhyperplasien*, ↗ *angeborene Stoffwechselstörungen*, die durch fehlerhafte Enzyme der Cortisol-Biosynthese verursacht werden.

Nebennierenhyperplasie I, bedingt durch einen Mangel an *Cholesterin-Monooxygenase* (Seitenkettenspaltung; EC 1.14.15.6). Cholesterin wird nur mangelhaft in Pregnenolon überführt. Dies hat zur Folge, dass Mineralcorticoide, Glucocorticoide und Geschlechtshormone nur unzureichend synthetisiert werden.

Nebennierenhyperplasie II, nichtvirilisierende kongenitale N., verursacht durch einen Mangel an *3β-Hydroxysteroid-Dehydrogenase* (EC 1.1.1.51). Dadurch werden alle drei Arten an Nebennierencorticosteroiden, insbesondere Aldosteron, Cortisol und Testosteron nur in ungenügender Menge gebildet. Als klinisches Symptom tritt schwere Nebenniereninsuffizienz auf, die sich kurz nach der Geburt manifestiert. Männer zeigen Pseudohermaphroditismus.

Nebennierenhyperplasie III, verursacht durch fehlerhafte Bildung von *Steroid-21-Hydroxylase* (EC 1.14.99.10). Die leichte Form ist als einfache virilisierende Nebennierenhyperplasie bekannt. Die verminderte Cortisolsynthese induziert eine erhöhte ACTH-Sekretion, die zu Überproduktion von Cortisolvorstufen und Geschlechtssteroiden führt. Es kommt zu exzessiver Ausscheidung von Pregnantriol sowie von über 20 anderen Metaboliten, denen die 21-OH-Gruppe fehlt, im Harn. Weibliche äußere Genitalien sind maskulinisiert, innere Genitalien jedoch normal (Pseudohermaphroditismus). Bei Männern trit Virilisierung auf. Erkrankte beider Geschlechter haben eine kurze Statur (prämature Fusion der Knochenepiphyse). Die schwere Form ist als salzverlierende kongenitale Nebennierenhyperplasie bekannt. Es sind alle Merkmale der leichten Form vorhanden, zusätzlich tritt schwerer Aldosteronmangel mit Salz- und Wasserverlust auf.

Nebennierenhyperplasie IV, *hypertensive kongenitale N.*, verursacht durch defekte *Steroid-11β-Hydroxylase* (EC 1.14.15.4). Die verringerte Cortisolsynthese induziert eine erhöhte ACTH-Sekretion mit resultierender Überproduktion an Desoxycorticosteron (einem wirksamen salzzurückhaltenden Hormon). Klinische Symptome sind Virilisierung bei beiden Geschlechtern und weiblicher Pseudohermaphroditismus. Nicht alle Patienten zeigen Hypertonie.

Nebennierenhyperplasie V, bedingt durch einen Mangel an *Steroid-17α-Hydroxylase* (EC 1.14.99.9). Als Folge treten verminderte Sekretion an Glucocorticoiden und Geschlechtssteroiden sowie exzessive Sekretion an Mineralcorticoiden auf. Klinische Symptome sind Hyperkalämie, Hypertonie, sexueller Infantilismus bei Frauen und Pseudohermaphroditismus bei Männern.

Nebennierenrindenhormone, *Adrenocorticosteroidhormone*, *Adrenocorticoide*, *Corticosteroide*, *Corticoide*, eine Gruppe von Steroidhormonen, die unter Einwirkung des adrenocorticotropen Hormons in der Nebennierenrinde gebildet werden. Die N. leiten sich von Pregnan (Formel ↗ *Steroide*, *Tab.*) ab. Sie enthalten 21 C-Atome. Sauerstofffunktionen finden sich am C-Atom 3 und C-Atom 20 und im Gegensatz zu den ↗ *Gestagenen* auch am C-

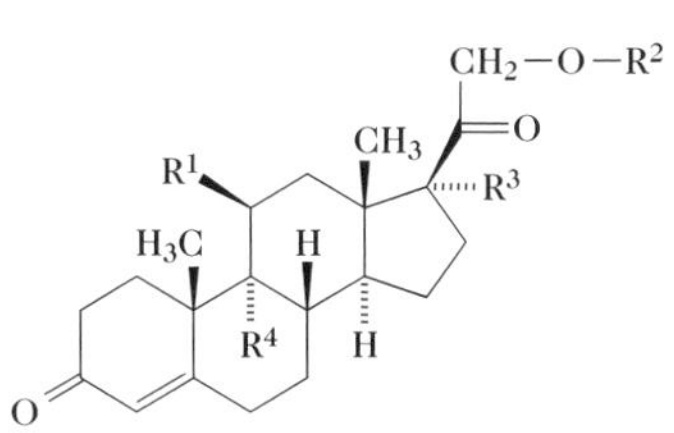

Nebennierenrindenhormone. Tab. 1. Einige Mineralcorticoide.

Name	R^1	R^2	R^3	R^4
Cortexolon	H	H	OH	H
Desoxycorton	H	H	H	H
Desoxycortonacetat	H	CH_3CO	H	H
Fludrocortisonacetat	OH	CH_3CO	OH	F

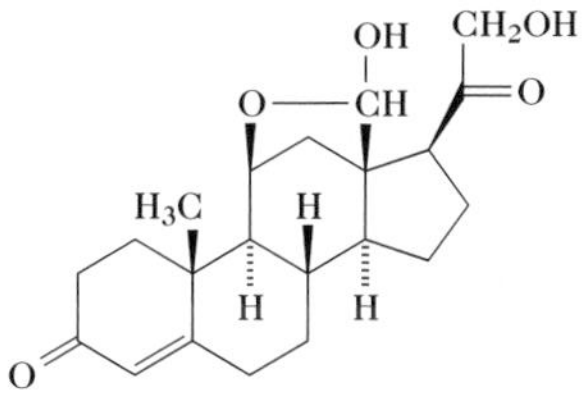

Aldosteron

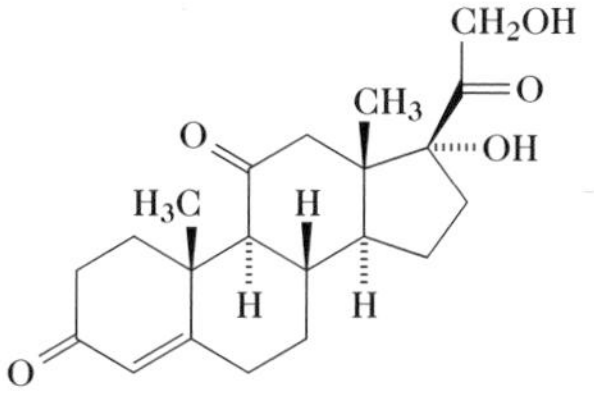

Cortison

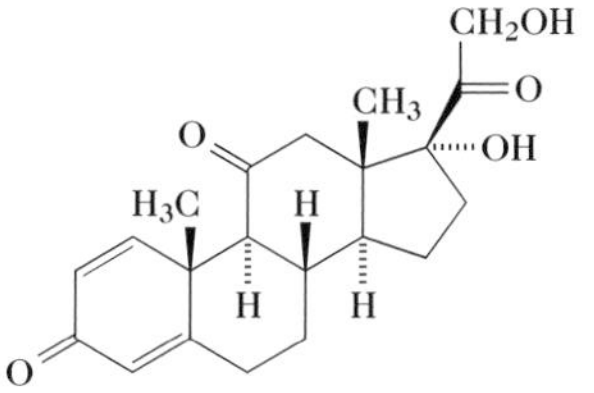

Prednison

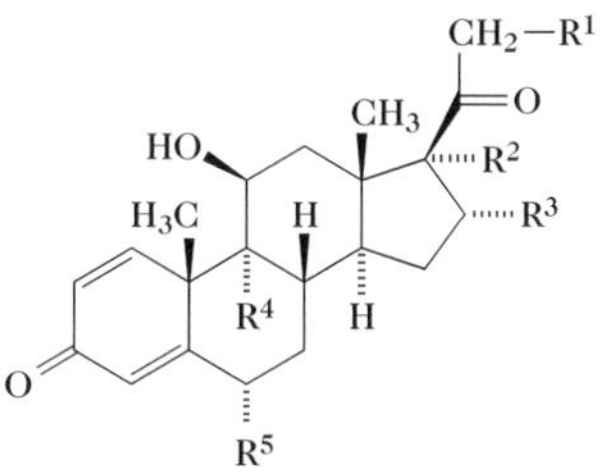

Nebennierenrindenhormone. Tab. 2. Einige Glucocorticoide.

Name	R^1	R^2	R^3	R^4	R^5
Prednisolon	OH	OH	H	H	H
Triamcinolon	OH	OH	OH	F	H
Dexamethason	OH	OH	CH_3	F	H
Fluocinlacetonid	OH	$-O-C(CH_3)_2$	$-O-$	F	F
Flumethasonpivalat	$(CH_3)_3C-COO-$	OH	CH_3	F	F

Atom 21 und/oder am C-Atom 11 und am C-Atom 17. In der Nebennierenrinde sind über 30 Steroide aufgefunden worden, von denen nur einigen eine Hormonwirkung zukommt. Biogenetische Vorstufe der N. ist Progesteron.

Nach ihrer Hauptwirkung auf den Mineral- oder Kohlenhydratstoffwechsel nimmt man eine Einteilung in Mineralcorticoide und Glucocorticoide vor. *Mineralcorticoide* (Tab. 1) steuern die Plasmakonzentration von Natrium- und Kalium-Ionen im Sinne einer erhöhten Kaliumausscheidung und Natriumretention einschließlich der Retention von

Wasser. Therapeutisch als Mineralcorticoid zur Behandlung der *Addisonschen Krankheit* (*Morbus Addison*, die durch leichte Ermüdbarkeit, Abmagerung, Senkung des Blutzuckerspiegels und dunkle Pigmentierung der dem Licht ausgesetzten Hautstellen charakterisiert ist, der sog. Bronzediabetes) und von Schockzuständen wurde zunächst *Desoxycorton*, bzw. *Desoxycortonacetat* eingesetzt. Eine etwa 30mal stärkere mineralocorticoide Wirkung zeigt ↗ *Aldosteron*.

Glucocorticoide (Tab. 2, auf Seite 137) bewirken über eine Förderung des Proteinabbaus und der Bereitstellung von Aminosäuren für die Gluconeogenese eine Erhöhung des Blutzuckerspiegels und eine vermehrte Glycogenbildung in der Leber. Auch sie werden zur Substitutionstherapie bei Nebennierenrindeninsuffizienz verwendet. Von größerer Bedeutung ist ihre therapeutische Verwendung wegen ihres antiphlogistischen, antiallergischen, antiexsudativen und immunsuppressiven Effekts. Glucocorticoide werden deshalb systemisch zur Behandlung von rheumatischen Erkrankungen und von Asthma sowie topisch bei verschiedenen Hauterkrankungen angewendet. Die wichtigsten natürlich vorkommenden Glucocorticoide sind ↗ *Cortison* und *Hydrocortison* (↗ *Cortisol*).

Nebennierenrindenhyperplasien, ↗ *Nebennierenhyperplasien*.

Nebularin, *9-β-D-Ribofuranosylpurin*, ein durch den Ständerpilz *Agaricus* (*Clitocybe*) *nebularis* und durch *Streptomyces spec.* synthetisiertes Purinantibiotikum (Abb.; ↗ *Nucleosidantibiotika*); M_r 252,23 Da, F. 181–182 °C, $[\alpha]_D^{25}$ −48,6° (c = 1, Wasser). N. wirkt spezifisch gegen Mycobakterien. Von besonderer Bedeutung ist seine cytostatische Wirksamkeit. Für Tiere ist N. eines der giftigsten Purinderivate.

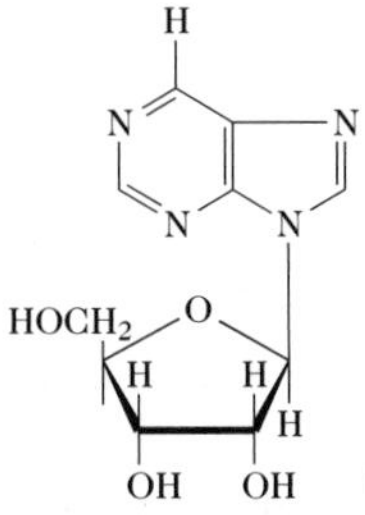

Nebularin

Necine, ↗ *Pyrrolizidin-Alkaloide*.
Necinsäure, ↗ *Pyrrolizidin-Alkaloide*.
negative Kontrolle, die Inhibierung der Transcription oder der Aktivität von Enzymen durch Repressoren bzw. Metabolite.
negative Osmose, Syn. für ↗ *Umkehrosmose*.
Neoabietinsäure, ↗ *Abietinsäure*.
Neocarcinostatin, *Zinostatin*, ein Polypeptidantibiotikum aus *Streptomyces carzinostaticus* mit starken tumorstatischen Eigenschaften. N. (M_r

10,7 kDa) besteht aus einem *Endiin*-Chromophor und einer Polypeptidkette aus 113 Aminosäureresten. Letztere stabilisiert *in vivo* den wirkungsaktiven labilen Chromophor-Teil des N. Es besitzt potenzielle Bedeutung zur Therapie von Leukämie sowie Magen- und Bauchspeicheldrüsencarcinomen.

Neoendorphine, im Opioid-Vorläufer Prä-Pro-Dynorphin enthaltene Peptidsequenz mit hoher Selektivität für Opioid-κ-Rezeptoren. β-N. besitzt die Sequenz H-Tyr-Gly-Gly-Phe-Leu-Arg-Lys-Tyr-Pro-OH.

Neoflavone, ↗ *Isoflavone*.

Neoflavonoide, ↗ *Flavonoide* mit einem 4-Phenylchromangrundgerüst (Neoflavan; Abb.) oder einer korrespondierenden Struktur, in der die C_3-Kette (C2, C3, C4) nicht mit dem Sauerstoff zyklisiert ist.

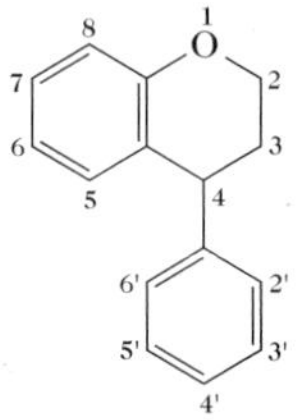

Neoflavanringsystem

Biosynthese. Die Radioaktivität von [3-^{14}C]Phenylalanin wird durch junge *Calophyllum inophyllum* Schösslinge hauptsächlich in C4 des Calophyllolids inkorporiert. Dies weist darauf hin, dass keine Arylverschiebungen stattfinden, und dass C2, C3 und C4 der N. von C1, C2 und C3 des Phenylalanins abstammen. Weitere Aspekte der Biosynthese sind weniger gesichert und werden in *The Flavonoids* [Hrsg. J.B. Harborne, T.J. Mabry u. H. Mabry, Chapman and Hall, 1975] diskutiert.

Neolignane, Diarylpropanoide, in denen – im Gegensatz zu ↗ *Lignanen* – die Interarylbindung nicht durch C8 und C8" gebildet wird. N. kommen weniger zahlreich vor und ihre phylogenetische Verbreitung ist stärker beschränkt als im Fall der Lignane.

Neomycin, ein Aminoglucosidantibiotikum (↗ *Streptomycin*).

Neorauflaven, ↗ *Isoflav-3-en*.

Neoretinal b, *11-cis-Retinal*, wird beim ↗ *Sehvorgang* in all-*trans*-Retinal umgewandelt.

Neostigmin, ↗ *Acetylcholin* (Abb. 3).

Neotenin, Syn. für ↗ *Juvenilhormon*.

Neoxanthin, ein zur Gruppe der Xantophylle gehörendes Carotinoid mit einer charakteristischen Allengruppierung, zwei sekundären und einer tertiären Hydroxylgruppe. N. hat an den Chiralitätszentren 3*S*, 5*R*, 6*R*, 3'*S*, 5'*R*, 6'*S*-Konfiguration. Es gehört neben Lutein und Violaxanthin zu den im Pflanzenreich am weitesten verbreiteten Carotinoiden und ist in allen grünen Pflanzenteilen enthalten. 9'-*cis*-N. und möglicherweise all-*trans*-N. sind Zwischenprodukte in der Biosynthese von ↗ *Abscisinsäure*.

Neral, das *cis*-Isomer des ↗ *Citrals*.

Nerol, ein zweifach ungesättigter azyklischer Monoterpenalkohol (M_r 154,25 Da, Sdp. 225–226 °C, ρ^{15} 0,8813). Mit Linalool ist N. struktur- und mit ↗ *Geraniol cis-trans*-isomer. N. ist ein rosenähnlich riechendes Öl. Es ist der wertvollste Riechstoff unter den azyklischen Monoterpenalkoholen. In Form des Pyrophosphorsäureesters, des *Nerylpyrophosphats*, ist N. an der Biosynthese der ↗ *Monoterpene* beteiligt.

Nervengifte, Syn. für ↗ *Neurotoxine*.

Nervenwachstumsfaktor, *NGF* (engl. <u>nerve growth factor</u>), der Prototyp der Proteinfamilie der ↗ *Neurotrophine*. NGF stimuliert die Proliferation und Differenzierung von Zellen ektodermaler und mesodermaler Herkunft und wurde in einer breiten Vielfalt von Geweben nachgewiesen.

Maus-NGF aus der Speicheldrüse bildet einen 7S Komplex, der aus den drei unterschiedlichen Polypeptidketten α, β und γ aufgebaut ist und 1–2 Zinkatome enthält. Dieser 7S-Proteinkomplex kommt weder in anderen Mausgeweben noch in anderen Spezies vor. Die aktive Untereinheit des NGF bildet das nur schwach assoziierte β-Dimer. Die α- und γ-Untereinheiten des 7S-Komplexes inhibieren die β-NGF-Wirkung und müssen abdissoziieren, damit die β-Untereinheit ihre Aktivität vermitteln kann. Die längste bisher isolierte Polypeptidkette der β-Untereinheit enthält 118 Aminosäurereste mit drei intrachenaren Disulfidbrücken. Aus cDNA-Klonierungsstudien geht hervor, dass die aktive β-Untereinheit aus einem Vorläuferprotein durch limitierte Proteolyse gebildet wird. Aus der 1991 ermittelten dreidimensionalen Struktur konnte abgeleitet werden, dass das NGF-Dimer aus zwei parallelen Protomeren aufgebaut ist, die exakt um eine zweifache kristallographische Achse angeordnet sind. NGF befindet sich für die Behandlung der diabetischen peripheren Neuropathie in klinischer Prüfung und könnte auch therapeutischen Nutzen bei anderen neurodegenerativen Erkrankungen haben. Die Tyrosin-Kinase A, die als Marker für verschiedene Krebserkrankungen diskutiert wird, ist ein wichtiger Rezeptor für den NGF. [R.A. Bradshaw et al., *Protein Sci.* **3** (1994) 1.901; L. LeSanteur et al., *Nature Biotechnol.* **14** (1996) 1.120]

Nervon, ↗ *Glycolipide*.

Nervonsäure, Δ^{15}-*Tetracosensäure*, CH_3-$(CH_2)_7$-CH=CH-$(CH_2)_{13}$-COOH, eine Fettsäure (M_r 366,7 Da, F. 42 °C). N. ist eine Säurekomponente der Cerebroside (↗ *Glycolipide*).

Nerylpyrophosphat, ↗ *Nerol*.

Neubergester, alter Name für Fructose-6-phosphat.

Neubergsche Gärung, Bezeichnung für den Ablauf der Reaktionen und Nebenwege des anaeroben Kohlenhydratabbaus (↗ *Glycolyse*). Als 1. N. G. wird der komplexe Vorgang der ↗ *alkoholischen Gärung* bezeichnet. Die 2. N. G. verläuft in Hefen bei Zugabe von Natriumhydrogensulfit (*Sulfitgärung*), das den normalerweise als Wasserstoffakzeptor dienenden Acetaldehyd abfängt (Abb.). Das unter diesen Bedingungen anfallende überschüssige NADH reduziert Dihydroxyacetonphosphat zu Glycerin-1-phosphat (oder -3-phosphat) mittels Glycerin-1-phosphat-Dehydrogenase (Baranowski-Enzym; EC 1.1.1.8). Damit wird der Oxidoreduktionszyklus der Glycolyse aufrechterhalten. Eine Phosphatase (EC 3.1.3.21) dephosphoryliert Glycerin-1-phosphat zum freien Glycerin (*Glyceringärung*).

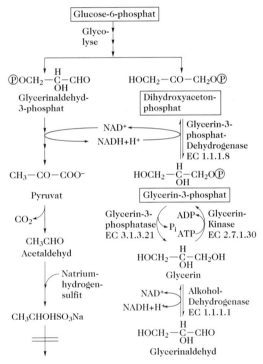

Neubergsche Gärung. Bedeutung des Dihydroxyacetonphosphats bei der 2. Neubergschen Gärungsform.

Glycerin kann durch eine unspezifische Alkohol-Dehydrogenase in der Leber unter NADH-Bildung zu Glycerinaldehyd dehydriert werden. Die Reaktionen der 2. N. G. spielen auch in der Insektenmuskulatur eine wichtige Rolle. Da hier die Lactat-Dehydrogenase, die üblicherweise Pyruvat reduziert, nur in geringer Aktivität vorliegt, dient nicht Pyruvat, sondern Dihydroxyacetonphosphat als Wasserstoffakzeptor. Die Synthese von Glycerin-1-phosphat ist für die Bildung der Phospholipide in der Leber und für den Wasserstofftransport vom

Cytoplasma in die Mitochondrien von Bedeutung (↗ *Wasserstoffmetabolismus*). Glycerin-1-phosphat entsteht auch durch die Glycerin-Kinase, die freies Glycerin mittels ATP phosphoryliert.

Eine 3. N. G. läuft unter alkalischen Bedingungen ab. Zwei Moleküle Glucose werden in zwei Moleküle Glycerinaldehyd und unter Decarboxylierung über Pyruvat in zwei Moleküle Acetaldehyd gespalten. Glycerinaldehyd wird zu Glycerin reduziert. Acetaldehyd unterliegt einer Dismutation, wobei äquivalente Mengen Ethanol und Acetat entstehen.

Neuraminidase (EC 3.2.1.8), eine Hydrolase, die N-Acetylneuraminsäure vom nichtreduzierenden Ende der Heterosaccharidketten in Glycoproteinen und Gangliosiden abspaltet. N. kommt in Myxoviren, verschiedenen Bakterien sowie im Blutplasma und in den Lysosomen zahlreicher tierischer Gewebe vor. Ergiebigste Quelle für N. sind Kulturfiltrate von Cholera-Erregern (*Vibrio cholerae*). Das M_r der dimeren N. von Cholera-Erregern liegt bei 90 kDa, von Influenzaviren bei 130 kDa. Während die meisten neuraminsäurehaltigen Proteohormone und einige Enzyme durch Behandlung mit N. inaktiviert werden, bleibt die biologische Aktivität zahlreicher Glycoproteine, z. B. der Plasmaproteine, – trotz Änderung ihrer elektrophoretischen Beweglichkeit – erhalten. Die biologische Bedeutung der N. bei Influenzaviren liegt in der Auflösung der schützenden Schleimschicht der vom Virus befallenen Organe.

Neuraminsäure, *5-Amino-3,5-didesoxy-D-glycero-D-galactononulosonsäure*, eine biogenetisch aus Mannosamin und Phosphoenolpyruvat gebildete C_9-Verbindung, die im Tierreich weit verbreitet ist (Abb.). N. findet sich in Mucolipiden, Mucopolysacchariden, Glycoproteinen sowie den Oligosacchariden der Frauenmilch. Die N-Acetyl-, N-Glycoloyl und O-Acetylderivate werden als *Sialinsäuren* bezeichnet. In Humanglycoproteinen kommt wahrscheinlich nur N-Acetylneuraminsäure vor.

$$\boxed{HOOC-CO-CH_2}-CHOH-CH(NH_2)-(CHOH)_3-CH_2OH$$

Neuraminsäure. Der umrandete Molekülteil stammt biosynthetisch von Phosphoenolpyruvat ab.

Neurofilament, *NF*, ein wichtiger Typ der in verschiedenen Bereichen des Nervensystems oder in bestimmten Entwicklungsstadien exprimierten ↗ *intermediären Filamente* von Nervenzellen. Insbesondere in ausgereiften Nervenzellen erstrecken sich die N. über die Länge eines Axons und bilden seinen wichtigsten Cytoskelettbestandteil. Entsprechend ihrer relativen Molekülmasse (niedrig, mittel oder hoch) unterteilt man die Neurofilament-Proteine der Säuger in NF-L, NF-M und NF-H.

Neurofilament-Proteine, Bestandteil neuronaler ↗ *intermediärer Filamente*.

Neurohormone, ↗ *Hormone*.

neurohypophysäre Hormone, die in den großzelligen Kernen des Hypothalamus gebildeten Peptidhormone ↗ *Vasopressin* und ↗ *Oxytocin*, die an ↗ *Neurophysine* gebunden, durch axonalen Transport über die neurosekretorische Bahn als Neurosekret zur Neurohypophyse (Hypophysenhinterlappen, abgek. HHL) gelangen und dort in sekretorischen Vesikeln gespeichert werden. Das Wirkungsspektrum Oxytocin und Vasopressin reicht von der Beeinflussung der glatten Muskulatur des Uterus, der Brustdrüse und der Blutgefäße bis zur Veränderung der Permeabilität der Haut, der Harnblase und der Tubuli der Niere.

Neurokinine, zu den ↗ *Tachykinen* gehörende ↗ *Neuropeptide*. *Neurokinin A* oder α, His^1-Lys-Thr-Asp-Ser^5-Phe-Val-Gly-Leu-Met^{10}-NH$_2$, leitet sich wie ↗ *Substanz P* vom Polyprotein-Vorläufer *β-Prä-Pro-Tachykinin* ab. Neurokinin A gehört zu den Kassinin-ähnlichen Tachykininen. Der gleiche Vorläufer ist auch die Quelle für das *Neuropeptid K*, eine N-terminal verlängerte Form von Neurokinin A. Auch *Neurokinin B* oder β, H-Asp^1-Met-His-Asp-Phe^5-Phe-Val-Gly-Leu-Met^{10}-NH$_2$, zählt zur Gruppe der Kassinin-ähnlichen Tachykinine. Es wird von einem anderen Gen codiert und kann daher im Vergleich zum Neurokinin A in ganz verschiedenen Zellen exprimiert werden. Von den vier Säuger-Tachykininen wurden für drei (Substanz P, Neurokinin A und Neurokinin B) eigene Rezeptoren gefunden: für Neurokinin A der E-Typ-, für Neurokinin B der K-Typ- und für Substanz P der P-Typ-Rezeptor. Die N. wirken ebenso wie Substanz P als Neurotransmitter. Die drei Säuger-Tachykinine zeigen ein breites Spektrum biologischer Wirkungen, die über ihre eigenen Rezeptoren vermittelt werden. Offenbar benutzen die Säuger für ihre neuralen Kommunikationssysteme die unterschiedlichen physiologischen Funktionen dieser drei Tachykinine.

Neuroleptika, ↗ *Psychopharmaka*.

Neuroleukin, *NLK*, ein als neurotropher Faktor fungierendes Polypeptid (M_r 56 kDa). N. ist an der Regulation des Wachstums bestimmter Nervenzellen beteiligt und stimuliert darüber hinaus die peripheren mononukleären Blutzellen zur Sekretion von ↗ *Immunglobulinen*. Mäuse-N. besitzt hohe Sequenzhomologie zur Glucose-6-phosphat-Isomerase (Schweinemuskel, Hefe), aber auch eine partielle Homologie zum Hüllprotein des HIV (gp120). HIV inhibiert *in vitro* die neurotrophe Aktivität des NLK. N. wird durch Muskelzellen und Lymphocyten synthetisiert, so dass eine Zuordnung zu den ↗ *Lymphokinen* nicht abwegig wäre.

Neuromedine, eine Gruppe von ↗ *Neuropeptiden* mit Wirkung auf die glatte Muskulatur. *Neuromedin*

B, *NMB*, H-Gly^1-Asn-Leu-Trp-Ala^5-Thr-Gly-His-Phe-Met^{10}-NH$_2$, zeigt potente kontraktile Aktivität am Rattenuterus und Meerschweinchenileum ähnlich dem ↗ *Bombesin*, aber unterschiedlich zum Tachykinin, so dass NMB und die N-terminal verlängerten *NMB-30* und *NMB-32* sowie das *NMC* zu den Bombesin-ähnlichen Neuropeptiden gezählt werden. *Neuromedin C*, *NMC*, H-Gly^1-Asn-His-Trp-Ala^5-Val-Gly-His-Leu-Met^{10}-NH$_2$, ist identisch mit der C-terminalen Sequenz 18–27 des ↗ *Gastrin-freisetzenden Peptids* und unterscheidet sich nur durch einen Aminosäurebaustein vom C-terminalen 10-AS Peptid Bombesin. Es zeigt typische Bombesin-ähnliche Aktivitäten am Rattenuterus und Meerschweinchenileum. NMC wird entweder aus dem Gastrin-freisetzenden Peptid oder aus dem Vorläufer in neuralen Geweben freigesetzt. Aus der Verteilung im Rattenhirn, im Rückenmark und der Hypophyse lässt sich schließen, dass NMB und NMC unterschiedliche physiologische Funktionen erfüllen und dass ihre Biosynthese über individuell regulierte Systeme verläuft. *Neuromedin N*, *NMN*, H-Lys^1-Ile-Pro-Tyr-Ile^5-Leu-OH, zeigt sowohl in der Sequenz als auch in der biologischen Aktivität Ähnlichkeiten zum ↗ *Neurotensin*. NMN bewirkt Kontraktion des Meerschweinchenileums und Blutdrucksenkung, die etwa 15 % bzw. 13 % der durch Neurotensin vermittelten Effekte entsprechen. Die biologischen Effekte des NMN werden über eigene spezifische Rezeptoren vermittelt. *Neuromedin U-8*, *NMU-8*, H-Tyr^1-Phe-Leu-Phe-Arg^5-Pro-Arg-Asn-NH$_2$, und *NMU-25*, H-Phe^1-Lys-Val-Asp-Glu^5-Glu-Phe-Gln-Gly-Pro^{10}-Ile-Val-Ser-Gln-Asn^{15}-Arg-Arg-Tyr-Phe-Leu^{20}-Phe-Arg-Pro-Arg-Asn^{25}-NH$_2$ sind Peptide mit uteruskontrahierender Wirkung (U leitet sich von Uterus ab), wobei NMU-25 eine dreifach höhere Wirkung am glatten Muskel des Uterus zeigt sowie eine blutdrucksteigernde Wirkung mit ähnlicher Wirkungsabstufung. NMU-ähnliche Immunreaktivität ist weit verbreitet. Für die Aktivität ist das C-terminale 7-AS Peptidamid essenziell.

neuronale Ceroidlipofuscinose, *familiäre amaurotische Idiotie*, eine ↗ *lysosomale Speicherkrankheit* (eine Sphingolipidose), die in den Typen: *Santavuori* (kindlich), *Jansky-Bielschowsky* (spätkindlich), *Batten-Spielmeyer-Vogt* (jugendlich) und *Kufs* (erwachsen) auftritt. Der enzymatische Defekt ist nicht bekannt. Möglicherweise ist der Stoffwechsel von dolicholverknüpften Oligosacchariden betroffen. Es kommt zu erhöhtem Auftreten arachidonsäurehaltiger Phosphoglyceride in Gehirn und Serum sowie zur Akkumulation von Dolichol, Dolichylphosphat, Ceroid und Lipofuscin in Neuronen. Klinische Symptome sind cerebrale Degeneration mit optischer Atrophie, geistige und motorische Entwicklungsverzögerung mit Blindheit. Bei späten Formen tritt keine Blindheit auf.

Neuropeptid Y, *NPY*, ein aus dem Schweinegehirn isoliertes 36-AS Peptidamid. Der Name bezieht sich auf die beiden terminalen Tyrosinreste. N. Y. gehört neben dem *Pankreatischen Polypeptid* (*PP*), dem *Polypeptid YY* (36-AS Peptid mit ebenfalls terminalen Tyrosinresten) sowie dem *Neuropeptid F* zur *Pankreatischen Polypeptid-PYY-NPX-Gruppe*. Bisher wurden vier NPY-Rezeptorsubtypen (Y_1, Y_2, Y_4/PP_1, Y_5) im Menschen und ein zusätzlicher Y_6-Rezeptor in der Maus auf DNA-Ebene charakterisiert. Ausschließlich nur einen Rezeptorsubtyp-bindende Analoga sind gegenwärtig nicht bekannt. NPY ist im zentralen und peripheren Nervensystem weit verbreitet und wird aus dem 97-Prä-Pro-NPY durch Prozessierung freigesetzt. Der Y_1-Rezeptor (Glycoprotein, M_r 70 kDa) bindet NPY, jedoch nicht NPY-(13–36), während der Y_2-Rezeptor (Glycoprotein, M_r 50 kDa) die N-terminal verkürzte Form und das NPY bindet. [Pro^{34}]NPY vom Schwein ist ein effizienter Agonist für den Y_1-Rezeptor. NPY-(18–36) wirkt als Antagonist in Herzmembranen. Beide Rezeptoren treten mit PYY in Wechselwirkung. NPY soll über den Y_5-Rezeptor den Appetit stark anregen. NPY erhöht die intrazelluläre Ca^{2+}-Konzentration in Zellen des vaskulären glatten Muskels und inhibiert die beispielsweise durch Forskolin oder Isoproterenol stimulierte Bildung von cAMP sowie die durch Calmodulin stimulierte Phosphodiesterase. Daneben sind weitere Wirkungen beschrieben worden. [T.S. Gray, J.E. Morley, *Life Sci.* **38** (1986) 389; L. Grundemar u. S. Bloon (Hrsg.), *Neuropeptide Y and Drug Developments* Academic Press Ltd., 1997]

Neuropeptide, an neuralen Prozessen beteiligte Peptide. Viele im Gehirn vorkommende Peptide sind an der Regulation von Schmerz, Schlaf, Blutdruck, Durst, Essen, Lernen, Erinnerung u. a. beteiligt. Die N. weisen ein sehr breites physiologisches Wirkungsspektrum auf. Dazu kommen unterschiedliche pharmakologische Effekte. Die Entdeckung der ↗ *Enkephaline* im Jahre 1975 hat die Suche nach anderen opioiden Peptiden (↗ *Opioidpeptide*) angeregt. Ausgewählte Vertreter sind weiterhin u. a. ↗ *Neurotensin*, ↗ *Neurotrophine*, ↗ *Tachykinine*, ↗ *Neuropeptid Y*, ↗ *Neuromedine*, ↗ *Liberine*, ↗ *Statine*.

Neurophysine, *NP*, Biosynthesevorläufer und zugleich Transportproteine für die im Hypothalamus gebildeten Peptidhormone ↗ *Oxytocin* und ↗ *Vasopressin*. Die aus etwa 95 Aminosäureresten bestehenden, cysteinreichen N. (M_r 10 kDa) werden in den großzelligen Kernen des Hypothalamus gebildet und durch axonalen Transport über die neurosekretorische Bahn zum Hypophysen-Hinterlappen (Neurohypophyse) gebracht. Die N. zeigen selbst keine Hormonwirkung.

Neurosporin, ein zur Gruppe der Carotine gehörender Kohlenwasserstoff, der zwölf Doppelbindungen enthält, von denen neun konjugiert sind (M_r 538, F. 124 °C). Neurosporin fungiert als unmittelbare Biogenesevorstufe (↗ *Phytoen*) des Lycopins und findet sich in *Neurospora crassa*.

Neurotensin, *NT*, Tyr^1-Leu-Tyr-Glu-Asn^5-Lys-Pro-Arg-Arg-Pro^{10}-Tyr-Ile-Leu-OH, ein 13-AS Peptid, das 1973 erstmalig aus Rinder-Hypothalami isoliert wurde. Später wurde immunreaktives N. auch im Gastrointestinaltrakt gefunden. Neben den typischen Kininwirkungen, wie Blutdrucksenkung, Erhöhung der Kapillarpermeabilität, Kontraktion der glatten Muskulatur an Uterus, Darm und Bronchien, zeigt N. hyperglycämische Aktivität und eine Reihe weiterer biologischer Wirkungen. Der C-terminale Sequenzbereich des N. weist einen hohen Homologiegrad zum ↗ *Xenopsin* auf. Für die Inhibierung der durch ↗ *Pentagastrin* stimulierten Sekretion von Magensäure und Pepsin ist die komplette Sequenz erforderlich, ebenso für den Motilitäts-inhibierenden Effekt. N- und C-terminale Fragmente des N. stimulieren die Phagocytose von Makrophagen (10^{-7} M). [M. Mogard et al. *Gastroenterology* **86** (1984) Pt. 2, 1.186]

Neurotoxine, *Nervengifte*, Verbindungen natürlichen und synthetischen Ursprungs mit toxischer Wirkung auf das Nervensystem. Eine Vielzahl natürlicher neurotoxischer Peptide bzw. Proteine sind bekannt, z. B. ↗ *Crotoxin*, *Cobratoxine*, ↗ *Apamin* und ↗ *Amanitine*.

Neurotransmitter, kleine, diffusionsfähige Moleküle, wie Acetylcholin, Noradrenalin, Aminosäurederivate und auch Peptide (Substanz P, Encephaline u. a.), die an Nervenenden, Synapsen und motorischen Endplatten durch eine elektrische Erregung aus synaptischen Vesikeln freigesetzt werden. Sie fungieren als Aktionssubstanzen, die auf chemischem Weg die Erregung, d. h. die Information, von einer Nervenzelle auf eine andere oder das Erfolgsorgan übertragen. Adrenerge Neurotransmitter, wie ↗ *Noradrenalin* und ↗ *Adrenalin*, sind an sympathischen, postganglionären Synapsen zu finden, cholinerge Neurotransmitter, wie ↗ *Acetylcholin*, an prä- und postganglionären Synapsen des parasympathischen Nervensystems. Im Zentralnervensystem gibt es zusätzliche N., die erregend – wie ↗ *L-Glutaminsäure* – und hemmend – wie ↗ *4-Aminobuttersäure* – wirken oder beide Effekte zeigen, z. B. ↗ *Dopamin* und ↗ *Serotonin*. Die oft erfolgende Gleichsetzung von N. mit Neurohormonen ist umstritten.

neurotropher Gehirnfaktor, BDNF (engl. *brain-derived neurotrophic factor*), ein im Gehirn lokalisiertes ↗ *Neurotrophin*, dessen Zielzellen sich sowohl im peripheren Nervensystem als auch im ZNS befinden. BDNF zeigt mehr als 50 % Sequenzhomologie mit dem ↗ *Nervenwachstumsfaktor* (NGF) und auch das Disulfidpaarungsmuster ist dem des Maus-NGF sehr ähnlich. [Y. A. Barde *Prog. Growth Factor Res.* **2** (1990) 237]

Neurotrophine, eine Proteinfamilie von Nervenwachstumsfaktoren mit substanzieller Sequenzhomologie. Zu den N. gehören der ↗ *Nervenwachstumsfaktor* (NGF), der ↗ *neurotrophe Gehirnfaktor* (engl. *brain-derived neurotrophic factor*, BDNF) sowie vier weitere N. (NT-3, NT-4, NT-5 und NT-6). Die zuletzt genannten N. wurden zunächst durch Klonierungsexperimente identifiziert und danach unter Nutzung rekombinanten Materials charakterisiert. Alle zeigen Sequenzähnlichkeiten mit dem NGF und dem BDNF. NT-6 ist das jüngste Mitglied der N. und wurde aus der Genbibliothek des Fisches *Xiphophorus maculatus* kloniert. [R.A. Bradshaw et al. *Trends Biochem. Sci.* **18** (1993); R. Götz et al. *Nature* **372** (1994) 266]

neuroviszerale Lipidose, ↗ *Gangliosidosen (allgemeine G_{M1}-Gangliosidose)*.

neutrale Fette, *Triacylglycerine*, Glycerinester höherer gesättigter und ungesättigter Fettsäuren. Es handelt sich um neutrale Verbindungen, die durch Veresterung des dreiwertigen Alkohols Glycerin mit drei Molekülen Fettsäure entstehen. Die Fettsäuren sind unverzweigt und geradzahlig (4–26 C-Atome), gesättigt oder ungesättigt. ↗ *Acylglycerine*, ↗ *Fette und fette Öle*.

Neutrophile-aktivierendes Protein 1, *NAP-1*, ältere Bezeichnung für Interleukin-8 (↗ *Interleukine*).

Nexin, ein am Aufbau des Axonema von eukaryontischen Cilien (Wimperhärchen) und Geißeln beteiligtes hochelastisches Protein (M_r 165 kDa). Es verbindet die parallel nebeneinander angeordneten doppelröhrenförmigen Mikrotubuli des Axonems. N. ist nicht verwandt mit den Protease-Inhibitoren gleichen Namens.

Nexus, ↗ *Gap-Junction*.

NF, Abk. für ↗ *Neurofilamente*. NF-H, Neurofilamentproteine hoher Molekülmasse; NF-L, Neurofilamentproteine niedriger Molekülmasse; NF-M, Neurofilamentproteine mittlerer Molekülmasse.

NGF, Abk. für ↗ *Nervenwachstumsfaktor* (engl. *nerve growth factor*).

NHI-Proteine, Abk. für ↗ *Nicht-Hämeisen-Proteine* (engl. *nonheme iron proteins*).

Niacin, Syn. für ↗ *Nicotinsäure*, ein Bestandteil des Vitamin-B$_2$-Komplexes.

Niacinamid, Syn. für ↗ *Nicotinsäureamid*, ein Bestandteil des Vitamin-B$_2$-Komplexes.

nichtcodierender Strang, laut Übereinkunft (JCBN/NC-IUB Newsletter, 1989, wiedergegeben in *Biochemical Nomenclature and Related Documents – A Compendium*, 2. Ausgabe 1992) derjenige Strang eines doppelsträngigen DNA-Abschnitts, dessen Nucleotidsequenz komplementär zu der des RNA-Transkripts (z. B. mRNA) ist, das von dieser doppelsträngigen DNA abstammt. Es handelt sich um denjenigen DNA-Strang, der als Matrize für das RNA-Transcript dient und kann deshalb auch als *Matrizenstrang* oder *codogener Strang* bezeichnet werden. Alternativ kann auch von *Antisinnstrang* gesprochen werden. Andere Bezeichnungen, wie „Nichtsinnstrang" und „nichttranscribierender Strang" sollten nach Meinung des JCBN/NC-IUB-Newsletters von 1989 nicht verwendet werden.

nichtcodogener Strang, Syn. für ↗ *codierender Strang*.

Nicht-Hämeisen-Proteine, *NHI-Proteine* (engl. nonheme iron), Proteine, die Eisen enthalten, das nicht an ein Hämsystem gebunden vorliegt. In diesen Proteinen wird das Eisen durch das Schwefelatom von Cysteinresten gebunden und ist oft auch mit anorganischem Schwefel assoziiert. Diese Proteine werden auch ↗ *Eisen-Schwefel-Proteine* genannt. ↗ *Ferredoxin*, ↗ *Rubredoxin*.

nichthemmbare insulinähnliche Aktivität, ↗ *insulinähnlicher Wachstumsfaktor*.

Nicht-Histon-Proteine, „saure Chromatinproteine", gewebsspezifische, an bestimmte DNA-Sequenzen gebundene heterogene Proteine. Ihr M_r in Detergenzien liegt mit 30–70 kDa deutlich über dem M_r der ↗ *Histone*. Sie spielen als spezifische Genderepressoren eine Rolle bei der Regulation der Genexpression in Säugerzellen, insbesondere bei der Zellproliferation. Die N. können durch 0,35molare NaCl-Lösung von Chromatin entfernt werden.

nichtkompetitive Inhibierung, ↗ *Effektoren*.

nichtkovalente Bindungen, ein Bindungstyp, der für die Aufrechterhaltung der Kettenkonformation und der Quartärstruktur der Proteine verantwortlich ist. Sie sind auch für die Struktur und Funktion von Nucleinsäuren verantwortlich.

1) *Wasserstoffbrückenbindung*, die sich zwischen benachbarten Peptidbindungen (Abstand 0,28 nm), zwischen Tyrosyl- und Carboxyl- bzw. Imidazolgruppen sowie zwischen Seryl- und Threonylresten ausbilden. Die Wasserstoffbrückenbindung stellt insbesondere einen wichtigen Faktor dar für die Nucleinsäurestruktur und die Matrizenerkennung im Verlauf der Replikation, der Transcription und der Translation (↗ *Basenpaarung*, ↗ *Ribonucleinsäure*, ↗ *Proteinbiosynthese*, ↗ *Desoxyribonucleinsäure*).

2) *Heteropolare (elektrostatische) Bindungen* werden in Proteinen zwischen Resten entgegengesetzter Ladung, wie z. B. zwischen dem Lysyl- und dem Glutamylrest, ausgebildet.

3) *Apolare (hydrophobe) Bindungen* werden in Proteinen zwischen eng benachbarten ungeladenen Gruppen, z. B. -CH₃, -CH₂OH, oder zwischen etwas entfernt stehenden hydrophoben Gruppen, z. B. zwischen Phenyl- und Leucylgruppen, gebildet. Die effektive Stärke dieser hydrophoben Bindungen wird durch den Entropieeffekt der Abstoßung des umgebenden Wassers erhöht. Dadurch tragen diese Bindungen zur Stabilität der Proteinkonformation, besonders bei erhöhten Temperaturen, bei.

4) *Van-der-Waals-Kräfte* wirken nur auf kurze Entfernungen. Sie entsprechen der schwachen Anziehungskraft zwischen dem positiv geladenen Kern eines Atoms und den negativ geladenen Elektronen eines anderen Atoms. Van-der-Waals-Kräfte spielen eine wichtige Rolle bei der Basenstapelung in der DNA-Doppelhelix (↗ *Desoxyribonucleinsäure*).

Nichtmatrizenstrang, derjenige Strang eines doppelsträngigen DNA-Abschnitts, der nicht als Matrize für die Erzeugung eines RNA-Transcripts (z. B. mRNA) dient. Er besitzt deshalb die gleiche Nucleotidsequenz wie das RNA-Transcript, wobei T anstelle von U vorhanden ist. Alternative Namen sind ↗ *codierender Strang* und Sinnstrang.

nichtreduzierendes Ende (eines Oligo- oder Polysaccharids), derjenige endständige Monosaccharidrest, der an seinem anomeren Kohlenstoffatom (d. h. C1 in Aldosen, C2 in Ketosen) *keine* nichtderivatisierte Hydroxylgruppe besitzt, da diese aufgrund der Bildung einer glycosidischen Bindung durch OR (wobei R der Rest des Oligo- oder Polysaccharidmoleküls ist) ausgetauscht wurde. Dadurch erfüllt dieser Rest nicht mehr die Bedingungen eines reduzierenden Zuckers. Alle linearen Oligo- und Polysaccharide (z. B. Amylose, Cellulose) haben ein n. E. Alle verzweigten Oligo- und Polysaccharide (z. B. Amylopektin, Glycogen) besitzen dagegen mehrere n. E., weil jede äußere Kette ein solches n. E. bildet. Verschiedene Enzyme, die entweder am Abbau von Oligo- und Polysacchariden (z. B. β-Amylase, EC 3.2.1.2; Phosphorylase, EC 2.4.1.1) oder deren Biosynthese (Glycogen-Synthase, EC 2.4.1.11 und EC 2.4.1.21) beteiligt sind, erkennen n. E. und entfernen entweder schrittweise Glycosylreste aus Glycanketten oder addieren Glycosylreste an diese.

Nicht-Rezeptor-Tyrosinkinasen, meist zur SRC-Familie oder ↗ *Jak-Familie* gehörende Kinasen. Es wird angenommen, dass die Kinase-Domäne von einem unterschiedlichen Gen codiert wird und mit dem Rezeptor über nichtkovalente Wechselwirkungen verbunden ist. Bei der durch Liganden ausgelösten Aktivierung erfolgt wahrscheinlich wie auch bei den Rezeptor-Tyrosinkinasen eine Dimerisierung des Rezeptors. Zur SRC-Familie der N. gehören mindestens acht Mitglieder, die mit *Src, Fgr, Yes, Fyn, Lck, Lyn, Hck* und *Blk* bezeichnet werden. Im Gegensatz zur Jak-Familie enthalten sie SH2- und SH3-Domänen und sind an der cytoplasmatischen Seite der Plasmamembran lokalisiert. Die Verankerung mit der Membran erfolgt über kovalent verknüpfte Lipidseitenketten bzw. durch nichtkovalente Interaktionen mit der Polypeptidkette des Rezeptors.

Nichtsinnstrang, ein alternativer Name für den ↗ *nichtcodierenden Strang* einer doppelsträngigen DNA.

nichtvirilisierende kongenitale Nebennierenhyperplasie, Syn. für Nebennierenhyperplasie II, ↗ *Nebennierenhyperplasien*.

nichtzyklische Photophosphorylierung, *nichtzyklische Phosphorylierung* (nc-p/p), ↗ *Photosynthese (Primärreaktionen)*.

Nickel, *Ni*, ein Metall, das in lebenden Systemen nur in Spuren vorkommt. Es scheint insbesondere mit der RNA assoziiert vorzuliegen. Ein Nickel-Metalloprotein, das „Nickeloplasmin" wurde aus dem Human- und Kaninchenserum isoliert, seine Funktion ist jedoch nicht bekannt. Ni schützt die Ribosomenstruktur gegen Hitzedenaturierung und es stellt die Sedimentationscharakteristika von *E.-coli*-Ribosomen wieder her, die durch EDTA denaturiert worden sind. Ni ist in der Lage, *in vitro* einige Enzyme zu aktivieren, z. B. Desoxyribonuclease, Acetyl-CoA-Synthetase und Phosphoglucomutase. Ein Ni-Mangel ruft Veränderungen in der Ultrastruktur der Leber und des Cholesterinspiegels in der Lebermembran hervor. Wahrscheinlich ist Ni für die Regulierung von Prolactin wichtig.

nicking-closing-Enzyme, ↗ *Topoisomerasen* vom Eukaryontentyp I.

Nick Translation, ein Verfahren zur Herstellung von ^{32}P-markierten DNA-Sonden für Hybridisierungstests. In diesem Zusammenhang bezieht sich der Begriff „Translation" nicht auf den Translationsprozess der Proteinsynthese, sondern auf die Translationsbewegung einer Spaltungsstelle bzw. eines Bruchs (engl. *nick*) entlang eines Duplex-DNA-Moleküls. Die Brüche werden durch eine stark eingeschränkte DNase-Behandlung an weit voneinander entfernten Stellen in die DNA eingefügt. Die gebildeten Schnittstellen weisen freie 3'OH-Gruppen auf. Anschließend werden mit Hilfe von *E.-coli*-DNA-Polymerase I gleichzeitig die 5'-Mononucleotidenden entfernt (5'→3'-Exonucleaseaktivität der Polymerase I) und die passenden Nucleotide aus ^{32}P-markierten Desoxynucleosidtriphosphaten (α^{32}P-dNTP, mit N = G, A, T oder C) inkorporiert. In Gegenwart aller vier radioaktiv markierten Desoxynucleosidtriphosphate wird die Markierung schrittweise auf zufällige Weise in die Duplex eingebaut, so dass die DNA letztendlich gleichmäßig markiert ist. Wenn nur eines der Desoxynucleosidtriphosphate markiert ist, wird das Markierungsmuster ungleichmäßig, besonders in Bezug auf Homopolymerbereiche (Abb.). [P.W.J. Rigby et al. *J. Mol. Biol.* **113** (1977) 237–251]

Nicotiana-Alkaloide, *Tabak-Alkaloide*, eine Gruppe von Pyridinalkaloiden, die bevorzugt in der Tabakpflanze (*Nicotiana*) vorkommt. Die N. sind Pyridine, die in β-Stellung durch Pyrrolidyl- bzw. Pi-

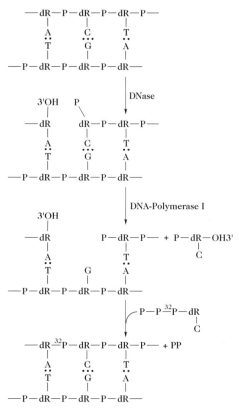

Nick Translation. Markierung der DNA mit ^{32}P durch *Nick Translation*. Die Abbildung zeigt den Austausch eines einzigen Nucleotidrests. Bei der *Nick Translation* werden innerhalb eines DNA-Moleküls viele solcher Austauschprozesse durchgeführt. DR = 2'-Desoxyribose; PP_i = anorganisches Pyrophosphat.

peridylreste substituiert sind (Abb.). In manchen Tabakarten finden sie sich in Mengen von mehr als 10 %. Im Allgemeinen ist ↗ *Nicotin* das Hauptalkaloid, nur in *Nicotiana glauca* kommt dem ↗ *Anabasin* diese Rolle zu. In *Nicotiana glutinosa* kommt Nornicotin wahrscheinlich als einziges Alkaloid vor. Andere N., die in geringen Mengen vorhanden sind, sind: Nicotyrin, Nicotellin und Myosmin. Alle N. sind sehr giftig.

Der biosynthetische Vorläufer aller N. ist die Nicotinsäure (bzw. ein eng verwandtes Derivat; ↗ *Pyridinnucleotid-Zyklus*). Bei der Bildung von Nicotin kondensiert diese Verbindung am C3 unter Abspaltung der Carboxylgruppe mit einem Pyrrolinderivat, das sich von Verbindungen der Glutamin-Prolin-Ornithin-Gruppe ableitet. Die Kondensation geht mit einer Labilisierung des Wasserstoffatoms an Position C6 des Pyridinrings der Nicotinsäure einher. Bei der Bildung von Anabasin reagiert die Nicotinsäure mit Δ^1-Piperidein. Letzteres entsteht durch Decarboxylierung und Ringschluss aus der Aminosäure Lysin. Die N-Methyl-

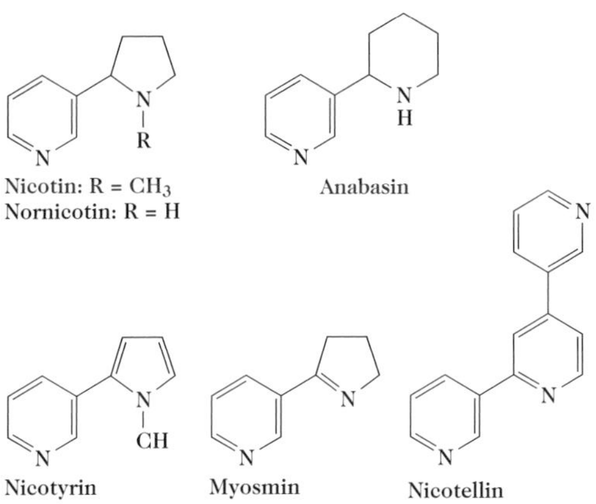

Nicotiana-Alkaloide. Einige Beispiele.

gruppe des Pyrrolidinrings stammt von Methionin ab (↗ *Transmethylierung*).

Nicotin, der Hauptvertreter der ↗ *Nicotiana-Alkaloide*. Sdp. 267 °C, D. 1,0093, $[\alpha]_D^{20}$ −169° (L-Form). Beim oxidativen Abbau geht N. in Nicotinsäure über. N. ist in allen Teilen der Tabakpflanze (*Nicotiana*) enthalten. In den Blättern kann der Gehalt je nach Art zwischen 0,05 und 0,10 % schwanken. N. wird in den Wurzeln der Pflanze gebildet und durch die oberirdischen Pflanzenteile transportiert. Außer beim Tabak findet es sich auch in einer Reihe von Pflanzen anderer Familien.

N. ist ein physiologisch sehr vielseitig wirkendes Alkaloid, das aufgrund seiner Giftigkeit kaum therapeutisch angewendet wird. Es ist das am weitesten verbreitete Suchtmittel. Bereits 50–100 mg N. (der Gehalt einer halben Zigarette) führen beim Menschen zum Tod durch Atemlähmung. Im Blutplasma von Rauchern liegt eine Nicotinkonzentration von 5–50 ng/ml vor. Bei dieser Konzentration verstärkt N. die chemotaktische Wirkung verschiedener anderer Substanzen auf polymorphkernige Neutrophile, die am Entzündungsprozess beteiligt sind. Bei 5 µg/ml – eine Konzentration, die in der Lungenflüssigkeit erreicht werden kann – wirkt N. auf Neutrophile stark chemotaktisch. Vermutlich aus diesem Grund stellt N. einen primären ätiologischen Faktor für Emphyseme dar. [N. Totti III et al. *Science* **223** (1984) 169–171]

Nicotinamid, Syn. für ↗ *Nicotinsäureamid*, ein Bestandteil des Vitamin-B$_2$-Komplexes.

nicotinische Agonisten, ↗ *Acetylcholin (Tab.)*.

nicotinische Antagonisten, ↗ *Acetylcholin (Tab.)*.

nicotinische Rezeptoren, *Nicotinrezeptoren*, neben den ↗ *Muscarinrezeptoren* eine Untergruppe der Familie der cholinergen Rezeptoren, die vor allem durch ↗ *Acetylcholin* (nicotinischer Acetylcholinrezeptor) und ↗ *Nicotin*, aber auch durch Carbachol, ↗ *Arecolin*, Suberyldicholin, Dimethylphenylpiperazin u. a. aktiviert werden. Man unter-

scheidet muskuläre und neuronale Nicotinrezeptoren. Wichtige nicotinische Antagonisten sind z. B. D-Tubocurarin, Hexamethonium und α-Bungarotoxin. Die n. R. gehören zu den ligandenaktivierten Ionenkanälen oder ↗ *ionotropen Rezeptoren*.

Nicotinsäure, *Niacin*, *Antipellagravitamin*, *Vitamin PP* (engl. *pellagra preventive factor*), *Pyridin-3-carbonsäure* (IUPAC), Oxidationsprodukt des Tabak-Alkaloids Nicotin, aus dem es 1867 erstmals erhalten wurde (M_r 123,11 Da, F. 234–237 °C). Große biologische Bedeutung hat die N. als Bestandteil des Vitamin-B$_2$-Komplexes (↗ *Riboflavin*). N. und ↗ *Nicotinsäureamid* sind ineinander umwandelbare, wasserlösliche, einfache Pyridinderivate (Abb.), die in gleicher Weise als Vitamine wirken. N. kommt in Leber, Herz, Hefe und geröstetem Kaffee vor. In ernährungsphysiologischer Hinsicht sind N. und Nicotinsäureamid äquivalent, weil sie in gleicher Weise zur NAD(P)-Synthese eingesetzt werden können. Für therapeutische Anwendungen wird jedoch Nicotinsäureamid bevorzugt, da hohe Dosen an N. unerwünschte Nebenwirkungen haben.

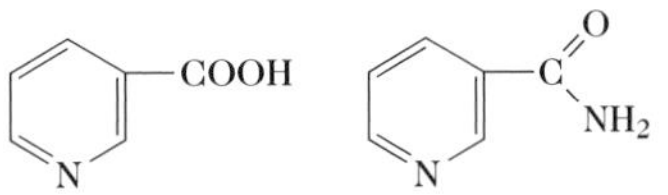

Nicotinsäure. Nicotinsäure (Pyridin-3-carbonsäure) links und Nicotinsäureamid (Pyridincarboxamid).

Ein Mangel an N. führt zu ↗ *Pellagra*. Der tägliche Nicotinsäurebedarf liegt bei 1,2 mg N. bzw. Nicotinsäureamid.

Isonicotinsäurehydrazid (*INH*; M_r 137,14 Da, F. 163 °C) ist ein bekanntes Tuberkuloseheilmittel und zeigt Antivitamincharakter gegenüber N. und Pyridoxin (Vitamin B$_6$).

Nicotinsäureamid, *Nicotinamid*, *Niacinamid*, *Antipellagravitamin*, *Vitamin PP* (engl. *pellagra preventive factor*), *3-Pyridincarboxamid* (IUPAC), ein Bestandteil des Vitamin-B$_2$-Komplexes (↗ *Riboflavin*) sowie von NAD(P) (↗ *Nicotinsäure*). N. kommt in Leber, Fisch, Hefe und Getreidekeimlingen vor. Viele Säugetiere und Pilze können den Nicotinsäureamidteil von NAD(P) durch oxidativen Abbau von L-Tryptophan selbst bilden. Der Umfang, bis zu dem ein Tier seinen Bedarf an N. mit Hilfe von Tryptophan aus dem Nahrungsmittel decken kann, ist artabhängig. Wenn man die Definition für ein Vitamin zugrundelegt, nach der dieses mit der Nahrung zugeführt werden muss, ist für Ratten N. kein Vitamin, da sie ihren Bedarf vollständig durch Tryptophanabbau decken können. Bei Bakterien und Pflanzen wird der Nicotinsäureamidteil von NAD(P) auf einem anderen Weg erhalten. Sie verwenden Asparaginsäure und Dihydroxyacetonphosphat als Vorläufer. Bei Menschen tritt als

Folge von Proteinmangelernährung das Krankheitsbild der ↗ *Avitaminose* ↗ *Pellagra* auf.

Nicotinsäureamid-adenin-dinucleotid, *NAD*, *Diphosphopyridinnucleotid* (*DPN*), *Codehydrogenase I*, *Coenzym I*, *Cozymase*, ein Pyridinnucleotidcoenzym, das an biochemischen Redoxprozessen zahlreicher NAD-spezifischer Substrate beteiligt ist. NAD ist das Coenzym einer großen Anzahl von Oxidoreduktasen, die als pyridinabhängige Dehydrogenasen zusammengefasst werden. Sie dienen als Elektronenakzeptoren bei der enzymatischen Abspaltung der Wasserstoffatome von spezifischen Substratmolekülen.

In der oxidierten Form (NAD⁺; M_r 663,4 Da) ist das Pyridiniumkation des Nicotinamids über eine *N*-glycosidische Bindung an das C1 der D-Ribose gebunden. Der Nicotinsäureamidribosidteil ist über eine Pyrophosphatbrücke mit dem Adenosin verknüpft. NAD hat daher die Struktur eines Dinucleotids (Abb. 1).

Nicotinsäureamid-adenin-dinucleotid. Abb. 1. Struktur des NAD. Im Nicotinsäureamid-adenin-dinucleotidphosphat (NADP) ist an C2 des zweiten Nucleotids (Pfeil) eine zusätzliche Phosphatgruppe vorhanden.

NAD kommt in zwei Formen vor, die sich in der Konfiguration der glycosidischen Bindung des Nicotinsäureamids unterscheiden: α-NAD ($[α]_D^{23}$ +14,3°) und β-NAD ($[α]_D^{23}$ −34,8°). Nur das β-NAD ist enzymatisch aktiv. Die glycosidische Bindung des Adenins besitzt sowohl im α- als auch im β-NAD die β-Konfiguration.

Die reversible Wasserstoffaufnahme ist an den Pyridinring des Nicotinsäureamidanteils des Coenzyms gebunden (Abb. 2). Wegen der positiven Ladung des koordinativ fünfwertigen Stickstoffs des Pyridiniumkations symbolisiert man das oxidierte NAD (NAD$_{ox}$) exakt als *NAD⁺*. Die reduzierte Form des NAD (NAD$_{red}$) wird heute entsprechend den Richtlinien der Internationalen Nomenklaturkommission als *NADH* bezeichnet. Die Wasserstoffübertragung von einem reduzierten Substrat (Substrat-H₂) auf das NAD⁺ einer Dehydrogenase erfolgt stereospezifisch und ist

eigentlich eine Hydridübertragung. Werden 2 [H] mit einem Elektronenpaar von einem Substrat auf den Pyridinring übertragen, so wird das Pyridiniumkation unter Aufhebung seiner aromatischen Natur reduziert, und ein Proton freigesetzt:
Substrat-H₂ + NAD⁺ ⇄ Substrat + NADH + H⁺.

Nicotinsäureamid-adenin-dinucleotid. Abb. 2. Reversible Reduktion des Pyridinrings von NAD bzw. NADP. Gezeigt ist das prochirale Zentrum am C4 des Pyridinrings.

Eines der beiden übertragenen Wasserstoffatome wird kovalent an NAD gebunden, während das andere in ein Proton überführt wird, das mit den Protonen des wässrigen Mediums im Gleichgewicht steht.

Durch die Reduktion von NAD wird am C4 des Pyridinrings ein prochirales Zentrum eingeführt. Die Übertragung des Hydridions (ein Proton mit einem Elektronenpaar) auf NAD⁺ verläuft stereospezifisch, d. h. der neu eingeführte Wasserstoff nimmt entweder die *pro-R-* oder die *pro-S*-Konfiguration ein [entsprechend der älteren Nomenklatur ist der Wasserstoff entweder auf der A(α)- oder der B(β)-Seite des reduzierten Pyridinrings gebunden]. Beispielsweise übertragen die Ethanol-, Lactat- und Malat-Dehydrogenasen den Wasserstoff auf die *pro-R*-Position und spalten ihn auch wieder aus dieser Position ab, während 3-Phosphoglycerinaldehyd- und Glucose-Dehydrogenase *pro-S*-spezifisch sind.

Die oxidierte und die reduzierte Form von NAD besitzen unterschiedliche spektrophotometrische Eigenschaften. Beide zeigen eine intensive Absorptionsbande im Bereich von 260 nm, die auf das Adenin zurückzuführen ist. NADH besitzt ein breites Absorptionsmaximum bei 340 nm, das bei NAD⁺ nicht vorhanden ist und durch die chinoide Struktur des reduzierten Nicotinsäureamidrings verursacht wird. Daher lässt sich die Reduktion oder Oxidation von NAD relativ leicht an der Änderung der Lichtabsorption bei 340 nm verfolgen (↗ *optischer Test*). Da die Absorptionsbande relativ breit ist, kann sie auch durch Wellenlängen bestimmt werden, die sich vom Maximum unterscheiden, beispielsweise können die Quecksilberlinien bei 334 nm und 366 nm verwendet werden. Das $λ_{max}$ von NAD⁺ (pH 7,0) liegt bei 260 nm (ε = 18.000, d. h., 1 Mol in 1 Liter entspricht einer Absorption von 18.000, wenn der Lichtweg 1 cm beträgt). NADH weist zwei Absorptionsmaxima auf (pH 10,0), das erste bei 259 nm (ε = 14.400), das zweite bei 340 nm (ε = 6.200). Bei 334 nm beträgt ε = 6.000 und bei 366 nm ist ε = 3.300.

In lebenden Zellen liegt NAD vorwiegend in oxidierter Form vor. So wurde z. B. für Rattenlebergewebe ein Quotient $NAD^+/NADH + H^+ = 2,6/1$ bestimmt. Allerdings sind beträchtliche Mengen des Coenzyms an Dehydrogenasen gebunden und liegen nicht in freier Form vor.

Die Biosynthese von NAD verläuft über Chinolinsäure (↗ *Pyridinnucleotid-Zyklus*, ↗ *L-Typtophan*). Am Abbau von NAD sind verschiedene Enzyme beteiligt: NADH-Oxidase, NADH-Pyrophosphatase, NAD-Nucleosidasen u. a.

Über die Stoffwechselfunktionen des NAD ↗ *Wasserstoffmetabolismus*.

Zusätzlich zu seiner Funktion bei der Wasserstoffübertragung dient NAD^+ bei der ↗ *ADP-Ribosylierung* von Proteinen als Donor der ADP-Ribosylgruppe.

Nicotinsäureamid-adenin-dinucleotidphosphat,

NADP, Triphosphopyridinnucleotid (TPN), Coenzym II, ein Pyridinnucleotidcoenzym, das sich vom ↗ *Nicotinsäureamid-adenin-dinucleotid* durch einen Phosphatrest in 2'-Stellung des Adenosinanteils des Dinucleotids unterscheidet; M_r 743,4 Da, $E_0 = -0,317 V$ (pH 7,0, 30 °C), λ_{max} der oxidierten Form (NADP$^+$; pH 7) = 260 nm, $\varepsilon = 18.000$. 1. λ_{max} der reduzierten Form (NADPH; pH 10) = 259 nm, $\varepsilon = 14.100$. 2. λ_{max} der reduzierten Form = 340 nm, $\varepsilon = 6.200$.

NADP ist das Coenzym von Dehydrogenasen bzw. Hydrogenasen (↗ *Dehydrierung*, ↗ *Reduktion*) und spielt für reduktive Synthesen im Zellstoffwechsel, z. B. für die ↗ *Photosynthese* und die ↗ *Ammoniakassimilation*, eine ausschlaggebende Rolle. Im Allgemeinen gilt, dass NAD für die Wasserstoffübertragung in oxidativen, energieliefernden Prozessen (z. B. die Oxidation in der Atmungskette) verantwortlich ist, während NADP Reduktionskraft für Synthesereaktionen zur Verfügung stellt. NADP kommt in den Zellen bevorzugt in der reduzierten Form (NADPH) vor. Die oxidierte Form wird – analog zum NAD^+ bei Nicotinsäureamid-adenin-dinucleotid – durch NADP$^+$ wiedergegeben. Ein Überschuss an NADPH kann auch durch eine Transhydrogenierung (↗ *Wasserstoffmetabolismus*) beseitigt werden.

Wie bei der Oxidoreduktion von NAD verändert sich bei der reversiblen Oxidation von NADP die Lichtabsorption in charakteristischer Weise: Die reduzierten Formen von NADH und NADPH haben im Unterschied zu den oxidierten Formen ein breites Absorptionsmaximum bei 340 nm. Die Extinktionsänderung bei 340 nm oder einer benachbarten Wellenlänge kann leicht gemessen werden und ist die Grundlage des ↗ *optischen Tests*.

NADP wird aus NAD durch Phosphorylierung mit ATP in einer Kinasereaktion gebildet.

Über die Stoffwechselfunktionen von NADP ↗ *Wasserstoffmetabolismus*.

Nidationshemmung, ↗ *Kontrazeptiva*.

Nidogen, Syn. für ↗ *Entactin*.

Niederspannungselektrophorese, ↗ *Elektrophorese*.

Nieman-Picksche Krankheit, eine ↗ *lysosomale Speicherkrankheit* (Abb.; eine Sphingolipidose), die durch einen Mangel an *Sphingomyelin-Phosphodiesterase* (EC 3.1.4.12) verursacht wird. Dadurch kommt es zur Akkumulation von Sphingomyelin und Cholesterin in Neuronen, Leber, Milz, Knochenmark, lymphatischem Gewebe und Lungen. Es werden fünf Krankheitstypen (Typen A-E) unterschieden, die verschieden schwer verlaufen. Typ D weist normale und Typ E normale bzw. verminderte Sphingomyelin-Phosphodiesterase-Aktivität auf. Der genetische Defekt konnte noch nicht identifiziert werden. Typ E ist gutartig. Die anderen Typen führen zu Hepatosplenomegalie und geistiger, physischer und motorischer Entwicklungsverzögerung, mit Ausnahme von Typ B, bei dem keine neurologischen Störungen auftreten. Bei Typ A beginnt die Ablagerung von Sphingomyelin im Uterus und führt im 2.–3. Jahr zum Tod. Typ C ist durch exzessive Akkumulation von nichtverestertem Cholesterin charakterisiert, begleitet von relativ geringer Akkumulation von Sphingomyelin. Die Cholesterinakkumulation ist vermutlich auf einen Fehler bei der Cholesterin-Prozessierung und der Homöostase zurückzuführen, wobei die zelluläre Aufnahme von Cholesterin aus *low-density*-Lipoproteinen stark ausgeprägt und die nachfolgende Veresterung mangelhaft ist. Patienten mit N. der Typen C (Auftreten während der ersten 6 Monate) und D (Auftreten bei Geburt) zeigen neurologische Störungen im Alter von 5–10 Jahren, wobei der Tod mit 5–15 Jahren eintritt. [H.S. Kruth et al. *J. Biol. Chem.* **261** (1986) 16.769–16.774; P.G. Pentchev et al. *J. Biol. Chem.* **261** (1986) 16.775–16.780]

NIH-Shift, eine Anionotropie, durch die sich kationoide Zwischenprodukte, die bei der Hydroxylierung ungesättigter oder aromatischer Substanzen durch Oxygenasen entstehen, stabilisieren können. Der NIH-Shift ist nach dem <u>N</u>ational <u>I</u>nstitute of <u>H</u>ealth benannt. Durch den NIH-Shift wird eine Gruppierung (gewöhnlich ein Hydridion), die sich an der Position der neu eintretenden Hydroxylgruppe befindet, in die Nachbarstellung verschoben.

Ninhydrin, ↗ *Aminosäurereagenzien*, ↗ *Ninhydrin-Assay*.

Ninhydrin-Assay, eine Nachweismethode für freie Aminogruppen von α-Aminosäuren. Mit dem ↗ *Aminosäurereagens* Ninhydrin (Hydrindantin) reagieren primäre und sekundäre Amine quantitativ bei 100–130 °C unter Bildung des blauvioletten Farbstoffs Ruhemansches Purpurrot (Abb.), der bei 570 nm spektralphotometrisch vermessen werden kann. Durch Ninhydrin erfolgt eine oxidative Decarboxylierung der Aminosäure, wobei der entstandene Ammoniak und Hydrindantin mit einem weiteren Molekül Hydrindantin den purpurblauen Farbstoff bilden. Mit Prolin und Hydroxyprolin entsteht in einer anderen Reaktionsabfolge ein gelblicher Farbstoff mit einem Absorptionsmaximum bei 440 nm.

Ninhydrin-Assay. Ruhemansches Purpurrot.

Nisin, ein zum Typ A der ↗ *Lantibiotika* gehörendes heterodet pentazyklisches Peptid, das in der Lebensmittelindustrie als Konservierungsmittel eingesetzt wird. Es wurde 1928 entdeckt und die Strukturaufklärung des 34-AS Peptids gelang Groß 1971. Die Totalsynthese von N. wurde 1987 beschrieben. Produzentenstämme sind u. a. *Lactococcus lactis* und *Streptococcus lactis*. N. wird seit 1951 zur natürlichen Konservierung von Fleisch, Käse, Gemüse und Kakao im Tonnenmaßstab eingesetzt. Es ist gesundheitlich unbedenklich. N. wird im Magen- und Darmtrakt proteolytisch vollständig abgebaut und schädigt die gramnegativen Bakterien der Darmflora nicht. [K. Rayman u. a. Hurst, in E.J. Vandamme (Hrsg.): *Biotechnology of Industrial Antibiotics*, Dekker, New York 1984, S. 607]

Nissolin, 3,9-Dihydroxy-10-methoxypterocarpan, ↗ *Pterocarpane*.

Nitratammonifikation, die Reduktion von Nitrat zu Ammoniak bei der ↗ *Nitratatmung*. Nitrat dient an Stelle von Sauerstoff als terminaler Elektronenakzeptor. Ammoniak wird ausgeschieden. Zur N. sind verschiedene aerobe Bakterien (z. B. *Bacillus*- und *Aerobacter*-Arten) unter anaeroben Bedingungen befähigt.

Nitratassimilation, die Reduktion von Nitrat zu Ammonium. Bei der in zwei Teilschritten ablaufenden N. (assimilatorische Nitratreduktion) wird Nitrat – katalysiert durch den Nitrat-Reduktase-Komplex (↗ *Nitrat-Reduktase*) – zu Nitrit reduziert. Die Nitrit-Reduktase katalysiert nachfolgend die Umwandlung von Nitrit zu Ammoniak. Das als Produkt der N. gebildete NH_4^+ dient als N-Quelle für die Synthese zelleigener organischer Stickstoffverbindungen, vor allem von Aminosäuren (Glutamat, Glutamin).

Nitratatmung, eine Form der ↗ *anaeroben Atmung*, bei der an Stelle von Sauerstoff Nitrat als terminaler Elektronenakzeptor dient. Die N. ermöglicht verschiedenen aeroben Mikroorganismen eine Energiegewinnung unter anaeroben Bedingungen. Bei der N. wird Nitrat über Nitrit und

weitere Zwischenstufen entweder zu molekularem Stickstoff (↗ *Denitrifikation*) oder zu Ammoniak (↗ *Nitratammonifikation*) reduziert. An den Reaktionen sind die dissimilatorische Nitrat- und die Nitrit-Reduktase beteiligt. Im Gegensatz zur assimilatorischen Nitratreduktion (↗ *Nitratassimilation*) werden die Produkte der N. ausgeschieden (*Nitratdissimilation*). Die N. wird durch molekularen Sauerstoff unterdrückt.

Die dissimilatorische Nitratreduktion spielt im Gegensatz zur assimilatorischen in grünen Pflanzen keine Rolle. Die bakterielle Denitrifikation führt zu Stickstoffverlusten im Boden und damit zur Verschlechterung des Pflanzenwachstums. Die Reduktion von Nitrat zu Nitrit durch Bakterien spielt beim Pökelprozess eine Rolle. Nitritbildung kann in nitrathaltigen Lebensmitteln (z. B. Spinat) die Ursache von Lebensmittelvergiftungen sein.

Nitratbildung, ↗ *Nitrifikation*.

Nitratdissimilation, ↗ *Nitratatmung*.

Nitrat-Reduktasen, ↗ *Oxidoreduktasen*, die die Reduktion von Nitrat zu Nitrit katalysieren. Alle bisher bekannten N. enthalten neben Eisen Molybdän, das durch den Wechsel zwischen dem fünf- und dem sechswertigen Zustand offenbar der eigentliche Elektronenakzeptor ist und die Elektronen auf Nitrit überträgt. Entsprechend der physiologischen Bedeutung wird zwischen assimilatorischen und dissimilatorischen N. unterschieden.

Assimilatorische N., die in Bakterien, Pilzen und höheren Pflanzen vorkommen, sind multimere Proteinkomplexe (M_r 200–500 kDa), die FAD, Cytochrom *b* und Mo enthalten. Elektronendonatoren sind NAD(P)H und reduzierte ↗ *Ferredoxine*. Meist handelt es sich um lösliche, cytoplasmatische Enzyme, die aber auch an Membranen (in höheren Pflanzen z. B. an Chloroplasten) gebunden sein können. Ihre physiologische Bedeutung liegt – zusammen mit der assimilatorischen Nitrit-Reduktase – in der Versorgung des Organismus mit Ammoniumstickstoff aus Nitrat.

Die *dissimilatorischen (respiratorischen) N.* sind membrangebunden. Sie bestehen z. B. in *Escherichia coli* aus zwei Untereinheiten (M_r 150 und 60 kDa) und enthalten neben Mo und Nicht-Häm-Eisen noch anorganischen Schwefel. Sie sind für die Energiegewinnung von Bedeutung, wobei Nitrat als Elektronenakzeptor fungiert.

Nitratreduktion, die Reduktion von NO_3^- durch die ↗ *Nitratreduktase* zu NO_2^- und (im weiteren Sinne) die Reduktion von NO_3^- zu gasförmigem Stickstoff (↗ *Nitratatmung*) oder bis zur Oxidationsstufe der Aminogruppe.

Nitrifikation, *Nitratbildung*, die Oxidation von Ammoniak über Nitrit zu Nitrat durch im Boden und im Wasser lebende Bakterien. Die N. spielt eine große Rolle im Kreislauf des Stickstoffs in der Natur.

Am Prozess der N. sind zwei Bakteriengruppen beteiligt, die Gruppe der *Nitritbildner* und die der *Nitratbildner*. Die erste Organismengruppe oxidiert Ammoniak zu Nitrit, die zweite Nitrit zu Nitrat. In humushaltigen Böden geht die N. ungehindert vonstatten, wenn ihr nicht andere Einflüsse, wie Sauerstoffmangel oder saure Bodenreaktion, entgegenwirken. Läuft die N. im Spätherbst oder Winter ab, kommt es im Oberflächenwasser zu unerwünschten Nährstoffanreicherungen (Eutrophierung) und zu Stickstoffauswaschungsverlusten.

Im Gegensatz zur N. entsteht bei der ↗ *Denitrifikation* aus Nitrat unter dem Einfluss von anaeroben, denitrifizierenden Organismen gasförmiger molekularer Stickstoff, der aus dem Boden in die Atmosphäre entweicht.

Nitrilaminohydrolase, Syn. für ↗ *Nitrilase*.

Nitrilase, *Nitrilaminohydrolase*, eine ↗ *Hydrolase*, die die Spaltung von Nitrilen zu Carbonsäuren und Ammoniak katalysiert:

$$R\text{-}CN + H_2O \rightarrow R\text{-}CONH_2 \xrightarrow{+H_2O} R\text{-}COOH + NH_3.$$

N. spaltet ein breites Spektrum von aromatischen, einschließlich (Indol-3-yl)-Acetonitril, aber auch einige aliphatische Nitrile sowie die korrespondierenden Säureamide. Als *Nitril-Hydratase* bezeichnet man N., die die vorstehende Reaktion auf der Stufe der Säureamide beenden und auch nicht in der Lage sind, aromatische Nitrile zu spalten.

In freier und immobilisierter Form wird die N. zur Herstellung von Acrylamid aus Acetonitril (Ausbeute 99 %) verwendet. Auch andere Säureamide (z. B. Acetamid, Isobutylamid, Crotonamid) können mit diesem Enzym erzeugt werden.

Nitril-Hydratase, ↗ *Nitrilase*.

Nitrogenase, genauer *Nitrogenase-Komplex* genannt, ein komplexes Enzymsystem mit mehreren Redoxzentren, das die Umwandlung von Luftstickstoff zu Ammoniak bei der ↗ *Stickstofffixierung* katalysiert. Die Schlüsselkomponente der N. ist neben der ↗ *Dinitrogenase-Reduktase* (oft auch nur Reduktase genannt) die ↗ *Dinitrogenase* (MoFe-Protein). Letztere wird vielfach auch nur als Nitrogenasekomponente bezeichnet. Beide Komponenten der N. sind ↗ *Eisen-Schwefel-Proteine*. Der Transfer der Elektronen von der Dinitrogenase-Reduktase auf die Dinitrogenase ist mit einer ATP-Hydrolyse durch die Reduktase gekoppelt. Sog. alternative Nitrogenasen, die in einigen Bakterien entdeckt wurden, enthalten neben Eisen als Cofaktor anstelle von Molybdän Vanadium oder überhaupt kein Heterometallatom. Die *Vanadium-N.* (VFe-Proteine) z. B. aus *Azotobacter chroococcum* und *A. vinelandii* besitzen einen hexameren Aufbau ($\alpha_2\beta_2\delta_2$) mit zwei zusätzlichen kleinen δ-Untereinheiten, aber sie sind strukturell und mechanistisch der Dinitrogenase ähnlich. Aus spektroskopischen Untersuchungen geht hervor, dass V-

N. einen dem FeMo-Cofaktor ähnlichen FeV-Cofaktor enthalten. Die *Eisen-N.* (iron only-N., FeFe-Proteine) zeigen ebenfalls einen hexameren Aufbau der Proteinkomponenten ($\alpha_2\beta_2\delta_2$) mit einem Redoxzentrum, das dem der o.g. N. ähnelt. Die spezifische Aktivität bezüglich des natürlichen Substrates N_2 ist bei beiden alternativen N. im Vergleich zur Dinitrogenase geringer. Auch können sie Acetylen nicht nur zu Ethylen, sondern auch zu Ethan reduzieren. Ihre Sauerstoffempfindlichkeit ist deutlich stärker ausgeprägt, wobei die Fe-N. am labilsten sind.

Nitrogenase-Komplex, ↗ *Nitrogenase*.

Nitroglycerin, eine chemisch nicht korrekte Bezeichnung für den Salpetersäuretriester des Glycerins, das Glycerintrinitrat. N. ist ein äußerst schlagempfindlicher Sprengstoff. In der Medizin besitzt N. als Nitrovasodilatator bei der Behandlung von Angina pectoris und anderen Gefäßerkrankungen Bedeutung. Die Einführung von N. zur Behandlung anginöser Attacken geht auf eine Entdeckung des englischen Arztes T. Lauder Brunton im Jahre 1857 zurück, wonach die Inhalation von Amylnitrit zur Beseitigung des Anginaschmerzes führte. Das leicht flüchtige und damit schwer zu dosierende Amylnitrit wurde bereits 1879 durch das N. ersetzt. N. bildet durch enzymatische Metabolisierung im glatten Gefäßmuskel ↗ *Stickstoffmonoxid* neben anderen Metaboliten und fungiert daher als NO-Donor. Der molekulare Wirkungsmechanismus wurde erst Ende der siebziger Jahre aufgeklärt. Wie durch körpereigenes NO (↗ *NO-Synthase*) wird die lösliche Isoform der Guanylat-Cyclase zur Bildung von cGMP aus GTP stimuliert, wodurch die Gefäßrelaxation ausgelöst wird.

NK-Zellen, Abk. für natürliche ↗ *Killerzellen*.

NLK, Abk. für ↗ *Neuroleukine*.

nm, Abk. für ↗ *Nanometer*.

NMDA-Rezeptoren, eine Gruppe von Rezeptoren des Neurotransmitters Glutamat. Die Bezeichnung bezieht sich auf die selektive Erregbarkeit durch das artifizielle Glutamatanalogon *N-Methyl-D-aspartat* (*NMDA*). Die N. sind doppelt gesperrte Ionenkanäle, die sich nur öffnen, wenn a) Glutamat am Rezeptor gebunden ist und b) die Membran gleichzeitig stark polarisiert ist. Durch die zweite Bedingung werden Mg^{2+}-Ionen, die im Normalfall den ruhenden Kanal blockieren, freigesetzt. Die N. erfüllen eine entscheidende Funktion bei der Langzeitpotenzierung und haben somit für das Lernen und verwandte Phänomene im Hippocampus und anderen Gehirnregionen große Bedeutung. Die N.-Kanäle sind im geöffneten Zustand im hohen Grade für Ca^{2+}-Ionen durchlässig, die in der postsynaptischen Zelle als intrazelluläre Botenstoffe wirken und dort eine für die Langzeitpotenzierung essenzielle Kaskade auslösen. NMDA-Antagonisten werden bei der Therapie der ↗ *Parkinsonschen Krankheit* verwendet.

NMR-Spektroskopie (engl. *nuclear magnetic resonance spectroscopy*), *kernmagnetische Resonanzspektroskopie*, eine Technik mit atomarer Auflösung, die zur Strukturbestimmung von Molekülen herangezogen wird. Das Phänomen der NMR wurde erstmals 1946 beobachtet und die NMR-Spektroskopie wird seit 1960 von organischen Chemikern routinemäßig verwendet. Mit der Entwicklung immer stärkerer Geräte und der Computertechnik konnten immer größere Moleküle erfolgreich untersucht werden. Heute kann die NMR-Spektroskopie auch von Biochemikern und Molekularbiologen zur Strukturbestimmung kleiner Proteine (M_r <25 kDa) und anderer Biopolymere genutzt werden. Die atomaren Strukturinformationen, die mit Hilfe von NMR-Spektren (die von Verbindungen aufgenommen werden, die sich in Lösung befinden) gewonnen werden, ergänzen die durch ⟋ *Röntgenstrukturanalyse* (die das Vorhandensein eines Kristallgitters voraussetzt) gewonnenen. Die Anwendung beider Techniken auf identische Proteine hat gezeigt, dass die Proteine im Allgemeinen in Lösung die gleiche 3D-Struktur einnehmen wie im kristallinen Zustand.

Die Grundlage der NMR-Spektroskopie bildet die Tatsache, dass die Kerne einiger Atomspezies innerhalb eines Moleküls um eine Achse rotieren. Ein Kern mit einem Spin muss entweder eine ungerade Anzahl an Protonen oder Neutronen bzw. beides besitzen. Für Biochemiker und Molekularbiologen sind ^{1}H (99,9844 %), ^{13}C (1,108 %), ^{15}N (0,365 %), ^{19}F (100 %) und ^{31}P (100 %) von besonderem Interesse, die Zahlen in den Klammern geben die natürliche Häufigkeit an. ^{12}C (98,892 %) und ^{16}O (99,759 %) besitzen keinen Kernspin und zeigen keine NMR.

Der Kernspin ist mit einer Zirkulation elektrischer Ladung verbunden. Diese rührt von der Gegenwart eines oder mehrerer positiv geladener Protonen im Kern jeder Isotopenart her. Da eine zirkulierende elektrische Ladung ein magnetisches Feld erzeugt, besitzt jeder rotierende Kern auch ein magnetisches Moment. Wenn diese Kerne in ein äußeres magnetisches Feld gebracht werden, richten sie sich so aus, dass sie eine bestimmte Orientierung einnehmen, wie eine magnetische Kompassnadel im Magnetfeld der Erde. Da alle oben genannten Kerne einen Spin (I) von $\frac{1}{2}$ besitzen, gibt es nur zwei mögliche Orientierungen: eine parallel zum externen Feld und eine entgegengerichtet dazu. Da das Magnetfeld der Kerne rotiert, richtet es sich jedoch nicht auf exakt 90° zu den Polen des externen Magneten aus. Der Spin des magnetischen Moments ist der Grund dafür, dass dieser sich wie ein Gyroskop verhält und um seine Achse präzessiert. Die beiden Orientierungen des magnetischen Moments – parallel und antiparallel – zum externen Feld sind in der Abb. dargestellt.

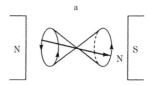

Proton parallel zum externen Magnetfeld ausgerichtet (Grund- bzw. α-Zustand). Gezeigt wird die Präzession der Achse des magnetischen Moments.

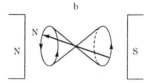

Proton antiparallel zum externen Magnetfeld ausgerichtet (angeregter bzw. β-Zustand). Gezeigt wird die Präzession der Achse des magnetischen Moments.

NMR-Spektroskopie. Präzession der Achse des magnetischen Moments des ^{1}H-Kerns parallel (a) und antiparallel (b) zum magnetischen Feld eines externen Magneten, dessen Pole mit N und S angegeben sind.

Da die Kerne dem Quantengesetz gehorchen, ist jede der beiden Orientierungen mit einer bestimmten Energie verbunden. Die parallel zum externen Magnetfeld ausgerichtete Orientierung ist energieärmer und entspricht dem Grundzustand (α), während die antiparallele Ausrichtung zum externen Magnetfeld energiereicher ist und den angeregten Zustand (β) wiedergibt. Der Unterschied zwischen diesen Energieniveaus ist sehr klein. Ein Kern kann von der energetisch niedriger liegenden Ausrichtung zu der energetisch höher liegenden Ausrichtung wechseln, indem er ein Photon einer elektromagnetischen Strahlung absorbiert, dessen Energie der Energiedifferenz (ΔE) zwischen den beiden Ausrichtungen entspricht. Da ΔE für alle Kerne, die der NMR unterliegen, klein ist, fallen die Photonen, die den Übergang vom α- zum β-Zustand vermitteln, in den Radiofrequenzbereich des elektromagnetischen Spektrums. Die Frequenz der Strahlung, die den Übergang vom α- in den β-Zustand bewirkt, ist direkt proportional zur äußeren Magnetfeldstärke, die auf den betreffenden Kern und die in Frage kommende Kernart wirkt. Die Frequenz, bei der der „α-Zustand → β-Zustand"-Übergang stattfindet, ist für verschiedene Kerne unterschiedlich. Bei einer externen Magnetfeldstärke von 2,3487 T ereignet sich dieser für ^{1}H bei 100 MHz. Da die ^{1}H-NMR-Spektroskopie („Protonen-NMR" oder „PMR") weit verbreitet ist, ist es im Allgemeinen üblich, sich auf NMR-Spektrometer mit einer Magnetfeldstärke von 2,3487 T zu beziehen und diese als 100 MHz-Instrumente zu betrachten, ungeachtet der untersuchten Kernart.

Die Absorption solcher Radiofrequenzen erhöht vorübergehend die Population der Kerne in der höherenergetischen Orientierung. Die Gleichgewichtsverteilung der Population wird durch Energieabgabe an die Umgebung wieder hergestellt. Hierbei laufen Prozesse ab, bei denen Strahlung abgegeben wird, deren Energie nicht im Radiofrequenzbereich liegt und die als „Relaxation" bekannt sind. Da die Kerne jedoch zwischen den α- und β-Zuständen mit Resonanzfrequenz schwingen, besteht eine Nettoenergieabsorption, die gemessen werden kann.

Das NMR-Spektrum kann auf zwei Weisen aufgenommen werden: mit der CW-Methode (engl. _continuous wave_) und der FT-Technik (engl. _Fouriertransform_). Bei der _CW-Methode_ wird der Frequenzbereich des untersuchten Kerns kontinuierlich verändert. Dies geschieht entweder durch Änderung der Frequenz des Hochfrequenzsenders bei konstantem externen Magnetfeld oder (üblicher) durch Änderung des Magnetfelds bei konstanter Hochfrequenz und Messung der Antwort (gleichbedeutend mit Nettoenergieabsorption) mit Hilfe einer Empfangsspule. Das Spektrum der empfangenen Signale wird als Absorptionsspektrum ausgedruckt, d. h. die Absorption wird auf der Ordinate gegen die Frequenz auf der Abszisse (zunehmende Werte von rechts nach links, ähnlich wie bei der UV- und IR-Spektroskopie) aufgetragen. Bei der _FT-Technik_ wird die Probe für eine bestimmte Zeit (5 µs bei ^{1}H und 10 µs bei ^{13}C) einem Hochfrequenzpuls ausgesetzt, der für den untersuchten Kern charakteristisch ist. Das Antwortsignal wird während des Erfassungszeitraums (typischerweise einige Sekunden), wenn die Schwingung gegen Null geht, mit Hilfe der Empfängerspule erfasst. Dieses Signal – bekannt als freier Induktionsabfall (FID, engl. _free induction decay_) – besteht aus einem komplexen Wellenmuster, das durch Fourier-Transformation in ein FT-Spektrum konvertiert werden kann, das dann auf die gleiche Weise wie ein CW-Spektrum ausgedruckt wird. Der Vorteil der FT-Technik gegenüber der CW-Methode besteht in der größeren Empfindlichkeit. Dies rührt daher, dass die Daten in digitaler Form vom Computer bearbeitet werden. Sobald der FID eines Hochfrequenzpulses erfasst worden ist, kann ein weiterer, identischer Puls angewandt, dessen FID erfasst und zum ersten addiert werden. Der Zyklus aus „Puls und anschließender Erfassung" kann viele Male wiederholt und die Summe einer Fourier-Transformation unterworfen werden. Dadurch wird die Empfindlichkeit erhöht, d. h. das Absorptionssignal nimmt zu und das Rauschsignal ab. Alle Kerne sind von Elektronen umgeben. Wenn diese Elektronen einem Magnetfeld ausgesetzt werden, verhalten sie sich wie eine perfekt leitende Hülle, in der schwache elektrische

Ströme induziert werden. Diese Ströme erzeugen ihrerseits ein magnetisches Feld, das dem externen Magnetfeld entgegengerichtet ist. Als Folge davon ist der Kern im Innern der Elektronenhülle einem Magnetfeld ausgesetzt, das teilweise niedriger ist als das extern angewandte. Die Elektronen schirmen den Kern zum Teil vom externen Magnetfeld ab. Die Energiedifferenz zwischen den α- und β-Niveaus ist demzufolge etwas niedriger als sie sein würde, wenn keine Elektronen vorhanden wären, so dass die Resonanzfrequenz ebenfalls niedriger ist. Da die Elektronenverteilung um chemisch unterschiedliche Kerne derselben Sorte in einem Molekül verschieden ist, erfahren diese Kerne leicht unterschiedliche externe Magnetfelder und werden deshalb bei leicht unterschiedlichen Radiofrequenzen in Resonanz versetzt. Dabei ist die benötigte Radiofrequenz um so niedriger, je größer der Abschirmungseffekt der Elektronen ist. Damit ist die Radiofrequenz, bei der Resonanz eintritt, charakteristisch für einen Kern in einer bestimmten chemischen Umgebung (z. B. ^{1}H-Kerne in einer Methylgruppe, ^{13}C in einem Benzolring).

Aufgrund der NMR-Spektrenanalyse einer großen Anzahl an bekannten Verbindungen konnten umfangreiche Tabellen für die δ-Werte von ^{1}H-, ^{13}C- und anderen Kernen in einer großen Vielzahl an strukturellen Umgebungen aufgestellt werden.

Für die Strukturbestimmung der untersuchten Verbindung sind zusätzlich zum δ-Wert eines bestimmten Peaks im NMR-Spektrum weitere Parameter wichtig: 1) die Fläche unter dem Peak, 2) die Spin-Spin-Kopplung (die magnetischen Momente benachbarter Kerne beeinflussen sich) und 3) der Kern-Overhauser-Effekt (Nuclear-Overhauser-Effekt, NOE).

Zweidimensionale NMR. Je größer die Moleküle sind, die mit Hilfe der NMR-Spektroskopie analysiert werden, desto komplexer wird das Spektrum, so dass die Wechselwirkungen, die über die Bindung (d. h. Spin-Spin-Kopplung) und über den Raum (d. h. NOE) zustandekommen, nur noch schwer zu erkennen sind. Dieses Problem wurde in den letzten Jahren durch die Entwicklung der zweidimensionalen NMR (2D-NMR) erheblich verringert. Eine gute Erläuterung der Theorie zur 2D-NMR findet man bei R.Benn und H.Gunter [_Angew. Chem. Int. Ed. Engl._ **22** (1983), 350–380] und A.Bax und L.Lerner [_Science_ **232** (1986) 960–967].

Die 2D-NMR-Daten werden unter Verwendung einer speziellen Pulssequenz mit einem FT-Gerät gesammelt. Die Werte für die chemische Verschiebung (δ) werden auf zwei unterschiedlichen Frequenzachsen (gewöhnlich F_1 und F_2 genannt) bestimmt und als 2D-Spektrum ausgedruckt.

Proteinstrukturbestimmung mit Hilfe von NMR. Die Protonen-NMR ist für diesen Zweck das geeignetste Hilfsmittel, da in Proteinen eine große

Anzahl an Protonen vorhanden ist und das ^{1}H-Isotop mit einer hohen natürlichen Häufigkeit vorkommt. Die Isotope ^{13}C und ^{15}N weisen für die NMR-Spektroskopie von Proteinen eine zu geringe natürliche Häufigkeit auf und sind nur zweckdienlich, wenn sie während der Proteinbiosynthese inkorporiert werden. Außer den Wasserstoffatomen von NH-, NH$_2$-, OH- und SH-Gruppen, die rasch mit dem wässrigen Lösungsmittel austauschen, können mit Hilfe der PMR alle ^{1}H-Kerne beobachtet werden. In einer leicht sauren Proteinlösung (pH 4–5) wird die Austauschgeschwindigkeit jedoch stark verringert, so dass auch die Protonen der o. g. rasch austauschenden Gruppen ein scharfes NMR-Signal ergeben. Theoretisch ist es möglich, für jeden ^{1}H-Kern des Proteinmoleküls ein einzelnes Signal (d. h. chemische Verschiebung, δ) zu erhalten, sofern sie nicht chemisch äquivalent sind. Praktisch gibt es jedoch so viele ^{1}H-Kerne in einem Protein, dass die vielen Signale im konventionellen eindimensionalen Spektrum überlappen. Diese Schwierigkeit konnte jedoch großenteils durch die Verwendung von zweidimensionalen PMR-Spektren, z. B. COSY, TOCSY, NOESY, überwunden werden.

NMR kann nicht dazu eingesetzt werden, die Aminosäuresequenz (Primärstruktur) eines Proteins zu bestimmen. Wenn jedoch die Aminosäuresequenz bekannt ist, können mit Hilfe der 2D-NMR-Spektroskopie die Sekundär- und Tertiärstruktur eines Proteins hergeleitet werden.

Die Verwendung von NMR zur Verfolgung von Stoffwechselvorgängen. Einige Stoffwechselvorgänge, die im Skelettmuskel, Herz und Gehirn ablaufen, können mit Hilfe der NMR nichtinvasiv untersucht werden. Ein klassisches Beispiel hierfür ist die Arbeit von G.K. Radda [*Science* **233** (1986) 640–645], in der er den Effekt der Erregung auf der Stufe von Kreatinphosphat (↗ *Kreatin*), ATP (↗ *Adenosinphosphate*) und Orthophosphat im menschlichen Vorderarmmuskel unter Verwendung von ^{31}P-NMR zeigte. Diese Art der NMR-Untersuchung kann dazu eingesetzt werden, Stoffwechselanormalitäten aufzudecken, die auf eine zugrunde liegende Pathologie hinweisen.

Verwendung von NMR zum Körper-Scanning. ^{1}H-NMR wird häufig eingesetzt, um verschiedene Gewebe im Körper sichtbar zu machen. Dies ist möglich, weil Wasserstoffatome und damit ^{1}H-Kerne in den Hauptbestandteilen (z. B. Wasser, Lipide) des weichen Körpergewebes so zahlreich vertreten sind, dass sie ein intensives Signal ergeben, wodurch weiches Gewebe besser „gesehen" wird als Knochen. Außerdem erzeugen Unterschiede in der Umgebung von Wasserstoffatomen in verschiedenen Geweben unterschiedliche Signale, wodurch eine deutliche Differenzierung zwischen den weichen Geweben möglich ist. NMR-Bilder können von einem Gliedmaß, dem Kopf oder vom ganzen Körper in jeder Ebene angefertigt werden. Die damit gewonnenen Informationen ergänzen diejenigen, die durch Röntgen-Scanning des harten Gewebes erhalten werden.

Nomenklaturkonventionen, die von den Nomenklaturkommissionen der IUB für die Benennung biochemischer Verbindungen veröffentlichten Regeln und Regelvorschläge:

1) verschiedene Vorschriften zur eindeutigen Bezeichnung biochemischer komplexer Moleküle, etwa der ↗ *Kohlenhydrate*.

2) Regelungen zur Unterscheidung der Stränge eines doppelsträngigen DNA-Moleküls, sowie zur Festlegung einer Richtung innerhalb des Moleküls um die relative Position bestimmter Elemente angeben zu können. Wenn die Nucleotidsequenz einer Transcriptionseinheit oder einer Doppelstrang-DNA aufgeschrieben wird, verlangt die Konvention, dass die Sequenz des Matrizenstrangs (der Strang, von dem bei der Transcription abgelesen wird) vom 3'-Ende (↗ *Desoxyribonucleinsäure*) her auf der linken Seite des Blatts notiert wird. Dadurch entspricht die normale Leserichtung (von links nach rechts) der 3' → 5'-Richtung des Matrizenstrangs. Vom antiparallelen Nichtmatrizenstrang wird das 5'-Ende auf die linke Seite geschrieben, so dass die normale Leserichtung in 5' → 3'-Richtung fortschreitet (Abb.). Die codierte Information der Transcriptionseinheit wird am besten durch den Nichtmatrizen-DNA-Strang ausgedrückt, weil die Nucleotidsequenz des RNA-Transcripts mit der des Nichtmatrizenstrangs (bis auf den U/T-Austausch) identisch ist. Deshalb heißt der Nichtmatrizenstrang der Doppelstrang-DNA-Transcriptionseinheit (d. h. derjenige, der nicht in RNA transcribiert wird) laut Konvention „codierender Strang" oder „Sinnstrang". Der Matrizenstrang (d. h. derjenige, der in RNA transcribiert wird) wird „nichtcodierender Strang", „Nichtsinnstrang" oder „Antisinnstrang" genannt (Abb.).

Die RNA-Polymerase bindet während der Transcription einer bestimmten Transcriptionseinheit an die doppelsträngige DNA an einer Position (dem Promotor), die „stromaufwärts" (*upstream*) zu demjenigen Nucleotid liegt, bei dem die Transcription schließlich beginnt. Die Bezeichnung „stromaufwärts" bezieht sich auf jeden Teil des „codierenden Strangs", der auf der 5'-Seite der Transcriptionsstartstelle liegt. Das Nucleotid an der Startstelle wird mit +1 gekennzeichnet und die Nucleotide stromaufwärts (d. h. auf der 5'-Seite) dazu mit –1, –2, –3, usw. Kein Nucleotid trägt die Nummer 0. In analoger Weise bezieht sich die Bezeichnung „stromabwärts" (*downstream*) auf jeden Teil des „codierenden Strangs" der Doppelstrang-DNA, der sich auf der 3'-Seite der Transcriptionsstartstelle

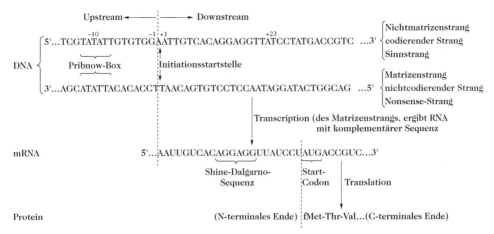

Nomenklaturkonventionen. Transcription und Translation eines hypothetischen Segments einer doppelsträngigen, prokaryontischen DNA. Gezeigt wird die strukturelle Beziehung untereinander und die akzeptierte Nomenklatur.

befindet. Die Nucleotide stromabwärts (d. h. auf der 3'-Seite) werden mit +2, +3, +4, usw. gekennzeichnet. Diese beiden Bezeichnungen werden gelegentlich weniger streng für jedes Nucleotid der DNA oder jede Region des „codierenden Strangs" der DNA verwendet, die sich auf der 5'- bzw. 3'-Seite eines anderen Nucleotids oder einer anderen Region innerhalb des Strangs befinden. [*Biochemical Nomenclature and Related Documents – A Compendium*; 2. Ausgabe, 1992, S. 109–126; *Eur. J. Biochem.* **15** (1970) 203–208, **131** (1983) 9–15, **150** (1985) 1–5]

Nonsense-Codon, ↗ *Ambercodon* bzw. ↗ *Ochrecodon*.

Nopalin, ↗ *D-Octopin*.

Nopalinsäure, ↗ *D-Octopin*.

Noradrenalin, *L-Arterenol, L-Norepinephrin, L-2-(3,4-Dihydroxyphenyl)-2-hydroxyethylamin*, ein Hormon und Pharmakon mit Wirkung auf das Nerven- und Herz-Kreislauf-System (Abb.; M_r 169,2 Da, F. 216–218 °C, $[\alpha]_D^{20}$ −37° (c = 5, 1 M HCl). N. wirkt im Sympathicus als adrenerger ↗ *Neurotransmitter*. Die Blutgefäße werden – mit Ausnahme der Herzkranzgefäße – durch N. kontrahiert; dadurch kommt es zu einer Erhöhung des peripheren Widerstands und einem Blutdruckanstieg. Ein Vergleich der Wirkungen von N. und Adrenalin führte zu einer Einteilung der postsynaptischen

Rezeptoren in α- und β-Rezeptoren. Die α-Rezeptoren reagieren stärker auf Adrenalin und wirken im Allgemeinen anregend (nicht auf glatte Darmmuskulatur). Die β-Rezeptoren reagieren auf N. und wirken generell hemmend. N. ist ein biogenes Amin aus der Gruppe der Catecholamine und wird neben dem ↗ *Adrenalin* im Nebennierenmark und in den adrenergen Neuronen im Nervensystem aus Tyrosin über Dopa (↗ *Dopamin*) gebildet. N. wird in demselben Gewebe durch das Enzym Noradrenalin-N-Methyltransferase (EC 2.1.1.28) teilweise in Adrenalin überführt.

Abbau und Ausscheidung von N. erfolgen nach O-Methylierung und oxidativer Desaminierung durch eine Monoaminoxidase zu 3-Methoxy-4-hydroxymandelsäure (Vanillylmandelsäure, VMA, engl. *vanillylmandelic acid*). VMA ist in den peripheren Teilen des Körpers und im Harn der Hauptmetabolit von Noradrenalin. Der VMA-Gehalt im Harn stellt eine Kennzahl für die parasympathische Nervenfunktion dar und wird zur Diagnose von Tumoren herangezogen, die N. oder Adrenalin produzieren. ↗ *Ascorbat-Shuttle*.

Norepinephrin, ↗ *Noradrenalin*.

Norgestrel, ein synthetisches Gestagen (Abb.). N. ist das stärkste der bisher bekannten, oral wirksamen Gestagene und wird als Bestandteil von ↗ *Ovulationshemmern* verwendet.

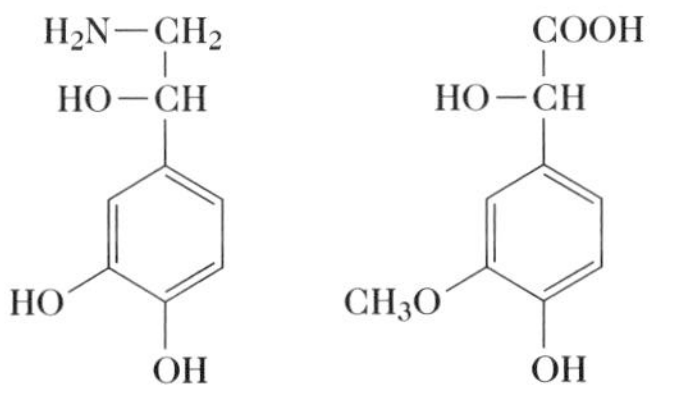

Noradrenalin

Vanillylmandelsäure

Noradrenalin

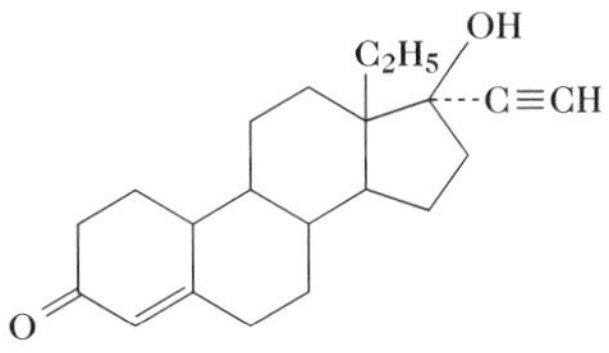

Norgestrel

Norgestrel

Norlaudanosin, ↗ *Benzylisochinolinalkaloide.*

Norlupinan, Syn. für *Chinolizidin*, ↗ *Chinolizid-inalkaloide*, ↗ *Lupinen-Alkaloide.*

Nornicotin, ↗ *Nicotin.*

Norsteroide, ↗ *Steroide.*

Northern Blot, der Transfer elektrophoretisch aufgetrennter RNA aus dem Gel auf eine Membran. Nach Fixierung auf der Membran kann die RNA mit Hybridisierungsmethoden analog zum ↗ *Southern-Blot* weiter untersucht werden.

Nortropin, ↗ *Tropan.*

Norumsche Krankheit, eine ↗ *angeborene Stoffwechselstörung*, ↗ *Lecithin-Cholesterin-Acyltransferase-Mangel.*

NOS, Abk. für ↗ *NO-Synthase.*

NO-Synthase, *NOS*, eine in vielen Geweben von Säugetieren vorkommende Ca^{2+}-abhängige mischfunktionelle Oxidase, die die Bildung von ↗ *Stickstoffmonoxid* (NO) aus Arginin katalysiert. Die bisher bekannten drei Isoenzyme (neurale NOS I, induzierbare NOS II und endotheliale NOS III) bilden NO in einer Zweischrittreaktion, wobei zunächst aus Arginin N^{ω}-Hydroxyarginin entsteht, das oxidativ in Citrullin und NO überführt wird. NO diffundiert aus den Zellen, in denen es gebildet wurde, frei in die Umgebung und übt die biochemische Wirkung unabhängig von Trägermolekülen aus. Es kann durch die Membran der synthetisierenden Zelle direkt in benachbarte Zellen diffundieren, wo es nur lokal begrenzt wirken kann. Die Halbwertszeit von NO beträgt nur 5–10 Sekunden, da es im extrazellulären Raum mit O_2 und Wasser zu einem Gemisch aus Nitrit (NO_2^-) und Nitrat (NO_3^-) reagiert. Die Röntgenkristallstruktur der Oxygenase-Domäne von iNOS II wurde aufgeklärt, wodurch die Entwicklung von NOS-Inhibitoren begünstigt wird. Da NO bei einer Vielzahl von physiologischen und pathologischen Vorgängen eine wichtige Rolle spielt (Neurotransmitter, Regulator des Blutflusses, Agens im Immunsystem u. a.), sind selektive Inhibitoren für die Therapie von Krankheiten von Bedeutung, die auf eine NO-Überproduktion zurückzuführen sind (z. B. Schlaganfall, multiple Sklerose, septischer Schock). [O.W. Griffith u. D.J. Stuehr, *Annu. Rev. Physiol.* **57** (1995) 707; C. Nathan u. Q. Xie, *Cell* **78** (1994) 915; M.A. Marletta, *J. Med. Chem.* **37** (1994) 1.899]

Notatin, ↗ *Mycotoxin.*

Nozirezeptoren, Syn. für ↗ *Nozizeptoren.*

Nozizeptoren, *Nozirezeptoren, Schmerzrezeptoren*, für die Schmerzempfindung durch schädliche Einwirkungen von Noxen verantwortliche Rezeptoren. Während akute Schmerzen durch die Erregung von N. beispielsweise durch Verletzungen an der Körperoberfläche oder im Bewegungsapparat entstehen, sind chronische Schmerzen auf kontinuierliche Reizung der N. oder Schädigungen im schmerzleitenden neuralen System zurückzuführen.

NP, Abk. für ↗ *Neurophysine.*

NP-1, ↗ *Corticostatin R4.*

NPY, Abk. für ↗ *Neuropeptid Y.*

NR, Abk. für Naturkautschuk (engl. *natural rubber*), ↗ *Kautschuk.*

NSILA, Abk. für engl. *non-suppressible insulin-like activity*, ↗ *insulinähnlicher Wachstumsfaktor.*

NT, Abk. für ↗ *Neurotensine.*

Nucit, Syn. für *myo-Inositol*, ↗ *Inositole.*

Nucleasen, zu den Hydrolasen gehörende Gruppe von Enzymen, die Nucleinsäuren spalten. Man unterscheidet je nach Angriffsart die N. *Exonucleasen*, die das Nucleinsäuremolekül vom Ende her abbauen, und *Endonucleasen*, die eine Spaltung innerhalb der Polynucleotidkette herbeiführen. Die spezifisch Desoxyribonucleinsäuren spaltenden N. werden Desoxyribonucleasen (DNasen), die Ribonucleinsäuren spaltenden Enzyme Ribonucleasen (RNasen) genannt. Alle N. sind ↗ *Phosphodiesterasen*, da sie die Hydrolyse entweder der 3'- oder der 5'-Bindung der 3',5'-Phosphodiesterbindung katalysieren. Der wichtigste Vertreter der N. ist die ↗ *Ribonuclease.*

↗ *Nucleosidasen* spalten im Unterschied zu den N. die *N*-Glycosidbindung von Nucleinsäuren.

Nucleinsäurebasen, Bestandteile der Nucleinsäuren. N. haben überragende Bedeutung bei der Speicherung und Übertragung der genetischen Information durch Nucleinsäuren. Zu den N. zählen Purin- und Pyrimidinbasen (↗ *Adenin*, ↗ *Guanin*, ↗ *Cytosin*, ↗ *Thymidin*) und bestimmte Derivate (↗ *seltene Nucleinsäurebausteine*). ↗ *Nucleinsäuren*, ↗ *genetischer Code*, ↗ *Basenpaarung.*

Nucleinsäuren, aus Nucleotiden aufgebaute Biopolymere, die zu den wichtigsten Bestandteilen aller lebenden Zellen, Viren und Bakteriophagen gehören. N. wurden erstmals 1869 von Miescher aus Eiterzellen isoliert und als „Nuclein" bezeichnet. Den Begriff N. prägte Altmann 1889 aufgrund ihrer sauren Eigenschaften. Die zwei Hauptklassen der N. ergeben sich vor allem aus der unterschiedlichen Kohlenhydratkomponente: ↗ *Ribonucleinsäure* (RNA) enthält Ribose und ↗ *Desoxyribonucleinsäure* (DNA) 2-Desoxy-D-ribose. Beide Typen haben wesentliche strukturelle Gemeinsamkeiten, unterscheiden sich aber in ihrer Funktion. DNA dient der Speicherung der genetischen Information, die durch identische ↗ *Replikation* der DNA-Moleküle im Zuge der Zellteilung an die Tochterzellen weitergegeben wird. RNA vermittelt die Übertragung und Realisierung der genetischen Information in der Zelle bei der Synthese spezifischer Proteine (↗ *Proteinbiosynthese*) und ist auch struktureller Bestandteil etwa der ↗ *Ribosomen*. Allerdings kann auch die RNA alleine Träger der genetischen Information sein, wie bei einer ganzen Reihe von Viren.

Struktur (Abb.). N. sind ↗ *Polynucleotide* mit M_r zwischen 20 kDa und ungefähr 10^6 kDa. Sie bestehen aus drei verschiedenen Bestandteilen, die in charakteristischer Weise miteinander verknüpft sind: 1) die *Purin- und Pyrimidinbasen* Adenin, Guanin, Cytosin und Uracil (in RNA) bzw. Thymin (in DNA); darüber hinaus sind bisher in kleineren Mengen etwa 30 andere – vor allem methylierte Basen – in den verschiedensten N. nachgewiesen worden; diese ↗ *seltenen Nucleinsäurebausteine* entstehen durch nachträgliche Modifizierung, z. B. durch Methylierung, Hydrierung, Umlagerung der normalen Basen innerhalb der N.; 2) *Monosaccharide* mit fünf Kohlenstoffatomen, und zwar D-Ribose (in RNA), 2-Desoxy-D-ribose (in DNA) oder Glucose in einigen Bakteriophagen; 3) *Phosphorsäure*.

Die Mononucleotide, die jeweils aus einer Base, einem Zucker und einem Phosphatrest bestehen, werden durch Phosphodiesterbindungen miteinander verknüpft, wobei eine Esterbindung zwischen der 3'-Position eines Zuckers und einem Phosphatrest und die andere zwischen der 5'-Position des benachbarten Zuckers und dem Phosphatrest liegt. Diese 3',5'-Bindung führt zu einer linearen Kette in der Primärstruktur. Der Zucker ist an seinem C1 *N*-glycosidisch mit einer der Basen verbunden. Die lineare Anordnung der Basen ist statistisch unre-gelmäßig und speichert in Form des ↗ *genetischen Codes* die genetische Infomation des Organismus.

Die reaktiven NH_2-, OH- und NH-Gruppen an Purinbasen (bzw. Pyrimidinbasen) sind für bestimmte Eigenschaften der N. verantwortlich, z. B. für die Ausbildung spezifischer Wasserstoff-brückenbindungen zwischen Purinen und Pyrimidinen, was zur Ausbildung einer räumlichen Sekundärstruktur der N. führt. Dabei können sich komplementäre lineare Ketten zu einer Doppelhelix aufrollen (DNA), oder aber ein linearer Strang faltet sich so zusammen, dass helixförmige Abschnitte mit linearen abwechseln (RNA). An der Raumstruktur der Nucleinsäuren sind aber auch homöopolare Kohäsionsbindungen (Van-der-Waals-Kräfte), hydrophobe Wechselwirkungen zwischen Basen und Lösungsmittel und elektrostatische Wechselwirkungen (Ionenbindungen) beteiligt (↗ *nichtkovalente Bindungen*).

Physikalische Eigenschaften und Nachweismethoden. Die konjugierten Doppelbindungen im *N*-heterozyklischen Ringsystem der Basen bedingen spezifische Absorptionen im UV-Licht mit einem Absorptionsmaximum bei 260 nm. UV-Spektralanalysen dienen daher zur Identifizierung und quantitativen Bestimmung der N. und ihrer Bausteine. Die Höhe der UV-Absorption ist jedoch auch von der Konformation, d. h. der Sekundärstruktur der N.,

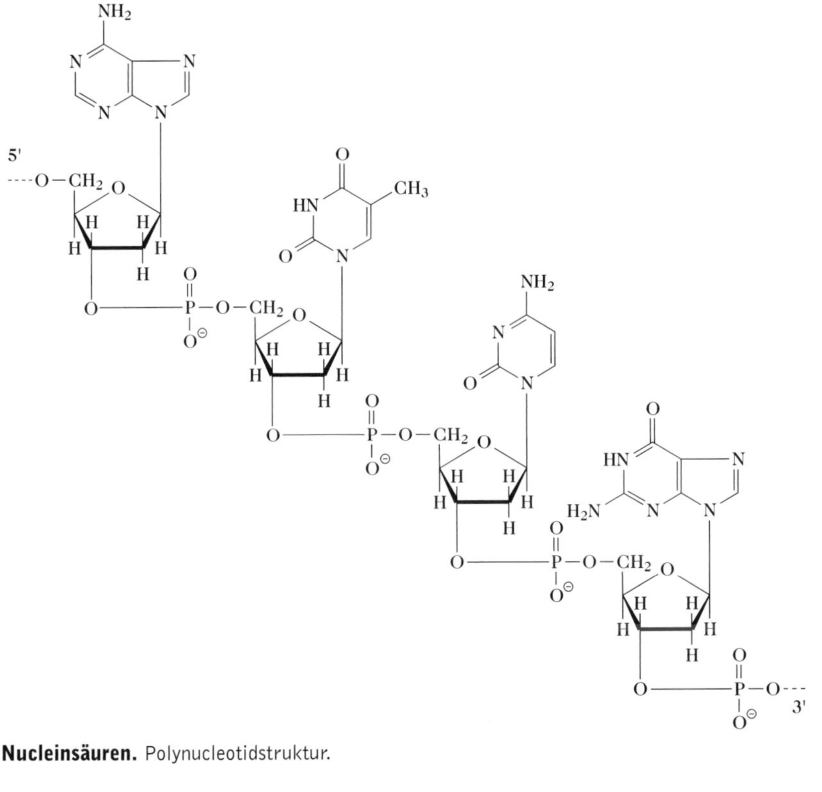

Nucleinsäuren. Polynucleotidstruktur.

abhängig. Deshalb können optische Methoden auch zur Aufklärung der Struktur und zum Nachweis von Strukturveränderungen der N. beitragen.

Bei hoher Temperatur oder bei drastischer Veränderung der Ionenkonzentration wird die Sekundärstruktur der N. zerstört (*Denaturierung*). Die DNA geht dabei von der Doppelhelixstruktur in den einsträngigen, geknäuelten Konformationszustand über (*Helix-Knäuel-Übergang*). Die Denaturierung einer N. ist von einer Zunahme der optischen Dichte (Schmelzkurve) der Lösung begleitet (↗ *hypochromer Effekt*). Aus dem Verlauf der Schmelzkurve kann sowohl auf den Helixgehalts einer N. als auch auf den GC-Gehalt einer DNA geschlossen werden (↗ $C_o t$). Beim langsamen Abkühlen einer hitzedenaturierten N. kann es zu einer weitgehenden Wiederherstellung der ursprünglichen Struktur kommen (*Renaturierung*).

Zur Strukturuntersuchung der N. werden noch weitere chemische bzw. physikalische Methoden herangezogen: ↗ *Hybridisierung*, Elektronenmikroskopie, Ultrazentrifugationstechnik (in der analytischen Ultrazentrifuge oder in CsCl-Dichtegradienten), Röntgenstrukturanalyse, Infrarotspektroskopie, optische Rotationsdispersion, Streulichtphotometrie, Viskositätsmessungen. Die Primärstruktur von N. kann durch ↗ *Nucleinsäuresequenzierung* bestimmt werden.

Die Gewinnung spezifischer N. erfolgt durch Säulenchromatographie (z. B. Methylalbumin-Kieselgur-Säule), durch Elektrophorese (z. B. in Agarosegelen) und durch Dichtegradientenzentrifugation (z. B. in Saccharose oder CsCl). Zur quantitativen Bestimmung werden – neben der UV-Absorption der Basen – der Phosphatgehalt oder spezifische Farbreaktionen auf Ribose oder Desoxyribose (z. B. Feulgen-Reaktion zum histochemischen Nachweis von DNA) herangezogen.

Nucleinsäuresequenzierung, Bestimmung der Nucleotidanordnung in einer Nucleinsäure oder einem Polynucleotidsegment, d. h. Bestimmung der Primärstruktur. Es ist möglich, sowohl RNA als auch DNA zu sequenzieren, jedoch werden die meisten gegenwärtigen Analysen an der DNA ausgeführt. Die ersten biologisch wichtigen Nucleinsäuren, die sequenziert wurden, waren kleine RNA-Moleküle, transfer-RNA und ribosomale 5S-RNA. Das Verfahren begann mit der Spaltung der RNA in kurze Fragmente mittels partieller Verdauung durch Endonucleasen. Diese Fragmente wurden getrennt und anschließend durch partielle Verdauung mit einer oder zwei Nucleasen sequenziert. 1) Schlangengiftdiesterase spaltet den terminalen Nucleotidrest schrittweise vom 3'-Ende ab, unter Bildung von 5'-Mononucleotiden und einer Mischung aus (n–1)-, (n–2)-, usw. Oligonucleotiden. 2) Milzdiesterase spaltet schrittweise den terminalen Nucleotidrest vom 5'-Ende ab, wobei 3'-Mononucleotide und eine Mischung aus (n–1)-, (n–2)-, usw. Oligonucleotiden gebildet werden. Diese Oligonucleotidgemische wurden chromatographisch oder elektrophoretisch aufgetrennt, die Basenzusammensetzung jeder Komponente wurde bestimmt. Durch Vergleich der Basenzusammensetzung von Komponentenpaaren, die sich in ihrer Länge durch ein Nucleotid unterscheiden (abgeleitet aus ihrer relativen chromatographischen oder elektrophoretischen Beweglichkeit), wurde die Identität des 3'- oder 5'-terminalen Nucleotids (abhängig von der eingesetzten Exonuclease) der größeren Komponente bestimmt. Wenn dies mit allen möglichen Oligonucleotidpaaren durchgeführt wird, erhält man die Nucleotidsequenz des RNA-Fragments, von dem sie abstammen. Wenn diese Information für alle RNA-Fragmente, die durch Endonucleaseaktivität erhalten werden, verfügbar ist, kann über die Suche nach überlappenden Sequenzen die gesamte Nucleotidsequenz der ursprünglichen RNA bestimmt werden.

1977 wurden zwei Methoden zur DNA-Sequenzierung veröffentlicht, die – in Verbindung mit der zunehmenden Verfügbarkeit von ↗ *Restriktionsendonucleasen* (die Duplex-DNA an spezifischen Nucleotidsequenzen spalten) und der Entwicklung der molekularen Klonierung (die eine Genamplifikation jedes identifizierbaren DNA-Segments ermöglicht) – den Weg zur Sequenzierung von DNA ebneten. Dies ist zum einen eine Methode der chemischen Spaltung, das ↗ *Maxam-Gilbert-Verfahren* [A.M. Maxam u. W. Gilbert, *Proc. Natl. Acad. Sci. USA* **74** (1977) 560–564; *Methods Enzymol.* **65** (1980) 499–560] und zum zweiten die Methode des Kettenabbruchs (*Didesoxymethode*, ↗ *Sanger-Sequenzierung*) mit Hilfe von Didesoxyribonucleotidtriphosphatasen [F. Sanger et al. *Proc. Natl. Acad. Sci. USA* **74** (1977) 5.463–5.467].

Nucleocidin, ein von *Streptomyces calvus* synthetisiertes Purinantibiotikum (↗ *Nucleosidantibiotika*; Abb.; M_r 392 Da, $[\alpha]_D^{25}$ –33,3°). N. ist gegen Bakterien und Pilze wirksam. Von besonderer Bedeutung ist die Aktivität gegen Trypanosomen. N. hemmt die Proteinsynthese.

Nucleocidin

Nucleolusorganisator, eine spezifische Region an einem oder mehreren Eukaryontenchromosomen, an der die Bildung des Nucleolus (Kompartiment des Zellkerns, Biosyntheseort der ribosomalen RNA) erfolgt. Die hier lokalisierte DNA enthält die genetische Information für die Synthese von rRNA.

Nucleoplasmin, ein im Nucleoplasma (der löslichen Fraktion des Zellkerns) von Amphibien, Vögeln und Säugern vorkommendes oligomeres Kernprotein mit ausgeprägter Kopf- und Schwanzdomäne. N. ist aus fünf Untereinheiten aufgebaut, deren relative Molekülmasse 29 kDa beträgt. Das phylogenetisch konservierte und weit verbreitete N. besitzt vermutlich eine essenzielle biologische Funktion. Es wird im Cytoplasma synthetisiert und danach selektiv in den Zellkern transportiert. N. bindet an Histone, die funktionelle Bedeutung dieser Beobachtung ist gegenwärtig aber noch unklar. N. dient als Modell für den Proteintransport in den Zellkern.

Nucleoproteinpartikel, Syn. für ↗ *Nucleosomen*.

Nucleosidantibiotika, Purin- oder Pyrimidinnucleoside mit antibiotischen Wirkungen. Sie greifen als Antimetabolite der natürlichen Substrate in den Stoffwechsel ein und führen durch Blockierung von Reaktionen des Purin-, Pyrimidin- oder Proteinstoffwechsels zu einer Wachstumshemmung von Mikroorganismen. Einige N. (z. B. ↗ *Showdomycin*) enthalten eine analoge Base, andere (z. B. ↗ *Gougerotin*) enthalten einen analogen Zucker oder es sind beide Nucleosidbestandteile chemisch modifiziert (z. B. ↗ *Puromycin*).

Die analogen Bausteine werden durch Modifizierung von Metaboliten des Primärstoffwechsels gebildet. D-Glucose und D-Ribose dienen als Vorstufen der in den N. enthaltenen Zucker oder Zuckerderivate, wie Cordycepose, Psicose, Angustose und Glucuronamid. Die chemischen Modifizierungen sind dabei Epimerisierung, Isomerisierung, Oxidation, Reduktion und Decarboxylierung. Die häufig in den N. vorkommenden Methylgruppen werden durch Transmethylierungsreaktionen bereitgestellt. Die Biogenese der N. geht entweder von einem präformierten Nucleosid – ohne vorherige Spaltung der *N*-Glycosidbindung zwischen Base und Zucker – aus, z. B. beim ↗ *Tubercidin*, oder es erfolgt eine Abspaltung des Nucleosidzuckers und Reaktion der freien Base mit einem anderen Zuckerderivat, z. B. beim Psicofuranin (↗ *Angustmycin*). Einige N. enthalten seltene Aminosäuren, z. B. Amicetin (↗ *Amicetine*) das α-Methyl-D-serin. Oftmals zeichnen sich N. durch besondere Bindungsarten, z. B. Azabindung, oder ungewöhnliche funktionelle Gruppen, z. B. CN-Gruppe im ↗ *Toyocamycin*, aus. N. mit identischen Strukturen können von systematisch nicht näher verwandten Mikroorganismen gebildet werden, z. B. Cordycepin von *Cordyceps* und *Aspergillus*. Ein Organismus kann auch mehrere Nucleosidantibiotika produzieren, z. B. *Streptomyces hygroscopicus* das Psicofuranin und das Decoyinin.

Nucleosidasen, Enzyme, die die Bindung zwischen dem Zuckerrest und der Base in einem ↗ *Nucleosid* lösen. Die Spaltung erfolgt meistens durch Phosphorolyse unter Beteiligung von Orthophosphat und nicht durch Hydrolyse.

Nucleosiddiphosphatverbindungen, Verbindungen, die eine Nucleosiddiphosphatgruppe enthalten. Die Gruppierung übt einen aktivierenden Effekt aus, so dass das Molekül ein höheres Gruppenübertragungspotenzial besitzt. Beispiele sind ↗ *Nucleosiddiphosphatzucker* und ↗ *Cytidindiphosphocholin*.

Nucleosiddiphosphatzucker, *Nucleotidzucker*, energiereiche Nucleotidderivate der Monosaccharide. Die aktivierende Gruppe ist ein Nucleosiddiphosphat, das die Funktion eines Coenzyms ausübt. Allgemeine Bedeutung hat *Uridindiphosphat*, an das Glucose gebunden wird. Die Synthese dieser „*aktiven Glucose*" (*Uridindiphosphatglucose, UDP-Glucose, UDPG*) erfolgt über Glucose-1-phosphat, das enzymatisch mit Uridintriphosphat reagiert (Abb.). Weitere aktivierende Nucleosiddiphosphate mit speziellen Funktionen im Stoffwechsel sind in der Tab. aufgeführt.

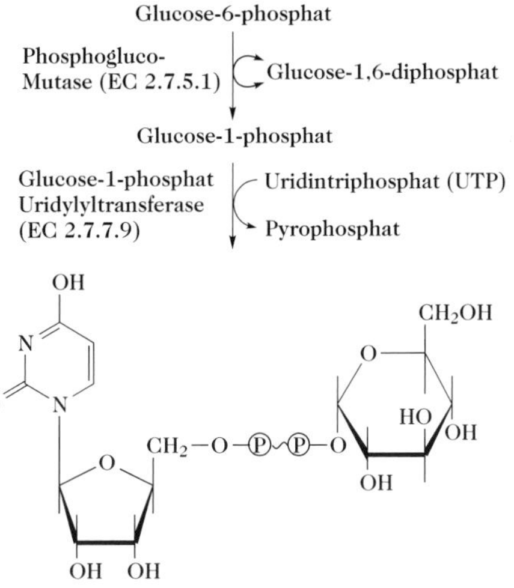

Nucleosiddiphosphatzucker. Biosynthese von Uridindiphosphatglucose.

In dieser aktivierten Form haben die Zuckermoleküle und die entsprechenden Derivate verschiedene Reaktionsmöglichkeiten. Von besonderer Bedeutung ist ihre Übertragung auf andere Moleküle mit OH-Gruppen, z. B. im Oligo- und Polysaccharidstoffwechsel (↗ *Kohlenhydratstoffwechsel*).

Auch Uronsäuren können an Nucleosiddiphosphate gebunden werden. Die Uridindiphosphatglucuronsäure entsteht aus Uridindiphosphatglucose

Nucleosiddiphosphatzucker. Tabelle.

aktivierende Nucleosid-diphosphate	aktivierte Moleküle	Bedeutung
Uridindiphosphat	Glucose	allgemeiner Kohlenhydratstoffwechsel, Synthese des ↗ *Glycogens*, Synthese von ↗ *Murein*
	Galactose	Stoffwechsel der ↗ *Galactose*
	Glucuronat	↗ *Glucuronatweg*, Glucuronatsynthese
	N-Acetyl-glucosamin	Aminozuckerstoffwechsel, Synthese des Chitins
Adenosindiphosphat	Glucose	Synthese der ↗ *Stärke*
Guanosindiphosphat	Mannose	Synthese von L-Fucose und D-Rhamnose, 6-Desoxyhexosen
Desoxythymidindiphosphat	Glucose	Synthese von L-Rhamnose
Cytidindiphosphat	Ribitol, Glycerin	Synthese von ↗ *Teichonsäuren*

und ist Vorstufe der Glucuronidsynthese (↗ *Glucuronatweg*).

Nucleoside, *N*-Glycoside heterozyklischer Stickstoffbasen. Besondere Bedeutung haben Verbindungen von Purin- und Pyrimidinbasen mit Pentosen. Zuckerkomponenten sind D-Ribose und D-2-Desoxyribose in der Furanosekonfiguration (Tab.). Das C1 des Zuckerrests ist über eine *N*-Glycosidbindung (C-N-Bindung) mit dem N_9 der Purinbase bzw. dem N_1 der Pyrimidinbase verknüpft. Zur Unterscheidung von der Bezifferung der Basen werden die C-Atome des Zuckers mit 1' bis 5' bezeichnet. *Desoxynucleoside* enthalten anstelle der D-Ribose D-2-Desoxyribose. N. haben Trivialnamen, die sich vom Basenbestandteil ableiten lassen. Pyrimidinderivate erhalten die Endung -idin, Purinderivate die Endung -osin. In speziellen Nucleinsäuren, besonders transfer-RNA, kommen in geringen Mengen ↗ *seltene Nucleinsäurebausteine* vor, die chemisch modifizierte Basen oder Zucker enthalten.

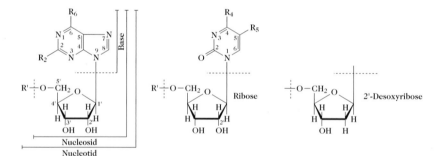

Nucleoside. Tabelle. Aufbau von Purin- und Pyrimidinbasen, Nucleosiden, Desoxynucleosiden und Nucleotiden.

Purinbase		R' = H Nucleosid oder Desoxynucleosid	Pyrimidinbase		R' = H Nucleosid oder Desoxynucleosid
$R_2 = H$ $R_6 = NH_2$	Adenin	Adenosin Desoxyadenosin	$R_4 = OH$ $R_5 = H$	Uracil	Uridin Desoxyuridin
$R_2 = NH_2$ $R_6 = OH$	Guanin	Guanosin Desoxyguanosin	$R_4 = NH_2$ $R_5 = H$	Cytosin	Cytidin Desoxycytidin
$R_2 = H$ $R_6 = OH$	Hypo-xanthin	Inosin Desoxyinosin	$R_4 = OH$ $R_5 = CH_3$	Thymin	Ribothymidin Thymidin
		R' = Ⓟ			R' = Ⓟ~Ⓟ	R' = Ⓟ~Ⓟ~Ⓟ
Nucleotide:		Adenosin- Guanosin- Inosin- Uridin- Cytidin- Thymidin- }monophosphat			Adenosin- Guanosin- Inosin- Uridin- Cytidin- Thymidin- }diphosphat	Adenosin- Guanosin- Inosin- Uridin- Cytidin- Thymidin- }tri-phosphat

N. und Desoxynucleoside können über den ↗ *Wiederverwertungsweg* synthetisiert werden. Sie entstammen ferner der Hydrolyse von Nucleinsäuren und Nucleotiden. Nucleosidphosphorylasen und Desoxynucleosidphosphorylasen katalysieren die reversible phosphatabhängige Spaltung von N. und Desoxynucleosiden unter Bildung von Ribose-1-phosphat bzw. Desoxyribose-1-phosphat und der freien Base. N. und Desoxynucleoside werden durch entsprechende Kinasen in Nucleotide umgewandelt.

Streng genommen bezeichnen N. Basen-Zucker-Kombinationen, wie sie in den Nucleinsäuren vorkommen. Der Begriff wird jedoch oft für jede Basen-Zucker-Verbindung verwendet.

Nucleosidphosphate, Syn. für ↗ *Nucleotide*.

Nucleosomen, *Nucleoproteinpartikel,* sphärische, DNA und Histone enthaltende Chromatinkomponenten, die erste Organisationsebene des ↗ *Chromatins* (Farbtafel II). Bei der Elektronenmikroskopie von isoliertem, ausgebreitetem Chromatin sind Nucleosomenanordnungen zu erkennen, die Ähnlichkeit mit Perlenketten haben (*Nucleofilamente,* Durchmesser 10 nm). Eine kurze Behandlung von Chromatin mit mikrosomaler Nuclease (die doppelsträngige DNA spaltet) setzt einige dieser perlenähnlichen N. frei, ohne die daran gebundene DNA (ca. 200 bp) anzugreifen. In diesem Stadium sind die N. auch mit Histon 1 (H1) komplexiert und werden *Chromatosomen* genannt. Ein weiterer Abbau spaltet einen Teil der DNA und das H1 ab, wodurch ein *Nucleosomen-Kernpartikel* (engl. *nucleosome core particle*) entsteht. Letzeres ist ein diskretes Partikel mit einem Durchmesser von 10 nm, das aus einem dichtgepackten Histonoctamer (H2a, H2b, H3, H4)$_2$ besteht, umschlossen von 145–147 Nucleotidpaaren einer B-DNA. Diese DNA windet sich um den Octamerenkern in 1,8 Umdrehungen einer flachen linkshändigen Superhelix mit einem Anstieg von 2,8 nm. Sie bildet keine glatte Superhelix aus, sondern krümmt sich stark an verschiedenen Punkten ihrer Längsrichtung, so dass die Breiten ihrer großen und kleinen Furchen einer großen Variation unterliegen. Im Zentrum des Nucleosoms befindet sich ein H3-H4-Tetramer, die beiden exponierten Enden werden von H2a-H2b-Dimeren gebildet. Die beim zweiten Abbau abgespaltene DNA verbindet benachbarte N. und wird *Linker-DNA* genannt (DNA-Gehalt von N. verschiedener Organismen zwischen 160 und 240 bp). Ihre Länge kann je nach Quelle stark variieren, gewöhnlich ist die Linker-DNA aber ungefähr 55 bp lang. Histon 1 (H1) bindet einerseits an die Außenseite der Kernpartikel und andererseits an die Linker-DNA und unterstützt dadurch die Assoziation zwischen den N. im Nucleosomenfilament. H1 verdichtet lineare DNA um einen Faktor 30–40, wobei der Verdichtungsgrad offenbar durch reversible Phosphorylierung von H1 gesteuert wird.

Nucleotidcoenzym, ein Coenzym, das eine Nucleotidstruktur enthält. N. sind die ↗ *Pyridinnucleotidcoenzyme,* die Nucleosiddiphosphate (↗ *Nucleosiddiphosphatzucker*) und das ↗ *Coenzym A.* Als N. werden auch die ↗ *Flavinnucleotide* bezeichnet, obwohl strenggenommen das Flavinmononucleotid (FMN) kein Nucleotid ist.

Nucleotide, *Nucleosidphosphate,* Phosphorsäureester der ↗ *Nucleoside.* Die o-Phosphorsäure ist esterartig an eine der freien OH-Gruppen im Zuckeranteil – bei den *Ribonucleotiden (Riboden),* Ribose, bei den *Desoxyribonucleotiden* (*Desoxynucleotiden* oder *Desoxyribotiden*) D-2-Desoxyribose – gebunden, wobei 2'-, 3'- und 5'-Nucleosidphosphate (bei den Desoxyribonucleotiden nur 3'- und 5'-Formen) gebildet werden. Biologisch wichtig sind vor allem 5'-Ester. N. können als mono-, di- und triphosphorylierte Derivate vorliegen, bei denen Phosphorsäure, Pyrophosphorsäure bzw. Triphosphorsäure an die CH_2OH-Gruppe des Zuckers gebunden ist, z. B. Guanosinmonophosphat, Cytidindiphosphat und Adenosintriphosphat. Von großer regulatorischer Bedeutung im Stoffwechsel sind die *zyklischen N.,* die als zyklische Phosphodiester vorliegen, besonders die zyklischen Nucleosid-3'-5'-monophosphate (↗ *Adenosinphosphate,* ↗ *Guanosinphosphate,* ↗ *Inosinphosphate,* ↗ *Uridinphosphate*). Die Synthese der Nucleosidmonophosphate erfolgt *de novo* im Zuge der ↗ *Purinbiosynthese* und der ↗ *Pyrimidinbiosynthese.* Ihre schrittweise Phosphorylierung mittels Kinasen führt zu den Nucleosiddi- und -triphosphaten. Auf der Stufe von Ribonucleosiddiphosphaten erfolgt die Reduktion der Ribose zu 2-Desoxyribose bei der Desoxynucleotidbiosynthese (↗ *Ribonucleotid-Reduktase*). Eine Reduktion freier Ribose zu 2-Desoxyribose ist *in vivo* nicht möglich.

N. und Desoxynucleotide sind die monomeren Bausteine der ↗ *Oligonucleotide* und ↗ *Polynucleotide.* Bei deren enzymatischem Abbau können zyklische 2',3'-Nucleosidphosphate auftreten. N. werden durch 5'-Nucleotidasen oder 3'-Nucleotidasen, die als Phosphomonoesterasen wirken, hydrolytisch zu den Nucleosiden abgebaut. Nucleotidpyrophosphorylasen bauen die N. pyrophosphatabhängig zu den freien Basen und Phosphoribosylpyrophosphat ab. In freier Form sind N. Bestandteile von bestimmten Coenzymen (↗ *Nucleotidcoenzyme*). Adenosin-2',5'-diphosphat und Adenosin-3',5'-diphosphat sind im $NADP^+$ bzw. Coenzym A enthalten. N., besonders Adenosintriphosphat, dienen als Energiespeicher und -überträger in allen lebenden Zellen.

Nucleotidzucker, ↗ *Nucleosiddiphosphatzucker.*
Nucleus, Syn. für ↗ *Zellkern.*

0

Oberflächenfibroblastenantigen, Syn. für ↗ *Fibronectin*, wenn es als Zelloberflächenprotein auftritt.

Oberflächenkultur, Syn. für ↗ *Emerskultur.*

OB-Protein, Syn. für ↗ *Leptin.*

Ochnaflavone, ↗ *Biflavonoide.*

Ochratoxine, Mycotoxine, Verbindungen des Phenylalanins mit z. T. chlorhaltigen Isocumarinderivaten, die von zahlreichen *Aspergillus*- und *Penicillium*-Arten produziert werden. O. finden sich in pilzbefallenen Erdnüssen, grünen Kaffeebohnen, Bohnen und Getreide und führen bei Tieren zu Leber- und Nierenschäden (orale Toxizität bei Küken 3,6 mg/kg). Die Wirkung beruht auf einer Hemmung des Leberphosphorylase-Enzymsystems. Am giftigsten ist O. A (Abb.), bei dem die Biosynthese des Isocumarinteils von fünf Acetatbausteinen und einem C_1-Körper (Carboxygruppe) ausgeht.

Ochratoxine. Ochratoxin A.

Ochrecodon, ein Nonsense-Codon, das Triplett UAA in einer mRNA. Das O. bewirkt wie das ↗ *Ambercodon* den Abbruch der Biosynthese eines Proteins. Der Abbruch der synthetisierten Polypeptidkette erfolgt nach dem Einbau der Aminosäure, die vor dem O. codiert ist. Das O. ist wahrscheinlich das natürliche und damit verbreitetste Terminationscodon in der Proteinbiosynthese. Ochremutanten tragen durch Punktmutation entstandene O. Wie bei ↗ *Ambermutanten* können diese Mutationen durch spezifische Suppression neutralisiert werden.

Ocimen, ein dreifach ungesättigter Monoterpenkohlenwasserstoff. O. ist eine ölige Flüssigkeit (M_r 136,24 Da, Sdp. 176–178 °C, ρ^{15} 0,8031, n_D^{18} 1,4857). Mit ↗ *Myrcen* ist es doppelbindungsisomer. O. ist Bestandteil vieler etherischer Öle.

Octahydrochinolizin, Syn. für ↗ *Chinolizidin.*

Octanoyl-CoA-Synthetase, ↗ *aktivierte Fettsäuren.*

n-**Octansäure**, Syn. für ↗ *n-Caprylsäure.*

D-Octopin, *N-α-(1-Carboxyethyl)-arginin*, N^2-*(D-1-Carboxyethyl)-L-arginin*, ein Guanidinderivat; M_r 246,3 Da, F. 262–263 °C (Z.), $[\alpha]_D^{24} = +20,6°$

(c = 1, Wasser). D-Octopin wurde aus der Muskulatur verschiedener Invertebraten, wie z. B. *Octopus, Pecten maximus, Sipunculus nudus* isoliert, wo es als funktionelles Analogon der Milchsäure dient. Das NADH, das durch Glycolyse gebildet wird, wird im Verlauf der D-Octopin-Synthese zu NAD^+ oxidiert. Dieses NAD^+ kann durch Umkehrung des gleichen Prozesses zu NADH reduziert werden. D-O. wird mit Hilfe einer unspezifischen NADH-abhängigen Dehydrogenase aus Pyruvat und Arginin durch reduktive Kondensation gebildet.

D-O. kommt auch in bestimmten Pflanzentumoren vor, die durch *Agrobacterium tumefaciens* induziert werden. Diese Bakterien induzieren in Dikotyledonen Tumore, indem sie ein großes bakterielles Plasmid (T_i-Plasmid) auf die eukaryontische Zelle übertragen. In dem transformierten Gewebe bestimmt der T_i-Plasmid die Synthese neuer Aminosäuren, die als spezifische Substrate für das Bakterium dienen. Hierbei handelt es sich entweder um D-O. und verwandte Verbindungen (Octopinfamilie) oder um Nopalin und Nopalinsäure (Nopalinfamilie), jedoch nicht beide. [F. Marincs u. D.W.R. White *J. Biol. Chem.* **270** (1995) 12.339]

Octopinsäure, ↗ *D-Octopin.*

Octreolid, D-Phe-Cys^2-Phe-D-Trp-Lys-Thr-Cys^7-Throl (Disulfidbrücke: Cys^2–Cys^7), ein heterodet zyklisches 8-AS Peptid, das als potenter Agonist des ↗ *Somatostatins* wirkt. O. wird als Wirkstoff gegen Akromegalie sowie zur Behandlung von Patienten mit metastasierenden carcinoiden und vasoaktiven Tumoren eingesetzt.

Oenin, ↗ *Malvidin.*

offenes System, 1) System, an dessen Begrenzungen ein ständiger Austausch von Material, Energie und Information mit der Umgebung stattfindet, wodurch es sich in einem Fließgleichgewicht (↗ *steady state*) erhält. Die Theorie der offenen Systeme wurde von Bertalanffy auf Lebewesen angewandt. Hier gilt die Thermodynamik stationär irreversibler Prozesse.

2) In der Botanik wird die Pflanze als o. S. im Unterschied zum Tier betrachtet, das als geschlossenes System aufgefasst wird. Die Pflanze hat ein theoretisch unbegrenztes Wachstum, indem bestimmte Zellen ständig embryonal und teilungsfähig bleiben, wodurch die Pflanze aus Vegetationspunkten, Scheitelzellen, interkalaren Meristemen u. a. wächst. Das Tier ist nach Abschluss der Embryonalentwicklung im wesentlichen ausdifferenziert.

Oiticicaöl, ein pflanzliches fettes Öl aus den Fruchtkernen von *Licania rigida*. O. enthält neben Palmitin-, Stearin-, Öl- und Eleostearinsäure bis zu 80 % Licansäure, eine Ketofettsäure mit drei konjugierten Doppelbindungen (F. 99–100 °C). O. wird vor allem in der Lackindustrie verwendet.

Okazaki-Fragmente, ↗ *Replikation.*

ökologische Chemie, ↗ *Ökotoxikologie.*

Ökotoxikologie, Zweig der Toxikologie, der sich mit dem Eintrag naturfremder Stoffe in die Ökosphäre, mit deren Verhalten bei Verteilungs-, Akkumulations-, Transport- und Transformationsprozessen und mit deren toxischer Wirkung auf Bestandteile der Ökosysteme unter Einschluss möglicher Rückwirkungen auf den Menschen befasst. Die Ö. liefert wichtige Erkenntnisse für den kurativen und präventiven Umweltschutz. Sie steht in engem Zusammenhang mit dem Arbeitsgebiet *ökologische Chemie,* das allgemein Verteilung, Verbleib und Umsetzung einer chemischen Verbindung in der Umwelt verfolgt.

Ole, Abk. für ↗ *Ölsäure.*

Öle, flüssige, wasserunlösliche organische Verbindungen, die brennbar, leichter als Wasser und löslich in Ether, Benzol und anderen organischen Lösungsmitteln sind. Man unterscheidet zwischen pflanzlichen und tierischen fetten Ölen (↗ *Fette und fette Öle*), ↗ *etherischen Ölen* und Mineralölen.

5α-Olean, ↗ *Amyrin.*

Oleandomycin, ein ↗ *Makrolid-Antibiotikum,* das am 14-gliedrigen Aglycon ein Oxiran-Strukturelement enthält. O. ist säurelabil. In Gebrauch ist das Triacetat, bei dem alle freien OH-Gruppen verestert sind (*Troleandomycin*). Es wird bei Infektionen durch grampositive Keime eingesetzt.

Oleanolsäure, pentazyklisches Triterpensapogenin, das sich vom β-Amyrin (↗ *Amyrin*) ableitet (Abb.; ↗ *Triterpene,* ↗ *Saponine*). M_r 456,71, F. 310 °C, $[\alpha]_D$ +80 ° (Methanol). O. ist Bestandteil von Saponinen, Harzen und einigen pflanzlichen Wachsen.

Oleanolsäure

Oleinsäure, veraltet für ↗ *Ölsäure.*

Oleoresinate, ↗ *Balsame.*

Oleyl-CoA, an ↗ *Coenzym A* esterartig gebundene ↗ *Ölsäure.* Die Einführung der cis-Δ^9-Doppelbindung in Stearyl-CoA wird in den Mikrosomen durch eine Oxidase katalysiert, die molekularen Sauerstoff und NADH + H⁺ (oder NADPH + H⁺) benötigt: Stearyl-CoA + NADH + H⁺ + O_2 → Oleyl-CoA + NAD⁺ + 2 H_2O. Der Enzymkomplex besteht aus drei membrangebundenen Enzymen: der FAD-abhängi-

gen NADH-Cytochrom-b_5-Reduktase, dem Cytochrom b_5 und einer Desaturase. Aus dem Oleat kann eine Reihe ungesättigter Fettsäuren durch schrittweise Kettenverlängerung und Einführung von Doppelbindungen synthetisiert werden. Allerdings fehlen Säugern die Enzymsysteme, die in Fettsäuren Doppelbindungen nach dem C9 einführen können.

2',5'-Oligoadenylat-Synthase, ein Enzym, das in Gegenwart von doppelsträngiger RNA aus ATP die Synthese von ↗ *2,5-A* katalysiert. Die Synthese von O. wird durch Interferone induziert.

oligo(dT), kurze einzelsträngige DNA-Sequenzen aus Thymidinnucleotiden, die spezifisch poly(A)-enthaltende mRNA bindet. Oligo-(dT)-Säulen lassen sich durch Kopplung von (dT_{12-18}) an aktiviertes Säulenmaterial (z. B. Cellulose) leicht selbst herstellen bzw. kommerziell erwerben. Sie werden zur Isolation der mRNA-Fraktion verwendet. Die denaturierte Gesamt-RNA wird zur optimalen Beladung mehrmals aufgetragen. Die Bindung an die oligo(dT)-Säule erfolgt bei relativ hohen Salzkonzentrationen (500 mM NaCl bzw. LiCl). Die Elution der mRNA wird unter Bedingungen (Wasser) vorgenommen, die eine Destabilisierung der dT : rA-Hybride bewirken.

Oligo-1,6-glucosidase, ↗ *Dextrin-6-α-D-Glucanohydrolase.*

Oligomycin, ein von *Streptomyces* produziertes Antibiotikum, das die ATP-Synthese hemmt. Es bindet an eine Untereinheit von F_0 der F_0F_1-ATPase (↗ *ATP-Synthase*) und stört auf diese Weise den Protonentransport durch die F_0-Untereinheit.

Oligonucleotide, lineare Sequenzen aus maximal 20 Mononucleotiden, die durch 3',5'-Phosphodiesterbindungen verknüpft sind (↗ *Nucleinsäuren*). Je nach Länge unterscheidet man Di-, Tri-, Tetranucleotide usw. O. entstehen bei der unvollständigen enzymatischen oder chemischen Spaltung von ↗ *Polynucleotiden* bzw. Nucleinsäuren. Sie finden u. a. Anwendung als Primer bei der ↗ *Polymerasekettenreaktion* sowie als Hybridisierungsreagens. ↗ *Oligonucleotidsynthese.*

Oligonucleotidsynthese, die chemische Synthese von Oligonucleotiden durch Knüpfung einer Phosphodiesterbindung zwischen der 5'-Hydroxy-Gruppe des einen Nucleotids und der 3'-Phosphat-Gruppe des anderen Nucleotids oder umgekehrt zwischen einer 3'-Hydroxygruppe und einem 5'-Phosphat zweier Nucleotide. Für präparative O. wird wegen der höheren chemischen Reaktivität der primären 5'-Hydroxygruppe fast ausschließlich die zuerst genannte Reaktion verwendet. Alle funktionellen Gruppen, die während der Knüpfung der Internucleotidbindung unerwünschte Nebenreaktionen eingehen können, müssen durch Einführung selektiv abspaltbarer Schutzgruppen reversibel blo-

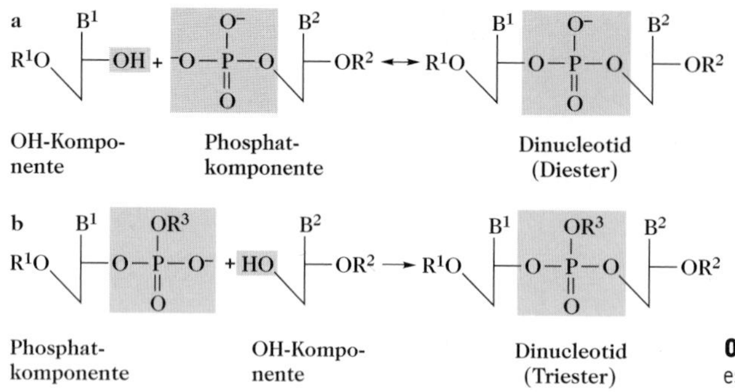

Oligonucleotidsynthese. Abb. 1. a) Phosphodiester-Methode, b) Phosphotriester-Methode.

ckiert werden. Bei der Synthese von Oligoribonucleotiden muss auch die zusätzliche 2'-Hydroxygruppe geschützt werden.

Prinzipiell unterscheidet man bei der O. zwischen der *Phosphodiester-Methode* (Abb. 1a) und der *Phosphotriester-Methode* (Abb. 1b), die sich vor allem darin unterscheiden, dass Triester wegen der fehlenden Ladung nicht mehr polar sind, sich gut in unpolaren Solvenzien lösen und auch keine unerwünschten Reaktionen mit bestimmten Aktivierungsmitteln eingehen. Obgleich mit der Diestermethode Oligonucleotide der Kettenlänge 10–20 synthetisiert werden konnten, ist dieses Verfahren für den Aufbau von Gensegmenten weniger gut geeignet (u. a. niedrige Ausbeuten; lange Reaktionszeiten; ungeschützte Phosphatgruppe in der zwischen zwei Nucleosiden gebildeten Phosphodiesterbindung). Die effektivsten Syntheseverfahren basieren auf der Triestermethode bzw. auf abgeleiteten Varianten unter Einbeziehung der Merrifield-analogen Polymersynthese (↗ *Festphasen-Peptidsynthese*) am festen Träger.

Die reaktiven Gruppen der Mononucleoside werden durch Schutzgruppen reversibel blockiert, um unerwünschte Nebenreaktionen weitgehend zu vermeiden und die Synthese in die gewünschte Richtung zu drängen. Als Schutzgruppe (R^1) für die primäre Hydroxyfunktion fungiert die mit aromatischen Sulfonsäuren, Trifluoressigsäure oder $ZnBr_2$ abspaltbare Dimethoxytrityl- (DMTr-) Gruppe, während für die sekundäre 3'-Hydroxyfunktion vorrangig basenlabile Acetyl- bzw. Benzoylreste (R^2) eingesetzt werden. Als N-Schutzgruppen der Nucleobasen (B) werden der Anisoylrest für Cytosin, der Benzoylrest für Adenosin und der Isobutyrylrest für Guanosin bevorzugt, die gewöhnlich durch Ammonolyse entfernt werden. Wichtige Phosphatschutzgruppen (R^3) sind die durch β-Eliminierung abspaltbare β-Cyanoethylgruppe sowie insbesondere chlorsubstituierte Phenylester mit verschiedenen Deblockierungsmöglichkeiten.

Kondensationsmittel (*Aktivierungsmittel*) für die Knüpfung der Internucleotidbindung sind abhängig von der gewählten Synthesestrategie. Während sich

Dicyclohexylcarbodiimid (DCC), Mesitylensulfonylchlorid (MS) und Triisopropylbenzolsulfonylchlorid (TPS) als effektiv bei der Diestermethode erwiesen haben, wird für die Triestermethode bevorzugt 1-(Mesitylen-sulfonyl)-3-nitrotriazol (MSNT) verwendet.

Trotz der Vielzahl bekannter Varianten der O. werden in der Praxis vorrangig die beiden nachfolgenden Verfahren benutzt:

1) *Phosphotriester-Polymersynthese* (Abb. 2). Die Phosphatkomponente (1) wird als ein in Pyridin lösliches Triethylammoniumsalz des Phosphodiesters eingesetzt. Sie reagiert mit der trägergebundenen Nucleosidkomponente in Gegenwart des Kupplungsreagens MSNT zum polymergebundenen, geschützten Dinucleotid (3). Bei nicht vollständiger Umsetzung der Hydroxykomponente (2) wird die 5'-Hydroxyfunktion acetyliert (*capping*-Schritt), um eine Bildung von Fehlsequenzen zu verhindern. Danach wird die Schutzgruppe R^1 von der Verbindung 3 abgespalten, und es beginnt die Anknüpfung des nächsten partiell geschützten Nucleotids. Mit MSNT als Aktivierungsmittel betragen die Kupplungszeiten je Kupplungsschritt 45 min bei 45 °C. Ein Zyklus erfordert etwa 60 min. Für den Aufbau längerer Oligonucleotide setzt man zweckmäßigerweise entsprechend geschützte Dimere oder Trimere, die nach der Triestermethode in Lösung hergestellt werden, als Phosphatkomponenten ein, wodurch die Synthesedauer drastisch verkürzt wird.

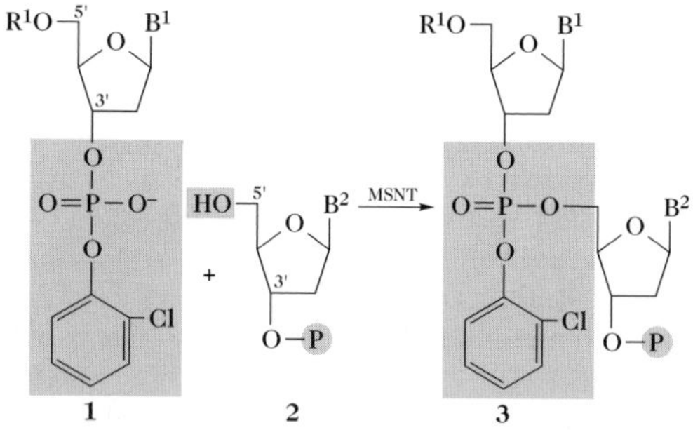

Oligonucleotidsynthese. Abb. 2. Phosphotriester-Polymersynthese.

Als polymere Träger werden Copolymerisate aus Polystyrol und 1% Divinylbenzol verwendet, aber auch Polyamide, Kieselgel, Glasperlen oder Cellulosepapier. Analog zur Peptidsynthese am polymeren Träger stehen verschiedene kommerzielle, halbautomatische wie auch programmgesteuerte *DNA-Synthesizer* zur Verfügung. Mit den vollautomatisch arbeitenden Syntheseautomaten dauert die Verknüpfung zweier Nucleotide einschließlich aller Nebenreaktionen weniger als 15 min. Die Reaktionsfolge Kupplung und selektive Abspaltung der 5'-Hydroxyschutzgruppe wird so lange wiederholt, bis die gewünschte Sequenz am Träger synthetisiert ist. Danach werden alle Schutzgruppen sowie der polymere Träger abgespalten, und das Endprodukt wird durch HPLC oder Polyacrylamid-Gelelektrophorese gereinigt. Die Bestätigung der Identität des Syntheseprodukts erfolgt durch Sequenzanalyse oder durch einen zweidimensionalen *Fingerprint*, d. h. zweidimensionale Trennung der Hydrolyseprodukte nach Inkubation mit Schlangengift-Diesterase.

Eine Alternative zu den relativ teuren Syntheseautomaten ist die sog. *Filterblättchen-Methode*, bei der die Startnucleotide an geeignete Papierfilter gebunden werden. Wenn man die Kondensationsreaktionen mit jedem einzelnen Nucleotid in getrennten Reaktionsgefäßen durchführt und die Filter nach jedem Syntheseschritt entsprechend des vorgegebenen Syntheseplans in die entsprechenden Reaktionsgefäße umsortiert (da sie wie Teebeutel eingehängt werden, spricht man im Laborjargon auch von der *tea-bag-Methode*), kann man gleichzeitig viele Oligonucleotide synthetisieren.

2) *Phosphit-Triester-Polymersynthese* (Abb. 3). Grundlage dieses Verfahrens ist die Phosphitmethode, bei der zunächst ein Nucleotidphosphitester (5) gebildet wird, der anschließend mit Iod zum Phosphotriester oxidiert wird. Die partiell geschützten Desoxynucleosid-Phosphoramidite (4) (*Phosphoramidit-Methode*), dargestellt aus dem entsprechenden Nucleosid und Chloro(*N*,*N*-dimethylamino)-methoxyphosphan, CH$_3$O-P(Cl)-N(CH$_3$)$_2$, sind äußerst reaktiv und ermöglichen nahezu quantitative Umsätze bei Kupplungszeiten von nur 5 min. Diese hochreaktiven Reagenzien (*Reaktionsbomben*) stellen in Verbindung mit Injektionsspritze und Serumkappe das Handwerkszeug des modernen Nucleinsäuresynthetikers dar. Die Dauer eines Reaktionszyklus wird mit etwa 30 min angegeben. Als polymerer Träger fand unter anderem Kieselgel Verwendung. Nach der Synthese werden die Schutzgruppen abgespalten und das Oligonucleotid vom Träger abgelöst. Die Reinigung erfolgt wie unter 1) beschrieben, wofür zusätzlich *Reversed-Phase*-Chromatographie und Gelchromatographie wichtig sind. Unter den besten Bedin-

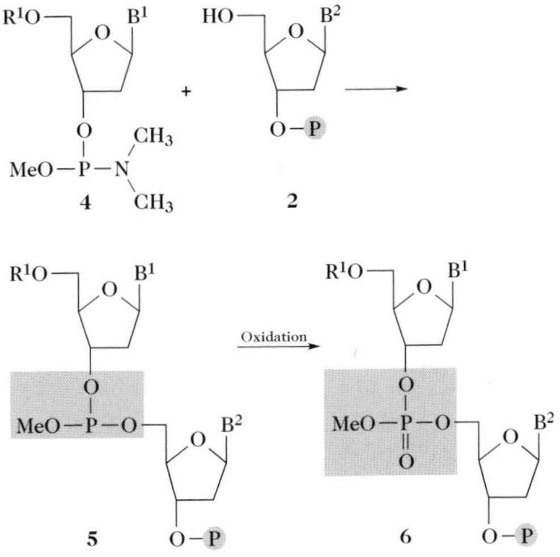

Oligonucleotidsynthese. Abb. 3. Phosphittriester-Polymersynthese.

gungen kann man heute Oligonucleotide bis zu einer Länge von etwa 200 Basen in einem Stück synthetisieren.

Die beiden Synthesevarianten am polymeren Träger erlauben einen schnellen Aufbau von Oligonucleotiden, die Ausgangsprodukte für die Gensynthese darstellen, aber auch für andere molekularbiologische Aufgabenstellungen Verwendung finden, z. B. als Sonden für die Isolierung von mRNA, als Primer für die Sequenzierung von DNA (oder mRNA) und für die Polymerase-Kettenreaktion, als Hybridisierungsproben und Linkersequenzen für gentechnische Operationen.

Oligopeptide, ↗ *Peptide*, die in der Regel aus weniger als zehn Aminosäurebausteinen bestehen.

Oligosaccharide, sind α- oder β-glycosidisch aus 2–10 Monosaccharideinheiten aufgebaute ↗ *Kohlenhydrate*. Man unterscheidet je nach Anzahl der Untereinheiten zwischen Di-, Tri-, Tetrasacchariden usw. Sie können bei saurer oder enzymatischer Hydrolyse in ihre Grundbausteine gespalten werden und ähneln in ihren chemischen und physikalischen Eigenschaften weitgehend den ↗ *Monosacchariden*. O. sind im Pflanzen- und Tierreich weit verbreitet und kommen sowohl in freier als auch in gebundener Form vor. Die Synthese der O. verläuft über Nucleosiddiphosphatzucker. Besonders wichtig sind die aus zwei gleich- oder verschiedenartigen Monosaccharidresten glycosidisch aufgebauten *Disaccharide*. Je nach Art der Kondensation unterscheidet man den Trehalose- und den Maltosetyp. Beim *Trehalosetyp* (z. B. Saccharose, Trehalose) sind die beiden Hydroxylgruppen am C1 zweier Monosaccharide unter Wasseraustritt glycosidisch verbunden. Durch diese 1→1-Verknüpfung liegen beide Zucker als Vollacetale vor, so dass keine typischen Zuckerreaktionen, wie Reduktionswirkung, Osazon- und Oximbildung, sowie Mutarotation möglich sind. Beim *Maltosetyp* (Maltose, Cellobiose, Gentiobiose und Melibiose) ist dagegen die glycosidische Hydroxylgruppe eines Monosaccharids mit einer alkoholischen Hydroxylgruppe eines zweiten Monosaccharidmoleküls in Reaktion getreten, meist in 1→4- oder 1→6-Verknüpfung. Kohlenhydrate dieses Strukturtyps enthalten eine freie reduzierende Gruppe und zeigen daher Reduktionseigenschaften und Mutarotation. Sie sind zur Hydrazon- und Oximbildung befähigt.

Weitere O. sind die *Trisaccharide* Raffinose, Gentianose und Melecitose, das *Tetrasaccharid* Stachyose und das *Pentasaccharid* Verbascose.

Oligosaccharid-Marker, über glycosidische Bindungen kovalent mit Proteinen verknüpfte ↗ *Oligosaccharide*, die das Schicksal eines Glycoproteins im Stoffwechsel determinieren. Der O. bestimmt in der Zelle die Kompartimentierung und auch die Lebensdauer des entsprechenden Proteins. Wird beispielsweise durch das Enzym Sialidase von einem Glycoprotein *N*-Acetylneuraminsäure (Sialinsäure) abgespalten, erkennen Rezeptoren die nunmehr frei vorliegenden Mannose- und Galactose-Reste, so dass die so veränderten Proteine von der Leber aufgenommen und abgebaut werden. Die O. sind wichtige Mediatorgruppierungen bei Zell-Zell-Wechselwirkungen.

Oligosaccharidose, ↗ *Aspartylglycosaminurie*.

Oligosaccharine, Oligosaccharide mit spezifischer Zusammensetzung, die als Modulatoren des Zellverhaltens bei Pflanzen wirken. Es wird angenommen, dass sie das Wachstum, die Entwicklung, die Reproduktion und die Verteidigung regulieren. O. sind in enzymatischen und aciden Aufschlüssen sowie in hitzebehandelten Präparaten, die von pflanzlichen und fungalen Zellwandpolysacchariden gewonnen werden, vorhanden. Solche Präparationen enthalten neben geringen Mengen an aktivem Material große Mengen an inaktiven Substanzen mit ähnlicher einförmiger Struktur, so dass nur langsam Fortschritte bezüglich der Isolierung und Charakterisierung von O. gemacht werden. O. wirken spezifisch, im Gegensatz zu anderen Pflanzenhormonen, welche pleiotrop sind. Die Funktion von Hormonen, wie z. B. Auxin und Gibberellin, kann darin bestehen, Enzyme zu aktivieren, die O. aus den Zellwänden freisetzen. Beispielsweise stimuliert Auxin das Wachstum der Erbsenstängel und vervielfacht die Wirkung eines Enzyms um das 50fache, das aus dem Xyloglucan der Zellwand aktives Material abspaltet. Dieses Material inhibiert dann das auxinstimulierte Wachstum. Während also Auxin an den Spross-Spitzen das Wachstum stimuliert, werden die O. den Stängel hinunter transportiert und hemmen das Wachstum der Lateral-

knospen. Dadurch wird eine apikale Dominanz bewirkt.

Es konnte gezeigt werden, dass O. in Pflanzengewebekulturen das Blühen hemmen, das vegetative Wachstum fördern und die Organentwicklung regulieren. Die effektiven Konzentrationen der O. sind 100–1.000-mal geringer als jene anderer Pflanzenhormone, wie z. B. der Auxine, Cytokinine und Gibberelline.

Wahrscheinlich sind die O. an der Elicitation (↗ *Elicitor*), der Synthese von ↗ *Phytoalexinen* beteiligt. O. können entweder aus der Zellwand des eindringenden Organismus durch Wirtsenzyme freigesetzt werden oder aus den Wirtszellwänden mit Hilfe von Enzymen des eindringenden Organismus oder aus den Wirtszellwänden durch Enzyme, die vom Wirt infolge von Zellverletzung selbst produziert werden.

Olivenöl, ein pflanzliches fettes Öl aus den Früchten des Olivenbaums (*Olea europaea*). Es enthält zu etwa 80–85 % den Triölsäureester des Glycerins (↗ *Ölsäure*), daneben Glyceride der Palmitinsäure (7 %), der Stearinsäure (2 %), der Linolsäure (0,5–5 %) und der Arachidonsäure (maximal 0,1 %). O. findet Verwendung als Speiseöl sowie für medizinische Zwecke als Einreibemittel z. B. bei Rheuma, Krätze und Insektenstichen sowie als Salbenbestandteil.

Ölsäure, veraltet *Oleinsäure*, (*Z*)- oder *cis-Octa-dec-9-ensäure*, *Ole* oder *18:1(9)*, $H_3C(CH_2)_7$-$CH=CH(CH_2)_7$-$COOH$, einfach ungesättigte Fettsäure, die unter bestimmten Bedingungen in die thermodynamisch stabilere *trans*-Form, die ↗ *Elaidinsäure*, übergeht. Ö. ist ein farbloses oder schwachgelbes Öl, F. 13–16 °C, in Wasser fast unlöslich, mit Ethanol mischbar. Ö. ist die häufigste ungesättigte Fettsäure der Fette und fetten Öle. Besonders reich an Ö. sind Olivenöl (80–85 %) und Erdnussöl (55–63 %). Tierische Fette enthalten 35–50 % Ö. Technische Ö., die als *Olein* bezeichnet wird, fällt nach Verseifung der Fette und Abtrennung des größten Teils der gesättigten Fettsäuren durch Destillation und Kristallisation an. Diese technische Ö. enthält etwa 70–75 % Ö. neben Linolsäure und gesättigten Fettsäuren. Technische Ö. dient als Textilhilfsmittel, zur Herstellung von Seifen, Pflastern und Linimenten.

Omeprazol, ein ↗ *Ionenpumpenhemmer*.

Ommatine, ↗ *Ommochrome*.

Ommine, ↗ *Ommochrome*.

Ommochrome, eine Gruppe saurer Naturfarbstoffe mit Phenoxazonstruktur und von gelbem, braunem oder rotem bis violettem Farbton. Sie kommen bevorzugt, jedoch nicht ausschließlich, bei Gliederfüßlern vor und wurden nach ihrem Vorkommen in den Ommatiden der Insektenaugen benannt. Sie werden in zwei Gruppen unterteilt: in die niedermolekuren, alkalilabilen, dialysierbaren *Ommatine* und in die hochmolekularen, alkalistabilen *Ommine*. Im Organismus liegen sie vielfach an Protein gebunden als Chromoproteingranula vor.

Die O. leiten sich biogenetisch aus dem Tryptophanstoffwechsel ab. Sie entstehen durch oxidative Kondensation von zwei Molekülen 3-Hydroxykynurenin unter Ausbildung der Phenoxazonstruktur und unter nachfolgender Zyklisierung einer der beiden Seitenketten zum Chinolinring. o-Aminophenole können im Allgemeinen chemisch oder enzymatisch zu Phenoxazonen oxidiert werden. Durch Zyklisierung einer Seitenkette entsteht das Chinolinringsystem, das bei den Ommatinen ebenfalls vorhanden ist. Man kennt von vielen Insekten Mutanten, deren Fähigkeit zur Ommochromsynthese beeinträchtigt ist. Solche Mutationen werden gewöhnlich an den anormalen Augenfarben erkannt. Die Mutation kann folgende Umwandlungen betreffen: von L-Tryptophan zu *N*-Formylkynurenin (z. B. weiße-Augen-Mutation bei *Periplaneta americana*), von *N*-Formylkynurenin zu Kynurenin (z. B. *a*-Mutation bei *Ephestia kuehniella*), von Kynurenin zu 3-Hydroxykynurenin (z. B. Zinnoberrotmutation von *Drosophila melanogaster*), von 3-Hydroxykynurenin zu Ommochrom (z. B. Weiß-2-Mutation von *Bombyx mori*). Es kann auch die Synthese des Proteins beeinträchtigt sein, das das O. bindet (z. B. *wa*-Mutation von *Ephestia kuehniella*).

OMP, Abk. für ↗ *Orotidin-5'-monophosphat*.

Oncostatin M, *OSM, humanes Oncostatin, hOSM*, ein aus einer Polypeptidkette mit 127 Aminosäureresten bestehendes Glycoprotein, das von Makrophagen produziert wird. Es ist strukturell und funktionell dem Leukämie-inhibierenden Faktor (LIF) ähnlich. Weiterhin besteht eine deutliche Homologie zu G-CSF (*koloniestimulierende Faktoren*) und IL-6 (↗ *Interleukine*). O. hemmt das Wachstum von Melanomen und stimuliert Kaposisarkomzellen.

Oncovin, ↗ *Vincristin*.

Onkogene, Gene, die die Fähigkeit besitzen, unter bestimmten Umständen eine neoplastische Transformation von Zellen zu induzieren. O. wurden erstmals als Nucleinsäuresequenzen identifiziert, die für die onkogene (krebserzeugende) Wirkung bestimmter Viren notwendig sind. Virusstämme, bei denen diese Gene verändert oder deletiert wurden, sind nicht mehr in der Lage, *in vitro* Zellen zu transformieren bzw. *in vivo* Tumore zu induzieren. Bald wurde erkannt, dass Retrovirusonkogene (↗ *Retroviren*) Homologien zu zellulären Genen aufweisen, die im Verlauf der Evolution hoch konserviert wurden. Letztere werden Proto-O. genannt. Wahrscheinlich wird ein Virusstamm onkogen, wenn er ein oder mehrere Proto-O. in sein

Genom inkorporiert. In der Regel bleibt das Proto-O. bei diesem Prozess nicht in seiner Gesamtheit erhalten. Vielmehr kommt es zu Deletionen und Fusionen mit viralen Genen, sowie zu Punktmutationen. Virale Onkogne werden als *v-onc* bezeichnet, das korrespondierende zelluläre Gen als *c-onc*. DNA-Tumorviren, wie z. B. Polyoma, Adenovirus und SV40 enthalten ebenfalls Onkogene, zu denen im Vertebratengenom keine Homologen gefunden wurden.

In Tumoren wurden bei der Untersuchung von Tumor-DNA bezüglich ihrer Fähigkeit, Zellen in Kultur zu transformieren, ebenfalls zelluläre Onkogene identifiziert. Ein *c-proto-onc* ruft aber keine Tumore hervor. Deshalb muss ein *c-onc* entweder durch Mutation oder durch eine Veränderung des Regulationsmechanismus seiner Expression oder durch beides modifiziert worden sein.

Die Aktivierung eines *proto-onc* kann durch Mutation (ausgelöst z. B. durch ↗ *Carcinogene* oder Strahlung), Umordnung der DNA oder Insertion eines Virus-DNA-Segments in das Chromosom in Nachbarschaft zum *c-onc* stattfinden. Durch jede der beiden letztgenannten Ereignisse wird das *c-onc* unter die Kontrolle eines fremden Promotors gebracht. Beispielsweise wurde beobachtet, dass bei Burkittschen Lymphomen und menschlicher chronischer myeloider Leukämie oft ein Chromosomenaustausch zwischen nichthomologen Chromatiden vorkommt. Im Fall einiger B-Zell-Leukämien ist das O. unter die Kontrolle des Immunglobulinpromotors und -verstärkers gelangt. In den meisten Fällen müssen sowohl eine Mutation als auch eine Veränderung des Expressionsniveaus auftreten, so dass die Transformation *in vivo* gewöhnlich ein Prozess ist, der in mehreren Schritten abläuft. Andererseits kann durch die Mutation ein genomischer Provirus aktiviert werden, der zuvor nicht exprimiert wurde.

In einigen Fällen müssen in einem Virus zwei oder mehr O. vorhanden sein, um Zellen in *vitro* transformieren zu können. Dies trifft gewöhnlich auch *in vivo* zu. Einige O. sind selbst in der Lage, *in vitro* eine Transformation bestimmter Zelllinien hervorzurufen.

Die meisten bislang charakterisierten O. codieren Rezeptor-Tyrosin-Kinasen oder Proteine, die im Rahmen von durch solche Enzyme ausgelösten Aktivierungskaskaden gebraucht werden. Vielfach sind Proto-O. essenziell für Zellwachstum und -differenzierung. Mutationen oder Expression zum falschen Zeitpunkt können eine unbegrenzte zelluläre Vermehrung und/oder eine fehlende Differenzierung zur Folge haben. Viele O. codieren mutierte signalübertragende Proteine. Das *c-onc ras* hat in gesunden Zellen drei regulatorische Proteinprodukte mit GTPase-Aktivität, die für die Kontrolle der

Onkogene. Tab. Einige gut charakterisierte Onkogene mit ihren retroviralen Quellen und Genprodukten.

Onkogen	Virus	Wirt	Genprodukt
src	Rous-Sarkoma-V.	Huhn	↗ *Protein-Tyrosin-Kinase*, pp60
mos	Moloney-Sarkom-V.	Maus	?
fms	McDonough-Sarkom-V.	Katze	Rezeptor eines ↗ *koloniestimulierenden Faktors*, Tyrosin-Kinase, gp
myc	Vogel-Myelocytomatose-V.	Vögel	Kernprotein
myb	Vogel-Myeloblastose-V.	Vögel	Kernprotein
erb	Vogel-Erythroblastose-V.	Vögel	Wachstumsfaktor-Rezeptor, Tyrosin-Kinase, gp
sis	Simian-Sarkom-V.	Affen	Wachstumsfaktor (homolog zu ↗ *platelet-derived growth factor*)
fos	FBJ-Osteosarkom-V.	Maus	Kernprotein
Ha-*ras*	Harvey-Mäuse-Sarkom-V.	Maus	GTP-bindende Proteine
Ki-*ras*	Kirsten-Mäuse-Sarkom-V.	Maus	GTP-bindende Proteine
N-*ras*	–	–	GTP-bindende Proteine

Zellentwicklung von entscheidender Bedeutung sind. Durch Verlust dieser GTPase-Aktivität nach Mutation wird Krebsentstehung ausgelöst.

Zur Kennzeichnung der Genprodukte von O. werden die Buchstaben „p" (für *Protein*), „gp" (für *Glycoprotein*) bzw. „pp" (für *Phosphoprotein*) verwendet, die näherungsweisen M_r (in Kilodalton) werden nachgestellt. Ein Superskript rechts vom Symbol gibt das Gen an, das für das Protein codiert, beispielsweise ist pp60^{src} ein Phosphoprotein mit M_r 60 kDa, das durch das *src*-Gen codiert wird. Die Produkte fusionierter Gene werden mit einem Bindestrich im Superskript angezeigt, z. B. ist gp180$^{gag\text{-}fms}$ ein Glycoprotein mit M_r 180 kDa, das Produkt, das aus der Fusion des viralen *gag*-Gens mit dem Proto-O. *fms* hervorgeht. In der Tabelle sind einige O. und ihre Genprodukte aufgelistet. [D. Bar-Sagi u. J.R. Feramisco *Science* **233** (1986) 1061–1068; G.F. Vande, Woude et al. (Hrsg.) *Oncogenes and Viral Genes*, Bd. 2 von *Cancer Cells*, Cold Spring Harbor Laboratory, 1984]

onkogene Viren, Syn. für ↗ *Tumorviren*. ↗ *Onkogene*.

Ononin, *Formononetin-7-glucosid*. ↗ *Isoflavone*.

Ononitol, ↗ *Inositole*.

Onsäuren, ↗ *Aldonsäuren*.

Oogoniole, eine Familie von Sexualhormonen, die vom männlichen Myzel von *Achlya*-Arten ausgeschieden wird, als Antwort auf die Stimulation durch ↗ *Antheridiol*, ein Sexualhormon, das vom weiblichen Myzel der *Achlya*-Arten im vegetativen Zustand kontinuierlich sezerniert wird. O. stimulieren das weibliche *Achlya*-Myzel, Verzweigungen zu bilden, auf denen Oogonien entstehen. Die Biosynthese der O., wie z. B. Antheridiol, geht von ↗ *Fucosterin*, dem Hauptsterin der *Achlya*-Arten, aus.

OP, Abk. für ↗ *osteogenes Protein*.

Operator, ↗ *Operon*.

Operon, eine Gruppe eng benachbarter Gene, die eine funktionelle Einheit bilden. Ein O. setzt sich aus Strukturgenen, Operator und Promotor zusammen (Abb.).

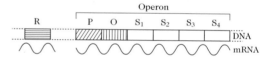

Operon. Schematische Darstellung eines Operons.

Die Strukturgene (S_1 bis S_4 in der Abb.) sind linear angeordnet und codieren die Primärstruktur der Enzymproteine einer Stoffwechselkette, z. B. für die Biosynthese einer Aminosäure. Das primäre Transcriptionsprodukt dieser Gengruppe ist eine polycistronische mRNA. Dadurch wird die Aktivität der betreffenden Gene immer gemeinsam reguliert.

Der *Promotor P* ist der Startpunkt der RNA-Synthese des betreffenden Operons, ein DNA-Abschnitt, der von der RNA-Polymerase mit Hilfe des Sigma-Faktors „erkannt" wird. Unter anderem die unterschiedliche Struktur der Promotoren bestimmt offenbar die Affinität zwischen Promotor und RNA-Polymerase, wodurch die unterschiedliche Transcriptionsfrequenz einzelner Gene oder Gengruppen des Operons reguliert werden kann. Wenn die RNA-Polymerase an den Promotor gebunden hat, muss sie die Operatorregion O passieren, um die Strukturgene zu erreichen. Diese Region ist für das An- und Abschalten der Funktion der Strukturgene, also der Synthese von mRNA verantwortlich. Ihre Funktion hängt von einem Repressorprotein ab, dem Produkt eines *Regulatorgens R*, das nicht zum Operon gehört, sondern in einer anderen

Region des Chromosoms lokalisiert sein kann. Wird ein spezifisches Repressorprotein an den Operator gebunden, dann ist die RNA-Synthese des Operons blockiert, d. h. die RNA-Polymerase kann nicht zu den Strukturgenen vordringen. Ist der Operator dagegen unbesetzt, weil der Repressor entweder durch einen Effektor inaktiviert oder aber nicht durch einen Corepressor aktiviert wurde, dann ist der Start der RNA-Synthese am benachbarten Promotor und damit die Transcription der Strukturgene des Operons möglich (↗ *Enzyminduktion*, ↗ *Enzymrepression*).

Das Operonmodell, das von Jacob und Monod entwickelt worden ist, konnte bisher nur in prokaryontischen Systemen nachgewiesen werden.

Ophiobolane, Sesterterpenphytotoxine, die bei verschiedenen Arten von *Helminthosporum* und *Cochliobolus* vorkommen. Ophiobolin A (Ophiobolin, Cochliobolin, Cochliobolin A) ist wahrscheinlich für die Symptome des Maisbrands verantwortlich, die von *Helminthosporium maydis* hervorgerufen wird. Die Biosynthese erfolgt über eine Kopf-Schwanz-Verknüpfung von fünf Isopreneinheiten unter Bildung von all-*trans*-Geranylfarnesylpyrophosphat.

Ophthalminsäure, *γ-Glutamyl-α-amino-n-butyryl-glycin*, ein in tierischen Augenlinsen sowie im Gehirn von Rindern und Kaninchen vorkommendes Tripeptid. Es inhibiert die Aktivität der γ-Glutamyl-cystein-Synthetase und der Glyoxylase I sowie den Insulinabbau in Fettgewebeschnitten von Ratten. O. kommt auch mit Norophthalminsäure (γ-Glutamyl-alanyl-glycin) vergesellschaftet vor. [S. Tsuboi et al., *Anal. Biochem.* **136** (1984) 520]

opiatähnliche Peptide, ↗ *Endorphine*.

Opiate, Bezeichnung für natürlich vorkommende Verbindungen, wie ↗ *Morphin*, ↗ *Codein* und ↗ *Opium-Alkaloide* mit morphinähnlichen Wirkungen sowie davon abgeleitete halbsynthetische (↗ *Heroin*) und synthetische Derivate (↗ *Methadon* u. a.), die in der Regel als starke Analgetika oder missbräuchlich als Rauschmittel Verwendung finden. Im Allgemeinen besitzen O. ein gemeinsames Strukturelement. Es besteht aus einer sekundären oder tertiären Aminfunktion, die über eine kurze aliphatische Kette (in der Regel zwei C-Atome) mit einem quartären C-Atom verbunden ist, das wiederum mit einem aromatischen Ringsystem assoziiert sein muss.

Opine, von Wurzelhalsgallen synthetisierte Aminosäurederivate, die vom infizierenden Bodenbakterium *Agrobacterium tumefaciens* metabolisiert werden und schließlich zur Umstellung des Stoffwechsels der Pflanzenzelle zugunsten des Bakteriums führen. Die Bildung des als Wurzelhalsgalle (*crown gall*) bezeichneten Pflanzentumors erfolgt durch tumorinduzierende Plasmi-

de (Ti-Plasmide), die das infizierende Bakterium in sich trägt.

Opioide, Sammelbezeichnung für alle Verbindungen mit morphinartigen zentralen und peripheren pharmakologischen Wirkungen, die über Opioidrezeptoren vermittelt werden, und durch starke analgetische Wirksamkeit verbunden mit großem Suchtpotenzial gekennzeichnet sind. Man unterscheidet zwischen ↗ *Opiaten* und körpereigenen O. (↗ *Opioidpeptide*).

Opioidpeptide, über Opioidrezeptoren wirkende Peptide mit morphinartiger Aktivität. Zu den O. gehören u. a. die ↗ *Enkephaline*, ↗ *Endorphine*, ↗ *Dynorphine*, ↗ *β-Casomorphine* und ↗ *Hämorphine*.

Opioidrezeptoren, hauptsächlich im ZNS jedoch auch in der Peripherie verteilte, in verschiedenen Formen vorkommende Rezeptoren, welche die Wirkung von ↗ *Opioiden* vermitteln. Man unterscheidet zwischen drei Rezeptortypen, die mit den griechischen Buchstaben μ, δ und κ bezeichnet werden. Über die Aktivierung von μ-*Rezeptoren* (Agonisten: β-Endorphin, Morphin, Methadon u. a.; Antagonisten: Naloxon, Naltrexon u. a.) entstehen Analgesie, Euphorie, Miosis, Abhängigkeit, Atemdepression, Hustendämpfung u. a., wobei der Rezeptor-Subtyp μ₁ speziell für die Analgesie und μ₂ für die anderen Effekte verantwortlich zu sein scheint. Durch δ- (Agonisten: Leu-Enkephalin, β-Endorphin; Antagonisten: Naloxon, Naltrexon) und κ-*Rezeptoren* (Agonisten: Dynorphin u. a.; Antagonisten Naloxon, Naltrexon) wird die Analgesie hauptsächlich auf der Ebene des Rückenmarks vermittelt.

Opium, der eingetrocknete Milchsaft unreifer Kapseln des Schlafmohns *Papaver somniferum*. Vom Schlafmohn existieren verschiedene Zuchtformen, die sich in Gehalt und Zusammensetzung der ↗ *Opium-Alkaloide* beträchtlich unterscheiden. Die grünen ausgewachsenen Fruchtkapseln des Mohns werden zur Gewinnung des O. angeritzt. Der nach Stunden ausgeflossene, an der Luft eingetrocknete und dabei bräunlich verfärbte Milchsaft wird abgekratzt und zusammengeknetet. Eine Kapsel liefert etwa 0,02 g O. Durch Mischen der Produkte verschiedenen Alkaloidgehalts wird O. auf einen bestimmten Gehalt an ↗ *Morphin* eingestellt. Meist enthält O. mindestens 12 % Morphin. Mit Lactose wird daraus das O. *pulveratum* mit einem Gehalt an wasserfreiem Morphin von 10 % eingestellt.

O. ist ein braunes Pulver von charakteristischem Geruch und stark bitterem Geschmack. Es reagiert sauer. Hauptbestandteil des O. sind die Opium-Alkaloide, die zu 20–30 % im Rohopium enthalten sind. Sie sind an Pflanzensäuren, z. B. an Meconsäure, die im Opium zu 3–6 % enthalten ist und Milchsäure, sowie an Schwefelsäure gebunden. O. dient hauptsächlich zur Gewinnung der therapeutisch verwendeten Alkaloide Morphin und Codein. Es wirkt als Analgetikum, wird zu diesem Zweck aber nicht mehr verwendet. Wegen seiner antidiarrhoischen Wirkung wurde es früher in Form der Opiumtinktur bei Durchfällen verordnet. Ein erheblicher Teil des illegal gewonnenen O. wird zu Rauchopium (Tschandu) verarbeitet oder zur Isolierung von Morphin eingesetzt, aus dem das starke Suchtmittel ⊅ *Heroin* gewonnen wird. O. und seine Zubereitungen unterliegen als Suchtmittel strengen Überwachungsbestimmungen.

Opium-Alkaloide, Pflanzenbasen, die im Opium und in verschiedenen Mohnarten enthalten sind. Bisher wurden über 40 verschiedene O. isoliert, die sämtlich der Isochinolingruppe angehören und biogenetisch aus zwei Molekülen Tyrosin entstehen. Die wichtigsten Alkaloid-Typen sind 1) Morphinan-Typ (⊅ *Morphin*, ⊅ *Codein* und Thebain), 2) Benzylisochinolin-Typ (⊅ *Papaverin*) und 3) Phthalidisochinolin-Typ. Zu den O. werden auch partialsynthetische Abwandlungsprodukte der nativen Alkaloide, wie Apomorphin, ⊅ *Heroin* und Ethylmorphin, sowie verschiedene nicht mehr in Gebrauch befindliche stark analgetisch wirksame Substanzen gerechnet. Die O., vornehmlich das Morphin, bedingen im wesentlichen die Wirkung des Opiums.

Opsin, ein Protein, das am Aufbau des Sehpurpurs (⊅ *Rhodopsin*) beteiligt ist.

Opsonierung, die Fähigkeit des Serums, einen Immunkomplex leichter phagocytierbar zu machen. Die O. ist eine Eigenschaft des ⊅ *Komplementsystems*. Obwohl Immunkomplexe generell Gegenstand der Phagocytose sind, wird durch die O. die Geschwindigkeit stark erhöht. Die Komponente C3b (aktiviertes C3 des Komplementsystems) besitzt eine labile Bindungsstelle, die eine feste Bindung an Antigen-Antikörper-Komplexe erlaubt (opsonische Adhärenz). Andere stabile Bindungsstellen auf C3b ermöglichen es diesem opsonierten Immunkomplex, sich an polymorphonukleäre Leucocyten, Monocyten und Makrophagen zu binden (Immunadhärenz). Diese Bindung hat eine verstärkte Phagocytose zur Folge. Die Phagocytose kann durch Stoffwechselinhibitoren gestört werden, während die Immun- und opsonische Adhärenz (die auf der physikalisch-chemischen Wechselwirkung zwischen Rezeptor und Bindungsstelle beruhen) nicht beeinträchtigt werden. Zusätzlich zu seiner Rolle bei der Opsonierung von Immunkomplexen bindet C3b an verschiedene Strukturen, wie z. B. fremde Erythrocyten und Bakterienzellen und macht sie durch Immunadhärenz an Phagocyten leichter phagocytierbar.

Opsonin, eine von Wright und Douglas 1903 gewählte Bezeichnung für das thermostabile Material, das im Serum vorhanden ist und die Phagocytose von Bakterien stimuliert. Es wurde gezeigt, dass O. direkt auf Bakterien wirkt und nicht auf die Phagocyten. O. ist möglicherweise identisch mit C3b des Komplementsystems (⊅ *Opsonierung*), wenngleich auch andere Komplementbestandteile in einem geringeren Maß aktiv sind.

optische Dichte, Syn. für ⊅ *Extinktion*.

optischer Test, eine 1936 von Otto Warburg eingeführte Methode zur Bestimmung der enzymatischen Aktivität von NAD- bzw. NADP-abhängigen Dehydrogenasen. Hierbei wird die Absorption bei 340 nm (oder einer anderen geeigneten Wellenlänge in diesem Bereich) gemessen. Diese dient als Maß für den Reduktionsgrad von NAD^+ oder $NADP^+$ (⊅ *Nicotinsäureamid-adenin-dinucleotid*). Dieses Messprinzip wird häufig auch zur Bestimmung von Enzymaktivitäten und Metabolitkonzentrationen angewandt. Es kann ein gekoppeltes Enzymsystem eingesetzt werden, in dem die interessierende Reaktion zwar kein NAD(P)H bildet oder verbraucht, jedoch mit einer anderen verknüpft ist, bei der dies zutrifft. Beispielsweise kann die Glucosekonzentration aus der Absorptionszunahme bei 340 nm bestimmt werden, wenn die unbekannte Glucosekonzentration in der Gegenwart eines Überschusses an ATP und $NADP^+$ mit den Enzymen Hexokinase und Glucose-6-phosphat-Dehydrogenase inkubiert wird:

Glucose + ATP → Glucose-6-phosphat + ADP.

Glucose-6-phosphat + $NADP^+$ →
6-Phosphogluconat + NADPH + H^+.

Die Bestimmungen von Dehydrogenase-Aktivitäten mit Hilfe des optischen Tests werden mittlerweile gewöhnlich mit automatisch registrierenden Spektralphotometern durchgeführt, so dass die Absorptionsänderung bei 340 nm kontinuierlich aufgenommen wird. Beispielsweise wird die Aktivität der Malat-Dehydrogenase der Ratte durch die Absorptionszunahme bei 340 nm bestimmt, die durch die Bildung von NADH in folgender Reaktion hervorgerufen wird:

NAD^+ + Malat → Oxalacetat + NADH + H^+.

Orchinol, *9,10-Dihydro-2,4-dimethoxy-7-phenanthrol* (Abb.), ein Phytoalexin. O. wird von der Orchidee Helmknabenkraut (*Orchis militaris*) gegen Pilzinfektion durch *Rhizoctonia repens* gebildet (F. 168–170 °C). Das strukturähnliche *Hircinol*, 9,10-Dihydro-4-methoxyphen-anthren-2,5-diol (F. 162,5 °C), wird von der Orchidee Bocksriemenzunge (*Himantoglossum [Loroglossum] hircinum*) nach *Rhizoctonia*-Infektion gebildet. Die Biosynthese von Hircinol und O. erfolgt über Phenylalanin und *m*-Hydroxyphenylpropionsäure auf dem „*m*-Cumarinsäureweg". Hircinol wurde auch in der

Schale von *Dioscorea rotondata* gefunden, zusammen mit verwandten Verbindungen, den Batatasinen. Letztere wurden als dormanzinduzierendes Prinzip in den Bulbillen der Yamswurzeln (*Dioscorea batatas*) identifiziert. Batatasine und Hircinol können auch gegen den Angriff von Pilzen schützen, weil sie das Wachstum von *Cladosporium cladosporioides* und bestimmten Pathogenen der weichen Wurzeln von Yamswurzel hemmen. Verschiedene Batatasine sind Dihydrostilbene (z. B. Batatasin III, Abb.), die mit Hircinol und O. einen gemeinsamen Vorläufer (Dihydrostilben) haben. Batatasin I, ein Phenanthren, kommt in den Knollen vieler *Dioscorea*-Arten vor und wurde außerdem in *Tamus communis* (*Dioscoreaceae*) gefunden. ⊅ *Stilbene*. [K.H. Fritzmeier u. H. Kindl *Eur. J. Biochem.* **133** (1983), 545–550; K.H. Fritzmeier et al. *Z. Naturforsch.* **39c** (1984) 217–221]

Orchinol   Batatasin III

Orchinol

Ord, Abk. für ⊅ *Orotidin*.

Organophosphorherbizide, chemische Gruppe von Erfolgsherbiziden, wie z. B. ⊅ *Glyphosat*, sowie das Herbizid ⊅ *Glufosinat*, aber auch der Wachstumsregulator Etephon. Die O. besitzen keine selektive Wirkung, deshalb muss der Kontakt mit den Kulturpflanzen durch Vorsaat- und Vorlaufverfahren sowie durch Unterblattspritzung verhindert werden (⊅ *Herbizide*). Durch gentechnische Maßnahmen kann jedoch eine Toleranz von Kulturpflanzen gegenüber beiden Herbiziden erreicht werden, so dass eine Anwendung zur selektiven Unkrautbekämpfung möglich wird. Durch diese Möglichkeit können die unter Wirkungs- und Umweltaspekten günstigen Herbizide auch in landwirtschaftlichen Kulturen großflächig angewandt werden.

Organotrophie, die Nutzung organischer Verbindungen als Wasserstoffdonatoren bei der Energiegewinnung. ⊅ *Chemotrophie*.

Orn, Abk. für ⊅ *L-Ornithin*.

Ornalin, ⊅ *D-Octopin*.

L-Ornithin, *Orn*, *α,δ-Diaminovaleriansäure*, *2,5-Diaminopentansäure*, $H_2N\text{-}CH_2\text{-}CH_2\text{-}CH_2\text{-}CH(NH_2)\text{-}COOH$, eine nichtproteinogene Aminosäure. Bei Säugetieren ist L-O. ein Zwischenprodukt des ⊅ *Harnstoff-Zyklus* und die Vorstufe

der ⊅ *Polyamine*. Es stellt bei allen argininsynthetisierenden Organismen eine Zwischenstufe in der Biosynthese von ⊅ *Arginin* dar. Bei einigen wenigen Mikroorganismen wird L-O. durch die Wirkung der Citrullin-Phosphorylase aus Citrullin gebildet. Verschiedene Antibiotika enthalten L-O., z. B. das Peptid Gramicidin S.

2-N-Acetyl-L-ornithin ist eine Zwischenstufe der L-Ornithinsynthese aus Glutaminsäure bei Mikroorganismen und stellt einen wichtigen allosterischen Effektor der Carbamylphosphat-Synthetase dar.

5-N-Acetyl-L-ornithin, ein Strukturanaloges von Citrullin, kommt als nichtproteinogene Aminosäure in verschiedenen Pflanzen vor. Aus L-O. entsteht durch Decarboxylierung bei Mikroorganismen Putrescin (Tetramethylendiamin).

Ornithinämie, *Hyperornithinämie I*, eine ⊅ *angeborene Stoffwechselstörung*, verursacht durch einen Mangel an *Ornithinoxosäure-Aminotransferase* (EC 2.6.1.13). Als Folge treten erhöhte Ornithinkonzentration in Plasma, Harn und Gehirn-Rückenmarks-Flüssigkeit, fortschreitender Verlust der Sehfähigkeit und gewöhnlich Blindheit vor dem 40. Lebensjahr. Eine Behandlung besteht in der Nahrungsergänzung mit großen Mengen an Pyridoxin und Begrenzung der Argininaufnahme. Typ II der Hyperornithinämie geht auf einen nicht identifizierten Mangel zurück (möglicherweise mangelhafter Ornithintransport in die Mitochondrien) und ist charakterisiert durch: Hyperornithinämie, Hyperammonämie, Homocitrullinämie und Homocitrullinurie; die Augen sind nicht betroffen, es treten jedoch Lethargie, Koma und geistige Entwicklungsverzögerung auf.

Ornithincarbamyl-Transferase-Mangel, ⊅ *Hyperammonämie II*.

Ornithinlipid, ein von *Pseudomonas rubescens* gebildetes ⊅ *Biotensid*. Ähnliche Lipide mit unterschiedlichen Carbonsäuren konnten auch aus anderen Bakterien isoliert werden. $H_2N\text{-}(CH_2)_3\text{-}CH_2\text{-}NH\text{-}CO\text{-}CH_2\text{-}CHR\text{-}O\text{-}COR$ (R = Alkyl).

Ornithin-Transcarbamoylase, ein Enzym des ⊅ *Harnstoff-Zyklus*, das die Übertragung der Carbamylgruppe von Carbamylphosphat auf Ornithin unter Bildung von Citrullin in den Mitochondrien katalysiert. Das im Cytosol gebildete Ornithin muss mit Hilfe eines speziellen Transportsystems in die Mitochondrien gelangen. Das Citrullin wird auf ähnlichem Wege in das Cytosol geschleust.

Ornithin-Zyklus, ⊅ *Harnstoff-Zyklus*.

Ornithyltaurin, ein aus Ornithin (1,4-Diamino-*n*-Valeriansäure) und Taurin (Decarboxylierungsprodukt der Cysteinsäure, ⊅ *L-Cystein*) synthetisiertes Dipeptid, das genauso wie Kochsalz schmeckt. O. zersetzt sich bei anhaltender Erhitzung, verliert aber bei einmaligem Kochen nicht den salzigen

Geschmack. Das Dipeptid kann zur Kochsalzsubstitution, z. B. bei Hypertonie und Nierenkrankheiten, eingesetzt werden.

Oro, Abk. für ↗ *Orotsäure*.

Orobol, 3',4',5,7-Tetrahydroxyisoflavon. ↗ *Isoflavon*.

Orosomucoid, *saures α₁-Glycoprotein, α₁AGp,* mit 38 % Zuckergehalt das kohlenhydratreichste und das wasserlöslichste Plasmaprotein der Säuger und Vögel. Zusammen mit zwei anderen kohlenhydratreichen Plasmaproteinen, dem C1-Inaktivator und dem Hämopexin, bildet O. die Seromucoidfraktion des Blutes. Erhöhte Blutspiegel an O. und insgesamt der Seromucoidfraktion stehen im Zusammenhang mit Entzündung, Schwangerschaft und verschiedenen Krankheitszuständen, wie z. B. Krebs, Lungenentzündung und Polyarthritis. Nach einem großen chirurgischen Eingriff stellt sich ein hoher Orosomucoidspiegel ein, bis die Wunde verheilt ist. O. bindet auch bestimmte Steroide, insbesondere Progesteron, dessen Bindungsaffinität jedoch niedriger ist als im Fall des corticosteroidbindenden Globulins. Die Membranen von Humanthrombocyten enthalten beträchtliche Mengen an gebundenem O. Das Human-O. ist ein Einzelstrangglycoprotein (M_r 39 kDa im Sedimentationsgleichgewicht, 41 kDa bei Sedimentationsdiffusion; isoionischer pH 3,5). Es besitzt eine ausgeprägte Anionenbindungskapazität, so dass der isoelektrische Punkt von der Art und Konzentration der Anionen abhängt. Die Proteinkette des O. besteht aus 181 Aminosäureresten. An die β-Carboxylgruppen von fünf Asparaginylresten sind Oligosaccharideinheiten gebunden. Das native Protein enthält zwei Disulfidbrücken (Cys⁵-Cys¹⁴⁷; Cys¹⁶⁴-Cys⁷²). Die C-terminale Hälfte zeigt große Sequenzähnlichkeiten mit zwei anderen Plasmaproteinen, der α-Kette des Haptoglobins und der H-Kette des Immunglobulins G. Die Kohlenhydratteile von O. enthalten *N*-Acetylneuraminsäure (Neuraminsäure), neutrale Hexosen (D-Galactose/D-Mannose in einem durchschnittlichen Verhältnis von 1,4), *N*-Acetylglucosamin und L-Fucose. O. wird in der Leber synthetisiert. Die Synthese des Kohlenhydratteils wird durch die Übertragung eines *N*-Acetylglucosaminrests an den Asparaginylrest initiiert, während die naszierende Polypeptidkette noch an das Ribosom gebunden vorliegt (↗ *Posttranslationsmodifizierung*). [K. Schmid et al. *Biochemistry* **12** (1973) 2.711–2.724; O.H.G. Schwarzmann et al. *J. Biol. Chem.* **253** (1978) 6.983–6.987]

Orotacidurie, eine ↗ *angeborene Stoffwechselstörung*, die durch einen Mangel an *Orotidin-5'-phosphat-Pyrophosphorylase* (EC 2.4.2.19) und *Orotidin-5'-phosphat-Decarboxylase* (EC 4.1.1.23) verursacht wird. Es treten anormal hohe Orotatkonzentration im Harn, schwere megaloblastische Anämie, starke Wachstums- und Entwicklungsver-

zögerung und leichte geistige Entwicklungsverzögerung auf.

Orotate, Salze der ↗ *Orotsäure*.

Orotat-Phosphoribosyl-Transferase, ein an der Synthese von Pyrimidinribonucleotiden beteiligtes Enzym, das Orotat (↗ *Orotsäure*) mit Phosphoribosylpyrophosphat (PRPP) zu Orotidin-5'-monophosphat (OMP) umsetzt. Gemeinsam mit der Orotidylat-Decarboxylase liegt die O. in Eukaryonten als multifunktionelles Enzym vor. Die O. katalysiert auch die Rückgewinnung anderer Pyrimidinbasen wie Uracil und Cytosin durch Umwandlung in die entsprechenden Nucleotide.

Orotidin, *Ord, Orotsäure-3-β-D-ribofuranosid,* ein β-glycosidisches ↗ *Nucleosid* aus D-Ribose und der Pyrimidinverbindung Orotsäure; M_r 288,21 Da; F. >400 °C; Cyclohexylaminsalz: F. 184 °C, $[\alpha]_D^{23}$ +14,3 ° (c = 1, Wasser). O. ist wahrscheinlich kein normales Zwischenprodukt im Pyrimidinstoffwechsel, wird jedoch von Mutanten von *Neurospora crassa* produziert.

Orotidin-5'-monophosphat, *OMP*, Nucleotid der Orotsäure (M_r 368,2 Da). OMP entsteht im Zuge der ↗ *Pyrimidinbiosynthese*. Das für OMP spezifische Enzym Orotidin-5'-phosphat-Pyrophosphorylase setzt Orotsäure mit 5-Phosphoribosyl-1-pyrophosphat um.

Orotsäure, *Oro, Uracil-4-carbonsäure.* M_r 156,1 Da, F. 345–347 °C (Zers.). Oro ist ein Zwischenprodukt in der ↗ *Pyrimidinbiosynthese* und wird in großen Mengen von Mutanten von *Neurospora crassa* ausgeschieden, deren Minimalmedium Uridin, Cytidin und Uracil enthalten muss. Die Salze der Oro heißen Orotate.

Orthonil, Syn. für ↗ *PRB 8*.

Orycenin, ↗ *Gluteline*.

Osajin, ↗ *Isoflavon*.

Oscillamid Y, ein ringförmiges Hexapeptid mit Ureidstrukturelementen. Es enthält *N*-Methylalanin, Homotyrosin und einen verbrückten D-Lysinrest, der auch in anderen zyklischen Peptiden wie im Bacitracin A (↗ *Bacitracine*) vorkommt. Es wird vom „giftigen" Stamm des Frischwasser-Cyanobakteriums *Oscillatoria agardhii* gebildet und wirkt als potenter Inhibitor für Chymotrypsin. [T. Sano, K. Kaya, *Tetrahedron Lett.* **36** (1995) 5.933]

OSM, Abk. für ↗ *Oncostatin M*.

osmiophiles Material, alternative Bezeichnung für ↗ *Dictyosomen*.

Osmodiuretika, ↗ *Diuretika*, die in hypertonischer Lösung injiziert werden und bei ihrer Ausscheidung eine größere Masse Lösungswasser mitnehmen. Die Elektrolytbilanz im Organismus wird dabei kaum beeinflusst. Sie werden zur forcierten Diurese, bei Intoxikationen und bei Nierenversagen eingesetzt. O. sind D-Sorbit und D-Mannit.

Osmophilie, die Eigenschaft von Organismen, in oder auf Medien mit hohem osmotischem Druck (z. B. in hochkonzentrierten Zuckerlösungen) optimal wachsen zu können. O. tritt bevorzugt bei Pilzen (*Aspergillus*- und *Penicillium*-Arten), besonders bei Hefen (z. B. *Hansenula anomala*) auf. Daneben gibt es auch osmophile Bakterien.

Die Regulation osmotisch beeinflussbarer Parameter (z. B. des Wasserpotenzials) geschieht durch Veränderung der Konzentration an intrazellulären Osmolytika (z. B. Prolin, Betain). Bei bestimmten einzelligen Organismen erfolgt die Osmoregulation über das Zellvolumen.

Osmose, ein Phänomen, das mit semipermeablen Membranen, insbesondere ↗ *Biomembranen* in Zusammenhang steht. Wenn zwei Lösungen durch eine Membran getrennt werden, die nur für einen bestimmten Bestandteil der Lösung (z. B. Wasser) durchlässig ist, dann diffundiert der Bestandteil, der die Membran passieren kann, von der Seite mit höherem Partialdruck zu der Seite mit niedrigerem Partialdruck. Das Cytoplasma stellt eine konzentrierte wässrige Lösung an Salzen, Zuckern und anderen kleinen Molekülen dar, von denen die meisten nicht durch die Membran diffundieren können, während das Wasser durch die Membran treten kann. Als Folge davon fließt in die Zellen von Süßwasserorganismen und von Pflanzenwurzelhaaren Wasser ein, bis der Druck innerhalb der Zelle den Punkt erreicht, an dem der Partialdruck des Wassers innerhalb und außerhalb der Zelle gleich groß ist. Unizelluläre Süßwassertiere stoßen überschüssiges Wasser mit Hilfe kontraktiler Vakuolen aus, multizelluläre Tiere über ihre Nieren. Pflanzenzellen sind von festen ↗ *Zellwänden* umgeben, die es ihnen ermöglichen, dem hohen internen Druck, der durch die Osmose verursacht wird, standzuhalten. Höhere Landpflanzen nutzen den Druckgradienten, der durch die Osmose hervorgerufen wird, um ihren Saft von den Wurzeln wegzutransportieren. Salzwasserorganismen leben in einer Umgebung, in der die Salzkonzentration außerhalb der Plasmamembran größer ist als innerhalb. Die Osmose würde die Zellen daher dehydratisieren. Der Organismus muss daher Stoffwechselenergie dafür aufbringen, Salz auszuscheiden, um die niedrigere innere Konzentration aufrechtzuerhalten.

Osteocalcin, ein in der extrazellulären Knochenmatrix enthaltenes Polypeptid (M_r 5,8 kDa). Es besteht aus 50 Aminosäureresten, darunter auch γ-Carboxyglutaminsäure (Gla), und macht 10–20% des Gesamtknochen-Proteins aus. Die Bildung der Gla-Bausteine erfolgt posttranslationell durch Vitamin-K-abhängige Carboxylierung.

osteogenes Protein, *OP*, ein Glycoprotein (h-OP-1, 431 AS) mit biologischer und struktureller Ähn-lichkeit zu den ↗ *Knochen-Morphogenese-Proteinen* sowie mit Sequenzhomologie zu den ↗ *Inhibinen* und dem transformierenden Wachstumsfaktor-β (↗ *transformierende Wachstumsfaktoren*).

Osteogenin, Syn. für ↗ *Knochen-Morphogenese-Proteine*.

Osteomalazie, eine bei Erwachsenen auf Vitamin-D-Mangel zurückzuführende Erweichung und Labilisierung der Knochen.

Osteonectin, *SPARC*, ein im Knochen vorkommendes Glycoprotein. Das zusätzliche Phosphatreste enthaltende O. (M_r 30 kDa) befindet sich in der extrazellulären Knochenmatrix. Es bindet an Kollagen und Hydroxylapatit und blockiert die Kristallisation des mineralischen Knochenbestandteils.

Osteopoetin, Syn. für ↗ *Knochen-Morphogenese-Proteine*.

Osteoporose, Knochenschwund, eine mit Störungen des Calcium- und Knochenstoffwechsels einhergehende Krankheit. O. ist gekennzeichnet durch geringe Knochenmasse, erhöhte Knochenbrüchigkeit sowie eine gestörte Mikroarchitektur der Knochenbälkchen. Pathogenetisch unterscheidet man zwischen primären und sekundären Formen der O. Etwa 5% der betroffenen Patienten sind von einer sekundären O. betroffen. Diese resultiert größtenteils aus endokrinen, renalen und hepatischen Erkrankungen. Die verbleibenden 95% der Patienten leiden unter der primären O., deren Ursachen weitgehend unklar sind. Generell unterscheidet man hier zwischen der primär idiopathischen O. (bei Kindern und jungen Erwachsenen ohne Störung der Gonadenfunktion), der Typ I-O. (postmenopausale O.) und der Typ II-O. (senile O.). Letztere scheint sowohl auf einer Aktivitätsverminderung der knochenbildenden Osteoblasten als auch auf einer Senkung der Aktivität der 1α,25-Dihydroxycholecalciferol-Hydroxylase zu basieren.

Östradiol, *17β-Östradiol, Östra-1,3,5(10)-trien-3,17β-diol*, das wirksamste natürliche Östrogen; M_r 272,39 Da, F. 178 °C, $[\alpha]_D$ 81°. Es kommt in hohen Konzentrationen in Schwangerenharn, Follikeln und Plazenta vor. Im Organismus sind Ö. und ↗ *Östron* ineinander umwandelbar. Das stereoisomere 17α-Ö. (F. 222 °C, $[\alpha]_D$ 54°) hat nur 0,29% der Wirkung des 17β-Ö. Das therapeutisch verwendete Ö. wird vollständig durch chemische Synthese (↗ *Östron*) gewonnen. Zu Struktur, Biosynthese und therapeutischer Verwendung ↗ *Östrogene*.

Östran, ↗ *Steroide*.

Ostreasterin, ↗ *Chalinasterin*.

Östriol, *Östra-1,3,5(10)-trien-3,16α,17β-triol*, ein ↗ *Östrogen*. M_r 288,39 Da, F. 280 °C, $[\alpha]_D$ 61° (CHCl₃). Es kommt in Frauen-(besonders Schwangeren-)harn, Plazenta, Stutenharn sowie weiblichen Weidenkätzchen vor und entsteht biogenetisch aus Östron und Östradiol. Ö. unterscheidet sich strukturell von ↗ *Östradiol* durch eine zusätzliche 16α-Hydroxylgruppe.

Östrogene, *Estrogene*, *Follikelhormone*, eine Gruppe weiblicher Sexualhormone. Die natürlichen Ö. leiten sich von Östran ab, sie haben einen aromatischen Ring A mit einer phenolischen Hydroxygruppe am C3 und eine Sauerstofffunktion am C17 (Tab.). Sie enthalten 18 Kohlenstoffatome. Hauptvertreter ist Östradiol, 1,3,5(10)-Östratrien-3,17β-diol. Daneben treten die schwächer wirksamen Metabolite Östron und Östriol auf. Die Ö. werden besonders in den Graafschen Follikeln des Ovars (daher der Name Follikelhormone) und im Gelbkörper, während der Schwangerschaft auch in der Plazenta gebildet. In geringer Menge kommen sie auch in männlichen Keimdrüsen vor. Die Biosynthese verläuft über Testosteron, dessen CH_3-Gruppe am C10 als Formaldehyd eliminiert wird. Anschließend erfolgt Aromatisierung des Rings A. Die Ö. werden partialsynthetisch aus anderen ↗ *Steroiden*, in zunehmendem Maße aber totalsynthetisch dargestellt. Die Ö. sind für die Ausbildung der sekundären weiblichen Geschlechtsmerkmale und zusammen mit ↗ *Progesteron* und den ↗ *Gonadotropinen* für den normalen Ablauf des Menstruationszyklus verantwortlich.

Therapeutisch finden die Ö. – meist in Kombination mit Gestagenen – zur Substitutionstherapie bei Östrogenmangelerscheinungen, z. B. bei drohendem Abort, Amenorrhoe, Dysmenorrhoe, klimakterischen Beschwerden, und als ↗ *Kontrazeptiva* Anwendung. Von den natürlichen Ö. kommt nur Östriol nach oraler Anwendung zur Wirkung. Wegen schneller Metabolisierung besitzt Östradiol bei parenteraler Applikation eine flüchtige und bei oraler Applikation praktisch keine Wirkung. Deshalb werden therapeutisch Ester des Östradiols für die parenterale (z. B. Östradiol-3-benzoat) und orale Applikation (z. B. Östradiol-17-valerat) verwendet. Eine sichere Wirkung bei oraler Anwendung ist bei den partialsynthetischen Ö. mit 17α-Ethinylgruppe, z. B. Ethinylöstradiol und Mestranol, gegeben. Aus diesem Grunde finden sich diese Verbindungen vorzugsweise in Kontrazeptiva. Die Einführung der 17α-Ethinylgruppe erfolgt durch Ethinylierung von Verbindungen mit Ketofunktion am C17. Eine östrogene Wirkung bei oraler Applikation zeigen auch synthetische Verbindungen vom Typ des *Diethylstilböstrols*, α,α'-Diethyl-4,4'-dihydroxystilben, bei denen sich die beiden Hydroxygruppen in gleicher Entfernung voneinander befinden wie beim Östradiol (Abb.). Als Depotform spielt der *O,O*-Dimethylether dieser Verbindung eine Rolle. Wegen zahlreicher unerwünschter Nebenwirkungen haben diese Verbindungen in der Humanmedizin nur noch geringe Bedeutung. Das Tetranatriumsalz des Di-*O*-monophosphorsäureesters des Diethylstilböstrols (Fosfestrol) wird zur Behandlung des Prostatacarcinoms eingesetzt.

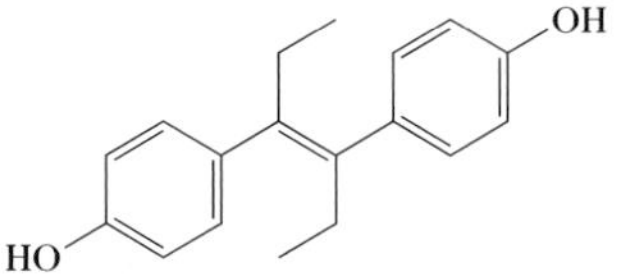

Östrogene. Abb. Diethylstilböstrol.

Östrogenrezeptor, ein Vertreter der ↗ *Steroidhormonrezeptoren*, der die Wirkung der ↗ *Östrogene* vermittelt. Im Gegensatz zu Hormonen, die an Zell-

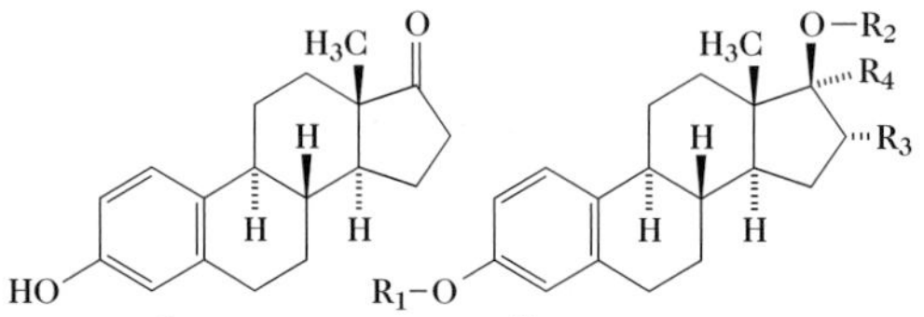

Östron   Östradiolderivate

Östrogene. Tab.

Name	R^1	R^2	R^3	R^4
Östradiol	H	H	H	H
Östriol	H	H	OH	H
Östradiolbenzoat	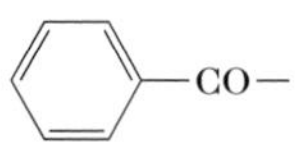 ⬡–CO–	H	H	H
Östradiolvalerat	H	CH_3-$(CH_2)_3$-CO-	H	H
Ethinylöstradiol	H	H	H	-C≡CH
Mestranol	CH_3	H	H	-C≡CH

oberflächenrezeptoren binden, müssen Östrogene die Membran durchqueren, um erst im Cytoplasma an den Ö. zu binden. Der Hormon-Rezeptor-Komplex gelangt dann in den Zellkern, wo er an spezifische Positionen der DNA bindet. Der Ö. besteht aus einer Polypeptidkette mit 595 Aminosäureresten, die eine sehr variable Aktivierungsdomäne, eine hochkonservierte DNA-bindende Domäne sowie die hormonbindende Domäne enthält. In Abwesenheit des Hormons kann die DNA-bindende Domäne nicht mit der DNA in Wechselwirkung treten. Der aktivierte Ö. bindet an eine spezifische DNA-Sequenz, die man als Östrogenantwortelement (engl. *estrogen-response element*, ERE) bezeichnet. Beim ERE handelt es sich um ein Palindrom (Abb., vgl. Farbtafel VII).

5' − NAGGTCANNNTGACCTN − 3'

3' − NTCCAGTNNNACTGGAN − 5'

Östrogenrezeptor. Die palindromische DNA-Sequenz des *estrogen-response element* (ERE). Die Markierung zeigt die Symmetrieachse der Sequenz an.

Östron, *3-Hydroxyöstra-1,3,5(10)-trien-17-on*, ein ↗ *Östrogen*. M_r 270,38 Da, F. 259 °C, $[\alpha]_D$ 160° (CHCl$_3$). Ö. kommt besonders in menschlichem Harn, Ovarien und der Plazenta vor und wurde auch in Granatapfelsamen (17 mg/kg) und Palmkernöl gefunden. Die Isolierung erfolgte 1929 aus Schwangerenharn gleichzeitig durch die Arbeitskreise von Doisy und Butenandt. Ö. unterscheidet sich von ↗ *Östradiol* durch eine 17-Oxogruppe und kann im Organismus reversibel in dieses übergehen. Die Totalsynthese von Ö. gelang 1948 Anner und Miescher. Heute wird Ö. zum Teil aus Pferdeharn gewonnen, der größte Teil wird jedoch im großtechnischen Maßstab durch die Pyrolyse von Androsta-1,4-dien-3,17-dion (gewonnen aus Cholesterin und Sitosterin durch mikrobielle Oxidation) oder aus Diosgenin mit Hilfe der ↗ *Marker-Synthese* hergestellt. Ö. wird als Ausgangssubstanz zur chemischen Synthese anderer pharmakologisch wichtiger Steroide, wie z. B. Östradiol und ↗ *Ethinylöstradiol* verwendet.

OT, Abk. für ↗ *Oxytocin*.

Ouabagenin, ↗ *Strophantusglycoside*.

Ouabain, ein Vetreter der ↗ *Strophanthusglycoside* (Abb.). O. ist ein spezifischer Inhibitor der membrangebundenen ↗ *Na⁺-K⁺-ATPase*, die für die Aufrechterhaltung hoher intrazellulärer K⁺- und niedriger intrazellulärer Na⁺-Konzentrationen verantwortlich ist. Dadurch inhibiert O. den Transport von Na⁺ aus der Zelle und den Import von K⁺, und damit zugleich den Import von Glucose und Aminosäuren.

Ouchterlony-Technik, ↗ *Präzipitation*.

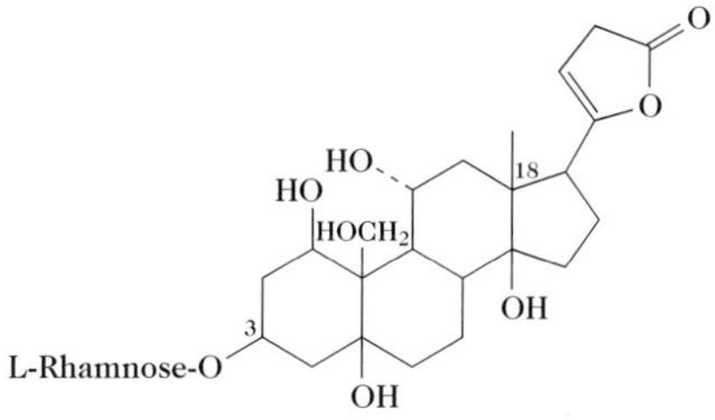

Ouabain

OUR, Abk. für engl. *oxygen uptake rate*, ↗ *Sauerstoffaufnahmerate*.

Ovalbumin, das im Eiklar mengenmäßig dominierende Protein (M_r 44,5 kDa). Es ist ein Glycoprotein, das 3,2 % Kohlenhydrate enthält (Mannose und Glucosamin) und zusätzlich Phosphorsäuregruppierungen trägt. Die Unterteilung des O. in O. A$_1$, O. A$_2$ und O. A$_3$ folgt der Anzahl der an speziellen Serinresten gebundenen Phosphat-Gruppen. O., das 54 % des Gesamtproteins des Eiklars ausmacht, gehört neben Conalbumin und Ovomucoid zur Albumin-Fraktion. O. zählt zu den ernährungsphysiologisch wertvollsten Proteinen.

Ovalichalkon, ↗ *Chalkone*.

Ovosiston, ein oral wirksamer ↗ *Ovulationshemmer*, der aus dem Gestagen ↗ *Chlormadinonacetat* und dem Östrogen ↗ *Mestranol* besteht.

Ovotransferrin, ↗ *Siderophiline*.

Ovulationshemmer, eine Gruppe von Steroiden, die die Ovulation durch Rückkopplungsinhibierung der Produktion des ↗ *Lutropins* und/oder ↗ *Follitropins* hemmen. Sie haben als ↗ *Kontrazeptiva* große Bedeutung. O. haben sich auch bei der Behandlung von Dysmenorrhoe, Endometriosen, zyklusabhängiger Migräne und Sterilität bewährt.

Ovvitellin, Syn. für ↗ *Vitellin*.

Oxalacetat, Anion der ↗ *Oxalessigsäure*.

Oxalaldehydsäure, Syn. für ↗ *Glyoxylsäure*.

Oxalbernsteinsäure, eine β-Ketotricarbonsäure (2-Oxotricarbonsäure; Abb.). Das Anion (*Oxalsuccinat*) ist eine Zwischenstufe der Isocitrat-Dehydrogenase-Reaktion im ↗ *Tricarbonsäure-Zyklus*. Das Enzym katalysiert dabei gleichzeitig die Oxidation des Isocitrats zu Oxalsuccinat und dessen Decarboxylierung zu α-Oxoglutarat.

$$\underset{\displaystyle |}{\overset{\displaystyle COOH}{HOOC-CH_2-CH-CO-COOH}}$$

Oxalbernsteinsäure. Diethylstilböstrol.

Oxalessigsäure, $HOOC-CO-CH_2-COOH$, eine Oxodicarbonsäure, die in höheren Pflanzen (z. B. Rotklee, Erbsen) in ziemlich hohen Konzentrationen vorkommt. Das Anion (*Oxalacetat*) ist ein Zwischenprodukt im ↗ *Tricarbonsäure-Zyklus*. Oxalessigsäure entsteht auch bei der Transaminirungsreaktion von Asparaginsäure (↗ *Transami-nierung*). Von der Enolform der Oxalessigsäure leiten sich die *cis-trans*-isomeren Formen Hydroxymaleinsäure (F. 152 °C) und Hydroxyfumarsäure (F. 184 °C [Z.]) ab.

Oxalosen, zwei seltene Formen ↗ *angeborener Stoffwechselstörungen* des Oxalsäuremetabolismus. 1) *Oxalose I* wird verursacht durch einen Defekt der *2-Hydroxy-3-oxoadipat-Synthase* (EC 4.1.3.15). Es kommt zu hohen Konzentrationen an Oxalsäure und Glycolsäure im Harn, zur Ablagerung von Calciumoxalatkristallen in vielen Körpergeweben, Nephrokalzinose, Urolithiasis mit fortschreitender Niereninsuffizienz und gewöhnlich Tod vor dem 20. Lebensjahr. ↗ *Oxalsäure.*

2) *Oxalose II* wird durch einen Mangel an *Glycerat-Dehydrogenase* (EC 1.1.1.29) verursacht. Als Folge treten hohe Konzentrationen an Oxalsäure und L-Glycerinsäure im Harn auf. Die Erkrankung ist der O. I klinisch ähnlich, jedoch leichter als diese.

Oxalsäure, HOOC-COOH, die einfachste Dicarbonsäure, F. 189,5 °C (wasserfrei). Sie ist im Pflanzenreich als Calcium-, Magnesium- oder Kaliumsalz weit verbreitet. Da O. mit Calcium im Darm schwerlösliche Salze (*Oxalate*) bildet, die die Resorption von Calcium erschweren, sind größere Mengen an O. giftig. Der menschliche Organismus ist nicht in der Lage, Oxalsäure in seinem Stoffwechsel abzubauen. Die normale tägliche Ausscheidungsmenge liegt zwischen 10 und 30 mg. Bei höheren Ausscheidungen besteht die Gefahr von Nierenschäden (Oxalatsteinbildung).

Der Oxalsäuregehalt von Obst und Gemüse ist unterschiedlich. Er liegt gewöhnlich unter 10 mg/100 g Frischmasse. Rhabarberblätter enthalten 700 mg, Rhabarberstiele 300 mg, Sellerieknollen bis zu 600 mg und Spinat 60 bis 200 mg je 100 g Frischmasse.

O. wurde 1773 erstmals aus Sauerklee *Oxalis acetosella*, dargestellt. Sie kann von Pflanzen bei hohem Angebot an Glyoxylat im Stoffwechsel synthetisiert werden, z. B. aus der Glyoxylsäure unreifer Stachelbeeren. Ferner entsteht O. bei der Umwandlung von Phenylalanin in Hippursäure durch die Spaltung von Phenylpyruvat zu Benzaldehyd und Oxalacetat.

In Mikroorganismen, z. B. *Pseudomonas oxalaticus*, erfolgt der Umsatz von O. (über Oxalyl-Coenzym A) durch einen oxidativen und einen reduktiven Stoffwechselweg, die gekoppelt sind und simultan ablaufen (Abb.). Die Bilanz lautet: 2 HOOC-COOH → 2 CO_2 + CHO-COOH + H_2O.

Oxalsuccinat, Anion der ↗ *Oxalbernsteinsäure.*

Oxidasen, allgemeine Bezeichnung für Enzyme, die Oxidationen katalysieren, deren Elektronenakzeptor molekularer Sauerstoff ist, der sowohl zu

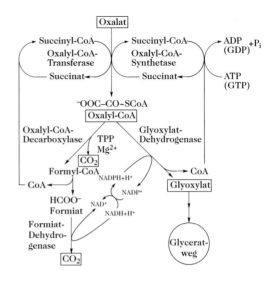

Oxalsäure. Oxalatstoffwechsel in *Pseudomonas oxalaticus.*

H_2O als auch zu H_2O_2 reduziert werden kann. Beispiele sind Phenoloxidasen des Tier- und Pflanzenreiches. Ein weiterer Vertreter ist die Cytochrom-Oxidase in der ↗ *Atmungskette*. Mit wenigen Ausnahmen sind O. Flavoproteine.

Oxidation, die Abgabe von Elektronen, früher die Vereinigung mit Sauerstoff oder der Entzug von Wasserstoff (sauerstofflose O.). Da das Oxidationsmittel die Elektronen aufnimmt, sind O. und ↗ *Reduktion* durch Elektronenübergänge gekoppelte Vorgänge, nämlich *Oxidoreduktionen*. Im Stoffwechsel müssen die durch unterschiedliche Typen von Oxidationsenzymen katalysierten Prozesse der Dehydrierung, der Elektronenübertragung, der Einführung von Sauerstoff in organische Verbindungen und der Hydroxylierung unterschieden werden (Tab.).

Oxidations- bzw. Reduktionsmittel lassen sich nach Vorzeichen und Stärke ihres *Redoxpotenzials* in einer Redoxkette anordnen. Das Redoxpotenzial, das auf das Wasserstoffhalbelement bezogen wird, ist ein quantitatives Maß für die Elektronenaffinität (d. h. Oxidationskraft) bzw. die Tendenz der Glieder der Redoxkette, Elektronen abzugeben (d. h. Reduktionskraft). Das physiko-chemisch definierte Standardpotenzial bzw. Normalpotenzial E_0 (pH 0, $pH_2 \approx 0,1$ MPa) ist allerdings für biologische Zwecke nicht geeignet. Man wählt als Bezugspunkt das Normalpotenzial E_0' bei pH 7,0. E_0' hat gegenüber dem E_0 eine Potenzialdifferenz von −0,42 Volt. Der Wert von E_0' gilt aber nur unter Standardreaktionsbedingungen, nämlich bei Einheitskonzentrationen bzw. den Aktivitäten 1 der Reaktionsteilnehmer. Diese sind unter physiologischen Verhältnissen nicht gegeben, da das Konzentrationsverhältnis der oxidier-

Oxidation. Tab. Oxidationsreaktionen im Stoffwechsel.

Art der Reaktion	Enzyme	allgemeiner Reaktionsablauf
Dehydrierung	Oxidoreduktasen (Dehydrogenasen)	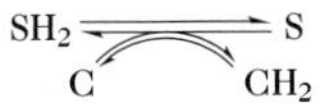 $SH_2 \rightleftarrows S$ $C \quad CH_2$
Elektronenübertragung	4- und 2-elektronen- übertragende Oxidasen	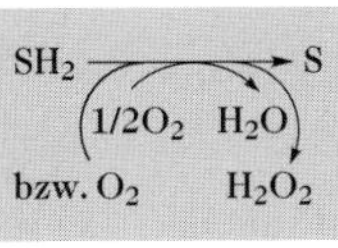 $SH_2 \rightarrow S$ $1/2O_2 \quad H_2O$ bzw. $O_2 \quad H_2O_2$
Sauerstoffübertragung	Dioxygenasen	$S + O_2 \rightarrow SO_2$
Hydroxylierung	Hydroxylasen (Monooxygenasen)	$S + CH_2 + O_2 \rightarrow SOH + C + H_2O$

S = Substrat, C = Wasserstoff-tragender Cofaktor.

ten und reduzierten Stufe eines Redoxpaares in die Rechnung eingeht. Das aktuelle Redoxpotenzial E' wird deshalb ausgedrückt durch: $E' = E'_0 + (0,06/n) \log Ox/Red$ (30 °C). Das Redoxpotenzial ist mit der freien Enthalpie (Gibbssches Potenzial) ΔG^0 wie folgt verknüpft:

$\Delta G^0 = -nFE_0$. Hierbei bedeuten n den Valenzwechsel und F die Faraday-Konstante. Eine Anordnung von Redoxpaaren nach steigenden E'_0-Werten zu einer Redoxskala wird auch bei der Formulierung der Reihenfolge der Glieder der ↗ *Atmungskette (Tab. 1)* vorgenommen. Je höher der Wert von E'_0, um so stärker oxidierend wirkt ein Stoff bzw. Redoxpaar: Das System mit dem positiveren (höheren) E'_0 oxidiert ein System mit einem negativeren E'_0.

β-Oxidation, der wichtige mitochondriale ↗ *Fettsäureabbau* durch oxidative Entfernung von jeweils zwei C-Atomen unter Bildung von Acetyl-CoA.

oxidative Phosphorylierung, Atmungskettenphosphorylierung, Bildung von Adenosin-5'-triphosphat (ATP), gekoppelt mit den Reaktionen der ↗ *Atmungskette*. Die Energie, die durch den Elektronenfluss vom Substrat zum Sauerstoff über die Atmungskette zur Verfügung steht, treibt die Synthese von ATP aus ADP und anorganischem Phosphat an. Die Oxidation von einem Molekül reduziertem Nicotinsäureamid-adenin-dinucleotid (NADH + H⁺) liefert drei, die von einem Molekül reduziertem Flavin-adenin-dinucleotid $FADH_2$ zwei Moleküle ATP. Bei der Veratmung, d. h. der vollständigen Oxidation (Mineralisierung) von einem Molekül Glucose, werden 38 Moleküle ATP gebildet, die überwiegend durch o. P. entstehen.

Der Feinmechanismus der o. P. ist weitgehend hypothetisch. Bei der o. P. wird die stark exergonische Wasserbildung aus H_2 und O_2 zur ATP-Bildung ausgenutzt, indem der an die Coenzyme von Dehydrogenasen gebundene Substratwasserstoff ([H] der Atmungssubstrate) stufenweise zu Wasser oxi-

diert wird, wobei der Energieabfall so geleitet ist, dass bei der Oxidation von NADH + H⁺ drei Phosphorylierungsstellen bestehen, d. h. drei Moleküle ATP gebildet werden können. Der energetische Wirkungsgrad der Wasserstoffoxidation nach diesem Mechanismus ist relativ hoch.

Bei der *Hypothese der chemischen Kopplung* geht man von der Annahme aus, dass der energieliefernde Elektronentransfer durch ein gemeinsames Zwischenprodukt mit der energieverbrauchenden Reaktion gekoppelt ist, wodurch ATP aus ADP und Phosphat gebildet wird. Die *Konformationshypothese* impliziert, dass der Elektronenfluss eine Konformationsänderung eines Proteins verursacht und die Energie in einem energiereichen Konformationszustand gespeichert wird. Die Rückkehr zur ursprünglichen Konformation ist mit der ATP-Synthese verknüpft. Die ↗ *chemiosmotische Hypothese* des 1978 mit dem Nobelpreis ausgezeichneten Engländers P. Mitchell (*Mitchell-Hypothese*) bestreitet ein gemeinsames energiereiches Zwischenprodukt, das energieliefernde und energieverbrauchende Reaktionen der oxidativen Phosphorylierung miteinander koppelt. Das verbindende Glied ist vielmehr ein energiereicher Zwischenzustand.

oxidativer Stoffwechsel, ↗ *Atmung*.

22,25-Oxidoholothurinogenin, ↗ *Holothurine*.

Oxidoreduktasen, den Elektronentransfer (Hydrid-Ionen oder H-Atome) katalysierende ↗ *Enzyme*, die nach der internationalen Enzymklassifizierung die 1. Hauptgruppe der EC-Nomenklatur bilden, und deren erste Ziffer in der vierziffrigen Klassifizierungsnummer stets eine 1 ist. Mehr als 200 O. nutzen als Cosubstrat NAD⁺ oder NADP⁺, die von einem reduzierten Substrat (AH_2) ein Hydrid-Ion aufnehmen und an ein oxidiertes Substrat (A) abgeben, wie z. B.: $AH_2 + NAD^+ \rightleftarrows A + NADH + H^+$. Zu den O. gehören auch die ↗ *Dehydrogenasen* und die ↗ *Hydrogenasen*.

Oxidoreduktion, ↗ *Oxidation*.

Oxoeleostearinsäure, ↗ *Licansäure*.

Oxoethansäure, ↗ *Glyoxylsäure*.

2-Oxoglutarat-Dehydrogenase-Komplex, Syn. für ↗ *α-Ketoglutarat-Dehydrogenase-Komplex*.

2-Oxoglutarsäure, ↗ *α-Ketoglutarsäure*.

2-Oxoisocapronat, Syn. für ↗ *α-Ketoisocapronat*.

5-Oxoprolin, ↗ *L-Pyroglutaminsäure*.

Oxopransäure, Syn. für ↗ *Pyruvinsäure*.

Oxosäure, Syn. für ↗ *Ketosäure*.

2-Oxosäure-Dioxygenasen, ↗ *Oxygenasen*, die eine Substrathydroxylierung katalysieren, die mit der Oxidation einer 2-Oxosäure (gewöhnlich 2-Oxoglutarat) gekoppelt ist, wobei CO_2 gebildet wird. Diese Enzyme benötigen alle Fe^{2+} und Ascorbat, wobei das Ascorbat dazu dient, das Fe^{2+} in der reduzierten Form zu erhalten. Die allgemeine Reaktionsgleichung ist in der Abb. dargestellt. Hierbei wird ein Atom des molekularen Sauerstoffs in eine Carboxylgruppe des Succinats inkorporiert und das andere in die Hydroxylgruppe des hydroxylierten Produkts.

2-Oxosäure-Dioxygenasen. Allgemeine Reaktionsgleichung.

Oxyanion, der negativ geladene Carbonylsauerstoff im tetraedrischen Übergangszustand bei der Acylierung von ↗ *Serin-Proteasen* im Rahmen der Spaltung einer Peptidbindung. In der O.-Tasche des aktiven Zentrums wird das O. durch zwei Wasserstoffbrücken ausgehend von zwei NH-Gruppen der Aminosäurereste 193 und 195 der Hauptkette stabilisiert.

Oxygenasen, katalysieren im Gegensatz zu ↗ *Oxidasen* Oxidationen, bei denen Sauerstoffatome direkt in das Substratmolekül eingebaut werden, wobei beispielsweise eine neue Hydroxygruppe oder Carboxygruppe gebildet wird. Je nachdem, ob nur ein Sauerstoffatom oder beide in das Substrat eingebaut werden, unterteilt man die O. in ↗ *Monooxygenasen* bzw. *Dioxygenasen*.

Da das zweite Sauerstoffatom zu Wasser reduziert werden muss, benötigen die Monooxygenasen ein zweites Substrat als Elektronendonor, so dass sie auch als *mischfunktionelle Oxygenasen* bezeichnet werden.

Flavoprotein-Hydroxylasen kommen primär in Bakterien vor. Beispielsweise wurde die 4-Hydroxybenzoat-Hydroxylase aus vier verschiedenen *Pseudomonas*-Arten kristallisiert. Die prosthetische Gruppe ist FAD und die Hydroxylierung des Substrats zu 3,4-Dihydroxybenzoat ist mit der Oxidation von NADPH gekoppelt. Pteridinabhängige Hydroxylasen stellen eine Klasse an Monooxygenasen dar, die Pteridin als prosthetische Gruppe enthalten, wie z. B. die L-Phenylalanin-4-Monooxygenase, die Tyrosin-3-Monooxygenase des Nebennierenmarks und die Tryptophan-5-Monooxygenase des Gehirns.

Hämgekoppelte Monooxygenasen enthalten Cytochrom P450 (↗ *Monooxygenasen*). Ein Cytochrom-P450-System, das für die Hydroxylierung von Campher verantwortlich ist, wurde aus *Pseudomonas putida* isoliert und heißt Putidaredoxin (eine 5-*exo*-Hydroxylase). Es enthält FAD, ein $Fe_2S_2Cys_4$-Zentrum und ein P450-Cytochrom; die Substrathydroxylierung ist mit der Oxidation von NADPH gekoppelt.

Die für die Hydroxylierung von Prolin- und Lysinresten im Kollagen verantwortlichen Hydroxylasen (↗ *2-Oxosäure-Dioxygenasen*) enthalten zweiwertiges Eisen und sind spezifisch 2-oxoglutaratabhängig. Letzteres dient als Elektronendonor und wird oxidativ zu Succinat und CO_2 decarboxyliert.

Alle bekannten Dioxygenasen enthalten Eisen entweder in Form von Hämgruppen oder von Fe-S-Zentren. In einigen anderen Enzymen wurde Kupfer gefunden. Beispiele sind die ↗ *Tryptophan-2,3-Oxygenase*, die Homogentisat-Oxidase (↗ *L-Phenylalanin*) und die 3-Hydroxyanthranilat-Oxidase (↗ *L-Tryptophan*).

Mono- und Dioxygenasen werden von Bakterien extensiv dafür eingesetzt, aromatische Verbindungen abzubauen und sind deshalb für den Kohlenstoffkreislauf der Biosphäre von fundamentaler Bedeutung.

Oxygenierung, die reversible Beladung mit Sauerstoff (O_2) von Sauerstoffträgern, wie beispielsweise ↗ *Hämoglobin* und ↗ *Myoglobin* der Wirbeltiere.

Oxyhämerythrin, ↗ *Hämerythrin*.

Oxyhämoglobin, ↗ *Hämoglobin*.

Oxyntomodulin, H-His[1]-Ser-Gln-Gly-Thr[5]-Phe-Thr-Ser-Asp-Tyr[10]-Ser-Lys-Tyr-Leu-Asp[15]-Ser-Arg-Arg-Ala-Gln[20]-Asp-Phe-Val-Gln-Trp[25]-Leu-Met-Asn-Thr-Lys[30]-Arg-Asn-Lys-Asn-Asn[35]-Ile-Ala-OH, ein zur ↗ *Glucagon-Secretin-VIP-Familie* zählendes 37-AS Peptid. Es wird bei der Prozessierung von Proglucagon in den intestinalen L-Zellen neben Glicentin und den ↗ *Glucagon-ähnlichen Peptiden* gebildet.

Oxypurinol, syn. Bezeichnung für *Alloxanthin*, einen Inhibitor der ↗ *Xanthin-Oxidase*, der durch Hydroxylierung des zur Behandlung von Gicht eingesetzten Allopurinols gebildet wird und dadurch die Xanthin-Oxidase hemmt.

Oxysomen, ↗ *Mitochondrien*.

5'-Oxytetracylin, ↗ *Tetracycline*.

Oxytocin, *OT*, H-Cys[1]-Tyr-Ile-Gln-Asn[5]-Cys-Pro-Leu-Gly-NH$_2$ (Disulfidbrücke: Cys[1]–Cys[6]), ein Vertreter der neurohypophysären Peptidhormone. O. ist ein heterodet zyklisches 9-AS Peptidamid, dessen Struktur 1953 durch du Vigneaud aufgeklärt wurde und das ein Jahr später als erstes Peptidhormon durch Chemosynthese dargestellt wurde. O. wirkt auf die die glatte Muskulatur des Uterus und fördert dessen Kontraktion (wehenauslösende Wirkung). Der Name leitet sich ab von griechisch *oxys* (*oksys*) schnell und *tokos* gebären. Weiterhin regt es die Brustdrüse zur Kontraktion an (Milchejektion) und zeigt im geringen Ausmaß die biologischen Wirkungen des ↗ *Vasopressins*. O. wird im Hypothalamus im *Nucleus paraventricularis* in Form eines Oxytocin-Neurophysin-I-Vorläufermoleküls gebildet, über den *Tractus paraventriculo-hypophyseus* in neurosekretorische Vesikeln verpackt zum Hypophysenhinterlappen transportiert, wo es gespeichert und nach proteolytischer Freisetzung aus der Prohormonform auf Abruf in die Blutbahn abgegeben wird. Die Ausschüttung kann durch psychische oder taktile Reize von den Genitalien oder durch einen Brustdrüsensaugreiz initiiert werden. Für die Wehenauslösung ist O. mit verantwortlich. Im Rahmen umfangreicher Struktur-Aktivitäts-Studien wurde eine Vielzahl von Analoga aufgebaut. Von Interesse sind solche mit verlängerter bzw. dissoziierter Wirkung, aber auch Analoga, die eine höhere Wirkung als das native Hormon zeigen (z. B. [Thr^4]Oxytocin) oder als Inhibitoren (Antagonisten) eingesetzt werden können. O. wird industriell auf chemosynthetischem Wege hergestellt. Für die Aktivität von O. ist die Ringstruktur von besonderer Bedeutung, während die Disulfidbrücke nicht essenziell ist. Eliminierung der α-Aminogruppe bewirkt eine Aktivitätserhöhung. Von Interesse sind insbesondere Analoga mit weitgehend dissoziierten Wirkungen auf die Milchdrüse oder den Uterus. Während [O-Me-Tyr^2]OT eine spezifische Uterusaktivität *in situ* zeigt, wirkt das Desamino-[Glu(OMe)^4, carba^1]OT bevorzugt auf die Milchdrüse.

Oxytocinase, ↗ *Aminopeptidasen*.

P, die gegenwärtig empfohlene Abkürzung bzw. das Symbol für gebundenes Phosphat und all seine ionisierten Formen. Wenn es mit einem anderen Symbol verknüpft ist, bedeutet es PO_3H_2 (und die ionisierten Formen). Bei einer Verbindung mit zwei anderen Symbolen steht P für PO_2H (und die ionisierten Formen). Die Brückensauerstoffatome, die die Gruppen miteinander verbinden, sind nicht enthalten. [*Eur. J. Biochem.* **1** (1967) 259–266]

Ⓟ, der Buchstabe P in einem Kreis steht für anorganisches Phosphat (↗ P_i). Wenn der Kreis durch eine Bindung mit einer anderen Gruppe verknüpft ist (R-Ⓟ), steht das eingekreiste P entweder für –PO_3H_2 (die Gruppe, die bei Phosphorylierungsreaktionen übertragen wird) oder für Phosphat (–O-PO_3H_2). Wenn der Brückensauerstoff aufgeführt ist, stellt das eingekreiste P immer –PO_3H_2 dar. Das Symbol wird zwar nicht mehr empfohlen, ist jedoch weiterhin im Gebrauch.

~Ⓟ, ~P, eine energiereiche oder labile Phosphatgruppe. ↗ energiereiche Verbindungen, ↗ energiereiche Phosphate.

p38, Syn. für ↗ Synaptophysin.

P-170, Syn. für ↗ P-Glycoprotein.

PACAP, Abk. für engl. pituitary adenylate cyclase activating polypeptide, ↗ Hypophysen-Adenylat-Cyclase-aktivierendes Polypeptid.

Pacifastin, ein Protease-Inhibitor aus dem Plasma des Frischwasserkrebses *Pacifastacus leniusculus*. Das 155 kDa-Protein ist aus zwei kovalent verknüpften Untereinheiten, einer leichten Kette (44 kDa) und einer schweren Kette (105 kDa) aufgebaut. Die schwere Kette zeigt Sequenzähnlichkeiten mit den Transferrinen und enthält drei Transferrinschleifen, von denen zwei für die Fe^{3+}-Komplexierung verantwortlich sind. Die leichte Kette ist der eigentliche Inhibitor und enthält neun Cystein-reiche inhibitorische Domänen mit dem Sequenzmotiv -Cys-Xaa_{9-12}-Cys-Xaa_2-Cys-Xaa-Cys-Xaa_{6-8}-Cys-Xaa_4-Cys-, die in sich homolog sind und Ähnlichkeiten mit den niedermolekularen Protease-Inhibitoren aus der Heuschrecke *Locusta migratoria* aufweisen. P. ist das erste bekannte Protein, das eine Inhibitor- und eine Transferrin-Kette besitzt. Es zeigt inhibitorische Aktivität gegenüber Trypsin und Chymotrypsin und ist von allen im Blut von Flusskrebsen vorkommenden Protease-Inhibitoren der effizienteste Inhibitor des Pro-Phenol-Oxidase-aktivierenden Enzyms, einer wichtigen Immunantwort-Kaskade in Arthropoden und vielen anderen

Invertebraten. [Z. Liang et al. *Proc. Natl. Acad. Sci. USA* **94** (1997) 6.682]

Padmakastein, 5,4'-Dihydroxy-7-methoxyisoflavanon. ↗ Isoflavanon.

Paeonidin, 3,5,7,4'-Tetrahydroxy-3-methoxyflavylium-Kation. Das 3,5-β-Diglucosid (*Paeonin*) ist das Hauptpigment der Pfingstrosenblüten.

Paeonin, ↗ Paeonidin.

PAF, Abk. für engl. platelet activating factor, ↗ Thrombocytenaktivierungsfaktor.

PAGE, Abk. für ↗ Polyacrylamid-Gelelektrophorese.

Pahutoxin, das Haupttoxin des tropischen Boxfisches *Ostracion lentiginosus*. P. ist ein Cholinderivat (Abb.), das gegenüber Fischen, aber nicht gegenüber Warmblütlern hoch giftig ist.

$$CH_3-(CH_2)_{12}-\overset{\overset{\displaystyle O-\overset{\displaystyle O}{\overset{\|}{C}}-CH_3}{|}}{CH}-CH_2-COO-CH_2-CH_2-\overset{\oplus}{N}\overset{CH_3}{\underset{CH_3}{-CH_3}}$$

Pahutoxin

PAL, Abk. für ↗ L-Phenylalanin-Ammoniak-Lyase.

PALA, Abk. für N-(Phosphonacetyl)-L-aspartat, PO_3^{2-}-CO-NH-CH(COO^-)CH_2-COO^-, ein Bisubstratanalogon der Aspartat-Transcarbamoylase (ATCase), das die ATCase durch eine starke Bindung (Dissoziationskonstante ~ 10 nM) hemmt.

Paläoproteine, eine Gruppe von Proteinen aus Körperfossilien, insbesondere dem Exoskelett der Mollusken (Gehäuse der Schnecken, Schalen der Muscheln, Schulp der Tintenfische). Bestuntersuchtes P. ist das *Conchiolin* aus fossilen Molluskenhartteilen des unteren Tertiärs (25–38 Mill. Jahre), der Jurazeit (150 Mill. Jahre) und des Silurs (440 Mill. Jahre), das sowohl elektronenmikroskopisch als auch chemisch charakterisiert werden konnte. Es ist ein fibrilläres Scleroprotein, das reich an den Aminosäuren Glycin, Alanin und Serin ist.

Palindrom, in der Biochemie eine Nucleinsäuresequenz, die mit ihrem komplementären Strang identisch ist (wenn beide in 5'→3'-Richtung gelesen werden). Im Bereich eines P. liegt deshalb eine zweifache Rotationssymmetrie vor. Perfekte P., z. B. GAATTC, kommen oft als Erkennungsstellen für Restriktionsenzyme vor. Imperfekte P., z. B. TACCTCTGGCGTGATA, fungieren oft als Bindungsstellen für Proteine, wie beispielsweise Repressoren. Unterbrochene P., z. B. GGTTXXXX-XAACC ermöglichen die Bildung eines Stiels mit einer Schleife (Haarnadelstruktur), wie beispielsweise in tRNA.

Palmitinsäure, n-Hexadecansäure, CH_3-$(CH_2)_{14}$-COOH, eine Fettsäure (M_r 256,4 Da, F. 63 °C, $Sdp._{100}$ 271,5 °C, $Sdp._{15}$ 215 °C). P. gehört neben Stearinsäure zu den verbreitetsten natürlichen Fettsäuren und findet sich in fast allen Naturfetten, z. B. zu 36 % im Palmfett, zu 29 % im Rindertalg und zu 15 % im Olivenöl, außerdem in Phosphatiden und Wachsen. P. dient als Rohstoff zur Herstellung von Kerzen, Seifen, Netz- und Schaummitteln.

Palmitoleinsäure, *cis-9-Hexadecansäure*, *Δ9-Hexadecansäure*, $CH_3(CH_2)_5-CH=CH-(CH_2)_7-COOH$, eine ungesättigte Fettsäure (M_r 254,4 Da, F. 1 °C, Sdp.$_{15}$ 220 °C). P. findet sich als Acylglycerinbestandteil in zahlreichen pflanzlichen und tierischen Fetten, ferner in Phosphatiden. Die *trans*-Form der P. ist die Palmitelaidinsäure.

Palmityl-Thioesterase, ein Enzym des Fettsäure-Synthase-Komplexes (↗ *Fettsäurebiosynthese*), das die Thioesterbindung von Palmityl-ACP unter Freisetzung von Palmitat hydrolysiert.

PAM, 1) Abk. für ↗ *Peptidylglycin-α-amidierende Monooxygenase.* **2)** Abk. für den *Prozentsatz angenommener Punktmutationen*. Ein quantitatives Maß für den Verwandtschaftsgrad der verschiedenen Spezies in phylogenetischen Stammbäumen, wobei die relativen evolutionären Entfernungen zwischen benachbarten Verzweigungspunkten in der Anzahl der Aminosäureunterschiede pro 100 Resten des Proteins ausgedrückt werden.

Pancreastatin, eine vom Chromogranin-A-Gen abgeleitete Sequenz für das humane 52 AS Peptidamid mit hemmender Wirkung auf die Sekretion von Insulin und Verdauungssäften. Ferner inhibiert das im Pankreas vorkommende Peptid die Hormonausschüttung der Nebenschilddrüse. P. enthält die Pentaglycinsequenz von Gastrin und der C-terminale Bereich ähnelt dem des Gonadoliberins. Die kürzeste noch aktive C-terminale Sequenz ist P.-(35–49). Die C-terminale Amidgruppierung ist für die biologische Aktivität unbedingt erforderlich. [T. Zhand et al., *Biochem. Biophys. Res. Commun.* **173** (1990) 1157]

Pankreas-Lipase-Mangel, eine ↗ *angeborene Stoffwechselstörung*, die durch einen Mangel an *Pankreas-Lipase* (EC 3.1.1.3) verursacht wird. Der Lipasegehalt des Pankreassafts sinkt auf ungefähr 10 % des Normalwerts, die Fettabsorption beträgt ungefähr 70 % des Normalwerts. Es treten Triacylglycerine in den Fäzes auf. Das Wachstum ist normal. Es handelt sich um einen sehr seltenen Befund.

Pankreas-saure-DNase II, Syn. für ↗ *Desoxyribonuclease II*.

Pankreastriacylglycerin-Lipase (EC 3.1.1.3), ↗ *Acylglycerine*.

pankreatisches Polypeptid, *PP*, ein von den PP-Zellen der Langerhansschen Inseln des Pankreas freigesetztes 36 AS-Peptidamid. Möglicherweise wird die Freisetzung neural durch Erhöhung des Sympathikus-Tonus reguliert. Insbesondere nach Verzehr eiweiß- und fettreicher Nahrung ist ein Konzentrationsanstieg von P. im Blut zu verzeichnen. Ein regulativer Einfluss von P. auf die exkretorische Pankreasfunktion im Sinne einer antagonistischen Wirkung zum ↗ *Sekretin* wird diskutiert. Für die biologische Aktivität ist das C-terminale Tyrosinamid essenziell. Das aktive Zentrum des PP ist in der C-terminalen Region lokalisiert.

pankreatisches spasmolytisches Peptid, *PSP*, ein 106 AS-Peptid mit N-terminalem Pyroglutaminsäurerest und sieben Disulfidbrücken. Das Schweine-PSP inhibiert die gastrointestinale Motilität und die Sekretion von Magensäure sowie die Aktivität der Adenylat-Cyclase in intestinalen Mucosazellmembranen der Ratte. Sowohl nach parenteraler als auch nach oraler Verabreichung inhibiert PSP in Labortieren die Magensäuresekretion und die gastrointestinale Motilität, wogegen Glucagon nur nach parenteraler Applikation wirksam ist. PSP wirkt als Wachstumsfaktor für die menschliche Brustkrebszellinie MCF-7. [L. Thim et al. *Biochem. Biophys. Acta* **827** (1985) 410; *FEBS Lett.* **250** (1989) 85]

Pankreozymin, ↗ *Cholecystokinin*.

panning, ein Verfahren zur definierten Selektion von Zelltypen unter Einsatz von Antikörpern. Zu diesem Zweck beschichtet man die Oberfläche eines Kulturgefäßes mit einem spezifischen Antikörper. Nach Inkubation mit einem Gemisch verschiedener Zelltypen binden nur die Zellen, die das spezifische Antigen des fixierten Antikörpers tragen, während nicht gebundene Zellen durch einfaches Auswaschen entfernt werden können. Das P. hat auch große Bedeutung beim ↗ *phage display*. Hierbei werden Phagenbibliotheken unterschiedlicher rekombinanter Oberflächenproteine mit immobilisierten Liganden inkubiert. Darüberhinaus werden Varianten des P. mit geeigneten Liganden und Zielstrukturen bei der ↗ *in-vitro-Selektion* genutzt.

Pantethein-4'-phosphat, *Phosphopantethein*, der Phosphorsäureester von *N*-(Pantothenyl)-β-aminoethanolthiol, ein Molekülteil von ↗ *Coenzym A*. P. ist der „schwenkbare" Arm von bestimmten Multienzymkomplexen, z. B. von der Fettsäure-Synthase und der Gramicidin-S-Synthetase. Auf die freie Thiolgruppe von P. werden aktivierte Fett- oder Aminosäuren übertragen.

Pantherin, ↗ *Ibotensäure*.

Pantothensäure, ein Vitamin des B₂-Komplexes, ein Säureamid der $R(+)$-2,4-Dihydroxy-3,3-dimethylbutansäure ($R(+)$-Pantoinsäure) und 3-Aminopropansäure (β-Alanin), das im Pflanzen- und Tierreich weit verbreitet ist (Abb. 1). In relativ hohen Konzentrationen ist P. in Hefe und Eigelb enthalten. P. ist Bestandteil des Coenzyms A, das sowohl im Fett- als auch im Kohlenhydrat- und Proteinstoff-

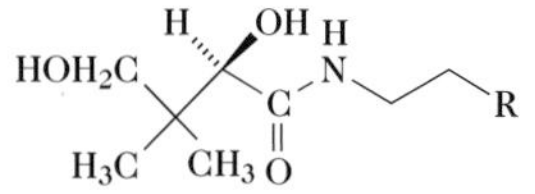

Pantothensäure. Abb. 1. Struktur von Pantothensäure (R = COOH) und Dexpanthenol (R = CH$_2$OH).

wechsel eine bedeutende Rolle spielt. Die meisten Organismen können Pantoinsäure aus Valin und β-Alanin aus Aspartat synthetisieren (Abb. 2). Menschen fehlt jedoch das Enzym Pantothenat-Synthetase (EC 6.3.2.1), das die Kondensation von β-Alanin mit Pantoinsäure zu P. katalysiert. Der Tagesbedarf des Menschen an P. liegt bei 8–10 mg. Mangelerscheinungen sind beim Menschen nicht bekannt. Bei Versuchstieren kann Mangel an P. Hautveränderungen und Depigmentierung der Haare („Anti-Graue-Haare-Faktor") bewirken.

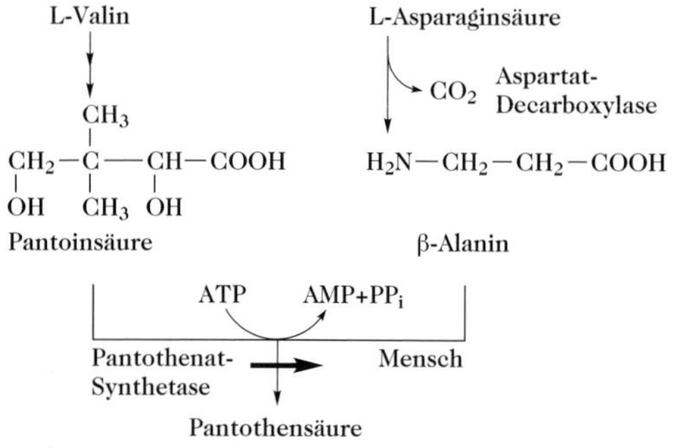

Pantothensäure. Abb. 2. Biosynthese der Pantothensäure.

P. ist ein wenig beständiges, hellgelbes Öl. Sie wird meist in Form von Salben oder Sprays zur Behandlung schlecht heilender Wunden, Verbrennungen und Schleimhautentzündungen verwendet. Sie findet sich auch in verschiedenen Kosmetika. Zu gleichem Zweck werden die Alkohole *Panthenol* (Racemat) und *Dexpanthenol* (R-Form; Abb.) verwendet.

PAP, Abk. für 3'-Phosphoadenosin-5'-phosphat. ↗ *Sulfotransferase.*

Papain (EC 3.4.22.2), eine aus dem Milchsaft des Melonenbaumes *Carica papaya* L. gewonnene Endopeptidase (↗ *Proteasen*), die die hydrolytische Spaltung von Peptidbindungen katalysiert, an denen basische Aminosäuren sowie Leucin oder Glycin beteiligt sind. P. besteht aus 212 Aminosäuren (M_r 23,35 kDa, pH$_i$ 8,75), der katalytisch wirksame Cysteinrest befindet sich in Position 25. Als Thiolenzym wird P. durch Mercaptoethanol aktiviert, durch SH-Gruppen blockierende Reagenzien, wie Monoiodessigsäure, gehemmt. P. ist Bestandteil verdauungsfördernder Präparate und dient vor allem zur Fleischzartmachung.

Papaver-Alkaloide, *Mohnalkaloide*, eine Gruppe von ↗ *Benzylisochinolin-Alkaloiden*, die insbeson-

dere im Mohn (*Papaver*) vorkommen. Zu ihnen gehören vor allem die ↗ *Opium-Alkaloide.*

Papaverin, *6,7-Dimethoxy-1-veratryl-isochinolin*, ein Opium-Alkaloid (M_r 339,39 Da, F. 147–148 °C), das zu 0,1–4,5 % im Opium enthalten ist. Als Isochinolinderivat (Abb.) ist P. eine schwache Base, pK$_S$ 5,93, demzufolge reagiert das Hydrochlorid stark sauer. P. wird heute nur noch synthetisch dargestellt. Es ist ein Spasmolytikum mit peripherem Angriffspunkt und wird bei Magen-, Darm-, Gallen- und Harnwegsspasmen angewendet. P. ruft keine Sucht hervor. Biosynthese ↗ *Benzylisochinolin-Alkaloide.*

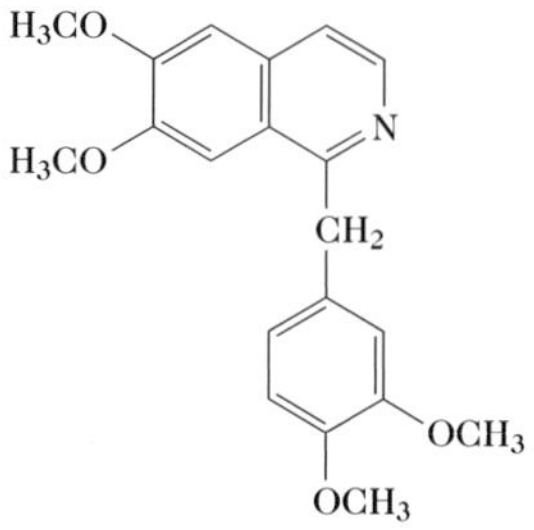

Papaverin

paper factor, ↗ *Juvabion.*

Papier-Autoradiographie, ↗ *Isotopentechnik.*

Papierchromatographie, schichtchromatographische Methode zur Trennung kleiner Substanzmengen. Die P. ist eine Verteilungschromatographie; als stationäre Phase dient der auf Filtrierpapierstreifen befindliche Wasserfilm, als mobile Phase verwendet man organische Lösungsmittel bzw. deren Gemische (*Lauf-* oder *Fließmittel*). Als Laufmittel dienen gereinigte organische Lösungsmittel, die unbegrenzt oder begrenzt mit Wasser mischbar sind, sowie spezielle Pufferlösungen. Als Standardlaufmittelgemische werden Butanol/Eisessig/Wasser, Phenol/Wasser oder Pyridin/Butanol/Wasser eingesetzt. Für ein zu trennendes Substanzgemisch ist das Laufmittel am geeignetsten, das eine möglichst weit auseinanderliegende Lage der einzelnen Substanzflecke ergibt. Die Chromatographiepapiere bestehen aus Baumwollcellulose.

Die Entwicklung der Chromatogramme erfolgt in geschlossenen Gefäßen, die mit Lösungsmitteldämpfen gesättigt sind und einen konstanten Wassergehalt des Papiers garantieren. Die zu trennenden Substanzmengen liegen im Bereich von 5–50 mg und werden in 0,1–1 %igen wässrigen Lösungen oder im Laufmittel gelöst auf einer Startlinie dosiert. Der Durchmesser des Startflecks soll nicht größer als 0,5 mm sein. Nach einer längeren Laufzeit (30 Min.–3 Std.) erhält man Substanzflecke, die in unterschiedlicher Entfernung von der Startlinie sichtbar sind oder sichtbar gemacht werden können. Je nach Richtung des Laufmittels un-

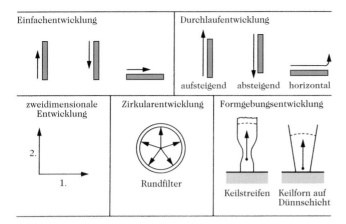

Papierchromatographie. Entwicklungsarten.

terscheidet man aufsteigende, absteigende und horizontale P. (Abb.).

Bei der *horizontalen* P. fließt das Laufmittel unter Einwirkung der Papierkapillarität in der Papierebene. Diese Entwicklungsart wird vorwiegend als *Rundfilter-* oder *Zirkularmethode* betrieben. Eine Modifizierung der Rundfiltermethode ist die Formgebungsentwicklung, bei der Keilstreifen nach der aufsteigenden Methode entwickelt werden. Durch Kombination geeigneter Laufmittel sowie Stufen-, Mehrfach- oder zweidimensionale Entwicklung lassen sich wesentliche Verbesserungen von Trennungen erzielen.

Zur Trennung lipophiler Stoffe eignet sich die ↗ *Umkehrphasen-Chromatograpie.* Der Nachweis der getrennten Verbindungen erfolgt durch ihre Eigenfarbe, farblose Substanzen werden durch Aufsprühen geeigneter Reagenzien sichtbar gemacht. Die Lokalisierung der getrennten Komponenten kann auch durch Betrachtung im UV-Licht erfolgen (Fluoreszenz oder Fluoreszenzlöschung).

Grundlage der qualitativen Auswertung sind die unterschiedlichen Wanderungsgeschwindigkeiten der Verbindungen in bestimmten Laufmitteln. Zur Bezeichnung der Lage einer Substanz auf dem Chromatogramm verwendet man den R_F-Wert (engl. *retention value factor*, auch *ratio to the front*) als den Quotienten aus der Entfernung des Substanzflecks vom Startpunkt und der Entfernung zwischen Laufmittelfront und Startpunkt. Zur Vereinfachung und Vereinheitlichung gibt man heute meist hR_F-Werte an (= $R_F \cdot 100$). Bei fehlender Lösungsmittelfront (*Durchlaufchromatogramm*) lässt man eine Vergleichssubstanz X mitlaufen. Der Quotient aus der Laufstrecke der unbekannten Substanz und der Vergleichssubstanz wird als R_x-Wert (oder auch als R_{St}-Wert: engl. *ratio standard*) bezeichnet.

Zur quantitativen Auswertung bedient man sich der Beziehung zwischen Fleckgröße und Konzentration. Sie erfolgt durch Vergleich auf dem Papier, photometrisch sowie nach Extraktion der Flecke durch Extinktionsmessung.

Papierelektrophorese, ↗ *Elektrophorese.*

PAPS, Abk. für ↗ *3'-Phosphoadenosin-5'-phosphosulfat.*

PAPS-Reduktase, ↗ *Adenyl-Sulfatreduktase.*

Paramyosin, ein am Aufbau der dicken Filamente der Muskeln von Wirbellosen beteiligtes, aus zwei identischen Untereinheiten aufgebautes Protein (M_r 210–230 kDa). Das stäbchenförmige Molekül ($2 \cdot 13$ nm) wird durch zwei umeinander gewundene α-Helices gebildet, an die sich Myosin anlagert. Man findet P. zum Beispiel im Inneren der Myosinfilamente der Sperr-Muskeln mancher Muscheln.

Paraproteine, bei verschiedenen Bluterkrankungen, den Paraproteinämien, verstärkt im Blutplasma auftretende Proteine (pathologische Proteine). Bekannte Vertreter der P. sind die ↗ *Bence-Jones-Proteine.* In Abhängigkeit von der Herkunft der P. produzierenden Zellen aus einer gemeinsamen Stammzelle können als P. vollständige ↗ *Immunglobuline* der Klasse A, G, M, D oder E und eine der beiden leichten Ketten vom Typ C oder l auftreten. Selten ist dagegen das isolierte Vorkommen von Ketten des L- oder H-Typs. Die P. weichen aber in Struktur und Eigenschaften von den Immunglobulinen ab.

parasexuelle Rekombination, ↗ *Rekombination.*

Parasitismus, *Schmarotzertum*, Wechselwirkung zweier Organismenarten in einem Parasit-Wirt-System. Parasit und Wirt haben im Allgemeinen direkten Körperkontakt, der Parasit entzieht dem Wirt Nahrung, schädigt ihn dadurch, tötet ihn aber nicht. Die Schädigung des Wirtes ist oft cytologisch definierbar; insbesondere im Falle intrazellulären Parasitismus: Biomembranen ändern ihre Permeabilität, im Cytoplasma wird raues durch glattes endoplasmatisches Reticulum ersetzt, Cristae von Mitochondrien gehen verloren, der Zellzyklus wird verlangsamt oder beschleunigt, Zellkerne werden pyknotisch, oder die ganze Zelle verändert sich lytisch oder degenerativ. Führt die Parasitose zum Tod des Wirts, so entzieht sich damit der Parasit die eigene Lebensgrundlage. Daher wird angenommen, dass der Wirt nur in nicht eingespielten Parasit-Wirt-Systemen getötet wird.

Der Wirtsorganismus hat zahlreiche Möglichkeiten, den Parasiten auch nach dessen Eindringen noch abzuwehren, unspezifisch z. B. durch Phagocyten, ↗ *Lysozyme*, antibakterielle Proteine, zelluläre und humorale Einkapsulung, spezifisch (bei Wirbeltieren) durch ↗ *Immunglobuline* und spezifische Immunzellen.

Parasympathikolytika, Substanzen, die die postganglionäre Wirkung des Transmitters ↗ *Acetylcholin* abschwächen oder aufheben. P. werden hauptsächlich als Spasmolytika eingesetzt. Prototyp der parasympathikolytisch wirksamen Naturstoffe ist ↗ *Atropin*. Weitere P. sind Atropinmethobromid, Scopolaminbutylbromid und Homatropin. P. werden in der Ophthalmologie als pupillenerweiternde Mittel (Mydriatika) eingesetzt.

Parasympathikomimetika, *Cholinergika*, Stoffe, die eine Erregung des Parasympathikus bewirken. Als Transmitter in den Synapsen postganglionärer parasympathischer Nervenfasern fungiert ↗ *Acetylcholin*. Die P. werden aus diesem Grunde auch als *Cholinergika* bezeichnet. P. können als Acetylcholinanaloga reagieren (*direkte P.*) oder das Enzym hemmen, das den Abbau des Acetylcholins bewirkt (*indirekte P.*). Letztere werden deshalb auch Acetylcholin-Esterase-Hemmer genannt. P. erregen die glatte Muskulatur und verschiedene Drüsen, wie z. B. die Speicheldrüse, und beeinflussen die Herztätigkeit im Sinne einer Hemmung der Erregungsbildung und der Überleitung. Am Auge bewirken sie eine Pupillenverengung sowie eine Herabsetzung des Augeninnendrucks, sie werden aus diesem Grunde hauptsächlich zur Glaukombehandlung verwendet.

Parathormon, Syn. für ↗ *Parathyrin*.

Parathyrin, *Parathormon*, *PTH* (engl. *parathyroid hormone*), ein 84 AS-Polypeptid (M_r 9,5 kDa) mit einer Hauptregulatorfunktion bei der Homöostase des Blutcalciumspiegels. P. wird in der Nebenschilddrüse (*Parathyreoidea*) der tetrapoden Wirbeltiere und des Menschen über das *Prä-Pro-PTH* (115 Aminosäurereste) und das *Pro-PTH* (90 Aminosäurereste) gebildet. Nach Abspaltung des 25-Signalpeptids wird das Pro-PTH in das *trans*-Golgi-Netzwerk transportiert, wo die Pro-Peptidsequenz bevorzugt durch die Pro-Hormon-Convertase *Furin* abgespalten und PTH in den Sekretionsgranula gespeichert wird. Durch Abfall des normalen Calciumspiegels des Blutes wird PTH sezerniert. Es erhöht die Ca^{2+}-Konzentration des Blutes und stimuliert die Phosphatexkretion in den Harn, wodurch der Phosphatspiegel des Blutes sinkt. Gegenspieler

des PTH ist das ↗ *Calcitonin*. PTH-(1–34) wird für die Behandlung von ↗ *Osteoporose* verwendet und findet auch diagnostischen Einsatz.

Parathyrin-ähnliches Peptid, *PLP* oder *PTHrP* (engl. *parathyroid hormone-like/-related protein/peptide*), ein von menschlichen Tumoren abgegebenes Peptid mit hypercalcaemischer Wirkung. PTHrP zeigt im N-terminalen Sequenzbereich einen hohen Homologiegrad zum ↗ *Parathyrin* (PTH). Es wirkt regulatorisch auf eine Vielzahl von physiologischen Funktionen. [R. Rizzoli u. S. Ferrari, *Eur. J. Endocrinol.* **133** (1995) 272]

Paratop, der antigenbindende Teil von ↗ *Antikörpern*.

Parkinsonismus, Syn. für ↗ *Parkinsonsche Krankheit*.

Parkinsonsche Krankheit, *Parkinsonismus*, *Schüttellähmung*, häufigste neurologische Erkrankung im fortgeschrittenen Alter. Symptome: leise monotone Sprache, kleinschrittiger Gang, Bewegungsstörungen mit Fallneigung, trophische Störungen der Haut, Stimmungslabilität, Melancholie, allgemeine psychische Verlangsamung und vegetative Störungen, wie vermehrter Speichelfluss und Schweißausbrüche. Die P. K. wird verursacht durch eine Degeneration der Zellen in der *Substantia nigra* und ihrer neuronalen Verbindungen zu den Basalganglien. Dadurch kommt es zu einem Mangel an ↗ *Dopamin*, der zur aktiven Hemmung in den Basalganglien führt. Die Ursache ist noch unbekannt. Zur Therapie der P. K. werden ↗ *Antiparkinsonmittel* eingesetzt. Eine Heilung der Parkinsonschen Krankheit ist jedoch nicht möglich.

Paromomycin, ein Aminoglucosidantibiotikum. ↗ *Streptomycin*.

Parvalbumine, vorrangig im Muskel von Wirbeltieren vorkommende Proteine (M_r 12 kDa) mit einer hohen Affinität zu Calciumionen. In dieser Gruppe von Albuminen findet man die Aminosäuren Tyr, Trp und Cys selten. Die Bindungsstellen für Ca^{2+}-Ionen werden durch sechs α-Helices ausgebildet, die miteinander verbunden sind und jeweils durch das charakteristische *EF-Hand-Motiv* gekennzeichnet sind (Strukturmotiv der ↗ *Calmodulin*-Familie, bestehend aus einer Helix E, einer verbindenden Polypeptidschleife, die das gebundene Calciumion umgibt, und einer weiteren Helix F; diese Strukturelemente sind wie der ausgestreckte Zeigefinger, der gebeugte Mittelfinger und der abgespreizte Daumen der rechten Hand angeordnet).

Parvuline, eine Familie der ↗ *Peptidyl-Prolyl-cis/trans-Isomerasen*, die keine Sequenzhomologien zu den ↗ *Cyclophilinen* und ↗ *FK506-bindenden Proteinen* aufweist und weder durch FK506 noch durch Cyclosporin A inhibiert wird. Der die katalytische Aktivität tragende Kernbereich in der Aminosäuresequenz der P. wird durch das Parvulin aus

E. coli repräsentiert, das aus nur 92 Aminosäureresten aufgebaut ist und als Monomer Aktivität zeigt. Unter den Proteinen, die diese Domäne tragen, sind die bakteriellen *PrsA* (*B. subtilis*) und das *SurA* (*E. coli*) zu nennen, denen eine Funktion beim Proteinexport zugerechnet wird. Eukaryontische Vertreter sind das *Ess1/Ptf1-Protein* in Hefe und das *Pin1-Protein* in humanen Zellen. Letzteres ist ein für die Zellteilung essenzielles Protein. [J.-U. Rahfeld et al. *FEBS Lett.* **352** (1994) 180; K. P. Lu et al. *Nature* **380** (1996) 544]

passive Hämagglutination, ↗ *Agglutination.*

Pasteur-Effekt, Hemmung der Glycolyse durch Atmung. Er wurde 1861 erstmals von L. Pasteur beschrieben, der beobachtete, dass Hefen unter anaeroben Bedingungen mehr Zucker verbrauchen als unter aeroben. Bei der anaeroben Glycolyse werden zwei Moleküle ATP je Glucosemolekül erzielt, im Vergleich zu 36 ATP bei vollständiger aerober Atmung von Glucose. Unter anaeroben Bedingungen muss also 18-mal mehr Glucose verbraucht werden als unter aeroben Bedingungen, um den gleichen Energiebetrag zu erhalten. Der P.-E. wird nur bei fakultativen Zellen beobachtet, d. h. bei Zellen, die ihren Stoffwechsel sowohl an aerobe als auch an anaerobe Bedingungen anpassen können, z. B. Hefezellen, Muskelzellen.

In Abwesenheit von Sauerstoff führen tierische Zellen die Glycolyse durch und produzieren Lactat, Hefezellen vergären Glucose zu verschiedenen Gärungsprodukten, z. B. Glycerin und Ethanol. Durch Zugabe von Sauerstoff nimmt die Lactatproduktion stark ab und das Lactat verschwindet schnell. Gleichzeitig sinkt die Geschwindigkeit der Glucoseaufnahme deutlich. Der P.-E. kann großenteils durch die allosterischen Eigenschaften der Phosphofructokinase (EC 2.7.1.11) beschrieben werden, dem geschwindigkeitsbestimmenden Enzym („Schrittmacher") der Glycolyse. Dieses Enzym wird durch ATP inhibiert und durch ADP und AMP aktiviert. Die ATP-Inhibierung wird durch AMP, cAMP, P_i, Fructose-1,6-diphosphat und Fructose-6-phosphat aufgehoben, durch Citrat dagegen verstärkt. Der Citrat-Effekt ist für Hefe und aerob arbeitenden Muskel signifikant, die beide auch Fettsäuren und Ketonkörper als Hauptenergiequellen nutzen. Die Wirkung des cAMP kann im Fettgewebe wichtig sein, wo es die Citratinhibierung aufhebt.

Der P.-E. ist besonders für den Skelettmuskel von Bedeutung. Die Menge an ATP, die im Muskel vorhanden ist (5–7 μmol je g Frischgewicht) ist ausreichend, um die Kontraktion für 1–5 Sekunden aufrechtzuerhalten. ATP, das aus Kreatinphosphat (↗ *Phosphokreatin*) gewonnen wird, unterstützt die Kontraktion für einen weiteren kurzen Zeitraum. Die Rückphosphorylierung von ADP zu ATP

hängt von der anaeroben Glycolyse von Glycogen zu Lactat ab. Die Aktivität der Phosphofructokinase ist stark erhöht, womit eine Geschwindigkeitssteigerung der Glycolyse einhergeht.

Ein quantitativer Index für den Effekt von Sauerstoff auf Glycolyse und Gärung ist durch den Meyerhofschen Oxidationsquotienten gegeben, der gewöhnlich bei 2 liegt: $(R_{an.f} - R_{a.r}) / RO_2$ ($R_{an.f}$ = Geschwindigkeit der anaeroben Gärung; $R_{a.r}$ = Geschwindigkeit der aeroben Atmung; RO_2 = Geschwindigkeit der O_2-Aufnahme).

***patch-clamp*-Technik,** eine elektrophysiologische Methode für die Aktivitätsbestimmung einzelner Ionenkanäle. Mit der p. können Ionenströme durch einzelne Kanäle in einer Plasmamembran gemessen werden. Zu diesem Zweck wird eine Glaspipette mit einer Öffnung von etwa 1 μm Durchmesser fest auf eine intakte Zelle gepresst, wobei es zur Ausbildung eines niederohmigen Widerstands am Pipettenrand kommt, der nach einem leichten Ansaugen zu einer Gigaohmversiegelung (*gigaseal*) führt. Letztere garantiert eine hochaufgelöste Messung von Strömen, während man eine definierte Spannung an die Membran anlegt. Mit einer zeitlichen Auflösung von Mikrosekunden kann der Ionenfluss durch einen einzelnen Kanal einschließlich Übergängen zwischen den verschiedenen Zuständen des Kanals verfolgt werden. Die Methode erlaubt es, die Aktivität der Ionenkanäle in natürlicher Umgebung, auch in intakten Zellen, zu bestimmen.

Pathocidin, Syn. für ↗ *8-Azaguanin.*

pathologische Proteine, ↗ *Paraproteine.*

P-Bindungsstelle, Abk. für Peptidyl-tRNA-Bindungsstelle, ↗ *Aminoacyl-tRNA-Bindungsstelle,* ↗ *Proteinbiosynthese.*

PCA, Abk. für Pyrrolidincarbonsäure (engl. *pyrrolidone carboxylic acid*). ↗ *Pyroglutaminsäure.*

P700-Chlorophyll-a-Protein, ein stark hydrophobes integrales Membranprotein, das aus den Thylakoiden vieler Angiospermen, Gymnospermen und Grünalgen isoliert wurde. Es ist eine Komponente des Photosystems I. Das Verhältnis Chlorophyll *a* / P700 liegt im Bereich von 40–45 / 1. Die Präparate sind mit Cytochrom *f* und b_6 assoziiert. Der Komplex enthält 14 mol Chlorophyll je mol Protein (M_r 110 kDa). Folglich enthält nur eines von drei Komplexmolekülen P700 und das gesamte Photosystem muss mindestens drei Moleküle des Proteins enthalten. Man kennt Photosynthesemangelmutanten, denen das P700-Chlorophyll-*a*-Protein fehlt, z. B. Mutanten von *Scendesmus* und *Antirrhinum.* ↗ *Photosynthese.*

PCM, Abk. für Protein-Kalorien-Mangelsyndrom (engl. *protein-calorie malnutrition*). ↗ *Protein-Energie-Mangelernährung.*

PCR, Abk. für engl. *polymerase chain reaction,* ↗ *Polymerasekettenreaktion.*

PD-ECGF, Abk. für engl. ↗ *platelet derived endothelial cell growth factor*.

PDGF, Abk. für ↗ *platelet derived growth factor*.

PDH, Abk. für ↗ *Pigment-dispersierende Hormone*.

PDI, Abk. für ↗ *Protein-Disulfid-Isomerase*.

PDN-Sequenz, *Katacalcin*, die C-terminale Sequenz des Calcitonin-Vorläufermoleküls, ↗ *Calcitonin*.

Pedicin, ↗ *Chalkone*.

Pektat-Lyase, ↗ *pektinolytische Enzyme*.

Pektine, hochmolekulare Polyuronide, die α-1→4-glycosidisch aus D-Galacturonsäure aufgebaut sind (Abb.). Die Carboxylgruppen sind teilweise methylverestert. Die freien Säuren werden als *Pektinsäuren* bezeichnet. Unterschiedlicher Veresterungs- und Polymerisationsgrad bedingen eine Vielzahl von Pektinstrukturen. P. sind im Pflanzenreich als Begleitstoffe der Cellulose weit verbreitet. Als inkrustierende Kittsubstanzen sind sie wichtige Stützsubstanzen für das Zellgerüst der Pflanzen. Sie bauen insbesondere die Mittellamellen und Primärwände der Pflanzenzellen mit auf. P. finden sich besonders reichlich in fleischigen Früchten, in Wurzeln, Blättern und grünen Stängeln. P. haben aufgrund ihrer hydrophilen Gruppen hohes Wasserbindungsvermögen. Wegen ihrer hohen Gelierkraft werden sie vielseitig verwendet, besonders in der Nahrungsmittelindustrie (z. B. als Gelierungsmittel für Marmeladen), in der Medizin, Pharmazie und Kosmetik.

Pektine. R = H oder CH_3.

Pektin-Esterase, ↗ *pektinolytische Enzyme*, ↗ *Enzyme (Tab. 2)*.

Pektin-Lyase, ↗ *pektinolytische Enzyme*.

pektinolytische Enzyme, eine Sammelbezeichnung für die am Abbau von ↗ *Pektinen* beteiligten Enzyme. Zu den p. E. gehören: 1) *Pektin-Esterase* (*Pektinmethyl-Esterase*), die die Methylester-Bindungen im Pektin unter Bildung von Pektinsäure hydrolytisch spaltet. 2) *Pektinase* (*Endo-Polygalacturonase*), die die α-1→4-galacturosidischen Bindungen im Inneren der Pektine hydrolysiert und Galacturonsäure freisetzt. 3) *Exo-Polygalacturonase*, die hydrolytisch Galacturonsäure vom nichtreduzierenden Kettenende der Pektine abspaltet. 4) *Pektin-Lyase*, die die Eliminierung von α-4,5-ungesättigten Galacturonsäuren aus dem Pektin katalysiert. 5) *Pektat-Lyase*, die die nicht-

hydrolytische Spaltung von Pektat nach einem Endo-Mechanismus katalysiert.

Die Pektin-Esterase (pH-Optimum um 7,0) und Polygalacturonasen (pH-Optimum 4–5) kommen in höheren Pflanzen, Pilzen, Hefen und zahlreichen Bakterien vor (*Fusarium oxysporium*, *Clostridium multifermentans* u. a.). Lyasen findet man nur in Schimmelpilzen und wenigen Bakterien.

P. E. haben breite Anwendung in der Lebensmittelindustrie gefunden, u. a. bei der Klärung von Fruchtsäften (z. B. Depektinisierung von Apfelsaft vor dem Konzentrieren) und Erhöhung der Ausbeute beim Pressen; Herstellung von Obst- und Gemüsemazeraten (trinkfähige Monozell-Suspensionen) sowie Herstellung von Trockenprodukten; Herstellung neuer Produkte (z. B. Obst- und Gemüsemayonnaisen, Fruchtnektaren, strukturierte Erzeugnisse); Herstellung von Obst- und Gemüsetotalhydrolysaten (z. B. Einführung neuer Apfelsafttechnologien mit Tresterverarbeitung). Darüber hinaus werden p. E. in der Landwirtschaft (z. B. Trennung des Fruchtfleisches von Samen bei der Saatgutgewinnung, Fermentation von Tee- und Tabakblättern) und in der Forstwirtschaft (u. a. Behandlung von Weichhölzern, Abbau von Nichtcellulosestoffen bei der Herstellung von Flachsfasern) eingesetzt.

Pelargonidin, *3,5,7,4'-Tetrahydroxyflavyliumkation*, ein Aglycon zahlreicher ↗ *Anthocyane* (F. >350 °C). P. ist in glycosidischer Form in höheren Pflanzen weit verbreitet und bewirkt die rosarote, orangerote und scharlachrote Färbung vieler Blütenblätter und Früchte. Neben einigen acylierten Derivaten sind 25 natürliche Glycoside strukturell bekannt, z. B. *Callistephin* (3-β-Glucosid) der roten Sommeraster, *Fragarin* (3-β-Galactosid) der Erdbeere und *Pelargonin* (3,5-Di-β-glucosid) verschiedener Pelargoniumarten und Gartendahlien.

Pelargonin, ↗ *Pelargonidin*.

Pelargoniumöl, ↗ *Geraniumöl*.

Pellagra, eine Erkrankung, die bei Mangel an *Nicotinsäure* auftritt, z. B. wenn Mais als Hauptnahrungsmittel dient. Bei einer Behandlung des Mais mit Kalk, wie sie in Zentralamerika durchgeführt wird, werden Nicotinsäurevorstufen freigesetzt. Deshalb ist P. hier trotz der einseitigen Ernährung nicht verbreitet. Arme Europäer, die ihren Mais nicht auf diese Weise behandelten, erkrankten häufiger an P. Pellagra äußert sich durch Schäden der Haut (Braunfärbung der Haut), des Verdauungssystems (Diarrhöen) und des Nervensystems (Delirium). Die Erkrankung kann durch Gaben von Tryptophan bzw. Nicotinamid und Nicotinsäure geheilt werden.

χ-Pelletierin, Syn. für ↗ *Pseudopelletierin*.

Pellotin, ↗ *Anhalonium-Alkaloide*.

PEM, Abk. für ↗ *Protein-Energie-Mangelernährung*.

Pempidin, ↗ *Acetylcholin* (*Tab.*).

Penem-Antibiotika, ein Sammelbegriff für diejenigen β-Lactamantibiotika, deren Penem-Grundgerüst in 2,3-Position ungesättigt ist (Abb.). Die P. sind synthetisch hergestellte Produkte und besitzen im Gegensatz zu den Carbapenemen im Fünfring ein Schwefelatom.

Penem-Antibiotika

Penicillin-Acylase, *Penicillin-Amidase*, *Penicillin-Amidohydrolase*, eine von verschiedenen Mikroorganismen gebildete ↗ *Hydrolase*, die die Abspaltung des Acylrestes von Penicillin katalysiert. Die gebildete 6-Aminopenicillansäure ist Ausgangssubstrat für die Synthese halbsynthetischer β-Lactamantibiotika. Da durch pH-Änderung auch die umgekehrte Reaktion, d. h. die Acylierung von 6-Aminopenicillansäure, möglich ist, findet das Enzym (auch in immobilisierter Form) breite Anwendung in der industriellen Praxis. Die P. dient auch zur Inaktivierung von Penicillin in Nahrungsmitteln.

Penicillin-Amidase, Syn. für ↗ *Penicillin-Acylase*.

Penicillin-Amidohydrolase, Syn. für ↗ *Penicillin-Acylase*.

Penicillinasen (EC 3.5.2.6), eine Gruppe von ↗ *β-Lactamasen*.

Penicilline, eine Gruppe der β-Lactam-Antibiotika, die das bizyklische Grundgerüst Penam enthalten (Abb.). Die P. sind Derivate der 6-Aminopenicillansäure, bei der die Aminogruppe acyliert ist. 6-Aminopenicillansäure enthält drei chirale C-Atome (C2, C5, C6). Die Biosynthese der P. wie auch die der Cephalosporine erfolgt aus L-2-Aminoadipinsäure, L-Cystein und D-Valin, wobei nach Ausbildung einer acylierten 6-Aminopenicillansäure der L-2-Amino-adipinsäurerest durch Umacylierung mit einer anderen Carbonsäure, z. B. der Phenylessigsäure, ersetzt wird (Benzylpenicillin). Die P. werden unter anderem von Pilzen der Gattungen *Penicillium*, *Aspergillus* und *Trichophyton* gebildet.

P. werden therapeutisch in breitem Umfang verwendet. Wichtigstes von Mikroorganismen gebildetes P. ist *Benzylpenicillin* (*Penicillin G*; Tab.). Verwendet werden die stabileren Alkalisalze, insbesondere das Natriumsalz. Benzylpenicillin wird industriell unter Einsatz von Hochleistungsstämmen, vor allem von *Penicillium chrysogenum*, im Submersverfahren unter aeroben Bedingungen gewonnen.

Benzylpenicillin wirkt bakterizid gegenüber grampositiven Bakterien (Streptococcen, Pneumococcen und Staphylococcen, bei letzteren, sofern sie keine β-Lactamase bilden) sowie gramnegativen Coccen, z. B. Gonococcen. Es ist wenig toxisch und

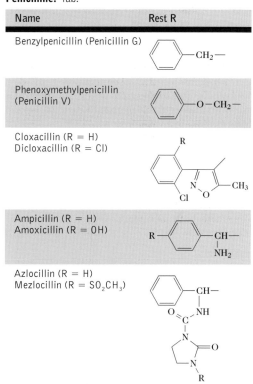

Penam   Derivate der 6-Aminopenicillansäure

Penicilline. Tab.

Name	Rest R
Benzylpenicillin (Penicillin G)	
Phenoxymethylpenicillin (Penicillin V)	
Cloxacillin (R = H) Dicloxacillin (R = Cl)	
Ampicillin (R = H) Amoxicillin (R = OH)	
Azlocillin (R = H) Mezlocillin (R = SO₂CH₃)	

kann deshalb in hohen Dosen angewendet werden. Nachteilig sind seine geringe chemische Stabilität, insbesondere seine Säureinstabilität, die eine orale Anwendung ausschließt; weiterhin die schnelle Elimierung, das begrenzte antimikrobielle Wirkungsspektrum, eine relativ breit entwickelte Resistenz und das gelegentliche Auftreten von Allergien. Um einen ausreichend hohen Blutspiegel längere Zeit aufrechtzuerhalten, werden wässrige bzw. ölige Lösungen oder Suspensionen schwerlöslicher Salze des Benzylpenicillins z. B. mit Procain oder Benzathin (*N,N'*-Bisbenzylethylendiamin) injiziert. Die Entwicklung säure- und/oder β-Lactamase-stabiler P. sowie von P. mit breitem Wirkungsspektrum gelang durch die Synthese von P., die sich vom Benzylpenicillin durch einen anderen Acylrest unterscheiden.

Die wichtigsten partialsynthetischen P. gehören zu den Gruppen der säurestabilen, aber nicht β-Lactamase-stabilen Phenoxypenicilline, wie *Phenoxymethylpenicillin* (*Penicillin V*; Tab.), der säure- und β-Lactamase stabilen Isoxazolylpenicilline,

z. B. *Cloxacillin* und *Dicloxacillin* (Tab.), der β-Lactamase-instabilen, säurestabilen α-Aminobenzylpenicilline mit Breitspektrumwirkung, wie *Ampicillin* und *Amoxicillin* (Tab.), Acylureidopenicilline, z. B. *Azlocillin* und *Mezlocillin* (Tab.), die vor allem bei Infektionen durch Problemkeime, wie *Pseudomonas aeruginosa* und bestimmte *Proteus*-Arten, eingesetzt werden. Zur besseren Resorption werden z. T. Ester der P. eingesetzt, aus denen im Blut enzymatisch die wirksamen freien Säuren gebildet werden.

Pentagastrin, Boc-β-Ala-Trp-Met-Asp-Phe-NH$_2$, ein synthetisches Pentapeptidderivat mit dem wirksamen Sequenzbereich des ↗ *Gastrins*, das zur Stimulierung der Magensäuresekretion bei der Magensaftanalyse verwendet wird.

Pentamethonium, ↗ *Acetylcholin* (*Tab.*).

Pentamethylendiamin, Syn. für ↗ *Cadaverin*.

Pentamidin, ein als Mittel bei Trypanosomeninfektionen verwendetes Bisamidin (Abb.).

Pentamidin

Pentifylin, ↗ *Theobromin*.

Pentite, C$_5$-Zuckeralkohole, von denen D- und L-Arabit, Ribit und Xylit natürlich vorkommen.

Pentobarbital, *5-Ethyl-5-(1-methylbutyl)-barbitursäure*, ein sedativ-hypnotisch wirkendes Derivat der Barbitursäure. P. bindet an ein spezifisches Areal des GABA-Rezeptors (↗ *GABA-Rezeptoren*), nicht aber an die GABA-Erkennungsstelle, und verstärkt dadurch den Cl$^-$-Strom.

Pentolinium, ↗ *Acetylcholin* (*Tab.*).

Pentosane, aus Pentosen aufgebaute Polysaccharide, z. B. Arabane und Xylane. P. sind im Pflanzenreich weit verbreitet und als Zellwand- und Speichersubstanzen von Bedeutung.

Pentosen, aus fünf C-Atomen aufgebaute Aldosen, die eine wichtige Gruppe der ↗ *Monosaccharide* bilden. Zu ihnen gehören als natürlich vorkommende P. D- und L-Arabinose, L-Lyxose, D-Xylose, D-Ribose und 2-Desoxy-D-ribose sowie die Ketopentosen (*Pentulosen*) D-Xylulose und D-Ribulose. P. liegen im Allgemeinen als Furanosen vor. Sie werden von gewöhnlichen Hefen nicht vergoren. Bei Destillation mit verdünnten Säuren entsteht Furfural. Diese Reaktion kann zum Nachweis der P. und zur Unterscheidung von Hexosen dienen.

Pentosenucleinsäure, veraltet für ↗ *Ribonucleinsäure*.

Pentosephosphat-Carboxylase, ↗ *Ribulose-1,5-diphosphat-Carboxylase*.

Pentose-5-phosphat-Epimerase, ein im nichtoxidativen Zweig des ↗ *Pentosephosphat-Zyklus* wirkendes Enzym, das die reversible Epimerisierung von Ribulose-5-phosphat zu Xylulose-5-phosphat katalysiert.

Pentose-5-phosphat-Isomerase, ein im nichtoxidativen Zweig des ↗ *Pentosephosphat-Zyklus* wirkendes Enzym, das die reversible Isomerisierung von Ribulose-5-phosphat zu Ribose-5-phosphat katalysiert.

Pentosephosphat-Weg, Syn. für ↗ *Pentosephosphat-Zyklus*.

Pentosephosphat-Zyklus, *Pentosephosphat-Weg, Hexosemonophosphat-Weg, Phosphogluconat-Weg, Warburg-Dickens-Horecker-Weg*, ein Sekundärweg der Glucoseoxidation, der ausgehend von Glucose-6-phosphat NADPH + H$^+$ für reduktive Biosynthesen und C$_5$-Zucker, insbesondere Ribose-5-phosphat als Baustein wichtiger Biomoleküle (CoA, ATP, NAD$^+$, FAD, Nucleinsäuren u. a.) liefert. Durch den P. erfolgt auch eine gegenseitige Umwandlung von Zuckern mit drei, vier, fünf, sechs und sieben C-Atomen in einer Reihe nichtoxidativer Reaktionsabfolgen. Der P. ist im Cytosol lokalisiert. Bei Säugern findet sich der P. vor allem im Fettgewebe, in den Milchdrüsen, in der Nebennierenrinde und in der Leber, während er in anderen Geweben weniger aktiv ist und z. B. im Skelettmuskel fast vollständig fehlt. Im *oxidativen Teil des P.* (vgl. Abb. Reaktionen 1–3) wird Glucose-6-phosphat unter der Katalyse der ↗ *Glucose-6-phosphat-Dehydrogenase* zum 6-Phosphoglucono-δ-lacton dehydriert, das durch die 6-Phosphogluconolactonase in 6-Phosphogluconat überführt wird. Letzteres liefert als Substrat der Phosphogluconat-Dehydrogenase unter Decarboxylierung Ribulose-5-phosphat. Der *nichtoxidative Zweig des P.* stellt über die Enzyme ↗ *Transketolase* und ↗ *Transaldolase* eine reversible Verbindung zwischen dem P. und der ↗ *Glycolyse* her, wobei unter diesen Bedingungen Ribose-5-phosphat in Glycerinaldehyd-3-phosphat und Fructose-6-phosphat umgewandelt wird. Zunächst wird durch die Ribulose-5-phosphat-Isomerase Ribose-5-phosphat bzw. durch die Ribulose-5-phosphat-Epimerase Xylulose-5-phosphat gebildet. Die erste Transketolase-Reaktion setzt R5P mit Xu5P zu GAP und S7P um, woraus unter der Katalyse der Transaldolase F6P und E4P entstehen. Beide Substrate werden in der zweiten Transaldolase-Reaktion in F6P und GAP überführt. Alle Reaktionen im nichtoxidativen Zweig sind leicht reversibel (in der Abb. nicht gekennzeichnet!), so dass auch die Möglichkeit zur Umsetzung von Hexosephosphaten zu Pentosephosphaten besteht. Die Geschwindigkeit des oxidativen Teils des P. ist vom NADP$^+$-Spiegel abhängig, wobei die praktisch irreversible Glucose-6-phosphat-Dehydrogenase-Reaktion eine Kontrollfunktion besitzt. Die Produktion von NADPH + H$^+$ ist eng mit dessen Verbrauch bei re-

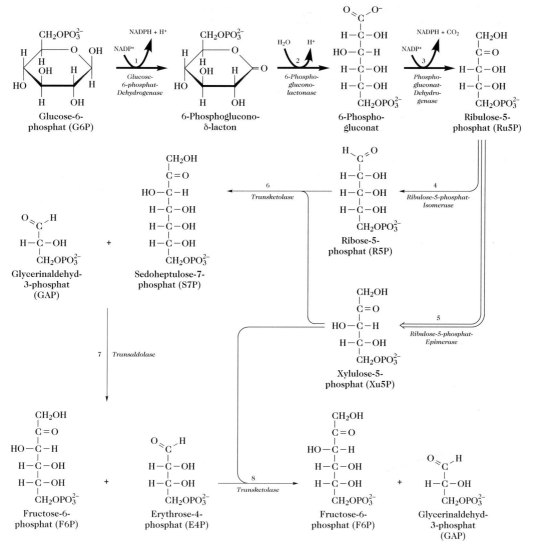

Pentosephosphat-Zyklus

duktiven Biosynthesen verbunden. Der nichtoxidative Zweig des P. wird dagegen in erster Linie durch die Substratverfügbarkeit reguliert.

Pentosestoffwechsel, ↗ *Pentosephosphat-Zyklus*, ↗ *Phosphoketolaseweg*.

Pentosurie, eine ↗ *angeborene Stoffwechselstörung*, verursacht durch einen Mangel an *NADP-spezifischer Xylitol-Oxidoreduktase* (L-Xylulose-Reduktase; EC 1.1.1.10). L-Xylulose wird kontinuierlich in großen Mengen im Harn ausgeschieden. Durch Gabe von Glucuronsäure wird die Xyluloseausscheidung weiter erhöht. P. ist gutartig, es ist keine Behandlung notwendig. ↗ *Glucuronatweg*.

Pep5, ein zum Typ A der ↗ *Lantibiotika* gehörendes trizyklisches 34 AS-Peptid. Es wird von *Staphylococcus epidermidis* 5 produziert, wirkt gegen

grampositive Bakterien und wird als *Bacteriocin* eingesetzt. P. induziert einen spannungsabhängigen Ionenstrom in Lipidmembranen. [G. Bierbaum u. H.-G. Sahl *Arch. Microbiol.* **141** (1985) 249]

PEP-Carboxykinase, Abk. für ↗ *Phosphoenolpyruvat-Carboxykinase*.

Pepsin (EC 3.4.23.1), eine im Magen vorkommende Endopeptidase (↗ *Proteasen*), die vorzugsweise die Spaltung von Peptidbindungen mit aromatischen Aminosäuren katalysiert. Proteine werden dabei in Polypeptidgemische zerlegt, die als *Peptone* (M_r 0,3–3 kDa) bezeichnet werden. P. besteht aus 327 Aminosäureresten (M_r 34,5 kDa) und wird in Gegenwart von Salzsäure durch Autolyse der inaktiven Vorstufe *Pepsinogen* (M_r 42,5 kDa) gebildet.

Pepsinogen, das Zymogen des ↗ *Pepsins*.

Pepstatin, ein aus Kulturfiltraten von Mikroorganismen isolierter Aspartatprotease-Hemmer. Es enthält als zwei Bausteine das *Statin*, eine γ-Amino-β-hydroxycarbonsäure, durch die eine wesentlich festere Bindung an das entsprechende Enzym (Pepsin, Cathepsin D und E, HIV-Protease, Rennin u. a.) erreicht wird. Außerdem wird die Persistenz des Enzyminhibitors an der Bindungsstelle im aktiven Zentrum durch seine enzymatische Stabilität deutlich gesteigert.

Peptaibole, lineare Peptidantibiotika mit einem hohen Anteil von α,α-dialkylierten Aminosäuren, die von Pilzen der Gattung *Trichoderma* synthetisiert werden, N-terminal acyliert sind und am C-Terminus einen Aminoalkohol enthalten. Neben den proteinogenen Aminosäurebausteinen bestimmen die nichtproteinogenen Bausteine, wie α-Aminoisobuttersäure (Aib, α-Methylalanin, MeA), Isovalin (Iva, α-Ethylalanin, EtA) die Konformation der in der Regel bis zu 20 Aminosäuren enthaltenden Peptide (M_r 2 kDa). Die Substitutionen am α-C-Atom, an der N-terminalen Aminofunktion und am C-Terminus durch Aminoalkohole, wie Phenylalaninol (Pheol), Valinol (Valol) oder Leucinol (Leuol) führen zu einem Verlust der lokalen Flexibilität der Peptidkette, wodurch es zur Ausbildung stabiler Sekundärstrukturdomänen (α- bzw. 3_{10}-Helices und β-turns) kommt. Ein charakteristisches Merkmal der P. ist ihre Fähigkeit, zur Ausbildung amphiphatischer Helices, die mit Phospholipidmembranen in Wechselwirkung treten und dabei die Permeabilität von Liposomen erhöhen sowie spannungsabhängige Transmembrankanäle in planaren Lipiddoppelschichtmembranen erzeugen. Die letzteren Eigenschaften resultieren aus der Zusammenlagerung amphiphatischer Helixmonomere zu Helixbündeln, die einen Ionentransport durch die Lipiddoppelschicht ermöglichen. Die P. wirken antibakteriell. Auch die Freisetzung von Catecholamin aus adrenalen chromaffinen Zellen wurde beobachtet. Es gibt verschiedene P., die sich durch den Acyl-Rest, die Kettenlänge und die Anzahl der Prolinbausteine unterscheiden. Eine Hauptgruppe der P., zu der auch das ↗ *Alamethicin*, Trichotoxin, Suzukacillin u. a. gehören, ist längerkettig (18–20 Aminosäurereste) und enthält Prolin in den Positionen 2 und 3. Eine andere Gruppe, die *Lipopeptaibole*, umfasst kürzerkettige P. mit Octansäure als *N*-Acylrest, einer großen Anzahl von Glycinbausteinen, jedoch ohne Prolin in der Sequenz. Antibiotisch-antifungizid wirkende P. sind die von *Trichoderma harzianum* gebildeten Peptide, wie beispielsweise die ↗ *Harzianine HC*.

C-Peptid, engl. *connecting peptide*, die im Pro-Insulin die A- und B-Kette des ↗ *Insulins* verbindende Peptidkette. Die Länge des C-P. liegt speziesabhängig zwischen 30 und 35 Aminosäureresten.

Es wird aus dem Pro-Insulin während der Insulinfreisetzung im Golgi-Apparat enzymatisch abgespalten.

Peptid T, *PT*, H-Ala^1-Ser-Thr-Thr-Thr^5-Asn-Tyr-Thr-OH, eine Teilsequenz des HIV-Hüll-Glycoproteins gp 120. Das 8 AS-Peptid ist ein Ligand für den CD4 / T4-Rezeptor. Synthetische PT, [D-Ala^1]PT-NH$_2$ und PT(4–8) inhibieren die Bindung von gp 120 an Gehirnmembranen und auch die HIV-Infektion menschlicher Zellen *in vitro*. Die Sequenzähnlichkeit zwischen PT und dem ↗ *vasoaktiven Intestinal-Polypeptid* (VIP) belegt, dass beide Peptide als potente Agonisten der Chemotaxis menschlicher Monocyten agieren. Da diese Interaktion spezifisch durch Anti-CD4 monoklonale Antikörper inhibiert werden kann, wurde vermutet, dass VIP ein endogenes Neuropeptid für den CD4-Rezeptor sein könnte. Die Beziehungen zwischen VIP, PT, CD4 und gp 120 stehen im Einklang mit dem therapeutischen Einsatz von [D-Ala^1]PT-NH$_2$ gegen ↗ *AIDS*.

Peptid-Antibiotika, Oligopeptide mit antibiotischer Wirkung. Sie besitzen gewöhnlich eine zyklische Grundstruktur. Neben L-Aminosäuren enthalten sie oft nichtproteinogene D-Aminosäuren und ungewöhnliche Aminosäuren sowie andere Bausteine (z. B. verzweigte Hydroxyfettsäuren). Die zyklische Struktur bildet sich über Amid- oder bei Depsipeptidantibiotika über Esterbindungen aus. Die Resistenz der P. gegenüber proteolytischen Enzymen beruht auf der Ringstruktur und dem hohen Gehalt an proteinfremden Bestandteilen. Aufgrund relativ hoher Toxizität der P. werden nur wenige Vertreter klinisch verwendet, vor allem bei Infektionen mit gramnegativen Erregern (*Proteus, Pseudomonas*). P. werden meist von Bakterien, seltener von Streptomyceten oder niederen Pilzen produziert. Ihre antibiotischen Wirkungen können sie in verschiedenen Bereichen des Stoffwechsels entfalten, z. B. Zellwandbiosynthese, Nucleinsäure- und Proteinbiosynthese, Energiestoffwechsel, Stoffaufnahme. Bemerkenswert ist ihre Biosynthese, an der weder Ribosomen noch messenger- oder transfer-RNA beteiligt sind (↗ *Gramicidine*). Hauptvertreter der P. sind ↗ *Penicilline*, Gramicidine, ↗ *Bacitracine*, ↗ *Tyrocidine*, ↗ *Polymyxine*, ↗ *Actinomycine*.

Peptidase P, Syn. für ↗ *Angiotensin-Conversionsenzym*.

Peptidasen, ↗ *Proteasen*.

Peptidbibliotheken, Peptidmischungen von n^m Peptiden (n = Zahl der in einer Position variierten Aminosäurebausteine; m = Anzahl der variierten Positionen in der Peptidsequenz), die durch Verfahren der ↗ *kombinatorischen Synthesen* und speziell der ↗ *multiplen Peptidsynthese* erhalten werden. Die Kombination von nur 20 Aminosäuren ergibt beispielsweise schon bei einer Hexapeptidbibliothek 20^6 = 64.000.000 verschiedene Hexapeptidvarianten. Mit geeigneten biochemischen oder biologischen Testverfahren lassen sich unter Einsatz von P. neue Wirkstoffe viel rationeller entwickeln als mit den herkömmlichen Methoden.

Peptidbindung, der wichtigste kovalente Bindungstyp zwischen Aminosäurebausteinen in Peptiden und Proteinen. Formal handelt es sich bei der P. um eine Säureamidgruppierung, die durch Reaktion der Carboxylgruppe einer Aminosäure mit der Aminogruppe einer zweiten Aminosäure gebildet wird. Die auf die Mesomerie der P. zurückzuführende C-N-Bindungsverkürzung konnte durch Röntgenkristallstrukturanalyse bestätigt werden. Durch die Aufhebung der freien Drehbarkeit um die Bindungsachse resultieren mit der *trans-* und *cis-* P. zwei in einer Ebene liegende Konformationen (Abb.). In nativen Peptiden und Proteinen dominiert die *trans-* P. Peptidbindungen, an denen das Stickstoffatom von Prolin beteiligt ist, sind stets *cis-* orientiert. Die relative Starrheit der P. hat starke Auswirkungen auf die Sekundärstruktur von ↗ *Proteinen*. In zyklischen Dipeptiden (2,5-Dioxopiperazinen) und Polyprolin sind ausschließlich *cis-* P. enthalten.

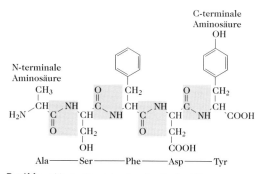

Peptidbindung

Peptid-Deformylase, ein Enzym (EC 3.5.1.31) aus *Escherichia coli*, das die Abspaltung des Formyl-Rests vom N-Terminus von naszierenden, ribosomal synthetisierten Polypeptiden im Verlauf der Proteinreifung in Eubakterien katalysiert. Das gereinigte rekombinante Enzym ist hoch aktiv gegenüber N^α-Formylpeptiden mit einer ausgeprägten Präferenz für einen Methionin- oder einen Norleucin-Rest am N-Terminus des Substrats und einer breiten Spezifität für die übrigen proteinogenen Aminosäuren. Kleine bivalente Metallchelatbildner inhibieren die P. [P.T. Ravi Rajagopalan et al. *Biochemistry* **36** (1997) 13.910]

Peptide, aus zwei bis etwa hundert Aminosäuren aufgebaute organische Verbindungen, deren monomere Bausteine durch ↗ *Peptidbindung* kovalent verknüpft sind. Nach der Anzahl der Aminosäurebausteine unterscheidet man zwischen Di-, Tri-, Tetra-, Pentapeptiden usw. Zur Vereinfachung der mit der griech. Nummerierung verbundenen Kenn

zeichnung ist es auch üblich, bei längerkettigen P. die Zahl der Aminosäurebausteine in arabischen Zahlen vor das Wort Peptid zu setzen, z. B. 11-Peptid an Stelle von Undecapeptid. *Oligopeptide* enthalten weniger als 10 Aminosäurebausteine, während früher die Grenze zwischen *Polypeptiden* und den Proteinen, die natürliche Membranen nicht mehr passieren, bei einer relativen Molekülmasse von etwa 10 kDa (etwa 100 Aminosäurebausteine) angegeben wurde.

Bezeichnung und Schreibweise der P. Zur systematischen chemischen Bezeichnung betrachtet man P. formal als Acylaminosäuren, wobei der Aminosäure, deren Carboxygruppe an der Peptidbindung beteiligt ist, die Endung -yl zugeordnet wird. Nur der am Kettenende eine freie Carboxygruppe tragende Aminosäurerest behält den ursprünglichen Trivialnamen, z. B. Alanyl-seryl-phenylalanyl-asparagyl-tyrosin. Entsprechend der Kurzschreibweise für Aminosäuren vereinfacht sich die Bezeichnung dieses Pentapeptids zu Ala–Ser–Phe–Asp–Tyr. Die Aminosäure mit freier α-Aminogrupe wird in der horizontal angeordneten Peptidkette stets auf die linke Seite geschrieben und als *N-terminale Aminosäure* bezeichnet, die nach rechts geschriebene endständige Aminosäure mit freier Carboxygruppe wird *C-terminale Aminosäure* genannt (Abb. 1). Die Formel Ala–Ser–Phe–Asp–Tyr symbolisiert das Pentapeptid unabhängig vom Ionisationszustand. Die terminale Amino- und Carboxygruppe kann durch Anfügen eines zusätzlichen H bzw. OH gekennzeichnet werden (H–Ala–Ser–Phe–Asp–Tyr–OH), wodurch sich in einfacher Weise die ionisierten Formen formelmäßig darstellen lassen. Die Formelkurzschreibweise setzt voraus, dass auch trifunktionelle Aminosäuren mit zusätzlichen Amino- und Carboxyfunktionen (Lys, Orn, Glu, Asp) durch α-Peptidbindungen verknüpft sind. Für ω-Peptidbindungen ist in der Kurzformelschreibweise eine besondere Kennzeichnung erforderlich, die in Abb. 2 am Beispiel der γ-Peptidbindung des natürlich vorkommenden Tripeptids Glutathion erläutert wird.

Peptide. Abb. 1. Kurzschreibweise für Peptide.

γ-Peptidbindung   α-Peptidbindung

$$\underset{\text{H}_2\text{N}-\text{CH}-\text{CH}_2-\text{CH}_2}{\overset{\text{COOH}}{|}}-\overset{\text{O}}{\overset{||}{\text{C}}}-\text{NH}-\underset{}{\overset{\text{CH}_2}{\overset{|}{\text{CH}}}}-\overset{\text{O}}{\overset{||}{\text{C}}}-\text{NH}-\text{CH}_2-\text{COOH}$$

SH

Glutathion (reduziert) $\quad \begin{array}{l}\text{Glu} \\ | \\ \text{Cys}-\text{Gly}\end{array}$ oder $\begin{array}{l}\text{Cys}-\text{Gly} \\ | \\ \text{Glu}\end{array}$

Peptide. Abb. 2. Kurzschreibweise für Peptide mit einer ω-Peptidbindung.

Eine Peptidbindung zwischen der ε-Aminogruppe des Lysins und der seitenständigen Carboxygruppe der Glutaminsäure bzw. Asparaginsäure bezeichnet man als *Isopeptidbindung*.

Eine Seitenkettensubstitution in der verkürzten Formelschreibweise wird durch die Abkürzung des entsprechenden Substituenten oberhalb oder unterhalb des betreffenden Dreibuchstabensymbols bzw. in Klammern unmittelbar danach angezeigt. Die für Peptidsynthesen wichtigen Formelabkürzungen mit zusätzlicher Substitution der terminalen Funktionen werden am Beispiel des Pentapeptidderivats Nα-Benzyloxycarbonyl-L-alanyl-*O-tert*-butyl-L-seryl-L-phenylalanyl-L-asparagyl(β-benzylester)-O-benzyl-L-tyrosinmethylester demonstriert: Z–Ala–Ser(Buᵗ)–Phe–Asp(*O*Bzl)–Tyr(Bzl)–OMe.

Die Anzahl und Reihenfolge (Sequenz) der verknüpften Aminosäuren in einem Peptid wird als *Primärstruktur* bezeichnet. Bei bekannter Sequenz werden die Dreibuchstabensymbole für die Aminosäurereste nacheinander geschrieben und durch kurze Bindestriche (Divis) miteinander verbunden. Weiterhin unterscheidet man zwischen einem Peptid ohne Striche an den Symbolenden und der Sequenz mit zusätzlichen Strichen an den endständigen Symbolen. Ist die Sequenz eines Teilabschnitts eines Peptids noch nicht aufgeklärt, so

werden die betreffenden Dreibuchstabensymbole – durch Kommata getrennt – in Klammern gesetzt, z. B. Ala-Phe-Glu-Ser-(Asn,Phe,Gly,Tyr)-Glu-Arg-Val-Pro.

Neben der Peptidbindung findet man in P. mit der *Disulfidbindung* eine zweite kovalente Verknüpfungsmöglichkeit. Hierbei unterscheidet man zwischen *intramolekularen* (*intrachenaren*) Disulfidbindungen innerhalb einer Peptidkette und *intermolekularen* (*interchenaren*) Disulfidbindungen zwischen verschiedenen Peptidketten. Ferner unterscheidet man zwischen *homöomeren P.*, die ausschließlich aus Aminosäuren aufgebaut sind, und *heteromeren P.*, die außer Aminosäuren noch proteinfremde Bausteine enthalten. Bezüglich der Bindungsart wird weiterhin differenziert zwischen *homodeten P.*, die ausschließlich Peptidbindungen enthalten, und *heterodeten P.*, bei denen neben Peptidbindungen auch Disulfid-, Ester- und Thioesterbindungen auftreten (Abb. 3). Die in der Abbildung durchgängig benutzte Kennzeichnung der Bindungsrichtung der Peptidbindung durch einen Pfeil, dessen Spitze auf den Stickstoff der Peptidbindung zeigt, ist allgemein nur bei zweizeiliger Schreibweise ringförmiger Peptide erforderlich. Zu den heteromeren P. gehören die Depsipeptide.

Unter Peptoiden verstand man früher zusammengesetzte P., in denen Heterobestandteile kovalent über Amino-, Carboxy- bzw. andere Seitenkettenfunktionen angeknüpft sind, z. B. Glyco-, Lipo-, Phospho- und Chromopeptide. Die Bezeichnung ↗ *Peptoide* wird heute dagegen für Oligomere mit peptidartig verknüpften Glycinresten verwendet. Von Bedeutung ist auch die Bezeichnung synthetischer Analoga natürlicher Peptide, die durch nachfolgend erläuterte IUPAC-IUB-Nomenklaturrichtlinien geregelt ist. Bei einem Austausch eines Aminosäurebausteines wird die neue Aminosäure mit

homodet-homöomere Peptide

1) lineares Peptid:
H—As→As→As→As→As—OH

2) verzweigte Peptide:
H—As→As→Glu→As→As—OH
            └→As→As—OH

H—As→As→Lys→As→As—OH
            └—As←As—H

3) zyklisches Peptid:
As→As→As→As→As
↑   ↓
As←As←As←As←As

4) zyklisch verzweigtes Peptid:
As←As←Lys←As←As—H
↑   ↑
As→As→As

heterodet-homöomere Peptide

1) lineares O-Peptid:
H—As→As→Ser→As→As—OH
             O—As←As-OH

2) lineares S-Peptid:
H—As→As→Cys→As→As—OH
             S—As←As—H

3) zyklisches Peptid (Disulfid):
As→As→As→As→As
↑   ↓
As←Cys-S-S-Cys←As

4) zyklisch verzweigtes Peptid (Peptidlacton):
H—As→As→Asp→As→As
             ↓
As-CO-O-Thr—OH

Peptide. Abb. 3. Schematischer Aufbau homöomerer Peptide. AS = Aminosäure.

ihrem vollen Namen und der Position des Austausches in eckige Klammern vor den Trivialnamen des betreffenden P. gesetzt, z. B. [4-Threonin]Oxytocin, Abk. [Thr⁴]Oxytocin. Bei mehrfacher Substitution wird analog verfahren. Bei Erweiterungen einer Peptidkette wird der zusätzliche Aminosäurerest an den terminalen Positionen in bekannter Weise angefügt, z. B. Glycyl-vasopressin, Abk. Gly-Vasopressin, am N-Terminus bzw. Vasopressyl-alanin, Abk. Vasopressyl-Ala, am C-terminalen Ende.

Die Einführung von zusätzlichen Aminosäurebausteinen wird durch das Präfix „endo" mit der entsprechenden Positionsangabe angezeigt, z. B. führt Valin zwischen der 6. und 7. Aminosäure des Bradykinins zu der Bezeichnung Endo-6a-valin-bradykinin, Abk. Endo-Val⁶ᵃ-bradykinin. Eine Auslassung von Aminosäurebausteinen lässt sich durch Angabe der Position und das Präfix „des" kennzeichnen, z. B. Des-4-glycin-bradykinin bzw. Des-Gly⁴-bradykinin. Seitenkettensubstitutionen an der Aminogruppe bzw. an der Carboxygruppe lassen sich durch Anwendung bekannter Nomenklaturrichtlinien kennzeichnen, z. B. Nᵉ¹¹-Alanyl-corticotropin, Abk. Nᵉ¹¹-Ala-corticotropin, bzw. Cᵞ³-Valyl-corticotropin bzw. Cᵞ³-Val-corticotropin. Teilsequenzen von P. mit bekannten Trivialnamen kennzeichnet man durch Angabe der Stellungen der ersten und letzten Aminosäure in Ziffern hinter den Trivialnamen sowie der griechischen Bezeichnung der Zahl der Aminosäurebausteine der Teilsequenz, z. B. Bradykinin-(5–9)-pentapeptid.

Vorkommen. Peptide kommen im gesamten Zellbereich vor, wobei das Spektrum der physiologischen Funktionen ungewöhnlich breit ist. Viele P. erfüllen als Hormone wichtige Funktionen in der Stoffwechselregulation. Sie werden im Hypothalamus (Oxytocin, Vasopressin, Hypothalamushormone mit Hormon freisetzender bzw. Hormon ausschüttungshemmender Wirkung), in der Hypophyse (Corticotropin, Melanotropin, Thyreotropin, Gonadotropine, Prolactin, Somatotropin), im Pankreas (Insulin, Glucagon), in der Schilddrüse (Calcitonin), in der Nebenschilddrüse (Parathormon), im Gastrointestinaltrakt (Gastrin, Sekretin, Motilin, Cholecystokinin), in Neuronen (Neurohormone) u. a. gebildet. Neben den Neurohormonen richtete sich das Interesse der Peptidforschung auf die Neuropeptide, die unter anderem als Neurotransmitter fungieren, Einfluss auf den Lernprozess haben, physiologisch-analgetische Wirkungen aufweisen und das Verhalten beeinflussen können. Bedeutung besitzen ebenso P. aus Amphibien und Tintenfischen (Tachykinine, Bombesine, Caerulein), Peptidtoxine (Phallotoxine, Amatoxine, Peptidkomponenten des Bienengifts, des Schlangengifts u. a.) sowie Peptidantibiotika aus Mikroorganismen. Weiter zu erwähnen sind P. mit

charakteristischem Geschmack, wie Süßpeptide (Aspartam), Bitterpeptide aus Fermentationsprodukten und solche mit nahrungsmittelspezifischen Geschmacksabstufungen. Bestimmte ringförmige P. wirken phytotoxisch, wie das Tentoxin, cyclo-(L-MeAla–L-Leu–MePhe[(Z)Δ]–Gly), oder besitzen wie das zyklische Tetrapeptid Chlamydocin cytostatische Wirkungen. Im Muskelgewebe findet man sehr einfache P., wie das Carnosin (β-Ala–His) oder das Anserin (β-Ala–MeHis). Das Tripeptid Glutathion kommt in allen Zellen der höheren Tiere vor.

Biosynthese der P. Sie erfolgt meist nach dem klassischen Proteinbiosynthesemechanismus, wobei in den überwiegenden Fällen zunächst Prä-Pro-Proteine gebildet werden, aus denen durch limitierte Proteolyse die bioaktiven P. freigesetzt werden. Daneben kennt man eine Vielzahl von kurzkettigen P., die sich schon strukturell von den aus Proteinvorstufen freigesetzten P. unterscheiden. Sie enthalten häufig nichtproteinogene Aminosäurebausteine (β-Alanin, γ-Aminobuttersäure, D-Aminosäuren, N-alkylierte Aminosäuren u. a.), ungewöhnliche Bindungen und oftmals zyklische oder zyklisch-verzweigte Strukturen. Sie werden nach dem Prinzip der S-Aminoacylaktivierung mit Vorordnung an Enzymmatrizen (Multienzymsysteme) unter Einbeziehung ATP-abhängiger Aktivierungsschritte aufgebaut. Solche Strukturvariationen schützen diese spezialisierten P. vor zu schnellem proteolytischem Abbau.

Eigenschaften. P. sind Bindeglieder zwischen Aminosäuren und Proteinen. Ähnlich wie die Aminosäuren besitzen P. einen hohen Schmelzpunkt bzw. Zersetzungspunkt, da sie aus neutralen Lösungen in Form dipolarer Ionen in das Ionengitter eingebaut werden. Die Säure-Base-Eigenschaften und die Löslichkeit der linearen P. sind abhängig von der Aminosäuresequenz, da die Ampholytnatur auf der Anzahl und Verteilung der verfügbaren basischen und sauren Gruppen beruht und die Löslichkeit darüber hinaus durch hydrophobe Seitenkettengruppen beeinflusst wird. Sowohl die N-terminale Aminogruppe als auch die C-terminale Carboxygruppe eines P. unterscheiden sich hinsichtlich der chemischen Reaktivität nicht von den entsprechenden funktionellen Gruppen freier Aminosäuren. Mit Ninhydrin entstehen blaue bzw. blauviolette Färbungen, die für den chromatographischen bzw. elektrophoretischen Nachweis freier P. benutzt werden. Eine analytische Abgrenzung zu den Aminosäuren bietet die Biuret-Reaktion. Durch Säuren, Alkalien oder proteolytische Enzyme werden P. hydrolytisch zu den entsprechenden Aminosäuren abgebaut. Mit Hilfe der Aminosäureanalyse ist eine quantitative Bestimmung der Bausteine möglich. Die Primärstruktur eines P. lässt sich mit den Standardmethoden der

Sequenzanalyse (↗ *Proteine*) aufklären, während die räumliche Anordnung eines Peptidmoleküls, die Peptidkonformation, vorrangig mittels physikalisch-chemischer Methoden ermittelt wird. Zur Konformationsanalyse von P. in Lösung sind vor allem spektroskopische Methoden geeignet, während die ↗ *Röntgenstrukturanalyse* in einigen Fällen (Gramicidin S, Insulin) erfolgreich zur Aufklärung der Raumstruktur eingesetzt werden konnte. Allgemein sind Konformationsstudien an ringförmigen P. erfolgversprechender als solche an linearen Peptiden mit der viel größeren Konformationsvielfalt. Die Erforschung der topochemischen Eigenschaften von Peptidwirkstoffen ist eine wichtige Voraussetzung für das Verständnis der Wirkstoff-Rezeptor-Wechselwirkungen.

Isolierung. Da die P. normalerweise nur in geringen Konzentrationen auftreten und oftmals noch vergesellschaftet mit Proteinen, Kohlenhydraten, Lipiden, Nucleinsäuren u. a. vorkommen, ist ihre Isolierung äußerst schwierig. Nach dem Aufschluss des biologischen Materials werden in der Regel unterschiedliche Anreicherungs- und Trenntechniken eingesetzt, z. B. ↗ *Ultrafiltration*, Säulenchromatographie, ↗ *Ionenaustauschchromatographie*, ↗ *Elektrophorese*, präparative ↗ *Hochleistungsflüssigkeitschromatographie*, Gegenstromverteilung. Obgleich zwischen 1944 und 1954 die prinzipiellen Voraussetzungen für die Isolierung, Reinigung und Konstitutionsaufklärung von P. entwickelt wurden, fehlte später die entsprechende Analytik zur Bestimmung der oft im Nanogrammbereich und darunter vorkommenden P. Erst mit der Entwicklung des ↗ *Radioimmunassays* (RIA) war es dann in den siebziger Jahren möglich, z. B. von einem Peptidhormon noch 1 Pikogramm (10^{-12} g) in einem Milliliter Blut genau zu bestimmen. Systematische Strukturabwandlungen des nativen Peptidwirkstoffs führten in vielen Fällen zur Aufklärung der Sequenzabschnitte, die für die biologische Wirkung (aktives Zentrum), für die Rezeptorbindung, für das immunologische Verhalten und den Transport verantwortlich sind. Aber auch eine Modifizierung nativer P. hinsichtlich einer verlängerten Wirkung bzw. einer vereinfachten Applikation besitzt großes praktisches Interesse. Hierfür muss eine Vielzahl von Analoga zur Verfügung stehen, die nur durch die ↗ *Peptidsynthese* bereitgestellt werden kann.

β-Peptide, aus β-Aminosäuren aufgebaute Oligomere. Der Name wurde 1994 von S.H. Gellman geprägt, der auch die Bezeichnung „*foldamers*" für die neue Verbindungsklasse vorgeschlagen hat. Die in der Natur nicht vorkommenden Verbindungen enthalten im Monomer ein zusätzliches Rückgrat-C-Atom mit der Seitenkette R´ (H_2N-CHR-CHR´-COOH) und bilden definierte dreidimensionale Strukturen, die denen natürlicher Peptide ähneln.

β-P. werden von normalen Proteasen nicht angegriffen und besitzen aufgrund der gegenüber natürlichen Peptid- und Proteowirkstoffen verbesserten Bioverfügbarkeit prinzipielles Interesse für die Entwicklung oral applizierbarer β-P.-Pharmaka. Da sie ebenso wie Peptide definierte Strukturen ausbilden, ist die Anordnung funktioneller Gruppen zu aktiven Zentren, und damit eine Ausprägung biologischer Aktivität durchaus möglich. Zweidimensionale NMR-Studien an einem Hexa-β-peptid demonstrierten die Ausbildung eines helicalen Faltungsmusters in Lösung. Die zugrunde liegende 14-Helix ist nur geringfügig größer als die über eine H-Brücke ausgebildeten 13-gliedrigen Ringe α-helicaler Peptide, die aus natürlichen α-Aminosäuren gebildet werden. Für die Ausbildung einer stabilen Helix von β-Aminosäuren sind nur sechs Monomere erforderlich, während distinkte Sekundärstrukturen natürlicher α-Aminosäuren 15–20 Bausteine erfordern. Auch ringförmige β-P. bilden definierte Strukturen aus. [S. Borman *C&EN* **1997**, 32; T. Hintermann u. D. Seebach *Chimia* **51** (1977) 244; D. Seebach u. J.L. Matthews *Chem. Commun.* **1997**, 2.015]

Peptidhormone, eine Gruppe von ↗ *Hormonen*, die als charakteristisches Strukturmerkmal die Peptidbindung enthalten. P. sind demnach Oligopeptide, Polypeptide und Proteine. Obgleich manchmal zwischen P. und Proteohormonen unterschieden wird, erscheint eine derartige Differenzierung aus chemischer Sicht nicht notwendig. Das kleinste P., das Thyroliberin, ist nur aus drei Aminosäuren aufgebaut, während andere P., z. B. Thyrotropin, Follitropin, Lutropin, Choriongonadotropin, hochmolekulare Glycoproteine darstellen. P. werden vom Hypothalamus, von der Hypophyse, dem Pankreas, der Schilddrüse und der Nebenschilddrüse sowie während der Schwangerschaft von der Plazenta sezerniert. Neben den glandulären P. sind die aglandulären P. (Gewebshormone) ebenso bedeutungsvoll wie die von neurosekretorisch tätigen Nervenzellen gebildeten Neurohormone. Die Synthese der P. erfolgt vorrangig aus höhermolekularen Biosynthesevorstufen. In einigen Fällen konnte die Primärstruktur der *Prä-Pro-Hormone* aus der entsprechenden Nucleotidsequenz abgeleitet werden (↗ *Signalhypothese*). Nach Abspaltung der Signalsequenz entstehen die *Pro-Hormone*, die selbst biologisch inaktiv sind und erst nach weiterer proteolytischer Modifizierung die bioaktiven P. liefern, z. B. Pro-Insulin, Kininogene, Angiotensinogen.

Die Wirkungsvermittlung der P. erfolgt über Rezeptoren in der Plasmamembran, wodurch über Signaltransduktionssysteme Botenstoffe gebildet werden. Während der Insulinrezeptor eine tyrosinspezifische Protein-Kinase ist, fungiert cAMP für eine Reihe von P. als sekundärer Botenstoff. Einige

P. vermitteln ihre Wirkung über das Phosphatidyl-inositol-Transduktionssystem. Nach der Auslösung eines bestimmten biologischen Effekts werden die P. innerhalb kurzer Zeit durch proteolytischen Abbau inaktiviert.

Verschiedene P. sind durch Chemosynthese kommerziell zugänglich (Oxytocin, Vasopressin, Corticotropin u. a.), für andere sollte die gentechnologische Bereitstellung (Somatotropin, Insulin u. a.) die Methode der Wahl werden.

Peptidlactone, ↗ *Depsipeptide*.

Peptidmimetika, nichtpeptidische Verbindungen, die die Konformation eines Peptids nachahmen und/oder die biologische Wirkung des Peptids auf der Rezeptorebene imitieren. P. reichen strukturell von peptidisosteren Verbindungen bis zu solchen, die kaum noch Ähnlichkeiten zu Peptiden aufweisen. Sie können als Rezeptorliganden, aber auch als Liganden und insbesondere als Inhibitoren von Enzymen fungieren. P. können aus Naturstoffsammlungen durch Screening, aber bevorzugt durch die kombinatorische Chemie erhalten werden. *Gerüstmimetika* (engl. *scaffold mimetics*) sind durch ein völlig peptidfremdes Rückgrat unter Beibehaltung der Seitenkettenstruktur der Originalpeptidsequenz gekennzeichnet. *Nichtpeptidische Mimetika* sind strukturell sehr mannigfaltig und werden durch Design, aber oftmals auch durch Zufallsscreening erhalten. Zu den P. gehören u. a. ↗ *Peptoide*, Peptidnucleinsäuren, Oligopyrrolinone, Vinylogpeptide und Oligocarbamate.

Peptid-*N⁴*-(*N*-acetyl-β-glucosaminyl)asparagin-Amidase, *PNGase F*, ein Enzym aus *Flavobacterium meningosepticum*, das praktisch alle in einem Glycoprotein enthaltenen innenständigen *N*-glycosidisch verknüpften Kohlenhydratketten hydrolysiert. Die Spaltung erfolgt zwischen dem „proximalen GlcNAc" und der Aminosäure Asparagin, wobei letztere zur Asparaginsäure modifiziert wird. Das Enzym wird zur Freisetzung Asparagin-verknüpfter Zuckerketten aus Glycoproteinen im Rahmen der Strukturermittlung eingesetzt.

Peptidnucleinsäuren, *PNAs*, neutrale Desoxyoligonucleotid-Analoga mit 2-Aminoethylglycin-Bindungen anstelle des normalen Phosphorsäurediester-Rückgrats. Die monomere Einheit besteht aus der Aminosäure 2-Aminoethylglycin, die über einen Methylencarbonylspacer mit der entsprechenden Nucleobase (Thymin, Cytosin, Adenin oder Guanin) verknüpft ist (Abb.). PNAs sind neutrale, achirale Moleküle, die nach Standardprotokollen der ↗ *Festphasen-Peptidsynthese* aufgebaut werden können. Trotz des neutralen Rückgrats erkennen PNAs komplementäre DNA und RNA durch Watson-Crick-Paarungen. Das Fehlen der 3'→5'-Polarität ermöglicht sowohl parallele als auch antiparallele Anordnungen, wobei letztere bevorzugt

Peptidnucleinsäuren. Strukturausschnitt; B = Nucleobase T, C, A oder G.

werden. NMR-Studien zeigen, dass PNAs mit RNA Komplexe bilden, die einer A-Typ-Helix ähnlich sind, während PNA-DNA-Duplexe Elemente der A- und B-Typ-Struktur enthalten. Aus kristallographischen Untersuchungen geht hervor, dass 2 : 1 PNA-DNA-Komplexe mehrsträngige Triplex-Strukturen ausbilden und damit das Vorliegen sowohl von Hoogsteen- als auch von Watson-Crick-↗ *Basenpaarungen* belegen. Als DNA-Mimetika sind PNAs im Gegensatz zu unmodifizierten Oligonucleotiden inert gegenüber Nucleasen und somit vielseitig einsetzbare Antisense-Agenzien. Obgleich PNAs nicht als Primer oder Templates für Polymerasen dienen können und auch nicht sonderlich geeignet sind, mit Proteinen in Wechselwirkung zu treten, die Nucleinsäuren erkennen, besitzen sie ein außergewöhnlich großes Potenzial zur Erkennung komplementärer DNA- und RNA-Sequenzen. Genom-Mapping, Identifizierung von Mutationen und Längenmessungen von Telomeren sind einige wichtige Anwendungsmöglichkeiten von PNAs. [D.R. Corey *TIBTECH* **15** (1997) 224]

Peptidoglycan, ↗ *Murein*.

Peptidoleukotriene, von Leukotrien A4 (LT A4) abgeleitete Verbindungen (↗ *Leukotriene*), die als Leukotrien C₄, D₄ und E₄ bezeichnet werden, und durch Kopplung von ↗ *Glutathion* an das primäre Oxygenierungsprodukt LT A₄ sowie sequenzielle Abspaltung von Glutamat und Glycin gebildet werden. P. wirken als Bronchokonstriktoren. Man kann heute davon ausgehen, dass LTC₄ und LTD₄ zusammen mit Histamin für die Bronchokonstriktion in den Asthmatikerlungen verantwortlich sind. Sie gehören zu den *Slow Reacting Substances* der Anaphylaxie (SRS-A) und werden von der sensibilisierten Lunge bei wiederholtem Antigenkontakt freigesetzt.

Peptidsynthese, ein chemischer Mehrstufenprozess zur gezielten Verknüpfung von Aminosäurebausteinen zu Peptiden. Die P. dient 1) zur Bestätigung der durch Sequenzanalyse ermittelten Primärstruktur von Peptiden und Proteinen und ist vielfach die sicherste Methode für den endgültigen Strukturbeweis, 2) zur Ermittlung der für die biologische Wirkung verantwortlichen strukturellen Parameter von Peptidwirkstoffen im Rahmen von Struktur-Aktivitäts-Studien am Beispiel synthetischer Analoga nativer Peptide, 3) zur chemischen Veränderung von Peptidwirkstoffen zwecks Modifizierung des pharmakologischen Effekts, 4) zur industriellen Bereitstellung von biologisch aktiven Peptiden und deren Analoga, 5) zur Darstellung von Modellpeptiden zum Studium physikochemischer Gesetzmäßigkeiten, zur Untersuchung antigener Eigenschaften sowie für Substratstudien in der Enzymologie.

Die P. unter milden Reaktionsbedingungen gelingt nur durch Aktivierung der Carboxyfunktion eines Reaktionspartners und liefert nur dann eindeutig definierte Produkte, wenn alle funktionellen Gruppen, die nicht am Peptidknüpfungsschritt beteiligt sind, temporär durch geeignete Schutzgruppen blockiert werden. Die P., d. h. die Knüpfung einer jeden Peptidbindung, ist ein Mehrstufenprozess (Abb. 1). Auf der ersten Stufe erfolgt eine selektive Blockierung der funktionellen Gruppen der Aminosäuren, wodurch diese gleichzeitig aus der reaktionsträgen Zwitterionenstruktur entbunden werden. Die mit der Carboxyfunktion in Reaktion tretende Aminosäure, die *Carboxykomponente*, wird an der α-Aminofunktion reversibel blockiert, während die mit der Aminofunktion angreifende zweite Aminosäure, die *Aminokomponente*, an der Carboxygruppe geschützt wird. Auf der zweiten Stufe erfolgt die Knüpfung der Peptidbindung durch Aktivierung der Carboxykomponente entweder im Eintopfverfahren oder in einem der Aktivierung folgenden separaten Schritt. Die nächste Stufe beinhaltet die selektive Abspaltung der Schutzgruppen, wenn nicht eine Dipeptidsynthese eine vollständige Deblockierung erfordert. Die partiell blockierten Dipeptidderivate werden dann für die weiteren Synthesestufen als Carboxy- oder Aminokomponenten eingesetzt. Zusätzlich zu dem essenziellen Schutz der Aminofunktion der Carboxykomponente und der Carboxyfunktion der Aminokomponente wird die P. dadurch komplizierter, dass von den 21 proteinogenen Aminosäuren neun weitere (Ser, Thr, Asp, Glu, Lys, Arg, His, Tyr und Cys) Drittfunktionen besitzen, die entsprechend den Erfordernissen selektiv geschützt werden müssen. Die unterschiedlichen Selektivitätsanforderungen führen zu einer formalen Unterscheidung zwischen intermediären und konstanten Schutzgruppen. *Intermediäre Schutzgruppen* dienen der Blockierung terminaler Amino- und Carboxygruppen und müssen aus diesem Grund selektiv abspaltbar sein, während die *konstanten Schutzgruppen* erst am Ende der Synthese eines Peptids bzw. manchmal auch auf der Stufe eines Zwischenprodukts entfernt werden. In der Tab. sind einige Schutzgruppen zusammengestellt.

Die Aktivierung der Carboxykomponente erreicht man durch Einführen von elektroaffinen −I- bzw. −M-Substituenten (X), die sowohl am Carbonyl-C-Atom als auch am Carbonyl-O-Atom die Elektronendichte verringern, so dass der nucleophile Angriff der Aminokomponente begünstigt wird. Die *Kupplungsreaktion* sollte unter idealen Bedingungen in hoher Geschwindigkeit ohne Racemisierung und Nebenreaktionen und in hoher Ausbeute bei Einsatz äquimolarer Mengen an Carboxy- und Aminokomponente ablaufen. Von den mehr als 140 beschriebenen Kupplungsmethoden haben nur wenige praktische Bedeutung erlangt, wie die Azid-Methode, die Mischanhydrid-Methode, die Aktivester-Methode, die Dicyclohexylcarbodiimid-Methode (Abb. 2) sowie das Dicyclohexylcarbodiimid/Additiv-Verfahren. Von großer Bedeutung sind neuerdings Kupplungsreagenzien, die eine *in-situ*-Bildung von Aktivestern ermöglichen, wie Benzotriazol-1-yl-oxy-tris(dimethylamino)-phosphonium-hexafluorophosphat (BOP), 2-(1*H*)-benzotriazol-1-yl-1,1,3,3-tetramethyluronium-hexafluorophosphat (HBTU) oder das 7-Azabenzotriazol-1-yl-oxy-tris(pyrrolidino)-phosphonium-hexafluorophos-

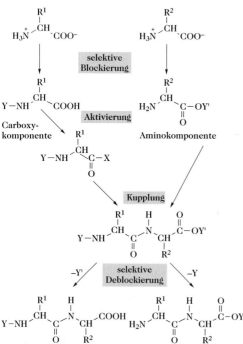

Peptidsynthese. Abb. 1. Knüpfung einer Peptidbindung.

Peptidsynthese. Tab. Einige ausgewählte Schutzgruppen.

Schutzgruppe	IUPAC Abk.	Abspaltungsreaktionen
Aminoschutzgruppen		
Benzyloxycarbonyl-	Z-	HBr/Eisessig; H_2/Pd; Na/fl. NH_3
tert.-Butyloxycarbonyl-	Boc-	HCl/Eisessig; Trifluoressigsäure
Trifluoracetyl-	Tfa-	1 M Piperidin; NaOH/Aceton
Fluorenyl-9-methoxycarbonyl	Fmoc-	Morpholin, 2-Aminoethanol
2-[Biphenylyl-(4)]-propyl-2-oxycarbonyl-	Bpoc-	80 %iges ACOH
Carboxyschutzgruppen		
Methylester	-OMe	alk. Hydrolyse
Ethylester	-OEt	alk. Hydrolyse
Benzylester	-OBzl	H_2/Pd; NaOH
tert.-Butylester	-OBu^t	Trifluoressigsäure
Seitenkettenschutzgruppen		
S-Benzyl-	Bzl-	Na/fl. NH_3
S-Acetamido-methyl-	Acm-	Hg^{2+} (pH 4)
O-tert.-Butyl-	Bu^t-	Trifluoressigsäure
N^{Im}-Dinitrophenyl-	Dnp-	2-Mercaptoethanol (pH 8)
N^G-Tosyl-	Tos-	HF
O-Benzyl-	Bzl-	H_2/Pd; HF

phat (PyAOP) neben anderen Uronium- und Phosphoniumsalzen. Während die Darstellung von Di- und Tripeptiden hinsichtlich der Wahl der Schutzgruppen und Kupplungsmethoden keine großen Schwierigkeiten bereiten, ist für den Aufbau von langen Peptidketten mit definierter Aminosäuresequenz eine exakte Planung unerlässlich. So versteht man unter der *Strategie der P.* die Reihenfolge

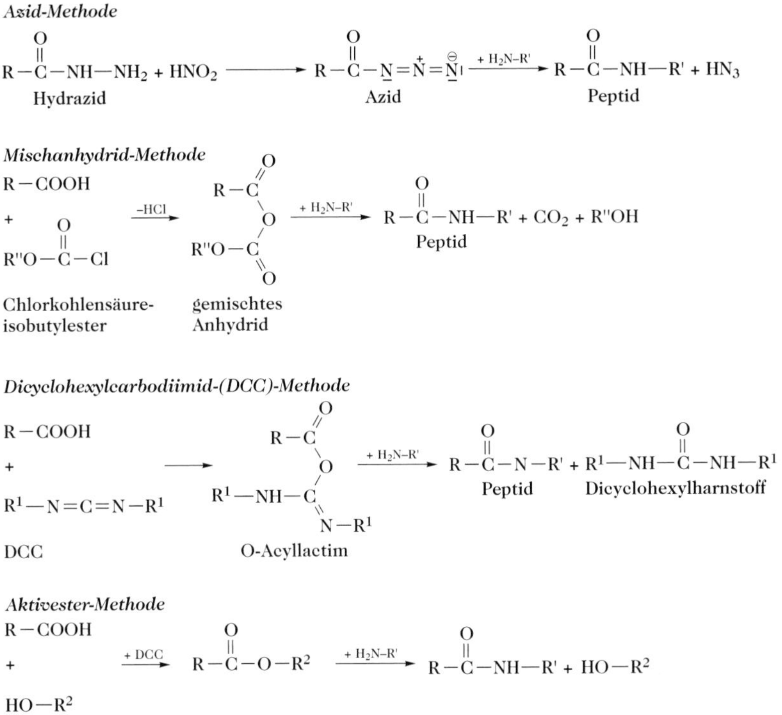

Peptidsynthese. Abb. 2. Ausgewählte Methoden. R = Rest der Carboxykomponente. R' = Rest der Aminokomponente. R^1 = Cyclohexyl. R^2 = Rest der aktivierten Alkyl- bzw. Arylgruppe. R'' = Isobutylrest.

der Verknüpfung der Aminosäurebausteine zum Peptid, wobei man zwischen der schrittweisen Kettenverlängerung und der Segmentkondensation unterscheidet. Solche P. können sowohl in homogener Lösung (konventionelle P.) als auch an einer zweiten Phase durchgeführt werden, wobei die ⁊ *Festphasen-Peptidsynthese* (Merrifield-Synthese) eine breite Anwendung fand. Durch die *Taktik der P.* wird die optimale Schutzgruppenkombination und die für jede Knüpfung einer Peptidbindung geeignete Kupplungsmethode ausgewählt. Bei konventionellen P. sind hinsichtlich der Auswahl der Schutzgruppenkombination mit der Maximal- und der Minimalschutztaktik zwei extreme Varianten möglich, die beide sowohl Vorteile als auch Nachteile besitzen. Eine maximale Blockierung der Seitenkettenfunktionen garantiert eine optimale Absicherung gegenüber Nebenreaktionen sowie eine größere Variabilität der Schutzgruppen und Kupplungsmethoden. Die damit verbundenen Löslichkeitsprobleme stellen einen limitierenden Faktor dieser Taktik dar. Generell werden in der Praxis nicht die beiden extremen Taktiken benutzt, sondern man bevorzugt in Abhängigkeit von der aufzubauenden Sequenz eine Annäherung an die eine oder andere Variante.

Obgleich mittels der P. einige kleine Proteine aufgebaut werden konnten, liegt die Grenze für ökonomisch vertretbare Synthesen bei Polypeptiden unter 100 Aminosäurebausteinen. Für bestimmte Zielstellungen stellt die *Semisynthese* eine Alternative dar. Bei der Semisynthese werden Fragmente nativer Proteine als Zwischenprodukte für den Aufbau neuer Proteine mit veränderter Sequenz verwendet. Die auf diesem Wege zugänglichen modifizierten Proteine besitzen große Bedeutung für molekularbiologische, biochemische und pharmakologische Untersuchungen. Für bestimmte Kupplungsreaktionen werden auch proteolytische Enzyme eingesetzt. Die *enzymatische P.*, die die Reversibilität Protease katalysierter Reaktionen nutzt, rückte Ende der siebziger Jahre auch in den Blickpunkt des Interesses für die Synthese von Peptidwirkstoffen. Protease katalysierte Kupplungen besitzen gegenüber chemosynthetischen Verfahren verschiedene Vorteile, wie Wegfall der Racemisierungsgefahr, einfache Prozessführung bei Raumtemperatur, kein Schutz von Drittfunktionen u. a. Von Nachteil ist ohne Zweifel die fehlende Möglichkeit des universellen Einsatzes von Proteasen aufgrund der vorgegebenen Spezifität, wobei die *Substratmimetika unterstützte Strategie* eine neue brauchbare Alternative bietet. Enzyme wurden aber auch mit Erfolg für die selektive Abspaltung von Schutzgruppen eingesetzt. Die P. besitzt den Vorteil der Bereitstellung und gezielten Modifizierung von Peptidwirkstoffen für molekularbiologische Studien sowie für die medizinische Nutzung.

Peptidyl-Dipeptidase A, offizieller Name für ⁊ *Angiotensin-Conversionsenzym*.

Peptidylglycin-α-amidierende Monooxygenase, *PAM*, ein bifunktionelles Enzym, das die Bildung C-terminaler Amidgruppierungen ausgehend von C-terminal Glycin-erweiterten Vorstufen katalysiert. Im ersten Schritt erfolgt die Hydroxylierung des α-C-Atoms vom terminalen Glycin durch die Peptidylglycin-α-hydroxylierende Monooxygenase (*PHM*, EC 1.14.17.3), ein Kupfer-, Ascorbat- und O_2-abhängiges Enzym, unter Bildung des Peptidyl-α-hydroxyglycin-Intermediats, das im zweiten Schritt unter der Katalyse der Peptidyl-α-hydroxyglycin-α-amidierenden Lyase (*PAL*, EC 4.3.2.5) unter Freisetzung von Glyoxylat dealkyliert wird. PAM ist das einzige Enzym, das eine C-terminale Amidierung von Peptiden katalysiert. [A. F. Bradbary u. D.G. Smyth *Trends Biochem. Sci.* **16** (1991) 112; B.A. Eipper et al. *Annu. Rev. Neurosci.* **15** (1992) 57; A.S. Kolhekar et al. *Biochemistry* **36** (1997) 10.901]

Peptidyl-Prolyl-*cis*/*trans*-Isomerasen, *PPIasen*, die *cis*/*trans*-Isomerisierung von Prolin-enthaltenden Peptiden und Proteinen katalysierende Enzyme. Die *cis*/*trans*-Prolyl-Isomerisierung ist bei der Proteinfaltung *in vivo* der geschwindigkeitsbestimmende Schritt. Wegen des partiellen Doppelbindungscharakters der Bindung zwischen dem Carbonylkohlenstoffatom und dem Amidstickstoffatom der ⁊ *Peptidbindung* verläuft eine spontane Isomerisierung sehr langsam. Durch Verzerrung der Peptidbindung beschleunigen PPIasen die *cis-trans*-Isomerisierung um einen Faktor von etwa 300. P. sind die ⁊ *Cyclophiline*, die ⁊ *FK506-bindenden Proteine*, die ⁊ *Parvuline* und der ⁊ *Trigger-Faktor*.

Peptidyl-Transferase (EC 2.3.2.12), eine integrale Enzymaktivität der großen Ribosomenuntereinheit. Die P. katalysiert die Übertragung der NH_2-Gruppe der Aminosäure einer Aminoacyl-tRNA auf die COOH-Gruppe der endständigen Aminosäure an der Peptidyl-tRNA und knüpft die Peptidbindung. Die beiden Reaktionspartner der Peptidknüpfung liegen zwischen Akzeptor- und Donorort des Ribosoms offenbar in einer sterisch begünstigten Lage vor. Es gibt Vorstellungen, wonach die P. ein ribosomales Protein an jener Oberfläche der 50S-Untereinheit ist, die mit der 30S-Untereinheit Kontakt hat.

Peptidyl-tRNA-Bindungsstelle, zweite Bindungsstelle der tRNA auf dem Ribosom, ⁊ *Aminoacyl-tRNA-Bindungsstelle*, ⁊ *Proteinbiosynthese*.

Peptoide, 1) Oligomere mit peptidartig verknüpften N-substituierten Glycinbausteinen, die zu den ⁊ *Peptidmimetika* zählen. In den P. sind die Seitenketten, die in den Peptiden am α-C-Atom der Peptidkette lokalisiert sind, um eine Rückgratposition an das N-Atom versetzt. P. sind achiral. Sie besitzen eine höhere konformative Flexibilität als die Peptide und sind auf Grund der Proteolyseresistenz metabolisch stabil.

2) veraltete Bezeichnung für heteromere Peptide mit kovalent gebundenen nichtpeptidischen Bestandteilen, wie Lipo-, Glyco-, Phospho- und Chromopeptide.

Peptolide, ⊿ *Depsipeptide.*

Peptone, Mischungen von Polypeptiden (M_r 0,3–3 kDa), die durch proteolytische Spaltung von Proteinen mittels ⊿ *Pepsin* gebildet werden.

Perezon, ⊿ *Benzochinone.*

Perforine, *Cytolysine, porenformende Proteine,* von cytotoxischen T-Lymphocyten (Killer-T-Zellen) gebildete, in Vesikeln gespeicherte Proteine (M_r 70 kDa), die nach Zielzellen-Kontakt freigesetzt werden. Die P. bilden in der Plasmamembran Poren (5–16 nm), die zur Lyse der Zellen führen. Die Ausbildung der lytischen Poren erfolgt wie beim Komplementsystem durch eine Ca^{2+}-abhängige Polymerisation von P. in der Membran. P. bestehen aus zwei Cystein-reichen Domänen und einem amphiphilen α-Helix-ausbildenden Strukturbereich, der typisch für Zell-lysierende Moleküle ist.

Perfringolysin O, *PFO,* ein Cholesterin-bindendes, thiolaktiviertes Cytolysin, das zur großen Familie von Toxinen gehört, die eukaryontische Zellen durch Membranschädigung töten. PFO wird als 53 kDa Protein, bestehend aus 500 Aminosäureresten, sezerniert. Es besitzt eine ungewöhnlich verlängerte, stäbchenförmige Molekülgestalt (11,5 nm × 3,0 nm × 5,5 nm), bildet vier diskontinuierliche Domänen mit 40 % β-Strukturanteilen. P. bindet an membrangebundenes Cholesterin ($K_d \sim 10^{-9}$ M), so dass das Toxin in den Cholesterin-reichen Abschnitten der Zielzellenmembran konzentriert wird, was die Oligomerisierung der Kanäle fördert. [R.K. Tweten *Infect. Immun.* **56** (1988) 3.235; J. Rossjohn et al. *Cell* **89** (1997) 685]

Perfusionschromatographie, eine spezielle Form der ⊿ *Hochleistungsflüssigkeitschromatographie,* bei der aufgrund spezieller Medien der Massentransport auch durch das Innere der Teilchen erfolgt. Durch Verwendung von Trennmaterialien, die neben Diffusionsporen (etwa 10^{-10} m) auch Durchflussporen bis zu $8 \cdot 10^{-10}$ m besitzen. Dadurch geht ein Teil der Strömung durch die Teilchen hindurch, so dass sämtliche zur Verfügung stehenden funktionellen Gruppen auf der Matrix erreicht werden. Zugleich können höhere Flussraten ohne Verlust an Kapazität und Auflösung erreicht werden.

Die P. dient vor allem der schnellen Trennung von Biomolekülen.

Peripherin, ein zu den Vimentin-artigen ⊿ *intermediären Filamenten* in Wirbeltierzellen gehörendes Protein (M_r 66 kDa), das in den Neuronen lokalisiert ist.

Periphin, Proteinkomponente Vimentin-artiger ⊿ *intermediärer Filamente.*

Periplanetin, P. CC1 und CC2 sind aus der Schabe *Periplaneta americana* isolierte Peptide, die zu den Kininen zählen, mit tachykardischer and hyperglycämischer Aktivität.

Perlecan, ein Heparansulfat enthaltendes Proteoglycan (M_r 600 kDa) der Basalmembran des Nierenglomerulus mit Struktur- und Filterfunktionen.

Permeabilitätsfaktor, *Vitamin P,* frühere Bezeichnung für eine Gruppe von Flavonen pflanzlicher Herkunft, z. B. Hesperidin, Eriodictin und Quercetin. Diese Flavone wirken sich permeabilitätsvermindernd auf die Blutkapillaren aus und sind deshalb als Arzneimittel von Bedeutung. Ihr Vitamincharakter ist jedoch umstritten.

Permeasen, in Analogie zu den Enzymen verwendete (inkorrekte) Bezeichnung für Trägerproteine, die am Transport verschiedener Stoffe (insbesondere Zucker und Aminosäuren) durch mikrobielle Membranen beteiligt sind. Der Begriff P. wird in zunehmendem Maße durch den Terminus Carrier oder Träger ersetzt, um die Katalyse einer chemischen Reaktion von der Katalyse eines Transportprozesses zu unterscheiden.

Peroxidasen (EC 1.11.1.7), zu den ⊿ *Oxidoreduktasen* gehörende, Häm enthaltende Enzyme. Die im Tier- und Pflanzenreich weit verbreiteten P. katalysieren die Entgiftung von Wasserstoffperoxid unter Beteiligung von organischen Wasserstoffdonoren (schematisch XH_2): $XH_2 + H_2O_2 \rightarrow X + 2 H_2O$. Am bekanntesten ist die aus Meerrettich leicht isolierbare P. Gemeinsam mit ⊿ *Katalase* kommen P. besonders in Peroxisomen vor.

Peroxinectin, ein aus den Blutzellen des Krebses *Pacifastacus leniusculus* isoliertes Zelladhäsions-Protein (M_r 76 kDa). Die aus der cDNA abgeleitete Sequenz zeigt einen hohen Homologiegrad zu der Myeloperoxidase. P. besitzt auch Peroxidase-Aktivität, ist das erste aus Invertebratenblut isolierte Zelladhäsionsmolekül und offenbar das erste Protein überhaupt, das Zelladhäsions-Wirkung mit Peroxidase-Aktivität in sich vereint. [M.W. Johansson et al. *Biochem. Biophys. Res. Commun.* **216** (1995) 1.079]

Peroxisomen, zu den *Microbodies* (Mikrokörperchen) gehörende sphärische oder ovoide Vesikel von 0,1–1,0 µm Größe, die von einer einfachen Membran umgeben sind. Während die Microbodies der Leberzelle sowie anderer tierischer Gewebe, aber auch von Hefen als P. bezeichnet werden, nennt man die in den Blattzellen von C3-Pflanzen vorkommenden Microbodies *Blatt-P.* Der Ausdruck *Glyoxisomen* wird für die Microbodies in fetthaltigen Samen, die durch das Vorkommen des ↗ *Glyoxylat-Zyklus* charakterisiert sind, verwendet.

Leber-P. enthalten zahlreiche Enzyme (u. a. verschiedene Oxidasen, wie z. B. Urat-Oxidase, D-Aminosäure-Oxidase, Katalase, Enzyme der β-Oxidation der Fettsäuren). Die peroxisomale β-Oxidation ist ein Alternativweg zur β-Oxidation in den Mitochondrien mit z. T. unterschiedlichen Enzymen.

Die *Blatt-P.*, die bei Spinat- und Tabakblättern 1–5 % des Gesamtproteins der Zelle ausmachen können, spielen bei der Umwandlung von Glycolat, das bei der Photorespiration der C3-Pflanzen anfällt, in Glycin eine wichtige Rolle. Als Zwischenprodukt entsteht dabei das Glyoxylat.

In den *Glyoxisomen* der fetthaltigen Samen sind ebenso wie in den P. *n*-Alkan verwertender Hefen neben dem Glyoxylat-Zyklus die Enzyme der β-Oxidation lokalisiert. Durch die enge Kopplung von Glyoxylat-Zyklus und β-Oxidation in den Glyoxisomen bzw. P. soll während der Keimung bzw. des Wachstums von Hefen auf *n*-Alkanen eine effektive Umwandlung von Reservelipid bzw. Kohlenwasserstoffen in Kohlenhydrat erreicht werden. Die Glyoxisomen verschwinden nach Verbrauch der Lipidreserven. In Hefen wird die Zahl der P. bei Wachstum auf *n*-Alkanen erhöht.

Pertussis-Toxin, *Keuchhusten-Toxin*, ein von *Bordetella pertussis* gebildetes, aus einer bindenden und einer funktionellen Untereinheit aufgebautes Protein. Die bindende Untereinheit lagert sich an den Rezeptor der eukaryontischen Zelle an, während die funktionelle Untereinheit ein inhibitorisches G-Protein ADP-ribosyliert (↗ *ADP-Ribosylierung*), wodurch die Inaktivierung der Adenylat-Cyclase verhindert wird. Die enzymatisch aktive A-Untereinheit besteht aus 234 Aminosäurebausteinen, während das B-Oligomer aus zwei Dimeren aufgebaut ist, die über eine weitere Untereinheit verbunden sind.

Pervitin, Syn. für ↗ *Metamphetamin*.

Pestalotin, ein Stoffwechselprodukt aus Kulturfiltraten des Pilzes *Pestalotia cryptomeriaecola Sawada* (Abb.; M_r 214,25 Da, F. 88–88,5 °C). Es wirkt als Synergist von Gibberellinen.

Pestalotin

PEST-Proteine, cytoplasmatische Proteine mit Sequenzabschnitten, die reich an Pro (P), Glu (E), Ser (S) und Thr (T) sind, und proteolytisch schnell abgebaut werden. Es ist noch unklar, wie die P. erkannt und für den Abbau markiert werden.

Petite-Mutanten, vor allem bei Hefe beobachtete spontane, durch chemische oder physikalische Beeinflussung bedingte Defektmutante in der Atmungskette. Derartige Zellen wachsen sehr langsam und bilden auf Nähragar nur kleine Kolonien („petites"). Der gleiche Phänotyp kann sowohl durch Mutation in den Chromosomen (*Segregations-Petite*) als auch durch mutative Veränderung der Mitochondrien-DNA (*vegetative* oder *neutrale Petite*) hervorgerufen werden.

Petriellin A, ein fungizides 13 AS-Depsipeptid aus den Kulturextrakten von *Petriella sordida*. Es enthält als Bausteine neben D-Phenylmilchsäure (D-PhLac) 12 Aminosäurereste, von denen vier doppelt vorkommen. P. zeigt fungizide Aktivität gegen *Ascobolus furfuraceus* und *Sordaria fimicola*, jedoch keine Wirkung gegen *Candida albicans*. [K.K. Lee et al. *J. Org. Chem.* **60** (1995) 5.384]

Petroselinsäure, *cis-Δ⁶-Octadecensäure*, CH_3-$(CH_2)_{10}$-$CH=CH$-$(CH_2)_4$-$COOH$, eine ungesättigte Fettsäure (M_r 282,5 Da, F. 33 °C, Sdp.$_{18}$ 238 °C). P. findet sich als Glyceridbestandteil in vielen Samenölen, z. B. in Petersilie, Sellerie, Kümmel und anderen Gewürzpflanzen.

Petunin, 3,5-Di-β-glucosid des Petunidins, ein Pflanzenfarbstoff aus der Gruppe der Anthocyane (F. 178 °C). P. ist der Farbstoff in den blauen Blüten der Gartenpetunie. Das Aglycon des P. ist *Petunidin* (3,5,7,4',5'-Pentahydroxy-3'-methoxyflavyliumkation), von dem über 10 natürliche Glycoside in ihrer Struktur aufgeklärt sind.

Peyote, ↗ *Mescalin*.

Pfeilgifte, natürliche Gifte, mit denen die Spitzen von Pfeilen, Speeren oder Blasrohrgeschossen versehen werden, um die getroffenen Beutetiere zu lähmen oder zu töten. Im Griechenland der Antike dienten dazu Auszüge mit Aconitin, in Afrika ↗ *Ouabain* oder ähnliche herzwirksame Glycoside, in Amerika die verschiedenen Arten von ↗ *Curare-Alkaloiden* und in Kolumbien das ↗ *Batrachotoxin* des kolumbianischen Pfeilgiftfrosches.

PFK, Abk. für ↗ *Phosphofructokinase* (PFK-1); PFK-2, Abk. für Phosphofructokinase-2, ↗ *Fructose-2,6-diphosphat*.

Pflanzenharze, ↗ *Harze*.

Pflanzenhormone, ↗ *Phytohormone*.

Pflanzenpigmente, ↗ *Naturfarbstoffe*, ↗ *Photosynthese*.

Pflanzenschleime, hochmolekulare, komplexe, kolloidale Polysaccharide, die Gele bilden und adhäsive Eigenschaften besitzen. Sie sind in Pflanzen weit verbreitet und finden sich als sekundäre Membranverdicker und als inter- und intrazelluläres Material. Sie kommen in der Wurzel, der Rinde, den Blättern, den Stängeln, den Blüten, dem Endosperm und der Samenhülle vor. Einige Zwiebeln enthalten spezielle Schleimzellen. Manche P. fungieren als Nahrungsreserven. Aufgrund ihrer hohen Affinität zu Wasser können bestimmte P. als Wasserreservoir (d. h. als Antiaustrocknungsmittel) von Pflanzen eingesetzt werden, die unter sehr trockenen Bedingungen leben; schleimhaltige Pflanzensamen haben möglicherweise eine analoge Funktion. Zusammen mit den strukturell verwandten Pflanzengummen stellen P. ein ideales Material zur Abdichtung von geschädigtem Gewebe dar. P. sind dank ihrer oft heterogenen Kohlenhydratzusammensetzung relativ widerstandsfähig gegenüber mikrobiellem Angriff.

Man unterscheidet *neutrale P.*, die keine Uronsäure enthalten von *sauren P.*, die gewöhnlich D-Glucuronsäure enthalten. P., die in Algen (besonders in Seetang) vorkommen, sind von hochkomplizierter Struktur und sehr hohem M_r und enthalten oft verestertes Sulfat. *Agar-Agar* aus Rotalgen kommt sowohl in neutraler Form, wie z. B. Agarose, als auch in stark saurer Form, wie z. B. das sulfatierte ↗ *Carrageenan*, vor. Weitere Seetangpflanzenschleime sind ↗ *Alginsäure*, Laminarin.

PFO, Abk. für ↗ <u>*Perfringolysin O*</u>.

Pfu-Polymerase, eine hitzestabile (bis 95 °C) DNA-Polymerase, die neben der ↗ *Pwo-Polymerase*, für die ↗ *Polymerasekettenreaktion* verwendet wird. Zusätzlich zu der 5'→3'-Polymeraseaktivität weist sie auch eine 5'→3'-Exonucleaseaktivität (*proof-reading*-Aktivität) auf.

PGE$_1$, ↗ *Prostaglandine*.

PGF$_{1\alpha}$, ↗ *Prostaglandine*.

PGK, Abk. für ↗ *Phosphoglycerat-Kinase*.

P-Glycoprotein, *P-170*, bei verschiedenen Tieren vorkommendes, membranständiges Glycoprotein (M_r 170 kDa; 1.280 AS). Das Poren-bildende Transportprotein besitzt eine breite Spezifität und wurde in höheren Konzentrationen in verschiedenen Tumoren (Leber, Nebenniere, Niere u. a.) aufgefunden. Es bildet eine mehrfach die Membran durchspannende Pore mit Kohlenhydratresten im extrazellulären Bereich und zwei ATP-bindenden Regionen auf der cytoplasmatischen Seite. Offenbar verläuft die P.-vermittelte Ausschleusung zellfremder Verbindungen unter ATP-Verbrauch. P. ist an der Multi-Drogen-Resistenz (↗ *Multidrogenresistenz-Transportprotein*) von Krebszellen beteiligt, wobei Cytostatika aus der Zelle ausgeschleust werden. In normalen Zellen ist P. an Entgiftungsprozessen und / oder am Hormontransport beteiligt.

PGM, Abk. für ↗ *Phosphoglycerat-Mutase*.

Phaeomelanine, ↗ *Melanine*.

Phaeophorbid, ↗ *Chlorophyll*.

Phaeophytin, ↗ *Chlorophyll*.

Phaeoplasten, die durch Carotinoide, wie Fucoxanthin und β-Carotin, bräunlich gefärbten Photo-

syntheseorganellen der Braunalgen (*Phaeophyceae*) und Kieselalgen (*Diatomeae*).

phage display, die Expression rekombinanter Proteine auf der Oberfläche von Bakteriophagen. Die gewünschten Peptide oder Proteine werden mit Phagenhüllproteinen fusioniert. Nach Freisetzung der *in vivo* assemblierten rekombinanten Phagen kann die Zielstruktur durch ↗ *panning* selektioniert werden. Die auf diese Weise gewonnenen Phagen können nach Amplifikation in weiteren *panning*-Schritten angereichert werden. Mit dieser Methode lassen sich u. a. Antikörper mit einer gewünschten Spezifität gezielt selektieren.

Phagen, *Bacteriophagen* (griech. *phagein* „fressen"), Viren, die Bakterien befallen. Alle P. bestehen aus einer Proteinhülle, die die genetische Substanz in Form von DNA oder RNA einschließt. In der Regel besteht die Nucleinsäure aus einem Doppelstrang, in Ausnahmefällen, wie beim P. ΦX 174, aus einem zirkulären DNA-Einzelstrang.

Man unterscheidet *virulente P.*, die nach der Infektion sofort die ↗ *Phagenentwicklung* durchlaufen, die mit der Freisetzung neuer infektiöser Phagenpartikel endet, von *temperenten P.*, wie z. B. *Escherichia-coli-Phagen* λ. Diese bauen in der Mehrzahl der Fälle die P.-DNA in das Bakterienchromosom ein und werden als sog. Prophagen synchron mit der Wirts-DNA vermehrt.

Phagenentwicklung, der Reifungsprozess von ↗ *Phagen*, der nach der Infektion in der Bakterienzelle abläuft. Die P. kann in drei Phasen eingeteilt werden: 1) Synthese früher RNA und früher Proteine sowie Termination der Nucleinsäure- und Proteinbiosynthese der Wirtszelle; 2) Synthese später RNA und später Proteine als Bausteine der Phagen; 3) Morphogenese neuer Phagen. Die P. ist gekennzeichnet durch eine Vielfalt komplizierter regulatorischer Prozesse zwischen Wirtszelle und Phagen auf der Ebene der Genexpression.

Virulente Phagen, wie z. B. T7, stoppen nach der Infektion sofort die DNA-, RNA- und Proteinsynthese des Wirts. Die genetische Information der Phagen-DNA wird mit Hilfe der Transcriptions- und Translationsapparate der Wirtszelle in virale Genprodukte umgesetzt.

Phagocytose, Aufnahme von partikulärem Material in die Zelle, im Gegensatz zur Aufnahme gelösten Materials (*Pinocytose*). Diese an sich künstliche Unterscheidung beruht auf älteren lichtmikroskopischen Befunden und wird heute zunehmend durch den Überbegriff ↗ *Endocytose* ersetzt.

Phagosomen, ↗ *intrazelluläre Verdauung*.

pH-Aktivitätsprofil, ↗ *Enzymkinetik*.

Phallacidin, ↗ *Phallotoxine*.

Phallicin, ↗ *Phallotoxine*.

Phallisacin, ↗ *Phallotoxine*.

Phalloidin, ↗ *Phallotoxine*.

Phalloin, ↗ *Phallotoxine*.

Phallotoxine, heterodet bizyklische 7 AS-Peptide, die neben den Amatoxinen die wichtigsten Giftstoffe des grünen Knollenblätterpilzes *Amanita phalloides* sind. Zu den P. (Abb.) gehören *Phalloidin*, *Phalloin*, *Phallisin* sowie die sauren Toxine *Phallacidin* und *Phallisacin*. Während sich die ersten drei Vertreter nur im Hydroxylierungsgrad des L-Leucinrestes unterscheiden, enthalten Phallacidin und Phallisacin anstelle des D-Threonins einen D-*erythro*-β-Hydroxyasparaginsäurerest und in Nachbarstellung statt Alanin einen Valinrest. Die Giftwirkung der P. hängt strukturell mit der Cycloheptapeptidstruktur sowie der Thioetherbrücke des Tryptathion-Mittelteils zusammen. Die LD$_{50}$-Werte der P. betragen bei der Maus etwa 2 mg/kg. Die P. bewirken eine Veränderung des Cytoskelettproteins ↗ *Actin* in den Parenchymzellen der Leber, was zum hämorrhagischen Schock und Tod der Tiere nach 3–4 Stunden führt. Die toxische Wirkung der P. lässt sich durch gleichzeitige Gabe des ebenfalls im grünen Knollenblätterpilz vorkommenden ↗ *Antamanids* antagonisieren. Eine sehr ähnliche biologische Wirkung besitzen die *Virotoxine*, 7 AS-Peptide von ähnlicher, jedoch monozyklischer Struktur, die ausschließlich im weißen Knollenblätterpilz (*A. virosa*) gefunden wurden. [H. Faulstich et al. *Biochemistry* **19** (1980) 3.334]

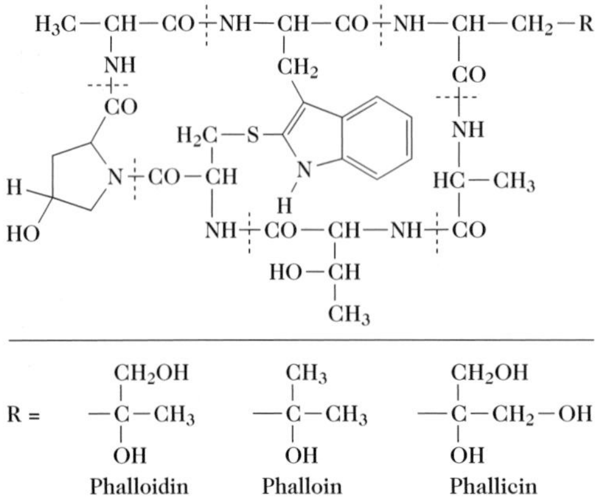

R =

| CH$_2$OH
—C—CH$_3$
OH
Phalloidin | CH$_3$
—C—CH$_3$
OH
Phalloin | CH$_2$OH
—C—CH$_2$—OH
OH
Phallicin |

Phallotoxine. Ausgewählte Vertreter der Phallotoxine.

Phänotyp, im Unterschied zum ↗ *Genotyp* das Erscheinungsbild eines Organismus.

Phaseolin, *Phaseollin, 7-Hydroxy-3',4'-dimethyl-chromenylchromanocumaran, 3-Hydroxy-9,10-dimethylchromenylpterocarpan* (↗ *Pterocarpane*), ein ↗ *Phytoalexin* (Abb.). P. wird von Bohnenarten als Reaktion auf eine Infektion durch phytopathogene Mikroorganismen, z. B. *Phytophthora*, *Monilia* und auf andere Formen des Stresses, wie die Behandlung von Pflanzen mit Schwermetallsalzen, gebildet; F. 177–178 °C, [α]$_D^{20}$ −145° (c = 0,17,

Ethanol), ED$_{50}$ 50 µg/ml. Die Phaseolinproduktion kann durch ein wasserlösliches Polypeptid (Monicolin A, M_r 8 kDa, 65 Aminosäuren) ausgelöst werden, das aus *Monilia fructicola* isoliert wurde. Das Polypeptid wirkt weder fungi- noch phytotoxisch, induziert P. bei Konzentrationen von $2,5 \times 10^{-9}$ M und ist vermutlich ein spezifischer Induktor für P. Es löst beispielsweise nicht die Bildung von *Pisatin* in Erbsenpflanzen aus. Die Induktion von P., gleich auf welche Weise, ist immer von einer Zunahme der messbaren katalytischen Aktivität der Phenylalanin-Ammoniak-Lyase verbunden.

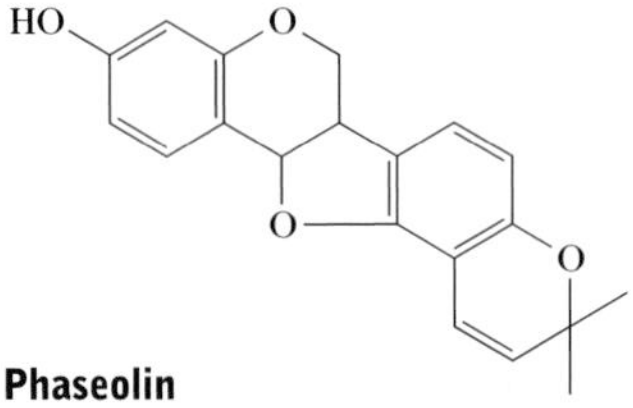

Phaseolin

Phaseolinisoflavan, *(3R)-7,2'-Dihydroxy-3',4'-dimethylchromenylisoflavan*. ↗ *Isoflavan*.

Phasomannit, Syn. für *myo*-Inositol, ↗ *Inositole*.

Phe, Abk. für ↗ *L-Phenylalanin*.

Phellandrene, zweifach ungesättigte monozyklische Monoterpene (↗ *p-Menthadiene*), die als α-P. und β-P. vorkommen (Abb., Tab.).

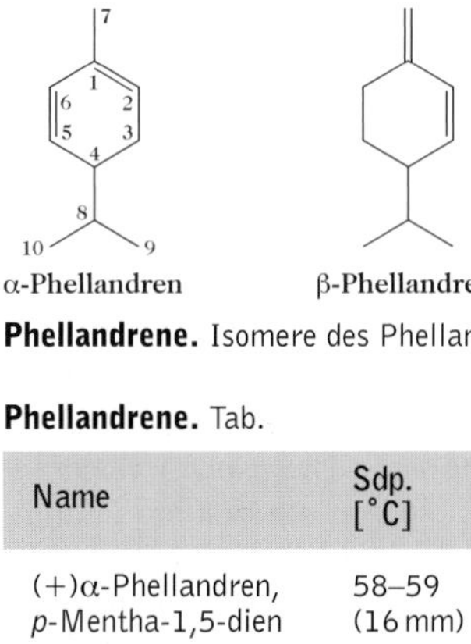

α-Phellandren   β-Phellandren

Phellandrene. Isomere des Phellandrens.

Phellandrene. Tab.

Name	Sdp. [°C]	[α]$_D$ [°]	Vorkommen
(+)α-Phellandren, p-Mentha-1,5-dien	58–59 (16 mm)	+45	Eukalyptus-öl
(−)α-Phellandren, p-Mentha-1,5-dien	173–175	−17,7	Fenchelöl
(+)β-Phellandren, p-Mentha-1(7),2-dien	173	+62,5	Fenchelöl
(−)β-Phellandren, p-Mentha-1(7),2-dien		−74,4	Eukalyptus-öl

Phenazine, Verbindungen, denen das Phenazinringsystem zugrunde liegt (Abb.). Alle bekannten natürlich vorkommenden P. werden ausschließlich von Bakterien gebildet, von denen sie in das Kulturmedium abgegeben werden. Die Biosynthese der beiden sechsgliedrigen Kohlenstoffringe der P. er-

L-Phenylalanin-Ammoniak-Lyase

L-Phenylalanin → trans-Zimtsäure + NH₄⁺

L-Phenylalanin-Ammoniak-Lyase

folgt auf dem Shikimatweg der ↗ *Aromatenbiosynthese* über Chorisminsäure (und nicht, wie früher berichtet, aus Anthranilat). [G.S. Byng *J. Gen. Microbiology* **97** (1976) 57–62; G.S. Byng u. J.M. Turner *Biochem. J.* **164** (1977) 139–145]

Phenazine. Phenazin-Ringstruktur.

Phenosulfatester, ↗ *Sulfatester*.

Phenoxycarbonsäureherbizide, Wuchsstoffherbizide, Wirkstoffe, die ein verstärktes und undifferenziertes Wachstum von Pflanzen verursachen. Da einkeimblättrige Pflanzen weniger empfindlich sind als zweikeimblättrige Pflanzen, ist eine Verwendung als selektives Herbizid (Getreidebau, Grünland usw.) möglich.

Dichlorprop und Mecoprop werden seit Jahren fast ausschließlich in Form ihrer herbizid wirksamen (+)-D-Stereoisomeren als *Dichlorprop-P.* und *Mecoprop-P.* hergestellt (Abb.).

Phenoxycarbonsäureherbizide. R₂ = CH(CH₃)-COOH, R₁ = Cl: Dichlorprop-P; R₁ = CH₃: Mecoprop-P.

L-Phenylalanin, *Phe*, *(S)-2-Amino-3-phenylpropansäure*, *L-α-Amino-β-phenylpropionsäure*, eine aromatische proteinogene, essenzielle Aminosäure; M_r 165,2 Da, F. 283–284 °C (Zers.), $[\alpha]_D^{25}$ –34,5° (c = 1–2, Wasser) bzw. –4,47° (c = 1–2 in 5 M Salzsäure). Der erste Schritt des Phenylalaninkatabolismus besteht in der Hydroxylierung zu L-Tyrosin (↗ *Phenylalanin-4-Monooxygenase*), das als Vorstufe des ↗ *Melanins*, des Neurotransmitters ↗ *Dopamin* und der Hormone ↗ *Adrenalin*, ↗ *Noradrenalin* und ↗ *Thyroxin* sowie anderer Verbindungen fungiert. Ein Überschuss an L-Tyrosin wird zu Fumarsäure und Acetessigsäure abgebaut.

Bekannte vererbte Störungen des Phenylalanin-Stoffwechsels sind ↗ *Phenylketonurie* und ↗ *Alkaptonurie* (L-Tyrosin, Abb.).

Bei Pflanzen und Bakterien werden L-P. und L-Tyrosin nach dem Shikimisäureweg der ↗ *Aromatenbiosynthese* gebildet. Aus Chorisminsäure, der Verzweigungsstelle der Aromatenbiosynthese, wird

Prephensäure gebildet, von der aus die Synthese von L-P. und L-Tyrosin auf getrennten Wegen weiter verläuft.

L-Phenylalanin-Ammoniak-Lyase, *PAL* (EC 4.3.1.5), ein Pilz- und Pflanzenenzym, das die Umwandlung von L-Phenylalanin in *trans*-Zimtsäure und Ammoniak durch eine nichtoxidative Desaminierung katalysiert (Abb.), ein früher Schlüsselschritt in der Biosynthese von ↗ *Flavonoiden* und ↗ *Lignin*. PAL der meisten pflanzlichen Quellen ist ein tetrameres Protein (M_r 30 kDa, vier identische Untereinheiten von M_r 83 kDa).

PAL aus Monocotylen und Mikroorganismen katalysiert auch die Desaminierung von Tyrosin zu 4-Cumarinsäure und Ammoniak. Die PAL-Konzentration steigt rasch an, wenn die Biosynthese von Flavonoidphytoalexinen (↗ *Phytoalexine*) angeregt wird. Aus diesem Grund stellt es ein ideales System für die Untersuchung der Genregulation in Pflanzen dar.

Phenylalanin-Hydroxylase, Syn. für ↗ *Phenylalanin-4-Monooxygenase*.

Phenylalanin-4-Monooxygenase, *Phenylalanin-Hydroxylase*, eine zu den Oxidoreduktasen gehörende mischfunktionelle Oxygenase, die unter Mitwirkung des Reduktionsmittels ↗ *Tetrahydrobiopterin* Phenylalanin mit O_2 als Sauerstoffdonor zu Tyrosin hydroxyliert (Abb.). Das dabei gebildete 7,8-Dihydrobiopterin muss durch eine NADH-abhängige Dihydropteridin-Reduktase wieder zu 5,6,7,8-Tetrahydrobiopterin reduziert werden, so dass aus beiden Teilreaktionen folgende Reaktionsgleichung resultiert: Phe + O_2 + NADH + H⁺ → Tyr + NAD⁺ + H_2O. Diese Hydroxylierung ist der erste Abbauschritt von L-Phenylalanin. Fehlen der oder Mangel an P. führt zur ↗ *Phenylketonurie*.

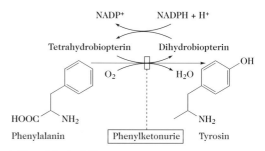

L-Phenylalanin-4-Monooxygenase. Hydroxylierung von L-Phenylalanin.

N-Phenylcarbamatherbizide, von der Carbamidsäure abgeleitete herbizide Wirkstoffe. Während das Carbetamid ein typisches Bodenherbizid ist und vorwiegend in Rapskulturen im Nachauflaufverfahren eingesetzt wird, werden die wichtigen Rübenherbizide Phenmedipham und Desmedipham über die Blätter aufgenommen.

Phenylketonurie, eine ↗ *angeborene Stoffwechselstörung*, die einen Mangel an ↗ *L-Phenylalanin-4-Monooxygenase* verursacht (das Enzym ist entweder nicht vorhanden oder inaktiv). Der Defekt tritt bei einem von 10.000 Kindern auf. Die Betroffenen können ↗ *L-Phenylalanin* nicht zu L-Tyrosin hydroxylieren, wodurch der Hauptstoffwechsel des Phenylalanins blockiert ist. Diese Kranken scheiden im Harn Phenylpyruvat und Phenylessigsäure aus. Die P. ist mit Schwachsinn und Defekten der Haut- und Haarpigmentierung verbunden (Föllingsche Imbezillität). Mit einem „Windeltest" (Guthrie-Test) bei Neugeborenen kann man diese Stoffwechselkrankheit frühzeitig erkennen und durch L-Phenylalanin freie Diät kompensieren. Andere Arten der P. sind auf die mangelhafte Reduktion bzw. Synthese von Dihydrobiopterin zurückzuführen.

Pheophorbid, ↗ *Chlorophyll.*

Pheophytin, ↗ *Chlorophyll.*

Pheromone, chemische Substanzen, die der Kommunikation zwischen Organismen einer Art dienen. P. beeinflussen das Sexualverhalten, Aggregationen, das Alarmverhalten und weitere Verhaltensweisen der Tiere. P. werden nur in äußerst geringen Mengen produziert. Zur Auftrennung der meist als Gemische vorkommenden Komponenten dienen chromatographische Methoden, insbesondere die ↗ *Gaschromatographie* und ↗ *Hochleistungsflüssigkeitschromatographie*. Die P. werden oft aus sekundären Stoffwechselprodukten der von den Tieren aufgesuchten Wirtspflanzen gebildet. Am besten untersucht sind die *Insektenpheromone*. P. erzeugen am Empfänger entweder eine unmittelbare, aber relativ kurz dauernde Antwort oder aber eine langdauernde physiologische Reaktion. Im ersten Fall handelt es sich um die über Geruchsrezeptoren registrierten „Releaser", im zweiten Fall um die oral wirksamen „Primer". Es wird vermutet, dass die P. als phylogenetisch sehr alte Substanzen funktionelle Vorläufer der Hormone sind. P. sind insbesondere als *Lockstoffe* (*Attractants*) für die Insektenbekämpfung interessant geworden.

Chemisch handelt es sich bei den P. fast ausschließlich um nicht-isoprenoide oder isoprenoide, meist azyklische, gesättigte oder ungesättigte Alkohole oder deren Ester, Säuren oder deren Ester bzw. um Aldehyde oder Kohlenwasserstoffe. Als Vorläufer der nicht-isoprenoiden Verbindungen werden meist Fettsäuren angenommen. Zu dieser Gruppe gehören z. B. die meisten Sexualpheromone der weiblichen Nachtschmetterlinge, so das *Bombykol*

(Abb.: 1) und das Bombykal des Maulbeerseidenspinners (*Bombyx mori*), das (*Z*)-9-Dodecenylacetat (Abb.: 2) des Traubenwicklers *Parolobesia viteana* oder das (*Z*)-9-Tetradecenylacetat (Abb.: 3), eine Komponente des Sexualpheromons der Eulenfalter-Arten *Spodoptera frugiperda* und *Prodenia eridanis*. Bei einigen Verbindungen dieser Gruppe, z. B. dem Bombykol, genügen oft schon wenige Moleküle, um beim Männchen eine Reaktion auszulösen. Aus Extrakten der „Königinnensubstanz" der Honigbiene (*Apis mellifera*), deren Verfütterung an Arbeiterinnen die Entwicklung eines neuen Königspaares verhindert, konnte (*E*)-9-Oxo-2-decensäure (Abb.: 4) als wirksames P. isoliert werden. Diese Verbindung wurde auch aus anderen Bienen isoliert. Als „Königinnensubstanz" der Hornisse (*Vespa orientalis*) konnte γ-Hexadecalacton (Abb.: 5) identifiziert werden. Der Geruch des abgebrochenen Stachels der Honigbiene lockt andere Bienen an. Dieses „Stachelpheromon" konnte als Isopentylacetat (Abb.: 6) identifiziert werden. Bei dem Sexualpheromon der Stubenfliege (*Musca domestica*) handelt es sich um (*Z*)-9-Tricosen (Abb.: 7). Wegen des großen volkswirtschaftlichen Schadens, den diese Insekten anrichten, sind die P. der Borkenkäfer (*Scolytidae*) recht intensiv untersucht worden. Als Lockstoff des Borkenkäfers *Ips paraconfusus* konnte eine Kombination von Monoterpenalkoholen identifiziert werden, die aus (+)-*cis*-Verbenol (Abb.: 8), 2-Methyl-6-methylen-7-octen-4-ol (*Ipsenol*; Abb.: 9) und (+)-2-Methyl-6-methy-

Pheromone. Erläuterung der Nummern im Text.

len-2,7-octadien-4-ol (*Ipsdienol*; Abb.: 10) besteht. Das *Aggregationspheromon* des Fichtenborkenkäfers (*Ips typographicus*) konnte als das Diastereomerengemisch des 2-Ethyl-1,6-dioxaspiro[4.4]nonan (*Chalcogran*; Abb.: 11) identifiziert werden.

Ungewöhnlich sind stickstoffhaltige P. Derartige Verbindungen wie das *Danaidon* (Abb.: 12), deren Vorläufer allerdings von alkaloidführenden Pflanzen aufgenommen werden, kommen in Schmetterlingen aus der Familie der *Danaiden* vor.

pH$_\mathrm{I}$, Abk. für ↗ *isoelektrischer Punkt*.

PHI-27, Abk. für *Peptid mit N-terminalem Histidin und C-terminalem Isoleucinamid*, ein 27 AS-Peptidamid, das zusammen mit dem *Peptid mit N-terminalem Histidin und C-terminalem Methioninamid*, PHM-27, und dem ↗ *vasoaktiven Intestinal-Polypeptid* (VIP) aus dem gleichen Vorläufer gebildet wird. Es wurde aus dem Dünndarm von Schweinen isoliert. Zusammen mit VIP kommt PHI im Verdauungstrakt, in der Lunge, in der Gallenblasenwand, in exokrinen Drüsen u. a., aber auch in den Neuronen des ZNS vor. Es stimuliert wie Sekretin und VIP die exokrine und endokrine Sekretion des Pankreas und auch die Sekretion von Pepsin im Magen. Ähnlich wie VIP wirkt es relaxierend auf die Gallenblase.

Phlein, hochmolekulares pflanzliches Reservekohlenhydrat. P. ist geradkettig 2→6-glycosidisch aus Fructofuranoseeinheiten aufgebaut, wobei wahrscheinlich D-Glucose das reduzierende Ende der Kette abschließt.

Phleomycine, ↗ *Bleomycine*.

Phloridzin, Syn. für ↗ *Phlorhizin*.

Phlorhizin, *Phloridzin*, ein Dihydrochalkon (Abb.), das in der Wurzelrinde von Birnen, Äpfeln und anderen Vertretern der *Rosaceae* vorkommt. P. blockiert spezifisch die Glucoseresorption durch die Nierentubuli, wodurch eine Glucosurie verursacht wird. Aus diesem Grund wird es in der experimentellen Physiologie eingesetzt. Seine Wirkung beruht vermutlich auf einer Inhibierung der Mutarotase.

Phlorhizin

Phlorin, *5,22-Dihydroporphyrin*.

Phomin, ↗ *Cytochalasine*.

Phorbolester, Ester von Phorbol (Abb.), $C_{20}H_{28}O_6$. Bei einigen P. handelt es sich um tumorfördernde Verbindungen, die ursprünglich im Samenöl von *Croton tiglium* entdeckt wurden. Es besteht eine direkte Korrelation zwischen der Tumorigenität und der Fähigkeit, einen amiloridempfindlichen Na$^+$/H$^+$-Austausch über Plasmamembranen kultivierter Humanleukämiezellen zu stimulieren. [J.M. Besterman u. P. Cuatrecasas *J. Cell. Biol.* **99** (1984) 340–343]. Ein ähnlicher Austausch steht vermutlich mit der Initiierung der Proliferation bzw. Differenzierung in kultivierten Zellen in Zusammenhang.

Phorbolester. Phorbol.

Phosphagene, energiereiche Guanidinium- bzw. Amidiniumphosphate, die bei der Muskelkontraktion die Rolle von ATP-Depots spielen. Ein Überschuss an energiereichem Phosphat wird als P. deponiert, aus dem ATP bei Bedarf regeneriert wird. Die wichtigsten P. sind ↗ *Phosphoarginin* und ↗ *Phosphokreatin*.

Phosphat-Acetyltransferase (EC 2.3.1.8), ↗ *Acetyl-Coenzym A*.

Phosphatasen, *Phosphorsäuremonoester-Hydrolasen* (EC-Unteruntergruppe 3.1.3), weitverbreitete Gruppe von ↗ *Hydrolasen*, die die Spaltung von Phosphomonoestern (Esterasen) katalysieren. Die P. kommen vor allem in Leber, Pankreas, im Verdauungstrakt sowie in Mikroorganismen, z. T. als Isoenzyme oder multiple Formen, vor. Sie sind meist dimere Proteine und enthalten im aktiven Zentrum einen essenziellen Serinrest. Die Unterteilung der P. erfolgt nach ihrem pH-Optimum in *saure P.* (pH-Optimum bis 5) mit den P. aus Leber (M_r 16 kDa), Erythrocyten (M_r 10 kDa) und Prostata (M_r 102 kDa) als wichtigsten Vertretern und in *alkalische P.* (pH-Optimum 7–8), die insbesondere in der Dünndarmschleimhaut (M_r 140 kDa) und in der Plazenta (M_r 120 kDa) vorkommen. Die aus *Escherichia coli* stammende alkalische P. besteht aus zwei Ketten mit einer M_r von je 43 kDa. Für die Wirksamkeit der alkalischen P. sind zwei Zinkatome je Untereinheit sowie die Gegenwart von Mg^{2+}-Ionen erforderlich. Die P. werden durch unterschiedliche Verbindungen gehemmt. Sie sind auch an reversiblen Phosphorylierungen von Proteinen (Enzymen) bei der Regulation ihrer Aktivität beteiligt (Phosphoprotein-P.). Diagnostische Bedeutung haben die Bestimmung der sauren P. im Serum bei Verdacht auf Prostatakrebs und die der alkalischen P. insbesondere bei Verdacht auf Knochen-, Leber- und Gallenblasenerkrankungen (z. B. Knochentumoren, Hepatitis und Verschlussikterus), bei denen die Serum-Protease-Aktivitäten um ein Vielfaches erhöht sind. Die alkalische P. dient als Markerenzym bei Enzymimmunoassays.

Zu den P. gehören auch die *Nucleotidasen* (↗ *Purinabbau*, ↗ *Pyrimidinabbau*).

Phosphatidabbau, hydrolytische Spaltung der Phosphatide (↗ *Phospholipasen*).

Phosphatidasen, Syn. für ↗ *Phospholipasen*.

Phosphatidatphosphatase (EC 3.1.3.4), ↗ *Acylglycerine*.

Phosphatide, ↗ *Phospholipide*.

Phosphatidsäure, *1,2-Diacylglycero-3-phosphorsäure*, *Ptd*, Grundkörper der wichtigsten Glycerophospholipide. P. wird partial- oder totalsynthetisch als farblose, wachsartige und hygroskopische Masse erhalten. Freie P. ist nicht beständig, sondern zersetzt sich autokatalytisch. Die Salze sind stabil. P. ist zu etwa 1–5 % in den Gesamtphospholipiden der Zellen enthalten. Sie bildet sich unter der Einwirkung des Enzyms Phospholipase D aus anderen Glycerophospholipiden. P. lässt sich aus Kohl- oder Spinatblättern isolieren.

Phosphatidylcholin, *PtdCho*, in natürlicher Form als *Lecithin* bezeichnet, 1,2-Diacyl-sn-glycero-3-phosphocholin, das verbreitetste Glycerophospholipid. Handelsüblich sind neben total- und partialsynthetisch erhaltenen P. mit definierten Fettsäureestern und Schmelzpunkten aus biologischem Material isolierte Lecithine, insbesondere das *Eilecithin* und das aus Sojabohnen isolierte *Pflanzenlecithin* (*Sojalecithin*). P. bildet in wässriger Phase hochgeordnete übermolekulare Strukturen (Modellmembranen).

P. biogener Herkunft weisen aufgrund ihrer heterogenen Fettsäurezusammensetzung keinen definierten Schmelzpunkt auf und neigen wegen ihres Gehalts an ungesättigten Fettsäuren beim Aufbewahren an der Luft zur Peroxidation. Im Eilecithin überwiegt Ölsäure als Fettsäurekomponente.

Die Phospholipidfraktion des Hühnereies („Roheilecithin") enthält neben P. noch wechselnde Mengen anderer Lipide, insbesondere ↗ *Phosphatidylethanolamin* und Sphingomyelin. P., vor allem die billigen Pflanzenlecithine, werden in der Lebensmittelindustrie zur Herstellung von Schokoladen und Eierteigwaren sowie als Emulgator unter anderem zur Margarineproduktion eingesetzt. Durch Einwirkung des Enzyms Phospholipase A_2 wird der Acylrest in 2-Stellung unter Bildung von *Lysolecithin* abgespalten. Lysolecithin wirkt stark hämolytisch, d. h., es zerstört die Membran von Erythrocyten.

Phosphatidylcholinsterin-Acyltransferase-Mangel, ↗ *Lecithin-Cholesterin-Acyltransferase-Mangel*.

Phosphatidylethanolamin, ein Glycerophospholipid. Aus biologischem Material, z. B. Hühnereiern, isoliertes P. fällt als zunächst farbloses, an der Luft bald gelb werdendes Öl oder Wachs an. P. kommt

vergesellschaftet mit *Phosphatidylcholin* weit verbreitet in Tieren, Pflanzen und Mikroorganismen vor. Aus Harz isoliertes P. ist sehr reich an mehrfach ungesättigten Fettsäuren.

Phosphatidylglycerin, ein Glycerophospholipid. P. lässt sich aus Spinatblättern oder Mikroorganismen sowie partialsynthetisch aus Eilecithin als viskoses Öl erhalten. Bis zu 70 % der Gesamtphospholipide der Pflanzen sind P. In tierischem Gewebe sind nur geringe Mengen enthalten.

Phosphatidylinositole, eine Gruppe von Glycerophospholipiden, die *Myo*-Inositol in der Kopfgruppe enthalten. Zu den P. gehören 1-Phosphatidylinositol (Abb. a; Abk. PtdIns), 1-Phosphatidylinositol-4-phosphat (Abb. b) sowie 1-Phosphatidylinositol-4,5-diphosphat (Abb. c). In Bakterien – insbesondere Mycobakterien – sind daneben noch Phosphatidylinositolmannoside enthalten. Aus biologischem Material isolierte P. zeigen eine spezifische Drehung von +5,5°. Sie sind im Unterschied zu den meisten anderen Glycerophospholipiden in Wasser löslich.

Etwa 2–12 % der Gesamtphospholipide eukaryontischer Zellen sind P. Im Allgemeinen überwiegt 1-Phosphatidylinositol, während das 4-Phosphat und 4,5-Diphosphat nur in geringen Mengen enthalten sind. In Erythrocyten können Oligophosphate überwiegen.

Phosphatidylinositole

Phosphatidylserin, saures Glycerophospholipid. P. lässt sich aus Hirn als gelbliches, oxidationsempfindliches Öl isolieren. P. kann abhängig vom pH-Wert in mehreren ionogenen Formen existieren.

Phosphoacetyl-L-aspartat, ↗ *PALA*.

3'-Phosphoadenosin-5'-phosphosulfat, PAPS, aktives Sulfat, das als Produkt der ↗ *Sulfataktivierung* die reaktionsfähige Form des Sulfats im Organismus ist (Abb. auf S. 205). PAPS wird in einer zweistufigen Reaktion gebildet: SO_4^{2-} + ATP → Adenosin-5'-phosphosulfat (APS) + PP_i (ATP-Sulfurylase; EC 2.7.7.4); APS + ATP → PAPS + ADP (APS-Kinase; EC 2.7.1.25). Summe: 2 ATP + SO_4^{2-} → PAPS + ADP + PP_i. APS dient als Substrat der ↗ *Sulfatatmung* (dissimilatorische Sulfatreduktion). PAPS ist Substrat von Sulfotransferasen (Bildung von Sulfatestern) und der (assimilatorischen) ↗ *Sulfatreduktion*.

Phosphoamidit-Verfahren, ↗ *Oligonucleotidsynthese*.

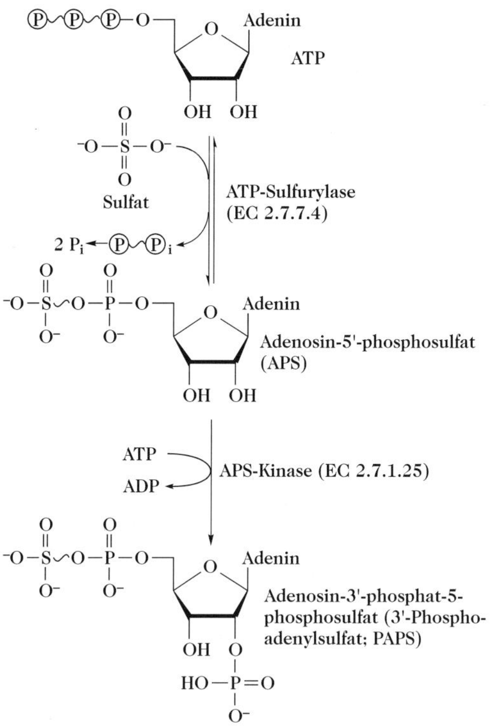

3'-Phosphoadenosin-5'-phosphosulfat. Sulfataktivierung.

Phosphoarginin, *Argininphosphat*, das verbreitetste ↗ *Phosphagen* der Wirbellosen (M_r 254,2 Da). Der Phosphatrest ist an den Guanidinostickstoff der Aminosäure gebunden. Die Übertragung der Phosphorylgruppe von ATP auf Arginin wird durch Arginin-Kinase (EC 2.7.3.3) katalysiert.

Phosphodiester, eine Phosphorsäure, bei der zwei Hydroxylgruppen durch organische Reste verestert sind: RO-PO₂H-OR'. Dabei können R und R' beispielsweise Nucleoside sein. P. sind alle Polynucleotide bzw. Nucleinsäuren; in ihnen erfolgt die Verknüpfung der Nucleotide durch Ausbildung von Phosphodiesterbrücken, wobei die eine Bindung zwischen der 3'-Position einer Pentose und die andere zwischen der 5'-Position der benachbarten Pentose und dem Phosphatrest ausgebildet ist.

Phosphodiesterasen, phosphodiesterspaltende Enzyme, zu denen die Endonucleasen ↗ *Ribonuclease* und ↗ *Desoxyribonuclease I* und II sowie die mehr unspezifischen Exonucleasen zählen. Letztere bauen sowohl DNA wie RNA stufenweise vom 5'-Hydroxylende her ab, so dass entweder 5'-Mononucleotide (Schlangengift-P., EC 3.1.4.1) oder 3'-Mononucleotide (Milz-P., EC 3.1.16.1) entstehen. Die P. wurden erfolgreich zur Sequenzermittlung von Nucleinsäuren (speziell RNA) eingesetzt. Die 3':5'-zyklische Nucleotid-P. (EC 3.1.4.17) kataly-

siert Biosynthese und Abbau von cyclo-AMP (↗ *Adenosinphosphate*).

Phosphoenolpyruvat, ↗ *Pyruvat*.

Phosphoenolpyruvat-Carboxykinase, ein Enzym der ↗ *Gluconeogenese*, das Oxalacetat unter Mitwirkung von GTP in Phosphoenolpyruvat und CO_2 überführt.

Phosphoenolpyruvat-Carboxylase, ↗ photosynthetische Carboxylierung.

Phosphoendpyruvat-Kinase, Syn. für ↗ *Pyruvat-Kinase*.

Phosphofructokinase, *6-Phosphofructokinase* (EC 2.7.1.11), *PFK*, wichtiges regulatorisches Enzym in der ↗ *Glycolyse*, das die Übertragung einer Phosphatgruppe des ATP auf Fructose-6-phosphat unter Bildung von Fructose-1,6-diphosphat katalysiert. Neben dieser PFK-1 katalysiert die PFK-2 die Bildung von Fructose-2,6-diphosphat. P. unterliegt sowohl einer hormonalen Induktion (durch Insulin) als auch einer allosterischen Aktivitätskontrolle, wobei AMP, Fructose-6-phosphat und Fructose-1,6-diphosphat sowie Magnesium-, Kalium- und Ammoniumionen aktivieren, ATP und Citrat jedoch hemmen (↗ *Pasteur-Effekt*). Für die Rückreaktion ist ein besonderes Enzym, die fluoridempfindliche *Fructosediphosphatase* (EC 3.1.3.11), verantwortlich.

Sowohl die native wie die durch Hefeproteasen partiell degradierte *Hefe-P.* bestehen aus je drei α- und β-Untereinheiten, die immunologisch nicht verwandt sind. Ihr M_r liegt bei 130 kDa (native P.) bzw. 96 kDa (partiell degradierte P.). Die M_r des hexameren Enzyms liegt bei 755 kDa (nativ) bzw. 570 kDa (proteolytisch modifiziert). In 6 M Guanidinchloridlösung zerfallen diese Untereinheiten in zwei gleich große Ketten von M_r 63 kDa (nativ) bzw. 59 kDa (modifiziert).

Die *Muskel-P.* zeigt ein von der Enzymkonzentration abhängiges Assoziationsverhalten: Während sie bei 7 mg Protein/ml als hexameres aktives Aggregat (M_r 2 × 10⁶ Da) vorliegt, dissoziiert sie bei 0,5 mg Protein/ml in ihr aktives Monomer (M_r 340 kDa). Letzteres lässt sich durch Behandlung mit 6 M Guanidinchlorid- und 0,1 M Mercaptoethanollösung in seine vier inaktiven Ketten (M_r je 80 kDa) zerlegen.

Phosphofructokinase-2, *PFK-2*, ein bifunktionelles Enzym, das die Synthese von ↗ *Fructose-2,6-diphosphat* katalysiert.

Phosphoglucoisomerase, Syn. für ↗ *Glucosephosphat-Isomerase*.

Phosphogluconat-Dehydrogenase, ein Enzym des ↗ *Pentosephosphat-Zyklus*, das die oxidative Decarboxylierung von 6-Phosphogluconat zu Ribulose-5-phosphat und CO_2 katalysiert.

Phosphogluconatweg, ↗ *Pentosephosphat-Zyklus*.

3-Phosphoglycerat, $^-$OOC-CHOH-CH$_2$-OPO$_3^{2-}$, ein Intermediat der ↗ Glycolyse, das unter der Katalyse der Phosphoglycerat-Kinase aus 1,3-Diphosphoglycerat gebildet wird, wobei in einer Substratkettenphosphorylierung aus ADP erstmals ATP produziert wird.

Phosphoglycerat-Kinase, *PGK*, ein Enzym der ↗ *Glycolyse*, das ↗ *3-Phosphoglycerat* und ATP bildet.

Phosphoglycerat-Mutase, *PGM*, ein Enzym der ↗ *Glycolyse*, das aus ↗ *3-Phosphoglycerat* das 2-Phosphoglycerat bildet. Die aktive P. trägt im aktiven Zentrum eine Phosphorylgruppe, die auf das Substrat unter Bildung des intermediären 2,3-Bisphosphoglycerat/Enzym-Komplexes übertragen wird. Unter Rephosphorylierung der P. wird dann das Produkt 2-Phosphoglycerat freigesetzt.

Phosphoglyceride, ↗ *Phospholipide*.

Phosphoglycerinsäuren, Monophosphatester der ↗ *Glycerinsäuren*.

Phosphoglycolat, $^-$OOC-CH$_2$-OPO$_3^{2-}$, ein Produkt der Oxygenasereaktion der ↗ *Ribulosediphosphat-Carboxylase* (Rubisco). Der nicht vielseitig verwendbare Metabolit wird durch eine Wiederverwertungsreaktion (*salvage pathway*) über Glycolat in Glyoxylat überführt.

Phosphohexoisomerase, Syn. für ↗ *Glucosephosphat-Isomerase*.

Phosphohexoketolaseweg, ↗ *Phosphoketolaseweg*.

Phosphoinositol-Kaskade, ein wichtiges Signaltransduktionssystem für zahlreiche Hormone, das durch rezeptorvermittelte Hydrolyse von Phosphatidylinositoldiphosphat (PIP$_2$) zwei sekundäre Botenstoffe erzeugt. Die Wechselwirkungen zwischen dem Hormon und Rezeptor werden über das G-Protein G$_p$ (↗ *GTP-bindende Proteine*) weitergeleitet und aktivieren die membrangebundene Phospholipase C, die die Hydrolyse von PIP$_2$ zu IP$_3$ und DAG katalysiert (Abb.). Das wasserlösliche IP$_3$ wandert zum ER und bewirkt dort als sekundärer Botenstoff in nanomolaren Konzentrationen die Freisetzung von Ca^{2+} aus intrazellulären Speichern in das Cytosol. Ca^{2+}-Ionen stimulieren direkt oder über ↗ *Calmodulin* verschiedene biochemische Vorgänge (Glycogenabbau, Exocytose, Kontraktion glatter Muskeln u. a.). Die Lebensdauer des IP$_3$ beträgt nur wenige Sekunden. Es wird durch sequenzielle Hydrolyse mittels Phosphatasen zum Inositol abgebaut oder zum Inositol-1,3,4,5-tetrakisphosphat phosphoryliert. Der zweite sekundäre Bote, das unpolare DAG bleibt membrangebunden und aktiviert dort die ↗ *Protein-Kinase C* (PKC); die wiederum phosphoryliert und reguliert verschiedene andere Proteine. Für die Aktivierung der PKC sind Phosphatidylserin (PS) und Ca^{2+}-Ionen essenziell. Der ebenfalls schnelle Abbau des zweiten Boten DAG führt entweder zu Glycerin und den zugrunde liegenden Fettsäuren, wobei Arachidonsäure als Vorstufe für weitere Signalmoleküle (u. a. ↗ *Prostaglandine*) dient, oder es wird zur Phosphaditsäure phosphoryliert (s. Farbtafel VI).

Phosphoketolaseweg, in verschiedenen Mikroorganismen, besonders *Lactobacillus*, auftretender Abbau von Kohlenhydraten, bei dem ein Ketopentosephosphat phosphorolytisch in Triosephosphat

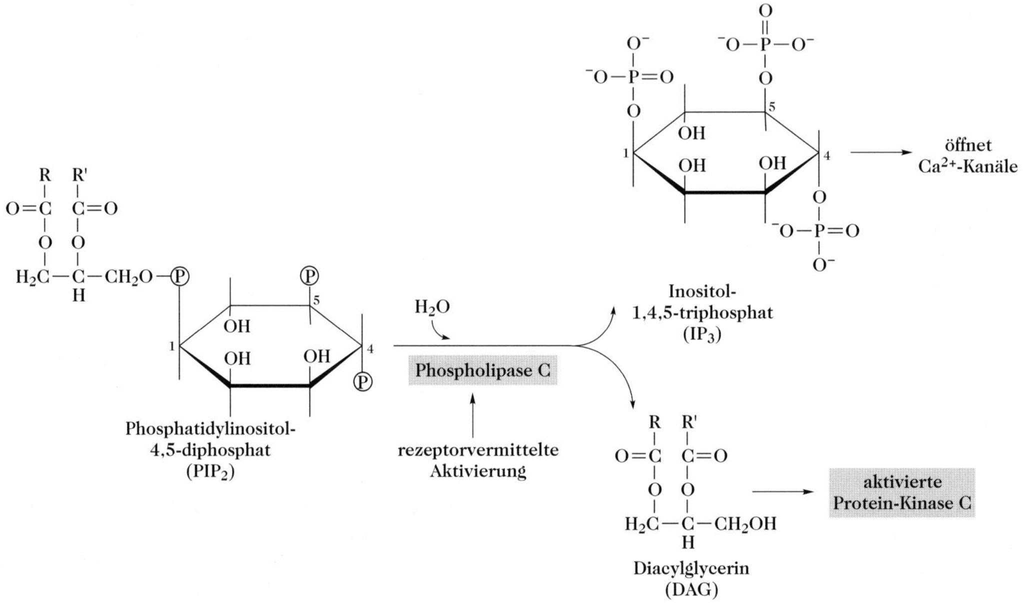

Phosphoinositol-Kaskade. Rezeptorvermittelte Hydrolyse von Phosphatidylinositol-4,5-diphosphat unter Bildung der sekundären Botenstoffe IP$_3$ und DAG (R, meistens Rest der Stearinsäure; R', meistens Rest der Arachidonsäure).

und Acetylphosphat gespalten wird. Schlüsselenzym ist Phosphoketolase (EC 4.1.2.9), die in irreversibler Reaktion D-Xylulose-5-phosphat in D-Glycerinaldehyd-3-phosphat und Acetylphosphat zerlegt. Die Reaktion ist von Thiaminpyrophosphat (TPP) abhängig. Glycerinaldehyd wird durch Reaktionen der ↗ *Glycolyse* in Lactat umgewandelt. Acetylphosphat liefert Acetat. Bilanz der Pentoseumsetzung in *Lactobacillus*-Arten:

Pentose $(C_5H_{10}O_5)$ + 2 ADP + 2 P_i → Acetat $(C_2H_4O_2)$ + L-Lactat $(C_3H_6O_3)$ + 2 ATP. Es besteht eine Nettoausbeute von 2 ATP je Pentosemolekül: ein ATP-Molekül wird für die Phosphorylierung der Pentose benötigt, die am Ende in D-Xylulose-5-phosphat überführt wird; 2 ATP stammen aus der Glycolyse von Glycerinaldehyd-3-phosphat und eines von der Acetyl-Kinase-Reaktion mit Acetylphosphat.

In *Acetobacter xylinum* kommt ein *Phosphohexoketolaseweg* des Kohlenhydratabbaus vor, in dessen Verlauf eine spezifische Phosphohexoketolase Fructose-6-phosphat phosphorolytisch in D-Erythrose-4-phosphat und Acetylphosphat spaltet.

Phosphokinase, ↗ *Kinasen.*

Phosphokreatin, Kreatinphosphat, das ↗ *Phosphagen* der Wirbeltiermuskulatur (M_r 211,1 Da), das durch Kreatin-Kinase (EC 2.7.3.2) aus Kreatin und ATP gebildet wird (*Lohmann-Reaktion*, Abb.). Bei der Rückreaktion wird ATP regeneriert. Das System Kreatinphosphat + Kreatin-Kinase + ADP wird in der Enzymologie häufig *in vitro* zur konti-

nuierlichen Bereitstellung von ATP eingesetzt, wenn Substratkonzentrationen von ATP die betreffende Enzymreaktion hemmen.

Phospholipase C, *PLC,* das Schlüsselenzym der ↗ *Phosphoinositol-Kaskade.* P. ist membrangebunden und katalysiert die Hydrolyse der Phosphodiesterbindung im Phosphatidylinositol-4,5-diphosphat. Aus Säugern wurden vier verschiedene PLCs mit deutlich variierenden relativen Molekülmassen zwischen 61 und 154 kDa charakterisiert, die als PLCα, PLCβ, PLCγ und PLCδ bezeichnet werden, und von denen verschiedene Isoformen existieren. Mit Ausnahme weniger Sequenzabschnitte sind die PLCs sehr verschieden. Die enzymatische Aktivität dieser Enzyme erhöht sich mit Anstieg des Ca^{2+}-Spiegels von 100 nM auf 1 μM. Für die einzelnen Formen der PLCs scheint es verschiedene G-Proteine zu geben. Durch die G-Protein-Untereinheit G_q wird z. B. die Aktivität der Isoform PLCβ1 ebenso gesteigert wie die Affinität für Ca^{2+}-Ionen, während G_q keine Aktivitätszunahme bei der PLCγ1 bewirkt. Im Unterschied dazu wird PLCγ1 durch eine Rezeptor-Tyrosinkinase aktiviert.

Phospholipasen, *Phosphatidasen,* zusammenfassende Bezeichnung für die spezifisch auf Phosphoglyceride vom Grundtyp des Lecithins wirkenden Carbonsäure-Esterasen P. A_1, A_2 und B sowie die Phosphodiesterasen P. C und D. P. A_1 (EC 3.1.1.32) setzt die Fettsäure vom C1 des Glycerins frei und führt zur Bildung von Lysophosphatiden (2-Acylglycerophosphocholin), die die Erythrocyten hämolysieren. P. A_2 (EC 3.1.1.4) entfernt die ungesättigte Fettsäure am C2, P. B (EC 3.1.1.5) ebenfalls, jedoch nur aus Lysophosphatiden. P. C (EC 3.1.4.3) setzt die phosphorylierte Base, P. D (EC 3.1.4.4; spaltet auf der anderen Seite der Phosphorylgruppe) nur die stickstoffhaltige Base, z. B. Cholin, frei (Abb.).

Phospholipasen. Angriffsorte lecithinspaltender Enzyme. R_1 = gesättigter, R_2 = ein- oder mehrfach ungesättigter Fettsäurerest.

P. finden sich besonders in Leber und Pankreas (P. A_1), in Bienen- und Schlangengift (P. A_1 und P. A_2) oder in Mikroorganismen (P. C) bzw. Pflanzen (P. D). Die für die näher untersuchten P. A_2 und C beschriebenen ungewöhnlichen Eigenschaften, z. B. Hitzestabilität (5 Minuten bei 98 °C) und Unempfindlichkeit gegenüber Diethylether, Chloroform oder 8 M Harnstofflösung, können unter ande-

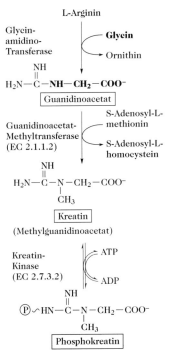

Phosphokreatin. Biosynthese von Phosphokreatin.

rem durch die kompakte Struktur dieser Phospholipasen (6–15 Disulfidbrücken) erklärt werden. P. A$_2$ aus Schweinepankreas wird als Zymogen (130 Aminosäuren bekannter Sequenz, M$_r$ 14,66 kDa) gebildet und durch tryptische Entfernung des N-terminalen Heptapeptids PyroGlu-Glu-Gly-Ile-Ser-Ser-Arg- in die aktive P. A$_2$ überführt (123 Aminosäuren). Von gleicher Größe ist die P. A$_2$ aus Schlangengift von *Crotalus atrox* (M$_r$ 14,5 kDa) und Bienengift (M$_r$ 14,55 kDa, 129 Aminosäuren, Sequenz bekannt). Doppelt so groß sind dagegen die beiden P. -A$_2$-Isoenzyme aus *Crotalus-adamanteus*-Gift (266 Aminosäuren, M$_r$ 29,865 kDa). Die bakterielle P. C konnte aus *Clostridium welchii* und *Bacillus cereus* isoliert werden.

Phospholipide, ↗ *Membranlipide*, die einen Phosphorsäurerest (Abb. 1a) in Form eines Diesters enthalten, in dem ein Alkoholteil (X in Abb. 1b) polar ist und der andere (Y in Abb. 1b) nicht polar. Der übrigbleibende dritte acide Wasserstoff des Phosphorsäurerests ist bei physiologischem pH ionisiert.

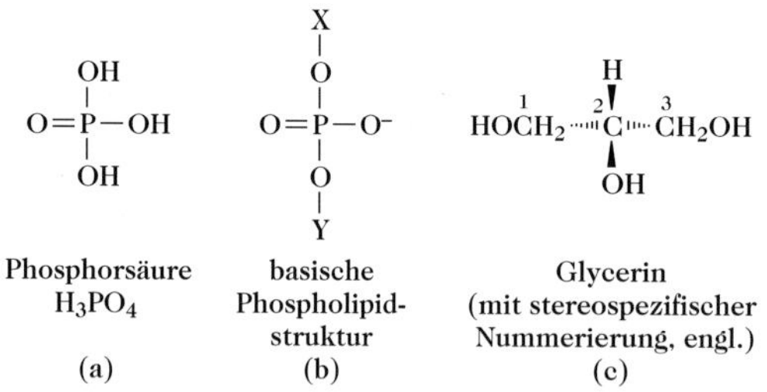

Phospholipide. Abb. 1. Struktur der Grundbausteine von Phospholipiden.

Die P. werden durch zwei Unterklassen charakterisiert:

1) *Glycerophospholipide* (entsprechend der IUPAC-IUB-Nomenklatur), heißen auch manchmal *Phosphoglyceride*. Der nichtpolare Rest (Y) ist ein Glycerinderivat (Abb. 1c), z. B. 1,2-Diacyl-*sn*-glycerin oder 1-*O*-(1-Alkenyl)2-*O*-acyl-*sn*-glycerin; in beiden Fällen ist die *sn*-3-Hydroxylgruppe des Glycerinteils mit der Phosphorsäure verestert. Glycerophospholipide des ersten Typs (Abb. 2a) sind Derivate von *L-α-Phosphatidsäure* (1,2-Diacyl-*sn*-glycerin-3-phosphorsäure und werden auch als solche bezeichnet (z. B. Phosphatidylethanolamin), während jene des zweiten Typs (Abb. 2b) Derivate der *Plasmensäure* [1-*O*-(1-Alkenyl)-2-*O*-acyl-*sn*-glycerin-3-phosphorsäure] sind. Obwohl auch diese Verbindungen entsprechend genannt werden können (z. B. Plasmenylethanolamin), sind sie im Allgemeinen als *Plasmalogene* bekannt. Der Substituent in der *sn*-1-Position der Plasmalogene ist mit dem Glycerinkohlenstoff über eine Etherbindung und nicht über eine Esterbindung verknüpft. Aus diesem Grund werden die Plasmalogene oft den

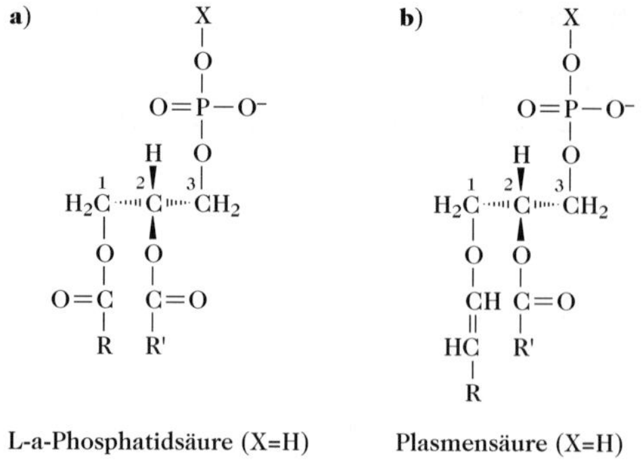

Phospholipide. Abb. 2. Grundstrukturen von a) von Phosphatidsäure abgeleiteten Phosphatidyllipiden (X ist ein polarer Alkoholrest) und b) von Plasmensäure abgeleiteten Plasmenylglycerophospholipiden (X ist ein polarer Alkoholrest). R, R′ = Kohlenwasserstoffketten.

Etherlipiden zugeordnet und gemeinsam mit den Phytanylethern der Archaebakterien (↗ *Phytanylethermembranlipide*) als solche klassifiziert. Die Phosphatidyl- und Plasmenylglycerophospholipid-Unterunterklassen werden in Bezug auf den polaren Alkohol, der mit ihrem Phosphorsäureteil (als Komponente X in Abb. 2a) verestert ist, weiter unterteilt. In der Tabelle sind die Strukturen dieser polaren Alkohole und die Namen der Glycerophospholipid-Unterabteilungen aufgeführt. Innerhalb jeder dieser Unterabteilungen ist jedoch eine beträchtliche Vielzahl an Molekülarten möglich, weil viele verschiedene Fettsäuren mit dem Glycerinrest der Stammstruktur verestert sein können; dies trifft auch auf alle anderen acylierten P. -Unterabteilungen zu. Die Kopfgruppen Ethanolamin- und Cholinhaltiger Glycerophospholipide sind elektrisch neutral aber polar, da jede die gleiche Anzahl ganzer positiver und negativer Ladungen besitzt, die durch Ionisation gebildet werden. Die Kopfgruppen aller anderen Glycerophospholipidarten sind elektrisch negativ geladen. Eine Reihe von Phosphatidylinositolderivaten (PI) sind auch in Biomembranen vorhanden. Beispielsweise liegen viele der in tierischen Plasmamembranen vorkommenden PI als 4-Phosphat (PIP)- und 4,5-Diphosphat (PIP$_2$)-Derivate vor. Einige verankern Proteine auf der äußeren Oberfläche verschiedener einzelliger Eukaryonten (z. B. *Trypanosoma*-Arten) und Säugetierzellarten, wie Lymphocyten, mit Hilfe von ethanolaminhaltigen Oligosacchariden. Diese sind als Glycosyl-PI (GPI)-Anker bekannt.

2) *Sphingophospholipide*. Der nichtpolare Alkoholrest (Y) stammt von einem *N*-acylierten Derivat des langkettigen Aminoalkohols Sphinganin – (2R,3R)-2-Amino-1,3-octadecandiol – oder einem seiner Derivate, dem Sphingosin – *trans*-4-Sphingenin (2R,3R,4E)-2-Amino-4-octadecen – oder Phytosphingosin – 4-D-Hydroxysphinganin;

Phospholipide. Tab. Struktur der polaren Alkohole, die mit dem Phosphorsäurerest von Glycerophospholipiden verestert sind.

polarer Alkohol	Formel (bei physiologischem pH-Wert)	Name des Glycerophospholipids
L-Serin	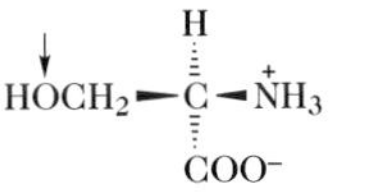 $HOCH_2 - \overset{H}{\underset{COO^-}{C}} - \overset{+}{N}H_3$	Phosphatidylserin Plasmenylserin
Ethanolamin	$HOCH_2 - CH_2 - \overset{+}{N}H_3$	Phosphatidylethanolamin Plasmenylethanolamin
Cholin	$HOCH_2 - CH_2 - \overset{+}{N}(CH_3)_3$	Phosphatidylcholin Plasmenylcholin
myo-Inositol (1,2,3,5/4,6-Hexahydroxycyclohexan)	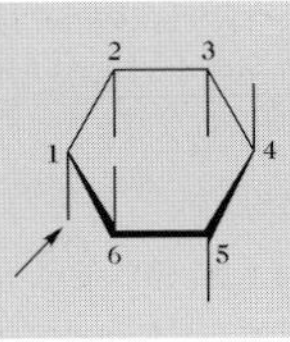	Phosphatidylinosit
Glycerin	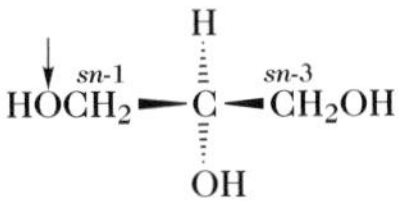 $\overset{sn\text{-}1}{HOCH_2} - \overset{H}{\underset{OH}{C}} - \overset{sn\text{-}3}{CH_2OH}$	Phosphatidylglycerin
Phosphatidylglycerin	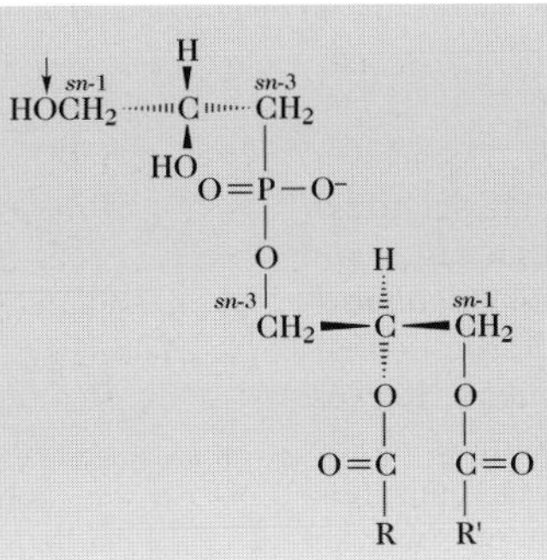	Diphosphatidylglycerin (Cardiolipin)

Genau genommen müsste dem Namen von Phosphatidylglycerophospholipiden das Präfix (3-*sn*)- vorangestellt werden, um die Position des polaren Alkoholrests zu spezifizieren.
↓ = dasjenige Sauerstoffatom, das esterartig mit dem Phosphorsäurerest von Phosphatidsäure bzw. Plasmensäure verknüpft ist.
R und R' = Kohlenwasserstoffketten.

(2S,3S,4R)-2-Amino-1,3,4-octadecantriol – ab. Diese N-Acylsphinganinderivate heißen *Ceramide*. Wenn die C1-Hydroxylgruppe eines Ceramids mit Phosphorsäure verestert vorliegt, resultiert eine Struktur, die der von Phosphatid- und Plasmensäuren darin ähnlich ist (Abb. 3 , dass zwei Kohlenwasserstoffketten an benachbarte Kohlenstoffatome einer glycerinähnlichen Dreikohlenstoffkette gebunden sind. Ein Sphingophospholipid wird gebildet, wenn der Phosphorsäurerest eines Ceramid-1-phosphats eine zweite Esterbindung zu einem polaren Alkohol eingeht. Das bekannteste Sphingophospholipid, das in tierischen Geweben vorkommt, ist *Sphingomyelin* (Abb. 3), bei dem N-Acylsphingosin-1-phosphat mit Cholin verestert ist; der Fettsäureteil stammt gewöhnlich von Lignocerinsäure (C24:0) oder Nervonsäure (C24:1, *cis*-Δ^{15}) ab. Die Sphingophospholipide von Pflanzenmembranen enthalten Phytosphingosin und ein komplexes Oligosaccharid als polaren Alkoholteil. Bei Letzterem ist oft *myo*-Inositol (↗ *Inositole*) der Bestandteil, der über seine C1-Hydroxylgruppe direkt an den Phosphorsäurerest des Ceramid-1-phosphats gebunden ist.

Biosynthese. Die Phosphatidylinositole, -serine und -glycerine werden aus Phosphatidsäure gebildet. Diese reagiert mit CTP unter Bildung von 3-CDP-1,2-Diacyl-*sn*-glycerin, das anschließend mit Inositol, Glycerin oder Phosphatidylglycerin unter Freisetzung von CMP weiterreagiert. Phosphati-

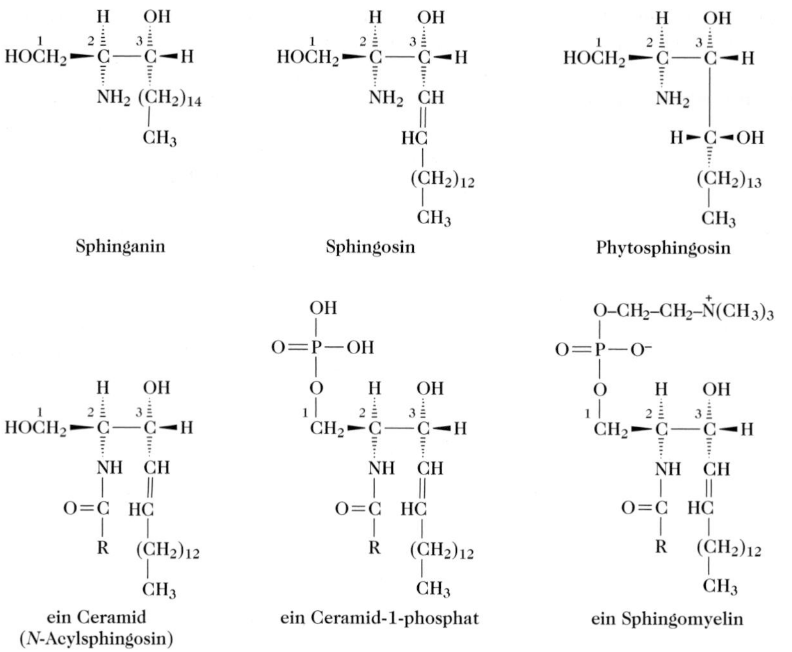

Phospholipide. Abb. 3. Struktur von Sphingomyelin- und Sphingophospholipidbausteinen. R = Kohlenwasserstoffkette.

dylethanolamine entstehen durch Decarboxylierung von Phosphatidylserinen, Phosphatidylcholine (*Lecithine*) durch Methylierung von Phosphatidylethanolaminen. *Lysophosphatidsäuren* (*Lysolecithine* und *Lysocephaline*) enthalten eine nichtveresterte Hydroxylgruppe. Sie werden durch die Wirkung von Phospholipase A_2 (EC 3.1.1.4) und A_1 (EC 3.1.1.32) aus Glycerophospholipiden gebildet. Sphingomyeline werden durch die Übertragung des passenden Phosphorylalkohols (z. B. Phosphorylcholin) aus dem korrespondierenden CDP-Alkohol auf die Ceramid-C1-Hydroxylgruppe erzeugt. Nichtsialo-Sphingoglycolipide werden durch den Transfer von Glycosylresten in der richtigen Reihenfolge aus geeignetem UDP-Zucker gebildet, anfangs auf die Ceramid-C1-Hydroxylgruppe und anschließend auf den endständigen Glycosylrest des wachsenden Oligosaccharidrests. Ganglioside stammen vom Lactosylceramid ab.

Phosphomevalonat-Kinase, ein Enzym im Isoprenoidstoffwechsel, das Phosphomevalonat unter Verbrauch von ATP zu 5-Pyrophosphomevalonat umwandelt (Abb.).

Phosphon D, *2,4-Dichlorbenzyltri-n-butylphosphoniumchlorid*, ein zur Gruppe der Retardanzien gehörender synthetischer Wachstumsregulator. P. D hemmt z. B. das Wachstum von Chrysanthemenstängeln und fördert die Blüteninduktion.

Phosphopantethein, ↗ *Pantethein-4'-phosphat*.

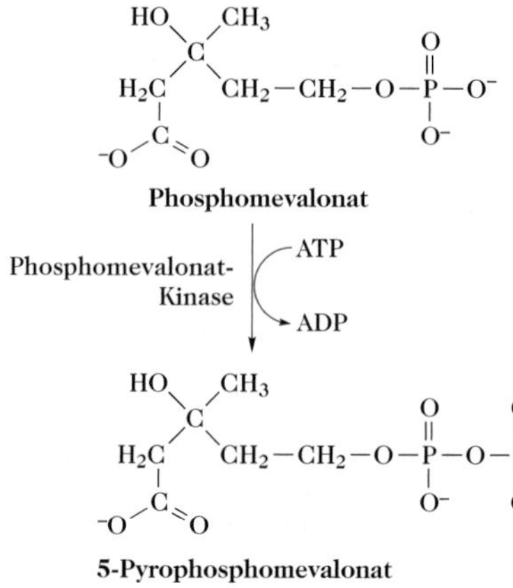

Phosphomevalonat-Kinase. Von der Phosphomevalonat-Kinase vermittelte Phosphorylierungsreaktion.

Phosphoproteine, konjugierte ↗ *Proteine*, die als prosthetische Gruppe Phosphatreste enthalten, wie z. B. das Casein in der Milch (↗ *Milchproteine*) und das Ovalbumin (↗ *Albumine*) des Hühnereis. Weitere P. sind Phosphovitin und Vitellin des Eidotters sowie das Pepsin des Magensafts. Die reversible Phosphorylierung von Serin-, Threonin- bzw. Tyrosinresten in Proteinen ist ein wichtiges Prinzip funktioneller Modifizierungen.

Phosphopyruvat-Kinase, ↗ *Pyruvat-Kinase*.

Phosphor, ↗ *Bioelemente*.

Phosphoribomutase, ein Enzym, das die reversible Umwandlung von Ribose-1-phosphat in Ribose-5-phosphat katalysiert.

5-Phosphoribose-1-diphosphat, ↗ *5-Phosphoribosyl-1-pyrophosphat*.

5-Phosphoribosylamin, *PRA*, ein Zwischenprodukt der ↗ *Purinbiosynthese*.

5-Phosphoribosyl-1-pyrophosphat, *5-Phosphoribose-1-diphosphat*, *PRPP*, ein energiereiches Zuckerphosphat, das aus Ribose-5-phosphat und ATP durch Übertragung eines Pyrophosphatrests gebildet wird (M_r 390,1 Da). Es ist unter anderem an der Biosynthese von Purinen, Pyrimidinen und Histidin beteiligt.

phosphoroklastische Pyruvatspaltung, ein besonderer, auf saccharolytische *Clostridien* beschränkter Mechanismus der Spaltung von Pyruvat. Er ist verantwortlich für die ATP-Synthese im Verlauf der Luftstickstoffbindung. Der erste Schritt besteht in der Synthese von Acetylphosphat aus Pyruvat, unter Bildung von CO_2 und Wasserstoff:

CH_3-CO-COOH + P_i →

CH_3-CO-O-PO_3H_2 + CO_2 + H_2.

Daran schließt sich die Synthese von ATP aus Acetylphosphat an, katalysiert durch die Acetokinase:

Acetylphosphat + ADP ⇌ ATP + Acetat. Die erste Stufe der p. P. benötigt mehrere Enzyme (ein zur Pyruvat-Dehydrogenase analoges Multienzymsystem, Phosphotransacetylase und Hydrogenase) und Cofaktoren (Thiaminpyrophosphat, Ferredoxin und Coenzym A).

phosphororganische Insektizide, eine Gruppe von ↗ *Insektiziden*, die sich von der *o*-Phosphorsäure ableiten, wobei durch Substitution des zwei- oder des einbindigen Sauerstoffs mit Schwefel Thiophosphorsäuren oder durch Ersatz beider Sauerstoffatome durch Schwefel Dithiophosphorsäuren gebildet werden. Zusätzlich gibt es in allen Gruppen Verbindungen mit Phosphonat- und Phosphoramidstruktur. Der Wirkungsmechanismus der P. ist bei Insekten und Warmblütern ähnlich. Im Vordergrund stehen meist die durch Enzymphosphorylierung auftretenden Hemmungen der Acetylcholin-Esterasen, sowie Alkylierungsreaktionen.

Phosphorsäuremonoester-Hydrolasen, Syn. für ↗ *Phosphatasen*.

Phosphorylase-Kinase, der erste, 1956 charakterisierte Vertreter der ↗ *Protein-Kinasen*. Die P. phosphoryliert das Enzym ↗ *Glycogen-Phosphorylase*, wodurch es zur Abspaltung von Glucoseresten aus dem Glycogen aktiviert wird.

Phosphorylierungsquotient, *P/O-Quotient*, die Anzahl der Mole ATP pro Mol verbrauchtem Sauerstoff. Der P. für die Oxidation von NADH beträgt 3, für $FADH_2$ 2 (↗ *Atmungskette*).

Phosphotransacetylase, ↗ *Acetylphosphat*.

Phosphotransferasesystem, ↗ *aktiver Transport*.

Phosvitin, ein Phosphoserin enthaltendes Glycoprotein. Das wasserlösliche, in etwa zu 5 % im Eigelb vorkommende Protein besteht aus dem α- und β-P. mit einer M_r von 160–190 kDa. Während α-P. aus drei Untereinheiten (M_r 37,5, 42,5 und 45 kDa) aufgebaut ist, besteht β-P. nur aus einer Untereinheit (M_r 45 kDa). Die Existenz einer dritten Komponente ist wahrscheinlich. P. wird durch proteolytische Spaltung von Vitellogenin in den Oocyten oviparer Wirbeltiere gebildet. Es ist Bestandteil der Dotterplättchen und wird während des Wachstums der Oocyten im Cytoplasma der Eizellen in größerer Menge gebildet.

Photoatmung, Syn. für ↗ *Photorespiration*.

photobiologische Wasserstofferzeugung, die Bildung von Wasserstoff unter Nutzung der Reaktionen der ↗ *Photosynthese* (↗ *Bakterienphotosynthese*) mittels Organismen oder artifizieller Systeme. ↗ *mikrobielle Wasserstoffbildung*.

Photocitral, ein Zyklisierungsprodukt des ↗ *Citrals*.

Photoheterotrophie, ↗ *Phototrophie*.

Photolithotrophie, ↗ *Phototrophie*.

Photometrie, *Lichtmessung*, in der Chemie im engeren Sinn die Konzentrationsbestimmung gelöster Substanzen durch Messung ihrer Lichtabsorption (*UV-VIS-Spektroskopie*). Farblose Proben werden durch Umsetzung mit geeigneten Reagenzien in farbige Verbindungen mit spezifischer Lichtabsorption überführt und dann die ↗ *Extinktion* ermittelt. Grundlage für die analytische Anwendung der P. ist das Lambert-Beersche Gesetz.

Photophosphorylierung, ATP-Synthese bei der ↗ *Photosynthese*.

Photoproteine, Proteine, die für die Lumineszenz vieler lichtemittierender Coelenterata verantwortlich sind. An der Lichtemission durch P. ist kein Luciferin-Luciferase-System (↗ *Luciferin*) beteiligt und die Reaktion läuft in Abwesenheit von Sauerstoff ab. ↗ *Aequorin*, das P. der Qualle *Aequorea*, enthält als Chromophor ein substituiertes 2-Aminopyrazin; die Lichtproduktion (λ_{max} 469 nm) wird spezifisch durch Ca^{2+} aktiviert. Ein ähnliches Ca^{2+}-aktiviertes P., das Obelin, wurde aus *Obelia geniculata* (λ_{max} des emittierten Lichts 475 nm) isoliert. Beide Proteine wurden als sensitive Sonden zur Messung intrazellulärer Ca^{2+}-Konzentrationen eingesetzt, wobei die untere Nachweisempfindlichkeit bei 10 nM Ca^{2+} lag. [A.K. Campbell u. J.S.A. Simpson „Chemi- and bioluminescence as an analytical tool in biology" *Techniques in Metabolic Research*, Elsevier **B213** (1979) 1–56]

photoreaktivierendes Enzym, *DNA-Photolyase*, ↗ *DNA-Reparatur*.

Photorespiration, *Photoatmung*, *Lichtatmung*, eine durch Licht verstärkte Atmung in photosynthetischen Organismen. Durch Belichtung von C3-Pflanzen erhöht sich die Rate des Sauerstoffverbrauchs deutlich. Diese Steigerung der Respiration kann bis zu 50 % der Photosyntheserate betragen. Auf diese Weise geht ein Teil der Photosyntheseausbeute in C3-Pflanzen verloren. In C4-Pflanzen tritt die P. entweder gar nicht auf oder ist besonders gering. Die P. beruht großenteils auf der Oxygenase-Aktivität der ↗ *Ribulosediphosphat-Carboxylase*, die Ribulose-1,5-diphosphat oxidativ in Phosphoglycolat und 3-Phosphoglycerat spaltet. Das Glycolat (gebildet aus Phosphoglycolat) verlässt die Chloroplasten und tritt in die Peroxisomen ein, wo es zu Glyoxylat oxidiert wird (durch eine Flavoprotein-Oxidase). Ein Teil des Wasserstoffperoxids, das durch die Wirkung der Flavoprotein-Oxidase gebildet wird, kann das Glyoxylat zu Formiat und CO_2 oxidieren, die Hauptmenge wird jedoch durch Peroxidasen und Katalase zerstört. Der größte Teil des Glyoxylats wird zu Glycin transaminiert, das in die Mitochondrien eintritt. Das Glycin kann decarboxyliert und/oder in Serin überführt werden, von dem ein Teil wiederum in die Peroxisomen eintreten kann und zu Hydroxypyruvat und D-Glycerat oxidiert wird. Es laufen verschiedene Reaktionen ab, die einen Verlust an Kohlenstoff in Form von CO_2 nach sich ziehen. Der Vorgang ist lichtabhängig, weil der Calvin-Zyklus, der das Ribulose-1,5-diphosphat zur Verfügung stellt, Licht benötigt. Einige dieser Reaktionen werden im Diagramm des Glycolat-Zyklus (↗ *Glycin*) dargestellt, wobei das dort aufgeführte Phosphoglycolat jedoch von aktivem Glycolaldehyd abstammt. ↗ *CO_2-Kompensationspunkt*, ↗ *Lichtkompensationspunkt*. [S. Krömer „Respiration During Photosynthesis" *Annu. Rev. Plant Physiol. Plant Mol. Biol.* **46** (1995) 45–70]

Photosynthese, die lichtabhängige Kohlenstoff-Assimilation, d. h. die Bildung von Kohlenhydraten aus Kohlendioxid und Wasser mit Hilfe von Sonnenlicht, wobei Sauerstoff freigesetzt wird. Die P. führen sowohl höhere Pflanzen als auch Grünalgen (einschließlich Prochlorophyta, z. B. *Prochloron*- und *Prochlorothrix*-Arten) sowie Cyanobakterien (früher als blaugrüne Algen klassifiziert) und Bakterien der Ordnung Rhodospirillales (↗ *Photosynthesebakterien*) durch. Photosynthetische Organismen bilden nicht nur Sauerstoff, sondern verbrauchen diesen auch zur ↗ *Atmung*, so dass P. und Atmung schematisch in folgender Beziehung stehen:

$$6\,CO_2 + 6\,H_2O + 2{,}88\,mJ \underset{\text{Atmung}}{\overset{\text{Photosynthese}}{\rightleftarrows}} C_6H_{12}O_6 + 6\,O_2.$$

Die P. wird in Primärreaktionen und Sekundärreaktionen unterteilt. Im Verlauf der *Primärreaktionen* wird mit Hilfe von ein oder zwei Photosystemen Lichtenergie absorbiert und dazu verwendet, ATP

(in allen photosynthetischen Organismen) und ein Reduktionsmittel (in den meisten photosynthetischen Organismen) zu erzeugen. Durch *Sekundärreaktionen* wird die während der Lichtphase bereitgestellte Energie sofort dazu eingesetzt, CO_2 in Kohlenhydrate zu überführen.

Pflanzliche P. Die Bausteine der Lichtreaktionen höherer Pflanzen und Algen sind in die Thylakoidmembranen der *Chloroplasten* eingebaut und in Form einer Elektronentransportkette angeordnet. Diese besteht aus zwei *Photosystemen* (*PSI* und *PSII*), die über Protein- und Lipidredoxsysteme miteinander verknüpft sind. Die Funktion dieser Photosysteme ist es, Elektronen, die von H_2O abstammen, zur ATP-Erzeugung (aus ADP + P_i) zu nutzen. Dieser Vorgang der nichtzyklischen Phosphorylierung (Abb. 2) ist stark endergonisch ($\Delta G_0'$ +220 kJ mol^{-1}), weil folgende Teilschritte beteiligt sind: 1) die Elektronen überwinden einen Potenzialgradienten von 1,14 V, ausgehend vom positiven Redoxpotenzial des Wassers (E_0' +0,82 V) zum negativen Redoxpotenzial des NADPH (E_0' −0,32 V); 2) die Phosphorylierung von ADP ($\Delta G_0'$ +30,5 kJ mol^{-1}). Dieser Vorgang erfordert eine Zuführung von Energie, die von PSI und PSII zur Verfügung gestellt wird. Die Abspaltung von Elektronen aus H_2O führt zur Bildung von O_2 als Nebenprodukt, weshalb man in diesem Fall von einer „oxygenen Photosynthese" spricht. Eine abgewandelte Version liegt bei den gleichen Organismen in Form der zyklischen Phosphorylierung vor, an der nur PSI und ungefähr die Hälfte des gewöhnlichen Redoxsystems beteiligt sind. Es wird kein H_2O eingesetzt, kein NADPH und kein O_2 gebildet. Die einzige Funktion der zyklischen Phosphorylierung scheint darin zu bestehen, den ATP-Spiegel innerhalb der Chloroplasten bei Bedarf zu verstärken (Abb. 1).

Bakterielle P. ↗ *Photosynthesebakterien* besitzen keine Chloroplasten. Die Komponenten der Lichtreaktionen sind in der Plasmamembran enthalten, entweder als integrale Proteine oder als extrinsische Strukturen, die in das Cytoplasma vorstehen. Sie sind in Form einer Elektronenkette angeordnet, die aus Protein- und Lipidredoxsystemen besteht und nur ein einziges Photosystem, das bakterielle Photosystem (BPS, *bacterial pigment system*), enthält. Es ist nur ein Photosystem erforderlich, weil photosynthetische Bakterien für die nichtzyklische Phosphorylierung kein H_2O verwenden (↗ *Bakterienphotosynthese*). Sie setzen stattdessen Elektronendonatoren mit weniger positiven E_0'-Werten [z. B. H_2S (E_0' −0,23 V) in *Chromatiaceae*, SO_3^{2-} (E_0' −0,32 V) und Malat (E_0' −0,17 V) in *Rhodospirillaceae*] ein, und die Elektronen müssen aus diesem Grund nicht eine so große Potenzialdifferenz überwinden wie die Vertreter des Pflanzenreichs und die Cyanobakterien. Man spricht in diesem Fall von einer anoxygenen bzw. nichtoxygenen

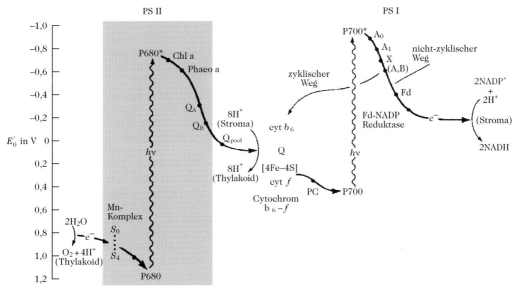

Photosynthese. Abb. 1. Elektronenübertragung im Verlauf der Photosynthese. Das Elektron, das nach Absorption eines Photons von P680 abgegeben wird, wird durch ein Elektron ersetzt, das durch den Mn-Komplex von H_2O abgezogen wird, wobei letztlich O_2 und vier H^+ entstehen. Das abgegebene Elektron wird entlang einer Kette von Elektronenüberträgern einem Pool von Plastochinon-Molekülen (Q) zugeführt. Das entstehende Plastochinol reduziert seinerseits Cytochrom b_6, das Elektronen auf eine noch unbekannte Weise auf Plastocyanin (PC) überträgt, wobei gleichzeitig Protonen in den Thylakoidraum überführt werden. Das Plastocyanin regeneriert photooxidiertes P700. Das vom P700 abgegebene Elektron reduziert durch eine zwischengeschaltete Kette von Elektronen-Überträgern im nichtzyklischen Elektronentransport $NADP^+$ zu NADH. Alternativ dazu kann das Elektron in einem zyklischen Prozess auf den Cytochrom-b_6-f-Komplex übertragen werden, wobei Protonen in den Thylakoidraum transloziert werden.

Photosynthese, da kein O_2 als Nebenprodukt entsteht. Alle photosynthetischen Bakterien sind in der Lage, eine zyklische Phosphorylierung durchzuführen und dadurch ATP zu erzeugen. Es besteht jedoch eine Vielzahl von Wegen, auf denen sie das Reduktionsmittel NADH (nicht NADPH) bilden, das ebenfalls für die Dunkelphase benötigt wird.

Die Photosysteme setzen sich aus zwei funktionellen Einheiten zusammen: 1) den *lichtsammelnden* oder *Antennenstrukturen* bzw. -komplexen, die in extrinsische und intrinsische Komplexe unterteilt werden. Die extrinsischen Strukturen sind mit der Oberfläche der entsprechenden Membran verbunden, während die intrinsischen Komplexe in die Membran eingebaut sind und diese gewöhnlich ganz durchspannen. Das Lichtsammelsystem *LHCII* des *PSII* höherer Pflanzen ist vermutlich aus mehreren sehr ähnlichen Proteinen zusammengesetzt. Jedes dieser Proteine trägt Chlorophyllmoleküle (4 Chl a und 3 Chl b) und Carotinoidmoleküle (2 Lutein oder Neoxanthin bzw. eines von jedem) nicht kovalent gebunden und jedes besitzt drei α-helicale Bereiche, die die Thylakoidmembran durchspannen. Sie können in Form trimerer funktioneller Einheiten angeordnet sein.

Die Chromoproteine der *LHCI* des *PSI* höherer Pflanzen durchspannen die Thylakoidmembran. Ihre molekulare Masse liegt vermutlich im Bereich von 19–24 kDa und sie sind nicht kovalent an Chl a und Chl b gebunden.

Die ↗ *Photosynthesepigmente* enthalten vor allem Chlorophylle und Carotinoide.

Die zweite funktionelle Einheit der Photosysteme sind die *Reaktionszentrenkomplexe*. Der zentrale Bereich des Reaktionszentrums von PSII höherer Pflanzen und Algen wird von zwei 32 kDa-Proteinen (D_1 und D_2) gebildet, die die Thylakoidmembran durchdringen. Außerdem enthält er zwei Chl-a-Moleküle, die vermutlich ein P680-"Spezialpaar" bilden, zwei Pheo-a-Moleküle, die die unmittelbaren Akzeptoren der Elektronen von P680 sind, und zwei Plastochinon-(PQ)Bindungsstellen (Q_A und Q_B), die sich am stromalseitigen Ende von D_2 und D_1 befinden.

Das Reaktionszentrum des schwefelfreien Purpurbakteriums *Rhodopseudomonas viridis* (jetzt umbenannt in *Rhodobacter viridis*) wurde Anfang der 1980er Jahre kristallisiert [H. Michel *J. Mol. Biol.* **158** (1982) 567–572] und seine Struktur durch Röntgenkristallographie untersucht [J. Deisenhofer et al. *J. Mol. Biol.* **180** (1984) 385–389 u. *Nature* **318** (1985) 618–624]. Diese Arbeit wurden 1988 mit dem Nobelpreis ausgezeichnet. Die Reaktionszentren anderer Purpurbakterien sind beinahe identisch mit dem des *Rb. viridis*, und auch die PSII ähneln einander.

Der zentrale Bereich des Reaktionszentrums besteht aus den L- und M-Proteinen, die beide fünf membrandurchspannende α-Helices besitzen, die mit A-E (LA-LE und MA-ME) bezeichnet werden, und zwei kurze α-Helices, die C mit D (LCD und MCD) sowie D mit E (LDE und MDE) verbinden. Die nicht-α-helicalen N-Termini und C-Termini befinden sich auf den cytoplasmatischen und periplasmatischen Seiten der Membran. Wie die Abb. 2 zeigt, richten sich die Helices von L und M in der Membran so aus, dass sich eine annähernd zweifache Symmetrie ergibt. Diese Symmetrie bleibt durch die Positionen, die von BChl-, BPheo- und Chinonmolekülen besetzt werden, erhalten. Die Achse verläuft senkrecht zur Membranoberfläche zwischen dem BChl-"Spezialpaar" am periplasmatischen Ende und dem Reaktionszentrum in Richtung des Nichthäm-Fe^{2+} am cytoplasmatischen Ende. Die Isoprenoidseitenketten des BChl-"Spezialpaars" überlappen mit den Porphyrinringen der beiden BPheo, die neben dem "Spezialpaar" und entfernt von der Symmetrieachse liegen. Die beiden "voyeur"-BChl liegen etwas unterhalb und auf jeder Seite des BChl-"Spezialpaars". Die Bindungs-

stelle für den Chinonring von Q_A befindet sich am cytoplasmatischen Ende des M-Proteins und beinhaltet Wechselwirkungen mit den MD- und ME-α-Helices. Die Bindungsstelle für den Chinonring von Q_B liegt in einer äquivalenten Position auf dem L-Protein und befindet sich deshalb auf der gleichen Höhe in der Membran wie der Q_A-Ort.

Die Reaktionszentren der grünen Schwefelbakterien enthalten zwei membrandurchspannende 65 kDa-Proteine, die zusätzlich zu den Komponenten, die die Ladungstrennung bewirken, eine große Anzahl an Lichtsammelpigmenten enthalten. Sie besitzen beide „Spezialpaare" (P700 bei PSI und P840 bei grünen Schwefelbakterien), deren P*/P+-Redoxsystem einen E_0'-Wert von ~-1,2 V aufweist, d. h. ungefähr 0,3 V negativer ist als der des PSII von Purpur- oder schwefelfreien grünen Bakterien. Ihr unmittelbarer Elektronenakzeptor ist ein (B)Chl a (oft als A_0 bezeichnet), von dem aus das Elektron mehrere gebundene Fe-S-Zentren (unterschiedlich bezeichnet als F_x und F_{ab} bzw. F_a und F_b) durchläuft. Letztere sind charakteristisch für die Reaktionszentren des PSI und der grünen Schwefelbakterien. Die Fe-S-Zentren versetzen diese Re-

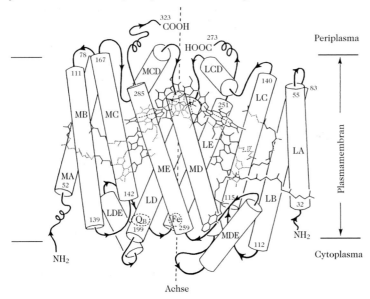

Photosynthese. Abb. 2. Der zentrale Bereich des Reaktionszentrums des photosynthetischen Pigmentsystems von *Rhodobacter viridis*. Die α-helicalen Abschnitte der beiden Proteinuntereinheiten L und M sind als Zylinder dargestellt. Die Position der Aminosäure an jedem Ende der transmembranen α-Helices (LA-LE und MA-ME) in der Primärstruktur der Proteine ist durch Zahlen angegeben. MD entspricht der Position 197–225; LD Position 170; LE Position 225. Die Symmetrieachse verläuft zwischen den überlappenden Pyrrolringen der Porphyrinringe des Bacteriochlorophyll-*b*-„Spezialpaars" (BChl b_{sp}) auf der periplasmatischen Seite (oben) des Komplexes zum Nichthämeisen auf der cytoplasmatischen Seite (unten). Teile der chemischen Strukturen wurden hinter den α-Helixzylindern gestrichelt gezeichnet. Wenn man von der periplasmatischen Seite (oben) zur cytoplasmatischen Seite (unten) blickt, erscheinen die Pigment- und Chinonkomponenten in folgender Reihenfolge: 1) BChl-„Spezialpaar", 2) zwei „voyeur"-BChl-*b*-Moleküle (ohne ihre Phytylseitenkette gezeichnet), 3) zwei Bacteriopheophytin-*b*- (BPheo-*b*-) Moleküle und 4) Menachinon (MQ) am Q_A-Ort. Die Lage des Ubichinons (UQ), das im Verlauf der Isolierung und Kristallisierung des Reaktionszentrums meistens verloren geht, ist durch eingekreistes Q_B dargestellt. Die Elektronenübertragung durch den zentralen Bereich folgt vermutlich dem Weg BChl $b_{sp} \rightarrow$ Bpheo $b \rightarrow$ MQ auf der rechten Seite der eingezeichneten Achse. Anschließend werden die Elektronen lateral auf austauschbares UQ am Q_B-Ort übertragen.

aktionszentren in die Lage, lösliches Ferredoxin zu reduzieren, dessen Redoxpotenzial negativ genug ist, um NAD^+ exergonisch zu reduzieren.

Die Antennenkomplexe und Reaktionszentren bilden eine photosynthetische Einheit, ein sog. *Quantosom.*

Primärreaktionen (Lichtreaktionen). Bei höheren Pflanzen und Algen unterscheidet man eine nichtzyklische Phosphorylierung, deren Aufgabe es ist, ATP und Reduktionsäquivalente zur Verfügung zu stellen, und eine zyklische Phosphorylierung, durch die lediglich ATP gebildet wird.

Die *nichtzyklische Phosphorylierung* (nc-p/p) beginnt mit der Absorption von Lichtphotonen mit Hilfe der Antennenpigmente des PSI und PSII und der Übertragung ihrer Energie durch induktive Resonanz auf P700 und P680 in den PSI- und PSII-Reaktionszentren. Die Elektronen gehen dabei vom Grundzustand (S_0) in den ersten angeregten Zustand (S_1) über, der in Abb. 1 durch P700* und P680* dargestellt ist. Dieser angeregte Zustand entspricht den reduzierten Komponenten des Redoxsystems, die ein stark negatives Redoxpotenzial besitzen: $P700^+/P700^*$ (E_0' ~−1,2 V) und $P680^+/$ P680* (E_0' ~−0,8 V). Sie stellen sehr kraftvolle Reduktionsmittel (d. h. Elektronendonatoren in Redoxreaktionen) dar. Nach ihrer Bildung reduzieren P700* und P680* rasch (d. h. innerhalb 10 psec) die oxidierten Komponenten des Redoxsystems, die die unmittelbaren Elektronenakzeptoren von PSI und PSII bilden. Die dadurch entstehenden $P700^+$ und $P680^+$ stellen die oxidierten Komponenten der beiden Redoxsysteme dar und besitzen stark positive Redoxpotenziale: $P700^+/P700(S_0)$ (E_0' +0,49 V) und $P680^+/P680(S_0)$ (E_0' ~+1,1 V). Hier liegen starke Oxidationsmittel (d. h. Elektronenakzeptoren in Redoxreaktionen) vor. Nach ihrer Bildung oxidieren $P700^+$ und $P680^+$ rasch (innerhalb von 20–30 nsec) die reduzierten Komponenten des Redoxsystems, die die unmittelbaren Elektronendonatoren von PSI und PSII darstellen. Durch Beteiligung an dieser Elektronenkette übertragen P700 und P680 Elektronen entlang einer Kette aus Redoxsystemen von H_2O (dem Endelektronendonor der nc-p/p) auf $NADP^+$ (dem Endelektronenakzeptor). Dadurch werden ATP und NADPH erzeugt. NADPH ist die reduzierte Komponente des $NADP^+/NADPH$-Redoxsystems (E_0' −0,32 V). Das Nebenprodukt dieses Prozesses ist O_2, welches die oxidierte Komponente des O_2/H_2O-Redoxsystems darstellt (E_0' +0,82 V). Wenn Elektronen entlang des nc-p/p-Elektronenflusswegs getrieben werden, werden Protonen über die Thylakoidmembran vom Chloroplastenstroma in das Thylakoidlumen „gepumpt". Ein Teil der Energie der absorbierten Photonen wird zur Erzeugung einer ↗ *protonenmotorischen Kraft* (PMF) verwendet. Die Protonen kehren anschließend über den membrandurchspannenden CF_0CF_1-Komplex in das Stroma zurück, wodurch die ATP-Synthase-katalysierte Phosphorylierung von ADP und die Freisetzung des gebildeten ATP in das Stroma (↗ *chemiosmotische Hypothese*) unterstützt wird. Durch den nc-p/p-Elektronenfluss werden sowohl NADPH als auch ATP erzeugt.

Da für die Reduktion von $NADP^+$ zwei Elektronen (und ein H^+) benötigt werden, erfordert die Stöchiometrie des nc-p/p-Elektronenflusswegs, dass – je oxidiertem H_2O und je gebildetem $\frac{1}{2} O_2$ ($H_2O \rightarrow 2 e^-$ $+ 2 H^+ + \frac{1}{2} O_2$) – jedes Photosystem zwei Lichtphotonen absorbiert, wodurch 2 P700* und 2 P680* gebildet werden. Da durch die Wirkung des wasseroxidierenden Enzymkomplexes (auch als sauerstoffentwickelnder Komplex bekannt) zwei Wassermoleküle als Paar oxidiert werden, werden in einem Durchgang vier Elektronen, vier Protonen und ein Molekül O_2 gebildet.

Der evolutionär primitivere Prozess der *zyklischen Phosphorylierung* (c-p/p) in Chloroplasten erzeugt nur ATP und unterstützt deshalb nc-p/p darin, den gesamten ATP-Bedarf des Chloroplasten abzudecken. Der Weg des Elektronenflusses bei c-p/p wird in Abb. 1 gezeigt. Einzig PSI absorbiert die Lichtphotonen, die die Elektronen in diesem Zyklus antreiben. P700*, das durch Photonenabsorption gebildet wird, überträgt Elektronen auf das lösliche Fd über die gleiche Kette an Redoxsystemen, die auch an nc-p/p beteiligt sind. Das gebildete reduzierte Fd transferiert Elektronen auf den Cytochrom-bc-Komplex, nicht auf $NADP^+$ wie bei Vorliegen von nc-p/p. Bei diesem Transfer bildet PQ eine Zwischenstufe. Durch Wechselwirkung zwischen dem PQ/PQH_2-Redoxsystem und dem bc-Komplex werden Protonen über die Thylakoidmembran vom Stroma zum Lumen gepumpt, möglicherweise nach einem Mechanismus, an dem der Q-Zyklus beteiligt ist und der an den Mechanismus bei photosynthetischen Bakterien erinnert. Der gebildete Protonengradient treibt dann – wie bei nc-p/p – die CF_0CF_1-ATP-Synthase-katalysierte Phosphorylierung von ADP an. Die Elektronen werden vom bc-Komplex auf PC weitergeleitet, das dann durch das luminale Milieu diffundiert und $P700^+$ zu $P700(S_0)$ auf der luminalen Seite des PSI-Komplexes reduziert und dadurch den Zyklus vollendet. Obwohl c-p/p wahrscheinlich in allen photosynthetischen Zellen der Pflanzen und der Cyanobakterien vorkommt, stellt es in bestimmten spezialisierten Zellen, wie den Heterocysten der Cyanobakterien, die ATP zur Stickstofffixierung benötigen und den Leitbündelzellen einiger C_4-Pflanzen (↗ *Hatch-Slack-Kortschak-Zyklus*), den einzigen bzw. Hauptmechanismus in der Lichtphase dar, da diese entweder keinen oder nur wenig PSII-Komplex besitzen.

Sekundärreaktionen *(CO$_2$-Fixierungsphase, Dunkelreaktionen).* Während der Dunkelphase laufen zwar keine photochemischen Reaktionen ab, jedoch werden einige Enzyme, die Reaktionen während dieser Phase katalysieren, durch Licht aktiviert (↗ *Calvin-Zyklus).*

Die verschiedenen Aspekte dieser Photosynthesephase werden unter folgenden Stichworteinträgen beschrieben: a) ↗ *Calvin-Zyklus,* der als Basis-CO$_2$-Fixierungsprozess betrachtet werden kann, b) ↗ *Hatch-Slack-Kortschak-Zyklus,* der die CO$_2$-Fixierung in C$_4$-Pflanzen beschreibt, wie z. B. Rohrzucker, c) ↗ *Crassulaceen-Säurestoffwechsel,* der die CO$_2$-Fixierung in Pflanzen wie Kakteen schildert, die in trockenem Klima gedeihen, d) ↗ *reduktiver Citrat-Zyklus,* der die CO$_2$-Fixierung in grünen Schwefelbakterien beschreibt.

Photosynthesebakterien, *phototrophe Bakterien,* Bakterien, die eine ↗ *Photosynthese* durchführen. Sie fallen in zwei völlig verschiedene Gruppen, zum einen Mitglieder der Ordnung Rhodospirillales und zum anderen ↗ *Cyanobakterien.*

Die Rhodospirillales sind gramnegative Bakterien, die alle unter anaeroben Bedingungen die Photosynthese durchführen können, ohne Sauerstoff zu bilden (anoxygene Photosynthese). Einige von ihnen können auch chemolithotroph wachsen oder unter aeroben bzw. mikroaeroben Bedingungen. Man unterscheidet Purpurbakterien (Schwefelpurpurbakterien und schwefelfreie) von photosynthetischen grünen Bakterien (auch hier mit weiterer Unterteilung in Schwefelbakterien und schwefelfreie).

Photosynthesepigmente, an der Lichtausnutzung bei der ↗ *Photosynthese* beteiligte Farbstoffe, insbesondere ↗ *Chlorophylle,* ↗ *Carotinoide* bei Purpur- und grünen Schwefelbakterien sowie Biliproteine (↗ *Phycobilisomen)* bei Cyanobakterien und Rotalgen (Tab. 1 und Tab. 2).

Photosynthesepigmentsysteme, membrangebundene Pigmentproteinkomplexe (Chromoproteine), deren Funktion darin besteht, Photonen aus dem

Photosynthesepigmente. Tab. 1. Photosynthesepigmente und ihr Vorkommen im Pflanzenreich.

Organismengruppe	Chlorophylle				Bacteriochlorophylle		Biliproteine		Carotinoide	
	a	b	c	d	Ba	Bc/d	P$_{er}$	P$_{cy}$	Carotine	Xanthophylle
höhere Pflanzen[1]	+	+							+	+
Grünalgen	+	+							+	+
Braunalgen	+		+						+	+
Kieselalgen	+		+						+	+
Rotalgen	+		+	+			+	+	+	(+)
Cyanobakterien	+						+	+	+	+
grüne Schwefelbakterien					+	+			+	(+)
Purpurbakterien					+				+	+

[1]Samen-, Farnpflanzen und Moose; Ba = Bacteriochlorophyll *a;* Bc/d = Bacteriochlorophylle *c* und *d,* P$_{er}$ = Phycoerythrin, P$_{cy}$ = Phycocyanin, (+) = wenig.

Photosynthesepigmente. Tab. 2. Prozentualer Gehalt an thylakoidalen Carotinoiden.

thylakoidale Carotinoide	Rotbuche (*Fagus silvatica*) %	Grünalge (*Chlorella pyrenoidosa*) %
α-Carotin	–	4
β-Carotin + Lycopin	34	15
SUMME Carotine	34	19
Lutein	45	50
Violaxanthin	14	10
Neoxanthin	7	12
SUMME Xanthophylle	66	72
Xanthophylle/Carotine-Relation:	1,95	4,3

Licht zu absorbieren und deren Energie dazu zu nutzen, die oxidierte Komponente eines Redoxsystems durch Übertragung eines Elektrons zu reduzieren, wodurch die Sequenz des Elektronenflusses der zyklischen sowie der nichtzyklischen Photophosphorylierung in Gang gesetzt wird (↗ *Photosynthese*). ↗ *Photosynthesebakterien* besitzen ein p. P., das sog. „bakterielle Pigmentsystem" (BPS), während die Mitglieder des Pflanzenreichs zwei photosynthetische Pigmentsysteme aufweisen: das „Photosystem I" (PSI) und das „Photosystem II" (PSII).

Photosynthese-Zyklus, ↗ *Calvin-Zyklus*.

photosynthetische Carboxylierung, enzymatische Kohlendioxidfixierungsreaktion der ↗ *Photosynthese*. Das photosynthetische Carboxylierungsenzym von C_3-Pflanzen ist die Ribulose-1,5-diphosphat-Carboxylase (EC 4.1.1.39), das von C_4-Pflanzen die Phosphoenolpyruvat-Carboxylase (EC 4.1.1.31). Die p. C. ist der einleitende Schritt der Kohlendioxidassimilation bei der Photosynthese und eine Reaktionsphase der Dunkelreaktionen.

photosynthetischer Kohlenstoffreduktionszyklus, Syn. für ↗ *Calvin-Zyklus*.

Phototrophie, eine Ernährungsform von Organismen. Phototrophe Organismen nutzen die Lichtenergie zur ATP-Bereitstellung (↗ *Photosynthese*). Anhand der Kohlenstoffquelle unterscheidet man photoauto- und photoheterotrophen Stoffwechsel. *Photoautotrophe* Organismen beziehen ihre gesamte Energie vom Licht und den gesamten Kohlenstoff aus CO_2. Cyanobakterien und die Schwefelpurpurbakterien, die Photosynthese betreiben, sind *photolithotroph*. Einige phototrophe Organismen können organische Kohlenstoffquellen verwenden, erhalten aber ihre Energie ganz oder teilweise durch Licht (d. h. sie gedeihen unter mixotrophen Bedingungen, s. u.). Diese werden *photoheterotroph* genannt.

Phrenosin, ↗ *Glycolipide*.

Phycobiline, offenkettige Tetrapyrrole, die als ↗ *Photosynthesepigmente* fungieren, wenn sie kovalent an ein spezifisches Protein gebunden sind. Der P.-Proteinkomplex wird als *Phycobiliprotein* bezeichnet. Man unterscheidet zwei Hauptklassen an Phycobiliproteinen, die *Phycocyanine* (blau) und die *Phycoerythrine* (rot). Diese sind hauptverantwortlich für die Farbe der Organismen, die sie enthalten. ↗ *Phycobilisom*.

Phycobiliproteine, ↗ *Phycobiline*.

Phycobilisom, eine lichtsammelnde Struktur in Cyanobakterien und Rotalgen. P. sind direkt mit der photosynthetischen Membran verknüpft, sind jedoch kein Bestandteil dieser. Sie bestehen aus *Phycobiliproteinen* (auch als Biliproteine bekannt; ↗ *Phycobiline*). Abhängig von der Natur des proteingebundenen Phycobilins werden die

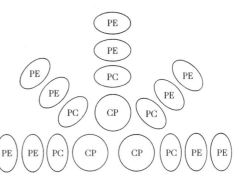

Phycobilisom. Abb. 1. Modell der Phycobilisomenstruktur. CP = zentrales Protein, möglicherweise Allophycocyanin; PC = Phycocyanin; PE = Phycoerythrin.

Phycobiliproteine klassifiziert als Phycoerythrin (PE), Phycocyanin (PC) und Allophycocyanin (APC). P. sind etwas größer als Ribosomen und können eine regelmäßige zweidimensionale Anordnung annehmen, die an die photosynthetische Membran grenzt.

Die Lichtenergie wird effizient von PE über PC auf APC und dann auf das Photosystem I oder II übertragen (Abb. 1). Die Absorptionsmaxima von PE liegen im Bereich von 498–568 nm, während PC bei 625 nm absorbiert und APC bei 618–673 nm.

Die offenkettigen Tetrapyrrolchromophore der Phycobiliproteine (Abb. 2) haben mit Häm und Chlorophyll den Biosynthesepfad vom 5-Aminolävulinat zum Protoporphyrin IX gemein (ein Pfad, der auch vom Phytochrom der höheren Pflanzen beschritten wird). Jedes P. besteht aus α- und β-Ketten.

Phycobilisom. Abb. 2. Das Chromophor von Phycocyanin. Es ist strukturell eng verwandt mit dem Chromophor von ↗ *Phytochrom*.

Phycocyanine, ↗ *Phycobiline*.

Phycoerythrine, ↗ *Phycobiline*.

Phyllocaerulein, Pyr[1]-Glu-Tyr(SO₃H)-Thr-Gly⁵-Trp-Met-Asp-Phe-NH₂, ein aus der Haut des südamerikanischen Frosches *Phyllomedusa sauvagi* isoliertes 9 AS-Peptidamid. P. ist pharmakologisch kaum vom ↗ *Caerulein* zu unterscheiden.

Phyllochinon, eine Komponente der Vitamin-K-Gruppe (↗ *Vitamin K*).

Phyllokinin, H-Arg^1-Pro-Pro-Gly-Phe^5-Ser-Pro-Phe-Arg-Ile^{10}-Tyr(SO$_3$)-OH, ein aus den Hautdrüsen des südamerikanischen Greiffrosches *Phyllomedusa rohdei* isoliertes, Bradykinin-artiges 11 AS-Peptid.

Phyllomedusin, Pyr^1-Asn-Pro-Asn-Arg^5-Phe-Ile-Gly-Leu-Met^{10}-NH$_2$, ein zu den ↗ *Tachykininen* gehörendes 10 AS-Peptidamid. Es wurde 1970 aus der Haut des südamerikanischen Greiffrosches *Phyllomedusa bicolor* isoliert. P. wirkt gefäßerweiternd und blutdrucksenkend wie das ↗ *Physalaemin*.

Physalaemin, Pyr^1-Ala-Asp-Pro-Asn^5-Lys-Phe-Tyr-Gly-Leu^{10}-Met-NH$_2$, ein zu den ↗ *Tachykininen* gehörendes 11 AS-Peptidamid. Es zeigt etwa die 3–4fache blutdrucksenkende Wirkung des ↗ *Eledoisins*, während die glattmuskuläre Aktivität und auch die Stimulierung der Speicheldrüsensekretion im Vergleich zum Eledoisin geringer ist. Es wurde 1964 aus Hautextrakten des südamerikanischen Sumpffrosches *Physalaemus fuscumaculatus* isoliert und kommt auch in *P. centralis* vor.

physiologische Effektivität, Syn. für ↗ *Spezifitätskonstante*.

Physostigmin, *Eserin*, ein Indolalkaloid (Abb.). Es wird biogenetisch aus Tryptophan gebildet und findet sich als Hauptalkaloid in den Calabarbohnen, den Samen von *Physostigma venenosum*, in denen es zu etwa 0,1% enthalten ist. P. existiert in einer stabilen Form – M_r 275,35 Da, F. 105–106 °C – und einer instabilen Form – F. 87 °C, $[\alpha]_D$ –82° (Chloroform). Es kommt zusammen mit seinem *N*-Oxid, dem *Geneserin* – F. 129 °C, $[\alpha]_D$ –175° (Aceton) – vor. P. ist als Carbamidsäureester gegen Alkalien labil und spaltet sich in Methylamin, Kohlendioxid und Physostigmol (Eserolin), das eine phenolische OH-Gruppe enthält. Unter Einwirkung von Oxidationsmitteln bildet es farbige Verbindungen mit *o*-chinoider Struktur. P. wirkt als Acetylcholin-Esterase-Hemmer (↗ *Parasympathikomimetika*) und wird in der Augenheilkunde bei Glaukom angewendet.

CH$_3$—NH—CO—O

Physostigmin

Die tödliche Dosis liegt für Menschen bei 10 mg. P. wurde erstmals 1864 isoliert, als 46 Kinder in Liverpool vergiftet wurden, weil sie Calabarbohnen aßen, die von einem Westafrikanischen Handelsschiff auf einem Müllhaufen abgeladen worden waren.

Phytansäure, ↗ *Phytansäurespeicherkrankheit*.

Phytansäurespeicherkrankheit, *Refsumsche Krankheit, Heredopathia atactica polyneuritiformis*, eine ↗ angeborene Stoffwechselstörung, die durch einen Mangel an *Hydroxyphytanat-Oxidase* (EC 1.1.3.27) verursacht wird. *Phytansäure* wird im Körper normalerweise aus dem Pflanzenalkohol Phytol gebildet, der als Ester im Chlorophyll vorhanden ist. Die Gegenwart einer abzweigenden Methylgruppe in Position 3 der Phytansäure bedeutet, dass der normale Prozess der β-Oxidation blockiert ist. Die Oxidation von Fettsäuren über jeweils ein Kohlenstoffatom (α-Oxidation) ist bei Pflanzen üblich, kommt jedoch in gewissem Ausmaß auch bei Tieren vor, insbesondere im Gehirn, wo sie dazu dient, den Abbau von Phytansäure anzuregen. Die gebildete Pristansäure wird anschließend durch β-Oxidation abgebaut. Bei einer P. reichert sich Phytansäure in Leber und Nieren an und kann bis zu 50% der gesamten Leberfettsäuren ausmachen. Es wurde von Plasmaphytansäurekonzentrationen von 200–3.100 mg/l berichtet (normal <2 mg/l). Klinische Symptome sind periphere Neuropathie und Ataxie, Retinitis pigmentosa sowie Haut- und Knochenanormalitäten. Eine Behandlung besteht in Plasmaaustausch und phytolarmer Ernährung.

Phytanyletherlipide, ↗ *Membranlipide* von Archaebakterien, einer primitiven Bakterienfamilie, deren Mitglieder eine Reihe von rauen ökologischen Nischen (z. B. niedriger pH-Wert, hohe Salzkonzentration, hohe Temperatur) besetzen. In struktureller Hinsicht haben sie mit den Plasmalogenen Ähnlichkeit (Abb.; ↗ *Glycolipide, Abb. 2*), jedoch stammen die Reste, die Etherbindungen zu den *sn*-1- und *sn*-2-Kohlenstoffatomen bilden, formell von Phytanol ab, das sich aus vier gesättigten Isopreneinheiten zusammensetzt, die in einer Kopf-Schwanz-Anordnung verknüpft sind. In einigen Molekülen sind die zwei Phytanolreste miteinander über Isoprenbindungen verknüpft, während sie in anderen Molekülen über eine Kopf-Kopf-Isoprenbindung an ein äquivalentes Molekül in der anderen

Phytanyletherlipide. Struktur der Phytanyletherlipide von Archaebakterien. Manchmal sind die Enden der Phytanylreste eines einzelnen Moleküls miteinander verknüpft oder mit denen eines äquivalenten Moleküls in der anderen Monoschicht der Lipiddoppelschicht der Biomembran.

Monoschicht der Membranlipiddoppelschicht gebunden sind. Es wird vermutet, dass solche die Doppelschicht durchspannenden Moleküle dazu dienen, die Membran zu verstärken und ihr dadurch unter den angewandten Testbedingungen eine größere Stabilität zu verleihen.

Phytin, ↗ *Phytinsäure.*

Phytinsäure, *myo-Inositolhexaphosphorsäureester, cis-1,2,3,5-trans-4,6-Cyclohexanhexolhexaphosphat,* eine Hauptreserveverbindung von Pflanzen, die insbesondere in Ölsamen, Leguminosen und Getreidekörnern vorkommt. Es handelt sich um ein Hexaphosphat von *myo*-Inositol (↗ *Inositole*), bei dem jede OH-Gruppe mit Phosphorsäure verestert ist. Die Calcium- und Magnesiumsalze der P. werden als *Phytine* bezeichnet. Zur industriellen Gewinnung von *myo*-Inositol wird zunächst P. aus einer Lösung von eingeweichtem Mais extrahiert und anschließend zu anorganischem Phosphat und *myo*-Inositol hydrolysiert. Letzteres wird aus Wasser kristallisiert.

Phytoalexine, *Phytonzide, Stressverbindungen,* eine Gruppe von Abwehrstoffen mit antimikrobiellen Eigenschaften, die von Pflanzen als Folge einer Infektion mit z. B. Pilzen, Bakterien und Viren sowie bei mechanischer Verletzung, UV-Strahlung, Kälte oder Behandlung mit phytotoxischen Chemikalien (z. B. Schwermetallen) oder ↗ *Elicitoren* gebildet werden.

Die P. gehören in struktureller und biosynthetischer Hinsicht keiner bestimmten Verbindungsklasse an. Viele gehören zu den Isoflavonoiden, von denen mehrere ↗ *Pterocarpane* sind, z. B. Pisatin, ↗ *Phaseolin* von Bohnenarten (*Phaseolus*; Abb.), ↗ *Glyceolline.* Einige P. sind Terpene (↗ *Ipomoeamaron*), Sesquiterpenderivate (*Rishitin*; kommt in Kartoffelknollen – induziert durch die Kartoffelfäule – oder in Tomaten vor; Abb.), Acetylenverbindungen (↗ *Safynol,* ↗ *Wyeronsäure*), α-Hydroxydihydrochalkon, Stilbene und Polyketide. Bei Orchideen werden P. nur gebildet, wenn die Wurzeln und der Spross des keimenden Orchideensamens durch Pilze besiedelt werden. Die Pilze dringen in die Pflanze ein, werden jedoch durch P. am Ausbreiten gehindert (↗ *Orchinol*).

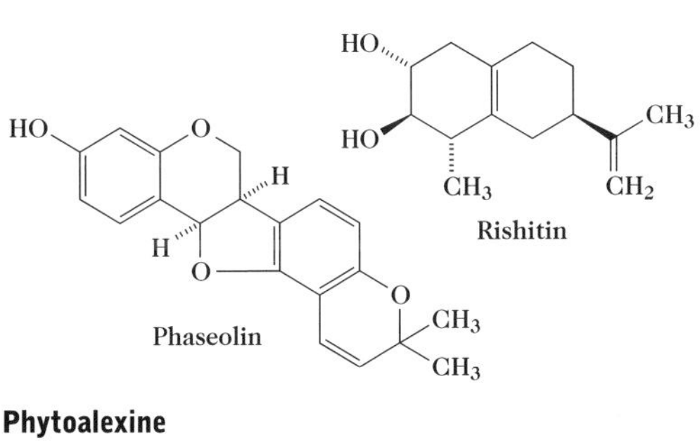

Phytoalexine

Die Phytoalexinproduktion kann auch durch abiotische Synthetika, *Sensitizer* genannt, ausgelöst werden.

Phytochelatin, ein Pflanzenpeptid, das als Reaktion auf Schwermetalle, wie z. B. Cadmium, Kupfer, Quecksilber, Blei und Zink, gebildet wird. Phytochelatin besitzt folgende Struktur: $(\gamma\text{-Glu-Cys})_n\text{-Gly}$ (n = 3–7). Es bildet ähnlich wie ↗ *Metallothionein* Metallthiolatbindungen und trennt auf diese Weise toxische Metallionen ab. Wahrscheinlich stammt P. von Glutathion ab und entsteht nicht durch RNA-abhängige Proteinsynthese.

Phytochemie, die Naturstoffchemie pflanzlicher Inhaltsstoffe. Sie ist ein Teil der Pflanzenbiochemie und befasst sich überwiegend mit Sekundärmetaboliten.

Phytochrome, eine Familie ubiquitärer Pflanzenpigmente, die im Cytosol lokalisiert sind und die Lichtempfindlichkeit vieler Wachstums- und Entwicklungsprozesse vermitteln („Lichtsinnespigmente"). Die P. bestehen aus zwei Polypeptiden (jeweils M_r 120–127 kDa), von denen jedes ein kovalent gebundenes Tetrapyrrolchromophor (Abb.) in der N-terminalen Domäne und Dimerisierungsdeterminanten in der C-terminalen Domäne trägt. Das Chromophor ist mit c-Phycocyanin verwandt, das in blaugrünen Bakterien vorkommt. Die P. kommen in zwei Formen vor: eines mit einem Lichtabsorptionsmaximum bei 660 nm (P_r) und eines, das bei 730 nm (P_{fr}) eine maximale Absorption aufweist.

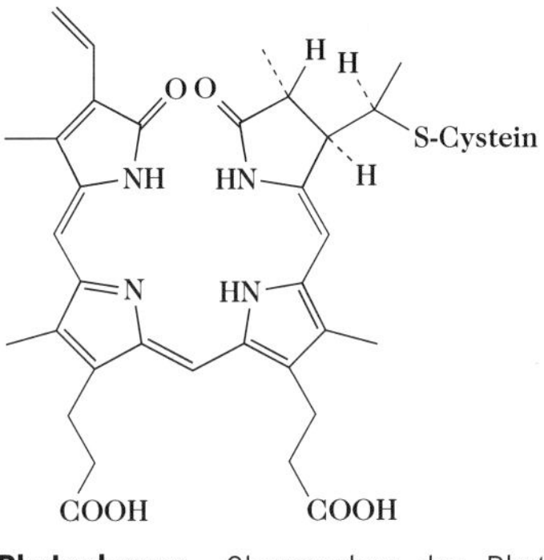

Phytochrome. Chromophor des Phytochroms. Es ist strukturell mit dem Chromophor von Phycocyanin (↑*Phycobilisom*) verwandt.

Nach der Synthese liegen die P. in der vermutlich inaktiven P_r-Form vor. Wird P_r rotem Licht mit einer Wellenlänge von 660 nm ausgesetzt, wandelt es sich in P_{fr}, die aktive und labilere Form, um. Bei einer Bestrahlung mit Licht der Wellenlänge 730 nm geht P_{fr} wieder in P_r über. Durch die Überführung in die P_{fr}-Form wird ein Signalstoff-Stoffwechselweg aktiviert, der anschließend Veränderungen der Genexpression bewirkt, die den physiologischen und entwicklungsbezogenen Reaktionen auf Licht unterliegt [P.H. Quail *Curr. Opin. Genet. Dev.* **4** (1994) 652; P.H. Quail *Annu. Rev. Genet.* **25** (1991) 389]. In Geweben, die im Dunkeln wachsen, sammelt sich P_r an.

Verschiedene P. üben unterschiedliche und spezialisierte Funktionen aus. Sie fördern oder hemmen Prozesse in Folge von Lichtabsorption (z. B. Schattenvermeidung, Samenkeimung, Deetiolement von Keimlingen, usw.). Beispielsweise ist in *Arabidopsis*-Keimlingen für die kontinuierliche Perzeption von Licht im langwelligen Rotbereich das *P. A* (*PA*) notwendig, wogegen für die kontinuierliche Rotlichtperzeption *P. B* (*PB*) benötigt wird. Die Schattenvermeidung von Grünpflanzen ist zum großen Teil auf die wechselseitigen antagonistischen Signale von PA und PB zurückzuführen, die als Antwort auf Rot- und langwelliges Rotlicht auftreten. Wenn PB durch Rotlicht aktiviert wird, induziert es Deetiolement (inhibiert das Hypokotyllängenwachstum), während die Absorption von langwelligem Rotlicht das $P_{fr}B$ in die inaktive Form zurückverwandelt. Das Licht, das einen aufgehenden Keimling im Schatten anderer Vegetationen erreicht, ist an Rotlicht verarmt, weil dieses vom Chlorophyll anderer Pflanzen im höhergelegenen Blätterdach bereits absorbiert wurde. Nur ein Keimling, der offenem Sonnenlicht ausgesetzt ist, erhält genügend Rotlicht. Infolgedessen verwenden Keimlinge, die im offenen Sonnenlicht aufgehen, PB zum Deetiolement, während Keimlinge im Schatten anderer Vegetationen PA einsetzen, bis sie das volle Licht erhalten und dann auf PB umschalten.

Phytoecdyson, ↗ *Ecdyson* pflanzlicher Herkunft.

Phytoecdysteroide, ↗ *Ecdysteroide* pflanzlicher Herkunft.

Phytoen, ein zur Gruppe der Carotinoide gehörender aliphatischer farbloser Kohlenwasserstoff (M_r 544 Da). P. ist isoprenoider Herkunft und enthält sechs Methylverzweigungen, zwei endständige Isopropylidengruppen und neun Doppelbindungen, davon drei in konjugierter Anordnung. Bei P. ist nur die Δ^{15}-Doppelbindung *cis*-ständig angeordnet. P. entsteht biosynthetisch aus zwei Molekülen Geranylgeranylpyrophosphat (↗ *Tetraterpene*, *Abb.*) und fungiert in der Carotinoidbiosynthese als C_{40}-Startermolekül. Durch stufenweise Dehydrierung werden die Carotine ↗ *Phytofluen*, ζ-Carotin, Neurosporin und Lycopin gebildet. P. ist im Pflanzenreich, z. B. in der Tomate und im Karottenöl, verbreitet.

Phytofluen, ein zur Gruppe der Carotinoide gehörender aliphatischer Kohlenwasserstoff isoprenoider Herkunft (M_r 548 Da). P. enthält insgesamt neun – davon drei konjugierte – Doppelbindungen sowie sechs Methylverzweigungen und zwei endständige Isopropylidengruppen. Wie im *Phytoen* ist die mittelständige Doppelbindung zwischen C15 und C16

cis-ständig angeordnet. P. ist im Pflanzenreich, z. B. in Tomaten und Karotten, verbreitet und fungiert als Intermediärprodukt der Lycopinbiosynthese (↗ *Tetraterpene*).

Phytogifte, eine spezielle Gruppe chemischer Kampfmittel, die zur gezielten Schädigung von Nutzpflanzen sowie Strauch- und Waldbeständen, im Falle eines chemischen Kriegs oder zu Sabotagezwecken einsetzbar sind. Die P. vermögen sowohl das Wachstum der Pflanzen zu unterbinden bzw. zu verringern als auch abnorme Formveränderungen an Pflanzen hervorzurufen. Die Gruppe der P. umfasst zahlreiche phytotoxische Verbindungen. Wichtige Beispiele für P. sind die 2,4-Dichlorphenoxyessigsäure (bzw. ihre Ester), die 2,4,5-Trichlorphenoxyessigsäure (2,4,5-T) und deren Mischungen (*Agent orange*), bestimmte arsenorganische Substanzen wie Dimethylarsinsäure und Picloram (4-Amino-3,5,6-trichlorpicolinsäure). Diese Wirkstoffe werden zum Teil auch als Pflanzenschutzmittel mit herbizider Wirkung (↗ *Herbizide*) landwirtschaftlich genutzt. Als P. wird eine entsprechend höhere Dosierung eingesetzt, in der sie als *Entlaubungsmittel* (Defoliantien) oder totalherbizide P. wirken. Neben den akuten vegetationsvernichtenden Schäden, die der Einsatz von P. nach sich zieht, führt ihr Einsatz je nach Art und Menge des verwendeten Kampfmittels und den klimatischen und geographischen Faktoren zu katastrophalen ökologischen und medizinischen Spätfolgen für Ökosysteme und Menschen. P. wurden während des Vietnamkriegs eingesetzt (↗ *chemische Kampfstoffe*).

Phytohämagglutinine, ↗ *Lectine*.

Phytohormone, *Pflanzenhormone*, interzelluläre Regulationsstoffe der höheren Pflanzen (↗ *Hormone*). Im Unterschied zu den meisten Hormonen der Tiere werden die P. nicht in dafür spezialisierten Drüsen produziert, sondern bilden sich je nach Entwicklungsstadien und Umweltbedingungen in verschiedenen Pflanzenteilen, wobei Synthese- und Wirkorte häufig getrennt sind. Ein weiterer Unterschied zu den meisten tierischen Hormonen besteht darin, dass die P. nicht spezifisch auf ein bestimmtes Organ einwirken. Gegenwärtig können fünf klassische Gruppen von P. unterschieden werden: ↗ *Auxine*, ↗ *Gibberelline*, ↗ *Cytokinine*, ↗ *Abscisinsäure* und ↗ *Ethylen*. Chemisch handelt es sich bei den P. meist um Isoprenoide (Gibberelline, Abscisinsäure) sowie die isoprenoide C_5-Einheit der Cytokinine oder Produkte des Aminosäurestoffwechsels (Auxine als Stoffwechselprodukte des Tryptophans oder Phenylalanins, Ethylen als Stoffwechselprodukt des Methionins). Die Wirkung der P. kann von zahlreichen Faktoren abhängen, wie dem Mengenverhältnis der einzelnen P. zueinander, der Pflanzenart sowie den Umweltbedingungen und dem Entwicklungsstand der Pflanze. Die Cytokinine, Auxine und Gibberelline wirken als Wachstumshormone, Abscisinsäure als Wachstumsinhibitor.

Wahrscheinlich beeinflussen die Wachstumshormone die Ethylenproduktion der Pflanze. Auxine, Gibberelline und Cytokinine regulieren vorrangig Entwicklungs-, Differenzierungs- und Wachstumsprozesse, während Abscisinsäure und Ethylen vorwiegend an Reife-, Seneszens- und Destruktionsvorgängen beteiligt sind. Als P. mit hemmenden Eigenschaften kann auch das Sesquiterpenoid Jasmonsäure bezeichnet werden.

Phytokinine, Syn. für ↗ *Cytokinine*.

Phytol, *3,7,11,15-Tetramethylhexadec-2-en-1-ol*, azyklischer, ungesättigter Diterpenalkohol. P. ist ein farbloses Öl; Sdp. 202–204 °C. P. ist esterartig gebunden im ↗ *Chlorophyll* enthalten und bedingt dessen wachsartige Beschaffenheit. Er ist ferner Bestandteil der Vitamine K_1 und E.

Phytoncide, ↗ *Phytoalexine*.

Phytosphingosin, ↗ *Membranlipide*.

Phytosterine, *Phytosterole*, neutrale, stickstofffreie Abkömmlinge des Cyclopentano-perhydrophenanthrens (Gonan), die zu den Sterinen gerechnet werden und in fast allen pflanzlichen Organismen vorkommen. P. sind ständige Begleiter pflanzlicher Öle und Fette und kommen oft auch als alkoholische Komponente in den Pflanzenwachsen vor. Die wichtigsten Sterine der Nadelhölzer sind β-Sitosterin, Stigmasterin, Campesterin und β-Sitostanol. Im Kiefernholz sind 0,04–0,08 %, im Douglasienholz 0,12 % P. enthalten. Das Mengenverhältnis β-Sitosterin : β-Sitostanol : Campesterin schwankt in den einzelnen Nadelholzarten zwischen 3,8–7,3 : 1,1–2,3 : 1,1–3,0. Stigmasterin kommt in den Sterinen von *Chamaecyparis*-Arten vor.

Aus Kiefernholzaufschluss erhältliches Tallöl enthält 2,5–4 % P. (davon 1–3 % β-Sitosterin), das Tallpech – der Rückstand aus der Tallöldestillation – sogar 5–6 %. Es wurden technische Verfahren zur Rohsterin- und β-Sitoseringewinnung aus Tallöl entwickelt. P., insbesondere das β-Sitosterin, werden in der Pharmazie zur Vorbeugung von Arteriosklerose und als Ausgangsmaterial für die Herstellung von Sexualhormonen, empfängnisverhütenden Mitteln (↗ *Kontrazeptiva*) und Nebennierenrindenhormonen eingesetzt.

Phytosterole, Syn. für ↗ *Phytosterine*.

Phytotoxin, eine Verbindung, die von einem fungalen oder bakteriellen Pflanzenparasit gebildet wird und auf die Pflanze toxisch wirkt. Die Bezeichnung sollte nicht mit Pflanzentoxin, einem von Pflanzen gebildeten ↗ *Gift*, verwechselt werden. Verglichen mit der großen Anzahl an Pflanzenparasiten mit nachweisbarer phytotoxischer Aktivität sind nur relativ wenige P. identifiziert worden. ↗ *Al-*

ternaria alternata-Toxine, ↗ *Coronatin*, ↗ *Fusicoccin*, ↗ *Gibberelline*, ↗ *Ophiobolane*, ↗ *Stemphylotoxine*, ↗ *Tabtoxin*.

P_i, anorganisches Phosphat bzw. ein Anion der Orthophosphorsäure (PO_4^{3-}, HPO_4^{2-}, $H_2P_4^-$).

pI, Abk. für ↗ *isoelektrischer Punkt*.

Picromycin, ↗ *Makrolide*.

Picrotin, ↗ *Picrotoxin*.

Picrotoxin, *Cocculin*, eine molekulare Verbindung, die aus einem Molekül Picrotoxinin und einem Molekül *Picrotin* besteht. P. ist ein Neurotoxin, das in den Samen von *Anamirta coculus* vorkommt und auch in *Tinomiscium philippinense* gefunden wird. Als ein spezifischer Antagonist von ↗ *4-Aminobuttersäure* wirkt es als zentrales und respirisches Stimulans und ist ein Antidot zu Barbituraten. Für Fische ist es extrem giftig. Picrotoxinin ist die aktive Komponente der molekularen Verbindung, während Picrotin physiologisch inaktiv ist (Abb.).

Picrotoxinin, R: $H_3C-\underset{}{C}=CH_2$

Picrotin, R: $H_3C-\underset{\underset{CH_3}{|}}{C}-OH$

Picrotoxin

Pigment 700, *P700*, ein Chlorophyll mit einem Absorptionsmaximum bei 700 nm. Es ist Bestandteil des Photosystems I und spielt in der 1. Lichtreaktion die Rolle eines Energiesammlers („Sammelfalle", engl. *energy sink* oder *trapping center*; ↗ *Photosynthese*). Das Reaktionszentrum des Photosystems I besteht aus 500 Molekülen, die in relativ dichter Packung in einem quasikristallinen Zustand vorliegen, analog einem Halbleiterkristall.

Pigment-dispersierende Hormone, *PDH*, *DPRH* (engl. *light adapting distal retinal pigment hormone*), 18 AS-Peptidamide aus Crustaceen und Fischen. *Pandalus*-PDH, H-Asn[1]-Ser-Gly-Met-Ile[5]-Asn-Ser-Ile-Leu-Gly[10]-Ile-Pro-Arg-Val-Met[15]-Thr-Glu-Ala-NH_2 aus *Pandalus borealis*, *Uca*-PDH, und *Romalea*-PDH sind die wichtigsten Vertreter, wobei das zuletzt aufgeführte Peptid aus dem Kopf der Heuschrecke *Romalea microptera* isoliert wurde. PDHs besitzen melanotrope Aktivität. [K.R. Rao et al. *Proc. Natl. Acad. Sci. USA* **82** (1985) 5319; *J. Biol. Chem.* **262** (1987) 2.672]

Pilocarpin, ein Imidazolalkaloid, das Hauptalkaloid aus den Blättern brasilianischer *Pilocarpus*-Arten; Abb.; M_r 208,26 Da, F. 34 °C, Sdp.$_5$ 260 °C, $[\alpha]_D^{20}$ −100,5° (Chloroform). P. wird therapeutisch als schweißtreibende Verbindung genutzt, um z. B.

das Schwitzen anzuregen, und – insbesondere bei Nephritis – um die Nieren zu entlasten und giftige Metabolite zu entfernen. In der Augenheilkunde wird es wegen seiner pupillenverengenden Wirkung als Antagonist des Atropins verwendet und bei Glaukom zur Regulierung des intraokularen Drucks.

Pilocarpin

Pilocerein, ↗ *Anhalonium-Alkaloide.*

Pimaradientyp, ↗ *Diterpene (Abb.).*

Pinantyp, ↗ *Monoterpene (Abb.).*

Pinecembrin, *5,7-Dihydroxyflavanon.* ↗ *Flavanon.*

Pinestrebin, *5-Hydroxy-7-methoxyflavanon.* ↗ *Flavanon.*

Ping-Pong-Mechanismus, ↗ *Clelandsche Kurznotation.*

Pinit, ↗ *Inositole.*

Pinocytose, ↗ *Endocytose.*

Pin1-Protein, ↗ *Parvuline.*

L-Pipecolinsäure, *Piperidin-2-carbonsäure*, eine nichtproteinogene Aminosäure (Abb.). Sie entsteht aus L-Lysin entweder durch α-Desaminierung und nachfolgende Zyklisierung und Reduktion oder als normale Zwischenstufe des Lysinabbaus zu α-Aminoadipinsäure. 4- und 5-Hydroxyderivate wurden vor allem in Mimosengewächsen und Palmen gefunden.

Strukturelle Ähnlichkeit mit L-P. hat das *L-Baikiain* (1,2,3,6-Tetrahydropyridin-α-carbonsäure; Abb.), eine seltene nichtproteinogene Aminosäure, die zuerst aus dem Holz von *Baikiaea plurijuga* isoliert wurde.

L-Pipecolinsäure. a: L-Pipecolinsäure; b: L-Baikiain.

Piper-Alkaloide, eine in verschiedenen *Piper*-Arten, besonders im schwarzen Pfeffer (*Piper nigrum*), vorkommende Alkaloidgruppe. Bei den P. ist eine aromatische Carbonsäure mit ungesättigter Seitenkette, z. B. Piperinsäure, Sinapinsäure, amidartig an die basische Komponente, meist Piperidin, gebunden, Hauptalkaloid ist das ↗ *Piperin.*

Piperidin-Alkaloide, eine Gruppe von ↗ *Alkaloiden* mit einem Piperidingrundgerüst. Zu den einfachen P. zählen die alkylsubstituierten Piperidine, die sporadisch vorkommen. Die übrigen P. werden nach ihrem Vorkommen eingeteilt in ↗ *Conium-Alkaloide*, ↗ *Punica-Alkaloide*, ↗ *Sedum-Alkaloide* und ↗ *Lobelia-Alkaloide*. Sie unterscheiden sich hinsichtlich ihrer Struktur und Biosynthese. Weitere P. finden sich in Teichrosen und werden aus Mevalonsäure aufgebaut (Nuphara-Alkaloide). Verbindungen mit Dehydropiperidinstruktur stellen die ↗ *Areca-Alkaloide* und die ↗ *Betalaine* dar.

Piperin, Piperinsäurepiperidid, ein Piper-Alkaloid, das Hauptalkaloid des schwarzen Pfeffers (*Piper nigrum*) und Träger des scharfen Geschmacks (M_r 285,35 Da, F. 216 °C). Beide Doppelbindungen im Piperin sind *trans* angeordnet (Abb.). Das früher als *Chavicin* bezeichnete *cis-cis*-Isomere kommt in der Natur nicht vor.

Piperin

Pisatin, *3-Methoxy-6α-hydroxy-8,9-methylendioxypterocarpan.* ↗ *Pterocarpane.*

Pitressin, Syn. für ↗ *Vasopressin.*

pK, ↗ *Puffer.*

PKC, Abk. für ↗ *Protein-Kinase C.*

PL, Abk. für Plazentalactogen (↗ *Chorionmammotropin*).

Plasmaalbumin, ↗ *Albumine.*

Plasmafaktoren, ↗ *Blutgerinnung.*

Plasmafaserstoffe, Syn. für ↗ *Fibrin.*

Plasmakinine, die wichtigsten Vertreter der zu den Kininen gehörenden Gewebshormone. P. werden aus den α-Globulinen des Blutplasmas (Kininogene) durch die ↗ *Kallikreine* freigesetzt, die selbst höhermolekularen inaktiven Vorstufen entstammen und unterschiedliche Substratspezifität zeigen. Das Kallikrein des Blutplasmas bildet unter Spaltung einer Lys-Arg-Bindung aus dem Kininogen das ↗ *Bradykinin* (Kinin-9). Das ↗ *Kallidin* (Kinin-10) wird durch das Kallikrein des Pankreas unter Hydrolyse einer Met-Lys-Bindung freigesetzt. Daneben ist noch das *Methionyl-lysyl-bradykinin* (Kinin-11) bekannt: H-Met[1]-Lys-Arg-Pro-Pro[5]-Gly-Phe-Ser-Pro-Phe[10]-Arg-OH. Alle P. werden durch Kininasen sehr schnell abgebaut. In der pharmakologischen Wirkung unterscheiden sich die drei P. nur quantitativ. Durch die Regulation der Durchblutung verschiedener Gefäßsysteme sowie der Kapillarpermeabilität beeinflussen die P. den gesamten Organismus, allerdings ist ihre genaue physiologische Funktion noch nicht völlig geklärt. Offenbar spielen sie aber auch eine Rolle bei verschiedenen pathophysiologischen Vorgängen. [J. E. Taylor et al. *Drug Dev. Res.* **16** (1989) 1]

Plasmalemma, die ↗ *Zellmembran.*

Plasmalogene, *Glycerophospholipide*, ↗ *Phospholipide*.

Plasmaproteine, ein komplexes Gemisch vorwiegend zusammengesetzter Proteine des Blutplasmas der Wirbeltiere. Die Anzahl der P. wird auf über 100 geschätzt. Im Plasma der Säugetiere liegen die P. in 6–8 %iger Konzentration vor. Die *Serumproteine* unterscheiden sich von den P. im Wesentlichen nur durch das Fehlen des ↗ *Fibrinogens* und ↗ *Prothrombins*. Von den etwa 60 isolierten und charakterisierten P. sind nur Albumin, Präalbumin, retinolbindendes Protein und einige Spurenproteine (z. B. Lysozym) frei von Kohlenhydrat. Die übrigen P. sind Glycoproteine z. B. ↗ *Orosomucoid*, ↗ *Hämopexin*, ↗ *Haptoglobin*, C1-Inaktivator, ↗ *Immunglobuline*; einige können noch zusätzlich Lipide enthalten (↗ *Lipoproteine*). P. dienen zur Regulation des pH-Werts und des osmotischen Drucks des Blutes, zum Transport von Ionen, Hormonen, Lipoiden, Vitaminen, Stoffwechselprodukten u. a. m. Ferner sind die P. verantwortlich für die Gerinnung, für die Abwehr von eingedrungenen Fremdproteinen oder Mikroorganismen (↗ *Immunglobuline*) sowie für einige Enzymreaktionen. Mit Ausnahme der Immunglobuline werden die P. in der Leber gebildet. P. können elektrophoretisch in ihre fünf Hauptgruppen, Albumin, α_1-, α_2-, β- und γ-Globulin aufgetrennt werden. Die beste Simultanauftrennung der P. in über 30 Fraktionen wird durch die ↗ *Immunelektrophorese*, eine Kombination von Gelelektrophorese mit Immunpräzipitatbildung, erzielt. Das kleinste derzeit bekannte P. ist das β_2-Mikroglobulin.

Zur präparativen Isolierung der P. dienen Präzipitationsverfahren mit Ammoniumsulfat, Ethanol oder Rivanol, die nicht zu einer Zerstörung der biologischen Aktivität der P. führen. In vermehrtem Maße werden sie jedoch durch die leistungsfähigeren, modernen präparativen Verfahren der Säulenchromatographie, wie Gelfiltration, Ionenaustausch-, Affinitäts- und Immunadsorptionschromatographie, und Ultrafiltration auch in industriellem Maßstab ersetzt.

Die Standardisierung der Messung von Plasma- und Serumproteinen stellt in der Klinischen Biochemie ein besonderes Problem dar. So ergab die Überwachung der Qualitätskontrolle in Westeuropa und in den Vereinigten Staaten in den 1990er Jahren, dass die veröffentlichten Werte für einzelne Proteine im Serum bis zu 100 % variieren können, in Abhängigkeit vom eingesetzten Referenzmaterial.

1993 wurde in Europa ein neues internationales Referenzpräparat freigegeben (*Certified Reference Material for Immunochemical Measurements of 14 Human Serum Proteins*, CRM 470), 1994 in den USA (*Reference Preparation of Proteins in Human Serum Lot No. 5*, RPPHS 5). Das neue Referenzmaterial stellt ein Sekundärreferenzmaterial dar für Albumin, Ceruloplasmin, Haptoglobin, α2-Makroglobin, C3, C4, IgG, IgA, IgM und C-reaktives Protein, deren Werte existierenden internationalen Referenzmaterialien zugeordnet wurden. [S. Baudner et al. *J. Clin. Lab. Anal.* **8** (1994) 177–190]. Es ist jedoch ein Primärreferenzmaterial für andere P. Vorläufige Konsensuswerte für verschiedene P. wurden veröffentlicht durch [F. Dati et al. *J. Clin. Chem. Clin. Biochem.* **34** (1996); N.H. Packter et al. *Biotechnology* **14** (1996) 66–70]

Plasmathromboplasmin, Faktor XI der ↗ *Blutgerinnung (Tab.).*

Plasmensäure, ↗ *Phospholipide*.

Plasmide, kleine (1,5–300 kb), extrachromosomale, meist zirkuläre, hochverdrillte und selbstständig replizierende DNA-Moleküle, die in vielen Bakterien und einigen Eukaryonten (Mitochondrien) vorkommen. In Ausnahmefällen existieren auch einzelsträngige oder lineare P. In Prokaryonten tragen sie häufig Resistenzgene für Antibiotika (↗ *Antibiotikaresistenz*, ↗ *Resistenzfaktoren*) oder Schwermetalle (*Resistenz-P.*), aber auch Gene, die für Enzyme seltener Stoffwechselwege codieren (z. B. für den Abbau aliphatischer oder aromatischer Kohlenwasserstoffe). Durch konjugative Prozesse können P. zwischen Bakterien ausgetauscht werden. In der ↗ *Gentechnik* haben P. eine große Bedeutung für die Konstruktion von Vektoren zur Übertragung von Fremd-DNA auf Wirtszellen gewonnen.

Plasmin, *Fibrinolysin*, *Fibrinase*, eine Serinprotease, die Fibrin abbaut und damit einmal die Endphase des Blutgerinnungsvorgangs initiiert und auf der anderen Seite das Gleichgewicht zwischen Blutgerinnung und Fibrinolyse mit bedingt. Durch die Auflösung von Blutgerinnseln wirkt P. als Fibrinolytikum (Thrombolytikum). Das menschliche P. ist ein Zweikettenprotein, bestehend aus einer A- oder H-Kette (M_r 65 kDa) und einer B- oder L-Kette (M_r 27,7 kDa). Die B-Kette enthält das aktive Zentrum. Es wird aus der inaktiven Vorstufe ↗ *Plasminogen* gebildet. Endogene P.-Inhibitoren sind α2-Antiplasmin, ↗ *α_2-Makroglobin* und das nicht im Plasma vorkommende Aprotinin.

Plasminogen, das Zymogen des Plasmins. Das Human-P. (Profibrinolysin) ist ein Glycoprotein (M_r 90 kDa) mit einer großen Anzahl von Disulfidbrücken. Die Umwandlung von P. in das ↗ *Plasmin* erfolgt entweder intrinsisch durch verschiedene Plasma-Faktoren oder mittels spezieller *Plasminogen-Aktivatoren* durch extrinsische Aktivierung. Neben der besonders reichlich in Prostata, Uterusschleimhaut, Lunge und Ovar vorkommenden ↗ *Urokinase* können auch von Mikroorganismen gebildete Aktivatoren, wie z. B. ↗ *Streptokinase* gemeinsam mit Pro-Aktivatoren die Umwandlung auslösen.

Plasminogen-Aktivatoren, ↗ *Plasminogen,* ↗ *Urokinase,* ↗ *Streptokinase.*

plasmochrome Pigmente, Pflanzenpigmente, die in Plastiden enthalten sind, z. B. ↗ *Chlorophyll* und ↗ *Carotinoide.*

Plasmodesmata, ↗ *Gap Junction.*

Plasmon, die Gesamtheit der extrachromosomalen Erbfaktoren einer eukaryontischen Zelle. ↗ *Chondrom,* ↗ *Plastom,* ↗ *Cytoplasmon.*

Plastiden, in eukaryontischen Pflanzenzellen vorkommende Organellen. P. enthalten DNA und sind selbstreplizierend. Die Teilung von P. und die Replikation der P. -DNA verlaufen nicht synchron mit der Teilung und Replikation der Kern-DNA. Die P. sind gewöhnlich von ellipsoider Form und 1–10 μm lang. In Ausnahmefällen können sie noch größer und vielgestaltig sein, z. B. bei vielen Grünalgen. Man unterscheidet grüne ↗ *Chloroplasten,* die Orte der Photosynthese, gelbe bis orangerote ↗ *Chromoplasten,* die Träger von Blütenfarbstoffen, sowie farblose ↗ *Leucoplasten,* die Ablagerungsorte für Speicherstärke in Wurzeln und Spross. Die P. gehen biogenetisch aus Proplastiden hervor.

Plastidom, Syn. für ↗ *Plastom.*

Plastochinon, *PQ-9,* ein den ↗ *Ubichinonen* verwandtes Benzo-1,4-chinon mit isoprenoider Seitenkette, das in den Chloroplasten der Pflanzen eine Rolle als Redoxsystem bei der ↗ *Photosynthese* spielt.

Plastocyanin, in der Thylakoidmembran von Chloroplasten enthaltenes kupferhaltiges Protein (M_r 10,4 kDa). Das zwischen den Oxidationsstufen 1 und 2 wechselnde Kupferion wird von Cys-, Met- und zwei His-Resten komplexiert. P. ist als peripheres Membranprotein am Elektronentransport von Photosystem II auf das Photosystem I beteiligt und vermittelt speziell den Elektronentransfer zwischen dem Cytochrom-b_6f-Komplex und dem Photosystem I (↗ *Photosynthese*).

Plastom, *Plastidom,* Gesamtheit der genetischen Information, die in den Erbanlagen der Plastiden einer eukaryontischen Pflanzenzelle enthalten ist.

platelet activating factor, engl. für ↗ *Thrombocytenaktivierungsfaktor.*

platelet-derived endothelial cell growth factor, *PD-ECGF,* ein u. a. von Thrombocyten gebildeter Wachstumsfaktor. P. wurde auch in der humanen Plazenta aufgefunden. P. ist ein monomeres Polypeptid (M_r 45 kDa; 482 AS) mit sieben Cystein-Resten und einer potenziellen N-Glycosylierungsstelle. Er ist das wichtigste Mitogen für Endothelzellen und wirkt außerdem auf diese Zellen chemotaktisch. Aus diesem Grunde fördert PD-ECGF die Bildung von Blutgefäßen (Angiogenese).

platelet-derived growth factor, *PDGF, Blutplättchenaktivierungsfaktor,* ein aus zwei Untereinheiten (A und B) aufgebautes Glycoprotein (M_r 30 kDa), das als multifunktioneller Wachstumsfaktor wirkt. Die beiden Untereinheiten des P. enthalten 16 Cystein-Reste, die für die biologische Wirkung und die Verbrückung der beiden Polypeptidketten notwendig sind. Neben den dominierenden Heterodimeren (PDGF-AB) wurden auch Homodimere (PDGF-AA und PDGF-BB) aus natürlichen Quellen isoliert. Das für die A-Kette codierende Gen ist auf Chromosom 7 lokalisiert, während das für die B-Kette codierende Gen dem c-sis-Proto-Onkogen entspricht. Aufgrund der strukturellen Ähnlichkeit beider Gene wird eine Abstammung von einem gemeinsamen Urgen angenommen. Die Glycosylierungsstellen auf beiden Untereinheiten sind bekannt, wobei die Kohlenhydratsubstitution etwa 5 % der Molekülmasse des PDGF ausmacht. Das breite Spektrum verwandter Moleküle des P. in verschiedenen Zelltypen entsteht durch verschiedene Kombinationen der A- und B-Kette, durch unterschiedliche Glycosylierungsmuster sowie durch alternatives Spleißen der zugrunde liegenden mRNAs. P. wird von Thrombocyten, Endothelzellen, glatten Muskelzellen, Monocyten und einigen Tumorzellen gebildet. Verschiedene Faktoren initiieren die Bildung und Ausschüttung des PDGF. Hierzu zählen beispielsweise TGF_β, TNF_α, Thrombin, Forskolin und Faktor X. PDGF wird primär in den Megakaryocyten exprimiert und in den α-Granula der Blutplättchen gespeichert. Der PDGF-Rezeptor ist ein aus zwei Untereinheiten (α, β) aufgebautes integrales Membranprotein. Der Rezeptor bindet die Isoformen mit unterschiedlichen Affinitäten. Er besitzt die Aktivität einer Protein-Tyrosin-Kinase. PDGF erfüllt wichtige Funktionen bei der Gewebereparatur, der Wundheilung und bei Entzündungsprozessen. Er wird als Hauptmitogen im Serum für Bindegewebs- und Gliazellen betrachtet. Ferner aktiviert er Kollagenasen und Phospholipasen. Seine Beteiligung an zentralen Prozessen, die der Differenzierung und der Tumorgenese zugrunde liegen, wird immer wahrscheinlicher. PDGF ist vermutlich auch an der Embryonalentwicklung beteiligt und spielt eine Rolle bei Zelltransformationen, die bei Arteriosklerose, Tumoren und Knochenmarksfibrosen auftreten. [B. Westermark *Acta Endocrinol.* **123** (1990) 131]

Plazentagonadotropin, ↗ *Choriongonadotropin.*

Plazentalactogen, Syn. für ↗ *Chorionmammotropin.*

PLB, Abk. für engl. *porous layer beads,* ein Trägermaterial für die ↗ *Hochleistungsflüssigkeitschromatographie.*

PLC, Abk. für ↗ *Phospholipase C.*

Plectin, ein an intermediäre Filamente bindendes und in den unterschiedlichsten Zelltypen vorkommendes Protein (M_r 300 kDa). Es besitzt eine netzwerkähnliche Struktur (griech. *plektos*, geflochten) und soll an der Strukturierung der Cytomatrix beteiligt sein.

PLEES-Proteine, Sammelbezeichnung für eine Familie strukturell ähnlicher Enzyme (Peptidasen, Lipasen, Esterasen, Epoxid-Hydrolasen, Serin-Hydrolasen) mit Ähnlichkeiten zur menschlichen Serin-Hydrolase Bph-rp. Die P. sind in der Lage, eine Vielzahl von Substraten (u. a. aromatische Verbindungen, wie z. B. Biphenyl- und polychlorierte Biphenylderivate) mit Hilfe einer katalytischen Triade mit topologisch konservierten (Ser/Asp)-(Asp/Glu)-His-Resten zu metabolisieren. Obgleich die meisten P. hydrolytische Enzyme sind, gehören zu dieser Familie auch Proteine, wie bakterielle Peroxidasen, mit der Fähigkeit zur Katalyse der Knüpfung von Kohlenstoff-Halogen-Bindungen. P. sind weit verbreitet von Bakterien bis zum Menschen und könnten evolutionär von einem gemeinsamen Vorläufer abstammen. [X.S. Puente u. C. Lopez-Otin *J. Biol. Chem.* **270** (1995) 12.926; *Biochem. J.* **322** (1997) 947]

Plicacetin, ⁊ *Amicetine*.

PLMF1, Abk. für engl. *periodic leaf movement factor*, ⁊ *Turgorine*.

PLP, 1) Abk. für ⁊ *Pyridoxalphosphat*.

2) Abk. für engl. *parathyroid like peptide*, ⁊ *Parathyrin-ähnliches Peptid*.

Plumbagin, ⁊ *Naphthochinone*.

Plumierid, ein ⁊ *Iridoid*.

Pluripoetin, ⁊ *koloniestimulierende Faktoren*.

plus-Ende, das „schnell wachsende" Ende eines ⁊ *Mikrotubulus* oder eines Actin-Filaments, an dem Monomere mit hoher Geschwindigkeit gebunden werden. Das p.-E. von F-Actin wird auch als Bart-Ende bezeichnet. ⁊ *Actin*, ⁊ *Actinin*.

PMF, Abk. für engl. *proton motive force*, ⁊ *protonenmotorische Kraft*.

PMR, Abk. für Protonen-NMR. ⁊ *NMR-Spektroskopie*.

PMS, Abk. für engl. *pregnant mare serum gonadotropin*, ⁊ *Stutengonadotropin*.

PNA, Abk. für engl. *peptide nucleic acids*, ⁊ *Peptidnucleinsäuren*.

Pneumadin, H-Ala[1]-Gly-Glu-Pro-Lys[5]-Leu-Asp-Ala-Gly-Val[10]-NH₂, ein aus Lungen isoliertes 10 AS-Peptidamid. Es bewirkt die Freisetzung von ⁊ *Vasopressin* aus der Hypophyse und zeigt antidiuretische Aktivität. [V.K. Batra et al. *Regul. Pept.* **30** (1990) 77]

PNGase F, Abk. für ⁊ *Peptid-N4-(N-acetyl-β-glycosaminyl)asparagin-Amidase*.

Pol, Abk. für ⁊ *DNA-Polymerase*, wie Pol I bis III für DNA-Polymerase I bis III.

Pollinastanol, Syn. für ⁊ *Pollinasterin*.

Pollinasterin, *Pollinastanol*, *4,4-Desmethylcycloartenol*, ein Pflanzeninhaltsstoff, der strukturell den Sterinen sowie Cycloartenol nahesteht (Abb.; M_r 400,69 Da, F. 112 °C). P. wurde besonders aus Pollen von Korbblütlern (*Compositae*), dem Farn *Polypodium vulgare* sowie Stechwinden-(*Smilax-*) Wurzeln isoliert. In diesen Pflanzen ist P. ein wichtiges Zwischenprodukt bei der Biosynthese von Cholesterin. Es unterscheidet sich strukturell von ⁊ *Cycloartenol* durch fehlende Methylgruppen am C-Atom 4 und Seitenkettendoppelbindung.

Pollinasterin

Poly-A, Abk. für Polyadenylsäure, ⁊ *Polyadenylierung*.

Polyacrylamid-Gelelektrophorese, *PAGE*, ein Verfahren der ⁊ *Elektrophorese*, bei dem Polyacrylamid-Gele variabler Porengröße als Träger eingesetzt werden. Die P. ist in der biochemischen Analytik eine der am häufigsten verwendeten Elektrophoresetechniken für die Trennung von Proteinen. Die entstehenden Proteinbanden im Elektropherogramm können durch Coomassie-Blau oder Silbernitrat gefärbt und durch Messung in einem Densitometer bestimmt werden. Weiterhin wird die PAGE für die Analyse von Produkten der ⁊ *Nucleinsäuresequenzierung* verwendet.

Polyadenylierung, die Anknüpfung eines 3'-Polyadenylatschwanzes an eukaryontische mRNA. Die Primärtranskripte werden durch eine spezifische Endonuclease gespalten, die die Spaltungssequenz AAUAAA und deren Umfeld erkennt. Danach fügt eine Poly(A)-Polymerase mit ATP als Donor unter Freisetzung von Pyrophosphat etwa 250 A-Reste an das 3'-Ende der mRNA an. Der resultierende Poly-(A)-Schwanz wickelt sich um mehrere Kopien eines mRNA-Bindungsproteins (M_r 78 kDa). Die Synthese des Polyadenylatschwanzes kann durch 3'-Desoxyadenosin (Cordycepin) inhibiert werden. Der Poly-(A)-Schwanz schützt vor dem Abbau der mRNA durch Nucleasen.

Polyadenylsäure, Poly A, ein lediglich aus Adenylsäure aufgebautes ⁊ *Homopolymer*. ⁊ *Polyadenylierung*.

Poly-ADP-Ribose, ⁊ *ADP-Ribosylierung*.

Polyamine, eine Gruppe aliphatischer, geradkettiger Amine, die biosynthetisch von Aminosäuren abstammen. Zu den P. zählen Spermin, Spermidin,

Cadaverin und Putrescin. Bei den beiden letztgenannten handelt es sich um Diamine, die durch Decarboxylierung aus Lysin und Ornithin hervorgehen. In Pflanzen kann Putrescin auch durch Decarboxylierung von Arginin zu Agmatin und nachfolgender hydrolytischer Abspaltung von Harnstoff gebildet werden. Tiere besitzen keine Arginin-Decarboxylase (EC 4.1.1.19), wohingegen sie in Pflanzen häufiger vorkommt als die Ornithin-Decarboxylase (EC 4.1.1.17). Durch Addition einer Aminopropylgruppe werden Putrescin in Spermidin und Spermidin in Spermin überführt. Diese Gruppe stammt von decarboxyliertem S-Adenosyl-L-methionin ab (Abb.).

$$H_2N-CH_2-CH_2-CH_2-CH-COOH \qquad \text{Ornithin}$$
$$| $$
$$NH_2$$

Ornithin-Decarboxylase

$$H_2N-CH_2-CH_2-CH_2-NH_2 \qquad \text{Putrescin}$$

$$CH_3$$
$$|$$
$$H_2N-CH_2-CH_2-CH_2-S-Ado$$
$$\oplus$$
$$H_3C-S-Ado$$

$$H_2N-(CH_2)_3-NH-(CH_2)_4-NH_2 \qquad \text{Spermidin}$$

$$CH_3$$
$$|$$
$$H_2N-CH_2-CH_2-CH_2-S-Ado$$
$$\oplus$$
$$H_3C-S-Ado$$

$$H_2N-(CH_2)_3-NH-(CH_2)_4-NH-(CH_2)_3-NH_2 \qquad \text{Spermin}$$

Polyamine. Biosynthese der Polyamine.

P. werden zur Zellteilung und möglicherweise zur Differenzierung benötigt. Spermin stabilisiert vermutlich die DNA, die im Kopf der Spermienzellen dicht verpackt ist. P. tragen wesentlich zur Stabilität der Mikrotubuli und Actinfilamentbündel bei. P. regen das Wachstum höherer Pflanzen an und sind wahrscheinlich in einigen Fällen, z. B. bei Tomaten, für die Fruchtbildung wichtig. Putrescin sammelt sich in Pflanzen, die Stress ausgesetzt sind, insbesondere K^+- und Mg^{2+}-Mangel, Zuführung von NH_4^+, Versauerung und hohem Salzgehalt.

In Organismen, denen die Arginin-Decarboxylase fehlt, kann Putrescin nur durch Decarboxylierung von Ornithin gebildet werden. Es sind viele Inhibitoren der Ornithin-Decarboxylase bekannt. Diese besitzen eine Reihe von medizinischen Anwendungen gegen Tumore, Viren, Trypanosomen (z. B. *Trypanosoma brucei*, der in Afrika die Schlafkrankheit verursacht) und Plasmodien (z. B. *Plasmodium falciparum*, dem Verursacher der Malaria). [*Polyamines in Biology and Medicine* D.R. Morris u. L.J. Marton (Hrsg.), Dekker, New York, 1981; A.E. Pegg u. P.P.Mc Cann *Am. J. Physiol.* **243** (1982) C212–221; T.A. Smith *Ann. Rev. Plant Physiol.* **36** (1985) 117–143]

Polyaminosäuren, natürlich vorkommende oder synthetische polymere Verbindungen, in denen identische Aminosäuren durch Peptidbindungen miteinander verknüpft sind. Die in der Kapselsubstanz der Milzbrandbakterien vorkommenden P. enthalten über γ-Peptidbindungen verknüpfte D-Glutaminsäure. Die Poly-γ-D-Glutaminsäure präzipitiert Antikörper gegen Milzbrand. Diese Fähigkeit hat die Poly-γ-L-Glutaminsäure nicht. Durch Polymerisation von N-Carbonsäureanhydriden (Leuchssche Anhydride) lassen sich P. bis zu M_r von 10^3–10^6 Da relativ leicht darstellen. Strukturelle Ähnlichkeit mit den Polyaminosäuren haben die ⬈ *Sequenzpolymere*.

Poly-A-Polymerase, ein Enzym, das im Zellkern spezifisch die Addition von Poly-A-Sequenzen ohne DNA-Matrize an mRNA-Vorläufer katalysiert (⬈ *Polyadenylierung*).

Polybren, ein polymeres quartäres Ammoniumsalz, das zur Einbettung des Peptids für den ⬈ *Edman-Abbau* verwendet wird.

polycistronische mRNA, eine ⬈ *messenger-RNA*, die für mehrere Proteine kodiert. P. m. ist bisher nur bei Prokaryonten nachgewiesen worden. Die Polypeptide, die von p. m. translatiert werden, stehen gewöhnlich funktionell in enger Beziehung. So werden beispielsweise die zehn Enzyme der Histidinbiosynthese durch eine p. m. kodiert, die ungefähr 12.000 Nucleotide (M_r $4 \cdot 10^6$) enthält.

Polyhydroxyaldehyde, ⬈ *Aldosen*.

Polyisoprene, ⬈ *Polyterpene*.

Polyisoprenoide, ⬈ *Polyterpene*.

Polyketide, *Acetogenine*, Naturstoffe, die aus Acetyl- bzw. Malonyl-CoA-Einheiten gebildet werden. Die Biosynthese läuft an einem Multienzymkomplex ab. Im ersten Schritt findet eine Wechselwirkung des Startermoleküls mit einer peripheren SH-Gruppe des Enzymkomplexes statt. Als übliches Startermolekül fungiert Acetyl-CoA (z. B. bei der Synthese von Anthrachinon und Griseofulvin), d. h. es wird HS-CoA abgespalten und die Acetylgruppe wird über eine Thiolesterbindung an das periphere Acyl-Carrierprotein (HSp) gebunden. Weitere Startermoleküle sind: Propionyl-CoA, Zimtsäure-CoA (Synthese von flavonoiden Verbindungen und Stilbenderivaten), Malonsäureamid-CoA (Synthese von Tetracyclinen), CoA-Derivate der Oxosäuren von Leucin, Isoleucin und Valin, sowie Nicotinyl-CoA usw. Nach der Einführung der Startergruppe wird ein Malonylrest (aus Malonyl-CoA) an die SH-Gruppe eines Pantetheinrests – der prosthetischen Gruppe eines Proteins, das zentral im Multienzymkomplex liegt (HS$_C$) – gebunden. Unter Abspaltung der Carboxylgruppe der Malonyl-

CoA-Einheit wird die Startergruppe (z. B. Acetyl) übertragen, wobei auf HS_C eine Acetoacetylgruppe gebildet wird. Die Acetoacetylgruppe wird anschließend auf HSp übertragen und an HS_C ein weiterer Malonylrest eingeführt. Es besteht eine große Ähnlichkeit mit den Einleitungsschritten der Fettsäurebiosynthese, jedoch kommen die beiden Reduktionsschritte der Fettsäurebiosynthese bei der Polyketidsynthese nicht vor. Während der Synthese der P. werden schrittweise Malonylgruppen eingeführt. Die sich wiederholenden beiden Kohlenstoffeinheiten, die in der Struktur aller P. vorkommen, stammen biosynthetisch von eingebautem und decarboxyliertem Malonyl-CoA ab. Die β-Polyketonzwischenstufe sammelt sich nicht an. Sie zyklisiert durch Ester- oder Aldolkondensation zu Ringsystemen, die in verschiedenen P. vorkommen, wobei die Carbonylgruppen gewöhnlich in der resonanzstabilisierten Enolform vorliegen. Als weitere Modifikationen treten auf: Einführung von weiterem Sauerstoff durch Hydroxylierung, Methylierung von Hydroxylgruppen unter Bildung von Methoxygruppen oder direkte Methylierung von Kohlenstoffatomen (der Methyldonor ist S-Adenosyl-L-methionin), Reduktion, Substitution mit Polyisoprenresten und Chlorierung eines aromatischen Rings.

Beispiele für P. sind: ↗ Tetracycline, ↗ Griseofulvin, (Makrolidantibiotika) ↗ Makrolide, ↗ Cycloheximide sowie verschiedene Pilzprodukte, wie Orsellinsäure, 6-Methylsalicylsäure und Cyclopaldinsäure. [N.M. Packter u. P.K. Stumpf (Hrsg.) „The Biosynthesis of Acetate-Derived Phenols (Polyketide)" The Biochemistry of Plants 4 (Academic Press, 1980) 535–570; S. Sahpaz et al. Phytochemistry 42 (1996) 103–107]

Polymerasekettenreaktion, PCR (engl. polymerase chain reaction), ein Prozess, der 1984 von Wissenschaftlern der Cetus Corporation entwickelt wurde und der dazu eingesetzt wird, ein spezifisches DNA-Fragment zu amplifizieren, das zwischen zwei Regionen bekannter Nucleotidsequenz innerhalb einer längeren DNA-Matrize liegt. Das Startmaterial kann sowohl aus einem einzigen DNA-Molekül als auch aus einem DNA-Molekül in einer komplizierten Mischung anderer DNA-Arten bestehen, z. B. in einem Rohzelllysat. Die Ziel-DNA ist gewöhnlich 200–500 Nucleotide lang. Zur Zeit liegt die praktische obere Grenze bei 2.000 Nucleotiden. Zusätzlich zur Matrizen-DNA werden für den Prozess zwei Oligonucleotidprimer und eine DNA-Polymerase benötigt. Die Primer sind komplementär zu den bekannten flankierenden Sequenzen der Ziel-DNA, 20–25 Nucleotide lang und werden synthetisch hergestellt. Wenn die Matrize aus einer Einzelstrang-DNA (Abb.) besteht, ist die Nucleotidsequenz eines Primers komplementär zu der bekannten Sequenz am 3'-Ende der

Matrizen-DNA, während die Sequenz des anderen Primers komplementär zur äquivalenten Sequenz im komplementären Matrizenstrang ist. Wenn eine doppelsträngige Matrize vorliegt, sind die Nucleotidsequenzen der Primer komplementär zu bekannten Sequenzen, die auf den entgegengesetzten Strängen liegen, jeweils am 3'-Ende auf der Ziel-DNA.

Zu Anfang wurde in der PCR das ↗ Klenow-Fragment der E.-coli-DNA-Polymerase I als DNA-Polymerase eingesetzt. Dieses wurde später ersetzt durch die Taq-DNA-Polymerase [R.K. Saiki et al. Science 239 (1988) 487–493] aus dem thermophilen Bakterium Thermus aquaticus, die ausgedehnte Inkubationen bei 95 °C aushält und dadurch eine Automatisierung des Prozesses erlaubt.

Die PCR wird in mehreren Zyklen durchgeführt, wobei in jedem Durchgang die ursprüngliche Menge der in der Inkubationsmischung vorhandenen Ziel-DNA verdoppelt wird. Die Inkubationsmischung enthält außerdem einen großen molaren Überschuss der beiden Primer und der vier 2'-Desoxyribonucleotid-5'-phosphate dATP, dGTP, dCTP und dTTP. Nach dem Start der PCR werden keine Reagenzien mehr zugegeben. Der erste Schritt jedes Zyklus besteht in einer Denaturierung, wodurch die Matrizen-DNA in einsträngiger Form erhalten wird. Zur Denaturierung wird die Temperatur der Inkubationsmischung für ungefähr 60 Sekunden auf 92–96 °C erhöht. Der zweite Schritt ist der Hybridisierungsschritt, bei dem die Primer an ihre komplementären Sequenzen in den einzelsträngigen DNA-Matrizenmolekülen anhybridisieren. Hierzu wird die Temperatur für ungefähr 30 Sekunden auf 55–60 °C erniedrigt. Der dritte und letzte Schritt ist der Verlängerungsschritt, bei dem die DNA-Polymerase den Primer, der durch Wasserstoffbrückenbindungen an jede Matrizen-DNA gebunden ist, in der 5'→3'-Richtung verlängert, indem sukzessiv 2'-Desoxynucleotid-5'-phosphatreste an die 3'-Hydroxylgruppe am 3'-Ende addiert werden, wobei die Sequenz durch die Matrize vorgegeben ist. Um dies zu erreichen, wird die Temperatur für 1–3 Minuten auf 72 °C erhöht. Die Inkubationszeit des dritten Schritts hängt von der Länge der Ziel-DNA, die kopiert wird, ab. Bei Verwendung der Taq-DNA-Polymerase, deren Verlängerungsrate bei 70 °C 50 Nucleotide je Sekunde beträgt, ist für Ziel-DNA, die aus 500 Nucleotiden oder weniger besteht, eine Minute ausreichend. Dieser Zyklus aus drei Schritten wird viele Male wiederholt. Hierdurch wird eine exponenzielle Vervielfältigung der Ziel-DNA erreicht, weil jeder Zyklus theoretisch die Matrizenanzahl verdoppelt, die dann für den folgenden Zyklus zur Verfügung steht. Betrachtet man eine Sequenz 1-2-3-4-5 mit der komplementären Sequenz 1'-2'-3'-4'-5', bei der die Bereiche 2 und 4 bekannt

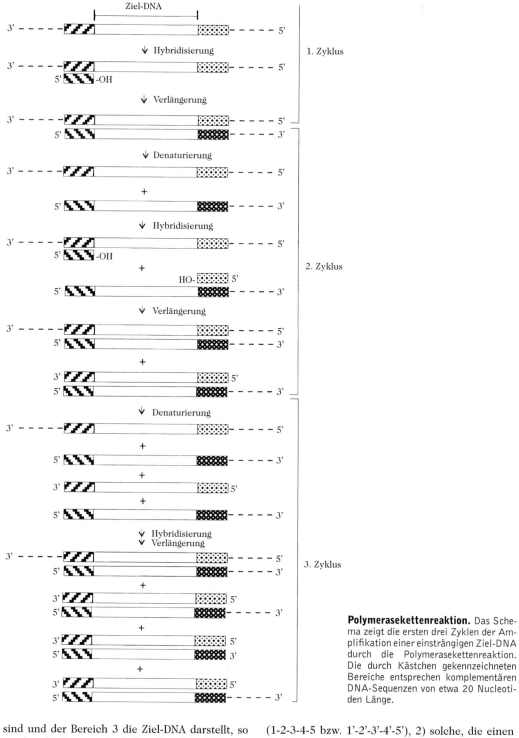

Polymerasekettenreaktion. Das Schema zeigt die ersten drei Zyklen der Amplifikation einer einsträngigen Ziel-DNA durch die Polymerasekettenreaktion. Die durch Kästchen gekennzeichneten Bereiche entsprechen komplementären DNA-Sequenzen von etwa 20 Nucleotiden Länge.

sind und der Bereich 3 die Ziel-DNA darstellt, so werden die Sequenzabschnitte 2' und 4 als Primer verwendet. Damit ergibt sich folgendes Amplifikationsmuster: Am Ende jedes Zyklus liegen drei Arten an DNA-Strängen vor: 1) die ursprüngliche Matrize

(1-2-3-4-5 bzw. 1'-2'-3'-4'-5'), 2) solche, die einen der beiden Primer an ihrem 5'-Ende tragen und ein 3'-Ende besitzen, das bis zum 5'-Ende der ursprünglichen Matrize verlängert wurde (2-3-4-5, ausgehend von Primer 2' bzw. 1'-2'-3'-4', ausgehend von Primer 4) und 3) solche, die exakt die Länge der Ziel-DNA plus der flankierenden Primer-DNA haben, weil sie einen der beiden Primer an ihrem 5'-Ende tragen und ihr 3'-Ende nur bis zum Ende der Sequenz verlängert wurde, die komplementär zum anderen Primer ist (2-3-4 bzw. 2'-3'-4'). Am Ende der Zyklen 1, 2 und 3 ergibt sich für diese DNA-Fragmente ein Verhältnis von 1 : 1 : 0, 1 : 2 : 1 und 1 : 3 : 4. Für die Zyklen 4, 5 und 6 liegen sie im Verhältnis 1 : 4 : 11, 1 : 5 : 26 und 1 : 6 : 57 vor. Die PCR bewirkt also keine Amplifikation der ursprünglichen Matrize, eine arithmetische Zunahme von Fragmenten, die am einen Ende der ursprünglichen Matrize entsprechen (2-3-4-5 bzw. 1'-2'-3'-4'), aber eine exponenzielle Amplifikation der Ziel-DNA mit ihren flankierenden Primersequenzen. Nach 20 Zyklen liegen die Amplifikationsprodukte im Verhältnis 1 : 20 : 1.048.555 vor und bestehen zu 99,998 % aus Ziel-DNA.

Die Anzahl der benötigten thermischen Zyklen (die inzwischen in automatisierten *Thermocyclern* durchgeführt werden können) hängt von der Konzentration der Ziel-DNA in der Inkubationsmischung ab. Zur Amplifikation einer einzigen Kopie der Ziel-DNA in der Säuger-Genom-DNA zu einer Menge, die direkt mit Hilfe von Agarose- oder Polyacrylamidgelen bestimmt werden kann, sind mindestens 25 Zyklen notwendig. Der Wirkungsgrad der Amplifikation, der mit 100 % beginnt (d. h. jedes Matrizenmolekül in der Inkubationsmischung wird während eines gegebenen thermischen Zyklus vollständig repliziert), fällt ab und bildet ein Plateau bei 30 %, wenn die Anzahl der Zyklen 30 übersteigt. Hierfür bestehen mindestens zwei Gründe: 1) wenn die Konzentration der Produkt-DNA hoch wird, besteht eine erhöhte Konkurrenz zwischen dem Anhybridisieren der Primer an ihre Matrizen (d. h. der Produkt-DNA) und der Hybridisierung der komplementären Stränge der Matrizen und 2) die Menge der DNA-Polymerase in der Inkubationsmischung reicht eventuell nicht mehr aus, um alle Primer-Matrize-Komplexe in der Zeit zu verlängern, die für den Verlängerungsschritt des Zyklus zur Verfügung steht. Der durchschnittliche Wirkungsgrad einer Reihe von PCR-Zyklen kann mit Hilfe der Gleichung $N = n(1 + E)^c$ berechnet werden, wobei N = Menge an Ziel-DNA, die durch die Zyklenreihe gebildet wurde, n = die anfängliche Menge an Ziel-DNA, E = der Amplifikationswirkungsgrad (1 ≙ 100 %) und c = Anzahl der Zyklen [N. Arnheim u. H. Erlich *Annu. Rev. Biochem.* **61** (1992) 131–156].

Die hohe Spezifität, mit der die PCR nur die Ziel-DNA amplifiziert, hängt von der Konstruktion und der Synthese der beiden Primer ab. Die Länge der Primer muss so beschaffen sein, dass ihre Sequenzen innerhalb der komplexen Mischung an DNA, die als PCR-Startmaterial verwendet werden kann, einmalig sind, und die deshalb nur mit den komplementären Sequenzen am 3'-Ende der Ziel-DNA-Stränge hybridisieren. Zwei Ansätze, die zum Ziel haben, das Problem zu minimalisieren und sicherzustellen, dass nur die Ziel-DNA amplifiziert wird, sind unter der Bezeichnung „*nesting*" [K.B. Mullis u. F.A. Faloona *Methods Enzymol.* **155** (1987) 335–350] und „*hemi-nesting*" [H. Li et al. *Proc. Natl. Acad. Sci. USA* **87** (1991) 4.580–4.584] bekannt. Bei beiden Strategien werden zwei Durchläufe der PCR mit zwei Primersätzen durchgeführt. Ein kleiner aliquoter Teil des Amplifikationsprodukts aus dem ersten Durchlauf mit dem ersten Primersatz wird als Startmaterial für den zweiten Durchlauf mit dem zweiten Primersatz verwendet. Im ersten Verfahren liegen die Sequenzen, die komplementär zum ersten Paar an Primern sind, außerhalb von jenen, die komplementär zum zweiten Primerpaar sind, dessen Abstand voneinander die Größe des amplifizierten Endprodukts bestimmt. Im zweiten Verfahren werden nur drei verschiedene Primer eingesetzt, zwei als erstwirkendes Paar, das im zweiten Durchlauf der Amplifikation durch den dritten Primer ersetzt wird. Eine neuere Modifikation des *hemi-nesting*-Verfahrens macht die Durchführung der beiden PCR-Durchläufe in getrennten Röhrchen unnötig. Alle drei Primer sind gleichzeitig vorhanden, die thermischen Zykluszustände werden so eingestellt, dass im ersten Durchgang die Anhybridisierung des äußerlich gelegenen Paars begünstigt wird und im zweiten Durchgang der eingebettete Primer [H.A. Erlich et al. *Science* **252** (1991) 1.643–1.651]. Diese Einbettungsstrategien machen sich zunutze, dass jede Nichtzielsequenz, die im ersten Durchlauf amplifiziert wurde, nicht mit einem Paar an innerhalb gelegenen, zielspezifischen Primern oder sogar einem einzigen solchen Primer amplifiziert werden kann.

Bei der Verwendung von Enzymen wie der *Taq*-DNA-Polymerase, die keine 3'→5'-Exonuclease-Aktivität besitzt, werden häufiger fehlerhafte Produkte gebildet, bei denen einzelne falsche dNTP-Reste eingebaut wurden.

Polymerasen mit einer solchen 3'→5'-*proof-reading*-Aktivität und für die PCR ausreichender Thermostabilität sind z. B. die ↗ *Pfu-Polymerase* und die ↗ *Pwo-Polymerase*.

Polymerasen, eine Gruppe von Enzymen (↗ *Transferasen*), die mit DNA oder RNA als Matrize die Synthese einer dazu komplementären DNA oder RNA aus Desoxynucleosid- bzw. Nucleosidtriphosphaten katalysieren. Entsprechend wird zwischen ↗ *DNA-Polymerasen* und ↗ *RNA-Polymerasen* unterschieden.

Aus Tumor-Viren wurde die reverse Transcriptase isoliert, durch die an einer RNA ein komplementärer DNA-Strang (↗ *cDNA*) synthetisiert werden kann.

In der Gentechnik finden P. vielseitige Verwendung. Fast alle bekannten P. sind biochemisch charakterisiert und können *in vitro* gehandhabt werden.

Polymorphismus, biochemisch betrachtet eine genetisch bedingte Form der Heterogenität von Proteinen, speziell Enzymen. P. liegt vor, wenn die Frequenz einer gegebenen genetischen Variante in der untersuchten Population größer als 1 % ist. Solche Populationsfrequenzen entwickeln sich durch die Wirkung einer positiven Selektion oder einer zufälligen genetischen Drift auf seltene durch Mutation entstandene Varianten mit heterozygotem Vorteil. Die gebildeten Allelomorphe (Genpaare) eines Proteins unterscheiden sich entweder durch Substitution oder Deletion einer Aminosäure an einer oder mehreren Stellen in der Peptidkette. P. zeigen z. B. die β-Kette des Hämoglobins, Haptoglobin, Transferrin, Adenosin-Desaminase, Glucose-6-phosphat- und 6-Phosphogluconsäure-Dehydrogenase. Besonders solche Enzyme zeigen P., die nicht an zentralen Stoffwechselprozessen beteiligt sind und *in vitro* eine breite Substratspezifität aufweisen.

Polymyxine, Fettsäure-enthaltende zyklische Peptide, die von *Bacillus polymyxa* produziert werden und antibiotische Wirkung gegenüber gramnegativen Bakterien aufweisen. P. sind zyklisch verzweigte Heptapeptide mit einem L-α,γ-Diaminobuttersäure-Rest (Dab) in der Verzweigungsposition, der über die γ-Aminofunktion mit der Carboxylgruppe eines Threoninrestes die Ringstruktur ausbildet und an dessen α-Aminofunktion eine Tetrapeptidsequenz gebunden ist. Die terminale Aminogruppe trägt einen verzweigten Fettsäurerest, der entweder die *(+)-6-Methyl-octansäure*, (MOA, Isopelargonsäure) oder *6-Methyl-heptansäure* (Isooctansäure, IOA) sein kann. Die bakterizide Wirkung beruht auf einer Schädigung der Cytoplasmamembran durch Erhöhung der Permeabilität und damit verbundener Aufhebung der osmotischen Barriere. Als membrandesorientierende Verbindungen wirken neben den P. auch die strukturell ähnlichen Octapeptine, Colistine und Circuline. Die Colistine A und B werden auch P. E_1 bzw. P. E_2 genannt.

Polynucleotide, Polymere, die aus mehr als 10–20 über 3',5'-Phosphodiesterbrücken verknüpften ↗ *Nucleotiden* aufgebaut sind. Kleinere P. werden als ↗ *Oligonucleotide* bezeichnet. Zu den P. gehören vor allem die natürlich vorkommenden ↗ *Nucleinsäuren*.

Polynucleotid-Kinase, ein Bakteriophagen-Enzym, unter dessen Katalyse ^{32}P-markiertes Phosphat aus ATP an das 5'-Ende einer DNA-Kette ange-

knüpft wird. Das Verfahren hat u. a. Bedeutung für die DNA-Sequenzierung (↗ *Sanger-Sequenzierung*) und das DNA-↗ *Footprinting*, das Bindungsstellen eines Proteins an ein DNA-Molekül anzeigt.

Polynucleotid-Ligase, *DNA-Ligase*, ein Enzym, das zwei DNA-Fragmente durch internucleotidische Esterbindung zwischen Phosphorsäure und Desoxyribose miteinander verknüpft. P. spielen in der Zelle bei der Reparatur von DNA-Schäden (↗ *Einzelstrangbruch*) und bei der DNA-Synthese (zur Verknüpfung der Okazaki-Fragmente, ↗ *Replikation*) eine Rolle. Sie werden aber auch bei der zellfreien Synthese von Genen (DNA) eingesetzt (↗ *Gensynthese*).

Polynucleotid-Methylase, Syn. für ↗ *Polynucleotid-Methyltransferase*.

Polynucleotid-Methyltransferase, *Polynucleotid-Methylase*, spezifische Enzyme, die die Methylierung von Purin- und Pyrimidinbasen oder von Zuckern in der intakten Polynucleotidkette durch Übertragung von Methylgruppen aus *S*-Adenosyl-L-methionin katalysieren.

Methylierte Basen und / oder Zucker (↗ *seltene Nucleinsäurebausteine*) finden sich in tRNA, mRNA, rRNA und DNA. Besonders häufig kommen 5-Methylcytosin und 6-Methyladenin vor. ↗ *transfer-RNA* besitzt einen hohen Anteil an modifizierten Komponenten, von denen viele methyliert sind. Die 5'-terminalen Cap-Strukturen vieler eukaryontischer und viraler mRNA-Moleküle werden nach der Transcription methyliert, wobei N^6-Methyladenosin typischerweise zwischen den 5'- und 3'-Enden des mRNA-Moleküls (↗ *messenger-RNA*) vorgefunden werden. Die Methylierung der rRNA ist für die Ribosomenreifung essenziell. Die ↗ *DNA-Methylierung* dient den spezifischen regulatorischen Proteinen zur Erkennung und schützt die DNA vor der Wirkung von Restriktionsendonucleasen, die von der eigenen Zelle gebildet werden.

Polynucleotid-Phosphorylase, ein Enzym, das *in vitro* die Synthese von Polyribonucleotiden katalysiert. Dies erfolgt durch Anlagerung von 5'-Nucleosid-diphosphaten an Oligonucleotide als Starter (Primer), wobei Phosphat freigesetzt wird. Das Angebot an Bausteinen bestimmt die Zusammensetzung der neuen Sequenzen. Auf diese Weise können sowohl Homopolymere (Poly A, Poly U usw., ↗ *Polyadenylierung*) oder auch ↗ *Copolymere* (z. B. Poly AU) synthetisiert werden.

Polynucleotid-Thioltransferase, zu den Thiolasen zählende Enzyme, die spezifisch die Thiolierung von Purin- und Pyrimidinbasen bei der Synthese ↗ *seltener Nucleinsäurebausteine* katalysieren.

Polypeptide, ↗ *Peptide*.

Polyporensäure, *Polyporensäure A*, eine Carbonsäure aus der Gruppe der tetrazyklischen Triterpene (M_r 486,74 Da, F. 200 °C, $[\alpha]_D$ +74°). P. leitet sich strukturell vom Stammkohlenwasserstoff 5α-Lanostan (↗ *Lanosterin*) ab. Sie kommt in auf Birken wachsenden Löcherpilz-(*Polyporus*-)Arten vor.

Polyporinsäure, ↗ *Benzochinone.*

Polyprenole, *Polyprenylalkohole,* aus einer großen Anzahl von Isopreneinheiten aufgebaute azyklische Terpenalkohole. Die P. kommen frei oder als Ester höherer Fettsäuren in Mikroorganismen, Pflanzen und Säugetieren vor. Bei der Namensgebung werden meistens Herkunft und Anzahl der Isopreneinheiten zum Ausdruck gebracht, z. B. ist Betulaprenol-8 ein aus acht Isopreneinheiten aufgebautes P. aus *Betula verrucosa.*

Polyprenole. Tab.

Name (Vorkommen)	Anzahl der Isopreneinheiten	Anordnung der Doppelbindungen
Solanesol (Tabak)	9	alle *trans*
Castaprenole (Kastanie)	11–13	3 *trans*, Rest *cis*
Ficaprenole (Ziergummibaum)	10–12	3 *trans*, Rest *cis*
Betulaprenole (Silberbirke)	6–13	3–4 *trans*, Rest *cis*
Dolichole (Säugetiere, Mikroorganismen)	14–24	3–4 *trans*, Rest *cis*

Außer in der Anzahl der Kohlenstoffatome unterscheiden sich die P. auch durch die Anordnung der Doppelbindungen und dadurch, dass sie partiell hydriert sein können (Tab.). Dolichol-24 ist der aliphatische Alkohol mit dem höchsten Molekulargewicht.

Undecaprenol (Bactoprenol) aus *Salmonella* enthält elf Isopreneinheiten sowie zwei *trans*- und neun *cis*-Doppelbindungen. In Form des Undecaprenylphosphats fungiert es als Träger von Kohlenhydratresten in der Biosynthese bakterieller antigener Polysaccharide. Die Synthese von ↗ *Murein* hängt ebenfalls von Undecaprenylphosphat ab. Bei Eukaryonten ist das ↗ *Dolicholphosphat* für die Übertragung von Kohlenhydratresten bei der Synthese von Glycoproteinen und Glycolipiden verantwortlich. Möglicherweise dienen die langen Lipidketten dieser P. dazu, sie in der Membran zu verankern, während die Phosphatgruppe als Träger dient, der in das Cytoplasma ragt. Es ist unbekannt, ob alle P. als Kohlenhydrat-Übertrager wirken. Die Strukturähnlichkeit von Solanesol und Plastochinon-9 bzw. Ubichinon-9 sowie ihr gemeinsames Vorkommen sprechen für eine Rolle als Vorläufer der Polyprenole. Die Biosynthese der P. verläuft,

ausgehend von Mevalonsäure, über Zwischenstufen, in denen die Anordnung der Doppelbindungen bereits festgelegt ist.

Polyprenylalkohole, Syn. für ↗ *Polyprenole.*

Polyribosomen, *Polysomen, Ergosomen,* die Struktureinheit der ↗ *Proteinbiosynthese,* die aus mehreren, an einem mRNA-Faden perlschnurartig aufgereihten ↗ *Ribosomen* besteht. P. treten sowohl frei im Cytoplasma als auch an das endoplasmatische Reticulum gebunden auf. Die Einzelribosomen der P. sind 60–90 Nucleotideinheiten der mRNA, d. h. 20–30 nm, voneinander entfernt; ein Einzelribosom selbst bedeckt die Länge von etwa 35 Nucleotiden. Die native Länge der P. ist ein ungefähres Maß für die Größe des synthetisierten Polypeptids. P. bilden sich durch Assoziation der mRNA mit neu entstandenen oder nach der Termination wieder frei gewordenen ribosomalen Untereinheiten, wobei der Initiationsfaktor IF3 beteiligt ist.

Polysaccharide, sind bei Tieren und Pflanzen weit verbreitet und dienen als Reservesubstanz bzw. als Gerüstmaterial. Sie bestehen aus 10 und mehr Monosaccharideinheiten, die nach dem gleichen Bauprinzip wie die ↗ *Oligosaccharide* α- oder β-glycosidisch zu verzweigten oder unverzweigten Ketten verbunden sind. Die Ketten können linear, schrauben- oder kugelförmig angeordnet sein. Bausteine sind vor allem die Hexosen D-Glucose, D-Fructose, D-Galactose und D-Mannose, die Pentosen D-Arabinose und D-Xylose sowie der Aminozucker D-Glucosamin. Aus gleichartigen Monosacchariden aufgebaute P. werden als ↗ *Homoglycane* bezeichnet, aus verschiedenartigen Kohlenhydratbausteinen zusammengesetzte als ↗ *Heteroglycane.* P. enthalten im Allgemeinen Hunderte oder Tausende von Monosaccharideinheiten und haben ein sehr hohes Molekulargewicht. Die einzelnen Vertreter unterscheiden sich somit nicht nur in der Art der an ihrem Aufbau beteiligten Grundbausteine, sondern vor allem im Polymerisationsgrad und in der Bindungsweise. Sie zeigen andere chemische und physikalische Eigenschaften als die sie bildenden Mono- bzw. Oligosaccharide. Wasserlöslichkeit, Reduktionswirkung und Süßigkeit nehmen mit steigender Molekülgröße ab. So sind die Gerüstkohlenhydrate Cellulose und Chitin wasserunlöslich und lassen sich enzymatisch nur schwer abbauen. Dagegen sind die Reservekohlenhydrate Stärke, Lichenin und Glycogen kolloidal in Wasser löslich und lassen sich durch Enzyme leichter spalten. Die Säurehydrolyse der P. führt über Oligosaccharide zu den Monosaccharidbausteinen. P. werden von Hefen nicht vergoren. Sie zeigen in kolloidaler Lösung optische Aktivität und sind im Allgemeinen microkristallin gebaut.

Polysaccharidschwefelsäureester, *Polysaccharidsulfate,* Sulfatester von Polysacchariden, deren Bildung durch Sulfokinasen erfolgt. Vermutlich bestehen zwei verschiedene Bildungswege: 1) die ausgebildete Polysaccharidkette wird durch Phosphoadenosinphosphosulfat (PAPS) sulfatiert; 2) die P. werden aus Zuckersulfaten durch Polymerisation aufgebaut.

P. werden vor allem durch Algen produziert, bei denen sie Zellwandbestandteile sind. Sie geben dem Thallus, dem Vegetationskörper der Lagerpflanzen (*Thallophyta*), Halt und schützen ihn vor Austrocknung, was besonders in der Ebbe-Flut-Zone von Meeren und bei terrestrischer Lebensweise wichtig ist. Die P. von Meeresalgen bieten eine große strukturelle Vielfalt. P. sind Bestandteile von Carrageenschleim (↗ *Carrageenane*) und ↗ *Agar-Agar*. Weitere Beispiele sind die ↗ *Chondroitinsulfate* und ↗ *Heparin*.

Polysaccharidsulfate, Syn. für ↗ *Polysaccharidschwefelsäureester*.

Polysomen, Syn. für ↗ *Polyribosomen*.

Polytänchromosomen, ↗ *Riesenchromosomen*.

Polyterpene, *Polyisoprene, Polyisoprenoide*, azyklische, ungesättigte Terpenkohlenwasserstoffe oder -alkohole, die aus einer großen Anzahl von Isopreneinheiten $(C_5H_8)_n$ aufgebaut sind. Nach ihren Strukturmerkmalen unterscheidet man bei den natürlichen P. verschiedene Typen (Tab.). In allen Fällen handelt es sich um unverzweigte Fadenmoleküle, bei denen die Doppelbindungen *cis*- oder *trans*-orientiert sein können (Abb.). Über die Biosynthese der P. ↗ *Terpene*.

Polyterpene. Tab. Klassifizierung der Polyterpene.

Verbindung	Anzahl der Isopreneinheiten	Doppelbindungen
Polyprenole	6–24	*cis/trans*
Gutta, Balata	etwa 100	*trans*
Naturkautschuk	> 10.000	*cis*

Mit Ausnahme einiger ↗ *Polyprenole* finden sich die P. nur im Pflanzenreich, und zwar in Milchröhren oder Milchsaftzellen.

Polyterpene. Konformation der Doppelbindungen.

Poly-U, Abk. für ↗ *Polyuridylsäure*.

Polyuridylsäure, *Poly-U*, ein lediglich aus Uridylsäuren aufgebautes ↗ *Homopolymer* von nicht definierter Nucleotidzahl. Als „synthetische mRNA" dirigiert Polyuridylsäure die Synthese von Polyphenylalanin in einem zellfreien ribosomalen Proteinbiosynthesesystem. Es dient daher häufig zur Bestimmung der Synthesekapazität solcher Systeme. P. hat in der ersten Phase der Dechiffrierung des genetischen Codes eine wichtige Rolle gespielt.

Polyuronide, aus Uronsäuren aufgebaute Makromoleküle des Pflanzenreichs, wobei die Uronsäuren in Pyranoseform (↗ *Kohlenhydrate*) vorliegen. Grundbausteine sind D-Glucuronsäure, D-Galacturonsäure und D-Mannuronsäure. P. enthalten freie Carboxylgruppen und sind daher stärker hydratisiert als die aus Monosacchariden aufgebauten Polysaccharide. Wichtige P. sind Pektine, Alginsäure und Pflanzenschleime.

Pomiferin, ↗ *Isoflavon*.

Pompesche Krankheit, *Glycogenose II, Cori-Typ-II-Glycogenspeicherkrankheit*, eine ↗ *Glycogenspeicherkrankheit*.

Ponasteron A, 2β,3β,14α,20α(R),22β(R)-Pentahydroxy-5β-cholest-7-en-6-on, ein Phytoecdyson (↗ *Ecdyson*; Abb.). M_r 464,65 Da, F. 260 °C, $[\alpha]_D$ +90° (Methanol). P. A wurde aus Pflanzen, z. B. dem Farn *Podocarpus nakaii* Hay, isoliert und hat Häutungshormonaktivität bei Insekten. Aus der gleichen Farnart wurden weiterhin *Ponasteron B* und *Ponasteron C* isoliert, die sich von P. A durch andere Konfiguration an C2 und C3 bzw. durch eine zusätzliche Hydroxylgruppe am C24 unterscheiden.

Ponasteron A

P/O-Quotient, ↗ *Phosphorylierungsquotient*.

porenformende Proteine, 1) Syn. für ↗ *Perforine*. 2) ↗ *Porine*.

Porengradientenelektrophorese, eine Form der ↗ *Elektrophorese*, bei der Moleküle auf Grund ihrer Größe getrennt werden.

Poriferasterin, *Poriferasterol, Poriferasta-5,22-dien-3β-ol* (früher (24S)-5α-Stigmasta-5,22-dien-3β-ol), ein marines Zoosterin (↗ *Sterine*). M_r 412,7 Da, F. 156 °C, $[\alpha]_D$ −49° (Chloroform). P. ist ein charakteristisches Sterin von Schwämmen und wurde z. B. in *Haliclona variabilis*, *Cliona celata* und *Spongilla lacustris* gefunden. Es unterscheidet sich strukturell von ↗ *Stigmasterin* durch umgekehrte Konfiguration am C24.

Porine, porenformende, membrandurchspannende Proteine. Die meist trimeren Proteine bilden durch die äußere Membran gramnegativer Bakterien sowie der Chloroplasten und Mitochondrien wassergefüllte, transmembranständige Kanäle (Poren) für den relativ unspezifischen Durchtritt von Ionen und kleinen Molekülen bis zu einer Ausschlussgrenze von M_r 0,6 kDa bei Bakterien und M_r 10 kDa bei Mitochondrien und Chloroplasten.

Porphin, das Stammtetrapyrrol der ⌐ *Porphyrine*. P. ist ein Begriff aus der ursprünglichen Fischer-Nomenklatur, synonym zu Porphyrin. ⌐ *Chlorin*.

Porphobilinogen, *2-Aminomethyl-3-carboxymethyl-4-carboxyethylpyrrol* (Abb.). P. ist Ausgangspunkt der Biosynthese der natürlichen ⌐ *Porphyrine*. Es wird aus zwei Molekülen D-Aminolävulinsäure gebildet.

HOOCCH₂CH₂ ... CH₂COOH ... N ... H ... CH₂NH₂

Porphobilinogen

Porphobilinogen-Desaminase, Syn. für ⌐ *Uroporphyrinogen-III-Synthase*.

Porphodimethen, *5,10,15,22-Tetrahydroporphyrin*.

Porphomethen, *5,15-Dihydroporphyrin*.

Porphyrie, klinische Zustände, die von genetischen Defekten in der Hämbiosynthese (⌐ *Porphyrine*) herrühren. Angeborene Störungen wurden für sieben der acht Enzyme dieses Pfads beschrieben. Homozygoten mit angeborenen, autosomalen, dominanten Störungen der Hämsynthese sind nicht lebensfähig, es sei denn, das betreffende Enzym besitzt eine Restaktivität. P. können erythropoetisch oder hepatisch sein, abhängig davon, ob der Defekt hauptsächlich in den erythroiden Zellen oder der Leber lokalisiert ist.

Porphyrine, zyklische Tetrapyrrole, die sich von der Stammsubstanz Porphin ableiten, in der die 8β-Wasserstoffatome teilweise oder vollständig durch Seitenketten, z. B. die Alkyl-, Hydroxyalkyl-, Vinyl-, Carbonyl- oder Carboxylgruppen, substituiert sind. Die verschiedenen P. werden aufgrund dieser Seitenketten eingeteilt, z. B. in Protoporphyrin, Coproporphyrin, Etioporphyrin, Mesoporphyrin, Uroporphyrin (Tab.). Durch die Art, in der die Seitenketten über das makrozyklische System verteilt sind, sind Stellungsisomere bei den P. möglich. In den P., die in der Natur vorkommen, trägt keiner der vier Pyrrolringe des Makrozyklus dieselbe Seitenkette doppelt. Bei P., die nur zwei Arten von Seitenketten enthalten, z. B. Etioporphyrin, Coproporphyrin und Uroporphyrin, sind lediglich vier Isome-

Porphyrine. Tab.

	Substituenten-Nr.							
	1	2	3	4	5	6	7	8
Coproporphyrin I	M	P	M	P	M	P	M	P
Coproporphyrin III	M	P	M	P	M	P	P	M
Deuteroporphyrin I	M	H	M	H	M	P	M	P
Deuteroporphyrin III	M	H	M	H	M	P	P	M
Etioporphyrin I	M	E	M	E	M	E	M	E
Etioporphyrin III	M	E	M	E	M	E	E	M
Hämatoporphyrin I	M	HE	M	HE	M	P	M	P
Hämatoporphyrin III	M	HE	M	HE	M	P	P	M
Mesoporphyrin I	M	E	M	E	M	P	M	P
Mesoporphyrin III	M	E	M	E	M	P	P	M
Protoporphyrin I	M	V	M	V	M	P	M	P
Protoporphyrin III	M	V	M	V	M	P	P	M
Uroporphyrin I	A	P	A	P	A	P	A	P
Uroporphyrin III	A	P	A	P	A	P	P	A
Isocoproporphyrin	M	E	M	E	M	P	P	M

M = Methyl, -CH₃; P = Propionyl, -CH₂CH₂-COOH; H = Wasserstoff; HE = Hydroxyethyl, -CH₂CH₂OH; V = Vinyl, -CH=CH₂; E = Ethyl, -CH₂CH₃; A = Acetyl, -CH₂-COOH. Die korrespondierenden Porphyrinogene haben identische Substitutionsmuster.

re (I bis IV) möglich. Mit drei verschiedenen Seitenketten (z. B. Protoporphyrin) sind dagegen 15 Isomere möglich. Von den vielen möglichen Porphyrinisomeren kommen nur die Arten I und III natürlich vor. Von den Typ-I-Porphyrinen ist keine Funktion bekannt, sie werden ausgeschieden. Protoporphyrin IX ist in der Natur besonders weit verbreitet und kommt als korrespondierende Hämgruppe in Hämoglobin, Myoglobin und den meisten Cytochromen vor.

Viele Metallionen werden durch P. unter Bildung von Metalloporphyrinen komplexiert. Der Chelatkomplex von Protoporphyrin IX mit Fe(II) wird als Protohäm bzw. ↗ *Häm* bezeichnet. Mit Fe(III) heißt der Komplex Hämin bzw. Hämatin. ↗ *Chlorophylle* sind Magnesiumkomplexe verschiedener P. Im ↗ *Cobalamin* ist das Cobalt durch eine Corrin-

ringstruktur komplexiert, die strukturell und biosynthetisch mit den P. verwandt ist. Die ↗ *Gallenfarbstoffe* stammen von P. ab.

Porphyrinogene (die Zwischenprodukte der Porphyrinbiosynthese sind) stellen P. dar, bei denen sowohl die Pyrroleninstickstoffe als auch alle Brückenmethenkohlenstoffe Wasserstoffatome tragen.

Die *Porphyrinbiosynthese* verläuft für die biologisch wichtigen Metalloporphyrine vom 5-Aminolävulinat bis zur Stufe von *Protoporphyrin IX* (Abb. 1 u. 2) gleich.

Zwei Moleküle 5-Aminolävulinsäure kondensieren unter Bildung des substituierten Monopyrrols Porphobilinogen. Diese Reaktion wird von der 5-Aminolävulinat-Dehydrase (Porphobilinogen-Synthase, EC 4.2.1.24) katalysiert, die bleiempfindlich ist. (Bei einer Bleivergiftung wird 5-Amino-

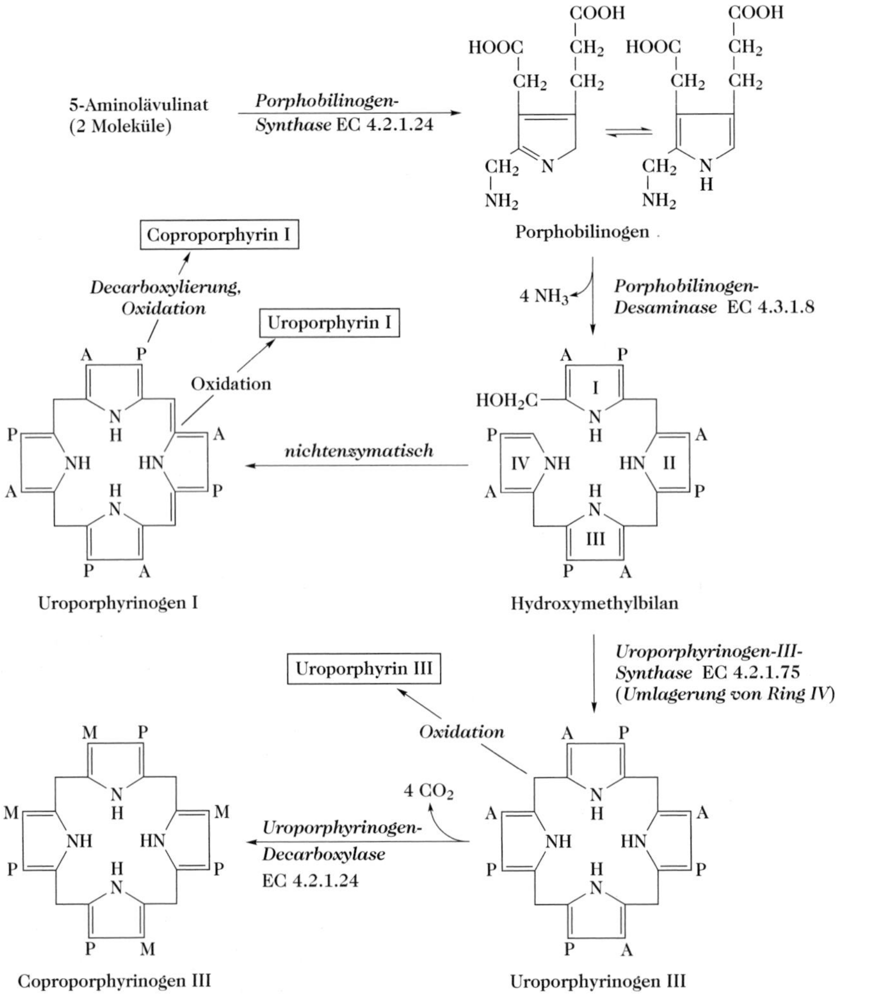

Porphyrine. Abb. 1. Stufen der Porphyrinsynthese, die im Lebercytoplasma stattfinden. Coproporphyrin I wird in konstanten, jedoch geringen Mengen im Harn (40–190 mg/Tag) und in den Fäzes (300–1.100 mg/Tag) ausgeschieden. Die Ausscheidungsrate nimmt bei hämolytischen Störungen zu. Die weitere Umwandlung von Coproporphyrinogen III läuft in den Mitochondrien ab.

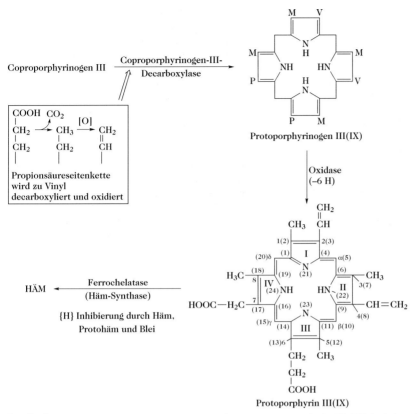

Porphyrine. Abb. 2. Die letzten Schritte der Synthese von Protoporphyrin III (IX) in Lebermitochondrien und dessen Überführung in Häm. Die Zahlen in Klammern und die griechischen Buchstaben entsprechen dem Fischersystem. Die nicht eingeklammerten Zahlen geben das Porphyrinnummerierungssystem 1–24 wieder.

lävulinsäure in erhöhtem Maß im Harn ausgeschieden und die Aktivität der 5-Aminolävulinat-Synthase im Blut ist verringert.) Vier Porphobilinogenmoleküle reagieren über ihre Aminomethylseitenketten unter Abspaltung von Ammoniak und Bildung der Tetrapyrrylmethanzwischenverbindung Hydroxymethylbilan. Während der Umwandlung von Hydroxymethylbilan in Uroporphyrinogen III, lagert sich der Ring IV um (vgl. die Positionen der Propionat- und Acetatseitenketten im Ring IV von Hydroxymethylbilan und Uroporphyrinogen III, Abb. 1). Das gebildete Uroporphyrinogen III

wird decarboxyliert zu Coproporphyrinogen III. Weitere Decarboxylierung und Dehydrierung führt zur Bildung der Schlüsselsubstanz der Porphyrinsynthese, des Protoporphyrinogens IX.

Für die *Biosynthese von 5-Aminolävulinat* bestehen zwei verschiedene Pfade. In einigen photosynthetischen Bakterien, Hefe und tierischen Mitochondrien entsteht 5-Aminolävulinat durch Kondensation von Glycin mit Succinyl-CoA, katalysiert durch ein einziges Enzym, die 5-Aminolävulinat-Synthase (Abb. 3). In verschiedenen anderen photosynthetischen Bakterien, in Cyanobakterien, hö-

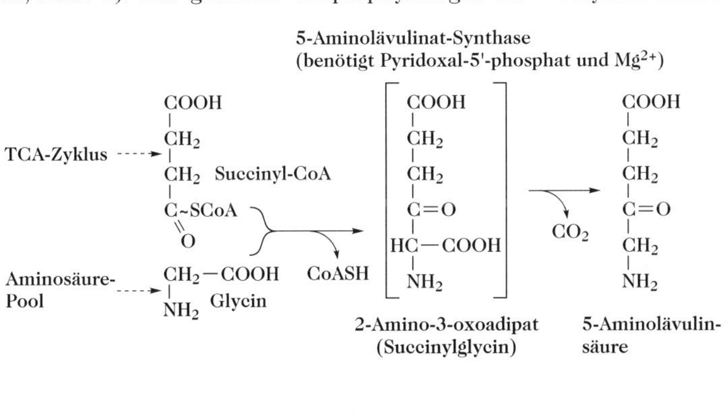

5-Aminolävulinat-Synthase
(benötigt Pyridoxal-5'-phosphat und Mg^{2+})

TCA-Zyklus ----

COOH
|
CH_2
|
CH_2 Succinyl-CoA
|
C~SCoA
‖
O

Aminosäure-
Pool ----

CH_2-COOH
|
NH_2 Glycin CoASH

[COOH
|
CH_2
|
CH_2
|
C=O
|
$HC-COOH$
|
NH_2]

CO_2

COOH
|
CH_2
|
CH_2
|
C=O
|
CH_2
|
NH_2

2-Amino-3-oxoadipat
(Succinylglycin)

5-Aminolävulin-
säure

Porphyrine. Abb. 3. Der geschwindigkeitsbestimmende Schritt der Porphyrinsynthese, katalysiert durch 5-Aminolävulinat-Synthase. Die Reaktion findet in den Lebermitochondrien statt und wird durch Häm und Hämin allosterisch inhibiert. Die Zwischenverbindung in Klammern („Succinylglycin") wurde nicht zweifelsfrei nachgewiesen. Kondensation und Decarboxylierung können gleichzeitig ablaufen.

heren Grünpflanzen und Algen wird das intakte Kohlenstoffgerüst von Glutamat mit Hilfe eines Multienzymkomplexes in 5-Aminolävulinat umgewandelt. An den fünf Stufen dieser Umwandlung (*five carbon pathway*) ist eine Verknüpfung der α-Carboxylgruppe von Glutamat mit einer tRNA^{Glu} beteiligt.

1960 wurden Namen und Nummerierungssysteme für P. durch die *Commission of Nomenclature of Biochemistry* vorgeschlagen und von der *IUPAC/IUB Commission for Biochemical Nomenclature* und der *IUPAC Commission on Nomenclature in Organic Chemistry* empfohlen [*Pure and Applied Chemistry* **51** (1979) 2.251–2.304]. Das ursprüngliche Nummerierungssystem und die Trivialnamen, die von Fischer eingeführt wurden, werden jedoch weiterhin bevorzugt. [D. Dolphin (Hrsg.) *The Porphyrins* Bd. 1, *Structure and Synthesis* Teil A, Academic Press 1978; H.A.Dailey (Hrsg.) *Biosynthesis of Heme and Chlorophylls*, McGraw Hill, 1990]

Porphyrinogen, *5,10,15,20,22,24-Hexahydroporphyrin*, ↗ *Porphyrine*.

Porphyropsin, Sehpigment von Amphibien und einigen Süßwasserfischen, ↗ *Sehvorgang*.

Positionsermittlung, engl. *site of labeling*, ↗ *Isotopentechnik*.

positive Kontrolle, die Aktivierung der Transcription oder der Aktivität von Enzymen durch Aktivatoren oder Metabolite.

Posttranslationsmodifizierung, in einem allgemeineren Sinn kann jeder Unterschied zwischen einem funktionellen Protein und der linearen Polypeptidsequenz, deren Code zwischen dem Initiations- und dem Terminationscodon auf dem Strukturgen liegt, als eine Posttranslationsmodifizierung des Proteins betrachtet werden. Normalerweise wird der Begriff jedoch auf Modifizierungen beschränkt, die die Bildung oder den Bruch von kovalenten Bindungen einschließen. 1) Proteolytische P. sind: – die Einführung von *N*-Formylmethionin (bei Prokaryonten) bzw. Methionin (bei Eukaryonten) während der Initiation der ↗ *Proteinbiosynthese* als erste Aminosäure; – die Entfernung der Signalsequenz, die für den Transport sekretorischer Proteine durch die Membran des rauen endoplasmatischen Reticulums verantwortlich ist (↗ *Signalhypothese*); – die Aktivierung von Proenzymen (Zymogenen) (↗ *Pepsin*, ↗ *Trypsin*, ↗ *Chymotrypsin*); – die Aktivierung des ↗ *Komplementsystems*; – die Proteolyse im Kaskadensystem der ↗ *Blutgerinnung* (↗ *Prothrombin*); – die Aktivierung von Proteo- und Peptidhormonen (↗ *Insulin*).

2) Die *Anheftung von prosthetischen Gruppen*, z. B. die Insertion von Häm in Hämproteine, und das Anheften von Kohlenhydraten zur Bildung von Glycoproteinen; ↗ *Prenylierung*.

3) Die *Modifizierung von Aminosäureresten*. Durch den genetischen Code werden nur 20 Aminosäuren spezifiziert, man kennt jedoch über 100 unterschiedliche Aminosäurereste von verschiedenen Proteinen. So kommt es etwa zu Hydroxylierung von Prolin- und Lysinresten unter Bildung von Hydroxyprolin- und Hydroxylysinresten im ↗ *Kollagen*; zur Phosphorylierung von Serin zu Phosphoserinresten (↗ *Phosphoproteine*); zur Adenylierung von Tyrosinresten (↗ *Stoffwechselregulation*); zur Carboxylierung von Glutamat zu γ-Carboxyglutamatresten (↗ *4-Glutamyl-Carboxylase*); zur Methylierung, Acetylierung und Phosphorylierung der ε-Aminogruppe von Lysinresten sowie Bildung von Peptidbindungen mit beispielsweise Biotin oder Liponsäure; zur Umwandlung von Lysinresten in Desmosin (↗ *Elastin*). Gelegentlich werden an C-terminalen Resten Amidgruppen gefunden, z. B. Glycinamid. Der Unterschied zwischen der Modifizierung eines Aminosäurerests und der Anheftung einer prosthetischen Gruppe ist manchmal rein semantischer Natur.

Die meisten Aminosäuremodifizierungen finden nach der Abspaltung des Polypeptids vom Ribosom statt und eine große Anzahl von Prozessierungsenzymen (insbesondere jene, die für die Glycosylierung, Disulfidbrückenbildung und Iodierung verantwortlich sind) kommen im endoplasmatischen Reticulum und im Golgi-Apparat vor. Eine limitierte Proteolyse wird im extrazellulären Raum und in sekretorischen Granula durchgeführt. Quervernetzungsreaktionen laufen extrazellulär ab. Einige Aminosäuremodifizierungen werden allerdings bereits auf der Aminoacyl-tRNA-Stufe gebildet oder in der naszierenden Polypeptidkette eingeführt, d. h. noch am Ribosom.

PP, Abk. für ↗ *pankreatisches Polypeptid*.

(PP), anorganisches Pyrophosphat (↗ *PP$_i$*).

ppb, Abk. für engl. *parts per billion*, eine dimensionslose Konzentrationsgabe, die in der Rückstandsanalytik häufig verwendet wird und angibt, wieviel Gewichts- oder Volumeneinheiten einer Substanz in einer Mrd. Einheiten einer anderen Substanz enthalten sind; 1 ppb = 1 µg/kg.

PP-Faktor, Abk. für engl. *pellagra preventive factor*, biologisch äquivalent mit ↗ *Nicotinsäure* und ↗ *Nicotinsäureamid*.

PP$_i$, anorganisches Pyrophosphat; das Anion der Pyrophosphorsäure.

PPIasen, Abk. für ↗ *Peptidyl-Prolyl-cis/trans-Isomerasen*.

PQQ, Abk. für engl. *pyrrolo quinoline quinone*, ↗ *Pyrrolochinolinchinon*.

PR-39, ein aus dem Schweinedünndarm isoliertes Pro/Arg-reiches 39 AS-Peptidamid, das zur Familie der ↗ *antimikrobiellen Peptide* zählt. Die Biosynthese erfolgt offenbar primär im Knochenmark. PR-

39 ist ebenso wie das auch aus dem Schweine-dünndarm isolierte Cecropin P1 (↗ *Cecropine*) hauptsächlich gegen gramnegative Bakterien aktiv. Es wirkt auch effektiv bei der Wundheilung. [B. Agerberth et al. *Eur. J. Biochem.* **202** (1991) 849; S. Vunnan et al. *J. Peptide Res.* **49** (1997) 59]

PRA, Abk. für 5-Phosphoribosylamin, ↗ *Purinbiosynthese*.

Präkursor, *Vorläufermolekül*, ↗ *Vorstufe*.

Prä-Pro-Proteine, Vorstufen bei der Biosynthese von Sekretproteinen (↗ *Signalhypothese*), die neben der Pro-Protein-Sequenz eine *N*-terminal vorgelagerte Signalpeptidsequenz enthalten. Wichtige Vertreter sind Prä-Pro-Insulin (↗ *Insulin*), Prä-Pro-Trypsin, Prä-Pro-Parathormon, Prä-Pro-Mellitin u. a.

Prä-Proteine, biosynthetische Vorstufen von Sekretproteinen, die eine sehr kurzlebige Signalpeptidsequenz enthalten (↗ *Signalhypothese*), z. B. Prä-Ovomucoid und Prä-Lysozym.

Präsequenzen, Syn. für Signalpeptidsequenzen in ↗ *Prä-Proteinen*.

Pratensein, *5,7,3'-Trihydroxy-4'-methoxyisoflavon*. ↗ *Isoflavon*.

Pravastatin, ein ↗ *HMG-CoA-Reduktasehemmer*.

Präzipitation, die Ausfällung eines gelösten Stoffs durch die Zugabe eines anderen, z. B. durch Bildung einer schwerlöslichen Verbindung. In der Immunologie die Ausbildung eines unlöslichen, inaktiven Antigen-Antikörper-Komplexes aus Antigen und bivalentem spezifischem Antikörper, dem *Präzipitin* (↗ *Präzipitationskurve*). Zur Bestimmung des Antigentiters wird die *Ouchterlony-Technik* genutzt, bei der beide Reaktionspartner im Agargel aufeinander zu diffundieren und an ihren Berührungsstellen Präzipitationslinien bilden.

Präzipitationskurve, *Heidelberger-Kurve*, in der Immunologie der Verlauf der Präzipitatbildung bei Titration eines mindestens bivalenten Antikörpers (Präzipitin) mit einem Antigen oder umgekehrt. Die P. erreicht ihr Maximum im ↗ *Äquivalenzpunkt* und sinkt bei Überschuss einer Komponente ab (Abb.).

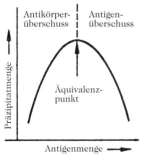

Präzipitationskurve. Zu einer konstanten Menge Antikörper wird eine steigende Antigenmenge gegeben, das gebildete Präzipitat abzentrifugiert und im Überstand Antikörper und Antigen bestimmt.

Präzipitin, ↗ *Präzipitationskurve*.

PRB 8, *Orthonil*, *2-(β-Chlor-β-cyanethyl)-6-chlortoluol*, ein synthetischer Wachstumsregulator mit stimulierenden Eigenschaften. P. verursacht vermutlich bei Zuckerrüben eine Erhöhung des Zuckergehalts.

Prednisolon, *1,2-Dehydrocortisol*, *11β,17α,21-Trihydroxypregna-1,4-dien-3,20-dion* (Abb.), ein Derivat des Cortisols, das durch dessen chemische oder mikrobielle Dehydrierung hergestellt wird. P. wird wie das entsprechende 1,2-Dehydroderivat von Cortison, das *Prednison* (1,2-Dehydrocortison), als Heilmittel hoher antirheumatischer und antiallergischer Aktivität angewandt, z. B. gegen Asthma, Rheuma und Ekzeme.

Prednisolon

Prednison, ↗ *Prednisolon*.

Pregnan, ↗ *Steroide*.

Pregnandiol, *5β-Pregnan-3α,20α-diol*, ein biologisches Abbauprodukt von Progesteron. M_r 320,52 Da, F. 244 °C, $[\alpha]_D^{20}$ +25,3° (c = 0,7, Ethanol). Es kommt als Glucuronid besonders im Harn von Schwangeren vor.

Pregnenolon, *3β-Hydroxypregn-5-en-20-on*, ein Intermediat in der Biosynthese von Progesteron aus Cholesterin und in der Biosynthese der Androgene in der Nebennierenrinde, M_r 312,46 Da, F. 190 °C, $[\alpha]_D^{20}$ +28° (Alkohol). ↗ *Steroide*, ↗ *Androgene*.

Prenylamin, ↗ *Koronarpharmaka*.

Prenylierung, eine funktionell bedeutende posttranslationelle Modifizierung von Proteinen durch enzymkatalysierte Einführung von Polyisoprenoid-Gruppierungen. Die P. ist gut charakterisiert in Säugerzellen und spielt eine wichtige Rolle bei der Zellproliferation sowohl von normalen Zellen als auch von Krebszellen. Bei der P. unterscheidet man die Farnesylierung, katalysiert durch die ↗ *Farnesyltransferase*, und die Geranylgeranylierung unter der Katalyse der ↗ *Geranylgeranyltransferase*. Beide Modifizierungen sind sehr ähnlich, werden aber in der Spezifität durch die C-terminale Erkennungssequenz des Proteinsubstrats determiniert. Zuerst wurde die P. an verschiedenen Reifungsfaktor-Peptiden in Pilzen nachgewiesen. Dabei wurde gefunden, dass der 15 C-Atome enthaltende Farnesylrest kovalent an die Thiolgruppierung eines Cysteinrests unter Ausbildung einer Thioetherbindung geknüpft wird. Studien mit Compactin, einem Inhibitor der Isoprenoidbiosynthese, beim Zellwachstum führten zu der Entdeckung, dass auch Säugerproteine, z. B. das Nucleoprotein Lamin B, prenyliert werden können. C-terminales Sequenzmotiv dieser Proteine scheint CAAX zu sein, worin C ein Cysteinrest ist, A allgemein für eine aliphatische Aminosäure steht und X eine variable Aminosäure ist. Prenyliert werden z. B. die nuclearen Lamine, kleine Guanosinnucleotid-Bindeproteine der Ras-Familie (z. B. Ras, Rho, die γ-Untereinheit des heterotrimeren G-Proteins Rhodopsin-Kinase und das γ-Transducin). Etwa 80–90 % der prenylierten Proteine enthalten die Geranylgeranyl-Gruppierung, während Lamin B, die Pilz-Reifungsfaktoren und die ↗ Ras-Proteine farnesyliert sind. Die Entdeckung, dass Ras-Proteine durch den Farnesylrest modifiziert werden und diese Transformation erforderlich ist für die onkogenen Formen dieser Proteine, hat zu intensiven Untersuchungen über die Rolle der P. bei Proliferationskrankheiten geführt. [M. Chow et al., *Curr. Opinion Cell Biol.* 4 (1992) 629; D. M. Leonard, *J. Med. Chem.* 40 (1997) 2.971]

Prenyl-Transferase, *Farnesylpyrophosphat-Synthase*, ein Enzym, das die Kopf-Schwanz-Kondensation von Dimethylallylpyrophosphat und Isopentenylpyrophosphat zu Geranylphosphat bei der Isoprenoid- bzw. Cholesterinsynthese katalysiert.

Prephensäure, von engl. *pre phenyl*, eine Biosynthesevorstufe für die aromatischen Aminosäuren ↗ *L-Phenylalanin* und ↗ *L-Tyrosin*. Das Salz der P., das Prephenat, entsteht aus Chrorismat unter der Katalyse der Chorismat-Mutase. P. ist ebenfalls die Vorstufe von 4-Aminobenzoesäure, Anthranilsäure und 4-Hydroxybenzoesäure.

Pretyrosin, *Arogensäure*, ↗ *L-Phenylalanin*.

PRH, Abk. für Prolactin Releasinghormon, ↗ *Prolactoliberin*.

Pribnow-Box, eine Sequenz aus sieben Nucleotidpaaren, die in allen Promotoren gleich bzw. sehr ähnlich ist. Sie liegt fünf bis sieben Nucleotidpaare vom Initiationspunkt der RNA-Transcription entfernt. Die P. hat folgende Sequenz:

5'TATPuATG3'
3'ATAPyTAC5'

wobei Pu ein Purin und Py ein Pyrimidin ist.

primäre Antikörper, ↗ *Anti-Antikörper*, ↗ *ABC-Technik*.

Primärstoffwechsel, *Grundstoffwechsel*, *Hauptstoffwechsel*, der primär auf die Erhaltung und Vermehrung des Lebens ausgerichtete Stoffwechsel, der in allen Zellen grundsätzlich ähnlich verläuft. Zum P. gehören die grundlegenden Stoffwechselprozesse im Zusammenhang mit Wachstum (Biosynthese der Biopolymeren und ihrer Bausteine, der makromolekularen Suprastrukturen der Zelle und der Zellorganellen), Energieerzeugung und -transformation sowie dem ↗ *Umsatz* der Körper- und Zellbestandteile.

Primärstruktur, die Reihenfolge von Nucleotiden in ↗ *Nucleinsäuren*, bzw. von Aminosäuren in ↗ *Proteinen*.

Primärvariable, ↗ *Konzentrationsvariable*.

Primase, eine an der DNA-Synthese (↗ *Replikation*) beteiligte spezifische RNA-Polymerase, die die Synthese eines kurzen RNA-Abschnitts katalysiert, der komplementär zu einem der DNA-Matrizenstränge ist. In der *E.-coli*-Zelle befinden sich 50 Moleküle der P. (M_r 60 kDa). Am Ende der Replikation wird die Primer-RNA durch die 5'→3'-Exonucleaseaktivität der DNA-Polymerase I entfernt. Die P. verbindet sich mit dem Prepriming-Komplex zum Primosom.

Primer, 1) ein kleines Polymer, das als *Starter* für die Synthese eines größeren Biopolymers benötigt wird, beispielsweise dient bei der Nucleinsäuresynthese ein Oligonucleotid als P., an das enzymatisch Nucleosidtriphosphate unter Ausbildung von Phosphodiesterbrücken angeknüpft werden. Das Primermolekül ist daher im Endprodukt eingebaut.

Als P. werden oft fälschlicherweise auch Matrizen bezeichnet, die jedoch nicht in das Produkt eingebaut werden.

2) ein ↗ *Pheromon*, das eine langanhaltende physiologische Veränderung bewirkt (*Beladungseffekt*).

Primetin, ↗ *Flavone*.

Primin, ↗ *Benzochinone*.

Primobolan, *1-Methyl-17β-acetoxy-5α-adrost-1-en-3-on*, ein synthetisches ↗ *anaboles Steroid*. P. weist fünfmal stärkere anabole bei zehnmal schwächerer androgener Wirkung als Testosteronpropionat (↗ *Testosteron*) auf und wird therapeutisch verwendet.

Primosom, ein für die Replikation der DNA benötigter Proteinkomplex (M_r 600 kDa), der sich aus dem Prepriming-Komplex und der ↗ *Primase* zusammensetzt.

Prionen, von engl. *proteinaceous infectious particles*, Bezeichnung für die proteinartigen infektiösen Partikel, die man als nicht eindeutig charakterisierte Erreger von meist progressiven Erkrankungen des ZNS vermutet. Nach der Prionentheorie werden transmissible spongioforme Enzephalopathien durch Proteine übertragen, die ein normales zelluläres Prionprotein (PrP^C) in eine unlösliche, proteasestabile, anomale krankheitsverursachende Isoform (PrP^{Sc}) überführen, die für die neurodegenerativen Effekte verantwortlich gemacht werden. Die Hypothese, dass ein Protein das infektiöse Agens ist, wird von Stanley B. Prusiner (Nobelpreis für Medizin und Physiologie 1997) vertreten. Normalerweise haben übliche Krankheitserreger (Viren, Bakterien, Parasiten etc.) als Erbmaterial Nucleinsäuren, die nach der Infektion des Wirts zu ihrer Vermehrung genutzt werden. Die spongiformen Encephalopathien sind dadurch gekennzeichnet, dass das Gehirngewebe der betroffenen Patienten ein löchriges, schwammartiges Aussehen aufweist. Sie wurden früher als sog. slow-virus-Erkrankungen bezeichnet. Dazu zählen die *Traberkrankheit* (*scrapie*), eine neurologische Störung bei Schafen und Ziegen, der *Rinderwahnsinn* (*BSE*, bovine spongiforme Enzephalopathie) die *Creutzfeldt-Jacob-Krankheit* (*CJK*, eine seltene fortschreitende Störung des menschlichen Kleinhirns), die *Kuru-Krankheit* (eine ähnliche oder gar identische degenerative Störung des Kleinhirns bei Ureinwohnern von Papua-Neuguinea) sowie das *Gerstmann-Sträussler-Syndrom* (*GSS*, eine seltene Erbkrankheit). Alle diese tödlich verlaufenden Erkrankungen sind durch ähnliche Symptome gekennzeichnet, so dass sie möglicherweise eng miteinander verwandt sein könnten. Die Prionenhypothese postuliert ein einziges Proteinmolekül, das im Widerspruch zum zentralen Dogma der Molekularbiologie sowohl für erbliche als auch für spontane Formen der gleichen Krankheit verantwortlich sein soll. Als krankheitsverursachende Komponente fungiert eine abnormale Isoform PrP^{Sc} eines natürlichen zellulären Proteins PrP^{C}, das in allen Säugern und Vögeln vorkommt. Es handelt sich um ein hydrophobes Glycoprotein (M_r 30 kDa). PrP^{C} ist über eine Glycolipidgruppierung auf der Zellaußenseite verankert und enthält 40 % α-Helix, jedoch nur wenig β-Faltblattstruktur. Funktionell ist es möglicherweise an Signalprozessen sowie an der Zelladhäsion beteiligt. Die Bildung von PrP^{Sc} ist ein posttranslationaler Prozess, der nur mit einer Konformationsveränderung im PrP^{C} verbunden ist. Aus *Modelling*-Studien wird die Struktur eines 4-Helixbündel-Proteins mit vier Sekundärstruktur-Regionen abgeleitet. PrP^{Sc} enthält im Gegensatz zur zellulären Form des Prionproteins nur 30 % α-Helix, jedoch mit 45 % einen hohen Anteil an β-Faltblattstruktur. Im Unterschied zu PrP^{C} ist PrP^{Sc} partiell proteolyseresistent, so dass die für die spongiformen Encephalopathien typischen Neurodegenerationen auf eine Tendenz des PrP^{Sc} zur Stäbchen- und Plaquebildung zurückgeführt werden könnten. Die hohe Replikationsfähigkeit von Prionen lässt sich nach Prusiner dadurch erklären, dass jeweils ein PrP^{Sc} mit einem zellulären PrP^{C} dimerisiert, das danach in PrP^{Sc} umgewandelt wird. Das iniziale PrP^{Sc} könnte durch eine zufällige Konformationsumwandlung, durch Mutation des PrP-Gens oder in der Folge von Proteininfektionen gebildet werden. Der gegenwärtige Erkenntnisstand lässt die Aussage zu, dass PrP^{Sc} entweder tatsächlich den pathogen Prozess initiiert, oder eine Akkumulation dieser pathogenen Vorgänge im Infektionszentrum des Gewebes bewirkt. Ein attraktives therapeutisches Ziel bei der Bekämpfung von Prionen-Krank-

heiten ist eine Stabilisierung der Struktur des PrP^{C} durch geeignete Arzneistoffe. [S.B. Prusiner, *Science* **278** (1997) 245; F. Edenhofer et al., *Angew. Chem.* **109** (1997) 1.748; *Angew. Chem. Int. Ed. Engl.* **36** (1997) 1.674]

Pristansäure, ↗ *Phytansäurespeicherkrankheit.*

PRL, Abk. für ↗ <u>Pro</u>*lactin.*

Pro, Abk. für ↗ *L-Prolin.*

Proaccelerin, ↗ *Blutgerinnung (Tab.).*

Proanthocyanidine, farblose Substanzen aus Pflanzen, die beim Erhitzen mit Säure in Anthocyanidine übergehen. Hierbei handelt es sich um eine chemische Umwandlung, die keine biogenetische Verwandtschaft impliziert. Die P. werden unterteilt in: 1) monomere Flavan-3,4-diole, auch bekannt als ↗ *Leucoanthocyanidine*, und 2) Dimere und höhere Oligomere von Flavan-3-olen, bekannt als kondensierte P. (auch klassifiziert als kondensierte Pflanzentannine; ↗ *Tannine*). Die vier hauptsächlichen, natürlich vorkommenden dimeren Flavan-3-ole sind Konfigurationsisomere und stellen Dimere von Catechin und/oder Epicatechin (↗ *Catechine*) dar. Diese Verbindungen sind auch als Procyanidine bekannt, weil Cyanidin das Produkt ihrer Säurebehandlung ist. Im Unterschied zu ursprünglichen Theorien wird die Biosynthese durch Multienzymkomplexe katalysiert, die 2,3-*cis*-Stereochemie von (−)-Epicatechin entsteht durch die Wirkung einer Epimerase auf die Vorstufe (+)-Dihydroquercetin [H.A. Stafford *Phytochemistry* **22** (1983) 2.643–2.646].

Proazulene, *Azulenbildner, Azulenogene, Hydroazulene*, eine Gruppe natürlicher zyklischer Sesquiterpene, die sich thermisch zu ↗ *Azulenen* dehydrieren bzw. dehydratisieren lassen. Zu den P. gehören vorwiegend Verbindungen vom Typ der Guaiane, z. B. Guaiol.

Proazulentyp, ↗ *Sesquiterpene (Abb.).*

Prochiralität, ein Molekül (oder Atom) ist prochiral, wenn es durch den Austausch eines Punktliganden durch einen neuen Punktliganden chiral (asymmetrisch oder dissymmetrisch) wird. Ein prochirales Kohlenstoffatom besitzt zwei identische (a, a) und zwei unterschiedliche (b, c) Substituenten. Es hat eine einzählige Symmetrieachse und eine Symmetrieebene, d. h. eine Ebene, die durch C, b und c läuft und das Molekül in zwei spiegelbildliche Hälften teilt. Ein klassisches Beispiel stellt die P. der Citronensäure dar (↗ *Tricarbonsäure-Zyklus*). NADH und NADPH sind ebenfalls prochiral, obwohl sie eine perfekte bilaterale Symmetrie aufweisen. Enzyme unterscheiden zwischen den beiden Seiten von NAD(H) und NADP(H), so dass der Wasserstoff am C4 des Nicotinsäureamidrings stereospezifisch an die *4R*- oder *4S*-Position addiert bzw. von dieser abgespalten wird.

Um die Konfiguration eines prochiralen Zentrums zu bestimmen, wird das *R*- und *S*-System angewandt [R.S. Cahn et al. *Angew. Chem. Int. Ed. Engl.* **5** (1966) 385–415]. Jedem Substituenten wird eine bestimmte Priorität zugeordnet (basierend auf der Ordnungszahl). Das Molekülmodell wird von der Seite betrachtet, die von der Gruppe mit der niedrigsten Priorität am weitesten entfernt liegt. Wenn die Reihenfolge der Gruppen nach abnehmender Priorität im Uhrzeigersinn verläuft, liegt eine *R*-Konfiguration (*rectus*: rechtshändig) vor. Bei einer Reihenfolge im Gegenuhrzeigersinn handelt es sich um eine S-Konfiguration (*sinister*: linkshändig). Die Benennung von Wasserstoffatompaaren an prochiralen Zentren ist besonders wichtig. Jedes Atom und jede Gruppe, die einen Wasserstoff ersetzt, hat eine höhere Ordnungszahl als der Wasserstoff. Wenn der Austausch S-Chiralität zur Folge hat, wird der ausgetauschte Wasserstoff als H_S bezeichnet; das andere Wasserstoffatom entsprechend als H_R. [T.W. Goodwin „Prochirality in Biochemistry" in *Essays in Biochemistry* **9** (1973) 103–160; R. Bentley *Molecular Asymmetry in Biology*, Bd. 2, Academic Press (1979)]

Proconvertin, ↗ *Blutgerinnung*.

Proctolin, H-Arg^1-Tyr-Leu-Pro-Thr^5-OH, ein exzitatorischer Neurotransmitter aus der Darmmuskulatur von Insekten. P. löst bereits in äußerst geringen Mengen (10^{-9} mol/l) heftige Kontraktionen am Enddarm aus. P. wurde aus der Schabenart *Periplaneta americana* isoliert, wofür 125.000 Schaben erforderlich waren. Die Sequenz wurde 1977 durch Totalsynthese bestätigt.

Prodigiosin, ein rotes Pigment und Sekundärmetabolit des Bakteriums *Serratia marcescens*. In die Biosynthese des P. tritt L-Prolin intakt ein und steuert eine größere Anzahl an Kohlenstoffatomen bei als jede andere Aminosäure. Alle Kohlenstoffatome von Ring A und das mit diesem verbundene Kohlenstoffatom des Rings B stammen direkt von L-Prolin ab. Der biosynthetische Ursprung des restlichen Moleküls ist weniger gut bekannt. Die Kohlenstoffatome 3 und 2 von Alanin bilden die Methylgruppe und das mit dieser verknüpfte Kohlenstoffatom im Ring C (Abb.).

Prodigiosin

Prodrug, ein Arzneimittel, das erst im Organismus in die Wirkform umgewandelt wird. Die Umwandlung kann enzymatisch oder nichtenzymatisch erfolgen. Das P.-Prinzip ermöglicht die gezielte Darstellung von Arzneimitteln mit einem gewünschten pharmakokinetischen Verhalten, z. B. die Verbesserung der Resorption durch Bildung lipophiler Ester von gut wasserlöslichen Säuren oder Alkoholen (z. B. Ester des Ampicillins), die Erzielung einer Depotwirkung durch Darstellung schwerer löslicher Derivate (z. B. schwerlösliche Salze des Penicillins) und die Synthese wasserlöslicher Verbindungen von schwerlöslichen Arzneimitteln. Außerdem können P. eine geringere Toxizität aufweisen. Durch ihre Applikation kann demzufolge die lokale Schädigung reduziert werden (z. B. bei Cyclophosphamid). Bei einer Reihe von als Arzneimittel eingeführten Verbindungen zeigte sich erst später, dass ihre Wirkform im Organismus gebildet wird (z. B. Phenacetin, Phenylbutazon). Auch für diese Verbindungen wird der Begriff P. verwendet.

Produktbildungsrate, die Akkumulation extra- oder intrazellulärer Produkte in einer Zeiteinheit. Die P. hängt von der spezifischen Produktbildungsrate k_P und der aktuellen Konzentration x der Produkt bildenden Biomasse ab:

$$\frac{dP}{dt} = k_P \cdot x.$$

Produkthemmung, **1)** die Hemmung eines Enzyms bei einer bestimmten Konzentration seines Produkts (↗ *Endprodukthemmung*), **2)** in der Wachstumskinetik von Mikroorganismen die Verringerung der ↗ *spezifischen Wachstumsrate* durch Metabolite, die bei Überschreiten entsprechender Toleranzgrenzen hemmend bzw. toxisch auf den Produktionsstamm wirken.

Produktsynthese, die (mikrobielle) Erzeugung von Produkten in der Industrie. Mikrobielle Produkte (einschließlich der Enzyme) können intrazellulär (z. B. zahlreiche Enzyme, Poly-β-hydroxybuttersäure) oder extrazellulär im Kulturmedium (z. B. extrazelluläre Enzyme, Aminosäuren, ↗ *Gärungsprodukte*) akkumulieren. Wird die P. auf die Zeiteinheit bezogen, ergibt sich die ↗ *Produktbildungsrate*.

Proenzym, Syn. für ↗ *Zymogen*.

Profilin, ein zu den ↗ *Actin-bindenden Proteinen* zählendes globuläres Protein (M_r 15 kDa), das G-Actin (↗ *Actin*) im Verhältnis 1 : 1 bindet und dadurch die Bildung von Actin-Filamenten verhindert.

Progesteron, *Schwangerschaftshormon, Corpus-luteum-Hormon, Gelbkörperhormon, Pregn-4-en-3,20-dion*, *Δ⁴-Pregnan-3,20-dion*, das wichtigste weibliche Keimdrüsenhormon aus der Gruppe der Gestagene (Abb.). M_r 314,47 Da, F. 128–130 °C, $[\alpha]_D^{20}$ +169° (c = 2, Dioxan). P. leitet sich von Pregnan (↗ *Steroide*) ab und ist das natürliche körpereigene Gestagen, das bei Säugern einschließlich des Menschen im Corpus luteum, während der Schwangerschaft auch in der Plazenta gebildet wird. P.

Progesteron

bewirkt als Antagonist der ↗ Östrogene die Einbettung und weitere Entwicklung des befruchteten Eis in der Uterusschleimhaut (Sekretionsphase), verhindert während der Schwangerschaft die Reifung weiterer Follikel und regt den Aufbau der funktionellen Abschnitte der Milchdrüsen an. Ausfall des P. führt zum Abort.

Die biologische Bestimmung erfolgt im *Clauberg-Test* am infantilen Kaninchenuterus, wobei 6- bis 8-tägige Injektion das durch Östrogene proliferierte Endometrium in die histologisch nachzuweisende Sekretionsphase umwandelt. Eine Kanincheneinheit entspricht der kleinsten Menge an P., die für einen Übergang des Endometriums in die sekretorische Phase benötigt wird. Es steht außerdem ein Immunassay zur Verfügung und in einigen Laboratorien werden P. und andere Steroide durch kombinierte Gaschromatographie und Massenspektroskopie bestimmt.

Die Inaktivierung erfolgt in Leber und Niere, wobei besonders hydroxylierte Pregnane, z. B. 5β-Pregnan-3β-20α-diol, entstehen.

Die Biosynthese von P. erfolgt aus Cholesterin über Pregnenolon. Andererseits ist P. Vorstufe bei der Biosynthese von Androgenen und Nebennierenrindenhormonen, die über 17α-Hydroxyprogesteron verläuft.

P. wurde erstmals 1934 von Butenandt und Mitarbeitern aus Gelbkörpern isoliert. Nach neueren Untersuchungen kommt es auch in der Pflanze *Holarrhena floribunda* vor. P. und weitere modifizierte Derivate werden z. B. bei Zyklusstörungen und habituellem Abort therapeutisch angewandt.

Progesteronrezeptor, ein spezifischer Rezeptor für das Steroidhormon ↗ *Progesteron* im Cytosol der Zielzelle. Der nach Eindringen des Hormons in die Zelle gebildete Progesteron-Rezeptor-Komplex wandert in den Zellkern, bindet an eine spezifische Stelle der DNA und vermittelt die Wirkung durch Veränderung des Musters der Genexpression.

Pro-Glucagon, ↗ *Glucagon*, ↗ *Inkretine*

Proglumide, ↗ *Cholecystokinin*.

programmierter Zelltod, Syn. für ↗ *Apoptose*.

Progresskurve, in der Enzymkinetik eine graphische Darstellung der Konzentration eines oder mehrerer Reaktanden (z. B. Substrate, Produkte, Enzym-Substrat-Komplexe) enzymatischer Reaktionen als Funktion der Zeit, in der die Reaktion

fortschreitet. Eine P. kann entweder theoretisch, bevorzugt mit Hilfe eines Computers (z. B. aus dem Michaelis-Menten-Schema abgeleitet, mit bestimmten Näherungen bezüglich der Werte der Geschwindigkeitskonstanten) oder experimentell erhalten werden. Die experimentelle Bestimmung kann entweder diskontinuierlich (Analyse einzelner Proben in unterschiedlichen Zeitintervallen) oder kontinuierlich (kontinuierliches Erfassen der Parameter einer einzelnen Probe, z. B. durch spektrophotometrische oder polarographische Methoden) erfolgen. Eine detaillierte mathematische Behandlung und der Entwurf eines Computerprogramms für theoretische P. wurden veröffentlicht [W.W. Cleland *Biochim. Biophys. Acta* **67** (1963) 104, 173,188; W.W. Cleland *Nature* **198** (1963) 463–465]. Keine dieser Veröffentlichungen enthält eine graphische Darstellung theoretischer P.

Proguanil, ein Biguanidderivat, das als Antimalariamittel eingesetzt wird. P. ist gegen Schizonten außerhalb der Erythrocyten wirksam und schädigt die Gametocyten. Als Wirkform wird das durch dehydrierende Zyklisierung entstehende Dihydro-1,3,5-triazin-Derivat angesehen (Abb.).

Proguanil

Pro-Insulin, der einkettige Biosynthesevorläufer des ↗ *Insulins*. P. entsteht aus dem Prä-Pro-Insulin durch Abspaltung der Signalpeptidsequenz, die die Information für den Transport aus der Zelle enthält. Im P. sind die Sequenzen der A- und B-Kette des Insulins durch die C-Kette verbunden, die in der Länge in speziesabhängiger Weise (Mensch: 35 AS, Schwein: 33 AS, Rind: 30 AS u. a.) differiert.

Prolactin, *PRL, luteotropes Hormon, LTH, Luteotropin, Mammotropin*, ein nichtglandotropes Hormon der Adenohypophyse der Wirbeltiere und des Menschen. Das Einkettenprotein (198 AS, drei Disulfidbrücken) ähnelt strukturell dem ↗ *Somatotropin* und dem menschlichen Chorionsomatomammotropin. Die Bildung im Hypophysenvorderlappen wird durch die Wechselbeziehung zwischen den Hypothalamushormonen ↗ *Prolactoliberin* und ↗ *Prolactostatin* reguliert. PRL-Rezeptoren sind weit verbreitet, wie z. B. in den Brustdrüsen, Nieren, Leber, Prostata, Ovarien, Gehirn und Lymphocyten. P. stimuliert die Milchproduktion in den Brustdrüsen während der Lactation. Es stimuliert die Synthese von Dopamin und erhöht die Dichte von Dopamin-Rezeptoren. Ähnlich wie ↗ *Chori-*

onmammotropin hat P. luteotrope Eigenschaften und stimuliert die Synthese von Progesteron, jedoch inhibiert es die Bildung von Östradiol und Testosteron. Es zeigt auch immunstimulierende Wirkung. So wird die Reaktivität von Lymphocyten sowohl *in vivo* als auch *in vitro* durch experimentelle Blockierung der Freisetzung von P. in der Hypophyse vermindert. Beim Mann ist bisher keine physiologische Wirkung bekannt.

Prolactin-freisetzendes Hormon, Syn. für ↗ *Prolactoliberin.*

Prolactin-Freisetzung inhibierendes Hormon, Syn. für ↗ *Prolactostatin.*

Prolactoliberin, *Prolactin-freisetzendes Hormon, PRH*, regt die Bildung und Ausschüttung von Prolactin an. Obgleich das Thyrotropin-freisetzende Hormon (TRH) bei einigen Tieren und beim Menschen über eine erhöhte Prolactinausschüttung die Milchsekretion stimuliert, kann eine Identität von TRH und PRH ausgeschlossen werden.

Prolactostatin, *Prolactin-Freisetzung inhibierendes Hormon*, hemmt die Prolactinbildung und Ausschüttung im Hypophysenvorderlappen, die die Brustdrüse zur Milchproduktion anregt. Der Saugreiz an der Brustdrüsenmamille hemmt über das Zentralnervensystem die P.-Abgabe und ermöglicht die Freisetzung des ↗ *Prolactoliberins.*

Prolamine, eine Gruppe von Reserveproteinen aus Getreidearten. Sie sind in 70%igem Ethanol löslich und können auf diese Weise von den nichtlöslichen Glutelinen abgetrennt werden. Die P. sind globuläre Proteine (M_r 10–100 kDa) mit hohem Gehalt an Glutaminsäure und Prolin. Der Anteil essenzieller Aminosäuren ist gering. Zu den P. zählen Gliadin, Hordenin, Zein.

L-Prolin, *Pro, P, (S)-Pyrrolidin-2-carbonsäure*, proteinogene ↗ *Aminosäure*, bei der die Aminogruppe Bestandteil des heterozyklischen Ringsystems ist (Iminosäure). M_r 115,1 Da, F. 220–222 °C (Zers.), $[\alpha]_D^{25}$ = −86,2° (c = 1–2, Wasser).

Da L-P. eine Iminosäure ist, ergibt sie mit Ninhydrin eher eine Gelbfärbung als eine Purpurfärbung, wie sie für α-Aminosäuren charakteristisch ist.

L-P. kommt vor allem im Casein (12%), ↗ *Kollagen* (22%, gemeinsam mit 4-Hydroxyprolin, Hyp) und seinem Abbauprodukt ↗ *Gelatine* sowie in ↗ *Prolaminen* (ca. 20%) vor. Es tritt häufig in haarnadelförmigen β-Schleifen auf und hat als *Helixbrecher* besondere Bedeutung für die Proteinstruktur. Im Stoffwechsel erfolgt die Bildung von L-P. hauptsächlich aus L-Glutaminsäure über Glutaminsäure-γ-semialdehyd. Ein Teil des L-P. kann auch aus exogen zugeführtem L-Ornithin über Pyrrolincarbonsäure aufgebaut werden. L-P. ist für Säugetiere nicht essenziell, fördert jedoch das Wachstum von Küken. Ein Prolinantagonist ist die Azetidin-2-carbonsäure.

trans-Hydroxy-L-prolin (Hyp, ↗ *Hydroxyprolin*) ist ein wichtiger Bestandteil von tierischen Stütz- und Bindegeweben. Freies all-*cis*-4-Hydroxy-L-prolin kommt im Sandelbaum (*Santalum album*) und anderen Pflanzen vor. In geringer Menge kommt in Kollagen auch das 3-Hydroxy-L-prolin vor. Das proteinogene 4-Hydroxy-L-prolin, das im Aminosäurepool praktisch fehlt, wird durch Hydroxylierung von ribosomal gebundener Peptidylprolyl-tRNA mittels einer Prolin-Hydroxylase (↗ *Oxygenasen*), die Ascorbinsäure als Hydroxylierungsfaktor benötigt, gebildet. Das freie 4-Hydroxy-L-prolin entsteht durch Zyklisierung von γ-Hydroxy-L-glutamat. Weitere Derivate des L-P. sind 4-Methylprolin, das in Antibiotika, und 4-Hydroxymethylprolin, das in Apfelschalen enthalten ist.

Die technische Gewinnung erfolgt durch Proteinhydrolyse und mikrobielle Fermentation. Biosynthese und Abbau von L-P. erfolgen über ↗ *L-Glutaminsäure*. L-P. ist Bestandteil von Infusionslösungen und blutdrucksenkenden ↗ *ACE-Hemmern* (wie *Captopril*). N-Acetyl-L-hydroxyprolin (*Oxacepal*) hilft bei Arthritis.

Prolin-Hydroxylase, eine intermolekulare Dioxygenase, die die Hydroxylierung von speziellen Prolinbausteinen in Kollagen unter Bildung von 4-Hydroxyprolinresten katalysiert. Das aus dem O_2 stammende zweite O-Atom reagiert mit dem an der Reaktion beteiligten α-Ketoglutarat unter Freisetzung von CO_2 und Succinat, wobei sich das O-Atom im Succinat wiederfindet. Die P. benötigt für die Katalyse Fe^{2+} und Ascorbat.

Prolin-Oligopeptidase, *Prolyl-Endopeptidase, prolinspezifische Endopeptidase* (engl. *post proline cleaving enzyme*; EC 3.4.21.26), eine Oligopeptidase, deren Spezifität auf kleine Peptide beschränkt ist. Sie ist die einzige prolinspezifische Endopeptidase, die zur Zeit in Säugetieren bekannt ist, und wurde erstmals in ihrer Eigenschaft als ein Oxytocin-abbauendes Enzym entdeckt. Das Enzym spaltet auf der Carboxylseite von Pro, vorausgesetzt, diesem Rest gehen mindestens zwei Reste voran. Es werden nur kleine Peptide angegriffen und man nimmt an, dass das Enzym am Stoffwechsel der Neuropeptide beteiligt ist. Es zeigt eine hohe Aktivität bei Oxytocin, Bradykinin, Substanz P und Angiotensin. Es mehren sich die Hinweise, dass das Enzym am Renin-Angiotensin-System beteiligt ist und deshalb möglicherweise bei Hypertension eine wichtige Rolle spielt. Die P. wurde aus dem *Flavobacterium* und Humangeweben isoliert und gereinigt und das Gen, das für das Humanenzym aus Lymphocyten codiert, wurde kloniert und sequenziert. Es zeigt keine Homologie mit anderen Peptidasen bekannter Struktur. [A.J. Barret u. N.D. Rawlings *Biol. Chem. Hoppe Seyler* **373** (1992) 353–360; G.Vanhoof et al. *Gene*

149 (1994) 363–366; G.Vanhoof et al. *FASEB J.* **9** (1995) 736–744]

Die Aktivitätskonzentration des Serumenzyms korreliert mit verschiedenen Stadien der Depression [M. Maes et al. *Biol. Psychiatary* **35** (1994) 545–552] und eine Inhibierung des Enzyms verhindert eine scopolamininduzierte Amnesie [T. Yoshimoto et al. *PharmacobioDyn.* **10** (1987) 730–735].

prolinspezifische Endopeptidase, Syn. für ↗ *Prolin-Oligopeptidase.*

Prolyl-Endopeptidase, Syn. für ↗ *Prolin-Oligopeptidase.*

Promitochondrien, ↗ *Mitochondrien.*

Promotor, Sequenzabschnitt auf der DNA, der den Transcriptionsstart für nachfolgende Gene markiert. P. sind 5', also *upstream* vom Startpunkt des Gens lokalisiert. In Prokaryonten bindet die σ-Untereinheit der RNA-Polymerase spezifisch an die Promotor-Consensussequenz und sorgt damit für die richtige Positionierung des Enzyms.

Pronase, ein aus *Streptomyces griseus* gewonnenes Protease-Gemisch, das zur vollständigen Hydrolyse der Peptidbindungen in Proteinen und Polypeptiden eingesetzt wird. Näher charakterisiert und aus P. abgetrennt wurden eine chymotrypsin- und trypsinähnliche Peptidesterasekomponente, die beide durch Hühnerei-Inhibitor gehemmt werden können. Die Ausbeute der enzymatischen Totalhydrolyse liegt zwischen 70 und 90%, wobei säureempfindliche Aminosäuren, z. B. Tryptophan, erhalten bleiben.

Pro(OH), Abk. für ↗ *Hydroxyprolin.*

Pro-Opiomelanocortin, *Pro-Opiocortin*, ein Protein (M_r 31 kDa) des distalen und intermedialen Teils der Hypophyse. Es enthält die Sequenzen von ACTH und β-LPH. Im distalen Teil wird ACTH von P. abgespalten, um adrenocorticale Funktionen zu regulieren. Im intermedialen Teil wird P. zu unreifem α-MSH gespalten, das anschließend durch Amidierung und Acetylierung in α-MSH übergeht (↗ *Melanotropin*).

Propansäure, Syn. für ↗ *Propionsäure.*

Propeptin, ein zyklisch-verzweigtes 19 AS-Peptid aus *Microbispora sp.*, das als Inhibitor der ↗ *Prolin-Oligopeptidase* wirkt. [K.-I. Kimura et al., *J. Antibiotics* **50** (1997) 373]

Prophage, ↗ *Phagen.*

Propionsäure, *Propansäure*, CH_3-CH_2-COOH, eine einfache Fettsäure (F. −22 °C, Sdp. 140,9 °C). P. kommt in Form ihrer Salze (Propionate) und Ester in manchen Pflanzen vor. Besondere Bedeutung hat P. im Stoffwechsel der Propionsäurebakterien, die eine ↗ *Propionsäuregärung* durchführen. *Propionibacterium shermanii* synthetisiert P. aus Pyruvat. Wichtigstes Derivat der P. ist das ↗ *Propionyl-Coenzym A.*

Propionsäuregärung, der mikrobielle Abbau von Glucose oder Lactat zu Propionsäure als Hauptendprodukt der ↗ *Gärung*. P. kann auf zwei unterschiedlichen Wegen gebildet werden. Mikroorganismen, die Glucose oder Lactat als C-Quelle verwerten können, besitzen den Propionat-Succinat-Weg (Propionsäurebakterien). Den Acrylatweg zur Bildung von Propionsäure verwenden Mikroorganismen (*Clostridium propionicum, Megasphaera elsdenii*), die nur Lactat als C-Quelle nutzen können.

1) *Propionat-Succinat-Weg.* Der Abbau der Glucose zu Pyruvat verläuft über die ↗ *Glycolyse*. Pyruvat kann auf zwei Wegen weiter metabolisiert werden: Neben der Umwandlung von Pyruvat zu Acetat und CO_2 (ATP-Bildung) wird Propionat aus Pyruvat in einem zyklischen Mechanismus gebildet. Das Schlüsselenzym ist dabei die D_S-Methylmalonyl-CoA-Carboxytransferase (Biotinenzym), die eine Carboxylgruppe vom D_S-Methylmalonyl-CoA auf Pyruvat unter Bildung von Propionyl-CoA und Oxalacetat überträgt. Durch Enzyme des ↗ *Tricarbonsäure-Zyklus* wird Oxalacetat in Fumarat umgewandelt, aus dem mittels der Fumarat-Reduktase Succinat entsteht. Die Potenzialdifferenz zwischen NADH/NAD^+ und Fumarat/Succinat gestattet die ATP-Bildung durch Elektronentransportphosphorylierung. Durch eine Transferase wird CoA vom Propionyl-CoA unter Bildung von Propionsäure auf Succinat übertragen. Das entstandene Succinyl-CoA wird anschließend durch eine Mutase (mit Coenzym B_{12}) und eine Racemase in D_S-Methylmalonyl-CoA umgewandelt.

Mit Lactat als C-Quelle sind zwei weitere Enzyme erforderlich, die Lactat-Dehydrogenase und die Pyruvat-Phosphat-Dikinase.

2) *Acrylatweg.* Die Umwandlung von L-Lactat über Acryloyl-CoA in Propionat, die nur von wenigen Mikroorganismen durchgeführt werden kann, ist biochemisch noch nicht so gut untersucht. Da die entsprechenden Mikroorganismen auch eine Lactat-Racemase besitzen, entstehen bei Angebot von L-Lactat neben Propionat Acetat und CO_2. Die Gärungsverfahren besitzen keine industrielle Bedeutung.

Propionyl-CoA, Abk. für ↗ *Propionyl-Coenzym A.*

Propionyl-CoA-Carboxylase, ein biotinabhängiges Enzym, das die Carboxylierungsreaktion von ↗ *Propionyl-Coenzym A*, einem Zwischenprodukt beim Abbau der drei unpolaren Aminosäuren Met, Val und Ile, zu D-Methylmalonyl-CoA katalysiert.

Propionyl-Coenzym A, *Propionyl-CoA*, durch Verbindung mit Coenzym A in Form eines Thioesters aktivierte Form der ↗ *Propionsäure*. Propionyl-CoA hat besondere Bedeutung bei der Fettsäurebiosynthese und beim Fettsäureabbau, bei dem es im Zuge der β-Oxidation ungeradzahliger und verzweigtkettiger Fettsäuren entsteht.

Pro-Plastiden, rundliche, 0,2–1 μm große, farblose, weitgehend strukturlose Organellen in den meristematischen Geweben der höheren Pflanzen oder in einigen im Dunkeln wachsenden einzelligen Algen. P. sind biogenetische Vorstufen der ↗ *Plastiden*; durch Belichtung können sie zu ↗ *Chloroplasten* umgewandelt werden.

Propranolol, ($C_{10}H_7$-O-CH_2-CH(OH)-CH_2-NH-CH(CH_3)$_2$), ein β-Adrenolytikum (↗ *β-Blocker*, ↗ *Sympathikolytika*), das bei Hypertonie und bestimmten Herzerkrankungen eingesetzt wird.

Pro-Proteine, inaktive Proteinvorstufen, die durch spezifische Abspaltung einer Peptidsequenz aktiviert werden. Hierzu zählen verschiedene ↗ *sekretorische Enzyme* (z. B. Pro-Carboxypeptidase, Pro-Elastase, Pro-Thrombin), Hormonvorstufen (Pro-Insulin, Pro-Parathormon u. a.) und Peptidtoxine (Pro-Mellitin u. a.) und ↗ *Zymogene*.

α-Propylpiperidin, Syn. für ↗ *Coniin*.

Prosom, Syn. für ↗ *Proteasom*.

Prostacyclin, ein ↗ *Prostaglandin*.

Prostaglandine, eine Gruppe tierischer Hormone, die primär von der ↗ *Arachidonsäure* abstammen. Die P. sind strukturell und metabolisch mit den ↗ *Leukotrienen* und ↗ *Thromboxanen* verwandt. Alle P. können formal als Derivate der *Prostansäure* (die nicht natürlich vorkommt) angesehen werden. Diese und alle natürlichen P. enthalten einen Cyclopentanring, an dem *trans*-ständig zwei benachbarte aliphatische Ketten gebunden sind, von denen die eine mit einer Carboxygruppe endet (Abb. 1). Die größte Bedeutung haben P. der E- und F-Reihe. P. der *E-Reihe* (*PGE*) enthalten eine Oxofunktion am C9 und eine α-OH-Gruppe am C11. P.

der *F-Reihe* (*PGF*) enthalten eine β-ständige OH-Gruppe am C11 und eine weitere OH-Gruppe am C9. Verbindungen beider Reihen haben die OH-Gruppe am S-konfigurierten C15. Bei Verbindungen mit der Indexzahl 1, z. B. PGE$_1$, ist eine 13-ständige Doppelbindung mit E-Konfiguration, bei Verbindungen mit der Indexzahl 2 zusätzlich eine 5-ständige Doppelbindung mit Z-Konfiguration vorhanden. Bei Verbindungen mit dem Buchstaben α an der Indexzahl ist die 9-ständige OH-Gruppe α-ständig, β bedeutet die β-Stellung der entsprechenden OH-Gruppe. Aus der PGE-Reihe gelangt man durch Einwirkung von Säuren in die PGA- und durch Einwirkung von Laugen in die PGB-Reihe.

Die P. finden sich ubiquitär in niedrigen Konzentrationen ($<10^{-7}$ ng / g) im tierischen Gewebe.

Die Biosynthese der P. wird durch einen Multienzymkomplex katalysiert (Abb. 2), der Prostaglandin-Synthase. Aus Arachidonsäure entstehen z. B. PGE$_2$ und PGF$_{2α}$. Zwischenprodukte sind dabei die durch Einwirkung von molekularem Sauerstoff in Gegenwart von P.-Cyclooxygenase gebildeten Prostaglandinendoperoxide GH$_2$ und PGG$_2$, letzteres mit zusätzlicher exozyklischer Hydroperoxidstruktur. Die Endoperoxide PGG$_2$ und PGH$_2$ sind zwar sehr aktiv, werden jedoch sehr schnell metabolisiert. PGH$_2$ ist die Vorstufe sowohl von Prostacyclin (PGI$_2$) als auch der Thromboxane. Ganz allgemein verhindern P. die Aggregation von Thrombocyten und die Gerinnung (bei hohen Konzentrationen), während die Thromboxane die Aggregation und Gerinnung fördern. Da PGI$_2$ und die Thromboxane in begrenzter Menge aus einer gemeinsamen Vorstufe gebildet werden, stellt der Verzweigungspunkt

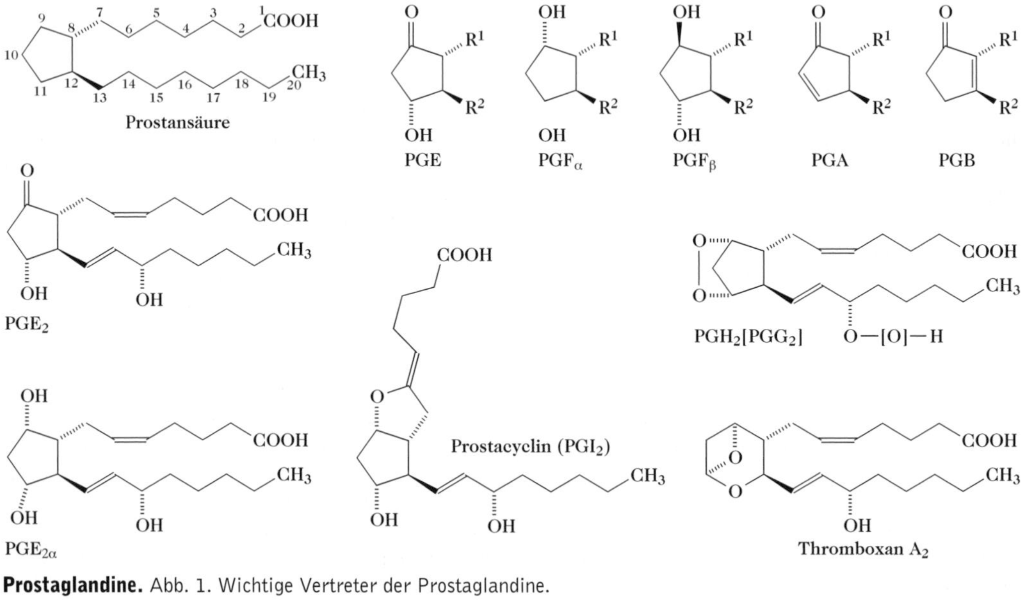

Prostaglandine. Abb. 1. Wichtige Vertreter der Prostaglandine.

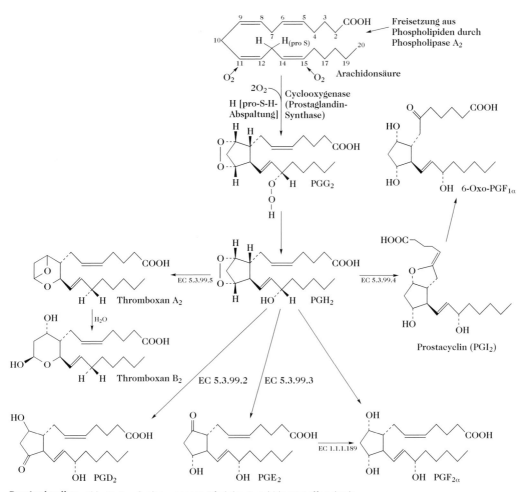

Prostaglandine. Abb. 2. Der Cyclooxygenase-Pfad des Arachidonatstoffwechsels.
EC 1.1.1.189: Prostaglandin-E2-9-Oxidoreduktase. EC 5.3.99.2: Prostaglandin-H2D-Isomerase. EC 5.3.99.3: Prostaglandin-H2E-Isomerase. EC 5.3.99.4: Prostacyclin-Synthase. EC 5.3.99.5: Thromboxan-Synthase.

eine wichtige Stelle für die homöostatische Regulation dar. Bei Säugetieren weisen die Blutplättchen, die vaskulären Muskeln und andere Zellen Rezeptoren für PGI_2 auf. Diese Rezeptoren sind mit der Adenylat-Cyclase gekoppelt. Die Endothelzellen der Blutgefäße von Säugetieren produzieren PGI_2 als Reaktion auf Verletzung oder Reizung. Bei Vögeln besitzen die Thrombocyten jedoch Rezeptoren für PGE_2 und von den Endothelzellen wird mehr PGE_2 als PGI_2 gebildet [J.M. Ritter et al. *Lancet* (1983) 1–317]. Bei Säugetieren inhibiert PGI_2 die Aggregation der Thrombocyten und bewirkt eine Erhöhung von Thrombocyten-cAMP. Bei Konzentrationen, die hoch genug sind, um die Adenylat-Cyclase zu aktivieren, hemmen PGI_2, PGE oder PGD_2 die Gerinnung; dagegen aktivieren diese PG bei Konzentrationen, die für eine Aktivierung der Cyclase zu niedrig sind, den Faktor X und initiieren damit die Blutgerinnung [A.K. Dutta-Roy et al. *Sci-*

ence **231** (1986) 385–388]. Die Wirkungen der verschiedenen P. in unterschiedlichen Geweben sind nicht identisch, beispielsweise ruft PGI_2 Diarrhö hervor, PGE_2 jedoch nicht. PGE_1 und PGI_2 regen die Adenylat-Cyclase in den Thrombocyten an, während Thromboxan A_2 und PGH_2 die Anregung hemmen.

Die meisten P. verursachen eine Kontraktion der glatten Muskulatur der Blutgefäße, des Verdauungstrakts und des Uterus, jedoch wirken PGH_2 und PGI_2 im Allgemeinen vasodilatatorisch. Die Beziehung der PG zu Entzündung und Schmerzen ist unklar, es ist jedoch mit hoher Wahrscheinlichkeit so, dass die entzündungshemmenden und schmerzlindernden Wirkungen von *Aspirin* auf eine Inhibierung der P.-Synthese zurückzuführen sind. Aspirin inhibiert die Thromboxansynthese bei niedrigeren Konzentrationen als sie für die Inhibierung der P.-Synthese erforderlich ist; deshalb verstärken niedrige Aspirinkonzentrationen Blutungen, indem sie den Stoffwechsel von PGH_2 zu PHI_2 und weg von den Thromboxanen verschieben. [S. Moncada u. J.R. Vane *Pharmacological Rev.* **30** (1979) 293–331; P.B. Curtis-Prior, *Prostaglandins, an Introduction to their Biochemistry, Physiology and Pharmacology* (North-Holland, 1976)]

Die P. zeigen vielfältige pharmakologische Wirkungen. Von besonderer Bedeutung sind: die bronchospasmolytische Wirkung (für die Behandlung des akuten Asthmaanfalls); die Kontrolle der Magensaftsekretion (Ulkustherapie); die im Antagonismus zu den Angiotensinen blutdrucksenkende und gleichzeitig diuretische Wirkung (zur Behandlung von essenziellem Hochdruck und Herz-Kreislauf-Erkrankungen); die Einleitung der Ovulation (z. B. bei Kühen, Schweinen und Schafen zur Brunstsynchronisation großer Tierherden); die Auslösung von Geburtswehen und die Wirkung als Abortiva [z. B. $PGF_{2\alpha}$ (*Dinoprost*) und PGE_2 (*Dinoproston*)]. Das aus PGH_2 bzw. GGP_2 unter Einwirkung der Prostacyclin-Synthetase entstehende *Prostacyclin* PGI_2 hemmt die Thrombocytenaggregation und erweitert die Herzkranzgefäße. Das durch die Thromboxan-Synthetase gebildete, sehr kurzlebige *Thromboxan* A_2 fördert dagegen die Thrombocytenaggregation und verengt die Herzkranzgefäße. Erste Erfolge auf dem Gebiet der Synthese stabilerer Prostacyclinanaloga und spezifischer Thromboxan-Synthetase-Inhibitoren sind erzielt worden.

Prostansäure, ↗ *Prostaglandine*.

prosthetische Gruppe, eine mehr oder weniger fest an das Enzymprotein (Apoenzym) gebundene niedermolekulare Verbindung (Wirkgruppe), die die katalytischen Eigenschaften des Enzyms prägt. Die Bindung kann kovalenter, heteropolarer oder koordinativer Natur sein. ↗ *Coenzyme*.

Protamine, eine Gruppe von stark basischen globulären Proteinen (M_r 1–5 kDa). Sie sind charakterisiert durch einen hohen Gehalt an Arg (80–85 %) und kommen besonders in Spermien von Fischen, Vögeln und Weichtieren vor. Sie ersetzen funktionell in den Spermien die Histone. Das P. aus Heringen ist das *Clupein*, aus Lachs das *Salmin*, aus Stör das *Sturin*, aus Hecht das *Esocin*, aus Forellen das *Iridin*, aus Karpfen das *Cyprinin* und aus Makrelen das *Scombin*. Protaminsulfat und Protaminchlorid sind pharmakologisch wichtige Heparin-Antagonisten, da sie mit Heparin unlösliche Salze bilden und dadurch die blutgerinnungshemmende Wirkung des Heparins aufheben.

Protease-Inhibitor, ↗ *Schlangengifte*.

Proteasen, die Gesamtheit der proteolytischen Enzyme, die den enzymatischen Abbau der Proteine und Peptide durch hydrolytische Spaltung der Peptidbindung in exergonischer Reaktion katalysieren. P. werden nach ihrem Angriffsort in der Polypeptidkette in zwei Gruppen unterteilt: *Endopeptidasen* (*Proteinasen*) hydrolysieren die innerhalb einer Peptidkette gelegenen Bindungen und bilden verschieden große Spaltpeptide. *Exopeptidasen* spalten nur Aminosäurereste vom Ende der Polypeptidkette ab. Nach dem Katalysemechanismus unterteilt man die P. in Serinproteasen (Chymotrypsin, Trypsin, Elastase, Subtilisin u. a.), Cysteinproteasen (Papain, Cathepsin u. a.), Aspartatproteasen (Pepsin, Renin u. a.) und Metalloproteasen (Carboxypeptidase A, Thermolysin u. a.). Bei den Familien der Serinproteasen und Metalloproteasen wird oftmals weiter differenziert zwischen Säuger- und Bakterienproteasen, da es hier trotz der weitgehend übereinstimmenden aktiven Zentren Unterschiede in der Raumstruktur gibt.

Proteasom, *Prosom, multikatalytische Protease, MCP* (engl. *multicatalytic protease*), im Zellkern und im Cytosol aller eukaryontischen Zellen von Hefen bis zum Menschen vorkommende hochmolekulare Proteasen (M_r 700 kDa). In Prokaryonten wurden P. nur bei dem Achaebakterium *Thermoplasma acidophilium* gefunden. Die *20S-P.* bilden fass- oder zylinderförmige Strukturen, die aus vier Ringen oder Scheiben bestehen. Während die eukaryontischen P. mit etwa 20 Untereinheiten sehr komplex aufgebaut sind, besteht das erwähnte P. aus dem Archaebakterium aus vielen Kopien (a_{14} b_{14}) zweier Untereinheiten a (M_r 25,8 kDa) und b (M_r 22,3 kDa).

Man verwendet diese P. zur Untersuchung von Struktur und Funktion von Proteinen. Über die Rolle der verschiedenen proteolytischen Aktivitäten der P. besteht wenig Klarheit. So sollen sie am selektiven Abbau fehlgefalteter Proteine und kurzlebiger Regulationsproteine mitwirken. Außerdem sollen sie bei der Bildung antigener Peptide beteiligt sein, die durch die MHC-Klasse-I-Proteine (↗ *MHC-Moleküle*) präsentiert werden. Es wird angenommen, dass sie eine Funktion bei der Beendigung der Zellteilung haben könnten, indem sie die für die Regulation dieses Prozesses verantwortlichen ↗ *Cycline* proteolytisch abbauen. So ist das Verteilungsmuster von Cyclinen und P. im Lauf des Zellzyklus sehr ähnlich. Zum Abbau vorgesehene Cycline sind mit Ubiquitin markiert. Das *26S-P.* (M_r 2.000 kDa) enthält wahrscheinlich Strukturelemente zur Erkennung der mit Ubiquitin markierten Substrate, verursacht die ATP-abhängige Entfaltung sowie die Einschleusung in den katalytischen Kern des 20S-P., das Bestandteil des 26S-P. ist. Das P. ist möglicherweise eine relativ unspezifische Endopeptidase, die Peptidfragmente von 6–9 Aminosäurebausteinen Länge bilden kann.

Proteid, eine veraltete Bezeichnung für ein konjugiertes Protein (↗ *Proteine*).

Protein A, Zellwandprotein vieler Stämme von *Staphylococcus aureus*. Das gegenüber denaturierenden Einflüssen sehr stabile Protein (M_r 42 kDa) bindet Immunglobuline verschiedener Säugetiere, ohne dass deren Bindungsvermögen für Antigene verändert wird. Es wirkt auch als Mitogen und Aktivator auf B-Lymphocyten. P. A findet Verwendung bei Immunpräzipitationen und zum Nachweis von Immunglobulinen bei unterschiedlichen ↗ *Immunassays*, wie Immunoblots, Enzymimmunassay (↗ *EIA*) oder P.-A-Gold-Markierung sowie trägergebunden zur Reinigung von Antikörpern.

Protein 7B2, ein aus der Adenohypophyse des Schweines isoliertes Protein (M_r 21 kDa) das auch in Menschen und *Xenopus* vorkommt. Das humane P. 7B2 besteht aus 185 Aminosäuren und hat die größte strukturelle Ähnlichkeit mit dem Pro-Insulin von Küken und der Ente. Es wird ähnlich wie ↗ *Follitropin* durch ↗ *Gonadoliberin* aus der Hypophyse freigesetzt, während ↗ *Inhibine* und Testosteron die Sekretion hemmen. Bei Frauen nach der Menopause ist der Spiegel an P. 7B2 höher. [G.J.M. Martens, *FEBS Lett.* **234** (1982) 261; *Eur. J. Biochem.* **181** (1989) 75]

Protein C, ein in Blut vorkommendes Glycoprotein, das nach Aktivierung als *aktiviertes P. C* (APC) die Faktoren Va und VIIIa proteolytisch abbaut und dadurch die Blutgerinnung hemmt. APC wirkt als Serin-Protease und benötigt als Cofaktor *Protein S* (M_r 84 kDa), das keine proteolytische Aktivität aufweist, sowie Ca^{2+}-Ionen und Phospholipide. P. C ist aus zwei Polypeptidketten aufgebaut (M_r 21 kDa bzw. 40 kDa). Thrombin oder der Thrombin-Thrombomodulin-Komplex aktiviert P. C zum APC.

protein engineering, die Veränderung eines Proteins durch genetische oder chemische Mittel bzw. die direkte chemische Synthese eines Proteins mit neuen Eigenschaften. *P. e.* wird aus folgenden Gründen durchgeführt: erstens um die Wirkungen von Veränderungen auf die Proteinfunktion zu untersuchen, wobei die Rolle bestimmt wird, die unterschiedliche Aminosäurereste und -sequenzen für die katalytische Aktivität, die Bindungseigenschaften und die dreidimensionale Proteinstruktur spielen, und zweitens um neue Proteine mit veränderten oder optimierten Eigenschaften zu gewinnen.

Ein alternatives Ziel des *p. e.* ist es, Proteine für spezifische Rollen in Technik und Medizin zuzuschneiden. Hierzu gehört die Herstellung von Enzymen mit: 1) erhöhter Stabilität gegenüber Hitze, extremen pH-Werten, oxidierenden Atmosphären und organischen Lösungsmitteln (im Waschpulver wird eine bakterielle Protease verwendet, die durch *p. e.* gewonnen wurde und stabil bei alkalischem pH und bis 70 °C sowie widerstandsfähig gegen Denaturierung durch Detergens und gegen Oxidation durch Chlor in Bleichmitteln ist); 2) verbesserter

oder neuer Substratspezifität; 3) veränderten Eigenschaften, die die Rückgewinnung bei Folgeverfahren erleichtert. Da Konformation und Eigenschaften der Proteine durch ihre Primärsequenz bestimmt werden, besteht das *p. e.* im wesentlichen in der geplanten Veränderung von Aminosäuresequenzen existierender Proteine. Alternativ können kleine Proteine chemisch synthetisiert werden (↗ *Peptidsynthese*). Die chemische Synthese ermöglicht eine weitere Regulierung der Sekundärstruktur des Proteins, da unnatürliche Aminosäuren eingeführt werden können, wie z. B. 2,2-Dimethylglycin, dessen Konformation eingeschränkt ist und deshalb eine stabile Sekundärstruktur ermöglicht. Es kann auch eine chemische Modifizierung nativer Enzyme durchgeführt werden, mit dem Ziel, die normalen Eigenschaften zu erhalten (z. B. Enzymaktivität), während eine größere Stabilität erreicht wird. So wurde dem Gewebsplasminogenaktivator, der für die Behandlung von Thrombose eingesetzt wird, Resistenz gegen proteolytischen Abbau im Körper verliehen, indem die Oberflächenlysinreste durch Reaktion mit einem Säureanhydrid modifiziert wurden.

Eine allgemein angewandte Methode besteht darin, Gene zu synthetisieren (↗ *rekombinante DNA-Technik*, ↗ *DNA-Synthese*), die für eine gesuchte Polypeptidsequenz codieren. Es ist möglich, synthetische Gene aus bis zu 100 Nucleotiden chemisch zu synthetisieren. Hybridgene können chemisch synthetisiert werden, indem Segmente von natürlichen Genen chemisch synthetisierten DNA-Sequenzen hinzugefügt werden. Alternativ können neue Primärsequenzen gebildet werden, indem synthetische DNA-Sequenzen dazu verwendet werden, natürliche Gene zu erweitern oder Segmente natürlicher Gene zu ersetzen. Die entstandene synthetische oder Hybrid-DNA wird dann in ein Plasmid inseriert, um das geplante Protein zu synthetisieren (↗ *rekombinante DNA-Technik*).

Gentechnisch hergestellte Enzyme werden bei der Trennung von Stereoisomeren eingesetzt, insbesondere in der pharmazeutischen Industrie zur Gewinnung reiner Isomere von synthetisch hergestellten Wirkstoffen. Beispielsweise wurde die Lactat-Dehydrogenase aus *Bacillus stearothermophilus* gentechnisch so verändert, dass sie Substrate mit langen verzweigten Seitenketten akzeptiert, ohne ihre Stereospezifität zu verlieren (das natürliche Enzym reduziert Pyruvat zu L-Lactat).

Klinische Anwendungen des *p. e.* schließen auch die Herstellung gentechnisch veränderter Antikörper ein. DNA, die für die spezifische Antigenbindungsstelle eines monoklonalen Antikörpers von Mäusen codiert, wird in die DNA aus einem menschlichen Antikörpergen inseriert, welche dann in kultivierten Zellen unter Bildung von Maus-

Human-Hybridantikörpern exprimiert werden. Dies hat den Vorteil, dass das Human-Immunsystem den Antikörper nicht als fremd erkennt und deshalb nicht neutralisiert, weil der größte Teil der Aminosäuresequenzen auf der Oberfläche dem Human-Antikörper angehören. Es ist auch möglich, synthetische Antikörpergene in Bakterien zu exprimieren, und es wird erwartet, dass alle gentechnischen Veränderungen von spezifischen Antikörpern unabhängig von der Immunisierung von Tieren durchgeführt werden können. In diesem Zusammenhang ist auch die Leistungsfähigkeit der Antikörperproduktion durch *p. e.* wichtig, weil Antikörper auch in Biosensoren und diagnostischen Verfahren eingesetzt werden sowie als Biokatalysatoren (↗ *katalytische Antikörper*) Anwendung finden.

[D.A. Oxender u. C.F. Fox (Hrsg.) *Protein Engineering. Tutorials in Molecular and Cell Biology*, Alan R. Liss, Inc., New York, 1987; H.M. Wilks et al. *Biochemistry* **29** (1990) 8.587–8.691; G. Winter u. C. Milstein *Nature* **349** (1991) 293; D.M.F. van Aalten et al. *Protein Engineering* **8** (1995) 1.129–1.135; J.L. Cleland u. C.S. Craik (Hrsg.) *Protein Engineering, Principles and Practice*, Wiley-Liss (A. John-Wiley u. Sons, Inc., Publication) New York, Chichester, Brisbane, Toronto, Singapore, 1996 (ISBN 0-471-10354-3)]

protein targeting, die Zielsteuerung der Proteine nach der Synthese (↗ *Proteinbiosynthese*). Das *p. t.* erfolgt durch spezifische Markierung von Proteinen, wodurch Sortierung und ein zielgerichteter Transport in verschiedene Zellkompartimente ermöglicht wird. So markieren Signalsequenzen (↗ *Signalhypothese*) Proteine zum Zwecke der Translokation durch die Membran des endoplasmatischen Reticulums. Signalsequenzen befinden sich meist am N-Terminus, jedoch enthalten einige Proteine, wie z.B. das Ovalbumin auch interne Signalsequenzen, die die gleiche Funktion erfüllen. Neben den Signalsequenzen sind an der Translokation auch Stopp-Transfer-Sequenzen (Membran-Ankersequenzen) beteiligt. Viele Sekret- und Membranproteine enthalten kovalent gebundene Kohlenhydratgruppierungen (↗ *Glycoproteine*), die von Dolicholdonoren im ER übertragen werden. Durch Transport- oder Transfervesikel gelangen Proteine zur weiteren Glycosylierung und Sortierung zum Golgi-Komplex, wo die Kohlenhydratkomponente der Glycoproteine verändert und vollendet werden. Als spezielles Sortierungszentrum sendet der Golgi-Komplex Proteine zu Lysosomen, Sekretgranula oder zur Plasmamembran. Schlüsselfunktionen beim vesikulären Transport üben kleine ↗ GTP-bindende-Proteine, wie der ARF (ADP-Ribosylierungsfaktor), spezielle Hüllproteine (α-, β-, γ- und δ-COPS, ↗ *Coated Vesicle*), SNAPs (für engl. *solub-*

le NSF attachment proteins) und SNAREs (SNAP-Rezeptoren) aus. NSF ist die Abk. für einen N-Ethylmaleinimid-sensitiven Fusionsfaktor, eine ATPase, die weitere cytosolische Proteine benötigt, um an die Membran des Golgi-Komplexes zu binden. Die resultierenden SNAPs erkennen einen Membranrezeptor. SNAREs, wie z.B. das Synaptobrevin und das Syntaxin, wurden im Gehirn nachgewiesen. Die für die Proteinfaltung im ER erforderlichen Chaperone (↗ *molekulare Chaperone*) und andere Proteine enthalten mit ↗ KDEL einen Sequenzmarker (↗ *KDEL-Proteine*), der dafür sorgt, dass sie dem ER nicht verloren gehen. Durch ↗ *Mannose-6-phosphat* werden Glycoproteine markiert, die für die Lysosomen bestimmt sind. Die im Cytosol synthetisierten mitochondrialen Proteine enthalten für die Zielsteuerung in die mitochondriale Matrix am N-Terminus matrixdirigierende Sequenzen, auch Präsequenzen genannt, die 15–35 Aminosäurereste umfassen und sehr viele positiv geladene Reste (Arg) sowie Serin- und Threoninbausteine enthalten. Auch die von Chloroplasten importierten Proteine enthalten mit den Transitsequenzen aminoterminale Präsequenzen. C-terminale SKF(Ser-Lys-Phe)-Sequenzen lenken cytosolische Proteine zu den Peroxisomen. Die im Cytosol an freien Ribosomen synthetisierten Proteine des Zellkerns müssen bei der Translokation die Kernhülle durchqueren. Während kleine Proteine (M_r 15 kDa) leicht durch Kernporen in den Zellkern gelangen können, ist für den Durchtritt großer Proteine (>90 kDa) ein Signal in Form einer Kernlokalisationssequenz erforderlich. Für das T-Antigen des SV40-Virus (M_r 92 kDa) besteht diese spezifische Markersequenz z.B. aus fünf hintereinander angeordneten basischen Aminosäureresten (-Pro[125]-Lys-Lys-Lys-Arg-Lys[130]-Val-). Der Transport großer Proteine in den Zellkern erfordert Energie in Form von ATP. Die Membranverankerung vieler löslicher cytosolischer Proteine wird durch Anknüpfung von Acyl-Resten (*N*-Myristoyl- oder *S*-Palmitoyl-Gruppen) oder durch Anhängen von Farnesyl- oder Geranylgeranyl-Gruppierungen (↗ *Prenylierung*) an C-terminale Cysteinbausteine erreicht. [J.E. Rothman, *Nature* **372** (1994) 59–67; W. Neupert u. R. Hill (Hrsg.) *Membrane Biogenesis and Protein Targeting*, Elsevier, Amsterdam 1992; P.A. Silver, *Cell* **64** (1991) 489–497]

Proteinabbau, ↗ *Proteolyse*.

Proteinase K, eine Endopeptidase (↗ *Proteasen*) mit geringer Substratspezifität, die Peptidbindungen nach hydrophoben, aromatischen und aliphatischen Aminosäurebausteinen spaltet, und in der Molekularbiologie zum Proteinabbau während der Isolierung von DNA und RNA Verwendung findet.

Proteinaseinhibitor, ↗ *Inhibitorproteine*.

Proteinasen, eine Gruppe von ↗ *Proteasen*.

Proteinbiosynthese, *Translation*, ein zyklischer, energieverbrauchender Mehrschrittprozess, in dem freie Aminosäuren der Zellen zu Polypeptiden mit genetisch determinierter Sequenz polymerisiert werden. Bei der P. geschieht die Übersetzung der genetischen Information, die in der Nucleotidsequenz der mRNA gespeichert ist, in die Aminosäuresequenz des Proteins. An der P. sind ↗ *messenger-RNA*, ↗ *Ribosomen*, ↗ *transfer-RNA*, Aminosäuren sowie eine Reihe von Enzymen und Proteinfaktoren beteiligt, die meist mehr oder weniger fest integrierte Bestandteile der Ribosomen sind. Außerdem sind als niedermolekulare Cofaktoren Kationen und als Energielieferanten ATP und GTP notwendig. Der Vorgang läuft bei Prokaryonten und Eukaryonten ihn ähnlicher Weise ab, wenngleich letztere mehr Faktoren einbeziehen. Es existiert eine standardisierte Nomenklatur für die „Faktoren", die an der Initiation (IF-1, IF-2, usw.), Elongation (EF-1, usw.) und Termination (*release factor*, RF) beteiligt sind. Zur Unterscheidung von prokaryontischen Faktoren, wird eukaryontischen Faktoren ein „e" vorgestellt (eIF-1 usw., Tab.).

Proteinbiosynthese. Tab. Prokaryontische und eukaryontische Synthesefaktoren.

Faktor	M_r [kDa]	Funktion
IF-1		Gleichgewicht der Untereinheiten: 70S ⇄ 50S + 30S Stabilisierung des Initiationskomplexes
IF-2		Bindung von fMet-tRNA$_f$ an die 40S-Untereinheit; mRNA ist für diesen Vorgang nicht unbedingt notwendig
IF-3		verhindert die Assoziation der 30S- und 50S-Untereinheiten
eIF-1	15	Stabilisierung des Initiationskomplexes.
eIF-2	α-Untereinheit: 32–38; β-Untereinheit: 47–52; γ-Untereinheit: 50–54	Bindung von Met-tRNA an die 40S-Untereinheit; der Vorgang benötigt GTP und läuft ab, bevor die mRNA gebunden wird
eIF-2A	50–96	Bindung von Met-tRNA$_f$ an die 40S-Untereinheit; der Vorgang benötigt mRNA, jedoch kein GTP
eIF-3	500–750 (Komplex aus 7–11 Polypeptiden)	verhindert die Assoziation der Ribosomenuntereinheiten; stabilisiert den Initiationskomplex
eIF-4A	48–53	Bindung der mRNA an den 40S-Initiationskomplex
eIF-4B	80–82	Bindung der mRNA an den 40S-Initiationskomplex
eIF-4C	19	Stabilisierung des Initiationskomplexes
eIF-4D	17	Stabilisierung des Initiationskomplexes
eIF-5	125–160	Abspaltung von eIF-2 und eIF-3 vom Initiationskomplex; Bindung der 60S-Untereinheit an den 40S-Komplex
Cap-Erken-nungsprotein	24	bindet an mRNA-Cap
EF-TU	43	GTP-EF-Tu bindet Aminoacyl-tRNA an ribosomale A-Bindungsstelle
EF-TS	35	verdrängt GDP von EF-TU-GDP, das vom Ribosom abgespalten wurde; EF-TU : EF-TS-Komplex reagiert mit GTP unter Bildung von EF-TU-GTP
EF-G	80	an der Translokation der Peptidyl-tRNA von der A- zur P-Bindungsstelle beteiligt; GTPase
eEF-TU (EF-1α)	53	GTP-EF-Tu bindet Aminoacyl-tRNA an ribosomale A-Bindungsstelle
eEF-TS (EF-1β)	30	verdrängt GDP von eEF-TU-GDP, das vom Ribosom abgespalten wurde; eEF-TU : eEF-TS-Komplex reagiert mit GTP unter Bildung von eEF-TU-GTP
eEF-G (EF-2)		an der Translokation der Peptidyl-tRNA von der A- zur P-Bindungsstelle beteiligt
RF-1	47	erkennt UAA- und UAG-Terminationscodons; spaltet Peptid von ribosomengebundener tRNA ab
RF-2	35–48	erkennt UAA- und UGA-Terminationscodons; spaltet Peptid von ribosomengebundener tRNA ab
RF-3	46	regt RF-1- und RF-2-Aktivitäten an
eRF-3	56–105	erkennt alle drei Terminationscodons; besitzt ribosomenabhängige GTPase-Aktivität

Man unterscheidet vier Phasen der P.:

1) Die *Aktivierung* der Aminosäuren und deren *Übertragung* auf spezifische tRNA (↗ *Aminoacyl-tRNA-Synthetasen*). Diese Phase ist nicht an die Gegenwart der Polysomen gebunden; die drei folgenden Phasen der P. laufen nacheinander an jedem Ribosom der Polysomen ab.

2) Die *Initiation* (Einleitungsphase) muss mit einer kleinen Ribosomenuntereinheit starten; 80S- bzw. 70S-Ribosomen sind inaktiv und unter physiologischen Bedingungen verläuft ihre Dissoziation in Untereinheiten sehr langsam. In *E. coli* wird die Dissoziation der Ribosomen durch den Faktor IF-1 gefördert. Das Protein IF-3 (bzw. eIF-3) verhindert die Assoziation der Untereinheiten, wodurch die kleine Untereinheit für die Initiation zur Verfügung steht. In Eukaryonten besteht der erste Schritt in der Bindung der Initiator-tRNA (Met-tRNA$_f$) zusammen mit eIF-2 und GTP an die 40S-Untereinheit. In Eukaryonten kann dies entweder den ersten Schritt darstellen oder den zweiten, der nach der mRNA-Bindung folgt. Der zusammengesetzte prokaryontische Komplex aus 30S-Untereinheit, IF-1, -2 und -3, sowie GTP und mRNA mit fMet-tRNA$_f$ heißt 30S-Initiationskomplex.

Der entsprechende Initiationskomplex in Eukaryonten enthält als weitere Faktoren eIF-4 (besteht aus mehreren Proteinen) und ATP, die für die Bindung der mRNA benötigt werden, setzt sich also wie folgt zusammen: 40S : eIF-3 : Met-tRNA$_f$: eIF-2 : GTP : eIF-4 : mRNA.

Sowohl für Prokaryonten als auch für Eukaryonten ist das Initiationscodon auf der mRNA AUG, der Mechanismus, nach dem das Ribosom es ausfindig macht, ist jedoch unterschiedlich. Prokaryontische Ribosomen erkennen anscheinend Sequenzen der mRNA *upstream* (in Richtung 5'-Ende) vom AUG-Codon. Diese Sequenzen sind zu einem Teil des 16S-rRNA-Moleküls komplementär. Die 70S-Ribosomen können entweder am ersten AUG in der mRNA beginnen oder an einem internen AUG und können sogar zirkuläre mRNA translatieren. Eukaryontische Ribosomen müssen dagegen mit dem AUG starten, das dem 5'-Ende des Messengers am nächsten liegt. Die m7G5'pppX-"Cap" (↗ *messenger-RNA*) scheint das System zu leiten, jedoch gibt es auch eukaryontische mRNA ohne Cap, die ebenfalls translatiert werden können. Vermutlich muss das Ribosom an der mRNA entlang in *downstream*-Richtung „wandern", bis es an das erste AUG ge-

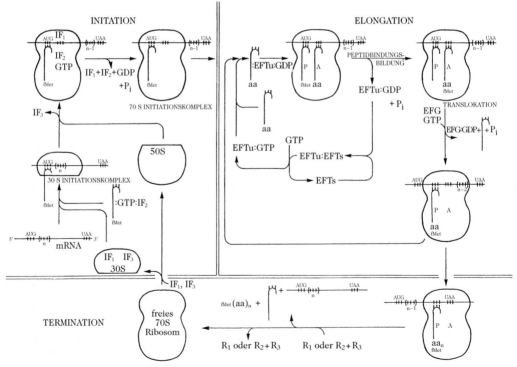

Proteinbiosynthese. Graphische Darstellung der Translation an prokaryontischen Ribosomen. Der Elongationszyklus beginnt durch die Wechselwirkung des 70S-Initiationskomplexes mit fMet-tRNA : EF-TU : GTP. In allen nachfolgenden Durchläufen des Zyklus tritt fMet-tRNA : EF-TU : GTP mit dem mRNA:Ribosom-Komplex, der die wachsende Polypeptidkette trägt, in Wechselwirkung. Die Termination setzt ein, wenn n Aminosäuren eingebaut wurden, wobei n der Anzahl an Codons zwischen dem Initiationscodon AUG und dem Terminationscodon (in diesem Beispiel UAA) entspricht.

langt. Wahrscheinlich stellt ATP die Energie für diesen Vorgang zur Verfügung.

In Prokaryonten und Eukaryonten wird der Initiationskomplex durch Abspaltung des Initiationsfaktors 3 auf die Addition der großen ribosomalen Untereinheit vorbereitet. In Bakterien scheint die 50S-Untereinheit einfach den IF-3 zu ersetzen, während IF-1 und IF-2 anschließend den Komplex verlassen. In Eukaryonten katalysiert ein weiterer Faktor, der eIF-5, die Abspaltung der vorhergehenden Initiationsfaktoren und die Bindung der 60S-Untereinheit. In beiden Fällen ist an der Freisetzung des Initiationsfaktors 2 die Hydrolyse des gebundenen GTP beteiligt. Die Met-tRNA$_f$ ist an der P-Bindungsstelle der großen ribosomalen Untereinheit gebunden.

3) *Elongation* (Verlängerungsphase, Abb.). Das Ribosom kann zwei tRNA-Moleküle gleichzeitig aufnehmen. An einer Stelle, der *P-Bindungsstelle*, trägt das Ribosom den Met-tRNA- bzw. den Peptid-tRNA-Komplex; die andere (*A-Bindungsstelle*) nimmt die Aminoacyl-tRNA auf. An diese wird ein Komplex aus GTP, Elongationsfaktor TU und Aminoacyl-tRNA gebunden. Die tRNA muss dem nächsten Codon, das abgelesen wird, entsprechen; der Elongationsfaktor ist vermutlich dafür mitverantwortlich, die tRNA genau zum richtigen Nucleotidtriplett zu führen. Das GTP wird dann zu GDP hydrolysiert und der EF-TU : GDP-Komplex verlässt das Ribosom. Das GDP wird vom Faktor abgespalten, wenn dieser mit dem Elongationsfaktor TS einen Komplex bildet: EF-TU : EF-TS. Der EF-TU besitzt eine höhere Affinität zu GDP als zu GTP, während der Komplex mit EF-TS eine höhere Affinität für GTP hat, welches den EF-TS verdrängt. Der EF-TU-GTP-Komplex ist bereit, ein anderes Aminoacyl-tRNA-Molekül aufzunehmen und den Zyklus erneut zu durchlaufen. Das Ribosom katalysiert eine Reaktion zwischen der Carboxylgruppe des Besetzers auf der P-Bindungsstelle und der (freien) Aminogruppe des Besetzers auf der A-Seite. Die Peptidyl-Transferase-Aktivität, die diese Reaktion katalysiert, ist dem Ribosom intrinsisch.

Der letzte Schritt der Elongation stellt das Fortschreiten des Ribosoms relativ zur mRNA dar, das von der Translokation der Peptidyl-tRNA von der A- zur P-Bindungsstelle begleitet ist. An diesem Schritt ist der Elongationsfaktor G beteiligt; bei Abwesenheit dieses Faktors findet die Translokation mit langsamer Geschwindigkeit statt. An das Ribosom bindet sich ein Komplex aus EF-G und GTP. Im Verlauf der Reaktion wird GTP hydrolysiert. Gleichzeitig wird die deacylierte tRNA von der P-Bindungsstelle freigesetzt.

Interessanterweise üben IF-2 und EF-TU analoge Funktionen aus: IF-2 erkennt nur Met-tRNA$_f$, während EF-TU alle anderen Aminoacyl-tRNAs er-kennt; beide Faktoren dienen dazu, eine Aminoacyl-tRNA an einer spezifischen Stelle auf dem Ribosom einzuführen. Darüber hinaus weisen die beiden Proteine über eine Länge von 100 Aminosäuren eine Homologie auf. Die Hydrolyse von GTP, das an EF-TU bzw. IF-2 gebunden ist, liefert an sich keine Energie für die Bindung der Aminoacyl-tRNA an das Ribosom. Die GTP-Hydrolyse stellt jedoch Energie für die Abspaltung des fest gebundenen EF-TU bzw. IF-2 vom Ribosom zu Verfügung. Die Energie für die Bildung der Peptidbindung wird auf der Stufe der Aminosäurebeladung der tRNA investiert. In diesem Zusammenhang werden zur Bildung der Esterbindung zwischen der Aminosäure und der 2'- oder 3'-OH-Gruppe der tRNA zwei Phosphatbindungen von ATP hydrolysiert. Alle anderen ATP- und GTP-Moleküle, die im Verlauf der P. hydrolysiert werden, dienen dazu, die Genauigkeit des Prozesses zu erhöhen.

4) *Termination* (Abschlussphase). Mit dem Auftreten eines ↗ *Terminationscodons* an der A-Bindungsstelle ist das Signal für die Beendigung des Syntheseprozesses gegeben. Man kennt drei prokaryontische Terminationsfaktoren: RF-1 ist spezifisch für die Terminationscodons UAA und UAG, während RF-2 spezifisch für UAA und UGA ist. RF-3 stimuliert RF-1 und RF-2, erkennt selbst jedoch keine Terminationscodons. RF-3 besitzt außerdem GTPase-Aktivität; wahrscheinlich beschleunigt dieser Faktor die Termination unter GTP-Verbrauch. Man kennt nur einen eukaryontischen Terminationsfaktor, der auch GTPase-Aktivität besitzt. Wahrscheinlich tritt der eIF-3 mit dem Ribosom in Wechselwirkung, wenn dieses die mRNA verlässt, und bewirkt eine Trennung der beiden Untereinheiten. Die vorausgehende Darstellung beschreibt die P. für ein Ribosom, es darf jedoch nicht außer Acht gelassen werden, dass das funktionale System das ↗ *Polysom* ist. Zu jeder Zeit sind mehrere Ribosomen entlang der mRNA angeordnet; die Ribosomen, die dem 3'-Ende am nächsten sind, tragen die längsten neu synthetisierten Polypeptidketten, während jene am 5'-Ende weniger Codons translatiert haben und deshalb ein kürzeres Peptid tragen. Initiation, Elongation (in verschiedenen Stadien) und Termination laufen also simultan auf derselben mRNA ab.

Die gebildeten Proteine erhalten ihre Tertiärstruktur bereits während des Syntheseprozesses. In vielen Fällen unterliegen sie einer nachträglichen Prozessierung, wodurch die Moleküle in die biologisch aktive Form überführt werden, z. B. durch Anlagerung bestimmter Gruppen oder durch Abspaltung bestimmter Aminosäuresequenzen (↗ *Posttranslationsmodifizierung*). Bei der Biosynthese von Sekretproteinen sorgt entsprechend der ↗ *Signalhypothese* eine N-terminal synthetisierte Peptidsequenz für die Anlagerung des Ribosoms an die Membran des rauen endoplasmatischen Reticulums (ER), wodurch das Protein noch während der Synthese durch die Membran in das Innere der Kanälchen des ER geschleust wird, um dann nach außen zu gelangen.

Proteindefizienz, ↗ *Protein-Energie-Mangelsyndrom.*

Protein-Design, die gezielte Entwicklung neuer, in der Natur nicht vorkommender Proteine mit maßgeschneiderten physikochemischen, strukturellen oder/und katalytischen Eigenschaften (↗ *künstliche Enzyme*). Das P. ist ein Fernziel des ↗ *Protein-Engineering.*

Protein-Disulfid-Isomerase, PDI, ein wichtiges Enzym bei der Proteinfaltung *in vivo.* Die P. katalysiert die Bildung korrekter Disulfidbindungen in entstehenden Proteinen. Sie ist in der Lage, durch Verschiebungen von Disulfidbindungen unter den möglichen Paarungen die thermodynamisch stabilste Disulfidbrücke zu knüpfen. Im Katalyseprozess spielt ein Thiolatanion eine wichtige Rolle.

Proteindomänen, kompakte globuläre Einheiten von Polypeptidketten in ↗ *Proteinen* mit etwa 100–400 Aminosäurebausteinen, die oftmals durch flexible Peptidsegmente verbunden sind.

Proteine, Eiweißstoffe, ausschließlich oder überwiegend aus Aminosäuren aufgebaute makromolekulare Verbindungen, die als ↗ *Biopolymere* entscheidender Bestandteil der lebenden Materie sind. In einer *Escherichia-coli*-Zelle sind 3.000 verschiedene P. enthalten, mehr als 100.000 unterschiedliche P. finden sich im menschlichen Organismus. P. bestimmen Struktur und Funktion jeder Zelle.

1) Als ↗ *Enzyme* und ↗ *Peptidhormone* sind sie für den geregelten Ablauf der chemischen Reaktionen des Stoffwechsels verantwortlich. Enzyme katalysieren die zahllosen biochemischen Reaktionen, die den Stoffwechsel der lebenden Zellen ausmachen. Diese Reaktionen werden durch Modifikation der Aktivität und/oder Menge (d. h. Synthesegeschwindigkeit) der geeigneten Enzyme reguliert. Einige der Regulatoren und Reaktionsübermittler dieses Regulationsprozesses sind ebenfalls P., z. B. die Peptidhormone, Repressor- und Aktivatormoleküle (↗ *Genaktivierung*, ↗ *Operon*) und die Membranproteine, die die intrazellulären Konzentrationen vieler Enzymsubstrate und Produkte bestimmen (↗ *aktiver Transport*). 2) Als *Strukturproteine* (Gerüstproteine, Scleroproteine), z. B. Kollagene, Elastine, Keratine, sind sie wesentlicher Bestandteil von Stützgewebe, Bindegewebe und Biomembranen. 3) Als *kontraktile P.*, z. B. Actin und Myosin, ermöglichen sie den Kontraktionsprozess der Muskelfaser. 4) Als *Immunglobuline* oder *Interferone* bilden sie spezifische körpereigene Abwehrproteine. 5) Als *Trägerproteine*, z. B. ↗ *Hämoglobin*, Serumalbumin sowie Cytochrome, Transferrin, Coeruloplasmin, sind sie am Transport von Sauerstoff, Fettsäuren, Hormonen, Medikamenten, Stoffwechselprodukten und Metall-Ionen sowie an Elektronenübertragungsprozessen der Photosynthese und Atmung beteiligt. 6) Als *Speicherproteine*, z. B. Eialbumine, Milchcasein, Gliadin (in Weizensamen) und Zein (in Maissamen) sichern sie die Aminosäurereserve des Organismus. 7) Als *Rezeptorproteine* vermitteln sie die spezifische Bindung von Wirkstoffmolekülen am Wirkort. 8) Als *Zellerkennungsproteine* werden sie auf Zelloberflächen präsentiert, ermöglichen so die Erkennung eines Zelltyps durch einen anderen und spielen deshalb eine Rolle bei der Morphogenese und der Erkennung von fremdem Gewebe (wie bei der Transplantatabstoßung). Darüber hinaus sind P. beim Blutgerinnungsprozess, bei der Blutgruppenspezifizierung, bei der Steuerung der Genaktivitäten und bei der Regulation vieler anderer biochemischer Prozesse von entscheidender Bedeutung.

Theoretisch ist die Länge einer Polypeptidkette nicht begrenzt und sind alle Permutationen und Kombinationen der 20 aufbauenden Aminosäuren möglich (↗ *genetischer Code*). Weitere Möglichkeiten zur strukturellen Variation bieten die ↗ *Posttranslationsmodifizierung*, die Anheftung von prosthetischen Nichtprotein-Gruppen und die Ausbildung von Quartärstrukturen in unterschiedlichem Grad, so dass die mögliche Strukturvielfalt (und damit verbunden die Funktionsvielfalt) beinahe unbegrenzt ist.

P. sind in Lösung weder starr noch bewegungslos. Die Bindungen zwischen den Kohlenstoffatomen im Proteinrückgrat und in den Aminosäureseitenketten ermöglichen eine beträchtliche Rotations- und Torsionsflexibilität, weshalb die thermischen Bewegungen der einzelnen Atome Verwindungsbewegungen der Ketten erzeugen. Diese Bewegungen sind höchstwahrscheinlich für die enzymatische Aktivität von P. von Bedeutung. Mutationen, die die Flexibilität der Kette beeinträchtigen, wirken sich vermutlich auch auf die Kinetik der Enzymkatalyse aus. (↗ *Allosterie*) [R.H. Pain *Nature* **305** (1983) 581–582]

Einteilung. Auf Unterschieden in der Löslichkeit und in der Molekülstruktur beruht die Einteilung in globuläre P. und fibrilläre P. Die *globulären P.* (Sphäroproteine) sind in Wasser und verd. Salzlösungen löslich. Sie sind kugelförmig gebaut (Rotationsellipsoide). Die definierte Faltung der Sekundärstrukturelemente der Polypeptidketten beruht im wesentlichen auf hydrophoben Wechselwirkungen zwischen unpolaren Aminosäureseitenketten und anderen nichtkovalenten Bindungen. Die gute Löslichkeit beruht auf den an der Moleküloberfläche lokalisierten, geladenen, hydrophilen Aminosäureresten, die – umgeben von einer

Hydrathülle – für einen engen Kontakt mit dem Lösungsmittel sorgen. Zu den globulären P. gehören alle Enzyme und die meisten anderen biologisch aktiven P., z. B. die Hämoglobine. Die *fibrillären P. (Linearproteine, Faserproteine)* sind praktisch in Wasser und Salzlösungen unlöslich. Die Polypeptidketten sind hier parallel zueinander geordnet und bilden in Form langer Fasern unter anderem die Strukturelemente des Bindegewebes. Wichtige Vertreter sind die Kollagene, Keratine und Elastine. Nach den Bestandteilen unterscheidet man *einfache P.*, die nur aus proteinogenen Aminosäuren aufgebaut sind, und *zusammengesetzte P.* bzw. *konjugierte P.*, die neben dem Proteinanteil eine meist chemisch gebundene Nichtproteinkomponente enthalten. Einfache P. sind die ↗ *Albumine*, Globine, ↗ *Globuline*, ↗ *Gluteline*, ↗ *Histone*, ↗ *Prolamine*, ↗ *Protamine*, die sämtlich globuläre P. sind, und die fibrillären Scleroproteine.

Aufbau und Struktur. Am Aufbau der P. sind 20 unterschiedliche ↗ *Aminosäuren* (auch *proteinogene* Aminosäuren genannt) beteiligt. Sie sind durch Peptidbindungen miteinander verknüpft,

wobei die Reihenfolge (Sequenz) der Bausteine genetisch determiniert ist.

Zur Charakterisierung des strukturellen Aufbaus der P. wurden die auch für andere Biopolymere gültigen Bezeichnungen Primär-, Sekundär-, Tertiär-, Quartärstruktur eingeführt. Unter *Primärstruktur* versteht man die Anzahl und Sequenz der miteinander verknüpften Aminosäurebausteine, die durch Sequenzanalyse (↗ *Edman-Abbau*) ermittelt werden können. P. enthalten in der Regel mehr als 100 Aminosäuren in einer Polypeptidkette.

Unter *Sekundärstruktur* wird die Art und Weise der Kettenfaltung verstanden, die durch Ausbildung von Wasserstoffbrücken (H-Brücken) zwischen dem Sauerstoff der Carbonylgruppe und dem Wasserstoff der Amidgruppe gegenüberliegender Peptidbindungen (Abstand 0,28 nm) zustande kommen. Bilden sich die H-Brücken innerhalb einer Peptidkette aus, kommt es zur *Schraubenstruktur (Helix)*, liegen intermolekulare H-Brücken vor, so entsteht die *Faltblattstruktur (β-Struktur;* Abb. 1b). Die häufigste helicale Struktur ist die α-Helix mit 3,6 Aminosäureresten je Windung (Abb. 1a).

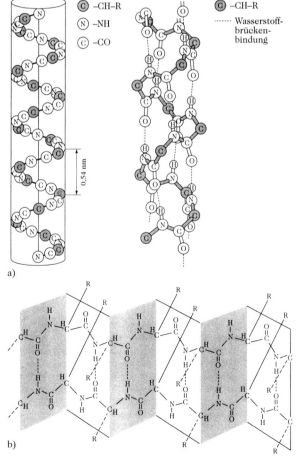

a)

b)

Proteine. Abb. 1. Sekundärstruktur von Proteinen: a) α-Helix, b) antiparallele Faltblattstruktur.

Der prozentuale Anteil an α-helicalen Strukturen in einem P. kann durch Messung der optischen Rotationsdispersion (ORD) und des Circulardichroismus (CD) bestimmt werden, weil die Helices selbst optisch aktiv sind. Die langsame Austauschgeschwindigkeit von Proteinwasserstoffatomen mit Deuteriumoxid oder Tritiumoxid ist umgekehrt proportional zur Anzahl der intramolekularen Wasserstoffbrückenbindungen. Die Bestimmung der α-Helixstruktur mit Hilfe dieser Methode weicht allerdings von den Ergebnissen der optischen Methode oftmals ab. Die Röntgenstrukturanalyse, die zur Bestimmung der Tertiärstruktur herangezogen wird, liefert auch detaillierte Informationen über die Sekundärstruktur.

Unter *Tertiärstruktur* versteht man die räumliche Anordnung der als α-, β- oder Zufallsknäuel-Struktur vorliegenden Abschnitte einer Polypeptidkette. Die Tertiärstruktur liefert nicht nur Angaben über die Molekülgestalt, sondern auch detaillierte Angaben über die räumliche Anordnung reaktiver Aminosäurereste, z. B. im aktiven Zentrum von Enzymen (Abb. 2) oder im Antigenbindungsort von Antikörpern. Mit ihrer Hilfe wurden erstmals Enzym-Substrat- und Enzym-Inhibitor-Komplexe und die dabei stattfindenden Gestaltsveränderungen des Enzymmoleküls bis zu einer Auflösung von 0,2 nm sichtbar gemacht. Hierzu dient die Röntgenstrukturanalyse isomorph kristallisierter Schwermetallatomderivate des betreffenden Proteins. Die erhaltenen Beugungsdiagramme und daraus konstruierten Elektronendichteverteilungskarten geben Aufschluss über die Art und Lage der Aminosäurereste und bei hoher Auflösung (0,15 nm) sogar über die Atomabstände im Proteinmolekül.

Am Zustandekommen und an der Stabilisierung der dreidimensionalen Proteinstruktur sind außer den von der Sekundärstruktur her bekannten H-Brücken (zwischen Tyrosyl- und Carboxyl- bzw. Imidazolgruppen sowie Seryl- und Threonylresten) und den Disulfidbrücken, denen vor allem eine konformationsstabilisierende Wirkung zugesprochen wird, noch folgende Wechselwirkungen beteiligt: Van-der-Waalssche Kräfte, Anziehungskräfte zwischen den nicht kovalent verbundenen ungeladenen (-CH$_3$, -CH$_2$OH) oder hydrophoben (Phenyl-, Leucyl-) Resten im Abstand von etwa 0,3 nm, elektrostatische Wechselwirkungen zwischen polaren Seitengruppen (z. B. COO$^-$... $^+$NH$_3$), die eine Solvatation des Moleküls ermöglichen, und Lösungsmittel-P.-Wechselwirkungen. Letztere sind für die natürliche Konformation der P. von Bedeutung. Sie bestehen vorwiegend in der Ausbildung hydrophober Bindungen (Atomabstand 0,31–0,41 nm) besonders im unpolaren Molekülinneren, aber auch zum umgebenden Lösungsmittel.

Die Sekundär- und Tertiärstruktur werden gemeinsam auch als *Kettenkonformation* bezeichnet. Es ist manchmal schwierig, eine klare Unterscheidung zwischen Sekundär- und Tertiärstruktur zu treffen. NMR-Untersuchungen zeigen, dass sich die Kettenkonformation eines Proteins innerhalb bestimmter Grenzen verändern kann, so dass die durch Röntgenstrukturanalyse bestimmte Konformation eine von mehreren möglichen Zuständen darstellt, der durch Kristallisation „eingefroren" wurde.

Durch Ausbildung intermolekularer Wechselwirkungen (nichtkovalenter Natur) zwischen zwei oder mehreren identischen oder verschiedenen Polypeptidketten aggregieren oder assoziieren letztere zu stabilen oligomeren P. Diese geordneten Assoziate stellen die *Quartärstruktur* und ihre Polypeptidketten die Untereinheiten eines Proteins dar

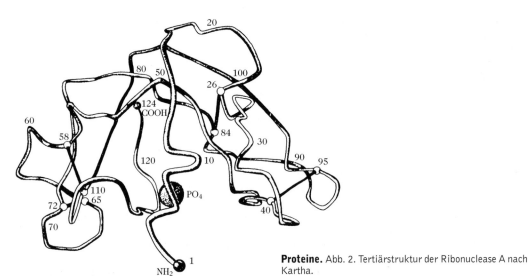

Proteine. Abb. 2. Tertiärstruktur der Ribonuclease A nach Kartha.

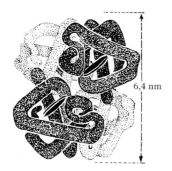

6,4 nm

Proteine. Abb. 3. Quartärstruktur des Hämoglobins. Schema der räumlichen Anordnung der α- und β-Ketten. Die schwarze Scheibe stellt die Hämgruppe dar.

(Abb. 3). In seltenen Fällen sind auch Disulfidbrücken zur Aufrechterhaltung der Quartärstruktur nötig. P. mit Quartärstruktur sind weit verbreitet. Der überwiegende Teil quartärer P. ist aus nichtkovalent verbundenen Untereinheiten aufgebaut. Ein Vergleich der Zahl und Größe der Untereinheiten in den bekannten Mehrkettenproteinen ergibt ein deutliches Überwiegen der aus zwei und aus vier Untereinheiten bestehenden P. Dagegen ist das Vorkommen von P. mit einer ungeraden Zahl oder unterschiedlich großen Untereinheiten oder mit Untereinheiten, die unabhängig voneinander aktiv sind, sowie mit regulatorischen und katalytischen Untereinheiten weitaus seltener anzutreffen. Offensichtlich sind die P. mit Quartärstruktur hinsichtlich der Flexibilität ihrer Gestalt und Aktivität physiologischen Erfordernissen am besten angepasst. Ihre monomeren Formen sind meist inaktiv. Der Nachweis einer Quartärstruktur erfolgt entweder nach vorhergehender Dissoziation des Aggregats in seine Untereinheiten durch Ultrazentrifugation, Polyacrylamid-Diskelektrophorese, Gelfiltration, Ionenaustauschchromatographie, Viskosimetrie u. a. oder am intakten Molekülaggregat durch Elektronenmikroskopie oder durch Röntgenbzw. Neutronenstrukturanalyse. Zur Dissoziation dienen Natriumdodecylsulfat (1 %ig), 8 M Harnstofflösung, 6 M Guanidin-HCl-Lösung, pH-, Temperatur- oder Proteinkonzentrationsveränderungen sowie chemische Modifizierungen (Succinylierung, Maleinierung, Entfernung oder Bindung von Cofaktoren). ↗ *NMR-Spektroskopie,* ↗ *Röntgenstrukturanalyse.*

Eigenschaften. Alle P. haben eine hohe relative Molekülmasse M_r, die unter anderem durch Bestimmung der Diffusions- und Sedimentationsgeschwindigkeit in der Ultrazentrifuge, durch Messung der Licht- und Röntgenkleinwinkelstreuung, durch osmotische und elektrophoretische Messungen sowie durch Bestimmung der Wanderungsgeschwindigkeit in Dextran- oder Polyacrylamidgelen ermittelt werden kann. Die M_r der Einkettenproteine liegen

zwischen 10 kDa und 100 kDa, die der Mehrkettenproteine im Bereich von etwa 50 kDa bis zu mehreren Millionen kDa.

Entsprechend ihrer Molekülgröße und -gestalt (Abmessungen zwischen 2 und 100 nm) gehören die P. zu den Kolloiden. Sie dialysieren nicht, bilden keine echten Lösungen, zeigen den Tyndall-Effekt und weisen eine relativ hohe Viskosität auf. Infolge der großen Anzahl ionisierter Gruppen im Molekül haben die P. hohe Dipolmomente. Besonders charakteristisch ist die *Ampholytnatur* der P. Sie beruht auf der gleichzeitigen Anwesenheit freier saurer und basischer Gruppen im Proteinmolekül. Der Ladungszustand des Gesamtmoleküls hängt vom pH-Wert der Lösung ab. Im stark sauren Medium liegen Polykationen, im stark basischen Polyanionen vor. Durch die resultierende positive bzw. negative Überschussladung nehmen Hydratation und Löslichkeit zu. Dabei ist für die Hydratation allein die Absolutladung entscheidend. Der Ladungssinn ist für das elektrophoretische Verhalten, d. h. für die Wanderungsrichtung im elektrischen Feld, verantwortlich. Am ↗ *isoelektrischen Punkt* haben die P. keine Nettoüberschussladung. In der hier vorliegenden Zwitterionenform erreichen Löslichkeit und Hydratation ein Minimum. Die Ampholytnatur der P. ist von entscheidender Bedeutung für ihre Pufferwirkung in biologischen Systemen. Aufgrund der Hydratation sind die globulären P. in der Lage, hydrophobe Substanzen einzuschließen und vor Ausflockung zu schützen. Diese *Schutzkolloidfunktion* ist für die Stabilisierung von Körperflüssigkeiten wichtig. Durch den Zusatz schwach- oder nichtpolarer Lösungsmittel (z. B. Alkohol oder Aceton) kommt es ebenso wie durch hohe Neutralsalzkonzentrationen zur Entfernung der Hydrathülle und damit zur *Ausflockung (Aussalzung)* der P. Verschiedene P., z. B. die Serumglobuline, benötigen eine geringe Salzkonzentration zur Verhinderung ihrer Ausfällung. Dieser *Einsalzeffekt* beruht auf dem Zurückdrängen der geordneten (Assoziation) oder wahllosen (Aggregation) Zusammenlagerung von Proteinmolekülen durch die sich anlagernden Elektrolytionen. Ein wichtiges Reinheitskriterium ist das Löslichkeitsdiagramm, das für ein homogenes P. bis zum scharf umschriebenen Sättigungspunkt einen linearen Verlauf (Auftragung: zugegebene gegen gelöste Proteinmenge) aufweist.

Werden P. auf Temperaturen über 60 °C erhitzt, so entstehen tiefgreifende strukturelle Veränderungen, die gleichzeitig zum Verlust oder zur Beeinträchtigung der biologischen Aktivität der betreffenden P. führen. Diese *Denaturierung* beruht auf der Zerstörung der Tertiär- und Quartärstruktur der P. Sie kann außer durch Erhitzen auch durch UV- und Röntgenbestrahlung, durch extrem saure oder alkalische Behandlung, durch Einwirkung von Netzmitteln, z. B. von 1 %iger Natriumdodecylsulfatlösung, oder durch Wasserstoffbrücken lösende Reagenzien wie 8M

Harnstoff- und 6 M Guanidinhydrochloridlösung erfolgen. Wird die Denaturierung in Gegenwart von Reduktionsmitteln vorgenommen, so werden außer den nichtkovalenten Bindungen auch die Disulfidbindungen gespalten. Ist die Denaturierung reversibel, so kann der native Zustand des P. wiederhergestellt werden (*Renaturierung*). Bei irreversibler Denaturierung, z. B. bei der Hitzedenaturierung des Ovalbumins (Kochen des Hühnereis), kommt es zur Ausbildung ungeordneter Gerüstkonformationen, die auch als *statistische Knäuel* (engl. *random coil*) bezeichnet werden.

Proteinfaltung, die Faltung eines Zufallsknäuelpolypeptids in seine *native* Struktur, d. h. seine dreidimensionale biologisch funktionelle Struktur oder native *Konformation*. Der Verlust dieser nativen Struktur ist als *Denaturierung*, die Wiederherstellung als *Renaturierung* bekannt.

In der lebenden Zelle faltet sich ein neu synthetisiertes Protein rasch und spontan in seine native dreidimensionale Struktur, Untereinheiten lagern sich zur Quartärstruktur zusammen (*kooperative Selbst-Assemblierung*). Im Gegensatz zur raschen und genauen Faltung von Proteinketten in lebenden Zellen verläuft die Renaturierung vieler entfalteter Proteine *in vitro* unter simulierten physiologischen Bedingungen jedoch relativ langsam und mit niedriger Effizienz. In der lebenden Zelle liegen Mechanismen vor, die die korrekte Faltung unterstützen und beschleunigen, beispielsweise unterstützen und beschleunigen *faltungsakzessorische Proteine* die korrekte Faltung und das korrekte Zusammenlagern zu Quartärstrukturen. Zusätzlich kann die Bildung von Disulfidbrückenbindungen in neu synthetisierten Proteinen die Struktur des posttranslationell modifizierten Proteins vorgeben (↗ *Insulin*).

Die Proteinfaltung scheint *in vivo* in aufeinanderfolgenden Schritten abzulaufen. Zuerst werden kurze Abschnitte an α-Helices und β-Schleifen gebildet. Diese dienen als Kerne (Gerüst) zur Stabilisierung anderer geordneter Regionen des Proteins. An solchen Kernen sind 8–15 Reste beteiligt, wobei die Kerne nicht notwendigerweise ständig vorhanden sind, vielmehr werden sie innerhalb von Millisekunden gebildet und aufgelöst. Jene Kerne, die der nativen Konformation angehören, bleiben bestehen und wachsen kooperativ, möglicherweise durch Bildung einer Domäne, die gewöhnlich nicht mehr als 200 Reste enthält. Bei der Faltung von Multidomänenproteinen tritt eine Zwischenstufe mit ausgedehnter Sekundärstruktur, jedoch ungeordneter Tertiärstruktur auf, wodurch die hydrophoben Aminosäuren teilweise der wässrigen Lösung ausgesetzt sind. Dieses intermediäre Multidomänenprotein (engl. *molten globule*) durchläuft dann geringe Konformationsänderungen und erreicht die kompakte Tertiärstruktur des monomeren Proteins. Bei oligomeren Proteinen lagern sich die Monomere zu einer Vorstufe der Quartärstruktur zusammen. Kleine Konformationsänderungen führen zur nativen Quartärstruktur.

Wenn die native Konformation erreicht ist, werden durch die spezifische Bindung von Liganden (z. B. Enzymsubstrate, Liganden von Trägerproteinen, Liganden von Rezeptoren) weitergehende feine, aber entscheidende Änderungen induziert. Veränderungen dieser Art können berechnet und mit Hilfe von Computersimulationen aufgezeichnet werden.

Faltungsakzessorische Proteine sind z. B. die ↗ *Protein-Disulfid-Isomerase*, die ↗ *Peptidyl-Prolyl-cis/trans-Isomerasen* und die ↗ *molekularen Chaperone*.

Da die native Konformation eines Proteins ausschließlich durch seine Primärsequenz und seine intrazelluläre Umgebung bestimmt wird, ist es theoretisch möglich, diese native dreidimensionale Struktur aus der Aminosäuresequenz vorherzusagen. Eine empirische Methode berücksichtigt, dass Aminosäuren unterschiedliche Neigungen zeigen, in einer α-Helix oder einem β-Faltblatt vorzukommen. Die Neigung (*propensity*, P), in einer α-Helix vorzukommen, ist definiert als $P_\alpha = f_\alpha / \langle f_\alpha \rangle$, wobei f_α die Häufigkeit ist, mit der ein Rest in einer α-Helix in einer Reihe von Proteinen vorkommt ($f_\alpha = n_\alpha / n$, n_α entspricht der Häufigkeit, mit der die Aminosäure in α-Helices angetroffen wird, und n der Häufigkeit, mit der sie insgesamt in allen untersuchten Proteinen vorhanden ist) und $\langle f_\alpha \rangle$ der Durchschnittswert von f_α für alle 20 Aminosäuren. P_β wird auf ähnliche Weise hergeleitet, basierend auf der Häufigkeit des Vorkommens in β-Faltblättern. Jeder Aminosäurerest kann in Bezug auf die α-Helix- oder β-Faltblattbildung klassifiziert werden als: starke Former (H), Former (h), schwache Former (I), indifferente Former (i), Brecher (b) oder starke Brecher (B). Bei Verwendung dieser Neigungswerte können die Positionen von α-Helices und β-Faltblättern mit bis zu 80%iger Zuverlässigkeit vorhergesagt werden, wobei die durchschnittliche Zuverlässigkeit bei 50% liegt. Weitere empirische Betrachtungen können herangezogen werden, um das Vorkommen von Umkehrschleifen vorherzusagen, die z. B. durch Abschnitte geringer Hydrophobie und hoher Hydrophilie auf der Proteinoberfläche begünstigt sind. ↗ *Ramachandran-Diagramm*. [„Protein Stability and Folding: Theory and Practice" *Methods in Molecular Biology* (Hrsg. B.A. Shirley) 40 (1995); E. Freire *Annu. Rev. Biophys. Biomol. Struct.* 24 (1995) 141–165; J.T. Pederson u. J.Moult *Curr. Opin. Struct. Biol.* 6 (1996) 227–231; P. Bamborough u. F.E. Cohen *Curr. Opin. Struct. Biol.* 6 (1996) 236–241]

Nachweis und Bestimmung. P. können qualitativ durch Fällungsreaktionen mit Trichloressig-, Pikrin- oder Perchlorsäure, durch Schwermetall-Ionen (Cu-, Fe-, Zn- und Pb-Salze) oder durch spezifische Farbreaktionen nachgewiesen werden. Bei der *Xanthoproteinreaktion* z. B. entsteht eine Gelbfärbung beim Versetzen mit konz. Salpetersäure, bei der *Biuretreaktion* eine Purpurviolettfärbung durch Zusatz von Kupfersulfat zur stark alkalischen Proteinlösung und bei der *Pauly-Reaktion* eine Rotfärbung durch Behandlung der alkalischen Lösung mit Diazobenzensulfonsäure. Zur quantitativen P.-Bestimmung dient vor allem die *Lowry-Methode.* Hier wird ein mit dem P. gebildeter Kupferphosphomolybdänsäurekomplex (Absorptionsmaximum 750 nm) kolorimetrisch bestimmt und Human- oder Rinderserumalbumin als Eichsubstanz verwendet.

Beim klassischen *Kjeldahl-Verfahren* wird die Analysenprobe durch Kochen in konz. Schwefelsäure aufgeschlossen, wobei sich eine dem Stickstoffgehalt des P. äquivalente Menge Ammoniumsulfat bildet. Das daraus durch Alkalilauge freigesetzte Ammoniak wird acidimetrisch bestimmt. Eine direkte und schnelle Bestimmung von P. ist durch die Messung der UV-Absorption bei 280 nm möglich. Sie beruht auf der Anwesenheit von aromatischen Aminosäureresten (Tyr, Trp) in den meisten P. Der Absorptionskoeffizient $E_{280}^{1\%,\ 1\,cm}$ dient bei gereinigten P. als Umrechnungsfaktor der erhaltenen Absorption einer Lösung unbekannten Proteingehalts in mg P./ml. $E_{280}^{1\%,\ 1\,cm}$ beträgt z. B. für Trypsin 15,4.

Bestimmung von M_r. Hierzu stehen mehrere physikochemische Verfahren zur Verfügung, die sich in kinetische und in Gleichgewichtsmethoden unterteilen lassen. Zu den *kinetischen Methoden,* die auf der Auswertung von Erscheinungen des Partikeltransports beruhen, zählen unter anderem die Verfahren zur Bestimmung der Diffusions- und Sedimentationsgeschwindigkeit in der Ultrazentrifuge, der Viskosität, z. B. im Ubbelohde-Viskosimeter, sowie der elektrophoretischen bzw. gelchromatographischen Wanderungsgeschwindigkeit in Polyacrylamidgelen oder auf Dextrangelen bestimmter Porosität (Molekularsiebe). *Gleichgewichtsmethoden,* bei denen sich die zu untersuchende Proteinlösung im thermodynamischen Gleichgewicht befindet, sind unter anderem die Verfahren zur Bestimmung des osmotischen Drucks in einem Membranosmometer, der Lichtstreuung, bei der man den mit zunehmender Partikelgröße stark ansteigenden Tyndall-Effekt in einem Streulicht-Photometer misst, und die Röntgenkleinwinkelstreuung, die den Streumassenradius der P. mit Hilfe einer Spezialkamera ermittelt. Eine weitere speziell für P. mit Quartärstruktur

oder für Multienzymkomplexe geeignete Methode zur Bestimmung der Molekülform und der Anzahl der Untereinheiten ist die Elektronenmikroskopie der mit Osmiumtetraoxid oder anderen Schwermetallen kontrastierten P. (Negativ-Anfärbe-Technik, Auflösungsvermögen bis 1,5 nm). Sind die Aminosäurezusammensetzung und die Anzahl der tryptischen Peptide oder die Primärstruktur eines Proteins bekannt, kann die absolute M_r auch rechnerisch ermittelt werden.

Zu den häufigsten Verfahren zur M_r-Bestimmung von nativen und dissoziierten P. zählen die verschiedenen Ultrazentrifugenmethoden (↗ *Ultrazentrifugation,* ↗ *Dichtegradientenzentrifugation*), die Gelfiltration, ↗ *Gelchromatographie* und die ↗ *Polyacrylamid-Gelelektrophorese.*

Bestimmung der Primärstruktur: Als erster Schritt ist es sinnvoll, die Aminosäurezusammensetzung zu ermitteln, d. h. eine *Totalhydrolyse* des Proteins mit nachfolgender quantitativer Bestimmung aller Aminosäuren im Hydrolysat durchzuführen. Für die Trennung und die quantitative Bestimmung von Aminosäuren in einem Gemisch stehen verschiedene Methoden zur Verfügung: Papierchromatographie, Hochspannungselektrophorese und Gas-Flüssigkeits-Chromatographie geeigneter Aminosäurederivate. Die säulenchromatographische Trennung aller Aminosäuren eines Proteins wird heute vollautomatisiert durchgeführt. Der Analysator sammelt automatisch den Kolonnenausfluss, fügt Ninhydrin hinzu, erwärmt zwecks Farbentwicklung, nimmt die Farbintensität auf und stellt die Intensität graphisch dar (Abb. 4; ↗ *Aminosäurereagenzien*).

Aus 1 mg P. kann die Menge jeder Aminosäure (entspricht der Fläche unter den Peaks) mit einer Genauigkeit von einigen Prozent bestimmt werden. Die Analysendauer beträgt 20 Stunden. Die Analyse wird durch *on-line*-Berechnung der Ergebnisse und Ausgabe der Aminosäurezusammensetzung weiter erleichtert. Die gebräuchlichste Hydrolysemethode besteht in der Erhitzung des Proteins in 6 M HCl bei 105–110 °C für 20–70 Stunden in einem verschlossenen Röhrchen. Ein Nachteil der Säurehydrolyse ist allerdings, dass einige Aminosäuren verändert werden (Tryptophan, Asparagin, Glutamin und Cystein). Eine alkalische Hydrolyse – 5 M NaOH bzw. Ba(OH)$_2$ bei 110 °C für 20 Stunden – wirkt besonders zerstörerisch und bewirkt Racemisierung, sie ist jedoch besonders zur Bestimmung von Tryptophan allein geeignet. Die meisten der genannten Probleme können bei einer Hydrolyse der P. mit 3 M *p*-Toluolsulfonsäure mit 2 % Thioglycolsäure in einem verschlossenen Röhrchen vermieden werden, wobei aber restliche *p*-Toluolsäure die Trennung der sauren Aminosäuren stören kann.

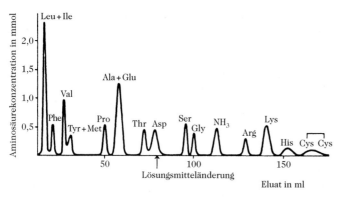

Proteine. Abb. 4. Säulenchromatographische Auftrennung eines Säurehydrolysats des Serumalbumins im automatischen Aminosäureanalysator (nach Moore und Stein).

Einige P. können für analytische Zwecke auch mit Hilfe eines Gemischs von proteolytischen Enzymen hydrolysiert werden, wie z. B. Papain oder Subtilisin (beide ziemlich unspezifisch) in Verbindung mit Leucin-Aminopeptidase und Prolin-Iminopeptidase. Solche Hydrolysen sind jedoch oft unvollständig.

Die nächste Stufe bei der Bestimmung der Primärstruktur besteht in der reduktiven (2-Thioethanol) oder oxidativen (Perameisensäure) Spaltung der Disulfidbrücken mit nachfolgender enzymatischer (z. B. durch Trypsin) und/oder chemischer (z. B. durch Bromcyan) Spaltung der Peptidkette. Die Trennung der Spaltpeptide durch Ionenaustauschchromatographie in flüchtigen Puffern oder durch die *Fingerprinttechnik*, d. h. eine Kombination von Elektrophorese (1. Richtung) mit Chromatographie (2. Richtung) auf Dünnschichtplatten oder Papier. Schließlich werden die Aminosäurezusammensetzung sowie die *N*- und *C*-terminalen Endgruppen der Spaltpeptide bestimmt. Das wichtigste chemische Abbauverfahren ist der inzwischen vollautomatisierte ↗ *Edman-Abbau*.

Mittels vergleichender Untersuchungen der Primärstrukturen ↗ *homologer Proteine* aus verschiedenen Arten (z. B. Hämoglobin aus Vertebraten) oder analoger P. (z. B. Subtilisin aus *Bacillus subtilis* und Säugetiertrypsin) konnten Fragen der divergenten und konvergenten Evolution auf biochemischer Grundlage erfolgreich bearbeitet werden (↗ *molekulare Evolution*). Für eine Erklärung der Proteinfunktionen und -eigenschaften, insbesondere der Wirkungsmechanismen der Enzyme, reicht die Primärstruktur allein nicht aus und es werden Kenntnisse der Sekundär- und Tertiärstruktur benötigt.

Bestimmung der Molekülgestalt. Die Molekülgestalt eines Proteins kann entweder aus Messungen der Viskosität, der Strömungsdoppelbrechung sowie der Sedimentations- und Diffusionsgeschwindigkeit oder direkt im Elektronenmikroskop ermittelt werden. Bei bekannter M_r erhält man den molaren Reibungskoeffizienten f meist aus Ultrazentrifugenmessungen, z. B. aus dem Sedimentationsverhalten:

$f = M_r(1 - v\rho)/S$. Hierbei ist v das partielle spezifische Volumen, ρ die Dichte und S die Sedimentationskonstante. Aus dem Reibungsquotienten f/f_0, wobei f_0 der f eines kugelförmigen Moleküls ist, lässt sich schließlich das Achsenverhältnis a/b eines Proteins ableiten. Letzteres liegt bei den meisten globulären P. zwischen den Werten 2 und 20, bei den fibrillären P. über 20, z. B. für Fibrinogen = 30.

Isolierung und Reindarstellung. Während die Isolierung der in hohen Konzentrationen vorkommenden globulären P., z. B. von Hämoglobin aus Erythrocyten, von Casein aus Milch und von Ovalbumin aus dem Eiklar, sowie die Isolierung der unlöslichen fibrillären Strukturproteine keine besonderen Schwierigkeiten bereitet, erfordert die Gewinnung der nur in geringen Mengen auftretenden P. meist eine aufwendige Abtrennung von Begleitstoffen wie Kohlenhydraten, Lipiden, Nucleinsäuren und anderen Biomolekülen. Im ersten Schritt wird das biologische Material aufgeschlossen. Nach mechanischem Zerkleinern durch Homogenisatoren, Ultraschall, Schütteln mit Glasperlen, Zermörsern des in Aluminiumoxidkörnern eingefrorenen Gewebes, durch Detergensbehandlung u. a. erhält man ein Zellhomogenisat, aus dem die P. mit Salzlösungen, Glycerin, verd. Säuren oder anderen Extraktionsmitteln herausgelöst werden. Im zweiten Schritt erfolgt eine Vortrennung der P. durch fraktionierte Ammoniumsulfatfällung oder durch Lösungsmittelfraktionierung nach Cohn, anschließend eine weitere Reinigung durch Gelfiltration, Ionenaustausch- oder Adsorptionschromatographie, gegebenenfalls auch durch präparative Elektrophorese, durch ↗ *isoelektrische Fokussierung*, durch ↗ *Affinitätschromatographie* oder durch ↗ *Ionenfiltrationschromatographie*, d. h. eine Kombination von Ionenaustausch- und Gelchromatographie.

Als *Reinheitskriterium* für P. dient ihre Homogenität (Einheitlichkeit). Ein „reines" Proteinpräparat (das nur ein P. enthält) kann anorganische Salze, andere kleine organische Moleküle (z. B. Substrate, Coenzyme) und Wasser enthalten. Sogar ein kristallisiertes P. enthält viel Wasser und möglicherweise weitere kleine Moleküle und Ionen. Insbesondere bei der Untersuchung der Quartärstruktur stellt sich die Frage nach der Proteinhomogenität, da bestimmt werden muss, ob die Untereinheiten identisch sind oder nicht. Die Homogenität kann bestimmt werden durch analytische ↗ *Diskelektrophorese* (*eine* Proteinbande) und analytische Ultrazentrifugation (eine einzige symmetrische Bande), Löslichkeitsdiagramm und pI. Bei den Enzymen kommen die Aktivitätskriterien (pH- und Temperatur-Optimum, Substratspezifität, kinetisches Verhalten) als weitere Faktoren für die Homogenität hinzu.

Protein-Energie-Mangelernährung, *PEM*, *Protein-Kalorie-Mangelsyndrom*, *PCM* (engl. *protein-calorie malnutrition*), ein Spektrum an Ernährungsmangelzuständen, die charakteristischerweise bei Kindern unter fünf Jahren vorkommen, wenngleich kein Alter dagegen gefeit ist. ↗ *Marasmus* und ↗ *Kwashiorkor* werden als die beiden Extreme dieses Spektrums betrachtet. Das charakteristische klinische Erscheinungsbild von Kwashiorkor wird der Aflatoxinvergiftung zugeschrieben. Es wurden drei Zwischenformen von PEM definiert: marasmusartiger Kwashiorkor, nahrungsbedingter Zwergwuchs und „untergewichtige Kinder". PEM wird oft durch Vitamin- und Mineralienmangel sowie durch Infektionen erschwert.

Eine verringerte Proteinaufnahme führt zu erhöhten Spiegeln an aminosäureaktivierenden Enzymen und verminderter Harnstoffsynthese, der normale Aminosäure- und Proteinstoffwechsel wird jedoch rasch wiederhergestellt, wenn adäquates Nahrungsprotein zur Verfügung steht (außer bei Kwashiorkor, wo eine Aflatoxinvergiftung einen Leberschaden hervorruft). Unmittelbar nach Erhalt einer ausgewogenen Nahrung erfolgt eine rasche Erholung. Während der Erholung kann der Energiebedarf ungefähr 40 % höher als normal liegen, bis das für das entsprechende Alter korrekte Körpergewicht erreicht ist.

Proteinglycosylierung, die im Lumen des ER ablaufende Synthese von ↗ *Glycoproteinen* durch Übertragung eines aus 14 Zuckerresten bestehenden Oligosaccharidkomplexes auf die NH_2-Gruppe der Seitenkette von Asparaginresten (-Asn-Xaa-Ser- bzw. -Asn-Xaa-Thr-) entsprechender Proteine. Die Synthese wird durch die membrangebundene Oligosaccharyl-Transferase katalysiert.

Protein-Kalorie-Mangelsyndrom, Syn. für ↗ *Protein-Energie-Mangelernährung*.

Protein-Kinase A, *A-Kinase*, *cAMP-abhängige Protein-Kinase*; ↗ *Protein-Kinase*, die von cAMP allosterisch aktiviert wird und u. a. die inaktive Phosphorylase-Kinase phosphoryliert (↗ *Glycogenstoffwechsel*). Die A-Kinase enthält in ihrer in-aktiven Form zwei katalytische und zwei regulatorische Untereinheiten (R_2C_2), wobei durch Bindung von cAMP an die regulatorischen Untereinheiten die katalytisch aktiven Untereinheiten freigesetzt werden. Die P. A erkennt unterschiedliche Consensussequenzen.

Protein-Kinase C, *PKC*, eine multifunktionelle Protein-Kinase, die spezielle Serin- und Threoninreste in vielen Zielproteinen phosphoryliert. Das Enzym benötigt Ca^{2+} und Phosphatidylserin. Durch den sekundären Botenstoff Diacylglycerin (DAG) wird die Affinität der PKC für Ca^{2+} erhöht, wodurch sie bei physiologischen Ca^{2+}-Konzentrationen aktiv ist (↗ *Phosphoinositolkaskade*). Klonierung und Analyse der cDNA aus verschiedenen Säugerspecies und *Drosophila* ergaben Enzymproteine (M_r 80 kDa), deren Aufbau durch eine N-terminale regulatorische Domäne und eine C-terminale katalytische Domäne gekennzeichnet ist. Die regulatorische Domäne besitzt eine Pseudosubstratsequenz mit einer Häufung positiv geladener Reste (-RFARKGALRQKNVHEVKN-), die in Abwesenheit von DAG die Substratbindungsstelle blockiert. Ein von der PKC akzeptiertes Substrat besitzt anstelle des fett gedruckten A einen Serin- oder Threoninrest. Durch die Bindung von DAG wird die intramolekulare Blockade der Substratbindungsstelle aufgehoben, das Substratprotein im aktiven Zentrum gebunden und am Ser oder Thr phosphoryliert. Die PKC spielt eine Rolle bei der Kontrolle der Zellteilung und -proliferation. Aufgrund ihrer strukturellen Ähnlichkeit mit dem DAG aktivieren die als Tumorpromotoren identifizierten ↗ *Phorbolester* die PKC, wobei wegen des langsamen Abbaus die Aktivierung andauernd ist.

Protein-Kinasen, an den molekularen Mechanismen der Signalübertragung beteiligte Enzyme, die die Phosphorylierung von Proteinen an spezifischen Serin-, Threonin- und Tyrosin-Resten katalysieren. Die verschiedenen Mitglieder dieser Enzymfamilie enthalten in der Regel eine ähnliche, etwa 250 Aminosäurebausteine umfassende katalytische Domäne. Auf beiden Seiten dieser sog. Kinase-Domäne finden sich oft kurze Sequenzabschnitte, die in Schleifen dieser Sequenz eingeschoben sind und entweder der Erkennung der zu phosphorylierenden Zielproteine dienen, oder die Aktivität jeder P. streng kontrollieren. Im phylogenetischen Stammbaum der P. findet man als Untergruppen Rezeptor-Serin-Kinasen, Tyrosin-Kinasen, ↗ *MAP-Kinasen*, Cyclin-abhängige Kinasen, Kinasen der leichten Myosinkette, die cAMP-abhängige Kinase (↗ *Protein-Kinase A*), die cGMP-abhängige Kinase, die ↗ *Proteinkinase C* und die Ca^{2+}/Calmodulin-abhängige Kinase.

Die bei vielen Eukaryonten und insbesondere sehr reichlich in manchen Säugergeweben vorkommende *cGMP-abhängige P.* (P. G bzw. G-Kinase) enthält in einer einzigen Polypeptidkette (M_r 80 kDa) eine katalytische und eine regulatorische Domäne. Wie die P. A erkennt die G-Kinase unterschiedliche Consensus-Sequenzen und kann daher verschiedene Proteine regulieren. Ein Vertreter der Tyrosin-Kinasen, die einen Phosphatrest von ATP auf die Hydroxylgruppe von Tyr-Resten übertragen, ist z. B. der ↗ *Insulinrezeptor.* Die mitogenaktivierten P. (↗ *MAP-Kinase*) phosphorylieren Ser/Thr-, aber auch Tyr-Reste. Eine weitere P. ist die *Ca²⁺/ calmodulinabhängige P.*, deren regulierende Untereinheit ↗ *Calmodulin* ist. Bei einem durch einen Reiz ausgelösten Anstieg der Ca^{2+}-Konzentration in den Zellen phosphoryliert diese P. weitere Enzyme, die dadurch reguliert werden. Durch den sekundären Botenstoff Diacylglycerin wird die ↗ *Protein-Kinase C* aktiviert. Die *Cyclin-abhängige Protein-Kinase* (Cdk) gehört zu den wichtigen Komponenten bei der Kontrolle des Zellteilungszyklus in Eukaryontenzellen. Cdk ist nur dann aktiv, wenn es an ↗ *Cyclin* gebunden ist. Nach der Entdeckung der ersten P. im Jahre 1959 durch die Nobelpreisträger Edwin G. Krebs und Edmond H. Fischer ist die Zahl der bekannten P. dramatisch angestiegen, so dass gegenwärtig mehrere hundert verschiedener P. bekannt sind, die durch Signalübertragungsvorgänge gesteuert werden. [S.K. Hanks et al., *Science* **241** (1988) 42–52; S.S. Taylor et al., *Annu. Rev. Cell. Biol.* **8** (1992) 429–462]

Proteinoide, *Heteropolypeptide*, künstlich hergestellte Polypeptide (M_r mehrere kDa), die sich nach 16stündigem Erhitzen eines Gemisches von mehreren Aminosäuren bei 170 °C in 20–40 %iger Ausbeute bilden (thermale Kondensation). P. ähneln in vielen Eigenschaften, wie z. B. Aminosäurezusammensetzung, Löslichkeit, spektralen Eigenschaften, Denaturierbarkeit, Abbau durch Proteasen, katalytische Aktivität (z. B. Esterase-, ATPase-, Decarboxylasewirkung), Hormonwirkung (MSH-aktiv), den natürlichen globulären Proteinen. P. können als Modelle für die ersten Informationsmoleküle angesehen werden. Sie organisieren sich bei Berührung mit Wasser zu Mikrosystemen mit erkennbarer Ultrastruktur (engl. *microspheres*), die eine Reihe von Eigenschaften lebender Zellen haben: Sie haben eine Doppelschichtmembran als „Zell"-Begrenzung mit einer gewissen Semipermeabilität und können sich auf verschiedene Weise, z. B. durch Knospung, ohne Nucleinsäuregegenwart vermehren.

Protein-Phosphatasen, eine Familie von Phosphatasen, die durch hydrolytische Abspaltung der Phosphatreste von phosphorylierten Ser-, Thr- und Tyr-Resten die Regulationseffekte der ↗ *Protein-Kinasen* im Stoffwechsel umkehrt. Die historisch als P. 1 (PP1), 2A (PP2A), 2B (PP2B) und 2C (PP2C)

bezeichneten Enzyme katalysieren die Hydrolyse von phosphorylierten Ser- und Thr-Resten in Proteinen. PP1 vermindert beispielsweise die Geschwindigkeit des Glycogenabbaus, indem sie die Phosphorylase-Kinase und die Phosphorylase a dephosphoryliert. Insulin initiiert dabei eine Kaskade, die zur Aktivierung der PP1 führt. [P. Cohen, *Annu. Rev. Biochem.* **58** (1989) 453–508]

Proteinsequenzierung, ↗ *Edman-Abbau.*

Protein-Tyrosin-Kinase, *PTK* (↗ *Rezeptor-Tyrosin-Kinasen*), ein Enzym, das die ATP-abhängige Phosphorylierung von Tyrosylresten in Proteinen katalysiert. PTK-Aktivität ist für bestimmte Membranproteine charakteristisch. Ungefähr ein Drittel der bekannten ↗ *Onkogene* und ihre entsprechenden Proto-Onkogene codieren für PTK. Der Phosphotyrosingehalt von Zellproteinen kann als Reaktion auf die Transformation durch virale PTK-haltige Onkogene (mit Ausnahme von v-*erb*, v-*fms* und v-*ros*) auf das 10fache ansteigen. Zu den Substraten, die phosphoryliert werden, zählen: die glycolytischen Enzyme, Enolase, Phosphoglycerat-Mutase, Lactat-Dehydrogenase, drei Cytoskelettproteine (Vinculin der Adhäsionsplaques; p36, das Teil des Ca^{2+}-empfindlichen Komplexes im submembranen Corticalcytoskelett und möglicherweise in Ribonucleoproteinpartikeln ist; p81, das ähnlich wie p36 submembran vorliegt, jedoch im Mikrovilluskern vorhanden ist), ein mit pp60ᵛ⁻ˢʳᶜ assoziiertes 50 kDa-M_r-Protein sowie einige Membranglycoproteine. PTK werden autophosphoryliert, indem sie als Substrate für ihre eigene PTK-Aktivität dienen; in einigen Fällen scheint die Autophosphorylierung notwendig zu sein, um die PTK-Aktivität gegenüber anderen Substraten aufrechtzuerhalten. Im Fall der Membranrezeptor-PTK (↗ *Insulinrezeptor*) unterstützt die Bindung des spezifischen Liganden auf der äußeren Zelloberfläche das Auftreten der PTK-Aktivität in der cytoplasmatischen Domäne. [T. Hunter u. J.A. Cooper *Ann. Rev. Biochem.* **54** (1985) 897–930; J.A. Cooper *BioEssays* **4** (1986) 9–15]

Protein-Tyrosin-Phosphatasen, Syn. für ↗ *Tyrosin-Phosphatasen.*

Proteoglycane, hochmolekulare Zucker-Protein-Verbindungen, die in tierischem Strukturgewebe, wie Knorpel- und Knochengrundsubstanz, vorkommen. P. verleihen der Grundsubstanz und der Gelenkflüssigkeit ihren viskosen und elastischen Charakter und ihre Widerstandsfähigkeit gegen eingedrungene Krankheitserreger. In den P. sind 40–80 saure Mucopolysaccharidketten (*Glucosaminoglycane*) O-glycosidisch über Serin- oder Threoninreste an ein Proteingerüst gebunden. Im Gegensatz zu den ↗ *Glycoproteinen* hat die prosthetische Gruppe der P. ein hohes M_r von 20–30 kDa, da sie aus zahlreichen (100–1.000) unverzweigten, sich regelmäßig wiederholenden Disaccharideinheiten besteht. Die Disaccharide sind aus Uronsäure oder Galactose und freiem oder mit Schwefelsäure verestertem N-Acetylhexosamin zusammengesetzt. Bei den ↗ *Chondroitinsulfaten* enthält der Molekülteil, der das Polysaccharid und das Protein verknüpft, Xylose O-glycosidisch an Serin gebunden; daran schließen sich zwei Galactosereste an, sowie eine Glucuronsäure, an welche das erste Disaccharid gebunden ist. Im Keratansulfat der Hornhaut ist die Polysaccharidkette an das Protein über einen Glucosaminrest gebunden, der durch eine Glycosylaminbindung mit einer Asparaginseitenkette verknüpft ist. Im ↗ *Keratansulfat* des Knorpelgewebes bestehen die meisten Kohlenhydrat-Protein-Verknüpfungen aus O-glycosidischen Bindungen zwischen N-Acetylglucosamin und der Hydroxylgruppe von Serin oder Threonin.

P. bilden mit Chondroitinsulfat als prosthetischer Gruppe neben Kollagen den Hauptbestandteil der Knorpelgewebe. In der Haut der Säuger findet sich das Proteodermatansulfat und in der Darmschleimhaut proteingebundenes Heparin. Die bei den P. beobachtete Heterogenität ist auf Unterschiede in der Polypeptidkettenlänge sowie auf die Anzahl und Verteilung der angelagerten Polysaccharidketten zurückzuführen. Letztere weisen auch eine Mikroheterogenität hinsichtlich kleinerer Modifikationen in der Kettenlänge und Verteilung der Sulfatreste auf.

P. lassen sich schonend mit 4 M Guanidin-HCl-Lösung aus Knorpelgewebe als Grundstruktureinheit (Proteoglycanuntereinheit; $S_W = 16$ S, ↗ *Sedimentationskoeffizient*; M_r 1,6 × 10^6 Da) extrahieren. Im Gewebe liegen P. als Riesenmolekülaggregate ($S_W = 70$ S und 600 S) vor, die sich durch nichtkovalente Assoziate der Proteoglycanuntereinheiten mit einem Glycoprotein bilden.

Proteohormone, ↗ *Peptidhormone*.

Proteolyse, ein durch ↗ *Proteasen* katalysierter hydrolytischer Abbau von Proteinen und Peptiden bis zu den Aminosäuren. Generell wird zwischen extrazellulärer (z. B. bei der Verdauung von Nahrungsproteinen) und intrazellulärer P. (durch lysosomale Cathepsine) unterschieden. Die an Letzterer beteiligten Endopeptidasen sind vorwiegend in den Lysosomen lokalisiert und werden summarisch als *Cathepsine* bezeichnet. Die aus den proteasereichsten Organen, wie Leber, Milz und Niere, isolierten Cathepsine lassen sich in Cathepsin A, B, C, D, E und weiterhin noch L unterteilen. Während die Cathepsine A bis E ihr Wirkungsoptimum im schwach sauren Bereich (pH 2,5–6) haben und mit Ausnahme von Cathepsin D und E auch synthetische niedermolekulare Substrate hydrolysieren, werden von den restlichen im Neutralbereich wirkenden Cathepsinen nur Proteine angegriffen. Das M_r der Cathepsine liegt zwischen 25 kDa (für Ca-

thepsin B_1) und 100 kDa (für Cathepsin E). Thiolenzymcharakter haben die Cathepsine B_1, B_2, C und einige neutrale Cathepsine. In intakten Zellen wird die Proteolyse reguliert und läuft in den Lysosomen ab (*Autophagie*). In geschädigten Zellen werden die gleichen Cathepsine von den zerstörten Lysosomen freigesetzt und sind für die *Autolyse* verantwortlich, d. h. den unregulierten Gesamtabbau der Zelle.

Die *limitierte P.* ist ein Sonderfall der P., da hier nur eine begrenzte Zahl von Peptidbindungen entsprechend der Substratspezifität der fungierenden Proteasen gespalten wird. Eine *nichtenzymatische P.* von Proteinen ist unter stark sauren oder alkalischen Bedingungen möglich, wobei aber einige Aminosäuren partiell geschädigt bzw. zerstört werden können.

Proteom, das komplette Proteinäquivalent eines Genoms (Marc Wilkins, 1995). Im Gegensatz zum physikalisch relativ eindeutig definierten Genom, das durch die Zahl und Sequenz der Nucleotidbausteine determiniert ist, und isoliert und experimentell charakterisiert werden kann, umfasst das P. die Komplexität und Dynamik eines lebenden Systems. Beim P. handelt es sich um die Quantifizierung des kompletten Proteinexpressionsmusters einer Zelle, eines Organismus oder einer Körperflüssigkeit. Während aus der Sequenz des Genoms der Bauplan eines Organismus resultiert, wird durch das P. eine lebende Zelle molekular dargestellt. So bestimmt das P. den jeweiligen ↗ *Phänotyp* eines Organismus – Engerling und Maikäfer z. B. sind trotz desselben Genoms (↗ *Genotyp*) völlig unterschiedliche Organismen. Bestimmt wird der Phänotyp durch das variierbare Muster der Genexpression. Durch die ↗ *Proteomanalyse* kann das gesamte Proteinmuster einer Zelle visualisiert und quantitativ interpretiert werden.

Proteomanalyse, *Proteomics*, eine neue Technologie zur quantitativen Analyse der zu einem bestimmten Zeitpunkt und unter determinierten Bedingungen in einer Zelle, in einem Organismus oder in einer komplexen Körperflüssigkeit vorhandenen Proteine. Durch die P. wird versucht, einen Einblick in das feinregulierte Netzwerk der Proteinexpression, aber auch der posttranslationellen Proteinmodifizierung und des Proteinabbaus zu erhalten. Die letzten zwei Dezennien haben zwar große Fortschritte bei der Entschlüsselung der Genome von Organismen erbracht und auch die mRNA-Analyse entscheidend weiter entwickelt. Jedoch kann auch die gesamte Geninformation nur einen limitierten Einblick in den komplexen Charakter und die Dynamik lebender Systeme geben. Auch die mRNA-Menge lässt praktisch keine Korrelation zur aktuell vorhandenen Konzentration eines jeden Proteins im betrachteten System zu. Die P. erfordert eine eindeutige Definition der Ausgangsbedingungen und der Fragestellung. Wenn man zwei dynamische Zustände mit Hilfe der P. vergleichen will, muss man die Natur der experimentell verursachten Störung kennen und man sollte darüber hinaus den durch diese Störung verursachten Unterschied möglichst klein halten. Große Aufmerksamkeit muss der Probenvorbereitung gewidmet werden. Sie sollte nur aus wenigen Schritten bestehen. Für die Trennung der Proteine mittels der ↗ *zweidimensionalen Gelelektrophorese*, die gegenwärtig als einzige Trenntechnik eine hohe Auflösung (bis zu etwa 10.000 Komponenten) in einem Gel bietet, müssen alle Proteine in Lösung gebracht werden. Nach der Trennung müssen die Proteine angefärbt werden, wofür Coomassie Blue (Detektionsgrenze ca. 100 ng) und die noch sensitivere Silberfärbung (Nachweisgrenze ca. 10 ng) recht gut geeignet sind, wenngleich radioaktiv markierte Proteine und immunologische Färbungen noch empfindlicher sind. Danach folgt die Quantifizierung und Bildverarbeitung der angefärbten Proteine durch Laserdensitometer oder Scanner unter Einbeziehung kommerziell zugänglicher Software. Zur Identifizierung und Charakterisierung eines Proteins in einem zweidimensionalen Gel transferiert man entweder das betreffende Protein aus der Gelmatrix durch Elektroblotting auf eine inerte Membran, wo die proteinchemische Analytik erfolgt, oder man spaltet das Protein enzymatisch in kleinere Bruchstücke, die nach der Elution einer Aminosäureanalyse unterworfen werden. Unter der Voraussetzung, dass das Genom des bearbeiteten Organismus bekannt ist, lässt sich das Peptidgemisch sehr schnell durch ↗ *MALDI*-MS oder eine ESI-(Nanospray-)MS analysieren. Bei Unkenntnis des Genoms oder nicht bekannter posttranslationeller Modifizierung müssen die Methoden der klassischen Proteinanalytik angewandt werden. Da bei der P. eine ungemein große Datenmenge anfällt, ist eine Beherrschung nur mit modernen Methoden der Bioinformatik möglich. Die P. bietet einen neuen Zugang zur Funktionsanalyse, wodurch in der nahen Zukunft in der Grundlagenforschung die Aufklärung von Reaktions- und Regulationsnetzwerken erleichtert werden könnte und in der angewandten Forschung die Suche und Auswahl von Zielen für die Entwicklung neuer Medikamente positiv beeinflusst werden kann. [M.R. Wilkens et al. (Hrsg.) *Proteome Research: New Frontiers in functional Genomics*, Springer-Verlag, Heidelberg, 1997; I. Humphery-Smith et al., *Electrophoresis* **18** (1997) 1.216–1.242]

Proteomics, Syn. für ↗ *Proteomanalyse*

Prothrombin, *Thrombogen, Faktor II*, das Zymogen der Serinprotease Thrombin. Das in einer Konzentration von 60 mg/l im Blutplasma vorkommende P. ist ein Glycoprotein (M_r 72 kDa), das γ-Carboxyglutaminsäure (Gla) sowie *N*-Acetylglucosamin enthält. An der komplexen Umwandlung von P. in ↗ *Thrombin* sind Ca^{2+}-Ionen, spezielle Lipoproteine der Thrombocyten-Zellmembran (Faktor III, Thromboplastin u. a.), sowie die Faktoren Xa und Va (Accelerin) beteiligt (Abb.; ↗ *Blutgerinnung*).

Prothromboplastin, ↗ *Blutgerinnung*.

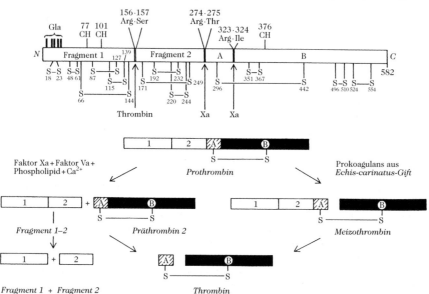

Prothrombin. Struktur von Prothrombin und dessen Überführung in Thrombin. Der linke Pfad läuft während der normalen Blutgerinnung als Reaktion auf eine Verletzung ab, während der rechte Pfad durch das Prokoagulans von Schlangengift gefördert wird. Die Fragmente 1 und 2, die durch die Wirkung von Thrombin aus 1–2 gebildet werden, haben keine bekannte physiologische Funktion. Gla = 4-Carboxyglutamatrest.

Protoalkaloide, ↗ *biogene Amine.*

Protocyanin, ↗ *Cyanidin.*

Protohäm, *Häm, Ferrohäm, Ferroprotoporphyrin, Protohäm IX, [7,12-Diethenyl-3,8,13,17-tetramethyl-21H,23H-porphyrin-2,18-dipropionat-2-)-N21,N22,N23,N24]-Eisen, 1,3,5,8-Tetramethyl-2,4-divinylporphin-6,7-dipropionsäure-Eisenkomplex*, $C_{32}H_{32}FeN_4O_4$ (M_r 616,48 Da). P. kristallisiert als feine braune Nadeln mit einem violetten Schimmer (ε_{572} = 5,5 × 10^3; Absorptionsmaximum in Phosphatpuffer pH 7,0 bei 575 nm und ~550 nm).

P. stellt die prosthetische Gruppe einer Reihe von Hämproteinen dar, z. B. Hämoglobine, Erythrocrorine, Myoglobine, einige Peroxidasen, Katalase und Cytochrome *b*. Die vier koordinativen Bindungen des Eisens liegen in der Ebene der nahezu planaren Prophyrinringstruktur, während die beiden nicht besetzten Bindungsstellen des Eisens senkrecht dazu stehen (Abb.).

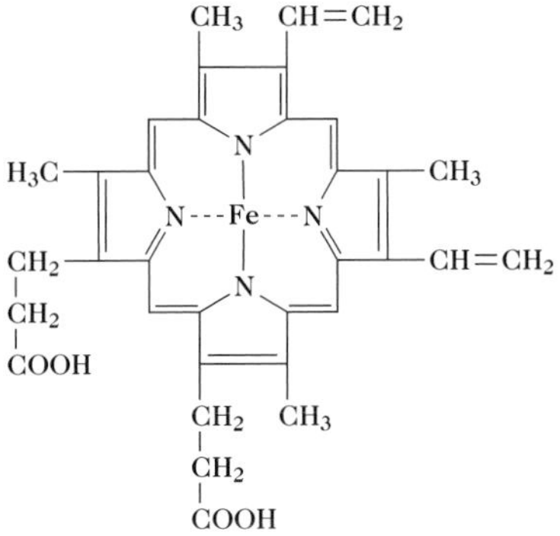

Protohäm

Protomer, ↗ *Untereinheit.*

Protonengradient, ↗ *protonenmotorische Kraft.*

protonenmotorische Kraft, *PMF* (engl. *proton motiv force*), *Protonengradient*, $\Delta\mu_{H+}$, Δp, das Proton (H^+), das der elektromotorischen Kraft (EMF, engl. *electromotive force*) äquivalent ist. Die Bezeichnung wurde von Mitchell in seiner ↗ *chemiosmotischen Hypothese* verwendet, um die „Kraft" des elektrochemischen Protonengradienten zu beschreiben, die über eine bestimmte energieübertragende Membran erzeugt wird, wenn Elektronen exergonisch durch die Elektronentransportkette von Mitochondrien (innere Membran), Chloroplasten (Thylakoidmembran) und Bakterien (Plasmamembran) fließen, und die dazu eingesetzt wird, die endergonische ATP-Synthase-(F_0F_1-Komplex-)katalysierte ATP-Bildung durch die Reaktion ADP + P_i → ATP + H_2O anzutreiben. PMF wird technisch definiert als „die elektrochemische Potenzialdifferenz von Protonen zwischen zwei massiven Phasen, die durch eine Membran (in diesem Fall die energieübertragende Membran) getrennt sind", hat die Dimension Volt und kann durch folgende Gleichung beschrieben werden:

PMF = $[(2{,}303\,RT\,/\,F)\cdot\Delta pH] + \Delta\Psi$ (1)

dabei ist R = Gaskonstante = 8,314 $JK^{-1}\cdot mol^{-1}$; T = absolute Temperatur = 273,15 + °C; F = Faradaykonstante = 96.487 $C\cdot mol^{-1}$; ΔpH = pH_{innen} – $pH_{außen}$ (innen = innerhalb, außen = außerhalb des betreffenden Zellkompartiments); $\Delta\Psi$ = elektrische Potenzialdifferenz (V) zwischen den beiden massiven Phasen, die durch die betreffende Membran getrennt werden, wobei die Außenseite positiver ist als die Innenseite (d. h. $\Delta\Psi$ = $\Psi_{außen}$ – Ψ_{innen}).

Protonen-NMR, ↗ *NMR-Spektroskopie.*

Protonenpumpen-Mechanismus, ↗ *chemiosmotische Hypothese.*

Protonenrelais, *charge-relay-System*, ein Netzwerk von Wasserstoffbrücken im katalytischen Zentrum des Chymotrypsins und anderer Serin-Proteasen, das dem Ser^{195}-Hydroxyl seine hohe Nucleophilie verleiht. Das System umfasst außer Ser^{195} den im hydrophoben Molekülinneren liegenden Asp^{102}-Rest und den dazwischen liegenden Imidazolrest des His^{57}.

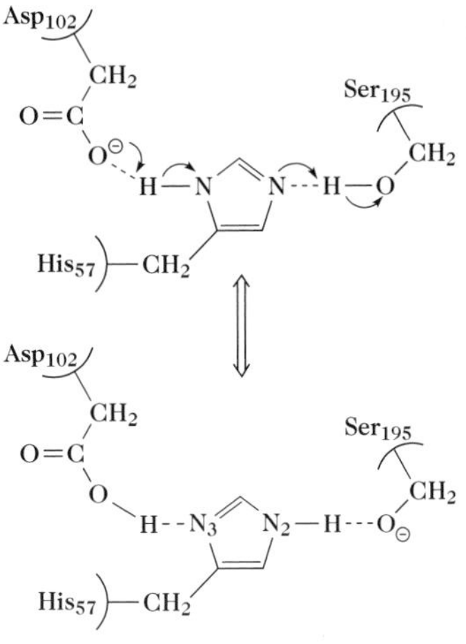

Protonenrelais. Das Protonenrelais ist eine Struktureinheit im katalytischen Zentrum von Serin-Proteasen.

Es ermöglicht einen Elektronenfluss von der negativ geladenen Carboxylgruppe des Asp^{102} über den polarisierbaren Imidazolring des His^{57} zum Ser^{195}-Sauerstoff auf der Oberfläche des Moleküls. Daraus resultiert die Nucleophilie des Ser^{195}-Rests, die jedoch nur im alkalischen Medium vorliegt (Abb.). In schwach saurem Medium besteht zwischen Asp^{102} und His^{57} anstelle der Wasserstoffbrücke eine Ionenbindung. Das P. besteht demnach aus einer Reihe von Wasserstoffbrückenbindungen zwischen drei Aminosäuren, die in Serinproteasen bei pH 8 katalytisch aktiv sind.

Proto-Onkogene, zelluläre Vorstufen von viralen ↗ *Onkogenen.*

Protopektin, eine Grundsubstanz der Zellwand der Pflanzenzelle. P. sind unlösliche ↗ *Pektine* und vermutlich keine reinen Homoglycane. Sie liegen in der Zellwand in Form von Calciumsalzen und Calcium-Magnesium-Salzen vor. Im P. sind die Polygalacturonsäureketten durch Salzbildung, Phosphatbindungen und Veresterung mit Arabinose untereinander verbunden.

Prototrophie, ein Wachstumsverhalten, das dadurch gekennzeichnet ist, dass der Organismus nur die üblichen Nährlösungskomponenten (↗ *Nährmedium*) benötigt und ohne besondere Wachstumsfaktoren wächst. P. ist eine Eigenschaft prototropher Organismen. Gegensatz: ↗ *Auxotrophie*.

Pro-Vitamin D$_2$, ↗ *Ergosterin*.

Pro-Vitamin D$_3$, ↗ *7-Dehydrocholesterin*.

Pro-Vitamine, die unwirksamen Vorstufen von ↗ *Vitaminen*, die meist pflanzlichen Ursprungs sind und im Organismus in vitaminaktive Substanzen umgewandelt werden können.

Prozessierung, 1) Modifikation von Proteinmolekülen nach der Translation (↗ *Posttranslationsmodifizierung*) bzw. **2)** Modifizierung von RNA nach der Transcription, z. B. beim Entfernen von ↗ *Introns* aus der ↗ *messenger-RNA*.

Prozesssteuerung, ein Begriff aus der industriellen Biochemie, insbesondere in Bezug auf die Produktionssteuerung mikrobieller Fermentationsprodukte, z. B. bei der Steuerung der Nährmittel-, Luftversorgung, usw. und der Wahl des Verfahrens (↗ *Fermentationstechnik*).

PRPP, Abk. für ↗ 5-*Phosphoribosyl-1-pyrophosphat*.

PrsA, ↗ *Parvuline*.

Prunetin, *5,4'-Dihydroxy-7-methoxyisoflavon.* ↗ *Isoflavon*.

Prunetrin, *Prunetin-7-glucosid.* ↗ *Isoflavon*.

Prunin, *Naringenin-7-glucosid.* ↗ *Flavanon*.

Pseudoalkaloide, nach einem gelegentlich verwendeten Einteilungsprinzip eine Gruppe von ↗ *Alkaloiden*, die durch enge Strukturverwandtschaft zu anderen Klassen von sekundären Naturstoffen, etwa den Terpenen (z. B. ↗ *Actinidin*), gekennzeichnet sind und deren Gehalt an Stickstoff als zufälliges Merkmal erscheint.

Pseudobaptigen, ↗ *Pterocarpane*.

Pseudogibberellin A1, ↗ *Gibberelline*.

Pseudohermaphroditismus, ↗ *Nebennierenhyperplasien (Nebennierenhyperplasie II)*.

Pseudo-Hurlersches Syndrom, ↗ *Gangliosidosen (allgemeine G$_{M1}$-Gangliosidose)*.

Pseudoindicane, ältere Bezeichnung für ↗ *Iridoide*.

Pseudo-Isoenzyme, multiple Formen eines Enzyms, die die gleiche Reaktion katalysieren und dieselben Eigenschaften wie ↗ *Isoenzyme* haben, jedoch keine genetisch festgelegten Unterschiede in der Primärstruktur aufweisen. Ihre Multiplizität kommt durch enzymatische oder nichtenzymati-

sche Modifizierung ein und derselben Primärsequenz sowohl *in vivo* wie *in vitro* (während der Isolierung) zustande. Bekannte Beispiele für *in vivo* gebildete P. oder multiple Enzymformen sind die aus ihrem jeweiligen Zymogen gebildeten verschiedenen Chymotrypsine, Trypsine, Pepsine und die Carboxypeptidase sowie die aus der gleichen Untereinheit aufgebauten oligomeren Enzyme unterschiedlichen Aggregationsgrades, z. B. Glutamat-Dehydrogenase. *In vitro* gebildete P. sind die vier α-Amylase-, die zwei Hefephosphofructokinase-, die bis zu 13 Herzmuskel-Lipoyl-Dehydrogenase- und die zahlreichen Phosphoglucose-Isomeraseformen.

Pseudopelletierin, *χ-Pelletierin, Pseudopunicin, 9-Methyl-3-granatanon, 9-Methyl-9-azabicyclo-[3,3,1]nonan-3-on*, der bedeutendste Vertreter der Punica-Alkaloide, der in der Wurzelrinde von *Punica granatum* vorkommt. M_r 153,21 Da, F. 54 °C, Sdp. 246 °C. Dem P. liegt das Gerüst des Granatans (9-Azabicyclo-[3,3,1]nonan) in einer *meso*-Form zugrunde. Über die Biosynthese ↗ *Punica-Alkaloide*.

Pseudopunicin, Syn. für ↗ *Pseudopelletierin*.

Pseudostellarin H, *cyclo-(-Gly^1-Thr-Pro-Thr-Pro^5-Leu-Phe-Phe-)*, ein aus den Wurzeln von *Pseudostellaria heterophylla* isoliertes zyklisches 8 AS-Peptid. P. wirkt als ein schwacher Inhibitor der Tyrosinase.

Pseudotropin, ↗ *Tropan-Alkaloide*.

Pseudouridin, *5-Ribosyluracil, 5-β-D-Ribofuranosyluracil, ψ oder ψrd*, eine zu den ↗ *seltenen Nucleinsäurebausteinen* zählende Pyrimidinverbindung, die in bestimmten tRNA-Spezies vorkommt (M_r 244,2 Da, F. 223–224 °C). P. ist ein Analoges zum Uridin (Abb.). Es enthält eine C-C-Bindung zwischen dem C5 des Uracils und dem C1 der Ribose. Entgegen früherer, einander widersprechender Beweise, wird P. durch Umlagerung von Uridin nach dem Zusammenbau der tRNA-Kette gebildet, d. h. durch posttranscriptionelle Modifizierung der tRNA. Aus *E. coli* und *Salmonella typhimurium* wurde ein Enzym isoliert und gereinigt, das Uridinreste in der Anticodonregion vieler tRNA-Arten spezifisch modifizieren kann.

Uridin   Pseudouridin

Pseudouridin

Psicofuranin, ↗ *Angustmycin*.

Psi- (Ψ-) Faktor, ein Protein, das für die spezifische Initiation der RNA-Polymerase-Reaktion an Promotoren der Gene für rRNA in Bakterien verantwortlich ist.

Psilocin, ↗ *Psilocybin*.

Psilocybin, *4-Phosphoryloxy-N,N-dimethyltryptamin* (F. 220–228 °C), zusammen mit dem *Psilocin* (4-Hydroxy-N,N-dimethyltryptamin (F. 173–176 °C; Abb.), das psychotrope Prinzip des mexikanischen Rauschpilzes Teonánacatl (*Psilocybe mexicana*). P. war das erste natürlich vorkommende phosphorylierte Indolderivat, das isoliert wurde. Es kann zu Psilocin hydrolysiert werden. Beide Verbindungen sind wenig giftig. Peroral oder i. m. appliziert erzeugen sie Rauschzustände, ähnlich wie LSD, allerdings ist ihre Wirksamkeit etwa 100mal geringer.

Psilocybin. Psilocybin: R = H_2PO_3; Psilocin: R = H.

PSP, Abk. für ↗ *pankreatisches spasmolytisches Peptid*.

Psychoanaleptika, ↗ *Psychopharmaka*.

Psychodelika, ↗ *Halluzinogene*.

Psychodysleptika, ↗ *Halluzinogene*.

Psycholeptika, ↗ *Psychopharmaka*.

Psycholite, ↗ *Halluzinogene*.

Psychopharmaka, Verbindungen, die fördernd oder hemmend in die höhere Nerventätigkeit, d. h. in psychische und intellektuelle Prozesse beim Menschen, eingreifen. P. wirken auf die Informationsverarbeitung, -assoziation und -speicherung, Stimmungslage, das Affekt- und Sozialverhalten u. dgl. ein. Die einzelnen Wirkungsqualitäten sind in vielen Fällen nicht scharf zu trennen. Eine übliche Einteilung erfolgt in Neuroleptika, Tranquilizer und Antidepressiva. Neuroleptika und Tranquilizer werden bisweilen unter dem Begriff *Psycholeptika* zusammengefasst. Ihnen gegenübergestellt werden die *Psychoanaleptika* (Psychostimulanzien). Zu den Psychoanaleptika werden neben den ↗ *Antidepressiva* z. B. auch die Weckamine gerechnet.

1) *Neuroleptika (Antipsychotika)* setzen den zentralnervösen Grundtonus herab, ohne dass die Wahrnehmungsfähigkeit wesentlich beeinträchtigt oder eine hypnotische Wirkung entfaltet wird. Auf diese Weise können Aggressivität, Angstgefühle und Erregungszustände unterdrückt oder beseitigt werden. Neuroleptika werden mit Erfolg zur Behandlung echter Psychosen eingesetzt. Als Nebenwirkungen treten mehr oder minder stark ausgeprägt

sedierende, blutdrucksenkende und antiemetische Wirkungen auf, von denen letztere therapeutisch genutzt werden. Die wichtigsten Stoffgruppen sind basisch alkylierte Phenothiazine, basische Butyrophenone, Diphenylbutylpiperidine, z. B. Pimozid, und ↗ *Rauwolfia-Alkaloide*.

2) *Tranquilizer (Ataraktika, Psychosedativa)* wirken schwächer dämpfend auf psychische Prozesse als Neuroleptika und werden in breitem Umfang bei nichtpsychotischen Erregungs-, Angst- und Spannungszuständen und dadurch bedingte Schlafstörungen eingesetzt. Die wichtigsten Stoffklassen sind ↗ *Benzodiazepine*, basisch alkylierte Diphenylmethanderivate, und Carbamidsäureester mehrwertiger Alkohole, z. B. Meprobamat.

3) *Antidepressiva* bewirken eine Hebung der Stimmungslage und z. T. eine Antriebsförderung. Man unterscheidet zwischen Thymoleptika und Thymeretika. *Thymoleptika* bewirken eine Aufhebung bzw. Abschwächung einer depressiven Stimmungslage, zeigen aber bei normaler Stimmungslage kaum eine Wirkung. Dagegen führen *Thymeretika* auch bei ausgeglichener Stimmungslage zu einer psychischen Stimulierung und Antriebssteigerung. Als Thymoleptika werden vor allem basisch alkylierte Dibenzodihydroazepine und basisch alkylierte Dibenzodihydrocycloheptadiene eingesetzt. Thymeretika bewirken eine Hemmung der Monoamino-Oxidase. Dadurch wird der Abbau der biogenen Amine unter anderem im Gehirn gehemmt.

Nicht als Arzneimittel verwendet werden die *Psychodysleptika (Halluzinogene)*. Sie rufen bei psychisch normaler Ausgangslage Psychosen hervor. Die bekanntesten Substanzen sind ↗ *Lysergsäurediethylamid*, ↗ *Mescalin* und ↗ *Psilocybin* (Psilocin).

Psychosedativa, *Tranquilizer*, ↗ *Psychopharmaka*.

Psychotomimetika, ↗ *Halluzinogene*.

psychotrope Stoffe, chemische Verbindungen, die die menschliche Psyche beeinflussen und deshalb in der Psychiatrie eine Rolle spielen (↗ *Psychopharmaka*). Hierzu zählen die ↗ *Narkotika* und die ↗ *Halluzinogene*. Verbindungen dieser Art sind fast ausschließlich pflanzlichen Ursprungs. Von den rund 20.000 Naturstoffen aus Pflanzen haben etwa 50 psychotrope Eigenschaften. Weitere halbsynthetische (abgewandelte Naturstoffe) und synthetische p. S. sind als Arzneimittel im Einsatz. Neben ihrer Bedeutung für die Psychotherapie spielen einige psychotrope Stoffe eine Rolle als Rauschgiftdrogen (↗ *Rauschgift*).

PT, Abk. für ↗ *Peptid T*.

Ptd, Abk. für ↗ *Phosphatidsäure*.

PtdCho, Abk. für ↗ *Phosphatidylcholin*.

Pteridine, eine Gruppe von Verbindungen, die das Pteridinringsystem enthalten (Abb.). Der Grundkörper der meisten natürlich vorkommenden P. ist das Pterin (Abb.). Ein kleiner Teil der P. stammt von Lumazin ab. Sowohl Folsäure (↗ Tetrahydrofolsäure; ↗ Riboflavin) als auch ↗ Tetrahydrobiopterin sind P. und dienen als Cofaktor der Wasserstoffübertragung. Für Säugetiere stellt Folsäure ein Vitamin dar, dagegen sind sie fähig Tetrahydrobiopterin zu synthetisieren. Diese beiden Verbindungen werden trotz ihrer chemischen Ähnlichkeit auf unterschiedlichen Wegen gebildet.

Pteridin   Pterin

Pteridine

Aufgrund ihrer Rolle als Enzymcofaktoren sind P. ubiquitär. Die Cofaktoren werden entweder im Stoffwechsel umgesetzt, ausgeschieden oder als Pigmente eingelagert, wie z. B. ↗ Xanthopterin, ↗ Leucopterin, Sebiapterin, usw. in Insektenflügeln. Diese Verbindungen wurden 1890 von G. Hopkins in Schmetterlingsflügeln entdeckt. Ihre Namen leiten sich von pteron, dem griechischen Wort für Flügel, ab. Säugetiere scheiden Bio-, Xantho-, Neopterin und andere P. im Harn aus.

Eine erhöhte Ausscheidung an Neopterin steht mit bestimmten malignen Krankheiten, viralen Infektionen und Transplantatabstoßung in Zusammenhang, weil Neopterin anscheinend durch Makrophagen im Verlauf der T-Lymphocytenaktivierung sezerniert wird [I. Ziegler in *Biochemical and Clinical Aspects of the Pteridines* 4 (1985) 347–361]. Die Aktivierung von Lymphocyten wird *in vitro* durch Sebiapterin, Dihydro- und Tetrahydropterine angeregt, durch Xantho- und Isoxanthopterine dagegen unterdrückt. Bei diesen P. handelt es sich demnach um Lymphokine.

Pterine, ↗ *Pteridine*.

Pterocarpane, *Cumaranochromane*, Isoflavonoide, denen das in der Abb. gezeigte Ringsystem zugrunde liegt.

Beispiele: *Pterocarpin* (3-Methoxy-8,9-methylendioxypterocarpan, *Sophora japonica*), *Homopterocarpin* (3,9-Dimethoxypterocarpan), *Ficifoli-*

Pterocarpane. Pterocarpanringsystem (systematischer Name: 6a,11a-Dihydro-6H-benzofuro[3,2c][1]benzopyran; gezeigt wird die systematische Ringregisternummerierung).

nol (3,9-Dihydroxy-2,8-di-γ,γ-dimethylallylpterocarpan, *Neorautanenia ficifolia*). Einige P. sind ↗ *Phytoalexine*, z. B. ↗ *Phaseolin*, ↗ *Glyceolline*, *Pisatin* (3-Methoxy-6a-hydroxy-8,9-methylendioxypterocarpan, *Pisum sativum*), u. a. Viele P. wurden jedoch aus gesunden, nicht gestressten Pflanzen isoliert, insbesondere aus dem Kernholz der tropischen Gattungen der *Leguminosen*.

Das chirale 6a,11a-Zentrum liegt in der *cis*-Konfiguration vor. Die Konfiguration von (−)-P. ist 6aR,11aR und die von (+)-P. 6aS,11aS [K.G.R. Pachler u. W.G.E. Underwood *Tetrahedron* **23** (1967) 1.817–1.826].

Wie andere Isoflavonoide auch, sind die P. großenteils auf *Leguminosen* beschränkt. Die strukturellen Beziehungen, die die Phytoalexin- (d. h. fungiziden) Eigenschaften bestimmen, wurden untersucht [H.D. Van Etten *Phytochemistry* **15** (1976) 655–659]. 6a,11a-Dehydropterocarpane (die eine wesentlich andere Form besitzen als P.) wirken ebenfalls fungizid. Eine übereinstimmende dreidimensionale Molekülform scheint deshalb nicht notwendig zu sein.

Biosynthese. Bei Untersuchungen der Biosynthese von Phytoalexinpterocarpanen wurde CuCl$_2$-behandeltem *Pisum sativum* [1,2-^{13}C$_2$]Acetat verabreicht und die ^{13}C-^{13}C-Kopplung im gebildeten Pisatin durch ^{13}C-NMR-Spektroskopie analysiert. Dadurch wurde gezeigt, dass C1 und C1a, C2 und C3, sowie C4 und C4a als intakte C$_2$-Einheiten inkorporiert werden, d. h. die Kohlenstoffatome werden nicht durch Rotation des vom Acetat abstammenden Rings randomisiert und die Abwesenheit von Sauerstoff an C1 ist durch den Verlust vor der Zyklisierung bedingt. Im Gegensatz dazu werden andere Flavonoide (z. B. Apigenin, Kaempferol) mit freier Rotation des vom Acetat abstammenden Rings gebildet (↗ *Chalkon-Synthase*).

Pterocarpin, 3-Methoxy-8,9-methylendioxypterocarpan. ↗ *Pterocarpane*.

Pteroylglutaminsäure, Bezeichnung für das Vitamin ↗ *Folsäure*.

PTH, Abk. für engl. *parathyroid hormone*, ↗ *Parathyrin*.

PTHrP, Abk. für engl. *parathyroid related peptid*, ↗ *Parathyrin-ähnliches Peptid*.

PTK, Abk. für ↗ *Protein-Tyrosin-Kinase*.

Ptomain, veraltete Bezeichnung für ↗ *Cadaverin*.

P-Typ-ATPasen, ↗ *P-ATPasen*.

Puff, ↗ *Riesenchromosomen*.

Puffer, ein System, das pH-Änderungen gegenüber beständig ist und sie bei Zugabe bzw. Verlust von Säure und Base minimal hält. Unter physiologischen Bedingungen stabilisieren P. den pH-Wert von Zellen und Körperflüssigkeiten bei metabolischer Unter- bzw. Überproduktion von Säuren und

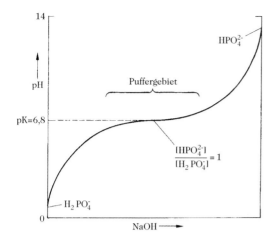

Puffer. Abb. 1. Titrationskurve von $H_2PO_4^-$.

Basen oder bei Änderungen der Wasserstoffionenkonzentration. Im Labor werden P. verwendet, um konstante und günstige pH-Werte für enzymatische Reaktionen zu erhalten, um das Protein vor Denaturierung zu schützen und um passende pH-Bedingungen für die Kultur von Mikroorganismen und Geweben zur Verfügung zu stellen. Gepufferte Lösungen werden auch als Elutionsmittel in der Chromatographie, als Elektrophoresemedium u. a. eingesetzt.

Die Pufferwirkung wird beschrieben durch die *Henderson-Hasselbach-Gleichung*:
pH = pK + log ([Salz]/[Säure]), bzw. pH = pK + log ([konjugierte Base]/[Säure]).

Wenn der Quotient [konjugierte Base]/[Säure] gleich eins ist, d. h. die Hälfte der Säure-Ionen titriert ist, ist pH = pK. In der aus der Gleichung resultierenden Titrationskurve ergibt sich ein Plateau, auf dem der pH-Wert von der Zugabe von Säure oder Base relativ unbeeinflusst bleibt. Dieses Plateau entspricht dem Puffergebiet und ist durch den pK-Wert definiert (Abb. 1, s. auch Titrationskurven der ↗ *Aminosäuren*). Als Regel gilt, dass das Puffergebiet dem pK'-Wert ±1 pH-Einheit entspricht. Das Phosphatsystem (NaH_2PO_4) ist der beliebteste und am meisten verwendete biochemische P. Es hat jedoch die Nachteile, dass es oberhalb pH 7,5 geringe Pufferkapazität besitzt, dazu tendiert, polyvalente Kationen auszufällen, und Phosphat in einigen Systemen ein Metabolit ist.

Ein idealer P., der im pH-Bereich der meisten biologischen Reaktionen wirksam sein sollte, müssen einen pK-Wert zwischen 6 und 8 besitzen, in Wasser sehr gut löslich sein und keine biologischen Membranen passieren.

Alle P. werden von der Temperatur beeinflusst, so dass sich der bei Raumtemperatur gemessene pH-Wert signifikant von jenem bei der Arbeitstemperatur unterscheiden kann.

Pufferkapazität. Während der pH-Wert von pK' und dem Quotienten [Protonenakzeptor]/[Protonendonor] abhängt, wird die Pufferkapazität durch die Menge der vorhandenen Pufferkomponenten bestimmt. Die Pufferkapazität ist definiert als die minimale Menge an Säure oder Base, die hinzugefügt bzw. entfernt werden muss, um eine signifikante pH-Änderung hervorzurufen. Zum Beispiel können zwei Lösungen von 4-(2-Hydroxyethyl)-piperazin-1-ethanolsulfonsäure (HEPES) bei pH 7,05 und bei gleichem Volumen verschiedene Mengen an Zwitterion und Base enthalten (Abb. 2).
pH (7,05) = pK (7,55) + log [Base]/[Zwitterion].
Lösung 1 (0,05 M):
[Base]/[Zwitterion] = 0,038/0,012
Lösung 2 (0,10 M):
[Base]/[Zwitterion] = 0,076/0,024
Lösung 2 hat bei gleichem pH-Wert eine doppelt so hohe Pufferkapazität wie Lösung 1, d. h. Lösung 2 kann doppelt so viele Protonen wie Lösung 1 aufnehmen, bis eine signifikante pH-Wertänderung eintritt. In der medizinischen Physiologie entspricht die Pufferkapazität dem Betrag an Säure oder Base, der von Körperflüssigkeiten aufgenommen werden kann, bevor der pH-Wert gefährlich hoch oder niedrig wird.

P. in Körperflüssigkeiten. Säuren und Basen, die durch den Stoffwechsel produziert werden, gelangen in die Körperflüssigkeiten und werden am Ende ausgeschieden. Die Körperflüssigkeiten werden temporär durch ihre Puffersysteme geschützt (im Allgemeinen mehr gegen Säure, weil der normale Stoffwechsel zu einer Nettoproduktion von Säure führt). Dabei können auch Proteine als P. wirken, da viele der sauren und basischen Aminosäureseitenketten auf der Oberfläche von Proteinen pK'-Werte aufweisen, die es ihnen ermöglichen, einen Beitrag zum physiologischen Puffersystem zu leisten (Abb. 3).

Das Hauptpuffersystem im Blut ist das Bicarbonat (HCO_3^-/CO_2) mit einer Konzentration von [HCO_3^-] = 0,02–0,03 M (20–30 Moläquivalente/l). Hämoglobin (Desoxyhämoglobin/Desoxyhämoglobin·H^+, Oxyhämoglobin/Oxyhämoglobin·H^+) stellt

$$HOH_2C-CH_2-\overset{+}{\underset{H}{N}}\diagdown N-CH_2-CH_2-SO_3^- \underset{}{\overset{OH^-}{\rightleftharpoons}} HOH_2C-CH_2-N\diagdown N-CH_2-CH_2-SO_3^-$$

Zwitterion   Base $+ H_2O$

Puffer. Abb. 2. Zwitterion und Base von HEPES.

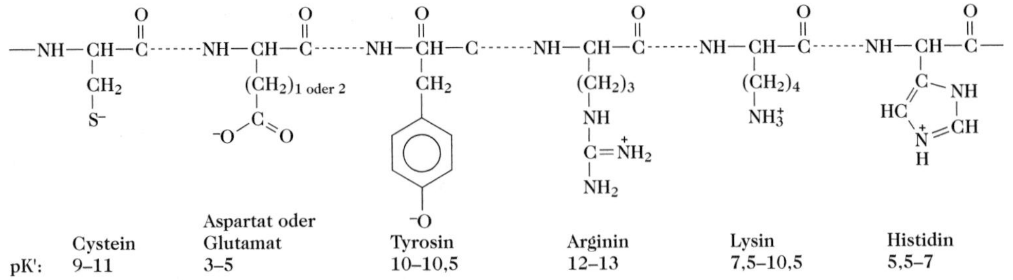

Puffer. Abb. 3. Ionisierbare Aminosäureseitenketten von Proteinen und ihre pK′-Werte.

weitere 10 Moläquivalente/l an Pufferkapazität zur Verfügung und Phosphat leistet einen kleinen Beitrag von 1,5 Moläquivalenten/l. Die fünf Liter Blut eines durchschnittlichen Erwachsenen sind in der Lage, 0,15 mol H$^+$ aufzunehmen, bevor der pH-Wert gefährlich niedrig wird. Die bedeutenden P. des Körpers sind jedoch in anderen Geweben vorhanden. Die gesamte Muskulatur des Körpers z. B. kann fünfmal mehr Säure neutralisieren als das Blut und das HCO$_3^-$/CO$_2$-System stellt nur ein Zehntel der gesamten Pufferkapazität des Körpers dar. Da alle Puffersysteme des Körpers miteinander in Wechselwirkung treten können, spiegeln sich alle Änderungen im Säure/Base-Gleichgewicht des Körpers im Blut wider. Diese gegenseitige Pufferung durch Verschieben des H$^+$ von einem Körpersystem in ein anderes wird auch *isohydrisches Prinzip* genannt.

Bicarbonat wirkt nicht nur als Blutpuffersystem, sondern stellt auch die Hauptform dar, in der CO$_2$ von den atmenden Geweben zur Lunge transportiert wird, wo es ausgeatmet wird. Ein kleiner Teil des CO$_2$ wird als Carbaminogruppe von Proteinen transportiert: Protein-NH$_2$ + CO$_2$ ⇄ Protein-NH-COOH ⇄ Protein-NH-COO$^-$ + H$^+$, und ungefähr 80 % des CO$_2$ wird als Bicarbonat transportiert. Dabei stehen die verschiedenen Transportformen des CO$_2$ im Blut miteinander im Gleichgewicht (Abb. 4).

Um das gelöste CO$_2$ in hohe HCO$_3^-$-Konzentrationen zu überführen, muss das entstehende H$^+$ entfernt werden, d. h. durch ein Puffersystem aufgefangen werden. Die Hauptpuffer, die diese Funktion ausüben, sind die Plasmaproteine (verantwortlich für ca. 10 % der Protonen), das Erythrocytenphosphat (ca. 20 %) und das Erythrocytenhämoglobin (60–70 %). Zur Rolle des Hämoglobins: ↗ *Bohreffekt*, ↗ *Hämoglobin*.

[G. Gomori *Methods in Enzymology* **1** (1955) 138–146; N.E. Good et al. *Biochemistry* **5** (1966) 467–477; N.E. Good u. S. Izawa *Methods in Enzymology* **24B** (1972) 53–68; W.J. Fergusun et al. *Anal. Biochem.* **104** (1980) 300–310]

Pulsfeld-(Gel)-Elektrophorese, ein Verfahren der ↗ *Elektrophorese*, bei dem durch Flachbett-Elektrophorese im Agarose-Gel DNA-Moleküle bis 10.000 kb durch periodischen Richtungswechsel des elektrischen Feldes (zwischen zwei um einen gewissen Winkel verschiedene Richtungen) getrennt werden. Die Frequenz des Feld-Richtungswechsels ist entsprechend den DNA-Proben einstellbar. Die P. erlaubt u. a. die Präparation hoch angereicherter DNA-Proben für die Klonierung.

Pumpe, Bezeichnung für Transmembranproteine, die den aktiven Transport von Ionen und kleinen Molekülen durch biologische Membranen ermöglichen, wie z. B. die ↗ *Na$^+$-K$^+$-ATPase*.

Punica-Alkaloide, eine Gruppe von Piperidinalkaloiden, die ursprünglich aus der Rinde des Granatapfelbaums (*Punica granatum L.*, Droge Cortex granati) isoliert, inzwischen aber auch in anderen Pflanzenfamilien nachgewiesen wurden. Mazerati-

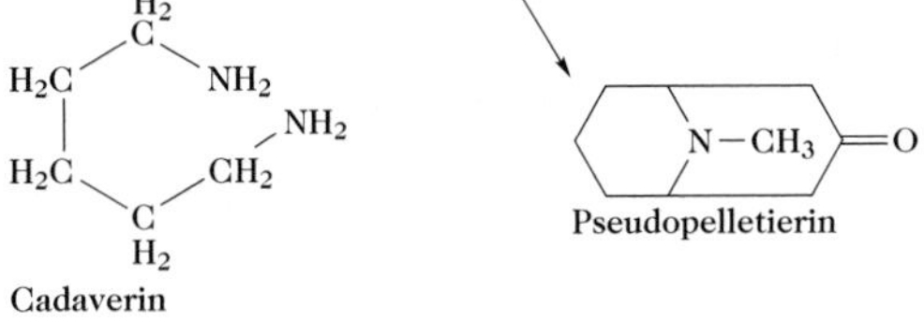

Punica-Alkaloide. Biosynthese der Punica-Alkaloide Isopelletierin und Pseudopelletierin.

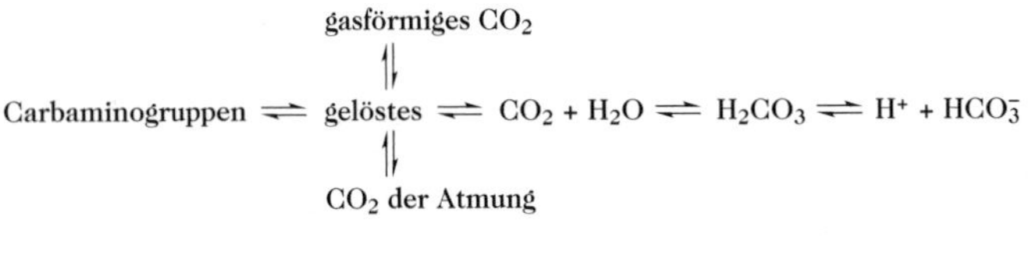

Puffer. Abb. 4. Gleichgewicht der verschiedenen Transportformen von CO$_2$ im Blut.

onsdekokte der Droge bzw. isolierte Alkaloide haben als Wurmmittel eine gewisse Bedeutung. Die wichtigsten Vertreter der P. sind *Pseudopelletierin* und *Isopelletierin*, deren Biosynthese die Abb. zeigt, sowie *N-Methylisopelletierin*. Sie sind als höhere Homologe der Tropan- bzw. Pyrrolidinalkaloide anzusehen und werden in analoger Weise gebildet.

Punktcodon, Syn. für ↗ *Terminationscodon*.

Punktediagramm, ein graphischer Vergleich aller Positionen zweier Sequenzen, der durch das Zeichnen von Diagonalen in übereinstimmenden Bereichen gemacht wird. Beispielsweise ergibt der graphische Vergleich einer Sequenz mit sich selbst bei Verwendung derselben Skala auf beiden Achsen eine kontinuierliche Diagonallinie bei 45°, die die totale Identität anzeigt. Wiederholungssequenzen erscheinen in Form eines Musters aus kürzeren Diagonalen, die als Spiegelbilder auf beiden Seiten der zentralen Diagonalen erscheinen und parallel zu dieser verlaufen. Viele Veröffentlichungen über DNA- und Polypeptidsequenzen enthalten P.

pupillenerweiternde Alkaloide, ↗ *Tropan-Alkaloide*.

Purin, eine heterozyklische Verbindung, deren kondensiertes Ringsystem formal aus einem Pyrimidin- und einem Imidazolring besteht (Abb.; M_r 120,1 Da, F. 217 °C). Das freie P. wurde 1884 von Emil Fischer aus Harnsäure hergestellt. In der Natur wurde freies P. noch nicht gefunden. Ein Purinnucleosid ist das Nucleosidantibiotikum Nebularin. Biologisch wichtig sind besonders die Amino-, Hydroxy- und Methylderivate des P. Die Purinverbindungen Adenin und Guanin sind als stickstoffhaltige Basen (*Purinbasen*) Bausteine der ↗ *Nucleinsäuren*. Durch Modifizierung der Purinbasen im Nucleinsäureverband entstehen ↗ *seltene Nucleinsäurebausteine*. Auch ↗ *Purinanaloga*, z. B. 8-Azaguanin, können in Nucleinsäuren anstelle natürlicher Purinbasen im Verlauf der Nucleinsäurebiosynthese eingebaut werden. Purinverbindungen sind ferner Bausteine bestimmter niedermolekularer Nucleotidcoenzyme. Sie sind Bestandteil biologisch aktiver Verbindungen, wie Antibiotika (z. B. ↗ *Nucleosidantibiotika*), Alkaloide (z. B. ↗ *methylierte Xanthine*), ↗ *Cobalamin*, Pterine (↗ *Pteridine*) und ↗ *Cytokinine*. In Form energiereicher Derivate (ATP, ↗ *Adenosinphosphate*; GTP, ↗ *Guanosinphosphate*) sind Purinverbindungen am Energiestoffwechsel beteiligt. Bei einigen Tieren (Vögel, Reptilien, Insekten) verläuft die Hauptroute der Stickstoffausscheidung über die Purinsynthese.

Übliche Ausscheidungsprodukte sind das Purinoxidationsprodukt ↗ *Harnsäure* sowie dessen Oxidationsprodukt, das ↗ *Allantoin*. Spinnen scheiden Guanin aus. ↗ *Purinabbau*, ↗ *Purinbiosynthese*. Purinverbindungen sind schwache Basen, absorbieren spezifisch im UV-Licht zwischen 230 und 280 nm und zeigen in ihrer Struktur eine Lactam/Lactim und/oder eine Enamin/Ketimin-Tautomerie.

Purinabbau, *Purinkatabolismus*, aerob oder in speziellen Fällen anaerob verlaufende Reaktionen zum Abbau von Purinverbindungen durch Spaltung des Purinrings.

1) *Aerober P.* Die Aminogruppen des Adenins und des Guanins werden durch spezifische Desaminasen auf der Stufe des Nucleotids, des Nucleosids oder der freien Base hydrolytisch entfernt (Abb. auf Seite 270). Durch Katalyse des Schlüsselenzyms des aeroben P. Xanthin-Oxidase (EC 1.2.3.2) entsteht Harnsäure. Beim Menschen und Menschenaffen wird sie meist unverändert im Harn ausgeschieden. Die meisten Reptilien und Säugetiere oxidieren Harnsäure mittels Uricase (EC 1.7.3.3) zu Allantoin (*Uricolyse*).

In anderen Organismen wird Allantoin durch Allantoinase zu Allantoinsäure umgesetzt, die nachfolgend einer zweistufigen Spaltung in ein Molekül Glyoxylat und zwei Moleküle Harnstoff unterliegt.

Bei den meisten Fischen und Amphibien endet der P. auf der Stufe des Harnstoffs.

Störungen im P. des Menschen können durch veränderte Enzymaktivitäten auftreten. Bei der angeborenen Stoffwechselkrankheit ↗ *Xanthinurie* fehlt die Xanthin-Oxidase, so dass statt Harnsäure Xanthin und Hypoxanthin ausgeschieden werden. Die Ursache für die *Gicht* ist die in der Folge einer erhöhten Purinbiosynthese gesteigerte Harnsäurekonzentration im Blut, die zur Ablagerung kristalliner Harnsäure in den Gelenken führt.

2) *Anaerober P.*, anaerober Xanthinabbau. Substrat des nichtoxidativen P. in bestimmten Mikroorganismen, z. B. *Micrococcus* und *Clostridium*, ist Xanthin. Durch Hydrolyse zwischen C6 und N1 des sechsgliedrigen Xanthinrings entsteht Ureidoimidazolylcarbonsäure. Weitere hydrolytische Abspaltung von Ammoniak und CO_2 führt zur Bildung von Aminoimidazolylcarbonsäure. Diese wird zu Aminoimidazol decarboxyliert. Der Ring von Aminoimidazol wird geöffnet, unter gleichzeitigem Verlust von Ammoniak und Addition von zwei Molekülen Wasser, wodurch Formiminoglycin entsteht. Letzteres wird zu Glycin, Ameisensäure und Ammoniak hydrolysiert.

Purinanaloga, Antipurine, Purinderivate, die durch geringe Strukturabwandlungen der natürlichen Purinmetabolite entstehen und als Antimeta-

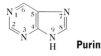

Purin

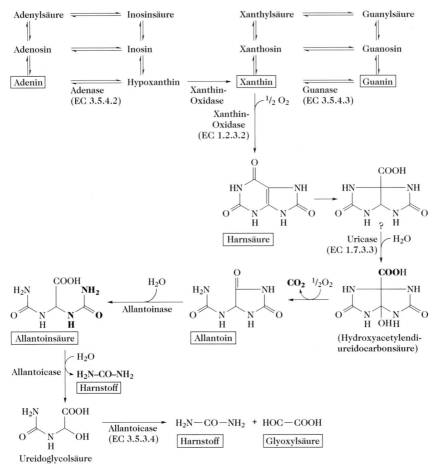

Purinabbau. Reaktionen des aeroben Purinabbaus.

bolite wirken. P. werden hauptsächlich durch Modifizierung der Basen, aber auch durch Abwandlung der Zuckeranteile von Nucleosiden gewonnen. Bevorzugte Variationen sind der Austausch von OH-Gruppen gegen SH- (z. B. 6-Mercaptopurin) oder NH$_2$-Gruppen (2,6-Diaminopurin), Einführung von Halogenen am C2 oder 6 (6-Chlorpurin), Austausch eines Ring-C-Atoms gegen ein N-Atom (8-Azaguanin), Austausch eines Ring-N-Atoms gegen ein C-Atom (z. B. Tubercidin) und Vertauschen der Positionen eines C- und N-Atoms im Ringsystem (Pyrazoloadenin). Wirksam ist auch die Umwandlung der OH-Gruppe am C3 der Ribose in eine Desoxygruppe (Cordycepin). P. hemmen selektiv bestimmte enzymatische Reaktionen, insbesondere der Nucleinsäuresynthese.

Purinantibiotika, in ihrer chemischen Struktur modifizierte Purinderivate mit antibiotischer Aktivität, die als Nucleoside (↗ *Nucleosidantibiotika*), Polypeptide (↗ *Viomycin*), oder freie Basen (↗ *8-Azaguanin*) vorliegen.

Purinbasen, ↗ *Purin*, ↗ *Adenin*, ↗ *Guanin*.

Purinbiosynthese, *de-novo-Purinsynthese*, ein allgemeiner Pfad zur Biosynthese des Purinringsystems, der auf allen Stufen der evolutionären Entwicklung vertreten ist. α-D-Ribose-5-phosphat wird pyrophosphoryliert zu 5-Phosphoribosyl-1-pyrophosphat. Die Pyrophosphatgruppe wird anschließend durch eine Aminogruppe ersetzt, welche aus der Amidgruppe von L-Glutamin übertragen wird. Der Stickstoff dieser Gruppe ist für das N9 des Purinringsystems vorgesehen. Die Ribosephosphatgruppe bleibt während der nachfolgenden enzymatisch katalysierten Stufen gebunden, die letztendlich zum vollständigen Purinringsystem führen. Die Purine werden also in Form ihrer Nucleosidmonophosphate synthetisiert. Das erste Produkt mit einem vollständigen Purinringsystem ist die Inosinsäure (Inosin-5'-monophosphat, IMP). Die Inosinsäure ist Ausgangspunkt für die Synthese weiterer Purinnucleotide. Alle Stufen der P. werden in Abb. 1 und die nachfolgenden Interkonversionen, die zur

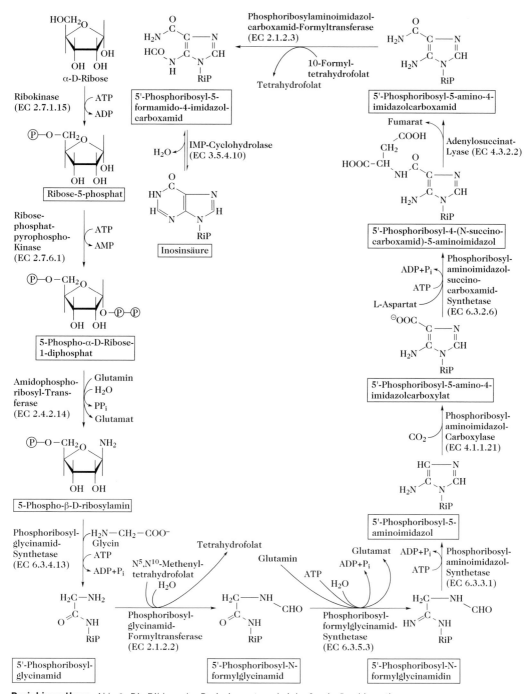

Purinbiosynthese. Abb. 1. Die Bildung des Purinringsystems bei der Inosinsäurebiosynthese.

Synthese von AMP und GMP führen, in Abb. 2 (auf Seite 272) gezeigt.

Die Nucleosidmonophosphate werden durch zwei Kinase-Reaktionen in die Triphosphate (die direkten Vorstufen von RNA) überführt. Diese Kinasen sind wenig spezifisch. Sie katalysieren die Phospho-

rylierung von Adenin-, Guanin-, aber auch von Pyrimidinnucleotiden (Abb. 3). Ein weiterer Weg zur Synthese von Purinnucleotiden ist der ↗ Wiederverwertungsweg.

Die P. wird durch beide Endprodukte, AMP und GMP, reguliert, die beide die Phosphoribosylpyro-

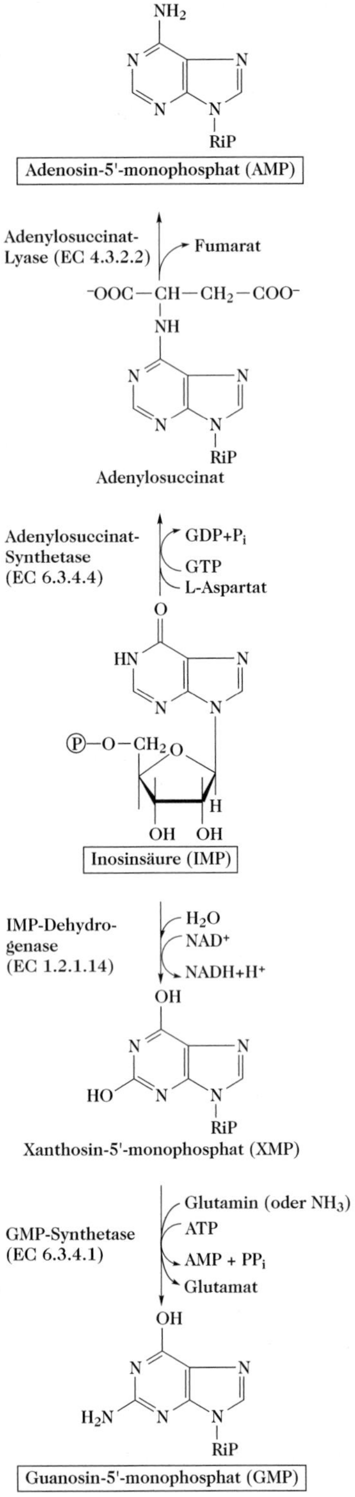

Adenosin-5'-monophosphat (AMP)

Adenylosuccinat-Lyase (EC 4.3.2.2) — Fumarat

$^{-}OOC-CH-CH_2-COO^{-}$
$|$
NH

Adenylosuccinat

Adenylosuccinat-Synthetase (EC 6.3.4.4) — GDP+P_i / GTP / L-Aspartat

$P-O-CH_2$

Inosinsäure (IMP)

IMP-Dehydrogenase (EC 1.2.1.14) — H_2O / NAD^+ / $NADH+H^+$

Xanthosin-5'-monophosphat (XMP)

GMP-Synthetase (EC 6.3.4.1) — Glutamin (oder NH_3) / ATP / AMP + PP_i / Glutamat

Guanosin-5'-monophosphat (GMP)

Purinbiosynthese. Abb. 2. Biosynthese von Adenosin-5'-monophosphat und Guanosin-5'-monophosphat aus Inosinsäure.

phosphat-Amidotransferase (EC 2.4.2.14) gemeinsam inhibieren. GMP inhibiert ferner die IMP-Dehydrogenase (EC 1.2.1.14), AMP die Adenylsuccinat-Synthetase (EC 6.3.4.4). Die Biosynthese von AMP und GMP wird auch reguliert durch die wechselseitige Abhängigkeit der GMP-Biosynthese von ATP und der AMP-Synthese von GTP (Abb. 2). ATP inhibiert die GMP-Reduktase, die in einem Schritt GMP in IMP umwandelt.

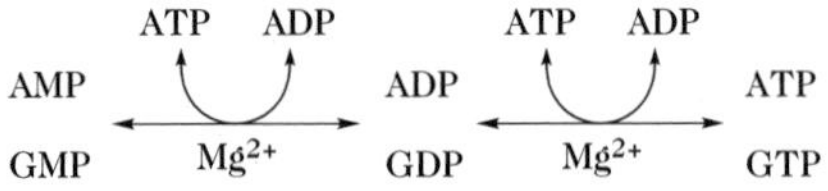

Abb. 3. Purinbiosynthese. Die Interkonversion der Nucleosidmono-, -di- und -triphosphate.

Purininterkonversion, ↗ *Purinbiosynthese*.
Purinkatabolismus, Syn. für ↗ *Purinabbau*.
Purin-Zyklus, ↗ *Glycin-Allantoin-Zyklus*.
Puromycin, ein aus *Streptomyces alboniger* isoliertes Nucleosid-Antibiotikum (M_r 472 Da). P. hemmt die Proteinbiosynthese an 70S- und 80S-Ribosomen. Der Wirkungsmechanismus des P. ist durch seine Strukturanalogie zur Aminoacyl-tRNA gegeben (Abb.), da P. an deren Stelle eine Peptidbindung mit dem COOH-Rest der vorangehenden, an Peptidyl-tRNA gekoppelten Aminosäure ausbilden kann (↗ *Fragmentreaktion*). Die wachsende Polypeptidkette wird daraufhin vom Ribosom gelöst, weil das P. im Gegensatz zur tRNA-Struktur keine zusätzlichen Bindungsmöglichkeiten zum Ribosom aufweist. Nach ähnlichem Prinzip wirken andere Aminoacylnucleosidantibiotika, z. B. Gougerotin und Blasticidin S.

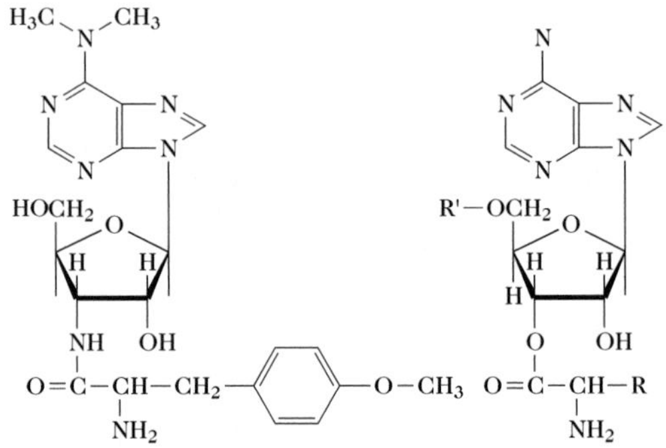

Puromycin. Vergleich der Strukturen von Puromycin (links) und dem 3'-terminalen Ende einer Aminoacyl-tRNA (rechts).

Purpureaglycoside, zu den ↗ *herzwirksamen Glycosiden* gehörende ↗ *Digitalisglycoside* aus dem Roten Fingerhut *Digitalis purpurea*. In der Blattdroge sind 0,2–0,6% P. enthalten, es wurden etwa 30 verschiedene herzwirksame Glycoside aufgefunden. Daneben finden sich auch herzunwirksame Steroidverbindungen, die Digitanolglycoside; außerdem Saponine, beispielsweise ↗ *Digitonin*.

Purpurin, *1,2,4-Trihydroxyanthrachinon*, ein roter Anthrachinonfarbstoff (F. 263 °C). Das Glycosid von P. kommt in Färberöte (*Rubia tinctorum*, mit Alizarin als Begleitstoff) und in anderen Labkrautgewächsen (*Rubiaceae*) vor. P. entsteht während der Lagerung aus seinem Glycosid, in frischer Färberöte ist keine nennenswerte Menge an P. vorhanden. Verwendung findet P. als Reagens für die Bestimmung von Bor, für die histologische Bestimmung unlöslicher Calciumsalze und als Kernfarbstoff. Mit verschiedenen Metallsalzen bildet es rote Pigmentfarbstoffe und wird beim Baumwolldruck als schneller Farbstoff eingesetzt.

Putidaredoxin, eine ↗ *Oxygenase* aus *Pseudomonas putida*.

Putrescin, *Tetramethylendiamin, 1,4-Diaminobutan*, $H_2N-(CH_2)_4-NH_2$, ein biogenes Diamin, das durch bakterielle Decarboxylierung von Ornithin entsteht. P. ist eine farblose, kristalline Verbindung mit unangenehmem Geruch, F. 27–28 °C, Sdp. 158–159 °C, n_D^{20} 1,4969, D. 0,867 g/cm³. P. wurde 1883 von Brieger in faulenden Eiweißstoffen gefunden (lat. *putrescere* „verfaulen"). Es zeigt die typischen Reaktionen der primären Amine, reagiert stark basisch und bildet mit Säuren beständige Salze. Bei Krebs ist die Ausscheidungsrate von P. im Harn erhöht. Andererseits wird P. durch Verknüpfung mit Cytostatika zur Herstellung selektiv wirkender Cytostatika eingesetzt. Es dient als Zwischenprodukt zur Herstellung von Polykondensations- und Polyadditionsprodukten, Mischpolymerisaten, Pharmazeutika sowie Pflanzenschutz- und Schädlingsbekämpfungsmitteln. Vom P. leiten sich Spermin und Spermidin ab (↗ *Polyamine*).

Pwo-Polymerase, eine neben der ↗ *Pfu-Polymerase* für die ↗ *Polymerasekettenreaktion* geeignete DNA-Polymerase mit hoher Temperaturstabilität bei 95 °C, die neben der 5'→3'-Polymeraseaktivität auch eine für das *proof-reading* notwendige 5'→3'-Exonucleaseaktivität besitzt.

Pyr, Abk. für ↗ *L-Pyroglutaminsäure*.

Pyranosen, ↗ *Monosaccharide*.

Pyrazolone, Derivate des Pyrazol-5-on, die als Analgetika therapeutisch eingesetzt werden. Das erste Pyrazolonderivat, das als schwaches Analgetikum eingeführt wurde, war *Phenazon* (↗ *Antipyrin*). Aufgrund seiner schwachen analgetischen Wirkung und Nebenwirkungen wurde es weitgehend durch *Aminophenazon* (*Pyramidon®*), F. 109 °C, verdrängt und ist wegen möglicher Nebenwirkungen wie Agranulocytose und Bildung von Alkylnitrosaminen in verschiedenen Ländern eingeschränkt bzw. verboten.

Pyrethrine, Diterpeninsektizide, die in den Blüten von *Chrysanthemum cinerariaefolium* (Syn. *Pyrethrum cinerariaefolium*) vorkommen. Die getrock-

neten Blüten (bekannt als „Pyrethrum") wirken ebenfalls insektizid und dienen als Ausgangsmaterial für die Herstellung von P. Pyrethrine (Tab.) sind Ester der Chrysanthemumsäure (Verbindungen der Serie I) oder Pyrethrinsäure (Verbindungen der Serie II) mit dem Alkohol Pyrethrolon (P.), Cinerolon (Cinerine) bzw. Jasmololon (Jasmoline). ↗ *Pyrethroide*.

Pyrethrine. Tab. Natürlich vorkommende Pyrethrine.

R_1	R_2	Name
$-CH_3$	$-CH_3$	Cinerin I
$-CH_3$	$-C_2H_5$	Jasmolin I
$-CH_3$	$-CH=CH_2$	Pyrethrin I
$-CO_2CH_3$	$-CH_3$	Cinerin II
$-CO_2CH_3$	$-C_2H_5$	Jasmolin II
$-CO_2CH_3$	$-CH=CH_2$	Pyrethrin II

Pyrethroide, eine sehr diversifizierte Wirkstoffklasse von Insektiziden. Grundbaustein ist überwiegend die Chrysanthemumsäure, die mit verschiedenen aromatischen Alkoholen verestert ist (z. B. Allethrin, Tetramethrin, Resmethrin). Ihre Wirkung ist bei sehr geringer Warmblütertoxizität gleich oder erheblich geringer wie die der Naturprodukte (↗ *Pyrethrine*).

Pyrethrum, die getrockneten Blüten von *Chrysanthemum cinerariaefolium*, ↗ *Pyrethrine*.

Pyridat, ein ↗ *heterozyklisches Herbizid*.

Pyridinalkaloide, eine Gruppe von Alkaloiden, die das Pyridinringsystem enthalten und in verschiedenen nicht miteinander verwandten Pflanzen und als Stoffwechselprodukte von Mikroorganismen vorkommen. Die bedeutendsten Vertreter der P. sind ↗ *Nicotiana-Alkaloide*, ↗ *Areca-Alkaloide*, ↗ *Gentiana-Alkaloide* und ↗ *Valeriana-Alkaloide*. Ihre Biosynthese verläuft entweder über die Nicotinsäure oder den Terpenweg.

3-Pyridincarboxamid, ↗ *Nicotinsäureamid*.

Pyridinherbizide, halogenierte Pyridinderivate, die bevorzugt zur Lösung besonderer Unkrautprobleme eingesetzt werden. Die Schädigung der Pflanzen erfolgt durch einen Eingriff in den Wuchsstoffhaushalt.

Pyridinnucleotidcoenzyme, ↗ *Nicotinsäureamidadenin-dinucleotid* und ↗ *Nicotinsäureamid-adenin-dinucleotidphosphat*.

Pyridinnucleotid-Transhydrogenase,   ↗ *Wasserstoff-Metabolismus*.

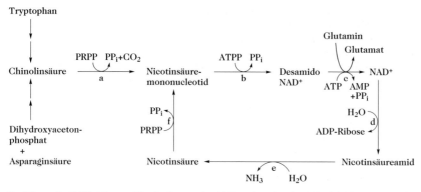

Pyridinnucleotid-Zyklus. a: Nicotinsäurenucleotid-Pyrophosphorylase (Carboxylierung; EC 2.4.2.19; Chinolinat-Transphosphoribosylase), b: Nicotinsäuremononucleotid-Adenylyltransferase (EC 2.7.7.18), c: NAD$^+$-Synthetase (Glutaminhydrolyse; EC 6.3.5.1), d: NAD$^+$-Nucleosidase (EC 3.2.2.5), e: Nicotin-Amidase (EC 3.5.1.19), f: Nicotinsäure-Phosphoribosyltransferase (EC 2.4.2.11). PRPP = 5-Phosphoribosyl-1-pyrophosphat oder 5-Phospho-α-D-ribose-1-diphosphat.

Pyridinnucleotid-Zyklus, ein *Wiederverwertungsweg* (engl. *salvage pathway*), auf dem Nicotinamid, das durch Abbau von NAD$^+$ gebildet wird, zur Synthese von weiterem NAD$^+$ wiederverwendet wird. Der P. kommt wahrscheinlich bei allen Organismen vor, unabhängig davon, ob sie das Pyridinringsystem synthetisieren können oder nicht und ungeachtet des Synthesepfads (aus Tryptophan bei Tieren, *Neurospora* und *Xanthomonas pruni*; aus Aspartat und Dihydroxyace-

tonphosphat in Pflanzen und den meisten Bakterien; Abb.).

Pyridoxalphosphat, *Pyridoxal-5-phosphat*, *PLP*, die Coenzymform von Vitamin B$_6$ (↗ *Pyridoxin*; M_r 247,1 Da). PLP ist in wässriger Lösung im Dunkeln und in der Kälte stabil, im alkalischen Bereich und im festen Zustand ist es photolabil. PLP hat zentrale Bedeutung im Aminosäurestoffwechsel (↗ *Aminosäuren*). Es wird aus Pyridoxal in einer Mg^{2+}-abhängigen Kinase-Reaktion gebildet: Pyridoxal + ATP →

Pyridoxal-5-phosphat + ADP. PLP bildet mit Aminen und Aminosäuren *Schiffsche Basen* (Azomethine). Das Substrat eines Pyridoxalphosphat-Enzyms ist die Schiffsche Base der Aminosäure mit PLP; die Wirkungsspezifität, d. h. Transaminierung, Decarboxylierung, Racemisierung usw. wird durch das Apoenzym bestimmt. An der Startreaktion eines PLP mit einem Enzym ist die Bildung einer Schiffschen Base zwischen der ε-Aminogruppe eines Lysinrests im aktiven Zentrum beteiligt. Ein Austauschprozess führt dann zur Bildung einer Schiffschen Base zwischen dem Substrat Aminosäure und PLP, unter Abspaltung der freien ε-Aminogruppe von Lysin (↗ *Transaminierung*). Die elektrophile Form der Schiffschen Base, die einen positiv geladenen Pyridinstickstoff enthält, begünstigt die Ausbildung eines mesomeren Zustands, der sich nur ausbilden kann, wenn ein Substituent am α-Kohlenstoffatom als Kation entfernt wird, z. B. $^{+}CH_2OH$ in der L-Serin-Hydroxymethyltransferase-Reaktion, H^{+} bei der Racemisierung und Transaminierung oder CO_2 bei der Aminosäuredecarboxylierung. Im Fall einer anderen Gruppe an Reaktionen (katalysiert durch L-Serin-Dehydratase, L-Cystein-Desulfhydrase, L-Tryptophan-Synthase und Tryptophanase) wird der α-Wasserstoff labilisiert und anschließend der β-Substituent abgespalten (Abb.).

Pyridoxaminphosphat, ↗ *Transaminierung*.

Pyridoxin, *4,5-Di(hydroxymethyl)-2-methylpyridin-3-ol* (IUPAC), *Adermin, Vitamin B₆*. Der Vitamin-B₆-Komplex umfasst die substituierten Pyridinverbindungen Pyridoxol [2-Methyl-3-hydroxy-4,5-di(hydroxymethyl)-pyridin], Pyridoxal (2-Methyl-3-hydroxy-5-hydroxymethyl-pyrid-4-al), Pyridoxalphosphat und Pyridoxaminphosphat (Abb.). Diese Verbindungen sind ernährungsphysiologisch gleichwertig. Sie sind wasserlöslich und kommen unter anderem in Leber, Niere, Hefen, Gemüse und Getreide vor. Alle Formen sind im Stoffwechsel ineinander überführbar. Pyridoxalphosphat ist das wichtigste Coenzym des Aminosäurestoffwechsels und ist an Transaminierungs-, Decarboxylierungs- und Eliminierungsreaktionen beteiligt. Da Vitamin B₆ in allen Grundnahrungsmitteln enthalten ist, sind beim Menschen keine typischen Mangelzu-

stände bekannt. Bei Vorliegen eines Vitamin-B₆-Mangels ist der Tryptophanabbau und damit die Nicotinsäuresynthese (↗ *Nicotinsäureamid*) gestört, weil die Bildung von 3-Hydroxyanthranilat aus 3-Hydroxykynurenin blockiert wird. Die Ausscheidung von Xanthurensäure dient als Hinweis für einen Vitamin B₆-Mangel (↗ *L-Tryptophan*). Bei Ratten bewirkt ein Vitamin-B₆-Mangel einen Pellagra-ähnlichen Zustand mit Haarausfall, Rötung und Schuppenbildung der Haut. Der tägliche Bedarf liegt für Menschen bei 1,5–2 mg.

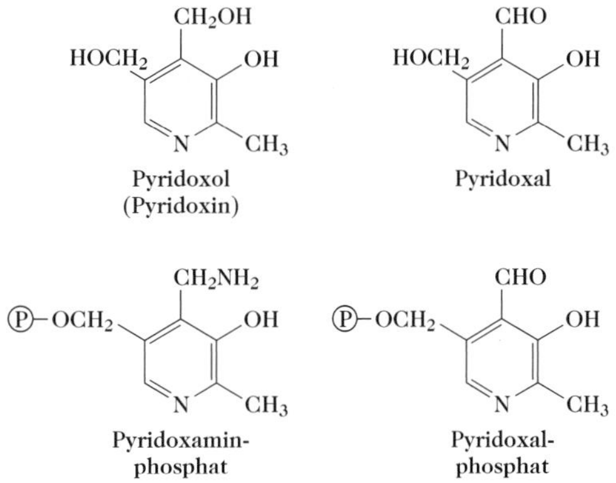

Pyridoxin. Vitamin-B₆-aktive Verbindungen.

Pyridoxol, eine Komponente des Vitamin-B₆-Komplexes (↗ *Pyridoxin*).

Pyrimidin, *1,3-Diazin,* eine heterozyklische Verbindung, die aus einem Sechsring mit 2 Stickstoffatomen besteht (Abb. 1). M_r 80,1 Da, F. 20–22 °C, Sdp. 124 °C. P. ist Baustein wichtiger Naturstoffe, wie Antibiotika (Nucleosidantibiotika), Pterine, Purine und Vitamine, z. B. Vitamin B₁. Besondere Bedeutung hat der Pyrimidinring als Bestandteil

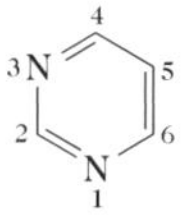

Pyrimidin. Abb. 1. Nummerierungssystem von Pyrimidin. Ein älteres System folgte der Nummerierung des Pyrimidinanteils im Purinring (↑*Purin*).

◄ **Pyridoxalphosphat.** Die Coenzymrolle des Pyridoxalphosphats (PLP) für den Aminosäurestoffwechsel. Bei allen Reaktionen besteht der erste Schritt in der Bildung der Schiffschen Base a durch Kondensation von PLP und der Aminosäure. Die Schiffschen Basen a und b sind Teil der ↑*Transaminierung*.
Racemisierung: a → b, nachfolgend b → a → Aminosäure + PLP, wobei das Proton in der entgegengesetzten Konfiguration addiert wird. *Aminosäuredecarboxylierung:* a → d → e → Amin + PLP.
Serin-Hydroxymethyltransferase (EC 2.1.2.1): X = OH; L-Serin + PLP → a → f → g → Glycin + PLP; Umkehr dieser Reaktion führt zur L-Serinsynthese aus Glycin; die Hydroxymethylgruppe wird durch Tetrahydrofolsäure getragen.
Cystein-Desulfhydrase (EC 4.4.1.1): X = SH; Cystein + PLP → a → b → c → Schwefelwasserstoff + Pyruvat + Ammoniak + PLP.
Serin-Dehydratase (EC 4.2.1.13): X = OH; L-Serin + PLP → a → b → c → Wasser + Pyruvat + Ammoniak + PLP.
Tryptophanase (EC 4.1.99.1): X = Indol; L-Tryptophan + PLP → a → b → c → Indol + Pyruvat + Ammoniak + PLP.
Tryptophan-Synthase (EC 4.2.1.20): 1.Stufe: X = OH; L-Serin + PLP → a → b → c; 2. Stufe: X = Indol; c → b → a → L-Tryptophan + PLP.

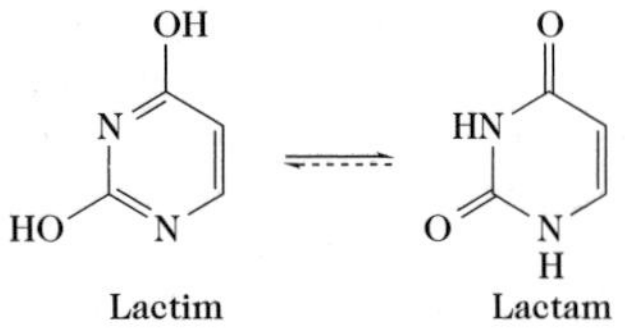

OH   O

Lactim   Lactam

Pyrimidin. Abb. 2. Tautomere des Uracils.

der stickstoffhaltigen Basen ↗ *Cytosin,* ↗ *Uracil* und ↗ *Thymin* (Pyrimidinbasen) für die Nucleinsäuresynthese. Neben diesen drei wichtigsten Pyrimidinbasen kommen weitere als ↗ *seltene Nucleinsäurebausteine* vor. Auch ↗ *Pyrimidinanaloga* können in die Nucleinsäuren eingebaut werden.

Die Pyrimidinringe der Nucleinsäuren tragen in 6-Stellung eine Amino- oder Hydroxylgruppe, in 2-Stellung stets eine Sauerstofffunktion. Dadurch treten tautomere Strukturen auf, in denen der Wasserstoff am Sauerstoff oder am Ringstickstoff gebunden sein kann. Abb. 2 zeigt dies für das Uracil.

Pyrimidinabbau, *Pyrimidinkatabolismus,* reduktiv oder in speziellen Fällen oxidativ verlaufende Reaktionen zum Abbau von Pyrimidinverbindungen durch Spaltung des Pyrimidinrings.

1) *Reduktiver P.* (Abb.). In Umkehrung der Pyrimidinbiosynthese nach dem Orotsäureweg wird der Pyrimidinring partiell hydriert und die entsprechende Dihydroverbindung hydrolytisch gespalten.

Cytosin wird durch Desaminierung in Uracil umgewandelt, dessen Abbau bis zu β-Alanin verläuft; aus Thymin entsteht β-Aminoisobutyrat. Die Endprodukte können durch Transaminierungsreaktionen weiter metabolisiert werden.

2) *Oxidativer P.* In *Corynebacterium* und *Mycobacterium* erfolgt vor der Spaltung ein oxidativer Angriff am Pyrimidinring. Aus Uracil entsteht Barbitursäure, deren Spaltung Harnstoff und Malonsäure ergibt. Thymin wird zu 5-Methylbarbitursäure oxidiert und nachfolgend in Harnstoff und Methylmalonsäure gespalten.

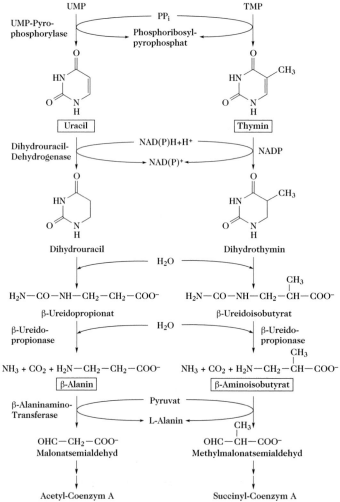

Pyrimidinabbau. Reduktiver Abbau von Uracil und Thymin.

Pyrimidinanaloga, *Antipyrimidine*, Pyrimidinderivate, die durch geringe Abwandlung der molekularen Struktur der natürlichen Pyrimidinmetabolite als Antimetabolite wirken. P. greifen selektiv in bestimmte biochemische Reaktionsketten, besonders der Nucleinsäuresynthese, ein und inhibieren diese. Sie werden hauptsächlich durch Modifizierung der Basen, aber auch durch Abwandlung des Zuckeranteils von Nucleosiden gewonnen. Bevorzugte Variationen sind die Einführung verschiedener Substituenten (z. B. Halogene am C5 von Uracil und Cytosin), Austausch einer OH-Gruppe gegen eine SH-Gruppe (z. B. 2-Thiouracil), Austausch eines Ring-C-Atoms gegen ein N-Atom (5-Azauracil). Aktive P. werden auch durch sterische Umkehr der OH-Gruppe am C2 des Zuckers (↗ *Arabinoside*) und am

C3 (↗ *Xylosylnucleoside*) erhalten. [Peter Langen *Antimetabolites of Nucleic Acid Metabolism. The Biochemical Basis of their Action with Special Reference to their Application in Cancer Therapy*, Gordon und Breach, London, New York, Paris, 1974]

Pyrimidinantibiotika, in ihrer chemischen Struktur modifizierte Pyrimidinderivate mit antibiotischer Aktivität, die als Nucleoside (↗ *Nucleosidantibiotika*), Polypeptide (z. B. Albomycin und Grisein) oder freie Basen (z. B. Bacimethrin) vorliegen. Die Pyrimidin-Antibiotika ↗ *Toxoflavin* und ↗ *Fervenulin* leiten sich von Purinen ab.

Pyrimidinbasen, ↗ *Pyrimidin*.

Pyrimidinbiosynthese, *de-novo-Pyrimidinsynthese*, die Neubildung des Pyrimidinrings von Uracil, Thymin, Cytosin und deren Derivaten aus

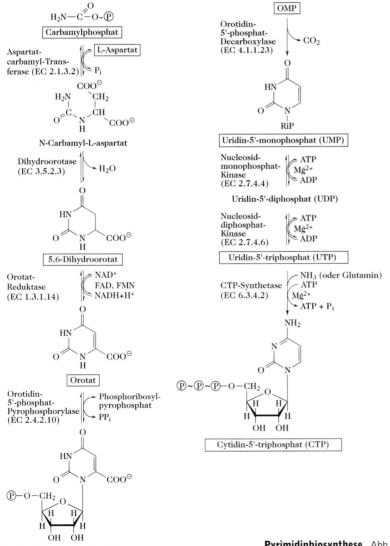

Pyrimidinbiosynthese. Abb. 1. Biosynthese von Uridin- und Cytidinnucleotiden.

Carbamylphosphat und Aspartat (Ausnahme ist der Pyrimidinring des Thiamins in allen lebenden Zellen).

Biosynthese von Uridin- und Cytidinnucleotiden. Die P. führt über Orotsäure, die Muttersubstanz der Pyrimidine, durch mehrere enzymatisch katalysierte Reaktionen zu Pyrimidinnucleotiden (Abb. 1). Als erstes Pyrimidinnucleotid wird *de novo* Uridin-5'-monophosphat (UMP, Uridylsäure) gebildet, dessen weitere enzymatische Umsetzung Uridin-5'-triphosphat (UTP) liefert. Aus UTP entsteht Cytidin-5'-triphosphat (CTP), wobei Ammoniak oder – besonders in tierischen Geweben – Glutamin als Aminogruppendonator dient.

Biosynthese von Thymidinnucleotiden. Da Thymidin Baustein der DNA ist, enthält das korrespondierende Nucleotid 2-Desoxyribose. Die *de-novo*-Synthese des DNA-Bausteins Thymidin-5'-monophosphat (TMP, Thymidylsäure; exakter: Desoxythymidin-5'-monophosphat, dTMP, Desoxythymidylsäure) erfolgt durch die Reaktionssequenz:

$$CMP \rightarrow CDP \rightarrow dCDP \rightarrow dCMP \rightarrow dUMP \rightarrow$$
$$TMP (dTMP) \rightarrow TDP (dTDP) \rightarrow TTP (dTTP; Abb. 2).$$

Die Methylierung von dUMP zu TMP wird durch die Thymidylat-Synthase (EC 2.1.1.45) katalysiert. Der Cofaktor N^5,N^{10}-Methylentetrahydrofolsäure überträgt die aktive C-1-Einheit auf C5 von dUMP und fungiert auch als reduzierendes Agens zur *de-novo*-Bildung der Methylgruppe aus der aktiven C-1-Einheit.

Biosynthese von Ribothymidylsäure. Die Verbindung kommt als ↗ *seltener Nucleinsäurebaustein* in vielen spezifischen tRNA-Arten vor. Sie wird durch Methylierung (mit S-Adenosyl-L-methionin) des C5 von Uracil im bestehenden Nucleinsäuremolekül gebildet.

Pyrimidinnucleotide können auch über den ↗ *Wiederverwertungsweg* gebildet werden.

Regulation der P. Die carbamylphosphatsynthetisierenden Enzyme unterliegen einer differenzierten Kontrolle. Im Bakterium *Escherichia coli* wird

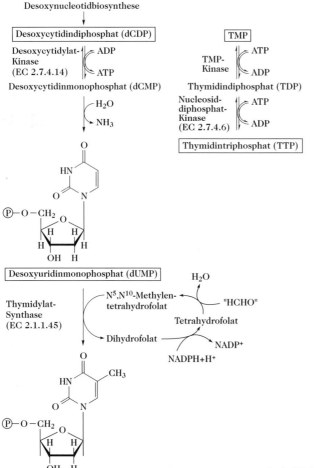

Pyrimidinbiosynthese. Abb. 2. Biosynthese von Thymidinnucleotiden.

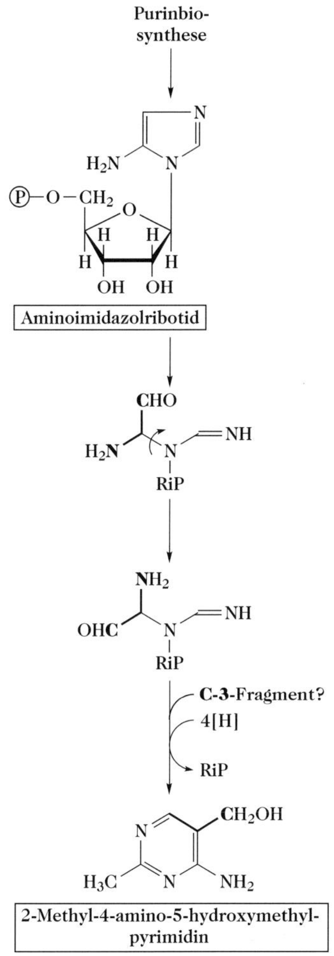

Pyrimidinbiosynthese. Abb. 3. Biosynthese von 2-Methyl-4-amino-5-hydroxymethylpyrimidin aus Aminoimidazolribotid (RiP = Ribose-5-phosphat).

die Carbamylphosphat-Synthetase durch die Purinnucleotide IMP und XMP aktiviert und durch die Pyrimidinnucleotide UMP und UDP gehemmt. Der Schlüsselregelpunkt ist die Synthese von *N*-Carbamylaspartat, katalysiert durch die Aspartatcarbamyl-Transferase (Aspartat-Transcarbamylase, EC 2.1.3.2). In *E. coli* und *Aerobacter aerogenes* wird dieses Enzym durch CTP inhibiert und durch ATP eine Inhibierung verhindert. In *Pseudomonas fluorescens* erfolgt eine Inhibierung des Enzyms durch UTP, während in höheren Pflanzen der regulatorische Inhibitor UMP ist.

Die Aspartatcarbamyl-Transferase aus *E. coli* ist eines der am besten untersuchten allosterischen Enzyme. Es besitzt ein M_r von 310 kDa und kann in zwei identische katalytische Untereinheiten (jeweils M_r 100 kDa, drei Polypeptidketten, die C-Ketten von M_r 34 kDa) und drei identische regulatorische Untereinheiten dissoziiert werden. Jede

regulatorische Untereinheit enthält zwei R-Ketten (M_r 17 kDa); jede R-Kette bindet ein CTP-Molekül. Die katalytischen Untereinheiten sind in Abwesenheit der regulatorischen Untereinheiten aktiv, eine Regulierung durch CTP erfolgt jedoch nur am vollständigen oligomeren Enzym. Der Regulierungsmechanismus wird durch das ↗ *Kooperativitätsmodell* der allosterischen Enzyme erklärt. In einigen Fällen kann auch Uracil die Synthese von Aspartatcarbamyl-Transferase und von Dihydroorotat-Dehydrogenase (EC 1.3.3.1) reprimieren.

Biosynthese des Pyrimidinrings des Thiamins (Vitamin B₁) aus Aminoimidazolribonucleotid. Der Ring wird nicht nach dem o. a. Orotsäureschema der P. synthetisiert, vielmehr entsteht das im Thiamin enthaltene 2-Methyl-4-amino-5-hydroxymethylpyrimidin aus einem Zwischenprodukt der Purinbiosynthese, dem Aminoimidazolribonucleotid (Abb. 3).

Pyrimidindimere, ↗ *DNA-Reparatur.*

Pyrimidinkatabolismus, Syn. für ↗ *Pyrimidinabbau.*

L-Pyroglutaminsäure, *Pyr, (S)-2-Pyrrolidon-5-carbonsäure,* durch Zyklisierung von Glutaminsäure (↗ *L-Glutaminsäure*) gebildete heterozyklische, wasserlösliche Iminosäure, die in Melasse, Gräsern und Pflanzenfrüchten auftritt. M_r 129,1 Da, F. 127–128 °C, $[\alpha]_D^{20}$ –11,5° (c = 2, Wasser).

L-P. ist in N-terminaler Position Bestandteil einiger ↗ *Peptidhormone* (Gastrin, Neurotensin, Gonado- und Thyreoliberin) und schützt diese vor proteolytischem Abbau.

Pyrrolderivate, ↗ *Pyrrole.*

Pyrrole, *Pyrrolderivate,* Verbindungen mit dem Pyrrolring als Baustein. Man unterscheidet Mono-, Di-, Tri- und Tetrapyrrole. Bei den Tetrapyrrolen existieren nichtzyklische und zyklische Vertreter. Lineare Tetrapyrrole sind die ↗ *Gallenfarbstoffe* und die chromophoren Gruppen der Biliproteine (↗ *Phycobilisom*). Zyklische Tetrapyrrole sind die ↗ *Porphyrine.* Die ↗ *Corrinoide* haben einen Makrozyklus aus vier Monopyrrolen und ähneln formal einem Porphyrin.

Pyrrolidin-Alkaloide, eine Gruppe einfach gebauter ↗ *Alkaloide.* Die P. sind entweder Derivate des Prolins (z. B. *Stachydrin* sowie die diastereoisomeren 4-Hydroxyprolinbetaine *Betonicin* und *Turicin*) oder sie leiten sich von einem *N*-Methyl-2-alkylpyrrolidin ab (z. B. *Hygrin* und *Cuskhygrin*). Letztere kommen mit Tropan-Alkaloiden vergesellschaftet vor und werden wie diese aus Ornithin und Acetat gebildet.

Pyrrolidin-2-carbonsäure, ↗ *L-Prolin.*

Pyrrolid-2-on-5-carbonsäure, ↗ *Pyroglutaminsäure.*

Pyrrolizidin-Alkaloide, *Senecio-Alkaloide*, eine Gruppe von Esteralkaloiden, deren Aminoalkohole (*Necine*) mit Necinsäure verestert sind. Die Necine sind Derivate des bizyklischen Pyrrolizidingerüsts (1-Azabicyclo[0,3,3]octan, ↗ *Alkaloide, Tab.*) und besitzen ein bzw. zwei Alkoholgruppen, wie z. B. Retronecin (Abb.).

Pyrrolizidinalkaloide. Retronecin.

Die *Necinsäuren* (verestert mit den Hydroxylgruppen der Necine) sind verzweigte aliphatische ein- oder zweibasige Säuren mit 5–10 Kohlenstoffatomen, z. B. Angelika-, Tiglin-, Senecio- und Monocrotalinsäure. Die große Anzahl der P. erklärt sich durch die Vielzahl der am Aufbau beteiligten Necine und Necinsäuren sowie durch das Auftreten von Aminoxiden und Isomeren. Necine treten auch frei auf. P. kommen vorwiegend in *Senecio*-Arten (Kreuzkraut) vor. Sie sind hepatotoxisch und können bei Weidetieren zu Leberzirrhosen führen.

Pyrrolochinolinchinon, *PQQ* (engl. *pyrrolo quinoline quinon*), *2,7,9-Tricarboxy-1H-pyrrolo[2,3-f] chinolin-4,5-dion* (Abb.), der Cofaktor der Methanol-Dehydrogenase (EC 1.1.99.8) aus *Hyphomicrobium X* und *Methylophilus methylotrophus* sowie der Glucose-Dehydrogenase (EC 1.1.99.17) aus *Acinebacter calcoaceticus*. [J.A. Duine et al. *Eur. J. Biochem.* 108 (1980) 187–192]

Pyruvat, das Anion der Brenztraubensäure. P. ist wichtige Verzweigungsstelle im anaeroben und aeroben Stoffwechsel (Abb.).

Pyrrolochinolinchinon

Pyruvatsynthese. Die Synthese des Pyruvats erfolgt 1) bei der ↗ *Glycolyse* aus *Phosphoenolpyruvat*. Dieses enthält als Enolester eine energiereiche Bindung, bei deren hydrolytischer Spaltung 50,24 kJ (12 kcal) frei werden. Durch die Katalyse der Pyruvat-Kinase wird diese Energie zur Übertragung des Phosphatrests auf Adenosindiphosphat unter Synthese von Adenosintriphosphat genutzt. 2) im Stoffwechsel bestimmter Aminosäuren, besonders durch die Transaminierung von Alanin, die oxidative Desaminierung von Serin und die Desulfhydrierung von Cystein.

Pyruvatstoffwechsel. Der *Umsatz* des P. erfolgt 1) bei der anaeroben Glycolyse zu Lactat, 2) bei der anaeroben ↗ *alkoholischen Gärung* zu Ethanol, 3) unter aeroben Bedingungen mittels des Pyruvat-Dehydrogenase-Komplexes durch oxidative Decarboxylierung zu Acetyl-Coenzym A. Dieser Prozess ist für die Verknüpfung verschiedener Stoffwechselwege besonders wichtig.

Bilanz der oxidativen Decarboxylierung des P.: CH_3COCOO^- (Pyruvat) + HSCoA (Coenzym A) + $NAD^+ \rightarrow CH_3CO\text{-}SCoA$ (Acetyl-Coenzym A) + CO_2 + NADH + H^+. Aus einem Molekül Pyruvat werden bei vollständiger Oxidation über den Tricarbonsäure-Zyklus 15 Moleküle ATP gebildet (14 durch At-

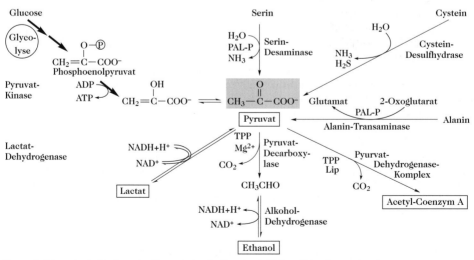

Pyruvat. Die zentrale Stellung des Pyruvats im Stoffwechsel. TPP = Thiaminpyrophosphat, PAL-P = Pyridoxalphosphat, Lip = Liponsäureamid.

mungskettenphosphorylierung und 1 durch Substratkettenphosphorylierung).

4) bei der ↗ *Carboxylierung* durch verschiedene Enzymsysteme zu Oxalacetat. Diese Reaktion ist Ausgangspunkt für die ↗ *Gluconeogenese*.

5) bei der ↗ *Stickstofffixierung*, bei der Pyruvat einer phosphoroklastischen Spaltung in Acetylphosphat und CO_2 unterliegt.

Pyruvat-Carboxylase (EC 6.4.1.1), eine Biotin abhängige Ligase tierischer und pflanzlicher Herkunft, die die Addition von CO_2 an Pyruvat katalysiert:

Pyruvat + CO_2 + ATP + H_2O ⇄
Oxalacetat + ADP + P_i.

Das Enzym ist Mn^{2+}-abhängig und in Abwesenheit seines positiven allosterischen Effektors Acetyl-CoA praktisch inaktiv. Diese Reaktion stellt eine wichtige frühe Stufe der ↗ *Gluconeogenese* dar und ist ein Beispiel für eine CO_2-Fixierung im tierischen Organismus. Zur Art der Bindung des Coenzyms Biotin und zum Mechanismus der CO_2-Übertragung ↗ *Biotinenzyme*. Die aktive Form der P. ist ein Tetramer [M_r 600 kDa (Hefe), 650 kDa (Hühnerleber) bzw. 520 kDa (Schweineleber)], das mit den korrespondierenden Dimeren und Monomeren im Gleichgewicht steht. Die Dimere und Monomere (M_r 130 kDa, 3 Ketten, M_r je 47 kDa) sind ebenfalls enzymatisch aktiv. Die Vogelleber-P. ist ein kälteempfindliches Enzym, das bei 0 °C reversibel in sein inaktives Monomer (M_r 160 kDa) zerfällt. Wie alle Biotinenzyme wird P. durch Avidin inaktiviert, da Biotin als Avidin-(Biotin)$_4$-Komplex gebunden wird.

Die ebenfalls Biotin-abhängige Acetyl-Coenzym-A-Carboxylase und die P. sollen sich aufgrund struktureller Ähnlichkeiten aus einem gemeinsamen Vorläuferenzym entwickelt haben.

Pyruvat-Decarboxylase, *Carboxylase* (EC 4.1.1.1), eine im Tierreich fehlende, in Hefe und Weizenkeimlingen reichlich vorhandene Thiaminpyrophosphat-(TPP-)abhängige Lyase. Die P. ist ein spezifisches Enzym der alkoholischen Gärung und katalysiert die Spaltung von Pyruvat (über aktiviertes Acetaldehyd) in Acetaldehyd und CO_2. Cofaktoren sind Thiaminpyrophosphat (Cocarboxylase) und Magnesiumionen. In der pflanzlichen Zelle konkurriert die P. mit dem Pyruvat-Dehydrogenase-Komplex um das gemeinsame Substrat Pyruvat. Das M_r der P. aus Hefe und *Escherichia coli* liegt bei 190 kDa (zwei identische Untereinheiten, M_r 95 kDa).

Pyruvat-Dehydrogenase, Syn. für ↗ *Pyruvat-Dehydrogenase-Komplex*.

Pyruvat-Dehydrogenase-Komplex, *Pyruvat-Dehydrogenase*, ein ↗ *Multienzymkomplex*, der für die Bildung von Acetyl-CoA aus Pyruvat verantwortlich ist; eine der zentralen Stoffwechselreaktionen

(↗ *Pyruvat*, ↗ *Acetyl-Coenzym A*). Die Aktivität der P. wird auf drei Arten reguliert: 1) der Enzymkomplex wird durch Acetyl-CoA und NADH inhibiert; die Transacetylase wird durch Acetyl-CoA und die Dihydrolipoyl-Dehydrogenase durch NADH inhibiert. Diese Inhibierungen werden durch CoA und NAD^+ aufgehoben. 2) Die Enzymaktivität wird durch den Energiezustand der Zelle beeinflusst; der Komplex wird durch GTP inhibiert und durch AMP aktiviert. 3) Der Komplex wird inhibiert, wenn ein spezifischer Serinrest der Pyruvat-Decarboxylase durch ATP phosphoryliert wird. Diese Phosphorylierung wird durch Pyruvat und ADP inhibiert. Eine Reaktivierung des Komplexes erfolgt, wenn die Phosphorylgruppe durch eine spezifische Phosphatase abgespalten wird. [S.S. Mande et al. *Structure* 4 (1996) 277–286]

Pyruvat-Kinase, *Phosphoenolpyruvat-Kinase* (EC 2.7.1.40), eine in Hefe, Muskel, Leber, Erythrocyten und anderen Organen bzw. Zellen weit verbreitete metallionenabhängige Phosphotransferase, die den letzten Schritt der Glycolyse katalysiert: Phosphoenolpyruvat (PEP) + ADP → Pyruvat + ATP (*Substratkettenphosphorylierung*). Hierbei kommt es zur Ausbildung eines intermediären zyklischen ternären Metallbrückenkomplexes:

$$P.k. — Mn — ADP$$
$$\diagdown PEP$$

in dem PEP und ADP über ein Mn^{2+}-Ion an das Enzym gebunden sind. Die tetramere P. aus Muskel und Erythrocyten (M_r 230 kDa) folgt der Michaelis-Menten-Kinetik (die graphische Darstellung der Anfangsreaktionsgeschwindigkeit gegen die Substratkonzentration verläuft hyperbolisch), während das Hefeenzym (M_r 190 kDa, 4 bzw. 8 Untereinheiten) mit seiner sigmoidalen Kinetik ein allosterisches Enzym darstellen.

Pyruvatphosphat-Dikinase, ein Enzym in der Mesophyllzelle, das im C_4-Weg tropischer Pflanzen (↗ *Photosynthese*) die Umwandlung von Pyruvat in Phosphoenolpyruvat katalysiert.

Pyruvinsäure, *Brenztraubensäure*, *Oxopropansäure*, CH_3-CO-COOH, die einfachste und wichtigste α-Ketosäure (2-Oxosäure). F. 11,8 °C, Sdp. 165 °C (Zers.). ↗ *Pyruvat*.

Pythocholsäure, *3α,7α,16α-Trihydroxy-5β-cholan-24-säure*, eine zur Gruppe der Gallensäuren gehörende Trihydroxycarbonsäure (M_r 408,58 Da, F. 187 °C). P. ist charakteristischer Bestandteil der Galle vieler Schlangen und wurde z. B. aus der Galle von Abgott-, Tiger-, Python- und Boaschlangen isoliert.

PYY, Abk. für *Peptid mit N-terminalem Tyrosin und C-terminalem Tyrosinamid*, ein primär im Dünndarm vorkommmendes 36 AS-Peptidamid. Darüber hinaus wurde PYY im Zwölffingerdarm des

Menschen sowie beim Hund und Schwein in den Mucosamembranen des Dickdarms und Ileums gefunden. PYY vermindert u. a. den CCK-Spiegel im Plasma von Hunden, die exokrine Sekretion des Pankreas sowie ebenso eine unterschiedlich stimulierte Magensäuresekretion. Des Weiteren erhöht PYY den Blutdruck und vermindert den Plasmaspiegel an pankreatischem Polypeptid, Motilin u. a.

P-Zellstimulierender Faktor, ↗ *koloniestimulierende Faktoren*.

a

β-Fass (Triosephosphat-Isomerase)   Sattel (Carboxypeptidase A)

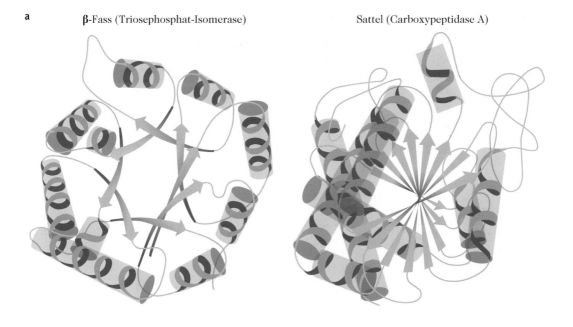

b

Struktur von α-Keratin

Ansicht entlang der Achse

Seitenansicht

unpolare
Reste

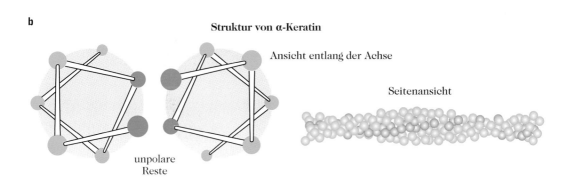

c

Struktur von Kollagen

Gly = Glycin   x = andere
Pro = Prolin   Aminosäuren
Hpr = Hydroxyprolin

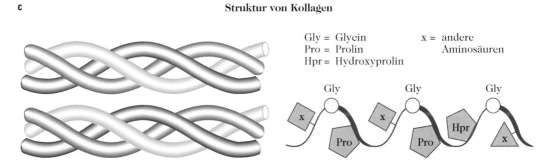

Supersekundärstrukturen. Beispiele unterschiedlicher ↗ *Supersekundärstrukturen.*

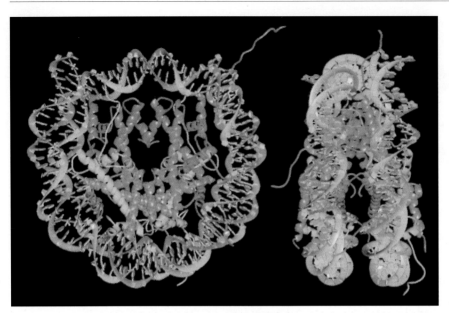

Nucleosomen. Abb. 1. Kernpartikel des ↗ *Nucleosoms* bestehend aus 146 DNA-Basenpaaren (braun und türkis) und acht Histon-Proteinketten (blau: H3; grün: H4; gelb: H2A, rot: H2B, ↗ *Histone*. Gezeigt ist im linken Abbildungsteil eine Ansicht entlang der DNA-Superhelix-Achse und im rechten Abbildungsteil eine Ansicht senkrecht dazu. In beiden Fällen weist das DNA-Zentrum nach oben. [(Abb. von Timothy J. Richmond, mit freundlicher Genehmigung von *Nature* (389:252)].

Nucleosomen. Abb. 2. Kolorierter Schnitt durch die dreidimensionale Karte eines ↗ *Nucleosoms*. Die Elektronendichte ist (wie die Höhe auf einer Landkarte) durch Konturlinien dargestellt. Man erkennt, wie die DNA (gelb- bis rotbraun) außen um die Histone H3 (blau) und H4 (grün) gewunden ist.

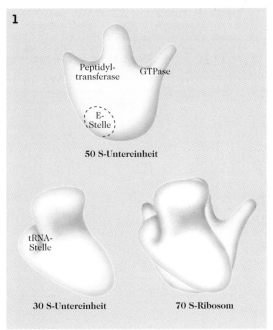

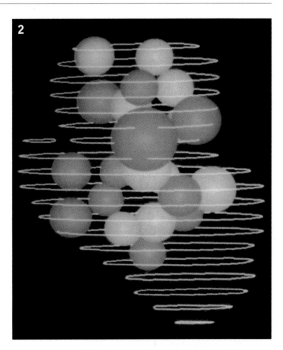

Ribosomen. Abb. 1. Oberflächentopographie und funktionelle Zentren der 30S- und 50S-Untereinheiten des intakten 70S-Ribosoms (↗ *Ribosomen*).

Ribosomen. Abb. 2. Die Lage aller 21 Proteine (farbige Kugeln) in der 30S-Ribosomenuntereinheit. Die weißen Linien stellen die Oberfläche des 30S-Partikels dar. Die RNA liegt im nicht farbig markierten Volumen des Partikels.

Ribosomen. Abb. 3. Struktur des bakteriellen ↗ *Ribosoms* in räumlicher Darstellung.

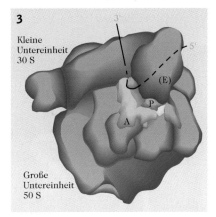

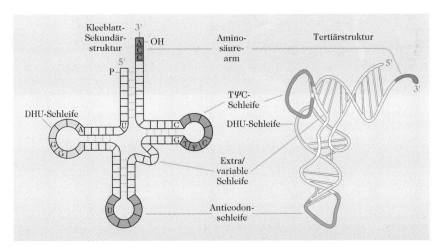

transfer-RNA. Struktur der ↗ *transfer-RNA*.

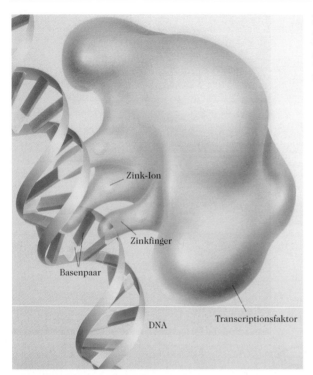

Zinkfinger. Abb. 1. Drei ↗ Zinkfinger eines ↗ Transcriptionsfaktors (rot), die sich in der breiteren der beiden Furchen einer DNA-Doppelhelix (↗ Desoxyribonucleinsäure) verankert haben. Die Form der fingerförmigen Proteinvorsprünge wird entscheidend durch die Zinkionen bestimmt.

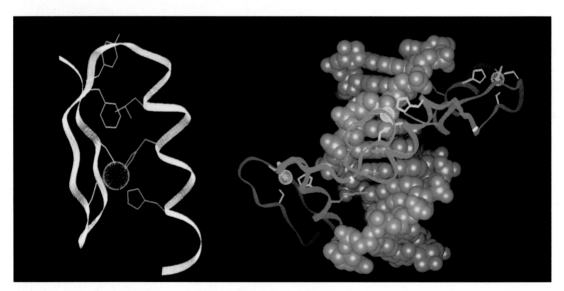

Zinkfinger. Abb. 2. Die genaue Struktur von ↗ Zinkfingern (links) ist erst seit den späten achtziger Jahren bekannt. Das weiße Band der Computerdarstellung repräsentiert das Peptid-Rückgrat der Aminosäurekette. Dessen linke Hälfte faltet sich haarnadelartig zurück und bildet eine β-Faltblatt-Unterstruktur. Die rechte Hälfte windet sich zu einer α-Helix. Bindungen zwischen dem Zink-Ion (gelbe Kugel) und den beiden Cysteinresten des β-Faltblatts (gelbe Linien) sowie den beiden Histidinresten der Helix (rote Linien) halten die Hälften an der Wurzel des Fingers zusammen. Dadurch stabilisieren hydrophobe Aminosäurereste (grün) an der Spitze des Fingers die Struktur. Die Abbildung zeigt den zweiten Zinkfinger des Hefe-Transcriptionsfaktors SWI5. Die Struktur wurde aufgeklärt von Dr. David Neuhaus, Dr. Aaron Klug und Dr. Daniela Rhodes am MRC *Laboratory of Molecular Biology*, Cambridge, GB. Die rechte Bildhälfte zeigt den Kontakt dreier hintereinander geschalteter Zinkfinger des Regulatorproteins Zif 268 (weiß unterteiltes rotes Band) zu den Basen in der großen Furche der DNA (blau). Fünf von sechs Basenkontakten sind sichtbar (magentarote Linien). Die Darstellung beruht auf röntgenkristallographischen Untersuchungen von Nikola Pavlewitsch und Carl. O. Pabo an der Johns-Hopkins-Universität in Baltimore (Maryland).

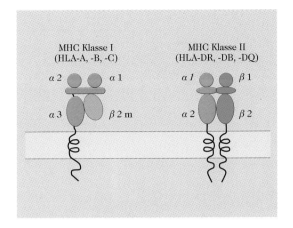

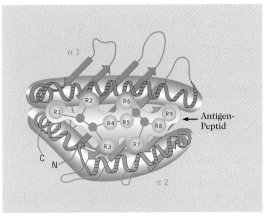

MHC-Moleküle. Abb. 1. Struktur der ↗ *MHC-Moleküle* Klasse I und Klasse II.

MHC-Moleküle. Abb. 2. MHC-Klasse-I-Molekül mit gebundenem Peptid, Blick von oben (↗ *MHC-Moleküle*).

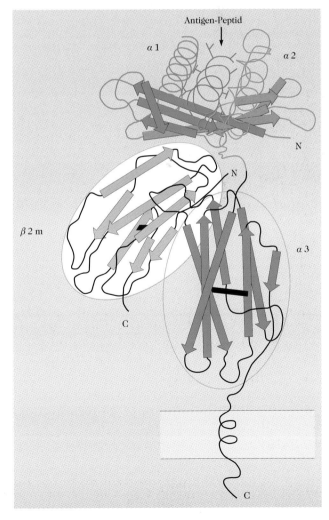

MHC-Moleküle. Abb. 3. MHC-Klasse-I-Molekül mit gebundenem Peptid, Seitenansicht (↗ *MHC-Moleküle*).

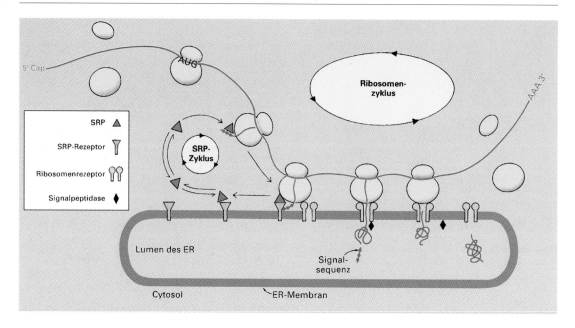

Signalerkennungspartikel. ↗ *Signalerkennungspartikel* (SRP) sind an der Anlieferung von Ribosomen an das endoplasmatische Reticulum (ER) beteiligt. SRP erkennen die Signalsequenz einer neu entstehenden Peptidkette (↗ *Signalpeptide,* ↗ *Signalhypothese*).

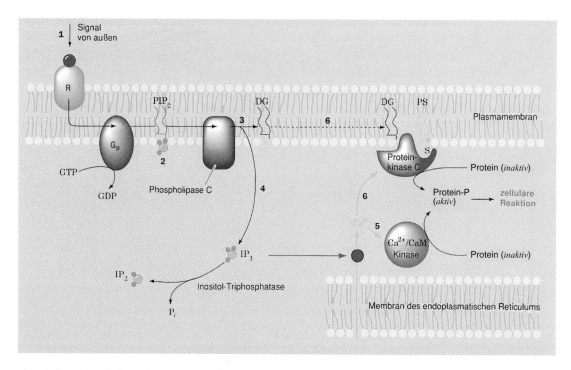

Phosphoinositolkaskade. Bedeutung von PIP_2 bei der Signalübertragung in der Zelle, ↗ *Phosphoinositolkaskade.* (1) Wenn ein Agonist an einen Oberflächenrezeptor R bindet, wird über das G-Protein (2) die Phosphorylase C aktiviert, die dann ihrerseits die Hydrolyse von PIP_2 zu Inositoltriphosphat (IP_3) und Diacylglycerin (DG) katalysiert (3). Das wasserlösliche IP_3 sorgt für die Freisetzung von Ca^{2+}, das im endoplasmatischen Reticulum gespeichert ist (4), dieses aktiviert dann über Calmodulin und seine Homologen weitere Vorgänge in der Zelle (5). Das unpolare DG bleibt mit der Membran verbunden und aktiviert dort die Protein-Kinase C, die mehrere Zellproteine phosphoryliert (6) und so deren Aktivität beeinflusst.

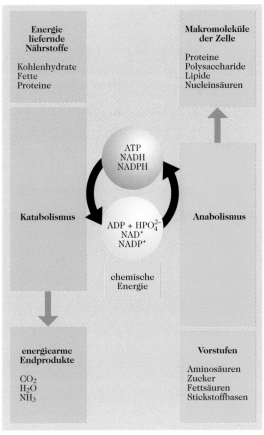

Energie liefernde Nährstoffe
Kohlenhydrate
Fette
Proteine
Makromoleküle der Zelle
Proteine
Polysaccharide
Lipide
Nucleinsäuren
ATP
NADH
NADPH
Katabolismus
Anabolismus
ADP + HPO_4^{2-}
NAD^+
$NADP^+$
chemische Energie
energiearme Endprodukte
CO_2
H_2O
NH_3
Vorstufen
Aminosäuren
Zucker
Fettsäuren
Stickstoffbasen

◄ **Stoffwechsel.** Die Energiebeziehungen zwischen katabolischen und anabolischen Stoffwechselwegen (↗ *Katabolismus*, ↗ *Anabolismus*, ↗ *Stoffwechsel*).

NH_3^+
Cytosol
COO^-

LDL-Rezeptor. ► Schematischer Aufbau des ↗ *LDL-Rezeptors*. LDL bindende Domäne (grün); Domäne mit N-gebundenen Kohlenhydraten (grau); Domäne mit O-gebundenen Kohlenhydraten (blau); membrandurchspannende Domäne (gelb); cytosolische Domäne (rot).

Zn
Zn
MKETRY
KAFFKRSIQGHNDYM
RLRKCYEVGMMKGGIRKDRRGG
$H_3\overset{+}{N}$
COO^-
Transcriptions-aktivierung (Sequenz und Länge variabel)
DNA-Bindung (66–68 Aminosäuren, stark konserviert)
Hormonbindung (Sequenz und Länge variabel)

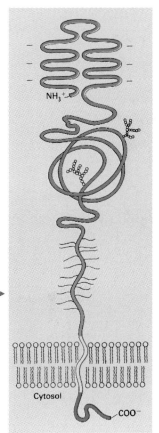

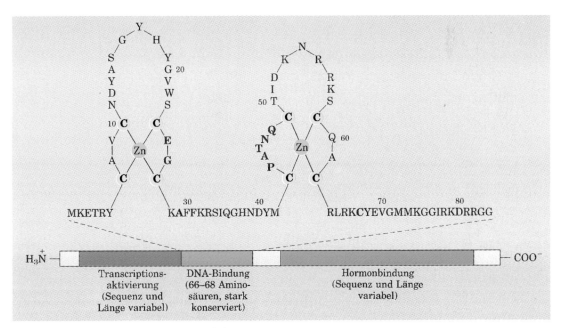

Steroidhormonrezeptor. Die DNA bindende Domäne des ↗ *Steroidhormonrezeptors* am Beispiel der Sequenz des Östrogenrezeptors.

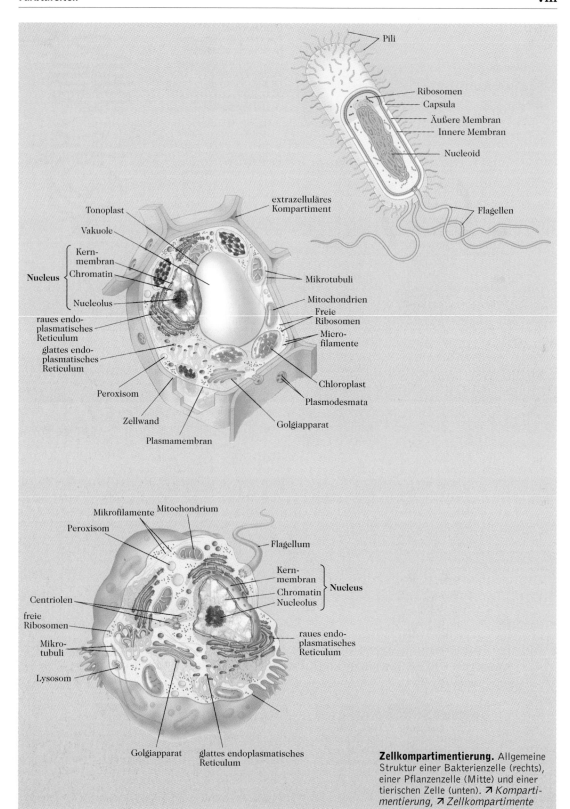

Pili

Ribosomen
Capsula
Äußere Membran
Innere Membran

Nucleoid

Flagellen

extrazelluläres
Kompartiment

Tonoplast

Vakuole

Kern-
membran
Chromatin

Nucleus

Nucleolus

raues endo-
plasmatisches
Reticulum

glattes endo-
plasmatisches
Reticulum

Peroxisom

Zellwand

Plasmamembran

Mikrotubuli

Mitochondrien

Freie
Ribosomen

Micro-
filamente

Chloroplast

Plasmodesmata

Golgiapparat

Mikrofilamente Mitochondrium

Peroxisom

Flagellum

Kern-
membran

Chromatin   **Nucleus**

Nucleolus

Centriolen

freie
Ribosomen

Mikro-
tubuli

Lysosom

raues endo-
plasmatisches
Reticulum

Golgiapparat   glattes endoplasmatisches
Reticulum

Zellkompartimentierung. Allgemeine
Struktur einer Bakterienzelle (rechts),
einer Pflanzenzelle (Mitte) und einer
tierischen Zelle (unten). ↗ *Kompartimentierung,* ↗ *Zellkompartimente*

Q, Abk. für Coenzym Q. ↗ *Ubichinon.*

QH₂, Abk. für ↗ *Ubichinol.*

Quadrom, der in einer Gewebekultur durch Fusion zweier Hybridome hergestellte bispezifische Antikörper.

Quadrupol-Massenspektrometer, zur Analyse von Ionen in der Elektrospray-Ionisations-Massenspektrometrie (ESI-MS) eingesetzte Massenspektrometer. Beim Q. handelt es sich im Prinzip um ein Massenfilter, das nur Ionen mit einem bestimmten Masse/Ladungs-Quotienten (m/z)-Verhältnis zum Detektor durchlässt. Ein Quadrupol besteht aus vier hyperbolisch geformten, stabförmigen Elektroden.

Qualitätskontrollenüberwachung, ↗ *laborübergreifende Kontrolle.*

Quantenausbeute, ↗ *Quantenbedarf.*

Quantenbedarf, die Anzahl von Lichtquanten, die zur Bildung eines Moleküls Sauerstoff (O_2) bei der ↗ *Photosynthese* erforderlich ist. Je Elektron werden zwei Lichtquanten benötigt. Der theoretische Wert des Quantenbedarfs liegt bei acht, da die Entwicklung von einem Molekül O_2 nach der formalen Gleichung $2\,H_2O \rightarrow O_2 + 4\,H^+ + 4\,e^-$ mit der Übertragung von vier Elektronen aus Wasser auf NADP⁺ verbunden ist. Die experimentell erhaltenen Werte des Q. liegen zwischen 8 und 10 für Blätter und bei 10–14 für isolierte Chloroplasten. Sie werden durch den physiologischen Zustand des Untersuchungsobjekts beeinflusst.

Das Gegenteil des Quantenbedarfs ist die *Quantenausbeute.* Sie entspricht der Anzahl Moleküle, die je Lichtquant umgeformt wurden (d. h. freigesetzte CO_2-Moleküle).

Quantosom, die kleinste strukturelle Einheit der Photosynthese, der Elementarbaustein des Thylakoids (18 × 15 × 10 nm, M_r 2×10^6 Da, enthält 230 Chlorophyllmoleküle, Cytochrome, Kupfer und Eisen). Q. können durch Aufschluss isolierter Chloroplasten mit Ultraschall gewonnen werden. Sie lassen sich elektronenoptisch abbilden. Sie können auch als granuläre Einheiten in den Chloroplastenlamellen beobachtet werden. Ihr funktioneller Status erscheint nicht klar definiert. Q. können den photosynthetischen Elektronentransport (↗ *Photosynthese*) und die photosynthetische ATP-Bildung vornehmen. Sie stehen damit in Analogie zu den Elektronentransportpartikeln der Atmungskette.

Quartärstruktur, die durch Zusammenlagerung mehrerer Polypeptidketten entstehende räumliche Stuktur. ↗ *Proteine.*

Quats, Syn. für ↗ *Invertseifen.*

Quebrachit, ↗ *Inositole.*

Quecksilberdiuretika, ↗ *Diuretika*, die die Rückresorption der Natriumionen in der Niere hemmen. Mit den erhöhten Natriummengen werden vermehrt Chloridionen und Wasser ausgeschieden. Aufgrund von Nebenwirkungen, auch bei den organischen Quecksilberverbindungen, sind sie aus der Therapie verdrängt. Wichtigstes Beispiel ist *Mersalyl.*

Quenchen, (engl. *to quench*, »löschen«), die schnelle Beendigung einer Reaktion durch Abschreckung, Desaktivierung oder Einfrieren. In der Photochemie und Spektroskopie versteht man unter Q. die strahlungslose Desaktivierung durch *Quencher (Löscher).*

Quercetin, *3,5,7,3',4'-Pentahydroxyflavon*, Flavonfarbstoff (↗ *Flavone*) aus der Rinde von Eichenarten (z. B. amerikanische Färbereiche), verschiedenen Kieferarten und Douglasien. Q.-Glycoside sind in Rinden, in Fruchtschalen, in Blüten (gelbes Stiefmütterchen) und anderen Pflanzenteilen enthalten und wurden früher zum Färben von Naturfasern verwendet.

Quercitrin, ↗ *Flavone.*

Quervernetzung, engl. *cross-linking*, eine Methode zur Immobilisierung von Enzymen (↗ *immobilisierte Enzyme*), aber auch Organellen (↗ *immobilisierte Zellorganellen*) und ganzen Zellen (↗ *immobilisierte Zellen*), durch ihre direkte Vernetzung mittels bi- oder mehrfunktioneller Agenzien (u. a. Diisothiocyanate, Polyethylimin, Bisacrylamid, Hexamethylendiamin). Als bifunktionelles Agens wird am häufigsten *Glutardialdehyd* verwendet, wobei die reaktionsfähigen Aldehydgruppen mit den freien Aminogruppen der Biomoleküle zu *Schiffschen Basen* reagieren. Nachteile der Q. (relativ schlechte mechanische Eigenschaften, Diffusionshemmungen für Substrate/Produkte) können durch Bindung von z. B. Enzymen an feste Träger (u. a. Silikate, Ionenaustauscherharze) und nachfolgende Q. durch bifunktionelle Agenzien ausgeglichen werden (↗ *cocrosslinking*).

Industrielle Anwendung haben die mit Glutardialdehyd vernetzten Enzyme u. a. bei der Herstellung von Fructose-Sirup gefunden.

Q-Protein, ein bei der Regulation der Genexpression beim lytischen Weg des Bakteriophagen λ wirkendes Protein, das das späte Transcriptionsstadium aktiviert.

Q-Zyklus, ein Zyklus, der von P. Mitchell [*FEBS Lett.* 56 (1975) 1–6; 59 (1975) 137–139] ersonnen wurde, um der Erfordernis des Redoxschleifenmechanismus (↗ *chemiosmotische Hypothese*) für einen „[H⁺ & Elektron]"-Träger im Cytochrom-bc_1-haltigen Komplex III der mitochondrialen Elektronentransportkette gerecht zu werden. Der Q-Zyk-

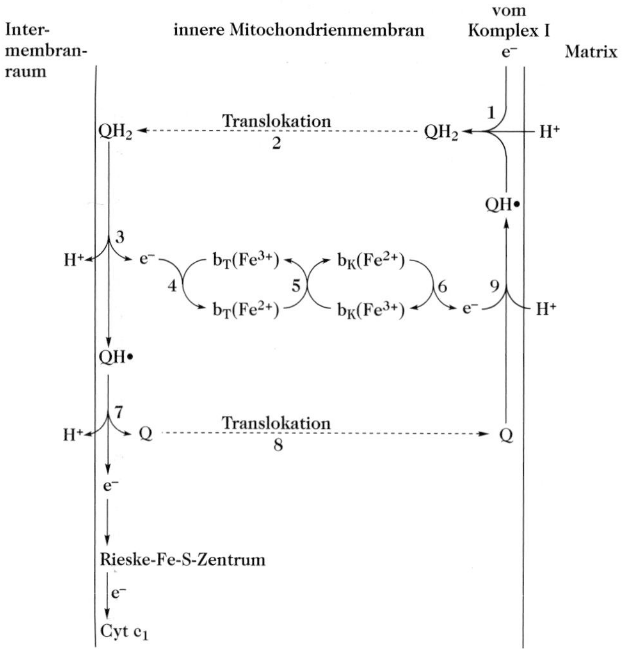

Q-Zyklus. Der Q-Zyklus, wie er in der inneren Mitochondrienmembran ablaufen könnte.

lus schlägt vor, dass Ubichinon (Coenzym Q), die einzige mobile, hydrophobe Redoxkomponente der Kette, an der Elektronenübertragung in Einelektronenschritten vom Cytochrom b zum Cytochrom c_1 innerhalb des Komplexes III beteiligt ist, wobei die vollständig reduzierte Chinolform (QH_2), die stabilisierte freie Radikalform des Semichinons ($QH·$) und die vollständig oxidierte Chinonform (Q) mit einbezogen sind. Der Q-Zyklus macht sich außerdem die Beobachtung zunutze, dass Cytochrom b vermutlich ein Dimer ist, das sich aus b_T (b_{566}) und b_K (b_{562}) zusammensetzt und tief in der Membran eingebunden ist, wobei b_T möglicherweise auf der cytosolischen Seite und b_K auf der Matrixseite vorliegt. In der Abb., die den vorgeschlagenen Mecha-

nismus darstellt, sieht man, dass für jedes transportierte Elektron zwei Protonen durch die Membran „gepumpt" werden (die Schritte 1 und 9 zur Aufnahme aus der Matrix sowie die Schritte 3 und 7 für die Abgabe in den Intermembranraum; dies entspricht vier H^+ je Elektronenpaar).

Obwohl der „Redoxschleifenmechanismus" nicht mehr als Erklärung dafür herangezogen wird, wie der Elektronenfluss über eine Elektronentransportkette die Bildung eines transmembranen H^+-Gradienten bewirkt, liegen doch Beweise vor, dass der Q-Zyklus von Mitochondrien, Bakterien und möglicherweise von Chloroplasten unter Schwachlichtbedingungen durchlaufen wird.

radioimmunologische Hormonbestimmung, eine Nachweismethode für ↗ *Hormone*.

Radioisotope, radioaktive ↗ *Isotope*.

Radioligand-Hormonrezeptor-Methode, ein Nachweisverfahren für ↗ *Hormone*.

Raffinose, α-*D*-*Galactopyranosyl*-*(1→6)*-α-*D*-*glucopyranosyl*-*(1→2)*-β-*D*-*fructofuranosid*, nichtreduzierendes Trisaccharid – F. 120 °C, $[\alpha]_D^{20}$ +123° (Wasser) –, das in zahlreichen höheren Pflanzen vorkommt und aus Zuckerrübenmelasse gewonnen werden kann.

Ramachandran-Diagramme, *Raumkonturdiagramme*, *Konformationsdiagramme*, Diagramme, in denen die Bindungswinkel der Cα-C$_{Carbonyl}$-(Ψ-) Bindung einer Peptidbindung gegen den Bindungswinkel der Cα-N-(Φ-)Bindung aufgetragen sind (Abb.). Ein allgemeines R. wird mit Hilfe von Modellen und Computern erstellt. Unter Verwendung der allgemein anerkannten Atomradien von C, N, O und H werden mögliche Kombinationen der beiden Winkel (d. h. Bereiche ohne sterische Hinderung) durch schraffierte Flächen im Diagramm angezeigt. Wenn die Berührungsabstände geringfügig verkleinert werden, dehnen sich diese zulässigen Bereiche weiter aus und es ergeben sich neue zulässige Konformationen. Folgende sterisch erlaubten Konformationen liegen in den Bereichen: antiparallele β-Faltblätter, parallele β-Faltblätter, Polyprolin-Helix, Kollagen-Superspiralisierung, rechts- und linksgängige α-Helices, rechtsgängige ω-Helix, 3$_{10}$-Drei-

Rab-Proteine, eine Familie von mehr als 30 Säugerproteinen, die Funktionen bei der Zielsteuerung und Fusion von Vesikeln erfüllen. Diese kleinen, GTP-bindenden Proteine besitzen am C-Terminus Geranylgeranyl-Reste (↗ *Prenylierung*), die für die Membranbindung essenziell sind. Die Lokalisation auf bestimmten Membranen ist für die einzelnen Mitglieder dieser Familie spezifisch. Während z. B. Rab1 auf dem ER und dem Golgi-Apparat vorkommt, findet sich Rab3a auf regulierten Sekretvesikeln.

Racemasen, zu den ↗ *Isomerasen* gehörende Enzyme, die Racemisierungen katalysieren.

RACE-PCR, von engl. *rapid amplification of cDNA ends*, ein Verfahren der ↗ *Polymerasekettenreaktion* (PCR) zur Amplifikation und Klonierung der 5'-Termini von speziellen cDNA-Arten.

Rachitis, eine Vitamin-D-Mangelkrankheit. Verbunden mit schlechter Calciumresorption kommt es hierbei zu mangelnder Calciumablagerung in den Knochen, was zu deren Erweichung führt. R. wird durch Sonnenbestrahlung und Zugabe von synthetischem Vitamin D geheilt.

Rac-Proteine, eine Gruppe kleiner ↗ *GTP-bindender Proteine*, ↗ *Rap/Rho-Proteine*.

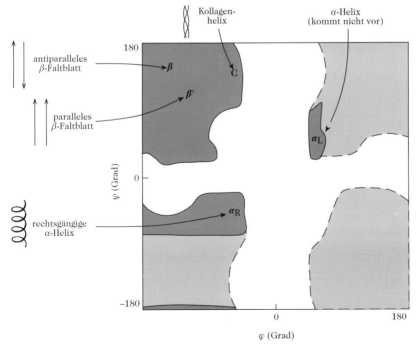

Ramachandran-Diagramm. Ramachandran-Diagramm von Polyalanin mit den erlaubten Bereichen von Ψ und Φ für Alaninreste (schraffiert). Zum Vergleich sind die erlaubten Bereiche von Glycin (grau) gezeigt, das außerhalb der Bereiche von Alanin (und der anderer Aminosäuren) auftritt, weil es eine sehr kleine Seitenkette (H) besitzt und deshalb viele Konformationen einnehmen kann.

fachhelix und π-Helix (4,4 Reste je Umdrehung). Für ein bestimmtes Protein kann ein R. aus den Ψ- und Φ-Werten konstruiert werden, welche experimentell durch Röntgenbeugung und Modelle ermittelt wurden. [G.N. Ramachandran *Aspects of Protein Structure*, Academic Press (1963) 39]

Ranatensin, ↗ *Alytensin*

Randainol, ↗ *Neolignane.*

random coil, „Zufallsknäuel", eine vom Zufall determinierte Knäuelkonformation eines Peptids, Proteins oder eines anderen Biopolymers.

Rapanon, ↗ *Benzochinone.*

Raphanatin, *7-Glucosylzeatin*, ein Metabolit des Cytokinins Zeatin. R. besitzt keine Cytokininaktivität. Es ist eine Speicherform des Zeatins und kommt in Rettichkeimpflanzen vor. Die Glucosylierung in Position 7 des Purinrings wird als Schutz vor enzymatischem Abbau angesehen.

rapid mixing, Syn. für ↗ *stopped flow.*

Rapoport-Luerbing-Shuttle, Teil des Embden-Meyerhof-Wegs der ↗ *Glycolyse.* Das R. bildet ein selbstregulierendes System, das die Konzentrationen von 2,3-Diphosphoglycerat und ATP auf Kosten aller anderen Konzentrationen in den Erythrocyten aufrecht erhält. Durch eine pH-Abnahme erhöht sich die Aktivität der 2,3-Diphosphoglycerat-Phosphatase, so dass die Konzentration an 2,3-Diphosphoglycerat abnimmt. Als Folge dieser Konzentrationsabnahme erhöht sich die Aktivität der Diphosphoglycerat-Mutase, weil einerseits die Inhibierung durch 2,3-Diphosphoglycerat verringert ist und andererseits der Cofaktor 3-Phosphoglycerat vermehrt zur Verfügung steht. Als Nettoresultat läuft die Umwandlung von 1,3-Diphosphoglycerat in 3-Phosphoglycerat vermehrt über 2,3-Diphosphoglycerat und weniger über die Überführung von ADP in ATP durch die Phosphoglycerat-Kinase (Abb.). Hypoxie bewirkt aufgrund des gestiegenen pH-Werts eine Erhöhung der 2,3-Diphosphoglyceratkonzentration; gleichzeitig wird eine größere Menge des Esters an Desoxyhämoglobin gebunden, wodurch der Pool des freien Esters verkleinert wird. [E. Gerlach u. J. Duhm *Scand. J. Clin. Lab. Invest.* **29** (1972) *Suppl. 126,* 5,4a–5,4h]

Rap/Rho-Proteine, eine Gruppe von Proteinen, die große Ähnlichkeiten zu den ↗ *Ras-Proteinen* aufweisen und zur Superfamilie der ↗ *GTP-binden-den Proteine* gehören. Die R. sind wichtig für Wachstum und Entwicklung und einige Mitglieder dieser Familie sind in der Exocytose und anabolen Prozessen involviert. *Rap-Proteine* wurden in den Granula des Golgi-Feldes sowie im ER nachgewiesen. Rap1A kann die tranformierende Wirkung von Ras antagonisieren. Diese Funktion führte zu seiner Isolierung als Suppressor (Krev-1) der K-*ras*-Onkogene. Große Ähnlichkeit zu Ras besitzen auch die *Ral-1-* und *Ral-2-Proteine,* die die Aktivität von exocytotischen und endocytotischen Vesikeln zu regulieren scheinen. Die *Rho-Familie* mit den Gliedern Rho-A, -B und -C, Rac-1 und -2, CDC42, Rho-G und TC10 umfasst kleine G-Proteine, die beispielsweise dynamische Funktionen in der Regulation des Actin-Cytoskeletts erfüllen. Rac kontrolliert auch die NADPH-Oxidase-Aktivität in Phagocyten. *Ran-Proteine* sind am Transport von RNA und Proteinen durch die Kernmembran beteiligt. [A.C. Wagner u. J.A. Williams *Am. J. Physiol.* **266** (1994) G1]

Ras-Proteine, zur Familie der Plasmamembran-gebundenen ↗ *GTP-bindenden Proteine* (G-Proteine) zählende Proteine, die eine wichtige Kontrollfunktion bei der zellulären Signaltransduktion ausüben. Ras-aktivierende Mutationen führen zu unkontrolliertem Zellwachstum und spielen eine wichtige Rolle bei malignen Transformationen. Durch R. wird die Signalübertragung von ↗ *Rezeptor-Tyrosin-Kinasen* zum Zellkern unterstützt, wodurch Zellwachstum oder Differenzierung ausgelöst werden. Die Bezeichnung R. erfolgte nach dem *ras*-Gen von Ratten-Sarkom-bildenden Viren (↗ *Onkogene*). Das R. von Säugern besteht aus 188 oder 189 Aminosäuren (M_r 21 kDa) und wird kurz als *p21* bzw. *Ras* bezeichnet. Die Säugerzellen enthalten drei sehr ähnliche *ras*-Gene; Ras bzw. p21, nachfolgend stellvertretend für das Produkt aller drei Gene, kommt in allen Zellen vor. p21 wird im Cytosol synthetisiert und einer Serie von posttranslationellen Modifizierungen unterworfen (Farnesylierung,

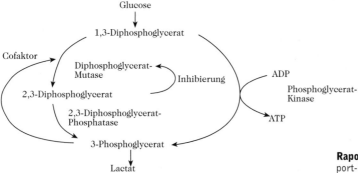

Rapoport-Luerbing-Shuttle. Das Rapoport-Luerbing-Shuttle der Erythrocyten.

↗ *Prenylierung*; proteolytische Abspaltung der drei C-terminalen Aminosäuren; Methylveresterung des neuen C-terminalen Cysteinrestes; Acylierung mit Palmitinsäure). Das modifizierte p21 ist in der inneren Zellmembran lokalisiert. Die Palmitoylierung erhöht die Bindungsaffinität der R. zur Zellmembran. Die R. p21 binden nach der Lokalisation in der Membran GTP und GDP und besitzen intrinsische GTPase-Aktivität. Sie sind aktiv mit gebundenem GTP und inaktiv, wenn GDP gebunden ist. Normalerweise liegt das R. in der inaktiven, GDP-gebundenen Form vor. Es wird durch Wachstumssignalauslöser in die aktive GTP-gebundene Form überführt. Die Inaktivierungsphase wird durch das GTPase-aktivierende Protein (s. u.) und durch die GAP-ähnliche Domäne des Typ-1 Neurofibromatose-Genprodukts (NF1) reguliert. Die Aktivierung von Ras induziert die Proliferation vieler Zelltypen. Aktives GTP-Ras überträgt Rezeptor-vermittelte Signale auf Protein-Phosphorylierungskaskaden in der Zelle. Die GTP-Bindungsdomäne umfasst zwei helikale Schaltregionen (Switch I und II), die durch die Sequenzabschnitte Asp^{30}–Asp^{38} und Gly^{60}–Glu^{76} gebildet werden. Diese „Schalt-Helix"-Regionen befinden sich dicht an der γ-Phosphatgruppierung des aktivierten GTP und weisen je nach GTP- oder GDP-Bindung unterschiedliche Konformationen auf. Im N-terminalen Bereich unter Einbeziehung des Sequenzabschnitts Tyr^{32}–Tyr^{40} befindet sich die Effektor-Bindungsregion für *GTPase-aktivierende Proteine* (GAP) bzw. für Raf, das dem Ras in der Signaltransduktionskaskade folgt. GAP inaktiviert Ras, indem es an das R. bindet; die Aktivierung der GTPase führt zur Spaltung von GTP in GDP und anorganisches Phosphat; das GDP bleibt an Ras gebunden, dieses ist inaktiv. Erst durch das *Guaninnucleotid-freisetzende Protein* (GNRP, von engl. *guanine nucleotide releasing protein*, auch GEF, von engl. *guanine nucleotide exchange factor*) wird die Dissoziation von GDP initiiert, wonach die freigewordene Nucleotidbindungsstelle durch das im Vergleich zum GDP in weitaus höherer Konzentration vorliegende GTP besetzt und Ras aktiviert wird. Die Aktivierung von GNRP leitet den *Ras-Zyklus* ein und aktiviert damit Ras. Ras p21-Proteine wurden ursprünglich als Onkogenprodukte identifiziert und die Untersuchung der genomischen DNA von menschlichen Tumoren und Zelllinien zeigte, dass sie aktivierte *ras*-Gene enthalten. Mutationen in natürlich vorkommenden *ras*-Onkogenen wurden an den Resten 12, 13, 59 und 61 lokalisiert. In menschlichen Tumoren sind Mutationen in der Position 12 am häufigsten, wobei Gly-12 zu Ser, Cys, Arg, Asp, Ala oder Val mutiert wurde. [D.T. Denhardt *Biochem. J.* **318** (1996) 729; S.-H. Kim et al. *Handb. Exp. Pharmacol.* **108** (1993) 177; D.M. Leonard *J.Med. Chem.* **40** (1997) 2.972]

Raumkonturdiagramme, ↗ *Ramachandran-Diagramme*.

Rauschgifte, *Rauschmittel*, Substanzen unterschiedlicher Herkunft und chemischer Struktur, die vorwiegend auf das Zentralnervensystem wirken. In Abhängigkeit von der Dosis zeigen R. verschiedene Wirkungsphasen: kleine Dosen wirken beruhigend, etwas höhere anregend und berauschend, noch stärkere Dosen betäubend (narkotisierend).

Nach der seit 1964 gebräuchlichen Einteilung der WHO unterscheidet man 7 Gruppen: 1) Alkaloide (LSD, Mescalin, Opium u. a.), 2) Barbiturate und andere Schlafmittel, 3) Alkohol, 4) Cocain, 5) Haschisch und Marihuana, 6) Halluzinogene, 7) Weckamine. Die ersten drei Gruppen haben vorwiegend eine betäubende, die folgenden vorrangig eine anregende Wirkung. In der Hand des Psychiaters und Psychotherapeuten können R. als Arzneimittel angewandt werden.

Demgegenüber führt Missbrauch von R. zu akuten und chronischen Folgen für Psyche und Körper. Zu den akuten Wirkungen zählen Benommenheit und Übelkeit. Weit schwerer sind die chronischen Wirkungen, weil der Organismus die R. schneller abbaut und eine Toleranz entwickelt. Diese hat zur Folge, dass 10–20fach höhere Dosen an R. benötigt werden, um die gewünschte Wirkung zu erzielen. Damit gehen vielfältige und schwerwiegende Schädigungen der Persönlichkeit und des körperlichen Zustands einher. Alle R. können zur Sucht führen und ein Absetzen führt zu schweren Entwöhnungserscheinungen.

Rauschmittel, Syn. für ↗ *Rauschgifte*.

Rauwolfia-Alkaloide, eine Gruppe von etwa 50 strukturähnlichen Indolalkaloiden aus Wurzeln und Rhizomen verschiedener *Rauwolfia-*, *Aspidosperma-* oder *Corynanthe-*Arten. Allen R. liegt ein β-Carbolingerüst zugrunde; nach weiteren Strukturmerkmalen lassen sie sich einteilen in: 1) *Yohimbin-(Corynanthin-)Typ*, 2) *Ajmalintyp*, beides tertiäre Amine (Abb.), 3) *Serpentintyp*. Die Vielfalt der R. erklärt sich durch das Auftreten von Stereoisomeren. So kommen z. B. in *Rauwolfia* sieben stereoisomere R. von der Struktur des Yohimbins vor.

Unter den R. finden sich einige Vertreter mit hervorragenden pharmakologischen Eigenschaf-

Rauwolfia-Alkaloide. Links, Yohimbin; rechts, Ajmalin.

ten. Nach ihrer Wirkung unterscheidet man zentral wirksame R. (z. B. ↗ *Reserpin*) und peripher angreifende R. (z. B. ↗ *Yohimbin* und ↗ *Ajmalin*). Außer den Reinalkaloiden bzw. synthetischen Analoga werden Gesamtextrakte der Droge *Radix Rauwolfiae* oder Kombinationspräparate gegeben. In der indischen Volksmedizin wurde die Droge schon frühzeitig vielseitig angewandt, aber erst 1930 begann ihre systematische Erforschung.

RBP, Abk. für ↗ *Retinol-bindendes Protein.*

Reagin, ↗ *Immunglobuline.*

Reaktionsspezifität, Syn. für ↗ *Wirkungsspezifität.*

reaktive Sauerstoffintermediate, Syn. für ↗ *reaktive Sauerstoffspezies.*

reaktive Sauerstoffspezies, *ROS, reaktive Sauerstoffintermediate, ROI,* aus molekularem Sauerstoff durch verschiedene Nebenreaktionen gebildete toxische Derivate, die aufgrund ihrer hohen Reaktivität und chemischen Aggressivität große pathophysiologische Bedeutung besitzen. Das *Superoxid-Radikal-Anion,* O_2^-, gilt als das toxischste ROS und wird durch Einelektrontransfer auf Sauerstoff gebildet. Es entsteht insbesondere durch Nebenreaktionen bei einigen Oxidasen, wie z. B. der Xanthin-Oxidase im postischämischen Gewebe, beim Photosynthese-Komplex I und als Nebenprodukt der mitochondrialen Atmung (↗ *Atmungskette*), wobei Xenobiotika und cytostatische Antibiotika die Bildung begünstigen. Bei Entzündungsprozessen wird durch eine membranständige NADPH-abhängige Oxidase ROS ins extrazelluläre Milieu abgegeben: $NADPH + H^+ + 2 O_2 \rightarrow NADP^+ + 2 O_2^- + 2 H^+$. Bei der Reaktion mit ungesättigten Phospholipiden in Biomembranen erfolgt Lipidperoxidation. Mit NO reagiert es zum äußerst reaktiven Peroxynitrit ($O=N-O-O^-$), wobei die Folgen für den NO-Stoffwechsel (↗ *Stickstoffmonoxid*) gegenwärtig noch ungeklärt sind. Das Superoxid-Radikal-Anion kann durch die ↗ *Superoxid-Dismutase* abgefangen werden, wobei aber das ebenfalls toxische *Wasserstoffperoxid* (H_2O_2) gebildet wird. Neben dieser genannten Bildungsreaktion ist H_2O_2 ein Reaktionsprodukt verschiedener Oxidasen in den Peroxisomen und im ER. Die Toxizität des Wasserstoffperoxids ist einmal auf eine direkte Inaktivierung von Enzymen und Häm-enthaltenden Proteinen zurückzuführen und andererseits kann durch Reaktion mit Semichinonen das gefährliche *Hydroxylradikal* (HO·) gebildet werden, das der reaktivste, kurzlebigste und unspezifischste Vertreter der ROS ist. Es kann Radikal-Kettenreaktionen starten und mit nahezu allen Biomolekülen in Reaktion treten. *Peroxid-Radikale* (ROO·) bilden sich durch spontane Reaktion von O_2 mit organischen Radikalen und sind Intermediate bei Lipid-Peroxidations-Kettenreaktionen in Membranen etc. Die

Bildung von *Singulett-Sauerstoff* ($^1\Delta_g O_2$) erfolgt als Nebenprodukt bei der Biosynthese der Prostaglandine und bei der Stimulation von polymorphkernigen Leucocyten aus der durch die Myeloperoxidase primär gebildeten unterchlorigen Säure sowie dem durch Dismutation aus dem Superoxid-Radikal-Anion entstandenen Wasserstoffperoxid: $OCl^- + H_2O_2 \rightarrow Cl^- + H_2O + {^1\Delta_g O_2}$. Singulett-Sauerstoff spielt eine Rolle bei Photosensitivierungsreaktionen, die zu Dermatosen führen können. Die Inaktivierung verschiedener ROS kann nichtenzymatisch oder enzymatisch erfolgen, wie z. B. durch die erwähnte Katalyse der Superoxid-Dismutase im Fall des Superoxid-Radikal-Anions, die enzymatische Dismutation von H_2O_2 zu O_2 und H_2O durch die Katalase oder die Reduktion von Wasserstoffperoxid durch Glutathionperoxidasen, die darüber hinaus eine Vielzahl von physiologisch bzw. pathophysiologisch interessanten Hydroperoxiden von ungesättigten Fettsäuren, Steroiden und Nucleotiden zu Alkoholen reduzieren können. α-Tocopherol kann als Fänger für organische Alkoxy-Radikale fungieren, während Carotinoide aufgrund ihrer Polyenstruktur Singulett-Sauerstoff abfangen können. Eine Schädigung biologischer Strukturen durch das Hydroxylradikal ist nach erfolgter Bildung kaum zu verhindern, da es nichtenzymatisch diffusionslimitiert mit SH-Gruppen, Aromaten, Imidazolgruppierungen etc. von Biomolekülen in Reaktion tritt.

C-reaktives Protein, *CRP,* ein zu den ↗ *Akute-Phase-Proteinen* gehörendes Globulin. Während die normale Konzentration im Serum 1–2 µg/ml beträgt, steigt sie im Rahmen der Akute-Phase-Reaktion bei akuten Entzündungen bis auf 1 mg/ml. CRP bindet in Gegenwart von Ca^{2+}-Ionen das C-Polysaccharid von Pneumococcen (daher der Name), steigert die Phagocytosefähigkeit von Makrophagen, aktiviert das Komplementsystem und hemmt die Thrombocytenaggregation. Es ist außerdem zur Agglutinierung und Opsonisierung von Bakterien befähigt. CRP gehört zu den angeborenen, nicht-adaptiven Abwehrmechanismen und ist der Prototyp der ↗ *Collectine.*

RecA, ↗ *Rekombination.*

Recoverin, ein Ca^{2+}-bindendes Aktivatorprotein (M_r 23 kDa) der Guanylat-Cyclase aus den Photorezeptor-Stäbchen des Auges. Im Gegensatz zum strukturell ähnlichen ↗ *Calmodulin* ist R. in der Ca^{2+}-gebundenen Form inaktiv. Die Aktivierung der Guanylat-Cyclase durch Verringerung des Ca^{2+}-Spiegels erfolgt, indem R. das Enzym stimuliert, wenn der Ca^{2+}-Spiegel infolge eines Lichtimpulses erniedrigt ist.

Recycling-Nucleotidsyntheseweg, ↗ *Wiederverwertungsweg.*

red pigment concentrating hormone, *RPCH,* Pyr^1-Leu-Asn-Phe-Ser^5-Pro-Gly-Trp-NH_2, ein Farbwechselhormon aus Krebsen (*Crustacea*). Es gehört zur Familie der ⌐ *adipokinetischen Hormone* und wurde 1972 als erstes Neuropeptid aus Wirbellosen isoliert.

Redoxchromatographie, ⌐ *Ionenaustauschchromatographie*.

Redoxin, ein elektronenübertragendes Protein, das entweder Eisen als funktionelle Gruppe in Bindung an *S*-, *N*- oder *O*-Liganden der Proteinkomponente enthält (⌐ *Ferredoxin*) oder das metallfrei ist wie das ⌐ *Thioredoxin*. Dem Ferredoxin ähnlich ist das ⌐ *Rubredoxin*.

Redoxpotenzial, ⌐ *Oxidation*.

5α-Reduktasehemmer, Stoffe, die das Enzym 5α-Reduktase hemmen, das die Hydrierung der 4,5-Doppelbindung z. B. des Testosterons bewirkt. Damit wird die Bildung des eigentlichen androgenen Wirkstoffs gehemmt. 5α-R. werden bei benigner Prostatahyperplasie eingesetzt. Ein Beispiel ist das Azasteroid Finasterid (Abb.).

5α-Reduktasehemmer. Finasterid.

Reduktasen, eine heterogene Gruppe von ⌐ *Oxidoreduktasen*, die Flavinnucleotide als prosthetische Gruppe haben und bevorzugt mit Cytochromen reagieren.

Reduktion, die Aufnahme von Elektronen durch Atome, Ionen oder Moleküle; damit verbunden ist die Erniedrigung der Oxidationszahl. R. ist ein Teilprozess der Redoxreaktion.

Reduktionsäquivalente, biochemische Bezeichnung für die bei Reduktionsvorgängen im Stoffwechsel gebildeten Pyridinnucleotide NADH + H⁺ und NADPH + H⁺. Während NADPH für reduktive Biosynthesen zur Verfügung gestellt wird, transferiert NADH den bei Dehydrogenase-Reaktionen übernommenen Wasserstoff in die ⌐ *Atmungskette*. Zu den R. zählt auch FADH₂, dessen Reoxidation in der Atmungskette auch zur ATP-Synthese bei der ⌐ *oxidativen Phosphorylierung* beiträgt.

reduktive Aminierung, ⌐ *Aminierung*.

reduktiver Carbonsäure-Zyklus, ⌐ *reduktiver Citrat-Zyklus*.

reduktiver Citrat-Zyklus, *reduktiver Carbonsäure-Zyklus*, der Stoffwechselzyklus, der von photosynthetischen Bakterien der Familie *Chlorobiaceae* (grüne Schwefelbakterien) dazu genutzt wird, die photoautotrophe CO_2-Fixierung durchzu-

führen. Im Gegensatz dazu wenden alle anderen photosynthetischen Organismen den reduktiven Pentosephosphat-Zyklus (⌐ *Calvin-Zyklus*) an. Der r. C. stellt im wesentlichen einen modifizierten Tricarbonsäure-(TCA-)Zyklus dar. Er wird mit Hilfe von ATP und der während der Lichtphase der Photosynthese erzeugten Reduktionskraft in die entgegengesetzte Richtung (bezogen auf den TCA-Zyklus) angetrieben. Der Zyklus fixiert je Durchgang zwei CO_2-Moleküle und bildet ein Molekül Acetyl-CoA. Das Endprodukt des gesamten CO_2-Fixierungprozesses ist – wie beim Calvin-Zyklus – Triosephosphat. Dieses Triosephosphat entsteht aus im r. C. gebildeten Acetyl-CoA auf einem Stoffwechselweg, der der zweiten Hälfte einer umgekehrten und leicht veränderten ⌐ *Glykolyse* entspricht. Das Acetyl-CoA wird durch reduktive Carboxylierung in Pyruvat überführt. Auf dem Weg zum Triosephosphat werden also durch den r. C. insgesamt drei CO_2-Moleküle fixiert. Dabei werden ATP und Reduktionskraft, die während der Lichtphase der Photosynthese erzeugt werden, verbraucht.

Im r. C. werden zwei Reaktionen des TCA-Zyklus durch alternative Reaktionen ersetzt, die durch Nicht-TCA-Enzyme katalysiert werden: 1) anstelle der durch Citrat-(*si*)-Synthase (EC 4.1.3.7) katalysierten Citratbildung aus Acetyl-CoA und Oxalacetat liegt die durch ATP-Citrat-(*pro-3S*)-Lyase (EC 4.1.3.8) katalysierte, ATP-getriebene Spaltung von Citrat in Acetyl-CoA und Oxalacetat vor (Gl. 1); und 2) anstelle der durch den α-Ketoglutarat-Dehydrogenase-Komplex katalysierten oxidativen Decarboxylierung von α-Ketoglutarat zu CO_2 und Succinyl-CoA liegt die durch α-Ketoglutarat-Synthase (EC 1.2.7.3) katalysierte reduktive Carboxylierung von Succinyl-CoA vor (Gl. 2), wobei als Reduktionsmittel reduziertes Ferredoxin (Fd_{red}) verwendet wird:

Citrat + CoA + ATP →
Acetyl-CoA + Oxalacetat + ADP   (1)
Succinyl-CoA + CO_2 + Fd_{red} →
α-Ketoglutarat + CoA + Fd_{ox} (2)

reduktiver Pentosephosphat-Zyklus, ⌐ *Calvin-Zyklus*.

Redundanz, in der Biochemie auf DNA-Ebene 1) das Vorkommen von linear angeordneten, weitgehend identischen vielfach wiederholten DNA-Abschnitten (redundante oder repetitive DNA-Sequenzen, engl. *repeated sequences*). Es sind 50–10^7 Wiederholungen nachgewiesen worden, abhängig von der DNA-Quelle. Der Redundanzgrad einer DNA kann aus der Renaturierungsgeschwindigkeit nach Hitzedenaturierung ermittelt werden. Je höher die R., desto schneller vereinigen sich die DNA-Stränge (⌐ C_0t). Repetitive DNA macht in Abhängigkeit vom Objekt 20–80% der Gesamt-DNA aus.

Durch besonders hohe R. zeichnet sich die ↗ *Satelliten-DNA* aus. Proteincodierende Gene zeigen normalerweise wenig R.; eine bekannte Ausnahme sind die histoncodierenden Gene beim Seeigel. Die Gene für tRNA, 5S-RNA und rRNA sind im Gegensatz zu mRNA-Genen redundant. Die Redundanzwerte für rRNA bewegen sich je nach Objekt zwischen 100 und 7.500.

In Prokaryonten ist Genredundanz bisher nur in Einzelfällen und in geringem Ausmaß nachgewiesen worden.

2) *Terminale R.*, Teil der genetischen Information, der an entgegengesetzten Enden eines Viruschromosoms doppelt vorhanden ist. Sie umfasst bei λ-Phagen 20, bei geradzahligen T-Phagen bis zu 6.000 Nucleotidpaare.

Reduplikation, Syn. für ↗ *Replikation*.

reduzierendes Ende, der endständige Monosaccharidrest eines Oligo- bzw. Polysaccharids, der an seinem anomeren Kohlenstoffatom (C-1 bei Aldosen, C-2 bei Ketosen) eine nichtderivatisierte Hydroxylgruppe trägt. Alle Polysaccharide haben ein reduzierendes Ende. Dessen Vorhandensein neben der großen Anzahl nichtreduzierender Monosaccharidreste, die das restliche Molekül bilden, reicht jedoch nicht aus, um bei der Anwendung des Fehlingschen und Benedictschen Tests für reduzierende Zucker ein positives Resultat zu ergeben.

Refsumsche Krankheit, Syn. für ↗ *Phytansäurespeicherkrankheit*.

Regan-Isoenzym, ↗ *Tumorantigene*.

Regulatorproteine, an der Regulation von Enzymen beteiligte Proteine mit aktivierender oder inhibierender Wirkung. Beispiele hierfür sind u. a. die Calciumsensoren ↗ *Calmodulin* und ↗ *Recoverin*. Ein weiterer Vertreter der R. ist das Regulatorprotein P, das in den beiden Formen P_A und P_D im Komplex mit der Adenyltransferase an der Aktivitätskontrolle der ↗ *Glutamin-Synthetase* beteiligt ist.

Regulon, Bezeichnung für eine Gruppe von Strukturgenen, deren Genprodukte (Enzyme) an einer gemeinsamen Reaktionskette beteiligt sind und deren Synthese gemeinsam reguliert wird. Sie sind nicht in einem ↗ *Operon* vereinigt, sind also nicht unmittelbar benachbarte DNA-Abschnitte, sondern liegen in verschiedenen Chromosomenregionen. Bei *Escherichia coli* bilden z. B. die acht für die Argininsynthese verantwortlichen Gene ein R., obwohl sie an verschiedenen Chromosomenorten lokalisiert sind. Bei *Neurospora crassa* sind die Gene für die Enzyme der Histidinsynthese sogar auf vier verschiedene Chromosomen verteilt, sie werden aber trotzdem gemeinsam reguliert.

Reichsteins Substanzen, eine Gruppe von ↗ *Nebennierenrindenhormonen*. Als erstes natürliches Mineralocorticoid wurde 1937 von Reichstein

↗ *Cortexolon* (17α,21-Dihydroxy-4-pregnen-3,20-dion, 11-Desoxyhydrocortison) isoliert. Dieses wurde als *R. S. S*, ↗ *Cortison* als *R. S. F*, ↗ *Corticosteron* als *R. S. H*, ↗ *Cortisol* als *R. S. M* und ↗ *Cortexon* als *R. S. Q* bezeichnet.

Die mikrobiellen Umwandlungsmöglichkeiten am Pregnen-Grundgerüst sind sehr vielfältig (↗ *mikrobielle Steroidtransformationen*).

rekombinante DNA-Technik, die Isolierung und Untersuchung einzelner Gene und die Wiedereinführung dieser Gene in Zellen der gleichen oder unterschiedlicher Arten. Dabei können transgene Organismen (Mikroorganismen, Tiere oder Pflanzen) erzeugt werden.

Die r. D. hat entscheidende Bedeutung sowohl für die molekularbiologische Grundlagenforschung als auch für die biotechnologisch-industrielle Anwendung erlangt. Werden gereinigte Gene in kommerziell nutzbaren, rasch wachsenden Organismen exprimiert, so können sie etwa für die pharmazeutische Produktion genutzt werden. Humaninsulin, Ovalbumin, Fibroblasteninterferon, Somatostatin, menschliches Wachstumshormon und weitere eukaryontische Proteine können durch Expression ihrer klonierten Gene in *E. coli* hergestellt werden. Im Bereich der Tier- und Pflanzenzucht versucht man, durch Erzeugung transgener Organismen gewünschte Eigenschaften schneller und effektiver als mit klassischen Züchtungsmethoden zu erreichen.

Grundlegende Methodik der r. D. ist die Genklonierung, die zunächst im prokaryontischen System entwickelt wurde, inzwischen jedoch mit einem breiten Methodenarsenal für eine Vielzahl von Vektor/Wirt-Systemen etabliert ist. Im Folgenden werden die grundlegendsten Techniken kurz besprochen, jede detailliertere Darstellung würde den Rahmen eines solchen Bandes bei weitem sprengen.

Spaltung und Wiederverknüpfung von DNA. Als DNA-Quellen für die Klonierung stehen cDNA-Klondatenbanken und Genombibliotheken zur Verfügung (↗ *Genbank*). Zur Übertragung und zum Einbau fremder DNA-Sequenzen in eine Wirtszelle werden DNA-Vektoren (↗ *Vektoren*) benutzt, in die die gewünschten Sequenzen eingefügt werden. Diese Verfahren, also die *in-vitro*-↗ *Rekombination* von DNA unterschiedlicher Herkunft, sind für die r. D. und die Genklonierung fundamental. Mit Hilfe von ↗ *Restriktionsendonucleasen* unterschiedlicher Spezifität können die DNA-Vektoren und zellulären Genome an ausgewählten Stellen gespalten werden. Die meisten Restriktionsenzyme erzeugen kohäsive bzw. „klebrige" Enden von 1–4 Nucleotiden Länge. Wenn Vektor und Donor-DNA mit dem gleichen Enzym gespalten werden, sind die Enden komplementär und können hybridisiert und dann

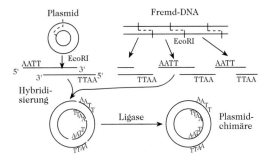

rekombinante DNA-Technik. Abb. 1. *In-vitro*-Erzeugung eines chimären Plasmids, das fremde DNA enthält. Die benötigten klebrigen Enden werden durch Spaltung sowohl des Plasmids als auch der fremden DNA mit der gleichen Restriktionsendonuclease (in diesem Fall EcoRI) gebildet.

durch eine DNA-Ligase (↗ *Polynucleotid-Ligase*) kovalent verknüpft werden (Abb. 1). Ein solch einfaches Verknüpfen von zwei DNA-Fragmenten ist nicht immer möglich, wenn z. B. 1) das Restriktionsenzym stumpfe Enden bildet; 2) es vielleicht notwendig ist, unterschiedliche Restriktionsenzyme einzusetzen, so dass die potenziellen klebrigen Enden nichtkomplementär sind; 3) die DNA-Fragmente durch mechanisches Scheren, enzymatische cDNA-Synthese oder chemische DNA-Synthese hergestellt wurden und keine klebrigen Enden besitzen. Es ist in solchen Fällen jedoch möglich, klebrige Enden zu erzeugen (Abb. 2), indem Nucleotidschwänze an das 3'-Ende von DNA-Ketten mit Hilfe von terminaler Transferase aus Kalbsthymus addiert werden (sog. *tailing*). Alternativ dazu können synthetische DNA-Linker an den Vektor und/oder die Donor-DNA ligiert werden. Der Linker besteht aus einem kurzen DNA-Fragment, das die Erkennungssequenz von einem oder mehreren Restriktionsenzymen enthält, die in der DNA, die den Linker erhält, nicht enthalten sind. Der Linker wird nach der Ligation an die DNA mit stumpfem Ende mit einem geeigneten Restriktionsenzym gespalten, wobei klebrige Enden entstehen.

Einführung rekombinanter DNA in eine Wirtszelle. In Abhängigkeit von Vektor- und Wirtssystem sind eine Vielzahl von Methoden entwickelt worden. Plasmide können durch ↗ *Transformation* in Bakterienzellen gelangen, Phagen infizieren sie. In pflanzliche Zellen kann Fremd-DNA z. B. mit Hilfe von Ti-Plasmid-Vektoren eingeführt werden, die von transformierenden Rhizobien abstammen.

Nachweis klonierter DNA. Zur Kontrolle des Klonierungserfolgs dienen Blotting-Techniken und ↗ *Hybridisierung* etwa mit ^{32}P-markierter RNA, cDNA oder synthetischen Oligonucleotiden (↗ *Southern-Blot*). Doppelsträngige DNA kann durch ↗ *Nick-Translation* mit ^{32}P markiert werden. Synthetische Oligonucleotidsonden müssen nur ungefähr 15–20 Nucleotide (ungefähr sechs Genco-

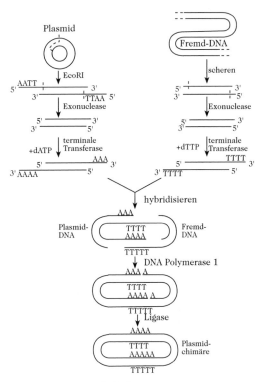

rekombinante DNA-Technik. Abb. 2. *In-vitro*-Erzeugung eines chimären Plasmids, das fremde DNA enthält. Die klebrigen Enden werden mit Hilfe terminaler Transferase und eines geeigneten Desoxyribonucleotidtriphosphats gebildet.

dons) enthalten. Es werden kurze Sequenzen (ungefähr sechs Aminosäuren) aus dem Genprodukt ausgewählt. Wenn die Gesamtsequenz nicht bekannt ist, werden Sequenzen aus Peptiden ausgewählt, die durch Proteolyse entstanden sind. Das korrespondierende Oligodesoxyribonucleotid wird chemisch synthetisiert (↗ *DNA-Synthese*). Mit Hilfe solcher Sonden können DNA-Sequenzen in transformierten Bakterienkolonien identifiziert werden, indem eine *In-situ*-Hybridisierung mit radioaktiver Sonden-DNA durchgeführt wird. Mit diesem Verfahren kann eine einzelne Kolonie unter Tausenden bestimmt werden. Kolonien, die durchmustert werden sollen, werden durch Replika-Plattierung von der Oberfläche einer Agarkulturplatte auf Nitrocellulosefilterpapier übertragen, der Nitrocellulosefilter wird nach Zelllyse und Reinigungsschritten mit der markierten Sonden-DNA inkubiert. Ein Vergleich der ursprünglichen Kulturplatte mit dem Autoradiogramm erlaubt die Identifizierung jeder Kolonie, die das interessierende Gen trägt (Abb. 3).

Selektion. Bei direkten Selektionsmethoden wachsen nur die gewünschten Rekombinanten, nachdem die Transformanten auf Agarnährmedium

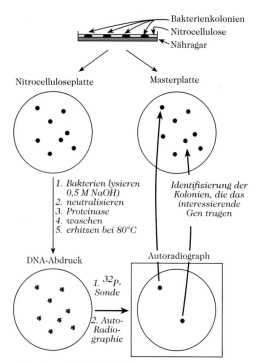

Bakterienkolonien
Nitrocellulose
Nähragar

Nitrocelluloseplatte   Masterplatte

1. *Bakterien lysieren*
   0,5 M NaOH)
2. *neutralisieren*
3. *Proteinase*
4. *waschen*
5. *erhitzen bei 80°C*

Identifizierung der
Kolonien, die das
interessierende
Gen tragen

DNA-Abdruck   Autoradiograph

1. ^{32}P-
   Sonde

2. *Auto-*
   Radio-
   graphie

rekombinante DNA-Technik. Abb. 3. Screening-Verfahren von Grunstein und Hogness zur Identifizierung einzelner rekombinanter Bakterienkolonien.

platiert wurden. Wenn beispielsweise ein Gen, das eine Antibiotikaresistenz festlegt, in einem sensitiven Wirt kloniert wird, dann überleben auf einem Nährmedium, das das Antibiotikum enthält, nur diejenigen Transformanten und bilden Kolonien, die das Resistenzgen tragen. Bei der als *Genrettung* bekannten direkten Selektionstechnik werden auxotrophe Mutanten als Wirte für Vektoren eingesetzt, die ein Biosynthesegen tragen. Wenn beispielsweise das A-Gen für die Tryptophan-Synthase in einer *trpA⁻*-auxotrophen Mutante kloniert wird, können nur solche Zellen Kolonien auf einem Nährmedium bilden, dem Tryptophan fehlt, die eine vom Plasmid abstammende Kopie des A-Gens enthalten.

Wenn das klonierte Gen exprimiert wird, kann auch direkt nach dem Genprodukt selektioniert werden. Dieses kann z. B. mit spezifischen Antikörpern nachgewiesen werden.

Rekombinasen, Proteine, die Sequenz-spezifische Rekombinationen (SSR), d. h. Umordnungen bestimmter DNA-Abschnitte im Genom, katalysieren. R. tauschen entweder homologe Sequenzen (*konservative SSR*) oder nicht verwandte Genstücke (*Transposition*) gegeneinander aus. Sie erkennen jeweils eine bestimmte Sequenz sowohl des zu übertragenden Genstücks als auch im Zielbereich. Die Katalyse verläuft über eine kovalente Zwischen-

stufe, in der ein spezifischer Aminosäurerest der R. (z. B. Tyrosin im Fall der Tyrosin-Rekombinase) eine Phosphatesterbindung mit der Ziel-DNA-Sequenz ausbildet. R. werden beispielsweise für die Integration von Viren- oder Phagen-DNA in das Wirtsgenom, die Rekombination der ↗ *Immunglobulingene* und der T-Zell-Antigen-Rezeptor-Gene sowie für die ↗ *DNA-Reparatur* (RecA-Protein, ↗ *Rekombination*) benötigt.

Rekombination, *genetische Rekombination*, die Gesamtheit der Prozesse, die während der Meiose oder Mitose zur Bildung neuer Genkombinationen führt. R. ereignen sich häufig und in allen Organismen. Man unterscheidet zwei Formen der R.: die *allgemeine R.* und die *spezialisierte* bzw. *ortsspezifische R.* Zu letzterer gehören solche Rekombinationsformen, die keine homologen Regionen in den Eltern-DNA-Molekülen benötigen, wie z. B. 1) Chromosomenumlagerungen (innere R.), 2) Umlagerungen von Genen für Vertebratenimmunglobulin und T-Zellrezeptoren, sowie 3) Transposition (↗ *Transposon*) und 4) Erzeugung eines lysogenen Zustands durch Inkorporation von Bakteriophagen-DNA in das Wirtschromosom (↗ *Phagenentwicklung*). Der vorliegende Artikel befasst sich ausschließlich mit der allgemeinen R., die als ein Austausch zwischen einem beliebigen Paar homologer Sequenzen in parentalen DNA-Molekülen definiert werden kann.

Bei der *meiotischen (sexuellen) R.* können sowohl Gene rekombiniert werden, die auf unterschiedlichen Chromosomen liegen (nicht gekoppelt), als auch Gene, die auf dem gleichen Chromosom lokalisiert sind (gekoppelt, ↗ *Genkopplung*). *Nicht gekoppelte Gene* können frei rekombiniert werden. Dies ist zurückzuführen auf die zufällige Orientierung der Bivalente und die zufällige Verteilung der Chromosomen während der Meiose sowie der zufälligen Gametenvereinigung während der Befruchtung. Der Vorgang gehorcht den mendelschen Regeln.

Gekoppelte Gene verhalten sich während der Meiose wie eine Einheit, d. h. sie können nicht frei rekombiniert werden.

Die *somatische (parasexuelle) R.* läuft während der Mitose ab, jedoch nicht während der Meiose. Bei höheren Organismen kommt die somatische R. selten vor, bei bestimmten Pilzen, bei Bakterien und Viren stellt sie jedoch den normalen Rekombinationsvorgang dar. Bakterien erreichen den heterogenetischen Zustand, der eine Vorbedingung für die genetische R. ist, durch Konjugation, Transduktion oder Transformation.

R. wird durch ein *Crossing-over* der beteiligten DNA-Stränge herbeigeführt. Die Intermediate, die hierbei auftreten, lassen sich anhand eines Modells erklären. Zwei ausgerichtete homologe DNA-

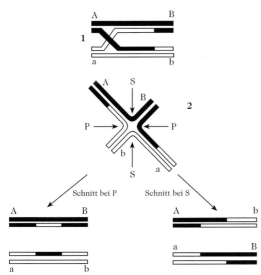

Rekombination. Auflösung des *Crossing-over* bei homologer Rekombination. 1) Die Holliday-Struktur: Es hat ein *Crossing-over* zwischen den DNA-Strängen stattgefunden und die Überkreuzungsstelle hat sich durch „*branch migration*" weiterbewegt. 2) Alternative graphische Darstellung der Vierwege-DNA-Kreuzung der Holliday-Struktur. Je nachdem, ob die Struktur bei P oder bei S gespalten wird, entstehen zwei unterschiedliche Paare rekombinanter Moleküle.

Doppelstränge, die einen Bruch enthalten, überkreuzen sich und paaren sich mit ihrem komplementären Gegenstück. Anschließend werden die Brüche geschlossen. Alle Modelle für die gebildete viersträngige, überkreuzte Struktur der Heteroduplex (Holliday-Struktur) zeigen, dass alle Basen ohne sterische Spannung gepaart vorliegen. In der Abb. werden zwei mögliche Mechanismen zur Auflösung der Holliday-Struktur, d. h. die Spaltung der DNA-Ketten und die anschließende Bildung der beiden DNA-Doppelstränge, aufgezeigt.

In *E. coli* spielt das *recA-Protein* (352 Aminosäurereste; Produkt des *recA*-Gens) bei der R. eine Hauptrolle. RecA bindet spezifisch und kooperativ an einzelsträngige DNA, wobei ein filamentöser Komplex gebildet wird. Zur Einleitung des Austauschs homologer Segmente assoziiert dieses Nucleofilament dann mit doppelsträngiger DNA. Die Duplex-DNA wird anschließend rasch nach einer Sequenz abgetastet, die komplementär zur einzelsträngigen DNA ist. Während des Abtastvorgangs wird die Duplex durch einen ATP-abhängigen Prozess, der durch recA katalysiert wird, teilweise entwunden. Wenn eine komplementäre Sequenz angetroffen wird, paart sich diese mit der recA-bedeckten, einzelsträngigen DNA. Es findet ein Strangaustausch statt und eine gerichtete Strangwanderung (engl. *branch migration*) führt zur Bildung eines neuen Heteroduplexmoleküls sowie zu

einem verschobenen Strang der einzelsträngigen DNA. Der verschobene Strang bildet eine D-förmige Schleife (*D loop*), der aus dem Hauptkörper der DNA herausragt.

Die Einzelstrangbrüche, die für die recA-Bindung notwendig sind, werden mit Hilfe des ATP-abhängigen Enzyms recBCD (M_r 330 kDa, Produkt der SOS-Gene *recB*, *recC* und *recD*) eingeführt. RecBCD windet und entwindet Duplex-DNA, wobei die Entwindung schneller verläuft als die Windung, so dass zwei einzelsträngige Schleifen gebildet werden. Diese beiden Schleifen werden größer, während das Enzym an der Duplex entlangwandert, bis es auf die Sequenz 3'GCTGGTGG5' trifft. Diese *Chi-Sequenz* kommt im *E.-coli*-Chromosom ungefähr einmal bei 10.000 Basen vor. RecBCD spaltet anschließend die Einzelstrangschleife 4–6 Nucleotide vom 3'-Ende der Chi-Sequenz entfernt. An der R. in *E. coli* sind darüber hinaus eine Vielzahl weiterer Proteine beteiligt.

Der Rekombinationsmechanismus in Eukaryonten wurde noch nicht so intensiv untersucht wie der in *E. coli*. Das Hefe-RAD51-Protein, das 30%ige Homologie zu recA aufweist, katalysiert ebenfalls ATP-abhängige DNA-Reparatur und R. Sein Komplex mit DNA ist unter dem Elektronenmikroskop praktisch identisch mit demjenigen von recA. RAD1-Homologe werden in einer Vielzahl von Tieren, einschließlich Hühnern, Mäusen und Menschen, gefunden. Daraus wird geschlossen, dass der Grundmechanismus der R. bei allen Organismen der gleiche ist. [R. Holliday *Genet. Res.* **5** (1964) 282–304; S.C. West *Annu. Rev. Biochem.* **61** (1992) 603–640; A.F. Taylor *Cell* **69** (1992) 1.063–1.065; R.M. Story et al. *Nature* **355** (1992) 318–325 (s. a. S. 367); E.H. Engelman *Curr. Opin. Struct. Biol.* **3** (1993) 189–197; M. Takahashi u. B. Norden *Adv. Biophys.* **30** (1994) 1–35; S.C. West *Cell* **76** (1994) 9–15; J. Lee u. M.J ayaram *J. Biol. Chem.* **270** (1995) 4.042–4.052; S.E. Corrette–Bennett u. S.T. Lovett *J. Biol. Chem.* **270** (1995) 6.881–6.885; M.M. Cox *J. Biol. Chem.* **270** (1995) 26.021–26.024; F. Maraboeuf et al. *J. Biol. Chem.* **270** (1995) 30.927–30.932]

relative Molekülmasse, Symbol M_r, früher *Molekulargewicht*, der Quotient aus der (absoluten) Masse eines Moleküls und der atomaren Masseneinheit u (↗ *Dalton*). Die r. M. kann bei bekannter chemischer Zusammensetzung als Summe der relativen Atommassen A_r der das Molekül bildenden Atome berechnet werden:

$$M_r = \sum_i v_i A_{r,i}$$

wobei v_i Stöchiometriezahl und $A_{r,i}$ relative Atommasse des Elementes i bedeuten. Der Begriff r. M. darf nur auf solche Substanzen angewendet werden, die aus Molekülen aufgebaut sind, z. B. Wasser

H_2O und Kohlendioxid CO_2. In allen anderen Fällen, z. B. bei Ionensubstanzen, ist er durch den Begriff relative Formelmasse zu ersetzen. Die r. M. (mit der Einheit eins) hat denselben Zahlenwert wie die molare Masse (mit der Einheit $g \cdot mol^{-1}$) derselben Molekülsubstanz. Da die r. M. für stöchiometrische und andere chemische Berechnungen häufig benötigt wird, liegen ihre Werte für viele Verbindungen tabelliert vor.

Relaxationsprotein, eine eukaryontische Typ-I-Topoisomerase (↗ *Topoisomerasen*), die aus dem Kern von LA9-Mäusen und HeLa-Zellen isoliert wurde und die charakteristische Eigenschaft besitzt, Superhelixverwindungen aus geschlossener, zirkulärer DNA zu entfernen. [H.-P. Vosberg et al. *Eur. J. Biochem.* **55** (1975) 79–93]

Relaxin, ein zuerst im Blut trächtiger Säugetiere gefundenes Proteohormon (M_r 6 kDa). Das hauptsächlich im Gelbkörper (Corpus luteum) gebildete R. besteht aus zwei Polypeptidketten mit 22 bzw. 31 Aminosäureresten, die ähnlich wie beim ↗ *Insulin* durch Disulfidbrücken verknüpft sind. Biosynthetisch wird es als einkettiges Pro-R. gebildet. Für das humane R. wurden mit H1 und H2 zwei verschiedene Gene nachgewiesen. H2 wird in den Ovarien während der Schwangerschaft gebildet und ist verantwortlich für das R. im Plasma. Die Bezeichnung bezieht sich auf die relaxierende Wirkung von R. auf die Schamfuge, das daher eine Rolle während der Eröffnungsperiode der Geburt spielt, wobei es durch Auflockerung und Erweichung des Bindegewebes der Schamfuge geburtserleichternd wirkt. Mittels Radioimmunassay konnte nachgewiesen werden, dass R. auch in gesunden und pathologischen Geweboproben nichtschwangerer Frauen in geringen Konzentrationen vorkommt. Die höchsten Werte (1,5 ng/g Gewebe bzw. 0,045 ng/mg Protein) in gesunden Probanden wurden im Ovar gefunden, dagegen liegen die Konzentrationen des R. bei bestimmten Carcinomen in höheren Bereichen. [B. E. Kemp u. H. D. Niall *Vitam. Horm.* **41** (1984) 79; P. Hudson et al. *EMBO J.* **3** (1994) 2.333]

Release inhibierende Hormone, *Freisetzung-inhibierende Hormone*, ↗ *Statine*.

Releasefaktoren, *Terminationsfaktoren*, katalytisch aktive Proteine, die für den Terminationsschritt der RNA-Synthese und der Proteinbiosynthese notwendig sind. ↗ *Transcription*, ↗ *Proteinbiosynthese (Termination)*.

Releaser, ↗ *Pheromone*.

Releasingfaktoren, *Releasinghormone*, Syn. für ↗ *Liberine*

Releasinghormone, *Freisetzungshormone*, *Releasingfaktoren*, Syn. für ↗ *Liberine*, eine zu den Neurohormonen gehörende Gruppe von Peptidhormonen, die in verschiedenen Kerngebieten des Hypothalamus gebildet werden.

Renaturierung, der Übergang eines Proteins oder einer Nucleinsäure vom denaturierten Zustand (↗ *Denaturierung*) in die native Konfiguration. ↗ $C_o t$, ↗ *Proteine*.

Renin, *Angiotensinogenase*, EC 3.4.99.19, eine die Freisetzung von ↗ *Angiotensin* aus dem Angiotensinogen, einem Protein der α_2-Globulinfraktion, katalysierende Aspartatprotease (M_r 43 kDa). R. wird in den Arterienwänden der Niere freigesetzt und in die Blutbahn abgegeben. Bei unzureichender Durchblutung der Niere und Na^+-Mangel wird die Freisetzung von R. gesteigert. Zur Bekämpfung der Hypertonie versucht man durch den Einsatz von R.-Inhibitoren (z. B. ↗ *Pepstatin*) bereits auf den ersten Faktor des Renin-Angiotensin-Aldosteron-Systems Einfluss zu nehmen.

Rennin, *Chymosin*, *Labferment*, eine im Magen von Säuglingen, Kleinkindern und Kälbern gebildete pepsinähnliche Endopeptidase hoher Substratspezifität; M_r 30,7 kDa, pH-Optimum bei 4,8. Das Enzym wird aus einer inaktiven Vorstufe (*Prorennin*, M_r 36,2 kDa) freigesetzt und benötigt Calcium-Ionen als Cofaktor. Als Milchgerinnungsenzym reagiert R. mit dem κ-Casein der Milch als einzigem Substrat und wandelt dieses in das unlösliche para-κ-Casein (M_r 22 kDa) und in ein C-terminales Glycopeptid (M_r 8 kDa) um. Durch die Wirkung des R. wird die Schutzkolloidfunktion des κ-Caseins aufgehoben.

Reparaturenzyme, Enzyme, die durch Strahlung oder Chemikalieneinwirkung verursachte Schäden an Desoxyribonucleinsäure (DNA) reparieren können (↗ *DNA-Reparatur*). Die geschädigten Strangteile werden herausgetrennt und durch die „korrekten" Molekülteile ersetzt. Zu den R. gehören ↗ *DNA-Polymerasen* und ↗ *Polynucleotid-Ligasen*. Eine DNA-Polymerase wirkt dabei als Endonuclease, die die fehlerhaften Nucleotide gleichzeitig ausschneidet und die entstandenen Lücken durch Neusynthese wieder auffüllt.

Repellent, (lat. *repellere*, zurücktreiben, abweisen), Substanzen aus verschiedenen Verbindungsklassen, die zur Abwehr von Schädlingen und Lästlingen aus dem Tierreich geeignet sind. Bedeutung haben neben Vogelabschreckmitteln und Wildverbissschutzmitteln insbesondere Insektenabwehrmittel. In der Human- und Veterinärmedizin dienen R. zur Abschreckung lästiger oder als Überträger von Infektionskrankheiten hygienisch bedenklicher Insekten. Auch Pflanzen können R. in Form sekundärer Pflanzenstoffe produzieren, z. B. mit Insektenhormonen und Pheromonen.

Replikase-System, *Replisom*, der an der Replikation der DNA beteiligte Enzymkomplex, ↗ *Replikation*.

Replikation, *Reduplikation*, der enzymatisch katalysierte Prozess der identischen und sequenzgetreuen Verdopplung von DNA. Die R. verläuft semikonservativ (↗ *Meselson-Stahl-Experiment*), d. h., dass an beiden Strängen der DNA-Doppelhelix jeweils ein neuer Tochterstrang synthetisiert wird (Abb. 1).

Die R. hängt von der Zusammenarbeit von 20 oder mehr Enzymen und Proteinen ab. Die verschiedenen aufeinanderfolgenden Schritte der R. schließen die Erkennung des Ursprungs bzw. Startpunkts des Prozesses, Entwindung der Elternduplex (durch Helicasen, ↗ *Topoisomerasen*), Aufrechterhaltung der Strangtrennung im Replikationsbereich, Initiation der Tochterstrangsynthese, Elongation der Tochterstränge, Wiederverwindung der Doppelhelix durch Topoisomerasen und Termination des Prozesses ein. Der Komplex an Faktoren, der an der R. beteiligt ist, wird *DNA-Replikase-System* bzw. *Replisom* (Tab.) genannt.

Aufgrund von Autoradiographieuntersuchungen ist bekannt, dass die Synthese simultan vom 3'-Ende des einen Strangs und vom 5'-Ende des anderen verläuft. Jedoch arbeiten alle drei bekannten DNA-Polymerasen nur in der 5'→3'-Richtung. Der 3'→5'-Elternstrang wird in kleinen Stücken (ungefähr 2.000 Nucleotide bei Bakterien, weniger als 200 in

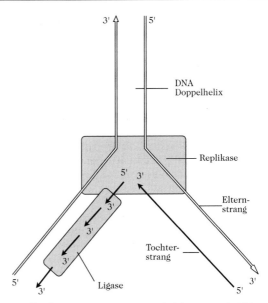

Replikation. Abb. 1. Replikationsgabel der DNA. Die Pfeile geben die Syntheserichtung an.

Replikation. Tab. Einige Bestandteile des Replisoms von *Escherichia coli*.

Protein	M_r [kDa]	Anzahl der Untereinheiten	Funktion	Anzahl der Moleküle je Zelle
Einzelstrang-DNA-bindendes Protein	74	4	Bindung an den Einzelstrang nach Öffnung der Helix	300
Protein i	66	3	Primosomenbildung	50
Protein n	28	2	Initiation der Primosomenaktivität	80
Protein n'	76	1	Bildung der Primer-RNA	70
Protein n''	17	1		–
dnaC	29	1		100
dnaB	300	6		20
Primase	60	1		50
DNA-Polymerase-III-Holoenzym, bestehend aus:	760	2	Kettenverlängerung	20
α	140	1		–
ε	25	1		–
θ	10	1		–
β	37	1		300
γ	52	1		20
δ	32	1		–
τ	83	1		–
DNA-Polymerase I	102	1	Ausschneiden des Primers und Ersetzen durch DNA	300
Ligase	74	1	Verknüpfen erweiterter Okazaki-Fragmente	300
Gyrase, bestehend aus:	400	4	Superspiralisierung	–
Gyr A	210	2		250
Gyr B	190	2		25
Helicase I	65	1	Helicase	50
Helicase II	75	1	Helicase	5.000
dnaA	48	–	Bindung an den Ursprung (*origin*) der Replikation	

Tierzellen) repliziert. Diese kurzen Stücke, auch *Okazaki-Fragmente* genannt, werden später durch eine DNA-Ligase verknüpft. Jedes Okazaki-Fragment wird als Verlängerung eines kurzen RNA-Primers (ungefähr zehn Nucleotide) synthetisiert (Abb. 2). Der RNA-Primer wird in 5'→3'-Richtung entlang der Matrize des replizierenden DNA-Strangs mit Hilfe einer spezialisierten RNA-Polymerase, der *Primase*, hergestellt. Die Primase ist in einem Primosomenkomplex mit anderen Proteinen assoziiert, der ebenfalls als Teil des Replisomkomplexes betrachtet werden kann (Tab.). Die DNA-Synthese geht vom 3'-Ende des Primers aus. Der RNA-Primer wird anschließend abgelöst. Dabei wird durch die 5'→3'-Exonucleaseaktivität der DNA-Polymerase I ein Nucleotid nach dem anderen abgespalten. Jedes Ribonucleotid wird nach seiner Entfernung mit Hilfe der Polymeraseaktivität desselben Enzyms durch das entsprechende Desoxyribonucleotid ersetzt. Das abschließende Zusammenfügen der Okazakifragmente wird durch die DNA-Ligase ausgeführt, die die Synthese der Phosphodiesterbindung zwischen der 3'-Phosphatgruppe der wachsenden DNA und der 5'-OH-Gruppe des neu synthetisierten Okazaki-Fragments katalysiert. Die Verknüpfung ist mit der Spaltung einer Pyrophosphatbindung gekoppelt (bei Bakterien wird NAD zu Nicotinamidmononucleotid und AMP gespalten; in Tierzellen wird ATP in AMP und Pyrophosphat überführt; Abb. 2).

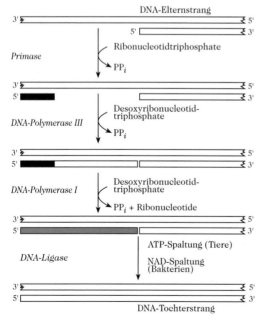

Replikation. Abb. 2. Die Rolle des RNA-Primers und der Okazaki-Fragmente bei der DNA-Replikation. Schwarz dargestellt ist der RNA-Primer. Der schraffiert gezeichnete Bereich entspricht einem Okazaki-Fragment.

Theoretisch ist die diskontinuierliche Synthese für das Fortschreiten der R. entlang des replizierenden 3'→5'-Elternstrangs nicht notwendig. Es gibt jedoch Beweise, dass dieser Vorgang ebenfalls diskontinuierlich verläuft. In einigen Fällen kann zusätzlich zu der normalen DNA-abhängigen DNA-Synthese eine RNA-abhängige Synthese erfolgen (↗ *reverse Transcriptase*). [A. Kornberg *DNA Replication*, W.H. Freeman u. Co., 1980; A. Kornberg *Supplement to DNA Replication*, W.H. Freeman u. Co., 1982]

Während die DNA von Mikroorganismen als Einheit repliziert wird, ist die DNA von Eukaryonten in viele replikative Regionen (↗ *Replikon*) gegliedert.

Replikationseinheit, ↗ *Replikon.*

Replikationspunkt, der Ort, an dem *in vivo* die DNA-Replikation (↗ *Replikation*) beginnt. Bei Bakterien ist der R. an der Zellmembran lokalisiert. Die ringförmige DNA ist mit ihrem Initiationsbereich an die Zellmembran gebunden, ebenso wie die DNA-Polymerase und die Initiationsproteine.

Replikator, ↗ *Replikon.*

Replikon, von Jacob und Brenner vorgeschlagener Begriff der *Replikationseinheit.* Bei Prokaryonten oder Viren sind es komplette zirkuläre oder lineare DNA- bzw. Virus-RNA-Moleküle, die jeweils einem Chromosom entsprechen. Enthält eine Zelle mehrere R., werden sie unabhängig voneinander repliziert. R. unterliegen einer positiven Kontrolle, d. h. sie enthalten ein Gen für die Bildung eines Initiatormoleküls, das die ↗ *Replikation* durch Wechselwirkung mit einem *Replikator* (dem Startpunkt auf der DNA) initiiert.

R. sind die Chromosomen, Episome bzw. Plasmide der Bakterien, Viren sowie die DNA-Moleküle der Chloroplasten und Mitochondrien. Die Chromosomen der eukaryontischen Zellen bestehen aus einer größeren Anzahl hintereinanderliegender Replikons, d. h. ein DNA-Molekül hat jeweils mehrere Replikationsstartpunkte.

Replisom, *Replikase-System,* der an der Replikation der DNA beteiligte Multienzymkomplex, ↗ *Replikation.*

Repression, die Ausschaltung der von der ↗ *Genexpression* ausgehenden Informationskette durch einen ↗ *Repressor.* Dadurch kann die in dem Gen gespeicherte Information über die ↗ *Transcription* und Translation nicht mehr realisiert werden, d. h. es wird kein Protein (Enzym) gebildet. Reprimiert werden Enzyme anaboler Stoffwechselwege.

Repressor, ein von einem Regulatorgen codiertes allosterisches Protein, das durch Bindung an spezifische Operatorsequenzen der DNA im Bereich eines ↗ *Operons* die ↗ *Transcription* von Strukturgenen blockiert (↗ *Enzyminduktion*).

In induzierbaren Protein-(Enzym-) Systemen ist der R. in Gegenwart eines ↗ *Induktors* inaktiv,

d. h., er kann mit der entsprechenden Operatorregion – vermutlich auf Grund einer Konformationsänderung – nicht mehr reagieren. In einem reprimierbaren System wird der R. durch einen ↗ *Corepressor* aktiviert (z. B. durch ein als Effektor dienendes Endprodukt einer Synthesekette und kann nach Bindung an den Operator die mRNA-Synthese unterbinden. ↗ *Derepression.*

reprimierbare Enzyme, Enzyme, deren Biosynthese unter „normalen" Milieubedingungen stattfindet. Die Synthese der r. E. kann durch das als ↗ *Corepressor* wirkende Endprodukt der entsprechenden (anabolen) Stoffwechselkette unterdrückt (reprimiert) werden (↗ *Endproduktrepression,* ↗ *Enzymrepression*).

Reproduzierbarkeit, ↗ *Wiederholbarkeit.*

Resene, ↗ *Harze.*

Reserpin, *Methylreserpinsäure-3,4,5-tri-methoxybenzoylester,* das therapeutisch wichtigste ↗ *Rauwolfia-Alkaloid.* M_r 608,69 Da, F. 265 °C, $[\alpha]_D^{23}$ −123° (Chloroform). Bei der Hydrolyse des R. mit alkoholischer Kalilauge bilden sich Reserpinsäure (dem Yohimbin strukturähnlich), Trihydroxybenzoesäure und Methanol. Innerhalb der Gattung *Rauwolfia* ist R. weit verbreitet und Träger der sedativen Eigenschaften. Nach einer Latenzzeit wirkt R. langanhaltend sedativ und blutdrucksenkend, verbunden mit einer Minderung der Herzfrequenz. In der Psychiatrie wird es als starkes Neuroleptikum gegeben.

Reservecellulose, ↗ *Zellwand.*

Resilin, ein hochelastisches fibrilläres Protein der Insekten und anderer Arthropoden. Es besteht in der Regel aus 2–5 mm dicken Schichten, die durch Chitinlamellen voneinander getrennt werden. Es enthält einen hohen Anteil an Glycin (ca. 30%) sowie an Aminodicarbonsäuren und Hydroxyaminosäuren. Schwefelhaltige Aminosäuren fehlen ebenso wie Tryptophan. An der Quervernetzung sind Di- und Trimere des Tyrosins beteiligt. R. entspricht dem funktionell vergleichbaren ↗ *Elastin* der Wirbeltiere.

Resinate, Salze und Ester der ↗ *Harzsäuren.*

Resine, ↗ *Harze.*

Resinoide, ↗ *etherische Öle.*

Resinole, aus Harzalkoholen und Phenolen bestehende basische Bestandteile der natürlichen ↗ *Harze.*

Resinosäuren, ↗ *Harzsäuren.*

Resinotannine, ↗ *Harze.*

Resistenzfaktoren, *R-Faktoren,* Bezeichnung für Plasmide, auf denen Antibiotika-*Resistenzgene* lokalisiert sind, die dem Plasmid-Träger die entsprechende Resistenz verleihen. Antibiotika-Resistenz-Gene sind oft auf ↗ *Transposons* lokalisiert, so dass sie außer durch den Transfer der Plasmide an sich auch durch Einbau in das Wirts-

genom oder in andere Plasmide übertragen werden können.

Resistenz-Plasmide, ↗ *Resistenzfaktoren.*

Resorcinphthalein, Syn. für ↗ *Fluorescein.*

Respiration, Syn. für ↗ *Atmung.*

respiratorische Acidose, ↗ *Acidose.*

respiratorische Alkalose, ↗ *Alkalose.*

Restriktionsendonucleasen (EC 3.1.23.1 bis EC 3.1.23.45), eine große Gruppe an Enzymen, die die DNA an spezifischen Sequenzen spalten. Sie besitzen alle unterschiedliche Spezifitäten (Tab.) und kommen in einer großen Vielzahl von prokaryontischen Organismen vor. R. dienen physiologisch zur Spaltung fremder DNA-Moleküle (z. B. Phagen-DNA). Sie erkennen spezifische Palindromsequenzen in Doppelstrang-DNA und sind ein wichtiges Instrument der ↗ *rekombinanten DNA-Technik.* Die Wirts-DNA wird vor der Wirkung der Wirtsrestriktionsendonuclease durch Methylierung (mit Hilfe von *S*-Adenosyl-L-methionin; Tab.; ↗ *DNA-Methylierung*) geschützt. Der Vorgang, durch den

Restriktionsendonucleasen. Der Pfeil bezeichnet die jeweilige Spaltungsstelle, der Stern die Base, die durch Methylierung geschützt werden kann.

Enzym	Ziel-Palindromsequenz
Eco RI (aus *E.-coli*-Stamm R)	* ↓ 3′-CTTAAG-5′ 5′-GAATTC-3′ ↑ *
Eco RI′ (aus *E.-coli*-Stamm R)	↓ 3′-PyPyTAPuPu-5′ 5′-PuPuATPyPy-3′
Eco RII (aus *E.-coli*-Stamm R)	* ↓ 3′-GGACC-5′ 5′-CCTGG-3′ ↑ *
Eco (PI)	* 3′-TCTAGA-5′ 5′-AGATCT-3′ *
Hin DII (*Haemophilus influenzae*)	* ↓ 3′-CAPuPyTG-5′ 5′-GTPyPuAC-3′ ↑ *
Hpa I (*Haemophilus parainfluenzae*)	↓ 3′-CAATTG-5′ 5′-GTTAAC-3′
Hae III (*Haemophilus aegypticus*) und Bsu x 5 (*Bacillus subtilis*)	↓ 3′-CCGG-5′ 5′-GGCC-3′ ↑
Hpa II (*Haemophilus parainfluenzae*)	↓ 3′-GGCC-5′ 5′-CCGG-3′ ↑

fremde DNA, die in eine prokaryontische Zelle ein-geführt wurde, mit Hilfe von R. unwirksam gemacht wird, heißt *Restriktion*.

In Bakterien wurden zwei Arten an Restriktions-Modifikations-Systemen (R-M-Systemen) gefunden. In Typ-I-Systemen sind die Methylase und die R. beide mit einem Komplex assoziiert, der drei unterschiedliche Polypeptidketten enthält: eine α-Kette mit R.-Aktivität, eine β-Kette mit Methylase-Aktivität und eine γ-Kette mit einer Erkennungs-stelle für die DNA-Sequenz. Die Typ-I-Systeme be-nötigen S-Adenosyl-L-methionin und ATP für die R.- und die Methylase-Aktivität; sie sind wenig spe-zifisch und spalten wahrscheinlich zufällig an Stel-len, die von der 5'-Seite der Erkennungsstelle weit entfernt liegen (1.000 Basenpaare). In Typ-II-Syste-men liegen die Methylasen und R. getrennt vor; S-Adenosyl-L-methionin dient als Methyldonor, nimmt an der DNA-Spaltung jedoch nicht teil. Typ-II-Systeme benötigen kein ATP und sind hochspe-zifisch. R. spalten den DNA-Doppelstrang auf unter-schiedliche Weise. Entweder sind die beiden Strangbrüche wie bei EcoRI (Tab.) gegeneinander versetzt, oder sie befinden sich wie bei Hae III an der gleichen Stelle. Im ersten Fall entstehen sog. *sticky ends* („klebrige Enden"), die komplementär sind und miteinander hybridisieren können. Im zweiten Fall spricht man von *blunt ends* („stumpfe Enden").

Restriktionsfragmentlängenpolymorphismen, Längenschwankungen der Nucleinsäurenfragmen-te, die durch Endonuclease-Verdauung gebildet werden und auf einen Genompolymorphismus zurückzuführen sind. Nach der DNA-Verdauung mit einer geeigneten Restriktionsendonuclease wird das DNA-Fragmentemuster mit Hilfe von ↗ *Southern-Blots* analysiert. Die R. wurden bei fol-genden Verfahren genutzt: 1) Zur Abschätzung der strukturellen Heterogenität von Genen. 2) In Kopp-lungsuntersuchungen als Marker zur Bestimmung ↗ *angeborener Stoffwechselstörungen.* 3) Bei Stammbaumanalysen als Tracer für die Identifizie-rung von Allelen und 4) zur Bestimmung des klona-len Ursprungs von Tumoren (↗ *DNA-Fingerprin-ting*). Bei Kopplungsuntersuchungen ist es möglich, dass der Polymorphismus nicht innerhalb des un-tersuchten Gens liegt, sondern eng damit verknüpft ist. Beispielsweise sind das normale Humanglobin-gen und das Sichelzellenglobin mit unterschiedli-chen *Hpa*-I-Schnittstellen verknüpft (↗ *Restrikti-onsendonucleasen*). Deshalb entsteht bei der *Hpa*-I-Verdauung von DNA, die das Sichelzellengen ent-hält, ein 13-kB-Fragment, das bei der Verdauung normaler DNA nicht vorhanden ist, und bei der Verdauung normaler DNA wird ein 7,6-kb-Frag-ment gebildet, das bei der Verdauung von DNA fehlt, die das Sichelzellengen enthält (Abb.). [D.

Botstein et al. *Am. J. Hum. Genet.* **32** (1980) 314–331; B. Vogelstein et al. *Science* **227** (1985) 642–645]

Restriktionsmodifikationssystem, ↗ *Restrik-tionsendonucleasen.*

Reticulin, ein die feinsten Fibrillengespinste der extrazellulären Matrix des Bindegewebes bildendes schwefelhaltiges Protein. Es wird auch als *Kollagen-Typ III* bezeichnet und unterscheidet sich von an-deren Wirbeltier-Kollagenen. Mit Silbersalzen ist es schwärzbar. R. ist durch zahlreiche Disulfidbrü-cken vernetzt und enthält an der Oberfläche gebun-dene Kohlenhydrate.

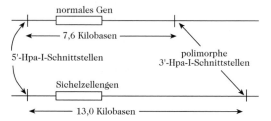

Restriktionsfragmentlängenpolymorphismus. Poly-morphe 3'-*Hpa*-I-Schnittstellen von normalen und Sichel-zellen-β-globingenen.

Retinal, das Vitamin-A-Aldehyd (↗ *Vitamin A*).
11-*cis*-Retinal, Syn. für ↗ *Neoretinal.*
Retinol, *Vitamin A₁,* (↗ *Vitamin A*).
Retinol-bindendes Protein, *RBP,* ein im Blutplas-ma vorkommendes Protein mit hoher Affinität zum Retinol. Das in der Leber synthetisierte RBP (M_r 21 kDa) bindet Retinol und transportiert es im Blut. Es zeigt Sequenzhomologie zum ebenfalls Retinol-bindenden β-Lactoglobin sowie zu α_1-Mikroglobu-lin. Vom zellulären Retinol-bindenden Protein (CR-PB), das Retinol im Lebercytoplasma speichert und transportiert, unterscheidet es sich.

Retinsäure, die Vitamin-A-Säure (↗ *Vitamin A*).
Retronecin, ↗ *Pyrrolizidinalkaloide.*
Retroposon, *Retrotransposon,* ↗ *bewegliche DNA-Elemente,* ↗ *Transposon.*
Retrotransposon, ↗ *bewegliche DNA-Elemente,* ↗ *Transposon.*
Retroviren, einzelsträngige RNA-Viren, von denen viele zu den ↗ *Turmorviren* zählen. R. sind ge-kennzeichnet durch das Enzym ↗ *reverse Tran-scriptase,* das als wesentlichen Schritt im Infekti-onszyklus dieser Viren die genomische Virus-RNA in DNA überschreibt. R. werden in die zelluläre DNA integriert und bilden dort sog. *Proviren.* Von diesen Proviren geht die Bildung neuer Nachkom-men im Laufe normaler Transcription aus. Viele R. enthalten ↗ *Onkogene.*

reverse Transcriptase, *RNA-abhängige DNA-Poly-merase, Revertase, „Umkehrtranscriptase",* ein Enzym, das in ↗ *Retroviren* vorhanden ist. Bei diesen RNA-Viren katalysiert das Enzym die Synthese von Provirus-DNA, wobei die Virus-RNA als Matrize dient. Die gebildete DNA wird dann in das Genom der infizierten Zelle eingebaut. Der Gesamtprozess der RNA-abhängigen DNA-Synthese unter Beteiligung mehrerer virusspezifischer Enzyme kann möglicherweise zum Verständnis der malignen Transformation von Zellen durch RNA-Viren beitragen. Das Vorkommen des Enzyms in Zellen oder Viren kann zur Diagnose onkogener Viren herangezogen werden.

Die DNA-Synthese ist der Transcription bzw. Replikation analog, d. h. die RNA dient als Matrize für die Bildung eines basenkomplementären Moleküls einzelsträngiger DNA. Eine DNA-abhängige DNA-Polymerase repliziert dann den DNA-Strang unter Ausbildung einer Doppelstrang-DNA, die weiter vervielfacht werden kann (Provirus). Eine virale Endonuclease spaltet die DNA der Wirtszelle auf, und eine Ligase baut die Provirus-DNA in die DNA der infizierten Zelle ein. Die r. T. ist ein wichtiges Enzym für die ⊿ *rekombinante DNA-Technik* zur Erzeugung von ⊿ *cDNA*.

Revertase, Syn. für ⊿ *reverse Transcriptase*.

F$_C$-Rezeptor, auf Zelloberflächen, z. B. von Monocyten und Lymphocyten lokalisierte Bindungsstrukturen für den F$_C$-Teil von ⊿ *Antikörpern*. Multivalente Antigene lösen die Vernetzung von Antikörpern auf, die an F$_C$-R. gebunden sind, wodurch es zur ⊿ *Phagocytose* kommt.

Rezeptoren, 1) Proteine, die mit einem extrazellulären Signalmolekül (Ligand, primärer Botenstoff) in Wechselwirkung treten, und durch Konformationsänderungen bestimmte Funktionen oftmals über sekundäre Botenstoffe (cAMP, Ca^{2+}-Ionen, Diacylglycerin, Inositoltriphosphat u. a.) in der Zelle aktivieren oder inhibieren. Bei den membranständigen Zelloberflächen-R. unterscheidet man zwischen den Ionenkanal-gekoppelten, G-Protein-gekoppelten und katalytischen R. Ionenkanal-gekoppelte R. sind Neurotransmitter-abhängige Ionenkanäle, die sich in aktivierter Form kurzfristig öffnen oder schließen. Durch G-Protein-gekoppelte R. werden membrangebundene Enzyme oder auch Ionenkanäle über ⊿ *GTP-bindende Proteine* aktiviert oder inhibiert. Schließlich wirken katalytische R. entweder selbst enzymatisch oder sind sehr oft mit ⊿ *Protein-Kinasen* assoziiert, wodurch in der Zielzelle Proteine phosphoryliert werden. Steroidhormone, Thyreoidhormone, Retinoide und Vitamin D diffundieren als kleine hydrophobe Moleküle durch die Plasmamembran der entsprechenden Zielzellen und binden an intrazelluläre R., wodurch der entsprechende Rezeptor aktiviert und im Zellkern die Transcription bestimmter Gene reguliert wird. Lösliche Gase, wie z. B. ⊿ *Stickstoffmonoxid* diffundieren ebenfalls durch die Plasma-

membran der Zielzelle und aktivieren meist die Guanylat-Cyclase, die den sekundären Botenstoff cGMP bildet.

2) Spezielle Zellen, die Reize aufnehmen und die entsprechenden Informationen weiterleiten. Vertreter sind beispielsweise Photo-, Chemo-, Thermo- und Barorezeptoren.

β-Rezeptoren, ⊿ *Adrenorezeptoren*.

Rezeptor-Tyrosin-Kinase, *RTK,* ⊿ *Protein-Tyrosin-Kinase,* eine große Klasse an Zelloberflächenrezeptoren, die gegenwärtig aufgrund ihrer Aminosäurehomologie, ihrer 3D-Struktur und der Ähnlichkeit ihrer Liganden in vier Unterklassen eingeteilt wird [Unterklasse 1: ⊿ *Epidermis-Wachstumsfaktor* (EGFR); Unterklasse 2: Insulinrezeptor, insulinähnlicher Wachstumsfaktor-1-(IGF-1-) Rezeptor; Unterklasse 3: *platelet-derived-growth-factor*-Rezeptoren A und B; Untergruppe 4: Eph-, Elk-, Eek-, Eck- und Erk-Rezeptoren]. Transmembrane RTK kontrollieren als Teile von Signalkaskaden vielfach Zellwachstum und -differenzierung. Eine Vielzahl der bis heute identifizierten ⊿ *Onkogene* codieren für mutierte RTKs.

Die Unterklassen 1, 3 und 4 der RTK bestehen aus einer extrazellulären glycosylierten Domäne, die eine Ligandenbindungsstelle enthält, einer einzelnen Transmembran-α-Helix, die sich hauptsächlich aus hydrophoben Aminosäuren zusammensetzt und einer cytosolischen Domäne, die ein oder zwei Regionen mit Tyrosin-Kinase-Aktivität besitzt. Die Unterklassen 1 und 4 tragen beide eine Region mit Tyrosin-Kinase-Aktivität, unterscheiden sich jedoch in der Anzahl der cysteinreichen Regionen in ihrer extrazellulären Domäne (zwei bei Typ 1; eine bei Typ 4). Die Unterklasse 3 weist zwei Regionen mit Tyrosin-Kinase-Aktivität auf sowie eine variable Anzahl von immunglobulinähnlichen Schleifen in der extrazellulären Domäne. Die Unterklasse-2-Rezeptoren bestehen aus: zwei extrazellulären, glycosylierten α-Untereinheiten (jede mit einer einzigen cysteinreichen Region), die miteinander verknüpft sind, zwei transmembranen β-Untereinheiten, die mit den α-Untereinheiten über zwei -S-S-Brücken verbunden sind, und zwei cytosolischen Domänen auf den β-Untereinheiten, die jeweils eine einzelne Region mit Tyrosin-Kinase-Aktivität besitzen.

Bei den Unterklassen 1, 3 und 4 bewirkt die Bindung von Liganden an den Rezeptor, dass sich zwei RTK-Komplexe miteinander verbinden (dimerisieren), woraufhin die Tyrosin-Kinase, die in der cytosolischen Region jedes Komplexes lokalisiert ist, die Autophosphorylierung katalysiert, d. h. die ATP-abhängige Phosphorylierung der Hydroxylgruppen eines voneinander getrennten Satzes an Tyrosinresten in der cytosolischen Region des anderen Dimerpartners. Die phosphorylierten Tyrosine, die durch diesen *trans*-Autophosphorylierungsvorgang entstanden sind, sowie ihre unmittelbar benachbarten Aminosäuren fungieren als Bindungsstellen für cytosolische Proteine, die SH2-Domänen besitzen (SH2 bedeutet src homology region 2 und ist ein Bereich der cytosolischen Tyrosin-Kinase, der durch das *src*-Gen codiert wird). Proteine, die SH2-Domänen besitzen und an aktivierte RTKs binden sind zum einen Adaptorproteine, die Bestandteil einer Signalstoffkette von der aktivierten RTK zum am Ende stehenden Empfänger des Signals sind und zum zweiten Enzyme, wie z. B. Phospholipase Cγ, Phosphatidylinositol-3-Kinase (IP-3-Kinase), eine Tyrosin-Kinase namens Syp und das Ras-verknüpfte GAP (GTPase-aktivierende Protein, ↗ *GTP-bindende Proteine*).

Die Ligandenbindung an die Rezeptorbindungsstelle von RTKs der Unterklasse 2 initiiert eine von den anderen Unterklassen verschiedene Signalstoffkette. Auch hier wird aber die Autophosphorylierung spezifischer Tyrosinreste in den cytosolischen Domänen beider β-Untereinheiten hervorgerufen. Außerdem werden spezifische Tyrosinreste in einem cytosolischen 130-kDa-Protein, dem sog. „Insulinrezeptor-Substrat-1" (IRS-1) phosphoryliert (vermutlich katalysiert durch die Tyrosin-Kinase der aktivierten Insulin-RTK). Die phosphorylierten IRS-1-Moleküle, die von der aktivierten Insulin-RTK nicht gebunden werden, binden an verschiedene cytosolische Proteine mit SH2-Domänen. Dazu zählen GRB2, PI-3-Kinase und Syp. Dies stellt einen weiteren Unterschied zur Signalstoffkette der anderen RTK-Unterklassen dar, wo diese Proteine an die phosphorylierte RTK binden. [P. van der Geer u. T. Hunter „Receptor Protein-Tyrosine Kinases and their Signal Transduction Pathways" *Annu. Rev. Cell Biol.* **10** (1994) 251–337]

rezeptorvermittelte Endocytose, ↗ *Coated Vesicle*.

R-Faktoren, Abk. für ↗ *Resistenzfaktoren*.

R_f-Wert, ↗ *Papierchromatographie*.

RGD-Sequenz, eine nach den Einbuchstabensymbolen benannte Arg-Gly-Asp-Sequenz, die für eine spezifische Bindung von Liganden an ↗ *Integrine* erforderlich ist.

L-Rhamnose, *6-Desoxymannose*, ein 6-Desoxyzucker (M_r 164,16 Da, F. 122 °C). L-R. kommt glycosidisch gebunden in verschiedenen pflanzlichen Schleimen, Hemicellulosen sowie in den Glycosiden von Cardenoliden, Bufadienoliden und Flavonoiden vor. R. ist ein Bestandteil der Rhamnolipide (↗ *Biotenside*).

Rhein, *1,7-Dihydroxy-3-carboxyanthrachinon*, ein zur Gruppe der Anthrachinone gehörender gelber Farbstoff (F. 321 °C). R. findet sich in freier Form oder als Glycosid in zahlreichen höheren Pflanzen, vor allem in den Wurzeln von Rhabarber

arten. Da R. abführend wirkt, werden verschiedene rheinhaltige Drogen, wie *Radix Rhei* und *Folia Sennae*, therapeutisch verwendet.

Rhesusfaktor, *Rh-Faktor*, mehrere nahe miteinander verwandte blutgruppenspezifische Erythrocytenantigene, die bei 85 % der Europäer (*Rh-positiv*) vorkommen; bei den 15 % *Rh-negativen* Personen fehlt das Antigen. Erhalten Rh-negative Individuen Kontakt mit dem Rh-Antigen, z. B. nach Bluttransfusion von Rh-positivem Blut oder durch Rh-positive Feten (Antigen kann manchmal die Plazenta passieren), bilden sich spezifische Rh-Antikörper, die bei wiederholter Transfusion von Rh-positivem Blut zur Hämolyse beim Empfänger oder zu hämolytischen Schädigungen beim Rh-positiven Feten (Erythroblastose der Neugeborenen) führen können.

Rh-Faktor, Abk. für ↗ *Rhesusfaktor*.

Rhizobien, *Knöllchenbakterien*, Bakterien der Gattung *Rhizobium*, die frei in der Erde oder in Symbiose mit Leguminosen leben können. Als Leguminosensymbionten sind die R. für die Bildung von Wurzelknöllchen und die Fixierung von atmosphärischem Stickstoff verantwortlich (↗ *Stickstofffixierung*).

Rhodoplasten, die Photosyntheseorganellen der Rotalgen (*Rhodophyta*), die durch ↗ *Biliproteine* rot oder rotviolett gefärbt sind und diesen Meeresalgen ihre charakteristische Färbung verleihen. Die farbgebenden Pigmente sind entscheidend an der photosynthetischen Lichtausnutzung dieser Algen beteiligt.

Rhodopsin, ein integrales Membranprotein (M_r 40 kDa), das als Photorezeptorprotein der Stäbchenzellen der Netzhaut am Sehvorgang beteiligt ist. Es gehört zur G-Protein-gekoppelten Rezeptor-Familie. R. ist das lichtempfindliche Molekül in den Scheiben der Stäbchen und besteht aus dem Protein *Opsin* und der prosthetischen Gruppe 11-*cis*-Retinal, dessen Vorstufe das all-*trans*-Retinol (↗ *Vitamin A*) ist. Das 11-*cis*-Retinal ist mit der ε-Aminogruppe von Lys 296 des Opsins in Form einer Schiffschen Base verknüpft. Der 11-cis-Retinal-Chromophor befindet sich in einer Proteintasche annähernd im Zentrum des Sieben-Helix-Motivs des R. Der N-Terminus enthält zwei N-gebundene Oligosaccharideinheiten und befindet sich auf der dem Scheibenzwischenraum zugewandten Membranseite, während auf der cytosolischen Seite in der Nähe des C-Terminus mehrere Ser- und Thr-Reste lokalisiert sind, die durch Phosphorylierung das durch Licht erregte R. inaktivieren. Auch in anderen eukaryontischen Membranrezeptoren findet sich das Sieben-Helix-Motiv des R.

Rhodotorucin A, H-Tyr[1]-Pro-Glu-Ile-Ser[5]-Trp-Thr-Arg-Asn-Gly[10]-Cys(*S*-Farnesyl)-OH, ein aus der Hefe *Rhodosporidium toruloides* isoliertes 11 AS-Pep tid mit C-terminalem *S*-Farnesyl-L-cystein. Das von einer A-Typ-Zelle freigesetzte R. induziert die Kreuzungsröhrenbildung, wobei die Farnesyl-Gruppierung am Cysteinrest die Haftung an die Zelloberfläche der zweiten haploiden Zelle (a-Typ-Zelle) im Anfangsstadium der Kreuzung begünstigt. [Y. Kamiya et al. *Biochem. Biophys. Res. Commun.* **83** (1978) 1.077]

Rhodoxanthin, *3,3'-Diketo-β-carotin*, ein zur Gruppe der Xanthophylle zählendes Carotinoid (M_r 562 Da, F. 219 °C). R. kommt als roter Farbstoff in braunroten Blättern, in den Nadeln verschiedener Koniferen, z. B. Eiben, sowie in Vogelfedern vor.

Rho-Faktor, ein Enzym, das die Termination der ↗ *Transcription* in der Weise unterstützt, dass es die Aufwindung von RNA-DNA- und RNA-RNA-Doppelhelices katalysiert. R. ist ein Hexamer aus identischen Untereinheiten, bestehend aus 419 Aminosäurebausteinen.

Rho-Proteine, eine Gruppe kleiner ↗ *GTP-bindender Proteine*, ↗ *Rap/Rho-Proteine*.

RIA, Abk. für engl. *r̲adioi̲mmunoa̲ssay*, ein *Inhibierungs-Radioimmunassay*. RIA ist ein empfindlicher ↗ *Immunassay*, der auf der kompetitiven Bindung eines Antigens an einen Antikörper beruht, wobei der gebundene Anteil mit Hilfe von radioaktiv markiertem Antigen quantitativ bestimmt wird. Für den RIA sind erforderlich 1) *Antikörper*, die man durch Behandlung von Versuchstieren mit der zu untersuchenden Substanz gewinnt, 2) ein *radioaktiv markiertes Antigen*, das man durch Bindung eines Pharmakons an ein Protein erhält, 3) ein *Verfahren zur Trennung* von freiem und an Antikörper gebundenem Antigen sowie 4) ein *Messgerät* für radioaktive Strahlung.

Für den quantitativen Test einer Verbindung „X" müssen eine reine Probe des unmarkierten X, eine Probe des radioaktiv markierten X (d. h. *X) und ein Antikörper von X (d. h. anti-X) zur Verfügung stehen. Um anti-X im kompetitiven Bindungstest einsetzen zu können, ist es notwendig, die geeignete Konzentration zu bestimmen. Dazu werden Serienverdünnungen des anti-X-Antiserums und Inkubationen dieses Antiserums mit einer bestimmten Menge von *X durchgeführt, die bei der nachfolgenden Bestimmung der Standardkurve und dem Test der unbekannten Probe von X eingesetzt wird. Der bei jeder Verdünnung gebildete Anti-X-*X-Komplex wird dann von ungebundenem *X getrennt und seine Radioaktivität bestimmt. Aus der graphischen Darstellung der „Radioaktivität in anti-X-*X" gegen die „log anti-X-Konzentration" wird die Konzentration des anti-X bestimmt, bei der ~70 % des maximalen *X gebunden vorliegen. Diese Konzentration wird gemeinsam mit der oben erwähnten bestimmten Menge an *X zur Bestimmung der Standardkurve und für den Test der unbekannten Probe von X

verwendet. Dadurch wird sicher gestellt, dass im kompetitiven Test anti-X in limitierender Konzentration vorhanden ist. Die Standardkurve, die zur Bestimmung der Konzentration von X in unbekannten Proben herangezogen wird, wird mit Hilfe einer Reihe von Inkubationen erstellt, in der bekannte Konzentrationen des unmarkierten X mit bestimmten Konzentrationen von anti-X und bestimmten Mengen an *X, die zuvor gemessen wurden, eingesetzt werden. In jeder Inkubationsmischung konkurriert das unmarkierte X mit *X um die anti-X-Bindungsstelle. Je höher die Konzentration an X ist, um so weniger *X wird von anti-X gebunden. Folglich nimmt die Radioaktivität des gebildeten Antikörper-Antigen-Komplexes (ein Gemisch aus anti-X-X und anti-X-*X) ab, wenn die Konzentration des unmarkierten X steigt. Nach Ablauf der Inkubationszeit wird der Antikörper-Antigen-Komplex von nicht gebundenem *X abgetrennt und die Radioaktivität gemessen. Die Standardkurve besteht entweder aus einer graphischen Darstellung des „Verhältnisses von gebundener Radioaktivität zur gesamten vorhandenen Radioaktivität" (d. h. Radioaktivität in anti-X-*X/Radioaktivität in der bestimmten Menge von *X, die der Inkubationsmischung zugefügt wurde) oder der „% von *X, gebunden als anti-X-*X" (Ordinate) gegen „log Konzentration an unmarkiertem X" (Abszisse). Derjenige Bereich der erhaltenen Kurve, der die Näherung einer Geraden darstellt, wird zur Konzentrationsbestimmung von X in der unbekannten Probe herangezogen.

Mit Hilfe des RIA können Substanzmengen bis zum Picogrammbereich bestimmt werden.

Ribit, ein optisch inaktiver C_5-Zuckeralkohol, der biosynthetisch durch Reduktion von Ribose gebildet wird (F. 102 °C). R. ist Bestandteil von Flavinmolekülen, z. B. Riboflavin (↗ *Flavinmononucleotide*).

Riboflavin, *Vitamin-B₂, Lactoflavin, 6,7-Dimethyl-9-(D-1'-ribityl)-isoalloxazin*, ein wasserlösliches gelbes Flavinderivat, das hauptsächlich in gebundener Form in Flavinnucleotiden oder Flavoproteinen in Hefen, tierischen Produkten und Leguminosensamen vorkommt. Milch enthält freies R. Es wird als Vorstufe des Flavinmononucleotids und Flavinadenindinucleotids, den Coenzymen der Flavinenzyme, benötigt. Ein Riboflavinmangel äußert sich durch Auftreten einer ↗ *Ariboflavinose*.

Die biosynthetischen Vorstufen des R. sind ein Purin (z. B. Guanin), Ribit und Diacetyl (Abb. auf Seite 302). Die meisten Nahrungsmittel des Menschen enthalten ausreichend R. Der tägliche Bedarf liegt bei ungefähr 1 mg.

Riboflavinadenosindiphosphat, ↗ *Flavinadenindinucleotid*.

Riboflavin-5'-phosphat, ↗ *Flavinmononucleotid*.

3-D-Ribofuranosylcytosin, Syn. für ↗ *Cytidin*.

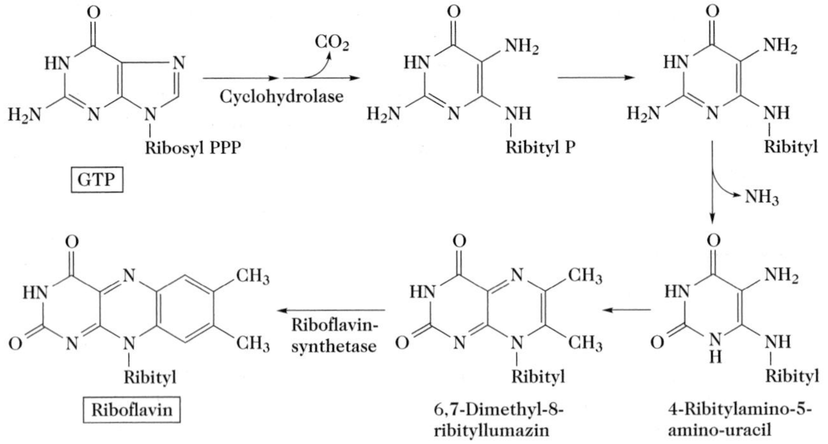

Riboflavin. Biosynthese von Riboflavin aus Guanin, Ribit und Diacetyl.

9β-D-Ribofuranosylhypoxanthin, Syn. für ↗ *Inosin*.

Ribonuclease (EC 3.1.27.5), eine Phosphodiesterase aus dem Pankreas, die spezifisch für RNA ist. Die R. katalysiert die Hydrolyse von Phosphatesterbindungen zwischen Pyrimidinnucleosid-3-phosphatresten und der 5-Hydroxylgruppe des benachbarten Riboserests. Spaltprodukte sind 3'-Ribonucleosid-monophosphate und Oligonucleotide mit terminalem Pyrimidinnucleosid-3'-phosphat. Obwohl im Pankreas bei den meisten Wirbeltieren nachweisbar, wird R. nur bei den Wiederkäuern, gewissen Nagetieren und bei einigen herbivoren (pflanzenfressenden) Beuteltieren in größeren Mengen im Pankreas gebildet. Die hohe R.-Aktivität bei den Wiederkäuern ist notwendig, um die großen Nucleinsäuremengen der Pansenmikroorganismen, die einen Großteil des aus der Nahrung stammenden Phosphors und Stickstoffs in ihren Nucleotiden enthalten, aufzuschließen. Von den vier im Rinderpankreas nachgewiesenen R. (A, B, C und D) ist die kohlenhydratfreie *R. A* die vorherrschende Form. Die anderen R. sind Glycoproteine, die sich nur im Zuckergehalt unterscheiden. Letzterer verursacht die Mikroheterogenität und ist somit verantwortlich für das Auftreten von Pseudo-Isoenzymformen.

Die Primärstruktur (einkettiges basisches Protein aus 124 Aminosäuren, M_r 13,7 kDa), Sekundärstruktur (4 Disulfidgruppen, etwa 15 % α-Helix, etwa 75 % β-Strukturen) und Tertiärstruktur (aktives Zentrum mit His_{12}, His_{119}, Lys_7 und Lys_{41} befindet sich in einem Spalt, der das Molekül in zwei Hälften teilt) sowie der Wirkungsmechanismus der R. A sind bekannt. Das pH-Optimum liegt bei 7,0–7,5, der isoelektrische Punkt (pI) beträgt 7,8. Inhibitoren sind Penicillin, basische Farbstoffe (z. B. Acridin), Ethylendiaminetraessigsäure und divalente Kationen (Cu^{2+}, Zn^{2+}). R. A ist relativ hitzestabil (Erhitzen auf 85 °C und nachfolgende Abkühlung führt zu keinem Aktivitätsver-

lust) und lässt sich durch β-Mercaptoethanol in 8 M Harnstofflösung zu einem inaktiven Zufallsknäuel denaturieren, aus dem sich durch Reoxidation unter milden Bedingungen wieder vollaktive R. gewinnen lässt (reversible Denaturierung). Durch limitierte Proteolyse mittels Subtilisin wird aus R. durch Abspaltung des S-Peptids (Reste 1–20) die vollaktive *R.-S* (*S-Protein*, Reste 21–124) erhalten. Erst die Abdissoziation des S-Peptids vom S-Protein durch Harnstoff- oder Säurebehandlung führt zum Aktivitätsverlust des S-Proteins, ein Vorgang, der ebenfalls reversibel ist. Die einzig bisher bekannte dimere R. aus Rindersamenplasma besteht aus zwei identischen Polypeptidketten zu je 124 Aminosäuren (M_r je 14,5 kDa), deren Sequenz identisch mit der Pankreasribonuclease ist und die durch zwei Disulfidbrücken zusammengehalten werden.

Andere gut untersuchte R. wurden aus Pilzen und Bakterien isoliert.

Eine extrazelluläre unspezifische Phosphodiesterase ist die bakterielle Nuclease aus *Staphylococcus-aureus*-Stämmen (Primär- und Tertiärstruktur ermittelt, 149 Aminosäuren, M_r 16,8 kDa). Sie zerlegt sowohl DNA wie RNA in 3'-Phosphomononucleotide und -dinucleotide.

Ribonucleinsäure, *RNS*, *RNA* (engl. *ribonucleic acid*), früher auch *Pentosenucleinsäure*, aus Ribonucleotiden aufgebautes Biopolymer, das in allen lebenden Zellen und einigen Viren vorkommt.

Struktur. Die Mononucleotide der RNA bestehen aus Ribose, die am C3 phosphoryliert ist und mit einer der vier Basen Adenin, Guanin, Cytosin oder Uracil N-glycosidisch verknüpft ist. In geringem Umfang findet man eine Vielzahl anderer, vor allem methylierter Basen (↗ *seltene Nucleinsäurebausteine*). Die Verknüpfung der Mononucleotide zu einer linearen Kette erfolgt durch 3',5'-Phosphodiesterbindungen (↗ *Nucleinsäuren*).

Die RNA bildet keine doppelsträngige α-Helixstruktur wie die ↗ *Desoxyribonucleinsäure*. Die einfachen Ketten falten sich jedoch teilweise durch Ausbildung von Wasserstoffbrücken zwischen komplementären Basen innerhalb eines Strangs zu einer Helix zusammen. Diese Abschnitte werden von nicht spiralisierten, ungeordneten Abschnitten unterbrochen.

RNA-Typen und Vorkommen. Je nach Funktion unterscheidet man drei Haupttypen von RNA: ↗ messenger RNA, ribosomale RNA (rRNA, ↗ Ribosomen) und ↗ transfer RNA, die sich aber auch in der Sekundär- und Tertiärstruktur voneinander unterscheiden. Viren können RNA anstelle von DNA als Träger der genetischen Information enthalten (z. B. ↗ Retroviren). Diese Virus-RNA zeigt zahlreiche strukturelle und funktionelle Gemeinsamkeiten mit mRNA. In eukaryontischen Zellen ist RNA im Zellkern, im Cytoplasma und in den cytoplasmatischen Organellen (Ribosomen, Mitochondrien, Chloroplasten) enthalten.

Der Zellkern ist der Hauptsyntheseort für RNA. Während in den Nucleoli rRNA synthetisiert wird, wird an der DNA des Chromatins hochmolekulare, polydisperse RNA (Vorläufer der cytoplasmatischen mRNA) transcribiert. Aber auch niedermolekulare RNA-Fraktionen werden im Zellkern synthetisiert. Hierbei handelt es sich zum Teil um tRNA und zum Teil um RNA mit regulatorischer Funktion bei der Genaktivierung.

Das Cytoplasma enthält neben tRNA vor allem rRNA in Form von Ribosomen und außerdem polysomengebundene mRNA. Daneben sind weitere Nucleoproteinpartikel nachgewiesen, die als Transportformen von mRNA anzusehen sind (↗ Informosomen). Alle cytoplasmatische RNA wird im Zellkern synthetisiert. Mitochondrien und Plastiden enthalten ebenfalls mRNA, tRNA und rRNA, die aber an der DNA der Organellen synthetisiert werden.

In der weniger strukturierten Bakterienzelle ist RNA ebenfalls auf verschiedene Zellfraktionen verteilt. Im Cytoplasma findet sich tRNA, in Ribosomen proteingebundene rRNA und in Polyribosomen mRNA.

Funktion. Die Bedeutung der RNA für alle lebenden Zellen liegt in der Übertragung der genetischen Information von der DNA zu den Orten der Proteinbiosynthese (mRNA) und der Realisierung der Information bei der Proteinbiosynthese (mRNA, rRNA und tRNA). Es konnte gezeigt werden, dass die RNA in der Ribonuclease P von *E. coli* und von *Bacillus subtilis* für die katalytische Aktivität des Riboproteins verantwortlich ist [C. Guerier-Takada u. S.Altman *Science* **223** (1984) 285–286]. Die RNA in ↗ *small nuclear ribonucleoproteins* ist wahrscheinlich ebenfalls katalytisch aktiv. Man kennt weitere Beispiele für katalytisch aktive RNA, wie die autokatalytische Spaltung-Ligierung von prä-ri-

bosomaler RNA der *Tetrahymena* (↗ *L-19-RNA*). ↗ *Ribozyme*

Biosynthese. Je nach der Art der Matrize unterscheidet man zwischen *DNA-abhängiger RNA-Synthese* (↗ *Transcription*), der verbreitetsten Form der RNA-Synthese, und *RNA-abhängiger RNA-Synthese* (↗ *reverse Transcriptase*). Letztere erfolgt bei der Vermehrung RNA-haltiger Viren.

In vitro können Polynucleotide in einer *starterabhängigen RNA-Synthese* durch „Anpolymerisieren" von 5'-Nucleosiddiphosphaten unter Phosphatabspaltung an vorhandene Oligonucleotide, die als Starter (*primer*) dienen, synthetisiert werden. Die Reaktion wird durch das Enzym Polynucleotid-Phosphorylase katalysiert. Die Basenzusammensetzung der neuen Polynucleotide wird nicht durch eine Matrize codiert, sondern vom unterschiedlichen Angebot an den Bausteinen bestimmt.

RNA-Abbau. Die RNA in der Zelle unterliegt einem ständigen Stoffwechsel. Sie wird durch verschiedene Ribonucleasen, durch Polynucleotid-Phosphorylase und Phosphodiesterase gespalten. Die chemische Spaltung erfolgt durch Hydrolyse. Unter stark sauren Bedingungen wird sie vollständig in Basen, Phosphat und Zucker zerlegt; bei alkalischer Hydrolyse entstehen 2'- und 3'-Nucleosidmonophosphate.

Ribonucleoproteinpartikel, *RNP*, aus RNA und Proteinen bestehende Zellstrukturen. Man unterscheidet (im Zellkern) snRNPs (engl. ↗ *small nuclear ribonucleoproteins*), die kleine RNA-Moleküle enthalten, und hnRNPs (engl. *heterogeneous nuclear RNPs*), in denen die eukaryontischen Primärtranscripte (hnRNA) gebunden sind, ↗ *messenger-RNA*. Auch die reife eukaryontische mRNA im Cytoplasma ist in R. verpackt. Die Proteinkomponenten von RNP-Partikeln können einerseits zur Prozessierung der RNA benötigt werden (z. B. bei hnRNP), andererseits schützen sie die RNA vor dem Abbau durch zelluläre Nucleasen.

Ribonucleotide, ↗ *Nucleotide*.

Ribonucleotid-Reduktase (EC 1.17.4.1 oder 1.17.4.2), ein Enzymsystem, das die Reduktion von Ribonucleotiden zu 2-Desoxyribonucleotiden katalysiert. Diese Reduktion stellt eine Stufe in der Biosynthese von DNA-Vorstufen dar und ist zudem Bestandteil des einzigen Stoffwechselweges, auf dem Ribose zu Desoxyribose reduziert wird. Die R. unterliegt einem komplizierten Regulationsmechanismus, wobei ein Überschuss an einem Desoxyribonucleotid die Reduktion aller anderen Ribonucleotide inhibiert. Dies bedeutet, dass die DNA-Synthese durch einen Überschuss irgendeines Desoxyribonucleotids oder Desoxyribonucleosids (wird in der Zelle phosphoryliert) gehemmt werden kann. Aus diesem Grund wurde das Enzym als möglicher Angriffspunkt von Antikrebsmedikamenten intensiv untersucht. Die R. aus *E. coli* und von Säugetieren katalysiert die Reduktion von Nucleosiddiphosphaten. In *Lactobacillus* und *Euglena* ist das Enzym Vitamin-B$_{12}$-abhängig und die Reduktion findet auf der Stufe des Nucleosidtriphosphats statt. Der Sauerstoff an C2 wird reduziert und als Wasser abgespalten. Als unmittelbares Reduktionsmittel fungiert ↗ *Thioredoxin*, welches seinerseits durch NADPH und die Thioredoxin-Reduktase (ein Flavoprotein) reduziert wird. Während der Reduktion des Riboseteils wird der Wasserstoff an C2 gegen Protonen aus dem Wasser ausgetauscht, ohne Verlust der Konfiguration.

D-Ribose, eine zur Gruppe der Monosaccharide gehörende Pentose (Abb.). M_r 150,13 Da, F. 87 °C, $[\alpha]_D^{20}$ −23,7°. Sie ist durch Kulturhefen nicht vergärbar und liegt in freier Form als Pyranose vor. Bei 35 °C bildet sich in wässriger Lösung ein Gleichgewicht aus, bei dem 6 % α-Furanose, 18 % β-Furanose, 20 % α-Pyranose und 56 % β-Pyranose vorliegen. D-R. findet sich als Kohlenhydratbaustein in den ↗ *Ribonucleinsäuren*, in einigen Coenzymen, im Vitamin B$_{12}$, in den Ribosephosphaten und verschiedenen Glycosiden. Man gewinnt D-R. entweder durch Säurespaltung der Hefenucleinsäuren oder synthetisch aus Arabinose.

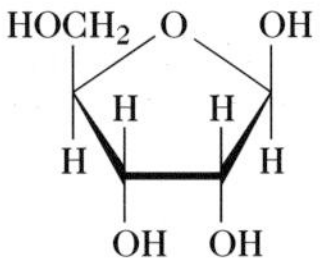

D-Ribose. β-D-Ribose.

Ribosephosphate, phosphorylierte Derivate der Ribose. Im Stoffwechsel sind Ribose-1-phosphat und Ribose-5-phosphat von Bedeutung. Ribose wird durch Ribokinase (EC 2.7.1.15) in 5-Stellung phosphoryliert. Außerdem entsteht Ribose-5-phosphat

im ↗ *Pentosephosphat-Zyklus* und im ↗ *Calvin-Zyklus* der Photosynthese. Durch Phosphoribomutase steht Ribose-5- mit Ribose-1-phosphat im Gleichgewicht (Abb.). Cosubstrat dieser Reaktion ist Ribose-1,5-diphosphat. Das 5-Phosphoribosyl-1-pyrophosphat stellt für folgende Reaktionen seinen Ribose-5-phosphatmolekülteil zur Verfügung: 1) bei der Neusynthese von Purin- und Pyrimidinnucleotiden (↗ *Purinbiosynthese*, ↗ *Pyrimidinbiosynthese*), 2) im ↗ *Wiederverwertungsweg*, der Wiederverwertung von Purin und Pyrimidin, 3) in der Biosynthese von ↗ *L-Histidin* und ↗ *L-Tryptophan* sowie bei der Umwandlung von Nucleinsäure in Nicotinsäureribotid (↗ *Pyridinnucleotid-Zyklus*). Ribose-1-phosphat kann gleichfalls in die Nucleotidsynthese eingehen.

ribosomale RNA, *rRNA*, wesentlicher struktureller und funktioneller Bestandteil der ↗ *Ribosomen*. Die verschiedenen *rRNA*-Arten können mittels chromatographischer oder elektrophoretischer Methoden aufgetrennt werden. Die prokaryontische rRNA besteht aus drei Fraktionen: M_r 0,56 · 10^6 Da (≈16S) von der 30S-Untereinheit; M_r 1,1 · 10^6 Da (≈23S); und M_r 50 kDa (≈5S) von der 50S-Untereinheit. Die eukaryontische rRNA setzt sich aus vier Fraktionen zusammen: M_r 0,7 · 10^6 Da (≈18S) von der kleinen Untereinheit, sowie von der großen Untereinheit 5S, 5,8S und einer Fraktion, deren Größe von ihrem Ursprung abhängt, d. h. M_r 1,3 · 10^6 Da (≈25S) bis 1,75 · 10^6 Da (≈29S). Die 5,8S-rRNA hat in Prokaryonten kein Gegenstück, vermutlich ist sie charakteristisch für Eukaryonten. Ihre Sequenz entspricht annähernd den ersten 150 Nucleotiden der prokaryontischen 23S-rRNA.

rRNA-Sequenzen werden von V.A. Erdmann et al. in Ergänzungsbänden der Zeitschrift *Nucleic Acids Research* veröffentlicht. Diese rRNA-Sequenzen sind Bestandteil einer Berliner Datenbank, die weltweit online zur Verfügung steht und kontinuierlich

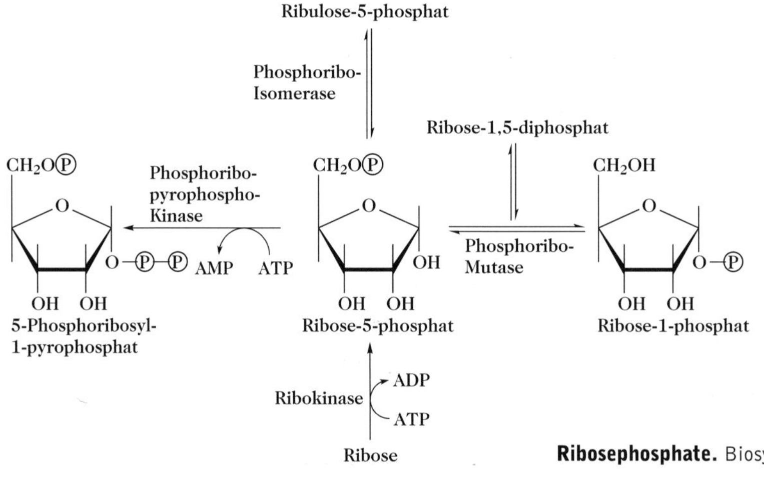

Ribosephosphate. Biosynthese von Ribosephosphaten.

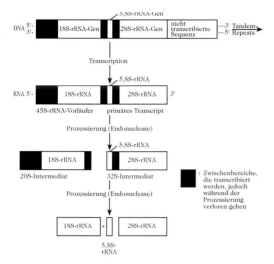

ribosomale RNA. Transcription und Prozessierung, die reife 5,8S-, 18S- und 28S-rRNA der Säugetiere ergeben.

aktualisiert wird, sobald eine neue RNA-Sequenz bereitgestellt wird (http://www.es.embnet.org/Services/databases.html; ftp://ftp.es.embnet.org/pub/databases/berlin).

Biogenese und Prozessierung der rRNA. Eukaryontische 28S-, 18S- und 5,8S-rRNA werden im Zellkern in Form einer einzelnen großen 45S-RNA transcribiert. Die 45S-RNA wird sehr bald durch spezifische Endonucleasen in einer längeren Reaktionsfolge zu den reifen 28S-, 18S-und 5,8S-rRNA abgebaut (Abb.). Nach dieser Prozessierung tauchen nur etwa 45% der transcribierten rRNA in Ribosomen auf; da die Spaltstücke offenbar abgebaut werden.

In prokaryontischen Zellen werden die 23S- und 16S-rRNA als Tandem gebildet. Das Vorläufermolekül ist nur 10% länger als die beiden reifen rRNA-

Arten zusammen. Die Prozessierung besteht im Abspalten von 200–250 Nucleotiden am 5'-Ende der 23S- und 16S-Vorstufen. Prokaryontische und eukaryontische 5S-rRNA wird in allen Fällen unabhängig von den hochmolekularen RNA-Arten transcribiert. Methylierte Basen stellen charakteristische Bausteine aller rRNAs dar.

Auf jeder Reifungsstufe liegen die verschiedenen RNA-Fraktionen mit Proteinen (↗ *Ribosomenproteinen*) assoziiert vor, von denen die meisten basischer Natur sind. Bei einigen dieser Proteine handelt es sich möglicherweise um Endonucleasen, die am Reifungsprozess beteiligt sind, über die Natur und die Funktion dieser Proteine ist jedoch noch wenig bekannt. Im Verlauf des Reifungsprozesses werden Proteine abgespalten und ausgetauscht, wobei die wahren Ribosomenproteine am Ende der Reifung in Erscheinung treten.

[D.C. Eichler u. N. Craig *Prog. Nucl. Acid Res. Mol. Biol.* **49** (1994) 197–239]

Ribosomen, *Monosomen,* zelluläre Orte der ↗ *Proteinbiosynthese* mit Multienzymcharakter. Es sind rundliche bis ellipsoide, stark hydratisierte Zellorganellen von 15–30 nm Durchmesser, die normalerweise im Cytoplasma als ↗ *Polyribosomen* vorliegen. R. wurden erstmals 1953 von Palade (Nobelpreis 1974) beschrieben.

Der Ribosomengehalt einer Zelle ist direkt mit deren Proteinsyntheseaktivität korreliert. Nach Vorkommen und Größe kann man zwei Hauptklassen von R. unterscheiden (Tab.): 80S-R. im Cytoplasma aller eukaryontischen Zellen, 70S-R. in prokaryontischen Zellen, Plastiden und in einem Teil der Mitochondrien; die Mitochondrien der Wirbeltiere enthalten 55S-R (Farbtafel III).

Die Untereinheitenzusammensetzung der R. wird wesentlich von der Ionenkonzentration des Suspensionsmediums bestimmt, insbesondere durch

Ribosomen. Tab. Vergleich einiger Eigenschaften von 70S- und 80S-Ribosomen.

	70S (*Escherichia coli*)	80S (Säugetiere)
M_r (× 10^6 Da)	2,7	4,0
S-Werte der Untereinheiten	50 + 30	60 + 40
% RNA	65	50
S-Werte der hochmolekularen rRNA	23 + 16	28 + 18
M_r der hochmolekularen rRNA (× 10^6 Da)	1,1 + 0,56	1,7 + 0,7
GC-Gehalt der hochmolekularen rRNA (%)	54 + 54	67 + 59
Anzahl der Ribosomenproteine	34 + 21	ungefähr 70
Initiation der Proteinbiosynthese durch	Formyl-Met-tRNA$_F$	Met-tRNA$_{Met}$
Inhibierung der Proteinbiosynthese: durch Chloramphenicol, durch Cycloheximid	+ −	− +

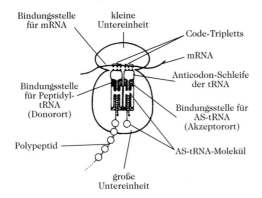

Ribosomen. Abb. 1. Schematische Darstellung eines Ribosoms. AS = Aminosäure.

den Mg^{2+}-Gehalt. Wird dieser auf <0,001 M erniedrigt, dissoziieren die R. in zwei morphologisch wie funktionell ungleiche Untereinheiten (Abb. 1). Die 70S-R. bestehen dann aus einer großen 50S- und einer kleinen 30S-Untereinheit, während sich die 80S-R. aus 60S- und 40S-Untereinheiten zusammensetzen. Durch völligen Mg^{2+}-Entzug oder durch Zusatz von etwa 1 M Lösungen monovalenter Kationen, wie Li^+, Cs^+, K^+, zerfallen die Untereinheiten in noch kleinere diskrete Partikel, die Ribonucleoproteinkerne oder core-Partikel (engl. core Kern). Außerdem werden bestimmte split-Proteine abgelöst (engl. split, Abspaltung). Die core-Partikel und split-Proteine weisen keine Translationsaktivität mehr auf, können sie jedoch durch Reassoziation der Komponenten wieder zurückgewinnen.

Zusammensetzung und Feinstruktur der R. (Farbtafel III). Beide Untereinheiten des E.-coli-R. sind asymmetrisch. Die große (50S-) Untereinheit besitzt einen zentralen Höcker (Kopf) und zwei seitliche Arme (den gefurchten und den L7/L12-Stiel), die auf beiden Seiten des Kopfs in einem Winkel von 50° geneigt sind. Die kleine (30S-) Untereinheit enthält eine Spalte bzw. Einkerbung, die die Struktur in zwei ungleiche Teile teilt. Dadurch entstehen folgende Bereiche: die Plattform, der Kopf und der Sockel. Im intakten R. stehen die Plattform und ein großer Teil des Sockels der 30S-Untereinheit mit der 50S-Untereinheit in Kontakt.

Im Verlauf der Evolution blieb die Ribosomenstruktur hoch konserviert und ist auch für die meisten entfernt verwandten Organismen ähnlich. Die Elektronenmikroskopie offenbart allerdings geringe, jedoch deutliche Unterschiede in den Ribosomenformen von Eubakterien, Archaebakterien, Eocyten und Eukaryonten (cytoplasmatische R.), die zur Interpretation phylogenetischer Verwandtschaftsbeziehungen zwischen diesen Gruppen herangezogen wurden. [J.A. Lake *Ann. Rev. Biochem.* **54** (1985) 507–530]

Die R. bestehen lediglich aus RNA (↗ *ribosomale RNA*) und Proteinen (↗ *Ribosomenproteine*). 70S-R. enthalten 65 % RNA und 35 % Protein, 80S-R. je 50 % RNA und Protein. Die R.-RNA (rRNA) weist etwa 70 % helicale Abschnitte auf, die mit nichthelicalen Bereichen abwechseln. Letztere sind durch Ionen- und Wasserstoffbrückenbindungen mit den Ribosomenproteinen in Form spezifischer Nucleotid-Aminosäure-Wechselwirkungen miteinander verknüpft (Abb. 2).

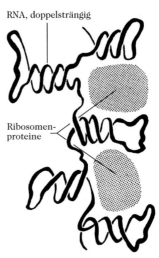

Ribosomen. Abb. 2. Schematische Darstellung der Anordnung von ribosomaler RNA und Ribosomenproteinen im Ribosom (vgl. Farbtafel III, Abb. 2).

Die Totalrekonstitution der Ribosomenuntereinheiten aus isolierten und aufgetrennten RNA- und Proteinarten ist Nomura und Mitarbeitern zwischen 1969 und 1972 gelungen. Die Reassoziation verläuft spontan und kooperativ durch Selbstorganisation, d. h., alle Informationen, die für eine korrekte Assoziation eines R. benötigt werden, sind in der Struktur seiner Komponenten enthalten. Die Rekonstitution der 30S-Untereinheit vollzieht sich bei 40 °C bei hohen KCl-Konzentrationen und dauert ungefähr 10 Min. Die Rekonstitution der 50S-Untereinheit verläuft langsamer und erfordert höhere Temperaturen. Über die Rekonstitution eukaryontischer Ribosomen liegen keine Veröffentlichungen vor. In der Zelle werden die Ribosomenuntereinheiten zuerst im Nucleolus aus rRNA und Proteinen zusammengesetzt und dann in das Cytoplasma exportiert.

Ribosomen-assoziierte Chaperone, eine Klasse der ↗ *molekularen Chaperone*.

Ribosomenproteine, integrale Proteine der Ribosomen. Prokaryontische Ribosomen enthalten 35–40 % und eukaryontische Ribosomen 48–52 % Protein. Die am besten untersuchten R. sind die von *E. coli*. Die 50S-Untereinheit enthält 34 verschiedene

L-Proteine (L für *large subunit*, große Untereinheit), während in der 30S-Untereinheit 21 verschiedene S-Proteine (S für *small subunit*, kleine Untereinheit) vorhanden sind. Bis auf L7 und L21 verhalten sich alle 55 R. immunologisch unterschiedlich. Jedes Protein wurde isoliert und charakterisiert, in Bezug auf die M_r, die Aminosäurezusammensetzung, den pK-Wert, die Stöchiometrie innerhalb des Ribosoms sowie die spezifische Wechselwirkung mit rRNA. Mit Ausnahme von Protein S1 (M_r 65 kDa) liegen alle M_r im Bereich von 9–28 kDa. Außer im Fall von S6 (pK 4,9), L7 (pK 4,8) und L12 (pK 4,9) sind die pK-Werte basisch (pK > 9). Der stark basische Charakter der R. geht auf den hohen Gehalt an Lysin und Arginin zurück. L7 und L12 enthalten beide 120 Aminosäurereste und unterscheiden sich nur in der *N*-terminalen Acetylgruppe von L7. Bezüglich der chemischen und physikalischen Eigenschaften haben L7 und L12 große Ähnlichkeit mit kontraktilen Proteinen, wie z. B. Myosin und Flagellin. 50S-Ribosomenuntereinheiten, die kein L7 und L12 besitzen, haben keine GTPase-Aktivität, jedoch wird die EFG-abhängige GTPase durch Zusatz eines der beiden Proteine wiederhergestellt. Wenn zu einem Rekonstitutionsgemisch (*↗ Ribosomen*) Antikörper gegen L7 und L12 hinzugefügt werden, fehlt den gebildeten Partikeln die GTPase-Aktivität. Antikörper gegen L7 und L12 verhindern außerdem die Bildung eines Komplexes zwischen EGF, GTP, 50S-Untereinheit und Fusidinsäure (ein Translokationsinhibitor). Es wird daher vermutet, dass L7 und L12 an der GTP-Hydrolyse während der Translokation beteiligt sind, indem sie als Bindungsstelle für EFT$_U$, EFT$_S$ und EFG auf der 50S-Ribosomenuntereinheit fungieren (*↗ Proteinbiosynthese*); möglicherweise dienen sie auch als kontraktile Proteine zur physikalischen Wanderung des Ribosoms entlang der mRNA während der Translokation. Die Verwendung spezifischer Antikörper zur Untersuchung der Funktion und Lokalisation der R. innerhalb des Ribosoms ist sehr aufschlussreich. Alle S-Proteine und die meisten L-Proteine sind empfindlich gegenüber Antikörpern, was darauf hinweist, dass diese Proteine zumindest teilweise auf der Ribosomenoberfläche exponiert sind. Sie sind entweder kovalent an rRNA gebunden (primäre Bindungsproteine) oder sie stehen mit dieser in starker Wechselwirkung. Die Proteine liegen wahrscheinlich innerhalb der RNA-Matrix fein verteilt vor, so dass zwischen den verschiedenen R. keine oder nur geringe Oberflächenwechselwirkungen auftreten. Durch milde Ribonuclease-Verdauung der intakten 30S-Untereinheit werden Ribonucleotidfragmente (*Brimacombefragmente*) unterschiedlicher Größe gebildet, die Untersätze der ursprünglichen Ribosomenuntereinheit darstellen.

S4, S8, S15 und S20 werden an die 16S-rRNA besonders fest gebunden. Soweit es möglich ist, den unterschiedlichen R. eine Funktion zuzuschreiben, konnten folgende Beziehungen aufgezeigt werden: S1 (mRNA-Bindung); S2, S3, S10, S14, S19, S21 (fMet-tRNA-Bindung); S3, S4, S5, S11, S12 (Codonerkennung); S1, S2, S3, S10, S14, S19, S20, S21 (Funktion als A- und P-Bindungsstelle; *↗ Aminoacyl-tRNA-Bindungsstelle*); S9, S11, S18 (Aminoacyl-tRNA-Bindung); S2, S5, S9, S11 (unmittelbare Nähe zur GTPase).

Folgende Proteine sind an der Bindung der 50S- an die 30S-Untereinheit beteiligt: S20 (bindet selbst an 50S); S5 und S9 (stellen beide Fähigkeit von 30S an 50S zu binden, wieder her; Antikörper gegen S9 verhindern eine Verbindung von 30S mit 50S); S16 (wird durch quervernetzende Reagenzien mit 50S verknüpft); S12 (bindet an 23S-rRNA), S11 (Antikörper gegen S11 verhindern eine Verbindung von 30S mit 50S; S11 bindet an 23S-rRNA).

Viele Antibiotika wirken dadurch, dass sie an R. binden, z. B. Streptomycin an S12. Mutanten, die resistent gegen Streptomycin sind, besitzen ein verändertes S12. Erythromycin geht eine Wechselwirkung mit L22 und Spiramycin mit L4 ein.

Ribosylthymin, *Ribothymidin, 5-Methyluridin, 2'-Hydroxythymidin*, eine zu den *↗ seltenen Nucleinsäurebausteinen* zählende Pyrimidinverbindung, die in tRNA vorkommt. *↗ Pyrimidinbiosynthese*, *↗ Thymidinphosphate*.

Ribosyluracil, Syn. für *↗ Pseudouridin*.

Ribothymidin, Syn. für *↗ Ribosylthymin*.

Ribothymidylsäure, das Monophosphat von *↗ Ribosylthymin*.

Ribotide, *↗ Nucleotide*.

Ribozyme, *RNA-Enzyme*, RNA-Moleküle mit katalytischen Eigenschaften. Durch Wechselwirkungen zwischen verschiedenen Teilen eines RNA-Moleküls resultieren komplexe dreidimensionale Strukturen mit der Fähigkeit zur Bindung von Liganden mit hoher Affinität und Spezifität. 1981 wurde das erste R. in Form eines selbst-spleißenden RNA-Moleküls entdeckt. Bei dieser Selbstspleiß-Reaktion der ribosomalen RNA-Vorläufermoleküle des Ciliaten *Tetrahymena* katalysiert eine Intron-Sequenz ohne Mitwirkung eines Proteins ihr eigenes Herausschneiden aus einem Prä-rRNA-Molekül (*↗ L-19-RNA*). Die Reaktion wird dadurch gestartet, dass sich ein G-Nucleotid an die Intron-Sequenz anlagert und bei diesem Prozess die RNA-Kette gespalten wird. Das dabei gebildete 3'-Ende der RNA-Kette greift dann das andere Ende des Introns an, wobei die Internucleotidbindung geknüpft und das herausgeschnittene Intron freigesetzt wird. Die Fähigkeit eines RNA-Moleküls, andere RNA-Moleküle in einer Sequenz-abhängigen Art zu spalten, eröffnet ein therapeutisches Potenzial für die Expressionsblockade von schädlichen Proteinen auf der RNA-Ebene. Obgleich R. allgemein katalytisch nicht so effizient sind wie Enzyme, sind große natürliche R. in der Lage, sehr komplexe katalytische Funktionen zu erfüllen. Man unterscheidet zwischen 1) *natürlichen* und *entwickelten natürlichen R.* und 2) *künstlichen R.* Zur 1. Gruppe gehören a) *hammerhead*-R., HDV-R., *Neurospora* VS-R. und *hairpin*-R. (Ribosyl 2'-O-vermittelte Spaltungsaktivität), b) Gruppe I- und Gruppe II-Introns (RNA Spaltung/Ligation), c) RNaseP RNAs (RNA-Hydrolyse), d) Gruppe I-Introns (Ester-Hydrolyse) und e) entwickelte Gruppe I-Introns (Amidbindungsspaltung). Zur 2. Gruppe zählen künstliche R. mit nachfolgend aufgeführten katalytischen Aktivitäten: Ribosyl 2'-O-vermittelte Spaltung (Mg^{2+}-, Pb^{2+}-abhängig), Ribosyl 2',3'-zyklische Phosphorester-Hydrolyse (Pb^{2+}-abhängig), RNA-Ligation (3'→5', 2'→5', 5'→5'), RNA-Phosphorylierung, Selbstaminoacylierung, Acyltransferreaktionen, Selbst-Stickstoff-Alkylierungen, Schwefelalkylierungen, Biphenylisomerisierungen, Porphinmetallierungen u. a. Die Bezeichnung R. wurde für alle RNA-Moleküle mit katalytischen Eigenschaften geprägt. Mit Ausnahme der RNaseP RNA vermögen natürliche R. keinen multiplen Stoffumsatz *in vivo* zu katalysieren, so dass sie nicht als echte natürliche Katalysatoren betrachtet werden können. Man kann sie aber durch *In-vitro*-Engineering in solche Katalysatoren überführen. Einige R. sind sogar zu einer katalytischen Perfektion fähig, die dann gegeben ist, wenn die Wechselzahl (*turnover number*) gleich der Diffusionsgeschwindigkeit des Substrates ist. Nahezu alle R. sind als Metalloenzyme zu betrachten. Die faszinierendste Eingenschaft von RNA, und zu einem geringeren Ausmaß auch von DNA (↗ *DNA-Enzyme*), ist das Potenzial, sowohl Information zu tragen als auch katalytisch wirksam zu sein. In naher Zukunft werden weitere komplexe künstliche R. hergestellt werden. Darüber hinaus zeichnet sich ein Trend zur Entwicklung von Ribonucleoproteinpartikeln, d. h. RNA, assoziiert mit kleinen Peptiden, ab, die eine Katalyse einer größeren Vielfalt chemischer Reaktionen ermöglichen werden. [L. Jaeger, *Curr. Opin. Struct. Biol.* **7** (1997) 324; G.T. Narlikar u. D. Herschlag, *Annu. Rev. Biochem.* **66** (1997) 19]

L-Ribulokinase (EC 2.7.1.16), ein Enzym, das unter Mitwirkung von ATP L-Ribulose in L-Ribulose-5-phosphat überführt. Diese Kinase ermöglicht Bakterien die Verwertung von L-Arabinose, die durch *L-Arabinose-Isomerase* (EC 5.3.1.4) in L-Ribulose überführt wird. Nach der Katalyse der R. liefert die *Ribulose-5-phosphat-4-Epimerase* (EC 5.1.3.4) das D-Xylulose-5-phosphat, das in ein Zwischenprodukt der Glycolyse umgewandelt werden kann.

D-Ribulose, eine zur Gruppe der Monosaccharide gehörende Pentulose (M_r 150,13 Da, $[\alpha]_D^{21}$ +16°). Das 5-Phosphat und 1,5-Diphosphat der D-R. haben im Kohlenhydratstoffwechsel besondere Bedeutung. Ribulose-1,5-diphosphat fungiert in der Dunkelreaktion der Photosynthese (↗ *Calvin-Zyklus*) als der eigentliche Kohlendioxidakzeptor. Ribulose-5-phosphat ist ein Intermediat des ↗ *Pentosephosphat-Zyklus*.

Ribulose-1,5-diphosphat-Carboxylase, *Ribulosediphosphat-Carboxylase/Oxygenase*, *Rubisco*, *Carboxydismutase*, *Pentosephosphat-Carboxylase*, *Fraktion-I-Enzym* (EC 4.1.1.39), das Enzym, das für die Katalyse der photosynthetischen CO_2-Fixierung bei allen photosynthetischen Organismen, außer den grünen Schwefelbakterien (*Chlorobiaceae*), verantwortlich ist. In Pflanzen kommt das Enzym im Chloroplastenstroma vor, wo es ungefähr 50 % des Gesamtproteins ausmacht. Im Fall der C_4-Pflanzen ist das Enzym nicht im Chloroplastenstroma der Mesophyllzellen, sondern im Chloroplastenstroma der Bündelleitzellen vorhanden (↗ *Hatch-Slack-Kortschak-Zyklus*). Aufgrund der weiten Verbreitung von chloroplastenhaltigem Gewebe in der Natur ist Rubisco wahrscheinlich das am meisten verbreitete Protein der Biosphäre. Bei photosynthetischen Bakterien kommt Rubisco im Cytoplasma vor. Neben der Katalyse der Carboxylierungsreaktion im Calvin-Zyklus besitzt Rubisco als zweite katalytische Aktivität die einer Oxygenase. Als solche fungiert es im Prozess der ↗ *Photorespiration*.

In Abb. 1 wird der Mechanismus der Carboxylasereaktion, die von Rubisco katalysiert wird, gezeigt. Man nimmt an, dass das Enzym zu Anfang die Tautomerisierung von D-Ribulose-1,5-diphosphat (Ru-1,5-bP) induziert, indem es vom C3 ein Proton abspaltet, wodurch ein Endiol gebildet wird. Letzteres erleichtert den nucleophilen Angriff des C2 auf CO_2, wobei 2-Carboxy-3-keto-D-arabinitol-1,5-diphosphat (2R-Konfiguration) entsteht [J.V. Schloss u. G.H. Lorimer *J. Biol. Chem.* **257** (1982) 4.691–4.694]. Das Intermediat wird an C3 rasch durch ein Wassermolekül angegriffen. Dies führt zur Spaltung der C2-C3-Bindung und zur Bildung eines 3-Phosphoglycerinsäuremoleküls (3-PGA), das von den C-Atomen 3, 4 und 5 des ursprünglichen Ru-1,5-bP-Moleküls abstammt, sowie eines Moleküls der *aci*-Form von 3-PGA, das von den C-Atomen 1 und 2 und dem CO_2-Kohlenstoff abstammt. Die *aci*-Form von 3-PGA wird sofort protoniert, wodurch 3-PGA erhalten wird. Auf diese Weise entstehen aus jedem Ru-1,5-bP-Molekül und einem CO_2 zwei 3-PGA-Moleküle.

Der Mechanismus der Oxygenase-Reaktion, die durch Rubisco katalysiert wird, ist noch weitgehend unklar, kann jedoch in der in Abb. 2 gezeig-

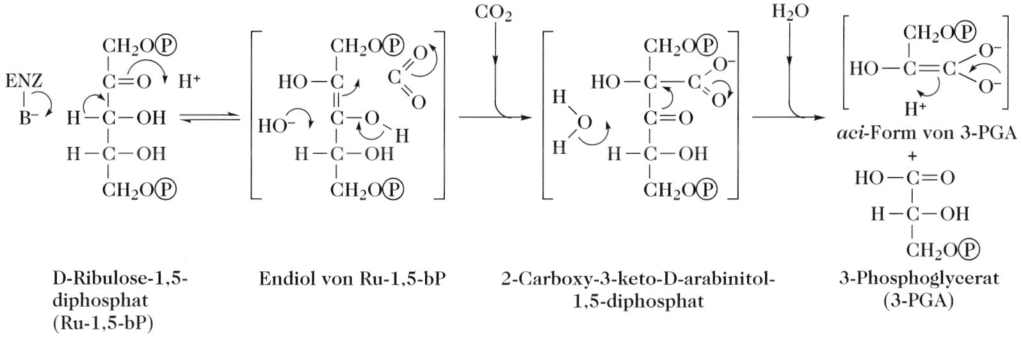

| D-Ribulose-1,5-diphosphat (Ru-1,5-bP) | Endiol von Ru-1,5-bP | 2-Carboxy-3-keto-D-arabinitol-1,5-diphosphat | 3-Phosphoglycerat (3-PGA) |

Ribulose-1,5-diphosphat-Carboxylase. Abb. 1. Die durch Rubisco katalysierte Carboxylase-Reaktion. Die *aci*-Form von 3-PGA wird abschließend protoniert, so dass ein weiteres Molekül 3-PGA entsteht.

ten Weise dargestellt werden. Wahrscheinlich reagiert das Endiol, das auf die oben beschriebene Weise gebildet wird, mit Sauerstoff und einem Proton, wobei ein Hydroperoxid entsteht. Dieses wird zwischen den C-Atomen 2 und 3 hydrolytisch gespalten, wodurch 3-PGA (aus den C-Atomen 3, 4 und 5 des ursprünglichen Ru-1,5-bP-Moleküls) und 3-Phosphoglycolsäure (aus den C-Atomen 1 und 2) erhalten wird. Mit dieser Darstellung im Einklang steht die Beobachtung, dass die Verwendung von [^{18}O]Sauerstoff zur Bildung von [^{18}O]Phosphoglycolsäure sowie unmarkierter PGA führt. Das größte Problem bei dieser Reaktion stellt die Frage dar, wie es Rubisco möglich ist, Sauerstoff zu aktivieren. Da Sauerstoff einen Triplettgrundzustand besitzt, kann er nicht auf die gleiche Art wie die meisten organischen Moleküle reagieren, die im Singulettgrundzustand vorliegen. Die meisten Oxygenasen überwinden diese Schwierigkeit, indem sie Übergangsmetall- (z. B. Cu-, Fe-) Ionen oder organische Cofaktoren (z. B. Flavin, Pterin) verwenden, um einen Komplex mit O_2 zu bilden. Die Rubisco-Oxygenase scheint diesem Verfahren nicht zu entsprechen; wahrscheinlich verläuft die Reaktion über ein freies Radikal [G.H. Lorimer *Annu. Rev. Plant Physiol.* **32** (1981) 349–383].

Bei den meisten photosynthetischen Organismen ist Rubisco ein lösliches Protein von M_r 560 kDa, das sich aus acht identischen großen Untereinheiten (LSU) von M_r 55 kDa und acht identischen kleinen Untereinheiten (SSU) von M_r

15 kDa zusammensetzt. Das Enzym besitzt demnach eine L_8S_8-Struktur. Dagegen liegt Rubisco der schwefelfreien Purpurbakterien *Rhodospirillum rubrum* als L_2-Struktur vor. Andere Mitglieder der *Rhodospirillaceae* (z. B. *Rhodobacter*-Arten) besitzen zwei Rubisco-Arten: eine L_8S_8- und eine kleinere homooligomere L_x-Struktur (x ist geradzahlig). Die L-Untereinheiten von Pflanzen- und Bakterien-Rubisco haben Ähnlichkeit miteinander und bestehen alle aus drei verschiedenen Regionen: einer *N*-terminalen Domäne, einer zentralen, fassförmigen Domäne sowie einer kurzen helicalen *C*-terminalen Domäne. Sie sind paarweise angeordnet, wobei die katalytisch aktiven Zentren der Carboxylase und der Oxygenase an der Grenzfläche zwischen den Komponenten des Paars liegen. Die Funktion der kleinen Untereinheit ist nicht bekannt. Bei Eukaryonten wird die LSU durch die Chloroplasten-DNA codiert und in den Chloroplasten synthetisiert, während die SSU durch die nucleare DNA codiert, an cytoplasmatischen Ribosomen synthetisiert und in die Chloroplasten importiert wird, wo eine chaperonunterstützte Assoziation zum L_8S_8-Komplex stattfindet.

Rubisco kommt in zwei Formen vor – einer mit hohem $K_m(CO_2)$-Wert und einer mit niedrigem $K_m(CO_2)$-Wert –, die ineinander überführbar sind und die Grundlage eines Regulationsmechanismus darstellen. Die Form mit niedriger Aktivität [hoher $K_m(CO_2)$-Wert] wird durch Carbamylierung der ε-Aminogruppe eines Lysinrests in Position 210 der

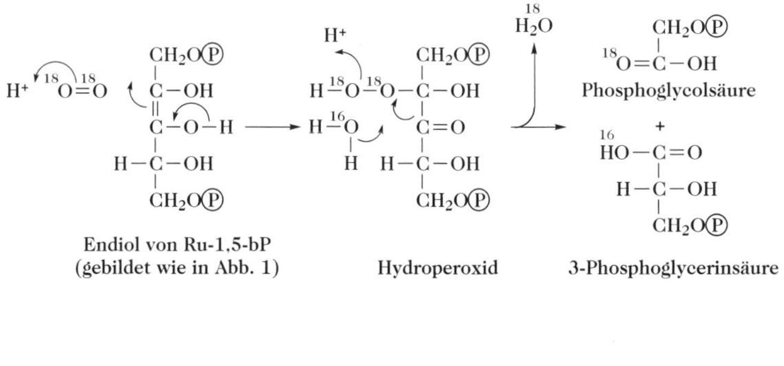

| Endiol von Ru-1,5-bP (gebildet wie in Abb. 1) | Hydroperoxid | 3-Phosphoglycerinsäure |

Phosphoglycolsäure

Ribulose-1,5-diphosphat-Carboxylase. Abb. 2. Die Oxygenase-Reaktion, die durch Rubisco katalysiert wird.

LSU (in Gegenwart von Mg^{2+}, ATP und dem Enzym Rubisco-Aktivase) in die Form mit hoher Aktivität [geringer $K_m(CO_2)$-Wert] überführt:

LSU-Lys-NH_3^+ + CO_2 + ATP + Mg^{2+} → LSU-Lys-NH-COO^-...Mg^{2+} + ADP + P_i + H^+

(bei hohem CO_2-Spiegel läuft diese Reaktion nichtenzymatisch ab).

Rubisco wird auch durch Erhöhung des pH-Werts (von ~7,0 auf ~8,5) sowie der Mg^{2+}-Konzentration (von ~1 mM auf ~5 mM) aktiviert. Dies tritt auf, wenn sich als Folge der Bestrahlung des Chloroplasten ein elektrochemischer Gradient aufbaut. Eine Aktivierung der Carboxylase-Aktivität von Rubisco ruft auch eine Aktivierung ihrer Oxygenase-Aktivität hervor.

Rubisco wird durch 2'-Carboxy-D-arabinitol-1-phosphat inhibiert, welches sich im Dunkeln in den Chloroplasten ansammelt und im Licht rasch zerstört wird. Dieser sog. „*predawn*"-Inhibitor stellt sicher, dass während der Dunkelheit der Calvin-Zyklus ausgeschaltet bleibt. Dies ist lebenswichtig, weil der Calvin-Zyklus ATP benötigt, das durch eine Kohlenhydratoxidation im Dunkeln zur Verfügung gestellt werden müsste, einem Vorgang, der die Photosynthese des vorangehenden Tages aufheben würde. Die inhibitorische Wirkung von 2'-Carboxy-D-arabinitol-1-phosphat beruht wahrscheinlich auf dessen Ähnlichkeit mit 2-Carboxy-3-keto-D-arabinitol-1,5-diphosphat, dem Intermediat, das bei der Rubisco-katalysierten Carboxylierung (Abb. 1) gebildet wird. Aufgrund dieser Ähnlichkeit kann der Inhibitor an das katalytische Zentrum des Enzyms binden. Aus dem gleichen Grund ist 2'-Carboxy-D-arabinitol-1,5-diphosphat (Abb. 3), eine Verbindung, die nicht natürlich vorkommt, ein irreversibler Inhibitor von Rubisco; es bindet sehr fest an das Enzym (K_d ~300 fM). Die Carboxylase-Aktivität von Rubisco wird durch O_2 kompetitiv inhibiert ($K_i(O_2)$ = 200–400 μM), während die Oxygenase-Aktivität durch CO_2 kompetitiv inhibiert wird ($K_i(CO_2)$ = 20–40 μM).

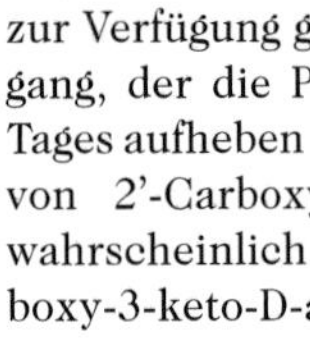

CH_2O℗
|
HO—C—COOH
|
H—C—OH
|
H—C—OH
|
CH_2O℗

Ribulose-1,5-diphosphat-Carboxylase. Abb. 3. 2'-Carboxy-arabinitol-1,5-diphosphat, ein Rubisco-Inhibitor.

L-Ribulose-5-phosphat-4-Epimerase (EC 5.1.3.4), ein Enzym das L-Ribulose-5-phosphat (↗ *L-Ribulokinase*) in D-Xylose-5-phosphat überführt.

Richner-Hanhart-Syndrom, Syn. für ↗ *erbliche Tyrosinämie II*.

Ricin, ein sehr toxisches pflanzliches Protein aus dem Samen von *Ricinus communis*. Es besteht aus zwei Polypeptidketten (A-Kette: M_r 32 kDa; B-Kette; M_r 34 kDa) mit einem auf die relative Molekülmasse bezogenen Glycosylierungsgrad von 4–8%. Die beiden Ketten sind über Disulfidbrücken verknüpft und weisen Sequenzhomologie zu ↗ *Abrinen* auf. Die B-Kette heftet sich aufgrund ihres zuckerbindenden Potenzials an die Zelloberfläche an, während die A-Kette als Träger der Toxinwirkung die 60S Untereinheit eukaryontischer Ribosomen inaktiviert und damit die Proteinbiosynthese hemmt. Das früher als einheitliche Verbindung betrachtete R. ist nach neueren Untersuchungen aus einem Komplex bestehend aus zwei Lektinen (RCL I und RCL II) und zwei Toxinen (R. D und RCL IV) aufgebaut. Die Vergiftung (*Rhizinismus*) führt zu hämorrhagischer Gastroenteritis, Nephritis, hämolytischer Anämie und fettiger Leberdegeneration.

Ricinin, ein giftiges Pyridinalkaloid aus den Samen des Rizinus (*Ricinus communis L.*; Abb.; M_r 164,17 Da, F 201 °C, $Sdp._{20}$ 170–180 °C). Unter den Alkaloiden nimmt R. eine Sonderstellung ein, weil es nur in einer Pflanzenart vorkommt und von keinen Nebenalkaloiden begleitet ist. Die Biosynthese von R. geht von Nicotinsäure aus. Als biosynthetische Vorstufen der Nicotinsäure treten Asparaginsäure und eine 3-Kohlenstoffverbindung (möglicherweise Hydroxyacetonphosphat) auf. Bei der Verabreichung radioaktiv markierter Vorstufen an *Ricinus* wird ^{14}C aus Aspartat und Glycerin in hohem Maß in Ricinin eingebaut.

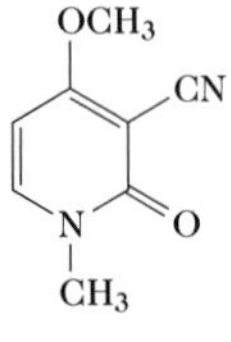

Ricinin

Ricinolsäure, *12-Hydroxyölsäure*, CH_3-$(CH_2)_5$-CHOH-CH_2-CH=CH-$(CH_2)_7$-COOH, eine Fettsäure (M_r 298,45 Da, α-Form F. 7,7 °C, β-Form F. 16,0 °C, $Sdp._{·15}$ 250 °C; Abb.). R. findet sich als Glyceridbestandteil besonders im ↗ *Ricinusöl*.

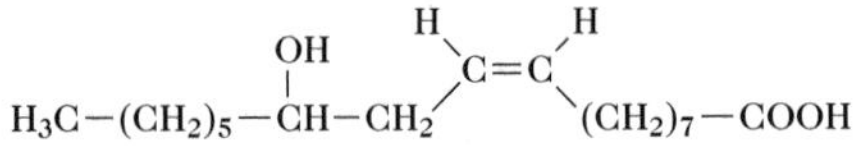

Ricinolsäure

Ricinusöl, das kalt ausgepresste fette Öl der Samen von *Ricinus communis*, das zu etwa 90% aus den Acylglycerolen der ↗ *Ricinolsäure* (12R-Hydroxyölsäure) besteht. Im Dünndarm erfolgt durch Lipasen Hydrolyse unter Bildung der die

Darmschleimhaut reizenden und damit laxierend wirkenden Ricinolsäure. R. wird wegen seiner Alkohollöslichkeit und Stabilität auch als Zusatz zu Dermatika und Kosmetika eingesetzt. Außerdem dient es als spezielles Schmiermittel.

Rickets, Vitamin-D-Mangelkrankheit, ↗ *Vitamin D*.

Riesenchromosomen, *Polytänchromosomen*, ein vor allem in Zweiflüglern (Dipteren) vorkommender Chromosomensondertyp. Das R. aus der Speicheldrüse von *Drosophila* wurde intensiv untersucht. R. sind kabelartige Gebilde, die durch vielfache endomitotische Verdopplung der Chromosomen entstehen, ohne dass sich die Chromatiden voneinander trennen. Jedes diploide Paar kann sich innerhalb des R. bis zu neunmal replizieren, so dass das R. schließlich bis zu $2 \cdot 2^9 = 1.024$ DNA-Stränge enthalten kann. Jedes der vier R. von *Drosophila* kann eine Länge von 0,5 mm und eine Dicke von 25 µm erreichen. Die Aggregatlänge beträgt deshalb ungefähr

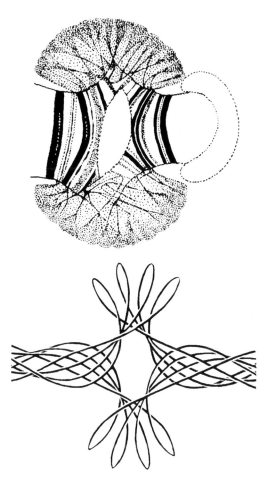

Riesenchromosom. Ein Puff in einem Riesenchromosom (oben) und ein Diagramm des Verlaufs einzelner Chromatiden im Bereich des Puffs (unten).

2 mm. Da das haploide Genom $1,65 \cdot 2^8$ Basenpaare enthält, liegt das Packungsverhältnis dieses R. bei fast 30. Die superspiralisierten DNA-Moleküle sind in R. viel stärker gestreckt als in anderen Chromosomen und die duplizierten Moleküle liegen genau nebeneinander. Dadurch entsteht ein charakteristisches Querscheibenmuster. In den Querscheiben ist die Masse der DNA (ungefähr 95 % der gesamten Chromosomen-DNA) lokalisiert, die durch Anfärben sichtbar gemacht werden kann. Die Zwischenscheiben sind DNA-arm. Das Banden- oder Chromomerenmuster ist für jeden *Drosophila*-Stamm charakteristisch (Farbtafel IV, Abb. 1, Band 1).

Die R. erleichtern nicht nur das Studium der Chromosomenmorphologie, sondern erlauben auch den direkten Nachweis der Beteiligung der Chromosomen an der RNA-Synthese. Einzelne Querscheiben (ungefähr 3.000 bezogen auf die Riesenchromosomenlänge) unterliegen einem zeitlich begrenzten Formwandel, sie lockern sich auf, und es entstehen schleifenartige Aufblähungen, die ringwulstartig um die Chromosomenachse herum liegen. Diese Strukturen werden als *Puff* oder *Balbiani-Ringe* bezeichnet (Abb.). Die Puffbildung (*puffing*) ist mit einer stark gesteigerten RNA-Synthese verbunden. Während die DNA in den normalen Querscheiben stark verdrillt und durch spezifische Proteine reprimiert ist, wird die DNA in den Puffs entspiralisiert und dereprimiert; die genetische Information der betreffenden Gene kann transcribiert werden. Die Puffbildung ist reversibel. Anzahl, Zeitpunkt, Dauer und Form der Puffbildung, das Puffmuster, sind zell-, organ- und stadienspezifisch.

Studien an R. tragen wesentlich zum Verständnis der differenziellen ↗ *Genaktivierung* bei.

Rieske-Center, Syn. für ↗ *Rieske-Protein*.

Rieske-Protein, *Rieske-Center*, ein Eisen-Schwefel-Protein, das erstmals aus dem Komplex III der mitochondrialen Elektronentransportkette (↗ *Atmungskette*) isoliert wurde, in welcher es zusammen mit Cytochrom b und c_1 vorkommt [J.S. Rieske et al. *Biochem. Biophys. Res. Commun.* **15** (1964) 338–344].

Rifampicin, *3-{[(4-Methyl-1-piperazinyl)imino]methyl}rifamycin*, ein halbsynthetisches Derivat der ↗ *Rifamycine*, das spezifisch die Initiation der RNA-Synthese hemmt. Es blockiert nicht die Bindung der RNA-Polymerase an die DNA-Matrize, dagegen wird die Bildung der ersten Internucleotidbindung in der RNA-Kette inhibiert, wobei der Angriffsort die β-Untereinheit der RNA-Polymerase ist. Es gehört zu den klinisch wirksamsten Tuberkulostatika mit guten Diffusionseigenschaften und relativ langsamer Resistenzentwicklung.

Rifamycine, eine Gruppe von Antibiotika, die von *Streptomyces mediterranei* gebildet werden. Ihr

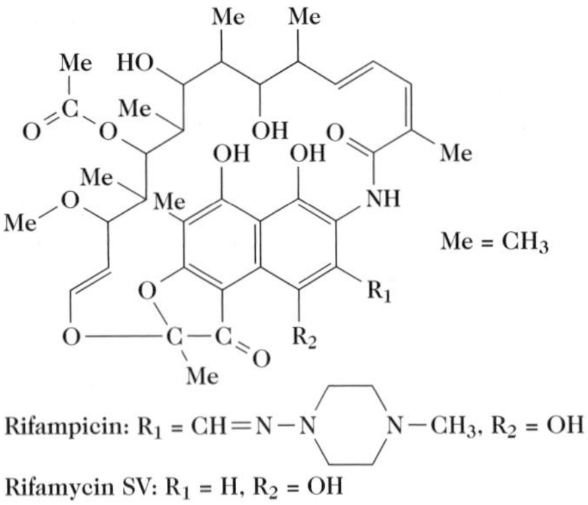

Rifampicin: R_1 = CH=N—N⬭N—CH$_3$, R_2 = OH

Rifamycin SV: R_1 = H, R_2 = OH

Rifamycine. Strukturen der Rifamycine.

Grundgerüst ist ein Naphthalinkern, dessen 2- und 5-Positionen durch eine aliphatische Kette überbrückt sind. *R. SV* und *Rifampicin* (Abb.) hemmen die DNA-abhängige RNA-Synthese in Prokaryonten, Chloroplasten und Mitochondrien, nicht aber in Zellkernen der Eukaryonten. Die Hemmung beruht auf der Bildung eines stabilen Komplexes zwischen der RNA-Polymerase und R., wodurch zwar nicht die Bindung des Enzyms an die DNA unterbunden wird, jedoch der Einbau des ersten Purinnucleotids in die RNA. R. inhibiert also spezifisch die Initiation der RNA-Synthese, nicht aber die Kettenverlängerung. Einige R. hemmen auch eukaryontische und Virus-RNA-Polymerasen.

Rinderthymus-saure-DNase, Syn. für ↗ *Desoxyribonuclease II.*

Rishitin, ↗ *Phytoalexine.*

RLCCC, Abk. für engl. *rotation locular counter current chromatography*, Rotations-locular-CCC, ↗ *Gegenstromchromatographie.*

RNA, Abk. für engl. *ribonucleic acid*, ↗ *Ribonucleinsäure.*

L-19-RNA, das erste entdeckte RNA-Enzym (↗ *Ribozyme*). L-19-RNA ist eine verkürzte Form eines Introns aus dem Protozoon *Tetrahymena thermophila*, die durch Selbstspleißung eines ribosomalen 6,4-kb-RNA-Vorläufers freigesetzt wird. Bei der ersten Spleißreaktion dient ein Guaninnucleotid als Cofaktor, wobei die reife 26S-rRNA und ein Intron aus 414 Nucleotiden gebildet wird, das durch zwei nachfolgende Selbstspleißungen insgesamt 19 Nucleotide verliert und die katalytisch aktive L-19-RNA bildet (Abb. 1). Dieses Ribozym katalysiert in spezifischer Weise die Spaltung und Verknüpfung von Oligoribonucleotidketten, wobei beispielsweise aus dem Pentacytidylat (C_5) längere und kürzere Oligomere gebildet werden. Dabei wirkt die L-19-RNA sowohl wie eine Ribonuclease als auch wie eine RNA-Polymerase (Abb. 2). Das C_5-Substrat wird über H-Brücken an das Ribozym gebunden (A → B) und die terminale pC-Gruppierung wird kovalent mit dem terminalen G der L-19-RNA unter Ausbildung eines kovalenten Zwischenproduktes (-GpC) verknüpft, wobei C4 freigesetzt wird (B → C). Während durch Hydrolyse (C → A) unter Abspaltung von pC das Ribozym regeneriert wird, kann alternativ das kovalent gebundene pC auf C_5 unter Bildung von C_6 transferiert werden (C → D). Das Ribozym besitzt eine ausgeprägte Substratspezifität, gehorcht der Michaelis-Menten-Kinetik und ist durch Inhibitoren kompetitiv hemmbar. Durch diese fundamentale Entdeckung von Thomas Cech wurde bewiesen, dass Proteine nicht das Monopol für die Katalyse besitzen und in der frühen Phase der Evolution RNA sowohl als Informationsträger als auch als Biokatalysator fungieren konnte. [A.J.Zaug u. T.R. Cech *Science* **231** (1985) 473; T.R. Cech *Sci. Amer.* **11** (1986) 76–84; T.R. Cech et al. *J. Biol. Chem.* **267** (1992) 17.479–17.482; D. Herschlag et al. *Biochemistry* **29** (1990) 10.159–10.171]

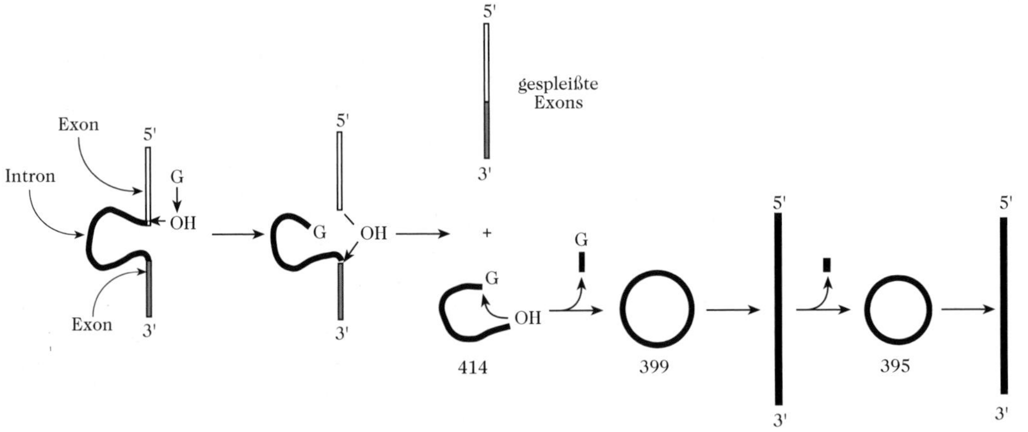

L-19-RNA. Selbstspleißen eines rRNA-Vorläufermoleküls.

L-19-RNA

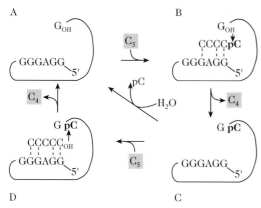

L-19-RNA. Postulierter katalytischer Mechanismus der L-19-RNA.

RNA-abhängige DNA-Polymerase, Syn. für ↗ *reverse Transcriptase*.

RNA-abhängige RNA-Polymerase, ↗ *RNA-Synthetase*.

RNA-abhängige RNA-Synthese, ↗ *RNA-Synthetase*.

RNA-Blotting, ↗ *Northern Blot*.

RNA-Enzyme, Syn. für ↗ *Ribozyme*.

RNA-Polymerase, *DNA-abhängige RNA-Polymerase, Nucleosidtriphosphat:RNA-Nucleotidyltransferase, Transcriptase* (EC 2.7.7.6), ein Enzym, das an einer DNA-Matrize aus Ribonucleosidtriphosphaten RNA synthetisiert, die zu der Matrize komplementär ist (↗ *Ribonucleinsäure*, ↗ *Transcription*).

Aus Eukaryonten sind mindestens vier R. isoliert worden, die sich in ihren Eigenschaften und ihrer Lokalisation in der Zelle voneinander unterscheiden. R. I ist nucleolär und synthetisiert bevorzugt rRNA. R. II ist nucleoplasmatisch und synthetisiert hauptsächlich mRNA; sie wird spezifisch durch α-Amanitin gehemmt. R. III transcribiert tRNA und andere Klassen kleiner RNA. Die vierte R. ist kleiner als die anderen drei und transcribiert RNA von Mitochondrien-DNA; sie wird jedoch durch ein nucleares Gen codiert. Die R. der Chloroplasten und Mitochondrien zeigen Gemeinsamkeiten mit der prokaryontischen R., sie sind z. B. hemmbar durch Rifamycine.

Zwischen den größten Untereinheiten der R. II und III aus Hefe bestehen starke Sequenzhomologien. Diese Untereinheiten zeigen außerdem eine große Homologie mit der größten Untereinheit (β') prokaryontischer R. [L.A. Allison et al. *Cell* 42 (1985) 599–610]. Die größte Untereinheit der *Drosophila*-R. II ist an der Kettenelongation beteiligt und bindet möglicherweise – ähnlich wie die β'-Untereinheit von *E. coli* – an die Promotoren der Gene [J. Biggs et al. *Cell* 42 (1985) 611–621].

Native bakterielle R. hat eine M_r von etwa 500 kDa und ist ein Komplex aus fünf Untereinheiten:

$\alpha_2\beta\beta'\sigma$ (M_r α 40 kDa, β 155 kDa, β' 165 kDa, σ 90 kDa). Die R. hat funktionell verschiedene Orte. Der Initiatorort bindet die Nucleosidtriphosphate, der Polymerisationsort katalysiert die Verknüpfung der Internucleotidbindungen. Für die Bindung des Enzyms an die Matrizen-DNA ist die β'-Untereinheit verantwortlich. Der σ-Faktor ist der Bindungsort für spezifische Nucleotidsequenzen im codogenen DNA-Strang (Startstellen, Promotoren), er sorgt also als Initiationsfaktor für die Synthese (den Start) „sinnvoller" RNA-Moleküle ausschließlich am codogenen Strang. Dagegen erfolgt der Abbruch der RNA-Synthese, die Termination, an spezifischen Positionen der DNA unter dem Einfluss des ρ-Faktors.

Für spezifische Funktionen der bakteriellen R. scheinen jedoch noch weitere Proteinfaktoren von Bedeutung zu sein, z. B. der Psi-Faktor (ψ-Faktor) für die Initiation von Promotoren für ribosomale RNA oder der Kappa-(κ-)Faktor als weiterer Terminationsfaktor.

Wenn Zellen mit DNA-Phagen infiziert werden, kann das entweder 1) die Produktion einer neuen, phagenspezifischen R. (z. B. T7-Phage; R. ist ein Einzelkettenprotein, M_r 107 kDa) zur Folge haben oder 2) die Wirt-R. kann durch Addition neuer Proteinuntereinheiten modifiziert werden, welche durch den Phagen (z. B. T4 und λ-Phage) codiert werden. In beiden Fällen ist die gebildete R. spezifisch für die Transcription von Phagen-DNA.

RNA-Replikase, Syn. für ↗ *RNA-Synthetase*.

RNA-Synthetase, *RNA-Replikase, RNA-abhängige RNA-Polymerase*, ein Enzym, das in Bakterien sowie in pflanzlichen und tierischen Zellen vorkommt, nachdem diese mit RNA-Viren infiziert worden sind. Die R. verknüpft spezifisch an einsträngiger Virus-(Phagen-)RNA als Matrize 5'-Nucleosidtriphosphate durch 3'→5'-Bindung zu RNA-Molekülen nach dem Prinzip der ↗ *Basenpaarung*. Es entsteht zunächst ein RNA-Doppelstrang, der aus einem Plus- und einem Minus-Strang aufgebaut ist (replikative Form). Der Minus-Strang dient zur Synthese eines neuen Plus-Strangs, der identisch mit der Virus-RNA ist (RNA-abhängige RNA-Synthese). Die R., zumindest einige ihrer Untereinheiten, wird vom Virusgenom codiert.

RNP, Abk. für ↗ Ribonucleoproteinpartikel.

RNS, Abk. für ↗ Ribonucleinsäure.

Robinson-Ester, ↗ *Glucose-6-phosphat*.

Robustaflavon, ↗ *Biflavonoide*.

Rocellsäure, (S)-2-Dodecyl-3-methylbutandisäure, (S)-2-Dodecyl-3-methylbernsteinsäure, eine Dicarbonsäure mit verzweigter Kohlenstoffkette. F. 132 °C, $[\alpha]_D$ +17,4° (Alkohol). R. findet sich besonders in Flechten. Bei ihrer Biosynthese wird Itaconsäure als Startmolekül verwendet.

Rohholzessig, ↗ *Holzessig*.

Rohrzucker, ↗ *Saccharose*.

ROI, Abk. für engl. *reactive oxygen intermediates*, ↗ *reaktive Sauerstoffspezies*.

Röntgenkristallographie, Syn. für ↗ *Röntgenstrukturanalyse*.

Röntgenstrukturanalyse, *Röntgenkristallographie*, ein Verfahren zur Bestimmung der dreidimensionalen (3D-) Struktur einer gegebenen Molekülart. Sie macht sich zunutze, dass Röntgenstrahlen durch die Elektronen, die in einem Molekül vorhanden sind, gebeugt werden. Da die Röntgenbeugung, die von einem einzelnen Molekül verursacht wird, unmessbar schwach ist, ist eine große Anzahl an Molekülen ($\geq 10^5$) notwendig. Außerdem müssen diese Moleküle in einem regelmäßigen 3D-Muster vorliegen, wie es in Kristallen der Fall ist. Die erste Voraussetzung, die für eine R. erfüllt sein muss, ist das Vorliegen eines gut geordneten Kristalls, in dem die einzelnen Moleküle – jeweils in der gleichen Konformation – in spezifischen Positionen und Orientierungen in einem 3D-Gitter angeordnet sein müssen, so dass sich ihre Beugungsmuster aufaddieren. Aus dieser Summierung kann die Konformation der einzelnen Moleküle hergeleitet werden. Die R. wurde vor über 70 Jahren eingeführt und wird mit immer weiter steigendem Erfolg dazu eingesetzt, den Konformationsbereich biologisch wichtiger Verbindungen, u. a. auch von Proteinen, Nucleinsäuren und Vitaminen (z. B. B_{12}), zu untersuchen.

Die Grundeinheit eines Kristalls ist die Einheitszelle, die als der kleinste Parallelflächner (d. h. ein Festkörper, in dem jede Fläche ein Parallelogramm bildet) des Kristalls definiert ist. Durch wiederholte Translationen, die parallel zu jeder Fläche in drei Richtungen und ohne Rotationen durchgeführt werden, entsteht aus der Einheitszelle das Kristallgitter. Die drei Richtungen definieren die drei Kristallachsen. Die Einheitszelle kann ein oder mehrere Moleküle enthalten. Die Anzahl der Moleküle je Einheitszelle ist für alle Zellen desselben Kristalls immer gleich, sie kann jedoch bei verschiedenen Kristallen des gleichen Moleküls unterschiedlich sein. Dies trifft insbesondere auf Proteinkristalle zu. Die Moleküle, die eine multimolekulare Einheitszelle bilden, können relativ zueinander und zu den Kristallachsen ganz unterschiedliche räumliche Orientierungen einnehmen. Dies erweist sich wiederum für globuläre Proteine als wahr, die oftmals eine unregelmäßige Form besitzen. Aufgrund dieser Unregelmäßigkeit ist es für sie auch schwierig, sich ohne große Löcher oder Kanäle zwischen den einzelnen Molekülen zusammenzudrängen. Die Löcher und Kanäle werden mit ungeordneten Lösungsmittelmolekülen gefüllt, die oft mehr als die Hälfte des Kristallvolumens besetzen. Die Proteinmoleküle stehen in einem Kristall nur in wenigen kleinen Bereichen miteinander in Kontakt und selbst in diesen Bereichen ist der Kontakt möglicherweise nur indirekt, über eine oder mehrere Lösungsmittelmolekülschichten. Aus diesem Grund wird vermutet, dass die Proteinkonformationen, die durch R. bestimmt werden, identisch – oder beinahe identisch – mit den Konformationen in wässriger Lösung sind. Diese Vermutung wird außerdem durch die Tatsache gestützt, dass die Konformationen einer Reihe von Proteinen, die mit Hilfe sowohl der R. als auch der NMR-Spektroskopie (bei der die Proteine in wässriger Lösung untersucht werden) abgeleitet wurden, große Ähnlichkeit miteinander aufweisen.

In der R. werden oft K_α-Röntgenstrahlen ($\lambda = 0{,}1542$ nm) verwendet, die von Kupfer bei Elektronenbeschuss emittiert werden. Es werden jedoch zunehmend Röntgenstrahlen angewandt, die durch Synchrotrone erzeugt werden. Diese Röntgenstrahlen besitzen eine höhere Intensität und können in Wellenlängen gewählt werden, die sich von Kupfer-K_α unterscheiden. Zur Untersuchung der Molekülkonformation sind Röntgenstrahlen notwendig, da ihre Wellenlänge in der gleichen Größenordnung liegt, wie die interatomaren Abstände (z. B. beträgt der Abstand zwischen zwei Kohlenstoffatomen, die durch eine einfache kovalente Bindung verknüpft sind, 0,154 nm).

Auf den Kristall wird ein schmaler Röntgenstrahl gerichtet. Ein Teil des Strahls geht direkt durch den Kristall hindurch, während der Rest durch die Elektronen der Kristallatome gestreut wird. Die Streuung, die von jedem Atom verursacht wird, ist der Elektronenzahl (d. h. der Ordnungszahl) direkt proportional. Die meisten Atome in organischen Molekülen, wie z. B. Wasserstoff, Kohlenstoff, Stickstoff und Sauerstoff, haben eine niedrige Ordnungszahl und besitzen (in dieser Reihenfolge) 1, 6, 7 und 8 Elektronen. Wenn ein Molekül in einer 3D-Struktur oft an äquivalenten Plätzen vorkommt, wie es bei einem Kristallgitter der Fall ist, verhält sich die Struktur wie ein Beugungsgitter und die Röntgenstrahlwellen werden in verschiedenen Richtungen gebeugt. Die gebeugten Wellen vereinigen sich wieder. Wellen, die in Phase sind, werden durch die Rekombination verstärkt, Wellen, die nicht in Phase sind, werden gelöscht. Die Rekombinationsart hängt nur von der Atomanordnung in den Molekülen ab, die den Kristall aufbauen. Die rekombinierten Wellen werden entweder in Form von schwarzen Flecken auf Röntgenfilmen erfasst oder mit Hilfe eines Festkörperelektronendetektors. Der gebeugte Strahl, der durch jeden Fleck des Beugungsmusters dargestellt wird, wird durch drei Eigenschaften charakterisiert: die Amplitude, die Wellenlänge und die Phase. Alle drei Eigenschaften müssen bekannt sein, um die Lage der Atome, die diese Beugung bewirken, ableiten zu können. Die Amplitude ist durch die Intensität des Flecks gegeben und kann gemessen werden. Die Wellenlänge ist bekannt, weil sie mit der des gewählten Einfallsstrahls übereinstimmt, die Phase geht jedoch verloren. Daraus ergibt sich für die R. ein „Phasenproblem". Für kleine Moleküle wurde dieses Problem durch sogenannte „direkte Methoden" gelöst, die auf statistischen Beziehungen zwischen Intensitäten beruhen. Für große Moleküle, wie z. B. Proteine, wird dagegen die indirekte Methode eingesetzt, die von Perutz und Kendrew eingeführt wurde. Hierbei werden einige Atome eines Schwermetalls in der Weise in den Kristall eingebaut, dass sie die Konformation des Moleküls oder die Einheitszelle nicht verändern. Diese Atome besitzen wesentlich mehr Elektronen als die Atome von C, H, O, N und S, welche das Proteinmolekül aufbauen. Als Folge davon, beugen die Schwermetallatome Röntgenstrahlen viel stärker, wodurch einige Flecken des Beugungsmusters an Intensität zunehmen. Aus einer Fourier-Summation dieser Zunahmen werden Abbildungen (*Patterson-Abbildungen*) der Vektoren zwischen den Schwermetallatomen erhalten. Aus diesen Abbildungen können die Positionen der Schwermetallatome in der Einheitszelle bestimmt werden. Dadurch wird es möglich, ihren Phasen- und Amplitudenbeitrag zum gebeugten Strahl zu berechnen, zu dem sie beitragen. Mit dieser Kenntnis, sowie der der Proteinamplituden allein und des Protein-Schwermetall-Komplexes (d. h. eine Phase und drei Amplituden) ist es möglich, zu ermitteln, ob die Interferenz der Röntgenstrahlwellen, die durch die Schwermetallatome und das Protein gebeugt werden, additiv oder substraktiv ist, und wie groß diese beiden Effekte sind. Zusammen mit der Kenntnis der Phase des Schwermetallatoms lassen sich daraus zwei gleich gute Phasenlösungen berechnen. Um entscheiden zu können, welche der beiden Lösungen die richtige ist, muss ein weiterer Schwermetall-Protein-Komplex der gleichen Analyse unterzogen werden, wodurch sich ein zweites Paar gleichwertiger Lösungen ergibt. Derjenige Wert, der mit einem Wert des ersten Paars übereinstimmt, gibt die korrekte Phase wieder. In der Praxis sind mehrere verschiedene Schwermetallkomplexe notwendig, um eine gute Phasenbestimmung für alle Flecken zu erreichen.

Mit Hilfe der Amplituden und Phasen der Röntgenbeugungsdaten wird die 3D-Elektronendichteverteilung der Einheitszelle des Kristalls berechnet, aus der die Konformation des Proteinmoleküls hergeleitet werden kann. Dazu werden heutzutage komplizierte Computergraphiken herangezogen. Bei der ursprünglichen Methode wurden die Höhenlinien der Elektronendichte auf horizontale, transparente Kunststofffolien übertragen und diese in einem parallelen Stapel angeordnet. Auf jeder Folie stellen die Höhenlinien die Elektronendichteverteilung in einer bestimmten Ebene der Einheitszelle dar. Sie sind vergleichbar mit den Höhenlinien einer geologischen Vermessungskarte. Wenn die Folien übereinander gestapelt wurden, war es möglich, dem Verlauf der Höhenlinien zu folgen und daraus die Konformation des Proteins abzuleiten.

Die maximale Auflösung, die durch eine R. erreicht werden kann, ist durch die Wellenlänge der verwendeten Röntgenstrahlung (z. B. 0,1542 nm) gegeben. Die tatsächliche Auflösung, die mit einem Beugungsmuster erreicht werden kann, hängt von der Anzahl der analysierten Flecken ab: je mehr Flecken vorhanden sind, um so größer ist die Auflösung. Bei einer Auflösung von 0,6 nm sieht eine α-Helix wie ein fester Zylinder aus; bei einer Auflösung von 0,4 nm ist es möglich, den Verlauf der Polypeptidkette zu erkennen; bei einer Auflösung von 0,2 nm sind der Verlauf der Polypeptidkette und die Positionen der Aminosäureseitenketten unterscheidbar; die einzelnen Atome werden jedoch erst bei 0,1 nm aufgelöst. In der Praxis wird die maximale Auflösung nur selten erreicht, da eine zu große Datenmenge analysiert werden müsste. Die meisten Röntgenstrukturuntersuchungen werden bei einer Auflösung von 0,17–0,39 nm durchgeführt. Hierbei ist es nicht möglich, solche chemisch unterschiedlichen Gruppen wie OH, NH_2 und CH_3 zu unterscheiden oder eine unbekannte Aminosäuresequenz herzuleiten, da mehrere Aminosäurepaare vollständig oder beinahe ununterscheidbar sind (z. B. Thr und Val, Asp und Asn, Glu und Gln, His und Phe). Die Aminosäuresequenz eines Proteins ist für eine genaue Konformationsermittlung durch R. beinahe unentbehrlich. [K.E. van Holde *Physical Biochemistry* (Prentice Hall Inc.,1985, 2. Ausg.) 253–273; J.R. Heliwell *Macromolecular Crystallography* (Cambridge University Press, 1992)]

ROP-Protein, (engl. *repressor of primer protein*), ein Protein, das für die Kontrolle der Kopienzahl von Plasmiden mit einem Col E1-Replikationsstartpunkt (engl. *origin*) mitverantwortlich ist.

ROS, Abk. für engl. *reactive oxygen species*, ↗ reative Sauerstoffspezies.

Röstdextrine, ↗ Dextrine.

Rotabfall, ein scharfer Abfall der photosynthetischen Quantenausbeute bei Wellenlängen über 680 nm, obwohl Chlorophyll im Bereich von 680 nm und 700 nm immer noch absorbiert. Die Quantenausbeute von Licht oberhalb 680 nm wird jedoch durch die gleichzeitige Gegenwart von kürzerwelligem Licht erhöht. Die Beobachtung dieses ↗ Emerson-Effekts führte zu dem Vorschlag, dass die Photosynthese von der Wechselwirkung zweier Lichtreaktionen (d. h. zweier Photosysteme) abhängt, die beide von Licht unterhalb 680 nm angetrieben werden. Nur eine der beiden Reaktionen wird auch durch längerwelliges Licht angetrieben. ↗ *Photosynthese*, ↗ *Photosynthesepigmentsysteme*.

Rotations-locular-CCC, ↗ *Gegenstromchromatographie*.

Rotenoide, zu den Isoflavonen gehörende Gruppe von Naturstoffen. Bekanntester Vertreter ist das aus den Wurzeln der in Südostasien und Afrika angebauten *Derris*-Arten, insbesondere *Derris elliptica*, gewonnene *Rotenon* (Abb.). Rotenon ist ein Insektizid, das für Säugetiere praktisch ungiftig ist.

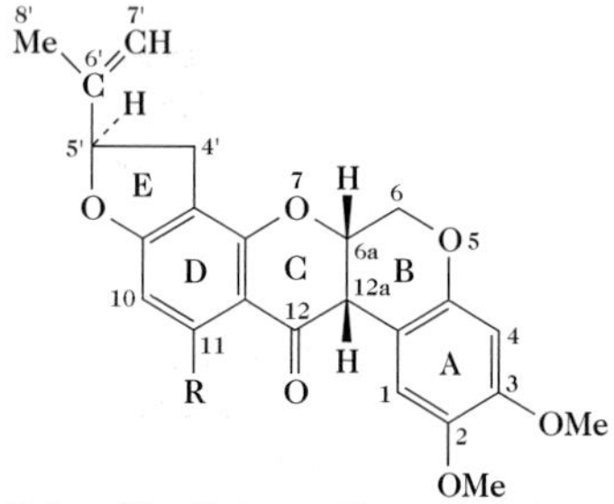

Rotenoide. Rotenon, Me = Methyl.

Round up®, Handelsname von ↗ *Glyphosat*.

RPC, Abk. für engl. *reversed phase chromatography*, ↗ *Hochleistungsflüssigkeitschromatographie*.

R-Plasmide, *Resistenz-Plasmide*, ↗ *Resistenzfaktoren*.

rRNA, Abk. für ↗ *ribosomale RNA*.

RTK, Abk. für ↗ *Rezeptor-Tyrosin-Kinase*.

Rübenzucker, Syn. für ↗ *Saccharose*.

Rubijervin, *12α-Hydroxysolanidin*, *Solanid-5-en-3β,12α-diol*, ein Veratrum-Alkaloid vom Jerveratrumtyp. M_r 413,65 Da, F. 242 °C, $[\alpha]_D$ +19° (Alkohol). R. kommt z. B. in Germer (*Veratrum album*, *Veratrum nigrum* und *Veratrum viride*) vor und unterscheidet sich strukturell vom Solanum-Alkaloid Solanidin (↗ α-*Solanin*) durch eine zusätzliche 12α-Hydroxylgruppe.

Rubisco, Syn. für ↗ *Ribulose-1,5-diphosphat-Carboxylase*.

Rubixanthin, *3(R)-β,ψ-Carotin-3-ol*, *3(R)-Hydroxy-γ-carotin*, ein zur Gruppe der Xanthophylle gehörendes Carotinoid (Abb.; M_r 552 Da, F. 160 °C). Das kupferrote R. ist als Farbstoff in verschiedenen Rosenarten und einigen anderen höheren Pflanzen

enthalten. Das 5'-*cis*-Isomere wird als *Gazaniaxanthin* bezeichnet und ist farbgebender Inhaltsstoff verschiedener *Gazania*-Arten.

Rubredoxine, vorrangig in Clostridien, aber auch anderen Bakterien vorkommende Nicht-Häm-Eisen-Proteine, die als Redoxine (Redoxproteine) Bestandteil von Elektronentransportketten sind. Sie bestehen aus 52–54 Aminosäuren (M_r 5,5–6 kDa) und enthalten im Gegensatz zu den ↗ *Ferredoxinen* nur ein mit vier Cystein-Schwefel-Atomen koordiniertes Eisenatom.

Rubrosteron, *2β,3β,14α-Trihydroxy-5β-androst-7-en-6,17-dion*, ein Pflanzensteroid (Abb.). M_r 334,42 Da, F. 245 °C, $[\alpha]_D$ +119° (Methanol). R. wurde mit Ecdysteron aus Wurzeln von *Amarantha obtusifolia* und *Amarantha rubrofusca* isoliert und ist ein biogenetisches Abbauprodukt der Ecdysone.

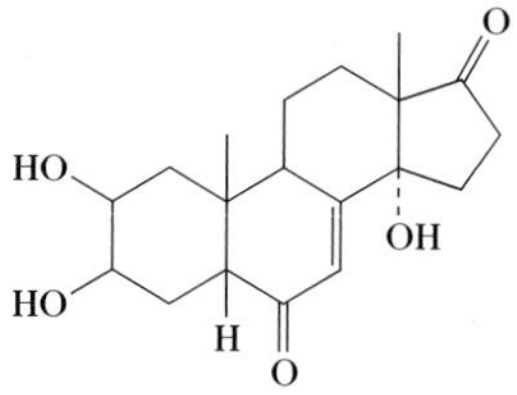

Rubrosteron

Rückkopplung, *Feedback-Mechanismus*, aus der Regelungstechnik stammender Begriff zur Beschreibung von Regulationsprozessen in Selbststeuerungsregelkreisen. Die Bezeichnungen *feedback* (Rückwärtskontrolle) und *feedforeward* (Vorwärtskontrolle) beschreiben über Metaboliten gesteuerte Kontrollmöglichkeiten von Enzymen auf den Ebenen der Enzymaktivität, der Enzymsynthese und des Enzymabbaus, wobei über den molekularen Mechanismus der Interaktionen zunächst keine Aussage gemacht werden kann. Unter R. versteht man eine positive oder negative Rückkopplungskontrolle, wonach eine positive R. die Förderung der Aktivität oder Synthese eines Enzyms oder verschiedener Enzyme eines Stoffwechselwegs sein kann, eine negative R. eine Form der ↗ *Endprodukthemmung*. Eine Vorwärtskontrolle ist dadurch charakterisiert, dass ein Metabolit ein Enzym beeinflusst, das in der Reaktionskette seiner Synthese nachgeordnet ist.

rückläufiger Elektronentransport, Vorgang, der bei Bakterien auftritt, die Wasserstoff- bzw. Elektronendonoren verwenden, deren Redoxpotenzial positiver als das der Pyridinnucleotide ist. Reduzierte

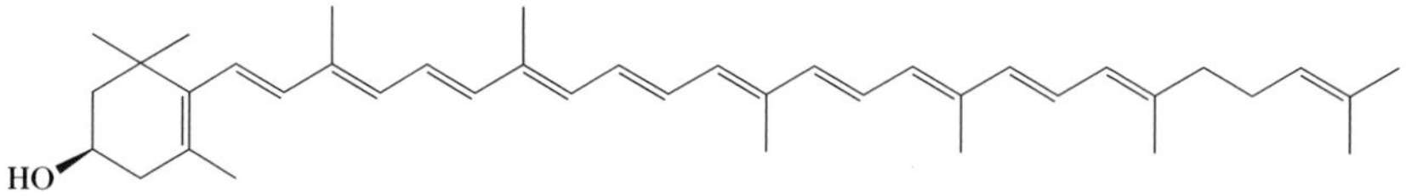

Rubixanthin

Pyridinnucleotide [NAD(P)H] sind für die Syntheseprozesse erforderlich. Diese müssen auch dann reduziert werden, wenn u. a. Sulfid, Thiosulfat, Nitrit als Elektronendonoren fungieren. Die bei der Oxidation der anorganischen Elektronendonoren entstehenden Elektronen werden in die Elektronentransportkette eingeschleust. Sie dienen einerseits der Energiegewinnung, andererseits der Reduktion von NAD(P)$^+$ durch einen rückläufigen, ATP-getriebenen Elektronentransport.

Ein r. E. zur NAD(P)$^+$-Reduktion kommt in zahlreichen Bakterien (u. a. Schwefel- und Eisenbakterien) vor.

Ruhemannsches Purpurrot,   ↗ *Aminosäurerea-genzien*, ↗ *Ninhydrin-Assay*.

ruhende Zellen, intakte, lebensfähige, aber nicht wachsende Zellen von (Mikro-)Organismen. R. Z. von Mikroorganismen können z. B. durch Weglassen essenzieller Substrate im Nährmedium erzeugt werden. Sie können unter bestimmten Bedingungen spezielle Stoffwechselleistungen (z. B. Akkumulation von Reservestoffen) zeigen. Mit r. Z. als Biokatalysatoren können die unterschiedlichsten Umsetzungen (↗ *Biotransformation*) durchgeführt werden.

Rutazeen-Alkaloide, Alkaloide vom Chinolin-, Furanochinolin-, Pyranochinolin- und Acridintyp, die aus dem Kraut der Weinraute (*Ruta graveolens L.*) und anderer Rutazeen gewonnenen werden. Biogenetisch leiten sich die R. von der Anthranilsäure ab. Wegen der spasmolytischen Wirksamkeit der Furanochinoline wird die Droge gelegentlich therapeutisch angewendet.

Rutin,   *Quercetin-3-β-(6-O-α-L-rhamnosyl)-D-glucosid, Rutosid, Vitamin P* (↗ *Permeabilitätsfaktor*), ein Flavanoidglycosid (↗ *Flavanoide*). Es bildet gelbe bis grünliche Kristalle, die sich beim Erhitzen zersetzen. Zu etwa 1–2 % ist es im Buchweizen und zu etwa 20 % in den Blütenknospen des ostasiatischen Baumes *Sophora japonica* enthalten. R. wird therapeutisch zur Beeinflussung der Membranpermeabilität bei Hämorrhoiden, Varizen und Exanthemen eingesetzt.

Rutosid, Syn. für ↗ *Rutin*.

Ryanodin-Rezeptoren, Ca^{2+}-Kanäle im sarcoplasmatischen Reticulum von Muskelzellen, die Ca^{2+}-Ionen ausschütten, wodurch die Muskelkontraktion ausgelöst wird. Sie ähneln strukturell den IP3-abhängigen Ca^{2+}-Kanälen der ER-Membran.

S

s, Abk. für ↗ *Sedimentationskoeffizient.*

S, *Svedberg-Einheit*, ↗ *Sedimentationskoeffizient.*

Sabininsäure, *12-Hydroxylaurinsäure*, $HOCH_2$-$(CH_2)_{10}$-COOH, eine Fettsäure (M_r 216,31 Da, F. 84 °C). S. findet sich als typische Wachssäure im Wachs zahlreicher Nadelhölzer.

Saccharase, ↗ *Invertase.*

Saccharide, ↗ *Kohlenhydrate*, ↗ *Mono-*, ↗ *Oligo-* und ↗ *Polysaccharide.*

Saccharopeptide, synthetische Verbindungen, die Analoga aus Peptiden, Oligosacchariden, Glycopeptiden oder Nucleinsäuren sind. Beispiele für S. sind ↗ *Glucopyranosylnucleinsäuren*, Peptidosialoside und Peptid-Zucker-Hybride.

Saccharopin, das unter der Katalyse der NADP-abhängigen Saccharopin-Dehydrogenase aus Lysin und α-Ketoglutarat gebildete erste Intermediat des Abbauweges von ↗ *L-Lysin* in der Säugerleber.

Saccharose, *Rohrzucker, Rübenzucker, Sucrose, β-D-Fructofuranosyl-α-D-glucopyranosid* (Abb.), in Pflanzen weit verbreitetes Disaccharid, „Zucker" im engeren Sinn. S. bildet weiße Kristalle vom F. 185–188 °C, bei weiterer Temperaturerhöhung zersetzt sich S. unter Bildung von Karamel; $[\alpha]_D^{20}$ +66,5°, eine Mutarotation tritt nicht ein. Bei der S. sind beide glycosidischen Hydroxygruppen substituiert, so dass auch andere typische Reaktionen der Monosaccharide, wie Reduktionswirkung oder Osazonbildung, nicht auftreten.

Saccharose

Durch säurekatalysierte Hydrolyse entsteht aus S. ein Gemisch von Glucose und Fructose, das als *Invertzucker* bezeichnet wird. S. ist leicht löslich in Wasser, aber schwer löslich in Ethanol. Zur Zuckergewinnung wird von Zuckerrohr oder Zuckerrüben ausgegangen. Zuchtformen des Zuckerrohrs enthalten 8–17 %, der Zuckerrübe 14–18 % S.

Die Biosynthese erfolgt aus D-Fructose-6-phosphat und UDP-Glucose unter der Katalyse von Saccharosephosphat-Synthase (EC 2.4.1.14) und nachfolgender Abspaltung des Phosphatrestes durch die Saccharosephosphatase (EC 3.1.3.24).

S. dient als Nahrungsmittel und Geschmackskorrigens. Hochkonzentrierte Lösungen von S. verhindern osmotisch einen Befall mit Mikroorganismen (Konservierung).

Saccharosedichtegradientenzentrifugation, ↗ *Dichtegradientenzentrifugation.*

Saccharose-6-phosphat-Synthase, das die im Cytosol ablaufende Synthese von Saccharose-6-phosphat aus Uridindisphosphatglucose (UDP-Glucose) und Fructose-6-phosphat katalysierende Enzym. Durch hydrolytische Abspaltung des Phosphatrestes entsteht die ↗ *Saccharose.*

Sacromycin, *Amicetin A* (↗ *Amicetine*).

Safener, früher auch als herbizide ↗ *Antidote* bezeichnet. S. sind Verbindungen, die die phytotoxische Wirkung von Herbiziden bei Kulturpflanzen ganz oder weitgehend aufheben. Die S. steigern die Aktivität von Schlüsselenzymen, die eine Inaktivierung von Herbiziden katalysieren oder sie stimulieren die Lipidsynthese, wodurch die Wirkung der in den Lipidstoffwechsel eingreifenden Herbizide wieder neutralisiert wird.

Safflor, Syn. für ↗ *Saflor.*

Saflor, *Safflor, Zaffer*, ein Naturfarbstoff, der aus den getrockneten Blütenblättern der Färberdistel *Carthamus tinctorius* gewonnen wird. S. besteht aus einer roten Komponente, dem *Carthamin*, und einer gelben Komponente, dem *Saflorgelb*; es wird zur Färbung von Lebensmitteln und kosmetischen Erzeugnissen verwendet.

Saflorgelb, ↗ *Saflor.*

Safran, ein Naturprodukt aus den getrockneten Blütennarben des vor allem in Südeuropa verbreiteten Echten Safrans *Crocus sativus*. Der wirksame Inhaltsstoff ist das *Crocin*, ↗ α-*Crocetin*. S. wird noch heute zum Gelbfärben von Würzen und Speisen verwendet. Früher diente S. als schmerz- und krampfstillendes Mittel sowie zum Gelbfärben von Geweben.

Safrol, *4-Allyl-1,2-(methylendioxy)benzol*, eine farblose, leicht bewegliche Flüssigkeit mit herbfrischem Geruch; F. 11,2 °C, Sdp. 234,5 °C, n_D^{20} 1,5381 (Abb.).

Safrol

S. ist Bestandteil verschiedener etherischer Öle, hauptsächlich des Sassafras- und Campheröls, und kann daraus in reiner Form isoliert werden.

Safynol, *trans,trans-3,11-Tridecadien-5,7,9-triin-1,2-diol* (Abb.), ein ↗ *Phytoalexin*. S. wird ebenso wie das *Δ3-Dehydrosafynol* nach *Phytophthera*-Infektion von Saflor (*Carthamus tinctorius*) gebildet. Für S. ergibt sich eine ED_{50} (↗ *Dosis*) von 12 μg/ml, für seine Dehydroverbindung ein Wert von 1,7 μg/ml.

Safynol

Sakaguchi-Reaktion, spezifische Reaktion, die zum Nachweis und zur quantitativen Bestimmung von ↗ *L-Arginin* verwendet wird.

Salamander-Alkaloide, eine Gruppe von toxischen Steroidalkaloiden, die im Hautdrüsensekret von Salamandern, z. B. dem Feuersalamander (*Salamandra maculosa*) und dem Alpensalamander (*Salamandra atra*), gebildet werden und als Wehrsekrete dienen. S. sind modifizierte Steroide, in denen der A-Ring zwischen C2 und C3 durch Stickstoff zum 7-Ring erweitert ist (*A-Azahomosteroide*). S. wirken als zentralerregende Krampfgifte. Der Hauptvertreter *Samandarin* (*1α,4α-Epoxy-3-aza-A-homoandrostan-16β-ol*; Abb.) bewirkt außerdem Hämolyse (letale Dosis bei Mäusen 1,5 mg/kg). *Samandaron* enthält anstelle der 16-Hydroxylgruppe eine Ketofunktion. Das Nebenalkaloid *Samandaridin* besitzt eine Lactonbrücke (CH2-CO-O-) zwischen C16 und C17 und hat zusätzlich lokalanästhetisierende Wirkung.

Salamander-Alkaloide. Samandarin.

Salamandergifte, von den Hautdrüsen des Feuersalamanders (*Salamandra maculosa*) oder des Alpensalamanders (*Salamandra atra*) abgeschiedenes Wehrsekret. Neben den ↗ *Salamander-Alkaloiden* und biogenen Aminen (Tryptamin, 5-Hydroxytryptamin) enthalten die S. auch höhermolekulare Substanzen, die lokale Hautreizungen verursachen und hämolytisch wirken.

Salat-Hypokotyltest, ↗ *Gibberelline*.

Salicylsäure, *2-Hydroxybenzoesäure*, *Phenolcarbonsäure*, bildet süßlich schmeckende Nadeln; F. 159 °C. Durch Acetylierung von S. wird ↗ *Acetylsalicylsäure* dargestellt. S. hat eine antibakterielle und keratolytische Wirkung und ist deshalb in Dermatika enthalten. Sie wirkt auch antirheumatisch und wurde früher als Natriumsalz therapeutisch

verwendet. Salicylsäuremethylester ist eine charakteristisch riechende Flüssigkeit, Sdp. 224 °C. Es ist im Wintergrün- und Nelkenöl enthalten und Bestandteil antirheumatischer Einreibungen. Salicylamid, eine weiße kristalline Substanz, F. 142 °C wird als Analgetikum verwendet.

Salmin, ↗ *Protamine*.

Salsola-Alkaloide, eine Gruppe einfach gebauter Isochinolin-Alkaloide, die in Salzkraut-(*Salsola-*) Arten vorkommen. Wichtigster Vertreter ist das *Salsolin* (*1-Methyl-6-hydroxy-7-methoxy-1,2,3,4-tetrahydroisochinolin*), das in der D-Form – F. 215–216 °C, $[\alpha]_D$ +40° (Wasser) – und der DL-Form auftritt.

Salsolin, ↗ *Salsola-Alkaloide*.

Saluretika, ↗ *Diuretika*, die die Ausscheidung von Alkali- und Chloridionen zusammen mit Wasser bewirken. Viele S. haben die Struktur von 7-Sulfamoyl-1,2,4-benzothiadiazin-1,1-dioxiden, die als Thiazide bezeichnet werden. Ein Beispiel ist *Hydrochlorothiazid* (Abb.). Eine saluretische Wirkung zeigen auch Verbindungen, die keinen heterozyklischen Ring enthalten, z. B. *Mefrusid* und *Furosemid* (Abb.).

Hydrochlorothiazid

Furosemid

Saluretika

salvage pathway, engl. für ↗ *Wiederverwertungsweg*.

SAM, Abk. für ↗ *S-Adenosyl-L-methionin*.

Samandaridin, ein ↗ *Salamander-Alkaloid*.

Samandarin, ein ↗ *Salamander-Alkaloid*.

Samandaron, ein ↗ *Salamander-Alkaloid*.

Samenreifungstest, ↗ *Gibberelline*.

sAMP, Abk. für ↗ *Adenylsuccinat*.

Sandelholzöl, ein farbloses, etwas viskoses etherisches Öl von schwachem, jedoch lange anhaftendem balsamigem, süßholz-ähnlichem Geruch und schwach bitterem, würzigem Geschmack. Der wichtigste Bestandteil des S. ist das *Santalol* (etwa 90 %), ferner enthält S. Santen, α- und β-Santalen, Isovaleraldehyd und verschiedene andere zum Santalol in genetischer Beziehung stehende Verbindungen.

Sandhoffsche Krankheit, eine ↗ *lysosomale Speicherkrankheit* (eine Sphingolipidose), die durch einen Mangel an β-*N-Acetylhexosaminidase A* und

B (EC 3.2.1.30) verursacht wird. Es kommt zur Akkumulation von GM2 und GA2 intraneuronal in weißer und grauer Hirnmasse sowie in Milz und Leber; in Nieren und Milz lagert sich Globosid (Cytolipin K) ab; in Gewebe und Harn treten *N*-Acetylglucosaminyloligosaccharide auf. Die kindliche Form manifestiert sich zwischen dem 4. und 6. Monat (Gangliosidenakkumulation beginnt im Uterus) durch Hyperakusis, einem kirschroten Fleck im makulären Bereich, fortschreitende cerebrale Degeneration und normalerweise Tod vor dem 5. Lebensjahr. Die jugendliche (spätkindliche) Form tritt im ersten Lebensjahr auf, schreitet langsam voran und zeigt keine roten makulären Flecken.

Sanfilippo-Syndrom, eine ↗ *Mucopolysaccharidose.*

Sanger-Reagens, Bezeichnung für das von F. Sanger zur Bestimmung N-terminaler Aminosäuren in Peptiden und Proteinen eingesetzte *1-Fluor-2,4-dinitrobenzol.* Die nach der Umsetzung und hydrolytischen Spaltung resultierende gelb gefärbte 2,4-Dinitrophenyl(Dnp)aminosäure dient zur Identifizierung.

Sanger-Sequenzierung, *Didesoxymethode, Kettenabbruchmethode,* eine Methode zur Sequenzierung von DNA (↗ *Nucleinsäuresequenzierung*). Die S. ist heute verbreiteter als das ↗ *Maxam-Gilbert-Verfahren,* weil die benötigten Reagenzien jetzt gut verfügbar sind und das Verfahren automatisiert wurde.

Bei der S. katalysiert eine DNA-Polymerase die Synthese komplementärer Kopien der Einzelstrang-DNA, die sequenziert werden soll. Die Nucleotidsequenz der komplementären Kopie wird direkt bestimmt und die Sequenz der Ursprungs-DNA auf der Grundlage der Basenpaarung abgeleitet. Dies bedeutet, dass die DNA, die sequenziert werden soll, als Matrize für die Erzeugung von komplementären Kopien verwendet wird. Zu diesem Zweck wird sie in einen geeigneten Vektor (Phage oder Plasmid) inseriert und kloniert. Zur Initiation des Replikationsprozesses benötigt die DNA-Polymerase einen Primer (ein kurzes DNA-Segment), der stabile Basenpaarungen zu einer komplementären Nucleotidsequenz der Phagen- bzw. Plasmid-DNA bildet. Synthetische Primer sind ungefähr 20 Nucleotide lang und kommerziell erhältlich. Wenn die Matrize-Primer-Duplex mit den vier Desoxyribonucleosid-5'-triphosphaten (dATP, dGTP, dCTP, dTTP) in Gegenwart der geeigneten DNA-Polymerase inkubiert wird, wird der Primer fortlaufend verlängert, indem Desoxyribonucleosid-5'-monophosphatreste an die terminale 3'-Hydroxylgruppe (5'→3'-Richtung) in einer Reihenfolge addiert werden, die durch die Matrize und die Gesetze der Basenpaarung vorgegeben ist. Jede neue Phosphodiesterbindung wird durch Kondensation des α-

Phosphatrests an der 5'-Hydroxylgruppe des eintretenden Desoxyribonucleotids mit der 3'-Hydroxylgruppe des terminalen Desoxyribonucleotids der sich verlängernden Kette gebildet. Die Elongation hängt deshalb vom Vorhandensein einer 3'-Hydroxylgruppe am terminalen Desoxyribonucleotid der Kette ab, die verlängert wird.

Zur Sequenzbestimmung werden vier Inkubationen durchgeführt, von denen jede die Matrize-Primer-Duplex, die passende DNA-Polymerase, gleiche Mengen der vier Desoxyribonucleosid-5'-phosphate, von denen mindestens eines im α-Phosphatrest z. B. mit ^{32}P markiert ist, und eine kleine Menge des 2',3'-Didesoxyderivats von einem der vier Desoxyribonucleotid-5'-phosphate (ddATP, ddGTP, ddCTP oder ddTTP) enthält. Wenn in die wachsende Polynucleotidkette anstelle eines 2'-Desoxynucleotids das analoge 2',3'-Didesoxyderivat eingebaut wird, stoppt die Kettenverlängerung, weil eine 3'-Hydroxylgruppe fehlt. Die Menge des 2',3'-Didesoxynucleotids, die in jedem Inkubationsgemisch vorhanden ist, ist im Verhältnis zu jedem der 2'-Desoxyribonucleotide gering, so dass ein Satz an ^{32}P-markierten Ketten mit unterschiedlicher Länge erzeugt wird. Wenn ddGTP eingesetzt wird und die Matrizen-DNA die Sequenz $^{(3')}$TCTGACGG-TAGC$^{(5')}$ besitzt, wird folgender Satz an ^{32}P-markierten Ketten vom Enzym freigesetzt: Primer-$^{(5')}$AddG$^{(3')}$, Primer-$^{(5')}$AGACTddG$^{(3')}$ und Primer-$^{(5')}$AGACTGCCATCddG$^{(3')}$. Dieser und die drei anderen Sätze an Nucleotidketten, die unter Verwendung der anderen 2',3'-Didesoxyribonucleotide erzeugt werden, werden in parallelen Bahnen eines Polyacrylamid-Sequenzierungsgels aufgetrennt. Das Bandenmuster kann dann z. B. durch Autoradiographie bestimmt werden. Die Abb. zeigt die Anwendung dieses Verfahrens auf die oben erwähnte Matrizen-DNA $^{(3')}$TCTGACGGTAGC$^{(5')}$.

Die grundlegende Methode wurde auf verschiedene Weise variiert und verbessert, das prinzipielle Konzept blieb jedoch gleich. Die Verbesserungen betrafen folgende fünf Bereiche: 1) die Anwendbarkeit und bequeme Handhabung der Vektoren, in die die DNA, die sequenziert werden soll, eingebaut wird, 2) die Art der Markierung der 2',3'-didesoxyribonucleotidterminierten Ketten, 3) die Verwendung von 2'-Desoxyribonucleosid-5'-triphosphatanaloga, um die sog. „Komprimierung" der Banden auf dem Sequenzierungsgel zu eliminieren, 4) die verwendeten DNA-Polymerasen und 5) die Möglichkeit, sowohl doppelsträngige als auch einzelsträngige DNA-Matrizen zu sequenzieren.

Spezifische Vektoren, die so entwickelt wurden, sind Phagen (z. B. M13 und seine Konstrukte wie M13mp19), Plasmide (z. B. die pUC-Serien) und Phagemide (z. B. pBluescript® II KS +/−) mit hoher Kopienzahl, Resistenz gegen spezifische Antibiotika, multiplen Restriktionsendonucleasespaltungsstellen und bekannten codierenden Sequenzen, in die die DNA, die sequenziert werden soll, genau eingefügt werden kann.

Zur Markierung der DNA wurde zunächst [^{35}S]dATPαS anstelle von [^{32}P]dATP eingesetzt. Bei dieser Verbindung bildet ein ^{35}S-Atom eine Doppelbindung zum P-Atom des α-Phosphatrests im 2'-

Desoxyribonucleotid anstelle des O – wie beim dATP – aus. Wenn mit Hilfe der DNA-Polymerase ein dAMP-Rest in die wachsende DNA-Kette eingebaut wird, wird diese aufgrund der Bildung einer atypischen Phosphodiesterbindung [R-O-P(^{35}S)(OH)-O-R'] mit ^{35}S markiert. Da die β-Partikel, die von ^{35}S emittiert werden, ungefähr 10-mal weniger Energie besitzen als die von ^{32}P, findet eine

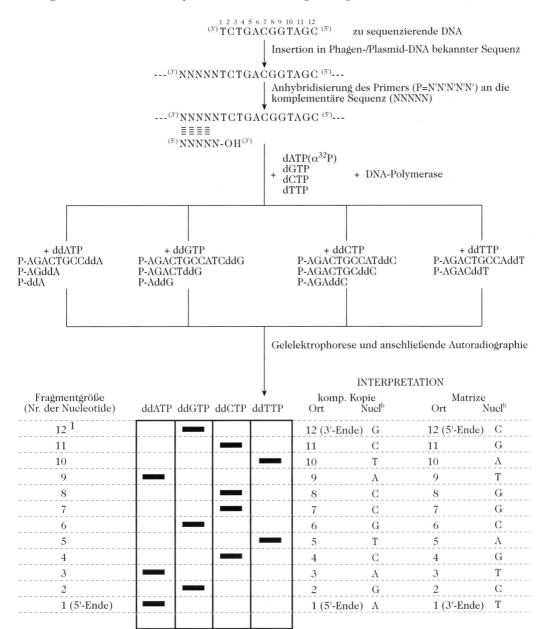

Sanger-Sequenzierung. Das Schema zeigt die Methode angewandt auf die Bestimmung der Nucleotidsequenz eines hypothetischen DNA-Abschnitts. a = Anzahl der Nucleotide in der DNA-Kette, die komplementär zur Ursprungs-DNA ist; die konstante Anzahl der Nucleotide im Primer P, der am 5'-Ende gebunden ist, wird nicht berücksichtigt. b = Nucleotid; komp. = komplementär.

geringere radiologische Zerstörung der markierten DNA-Ketten statt und die Banden auf den Autoradiogrammen der Sequenzierungsgele sind schmaler und weniger diffus.

Alternativ werden Farbstoffe verwendet, die bei unterschiedlichen Wellenlängen fluoreszieren. Dabei kann entweder bereits der Primer durch kovalente Bindung des Farbstoffmoleküls an sein 5'-Ende markiert werden oder die 2',3'-Didesoxyribonucleotide durch die kovalente Bindung jeweils unterschiedlicher Farbstoffmoleküle. Die Verwendung dieses farbstoffmarkierten Materials hat die Anwendung von zwei leicht unterschiedlichen DNA-Sequenzierungsprozessen zur Folge: die „Farbstoff-Primer-Markierung" und die „Farbstoff-Terminator-Markierung". Beide Prozesse wurden mittlerweile automatisiert.

Bei der „Farbstoff-Primer-Markierung" werden vier unterschiedlich fluoreszierende Farbstoff-Primer-Spezies verwendet, die dadurch entstehen, dass der gleiche Primer in vier Proben mit einem von vier unterschiedlichen Fluoreszenzfarbstoffen reagiert. Man spricht hier z. B. von blauen, grünen, roten und gelben Primern, obwohl dies in Wirklichkeit nicht den Farbdifferenzen ihrer spektrophotometrisch unterschiedenen Fluoreszenz entspricht. Die vier Inkubationen enthalten einen unterschiedlich „gefärbten" Primer, der mit der DNA, die sequenziert werden soll, hybridisiert ist, sowie die DNA-Polymerase, die vier verschiedenen dNTPs und eine geringe Menge eines der vier ddNTPs. Dadurch wird jedes ddNTP willkürlich einem unterschiedlich „gefärbten" Primer zugeteilt (z. B. ddGTP dem roten Primer, usw.). Jede Inkubationsmischung enthält dann Moleküle, die an ihrem 5'-Ende mit einem Primer einer bestimmten Farbe markiert sind und an ihrem 3'-Ende das 2',3'-Didesoxyribonucleotid, das dem Primer zugeordnet wurde, tragen. Die vier Sätze primermarkierter Ketten werden vereinigt und elektrophoretisch in einer einzigen Bahn eines Polyacrylamid-Sequenzierungsgels getrennt. Die Nucleotidsequenz wird dann aufgrund der „Farbe" (d. h. Farbstofffluoreszenz) der Banden im Elektrophoretogramm bestimmt, wenn die Bahn durch einen spektrofluorometrischen Detektor läuft.

Bei der „Farbstoff-Terminator-Markierung" werden vier unterschiedlich fluoreszierende Farbstoff-ddNTP-Spezies (die durch die Reaktion von ddATP, ddGTP, ddCTP und ddTTP mit jeweils einem anderen Farbstoff synthetisiert werden) in geringen Mengen in demselben Reaktionsgefäß mit dem Primer (der mit der DNA hybridisiert ist, die sequenziert werden soll), den vier dNTPs und der DNA-Polymerase inkubiert. Hierbei entsteht ein Gemisch von vier Sätzen an DNA-Ketten, wobei jede Komponente an ihrem 5'-Ende den Primer und an

ihrem 3'-Ende ein unterschiedlich fluoreszierendes 2',3'-Didesoxyribonucleotid trägt. Die Aufarbeitung des Gemischs und die Interpretation der Ergebnisse erfolgt ähnlich wie bei der Methode der Farbstoff-Primer-Markierung.

Als DNA-Polymerase wurde ursprünglich das ↗ Klenow-Fragment der DNA-Polymerase I von E. coli verwendet, das jedoch verschiedene Nachteile hat: a) niedrige Progressivität (d. h. das Enzym dissoziiert leicht wieder von der Matrize ab, obgleich die Katalyse noch weiterlaufen könnte), b) schwache Akzeptanz von ddNTPs und c) Intoleranz gegenüber dNTP-Analoga. Sie wurde deshalb großenteils durch die DNA-Polymerase aus thermophilen Bakterien (z. B. Taq-DNA-Polymerase aus Thermus aquaticus) und aus Bakteriophagen T7 ersetzt. Die Taq-DNA-Polymerase besitzt hohe Progressivität, ist tolerant gegenüber ddNTPs und dNTP-Analoga und ist insbesondere nützlich für die Sequenzbestimmung von DNA, deren komplementäre DNA-Stränge bei 37 °C extensiv intrasträngige Sekundärstrukturen bilden (da das Enzym aus einem thermophilen Organismus stammt, kann es bei Inkubationstemperaturen von 70–75 °C eingesetzt werden, bei denen wasserstoffbrückengebundene Sekundärstrukturen ausgeschlossen sind). Die erfolgreichsten T7-DNA-Polymerasen sind so modifiziert worden, dass die 3'→5'-Exonucleaseaktivität des Enzyms reduziert (z. B. Sequenase^{TM} 1) bzw. sogar eliminiert (z. B. Sequenase^{TM} 2) wurde. Sie besitzen eine hohe Progressivität, eine große Toleranz gegenüber ddNTPs und dNTP-Analoga, eine hohe Elongationsgeschwindigkeit (~300 Nucleotide werden je Sekunde addiert; im Vergleich dazu: Klenow-Fragment 30–45 und Taq-DNA-Polymerase 35–100) und können mit kurzen Primern verwendet werden. Die Taq-DNA-Polymerase und die Sequenasen können dazu eingesetzt werden, in einem einzigen Reaktionsansatz eine DNA-Sequenz zu bestimmen, die mehrere Hundert Nucleotide lang ist.

Sangivamycin, *4-Amino-5-carboxamid-7-(D-ribofuranosyl)-pyrrolo-(2,3-d-)-pyrimidin*, ein von *Streptomyces spec.* synthetisiertes Antibiotikum mit 7-Desazaadeninstruktur (↗ *Nucleosidantibiotika*). S. zeigt ein dem ↗ *Toyocamycin* ähnliches Wirkungsspektrum.

Santalol, Hauptbestandteil des ↗ *Sandelholzöls*.

Sapogenine, ↗ *Saponine*.

Saponine, Glycoside von tetra- oder pentazyklischen Alkoholen, die zu den häufigsten sekundären Pflanzeninhaltsstoffen gehören. S. sind in Pflanzen weit verbreitet. Sie sind stark oberflächenaktiv und hämolytisch wirksam, d. h., sie lösen die Membran der Erythrocyten auf. S. sind für Fische und Amphibien stark toxisch. Mit Sterinen, z. B. Cholesterin, bilden sie Molekülkomplexe. Nach der Anzahl der glycosidisch an das Aglycon (Genin) gebundenen

Zuckerreste werden *Mono-* und *Bisdesmoside* unterschieden. Der Zuckerrest ist oft verzweigt. Die S. lassen sich nach der chemischen Struktur des Aglycons (*Sapogenin*) in Steroid- und Triterpensaponine einteilen. Die *Steroidsaponine* gehören überwiegend zum Spirostantyp (Abb.). Die Konfiguration am C5 (α- oder β-Reihe) und C25 (25S- oder 25R-Konfiguration) kann variieren. Die Steroidsaponine sind Monodesmoside mit dem Zuckerrest in 3-Stellung (z. B. ⤳ *Dioscin*). Sie kommen vor allem in Monocotyledonen vor. Ein Steroidsaponin der Dicotyledonen ist das ⤳ *Digitonin*. Steroidsaponine des selteneren Furostantyps gehen bei der Hydrolyse leicht unter Ringschluss in die entsprechenden Derivate vom Spirostantyp über. Zu den Steroidsaponinen vom Furostantyp gehört z. B. das *Convallamarin*, das S. des Maiglöckchens *Convallaria majalis*. Steroidsaponine sind auch die Glycoside der Steroidalkaloide. *Triterpensaponine* kommen vorwiegend in Dicotyledonen vor. Die meisten Triterpensaponine leiten sich vom β-Amyrin (⤳ *Amyrin*) ab und sind durch Carboxygruppen am Triterpengenin oder durch Uronsäurereste sauer. Zuckerreste sind glycosidisch in 3-Stellung, aber auch esterartig in 17-Stellung gebunden. Zu den Triterpensapogeninen gehören die ⤳ *Glycyrrhetinsäure* und die ⤳ *Oleanolsäure*.

Saponine. (25*S*)-5β-Spirostanol.

S. oder saponinhaltige Arzneimittel werden unter anderem wegen ihrer schleimlösenden Wirkung verwendet.

Saprophytismus, eine heterotrophe Ernährungsweise, bei der totes, organisches Material als Substrat dient. Viele Bakterien und die Mehrzahl der Pilze leben saprophytisch.

Als Kohlenstoffquellen dienen den Saprophyten vielfach Kohlenhydrate, in bestimmten Fällen auch Alkohole, Fette, organische Säuren oder Kohlenwasserstoffe. Selbst Proteine können als Kohlenstoffquellen genutzt werden.

Die für den Stoffkreislauf in der Natur äußerst wichtigen Vorgänge der Fäulnis und Verwesung kommen durch S. zustande. Vielfach erfolgen diese Stoffumsetzungen nicht allein zur Gewinnung von Baustoffen, sondern auch zur Erlangung von Energie, z. B. durch Gärung. Zum Aufbau körpereigener Substanzen müssen die organischen Nahrungsstoffe erst in primäre Metabolite, wie Glucose oder Intermediate der Glycolyse bzw. des Tricarbonsäure-Zyklus, umgewandelt werden.

Einige Schimmelpilze und Hefen können anorganische Stickstoffverbindungen, wie Nitrate oder Ammoniumsalze, nutzen. Gewisse Bodenbakterien und vor allem die Wurzelknöllchenbakterien (Rhizobien) assimilieren sogar den molekularen Stickstoff der Luft. Andere Saprophyten benötigen organische Stickstoffverbindungen, wie Aminosäuren, Peptone oder Proteine.

Von der saprophytischen Lebensweise gibt es zahlreiche Übergänge zum ⤳ *Parasitismus*.

Sar, Abk. für ⤳ *Sarcosin*.

Saralasin, H-Sar[1]-Arg-Val-Tyr-Val[5]-His-Pro-Ala-OH, ein zur Behandlung und zur Diagnose Angiotensin-II-abhängiger Hypertonie eingesetzter Angiotensin-II-Antagonist.

Sarcosin, Sar, *N*-Methylglycin, CH_3-NH-CH_2-CO-OH, eine Zwischenstufe im Cholinstoffwechsel in Leber- und Nierenmitochondrien (⤳ *Einkohlenstoff-Zyklus*). S. wurde aus Seesternen und -igel isoliert, wo es offensichtlich als Hauptmetabolit auftritt.

Sarcosinämie, eine ⤳ *angeborene Stoffwechselstörung*, die durch einen Mangel an ⤳ *Sarcosin-Dehydrogenase* verursacht wird. Es kommt zur Hypersarcosinämie und Hypersarcosinurie, die zu Störungen der Entwicklung und Funktion des Zentralnervensystems führen.

Sarcosin-Dehydrogenase (EC 1.5.99.1), ein mitochondriales Flavoprotein (das Flavin liegt kovalent gebunden vor), das die Umwandlung von Sarkosin in Glycin sowie eine Einkohlenstoffeinheit katalysiert (⤳ *Einkohlenstoff-Zyklus*). Letztere befindet sich auf der Oxidationsstufe des Formaldehyds (bzw. liegt gebunden als -CH_2- vor). Das metabolische Schicksal der Einkohlenstoffeinheit hängt von der Verfügbarkeit von Tetrahydrofolat (THF) ab. In Abwesenheit von THF werden als Produkte Glycin und Formaldehyd gebildet. Ein Defekt der S. führt zu ⤳ *Sarcosinämie*.

Sarcosom, ⤳ *Mitochondrien*.

Sargasterin, *Sargasterol*, (20*S*)-*Stigmasta-5,24(28)-dien-3β-ol*, ein Phytosterin (⤳ *Sterine*). M_r 412,7 Da, F. 132 °C, $[\alpha]_D$ –48° (Chloroform). S kommt in Braunalgen, z. B. *Sargassum ringolianum*, vor und unterscheidet sich strukturell von ⤳ *Fucosterin* durch umgekehrte Konfiguration am C-Atom 20.

Sargasterol, Syn. für ⤳ *Sargasterin*.

Sarkin, eine veraltete Bezeichnung für ⤳ *Hypoxanthin*.

Satelliten-DNA, DNA-Fraktionen, die sich bei Zentrifugation in CsCl-Gradienten von der Masse der DNA abtrennen lassen. S. ist in Zellkernen zahlreicher Eukaryonten nachgewiesen worden und macht beim Menschen etwa 1%, bei der Maus etwa 10% der Kern-DNA aus. Sie weicht in der Basenzusammensetzung und der Dichte stark von der übrigen DNA ab. S. enthält mehr 5-Methylcytosin als die restliche Kern-DNA. Zur S. gehört die DNA des Nucleolus mit den Cistrons für die ribosomale RNA. Sie ist mit Hilfe cytologischer Hybridisierungsexperimente aber auch in verschiedenen Teilen der Chromosomen nachgewiesen worden; dort ist die Funktion ungeklärt. S. zeichnet sich oft durch hohe Redundanz aus. Bei der Maus liegen in jedem Molekül etwa 10^6 Kopien zu je 150–300 Nucleotidpaaren vor, im Meerschweinchen etwa 10^7 Kopien von nur sechs Basen der Folge GGGAAT. Der hohe Redundanzgrad hat eine schnelle Renaturierung nach Hitzedenaturierung zur Folge.

Extrachromosomale DNA wird ebenfalls zur S. gerechnet.

Satellitenviren, ↗ *Defizienzviren.*

Sativol, ↗ *Cumestane.*

Sauerstoff, ↗ *Bioelemente.*

Sauerstoffaufnahmerate, *spezifische Respirationsgeschwindigkeit, OUR* (engl. o̲xygen u̲ptake r̲ate), die in g O_2 pro l Reaktionsgemisch oder pro g Biomasse und h angegebene spezifische Sauerstoffabsorptionsgeschwindigkeit durch die (Mikro-) Organismen bei Fermentationsprozessen. Die S. ist vom (Mikro-)Organismus, dem physiologischen Zustand und den Fermentationsbedingungen abhängig. Je nach S. ist dem ↗ *Bioreaktor* der notwendige Sauerstoff zuzuführen.

Sauerstoffbedarf, Bezeichnung für den chemischen oder den biologischen Sauerstoffbedarf des Abwassers. Unter S. wird auch die spezifische ↗ *Sauerstoffaufnahmerate* von Mikroorganismen verstanden.

Sauerstoffelektrode, ein amperometrischer Sensor zur Bestimmung von Änderungen der Sauerstoffkonzentration einer Lösung. Im Fall einer polarographischen S. wird eine Polarisationsspannung von +0,6 V aus einer externen Quelle zwischen einer Platinkathode und einer Silber-Silberchlorid-Anode, die in eine gesättigte KCl-Lösung taucht, angelegt. Im Fall der galvanischen S. wird der Strom zwischen einer Silberkathode und einer Bleianode, die in gesättigtes Bleiacetat taucht, erzeugt. Das Potenzial wird hier durch das Elektrodensystem aufgebaut und benötigt keine externe Versorgung. Bei beiden Arten an S. ist die Elektrode normalerweise durch eine sauerstoffpermeable Kunststoffmembran von der Lösung getrennt.

Sauerstoffintermediate, ↗ *reaktive Sauerstoffspezies.*

Sauerstoffmetabolismus, Stoffwechselreaktionen, an denen Sauerstoff beteiligt ist, wie z. B. 1) allgemeine Oxidation von Metaboliten durch ↗ *Dehydrierung,* Abspaltung von Elektronen (Oxidasen,

↗ *Flavinenzyme*), Addition von Sauerstoff an das Substrat (↗ *Oxygenasen*); 2) ↗ *Oxidation* reduzierter Coenzyme über die ↗ *Atmungskette.*

Sauerteig, ein auf mikrobiologischem Wege spontan gesäuerter Mehlteig. S. entsteht durch die Ansiedlung von Milchsäurebakterien (*Lactobacillus* sp.) und von Hefen (z. B. *Saccharomyces cerevisiae*) auf Mehl als Substrat, welches mit Wasser verrührt und bei Temperaturen zwischen 30 °C und 40 °C gehalten wird. Nach einigen Stunden erhält man einen spontan gärenden Teig (*Spontansauer*). Durch weitere Zugabe von Mehl und Wasser in regelmäßigem Abstand (*Anfrischen*) bildet sich der S. Dem reifen S. wird immer ein Teil als Anstellgut für den neuen Teig entnommen. Bei der Gärung wird durch die homofermentativen Bakterien Milchsäure und durch die heterofermentativen Arten zusätzlich Essigsäure, Ethanol und CO_2 gebildet. Daneben entstehen Aromastoffe. Der pH-Wert sinkt bis auf 4,5 ab. S. wird zur Bereitung von Roggen- und Mischbrotteigen verwendet.

Säulenchromatographie, ein Trennverfahren der ↗ *Chromatographie,* bei dem das Trägermedium zu einer Säule aufgeschichtet wird, die sich in einem Chromatographierohr (gewöhnlich aus Glas und als Chromatographiesäule bekannt) befindet. Der Begriff S. bezeichnet die Verwendungsart des Chromatographieträgers und nicht den Chromatographietyp, der durch die Verteilung, die Adsorption, den Ionenaustausch, die Gelfiltration, die Affinität, usw. in Abhängigkeit von der Natur des Trägers gekennzeichnet ist. Das Säulenmaterial wird gewöhnlich mit dem Laufmittel bzw. Elutanten äquilibriert. Die Probelösung wird oben auf die Säule aufgegeben und mit dem Laufmittel einsickern gelassen. Anschließend wird das gleiche Lösungsmittel kontinuierlich auf die Säule gegeben. Am Säulenende werden diskrete Proben des Eluats gesammelt (gewöhnlich automatisch mit Hilfe eines Fraktionssammlers) und dann auf ihren Inhalt analysiert. Zum Kolonnenmaterial, das z. B. in der Ionenaustauschchromatographie verwendet wird, ↗ *Ionenaustauscher.* In der Ionenaustauschchromatographie wird oft eine *Gradientenelution* durchgeführt, um die Schärfe und die Geschwindigkeit der Trennung zu erhöhen. Ein Gradientenmischer, der von zwei oder mehr verschiedenen Pufferlösungen gespeist wird, erzeugt eine kontinuierliche Änderung des pH-Werts und/oder der Ionenstärke des Laufmittels, das oben auf der Säule eintritt. Diese Gradienten können linear, konvex oder konkav sein.

saure DNase II, ↗ *Desoxyribonuclease II.*

saure Phosphatase, *SP,* ein zu den ↗ *Phosphatasen* gehörendes Enzym. Von der SP kennt man bisher wenigstens sechs Isoenzyme; das Isoenzym 2 gilt als Prostata-spezifisch. Die SP der Prostata wird durch Tartrat kompetitiv gehemmt. Die Aktivität der SP ist erhöht bei Prostatacarcinom, Knochenmetastasen, Morbus Paget und Morbus Gaucher. Man verwendet sie deshalb als Tumormarker.

Säuredextrine, ⌐ *Dextrine*.

Säurepflanzen, *Ammoniumpflanzen*, Pflanzen, die organische Säuren in ihren Blattzellen akkumulieren. Innerhalb der Zellen werden diese Säuren durch Ammonium-Ionen neutralisiert.

saure-Phosphatase-Mangel, eine ⌐ *lysosomale Speicherkrankheit*, die durch defekte *lysosomale saure Phosphatase* (EC 3.1.3.2) verursacht wird. Die Erkrankung führt im Säuglings- oder Kleinkindalter zum Tod.

saures fibrilläres Gliaprotein, Proteinbestandteil Vimentin-artiger ⌐ *intermediärer Filamente*.

saures α₁-Glycoprotein, ⌐ *Orosomucoid*.

Sauvagine, *SV*, *Q¹GPPISIDLS¹⁰LELLLRKMIE²⁰I EKQEKEKQQ³⁰AANNRLYLDT⁴⁰Ia, ein 41 AS-Peptid mit N-terminalem Pyroglutaminsäurerest aus der Haut von *Phyllomedusa sauvagi* mit großer struktureller Ähnlichkeit zum ⌐ *Corticoliberin* und ⌐ *Urotensin I*.

Saxitoxin, ein neuromuskulärer Blocker, der durch Blockierung der Natriumporen in postsynaptischen Membranen die Nervenübertragung verhindert. S. (Abb.) wird von Dinoflagellaten der Gattung *Gonyaulax* gebildet, welche in sog. roten Tiden (engl. *red tide*) vorkommen. S. reichert sich in Schalentieren an, die Dinoflagellaten aufnehmen. Der Verzehr saxitoxinhaltiger Meeresmuscheln (z. B. *Mytilus californianus*, *Saxidomus giganteus* oder Kammuscheln) führt zu Lähmungsvergiftungen (*Muschelvergiftung*, letale Dosis für den Menschen etwa 1 mg).

Saxitoxin

scab-Proteine, (scab, Abk. für engl. *single-chain antigen-binding*), rekombinante Konstrukte (M_r 26 kDa) aus jeweils einer variablen Region einer leichten und einer schweren Kette eines Antikörpers, die durch eine Verbindungspeptidkette (15–25 Aminosäurereste) verknüpft sind. Zur Gewährleistung der Antigen-Bindungsfähigkeit muss die Raumstruktur der variablen Region und der hypervariablen Region eines scab-Proteins praktisch mit der des zugrunde liegenden Immunglobulins übereinstimmen. Die Synthese von s. kann durch Expression rekombinanter Gene in *E. coli* erfolgen. Die s. haben Bedeutung bei der Tumordi-

agnose und -therapie, als Biosensoren, katalytische Antikörper u. a.

scale-up, (engl. „maßstäblich vergrößern“), die Maßstabsübertragung eines technologischen Prozesses hinsichtlich der Auslegung von Produktionseinrichtungen (Reaktoren, Filter, Zentrifugen, Betriebsweise) auf der Grundlage von Daten aus Labor- und Piloteinrichtungen. Der Maßstabsfaktor liegt im Allgemeinen zwischen 5 und 100. Eine Maßstabsübertragung im umgekehrten Sinne nennt man *scale-down*.

Scandenin, ⌐ *3-Aryl-4-hydroxycumarine*.

Scatchard-Diagramm, ⌐ *kinetische Datenauswertung*.

scavenger-Rezeptor, ein trimeres integrales Membran-Glycoprotein, das aus drei 77 kDa-Untereinheiten aufgebaut ist. Es befindet sich an der Zellmembran von Makrophagen und ermöglicht die Aufnahme von chemisch modifiziertem LDL (⌐ *Lipoproteine*), das vom LDL-Rezeptor praktisch nicht mehr erkannt wird.

SCF, Abk. für *stem cell factor*, ⌐ *Stammzellenfaktor*.

Schardingerdextrine, ⌐ *Dextrine*.

Schardinger-Enzym, ⌐ *Xanthin-Oxidase*.

Scheiesches Syndrom, Syn. für *Mucopolysaccharidose I_S*, ⌐ *Mucopolysaccharidosen*.

Schellack, ⌐ *Harze*.

Schemochrome, ⌐ *Strukturfarben*.

Schiffsche Basen, *Azomethine*, organische Verbindungen mit der allgemeinen Formel R_1-R_2-C=N–R_3, wobei R_3 einen aromatischen oder aliphatischen Substituenten darstellt. S. B. entstehen bei der Kondensation von Ketonen oder Aldehyden mit primären Aminen: R_1-R_2-C=O + H_2N-R_3 → R_1-R_2-C=N-R_3 + H_2O. So beruht z. B. die enzymatische Transaminierung (⌐ *Transaminasen*) auf der Ausbildung einer S. B. zwischen dem Coenzym ⌐ *Pyridoxalphosphat* und einer Aminosäure.

Schilddrüsenhormone, Verbindungen, die in der Schilddrüse (*Glandula thyreoidea*) gebildet, in Form des Glycoproteins *Thyreoglobulin* gespeichert und in freier Form in das Blut abgegeben werden. S. sind Derivate des *Thyronins* (Abb.): *Levothyroxin* (L-⌐ *Thyroxin*) und *Liothyronin* (T3, 3,3′,5-Triiod-L-thyronin). Levothyroxin (pK_S 6,7) ist erheblich stärker sauer als Liothyronin (pK_S 9,2). Levothyroxin liegt im Gegensatz zu Liothyronin im Serum weitgehend als Phenolat vor. Die S. fördern die geistige und körperliche Entwicklung, bewirken eine Steigerung des Energieumsatzes im Organismus, fördern die Proteinbiosynthese und beschleunigen den Abbau von Kohlenhydraten und Fetten. Die S. werden zur Substitutionstherapie bei Hypothyreosen und nach Exstirpation der Schilddrüse eingesetzt. Eine Unterfunktion der Schilddrüse, wie z. B. bei Myx-

$R^1, R^2, R^3, R^4 = H$: L-Thyronin
$R^1, R^2, R^3 = I; R^4 = H$: Liothyronin
$R^1, R^2, R^3, R^4 = I$: Levothyroxin

Schilddrüsenhormone

ödem, ist charakterisiert durch herabgesetzte Stoffwechselleistung und physische und psychische Trägheit. Eine angeborene Unterfunktion ruft das Krankheitsbild des Kretinismus hervor. Levothyroxin und Liothyronin zeigen qualitativ die gleichen Wirkungen. Diese setzen bei Liothyronin schneller ein und klingen schneller ab. Die Hauptmenge des Liothyronins wird aus Levothyroxin durch reduktive Deiodierung im Gewebe gebildet.

Schizophyceae, ↗ *Cyanobakterien*.

Schizotrin A, ein antimikrobielles Cyclopeptid aus einem Cyanobakterium. Das zyklische 11 AS-Peptid enthält als ungewöhnliche Bausteine Didehydroaminobuttersäure (Dhb), Homotyrosinylmethylether (Htm), D-Methylalanin, D-Glutamin sowie die langkettige β-Aminosäure 3-Amino-2,7,8-trihydroxy-10-methyl-5-oxyundecansäure (Aound). S. wurde aus dem Kulturfiltrat von *Schizotrix sp.* (TAU-Stamm IL-89-2) isoliert und zeigt antibakterielle und fungizide Wirkungen.

Δ-schlafinduzierendes Peptid, *DSIP*, H-Trp[1]-Ala-Gly-Gly-Asp[5]-Ala-Ser-Gly-Glu-OH (Kaninchen), ein 9 AS-Peptid, das erstmalig aus dem Dialysat des Bluts von Ratten isoliert wurde, die künstlich durch Elektrostimulation der Thalamusregion wach gehalten wurden. Obgleich es im Gehirn und anderen Geweben weit verbreitet ist, findet man es in den höchsten Konzentrationen im Thalamus und in der Epiphyse (Zirbeldrüse). Außerdem kommt DSIP in der Hypophyse (gemeinsam mit ↗ *Thyrotropin*), im Urin, in der Muttermilch u. a. vor. DSIP vermag die Blut-Hirn-Schranke zu passieren. Eine Infusion in das ventriculare System des Rattenhirns stimuliert die δ-Wellen des EEG, die für den natürlichen Schlaf charakteristisch sind. DSIP zeigt einen stimulierenden Effekt auf die Freisetzung von Somatotropin und inhibiert die Freisetzung von Somatostatin. Phosphorylierung von Ser[7] führt zu potenteren und länger wirkenden Produkten und stabilisiert das Peptid gegen enzymatischen Abbau. Die Anwendung erfolgt bei Schlafstörungen. DSIP zeigt analgetische und antidepressive Effekte bei

Patienten mit Migräne, vasomotorischen Kopfschmerzen, Tinitus u. a.

Schlafmittel, ↗ *Hypnotika*.

Schlaf-Peptide, ↗ *Conotoxine*.

Schlangengifte, das in den Giftdrüsen (Oberkieferspeicheldrüsen) von Giftschlangen (Giftnattern, z. B. Kobra, Seeschlangen; Ottern, z. B. Klapperschlangen und Kreuzottern) produzierte Gemisch von Schlangengifttoxinen, d. h. hochtoxischen, antigen wirksamen Polypeptiden und Proteinen (zur Lähmung und Tötung der Beutetiere), und Enzymen (zur Förderung der Giftausbreitung und zur Einleitung der Verdauung unzerteilt verschlungener Nahrung). Unter den Enzymen sind vor allem Hyaluronidase (fördert die Giftausbreitung), ATP-ase und Acetylcholin-Esterase (Lähmung), Phospholipasen (Hämolyse), Proteinasen und L-Aminosäure-Oxidasen (Gewebsnekrosen, Blutgerinnung) von Bedeutung.

Die wichtigsten S. sind die Cobramine A und B aus dem Kobratoxin der Brillenschlange sowie Crotactin und Crotamin aus dem Crotoxin der nordamerikanischen Klapperschlangen.

Nach ihrer Wirkung lassen sich die toxischen Proteine der S. in die Gruppe der Cardiotoxine, Neurotoxine und Proteaseinhibitoren mit Trypsin- und Chymotrypsinhibitorwirkung unterteilen. *Cardiotoxine* (Herzmuskelgifte) bewirken eine irreversible Depolarisierung speziell der Herzmuskel- und der Nervenzellmembranen. *Neurotoxine* (Nervengifte) haben curareähnliche Wirkung, indem sie die neuromuskuläre Übertragung durch Blockierung der Rezeptoren für Überträgersubstanzen an den Umschaltstellen, den *Synapsen*, von autonomen, d. h. dem Willen nicht gehorchenden, Nervenenden und an der motorischen Endplatte der Skelettmuskeln unterbrechen. Die *Protease-Inhibitoren* entfalten ihre toxische Wirkung durch Hemmung der bei der Erregungsleitung und -übertragung beteiligten Acetylcholin-Esterase und ähnlicher Enzyme.

Während die Cardiotoxine und die Protease-Inhibitoren aus 60 Aminosäuren (M_r 6,9 kDa) bestehen, lassen sich die am besten untersuchten Neurotoxine der Giftnattern in die Klasse der langkettigen (71–74 Aminosäuren; M_r 8 kDa) und in die der kurzkettigen (60–62 Aminosäuren; M_r 7 kDa) Toxine unterteilen. Trotz ihrer strukturellen und pathophysiologischen Unterschiede bestehen zwischen den Cardio- und Neurotoxinen der Giftnattern Sequenzhomologien. Die bis jetzt isolierten Neurotoxine der Ottern sind höhermolekular (z. B. Crotoxin der Klapperschlange M_r 30 kDa) und können sogar Untereinheitsstruktur aufweisen, wie Taipoxin, das giftigste Schlangengift, das zwei nichtidentische Ketten hat. Aufgrund des gehäuften Vorkommens von Disulfidbrücken (4 bei M_r 7 kDa, 5 bei M_r

8 kDa und 7 bei M_r 13,5 kDa) sind die Neurotoxine äußerst stabil. Die Einwirkung von 8 M Harnstofflösung während einer Dauer von 24 Stunden bei 25 °C oder das Erhitzen für 30 Minuten bei 100 °C wird ohne Aktivitätsverlust vertragen. Dagegen erfolgt eine schnelle Inaktivierung in stark alkalischem Milieu, wahrscheinlich durch Disulfidaustausch oder Desulfurierung. Außer den Disulfidgruppen ist ein Tryptophan- und ein Glutaminsäurerest für die Neurotoxinwirkung der Giftnatterntoxine notwendig. Den Toxinen der Giftnattern ähneln die der Skorpione (↗ *Skorpiongifte*).

Man schätzt die Zahl der jährlichen Todesfälle durch Schlangenbisse auf 30.000–40.000. Davon entfallen die meisten auf Asien, während in Europa etwa 50 registriert werden. Manche Tiere (Igel, *Ichneumon*) haben eine natürliche Immunität gegenüber S. Für die experimentelle Immunisierung gegen die Folgen von Schlangenbissen werden S. in großen Mengen zur Gewinnung spezifischer Heilseren (über periodische aktive Immunisierung von Pferden) herangezogen. Einige S. werden auch therapeutisch zur Behandlung von Neuralgien, rheumatischen Erkrankungen und Epilepsie genutzt.

Zur Gewinnung von S. lässt man in Schlangenfarmen die Tiere auf Glasschälchen beißen oder drückt auf die Giftdrüsen. Dabei werden Mengen zwischen 10 (Kreuzotter) und einigen hundert mg (asiatische Schlangen) S. gewonnen.

Schlüsselenzyme, an Schlüsselpositionen des Stoffwechsels wirkende Enzyme, die eine exponierte Funktion im Metabolismus einnehmen. Sie können, müssen aber nicht, gleichzeitig ↗ *Schrittmacherenzyme* sein. In vielen Fällen erfolgt eine Kontrolle auf der Transcriptions- oder Translationsebene. Beispiele für S. sind ↗ *Isocitrat-Dehydrogenase*, ↗ *Ribulose-1,5-diphosphat-Carboxylase*, ↗ *L-Phenylalanin-Ammoniak-Lyase*.

Schmelzpunkt, T_m, t_m, diejenige Temperatur – in °C – bei der eine doppelsträngige Nucleinsäure zu 50 % in die einzelsträngige Form denaturiert wird. Eine DNA-Lösung wird erhitzt und deren Absorption bei 260 nm in Abhängigkeit von der Temperatur aufgetragen. Der Übergang von doppel- zu einzelsträngiger DNA vollzieht sich in einem relativ engen Temperaturbereich und ist durch eine Absorptionszunahme bei 260 nm charakterisiert (das Schmelzen der DNA ist auch von einer markanten Viskositätsabnahme, Änderung der optischen Rotation und Dichtezunahme begleitet). T_m entspricht der Temperatur am Mittelpunkt (an der Hälfte der Absorptionszunahme bei 260 nm) der S-förmigen Kurve. Die Schärfe des Übergangs deutet auf eine kooperative Strukturänderung des gesamten Moleküls hin (T_m liegt oberhalb der Temperatur, die notwendig ist, die Stapelung der Basen aufzuheben und eine Einzelstranghelix zerstören,

was jedoch durch Wasserstoffbindungen zwischen den beiden Helices verhindert wird; eine Trennung der beiden Stränge erfolgt, wenn die Wasserstoffbindungen zwischen den Basenpaaren gebrochen sind). Im Gegensatz dazu zeigt einzelsträngige RNA über einen weiten Temperaturbereich nur eine allmähliche Absorptionszunahme und besitzt keinen T_m.

Unter Standardbedingungen für pH und Ionenstärke verhält sich T_m proportional zur Molekülstabilität. Da das Basenpaar Guanin-Cytosin (↗ *Basenpaarung*) drei Wasserstoffbindungen besitzt und Adenin-Thymin nur zwei Wasserstoffbindungen, besteht zwischen dem GC-Gehalt der DNA und ihrer T_m eine lineare Beziehung: T_m = 69 °C + 0,41 (Mol-% GC), d. h. je höher der Wasserstoffbindungsanteil ist, um so höher ist die Temperatur, die benötigt wird, um den Strang der Doppelhelix zu trennen.

Schmerzrezeptoren, Syn. für ↗ *Nozizeptoren*.

schnelle Flüssigchromatographie, Syn. für ↗ *Hochleistungsflüssigkeitschromatographie*.

Scholler-Tornesch-Verfahren, eine Methode der ↗ *Holzverzuckerung* im technischen Maßstab.

Schottenol, 5α-Stigma-7-en-3β-ol, ein verbreitetes Phytosterin (↗*Sterine*; M_r 414,72 Da, F. 151 °C). S. wurde z. B. aus dem Kaktus *Lophocereus schottii* isoliert. Das auf dieser Pflanze lebende Insekt *Drosophila pachea* benötigt S. als essenziellen Nahrungsbestandteil.

Schrittmacherenzyme, die ↗ *Schrittmacherreaktion* von anabolen und katabolen Stoffwechselwegen und -zyklen katalysierende Enzyme. Sie werden in der Regel für einen der ersten, praktisch irreversiblen, stark exergonen Schritte innerhalb enzymkatalysierter Reaktionsabläufe benötigt. Man findet S. also oft am Anfang oder an Verzweigungen, aber auch innerhalb von Stoffwechselwegen. Sie kontrollieren die Durchsatzgeschwindigkeiten der Metabolite und sind die entscheidenden Angriffspunkte der Stoffwechselregulation. S. sind verantwortlich für die Homöostase, andererseits bewirken sie aber auch Umsteuerungen im Stoffwechselgeschehen. Die S. sind sehr oft allosterische Enzyme (↗ *kooperative oligomere Enzyme*), manche auch gleichzeitig ↗ *Schlüsselenzyme*. Vertreter der S. sind beispielsweise ↗ *Phosphofructokinase*, Acetyl-CoA-Carboxylase (↗ *Fettsäurebiosynthese*), ↗ *Glucose-6-phosphat-Dehydrogenase*, Fructose-1,6-diphosphatase.

Schrittmacherreaktion, engl. *commited step*, die geschwindigkeitsbestimmende Einzelreaktion von Stoffwechselwegen und -zyklen, die die Gesamtgeschwindigkeit des Stoffdurchsatzes determiniert. Die entsprechenden Enzyme werden als ↗ *Schrittmacherenzyme* bezeichnet.

Schüttelkrankheit, Syn. für ↗ *Kuru-Krankheit*.

Schüttellähmung, Syn. für ↗ *Parkinsonsche Krankheit.*

Schutzenzyme, Enzyme, die durch von ihnen katalysierte Reaktionen toxische Intermediate unschädlich machen. Ein Prototyp der S. ist die ↗ *Superoxid-Dismutase.*

Schutzgruppen, Bezeichnung für organische Gruppierungen zum temporären, reversiblen Schutz bestimmter funktioneller Gruppen eines multifunktionellen Moleküls zur Gewährleistung gezielter Reaktionen an den ungeschützten Funktionen. Die Einführung und Abspaltung von S. muss möglichst unter milden Reaktionsbedingungen ohne Schädigung von Edukten und Produkt erfolgen. Die systematische Entwicklung von S. erfolgte zuerst bei der ↗ *Peptidsynthese,* gefolgt von ↗ *Gensynthese* und Synthese von Kohlenhydraten. Milde Bedingungen werden bei der enzymatischen Abspaltung von S. gewährleistet. Aufgrund der Regiospezifität von Enzymen kann bei enzymatischen Stoffwandlungen der Einsatz von S. minimiert werden. S. spielen auch eine große Rolle in der *kombinatorischen Chemie.*

Schwangerschaftshormone, ↗ *Progesteron.*

Schwebedichte, ↗ *Dichtegradientenzentrifugation.*

Schwefel, ↗ *Bioelemente.*

Schwefelatmung, eine Form der ↗ *anaeroben Atmung,* bei der elementarer Schwefel als Wasserstoffakzeptor für den anaeroben Elektronentransport verwendet und Schwefel zu Schwefelwasserstoff reduziert wird. Zur S. sind zahlreiche fakultativ und obligat anaerobe Bakterien (z. B. *Desulfuromonas acetoxidans*), insbesondere thermophile Mikroorganismen (u. a. *Thermoproteus tenax, T. neutrophilus*), befähigt.

Schwefelkreislauf, die Umsetzungen des Schwefels in der Natur. Schwefel unterliegt in lebenden Organismen verschiedenen Oxidations- und Reduktionsreaktionen. In den Zellen liegt Schwefel insbesondere als Mercaptogruppe in Form schwefelhaltiger Aminosäuren (Cystein, Methionin) vor. Unter anaeroben Bedingungen (Fäulnis) werden die Mercaptogruppen durch mikrobielle Desulfurasen als H_2S (S^{2-}) abgespalten. Die Bildung von H_2S im Verlaufe der Remineralisation wird als Desulfuration bezeichnet (↗ *Desulfurikation*). Unter aeroben Bedingungen kann entweder nichtbiologisch eine Oxidation zu elementarem Schwefel oder durch Schwefel oxidierende Bakterien zu Sulfat erfolgen. Die Synthese Schwefel-haltiger Aminosäuren erfolgt bei Pflanzen und Mikroorganismen durch assimilatorische ↗ *Sulfatreduktion.* Tiere sind auf die Aufnahme reduzierter Schwefelverbindungen mit der Nahrung angewiesen.

Schwefelstoffwechsel, der Umsatz schwefelhaltiger Verbindungen im lebenden Organismus. Schwefel wird in verschiedener Form von allen Lebewesen zum Aufbau von Biomolekülen benötigt. Viele Mikroorganismen können anorganische Schwefelverbindungen, wie Sulfid, Sulfit, Sulfat und Thiosulfat, oder in einigen Fällen auch elementaren Schwefel assimilieren. Pflanzen assimilieren anorganische Sulfate (↗ *Sulfatassimilation*), können aber auch Schwefeldioxid SO_2 in einem gewissen Umfang aus der Atmosphäre aufnehmen und in Cystein und Methionin ihrer Proteine einbauen. Allerdings kann der Schwefelbedarf damit nicht gedeckt werden, da es bei höheren Konzentrationen an Schwefeldioxid in der Luft zu Rauchschäden kommt, wie sie häufig in der Nähe von chemischen Industriebetrieben an Wäldern auftreten. Schwefeldioxid wird im Blatt zu Sulfat oxidiert, der Form, unter der Schwefel durch Pflanzen assimiliert und im Pflanzenkörper transportiert wird. Sulfat wird aus dem Boden aufgenommen, reduziert (↗ *Sulfatreduktion*) und assimiliert. Anorganische Sulfate, die in den meisten Böden als Gips ($CaSO_4 \cdot 2\,H_2O$) und Anhydrit ($CaSO_4$) vorkommen, sind die Hauptquelle für die Schwefelernährung der meisten

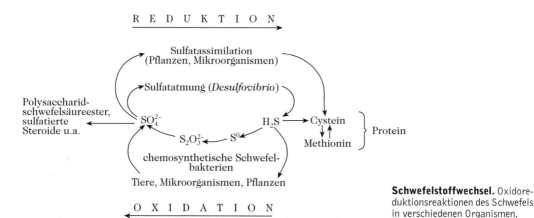

Schwefelstoffwechsel. Oxidoreduktionsreaktionen des Schwefels in verschiedenen Organismen.

Pflanzen. Sulfide des Bodens, wie die Eisensulfide FeS und FeS_2 (Pyrit), können durch rein chemische Prozesse zu elementarem Schwefel oxidiert werden, der von Schwefelbakterien weiter zu Sulfat umgesetzt wird. Farblose Schwefelbakterien (wie *Beggiatoa, Thiobacillus, Thiothrix*) oxidieren reduzierten Schwefel im Endeffekt zu Sulfat und spielen deshalb im *Schwefelkreislauf* der Biosphäre (Abb.) eine wichtige Rolle. Die Reduktion von Sulfat ist ein Spezifikum von Mikroorganismen (↗ *Sulfatatmung*) und Pflanzen, die mithin anorganischen S. aufweisen, im Unterschied zum Tier, das auf organische Schwefelverbindungen in der Nahrung angewiesen ist. L-Cystein und L-Methionin sind proteinogene Aminosäuren und Träger des Proteinschwefels. Cystein kann im Tier auch aus dem Methionin der Nahrung synthetisiert werden. Methionin wird durch Pflanze und Tier aus Cystein nach demselben Mechanismus aufgebaut (↗ *L-Methionin*). Auch einige Coenzyme sind schwefelhaltig.

Sulfatatmung und Sulfatassimilation setzen die Aktivierung des Sulfats (↗ *3'-Phosphoadenosin-5'-phosphosulfat*) voraus, zu der auch der tierische Organismus befähigt ist (↗ *Sulfotransferase*). Oxidierte organische Schwefelverbindungen sind zumeist Zwischenprodukte oder Endprodukte des Abbaus von L-Cystein oder sekundäre Schwefelverbindungen.

Schwefelverbindungen, Verbindungen, die Schwefel (S) im Molekül in oxidierter oder reduzierter Form, seltener in beiden Formen enthalten. Die biochemisch wichtigsten Schwefelverbindungen sind: die *S*-Aminosäuren (↗ *L-Cystein* und ↗ *L-Methionin*) die Vitamine ↗ *Biotin* (Thiophanring) und ↗ *Thiamin* (Thiazolring), die Sulfatide (komplexe Lipide des Nervensystems, ↗ *Glycolipide*), Thiolpeptide (↗ *Glutathion*) sowie die Peptidhormone (↗ *Vasopressin*, ↗ *Oxytocin* und ↗ *Insulin*). **Schwefelzyklus,** ↗ *Schwefelkreislauf*.

Schwermetalle, alle Metalle, deren Dichte größer als 5 ist. In lebenden Organismen kommen sie gewöhnlich in stabilen organischen Komplexen vor. Ihre biologischen Funktionen sind in Tab. 1 und ihre chemischen Liganden in Tab. 2 aufgelistet. ↗ *Eisen* ist in besonders vielen Biomolekülen vorhanden. Vanadin ist für einige Tunikaten (eine Gruppe mariner, mit den Vertebraten verwandter Tiere) und niedere Pflanzen essenziell. Es wird von einigen Tunikatenarten, insbesondere den *Ascidiidae* und den *Perophoridae* (*Phlebobranchia*) akkumuliert und kommt hauptsächlich in den Vakuolen bestimmter Blutzelltypen, den sog. Vanadocyten oder Morulazellen, vor. Die Vanadocyten von *Ascidia ceratodes* enthalten ungefähr 1,2 M V(III), eine Konzentration, die um den Faktor 10^7 größer ist als im Meereswasser. Der Mechanismus dieses hochselektiven Anreicherungsprozesses ist unbekannt.

Schwermetalle. Tab. 1. Schwermetallionen in Biomolekülen.

Schwermetallion	Biomolekül	biologische Bedeutung
Eisen	• Hämoglobine, Cytochrome	• O_2-Transport, Elektronentransport
	• Flavinenzyme (Metalloflavinenzyme), wie die Xanthin-Oxidase	• Oxidation, Dehydrierung bzw. Reduktion
	• Schwefel-Eisen-Proteine, wie Ferredoxin, die Komplexe der Atmungskette	• Elektronenübertragung
	• Nitrogenase	• Reduktion von N_2 zu Ammoniak
	• Ferritin, Conalbumin, Transferrin (Siderophilin)	• Fe-Speicherung, Fe-Transport
	• Siderochrome, Mycobactin, Enterobactin	• Fe-Transport in Mikroorganismen
Cobalt	• Vitamin B_{12} und seine Coenzymformen	• Reduktion (Methioninsynthese) u. Methylgruppenübertragung, Isomerisierungen
Kupfer	• Lactase, Cytochrom-Oxidase	• Oxidation
	• Cupreine, Ceruloplasmin	• Speicherung und Transport von Kupfer
Mangan	• Arginase	• Argininhydrolyse, Harnstoff-Zyklus
	• Decarboxylasen und andere Enzyme	• CO_2-Abspaltung u. a.
Molybdän	• Nitrogenase	• Bindung und Aktivierung des molekularen Stickstoffs (die Reduktion benötigt Eisen)
	• Nitrat-Reduktase	• Nitratreduktion
	• Xanthin-Oxidase	• Purinoxidation u. a.
Zink	• Carboanhydrase, Peptidasen, Phosphatasen, Pyridinnucleotidenzyme und andere Proteine	• Zn hat funktionelle Bedeutung bei der Substratbindung (z. B. für die Hydridübertragung in ternären Komplexen bei Pyridinnucleotidenzymen) und für die Proteinstruktur (z. B. in der Alkohol-Dehydrogenase)
	• Insulin	• Aggregation des Polypeptids

Schwermetalle. Tab. 2. Liganden von Schwermetallionen in Biomolekülen.

Schwermetallion	Liganden	Beispiel
Eisen	Porphyrin, Imidazol S H$^-$ Phenolat	Myoglobin Ferredoxin Transferrin
Cobalt	Corrin, Benzimidazol	Vitamin B$_{12}$ und Derivate
Kupfer	N-Basen	Cupreine
Mangan	Carboxylat, Phosphat, Imidazol	Glycolyse- und Proteolyseenzyme
Vanadin	Liganden noch nicht identifiziert	Vanadinproteine der *Tunicata*
Zink	Imidazol (His), Carboxylgruppen (Glu) R-S$^-$ Imidazol (His)	Carboxypeptidasen Dehydrogenasen Carboanhydrase

Bestimmte S., z. B. Blei, Quecksilber, Cadmium und Kupfer sind toxisch (↗ *Blei*). Die Toxizität dieser Metalle beruht gewöhnlich darauf, dass sie irreversibel mit freien SH-Gruppen von Proteinen reagieren.

schweres Wasser, ↗ *Wasser*.

Scillabiose, Kohlenhydratrest von Scillaren A (↗ *Scillaglycoside*), das Disaccharid 6-Desoxy-4-O-β-D-glucopyranosyl-L-mannose.

Scillaglycoside, ↗ *herzwirksame Glycoside*, die in der Meerzwiebel enthalten sind, deren Stammpflanze *Urginea maritima* ist. Man unterscheidet die weiße und die rote Varietät. Arzneilich wird die weiße Varietät verwendet bzw. verarbeitet. Hauptwirkstoff ist *Scillaren A* (0,06 %; Abb.), das durch enzymatische Abspaltung von Glucose aus *Glucoscillaren A* (Abb.) gebildet wird. Durch weitere Abspaltung eines Glucoserestes entsteht *Proscillaridin A* (Abb.) das Scillarenin-3-α-L-rhamnosid. Scillarenin gehört zur Bufadienolidreihe und ist das Aglycon dieser Verbindungen. Für Proscillaridin A beträgt die Resorptionsquote etwa 30 % und die Abklingquote etwa 50 %. Hauptinhaltsstoff der roten Varietät ist *Scillirosid*, das 3-β-D-Glucosid des Aglycons Scillirosidin. Die rote Meerzwiebel kann als Rattenvertilgungsmittel verwendet werden, da

Scillirosid eine stark toxische Wirkung auf das Zentralnervensystem der Tiere ausübt.

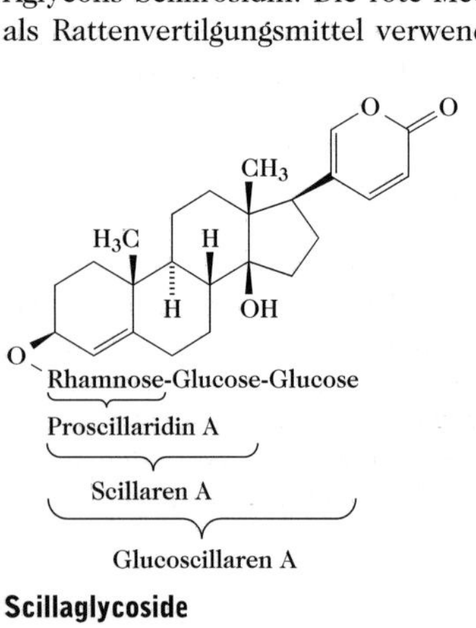

Scillaren A, Hauptwirkstoff der ↗ *Scillaglycoside*.

Scillirosid, ↗ *Scillaglycoside*.

Scleroglucan, ein von Mikroorganismen (z. B. *Sclerotium glucanicum*) gebildetes neutrales Exopolysaccharid (β-1,3; β-1,6-D-Glucan). S. wird nach Wachstum auf verschiedenen Kohlenhydraten (z. B. Glucose, Saccharose) in Ausbeuten um 10 g/l gebildet. Ähnlich wie andere Exopolysaccharide ist es potenziell für einen Einsatz insbesondere in der pharmazeutischen Industrie geeignet.

Scleroproteine, ↗ *Faserproteine*.

Scopolamin, α-(Hydroxymethyl)benzolessigsäure-9-methyl-3-oxa-9-azatricyclo[3.3.1.02,4]non-7-yl-ester, 6β,7β-Epoxy-3α-tropanyl-S-(–)-tropat, ein Tropanalkaloid (M_r 303,36 Da), aus Mitgliedern der *Solanaceae*, insbesondere *Datura metel* L. und *Scopola carniolica* Jacq. L-S. (Hyoscin), eine viskose Flüssigkeit, $[\alpha]_D^{20}$ −28° (Wasser), −18° (Ethanol), ist in Wasser bei 15 °C löslich, bildet kristalline Monohydrate (F. 59 °C). DL-S. (Atroscin) bildet ein effloreszierendes Hydrat (F. 55–57 °C oder F. 82–83 °C). Neben Hyoscyamin ist S. das wichtigste Tropan-Alkaloid. Es hat ähnliche Wirkungen wie dieses, jedoch ist der periphere Effekt abgeschwächt. S. ist ein hoch giftiges, anticholinerges Mittel. Aufgrund seiner lähmenden Wirkung diente das Hydrobromid zur Beruhigung von Geisteskranken, zur Narkosevorbereitung sowie als Mittel gegen Luft- und Seekrankheit. Formel und Biosynthese ↗ *Tropan-Alkaloide*.

Scopoletin, ↗ *Cumarin*.

Scorpamin, ↗ *Skorpiongifte*.

SCP, Abk. für engl. *single cell protein*, ↗ *Einzellerprotein*.

Scrapie, eine degenerative Hirnkrankheit, ↗ *Prionen*.

screening, (engl. *to screen* „(aus)sieben"), die Bezeichnung für ein systematisches Durchtesten von Mikroorganismen, pflanzlichen oder tierischen

Zellen und Zelllinien in speziellen Testverfahren zum qualitativen oder quantitativen Nachweis spezifischer Leistungen der Zellen mit dem Ziel der Auffindung und Isolierung entsprechender Stämme oder Produkte (z. B. neue Substanzklassen). Effektive S.-Verfahren müssen einen möglichst hohen Durchsatz bei minimalem Aufwand gewährleisten und daher einer weitgehenden Automatisierung zugänglich sein. In der ↗ *rekombinanten DNA-Technik* werden S.-Verfahren zum Auffinden von DNA-Klonen aus einer Genbank genutzt.

scRNA, Abk. für engl. *small cytoplasmic RNA*, kleine im Cytoplasma lokalisierte Ribonucleinsäurearten, die in scRNP-Partikeln organisiert sind. ↗ *Ribonucleoproteinpartikel.*

scRNP, *scurp*, Abk. für engl. *small cytoplasmic RNP*, aus scRNA und Proteinen bestehende, kleine im Cytoplasma lokalisierte ↗ *Ribonucleoproteinpartikel.*

scurps, Syn. für ↗ *scRNP*, abgeleitet von der englischen Aussprache der Abkürzung.

Scyllit, ↗ *Inositole.*

Scymnol, ↗ *Gallenalkohole.*

SD 8339, ↗ *Cytokinine.*

SDS, Abk. für engl. *sodium dodecyl sulfate*, ↗ *Natriumdodecylsulfat*, wird beispielsweise bei der ↗ *SDS-Polyacrylamidgelelektrophorese* als Detergens zugesetzt.

SDS-PAGE, Abk. für ↗ *SDS-Polyacrylamid-Gelelektrophorese.*

SDS-Polyacrylamid-Gelelektrophorese, *SDS-PAGE*, ein Verfahren der ↗ *Elektrophorese*, bei dem Proteine – aber auch Nucleinsäuren – in Gegenwart von Natriumdodecylsulfat (SDS) in Polyacrylamid-Gelen getrennt werden. SDS bewirkt eine Dissoziation oligomerer Proteine in ihre Untereinheiten. Beim Vorliegen von Disulfidbrückenbindungen zwischen den Monomeren ist noch ein Zusatz eines reduzierenden Agens (z. B. Mercaptoethanol) erforderlich. Die Polypeptidketten binden SDS und werden durch die Sulfonsäure-Gruppen des SDS stark negativ geladen, wodurch zugleich die normalerweise vorhandenen Ladungen überdeckt werden. Die Assoziate verhalten sich im elektrischen Feld unabhängig von der Aminosäurezusammensetzung und dem ↗ *isoelektrischen Punkt* der Proteine. Im Molmassebereich von ca. 10–80 kDa ist die Beweglichkeit der Proteine in der SDS-PAGE eine lineare Funktion der Logarithmen ihrer Molmassen. Durch Vergleich der elektrophoretischen Mobilität von Proteinen bekannter Größe (Eichproteine) kann so die Molmasse unbekannter Proteine/Untereinheiten bestimmt werden (Eichkurve).

Im diskontinuierlichen System (↗ *Diskelektrophorese*) werden die Proteine zuerst in einem Sammelgel konzentriert und gelangen anschließend als sehr schmale Banden in das Trenngel.

Se, Elementsymbol für ↗ *Selen.*

Sec, Abk. für ↗ *Selenocystein.*

Secalonsäure, Syn. für ↗ *Ergochrome.*

Secoiridoide, ↗ *Iridoide.*

second messenger, engl. für ↗ *sekundäre Botenstoffe.* ↗ *Hormone.*

Secosteroide, ↗ *Steroide.*

Secretasen, an der Prozessierung des Amyloid-Vorläufer-Proteins beteiligte Proteasen (↗ *Amyloidprotein*).

Secretin, H-His^1-Ser-Asp-Gly-Thr^5-Phe-Thr-Ser-Glu-Leu^{10}-Ser-Arg-Leu-Arg-Asp^{15}-Ser-Ala-Arg-Leu-Gln^{20}-Arg-Leu-Leu-Gln-Gly^{25}-Leu-Val-NH$_2$, ein in der Schleimhaut des Zwölffingerdarms (Duodenum) und des oberen Dünndarms (Jejunum) gebildetes 27 AS-Peptidamid. Daneben wurde S. auch im Hypothalamus, in der Hypophyse u. a. gefunden. Im Dünndarm bewirkt die aus dem Magen stammende Salzsäure eine pH-Erniedrigung auf < 4 und dadurch eine Ausschüttung von S. in den Blutstrom. Das dadurch im Pankreas gebildete NaHCO$_3$-haltige wässrige Sekret neutralisiert die in den Dünndarm gelangte Salzsäure. Durch ↗ *Somatostatin* wird die Freisetzung des S. gehemmt und die Pankreassekretion reduziert. Im Fettgewebe zeigt S. lipolytische und glycolytische Wirkungen. Es beeinflusst auch den Plasmaspiegel von Insulin und Glucagon. In den Zielzellen wird die Wirkung über die Adenylat-Cyclase vermittelt. Die Aktivität von S. wird in der Regel in klinischen Einheiten (KE bzw. CU für engl. *clinical units*) angegeben, die am Hund bestimmt werden. 1 mg S. hat etwa 4.000–5.000 CU. Der physiologische S.-Spiegel beträgt etwa 20 pg/ml. Aufgrund der Sequenzhomologie gehört das Gewebshormon S. der ↗ *Glucagon-Secretin-VIP-Familie* an. Zur Gallenblasen- und Pankreas-Funktionsprüfung steht hoch reines synthetisches S. zur Verfügung. Zur Untersuchung der Pankreasfunktion und der Diagnose des Zollinger-Ellison-Syndroms wird S. (Sekretolin) in Dosen zwischen 75–100 CU parenteral appliziert. Im Gegensatz zu gesunden Probanden reagieren Patienten mit Zollinger-Ellison-Syndrom (gastrinproduzierender Tumor) auf diagnostische S.-Dosen mit einem erhöhten Plasmaspiegel an Gastrin und GIP.

Secretogranine, zur Familie der ↗ *Granine* gehörende Polypeptide.

Sedamin, ein ↗ *Sedum-Alkaloid.*

Sedimentationskoeffizient, *Sedimentationskonstante, s*, eine charakteristische Größe, die zur Bestimmung der Molmassen (M_r) von Makromolekülen mittels Ultrazentrifugation herangezogen wird. Der S. gibt die Geschwindigkeit eines Teilchens im Einheitsfeld der Erdbeschleunigung an, wobei gilt:

$$s = \frac{dx/dt}{\omega^2 \cdot x} \cdot \frac{dx}{dt}$$

Dabei bedeutet ω die Winkelgeschwindigkeit, x den Abstand von der Rotationsachse, t die Zeit. Der S. hat die Dimension einer Zeit, liegt gewöhnlich zwischen 1×10^{-13} und 200×10^{-13} und wird in *Svedberg-Einheiten* S $(1\,S = 10^{-13}\,s)$ angegeben. Zur Bestimmung wird die Sedimentation in der Messzelle mittels Schlierenoptik (Philpot-Svensson-Methode) oder UV-Absorption verfolgt. Idealerweise werden S. bei eine Reihe unterschiedlicher Makromolekülkonzentrationen bestimmt und die s-Werte auf die Konzentration Null extrapoliert, bei der der Aktivitätskoeffizient eins wird. Zusätzlich werden die S. bezüglich der Lösungsmittelviskosität auf einen Standardzustand normiert, der für Wasser bei 20 °C liegt. Daraus ergibt sich der *Standardsedimentationskoeffizient* oder der S_{20w}^{0}-Wert. Dieser liegt für die meisten Proteine und Nucleinsäuren zwischen 4 und 40 S, für Ribosomen und deren Untereinheiten zwischen 30 und 80 S, für Polyribosomen bei > 100 S.

Sedimentationskonstante, Syn. für ↗ *Sedimentationskoeffizient*.

D-Sedoheptulose, *D-Altro-2-heptulose*, ein in Fetthennearten (*Sedum*) vorkommendes Monosaccharid (Abb.); M_r 210,19 Da, F. (Monohydrat) 102 °C. Das 7-Phosphat der S. tritt als Intermediärprodukt im Kohlenhydratstoffwechsel (↗ *Pentosephosphat-Zyklus*) auf. Aus Sedoheptulose-7-phosphat entsteht mit Hilfe von Aldolase D-Erythrose-4-Phosphat, eine Vorstufe in der ↗ *Aromatenbiosynthese*.

$$\begin{array}{c} CH_2OH \\ | \\ CO \\ | \\ HO-C-H \\ | \\ H-C-OH \\ | \\ H-C-OH \\ | \\ H-C-OH \\ | \\ CH_2OH \end{array} \quad \textbf{D-Sedoheptulose}$$

Sedum-Alkaloide, eine Gruppe von Piperidin-Alkaloiden, die aus Mauerpfeffer-(*Sedum-*)Arten isoliert worden sind. Die S. sind 2- oder 2,6-substituierte Piperidinderivate, die den monozyklischen Punica- und Lobelia-Alkaloiden in Struktur und Biosynthese ähneln. Hauptalkaloid ist *Sedamin*, das *N*-Methyl-2-(β-hydroxy-β-phenylethyl)-piperidin. M_r 219 Da; L-Form: F. 61–62 °C, $[\alpha]_D$ −82° (Methanol).

Seglitid, ein zyklisches 6 AS-Peptid, das als potenter Agonist des ↗ *Somatostatins* wirkt.

segmentiertes Genom, ↗ *mehrteilige Viren*.

Sehgelb, ↗ *Sehvorgang*.

Sehpurpur, Syn. für ↗ *Rhodopsin*.

Sehvorgang, der Prozess, bei dem Licht in einer photoreceptiven Zelle einen Nervenimpuls indu-

ziert. Das Licht wird durch ein Sehpigment – ein Chromoprotein, das aus einem Apoprotein (*Opsin*) und dem Chromophor 11-*cis*-Retinal (*Neoretinal* b) besteht – absorbiert. Die Aldehydgruppe des 11-*cis*-Retinals bildet mit der ε-Aminogruppe eines spezifischen Lysinrests von Opsin eine ↗ *Schiffsche Base*. In der Retina von Vertebraten kommen zwei Photorezeptorklassen vor, die Stäbchen und die Zapfen. Die Stäbchen, die für das Schwarz-Weiß-Sehen bei geringer Lichtintensität verantwortlich sind, besitzen ein äußeres Segment, in dem abgeflachte Membranscheiben stapelförmig angeordnet ist. Diese enthalten ebenso wie die Plasmamembran ↗ *Rhodopsin* (das *Sehpurpur*). Das Farbensehen in den Zapfen wird durch eng miteinander verwandte Opsine vermittelt. Im normalen menschlichen Auge sind drei Opsine vorhanden, deren Absorptionsmaxima bei 430 nm, 540 nm und 575 nm liegen. Alle drei Pigmente (Iodopsine) enthalten 11-*cis*-Retinal. Andere Vertebraten besitzen unterschiedlich viele Opsine, die sich in ihrer Empfindlichkeit voneinander unterscheiden. Die Stäbchen und Zapfen enthalten immer nur einen Opsintyp. Die Aminosäuresequenzen der humanen Farbpigmente wurden mit Hilfe molekulargenetischer Methoden bestimmt. [J. Nathans et al. *Science* **232** (1986) 193–202; ibid 203–210]

Während des ersten Schritts der Anregung durch Licht isomerisiert 11-*cis*-Retinal des Opsins zu all-*trans*-Retinal. Da all-*trans*-Retinal nicht an die Bindungsstelle von 11-*cis*-Retinal passt, wird das Opsinmolekül instabil und durchläuft eine Reihe von Konformationsänderungen, an die sich die Hydrolyse der Schiffschen-Basen-Bindung zwischen all-*trans*-Retinal und Opsin anschließt (Abb.). Die weiteren Schritte des Prozesses sind mit einiger Sicherheit nur für die Zapfenzellen bekannt, in denen das Rhodopsin zu Metarhodopsin I ausgebleicht wird. Metarhodopsin I tritt ungefähr 10^{-5} sec und

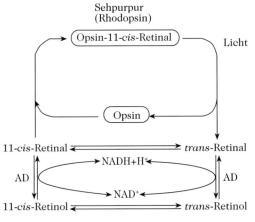

Sehvorgang. Bildung des Sehpurpurs während des Sehvorgangs. AD = Alkohol-Dehydrogenase.

Metarhodopsin II 10^{-3} sec nach der Belichtung von Rhodopsin auf. Auf diese Weise wird rotes Rhodopsin ausgebleicht, wobei das gebildete Gemisch aus Opsin und all-*trans*-Retinal gelb gefärbt ist (wurde früher „*Sehgelb*" genannt). Ausgebleichtes Rhodopsin diffundiert frei innerhalb der Membran, wo es mit einem G-Protein (↗ *Transducin*) in Wechselwirkung tritt. Transducin besteht aus drei Untereinheiten, von denen eine (α) ein GDP-Molekül trägt. Aktiviertes Rhodopsin bindet an Transducin, dessen α-Untereinheit dann das GDP gegen ein GTP austauscht. Anschließend dissoziiert der gesamte Rhodopsin-Transducin-GTP-Komplex. Das Rhodopsin ist weiterhin katalytisch aktiv und tritt mit weiteren Transducin-Molekülen in Wechselwirkung (ungefähr 100 in 0,5 sec). Die α-Transducin-Untereinheit und das GTP bleiben miteinander assoziiert und binden an ein Molekül cGMP-Phosphodiesterase (PDE), wobei der „G(α)-GTP-PDE-Komplex" entsteht. Die anschließende Hydrolyse von cGMP wird innerhalb von Millisekunden nach Belichtungsbeginn beobachtet.

Membrankanäle in den Zapfenzellen erlauben ein konstantes Einfließen von Na^+-Ionen. Die Lichtabsorption durch Rhodopsin unterbricht diesen Fluss, wodurch in der Zellmembran ein Spannungsimpuls erzeugt wird. An diesem Vorgang sind sowohl Ca^{2+} als auch cGMP beteiligt. Durch lichtinduzierte cGMP-Hydrolyse werden die Kanäle geschlossen. Aus Experimenten ist bekannt, dass cGMP das Vermögen von Ca^{2+} oder Co^{2+}, Na^+-Kanäle zu blockieren, vermindert und ihr Vermögen, die Membran durchlässig zu machen, erhöht. Außerdem ist bekannt, dass einige äußere Zapfenproteine im Dunkeln durch eine zyklische-Nucleotid-abhängige Kinase phosphoryliert werden, und dass diese Phosphorylierung im Licht rückgängig gemacht wird. Ein Photon bewirkt, dass 100–300 Na^+-Kanäle geschlossen werden.

Während der Regenerierung des Sehapparats wird der G(α)-GTP-PDE-Komplex durch spontane GTP-Spaltung inaktiviert. Aktiviertes Rhodopsin dient als Substrat einer Kinase, die eine Inaktivierung herbeiführt. Diese Kinase wird durch cGMP gehemmt, so dass die Menge an aktiviertem Rhodopsin der Gegenstand einer Rückkopplungssteuerung sein könnte. Das *trans*-Retinal kann enweder direkt zu 11-*cis*-Retinal isomerisiert werden, das sich wieder mit Opsin verbindet und Rhodopsin bildet. Oder es kann durch eine NADPH-abhängige Dehydrogenase zuerst zu Retinol reduziert werden, das anschließend isomerisiert und zu 11-*cis*-Retinal rückoxidiert wird (Abb.). Ein Teil des Retinals geht den Retinazellen kontinuierlich verloren, so dass die Fortführung des Sehzyklus von einem kontinuierlichen Ersatz auf dem Blutweg abhängt.

Land- und Seetiere besitzen Rhodopsin. Bestimmte Süßwasserfische und einige Amphibien haben stattdessen das Pigment *Porphyropsin*. Die Funktion des Porphyropsins entspricht der des Rhodopsins. Es enthält an Stelle von Retinal 3-Hydroretinal. Cyanopsin (Dehydroretinal + Opsin vom Zapfentyp) wird in der Retina der meisten Süßwasserfische vorgefunden.

Seidenfibroin, das wichtigste β-Keratin (↗ *Keratine*) mit dem dominierenden Gly-Ser-Gly-Ala-Gly-Ala-Sequenzmotiv (M_r 365 kDa). Wasserstoffbrücken stabilisieren benachbarte Ketten zur β-↗ *Faltblattstruktur*, und durch Zusammenlagerung resultieren räumlich ausgedehnte komplexe Proteinstrukturen, die durch ↗ *Sericin* stabilisiert werden. Die resultierende Struktur gewährleistet die geringe Dehnbarkeit und große Geschmeidigkeit der Seidenfasern.

Sekretproteine, Proteine, die intrazellulär oft in speziellen Sekretionsorganen (wie Verdauungsdrüsen) synthetisiert und anschließend sezerniert werden. S., die als Enzyme fungieren, werden als *Sekretenzyme* bezeichnet. In Zellen, die an der Synthese von S. beteiligt sind, ist das raue endoplasmatische Reticulum (RER) stark entwickelt. Allgemein gilt, dass Proteine, die in der Zelle verbleiben, auf Polysomen synthetisiert werden, die nicht mit Membranen verknüpft sind, während S. auf Polysomen synthetisiert werden, die mit dem endoplasmatischen Reticulum verbunden sind. Im Verlauf der Synthese auf dem RER gehen die S. durch die reticulare Membran in das Lumen über. Anschließend wandern sie zum Golgi-Apparat, wo sie zu sekretorischen Granula zusammengefasst werden, die die Zelle durch *Exocytose* verlassen. In manchen Zellen (z. B. Hepatocyten) kann das glatte endoplasmatische Reticulum (engl. *smooth endoplasmic reticulum*, SER) in der Überführung der S. vom Lumen zum Golgi-Apparat eingebunden sein. Die Synthese und die Sekretion in das Lumen des RER hängt von einer Signalsequenz (↗ *Signalhypothese*) ab. Mit der intrazellulären Produktion von S. stehen noch andere Modifizierungen, wie z. B. die Glycosylierung (↗ *Posttranslationsmodifizierung*) im Zusammenhang (viele S. sind Glycoproteine). Die meisten proteolytischen S. werden zum Schutz ihrer Bildungsorgane vor Selbstauflösung (*Autolyse*) als inaktive Vorstufen (z. B. *Trypsinogen*) abgegeben. Die S. gelangen entweder auf den Blutweg (z. B. werden Serumalbumin, Serumcholin-Esterase und Blutgerinnungsenzyme in der Leber synthetisiert) oder durch Drüsenkanäle (z. B. Speichel- und Pankreas-Amylasen) zu ihrer Wirkungsstätte.

sekundäre Antikörper, ↗ *Anti-Antikörper*, ↗ *ABC-Technik*.

sekundäre Botenstoffe, engl. *second messenger*, chemische Substanzen, die nach Stimulierung

Membran-gebundener Rezeptoren einer Zelle durch Hormone oder andere erste Botenstoffe (engl. *first messenger*) als Signalstoffe wirken. S. B. beeinflussen über ↗ *GTP-bindende-Proteine* intrazelluläre Regulationsmechanismen. S. B. sind z. B. ↗ *Cyclonucleotide* (z. B. cAMP, cGMP), Calcium-Ionen und Inositol-1,4,5-triphosphat sowie Diacylglycerin.

Sekundärmetabolite, Substanzen, wie z. B. Pigmente, Alkaloide, Antibiotika, Terpene, usw., die nur in bestimmten Organismen, Organen, Geweben oder Zellen vorkommen und Produkte des ↗ *Sekundärstoffwechsels* sind. Sie unterscheiden sich von den Primärmetaboliten (Produkte des Grund- oder ↗ *Primärstoffwechsels*), die am Energiestoffwechsel, am Wachstum und an den Strukturen aller bzw. mindestens an einer großen Gruppe von Organismen beteiligt sind. Primärmetabolite sind z. B. Intermediate der Glycolyse und des Tricarbonsäure-Zyklus, Aminosäuren und deren biosynthetische Vorstufen, Proteine, Purin- sowie Pyrimidinbasen, Nucleoside, Nucleotide, Nucleinsäuren, Zucker, Polysaccharide, Fettsäuren, Triacylglycerine, u. a.

Viele S. haben keine offensichtliche biologische Funktion. Andere wiederum haben für das Leben der produzierenden Organismen eine grundlegende Bedeutung erlangt (z. B. Pflanzen- und Tierhormone, Tab. 1). Andere sind ökologisch wichtig, indem sie als Lockstoffe (Duft, Farbe), Antifraßmittel und toxische Abwehr- bzw. Angriffsubstanzen fungieren (z. B. die ↗ *Salamander-Alkaloide*, herzwirksame ↗ *Krötengifte* und physiologisch aktive Verbindungen, die von Insekten produziert werden, wie HCN, Ameisensäure, *p*-Kresol, *p*-Benzochinon).

Sekundärmetabolite. Tab. 1. Biologische Funktionen von Sekundärprodukten.

Funktion	Beispiele
• intrazelluläre Effektoren	Botenstoffe
• interzelluläre Effektoren	Pflanzen- und Tierhormone, neuroendokrine Transmitter
• Effektoren zwischen Organismen	Blutpigmente, Blütendüfte, Pheromone, Antibiotika, Insektizide, Phytoalexine, Toxine, Antifraßmittel, Sexuallockstoffe
• Faktoren zur Ausnutzung spezifischer ökologischer Situationen	Chelatbildner, z. B. Siderochrome
• Speicherung von Abfallprodukten des Primärstoffwechsels.	

Trotz der großen chemischen Vielfalt, werden die S. aus relativ wenigen Vorstufen, wie z. B. Acetat, Shikimat, Isopentenylpyrophosphat, usw., zusammengebaut (Tab. 2), welche gewöhnlich eine Schlüsselposition an einer Verzweigungsstelle des Primärstoffwechsels einnehmen. Die S. von Tieren werden nicht immer vom Organismus *de novo* synthetisiert, sondern können auch aus der Nahrung stammen. Das Schwalbenwurzgewächs *Asclepias curassavica* stellt innerhalb seines Gewebes verschiedene ↗ *herzwirksame Glycoside* (z. B. *Calotropin*) her, die zur Abwehr von Insektenfraß dienen. Diese Substanzen schmecken bitter und wirken toxisch, jedoch haben sich bestimmte Insekten, insbesondere die Raupe des Monarchfalters, an diese Substanzen angepasst und fressen die Pflanze. Die Glycoside sammeln sich während des Fressens an und gehen dann in die Gewebe des erwachsenen Falters über. Wenn ein Vogel diesen Falter frisst, rufen die bitteren Herzglycoside Erbrechen hervor. Danach meidet er diese Falter, die er an ihren typischen Flügelmustern erkennt. Nicht nur die Herzglycoside, sondern auch die Flügelfarbstoffe des Falters stellen S. dar. Darüber hinaus haben auch andere Falter, die diese Herzglycoside nicht enthalten, einen Schutz vor dem Angriff des Vogels erreicht, indem sie Flügelmuster und -färbungen entwickelten, die dem Monarchfalter ähneln (*Coevolution*). Auf diese Weise sind S. eng mit komplizierten ökologischen Wechselwirkungen verknüpft. In multizellulären Organismen werden die S. durch spezifische Organe, Gewebe oder Zellen produziert, die die geeigneten Enzyme enthalten. Gewöhnlich werden sie nur während bestimmter Entwicklungs- oder Differenzierungsstadien des Organismus bzw. der Zelle hergestellt.

Die meisten der bekannten S. werden von Pflanzen synthetisiert. Es wurden über 5.000 Pflanzenalkaloide identifiziert, im Vergleich zu 50 tierischen Alkaloiden. Der Unterschied hängt wahrscheinlich mit dem Ausscheidungsstoffwechsel zusammen. Tiere sind in der Lage, die End- und Nebenprodukte des Stoffwechsels aus ihrem Körper auszuscheiden, während Pflanzen die metabolische Stoffausscheidung anwenden, d. h. die Produkte in Vakuolen, Zellwänden und (lipophile Substanzen) in speziellen Ausscheidungszellen oder -räumen (etherische Ölzellen, Harznester, usw.) akkumulieren. Die Synthese- und Anreicherungsorte sind oft voneinander verschieden. Bei Tieren werden die S. gewönlich in speziellen Organen gespeichert (z. B. werden Salamander-Alkaloide und Krötengifte in Hautdrüsen gespeichert). Sie können aber auch in den Körperflüssigkeiten (z. B. befindet sich Cantharidin bei Insekten in der Lymphe) oder in Haaren und Haut (z. B. Melanine) vorhanden sein.

Sekundärmetabolite. Tab. 2. Beziehungen zwischen Primär- und Sekundärstoffwechsel.

Primärmetabolite	Sekundärmetabolite
Zucker	ungewöhnliche Zucker (Amino-, Desoxy- und Methylzucker sowie Zucker mit verzweigten Ketten); Reduktionsprodukte (Zuckeralkohole, Inositole, Streptidin); Oxidationsprodukte (Uronsäuren, Aldonsäuren, Zuckerdicarbonsäuren)
Acetat/Malonat	Fettsäurederivate (*n*-Alkane, Acetylenderivate); Polyketide (Anthracenderivate, Tetracycline, Griseofulvin, Phenolcarbonsäuren von Pilzen und Flechten, Pyridinderivate)
Isopentenylpyrophosphat	Hemiterpene (Isopren); Monoterpene (iridoide Bausteine etherischer Öle); Sesquiterpene (Bitterstoffe, Bausteine etherischer Öle); Diterpene (Bausteine von Harzen, Gibberellinen, Phytol); Triterpene (Squalen, Sterine, usw.); Tetraterpene (Carotinoide, Xanthophylle); Polyterpene (Kautschuk, Guttapercha)
Propionat	Methylfettsäuren; Makrolidantibiotika
Säuren des TCA- und Glyoxylat-Zyklus	Alkylcitronensäuren
Shikimatweg der Aromatenbiosynthese	Naphthochinone, Anthrachinone, Chinolin- und Chinazolinalkaloide, Phenazine
Aminosäuren	Amine, methylierte Aminosäuren, Betaine, cyanogene Glycoside, Senföle, Alkaloide, Glycinkonjugate, Glutamin und Ornithin, *S*-Alkylcysteinderivate, Dioxopiperazine, Peptide (Penicilline), Hydroxamsäuren
Phenylpropanaminosäuren	Zimtsäure, Cumarine, Lignin, Lignane, Flavanderivate, Stilbene, Phenolcarbonsäuren, Phenole, Bausteine der etherischen Öle
Porphyrine	Gallenfarbstoffe
Purine	methylierte Purine, Purinantibiotika, Pteridine, Benzopteridine, Pyrrolopyrimidine

Sekundärstoffwechsel, ein eigenständiger Bereich des Gesamtstoffwechsels, der in Ruhephasen oder unter Limitierung verstärkt wird. Der S. basiert auf einem genetischen Material, das wahrscheinlich durch Genduplikation aus dem des Grundstoffwechsels entstanden ist. Er knüpft häufig an den für das Zellwachstum und die Vermehrung essenziellen ↗ *Primärstoffwechsel* an.

Die ↗ *Sekundärmetabolite* werden ausgehend von Verbindungen des Grundstoffwechsels gebildet. Die meisten Reaktionen des S. werden durch spezifische Enzyme katalysiert. Sie ähneln den Enzymen des Grundstoffwechsels in vieler Hinsicht, d. h. sie katalysieren ähnliche Reaktionen, haben ähnliche Konstanten (z. B. hinsichtlich ihrer Affinität zu Substraten und Hemmstoffen) und zeigen ähnliche Regulationen. Enzyme, Vorstufen, Zwischen- und Endprodukte des S. sind kompartimentiert und werden innerhalb der Zellen kanalisiert, so dass die Enzyme des Primärstoffwechsels und S. aus unterschiedlichen Vorstufenpools gespeist werden können. Spontane, d. h. nicht Enzym-katalysierte Reaktionen spielen nur in wenigen Fällen, z. B. bei der Bildung spezieller hochmolekularer

Sekundärmetabolite, wie ↗ *Huminsäuren*, ↗ *Lignine* und ↗ *Melanine* sowie bei verschiedenen Ringschlüssen eine Rolle.

Die Funktion des S. kann einerseits in der metabolischen Ausscheidung von Stoffen gesehen werden, insbesondere solcher ohne bekannte Funktion, wie Pflanzenalkaloide und von Acetat abstammende Verbindungen (↗ *Polyketide*) bei Mikroorganismen. Andererseits kann es besonders für Mikroorganismen vorteilhafter sein, den Sekundärmetabolismus ablaufen zu lassen, um den Stoffwechsel mit einer niedrigen Rate aufrechtzuerhalten, als ihn nach Beendigung des Wachstums vollständig abzuschalten. Die von Bu'lock [H.B. Woodruff in *Biochemical Studies of Antimicrobial Drugs*, 16th *Symposium of the Society For General Microbiology* (1996) 22–46, Cambridge University Press] favorisierte Hypothese des unausgeglichenen Wachstums, nimmt an, dass die Mechanismen, die den Primärstoffwechsel regulieren, nicht ausreichen, um die Überproduktion einiger Verbindungen zu verhindern, wenn das ausgeglichene Wachstum beendet wird. Da diese Verbindungen für die Zelle toxisch sein können, lenkt der

Sekundärstoffwechsel die Synthese auf die Produktion von harmlosen Produkten um, die ausgeschieden werden. Gemäß dieser Theorie sollte der Sekundärmetabolismus die Langzeitlebensfähigkeit erhöhen. Es gibt einige Hinweise darauf, dass die Lebensfähigkeit des Mikroorganismus *Pseudomonas aeruginosa* reduziert wird, wenn er unter Bedingungen wächst, die den Sekundärmetabolismus verhindern.

Sekundärstruktur, vorrangig durch Wasserstoffbrückenbindungen stabilisierte Kettenkonformationen von Biopolymeren, insbesondere von Proteinen und Nucleinsäuren. Die wichtigsten S. sind die ↗ *Helix* und ↗ *Faltblattstruktur.*

Selbstmord-Inhibitoren, *Suizid-Inhibitoren*, Mechanismus-gestützte Enzymhemmstoffe (↗ *Enzyme*), die ein Enzym nach einigen Schritten der regulären Reaktionsabfolge inhibieren. Das 5-Fluordesoxuridylat (FdUMP) ist beispielsweise ein S. der ↗ *Thymidylat-Synthase.* Es wird wie das natürliche Substrat Desoxyuridylat (dUMP) vom Enzym gebunden, durchläuft die ersten beiden Reaktionsschritte der Kaskade und wird als ternärer FdUMP-FH_4-Enzymkomplex (FH_4 = Tetrahydrofolat) nicht weiter umgesetzt, worauf die hochspezifische und starke Inhibierung des Enzyms beruht. Ebenso basiert die Hemmung der Xanthin-Oxidase durch Allopurinol auf dem Prinzip der Suizidhemmung.

selbstspleißende RNA, ↗ *Intron*, ↗ *L-19-RNA.*

P-Selectin, ein zu den ↗ *Selectinen* gehörendes Transmembran-Glycoprotein. Die Expression erfolgt in Endothelzellen, initiiert durch lokale chemische Botenstoffe, die im Entzündungsherd von Zellen freigesetzt werden.

Selectine, eine Familie von Zelladhäsions-Molekülen (↗ *Adhäsionsmoleküle*), die mittels einer Kohlenhydrat-bindenden Lectindomäne Kohlenhydratdeterminanten von Blutzellen erkennen. Sie vermitteln während einer Entzündung eine zeitlich limitierte Zell/Zell-Adhäsion im Blut. In Abhängigkeit von ihrer spezifischen Bindung an Kohlenhydrate der *L*ymphknotengefäße, des *E*ndothels oder aktivierter Blutplättchen (*platelets*) werden sie in *L-*, *E-* oder *P-Selectine* unterteilt. Sie enthalten alle eine konservierte Kohlenhydraterkennungsregion (CRD, engl. *carbohydrate recognition domain*) bestehend aus 120 Aminosäurebausteinen, die Ca^{2+} und ein spezifisches Oligosaccharid der CRD durch Komplexierung binden. S. vermitteln die reversible Bindung von Blutzellen an die Wände von Blutgefäßen. Dies führt zum sog. Rollen der Zellen in Richtung des Blutstromes entlang der Gefäßwände. Dieser Prozess dauert an, bis ein stärkerer Zell/Zell-Adhäsionsvorgang aktiviert wird, an dem die ↗ *Integrine* beteiligt sind. Die durch S. vermittelte Bindung von Neutrophilen (neutrophilen Granulocyten) und anderen Leucocyten an verletzten Stellen während eines Entzündungsprozesses ähnelt dem Bindungprinzip des ↗ *homing-Rezeptors*. [M.P. Bevilacqua u. R.M. Nelson, *J. Clin. Invest.* **91** (1993) 379–387; R.D. Cummings u. D.F. Smith, *BioEssays* **14** (1992) 849–856; L.A. Lasky, *Science* **258** (1992) 964–969]

Selektivität, die Fähigkeit einer chemischen Reaktion, einer Untersuchungsmethode oder Operation, zwischen mehreren Möglichkeiten auszuwählen. Der Begriff S. wird in verschiedenen Gebieten der Chemie unterschiedlich verwendet und definiert.

1) Bei Reaktionen, die in parallelen Teilschritten zu verschiedenen Produkten führen können, versteht man unter S. den Anteil, mit dem ein bestimmtes Zielprodukt unter Berücksichtigung der statistischen Verhältnisse gebildet wird. Je größer dieser Anteil ist, um so selektiver ist die Reaktion. Sind die Produkte Konstitutionsisomere, spricht man von *Chemoselektivität* oder *Regioselektivität*, bei Stereoisomeren von *Stereoselektivität*. Quantitativ definiert man die S. entweder a) als Verhältnis von zwei Produktkonzentrationen $S_{12} = c_1/c_2$ oder b) als Quotient aus der Konzentration c_1 des Zielproduktes und der Summe aller Produktkonzentrationen $S_1 = c_1/\sum c_i$. Der Wertebereich liegt für S_{12} zwischen 0 und ∞, derjenige von S_1 zwischen 0 und 1. Die gemäß a) definierte S. S_{12} wird auch als *relative Reaktivität* bezeichnet. Gelten für die Bildungsgeschwindigkeiten der verschiedenen Produkte die gleichen kinetischen Zeitgesetze, können die Konzentrationen durch die Geschwindigkeitskonstanten k ersetzt werden: $S_{12} = k_1/k_2$ bzw. $S_1 = k_1/\sum k_i$. Nur in diesen Fällen ist die S. einer Reaktion eine von den Anfangskonzentrationen und vom Umsatz unabhängige charakteristische Konstante, die aber durch Änderungen der Reaktionsbedingungen (Temperatur, Katalysator, Lösungsmittel) beeinflusst werden kann.

2) In der Analytik bezeichnet man ein Analysenverfahren dann als selektiv, wenn mit ihm mehrere Komponenten in der Analysenprobe nebeneinander und unabhängig voneinander bestimmt werden können, d. h., wenn das Analysensignal der zu bestimmenden Komponente i von den anderen anwesenden Stoffen k nicht beeinflusst wird.

3) Bei Stofftrennprozessen unter Nutzung von Phasengleichgewichten, vor allem bei der Extraktion, der Extraktivdestillation und bei chromatographischen Methoden, versteht man unter S. den Einfluss des Selektivlösungsmittels auf die Trennbarkeit zweier Komponenten. Sie charakterisiert den Einfluss der zwischenmolekularen Wechselwirkungen auf die relative Löslichkeit bzw. Flüchtigkeit der beiden Stoffe. Allerdings hängt die Eignung des jeweiligen Phasengleichgewichts für eine wirksame Stofftrennung nicht nur von der S., sondern auch von der Aufnahmefähigkeit des Lösungsmittels für die beiden Stoffe, der *Kapazität*, ab. In der Chromatographie erlangt die *Enantioselektivität* mit Hilfe chiraler stationärer Phasen zunehmende Bedeutung.

Selen, *Se*, ein Element, das in großen Mengen giftig ist, jedoch für Säugetiere, Vögel, viele Bakterien, eventuell Fische und einige andere Tiere ein essenzielles Spurenelement darstellt. Ein Bedarf höherer Pflanzen ist ungewiss. Se ist ein essenzieller Baustein des Enzyms Glutathion-Peroxidase, das für den Schutz von Erythrocytenmembranen und anderer Gewebe vor der Schädigung durch Peroxide wichtig ist: $2\,GSH + H_2O_2$ (oder R-OOH) $\rightarrow$ GSSG + $2\,H_2O$ (oder H_2O + R-OH).

Der normale Schafsmuskel enthält ein niedermolekulares Selenoprotein unbekannter Funktion, das im Muskel von Se-Mangelschafen, die an der dystrophen weißen Muskelkrankheit leiden, nicht vorhanden ist.

In der bakteriellen Formiat-Dehydrogenase (*E. coli*) und Glycin-Reduktase (*Clostridium*) sind Selenoaminosäure- sowie Selenocysteinreste (↗ *Selenocystein*) vorhanden. [T.C. Stadtman *Advances in Enzymology* 48 (1979) 1–28]

Selenocystein, α-Amino-β-hydroselenidopropionsäure, $HSeCH_2$-CH(NH_2)-COOH, die 21. proteinogene Aminosäure, die ein Selenatom anstelle des Schwefels des ↗ *L-Cysteins* enthält. S. ist Bestandteil der Glutathion-Peroxidase sowie einiger mikrobieller Enzyme, wie der Formiat-Dehydrogenase aus *E. coli*. Bei *E. coli* wird das S. während der Translation als Reaktion auf ein UGA-Codon innerhalb des Leserasters in die Formiat-Dehydrogenase eingebaut. Dem UGA kommt eine Doppelfunktion als Terminationscodon oder als Codon für S. zu. Eine im Vergleich zu anderen Serin-tRNA-Arten nur in sehr niedrigen Konzentrationen vorkommende Serin-tRNA, die nur UGA erkennt, wird mit Serin beladen, das vor der Translation enzymatisch in S. umgewandelt wird.

SELEX, Abk. für engl. <u>s</u>ystematic <u>e</u>volution of <u>l</u>igands by <u>e</u>xponential <u>e</u>nrichment, ↗ *in-vitro-Selektion*.

seltene Nucleinsäurebausteine, *ungewöhnliche Nucleinsäurebausteine*, (engl. *minor* oder *rare nucleic acid components*), Purin- und Pyrimidinverbindungen, die relativ selten vorkommen und durch enzymatisch katalysierte Modifizierungen entweder der Base oder des Zuckers der üblichen Nucleinsäurebausteine Adenin, Guanin, Cytosin, Uracil, Thymin oder Ribose entstehen. Mit Ausnahme der 5-Hydroxymethyldesoxycytidylsäure (↗ *Pyrimidinbiosynthese*) erfolgt die Biosynthese der s. N. auf der Ebene der intakten Polynucleotidkette der Nucleinsäuren. Die modifizierten Nucleinsäurebasen werden auch *minor* oder *rare bases*

genannt. Eine enzymatische Modifizierung freier Purin- oder Pyrimidinbasen ist mit Ausnahme der Bildung von Purinalkaloiden in Pflanzen (↗ *methylierte Xanthine*) nicht möglich.

Die nachträgliche Modifizierung der Nucleinsäurebausteine erfolgt hauptsächlich durch Acetylierung (z. B. mit Acetyl-CoA zu N^4-Acetylcytidin und 5-Acetyluridin), Glucosylierung (z. B. von 5-Hydroxymethylcytidin durch Uridindiphosphatglucose zu 5-Glucosylhydroxymethylcytidin), Isoprenylierung (z. B. von Adenosin durch N^6-γ,γ-Dimethylallylpyrophosphat, d. i. aktives Isopren, zu N^6-Isopentenyladenosin), Reduktion (z. B. von Uridin zu 5,6-Dihydrouridin), Thiolierung (z. B. mit Cystein zu 2-Thiouridin), Spaltung einer N-C- und Knüpfung einer C-C-Bindung (z. B. Uridin zu Pseudouridin) oder Methylierung, die besondere Bedeutung hat. Dabei übertragen spezifische Methylasen die Methylgruppe von S-Adenosyl-L-methionin (SAM) auf die Purin- oder Pyrimidinnucleoside der Nucleinsäuren. Die Methylsubstitution kann an einem C-, N- oder O-Atom erfolgen und sowohl an der Base (z. B. 5-Methyluridin) als auch am Zuckeranteil (z. B. 2'-O-Methyluridin) auftreten. Weitere wichtige s. N. sind Inosin und Ribothymidin. Man kennt ungefähr 40 s. N. Die enzymatisch katalysierten Modifizierungen der Nucleinsäuren sind artspezifisch. Die einzelnen Nucleinsäurearten unterscheiden sich signifikant hinsichtlich ihres Modifizierungsgrades. Besonders in der ↗ *transfer-RNA* treten gehäuft s. N. auf. Sie sind dort an definierten Stellen, vor allem in einzelsträngigen Bereichen, z. B. innerhalb und unmittelbar neben der Anticodonschleife, lokalisiert. Auch DNA und rRNA enthalten methylierte Nucleotide. Prokaryonten- und Phagen-mRNA enthält offensichtlich keine methylierten Reste, d. h. falls sie vorhanden sind, liegt ihre Konzentration unterhalb der Nachweisgrenze (weniger als ein in 3.500 Resten). Eukaryonten- und Viren-mRNA besitzen 5'-terminale Cap-Strukturen mit methylierten Resten sowie einige interne 6-Methyladenylsäurereste (↗ *messenger-RNA*).

Bei der DNA-Methylierung katalysieren spezifische Methylasen die Übertragung von Methylgruppen aus SAM auf die 6-Aminogruppen von Adeninresten sowie auf C5 von Cytosin. Ein spezifisches Methylierungsmuster dient dazu, die DNA vor den zelleigenen ↗ *Restriktionsendonucleasen* zu schützen. Die DNA von Viren, die sich in einem bestimmten Wirt replizieren können, wird durch Methylierung von Basen an den endonucleaseempfindlichen Stellen vor den Endonucleasen geschützt.

Die tumorinduzierenden alkylierenden Substanzen übertragen ihren Alkylrest bevorzugt auf das N7-Atom von Guanin unter Bildung von 7-Alkylguanin. Einige der in der tRNA vorkommenden s. N.

sind aktive Cytokinine, z. B. N^6-(γ,γ-Dimethylallyl)-adenosin.

Semidehydroascorbat, ein freies Radikal, das aus Ascorbat gebildet wird, wenn dieses als Reduktionsmittel dient. Das freie Radikal besitzt eine stark instabile Elektronenkonfiguration und kann im NADH-System als Oxidationsmittel wirken. Durch Cytochrom b_{561} kann es zu Ascorbat zurückreduziert werden (↗ *Ascorbatshuttle*).

Senecio-Alkaloide, ↗ *Pyrrolizidin-Alkaloide*.

Senfgas, ↗ *alkylierende Agenzien*.

Senföl, ↗ *Glucosinolat*.

Senfölglucosid, ↗ *Glucosinolat*.

Senfölthioglucosid, ↗ *Glucosinolat*.

Sephadex, ein Warenzeichen für eine Reihe von Polydextranen, die für die ↗ *Gelchromatographie* eingesetzt werden. ↗ *Dextrane*.

Sepiol, ein ↗ *Isoflav-3-en*.

Sequenz, die Primärstruktur von Biopolymeren, d. h. die Reihenfolge ihrer Bausteine (Aminosäuresequenz bei ↗ *Proteinen*, Nucleotidsequenz bei ↗ *Nucleinsäuren*).

Sequenzanalyse, Methoden zur Ermittlung der Primärstruktur von Biopolymeren. Ein wichtiges Verfahren zur S. von Peptiden und Proteinen ist der ↗ *Edman-Abbau*. Die Primärstruktur von Peptiden und Proteinen kann auch nach der Isolierung der betreffenden Gene aus der Basensequenz der DNA (↗ *Nucleinsäuresequenzierung*) abgeleitet werden.

Sequenzialtherapie, ↗ *Kontrazeptiva*.

sequenzieller Mechanismus, ↗ *Clelandsche Kurznotation*.

Sequenzpolymere, aus Aminosäuren aufgebaute synthetische Polymere mit einer sich stetig wiederholenden Peptidsequenz. Im Gegensatz zu den ↗ *Polyaminosäuren* enthalten S. verschiedene Aminosäuren.

Ser, Abk. für ↗ *L-Serin*.

Sericin, ein aus dem Seidenspinner-Kokon isoliertes Protein, das als Kittsubstanz in der Seide vorkommt. Es enthält einen hohen Anteil an Serin (37 %), Asparaginsäure (26 %) und Glycin (17 %) neben anderen Aminosäuren. Es kann als Leimsubstanz (Seidenleim), als Agar-Ersatz in Bakterienkulturen und auch zur Herstellung von Seidenfilz verwendet werden.

L-Serin, *Ser*, *L-α-Amino-β-hydroxypropionsäure*, $HO-CH_2-CH(NH_2)-COOH$, eine proteinogene Aminosäure, die glucoplastisch wirkt. M_r 105,1 Da, F. 223–228 °C, $[\alpha]_D^{25}$ −7,5° (c = 2, Wasser) bzw. +15,1° (c = 2 in 5 M Salzsäure). L-S. ist ein wichtiger Bestandteil von ↗ *Seidenfibroin*. In Phosphoproteinen liegt L-S. hauptsächlich als Phosphoserin vor. Während der Säurehydrolyse von Proteinen wird es merklich zerstört. Durch Periodatoxidation lässt sich L-S. quantitativ in Formaldehyd überführen.

L-S. ist im Stoffwechsel mit Glycin durch L-Serin : Tetrahydrofolat-5,10-hydroxymethyl-Transferase interkonvertierbar. Bei dieser Reaktion wird das β-C-Atom von L-S. als aktive Hydroxymethylgruppe übertragen. Die Hydroxymethylgruppe ist eine sehr wichtige Quelle für aktive Einkohlenstoffkörper im Stoffwechsel. L-S. wird durch L-Serin-Hydratase (ein Pyridoxalphosphat-abhängiges Enzym, EC 4.2.1.13) zu Pyruvat und Ammoniak abgebaut. Die Bildung erfolgt aus Glycin oder aus 3-Phosphoglycerat (ein glycolytisches Zwischenprodukt). In der Leber und bei *E. coli* wird 3-Phosphoglycerat dehydriert (NAD^+-abhängig) zu Phosphohydroxypyruvat, das zu 3-Phosphoserin transaminiert wird. Letzteres wird mit Hilfe einer spezifischen Phosphatase dephosphoryliert. In Pflanzen wird 3-Phosphoglycerat (ein Photosyntheseprodukt) zu Glycerinsäure entphosphoryliert, die zu Hydroxypyruvat oxidiert wird. Dieses geht mit L-Alanin eine Transaminierung ein und bildet L-S. und Pyruvat. Durch Transsulfurierung findet ein Austausch der OH-Gruppe von L-S. gegen die SH-Gruppe von L-Homocystein unter Bildung von L-Cystein statt.

L-Serin-Hydrolase (Addition von Indolglycerinphosphat), Syn. für ↗ *Tryptophan-Synthase*.

Serin-Hydroxymethyl-Transferase (EC 2.1.2.1), ein Pyridoxalphosphat-enthaltendes Enzym, das die Umwandlung von Glycin in Serin katalysiert. Der für die Umwandlung benötigte C_1-Körper entstammt dem Coenzym N^5,N^{10}-Methylen-Tetrahydrofolat, ↗ *aktive Einkohlenstoff-Einheiten*.

Serin-Proteasen, eine wichtige Gruppe von Endopeptidasen (↗ *Proteasen*), die als aktives Zentrum einen Serinrest mit ungewöhnlich starker Nucleophilie der Hydroxygruppe enthalten. Bei der Spaltung der Peptidbindung wird das Spaltpeptid intermediär als Ester an die Serinhydroxygruppe gebunden. Der Serinrest im aktiven Zentrum wird selektiv und irreversibel durch organische Phosphatester, wie Diisopropylfluorphosphat (DFP) oder durch Phenylmethansulfonylfluorid (PMSF) acyliert und dadurch inhibiert. Zu den S. zählen die Verdauungsenzyme ↗ *Chymotrypsin*, ↗ *Elastase*, ↗ *Trypsin* sowie die Proteasen der Blutgerinnungs- und Komplement-Enzymkaskaden. Neben einem hohen Grad an Sequenzhomologie zeigen die S. große Ähnlichkeiten in der dreidimensionalen Struktur.

Das ↗ *Subtilisin*, eine strukturverschiedene Serin-Protease aus *Bacillus subtilis*, die nur in der Ausbildung der Wasserstoffbrücken des *charge-relay*-Systems (↗ *Protonenrelais*) an Chymotrypsin erinnert, ist ein Beispiel für die konvergente Evolution des katalytischen Zentrums in zwei verschiedenen Proteingruppen.

Serin-Sulfhydrase, ↗ *Sulfatassimilation*.

Serin/Threonin-Kinasen, zu den ↗ *Protein-Kinasen* zählende Enzyme, die bestimmte Serin- oder Threoninreste in entsprechenden Zielproteinen phosphorylieren.

Serotonin, *Enteroamin, Oxyindolalkylamin, 5-Hydroxytryptamin*, ein Pflanzen- und Tierhormon (Abb.; M_r 176,2). Es entsteht durch Hydroxylierung von L-Tryptophan zu 5-Hydroxytryptophan und anschließende Decarboxylierung. S. wird im Zentralnervensystem, in Lunge, Milz und argentaffinen „hellen" Zellen der Darmschleimhaut synthetisiert und in Thrombocyten und Mastzellen des Bluts gespeichert. Es wirkt als ↗ *Neurotransmitter*, regt die Peristaltik des Darmtrakts an, und ruft eine dosisabhängige Konstriktion glatter Muskulatur hervor. S. bewirkt die Freisetzung einer dilatatorisch wirkenden Substanz aus dem Arterienendothel, die der primären Konstriktionswirkung des S. entgegen wirkt. S. ist eine Vorstufe des Hormonos ↗ *Melatonin*. Inaktivierung und Abbau von S. erfogt durch Monoamin-Oxidasen und Aldehyd-Oxidasen zu 5-Hydroxyindolessigsäure.

Serotonin

Serotonin-Rezeptoren, Rezeptoren im ZNS und in peripheren Geweben, die die Wirkung von ↗ *Serotonin* vermitteln. Beim Menschen unterscheidet man zwischen den 5-HT$_1$-, 5-HT$_2$-, 5-HT$_3$- und 5-HT$_4$-Rezeptor-Familien, wobei es sich bei der 5-HT$_3$-Familie um ↗ *ionotrope Rezeptoren* handelt, während die anderen Familien zur Superfamilie der ↗ *G-Protein-gekoppelten Rezeptoren* zählen. Sowohl bei der 5-HT$_1$- als auch bei der 5-HT$_2$-Familie existieren jeweils drei Rezeptorsubtypen. Während 5-HT$_1$-Rezeptoren die Adenylat-Cyclase (↗ *Adenosinphosphate*) hemmen, stimulieren 5-HT$_4$-Rezeptoren dieses Enzym. 5-HT$_2$-Rezeptoren aktivieren die ↗ *Phospholipase C*. Mittels molekularbiologischer Techniken gelang darüber hinaus der Nachweis weiterer 5-HT-Rezeptoren (5-HT$_5$–5-HT$_7$), deren funktionelle Bedeutung noch nicht hinreichend geklärt werden konnnte.

Serpentin-Rezeptoren, ↗ *G-Protein-gekoppelte Rezeptoren*.

Serpine, eine aus dem Begriff *Serinproteaseinhibitor* abgeleitete Sammelbezeichnung für natürlich vorkommende sequenzhomologe Proteine (M_r 45–70 kDa), die zum größten Teil als Inhibitoren von Serin-Proteasen wirken. Hierzu gehören beispielsweise ↗ *α-Antitrypsin*, ↗ *α$_2$-Makroglobulin*, Aprotinin, Kunitz-Inhibitor, Plasminogen-Aktivator-In-

hibitor Typ 1, Antithrombin III, Protease-Nexine. Die Entfernung der Enzym-S.-Komplexe erfolgt durch rezeptorvermittelte Endocytose.

Serprocidine, antibakteriell aktive Serin-Proteasen. S. sind kationische Glycoproteine (M_r 25–29 kDa), die in der azurophilen Granula spezieller neutrophiler Leucocyten neben ↗ *Lysozym*, ↗ *Defensinen* u. a. auftreten. Zu den S. zählt man auch u. a. Cathepsin G, Elastase-Proteinase (PR)-3 und ↗ *Azurocidin*.

Serrapeptase, ein aus dem Darmbakterium *Serratia* isoliertes zinkhaltiges Enzym (470 AS). Es verbessert die im entzündeten Gewebe verminderte Mikrozirkulation durch Proteolyse kleiner Thromben, wodurch die Penetration verabreichter Antibiotika verbessert wird.

Serratomolid, ein zyklisches Depsipeptid, das als Stoffwechselprodukt des Bakteriums *Serratia marcescens* auftritt. S. ist das zyklische Dimer von Serrataminsäure (D-β-Hydroxydecanol-L-Serin).

Serumalbumin, ↗ *Albumine*.

Serumproteine, ↗ *Plasmaproteine*.

Serum-Thymus-Faktor, Syn. für ↗ *Thymulin*.

Sesquiterpene, aus drei Isoprenresten aufgebaute, also 15 C-Atome enthaltende Terpene. Die S. sind strukturell sehr vielfältig. Man kennt ungefähr 100 Strukturtypen. Mit ungefähr 1.000 Vertretern bilden die S. die größte Gruppe der Terpene. Es sind azyklische, mono-, bi- und trizyklische Vertreter bekannt. Grundkörper der S. sind die azyklischen Alkohole ↗ *Farnesol* und das isomere Nerolidol. Weit verbreitete Bestandteile etherischer Öle sind die monozyklischen Kohlenwasserstoffe ↗ *β-Cadinen*, ↗ *Caryophyllen* und Bisabolen. Unter den bizyklischen S. finden sich insbesondere in der Pflanzenfamilie der *Asteraceae* zahlreiche Sesquiterpenlactone, zu denen das Santonin und die Guajanolide gehören. Zu den weitverbreiteten Gu-

Sesquiterpene. Tab. Sesquiterpene und ihre Bedeutung.

Bedeutung	Wirkstoff
Juvenilhormone	Juvabion, Farnesylsäurederivate
Phytohormone	Abscisinsäure
pflanzliche Sexualhormone	Sirenin
Pheromone	Farnesol
Antibiotika	Trichothecin
Proazulene	Guaiol
Alkaloide	Nupharidin
Riechstoffe	Santalole, Cedrene
Bitterstoffe	Cnicin
Phytoalexine	Ipomoeamaron

ajanoliden gehört z. B. Matricin. Von den S. leiten sich auch die ↗ *Jonone* ab.

Über die physiologische Bedeutung der S. ist noch wenig bekannt; einigen Verbindungen kommt eine ökologische Bedeutung zu (Tab.).

Sesquoyitol, ↗ *Inositole*.

Sesterterpene, aus fünf Isoprenresten aufgebaute, also 25 C-Atome enthaltende Terpene. Die S. bilden nur eine kleine Gruppe von Terpenen. Sie wurden erst 1965 entdeckt und aus phytopathogenen Pilzen, Schutzwachsen von Insekten, Schwämmen und vereinzelt auch aus höheren Pflanzen isoliert. Von besonderer Bedeutung sind die phytotoxisch wirkenden ↗ *Ophiobolane*, die von den phytopathogenen Pilzen *Cochliobolus miyabeanus* und *Helminthosporium oryzae* produziert werden.

Seveso-Gift, Syn. für ↗ *2,3,7,8-Tetrachlordibenzo-1,4-dioxin*.

Sexualhormone, *Geschlechtshormone, Keimdrüsenhormone*, ↗ *Steroidhormone*, die in den männlichen (Hoden) und weiblichen (Ovarien) Gonaden produziert werden. Die Sexualhormone bestimmen den männlichen bzw. weiblichen Charakter eines Organismus, indem sie die normale Entwicklung und Funktion der Geschlechtsorgane und die Ausbildung der sekundären Geschlechtsmerkmale bewirken. Man unterscheidet männliche Sexualhormone oder ↗ *Androgene* und weibliche Sexualhormone. Letztere werden in die beiden physiologisch unterschiedlich wirksamen Gruppen ↗ *Östrogene* und ↗ *Gestagene* unterteilt. Weibliche S. werden auch als ↗ *Kontrazeptiva* eingesetzt. Einige partialsynthetische S. können als ↗ *Antiandrogene* wirken. Bei hormonabhängigen Tumoren werden gegengeschlechtliche S. therapeutisch angewendet.

Sexuallockstoffe, eine Gruppe unterschiedlich gebauter Naturstoffe, die an der chemischen Wechselwirkung zwischen Sexualpartnern beteiligt sind.

Tierische S. sind die besonders bei Insekten anzutreffenden ↗ *Pheromone*, die meist vom geschlechtsreifen Weibchen abgegeben werden, um den Partner anzulocken und auf die Kopulation vorzubereiten. Die Wirksamkeit der S. wird in ↗ *Lockstoffeinheiten* ausgedrückt.

Pflanzliche S., die *Gamone*, treten dort auf, wo mindestens ein selbstständig beweglicher Gamet an der Befruchtung beteiligt ist. Das trifft zu für viele Algen, niedere Pilze, Moose und Farne. Bei den näher untersuchten Fällen, z. B. *Sirenin* und *Ectocarpen*, werden die S. von den weiblichen Gameten abgeschieden, um die männlichen Gameten chemotaktisch anzulocken (*Gametenlockstoffe*). Im Gegensatz zu den Pheromonen wirken die Gamone auf zellulärer Ebene und haben keinen Einfluss auf das Verhalten des gesamten Organismus.

sexuelle Rekombination, ↗ *Rekombination*.

SF, Abk. für engl. *sulfation factor* (↗ *Somatomedin*).

SFC, Abk. für engl. *supercritical fluid chromatography*, ↗ *überkritische Flüssigchromatographie*.

shaker-Peptide, ↗ *Conotoxine*.

SH-Domänen, *Src-Homologiedomänen*, hochkonservierte nichtkatalytische Proteindomänen, die SH2 und SH3 genannt werden. Die Bezeichnung leitet sich von den Src-Homologie-Regionen 2 und 3 des ↗ *Src-Proteins* ab. Die *SH2-Domänen* enthalten ein Modul von etwa 100 Aminosäureresten, das als ein immer wiederkehrendes Strukturmotiv eine Schlüsselfunktion beim Erkennungsprozess einnimmt. Die SH2-Domänen von Zielproteinen erkennen phosphorylierte Tyrosinreste und ermöglichen diesen Proteinen sowohl an aktivierte Rezeptorprotein-Tyrosin-Kinasen als auch an intrazelluläre Signalproteine zu binden, die temporär phosphorylierte Tyrosinreste tragen. Bei der Erkennung am Tyrosinrest phosphorylierter Peptide sind zwei Argininreste und ein Lysinrest der SH2-Domäne beteiligt, die in engen Kontakt zur Phosphatgruppierung und zum aromatischen Ring des Tyrosins treten, und somit eine hochaffine Bindung bewirken. Die SH2-Domäne bildet eine kompakte Einheit, die nahezu überall ohne Beeinträchtigung der Faltung oder der Funktion des Proteins eingeschoben werden kann. Da charakteristische Bindungsstellen für das phosphorylierte Tyrosin und die Seitenkette einer bestimmten Aminosäure existieren, können unterschiedliche SH2-Domänen Phosphotyrosin-Gruppen erkennen, die von variierenden Aminosäuresequenzen umgeben sind. Weniger klar ist die Bedeutung der *SH3-Domänen*, die sowohl in Rezeptor- und Nicht-Rezeptorprotein-Tyrosin-Kinasen vorkommen, und keine Homologie zu den SH2-Domänen aufweisen. Sie binden in der Regel kürzere, Prolin-reiche Sequenzen. [T. Pawson u. J. Schlessinger *Curr. Biol.* **3** (1993) 434–442; B.J. Mayer et al. *Trends Cell Biol.* **3** (1993) 8–13; H.Lee et al. *Structure* **2** (1994) 424–438; A. Musacchio et al. *Nature Struct. Biol.* **1** (1994) 546–551]

Shemin-Zyklus, Syn. für ↗ *Succinat-Glycin-Zyklus*.

SH-Enzym, Syn. für ↗ *Thiolenzym*.

Shigatoxine, Vertreter der intrazellulär wirkenden ↗ *Exotoxine*. Das S. im engeren Sinne wird von *Shigella dysenteria* Serotyp 1, einem Erreger der bakteriellen Ruhr, produziert. Es ist aus einer A-Untereinheit (M_r 32 kDa) und einem Pentamer aus B-Untereinheiten (M_r 7,7 kDa) aufgebaut, über die die Bindung an das Membranglycolipid Gb_3 der eukaryontischen Zelle vermittelt wird. Die Aufnahme des Toxins erfolgt durch rezeptorvermittelte Endocytose, wobei die A-Untereinheit am N-Terminus proteolytisch gespalten wird. Im Cytoplasma wirkt die A-Untereinheit als N-Glycosidase, indem sie einen spezifischen Adeninrest der 28S-rRNA des ribosomalen Komplexes spaltet. Infolge dieser Depurinierung kommt es zur Hemmung der Elongation der Peptidkette während der Translation. Von unterschiedlichen enterohämorrhagischen *E. coli* - Stämmen werden shigaähnliche Toxine synthetisiert (*shiga-like*-Toxin, SLT-I und SLT-II, *Verotoxin*), die in der Struktur, Bindungsselektivität und in der Wirkung mit dem beschriebenen S. nahezu identisch sind.

Shikimisäure, ↗ *Aromatenbiosynthese*.

Showdomycin, *3-β-D-Ribofuranosylmaleimid*, ein Nucleosidantibiotikum, das aus Kulturfiltraten von *Streptomyces showdoensis* isoliert wurde. M_r 229,2 Da, F. 153 °C, $[\alpha]_D^{23}$ +50° (c = 1, Wasser). S. zeigt in seiner Struktur Ähnlichkeiten mit Uridin (Abb.). Es gehört zu den C-Glycosiden. Die antibiotische Wirksamkeit ist auf die alkylierende Wirkung des Maleimidanteils gegenüber Mercaptogruppen von Proteinen zurückzuführen. S. hemmt in Bakterien den Transport von Kohlenhydraten und Aminosäuren durch die Membran.

Showdomycin

Shuntstoffwechsel, engl. *shunt* für Nebenschluss, ein Nebenstoffwechsel. Als S. betrachtet man zuweilen den ↗ *Sekundärstoffwechsel*. Ein „Nebenweg" (engl. *by-pass*) ist eine Folge von Umgehungsreaktionen eines Stoffwechselwegs, die durch den Hauptstoffwechselweg ergänzende Enzymaktivitäten ermöglicht werden, wie z. B. der 4-Aminobuttersäureweg (↗ *4-Aminobuttersäure*) und der ↗ *Glyoxylat-Zyklus*.

Si, Elementsymbol für ↗ *Silicium*.

Sia, Abk. für ↗ *Sialinsäure*.

Sialidase, neuere Bezeichnung für ↗ *Neuraminidase*.

Sialidose, eine angeborene ↗ *lysosomale Speicherkrankheit* (*Mucolipidose I*, eine Oligosaccharidose und eine Mucolipidose), verursacht durch einen Mangel an *Glycoprotein-Sialidase* (↗ *Neuraminidase*, EC 3.2.1.18). Andere lysosomale Aktivitäten in der Leber sind manchmal erhöht. Es kommt zu Akkumulation von Sialyloligosacchariden. Klinische Symptome sind geistige Entwicklungsverzögerung, Skelettanormalitäten und Gesichtsmerkmale analog dem Hurlerschen Syndrom, die unterschiedlich ausgeprägt sein bzw. auch feh-

len können, Leber- und Milzvergrößerung (Hepatosplenomegalie), manchmal fötale Wassersucht.

Sialinsäure, *Sia*, *N-Acylneuraminsäure*, ein glycosidisch gebundener Bestandteil von Glycolipiden und Glycoproteinen, der fast ausschließlich in Tieren vorkommt. Sialinsäurereste stehen endständig.

$$
\begin{array}{l}
\overset{1}{HOOC}-COH \\
\quad\quad | \\
\quad\quad CH_2 \\
\quad\quad | \\
\quad\quad HCOH \\
\quad\quad | \\
\quad RHNCH \\
\quad\quad | \\
\quad\quad\quad OCH \\
\quad\quad | \\
\quad\quad HCOH \\
\quad\quad | \\
\quad\quad HCOH \\
\quad\quad\overset{9}{|} \\
\quad\quad CH_2OH
\end{array}
\quad
\begin{array}{l}
\text{Neu: R = H} \\
\text{NeuAc: R = CH}_3\text{CO} \\
\text{NeuGc: R = HOCH}_2\text{CO}
\end{array}
$$

Sialinsäure

Sie können enzymatisch durch Neuraminidasen abgespalten werden. Unter den S. ist am weitesten die *N*-Acetylneuraminsäure (NeuAc) verbreitet (↗ *Neuraminsäure*; Abb.). Zusätzlich können noch Hydroxygruppen in 4-, 8- oder 9-Stellung acetyliert sein. Außerdem ist vor allem die *N*-Glycoloylneuraminsäure (NeuGc) bekannt, die z. B. in den tierischen extraneuralen Organen überwiegt. Der endständig gebundenen S. wird eine bedeutende biologische Rolle zugeschrieben. Sialinsäurereiche Glycoproteine sind wichtige Schleimsubstanzen. Die Sialinsäurereste der äußeren Zellmembran sind an wesentlichen Funktionen der Membran, wie Zell-Zell-, Zell-Virus- oder Zell-Wirkstoff-Wechselwirkungen (↗ *Ganglioside*), beteiligt.

S. bildet beim Erhitzen mit Salzsäure und Resorcinol bzw. Orcinol sowie Fe^{3+}-Ionen einen violetten Farbstoff. Diese *Bial-Reaktion* kann zur quantitativen Bestimmung herangezogen werden.

Sialinsäurespeicherkrankheit, eine angeborene ↗ *lysosomale Speicherkrankheit* (Oligosaccharidose), deren Ursache nicht bekannt ist. Möglicherweise liegt ein Defekt des lysosomalen Membrantransports vor. Im Urin tritt freie Acetylneuraminsäure auf. Klinische Symptome sind: beeinträchtigte motorische Funktion und Bewegungskoordinationsstörungen (Ataxie). Bei der schweren Form (Typ II) tritt progressive Verschlechterung und früher Tod ein. Im Fall von Typ II treten mäßige Vergröberung der Merkmale, Wachstumsverzögerung (Rachitis) und Leber- und Milzvergrößerung (Hepatosplenomegalie) auf. Diese Effekte sind bei Typ I nicht vorhanden, jedoch kommt es zu Skelettveränderungen (gebogenes Schienbein).

Sialosylglycosylsphingolipide, ↗ *Ganglioside*.

Sichelzellhämoglobin, *HbS*, eines der am häufigsten, besonders unter Negroiden, vorkommenden anomalen Hämoglobine. Beim S. ($\alpha_2\beta_2$) ist durch Punktmutation in der β-Kette die Glutaminsäure in der Position 6 durch Valin ersetzt. Die α-Ketten sind normal ($\alpha_2\beta_2^{6Glu \rightarrow Val}$). Die Konformationen von HbS und normalem HbA unterscheiden sich kaum. Das sauerstofffreie HbS bildet durch Eigenassoziation eine flüssigkristalline Phase, die die Erythrocyten zu einer sichelartigen Gestalt verformt. In dieser Phase befinden sich Desoxy-HbS-Monomere im Gleichgewicht mit Polymeren. Die Polymeren bestehen aus Röhrchen mit einem Durchmesser von 14,0–14,8 nm und sind jeweils aus 6–8 nebeneinander liegenden Helix-artigen Desoxy-HbS-Strängen aufgebaut. Im Zusammenhang mit der Sichel-artigen Deformierung der Erythrocyten kommt es zu deren Aggregation und zu einer Beeinträchtigung der Blutzirkulation. Klinische Symptome sind Anämie und akute Ischämie, Infarktbildung im Gewebe und chronischer Ausfall der Organfunktionen. Die als Sichelzellanämie bezeichnete Krankheit kann bei heterocygoten Trägern klinisch belanglos bleiben. Sie kann sogar unerkannt bleiben, tritt dann jedoch auf, wenn ein anomal niedriger Sauerstoffdruck herrscht. Aus diesem Grund müssen negroide Luftfahrtrekruten und -piloten auf heterocygote Sichelzellenanämie untersucht werden. Bei Homocygoten treten schwere zum Tode führende hämolytische Anämien auf.

Sideramine, ↗ *Siderochrome*.

Siderochrome, eisenhaltige, rötlich-braune und gut wasserlösliche Verbindungen, die als Sekundärmetabolite von Mikroorganismen produziert werden. Die S. umfassen eine Reihe von Antibiotika, die *Sideromycine* (Albomycin, Ferrimycin, Danomycin u. a.), und eine Verbindungsklasse mit Wuchsstoffeigenschaften für einige Mikroorganismen, die *Sideramine* (Ferrichrom, Coprogen, Ferrioxamine, Ferrichrysin, Ferrirubin u. a.). Die Sideramine stellen die Antagonisten der S. dar, indem sie deren antibiotische Wirkung kompetitiv hemmen.

S. sind spezifische Liganden, die von Mikroorganismen besonders unter Eisenmangelbedingungen verstärkt synthetisiert und in das Nährmedium ausgeschieden werden. Sie gehören dem *Catecholtyp* (bei anaeroben Mikroorganismen) oder dem *Hydroxamattyp* (bei aeroben Mikroorganismen) an. Das typische Merkmal der S. ist ein zentraler Eisen(III)-trihydroxamat-Komplex (Abb.). Das Komplexbildungsvermögen ist spezifisch für Fe^{3+}.

In ihrer Eigenschaft als *Metallchelatbildner* erfüllen Sideramine zwei Funktionen: Sie können am Eisentransport in die mikrobielle Zelle teilnehmen und/oder das chelatisierte Eisen für die Hämsynthese zur Verfügung stellen. Ähnlich dem tierischen Transferrin wird Eisen vom Ferrichrom der Mikro-

Siderochrome. Zentraler Eisen(III)-Komplex eines Siderochroms vom Hydroxamattyp.

organismen enzymatisch in metallfreie Porphyrinmoleküle eingebaut.

In der Natur kommen in speziellen Fällen weitere Chelatbildner mikrobiellen Ursprungs vor, z. B. Mycobactin, Aspergillsäure und Schizokinen. Ihre Abgrenzung zu den Sideraminen ist häufig noch unklar.

Sideromycine, ↗ *Siderochrome*.

Siderophiline, hämfreie, eisenbindende, einkettige tierische Glycoproteine (M_r etwa 77 kDa; Kohlenhydratgehalt etwa 6 %). Nach ihrem Vorkommen unterscheidet man ↗ *Transferrin* (im Wirbeltierblut), *Lactoferrin* (in der Säugetiermilch und anderen Körpersekreten) und *Conalbumin* oder *Ovotransferrin* (im Vogelblut und Vogeleiklar). Obwohl in den physikalischen, chemischen und immunologischen Eigenschaften Unterschiede bestehen, ist die Eisenbindungsfähigkeit der S. gleich: zwei Eisenbindungsorte für je ein Eisen(III)-ion/Molekül. Im Gegensatz zum ↗ *Ferritin* ist die Eisenbindung in den S. weniger fest. Das am besten untersuchte S. ist das zur Gruppe der β-Globuline des Blutplasmas gehörende Transferrin, von dem 15 genetische Varianten bekannt sind, deren wichtigste Transferrin A, B und C sind. Aufgrund ihrer Chelatbildung mit Eisen wirken alle S. hemmend auf das mikrobielle Wachstum. Diese zweite Funktion der S. als Bakteriostatika ist besonders im Vogelei und in der Milch von physiologischer Bedeutung. [W.A. Jeffries et al. *Trends Cell Biol.* **6** (1996) 223–228]

Sieben-Helix-Rezeptoren, ↗ *G-Protein-gekoppelte Rezeptoren*.

Sieben-Transmembran-Domänen-Rezeptoren, ↗ *G-Protein-gekoppelte Rezeptoren*.

Signalerkennungspartikel, SRP (engl. *signal recognition particle*), ein aus sechs Proteinuntereinheiten und einem RNA-Molekül bestehender länglicher Komplex, der bei der Exportprotein-Biosynthese Signalpeptide zum spezifischen Rezeptor in der Membran des endoplasmatischen Reticulums (ER) dirigiert. Das S. pendelt zwischen Cytosol und ER-Membran hin und her. S. und auch der ↗ *Signalerkennungspartikel-Rezeptor* kommen in allen eukaryontischen und wahrscheinlich auch in allen prokaryontischen Zellen vor (Farbtafel VI). [V. Siegel u. P. Walter *Nature* **320** (1986) 82]

Signalerkennungspartikel-Rezeptor, *SRP-Rezeptor*, ein integrales Protein (M_r 72 kDa) der Membran des endoplasmatischen Reticulums (ER). S. tritt bei der Exportprotein-Biosynthese mit dem Komplex aus Ribosomen und dem ↗ *Signalerkennungspartikel* (SRP) in Wechselwirkung, wonach SRP freigesetzt wird und die wachsende Peptidkette durch die Membran transportiert wird. Beide Polypeptidketten von S. enthalten GTP-bindende Domänen, so dass sich das SRP erst dann vom Rezeptor löst, wenn die durch Bindung und Hydrolyse von GTP verursachten Konformationsänderungen eine feste Assoziation zwischen Ribosom und Translokationsapparat bewirken.

Signalhypothese, ein 1971 von G. Blobel postulierter Verlauf des selektiven Transports von im Ribosom synthetisierten ↗ *Sekretproteinen* in die einzelnen Organellen. Blobel wurde 1999 für seine Arbeiten auf diesem Gebiet mit dem Nobelpreis für Medizin ausgezeichnet. Die S. kann auch auf die meisten Proteine angewandt werden, die entweder in Membranen eingebaut oder durch sie hindurch transportiert werden, einschließlich der Organellenproteine, die im Cytosol synthetisiert werden.

Polypeptide, die für die ER-Membran oder das ER-Lumen bestimmt sind, werden mit einer N-terminalen Sequenz aus ca. 30 überwiegend hydrophoben Aminosäuren synthetisiert. Da bei der ribosomalen Translation der mRNA die Polypeptide in der Richtung N-Terminus → C-Terminus synthetisiert werden, taucht die Signalsequenz als erstes aus dem mRNA-Ribosomen-Komplex auf. Wenn die Polypeptidkette ~70 Aminosäuren lang ist, bindet ein cytosolisches ↗ *Signalerkennungspartikel* (SRP) an die Signalsequenz und der so entstandene Komplex verbindet sich mit einem SRP-Rezeptor (SRP-R) in der ER-Membran. Dadurch wird eine Wechselwirkung mit einer anderen Komponente der ER-Membran möglich, dem Signalsequenz-Bindungsprotein (engl. *signal sequence binding protein*, SSBP). Dieses veranlasst die Signalsequenz dazu, sich in der Weise in und durch die ER-Membran zu schieben, dass ihr N-Ende auf der cytosolischen Seite bleibt und sich das wachsende Ende auf der Lumenseite befindet. In vielen Fällen wird das SRP auf der anderen Seite der Membran (im Fall des endoplasmatischen Reticulums im Intralumenraum) durch eine spezifische *Signalpeptidase* abgespalten. Das SRP kehrt in das Cytosol zurück und der SRP-R bleibt als integrales ER-Membranprotein zurück. Darauf folgt 1) die Aggregation verschiedener anderer ER-Membranproteine unter Bildung eines Transmembrankanals, durch den die weiter wachsende Polypeptidkette durchtreten kann und 2) die Abspaltung der Signalsequenz. Für den Insertionsschritt und den Spaltungsschritt ist jeweils die Hydrolyse von gebundenem GTP nötig. Da von SRP und SRP-R bekannt ist, dass sie beide Komponenten mit GDP/GTP-Bindungs- und GTPase-Aktivität besitzen, wird angenommen, dass diese dafür verantwortlich sind.

Die Ketten einiger membrandurchspannenden Proteine kreuzen die Membran mehrere Male und enthalten wahrscheinlich interne Signalsequenzen, die die spontane Insertion in die Lipiddoppelschicht unterstützen. Andere Membranproteine werden vollständig translatiert, bevor sie in die Membran eingebaut werden. [W.T. Wickner u. H.F. Lodish *Science* **230** (1985) 400–407; R. Gilmore u. G. Blobel *Cell* **42** (1985) 497–505]

Proteine, die abspaltbare *Signalpeptide* enthalten, werden vor der Abspaltung des Signals ↗ *Prä-Proteine* genannt. Da verschiedene Sekretproteine als inaktive ↗ *Pro-Proteine* bei der Biosynthese gebildet werden, nennt man die entsprechenden Vorstufen ↗ *Prä-Pro-Proteine*.

Signalmetabolite, die Bezeichnung für eine bestimmte Gruppe von Endproduktinhibitoren (↗ *Endprodukthemmung*), die den regulatorischen Einfluss der Energieladung auf amphibole Stoffwechselwege (↗ *Amphibolismus*) modulieren. S. sind bei niedriger Energieladung wenig, bei hoher Energieladung stark wirksam.

Signalpeptidasen, membrangebundene Proteasen, die nach der ↗ *Signalhypothese* nach dem Membrandurchtritt eines Prä-Proteins die Signalsequenz durch ↗ *limitierte Proteolyse* abspalten.

Signalpeptide, *Transitpeptide*, aminoterminale Erweiterungen der Vorläufer von Chloroplastenproteinen, die durch Kern-DNA kodiert und im Cytoplasma synthetisiert werden. Die S. werden durch Posttranslationsmodifizierung des Prä-Proteins abgespalten, bevor das Protein innerhalb der Chloroplasten seine reife Konfiguration einnimmt. Die Gesamtaminosäuresequenz der S. ist zwischen den Arten nicht konserviert, im Gegensatz zur Position von Prolin und den geladenen Aminosäureresten. Die S. vermitteln den Transport der Chloroplastenproteinvorstufen in die Organellen (↗ *Signalhypothese*). [G. Van den Broeck et al. *Nature* **313** (1985) 358–363]

Silicagele, Syn. für ↗ *Kieselgele*.

Silicium, *Si*, ein essenzielles Spurenelement in der menschlichen Ernährung [E.M. Carlisle *Science* **178** (1972) 609–612; E.M. Carlisle *Fed. Proc. Fed. Amer. Soc. Exp. Biol.* **32** (1973) 930]. Si stellt ein quervernetzendes Agens des Bindegewebes dar. Vermutlich wird Si über Sauerstoff an das Kohlenstoffgerüst der Mucopolysaccharide gebunden, wodurch Teile desselben Polysaccharids oder saure Mucopolysaccharide mit Proteinen verknüpft werden. Si spielt wahrscheinlich auch bei der Knochenmineralisierung eine Rolle als Matrix oder Katalysator. Hohe Si-Spiegel (als SiO$_2$) sind in Pflanzen und Diatomeen vorhanden (↗ *Mineralstoffe*).

Silybin, ein Flavanolignan aus *Silybum marianum* (Mariendistel). S. schützt Tiere gegen eine Vergiftung durch Phalloidin (↗ *Phallotoxine*). Kristallographische Untersuchungen von S. zeigen, dass der Abstand und die Anordnung der aromatischen Ringe A und B (Abb.) beinahe identisch mit den Phe-Resten 9 und 10 in ↗ *Antamanid* sind, das ebenfalls gegen Phalloidinvergiftung schützt. Vermutlich ist die korrekte Anordnung dieser beiden aromatischen Ringe essenziell für die Anlagerung an einen Zielrezeptor auf der Leberzellmembran, wodurch verhindert wird, dass Phalloidin in die Zelle eintritt. [H.L. Lotter *Zeitschrift für Naturforschung* **39c** (1984) 535–542]

Silybin

simultane multiple Peptidsynthese, Syn. für ↗ *multiple Peptidsynthese*.

Simvastatin, ein ↗ *HMG-CoA-Reduktasehemmer*.

Sinalbin, ↗ *Glucosinolate*.

Sinapin, *Sinapinsäurecholinester*, 2{[3-(4-Hydroxy-3,5-dimethoxyphenyl)-1-oxo-2-propenyl]oxy}-N,N,N-trimethylethanammoniumhydroxid (Abb.), eine Akaloidbase, die bei *Cruciferae* weit verbreitet vorkommt und erstmals 1825 aus schwarzen Senfsamen isoliert wurde. Es dient als Kation des Sinalbins (↗ *Glucosinolat*). Die Alkoholkomponente Cholin ist ein allgemein vorkommender Pflanzenmetabolit, der an der Phospholipidsynthese und der Transmethylierung beteiligt ist. Sinapinsäure ist ebenfalls ein weit verbreiteter Pflanzenbestandteil, der bei der Ligninbiosynthese (↗ *Lignin*) eine Rolle spielt. Die Kombination dieser beiden Verbindungen zu S. scheint jedoch eine Besonderheit der *Cruciferae* zu sein. S. dient als Speicherverbindung. Im Verlauf der Senfsamenkeimung wird S. zu Cholin und Sinapinsäure hydrolysiert, die dann weiter metabolisiert werden. Zwei Wochen nach der Keimung ist S. nicht mehr nachweisbar. Die

Esterase, die für die Sinapinhydrolyse verantwortlich ist, wurde aus weißen Senfsämlingen auf das 20fache gereinigt. [A. Tzagoloff *Plant Physiology* **38** (1963) 207–213]

Sinapinsäurecholinester, Syn. für ↗ *Sinapin*.

Sincalid, ↗ *Cholecystokinin*.

SINE(s), Abk. für engl. <u>s</u>hort <u>in</u>terspersed DNA sequence <u>e</u>lement(s), neben ↗ *LINE(s)* die zweite Hauptklasse an *intermediate repeat* DNA-Sequenzen (↗ *C$_o$t*), die im Säugetiergenom vorkommt. Die SINE(s) bestehen aus einer einzelnen Nucleotidsequenz, die 130–200 bp lang ist und als nicht-tandemartig wiederholtes Element an Hunderttausenden von Stellen im Genom angetroffen werden kann (gewöhnlich kommt mindestens ein Element auf 5 kb). Sie bilden bis zu 5 % der menschlichen Gesamt-DNA. Bei Säugetieren sind die SINE(s) der *Alu*-Familie am weitesten verbreitet, die so genannt werden, weil sie eine Schnittstelle für die ↗ *Restriktionsendonuclease Alu* I besitzen. Ihre Sequenz weist eine große Ähnlichkeit mit der 294-Nucleotid-7SL-RNA auf. Die SINE(s) können sich an andere Stellen des Genoms bewegen (transponieren) und fallen deshalb in die Kategorie der ↗ *mobilen DNA-Elemente* und hier in die Unterabteilung der nichtviralen Retrotransposons (↗ *Transposon*). Vermutlich stammen sie von RNA-Polymerase-III-erzeugten Transcripten ab.

Sinigrase, Syn. für ↗ *Thioglucosid-Glucohydrolase*.

Sinigrin, ↗ *Glucosinolat*.

Sinigrinase, Syn. für ↗ *Thioglucosid-Glucohydrolase*.

Sinnstrang, eine alternative Bezeichnung für den ↗ *codierenden Strang* einer Doppelstrang-DNA, der – laut Konvention – die gleiche Nucleotidsequenz besitzt wie das RNA-Transcript (z. B. mRNA), das sich von dieser Doppelstrang-DNA herleitet (mit der Ausnahme, dass U anstelle von T vorhanden ist).

Sirenin, der erste in seiner Struktur aufgeklärte pflanzliche ↗ *Sexuallockstoff* (Gamon). S. ist ein Sesquiterpen (M_r 236 Da). Es kommt natürlich in der L-Form (Abb.) vor, $[\alpha]_D^{23}$ –45° (c = 1,0, CHCl$_3$), doch auch die DL-Form ist biologisch aktiv. S. wird von den weiblichen Gameten des in feuchten Böden lebenden Wasserpilzes *Allomyces* gebildet. Bei Überschwemmungen treten die Gameten aus dem Mycel. Das S. erzielt seine chemotaktische Wirkung auf die männlichen Gameten noch in Konzentrationen von 10^{-10} M.

Sinapin

Sirenin. L(–)-Sirenin.

Sirohäm, die prosthetische Hämgruppe (Abb.), die in der Sulfit-Reduktase von *E. coli* sowie der Nitrit-Reduktase grüner Pflanzen gefunden wird.

Sirohäm. A = CH_2COOH; P = CH_2CH_2COOH; M = CH_3.

β-Sisterol, veraltet für ↗ *Sitosterin*.

Sitosterin, *Stigmast-5-en-3β-ol*, ein Sterin, das früher als *β-Sisterol* bekannt war (Abb.). M_r 414,7 Da, F. 140 °C, $[\alpha]_D$ –37° (CHCl$_3$). Es ist in höheren Pflanzen weit verbreitet und kommt gemeinsam mit ↗ *Stigmasterin* und ↗ *Campesterol* in der Plasmamembran und dem endoplasmatischen Reticulum vor. Gelegentlich kommt S. auch als Ester von Fettsäuren (z. B. Palmitin-, Öl-, Linolein-, α-Linoleinsäure), als β-O-Glycosid oder β-O-Acylglycosid vor (im letzten Fall ist eine nichtanomere Hydroxylgruppe des Zuckerrests, gewöhnlich die an C6, mit einer Fettsäure verestert).

Sitosterin

SK & F 110679, H-His^1-D-Trp-Ala-Trp-D-Phe^5-Lys-NH$_2$, ein synthetisches 6 AS-Peptidamid mit etwa 10 % der biologischen Aktivität des ↗ *Somatoliberins*. Das keine strukturelle Ähnlichkeit mit dem Somatoliberin aufweisende Peptid setzt Somatotropin aus Hypophysenzellkulturen *in vitro* frei und wirkt synergistisch mit Somatoliberin.

Skimmiol, Syn. für ↗ *Taraxerol*.

Skorbut, Vitamin-C-Mangelkrankheit. Bei dieser lange bekannten Avitaminose treten Schädigung der Blutgefäße, Blutungen der Haut und der Schleimhäute, Zahnfleischentzündungen, Lockerung der Zähne und schmerzhafte Schwellungen der Gelenke auf. ↗ *Ascorbinsäure*

Skorpiongifte, die von Skorpionen über den Stechapparat abgesonderten Sekrete. Wirksames Prinzip der S. sind die neurotoxischen *Scorpamine*. Sie ähneln den Toxinen der Giftnattern (↗ *Schlangengifte*) hinsichtlich der Molekülgröße (M_r 6,8–7,2 kDa; 4 Disulfidbrücken; 63–64 Aminosäuren bekannter Sequenz), Aminosäurezusammensetzung (reich an basischen und aromatischen Resten) und Wirkung (neben peripherer auch zentrale Wirkung). Die aus dem Gift des nordafrikanischen Skorpions *Androctonus australia* isolierten Neurotoxine gehören zu den wirksamsten bekannten Nervengiften.

(+)-Skyrin, ↗ *Emodin*.

SLF, Abk. für engl. *steel factor*, ↗ *Stammzellenfaktor*.

Slot-Blotting, ein dem ↗ *Dot-Blotting* entsprechendes Verfahren der Filterhybridisierungs-Technik. Die entsprechenden Geräte sind gleich aufgebaut. Slots und Dots unterscheiden sich – dem Namen entsprechend – nur in der Form.

slow reacting substances, Substanzen, die *in vitro* eine langsame Muskelkontraktion bewirken (↗ *Leukotriene*). s. r. s. A steht für *slow reacting substance of Anaphylaxis* (langsam reagierende Substanz der Anaphylaxie). Sie wird von sensitivierten Zellen als Teil der Immunanwort auf Antigene gebildet.

SLT, Abk. für engl. *shiga-like toxin*, ↗ *Shigatoxine*.

Sly-Syndrom, Syn. für *Mucopolysaccharidose VII*, ↗ *Mucopolysaccharidosen*.

small nuclear ribonucleoproteins, snRNPs, snurps, kleine im Zellkern lokalisierte ↗ *Ribonucleoproteinpartikel*, die für die Prozessierung der messenger-RNA-Vorläufer von entscheidender Bedeutung sind. Besonders eingehend untersucht wurden bislang die ↗ *U-snRNPs*, die für den Spleißvorgang, also das Entfernen der ↗ *Introns*, in einem großen Komplex, dem ↗ *Spleißosom*, zusammentreten.

SMP, Abk. für submitochondriale Partikel, ↗ *Mitochondrien*.

SMPS, Abk. für simultane multiple Peptidsynthese, ↗ *multiple Peptidsynthese*.

Sn, Elementsymbol für ↗ *Zinn*.

SNAP, Abk. für engl. *soluble NSF attachment protein*, am ↗ *protein targeting* beteiligte zelluläre Proteine.

SNARE, Abk. für SNAP-Rezeptor (↗ *SNAP*), ↗ *protein targeting*.

snRNA, Abk. für engl. *small nuclear RNA*, die RNA-Komponente von ↗ *small nuclear ribonucleoproteins*.

snRNP, Abk. für engl. ↗ *small nuclear ribonucleoprotein*.

snurps, Syn. für snRNPs, ↗ *small nuclear ribonucleoproteins*, hergeleitet von der englischen Aussprache der Abkürzung.

SOD, Abk. für ↗ *Superoxid-Dismutase*.

Sojabohnen-Trypsin-Inhibitor, *STI*, der bekannteste pflanzliche Trypsin-Inhibitor (M_r 21,1 kDa; 181 Aminosäuren). Ein Teilabschnitt des STI ist der *Bowman-Birk-Inhibitor* (78 AS, 8 kDa). Er bildet bei pH 8,3 mit Rindertrypsin einen stöchiometrischen, enzymatisch inaktiven, stabilen Komplex mit einer Assoziationskonstante von $5 \cdot 10^9$ je Mol STI. Außer Rindertrypsin hemmt STI auch andere Trypsine von Wirbeltieren und Wirbellosen sowie Plasmin und in sehr geringem Maße Chymotrypsin.

Um die Verwertung des eiweißreichen Sojabohnenmehls oder -schrots für die menschliche und tierische Ernährung durch den STI nicht zu beeinträchtigen, werden die gemahlenen Sojabohnen einem Röstprozess unterzogen. Dabei werden ihre Inhibitoren inaktiviert.

α-Solamargin, ↗ α-*Solasonin*.

β-Solamarin, ein Solanumglycoalkaloid, das zuerst aus Bittersüß (*Solanum dulcanamara*) isoliert wurde. β-S. besteht aus dem Aglycon *Tomatidenol* – (22S : 25S)-Spirosol-5-en-3β-ol, M_r 413,67 Da, F. 239 °C, $[\alpha]_D$ –37,8° (Chloroform) – und einer aus D-Glucose und zwei Molekülen L-Rhamnose zusammengesetzten Zuckerkette. Tomatidenol unterscheidet sich von Tomatidin (↗ α-*Tomatin*) durch eine Doppelbindung an Position 5. Es ist als Ausgangsmaterial zur Synthese von Steroidhormonen geeignet. β-S. hat beim Mäusesarkom 180 krebshemmende Wirkung.

Solanesol, ↗ *Polyprenole*.

Solanidan, ↗ *Solanum-Alkaloide*.

Solanidin, ↗ α-*Solanin*.

α-Solanin, *Solanin*, ein Solanum-Alkaloid, das giftige Hauptalkaloid der Kartoffel (*Solanum tuberosum*), das auch in anderen *Solanum*-Arten vorkommt. α-S. ist ein Glycoalkaloid aus dem Aglycon *Solanidin* – Solanid-5-en-3β-ol, M_r 397,65 Da, F. 218 °C, $[\alpha]_D$ –27° (Chloroform) – und dem Trisaccharid β-Solatriose (Abb.). Der Gehalt an α-S. in Kartoffelknollen beträgt maximal 0,01 % und ist in dieser Menge unschädlich. Dagegen enthalten die zur Darstellung von α-S. geeigneten Kartoffelkeime bis 0,5 % und dürfen daher nicht zu Fütterungszwecken verwendet werden. Solanidin wurde bereits 1821 von dem französischen Apotheker Desfosses aus Kartoffeln isoliert.

α-Solanin. Glc = D-Glucose, Gal = G-Galactose, Rha = L-Rhamnose.

Solanum-Alkaloide, Steroidalkaloide, die in Pflanzen der Nachtschattengewächs-(*Solanaceae*-)Gattungen *Solanum*, *Lycopersicon*, *Cyphomandra* und *Cestrum* vorkommen. Die S. leiten sich vom Stammkohlenwasserstoff Cholestan (↗ *Steroide*) ab. Ihre beiden wichtigsten stickstoffhaltigen Grundkörper sind *Spirosolan* mit sekundärer und *Solanidan* mit tertiärer Aminogruppe (Abb.). In der Pflanze liegen S. meist als Glycoalkaloide vor (z. B. ↗ α-*Solanin* und ↗ α-*Tomatin*), aus denen die freien Aglyca durch saure Hydrolyse erhältlich sind. Diese Glycoalkaloide zählen zu den ↗ *Saponinen* und sind oberflächenaktiv und hämolytisch wirksam. Mit Cholesterin entstehen schwerlösliche 1 : 1-Addukte. Die Biosynthese der S. erfolgt aus Cholesterin. Bestimmte S. dienen als Ausgangsstoffe zur Synthese von Steroidhormonen.

Solanumalkaloide. 5α-Solanidin.

Solasodin, ↗ α-*Solasonin*.

α-Solasonin, *Solasonin*, ein Solanumsteroidalkaloid, das in zahlreichen Nachtschatten-(*Solanum*-)Arten, z. B. *Solanum sodomeum*, *Solanum aviculare*, *Solanum laciniatum* und im schwarzen Nachtschatten (*Solanum nigrum*) vorkommt. α-S. ist ein Glycoalkaloid, das aus dem Aglycon *Solasodin* – (22R : 25R)-Spirosol-5-en-3β-ol, M_r 413,67 Da, F. 201 °C, $[\alpha]_D$ –107° (Chloroform) – und einem verzweigten Trisaccharid zusammengesetzt ist.

Neben α-S. gibt es weitere Solasodinglycoside, z. B. β-*Solasonin* (mit L-Rhamnose und D-Glucose) und das als erstes Glycosid aus *Solanum marginatum* isolierte α-*Solamargin* (Solamargin, mit zwei Molekülen L-Rhamnose und einem Molekül D-Glucose). Solasodin hat als Ausgangsmaterial zur Synthese von Steroidhormonen Bedeutung.

β-Solasonin, ↗ α-*Solasonin*.

β-Solatriose, ↗ α-*Solanin*.

Solavetivon, ↗ *Phytoalexine*.

Solitärcarcinogene, ↗ *Carcinogene*.

somatische Rekombination, ↗ *Rekombination*.

Somatoliberin, *Somatotropin-freisetzendes Hormon*, *SRH*, *GRF* (engl. *growth hormone-releasing factor*), ein 44 AS-Peptidamid aus dem Hypothalamus, das die Sekretion des Wachstumshormons (↗ *Somatotropin*) stimuliert. Es wurde neben kürzeren Sequenzen (1–40 und 1–37) aus pankreatischen Tumoren isoliert. Obgleich S. vorrangig im Hypothalamus synthetisiert wird, konnte SRH-Immunreaktivität auch im Gastrointestinaltrakt, in der Plazenta, im Rückenmark sowie in Menschen- und Rattenmilch nachgewiesen werden. Während der Prozessierung von Prä-Pro-h-SRH wird das kryptische Peptid ↗ *Anorectin* gebildet. SRH stimuliert sowohl die Transcription des Somatotropin-Gens als auch die Freisetzung von Somatotropin in der Hypophyse über einen Anstieg der Konzentrationen von cAMP, Arachidonsäure und Prostaglandin E_2. Daneben sind andere Wirkungen des SRH beschrieben worden. Mittels SRH ist es möglich, diagnostisch zwischen hypothalamischen und hypophysealen Somatotropin-abhängigen Mangelkrankheiten zu differenzieren. Von großem Interesse ist die Behandlung von an Somatotropinmangel leidenden Kindern mit SRH. [N. Ling et al. *Ann. Rev. Biochem.* **54** (1985) 408; L.A. Frohamn u. J.-O. Jansson *Endocr. Rev.* **7** (1986) 223]

Somatomedine, die in Leber und Niere unter der Wirkung von ↗ *Somatotropin* gebildeten Peptidhormone (M_r 7–10 kDa) mit ähnlicher Sequenz und biologischer Wirkung, die ins Blut freigesetzt werden und wachstumsfördernde Wirkung auf Knochen und Muskeln ausüben. Im Blut sind sie an S.-Bindungsproteine (M_r 50 kDa) gebunden. S. wirken als Mitogene auf die Zellvermehrung und begünstigen auch die Synthese der extrazellulären Matrix. Da sie den Einbau von sulfatierten Proteoglycanen in die Knorpelsubstanz fördern, wurden sie auch als *sulfation factors* bezeichnet. Einige S. zählt man auch zu den ↗ *insulinähnlichen Wachstumsfaktoren*. Das aus dem Plasma isolierte humane S. B ist ein 44 AS-Peptid, das dem humanen Vitronectin und Trypsininhibitoren strukturell ähnlich ist. Hohe Spiegel an S. B werden während der Schwangerschaft beobachtet. Gentechnologisch produzierte S. haben Bedeutung für die Behandlung hypophysären Zwergwuchses.

Somatostatin, *Somatotropin-Freisetzung inhibierendes Hormon*, SIH, H-Ala^1-Gly-Cys-Lys-Asn^5-Phe-Phe-Trp-Lys-Thr^{10}-Phe-Thr-Ser-Cys-OH (Disulfidbrücke: Cys^3–Cys^{14}) ein heterodet zyklisches 14 AS-Peptid, das nicht nur die hypophysäre Sekretion des Somatotropins hemmt, sondern auch inhibierend in die Sekretion fast aller HVL-Hormone eingreift. Weiterhin hemmt SIH die Sekretion von Gewebshormonen des Magen-Darm-Traktes sowie die Insulin- und Glucagonfreisetzung im Pankreas. Das dem S. ähnliche ↗ *Urotensin II* kommt in Fischen vor und zeigt in Säugern keine SIH-Effekte. Außer in verschiedenen endokrinen Drüsen, in der Schleimhaut des Magen-Darm-Traktes und in den Langerhansschen Inseln wurde SIH auch im zentralen und peripheren Nervensystem nachgewiesen, wobei es extrahypothalamisch als Neurotransmit-

ter und im Hypothalamus-Adenohypophysen-System als Neurohormon wirkt. Der Rezeptor des S., von dem zwei Subtypen bekannt sind, gehört zu den ↗ *G-Protein-gekoppelten Rezeptoren*. Durch Klonierung multipler Gene konnte die Existenz vier verwandter S.-Rezeptoren nachgewiesen werden, die sich in ihrer Funktion, in ihren pharmakologischen Eigenschaften und in der regionalen Verteilung unterscheiden. Die erste gentechnologische Synthese eines Peptidhormons wurde 1977 am Beispiel des SIH erfolgreich durchgeführt. Die Biosynthese verläuft über das aus 121 Aminosäuren aufgebaute *Prä-Pro-Somatostatin*, in dem die SIH-Sequenz C-terminal enthalten ist. Langwirkende und hochpotente Analoga vom Urotensin-Typ sind von großer Bedeutung. So ist das *Octreotid*, H-D-Phe-Cys-Phe-D-Trp-Lys-Tyr-Cys-Tyr-ol (Disulfidbrücke: Cys^2–Cys^7), beispielsweise *in vivo* 15 min nach der Verabreichung 70mal effektiver bei der Inhibierung der Somatotropinfreisetzung und zeigt einen langanhaltenden Effekt bei intramuskulärer Applikation. Es wird auch für die Behandlung bestimmter Carcinome eingesetzt. Eine noch 10-fach höhere Wirkung zeigt das *Seglitid*, cyclo-(-N-Me-Ala-Ala-Tyr-D-Trp-Phe-). S. wurde 1973 von Guillemin aus 500.000 Schafs-Hypothalami in Milligrammengen isoliert, seine Struktur wurde aufgeklärt. [C.H.S. McIntosh *Life Sci.* **17** (1985) 2.043]

somatotropes Hormon, Syn. für ↗ *Somatotropin*.

Somatotropin, *somatotropes Hormon*, *STH*, *Wachstumshormon*, *GH* (engl. *growth hormone*), ein Einketten-Protein (M_r 21,5 kDa) mit 191 Aminosäurebausteinen und zwei intrachenaren Disulfidbrücken. Das zirkulierende S. kommt in verschiedenen Formen vor. So unterscheidet man *little STH* (Monomer), *big STH* (Dimer) und *big-big STH* (Oligomer, M_r >60 kDa) neben anderen Varianten. S. beeinflusst zusammen mit anderen Hormonen (Insulin, Schilddrüsenhormone u. a.) Wachstum, Differenzierung und ständige Erneuerung der lebenden Substanz. Es stimuliert insbesondere das Wachstum des Epiphysenknorpels und damit das Längenwachstum der Knochen. S. wird im Hypophysenvorderlappen unter der Kontrolle der Hypothalamushormone Somatoliberin und Somatostatin gebildet. S. bewirkt in Leber und Niere die Ausschüttung von ↗ *Somatomedinen*, die die wachstumsfördernde Wirkung größtenteils vermitteln. Das menschliche S. wurde 1956 erstmalig isoliert und in der Aminosäuresequenz in den folgenden Jahren mehrfach korrigiert. Die Sequenzen anderer Spezies unterscheiden sich sowohl in der Kettenlänge als auch im Homologiegrad. Beim Menschen wirkt nur das S. der Primaten. Recht gering sind die Sequenzunterschiede zum Prolactin und zum Plazentahormon Human-Chorionsomatomammotropin (HCS), das ähnliche Wirkungen wie das S. und Prolactin besitzt. Durch die 1979 erstmalig gelungene gentechnologische Bereitstellung des S. sind gute Voraussetzungen gegeben für eine therapeutische Nutzung bei hypophysärem Zwergwuchs, Muskeldystrophie, Osteoporose, blutenden Magengeschwüren u. a.

Somatotropin Releasing-Peptide, Syn. für ⊅ *Somatotropin-freisetzende Peptide*.

Somatotropin-freisetzende Peptide, *Somatotropin Releasing-Peptide*, *GHRP* (engl. *growth hormone releasing peptides*), eine Familie von synthetischen Oligopeptiden mit Somatotropin-freisetzender Wirkung. Wichtige Vertreter sind *GHRP-1* (H-Ala^1-His-D-βNal-Ala-Trp^5-D-Phe-Lys-NH$_2$), *GHRP-2*, und *GHRP-6*. Die GHRPs stimulieren die Freisetzung von ⊅ *Somatotropin* in der Hypophyse über die Wechselwirkung mit Rezeptoren, die sich von den Rezeptoren des endogenen ⊅ *Somatoliberins* unterscheiden. Sie besitzen keine Homologie zum Somatoliberin. [E. Ghigo et al. *Eur. J. Endocrinol.* **136** (1997) 445]

Somatotropin-freisetzendes Hormon, Syn. für ⊅ *Somatoliberin*.

Somatotropin-Freisetzung inhibierendes Hormon, Syn. für ⊅ *Somatostatin*.

Sonde, engl. *probe*, ein Molekül, das eingesetzt wird, um 1) nach einem bestimmten Gen, Genprodukt oder Protein zu suchen oder 2) eine bestimmte zelluläre Umgebung anzuzeigen. Eine S. der Klasse 1) ist ein Molekül, das a) spezifisch an eine bestimmte Nucleotidsequenz in der Ziel-DNA oder -RNA bzw. an ein charakteristisches Strukturmerkmal des Zielproteins bindet und b) in einer radioaktiv oder chemisch markierten Form hergestellt werden kann. Bei den S. handelt es sich beispielsweise in der ⊅ *rekombinanten DNA-Technik* um ⊅ *messenger-RNA* oder ⊅ *cDNA* oder andere DNA-Abschnitte oder Antikörper (⊅ *Immunglobuline*), insbesondere monoklonale, die an ihre Proteinantigene binden. Die S. kann so konzipiert werden, dass das Gen für ein bestimmtes Protein nachgewiesen werden kann, vorausgesetzt, mindestens ein Teil der Aminosäuresequenz dieses Proteins ist bekannt.

S. der Klasse 2) werden unterteilt in Elektronenspinresonanz-(ESR-) und Fluoreszenzpolarisationssonden, die in biologische Membranen eingebaut werden, um ein Maß für deren Fluidität zu erhalten. Die erstgenannten S. sind oft Sterin-ähnliche oder Phospholipid-ähnliche Moleküle, die mit einem paramagnetischen Stickoxid-enthaltenden Teil verknüpft sind. Diese Moleküle ergeben ein breites ESR-Signal, wenn sie innerhalb der Lipiddoppelschicht nicht frei um ihre Längsachse rotieren können (geringe Membranfluidität) und ein scharfes ESR-Signal, wenn sie frei rotieren können (hohe Membranfluidität). Bei den Fluoreszenzpolarisationssonden handelt es sich oft um lange dünne

Moleküle, wie Diphenylhexatrien (DPH), die bei Bestrahlung mit planar polarisiertem Licht der geeigneten Wellenlänge Licht mit der gleichen Polarisationsebene emittieren, vorausgesetzt, sie rotieren während der Lebensdauer ihres angeregten Zustands (10^{-9} sec) innerhalb der Lipiddoppelschicht nicht um ihre Längsachse, was bei niedriger Membranfluidität der Fall ist. Eine Änderung der Polarisationsebene des emittierten Lichts weist auf eine Erhöhung der Membranfluidität hin.

Sophorabiosid, *Genistein-4'-rhamnoglucoside*. ⊅ *Isoflavon*.

Sophoricosid, *Genistein-4'-glucosid*. ⊅ *Isoflavon*.

Sophorol, *7,6'-Dihydroxy-3',4'-methylendioxy-isoflavanon*. ⊅ *Isoflavanon*.

D-Sorbit, Syn. für ⊅ *D-Glucitol*.

Sorbitol, Syn. für ⊅ *D-Glucitol*.

Sorbol, ⊅ *D-Glucitol*.

L-Sorbose, eine Monosaccharidhexulose (M_r 180,16 Da, F. 162 °C, $[\alpha]_D^{20}$ −42,9°). S. findet sich in bestimmten Pflanzensäften, z. B. in Vogelbeeren, und entsteht aus D-Sorbit. S. ist ein Zwischenprodukt der kommerziellen Ascorbinsäuresynthese.

SOS-Antwort, *SOS-Reparatur*, eine kollektive Reaktion auf massive DNA-Schäden, die in *E. coli* gut untersucht ist. An die Einzelstränge, die durch physikalische oder chemische DNA-Schädigung entstanden sind (⊅ *Rekombination*), bindet spezifisch RecA-Protein. Der DNA-Einzelstrang-RecA-Komplex hydrolysiert eine Ala-Gly-Bindung des LexA-Proteins, das normalerweise die Expression von mindestens 20 Genen blockiert, die an der DNA-Reparatur beteiligt sind. Dadurch werden die DNA-Reparaturgene aktiviert und die DNA-Synthese kann an der Replikationsgabel weiterlaufen. Diese Form der ⊅ *DNA-Reparatur* ist mit einer erhöhten Mutationsrate verbunden.

Southern-Blot, eine Methode zur Übertragung von DNA-Fragmenten von Elektrophoresegelen auf Cellulosenitratmembranen, die erstmals von E.M. Southern [*J. Mol. Biol.* **98** (1975) 503–517] beschrieben wurde. Ähnliche Verfahren zur Übertragung von RNA- bzw. Protein-Elektrophoretogrammen wurden willkürlich Northern- bzw. Western-Blot genannt.

Die Gele, die für die Elektrophorese verwendet werden (Agarose, Polyacrylamid) sind für weitere Untersuchungen der aufgetrennten Substanzen oftmals ungeeignet, während die Replika (*blots*) einer Reihe von analytischen Verfahren ausgesetzt werden können. Beispielsweise können extrem geringe Mengen an DNA durch Hybridisierung mit radioaktiven Nucleinsäuren und Proteine mit Hilfe von Antikörpern lokalisiert werden. Bei der ursprünglichen Southern-Methode wird das Gel in einem die DNA denaturierenden Puffer inkubiert, nachdem die DNA-Banden mit Hilfe von Ethidiumbromidfärbung sichtbar gemacht wurden. Anschließend wird ein Nitrocellulosefilter auf das Gel aufgelegt, darauf folgt ein feuchtes Filterpapier und dann mehrere Schichten trockenes Filterpapier. Die DNA-Fragmente wandern aufgrund von Kapillarkräften aus dem Gel heraus und werden in der Nitrocellulose festgehalten. Die Übertragung vom Gel in die Sammelschicht kann durch Anwendung elektrophoretischer Methoden beschleunigt werden. In diesem Fall spricht man von einem *Elektroblot* oder „*Blitz*"-Blot.

SP, 1) Abk. für ↗ *Substanz P.* 2) Abk. für ↗ *saure Phosphatase*.

spannungsabhängige Kaliumkanäle, ↗ *Kaliumkanäle*.

spannungsabhängige Natriumkanäle, ↗ *Natriumkanäle*.

SPARC, Syn. für ↗ *Osteonectin*.

Spasmolysine, in der Froschhaut von *Xenopus laevis* vorkommende Peptide. S. I besteht aus 49 und S. II aus 50 Aminosäurebausteinen. Die S. besitzen Sequenzhomologie zum Peptid pS2 aus menschlichem Magensaft sowie einer Brustkrebszelllinie, aber auch zum pankreatischen spasmolytischen Polypeptid, woraus eine mögliche Wirkung als Wachstumsfaktoren abgeleitet wurde.

späte Proteine, ↗ *Phagenentwicklung*.

späte RNA, ↗ *Phagenentwicklung*.

Spectinomycin, ↗ *Streptomycin*.

Spectrin, ein Vertreter der ↗ *Actin-bindenden Proteine*. S. ist ein Heterodimer bestehend aus zwei großen, strukturell sehr ähnlichen Untereinheiten (α-Sp.: 260 kDa; β-Sp.: 225 kDa), die jeweils aus sich wiederholenden, modulartigen Einheiten (106 Aminosäurereste) bestehen, die zu dreisträngigen, superspiralisierten α-Helices gefaltet sind. Die beiden parallel laufenden Ketten sind umeinander gewunden und bilden dadurch einen flexiblen Stab von etwa 100 nm Länge. Durch Zusammenlagerung zweier dieser αβ-Untereinheiten an den Enden entsteht ein 200 nm langes Tetramer. Die Schwanzenden von vier oder fünf solcher Tetramere sind mit kurzen Actin-Filamenten und anderen Cytoskelettproteinen zu einem Verbundkomplex (engl. *junctional complex*) vereinigt. S. bildet als Cytoskelettprotein, das sich nicht kovalent an der Cytoplasmaseite der Erythrocytenmembran befindet, ein Membranskelett, das es den roten Blutkörperchen ermöglicht, starken Scherkräften zu widerstehen. Die Bindung an die Plasmamembran erfolgt über das intrazelluläre Anheftungsprotein ↗ *Ankyrin* und das Protein 4.1.

Spermacetöl, ↗ *Walrat*.

Spermazet, ↗ *Walrat*.

Spermidin, ↗ *Polyamine*.

Spermin, ↗ *Polyamine*.

spezifische Aktivität, ↗ *Enzymkinetik*.

spezifische Einbaurate, ↗ *Isotopentechnik*.

spezifische Radioaktivität, ↗ *Isotopentechnik*.

spezifische Respirationsgeschwindigkeit, Syn. für ↗ *Sauerstoffaufnahmerate*.

spezifische Verknüpfungsdifferenz, ↗ *Verknüpfungszahl*.

spezifische Wachstumsrate, μ (Dimension h^{-1}), eine wichtige Kenngröße von Fermentationsprozessen. Die s. W. ist als relative Wachstumsgeschwindigkeit von Mikroorganismen, angegeben als Zunahme an Biomasse x pro Zeiteinheit, bezogen auf die zu Beginn des Zeitintervalls vorhandene Biomasse definiert:

$$\mu = \frac{dx}{dt} \cdot \frac{1}{x}.$$

Ähnlich wie andere Kenngrößen (z. B. spezifischer Substratverbrauch) ist die s. W. keine konstante Größe, sondern variiert in Abhängigkeit von exogenen (Substratkonzentration, pH-Wert, Temperatur u. a.) und endogenen (z. B. Art, Geschwindigkeit und Regulation von Transport- und Stoffwechselprozessen) Faktoren. Werden alle Milieufaktoren im Optimum gehalten, resultiert aus der s. W. ein Maximalwert, die *maximale spezifische Wachstumsrate* μ_{max}. Diese wird ausschließlich von endogenen Faktoren beeinflusst und stellt daher eine organismenspezifische Kenngröße für das Wachstum auf einem definierten Substrat dar. Die s. W. kann mit verschiedenen Methoden bestimmt werden.

Spezifitätskonstante, *physiologische Effektivität*, in der Enzymkinetik ein Maß für die Umsetzung (*turnover*) eines Substrats. Die S. ist der Quotient aus katalytischer Konstante und Michaelis-Konstante (↗ *Michaelis-Menten-Gleichung*): k_{cat}/K_m. Sie ist gleich der Geschwindigkeitskonstanten einer Enzymreaktion mit der Geschwindigkeitsgleichung $v = k_{cat}E_0 S/(K_m + S)$, wobei E_0 die totale Enzymkonzentration ist, wenn S << K_m und S die Substratkonzentration darstellt.

Sphäriphane, ↗ *künstliche Enzyme*.

Spheroidin, ↗ *Tetrodotoxin*.

Sphinganin, ↗ *Phospholipide*.

Sphingoglycolipide, ↗ *Glycolipide*.

Sphingolipidose, eine ↗ *lysosomale Speicherkrankheit*, die sich aus einem fehlerhaften Katabolismus der Glycososphingolipide ergibt.

Sphingomyelin, ↗ *Phospholipide*.

Sphingophospholipide, ↗ *Phospholipide*.

Sphingosin, D-erythro-2-Aminooctadec-4-en-1,3-diol, $C_{18}H_{37}NO_2$, ein zweiwertiger ungesättigter C_{18}-Aminoalkohol (M_r 299,5 Da, F. 67 °C). S. ist leicht löslich in Methanol, Ether, Aceton und unlöslich in Wasser. Es ist ein Baustein der Sphingomyeline (↗ *Phospholipide*) und ↗ *Glycolipide*. In Pflanzen und Tieren kommt es nicht in freier Form vor.

Spinasterine, *Spinasterole*, eine Gruppe von sehr ähnlichen Phytosterinen (↗ *Sterine*), die verbreitet in höheren Pflanzen vorkommen. Wichtigster Vertreter ist α-S. (5α-Stigmasta-7,22-dien-3β-ol; M_r 412,7 Da, F. 172 °C), das z. B. aus Spinat, Senegawurzeln und Luzerne isoliert wurde. Die isomeren β-, γ- und δ-S. unterscheiden sich in der Position der Seitenkettendoppelbindung.

Spinasterole, Syn. für ↗ *Spinasterine*.

Spinnengifte, die in den Giftdrüsen mancher Spinnen produzierten toxischen Substanzen. Die S. dienen zur Lähmung und Tötung der Beutetiere und können dem Menschen nur in seltenen Fällen gefährlich werden, z. B. das Gift der südeuropäischen Malmignatte (*Latrodectus tredecimguttatus*) oder das der in Amerika verbreitet vorkommenden Schwarzen Witwe (*Latrodectus mactans*). Bei dem wirksamen Prinzip der S. handelt es sich um eiweißartige Substanzen, die den ↗ *Schlangengiften* und ↗ *Skorpiongiften* nahestehen. Die S. haben Hyaluronidase- und proteolytische Aktivität, dagegen fehlen Phospholipasen sowie eine hämolytische oder blutgerinnungshemmende Wirkung.

Spinochrome, Derivate des 1,4-Naphthochinons (↗ *Naphthochinone*), die für die Rot- oder Orangefärbung des Seeigelskeletts verantwortlich sind. Es sind über 20 verschiedene hydroxylierte S. bekannt. Nativ liegen die S. als Calcium- oder Magnesiumsalze vor. Sie unterscheiden sich von den *Echinochromen*, die in den Eiern, der Periviszeralflüssigkeit und den Internalorganen des Seeigels vorkommen. Das *Echinochrom A*, ein Pentahydroxy-1,4-naphthochinon mit einer Ethylgruppe am C6, ist ein roter Farbstoff der Eier und des Skeletts des Seeigels (F. 223 °C).

Spinorphin, ein Vertreter der ↗ *Hämorphine*.

Spinulosin, ↗ *Benzochinone*.

Spiramycin, ein Makrolidantibiotikum. ↗ *Makrolide*.

Spirographisporphyrin, ↗ *Chlorocruorin*.

Spirosolan, ↗ *Solanum-Alkaloide*.

Spirostan, vom Stammkohlenwasserstoff Cholestan (↗ *Steroide*) abgeleiteter sauerstoffhaltiger Grundkörper der Steroidsaponine (↗ *Saponine*). Der Name S. schließt die Konfiguration aller Asymmetriezentren mit Ausnahme der Positionen 5 und 25 ein.

Spirostanole, ↗ *Saponine*.

SPKK-Motiv, ein Aminosäuresequenz-Motiv, das Bedeutung für die DNA-Bindung von ↗ *Histonen* hat. Synthetische Peptide mit repetitiven S. binden besonders AT-reiche DNA über Kontaktregionen in der kleinen Grube der DNA. In zellulären Proteinen werden S. durch Phosphorylierung bzw. Acetylierung des Serins modifiziert, wobei es durch Kompensation der positiven Ladung der beiden Lysinreste zur Veränderung der DNA-Bindungsaffinität kommt. Auch in leicht variierter Form kommt dem S. (Consensus: SPXX; X = basische Aminosäure) Bedeutung zu.

Spleißen, ein in eukaryontischen Zellen ablaufender Prozess, bei dem ein primäres Transcript in eine reife ↗ *messenger-RNA* umgewandelt wird. Eukaryontische Gene und ihre mRNA tragen neben kodierenden (Exons) häufig zahlreiche nichtkodierende Sequenzen (↗ *Introns*), die im Prozess der Reifung der mRNA – enzymatisch katalysiert – herausgeschnitten werden. Die Enden der Exons werden nachfolgend miteinander verknüpft (verspleißt), ↗ *Spleißosomen*, ↗ *Lassostruktur*. Ein Fall selbstspleißender RNA wird im Stichwort ↗ *L-19-RNA* beschrieben.

Spleißosomen, dynamische Aggregate aus snRNPs (↗ *small nuclear ribonucleoproteins*) und messenger-RNA-Vorläufern im Zellkern von Eukaryonten. In den S. findet die Prozessierung der messenger-RNA-Vorläufer, speziell das Entfernen der ↗ *Introns*, statt.

split gene, *unterbrochenes bzw. gespaltenes Gen*, ↗ *Intron*.

Spongonucleoside, ↗ *Arabinoside*.

Spongosin, 9-β-D-Ribofuranosyl-2-methoxyadenin, ein aus Schwämmen isoliertes Nucleosid mit modifizierter Stickstoffbase.

Spongosterin, *Spongosterol, (24R)-5α-Ergost-22-en-3β-ol*, ein marines Zoosterin (↗ *Sterine*). M_r 400,66 Da, F. 153 °C, $[\alpha]_D^{20}$ +10° (Chloroform). S. ist ein typisches Sterin der Schwämme (*Spongia*) und wurde z. B. aus *Suberitis domuncula* und *Suberitis compacta* isoliert.

Spongosterol, Syn. für ↗ *Spongosterin*.

Spongothymidin, ↗ *Arabinoside*.

Spongouridin, ↗ *Arabinoside*.

Sporidesmolide, vom Pilz *Pithomyces chartarum* produzierte ringförmige Depsipeptide. Das *S. I*, cyclo-(-Hyv-D-Val-D-Leu-Hyv-Val-MeLeu-), unterscheidet sich vom *S. II* nur durch den Austausch von D-Valin durch D-*allo*-Isoleucin, während *S. III* anstelle von L-*N*-Methylleucin L-Leucin enthält. (Hyv = α-Hydroxyisovaleriansäure.)

Sporopollenin, das Material der äußersten Zellwandschicht (Exin) von Pollenkörnern und -sporen der Pteridophyten. Es ist auch in kleinen Mengen in Pilzzygosporenwänden enthalten (z. B. enthält die Zygosporenwand von *Mucor mucedo* 1 % Sporopollenin). S. ist ein Gemisch aus 10–15 % Cellulose, 10 % einer Xylanfraktion, 10–15 % eines ligninähnlichen Materials und 55–65 % eines Lipids. Es ist extrem widerstandfähig gegen physikalischen, chemischen und biologischen Abbau. Die Pollenkörner bleiben deshalb in den Erdschichten gut erhalten und haben sich in der Archäologie als quantitative und qualitative Markersubstanzen für früheres

Pflanzenleben und frühere Landwirtschaft als nützlich erwiesen.

SPPS, Abk. für engl. *solid phase peptide synthesis*, ↗ *Festphasen-Peptidsynthese*.

springende Gene, ↗ *Transposon*.

S-Protein, ein Spaltprodukt der Ribonuclease, das neben dem S-Peptid (1–20) nach Einwirkung von ↗ *Subtilisin* entsteht und die ursprüngliche Sequenz 21–124 umfasst.

S-100-Protein, ein vorwiegend im ZNS der Wirbeltiere vorkommendes Ca^{2+}-bindendes Protein (M_r 20 kDa). Es besteht aus zwei ähnlichen Polypeptidketten: α (93 AS) und β (91 AS). S. soll beim Lernprozess eine Rolle spielen, an der Regulation von Zell-Zyklus, -Wachstum und -Differenzierung beteiligt sein sowie als Wachstumsfaktor für serotoninerge Neuronen wirken.

Spurenelemente, *Mikroelemente*, Elemente, die von lebenden Organismen in kleinsten Mengen benötigt werden. Sie wirken selbst katalytisch oder sind Bestandteil katalytischer Systeme. Die Grenze zum Mineralstoff ist nicht immer eindeutig zu ziehen, das gilt z. B. für das Eisen. Da einige S. in Mengen benötigt werden, die denen von Mineralstoffen nahe kommen, unterscheidet man zuweilen zwischen *Spurenstoffen* und *Ultraspurenstoffen*.

Bei Mangel an S. können Mangelerscheinungen bzw. Mangelkrankheiten aufteten, die nachdrücklich auf die lebensnotwendige Bedeutung der S. hinweisen. Iod ist z. B. Bestandteil der Schilddrüsenhormone und für die Schilddrüsenfunktion essenziell. Iodmangel ist verantwortlich für den endemisch auftretenden Kropf (Struma) und kann eine Ursache für Formen des Kretinismus sein. Durch Zusatz von iodhaltigem „Vollsalz" zum Trinkwasser kann man endemisch auftretenden Iodmangel bekämpfen. Weitere S. sind: ↗ *Chrom*, ↗ *Kupfer*, ↗ *Fluoride*, ↗ *Magnesium*, ↗ *Mangan*, ↗ *Nickel*, ↗ *Vanadin*, ↗ *Silicium*, ↗ *Zinn*, ↗ *Selen*, ↗ *Zink*.

Spurenstoffe, *Mikronährstoffe*, in sehr geringen Mengen benötigte Ergänzungs- und Zusatzstoffe der Nahrung von Lebewesen. Zu den S. zählen die ↗ *Spurenelemente* und die essenziellen Metaboliten (↗ *Vitamine*, essenzielle ↗ *Aminosäuren*). Mangel an S. führt zu Mangelerscheinungen, wie z. B. Vitaminmangelkrankheiten. S. sind katalytisch im Organismus wirksam oder Bestandteile bzw. Vorstufen katalytisch aktiver Systeme oder wichtiger Biomoleküle. Geschmacksstoffe gehören nicht zu den S.

Squalen, das wichtigste aliphatische Triterpen (M_r 408 Da, Sdp.$_{10}$ 262–264 °C, ρ 0,8584). S. wurde zu

erst aus Fischleberölen isoliert, später auch in vielen Pflanzenölen nachgewiesen. S. entsteht aus zwei Molekülen Farnesylpyrophosphat durch Schwanz-Schwanz-Verknüpfung (Abb.). Es ist das Intermediat bei der Biosynthese aller ↗ *Triterpene*. Seine Zyklisierung wird eingeleitet durch eine mischfunktionelle Oxygenase und verläuft über *2,3-Epoxysqualen (Squalenepoxid)*.

Src-Homologiedomänen, Syn. für ↗ *SH-Domänen*.

Src-Kinase-Familie, SH2- und SH3-Domänen (↗ *SH-Domänen*) enthaltende Protein-Tyrosin-Kinasen (M_r 53–64 kDa), die mit Rezeptoren assoziiert sind. Neben dem ↗ *Src-Protein* gehören zu dieser Familie u. a. die Vertreter *Yes, Fgr, Yrk, Csk, Fyn, Lck, Lyn, Hck* und *Blk*. Sie befinden sich alle an der cytoplasmatischen Seite der Plasmamembran, wobei eine Fixierung durch Interaktionen mit Transmembran-Rezeptorproteinen oder über kovalent verankerte Lipidseitenketten (Myristylierung) erfolgt. Sie werden durch Tyrosin-Kinasen-assoziierte Rezeptoren oder durch Rezeptorprotein-Tyrosin-Kinasen aktiviert und phosphorylieren verschiedene, sich überschneidende Zielproteine. [T. Mustelin u. P. Burn *Trends Biochem. Sci.* **18** (1993) 2.215–2.220]

Src-Protein, eine zur ↗ *Src-Kinase-Familie* gehörende Membran-assoziierte Tyrosin-Kinase (M_r 60 kDa). S. besitzt eine katalytische Domäne mit Tyrosin-Kinase-Aktivität, jedoch fehlt eine extrazelluläre Liganden-bindende Rezeptordomäne. Von den Src-Homologie-Regionen 2 und 3 des S. leitet sich die Bezeichnung ↗ *SH-Domänen* ab. S. befindet sich an der cytoplasmatischen Seite der Plasmamembran. Die Src-homologe Region 2 (SH2) erkennt aktivierte Rezeptorprotein-Tyrosin-Kinasen, die Tyrosinreste dieses Proteins phosphorylieren, und dadurch seine katalytische Aktivität anschalten.

SRE, Abk. für engl. ↗ *sterol response element*.

SRH, Abk. für engl. *somatotropin releasing hormone*, ↗ *Somatoliberin*.

sRNA, Abk. für *soluble RNA*, veraltet für ↗ *transfer-RNA* bzw. tRNA.

SRP, Abk. für engl. *signal recognition particle*, ↗ *Signalerkennungspartikel*.

SRP-Rezeptor, Abk. für ↗ *Signalerkennungspartikel-Rezeptor*.

SRS, Abk. für *slow reacting substance*. ↗ *Leukotriene*.

ST, Abk. für ↗ *Sulfotransferasen*.

Stachydrin, ↗ *Pyrrolidin-Alkaloide*.

Squalen

Stachyose, ein im Pflanzenreich verbreitetes nicht reduzierendes Tetrasaccharid (F. 170 °C, $[\alpha]_D^{20}$ +149°). S. ist in der Reihenfolge D-Galactose-D-Galactose-D-Glucose-D-Fructose aufgebaut.

Stammzellenfaktor, *SCF* (engl. *stem cell factor*), ein aus 164 Aminosäuren aufgebautes Glycoprotein (hSCF). Es ist ein multipotenter Wachstumsfaktor für Zellen der myeloischen, der lymphoiden und der Mastzell-Linie. Die Wirkung erfolgt direkt auf die gemeinsamen Vorläufer-Zellen der lymphoid-myeloiden Linie. SCF ist synonym mit dem c-kit Liganden (KL), dem Mastzellenwachstumsfaktor (MGF, engl. *mast cell growth factor*) und dem *steel factor* (SLF).

Standardsedimentationskoeffizient, ↗ *Sedimentationskoeffizient*.

Standkultur, *Batch-Kultur*, ↗ *Fermentationstechnik*.

staphylococcales Protein A, ↗ *Protein A*.

Stärke, ein hochmolekulares Polysaccharid der Bruttoformel $(C_6H_{10}O_5)_n$, dem als Reservekohlenhydrat höherer Pflanzen größte Bedeutung zukommt. S. besteht zu etwa 80 % aus wasserunlöslichem ↗ *Amylopektin* und zu 20 % aus der wasserlöslichen ↗ *Amylose*. Im pflanzlichen Stoffwechsel entsteht S. zunächst als Assimilationsprodukt in den Chloroplasten und wird dann nach Abbau, Translokalisation und Resynthese als Reservestärke (*Stärkekörner*) in entsprechenden Speicherorganen, den Amyloplasten, z. B. Wurzeln, Knollen oder Mark, in charakteristischer Anordnung bzw. Schichtung abgelagert. Man unterscheidet hiernach zusammengesetzte und einfache, zentrische und azentrische Stärkekörner. Aufgrund dieser Kennzeichen kann man Mehl verschiedener Kulturpflanzen (z. B. Mais, Reis, Weizen, Roggen) mikroskopisch unterscheiden.

Bei der Stärkesynthese dient Adenosindiphosphatglucose als Ausgangspunkt (Abb.). Der Stärkeabbau erfolgt bei der Verdauung auf hydrolytischem Weg durch Amylasen. Die α-Amylase (EC 3.2.1.1) hydrolysiert α(1→4)-Bindungen und bildet ein Gemisch aus Glucose und Maltose. Die Maltose wird durch α-D-Glucosidase (Maltase, EC 3.2.1.20) zu Glucose hydrolysiert. Die α-Amylase kann keine α(1→6)-Bindungen an den Verzweigungspunkten des Amylopektins spalten. Das Produkt der Amylase-Wirkung auf Amylopektin ist daher ein großer,

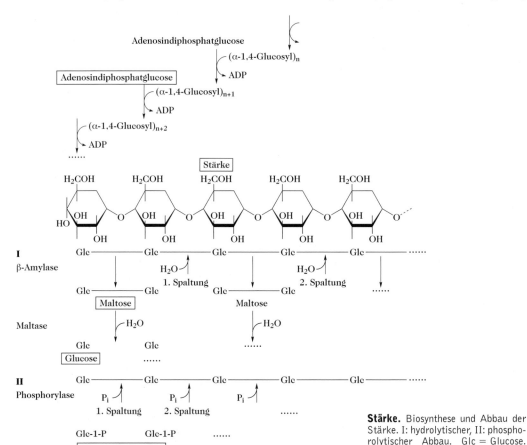

Stärke. Biosynthese und Abbau der Stärke. I: hydrolytischer, II: phosphorolytischer Abbau. Glc = Glucose. P_i = anorganisches Phosphat.

hochverzweigter Kern bzw. Grenzdextrin, das aus 40 % des ursprünglichen Amylopektins besteht. Im Dünndarm kommt eine Oligo-α(1→6)-Glucosidase vor, die α(1→6)-Bindungen hydrolysiert und somit den Gesamtabbau des Amylopektins bewirkt. β-Amylasen (EC 3.2.1.2) werden insbesondere in keimenden Samen (z. B. Malz) gefunden. Sie wirken auf das nichtreduzierende Ende der Polysaccharidkette und entfernen sukzessive Maltose-Einheiten. Die β-Amylasen können keine α(1→6)-Bindungen angreifen. In den Zellen der Pflanzen erfolgt die Remobilisierung der Glucose aus dem Stärkespeicher durch Phosphorolyse zu Glucose-1-phosphat.

S. ist für die menschliche Ernährung von großer Bedeutung und liefert den Hauptanteil unseres Kohlenhydratbedarfs (ungefähr 500 g je Tag). Besonders reich an S. sind Kartoffeln, Getreide und Bananen. 1 g S. liefert bei der physiologischen Verbrennung 16,75 kJ (4 kcal). Die technische Gewinnung von S. erfolgt aus stärkereichen Pflanzenteilen, insbesondere aus Kartoffeln, Weizen, Reis und Mais. Stärke wird vielseitig in der Nahrungsmittelindustrie und in der Technik verwendet.

Stärkeverzuckerung, ein Prozess der Spaltung von Stärke zu Glucose. Biotechnologische Prozesse der S. werden großtechnisch nach dem *Doppelenzymverfahren* durchgeführt. Dabei wird in Wasser suspendierte Stärke durch Kochen gelatiniert (verkleistert) und damit für die nachfolgenden enzymatischen Stufen vorbereitet. Durch Zusatz von α-Amylase (möglichst eines thermostabilen Präparates, z. B. aus *Bacillus licheniformis*) wird Stärke in lösliche Dextrine überführt (Stärkeverflüssigung). Anschließend erfolgt die eigentliche Verzuckerung mittels Glucoamylase (↗ *Amylasen*). Die Ausbeute an Glucose beträgt – bezogen auf das eingesetzte Substrat – ca. 95 %.

Startcodon, ↗ *Initiationscodon*, ↗ *Proteinbiosynthese*.

Starter, ↗ *Primer*.

Starterkultur, die Bezeichnung für das Impfmaterial bei der fermentativen Herstellung oder Bearbeitung von Lebens-, Genuss- oder Futtermitteln (z. B. Sauermilchprodukte, Käse, ↗ *Sauerteig*, Silierung). Als S. kommen Reinkulturen, überwiegend jedoch Mischkulturen, in entsprechend konditionierter Form zum Einsatz. Während früher solche Prozesse auf den spontanen Befall der Verarbeitungsanlage mit einer mehr oder weniger zufälligen mikrobiellen Zusammensetzung angewiesen waren, ermöglicht heute der gezielte Einsatz von S. eine sichere und schnelle Produktion mit gleichmäßiger Qualität.

Starter-tRNA, ↗ *Initiations-tRNA*.

Statine, *freisetzungshemmende Hormone, Release inhibierende Hormone/Faktoren*, zu den Neurohormonen zählende Peptidhormone, die in den kleinzelligen Kerngebieten des Hypothalamus gebildet werden, auf dem Blutweg zum Hypophysenvorderlappen (HVL) gelangen und dort die Ausschüttung von ↗ *Somatotropin*, ↗ *Prolactin* und ↗ *Melanotropin* hemmen. Die S. regulieren im Zusammenspiel mit den drei entsprechenden Liberinen den Stoffwechsel der genannten drei HVL-Hormone, da keine hormonelle negative Rückkopplung aus der Peripherie existiert.

Stationärzustand, Syn. für *Fließgleichgewicht*, ↗ *steady-state*.

STAT-Proteine, *STAT* für *Signaltransduktoren und -aktivatoren der Transcription*, eine Familie DNA-bindender Proteine. Die biologischen Wirkungen der STATs reichen von antiviralen Antworten bis zur Zelltransformation und sie scheinen auch insbesondere am Signalstoff-Stoffwechsel beteiligt zu sein, der durch Cytokine aktiviert wird. Bis jetzt wurden in Säugetieren sechs und in *Drosophilla* zwei STATs und ihre korrespondierenden Gene identifiziert.

STATs zeigen über beinahe ihre gesamte Länge von ungefähr 700 Aminosäureresten Sequenzähnlichkeiten mit ausgeprägter Homologie zwischen den Resten 600–700. Dieser Abschnitt stimmt mit den SH2-Domänen anderer Proteine überein. Dagegen weisen die Reste 500–600 eine Sequenzähnlichkeit mit den SH3-Domänen auf (↗ *SH-Domänen*). Die Spezifität der DNA-Bindungsstelle wird durch die Sequenz der Reste 400–500 bestimmt. Alle STATs haben einen einzigen Tyr-Rest in der Region des Rests 700, der im Verlauf der cytoplasmatischen Aktivierung des Proteins phosphoryliert wird. Das auf diese Weise aktivierte Protein bindet dann sequenzspezifisch an DNA. Einige STATs (STAT1a, STAT3, STAT4) besitzen in der Region des Rests 727 einen Ser-Rest, der (möglicherweise durch eine mitogenaktivierte Kinase) phosphoryliert werden kann, wodurch eine weitere Regulierungsstufe für STAT vorliegt.

STATs sind Komponenten des JAK/STAT-Signalstoff-Stoffwechsels, der mit Hilfe der Untersuchung der transcriptionellen Aktivatorantwort auf bestimmte Cytokine und Wachstumsfaktoren identifiziert wurde. Die JAK-Proteine (Janus-Kinase, eine Familie an Tyrosin-Kinasen, ↗ *Jak-Familie*) werden an die membranproximale Domäne des Cytokinrezeptors gebunden. Die Cytokinbindung induziert eine Rezeptordimerisierung. Dadurch können sich die assoziierten JAKs so nahe kommen, dass eine Aktivierung durch Transphosphorylierung möglich wird. Anschließend phosphorylieren diese aktivierten JAKs ein distales Tyrosin auf dem Rezeptor. Der phosphorylierte Rezeptortyrosinrest wird dann von der SH2-Domäne des STAT erkannt. Es bildet sich ein Komplex aus, in dem STAT durch Phosphorylierung seines strategischen Tyr mit Hilfe der JAKs aktiviert wird. Die aktivierten STATs gehen eine Hetero- oder Homodimerisierung ein und werden in den Kern verlagert, wo sie die Gentranscription aktivieren.

STATs wurden erstmals bei Untersuchungen des Signalstoff-Stoffwechsels entdeckt, der durch die Bindung von Interferon (IFN) durch Zellen angeregt wird. Zwei Mitglieder der STAT-Familie (STAT1 und STAT2) werden durch IFN_α aktiviert, während IFN_γ nur STAT1 aktiviert. Die Rolle der Janus-Familie an Tyrosin-Kinasen wurde durch die Beobachtung aufgeklärt, dass Zellen, denen JAK1 fehlt, nicht in der Lage sind, auf IFN_α zu reagieren, und dass Mutanten, denen entweder JAK1 oder JAK2 fehlt nicht auf IFN_γ reagieren. [C. Schindler u. J.E. Darnell *Annu. Rev. Biochem.* **64** (1995) 621–651; J.N. Ihle u. I.M. Kerr *Trends Genet.* **11** (1995) 69–74; J.N. Ihle *Cell* **84** (1996) 331–334; X.S. Hou et al. *Cell* **84** (1996) 419–430; M.A. Meraz et al. *Cell* **84** (1996) 431–442; J.E. Durbin et al. *Cell* **84** (1996) 443–450]

Status-quo-Hormone, ↗ *Juvenilhormone.*

steady state, *Stationärzustand, Fließgleichgewicht,* ein Zustand einer chemischen Reaktionskette, bei dem trotz messbarem Gesamtumsatz die zeitliche Änderung der Konzentrationen der Zwischenstoffe Null ist. Die Zwischenstoffkonzentrationen sind konstant, es wird jedoch ein Produkt gebildet, während ein Substrat verbraucht wird. Es gibt zwei Grundtypen des s. s.:

1) Der *kinetische s. s. (approximativer s. s.)* ist Teil der kinetischen Antwort eines enzymkatalysierten Reaktionssystems beim Übergang vom inizialen Zustand zum Gleichgewichtszustand (Abb., *Stationärzustand*). Er ist charakterisiert durch sich langsam mit der Zeit ändernde Intermediatkonzentrationen (↗ *Enzymspezies*), während sich die Konzentrationsvariablen mit der Geschwindig-

keit der Gesamtreaktion ändern. Im Stationärzustand gilt $(dES/dt)/(dS/dt) \ll 1$, und es kann approximativ in den kinetischen Gleichungen $dES/dt \approx 0$ gesetzt werden.

2) Beim *induzierten s. s. (echter s. s.)* werden die Konzentrationen aller Konzentrationsvariablen konstant gehalten, indem sie mit der gleichen Geschwindigkeit zugeführt (entfernt) werden, wie sie im System verbraucht (produziert) werden. Für die Reaktionskette als einfacher Grenzfall einer Stoffwechselkette gilt also $dX_i/dt = 0$ und $k_r X_i = v$ für $i = 1,...,n - 1$.

Stearin, eine weiße bis schwach gelbliche, wasserunlösliche Masse, die hauptsächlich aus Palmitin- und Stearinsäure besteht und technisch durch Spaltung der Fette (tierische und pflanzliche Talge, Knochenfette, Palmfett), Abtrennung durch Abpressen der öligen Bestandteile und Reinigung durch Wasserdampf- oder Hochvakuumdestillation gewonnen wird. Man verwendet S. zur Kerzenfabrikation, in der Textil-, Seifen-, Gummi- und Lederindustrie sowie in der kosmetischen Industrie.

Stearinsäure, *n-Octadecansäure,* $CH_3\text{-}(CH_2)_{16}\text{-}COOH$, eine Fettsäure. M_r 284,5 Da, F. 71,5 °C, Sdp.$_{15}$ 232 °C. S. gehört neben Palmitinsäure zu den verbreitetsten natürlichen Fettsäuren und kommt in fast allen tierischen und pflanzlichen Fetten und fetten Ölen vor, z. B. zu 34 % in der Kakaobutter, 30 % im Hammeltalg, zu 18 % im Rindertalg, zu 5–15 % im Milchfett. S. dient zur Herstellung von Kerzen, Seifen, Netz- und Schaummitteln sowie pharmazeutischen und kosmetischen Präparaten. Das Stearin des Handels besteht aus einem Gemisch von S. und Palmitinsäure.

Stearylalkohol, *Octadecan-1-ol,* $CH_3(CH_2)_{16}CH_2OH$, ein primärer Alkohol; F. 59 °C. S. wird zur Einführung langkettiger Alkylgruppen (Fettreste) in organische Moleküle (Natriumalkylsulfate als Tenside und Emulgatoren) verwendet.

Stemphylotoxine, Phytotoxine (Abb.), die aus Kulturfiltraten von *Stemphylium botyrosum* Wallr.f.sp. *lycopersici* isoliert wurden. Sie verursachen die Blattflecken- und Blattbleichkrankheit der Tomate. Die Krankheitssymptome werden durch externe Anwendung der S. ausgelöst. S. hemmen die Inkorporation von ^{14}C-Aminosäuren in Proteine. Durch die Messung dieser Hemmung während des exponenziellen Wachstums in Tomatenzellsuspensionen wird die Toxizität der Stemphylotoxine ermittelt. Des Weiteren inhibieren S. die Verlängerung kleiner Wurzeln sowie das Wachstum von *Spirodella oligorrhiza* (Wasserlinse). S. I wirkt ungefähr 100mal toxischer als S. II. S. I wird durch saure oder basische Katalyse leicht in S. II überführt. Die S. zeigen eine hohe Affinität zu Eisen(III)- jedoch keine zu Eisen(II)-Ionen [scheinbare Stabilitäts-

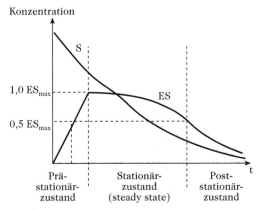

steady-state. Allgemeiner Konzentrations-Zeit-Verlauf von Substrat und Enzym-Substrat-Komplex bei einer Enzymreaktion. S = Substratkonzentration, ES = Enzym-Substrat-Komplex-Konzentration.

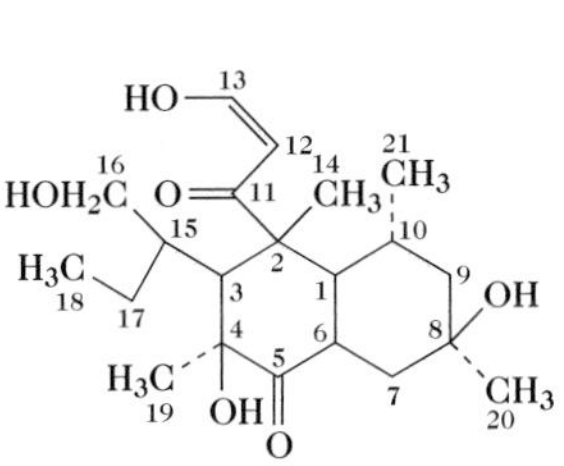

Stemphylotoxin I 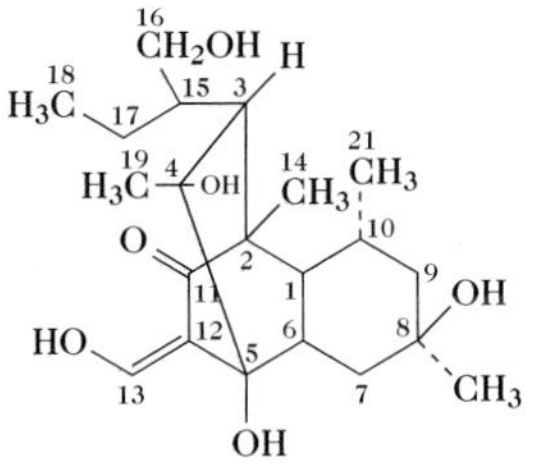   Stemphylotoxin II   **Stemphylotoxine**

konstanten für Fe^{3+}-Komplexe: $1{,}7 \cdot 1024$ (I) und $1{,}6 \cdot 1024$ (II); zum Vergleich 1030–1034 für Hydroxamat-Siderophore (↗ *Siderochrome*)]. Möglicherweise fungieren S. als Siderophore, indem sie Fe^{3+}-Ionen von der Wirtspflanze absondern und dem Pilz zur Verfügung stellen. Die Biosynthese der S. wird durch Eisen reguliert, wobei die optimale Konzentration für die Stemphylotoxinproduktion bei $2\,mg/l$ (Fe^{2+} oder Fe^{3+}) liegt.

Steran, frühere Bezeichnung für Goran. ↗ *Steroide*.

Stercobilin, ↗ *Gallenfarbstoffe*.

Stercobilinogen, ↗ *Gallenfarbstoffe*.

Sterine, *Sterole*, eine Gruppe von natürlich vorkommenden Steroiden, die eine 3β-Hydroxylgruppe und eine 17β-ständige aliphatische Seitenkette aufweisen und sich von den Stammkohlenwasserstoffen Cholestan, Ergostan und Stigmastan ableiten (↗ *Steroide, Tab.*). S. treten frei, glycosidisch oder esterartig gebunden als primäre Zellbestandteile im Tier- und Pflanzenreich verbreitet auf. Je nach Vorkommen unterscheidet man die *Zoosterine* des Tierreichs, die ↗ *Phytosterine* des Pflanzenreichs, die *Mycosterine* in Pilzen und die *marinen S.* in Meeresfauna und -flora. Außerdem wurden S. auch in Bakterien nachgewiesen.

S. sind die am wenigsten amphipathischen ↗ *Membranlipide*. Der einzige hydrophile Molekülteil, die 3β-Hydroxylgruppe, ist klein im Vergleich zu dem großen hydrophoben, kohlenwasserstoffhaltigen Cyclopentanoperhydrophenanthren-Kern (19 C-Atome) und der 17β-Seitenkette (8–10 C-Atome). ↗ *Cholesterin* ist das Hauptsterin der tierischen Membranen, während in Pflanzenmembranen verschiedene Kombinationen aus ↗ *Sitosterin*, ↗ *Stigmasterin* und ↗ *Campesterol* vorkommen. Das $\Delta^{5,7}$-S. ↗ *Ergosterin* stellt das Hauptsterin in den Membranen der meisten Pilze dar. Bei einigen Pilzen kommen jedoch stattdessen Δ^{5}- bzw. Δ^{7}-S. vor. Die Membranen von Prokaryonten enthalten typischerweise überhaupt keine S. Innerhalb der Eukaryontenmembran hat das Sterinmolekül eine Querschnittsfläche von $0{,}35$–$0{,}4\,nm^2$ (im Vergleich zu $0{,}52\,nm^2$ für ein ↗ *Phospholipid*) und eine Länge von $2{,}1\,nm$ (im Vergleich zu $3{,}3\,nm$ für Phosphatidylcholin), von der $1{,}2\,nm$ durch den Kern und $0{,}9\,nm$ durch die Seitenkette eingenommen werden (Abb.). Interessanterweise stimmt der Punkt, an dem die Steifigkeit des Kerns in die Flexibilität der Seitenkette übergeht, mit der Position innerhalb der Biomembran überein, an der sich die *cis*-Δ^9-Doppelbindung der ungesättigten Fettsäurereste

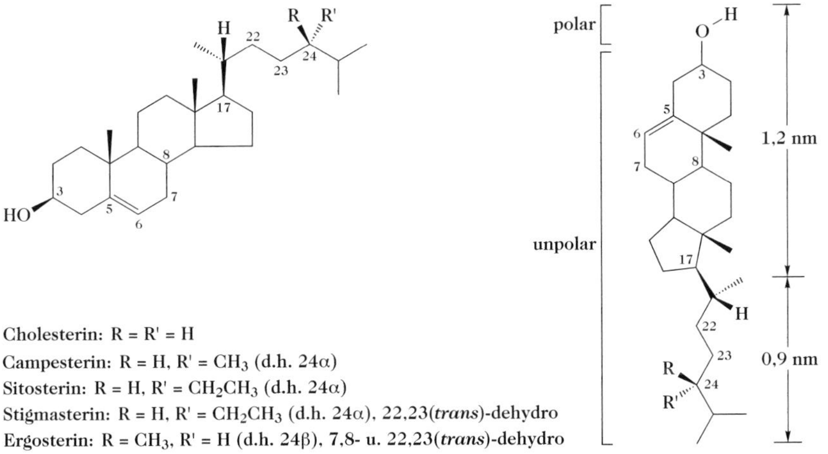

Cholesterin: $R = R' = H$
Campesterin: $R = H$, $R' = CH_3$ (d.h. 24α)
Sitosterin: $R = H$, $R' = CH_2CH_3$ (d.h. 24α)
Stigmasterin: $R = H$, $R' = CH_2CH_3$ (d.h. 24α), 22,23(*trans*)-dehydro
Ergosterin: $R = CH_3$, $R' = H$ (d.h. 24β), 7,8- u. 22,23(*trans*)-dehydro

Sterine. Struktur der Hauptmembransterine, ihre Orientierung und ihre Abmessungen in einer Monoschicht der Lipiddoppelschicht einer Biomembran.

(z. B. Ölsäure) acylierter Membranlipide befinden. Die Sterinhydroxylgruppe befindet sich innerhalb der Biomembran auf der gleichen Höhe wie die Esterbindungen der acylierten Membranlipide.

Insekten benötigen S. als essenzielle Nahrungsbestandteile. S. bilden mit Digitonin schwerlösliche Additionsverbindungen und heben die hämolytische Wirkung von Saponinen auf. Die Biosynthese der Sterine wird bei den ⌐ *Steroiden* beschrieben. Die Isolierung von S. erfolgt aus den unverseifbaren Neutralfettfraktionen. Die Trennung und Identifizierung erfolgt mit Hilfe der Adsorptionschromatographie auf Kieselsäure (Säulen- oder Dünnschichtchromatographie), der Gaschromatographie sowie der Massenspektrometrie. Mit starken Säuren liefern S. typische Farbreaktionen, die zur quantitativen Bestimmung benutzt werden, z. B. die ⌐ *Liebermann-Burchard-Reaktion*.

Steroidalkaloide, eine Gruppe pflanzlicher stickstoffhaltiger Steroide. S. wurden besonders in den Pflanzenfamilien Nachtschattengewächse (*Solanaceae*), Liliengewächse (*Liliaceae*), Hundsgiftgewächse (*Apocynaceae*) und Buchsbaumgewächse (*Buxaceae*) nachgewiesen und liegen oft als *Glycoalkaloide* oder verestert als *Esteralkaloide* vor. Nach dem Vorkommen können die S. in ⌐ *Solanum-Alkaloide*, ⌐ *Veratrum-Alkaloide*, ⌐ *Funtumia-Alkaloide*, ⌐ *Holarrhena-Alkaloide* und ⌐ *Buxus-Alkaloide* eingeteilt werden, die oft auch verschiedene Strukturtypen repräsentieren. Eine Sonderstellung nehmen wegen ihres tierischen Vorkommens die ⌐ *Salamander-Alkaloide* ein. S. leiten sich vom Cholestan oder Pregnan ab und werden strukturell in weitere Untergruppen unterteilt, z. B. die Solanum-Alkaloide in Spirosolane und Solanidane. Einige Vertreter, z. B. bestimmte Veratrum-Alkaloide, haben pharmakologische Bedeutung.

Steroidalkaloidsaponine, ⌐ *Saponine*.

Steroide, Verbindungen, die sich von dem tetrazyklischen Kohlenwasserstoff *Perhydro-1H-cyclopenta[a]-phenanthren* (Trivialname bei unbekannter Stereochemie *Steran*, bei *trans*-Stellung der Ringe B/C und C/D *Gonan*) ableiten. Wichtige Gruppen natürlich vorkommender S. sind die ⌐ *Sterine*, ⌐ *Gallensäuren*, ⌐ *Steroidhormone* und Cardenolide (⌐ *herzwirksame Glycoside*) sowie verschiedene N-haltige S. (⌐ *Steroidalkaloide*). Zu den S. gehören ferner zahlreiche Sapogenine (⌐ *Saponine*). Von den zahlreichen synthetischen S. haben z. B. die ⌐ *Ovulationshemmer*, die ⌐ *Anabolika* und zahlreiche weitere strukturmodifizierte Steroidhormone große pharmakologische Bedeutung.

Struktur, Nomenklatur. Die Kennzeichnung des tetrazyklischen Ringgerüsts (oft als „Steroidkern" bezeichnet) und die Bezifferung des Kohlenstoff-

skeletts zeigt Abb. 1. Die *IUPAC-IUB Joint Commission on Biochemical Nomenclature* empfahl 1989 ein neues Kohlenstoffnummerierungssystem [*Eur. J. Biochem.* **186** (1989) 429–458], das das früher empfohlene ersetzte [*Eur. J. Biochem.* **10** (1969) 1–19; *Eur. J. Biochem.* **25** (1972) 1–3]. Dadurch änderte sich die Nummerierung der Kohlenstoffatome von 28, 29, 30, 31 und 32 (in Abb. 1 fettgedruckt) zu 24^1, 24^2, 28, 29 und 30 (in Abb. 1 innerhalb der Ellipse gezeigt).

Steroide. Abb. 1. Ringnomenklatur und Nummerierung der Kohlenstoffatome im Steroidmolekül. In den Ellipsen angezeigte Nummern entsprechen der IUPAC-Empfehlung von 1989, fettgedruckte der zuvor gültigen von 1969. Alle anderen Nummerierungen blieben unverändert.

Die Ringe A/B, B/C und C/D können *cis* oder *trans* miteinander verbunden sein. Bei den natürlich vorkommenden S. sind die Ringe B/C immer *trans* verknüpft. Die meisten S. leiten sich vom Gonan ab. Bei den Cardenoliden und Bufadienoliden sind die Ringe C/D *cis* verknüpft. Zahlreiche S. enthalten jedoch Doppelbindungen in den Ringen A oder B und sind daher mehr oder weniger stark eingeebnet. Als Bezugspunkt für stereochemische Angaben dient die CH_3-Gruppe in 13-Stellung, die immer oberhalb der Ringebene, also β-ständig, angeordnet ist. Nach der Orientierung des H-Atoms in 5-Stellung (α- oder β-ständig) wird zwischen der 5α- und 5β-Reihe unterschieden (Tab.). Bei der 5α-Reihe sind die Ringe A/B *trans*, bei der 5β-Reihe *cis* verknüpft. Die meisten natürlich vorkommenden S. haben CH_3-Gruppen in 13- (z. B. Östran) bzw. 10- und 13-Stellung (z. B. Androstan), sowie eine Sauerstofffunktion (Hydroxy-, Oxogruppe) in 3-Stellung. Sie enthalten meist einen Alkylrest in 17-Stellung.

Bei einer Doppelbindung, die nicht zwei in der Ziffernfolge aufeinanderfolgende C-Atome verbindet, wird das höhere C-Atom in Klammern hinter dem niedrigeren C-Atom angegeben, z. B. bedeutet 8(14)-en, dass die Doppelbindung zwischen C8 und C14 vorliegt. Die Lage der Doppelbindung kann auch als Hochzahl des griechischen Buchstabens Δ angegeben werden, z. B. kennzeichnet $\Delta^{5,8(14)}$-Cho-

Steroide. Tab. Wichtige Stammkohlenwasserstoffe der Steroide. Soweit nicht anders angegeben, sind die Namen für die entsprechenden 5α- und 5β-Verbindungen gleich.

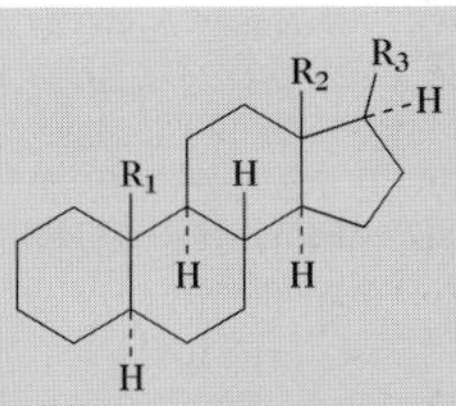

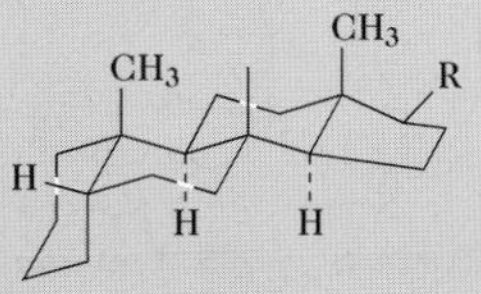

Name	R_1	R_2	R_3
5α-Gonan (früher Steran); 5β-Gonan	H	H	H
Östran	H	CH_3	H
5α-Androstan (früher Testan); 5β-Androstan (früher Ätiocholan)	CH_3	CH_3	H
5α-Pregnan (früher Allopregnan); 5β-Pregnan	CH_3	CH_3	$(20R)\text{-}C_2H_5$
5α-Cholan (früher Allocholan); 5β-Cholan	CH_3	CH_3	$(20R)\text{-}CH(CH_3)CH_2CH_2CH_3$
5α-Cholestan; 5β-Cholestan (früher Koprostan)	CH_3	CH_3	$(20R)\text{-}CH(CH_3)CH_2CH_2CH_2CH(CH_3)_2$
Ergostan	CH_3	CH_3	$(20R,24S)\text{-}CH(CH_3)CH_2CH_2CH(CH_3)CH(CH_3)_2$
Campestan	CH_3	CH_3	$(20R,24R)\text{-}CH(CH_3)CH_2CH_2CH(CH_3)CH(CH_3)_2$
Poriferastan	CH_3	CH_3	$(20R,24S)\text{-}CH(CH_3)CH_2CH_2CH(C_2H_5)CH(CH_3)_2$
Stigmastan	CH_3	CH_3	$(20R,24R)\text{-}CH(CH_3)CH_2CH_2CH(C_2H_5)CH(CH_3)_2$

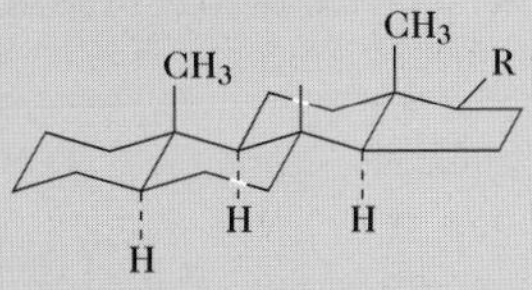

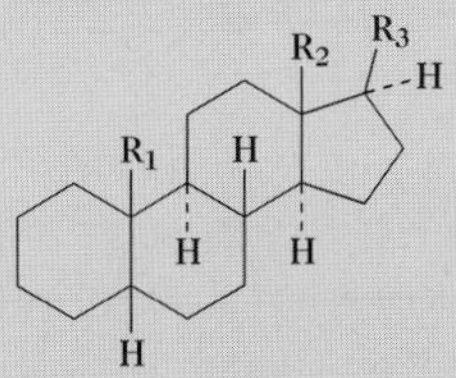

lestandien-3β-ol ein S. mit einer Doppelbindung zwischen C5 und C6 sowie einer weiteren zwischen C8 und C14. Diese Kennzeichnung sollte laut der IUPAC-IUB-Empfehlung von 1989 nicht mehr verwendet werden, ist aber in der wissenschaftlichen Literatur immer noch weit verbreitet.

Der in vielen natürlichen S. vorkommende 17β-Substituent enthält 2–10 Kohlenstoffatome und wird als „Seitenkette" bezeichnet. Je nach Länge besitzt er ein oder zwei asymmetrische Zentren, und zwar C20 und C24. Um die Konfiguration an diesen Zentren zu bestimmen, werden das α/β-System [L.F. Fieser u. M. Fieser *Steroids* 4. Auflage (1959) 337–340] und die R/S-(Cahn-Ingold-Prelog-)Konvention verwendet [R.S. Cahn *J. Chem. Educ.* **41** (1964) 116–125]. Für die Bezeichnung spezifischer Verbindungen wird aufgrund der IUPAC-IUB-Empfehlung vom α/β-System abgeraten, es wird jedoch für Enzymnamen beibehalten, z. B. 20α-Hydroxysteroid-Dehydrogenase. Gegenüber dem R/S-System hat das α/β-System den Vorteil, dass es unabhängig von den Substituenten

benachbarter Atome ist. Es ist in der wissenschaftlichen Literatur weit verbreitet.

Ringkontraktionen werden unter Angabe des Ringes (A, B, C, D) durch das Präfix *nor-*, Ringerweiterungen durch *homo-* gekennzeichnet, z. B. A-*nor-*, D-*homo-*, Ringöffnungen werden durch das Präfix *seco-* unter Angabe der C-Atome bezeichnet, zwischen denen die Öffnung erfolgt ist, z. B. 9,10-*seco-* bei den Calciferolen.

Biosynthese. Sie erfolgt aus Acetyl-CoA. Die ersten Biosyntheseschritte, die zum nichtzyklischen Triterpen Squalen führen, werden beim Stichwort ⁊ Terpene diskutiert. Squalen wird zu all-*trans*-(3S)-2,3-Epoxysqualen oxidiert, das bei nichtphotosynthetischen Organismen zu Lanosterin und bei photosynthetischen Organismen zu Cycloartenol zyklisiert (Abb. 2). Lanosterin ist die biosynthetische Vorstufe der Zoosterine (z. B. Cholesterin) und Mycosterine (z. B. Ergosterin; Abb. 3), während Cycloartenol die Vorstufe der Phytosterine (z. B. Sitosterin; Abb. 4) ist. Weitere biologische Umwandlungen von Cholesterin in eine Vielzahl

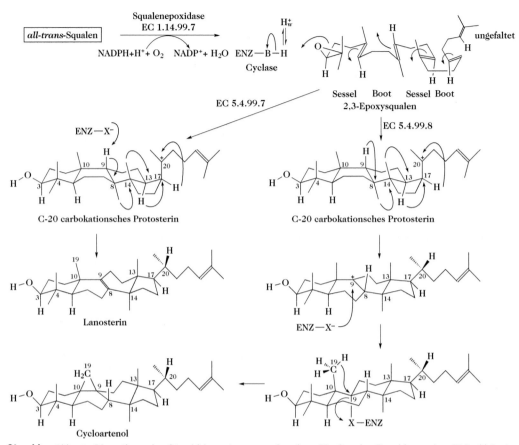

Steroide. Abb. 2. Biosynthese des Steroidringsystems aus Squalen. Die Squalen-Epoxidase, eine FAD-abhängige Flavoprotein-Monooxygenase, katalysiert die Oxidation von all-*trans*-Squalen zu all-*trans*-(3S)-2,3-Epoxysqualen. Dieses zyklisiert, katalysiert durch zwei unterschiedliche Cyclasen, zu Lanosterin oder Cycloartenol. Beide Cyclasen katalysieren zuerst eine Vorwärtszyklisierung, wobei durch den Angriff eines Protons auf die Epoxy-O-C2-Bindung eine Welle von Elektronenverschiebungen hervorgerufen und das gleiche Protosterin-C20-Carbokation als Zwischenstufe gebildet wird. Die Rückumlagerung dieses Carbokations katalysieren die Cyclasen, indem sie eine Reihe von Wagner-Meerwein-Verschiebungen unterstützen (d. h. aufeinanderfolgende *trans*-1,2-Verschiebungen von H⁻ bzw. H₃C⁻). Im Fall der Lanosterin-bildenden Cyclase finden vier solcher Verschiebungen statt: 1) 17α-H (nicht 17β, wie früher angenommen) nach C20, welches die *R*-Konfiguration erhält, 2) 13α-H nach C17, wo es in 17α-H übergeht, 3) 14β-CH₃ nach C13, wo es 13β-CH₃ bildet, 4) 8α-CH₃ nach C14, wo es in 14α-CH₃ übergeht; das Enzym stabilisiert dann das gebildete C8-Carbokation, indem es 9β-H als Proton abspaltet und eine 8,9-Doppelbindung einführt. Die Cycloartenol-bildende Cyclase katalysiert die gleichen beschriebenen vier Verschiebungen und führt noch eine fünfte zusätzlich aus: 5) 9β-H nach C8, wo es in 8β-H übergeht. Das Enzym stabilisiert dann das gebildete C9-Carbokation, indem es eines der C9-Wasserstoffatome als Proton abspaltet und die neu zur Verfügung stehenden Elektronen dazu nutzt, eine C9-C19-Bindung zu knüpfen, wobei ein 9β,19-Cyclopropanring entsteht. Dieser Schritt kann aus sterischen Gründen nicht in einer konzertierten 9β-H-Verschiebung bestehen. Aus diesem Grund wird er vermutlich in zwei Einzelschritten durchgeführt. Wahrscheinlich wird das C9-Carbokation durch eine nucleophile Gruppe (X⁻) des katalytischen Zentrums der Cyclase stabilisiert und anschließend die *trans*-Eliminierung des C19-Wasserstoffs und des Enz-X⁻ durchgeführt, begleitet von einer C-C-Bindungsbildung.

von wichtigen tierischen S. werden durch Seitenkettenspaltung zu Pregnenolon (Abb. 5) eingeleitet. Fleischfressende Insekten nutzen Cholesterin aus der Nahrung als Vorstufe für ↗ *Ecdysone*. Pflanzenfressende Insekten synthetisieren Ecdysone aus Phytosterinen der Nahrung, wobei eine Dealkylierung an C24 durchgeführt wird.

Lanosterin und Cycloartenol werden wegen der drei zusätzlichen Methylgruppen (in 4,4- und 14-

Stellung) als Methylsterine bezeichnet und zu den Triterpenen gezählt.

Vorkommen. S. kommen in Tieren, Pflanzen und Mikroorganismen, insbesondere Pilzen, vor. In Pilzen sind die Sterine und Steroidcarbonsäuren der Ergostan- und Stigmastanreihe sowie Methylsterine enthalten. Verbreitetstes Sterin ist das Ergosterin. Die S. der Tiere werden aus Cholesterin gebildet. Aus dem Cholesterin entstehen in den Säugetieren

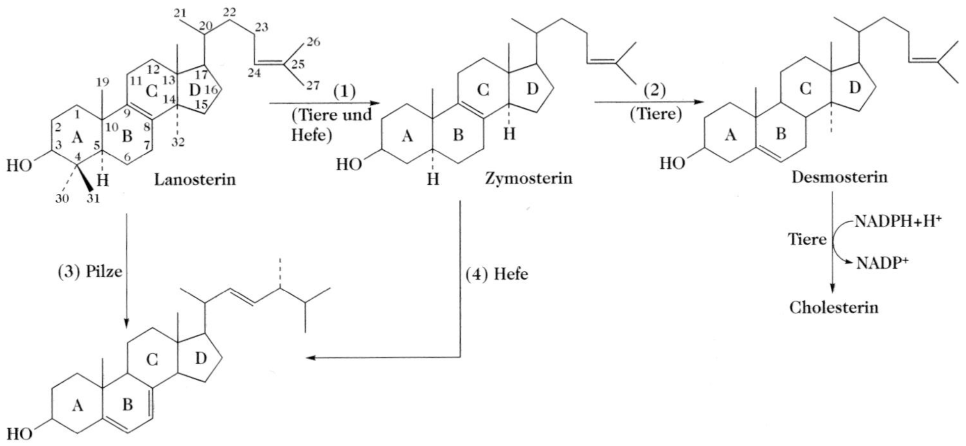

Steroide. Abb. 3. Biosynthese von Cholesterin (Tiere) und Ergosterin (Pilze) aus Lanosterin. Alle aufgeführten Reaktionen werden durch Enzyme des endoplasmatischen Reticulums durchgeführt. (1) Bei Tieren und der Hefe wird Zymosterin aus Lanosterin durch sequenzielle Oxidation und Abspaltung von C-32, C-31 und C-30 gebildet. (2) Doppelbindungsumwandlung im Ringsystem führt bei Tieren weiter zu Desmosterin. (3) Bei Hefen wird Zymosterin an C-24 methyliert, anschließend folgt eine Doppelbindungsumwandlung im Ringsystem und Sättigung der C-24,28-Seitenkettendoppelbindung. Abschließende Bildung der C-22,23-Seitenkettendoppelbindung ergibt Ergosterin. (4) Pilze bilden Ergosterin durch Methylierung des C-24 von Lanosterin mit nachfolgender sequenzieller Oxidation und Abspaltung von C-32, C-31 und C30. Die weiteren Schritte sind identisch mit den bei (3) für Hefe beschriebenen.

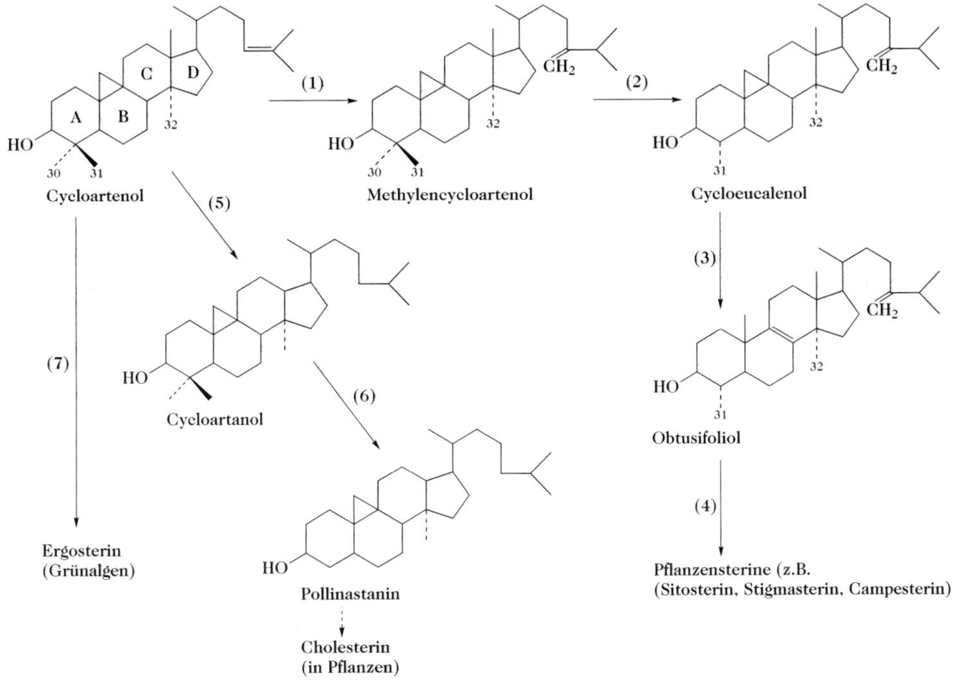

Steroide. Abb. 4. Einige biologische Umwandlungen des Cycloartenols. Bei grünen Pflanzen stammen alle Sterine von Cycloartenol ab. Cholesterin, das vorherrschende tierische Steroid, ist in Pflanzen als Nebensterin weit verbreitet; in einigen Pflanzengeweben, wie z. B. den Compositen-Pollen ist es nicht vorhanden. Bei Pflanzen ist Cholesterin die biologische Vorstufe von Phytoecdysonen, Cardenoliden und Steroidhormonen, die wahrscheinlich bei Abwehrmechanismen gegen pflanzenfressende Tiere eine Rolle spielen. (1) Methylierung an C-24; (2) oxidative Abspaltung von C-30, C-31-Methylgruppe invertiert zur 24α-Konfiguration; (3) Öffnung des 9β-19-Cyclopropanrings; (4) oxidative Abspaltung von C-32 und C-31, Doppelbindungsumwandlung im Ringsystem, Sättigung der C-24,28-Doppelbindung (manchmal Bildung der C-22,23-Doppelbindung), zusätzliche Methylierungen durch S-Adenosylmethionin; (5) Sättigung der C-24,25-Doppelbindung; (6) oxidative Abspaltung von C-30 und C-31. (7) a) Bildung von Cycloartenol, b) C-30-Demethylierung, c) Öffnung des Cyclopropanrings, d) C-31- und C-32-Demethylierung, d) Doppelbindungsumwandlung im Ringsystem, e) Sättigung der C-25,26-Doppelbindung und Bildung der C-22,23-Doppelbindung.

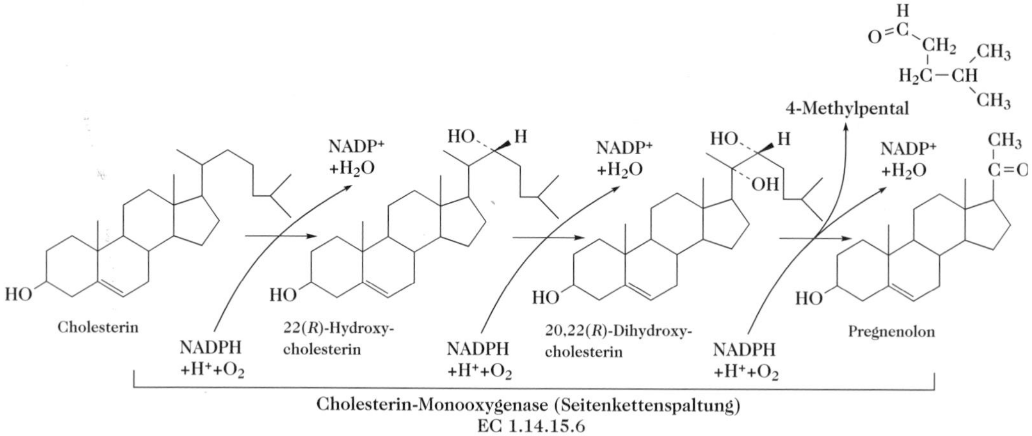

Steroide. Abb. 5. Umwandlung von Cholesterin in Pregnenolon durch oxidative Seitenkettenspaltung. Dies ist ein essenzieller erster Schritt in der Biosynthese von Progesteron, Androgenen, Östrogenen und Nebennierenrindensteroiden aus Cholesterin.

bei weitestgehendem Abbau der Seitenkette am C17-Atom die Steroidhormone (Pregnan-, Androstan- und Östranreihe). Bei den Wirbellosen wirken die Ecdysteroide als Häutungshormone. Abbauprodukte des Cholesterins sind die Gallensäuren, bei denen es sich um Steroidcarbonsäuren handelt. Die Struktur der pflanzlichen S. ist durch Vergrößerung der Alkylkette am C17-Atom (Stigmastanreihe), durch Bildung zusätzlicher O- und N-haltiger Ringe (Saponine, Steroidalkaloide) oder durch das Vorhandensein eines ungesättigten Lactonringes (Cardenolide, Bufadienolide) wesentlich vielfältiger. Pflanzliche S. liegen meist als Glycoside vor, wobei der Zuckerrest vorwiegend an der 3β-Hydroxygruppe gebunden ist. In Erdöl wurden Steroidcarbonsäuren gefunden.

Steroidhormone, eine Gruppe von Hormonen, die nach ihrer chemischen Struktur zu den ↗ *Steroiden* gehören. Zu den S. zählen die ↗ *Sexualhormone*, die ↗ *Nebennierenrindenhormone*, ↗ *Ecdyson* und ähnliche Häutungshormone (↗ *Ecdysteroide*).

Steroidhormon-Rezeptoren, eine Großfamilie von Rezeptoren solcher lipophiler Hormone, die durch die Plasmamembran von Zielzellen diffundieren und primär das Muster der Genexpression, nicht aber die Aktivität eines bestimmten Enzyms oder Membrantransporters verändern. Steroidhormone, Schilddrüsenhormone, Retinoide und Vitamin D binden an solche intrazellulären Rezeptoren. Durch die Ligandenbindung wird der Rezeptor aktiviert und reguliert im Kern die Transcription spezifischer Gene. Während Glucocorticoide bereits im Cytoplasma an Rezeptoren gebunden werden können, existieren wahrscheinlich für Steroid- und Schilddrüsenhormone nur Rezeptoren im Zellkern. Auf jeden Fall geht der Hormon-Rezeptor-Komplex nach Transformation im Kern eine spezifische Bindung mit der DNA ein. Die Mitglieder der Rezeptor-Großfamilie weisen gemeinsame Strukturmotive in Form einer variablen Aktivierungsdomäne, einer hochkonservierten DNA-bindenden Domäne und einer hormonbindenden Domäne auf. In Abwesenheit des Hormons kann die DNA-bindende Domäne nicht mit der DNA in Wechselwirkung treten kann. Die aminoterminale, sehr variable Aktivierungsdomäne erlaubt es den S., mit anderen Regulatoren der Transcription zu interagieren. Die aktivierten S. binden an spezifische DNA-Abschnitte, die allgemein als Hormonantwortelemente (*hormon response elements*, HRE, ↗ *sterol response element*) bezeichnet werden, wodurch die Expression nahegelegener Gene reguliert wird. Beispiele für S. sind u. a. der ↗ *Östrogenrezeptor* (Farbtafel VII) und der ↗ *Glucocorticoid-Rezeptor.*

Steroidsaponine, ↗ *Saponine.*

sterol regulatory element, Syn. für ↗ *sterol response element.*

sterol response element, *sterol regulatory element*, SRE, eine kurze DNA-Sequenz auf der 5'-Seite des Gens der ↗ *3-Hydroxy-3-methylglutaryl-Coenzym-A-Reduktase*, die auch im Gen des ↗ *LDL-Rezeptors* vorkommt, und als regulatorisches Kontrollelement die Geschwindigkeit der mRNA-Synthese determiniert. Steroide hemmen über SRE die mRNA-Synthese.

Sterole, Syn. für ↗ *Sterine.*

Steviol, das Aglycon des ↗ *Steviosids.*

Steviosid, ein tetrazyklisches Diterpen aus dem für Paraguay endemischen Strauch *Stevia rebaudiana*. M_r 804 Da, F. 196–198 °C, $[\alpha]_D$ –39,3° (c = 5,7, Alkohol). S. ist gleichzeitig ein Glycosid und ein Glucoseester (Abb.). Bei der enzymatischen Hydrolyse wird das Aglycon *Steviol* (R_1, R_2 = H), M_r 318 Da, F. 215 °C, $[\alpha]_D$ –94,7° (Alkohol) erhalten.

Bei der sauren Verseifung entsteht im Zuge einer Wagner-Meerwein Umlagerung der Ringe C und D das *Isosteviol*, F. 234 °C, $[\alpha]_D$ –78° (Alkohol). S. ist 300mal süßer als Rohrzucker und wäre ein idealer Süßstoff. Seiner Anwendung steht das geringe Aufkommen (etwa 65 g S. aus 1 kg getrockneter Blätter) entgegen. S. zeigt eine gibberellinähnliche wachstumsfördernde biologische Aktivität.

Steviosid. R_1 = Glucose-Glucose, R_2 = Glucose.

STH, Abk. für <u>s</u>omato<u>t</u>ropes <u>H</u>ormon, ↗ *Somatotropin*.

STI, Abk. für ↗ <u>S</u>ojabohnen-<u>T</u>rypsin-<u>I</u>nhibitor.

Stickoxid, Syn. für ↗ *Stickstoffmonoxid*.

Stickstoff, ↗ *Bioelemente*.

Stickstoffausscheidung, ↗ *Ammoniakentgiftung*.

Stickstoffbilanz, die Differenz zwischen der Gesamtstickstoffaufnahme eines Organismus und seines Gesamtstickstoffverlusts. Junge, sich im Wachstum befindende Tiere besiten eine positive S., d. h. sie erhalten mehr Stickstoff (als Protein) als sie ausscheiden. Die S. von reifen, gesunden Erwachsenen liegt bei Null, d. h. die Stickstoffaufnahme entspricht genau der Stickstoffausscheidung. Der Mangel an einer essenziellen Aminosäure ruft eine negative S. hervor. Eine Konzentrationsabnahme an einer proteinogenen Aminosäure im Aminosäurepool des Körpers beeinträchtigt die Gesamtproteinsynthese, wodurch die Konzentration aller anderen freien Aminosäuren im Aminosäurepool zunimmt. Dies führt zu einem Überhandnehmen des Abbauwegs und einer Zunahme der Harnstoffbildung. Die klassische Deletionsmethode zur Bestimmung des Bedarfs eines Tieres an einer essenziellen (unentbehrlichen) Aminosäure basiert auf der Messung der S. eines erwachsenen Tieres, das eine vollständige Nahrung bekommt, in der lediglich die Aminosäure fehlt, die untersucht werden soll. Es wird die tägliche Nahrungsaufnahme und der Stickstoffgehalt einer identischen Nahrungsprobe bestimmt. Zur genauen Bestimmung des täglichen Stickstoffverlusts müssen auch ausgefallene Haare, abgestreifte Haut und Schweiß berücksichtigt werden. Im Allgemeinen können diese geringen Beiträge jedoch vernachlässigt werden und es genügt, den Stickstoffgehalt von Fäzes und Harn zur Bestimmung der S. heranzuziehen.

Stickstofffixierung, ein Prozess, durch den atmosphärischer Stickstoff in Ammoniak überführt wird.

Die Aktivierung des molekularen Stickstoffs und dessen Reduktion zu Ammoniak hängt von der katalytischen Aktivität des Enzyms ↗ *Nitrogenase* ab. Der Ammoniak wird anschließend durch den Prozess der ↗ *Ammoniakassimilation* in verschiedene Stickstoffverbindungen der Zelle eingebaut. Die Nitrogenase ist – besonders bei anaeroben Organismen – ein sehr instabiles Enzym. Die S. ist ein fundamental wichtiger Vorgang für die Stickstoffökonomie des Bodens und des Wassers und sie stellt eine essenzielle Stufe des *Stickstoffzyklus* der Biosphäre dar. Bestimmte freilebende Erdmikroorganismen, insbesondere die Gattungen *Clostridium* und *Azotobacter*, verfügen über die Fähigkeit der S. Andere Mikroorganismen fixieren Stickstoff in der Symbiose mit höheren Pflanzen, wie z. B. den Leguminosen. Es sind auch viele Beispiele für die symbiotische Vergesellschaftung zwischen Mikroorganismen und Nichtleguminosenpflanzen bekannt, z. B. wurde ein Actinomycet (*Frankia* spp.) aus den stickstofffixierenden Wurzelknöllchen der Erle (*Alnus*) isoliert. Im Wasser, insbesondere im Ozean, sind die wichtigsten Stickstofffixierer die Cyanobakterien. Die S. durch Cyanobakterien ist für den Reisanbau in den Tropen von praktischer Bedeutung. Die Flechten (eine symbiotische Vergesellschaftung zwischen einem Cyanobakterium und einem Pilz) sind von großer ökologischer Bedeutung, weil sie dazu befähigt sind, Standorte zu besiedeln, in denen extreme klimatische Verhältnisse herrschen oder die arm an Nahrungsmitteln sind. Der Kohlenstoff- und Stickstoffbedarf der Flechten wird durch Photosynthese und S. gedeckt. Solche symbiotischen Systeme werden deshalb größtenteils über die Atmosphäre versorgt und ihre Ernährungsanforderungen an die restliche Umgebung sind relativ niedrig. Flechten sind die Erstbesiedler einer unfruchtbaren Umgebung und ebnen den Weg für eine spätere Ansiedlung von Pflanzen, die einen anspruchsvolleren Nahrungsbedarf haben. In armen Böden kann das *Nostoc-Gunnera*-System ungefähr 70 g atmosphärischen Stickstoff je m^2 und Jahr fixieren.

Diazotrophie oder die Fähigkeit, S. durchzuführen, ist ein spezielles Charakteristikum relativ weniger prokaryontischer Organismen (Diazotrophe). Sie wurde noch bei keinem Eukaryonten nachgewiesen. Bei *Clostridium pasteurianum*, das zur Stickstoffanreicherung von Ackerböden beiträgt, werden sowohl die Reduktionskraft als auch das ATP, die für die S. benötigt werden, durch phosphoroklastische Pyruvatspaltung zur Verfügung gestellt. In zellfreien Enzympräparationen kann das Pyruvat durch ATP oder ein ATP-erzeugendes System sowie ein Reduktionsmittel (Wasserstoff oder ein Elektronendonor) ersetzt werden. Zu den geeigneten Reduktionsmitteln zählen Natriumdithionit und Kaliumborohydrid. Die Nitrogenase kann ebenfalls – in Gegenwart einer ferredoxinabhängigen Hydrogenase – Elektronen aus molekularem Wasserstoff auf Stickstoff übertragen. Bei den meisten stickstofffixierenden Systemen ist der natürliche Elektronendonor ein Ferredoxin. In bestimmten Fällen treten an dessen Stelle andere elektronenübertragende Proteine, z. B. Flavodoxin oder Rubredoxin. Für den Transfer eines Elektronenpaars weden vier Moleküle ATP benötigt. Die stufenweise Stickstoffreduktion auf der Oberfläche der Nitrogenase erfolgt möglicherweise über enzymgebundene Intermediate. Freie Zwischenprodukte zwischen Ammoniak (dem Produkt) und N_2 (dem Substrat der S.) wurden nicht beobachtet.

Das am ausgiebigsten untersuchte Sickstofffixierungssystem ist die symbiotische Vergesellschaftung zwischen Mitgliedern der *Leguminosae* und *Rhizobium*. Meistens wird für diese Untersuchungen die Leguminose *Glycine max* (Sojabohne) verwendet. Eine Infektion der Pflanzenwurzeln durch virulente Rhizobien führt zur Bildung von Wurzelknöllchen, die die Fähigkeit besitzen, Stickstoff zu fixieren. Unter Laborbedingungen fixieren auch reine *Rhizobium*-Kulturen Stickstoff, vorausgesetzt, eine Pentose (z. B. Arabinose) und eine Dicarbonsäure (z. B. Fumarat oder Succinat) sind im Kulturmedium vorhanden. Im Verlauf des Infektionsprozesses verlieren die *Rhizobium*-Zellen ihre stäbchenähnliche Form und gehen in kugelförmige Bakterioide über. Die Reduktion des Stickstoffs zu Ammoniak und die Assimilation des Ammoniaks laufen in diesen Bakterioiden ab. Die Kohlenstoffverbindungen für die Atmung der Bakterioide und für die Ammoniakassimilation werden von den Pflanzen zur Verfügung gestellt. Die Aminosäuren werden zu den Wirtspflanzengeweben exportiert. Für die S. durch Leguminosen in Wurzelknöllchen wird *Leghämoglobin* benötigt und die Leghämoglobinkonzentration ist eine Kennzahl für die Stickstofffixierungsfähigkeit. Leghämoglobin kommt in Stickstofffixierungssystemen von Nichtleguminosen nicht vor. Innerhalb der Zellen der Wurzelknöllchen tauchen die Bakterioide in eine Lösung von Leghämoglobin ein, die von einer Membranhülle umschlossen ist. Die Transportgeschwindigkeit des Sauerstoffs durch eine ungerührte Leghämoglobinlösung ist achtmal höher als dessen Diffusionsgeschwindigkeit durch Wasser. Diese erleichterte Sauerstoffdiffusion zu den Bakterioiden ermöglicht eine hohe Atmungsgeschwindigkeit, die notwendig ist, um die relativ großen Mengen an ATP zu produzieren, die von der Nitrogenase benötigt werden. Im Gegensatz dazu, stört Sauerstoff während der Laborpräparation aktiver Bakterioide, weil im Wirtspflanzengewebe Phenole und Polyphenol-Oxidasen vorhanden sind. Diese kön-

nen durch Adsorption an Polyvinylpyrrolidon in Gegenwart von Ascorbinsäure inaktiviert werden. Die stickstofffixierende Bakteroidsuspension kann aus homogenisierten Wurzelknöllchen unter streng anaeroben Bedingungen isoliert werden, z. B. durch Zentrifugieren des Homogenats unter Argon oder durch Zerstören der Polyphenol-Oxidase-Aktivität. Die Bakterioide können dann wie jede andere Bakterienquelle für Nitrogenase behandelt werden. Der anschließende Zellaufschluss und die Enzymreinigung durch selektive Präzipitation und Säulenchromatographie müssen unter streng anaeroben Bedingungen durchgeführt werden, weil die Nitrogenase durch Sauerstoff irreversibel inaktiviert wird. Dies ist besonders bei späteren Reinigungsstufen kritisch, weil die Sauerstoffempfindlichkeit der Nitrogenase im Verlauf der Reinigung zunimmt. Die getrennten Proteinkomponenten der Nitrogenase werden beide durch Sauerstoff inaktiviert, wobei das Fe-Protein am empfindlichsten reagiert.

Stickstoff-Katabolit-Repression, Unterdrückung der Synthese verschiedener Enzyme des Stickstoffmetabolismus durch Ammoniak. ↗ *Ammoniakassimilation.*

Stickstofflost, ↗ *alkylierende Agenzien.*

Stickstoffmonoxid, *Stickstoffoxid*, *Stickoxid*, *Stickstoff(II)-oxid*, *NO*, ein hoch reaktives, natürlich vorkommendes Gas, das von einer Vielzahl von Tieren produziert und verwendet wird. Die Synthese von NO wurde bei Arthropoden (z. B. Teufelskrabben) und verschiedenen Säugetieren, einschließlich dem Menschen, nachgewiesen. Vermutlich entstand die biologische Produktion von NO als Reaktion auf die Zunahme des atmosphärischen Sauerstoffs in der frühen Erdgeschichte. Später haben Tiere das NO auf zwei Wegen genutzt: 1) als Mördermolekül (Makrophagen produzieren NO, wenn sie durch bakterielle Lipopolysaccharide oder γ-Interferon von Immunzellen stimuliert wurden) und 2) als Signal- bzw. Botenstoff-Molekül, sowohl im Nervensystem als auch im Gefäßsystem.

NO besitzt ein ungepaartes Elektron und ist deshalb hoch reaktiv. Nachdem NO durch eine Zelle freigesetzt wurde, verbindet es sich rasch mit Sauerstoff unter Bildung von Stickstoffdioxid (NO_2), Nitrit- und Nitrationen oder es bindet an Hämoglobin. Es hat eine kurze Halbwertszeit und kann nur in einem relativ kleinen Bereich wirken. Für NO gibt es anscheinend keine spezifischen Membranrezeptoren. Das Gas gelangt durch schnelle Diffusion durch die Membran in das Zellinnere. Innerhalb der Zelle stimuliert es die Guanylat-Cyclase, die die Bildung von cGMP aus GTP katalysiert. Zyklisches GMP ist ein Botenstoff, der viele Prozesse aktiviert, wie z. B. die Muskelrelaxation und Änderungen der Gehirnchemie.

Die Familie der ↗ *NO-Synthasen* (L-Arginin, NAD-PH : Oxidoreduktase, NO-Bildung, EC 1.14. 13.39; abgekürzt NOS) umfasst drei Säugetierisoformen, die alle gereinigt, kloniert und exprimiert worden sind. Die drei Enzyme unterscheiden sich in ihrer Primärsequenz, chromosomalen Lokalisation und Regulierung. Sie weisen jedoch den gleichen Katalysemechanismus auf, durch den sie in Gegenwart von NADH eine zweistufige, 5-Elektronen-Reduktion von Arginin katalysieren, unter Bildung von NO und L-Citrullin (molekularer Sauerstoff wird sowohl in NO als auch in L-Citrullin inkorporiert, Abb.). [M.A. Marletta et al. *Biochemistry* **27** (1988) 8.706–8.711; D.J. Stuehr et al. *J. Exp. Med.* **169** (1989) 1.011–1.020; J.B. Hibbs et al. *Biochem. Biophys. Res. Commun.* **157** (1988) 87–94; Lowenstein et al. *Proc. Natl. Acad. Sci. USA* **90** (1993) 9.730–9.734; Chartrain et al. *J. Biol. Chem.* **269** (1994) 6.765–6.772; *The Biochemist, The Bulletin of The Biochemical Society* **16** (1994) enthält sechs Übersichtsartikel über Stickstoffmonoxid; K-D. Kröncke et al. *Biol. Chem. Hoppe-Seyler* **376** (1995) 327–343; fünf Beiträge, die sich mit Stickstoffmonoxid befassen, in *Annu. Rev. Physiol.* **57** (1995) 659–790]

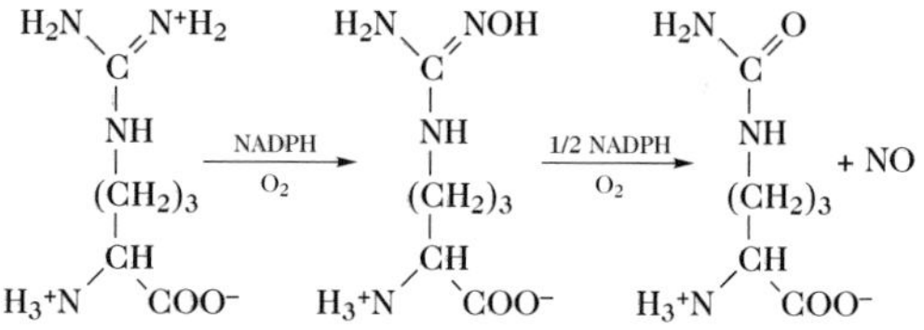

Stickstoffmonoxid. Die zweistufige Reduktion von L-Arginin zu L-Citrullin und Stickstoffmonoxid, die Enzymreaktion der NO-Synthase.

Stickstoffoxid, Syn. für ↗ *Stickstoffmonoxid.*
Stickstoffspeicherung, ↗ *Ammoniakentgiftung.*
Stickstoffzyklus, ↗ *Stickstofffixierung.*
Stigmastan, ↗ *Steroide.*
Stigmasterin, *Stigmasterol, 5α-Stigmasta-5,22-dien-3β-ol* (Abb.), ein weitverbreitetes Phytosterin (↗ *Sterine*). M_r 412,7 Da, F. 170 °C, $[\alpha]_D$ –49° (Chloroform). S. wurde zuerst aus der Calabarbohne isoliert und später in vielen anderen Pflanzen gefunden, z. B. in Sojabohnen, Mohrrüben, Kokosnuss (Fett) und Zuckerrohr (Wachs). Es hat als Ausgangsmaterial zur Synthese von Steroidhormonen Bedeutung.

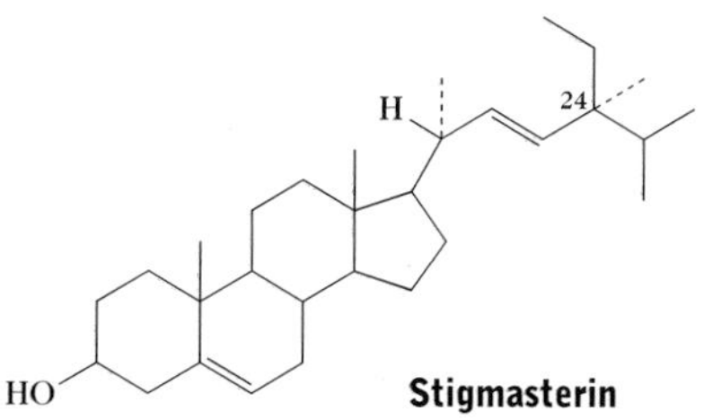

Stigmasterin

Stilbene, ↗ *Polyketide*, die aus einem Molekül einer Zimtsäure und drei Molekülen Malonyl-CoA entstehen (Tab.). Zwischenprodukte sind Stilbencarbonsäuren, bei denen der Ring A am C-Atom 2 eine Hydroxylgruppe trägt (Abb.).

Stilbene. Tab. Einige Beispiele.

Zimtsäurevorstufe	R_1	R_2	Stilbene
Zimtsäure	H	H	Pinosylvin
p-Cumarsäure	H	OH	Resveratrol
Kaffeesäure	OH	OH	Piceatannol
Isoferulasäure	OH	OCH_3	Rhapontigenin

Unterschiedliche S.-Synthasen sind spezfisch für die Substrate Cinnamoyl-CoA und *p*-Cumaryl-CoA. Bei S.-Synthase und Chalkon-Synthase, die auf die gleichen Substrate wirken, handelt es sich um verschiedene Enzyme (die Antikörper zeigen keine Kreuzreaktionen). S.-Synthase wurde aus Zellkultursuspensionen von *Arachis hypogea* (Erdnuss) isoliert. Das Enzym ist ein Dimer (M_r 90 kDa; Monomer M_r 45 kDa), das 1 Mol *p*-Cumaryl-CoA und 3 Mol Malonyl-CoA in 3,4',5-Trihydroxystilben (*Resveretrol*) überführt (↗ *Orchinol*). [A. Schoeppner u. H. Kindl *J. Biol. Chem.* **259** (1984) 6.806–6811]

Stimulanzien, nicht antipsychotisch wirkende Psychopharmaka, die vorrangig eine erregende Wirkung auf die Psyche ausüben, indem sie Denk- und Wahrnehmungsleistungen steigern sowie Müdigkeit verringern. Typische Vertreter sind ↗ *Amphetamine* und ↗ *Coffein.*

stimulierende Amine, ↗ *Antidepressiva.*
stöchiometrisches Modell, *stöchiometrisches Reaktionsschema,* in der Enzymkinetik eine chemische Reaktionsgleichung, in der die an der Reaktion beteiligten Stoffe einschließlich der Enzyme durch Buchstaben dargestellt werden. Die Buchstaben bedeuten zugleich molare Konzentrationen. Chemi-

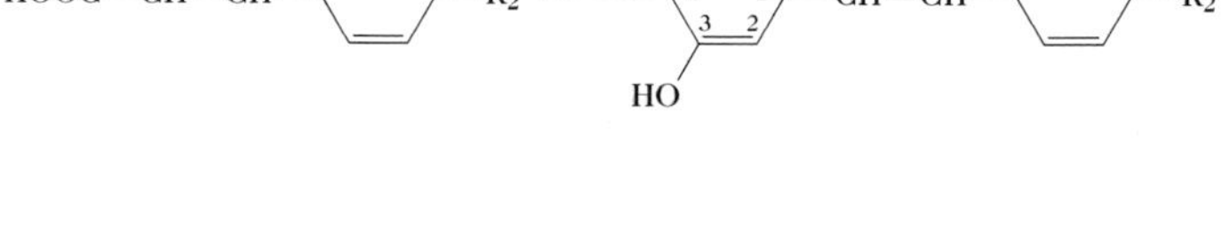

Stilbene

sche Umwandlungen werden durch Pfeile, die mit den betreffenden Reaktionsgeschwindigkeitskonstanten versehen sind, bezeichnet. Die den Buchstaben vorangestellten Zahlen sind die stöchiometrischen Koeffizienten, die angeben, wieviel Mole bzw. Moleküle Reaktant im betreffenden Reaktionsschritt mitwirken, wobei der stöchiometrische Koeffizient 1 gewöhnlich nicht mit geschrieben wird. Einfachstes Beispiel eines s. M. in der Enzymkinetik ist das Michaelis-Menten-Schema (↗ *Enzymkinetik*). Kompliziertere Reaktionen werden übersichtlicher durch ↗ *Enzymgraphen* dargestellt.

stöchiometrisches Reaktionsschema, Syn. für ↗ *stöchiometrisches Modell*.

Stoffwechsel, *Metabolismus*, das komplizierte Gesamtnetzwerk der in einer Zelle ablaufenden enzymkatalysierten chemischen Reaktionen. Man unterscheidet zwischen katabolen Reaktionen, die der Energiegewinnung dienen, anabolen Reaktionen für die Biosynthese lebensnotwendiger Verbindungen sowie amphibolen Reaktionen, die beiden Zielstellungen gerecht werden (↗ *Katabolismus*, ↗ *Anabolismus*, ↗ *Amphibolismus*, ↗ *Umsatz*). Der S. unterliegt einer strengen regulatorischen Kontrolle (↗ *Stoffwechselregulation*) und ist durch zyklische Reaktionsabläufe (↗ *Stoffwechselzyklus*) gekennzeichnet (Farbtafel VII).

Die Hauptwege des S. (↗ *Primärstoffwechsel*, ↗ *Intermediärstoffwechsel*) sind bei allen Organismen (Mikroorganismen, Pflanzen, Tiere und Menschen) gleich. Einige haben spezielle Stoffwechselzweige entwickelt, z. B. die Knöllchenbakterien die ↗ *Stickstofffixierung* und die Pflanzen die ↗ *Photosynthese*. Im ↗ *Sekundärstoffwechsel* werden Verbindungen (z. B. Alkaloide, Gifte, Harze) synthetisiert, die nicht zum unmittelbaren Überleben notwendig sind. Der Umsatz körpereigener Stoffe dient zur Energiegewinnung (↗ *Energiestoffwechsel*) in Form von Körperwärme oder ATP. Der Stoffwechsel kann auch – je nach den beteiligten Substanzgruppen – in einzelne Zweige unterteilt werden, z. B. Fett-, Glycogen-, Kohlenhydrat-, Protein-, Purin- und Pyrimidinstoffwechsel u. a.

Bei Eukaryonten sind die S.-Vorgänge kompartimentiert (↗ *Kompartimentierung*) und der Stoffaustausch findet über Membranen statt (↗ *Transport*, ↗ *Signalhypothese*).

Da Lebewesen offene Systeme sind, bestehen vielstufige Fließgleichgewichte (↗ *steady state*), die dauernd auf eine Gleichgewichtslage hin reagieren, ohne sie ganz zu erreichen, jedenfalls nicht, solange Leben ist. In einer beliebigen Reaktionskette des S. erfolgt die Umsetzung eines Ausgangsstoffs (Nahrungsstoff) über ↗ *Intermediate* zum ↗ *Endprodukt* mit Hilfe enzymkatalysierter Reaktionen. Die Geschwindigkeit der Gesamtreaktion eines S.-Vorgangs wird durch die Geschwindigkeit des langsamsten Reaktionsschrittes bestimmt. Diese geschwindigkeitsbestimmende Teilreaktion wird als *Schrittmacherreaktion* bezeichnet (Krebs). Auf der Basis von Konzentrationsgefällen, die die reversiblen Enzymreaktionen in der gewünschten Richtung ablaufen lassen, entstehen Fließgleichgewichte, die einen stationären Zustand erzeugen.

Störungen des S. sind z. B. ↗ *angeborene Stoffwechselstörungen*, ↗ *Diabetes mellitus*, ↗ *Glycogenspeicherkrankheiten*, ↗ *lysosomale Speicherkrankheiten*, ↗ *Porphyrie*, u. a.

[G. Michal, *Biochemical Pathways*, Biochemie-Atlas, Spektrum Akademischer Verlag, 1999; Wandkarten: G. Michal, *Biochemical Pathways*, Boehringer Mannheim GmbH, 1992; Internet-Datenbank: http://www.expasy.ch/cgi-bin/search-biochem-index]

Stoffwechselblockade, ↗ *Mutantentechnik*, ↗ *auxotrophe Mutanten*.

Stoffwechselnebenweg, ↗ *Shuntstoffwechsel*.

Stoffwechselregulation, die Steuerung und Regulation der Stoffwechselvorgänge. In Lebewesen laufen Regelvorgänge ab, die den in der Technik angewandten Regelprozessen ähnlich sind; rein formal kann man die Lebewesen wie kybernetische Maschinen betrachten. Steuerung und Regelung sind grundlegende Prinzipien der Organisation des Lebendigen. Nach der Art der Signal- oder Informationsübertragung unterscheidet man vier verschiedene Typen biologischer Regelvorgänge:

1) *Neurale (nervöse) Regulation.* Elektrische Signale, Nervenimpulse, werden dem Regler zugeführt, entsprechende Korrekturen werden entweder durch elektrische (z. B. weitere Nervenimpulse zu Muskeln) oder durch chemische (z. B. Hormonproduktion) Signale veranlasst. Das Nervensystem ist eine Art Nachrichtenvermittlungssystem.

2) *Humorale (hormonelle) Regulation.* ↗ *Hormone* sind als stoffliche Signale die Informationselemente eines übergeordneten Regulationsmechanismus, wobei vielfach zyklisches AMP (cAMP) die Rolle eines sekundären Botenstoffs spielt. Hormone vermitteln Signale von einem Zentrum (Hormonbildungsort) an die Erfolgsorgane als periphere Empfänger. Neurale und humorale Regulation sind Mechanismen der *interzellulären S.*

3) *Differenzielle Genexpression*, bei der substratähnliche oder substratunähnliche Effektoren (Hormone, Licht) Signalgeber sind. Die differenzielle Genexpression steuert die Synthese spezifischer Proteine und ist der Auslösemechanismus für jene molekularen Prozesse, die Differenzierung und Entwicklung bedingen.

4) *Rückkopplungs- und Vorwärtssteuerungs-Mechanismen*, bei denen die Metabolite selbst als direkte Signale zur Steuerung ihres eigenen Abbaus oder ihrer eigenen Synthese fungieren. Die

Stoffwechselregulation. Tab. 1. Kriterien zur Unterscheidung von Endprodukthemmung und Enzymrepression.

Endprodukthemmung	Enzymrepression
Hemmung der Enzymaktivität	Hemmung der Enzymsynthese
allosterische Wechselwirkung von Enzym und Endprodukt, das als allosterischer Inhibitor wirkt	Endprodukt wirkt als Corepressor, der ein Repressorprotein aktiviert, das die Enzymsynthese auf der Stufe der Transcription verhindert
epigenetische Regulation	genetische bzw. Transcriptionsregulation
das allosterische Enzym einer Reaktionskette, zumeist das erste Enzym, wird gehemmt	mehrere Enzyme einer Reaktionskette werden reprimiert, wenn eine koordinierte Regulation vorliegt, d. h. die betreffenden Enzyme einem Operon angehören
Mechanismus der schnellen Feinregulation	Mechanismus der langsamen Grobregulation, gebunden an eine Ausverdünnung des vorhandenen Enzyms durch Umsatz sowie Wachstums- und Teilungsprozesse
reversible Hemmung, abhängig von der Endproduktkonzentration, sigmoidaler Kurvenverlauf der Substratkonzentrations-Enzym-Kurve	reversible Hemmung, da das reprimierte System dereprimiert werden kann

Rückkopplung kann sowohl negativ als auch positiv sein. Eine *negative Rückkopplung* führt zu Inhibierung der Aktivität oder der Synthese eines oder mehrerer Enzyme einer Reaktionskette durch das Endprodukt. Die Inhibierung von Enzymsynthesen wird ↗ *Enzymrepression* (Tab. 1) genannt. Bei der Inhibierung der Enzymaktivität spricht man von einem allosterischen Effekt (↗ *Allosterie*, ↗ *Aromatenbiosynthese*). Diese Art der Rückkopplungssteuerung tritt bei der Aminosäurebiosynthese in prokaryontischen Organismen auf und ist bekannt als ↗ *Endprodukthemmung*, *Rückkopplungsinhibierung* und *Retroinhibierung* (Tab. 1). Bei einer *positiven Rückkopplung* bzw. *Rückkopplungsaktivierung* aktiviert ein Endprodukt ein Enzym, das für seine Produktion verantwortlich ist. So aktiviert z. B. Thrombin im Verlauf der ↗ *Blutgerinnung* die Faktoren VIII und V und fördert auf diese Weise die Schnelligkeit des Kaskadensystems und die schnelle Bildung eines Gerinnsels. Ein Beispiel für eine *Vorwärts-Enzymaktivierung* liegt bei der Aktivierung der Glycogen-Synthase durch Glucose-6-phosphat vor, wobei ein Metabolit ein Enzym aktiviert, das in der Reaktionskette seiner Synthese nachgeordnet ist. Bei der ↗ *Enzyminduktion* liegt ein positiver Vorwärtssteuerungs-Mechanismus vor.

Bei den unter 4) behandelten Mechanismen handelt es sich um *intrazelluläre S.*, die vor allem bei Prokaryonten untersucht wurde.

S. durch chemische Modifizierung von Enzymen erfolgt durch die Knüpfung oder Lösung kovalenter Bindungen. Zwei Mechanismen wurden ausführlicher untersucht: die Phosphorylierung-Dephosphorylierung durch Protein-Kinasen und Protein-Phosphatasen (↗ *Adenosinphosphate*, ↗ *Glycogenstoffwechsel*, Regulation der Glycogenolyse) und die Adenylierung-Desadenylierung (↗ *kovalente Enzymmodifizierung*).

S. durch physikalische Modifizierung von Enzymen beruht auf der Allosterie.

Stoffwechselregulation. Tab. 2. Steuerung von Enzymen im Stoffwechsel.

Regulationsmechanismus	Kontrolle der
chemische Modifizierung durch Knüpfung oder Lösung von kovalenten Bindungen durch spezifische Enzyme	Enzymaktivität
allosterische Kontrolle, d. h. physikalische Modifizierung durch nicht kovalente Wechselwirkungen (Rückkopplungsinhibierung, Vorstufenaktivierung)	Enzymaktivität
Induktion bzw. Derepression, Repression	Enzymsynthese bzw. Enzymkonzentration
Demaskierung des aktiven Zentrums von Enzymen durch Abspaltung von Peptiden	Aktivierung des Zymogens durch limitierte Proteolyse
Assoziation von Enzymproteinen, Verschiebung des Gleichgewichts zwischen Enzymneusynthese und Enzymabbau zugunsten der Proteolyse unter Mitwirkung gruppenspezifischer Proteasen (Inaktivasen)	Enzymkonzentration (Inaktivierung)

Bei beiden Steuerungsmechanismen der Enzymaktivität ist eine Änderung der wirksamen Konformation eines Enzymproteins entscheidend (Tab. 2 auf Seite 365). Bei dem kovalenten Mechanismus der chemischen Modifizierung der Enzymaktivität beruht der Aktivierungs-Inaktivierungs-Mechanismus auf einer Beeinflussung des Aggregations- bzw. Dissoziationsgleichgewichts: Protomere ⇌ Oligomere. Er betrifft somit die Herstellung oder Aufhebung der Quartärstruktur.

Als *enzymatische S.* wird nicht die Regulation von Enzymaktivität und -synthese bezeichnet, sondern die S. über die Michaelis-Menten-Kinetik, die Konkurrenz von Enzymen um gemeinsame Substrate und Cosubstrate, eine Cofaktorstimulierung, Regulation der Coenzymsynthese, Produkthemmung und stöchiometrische Rückkopplung durch Metabolite. Ein wichtiges Prinzip der S. scheint bei Eukaryonten die Regulation der wirksamen Enzymkonzentration über eine Veränderung des Umsatzes von Enzymproteinen zu sein. Zum Beispiel wird die wirksame Konzentration der Tryptophan-Synthase durch gruppenspezifische Proteasen kontrolliert, die man als *Inaktivasen* bezeichnet. Eine zusätzliche Regulation erfährt das System durch einen Inaktivase-Inhibitor, der gleichfalls ein Protein ist. Gruppenspezifische Proteasen bereiten wahrscheinlich den Proteinabbau durch unspezifische Proteasen vor, so dass möglicherweise auch hier eine Art Kaskadeneffekt vorliegt wie in anderen Fällen der S.

Stoffwechselstörung, ↗ *Stoffwechsel*, ↗ *angeborene Stoffwechselstörungen.*

Stoffwechselzyklus, katalytischer Reaktionskreislauf, der zustande kommt, wenn ein Produkt einer bimolekularen Reaktion über eine Zahl von Zwischenprodukten in einen der Reaktionspartner rückverwandelt wird: A + B → → → C + A. A wird nur in katalytischen Mengen benötigt und kann als Trägermolekül von B aufgefasst werden. Die Katalysatorfunktion von A und der Zwischenprodukte des S. sichert einen ökonomischen Substratumsatz von B zu C. Das Produkt C verlässt den S. Werden Zwischenprodukte aus dem S. abgezogen, z. B. für Biosynthesen, muss die stationäre Konzentration der Glieder der S. durch einen Wiederauffüllungs- oder Nachfüllmechanismus wiederhergestellt werden, was man als *Anaplerose* bezeichnet. Die anaplerotische Reaktion betrifft nur ein Glied des S., das sich mit den anderen Zwischenprodukten in das enzymatisch bestimmte „Konzentrationsgleichgewicht" setzt. Die anaplerotische Reaktion kann auch aus einer ganzen Folge von Reaktionen bestehen, so dass eine *anaplerotische Sequenz (Nachfüllbahn)* vorliegt (z. B. beim ↗ *Glyoxylat-Zyklus* und beim ↗ *Glyceratweg* zum ↗ *Dicarbonsäure-Zyklus*).

Beim S. unterscheidet man den *anabolischen S.*, den *katabolischen S.* und den *amphibolischen S.* Ein anabolischer (synthetischer) S. ist z. B. der ↗ *Calvin-Zyklus* und ein katabolischer S. der oxidative ↗ *Pentosephosphat-Zyklus*. Der ↗ *Tricarbonsäure-Zyklus* als wichtige metabolische Zentralbahn ist ein amphibolischer S., da er eine katabolische (Endoxidation der Nährsubstrate) und anabolische Funktion (Synthese von Aminosäuren, Porphyrinen u. a.) hat. In ähnlicher Weise hat der ↗ *Pentosephosphat-Zyklus* eine katabolische Funktion und stellt Ribosephosphat für die Synthese von Nucleinsäuren und bestimmter Coenzyme zur Verfügung.

Der zuerst bekannt gewordene S. ist der von Krebs und Henseleit 1932 inaugurierte ↗ *Harnstoff-Zyklus*, der ein anabolischer S. (energieabhängige Harnstoffsynthese), hinsichtlich seiner Stoffwechselfunktion aber ein katabolischer S. ist, da er den Proteinabbau durch Ammoniakentgiftung zu Ende führt. Unter bestimmten Bedingungen stellt der Harnstoff-Zyklus jedoch Arginin für die Proteinsynthese zur Verfügung und übt bei der Synthese von Ornithin aus Glutamat eine anaplerotische Funktion aus.

Stoppcodon, ↗ *Terminationscodon*.

stopped flow, *rapid mixing*, schnelle Mischverfahren von Enzym und Substrat für den Start der enzymatischen Reaktion zu einem definierten Zeitpunkt für schnelle kinetische spektroskopische Messungen. Zu diesem Zweck werden die Reaktanden aus thermostatierten Kammern mit Kolben in eine spezielle Reaktionskammer mit Fenstern für den Messstrahl injiziert. Durch spezielle Formen der Reaktionskammern werden schnelle Durchmischungen (ca. 1 ms) erzielt.

Strangpolarität, *antiparallele Anordnung*, die Polarität der Stränge von Nucleotidketten entsprechend der Aufeinanderfolge von 3',5'-Phosphodiesterbindungen. Polynucleotidketten enthalten ein 3'-Ende (der terminale Zuckerrest ist an den vorhergehenden Rest über seine 5'-Hydroxylgruppe gebunden und die 3'-Hydroxylgruppe ist frei oder phosphoryliert) und ein 5'-Ende (die 5'-Hydroxylgruppe ist frei oder phosphoryliert). In DNA und allen anderen doppelsträngigen Nucleinsäuren sind die beiden Stränge in einander entgegengesetzter S., also antiparallel, angeordnet. Auch bei der Replikation und Transcription ist der neu synthetisierte Strang immer antiparallel zu seiner Matrize. Die S. einer Polynucleotidkette wird mit 3' → 5' bzw. 5' → 3' angegeben.

Strangselektion, die Fähigkeit der matrizenabhängigen Nucleinsäure-Polymerasen zur Auswahl des codogenen Strangs einer Doppelstrang-Nucleinsäure.

Streptavidin, ein aus *Streptomyces avidinii* isoliertes Protein (M_r 60 kDa) mit einer dem ↗ *Avidin* ähnlichen Affinität zu ↗ *Biotin*. Es ist im Gegensatz zu Avidin nicht glycosyliert, so dass unspezifische Bindungen unterbleiben, die auch bei geladenen Bindungspartnern durch den isoelektrischen Punkt des S. in der Nähe des Neutralpunktes ausgeschlossen werden. S. besteht aus vier identischen Untereinheiten, von denen jede ein Molekül Avidin binden kann. Bei einer Dissoziationskonstanten von $K = 10^{-15}$ M handelt es sich um eine der höchsten biologischen Bindungskonstanten überhaupt. Es wird für viele molekularbiologische Experimente eingesetzt.

Streptidin, ↗ *Streptomycin*.

Streptobiosamin, ↗ *Streptomycin*.

Streptokinase, ein aus dem Kulturfiltrat von β-hämolysierenden Streptococcen isoliertes Protein (M_r 47 kDa). Es ist aus 416 Aminosäureresten aufgebaut und enthält kein Cystein. Entgegen der Bezeichnung besitzt S. keine enzymatische Aktivität. Es fungiert als Plasminogen-Proaktivator, indem es zunächst mit ↗ *Plasminogen* einen hochaffinen 1 : 1-Komplex bildet, der dann Plasminogen in ↗ *Plasmin* überführt. S. findet Verwendung als Fibrinolytikum zur Auflösung frischer Thromben bei Herzinfarkt und Beinvenen-Thrombosen. Allerdings ist der Einsatz von S. zur Auflösung von Blutgerinnseln nicht unproblematisch, weil durch die Aktivierung des Plasmins nicht nur Fibrin, sondern auch Fibrinogen abgebaut wird, wodurch auch das Blutungsrisiko steigt.

Streptolysin, ein Vertreter der ↗ *Exotoxine*. S. O (SLO) gehört zu den sauerstofflabilen Porenbildnern (Porengröße: ~30 nm), deren Vertreter relative Molekülmassen von etwa 60 kDa aufweisen. SLO bindet an die eukaryontische Zelle über Cholesterin. Die durch S. und andere Toxine dieser Art induzierten Poren bewirken eine signifikante Störung des intrazellulären Ionenmilieus, wodurch es schließlich zum Zelltod kommt. SLO findet u. a. experimentelle Verwendung zur Einbringung nicht membrangängiger hydrophiler Verbindungen, wie Nucleotide oder Peptide in Kulturzellen.

Streptomycin, ein aus *Streptomyces griseus* isoliertes Antibiotikum mit der M_r 581,6 Da. S. ist chemisch ein Aminoglucosid, in dem das Disaccharid Streptobiosamin mit Streptidin glycosidisch verknüpft ist (Abb.). S. hemmt die Proteinbiosynthese an 70S-Ribosomen. Es wird an das 23S-*core*-Protein der ribosomalen 30S-Untereinheit gebunden. Dieses Protein spielt offenbar eine Rolle bei der korrekten Bindung von mRNA, die bei Anwesenheit von S. gestört ist. Ähnlich wie S. wirken die Aminoglucosidantibiotika *Kanamycin* (Abb.) und *Neomycin* sowie *Paromomycin*, *Kasugamycin*, *Spectinomycin* und *Gentamycin*. Alle werden in der Medizin therapeutisch eingesetzt.

Streptomycin   Kanamycin

Streptomycin

S. war eines der ersten gegen Tuberkulose eingesetzten Antibiotika. Es ist jedoch nicht frei von toxischen Nebenwirkungen, z. B. treten Schädigungen des Gehörnerven (*Nervus acusticus*) auf. Die Totalsynthese des S. gelang einer japanischen Arbeitsgruppe 1974 (S. Umzewa und Mitarbeiter).

L-Streptose, 5-*Desoxy-3-formyl-L-lyxose*, ein Monosaccharid mit verzweigter Kohlenstoffkette (M_r 162,14 Da), das gemeinsam mit 2-Desoxy-2-methylamino-L-glucose und Streptidin Bestandteil des Antibiotikums ↗ *Streptomycin* ist. Die Biosynthese der S. erfolgt durch Umlagerung einer unverzweigten Hexose.

Stressfasern, ↗ *Mikrofilamente*.

Stressproteine, in den Zellen der Organismen bei Stress vermehrt synthetisierte Proteine. Die Synthese der S. kann initiiert werden durch Hitze, Kälte, chemische Agenzien, Infektionen, Nährstoffmangel u. a. Zu den S. werden manchmal nicht ganz exakt auch die ↗ *Hitzeschockproteine* gezählt.

Stressverbindungen, bei Pflanzen die ↗ *Phytoalexine*.

stringente Antwort, ein Mechanismus, der bei Prokaryonten wie *E. coli*, jedoch nicht bei Eukaryonten vorkommt, durch den Ribosomen als Antwort auf Wachstumsbedingungen, unter denen Aminosäuren beschränkt sind, in die Lage versetzt werden, bestimmte Guanosinpolyphosphate (pppGpp und ppGpp) zu synthetisieren [G. Edlin u. P. Broda *Bacteriol. Rev.* **32** (1968) 206–226; J.A. Gallant *Annu. Rev. Genet.* **13** (1979) 393–415]. Die Guanosinpolyphosphate bewirken eine selektive Inhibierung der rRNA- und tRNA-Synthese, haben jedoch auf die mRNA-Synthese keine Auswirkung.

Dadurch wird eine verschwenderische Synthese von mehr Ribosomen und tRNA vermieden und es bleiben Aminosäuren erhalten, die durch Proteinumwandlung für die Synthese essenzieller Proteine gewonnen wurden. Über den Inhibierungsmechanismus ist wenig bekannt, es wird jedoch vermutet, dass die Gentranscription reguliert wird. Das Nettoergebnis stellt eine Verringerung der zellulären Aktivitäten in einem weiten Bereich dar, bis sich die Wachstumsbedingungen verbessern.

Stringenz, bei der ↗ *Hybridisierung* von Nucleinsäuren die Bedingungen, unter denen sich zwei Nucleinsäurestränge mit Hilfe von Wasserstoffbrückenbindungen zwischen komplementären Basenpaaren (G/C und A/T[U]) zusammenlagern und eine DNA : DNA- oder DNA : RNA-Duplex bilden. Für Zustände hoher Stringenz müssen die komplementären Nucleotidsequenzen perfekt bzw. beinahe perfekt zueinander passen. Unter Bedingungen niedriger oder entspannter S. können sich Nucleinsäurestränge verbinden, die eine beträchtlich niedrigere Nucleotidkomplementarität aufweisen. Die S. kann verringert werden durch Temperaturerniedrigung (z. B. von 60 °C auf 45 °C) oder Salzkonzentrationserhöhung und umgekehrt. Eine Reduktion der S. kann von Vorteil sein, wenn 1) homologe Sequenzen in der DNA von unterschiedlichen Arten gesucht werden, 2) bei der ↗ *Polymerasekettenreaktion* Primer sowie 3) beim ↗ *DNA-Fingerprinting* DNA-Sonden eingesetzt werden, deren Sequenz nicht genau komplementär zur Ziel-DNA ist.

Stroma, *Matrix*, farblose (lichtoptisch homogene) Grundsubstanz von Zellorganellen, wie ↗ *Chloroplasten* und ↗ *Mitochondrien*.

stromabwärts, engl. *downstream*, eine Bezeichnung, die sich im strengen Sinn auf einen beliebigen Teil des ↗ *codierenden Strangs* einer doppelsträngigen DNA-Sequenz bezieht, der auf der 3´-Seite der Transcriptionsstartstelle liegt. Das Nucleotid an der Startstelle wird mit +1 bezeichnet und die Nucleotide stromabwärts (d. h. auf der 3´-Seite) mit +2, +3, +4, usw. Allgemeiner wird die Bezeichnung für ein Nucleotid oder einen Bereich des codierenden Strangs der DNA verwendet, die sich auf der 3´-Seite definierter anderer Nucleotide oder Bereiche innerhalb des Strangs befinden. ↗ *stromaufwärts* (engl. *upstream*).

stromaufwärts, engl. *upstream*, im strengen Sinn derjenige Teil des ↗ *codierenden Strangs* einer doppelsträngigen DNA, der auf der 5'-Seite der Transcriptionsstartstelle liegt. Das Nucleotid an der Startstelle wird mit +1 bezeichnet und die Nucleotide stromaufwärts −1, −2, −3, usw. Kein Nucleotid erhält die Ziffer 0. Der Promotor eines transcribierten Operons, der die Pribnow- oder TATA-Box (−10-Region) und die −35-Region enthält, liegt beispielsweise stromaufwärts von der Transcriptionsinitiationsstelle. Allgemeiner wird die Bezeichnung für ein Nucleotid oder einen Bereich des codierenden Strangs der DNA verwendet, die sich auf der 5′-Seite definierter anderer Nucleotide oder Bereiche innerhalb des Strangs befinden. ↗ *stromabwärts* (engl. *downstream*).

Strophanthidin, ↗ *Strophanthusglycoside*.

Strophanthin, ↗ *Strophanthusglycoside*.

Strophanthosid, ↗ *Strophanthusglycoside*.

Strophanthusglycoside, ↗ *herzwirksame Glycoside*, die sich in den Samen von Strophanthusarten finden. In den Samen von *Strophantus gratus* findet sich zu 3,5–8 % g-Strophanthin (Ouabain; Abb.). Es enthält L-Rhamnose α-glycosidisch an das Aglycon *Strophanthidin* gebunden. Aufgrund der vielen Hydroxyfunktionen und der dadurch bedingten großen Polarität kommt es nach oraler Applikation nur zu einem geringen Prozentsatz (3 %) zur Resorption. Da die Abklingquote etwa 50 % beträgt, ist es nur zur Injektion geeignet. Das in den Samen von *Strophantus kombé* zu 8–10 % vorhandene Cardenolidgemisch wird als *k-Strophanthin* bezeichnet. Das amorphe Gemisch enthält als Hauptbestandteil *k-Strophanthosid* (Abb.). Es wird therapeutisch praktisch nicht mehr verwendet.

Rhamnose
g-Strophanthin

Cymarose-β-Glucose-α-Glucose
k-Strophanthosid

Strophanthusglycoside

Strukturfarben, *Schemochrome*, Farben, die durch optische Effekte entstehen und allein durch die physikalische Beschaffenheit einer Oberfläche und *nicht* durch Farbstoffe einer bestimmten chemischen Struktur bedingt sind. Der Farbeindruck entsteht ausschließlich durch Interferenz, Beugung oder Streuung von Licht an sehr dünnen Schichten, wobei alle Farben des Spektrums auftreten können, einschließlich der totalen Reflexion (weiß) und der totalen Absorption (schwarz). Schillernde (irisierende) Farben kommen durch das Phänomen der Irideszenz zustande, d. h., Veränderung des Blickwinkels bedingt eine Farbänderung des Objekts. Nichtirisierende Farben sind unabhängig vom Blickwinkel.

S. sind in der Natur vielfach anzutreffen und z. B. für das Farbspiel der Perlen und Muscheln verantwortlich, das durch Lichtinterferenz an dünnen Calciumcarbonatschichten zustande kommt. Auch die Gefiederfärbung bei Vögeln und die Flügelfärbung bei Schmetterlingen wird durch S. hervorgerufen, allerdings vielfach in einem Zusammenspiel mit ↗ *Naturfarbstoffen.*

Strukturgene, ↗ *Operon.*

Strukturproteine, Syn. für *Gerüstproteine*, ↗ *Faserproteine.*

strumigene Substanzen, Syn. für ↗ *Thyreostatika.*

Strychnin, ein monoterpenoides Indolalkaloid, ein ↗ *Strychnos-Alkaloid.* M_r 334,42 Da, F. 286–288 °C, Sdp.$_{.5}$ 270 °C, $[\alpha]_D^{20}$ −139° (Chloroform). S. ist zusammen mit ↗ *Brucin* Hauptinhaltsstoff der Samen und anderer Pflanzenteile des in Südostasien heimischen Baumes *Strychnos nux-vomica.* Die Biosynthese erfolgt aus Tryptophan und einem Monoterpen. S. regt als Analeptikum in therapeutischen Dosen Kreislauf und Atmung an und erhöht den Tonus der Muskulatur. In toxischen Dosen erzeugt es Krämpfe. Es ist eines der bekanntesten Krampfgifte, wobei der Tod durch Atemlähmung erfolgt. Bei Kindern können bereits Dosen von 5 mg, bei Erwachsenen von 30–100 mg zum Tode führen.

Strychnos-Alkaloide, eine Gruppe von Indolalkaloiden aus der in den Tropen verbreiteten Pflanzengattung *Strychnos.* Die hochtoxischen Hauptalkaloide ↗ *Brucin* und ↗ *Strychnin* haben ein heptazyklisches Strukturgerüst (Abb.), daneben finden sich auch Alkaloide vom Typ des ↗ *Yohimbins.* Biosynthetisch entstehen die S. aus Tryptophan und einer terpenoiden C_{10}-Einheit.

Strychnos-Alkaloide. Brucin, R = OCH$_3$; Strychnin, R = H.

Stuart-Faktor, Faktor X der ↗ *Blutgerinnung* (Tab.).

Stutengonadotropin, engl. *pregnant mare serum gonadotropin*, *PMS*, ein im Endometrium des Uterus gebildetes Hormon (M_r 28 kDa). Da S. schlecht über die Niere ausgeschieden werden kann, reichert es sich im Blut an. Die Wirkung entspricht der des ↗ *Follitropins.*

Suberinsäure, ↗ *Korksäure.*

Submerskultur (für lat. *submersus* untergetaucht), *Suspensionskultur*, Kultivierungsverfah-

ren, insbesondere für Mikroorganismen, aber auch für tierische und pflanzliche Zellen in flüssigen Nährmedien. Mit Ausnahme der bei der traditionellen Herstellung von Bier und Wein verwendeten Gärbehälter erfolgt die Submerskultur in ↗ *Bioreaktoren*, in denen durch Rühren für eine homogene Verteilung von Zellen und Nährlösung und für einen guten Stoffaustausch gesorgt wird. Da die meisten Fermentationsprozesse sauerstoffbedürftig (aerob) sind, erfolgt in der Regel eine intensive Belüftung. Im technischen Maßstab haben sich S. gegenüber der aufwendigen ↗ *Emerskultur* durchgesetzt. Submers werden alle wichtigen industriellen Produktionsprozesse durchgeführt (Biomasse und Protein, Antibiotika, Enzyme, Abwasserreinigung).

submitochondriale Partikel, ↗ *Elektronentransportpartikel*, ↗ *Mitochondrien.*

Substanz K, Syn. für Neuromedin L, ↗ *Neuromedine.*

Substanz P, *SP*, H-Arg^1-Pro-Lys-Pro-Gln^5-Gln-Phe-Phe-Gly-Leu^{10}-Met-NH$_2$, ein lineares 11 AS-Peptid mit breitem Wirkungsspektrum. S. P. wurde im Intestinaltrakt einiger Säugetiere sowie unter anderem im Gehirn von Menschen, Säugetieren, Vögeln, Reptilien und Fischen aufgefunden. S. P zeigt kontrahierende Wirkung auf die glatte Muskulatur des Intestinaltraktes, wirkt blutdrucksenkend und stimulierend auf die Speicheldrüsensekretion. Mit Hilfe radioimmunologischer Techniken konnte S. P im zentralen und peripheren Nervensystem nachgewiesen werden. Die Freisetzung erfolgt wahrscheinlich bei der Reizung primärer sensorischer, afferenter Nerven, so dass S. P in diesem Teil des Nervensystems als Neurotransmitter fungieren kann. Eine allgemeine Funktion der S. P bei der Abwehr stressbedingter Störungen ist nicht auszuschließen. S. P gehört zu den ↗ *Tachykininen* und wird biosynthetisch aus β-Prä-Pro-Tachykinin gebildet. Die Wirkungen werden vor allem über den Neurokinin-1-Rezeptor vermittelt. Der getrocknete Extrakt der ersten Isolierung (1931) wurde abgekürzt mit P (von engl. *powder*) bezeichnet, woraus der Name entstand.

Substrat, Reaktionspartner eines Reagens, der umzusetzende Stoff. Die Unterscheidung zwischen S. und Reagens ist oft willkürlich, meist ist die komplizierter aufgebaute Verbindung das S.

Substratbilanz, eine wichtige Bilanzgröße in der Biotechnologie, mit der die limitierenden Substratkomponenten in der Nährlösung bilanziert werden.

Substratbindungsstelle, ↗ *aktives Zentrum.*

Substratbindungszentrum, ↗ *aktives Zentrum.*

Substrathemmung, 1) in der Enzymologie die Hemmung eines Enzyms durch erhöhte Konzentrationen des eigenen Substrates.

2) in der Wachstumskinetik die Minimierung der spezifischen Wachstumsrate durch hohe Substrat-

konzentrationen, wobei der hemmende Effekt durch den nicht mehr tolerierbaren osmotischen Druck der Nährlösung oder durch Toxizität des Substrates bei hohen Konzentrationen verursacht wird.

Substratkettenphosphorylierung, *Substratphosphorylierung*, die direkte Übertragung eines Phosphatrestes von einer energiereichen Verbindung auf ADP. Diese Bildung von ATP außerhalb der ↗ *oxidativen Phosphorylierung* findet man beispielsweise bei der ↗ *Glycolyse* sowie im ↗ *Tricarbonsäure-Zyklus*, wobei im letzten Fall das Energie-äquivalente GTP aus GDP gebildet wird.

Substratkonstante, ↗ *Michaelis-Menten-Kinetik*.

Substratphosphorylierung, Syn. für ↗ *Substratkettenphosphorylierung*.

Substratspezifität, die in der Proteinstruktur der Enzyme lokalisierte Fähigkeit, den umzusetzenden Stoff, das *Substrat*, zu erkennen und spezifisch zu binden.

substratvermittelte Transhydrogenierung, ↗ *Wasserstoffmetabolismus*.

Substratzyklus, eine Folge von gegenläufigen Reaktionen, die gemeinsam zur Nettohydrolyse von ATP führen, ↗ *Leerlaufzyklus*.

Subtilin, ein zum Typ A der ↗ *Lantiobiotika* gehörendes heterodet pentazyklisches 32 AS-Peptid mit struktureller Ähnlichkeit zum ↗ *Nisin*. S. wirkt gegen in Teilung befindliche Bakterien und keimende Sporen.

Subtilisin (EC 3.4.21.4), eine einkettige ↗ *Serin-Protease*, die von *Bacillus subtilis* und anderen Mikroorganismen gebildet wird. S. sind von verschiedenen *Bacillus*-Spezies bekannt, wie das *S. Carlsberg* (274 Aminosäurereste; M_r 27,3 kDa), *S. BPN'* bzw. *S. Novo* (275 Aminosäurereste; M_r 27,3 kDa) und *S. amylosacchariticus* (275 Aminosäurereste; M_r 27,7 kDa). Die Sequenzunterschiede zwischen den verschiedenen S. repräsentieren konservative Substitutionen. S. wirkt als relativ unspezifische Endopeptidase und wird in großem Umfang als Zusatz zu biologisch aktiven Waschmitteln verwendet.

Subtilysin, Syn. für ↗ *Surfactin*.

Succedaneaflavanon, ↗ *Biflavonoide*.

Succinat-Dehydrogenase (EC 1.3.99.1), eine membrangebundene mitochondriale Oxidoreduktase (M_r 97 kDa), die sowohl als ein Enzym des ↗ *Tricarbonsäure-Zyklus* wirkt als auch direkt mit der ↗ *Atmungskette* verbunden ist. Sie besteht aus einer 70 kDa- und einer 27 kDa-Untereinheit. Wie die ↗ *Aconitat-Hydratase* ist die S. ein ↗ *Eisen-Schwefel-Protein* mit drei verschiedenen Eisen-Schwefel-Zentren [(2Fe-2S), (3Fe-4S) und (4Fe-4S)]. Sie katalysiert stereospezifisch die Dehydrierung von Succinat zu Fumarat, wobei als Elektronenakzeptor FAD fungiert, das kovalent über sein C(8a)-Atom an einen His-Rest des Enzyms gebunden ist. Das bei der Dehydrierung des Succinats entstehende $FADH_2$ dissoziiert nicht von der S. ab, vielmehr werden zwei Elektronen auf die Eisen-Schwefel-Zentren übertragen, wodurch $FADH_2$ reoxidiert wird und die Elektronen über das Coenzym Q in die Atmungskette eintreten. S. wird durch Malonat, ein Strukturanalogon des Succinats, kompetitiv stark gehemmt.

Succinat-Glycin-Zyklus, *Glycin-Succinat-Zyklus*, *Shemin-Zyklus*, ein Nebenweg des Tricarbonsäure-Zyklus, der besonders Bedeutung für den Stoffwechsel der roten Blutkörperchen hat. Er dient der Umwandlung von Glycin und Succinyl-CoA in 5-Aminolävulinat (Abb.), der biosynthetischen Vorstufe der ↗ *Porphyrine*. Alternativ dazu, kann 5-Aminolävulinat zu 2-Oxoglutarsemialdehyd desa-

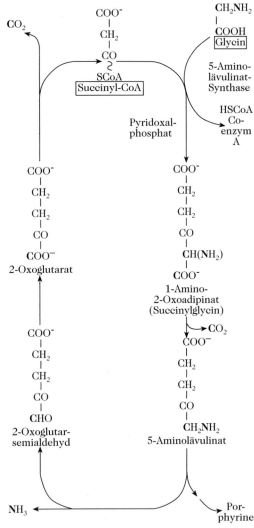

Succinat-Glycin-Zyklus. Die Synthese von 5-Aminolävulinat über den Succinat-Glycin-Zyklus.

miniert werden, der über 2-Oxoglutarat durch Reaktionen des Tricarbonsäure-Zyklus wieder Succinyl-Coenzym A liefert. Bei einem Umlauf des S. wird ein Molekül Glycin in zwei Moleküle CO_2 und ein Molekül NH_3 gespalten. 2-Oxoglutarsemialdehyd kann auch Succinat und ein C-1-Fragment liefern.

N-Succinyladenylat, Adenylosuccinat. ↗ *Purinbiosynthese*.

Succinylcholin, ↗ *Acetylcholin* (Abb. 3).

Succinyl-Coenzym A, ↗ *Bernsteinsäure*.

Suchtmittel, ↗ *Psychopharmaka*, die bei wiederholter (regelmäßiger) Anwendung zu adaptiven Veränderungen im Zentralnervensystem führen und so eine Abhängigkeit vom Dauergebrauch des Giftes bewirken. Ursprünglich wurde der Begriff relativ eng gefasst, als Kriterien für S. galten die Ausbildung einer Toleranz (d. h., zur Auslösung eines bestimmten Effektes sind immer höhere Dosen erforderlich) und das Auftreten von Entzugssyndromen (d. h. akuter Zustände nach dem Absetzen des S.). In der modernen Pharmakologie werden diese Erscheinungen als physische Abhängigkeit bezeichnet, der Begriff der S. wird jedoch wesentlich weiter gefasst und schließt heute auch die psychische Abhängigkeit von bestimmten Psychopharmaka ein.

Verbindungen mit ausgeprägter Suchtmittelwirkung sind Opiate, Barbiturate und Alkohol (Ethanol). Die Abhängigkeit kann gegebenenfalls so ausgeprägt sein, dass z. B. die Weitergabe des S. bei Opiatabhängigkeit medizinisch indiziert sein kann.

Unter den S. finden sich viele Rauschgifte, deren Dauergebrauch in der Regel zu persönlichen und sozialen Deformationen sowie zu physischen Verfallserscheinungen führt. Der Dauergebrauch von S. führt in der Regel zu chronischen Erkrankungen (Schädigung innerer Organe, z. B. Leberzirrhose beim Alkoholiker).

Sucrase, Syn. für ↗ *Invertase*.

Sucrose, Syn. für ↗ *Saccharose*.

Suizid-Inhibitoren, Syn. für ↗ *Selbstmord-Inhibitoren*.

Sulfamate, Schwefelverbindungen der allgemeinen Formel $R=N-O-SO_3^-$, z. B. Phenol- und Polysaccharidsulfate.

Sulfataktivierung, die Bildung der aktivierten Sulfate ↗ *3'-Phosphoadenosin-5'-phosphosulfat* (PAPS) und Adenosin-5'-phosphosulfat (APS). Aktiviertes Sulfat als PAPS ist Substrat von Sulfotransferasen bei der Bildung von ↗ *Sulfatestern*, als APS Substrat der ↗ *Sulfatassimilation* und der ↗ *Sulfatatmung*.

Sulfatasen, zur Klasse der Hydrolasen gehörende Enzyme, die als ↗ *Esterasen* Schwefelsäureester hydrolytisch in Sulfate und Alkohole spalten. Man findet sie vor allem in tierischen Geweben, insbesondere in der Niere.

Sulfatassimilation, die reduktive Assimilation (assimilatorische Sulfatreduktion) von Sulfat bis zur Stufe des Sulfids (↗ *Sulfatreduktion*), welches nachfolgend zur Biosynthese der schwefelhaltigen Aminosäure Cystein verwendet wird. Zur S. sind neben Pflanzen auch Mikroorganismen (u. a. *Escherichia coli*) befähigt.

Sulfatatmung, *Sulfatrespiration, dissimilatorische Sulfatreduktion*, eine Form der ↗ *anaeroben Atmung*, bei der an Stelle von molekularem Sauerstoff Sulfat als terminaler Elektronenakzeptor fungiert: $SO_4^{2-} + 8\,[H] \rightarrow S^{2-} + 4\,H_2O$. Der gebildete Schwefelwasserstoff wird in das Umgebungsmedium ausgeschieden (*dissimilatorische Sulfatreduktion*). Als Wasserstoffdonoren wirken Alkohole, organische Säuren u. a. Verbindungen. Da das organische Endprodukt – meist Essigsäure – ausgeschieden wird, ist die S. eine ↗ *unvollständige Oxidation* (z. B. $2\,C_2H_5OH + H_2SO_4 \rightarrow 2\,CH_3COOH + H_2S + 2\,H_2O$). Zur S. sind verschiedene obligat anaerobe Bakterien (Gattung *Desulfovibrio, Desulfomonas* und *Desulfotomaculum*) befähigt. Voraussetzung der S. ist die ↗ *Sulfataktivierung* (Bildung von Adenosin-5'-phosphosulfat, APS). Die Elektronen, die über die Atmungskette (u. a. Cytochrom c_3 enthaltend) vom Substrat kommen, reduzieren APS zum Sulfit und dieses weiter zum Schwefelwasserstoff. Energie in Form von ATP wird durch Elektronentransportphosphorylierung gewonnen.

Die S. spielt als eine Komponente der ↗ *Desulfurikation* im Schwefelkreislauf der Biosphäre eine wichtige Rolle. Sie ist zugleich die Hauptquelle des im Faulschlamm produzierten Schwefelwasserstoffs. Von wirtschaftlicher Bedeutung ist die anaerobe Korrosion von Eisen und anderen Schwermetallen, die durch Desulfurikanten in Gegenwart von Sulfat durch den gebildeten Schwefelwasserstoff und Wasserstoff ausgelöst wird.

Sulfatester, durch Sulfattransfer auf die Sauerstofffunktion organischer Verbindungen entstandene Reaktionsprodukte. Donator der Sulfatübertragung ist das ↗ *3'-Phosphoadenosin-5'-phosphosulfat* (PAPS). Natürlich vorkommende S. sind ↗ *Polysaccharidsulfatester*, Phenol-, Steroid-, Cholin-, Cerebrosid- und Flavonoidschwefelsäureester. Am längsten bekannt und zuerst *in vitro* untersucht ist die Bildung von *Phenolschwefelsäureestern* in der Leber von Säugetieren. Diese Bildung ist eine wichtige Reaktion zur Phenolentgiftung im tierischen und menschlichen Organismus. Das zuständige Enzym ist die Phenolsulfotransferase, die die Übertragung der Sulfatgruppe von PAPS auf ein Akzeptorphenol katalysiert.

Sulfatide, ↗ *Glycolipide*.

sulfation factor, ↗ *Somatomedin*.

Sulfatreduktion, die Reduktion von Sulfat über Sulfit (SO_4^{2-}) bis zur Sulfidstufe (S^{2-}). Das freie HS^-

bzw. H₂S) oder gebundene Sulfid (Protein-S-S–) wird zur Biosynthese der schwefelhaltigen Aminosäure Cystein verwendet, d. h. im Gegensatz zur ↗ *Sulfatatmung* (dissimilatorische Sulfatreduktion) nicht ausgeschieden (↗ *Sulfatassimilation*, assimilatorische Sulfatreduktion). Voraussetzung der S. ist die ↗ *Sulfataktivierung* (Bildung von ↗ *3'-Phosphoadenosin-5'-phosphosulfat*).

Sulfatrespiration, Syn. für ↗ *Sulfatatmung*.

Sulfhydrylgruppe, ↗ *Thiolgruppe*.

Sulfide, Schwefelverbindungen der allgemeinen Formel R-S-R₁, z. B. ↗ *L-Methionin*.

β-Sulfinylpyruvinsäure, ↗ *L-Cystein*.

Sulfitgärung, ↗ *Neubergsche Gärung*.

Sulfit-Oxidase, ↗ *Molybdänenzyme*.

Sulfit-Oxidase-Mangel, *Sulfiturie*, eine ↗ *angeborene Stoffwechselstörung*, verursacht durch defekte *Sulfit-Oxidase* (*Sulfit-Dehydrogenase*; EC 1.8.3.1). Als Folge werden *S*-Sulfo-L-Cystein, Sulfit und Thiosulfat im Harn ausgeschieden. Normalerweise kann Cysteinsulfinsäure, eine Zwischenstufe im Cysteinstoffwechsel, zu β-Sulfinylpyruvat transaminiert werden, das anschließend durch eine Reaktion, die analog zur Decarboxylierung von Oxalacetat ist, SO₂ verliert. Das Sulfit wird dann mit Hilfe der Sulfit-Oxidase zu Sulfat oxidiert. Klinische Symptome eines S. sind fortschreitende neurologische Anomalien, geistige Entwicklungsverzögerung, Linsendislokation. Eine Behandlung besteht in einer Ernährung, die arm an schwefelhaltigen Aminosäuren ist. Tod ist in postnataler Periode möglich.

Sulfiturie, Syn. für ↗ *Sulfit-Oxidase-Mangel*.

Sulfokinase, ↗ *Sulfotransferase*.

Sulfonolipide, ↗ *Capnin*.

Sulfonsäuren, Schwefelverbindungen der allgemeinen Formel R-CH₂-SO₃⁻, z. B. Glucose-6-sulfonat, Taurin und Methyltaurin.

Sulfonylharnstoffherbizide, moderne Herbizidklasse, deren erste Produkte seit den 80er Jahren auf dem Markt sind. Kennzeichnend für diese Wirkstoffklasse ist, dass für eine herbizide Wirkung nur außerordentlich geringe Aufwandmengen im Bereich von 10–50 g/ha erforderlich sind. Die wirksame Molekülstruktur besteht aus drei Teilen: dem für die Gruppe charakteristischen Sulfonylharnstoffanteil, einem Arylrest und einem Stickstoff enthaltenden heterozyklischen Substituenten (Abb.).

Sulfonylharnstoffe sind schwache Säuren, ihre Wasserlöslichkeit ist daher deutlich pH-abhängig. Die Wirkung der S. ist schon nach einigen Tagen visuell sichtbar, volle Wirkung wird nach 1–3 Wochen erreicht. Manche Pflanzenarten, z. B. Zuckerrüben, reagieren noch auf geringste Mengen einiger Sulfonylharnstoffe, z. B. 0,1 g/ha *Chlorsulfuron* (Abb.), mit Phytotoxizität.

Durch Derivatisierungsschritte der Sulfonylharnstoffe können maßgeschneiderte Produkte entwi-

$$R-SO_2-NH-CO-NH-R$$
Grundstruktur

Formelbeispiel Chlorsulfuron

Sulfonylharnstoffherbizide

ckelt werden, die wie beispielsweise *Triflusulfuronmethyl*, selbst in Zuckerrüben als selektives Herbizid angewandt werden.

Die Wirkung der Sulfonylharnstoffe beruht primär auf einer Hemmung der *Acetolactat-Synthase*, ein Schlüsselenzym bei der Biosynthese verschiedener Aminosäuren. Die unmittelbare Folge ist eine Hemmung der Zellteilung in den Wachstumszonen der Pflanzen. Die selektive Wirkung der Mittel beruht auf der Fähigkeit der unterschiedlichen Metabolisierung der verschiedenen Pflanzenarten.

Sulfotransferasen, *ST*, *Sulfokinasen*, übertragen aktivierte Schwefelsäurereste von ↗ *3'-Phosphoadenosin-5'-phosphosulfat* auf Hydroxy- und Aminogruppen. Die cytosolischen ST sind Homodimere. Man unterteilt die ST, von denen 19 verschiedene Formen bekannt sind, in Phenol-ST, Hydroxysteroid-ST und die pflanzlichen Flavonol-ST. Natürliche Substrate sind u. a. Gallensäuren, bestimmte Steroide und Vorläufer von Chondroitinsulfat.

Sulfoxide, Schwefelverbindungen der allgemeinen Formel R-SO-R₁, z. B. Allicin, das aus dem Alliin der Zwiebel entsteht, sobald diese dem Luftsauerstoff ausgesetzt ist (etwa beim Schneiden).

Sulfuretin, *6,3',4'-Trihydroxyauron*. ↗ *Aurone*.

Sumpfgas, Syn. für ↗ *Biogas*.

Supercoil, ↗ *Superhelix*, ↗ *Topoisomerasen*.

Superfaltungen, Syn. für ↗ *Supersekundärstrukturen*.

Superhelix, 1) eine tertiäre DNA-Struktur, die durch weitere helicale Verdrillung der DNA-Doppelhelix (↗ *Desoxyribonucleinsäure*) gebildet wird (die Sekundärstruktur ist die Doppelhelix, die Primärstruktur die lineare Nucleotidsequenz). Durch Bildung einer Super-S. entsteht eine noch höhere Organisationsebene. Die Superspiralisierung ermöglicht es dem großen DNA-Molekül einen relativ kleinen Raum einzunehmen und ist essenziell für die Bildung der DNA-Histon-Komplexe des Chromatins. (Die chromosomale DNA wird um das 8.000-fache ihrer Länge verdichtet, während die Zusammenfaltung der Nucleosomen-DNA eine 6,8-fache Längenkontraktion ergibt, wobei eine einzelne Faser von 10 nm Länge gebildet wird.) Außerdem spielt die S. vermutlich bei der Regulierung der Genexpression eine Rolle.

Die S. ist linksgängig, während die Doppelhelix rechtsgängig ist. Die S. kann mit einem *Möbius-Band* (Abb.) verglichen werden, bei dem ein Streifen Papier einmal verdrillt und dann die Enden miteinander verbunden werden. Dadurch entsteht ein Kreis mit einer höheren Verdrehungsordnung, eine Schlinge. Mit diesem Modell steht im Einklang, dass das Entwinden der S. auch eine Entwindung der Doppelhelix mit sich bringt. Eine superspiralisierte, ringförmige DNA denaturiert leichter als eine nichtsuperspiralisierte DNA. Dies bedeutet, dass eine superspiralisierte DNA unter Spannung steht. Für die Überführung nichtsuperspiralisierter DNA in eine S. und die Regulierung des Superverdrillingsgrads ist ein Enzym, die ↗ *Topoisomerase*, verantwortlich.

Superhelix. Beim Möbiusband ist die Innen- gleich der Außenfläche. Sie sind endlos miteinander verbunden.

In-vitro-Untersuchungen zeigen, dass Replikation und Transcription erst stattfinden, wenn die DNA superspiralisiert ist. Wahrscheinlich unterstützt das Entwinden einer S. die Strangtrennung der Doppelhelix, wodurch den DNA- und RNA-Polymerasen der Zugang ermöglicht wird. Die Spannung der DNA-Superspiralisierung kann durch Strangbruch mit Gammastrahlen abgebaut werden. Eine solche „entspannte" superspiralisierte DNA weist eine verminderte Fähigkeit dazu auf, die RNA-Transcription zu unterstützen oder die RNA-Polymerase zu binden. Deshalb wird vermutet, dass die Genexpression über den DNA-Superverdrillungsgrad reguliert wird. Transcribierte Gene sind zum korrekten Grad superspiralisiert, so dass eine RNA-Polymerase eine lokale Entwindung bewirken kann, während nichttranscribierte Gene zu einem falschen Grad superspiralisiert vorliegen.

Durch die Bindung eines Ethidiumbromidmoleküls wird die Helix um 26° entwunden. Die Menge des gebundenen Ethidiumbromids kann fluorometrisch bestimmt werden, so dass diese Methode eine Grundlage zur Bestimmung des Superhelizitätsgrads bildet. Superspiralisierung kann auch durch Messung der Sedimentationsgeschwindigkeit oder Gleichgewichtssedimentation in Gegenwart von interkalierenden Farbstoffen sowie durch Agarosegelelektrophorese (superspiralisierte DNA wandert schneller als entspannte DNA) gemessen werden. ↗ *Verknüpfungszahl*.

2) eine Protein-Tertiärstruktur, ↗ *Kollagen*.

Superhelixdichte, σ, die Anzahl superhelicaler Umdrehungen je 10 Basenpaaren von ringförmiger DNA-Doppelhelix [W. Bauer u. J. Vinograd *J. Mol. Biol.* **33** (1968) 141–172]. Die S. stellt ein Maß für die DNA-Spannung aufgrund der Superspiralisierung dar. Es sind auch negative S. von 0,04–0,09 bekannt. Laut A. Nordheim et al. [*Cell* **31** (1982) 309–318] ist die superhelicale Dichte (von diesen Autoren auch als σ bezeichnet) gleichbedeutend mit dem *spezifischen Verknüpfungsunterschied* (↗ *Ver-knüpfungszahl*).

Superoxid-Dismutase, SOD, *Hyperoxid-Dismutase*, *Superoxid : Superoxid-Oxidoreduktase* (EC 1.15.1.1), ein kupfer- und zinkhaltiges Protein, das identisch ist mit *Hämocuprein* (Rindererythrocyten), *Hepatocuprein* (Rinderleber), *Cerebrocuprein* (Menschengehirn) sowie *Cytocuprein* (dieser Name wurde dem Protein gegeben, als klar war, dass es sich bei Hämo-, Hepato- und Cerebrocuprein um das gleiche Protein handelt) [R.J. Carrico u. H.F. Deutsch *J. Biol. Chem.* **245** (1970) 723–727].

SOD katalysiert die Disproportionierung von Superoxid: $O_2^- + O_2^- + 2\,H^+ \rightarrow O_2 + H_2O_2$. Man kennt zwei Haupttypen von SOD: 1) cyanidempfindliche, Cu- und Zn-haltige, eukaryontische Enyzme (M_r 31–33 kDa; 2 Untereinheiten, M_r 16 kDa) und 2) cyanidunempfindliche, Fe- oder Mn-haltige, prokaryontische Enzyme (M_r ~40 kDa; 2 Untereinheiten, M_r 20 kDa). SOD aus Lebermitochondrien enthält Mn (M_r 80 kDa; 4 Untereinheiten, M_r 20 kDa). Die Kennzeichnung „eukaryontisch" und „prokaryontisch" trifft nicht auf jeden Fall zu: bei Eukaryonten wurden Mn-Typ-SOD gefunden, während cyanidempfindliche SOD bei vielen Algen nicht vorkommen. Im Gegensatz zur Sichtweise der frühen 1970er Jahre, besteht kein Zusammenhang zwischen dem Auftreten von SOD und Aerobizität. Viele Anaerobier besitzen SOD, während einige Aerobier kein SOD aufweisen (diese Organismen haben jedoch einen hohen Katalase-Spiegel). Über die biologische Bedeutung der SOD gibt es unterschiedliche Einschätzungen, zumal das Superoxidradikal in wässriger Lösung nicht besonders reaktiv ist. Einige Autoren vermuteten, dass SOD in erster Linie ein Metallspeicherprotein darstellt. Untersuchungen der Struktur und des Mechanismus von Cu-Zn-SOD zeigten jedoch, dass seine Struktur im Verlauf der Evolution hoch konserviert blieb [J.A. Tainer et al. *Nature* **306** (1983) 284–286; E.D. Getzoff et al. *ibid* 286–290]. Andere Autoren zeigten, dass die SOD spezifisch die Disproportionierung von Superoxid katalysiert und dass dieses Radikal, wenn es in erhöter Konzentration vorliegt, mit Wasserstoffperoxid reagieren und reaktivere Spezies bilden kann, wie z. B. möglicherweise das Hydroxylradikal. [B. Halliwell in R. Lontie (Hrsg.) *Copper Proteins and Copper Enzymes* Bd. 2 (CRC Press, Boca Raton, 1984) 63–102; I. Fridovich „Superoxide Radical and Superoxide Dismutases" *Annu. Rev. Biochem.* **64** (1995) 97–112]

Supersekundärstrukturen, *Superfaltungen*, durch Kombinationen von Sekundärstrukturelementen resultierende Strukturmotive in der Tertiärstruktur von ↗ *Proteinen*. Durch eine antiparallele Assoziation von zwei oder mehreren α-Helices kommt es zu Interaktionen zwischen den Seitenketten. Ein solches αα-Motiv findet man als ein Strukturelement sowohl in fibrillären Proteinen, wie z. B. im α-Keratin (↗ *Keratine*) oder im ↗ *Spectrin* als auch in globulären Proteinen (z. B. im ↗ *Myoglobin*). Eine β-Schleife (*β-turn*), auch Haarnadelschleife oder Wendeknick genannt, kennzeichnet eine S., bei der eine Peptidkette im Bereich von vier aufeinanderfolgenden Aminosäurebausteinen eine Richtungsänderung von 180° erfährt (Abb.). Solche β-Schleifen entstehen durch Biegung der Peptidkette am Ende von antiparallelen β-Faltblättern durch H-Brückenstabilisierung zwischen einer CO-Gruppierung und der dritten NH-Gruppe der Aminosäuresequenz. In solchen β-Schleifen finden sich oft kleine flexible Gly-Reste und auch leicht eine *cis*-Konfiguration einnehmende Pro-Reste, die eine Haarnadelschleifenausbildung begünstigen. Durch Einbau in antiparallele β-Faltblattstrukturen sowie in Helix / Helix- oder Helix / Faltblatt-Systeme erfährt die β-Schleife (Abb.) eine weitere Stabilisierung. Im Ergebnis solcher Anordnungen können sich mit der β-Mäanderstruktur und dem „Griechischen Schlüssel" (engl. *greek key*) weitere S. ausbilden (Abb.). Weitere interessante S. sind das ↗ α,β-*Barrel*, ↗ β-*Barrel* sowie Sattel-Strukturen, wie sie z. B. in der Carboxypeptidase A auftreten. Die Bindung vieler Regulatorproteine an Kontrollstellen der DNA wird über ↗ *Helix-Turn-Helix-Motive* und ↗ *Helix-Loop-Helix-Motive* vermittelt (Farbtafel I).

Supplementierungstest, ↗ *Mutantentechnik*.

Suppressor, *intergenischer Suppressor*, eine Mutation eines Gens, die die schädlichen Wirkungen der Mutation beispielsweise bei ↗ *Ambermutanten* und ↗ *Ochremutanten* ausgleicht. Das Auftreten des Stoppcodons UAG führt zur Bildung einer unvollständigen Polypeptidkette. Tritt durch Sekundärmutation z. B. eine Tyrosyl-tRNA auf, in deren Anticodon eine Aminosäure ausgetauscht ist (GUA → CUA), wird das Nonsense-Codon UAG als Tyrosin abgelesen. Dadurch entsteht statt eines unvollständigen ein verändertes Polypeptid. Das Terminationssignal wird bei den meisten Suppressormutanten auch weiterhin erkannt.

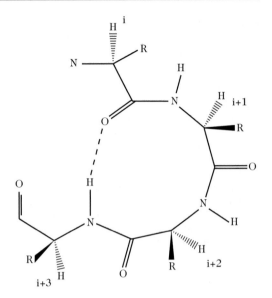

β-Schleife (*β-turn*)

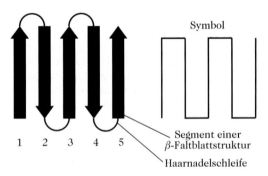

β-Mäander-Struktur

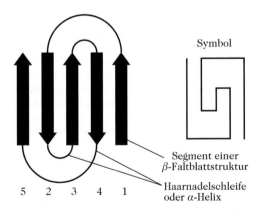

„Griechische Schlüssel"-Struktur

Supersekundärstrukturen

H₃C
   \\
    CH—(CH₂)₉—CH—CH₂—C—L-Glu—L-Leu—D-Leu—L-Val—L-Asp
   /   ‖ |
H₃C   └——————————O——————————L-Leu–D-Leu   **Surfactin**

Suprarenin, ↗ *Adrenalin.*

SurA, ↗ *Parvuline.*

Surfactin, *Subtilysin,* ein von *Bacillus subtilis* gebildetes Lipopeptid (Abb.), das zu den effektivsten ↗ *Biotensiden* gehört. S. lysiert u. a. Erythrocyten und bakterielle Sphäroblasten. Der biotechnologische Einsatz von S. (z. B. in der Erdölindustrie) wird diskutiert.

Suspensionskultur, Syn. für ↗ *Submerskultur.*

Süßungsmittel, *Zuckeraustauschstoffe,* Oberbegriff für Stoffe, die anstelle von Saccharose zur Süßung von Lebensmitteln verwendet werden. Neben den Süßstoffen ↗ *Aspartam,* Acesulfam-K, Cyclamat und Saccharin, werden auch ↗ *D-Fructose,* die Mono- und Disaccharid-Zuckeralkohole (Polyole) ↗ *Xylit,* Sorbit (↗ *D-Glucitol*), ↗ *D-Mannit,* Maltit, Isomaltit und Lactit dazu gerechnet, daneben andere, bei uns momentan nicht zugelassene Stoffe. Historisch gesehen wurden die S. wegen ihrer Insulin-unabhängigen Verwertung bei der Produktion diätetischer Lebensmittel für Diabetiker eingesetzt. In jüngerer Zeit werden sie auch wegen der geringen Kariogenität und des geringeren physiologischen Brennwertes benutzt. Die Fructose hat allerdings eine der Saccharose vergleichbare kariogene Wirkung. Die Zuckeralkohole haben verglichen mit Saccharose eine geringere Süßkraft, die zwischen 30 und 90 % der Saccharose liegt. Die Zuckeralkohole werden im Dünndarm nur z. T. resorbiert und gelangen so in den Dickdarm, wo sie von Mikroorganismen abgebaut werden (zu Methan, Wasserstoff und kurzkettigen Fettsäuren). Normalerweise werden Einzeldosen von ca. 20 und Tagesdosen von 50 g vertragen. Übermäßiger Verzehr kann zu osmotischen Durchfällen führen, allerdings treten bei regelmäßiger Aufnahme Gewöhnungseffekte ein. Außer zur Herstellung diätetischer und wenig kariogener Lebensmittel werden vor allem die Monosaccharid-Zuckeralkohole wegen ihres kühlenden Geschmackseindrucks in bestimmten Zuckerwaren, sowie zur Feuchthaltung von Lebensmitteln und von kosmetischen Mitteln benutzt. Nach dem Lebensmittel- und Bedarfsgegenständegesetz (LMBG) stehen die S. den Zusatzstoffen gleich; Details sind in der Diät-VO und in der Nährwert-Kennzeichnungs-VO geregelt.

Einen süßen Geschmack haben Verbindungen sehr unterschiedlicher chemischer Struktur, die jedoch nicht alle toxikologisch unbedenklich sind. Durch Untersuchungen über Zusammenhänge zwischen Struktur und Geschmack ergab sich folgendes Strukturmodell: essenzielle Strukturelemente sollen ein H-Brücken-Donator (AH), ein H-Brücken-Akzeptor (B) sowie zur Verstärkung der Intensität eine hydrophobe Gruppe (X) sein (AH, B, X-Hypothese von Shallenberger, Acree und Kier). Derartige AH/B-Systeme sind OH/O bei den Zuckern und Dihydrochalkonen, NH/SO bei Cyclamat und Saccharin oder NH_3^+/COO^- bei Aminosäuren und Peptiden. Von wesentlicher Bedeutung ist die räumliche Anordnung von AH und B (Abb.).

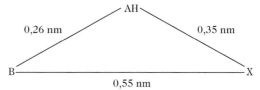

Süßungsmittel

SV, Abk. für ↗ *Sauvagine.*

Svedberg-Einheit, ↗ *Sedimentationskoeffizient.*

Svedberg-Gleichung, ↗ *Ultrazentrifugation.*

Syk-Tyrosin-Kinase-Familie, zwei SH2-Domänen enthaltende Protein-Tyrosin-Kinasen, die mit Rezeptoren assoziiert sind. Die Vertreter *Syk* (M_r 72 kDa) und *ZAK-70* (M_r 70 kDa) sind nicht myristyliert und fungieren als Zwischenstufen bei Rezeptorkaskaden in B- und T-Zellen.

Symbiose, ein enges räumliches Zusammenleben artverschiedener Organismen, aus dem alle Partner einen Vorteil ziehen. Man spricht deshalb auch von *mutualistischer S.* Die faktische Abgrenzung gegen den Kommensalismus und den ↗ *Parasitismus* ist nicht immer eindeutig. Symbiotische Systeme von Relevanz für die Biochemie sind: Knöllchenbakterien – Leguminosen (↗ *Stickstofffixierung*); Alge – Pilz bei der Flechtensymbiose; Pansenmikroorganismen – Wiederkäuer; Pilz – höhere Pflanze bei den *Mycorrhiza.* Bei erheblichem morphologischem Größenunterschied der Partner einer S. spricht man oft von Mikro- und Makrosymbionten.

Sympathikolytika, Verbindungen, die eine Sympathikuserregung abschwächen bzw. aufheben und die Wirkung der ↗ *Sympathikomimetika* (z. B. Levarterenol) antagonistisch beeinflussen. S. werden deshalb auch als *Adrenolytika* bezeichnet und in α₁-, α₂-, β₁- und β₂-Adrenolytika unterteilt. Die älteren S. sind sämtlich unspezifische α-Adrenolytika, die vorwiegend wegen ihrer vasodilatatorischen Wirkung verwendet werden. Die wichtigsten Vertreter sind die ↗ *Mutterkorn-Alkaloide* mit Peptidstruktur und Tolazolin. Neuerdings bemüht man sich um die Entwicklung relativ spezifisch wirkender peripherer α₁-Rezeptorenblocker, mit denen eine Blutdrucksenkung erreicht werden kann. Ein Vertreter ist *Prazo-*

sin (Abb.). β-Adrenolytika (β-*Rezeptorenblocker*) sind erst relativ spät entwickelt worden. Besondere Bedeutung kommt Verbindungen mit einem möglichst spezifischen β$_1$-adrenolytischen Effekt zu, deren Wirkung weitgehend auf das Herz beschränkt bleibt und die die Gefäße und insbesondere die Bronchialmuskulatur nicht beeinflussen (kardioselektive S.). Wichtige β-S. sind die Aryloxypropylamin-Derivate, wie das vom α-Naphthol abgeleitete *Propranolol* [C$_{10}$H$_7$-O-CH$_2$-CH(OH)-CH$_2$-NH-CH(CH$_3$)$_2$], das bei Hypertonie und bestimmten Herzerkrankungen eingesetzt wird.

Sympathikolytika

Sympathikomimetika, Verbindungen, die im peripheren (autonomen) Nervensystem Effekte auslösen, wie sie bei einer elektrischen Reizung des Sympathikus auftreten. Als Überträgerstoff (*Transmitter*) an postganglionären sympathischen Nervenfasern fungiert ↗ *Noradrenalin*, das aus präsynaptischen Vesikeln ausgeschieden wird, den synaptischen Spalt durchwandert und mit spezifischen Rezeptoren im postsynaptischen Teil der Nervenfasern reagiert und dann abgebaut wird. Nach dem Namen des Überträgerstoffs werden die S. auch als *Adrenergika* bezeichnet. Die postsynaptischen Rezeptoren für Noradrenalin und strukturell eng verwandte Verbindungen, z. B. Adrenalin, werden in α-, β$_1$- und β$_2$-Rezeptoren untergliedert. Sie liegen bei den einzelnen adrenerg innervierten Organen in unterschiedlicher Verteilung vor und können mit den S. unterschiedlich stark in Wechselwirkung treten. Die α-adrenergen Wirkungen äußern sich in einer Gefäßverengung und damit Blutdruckerhöhung, β$_1$-adrenerge Wirkungen in einer Herzstimulierung und β$_2$-adrenerge Wirkungen in einer Erweiterung der Bronchialmuskulatur und der peripheren Gefäße. Noradrenalin zeigt vorwiegend α-adrenerge Wirkungen und sein N-Methylderivat Adrenalin α- und β-Wirkungen. ↗ *Clenbuterol* ist ein relativ spezifischer β$_2$-Rezeptorenaktivator. S. können ihre Wirkung auch auf indirektem Weg entfalten, indem sie aus präsynaptischen Vesikeln den natürlichen Transmitter freisetzen. Auf diese Weise wirkt z. B. Adrenalin als schwaches S. Wirksam ist bei den S. die (–)-Form mit *R*-Konfiguration an dem dem Benzolring benachbarten Kohlenstoffatom. Da die entsprechenden *S*-Enantiomere keine antagonistischen Wirkungen entfalten, können auch die Racemate therapeutisch verwendet werden.

S. sind β-Phenylethylaminderivate mit unterschiedlichem Substitutionsmuster am Benzolring, in der Zwischenkette und am Stickstoffatom. Aus Strukturwirkungsbetrachtungen geht hervor, dass Substitution am N-Atom mit einem zunehmend raumfüllenden Rest die bei der unsubstituierten Aminogruppe deutlich vorhandene α-Wirkung (Noradrenalin) zugunsten der β-Wirkungen zurückdrängt. Die am stärksten wirksamen S. besitzen die 3,4-Dihydroxybenzol-Struktur. 3,5-Dihydroxy-Verbindungen sind etwas weniger wirksam, dafür aber stabiler. Die Monohydroxybenzolverbindungen (*Pholedrin*) sind weniger wirksam als die Dihydroxyverbindungen, wobei die *m*-Verbindungen in der Regel noch etwas stärker wirksam sind als die *p*-Verbindungen. Am schwächsten wirksam sind die am Benzolring unsubstituierten Verbindungen. Ersatz der alkoholischen OH-Gruppe durch ein Wasserstoffatom bewirkt Wirkungsabschwächung. Verbindungen mit einer zum Stickstoffatom nachbarständigen Alkylgruppe wirken schwächer, werden aber schwerer metabolisiert.

Symport, *Cotransport*, ein trägergekoppelter Transportprozess durch Membranen von zwei unterschiedlichen Verbindungen oder Ionen in gleicher Richtung. Das Gegenteil des S. ist der ↗ *Antiport*. S. findet man bei Bakterien, Algen, Pilzen, höheren Pflanzen und in tierischen Zellen. Beispielsweise konzentrieren Bürstensaumzellen mittels eines Na$^+$/Glucose-S. Glucose aus dem Darmlumen, wobei die Energie dieses ↗ *aktiven Transports* letztlich der ATP-Hydrolyse durch eine Na$^+$/K$^+$-ATPase entstammt.

Synapsine, in Nervenzellen vergesellschaftet mit den synaptischen Vesikeln vorkommende Proteine mit Bindungsaffinitäten zu ↗ *Actin*, ↗ *Spectrin* und Tubulin des Cytoskeletts. Einströmende Ca^{2+}-Ionen in die Zelle führen zur Phosphorylierung des S. I (*Protein I*) durch eine Ca^{2+}/Calmodulin-abhängige Protein-Kinase und entlassen die Vesikel zur Exocytose.

Synaptobrevin, ein SNARE (SNAP-Rezeptor), ↗ *protein targeting*.

Synaptophysin, *p38*, in den synaptischen Vesikeln neuroendokriner Zellen vorkommendes Membranprotein. Das saure *N*-glycosylierte Protein (M_r 38–42 kDa) bindet Ca^{2+}-Ionen und ist von potenziellem Interesse für die Tumordiagnostik.

Synchronkultur, synchronisierte Zellpopulation, in der alle Zellen die Zellteilung zur gleichen Zeit (synchron) durchlaufen und der Zellzyklus phasengleich verläuft. Die Synchronisation kann man auf verschiedene Weise herbeiführen, z. B. durch Nährstoffbegrenzung, Lichtreize, Temperaturänderung, Behandlung mit Antimetaboliten des Nucleinsäurestoffwechsels. Bei der S. nimmt die Zellanzahl schubweise zu. Die Synchronisation geht zumeist nach wenigen synchronen Zellteilungen wieder zurück, d. h., die Zellanzahl nimmt wieder kontinuierlich zu. S. wurden von verschiedenen Bakterien, der Grünalge *Chlorella*, der Geißelalge *Euglena gracilis* u. a. angelegt. Wichtig für die Lichtsynchronisation ist die Kenntnis endogener Biorhythmen.

Syndein, Syn. für ↗ *Ankyrin*.

Synergisten, Stoffe oder Faktoren, die die biologische Wirkung eines anderen Stoffs oder Faktors steigern, allein aber nicht in gleichem Maß aktiv sind.

Syntaxin, ein SNARE (SNAP-Rezeptor), ↗ *protein targeting*.

Synthasen, synonyme Bezeichnung für ↗ *Enzyme* der 4. Hauptklasse (↗ *Lyasen*), bei denen das Gleichgewicht der lytischen Reaktion auf der Seite der Synthese liegt

$$(A + B \underset{\text{\textit{Lyase}}}{\overset{\text{\textit{Synthase}}}{\rightleftharpoons}} AB).$$

Synthesekautschuk, ↗ *Kautschuk*.

Synthetasen, synonyme Bezeichnung für ↗ *Enzyme* der 6. Hauptgruppe (*Ligasen*), die eine Verknüpfung von zwei Liganden unter Verbrauch von ATP bzw. anderen energiereichen Phosphaten katalysieren.

Synthrophismus, ↗ *Mutantentechnik*.

Synzyme, Syn. für ↗ *künstliche Enzyme*.

Syringaaldehyd, Nebenprodukt bei der großtechnischen Herstellung von ↗ *Vanillin* aus Laubholzligninen.

Systemin, H-Ala^1-Val-Gln-Ser-Lys^5-Pro-Pro-Ser-Lys-Arg^{10}-Asp-Pro-Pro-Lys-Met^{15}-Gln-Thr-Asp-OH, ein endogenes 18 AS-Peptid, das innerhalb der Pflanze für die Übermittlung des Signals „Verwundung" verantwortlich gemacht wird und die Biosynthese pflanzlicher „Abwehrproteine" induziert. So führten 40 Femtomol S. in der Tomatenpflanze zur Anreicherung von zwei Protease-Inhibitoren. Im Gegensatz zu Oligosacchariden wird S. schnell transportiert und kann systemisch (Name!) wirken. S. soll möglicherweise der erste beschriebene Vertreter eines pflanzlichen Signalpeptids sein. [G. Pearce et al. *Science* **253** (1991) 895]

T

T, 1) ein Nucleotidrest (in einer Nucleinsäure), in dem Thymin als Base vorliegt.

2) Abk. für ↗ *Thymidin* (z. B. ist TMP das Akronym für T̲hymidin̲m̲onop̲hosphat).

3) Abk. für ↗ *Thymin*.

T₃, Abk. für 3,5,3'-Triiod-L-thyronin, ein ↗ *Schilddrüsenhormon*.

T₄, Abk. für 3,5,3',5'-Tetraiodthyronin, ↗ *Thyroxin*.

Tabak-Alkaloide, ↗ *Nicotiana-Alkaloide*.

Tabakmosaikvirus, *TMV*, ein weltweit verbreiteter helicaler Virus, mit einem stäbchenförmigen Virion (300 nm lang und 18 nm im Durchmesser; Abb.). Im Allgemeinen enthält ein infizierter Wirt 1– 10 Millionen Viruspartikel. TMV wird leicht auf mechanischem Weg übertragen, wobei es primär kultivierte Vertreter der *Solanaceen* angreift, insbesondere Tabak, Tomaten und Paprika. TMV wurde in niedrigen Konzentrationen auch in Obstbäumen und Weinstöcken gefunden. Es gibt zahlreiche Virusstämme, die ein Mosaik aus hellem und dunklem Grün oder Gelb bzw. markante Blattverformungen hervorrufen. Eine TMV-Infektion führt auch oft zu Krüppelwuchs. Normalerweise (z. B. in *Nicotiana tabacum*, die zu den am häufigsten kommerziell

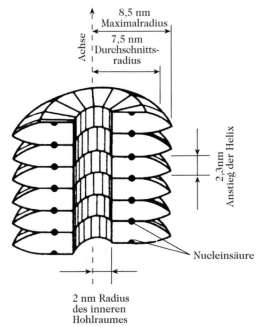

Tabakmosaikvirus. Modell des Tabakmosaikvirus.

angebauten Tabakarten gehören) breitet sich das Virus in der gesamten Pflanze aus, nur das Meristem bleibt virusfrei. Man spricht dann von einer systemischen Infektion, weil das Virus im Leitgewebe, gewöhnlich im Siebteil, transportiert wird. Bei anderen Arten, z. B. bei *Nicotiana glutinosa*, reagiert die Pflanze stark gegen die Infektion und das Virus bleibt auf bestimmte Zellen (darin eingekapselt) beschränkt. An den Infektionsstellen bilden sich nekrotische Läsionen.

TMV ist nicht nur extrem infektiös, sondern auch sehr resistent gegen Austrocknung, Erhitzen und zahlreiche Chemikalien. TMV dient als Modell für RNA-Viren (↗ *Viren*). Ähnlich wie andere Partikel oder Viren akkumulieren TMV-Partikel in relativ großen, lichtmikroskopisch sichtbaren Einschlusskörpern (*X-Körper*).

Tabtoxine, Chlorose-induzierende Dipeptide, die von mehreren phytopathogenen *Pseudomonas*-Arten gebildet werden. So wird z. B. das Wildfeuer, eine stark infektiöse und zerstörerisch wirkende Blattfleckenkrankheit der Tabakpflanze, durch T. von *P. tabaci* verursacht. T. bestehen aus Threonin, das mit T.-β-lactam [2-Amino-4-(3-hydroxy-2-oxo-azocyclobutan-3-yl)butansäure] verknüpft ist. In [2-Serin]T. tritt Serin an die Stelle von Threonin (Abb.). Das eigentliche Phytotoxin ist das T.-β-lactam, das durch Pflanzen-Proteasen aus T. freigesetzt wird und als Inhibitor der Glutamin-Synthetase wirkt. [P.A. Taylor et al. *Biochim. Biophys. Acta* **286** (1972) 107–117; T.F. Uchytil u. R. D. Durbin *Experentia* **36** (1980) 301–302]

Tabtoxine. R = CH₃: Tabtoxin. R = H: [2-Serin]Tabtoxin.

Tachykinine, eine Familie von Peptiden, die im Gegensatz zu den langsam wirkenden Kininen einen schnellen stimulierenden Effekt auf die glatte Muskulatur ausüben. Charakteristisch für die T. ist die C-terminale Sequenz H-Phe-Xaa-Gly-Leu-Met-NH₂. Zu den T. zählen die *Säuger-T.* ↗ *Substanz P*, die ↗ *Neurokinine* A und B sowie das ↗ *Neuropeptid K*, die *Amphibien-T.* ↗ *Physalaemin*, ↗ *Uperolein*, ↗ *Kassinin*, ↗ *Bufokinin* und ↗ *Phyllomedusin* sowie das *Mollusken-T.* ↗ *Eledoisin*. [V. Erspamer, *TINS* **4** (1981) 267]

Tachysterin, ↗ *Vitamin D*.

TACO, Abk. für T̲ryptophan-A̲spartat-haltiges C̲oat-Protein, ein Makrophagen-eigenes Protein, das von Mycobakterien ausgenutzt wird, um deren Zerstörung durch Lysosomen der Makrophagen zu verhindern. Normalerweise werden pathogene Organismen, die von Makrophagen aufgenommen wurden, in die Lysosomen transportiert und abgebaut. Verschiedene Arten von *Mycobacterium*, darunter die Tuberkulose- und Lepraerreger überleben aber innerhalb der Makrophagen in sog. mycobakteriellen Phagosomen. Diese Partikel sind, wie neueste Forschungsergebnisse des Labors von J. Pieters zeigen, von dem wirtseigenen TACO überzogen. Die natürliche Funktion von TACO – so genannt wegen seines Gehalts an Tryptophan-Aspartat-Domänen – ist noch ebenso unklar, wie der Mechanismus, mit dem die Mycobakterien das Protein für ihren Schutz nutzbar machen.

TAF, Abk. für ↗ <u>T</u>ATA-Bindungsprotein <u>a</u>ssoziierter Protein<u>f</u>aktor.

D-Tagatose, eine zu den ↗ *Monosacchariden* zählende Ketohexose.

Taipoxin, ↗ *Schlangengifte*.

Taiwaniaflavon, ↗ *Biflavonoide*.

Taka-Amylase, eine bakterielle α-Amylase (EC 3.2.1.1), die aus Taka-Diastase-Präparaten von *Aspergillus oryzae* in kristallinem Zustand isoliert wurde. T.-A. (M_r 50 kDa) ist ein calciumhaltiges Einkettenprotein mit Alanin als N-terminaler und Serin als C-terminaler Aminosäure. T.-A. ist wie die tetramere *Bacillus-subtilis*-α-Amylase (M_r 96 kDa) resistent gegen Natriumdodecylsulfat; durch 6 M Guanidin- oder 8 M Harnstofflösung wird T.-A. dagegen reversibel denaturiert. T.-A. ist nicht zu verwechseln mit der ebenfalls in nicht gereinigten Taka-Diastase-Präparaten vorhandenen ↗ *Adenosin-Desaminase*.

D-Talose, eine zu den ↗ *Monosacchariden* zählende Aldohexose.

Tamoxifen, ein Antiöstrogen, das als Cytostatikum bei metastasierendem Mammacarcinom verwendet wird.

Tannase, *Tannin-Acylhydrolase*, eine ↗ *Hydrolase*, die Carboxylester spaltet. Die T. aus *Aspergillus sp.* ist ein dimeres Glycoprotein und besteht aus zwei identischen Untereinheiten (M_r 120 kDa). Die T. wird in der Gerberei zur Beseitigung von Tanninen eingesetzt und dient auch der Bier- und Weinschönung.

Tannin-Acylhydrolase, Syn. für ↗ *Tannase*.

Tannine, pflanzliche ↗ *Gerbstoffe*, die Tierhaut in Leder umwandeln. Es handelt sich um natürlich vorkommende Verbindungen mit einer M_r von 0,5–3 kDa, die ausreichend phenolische *ortho*-Dihydroxygruppen (ungefähr zwei Gruppen je M_r 100 Da) enthalten, um Quervernetzungen zwischen Makromolekülen, wie Proteinen, Cellulose und / oder Pektin, ausbilden zu können. Die Ausbildung von Quervernetzungen kann für Pflanzenenzyme und -organellen eine Aktivitätshemmung bedeuten. Aus diesem Grund wird bei der Isolierung

von Pflanzenenzymen oft Polyvinylpyrrolidon zugesetzt.

Man unterscheidet hydrolysierbare und kondensierte T. *Hydrolysierbare T.* können z. B. durch Glucose (oder andere mehrwertige Alkohole) und ↗ *Gallussäure* (↗ *Gallotannine*) oder Ellagsäure (Abb. 1; *Ellagitannine*) hydrolysiert werden. *Chinagallotannin* (*Tanninsäure*; weit verbreitet bei *Hamamelidaceen*, *Paeonaceen*, *Aceraceen* und *Anacardiaceen*, gelegentlich bei *Ericaceen*) kann bis zu acht Galloylgruppen enthalten. Das einfachste bekannte Ellagitannin ist *Corilagin* von *Caesalpina coriaria* u. a. (Abb. 2). Gelegentlich werden in T. anstelle von Gallussäure oder Hexahydroxydiphensäure andere phenolische Bausteine gefunden, wie z. B. *Chebulsäure* (Abb. 3; in *Myrobalans*-T.) und *Brevifelincarbonsäure* (Abb. 4). *Kondensierte T.* sind Polymere, deren monomere Einheiten aus phenolischen Flavanen, gewöhnlich Flavan-3-ol, bestehen, die durch 4 : 8-C-C-Bindungen miteinander verknüpft sind. Bei vielen höheren Oligomeren und Polymeren der ↗ *Proanthocyanidine* handelt es sich daher um pflanzliche T.

Tannine. Abb. 1. Ellagsäure (entsteht bei der Hydrolyse von Ellagitanninen aus Hexahydroxydiphensäure).

Hexahydroxy-diphensäure-rest   Glucose-rest   Gallussäure-rest

Tannine. Abb. 2. Corilagin (ein Ellagitannin aus *Caesalpinia coriaria*).

Tannine. Abb. 3. Chebulsäure (Baustein einiger hydrolysierbarer Tannine).

Tannine. Abb. 4. Brevifolincarbonsäure (Baustein einiger hydrolysierbarer Tannine).

Tanninsäure, *Chinagallotannin*. ↗ *Tannine*.

TAP, Abk. für engl. *transporter associated with antigen processing*, ↗ *MHC-Moleküle*.

5α-Taraxastan, ↗ *Taraxasterin*.

Taraxasterin, α-*Lactucerol*, α-*Anthesterin*, ein einfach ungesättigter Alkohol aus der Gruppe der pentazyklischen Triterpene. M_r 426,73 Da, F. 227 °C, $[α]_D$ +50 °. T. leitet sich vom Stammkohlenwasserstoff 5α-Taraxastan ab. Es kommt mit Essigsäure verestert im Milchsaft des Löwenzahns (*Taraxacum officinale*) und in anderen Korbblütlern (*Compositae*) vor.

5α-Taraxeran, ↗ *Taraxerol*.

Taraxerol, *Alnulin*, *Skimmiol*, ein einfach ungesättigter Alkohol aus der Gruppe der pentazyklischen Triterpene. M_r 426,73 Da, F. 285 °C, $[α]_D$ +3 °. T. leitet sich vom Stammkohlenwasserstoff 5α-Taraxeran ab. Es kommt in vielen Korbblütlern (*Compositae*), z. B. im Löwenzahn (*Taraxacum officinale*), ferner in der Rinde von Erlen (*Alnus*) vor.

Tarichatoxin, der Hauptgiftstoff des nordamerikanischen Wassermolchs (*Taricha torosa*, *T. rivularis*). Es ist mit ↗ *Tetrodotoxin* identisch.

Tartronatsemialdehyd-Synthase, *Glyoxylat-Carboligase* (EC 4.1.1.47), ein Pflanzenenzym, das zwei Moleküle Glyoxylat in Tartronatsemialdehyd und CO_2 umwandelt. Eine reaktive Zwischenstufe der Reaktion ist Hydroxymethylthiaminpyrophosphat. Das Enzym ist für die Biosynthese von Kohlehydraten aus C2-Bausteinen von Bedeutung.

TAT, Abk. für ↗ *Tyrosin-Aminotransferase*.

TATA-Bindungsprotein, *TBP*, ein 30 kDa-Protein, das eine wichtige Funktion beim Aufbau des aktiven Transcriptionskomplexes (↗ *Transcription*, ↗ *Ribonucleinsäuren*) spielt. TBP ist aus zwei ähnlichen Domänen aufgebaut, von denen jede zwei α-Helices und ein fünfsträngiges antiparalleles β-Faltblatt enthält. Der 185 Aminosäurebausteine umfassende C-terminale Bereich des TBP ist bei Eukaryonten hochkonserviert. Die ↗ *TATA-Box* der DNA bindet an die konkave Oberfläche des sattelförmigen TBP, das Bestandteil des Transcriptionsfaktors TFIID (M_r 700 kDa) ist, der neben TBP verschiedene ↗ *TATA-Bindungsprotein assoziierte Proteinfaktoren* enthält. Die dabei resultierenden Konformationsänderungen in der gebundenen DNA führen zu einer spezifischen Asymmetrie des TBP-TATA-Komplexes, die für den exakten Transcriptionsstart durch die RNA-Polymerase II unabdingbar sind.

TATA-Bindungsprotein assoziierte Proteinfaktoren, *TBP assoziierte Faktoren*, *TAFs*, mindestens acht verschiedene Proteine (M_r 30–250 kDa), die zusammen mit dem ↗ *TATA-Bindungsprotein* den Transcriptionsfaktor TFIID bilden.

TATA-Box, in nahezu allen eukaryontischen Genen, die eine ↗ *messenger-RNA* codieren, enthaltene Consensus-Sequenz, die neben anderen zusätzlichen Elementen speziell für die Promotoraktivität notwendig ist. Die T. ist ein Heptanucleotid aus A- und T-Resten (5' TATAAAA 3'), dessen Zentrum bei −25 liegt. In der Hefe erfüllt eine TATAAA-Sequenz mit einem zwischen −30 und −90 lokalisierten Zentrum die gleiche Funktion. Oftmals werden die T. von GC-reichen Sequenzen flankiert. Eine −10-Sequenz (TATAAT) der Prokaryonten ist der T. sehr ähnlich. Für die Initiation der ↗ *Transcription* ist die Erkennung der T. durch das ↗ *TATA-Bindungsprotein* von essenzieller Bedeutung.

Taurin, ↗ *L-Cystein*.

Taurocholsäure, ↗ *Gallensäuren*.

Taxol, Diterpen aus der pazifischen Eibe (*Taxus brevifolia*), das durch Angriff an den Mikrotubuli die Mitose und damit die Zellteilung hemmt. T. (Paclitaxel) und Docetaxel werden als Cytostatika zur Krebsbehandlung eingesetzt. Das Taxoid Docetaxel wird partialsynthetisch aus dem in Nadeln der europäischen Eibe (*Taxus baccata*) vorkommenden 10-Desacetyl-Baccatin-III hergestellt.

Tay-Sachssche Krankheit, eine ↗ *lysosomale Speicherkrankheit* (eine Sphingolipidose), die durch einen Mangel an β-N-Acetylhexosaminidase A (EC 3.2.1.30) verursacht wird. Bei Typ B fehlt das Enzym. Bei Vorliegen von Typ AB ist das Enzym vorhanden, jedoch fehlt ein Aktivatorprotein. Im Fall von Typ $A^M B$ ist das Enzym vorhanden, jedoch defekt. Als Folge akkumuliert G_{M2} intraneural in weißer und grauer Hirnmasse sowie in geringen Mengen in Milz und Leber. Das klinische Bild und die Prognose sind ähnlich wie bei der infantilen Form der ↗ *Sandhoffschen Krankheit*, mit Manifestation im 4. bis 6. Monat (Gangliosidakkumulation beginnt im Uterus).

TBP, Abk. für ↗ *TATA-Bindungsprotein*.

TBP-assoziierte Faktoren, Abk. für ↗ *TATA-Bindungsprotein assoziierte Proteinfaktoren*.

TCA-Zyklus, Abk. für engl. *tricarboxylic acid cycle*, ↗ *Tricarbonsäure-Zyklus*.

TCDD, Abk. für ↗ *2,3,7,8-Tetrachlordibenzo-1,4-dioxin*.

TDM, Abk. für 4,4'-Tetramethyldiaminodiphenylmethan, ↗ *Aminosäurereagenzien*.

TDP, Abk. für Thymidin-5'-diphosphat, ↗ *Thymidinphosphate*.

technische Biochemie, *industrielle Biochemie*, ein Teilgebiet der Biochemie, das sich mit der Anwendung biochemischer Umsetzungen mit Hilfe von Mikroorganismen (industrielle Mikrobiologie) und Enzymen – insbesondere der ⁊ *immobilisierten Enzyme* – in der Industrie befasst (⁊ *industrielle Enzyme*, ⁊ *Biotransformation*).

Tectochinon, *2-Methylanthrachinon*, ein gelbgefärbtes Anthrachinon, F. 179 °C, das in Teakholz vorkommt. T. gehört zu den wenigen nichthydroxylierten natürlich vorkommenden Anthrachinonen. Durch den Gehalt an T. ist das Teakholz weitgehend gegen Termitenfraß und Befall durch holzzerstörende Pilze geschützt.

Teichmannsche Kristalle, *Chlorhäminkristalle*, rhombische Kristalle, die beim Erhitzen von Hämoglobin mit Natriumchlorid und Eisessig entstehen. Sie sind zum mikroskopischen Nachweis von Blut geeignet.

Teichonsäuren, Polymere, die in Zellwänden grampositiver Bakterien vorkommen. Sie bestehen aus Glycerin- oder Ribitolketten, in denen die monomeren Reste durch Phosphatgruppen miteinander verknüpft sind. Zusätzlich sind mit den Glycerin- oder Ribitolresten Zuckerreste verbunden und einige Hydroxylgruppen sind mit D-Alanin verestert. Beispielsweise besteht die T. von *Staphylococcus aureus H* aus acht Ribitoleinheiten, die durch 1→5-Verknüpfungen über Phosphodiesterbrücken verbunden sind. Der Zucker *N*-Acetylglucosamin ist – neben einigen α-Verknüpfungen – hauptsächlich über β-Verknüpfungen an Position vier von Ribitol gebunden. Glycerin-T. ist stärker verbreitet als Ribitol-T. In einigen wenigen Fällen sind nur wenige oder keine Zuckerreste vorhanden, so dass bei alkalischer Hydrolyse hauptsächlich Alanin, Glycerin und dessen Phosphate gebildet werden. In den meisten Fällen sind jedoch weitere Zuckerreste vorhanden, z. B. *N*-Acetylglucosaminyl (T. aus dem periplasmatischen Raum von *Staphylococcus aureus H*), Glucosyl (T. aus dem periplasmatischen Raum von *Lactobacillus arabinosus*), α-*N*-Acetylgalactosaminyl (T. aus der Wand von *Staphylococcus lactis*). Die Glycerineinheiten sind mit 1→3-Phosphodiester-Bindungen verknüpft und das C2-Atom des Glycerins trägt D-Alanin oder Zuckerreste.

Bei der Biosynthese von Ribitol-T. werden D-Ribitol-5-phosphat-Einheiten stufenweise auf Position 1 der vorhergehenden Einheit übertragen. Auf welcher Stufe Zucker- und Alaninreste hinzugefügt werden, ist nicht bekannt. Glycerin-T. wird in analoger Weise aus CDP-Glycerin gebildet.

Telomerase, eine matrizenhaltige reverse Transcriptase, die die Enden der Chromosomen (⁊ *Telomere*) repliziert.

Telomere, DNA-Sequenzen an den 3'-Enden linearer eukaryontischer Chromosomen. Da der RNA-Primer am 5'-Ende eines diskontinuierlich synthetisierten Strangs nicht durch DNA ersetzt werden kann (der benötigte Primer hätte keine Bindungsstelle), ist für Replikation von T. ein spezieller Mechanismus notwendig (⁊ *Replikation*). Telomere DNA besteht aus ungefähr 1.000 Tandemwiederholungen einer artspezifischen, G-reichen Sequenz am 3'-Ende jeder DNA-Duplex. Beispielsweise bestehen die T. bei *Tetrahymena* aus der Wiederholungssequenz TTGGGG und beim Menschen aus TTAGGG. Diese Tandemwiederholungen werden mit Hilfe einer spezifischen *Telomerase* addiert, einem Ribonucleoprotein, dessen RNA-Bestandteil eine Region enthält, die komplementär zur telomeren Wiederholungssequenz ist (d. h. das Enzym selbst enthält eine RNA-Matrize). Die telomere DNA-Sequenz wird im RNA-Matrizenbereich des Enzyms (reverse Transcriptase) synthetisiert und an das 3'-Ende addiert. Die Matrizenregion wandert anschließend an das neue 3'-Ende und der Vorgang wird bis zu 1.000mal wiederholt.

Wenn die T. nicht repliziert werden würden, würde das Chromosom bei jedem DNA-Replikations-Zyklus um die Länge des RNA-Primers kürzer werden. Dadurch würden wesentliche Gene verloren gehen und die Abkömmlinge der betroffenen Zelle sterben. Zwischen der anfänglichen T.-Länge in kultivierten Zellen und der Anzahl der Zellteilungen, bis die Zellen altern, besteht eine direkte Korrelation. Patienten, die an Progerie leiden (schnelles und vorzeitiges Altern, das zum Tod in der Kindheit führt), haben anormal kurze T. Dies und andere Erkenntnisse geben Anlass zu der Vermutung, dass ein Verlust der Telomerase-Funktion in somatischen Zellen den Grund für das Altern eines multizellulären Organismus darstellt. [E.H. Blackburn *Annu. Rev. Biochem.* **61** (1992) 113–129]

template-RNA, ⁊ *messenger-RNA*.

Tenascin, *Cytotactin, Cyclotactin J1, GMEM-* (engl. *glioma mesenchymal extracellular matrix*) *Protein, Hexabrachion*, ein Glycoprotein-Komplex aus sechs identischen oder ähnlichen Untereinheiten, der die Zelladhäsion in Abhängigkeit vom Zelltyp entweder fördert oder hemmt. Die sechs über Disulfidbrücken verbundenen Untereinheiten (M_r 190–250 kDa) bilden eine Struktur, die vom Zentrum eines Rades ausgehenden Speichen ähnelt. Wie im ⁊ *Fibronectin* sind in den einzelnen Polypeptidketten sich wiederholende Sequenzbereiche enthalten. Die Fibronectin-Wiederholungseinheit vom Typ III tritt in jeder Untereinheit mindestens achtmal auf. Man findet auch in den einzelnen Polypeptidketten mehrere Domänen einer EGF-ähnlichen Sequenz bestehend aus 31 Aminosäureresten, die auch in anderen Proteinen der extrazellulären Matrix vorkommt. Allgemein erfüllen die Domänen unterschiedliche Funktionen. Eine dieser Domänen bindet beispielsweise an Fibronectin, eine andere an Syndecan, ein Transmembran-Proteoglycan an der Zelloberfläche. T. kommt in großen Mengen in der extrazellulären Matrix von Embryonalgewebe vor. Prinzipiell ist es aber weniger verbreitet als Fibronectin, wobei es aber räumlich und zeitlich spezifischer exprimiert wird. Verstärkung und Hemmung der Adhäsion stehen offenbar im unmittelbaren Zusammenhang mit der Regulation der Zellwanderung.

Tentoxin, ein zyklisches Tetrapeptid, das zu den ↗ *Alternaria alternata-Toxinen* zählt und in vielen Pflanzen Chlorose hervorruft (Abb.). Sensitiv für T. sind z. B. Salat, Kartoffeln, Gurken und Spinat, unempfindlich dagegen *Nicotiana*, Tomaten, Kohl und Rettich. Das Toxin bindet an den Chloroplastenkopplungsfaktor 1 (eine Toxinbindungsstelle je αβ-Untereinheitenkomplex) und inhibiert die Photophosphorylierung und die Ca^{2+}-abhängige ATPase. Die Spezifität für bestimmte Spezies hängt mit der unterschiedlichen Bindungsaffinität für den Kopplungsfaktor 1 zusammen ($1,3–20 \times 10^{-7}$ M für 50%ige Inhibierung bei sensitiven Spezies und ein 20fach höherer Wert bei insensitiven Spezies).

Tentoxin

Termamyl®, ↗ *thermostabile Enzyme*.

terminal, *endständig*, Adjektiv für den Kettenendenbaustein eines Biopolymers, z. B. *N*- und *C*-terminale Aminosäuren (↗ *Peptide*).

terminale Oxidase, das Endenzym der ↗ *Atmungskette*. Bei den meisten Organismen ist dies die ↗ *Cytochrom-Oxidase*, bei verschiedenen Pflanzensystemen kommen jedoch andere t. O. vor, bzw. werden postuliert. Im Fall der aeroben ↗ *Nitratatmung* ist die t. O. die Nitrat-Reduktase.

terminale Oxidation, *Endoxidation*, der letzte Schritt im Stoffwechsel. ↗ *Tricarbonsäure-Zyklus*.

Termination, die Abschlussphase der Biopolymerensynthese. ↗ *Biopolymere*, ↗ *Proteinbiosynthese*, ↗ *Transcription*.

Terminationscodon, *Stoppcodon*, *Punktcodon*, Folge von drei Nucleotiden in der mRNA, die während der ↗ *Proteinbiosynthese* die Beendigung der Polypeptidsynthese und die Freisetzung des Polypeptids signalisiert. Als Terminationscodon wirken

die Sequenzen 5'-UAA (↗ *Ochrecodon*), 5'-UAG (↗ *Ambercodon*) und UGA.

Terminationsfaktoren, Syn. für ↗ *Releasefaktoren*.

Terminationstriphosphate, Syn. für ↗ *Didesoxyribonucleotidtriphosphate*.

Terminus, das Kettenende eines Biopolymers, z. B. ist mit *N*- und *C*-Terminus eines Proteins die *N*- und *C*-terminale Aminosäure gemeint.

Terpenalkaloide, *Isoprenoidalkaloide*, Alkaloide, denen ein Terpengerüst zugrunde liegt. Die Anzahl der C-Atome schwankt zwischen 10 und 30. Als vorteilhaft erweist sich die Einteilung nach ihrem Vorkommen (überwiegend in unterschiedlichen Pflanzenfamilien; Tab.).

Terpenalkaloide. Tab. Einteilung der Terpene.

Grundgerüst	Bezeichnung
Monoterpen	Gentiana-Alkaloide Valeriana-Alkaloide
Sesquiterpen	Nuphara-Alkaloide Dendrobium-Alkaloide
Diterpen	Aconitum-Alkaloide Erythrophleum-Alkaloide
Triterpen (Steroid)	Buxus-Alkaloide Funtumia-Alkaloide Holarrhena-Alkaloide Salamander-Alkaloide Solanum-Alkaloide Veratrum-Alkaloide

Die Biosynthese geht von Mevalonsäure aus. Die Herkunft des Stickstoffs ist noch unbekannt. Damit unterscheiden sich die T. von den iridoiden Isochinolin- und Indolalkaloiden, bei denen ein Monoterpen mit Aminosäuren verknüpft ist, die auch den heterozyklischen Stickstoff liefern.

Terpene, *Terpenoide*, *Isoprene*, *Isoprenoide*, eine umfangreiche Gruppe von Naturstoffen, deren Strukturen sich aus Isopreneinheiten zusammensetzen. Die Anzahl der C-Atome ist meist ein Vielfaches von 5. Die Zusammenfassung der T. zu einer Substanzklasse geht auf Ruzicka zurück, der 1921 mit der *Isoprenregel* nachwies, dass sich das Kohlenstoffgerüst vieler offenkettiger und zyklischer T. durch Kopf-Schwanz-Verknüpfung von Isoprenmolekülen (C_5H_8) aufbauen lässt. Eine Ausnahme bilden die ↗ *Squalene*, die eine Schwanz-Schwanz-Anordnung besitzen.

Ursprünglich wurden nur Verbindungen mit zehn Kohlenstoffatomen (Monoterpene) als T. bezeichnet und sauerstoffhaltige T. als Campher. Entsprechend dem biologischen Bildungsprinzip sollten jedoch alle Verbindungen, deren Kohlenstoffgerüst vorwiegend aus „aktivem Isopren" aufgebaut wird, als T. oder Isoprene bezeichnet werden, einschließlich der Steroide, Carotinoide usw.

Struktur. Nach der Anzahl der zum Aufbau verwendeten C$_5$-Bausteine unterscheidet man ↗ *Hemiterpene*, ↗ *Monoterpene*, ↗ *Sesquiterpene*, ↗ *Diterpene*, ↗ *Sesterterpene*, ↗ *Triterpene*, ↗ *Tetraterpene* und ↗ *Polyterpene* (Tab.). Für die Konventionen und Regeln zur Strukturdarstellung ↗ *Steroide*.

Terpene. Tab. Einteilung der Terpene.

Gruppe	Anzahl der C$_5$-Einheiten	typische Vertreter
Hemiterpene	1	„aktives Isopren"
Monoterpene	2	Citral, Iridoide, Campher
Sesquiterpene	3	Abscisinsäure, Proazulene
Diterpene	4	Gibberelline, Harzsäuren
Sesterterpene	5	Cochliobolin
Triterpene	6	Steroide, Sterine, Ecdysone
Tetraterpene	8	Carotinoide
Polyterpene	bis 10.000	Kautschuk, Gutta, Polyprenole

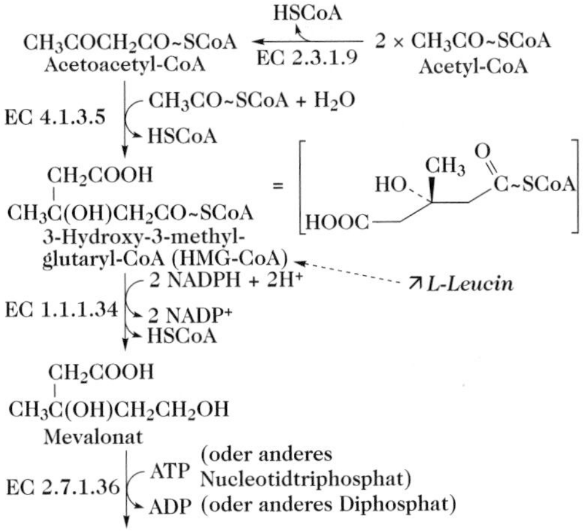

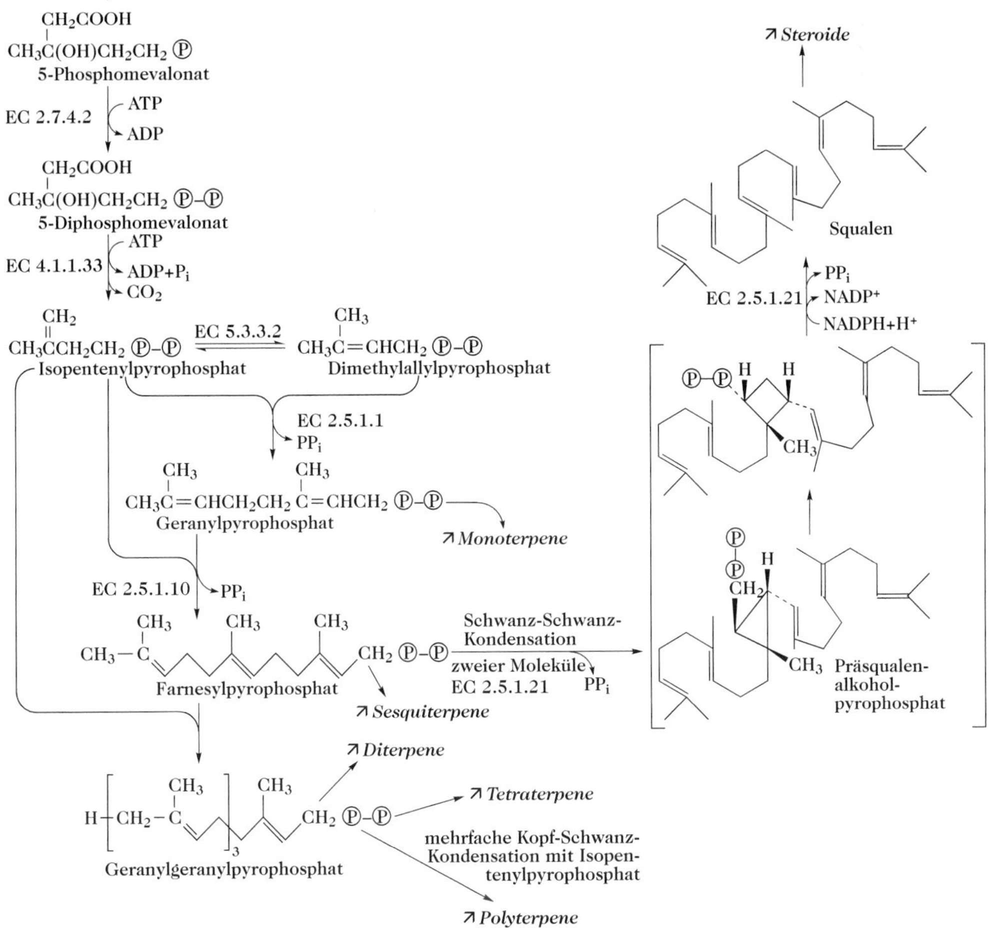

Terpene. Biosynthese der Terpene aus Mevalonat. EC 2.7.1.36, Mevalonat-Kinase; EC 2.7.4.2, Phosphomevalonat-Kinase; EC 4.1.1.33, Pyrophosphomevalonat-Decarboxylase; EC 5.3.3.2, Isopentenyldiphosphat-Δ-Isomerase; EC 2.5.1.1, Dimethylallyltransferase; EC 2.5.1.10, Geranyltransferase; EC 2.5.1.21, Farnesyltransferase (katalysiert auch die Reduktion von Präsqualenalkoholpyrophosphat zu Squalen).

Vorkommen und Bedeutung. Die Strukturen von über 5.000 natürlich vorkommenden T. wurden aufgeklärt. Sie kommen bei allen Lebensformen vor. Nur in wenigen Fällen ist ihre biologische Bedeutung bekannt. Von größtem Interesse sind die ↗ *Carotinoide* für den Photosyntheseprozess der Pflanzen und mehrere Gruppen von T. als Phyto-, Insekten- und tierische Hormone. Viele Pheromone zählen zu den T. Neben den biologischen Eigenschaften haben die T. eine große Bedeutung als Arzneimittel sowie als Rohstoffe für die Lebensmittel-, Riechstoff-, Lack- und Gummiindustrie.

Biosynthese. Die Vorstufen der T. werden aus Acetyl-CoA synthetisiert. Entscheidende Zwischenstufen sind Mevalonat und Isopentenylpyrophosphat („aktives Isopren"; Abb.). Isopentenylpyrophosphat steht im Gleichgewicht mit Dimethylallylpyrophosphat, das als Starter für Polykondensationsreaktionen dient. So bildet sich aus Dimethylallylpyrophosphat und Isopentenylpyrophosphat Geranylpyrophosphat, die Vorstufe der Monoterpene. Durch Kondensation mit weiteren Molekülen Isopentenylpyrophosphat entstehen Farnesylpyrophosphat (die Vorstufe der Sesquiterpene), Geranylgeranylpyrophosphat (die Vorstufe der Diterpene) usw. Zwei Moleküle Farnesylpyrophosphat bzw. zwei Moleküle Geranylgeranylpyrophosphat treten durch Schwanz-Schwanz-Kondensation zu den ↗ *Triterpenen* bzw. ↗ *Tetraterpenen* zusammen. Das Grundgerüst der ↗ *Polyterpene* entsteht durch Kopf-Schwanz-Kondensation einer Vielzahl von Isopreneinheiten.

Ein zweiter, mevalonatunabhängiger Biosyntheseweg für Isopentenylpyrophosphat wurde in den Chloroplasten höherer Pflanzen, in Grünalgen (*Chlorella*, *Scenedesmus*, *Chlamydomonas*) und in einigen photosynthetischen Organismen (*Synechocystis*) gefunden (↗ *1-Desoxy-D-xylulosephosphat-Biosyntheseweg*).

Terpenoide, ↗ *Terpene*.

Terpentin, ↗ *Balsame*.

Terpentinöl, ein flüchtiges Öl, das durch Wasserdampfdestillation aus Terpentin verschiedener *Pinus*-Arten gewonnen wird. T. ist eine farblose Flüssigkeit, F. 155–162 °C, ρ 0,865–0,870, n_D^{25} 1,465–1,480. An Luft verändert sich T. rasch und verharzt schließlich. Seine Zusammensetzung ist je nach Usprung unterschiedlich. Die Hauptbestandteile sind bizyklische Monoterpene vom Caran- und Pinen-Typ. Durch Wasserdampfdestillation von Holz, Wurzeln, Stumpf, Sägemehl, usw. wird minderwertiges T. (*Holz-T.*) ebenso erhalten wie als Nebenprodukt bei der Herstellung von Sulfitcellulose (*Sulfit-T.*). T. wird zur Synthese von Campher in großem Maßstab aus Kiefernholz isoliert. T. wird als Reinigungs- sowie als Lösungsmittel bei der Herstellung von Schuhcreme, Lack und Farben verwendet. In der Pharmazie wird es gelegentlich unter der Bezeichnung *Oleum terebinthinae* eingesetzt.

Terpeptin, ein von *Aspergillus terrus* 96F-1 produziertes Peptid mit inhibitorischer Wirkung auf den Zellzyklus von Säugetieren. T. besteht aus *N*-Acetylvalin, *N*-Methylvalin, sowie einer C-terminalen Amidgruppierung , die aus einem Tryptophanbaustein nach Decarboxylierung und Modifizierung durch einen Isoprenylrest hervorgegangen ist. [T. Kakamizono et al. *Tetrahedron Lett.* **38** (1997) 1.223]

Terpinene, zweifach ungesättigte monozyklische Monoterpene (↗ *p-Menthadiene*), die als α-T., β-T. und γ-T. vorkommen (Abb., Tab.).

Terpinene. Isomere des Terpinens.

Terpinene. Tab.

Name	Sdp. [°C]	Vorkommen
α-Terpinen, *p*-Mentha-1,3-dien	173–175	*Elettaria*-Arten
β-Terpinen, *p*-Mentha-1(7),3-dien	75,5	*Pittosporum*-Arten
γ-Terpinen, *p*-Mentha-1,4-dien	183	verbreitet

Tertiärstruktur, die räumliche Struktur von Makromolekülen, insbesondere ↗ *Proteinen*.

Testan, frühere Bezeichnung für 5α-Androstan. ↗ *Steroide*.

Testosteron, *17β-Hydroxy-androst-4-en-3-on*, wichtigster Vertreter der Androgene. M_r 288,43 Da, F. 155 °C, $[\alpha]_D$ +109° (Alkohol). T. wird in den Zwischenzellen des Hodengewebes gebildet, regt Wachstum von Prostata und Samenblase an und fördert Spermienreifung und Ausbildung der männlichen sekundären Geschlechtsmerkmale. Außer in den Testes der Säuger einschließlich des Menschen kommt T. auch in Blut und Harn vor. Die Isolierung erfolgte erstmals 1935 aus Stierhoden. T. wird in Form von Estern, z. B. Testosteronpropionat, bei Mangelerscheinungen der männlichen Keimdrüsen, bei endokrinen Störungen in der Gynäkologie und in der Geriatrie therapeutisch angewandt. Die Biosynthese erfolgt aus Progesteron über 17-Hydroxyprogesteron und Androstendion (↗ *Androgene*).

19-nor-Testosteron, ein synthetisches anaboles Steroid. 19-nor-T. unterscheidet sich von ↗ *Testo-*

steron durch das Fehlen der C19-Methlgruppe. Es besitzt eine stärkere anabole, jedoch schwächere androgene Wirkung als Testosteron.

Tetanustoxin, ↗ *Gifte.*

2,3,7,8-Tetrachlordibenzo-1,4-dioxin, *Seveso-Gift*, *TCDD* (Abb.), gewöhnlich auch als *Dioxin* (↗ *Dioxine*) bezeichnet, ein Derivat des 1,4-Dioxins mit starker mutagener, teratogener und cancerogener Wirkung, die toxischste aller bisher synthetisierten chemischen Verbindungen (LD$_{50}$: 10 µg/kg Meerschweinchen p. o.). 2,3,7,8-T. entsteht als unerwünschtes Nebenprodukt bei der Herstellung polychlorierter Phenole und von 2,4,5-Trichlorphenoxyessigsäure, durch thermische Dimerisierung und Dehydrohalogenierung von Polychlorphenolen sowie durch thermische Dehydratisierung und Dehydrohalogenierung von Polychlorbrenzcatechinen. Die Bildung von 2,3,7,8-T. wurde auch in den Rauchgasen von Müllverbrennungsanlagen und bei Bränden polychlorierter Kunststoffe nachgewiesen.

2,3,7,8-Tetrachlordibenzo-1,4-dioxin

1976 wurde 2,3,7,8-T. bei einem Unfall in der Chlorphenolfabrik der Chemiefirma ICMESA (Seveso) in einer Menge von 135 g freigesetzt und verseuchte die Umgebung auf einer Fläche von über 100 ha. Verheerende Schäden wurden in Vietnam verursacht, wo von 1961 bis 1971 durch die U.S. Army 2,3,7,8-T. als Verunreinigung des Entlaubungsmittels *agent orange* großflächig verteilt und die Vegetation anschließend mit Napalm in Brand gesetzt wurde.

2,3,7,8-T. reichert sich beim Menschen im Fettgewebe an und besitzt eine Halbwertszeit von 7–10 Jahren.

Tetracosansäure, Syn. für ↗ *n-Lignocerinsäure.*

Tetracycline, eine Gruppe von Antibiotika aus verschiedenen *Streptomyces*-Arten. Die T. enthalten vier linear anellierte sechsgliedrige Ringsysteme als Grundstruktur und unterscheiden sich durch die verschiedenen Reste (R$_1$ bis R$_5$; Tab.).

T. hemmen die Proteinbiosynthese durch Blockierung der Bindung von Aminoacyl-tRNA an die Ribosomen. Die T. waren neben den Penicillinen die am meisten verwendeten Antibiotika. Sie wirken vor allem bei Bronchitis, Pneumonien sowie bei Gallen- und Harnwegsinfektionen, Pest und Cholera. Ein wichtiges Einsatzgebiet der T. ist die Tierernährung. Infolge Nebenwirkungen und ansteigender Resistenz gegenüber den Erregern ist der Einsatz der T. rückläufig.

Tetracycline. Tab. Wichtige Vertreter der Tetracycline.

Name	R$_1$	R$_2$	R$_3$	R$_4$	R$_5$
Chlortetracyclin (Aureomycin)	H	H	OH	CH$_3$	Cl
Oxytetracyclin (Terramycin)	H	OH	OH	CH$_3$	H
Tetracyclin	H	H	OH	CH$_3$	H
Methacyclin (Rondomycin)	H	OH	CH$_2$= −		H
Doxycyclin (Vibramycin)	H	OH	H	CH$_3$	H

Tetraethylammonium, ↗ *Acetylcholin (Abb. 3).*

Tetrahydrobiopterin, *BH$_4$*, ein Wasserstoff-übertragender Cofaktor einer Reihe von aromatischen-Aminosäuren-Hydroxylasen, wie z. B. Phenylalanin-, Tyrosin- und Tryptophan-Hydroxylasen. Diese werden für die Synthese von Neurotransmittern, wie Dopa, 5-Hydroxytryptophan, Dopamin, Adrenalin, Noradrenalin und Serotonin benötigt. Deshalb ist BH$_4$ für die neurologische Funktion notwendig. Hirngewebe von Erwachsenen mit Down-Syndrom, seniler Demenz vom Alzheimerschen Typ und schweren endogenen Depressionen weist eine sehr niedrige Synthesekapazität für BH$_4$ auf. [J.A. Blair et al. *Biochemical and Clinical Aspects of the Pteridines* Bd. 3, de Gruyter, Berlin, 1984]

Tetrahydrocannabinol, *THC*, ↗ *Haschisch.*

Tetrahydrofolsäure, *FH$_4$*, *Folat-H$_4$*, *Coenzym F*, *5,6,7,8-Tetrahydropteroylglutaminsäure*, bindet, aktiviert und überträgt ↗ *aktive Einkohlenstoff-Einheiten* mit Ausnahme von Kohlendioxid (F bedeutet Formylierung). M_r 445,4 Da, bei chemischer Präparation aus Essigsäure M_r 565,4 Da (mit 2 CH$_3$-COOH), λ_{max} 298 nm in 0,01 M Phosphatlösung, pH 7,0, ε ≤ 28.000. T. wird in festem Zustand langsam an der Luft oxidiert und muss deshalb im Vakuum oder in inerter Atmosphäre aufbewahrt werden. In Lösung wird T. schnell zur *Dihydrofolsäure*, (*FH$_2$*, *Folat-H$_2$*, *7,8-Dihydropteroylglutaminsäure*) oxidiert. FH$_2$ entsteht außerdem als Nebenprodukt der enzymatischen Bildung von Thymidylsäure an der ↗ *Thymidylat-Synthase* (↗ *Pyrimidinbiosynthese*). FH$_4$/FH$_2$ bilden ein Redoxsystem von $E_0{}'$ = −0,19 V. Die Stabilität von T. wird stark vom Puffer beeinflusst, sie ist bei pH 7,4 am größten. Stabilisierend auf Lösungen von T. wirken Ascorbinsäure (34 mM) und – weniger ausgeprägt – Mercaptoethanol (10 mM).

Die Zersetzung von T. oder ihre metabolische Umwandlung zu Dihydrofolsäure lässt sich spektrophotometrisch durch die Verlagerung des Absorptionsmaximums von 298 nm zu 282 nm verfolgen.

T. wird aus ⊿ *Folsäure* durch enzymatische Reduktion gebildet. Die aktive Gruppierung der T. ist die Ethylendiamingruppierung.

Tetrahydrofolsäurekonjugate enthalten drei bzw. sieben Glutaminsäuren: Tri- bzw. Heptaglutamate. Sie spielen z. B. eine Rolle bei der Methioninsynthese in einigen Mikroorganismen.

3,5,3',5'-Tetraiodthyronin, T_4, Syn. für ⊿ *Thyroxin*.

Tetraodontoxin, Syn. für ⊿ *Tetrodotoxin*.

Tetraterpene, aus acht Isoprenresten ($C_{40}H_{64}$) aufgebaute Terpene. Im Unterschied zu anderen Gruppen von Terpenen sind die T. in ihrer Struktur weniger vielfältig. Typisch für alle T. ist die in der Mitte des Moleküls lokalisierte Schwanz-Schwanz-Verknüpfung, die durch Kondensation von zwei Molekülen Geranylgeranylpyrophosphat (⊿ *Terpene*) über Phytoen entsteht (Abb.).

Tetrodotoxin, *Tetraodontoxin, Spheroidin, Tarichatoxin, Fugu-Gift, Octahydro-12-(hydroxymethyl)-2-imino-5,9:7,10a-dimethano-10aH-[1,3]-dioxocino-[6,7-d]-pyrimidin-4,7,10,11,12-pentol* (Abb.), der äußerst wirksame Giftstoff des Kugel- oder Igelfisches Fugu (*Sphaeroides rubripes*). M_r 319 Da, $[\alpha]_D^{25}$ −8,64° (c = 8,55, verd. Essigsäure). Es kommt in den Ovarien, der Leber, der Haut und im Darm, aber nicht im Blut der Tiere vor. Seine kleinste tödliche Dosis (bei Mäusen) liegt bei 8 µg/kg. T. blockiert selektiv den spannungsabhängigen Na^+-Kanal und wird daher als Hilfsmittel zum Studium neurophysiologischer Prozesse eingesetzt.

Tetrodotoxin

Tetrose, ein Monosaccharid, der aus vier Kohlenstoffatomen aufgebaut ist, z. B. Threose, Erythrulose. T. treten als Zwischenprodukte beim Kohlenhydratstoffwechsel auf, gewöhnlich in Form ihrer Phosphate.

TFMS, Abk. für ⊿ *Trifluormethansulfonsäure*.

TGF, Abk. für engl. *transforming growth factor*, ⊿ *transformierende Wachstumsfaktoren*.

Thalassämien, eine Gruppe genetisch bedingter Störungen der Hämoglobinsynthese, bei denen die Bildung ganzer oder eines Teils der Hämoglobinketten beeinträchtigt ist. Das resultierende Ungleichgewicht der Globinkettensynthese kann zur Präzipitation derjenigen Globine führen, die im Überschuss gebildet werden. Solche ausgefällten Proteine bilden Einschlüsse, die für die gestörte Reifung und das verminderte Überleben erythroider Zellen verantwortlich sind. Sowohl auf genetischer als auch molekularer Ebene stellen T. eine sehr heterogene Familie von Blutkrankheiten dar. Eine grobe Einteilung erfolgt nach der Globinkette, die ungenügend synthetisiert wird: α-, β-, δβ-, δ- und γδβ-T. Einige T. (z. B. die δβ-T.) sind durch einen anomal hohen Spiegel an Fetalhämoglobin

Tetraterpene. Carotinoidsynthese aus zwei Molekülen Geranylgeranylphosphat.

($\alpha_2\gamma_2$) gekennzeichnet und haben ähnliche Krankheitsbilder wie eine Gruppe von erblicher Fetalhämoglobinpersistenz (engl. *hereditary persistence of fetal hemoglobin*, HPFH). ↗ *Hämoglobin*.

Thalidomid, *Contergan®*, *N-Phthalylglutaminsäureimid*, eine Verbindung, die als Hypnotikum in Verkehr gebracht worden war (Abb.). Wegen neurotoxischer und teratogener (den Embryo schädigender) Nebenwirkungen musste die Anwendung verboten werden. Als Folge der Anwendung von T. in den ersten Monaten der Schwangerschaft wurden missgestaltete Kinder, vor allem mit Schäden an den Extremitäten, geboren. T. wird heute als Antilepramittel eingesetzt.

Thalidomid

Thaumatin, ein Proteingemisch (zwei Proteine mit M_r von ca. 21 kDa) mit intensiver Süßwirkung. T. wird aus den Früchten von *Thaumatococcus daniellii* isoliert. Die Süßkraft ist etwa 2.000-mal größer als die von Saccharose. T. wird z. B. in Japan zum Süßen von Kaugummi, Desserts, Suppen benutzt.

THC, Abk. für Δ^1-Tetrahydrocannabinol, ↗ *Haschisch*.

Thebain, ↗ *Benzylisochinolin-Alkaloide*.

Theobromin, ein Purinalkaloid (↗ *methylierte Xanthine*). T. ist das Hauptalkaloid der Kakaobohne (1,5–3 %), ist aber auch in Colanüssen und Tee vorhanden. Es wird gewöhnlich aus Kakaobohnenschalen gewonnen, die 0,7–1,2 % dieser Verbindung enthalten. T. wirkt diuretisch, gefäßerweiternd, herzstimulierend und auf glatte Muskeln relaxierend. Das Salz der 1-Theobrominessigsäure mit Bromocholinphosphat wird als Antihypertensivum eingesetzt. Das 1-Hexylderivat von Theobromin, das sog. *Pentifyllin*, wirkt als Vasodilatator, es wird aufgrund seiner im Vergleich zu Theobromin höheren Lipidlöslichkeit besser als dieses absorbiert.

Theophyllin, ein Purinalkaloid (↗ *methylierte Xanthine*). Es ist in kleinen Mengen im Tee vorhanden. Seine pharmazeutischen Eigenschaften sind denen von ↗ *Theobromin* ähnlich.

theoretische Bodenzahl, nach dem klassischen Konzept der „theoretischen Böden" die Anzahl an Destillationsböden bei einer fraktionierten Destillation, wird jedoch auch auf andere chromatographische Säulentrennungen angewandt. Die t. B. ist eine charakteristische Größe einer Trennsäule und hängt vor allem von der Qualität der Säulenpackung und der Teilchengröße des Trennmaterials

ab. Je höher die t. B. bei einer bestimmten Säulenlänge ist, um so kleiner wird die Peakbreite und um so besser ist die Trennleistung der Säule. Die t. B. N ist definiert als $N = 5,54 \cdot (tR/wh)2$, wobei tR die Retentionszeit und wh die Peakbreite auf halber Peakhöhe der getrennten Komponente ist. Das Höhenäquivalent eines t. B. h (H.E.T.P., engl. *height equivalent to a theoretical plate*) einer Säule der Länge l entspricht $h = $ H.E.T.P. $= l/N$. Dieses Höhenäquivalent eines theoretischen Bodens repräsentiert den Teil einer Säule, in dem sich das Verteilungsgleichgewicht einmal einstellt (↗ *Van-Deemter-Gleichung*).

Die t. B. lässt sich auch für andere chromatographische Trennsysteme, wie z. B. die Dünnschichtchromatographie, berechnen und ermöglicht somit eine Beurteilung der Trennleistung des Systems. ↗ *Chromatographie*.

therapeutische Breite, ↗ *Dosis*.

therapeutischer Index, ↗ *Dosis*.

thermodynamische Kontrolle, der experimentelle Befund, dass das Ergebnis eines Vorgangs durch die Gesetze der Thermodynamik bestimmt wird. Eine Reaktion ist thermodynamisch kontrolliert, wenn sich die Konzentrationen der Produkte und der Ausgangsstoffe untereinander im thermodynamischen Gleichgewicht befinden. Bedingungen für t. K. sind umkehrbare Bildungsreaktionen für alle Produkte. Außerdem muss die Reaktionszeit lang genug sein, damit sich das Gleichgewicht einstellen kann. Gegensatz: ↗ *kinetische Kontrolle*.

Thermogenin, engl. *uncoupling protein*, ein natürlicher ↗ *Entkoppler*, der bei Kälte-resistenten Säugern für die Thermogenese benötigt wird.

Thermolysin (EC 3.4.24.4), eine thermostabile zink- und calciumhaltige neutrale Protease (M_r 37,5 kDa) von *Bacillus thermoproteolyticus* mit einer den ↗ *Subtilisinen* ähnlichen Substratspezifität. T. behält nach einstündigem Stehen bei 80 °C noch 50 % seiner Aktivität. Ursache für die große Temperaturstabilität des T. soll sein Reichtum an hydrophoben Regionen und die Gegenwart von vier gebundenen Calciumionen sein, die die Aufgabe der fehlenden Disulfidbrücken zur Aufrechterhaltung der kompakten Form des T.-Moleküls übernehmen. T. ist weder ein Thiol- noch ein Serinenzym.

thermostabile Enzyme, eine Gruppe von ↗ *Enzymen*, deren Temperaturoptimum zwischen ca. 60 und 90 °C liegt. Das Temperaturoptimum liegt im Allgemeinen im Bereich der jeweiligen Temperaturoptima der Produzenten, z. B. thermophiler Bakterien. Die größte Gruppe t. E. stellen die ↗ *Hydrolasen*, die zusätzlich resistent gegenüber dem Abbau durch intrazelluläre Proteasen sind. Sie besitzen häufig eine kompakte Struktur, die durch Disulfidbrücken oder/und hydrophobe Bindungen stabilisiert wird und zeichnen sich durch einen geringen Helix-Anteil aus. Zu den t. E. gehören u. a. das ⁊ *Thermolysin* (aus *Bacillus thermoproteolyticus*) und die ⁊ *Lipase* (aus *Bacillus sp.*).

T. E. sind sowohl unter dem Aspekt der Grundlagenforschung als auch der angewandten Forschung von großem Interesse. Sie werden vor allem in der Nahrungsmittelindustrie (z. B. *Termamyl®* zur Verflüssigung von Stärke) und Waschmittelindustrie eingesetzt. In zunehmendem Maße werden die t. E. aus thermophilen Organismen in leicht fermentierbaren Mikroorganismen (z. B. *Escherichia coli*) kloniert und exprimiert.

Thetine, Sulfoniumverbindungen, z. B. *Dimethylthetin* (H₃C)₂S⁺-CH₂-COO⁻, die als Methylierungsmittel verwendet werden können (⁊ *Transmethylierung*). T. kommen auch natürlich vor, wie z. B. das in Algen, aber auch in höheren Pflanzen aufgefundene *Dimethyl-β-propiothetin* (H₃C)₂S⁺-CH₂-CH₂-COO⁻. Ein Zersetzungsprodukt der T. ist das Dimethylsulfid.

Thiamin, *Aneurin, Antiberiberifaktor, antineuritisches Vitamin*, ⁊ *Vitamin B₁*, ein wasserlösliches Vitamin, das in der Natur weit verbreitet ist, besonders in Hefen und Getreidekeimlingen. T. enthält einen Pyrimidin- und einen Thiazolring. Beide Ringsysteme werden getrennt synthetisiert und die phosphorylierten Derivate anschließend über ein quartäres Stickstoffatom miteinander verbun-

den (Abb.). Als ⁊ *Thiaminpyrophosphat* ist Vitamin B₁ Bestandteil der Coenzyme von Decarboxylasen, Transketolasen und 2-Oxosäure-Dehydrogenasen.

Bei Mangel an T. treten Störungen im Kohlenhydratstoffwechsel auf. Diese gehen mit hohen Blutkonzentrationen an Oxosäuren (hauptsächlich Pyruvat) einher, was auf die Rolle des Thiaminpyrophosphats als Coenzym der Pyruvat-Dehydrogenase zurückzuführen ist. Die typische Mangelkrankheit ist ⁊ *Beriberi*. Der tägliche Thiaminbedarf liegt bei ungefähr 1 mg.

Thiaminpyrophosphat, *TPP, Aneurinpyrophosphat, APP, Cocarboxylase, Diphosphothiamin*, der Pyrophosphorsäureester von ⁊ *Thiamin* (Abb. 1), die prosthetische Gruppe (bzw. das Coenzym) verschiedener Thiaminpyrophosphatenzyme, z. B. der ⁊ *Pyruvat-Decarboxylase*, des ⁊ *Pyruvat-Dehydrogenase-* und ⁊ *α-Ketoglutarat-Dehydrogenase-Komplexes*, der Transketolase, der Glyoxylat-Carboligase und der Oxalyl-CoA-Decarboxylase (⁊ *Oxalsäure*). Das freie Kation des T. weist ein M_r von 425,3 Da auf, das Chlorid (M_r 460,8 Da) kristallisiert mit einem Molekül Wasser aus Ethanol (M_r 478,8 Da); F. 240–244 °C (Zers.); λ_{max} 245 und 261 nm (in Phosphatpuffer bei pH 5,0), 231,5 und 266 nm (bei pH 8,0); λ_{min} 248 nm.

T. bildet mit den Substraten der Thiaminpyrophosphatenzyme *aktive Aldehyde*: 1) aktiver Acet-

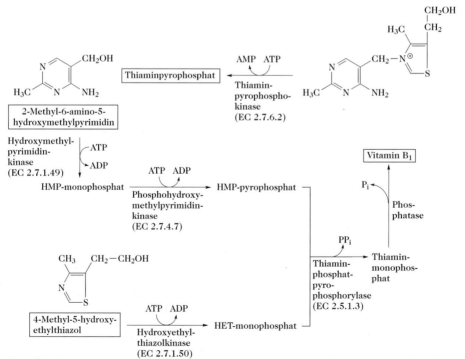

Thiamin. Biosynthese von Vitamin B₁ und dessen Coenzymform Thiaminpyrophosphat. HMP = 2-Methyl-6-amino-5-hydroxymethylpyrimidin. HET = 4-Methyl-5-hydroxyethylthiazol.

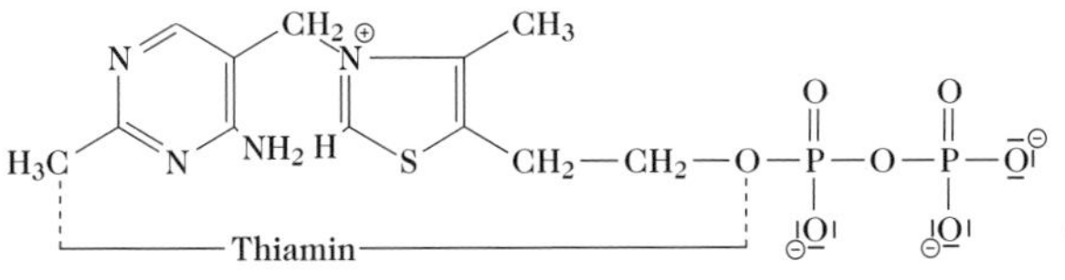

Thiaminpyrophosphat. Abb. 1.

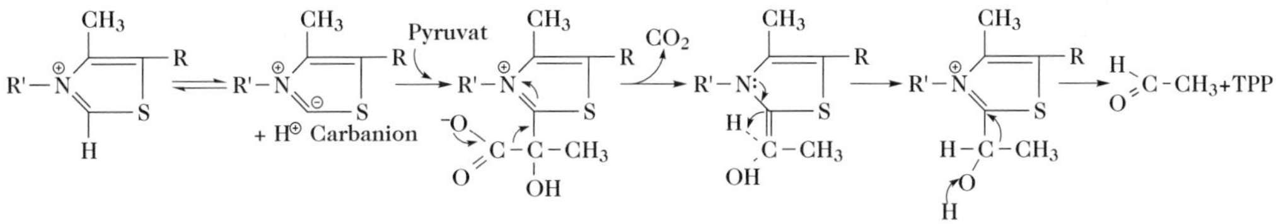

Thiaminpyrophosphat. Abb. 2. Mechanismus der Thiaminpyrophosphatkatalyse bei der Pyruvatdecarboxylierung.

aldehyd (Hydroxyethylthiaminpyrophosphat, *HETPP*);

2) aktiver Glycolaldehyd [2-(1,2-Dihydroxy-ethyl)-thiaminpyrophosphat, *DETPP*]; 3) aktiver Formaldehyd (2-Hydroxymethylthiaminpyrophosphat, *HMTPP*). Als Zwischenprodukte der Bildung aktiver Aldehyde werden aktives Pyruvat (Pyruvylthiaminpyrophosphat) und aktives Glyoxylat [2-(Hydroxycarboxymethyl)-thiaminpyrophosphat] postuliert. Das Wasserstoffatom in Position 2 des Thiazoliumrings von T. (zwischen dem Schwefel- und dem Stickstoffatom; Abb. 2) besitzt einen hohen pK-Wert von ungefähr 12,6. Vermutlich ist das dipolare Thiazoliumion (das Ylid; d. h. das C2 bildet ein Carbanion, das durch die positive Ladung am Stickstoff stabilisiert wird) das entscheidende Zwischenprodukt in der Coenzymfunktion von T. Das Carbanion an C2 reagiert mit dem ($\delta+$)-C-Atom einer Substratcarbonylgruppe und bildet ein aktives Intermediat. Elektronen können vom gebundenen Substrat in das Ringsystem von T. fließen und die Bindung zwischen dem gebundenen Substrat-C-Atom (dem ursprünglichen Carbonyl-C-Atom) und einem benachbarten C-Atom wird gespalten. Alle Reaktionen, die durch TPP-Enzyme katalysiert werden, sind mit diesem Mechanismus konform.

Thioctansäure, ↗ *Liponsäure.*

Thioester, *Acylmercaptan,* eine Verbindung der allgemeinen Formel RS~CO-R₁. Die Thioester- (Acylmercaptan-) Bindung ist energiereich. Ein T. ist z. B. das Acetyl-Coenzym A als Prototyp einer aktivierten Fettsäure. Bei der ↗ *Substratkettenphosphorylierung* an der Triosephosphat-Dehydrogenase in der ↗ *Glycolyse* wird intermediär ein energiereicher T. unter Vermittlung der Thiolgruppe des Enzymproteins gebildet.

Thioethanolamin, Syn. für ↗ *Cysteamin.*

Thioglucosidase, Syn. für ↗ *Thioglucosid-Glucohydrolase.*

Thioglucosid-Glucohydrolase, β-*Thioglucosidase, Myrosinase, Sinigrinase, Sinigrase* (EC 3.2.3.1), ein Pflanzenenzym, das für die Umwandlung von

Glucosinolaten in Isothiocyanate verantwortlich ist (↗ *Glucosinolate*).

Thiokinase, Syn. für *Acyl-CoA-Synthetase,* ↗ *aktivierte Fettsäuren,* ↗ *Acetyl-Coenzym A.*

Thiolase, Kurzbezeichnung für die *Acyl-CoA-Acetyltransferase* (3-*Ketoacyl-CoA-Thiolase*), die Acyl-CoA-Verbindungen unter Mitwirkung von Coenzym A thiolytisch in Acetyl-CoA und ein um zwei C-Atome verkürztes Acyl-CoA spaltet. Die T. besitzt eine breite Spezifität hinsichtlich der Länge der Acylgruppen (↗ *Fettsäureabbau,* ↗ *Ketogenese*).

Thiolcarbamatherbizide, ↗ *Herbizide,* die sich von der Thiocarbamidsäure ableiten, deren Wasserstoffatome durch aliphatische oder aromatische Substituenten ersetzt werden (Abb.). Verwendung finden die Verbindungen EPTC, Triallat und Cycloat, die wegen ihres hohen Dampfdrucks in den Boden eingearbeitet werden müssen und darum im Vorsaatverfahren eingesetzt werden, sowie Prosulfocarb, das im Vor- und Nachauflaufverfahren angewandt wird.

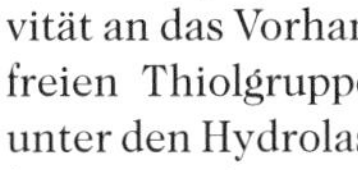

$$R^1 - S - CO - N\genfrac{}{}{0pt}{}{R^2}{R^3}$$

Thiolcarbamatherbizide. Grundstruktur.

Thiole, *Mercaptane,* Schwefelverbindungen der allgemeinen Formel RSH, z. B. L-Cystein, Coenzym A; ↗ *Thiolgruppe.*

Thiolenzym, *SH-Enzym,* ein Enzym, dessen Aktivität an das Vorhandensein einer gewissen Zahl von freien Thiolgruppen gebunden ist. T. findet man unter den Hydrolasen, Oxidoreduktasen und Transferasen. Bekannte T. sind z. B. Bromelain, Papain, Urease, verschiedene Flavinenzyme, Pyridinnucleotidenzyme, Pyridoxalenzyme und Thiolproteinasen. T. werden typischerweise von Sulfhydrylreagenzien gehemmt.

Thiolesterasen, ↗ *Esterasen.*

Thiolgruppe, *Sulfhydrylgruppe, Mercaptogruppe,* -SH, die funktionelle Gruppe von Thiolen (Mercaptane), RSH (R = Molekülrest). Die T. kann strukturelle (↗ *Thiolenzym*) und funktionelle (↗ *Coenzym A*, ↗ *Panthetein-4'-phosphat*, ↗ *Liponsäure*, ↗ *Thioredoxin* u. a.) Bedeutung haben. Die funktionelle Form von Liponsäure und Thioredoxin ist ein Dithiol.

2-Thiomethyl-N⁶-isopentenyladenosin, *2-Methylmercapto-6-isopentenyladenosin*, ein zu den seltenen Nucleinsäurebausteinen gehörendes Adenosinderivat der tRNA aus Weizen. T. ist ein aktives Cytokinin. In verschiedenen tRNA-Arten konnte auch das hydroxylierte Derivat *2-Methylmercapto-6-(4-hydroxy-3-methyl-cis-2-enylamino)-purin* nachgewiesen werden.

Thiophorase, ↗ *aktivierte Fettsäuren*.

Thioredoxin, ein monomeres ubiquitäres elektronentransportierendes Protein (M_r 12 kDa). Charakteristisch für das T. von Archaebakterien bis zum Menschen ist die Sequenz -Trp-*Cys*-Gly-Pro-*Cys*- mit zwei eng benachbarten Cysteinresten, die ein typisches Segment einer herausstehenden redoxaktiven Disulfidbrücke bildet (Abb.). T. spielt eine wichtige Rolle bei der Synthese von Desoxyribonucleotiden, wobei es die ↗ *Ribonucleotid-Reduktase* reduziert. Das dabei gebildete Disulfid des T. wird unter der Katalyse der ↗ *Thioredoxin-Reduktase* wieder zur Thiolform reduziert. T. übt als Elektronendonor ebenfalls eine wichtige Funktion bei der Kontrolle der Dunkelreaktionen der ↗ *Photosynthese* aus. Es reagiert auf das Redoxpotenzial des Stromas. Das reduzierte T. aktiviert sowohl die Fructosediphosphatase als auch die Sedoheptulosediphosphatase über einen Disulfidaustausch. Der Mechanismus der Lichtaktivierung der beiden

Schlüsselenzyme des ↗ *Calvin-Zyklus* wird dadurch eingeleitet, dass das photoaktivierte Photosystem I lösliches Ferredoxin reduziert, das über die Ferredoxin-Thioredoxin-Reduktase T. oxidiert. Das T. spielt ferner als physiologisches Reduktionsmittel eine bedeutende Rolle bei der Regulation der Aktivität von Enzymen in verschiedenen Zellarten.

Thioredoxin-Reduktase, ein zu den Flavoproteinen gehörendes Enzym mit FAD als prosthetischer Gruppe. Die T. regeneriert oxidiertes ↗ *Thioredoxin* durch Elektronenfluss von NADPH + H⁺ über das kovalent gebundene FAD (Abb.).

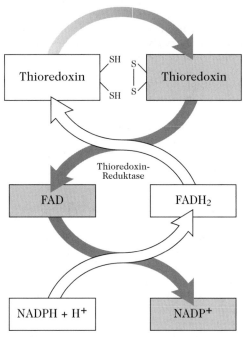

Thioredoxin-Reduktase

Thr, Abk. für ↗ *L-Threonin*.

L-Threonin, *Thr*, *L-threo-α-Amino-β-hydroxybuttersäure*, $H_3C-CH(OH)-CH(NH_2)-COOH$, eine proteinogene, essenzielle Aminosäure mit zwei asymmetrischen C-Atomen. M_r 119,1 Da, F. 253 °C (Zers.), $[\alpha]_D^{25}$ −28,5° (c = 1–2, Wasser). Die Periodatoxidation von L-T. zu Acetaldehyd, Glyoxylat und Ammoniak dient zu seiner Bestimmung. Die ernährungsphysiologische Sonderstellung von L-T. hängt damit zusammen, dass die enzymatische Hydrolyse von Peptidbindungen in Proteinen, an denen L-T. beteiligt ist, besonders schwierig zu sein scheint. Im Allgemeinen besteht in den meisten Organismen die Abbaureaktion in der Überführung in 2-Oxobutyrat und Ammoniak durch die Pyridoxalphosphat-abhängige L-Threonin-Dehydratase (EC 4.2.1.16).

Dieses abbauende Enzym (auch L-T.-Desaminase genannt) unterscheidet sich von der biosyntheti-

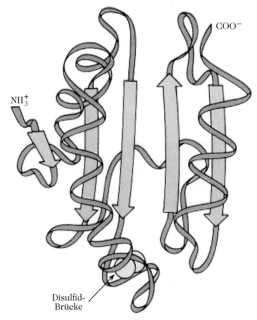

Disulfid-Brücke

Thioredoxin

schen L.-T.-Dehydratase, die bei *E. coli* für die Bildung von 2-Oxobutyrat im Verlauf der Biosynthese von Isoleucin benötigt wird. Dieses letztgenannte Enzym wird durch Isoleucin allosterisch inhibiert. L.-T.-Acetaldehyd-Lyase (L.-T.-Aldolase, EC 4.1.2.5) ist ein Pyridoxalphosphatenzym, das L.-T. in Glycin und Acetaldehyd überführt. Es kommt in verschiedenen Organismen vor, auch in Säugetieren, und scheint ein rein abbauendes Enzym zu sein. Durch Oxidation von L.-T. zu 2-Amino-3-oxobutyrat und anschließende Decarboxylierung entsteht Aminoaceton, ein Bestandteil des Urins. Von Mikroorganismen wird Aminoaceton in *R*-1-Amino-2-propanol überführt, ein Zwischenprodukt bei der Biosynthese von Vitamin B$_{12}$. Aminoaceton kann auch oxidativ zu Methylglyoxal desaminiert werden, das durch Glyoxalase in D-Lactat umgewandelt werden kann.

In Pflanzen und Mikroorganismen erfolgt die Biosynthese von L.-T. durch β-Elimination von Phosphat aus Phosphohomoserin und anschließender β-Substitution mit einer OH-Gruppe. Die Gesamtreaktion wird durch das Pyridoxalphosphatenzym L.-T.-Synthase (EC 4.2.99.2) katalysiert. Das Phosphohomoserin stammt – über Aspartylphosphat, Aspartatsemialdehyd und Homoserin – von Aspartat ab.

D-Threose, eine zu den ↗ *Monosacchariden* zählende Aldotetrose.

Thrombin, eine in der Wirkung dem ↗ *Trypsin* ähnliche Serin-Protease mit einer Schlüsselfunktion im komplexen System der ↗ *Blutgerinnung*. T. besteht aus zwei Polypeptidketten mit 49 (A-Kette) und 259 (B-Kette) Aminosäureresten. Die B-Kette trägt die funktionellen Epitope eines Enzyms und zeigt das typische Faltungsmuster der Serin-Proteasen. Die Reste der katalytischen Triade His-57, Asp-102 und Ser-195 (Chymotrypsinnummerierung) befinden sich in der Grenzfläche zwischen zwei ↗ β-*Barrel*-Domänen. T. besitzt eine Präferenz für Arginin als P1-Aminosäure und Gly als P1'-Aminosäure. Die bisher einzige Ausnahme bildet der T.-Rezeptor 2 mit einer Spaltstelle nach Lysin. T. wird aus dem Zymogen ↗ *Prothrombin* (582 AS) durch proteolytische Spaltungen durch den Faktor X$_a$ nach Arg^{274} und Arg^{323} freigesetzt, wobei die A- und B-Ketten durch eine Disulfidbrücke verbunden bleiben. T. ist ein Na$^+$-abhängiges allosterisches Enzym. Die katalytische Triade ist etwa 2 nm vom Na$^+$-Bindungsort entfernt. In der Blutgerinnungskaskade erfüllt T. die Rolle eines Prokoagulans bei der Umwandlung des Fibrinogens in das unlösliche Fibrin, bei der Förderung der Blutplättchenaggregation, bei der Stabilisierung des sich bildenden Gerinnsels durch Aktivierung des Faktors XIII und bei der Verstärkung der Rückkopplung der eigenen Bildung aus Prothrombin durch Aktivierung der Fak-

toren V, VIII und XI. Als Antikoagulans ist T. bei der Thrombomodulin-geförderten Umwandlung von Protein C in eine aktive Komponente beteiligt, die Faktor Va zusammen mit Protein S spaltet und inaktiviert, wodurch die Umwandlung von Prothrombin in T. unter Katalyse des Prothrombinase-Komplexes begrenzt wird. Aufgrund der Wechselwirkung mit dem Antithrombin III hat T. im Blut nur eine Halbwertszeit von einigen Minuten, wobei Heparin diesen Prozess stark beschleunigt. Alle Wechselwirkungen des T. werden Na$^+$-abhängig allosterisch reguliert, wobei der Übergang von der langsamen in die schnelle Form durch die Bindung von Na$^+$ ausgelöst wird. Während die Na$^+$-gebundene Form eine höhere Spezifität gegenüber Fibrinogen, Thrombomodulin, Thrombinrezeptoren und Antithrombin III zeigt, ist die langsame Form spezifischer gegenüber Protein C. Die Na$^+$-abhängige allosterische Regulation der katalytischen Aktivität basiert auf Tyr-225. [E. Di Cera et al. *Cell. Mol. Life Sci.* **53** (1997) 701]

Thrombininhibitoren, Hemmstoffe des ↗ *Thrombins*, wie z.B. die ↗ *Serpine*, Antithrombin III und der Heparin-Cofaktor II. Die stärksten T. wurden aus blutsaugenden Tieren isoliert, wie das ↗ *Hirudin* aus dem Blutegel , sowie als typischer Vertreter aus Insekten Rhodniin (*Rhodnius prolixus*). [S.T. Olson u. I. Björk, in *Thrombin, Structure and Function*, L.J. Berlinger (Hrsg.), Plenum, New York 1992, S. 159–217; T. Friedrich et al. *J. Biol. Chem.* **268** (1993) 16.216–16.222]

Thrombocytenaktivierungsfaktor, engl. *platelet activating factor*, *PAF*, ein Lipid, das in einer Konzentration von 10^{-11}–10^{-10} M Blutplättchen (Thrombocyten) aktiviert. Dieses Lipid konnte als 1-O-Alkyl-2-O-acetyl-sn-glycero-3-phosphocholin (Alkyl = Hexadecyl, Octadecyl) identifiziert werden. Wirksam ist nur die angegebene optisch aktive Form.

Thrombogen, Syn. für ↗ *Prothrombin*.

Thrombolytika, Syn. für ↗ *Fibrinolytika*.

Thrombomodulin, *TM*, ein als hochaffiner Thrombinrezeptor der Endothelzellmembran wirkendes Proteoglycan. Als Proteincofaktor modifiziert TM, möglicherweise über einen allosterischen Mechanismus, die Substratspezifität von Thrombin. Der Thrombin-TM-Komplex aktiviert Protein C und initiiert dadurch die Antikoagulationskaskade, wodurch Endothelzellen vor Bildung von Thromben geschützt werden. TM besteht aus einer N-terminalen Domäne (226 AS) mit einem hohen Homologiegrad zur C-Typ-Lektin-Familie, sechs EGF-ähnlichen Domänen mit insgesamt 236 Aminosäureresten, einer Ser/Thr-reichen Domäne (34 AS), einer Transmembrandomäne (23 AS) sowie einem kurzen cytoplasmatischen Schwanz mit 38 Aminosäureresten. Jede EGF-ähnliche Domäne enthält sechs Cysteinreste, die drei Disulfidbrücken ausbilden. Drei *N*-Glycosylierungsorte befinden sich in der Lektindomäne und je einer in den EGF-ähnlichen Domänen 4 und 5. Die Ser/Thr-reiche Domäne enthält schließlich fünf O-verknüpfte Oligosaccharide und einige TM-Moleküle enthalten eine O-gebundene Chondroitinsulfat-Kette mit etwa 25 Disaccharideinheiten, die am Ser-474 gebunden ist. Die Cofaktoraktivität des TM ist eng mit den EGF-ähnlichen Domänen 4–6 sowie mit dem Ser/Thr-reichen Spacer zwischen der EGF-ähnlichen Domäne 6 und der Transmembrandomäne verknüpft. Eine normale Thrombinbindung erfordert die EGF-ähnlichen Domänen 5 und 6. Die Funktionen der Lektindomänen sowie der EGF-ähnlichen Domänen 1–3 sind noch unklar. [C.T. Esmon u. W.G. Owen *Proc. Natl. Acad. Sci. USA* **78** (1981) 2.249; C.T. Esmon *FASEB J.* **9** (1995) 946; J.E. Sadler *Throm. Haemo.* **78** (1997) 392]

Thrombospondin, *TS*, *TSP*, ein in zahlreichen Geweben vorkommendes, und speziell aus den α-Granula der Blutplättchen freigesetztes Glycoprotein (M_r 450 kDa), das aus drei identischen, durch Disulfidbrücken verbundene Untereinheiten aufgebaut ist. Es gehört zu den physiologischen Hemmstoffen der Fibrinolyse. Es bindet neben ⟋ *Fibrinogen*, ⟋ *Fibronectin*, ⟋ *Heparin*, HRG (histinreiches Glycoprotein) auch den ⟋ *Gewebeplasminogen-Aktivator*, ⟋ *Plasmin* und ⟋ *Plasminogen*. Die Bindung des Plasminogens erfolgt über Lysinbindungsstellen. Das durch TSP gebundene Plasmin ist vor einer Inaktivierung durch α_2-Antiplasmin geschützt. TSP reguliert die Plasminbindung an der extrazellulären Matrix, Endothelzellen, Blutplättchen, Makrophagen u.a. [E.H. Sage u. P. Bornstein *J. Biol. Chem.* **266** (1991) 14.831–14.834; M.D. Kosfeld et al. *J. Biol. Chem.* **266** (1991) 24.257–24.259]

Prostaglandin H₂ (PGH₂)

Thromboxan A₂ (TXA₂)

Thromboxan B₂ (TXB₂)

Thromboxane

Thrombosthenin, ⟋ *Muskelproteine*.

Thromboxane, *TX*, Derivate der ⟋ *Prostaglandine*. T. induzieren die Aggregation der Thrombocyten, die Bildung von Blutgerinnseln und die Kontraktion glatter Muskeln. TXA₂ ist aktiver als TXB₂, es zersetzt sich jedoch so schnell (Abb.), dass eine experimentelle Analyse schwierig ist. TXB₂ bewirkt keine Erhöhung des cAMP-Spiegels von Thrombocyten (im Gegensatz zu den Prostaglandinen), während TXA₂ die durch Prostaglandine verursachte Zunahme von Thrombocyten-cAMP hemmt.

Die unmittelbare Vorstufe von TX ist Prostaglandin H₂, das von ⟋ *Arachidonsäure* abstammt. TXA₂ wird rasch in TXB₂ überführt. Diese Umwandlung wird durch die Gegenwart von Albumin gehemmt. Die Bildung von TXA₂ wird durch niedrige Mengen an Aspirin (⟋ *Acetylsalicylsäure*) inhibiert, weshalb Aspirin antikoagulierende Eigenschaften besitzt. [S. Moncada u. J.R. Vane *Pharmacol. Rev.* **30** (1979) 293–331].

Thujan, ⟋ *Monoterpene* (*Tab.*).

Thy, Abk. für ⟋ *Thymin*.

Thylakoide, die inneren Membranstrukturen der ⟋ *Chloroplasten*. Die T. bilden ein System abgeflachter Blasen mit einem Durchmesser von 600 nm, die elektronenmikroskopisch abbildbar sind. In den Chloroplasten höherer Pflanzen kommen zwei Arten von T. vor: die *Stromathylakoide*, die das Stroma wie Querbalken durchziehen, und die *Granathylakoide*, die kürzere Stapel zwischen den Stromathylakoiden bilden und den Grana der Lichtmikroskopie entsprechen. Als Elementarbaustein der T. gilt das ⟋ *Quantosom*.

Die T.-Membran ist ungefähr 9 nm dick und umschließt einen schmalen inneren Raum, den *Loculus*. Sie enthält ungefähr gleiche Mengen an Protein und Lipid und einen bemerkenswert hohen Anteil an Galactosyldiacylglycerin, Digalactosyldiacylglycerin und Sulfolipid. Vermutlich befindet sich auf der Membraninnenseite ein höherer Anteil an Lipidmolekülen und auf der Außenseite mehr Protein. Proteine und Lipide scheinen jedoch keine getrennten Schichten zu bilden. Die innere Lipidschicht enthält die Chlorophylle und Carotinoide. Das Chlorophyll liegt zum größten Teil – wenn nicht sogar gänzlich – in Form von Proteinkomplexen vor. Die Proteinuntereinheiten der äußeren Schicht besitzen einen Durchmesser von 4 nm.

Thymeretika, ⟋ *Psychopharmaka*.

Thymidin, *dThd*, *T*, *1-β-D-2'-Desoxyribofuranosylthymin*, ein Desoxyribonucleosid. M_r 242,23 Da, F. 185–186 °C, $[\alpha]_D^{16}$ +32,8 ° (c = 1,04; 1 M NaOH). T. ist Baustein der Desoxyribonucleinsäuren. Es wird biosynthetisch in Form von Thymidin-5'-monophosphat (⟋ *Thymidinphosphate*) durch Methylierung von 2'-Desoxyuridin-5'-monophosphat gebildet. Ein vom T. abgeleitetes Derivat ist das 3'-Azido-2',3'-didesoxythymidin (↗ *Azidothymidin*).

Thymidin-5'-diphosphat, ↗ *Thymidinphosphate.*

Thymidin-5'-monophosphat, ↗ *Thymidinphosphate.*

Thymidinphosphate, zu den ↗ *Nucleotiden* zählende Phosphorsäureester des Thymidins (exakter: Desoxythymidin). Die T. werden – obwohl sie Desoxyribose als Zucker enthalten – so bezeichnet, weil die entsprechenden Ribosederivate, die an sich diesen Namen tragen müssten, in der Natur kaum gefunden werden.

Thymidin-5'-monophosphat, (*TMP, Thymidylsäure, Desoxythymidin-5'-monophosphat, dTMP, Desoxythymidylsäure*), ist Bestandteil der DNA und ist ein Zwischenprodukt der TPP-Synthese (↗ *Pyrimidinbiosynthese*). M_r 322,2 Da, F. 225–230 °C (Sinterung). Seine schrittweise Phosphorylierung führt zu *Thymidin-5'-diphosphat*, (*TDP, Desoxythymidin-5'-diphosphat, dTDP*), M_r 402,2 Da, das unter anderem zur Aktivierung bestimmter Zucker dient, und zu *Thymidin-5'-triphosphat* (*TTP, Desoxythymidin-5'-triphosphat, dTTP*), M_r 482,18 Da, das Substrat der Polymerasen bei der DNA-Synthese ist.

Thymidin-5'-triphosphat, ↗ *Thymidinphosphate.*

Thymidylat-Synthase (EC 2.1.1.45), das die Synthese von Desoxythymidylat (dTMP) durch Methylierung von Desoxyuridylat (dUMP) katalysierende Enzym, wobei N^5,N^{10}-Methylentetrahydrofolat (N^5,N^{10}-FH$_4$) als Donor der Methylgruppe fungiert (↗ *aktive Einkohlenstoff-Einheiten*, ↗ *Pyrimidinbiosynthese*). Die T. ist ein hochkonserviertes Dimer (M_r 70 kDa). Die SH-Gruppe von Cys[198] greift das C6-Atom von dUMP unter Ausbildung eines kovalenten Addukts nucleophil an. Das resultierende enzymgebundene Enolat bildet mit dem Iminium-Kation des N^5,N^{10}-FH$_4$ einen ternären kovalenten Enzym-dUMP-FH$_4$-Komplex, der schließlich unter Produktbildung und Freisetzung von Dihydrofolat sowie Regenerierung des Enzyms zerfällt. Das Dihydrofolat wird in einer NADPH-abhängigen Reaktion durch die Dihydrofolat-Reduktase wieder zu N^5,N^{10}-FH$_4$ regeneriert. Die T. wird durch ↗ *Selbstmord-Inhibitoren* gehemmt und ist wie die Dihydrofolat-Reduktase ein wichtiger Angriffspunkt der Krebschemotherapie.

Thymidylsäure, Syn. für Thymidin-5'-monophosphat, ↗ *Thymidinphosphate.*

Thymin, 1) *T* oder *Thy, 2,6-Dihydroxy-5-methylpyrimidin, 5-Methyluracil*, eine Pyrimidinbase, die Bestandteil der Desoxyribonucleinsäuren ist. M_r 126,1 Da, F. 321–326 °C (Zers.). T. wurde erstmals 1893 aus ↗ *Thymonucleinsäure* isoliert. Zur Biosynthese von T. ↗ *Pyrimidinbiosynthese*.

UV-Bestrahlung von DNA-Lösungen verursacht eine Dimerisierung benachbarter Thyminbasen der

DNA-Kette. Die Dimerenbildung ist von der Wellenlänge abhängig. 265 nm unterstützt eine Dimerisierung, während bei 235 nm zuvor gebildete Dimere wieder zu den Monomeren zurückkehren. Thymindimere können auch in lebenden Zellen gebildet werden, wo sie herausgeschnitten und der Schaden repariert wird. ↗ *DNA-Reparatur*.

2) Syn. für ↗ *Thymopoietin*.

Thymindesoxyribosid, ↗ *Thymidin.*

Thymol, *2-Isopropyl-5-methylphenol*, farblose, thymianartig riechende, bitter schmeckende Kristalle, F. 51 °C, Sdp. 233 °C (Abb.). Es kommt gemeinsam mit dem isomeren Carvacrol in ↗ *etherischen Ölen* aus Gewürzpflanzen vor, besonders im Thymianöl, Oreganum- und Majoranöl. T. wirkt weniger giftig, dafür aber stärker antiseptisch als Phenol. Die intakte Haut wird nicht angegriffen, und selbst Schleimhäute vertragen Lösungen gut. T. wird deshalb medizinisch als Desinfektionsmittel mit bakterizider und auch fungizider Wirkung angewendet. Es ist Bestandteil von Salben, Mundwässern, Zahnpasten, Hustensäften. Es wirkt auch bei Verdauungsstörungen und als Anthelminthikum.

Thymol

Thymoleptika, ↗ *Psychopharmaka.*

Thymonucleinsäure, *Thymusnucleinsäure*, Nucleinsäure aus der Thymusdrüse, eine veraltete Bezeichnung für DNA (↗ *Desoxyribonucleinsäure*).

Thymopentin, ↗ *Thymopoietin.*

Thymopoietin, 1) *Thymin*, ein aus dem Thymus isoliertes 49 AS-Polypeptidhormon (Abb. auf Seite 394, M_r 5,6 kDa, Rind). Man kennt zwei Formen des T., die sich in Position 1 und 43 der Sequenz unterscheiden. Als aktiver Bereich des T-Zellen-differenzierenden Hormons wird der Sequenzabschnitt 32–36 angesehen, der als *Thymopentin*, exakter *Thymopoietin-5* (TP-5), H-Arg[1]-Lys-Asp-Val-Tyr[5]-OH synthetisch leicht zugänglich ist und Bedeutung für die Stärkung der unspezifischen Immunabwehr besitzt.

2) T. wird auch als synonyme Bezeichnung für ↗ *Thymosin* verwendet.

Thymosin, *Thymopoietin, Thymosin α1*, ein aus dem Thymus isoliertes immunstimulierendes 28 AS-Peptid. T. ist eine Komponente der als Thymosinfraktion Nr. 5 bezeichneten Peptidmischung von über 30 Komponenten des Kalbsthymus. T. und die standardisierte Thymosinfraktion Nr. 5 gelten

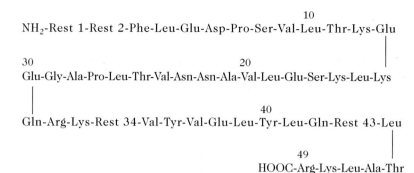

10
NH$_2$-Rest 1-Rest 2-Phe-Leu-Glu-Asp-Pro-Ser-Val-Leu-Thr-Lys-Glu

30   20
Glu-Gly-Ala-Pro-Leu-Thr-Val-Asn-Asn-Ala-Val-Leu-Glu-Ser-Lys-Leu-Lys

                          40
Gln-Arg-Lys-Rest 34-Val-Tyr-Val-Glu-Leu-Tyr-Leu-Gln-Rest 43-Leu

                          49
HOOC-Arg-Lys-Leu-Ala-Thr

Thymopoietin. Struktur von Thymopoietin.

als aussichtsreiche Pharmaka zur Behandlung angeborener Immunschwächen, Leukämie und anderer Typen von Krebs. *In vivo* scheint T. eine wichtige regulatorische Funktion in den späten Stadien der T-Zellendifferenzierung auszuüben.

Thymulin, *Serum-Thymus-Faktor, FTS* (franz. *facteur thymique sérique*), Pyr^1-Ala-Lys-Ser-Gln^5-Gly-Gly-Ser-Asn-OH, ein Zn^{2+}-bindendes 9 AS-Peptid aus Thymus-Epithel. Die Bildung von T. wird durch ↗ *Prolactin* stimuliert. T. spielt eine Rolle bei der Thymocyten-Differenzierung.

Thymusnucleinsäure, Syn. für ↗ *Thymonucleinsäure*.

Thyreocalcitonin, Syn. für ↗ *Calcitonin*.

Thyreoglobulin, Syn. für ↗ *Thyroglobulin*.

thyreoidstimulierendes Hormon, Syn. für ↗ *Thyreotropin*.

Thyreostatika, *strumigene Substanzen*, Verbindungen, die die Iod-Peroxidase (Überführung von Iodid in „aktives Iod": $H_2O_2 + 2 I^- + 2 H^+ \rightarrow 2$ "I" $+ 2 H_2O$), die Iodierung von Tyrosinresten und die Kopplung der Monoiodtyrosin- und der Diiodtyrosinreste zu T$_3$ und T$_4$ (↗ *Thyroxin*) inhibieren. Die resultierenden niedrigen Plasmaspiegel an T$_3$ und T$_4$ stimulieren die Freisetzung von ↗ *Thyreotropin* aus dem Hypophysenvorderlappen. Dadurch wird eine kompensatorische Hypertrophie der Schilddrüse verursacht. Eine solche Vergrößerung, die ohne Entzündung oder Malignität auftritt, wird Kropf genannt. Zu den T. zählen Thiouracil, Thioharnstoff, Sulfaguanidin, Propylthioharnstoff, 2-Mercaptoimidazol, 5-Vinyl-2-thiooxazolidin (↗ *Glucosinolat*) und Allylthioharnstoff (in Senf).

thyreotropes Hormon, Syn. für ↗ *Thyreotropin*.

Thyreotropin, *Thyrotropin, thyreotropes Hormon, thyreoidstimulierendes Hormon, TSH*, ein Proteohormon des Hypophysenvorderlappens (HVL). Das aus Rindern gewonnene T. ist ein aus zwei Untereinheiten (α,β) aufgebautes Glycoprotein (M_r 28 kDa). Die α-Untereinheit (M_r 13 kDa) des Rinder-T. enthält 96 Aminosäuren und ist identisch mit derjenigen von ↗ *Follitropin*, ↗ *Lutropin* und ↗ *Choriongonadotropin*. Die hormonspezifische β-Kette besteht aus 113 Aminosäuren. Die β-Untereinheit des menschlichen T. enthält 112 Aminosäuren und unterscheidet sich von der Rindersequenz in 12 Positionen. Unter der Wirkung des ↗ *Thyroliberins* wird T. in den basophilen Zellen des HVL gebildet und stimuliert die Bildung und Ausschüttung der Schilddrüsenhormone Thyroxin und Triiodthyronin. Die Freisetzung von TSH wird durch Neuromedin B, Östrogen, Testosteron, β-Endorphin und Somatostatin gehemmt, dagegen durch Prostaglandine, Vasopressin und Calcitriol stimuliert. Der humane TSH-Rezeptor besteht aus 744 Aminosäurebausteinen. [J.A. Magner *Endocr. Rev.* **11** (1990) 354]

Thyreotropin-freisetzendes Hormon, Syn. für ↗ *Thyroliberin*.

Thyroglobulin, *Thyreoglobulin*, ein in der Schilddrüse enthaltenes Glycoprotein (M_r 660 kDa). Es ist die Vorstufe für die ↗ *Schilddrüsenhormone* und enthält die Iodaminosäuren 3,3',5-Triiod-L-thyronin und L-Thyroxin schon während der Biosynthese in unterschiedlichen Anteilen in der Peptidkette gebunden. Die Freisetzung der Schilddrüsenhormone wird durch eine von ↗ *Thyreotropin* initiierte proteolytische Spaltung erreicht.

Thyroliberin, *Thyreotropin-freisetzendes Hormon, TRH* (engl. *thyrotropin-releasing hormone*), *Pyroglutamyl-L-histidyl-L-prolinamid*, Pyr-His-Pro-NH$_2$, ein erstmalig aus Schafs- bzw. Schweinehypothalami isoliertes Tripeptidamid. Es wurde zuerst im Nervensystem des Gehirns, Gastrointestinaltrakt, Pankreas und in der Prostata nachgewiesen. Das Hypothalamushormon TRH regt den Hypophysenvorderlappen zur Synthese und Sekretion des schilddrüsenstimulierenden Hormons ↗ *Thyreotropin* an. Außerdem wird durch T. auch Prolactin freigesetzt, wobei Östrogen die Freisetzung stimuliert und Testosteron hemmend wirkt. Daneben sind weitere Wirkungen im ZNS bekannt. TRH ist nicht toxisch und kann intravenös, intramuskulär oder auch *per os* appliziert werden und wird z. B. zur Schilddrüsen- und Hypophysenfunktionsprüfung sowie zur Differenzialdiagnose von Fertilitätsstörungen eingesetzt. Die Biosynthese von TRH verläuft über das *Prä-Pro-Thyrotropin-freisetzende Hormon*, das 1986 entdeckt wurde. Ratten-Prä-Pro-TRH (M_r 29 kDa) besteht aus 255 Aminosäuren und enthält fünf Kopien der Sequenz Gln-His-Pro-Gly und sieben andere kryptische Peptide, die bei der posttranslationellen Prozessierung gebildet werden. Die Sequenz 178–199 des Prä-Pro-Thyreotropin-freisetzenden Hormons ist der ⃗ *Corticotropin-freisetzungsinhibierende Faktor*. Das 4 AS-Peptid wird durch die Peptidylglycin-α-amidierende Monooxygenase amidiert und durch Zyklisierung des Gln-Restes bildet sich die N-terminale Pyr-Gruppe. Die metabolische Inaktivierung von TRH erfolgt durch die Pyroglutamylpeptidase I und II und die Prolylendopeptidase.

Thyronin, Syn. für ⃗ *Schilddrüsenhormone*.

Thyrotropin, Syn. für ⃗ *Thyreotropin*.

Thyroxin, *3,5,3',5'-Tetraiodthyronin,* T_4, ein für Wachstum und Entwicklung unentbehrliches Schilddrüsenhormon (Abb.), M_r 776,9 Da. T. entsteht zusammen mit dem zweiten Schilddrüsenhormon *3,5,3'-Triiodthyronin* (T_3, M_r 651,0 Da) aus L-Thyrosinresten des Thyroglobulins, das den Hauptteil des Schilddrüsenfollikels bildet. Die Thyrosinreste im Thyroglobulin werden iodiert, so dass das Protein mehrere Mono- und Diiodthyrosinreste enthält. Synthese und Freisetzung von T_3 und T_4 aus den Schilddrüsenepithelzellen werden durch den Reiz des Hypophysenvorderlappenhormons Thyreotropin stimuliert, parallel zur gesteigerten Iodaufnahme in die Drüse. Beide Hormone werden im Blut transportiert, zum Teil in freier Form und zum Teil gebunden an Präalbumin und Glycoprotein.

Thyroxin

T_3 und T_4 bewirken eine Steigerung des Sauerstoffverbrauchs (Mitochondrien) und erhöhte Wärmebildung (kalorigener Effekt). In physiologischen Dosen wirken beide Hormone proteinanabol, d. h. RNA- und Proteinsynthese-steigernd, in hohen Dosen mit negativer Stickstoffbilanz katabol, darüber hinaus werden Lipiddepots abgegeben. T. beschleunigt, unabhängig vom kalorigenen Effekt, Zelldifferenzierung und Metamorphose, z. B. die Umwandlung Kaulquappe/Frosch. Die biologische Halbwertszeit von T_4 beträgt 7–12 Tage (langanhaltende Wirkung einer einmaligen T_4-Dosis). Der Abbau erfolgt durch Deiodierung (Wiederverwendung des Iodids in der Schilddrüse), Desaminierung und Bindung an Glucuronsäure oder Schwefelsäure in der Leber mit anschließender Ausscheidung im Harn.

Hyperthyreodismus wird durch eine Überfunktion der Schilddrüse verursacht, die zu einem Über-

schuss an T_3 und T_4 führt. Hypothyreodismus ist durch eine erniedrigte Hormonproduktion bedingt. Diese kann durch Iodmangel, strumigene Substanzen, defekte Enzyme der Hormonsynthese, Autoimmunthyreoditismus (es werden Antikörper gegen körpereigenes Schilddrüsengewebe gebildet), usw. verursacht werden. Langandauernder Hypothyreodismus kann zu Wachstumsstörungen (Zwergwuchs), Schwachsinn, Kropf und Myxödem führen.

tierische Harze, ⃗ *Harze*.

Tight-Junction, *Zonula occludens,* undurchlässige Zellverbindung, die eine Permeabilitätsbarriere selbst für kleine Moleküle in einer Epithelzellschicht bildet. Durch T., die eine Barriere gegen das Hin- und Herdiffundieren der Membranproteine zwischen apikaler und basolateraler Plasmamembrandomäne bilden, werden Diffusionsprozesse verhindert. Die Abdichtung ist aber nicht vollständig und unveränderlich. Während T. für Makromoleküle immer undurchlässig sind, ist ihre Permeabilität für kleine Moleküle in den verschiedenen Epithelien unterschiedlich. Im Dünndarmepithel sind T. z. B. für Na^+-Ionen 10.000-mal durchlässiger als die T. im Harnblasenepithel. Obgleich die molekulare Struktur der T. noch nicht in allen Details bekannt ist, bilden sie ein verzweigtes Netz untereinander verbundener Transmembranprotein-Stränge, das den apikalen Bereich der Epithelzellen umspannt. Die wahrscheinlich aus langen Reihen spezifischer Transmembranproteine bestehenden Stränge, die beiden beteiligten Plasmamembranen zuzuordnen sind, verschließen den Interzellularraum. Durch T. wird z. B. erreicht, dass der Primärharn nicht durch das Nierenepithel in das Nierengewebe, der Harn nicht durch das Harnblasenepithel in den Bauchraum, der Darminhalt nicht durch das Darmepithel in das Blutgefäßsystem, der Inhalt der Gallenkanälchen nicht in das Lebergewebe und damit ebenfalls in das Blutsystem gelangen. Auch die ⃗ *Blut-Hirn-Schranke* findet ihre strukturelle Grundlage in den T. zwischen den Endothelzellen der Blutgefäße im Gehirn.

Tiglyl-CoA, CH_3-CH=C(CH_3)-CO-SCoA, ein Zwischenprodukt beim Abbau der verzweigtkettigen Aminosäure ⃗ *L-Isoleucin*.

Tingitanin, ⃗ *Guanidinderivate*.

TKaR, Abk. für ⃗ *Tyrosin-Kinase-assoziierte Rezeptoren*.

TKaR-Signalweg, ⃗ *Tyrosin-Kinase-assoziierte Rezeptoren*.

Tlatlancuayin, *5,2'-Dimethoxy-6,7-methylendioxyisoflavon*. ⃗ *Guanidinderivate*.

TLC, Abk. für engl. *thin-layer chromatography*, ⃗ *Dünnschichtchromatographie*.

T-Lymphocyten, *T-Zellen,* für die zellvermittelte Immunantwort verantwortliche ⃗ *Lymphocyten*, wozu cytotoxische T-Zellen, die an Erkennung und

Zerstörung von Tumorzellen oder virusinfizierten Zellen beteiligt sind, oder die Koordinierungsfunktionen wahrnehmende T-Helfer-Zellen zählen. Sie können Antigene spezifisch erkennen und zahlreiche Cytokine produzieren, worauf ihre Befähigung sowohl zur Ausbildung als auch Unterdrückung humoraler und zellulärer Immunreaktionen beruht. Sie tragen einen ↗ *T-Zell-Rezeptor*, der eine spezifische Bindung des Antigens in Kombination mit endogenen ↗ *MHC-Molekülen* erlaubt, zusammen mit Hilfsrezeptoren, bei denen es sich je nach Subpopulation um CD4 oder CD8 (↗ *CD-Marker*) handelt.

T$_m$, t$_m$, die Temperatur am Mittelpunkt eines temperaturabhängigen Übergangs. T$_m$ wird allgemein zur Bezeichnung des ↗ *Schmelzpunkts* der DNA verwendet.

TM, Abk. für ↗ *Thrombomodulin*.

TMP, Abk. für Thymidin-5'-monophosphat, ↗ *Thymidinphosphate*.

TMV, Abk. für ↗ *Tabakmosaikvirus*.

TN, Abk. für ↗ *Troponin*. ↗ *Muskelproteine*.

TNF, Abk. für ↗ *Tumor-Nekrose-Faktor*. *TNF-α*, Abk. für Tumor-Nekrose-Faktor-α, *Cachectin*; *TNF-β*, Abk. für Tumor-Nekrose-Faktor-β, *Lymphotoxin*.

Tocochinon, ↗ *Tocopherol*.

Tocopherol, *Vitamin E*, *Antisterilitätsfaktor*, eine Gruppe fettlöslicher Vitamine, die einen Chromanring mit einer Isoprenoidseitenkette enthalten. Bisher sind acht vitaminwirksame Verbindungen der Vitamin-E-Gruppe bekannt: α-, β-, γ-Tocopherol usw., die sich durch Zahl und Stellung von Methylgruppen unterscheiden. Das biologisch wichtigste ist das α-T. (Abb.). Tocopherol kann leicht zu einem Chinon, dem *Tocochinon*, oxidiert werden. Dadurch wirkt Vitamin E als natürlich vorkommendes Antioxidans. Es verhindert die spontane Oxidation stark ungesättigter Stoffe, z. B. bestimmter Fettsäuren. T. besitzt noch weitere biologische Funktionen, die noch nicht im Detail untersucht

α-Tocopherol

Tocochinon

Tocopherol. Vitamin-E-aktive Verbindungen.

wurden. Es kommt z. B. in Weizenkeimlingen vor, woraus es als Weizenkeimöl isoliert wurde, außerdem im Kopfsalat, in Sellerie, Kohl, Mais, Palmöl, in den Erdnüssen, Sojabohnen, im Rizinusöl und in der Butter. Im Tierexperiment äußert sich Vitamin-E-Mangel in Fortpflanzungsstörungen, was beim Weibchen zum Absterben der Embryonen führt. Beim Männchen treten Hodenatrophie und Muskeldystrophie auf. Mangelkrankheiten beim Menschen und Vitamin-E-Hypervitaminosen sind nicht bekannt. Der tägliche Bedarf wird auf ungefähr 5 mg geschätzt.

tödliche Dosis, ↗ *letale Dosis*.

TOF-Analysator, von engl. *time of flight*, ↗ *Flugzeitmassenspektrometer*.

Tolerogene, ↗ *Immuntoleranz*.

Tomatidenol, ↗ β-*Solamarin*.

Tomatidin, ↗ α-*Tomatin*.

α-Tomatin, *Tomatin*, ein zur Gruppe der Solanum-Alkaloide gehörendes Hauptalkaloid der Tomate (*Lycopersicon esculentum*), das auch in anderen *Lycopersicon*- und *Solanum*-Arten vorkommt (Abb.).

α-Tomatin.   Glc = D-Glucose,   Gal = D-Galactose, Xyl = D-Xylose.

T. ist ein Glycoalkaloid, das aus dem Aglycon *Tomatidin* (22S : 25S)-5α-Spirosolan-3β-ol, M_r 415,7 Da, F. 210 °C, $[\alpha]_D$ +6,5° (Chloroform), und dem Tetrasaccharid β-*Lycotetraose* zusammengesetzt ist. T. wirkt fraßvergällend auf Kartoffelkäferlarven und schützt die Tomatenpflanze vor Befall. Es hat weiterhin antibiotische Wirkung gegen die Erreger der Tomatenwelke und andere pathogene Pilze und Flechten.

Tonoplast, ↗ *Vakuom*.

Topoisomerasen, Enzyme, die topologische Isomere zirkulärer Doppelstrang-DNA durch Änderung des Grads der Superverdrillung (Superhelizität; ↗ *Superhelix*) ineinander umwandeln. Bei Prokaryonten spielt der Superverdrillungsgrad vermutlich eine wichtige Rolle für die Steuerung der Replikation, Transcription, Rekombination, Integration, Transposition und Renaturierung einzelsträngiger zirkulärer DNA. Außerdem kann die Topoisomerisierung für die chemomechanische Aktivität der DNA bei Prozessen, wie dem Füllen von

Phagenköpfen, dem DNA-Transfer im Verlauf bakterieller Konjugation sowie der Mitose wichtig sein. T. katalysieren auch Bildung und Auflösung verknoteter oder als Catenane vorliegender zirkulärer Duplex-DNA.

T. I spalten einen Strang der DNA-Doppelhelix auf, so dass sich die ↗ *Verknüpfungszahl* in Einerschritten ändert. Es wird kein ATP benötigt. Reaktionen, die durch T. I katalysiert werden, kann man sich so vorstellen, dass entweder ein vorübergehend aufgespaltener Strang sich um seinen komplementären Nachbarstrang dreht (Abb.1) oder dass

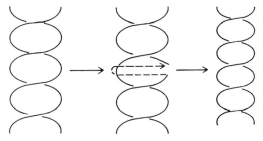

negativ superspiralisierte DNA (Verknüpfungszahl x)   schwächer negativ superspiralisierte DNA (Verknüpfungszahl x+1)

Topoisomerasen. Abb. 1. Ein Modell für die katalytische Aktivität der Topoisomerase I. Ein Einzelstrang der DNA-Doppelhelix wird vorübergehend gespalten. Dieser dreht sich dann vor dem Wiederverknüpfen um den nicht gespaltenen Strang herum.

der nicht gespaltene Strang durch den vorübergehenden Bruch wandert. Prokaryontische T. I werden über eine Phosphotyrosinbindung kovalent an das 5'-Ende des Bruchs gebunden. Dadurch wird die Energie der gespaltenen Phosphodiesterbindung konserviert und es den beiden Enden der gespaltenen Stränge nach der Topoisomerisierung ermöglicht, sich wieder zu vereinen. T. I kann nur negativ, jedoch nicht positiv superspiralisierte DNA entspannen und benötigt Mg^{2+} für ihre Aktivität.

Eukaryontische T. I entspannt sowohl positiv als auch negativ superspiralisierte DNA. Während der Katalyse ist das Enzym mit dem 3'-Ende des Bruchs über eine Phosphotyrosinbindung verknüpft. Rattenleber-T. I katalysiert *in vivo* die Bildung von Chromatin-ähnlichem Material aus entspannter zirkulärer DNA und Kernhistonen. Das lässt vermuten, dass die eukaryotische T. I bei der Chromatinbildung *in vivo* eine Rolle spielt. Dies steht im Einklang damit, dass die eukaryotischen Enzyme fast ausschließlich in der Chromatinfraktion gefunden werden. Es wird vermutet, dass Superverdrillung oder Entwindung der DNA innerhalb des Nucleosoms eine erhöhte Spannung auf den Rest des DNA-Moleküls ausüben, das dann durch die Wirkung der T. I entspannt wird. Diese Theorie muss noch mit der Tatsache in Einklang gebracht werden, dass Chromatin *in vivo* aus neu replizierter, diskontinuierlicher DNA zusammengesetzt sein kann (↗ *Chromatin*).

Auch folgende, in der Literatur beschriebene Enyzme, zählen zu den T. I: *E.-coli*-ω-Protein (identisch mit Eco-DNA-T., *E.-coli*-Swivelase und *E.-coli*-T. I), entdrillende Enzyme, Einzelstrangbruchschließende Enzyme, ↗ *Relaxationsprotein*, ↗ *DNA-entspannendes Enzym*.

T. II unterstützen einen Doppelstrangbruch, durch den ein anderer Abschnitt der nichtgespaltenen Doppelhelix durchwandert, bevor der Bruch wieder geschlossen wird (Abb. 2). Die Verknüpfungszahl ändert sich deshalb in Zweierschritten. T. II kann außerdem sowohl aus geschlossener, zirkulärer DNA Catenane bilden und diese auflösen als auch Superverdrillungen entspannen. *DNA-Gyrase* ist eine T. II, die sich von allen anderen T. darin unterscheidet, dass sie die Verdrehung der zirkulären DNA-Helix erhöhen kann, d. h. sie kann entspannte zirkuläre DNA in eine Superhelix überführen. Hiermit ist eine Erhöhung der Freien Energie verbunden, die durch ATP zur Verfügung gestellt wird. In Abwesenheit von ATP wird superspiralisierte DNA durch DNA-Gyrase entspannt. Die durch Gyrase bewirkte Superverdrillung ist immer negativ, so auch bei intrazellulärer DNA. Folgende Reaktionen werden ebenfalls von Gyrase katalysiert: DNA-abhängige ATP-Hydrolyse, Verknoten

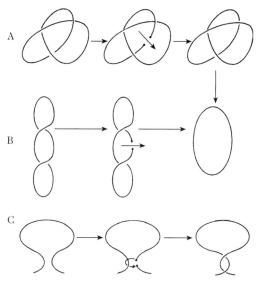

Topoisomerasen. Abb. 2. Reaktionen, die durch Topoisomerasen II katalysiert werden. Die durchgezogenen Linien stellen in allen Fällen doppelsträngige DNA dar. Der vorübergehende Bruch vollzieht sich in beiden Strängen der Doppelhelix. A: Auflösung einer verknoteten zirkulären Duplex. B: Entspannung der Superverdrillung einer zirkulären Duplex. C: Eine Schleife einer zirkulären Duplex, an Hand der die Entstehung einer Superspiralisierung gezeigt wird.

und Entknoten sowie Bildung und Auflösung von Catenanen der zirkulären Duplex-DNA.

Gyrasen werden durch zwei Gruppe von Antibiotika inhibiert: 1) Novobiocin, Coumermycin und Clorobiocin; 2) Nalidixinsäure und Oxolinsäure. *E.-coli*-Mutanten, die gegen eine der beiden Antibiotikagruppen resistent sind, enthalten Antibiotika-resistente DNA-Gyrase. Daher wurden der Locus für die Nalidixinsäure- und Oxolinsäureresistenz (48 min auf der *E.-coli*-Karte) von *nal A* in *gyr A* und der Locus für die Resistenz gegen Coumermycin, Novobiocin und Clorobiocin (82 min) in *gyr B* (vorher *cou*) umbenannt. Alle diese Antibiotika sind Inhibitoren der DNA-Replikation, weshalb angenommen wird, dass DNA-Gyrase an diesem Vorgang beteiligt ist. Gyrase ist ein äquimolarer Komplex aus zwei Proteinen (A und B) und kommt in Lösung vermutlich in Form des A_2B_2-Komplexes vor. Jedes Protein stellt den Angriffspunkt einer Antibiotikafamilie dar. DNA-Gyrase-Aktivität wurde in keinem eukaryontischen Organismus gefunden.

Andere T. II katalysieren eine ATP-abhängige Entspannung superverdrillter DNA und werden in der Literatur als ATP-abhängige DNA-entspannende Enzyme beschrieben. Der erste Vertreter dieser Gruppe wurde aus mit T_4-Phagen infiziertem *E. coli* isoliert [L.F. Liu et al. *Nature* **281** (1979) 456–461]. Das gereinigte Enzym besteht aus zwei Proteinkomponenten mit M_r von 63 kDa und 59 kDa. *In vivo* scheint es für die Initiierung der DNA-Replikationsgabel (jedoch nicht für deren Fortschreiten) verantwortlich zu sein. *In vitro* entspannt es sowohl negativ als auch positiv superverdrillte DNA. Wenn große Mengen der T_4-DNA-T. mit zirkulärer doppelsträngiger DNA in Abwesenheit von ATP inkubiert werden, entstehen verknotete DNA-Moleküle. Diese werden bei Inkubation mit katalytischen Enzymmengen in Gegenwart von ATP in eine einfache zirkuläre Form zurückverwandelt. Ähnliche T. II wurden auch aus vielen verschiedenen eukaryontischen Quellen (z. B. *Drosophila*-Embryo, *Xenopus-laevis*-Keimbläschen, Rattenlebermitochondrien, Kalbsthymus, HeLa-Zellkerne, Hefe) isoliert.

Eine frühere Nomenklatur unterschied zwischen T. I und II in Abhängigkeit davon, ob sie positive und negative oder nur negative Superverdrillungen entspannen. Diese ist jedoch nicht weit verbreitet und sollte vermieden werden. Da topologische Änderungen der DNA mit vorübergehendem Bruch und Wiederverbinden der DNA-Stränge verbunden ist, kann jedes Enzym, das DNA-Bruch verursacht, auch T.-Aktivität zeigen. Umgekehrt ist es möglich, dass Enzymen, die zuerst auf Grund ihrer T.-Aktivität gefunden wurden, auch andere physiologische Aufgaben zukommen, an denen eine vorübergehende DNA-Spaltung beteiligt ist.

topologische Windungszahl, ↗ *Verknüpfungszahl*.

Toxalbumine, toxische Pflanzenproteine, ↗ *Ricin* und ↗ *Abrine*.

Toxizität, ein Maß für die Giftwirkung einer Substanz. Es wird unterschieden zwischen: 1) *akuter T.*, die durch die bis zum Erreichen eines bestimmten toxischen Effekts durchschnittlich erforderliche Menge (Dosis) eines Giftes bestimmt wird, angegeben entweder als Giftmenge je kg Körpergewicht oder in Form eines Konzentrations-Zeit-Produktes (*Habersches Produkt*) in mg·min^{-1}·m^{-3}; 2) *chronischer T.*, die die toxischen Effekte einer Substanz mit langandauernder regelmäßiger Applikation einer bestimmten Dosis beschreibt; 3) *Spätschadentoxizität*, die verzögert auftretende toxische Wirkungen beschreibt, die im Allgemeinen auf Schädigungen bei der Weitergabe genetischer Informationen zurückzuführen sind (Mutagenität, Cancerogenität, Teratogenität).

Die absolute Größe der T. (*toxische* ↗ *Dosis*) hängt ab von Art und Ort der Giftapplikation (inhalativ, oral, subkutan bzw. perkutan, intramuskulär, intravenös bzw. intraarteriell, intraperitoneal u. a.), dem Applikationsvehikel (z. B. Lösungsmittel), den Versuchstiereigenschaften (Art, Alter und Geschlecht, individuelle Eigenschaften des Einzeltieres, Prädisposition, Gesundheitszustand und Haltungsbedingungen) und chronobiologischen Faktoren (Zeitpunkt der Applikation). Zur Vergleichbarkeit von Toxizitätsangaben sind daher diese Parameter stets anzugeben.

Die Ermittlung der T. erfolgt allgemein im Tierexperiment, d. h. *in vivo*, in einigen Fällen bzw. zur Charakterisierung bestimmter toxischer Eigenschaften sind mit begrenzter Aussagefähigkeit Modellversuche außerhalb des lebenden Organismus (*in vitro*) gebräuchlich.

Toxoflavin, *3,8-Dimethyl-2,4-dihydroxy-pyrimido(5,4-e)-as-triazin*, ein von *Pseudomonas coccovenans* synthetisiertes Antibiotikum. F. 171 °C (Zers.). T. zeigt eine hohe antibakterielle Wirkung, ist aber gegen Pilze unwirksam. Bei der Biosynthese wird das C8 einer Purinvorstufe eliminiert und die Aminomethylgruppe von Glycin zur Komplettierung des *as*-Triazinrings eingeführt. Die beiden Methylgruppen werden durch Transmethylierung angefügt. Das aus *Streptomyces albus* isolierte *Xanthothricin* ist mit T. identisch. Der Wirkungsmechanismus beruht auf einem Eingriff als Elektronenvermittler in das Cytochromsystem.

Toyocamycin, *4-Amino-5-cyano-7-(D-ribofuranosyl)-pyrrolo-(2,3-d)-pyrimidin, 6-Amino-7-cyano-9-β-D-ribofuranosyl-7-desazapurin*, ein von *Streptomyces toyocaensis* und *S. rimosus* synthetisiertes Antibiotikum mit 7-Desazaadeninstruktur, F. 243 °C. Analog der Biosynthese des ↗ *Tuber-*

cidins liefert die Ribose des Nucleosids Adenosin die C-Atome des Pyrrolrings von T. Toyocamycin wirkt besonders gegen *Candida albicans, Saccharomyces cerevisiae* und *Mycobacterium tuberculosis*.

tPA, Abk. für engl. *tissue plasminogen activator*, ↗ *Gewebeplasminogen-Aktivator*.

TPN, Abk. für T̲riphosphop̲yridinn̲ucleotid. ↗ *Nicotinsäureamid-adenin-dinucleotidphosphat*.

TPP, Abk. für ↗ T̲hiaminp̲yrop̲hosphat.

Tracertechnik, ↗ *Isotopentechnik*.

Träger, 1) spezifische Membrankomponenten, die den Stoffdurchtritt durch Biomembranen ermöglichen, erleichtern bzw. beschleunigen (↗ *Trägermolekül*, ↗ *erleichterte Diffusion*, ↗ *aktiver Transport*). 2) Unter T. werden häufig auch jene Moleküle verstanden, die bestimmte Metabolite binden und sie damit reaktionsfähig für bestimmte Stoffwechselketten bzw. -zyklen machen (z. B. ↗ *Coenzym A* für Fettsäuren). 3) Trägerfunktion besitzen z. B. verschiedene Plasmaproteine für unterschiedliche Substanzen (z. B. ↗ *Lipoproteine*). 4) Als T. werden auch unlösliche organische und anorganische (z. B. poröses Glas), makromolekulare Stoffe bezeichnet, an die lösliche Enzyme, aber auch Mikroorganismen, zur Erhöhung ihrer Stabilität und zur Wiederverwendung gebunden werden (↗ *immobilisierte Enzyme*).

trägerfixierte Enzyme, ↗ *immobilisierte Enzyme*.

Trägermolekül, *Carrier*, am Transport biologisch aktiver Substanzen im Zellbereich beteiligte Moleküle. Als Transporter oder Permeasen werden Membranproteine bezeichnet, die den Transport einer gelösten Substanz durch eine Membran beschleunigen. Besonders wichtig sind die Ionen transportierenden ↗ *Ionophoren* (Ionencarrier), deren bekanntester Vertreter das K⁺-Ionen transportierende ↗ *Valinomycin* ist.

trägervermittelter Transport, Syn. für ↗ *erleichterte Diffusion*.

Tranquilizer, ↗ *Psychopharmaka*.

Transacylasen, *Acyltransferasen*, die Übertragung von Acyl-, insbesondere Acetylresten katalysierende Enzyme, die der zweiten Hauptklasse der ↗ *Enzyme* (↗ *Transferasen*) angehören. Durch Transacetylasen werden von Acetyl-CoA Acetylreste auf andere Substrate übertragen. T. sind am Stoffwechsel von Fettsäuren und Fetten, an der Bildung von konjugierten Gallensäuren über Cholsäure-CoA-Verbindungen und anderen wichtigen Reaktionen, wie der Acetylierung von Aminosäuren und Aminen beteiligt.

Transaldolase, EC 2.2.1.2, eine Transferase, die eine C_3-Einheit von einem Ketosedonor auf einen Aldoseakzeptor überträgt. Im ↗ *Pentosephosphat-Zyklus* katalysiert die T. im nichtoxidativen Zweig die reversible Umwandlung: Sedoheptulose-7-

phosphat + Glycerinaldehyd-3-phosphat ⇄ Fructose-6-phosphat + Erythrose-4-phosphat. Die T. enthält keine prosthetische Gruppe. Mechanistisch verläuft die Reaktion über eine Aldolspaltung, die durch Ausbildung einer Schiffschen Base zwischen der Carbonylgruppe des Ketosedonors und der ε-Aminogruppe eines spezifischen Lysinrests im aktiven Zentrum des Enzyms und nachfolgender Protonierung der Schiffschen Base eingeleitet wird. Bei der Spaltung entsteht Erythrose-4-phosphat und ein enzymgebundenes (C_3)-Carbanion, das sich an das Carbonyl-C-Atom des Glycerinaldehyd-3-phosphats anlagert und dabei Fructose-6-phosphat bildet.

Transamidase, ↗ *Transamidierung*.

Transamidierung, Übertragung des Säureamidstickstoffs von ↗ *L-Glutamin* als NH_2-Gruppe im Stickstoff-Stoffwechsel. Die T. ist eine Aminierungsreaktion, die unter Verbrauch von ATP abläuft und durch *Transamidasen* katalysiert wird. Alle bisher untersuchten Glutamin-Transamidasen besitzen eine katalytisch wichtige Thiolgruppe in ihren aktiven Zentren und werden durch Glutaminanaloga, wie z. B. Azaserin, 6-Diazo-5-oxonorleucin (DON) und L-2-Amino-4-oxo-2-chloropentansäure („Chlorketon") inhibiert. Beispiele für Transamidasen sind Anthranilat-Synthase (EC 4.1.3.27), Carbamylphosphat-Synthetase (EC 6.3.5.5), Transglutaminase (EC 2.3.2.13) und 5'-Phosphoribosyl-N-formylglycinamidin-Synthetase (EC 6.3.5.3).

Transamidinasen, Syn. für ↗ *Amidino-Transferasen*.

Transamidinierung, reversible enzymatische Übertragung der Amidingruppe –C(=NH)-NH₂ zwischen Guanidinen. Die T. ist eine Gruppenübertragung im Stickstoff-Stoffwechsel und stellt einen Zweistufenprozess dar:

R¹-NH-C(NH)-NH₂ + Enzym-SH ⇄
R¹-NH₂ + Enzym-S-C(NH)-NH₂
Enzym-S-C(NH)-NH₂ + R²-NH₂ ⇄
R²-NH-C(NH)-NH₂ + Enzym-SH.

Intermediär wird ein Enzym-Amidin-Komplex gebildet. In Abwesenheit eines geeigneten Amidinakzeptors ist dieser Komplex stabil. Beim Stehenlassen seiner wässrigen Lösung oder beim Erhitzen wird daraus Harnstoff abgespalten. Die T. wird durch ↗ *Amidino-Transferase* vermittelt. Ein wirksamer Hemmstoff der T. ist das Formamidindisulfid, ein SH-Gift. Als wichtigster Amidindonator der T. ist das L-Arginin aufzufassen, dessen Biosynthese gleichbedeutend ist mit der Biosynthese der Guanidinogruppe. Die T. ist bei der Biosynthese von ↗ *Phosphagenen* von Bedeutung.

Transaminasen, *Aminotransferasen* (EC-Unteruntergruppe 2.6.1), eine Gruppe von Transferasen, die die reversible Übertragung der Aminogruppe einer bestimmten Aminosäure auf eine bestimmte

Bildung von Oxosäure →
→ Bildung von Aminosäure

„inneres" Aldimin

„äußeres" Aldimin
bzw. primäre Schiffsche Base

Ketimin (Chinoidstruktur)
bzw. Übergangs-Schiffsche
Base

Ketimin bzw. sekundäre
Schiffsche Base

Pyridoxaminphosphat

Transaminasen. Mechanismus der Transaminierung. Die durchgezogene Linie stellt die Oberfläche des Apoenzyms dar, die einen katalytisch wichtigen Lysinrest enthält.

Oxosäure katalysieren, wobei eine neue Aminosäure und eine neue Oxosäure gebildet werden. Coenzym der T. ist Pyridoxalphosphat, das mit seiner Carbonylgruppe über die ε-Aminogruppe eines Lysinrests des Apoenzyms in Form einer Schiffschen Base („inneres" Aldimin) an die jeweilige T. gebunden ist. Während des mehrstufigen Transaminierungsvorgangs lagert sich die zu desaminierende Aminosäure durch Verdrängung des Lysinrests aus seiner Aldiminbindung an die Carbonylgruppe des Coenzyms und bildet ein „äußeres" Aldimin bzw. eine primäre Schiffsche Base (Abb.). Der Aminostickstoff und das phenolische Sauerstoffion des Coenzyms werden durch ein Proton überbrückt. Dadurch entsteht ein Chelatring, der das konjugierte System der Schiffschen Base in einer planaren Konformation hält. Nach Abspaltung des α-Wasserstoffs als Proton findet eine Elektronenumlagerung

statt, wodurch ein chinoides Ketimin (Schiffsche Base als Zwischenstufe) entsteht. Das konjugierte System erstreckt sich in diesem Fall von der Carboxylgruppe bis zum Ringstickstoff. Vermutlich fungiert auf dieser Reaktionsstufe ein katalytischer Lysinrest oder eine andere basische Gruppe als Elektronensenke. Durch weitere Umlagerung entsteht ein nichtchinoides Ketimin (sekundäre Schiffsche Base), das zur neuen Oxosäure und zu Pyridoxamin-5'-phosphat hydrolysiert wird. Dies entspricht der einen Hälfte der Transaminierungsreaktion. Die Aminogruppenübertragung wird vervollständigt, indem eine andere Oxosäure mit Pyridoxamin-5'-phosphat kondensiert und die Reaktionsfolge in umgekehrter Reihenfolge durchlaufen und eine neue Aminosäure gebildet wird.

Die gegenseitige Umwandlung der tautomeren Schiffschen Basen stellen den geschwindigkeitsbestimmenden Schritt der Transaminierung dar.

Fast alle Aminosäuren können an Transaminierungsreaktionen teilnehmen. Jedoch ist es auf Grund der Spezifität der meisten T. erforderlich, dass ein Reaktionspartner eine saure Aminosäure (Glutamat oder Aspartat) ist bzw. deren korrespondierende Oxosäure. Die Transaminierung ist ein vollkommen reversibler, anergischer Prozess, d. h. es wird weder eine energiereiche Verbindung (z. B. ATP) gebildet noch benötigt und die Transaminierungsrichtung hängt nur vom Massenwirkungsgesetz der beteiligten Substrate ab. In der Leber werden überschüssige Aminosäuren durch Transaminierung in Oxosäuren überführt, die dem Kohlenhydratstoffwechsel zugeführt werden. Die Aminogruppen treten in Form von Glutamat oder Aspartat auf und werden anschließend in Harnstoff inkorporiert (↗ Harnstoff-Zyklus). Bei Pflanzen und Bakterien beziehen die meisten Aminosäuresynthesewege auch die Bildung von Oxosäuren ein, die schließlich zur benötigten Aminosäure transaminiert werden (gewöhnlich durch Glutamat). Auf keiner Transaminierungsstufe wird freier Ammoniak gebildet. Der Aminostickstoff ist immer kovalent in einer Aminosäure oder im Pyridoxaminphosphat-Coenzym gebunden.

Tierisches Gewebe, insbesondere Leber und Herzmuskel enthalten sehr hohe Aktivitäten an *Glutamat-Oxalacetat-T.* (*GOT*, bevorzugte Bezeichnung: Aspartat-Aminotransferase, EC 2.6.1.1) und *Glutamat-Pyruvat-T.* (*GPT*, bevorzugte Bezeichnung: Alanin-Aminotransferase, EC 2.6.1.2). GPT kommt in der Leber als cytosolisches Enzym vor und zeigt im Herzmuskel nur geringe Aktivität, während GOT-Aktivität im Herzmuskel höher ist. GOT ist zu etwa gleichen Teilen im Cytosol und in den Mitochondrien beider Organe vorhanden, M_r 90 kDa (zwei identische Untereinheiten, M_r 45 kDa). Die Primärstruktur der cytoplasmatischen

Schweineherz-GOT wurde ermittelt (je Untereinheit 412 Aminosäurereste). Die Aktivität der T. ist im Normalserum sehr gering. Bei bestimmten Krankheiten, die mit einer Zellschädigung einhergehen, treten die T. in das Blut über. Die Höhe und das Verhältnis der GOT- und GPT-Aktivitäten im Serum geben daher wertvolle diagnostische Hinweise bei der Früherkennung und Verlaufskontrolle verschiedener Lebererkrankungen (stark bzw. mäßig erhöht bei akuter bzw. chronischer Leberentzündung; kaum erhöht bei Verschlussikterus) und beim Herzmuskelinfarkt. Die quantitative Bestimmung der beiden T. erfolgt im gekoppelten optischen Test. Dabei wird das aus dem zur Serumprobe zugegebenen L-Alanin bzw. Aspartat neugebildete Pyruvat (bei der GPT) bzw. Oxalacetat (bei der GOT) in einer sich unmittelbar anschließenden Indikatorreaktion durch Lactat- bzw. Malat-Dehydrogenase zu Milchsäure bzw. Äpfelsäure reduziert. Gestartet wird der Testansatz mit dem als Wasserstoffdonator dienenden Coenzym NADH, das bei der Indikatorreaktion zu NAD$^+$ dehydriert wird. Parallel dazu kommt es zu einer Abnahme der durch NADH verursachten Absorption bei 366 nm, die als Aktivitätskriterium dient.

Transaminierung, die reversible Übertragung der Aminogruppe -NH$_2$ von Aminosäuren auf α-Oxocarbonsäuren: R^1-CH(NH$_2$)-COOH + R^2-CO-COOH ⇌ R^1-CO-COOH + R^2-CH(NH^2)-COOH. Die durch ↗ *Transaminasen* katalysierte Reaktion ist für den Stoffwechsel der α-Aminosäuren im lebenden Organismus von großer Bedeutung. Die T. ist wegen des reversiblen Verlaufs sowohl für den Abbau als auch die Biosynthese von Aminosäuren bedeutungsvoll.

Transcarbamylierung, Übertragung der Carbamylgruppe aus ↗ *Carbamylphosphat*.

Transcarboxylierung, ↗ *Biotinenzyme*.

Transcortin, ↗ *Cortisol*.

Transcribierungsstrang, ↗ *codierender Strang*.

Transcriptase, ↗ *RNA-Polymerase*.

Transcription, der Prozess der Umschreibung der in der DNA-Matrize enthaltenen primären genetischen Information in eine RNA. Dabei werden Ribonucleotide entsprechend den Gesetzen der ↗ *Basenpaarung* an die Desoxyribonucleotide der DNA angelagert, T wird durch U ersetzt (Abb.). Die T. erfolgt in 5′→3′-Richtung am (–)-Strang der doppelsträngigen DNA und wird durch ↗ *RNA-Polymerasen* katalysiert. Das Enzym benötigt die vier Ribonucleosidtriphosphate sowie ein zweiwertiges Metall-Ion (*in vivo* Mg^{2+}). Es entstehen neben kleineren RNA-Arten vor allem drei RNA-Klassen: ↗ *messenger-RNA*, ↗ *ribosomale RNA* und ↗ *transfer-RNA*. Insbesondere bei Eukaryonten werden die verschiedenen RNA-Arten zunächst als Vorstufenmoleküle synthetisiert, die

nachfolgend zu reifen RNA-Molekülen prozessiert werden.

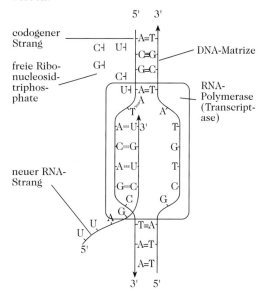

Transcription. Schematische Darstellung. A, C, G, T und U stehen für die Nucleotide Adenin, Cytosin, Guanin, Thymin und Uracil.

Transcriptionsfaktoren, DNA-bindende Proteine, die positiv oder negativ regulierend auf die ↗ *Transcription* eines oder mehrerer Gene einwirken. Sie werden auch als *trans*-wirkende Faktoren bezeichnet, da sie auch von außen (*in trans*), zugegeben werden können und ihre Effekte ausüben. T. beeinflussen insbesondere die Initiationsrate der Transcription (Rate der mRNA-Herstellung). Zu diesem Zweck binden die T. einerseits mit Hilfe bestimmter Domänen (z.B. POU-Domäne, ↗ *Zinkfinger*-Domäne, ↗ *Helix-Loop-Helix-Motiv* und andere) an besondere Sequenzabschnitte in der Region eines Promotors, *enhancers* (Verstärkerelement) oder *silencers* (transcriptionsunterdrückendes Element). Andererseits nehmen sie über andere Bereiche des Proteins über Protein-Protein-Interaktionen Kontakt mit der ↗ *RNA-Polymerase* oder auch weiterer Proteine auf. Hieraus resultieren schließlich Änderungen in der Aktivität der vom Promotor aus startenden RNA-Polymerase und damit eine Erhöhung oder Erniedrigung der Initiationsrate der mRNA-Synthese eines Gens. Eine Voraussetzung für die Bindung von T. an die regulatorischen Sequenzen in der Kontrollregion von Genen ist, dass die Struktur des Chromatins einen Zutritt der Faktoren zu ihren Zielsequenzen erlaubt. Es sind also nur die Gene durch T. regulierbar, die in aufgelockerten, aktiven Bereichen des Chromatins liegen.

Transdesaminierung, Überführung der Aminogruppe einer Aminosäure in Ammoniak durch die gemeinsame Wirkung einer Transaminase

(Aminosäure + α-Ketoglutarat ⇄ 2-Oxosäure + Glutamat) und der L-Glutamat-Dehydrogenase (Glutamat + NAD$^+$ + H$_2$O → α-Ketoglutarat + NADH + H$^+$ + NH$_4^+$). Die T. ist für ureotelische Organismen ein wichtiger Vorgang, der dem ↗ *Harnstoff-Zyklus* den Hauptteil des Ammoniaks als Carbamylphosphat zuführt (ein Stickstoffatom des Harnstoffs wird dagegen durch direkten Einbau aus Aspartat eingeführt, das bei der Transaminierung von Aminosäuren mit Oxalacetat gebildet wird). Ammoniak kann jedoch auch in Form des Amidostickstoffs von L-Glutamin assimiliert werden, das in einer Vielzahl von Prozessen verwendet wird (↗ *Ammoniakassimilation,* ↗ *Transamidinierung*), je nach Art der biosynthetischen Möglichkeiten des betreffenden Organismus.

Transducin, G_T, an molekularen Mechanismen des Sehprozesses beteiligtes G-Protein (M_r 82 kDa), das in einer aktiven GTP-Form und einer inaktiven GDP-Form vorliegen kann. Das Signalkopplungsprotein des Sehvorganges zeigt einen trimeren Aufbau (↗ *GTP-bindende Proteine*). Es besteht aus der α- (M_r 39 kDa), β- (M_r 36 kDa) und γ-Untereinheit (M_r 8 kDa). Die im Dunkeln vorliegende inaktive Tα-GDP-Form wird durch photoaktiviertes ↗ *Rhodopsin* durch Komplexbildung und GDP/GTP-Austausch aktiviert. Die biochemische Funktion des T. besteht in der Kopplung der Erregung des Photorezeptors Rhodopsin an die Aktivierung einer cGMP-abbauenden Phosphodiesterase. Durch die intrinsische GTPase-Aktivität der α-Untereinheit wird das gebundene GTP zu GDP hydrolysiert, wodurch die Tα-GDP-Form die Phosphodiesterase inaktiviert und das System wieder in den Dunkelzustand zurückkehrt. An das Schwefelatom eines Cysteinrests der γ-Untereinheit ist ein Farnesyl-Rest geknüpft.

Transduktion, Übertragung von DNA von einer Bakterienzelle in eine andere mittels Bakteriophagen. Man unterscheidet zwei Arten. Bei der *allgemeinen T.* infiziert der Phage die Bakterienzelle (den Donor) und tritt in einen nichtlysogenen Zyklus ein, der zu Lyse der Zelle und Freisetzung von Phagennachkommen führt. Im Verlauf der Phagenverpackung innerhalb der infizierten Bakterienzelle können Teile der abgebauten Bakterien-DNA fälschlicherweise in die Phagenköpfe mit eingebaut werden. Im Fall von *E. coli* und Phage P$_1$ kann dieser DNA-Teil nicht größer als 3 % des Wirtsgenoms sein und stellt ein vollkommen zufälliges Teilstück der fragmentierten Wirts-DNA dar. Infiziert die neue Phagenpopulation eine zweite Bakterienkultur (Rezipient), so werden bei der richtigen Verdünnung (ein Phagenpartikel auf eine Bakterienzelle) einige Zellen ausschließlich mit der fälschlicherweise verpackten Bakterien-DNA infiziert. Diese DNA kann mittels genetischer Rekombination in das Rezipienten-Genom integriert

und durch die Rezipientenzelle exprimiert werden.

Im Fall der *speziellen T.* wird der Phage (z. B. λ) unter lysogenen Bedingungen (↗ *Phagenentwicklung*) an einer spezifischen Stelle in der Rezipienten-DNA integriert. Wird dann der lytische Zyklus initiiert (durch Temperaturänderung, UV-Licht, u. a.), trägt die Phagen-DNA einiger Phagennachkommen kleine Fragmente der Bakterien-DNA aus der spezifischen Integrationsstelle. Bei einer nachfolgenden Infektion des Rezipienten unter lysogenen Bedingungen wird die Phagen-DNA mit der anhängenden Bakterien-DNA in die Rezipienten-DNA eingebaut. Das transferierte Fragment der Bakterien-DNA ist nicht zufällig ausgewählt, sondern kann nur von Donor-DNA abstammen, die sich in dem Bereich der spezifischen Integrationsstelle befindet. So gibt es einen λ-Phagen, der im Bereich der Histidinverwertungsgene (engl. *histidine utilization genes,* hut) von *Salmonella* integriert wird. Untersuchungen zur Organisation des Tryptophan-Synthase-Operons wurde durch T. mit einem λ-Phagen untersucht, der spezifisch in den Bereich der Gene für die Tryptophan-Synthese der *E.-coli*-DNA integriert wird,

Transfektion, experimentelle Infektion von Bakterienzellen mit isolierter Phagen-DNA. Die DNA kann von den Zellen aufgenommen werden, wenn deren Zellmembran durch Partialverdau mit Lysozym durchlässig gemacht wurde.

Transferasen, die 2. Hauptgruppe der ↗ *Enzyme.* Durch T. werden Molekülgruppierungen übertragen. Vertreter der T. sind z. B. die ↗ *Transaminasen* und die Phospho-T. (↗ *Kinasen*).

Transferfaktoren, Syn. für ↗ *Elongationsfaktoren.*

Transferrin, ein im Serum vorkommendes Nicht-Häm-Eisenprotein. Es wandert bei der Elektrophorese der Serumproteine mit den β-Globulinen. Human-T. (M_r 80 kDa) macht etwa 5 % der Plasmaproteine aus. T. ist ein Eisen-Transportprotein im Blut und komplexiert zwei Fe^{3+}-Ionen reversibel, die bei der Erythropoese (Erythrocyten-Bildung) in der Milz benötigt werden, und beim Abbau der Erythrocyten wieder frei werden. Während T. durch Rezeptor-vermittelte Endocytose in die Zielzellen aufgenommen wird, gelangt nach Abgabe des Eisens in den Endosomen das eisenfreie Apotransferrin durch Exocytose wieder in die extrazelluläre Flüssigkeit. T. gehört gemeinsam mit Conalbumin und Lactoferrin zu den ↗ *Siderophilinen.*

transfer-RNA, *tRNA,* veraltete Bezeichnungen: *sRNA* (von engl. *soluble RNA*), *lösliche RNA, Akzeptor-RNA, Transport-RNA*; ubiquitär verbreitete RNA-Form mit essenzieller Bedeutung für die ↗ *Proteinbiosynthese.* tRNA dient der Übersetzung der Nucleotidsequenz der ↗ *messenger-RNA* in die

Aminosäuresequenz der Proteine. Die Zahl der Nucleotide in den verschiedenen tRNA-Arten liegt zwischen 70 und 85, das mittlere M_r bei 25 kDa. Für jede der 20 proteinbildenden Aminosäuren gibt es mindestens eine spezifische tRNA je Zelle. Da jedoch Organellen- und Artspezifität zur weiteren Multiplizität der tRNA beitragen, dürfte die wirkliche Zahl der tRNA-Spezies in einer Zelle bei 50 bis 70 liegen. Zur genaueren Unterscheidung sind Kurzbezeichnungen üblich, z. B. bedeutet tRNA$^{Val}_{Hefe}$ die für Valin spezifische tRNA-Spezies aus Hefe.

Funktion. Die tRNA wird durch eine spezifische Aminoacyl-tRNA-Synthetase mit einer Aminosäure verestert und als Aminoacyl-tRNA an den Akzeptorort der 50S-Untereinheit eines Ribosoms gebunden. Gleichzeitig findet die antiparallele Basenpaarung zwischen dem Anticodon der tRNA und dem komplementären Codon einer mRNA am Polyribosom statt. Diese Basenpaarungsspezifität sichert den Einbau der Aminosäure an der richtigen Position in der wachsenden Polypeptidkette. Während des Translationsvorgangs wird die tRNA desacyliert, freigesetzt und steht einer erneuten Beladung mit der geeigneten Aminosäure zur Verfügung.

Struktur. Die Primärstrukturen von mehr als 50 unterschiedlichen tRNA-Arten aus verschiedenen Organismen sind bekannt. Als erste tRNA-Struktur und Nucleinsäuresequenz überhaupt hatte 1965 Holley die Primärstruktur der tRNA$^{Ala}_{Hefe}$ aufgeklärt. Das Vorkommen einer Reihe von seltenen Nucleinsäurebausteinen erleichtert die Identifizierung der durch Nucleasen in Oligonucleotidfragmente aufgespaltenen Nucleotidsequenz der tRNA. Bei maximaler Basenpaarung der Primärstrukturen ergibt sich eine charakteristische Sekundärstruktur (↗ *Kleeblattmodell*).

Bei allen tRNA-Molekülen bildet das 3'-Ende die Sequenz 3'-ACC. Das 3'-terminale Adenin ist vom ersten Nucleosid der TΦC-Schleife (Ribothymidin oder Uridin) immer 21 Nucleoside entfernt. Das 5'-Ende ist immer phosphoryliert. Ein Aminoacyl-tRNA-Molekül, das an das Ribosom bindet und aktiv an der Proteinbiosynthese teilnimmt, trägt die Aminosäure als Ester in Position 3' des 3'-terminalen Adenosinrests. Dagegen stellt die freie Aminoacyl-tRNA ein tautomeres Gemisch an 2'- und 3'-Aminoacyl-tRNA dar. Als anfängliches Produkt der Aminoacyl-tRNA-Biosynthese tritt entweder das 2'- oder das 3'-Aminoacylderivat auf, je nach Spezifität der ↗ *Aminoacyl-tRNA-Synthetase.* Das hochspezifische Erkennen einer tRNA durch die entsprechende Aminoacyl-tRNA-Synthetase (Aminosäure-aktivierendes Enzym) liegt offenbar in der Raumstruktur jeder tRNA begründet. Röntgenstrukturanalysen an den tRNA-Kristallen zeigten, dass die typische Kleeblattstruktur mit vier Bereichen intramolekularer Basenpaarungen zwischen drei Schleifenabschnit-

ten eine einheitliche Raumstruktur einnimmt (Abb., Farbtafel III). Die TΦC- und di-HU-Schleifen und -Stiele sind zurückgefaltet, so dass das Molekül eine kompakte Form von 9 nm Länge und 22,5 nm Breite erhält. Die Anticodon-Schleife und das 3'-Ende sind weit voneinander getrennt, übereinstimmend mit dem Kleeblattmodell. Zusätzlich zu den Wasserstoffbrückenbindungen zwischen den Basen der helicalen Stiele wird die Struktur durch ein ausgedehntes Netzwerk an Wasserstoffbrückenbindungen, spezifischen Wechselwirkungen zwischen den Rückgratbildenden Basen und Ribosemolekülen sowie einiger Wasserstoffbrückenbindungen zwischen Basenpaaren außerhalb der Helices stabilisiert.

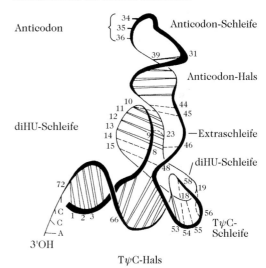

transfer-RNA. Dreidimensionale Struktur der Hefe-tRNA^{Phe}, bestimmt durch Röntgenstrukturanalyse. Doppelte Linien stellen Wasserstoffbrückenbindungen zwischen den Basen der helicalen Stiele dar. Gestrichelte Linien zeigen Wasserstoffbrückenbindungen zwischen Basen außerhalb der Helices.

Synthese und Prozessierung. Die tRNA wird an der DNA als Vorläufer-tRNA-Molekül synthetisiert, das z. B. bei der tRNA$^{Tyr}_{E.\,coli}$ aus 126 Nucleotiden besteht und 41 Nucleotide länger ist als das reife, aktive Molekül. Während der Prozessierung wird diese zuerst gebildete Sequenz durch eine spezifische Endonuclease gespalten. Im Zuge weiterer posttranskriptioneller Veränderungen werden Nucleotide durch methylierende oder andere Enzyme verändert. Die daraus resultierenden ↗ *seltenen Nucleinsäurebausteine* sind eine Ursache für die Ausbildung der für jede tRNA spezifischen Raumstruktur.

Transformation, die einfachste Form des genetischen Transfers. „Nackte" DNA einer Donorzelle tritt in eine Rezipientenzelle ein und wird mit Hilfe der genetischen Rekombination in die Rezipienten-DNA eingebaut. Es ist keine andere Trägersubstanz oder -struktur beteiligt. Kleine Donor-DNA-Fragmente penetrieren die Membran (und die eventuell vorhandene Zellwand) der Rezipientenzelle. Avery (USA) führte 1944 die erste beschriebene Transformation durch, indem er nichtpathogene R-Typ-Pneumococcen in pathogene S-Typ-Zellen durch Behandlung mit abgetöteten S-Typ-Zellen transformierte. Als „transformierendes Prinzip" wurde DNA identifiziert, womit der erste Beweis dafür erbracht wurde, dass das genetische Material der Zelle die DNA ist. Die Transformationshäufigkeit liegt bei <1%; die Ursache dafür ist der schnelle nucleolytische Abbau der Donor-DNA in der Rezipientenzelle vor der Rekombination.

transformierende Wachstumsfaktoren, *TGF* (engl. *transforming growth factor), TCGF (engl. transformed cell growth factor),* zu den ↗ Cytokinen zählende Proteinmediatoren mit regulatorischer Bedeutung für das Zellwachstum und viele Funktionen der meisten Wirbeltierzellen.

TGF-α, TGF-1, ein vor allem von transformierten Zellen gebildetes, in Urin und Plasma nachweisbares Polypeptid (M_r 5,6 kDa) mit Sequenzhomologie zum ↗ *Epidermis-Wachstumsfaktor* (EGF). TGF-α fördert die Angiogenese (vor allem in Tumoren), wirkt mitogen auf Endothelzellen, Epidermiszellen, Keratinocyten und Tumorzellen, fördert die Knochenneubildung und hat Anteil an der Regeneration von Lebergewebe. TGF-α vermittelt den biologischen Effekt über den EGF-Rezeptor. In großen Mengen findet sich TGF-α in der Haut von Patienten mit Schuppenflechte (Psoriasis).

TGF-β wird als großes Vorläufermolekül synthetisiert, als inaktiver Komplex aus der Zelle geschleust und danach durch limitierte Proteolyse in die aktive Form überführt, die aus zwei über Disulfidbrücken verbundenen Polypeptidketten besteht. Die fünf verschiedenen TGF-β-Formen (TGF-$β_1$ bis -$β_5$) besitzen strukturelle und funktionelle Homologie mit unterschiedlichem Einfluss auf Zellfunktionen, aber keine Ähnlichkeit mit TGF-α. Je nach Zelltyp kann der multifunktionell wirkende Faktor das Wachstum hemmen, Zellen chemotaktisch anlocken, oder die Synthese von Komponenten der extrazellulären Matrix sowie die Knochenbildung stimulieren. TGF-β hemmt die Proliferation von T- und B-Zellen, die Differenzierung von B-Zellen zu Plasmazellen und die Wirkung verschiedener Cytokine. Es wirkt auch entzündungshemmend. Gemeinsam mit anderen Cytokinen fördert TGF-β die Proliferation von Fibroblasten und Endothelzellen. TGF-β bildet mit strukturell verwandten, extrazellulären Signalproteinen die *TGF-β-Großfamilie,* wozu die Aktivine und Knochen-Morphogenese-Proteine gezählt werden. Durch Sequenzierung der cDNA-Klone einiger Rezeptoren von Mitgliedern dieser Familie konnte nachgewiesen werden, dass

diese die Membran einmal durchspannenden Rezeptoren an der cytosolischen Seite der Plasmamembran eine Serin/Threonin-Kinase-Domäne enthalten. Es handelte sich hierbei um die ersten beschriebenen Rezeptor-Serin/Threonin-Kinasen.

transgene Mäuse, Mäuse, in deren DNA fremde DNA integriert ist. ↗ *transgene Organismen.*

transgene Organismen, Organismen, die ein zusätzliches, nicht von ihrer Art stammendes Gen in ihrem Genom tragen (transgene Tiere, transgene Pflanzen, auch transgene Mikroorganismen). Die übertragenen Gene werden als Transgene bezeichnet. Wird diese zusätzliche Nucleinsäure in Keimzellen integriert, so kann sie auch vertikal, d.h. von Generation zu Generation, weitervererbt werden. Zur ↗ *Transformation* von Prokaryonten sind eine Vielzahl gentechnologischer Methoden entwickelt worden (↗ *rekombinante DNA-Technik*). Das Fremdgen wird in einen ↗ *Vektor* inseriert und dieser in die Prokaryontenzelle (z. B. *Escherichia coli*) eingeführt.

Wirtschaftlich interessant sind auch *transgene Pflanzen,* die durch Manipulation von Einzelzellen und anschließende Züchtung von ganzen Pflanzen aus diesen manipulierten Zellen gewonnen werden. So wurde beispielsweise Zuckerrüben (*Beta vulgaris*) ein virales Hüllprotein-Gen eingepflanzt, das die Rüben gegenüber dem Erreger der sogenannten Wurzelbärtigkeit (*Rhizomania*) widerstandsfähiger macht. Eine transgene Kartoffelsorte liefert größere Knollen, eine andere besitzt nur noch Amylopektin als Stärkekomponente und keine Amylose. Die Expression einer bakteriellen Chitinase in transgenen Tabakpflanzen führt zu einer verbesserten Resistenz gegenüber Pilzinfektionen. Darüber hinaus wird versucht, biotechnologisch und/oder pharmazeutisch interessante Proteine in transgenen Pflanzen zu produzieren.

Transgene Tiere können z. B. durch Injektion von DNA in eine befruchtete Eizelle gewonnen werden, die anschließend einem scheinschwangeren Weibchen implantiert wird. Für die Transformation von Tierzellen wurden retrovirale Vektoren entwickelt. Undifferenzierte Zelllinien können nach erfolgreicher Integration von Fremd-DNA in eine Blastocyste integriert werden, die sich zu einem adulten Organismus weiterentwickeln kann. Voraussetzung für die Entwicklung einer Linie des transgenen Tieres ist die Integration des Transgens in Zellen, aus denen sich die Keimzellen entwickeln. Transgene Tiere sind sowohl für die Grundlagenforschung als auch für Anwendungen in der Medizin (↗ *Gentherapie*) und der Nutztierhaltung (Resistenz gegenüber Krankheiten, höhere Milcherträge, u. a.) von Bedeutung. Eingriffe in die Keimbahn des Menschen sind aufgrund des *Embryonenschutzgesetzes* verboten. Eine weitere Zielsetzung ist die Erzeugung von pharmazeutisch wichtigen Proteinen (z. B. Albumin) in der Milch von Kuh, Ziege oder Schaf. Das gewünschte Protein lässt sich dann aus der Milch des transgenen Tiers isolieren.

transgene Pflanzen, ↗ *transgene Organismen.*

transgene Tiere, ↗ *transgene Organismen.*

Transglycosylierung, durch Glycosyltransferasen (Transglycosylasen) katalysierte Übertragung eines Glycosylrestes von einem Donormolekül auf einen Akzeptor.

Transhydrogenase, ↗ *Wasserstoffmetabolismus.*

Transhydrogenierung, ↗ *Wasserstoffmetabolismus.*

Transition, der Austausch eines Purins durch ein anderes Purin oder eines Pyrimidins durch ein anderes Pyrimidin in der DNA-Polynucleotidkette, der entweder spontan eintreten oder experimentell hervorgerufen werden kann und zur Entstehung einer Genmutation führt. ↗ *Transversion.*

Transitpeptide, ↗ *Signalpeptide.*

Transketolase (EC 2.2.1.1), Enzym, das die *Transketolierung* katalysiert, ein wichtiger Vorgang des Kohlenhydratstoffwechsels, insbesondere im ↗ *Pentosephosphat-Zyklus* und ↗ *Calvin-Zyklus.*

Es kommt in verschiedenen Zell- und Gewebearten, wie Säugetierleber, in grünen Pflanzen, und in zahlreichen Bakterienspezies, vor. Das Enzym enthält Thiaminpyrophosphat als Coenzym und divalente Metallkationen. Bei der Transketolierung wird eine C_2-Einheit (oft als aktiver Glycolaldehyd bezeichnet) von einer Ketose auf das C1 einer Aldose übertragen. Dabei können nur Ketosen mit L-Konfiguration an C3 und vorzugsweise *trans*-Konfiguration am folgenden C-Atom (Konfigurationen C1, C2, C3 und bevorzugt C4 entsprechen der von Fructose) als Donator für C_2-Einheiten fungieren. Der Akzeptor ist stets eine Aldose. Die Transketolierung verläuft reversibel. In der Abb. wird der Ablauf der Reaktion gezeigt, bei der Xylulose-5-phosphat als Donator der C_2-Einheit und Ribose-5-phosphat als Akzeptor dient. Die C_2-Einheit wird an Thiaminpyrophosphat gebunden, wobei 2-(α,β-Dihydroxyethyl)-thiaminpyrophosphat entsteht und der verbliebene Molekülteil als Glycerinaldehyd-3-phosphat abgespalten wird. Durch Übertragung der C_2-Einheit auf Ribose-5-phosphat wird Sedoheptulose-7-phosphat gebildet. Wenn in die Reaktion an Stelle von Ribose-5-phosphat Erythrose-4-

Transketolase. Mechanismus der Transketolase-Reaktion (beim Thiaminpyrophosphat ist nur der Thiazolanteil gezeigt).

phosphat eingeht, entstehen die Produkte Glycerinaldehyd-3-phosphat und Fructose-6-phosphat.

Transketolierung, die durch eine ↗ *Transketolase* katalysierte Übertragung einer C_2-Einheit (oft als aktiver Glycolaldehyd bezeichnet) von einer Ketose auf das C1-Atom einer Aldose. Dabei können nur Ketosen mit L-Konfiguration an C3 und vorzugsweise *trans*-Konfiguration am folgenden C-Atom (Konfigurationen C1, C2, C3 und bevorzugt C4 entsprechen der von Fructose) als Donator für C_2-Einheiten fungieren. Der Akzeptor ist stets eine Aldose. Die T. verläuft reversibel.

Translation, der Prozess der Übersetzung der in den Nucleotid-Tripletts der mRNA enthaltenen genetischen Informationen (↗ *genetischer Code*) in die Aminosäurefolge der Polypeptide. Die T. läuft an den Ribosomen ab und lässt sich in drei Phasen (Initiation – Elongation – Termination) einteilen. ↗ *Proteinbiosynthese*.

Translationsfaktoren, ↗ *GTP-bindende Proteine*, die an der ↗ *Proteinbiosynthese* beteiligt sind. Zu den T. zählen die Initiationsfaktoren IF-2 (Prokaryonten) und eIF-2 (Eukaryonten), die Elongationsfaktoren EF-Tu und EF-G (Prokaryonten) und eEF-Tu (bzw. EF-1α) und eEF-G (bzw. EF-2; Eukaryonten; Tab.).

Im Verlauf des GTPase-katalysierten Zyklus, der die Proteinbiosynthese initiiert, wird die kleine (30S bzw. 40S) Ribosomenuntereinheit in einen Initiationskomplex überführt, der dann an die große (50S bzw. 60S) Ribosomenuntereinheit bindet. Ein Initiationskomplex entsteht, in dem der Initia-

tionsfaktor (IF-2 bzw. eIF-2), der GTP in gebundener Form enthält, die Bindung von mRNA, fMet- oder Met-tRNA^{Met} und anderer Initiationsfaktoren an die ribosomale Untereinheit unterstützt. Durch die Anlagerung des Initiationskomplexes an die große Ribosomenuntereinheit werden die Hydrolyse von GTP und die Ablösung der Initiationsfaktoren ausgelöst.

Bei der Proteinelongation laufen zwei GTPase-katalysierte Zyklen ab, einer mit EF-Tu (bzw. eEF-Tu) und einer mit EF-G (bzw. eEF-G). Der EF-Tu-Zyklus der Prokaryonten beginnt mit EF-Tu, das GDP gebunden hat (und sich deshalb in der inaktiven „ausgeschalteten" Konformation befindet): EF-Tu · GDP. Daran bindet EF-Ts und ändert die Konformation in der Art, dass GDP abdissoziiert und durch GTP ersetzt wird. Dadurch wird eine weitere Konformationsänderung bewirkt, die die Abspaltung von EF-Ts erlaubt, wodurch die aktive „angeschaltete" Konformation entsteht: EF-Tu · GTP. Durch anschließende Bindung an tRNA entsteht ein GTP · EF-Tu · Aminoacyl-tRNA-Komplex, der sich mit einem mRNA-programmierten Ribosom in der Weise verbindet, dass sich die Aminoacyl-tRNA mit der A-Bindungsstelle paart. Dadurch wird es möglich, dass sich der Peptidylrest der tRNA auf der P-Bindungsstelle des Ribosoms mit Hilfe der 23S-rRNA-Peptidyltransferase mit der neu eingeführten Aminosäure kovalent verbindet. Bevor die Peptidbindung geknüpft werden kann, muss jedoch zuerst das GTP des Komplexes hydrolysiert werden. Diese Reaktion hat zur Folge, dass das gebildete EF-Tu · GDP vom

Translationsfaktoren

Prokaryonten	Eukaryonten	Funktion
IF-1	–	stimuliert IF-2 und IF-3
IF-2	eIF2	erleichtert Bindung der ↗ *Initiations-tRNA* an die kleine ribosomale Untereinheit; eIF2 ist multifunktionell
IF-3	eIF3, eIF4C	Bindung an die kleine ribosomale Untereinheit, erleichtern die folgenden Schritte (eIF) bzw. verhindern vorzeitige Bindung der großen Untereinheit
-	CBPI	bindet 5'-Cap der mRNA
-	eIF4A, eIF4B, eIF4F	binden mRNA, erleichtern korrekte Startpositionierung
-	eIF5	katalysiert Abdissoziation anderer eIFs, ermöglicht damit Bildung des 80S-Initiationskomplexes
-	eIF6	erleichtert Dissoziation inaktiver 80S-Ribosomen in die Untereinheiten
EF-Tu	eEF1α	bindet Aminoacyl-tRNA an Ribosomen unter GTP-Spaltung
EF-Ts	eEF1βγ	Regeneration des EF-Tu-GDP- bzw. EF1α-GDP-Komplexes zur aktiven Form EF-Tu-GTP bzw. EF1α-GTP
EF-G	eEF2	Translokation der Peptidyl-tRNA durch Freisetzung der deacylierten tRNA an der P-Bindungsstelle des Ribosoms
RF1, RF2	RF	Termination der Proteinbiosynthese an den Terminationscodons UAA und UGA

Ribosom abdissoziieren und ein neuer Zyklus beginnen kann. Man nimmt an, dass die Genauigkeit der Translation von der mRNA zum Protein im Verlauf dieses Zyklus auf die Stufe der GTP-Hydrolyse mit Hilfe eines Prozesses, der *kinetisches Korrekturlesen* genannt wird, überwacht und gesteigert wird. Dieses basiert auf dem Verhältnis zwischen der Dauer der Codon-Anticodon-Bindungswechselwirkung und der Zeit, die für die GTP-Hydrolyse und die anschließende Dissoziation des EF-Tu · GDP benötigt wird. Das Korrekturlesen kann in zwei Schritten erfolgen. Der erste basiert auf der Prämisse, dass eine GTP · EF-Tu · Aminoacyl-tRNA mit einem „falschen" Anticodon mit einer höheren Wahrscheinlichkeit von der mRNA abdissoziiert, bevor GTP hydrolysiert wird, als eine mit dem „korrekten" Anticodon. Der zweite Schritt, der zum Tragen kommt, wenn der erste versagt, liegt in der Beobachtung begründet, dass das EF-Tu · GDP für eine kurze Zeit mit seiner Bindungsstelle auf dem Ribosom gepaart bleibt, obwohl es in der dissoziierbaren Konformation vorliegt. Dadurch wird die Peptidyltransferase-Reaktion verhindert und das „falsche" Anticodon hat mehr Zeit zur Dissoziation. Je länger die Zeit ist, die für die GTP-Hydrolyse und die anschließende Dissoziation des EF-Tu · GDP zur Verfügung steht, desto wahrscheinlicher ist es, dass der anfängliche Fehler korrigiert wird und um so größer wird die Genauigkeit des Translationsprozesses. Andererseits läuft die Translation um so langsamer ab, je länger der Korrekturleseprozess dauert.

Translokation, ↗ *Transport*.

Transmethylasen, *Methyltransferasen*, die Übertragung von Methylgruppen von Methylgruppendonatoren, wie z. B. ↗ *S-Adenosyl-L-methionin* auf Akzeptormoleküle katalysierende Enzyme. ↗ *Transmethylierung*.

Transmethylierung, die Übertragung der Methylgruppe (-CH$_3$) aus einem physiologischen Methyldonator auf C-, O- und N-Atome von Biomolekülen. Bei der T. auf Sauerstoff entsteht die Methoxygruppe (-OCH$_3$). Wichtigster Donator in der T. ist das ↗ *S-Adenosyl-L-methionin*. Die Methylgruppen der zahlreichen methylierten Naturstoffe entstammen damit der Methylgruppe von Methionin, das als Thioether selbst nicht in die T. eintritt, sondern erst zur Sulfoniumverbindung, dem *S*-Adenosyl-L-methionin, aktiviert werden muss. Physiologische Methylierungsmittel von sehr begrenzter Bedeutung sind Betain (↗ *Betaine*) und die ↗ *Thetine*. Methylierte Nucleinsäurebausteine werden durch T. aus *S*-Adenosyl-L-methionin mit Hilfe spezifischer *Transmethylasen* (*Methyltransferasen*) auf die Polynucleotidkette von Nucleinsäuren gebildet. Eine Ausnahme bilden Thymin, bei dem die Methylgruppe aus $N^{5,10}$-Methylentetrahydrofolsäure (↗ *aktive*

Einkohlenstoff-Einheiten) bereitgestellt wird, und 5-Hydroxymethylcytosin.

Transphosphatasen, ↗ *Kinasen*.

Transplantationsantigene, *Histokompatibilitätsantigene*, ↗ *MHC-Moleküle*.

transponierbares genetisches Element, ↗ *bewegliche DNA-Sequenzen*, ↗ *Transposon*.

Transport, die Passage von Ionen und bestimmten Molekülen durch biologische Membranen. Diese Biomembranen bilden für die meisten polaren Moleküle eine Schranke für den Stofftransport zwischen Zelle bzw. Zellorganelle und der Umgebung. Die Zellmembran bzw. Zellorganellmembran muss daher Einrichtungen enthalten, um den lebensnotwendigen Stoffaustausch ermöglichen zu können. Alle katalysierten Transportprozesse durch Biomembranen sind durch drei charakteristische Eigenschaften gekennzeichnet: Sättigung, Substratspezifität und spezifische Hemmbarkeit. Unter anderen Gesichtspunkten differenziert man zwischen dem aktiven und dem passiven katalysierten Transport.

Für den *passiven T.* von Substanzen bieten sich z. B. steuerbare einfache Porentransportsysteme an, die einen Konzentrationsstau (Konzentrationsgradient) erfordern, wobei nach Öffnung der Pore der Substanzstrom von selbst, d. h. passiv fließt. Der häufigste passive T. verläuft über einen Träger-Mechanismus. Nach diesem Modell übernimmt der Träger, ein spezielles Protein, die zu transportierende Substanz auf einer Membranseite, schiebt sie durch die Membran, gibt sie auf der anderen Seite wieder ab und kehrt zur Ausgangsposition zurück. Je nach dem vorhandenen Konzentrationsgradienten kann der T. in beiden Richtungen erfolgen, er ist reversibel. Wichtige passive Transportsysteme in tierischen Geweben sind z. B. der Glucose-Träger in menschlichen Erythrocyten und der ATP-ADP-Träger der Mitochondrienmembran, der in der Regel ein Molekül ADP in die mitochondriale Matrix transportiert und das durch die oxidative Phosphorylierung gebildete ATP in das Cytoplasma zurückführt.

Der *aktive T.* ist dadurch gekennzeichnet, dass unter ATP-Spaltung auch eine Stoffbewegung gegen einen Konzentrationsgradienten stattfinden kann. Aktive Transportsysteme („Pumpsysteme") werden nach dem ATP-Spaltungsprozess auch *ATPasen* genannt. Im Modell für den aktiven T. wird das zu transportierende Substrat an eine komplementäre Bindungsstelle des Protein-Trägermoleküls angelagert und durch Diffusion, Rotation oder durch eine Konformationsänderung an die andere Membranseite transportiert. Für die Ablösung des Substrats vom Träger wird die bei der ATP-Spaltung frei werdende Energie aufgewandt, wobei wahrscheinlich durch eine Konformationsänderung die Bindungsaffinität für das Substrat verändert wird. Aktive Transportsysteme in tierischen Geweben sind die Na$^+$/K$^+$-Pumpe (↗ *Na$^+$-K$^+$-ATPase*) sowie die aktiven Transportmechanismen für Glucose und andere Zucker sowie für Aminosäuren. Die Na$^+$/K$^+$-ATPase scheint auch für den T. von Glucose und Aminosäuren Bedeutung zu haben. ATPasen spielen auch bei der Reizleitung, der Muskelsteuerung und der Sinneswahrnehmung eine entscheidende Rolle.

Für den aktiven T. von Glucose aus dem Dünndarm in den Blutstrom sowie aus dem glomerulären Filtrat durch die epitheliale Zellschicht der Nierentubuli in das Blut jeweils gegen einen Konzentrationsgradienten wurde ein gekoppelter Mechanismus von Glucosetransport und Na$^+$-Gradient postuliert. Hierbei pumpt die Na$^+$/K$^+$-ATPase Na$^+$-Ionen aus der Zelle hinaus, wobei unter ATP-Verbrauch ein nach innen gerichteter Na$^+$-Gradient aufgebaut wird. Mittels eines passiven Trägermoleküls, das sowohl eine Bindungsstelle für Glucose als auch eine Bindungsstelle für Na$^+$ aufweist, werden Na$^+$ und Glucose gemeinsam in die Zelle hineingeschleust (*Cotransport* oder *Symport*).

Der aktive Aminosäuretransport hat Ähnlichkeiten mit dem aktiven T. von Glucose, insbesondere aus dem Darm in das Blut. Es sind mehr als fünf verschiedene Transportsysteme bekannt. In einigen Zellen scheint auch eine Kopplung zwischen Aminosäuretransport und Na$^+$-Gradient gegeben zu sein.

Für die Einleitung der Relaxation des Muskels ist der ATP-abhängige intrazelluläre T. von Ca^{2+}-Ionen aus dem Sarkoplasma in das sarkoplasmatische Reticulum von großer Wichtigkeit. Hierbei spielt ein *Ca^{2+}-ATPase-System* (*Ca^{2+}-Pumpe*) eine entscheidende Rolle. Auch die Mitochondrien tierischer Zellen sind in der Lage, Ca^{2+} gegen einen hohen Gradienten zu akkumulieren.

Bestimmte Proteine im periplasmatischen Raum der Bakterien können Zucker, Aminosäuren und anorganische Ionen binden und sind daher auch als Trägermoleküle für den T. sehr bedeutend. Insbesondere haben aerobe Bakterien echte aktive Transportsysteme.

Eine besondere Form des T. stellt die *Gruppentranslokation* durch Membranen dar. Hierbei reagiert ein membrangebundenes Enzym mit einem von außen kommenden Substrat mit einem zweiten internen Substrat zu einem Produkt, das in das Innere geschleust wird. Im Gegensatz zum aktiven T. wird hierbei das Substrat modifiziert. Verschiedene Bakterien schleusen z. B. Glucose auf diese Weise durch die Zellmembran, wobei diese gleichzeitig zu Glucose-6-phosphat phosphoryliert wird. Gruppentranslokation spielt auch beim T. von Aminosäuren eine Rolle.

Transportantibiotika, ↗ *erleichterte Diffusion.*

Transport-RNA, ↗ *transfer-RNA.*

Transposon, *transponierbares genetisches Element*, ein mobiles genetisches Element, das seine Position innerhalb eines Chromosoms unabhängig verändern und Gene („springende Gene") tragen kann.

Eine genetische Transposition wurde erstmals von Barbara McClintock in den frühen Fünfziger Jahren als der Prozess erkannt, der für das mehrfarbige Pigmentierungsmuster des Mais verantwortlich ist. Zur damaligen Zeit wurde dieser Bericht weitgehend ignoriert, da er im Gegensatz zum Mendelschen Konzept der festlokalisierten Gene stand. Später wurde herausgefunden, dass eine Reihe von scheinbar zufälligen Mutationen bei *E. coli* durch die Insertion relativ großer Abschnitte genetischen Materials – die sog. Insertionssequenzen – hervorgerufen werden kann. Mit Hilfe der rekombinanten DNA-Technologie wurde deutlich, dass *E.-coli*-Insertionssequenzen für Enzyme codieren, die für die Insertion einer identischen Kopie von sich selbst an einem neuen Ort in der DNA verantwortlich sind. Die Transposition schließt demzufolge sowohl Rekombination als auch Replikation ein. Es werden zwei Tochterkopien der Insertionssequenz hergestellt, von denen eine am Elternort bleibt und die andere am Zielort inseriert wird. Eine Insertionssequenz verursacht immer eine Deletion, Umlagerung oder Inversion des Zielgens (d. h. sie bewirkt eine Mutation). Man vermutet, dass koordiniert regulierte Operons durch die T.-vermittelte Umlagerung von ursprünglich weit voneinander getrennten Genen entstanden sind. Es ist auch denkbar, dass Transposition zur Bildung neuer Proteine führen kann, indem vormals unabhängige Gensegmente näher zusammengebracht werden. Da Insertionssequenzen außerdem Initiationssignale für die RNA-Synthese tragen, können sie ruhende Gene aktivieren.

Es konnte gezeigt werden, dass für den reversiblen Übergang zwischen zwei phänotypischen Ausprägungen von Bakterien eine Transpostion verantwortlich ist. Ein besonders gut untersuchter Fall ist die Expression zweier immunologisch unterschiedlicher Flagellinproteine (H1 und H2) in bestimmten Stämmen von *Salmonella typhimurium*. Jede Zelle exprimiert nur ein Flagellin, jedoch tritt nach ungefähr 1.000 Zellteilungen eine reversible Zustandsänderung (engl. *phase variation*) ein und der andere Flagellintyp wird synthetisiert. Dies stellt vermutlich ein Mittel dar, der immunologischen Abwehr des Wirts zu entgehen. Die beiden Flagellingene sind auf dem Bakterienchromosom relativ weit voneinander entfernt. *H2* ist mit *rh1* (dem Repressorgen von H1) verknüpft, so dass die Transcription der *H2-rh1*-Einheit zur Synthese von H2 und Repression von H1 führt. Die Expression der

H2-rh1-Einheit wird durch ein 995-bp-DNA-Segment stromaufwärts zu H2 reguliert. Im 995-bp-Segment wurden folgende drei Bausteine identifiziert: 1) Ein Promotor für *H2-rhl1*. 2) Das *hin*-Gen, das für die 190-bp-Hin-DNA-Invertase codiert; dieses Enzym (dessen Sequenz zu 33 % zu TnpR homolog ist) vermittelt die Inversion des gesamten 995-bp-Segments. 3) Zwei 26-bp-*hix*-Orte, die die Begrenzungen des Segments darstellen und dessen Spaltungsstellen enthalten; jeder besteht aus zwei unvollständigen durch 2 bp getrennten, 12 bp-langen, invertierten Sequenzwiederholungen (engl. *inverted repeats*). Wenn das 995-bp-Segment so orientiert ist, dass der Promotor stromaufwärts zu H2 liegt (bekannt als Phase-2-Orientierung), werden H2 und *rh1* koordiniert exprimiert und die H1-Synthese reprimiert. Wenn das 995-bp-Segment umgekehrt orientiert ist (Phase 1), werden weder H2 noch *rh1* exprimiert, da sie von ihrem Promotor getrennt sind, sondern es wird H1 synthetisiert.

Bei Bakterien werden drei Klassen transponierbarer Elemente unterschieden.

1) Ein *einfaches T.* bzw. eine *einfache Insertionssequenz* (*IS*) umfasst im Allgemeinen weniger als 2.000 bp. Sie trägt als einzige genetische Information diejenige, die für die Transposition benötigt wird. Diese schließt auch spezifische, kurze, terminale *inverted repeats* ein sowie das Gen für die Transposase, die die Termini erkennt und die IS am Zielort inseriert. Eine inserierte IS wird stets von einer *repeat*-Sequenz der Wirts-DNA flankiert, woraus geschlossen wird, dass die IS an einem versetzten Schnitt inseriert wird, der später aufgefüllt wird. Zielsequenzen sind gewöhnlich 5–9 bp lang. Die Länge dieser Zielsequenz (und nicht die tatsächliche Nucleotidsequenz) ist spezifisch bzw. charakteristisch für die IS.

2) *Komplexe T.* (*Tn*) sind länger und tragen auch genetisches Material (z. B. funktionale Bakteriengene wie Antibiotikaresistenzgene), die für den Vorgang der Transposition nicht benötigt werden. Beispielsweise enthält Tn3 4.957 bp mit invertierten terminalen Wiederholungen von jeweils 38 bp. Es codiert außerdem für folgende drei Proteine: a) eine 1.025-Reste-Transposase (TnpA); b) ein 185-Reste-Protein (TnpR), das als Repressor für *tnpA* und *tnpR* fungiert und ortsspezifische Rekombination während der Transposition vermittelt; und c) eine β-Lactamase.

3) *Zusammengesetzte T.* enthalten eine zentrale Region, die von zwei identischen (oder beinahe identischen) IS-ähnlichen Sequenzen flankiert wird. Diese IS-ähnlichen Sequenzen sind entweder gleich oder gegensinnig orientiert und werden ihrerseits von *inverted repeats* flankiert. Wahrscheinlich entstehen zusammengesetzte T. durch die Kombination eines Abschnitts codierender DNA

(bildet die zentrale Region) mit zwei unabhängigen Insertionssequenzen.

Die Basensequenzen eukaryontischer T. zeigen mit denjenigen prokaryontischer T. sehr wenig Ähnlichkeit. Jedoch liegt eine Ähnlichkeit mit Retrovirus-Genomen vor, was die Vermutung nahe legt, dass es sich um degenerierte Retroviren handelt. Eukaryontische T. werden deshalb auch als *Retrotransposons* bzw. *Retroposons* bezeichnet (↗ *bewegliche DNA-Sequenzen*). Die Transposition eines Retroposons läuft in drei Schritten ab. Zuerst wird es in RNA transcribiert. Diese RNA wird durch Reverse Transcriptase transcribiert und die gebildete DNA an einem zufälligen neuen Ort inseriert. [B. McClintock *Cold Spring Harbor Symp. Quant. Biol.* **16** (1951) 13–57; B. McClintock *Science* **266** (1984) 792–800; J.A. Feng et al. *Curr. Opin. Struct. Biol.* **4** (1994) 60–66]

Transsulfurierung, Austausch des Schwefels zwischen L-Homocystein und L-Cystein. Die T. verläuft über L-Cystathionin als Zwischenprodukt (Abb.).

$$\underset{\text{L-Homocystein}}{\overset{\displaystyle CH_2\!-\!SH}{\underset{\displaystyle R}{|}}} \xrightarrow{\text{Ser}} \underset{\text{L-Cystathionin}}{\overset{\displaystyle CH_2\!-\!S\!-\!CH_2}{\underset{\displaystyle R \qquad R_1}{|\qquad\quad|}}} \xrightarrow[\text{NH}_2]{\text{Oxb}} \underset{\text{L-Cystein}}{\overset{\displaystyle CH_2\!-\!SH}{\underset{\displaystyle R_1}{|}}}$$

Transsulfurierung. Bildung von L-Cystein aus L-Homocystein (das von L-Methionin abstammt). Ser = L-Serin, Oxb = 2-Oxobutyrat.

Sie ist im strengen Sinne keine Gruppenübertragung, da das Cystathionin nur auf verschiedenen Seiten des „Brückenschwefels" gespalten werden kann. Die T. hat Bedeutung für die Biosynthese von L-Cystein aus L-Methionin und für die Biosynthese von L-Methionin. Die Methioninvorstufe L-Homocystein wird durch T. wie folgt gebildet:

L-Homoserin + Succinyl-CoA → CoA + O-Succinyl-L-homoserin, O-Succinyl-L-homoserin + L-Cystein → L-Cystathionin + Succinat, L-Cystathionin + H_2O → L-Homocystein + Pyruvat + NH_3

Die einleitende Acylierung von L-Homoserin verläuft in einigen Organismen auch unter Beteiligung von Acetyl-CoA (über O-Acetyl-L-homoserin) oder in Pflanzen mit Hilfe von Oxalyl-CoA über Oxalyl-L-homoserin.

Transvaalin, ↗ *Scillaren A*.

Transversion, ein Vorgang, bei dem in der DNA-Polynucleotidkette eine Pyrimidinbase durch eine Purinbase oder eine Purinbase durch eine Pyrimidinbase ersetzt wird. T. führt zur Entstehung einer Genmutation. Sie kann entweder spontan eintreten oder wird experimentell hervorgerufen. ↗ *Transition*.

Traubenzucker, Syn. für ↗ *D-Glucose*.

Trehalose, ein nichtreduzierendes Disaccharid, das aus zwei Glucopyranosidresten aufgebaut ist. M_r 342,30 Da. Je nach Art der glycosidischen Verknüpfung unterscheidet man die α,α-Trehalose (Abb.), F. 204 °C, $[\alpha]_D^{20}$ +197°; α,β-Trehalose oder Neotrehalose, $[\alpha]_D^{20}$ +95°; und β,β-Trehalose oder Isotrehalose, F. 135 °C, $[\alpha]_D^{20}$ −42°. T. findet sich in Algen, Bakterien sowie zahlreichen niederen und höheren Pilzen sowie vereinzelt in photosynthetisch inaktiven Pflanzengeweben. Sie stellt den „Blutzucker" der Insekten dar. T. wird von vielen Pilzenzymen gespalten und durch einzelne Hefearten bzw. -stämme vergoren.

Trehalose. α,α-Trehalose.

Tremerogene, Peptidhormone aus *Tremella mesenterica* mit einem S-Farnesyl-L-cystein-Baustein, die die Bildung von Konjugationsröhren zwischen den an der Kreuzung beteiligten Zellen des A- und a-Typs induzieren (Konjugation, „Paarung" zweier prokaryontischer Zellen mit nachfolgendem DNA-Austausch). *T. A-10*, H-Glu[1]-His-Asp-Pro-Ser[5]-Ala-Pro-Gly-Asn-Gly[10]-Tyr-Cys(S-Farnesyl)-Cys-OMe, wird von der A-Typ-Zelle gebildet, während *T. A-13*, H-Glu[1]-Gly-Gly-Gly-Asn[5]-Arg-Gly-Asp-Pro-Ser[10]-Gly-Val-Cys(S-Farnesyl)-OH, von der a-Typ-Zelle produziert wird. Ebenso wie die T. enthält auch das ↗ *Rhodotorucin A* einen schwefelgebundenen Farnesylrest. [Y. Sakagami et al., *Science* **212** (1981) 1.525]

Tremorgene, Tremor (Zittern) auslösende Verbindungen, bei denen es sich in der Regel um Indolalkaloide handelt. T. werden durch Fadenpilze der Gattungen *Aspergillus*, *Emericella*, *Acremonium*, *Claviceps* und *Penicillium*, die parasitisch auf Pflanzen bzw. als Saprophyten im Boden leben, produziert. Vergiftungen, die u.a Tremor, stolpernde Bewegungen, Krämpfe, Gleichgewichtsstörungen auslösen, wurden bei Weidetieren nach Aufnahme von durch Pilzen verseuchtem Gras beobachtet.

TRH, Abk. für engl. *thyreotropin releasing hormone*, ↗ *Thyroliberin*.

Triacylglycerin, ↗ *Acylglycerine*, ↗ *Fette und fette Öle*.

Triamcinolon, *16α-Hydroxy-9α-fluor-prednisolon*, *9α-Fluor-11β,16α,17α,21-tetrahydroxypregna-1,4-dien-3,20-dion*, M_r 394,4 Da, F. ~270 °C, ein von dem Nebennierenrindenhormon Cortisol abgeleitetes synthetisches Steroid. T. wirkt 50mal stärker entzündungshemmend als Cortisonacetat (↗ *Cortison*), zeigt keine unerwünschte Salzretention und hat als Heilmittel bei Arthritis, Allergien u. dgl. therapeutische Bedeutung.

Triazinherbizide, ↗ *Herbizide*, die sich vom Triazin ableiten, das in den Positionen 4 und 6 substituierte Aminogruppen trägt (Abb.). Sie besitzen in C-2-Position entweder einen Chlorsubstituenten (Endung -azin), einen Methoxy-Substituenten (Endung -ton) oder einen Methylmercapto-Substituenten (Endung -tryn). Die Hauptbedeutung der Triazine liegt bei der Unkrautbekämpfung im Mais und in Zuckerrüben, sie werden aber auch als Boden- und Blattherbizide in anderen Kulturen und auf Nichtkulturland eingesetzt. Die Anwendung des früher breit eingesetzten Wirkstoffs *Atrazin* ist in Deutschland aufgrund möglicher Grundwasserkontamination verboten.

Triazinherbizide. Grundstruktur.

Tricarbonsäure-Zyklus, *Citrat-Zyklus*, *Citronensäure-Zyklus*, *Krebs-Zyklus*, die wichtigste zyklische Reaktionsfolge für den oxidativen Endabbau der Proteine, Fette und Kohlenhydrate zu CO_2 und H_2O (Abb. 1). Im T. entsteht CO_2 durch oxidative Decarboxylierung von Oxosäuren (Oxalsuccinat, in Abb. 1 nicht gezeigt, als Intermediat zwischen Isocitrat und α-Ketoglutarat; ↗ *Isocitrat-Dehydrogenase*). In Verbindung mit der ↗ *Atmungskette* erfolgt der Energieumsatz zur Synthese des energiereichen Adenosintriphosphats. Neben dem Energiegewinn spielt der T. eine wichtige Rolle bei der Synthese von neuem zelleigenem Material. Verschiedene wichtige Substanzgruppen stammen von Zwischenprodukten des T. ab und verschiedene Stoffwechselzyklen sind mit dem T. verknüpft. Bei Eukaryonten läuft der T. in den Mitochondrien ab, wo er strukturell und funktionell in die Atmungskette und den Fettsäureabbau einbezogen wird. Bei Prokaryonten sind die Enzyme des T. im Zellcytoplasma lokalisiert.

Die *biologische Bedeutung* des T. liegt in der Oxidation und Zerlegung der Acetylgruppe von ↗ *Acetyl-Coenzym A* in zwei Moleküle CO_2. Dabei entstehen viermal zwei Wasserstoffatome, die auf NAD^+ oder FAD übertragen werden. Die Regeneration dieser Coenzyme erfolgt über die Atmungskette, wobei die Wasserstoffatome zu Wasser oxidiert werden.

Die Oxidationen im T. erfolgen durch mehrmalige Wasseranlagerung und anschließende Dehydrie-

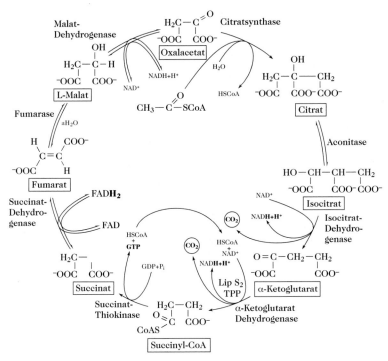

Tricarbonsäure-Zyklus. Abb. 1. Der Tricarbonsäure-Zyklus.

rung; Sauerstoff spielt direkt keine Rolle: CH_3CO-SCoA + 3 H_2O → 2 CO_2 + 8 [H] + HSCoA. Inizialreaktion des T. ist die Kondensation des Acetyl-Coenzyms A mit Oxalacetat, die durch die Citrat-Synthase katalysiert wird. Unter Wasseraufnahme entstehen Citrat und freies Coenzym A. Aus dem Citrat wird über sieben weitere, teilweise komplexe Reaktionsschritte (Tab. 1 auf Seite 412) das Oxalacetat regeneriert. Die Reaktionen 3 und 4 sind mit Decarboxylierungen verbunden (↗ α-Ketoglutarat-Dehydrogenase-Komplex).

Energiebilanz des T.: Bei der Oxidation von Acetyl-CoA im T. werden insgesamt 901,7 kJ (215,2 kcal) chemische Energie frei, davon 800,29 kJ (191 kcal) über die Atmungskette. Die über die Atmungskette gewonnene Energie rührt von zwei NADH und einem FADH$_2$ her: NADH + 1/2 O_2 + H$^+$ → NAD$^+$ + H$_2$O, $\Delta G^{0'}$ = −219,4 kJ; FADH$_2$ + 1/2 O_2 → FAD + H$_2$O, $\Delta G^{0'}$ = −151,6 kJ. Ein Teil dieser Energie wird zur Synthese von 12 Molekülen ATP verwertet, was einer Energieausbeute von etwa 40 % der gesamten freien Energie entspricht: in den Reaktionen 3, 4 und 8 ergeben sich durch NADH-Oxidation in der Atmungskette 3-mal drei Moleküle ATP; in der Reaktion 6 ergeben sich durch FADH$_2$-Oxidation in der Atmungskette zwei Moleküle ATP; und das in der Reaktion 5 (↗ *Substratkettenphosphorylierung*) gebildete GTP ist energetisch äquivalent mit ATP, d. h. GTP + ADP ⇄ GDP + ATP besitzt eine Gleichge-

wichtskonstante von 1,0. Bilanz des T. (einschließlich Atmungskette):

CH_3CO-SCoA + GDP + 11 ADP + 12 P_i + 2 O_2 → 2 CO_2 + 13 H_2O + GTP + 11 ATP + HSCoA.

Der T. steht über Oxalacetat mit der ↗ *Gluconeogenese* in Verbindung. Er ist ferner Ausgangspunkt für die Synthesen mehrerer Aminosäuren, besonders von Asparaginsäure und Glutaminsäure, und er liefert mit Succinyl-Coenzym A eine Ausgangsverbindung für die Synthese der Porphyrine, z. B. von Hämoglobin, Chlorophyll (Abb. 2 auf Seite 413) und Vitamin B$_{12}$. Unter Einbeziehung weiterer Zwischenprodukte kann der T. abgewandelt werden. Solche *Nebenwege* des T. sind der 4-Aminobuttersäureweg (↗ *4-Aminobuttersäure*), der ↗ *Glyoxylat-Zyklus* und der ↗ *Succinat-Glycin-Zyklus*. Die Carboxylierung von Pyruvat (↗ *Pyruvat-Carboxylase*, ↗ *Carboxylierung*) ist ein Schritt in der Gluconeogenese aus Pyruvat. Sie ist aber ebenso eine anaplerotische Reaktion (↗ *Stoffwechsel-Zyklus*) des T., d. h. sie hält die Oxalacetat-Konzentration aufrecht, die sich durch Entnahme von Zwischenprodukten des T. für Biosynthesen sonst erschöpfen würde. Bei Tieren ist die Nettosynthese von Kohlenhydraten aus Acetyl-CoA (und damit aus Fettsäuren) nicht möglich. Bei Pflanzen und Tieren erlaubt das Vorhandensein des Glyoxylat-Zyklus die Inkorporation einer zweiten Acetylgruppe aus Acetyl-CoA, so dass eine Nettosynthese von T.-Zwischenprodukten (und damit von Kohlenhydraten) aus

Tricarbonsäure-Zyklus. Tab. 1. Die Reaktionen des Tricarbonsäure-Zyklus.

Reaktions-nummer	Reaktionsgleichung	Name des Enzyms	Inhibitoren	ΔG^0 [kJ/mol (kcal/mol)]
1	Acetyl-CoA + Oxalacetat + H_2O → Citrat + HSCoA + H^+	Citrat-(*si*)-Synthase, (EC 4.1.3.7)	keine	−38,04 (−9,08)
2a	Citrat $\xrightarrow{Fe^{2+},\,GSH}$ Isocitrat	Aconitat-Hydratase (EC 4.2.1.3)	Fluorcitrat* *trans*-Aconitat*	+6,66 (+1,59)
2b	Citrat $\xrightarrow{Fe^{2+},\,GSH}$ *cis*-Aconitat	Aconitase	*trans*- Aconitat*	+8,45 (+2,04)
2c	*cis*-Aconitat $\xrightarrow{Fe^{2+},\,GSH}$ Isocitrat	Aconitase	*trans*- Aconitat*	−1,89 (−0,45)
3	Isocitrat + NAD^+ $\xrightarrow{Mg^{2+}\,(Mn^{2+}),\,ADP}$ α-Ketoglutarat + NADH + H^+ + CO_2	Isocitrat-Dehydrogenase (EC 1.1.1.41)	ATP	−7,12 (−1,70)
4	α-Ketoglutarat + HSCoA + NAD^+ $\xrightarrow{Mg^{2+},\,TTP,\,LipS_2}$ Succinyl-CoA + CO_2 + NADH + H^+	α-Ketoglutarat-Dehydrogenase-Komplex (EC 1.2.4.2)	Arsenit, Parapyruvat*	−36,95 (−8,82)
5	Succinyl-CoA + GDP + P_i $\xrightarrow{Mg^{2+}}$ Succinat + GTP + HSCoA	Succinyl-CoA-Synthetase (EC 6.2.1.4)	Hydroxylamin	−8,85 (−2,12)
6	Succinat + FAD $\xrightarrow{Fe^{2+}}$ Fumarat + $FADH_2$	Succinat-Dehydrogenase (EC 1.3.99.1)	Malonat* Oxalacetat*	~0,0
7	Fumarat + H_2O → L-Malat	Fumarat-Dehydratase (EC 4.2.1.2)	meso-Tartrat*	−3,68 (−0,88)
8	L-Malat + NAD^+ → Oxalacetat + NADH + H^+	Malat-Dehydrogenase (EC 1.1.1.37)	Oxalacetat* Fluormalat*	+28,02 (+6,69)

1 bis 8: Bilanz des Tricarbonsäure-Zyklus (ohne Atmungskette):
Acetyl-CoA + 3 NAD^+ + FAD + GDP + P_i + 2 H_2O →
2 CO_2 + HSCoA + 3 NADH + 3 H^+ + $FADH_2$ + GTP

−60,00 (−14,32)

Abk.: HSCoA = Coenzym A; GSH = Glutathion; AM(D)(T)P = Adenosinmono-(di-)(tri-)phosphat; TPP = Thiaminpyrophosphat; $LipS_2$ = Liponsäureamid; GD(T)P = Guanosindi-(tri-)phosphat; P_i = anorganisches Phosphat; FAD(H_2) = enzymgebundenes oxidiertes (reduziertes) Flavin-adenin-dinucleotid; NAD^+(H) = oxidiertes (reduziertes) Nicotinamid-adenin-dinucleotid. Die mit * bezeichneten Verbindungen wirken als kompetitive Inhibitoren.

Zwei-Kohlenstoffeinheiten möglich ist. Dies ist wichtig in Samen für die Verwertung von Ölspeicherstoffen zur Synthese von Kohlenhydraten (z. B. Cellulose der Zellwand) während der Keimung sowie für das Wachstum von Bakterien auf Kosten einfacher Kohlenstoffquellen, wie z. B. Acetat.

Reaktionen, die denen des T. analog sind, werden in der Biosynthese von Leucin und Lysin gefunden. In ähnlicher Weise, finden sich Reaktionssequenzen wie die Dehydrierung von Succinat durch ein Flavoenzym, die anschließende Hydration von Fumarat zu Malat und die darauf folgende Dehydrierung von Malat durch eine NAD-abhängige Dehydrogenase bei den Inizialschritten des ↗ *Fettsäureabbaus* wieder.

Regulation des T. ADP/ATP und NAD^+/NADH + H^+ wirken als Effektoren des T., wobei besonders die Regulation der Isocitrat-Dehydrogenase, eines allosterischen Proteins, von Bedeutung ist. Das Enzym benötigt ADP als Aktivator. ATP und NADH wirken als Hemmstoffe (Tab. 2 auf Seite 414). Weitere Angriffspunkte einer Regulation sind die Acetyl-Coenzym-A-, Oxalacetat- und Citratsynthese. Oxalacetat fungiert als Katalysator bei der Oxidation von Acetyl-CoA zu CO_2. Oxalacetat wirkt als Hemmstoff der Succinat-Dehydrogenase und der Malat-Dehydrogenase. Da der T. nur in Verbindung mit der Atmungskette abläuft, wird seine Intensität auch vom Sauerstoffangebot reguliert. Unter Anaerobiose kommt es bei Bildung der reduzierten Coenzyme NADH und $FADH_2$ zum Stillstand des T.

Asymmetrischer Citratstoffwechsel. Obwohl das Citratmolekül eine perfekte Bilateralsymmetrie besitzt, wird es asymmetrisch abgebaut (↗ *Prochiralität*). Entsprechend der von Hirschmann vorgeschlagenen stereochemischen Nummerierung ist C1 am Kettenende und belegt die *S*-Position (Abb. 3 auf Seite 414). Citrat, das im T. aus Oxalacetat und [1-^{14}C]-Acetyl-CoA synthetisiert wird, enthält

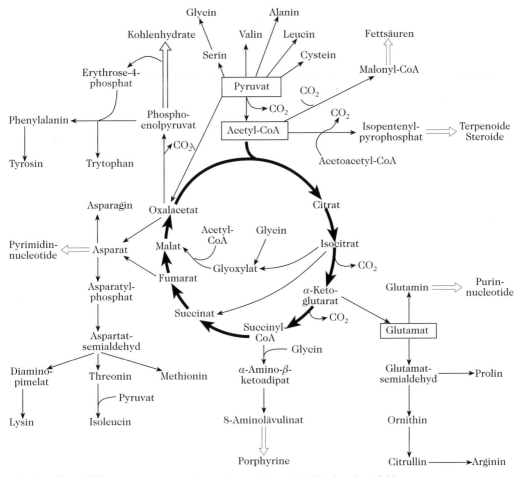

Tricarbonsäure-Zyklus. Abb. 2. Die biosynthetischen Funktionen des Tricarbonsäure-Zyklus.

^{14}C in Position 1 und wird als *sn*-[1-^{14}C]Citrat bezeichnet. Die Aconitase katalysiert die Abspaltung der OH-Gruppe von C3 und des H_R-Protons von C4. Nach der Rückhydratation von *cis*-Aconitat (↗ *Aconitat-Hydratase*, ↗ *Aconitsäure*) trägt das gebildete Isocitrat die OH-Gruppe an dem ursprünglichen C4-Atom des Citrats. Das CO_2, das bei der Umwandlung von Isocitrat in α-Ketoglutarat gebildet wird, stammt deshalb vom ursprünglichen Oxalacetat und nicht von der Acetylgruppe des Acetyl-CoA ab. Bei der nachfolgenden Decarboxylierung von Succinyl-CoA wird ein weiterer Kohlenstoff des ursprünglichen Oxalacetats abgespalten. Aus diesem Grund enthält das neue katalytische Oxalacetatmolekül, das nach Durchlaufen einer Runde des T. gebildet wird, nur zwei Kohlenstoffatome des ursprünglichen Oxalacetats sowie zwei Kohlenstoffatome der ursprünglichen Acetylgruppe. Da Fumarat und Succinat symmetrisch metabolisiert werden, wird das ursprüngliche Acetyl-C1-Atom gleichmäßig zwischen C1 und C4 und das ursprüngliche Acetyl-C2 zwischen C2 und C3 des neuen Oxalacetats verteilt. In der nächsten Zyklusrunde werden alle C1 als CO_2 abgespalten. Das C2 der ursprünglichen Acetylgruppe wird zwischen allen vier Kohlenstoffatomen des neuen Oxalacetats verteilt, so dass es theoretisch durch Decarboxylierung im T. nie vollständig entfernt werden kann. Es taucht erst in der dritten Zyklusrunde in Form von CO_2 auf. Die Markierungsmuster, die sich aus der Inkorporation von ^{14}C-markiertem Acetyl-CoA ergeben, sind deshalb komplex. Die grundlegende experimentelle Beobachtung ist jedoch, dass ein Teil des aus markiertem Acetyl-CoA stammenden ^{14}C von Zwischenprodukten des T. zurückgehalten wird.

Geschichtliches. Der T. wurde 1937 etwa gleichzeitig von Krebs und von Martius und Knoop entdeckt. Das gesamte Enzymsystem des T. und der Atmungskette wurde von Green als Multienzymkomplex aufgefasst und als *Cyclophorase* bezeichnet.

Tricarbonsäure-Zyklus. Tab. 2. Regulationsmöglichkeiten des Tricarbonsäure-Zyklus.

Reaktions-nummer	Name des Enzyms	Reaktionsbedingungen			Aktivierung durch	Hemmung durch	Bemerkungen
		Lokalisation	Bedarf an	Freisetzung von			
1	Citrat-Synthase	Mitochondrien	Acetyl-CoA, Oxalacetat	Citrat, HSCoA		langkettige Acyl-CoA	Kontrollstelle für Acetyl-CoA-Verbrauch
3a	NAD-abhängige Isocitrat-Dehydrogenase	Mitochondrien	NAD^+	NADH, CO_2	ADP	ATP, NADH	niedriger Umsatz des T.
3b	NADP-abhängige Isocitrat-Dehydrogenase	Cytoplasma und Mitochondrien	$NADP^+$	NADPH, CO_2	Oxalacetat?		hoher Umsatz des T.; als extramitochondriales Enzym Bedeutung für NADPH-Bildung
9	Glutamat-Dehydrogenase	Mitochondrien	NADPH oder NADH, NH_3	$NADP^+$ oder NAD^+	ADP	GDP + NADH	
10	Pyruvat-Carboxylase	Cytoplasma	ATP, CO_2	ADP	Acetyl-CoA		Kontrolle des Kohlenhydrat-stoffwechsels
11	Acetyl-CoA-Carboxylase	Cytoplasma	ATP, CO_2	ADP	Citrat	langkettige Acyl-CoA	Kontrolle der Fettsynthese
12	Citrat-Lyase	Cytoplasma	Citrat	Acetyl-CoA, Oxalacetat			Bedeutung für extramitochondriale Acetyl-CoA-Synthese
13	Isocitrat-Lyase	Cytoplasma	Isocitrat	Glyoxylat, Dicarbon-säuren		Phosphoenol-pyruvat	nur in Bakterien und Pflanzen

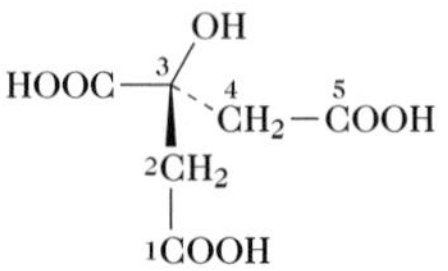

Tricarbonsäure-Zyklus. Abb. 3. Strukturformel des Citrats mit prochiraler Nummerierung der Kohlenstoffatome.

Tricarboxylat-Transportsystem, ein in der inneren Mitochondrienmembran lokalisierter Träger für den Transport von Citrat aus der Mitochondrienmatrix in das Cytosol. In Form von Citrat wird Acetyl-CoA nach der Reaktion mit Oxalacetat in das Cytosol geschleust. Durch die Citrat-Lyase wird es wieder zu Acetyl-CoA regeneriert und stellt die Ausgangsverbindung für die ↗ *Fettsäurebiosynthese* dar.

Tricetinidin, *3-Desoxydelphinidin*. ↗ *Anthocyane*.

Trichochrome, gelborange und violette Naturfarbstoffe, die sich von $\Delta^{2,2'}$-Bi(1,4-benzothiazin) ableiten und als Chromophor das konjugierte System -S-C=C-C=N- enthalten. Die aus rotem Menschenhaar sowie roten Geflügelfedern isolierten T. sind biosynthetisch mit den ↗ *Melaninen* verwandt. Sie sind gemeinsam mit den Phaeomelaninen für die rote und rotbraune Haar- und Federfärbung verantwortlich. Strukturbekannt sind die beiden isomeren gelborangen T. B und C sowie die violetten T. E und F.

Tricholomasäure, *erythro-Dihydroibotensäure* (Abb.), der Inhaltsstoff des Basidiomyceten *Tricholoma muscarium*. T. wird aus *Tricholoma muscarium* isoliert oder durch Reduktion von Ibotensäure erhalten. Sie wirkt geschmacksverbessernd wie Natriumglutamat, aber erheblich stärker. Die geschmacksverbessernde Wirkung von Inosinsäure und Guanosin-5'-phosphat wird durch T. synergistisch erhöht.

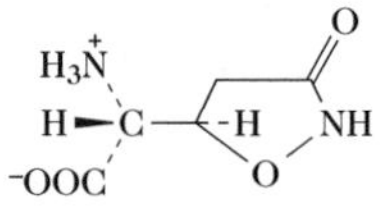

Tricholomasäure

Triethylcholin, ↗ *Acetylcholin (Abb. 3)*.

Trifluormethansulfonsäure, *TFMS*, CF_3SO_3H, M_r 150,7 Da, F. 162 °C. TFMS ist eine der stärksten bekannten Säuren und hat sich für die simultane Schutzgruppenentfernung und Abspaltung vom Harz am Ende der Festphasensynthese von Peptiden bewährt.

Trigger-Faktor, ein Vertreter der Familie der ↗ *Peptidyl-Prolyl-cis/trans-Isomerasen* (PPIasen). Der T. von *E. coli* katalysiert eine Prolinlimitierte Proteinfaltung. Es ist ein Modulatorprotein und besteht aus drei Domänen. Die mittlere M-Domäne (145–251) beherbergt die Prolyl-Isomerase der FKBP12-Familie, die bei der Ablösung vom intakten Protein stabil gefaltet und enzymatisch aktiv bleibt. Auch die N-terminale Region (N-Domäne: 1–145) ist als unabhängige Faltungseinheit organisiert. Weniger stabil ist dagegen die C-Domäne (251–432). Die Assoziation des T. mit Ribosomen, mit naszierenden cytosolischen und sekretorischen Polypeptidketten sowie mit dem Chaperon GroEl sowie seine hohe Aktivität als Faltungskatalysator *in vitro* zeigen die wichtige Rolle dieses Proteins in der zellulären Proteinfaltung, beim Transport und Abbau. [G. Stoller et al. *EMBO J.* **14** (1995) 5.494; T. Zarnt et al. *J. Mol. Biol.* **271** (1997) 827]

Triglyceride, *Triacylglycerine*, ↗ *Acylglycerin*, ↗ *Fette und fette Öle*.

Trigonellin, *1-Methylnicotinsäure*, ein Metabolit der ↗ *Nicotinsäure* bzw. des ↗ *Nicotinsäureamids*, der in vielen Pflanzen gefunden wurde. T. fungiert sowohl als Hormon als auch als Speicherform der Nicotinsäure. Bei Tieren ist T. vermutlich kein Nicotinsäure-Metabolit, obwohl es im Urin von Kaffeetrinkern vorkommt. Grüne Kaffeebohnen enthalten relativ große Mengen an T. (<500 mg/kg). Beim Rösten der Kaffeebohne wird T. in Nicotinsäure umgewandelt. In Süd- und Zentralamerika ist Kaffee eine wichtige Nahrungsquelle für Nicotinsäure.

3,4,5-Trihydroxybenzoesäure, ↗ *Gallussäure*.

Tri(hydroxymethyl)methylamin, *TRIS*, $H_2N-C(CH_2OH)_3$, M_r 121 Da, eine oft verwendete Puffersubstanz, die für den pH-Bereich 7–9 geeignet ist. Gewöhnlich wird der gewünschte pH-Wert durch Zugabe von HCl zur wässrigen TRIS-Lösung eingestellt. TRIS-Puffer haben einen starken Temperatur/pH-Gradienten, z. B. ändert sich der pH-Wert eines 0,05 M TRIS-Puffers von pH 7,05 bei 37 °C (eingestellt mit HCl) auf pH 7,20 bei 23 °C. Aus diesem Grund sollte der pH-Wert eines TRIS-Puffers bei der entsprechenden Arbeitstemperatur eingestellt werden.

2,6,8-Trihydroxypurin, Syn. für ↗ *Harnsäure*.

3,5,3'-Triiodthyronin, T_3, ↗ *Schilddrüsenhormone*, ↗ *Thyroxin*.

Trimethylglycin, ↗ *Betaine*.

Triosen, Glycerinaldehyd und Dihydroxyaceton. Sie enthalten drei C-Atome und sind die einfachsten ↗ *Monosaccharide*. Ihre Phosphate sind wichtige Stoffwechselintermediate (↗ *Triosephosphate*).

Triosephosphate, phosphorylierte Formen der Triosen. Wichtigste T. sind die als Zwischenprodukte der ↗ *Glycolyse* und der ↗ *alkoholischen Gärung* auftretenden D-Glycerinaldehyd-3-phosphat ($PO_3H_2-OCH_2-CHOH-CHO$) und Dihydroxyacetonphosphat ($PO_3H_2-OCH_2-CO-CH_2OH$). Beide T. stehen über die gemeinsame Endiolform in einem Gleichgewicht, das zu 96 % das Ketotriosephosphat enthält. Die Reaktion wird durch die T.-Isomerase katalysiert. T. stehen an zentraler Stelle im Kohlenhydratstoffwechsel. Über die Stufe des T. verläuft unter anderem die Glucoseneubildung und die photosynthetische CO_2-Fixierung.

Tripelhelix, ↗ *Kollagen*.

Triphosphomonoesterasen, ↗ *Esterasen*.

Triphosphopyridinnucleotid, ↗ *Nicotinsäureamid-adenin-dinucleotidphosphat*.

Triplettcode, ↗ *genetischer Code*.

TRIS, Abk. für ↗ *Tri(hydroxymethyl)methylamin*.

Trisaccharide, ↗ *Oligosaccharide*.

Triskelione, ↗ *Clathrin*.

Trisporsäure C, ↗ *Trisporsäuren*.

Trisporsäuren, *Fungus-Sexualhormone*, strukturähnliche C_{18}-Terpencarbonsäuren aus niederen Pilzen, wie *Blakeslea trispora* oder *Mucor mucedo*. Die T. werden von den (+)-Stämmen nur dann gebildet, wenn (+)- und (–)-Stämme heterothallischer Pilze (Ordnung *Mucorales*) gemischt werden. Die (+)-Stämme wandeln dabei ein Pro-Hormon der (–)-Stämme in T. um. T. induzieren die Ausbildung von Geschlechtsorganen (Zygophoren) in den (–)-Zellen. Damit sind die T. den pflanzlichen Sexualhormonen zuzuordnen. Ihr wichtigster Vertreter ist die *T. C* (Abb.), M_r 306 Da, die in Konzentrationen von 20 µg die Zygophoreninduktion auslösen kann. Abweichend vom üblichen Biosyntheseweg der Diterpene entstehen die T. durch Spaltung von β-Carotinen.

Trisporsäuren. Trisporsäure C.

Triterpene, eine umfangreiche Gruppe von Terpenen, die aus sechs Isopreneinheiten (C_5H_8) aufgebaut sind (Tab.). Zu den T. gehören neben dem azyklischen Kohlenwasserstoff ↗ *Squalen* überwiegend polyzyklische Verbindungen. Grundkörper

Triterpene. Tab. Einteilung der Triterpene.

Verbindungsklasse	Anzahl der Kohlenstoffatome	typische Vertreter
Sexualhormone		
Östrogene	18	Östradiol
Androgene	19	Androsteron
Progestogene	21	Progesteron
Nebennierenrindenhormone (Corticosteroide)	21	Corticosteron
herzwirksame Glycoside	21, 23, 24	Digitoxigenin
Steroidalkaloide	21, 27	Tomatidin
Gallensäuren	24, 27	Cholsäure
Sapogenine	27	Digitogenin
Vitamin D	27, 28	Vitamin D_2
Häutungshormone	27	β-Ecdyson
Sterine		
Mycosterine	27, 28	Ergosterin
Zoosterine	27, 28, 30	Cholesterin
Phytosterine	28, 29, 30	β-Sitosterin
Cucurbitane	30	Cucurbitacin B

der tetrazyklischen T. ist Perhydrocyclopentano-phenanthren, von dem sich die Methylsterine ableiten. Die meisten T. sind pentazyklisch und leiten sich von den Grundstrukturen 1 (Perhydropicen) und 2 ab (Abb.). Die Methylgruppenverteilung variiert stark infolge von Methylgruppenwanderungen während der Biosynthese.

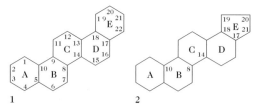

Triterpene. Grundstrukturen der Triterpene.

Von 1 leiten sich die Grundkörper *Oleanan* (CH_3-Gruppen in Stellung 4,4, 10, 14, 17, 20,20), *Ursan* (CH_3-Gruppen in Stellung 4,4, 10, 14, 17, 19, 20) und *Friedelan* (CH_3-Gruppen in Stellung 4, 5, 9, 13, 14, 17, 20,20) ab, von 2 die Grundkörper *Hopan* (CH_3-Gruppen in Stellung 4,4, 8, 10, 14, 18; Isopropylrest in Stellung 22) und *Lupan* (CH_3-Gruppen in Stellung 4,4, 8, 10, 14, 17; Isopropylrest in Stellung 19). Δ_{12}-Derivate von Oleanan bzw. Ursan sind β-Amyran bzw. α-Amyran, deren 3-Hydroxyderivate β-Amyrin bzw. α-Amyrin sind. T. sind feste, schwer flüchtige Verbindungen, die nicht in etherischen Ölen enthalten sind, sich jedoch frei, verestert oder verethert in Pflanzenextrakten, ↗ *Harzen*, ↗ *Balsamen* und als Bausteine von ↗ *Saponinen* finden. Die Methylsterine und deren Abkömmlinge, die

↗ *Steroide*, werden auch von Mikroorganismen und Tieren gebildet.

Triterpensaponine, ↗ *Saponine*.

Trityrosin, ↗ *Resilin*.

tRNA, Abk. für ↗ *transfer-RNA*.

tRNA-Akzeptorstamm, ↗ *Akzeptorstamm*.

tRNA-Methylasen, ↗ *Polynucleotid-Methyltransferase*.

Trockengewicht, das Gewicht eines Materials in g oder mg, das nach dem Trocknen von Geweben, Organismen, usw. bei Temperaturen etwas über 373 K übrigbleibt.

Troleandomycin, ↗ *Oleandomycin*.

Tropa-Alkaloide, Syn. für ↗ *Tropan-Alkaloide*.

Tropan, *8-Methyl-8-azabicyclo[3.2.1]octan*, der Grundkörper der ↗ *Tropan-Alkaloide*. *Nortropan* enthält anstelle der CH_3-Gruppe ein Wasserstoffatom. *Tropin* und Ψ-*Tropin* (*Pseudotropin*) sind zyklische Aminoalkohole, die sich vom T. ableiten (Abb.). *Tropin* (Tropan-3α-ol) enthält die OH-Gruppe axial, Ψ-*Tropin* (Tropan-3β-ol) äquatorial. *Ecgonin* (2β-Carboxy-tropan-3β-ol) leitet sich vom Ψ-*Tropin* ab und enthält zusätzlich eine axial stehende Carboxygruppe (Abb.).

Tropan   Tropin   ψ-Tropin   Ecgonin

Tropan

Tropan-Alkaloide, *Tropa-Alkaloide*, Esteralkaloide, bei denen die vom ↗ *Tropan* abgeleiteten bizyklischen Aminoalkohole Tropin, Ψ-Tropin und Ecgonin mit verschiedenen organischen Säuren verestert sind. Nach ihrem Vorkommen unterscheidet man 1) *Solanaceen-Alkaloide* (*Belladonna-* oder *Datura-Alkaloide*) die sich vom Tropin ableiten. Wichtige Verbindungen sind Hyoscyamin, Atropin und Scopolamin. 2) *Coca-Alkaloide*, die sich vom Ecgonin bzw. Ψ-Tropin ableiten. Wichtige Verbindungen sind Cocain und Tropacocain. Die Solanaceen-Alkaloide werden auch als Alkaloide des Tropin-Typs und die Coca-Alkaloide als die des Ecgonin-Typs bezeichnet.

In der Volksmedizin wurden die vielseitigen Wirkungen der T. seit Jahrhunderten genutzt. Bei vielen Völkern dienen Auszüge aus Solanaceen noch heute zur Vorbereitung kultischer Handlungen. Die T. sind starke Gifte. Eine Atropinvergiftung ist charakterisiert durch Weitung der Pupillen, Mundtrockenheit, Delirium und Doppeltsehen. Höhere Dosen führen zu Lähmungserscheinungen (aufgrund der Wirkung der Droge auf unwillkürliche Muskeln) und schließlich zum Tod. In der modernen Heilkunde sind die Drogen wegen des schwankenden Gehalts an T. weitgehend durch Reinalkaloide verdrängt worden. Die größte Bedeutung kommt dem ↗ *Atropin* zu, das eine starke parasympatholytische und mydriatische (pupillenerweiternde) Wirkung hat. Deshalb wurden die Belladonna-Alkaloide früher gelegentlich als *mydriatische Alkaloide* bezeichnet.

Tropan-3-on, Syn. für ↗ *Tropinon*.

Tropasäure, ↗ *Tropan-Alkaloide*.

Tropfen-Gegenstrom-Chromatographie, ↗ *Gegenstromchromatographie*.

Tropin, ↗ *Tropan*.

Tropinon, *Tropan-3-on*, möglicherweise eine biosynthetische Vorstufe von ↗ *Tropan-Alkaloiden*. T. wird in einigen Solanaceen-Arten gefunden, M_r 139,19 Da, F. 42 °C, Sdp. 224–225 °C.

Tropokollagen, ↗ *Kollagen*.

Tropomyosin, ein Protein, das mit ↗ *Actin*, sowohl im Muskel (↗ *Muskelproteine*) als auch im Cytoskelett anderer Zellarten, verknüpft ist. Im gestreiften Muskel kommen zwei einander sehr ähnliche Formen vor, das α-T. und das β-T. Beide enthalten je Untereinheit 284 Aminosäurereste (M_r 33 kDa). Das Molekül besteht aus einer zweikettigen *coiled-coil-α-Helix*, in der die beiden Untereinheiten umeinander gedreht sind. Es sind α-α-, α-β- und β-β-Dimere beobachtet worden. In verschiedenen Muskelarten sind die Dimerarten in unterschiedlichen Anteilen vorhanden, wodurch Spezialisierung zu Stande kommt. T.-Dimere polymerisieren Kopf an Schwanz und bilden eine Faser, die in der Furche einer F-Actin-Helix liegt. Jedes Dimer überspannt

sieben (Muskel) oder sechs Actin-Untereinheiten. Im gestreiften Muskel von Vertebraten bindet T. fest an Troponine, die Proteine, die die Kontraktion regulieren. In anderen Geweben ist T. mit einem Teil der Mikrofilamente assoziiert, wodurch möglicherweise F-Actin stabilisiert wird. Nichtmuskelzellen synthetisieren eine Reihe unterschiedlicher T., die von einer Genfamilie abstammen. Die Unterschiede zwischen den Isoformen sind nicht groß, haben jedoch möglicherweise regulatorische Funktion. Beispielsweise besteht T. der Pferdeblutplättchen aus 247 Aminosäureresten, bindet nur leicht an Troponine und überspannt vermutlich nur sechs an Stelle von sieben Actinuntereinheiten. [M.R. Payne u. S.E. Rudnick *Cell and Muscle Motility* 6, J.W. Shay (Hrsg.), Plenum Press, New York u. London, 1985, 141–184]

Troponin, *TN*, ein gemeinsam mit Myosin, Actin und Tropomyosin im Skelettmuskel der Wirbeltiere enthaltener löslicher Komplex aus den drei Proteinen *TN C* (M_r 18 kDa), *TN I* (M_r 24 kDa) und *TN T* (M_r 37 kDa). TN C ist mit Calmodulin und Parvalbuminen strukturell verwandt und vermittelt die Ca^{2+}-Sensitivität des Gesamtkomplexes. TN I und TN T besitzen Bindungsstellen für Actin und Tropomyosin. Bei Erregung erfährt T. durch Ca^{2+}-Anlagerung eine Konformationsänderung, wodurch T. und Tropomyosin eine Bewegung ausführen, Tropomyosin die entsprechende Bindungsstelle auf dem Actin zugunsten von Myosin freimacht und sich der Komplex aus Actin und Myosin (Actomyosin-Komplex) ausbildet.

Trp, Abk. für ↗ *L-Tryptophan*.

Trypsin, EC 3.4.21.4, eine zu den ↗ *Serin-Proteasen* zählende Endopeptidase (↗ *Proteasen*). Dieses Verdauungsenzym wird von den exokrinen Zellen des Pankreas in Form des enzymatisch inaktiven Zymogens *Trypsinogen* gebildet, wodurch die exokrinen Zellen vor einer Selbstverdauung geschützt werden. Bei einer verfrühten Aktivierung des vom Pankreas synthetisierten Trypsinogens und anderer pankreatischer Zymogene kann es zu einer akuten Pankreatitis kommen. Nach dem Transport des Trypsinogens in den Dünndarm wird es durch die ↗ *Enteropeptidase* in das aktive T. (M_r 23 kDa) umgewandelt, das dann auch autokatalytisch am Aktivierungsprozess teilnimmt. Die Spaltung der Lys[15]–Ile[16]-Bindung im Trypsinogen verursacht die Lösung der im Zymogen vorhandenen Asp[194]–His[40]-Salzbrücke zugunsten einer neuen Salzbrücke zwischen Asp[194] und der neugebildeten N-terminalen Aminosäure Ile[16]. Im Zuge der ablaufenden Konformationsänderungen wird der Amid-Stickstoff von Gly[193] in die Richtung der Substratbindungstasche positioniert, wo dieser als H-Donor für den Substrat-Carbonyl-Sauerstoff im Oxyanion-Loch fungieren kann (s. u.). T. ist ebenfalls in der

Lage, andere Zymogene wie z.B. Pro-Elastase, Chymotrypsinogen und Pro-Carboxypeptidase in die entsprechenden aktiven Enzyme umzuwandeln. Der Katalysemechanismus des T. und anderer Serin-Proteasen basiert auf einer katalytischen Triade aus Serin, Histidin und Aspartat, wodurch der Hydroxyl-Sauerstoff des katalytisch aktiven Serins eine außergewöhnliche Reaktivität erhält. Nur das Ser^{195} der katalytischen Triade lässt sich spezifisch mit organischen Fluorophosphaten, wie z.B. mit Diisopropylfluorophosphat praktisch irreversibel inaktivieren, während die übrigen Serinreste im T. unter diesen Bedingungen überhaupt nicht markiert werden. T. spaltet Peptidbindungen nach Arg/Lys-Resten, wobei die Carboxylatgruppierung von Asp^{189} in der Substratbindungstasche eine starke elektrostatische Bindung mit den positiv geladenen Arg- und Lys-Resten eingeht. An der Spaltung der Arg/Lys-Xaa-Bindung sind die stark konservierten Reste Ser^{195}, His^{57} und Asp^{102} beteiligt. Im Acylierungsschritt wird das Carbonyl-C-Atom der zu hydrolysierenden Peptidbindung vom Hydroxyl-Sauerstoffatom des Ser^{195} nucleophil angegriffen, wobei der Imidazolring von His^{57} als Protonenakzeptor fungiert (Abb. 1). Das resultierende Imidazolium-Ion wird durch die Carboxylat-Gruppe von Asp^{102} stabilisiert. Die C-O-Bindung des Carbonyl-C-Atoms der Peptidbindung wird zur Einfachbindung

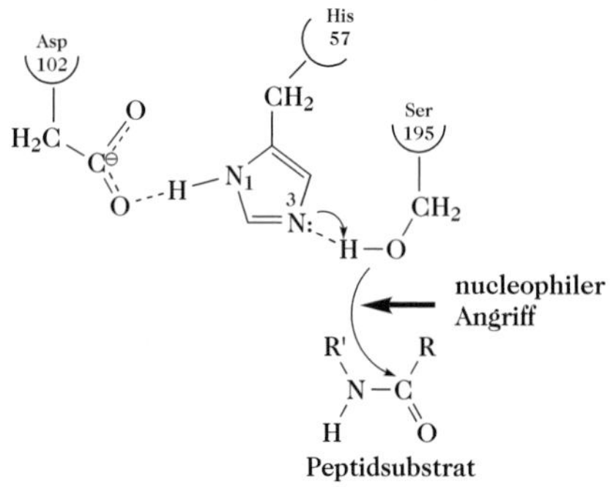

Trypsin. Abb. 1. Katalytische Triade im aktiven Zentrum des Trypsins.

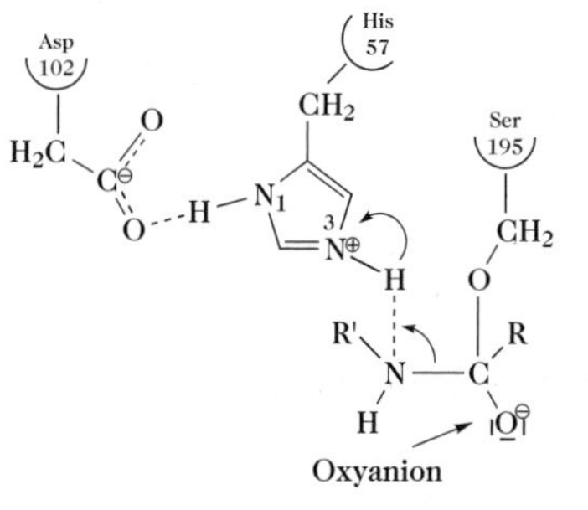

Trypsin. Abb. 2. Tetraedrisches Intermediat der Trypsinkatalyse.

und das O-Atom erhält eine negative Ladung, wodurch sich ein tetraedrischer Übergangszustand (Abb. 2) ausbildet. Im Zuge einer damit verbundenen Konformationsverzerrung kann der Carbonylsauerstoff der zu spaltenden Peptidbindung (Oxyanion) tiefer in das aktive Zentrum eindringen und wird im Oxyanionloch durch H-Brücken zu den Amidprotonen von Gly^{193} und Ser^{195} stabilisiert. Das tetraedrische Intermediat zerfällt unter Freisetzung des neuen N-Terminus des gespaltenen Peptids in das Acylenzym-Zwischenprodukt, das durch Wasser leicht hydrolysiert wird. Nach neueren Erkenntnissen wird die klassische Triade Ser^{195}......His^{57}......Asp^{102} durch eine Anordnung zweier katalytischer Diaden Ser^{195}.....His^{57} und His^{57}.....Asp^{102} ersetzt, in der die Position von Asp gegenüber Ser.....His variieren kann. Trypsinogen besitzt ebenso wie T. die katalytische Triade und eine Substratbindungstasche, die jedoch strukturell und funktionell von der des T. abweicht. Die Blockierung der intrinsischen katalytischen Aktivität des T. ist neben anderen Faktoren auf die Verzerrung von Gly^{193} im aktiven Zentrum zurückzuführen, so dass eine optimale Stabilisierung des Übergangszustandes über die erwähnten H-Brücken nicht erfolgen kann.

Trypsinogen, Zymogen von ↗ *Trypsin*.

Tryptamin, β-*Indolyl-(3)-ethylamin*, ein biogenes Amin, M_r 160,2 Da (Abb.). T. entsteht durch Decarboxylierung aus der Aminosäure Tryptophan. Es wirkt stimulierend auf glatte Muskulatur von Blutgefäßen, Uterus und Zentralnervensystem. T. kommt auch in Pflanzen vor.

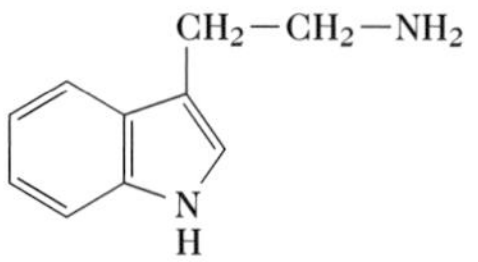

Tryptamin

Tryptase, *h-β-Tryptase*, *Human-β-Tryptase*, eine Serin-Protease mit trypsinähnlicher Spezifität. T. ist das Hauptprotein der Mastzellengranula und liegt in der aktiven Form als Tetramer vor, das durch Heparinbindung stabilisiert wird. Im Gegensatz zu anderen ↗ *Serin-Proteasen* ist T. in Abwesenheit von Heparin oder Dextransulfat funktionell sehr instabil und verliert ihre Aktivität sehr schnell auf nichtproteolytischem Wege durch spontane Inaktivierung. Aus der aufgeklärten Kristallstruktur geht hervor, dass die aktiven Zentren der Monomere im Tetramerkomplex für makromolekulare Substrate und Inhibitoren unzugänglich sind, da sie eine ovale, zentrale Pore der Abmessung 5 × 3 nm ausbilden. Nur der Blutegel-abgeleitete T.-Inhibitor (LDTI, engl. *leech-derived tryptase inhibitor*) ist der einzige bekannte Inhibitor, der klein genug ist, um an die diagonal angeordneten aktiven Zentren zu binden. [G.H. Caughey *Mast Cell Proteases in Immunology and Biology*, Marcel Dekker, New York, USA, 1995; P.J.B. Pereira et al. *Nature* **392** (1998) 306–311]

L-Tryptophan, *Trp*, α-Amino-β-indolylpropionsäure, eine aromatische, essenzielle Aminosäure. M_r 204,2 Da, F. 281–282 °C, $[\alpha]_D^{25}$ –33,7° (c = 1–2, Wasser) oder +2,8° (c = 1–2 in 1 M Salzsäure). L-T. tritt in Proteinen in relativ geringer Menge auf, ist aber trotzdem ernährungsphysiologisch sehr wichtig. Bei saurer Proteinhydrolyse wird L-T. vollständig zerstört. Mit *p*-Dimethylaminobenzaldehyd oder Xanthydrol ergibt L-T. eine violette Färbung, die zu seiner Bestimmung ausgenutzt wird.

L-T. bildet etliche stoffwechselphysiologisch wichtige Metabolite. Durch Öffnung des Pyrrolrings von L-T. und Oxidation (↗ *Tryptophan-2,3-Dioxygenase*) wird N-Formylkynurenin gebildet. Dies ist in der tierischen Leber der erste Reaktionsschritt im Hauptstoffwechselweg von T. (Abb. 1). Das offenkettige Intermediat 2-Amino-3-carboxymuconsäuresemialdehyd (IX, Abb. 1) dient als Ausgangspunkt für zwei unterschiedliche Pfade. Durch spontane Zyklisierung von IX entsteht Chinolinsäure, die Vorstufe des Nicotinsäureamid-Molekülteils von NAD. Dagegen initiiert die enzymatische Umwandlung von IX in 2-Aminomuconsäure (X, Abb. 1) den Weg zum vollständigen Abbau zu CO_2 und H_2O über Acetyl-CoA und den Tricarbonsäure-Zyklus. Inwieweit die spontane Zyklisierung von IX zur NAD-

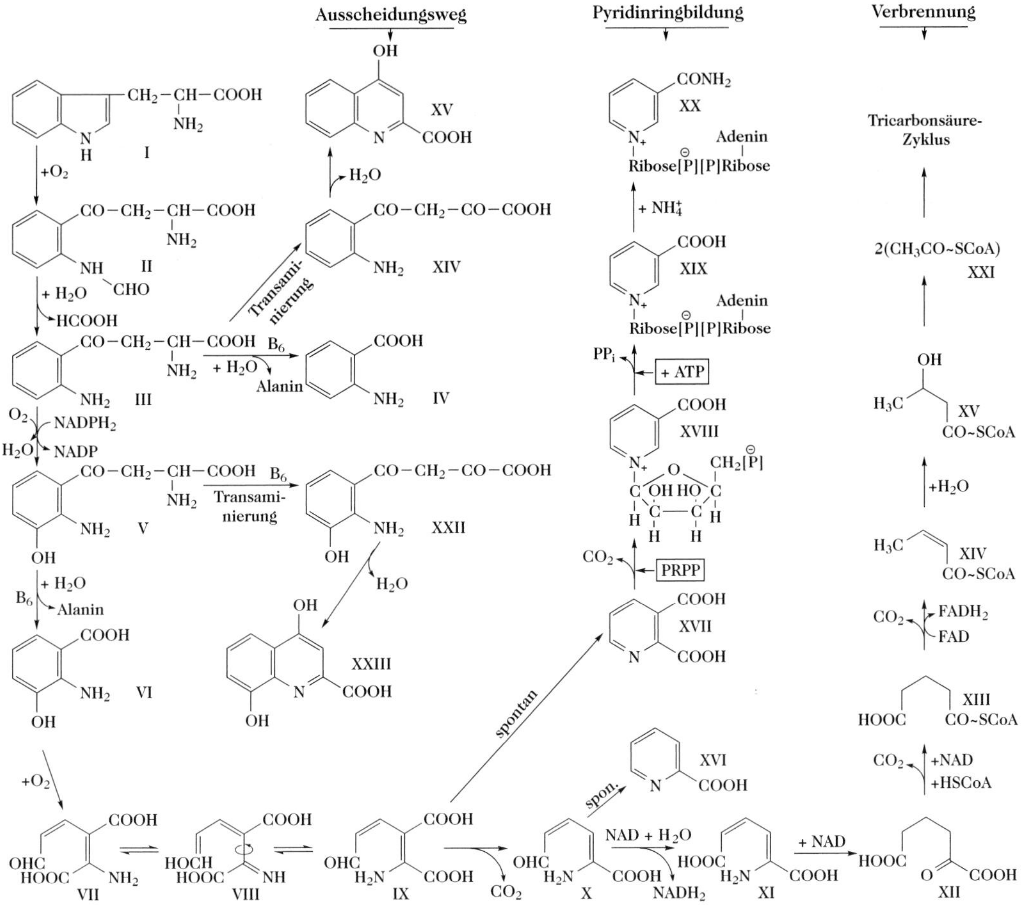

L-Tryptophan. Abb. 1. Stoffwechselwege des L-Tryptophans, eingeleitet durch Bildung von *N*-Formylkynurenin in tierischer Leber. PRPP = 5-Phosphoribosyl-1-pyrophosphat. *I* L-Tryptophan, *II* N-Formylkynurenin, *III* Kynurenin, *IV* Anthranilsäure, *V* 3-Hydroxykynurenin, *VI* 3-Hydroxyanthranilsäure, *VII*, *VIII*, *IX* 2-Amino-3-carboxymuconsäuresemialdehyd, *X* 2-Aminomuconsäuresemialdehyd, *XI* 2-Aminomuconsäure, *XII* 2-Oxoadipinsäure, *XIII* Glutaryl-CoA, *XIV* Crotonyl-CoA, *XV* 3-Hydroxybutyryl-CoA, *XVI* Picolinsäure, *XVII* Chinolinsäure, *XVIII* Nicotinsäuremononucleotid, *XIX* Desamino-NAD, *XX* NAD, *XXI* Acetyl-CoA, *XXII* o-Amino-*m*-hydroxybenzoylpyruvinsäure, *XXIII* Xanthursäure, *XXIV* o-Aminobenzoylpyruvinsäure, *XXV* Kynureninsäure.

Synthese ausgenutzt werden kann, hängt davon ab, in welchem Verhältnis die Geschwindigkeit der Bildung von IX aus VI zur Umsetzung in X steht. Für Ratten beispielsweise ist Nicotinsäure kein essenzieller Nahrungsbestandteil (d. h. es ist kein Vitamin), da der gesamte Bedarf an NAD und NADP durch Synthese aus T. gedeckt werden kann. Bei Katzen erfolgt dagegen keine NAD-Synthese aus T. und Nicotinsäure muss vollständig mit der Nahrung aufgenommen werden. Bei Menschen wird ein Teil des NAD aus T. synthetisiert, die Zyklisierungsgeschwindigkeit von IX ist jedoch nicht hoch genug um den gesamten NAD-Bedarf zu decken, der Rest muss aus ↗ Nicotinsäure bzw. ↗ Nicotinsäureamid aus der Nahrung gedeckt werden.

Der T.-Abbau wird durch Vitamin-B$_6$-Mangel stark beeinträchtigt. Die Kynureninase, die die Spaltung von 3-Hydroxykynurenin in 3-Hydroxyanthranilsäure und L-Alanin katalysiert, ist ein ↗ Pyridoxalphosphat-abhängiges Enzym. Bei Vitamin-B$_6$-Mangel nimmt die Aktivität der Leber-Kynureninase (EC 3.7.1.3) viel stärker ab als die anderer Pyridoxalphosphat-abhängiger Enzyme. Als Folge werden Verbindungen des T.-Abbauwegs, die vor der Hydrolyse von 3-Hydroxykynurenin vorkommen, in größeren Mengen ausgeschieden (z. B. Xanthurensäure und Kynureninsäure), während der Urinspiegel an Nicotinsäurederivaten erniedrigt ist.

Folgende T.-Metabolite werden unter separaten Stichworteinträgen beschrieben: ↗ Actinomycine, ↗ Indican, ↗ Indigo, ↗ Indolalkaloide, ↗ Krötengifte, ↗ L-Kynurenin, ↗ Melatonin, ↗ Ommochrome, ↗ Phallotoxine, ↗ Serotonin, ↗ Tryptamin und Violacein. Der Status des ↗ Auxins als T.-Metabolit ist in Frage gestellt.

Bei Bakterien und Pflanzen wird T. über den Shikimisäure-Chorisminsäure-Weg der ↗ Aromatenbiosynthese gebildet (Abb. 2; ↗ Tryptophan-Synthase). Chorisminsäure wird zu Anthranilsäure umgesetzt, die über verschiedene Zwischenstufen in T. überführt wird (Abb. 2). Anthranilsäure und L-T. sind Vorstufen in der Biosynthese von Alkaloiden, z. B. der Mutterkorn-Alkaloide, wo L-T. möglicherweise als Induktor wirkt.

Tryptophanase, Syn. für ↗ Tryptophan-2,3-Dioxygenase.

Tryptophan-Desmolase, Syn. für ↗ Tryptophan-Synthase.

Tryptophan-2,3-Dioxygenase, Tryptophanase, Tryptophan-Oxygenase, Tryptophan-Peroxidase, Tryptophan-Pyrrolase, L-Tryptophan : Sauerstoff-2,3-Oxidoreduktase (Dezyklisierung), EC 1.13.11.11, ein Enzym, das die Oxidation von Tryptophan zu N-Formylkynurenin katalysiert, den ersten Schritt des Totalabbaus von ↗ L-Tryptophan bei Tieren und Mikroorganismen. Dies ist auch der erste Schritt der Umwandlung von L-Tryptophan in

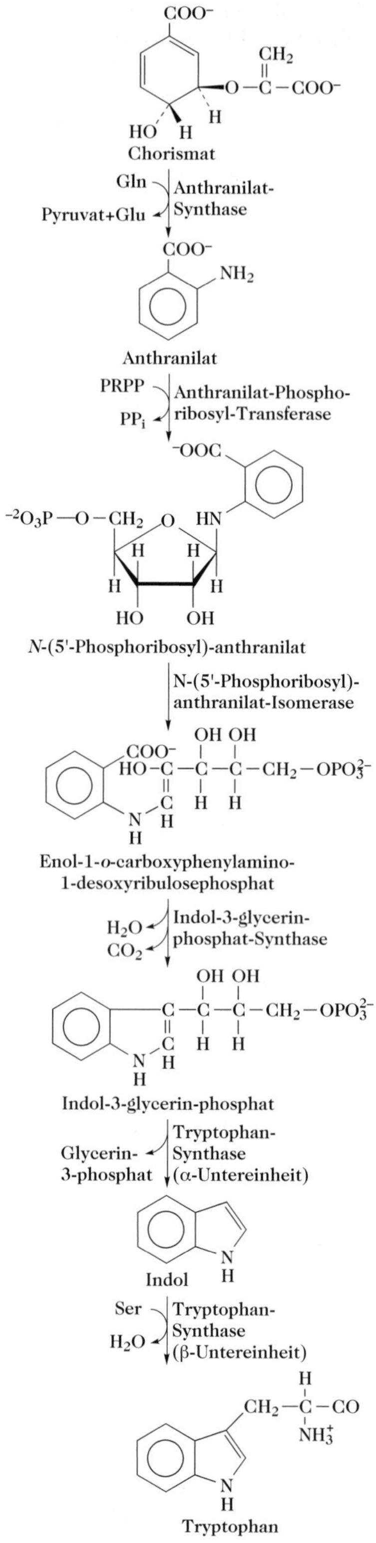

L-Tryptophan. Abb. 2. Tryptophanbiosynthese aus Chorismat.

den Nicotinsäureamid-Molekülteil von NAD und NADP bei Molchen und einigen Säugetieren sowie der Überführung von L-Tryptophan in ↗ *Ommochrome* bei Insekten.

Untersuchungen mit $^{18}O_2$ und $H_2^{18}O$ zeigen, dass beide im Produkt auftretenden Sauerstoffatome vom molekularen Sauerstoff und nicht vom Wasser abstammen. Da die Reaktion durch Superoxid-Dismutase inhibiert wird, wird der Substratsauerstoff vermutlich vor dem Eintritt in die Oxygenase-Reaktion zum Superoxid-Ion aktiviert. Bei *Pseudomonas* wird die Synthese der T. anscheinend durch L-Tryptophan induziert, wobei das tatsächliche induzierende Agens Kynurenin ist. Dieses wird aus L-Tryptophan durch das in geringen Mengen vorhandene Enzym gebildet. Normale Säugetierleber von Erwachsenen besitzt eine hohe Aktivität dieses Enzyms, jedoch wird durch Glucocorticoide eine höhere Syntheserate (aufgrund vermehrter mRNA-Synthese) induziert. Durch Gabe von L-Tryptophan wird die Enzymkonzentration ebenfalls erhöht. Dies scheint jedoch auf eine verminderte Abbaugeschwindigkeit des Enzymproteins zurückzugehen.

Das Rattenleberenzym hat ein M_r von 167 kDa (4 Untereinheiten, je M_r 43 kDa; aus zwei Arten bestehend: $\alpha_2\beta_2$). Das Enzym von *Pseudomonas* hat ein M_r von 122 kDa (4 Untereinheiten, je M_r 31 kDa). Sowohl die Bakterien- als auch die Säugetierenzyme enthalten Protoporphyrin IX, das für die katalytische Aktivität essenziell ist. Je Mol Enzym sind zwei Mol Häm vorhanden. *In vitro* ist dieses Enzym inaktiv, außer das Häm wird durch Reduktionsmittel, wie H_2O_2, Ascorbinsäure oder Superoxid-Anion reduziert. Kupfer ist für den Enyzmmechanismus nicht essenziell. L-Tryptophan bindet an das aktive (reduzierte) Enzym und bildet dann mit molekularem Sauerstoff den ternären Komplex Enzym-Substrat-Sauerstoff. Dieser kann während der Reaktion aufgrund seiner spektralen Eigenschaften (Maxima bei 418 nm, 545 nm und 580 nm) detektiert werden.

Die *Hartnupsche Krankheit*, ein angeborener Defekt, der mit geistiger Entwicklungsstörung verbunden ist, wird durch einen Mangel an T. verursacht.

Tryptophan-Oxygenase, Syn. für ↗ *Tryptophan-2,3-Dioxygenase*.

Tryptophan-Peroxidase, Syn. für ↗ *Tryptophan-2,3-Dioxygenase*.

Tryptophan-Pyrrolase, Syn. für ↗ *Tryptophan-2,3-Dioxygenase*.

L-Tryptophan : Sauerstoff 2,3-Oxidoreduktase (Dezyklisierung), Syn. für ↗ *Tryptophan-2,3-Dioxygenase*.

Tryptophan-Synthase, *Tryptophan-Desmolase, L-Serin-Hydrolyase (addiert Indolglycerinphosphat)*, EC 4.2.1.20, das Enzym, das die Synthese von L-Tryptophan aus L-Serin und Indol-3-glyce-

rinphosphat katalysiert. T. von *E. coli* (M_r 149 kDa) und anderen Prokaryonten besitzt die Untereinheitenstruktur $\alpha_2\beta_2$. Während der Elution von DEAE-Cellulose mit Hilfe eines Natriumchloridgradienten zerfällt das Enzym in die monomere Untereinheit α (auch Protein A genannt, M_r 29 kDa) und die dimere Untereinheit β_2 (auch Protein B genannt, M_r 90 kDa). Die separierten Untereinheiten katalysieren Teilreaktionen der L-Tryptophan-Synthese:

Indol-3-glycerinphosphat → Indol + 3-Phosphoglycerinaldehyd (α-Untereinheit)

Indol + L-Serin → L-Tryptophan + H_2O (β-Untereinheit)

In Gegenwart des wiederzusammengesetzten $\alpha_2\beta_2$-Komplexes ist die Geschwindigkeit dieser Teilreaktionen 30–100-mal höher als mit den einzelnen Untereinheiten. Die Summe der beiden Teilreaktionen – Indol-3-glycerinphosphat + L-Serin → L-Tryptophan + 3-Phosphoglycerinaldehyd + H_2O – wird durch den $\alpha_2\beta_2$-Komplex katalysiert, wobei kein freies Indol als Zwischenprodukt nachgewiesen werden kann. T. von *E. coli* und anderen Prokaryonten dient als einfaches und sehr effektives Modell eines Multienzymkomplexes. Jede β-Untereinheit bindet ein Molekül des Coenzyms ↗ *Pyridoxalphosphat*, das für die katalytische Aktivität essenziell ist.

Die Primärsequenz der α-Untereinheit (268 Aminosäurereste) sowie der β-Untereinheit (397 Aminosäurereste) wurde bestimmt. Untersuchungen zur dreidimensionalen Struktur des $\alpha_2\beta_2$-Komplexes wurden am Enzym von *Salmonella typhimurium* durchgeführt. Kristallographische Untersuchungen zeigen, dass die aktiven Zentren auf den α- und β-Untereinheiten nur 2,5 nm voneinander entfernt und durch einen Tunnel miteinander verbunden sind. Der Tunnel dient vermutlich dazu, ein metabolisches Zwischenprodukt (Indol) vom aktiven Zentrum der α-Untereinheit zum aktiven Zentrum auf der β-Untereinheit zu transportieren. Die Kinetik dieser Substrat-„Tunnelung" wurde mit Hilfe chemischer „quenchflow"- und „stopped-flow"-Methoden untersucht. [S.A. Ahmed et al. *J. Biol. Chem.* **260** (1985) 3.716–3.718; C.C. Hyde et al. *J. Biol. Chem.* **263** (1988) 17.857–17.871; K.S. Anderson et al. *J. Biol. Chem.* **266** (1991) 8.020–8.033]

Bei *Neurospora crassa* wird nur ein T.-Protein synthetisiert (M_r 150 kDa, besteht aus zwei identischen Monomeren von M_r 75 kDa). Genetische und biochemische Analysen zeigen jedoch, dass das T.-Gen in *Neurospora* in zwei Regionen unterteilt ist, die zu den A- und B-Regionen von *E. coli* homolog sind. Untersuchungen der T. von anderen Mikroorganismen belegen, dass T. von *E. coli* typisch ist für Prokaryonten, während das *Neurospora*-Enzym als Modell für den eukaryontischen Typ dient.

[C. Yanofsky u. I.P. Crawford, P.D. Boyer (Hrsg.) *The Enzymes*, Academic Press,1972, 1–31; E.W. Miles *Advances in Enzymology* (1979) 127–186].

Tryptophol, ↗ *Auxine*.

TS, Abk. für ↗ *Thrombospondin*.

TSH, Abk. für t̲hyreoids̲timulierendes H̲ormon, ↗ *Thyreotropin*.

TSP, Abk. für ↗ *Thrombospondin*.

TTP, Abk. für T̲hymidin-5'-t̲rip̲hosphat, ↗ *Thymidinphosphate*.

Tuberactinomycin B, Syn. für ↗ *Viomycin*.

Tubercidin, 6-Amino-9-β-D-ribofuranosyl-7-desazapurin, ein von *Streptomyces tubercidicus* gebildetes Purinantibiotikum (↗ *Nucleosidantibiotika*), das zur Gruppe der 7-Desaza-adenin-nucleosid-analoga gehört. F. 247–248 °C (Zers.), $[\alpha]_D^{17}$ –67° (c = 1, 50 % Essigsäure). Das N-Atom 7 des Adenins ist durch eine Methylengruppe ersetzt. Die Biosynthese des T. erfolgt aus Adenosin. Die C-Atome des Pyrrolrings stammen von einem Ribosemolekülteil ab, der aus 5-Phosphoribosyl-1-pyrophosphat übertragen wird. T. greift als Antimetabolit des Adenosins in den Purinstoffwechsel ein. Nach seiner Umwandlung in Nicotinamid-desaza-adenin-dinucleotid kann T. auch die Glycolyse hemmen. Es hemmt besonders *Mycobacterium tuberculosis* und *Candida albicans*.

Tubocurarin, ↗ *Acetylcholin* (Abb. 3).

Tubulin, der monomere Proteinbaustein der ↗ *Mikrotubuli*, die sich als lange steife Polymere durch das Cytoplasma erstrecken und die Lage der membranumhüllten Organellen und anderer Zellbausteine steuern. T. ist ein Dimer aus zwei weitgehend identischen globulären Proteinen (M_r 50 kDa), die als α-T. und β-T. bezeichnet werden. Bei den Säugetieren gibt es mindestens sechs verschiedene Formen von α-T. und eine ähnliche Vielfalt von β-T., die jeweils von einem eigenen Gen codiert werden. T. liegt bei niedriger Temperatur und in Gegenwart von Ca^{2+} in löslicher Form als αβ-Dimer vor. Bei der unter physiologischen Bedingungen ablaufenden Polymerisation zu Mikrotubuli bindet jedes T.-Molekül zwei GTP, von denen eines zu GDP und P_i hydrolysiert wird. Mikrotubuli unterliegen einem ständigen Auf- und Abbau. Das Gleichgewicht zwischen Wachstum und Abbau der Mikrotubuli wird durch die Hydrolysegeschwindigkeit des am T. gebundenen zweiten Moleküls GTP und der Verfügbarkeit von GTP-T.-Untereinheiten bestimmt. Die Polymerisation der T.-Untereinheiten wird durch ↗ *Colchicin* verhindert. Aber auch die ↗ *Vinca-Alkaloide* Vinblastin und das Vincristin blockieren durch Bindung an T. die Polymerisation zu Mikrotubuli. Dagegen stabilisiert ↗ *Taxol* das T. in Mikrotubuli und begünstigt damit die Polymerisation. Durch Behinderung der Mitosespindel hemmt das Taxol die

Proliferation sich schnell teilender Zellen, worauf seine Bedeutung als Krebstherapeutikum basiert.

Tuftsin, H-Thr-Lys-Pro-Arg-OH, ein aus einer α-Globulinfraktion des Blutes enzymatisch freigesetztes Tetrapeptid mit immunstimulierender Wirkung. Es wurde 1970 erstmalig aus Leukokinin isoliert. T. stimuliert insbesondere die Phagocytose sowie die Aktivität von Monocyten und Granulocyten. Zusätzlich besitzt es Antitumoraktivität und antibakterielle Eigenschaften. [V.A. Najjar *Adv. Enzymol.* **41** (1974) 129–178]

Tulipanin, ↗ *Delphinidin*.

Tumorantigene, carcino-embryonale Antigene, die zur serologischen Früherkennung des Leberkrebses und von Teratoblastomen (Geschwülste von Geschlechtszellen, besonders des Hodens und Ovars) dienen. T. sind embryonale Plasmaproteine, die während einer bestehenden Schwangerschaft in der mütterlichen Plazenta und in einigen Organen des Embryos gebildet werden und bereits kurze Zeit nach der Geburt nicht mehr nachweisbar sind. T. können sich jedoch in späteren Lebensabschnitten erneut bilden, dann nämlich, wenn sich in dem betreffenden Organismus bösartige Tumoren entwickeln. Für die klinische Tumordiagnostik haben drei T. praktische Bedeutung erlangt: das α-Fetoprotein (M_r 65 kDa), das embryogene Colonantigen (ECA) und das Regan-Isoenzym der Plazenta. Das Auftreten des ↗ α-*Fetoproteins* im Serum von Jugendlichen oder Erwachsenen ist ein sicheres Zeichen für das Vorliegen von Leberkrebs oder Teratoblastomen, da gutartige Leberkrankheiten zu keinem Tumorantigen-Anstieg führen. Mit diesen T. können 60–80 % der Leberzellcarcinome und 20–25 % (beim Jugendlichen 80–90 %) der Teratoblastome bereits in der Frühphase der Krebsbildung diagnostiziert werden. Die empfindlichste Nachweismethode des α-Fetoproteins ist die radioimmunologische Bestimmung, mit der noch 2 ng/ml Serum bestimmt werden können.

Das *Regan-Isoenzym* der alkalischen Phosphatase der Plazenta ist besonders bei bösartigen Tumoren des weiblichen Genitaltrakts im Serum erhöht.

Tumor-Nekrose-Faktoren, *TNF*, zu den ↗ *Cytokinen* zählende Proteine.

1) *TNF-α*, *Cachectin*, ein vorwiegend von natürlichen Killerzellen und Makrophagen gebildetes immunregulatorisches Cytokin mit pleiotroper Wirkung in der interzellulären Signalübertragung, das zur ↗ *Tumor-Nekrose-Faktor-Familie* gehört. TNF-α besteht in der aktiven Form aus einer Peptidkette mit 157 Aminosäurebausteinen mit einer intrachenaren Disulfidbrücke (M_r 17 kDa). Es spielt eine zentrale regulatorische Rolle bei Entzündungs- und Immunreaktionen. Schon zu einem frühen Zeitpunkt der Enzündungen beeinflusst T. allein oder gemeinsam mit anderen Cytokinen, wie IL-1 und

IL-6 (↗ *Interleukine*), die an einer Entzündung beteiligten Immunzellen. Ferner bewirkt T. bei neutrophilen Granulocyten und Makrophagen eine Steigerung der Phagocytose sowie der Antikörperabhängigen zellvermittelten Cytotoxizität gegen Turmorzellen, Mikroorganismen und Parasiten. Es wird angenommen, dass T. zusammen mit IL-1 das iniziale Signal für die Interferon-γ-induzierte Makrophagenaktivierung darstellt. Neben anderen Wirkungen stimuliert T. die Bildung weiterer Cytokine, wie IL-1, IL-6, koloniestimulierende Faktoren sowie von Prostaglandin E2 und Kollagenase in Makrophagen. Obgleich die Wirkung von T. auf Tumoren noch nicht genau bekannt ist, scheint neben den oben erwähnten Wirkungen die Gefäßzerstörung von wesentlicher Bedeutung zu sein. Insbesondere die Schädigung der Blutgefäße führt zu einer mangelhaften Blut- und Sauerstoffversorgung und somit zum Absterben bestimmter Tumorzellen. Die synonyme Bezeichnung Cachectin ist darauf zurückzuführen, dass T. bei chronischen Entzündungen und Tumorerkrankungen Kachexie auslösen kann, worunter man eine auf den Verlust von Fettreserven und Muskelmasseschwund zurückzuführende Auszehrung versteht, die auf eine durch T. verursachte Inhibierung der Lipoprotein-Lipase zurückgeführt wird. Weitere Wirkungen von T. sind Verbrauch von Proteinreserven und eine Induzierung von IL-1, die zur Proteolyse des Muskels führt. T. wurde 1975 als antitumoral wirkender Faktor entdeckt. Später konnte es kloniert und gentechnisch hergestellt werden. TNF-α dient der Abwehr viraler, bakterieller und parasitärer Infektionen und spielt auch bei Autoimmunreaktionen eine wichtige Rolle.

2) *TNF-β*, ältere Bezeichnung *Lymphotoxin*, ein von aktivierten T-Lymphocyten produziertes Cytokin, das ebenfalls zur ↗ *Tumor-Nekrose-Faktor-Familie* gehört. Es besteht aus 171 Aminosäureresten (kohlenhydratfreie Form: M_r 18,7 kDa). TNF-β und TNF-α zeigen eine Sequenzhomologie von 36 %. Ihre biologische Aktivität wird über die gleichen Rezeptoren vermittelt, den TNF-Rezeptor 1 (M_r 55 kDa) und den TNF-Rezeptor 2 (M_r 75 kDa). Dadurch erklärt sich das ähnliche biologische Wirkungsspektrum. Das TNF-β-Gen befindet sich auf dem Chromosom 6 etwa 1.200 Basenpaare vom Gen des TNF-α entfernt.

Tumor-Nekrose-Faktor-Familie, eine Gruppe von Cytokinen, zu der die ↗ *Tumor-Nekrose-Faktoren*, der ↗ *Fas-Ligand*, CD27-Ligand, CD30-Ligand, CD40-Ligand, 4-1BB-Ligand und OX40-Ligand zählen. Mit Ausnahme von TNF-α und 4-1BB-Ligand handelt es sich um Glycoproteine, die man zu den Typ II-Membranproteinen rechnet. Das nichtglycosylierte Lymphotoxin-α ist dagegen ein sekretorisches Protein. [L.J. Old *Spektrum der Wissen-*

schaft **Heft 7** (1988) 42–51; K.J. Tracy u. A. Cerami *Annu. Rev. Cell Biol.* **9** (1993) 317–343]

Tumorpromotoren, selbst nicht carcinogene Substanzen, die aber die Wirksamkeit bekannter Carcinogene steigern. Beispiele für T. sind ↗ *Phorbolester*, die die Synthese des Transcriptionsfaktors AP-1, der vom Oncogen c-*jun* codiert wird, induzieren.

Tumorviren, *Krebsviren*, *onkogene Viren*, Viren, die bei Tieren maligne Tumore hervorrufen. Es sind nur wenige T. bekannt, die bei Menschen maligne Tumore verursachen. Die Virusinfektion kann auch als ein „Risikofaktor" betrachtet werden, der zusammen mit anderen Einflüssen (chemische, genetische, hormonale, physikalische) an der Entwicklung eines malignen Tumors beteiligt ist. Dies bedeutet, dass die Tumorgenese durch eine Vielzahl von Faktoren beeinflusst werden kann. T. findet man sowohl unter ↗ *Retroviren* als auch unter allen Hauptgruppen der tierischen DNA-Viren, insbesondere den Papova-, Adeno- und Herpesviren. T. verursachen bei *in vitro* kultivierten Zellen auch eine maligne Transformation – ein Phänomen, das mit verändertem Wachstum und veränderter Vermehrung verknüpft ist. Nach der malignen *in-vitro*-Transformation gehen einige Zellen nach der Transplantation in geeignete Wirtstiere in malignes Wachstum über und stellen so ein *in-vitro*-Modell für Carcinogenese dar. Zahlreiche Viren (z. B. Human-Adenoviren), die Humanzellen *in vitro* transformieren, wirken im Humanorganismus jedoch nur selten carcinogen. Andererseits transformieren einige onkogene Viren (z. B. die chronischen Onkornaviren oder der Hepatitis-B-Virus) Humanzellen nicht *in vitro*.

Das Genom beinahe aller T. kann in das Genom der Wirtszelle durch nichthomologe ↗ *Rekombination* inkorporiert werden. Dies trifft auch auf onkogene RNA-Viren (Onkornaviren) zu, die wie andere Retroviren eine RNA-abhängige DNA-Polymerase (Revertase, reverse Transcriptase) für die Synthese virusspezifischer doppelsträngiger DNA besitzen. Die Inkorporation der Virus-DNA führt zu regulärer Replikation und Übertragung des Virusgenoms auf alle nachfolgenden Generationen, d. h. die maligne Entdifferenzierung erhält eine genetische Basis. Zumindest im Fall der chronischen Onkornaviren scheint die Integration des Provirus für die anschließende maligne Transformation (s. u.) notwendig zu sein. Die Pro-Onkoviren haben große Ähnlichkeit mit springenden Genen. Obwohl die Pro-Viren aller T. sich anscheinend wie die Prophagen temporärer Bakteriophagen verhalten, konnte bisher keine analoge Repressoraktivität in T.-infizierten Zellen nachgewiesen werden.

Jeder T. wirkt nur in bestimmten Tierarten und gewöhnlich nur in spezifischen Organen und Geweben onkogen. Wenn ein Virus mit malignem Wachstum in Verbindung steht, vermehrt es sich in den betroffenen Zellen in der Regel nicht, d. h. die Zellen sind für den betreffenden Virus nichtpermissiv. Die meisten T. rufen spezifische Krebsarten hervor (oder tragen zu deren Entwicklung bei), so verursacht z. B. der Papilloma-Virus Hauttumore, während der Hepatitis-B-Virus einen Faktor bei der Entwicklung von Leberkrebs darstellt. Dass bei der Carcinogenese viele Faktoren eine Rolle spielen, wird besonders im Fall des *Epstein-Barr-Virus* (*EBV*) deutlich. Bei nichtimmunen Personen in Europa und Nordamerika ruft dieses Virus eine benigne Fieberkrankheit hervor, die sog. infektiöse Mononukleose (Pfeiffersches Drüsenfieber). In Afrika und Papua Neuguinea führt eine Kombination aus einer Infektion durch das Malariaplasmodium *Plasmodium falciparum* und einer durch EBV verursachten Chromosomenmutation zur Entwicklung eines malignen Tumors, des sog. *Burkittschen Lymphoms* (ein B-Lymphozyten-Krebs). In Südchina und Grönland ruft EBV in Kombination mit anderen unbekannten Faktoren (Histokompatibilitäts-Phänotyp? Verzehr von gesalzenem Fisch in der Kindheit?) maligne Tumore des Nasen-Rachen-Raums hervor. Für die maligne Transformation oder Carcinogenese gibt es keinen einheitlichen Mechanismus. Der Vorgang kann sogar zwischen Vertretern der gleichen Virusgattung unterschiedlich sein. Beispielsweise ist für die onkogene Wirkung des Polyoma-Virus, dem Maus-Papova-Virus, das Genprodukt verantwortlich, während dieses Genprodukt beim Affenvirus SV 40, der zur gleichen Gattung gehört, vollständig abwesend ist.

Für die Virus-induzierte Carcinogenese sind mindestens drei prinzipielle Mechanismen möglich:

1) *Virus-spezifische Gene* und deren Produkte sind direkt für die onkogene Wirkung verantwortlich, z. B. im Fall der Polyoma- und Adenoviren.

2) Ein *zelluläres Onkogen* (*c-onc*) oder *Proto-Onkogen* wird durch T. aktiviert. Dies ist die Wirkungsweise der Retroviren, die als chronische Onkornoviren bekannt sind und kein virales Onkogen besitzen. Die Aktivierung erfolgt, wenn das Provirus in das Wirtsgenom nahe oder sogar innerhalb des Proto-Onkogens inkorporiert wird. Der Aktivierungsprozess des zellulären Onkogens wird *Insertions-Mutagenese* genannt. Onkogenese kann ebenso durch eine Virus-induzierte Chromosomen-Modifizierung aktiviert werden.

3) Der Virus bringt ein *virales Onkogen* (*v-onc*) in die Zelle ein, wie z. B. im Fall der Onkorna-Viren. Das virale Onkogen ist zu einem von 15–20 zellulären *onc*-Genen homolog und wurde im Verlauf der Virus-Evolution von einem Wirtsgenom in das Virus-Genom inkorporiert. Der Prototyp eines solchen akuten Onkorna-Virus ist das *Rous-Sarkoma-Virus*, das erste entdeckte T. (Peyton Rous, 1911; Rous erhielt für diese Entdeckung 1966 den Nobelpreis). Das Onkogen des Rous-Sarkoma-Virus ist das *src*-Onkogen, das für eine Protein-Kinase codiert. Bei der Umwandlung eines Proto-Onkogens in ein Onkogen durch Inkorporation in ein Retrovirus kann die Gensequenz verändert oder unterbrochen werden, so dass es für ein Protein mit anormalen Eigenschaften codiert. Eine andere Möglichkeit besteht darin, dass das Gen innerhalb des Virus-Genoms unter die Steuerung eines starken Promotors und Verstärkers gerät, wodurch das Genprodukt entweder im Überschuss produziert oder gebildet wird, wenn es nicht benötigt wird. Oft treten beide Effekte (Genmodifizierung und Überproduktion des Genprodukts) auf.

Tunicamin, ↗ *Tunicamycin*.

Tunicamycin, ein Gemisch homologer ↗ *Nucleosidantibiotika*, produziert durch *Streptomyces lysosuperificus*, die gegen Viren, grampositive Bakterien, Hefe und Pilze wirksam sind. T. besteht aus jeweils einem Rest Uracil, C_{11}-Aminodesoxydialdose (*Tunicamin*), *N*-Acetylglucosamin und einer Fettsäure. T. unterscheiden sich untereinander in der Länge des Fettsäurebausteins. Die hauptsächlich auftretenden Fettsäuren sind *trans*-αβ-ungesättigte iso-Säuren. Kommerziell erhältliches T. ist immer ein Gemisch aller möglichen homologen Bestandteile. Dieses Gemisch wird für biochemische Untersuchungen zur Inhibierung der Proteinglycosylierung eingesetzt.

Tunichrom, ein grünes Chromogen in den Blutzellen der Tunicata, z. B. *Ascidia nigra, Ciona intestinalis, Molgula manhattensis*.

Turbidostat, die Bezeichnung für eine kontinuierliche Prozessführung mit konstanter Zelldichte (↗ *kontinuierliche Kultur*). Die Steuerung der Zelldichte erfolgt über eine photometrische Trübungsmessung, die wiederum die Nährlösungszufuhr regelt.

Turgor, ein hydrostatischer Druck, der von innen gegen die Zellwand drückt, nachdem die entsprechende Zelle durch Osmose Wasser aufgenommen hat und angeschwollen ist.

Turgorine, *Blattbewegungsfaktoren*, Verbindungen, die für die Reizleitung im Rahmen der seismonastischen Reaktion der Mimose (*Mimosa pudica*) verantwortlich gemacht werden. Es handelt sich in der Regel um Glycoside der 3,4-Di- oder 3,4,5-Trihydroxybenzoesäure mit einer sauren Monosaccharideinheit. Zu den wirksamsten Vertretern der T. zählt *PLMF1* (*periodic leaf movement factor 1*, Abb. 1), der schon bei einer Konzentration von $2 \cdot 10^{-7}$ Mol/l im Biotest Seismonastie auslöst. Solche Blattbewegungen basieren auf Turgorveränderungen, laufen sehr schnell ab und sind irreversibel. Eine seismonastische Reaktion ist mit einem

Turgorine. Abb. 1. Turgorin PLMF1 aus *Mimosa pudica*, *Acacia karoo* und *Oxalis stricta*.

Turgorverlust in dem motorischen Gewebe an den Blattgelenken (Pulvini) verbunden. T. wurden in der Zwischenzeit in vielen Pflanzenfamilien nachgewiesen, die zu Turgorreaktionen befähigt sind, z. B. Turgorin aus *Glycine max* (Abb. 2). Die T. werden im Phloem transportiert und es wird angenommen, dass die biologische Wirkung über spezifische Rezeptoren in der Pflanzenmembran vermittelt wird.

Turgorine. Abb. 2. Turgorin aus *Glycine max*.

turn, wörtlich „Wendung", ein Schleifenstrukturmotiv in Peptiden und Proteinen (↗ *Supersekundärstrukturen*).

turnover, engl. für ↗ *Umsatz*.

Tus-Protein, ein vom *tus*-Gen (*terminator utilization substance*) codiertes monomeres Protein (M_r 36 kDa) mit einer Funktion bei der Termination der Replikation. Durch spezifische Bindung an eine Terminationssequenz verhindert das T. die Aufwindung der DNA durch die Helicase Dna B, wodurch die Replikationsgabel zum Stillstand kommt.

TX, Abk. für ↗ *Thromboxane*.

Tyr, Abk. für ↗ *L-Tyrosin*.

Tyramin, β-*(4-Hydroxyphenyl)ethylamin*, ein biogenes Amin. M_r 137,2 Da, F. des Hydrochlorids 267 °C. T. kommt in Pflanzen (Mutterkorn, Ginster, Erbsenpflanzen) und im Tierreich (Blut, Harn, Galle, Leber) vor. Es entsteht durch Decarboxylierung des ↗ *L-Tyrosins*.

Tyrian-Purpur, 6,6'-Dibromoindigotin, ein rot-violetter Farbstoff, der bromierte und oxidierte Indolringsysteme enthält (Abb.). T. kommt in Seeweichtieren der Gattung *Murex* und *Nucella* sowie in einigen verwandten Wellhornschnecken vor. Isolie-

Tyrian-Purpur

rung und Strukturuntersuchung des T. aus dem Hypobranchialkörper der Purpurschlange *Murex brandaris* wurden zwischen 1909 und 1911 von Friedlander durchgeführt. In der Antike und später im Mittelalter war T. der teuerste Farbstoff.

Tyrocidine, von *Bacillus brevis* produzierte homodete Peptidantibiotika. Abgeleitet vom *T. A*, cyclo-(-Val[1]-Orn-Leu-D-Phe-Pro[5]-Phe-D-Phe-Asn-Gln-Tyr[10]-), unterscheidet man weiter *T. B* ([Trp[6]]-T. A), *T. C* ([Trp[6], D-Trp[8]]-T. A), *T. D* ([Phe[10]]-T. A) und *T. E* ([Asp[8], Phe[10]]-T. A). Man verwendet T.-Gemische, oft kombiniert mit etwa 20 % Gramicidine A–D, in Form von *Tyrothricin* aufgrund der bakteriziden Wirkung gegen grampositive Erreger zur Behandlung von Hautinfektionen sowie von Infektionen des Mund- und Rachenraumes.

L-Tyrosin, *Tyr*, *L-α-Amino-β-(p-hydroxyphenyl)propionsäure*, eine aromatische proteinogene Aminosäure. M_r 181,2 Da, F. 342–344 °C (Zers.), $[\alpha]_D^{25}$ – 10,0° (c = 2 in 5 M Salzsäure). L-T. ist nichtessenziell, da es vom Menschen durch Hydroxylierung von L-Phenylalanin aufgebaut werden kann. Es wirkt ketoplastisch. Eine spezifische Farbreaktion auf L-T. ist die Millonsche Reaktion. Der Lowry-Proteintest basiert auf der spezifischen Reaktion des Phenolrests von L-T.

Zur Synthese von L-T. ↗ *Aromatenbiosynthese*. L-T. wird außerdem im Zuge des Phenylalaninkatabolismus durch Hydroxylierung von ↗ *L-Phenylalanin* – als wichtige Vorstufe von ↗ *Melanin*, ↗ *Dopamin*, ↗ *Adrenalin*, ↗ *Noradrenalin* und ↗ *Thyroxin* sowie anderen Verbindungen – gebildet (Abb. auf Seite 426). Die detaillierte Enzymologie der Tyrosinsynthese in *Pseudomonas aeruginosa* wird von Patel et al. in [*J. Biol. Chem.* **252** (1977) 5.839–5.846] besprochen.

Bei Störungen der Schilddrüsenfuntion wird L-T. als Therapeutikum eingesetzt.

Tyrosinämien, *T. I, Tyrosinose*, erbliche hepatorenale Dysfunktion, ↗ *erbliche Tyrosinämie I. T. II*, *Tyrosinose II, Hypertyrosinämie II, Richner-Hanhart-Syndrom*, ↗ *erbliche Tyrosinämie II. T. III*, Syn. für ↗ *Hawkinsinurie*.

Tyrosin-Aminotransferase, *TAT*, eine Pyridoxalphosphat-abhängige Transferase, die die ↗ *Transaminierung* von Tyrosin unter Bildung von 4-Hydroxyphenylpyruvat (↗ *Phenylketonurie*) katalysiert. T. ist ein Homodimer (M_r 106 kDa).

Tyrosin-Hydroxylase, das Schrittmacher-Enzym der Biosynthese von Catecholaminen, das unter Mitwirkung von Tetrahydrobiopterin und O_2 die Hydroxylierung von Tyrosin zu 3,4-Dihydroxyphenylalanin (L-DOPA) katalysiert.

Tyrosin-Kinase-assoziierte Rezeptoren, *TKaR*, eine Gruppe von Rezeptoren, zu der die Rezeptoren der ↗ *Cytokine* sowie B- und ↗ *T-Zell-Rezeptoren* gehören, die mit Tyrosin-Kinasen assoziiert sind. Mo-

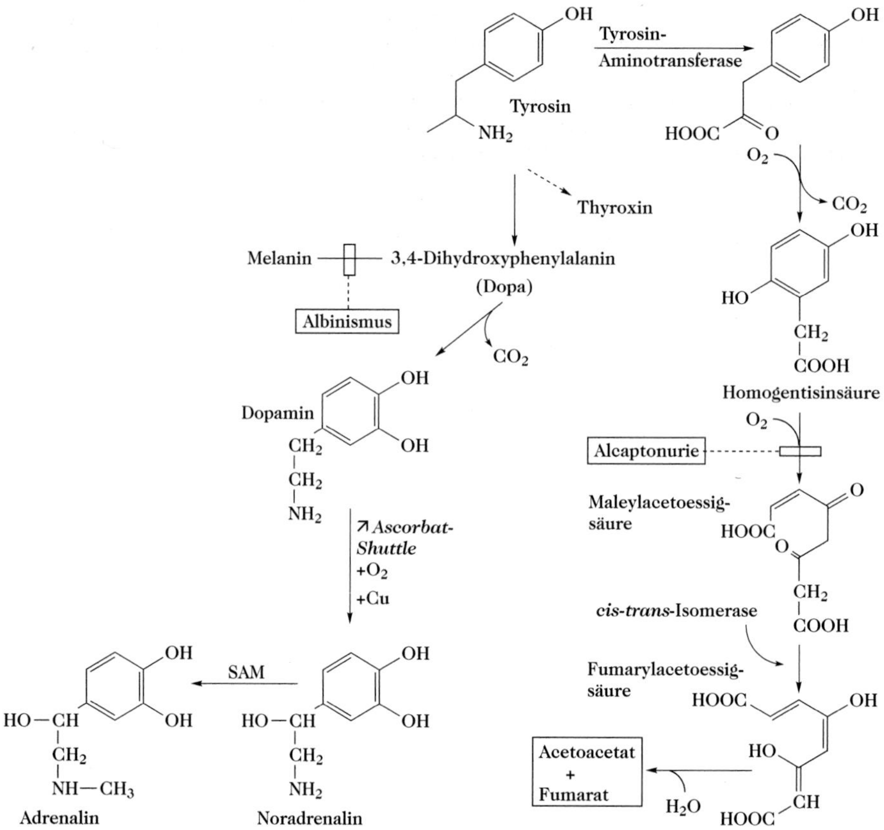

L-Tyrosin. Metabolismus von L-Tyrosin, das seinerseits aus ↗ *L-Phenylalanin* gebildet wird.

nomere Cytokinrezeptoren dimerisieren bzw. oligomerisieren oftmals nach der Bindung des Liganden, wodurch eine Bindung cytoplasmatischer Tryrosin-Kinasen erfolgt, die dann sich selbst autokatalytisch oder den Rezeptor phosphorylieren. Durch die Assoziation vieler Cytokinrezeptoren mit Tyrosin-Kinasen der Src- und auch Jak-Familie resultieren verschiedene Signalwege, wie z. B. der TKaR-Rezeptor-Signalweg über STAT-Proteine, der initiiert durch IFNα (↗ *Interferone*) letztendlich zu einer direkten Aktivierung der Transcription im Zellkern führt.

Tyrosin-Kinasen, ↗ *Protein-Tyrosin-Kinasen.*

Tyrosinose, ↗ *erbliche Tyrosinämie I*, ↗ *erbliche Tyrosinämie II.*

Tyrosin-Phosphatasen, *Protein-Tyrosin-Phosphatasen*, hydrolytische Enzyme, die die Abspaltung von Phosphatresten aus phosphorylierten Tyrosinbausteinen von Peptiden und Proteinen katalysieren. T. spielen eine wichtige Rolle bei der intrazellulären Signaltransduktion, indem sie Signale, die über ↗ *Protein-Tyrosin-Kinasen* vermittelt wurden, durch Dephosphorylierung „abstellen". T. sind weiterhin an der Zellwachstumsregulation

beteiligt. Zu den T. zählt z. B. CD45 (↗ *T-Zell-Rezeptoren*).

Tyrothricin, ↗ *Tyrocidine.*

T-Zell-Cytokine, Syn. für ↗ *Lymphokine.*

T-Zellen, Syn. für ↗ *T-Lymphocyten.*

T-Zell-Rezeptoren, antikörperähnliche Zelloberflächenproteine mit variablen und konstanten Regionen, die durch ↗ *MHC-Moleküle* auf Zielzellen präsentierte Antigene erkennen. Ein T. besteht aus einer α-Kette (T_α M_r 43 kDa) und einer β-Kette (T_β M_r 43 kDa), die über eine Disulfidbrücke miteinander verbunden sind, und die Plasmamembran durchspannen. In Analogie zu den Immunglobulinen haben T_α und T_β konstante (C_α und C_β) und variable (V_α und V_β) Regionen, wobei in den V-Domänen hypervariable Sequenzen für die Epitopbindung verantwortlich sind. Ebenso wie die Immunglobuline können T. eine Vielzahl von Epitopen (mindestens 10^7 unterschiedliche Spezifitäten) erkennen. Die variablen Regionen von T_α und T_β des T. einer cytotoxischen T-Zelle (↗ *T-Lymphocyten*) bilden eine Bindungsstelle, die nur ein kombiniertes Epitop in Form des an ein MHC-Klasse-I- oder MHC-Klasse-II-Protein gebundenen Fremdmoleküls erkennt. Die T. sind mit dimeren CD3-Corezeptoren (↗ *Corezeptoren*) assoziiert. Darüber hinaus besitzt die cytotoxische T-Zelle mit dem CD8 (↗ *CD-Marker*, ↗ *Corezeptoren*) ein weiteres Zelloberflächenprotein, das am Erkennungsprozess beteiligt ist. Eine ähnliche Funktion erfüllt CD4 (↗ *CD-Marker*, ↗ *Corezeptoren*) bei T-Helfer-Zellen. Ebenfalls mit dem T. ist CD45, eine membrangebundene Tyrosin-Phosphatase, assoziiert, die nach der Rezeptorstimulierung eine Kinase der Src-Familie dephosphoryliert und dadurch aktiviert.

u, Symbol für ↗ *Dalton*.

U, 1) ein Nucleotidrest (in einer Nucleinsäure), in der als Base Uracil vorliegt.

2) Abk. für ↗ *Uridin* (z. B. ist UDP die Abk. für Uridindiphosphat).

3) Abk. für ↗ *Uracil*.

4) Abk. für Unit, ↗ *Enzymkinetik*.

5) Abk. für ↗ *Selenocystein*.

UALase, Abk. für ↗ *Urea-Amidolyase*.

Übergangstemperatur, T_c, ↗ *Membranlipide*.

Übergangszustand, *aktivierter Komplex*, ein nach der Theorie des Reaktionsablaufs von Eyring geprägter reaktionskinetischer Begriff. Bei biochemischen Reaktionen wird durch eine exakt definierte Orientierung der Substratmoleküle im aktiven Zentrum des Enzyms ein Ü. stabilisiert, aus dem durch Verlagerung einzelner Atome oder Molekülgruppierungen die Reaktionsprodukte freigesetzt werden. Analoga des Ü. sind nach der 1946 aufgestellten Hypothese von L. Pauling effektive Enzyminhibitoren. Dies bestätigt die selektive Bindung des Ü. als Prinzip der Enzymkatalyse. Basierend auf dem Postulat von William Jencks (1969), wonach ↗ *Antikörper* gegen den Ü. einer chemischen Reaktion katalytisch wirksam sein müssten, wurden die ↗ *katalytischen Antikörper* entwickelt.

überkritische Flüssigchromatographie, *SFC* (engl. *supercritical fluid chromatography*), eine Trennmethode der ↗ *Chromatographie*, bei der hochverdichtete Gase im kritischen Temperaturbereich als mobile Phasen verwendet werden. CO_2 wird am häufigsten eingesetzt, aber auch *n*-Alkane oder fluorierte Kohlenwasserstoffe.

Überwanderungselektrophorese, Syn. für ↗ *Gegenstromelektrophorese*.

Ubichinol, Abk. QH_2, die reduzierte Form des Coenzyms Q (↗ *Ubichinon*).

Ubichinol-Cytochrom-c-Reduktase, Syn. für Cytochrom-Reduktase, Cytochrom-bc$_1$-Komplex oder Komplex III (↗ *Cytochrome*, ↗ *Atmungskette*).

Ubichinon, *Coenzym Q, Q*, eine niedermolekulare Komponente im Elektronentransport der Atmungskette. U. ist ein 2,3-Dimethoxy-5-methylbenzochinon, das eine aus Dihydroisopreneinheiten aufgebaute, isoprenoide Seitenkette trägt. Aufgrund der unterschiedlichen Länge der isoprenoiden Seitenkette bzw. der verschiedenen Anzahl der Dihydroisopreneinheiten unterscheidet man: U.-30 (U.-6), U.-35 (U.-7), U.-40 (U.-8), U.-45 (U.-9) und U.-50 (U.-10). U.-50 z. B. hat eine isoprenoide Seiten-

kette aus 50 C-Atomen bzw. 10 Dihydroisoprenresten und wird auch noch als Coenzym Q_{10}, UQ-50, UQ$_{10}$, Q-10 oder CoQ$_{10}$ bezeichnet (Abb. 1), M_r 863,4 Da, F. 50 °C. Ubichinone werden langsam durch Sauerstoff, UV-Licht oder Sonnenlicht zerstört. In alkalischer Lösung werden sie schnell oxidiert, außer in Gegenwart von Pyrogallol (zur Entfernung von Sauerstoff).

Ubichinon. Abb. 1. Coenzym Q_{10}.

Ubichinon / Dihydroubichinon bilden ein Redoxpaar der Atmungskette. Die reversible Reduktion des Benzochinons zum Hydrochinon wird schrittweise vollzogen: Durch einen Einelektronenübergang wird zunächst das Semichinon (Hydrochinonradikal) gebildet, durch einen weiteren Einelektronenübergang das Hydrochinonanion bzw. Phenolat, das zwei Protonen unter Bildung des Hydrochinons aufnimmt (Abb. 2). Die Rückreaktion, die Dehydrierung des Hydrochinons zum Chinon, wird durch Dissoziation des Hydrochinons zum Hydrochinonanion durch Abgabe von zwei Protonen eingeleitet; dann wird zweistufig durch Elektronenentzug oxidiert. Analog lassen sich andere Dehydrierungen beschreiben, z. B. die Dehydrierung von Ethanol zu Acetaldehyd über ein Alkoholat als Zwischenverbindung. Doch wird bei der enzymatischen Dehydrierung von Ethanol an der Alkohol-Dehydrogenase (↗ *alkoholische Gärung*) ein Proton, H^+, gemeinsam mit einem Elektronenpaar, $2\,e^-$, als Hydridion übertragen, während das 2. Proton in Lösung geht (↗ *Nicotinsäureamid-adenin-dinucleotid*). Die Bezeichnung U. (engl. *ubiquinon*) leitet sich aus der weiten (ubiquitären) Verbreitung des Chinons ab.

Ubichinon. Abb. 2. Oxidation von Hydrochinon.

Hydrochinon — Hydrochinon-Anion (Phenolat) — Hydrochinon-Radikal (Semichinon) — Benzochinon

UBIP, Abk. für engl. *ubiquitous immunopoietic polypeptide*, veraltete, fälschliche Bezeichnung für ↗ *Ubiquitin*.

Ubiquitin, *ATP-abhängiger Proteolysefaktor 1, APF-I*, ein kleines Polypeptid, M_r 8,5 kDa, das erstmals während der Reinigung von Polypeptidhormonen aus Thymus isoliert wurde. U. wurde dann auch in Vertebraten, Nichtvertebraten, Pflanzen und Hefe gefunden. Frühere Vermutungen, dass U. Differenzierung von Thymocyten induziert und Adenylat-Cyclase stimuliert, konnten nicht bestätigt werden. Die Bezeichnung *ubiquitous immunopoietic polypeptide* (*UBIP*) ist daher nicht zutreffend. Die Primärstruktur von U. ist bei Insekten, Forelle, Rind und Mensch beinahe identisch.

Durch Ubiquitinierung werden Proteine spezifisch für den Abbau durch ↗ *Proteasomen* gekennzeichnet. Die N-terminale Ubiquitinierung scheint notwendig und ausreichend für diesen U.-abhängigen Abbau proteolytischer Substrate zu sein. Eine Acetylierung der N-Termini *in vivo* blockiert die U.-abhängige Proteolyse (*in vitro* gemessen). Die N-terminale Acetylierung könnte daher Proteine *in vivo* vor dem Abbau schützen, weil dadurch eine Ubiquitinierung verhindert wird. U.-abhängige Proteolyse ist ATP-abhängig. ATP wird für die Synthese des U.-Protein-Komplexes und für den nachfolgenden Abbau des proteolytischen Substrats benötigt (Abb. 1). Wie in Abb. 1 gezeigt wird, verläuft der U.-pfad für den Proteinabbau in mehreren Einzelschritten: 1) In einer ATP-abhängigen Reaktion wird U. durch das U.-aktivierende Enzym (E_1-SH) zu einem energiereichen Intermediat aktiviert. 2) U. wird auf das U.-Trägerprotein (E_2-SH) übertragen, eine Reaktion, die durch U.-Protein-Ligase (E_3) katalysiert wird. 3) Das konjugierte Protein wird dann durch eine hochmolekulare Protease abgebaut. Im *in-vitro*-System von *Saccharomyces cerevisiae* wird U. in Abwesenheit von E_3 direkt von seinem E_2-Komplex auf Histone übertragen. In Gegenwart von E_3 wird U. auf ein viel breiteres Spektrum an Zielproteinen übertragen. Kloniert wurden das E_2-Protein [M.L. Sullivan u. R.D. Vierstra *J. Biol. Chem.* **266** (1991) 23.878–23.885] und spezifische Proteinasen [J.W. Tobias u. a. Varshavsky *J. Biol. Chem.* **266** (1991) 12.021–12.028]

Das Chromosomenprotein A24, jetzt uH2A (Ubiquitin-H2A-Semihiston) genannt, ist der bekannteste Vertreter einer Familie verzweigter Proteine, in dem das C-terminale Glycin (76) von U. über eine Isopeptidbindung an die ε-NH₂-Gruppe von Lysin-119 des Histons 2A gebunden ist. Die Ubiquitinierung vieler intrazellulärer Proteine an den ε-Aminogruppen ihrer Lysinreste (unter Bildung verzweigter U.-Proteinkonjugate) könnte eine physiologische Rolle von U. sein, die von der gesicherten Funktion beim Proteinabbau verschieden ist. In Interphasenzellen steht U. von uH2A und uH2B in

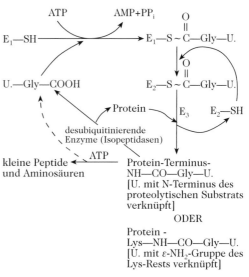

Ubiquitin. Abb. 1. Rolle des Ubiquitins beim Abbau von Proteinen und verzweigten Proteinen. E_1-SH = Ubiquitin-aktivierendes Enzym. E_2-SH = eine Transferase, die Ubiquitin zum Konjugationsort transferiert. E_3 = eine Ligase, die die Amidbindungsbildung katalysiert. Alle drei Enzyme wurden gereinigt [A. Hershko *J. Biol. Chem.* **258** (1983) 8.206–8.214]. U-Gly-COOH stellt Ubiquitin mit seinem C-terminalen Glycin dar. Desubiquitinierungs-Enzyme wurden ebenfalls charakterisiert [C.M. Pickart u. I.A. Rose *J. Biol. Chem.* **261** (1986) 10.210–10.217; S.-I. Matsui et al. *Proc. Natl. Acad. Sci. USA* **79** (1982) 1.535–1.539]

schnellem Gleichgewicht mit freiem U. Wenn die mitotische Chromosomenkondensation vollendet ist, nehmen die Konzentrationen von uH2A und uH2B in den Chromosomen merklich ab (möglicherweise auf Grund enzymatischer Desubiquitinierung). Während der postmitotischen Chromosomendekondensation werden wieder rasch normale Konzentrationen erreicht.

Die DNA-Sequenzen für U. wurden aus einer Vielzahl von Eukaryonten kloniert. U. wird durch Prozessierung des poly-U.-Vorstufenproteins gebildet. U.-kodierende Elemente sind typischerweise in lückenlosen Kopf-Schwanz-Anordnungen organisiert, wobei die Anzahl kodierender Wiederholungen je nach Organismus variiert, z. B. sechs bei Hefe und neun beim Menschen (Abb. 2).

Die Ubiquitinierung spielt zusätzlich zur gut untersuchten Rolle der Zielsteuerung von Proteinen für den Abbau auch eine Rolle bei der zellulären Signalgebung. So dient z. B. die Ubiquitinierung des Hefe-Plasmamembranrezeptors Ste2p (ein G-Protein-gekoppelter Rezeptor, der ein Reifungspheromon bindet) als Signal für dessen ligandenstimulierte Endocytose.

[J.G. Gavilanes et al. *J. Biol. Chem.* **257** (1982) 10.267–10.270; A. Hershko *Cell* **34** (1983) 11–12; D. Finley u. a. Varshavsky *Trends Biochem. Sci.*

$$1 \quad 76\ 1 \qquad 76\ 1 \qquad 76\ 1 \qquad 76\ 1 \qquad 76\ 1 \qquad 76$$

Met—Gly–Met — Gly–Met — Gly–Met — Gly–Met — Gly–Met — Gly–Asn

↑ ↑ ↑ ↑ ↑ ↑

Ubiquitin. Abb. 2. Strukturelle Organisation des poly-Ubiquitin-Vorstufenproteins von *Saccharomyces cerevisiae*, abgeleitet von der Nucleotidsequenz des Ubiquitingens. Die Pfeile weisen auf die Stellen der proteolytischen Spaltung während des Reifungsprozesses hin. Der C-Terminus (hier Asn) variiert in Abhängigkeit vom Organismus, z. B. Val bei Mensch, Tyr bei Huhn.

10 (1985) 343–347; R. Hough u. M. Rechsteiner *J. Biol. Chem.* **261** (1986) 2.391–2.399; A. Herschko *J. Biol. Chem.* **263** (1988) 15.237–15.240; M. Rechsteiner (Hrsg.) *Ubiquitin*, Plenum Publishing Corporation 1988; A. Ciechanover u. A.L. Schwartz *Trends Biochem. Sci.* **14** (1989) 483–488; G. Sharon et al. *J. Biol. Chem.* **266** (1991) 15.890–15.894; L. Hicke u. H. Riezman *Cell* **84** (1996) 277–287]

UDP, Abk. für <u>U</u>ridin-5'-<u>dip</u>hosphat. ↗ *Uridinphosphate.*

UDP-Apiose-Synthase, das die Umwandlung von UDP-Glucuronsäure in UDP-Apiose (↗ *D-Apiose*) katalysierende Enzym (M_r 105 kDa).

UDPG, Abk. für <u>U</u>ridin<u>dip</u>hosphat<u>g</u>lucose. ↗ *Nucleosiddiphosphatzucker.*

UDP-Galactose-4-Epimerase, EC 5.1.3.2, das die reversible Umwandlung von UDP-Galactose in UDP-Glucose durch Umkehrung der Konfiguration der Hydroxylgruppe am C-4-Atom katalysierende Enzym. An der Epimerisierung ist ein Molekül NAD^+ beteiligt. Das Enzym wird auch als UDP-Glucose-4-Epimerase (↗ *Galactose*) bezeichnet.

UDP-Glucose, *Uridindiphosphatglucose.* ↗ *Nucleosiddiphosphatzucker.*

UDP-Glucose-4-Epimerase, Syn. für ↗ *UDP-Galactose-4-Epimerase.*

UDP-Glucose-Pyrophosphorylase, die Bildung von UDP-Glucose (↗ *Nucleosiddiphosphatzucker*) aus Glucose-1-phosphat und UTP katalysierendes Enzym: Glucose-1-phosphat + UTP ⇄ UDP-Glucose + PP_i. Das von den zwei äußeren Phosphorylgruppen des UTP stammende Pyrophosphat (PP_i) wird *in vivo* durch eine anorganische Pyrophosphatase zu Orthophosphat hydrolysiert, wodurch die Gesamtreaktion praktisch irreversibel abläuft.

Ulithiacyclamid, ↗ *Lissoclinium-Peptid.*

Ultrafiltration, Verfahren zur Abtrennung von Kolloiden aus Lösungen oder Gasen oder zur Reinigung von Kolloiden von molekulardispersen Stoffen. Man benützt dazu Filter (*Ultrafilter*) oder Membranen, deren Porengröße kleiner als der Durchmesser der Teilchen ist. Sie bestehen meist aus Cellulosenitrat oder -acetat oder Polyvinylalkohol. Eine Kombination zwischen U. und Dialyse oder Elektrodialyse ist *Dia-Ultrafiltration* bzw. *Elektro-Ultrafiltration*. Die Methoden der U. und Elektrofiltration werden in der Biologie, Biotechnologie, Bakteriologie und Medizin angewendet.

Ultrarotspektroskopie, Syn. für ↗ *Infrarotspektroskopie.*

ultrasensitiver Enzymradioimmunassay, ↗ *USERIA.*

Ultraspurenstoffe, ↗ *Spurenelemente.*

Ultrazentrifugation, die Sedimentation höhermolekularer Teilchen unter der Wirkung der Zentrifugalbeschleunigung einer ↗ *Ultrazentrifuge.* Die Sedimentationsgeschwindigkeit sphärischer Partikel in einer viskosen Flüssigkeit wird durch die *Svedberg-Gleichung* beschrieben:

$$v = \frac{d^2\,(\rho_P - \rho_M)g}{18\eta},$$

wobei v die Sedimentationsgeschwindigkeit, g die relative Zentrifugalbeschleunigung, d der Durchmesser des Teilchens, ρ_P und ρ_M die Dichte des Teilchens und des Mediums und η die Viskosität des Mediums bezeichnen. Aus der Svedberg-Gleichung können folgende Schlüsse gezogen werden: 1) Die Sedimentationsgeschwindigkeit eines Teilchens ist um so höher, je größer die Masse ist; 2) ein dichteres Teilchen bewegt sich schneller als ein weniger dichtes; 3) Die Form des Teilchens spielt eine Rolle, weil sie den Reibungswiderstand beeinflusst und 4) die Sedimentationsgeschwindigkeit hängt von der Dichte des Mediums ab. Die Maßeinheit für die Sedimentationsgeschwindigkeit je Zeiteinheit ist die *Svedberg*-Einheit S (↗ *Sedimentationskoeffizient*). Für Proteine beispielsweise liegen die Werte

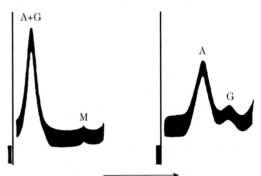

Ultrazentrifugation. Sedimentationsmuster von normalem Menschenserum in der Ultrazentrifuge. Wiedergabe der Konzentrationsverteilung der Proteine mittels der Schlierenoptikmethode. Aufnahme links nach 51 min, rechts nach 135 min. Zentrifugation bei 59.800 U/min. A = Albumin, 4,5 S; G = Globulin, 7 S; M = Makroglobulin, 19 S.

von S bei 1–25, für Ribosomen bei 70–80, für Mitochondrien bei 10^4, für Zellkerne bei 10^6–10^7 und für Zellen bei 10^7–10^8. Beim Vorliegen eines Proteingemisches kommt es zur groben Auftrennung in die wichtigsten Komponenten. Serum wird z. B. in die Fraktionen der am schnellsten wandernden Makroglobuline (M_r ~10^6 Da), der Globuline (M_r etwa 160 kDa) und des Albumins bzw. Prä-Albumins (M_r 67,5 kDa bzw. 61 kDa) aufgetrennt (Abb.). Man beachte, dass zu Beginn der Ultrazentrifugation die Ultrazentrifugenzelle eine homogene Proteinlösung enthält. Die in der Abb. gezeigten Peaks sind keine Konzentrationspeaks. Sie stellen Proteinkonzentrationsbanden dar, die sich bilden, wenn die Proteine in Richtung des Bodens der Ultrazentrifugenzelle mit unterschiedlichen Geschwindigkeiten konzentriert werden.

Es stehen unterschiedliche Zentrifugationsmethoden zur Verfügung. Bei der *differenziellen Zentrifugation* werden stufenweise steigende Umdrehungszahlen und dementsprechend stufenweise steigende Zentrifugationskräfte (ausgedrückt in g-Werten; 1 g = Erd- oder Fallbeschleunigung = 9,81 m/s^2) angewendet. Die differenzielle Zentrifugation nutzt also die unterschiedlichen Sedimentationsgeschwindigkeiten verschiedener Teilchen und ist eine wichtige Methode zur analytischen und präparativen Trennung von Zellen, Zellbestandteilen und Makromolekülen. So werden z. B. Zellextrakte durch wiederholte Zentrifugationen bei jeweils höheren Geschwindigkeiten in ihre Komponenten fraktioniert. Im ersten Zentrifugationsschritt bei 1.000 g sedimentieren ganze Zellen, Zellkerne und Cytoskelett, bei 20.000 g im zweiten Schritt Mitochondrien, Lysosomen und Peroxisomen, bei 80.000 g im dritten Schritt Mikrosomen und kleine Vesikel und bei 150.000 g im vierten Schritt Ribosomen, Viren und große Makromoleküle.

Bei der *Zonenzentrifugation* wird ein vorgeformter Dichtegradient (↗ *Dichtegradientenzentrifugation*) benutzt. Die Probe wird über den Gradienten geschichtet und die Teilchen aufgrund unterschiedlicher Sedimentationsgeschwindigkeiten getrennt. In einem CsCl-Gradienten ist z. B. die Trennung von DNA-Molekülen (↗ *Desoxyribonucleinsäure*) möglich, die bei identischer Molekülmasse unterschiedliche Dichten besitzen. Durch Zugabe von Ethidiumbromid ist auch die Trennung unterschiedlicher DNA-Formen möglich. Ethidiumbromid interkaliert z. B. stärker in lineare Plasmid-DNA als in zirkuläre, woraus eine unterschiedliche Dichte der verschiedenen DNA-Formen resultiert, die im Dichtegradienten getrennt werden können. Die Schwebedichte von RNA ist größer als die maximale Dichte eines CsCl-Gradienten, weshalb RNA unter diesen Bedingungen pelletiert. Deshalb werden zur Separation von RNA Cs$_2$SO$_4$-Gradienten verwendet. In einem Saccharosegradienten können z. B. Polysomen nach Größe aufgetrennt werden und somit die mRNA-Verteilung in den Polysomenfraktionen analysiert werden.

Mit Hilfe der *Sedimentations-Gleichgewichtszentrifugation* (*isopyknische Zentrifugation*) werden die Teilchen in einem Dichtegradienten bis zur Gleichgewichtseinstellung nach ihrer unterschiedlichen Schwebedichte, unabhängig von ihrer Größe und Form, getrennt. Diese Methode wird beispielsweise zur Bestimmung der ↗ *relativen Molekülmasse* M_r von Makromolekülen verwendet. Die Sedimentationsgeschwindigkeit ist der M_r direkt proportional, d. h., die Makromoleküle wandern entsprechend ihrer Größe je Zeiteinheit unterschiedlich schnell zum Boden der Zentrifugenzelle. Hierbei bilden sich Konzentrationsänderungen aus, die während der Zentrifugation mit optischen Methoden, z. B. der *Schlieren-*, der *Raleigh-Interferenzoptik* und der *UV-Absorptionsoptik*, verfolgt werden können. Das *Schlierenoptiksystem*, das zylindrische Linsen einsetzt, zeigt die Geschwindigkeit der Konzentrationsänderung für jede Bande. Die M_r errechnet man nach der Svedberg-Gleichung $M_r = RT_s/D\,(1 - V_\rho)$. Hierbei ist R die Gaskonstante, T die absolute Temperatur, D die Diffusionskonstante und V das partielle spezifische Volumen des Makromoleküls (der reziproke Wert der Dichte des Moleküls; er liegt z. B. für die meisten Proteine zwischen 0,71 und 0,74). D wird in einem zweiten Zentrifugenlauf bei niedriger Tourenzahl gesondert ermittelt, indem die durch Diffusion verursachte Peakverbreiterung ausgemessen wird. Bei Gleichgewichtsläufen wird die Proteinlösung nur einer etwa 5.000–10.000-fachen Erdbeschleunigung (g) ausgesetzt. Dabei kommt es zu einer Überlagerung der Sedimentation und Rückdiffusion, die nach längerer Zeit (Stunden bis Tage) zu einem stationären Zustand (Teilchenfluss gleich Null) führt. Aus dem Konzentrationsgradienten, der dabei vom Meniskus zum Zellboden ausgebildet wird, lässt sich die M_r ohne Kenntnis des Diffusionskoeffizienten berechnen. Zur Verkürzung der bei niedrigen Rotorgeschwindigkeiten langen Zentrifugenzeiten (*low-speed*-Methode) wird nach dem Verfahren des angenäherten Gleichgewichts von Archibald (1947) der sich vor Ablösung der Proteinzone vom Meniskus der Zentrifugenzelle her ausbildende Konzentrationsgradient zur M_r-Bestimmung herangezogen. Eine weitere Verkürzung der Zentrifugendauer auf 2–4 Stunden ermöglicht das von Yphantis (1964) entwickelte *zero-meniscus-concentration*-Verfahren unter *high speed*-Bedingungen in Messzellen geringer Füllhöhe (3 mm = 0,1 ml einer 0,5 %igen Proteinlösung). Das Sedimentationsgleichgewicht kann danach bei hohen Rotorgeschwindigkeiten (bis 40.000 U/min) bestimmt werden, wenn die Proteinzone sich bereits vom Meniskus abgelöst hat. Für Proteingemische sind die Sedimentationsgleichgewichtsmethoden wegen der sich überlagernden Konzentrationsgradienten nicht gut geeignet. Das Yphantis-Verfahren hat sich besonders bei der Untersuchung der Dissoziations- und Assoziationsvorgänge oligomerer Proteine bewährt.

[F. Lottspeich u. H. Zorbas (Hrsg.), *Bioanalytik*, Spektrum Akademischer Verlag 1998]

Ultrazentrifuge, eine Sonderbauart der Zentrifuge mit Drehzahlen bis zu 10^6 U/min. Dabei entsteht eine Zentrifugalkraft vom Millionenfachen des Erdschwerefeldes. Es gibt *präparative* und *analytische* U. Mit letzteren kann man Molekülmassen und Molekülmassenverteilungen von gelösten Makromolekülen bestimmen sowie Teilchenmassen von Kolloiden ermitteln (↗ *Ultrazentrifugation*).

umgekehrter Elektronentransport, eine Umkehr der ↗ *Atmungskettenphosphorylierung*, wobei NAD$^+$ durch einen rückläufigen, ATP-abhängigen Elektronentransport reduziert wird. Der u. E. kommt bei Organismen vor, die Wasserstoffdonatoren oxidieren, deren Redoxpotenzial (↗ *Oxidation*) positiver ist als das der Pyridinnucleotidcoenzyme, und er dient der Oxidation NAD-unspezifischer Substrate (↗ *Atmungskette*). *Beispiel*: Succinat + NAD$^+$ → Fumarat + NADH + H$^+$. Das Redoxpaar Succinat/Fumarat ($E_0' = 0,00$ V) hat gegenüber dem Redoxpaar NAD$^+$/NADH + H$^+$ ($E_0' = -0,32$ V) ein um 320 mV positiveres Redoxpotenzial. Die Elektronen fließen von Succinat zum Flavoprotein in der Atmungskette und dann über die NADH-Dehydrogenase zu NAD$^+$. Der u. E. konnte bei Nitratbakterien (*Nitrobacter*), in Mitochondrien aus Flugmuskeln von Insekten und in Nierenmitochondrien unter anaeroben Bedingungen nachgewiesen werden. Er ist ein Merkmal der bakteriellen ↗ *Photosynthese*.

Umkehrosmose, *negative Osmose*, Trennverfahren, bei dem das reine Lösungsmittel aus einer homogenen Lösung heraustransportiert wird, so dass eine angereicherte Lösung zurückbleibt.

Befinden sich eine Lösung B und ein reines Lösungsmittel A durch eine Membran voneinander getrennt in einem Gefäß (Abb. a), so erfolgt nach Einstellung des Gleichgewichtszustands, d. h. eines von der ursprünglichen Konzentration der Lösung B abhängigen osmotischen Druckes π (↗ *Osmose*), kein Übergang reinen Lösungsmittels durch die Membran mehr (Abb. b). Wird auf der Seite der Lösung zusätzlich ein Druck p ausgeübt, der größer als π ist, so strömt das Lösungsmittel aus der Lösung B in das reine Lösungsmittel A. Die Lösung B wird konzentrierter (Abb. c).

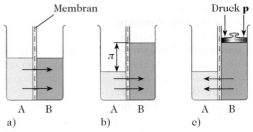

Umkehrosmose. Schematische Darstellung.

Je nach dem angewendeten Druck und der Größe der zurückzuhaltenden Moleküle unterscheidet man zwischen *Ultrafiltration* (0,3–2 MPa) und *umgekehrter Osmose* (2–12 MPa). Das Hauptglied des Verfahrens sind die Membranen, die synthetisch hergestellt werden, z. B. aus Celluloseacetat. Sie sind sehr dünn (z. B. 0,02 µm), sitzen auf einer Stützschicht und werden zusammengefasst zu Modulen (röhrenförmige Pakete), in denen die Stofftrennung stattfindet. Der Durchsatz ist der Membranstärke proportional.

Der Einsatz und das Anwendungsgebiet der U. erweitern sich ständig. Bevorzugt wird die U. eingesetzt zur Entsalzung von Brack- und Meerwasser, zur Trinkwassergewinnung in der Raumfahrt, zur Abwasserreinigung, zur Kreislaufwasserführung in der Textil-, Papier- und photochemischen Industrie sowie zur Aufbereitung verbrauchter Ölemulsionen.

Umkehrphasen-Chromatographie, engl. *reversed phases chromatography*, eine Form der ↗ *Papierchromatographie* zur Trennung lipophiler Stoffgruppen, wie Fettsäuren und Steroide. Durch Imprägnierung mit Silicon- oder Paraffinöl sowie durch Acetylierung kann man das Chromatographiepapier hydrophobieren. Hierdurch erreicht man eine Phasenumkehr, d. h., das hydrophile Lösungsmittel wird jetzt von der Cellulosefaser abgestoßen und bildet die mobile Phase; das stärker hydrophobe organische Lösungsmittel wird zur stationären Phase.

UMP, Abk. für Uridin-5'-monophosphat. ↗ *Uridinphosphate*.

UMP-Kinase, ein zu den Nucleosidmonophosphat-Kinasen gehörendes Enzym, das UMP phosphoryliert: UMP + ATP ⇄ UDP + ADP.

Umsatz, engl. *turnover*, ein Maß für die Geschwindigkeit der im Stationärzustand, d. h. bei konstanter Konzentration (↗ *steady state*), ablaufenden Synthese-, Umbau- und Abbau- bzw. Ausscheidungsprozesse eines Stoffes in Lebewesen. Ein hoher T. entspricht einer kurzen biologischen Halbwertszeit und umgekehrt.

Umweltanalytik, Analyse von (schädlichen) Substanzen in der Umwelt des Menschen, insbesondere in den Umweltmedien Luft, Wasser, Boden, Gesteinen sowie in Lebewesen, Lebensmitteln usw. Wegen der geringen Konzentrationen handelt es sich häufig um Spurenanalysen.

Umweltbiotechnologie, der Einsatz biotechnologischer Verfahren zur Reinigung bzw. Reinhaltung der Umwelt (Wasser, Luft, Boden) von Schadstoffen und toxischen Abfallstoffen. Allgemeine Maßnahmen zur Verhinderung und zur Beseitigung von Umweltverunreinigungen sind: 1) mechanische Abtrennung von Schadstoffen, 2) chemische oder biologische Umwandlung / Abbau von Schadstoffen, 3) Verfahren der biologischen Schädlingsbekämpfung, um den Aufwand chemischer Noxen (z. B. ⃗ *Insektizide*) zu verringern.

Die Ökonomie und Effektivität der Verfahren der U. wird in einzelnen Bereichen entscheidend durch den Einsatz geeigneter – apathogener – schadstoffabbauender Mikroorganismen mit definierten Eigenschaften bestimmt. Besondere Bedeutung haben Mikroorganismen für die Prozesse der Abwasserreinigung, der Abluftreinigung, der Aufbereitung fester Abfallstoffe (Kompostierung), der Beseitigung von Altlasten (z. B. Dekontamination Kohlenwasserstoff-belasteter Böden) und der Kohle- und Erdölentschwefelung. Mikroorganismen können andererseits selbst „Schadstoffe" sein, wie die mikrobielle Zerstörung von Materialien und Werkstoffen (⃗ *Biokorrosion*) zeigt.

uncoating-ATPase, ⃗ *coated vesicle.*

uncoupling protein, engl. für ⃗ *Thermogenin.*

UNG, Abk. für ⃗ *Uracil-N-Glycosylase.*

ungeordnete Konformation, ⃗ *Proteine.*

ungesättigte Fettsäuren, ⃗ *Fettsäuren* mit einer oder mehreren Doppelbindungen. Die wichtigsten u. F. haben 18 Kohlenstoffatome, wie z. B. ⃗ *Ölsäure,* ⃗ *Linolsäure,* ⃗ *Linolensäure.* Mehrfach u. F. besitzen in den meisten Fällen nichtkonjugierte *cis*-Doppelbindungen. Einige seltene u. F. enthalten auch Dreifachbindungen, wie z. B. die *Nemotinsäure,* $HC{\equiv}C\text{-}C{\equiv}C\text{-}HC{=}C{=}CH\text{-}CHOH\text{-}CH_2CH_2COOH.$

Die Biosynthese der u. F. erfolgt bei Mikroorganismen, Pflanzen und Tieren auf zwei unterschiedlichen Wegen, die gemeinsam im wesentlichen für alle natürlich vorkommenden ungesättigten Fettsäuren verantwortlich sind. Der *anaerobe Stoffwechselweg* kommt nur bei Bakterien vor. Er kann als Teil des Biosynthesewegs gesättigter Fettsäuren betrachtet werden, der sich auf der Stufe des C_{10}-Intermediats verzweigt. Auf der einen Seite entsteht entweder Palmitat bzw. Stearat, auf der anderen Seite Palmitoleat bzw. Vaccenat. Der Verzweigungspunkt ist durch das D-β-Hydroxydecanoyl-ACP gegeben, einer normalen Zwischenstufe in der Palmitatsynthese. Auf dem Weg der Palmitatsynthese wird diese Zwischenstufe in Position 2,3 (α,β) dehydratisiert, wobei eine trans-

Doppelbindung entsteht. Die weiteren Reaktionen laufen wie unter dem Stichwort ⃗ *Fettsäurebiosynthese (Tab. 1)* beschrieben ab. Während der Biosynthese ungesättigter Fettsäuren wird die Zwischenstufe zwischen C3 und C4 (β und γ) unter Bildung einer *cis*-Doppelbindung mit Hilfe der bakteriellen β-Hydroxydecanoylthioester-Dehydratase dehydratisiert (Abb. 1). Die *cis*-Doppelbindung bleibt während der nachfolgenden Kettenverlängerungsschritte der Fettsäurebiosynthese erhalten, die Palmitoleat (drei Zyklen) bzw. Vaccenat (vier Zyklen) ergeben. *E. coli* besitzt zwei unterschiedliche β-Ketoacyl-ACP-Synthetasen (I und II). Das Enzym I bewirkt hauptsächlich die Elongation von *cis*-3-Decenoat zu Palmitoleat. Das Enzym II katalysiert die Kondensationen, die zu Palmitat führen und die Kettenverlängerung von Palmitoleat zu Vaccenat. *Brevibacterium ammoniagenes* produziert Oleat als einzige ungesättigte Fettsäure des anaeroben Stoffwechselwegs. Dieser Organismus bildet auch darin eine Ausnahme, dass er für die Synthese auf dem anaeroben Weg einen Typ-I-Fettsäure-Synthase-Komplex einsetzt. *Clostridium butyricum* stellt, zusätzlich zu Palmitoleat und Vaccenat, durch Kettenverlängerung von 3-Dodecenoyl-ACP 7-Hexadecenoat und Oleat her (Abb. 1).

Pflanzen und Tiere synthetisieren mit Hilfe einer *sauerstoffabhängigen Desaturase* eine Vielzahl von ungesättigten Fettsäuren, die sich in der Kettenlänge, Verzweigung sowie Lage und Anzahl der Doppelbindungen unterscheiden. Dies steht im Gegensatz zur begrenzten Anzahl und zu den begrenzten Arten an ungesättigten Fettsäuren, die von Bakterien auf dem anaeroben Weg hergestellt werden. Die sauerstoffabhängige Desaturase der Tiere befindet sich im endoplasmatischen Reticulum. Hier ist ein mischfunktionelles Oxygenase-System lokalisiert, das Cytochrom-b_5-Reduktase, Cytochrom b_5 und Desaturase enthält (Abb. 2) und spezifisch für Fettsäureacyl-CoA-Substrate ist.

Tiere sind nicht in der Lage, Linoleat und Linolenat zu synthetisieren. Diese sind deshalb „essenziell" und müssen mit der Nahrung zugeführt werden. Tiere können Stearoyl-CoA zu Oleoyl-CoA desaturieren. Ausgehend von Linoleoyl-CoA vermögen Tiere eine Vielzahl an polyungesättigten Fettsäuren durch Desaturierung und Kettenverlängerung herzustellen, wie z. B. die Prostaglandinvorstufe Arachidonat (Abb. 3).

Das pflanzliche Desaturase-System scheint löslich zu sein und kann Ferredoxin an Stelle von Cytochrom b_5 enthalten. Es wirkt auf Fettsäureacyl-ACP bzw. Acylgruppen, die bereits in Membranlipiden inkorporiert vorliegen (z. B. wird mit Hilfe der Spinatchloroplasten-Desaturase [1-Oleoyl]-diacylgalactosylglycerin zu [1-Linoleoyl]-diacylga-

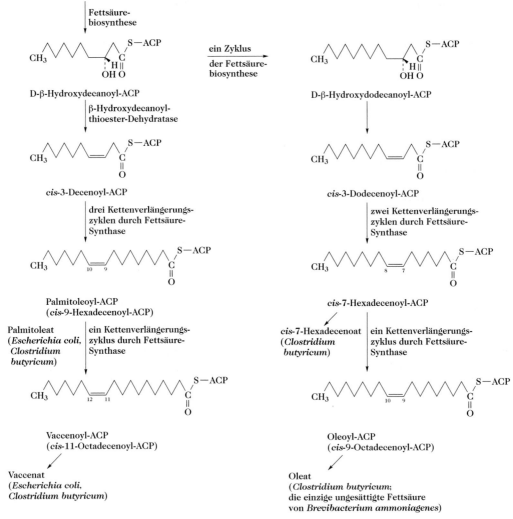

ungesättigte Fettsäuren. Abb. 1. Biosynthese ungesättigter Fettsäuren durch den anaeroben Stoffwechselweg bei Bakterien.

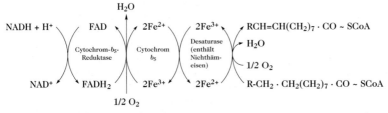

ungesättigte Fettsäuren. Abb. 2. Das Desaturase-System des endoplasmatischen Reticulums von Rattenleber.

lactosylglycerin und dann zu [1-Linolenoyl]-diacylgalactosylglycerin desaturiert).

Nur wenige Bakterien arbeiten mit dem sauerstoffabhängigen Desaturase-System, z. B. *Mycobacterium smegmatis*, *M. phlei*, *Alcaligenes faecalis*, *Bacillus megaterium*. *M. smegmatis* weist

die Besonderheit auf, dass es Palmitoyl-CoA oder Stearoyl-CoA in die korrespondierenden ungesättigten Δ^9-Derivate überführt und NADPH benötigt. Das Desaturierungssubstrat von *Bacillus megaterium* ist die Acylgruppe von Phosphatidylglycerin.

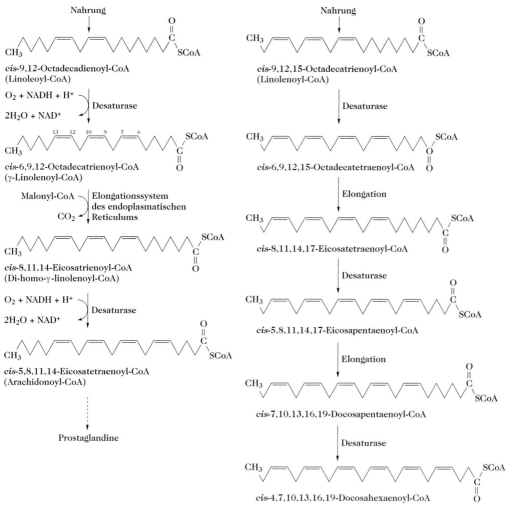

ungesättigte Fettsäuren. Abb. 3. Desaturierung und Kettenelongation von Linoleat und Linolenat.

ungewöhnliche Nucleinsäurebausteine, Syn. für ↗ *seltene Nucleinsäurebausteine.*

unilokuläre Enzyme, innerhalb der Zelle entweder im Cytosol oder in einem bestimmten Kompartiment vorkommende Enzyme.

Uniport, eine Form des aktiven ↗ *Transports,* bei der nur eine Molekülart auf einmal transportiert wird.

unit, *U,* ↗ *Enzymkinetik.*

unkompetitive Inhibierung, ↗ *Effektoren.*

Untereinheit, 1) engl. *subunit, SU,* in der Proteinchemie die kleinste Protein- oder Polypeptidketteneinheit, die von einem oligomeren Protein ohne Trennung kovalenter Bindungen separiert werden kann. Nach ihrer Größe und Zusammensetzung unterscheidet man zwischen identischen und nichtidentischen U. Letztere lassen sich bei allosterischen Enzymen, z. B. Aspartat-Transcarbamy-lase, in regulatorische und katalytische U. weiter unterteilen. Gelegentlich wird die mit einem intakten aktiven Zentrum ausgestattete U. als *Monomer* und die kleinste, identische Untergruppen ergebende Zusammenfassung an U. eines Oligomers als *Protomer* bezeichnet. Die α- und β-U. des ↗ *Hämoglobins* bilden nach dieser Definition αβ-Protomere. So ergibt sich die Reihenfolge: U.-Monomer-Protomer-Oligomer (quartäres Protein). Nach dieser Definition zählen die durch kovalente Bindungen (Disulfidbrücken) zusammengehaltenen Polypeptidketten des Insulins, Chymotrypsins, Fibrinogens und der Immunglobuline nicht zu den U. und die genannten Mehrkettenproteine nicht zu den Proteinen mit Quartärstruktur (↗ *Proteine*).

2) bei den proteinsynthetisierenden ↗ *Ribosomen* der Zelle, deren zwei ungleich große Subpartikel, die nach ihrer Desaggregation bei Prokaryonten mit einer Sedimentationskonstante von 30 S (kleine U.) bzw. 50 S (große U.), bei den Eukaryonten mit 40 S bzw. 60 S sedimentieren.

Unterernährung, ↗ *Marasmus.*

unvollständige Oxidation, durch das Fehlen eines Enzyms der entsprechenden Stoffwechselkette in Mikroorganismen verursachter Abbaustopp. Das Substrat des fehlenden Enzyms reichert sich an und wird ausgeschieden. Die entsprechenden Mikroorganismen sind nicht in der Lage, das angebotene Substrat (z. B. Glucose) unter aeroben Bedingungen unter Energiegewinn vollständig zu CO_2 und H_2O abzubauen. Die u. O. können auch unter abnormen physiologischen Bedingungen (z. B. hohe Substratkonzentration, extreme pH-Werte) auftreten. Die durch u. O. gebildeten Produkte entsprechen teilweise denen, die durch ↗ *Gärung* entstehen.

Während eine vollständige Oxidation u. a. für die Produktion von ↗ *Einzellerprotein* und die Abwasserreinigung von Bedeutung ist, werden u. O. vor allem für die Produktion organischer Säuren (z. B. mikrobielle Gewinnung von Essigsäure aus Ethanol mit Hilfe von Essigsäurebakterien, ↗ *Sulfatatmung*) im industriellen Maßstab genutzt.

uPA, Abk. für ↗ <u>U</u>rokinase <u>P</u>lasminogen-<u>A</u>ktivator.

Uperolein, Pyr^1-Pro-Asp-Pro-Asn^5-Ala-Phe-Tyr-Gly-Leu^{10}-Met-NH$_2$, ein zu den ↗ *Tachykininen* zählendes 11 AS-Peptidamid. U. wurde aus Methanolextrakten der Haut des australischen Forsches *Uperoleia rugusa* isoliert, woraus auch das *U. II* ([Ala^2, Lys^5, Thr^6] U.) gewonnen werden konnte. Die Wirkungen dieses Neuropeptids der Froschhaut ähneln denen des ↗ *Phyllomedusins.*

upstream, ↗ *stromaufwärts.*

upstream-**Prozesse,** von engl. *upstream* für stromaufwärts, in der Bioverfahrenstechnik verwendete Bezeichnung für alle Grundoperationen und Verfahrensschritte zur Vorbereitung von Fermentationsprozessen (z. B. Medienvorbereitung, Sterilisation).

Uracil. pH-abhängige tautomere Formen von Uracil.

Ura, Abk. für ↗ *Uracil.*

Uracil, *U, Ura, 2,4-Dihydroxypyrimidin,* ein Derivat des 1,3-Diazins, das als Pyrimidinbaustein der Ribonucleinsäuren ubiquitär verbreitet ist. M_r 112,09 Da, F. 335 °C (Z.), Abb. U. entsteht durch Abbau von U.-Nucleotiden und -Nucleosiden (↗ *Py-*

rimidinbiosynthese) und bildet den Ausgangspunkt für den reduktiven und oxidativen ↗ *Pyrimidinabbau.*

Uracil-DNA-Glycosidase, Syn. für ↗ *Uracil-N-Glycosylase.*

Uracil-*N*-Glycosylase, *UNG, Uracil-DNA-Glycosidase,* ein Enzym, das die Spaltung einer glycosidischen Bindung zwischen einem Uracilstein und dem Zuckerphosphat-Rückgrat der DNA katalysiert. Die U. ist Bestandteil eines Reparatursystems, das Uracilbausteine, die in neusynthetisierter DNA enthalten sein können bzw. durch spontane Desaminierung von Cytosinresten entstehen, herausschneidet und durch weitere enzymatische Schritte durch Cytosin ersetzt. Bei der Methode der ↗ *Polymerasekettenreaktion* bietet die Hydrolyse mit UNG darüber hinaus ein effizientes Verfahren zur Dekontamination von zuvor amplifizierter DNA. Hierbei wird dUTP anstelle von dTTP während der Amplifikation eingebaut, wobei das PCR-Produkt in beiden Strängen Uracilreste enthält und sich auf diese Weise von jeder zu amplifizierenden Ausgangs-DNA unterscheidet. Nach dem Verdau mit UNG sowie anschließendem Erhitzen bzw. durch Alkalibehandlung wird die Ausgangs-DNA in Bruchstücke gespalten und so eliminiert.

Uranin, *Fluoresceinnatrium,* ↗ *Fluorescein.*

Urate, Salze der ↗ *Harnsäure.*

Urat-Oxidase, Syn. für ↗ *Uricase.*

Urd, Abk. für ↗ *Uridin.*

Urea-Amidolyase, *UALase, ATP : Urea-Amidolyase, ATP : Harnstoff-Amidolyase, Urea-Carboxylase (Hydrolyse), Harnstoff-Carboxylase (Hydrolyse),* EC 6.3.4.6, ein Harnstoff-spaltendes Enzym in einigen Hefen (*Saccharomyces, Candida* u. a.) und Grünalgen (*Chlorella* u. a.), wo es an die Stelle der fehlenden Urease tritt. U. ist ein Biotinenzym und wird deshalb durch Avidin gehemmt. Sie katalysiert eine ATP-abhängige Harnstoffspaltung in CO_2 und NH_3: NH_2-CO-NH_2 + HCO_3^- → 2 HCO_3^- + 2 NH_4^+ + ADP + P_i. U. ist ein ↗ *Multienzymkomplex* und besteht aus wenigstens zwei Enzymproteinen: 1) der *Harnstoff-Carboxylase,* die Harnstoff in einer von Biotin und ATP abhängigen Reaktion zu *Allophansäure,* der anionischen Form von *N*-Carboxyharnstoff NH_2-CO-NH-COO$^-$ carboxyliert; 2) der *Allophanat-Hydrolase,* einer Amidase, die Allophanat zu zwei Hydrogencarbonat- und zwei Ammoniumionen spaltet. Damit wird zugleich Hydrogencarbonat regeneriert, das katalytisch wirkt bzw. für den Start der Reaktion benötigt wird. Die Carboxylase-Komponente könnte konstitutiv sein, während die Allophansäure-Hydrolase induzierbar ist. Allophansäure wird zugleich als Induktor der Enzyme des oxidativen Purinabbaus angesehen.

Urease (EC 3.5.1.5), eine besonders in Pflanzensamen und Mikroorganismen sowie bei Wirbellosen

(Krebse, Meeresmuscheln) vorkommende Harnstoff-spaltende Hydrolase hoher katalytischer Wirksamkeit. U. katalysiert die Spaltung von Harnstoff in Ammoniak, Kohlendioxid und Wasser: $CO(NH_2)_2 + 2\,H_2O \rightarrow 2\,NH_3 + CO_2 + H_2O$.

Die Substratspezifität ist groß, da außer Harnstoff nur noch Harnstoffderivate, wie Hydroxy- und Dihydroxyharnstoff, die gleichzeitig als nichtkompetitive Inhibitoren der U. wirken, von U. angegriffen werden. Die U. der Sojabohne war das erste im kristallinen Zustand isolierte Enzym (Sumner 1926). Eigenschaften der Sojabohnen-U.: pH-Optimum 7,0; pI 5,0; M_r 489 kDa. Im Neutralbereich zerfällt U. in 1 %iger Natriumdodecylsulfatlösung in seine acht Untereinheiten (M_r je 60 kDa), die aus zwei kovalent verbundenen Ketten bestehen (M_r je 30 kDa). U. zeigt eine auffallende Resistenz gegenüber seinem Substrat Harnstoff, der als 8 M Lösung zur Denaturierung zahlreicher Proteine dient. In 8–9 M Harnstofflösung dissoziiert das Urease-Molekül in seine Untereinheiten (M_r 60 kDa), die jedoch noch Urease-Restaktivitäten aufweisen. Bemerkenswert ist weiterhin, dass der U.-Antiurease-Komplex noch katalytisch aktiv ist. Das M_r der mikrobiellen U. ist wesentlich geringer als das der Sojabohnen-U.

5-Ureidohydantoin, Syn. für ↗ *Allantoin*.

Ureidpflanzen, Pflanzenfamilien, die die Glyoxylsäureureide des Purinabbaus Allantoin und/oder Allantoinsäure in ihrem Stickstoffpool akkumulieren und als Stickstoffreserven nutzen können. U. sind vor allem Ahorngewächse (*Aceraceae*), Raublattgewächse (*Boraginaceae*), Rosskastaniengewächse (*Hippocastanaceae*) und Platanengewächse (*Platanaceae*).

Ureotelismus, die Ausscheidung überschüssigen Stickstoffs lebender Organismen in Form von Harnstoff (↗ *Harnstoff-Zyklus*, ↗ *Ammoniakentgiftung*).

Uricase, *Urat-Oxidase* (EC 1.7.3.3), eine Kupferhaltige aerobe Oxidase, die in Gegenwart von Sauerstoff aus der schwerlöslichen Harnsäure bzw. ihren Salzen (Urate) das leichtlösliche Allantoin und Wasserstoffperoxid bildet. U. kommt außer beim Menschen und anderen Primaten, den Menschenaffen, bei allen Wirbeltieren und außer bei Insekten (nur die Fliegen und Verwandte haben U.) bei allen Wirbellosen vor. Hauptort des Harnsäureabbaus ist die Leber, in der U. in besonderen Zellorganellen, den *Uricosomen*, das sind Uricase-reiche Mikrokörper, gespeichert wird. U. dient in der klinischen Diagnostik zum Nachweis eines besonders bei Gicht erhöhten Harnsäurespiegels. Schweineleber-U. hat ein M_r von 125 kDa (4 Untereinheiten, M_r 32 kDa), pI von 6,3, pH-Optimum von 9,0–9,5. Verschiedene Harnsäureanaloga sind starke Inhibitoren der U.

Uricolyse, Oxidation und Decarboxylierung von Harnsäure zu Allantoin, katalysiert durch ↗ *Uricase* als Teil des aeroben ↗ *Purinabbaus*.

Uricosomen, Zellorganellen in Leberzellen, ↗ *Uricase*.

Uricotelismus, die Ausscheidung überschüssigen Stickstoffs lebender Organismen in Form von ↗ *Harnsäure*. ↗ *Ammoniakentgiftung*.

Uridin, *Urd*, *3-β-D-Ribofuranosyluracil*, *β-glycosidisches* ↗ *Nucleosid* aus D-Ribose und der Pyrimidinbase Uracil. M_r 244,20 Da, F. 165–167 °C, $[\alpha]_D^{16}$ +9,6 ° (c = 2,0, Wasser). ↗ *Uridinphosphate*.

Uridin-5'-diphosphat, ↗ *Uridinphosphate*.

Uridin-5'-monophosphat, ↗ *Uridinphosphate*.

Uridinphosphate, zu den ↗ *Nucleotiden* zählende Phosphorsäureester des Uridins. *Uridin-5'-monophosphat, UMP, Uridylsäure,* M_r 324,2 Da, F. 198,5 °C, entsteht *de novo* bei der ↗ *Pyrimidinbiosynthese* oder beim Abbau der Nucleinsäuren. UMP ist Ausgangspunkt für die Synthese anderer Pyrimidinnucleotide. Besondere Bedeutung haben *Uridin-5'-diphosphat, UDP,* M_r 404,2 Da, als Coenzym der Glycosidierung (↗ *Nucleosiddiphosphatzucker*) und *Uridin-5'-triphosphat, UTP,* M_r 484,2 Da, eine strukturanaloge Verbindung des ATP.

Zyklisches Uridin-3',5'-monophosphat, cyclo-UMP, cUMP, M_r 306,2 Da, ein zyklisches Nucleotid, das ähnlich dem zyklischen Adenosin-3',5'-monophosphat (↗ *Adenosinphosphate*) an bestimmten Regulationsprozessen der Zelle beteiligt ist. cUMP hemmt das Wachstum einiger transplantabler Tumoren. Ein das cUMP abbauendes spezifisches Enzym wurde im Herzen nachgewiesen.

Uridinphosphatglucose, ↗ *Nucleosiddiphosphatzucker*.

Uridin-5'-triphosphat, ↗ *Uridinphosphate*.

Uridylierung, eine Form der reversiblen kovalenten Modifizierung von Proteinen durch Anlagerung von Uridinmonophosphat (UMP) unter der Katalyse der ↗ *Uridyl-Transferase*.

Uridylsäure, ↗ *Uridinphosphate*.

Uridyl-Transferase, ein die Übertragung von Uridylresten katalysierendes Enzym, das bei der Synthese von Nucleosidphosphatzuckern sowie bei der Regulation von Enzymaktivitäten (↗ *kovalente Enzymmodifizierung*, ↗ *Uridylierung*) eine wichtige Rolle spielt. Die U. ist z. B. indirekt an der Regulation der ↗ *Glutamin-Synthetase* beteiligt. Die Spezifität der Adenyl-Transferase (AT), die die Glutamat-Synthetase durch Adenylierung hemmt, wird durch ein Regulatorprotein P gesteuert. Letzters kommt in einer uridylierten Form (P_A), die mit AT komplexiert die Inhibierung verursacht, und in der desuridylierten Form (P_D) vor. Die U. katalysiert sowohl die Bildung von P_A durch Anlagerung von zwei UMP-Resten aus UTP unter Freisetzung von PP_i als auch die hydrolytische Desuridylierung unter Abspaltung von UMP, wobei die entgegengesetzten katalytischen Aktivitäten auf einer Polypeptidkette lokalisiert sind. Während die Bildung von P_D durch α-Ketoglutarat und ATP stimuliert und durch Glutamin inhibiert wird, begünstigt Glutamat die Desuridylierung und α-Ketoglutarat wirkt hemmend.

Urobilin, ↗ *Gallenfarbstoffe.*

Urobilinogen, ↗ *Gallenfarbstoffe.*

Urocaninsäure, ↗ *L-Histidin.*

Urogastron, Syn. für ↗ *Epidermis-Wachstumsfaktor.*

Urogonadotropin, Syn. für ↗ *Menopausengonadotropin.*

Uroguanylin, H-Asn[1]-Asp-Asp-Cys-Glu[5]-Leu-Cys-Val-Asn-Val[10]-Ala-Cys-Thr-Gly-Cys[15]-Leu-OH, ein endogenes 16 AS-Peptid, das ebenso wie das ↗ *Guanylin* als Ligand der vorwiegend im Darmepithel vorkommenden membrangebundenen Guanylat-Cyclase identifiziert wurde. Der primäre Effekt ist die Bildung des zyklischen Guanosinmonophosphats (cGMP), das auf die Sezernierung von Wasser und Elektrolyten modulierend wirkt. U. wurde im Hämofiltrat und Urin nachgewiesen. Ein N-terminal um 24 Aminosäurereste erweitertes Peptid wurde als eine im Plasma zirkulierende Form des U. nachgewiesen. [F.K. Hamra et al. *Proc. Natl. Acad. Sci. USA* **90** (1993) 10.464; R. Hess et al., *FEBS Lett.* **374** (1995) 34]

Urokinase, *Plasminogen-Aktivator, uPA,* aus Blut und Urin isolierbare, aber auch gentechnisch zugängliche Serin-Protease. Von der U. existieren zwei Formen mit M_r 54 kDa und M_r 33 kDa, von denen die letztere ein Abbauprodukt der höhermolekularen Form ist. U. ist ein Glycoprotein, bestehend aus zwei durch Disulfidbrücken verbundenen Ketten. Sie wird aus der einkettigen *Pro-Urokinase* durch Einwirkung von ↗ *Kallikrein* oder ↗ *Plasmin* gebildet. Die endogene U. wirkt als Aktivator für die Bildung der Protease Plasmin aus ↗ *Plasminogen* und ist damit dem System der physiologischen Inhibitoren der Blutgerinnung zuzuordnen.

Uronsäuren, aus Aldosen durch Oxidation der endständigen primären Alkoholgruppe entstehende Aldehydcarbonsäuren, die durch Anfügen der Endung „-uronsäure" an den Stamm des betreffenden Monosaccharids bezeichnet werden, z. B. die D-Glucuronsäure, D-Galacturonsäure und D-Mannuronsäure. Aufgrund ihrer glycosidischen Hydroxygruppe geben die U. die typischen Reaktionen der ↗ *Monosaccharide.* U. neigen zur Lactonbildung, wobei γ-Lactone bevorzugt sind. Sie sind weit verbreitet als Bestandteile von Glycosiden sowie Polyuroniden, Polysacchariden, Mucopolysacchariden sowie zahlreichen pflanzlichen Schleimen und Gummiharzen, wie Tragant, Gummi arabicum, den Pektinsubstanzen oder den Alginsäuren.

Uroporphyrinogene, Intermediate des Stoffwechsels der ↗ *Porphyrine.* U. I besitzt keine Stoffwechselfunktion und wird durch Zyklisierung des linearen Tetrapyrrols unter der Katalyse der ↗ *Uroporphyrinogen-III-Synthase* gebildet. U. III entsteht unter der Katalyse der ↗ *Uroporphyrinogen-III-Synthase* und der ↗ *Uroporphyrinogen-III-Cosynthase* durch Ringschlussreaktion des linearen Tetrapyrrols und nachfolgende Isomerisierung von U. I zu U. III.

Uroporphyrinogen-III-Cosynthase, ein Enzym des Stoffwechsels der ↗ *Porphyrine,* das die Isomerisierung von Uroporphyrinogen I zu Uroporphyrinogen III (↗ *Uroporphyrinogene*) katalysiert. Bei Defekt der U. kommt es zur Anreicherung von Uroporphyrinogen I in den roten Blutkörperchen mit dem Krankheitsbild der angeborenen erythropoetischen Porphyrie.

Uroporphyrinogen-Decarboxylase, ein Enzym des Stoffwechsels der ↗ *Porphyrine,* das die vier Acetatreste des Uroporphyrinogens III zu Methylgruppen decarboxyliert. Das resultierende Coproporphyrinogen III bildet die Vorstufe für das Protoporphyrinogen IX.

Uroporphyrinogen-III-Synthase, *Porphobilinogen-Desaminase,* ein Enzym des Stoffwechsels der ↗ *Porphyrine,* das die Bildung von ↗ *Uroporphyrinogenen* katalysiert. Ausdruck einer verminderten Aktivität der U. ist die akute intermittierende ↗ *Porphyrie.*

Urotensin I, *UT-I,* N[1]DDPPISIDL[10]TFHLLRNMIE[20]MARIENEREQ[30]AGLNRKYLDE[40]Va, ein 41 AS-Peptidamid aus der Urophyse von *Catostomus commersoni.* Ähnliche Peptide wurden in anderen Fischarten gefunden. Es gehört zu einer Peptidfamilie mit ↗ *Corticoliberin* und ↗ *Sauvagin.* UT-I stimuliert die Synthese und Freisetzung von Pro-Opiomelanocortin sowie der daraus gebildeten Peptide Corticoliberin, ↗ *Melanotropin* und β-Endorphin (↗ *Endorphine*) in der Hypophyse und Plazenta. [K. Lederis et al. *Science* **218** (1982) 162; D.A. Lovejoy u. R.J. Balment *Gen. Comp. Endocrind.* **115** (1999) 1]

Urotensin II, *UT-II,* H-Ala[1]-Gly-Thr-Ala-Asp[5]-Cys-Phe-Trp-Lys-Tyr[10]-Cys-Val-OH (Disulfidbrücke: Cys[6]–Cys[11]), ein heterodet zyklisches 12 AS-Peptid, das sich stark von Urotensin I unterscheidet. Das in Fischen vorkommende Peptid kontrahiert glatte Muskeln und zeigt hypertensive und osmoregulatorische Effekte in Fischen und Vögeln. Ebenfalls als UT-II bezeichnet wird das sehr ähnliche Peptid Glu-Thr-Pro-Asp-Cys[5]-Phe-Trp-Lys-Tyr-Cys[10]-Val-OH, dessen mRNA aus menschlichem Rückenmark isoliert wurde und das als potenter Vasokonstriktor wirkt. [R.S. Ames et al. *Nature* **401** (1999) 282]

5α-Ursan, ↗ *Amyrin.*

Ursodesoxycholsäure, *3α,7β-Dihydroxy-5β-cho-lan-24-säure*, eine zur Gruppe der Gallensäuren gehörende dihydroxylierte Steroidcarbonsäure. M_r 392,58 Da, F. 203 °C, $[\alpha]_D$ +57 ° (Alkohol). U. ist charakteristischer Bestandteil der Bärengalle und kommt auch in menschlicher Galle vor.

Ursolsäure, eine einfache ungesättigte pentazyklische Triterpencarbonsäure. M_r 456,71 Da, F. 292 °C, $[\alpha]_D$ +72 ° (Chloroform). U. leitet sich strukturell von α-Amyrin durch Oxidation der 28-Methylgruppe zu einer Carboxylfunktion ab (↗ *Amyrin*). Sie tritt frei, verestert oder als Aglycon von Triterpensaponinen (↗ *Saponine*) weit verbreitet im Pflanzenreich auf und kommt z. B. im Wachsüberzug von Äpfeln, Birnen und Kirschen, in der Fruchtschale von Heidel- und Preiselbeeren und in Blättern vieler Rosengewächse (*Rosaceae*), Ölbaumgewächse (*Oleaceae*) und Lippenblütler (*Labiatae*) vor.

UR-Spektroskopie, ↗ *Infrarotspektroskopie*.

Ursprungserkennungs-Komplex, engl. *origin recognition complex*, ein aus acht Proteinen bestehender Komplex (M_r 250 kDa), der ↗ *autonom replizierende Sequenzen* erkennt und die ↗ *Replikation* eines Hefechromosoms auslöst.

Urzeugung, Syn. für ↗ *Abiogenese*.

USERIA, Abk. für engl. <u>u</u>lt<u>ra</u>sensitive <u>e</u>nzymatic <u>r</u>adio<u>i</u>mmuno<u>a</u>ssay, ultrasensitiver Enzymradioimmunassay, ein Immunassay unter Verwendung einer Kombination von Radioisotopen- und Enzymmarkierungen (↗ *Immunassays*). Die Kombination von ↗ *RIA* und ↗ *ELISA* wurde gelegentlich verwendet, um für ein gegebenes Antigen (X) einen Test zu gestalten, der bis zu drei Größenordnungen empfindlicher ist als jede einzelne dieser Techniken für sich selbst. Für diesen Test werden drei verschiedene Antikörper benötigt: 1) ein Antikörper gegen X (anti-X_1), der an einen festen Träger gebunden ist, 2) ein zweiter Antikörper gegen X, der an eine andere Stelle des X-Moleküls bindet (anti-X_2) und 3) ein mit alkalischer Phosphatase markierter Antikörper, der an die Fc-Region von anti-X_2 bindet (anti-[anti-X_2]-alkalische Phosphatase), gemeinsam mit [^{3}H]Adenosin-5'-monophosphat, einem Substrat der alkalischen Phosphatase, das zu [^{3}H]Adenosin und Orthophosphat hydrolysiert wird. Der Test besteht aus folgender Abfolge von Schritten: a) die Lösung, die eine unbekannte Konzentration an X enthält, wird zu dem festkörpergebundenen anti-X_1 gegeben, wodurch sich gebundenes anti-X_1-X bildet, b) nicht gebundenes X wird ausgewaschen, c) eine Lösung, die überschüssiges anti-X_2 enthält, wird hinzugefügt, wodurch gebundenes anti-X_1-X-anti-X_2 entsteht, d) nichtgebundenes anti-X_2 wird weggewaschen, e) eine Lösung, die überschüssige anti-[anti-X_2]-alkalische Phosphatase enthält, wird zugegeben, wodurch gebundenes anti-X_1-X-anti-X_2-anti-[anti-X_2]-alkalische Phosphatase entsteht, f) nichtgebundene anti-[anti-X_2]-alkalische Phosphatase wird ausgewaschen, g) eine Lösung, die überschüssiges [^{3}H]Adenosin-5'-monophosphat enthält, wird hinzugefügt und die Mischung eine geeignete Zeit lang inkubiert, während der [^{3}H]Adenosin gebildet wird, h) die lösliche Phase der Inkubationsmischung, die jetzt [^{3}H]Adenosin, Orthophosphat und restliches, nichthydrolysiertes [^{3}H]Adenosin-5'-monophosphat enthält, wird auf eine Chromatographiesäule überführt, das [^{3}H]Adenosin von den anderen Komponenten abgetrennt, gesammelt und dessen Radioaktivität gemessen. Es wird eine Standardkurve der „Radioaktivität in [^{3}H]Adenosin" gegen „log Konzentration von X" erstellt und daraus die Konzentration von X ermittelt. [T.J. Ngo u. H.M. Lenhoff (Hrsg.), *Enzyme-Mediated Immunoassay*, Plenum New York, 1985; S.B. Pal (Hrsg.), *Immunoassay Technology*, Bd. **1** (1985) und **2** (1986), Walter de Gruyter, Berlin; D.W. Chan u. M.T. Perlstein (Hrsg.), *Immunoassay: A Practical Guide*, Academic Press, New York, 1987; L.J. Krickla *J. Clin. Immunoassay* **16** (1993) 267–271]

U-snRNP, eine Gruppe kleiner nukleärer Ribonucleoproteinpartikel (snRNPs, ↗ *small nuclear ribonucleoproteins*). Die RNA der U-s. ist Uracilreich. Es wurden zehn U-snRNA-Typen identifiziert: U1–U10-snRNA. Außer U6 enthalten alle ein Trimethylguanosin am 5'-Ende und außer U3 werden alle durch Sm-Antikörper präzipitiert. Die U1, U2, U4/U6-snRNPs kommen im Nucleopolasma vor, das U3-snRNP im Nucleolus. Vermutlich ist die RNA katalytisch aktiv, während die Proteinkomponenten die Stabilität der Struktur bewirken. Die U7-

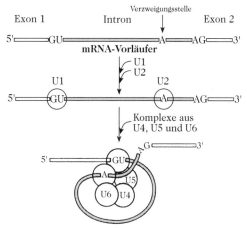

U-snRNP. Zusammenlagerung der U-snRNPs am mRNA-Vorläufer. U1 bindet an die 5'-Spleißstelle, U2 an die Verzweigungsstelle. Ein vorgeformter Komplex aus U4, U5 und U6 lagert sich an, so dass das vollständige Spleißosom gebildet wird.

U-snRNP. Tab. Am Spleißen von mRNA-Vorläufern beteiligte kleine Kern-Ribonucleoproteine.

snRNP	Größe der snRNA (Nucleotide)	Funktion
U1	165	bindet zunächst an 5'-, dann an 3'-Spleißstelle
U2	185	bindet an Verzweigungsstelle, Teil des katalytischen Zentrums
U5	116	bindet an 5'-Spleißstelle
U4	145	reguliert die katalytische Aktivität von U6
U6	106	katalysiert die Spleißreaktion

RNA der Seegurke besteht aus 56–57 Nucleotiden und das entsprechende U7-snRNP hat ein M_r von 200–250 kDa. M_r des U7-snRNP von *Drosophila* beträgt 140 kDa.

U-s. sind an der RNA-Prozessierung beteiligt. U1, U2, U4, U5 und U6 werden für das Spleißen der messenger-RNA-Vorläufermoleküle benötigt. Sie binden das mRNA-Molekül im Bereich der Spleißstellen, wobei sie sich zu einem Spleißosom genannten größeren Komplex zusammenlagern, und katalysieren die ATP-getriebene Spaltung und die Wiederverknüpfung des Vorläufermoleküls (Abb., Tab.). Die Seegurken-U7-snRNA spielt eine Rolle bei der 3'-Prozessierung von Histon-Prä-mRNA; sie enthält eine Sequenz, die komplementär zu der in Histongenen konservierten Sequenz CAAGAAAGA ist [M.L. Birnstiel et al. *Cell* **41** (1985) 349–359]. U3-snRNP ist im Nucleolus mit ribosomaler 5,8S-, 18S- und 28S-RNA assoziiert und spielt vermutlich eine Rolle bei der Prozessierung dieser RNA. [I.W. Mattaj, *Trends Biochem. Sci.* **9** (1984) 435–437; O. Georgiev u. M.L. Birnstiel *EMBO J.* **4** (1985) 481–489]

UT, Abk. für *Urotensin*, ⊿ *Urotensin I* und ⊿ *Urotensin II*.

Uteroferrine, eine Klasse purpurfarbener saurer Phosphatasen aus Säugetieren, wie z. B. Schweine-Uterus, Rinder- und Ratten-Milz sowie Haarzellen-leukämiezellen der menschlichen Milz. U. sind Glycoproteine, M_r 35–40 kDa, und enthalten zwei Eisenatome je Enzymmolekül. In der vollständig oxidierten Form ($2\,Fe^{3+}$) sind U. enzymatisch inaktiv, während die reduzierte Form (Fe^{2+}, Fe^{3+}) die Hydrolyse von Phosphatestern katalysiert. Der binukleäre Eisencluster bindet in der oxidierten Form anorganisches Phosphat stark; reduziertes U. bindet Phosphat nur schwach, begleitet von einer Rotverschiebung der Tyrosinat-Fe^{3+}-*charge-transfer*-Bande und dem Verlust der für U. charakteristischen EPR-Signale. Die physiologische Bedeutung der U. ist unbekannt. [J.W. Pyrz et al. *J. Biol. Chem.* **261** (1986) 11.015–11.020]

UTP, Abk. für U̲ridin-5'-t̲riphosphat. ⊿ *Uridinphosphate*.

Utrophin, *DRP* (engl. *d̲ystrophin-r̲elated p̲rotein*), ein hauptsächlich in Nervenfasern, in Gefäßmuskulatur und an neuromuskulären Verbindungen adulter Skelettmuskulatur vorkommendes autosomales Protein, das zu ⊿ *Dystrophin* homolog ist.

Uttersche Reaktion, die Bildung von Oxalacetat aus Pyruvat bei der ⊿ *Gluconeogenese*. Diese Beobachtung durch M. Utter führte zur Entdeckung der Pyruvat-Carboxylase.

Uvomorulin, Syn. für E-Cadherin (⊿ *Cadherine*).

uvrABC-Excinuclease, ein bei *E. coli* durch die Produkte der Gene *uvr*A, *uvr*B und *uvr*C gebildeter Enzymkomplex, der die Excision von Pyrimidindimeren aus der DNA katalysiert (⊿ *DNA-Reparatur*). Bei der Reaktion werden 12 Nucleotide lange Fragmente entfernt.

UVS-Spektroskopie, Syn. für ⊿ *UV-VIS-Spektroskopie*.

UV-VIS-Spektroskopie, Abk. von engl. *u̲ltraviolet and v̲isible spectroscopy*, UVS-Spektroskopie, Teilgebiet der Spektroskopie, das auf einer Wechselwirkung elektromagnetischer Strahlung aus dem ultravioletten und sichtbaren Bereich mit einer Probe beruht. Da in beiden Bereichen die gleichen Anregungsprozesse, nämlich Elektronenübergänge, vor sich gehen, erfolgt eine Zusammenfassung der Ultraviolettspektroskopie (UV-Spektroskopie) und der Spektroskopie im Sichtbaren als UV-VIS-S.

Während das Gebiet des sichtbaren Lichtes (400–800 nm) durch die Empfindlichkeit des menschlichen Auges festgelegt ist, wird das UV-Gebiet aus vorwiegend apparativen Gründen in das kürzerwellige Vakuum-UV oder ferne UV (10–200 nm) und das längerwellige nahe UV oder Quarz-UV (200–400 nm) unterteilt. Da unterhalb 200 nm die Luft UV-Strahlung absorbiert, sind Messungen in diesem Bereich nur in besonderen, evakuierbaren Spektrometern möglich. Die Bezeichnung *Quarz-UV* weist darauf hin, dass die optischen Bauelemente im nahen UV meist aus Quarz bestehen.

Die Spektren von Atomen im UV-VIS werden sowohl als Absorptionsspektren als auch als Emissionsspektren, die von Molekülen fast ausschließlich als Absorptionsspektren vermessen.

V, Elementsymbol für ↗ *Vanadin*.

Vaccensäure, Δ^{11}-*Octadecensäure*, CH_3-$(CH_2)_5$-$CH=CH$-$(CH_2)_9$-$COOH$, eine Fettsäure. M_r 282,4 Da, *trans*-Form: F. 44 °C, *cis*-Form: F. 14,5 °C. *trans*-V. findet sich als Glyceridbestandteil vor allem in tierischen Fetten, wie Rinder-, Schaf- und Butterfett. Die *cis*-Form wirkt hämolytisch und kommt im Plasma, in verschiedenen tierischen Geweben und in *Lactobacillus* vor. Bei *E. coli* ist V. die hauptsächlich vorhandene ungesättigte Säure.

Vacciniavirus-Wachstumsfaktor, *VVGF* (engl. *vaccinia virus growth factor*), *Vakzinevirus-Wachstumsfaktor*, aus den vom Vacciniavirus befallenen Zellen isoliertes Glycopolypeptid (etwa 77 Aminosäurebausteine) mit Ähnlichkeit zum ↗ *Epidermis-Wachstumsfaktor* und ↗ *transformierenden Wachstumsfaktoren*. V. wirkt über den EGF-Rezeptor und stimuliert die Zellteilung infizierter Zellen.

Vakuolen, ↗ *Vakuom*.

Vakuom, das Vakuolensystem der Pflanzenzelle. In der relativ plasmareichen embryonalen Zelle gehen die Vakuolen durch Entmischung aus dem Cytoplasma hervor, gegen das sie durch eine semipermeable Membran (↗ *Biomembran*), den *Tonoplasten*, abgegrenzt sind. In differenzierten Zellen ist zumeist nur eine große Zentralvakuole, der zentrale Zellsaftraum, vorhanden, wodurch das Cytoplasma auf die Zellperipherie reduziert ist. Im V. befindet sich der *Zellsaft*, eine wässrige Lösung, in der zahlreiche Stoffe und Ionen echt oder kolloidal gelöst sind. Darunter befinden sich innere Exkrete, da das V. auch Ausscheidungsorgan der Zelle ist. Alkaloide werden im V. nach dem Ionenfallenprinzip akkumuliert, sind also durch Salzbildung mit anorganischen und organischen Anionen neutralisiert. Im V. von Säure- oder Ammoniumpflanzen werden organische Säuren akkumuliert und durch Ammoniumionen neutralisiert. Das V. ist weiterhin für den Turgor (Innendruck) der Pflanzenzelle wichtig, da es als osmotisches System (↗ *Osmose*) wirkt. In voll turgeszenten Zellen wird das Cytoplasma fest gegen die Zellwand gepresst, wodurch eine mechanische Stützung krautiger Pflanzenteile ermöglicht wird.

Vakzine, *Impfstoffe*, Substanzen mit immunogener Wirkung, die nach ein- oder mehrmaliger Applikation in einem Makroorganismus die Bildung von Abwehrstoffen auslösen (*aktive Immunisierung*), die ihn in der Regel gegen den betreffenden Erreger immun machen. Nach der Art der Herstellung unterscheidet man: 1) *Lebend-V.*: abgeschwächte (attenuierte) Varianten pathogener Erreger (z. B. Poliomyelitis) oder antigenverwandte Erreger (z. B. Kuhpockenvirus); 2) *Tot-V.*: durch Hitze oder chemische Reagenzien (z. B. durch Phenol) abgetötete Erreger (z. B. Tollwut); 3) *Toxoid-V.*: Toxine, deren toxophore Gruppen inaktiviert (z. B. durch Formalin) und deren haptophore Gruppe zur Erzielung einer Adjuvanswirkung an Aluminiumhydroxid gebunden ist; 4) *Split-* bzw. *Spalt-* oder *Extrakt-V.*: diese enthalten nur die für die Virulenz entscheidenden Antigene des Erregers.

Val, Abk. für ↗ *L-Valin*.

Valepotriate, Iridoide aus *Valeriana-* und *Kentranthus-*Arten. Als genuine Baldrianwirkstoffe sind die V. Träger der sedativen Eigenschaften und bis zu 5 % in der Droge *Valeriana officinalis* enthalten. Die Hydroxylgruppen am Iridoidgerüst sind mit Isovaleriansäure verestert. Bei Säurezusatz hydrolysieren die Ester, und die unbeständigen Alkohole zersetzen sich unter Blaufärbung. Wichtigster Vertreter ist das ↗ *Valtratum* (Valepotriat).

Valerian-Alkaloide, Terpen-Alkaloide mit Pyridingerüst (daher auch zu den Pyridinalkaloiden zählend) aus dem Baldrian (*Valeriana officinalis L.*). Die quartären V. (Abb.) sind an der erregenden Wirkung des Baldrians auf Katzen beteiligt.

quarternäre Valerian-Alkaloide

L(+)-Actinidin

Valerian-Alkaloide. Beispiele, R = H oder OH.

L-Valin, *Val*, *L-α-Aminoisovaleriansäure*, $(CH_3)_2CH$-$CH(NH_2)$-$COOH$, eine aliphatische, neutrale, proteinogene Aminosäure, die essenziell ist und glucoplastisch wirkt. M_r 117,1 Da, F. 315 °C (Z.), $[\alpha]_D^{25}$ +5,63° (c = 1–2, Wasser) oder +28,3° (c = 1–2 in 5 M Salzsäure). In chemischer Hinsicht sind L-V. und L-Isoleucin ähnlich. L-V. wird durch sukzessive Desaminierung und Decarboxylierung über Isobuttersäure zu Propionsäure abgebaut. Die Biosynthese erfolgt aus zwei Molekülen Pyruvat (↗ *L-Isoleucin*). L-V. wird intakt in Penicillin eingebaut.

Valinomycin, cyclo-(D-Val-Lac-Val-D-Hyv-)$_3$, ein ringförmiges 12 AS-Depsipeptid mit ionenselektiver antibiotischer Wirkung aus *Streptomyces fulvissimus*. V. ist aktiv gegen den Tuberkuloseerreger (*Mycobacterium tuberculosis*). Das nach seinem hohen Valingehalt bezeichnete V. enthält als nichtproteinogene Bausteine L-Milchsäure (Lac) und D-α-Hydroxy-isovaleriansäure (D-Hyv). Durch die hydrophoben Seitenkettenreste hat der K⁺-V.-Komplex gute Löslichkeitseigenschaften in der unpolaren Kohlenwasserstoffschicht der Membran und vermittelt auf diese Weise den K⁺-Ionentransport durch biologische und künstliche Membranen. V. ist der klassische Vertreter eines ↗ *Ionophors* und das erste Peptidantibiotikum, dessen Raumstruktur exakt aufgeklärt wurde.

Valorphin, ein Vertreter der ↗ *Hämorphine*.

Valosin, V¹QYPVEHPDK¹⁰FLKFGMTPSK²⁰GVLFY, ein aus dem Dünndarm des Schweins isoliertes 25 AS-Peptid. V. wird aus dem Prä-Pro-V. durch Prozessierung freigesetzt. Es zeigt einen dem ↗ *Cholecystokinin* oder ↗ *Bombesin* ähnlichen stimulierenden Effekt auf die exokrine pankreatische Proteinsekretion sowie auf die Bildung von Gastrin und Magensäure.

Valtratum, *Valepotriat*, der wichtigste Vertreter iridoider Naturstoffe aus der Gruppe der ↗ *Valepotriate*. V. ist eine säure-, alkali- und thermolabile Flüssigkeit. $[\alpha]_D^{21}$ +172,7 ° (Methanol), n_D^{20} 1,4906. Der freie Alkohol ist nicht beständig und lagert sich unter Dehydratisierung in Baldrianal – M_r 218 Da, F. 112–113 °C – um (Abb.). V. findet sich im Baldrian und ruft dessen sedative Wirkung hervor. [P.W. Thies *Tetrahedron* 24 (1968) 313–347]

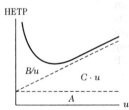

Valtratum   Baldrianal
R = —CO—CH₂—CH(CH₃)₂

Valtratum. Bildung von Baldrianal aus Valtratum (duch Dehydratisierung und Umlagerung).

Vanadin, früher *Vanadium*, V, ein Spurenelement, das für das normale Wachstum von Tieren benötigt wird. Die meisten Untersuchungen wurden mit Ratten und Hühnern durchgeführt. Eine zuverlässige Abschätzung des menschlichen V-Bedarfs liegt nicht vor, meist wird ein Zahlenwert von 100 ng V/g Körpergewicht genannt. Die Aufnahme des V erfolgt im fünfwertigen Zustand. In der Zelle erfolgt die Reduktion von V^{5+} zu V^{3+}. Ein V-Mangel verursacht einen erhöhten Plasmacholesterin- und Triacylglycerin-Spiegel. V stimuliert die Oxidation von Phospholipiden und unterdrückt die Synthese des Cholesterins durch Hemmung der Squalen-Synthase (ein mikrosomales Leberenzymsystem). Außerdem stimuliert V die Acetoacetyl-CoA-Deacylase in Lebermitochondrien. V wird auch eine Rolle im Knochenstoffwechsel und bei der Knochenbildung zugeschrieben. V-Mangel führt zu anormalem Knochenwachstum. Injiziertes radioaktives V wird in hohem Maß in Bereichen aktiver Mineralisierung im Zahnbein und im Knochen inkorporiert. V wird für ein optimales Wachstum bestimmter Grünalgen benötigt. Es hemmt das Wachstum von *Mycobacterium tuberculosis*. Die Fixierung des Luftstickstoffs durch *Azotobacter* (↗ *Stickstofffixierung*) wird durch V gesteigert. Einige Aszidien zeigen eine bemerkenswerte Fähigkeit, V aus dem umgebenden Meerwasser zu konzentrieren (↗ *Schwermetalle*).

Vanadium, veraltet für ↗ *Vanadin*.

Vancomycin, *Vanconin*, ein von *Streptomyces orientalis* produziertes Glycopeptidantibiotikum. Die Kohlenhydratkomponente besteht aus D-Glucose und Vancosamin (3-Amino-3-methyl-2,3,6-tridesoxyhexose). V. inhibiert die bakterielle Mucopeptidbiosynthese und wird praktisch ohne Nebenwirkungen bei schweren Staphylococceninfektionen (Sepsis, Endokarditis), insbesondere bei Infektionen, die durch penicillinresistente Erreger hervorgerufen wurden, sowie bei Patienten mit Allergie gegen β-Lactam-Antibiotika angewandt.

Vanconin, Syn. für ↗ *Vancomycin*.

Van-Deemter-Gleichung, beschreibt die Abhängigkeit der ↗ *theoretischen Bodenzahl* (H.E.T.P.) eines ↗ *Chromatographie*-Vorgangs von der Strömungsgeschwindigkeit u der mobilen Phase: H.E.T.P. = $A + B/u + C \cdot u$, wobei die Parameter A die Streudiffusion in der stationären Phase, B die Diffusion in der mobilen Phase und C die Diffusion und den Stoffaustausch zwischen mobiler und stationärer Phase berücksichtigen (Abb.).

HETP

B/u

$C \cdot u$

A

u

Van-Deemter-Gleichung. Van-Deemter-Kurve.

Van-der-Waals-Kräfte, ↗ *nichtkovalente Bindungen*.

Vanillin, *3-Methoxy-4-hydroxybenzaldehyd*, farblose, nadelförmige Kristalle; F. 82 °C (Abb.). V. kommt im Pflanzenreich, vornehmlich in Vanilleschoten (1–4 % der Trockensubstanz), vor. Großtechnisch wird V. seit 1937 durch Oxidation von

OCH₃

OH   **Vanillin**

Ligninsulfonsäuren (Sulfitablaugen) im alkalischen Medium hergestellt. Die Vanillinausbeuten betragen 5–8 % (bezogen auf eingesetztes Lignin). Unter Laborbedingungen sind durch alkalische Nitrobenzoloxidation Ausbeuten bis zu 25 % erreichbar. Beim Einsatz von Laubholzligninen wird 2–3-mal mehr *Syringaaldehyd* (3,5-Dimethoxy-4-hydroxybenzaldehyd) gebildet als V. So können aus Aspenlignin bis zu 30 % Syringaaldehyd und 12 % V. erhalten werden.

V. wird als Speisearoma (Vanillinzucker) sowie als Komponente für künstliche Riechstoffe eingesetzt. Durch Oxidation des V. entsteht Vanillinsäure, deren Derivate und Polykondensate (Polyester) technische Anwendung finden.

Variabilin, *3,9-Dimethoxy-6a-hydroxypterocarpan. ↗ Pterocarpane.*

vasoaktives Intestinalpeptid, *VIP*, H-His^1-Ser-Asp-Ala-Val^5-Phe-Thr-Asp-Asn-Tyr^{10}-Thr-Arg-Leu-Arg-Lys^{15}-Gln-Met-Ala-Val-Lys^{20}-Lys-Tyr-Leu-Asn-Ser^{25}-Ile-Leu-Asn-NH$_2$, ein im Zwölffingerdarm gebildetes, auch in der Hirnrinde, im Hypothalamus und dominierend im Nervensystem vorkommendes 28 AS-Peptid. Es zeigt etwa ein Drittel der hyperglycämischen Glucagonwirkung, stimuliert die glatte Muskulatur und wirkt in den Neuronen des Zentralnervensystems erregend und depolarisierend. Im N-terminalen Sequenzbereich besteht ein hoher Homologiegrad zum Glucagon und Secretin, aber auch mit dem Gastrin-inhibierenden Peptid sind Sequenzübereinstimmungen zu verzeichnen. Es gehört zur ↗ *Glucagon-Secretin-VIP-Familie.* [S.I. Said *J. Endocrinol. Invest.* 9 (1986) 191]

Vasopressin, *VP, antidiuretisches Hormon, ADH, Antidiuretin, Adiuretin,* H-Cys^1-Tyr-Phe-Gln-Asn^5-Cys-Pro-Arg-Gly-NH$_2$ (Disulfidbrücke: Cys^1–Cys^6), ein Vertreter der neurohypophysären Peptidhormone. Die Wirkung des VP erfolgt durch Wechselwirkung mit dem V1-Rezeptor (pressorische Aktivität) und dem V2-Rezeptor (antidiuretische Aktivität). V. ist ein heterodet zyklisches 9 AS-Peptidamid mit antidiuretischer Wirkung. In höheren Dosen wirkt V. auch blutdruckerhöhend. Die Hormonwirkung des V. wird einmal im Hypothalamus über *Osmorezeptoren* vermittelt, die den osmotischen Druck des Bluts regulieren, und weiterhin über die das Volumen des Blutes registrierenden Rezeptoren in den Herz-Vorhöfen. Durch das ↗ *atrionatriuretische Peptid* wird die Freisetzung des V. gehemmt. V. zeigt auch trotz der Strukturähnlichkeit eine geringe Oxytocinwirkung. Während in den Schweinehypophysen das [Lys^8]V. vorkommt, findet man beim Rind und anderen Säugern das [Arg^8] V. Bei Mangel an V. tritt das Krankheitsbild des Diabetes insipidus auf, wobei aufgrund der mangelnden Rückresorption durch die Niere täglich Harnmengen bis zu 20 l ausgeschieden werden. Die Biosynthese des V. verläuft über den Vasopressin-Neurophysin-II-Vorläufer (↗ *Neurophysine*). Das aus 166 Aminosäurebausteinen bestehende Glycoprotein enthält nach der N-terminalen Signalsequenz von 19 Aminosäurebausteinen die [Arg^8] V.-Sequenz mit einem nachfolgenden Glycinrest, der bei der proteolytischen Freisetzung des V. die terminale Amidgruppe liefert. Nach einem Paar basischer Aminosäuren folgt die Sequenz des Neurophysins II (95 Aminosäuren) und nach einem weiteren Arg-Rest ein 39 Aminosäuren umfassendes Glycopolypeptid. Die Bildung findet im *Nucleus supraopticus* des Hypothalamus statt. Über den *Tractus supraoptico-hypophyseus* erfolgt der Transport zum Hypophysenhinterlappen, der für die neurohypophysären Hormone V. und Oxytocin eine Depot- und Abgabefunktion erfüllt. Vom V. sind hochwirksame Analoga bekannt, die unter anderem den Vorteil einer bequemen nasalen Applikation bieten.

Vasotocin, *VT*, H-Cys^1-Tyr-Ile-Gln-Asn^5-Cys-Pro-Arg-Gly-NH$_2$ (Disulfidbrücke: Cys^1–Cys^6), ein heterodet zyklisches 9 AS-Peptidamid mit struktureller Ähnlichkeit zum ↗ *Vasopressin* ([Ile^3,Arg^8]VP) und ↗ *Oxytocin* ([Arg^8]OT). V. vereint praktisch die physiologischen Wirkungen beider neurohypophysären Hormone und kann phylogenetisch als Urhormon dieser Familie angesehen werden. V. wurde im Pinealkörper von Säugetieren und in der Cerebrospinalflüssigkeit von Menschen gefunden. Bei niederen Wirbeltieren ist es für die Regulation des Wasser- und Mineralstoffhaushalts verantwortlich.

Vektoren, gentechnisch veränderte DNA-Elemente, die zur Übertragung und zum Einbau fremder DNA-Sequenzen in eine Wirtszelle verwendet werden (↗ *rekombinante DNA-Technik*). Dies können ↗ *Plasmide*, Viren, Bakteriophagen (↗ *Phagen*) oder ↗ *Cosmide* sein.

Plasmide, die zur Genklonierung eingesetzt werden, tragen gewöhnlich ein oder mehrere Gene, die ihrer Wirtszelle charakteristische Eigenschaften verleihen, mit Hilfe derer sie von anderen Zellen, die keine Plasmide enthalten, unterschieden werden können (Selektionsmarker). Beispielsweise ist die Resistenz einer Bakterienzelle oftmals darauf zurückzuführen, dass sie ein Plasmid enthält, das die Resistenzgene trägt. Alle Plasmide besitzen mindestens eine Replikationsinitiationsstelle, so dass sie sich unabhängig vom Wirtschromosom vermehren können. Die meisten Plasmide kommen in Bakterien vor. Einige Stämme von *Saccharomyces cerevisiae* enthalten ein kreisförmiges Plasmid von 2 µm, das die Konstruktion von Klonierungsvektoren für diesen industriell wichtigen Organismus erleichtert hat. In anderen Eukaryonten wurden keine Plasmide gefunden. Kassettenvektoren stellen die fortschrittlichste Vektorengeneration dar, die alle Signale, die für die Genexpression (Promotor, Terminator, Ribosomenbindungsstelle) benötigt werden, in Form einer Kassette tragen. Das fremde Gen wird in eine einmalig vorhandene Restriktionsschnittstelle im Cluster der Expressionssignale eingefügt. Um einen Kassettenvektor zu konstruieren, wird ein ganzes *E.-coli*-Gen mitsamt seiner Expressionssignale in einen Vektor inseriert. Dann wird das Leseraster entfernt, wobei die Expressionssignale intakt bleiben. Anfängliche Schwierigkeiten bei der Konstruktion von Kassettenvektoren wurden mittlerweile überwunden, da die Oligonucleotidsynthese von Promotor, Terminator und Ribosomenbindungsstelle getrennt durchgeführt wird und diese Oligonucleotide dann unter Bildung einer Kassette ligiert und in ein Plasmid inseriert werden. Ungenaue Vektoren (z. B. Vektoren, die noch einen Teil des ursprünglichen *E.-coli*-Leserasters enthalten) werden weiterhin häufig eingesetzt und haben einen beträchtlichen Beitrag zu den Untersuchungen über die Produktion von rekombinanten Proteinen geleistet.

Bakteriophagen fungieren entweder als *Insertionsvektoren* oder als *Substitutionsvektoren*. Insertionsvektoren werden an einer einzigen Restriktionsschnittstelle geöffnet, so dass durch die Insertion der fremden DNA die Größe des Vektors zunimmt. Substitutionsvektoren werden an zwei Stellen gespalten und die dazwischenliegende Sequenz wird durch das Fragment der fremden DNA ersetzt. Der Insertionsvektor Phage λNM607 kann bis zu 9 kb einer neuen DNA aufnehmen, während der Substitutionsvektor Phage λEMBL4 bis zu 23 kb-Fragmente tragen kann. Im Vergleich dazu, können in die meisten Plasmidvektoren nur 5 kb oder weniger inseriert werden. Dagegen besitzen Cosmide eine viel höhere Kapazität, mit einer maximalen Aufnahmegrenze von 52 kb und einem Richtwert von ungefähr 40 kb. Sie können deshalb DNA-Fragmente aufnehmen, die für Plasmid- oder Virusvektoren zu groß sind.

Für den Gentransfer in Insektenzellen (z. B. *Spodoptera frugiperda*) mittels rekombinanter Viren werden Vektoren verwendet, die in *E. coli* propagiert werden können, wie z. B. pUC-Derivate. Diese Vektoren enthalten den starken, späten viralen Polyhedrin-Promotor und viruseigene DNA-Abschnitte, mit deren Hilfe das Fremdgen in das virale Genom integriert wird. Vektoren zur Transformation von Säugerzellen (einschließlich menschlicher Zellkulturen) sind von Viren (z. B. SV40-, Papilloma- und Retrovirus-Systeme) abgeleitete DNAs. Ein Gentransfer in Pflanzen kann mit Hilfe des Ti-Plasmids (<u>tumor</u>induzierend) durchgeführt werden, einem 200 kb großen Plasmid des endosymbiotischen *Agrobacterium tumefaciens*, das DNA in pflanzliche Zellen übertragen kann, die an der Tumorin-

duktion durch das Bakterium beteiligt ist. Zur Bearbeitung spezieller gentechnologischer Fragestellungen oder als Hilfsmittel bestimmter Techniken werden zunehmend speziell konstruierte Vektoren eingesetzt, so z. B. sogenannte *Expressions-Vektoren*, die mit besonders starken konstitutiven [z. B. SV40-, Rous-Sarcoma-Virus- oder Cytomegalie-Virus (CMV)-Promotor] bzw. regulierbaren (z. B. Glucocorticoid-Promotor) Promotoren ausgestattet und daher zur verstärkten Expression klonierter Gene geeignet sind, und *Sequenzierungs-Vektoren*, wie die von einzelsträngigen DNA-Phagen M13 abgeleiteten Vektoren, die sich speziell zur DNA-Sequenzanalyse nach der von F. Sanger entwickelten Methode eignen (↗ *Sanger-Sequenzierung*).

Sekretionsvektoren sind für eine effektive Expression und Sekretion klonierter Genprodukte, wie z. B. sekretorische Proteine, erforderlich.

Für das Anlegen von Genombibliotheken werden Klonierungsvektoren wie YACs (↗ *künstliches Hefechromosom*) und BACs (↗ *künstliches Bakterienchromosom*) verwendet (↗ *Genomprojekte*)
[E.-L. Winnacker, *Gene und Klone, Eine Einführung in die Gentechnologie*, VCH-Verlagsgesellschaft, Weinheim, 1990; F. Lottspeich, H. Zorbas (Hrsg.), *Bioanalytik*, Spektrum Akademischer Verlag, 1998]

Veracevin, ↗ *Germin*.

Veratramin, ein ↗ *Veratrum*-Alkaloid vom Jerveratrumtyp mit C-nor-D-homo-Struktur. M_r 425,62 Da, F. 207 °C, $[\alpha]_D$ −69°. V. kommt z. B. in Germer (*Veratrum album, V. eschscholtzii* und *V. viride*) vor. Aus den Arten der Gattung *V. viride* wurde weiterhin das Glycoalkaloid *Veratrosin* (*Veratrosid*) isoliert, in dem V. als Aglycon über die 3β-Hydroxylgruppe mit D-Glucose verknüpft ist.

Veratrosin, ein ↗ *Veratramin*.

Veratrum-Alkaloide, eine Gruppe von Steroidalkaloiden, die in Pflanzen der Nachtschattengewächse (*Solanaceae*), dem Germer (*Veratrum*) und in Schachbrettblumen (*Fritillaria*) vorkommen. V. leiten sich strukturell vom Stammkohlenwasserstoff Cholestan (↗ *Steroide*) ab, wobei bei einigen Vertretern der Ring C verengt und Ring D erweitert ist (*C-nor-D-homo-V.*). Man unterteilt die V. in die Hauptgruppen *Jerveratrum-Alkaloide*, z. B. ↗ *Jervin*, ↗ *Rubijervin*, ↗ *Isorubijervin*, ↗ *Veratramin*, und *Ceveratrum-Alkaloide*, z. B. ↗ *Germin*. Vertreter der ersten Gruppe haben nur 2–3 Sauerstoffatome und treten in der Pflanze frei oder als Glycoalkaloide an ein Molekül D-Glucose gebunden auf. Ceveratrum-Alkaloide enthalten 7–8 Sauerstoffatome und liegen meist als Esteralkaloide in der Pflanze vor. Als Säurekomponenten treten besonders Essigsäure, Angelicasäure, Tiglinsäure und Veratrumsäure auf. V. sind von positiv-ionotroper Herzwirkung, senken durch Reflexhemmung der vasomotorischen Zentren den Blutdruck und wurden deshalb therapeutisch verwendet, jedoch mittlerweile durch Rauwolfia-Alkaloide u. a. ersetzt. V. wurden auch als Insektizide eingesetzt. Die Biosynthese erfolgt über Cholesterin.

Verbenalin, ↗ *Iridoide*.

Verbindungsprotein, Syn. für ↗ *Link-Protein*.

Verdauung, die Gesamtheit der sich im Verdauungskanal abspielenden Vorgänge (mechanische und chemische Verdauung), die die zugeführten Nahrungsstoffe zu niedermolekularen, resorptionsfähigen und nicht mehr antigen wirkenden Substanzen abbauen. Dem hohen Differenzierungsgrad des Verdauungskanals und der jeweiligen Ernährungsweise entsprechend sind die biochemischen Verdauungsvorgänge insbesondere der Säugetiere den Erfordernissen beim Fleischfresser, Pflanzenfresser und Allesfresser angepasst. Im Allgemeinen unterscheidet man zwischen der *Mundhöhlenverdauung*, *Magenverdauung* und *Dünndarmverdauung*. Die Mundhöhlenverdauung ist für die chemische Verdauung kaum von Bedeutung, weil Speichelamylase nur bei Mensch, Menschenaffe, Schwein und einigen Nagetieren vorkommt und da die Verweilzeit der Nahrung in der Mundhöhle zu kurz ist. Der Magen ist der erste Hauptort der Verdauung. Trotz seiner zahlreichen Formenmannigfaltigkeiten (ein-, zwei- und mehrhöhliger Magen) bei den einzelnen Spezies werden in allen Mägen die Nahrungsproteine bis zu den Peptonen und die Stärke (bei Tieren mit Speichelamylase) bis zu den wasserlöslichen Dextrinen abgebaut. Eine Sonderstellung nehmen die als Gärkammer für die Bakterienflora dienenden Vormägen (Pansen-, Netz- und Blättermagen) der Wiederkäuer und anderer Pflanzenfresser ein. Den Pansenbakterien fällt die wichtige Aufgabe des anaeroben Celluloseaufschlusses zu, dessen resorptionsfähige Endprodukte nicht Glucose, sondern kurzkettige Fettsäuren, wie Essig-, Propion-, Butter- und Valeriansäure, sind. Während bei den erwachsenen Säugetieren der Magen nicht unbedingt lebensnotwendig ist, erfüllt er bei den milchsaugenden Jungtieren, einschließlich Mensch, die wichtige Aufgabe der Milchgerinnung, die durch die Salzsäure und die Labwirkung des Magensafts bewerkstelligt wird.

Wichtigster Verdauungsabschnitt ist der Zwölffingerdarm, da sich hier alle ↗ *Verdauungsenzyme*, die zur Fortführung und zum Abschluss der Verdauung notwendig sind, vorfinden. Die Verdauungsenzyme werden von den Dünndarmdrüsen und dem Pankreas (Dünndarm- bzw. Pankreassaft) geliefert. Bei den Pflanzenfressern stammt ein kleiner Anteil der Verdauungsenzyme aus der Nahrung (Nahrungsmittelenzyme). Das Sekret der Gallenblase in der Leber, die Galle, liefert wichtige Aktivatorsubstanzen, insbesondere die Gallensäuresalze, die

– wie das $NaHCO_3$ des Pankreassafts – zum störungsfreien Ablauf der Verdauung beitragen. Die resorptionsfähigen Endprodukte der Verdauung sind: L-Aminosäuren, Monosaccharide (Glucose, Fructose, Galactose, Mannose und Pentosen), Natriumsalze der Fettsäuren, Glycerin, Monoglyceride und Nucleoside. Im sich anschließenden Dickdarm finden neben der Eindickung des Dünndarminhalts bakterielle Gärungs- und Fäulnisvorgänge statt, die zur Milchsäure-, Essigsäure- und Gasbildung bzw. zur Entstehung giftiger Amine und Phenole führen. Bei zu langsamer Darmpassage können die Giftstoffe in den Endabschnitten des Dickdarms in vermehrtem Maße resorbiert werden.

Von der Verdauung ist die ↗ *intrazelluläre Verdauung* begrifflich abzusetzen, da sie auch den Abbau von zelleigenen Biopolymeren umfasst.

Verdauungsenzyme, Hydrolasen des Verdauungstraktes aller Tiere, die die mechanisch zerkleinerten Nahrungsstoffe (Proteine, Kohlenhydrate, Fette, Nucleinsäuren) unter Wasseraufnahme in ihre resorptionsfähigen Bausteine chemisch zerlegen. Diese niedermolekularen Bestandteile werden genauso schnell resorbiert wie sie gebildet werden, so dass das Gleichgewicht des Verdauungsprozesses kontinuierlich zugunsten der Hydrolyse verschoben ist. Die Verdauungsenzyme der Wirbeltiere sind mit Ausnahme der Disaccharidasen und gewisser Peptidasen (↗ *Sekretproteine*), die in hoher Konzentration in besonderen Anhangsdrüsen, wie Speichel- und Bauchspeicheldrüse, oder in der Magen- und Darmschleimhaut gebildet werden. Verdauungsenzyme gehören mit zu den am besten untersuchten Enzymen. Nach ihrer Wirkung auf die Nahrungsstoffe werden die Verdauungsenzyme eingeteilt in 1) ↗ *Proteasen*, Peptidasen, 2) Glycosidasen (kohlenhydratspaltende Verdauungsenzyme), 3) ↗ *Esterasen* (insbesondere Lipasen) und 4) ↗ *Nucleasen* (nucleinsäurespaltende Verdauungsenzyme), Tab. auf Seite 446.

Verdauungsvakuolen, ↗ *intrazelluläre Verdauung*.

Verknüpfungsdifferenz, ↗ *Verknüpfungszahl*.

Verknüpfungszahl, *topologische Windungszahl, linking number,* α, eine Zahl, die angibt, wieviel mal zwei Stränge der DNA-Doppelhelix verschlungen sind. Sie ist stets ganzzahlig. In Lösung hat die DNA einen Anstieg von 10,4 Basenpaaren je Helixdrehung. Eine geschlossene circulare Duplex wird als entspannt betrachtet, wenn α der Anzahl der Basenpaare entspricht, dividiert durch 10,4. Der Gesamtwert für α wird für den entspannten Fall als $α_0$ bzw. β angegeben. Eine Verknüpfungszahl, die kleiner als $α_0$ ist, bedeutet, dass die DNA negativ superspiralisiert (engl. *supercoiled*) ist, während DNA mit einer Verknüpfungszahl, die größer als $α_0$ ist, positiv superspiralisiert ist. In beiden Fällen

Verdauungsenzyme. Tab. Verdauungsenzyme der Vertebraten.

Enzyme	M_r [kDa]	Angriffsstelle ($\downarrow$)	pH-Optimum
(I) Proteasen			
1. *Proteinasen*			
a) *Magen*			
Pepsin A (Alkali-labil)	34,5	Gly$\downarrow$Tyr–Phe, Glu$\downarrow$Phe	1,8
Pepsin B (Gelatinase)	36	hydrolysiert nur Gelatine	
Pepsin C (Gastriscin)	31,5	Tyr$\downarrow$Ser, Phe$\downarrow$Ser	3,0
Rennin	30,7	Phe$\downarrow$Met (in κ-Casein)	4,8
b) *Pankreassekretion*			
Trypsin	23,4	Arg$\downarrow$R, Lys$\downarrow$R	8,0
Chymotrypsin A (α und γ)	25,17	Tyr$\downarrow$R, $\downarrow$Phe-R, $\downarrow$Tyr-R, $\downarrow$Met-R	8,0
δ-Chymotrypsin	25,4	wie Chymotrypsin A	
Chymotrypsin B	25,4	wie Chymotrypsin A	
Chymotrypsin C	23,9	wie Chymotrypsin A, zusätzl. Leu$\downarrow$R, Glu(Asp)$\downarrow$R	8,0
Elastase	25,7	R-neutrale Aminosäure$\downarrow$R	8,0
Kollagenase	?	hydrolysiert nur Kollagen	5,5
c) *Duodenalsekretion*			
Enterokinase	196	H_2N-Val-(Asp)$_{2-5}$Lys$_6$$\downarrow$Ile$_7$-Trypsin-COOH	8,0
2. *Peptidasen*			
a) *Pankreassekretion*			
Carboxypeptidase A	34,4	Peptidyl$\downarrow$Phe, $\downarrow$Tyr, $\downarrow$Trp, $\downarrow$Leu	8,0
Carboxypeptidase B	34,4	Peptidyl$\downarrow$Lys, $\downarrow$Arg	8,0
b) *Duodenalsekretion*			
Leucin-Aminopeptidase	300	H_2N-Leu$\downarrow$Peptid, oder $\downarrow$Polypeptid	8,9
Aminotripeptidase	300	Ala $\downarrow$Dipeptid	8,0
Dipeptidase	100	Gly$\downarrow$Gly, Gly$\downarrow$Leu, Cys$\downarrow$Gly	7,8
Prolidase	?	Gly$\downarrow$Pro	7,8
Prolinase	?	Pro$\downarrow$Gly	7,8
(II) Glycosidasen			
a) *Speichel- und Pankreas-Amylase*, die in der Mundhöhle, im Magen und Duodenum wirkt			
α-Amylase	50	α-glycosidische 1→4-Bindungen	6,5
b) *Duodenumsekretion*			
α-Glycosidasen			
5 spezifische Maltasen	200	α-glycosidische 1→4-Bindungen	7,0
eine spezifische Saccharase	200	α-glycosidische 1→4-Bindungen	7,0
eine Trehalase	200	α-glycosidische 1→1-Bindungen	7,0
α-1,3-Glycosidase	200	α-glycosidische 1→3-Bindungen	7,0
β-Galactosidase (Lactase)	200	β-glycosidische 1→4-Bindungen	6,0
Oligo-α(1→6)Glucosidase	200	α-glycosidische 1→6-Bindungen in Stärke und Glycogen	7,0
(III) Esterasen			
a) *Magensekretion*			
Magen-Lipase	35	Esterbindungen in Triacylglycerinen, insbesondere Milchfett	5,0
b) *Pankreassekretion*			
Pankreas-Lipase	35	Esterbindungen in Triacylglycerinen	7,5
Phospholipase A + B	14	Esterbindungen in Phospholipiden	7,5
Cholesterinesterase	400	Cholesterinfettsäureester	7,5
c) *Duodenumsekretion*			
Monoacylglycerin-Lipase	?	Esterbindungen von Monoacylglycerinen	7,5
Carbonsäure-Esterase	160	Ester aliphatischer Fettsäuren	7,8
Alkalische Phosphatase	140	Phosphatesterbindungen	9,0
(IV) Pankreasnucleasen			
Ribonuclease	13,7	3´-Phosphatesterbindungen	7,3
Desoxyribonuclease	31	3´-Phosphatesterbindungen	7,0

steht die DNA unter Torsionsspannung. Diese Spannung teilt sich auf in Verdrehung (veränderte Drehung der Doppelhelix und Verdrillung (Verdrehung der Doppelhelix). Verdrillung ist gleichbedeutend mit Superspiralisierung. Die *Verknüpfungsdifferenz* ($\Delta\alpha = \alpha - \alpha_0$) ist ein Ausdruck für die Spannung, hängt jedoch von der DNA-Länge ab. Die spezifische Verknüpfungsdifferenz ($\Delta\alpha/\alpha_0$) ist von der Moleküllänge unabhängig und ein geeigneteres Maß für die Spannung der DNA-Doppelhelix. ↗ *Superhelixdichte*.

Vernin, veraltete Bezeichnung für ↗ *Guanosin*.

Verotoxin, SLT (engl. *shiga-like toxin*), Syn. für shigaähnliche Toxine, ein Toxin aus enterohämorrhagischen *E.-coli*-Stämmen (↗ *Shigatoxine*).

Versen, ↗ *Ethylendiamintetraessigsäure*.

Verseifungszahl, ↗ *Fette und fette Öle (Analytisches)*.

Verstärkungseffekt, ↗ *Emerson-Effekt*.

Verteilungschromatographie, auf dem Prinzip der gleichförmigen multiplikativen Verteilung (Extraktion) basierendes Trennverfahren der ↗ *Chromatographie*, insbesondere der ↗ *Hochleistungsflüssigkeitschromatographie*, bei dem ein Substanzgemisch zwischen einer strömenden (mobilen) Phase und einer auf einem Träger fixierten stationären Phase verteilt wird. Die V. wird an Säulen oder Flächen durchgeführt. Als Träger für die stationäre Phase werden Materialien mit einheitlicher Korngröße und wenig aktiver Oberfläche, wie Cellulose, Kieselgel, Kieselgur oder Stärke, verwendet.

very high density lipoproteins, *VHDL*, ↗ *Lipoproteine* der Dichte >1,21 g·cm^{-3}.

very low density lipoproteins, *VLDL*, ↗ *Lipoproteine*, die als Transportform endogener Plasma-Triacylglycerine dienen und in der Leber gebildet werden. VLDL enthalten unter anderem die Apolipoproteine B, C und E (ca. 5–10 % Gesamtprotein), ca. 18–22 % Cholesterin und Cholesterinester, etwa 12–18 % Phospholipide und ca. 55–65 % Triacylglycerine. Der Anteil an ↗ *Lipiden* beträgt 89–94 %. Die VLDL weisen nach den Chylomikronen den höchsten Triacylglycerinanteil aller Lipoproteine auf. Durch Abgabe von Triacylglycerinen werden die VLDL immer kleiner und cholesterinreicher. Schließlich gehen sie in LDL (↗ *low density lipoproteins*) über. Ihr Durchmesser liegt bei 0,3–0,7 µm. Bei der Lipoproteinelektrophorese laufen die VLDL in der Prä-β-Bande. Die Normalwerte beim Mann liegen bei 130 mg/dl, bei der Frau bei 60 mg/dl. ↗ *high density lipoproteins*.

Verzweigtketten-α-Keto-Dehydrogenase-Komplex, ein ↗ *Multienzymkomplex*, der die oxidative Decarboxylierung von α-Ketoisocapronat, einem Zwischenprodukt des Abbaus von ↗ *L-Leucin*, zum Isovaleryl-CoA katalysiert. Auch die α-Ketosäuren, die durch Transaminierung der beiden anderen verzweigtkettigen Aminosäuren ↗ *L-Valin* und ↗ *L-Isoleucin* gebildet werden, sind Substrate des V.

Vesikel, von lat. *vesicula* Bläschen, ein aus einer Lipiddoppelschicht (*Bilayer*) bestehende Hohlkugel. Die Doppelschichten umschließen Wasser und bilden ein separates Kompartiment. Bei der Bildung von V. gehen die hydrophoben Kantenbereiche der Doppelschichten verloren, wodurch die V. in der wässrigen Umgebung maximale Stabilität erreichen. V. erfüllen u. a. Transportaufgaben bei der Exocytose und Endocytose.

Vestitol, *7,2'-Dihydroxy-4'-methoxyisoflavan*. ↗ *Isoflavan*.

VHDL, Abk. für ↗ *very high density lipoproteins*.

Vignafuran, ↗ *2-Arylbenzofurane*.

Villin, ↗ *Actin-bindende Proteine*.

Vimetin, Filamentprotein (M_r 53 kDa), das sich in Zellen mesenchymalen Ursprungs zu ↗ *intermediären Filamenten* zusammenlagert. Die Struktur ähnelt der von α-Keratin (↗ *Keratine*).

Vinblastin, *Vincaleucoblastin*, ein dimeres Indol-Indolin-Alkaloid. F. 211–216 °C (Z.), $[\alpha]_D$ +42° (Chloroform). V. besteht formal aus den Alkaloiden Vindolin (untere Molekülhälfte) und Catharanthin (↗ *Vinca-Alkaloide*). V. kommt zusammen mit Vindolin und Catharidin in sehr geringer Konzentration in der Immergrünart *Vinca rosea* vor. V. gehört zu den effektivsten natürlichen Antitumorverbindungen und wird klinisch vorwiegend bei Hodgkinscher Krankheit eingesetzt.

Vinca-Alkaloide, *Catharanthus-Alkaloide*, eine Gruppe von etwa 60 iridoiden Indolalkaloiden, die in *Vinca-* (*Catharanthus-*) Arten, z. B. Kleinem Immergrün (*Vinca minor*) vorkommen. Strukturell sind es tetra- oder pentazyklische Indolabkömmlinge mit einem iridoiden Baustein, z. B. *Vindolin*, F. 174–176 °C, $[\alpha]_D$ –18° (Chloroform), und *Vincamin*, F. 232–233 °C, $[\alpha]$ +41° (Pyridin). Daneben finden sich in den Blättern in geringer Menge (etwa 0,005 %) die aus zwei Monomeren zusammengesetzten *dimeren V.*, z. B. ↗ *Vinblastin* und ↗ *Vincristin* (Abb.).

Für die *Biosynthese* der V. dienen Tryptophan und Mevalonsäure als Vorstufen. Die Droge hat the-

Vindolin: R$_1$ = CH$_3$, R$_2$ = H
Vinblastin: R$_1$ = CH$_3$, R$_2$ =
Vincristin: R$_1$ = CHO, R$_2$ =

Vinca-Alkaloide

rapeutische Bedeutung, weil neben dem hypotensiv wirksamen Vincamin besonders die dimeren V. gute onkolytische Eigenschaften aufweisen und zur Behandlung von Carcinomen eingesetzt werden.

Vincaleucoblastin, Syn. für ⌐ *Vinblastin*.

Vincamin, ⌐ *Vinca-Alkaloide*.

Vincristin, *Leurocristin*, ein dem Vinblastin eng verwandtes dimeres Indolalkaloid aus der Immergrünart *Vinca rosea* (Formel ⌐ *Vinca-Alkaloide*). F. 218–220 °C (Z.), $[\alpha]_D$ +17° (Ethyldichlorid). V. ist eines der wirksamsten natürlichen Antitumormittel und wird in Form seines Sulfates (*Oncovin*) vorwiegend bei akuter Leukämie im Kindesalter und zur Bekämpfung von Neoplasmen verschiedener Art eingesetzt.

Vinculin, ⌐ *Actin-bindende Proteine*.

Vindolin, ⌐ *Vinca-Alkaloide*.

Violanin, ⌐ *Delphinidin*.

Violaxanthin, *3(S),3'(S)-Dihydroxy-β-carotin-(5R,6S,5'R,6'S)-5,6,5',6'-diepoxid*, ein zur Gruppe der Xanthophylle gehörendes Carotinoid (Abb.). M_r 600,85 Da, F. 208 °C, $[\alpha]_{Cd}^{20}$ +35° (c = 0,08 in Chloroform). V. ist eins der wichtigsten pflanzlichen Carotinoide. Es ist als orangefarbener bzw. braungelber Farbstoff in allen grünen Blättern enthalten und findet sich besonders reichlich in Blüten und Früchten von *Viola tricolor, Taraxacum, Tagetes, Tulipa, Citrus, Cytisus* u. a. V. ist metabolisch bedeutend als Vorstufe für ⌐ *Abscisinsäure*. V. wurde 1931 von R. Kuhn und A. Winterstein aus den Blüten des gelben Stiefmütterchens isoliert, seine Struktur wurde von P. Karrer aufgeklärt.

Viomycin, *Celiomycin, Florimycin, Tuberactinomycin B*, ein von *Streptomyces floridae, puniceus* und *vinaceus* synthetisiertes Polypeptidantibiotikum, das einen 7-Desazaadeninring enthält. F. 280 °C (Sulfathydrat), $[\alpha]_D^{25}$ –32° (c = 1, Wasser). Abbauprodukt des V. ist unter anderem die Guanidinoverbindung *Viomycidin*. V. hemmt sowohl die Nucleinsäure- als auch die Proteinsynthese. Es wirkt vorwiegend gegen gramnegative Bakterien. Von Bedeutung ist seine Wirksamkeit gegenüber *Mycobacterium tuberculosis*. [Noda et al. *J. antibiot.* **25** (1972) 427]

VIP, Abk. für ⌐ v̲asoaktives I̲ntestinalp̲eptid.

Viren, sehr kleine infektiöse Partikel, die entweder aus DNA oder RNA, umhüllt von einer Proteinhülle, bestehen und sich nur mit Hilfe einer geeigneten Wirtszelle vermehren können. V. unterdrücken die genetische Information der Wirtszelle und nutzen die Ribosomen, Energie-erzeugenden Me-

chanismen und verschiedene Enzyme des Wirts zur eigenen Replikation. Es gibt eine große Vielzahl unterschiedlicher V.-Arten, die sich im Nucleinsäuretyp (RNA oder DNA, einzelsträngig oder doppelsträngig, linear oder zirkulär), in der Struktur der Proteinhülle, im Infektions- und Replikationsmodus unterscheiden. In der ⌐ *rekombinanten DNA-Technik* werden gentechnisch veränderte Viren vielfach als ⌐ *Vektoren* für den DNA-Transfer genutzt. Bakterienviren sind die ⌐ *Phagen*. ⌐ *HIV*, ⌐ *Retroviren*, ⌐ *Tabakmosaikvirus*, ⌐ *Tumorviren*, ⌐ *defekte Viren*, ⌐ *defiziente Viren*. [D. H. Bamford u. R.B. Wickner *Semin. Virol.* **5** (1994) 61–69; S. Schlesinger et al. *Semin. Virol.* **5** (1994) 39–50]

Viridicatin, ein von Schimmelpilzen der Gattung *Penicillium* gebildetes Chinolinalkaloid. V. entsteht aus Anthranilsäure, Phenylalanin und der Methylgruppe des Methionins (Abb.). Die Biosynthese wird durch das Enzym *Cyclopenase* katalysiert.

Anthranilsäure   Phenylalanin

Cyclopenin (R = H)
Cyclopenol (R = OH)

Viridicatin (R = H)
Viridicatol (R = OH)

Viridicatin. Biosynthese der Chinolin-Alkaloide Viridicatin und Viridicatol.

Viridicatol, ⌐ *Viridicatin*.

Viridogrisein, ⌐ *Etamycin*.

Viroide, Virus-ähnliche Pflanzenpathogene, die aus kleinen zirkulären RNA-Molekülen bestehen und nur eine Nucleotidlänge von 150–400 bp und

Violaxanthin

keine Proteinhülle besitzen. Durch extensive Wasserstoffbrückenbindungen zwischen komplementären Basen entsteht ein komprimiertes, stäbchenförmiges Molekül mit seitlich abstehenden Schleifen. V. werden in geeigneten lebenden Wirtszellen reprimiert, eine Proteinhülle wird in keinem der Replikationsschritte gebildet. Das erste infektiöse Agens, das als Viroid klassifiziert wurde, ist das Kartoffelspindelknollen-Viroid (engl. _potato spindle tuber viroid_, PSTV), das jedoch noch 128 andere Pflanzenarten in 11 Familien befällt. Die Replikation der V. ist vollkommen vom Replikationssystem der Wirtszelle abhängig. Es konnte gezeigt werden, dass die DNA von nicht mit PSTV infizierten Wirtszellen Nucleotidsequenzen enthalten, die komplementär zu denen der Viroid-RNA sind, eine Situation, die auch bei RNA-Tumorviren angetroffen wird. Das M_r des PSTV ist mit 120 kDa viel kleiner als das anderer bekannter viraler RNA-Moleküle. Außerdem ist es viel stärker infektiös als andere Pflanzenviren, 10 Moleküle reichen aus, um eine Kartoffelpflanze zu infizieren.

Virostatika, Verbindungen, die die Vermehrung von Viren im Organismus hemmen sollen, ohne die normalen Zellfunktionen wesentlich zu beeinflussen. Da Viren nicht über einen eigenen Stoffwechsel und nur über eine begrenzte Anzahl eigener Enzyme verfügen und für ihre Vermehrung der lebenden Wirtszelle bedürfen, ist die Auffindung geeigneter V. für die Therapie schwierig. Die bei der Entwicklung von V. bisher erzielten Ergebnisse können nicht befriedigen. Die wenigen bisher in der Therapie verwendeten V. haben ein sehr begrenztes Einsatzspektrum in Bezug auf die zu beeinflussenden Viren, die Applikationsart und die Applikationszeit. Theoretisch sind verschiedene Angriffspunkte möglich, wie das Eindringen der Viren in die Wirtszelle, die Vermehrung in und das Ausschleusen aus der Wirtszelle. Beispiele für V. sind Idoxuridin, Cytarabin, andere Nuclosidantimetabolite, neuerdings bestimmte Protease-Inhibitoren und Amantadin.

Virotoxine, ↗ _Phallotoxine_.

Virushüllproteine, _Kapside_, Proteine mit den größten bekannten M_r (bis 40×10^6 Da). Sie bestehen aus zahlreichen, meist identischen Untereinheiten, den _Kapsomeren_, vom M_r 13–60 kDa. Das V. des Tabakmosaikvirus besteht aus 2.130 Peptidketten mit M_r 17,5 kDa. Die V. umgeben mantelartig die viralen Nucleinsäuren. Die Primärstruktur der V.-Untereinheiten mehrerer Tabakmosaikvirusstämme (M_r 17,4–17,6 kDa; 157 bis 158 Aminosäuren) und des _turnip-yellow_-Mosaikvirus (M_r 20 kDa; 188 Aminosäuren) wurden ermittelt. Die Größe der Bakteriophagen-Hüllproteinuntereinheiten liegt zwischen M_r 5,168 kDa (49 Aminosäuren) und M_r 14,034 kDa (131 Aminosäuren).

α-Viscol, ↗ _Amyrin_.

Viscotoxine, vor allem in der Mistel (_Viscum album_), aber auch in anderen Pflanzenarten vorkommende Polypeptide (M_r 5 kDa) mit einem hohen Anteil schwefelhaltiger Aminosäurebausteine. Aufgrund ihrer membranzerstörenden Wirkung wirken V. auf verschiedene Tiere toxisch. Sie dienen daher der Pflanze wahrscheinlich als Schutz vor Pflanzenfressern, wobei erst bei Verletzung des pflanzlichen Gewebes das Toxin freigesetzt wird.

Vitamin A, _Retinol, Axerophthol, Xerophthol_ (ältere Bezeichnungen _Epithelschutzvitamin_ und _Wachstumsvitamin_), ein fettlösliches Vitamin mit Polyisoprenoidstruktur. Das Retinol selbst ist auch als Vitamin A$_1$ bekannt. Das 3-Dehydroretinol (Vitamin A$_2$) besitzt im Ring zwischen C2 und C3 eine zusätzliche Doppelbindung. Vitamin A ist sowohl für den Sehvorgang als auch für das Wachstum, die Skelettentwicklung, die normale Reproduktionsfunktion sowie für die Gewebeerhaltung und -differenzierung von essenzieller Bedeutung. Es kommt überwiegend in tierischen Produkten, wie Milch, Butter, Eigelb, Lebertran, und im Körperfett vieler Tiere vor. Das Provitamin A Carotin kommt in grünen Pflanzen und Früchten vor. Die Umwandlung der Carotine in Vitamin A erfolgt im Dünndarm, jedoch können auch andere Organe, wie Muskeln und Lungen sowie das Serum diese Umwandlung in begrenztem Maß durchführen. In der Dünndarmschleimhaut wird β-Carotin oxidativ in zwei Moleküle _Retinal_ gespalten (Abb. auf Seite 450, α- und γ-Carotin ergeben nur ein Vitamin-A-Molekül). Retinal wird zu all-_trans_-Retinol reduziert und anschließend mit einer Fettsäure (meistens Palmitat) verestert. Dieses Vitamin-A-Palmitat wird über die Lymphe in die Leber transportiert und dort gespeichert. Durch Hydrolyse wird daraus freies Retinol erhalten, das mit Hilfe eines retinolbindenden Plasmaproteins von der Leber freigesetzt wird. Das Retinol wird von den Netzhautzellen aus dem Plasma aufgenommen und zu all-_trans_-Retinal (Retinaldehyd) oxidiert. Dieses wird zu 11-_cis_-Retinal (_Neoretinal b_) isomerisiert, einem Bestandteil des Sehpurpurs (Rhodopsin).

Als frühes Symptom eines Vitamin-A-Mangels tritt beim Menschen Nachtblindheit auf, die durch eine Störung der Regenerierung des Sehpurpurs verursacht ist. Später führt der Mangel zu einer ↗ _Xerophthalmie_. Für Erwachsene beträgt der tägliche Bedarf 1,5–2,0 mg.

Vitamin B$_1$, ein wasserlösliches Vitamin. ↗ _Vitamine (Tab.)_, ↗ _Thiamin_.

Vitamin B$_2$, ein wasserlösliches Vitamin. ↗ _Vitamine (Tab.)_, ↗ _Riboflavin_.

Vitamin B$_6$, ein wasserlösliches Vitamin. ↗ _Vitamine (Tab.)_, ↗ _Pyridoxin_.

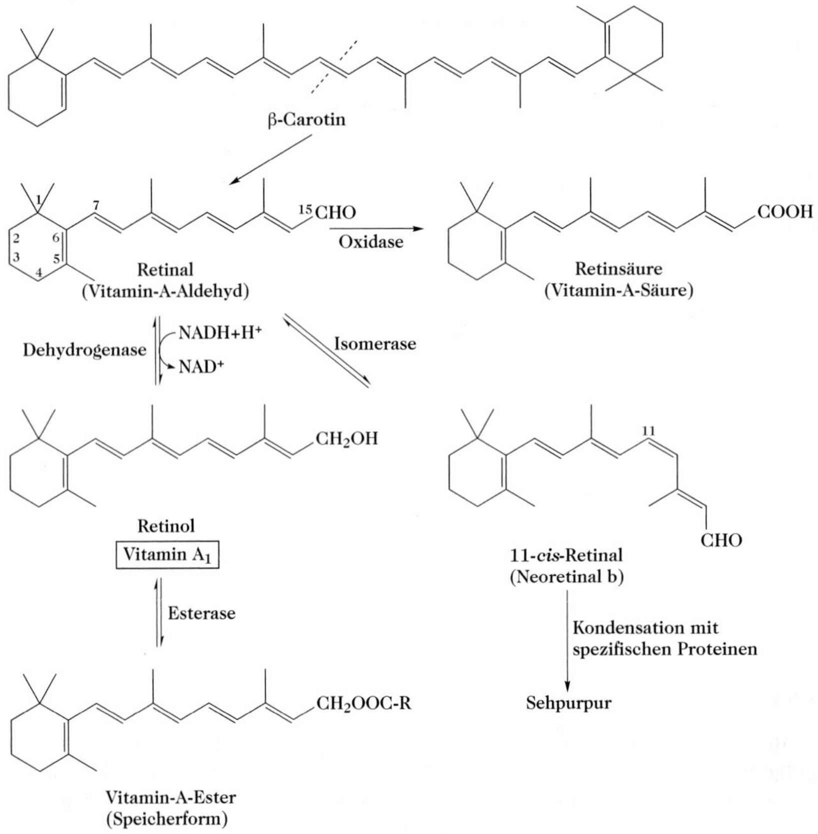

β-Carotin

Retinal
(Vitamin-A-Aldehyd)

^{15}CHO

Oxidase

Retinsäure
(Vitamin-A-Säure)

COOH

Dehydrogenase

NADH+H$^+$

NAD$^+$

Isomerase

Retinol

Vitamin A$_1$

CH$_2$OH

11-*cis*-Retinal
(Neoretinal b)

CHO

Esterase

Kondensation mit
spezifischen Proteinen

CH$_2$OOC-R

Sehpurpur

Vitamin-A-Ester
(Speicherform)

R = z. B. Palmitylrest

Vitamin A. Biosynthese Vitamin-A-aktiver Verbindungen aus β-Carotin.

Vitamin B$_{12}$, ein wasserlösliches Vitamin. ↗ *Vitamine (Tab.)*, ↗ *Cobalamin*.

Vitamin B$_T$, *Novain*, Syn. für ↗ *L-Carnitin*, ein Acetylgruppen-Träger, der von Insekten als Vitamin mit der Nahrung aufgenommen werden muss.

Vitamin C, ein wasserlösliches Vitamin. ↗ *Vitamine (Tab.)*, ↗ *Ascorbinsäure*.

Vitamin D, *Calciferol, antirachitisches Vitamin*, eine Gruppe fettlöslicher Vitamine, die den Steroiden chemisch nahe stehen. Sie entstehen in der Haut aus $\Delta^{5,7}$-ungesättigten Sterinen, die als Provitamin dienen, durch Ultraviolettbestrahlung. Wenn ein Individuum in ausreichendem Maß dem Sonnenlicht ausgesetzt ist, ist eine Vitamin-D-Aufnahme mit der Nahrung nicht notwendig. Vitamin D stellt nur für diejenigen Menschen ein Vitamin dar, die sich nur im Haus aufhalten oder in höheren Breiten leben und eine stark pigmentierte Haut besitzen und aufgrund dessen keine ausreichende Menge an Vitamin D bilden können. Bei der Umwandlung des Sterins in Vitamin D wird der Ring B des Steroidgerüsts zwischen C9 und C10 aufgespalten und *Präcalciferol* gebildet (Abb.). Dieses dient als Vorstufe der Vitamin-D-Gruppe. Tachysterin und Lumisterin werden ebenfalls aus Präcalciferol gebildet.

Vitamin D$_2$ (*Ergocalciferol*) leitet sich von Ergosterin ab, während *Vitamin D$_3$* (*Cholecalciferol*) aus 7-Dehydrocholesterin gebildet wird. Beide Umwandlungen laufen in der Haut unter Wirkung des Sonnenlichts ab. Vitamin D$_3$ wird in der Leber bzw. Niere enzymatisch über 25-Hydroxycholecalciferol zum hochwirksamen 1α,25-Dihydroxycholecalciferol (*1α,25-Dihydroxy-Vitamin D$_3$*) hydroxyliert, das die eigentliche Wirkform im menschlichen Organismus darstellt und Hormoncharakter hat. Vitamin D$_3$ ist in besonders großen Mengen in Lebertran vorhanden. Der Vitamin-D-Komplex findet sich weiterhin z. B. in Hering, Eigelb, Butter, Käse, Milch, Schweineleber und Speisepilzen.

Vitamin D$_1$ ist eine Molekülverbindung von Lumisterin und Ergocalciferol. *Vitamin D$_4$* ist 22-Dihydroergocalciferol, das durch UV-Bestrahlung von 22-Dihydroergosterin entsteht.

Vitamin D hat eine wichtige Funktion im Calciumstoffwechsel. Es fördert die Calciumresorption und die Mineralisation der Knochen. Vitamin-D-Mangel führt zu ↗ *Rachitis*. Überdosierung hat eine Hypervitaminose mit gestörtem Calcium- und Phosphatstoffwechsel und Entzug von Calcium aus den Knochen zur Folge. Für Menschen liegt der

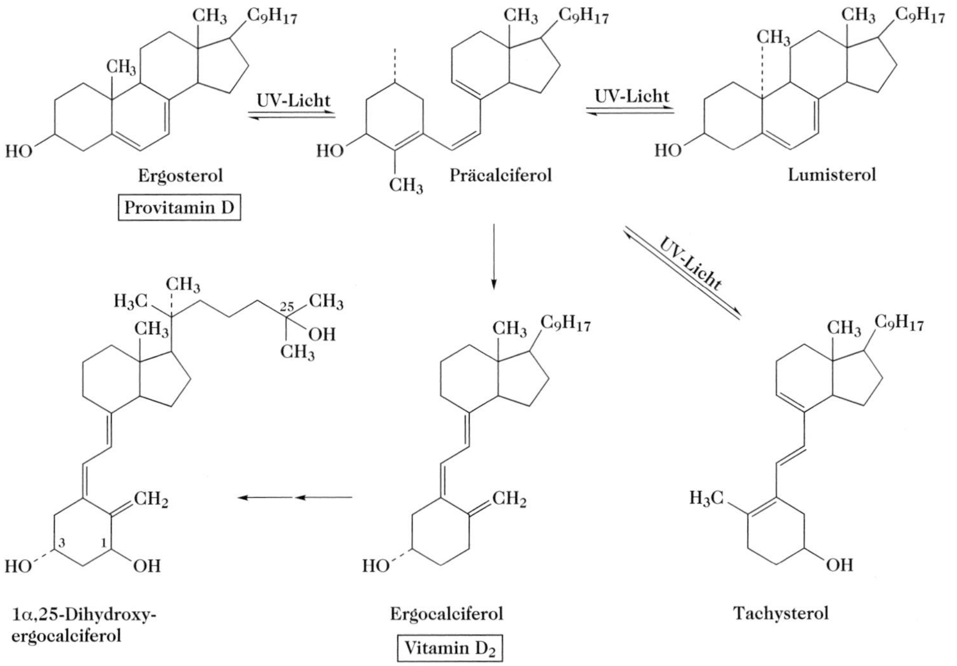

Vitamin D. Biosynthese von Vitamin D$_2$.

tägliche Bedarf an Vitamin D bei 0,1 mg während des Wachstums und bei 0,02 mg für Erwachsene.

Vitamin E, ein fettlösliches Vitamin. ↗ *Vitamine (Tab.)*, ↗ *Tocopherol*.

Vitamin F, ungesättigte Fettsäuren mit Vitamincharakter. ↗ *essenzielle Fettsäuren*.

Vitamin H, ein wasserlösliches Vitamin. ↗ *Vitamine (Tab.)*, ↗ *Biotin*.

Vitamin K, *Phyllochinon, antihämorrhagisches Vitamin, Koagulationsvitamine*, eine Gruppe fettlöslicher Naphthochinonverbindungen, die sich durch unterschiedlich lange Isoprenoidseitenketten unterscheiden (Abb.). In Säugetierorganismen kann die Seitenkette selbst synthetisiert werden. *Vitamin K$_1$* kommt besonders in grünen Pflanzen vor. *Vitamin K$_2$* (*Farnochinon, Menachinon, 6,2-*

Methyl-3-difarnesyl-1,4-naphthochinon) ist vor allem in Bakterien enthalten. *Vitamin K$_3$* (*Menadion, 2-Methyl-1,4-naphthochinon*) ist eigentlich ein Provitamin.

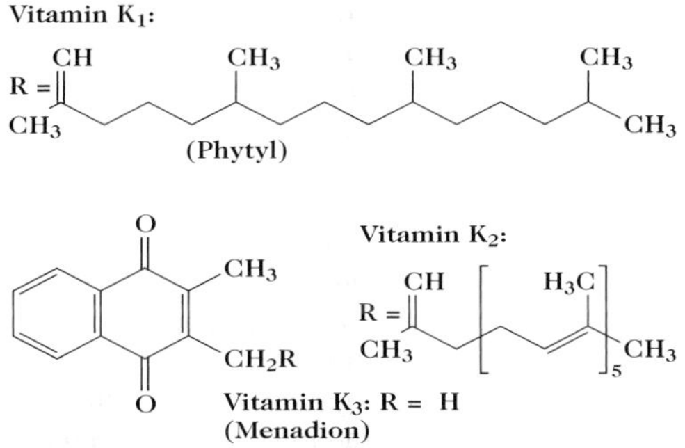

Bei manchen Bakterien ist V. K Bestandteil der Atmungskette und ersetzt dabei das Ubichinon. Bei Tieren führt ein V.-K-Mangel zu verringerter Bildung von Blutgerinnungsfaktoren, besonders Prothrombin, was zu Blutungen und Blutgerinnungsstörungen führt. V. K fungiert als Cofaktor bei der Carboxylierung von Glutaminsäureresten während der Posttranslationsmodifizierung der Gerinnungsfaktoren II (Prothrombin), VII, IX und X. Bei Kindern und erwachsenen Menschen sind Avitaminosen selten, da die Darmbakterien für ein ausreichendes Angebot an V. K sorgen. Es kann jedoch nicht in ausreichendem Maß durch die Plazenta treten, so dass für Neugeborene das Risiko einer Avitaminose besteht. Wenn die Muttermilch nicht genügend Vitamin K enthält, können tödliche Blutungen auftreten. Vitamin-K$_3$-Präparate werden zur Behandlung von Blutungen und Lebererkrankungen eingesetzt.

Warfarin ist ein Vitamin-K-Antagonist und wird als Nagetierbekämpfungsmittel eingesetzt. Wenn die Tiere wiederholt davon gefressen haben, treten tödliche Blutungen auf. Es findet als Antikoagulans auch klinische Verwendung. ↗ *Dicumarol*, das als hämorrhagisches Prinzip erstmalig aus verdorbenem Süßkleeheu isoliert wurde, ist ein wichtiger Antagonist des Vitamin K.

Vitamin K. Vitamin-K-aktive Verbindungen.

Vitamin P, frühere Bezeichnung für permeabilitätsvermindernde Flavone (↗ *Permeabilitätsfaktor*). ↗ *Rutin*.

Vitamin PP, eine veraltete Bezeichnung für ↗ *Nicotinsäureamid*, einer Komponente des Vitamin-B_2-Komplexes. ↗ *Nicotinsäure*.

Vitamine (lat. *vita* „Leben" und Amin) im Tier- und Pflanzenreich weit verbreitete, in der Nahrung nur in kleinen Mengen vorhandene Stoffe, die für das Wachstum und die Erhaltung des tierischen und menschlichen Körpers unentbehrlich sind. Pflanzen und Mikroorganismen dagegen können diese Verbindungen synthetisieren (einige fettlösliche V. üben wahrscheinlich nur bei Tieren eine Stoffwechselfunktion aus). Die meisten V. sind infolge von Mutationsschritten durch viele höhere Organismen nicht mehr synthetisierbar (*essenzielle Stoffe*). In diesen Fällen ist eine ständige Zufuhr mit der Nahrung lebensnotwendig. Beispielsweise stellt ↗ *Ascorbinsäure* (Vitamin C) nur für Primaten und einige wenige andere Tiere (z. B. Meerschweinchen) ein V. dar. Die meisten Tiere können Ascorbinsäure synthetisieren und benötigen sie nicht als Vitamin. Einige V. können von bestimmten Tieren aus *Provitaminen*, aufgebaut werden. Ein Teil des Bedarfs an V. wird beim Menschen und den höheren Tieren durch die Darmbakterien gedeckt, z. B. beim Menschen besonders ↗ *Vitamin K*.

Die V. übernehmen großenteils eine katalytische Rolle. Als Bestandteil von Coenzymen oder prosthetischen Gruppen von Enzymen erfüllen sie wichtige Funktionen im Stoffwechsel. ↗ *Vitamin D*

Vitamine.

	Erstbeschreibung	Empf. Aufnahme in mg/d	Funktion	biologische Wirkung
fettlösliche Vitamine				
Calciferol (Vitamin D)	1922	0,01–0,025	Calcium- und Phosphatstoffwechsel	antirachitisches Vitamin
Phyllochinon (Vitamin K; Menachinon)	1935	1	Cofaktor für γ-Carboxylierung von Glu-Resten in Blutgerinnungsproteinen	antihämorrhagisches Vitamin
Retinol (Vitamin A)	1913	2,7	Sehvorgang	Epithelschutzvitamin, antixerophthalmisches Vitamin
Tocopherol (Vitamin E)	1922	5	Antioxidans	Antisterilitätsvitamin
wasserlösliche Vitamine				
Ascorbinsäure (Vitamin C)	1925	75	Reduktionsmittel für einige Oxygenasen; Cofaktor für alle 2-Oxosäure-Dioxygenasen, insbesondere diejenigen, die die Hydroxylierung von Prolin- und Lysinresten in Kollagen katalysieren	antiskorbutisches Vitamin
Biotin (Vitamin H)	1935	0,25	Coenzym verschiedener Carboxylierungsreaktionen	Hautvitamin
Cobalamin (Vitamin B_{12})	1948	0,003	Coenzym verschiedener Methylwanderungs- und Isomerisierungsreaktionen	antianämisches Vitamin, extrinsischer Faktor
Folsäure	1941	1–2	Übertragung von Einkohlenstoff-Einheiten	zur Therapie bestimmter Formen von Blutarmut
Niacin und Nicotinsäureamid	1937	18	Atmung, Wasserstoffübertragung	Pellagraschutzstoff
Pantothensäure	1933	3–5	Übertragung von Acylresten	Küken-Antidermatitisfaktor, Antigrauhaarfaktor
Pyridoxin (Vitamin B_6)	1936	2	Aminosäurestoffwechsel, insbesondere Transaminierung	Schwäche, nervöse Störungen, Depression
Riboflavin (Vitamin B_2)	1932	1,7	Atmung, Wasserstoffübertragung	Antidermatitisvitamin
Thiamin (Vitamin B_1)	1926	1,2	Kohlenhydratstoffwechsel; Aldehydgruppenübertragung	antineuritisches Vitamin

fungiert dagegen als Regulator des Knochenstoffwechsels und ist daher eher als ein Hormon anzusehen. Als Bestandteil der Sehpigmente übt ↗ *Vitamin A* die Funktion einer prosthetischen Gruppe aus. Es ist jedoch nicht bekannt, ob es mit anderen Funktionen katalytischer Proteine im Zusammenhang steht. ↗ *Nicotinsäureamid* und ↗ *Riboflavin* sind Bestandteile von wasserstoffübertragenden Coenzymen (↗ *Atmungskette*). ↗ *Biotin*, ↗ *Folsäure*, ↗ *Pantothensäure*, ↗ *Pyridoxin*, ↗ *Cobalamin* und ↗ *Thiamin* (bzw. deren Vorstufen) sind als Coenzyme bei Gruppenübertragungsreaktionen beteiligt. Der niedrige tägliche Bedarf an V. geht auf deren katalytische und/oder regulatorische Rolle zurück. V. unterscheiden sich daher von anderen Nahrungsbestandteilen wie Fetten, Kohlenhydraten oder Proteinen, die mit der Nahrung in beträchtlichen Mengen aufgenommen werden müssen und als Substrate für die Gewebesynthese und den Energiestoffwechsel dienen.

Die Wirkung einer bestimmten Menge reinen Vitamins kann als *Internationale Einheit* (*I.E.*), ausgedrückt werden. 0,3 µg Vitamin-A-Alkohol (Retinol), 8 µg Thiaminhydrochlorid, 0,18 µg Biotin, 50 µg L-Ascorbinsäure, 0,025 µg Ergocalciferol oder 1 mg DL-α-Tocopherolacetat entsprechen jeweils 1 I.E. Obwohl die Strukturen aller V. bekannt sind, wird das System der I.E. beibehalten, da in den meisten Fällen ein V. aus einer Familie eng verwandter Verbindungen besteht, die zwar alle die gleiche Wirkung ausüben, jedoch mit unterschiedlichen Aktivitäten.

Fehlen oder Mangel an bestimmten V. als Folgen einseitiger Ernährung führt zu charakteristischen Störungen im Stoffwechsel. Bei vollständigem Fehlen der V. kommt es zu ↗ *Avitaminosen*. Eine mangelhafte Zufuhr an V. hat ↗ *Hypovitaminosen* und ein Überangebot ↗ *Hypervitaminosen* zur Folge. Ursprünglich benannte man die V. nach den Krankheiten, die sie heilen konnten, z. B. *antiskorbutisches Vitamin, antirachitisches Vitamin, Antiberiberifaktor*. Da aber die damit ausgedrückte Spezifität der V. nicht generell vorliegt, werden V. besser mit großen lateinischen Buchstaben und bei Bedarf mit arabischen Ziffern als Indizes bezeichnet. International angestrebt wird die Verwendung von Trivialnamen, die Rückschlüsse auf die chemische Struktur des V. erlauben, z. B. Pyridoxin für Vitamin B_6. Die Bezeichnung mit Buchstaben wird bei Vitamin A, D und K noch beibehalten, da hier mehrere verschiedene Substanzen mit gleicher Wirkung zusammengefasst werden. Die Vitamine stellen chemisch eine sehr heterogene Stoffklasse dar. Sie werden in zwei Hauptgruppen klassifiziert, die *fett-* und die *wasserlöslichen Vitamine* (Tab.). Die Einteilung geht auf die Extraktion der Vitamine aus den Nahrungsstoffen durch Ether und Alkohol oder Wasser hervor.

Vitamin-K-abhängige γ-Glutamyl-Carboxylase, ↗ *4-Glutamyl-Carboxylase*.

Vitaminlösung, ↗ *Nährmedium*.

Vitellin, *Ovvitellin*, ein Lipophosphoprotein, das im Gegensatz zum phosphorreichen ↗ *Phosphovitin* nur 1 % Phosphat enthält, mengenmäßig jedoch im Eidotter überwiegt. Dort liegt V. ebenso wie in neutralen Salzlösungen als Dimer (M_r 380 kDa; davon 16–22 % Lipide) vor. Das Monomer (M_r 190 kDa) besteht aus zwei ungleichen Ketten (L_1, M_r 31 kDa, und L_2, M_r 130 kDa), von denen nur L_1 Phosphatgruppen aufweist. Das biosynthetische Vorläuferprotein ist das Vitellogenin.

Vitellogenin, der in der Hühnerleber unter der Wirkung von Östrogenen gebildete Vorläufer des wichtigsten Eidotterproteins (↗ *Vitellin*), der auf dem Blutwege in den Eileiter transportiert wird.

VLDL, Abk. für ↗ *very low density lipoproteins*.

VNTR, Abk. für *variable number of tandem repeats*. ↗ *Minisatelliten-DNA*.

Volutin, ↗ *Cyanobakterien*.

v-onc, Abk. für *virales* ↗ *Onkogen*.

von-Gierkesche Krankheit, ↗ *Glycogenspeicherkrankheit*.

von-Willebrand-Faktor, eine Reihe selbstaggregierender Strukturen, die sich alle von einer gemeinsamen Glucoproteinuntereinheit, M_r 225 kDa, ableiten, die in Endothelzellen und Megakaryocyten synthetisiert werden. Im Plasma liegen multimere Aggregate, vom Dimer (M_r 450 kDa) bis zum größten Aggregat (M_r 20.000 kDa) vor. Die Aggregate werden durch Disulfidbrückenbindungen zusammengehalten. Der v.-W. kommt auch in den α-Granula der Thrombocyten vor und wird von diesen sezerniert.

Das primäre Translationsprodukt von menschlichen und Rinder-Endothelzellen ist eine intrazelluläre Vorstufe, M_r 240–260 kDa, die unmittelbar vor der Sekretion in die Untereinheit von M_r 225 kDa gespalten wird. Der v.-W. bildet starke (jedoch nicht kovalente) Bindungen zum im Blutstrom zirkulierenden Faktor VIIIc (antihämophiler Faktor, ↗ *Blutgerinnung*) aus, der dadurch stabilisiert wird. Er vermittelt eine Wechselwirkung zwischen den Thrombocyten und verletzter epithelialer Oberfläche. Wie die langen Blutungszeiten von Patienten mit Willebrandkrankheit und Bernard-Soulier-Thrombocyten-Defekt zeigen, ist die Wechselwirkung zwischen dem v.-W. für die normale primäre Hämostase essenziell. Vermutlich spielt der v.-W. bei der Thrombocytenaggregation eine Rolle, jedoch muss eine Präaggregation, gefördert durch ADP, Thrombin oder Kollagen stattfinden. V.-W. hat ähnliche Eigenschaften wie auch andere „adhäsive" Proteine, z. B. ↗ *Fibrinogen*, ↗ *Fibronectin* und ↗ *Thrombospondin*. [D.C. Lynch *J. Biol. Chem.* **258** (1983) 12.757–12.760; S.E. Senogles u. G.L. Nelsestuen *J. Biol. Chem.* **258** (1983) 12.327–12.333; J.L. Miller et al. *J. Clin. Invest.* **72** (1983) 1.532–1.542]

Vorkultur, ein Verfahren zur Gewinnung von Impfgut (*Inokulum*), das zur Vorbereitung der Zellvermehrung in größerem Maßstab dient. Die schrittweise Vergrößerung der Zellmasse in der V. erfolgt als Stand- oder Schüttelkultur, bevor eine Überführung des Impfgutes in einen ⊅ *Bioreaktor* mit steigender Dimension erfolgt. In der V. adaptieren sich die Zellen an die Kultivierungsbedingungen.

Vorstufe, *Präkursor*, in der Biochemie Ausgangsverbindung der Biosynthese von Metaboliten.

VP, Abk. für ⊅ *Vasopressin.*

vRNA, Abk. für virale RNA (⊅ *Viren*).

VSV-G-Protein, einziger Proteinbestandteil der Hülle des Stomatitis-Virus (VSV, engl. *vesicular stomatitis virus*). Der Golgi-Apparat VSV-infizierter Zellen enthält außer diesem G-Protein praktisch keine weiteren Glycoproteine, so dass die Prozessierung N-gekoppelter Glycoproteine am Beispiel dieses Modellsystems leicht verfolgt werden konnte.

VT, Abk. für ⊅ *Vasotocin.*

V-Typ-ATPasen, Syn. für ⊅ *P-ATPasen.*

Vulgaxanthin, zur Gruppe der Betaxanthine gehörende gelbe Pflanzenfarbstoffe der Runkelrübe (*Beta vulgaris*). Bei *V.-I* ist Betalaminsäure mit Glutaminsäure, bei *V.-II* mit Glutamin verbunden.

VVGF, Abk. für engl. *vaccinia virus growth factor*, ⊅ *Vacciniavirus-Wachstumsfaktor.*

Wachsalkohole, langkettige, einwertige, aliphatische Alkohole der allgemeinen Formel $CH_3-(CH_2)_n-CH_2OH$, die als Esterkomponenten typische Bestandteile der Wachse sind. W. sind z. B. Cetylalkohol (C_{16}), Carnaubylalkohol (C_{24}), Cerylalkohol (C_{26}) und Myricylalkohol (C_{30}).

Wachse, Ester langkettiger, geradzahliger Fettsäuren mit einwertigen geradkettigen aliphatischen Alkoholen (↗ *Wachsalkohole*) oder mit Sterinen. W. werden von Tier oder Pflanze ausgeschieden und liegen vielfach als schwer zu trennende Estergemische vor, die meist noch freie Fettsäuren, Alkohole oder höhermolekulare, unverzweigte Kohlenwasserstoffe enthalten. Die Wachsalkohole entsprechen in ihrer Kohlenstoffzahl im Allgemeinen den Wachssäuren, z. B. Cetylalkohol der Palmitinsäure, Cerylalkohol der Cerotinsäure. Sie sind ausgeprägt hydrophob und werden von oberirdischen Pflanzenteilen, z. B. Blättern und Früchten, als Schutzschicht abgeschieden, um eine Verdunstung von Wasser, eine Benetzung mit Wasser und einen Befall durch Mikroorganismen weitgehend zu verhindern. Bei Tieren dienen die W. wegen ihrer wasserabweisenden Wirkung zum Einfetten der Haut und des Gefieders. Bienen verwenden W. als Bausubstanz der Waben. Bekannte tierische W. sind ↗ *Walrat*, Schellackwachs (↗ *Harze*), Bienenwachs (↗ *Melissinsäure*, ↗ *Melissylalkohol*) und Wollwachs (↗ *Lanolin*). Aus den Blättern der Palme *Copernica cerifera* wird ↗ *Carnaubawachs* gewonnen.

Wachssäuren, $CH_3-(CH_2)_n-COOH$, höhere ↗ *Fettsäuren*, wie Laurylsäure, Melissinsäure oder Palmitinsäure, die Bestandteil von ↗ *Wachsen* sind.

Wachstum, die irreversible Zunahme der lebenden Masse, die meist mit der Vergrößerung der Zelle bzw. des Organismus sowie mit der Zunahme der Zellzahl einhergeht.

Wachstumsfaktoren, das Wachstum von Zellen fördernde Substanzen: 1) bei Mikroorganismen organische Verbindungen (z. B. Vitamine, Aminosäuren, Purine), die von auxotrophen Mikroorganismen nicht synthetisiert werden können und deshalb zusätzlich dem Kultivierungsmedium zugesetzt werden müssen (Wuchsstoffe, akzessorische Substanzen, Suppline). In biotechnologischen Prozessen werden die W. meist nicht als reine (teure) Substanzen, sondern als komplexe, billigere Stoffe (↗ *Hefeextrakt*, ↗ *Hefeautolysat*, Maisquellwasser, ↗ *Melasse* u. a.) zugeführt. Andererseits können auxotrophe Stämme zur quantitativen Bestimmung der W. benutzt werden („Bioassay", z. B. Mikrobialtest zur Bestimmung geringster Vitaminkonzentrationen), da das Wachstum in bestimmten Grenzen der Konzentration des essenziellen W. proportional ist. 2) Substanzen, die für Wachstums- und Entwicklungsprozesse notwendig sind oder diese beeinflussen (z. B. ↗ *Phytohormone* als W. der Pflanzen). 3) eine Gruppe von z. T. Gewebespezifischen Polypeptiden bzw. Polypeptidhormonen, die eine replikative DNA-Synthese sowie Zellteilung und damit Wachstum und Differenzierung in verschiedenen tierischen Zellen induzieren. Einige können zellspezifisch neben einer stimulierenden auch eine hemmende Wirkung ausüben. Diese W. sind für eine serumfreie Zellkultur tierischer und menschlicher Zellen von wachsender Bedeutung. Wichtige W. sind z. B. der ↗ *Epidermis-Wachstumsfaktor* und die ↗ *insulinähnlichen Wachstumsfaktoren*. Mehrere W. werden auf gentechnischem Wege hergestellt (rekombinante Proteine) oder aus biologischem Material (z. B. Rinderhirn) direkt isoliert. ↗ *transformierende Wachstumsfaktoren*.

Wachstumsgeschwindigkeit, *Wachstumsrate*, die Zunahme der Masse an lebender Materie (↗ *Biomasse*) – bei Mikroorganismen im Allgemeinen als Zelltrockenmasse x oder Zellzahl angegeben – pro Zeiteinheit

$$(absolute\ W.;\ \frac{dx}{dt}\ ).$$

Wird der Biomassezuwachs pro Zeiteinheit auf die zu Beginn des untersuchten Zeitintervalls vorhandene Biomasse bezogen, erhält man die *relative W.* oder ↗ *spezifische Wachstumsrate*.

Wachstumshormon, Syn. für ↗ *Somatotropin*.

Wachstumskegel, eine unregelmäßige Vergrößerung an der Spitze jedes sich entwickelnden Nervenzellfortsatzes. Die durch Zellteilungen geschaffenen Nervenzellen senden nach Beendigung der Teilungen Axone und Dendriten aus, die mit Hilfe von W. an ihren Spitzen auswachsen. Die sich fortbewegende Spitze eines ausgewachsenen Nervenzell-Axons oder -Dendriten enthält den die Bewegung erzeugenden Motor und auch ein entsprechendes Steuerungssystem. Das Kriechen von W. entlang von Axonen wird durch Zell/Zell-Adhäsionsmoleküle vermittelt (↗ *Adhäsionsmoleküle*, ↗ *Cadherine*).

Wachstumskurve, die graphische Darstellung des zeitlichen Verlaufs des mikrobiellen Wachstums in einer ↗ *Submerskultur*, wo der natürliche Logarithmus der ↗ *Biomasse* (lnx) als Funktion der Zeit (t) dargestellt wird. Innerhalb einer W. können verschiedene ↗ *Wachstumsphasen* unterschieden werden. Die W. korreliert mit der Kurve für den Substratverbrauch. Aus der Steigung der W. kann die ↗ *spezifische Wachstumsrate* berechnet werden.

Wachstumsmedium, ↗ *Nährmedium*.

Wachstumsphase, Zeitabschnitte der ↗ *Wachstumskurve* von Mikroorganismen bei einem diskontinuierlichen Fermentationsverfahren (↗ *Fermentationstechnik*). Im Allgemeinen werden sechs W. unterschieden: Die Induktions- oder Anlaufphase ist der Zeitabschnitt unmittelbar nach der Beimpfung des Nährmediums, in der noch kein Wachstum stattfindet. In der sich anschließenden *lag*- oder Beschleunigungs-Phase nimmt die ↗ *spezifische Wachstumsrate* stetig zu. Wenn diese den Wert der maximalen spezifischen Wachstumsrate erreicht hat, beginnt die exponentielle oder logarithmische W. Sobald einer oder mehrere der Nährstoffe knapp werden, verlangsamt sich das Wachstum (Übergangs- und Verzögerungsphase), bis in der stationären W. die Nährstoffe fehlen und die spezifische Wachstumsrate Null wird. In der abschließenden letalen Phase kommt es zur Lyse der Biomasse.

Wachstumsrate, Syn. für ↗ *Wachstumsgeschwindigkeit*.

Wachstumsregulatoren, organische Substanzen, die die Wachstums-, Entwicklungs- und Stoffwechselprozesse von Kulturpflanzen bei Anwendung in geringsten Konzentrationen gezielt beeinflussen. Mit Hilfe der W. sollen die negativen Auswirkungen zahlreicher Umweltfaktoren auf die Pflanzenproduktion eliminiert oder von Anfang an verhindert werden. Ferner können W. bestimmte Schwierigkeiten beseitigen oder reduzieren, die sich aus dem Entwicklungsablauf der Kulturpflanzen oder aus einigen ihrer morphologischen Eigenschaften ergeben. Sie schaffen die Möglichkeit, das Ertragspotenzial der Kulturpflanzensorten und die Standortfaktoren stärker auszuschöpfen sowie die Effektivität solcher Intensivierungsmaßnahmen wie Düngereinsatz zu sichern. Auch bieten W. Voraussetzungen zur Erhöhung der Flächenerträge, Erleichterung der Erntearbeiten und zur Mechanisierung verschiedener Produktionsverfahren. Bei der Steuerung biologischer Prozesse in der Pflanze durch W. handelt es sich insbesondere um eine selektive Beeinflussung der ertrags- und qualitätsbestimmenden Produktionsfaktoren. Nach obiger Definition rechnen zu den W. nicht solche Stoffe, die in der Pflanze als Nähr- oder Baustoffe und als Energieträger dienen, sowie Pflanzenschutzmittel. Eine Übergangsstellung nehmen Transpirationshemmstoffe sowie alterungsfördernde, defolierend und sikkierend wirkende Substanzen ein. Einige dieser Stoffe, die die Reaktion der Spaltöffnungen beeinflussen oder den Ablauf der natürlichen Alterungsprozesse stimulieren, gehören zu den W. Die vielseitigen Einsatzmöglichkeiten der W. dürften

sich durch den Erkenntniszuwachs der Molekularbiologie und Pflanzenphysiologie noch wesentlich erweitern.

Besonderheiten der W. sind 1) die weitgehende Spezifität der Wirkung in Abhängigkeit von Pflanzenart, Sorte, Organ, Entwicklungszustand und dem betroffenen Entwicklungsprozess. Der gleiche Wirkstoff kann in gleicher Dosierung je nach diesen Umständen quantitativ und qualitativ unterschiedlich wirken; 2) die starke Konzentrationsabhängigkeit der Wirkung, die Über- und Unterdosierungen, versehentliche Doppelbehandlungen und sonstige Ungenauigkeiten bei der Ausbringung zu einem Risiko werden lässt; 3) die starke Witterungsabhängigkeit der Wirkung. Bei ungünstigen Witterungsbedingungen kann – durch gehemmte Mittelaufnahme, durch schwaches Wachstum der Pflanze – die Wirkung ausbleiben, oder es können Schäden und Nebeneffekte auftreten, d. h., die Witterungsfaktoren verändern die in der Pflanze zur Wirkung kommende Mittelkonzentration; 4) die toxikologischen Eigenschaften und das Rückstandsverhalten bestimmen wesentlich die Einsatzfähigkeit.

Die Klassifizierung der W. erfolgt nach verschiedenen Aspekten. So kann zwischen den in den Pflanzen natürlich (nativ) vorkommenden ↗ *Phytohormonen* und synthetischen Wirkstoffen mit hormoneller Wirkung unterschieden werden. Auch wird zwischen Wachstumsstimulatoren (↗ *Auxine*, ↗ *Gibberelline*, ↗ *Cytokinine*), Wachstumshemmstoffen oder -inhibitoren (↗ *Ethylen*, ↗ *Abscisinsäure*) differenziert. Jedoch ist eine scharfe Trennung in Stimulatoren oder Hemmstoffe nicht exakt möglich, da eine hemmende oder fördernde Wirkung der gleichen Substanz abhängig ist von ihrer Konzentration, der Pflanzenart, dem behandelten Pflanzenorgan und der Entwicklungsphase der Pflanze.

Im praktischen Einsatz befindliche synthetische Substanzen sind u. a. ethylenabspaltende Synthetica z. B. als Halmstabilisator (Getreide) und Blüh- und Reifestimulanzien (Zierpflanzen, Obst- und Gemüseanbau); Morphactine als Derivate der Fluoren-9-carbonsäure zur Wuchshemmung bei Sträuchern und Gras, Induktion der Parthenokarpie rein weiblicher Gurkenlinien; 2,3,5-Triiodbenzoesäure (TIBA) zur Wuchshemmung, z. B. bei Soja, Gemüse; 2-Chlorethyltrimethylammoniumchlorid (Chlorocholinchlorid, CCC, Chlormequat, Retacel®, Cycocel®) zur Halmstabilisierung besonders von Weizen; *N*-(3-Chlorphenyl)-isopropylcarbamat (CIPC, Chlorpropham, Keim-Stopp, Keim-Stopp-Fumigant) zur Hemmung des Knospenaustriebs bei Lagerkartoffeln; *N*',*N*-Bis-phosphonomethylglycin (Glyphosin, Polaris) zur Erhöhung des Saccharosegehaltes bei Zuckerrohr; *N*-Methyl-1-

naphthylcarbamat (Carbaryl, Sevin), zur Fruchtausdünnung des Apfels. ↗ *Wachstumsverzögerer.*

Wachstumsverzögerer, *Retardanzien,* synthetische Pflanzenwachstumsinhibitoren, die in der Landwirtschaft oft zur Regulation des Pflanzenwachstums verwendet werden. Sie bewirken insbesondere eine Halmverkürzung bei Gräsern. Einige Wachstumsverzögerer werden dazu eingesetzt, das Halmwachstum von Getreidekulturen zu regulieren. ↗ *Chlorocholinchlorid,* ↗ *AMO 1618,* ↗ *Bernsteinsäure-2,2-dimethylamid,* ↗ *Bernsteinsäure-2,2-dimethylhydrazid,* ↗ *EL-531,* ↗ *Maleinsäurehydrazid,* ↗ *Phosphon D.* ↗ *Wachstumsregulatoren.*

Wachstumsvitamin, ↗ *Vitamin A.*

Walrat, *Spermazit, Spermacetöl,* ein festes tierisches Wachs (F. 45–50 °C), das aus dem Kopf des Pottwals (engl. *sperm whale, Physeter macrocephalus*) gewonnen wird. In ein spezielles großes, zylinderförmiges Organ im oberen Bereich der riesigen Mundhöhle und über dem rechten Nasenloch des Wals wird ein öliges, flüssiges, rohes Spermacetöl sezerniert, das als Wärmeschutz dient. Nach dem Fang wird das Öl aus dieser Höhle entleert. Beim Abkühlen kristallisiert das Spermacetöl. Die Kristalle werden unter Druck abgetrennt und durch Umkristallisieren und Waschen mit verdünnter NaOH von den letzten Spuren des Öls gereinigt. Spermacetöl besteht hauptsächlich aus Cetylpalmitat und enthält kleinere Mengen an Cetyllaurat sowie Myristat. Es dient als Zusatz zu Salbengrundlagen in der pharmazeutischen und kosmetischen Industrie.

Warburg-Dickens-Horecker-Weg, ↗ *Pentosephosphat-Zyklus.*

Warburgsches Atmungsenzym, ↗ *Cytochrom-Oxidase.*

Warburgsches Atmungsferment, ↗ *Cytochrom-Oxidase.*

Warfarin, ↗ *Vitamin K.*

Wasser, H_2O, mengenmäßig bedeutendster anorganischer Bestandteil lebender Organismen. F. 0 °C, Sdp. 100 °C. Eine normale lebende Zelle enthält etwa 80 % W. Pflanzen können bis zu 95 %, Quallen 98 %, höhere Tiere 60–75 % W. enthalten. Alle Lebensfunktionen sind spezifisch auf W. eingestellt.

Über die Struktur des W. existieren mehrere Theorien. Die Dipoleigenschaften des W. bedingen eine gegenseitige Anziehung von Wassermolekülen. Es entstehen über eine Bildung von Wasserstoffbrückenbindungen Molekülaggregate (Tetrahydrolstruktur, Abb. 1, Abb. 2). Die meisten Clusterhypothesen postulieren eine Mischung von Netzwerken vierfach verknüpfter Wassermoleküle mit monomeren Molekülen, die den Raum zwischen den Clustern ausfüllen. Die mittlere Lebensdauer eines solchen Clusters beträgt nur 10^{-11} s. Die durch den

Dipolcharakter des Wasserstoffmoleküls bestimmten physikalischen und chemischen Eigenschaften des W. sind Grundlagen für seine biologischen Funktionen. Die Dipolmoleküle des W. treten als *gebundenes W.* mit den räumlichen Strukturen der biologischen Makromoleküle, besonders der Proteine und Nucleinsäuren, in enge Wechselwirkung, wobei es zur Ausbildung einer Hydrathülle (*Hydratation*) kommt. Die Aktivität der Enzyme im Cytoplasma hängt wesentlich vom Wassergehalt ab. W. löst organische und anorganische Stoffe und transportiert sie innerhalb und außerhalb der Zellen. Bei den organischen Verbindungen unterscheidet man entsprechend dem Gehalt an hydrophilen und hydrophoben Gruppierungen Stoffklassen, die sich gut in W. lösen (Aminosäuren, Proteine, Nucleinsäuren und Kohlenhydrate), und solche, die sich nur schwer in W. lösen (Fette und Lipoide).

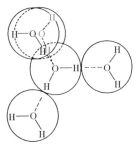

Wasser. Abb. 1. Tetrahydrolstruktur des Wassers.

Als Reaktionspartner in verschiedenen Stoffwechselreaktionen ermöglicht W. unter der katalytischen Wirkung von Hydrolasen die Spaltung von Makromolekülen (Proteine, Kohlenhydrate und Fette), womit deren biologischer Abbau eingeleitet wird. Im Stoffwechsel entsteht W. (Atmungswasser) im Zuge der Atmungskette. W. ist Ausgangssubstanz für die Photosynthese.

Wasser. Abb. 2. Zweidimensionale Darstellung der Wechselwirkungen im flüssigen Wasser.

Der Wasserhaushalt der tierischen Organismen reguliert die Körpertemperatur. Durch die Verdunstung von W. kann Wärme nach außen abgeführt werden.

In der biochemischen Forschung hat neben dem natürlichen W., dem *leichten W.,* mit der Zusammensetzung $^1H_2^{16}O$ das isotop substituierte *schwere W.* $^2H_2^{16}O$ Bedeutung. Hierbei ist der Wasserstoff H durch das Wasserstoffisotop D (Deuterium) ausgetauscht. Schweres W. D_2O verursacht zahlreiche Veränderungen, die zur Abnahme der Stoffwechselaktivität, zu cytologischen und morphologischen Modifizierungen und teilweise sogar zum Absterben von Organismen führen können. Man nutzt die Wirkungen dieser Isotopieeffekte beim Studium der Rolle des W. in biologischen Systemen. Die *Wasserbildung* erfolgt 1) aus Wasserstoff H_2 und Sauerstoff O_2 (Knallgasreaktion; ⫫ *Atmungskette*) sowie 2) durch Entfernung von Wasser aus organischen Verbindungen (Dehydratisierung), z. B. aus Äpfelsäure an der Malat-Dehydratase.

Wasserstoff, ⫫ *Bioelemente*, ⫫ *Wasserstoffmetabolismus*.

Wasserstoffbrückenbindung, *Wasserstoffbrücke*, *H-Brücke*, eine nicht kovalente Bindung (Wechselwirkung) zwischen einem Protonendonor X-H und einem freien Elektronenpaar eines Protonenakzeptors IY der allg. Form X-H....IY, wobei X und Y stark elektronegative Elemente wie Fluor, Sauerstoff oder Stickstoff sein müssen. Die Bindungsenergie einer W. bewegt sich zwischen 20 und $40\,kJ \cdot mol^{-1}$ und liegt somit zwischen der Energie einer echten kovalenten Bindung und der Energie van-der-Waalsscher Wechselwirkungen. Ähnlich verhält es sich mit den Bindungslängen. In biologischen Systemen ist der H-Donor ein O- oder ein N-Atom mit kovalent gebundenem Wasserstoff und als H-Akzeptoren fungieren ein O- oder ein N-Atom. W. sind gerichtet und erreichen maximale Stärke, wenn Donor-, Akzeptor- und das H-Atom auf einer Linie liegen. Sekundärstrukturen von Proteinen und die DNA-Doppelhelix werden z. B. durch W. stabilisiert.

Wasserstoffmetabolismus, 1) biochemische Redoxreaktionen des Stoffwechsels, an denen die Pyridinnucleotide und Flavincoenzyme teilnehmen, 2) der Umsatz und die Verwendung von Wasserstoff, einschließlich der Wasserstoffaktivierung, der Transhydrogenierung und der Bildung von molekularem Wasserstoff.

Bei den Vorgängen der ⫫ *alkoholischen Gärung* und der ⫫ *Atmung* werden Substrate durch Wasserstoffentzug (Dehydrierung) oxidiert, wobei Dehydrogenasen (Pyridinnucleotidenzyme, NAD^+ und $NADP^+$ als Coenzyme) und Oxidasen (FAD, seltener FMN als redoxaktive Komponente von Flavinenzymen) beteiligt sind. Der den Substraten entzogene Wasserstoff ($H = H^+ + e^-$) wird auf die aktive Gruppe einer Dehydrogenase oder Oxidase übertragen. Die Wasserstoffübertragung auf NAD^+ und $NADP^+$ ist ein Hydridtransfer, d. h., vom Substratwasserstoff 2[H] wird ein Proton H^+ zusammen mit einem Elektronenpaar $2e^-$ übertragen. Im anaeroben Kohlenhydratabbau wird das reduzierte Pyridinnucleotidcoenzym (NADH) über die Glycolyse durch die Reduktion eines Folgeprodukts (Metabolit) zurückoxidiert, so dass eine innere Oxidoreduktion ab-

läuft, bei der Sauerstoff keine Rolle spielt. Bei der vollständigen Glucoseoxidation über Glycolyse, Tricarbonsäure-Zyklus und Atmungskette wird der an NADH gebundene Wasserstoff über die Atmungskette unter Aufnahme von molekularem Sauerstoff oxidiert.

NAD und NADP haben unterschiedliche Stoffwechselfunktionen. NADH wird in stärkerem Maße über die Atmungskette oxidiert, so dass NAD den Substratwasserstoff transportiert, der in atmenden Zellen zu Wasser unter ATP-Gewinn oxidiert wird (⫫ *oxidative Phosphorylierung*). Da NAD^+ in den meisten Fällen als Akzeptor für Wasserstoff dient, der im Verlauf von katabolischen Reaktionen gebildet wird, wird das Verhältnis [NADH]/([NADH] + [NAD^+]) als katabolische Reduktionskraft (engl. *catabolic reduction charge*, CRC) bezeichnet. Dagegen transferiert NADPH keinen Wasserstoff auf die Atmungskette, sondern fungiert vielmehr als Reduktionsmittel bei reduktiven Biosyntheseschritten. Deshalb stellt das Verhältnis [NADPH]/([NADPH] + [$NADP^+$]) die anabolische Reduktionskraft (engl. *anabolic reduction charge*, ARC) dar. CRC und ARC sind wichtige Größen für die Regulation des Zellstoffwechsels. [K.B. Anderson u. K. von Meyenburg *J. Biol. Chem.* **252** (1977) 4.151]

Im Cytoplasma ist der Wert für die CRC normalerweise kleiner als eins, d. h. es ist mehr NAD^+ als NADH vorhanden. In den Mitochondrien muss dagegen die reduzierte Form überwiegen, trotz der Tatsache, dass dies der Ort ist, an dem NADH zu NAD^+ oxidiert wird. Dies bedeutet, dass NADH, das im Cytoplasma entsteht, durch die Mitochondrien oxidiert wird. Dies kann aber nicht direkt geschehen, da die innere Mitochondrienmembran für NAD^+ und NADH in beiden Richtungen impermeabel ist. Aus diesem Grund werden zwischen dem Cytoplasma und den Mitochondrien mit Hilfe folgender *Shuttle-Systeme* Reduktionsäquivalente übertragen:

1) β-*Hydroxybutyrat/Acetoacetat-Shuttle*. Cytoplasmatisches Acetoacetat wird mit Hilfe einer NADH-abhängigen Reduktase (EC 1.1.1.30) zu β-Hydroxybutyrat reduziert. Dieses permeiert in die Mitochondrien, wo es durch eine NAD-abhängige Dehydrogenase zu Acetoacetat oxidiert wird. Das dabei gebildete NADH wird in der Atmungskette oxidiert, das Acetoacetat verlässt das Mitochondrium und wird im Cytoplasma durch NADH reduziert. Die Existenz dieses Systems ist nicht gesichert. Es kann sicherlich nicht in Mitochondrien vorliegen, denen die β-Hydroxybutyrat-Dehydrogenase fehlt, wie z. B. den Lebermitochondrien der Wiederkäuer. Die Mitochondrien in roten Vertebratenmuskeln enthalten dagegen hohe β-Hydroxybutyrat-Dehydrogenase-Konzentrationen, so dass das Shuttle in diesem Gewebe vermutlich funktioniert.

2) *Dihydroxyacetonphosphat/α-Glycerinphosphat-Shuttle.* Dihydroxyacetonphosphat wird im Cytoplasma mit Hilfe der Glycerin-3-phosphat-Dehydrogenase (EC 1.1.1.8) und NADH reduziert. Das gebildete α-Glycerinphosphat wird in den Mitochondrien durch eine Glycerin-3-phosphat-Dehydrogenase (ein FAD-Flavoprotein, EC 1.1.99.5) oxidiert und das Dihydroxyacetonphosphat kehrt zum Cytoplasma zurück. ↗ *Glycerinphosphat-Shuttle.*

3) *Malat/Oxalacetat-Shuttle.* Durch die Wirkung einer cytoplasmatischen Malat-Dehydrogenase (EC 1.1.1.37) wird Oxalacetat auf Kosten von NADH reduziert. Malat dringt in die Mitochondrien ein, wo es mit Hilfe der mitochondrialen Malat-Dehydrogenase oxidiert wird. Das gebildete Oxalacetat verlässt die Mitochondrien nicht, sondern wird mit Hilfe von Glutamat zu Aspartat transaminiert (↗ *Transaminasen*). Aspartat tritt durch die Mitochondrienmembran und wird im Cytoplasma zu Oxalacetat transaminiert. ↗ *Malat-Aspartat-Shuttle.*

Vermutlich werden die Leberzellen mit mehreren Shuttle-Systemen versorgt.

Die ARC ist im Cytoplasma im Gegensatz zur CRC niedrig. Die im Vergleich zur NADP⁺- hohe NADPH-Konzentration treibt Biosynthesen durch die Massenwirkung an. Beispiele sind die Reduktion von Glycerat-3-phosphat zu Glycerinaldehyd-3-phosphat bei der Kohlendioxidassimilation in der Photosynthese (↗ *Calvin-Zyklus*), die reduktive Synthese von L-Glutamat durch die Glutamat-Synthase (↗ *Ammoniakassimilation*) und die ↗ *Fettsäurebiosynthese.*

Bei heterotrophen Organismen wird NADPH in der oxidativen Phase des ↗ *Pentosephosphat-Zyklus* und in Photosyntheseorganismen (mit Ausnahme der Photosynthesebakterien) in den Lichtreaktionen der ↗ *Photosynthese* gebildet. Eine weitere wichtige Quelle ist die cytoplasmatische oxidative Decarboxylierung von Malat durch die NADP⁺-abhängige Malat-Dehydrogenase (EC 1.1.1.40). Pyruvat tritt in die Mitochondrien ein und unterliegt der ATP-abhängigen Carboxylierung zu Oxalacetat, das durch die NADH-abhängige Malat-Dehydrogenase (EC 1.1.1.37) hydriert wird. Das gebildete Malat verlässt das Mitochondrium und wird im Cytoplasma durch die NADP⁺-abhängige Malat-Dehydrogenase (EC 1.1.1.40) zu Pyruvat decarboxyliert. Mit Hilfe dieses Zyklus werden Reduktionsäquivalente von den Mitochondrien in das Cytoplasma exportiert.

Im Gegensatz zu NADH, wird NADPH in der Regel nicht direkt über die Atmungskette oxidiert. NADH und NADPH können jedoch über Enzyme, die beide als Cofaktoren akzeptieren, miteinander im Gleichgewicht stehen. Solche Enzyme sind z. B. Glycerin-Dehydrogenase (Schweine- und Rattenleber, *E. coli*), Glutamat-Dehydrogenase (Muskel, Leber, Hefe) und 3β-Hydroxysteroid-Dehydrogenase (Leber). Leber- und Herzmitochondrien führen eine Transhydrogenierung durch, in der Wasserstoff von NADH auf NADP⁺ übertragen wird. Der Vorgang ist ATP-abhängig und wird von einem Enzym in der inneren Mitochondrienmembran katalysiert. Das Gleichgewicht dieser Reaktion liegt ganz auf der Seite von NADPH und stellt vermutlich die für die intramitochondrialen reduktiven Biosynthesen notwendigen Reduktionsäquivalente zur Verfügung. Sowohl der Donor (NADH) als auch der Akzeptor (NADP⁺) treten mit der Transhydrogenase auf der M-Seite der Mitochondrienmembran in Wechselwirkung. Während der Transhydrogenierung findet kein Wasserstoffaustausch mit Protonen des Wassers statt. Das Wasserstoffatom wird von der A-Seite des NADH auf die B-Seite des NADP⁺ übertragen, was darauf hinweist, dass die Ebenen der Nicotinamidringe der beiden Cofaktoren auf der Enzymoberfläche eng beieinander liegen. Es gibt auch cytoplasmatische Transhydrogenasen, die die Transhydrogenierung mit einer Gleichgewichtskonstanten von ungefähr eins katalysieren.

Molekularer Wasserstoff spielt im Stoffwechsel der meisten Organismen keine Rolle. Jedoch wurden bei einigen Bakterien, Pflanzen und Tieren ↗ *Hydrogenasen* gefunden.

Wasserstoffübertragung, ↗ *Wasserstoffmetabolismus,* ↗ *Pyridinnucleotidcoenzyme.*

Watson-Crick-Modell, Strukturmodell der ↗ *Desoxyribonucleinsäure.*

Wechselzahl, engl. *turnover number,* veraltete Bezeichnung für die molare Aktivität von ↗ *Enzymen,* die Anzahl von Substratmolekülen, die ein Enzym bei vollständiger Substratsättigung pro Zeiteinheit in das Produkt umwandelt. Eine der größten W. mit 600.000 s⁻¹ besitzt die ↗ *Carboanhydrase.*

Weckamine, Phenylethylaminderivate, die die Aktivität des Zentralnervensystems erhöhen und somit dem Schlafbedürfnis entgegenwirken. Sie sind damit Antagonisten zentral dämpfender Pharmaka, z. B. der Barbitale. W. erhöhen kurzfristig die körperliche und geistige Leistungsfähigkeit und rufen bei disponierten Personen Euphorie hervor. Auf Herztätigkeit und Blutdruck üben sie nur eine geringe Wirkung aus. Eine Nebenwirkung ist die Hemmung des Appetits, wodurch sie zum Ausgangspunkt der Entwicklung von ↗ *Appetitzüglern* geworden sind. Die bekanntesten Vertreter sind ↗ *Amphetamin* und Methamphetamin.

Wein, ein durch vollständige oder teilweise Vergärung von frischen oder eingemaischten Weintrauben bzw. von Traubenmost erhaltenes, weitverbreitetes alkoholisches Getränk. Zur Herstellung von W. werden Weintrauben durch Pressen entsaftet (Keltern). Für die Weißweinherstellung wird der

Saft (Most) von den Rückständen (Treber) vor der ↗ *Gärung* abgetrennt. Bei Rotweinen erfolgt die Gärung vor der Abtrennung, damit die in der Schale lokalisierten roten Farb- und Gerbstoffe in den Most übergehen. Vor der Gärung wird der Most mit schwefliger Säure versetzt (Entfernen von Restsauerstoff durch Sulfitoxidation, Bildung von Carbonyl-Additionsverbindungen zur Bindung von geschmacklich unerwünschten Begleitstoffen, Verhinderung der Bräunung durch Phenol-Oxidasen und Infektion durch Essigsäurebakterien, wilde Hefen und Schimmelpilze). Die Gärung mittels Hefen setzt spontan ein, da diese in der Erde als Sporen überwintern und durch Wind, Staub und Insekten – zusammen mit anderen Mikroorganismen – auf die Trauben gelangen. In modernen Verfahren der Bereitung von W. werden dem Most Reinkulturen (Weinhefe) zugesetzt. Die Gärungstemperatur liegt für Weißwein bei 12–14 °C, für Rotwein bei 20–24 °C. Nach Beendigung der Hauptgärung (ca. 7 Tage) ist der Zucker zum größten Teil in Ethanol umgewandelt. Neben Ethanol entstehen als Nebenprodukte Glycerin (3–4 g/l) und 2,3-Butylenglycol (0,3–0,5 g/l) sowie Säuren und Aromastoffe. Zu Beginn der Gärung laufen noch oxidative Reaktionen ab, die zur Bildung von sogenannten „harten Säuren" (Bernstein- und Äpfelsäure u. a.) führen. Trübstoffe setzen sich am Boden ab, und Weinsäure wird als Weinstein (Kaliumhydrogentartrat) ausgeschieden. Der junge Wein („Federweißer") unterliegt noch einige Wochen bis Monate der Nachgärung. In dieser Zeit wird der Restzucker nahezu vollständig abgebaut, und die Hefen und weiterer Weinstein scheiden sich ab. In der Nachgärung wird die gebildete Äpfelsäure zu Milchsäure umgewandelt, die dem W. einen milden Geschmack und bessere Stabilität verleiht. Vor der Lagerung und Abfüllung des W. wird er von dem am Boden der Fässer bzw. Tanks sich absetzenden Trub und Hefen abgezogen, häufig nochmals „geschwefelt" und über die Kellerbehandlung der endgültigen Geruchs- und Aromabildung überlassen. Die Klärung des W. erfolgt durch Fällung der Trubstoffe („Schonung") und nachfol-gende Filtration oder – vor allem in Großbetrieben – Zentrifugation.

Im Rahmen gesetzlicher Auflagen kann W. u. a. durch Zuckerung, Entsäuerung, Verschneiden nachträglich verbessert werden, um W. von gleichmäßiger Qualität auf den Markt zu bringen.

weiße Blutzellen, *Leucocyten*, eine Gruppe von kernhaltigen Blutzellen ohne Hämoglobin, zu denen ↗ *Lymphocyten*, Neutrophile, Monocyten und Basophile zählen.

Western-Blot, *Immunoblot*, eine Proteinnachweis-Methode. Das zu untersuchende Proteingemisch wird zuerst durch ein- oder zweidimensionale ↗ *Polyacrylamid-Gelelektrophorese* getrennt und durch eine empfindliche Färbung kenntlich gemacht. Die getrennten Proteine auf einem identischen Gel werden danach auf eine Nitrocellulose-Membran übertragen (*blotting* = „abklatschen") und fixiert. Anschließend wird mit einem spezifischen Antikörper inkubiert, der an einen fluoreszierenden Farbstoff, ein leicht nachweisbares Enzym oder an ein radioaktives Isotop gekoppelt ist.

WGA, Abk. für engl. *wheat germ agglutinin*. ↗ *Lectin*.

Widmark-Verfahren, ↗ *Blutalkoholbestimmung*.

Wiederholbarkeit, bezieht sich nach Übereinstimmung mit der *International Organization of Standardization* (Genauigkeit von Testmethoden – Bestimmung der Wiederholbarkeit und Reproduzierbarkeit. Entwurf eines Internationalen Standards ISO/Dis 5.725, Oktober 1977) auf die Messungen in einem Labor über einen kurzen Zeitraum, während die *Reproduzierbarkeit* sich auf Messungen über einen längeren Zeitraum in einem oder mehreren Labors bezieht.

Wiederverwertungs-Reaktion, ↗ *Wiederverwertungsweg*.

Wiederverwertungsweg, engl. *salvage pathway*, die Verwertung von präformierten Purin- und Pyrimidinbasen für die Nucleotidsynthese. Der W. ist neben der *de-novo*-Synthese von Purinen und Pyrimidinen eine Möglichkeit zur zusätzlichen Bildung von Purin- und Pyrimidinnucleotiden. Bei mi-

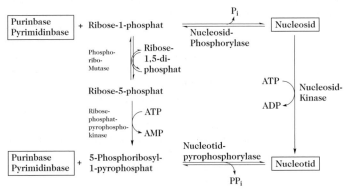

Wiederverwertungsweg. Die Synthese von Nucleosiden und Nucleotiden aus präformierten Basen.

krobiellen Mangelmutanten ohne eigene *de-novo*-Synthese von Purinen und Pyrimidinen ist der W. nach Gabe von exogenen Purinen oder Pyrimidinen alleinige Synthesemöglichkeit für Nucleotide.

In der Leber katalysieren spezifische Pyrophosphorylasen die Synthese von Nucleotiden aus freien Basen und 5-Phosphoribosyl-1-pyrophosphat; die Bildung erfolgt auch über die Nucleoside aus Base und Ribose-1-phosphat durch eine Nucleosid-Phosphorylase. Das Gleichgewicht liegt jedoch auf seiten des Nucleosids (Abb.). In Anwesenheit von Desoxyribose-1-phosphat und Desoxynucleosid-Phosphorylase können über den W. auch Desoxynucleoside gebildet werden.

Wieland-Gumlich-Aldehyde, ↗ *Curare-Alkaloide*.

Wildtyp, eine natürlich vorkommende, nicht mutierte Form eines Organismus.

Wintersteiners Substanz F, Syn. für ↗ *Cortison*.

Wirkstoffe, biologisch-aktive Verbindungen, die in geringen Konzentrationen biochemische und physiologische Prozesse (z. B. Stoffwechsel) in Lebewesen qualitativ und/oder quantitativ im Sinne einer Aktivierung oder Hemmung beeinflussen. Körpereigene endogene W. sind u. a. ↗ *Vitamine* und ↗ *Hormone*. Zu den körperfremden W. gehören z. B. die wirksamen Bestandteile von Bioziden.

Wirkungsspezifität, *Reaktionsspezifität*, in der Enzymologie die besondere Fähigkeit von Enzymen, eine Selektion unter verschiedenen Reaktionstypen für ein Substrat bzw. eine Substratgruppierung vorzunehmen. Auf der W. von Enzymen beruht die Einteilung der ↗ *Enzyme* in die sechs Hauptklassen der ↗ *EC-Nomenklatur*.

Withaferin A, ↗ *Withanolide*.

Withanolide, eine Gruppe von pflanzlichen C_{28}-Steroiden, die sich strukturell vom Stammkohlenwasserstoff Ergostan (↗ *Steroide*) ableiten und ein charakteristisches Withanolidgrundgerüst mit δ-Lactonseitenkette aufweisen. Man kennt etwa 50 Vertreter, die aus den Nachtschattengewächs- (Solanaceae-) Gattungen *Withania*, *Dunalia*, *Datura* und *Nicandra* isoliert wurden. Wichtigstes und am längsten bekanntes W. ist *Withaferin A* (22R)-4β-27-Dihydroxy-1-oxo-5β,6β-epoxywitha-2,24-dienolid; Abb.) aus *Withania somnifera* und *Acnistus arborescens*, das bakteriostatische und tumorhem-

mende Wirkung hat und 1965 strukturell aufgeklärt wurde. Weitere Vertreter sind *27-Desoxywithaferin A*, *27-Desoxy-14α-hydroxywithaferin A* und *Withanolid D*, das anstelle der Hydroxylgruppe am C27 eine solche Funktion in 20-Stellung aufweist. [M. Manickam et al. *Phytochemistry* **41** (1996) 981–983]

Wobblebase, ↗ *Wobblehypothese*.

Wobblehypothese, Begründung Cricks (1966) zur Degeneriertheit des ↗ *genetischen Codes* durch die Codon-Anticodon-Basenpaarung. Wie aus dem Code-Alphabet (↗ *genetischer Code*, Tab.) hervorgeht, wird nahezu jede Aminosäure bereits durch die 1. und 2. Base eines Codons determiniert, bedingt durch strikte komplementäre Basenpaarung mit der 3. und 2. Base des Anticodons der entsprechenden tRNA. Nicht eindeutig festgelegt ist die 3'-Codon-Base, die *Wobblebase*. Sie kann mit der 5'-Anticodon-Base H-Brücken ausbilden, die weniger strikt der Basenpaarungsregel folgen. Auffällig ist auch das gehäufte Auftreten des Purins Inosin in der 5'-Position des Anticodons (Tab.). Eine Erklärung ist darin zu suchen, dass als Wobblebasen Pyrimidine vorherrschen, die wie Inosin lediglich zwei H-Brücken auszubilden vermögen.

Wobblehypothese. Tab. Vergleich der Anticodons einiger Aminosäure-spezifischen tRNA-Arten mit den entsprechenden Codons.

Aminosäure	Anticodon (3'→5')	Codon-Wobblebase (5'→3')
Ala	CGI	GC - U, C, A
Ser	AGI	UC - U, C, A
Phe	AAG^{Me}	UU - U, C
Val	CAI	GU - U, C, A
Tyr	AΨG	UA - U, C
Met	UAC	AU - G

Wollfett, ↗ *Lanolin*.

Wollwachs, ↗ *Lanolin*.

Wolmansche Krankheit, eine autosomal rezessive, ↗ *lysosomale Speicherkrankheit*, die durch defekte *saure Lipase* (EC 3.1.3.2) verursacht wird. Es kommt zu Cholesterinester- und Triacylglycerinablagerungen in Niere, Leber, Milz, Knochenmark, Kapillaren, Endothel, Ganglienzellen des Mesenterialplexus und Schleimhaut des Dünndarms. Die Plasmalipide sind im Allgemeinen normal. Als klinische Symptome treten Leber- und Milzvergrößerung (Hepatosplenomegalie) auf sowie Nierenverkalkung und -vergrößerung. Kleinkinder sind nicht altersgemäß entwickelt, es tritt rasche Verschlechterung und Tod ein. ↗ *Cholesterinesterspeicherkrankheit*.

Withanolide. Withaferin A.

Wood-Werkman-Reaktion, ↗ *Carboxylierung*.

Wuchsstoff, ↗ *Wachstumsfaktoren*, die für das Wachstum von Mikroorganismen essenziell sind. Da diese von auxotrophen Mikroorganismen nicht synthetisiert werden können, müssen sie dem Kulturmedium zugesetzt werden. ↗ *Phytohormone*, die das Wachstum der Pflanzen regulieren, werden ebenfalls zu den W. gezählt.

Wuchsstoffherbizide, ↗ *Phenoxycarbonsäureherbizide*.

Wurmmittel, Syn. für ↗ *Anthelmintika*.

Wyeronsäure, ein ↗ *Phytoalexin*. W. wird zusammen mit seinem Methylester, dem Wyeron (gelbe Nadeln, F. 64 °C) von der Saubohne (*Vicia faba*) nach *Botrytis*-Infektion gebildet (Abb.). ED_{50} (↗ *Dosis*) 9–45 µg / ml. *Vicia* bildet auch einige Wyeronepoxide. [Hargreaves et al. *Phytochemistry* 15 (1976) 1.119–1.121]

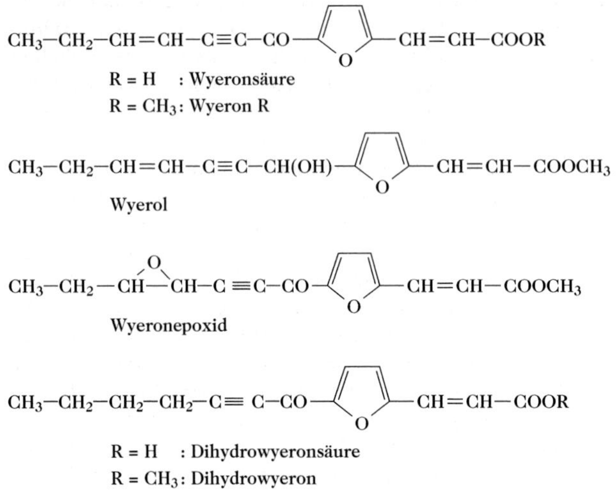

$CH_3-CH_2-CH=CH-C\equiv C-CO$⟨Furan⟩$-CH=CH-COOR$

R = H : Wyeronsäure
R = CH₃: Wyeron R

$CH_3-CH_2-CH=CH-C\equiv C-CH(OH)$⟨Furan⟩$-CH=CH-COOCH_3$

Wyerol

$CH_3-CH_2-CH\overset{O}{-}CH-C\equiv C-CO$⟨Furan⟩$-CH=CH-COOCH_3$

Wyeronepoxid

$CH_3-CH_2-CH_2-CH_2-C\equiv C-CO$⟨Furan⟩$-CH=CH-COOR$

R = H : Dihydrowyeronsäure
R = CH₃: Dihydrowyeron

Wyeronsäure. Wyeronsäure und einige Acetylenderivate, von *Vicia faba* als Reaktion auf eine Infektion gebildet. Der Anteil der verschiedenen Verbindungen hängt vom infizierten Gewebe, der Art des infizierenden Pilzes und der Zeit, die seit der Initiierung der Synthese verstrichen ist, ab.

Xan, Abk. für ↗ *Xanthin*.

Xanthidylsäure, Syn. für *Xanthosin-5'-monophosphat*, ↗ *Xanthosinphosphate*.

Xanthin, *Xan*, *2,6-Dihydroxypurin*, ein Purinderivat, das den Ausgangspunkt für den ↗ *Purinabbau* darstellt. M_r 152,1 Da, F. >400 °C (Z.). X. wurde 1817 in Harnsteinen gefunden. Es kommt in freier Form mit anderen Purinen gemeinsam vor. Von physiologischer Bedeutung sind einige seiner Derivate, besonders die Xanthosinphosphate und die zu den Alkaloiden zählenden ↗ *methylierten Xanthine* ↗ *Coffein*, ↗ *Theobromin* und ↗ *Theophyllin*.

Xanthin-Dehydrogenase, ↗ *Xanthin-Oxidase*.

Xanthin-Oxidase, *Xanthin-Dehydrogenase, Schardinger-Enzym*, ein zu den Eisen- und Molybdänhaltigen Flavinenzymen zählendes dimeres Enzym des aeroben Purinabbaus, das Hypoxanthin und Xanthin zu Harnsäure oxidiert (Abb. 1): Hypoxanthin + H_2O + O_2 → Xanthin + H_2O_2; Xanthin + H_2O + O_2 → Harnsäure + H_2O_2. Es ist ein dimeres Enzym, M_r 275 kDa, pH-Optimum 4,7, pI 5,35, enthält 2 FAD, 2 Mo und 8 Fe (X. aus Milch). X. hat nur geringe Substratspezifität, da auch andere Purine, z. B. Adenin, aliphatische und aromatische Aldehyde, Pyrimidine, Pteridine und andere heterozyklische Verbindungen oxidiert werden. Ein Mangel an X. bewirkt die Ausbildung einer ↗ *Xanthinurie*.

Xanthin-Oxidase. Abb. 1. Xanthin-Oxidase-Reaktion.

X. ist in tierischen Geweben innerhalb des Golgi-Apparats lokalisiert und kommt außer in Kälberleber besonders reichlich in der Milch (hier als Sekretenzym) vor, wo sie zur Unterscheidung frischer, nicht erhitzter Milch von erhitzer oder pasteurisierter Milch dient.

X. und *Xanthin-Dehydrogenase* werden gelegentlich als unterschiedliche Enzyme betrachtet, wobei

mit X. das ursprüngliche Schardinger-Enzym aus der Milch (EC 1.2.3.2) und mit Xanthin-Dehydrogenase ein Enzym aus der Hühnerleber (EC 1.2.1.37) gemeint ist. Diese beiden Enzyme sowie die Aldehyd-Oxidase (EC 1.2.3.1) haben eine sehr große Ähnlichkeit bezüglich ihrer Zusammensetzung und vermutlich ihres Katalysemechanismus, unterscheiden sich jedoch in der Substratspezifität. Die X. fungiert praktisch als ein Mini-Elektronentransportprotein. Das Dimer mit identischen Untereinheiten (M_r 130 kDa) ist bei Säugern nahezu ausschließlich in der Leber und der Dünndarmschleimhaut lokalisiert. Beide Untereinheiten enthalten ein FAD, einen zwischen den Oxidationsstufen Mo(VI) und Mo(IV) sich hin und her bewegenden Molybdän-Komplex und zwei unterschiedliche Fe-S-Zentren. Der sehr komplexe Katalysemechanismus beginnt mit einem Angriff des Enzym-Nucleophils auf das C(8)-Atom des Xanthins, wobei das dort gebundene H-Atom als Hydridion eliminiert wird. Letzters verbindet sich mit den Mo(VI)-Enzym-Komplex. Nach der Reduktion zum Mo(IV) wird das Enzym-Nucleophil durch Wasser attackiert, wobei unter Freisetzung eines Protons Harnsäure entsteht. Der reduzierte Enzym-Mo(IV)-Komplex wird durch O_2 wieder zum Enzym-Mo(VI)-Komplex reoxidiert. Hierbei werden Elektronen vom Mo(IV) zu den anderen Redoxzentren des Mini-Elektronentransportproteins geschleust und letztendlich vom Flavin auf O_2 transferiert. Das dabei gebildete toxische H_2O_2 wird durch ↗ *Katalase* zu H_2O und O_2 zerlegt. Ein kompetitiver Inhibitor der X. ist ein Isomer des Hypoxanthins, das anstelle der CH(8)-Gruppierung ein N-Atom enthält. Das als *Allopurinol* (Abb. 2) bezeichnete Uricostatikum hemmt ebenso wie sein Oxidationsprodukt *Oxipurinol* (*Alloxanthin*) die X. und wird zur Behandlung der Gicht eingesetzt, die durch einen Harnsäureüberschuss verursacht wird.

Xanthin-Oxidase. Abb. 2. Kompetitive Inhibitoren der Xanthin-Oxidase.

Xanthinurien, ↗ *angeborene Stoffwechselstörungen*, die durch fehlerhafte Enzyme des Purinstoffwechsels verursacht werden.

Xanthinurie I, bedingt durch einen Mangel an ↗ *Xanthin-Oxidase* (EC 1.2.3.2), führt dazu, dass ↗ *Xanthin* nicht in Harnsäure umgewandelt wird (↗ *Purinabbau*) und daher anstelle der Harnsäure als Endprodukt des Purinstoffwechsels auftritt. Im

Harn sind die Konzentrationen an Xanthin stark erhöht und an Harnsäure anomal niedrig. Es besteht die Tendenz zur Bildung von Xanthincalculi im Nierentrakt.

Xanthinurie II, verursacht durch eine Malabsorption von Molybdän. Aktivitäten der ↗ *Xanthin-Oxidase*, Sulfit-Oxidase (EC 1.8.3.1) und Aldehyd-Oxidase (EC 1.2.3.1) sind deshalb defizient (↗ *Molybdänenzyme*). Im Harn sind die Konzentrationen an Xanthin hoch und an Harnsäure niedrig (↗ *Purinabbau*). Es kommt zu geistiger Entwicklungsverzögerung, Krämpfen, Gehirnatrophie und Linsendislokation.

Xanthochymussid, ↗ *Biflavonoide*.

Xanthocillin, *1,4-Di-(4-hydroxyphenyl)-2,3-diisonitrilobutadien(1,3)*, ein bakteriostatisch wirkendes Antibiotikum, das bei lokalen Infektionen gegen grampositive und gramnegative Erreger angewendet wird.

Xanthophylle, sauerstoffhaltige ↗ *Carotinoide*. Der Sauerstoff liegt als Hydroxy- oder Carbonylgruppe, seltener als Oxiran vor. Zu den X. gehören zahlreiche lipophile Farbstoffe von Früchten, Blüten und Herbstblättern. Vertreter der X. sind das ↗ *Capsanthin* des Paprikas und das ↗ *Zeaxanthin* der Maiskörner. ↗ *Lutein*.

Xanthoproteinreaktion, eine durch Gelbfärbung charakterisierte qualitative Nachweisreaktion für Proteine, die beim Erwärmen mit konz. Salpetersäure auftritt. Die X. ist auf eine Nitrierung aromatischer Aminosäurebausteine zurückzuführen. Die Gelbfärbung der Haut bei Einwirkung von Salpetersäure beruht auf der X. Bei Ammoniakbehandlung schlägt die Gelbfärbung in Orange um.

Xanthopterin, *2-Amino-4,6-dioxotetrahydropteridin*, ein zur Gruppe der Pteridine gehörendes gelbes Flügelpigment des Zitronenfalters und anderer Weißlinge (Abb.). F. >400 °C. X. ist auch der gelbe Farbstoff der Bienen, Wespen und Hornissen. Die Biosynthese erfolgt aus Guanin und zwei C-Atomen einer Pentose. Es wurde 1925 von H. Wieland und C. Schöpf isoliert und 1940 von R. Purrmann strukturell aufgeklärt.

Xanthopterin

Xanthorrhone, ↗ *Flavan*.

Xanthosin, *Xao, 9-β-D-Ribofuranosylxanthin*, ein β-glycosidisches Nucleosid aus D-Ribose und der Purinbase Xanthin. M_r 284,23 Da, verkohlt, ohne zu schmelzen bei >300 °C, $[\alpha]_D^{30}$ −51,2° (c = 1; 0,1 M NaOH). X. entsteht durch Desaminierung von Gua-

nosin. Bedeutung im Stoffwechsel hat Xanthosin-5'-monophosphat (↗ *Xanthosinphosphate*).

Xanthosin-5'-monophosphat, ↗ *Xanthosinphosphate*.

Xanthosinphosphate, zu den Nucleotiden zählende Phosphorsäureester des Xanthosins. Von Bedeutung ist *Xanthosin-5'-monophosphat, XMP, Xanthylsäure*, M_r 364,22 Da, als Zwischenprodukt bei der ↗ *Purinbiosynthese*.

Xanthothricin, ↗ *Toxoflavin*.

Xanthoxin, ein in höheren Pflanzen weit verbreiteter endogener ↗ *Wachstumsregulator*. X. hat ähnliche inhibierende Eigenschaften wie ↗ *Abscisinsäure*. Es kommt sowohl in der *cis,trans*- als auch in der biologisch weniger wirksamen *trans,trans*-Form vor. Wahrscheinlich kann pflanzliches Gewebe *cis,trans*-X. (Abb.) in (R)-(+)-Abscisinsäure umwandeln.

Xanthoxin

Xanthuren-Acidurie, eine ↗ *angeborene Stoffwechselstörung*, verursacht durch defekte *Kynureninase* (EC 3.7.1.3). 3-Hydroxykynurenin wird nicht in 3-Hydroxyanthranilsäure und Kynurenin nicht in Anthranilsäure umgewandelt. Im Harn treten erhöhte Konzentrationen an Xanthurensäure, Kynurenin und 3-Hydroxykynurenin – insbesondere nach Aufnahme von Tryptophan – auf. Einige Patienten zeigen geistige Entwicklungsverzögerung, andere sind symptomlos. Es besteht nicht nur die Möglichkeit, dass das Enzym nicht vorhanden ist, sondern dass es strukturell anomal ist, was eine verminderte Affinität zum Coenzym zur Folge hat (in der Nahrung vorhandenes Vitamin B_6 korrigiert vorübergehend die Stoffwechselstörung und das Hinzufügen von Pyridoxalphosphat zum Leberbiopsiematerial hebt die Enzymaktivität auf beinahe normales Niveau an.) ↗ *L-Tryptophan*.

Xanthylsäure, Syn. für Xanthosin-5'-monophosphat, ↗ *Xanthosinphosphate*.

Xao, Abk. für ↗ *Xanthosin*.

X-Chromosom, neben dem ↗ *Y-Chromosom* ein Geschlechtschromosom der Säuger. Weibliche Zellen enthalten zwei X-, während männliche Zellen ein X- und ein Y-Chromosom haben.

Xenobiotika, in die Umwelt bzw. in den menschlichen oder tierischen Organismus gelangte organische Verbindungen nichtbiogener Herkunft. Die wichtigste Gruppe der X., mit denen der menschliche Organismus in Verbindung kommt, sind die synthetischen Arzneistoffe. Die meisten X. werden im Organismus durch enzymatische Reaktionen chemisch verändert (↗ *Biotransformation*).

Xenopsin, *XP*, Pyr^1-Gly-Lys-Arg-Pro^5-Trp-Ile-Leu-OH, ein aus der Haut des Frosches *Xenopus laevis* isoliertes 8 AS-Peptid. X. besitzt im C-terminalen Bereich eine deutliche Sequenzhomologie zu ↗ *Neurotensin*. Es zeigt etwa 20% der biologischen Wirkung des Neurotensins bei der Blutdrucksenkung und bei der Erhöhung des Blutglucosespiegels (Hyperglycämie) an Ratten.

Xenopus-Oocyten-System, ein in der Molekularbiologie benutztes Verfahren für Transcriptions- und Translationsstudien von klonierten Genen unter Verwendung der Oocyten des afrikanischen Krallenfrosches *Xenopus laevis*. Die zu untersuchenden Nucleinsäuren werden durch Mikroinjektion in die vergleichsweise großen Oocyten dieses Versuchstiers eingebracht.

Xeroderma pigmentosum, autosomal vererbte Hautkrankheit des Menschen, die auf einem Defekt des für die Pyrimidindimer-Reparatur in der DNA zuständigen Enzymsystems beruht. ↗ *DNA-Reparatur*.

Xerophthalmie, *Vitamin-A-Mangelkrankheit*, die eine Verhornung der Augenepithelien, der Hautdrüsenbälge, des Atmungs- und Verdauungstrakts zur Folge hat. Bei Kindern führt ein Vitamin-A-Mangel (↗ *Vitamin A*) zu Wachstumsstillstand und bei Erwachsenen zu Fetenresorption, Totgeburten und Geburtsschäden.

Xerophthol, Syn. für ↗ *Vitamin A*.

X-Gal, *5-Brom-4-chlor-3-indoxyl-β-D-galactosid*, eine farblose Indikatorsubstanz, die durch das Enzym β-Galactosidase unter Bildung des blauen 5-Brom-4-chlorindigos gespalten wird. Auf diese Weise können z. B. Hefezellen, in denen das *lacZ*-Gen aus *E. coli* als Reportergen aktiviert wird, anhand der blauen Färbung identifiziert werden.

XMP, Abk. für Xanthosin-5'-monophosphat, ↗ *Xanthosinphosphate*.

XP, Abk. für ↗ *Xenopsin*.

Xylane, Polysaccharide, deren Hauptkette aus Xylose-Einheiten aufgebaut ist und die bei der säurekatalysierten Hydrolyse Xylose ergeben. β-

(1→4)-D-X. sind Bestandteile der ↗ *Hemicellulosen* pflanzlicher Zellwände. β-(1→3)-D-X. kommen anstelle von Cellulose in den Zellwänden verschiedener Algen vor.

Xylit, CH_2OH-$(CHOH)_3$-CH_2OH, optisch inaktiver C_5-Zuckeralkohol, der sich von der Xylose ableitet. F. 61,5 °C. X. ist natürlicher Bestandteil des Kohlenhydratstoffwechsels der Säugetiere (Xylulosezyklus, Seitenweg der Glycolyse). X. fällt als Nebenprodukt der Holzverzuckerung an und kann durch katalytische Hydrierung von Xylose dargestellt werden. X. wird vom menschlichen Organismus völlig verwertet, so dass er als Zuckeraustauschstoff eingesetzt werden kann. Die Süßkraft von X. entspricht der der Saccharose. X. wird jedoch in Zahnbelägen nicht zu organischen Säuren vergoren, was von erheblicher Bedeutung für die Kariesprophylaxe ist. Die Verträglichkeit wird mit 1 g/kg Körpermasse angegeben.

D-Xylose, *Holzzucker*, eine zu den Monosacchariden gehörende Pentose. M_r 150,13 Da, F. 153 °C, $[\alpha]_D^{20}$ +94° → +19°. X. lässt sich mit Hefe nicht vergären. Reduktion führt zu Xylit, während schonende Oxidation Xylonsäure ergibt. X. ist Baustein des Xylans und kann aus diesem durch Säurehydrolyse gewonnen werden. Es bildet für Pflanzenfresser, besonders für Wiederkäuer, einen wichtigen Nahrungsbestandteil. D-X. wird als Zuckerersatz für Diabetiker verwendet.

Xylosylnucleoside, zu den ↗ *Pyrimidinanaloga* zählende Verbindungen. Ein bekanntes X. ist *Adeninxylosid*, das in der Zelle phosphoryliert werden kann. Es hemmt im Tierversuch das Wachstum verschiedener Transplantationstumore.

Xylulose, eine zu den Monosacchariden gehörende Pentulose, die in der D- und L-Form vorkommt. Das 5-Phosphat der D-X. ist im ↗ *Pentosephosphat-Zyklus* ein wichtiges Intermediärprodukt und dient als C_2-Donator für die ↗ *Transketolase*. Die L-X. ist Zwischenprodukt des ↗ *Glucuronatwegs*. Ihr Umsatz erfolgt normalerweise über Xylitol und D-X. Bei der ↗ *Pentosurie*, einer genetisch bedingten Stoffwechselkrankheit, wird L-X. im Harn ausgeschieden.

YAC, Abk. für engl. *yeast artificial chromosome*, ↗ *künstliches Hefechromosom*.

YADH, Abk. für engl. *yeast alcohol dehydrogenase*, ↗ *Alkohol-Dehydrogenase*.

Yang-Zyklus, an die Ethylensynthese gekoppelte Umsetzung von L-Methionin. ↗ *Ethylen*.

Y-Chromosom, neben dem ↗ *X-Chromosom* ein Geschlechtschromosom der Säuger. Männliche Zellen enthalten ein Y- und ein X-Chromosom, während weibliche Zellen zwei X-Chromosomen besitzen.

yeast artificial chromosome, engl. für ↗ *künstliches Hefechromosom*.

Ylang-Ylang-Öl, ein fruchtartig-süß riechendes etherisches Öl aus den Blüten von *Cananga odorata*. Es wird für hochwertige Parfüme verwendet.

Ylide, zwitterionische, sehr reaktionsfähige Verbindungen mit einer negativ geladenen CH_2-Gruppe und positiv geladenen N-, P- oder S-Atomen, die als N-, P- oder S-Ylide bezeichnet werden. Ein dipolares Carbanion ist die aktive Coenzymform des Thiaminpyrophosphats z. B. bei der Reaktion der ↗ *Pyruvat-Decarboxylase* und des ↗ *Pyruvat-Dehydrogenase-Komplexes*.

Yohimbin, das Hauptalkaloid der Rinde von *Pausinystalia yohimbe*. Es gehört zu den monoterpenoiden Indolalkaloiden und besitzt strukturelle Ähnlichkeit mit den ↗ *Rauwolfia-Alkaloiden*. M_r 354,45 Da, F. 235–236 °C, $[\alpha]_D$ +106° (Pyridin). Mit seinen fünf Chiralitätszentren hat Y. viele Stereoisomere, von denen sieben natürlich vorkommen. Das bedeutendste unter ihnen ist *Corynanthein*, F. 225–226 °C (Z.), $[\alpha]_D$ –82° (Pyridin). Die Biosynthese erfolgt aus Tryptophan und einem Monoterpen. Man kann es den Alkaloiden vom Typ des β-Carbolins (↗ *Indolalkaloide*) zurechnen. Y. entfaltet als Sympathikolytikum vor allem eine gefäßerweiternde Wirkung und wird gelegentlich bei Hypertonie eingesetzt.

YSPTSPS-Consensus-Sequenz, eine in mehrfacher Wiederholung in der C-terminalen Domäne der 220-kDa-Untereinheit (RPB1) der eukaryontischen ↗ *RNA-Polymerase* II vorkommende Aminosäuresequenz, die an der Erkennung aktivierender Signale beteiligt ist und durch Phosphorylierung reguliert wird.

Zaffaroni-System, ↗ *Papierchromatographie*.

Zaffer, Syn. für ↗ *Saflor*.

Zapfen-Rezeptoren, die für das Farbensehen verantwortlichen blau-, grün- und rotabsorbierenden Rezeptoren. Es handelt sich um Homologe des ↗ *Rhodopsins*, die sieben Helices aufweisen und 11-*cis*-Retinal als Chromophor enthalten.

Z-DNA, ein linksgängiger Doppelhelixtyp der ↗ *Desoxyribonucleinsäure*.

Zeatin, IPA, 6-(4-*Hydroxy-3-methyl-but-trans-2-enyl)-aminopurin*, ein natürlich vorkommendes ↗ *Cytokinin*. Z. wird in freier Form, besonders in heranwachsenden Früchten (Karyopsen) des Mais (*Zea mays*) gefunden. Es ist identisch mit dem früher beschriebenen *Maisfaktor* (*MF*). Die Verbreitung des Z. ist aber nicht nur auf Mais beschränkt. Gleichfalls Cytokinin-aktiv sind seine Derivate ↗ *Dihydrozeatin*, Zeatinribosid und Zeatinribotid. Die dem Z. entsprechende *cis*-Verbindung (↗ *N6-cis-γ-Methyl-γ-hydroxymethylallyladenosin*) kommt als seltener Nucleinsäurebaustein in definierten transfer-RNA-Arten vor.

Zeaxanthin, (*3R,3'R)-β,β-Carotin-3,3'-diol*, *3,3'-Dihydroxy-β-carotin*, ein zur Gruppe der Xanthophylle gehörendes Carotinoid (Abb.). M_r 568,85 Da, F. 206 °C. Z. ist mit Lutein isomer. Es ist als gelber bis gelbroter Farbstoff im Pflanzenreich, besonders im Mais und in Sanddornfrüchten, weit verbreitet und findet sich auch bei Algen und Bakterien. Nativ liegt es in freier Form oder verestert als Dipalmitat vor. Z. zeigt keine Vitamin-A-Aktivität. Das als *Antheraxanthin* bezeichnete 5,6-Monoepoxid des Z. kommt ebenfalls im Pflanzenreich verbreitet vor.

Zein, ein zu den ↗ *Prolaminen* zählendes Proteingemisch aus dem Kleber von Mais. Die relative Molekülmasse variiert zwischen 10 und 22 kDa. Es enthält hohe Anteile an Glutaminsäure (23 %) und Leucin (19 %), aber wenig von den essenziellen Aminosäuren Lysin und Tryptophan.

Zell-Adhäsionsmoleküle, ↗ *Adhäsionsmoleküle*.

Zellatmung, der aerobe Stoffwechsel, der bei nahezu allen Eukaryonten in den Mitochondrien stattfindet, ↗ *Atmungskette*.

Zellaufschluss, Methoden zur Zerstörung oder Permeabilisierung der intakten Zellstruktur mit dem Ziel der Isolierung und Reinigung von intrazellulären Bestandteilen (Enzyme, Nucleinsäuren, Strukturproteine usw.). Der Z. erfolgt mit konzentrierten oder getrockneten Zellsuspensionen. Beim Z. bedient man sich mechanischer (physikalischer), chemischer oder enzymatischer Verfahren, bei denen die biologische Aktivität der zu isolierenden Substanz erhalten bleiben soll. Zu den mechanischen Methoden gehören insbesondere die Nassvermahlung (z. B. Zerreiben mit Alcoa), das Trockenmahlen, die Ultraschallbehandlung mittels hochfrequenter Ultraschallschwingungen (bei ca. 10 kHz), die Druckexpansion in Hochdruck-Homogenisatoren (z. B. French-Presse) bei 450–600 bar, das Schütteln von Zellsuspensionen zusammen mit Glasperlen definierter Größe (Durchmesser 50–500 µm) in einem Vibrator (Kugelmühle) und die Gefrierdispersion (Hughes-Presse). Im technischen Maßstab werden auch der osmotische Schock, die Trocknung (gut für Hefen geeignet) sowie das wiederholte Einfrieren und Auftauen (für tierische Zellen geeignet) verwendet.

Bei chemischen Verfahren des Z. werden Lösungsmittel (z. B. Toluol), Detergenzien, Säuren und Laugen eingesetzt. Bei den enzymatischen Verfahren des Z. werden die Zellen mittels zellwandlösender Enzyme (tierischer, pflanzlicher oder mikrobieller Herkunft) aufgeschlossen: So werden grampositive Bakterien durch Lysozym, gramnegative Bakterien durch Lysozym und EDTA (in Tris-Puffer) aufgeschlossen. Für den enzymatischen Aufschluss von Hefezellen werden vor allem β-1,3-Glucanase-haltige Enzymgemische (z. B. Schneckenenzyme, Zymolase aus *Arthrobacter*) verwendet.

Während die zum Aufschluss von tierischen Zellen notwendigen Kräfte in der Regel relativ gering sind, setzen die Zellwände pflanzlicher und mikrobieller Zellen dem Z. beträchtlichen Widerstand entgegen. Die anzuwendende Methode zum Z. richtet sich u. a. nach der Zellwandcharakteristik, Zellgröße, Produktmenge und -stabilität.

Zellfusion, *Zellverschmelzung*, die Verschmelzung von zwei isolierten Zellen *in vitro* zu einer neuen Zelle, die dann die Eigenschaften der ursprünglichen Fusionspartner in sich vereinigen kann. Beim Fusionsprozess wird an der Kontaktstelle zwischen den beiden Fusionspartnern die Plasmamembran abgebaut, wodurch es zu einer

Zeaxanthin

Mischung der beiden Cytoplasmata kommt. Durch Zugabe fusionsinduzierender Agenzien, wie z. B. Polyethylenglycol zum Medium oder durch Einbringen der Zellen in ein elektrisches Feld (*Elektrofusion*) wird die Verschmelzung induziert. Für die Fusion müssen sich die zwei Membranen auf wenige Nanometer nähern. Bestimmte Adhäsionsproteine (↗ *Annexine*) sind an den Fusionsereignissen beteiligt, außerdem kommt es zu einem Anstieg der Ca^{2+}-Konzentration. Die Z. erlaubt die Kombination des genetischen Materials nicht kreuzbarer Arten. Hybridzelllinien sind von großer Bedeutung für das Studium verschiedener Erbträger in einer Zelle. Die Z. bildet die Grundlage für die Hybridoma-Technik (↗ *Hybridoma*) zur Produktion ↗ *monoklonaler Antikörper* und besitzt darüber hinaus auch große Bedeutung für die Identifizierung und ↗ *Kartierung* von Genen und Genprodukten. *In-vitro* erzeugte *Fusionsproteine* sind eine weitere Proteingruppe, die Verschmelzungsprozesse induzieren können. Das integrale Membranprotein HA erfüllt z. B. eine wichtige Funktion beim Eindringen des Grippevirus in Wirtszellen. Fusionsproteine mit HA-Anteil ermöglichen temporäre Verzerrungen der Doppelschichtstruktur im Verschmelzungsbereich. Neben Annexinen und Fusionsproteinen sind wahrscheinlich viele weitere Proteine an Verschmelzungsprozessen beteiligt.

Zellkern, *Nucleus*, ein Kompartiment der Zellen von Eukaryonten, das neben Proteinen (basische Histone und saure Verpackungsproteine) die chromosomale DNA und damit das Genom der Zelle

enthält. Der Z. ist von einer Doppelmembran (*Kernmembran*) umgeben, die zahlreiche Poren enthält. Die flüssigen Bereiche des Z. werden als *Caryoplasma* bezeichnet. Die äußere Membran geht in das Membransystem des endoplasmatischen Reticulums über. Während der Kernteilung (Mitose) löst sich die Kernmembran auf, der Z. ist als Struktur nicht sichtbar.

Zellklon, eine genetisch einheitliche, aus einer bestimmten Zelle durch Zellteilungen erhaltene Zellpopulation.

Zellkompartimente, *Zellorganellen*, morphologisch und funktionell eindeutig definierte Reaktionsräume einer Zelle, deren Inhalte durch eine bestimmte Zusammensetzung charakterisiert sind und die in Wechselwirkung mit den angrenzenden Z. stehen. Die verschiedenen Z. (Zell- oder Plasmamembran, Cytoplasma, Chloroplasten, Mitochondrien, Zellkern, endoplasmatisches Reticulum, Golgi-Apparat, Lysosomen / Vakuolen) besitzen unterschiedliche Enzymausstattungen bzw. Isoenzymprofile und damit jeweils spezifische Zellfunktionen (Abb., Farbtafel VIII, ↗ *Kompartimentierung*). Z.-spezifische Enzyme dienen als ↗ *Leitenzyme*. Metabolite werden durch Membrantransportprozesse zwischen einzelnen Z. ausgetauscht. Die das Cytoplasma umgrenzende Plasmamembran gilt aufgrund ihrer vielfältigen Funktion als selbstständiges Z. Eine Kompartimentierung ist jedoch nicht nur an membranumgrenzte Reaktionsräume gebunden. So ermöglichen Enzymaggregate und ↗ *Multienzymkomplexe* eine Kompartimentierung von Intermediaten.

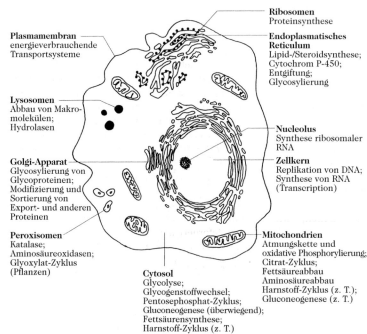

Ribosomen
Proteinsynthese

Plasmamembran
energieverbrauchende
Transportsysteme

Endoplasmatisches
Reticulum
Lipid-/Steroidsynthese;
Cytochrom P-450;
Entgiftung;
Glycosylierung

Lysosomen
Abbau von Makromolekülen;
Hydrolasen

Nucleolus
Synthese ribosomaler
RNA

Zellkern
Replikation von DNA;
Synthese von RNA
(Transcription)

Golgi-Apparat
Glycosylierung von
Glycoproteinen;
Modifizierung und
Sortierung von
Export- und anderen
Proteinen

Peroxisomen
Katalase;
Aminosäureoxidasen;
Glyoxylat-Zyklus
(Pflanzen)

Mitochondrien
Atmungskette und
oxidative Phosphorylierung;
Citrat-Zyklus;
Fettsäureabbau
Aminosäureabbau
Harnstoff-Zyklus (z. T.);
Gluconeogenese (z. T.)

Cytosol
Glycolyse;
Glycogenstoffwechsel;
Pentosephosphat-Zyklus;
Gluconeogenese (überwiegend);
Fettsäuresynthese;
Harnstoff-Zyklus (z. T.)

Zellkompartimente. Gezeigt sind die typischen Organellen einer eukaryontischen tierischen Zelle.

Zellkultur, die Haltung und Vermehrung von Zellen *in vitro* unter sterilen Bedingungen. Die Kultivierung der Zellen auf festen oder flüssigen Nährböden bzw. Kulturmedien unter definierten und kontrollierten Bedingungen (u. a. Temperatur, pH-Wert – bei pflanzlichen Z. Belichtung). Tierische und menschliche Z. sind viel anfälliger gegenüber der mechanischen Beanspruchung als pflanzliche Z. (↗ *Zellkulturtechnik*). Tierische und pflanzliche Z. dienen u. a. der Aufklärung von Stoffwechselreaktionen sowie vor allem der Produktgewinnung (z. B. Gewinnung von ↗ *Sekundärmetaboliten* durch pflanzliche Z. und medizinisch bedeutsamer Enzyme und Hormone durch tierische Z.), Biotransformationen eingeschlossen. Zahlreiche dieser Substanzen werden in zunehmendem Maße mittels gentechnisch manipulierter Mikroorganismen hergestellt.

Zellkulturtechnik, die Bezeichnung für die submerse Kultivierung (↗ *Submerskultur*) von tierischen und pflanzlichen Zellen zu Produktionszwecken. Die Submerskultivierung tierischer und pflanzlicher Zellen erfordert gegenüber der Kultivierung von Mikroorganismen die Beachtung einiger Besonderheiten. Gründe dafür sind u. a. die relativ geringen Wachstumsraten, spezielle Nährstoffansprüche und Anforderungen an die Sauerstoff- und CO_2-Konzentration sowie eine sehr viel höhere Empfindlichkeit gegenüber Scherkräften. Zudem besteht eine erhebliche Verkeimungsgefahr. Außerdem benötigen viele tierische Zellen feste Phasen, auf denen sie wachsen können.

Zellmembran, *Plasmalemma*, eine der äußeren Zellumhüllung dienende Biomembran. Sie dient der Aufrechterhaltung des inneren Milieus tierischer Zellen, ist elastisch verformbar und lichtelektronisch nicht erfassbar (↗ *Biomembran*). Die Z. enthält Transportproteine und Rezeptoren. Manche Oberflächenrezeptoren sind mit Ionenkanälen gekoppelt, die sich bei Rezeptorbesetzung öffnen, während andere die Membran durchspannen und zelleigene Enzyme an der Membraninnenfläche hemmen oder aktivieren. Die Membranrezeptoren wirken unabhängig von der Art der Signaltransduktion in der Regel als Signalverstärker. Transportproteine durchspannen die Membran und transportieren Nährstoffe in die Zelle hinein und Abfallprodukte aus ihr hinaus. Bestimmte Zellen, wie beispielsweise Pflanzenzellen enthalten zusätzlich noch eine ↗ *Zellwand*.

Zelloberflächenmarker, ↗ *CD-Marker*.
Zelloberflächenprotein, Syn. für ↗ *Fibronectin*.
Zellorganellen, ↗ *Zellkompartimente*.
Zellplatte, ↗ *Zellwand*.
Zellsaft, ↗ *Vakuom*.
Zellstoffwechsel, ↗ *Primärstoffwechsel*.

Zellteilungszyklus-Gen, engl. *cell division cycle gene*, das das cdc2-Protein, die Protein-Kinase $p34^{cdc2}$ (↗ *Zellzyklus*) codierende Gen.

Zellverbindung, engl. *cell junction*, eine spezialisierte Verbindungsregion zwischen zwei Zellen bzw. zwischen einer Zelle und der extrazellulären Matrix. Die Kontaktstellen zwischen benachbarten Zellen können in drei funktionelle Gruppen eingeteilt werden: 1) der festen Verbindung von Zellen dienende Haftstrukturen (z. B. Desmosomen, ↗ *intermediäre Filamente*), 2) im Dienste der Kommunikation von Zellen stehende Zellkontakte (z. B. ↗ *Gap-Junctions*) und 3) als Permeabilitätsbarriere zwischen benachbarten Zellen fungierende ↗ *Tight-Junctions*.

zellvermittelte Immunität, eine durch ↗ *T-Lymphocyten* vermittelte Immunantwort. Nach Präsentation eines körperfremden Antigens werden T-Lymphocyten aktiviert, die ↗ *Lymphokine* freisetzen und als Mediatoren auf Granulocyten, Makrophagen und Lymphocyten wirken.

Zellverschmelzung, Syn. für ↗ *Zellfusion*.

Zellwand, eine starre Struktur, die sich außerhalb der Zellmembran von Prokaryoten, grünen Pflanzen, Pilzen und einiger Protisten befindet. Sie wird durch das Protoplasma synthetisiert. Tiere besitzen keine Zellwand.

Bakterienzellwand. Die Klassifizierung von Bakterien als grampositiv oder gramnegativ aufgrund ihrer Reaktion bei der Gram-Färbung hängt mit einem fundamentalen Unterschied in der Struktur ihrer Zellwände zusammen. *Grampositive* Bakterien haben eine relativ einfache Zellwand, die gewöhnlich aus zwei Schichten besteht. Die äußere Schicht besteht meistens aus ↗ *Teichonsäure*. Bei einigen Spezies kann sie auch aus einem neutralen Polysaccharid oder einem sauren Polysaccharid, der sog. Teichuronsäure bestehen. Die innere Schicht setzt sich aus ↗ *Murein* zusammen. *Gramnegative* Zellwände sind komplizierter aufgebaut. Unter dem Elektronenmikroskop kann man mindestens fünf Schichten erkennen, die Lipoproteine, Lipopolysaccharide, Proteine und Murein enthalten. Das Murein bildet auch hier die innerste Schicht aus oder es kann von der Zellmembran durch eine zusätzliche Proteinschicht abgetrennt sein.

Pflanzenzellwände. Sie stellen äußerst komplexe Strukturen dar, die zu vielen detaillierten Analysen herausgefordert haben. Die Vorstufe der Zellwand ist die *Zellplatte*, eine cellulosefreie Struktur, die während der mitotischen Zellteilung zwischen den beiden Tochterkernen gebildet wird. Nachdem sich auf beiden Seiten die neue Zellmembran ausgebildet hat, reift die Zellplatte (eine stark hydratisierte Form) zu einer *Mittellamelle*. Während des Zellwachstums wird der Bereich der neuen Zellwand durch Intussuszeption vergrößert, d. h. das neue Material wird in die bestehende Matrix eingebaut. Die Dicke wächst durch Apposition, d. h. es werden neue Schichten an Wandmaterial hinzugefügt.

Die primäre Zellwand ist ein komplizierte Anordnung von Kohlenhydraten. Die Hemisubstanzen sind Hemicellulosen und Polyuronide, Pflanzengummi, Schleime (z. B. Fucoidin, Laminarin, Algen, Agar-Agar, Carrageen) und Speicherkohlenhydrate (z. B. Arabane, Xylane, Mannane, Galactoarbane). [M. McNeil et al. *Ann. Rev. Plant Biochem.* **53** (1984) 625–663] Diese Kohlenhydrate bilden die dicken Wände bestimmter Pflanzen, wie z. B. von Dattelpalmen und vegetabilischem Elfenbein. Fragmente dieser Kohlenhydrate (↗ *Oligosaccharine*) können potente Effektoren der Zellfunktion sein. Die Zusammensetzung der primären Zellwand scheint nicht zufällig zu sein und die Expression zahlreicher Kohlenwasserstoff-übertragender Enzyme zu erfordern, um die korrekte Struktur zu erreichen.

Die sekundären und tertiären Zellwände enthalten Struktur-bildende und versorgende Materialien. Bei den meisten Pflanzen ist die Hauptstruktursubstanz die ↗ *Cellulose*, die ein Netzwerk aus submikroskopischen Mikrofibrillen aufbaut. Bei *Basidiomyceten* und *Phycomyceten* besteht dieses Netzwerk aus Chitin. Bei Pflanzen sind in den Zwischenräumen des Netzwerks Inkrusten eingelagert, wie z. B. Lignin, Kieselsäure (*Equisetum* und Diatomeen), Calciumcarbonat (Armleuchtergewächse) oder Calciumoxalat (Zypressen).

Akkrusten sind bei den Zellen des Abschlussgewebes (Epidermis, Periderm) das Cutin und das Suberin. Cutin bildet eine Kutikula wecselnder Stärke. Suberin bildet Korkschichten, z. B. bei der Korkeiche (*Quercus suber*). Die Zellwände einiger Pflanzen scheiden Wachs aus, z. B. die Wachspalmen der Anden (*Copernicia cerifera*). Die Wandauflagerungen von Pollenkörnern und Gefäßkryptogamensporen (z. B. Farnsporen) werden durch die chemisch extrem widerstandsfähigen ↗ *Sporopollenine* gebildet.

Zellzyklus, *Mitose-Zyklus*, der Lebenszyklus einer Zelle. Dieser Reproduktionszyklus ist gekennzeichnet durch nacheinander folgende Phasen der Kern- bzw. Zellteilung in sich mitotisch teilenden Eukaryonten. Der Z. ist gekennzeichnet durch die Intermitose mit den Stadien G_1 (G für engl. *gap*, Lücke; postmitotische Phase ohne DNA-Synthese), S (Phase der DNA-Synthese), G_2 (prämitotische Phase ohne DNA-Synthese) und der M-Phase (Mitose-Phase mit fünf Unterphasen) mit abschließender Teilung (Abb.). Die Dauer der einzelnen Phasen ist bei verschiedenen Organismen unterschiedlich. Stets in der G_1-Phase befinden sich Zellen, wie z. B. Nervenzellen, mit nicht mehr existierender

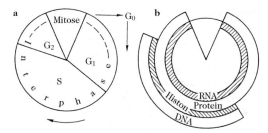

Zellzyklus. a) Schematische Darstellung der aufeinanderfolgenden Phasen des Zellzyklus; die Sektionen des Zifferblatts repräsentieren die relative Dauer jeder Phase. b) Syntheseperioden der verschiedenen Cytoplasma- und Kernkomponenten während des Zellzyklus.

Teilungsfähigkeit (als G_0 bezeichnet). Andere Zellen (z. B. Hepatocyten, Lymphocyten) machen eine beträchtliche Differenzierung durch, bereiten sich aber nach einigen Wochen oder Monaten wieder auf eine Zellteilung vor (d. h. sie gehen von G_0 in G_1 über). Unbefruchtete Eier harren in einem der Stadien des Zellzyklus aus, z. B. Seeigeleier in G_1, Froscheier in M und Muscheleier in G_2. Andere Zellen teilen sich regelmäßig, d. h. sie durchlaufen den Zellzyklus kontinuierlich, ohne in einer Phase zu pausieren.

Der Zellzyklus neoplastischer Zellen (Krebszellen) wird nicht mehr durch den Organismus kontrolliert. Diese Zellen teilen sich autonom und durchlaufen ihren Zellzyklus gewöhnlich schneller als normale Zellen. In einigen Fällen dauert die Zellteilung jedoch länger als in vergleichbaren normalen Zellen.

Während der Mitose bindet ein sog. *lizenzierender Faktor* an die DNA, der in der S-Phase zerstört wird. Eine erneute Replikationsrunde ist erst möglich, wenn sich der Kern aufgelöst hat und die Chromosomen damit in der Lage sind, erneut einen lizenzierenden Faktor zu binden.

Der Z. kann durch eine Gruppe von Naturstoffen inhibiert werden, die mit den ↗ *Tubulinen* in Wechselwirkung treten, indem sie das Gleichgewicht zwischen dem heterodimeren Tubulin und den daraus entstehenden Mikrotubuli beeinflussen. Dazu gehören die Colchicinoide und die in der Krebstherapie eingesetzten Alkaloide ↗ *Vinblastin* und ↗ *Vincristin*. Zu den Verbindungen, die die Polymerisation von Tubulin beschleunigen und/ oder die gebildeten Mikrotubuli gegenüber Depolymerisation stabilisieren, gehören die Taxane (Taxol®, Taxotere®) und die strukturell unterschiedlichen Substanzen Discodermolid, die Epothilone A und B, Eleutherobin, Sarcodictyin A u. a.

[C.N. Norbury u. P. Nurse *Ann. Rev. Biochem.* **61** (1992) 441–470; A.W. Murray *Nature* **367** (1994) 219–220; S. Moreno u. P. Nurse *Nature* **367** (1994) 236–242; T.W. Jacobs „Cell Cycle Control" *Annu.*

Rev. Plant Physiol. Plant Mol. Biol. **46** (1995) 317–339; A. Murray *Cell* **81** (1995) 149–152; J.T. Tyson et al. *Trends Biochem. Sci.* **21** (1996) 89–96]

Zeta-Protein, Syn. für ↗ *Fibronectin*, wenn es als Zelloberflächenprotein auftritt.

Zick-Zack-Schema, Syn. für ↗ *Z-Schema*.

Ziduvidin, Bezeichnung für ↗ *Azidothymidin*.

Zimtsäure-4-Hydroxylase (EC 1.14.13.11), eine Monooxygenase mit gemischter Funktion, die in Pflanzen vorkommt. Sie katalysiert eine frühe Reaktion in der Flavonoid-Biosynthese (↗ *Flavonoide*), z. B. die Insertion eines Sauerstoffatoms in die Zimtsäure, unter Bildung von 4-Hydroxyzimtsäure (4-Cumarsäure) bei gleichzeitiger Oxidation eines NADPH-Moleküls. Das Enzym besteht aus einem Cytochrom-P450-System, das mit der mikrosomalen Fraktion assoziiert ist. Es ist spezifisch für das *trans*-Isomer der Zimtsäure. Der Wasserstoff in Position 4 (unter experimentellen Bedingungen Tritium in Position 4) bleibt während der Hydroxylierung gebunden, d. h. es liegt eine ↗ *NIH-Verschiebug* vor. *In vitro* wird für die Aktivität ein Thiol, z. B. 2-Mercaptoethanol, benötigt. [P.R. Rich u. C.J. Lamb *Eur. J. Biochem.* **72** (1977) 353–360]

Zingiberen, $C_{15}H_{24}$, ein monozyklisches Sesquiterpen, das zu den Inhaltsstoffen des Ingweröls zählt.

Zink, *Zn*, ein wichtiges Bioelement, das für das Wachstum und die Entwicklung von Pflanzen, Tieren und Mikroorganismen von Bedeutung ist. Auf Grund seiner hohen Affinität zu Stickstoff- und Schwefelhaltigen Liganden kommt Z. in zahlreichen Verbindungen, z. B. Proteinen (Insulin), Aminosäuren, Nucleinsäuren, in der lebenden Zelle vor. Z. ist Bestandteil von *Zink-Metalloenzymen*, bei denen es fest in die Proteinmatrix eingebaut ist, und von *Zink-Metallenzymkomplexen*, deren Aktivität *in vitro* durch Z. stimuliert wird. Es gibt etwa 20 zink-haltige Metalloenzyme, z. B. Dehydrogenasen, Phosphatasen, Carboxypeptidasen, Carbonsäureanhydrase. Z. aktiviert auch die enzymatische Synthese von Tryptophan. Der menschliche Organismus enthält etwa 2–4 g Z., das zum überwiegenden Teil in den Zellen lokalisiert ist, Blut nur 7–8 µg Z./ml, von denen 85% in den Erythrocyten in naher Beziehung zur Carbonsäureanhydrase vorkommen.

Zinkfinger, ein vorrangig in vielen eukaryontischen DNA-bindenden Proteinen neben dem ↗ *Leucin-Reißverschluss* vorkommendes Strukturmotiv. Z. bestehen aus etwa 30 Aminosäureresten, die sich in eine längliche zinkbindende Domäne in Form eines Fingers falten (Farbtafel VI). Darin befinden sich jeweils zwei invariante Cystein (C)- und zwei Histidin (H)-Reste, die tetraedrisch ein Zinkion binden, und mehrere konservierte hydrophobe Aminosäurereste (Phenylalanin, F; Leucin, L). Als gemeinsames Sequenzmotiv eines Z. bei

Eukaryonten wurde die Aminosäureabfolge -Xaa$_3$-Cys-Xaa$_{2-4}$-Cys-Xaa$_{12}$-His-Xaa$_{3-4}$-His-Xaa$_4$- ermittelt, worin Xaa jede beliebige Aminosäure sein kann. Aus röntgenkristallographischen Untersuchungen geht hervor, dass in einem Z. einer antiparallelen β-Haarnadel (Reste 1–10) und einer kurzen Schleife eine α-Helix (Reste 12–25) folgt. Letztere spielt eine wichtige Rolle bei der Erkennung der DNA und trägt die beiden His-Reste, während sich die beiden invarianten Cys-Reste gegenüberliegend in der β-Haarnadel befinden und das Strukturmodul durch das im Inneren verborgene Zinkion stabilisiert wird. Anstelle der beiden zinkbindenden His-Reste können auch zwei zusätzliche invariante Cys-Reste treten, wodurch sich ein anderes Motiv eines Z. ergibt. Schließlich wurden auch Motive gefunden, bei denen zwei Zinkionen durch sechs Cys-Reste koordiniert werden. Das Z.-Motiv wurde erstmalig bei Studien der Transcriptionskontrolle von Genen für die ribosomale 5S-rRNA bei *Xenopus* am Beispiel des Transcriptionsfaktors IIIA (TFIIIA) entdeckt. Letzterer enthält neun Z.-Tandemanordnungen, die die Genexpression durch Bindung an ausgedehnte DNA-Sequenzen regulieren. Z. kommen in vielen eukaryontischen Transcriptionsfaktoren in unterschiedlichen Tandemanordnungen (2–37-mal) vor. In den intrazellulären Rezeptorproteinen, die für die Vermittlung der Wirkungen von Hormonen und Morphogenen (Steroidhormonen, Vitamin D, Thyroxin, Retinsäure, Ecdyson u. a.) verantwortlich sind, kommt ein zweites wichtiges Motiv eines Z. vor, der Ähnlichkeit mit dem prokaryontischen ↗ *Helix-Turn-Helix-Motiv* aufweist. Hierbei sind zwei α-Helices um ein Zinkion gefaltet. Solche Proteine bilden Dimere, wobei die Erkennung durch die Wechselwirkung einer α-Helix jeder Untereinheit des Dimers mit der großen Furche der DNA vermittelt wird. Die Funktion der Z. ist generell die kombinatorische Erkennung von DNA-Sequenzen. [J.M. Berg *J. Biol. Chem.* **265** (1990) 6.513–6.516; J.W.R. Schwabe u. a. Klug *Nature Struct. Biol.* **1** (1994) 345–349; F. Radtke et al. *Biol. Chem.* **377** (1996) 47–56]

Zinkproteasen, eine Gruppe der Metalloproteasen, bei denen ein Zinkion für die katalytische Aktivität essenziell ist. Vertreter der Z. sind u. a. ↗ *Carboxypeptidasen* und ↗ *Thermolysin*.

Zinn, *Sn*, ein Metall, das in vielen Geweben und Nahrungsbestandteilen vorkommt. Das Redoxpotenzial des Übergangs $Sn^{2+} \rightleftarrows Sn^{4+}$ beträgt 0,13 V und liegt nahe dem Redoxpotenzial der Flavinenzyme, woraus eine mögliche biologische Rolle abgeleitet wird. Es ist nicht klar, ob Sn biologisch essenziell ist oder ob sein Vorhandensein im Gewebe auf eine umweltbedingte Kontamination zurückzuführen ist. Es wurde berichtet, dass Sn für das Wachstum von Ratten essenziell ist.

Zisterne, ein im endoplasmatischen Reticulum und im Golgi-Apparat vorkommendes flaches Membran-umhülltes Zellkompartiment.

Zitronensäure-Zyklus, Syn. für ↗ *Tricarbonsäure-Zyklus*.

Zizanin B, ↗ *Sesterterpene*.

Zn, Elementsymbol für ↗ *Zink*.

Zöliakie, eine durch Aufnahme von Weizenkleber (↗ *Gliadin*) ausgelöste Erkrankung der Dünndarmschleimhaut im Säuglings- und Kindesalter. Das Krankheitsbild wird bei Erwachsenen als einheimische Sprue bezeichnet.

Zolpidem, ↗ *Hypnotika*.

Zonula occludens, Syn. für ↗ *Tight-Junction*.

Zoo-Blot, eine Anwendung des ↗ *Southern-Blot*. Die mit einem bestimmten Restriktionsenzym gespaltene genomische DNA verschiedener Spezies wird aufgetragen, transferiert und mit einer Sonde hybridisiert. Aus dem Hybridisierungsmuster lässt sich ableiten, in welchen Spezies die betreffende Sequenz konserviert ist.

Zoochrome, ↗ *Naturfarbstoffe*.

Zooecdysteroide, ↗ *Ecdysteroide* tierischer Herkunft.

ZOO-FISH, Kurzbezeichnung für die Hybridisierung der DNA verschiedener Tierarten mittels der Fluoreszenz-*in-situ*-Hybridisierungstechnik (FISH), der am weitesten verbreiteten *in-situ*-Hybridisierungstechnik bei Genomanalysen.

Zoosterine, ↗ *Sterine*.

Zopiclon, ↗ *Hypnotika*.

Z-Scheibe, eine schmale elektronendichte Region in der Myofibrille des Skelettmuskels, an der die dünnen Filamente befestigt sind. ↗ *Myofibrillen*.

Z-Schema, *Zick-Zack-Schema*, ein mechanistisches Modell der ↗ *Photosynthese*, wonach die O_2-Produktion im wesentlichen auf zwei in Serie geschalteten Photosystemen beruht.

Zucker, im *engeren Sinn* Bezeichnung für handelsübliche Rohr- und Rübenzucker (↗ *Saccharose*), im *weiteren Sinn* für ↗ *Kohlenhydrate*, insbesondere für Mono- und Oligosaccharide.

Zuckeralkohole, mehrwertige Alkohole, in der Natur weitverbreitete Reduktionsprodukte der ↗ *Monosaccharide*. Sie werden bezeichnet, indem man die Endung -ose des entsprechenden Monosaccharids durch -itol bzw. -it ersetzt. Je nach Zahl der C-Atome unterscheidet man auch zwischen Pentiten, Hexiten usw. Z. zeigen nur geringe optische Aktivität, werden von Hefe nicht vergoren und reagieren nicht mit Fehlingscher Lösung oder Phenylhydrazin. Ihre Biosynthese erfolgt durch Reduktion der entsprechenden Monosaccharide mit NADH bzw. NADPH. Wichtige natürliche Z. sind D-Glycerin, Erythrit, Ribit, Xylit, D-Sorbit, D-Mannit, Dulcit.

Zuckeranhydride, intramolekulare Acetale der Monosaccharide. Z. geben nicht mehr die auf die potenzielle Carbonylgruppe zurückgehenden Reaktionen der ↗ *Monosaccharide*. Bekanntester Vertreter ist das sich von Glucose ableitende *Lävoglucosan* (1,6-Anhydro-D-glucopyranose), das bei der trockenen Destillation von Stärke oder Cellulose entsteht. Z. können wieder zu den freien Zuckern hydrolysiert werden. Sie dienen als Ausgangsprodukte für Glycosidsynthesen.

Zuckeraustauschstoffe, Syn. für ↗ *Süßungsmittel*.

Zuckerester, durch Veresterung von Mono- oder Oligosacchariden mit organischen oder anorganischen Säuren entstehende Verbindungen. Fundamentale Bedeutung für zahlreiche biochemische Stoffwechselwege haben die Phosphorsäureester, z. B. Glucose-6-phosphat, im Intermediärstoffwechsel der Kohlenhydrate. Bekannte Schwefelsäureester im tierischen Gewebe sind ↗ *Chondroitin* und Mucoitinsulfate sowie ↗ *Heparin*.

Zufallsknäuel, engl. *random coil*, eine vollständig ungeordnete und schnell fluktuierende Abfolge von Konformationen denaturierter Proteine und anderer Polymere im gelösten Zustand.

Zulaufkultur, ↗ *Fed-batch-Kultur*.

zweidimensionale Gelelektrophorese, ein spezielles, hochauflösendes Verfahren der ↗ *Elektrophorese*. Nach Vortrennung eines Probengemisches in einer Gel-Kapillare (Durchmesser 1 mm) durch ↗ *isoelektrische Fokussierung* wird das Rundgel auf ein Flachgel gelegt und die einzelnen Komponenten durch Flachbett-Elektrophorese weiter aufgetrennt. Durch ↗ *SDS-Polyacrylamid-Gelelektrophorese* im Flachgel sind so bis zu 5.000 Proteine mit hoher Auflösung trennbar.

zweidimensionale Immunelektrophorese, Syn. für ↗ *Kreuzelektrophorese*.

Zwergerbsentest, ↗ *Gibberelline*.

Zwergmaistest, ↗ *Gibberelline*.

Zwischenferment, Syn. für ↗ *Glucose-6-phosphat-Dehydrogenase*.

Zwischenprodukt, Syn. für ↗ *Intermediat*.

Zwischenstoffwechsel, Syn. für ↗ *Intermediärstoffwechsel*.

zyklische Nucleotide, ↗ *Nucleotide*.

3',5'-zyklische-Nucleotidphosphodiesterase (EC 3.1.4.17), ↗ *Adenosinphosphate*.

zyklisches Adenosin-3',5'-monophosphat, *cyclo-AMP, cAMP*, ein für Glucagon, Adrenalin und viele andere Hormone fungierender ↗ *sekundärer Botenstoff* (engl. *second messenger*) bei der hormonellen Signaltransduktion. ↗ *Adenosinphosphate*.

zyklisches $N^6,O^{2'}$-Dibutyryladenosin-3',5'-monophosphat, *DBcAMP*, ↗ *Adenosinphosphate*.

zyklisches Guanosin-3',5'-monophosphat, ↗ *Guanosinphosphate*.

zyklisches Inosin-3',5'-monophosphat, ↗ *Inosinphosphate*.

zyklisches Uridin-3',5'-monophosphat, ↗ *Uridin-phosphate*.

Zymase, historische Bezeichnung für eine hitzelabile, nichtdialysierbare Fraktion des Hefepresssaftes. Im Unterschied dazu wurde die hitzestabile, dialysierbare Fraktion des Hefesaftes als *Cozymase* (↗ *Nicotinsäureamid-adenin-dinucleotid*) bezeichnet. Später erkannte man, dass es sich bei der Z. um die in der Hefe enthaltenen Enzyme der ↗ *Glycolyse* und der ↗ *alkoholischen Gärung* handelt.

Zymogene, proteolytisch inaktive Vorstufen insbesondere von proteolytischen Enzymen der Verdauung (z. B. Trypsinogen, ↗ *Trypsin*) oder der Blutgerinnung (z. B. ↗ *Prothrombin*), die am Wirkort durch limitierte Proteolyse in die wirksame Form umgewandelt werden. Durch die Synthese in Form der proteolytisch inaktiven Pro-Enzyme werden die exokrinen Zellen vor einem proteolytischen Angriff geschützt. Trypsininhibitoren schützen die Bauchspeicheldrüse gegen eine Selbstverdauung. Im Dünndarm wird Trypsinogen durch das Enzym Enteropeptidase in Trypsin überführt, das nicht nur Trypsinogen, sondern auch andere Z. zu aktivieren vermag.

Zymolyase, ein neben der Lyticase zum Aufschluss von Hefezellwänden zur Isolierung genomischer DNA verwendetes Enzym. Nach der Zerstörung der Hefe-Zellwände werden die lysierten Hefen mit Proteinase K zum Zweck des proteolytischen Abbaus der Zellproteine behandelt.

Zymosterin, *Zymosterol*, *5α-Cholesta-8(9),24-dien-3β-ol*, ein Mycosterin (↗ *Sterine*). M_r 384,65 Da, F. 110 °C, $[\alpha]_D$ +49° (Chloroform). Z. kommt in Hefe vor und ist Zwischenstufe der biogenetischen Umwandlung von Lanosterin in Cholesterin.

Zymosterol, Syn. für ↗ *Zymosterin*.